Allgemeine Geologie

9., aktualisierte Auflage

Unser Online-Tipp
für noch mehr Wissen …

Aktuelles Fachwissen rund um die Uhr
– zum Probelesen, Downloaden oder
auch auf Papier.

www.informit.de

geo geologie

Edward J. Tarbuck
Frederick K. Lutgens

Allgemeine Geologie

9., aktualisierte Auflage

Deutsche Ausgabe bearbeitet und ergänzt von Bernd Lammerer

Aus dem Amerikanischen von Tatjana D. Logan

Illustrationen von Dennis Tasa

Mit über 930 Abbildungen

ein Imprint von Pearson Education
München • Boston • San Francisco • Harlow, England
Don Mills, Ontario • Sydney • Mexico City
Madrid • Amsterdam

Bibliografische Information der Deutschen Nationalbibliothek
Die Deutsche Nationalbibliothek verzeichnet diese Publikation in der Deutschen Nationalbibliografie;
detaillierte bibliografische Daten sind im Internet über http://dnb.d-nb.de abrufbar.

Die Informationen in diesem Produkt werden ohne Rücksicht auf einen eventuellen Patentschutz veröffentlicht.
Warennamen werden ohne Gewährleistung der freien Verwendbarkeit benutzt. Bei der Zusammenstellung
von Texten und Abbildungen wurde mit größter Sorgfalt vorgegangen. Trotzdem können Fehler nicht vollständig
ausgeschlossen werden. Verlag, Herausgeber und Autoren können für fehlerhafte Angaben und deren Folgen
weder eine juristische Verantwortung noch irgendeine Haftung übernehmen. Für Verbesserungsvorschläge und
Hinweise auf Fehler sind Verlag und Herausgeber dankbar.

Alle Rechte vorbehalten, auch die der fotomechanischen Wiedergabe und der Speicherung in elektronischen
Medien. Die gewerbliche Nutzung der in diesem Produkt gezeigten Modelle und Arbeiten ist nicht zulässig.
Fast alle Produktbezeichnungen und weitere Stichworte und sonstige Angaben, die in diesem Buch
verwendet werden, sind als eingetragene Marken geschützt. Da es nicht möglich ist, in allen Fällen
zeitnah zu ermitteln, ob ein Markenschutz besteht, wird das ®-Symbol in diesem Buch nicht verwendet.

Authorized translation from the English language edition, entitled EARTH: AN INTRODUCTION TO PHYSICAL
GEOLOGY, 9th Edition by EDWARD TARBUCK, FREDERICK LUTGENS, DENNIS TASA, published by Pearson
Education, Inc, publishing as Prentice Hall, Copyright © 2008 by Pearson Education, Inc.

All rights reserved. No part of this book may be reproduced or transmitted in any form or by any means,
electronic or mechanical, including photocopying, recording or by any information storage retrieval system,
without permission from Pearson Education, Inc.

GERMAN language edition published by PEARSON EDUCATION DEUTSCHLAND GMBH, Copyright © 2009.

Umwelthinweis:
Dieses Buch wurde auf chlorfrei gebleichtem Papier gedruckt. Die Einschrumpffolie – zum Schutz vor Verschmutzung –
ist aus umweltverträglichem und recyclingfähigem PE-Material.

10 9 8 7 6 5 4 3 2 1

12 11 10 09

ISBN 978-3-8273-7335-9

© 2009 by Pearson Studium, ein Imprint der Pearson Education Deutschland GmbH
Martin-Kollar-Str. 10 – 12. D-81829 München
Alle Rechte vorbehalten
www.pearson-studium.de

Übersetzung: Dipl.-Geol. Tatjana D. Logan, Marquartstein
Lektorat: Dr. Stephan Dietrich, sdietrich@pearson.de
             Dr. Rainer Fuchs, rfuchs@pearson.de
             Christian Schneider, cschneider@pearson.de
Fachlektorat: Prof. Dr. Bernd Lammerer, Ludwig-Maximilians-Universität München (LMU),
             Department für Geo- und Umweltwissenschaften – Geologie
Korrektorat: Petra Kienle, Fürstenfeldbruck
Herstellung: Elisabeth Prümm, epruemm@pearson.de
Satz: LE-TeX, www.le-tex.de
Einbandgestaltung: Thomas Arlt, tarlt@adesso21.net
Druck und Verarbeitung: Print Consult GmbH
Titelfoto: Fisherman on the edge of the cliff fishing on the Cape St. Vincent peninsula, Sagres, Algarve, Portugal,
             Europe. Fotograf: Neale Clark, Getty

Printed in the Slovak Republic

Inhaltsübersicht

Vorwort zur amerikanischen Ausgabe XVII
Vorwort zur deutschen Ausgabe XXI

Kapitel 1	Einführung in die Geologie	1
Kapitel 2	Plattentektonik: Eine wissenschaftliche Revolution wird offenbar	39
Kapitel 3	Materie und Minerale	83
Kapitel 4	Magmatische Gesteine	121
Kapitel 5	Vulkane und andere magmatische Aktivitäten	151
Kapitel 6	Verwitterung und Boden	199
Kapitel 7	Sedimentgesteine	231
Kapitel 8	Metamorphose und metamorphe Gesteine	263
Kapitel 9	Geologische Zeit	293
Kapitel 10	Krustendeformation	323
Kapitel 11	Erdbeben	351
Kapitel 12	Das Erdinnere	387
Kapitel 13	Divergente Plattengrenzen: Ursprung und Entwicklung des Ozeanbodens	415
Kapitel 14	Konvergente Plattengrenzen – der Ursprung der Gebirge	447
Kapitel 15	Massenbewegung: Die Auswirkung der Schwerkraft	477
Kapitel 16	Fließendes Wasser	503
Kapitel 17	Grundwasser	545
Kapitel 18	Gletscher und Vergletscherung	577
Kapitel 19	Wüsten und Winde	615
Kapitel 20	Küstenlinien	643
Kapitel 21	Globaler Klimawandel	679
Kapitel 22	Die Evolution der Erde in geologischer Zeit	715
Kapitel 23	Energie und Mineralressourcen	753
Kapitel 24	Planetare Geologie	789
Glossar		827
Register		851

Inhaltsverzeichnis

Vorwort zur amerikanischen Ausgabe — XVII

Vorwort zur deutschen Ausgabe — XXI

Kapitel 1 Einführung in die Geologie — 1

1.1 Geologie als Wissenschaft — 3
1.2 Geologie, Mensch und Umwelt — 4
1.3 Geschichtliches über die Geologie — 5
1.4 Geologische Zeiträume — 7
1.5 Die Erdsphären — 14
1.6 Die Erde als System — 16
1.7 Die frühe Entwicklung der Erde — 20
1.8 Der innere Aufbau der Erde — 22
1.9 Das Gesicht der Erde — 25
1.10 Gesteine und Gesteinszyklen — 29

Zusammenfassung — 36
Wiederholungsfragen — 37

Kapitel 2 Plattentektonik: Eine wissenschaftliche Revolution wird offenbar — 39

2.1 Die Kontinentaldrift – eine Idee ihrer Zeit voraus — 41
2.2 Die große Diskussion — 46
2.3 Kontinentaldrift und Paläomagnetismus — 48
2.4 Eine wissenschaftliche Revolution beginnt — 52
2.5 Plattentektonik: Das neue Paradigma — 57
2.6 Divergente Plattengrenzen — 62
2.7 Konvergente Plattengrenzen — 63
2.8 Transformstörungen (Seitenverschiebungen) als Plattengrenzen — 68
2.9 Die Prüfung des Modells zur Plattentektonik — 70
2.10 Die Messung der Plattenbewegung — 74
2.11 Was treibt die Plattenbewegung an? — 75
2.12 Die Bedeutung der Theorie zur Plattentektonik — 78

Zusammenfassung... 80

Wiederholungsfragen... 81

Kapitel 3   Materie und Minerale   83

3.1   Minerale: Baueinheiten der Gesteine 85

3.2   Elemente: Baueinheiten der Minerale.................. 88

3.3   Warum gehen Atome Bindungen ein?.................. 90

3.4   Isotopen und radioaktiver Zerfall 92

3.5   Kristalle und Kristallisation 93

3.6   Die physikalischen Eigenschaften der Minerale........ 100

3.7   Wie erhalten Minerale ihren Namen
       und ihre Einteilung? 105

3.8   Einteilung (Klassifizierung) der Minerale.............. 106

3.9   Die Silikate... 107

3.10   Häufige Silikate 111

3.11   Wichtige Nichtsilikate 114

Zusammenfassung... 117

Wiederholungsfragen... 118

Kapitel 4   Magmatische Gesteine   121

4.1   Magma – das Ausgangsmaterial
       der magmatischen Gesteine 123

4.2   Magmatische Gefüge (Texturen)...................... 126

4.3   Zusammensetzung der Magmatite.................... 129

4.4   Die Namensgebung bei magmatischen Gesteinen..... 133

4.5   Die Herkunft des Magmas........................... 138

4.6   Wie entwickeln sich Magmen? 141

4.7   Partielle Aufschmelzung und
       Magmenzusammensetzung......................... 144

Zusammenfassung... 148

Wiederholungsfragen... 149

Kapitel 5   Vulkane und andere magmatische Aktivitäten   151

5.1   Die Eigenschaften von Vulkanausbrüchen............. 155

5.2   Material, das während einer Eruption gefördert wird   158

5.3	Vulkantypen und Eruptionsarten	162
5.4	Das Leben im Schatten eines Stratovulkans	170
5.5	Andere vulkanische Landformen	175
5.6	Intrusive magmatische Aktivität	181
5.7	Plattentektonik und magmatische Aktivität	186
5.8	Mit Vulkanen leben	192
Zusammenfassung		195
Wiederholungsfragen		196

Kapitel 6 Verwitterung und Boden — 199

6.1	Die externen Prozesse der Erde	201
6.2	Verwitterung	201
6.3	Physikalische (mechanische) Verwitterung	202
6.4	Chemische Verwitterung	207
6.5	Verwitterungsgeschwindigkeit	214
6.6	Boden	215
6.7	Regulierung der Bodenbildung	217
6.8	Das Bodenprofil	220
6.9	Bodenerosion	223
Zusammenfassung		229
Wiederholungsfragen		230

Kapitel 7 Sedimentgesteine — 231

7.1	Der Ursprung der Sedimentgesteine	233
7.2	Klastische Sedimentgesteine	234
7.3	Chemische Sedimentgesteine	240
7.4	Kohle – ein organisches Sedimentgestein	246
7.5	Von Sediment zu Sedimentgestein: Diagenese und Verfestigung	248
7.6	Klassifikation der Sedimentgesteine	249
7.7	Sedimentationsräume	250
7.8	Sedimentstrukturen	255
Zusammenfassung		261
Wiederholungsfragen		262

Kapitel 8 Metamorphose und metamorphe Gesteine 263

- 8.1 Was ist Metamorphose? ... 265
- 8.2 Wodurch entsteht Metamorphose? ... 266
- 8.3 Metamorphe Gefüge ... 271
- 8.4 Häufige metamorphe Gesteine ... 275
- 8.5 Metamorphe Milieus ... 278
- 8.6 Metamorphosezonen ... 283
- 8.7 Die Interpretation metamorpher Milieus ... 287
- Zusammenfassung ... 290
- Wiederholungsfragen ... 291

Kapitel 9 Geologische Zeit 293

- 9.1 Die Geologie braucht eine Zeitskala ... 295
- 9.2 Relative Datierung – Grundprinzipien ... 295
- 9.3 Korrelation von Gesteinsschichten ... 301
- 9.4 Fossilien: Hinweise auf vergangenes Leben ... 302
- 9.5 Datierung mit radioaktiven Isotopen ... 308
- 9.6 Die geologische Zeitskala ... 315
- 9.7 Schwierigkeiten bei der Datierung der geologischen Zeitskala ... 317
- Zusammenfassung ... 319
- Wiederholungsfragen ... 320

Kapitel 10 Krustendeformation 323

- 10.1 Strukturgeologie: Die Erforschung der Struktur der Erde ... 325
- 10.2 Deformation ... 326
- 10.3 Die Kartierung geologischer Strukturen ... 330
- 10.4 Falten ... 332
- 10.5 Verwerfungen ... 337
- 10.6 Klüfte ... 346
- Zusammenfassung ... 347
- Wiederholungsfragen ... 348

Kapitel 11 Erdbeben — 351

- 11.1 Was ist ein Erdbeben? — 353
- 11.2 Risse und Ausbreitung durch Erdbeben — 357
- 11.3 Die San Andreas-Verwerfung – eine aktive Erdbebenzone — 357
- 11.4 Seismologie – die Lehre von Erdbebenwellen — 358
- 11.5 Die Ermittlung der Herkunft eines Erdbebens — 362
- 11.6 Die Messung der Stärke von Erdbeben — 364
- 11.7 Zerstörung durch Erdbeben — 370
- 11.8 Kann man Erdbeben vorhersagen? — 376
- 11.9 Erdbeben: Anzeichen für Plattentektonik — 383

Zusammenfassung — 385

Wiederholungsfragen — 386

Kapitel 12 Das Erdinnere — 387

- 12.1 Schwerkraft und Planeten mit Schalenaufbau — 389
- 12.2 Probenahme im Erdinneren: Das „Sehen" von seismischen Wellen — 389
- 12.3 Der Schalenaufbau der Erde — 391
- 12.4 Die Temperatur der Erde — 399
- 12.5 Die dreidimensionale Struktur der Erde — 404
- 12.6 Das Magnetfeld der Erde — 408

Zusammenfassung — 412

Wiederholungsfragen — 414

Kapitel 13 Divergente Plattengrenzen: Ursprung und Entwicklung des Ozeanbodens — 415

- 13.1 Das Bild des Ozeanbodens wird klarer — 417
- 13.2 Kontinentalränder — 420
- 13.3 Merkmale von Tiefseebecken — 424
- 13.4 Die Anatomie der Ozeanrücken — 426
- 13.5 Ozeanische Rücken und Ozeanbodenspreizung — 429
- 13.6 Die Beschaffenheit der ozeanischen Kruste — 432

13.7	**Kontinentale Grabenbildung:**	
	Die Entstehung eines neuen Ozeanbeckens	435
13.8	**Die Zerstörung ozeanischer Lithosphäre**	442
Zusammenfassung		445
Wiederholungsfragen		446

Kapitel 14 Konvergente Plattengrenzen – der Ursprung der Gebirge 447

14.1	**Gebirgsbildung**	449
14.2	**Konvergenz und subduzierende Platten**	451
14.3	**Subduktion und Gebirgsbildung**	455
14.4	**Die Kollision von Kontinenten**	458
14.5	**Terrane und Gebirgsbildung**	464
14.6	**Bruchschollengebirge**	469
14.7	**Vertikale Bewegungen der Kruste**	470
Zusammenfassung		474
Wiederholungsfragen		475

Kapitel 15 Massenbewegung: Die Auswirkung der Schwerkraft 477

15.1	**Erdrutsche als Naturkatastrophen**	479
15.2	**Massenbewegung und die Entwicklung der Geländeform**	479
15.3	**Kontrollfaktoren und Auslöser der Massenbewegung**	481
15.4	**Die Klassifizierung der Massenbewegungsprozesse**	486
15.5	**Sackungen**	489
15.6	**Felsrutschungen**	491
15.7	**Muren**	491
15.8	**Erdfließen**	495
15.9	**Langsame Bewegungen**	496
15.10	**Die empfindliche Permafrostlandschaft**	497
15.11	**Submarine Rutschungen**	498
Zusammenfassung		500
Wiederholungsfragen		501

Kapitel 16 Fließendes Wasser   503

16.1	Die Erde als System: Der hydrologische Kreislauf	505
16.2	Fließendes Wasser	507
16.3	Flussströmungen	509
16.4	Veränderungen zwischen den Abschnitten flussaufwärts und flussabwärts	511
16.5	Die Arbeit des fließenden Wassers	514
16.6	Wasserlaufgerinne	517
16.7	Die Erosionsbasis und Wasserläufe im Gleichgewicht	520
16.8	Die Modellierung von Flusstälern	522
16.9	Ablagerungslandschaften	525
16.10	Entwässerungsmuster	531
16.11	Hochwasser und Hochwasserschutz	534

Zusammenfassung 541

Wiederholungsfragen 542

Kapitel 17 Grundwasser   545

17.1	Die Bedeutung des Grundwassers	547
17.2	Die Verteilung von Grundwasser	548
17.3	Der Wasserspiegel	548
17.4	Faktoren, die die Speicherung und die Bewegung des Grundwassers beeinflussen	551
17.5	Die Bewegung des Grundwassers	553
17.6	Quellen	555
17.7	Heiße Quellen und Geysire	557
17.8	Brunnen	559
17.9	Artesische Quellen	560
17.10	Probleme, die mit der Entnahme von Grundwasser verbunden sind	562
17.11	Die geologische Arbeit des Grundwassers	568

Zusammenfassung 574

Wiederholungsfragen 575

Kapitel 18 Gletscher und Vergletscherung — 577

- 18.1 Gletscher als Teil von zwei Grundkreisläufen — 579
- 18.2 Die Entstehung und die Bewegung von Gletschereis — 584
- 18.3 Glaziale Erosion — 589
- 18.4 Landformen, geschaffen durch glaziale Erosion — 590
- 18.5 Glaziale Ablagerungen — 594
- 18.6 Landschaftsformen aus Moränenschutt — 595
- 18.7 Landschaftsformen aus geschichtetem Geschiebe — 600
- 18.8 Andere Auswirkungen durch eiszeitliche Gletscher — 601
- 18.9 Die Glazialtheorie und das Eiszeitalter — 604
- 18.10 Ursachen für die Vergletscherung — 607
- 18.11 Andere Faktoren — 610
- Zusammenfassung — 611
- Wiederholungsfragen — 612

Kapitel 19 Wüsten und Winde — 615

- 19.1 Verteilung und Ursachen für Trockengebiete — 617
- 19.2 Geologische Prozesse im ariden Klima — 621
- 19.3 Basin and Range: Die Entwicklung einer Wüstenlandschaft — 625
- 19.4 Der Transport des Sediments durch Wind — 628
- 19.5 Winderosion — 629
- 19.6 Windablagerungen — 634
- Zusammenfassung — 639
- Wiederholungsfragen — 640

Kapitel 20 Küstenlinien — 643

- 20.1 Die Küstenlinie – eine dynamische Grenzfläche — 645
- 20.2 Die Küstenzone — 646
- 20.3 Wellen — 647
- 20.4 Wellenerosion — 650
- 20.5 Sandbewegungen am Strand — 651
- 20.6 Strukturen an der Küstenlinie — 654
- 20.7 Uferbefestigungen — 657
- 20.8 Erosionsprobleme entlang der Küsten der Vereinigten Staaten — 662

20.9	Wirbelstürme – die größte Bedrohung für Küsten	665
20.10	Klassifikation der Küsten	670
20.11	Die Gezeiten	671
Zusammenfassung		675
Wiederholungsfragen		676

Kapitel 21 Globaler Klimawandel 679

21.1	Das Klimasystem	681
21.2	Wie kann man den Klimawandel erkennen?	682
21.3	Einige Grundlagen über die Atmosphäre	687
21.4	Natürliche Ursachen des Klimawandels	691
21.5	Der menschliche Einfluss auf das Klima	696
21.6	Kohlendioxid, Spurengase und der Klimawandel	697
21.7	Klima-Rückkopplungsmechanismen	702
21.8	Wie Aerosole das Klima beeinflussen	703
21.9	Einige mögliche Auswirkungen der globalen Erwärmung	704
Zusammenfassung		711
Wiederholungsfragen		712

Kapitel 22 Die Evolution der Erde in geologischer Zeit 715

22.1	Ist die Erde einzigartig?	717
22.2	Die Entstehung eines Planeten	720
22.3	Der Ursprung der Atmosphäre und der Ozeane	723
22.4	Präkambrische Geschichte: Die Bildung der Kontinente	726
22.5	Phanerozoische Geschichte: Die Formation der modernen Kontinente der Erde	732
22.6	Das erste Leben auf der Erde	737
22.7	Die paläozoische Ära: Die Explosion des Lebens	740
22.8	Die mesozoische Ära: Das Zeitalter der Dinosaurier	743
22.9	Die känozoische Ära: Die Säugetiere	747
Zusammenfassung		750
Wiederholungsfragen		752

Kapitel 23 Energie und Mineralressourcen 753

- 23.1 Erneuerbare und nicht erneuerbare Energien 755
- 23.2 Energiequellen 756
- 23.3 Erdöl und Erdgas 758
- 23.4 Ölsande und Ölschiefer – das Erdöl der Zukunft? 762
- 23.5 Alternative Energiequellen 763
- 23.6 Mineralressourcen 774
- 23.7 Mineralressourcen und magmatische Prozesse 775
- 23.8 Minerallagerstätten und metamorphe Prozesse 780
- 23.9 Verwitterung und Erzlagerstätten 780
- 23.10 Seifen 781
- 23.11 Nichtmetallische Mineralressourcen 782
- Zusammenfassung 786
- Wiederholungsfragen 787

Kapitel 24 Planetare Geologie 789

- 24.1 Die Planeten – ein Überblick 791
- 24.2 Der Erdmond 795
- 24.3 Die Planeten – eine kurze Beschreibung 800
- 24.4 Kleinere Mitglieder des Sonnensystems: Asteroiden, Kometen, Meteoriten und Zwergplaneten 815
- Zusammenfassung 824
- Wiederholungsfragen 825

Glossar 827

Register 851

Vorwort zur amerikanischen Ausgabe

Die Erde ist ein winziger Bestandteil des unermesslich großen Universums und sie ist unser Zuhause. Sie liefert die Rohstoffe für das Leben in unserer modernen Gesellschaft und die Stoffe, die zur Lebenserhaltung wichtig sind. Deswegen ist das Wissen über unseren Planeten entscheidend für unser Wohlergehen und *in der Tat* unverzichtbar für unser Überleben. Die Wissenschaft der Geologie trägt maßgeblich zum Verständnis unseres Planeten Erde bei.

Medienberichte erinnern ständig an die geologischen Kräfte, die auf unserem Planeten wirken. Bilder zeigen die gewaltige Kraft eines Vulkanausbruchs, die Zerstörung, die durch ein starkes Erdbeben hervorgerufen wird, und die große Zahl an Menschen, die durch Erdrutsche und Überflutungen sterben und obdachlos geworden sind. Wir müssen lernen, mit den Elementen und Prozessen umzugehen, zumal wir an einigen nicht unschuldig sind. Außerdem werden uns viele Umweltaspekte mit deutlich geologischem Schwerpunkt begegnen. Zu den Beispielen zählen die Grundwasserverschmutzung, die Bodenerosion und viele Auswirkungen durch Energiegewinnung und den Abbau von Lagerstätten. Um diese Aspekte verstehen zu können, benötigt man ein Bewusstsein der Funktionsweise der angewandten Wissenschaft und der wissenschaftlichen Prinzipien, die unseren Planeten, seine Gesteine, Gebirge, die Atmosphäre und Ozeane beeinflussen.

Allgemeine Geologie ist eine Einführung in die physische Geologie in der neunten Buchauflage, wie alle vorherigen Ausgaben ein Lehrbuch für den Universitätsgebrauch für Geologiestudenten der ersten Semester. Die Informationen, Daten und Aussagen des Buches sind auf dem neuesten Stand. Es zielt darauf ab, einen leicht lesbaren und benutzerfreundlichen Überblick über die Geologie zu bieten.

Die Buchstruktur

Das Buch ist so aufgebaut, dass es die allgemein akzeptierte Rolle, die die Plattentektonik bei unserem Verständnis der Erde spielt, widerspiegelt. In den späten 60iger Jahren erkannten die Wissenschaftler, dass die äußere Schale der Erde in Segmente, den *Platten*, aufgebrochen ist. Durch Wärme aus dem Erdinneren angetrieben, bewegen sich diese Platten relativ zueinander. Wo Landmassen auseinanderreißen, entstehen neue Ozeane zwischen den divergierenden Kontinenten. Unterdessen sinken alte Anteile des Ozeanbodens zurück ins Erdinnere. Diese Bewegungen erzeugen Erdbeben, lassen Vulkane entstehen und führen zur Bildung der großen Gebirgsgürtel der Erde.

Kapitel 1 umfasst eine Einführung in die Wissenschaft der Geologie, einen Überblick über das Wesen der wissenschaftlichen Fragestellung und eine Diskussion über die Entstehung und die frühe Entwicklung der Erde. Kapitel 2 verfolgt die historische Entwicklung der Theorie der Plattentektonik und vermittelt damit einen Einblick in das Funktionieren von Wissenschaft und in die wissenschaftliche Vorgehensweise. Darauf folgt ein Überblick über die Theorie der Plattentektonik. Das Grundverständnis dieses Modells der Funktionsweise der Erde bereitet die Studenten darauf vor, die vielen geologischen Phänomene besser zu verstehen, über die sie in den folgenden Kapiteln lesen werden.

Nachdem die grundlegenden Rahmenbedingungen der Plattentektonik geklärt und verstanden worden sind, wenden wir uns den Materialien der Erde zu und den damit in Beziehung stehenden Prozessen des Vulkanismus, der Metamorphose und der Verwitterung. Dabei soll der Zusammenhang zwischen diesen Phänomenen und der Plattentektonik deutlich werden. Als nächstes werden die grundlegenden Konzepte der geologischen Zeit im Detail erläutert. Es folgt eine Untersuchung der Erdbeben, der inneren Struktur der Erde und der Prozesse, welche die Gesteine deformieren.

In Kapitel 13 und 14 wenden wir uns noch einmal der Plattentektonik zu. Diese Kapitel bauen auf den vorherigen Diskussionen auf und greifen tiefer, indem sie die Beschaffenheit der Ozeanbecken und der Gebirge der Erde betrachten. Kapitel 13 befasst sich mit dem Ursprung und der Struktur der Ozeanböden. Die Studenten sollen erkennen, wie der Ozeanboden entsteht, warum er kontinuierlich vernichtet wird und welche Hinweise er auf die Ereignisse geben kann, die in der früheren Erdgeschichte geschehen sind. In Kapitel 14 wird die Rolle der Plattentektonik bei der Entstehung der großen Gebirgsgürtel der Erde dargestellt. Nach dieser Betrachtung der Großstrukturen wenden wir uns der geologischen Wirkungsweise von Schwerkraft, Wasser, Wind und Eis zu. Diese Prozesse sind es, die die Erdoberfläche verändern und formen und dabei die vielfältigen Landschaftsformen der Erde hervorbringen.

Auf die in mehreren Kapiteln dargestellten großen Oberflächenprozesse (Kapitel 15 bis Kapitel 20) folgen zwei Kapitel mit dem Fokus auf den globalen Klimawandel und die Erdgeschichte. Schließlich befasst sich das Buch mit Energie und den Mineralressourcen und schließt mit einem Kapitel über Planetologie.

Wie schon in den vorherigen Auflagen dieses Buches haben wir jedes Kapitel so erstellt, dass es als eigenständige Einheit besteht und das Lehrmaterial auch in anderer Reihenfolge studiert werden kann – je nach Konzept des Dozenten oder den Vorgaben des Labors,. Deswegen kann jeder Dozent, der beispielsweise Erosionsprozesse vor den Themen Erdbeben, Plattentektonik und Gebirgsbildung behandeln möchte, dies ohne Schwierigkeit tun.

Strukturmerkmale

Lesbarkeit

Das Buch ist unkompliziert und verständlich geschrieben. Eine klare, leicht nachvollziehbare fachliche Darstellung in der erforderlichen Fachsprache ist die Regel. Kurze Absätze und zahlreiche Zwischenüberschriften strukturieren die Textmasse und helfen den Studenten, den Ausführungen zu folgen und besonders wichtige Inhalte als solche zu erkennen.

Visualisierung

Die Geologie ist eine stark visuell ausgerichtete Disziplin. Deswegen sind Fotos, Zeichnungen und Diagramme ein wesentlicher Bestandteil eines Einführungsbuches. Dieses enthält viele hundert qualitativ hochwertige Abbildungen, die sorgfältig ausgewählt wurden, um das Verständnis zu erleichtern, die Realität darzustellen und das Interesse des Lesers zu fördern.

Wir haben gegenüber den Vorauflagen das Darstellungsprogramm umfangreich überarbeiten und verbessern lassen. Deutlichere und leichter zu verstehende Grafiken besitzen stärkere Farb- und Hell/Dunkel-Kontraste. In zahlreichen Abbildungen sind Diagramme, Illustrationen, Karten und Fotografien miteinander kombiniert. Zudem besitzen viele neue Darstellungen zusätzliche Beschriftungen, die den dargestellten Prozess „erläutern". Das Ergebnis ist eine Visualisierung, die die Anschauungen und Konzepte deutlicher als zuvor wiedergibt. Wie auch schon in den vorangegangen acht Auflagen des Buches gilt unser Dank Dennis Tasa, einem talentierten Zeichner und angesehenen Geologie-Grafiker, für seine ausgezeichnete Arbeit.

Didaktik

In jedem Kapitel gibt es lernunterstützende Elemente, die der Praxisorientierung, der Verständniskontrolle und der Stoffvertiefung dienen können. Am Kapitelende wiederholt die *Zusammenfassung* alle wichtigen Punkte in einem Textkasten. Darauf folgen *Wiederholungsfragen*, die es den Studenten ermöglichen, ihr Stoffwissen zu überprüfen. Als nächstes findet sich eine Liste der *Schlüsselwörter* mit Seitenhinweisen für das Nachschlagen. Mit der Aneignung der geologischen Fachsprache erwerben die Studenten auch zugleich wichtiges Wissen ihrer Disziplin. Abschließend wird auf die Online-Inhalte der das Buch begleitenden *Companion Website (CWS)* hingewiesen.

Im Verlauf jedes Kapitels gibt es die eingerahmten Textkästen *Studenten fragen manchmal ...*, die typische Fragen aufgreifen und kurz beantworten. Schließlich unterbrechen *Exkurs*kästen den fortlaufenden Text. Aus den Bereichen *Die Erde als System*, *Mensch und Umwelt* und *Die Erde verstehen* bringen sie Einzelfälle und bemerkenswerte geologische Erscheinungen und Prozesse und verknüpfen auf diese Weise die Theorie mit praxisnahen Beispielen.

Exkurse „Die Erde als System"

Eine wichtige Erkenntnis der modernen Wissenschaft war, dass die Erde ein gigantisches multidimensionales System ist. Unser Planet besteht aus vielen voneinander getrennten, aber miteinander in Wechselwirkung stehenden Elementen und Prozessen. Eine

Veränderung in dem einen zieht Veränderungen in einem oder allen anderen nach sich – häufig in einer Form, die weder offensichtlich noch sofort wirksam ist. Obwohl es nicht möglich ist, das gesamte System auf einmal zu untersuchen, kann man doch die dahinterliegenden Konzepte und Beziehungen erkennen und wissenschaftlich prüfen. Daher tritt das Thema *Die Erde als System* immer wieder an geeigneten Stellen im gesamten Buch auf. Es ist wie ein roter Faden, der sich durch die Kapitel zieht und dabei hilft, sie miteinander zu verbinden.

Exkurse „Mensch und Umwelt"

Da das Wissen über unseren Planeten und seine Funktionsweise wichtig für unser Überleben und Wohlergehen ist, war die Abhandlung von Umweltthemen immer ein wichtiger Teil auch der Vorauflagen dieses Buches. Der Text vernetzt viele Informationen über die Beziehung zwischen dem Menschen und seiner natürlichen Umwelt und erforscht die Anwendung der Geologie auf die Probleme, die aus dieser Wechselwirkung entstehen, um sie zu verstehen und zu lösen.

Exkurse „Die Erde verstehen"

Als Mitglieder einer modernen Gesellschaft werden wir ständig an den Nutzen erinnert, den wir aus der Wissenschaft ziehen können. Aber was genau ist das Wesen einer wissenschaftlichen Fragestellung? Ein wichtiges Thema, das immer wieder in diesem Buch auftaucht und mit dem Abschnitt 1.4.3 *Die Eigenschaften wissenschaftlicher Fragestellung* in Kapitel 1 eröffnet wird, ist die Entwicklung eines Verständnisses der Funktionsweise der Wissenschaft und der Arbeitsweisen der Wissenschaftler. Die Leser werden mit einigen Schwierigkeiten konfrontiert, die Wissenschaftlern bei dem Versuch begegnen, verlässliche Daten über unseren Planeten zu gewinnen, und auch mit Methoden vertraut gemacht, die man entwickelt hat, um diese Schwierigkeiten zu überwinden. Die Leser werden auch viele Beispiele vorfinden, wie man Hypothesen formuliert und prüft, und sie werden einiges über Entstehung und Entwicklung von wissenschaftlichen Theorien erfahren. Die Exkurstexte vermitteln den Lesern ein Gespür für Beobachtungstechniken und damit die Möglichkeit, Prozesse abzuleiten, die bei der Weiterentwicklung von wissenschaftlicher Erkenntnis hilfreich sind. Der Schwerpunkt liegt dabei nicht nur auf der Erkenntnis der Wissenschaftler, sondern auch darauf, wie sie das Wissen erlangten.

Danksagung

Ein Lehrbuch für den Universitätsgebrauch zu schreiben verlangt das Können und die Kooperation vieler Einzelpersonen. Dennis Tasa fügte alle Illustration im Text ein und entwickelte einen Großteil der Online-Inhalte des amerikanischen Buches. Mit ihm zu arbeiten ist für uns immer etwas Besonderes. Wir schätzen nicht nur sein gestalterisches Geschick und seine Vorstellungskraft, sondern auch seine Freundschaft.

Die Zusammenarbeit mit Michael Wysession von der *Universität Washington*, der die Überarbeitung des Kapitels 12 *Das Erdinnere* übernahm, war für uns ein großes Privileg. Seine Kompetenz, seine neuesten Erkenntnisse und seine Schreibgewandtheit sind ein großer Gewinn für das Kapitel.

Wir bedanken uns auch bei Teresa Tarbuck und Mark Watry des *Rocky Mountain College* für die Unterstützung bei der Aktualisierung und Überarbeitung von Kapitel 24 *Planetare Geologie*.

Unser aufrichtiger Dank geht an die Kollegen, die gründliche Überprüfungen und Nachbereitungen geleistet haben. Ihre kritischen Bemerkungen und gut durchdachten Beiträge gaben unserer Arbeit starke Hilfestellung und werteten den Text auf.

Unser besonderer Dank gilt:

Jessica Barone, *Monroe Community College*
Sam Boggs, Jr., *Universität Oregon*
John H. Burris, *San Juan College*
Beth Christensen, *Staatliche Universität Georgia*
Michael Clark, *Universität Tennessee*
Christopher J. Crow, *Universität Indiana – Purdue Universität Fort Wayne*
Joachim Dorsch, *St. Louis Community College – Meramec*
Anne Gardulski, *Universität Tufts*
Cyrena Goodrich, *Kingsborough Community College*
Paul D. Howell, *Universität Kentucky*
James A. Hyatt, *Staatliche Universität von Ost-Connecticut*
Aaron W. Johnson, *Universität des Virginia College von Wise*
Brennan Jordan, *Whitman College*

Daniel Karner, *Staatliche Universität Sonoma*
David Kirschner, *Universität Saint Louis*
Emily M. Klein, *Universität Duke*
Richard Lambert, *Skyline College*
Jennifer T. McGuire, *A & M Universität Texas*
Guiseppina Kysar Mattietti, *Universität George Manson*
Leslie A. Melim, *Universität West Illinois*
Philip M. Novack – Gottshall, *Universität West-Georgia*
Edward J. Perantoni, *Universität Lindenwood*
Robert W. Pinker, *Johnson Counti Community College*
Nicholas Pinter, *Universität Süd-Illinois*
Emma C. Rainforth, *Ramapo College, New Jersey*
Bethany D. Rinhard, *Staatliche Universität Tarleton*
Laura Sanders, *Universität Nordost-Illinois*
Edward L. *Simpson Universität Kutztown*
Roger N. Weller, *Cochise College*
Thomas C. Wynn, *Lock Haven Universität Pennsylvania*

Wir möchten unsere Anerkennung auch dem Expertenteam bei Prentice Hall aussprechen. Wir wissen das stetige große Engagement des Verlags für Kompetenz und Innovation zu würdigen.

Dank gilt unserem ehemaligen Chefredakteur Patrick Lynch, der dieses Projekt durch entscheidende Planungen und Revisionsphasen geführt, und Dan Kaveney, dem Verleger, der uns durch die verbliebenen Phasen von Entwicklung und Design begleitet hat. Wir schätzen diese beiden Männer sehr und würdigen ihr aufrichtiges Interesse an unserer Arbeit.

Das Produktionsteam unter der Leitung von Ed Thomas leistete wieder einmal hervorragende Arbeit. Die starke optische Wirkung dieses Buches profitierte insbesondere von der Fotorecherche durch Yvonne Gerin und der Koordinationsarbeit für Bilderrechte durch Debbie Hewtison. Wir danken auch Marcia Youngman für ihr Geschick bei der Redaktion und dem Lektor Alison Lorbeer. Für uns war es ein großes Glück, mit all diesen erfahrenen Experten in Verbindung zu stehen.

Ed Tarbuck, Fred Lutgens

Dieses Buch verfügt über eine Companion Website (CWS) mit zusätzlichem Material in elektronischer Form. Unter *http://www.pearson-studium.de* finden Dozenten alle Abbildungen und Tabellen aus dem Buch zum Download für den Einsatz bei ihren Lehrveranstaltungen. Studierende und Dozenten erhalten dort Zugang zu Online-Tests für jedes Kapitel sowie weitere Informationen.

Wie gelangen Sie an die kostenlosen Materialien? Sie klicken auf der genannten Website das für Sie relevante Logo der Companion Website (blau für Dozenten, gelb für Studierende) an und wählen diesen Titel (über Titelstichwort, Autorname oder ISBN bzw. Titelnummer, wie Sie sie auf der Buchrückseite unten aufgedruckt finden) aus. Der Titel erscheint; Sie sehen Registertabs u. a. mit der Aufschrift „CWS Dozenten" und „CWS Student". Ein Klick auf das passende Register bringt Sie zur Anmeldung Ihres Online-Zugriffs.

Vorwort zur deutschen Ausgabe

Die Erde ist ein äußerst dynamischer Planet, dessen Inneres ständig umgewälzt wird und an dessen Oberfläche Luft, Wasser, Gesteine und Organismen in vielfältiger Weise zusammen wirken. Um die Erde mit ihrer Milliarden Jahre langen Geschichte zu verstehen, bedarf es einer umfassenden Darstellung, die diesen Vorgaben gerecht wird. Das vorliegende Buch gibt deshalb nicht nur eine gut verständliche Einführung in die Gesteine, Strukturen und die Entwicklung des Lebens, sondern erklärt auch all die komplexen endogenen und exogenen Vorgänge und Wechselwirkungen. Und weil der moderne Mensch inzwischen ein geologisch bedeutsamer Faktor geworden ist, der Energie und Rohstoffe verbraucht, risikobehaftete Regionen besiedelt, Schadstoffe verbreitet, Böden versiegelt oder der erhöhten Erosion preisgibt, in den Wasserhaushalt eingreift und das Klima verändert, werden auch sein Wirken und seine Gefährdung in die Betrachtungen mit einbezogen.

Es ist gerade das Zusammenwirken der vielen Faktoren, das das Studium der Erdwissenschaften so schwierig, aber auch so spannend macht. Um die Umwelt verantwortungsvoll und nachhaltig managen zu können, werden Menschen gebraucht, die diese komplexen Zusammenhänge durchschauen, die fähig sind, in großen räumlichen und zeitlichen Dimensionen zu denken und vorausschauend zu handeln. Deshalb liegen die Schwerpunkte dieses Buches auf dem Aufzeigen solcher Zusammenhänge, und es ist das Verdienst seiner Autoren, diese verständlich und umfassend darzustellen.

Die meisten gewählten Beispiele stammen vom amerikanischen Kontinent. Das wurde in der übersetzten Ausgabe auch bewusst so belassen, denn Amerika bietet geologisch ein breites und großartiges Spektrum an Phänomenen, und die Beispiele sind exzellent gewählt und gut auf andere Regionen übertragbar.

Das Buch richtet sich insbesondere an Studenten der Geowissenschaften in den ersten Semestern. Zusammenfassungen und Fragensammlungen am Ende eines jeden Kapitels sind als effiziente Unterstützung zur Examensvorbereitung gedacht.

Bernd Lammerer

Einführung in die Geologie

1.1	Geologie als Wissenschaft	3
1.2	Geologie, Mensch und Umwelt	4
1.3	Geschichtliches über die Geologie	5
1.4	Geologische Zeiträume	7
1.5	Die Erdsphären	14
1.6	Die Erde als System	16
1.7	Die frühe Entwicklung der Erde	20
1.8	Der innere Aufbau der Erde	22
1.9	Das Gesicht der Erde	25
1.10	Gesteine und Gesteinszyklen	29
	Zusammenfassung	36
	Wiederholungsfragen	37

ÜBERBLICK

1 Einführung in die Geologie

Das Charakusa-Tal in Pakistan mit den kahlen Anhöhen der Karakoram-Gebirgskette im Hintergrund. (Foto von Jimmie Chin/National Geographic/Getty.)

Für Geologen sind spektakuläre Vulkanausbrüche und gewaltige Erdbeben genauso interessant wie das überwältigende Panorama eines Gebirgstals oder die zerstörerische Kraft eines Bergrutsches.

Das Studium der Geologie umfasst viele faszinierende, aber auch praktische Fragen, die unseren physikalischen Lebensraum betreffen.

Welche Kräfte tragen zur Gebirgsbildung bei? Wird es in Kalifornien in naher Zukunft ein großes Erdbeben geben? Wie könnte das Eiszeitalter ausgesehen haben? Wann wird es wieder zu einer Eiszeit kommen? Wie wurden Erzlagerstätten gebildet? An welcher Stelle sollen wir nach Grundwasser suchen? In welcher Gegend ist ein Tagebau rentabel? Wo sollen wir nach Öl bohren?

Geologie als Wissenschaft 1.1

Die **Geologie** (altgriechisch: *geo* = Erde und *logos* = Lehre) widmet sich der Erforschung unseres Planeten Erde. Man unterteilt die Geologie in zwei große Bereiche – die physikalische oder **allgemeine Geologie** und die **historische Geologie**. Im Mittelpunkt dieses Buches steht die allgemeine Geologie. Hierbei spielen die dynamischen Prozesse auf und unter der Erdoberfläche eine große Rolle (exogene und endogene Dynamik). Die stoffliche Zusammensetzung der Erde wird im Überblick dargestellt. Die historische Geologie befasst sich mit dem Ursprung und der Entwicklungsgeschichte der Erde. Sie versucht die Vielzahl biologischer und physikalischer Veränderungen während der Erdgeschichte in eine geordnete chronologische Abfolge zu bringen.

Zunächst müssen wir gegenwärtig ablaufende Prozesse der physikalischen Geologie auf der Erde erkennen und verstehen (Aktualismus), um dadurch Rückschlüsse auf Prozesse zu ziehen, die sich in ähnlicher Weise in der Erdgeschichte abgespielt haben könnten. Erst dann kann die historische Geologie richtig interpretiert werden. Mittlerweile gibt es viele Spezialgebiete in der Geologie, die auch in diesem Buch in ihren Grundzügen vorgestellt werden.

Unsere Erde ist ein dynamischer, von vielen interaktiven Vorgängen geprägter Planet mit einer komplexen Vergangenheit. Seit ihrer Entstehung unterliegt die Erde ständiger Veränderung. Manchmal gehen diese Veränderungen sehr schnell vor sich und können ein gewaltiges Ausmaß erreichen, wenn es sich zum Beispiel um Bergrutsche oder Vulkanausbrüche handelt. Genauso häufig gehen diese Veränderungen so langsam vor sich, dass sie innerhalb einer Generation unbemerkt bleiben. Die Größenordnung des Ausmaßes und der Ausdehnung der für Geologen interessanten Phänomene variiert sehr stark. Manchmal muss man das Augenmerk auf submikroskopische Einzelheiten richten, ein anderes Mal auf Charakteristika von kontinentalem oder sogar globalem Ausmaß.

Abbildung 1.1: Spiegelsee im Mount Rainier National Park, Washington. Noch immer formen Gletscher die Oberfläche dieses großen Vulkans. (Foto: Art Wolfe)

1 Einführung in die Geologie

Geologie, Mensch und Umwelt 1.2

Eines der Hauptziele dieses Buches ist es, unser Verständnis für einfache geologische Gesetzmäßigkeiten zu entwickeln. Dies führt uns zur Betrachtung zahlreicher wichtiger Beziehungen des Menschen zu seiner natürlichen Umgebung. Viele für Geologen interessante Fragestellungen und Sachverhalte haben für den Menschen einen praktischen Nutzen. Naturkatastrophen gehören zu den dynamischen Prozessen des Lebens auf der Erde und sind für Verheerungen gewaltigen Ausmaßes verantwortlich (▶Abbildung 1.2). Zu den Katastrophen und den daran beteiligten Vorgängen, die von Geologen untersucht werden, zählen Vulkanausbrüche, Überflutungen, Flutwellen (Tsunamis), Erdbeben und Erdrutsche. Geologische Gefahren sind eigentlich nichts weiter als *natürliche* Vorgänge. Sie werden nur dann zur Gefahr, wenn Menschen sich dort ansiedeln, wo diese Naturkatastrophen vorkommen (▶Abbildung 1.3). Ressourcen sind ein anderer wichtiger Aspekt für die Geologie und von großem praktischem Nutzen für den Menschen. Dazu zählen Wasser und Boden, eine Vielzahl von metallischen und nichtmetallischen Mineralen und Energie. Sie gehören zur Grundvoraussetzung der modernen Zivilisation. Die Geologie befasst sich nicht nur mit der Entstehung und dem Vorkommen dieser bedeutenden Ressourcen, sondern auch mit deren Exploration sowie den Auswirkungen auf die Umwelt durch ihre Gewinnung und Verwendung. Erschwerend zu allen Umweltfragen tragen das rapide Wachstum der Weltbevölkerung und das Bestreben der Menschen nach höherem Lebensstandard bei. Die Bevölkerung auf unserem Planeten wird auf etwa 6,5 Mrd. Menschen geschätzt. Pro Jahr wächst die Zahl um 100 Mio. an. Das bedeutet eine stark wachsende Nachfrage an Ressourcen und die Besiedlung von Landstrichen, die von Naturkatastrophen bedroht werden. Nicht nur

Abbildung 1.2: Naturkatastrophen gehören zum Leben auf der Erde. Das Luftbild zeigt die Zerstörung in Muzaffarabad, Pakistan, am 31. Januar 2006, die durch ein Erdbeben verursacht wurde. (Foto: Danny Kemp/AFP/Getty Images)

Abbildung 1.3: Das Bild zeigt den Vulkankegel des Vesuv, Italien, im September 2000. Dieser große Vulkan wird von der Stadt Neapel und ihrer Bucht umgeben. Im Jahre 79 n. Chr. brach der Vesuv explosionsartig aus und begrub die Städte Pompeji und Herculaneum unter der Vulkanasche. Wird so etwas wieder geschehen? Geologische Katastrophen sind natürliche Prozesse. Sie nehmen erst dann das Ausmaß von Katastrophen an, wenn Menschen in der Nähe von auftretenden Naturkatastrophen leben. (Das Foto wurde dankenswerterweise von der NASA zur Verfügung gestellt.)

geologische Prozesse haben Auswirkungen auf uns Menschen, auch wir Menschen können geologische Vorgänge auf dramatische Weise beeinflussen. Veranschaulichen kann man dies an Flussläufen. Flüsse treten in ihrem natürlichen Verlauf immer wieder über die Ufer. Der Pegel der Überflutungen und die Häufigkeit können deutlich durch menschliche Eingriffe erhöht werden, beispielsweise durch den Kahlschlag von Wäldern, Versiegelung der Oberfläche durch Städtebau oder durch den Bau von Staudämmen. Häufig reagiert ein natürliches System auf künstliche Veränderung in einer Form, in der wir es nicht erwarten. Dadurch bedingte Schäden an Zivilisationsstrukturen sind oft größer als ihr eigentlicher Nutzen.

1.3 Geschichtliches über die Geologie

Die Natur unserer Erde, ihre Zusammensetzung und Vorgänge stehen seit Jahrhunderten im Mittelpunkt von Forschungsarbeiten. Abhandlungen über Fossilien, Edelsteine, Erdbeben und Vulkane findet man schon im alten Griechenland vor mehr als 2.300 Jahren. Großen Einfluss hatte sicherlich der griechische Philosoph Aristoteles. Seine Interpretation von Naturvorgängen auf unserer Erde stützte sich leider nicht auf Beobachtungen und Experimente. Aristoteles formulierte kühne Behauptungen. So glaubte er, Gesteine seien unter dem Einfluss von Sternen entstanden und Erdbeben würden dann auftreten, wenn Luft in den Boden gepresst, dann durch Feuer aus dem Erdzentrum erhitzt werde und schließlich explosiv wieder entweiche. Als Aristoteles ein fossiler Fisch gezeigt wurde, war seine Erklärung dazu: „Eine große Anzahl Fische lebt bewegungslos in der Erde und man findet sie bei Ausgrabungen." Diese Erklärung war möglicherweise der damaligen Zeit angemessen. Leider wurden diese Behauptungen jahrhundertelang als richtig angesehen und moderne adäquatere Betrachtungen nicht zugelassen. Weit über das Mittelalter hinaus war Aristoteles als der Philosoph anerkannt, dessen Meinung generell als richtig und endgültig angenommen wurde.

1.3.1 Katastrophentheorie

In der Mitte des 16. Jahrhundert publizierte James Ussher, anglikanischer Erzbischof von Armagh, Irland, ein Werk, das sofort umfassenden Einfluss nahm. Der angesehene Bibelforscher stellte eine Chronologie für die Erd- und Menschheitsgeschichte auf. Darin bezifferte er das Alter der Erde mit wenigen tausend Jahren, den Ursprung der Erde legte er für das Jahr 4000 v. Chr. fest. Usshers These wurde von europäischen Wissenschaftlern und Kirchenoberhäuptern angenommen und die von ihm erstellte Chronologie in der Bibel gedruckt. Die von Cuvier aufgestellte **Katastrophentheorie** (Kataklysmentheorie) beeinflusste die Denkweise der Menschen im 17. und 18. Jahrhundert. Im Wesentlichen nimmt die Katastrophentheorie an, die Oberflächenformationen auf der Erde seien durch große Katastrophen entstanden. Heutzutage wissen wir, dass die Entstehung von Landschaftsmerkmalen wie beispielsweise von Bergen oder Schluchten lange Zeiträume in Anspruch nimmt. Man machte plötzliche Katastrophen globalen Ausmaßes, deren Ursachen unbekannt blieben und nicht länger existierten, dafür verantwortlich. Durch diese Philosophie versuchte man die Dauer geologischer Prozesse dem damals angenommenen Erdalter anzupassen.

1.3.2 Die Geburtsstunde der modernen Geologie

Im späten 17. Jahrhundert publizierte der schottische Arzt und Gutsherr James Hutton *Theory of the Earth* (▶ Abbildung 1.4). Damit begann die moderne Geologie. In seiner Grundsatztheorie ist der **Aktualismus** als

Geologie

Abbildung 1.4: James Hutton (1726 – 1797), der Begründer der modernen Geologie. (Das Bild wurde dankenswerterweise vom Natural History Museum, London, zur Verfügung gestellt.)

wissenschaftliche Methodik der modernen Geologie begründet.

Der Aktualismus besagt, dass *physikalische, chemische und biologische Gesetzmäßigkeiten, die heutzutage Gültigkeit besitzen, auch in der Vergangenheit gültig waren*. Kräfte und Vorgänge, die gegenwärtig als verändernde Faktoren wirken, sind so auch in der Vergangenheit wirksam gewesen. Das bedeutet, dass Kräfte und Prozesse, die wir heute als unsere Erde verändernde Faktoren beobachten, auch vor langer Zeit schon gewirkt haben müssen. Deswegen müssen wir zunächst den Ablauf heutiger Prozesse begreifen, um Rückschlüsse auf die Entstehung alter Strukturen zu ziehen. Dieser Gedanke kann in einem einfachen Satz zusammengefasst werden: „Die Gegenwart ist der Schlüssel zur Vergangenheit."

Vor der Erscheinung von Huttons *Theory of the Earth* hatte niemand eindrucksvoll veranschaulichen können, dass geologische Vorgänge über sehr lange Zeiträume vor sich gehen. Jedenfalls argumentierte Hutton überzeugend, dass Kräfte, die als schwach erscheinen, über lange Zeit hinweg so große Wirkung haben können wie Kräfte bei plötzlichen Katastrophen. Im Gegensatz zu seinen Vorgängern war er darauf bedacht, seine Thesen durch nachvollziehbare Beobachtungen zu untermauern. Er stellte die Behauptung auf, Berge würden durch Verwitterung und Abtragung morphologisch geformt und schließlich abgetragen. Die Abtragungsprodukte würden durch beobachtbare Vorgänge ins Meer transportiert. Dazu sagte Hutton: „Wir haben eine Reihe von Tatsachen, die beweisen, dass die Abtragungsprodukte der Berge von Flüssen abtransportiert werden. Jeder Schritt in diesem gesamten Prozess ist erkennbar." Er fasste sein Postulat in einer einzigen Frage und Antwort zusammen: „Was fehlt uns dabei? Nichts weiter als die Zeit."

Damals so wie heute ist die Grundsatzlehre des Aktualismus anwendbar. Tatsächlich erkennen wir mehr denn je, dass wir mittels der Gegenwart in die Vergangenheit blicken können und physikalische, chemische und biologische Gesetzmäßigkeiten, die für geologische Prozesse gelten, unverändert bleiben. Trotzdem dürfen wir diese Doktrin nicht zu wörtlich nehmen. Die Feststellung, vergangene geologische Prozesse verhielten sich in gleicher Weise wie heute ablaufende Prozesse, bedeutet nicht, dass sie relativ gesehen von gleicher Bedeutung waren oder sich wieder im gleichen Zeitrahmen vollziehen. Außerdem sind manche stark Einfluss nehmende geologische Vorgänge nicht immer beobachtbar; dennoch gibt es Beweise für ihr Vorhandensein. Beispielsweise wissen wir, dass große Meteoriten auf der Erde einschlugen, obwohl es keine Zeitzeugen dafür gibt. Derartige Ereignisse veränderten die Morphologie und das Klima der Erde und nahmen großen Einfluss auf das Leben auf der Erde. Mit der Anerkennung der Aktualismustheorie wurde auch anerkannt, dass sich die Erdgeschichte über einen sehr langen Zeitraum abgespielt hat. Geologische Prozesse variieren in ihrer Intensität, doch nur über sehr lange Zeit hinweg können sie imposante Landschaftsformen entstehen lassen oder auch zerstören (▶ Abbildung 1.5). Beispielsweise fanden Geologen heraus, dass einst Berge die Landschaft von Teilen Minnesotas, Wisconsins und Michigans prägten. Das heutige Erscheinungsbild dieser Region präsentiert sich mit niedrigen Hügeln und weiten Ebenen. Erosion trug nach und nach die Berggipfel ab. Schätzungen zufolge wurde der nordamerikanische Kontinent etwa 3 cm pro 1.000 Jahre abgetragen. Mit dieser Abtragungsrate hätte die Verwitterung bedingt durch Wasser, Wind und Eis 100 Mio. Jahre gebraucht, um ein 3.000 m hohes Gebirge abzutragen. Doch auch dieser Zeitraum ist relativ kurz, gemessen an der Erdgeschichte, da Gesteinsformationen Informationen enthalten, wonach es mehrere Zyklen von Gebirgsbildung und Abtragung auf der Erde gegeben hat.

Huttons bekannteste Aussage war die über die sich ständig verändernde Erde über große geologische Zeiträume hinweg. In seiner 1788 vollendeten Abhandlung, die in *Transactions of the Royal Society of Edinburgh* veröffentlicht wurde, erklärte er: „Das Ergebnis unserer gegenwärtigen Forschung zeigt, dass es keine Spur eines Anfangs und keine Aussicht auf ein Ende gibt." Die Bedeutung von Huttons grundlegendem Konzept wird in dem Zitat von William L. Stokes zusammengefasst:

In dem Sinne, dass Aktualismus ewig, mit unveränderten Gesetzmäßigkeiten und Prinzipien wirksam ist, dürfen wir behaupten, dass nichts aus unserem unvollständigen und dennoch weitreichenden Wissen dagegen spricht.

In den folgenden Kapiteln werden wir uns dem Aufbau und der Zusammensetzung unseres Planeten widmen sowie den Prozessen, die zu seiner Veränderung beitragen. Man sollte sich stets vor Augen halten, dass Merkmale von Landschaftsstrukturen, die wir jahrzehntelang beobachten können, unverändert erscheinen, doch im Verlauf einer Zeitspanne von 100, 1.000 oder sogar mehreren Millionen Jahren einer Veränderung unterliegen.

Geologische Zeiträume 1.4

Obwohl Hutton und andere erkannten, dass geologische Zeiträume außerordentlich lang sind, standen ihnen keine Methoden zur exakten Zeitbestimmung zu Verfügung.

1896 wurde die Radioaktivität entdeckt. Seit den ersten radioaktiven Datierungsversuchen 1905 wurde diese Methode stetig weiterentwickelt. Geologen können heutzutage ziemlich genau bestimmen, wann geologische Vorgänge stattgefunden haben. Beispielsweise wissen wir, dass Dinosaurier vor etwa 65 Mio. Jahren ausgestorben sind. Das Erdalter wird heute auf 4,5 Mrd. Jahre geschätzt.

1.4.1 Relative Zeitbestimmung und geologische Zeiteinteilung

Im Lauf des 19. Jahrhunderts, lange vor der Entdeckung der Radioaktivität, wurde unter Zuhilfenahme der Gesetzmäßigkeiten **relativer Datierung** eine geologische Zeiteinteilung entwickelt. Relative Datierung bedeutet: Ereignisse werden in richtiger Reihenfolge bzw. Sequenz eingeordnet, ohne Kenntnis ihres Alters. Dabei bedient man sich bestimmter Gesetzmäßigkeiten, wie etwa dem **Prinzip der Auflagerung**. Dieses besagt, dass sich in Sedimentschichten oder Lavaströmen die

Abbildung 1.5: Verwitterung und Erosion schufen diese imposanten Gesteinsformationen im Monument Valley, Arizona. Geologische Prozesse gehen oft so langsam vor sich, dass sie während der Zeitspanne eines Menschenlebens nicht sichtbar werden. (Foto: David Muench Photography, Inc.)

Abbildung 1.6: Dieser Gesteinsaufschluss befindet sich im Minnewaska State Park, New York. Das relative Alter dieser Gesteinsschichten kann durch Anwendung des Auflagerungsprinzips bestimmt werden. Die jüngsten Schichten liegen oben, die ältesten unten. (Foto: Carr Clifton)

jüngste Lage oben und die älteste unten befindet, vorausgesetzt, sie wurden durch keinen Vorgang umgedreht. Im Grand Canyon in Arizona findet man schöne Beispiele solcher Auflagerung. Die ältesten Gesteine befinden sich im unteren Teil der Schlucht, die jüngsten Schichten auf dem oberen Schluchtrand (siehe Kapitel 9 und Abbildung 15.2). Das Prinzip der Auflagerung bestimmt die Abfolge von Gesteinsschichten, trifft jedoch keine Aussage über ihr numerisches Alter (▶Abbildung 1.6). Heutzutage erscheinen solche Feststellungen als wenig entwickelt, aber vor 300 Jahren trugen sie zu einem bedeutenden Durchbruch der wissenschaftlichen Beweisführung bei, als es galt, eine nachvollziehbare Basis zur relativen Zeitdatierung zu schaffen.

Fossilien sind Überreste oder Spuren von Lebewesen aus der Vorzeit (▶Abbildung 1.7). Auch sie trugen zur Erstellung von geologischen Zeitmarken bei. Fossilien liefern die Grundlage der **Biostratigraphie**. Das bedeutet, *dass fossile Floren und Faunen in einer eindeutigen und bestimmbaren Ordnung aufeinanderfolgen.* Dementsprechend kann jede Zeitperiode anhand des Fossilinhalts eingeordnet werden. Durch jahrzehntelanges, arbeitsintensives Sammeln von Fossilien aus unzähligen Gesteinsschichten weltweit konnte diese Gesetzmäßigkeit erarbeitet werden. Nachdem die Biostratigraphie festgelegt war, konnten die Geologen Gesteine gleichen Alters auch von räumlich weit ausgedehnten Gebieten bestimmen und eine geologische Zeitskala erstellen (▶Abbildung 1.8). Dabei sollten Sie beachten, dass Einheiten, die dem gleichen Zeitalter angehören, nicht unbedingt die gleiche zeitliche Ausdehnung haben. Das Kambrium dauerte ca. 50 Mio. Jahre, im Vergleich zum Silur, das nur etwa 26 Mio. Jahre dauerte. Das ist deswegen so, weil sich die Grundlage, mit der die Zeittabelle erstellt

A.

B.

Abbildung 1.7: Fossilien sind wichtige Zeitzeugen für Geologen. Neben der relativen Datierung können Fossilen wichtige Hinweise auf die damaligen Umweltbedingungen liefern. **A.** Ein fossiler Fisch aus der eozänen Green River Formation, Wyoming. (Foto: John Cancalos/DRK Photo) **B.** Fossile Farne der kohlebildenden Pennsylvanian Period, St. Clair, Pennsylvania. (Foto: Breck p. Kent)

1.4 Geologische Zeiträume

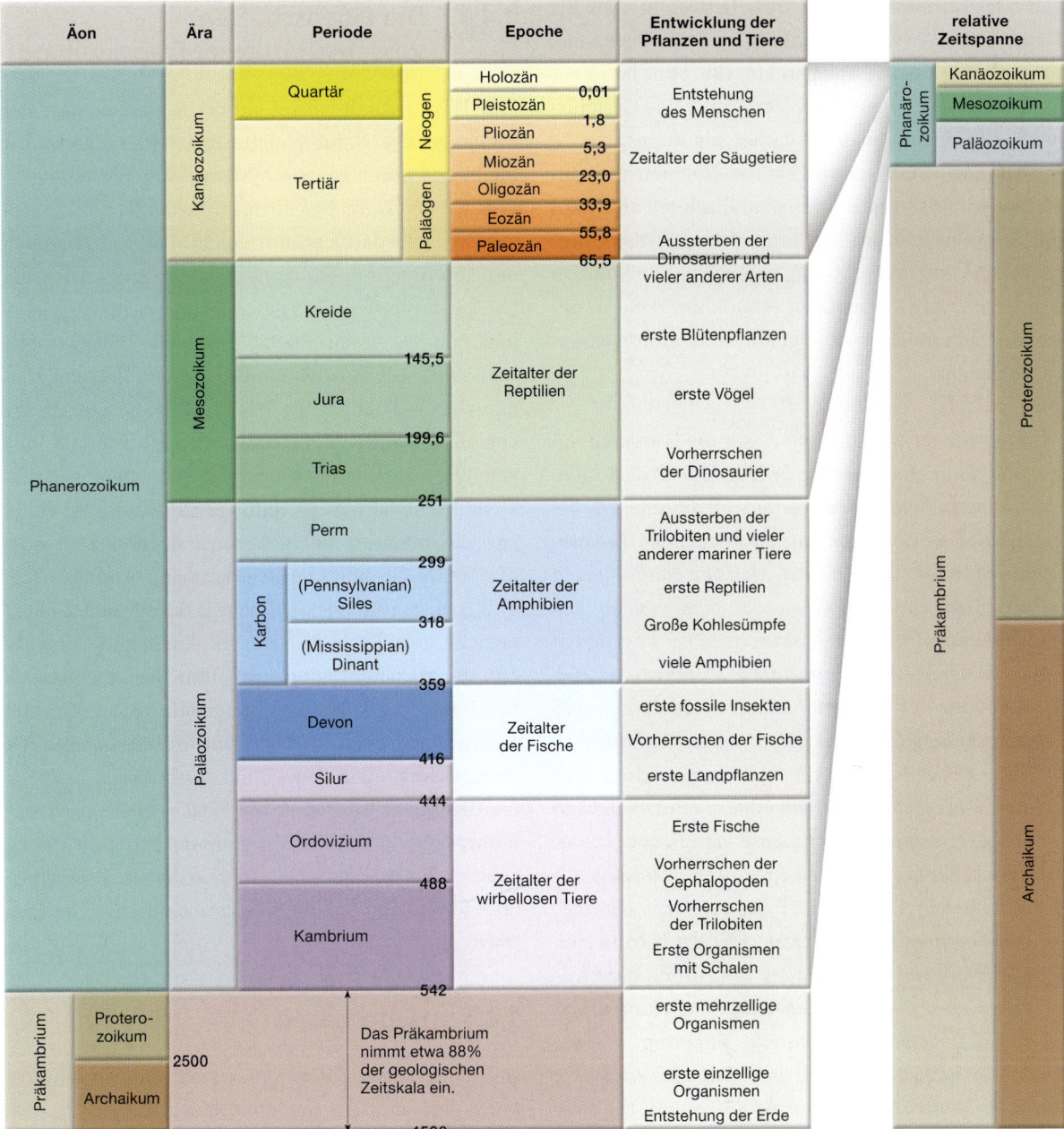

Abbildung 1.8: Die geologische Zeitskala. Die Zahlen benennen die Zeit in Millionen Jahren vor heute und wurden lange vor der Erstellung der Zeitskala durch relative Datierung erstellt. Das Präkambrium nimmt mehr als 88 Prozent der geologischen Zeitrechnung ein. (Daten von der Geological Society of America)

wurde, auf die ständig verändernden Lebensformen im Lauf der Zeit stützte und nicht auf den gleichmäßigen Rhythmus einer Uhr. Genaue Datierungen wurden der Zeitskala erst lange danach zugefügt. Ein Blick auf Abbildung 1.8 verrät, dass das Phanerozoikum in viel mehr Einheiten unterteilt ist als frühere Äonen und das, obwohl es nur ungefähr 12 Prozent der Erdgeschichte ausmacht. Die weit zurückliegenden Äonen sind nicht sehr detailliert auf der Zeitskala eingeteilt, weil nur äußerst spärliche Fossilienfunde für diese Zeitabschnitte verfügbar sind. Ohne Fossilreichtum in Gesteinen verlieren die Geologen ein wesentliches Instrument, um die Zeitskala sinnvoll in Unterabteilungen zu gliedern.

1.4.2 Die Größenordnung geologischer Zeit

Studierende der Geologie beschäftigen sich tagtäglich mit unermesslich großen Zeitspannen – mit Millionen oder Milliarden von Jahren. Betrachtet man die 4,5 Mrd. alte Geschichte der Erde im Zusammenhang, so erscheint einem Geologen ein 100 Mio. Jahre zurückliegendes Ereignis als „rezent" und eine Gesteinsprobe, die auf 10 Mio. Jahre datiert, als „jung".

Wie lange sind 4,5 Mrd. Jahre? Nehmen wir einmal an, wir fingen an zu zählen, und zählten eine Zahl pro Sekunde und das 24 Stunden lang, sieben Tage pro Woche und immer weiter, ohne Unterbrechung, so würde es zwei Generationen (150 Jahre) dauern, um 4,5 Mrd. zu erreichen. Es folgt ein weiterer interessanter Vergleich:

Wir nehmen ein Jahr und fügen die gesamten 4,5 Mrd. Jahre geologischer Erdgeschichte darin ein. In diesem Zeitrahmen würden die ältesten uns bekannten Gesteine bis März datiert. Erste Lebewesen im Meer erschienen im Mai. Die Landpflanzen und Tiere entwickelten sich Ende November. Die weitläufigen Sümpfe Pennsylvanias, aus denen Kohlelagerstätten hervorgingen, stünden etwa vier Tage lang auf voller Höhe ihrer Ausdehnung und zwar Anfang Dezember. Die Dinosaurier hätten ab Mitte Dezember die Erde beherrscht, wären aber am 26. Dezember verschwunden, etwa zeitgleich mit der ersten Hebungsphase der Rocky Mountains. Menschenähnliche Kreaturen traten irgendwann in den Abendstunden des 31. Dezembers auf. Das Kontinentaleis der letzten Eiszeit begann sich 1 Minute und 15 Sekunden vor Mitternacht aus dem Gebiet der Great Lakes und aus Nordeuropa zurückzuziehen. Das römische Imperium dauerte von 23:59:45 bis 23:59:50 und Kolumbus entdeckte Amerika drei Sekunden vor Mitternacht. Die Geologie, die durch das Werk von James Hutton zur Wissenschaft wurde, erlebte ihre Geburtsstunde weniger als eine Sekunde vor dem Ende eines ereignisreichen Jahres.

Die voranstehende Analogie ist nur eine von vielen in dem Versuch, die Größenordnung der geologischen Zeit zu verstehen. All dies ist zwar sehr hilfreich, doch es ist nur der Beginn auf dem Weg zum Verständnis der gewaltige Dimension der Erdgeschichte.[1]

---

1 Don. L. Eicher, *Geologic Time*, 2. Auflage (Englewood Cliffs, New Jersey: Prentice Hall 1978), S. 18 – 19.

1.4.3 Die Eigenschaften wissenschaftlicher Fragestellung

Jede Wissenschaft basiert auf der Annahme, dass das Verhalten der Natur gleichmäßig und vorhersehbar bleibt und durch genaue, systematische Forschung erfasst werden kann. Das übergeordnete Ziel der Wissenschaft besteht darin, grundlegende Muster zu erkennen und die Erkenntnisse dazu zu verwenden, Aussagen darüber zu treffen, was geschehen bzw. nicht geschehen könnte, vorausgesetzt bestimmte Sachverhalte und Umstände würden eintreffen. Zum Beispiel können Geologen durch ihr Wissen über die Entstehung von Öllagerstätten die günstigste Lage zur Erkundung von Ölvorkommen vorhersagen. Wichtiger als dies könnte die Vorhersage sein, welche Gegenden nicht zur Ölexploration geeignet sind, da dort kein oder nur wenig Öl gefunden werden kann. Die Entwicklung neuer wissenschaftlicher Erkenntnisse bezieht manche grundlegende, logisch ablaufende Vorgänge ein, die allgemein anerkannt sind. Um Ereignisse in der Natur zu bestimmen, sammeln Wissenschaftler Sachverhalte durch Beobachtung und Messungen. Da man Fehlerquellen dabei nicht ausschließen kann, ist die Genauigkeit mancher Messung oder Beobachtung immer fraglich. Dennoch sind diese Messwerte unentbehrlich für die Wissenschaft und dienen als Sprungbrett für die Entwicklung wissenschaftlicher Theorien (▶ Exkurs 1.1).

1.4.4 Hypothesen

Nachdem Sachverhalte gesammelt und Grundsätze formuliert wurden, um ein Naturphänomen zu beschreiben, versuchen die Forscher zu erklären, wie oder warum Dinge geschehen, die man beobachtet hat.

Oft wird dabei eine nicht bewiesene Erklärung abgegeben, die man als wissenschaftliche **Hypothese** oder **Modell** bezeichnet. Die Terminologie Modell wird häufig gleichbedeutend mit Hypothese verwendet, ist aber eine weniger genaue Bezeichnung, da sie manchmal verwendet wird, um eine wissenschaftliche Theorie zu beschreiben. Ein Wissenschaftler tut gut daran, mehr als eine Hypothese als Erklärung seiner Beobachtungsreihe zu formulieren. Sollte es einem einzelnen Wissenschaftler nicht gelingen, mehrere Modelle zu erstellen, werden fast immer andere Wissenschaftler eigene, alternative Hypothesen dazu fin-

1.4 Geologische Zeiträume

EXKURS 1.1 – DIE ERDE VERSTEHEN

■ **Die Erforschung der Erde aus dem All**

Wissenschaftliche Sachverhalte werden auf unterschiedliche Weise zusammengetragen. Dazu zählen Laborstudien, Beobachtungen in Geländearbeit und Messungen. Satellitenbilder (▶ Abbildung 1.A) sind weitere brauchbare Datenquellen. Derartige Darstellungen bieten Perspektiven an, die man nur schwer durch konventionelle Datengewinnung erhalten könnte. Außerdem ermöglichen hochpräzise Messgeräte an Bord der Satelliten das Sammeln von Informationen aus abgelegenen Gegenden, über die andernfalls kaum Daten vorliegen würden. Das Satellitenbild auf Abbildung 1.A wurde mit dem Wärmeemissions- und Reflektions- Radiometer ASTER (Advanced Spaceborn Thermal Emission and Reflection Radiometer) gewonnen. Da verschiedene Materialarten auf unterschiedliche Weise aus- und abstrahlen, kann ASTER detaillierte Informationen über die Zusammensetzung der Erdoberfläche liefern. Die Abbildung 1.A zeigt eine dreidimensionale Aufnahme vom Death Valley, Kalifornien, mit nördlicher Blickrichtung. Die Daten wurden per Computer verstärkt, um die Farbunterschiede stärker hervorzuheben und die verschieden zusammengesetzte Oberflächenbedeckung zu verdeutlichen. Salzablagerungen am Fuße des Death Valley erscheinen in den Farbschattierungen gelb, grün, lila und rosa. Das weist auf das Vorhandensein calcium-, sulfat- und chloridhaltiger Mineralien hin. Die Panamint-Bergkette im Westen (links) und die Black Mountains im Osten bestehen aus Sedimenten, nämlich aus Kalkstein, Sandstein und Schiefer sowie aus metamorphen Gesteinen. Die knallroten Stellen weisen auf eine Dominanz des Minerals Quarz hin, wie es in Sandsteinen vorkommt. Im unteren Mittelpunkt des Bildes liegt Badwater, der tiefste Punkt Nordamerikas.

▶ Abbildung 1.B stammt von der Messung tropischer Regenfälle TRMM (Tropical Rainfall Measuring Mission) der NASA. Die Verteilung von Regenfällen auf dem Land wurde unter Zuhilfenahme von Bodenradar und anderen Messgeräten mehrere Jahre lang beobachtet. Die TRMM-Satellitenmessungen eröffnen uns neue Möglichkeiten der Informationssammlung von Niederschlagsdaten. Zusätzlich verfügt der Satellit über äußerst genaue Messmöglichkeiten für Regenfälle über dem Meer, wie sie durch auf dem Land stationierte Messgeräte nicht aufgezeichnet werden könnten. Das ist besonders wichtig, da der größte Teil des Regens auf der Erde auf tropischen Meeresgebieten niedergeht und der durch Regenfälle bedingte Wärmeaustausch Energie liefert, die für unsere Erde wetterbestimmend ist. Bevor es TRMM gab, war die Information über Regenfälle in den Tropen spärlich. Diese Daten sind notwendig, um globale Klimaveränderungen verstehen und Vorhersagen darüber treffen zu können.

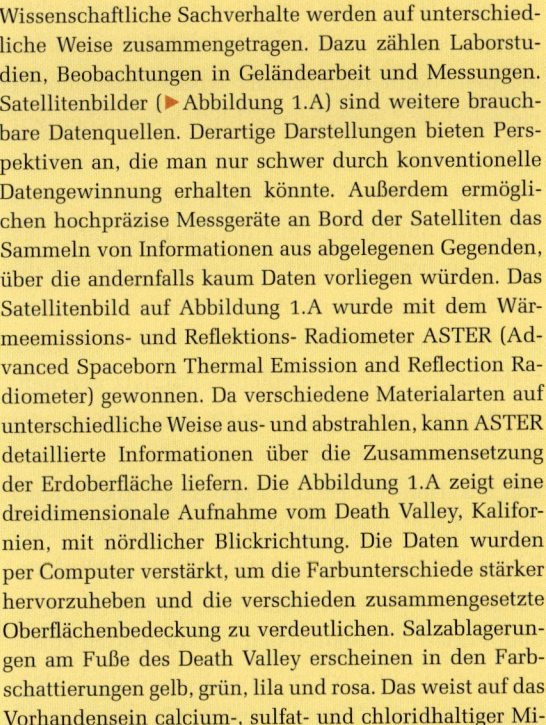

Abbildung 1.A: Das Satellitenbild gibt detaillierte Informationen über die Zusammensetzung der Oberflächenmaterie des Death Valley, Kalifornien. Es wurde durch die Überlagerung thermischer Infrarotmessdaten der Nacht vom 7. April 2000 mit topographischen Daten vom amerikanischen „Geological Survey" erstellt. (Das Foto wurde dankenswerterweise von der NASA zur Verfügung gestellt.)

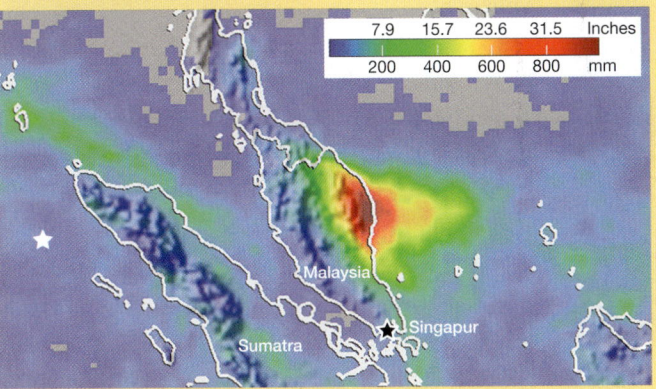

Abbildung 1.B: Diese Niederschlagskarte (Regen) vom 7. bis 13. Dezember 2004 in Malaysia wurde durch die Verwendung von TRMM-Daten erstellt. Über 800 mm Regen gingen an der Ostküste der Halbinsel (dunkles Rot) nieder. Die außergewöhnlich starken Regenfälle verursachten große Überflutungen und Erdrutsche. (NASA/TRMM Image)

den. Meist entsteht aus den kontroversen Ansichten eine lebhafte Diskussion. Das hat zur Folge, dass die Befürworter der gegensätzlichen Modelle umfassende Forschungsarbeiten ausführen. Die Forschungsergebnisse werden einem breiten wissenschaftlichen Publikum in Veröffentlichungen zugänglich gemacht. Eine Hypothese muss eine Reihe objektiver Testverfahren und kritische Untersuchungen überstehen, bis sie als wissenschaftliche Tatsache anerkannt wird. Erweist sich eine Hypothese als nicht verifizierbar, hat sie keinen wissenschaftlichen Nutzen, wie interessant sie auch sein mag. Im Zuge der Überprüfung werden die auf dem Modell basierenden *Vorhersagen* mit objektiven Beobachtungen aus der Natur verglichen. Um es anders auszudrücken, Hypothesen müssen auch mit Beobachtungen übereinstimmen, die nicht zur Formulierung der Hypothese verwendet wurden. Diejenigen Hypothesen, die an den strengen Testverfahren scheitern, werden endgültig aufgegeben. Eine derartige allgemein bekannte Hypothese war jene, welche die Erde als Zentrum des Universums sah – eine Annahme, die durch die scheinbare Bewegung der Sonne, des Mondes und der Sterne um die Erde entstand. Der Mathematiker Jacob Bronowski drückt sich dazu sehr geschickt aus: „Wissenschaft besteht aus vielen Dingen, die immer wieder auf eines zurückkommen. Sie lässt das, was funktioniert, gelten und weist alles andere zurück."

1.4.5 Theorie

Hat eine Hypothese eingehende Prüfungen überstanden und sind konkurrierende Modelle ausgeschlossen worden, dann wird sie als wissenschaftliche **Theorie** erhoben. Umgangssprachlich gebrauchen wir den Satz: „Das ist doch nur Theorie." Aber eine wissenschaftliche Theorie ist eine gut geprüfte, weithin anerkannte Sichtweise, mit der beobachtbare Sachverhalte am besten erklärt werden können und der die Forschungsgemeinschaft zustimmt. An Theorien, die gut dokumentiert sind, wird mit großer Überzeugung festgehalten. Theorien solchen Formats nehmen eine Sonderstellung ein. Sie werden **Paradigmen** genannt, da sie viele Zusammenhänge in der Natur erklären können. Die Theorie der Plattentektonik ist ein Paradigma der Geowissenschaften. Sie bildet das Gedankengerüst, mit dem Gebirgsbildung, Erdbeben und vulkanische Aktivität verstanden werden können. Zudem erklärt die Plattentektonik die Entwicklung von Kontinenten und ozeanischer Becken im Verlauf der Zeit. Auf dieses Thema werden wir später in diesem Kapitel eingehen.

1.4.6 Wissenschaftliche Methodik

Den gerade beschriebenen Vorgang, bei dem Forscher Sachverhalte durch Beobachtungen und wissenschaftliche Hypothesen zusammentragen, bezeichnet man als **wissenschaftliche Methodik**.

Es gibt keine festgelegte Vorgehensweise, die von Wissenschaftlern angewandt wird, um unfehlbar zu wissenschaftlicher Erkenntnis zu gelangen. Dennoch lehnen sich viele Forschungsvorhaben an folgendes Muster an:

- Sammlung von Sachverhalten durch Beobachtungen und Messungen (▶ Abbildung 1.9).
- Entwicklung einer oder mehrerer Arbeitshypothesen bzw. Modelle, die diese Sachverhalte erklären können.
- Die Entwicklung von Beobachtungsmethoden und Versuchsreihen, um die Hypothese zu überprüfen.
- Die Anerkennung, Modifikation oder Verwerfung eines Modells, das gründlichen Prüfungen unterzogen wurde (▶ Exkurs 1.2).

Abbildung 1.9: Dieser Geländegeologe kontrolliert einen Seismographen. (Foto: Andrew Raffkind/Getty Images Inc.-Stone Allstock)

1.4 Geologische Zeiträume

EXKURS 1.2 – DIE ERDE VERSTEHEN
■ **Bewegen sich Gletscher? Die Anwendung der wissenschaftlichen Methodik**

Die Erforschung der Gletscher liefert ein frühes Beispiel für die Anwendung der wissenschaftlichen Methodik. In den schweizerischen und den französischen Alpen gibt es, hoch gelegen, kleine Gletscher in oberen Teilen mancher Täler. Im späten 18. und frühen 19. Jahrhundert meinten ortsansässige Bauern, dass die Gletscher in den Hochtälern einst viel ausgedehnter gewesen seien und viel weiter hinunter in die Täler reichten. Sie stützten ihre Behauptung mit der Tatsache, dass die Talsohle mit kantigem Geröll und Geschiebe übersät war, dem gleichen Material, das man auf und nahe dem Gletscher in den höheren Regionen finden konnte. Obwohl die Erklärung dieser Beobachtung logisch erschien, waren andere nicht davon überzeugt, dass Hunderte von Metern dicke Eismassen in Bewegung geraten könnten. Durch ein einfaches Experiment, das die Hypothese der Fließfähigkeit des Eises prüfen sollte, wurde dieser Streit beigelegt. Quer über einen alpinen Gletscher wurden gerade Markierungslinien gelegt. Die Ausgangsposition der Linien wurde ebenso an den Talseiten markiert, so dass eventuelle Eisbewegungen nachvollzogen werden konnten. Nach ein oder zwei Jahren zeigte sich ein klares Ergebnis. Die Markierungslinien hatten sich talabwärts bewegt, was bewies, dass sich Gletscher tatsächlich bewegen. Zusätzlich zeigte das Experiment, dass das Eis eines Gletschers nicht einheitlich fließt, sondern sich im Zentrum schneller bewegt als an den Rändern. Obwohl die Bewegung der meisten Gletscher zu langsam ist, um mit bloßem Auge wahrgenommen zu werden, bewies das Experiment, dass eine Fließbewegung dennoch auftritt. In den folgenden Jahren wurde dieses Experiment viele Male mit größerer Genauigkeit und modernen Messmethoden wiederholt. Jedes Mal wurden die einfachen Korrelationen der vorhergehenden Versuche bestätigt. Das Experiment, das ▶Abbildung 1.C zeigt, wurde im späten 19. Jahrhundert am Rhone-Gletscher in der Schweiz durchgeführt. Dabei wurde nicht nur die Bewegung der Markierungslinien verfolgt, sondern auch die Position der Gletscherstirn kartiert. Beachten Sie bitte, dass sich die Gletscherstirn insgesamt zurückzieht, trotz der Vorwärtsbewegung des Eises innerhalb des Gletschers. Wie so oft schon in der Wissenschaft geschehen, gewinnt man durch Versuche und Beobachtungen, die zur Feststellung einer Hypothese ausgelegt waren, neue Informationen, die weiterer Analyse und Erklärung bedürfen.

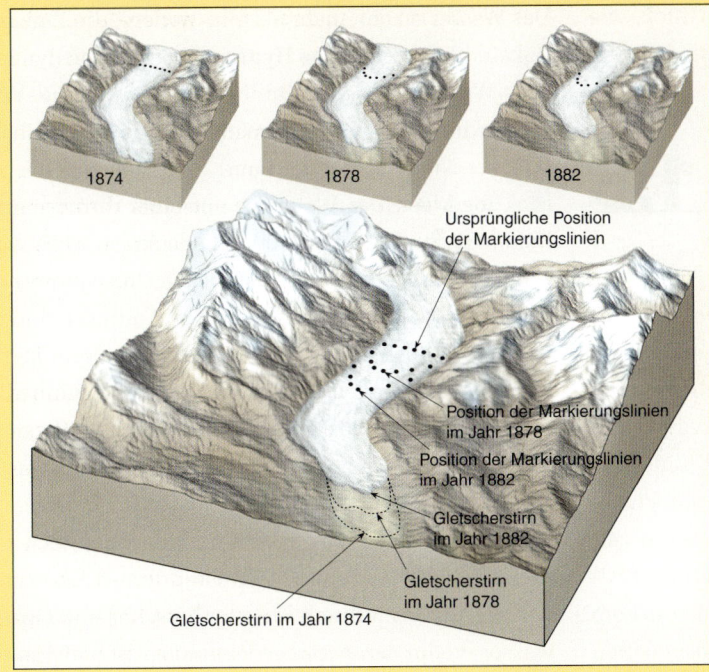

Abbildung 1.C: Bewegung des Eises und Veränderungen der Gletscherstirn am Rhone-Gletscher, Schweiz. In diesem klassischen Versuch mit einem Talgletscher zeigt die Bewegung der Markierungslinien ganz deutlich, dass Eis sich bewegt und dass die Bewegung an den Seiten des Gletschers langsamer als im Zentrum ist. Beachten Sie bitte, dass sich die Gletscherstirn insgesamt zurückzieht, trotz der Vorwärtsbewegung des Eises innerhalb des Gletschers.

Andere wissenschaftliche Entdeckungen, die eingehende Prüfungen überstehen, können aus rein theoretischen Annahmen resultieren.

Manche Forscher verwenden Hochgeschwindigkeits-Computer, um die „Realität" zu simulieren. Solche Modelle sind dann brauchbar, wenn sie sich mit natürlichen Vorgängen befassen, die sich über einen sehr langen Zeitraum erstrecken oder unter extremen Bedingungen oder in unzugänglichen Gegenden stattfinden. Darüber hinaus können auch bei Versuchen,

> **Studenten fragen manchmal …**
>
> **In der Vorlesung haben Sie eine Hypothese mit einer Theorie verglichen. Wie unterscheiden sich beide von einer wissenschaftlichen Gesetzmäßigkeit?**
>
> Ein wissenschaftliches Gesetz, das ein bestimmtes Verhalten in der Natur beschreibt, ist generell sehr eng gesteckt und kann knapp ausgedrückt werden – oft durch eine mathematische Gleichung. Da wissenschaftliche Gesetze immer und immer wieder mit Beobachtungen und Messungen übereinstimmen, werden sie selten verworfen. Jedoch können Gesetze verändert werden, um neue Erkenntnisse einzubeziehen. Beispielsweise sind die Newton'schen Gesetze zur Bewegung für einfache Anwendungen brauchbar (die NASA gebraucht sie zur Berechnung von Satellitentrajektorien), aber sie verlieren ihre Gültigkeit bei Geschwindigkeiten nahe der Lichtgeschwindigkeit. Deswegen wurden sie durch Einsteins Relativitätstheorie ersetzt.

die völlig unerwartete Ergebnisse liefern, wissenschaftliche Fortschritte gemacht werden. Derartige zufällige Entdeckungen sind mehr als pures Glück, wie Louis Pasteur sagte: „Bei Beobachtungen begünstigt der Zufall nur einen wachen Verstand."

1.5 Die Erdsphären

Das klassische Bild der Erde, wie es ▶Abbildung 1.10A zeigt, bot den Astronauten von *Apollo 8* und der restlichen Menschheit eine einzigartige Perspektive unseres Zuhauses. Vom Weltraum aus gesehen besitzt die Erde eine atemberaubende Schönheit und erstaunt durch ihre Einzigartigkeit. Dieser Eindruck erinnert uns daran, dass unser Zuhause ein Planet ist, klein, autark und doch in mancher Hinsicht zerbrechlich. Je näher wir uns unseren Planeten vom All aus betrachten, desto deutlicher wird, dass unsere Erde aus viel mehr als nur Gestein und Erdschichten besteht (▶Abbildung 1.10B). Tatsächlich sind nicht die Wolken die auffälligsten Merkmale, sondern die in sich gewirbelten Wolken über der Oberfläche und dem riesigen, weltumspannenden Ozean. Das hebt die Wichtigkeit von Luft und Wasser für unseren Planeten hervor. Betrachtet man die Erde vom Weltraum aus, wie in Abbildung 1.10B, so erkennt man, warum unsere physikalische Umgebung seit jeher in drei Hauptkomponenten unterteilt wird. Den Wasseranteil unseres Planeten bezeichnet man als Hydrosphäre, die Gasumhüllung bildet die Atmosphäre und die Erde selbst umfasst die Geosphäre. An dieser Stelle muss man betonen, dass unsere Umwelt von diesen Komponenten integrativ beeinflusst, also weder durch Gestein, Wasser oder Luft dominiert wird. Charakteristisch dafür ist die fortwährende Interaktion, wenn Luft in Kontakt mit Gestein, Gestein mit Wasser und Wasser mit Luft kommt. Zudem spielt die Biosphäre, also die Gesamtheit alles pflanzlichen und tierischen Lebens auf unserem Planeten eine Rolle. Mit allen drei physikalischen Komponenten zusammen bildet die Biosphäre eine Einheit und ist damit auch ein integrativ gleichwertiger Teil unseres Planeten. Demzufolge kann man sich die Erde aus vier Sphären bestehend vorstellen. Die gegenseitige Beeinflussung der vier Erdsphären ist nicht berechenbar. In ▶Abbildung 1.11 sehen wir ein dafür eindrucksvolles Beispiel.

1.5.1 Hydrosphäre

Die Erde wird manchmal der *blaue* Planet genannt. Das Wasser macht, mehr als alles andere, die Einzigartigkeit der Erde aus. Die **Hydrosphäre** ist eine dynamische Wassermasse, kontinuierlich in Bewegung. Wasser verdunstet von den Ozeanen in die Atmosphäre, fällt als Niederschlag an Land und fließt wieder zurück ins Meer. Das Weltmeer mit einer durchschnittlichen Tiefe von etwa 3.800 m bedeckt ca. 71 Prozent der Erdoberfläche und ist sicherlich das prominenteste Merkmal der Hydrosphäre. Im Weltmeer sind ca. 97 Prozent des Wassers auf der Erde enthalten. Zu der Hydrosphäre zählen auch unterirdisches Süßwasser und das Wasser aus Flüssen, Seen und Gletschern. Wasser ist ein wichtiger Bestandteil aller Lebewesen. Die Süßwasservorkommen machen nur einen winzigen Bruchteil des Ganzen aus und sind dennoch von sehr großer Bedeutung. Das Wasser, das so lebensnotwendig ist, formt durch Flüsse, Gletscher und Grundwasser viele der verschiedenen Landschaftsformen auf der Erde.

1.5.2 Atmosphäre

Die Erde wird von einer Leben schützenden, gasförmigen Schicht, der **Atmosphäre**, umhüllt. Verglichen mit dem Festkörper der Erde ist die Atmosphäre dünn

1.5 Die Erdsphären

A.

B.

Abbildung 1.10: A. Diese Sicht erwartete die Astronauten von Apollo 8, als sie mit ihrem Raumschiff hinter dem Mond hervorkamen. (NASA Hauptquartier) **B.** Afrika und die arabische Halbinsel sind auf diesem Bild der Erde deutlich zu sehen, das von *Apollo 17* gemacht wurde. Die bräunliche wolkenfreie Zone auf dem Land ist über großen Wüstengebieten zu sehen. Das Wolkenband quer über Zentralafrika wird durch das viel feuchtere Klima des tropischen Regenwaldes hervorgerufen. Das dunkle Blau der Ozeane und die rotierenden Wolken erinnern uns an die Bedeutung der Ozeane und der Atmosphäre. Die Antarktis, der eisbedeckte Kontinent, ist am Südpol sichtbar. (NASA/Science Source/Photo Researchers, Inc.)

Abbildung 1.11: Die Küste ist offensichtlich ein Ort, an dem Gestein, Wasser und Luft zusammentreffen. In dieser Szene brechen Meereswellen durch den Sog von über dem Wasser bewegter Luft an den Felsen der Küste. Die Kraft des Wassers kann enorm stark sein und die dadurch entstehende Erosion sehr tiefgreifend.

und zart. Die Hälfte der Atmosphäre befindet sich unterhalb einer Höhe von 5,6 km und 90 Prozent sind innerhalb von 16 km ab der Erdoberfläche anzutreffen. Im Vergleich dazu beträgt der Radius des Festkörpers der Erde (die Entfernung zwischen der Erdoberfläche und dem Erdzentrum) etwa 6.400 km. Trotz der bescheidenen Dimensionen ist die Atmosphäre ein integraler Bestandteil des Planeten. Zum einen versorgt sie uns mit der Luft, die wir atmen, zum anderen schützt sie uns vor zu großer Hitze der Sonne und vor gefährlicher, ultravioletter Strahlung. Der kontinuierliche Energieaustausch, der zwischen der Atmosphäre und der Erdoberfläche stattfindet, ist ursächlich für Wetter und Klima. Hätte die Erde, wie der Mond, keine Atmosphäre, wäre kein Leben möglich, und viele Prozesse und Wechselwirkungen, die dynamisch auf die Erdoberfläche einwirken, könnten nicht stattfinden. Ohne Verwitterungs- und Erosionsvorgänge wäre unser Planet sehr mondähnlich. Die Oberfläche des Mondes hat sich in den letzten 3 Mrd. Jahren nicht wesentlich verändert.

1.5.3 Biosphäre

Die **Biosphäre** umfasst alles Leben auf der Erde. Das Leben im Ozean konzentriert sich in den von Sonnenstrahlen durchdrungenen Wasserschichten der Oberfläche. Auch an Land findet man die meisten Lebensformen nahe der Oberfläche. Baumwurzeln und grabende Tiere erreichen wenige Meter unterhalb der Oberfläche, Vögel und fliegende Insekten können bis in 1 km Höhe in die Atmosphäre gelangen. Doch auch an extreme Umweltbedingungen hat sich eine überraschende Vielfalt an Lebensformen angepasst. Beispielsweise am Ozeanboden, in lichtloser Tiefe, unter extrem hohem Druck, wo heiße mineralreiche Flüssigkeiten von Schloten ausgestoßen werden, gibt es exotische Lebensformen. An Land gedeihen Bakterien in 4 km Tiefe im Gestein und selbst in kochend heißen Quellen. Des Weiteren können Luftströmungen winzige Mikroorganismen über viele Kilometer in die Atmosphäre tragen. Auch wenn wir diese extremen Lebensräume mit in Betracht ziehen, ist das Leben auf der Erde eng an die Oberfläche gebunden. Pflanzen und Tiere sind wegen ihrer grundlegenden Lebensbedürfnisse von der physikalischen Umgebung abhängig. Dennoch reagieren die Organismen nicht nur auf ihre physikalische Umgebung. Tatsächlich beeinflusst die Biosphäre die anderen drei Sphären ganz gewaltig. Ohne Leben wären Geosphäre, Hydrosphäre und Atmosphäre völlig anders gestaltet.

1.5.4 Geosphäre

Direkt an die Atmosphäre und die Ozeane anschließend folgt der feste Erdkörper, die **Geosphäre**. Sie erstreckt sich von der Oberfläche bis zum Zentrum des Planeten mit einem Radius von fast 6.400 km und ist die deutlich größte der vier Erdsphären. Die meisten unserer Untersuchungen konzentrieren sich auf den zugänglichen Bereich der Oberflächenmerkmale. Glücklicherweise repräsentieren viele dieser Merkmale das äußere Bild des dynamischen Verhaltens des Erdinneren. Durch die Untersuchung dieser Oberflächenmerkmale und ihrer globalen Ausdehnung können wir Rückschlüsse auf die dynamischen Prozesse ziehen, die unseren Planeten geformt haben. Im weiteren Verlauf des Kapitels werden wir uns dem Aufbau des Erdinneren sowie hervorstechenden Oberflächenmerkmalen widmen. Die Bodenbedeckung, die dünne Schicht der Erdoberfläche, die für den Pflanzenwuchs verantwortlich ist, kann man als Mischung aller vier Sphären betrachten. Der feste Anteil davon ist eine Mischung aus verwitterten Gesteinspartikeln, auch Detritus genannt (Geosphäre), und organischem Material von zersetzten Pflanzen und Tieren (Biosphäre). Detritus entsteht durch Verwitterungsprozesse, bei welchen Luft (Atmosphäre) und Wasser (Hydrosphäre) benötigt werden. Zudem besetzen Wasser und Luft die Zwischenräume der festen Partikel.

1.6 Die Erde als System

Jeder, der sich mit der Erde befasst, wird bald erkennen, dass unser Planet ein dynamischer Körper mit vielen getrennten, aber dennoch zusammenwirkenden Teilen oder *Sphären* ist. Die Hydrosphäre, die Atmosphäre, die Biosphäre und die Geosphäre sowie alle ihnen zugehörigen Komponenten können untersucht werden. Jedoch sind die Sphären nicht voneinander abgetrennt, sondern in irgendeiner Weise miteinander verbunden. So bilden sie ein komplexes, ständig in Wechselwirkung stehendes Ganzes, das wir *Erdsystem* nennen.

1.6.1 Die Wissenschaft des Erdsystems

Ein einfaches Beispiel der Wechselwirkung der verschiedenen Komponenten des Erdsystems, die miteinander in Wechselwirkung stehen, bietet die Bergregion des südlichen Kaliforniens. In jedem Winter verdunstet Wasser vom Pazifischen Ozean und regnet dann auf den Hügeln des bergigen Gebiets ab, was zu Erdrutschen führt. Dieser Prozess, bei dem Wasser aus der Hydrosphäre aufgenommen und der Geosphäre zugeführt wird, hat oft eine heftige Auswirkung auf Pflanzen, Tiere und Menschen, die in der betroffenen Region angesiedelt sind. Wissenschaftler haben erkannt, dass man untersuchen muss, wie das Zusammenspiel der einzelnen Sphären (Land, Wasser, Luft und Lebensformen) funktioniert, um unseren Planeten besser verstehen zu können. Dieses Vorhaben, das Wissenschaft des Erdsystems genannt wird, zielt auf die Erforschung der Erde als System, bestehend aus zahlreichen und miteinander in Wechselwirkung stehenden Komponenten oder Untersystemen. Die

1.6 Die Erde als System

Abbildung 1.12: Dieser gewaltige Erdrutsch auf der philippinischen Insel Leyte im Februar 2006 wurde von heftigen Regenfällen ausgelöst. Dies ist ein einfaches Beispiel für Wechselwirkungen verschiedener Komponenten des Erdsystems. (Foto: AP Foto/Wally Santana)

Anwender der **Erdsystemwissenschaft** wollen eine Verständnisebene erreichen, mit der unsere globalen Umweltprobleme erfasst und gelöst werden können.

Was ist ein System? Wir wissen, dass unsere Erde nur ein winziger Bestandteil eines großen Systems, des Sonnensystems ist. Dieses gehört wiederum als Untersystem zu einem noch größeren System – einer Galaxie, der so genannten Milchstraße. Grob gesagt, kann ein **System** aus einer beliebig großen Gruppe von Komponenten bestehen, die sich gegenseitig beeinflussen. Die meisten natürlichen Systeme werden durch Energiequellen bewegt, die Materie oder Energie von einem Ort zu anderen bringen. In einfacher Analogie kann man das Kühlsystem eines Autos betrachten. Die Kühlflüssigkeit (normalerweise aus Wasser und Frostschutzmittel bestehend) wird vom Motor zum Kühler und wieder zurück transportiert. Ziel dieses Systems ist es, die Wärme, die bei der Verbrennung von Kraftstoff im Motor entsteht, zum Kühler zu transportieren. Dort entfernt die sich bewegende Luft die Wärme aus dem System. Deswegen wird es als Kühlsystem bezeichnet. Derartige Systeme (wie das Kühlsystem eines Autos) sind im Hinblick auf die Materie in sich geschlossen und werden als **geschlossene Systeme** bezeichnet. Obwohl sich die Energie frei bewegen kann, also in das geschlossene System hineingelangen und es wieder verlassen kann, ist die Materie dazu nicht in der Lage (wie die Kühlflüssigkeit beim Auto, vorausgesetzt, der Kühler hat kein Loch). Im Gegensatz dazu handelt es sich bei natürlichen Systemen um **offene Systeme**, die weitaus komplizierter sind als das vorher beschriebene Beispiel. In einem offenen System bewegen sich Energie und Materie hinein und hinaus. Bei einem Wettersystem, beispielsweise bei einem Orkan, können die verschiedenen Faktoren, wie die Menge des Wasserdampfes, der für die Wolkenbildung zu Verfügung steht, die frei gewordene Wärme durch die Wasserkondensation und die Luft, die sich in den Sturm hinein und wieder hinaus bewegt, stark variabel sein. Manchmal wird der Sturm stärker, manchmal kann er stabil bleiben und sich abschwächen.

Rückkopplungsmechanismen (Feedback Mechanisms) Die meisten natürlichen Systeme besitzen Mechanismen, die dazu neigen, Veränderungen zu unterstützen, genauso wie andere Mechanismen den Veränderungen entgegenwirken und somit das System stabilisieren. Wird es uns zum Beispiel zu heiß, beginnen wir zu schwitzen, um uns abzukühlen. Dieses Abkühlungsphänomen tritt auf, um unsere normale Körpertemperatur zu erhalten, und ist als **negativer**

Rückkopplungsmechanismus zu verstehen. Negative Rückkopplungsmechanismen treten auf, um ein System so zu erhalten, wie es ist, oder anders ausgedrückt, um den Status quo zu erhalten. Gegensätzlich dazu sind Mechanismen, die eine Veränderung hervorrufen oder verstärken. Sie werden als **positiver Rückkopplungsmechanismus** bezeichnet. Die meisten Systeme auf der Erde, insbesondere das Klimasystem, enthalten viele positive und negative Rückkopplungsmechanismen. Beispielsweise weisen fundamentale wissenschaftliche Belege darauf hin, dass sich die Erde in einer Periode globaler Erwärmung befindet. Eine der Folgen globaler Erderwärmung ist die Abschmelzung der Gletscher und des Eises auf den Polkappen. Die hoch reflektierenden schnee- und eisbedeckten Oberflächen werden allmählich durch braune Bodenbedeckung, grüne Bäume oder blauen Ozean ersetzt. Durch die dunklere Farbe wird mehr Sonnenlicht absorbiert. Das führt zu einem positiven Rückkopplungsmechanismus und trägt weiter zur globalen Erwärmung bei. Andererseits wird durch die Erhöhung der Erdtemperatur mehr Wasser auf der Erde verdunstet. Die größere Menge an Wasserdampf in der Luft führt zu verstärkter Wolkenbildung. Die weiße Wolkenoberfläche ist hoch reflektierend. Dadurch wird mehr Sonnenlicht in den Weltraum zurückgeworfen. Das wiederum verringert den Anteil des Sonnenlichts, das auf der Erdoberfläche auftrifft, und führt zur Reduzierung der Erdtemperatur. Außerdem regen wärmere Temperaturen das Pflanzenwachstum stärker an. Pflanzen nehmen Kohlendioxid (CO_2) aus der Luft auf. Da CO_2 zu den *Treibhausgasen* der Atmosphäre gehört, hat die Beseitigung von CO_2 einen negativen Effekt auf die globale Erwärmung.[2] Zu den natürlichen Prozessen kommen menschliche Aktivitäten hinzu. Extensive Abholzung des tropischen Regenwaldes sowie die Nutzung fossiler Brennstoffe (Erdöl, Erdgas und Kohle) führen zu einer Erhöhung von CO_2 in der Atmosphäre. Diese Verhaltensweisen sind für die Erhöhung der globalen Temperatur, so wie sie momentan auf unserem Planeten stattfindet, mit verantwortlich. Eine herausfordernde Aufgabe der Erdsystemwissenschaftler ist, eine Vorhersage für das Klima in der Zukunft zu machen und dabei die vielen Variablen (technologische Veränderungen, Bevölkerungswachstum und die zahlreichen positiven und negativen Rückkopplungsmechanismen) mit einzubeziehen. Kapitel 21 *Globale Klimaveränderung* geht detailliert auf dieses Thema ein.

1.6.2 Das System Erde

Das Erdsystem besitzt eine endlose Reihe an Untersystemen, in welchen Materie immer und immer wieder weiterverwendet (recycled) wird (▶ Abbildung 1.13). In Kapitel 7 werden Sie ein Beispiel dafür kennenlernen. Dort folgen wir dem Kreislauf von Kohlenstoff durch alle vier Erdsphären. Beispielsweise sind das CO_2 aus der Luft und der Kohlenstoff in Lebewesen sowie in bestimmten Sedimentgesteinen Bestandteile eines Untersystems, das als *Kohlenstoffzyklus* bezeichnet wird.

Kreisläufe im System Erde Ein etwas bekannterer Zyklus ist der Kreislauf mit seiner Zirkulation des verfügbaren Wassers auf der Erde zwischen Hydrosphäre, Atmosphäre, Biosphäre und Geosphäre. Wasserdampf tritt durch Verdunstung von der Erdoberfläche und Transpiration der Pflanzen in die Atmosphäre ein. Der Wasserdampf verdichtet sich in der Atmosphäre und bildet Wolken, aus welchen Niederschläge auf die Erdoberfläche niedergehen. Ein Teil der Niederschläge fällt auf den Boden und wird dort von Pflanzen aufgenommen, oder er versickert und wird zu Grundwasser. Der andere Teil fließt auf der Oberfläche dem Meer zu. Über einen langen Zeitraum hinweg betrachtet werden die Gesteine der Geosphäre ständig geformt, verformt oder verändert (Abbildung 1.13). Dieser Zyklus wird Gesteinskreislauf genannt und etwas später in diesem

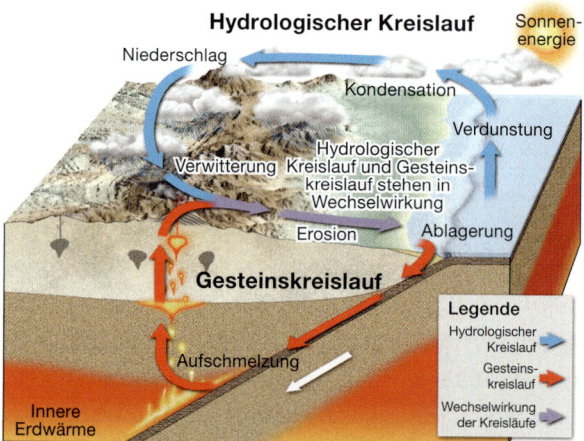

Abbildung 1.13: Die Kreisläufe des Erdsystems, wie der Wasserkreislauf oder der Gesteinskreislauf, sind unabhängig voneinander, haben aber viele gemeinsame Grenzflächen. Mit Grenzfläche bezeichnet man eine Grenze, an der mehrere Bestandteile eines Systems miteinander in Berührung kommen und miteinander reagieren.

---

[2] „Greenhouse"-Gase absorbieren die Wärme, die von der Erde emittiert wird, und halten so die Atmosphäre warm.

Kapitel betrachtet. Die Kreisläufe des Erdsystems, wie der Wasserkreislauf oder der Gesteinskreislauf, sind unabhängig voneinander, haben aber viele gemeinsame Grenzflächen. Mit **Grenzfläche** bezeichnet man eine Grenze, an der mehrere Bestandteile eines Systems miteinander in Berührung kommen und miteinander reagieren. Abbildung 1.13 zeigt beispielsweise, wie durch Verwitterung an der Oberfläche festes Gestein zerfällt und zersetzt wird. Durch Schwerkraft und fließendes Wasser wird dieses Material schließlich zu einer anderen Stelle transportiert und dort abgelagert. Grundwasser, das durch diesen Detritus sickert, lagert mineralhaltige Materie ab, welche die einzelnen Körner in Matrix bindet und wieder festes Gestein entstehen lässt. Meist handelt es sich um ein völlig anderes Gestein als das Ausgangsgestein. Die Transformation eines Gesteins in ein anderes wäre ohne die Bewegung des Wassers im hydrologischen Kreislauf nicht möglich. An vielen Stellen überschneiden sich Kreisläufe oder Zyklen des Erdsystems miteinander oder besitzen einen grundlegenden Bestandteil des anderen.

Energie für das Erdsystem Das Erdsystem erhält seine Energie aus zwei Quellen. Die Sonne treibt die externen Prozesse, wie sie in der Atmosphäre, der Hydrosphäre und auf der Erdoberfläche vorkommen, an. Dazu gehören Wetter, Klima, die Zirkulation des Wassers im Meer und Erosionsprozesse. Die zweite Energiequelle ist das Erdinnere. Die Restwärme aus der Zeit der Erdentstehung und die aus dem Zerfall radioaktiver Elemente entstehende Wärme treiben innere Prozesse an, die sich in Vulkanausbrüchen, Erdbeben und Gebirgsbildung äußern.

Die Bestandteile sind vernetzt Die Bestandteile des Erdsystems sind vernetzt, so dass die Veränderung eines Bestandteils auch die Veränderung in beliebigen oder allen anderen Bestandteilen hervorrufen kann. Wenn beispielsweise ein Vulkan ausbricht und Lava aus dem Erdinneren an die Oberfläche fließt, könnte in einem nahe gelegenen Tal eine Barriere gebildet werden. Dieses neu entstandene Hindernis wird dann das Abflusssystem dieser Region beeinflussen, indem ein neuer See entsteht oder Flüsse ihren Verlauf ändern. Eine große Menge vulkanischer Asche und Gase könnte während der Eruption hoch in die Atmosphäre geschleudert werden und so die auf die Erde treffende Sonnenenergie vermindern. Das Ergebnis wäre die Temperaturveränderung einer gesamten Hemisphäre. Dort, wo Lava oder eine dicke Schicht von Asche die Oberfläche bedeckt, wird die bestehende Bodenschicht begraben. Das hat zur Folge, dass ein neuer Bodenbildungsprozess beginnt. Die dabei entstehende Bodenschicht spiegelt die verschiedenen Vorgänge zwischen vielen Bestandteilen des Erdsystems wieder, dem vulkanischen Ausgangsmaterial, dem Klima und der Bodenaktivität. Selbstverständlich fänden signifikante Veränderungen der Biosphäre statt. Einige Organismen und ihre Lebensräume würden durch Lava und Asche zerstört werden. Stattdessen würden neue Lebensräume, wie beispielsweise ein See, geschaffen. Ein möglicher Klimawechsel könnte empfindliche Lebensformen betreffen. Das System Erde ist durch Prozesse charakterisiert, die sowohl in räumlicher Ausdehnung (Bruchteile von Millimetern bis Tausende von Kilometern) als auch in der zeitlichen Ausdehnung (Millisekunden bis Milliarden von Jahren) variieren können. Je mehr wir über die Erde erfahren, desto kla-

Abbildung 1.14: Als im Mai 1980 der Mount St. Helens ausbrach, wurde das Gebiet unter einem vulkanischen Schlammstrom begraben. Nun wachsen wieder Pflanzen, und neuer Boden wird gebildet. (Jack W. Dykinga Associates)

rer wird, wie eng manche Prozesse miteinander in Verbindung stehen, auch wenn sie räumlich oder zeitlich weit auseinanderliegen. Die Veränderung nur einer Komponente kann das gesamte System beeinflussen. Auch die Menschen gehören als *Bestandteil* zu dem System Erde, einem System, in welchen lebende und nicht lebende Komponenten miteinander verflochten und verkettet sind. Deswegen führt unser Verhalten zu Veränderungen in allen anderen Komponenten. Bei der Verbrennung von Erdölprodukten und Kohle, durch unsere Abfallentsorgung und durch die Nutzbarmachung von Land provozieren wir eine Reaktion der anderen Komponenten des Systems oft in unvorhersehbarer Weise. In diesem gesamten Buch werden Sie vieles über Untersysteme der Erde erfahren. Dazu gehören das hydrologische System, das tektonische (gebirgsbildende) System und der Gesteinszyklus, um nur einige zu nennen. Behalten Sie im Gedächtnis, dass all diese Komponenten und auch *wir Menschen* Teil eines komplexen, sich gegenseitig beeinflussenden Ganzen sind, das wir Erdsystem nennen.

1.7 Die frühe Entwicklung der Erde

Rezente (junge) Erdbeben, verursacht durch die Verschiebung der Erdkruste, sowie Lavaströme, die aus aktiven Vulkanen herausfließen, stellen nur die aktuellsten Ereignisse in einer langen Reihe dar, durch die unser Planet seine gegenwärtige Oberflächenbeschaffenheit und Struktur erhalten hat. Die geologischen Prozesse, die sich im Erdinneren abspielen, kann man am besten verstehen, wenn man sie im Kontext viel früherer Ereignisse in der Erdgeschichte sieht.

1.7.1 Die Entstehung des Planeten Erde

Das folgende Szenario beschreibt das am meisten anerkannte Modell der Entstehung unseres Sonnensystems. Obwohl dieses Modell als Tatsache vorgestellt wird, sollten Sie nicht vergessen, dass jede wissenschaftliche Hypothese überarbeitet oder sogar widerlegt und abgelehnt werden kann. Aber dieses Modell enthält alle im Wesentlichen übereinstimmenden Ideen, die zu erklären versuchen, was wir heute beobachten. Unser Szenario beginnt vor 14 Milliarden Jahren mit dem Urknall (Big Bang), einer unvorstellbar großen Explosion, die alle Materie des Universums mit unglaublich hoher Geschwindigkeit nach außen schleuderte. Im Lauf der Zeit begannen sich die Partikel, die aus der Explosion hervorgingen und weitgehend aus Wasserstoff und Helium bestanden, abzukühlen und zu ersten Sternen und Galaxien zu verdichten. In einer dieser Galaxien, der Milchstraße, entstanden unser Sonnensystem und unser Planet Erde. Die Erde ist einer der acht Planeten, die mit Dutzenden von Monden und zahlreichen kleineren Körpern die Sonne umlaufen. Die Ordnung unseres Sonnensystems führte die meisten Forscher zu dem Schluss, dass die Erde und die anderen Planeten im Wesentlichen zeitgleich und aus dem gleichen Ursprungsmaterial wie die Sonne gebildet wurden. Die **Nebulartheorie** geht davon aus, dass die Körper unseres Sonnensystems aus einer gigantischen, rotierenden Wolke, dem so genannten **Solarnebel**, entstanden sind (▶ Abbildung 1.15). Der Solarnebel bestand, neben den während des Urknalls entstandenen Wasserstoff- und Heliumatomen, aus mikroskopisch kleinen Staubpartikeln und der herausgeschleuderten Materie längst erloschener Sterne (die Kernfusion in Sternen verwandelt Wasserstoff und Helium in andere chemische Elemente, die auch im Universum vorhanden sind). Vor etwa 5 Milliarden Jahren begann sich diese riesige, aus Gas und winzigen Körnchen schwerer Elemente bestehende Wolke zusammenzuziehen. Auslösend waren Gravitationskräfte zwischen den Partikeln. Möglicherweise kollabierte die Wolke durch einen äußeren Einfluss, wie zum Beispiel eine Schockwelle, die von einer Megaexplosion (*Supernova*) ausging. Der sich langsam drehende Spiralnebel rotierte immer schneller, je mehr er sich zusammenzog – ähnlich wie bei Eiskunstläufern, wenn sie ihre Arme zum Körper hinziehen. Schließlich kam die nach innen ziehende Gravitationskraft ins Gleichgewicht mit der Fliehkraft, die durch die Rotation des Nebels entstand (▶ Abbildung 1.15). Zu dieser Zeit hatte die einst riesige Wolke die Form einer flachen Scheibe angenommen. In ihrem Zentrum enthielt sie eine hohe Konzentration an Materie, *Protosonne* (Ursonne) genannt. (Die Astronomen sind sich ziemlich sicher, dass die Nebelwolke die Form einer Scheibe hatte, da sie ähnliche Strukturen um andere Sterne herum entdeckt haben). Während des Kollapses wurde die Gravitationsenergie in thermische Energie (Wärme) umgewandelt und verursachte einen dramatischen Temperaturanstieg im inneren Teil des Nebels. Bei derartig hohen Temperaturen wurden die Staubpartikel in Moleküle und angeregte

1.7 Die frühe Entwicklung der Erde

Abbildung 1.15: Die Entstehung des Sonnensystems nach der Nebulartheorie. **A.** Die Geburt des Sonnensystems begann mit dem gravitationsbedingten Kollaps von Staub und Gasen (Nebel). **B.** Der Nebel zog sich zu einer rotierenden Scheibe zusammen und wurde durch die Umwandlung von Gravitationsenergie in Wärmeenergie aufgeheizt. **C.** Durch die Abkühlung der Nebelwolke verdichtete sich steinige und metallische Materie zu festen Partikeln. **D.** Wiederholte Zusammenstöße dieser Staubkorn-Partikel führten zu ihrer Verbindung zu größeren, asteroidähnlichen Körpern. **E.** In wenigen Millionen Jahren wuchsen diese Körper zu Planeten.

Atome aufgebrochen. Dennoch blieben die Temperaturen, bei Entfernungen jenseits der Umlaufbahn vom Mars, vermutlich ziemlich niedrig. Bei −200° C waren die winzigen Partikel im äußeren Bereich des Nebels vermutlich mit einer dicken Eisschicht, bestehend aus gefrorenem Wasser (H_2O), Kohlendioxid (CO_2), Ammoniak (NH_3) und Methan (CH_4), umgeben. Die scheibenförmige Wolke enthielt auch bedeutende Mengen der leichten Gase Wasserstoff und Helium. Die Entstehung der Sonne markierte das Ende der Verdichtung von Materie und somit das Ende von gravitationsbedingter Erwärmung. In dem Areal, in dem sich die inneren Planeten jetzt befanden, begann die Temperatur zu sinken. Die fallende Temperatur hatte zur Folge, dass sich die Substanzen mit einem hohen Schmelzpunkt zu winzigen Partikeln zu verdichten und zu verbinden begannen. Stoffe wie Eisen und Nickel und die Elemente Silizium (Si), Calcium (Ca), Natrium (Na) usw., aus denen die gesteinsbildenden Mineralien bestehen, bildeten metallische und steinige Klumpen, welche die Sonne umkreisen (Abbildung 1.15). Wiederholte Zusammenstöße dieser Klumpen führten zu ihrer Verbindung zu größeren, asteroidähnlichen Körpern, auch *Planetesimale* genannt. Daraus entstanden in wenigen 10 Millionen Jahren die vier inneren Planeten: Merkur, Venus, Erde und Mars. Nicht alle Klumpen trugen zur Bildung der Protoplaneten bei. Die Gesteins- oder Metallbrocken, die in der Umlaufbahn verblieben, werden *Meteoriten* genannt, wenn sie nach dem Aufprall auf die Erde noch existieren. Nachdem mehr und mehr Materie von den Planeten mitgerissen wurde, verursachte die hohe Geschwindigkeit des Aufpralls der Nebelpartikel einen Temperaturanstieg in diesen Planetenkörpern. Wegen ihrer relativ hohen Temperatur und dem schwachen Gravitationsfeld konnten die inneren Planeten nicht viele der leichten Komponenten akkumulieren. Die leichtesten dieser Komponenten, nämlich Wasserstoff und Helium, wurden vom inneren Sonnensystem durch den Sonnenwind hinweggefegt. Zur gleichen Zeit, als sich die inneren Planeten formten, entwickelten sich auch die äußeren Planeten (Jupiter, Saturn, Uranus, Neptun), zusammen mit ihren weit ausgedehnten Satellitensystemen. Die niedrigen Temperaturen aufgrund der Sonnenferne dieser Planeten erklären den hohen Prozentsatz an Eis, bestehend aus Wasser, Kohlendioxid, Ammoniak und Methan. Natürlich sind sie neben Eis auch aus Gesteins- und Metallpartikeln aufgebaut. Die Akkumulation von Eis ist für die Größe und die geringe Dichte der äußeren Planeten verantwortlich. Die beiden größten Planeten Jupiter und Saturn besitzen eine ausreichende Oberflächengravitation, um sogar die leichtesten Elemente (Wasserstoff und Helium) festzuhalten.

1.7.2 Die Entstehung der Lagentextur der Erde

Als Materie akkumulierte, um die Erde zu bilden (und auch noch kurze Zeit danach), verursachten die hohe Geschwindigkeit beim Aufprall von Nebelpartikeln und der Zerfall radioaktiver Elemente einen stetigen Temperaturanstieg auf unserem Planeten. Während dieser Periode intensiver Aufheizung wurde die Erde heiß genug, um Eisen und Nickel zu schmelzen. Durch das Schmelzen entstanden flüssige Tropfen der schweren Metalle, die zum Inneren des Planeten sanken. Dieser Prozess ging sehr schnell im Hinblick auf die geologische Zeitskala vor sich und es entstand der dichte, eisenreiche Erdkern. Dieses frühe Stadium der Aufheizung führte zu einem weiteren Prozess, der chemischen Differentiation. Dabei stiegen die schwimmenden, also leichteren Massen der Gesteinsschmelze zur Oberfläche und verfestigten sich zu einer ersten primitiven Kruste. Dieses Gesteinsmaterial war mit Sauerstoff (O_2) und Elementen, die mit Sauerstoff leicht Verbindungen eingehen, angereichert (insbesondere Silizium und Aluminium, aber auch in geringerem Maße Calcium, Natrium, Kalium, Eisen und Magnesium). Zusätzlich wurden einige Schwermetalle, die entweder einen niedrigen Schmelzpunkt oder eine hohe Löslichkeit besitzen, wie Gold (Au), Blei (Pb) und Uran (U), aus dem Erdinneren in die aufsteigende Schmelzmasse herausgeschwemmt und in der sich entwickelnden Kruste angereichert. In diesem frühen Stadium der chemischen Trennung bildeten sich drei grundlegende Unterteilungen des Erdinneren – der eisenreiche *Erdkern*, die dünne, *primitive Erdkruste* und als größte Einheit der *Erdmantel*, der zwischen Erdkern und Erdkruste liegt. Das Entweichen großer Mengen an Gasen aus dem Erdinneren, ähnlich wie bei Vulkanausbrüchen während der frühen Aufheizungsphase, hatte eine bedeutsame Folge. Nach und nach entwickelte sich dadurch eine primitive Atmosphäre. So konnte auf unserem Planeten mit dieser Atmosphäre Leben entstehen. Folgen wir den Vorgängen, die zu den ersten Strukturen auf der Erdoberfläche geführt haben, müssen wir erkennen, dass die erste, primitive Erdkruste durch Erosion und andere geologische Prozesse zerstört wurde und wir nicht bestimmen können, wie die damalige Kruste ausgesehen hat. Wann genau und wie die kontinentale Kruste und damit erste Landmasse entstand, wird immer noch erforscht. Allerdings herrscht allgemeine Übereinstimmung darüber, dass sich die Kruste allmählich in den letzten 4 Milliarden Jahren gebildet hat (das älteste bisher gefundene Gestein stammt aus Kanada, Northwest Territories, und wurde auf etwa 4 Milliarden Jahre datiert). Hinzu kommt, wie Sie in Kapitel 2 sehen werden, dass die Erde ein sich stetig wandelnder Planet ist, dessen Kontinente (und Ozeanbecken) mit der Zeit ihre Form verändern und sogar die Position wechseln.

1.8 Der innere Aufbau der Erde

Im vorausgegangenen Abschnitt haben Sie gelernt, dass die Materialtrennung in der frühen Erdgeschichte zur Bildung der drei Hauptkomponenten Erdkruste, Erdmantel und Erdkern geführt hat, die durch ihre chemische Zusammensetzung definiert sind. Neben der unterschiedlichen Zusammensetzung kann die Erde aufgrund ihrer physikalischen Eigenschaften in unterschiedliche Zonen unterteilt werden. Die physikalischen Eigenschaften definieren Zonen nach ihrem Zustand, also ob sie flüssig oder fest, stabil oder instabil sind. Um grundlegende geologische Prozesse wie Vulkanismus, Erdbeben und Gebirgsbildung zu verstehen, müssen wir beide Zonentypen kennenlernen.

1.8.1 Die Erdkruste

Die **Kruste**, also die relativ dünne, äußere Haut der Erde, besteht aus zwei verschiedenen Arten, der kontinentalen und der ozeanischen Kruste. Beide haben das Wort „Kruste" gemeinsam, doch sind beide sehr unterschiedlich. Die ozeanische Kruste ist in etwa 5 km dick und besteht hauptsächlich aus dunklem magmatischem Gestein, dem *Basalt*. Im Gegensatz dazu liegt die durchschnittliche Dicke der Kontinentalkruste zwischen etwa 25 bis 30 km, kann aber auch über 70 km dick sein, wie im Himalaya und den Rocky Mountains. Ungleich der ozeanischen Kruste, die eine relativ einheitliche Zusammensetzung besitzt, ist die kontinentale Kruste aus vielen Gesteinstypen zusammengesetzt. Zwar hat die obere Kruste generell eine Zusammensetzung aus *granitischem Gestein*, *Granodiorit* genannt, sie ist jedoch je nach Region sehr unterschiedlich. Kontinentale Gesteine besitzen eine unterschiedliche Dichte von ungefähr 2,7g/cm³, manche davon sind 4 Milliarden Jahre alt. Die Gesteine der ozeanischen Kruste sind jünger (180 Millionen Jahre oder weniger) und dichter (ca. 3,0g/cm³) als kontinentale Gesteine.[3]

1.8.2 Der Erdmantel

Mehr als 82 Prozent des Erdvolumens machen den **Mantel** aus. Er reicht bis in Tiefen von etwa 2.900 km und besteht aus einer festen Gesteinsschale. Die Grenze zwischen Kruste und Mantel markiert eine Veränderung der chemischen Zusammensetzung. In der oberen Hälfte ist der Mantel, anders als die kontinentale oder die ozeanische Kruste, reich an den Metallen Magnesium und Eisen und besteht überwiegend aus *Peridotit*.

Der obere Mantel Der obere Mantel reicht vom Übergang Kruste/Mantel bis in eine Tiefe von etwa 660 km. Den oberen Teil des Mantels macht die starre *Lithosphäre* aus, unterhalb befindet sich die instabilere **Asthenosphäre**. Den unteren Teil des oberen Mantels nennt man *Übergangszone*. Die **Lithosphäre** besteht aus der gesamten Kruste und dem obersten Teil des Mantels und bildet die kalte und starre äußere Schale der Erde. Im Durchschnitt ist sie 100 km dick, kann aber unter den ältesten Abschnitten der Kontinente bis über 250 km dick sein (▶Abbildung 1.16). Unterhalb dieser starren Schicht befindet sich bis in einer Tiefe von ungefähr 350 km eine weiche, verhältnismäßig instabile Zone, die *Asthenosphäre*. Im oberen Bereich der Asthenosphäre besteht ein Temperatur-/Druckfeld, so dass es in kleinen Mengen zur Aufschmelzung kommt. Innerhalb dieser instabilen Zone ist die Lithosphäre von der darunterliegenden Zone mechanisch abgetrennt. Als Folge davon kann sich die Lithosphäre unabhängig von der Asthenosphäre bewegen, eine Tatsache, die wir im nächsten Kapitel behandeln. Es ist wichtig zu betonen, dass die Festigkeit der verschiedenen Materialien der Erde durch ihre Zusammensetzung sowie die Temperatur und den Druck ihrer Umgebung bestimmt wird. Bitte stellen Sie sich nicht vor, dass sich die gesamte Lithosphäre wie ein spröder Feststoff verhält – ähnlich der Gesteine der Oberfläche. Es ist eher so, dass die Gesteine der Lithosphäre fortschreitend heißer und instabiler (leichter deformierbar) mit zunehmender Tiefe werden. In der oberen Asthenosphäre befinden sich die Gesteine nahe an ihrem Schmelzpunkt (vereinzelt kann auch schon Aufschmelzung auftreten) und lassen sich leicht deformieren. Die obere Asthenosphäre ist deswegen instabil, da sie sich nahe dem Schmelzpunkt befindet, so wie heißes Wachs leichter verformbar ist als kaltes. Von 410 km bis ca. 660 km Tiefe reicht der Teil des Mantels, den man **Übergangszone** nennt. Der obere Bereich der Übergangszone ist gekennzeichnet durch einen plötzlichen Anstieg der Dichte von 3,5g/cm³ zu 3,7g/cm³. Die Veränderung tritt auf, weil die Minerale im Gestein Peridotit durch den steigenden Druck neue Minerale mit dicht gepackten Atomstrukturen bilden.

Der untere Mantel In einer Tiefe von 660 km bis zum oberen Teil des Kerns in 2.900 km Tiefe befindet sich der **untere Mantel**. Wegen des steigenden Drucks (durch das Gewicht der darüber liegenden Gesteine)

---
[3] Flüssiges Wasser hat eine Dichte von 1g/cm³. Damit besitzt Basalt die dreifache Dichte des Wassers.

1 Einführung in die Geologie

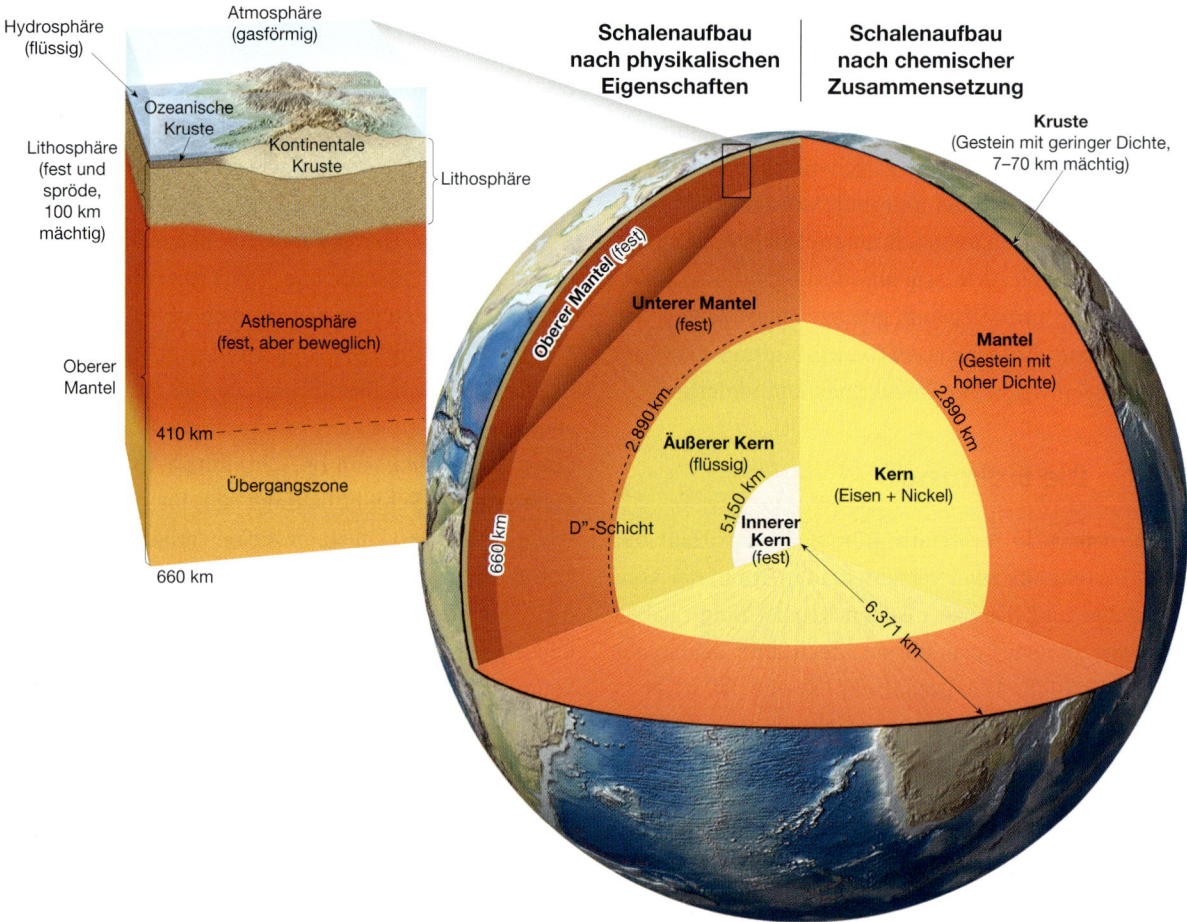

Abbildung 1.16: Ein Blick auf die Schalenstruktur der Erde. Der rechts dargestellte große Querschnitt zeigt die Einteilung basierend auf der chemischen Zusammensetzung in drei Zonen – die Kruste, den Mantel und den Kern. Der große Querschnitt links zeigt die Zonen, die aufgrund ihrer physikalischen Eigenschaften unterschieden werden – die Lithosphäre, die Asthenosphäre, die Übergangszone, die D"-Schicht, den äußeren Kern und den inneren Kern. Das Blockdiagramm links in der Grafik zeigt einen vergrößerten Ausschnitt des oberen Teils des Erdinneren.

wird der Mantel zu der Tiefe hin dichter. Trotz der Dichte sind die Gesteine dort sehr heiß und zähflüssig. Im unteren Bereich, einige 100 km des unteren Mantels, befindet sich eine stark veränderliche Schicht, **D"-Schicht** (*Dee Double Prime*). Die Eigenart dieser Grenzschicht zwischen dem gesteinsbetonten Mantel und der heißen flüssigen Eisenmasse des äußeren Kerns werden wir in Kapitel 12 untersuchen.

Der Erdkern Man nimmt an, dass der **Erdkern** aus einer Eisen-Nickel-Mischung mit geringen Anteilen von Sauerstoff, Silizium und Schwefel besteht. Alle diese Elemente gehen leicht Verbindungen mit Eisen ein. Unter extrem hohen Drücken im Erdkern besitzt dieses eisenreiche Material eine durchschnittliche Dichte von 11 g/cm³ und erreicht im Zentrum die 14-fache Dichte des Wassers. Der Erdkern wird in zwei Bereiche unterteilt, die sehr unterschiedliche mechanische Stärken aufweisen. Beim **äußeren Kern** handelt es sich um eine *flüssige Schicht* mit einer Mächtigkeit von 2.270 km. Der innere Kern hat die Form einer Kugel mit einem Radius von 1.216 km. Trotz der hohen Temperatur ist der **innere Kern** *fest*, aufgrund der immensen Drücke, die im Inneren des Planeten herrschen.

1.8.3 Wie können wir wissen, was wir wissen?

An dieser Stelle könnten Sie sich fragen: „Wie haben wir erfahren, wie das Erdinnere zusammengesetzt und strukturiert ist?" Sie könnten annehmen, es seien Proben direkt aus dem Schalenaufbau entnommen worden. Doch der tiefste Untertagebau der Welt, die Western Deep Levels Mine in Südafrika, reicht nur bis in 4 km Tiefe, und das tiefste Bohrloch der Welt erreichte 1992 auf der Halbinsel Kola in Russland eine Tiefe von ca. 12 km. Tatsächlich haben Menschen zum Zweck der Probennahme noch nie ein Loch in den Mantel gebohrt und werden niemals ein Loch in den

Erdkern bohren. Trotz dieser Einschränkungen passen die Theorien, die zur Beschreibung der Beschaffenheit des Erdinneren entwickelt wurden, zu den meisten Beobachtungsdaten. So repräsentiert unser Modell von der Beschaffenheit des Erdinneren die beste Schlussfolgerung, die wir aus den verfügbaren Daten ziehen können. Die Schalenstruktur der Erde zum Beispiel wurde durch indirekte Beobachtungen festgestellt. Bei jedem Erdbeben durchdringen Energiewellen (*seismische Wellen* genannt) das Erdinnere, ähnlich wie Röntgenstrahlung den menschlichen Körper durchdringt. Seismische Wellen verändern ihre Geschwindigkeit, sind gekrümmt und werden reflektiert, während sie sich durch Bereiche unterschiedlicher Beschaffenheit bewegen. Zahlreiche Beobachtungsstationen auf der ganzen Welt stellen diese Energiewellen fest und zeichnen sie auf. Mithilfe von Computern werden die Daten analysiert und die Struktur des Erdinneren beschrieben. Für mehr Informationen über das Verfahren siehe Kapitel 12 *Das Erdinnere*. Welche Beweise haben wir, um die Behauptung über die vermeintliche Zusammensetzung im Inneren unseres Planeten zu stützen? Sie werden erstaunt sein zu erfahren, dass Gesteine, die ihren Ursprung im Mantel haben, auf der Erdkruste gesammelt wurden. Das schließt auch diamanthaltige Gesteinsproben ein, die, wie Laborversuche zeigen, nur in einer Umgebung mit sehr hohem Druck geformt werden können. Deswegen müssten diese Gesteine in einer Tiefe von über 200 km kristallisiert sein und demzufolge Gesteinsproben aus dem Mantel sein, die während ihres Aufstiegs nur wenig verändert wurden. Zudem konnten wir Splitter des oberen Mantels und der darüber liegenden ozeanischen Kruste untersuchen, nämlich an Stellen, wo sie weit über den Meeresspiegel geschoben wurden, wie in Zypern, Neufundland und Oman. Die Zusammensetzung des Kerns zu konstruieren ist eine völlig andere Angelegenheit. Wegen seiner großen Tiefe und der hohen Dichte hat bisher keine einzige Probe die Erdoberfläche erreicht. Dennoch haben wir bedeutsame Hinweise, welche die Annahme zulassen, dass der Kern überwiegend aus Eisen besteht. Überraschenderweise geben Meteoriten wichtige Aufschlüsse über die Zusammensetzung von Kern und Mantel (Meteoriten sind feste, extraterrestrische Objekte, die auf der Erdoberfläche einschlagen). Die meisten Meteoriten sind Fragmente, die aus dem Zusammenstoß großer Körper stammen, hauptsächlich aus dem Asteroidengürtel zwischen Mars und Jupiter. Sie sind so bedeutend, da sie Bruchstücke des Materials sind, aus welchem die inneren Planeten, also auch die Erde entstanden sind. Die Mehrzahl der Meteoriten besteht aus einem Eisen-Nickel-Gemisch (Eisenmeteoriten) oder aus Silikatmineralien (Steinmeteoriten) oder aber auch aus einer Kombination von beiden (Eisen-Stein-Meteoriten). Die Steinmeteoriten haben in etwa eine Zusammensetzung, die der berechneten Zusammensetzung des Mantels nahe kommt. Dagegen bestehen Eisenmeteoriten aus einem viel höheren Prozentsatz metallischen Materials, als man ihn gegenwärtig in der Erdkruste oder im Erdmantel findet. Nimmt man an, dass sich die Erde im Solarnebel aus dem gleichen Material geformt hat, aus dem Meteoriten und andere terrestrische Planeten entstanden sind, muss sie einen viel höheren Eisengehalt aufweisen als den, den die Kruste enthält. Daraus folgern wir, dass der Erdkern stark mit diesem Schwermetall angereichert ist. Diese Vermutung wird auch von Beobachtungen über die Zusammensetzung der Sonne gestützt. Vieles weist darauf hin, dass Eisen, das die gleiche Dichte wie die berechnete Dichte des Erdkerns besitzt, als häufigste Substanz im Sonnensystem vorkommt. Zudem verlangt das Magnetfeld der Erde einen Erdkern, der aus einem Material besteht, das elektrische Ströme weiterleitet – so wie Eisen. All diese verfügbaren Hinweise deuten darauf hin, dass der Erdkern weitestgehend aus Eisen besteht. Wir erachten dies so lange als Tatsache, bis neue Hinweise es widerlegen.

Das Gesicht der Erde 1.9

Die Erdoberfläche wird in zwei Haupteinheiten unterteilt – die Kontinente und die Ozeanböden (▶ Abbildung 1.17). Der deutlichste Unterschied beider Gebiete sind ihre relativen Höhenunterschiede. Die Kontinente besitzen eine relativ flache Ausprägung und scheinen als Plateaus über den Meeresspiegel herauszuragen. Die durchschnittlichen Erhebungen betragen 0,8 km und befinden sich damit relativ nahe am Meeresspiegel, mit Ausnahme von begrenzten Gebirgsregionen. Im Gegensatz dazu beträgt die durchschnittliche Tiefe des Ozeanbodens 3,8 km unter dem Meeresspiegel und liegt ca. 4,5 km niedriger als die durchschnittlichen Erhebungen der Kontinente. Wie Sie sich sicherlich noch erinnern, besitzen die Kontinente eine durchschnittliche Mächtigkeit von 35 bis 40 km und bestehen aus granitischem Gestein mit einer Dichte

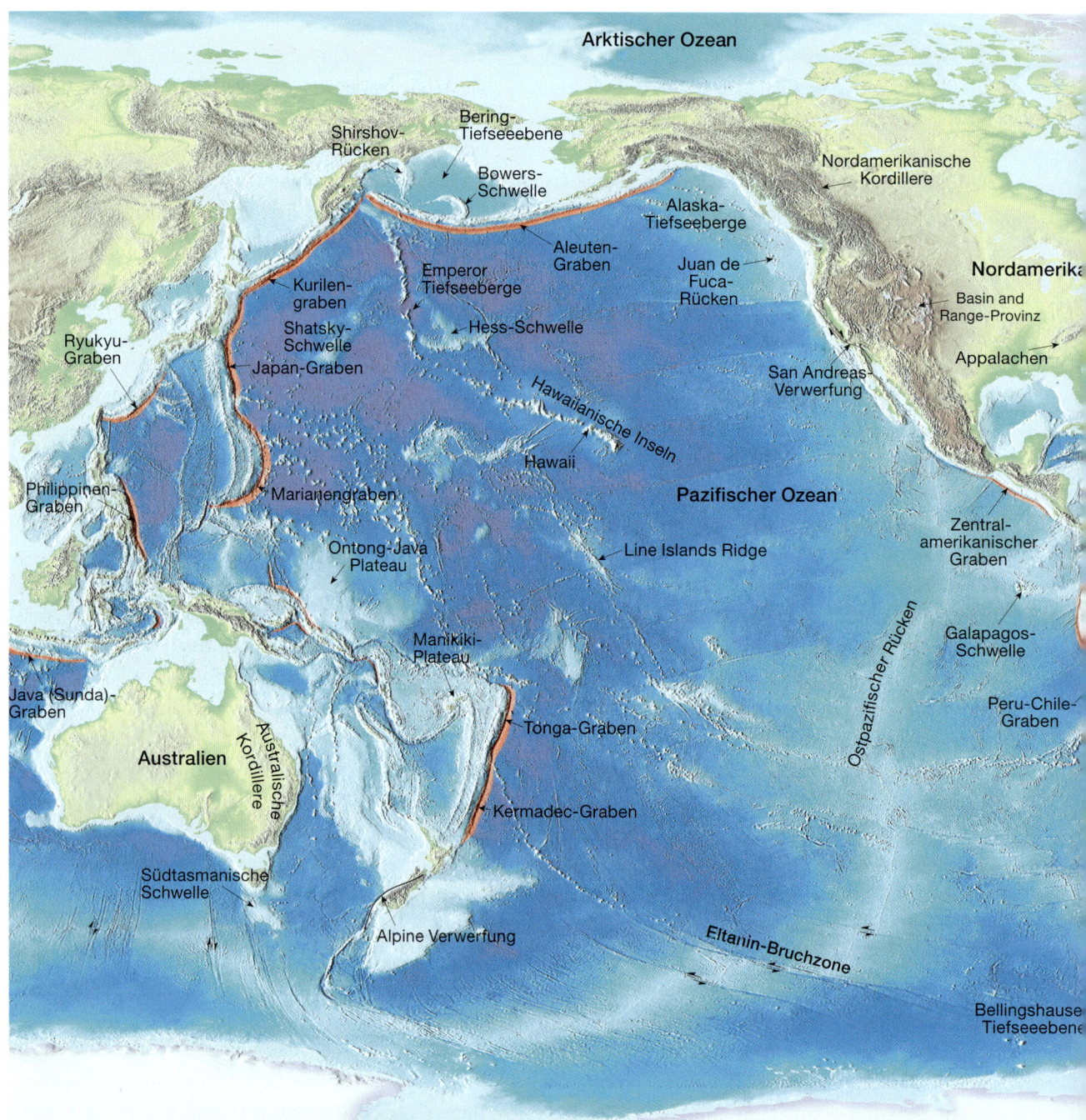

Abbildung 1.17: Die Topographie der Erdoberfläche.

von etwa 2,7g/cm³. Die ozeanische Kruste hingegen ist aus basaltischem Gestein mit einer Dichte von etwa 3,0 g/cm³ aufgebaut und weist eine Mächtigkeit von ca. 7 km auf. Demgemäß besitzt die dickere und weniger dichte kontinentale Kruste mehr Auftrieb. Als Folge davon treibt die kontinentale Kruste auf dem verformbaren Gestein des Mantels, und zwar auf einer höheren Ebene als die ozeanische Kruste. Vergleichen kann man dies mit einem großen leeren Lastschiff (geringere Dichte), das höher schwimmt als ein kleineres, welches schwer beladen (größere Dichte) ist.

1.9.1 Die Hauptmerkmale der Kontinente

Man kann Kontinente in zwei verschiedene Kategorien einteilen: weitreichende stabile, flache Gebiete, die nahezu bis zum Meeresspiegel abgetragen wurden, und erhöhte Gebiete, bestehend aus deformiertem Gestein, den heutigen Gebirgsketten. Sie werden anhand von ▶Abbildung 1.18 feststellen, dass junge Gebirgsketten eine lange, schmale Ausprägung haben und sich meist am Kontinentalrand befinden. Flache, sta-

1.9 Das Gesicht der Erde

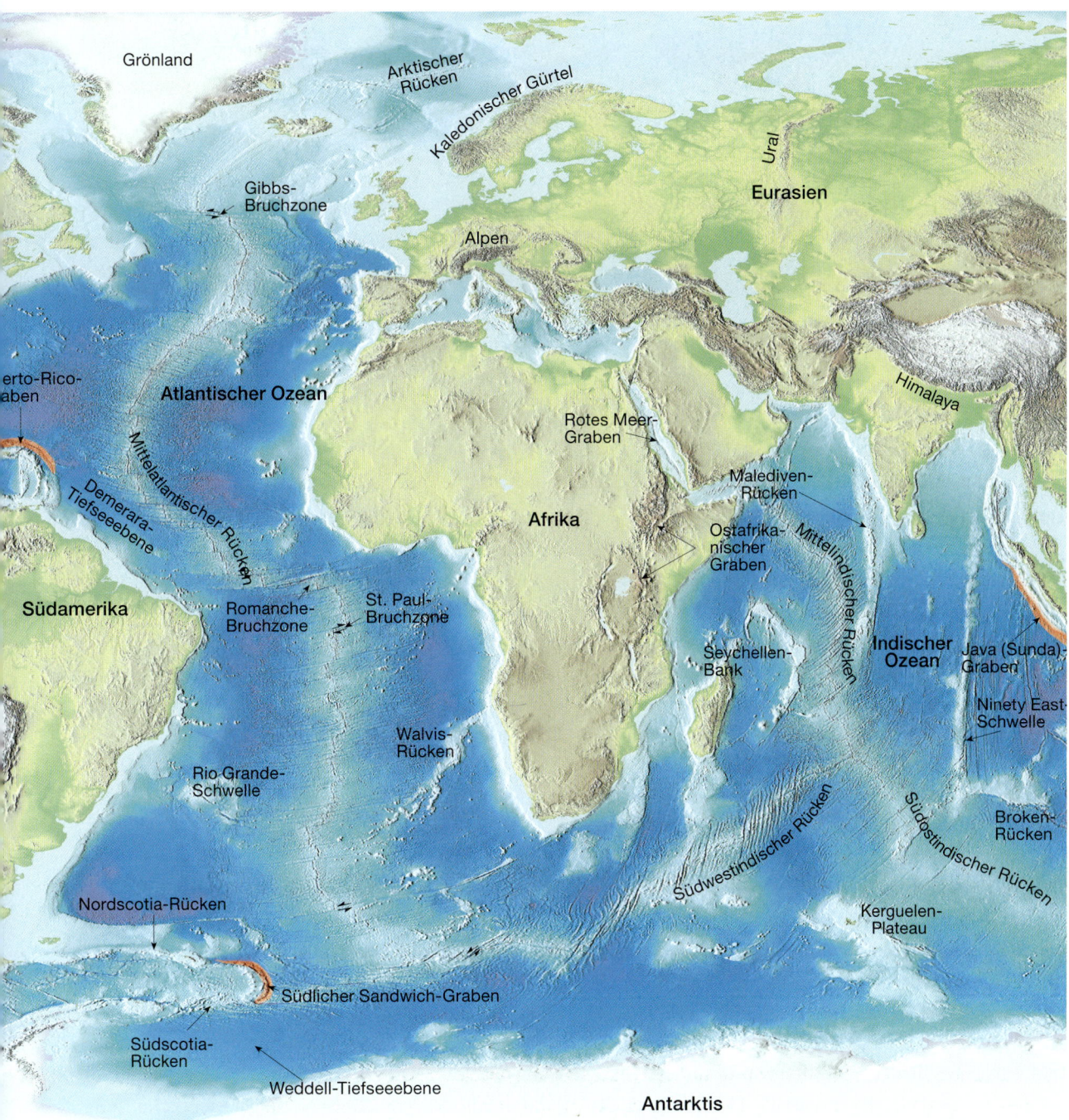

bile Gebiete liegen dagegen typischerweise im Inneren der Kontinente.

Gebirgsketten Die markantesten topographischen Merkmale der Kontinente sind linear verlaufende Gebirgsketten. Obwohl die Verteilung der Gebirge als zufällig erscheint, ist dies nicht der Fall. Betrachten wir die jüngsten Gebirge (weniger als 100 Mio. Jahre alt), bemerken wir, dass sie sich hauptsächlich in zwei Regionen befinden. Im zirkumpazifischen Gürtel (das Gebiet, das den pazifischen Ozean umgibt) befinden sich Gebirge im Westen Amerikas, die weiter in den Westpazifik in Form von vulkanischen Inselbögen reichen (Abbildung 1.17). Inselbögen sind aktive, gebirgige Regionen, überwiegend aus Vulkangesteinen und Sedimenten aufgebaut. Weitere Beispiele schließen die Aleuten, Japan, die Philippinen und Neuguinea ein. Die andere Hauptregion der Gebirgsgürtel dehnt sich nach Osten aus, von den Alpen durch den Iran zum Himalaya, und taucht dann südlich nach Indonesien ab. Untersucht man die Gebirgsgebiete genau, weisen die meisten Regionen mächtige, zusammengeschobene und stark deformierte Gesteinspakete auf,

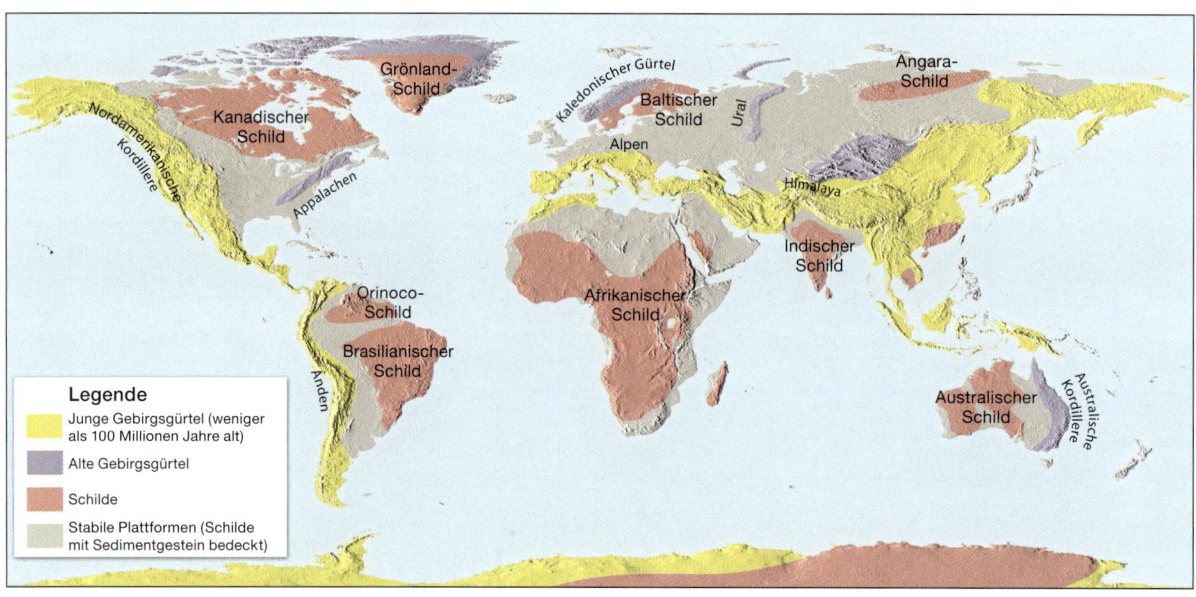

Abbildung 1.18: Diese Karte zeigt die Verteilung von Gebirgsketten, stabilen Plattformen und Schilden.

als wären sie in einen gigantischen Schraubstock geraten. Auch ältere Gebirge sind auf den Kontinenten vorhanden. Als Beispiele kann man die Appalachen im Osten der USA und den Ural in Russland betrachten. Ihre hochragenden Gipfel sind über Jahrmillionen durch Erosion abgetragen worden.

Das stabile Innere Ungleich den jungen Gebirgsgürteln, die innerhalb der letzten 100 Mio. Jahre gebildet wurden, ist das Innere der Kontinente, die **Kratone**, seit 600 Mio. Jahren oder sogar länger stabil. Typischerweise waren diese Krustenblöcke viel früher in der Erdgeschichte in Episoden von Gebirgsbildung involviert. Innerhalb des stabilen Inneren gibt es Gebiete, die als Schilde bezeichnet werden. Diese weitläufigen und flachen Gebiete bestehen aus deformiertem Kristallgestein (▶Abbildung 1.18). Durch radiometrische Datierung verschiedener Schilde wurde enthüllt, dass es sich wahrscheinlich um uralte Gebiete handelt. Alle enthalten präkambrische Gesteine mit einem Alter von über 1 Mrd. Jahre, zum Teil sogar bis 4 Mrd. Jahren. Sogar diese ältesten bisher bekannten Gesteine liefern Hinweise auf enorme Kräfte, durch die sie verfaltet, verworfen und der Metamorphose unterworfen wurden. Daraus folgern wir, dass diese Gesteine einst Bestandteile alter Gebirgssysteme waren, die seitdem erodiert wurden, und weitläufige, flache Gebiete daraus entstanden sind. Es gibt andere flache Gebiete in Kratonen, aus hoch metamorphen Gesteinen bestehend, ähnlich wie in Schilden, die mit einer dünnen Schicht aus Sedimentgesteinen bedeckt sind. Diese Gebiete nennt man stabile Plattformen (Schilde). Die Sedimentgesteine in stabilen Schilden liegen fast horizontal mit Ausnahme dort, wo sie in große Becken oder auf Domen abgelagert wurden. In Nordamerika ist ein bedeutender Teil der stabilen Plattform zwischen dem kanadischen Schild und den Rocky Mountains gelegen.

1.9.2 Die Hauptmerkmale des Ozeanbodens

Würde man das Wasser aus den ozeanischen Becken ablassen, böte sich uns ein abwechslungsreiches Bild von geradlinigen Vulkanketten, tiefen Gräben, Hochplateaus und weit ausgedehnten, monotonen und flachen Ebenen. In der Tat wäre das Landschaftsbild fast so vielgestaltig wie das der Kontinente (siehe ▶Abbildung 1.17). Ozeanographen haben in den letzten 50 Jahren mithilfe von Tiefseelotung beachtliche Teile des Ozeanbodens kartiert. Aufgrund dieser wissenschaftlichen Untersuchungen haben sie drei wesentliche topographische Einheiten beschrieben; Kontinentalränder, Tiefseebecken und ozeanische Rücken (mittelozeanische Rücken).

Kontinentalrändern Bei **Kontinentalrändern** handelt es sich um Teile des Ozeanbodens, die nahe an großen Landmassen liegen. Diese können das *Kontinentalschelf*, den *Kontinentalhang* und den *Kontinentalfuß* einschließen. Obwohl Land und Meer an der Küstenlinie aufeinandertreffen, befindet sich dort nicht die Grenze zwischen den Kontinenten und den ozeanischen Becken. An den meisten Küsten ist es eher so, dass sich eine sanft abfallende Plattform vom Strand aus meerwärts neigt und dorthin ausdehnt. Man nennt sie **Kontinentalschelf**. Da die kontinentale Kruste darunterliegt, handelt es sich eindeutig um eine überflutete Verlängerung der Kontinente. Ein Blick auf Abbildung 1.17 zeigt, wie variabel die Breite des Kontinentalschelfs ist. Beispielsweise ist es entlang der Ostküste und der Golfküste der USA breiter, aber am pazifischen Rand des Kontinents relativ schmal. Die Grenze zwischen den Kontinenten und den Tiefseebecken verläuft entlang des **Kontinentalhangs** mit einem relativ steilen Abhang. Seine Ausdehnung reicht von der äußeren Kante des Kontinentalschelfs bis zum Boden der Tiefsee (▶ Abbildung 1.17). Wenn man sie als Trennlinie ansieht, besteht die Erdoberfläche zu 60 Prozent aus Ozeanbecken und die übrigen 40 Prozent aus Kontinenten. In Gebieten, in denen es keine Tiefseeregion gibt, geht der steile Kontinentalhang in eine etwas graduellere Neigung über und wird **Kontinentalfuß** genannt. Der Kontinentalfuß besteht aus einer mächtigen Anhäufung von Sedimenten, die vom Kontinentalschelf Richtung Tiefseeboden abwärts gerutscht sind.

Tiefseebecken Zwischen den Kontinentalrändern und den ozeanischen Rücken liegen die **Tiefseebecken**. Teile dieser Gebiete besitzen eine unglaublich flache Ausprägung und werden **Abyssalebenen** genannt. Im Ozeanboden findet man auch gelegentlich extrem tiefe Depressionen mit mehr als 11.000 Metern. Obwohl diese Tiefseegräben relativ schmal sind und nur einen kleinen Bruchteil des Ozeanbodens einnehmen, sind sie sehr signifikante Merkmale. Manche Gräben liegen entlang junger Gebirge, die sich an der Flanke von Kontinenten befinden. Zum Beispiel liegt der Peru-Chile-Graben im Westen der südamerikanischen Küste in Abbildung 1.17 parallel zu den Anden. Andere Gräben befinden sich parallel zu Inselketten, die *vulkanische Inselketten* genannt werden. Auf dem Ozeanboden verstreut liegende vulkanische Strukturen, die manchmal in langen schmalen Ketten angeordnet sein können, nennt man **Tiefseeberge**. Durch vulkanische Aktivität wurden auch mehrere große Lavaplateaus, wie das Ontong-Java-Plateau nordwestlich von Neuguinea, gebildet. Manche untergetauchte Plateaus bestehen aus ähnlichem Material wie die Kontinentalkruste. Beispiele dafür liefern das Campbell-Plateau südöstlich von Neuseeland und das Seychellen-Plateau nordöstlich von Madagaskar.

Ozeanische Rücken Das prominenteste Merkmal des Ozeanbodens ist der **ozeanische** oder **mittelozeanische Rücken**. Wie in Abbildung 1.17 gezeigt wird, sind der mittelatlantische Rücken und der ostpazifische Rücken Teile dieses Systems. Diese deutlich erhabenen Merkmale verlaufen in einem durchgehenden Gürtel von über 70.000 km um den Globus, ähnlich der Naht eines Baseballs. Statt aus hoch deformiertem Gestein, wie die meisten Gebirge auf den Kontinenten, bestehen ozeanische Rücken aus Schichten magmatischen Gesteins, die zerbrochen und gehoben wurden. Die topographischen Merkmale, die das Gesicht unserer Erde ausmachen, zu verstehen ist wesentlich für unser Verständnis von Mechanismen, die unseren Planeten geformt haben. Welche Bedeutung hat ein durch die Weltmeere ausgedehntes System von mittelozeanischen Rücken? Welche Verbindung besteht (falls es eine gibt) zwischen jungen aktiven Gebirgsgürteln und Tiefseegräben? Welche Kräfte lassen aus bröckeligem Gestein majestätische Gebirgsmassive entstehen? Diese Fragen werden in den nächsten Kapiteln aufgeworfen, wenn wir damit beginnen, die dynamischen Prozesse zu untersuchen, die unseren Planeten in der geologischen Vergangenheit geformt haben.

Gesteine und Gesteinszyklen 1.10

Gestein ist das am häufigsten vorkommende Material auf der Erde. Für wissbegierige Entdecker scheint die vielgestaltige Ausbildung fast endlos zu sein. Untersuchen wir ein Gestein genauer, so sehen wir, dass es aus kleinen Kristallen und Körnern, den Mineralen besteht. *Minerale* sind chemische Verbindungen (oder manchmal einzelne Elemente), ein jedes mit einer einzigartigen chemischen Zusammensetzung und eigenen physikalischen Eigenschaften. Die Mineralkörner oder Kristalle können mikroskopisch klein oder mit bloßem Auge sichtbar sein. Die Zusammensetzung und das Aussehen eines Gesteins sind abhängig von den Mineralen, aus denen es besteht. Zusätzlich hat die *Textur* eines Gesteins – die Größe, Form und/oder die Anordnung der gesteinsbildenden Minerale – einen maßgeblichen Einfluss auf das Aussehen. Umgekehrt liefern die Mineralzusammensetzung und die Textur eines Gesteins Rückschlüsse auf die geologischen Prozesse, die zu seiner Entstehung geführt haben. Die Charakteristika von Gesteinen in ▶ Abbildung 1.19 gaben den Geologen notwendige Anhaltspunkte, um bestimmen zu können, durch welchen Vorgang sie entstanden sind. Das trifft auf alle Gesteine zu. Diese Art von Analysen trägt wesentlich dazu bei, unseren Planeten zu verstehen. Dieses Verständnis eröffnet uns viele praktische Anwendungsmöglichkeiten, wie zum Beispiel die Suche nach Grundmineralen und Energiequellen sowie die Lösung von Umweltproblemen.

1.10.1 Grundtypen der Gesteine

Die Geologen unterteilen die Gesteine in drei Hauptgruppen: magmatische, sedimentäre und metamorphe Gesteine. In Abbildung 1.19 werden der Lavastrom in Nordafrika als magmatisch, der Sandstein in Uthas Zion National Park als sedimentär und der Schiefer am Fuße des Grand Canyon als metamorph klassifiziert. Nun folgt ein kurzer Überblick über diese drei Gesteinstypen.

Magmatische Gesteine Magmatische Gesteine entstehen, wenn geschmolzenes Gestein, Magma genannt, sich abkühlt und verfestigt. Magma kann auf verschiedenen Ebenen innerhalb der Erdkruste und des Mantels erzeugt werden. Im Verlauf der Magmaabkühlung wachsen Kristalle verschiedenster Minerale. Verbleibt das Magma tief in der Erdkruste, so kühlt es langsam über Tausende von Jahren ab. Dieser allmähliche Wärmeverlust ermöglicht die Ausbildung relativ großer Kristalle, bevor die gesamte Masse komplett verfestigt wird. Grobkörnige magmatische Gesteine, die tief unter der Oberfläche gebildet werden, bezeichnet man als *Intrusivgesteine*. Das Innere vieler Berge besteht aus magmatischem Gestein, das auf diese Weise gebildet wurde. Nur durch nachfolgende Hebung und Erosion wird dieses Gestein an der Oberfläche sichtbar. Ein häufig vorkommendes und wichtiges Beispiel stellt der Granit dar (▶ Abbildung 1.20). Dieses grobkörnige Intrusivgestein enthält hauptsächlich die hellen Silikatminerale Quarz und Feldspat. Granit und verwandte Gesteine sind die Hauptkomponenten der kontinentalen Krusten. Manchmal bricht das Magma durch die Erdoberfläche, wie es bei einem Vulkanausbruch der Fall ist. Da das Magma an der Erdoberfläche schnell abkühlt, verfestigt sich die Gesteinsschmelze schnell und hat nicht genügend Zeit zum Wachstum großer Kristalle. Es bilden sich viele kleine Kristalle gleichzeitig. Magmatische Gesteine, die sich an der Erdoberfläche verfestigen, sind normalerweise feinkörnig, und man bezeichnet sie als *Extrusivgesteine*. Als Beispiel nehmen wir ein wichtiges und häufig auftretendes Gestein, den *Basalt* (▶ Abbildung 1.19A). Aufgrund des höheren Eisengehaltes ist Basalt dichter als Granit. Basalt und dessen verwandte Gesteine sind vornehmlich in der ozeanischen Kruste anzutreffen, aber auch in vielen Vulkanen, sowohl im Meer als auch auf den Kontinenten.

Sedimentgesteine *Sedimente*, das Rohmaterial der Sedimentgesteine, häufen sich in Lagen an der Erdoberfläche an. Sie sind aus dem Material der vormals existierenden Gesteine zusammengesetzt, die durch Verwitterungsprozesse abgetragen wurden. Manche dieser Prozesse brechen die Gesteine durch physikalische Verwitterung in kleinere Stücke, ohne ihre chemische Zusammensetzung zu verändern. Andere Verwitterungsprozesse zersetzen das Gestein und verändern damit die Minerale chemisch, so dass neue Minerale oder Substanzen, die in Wasser gut löslich sind, entstehen. Die Verwitterungsprodukte werden in der Regel durch Wasser, Wind oder Gletschereis zu ihren Ablagerungsräumen transportiert, wo sie relativ flache Lagen bilden, die man *Schichten* nennt. Sedimente werden gewöhnlich durch einen oder zwei Prozesse in Gestein verwandelt (lithifiziert). Die Verdichtung der Sedimente erfolgt durch das Gewicht der überlagernden Schichten und presst die Sedimente zu einer dichteren Masse zusammen. Die Sedimentkörner werden *verkittet*, wenn Wasser mit gelösten Stoffen durch die Zwischenräume sickert. Die im Wasser gelösten Stoffe werden allmählich ausgefällt, lagern sich an den Sedimentkörnern an und zementieren diese zu einer festen Masse. Sedimente, die durch feste Partikel entstehen, nennt man *klastische Sedimente*. Für Gesteine dieser Kategorie ist die Korngröße für die Namensgebung ausschlaggebend. Zwei Beispiele dafür sind *Tonstein* und *Sandstein*. Tonstein (Pelit) ist ein feinkörniges Gestein mit Partikeln in der Größenordnung von Ton (kleiner 1/256 mm) und Silt (1/256 mm bis 1/16 mm). Die Ablagerung der winzigen Partikel findet immer unter „ruhigen" Bedingungen statt, wie man sie in Sümpfen, Flussebenen und Teilen der Tiefseebecken vorfindet. Mit dem Namen *Psammit* werden Sedimentgesteine bezeichnet, die Partikel in Sandkorngröße (1/16 mm bis 2 mm) enthalten. Die Ablagerungsbedingungen für Sandsteine sind vielgestaltig, Strände und Dünen eingeschlossen (▶ Abbildung 1.19B). Chemische Sedimente werden durch Ausfällung der im Wasser gelösten Stoffe gebildet. Anders als bei den klastischen Sedimenten, die aufgrund ihrer Korngrößen unterschieden werden, gilt

1.10 Gesteine und Gesteinszyklen

Abbildung 1.19: **A.** Dieses feinkörnige schwarze Gestein nennt man Basalt. Es stammt von einem Lavastrom vom Sunset-Krater in Nordarizona. Es bildete sich, als geschmolzenes Gestein aus dem Vulkan vor Hunderten von Jahren ausbrach und sich verfestigte. (Foto: David Muench) **B.** Dieses Gestein ist an den Wänden des Zion-Nationalparks von Südutah aufgeschlossen. Die Schicht, bekannt als der Navajo-Sandstein, besteht aus den verwitterungsbeständigen Körnern des glasähnlichen Minerals Quarz, die diese Gegend einst über Kilometer hinweg mit driftenden Sanddünen bedeckte. (Foto: Tom Bean/DRK Foto). **C.** Diese Gesteinseinheit, bekannt als Vishnu-Schiefer, ist in der inneren Schlucht des Grand Canyon aufgeschlossen. Seine Bildung ist mit Milieus vergesellschaftet, wie man sie weit unter der Erdoberfläche vorfindet, bei hohen Temperaturen und Drücken und mit alten Gebirgsbildungsprozessen, die während der präkambrischen Zeit auftraten. (Foto: Tom Bean /DRK Photo)

für die chemischen Sedimente ihre Mineralzusammensetzung als Unterscheidungskriterium. Kalkstein ist das am weitesten verbreitete chemische Sediment und besteht hauptsächlich aus dem Mineral Calcit (Calciumcarbonat, $CaCO_3$). Es gibt viele verschiedene Arten von Kalkstein (▶ Abbildung 1.21). Viele der reichlich vorkommenden Kalksteine haben einen biochemischen Ursprung. Im Wasser lebende Organismen extrahieren Mineralien, die in Lösung sind, und bilden daraus harte Bestandteile, wie Schalen beispielsweise. Später, nach dem Absterben der Organismen, werden diese harten Bestandteile als Sediment

Abbildung 1.20: Granit ist ein magmatisches Intrusivgestein, das besonders häufig in der Erdkruste vorkommt. **A.** Die Erosion hat diese Granitmasse im Yosemite-Nationalpark, Kalifornien, freigelegt. **B.** Dieses Granithandstück zeigt ein grobkörniges Gefüge. (Foto: E.J. Tarbuck)

akkumuliert. Geologen schätzen den Anteil von Sedimentgesteinen auf nur ca. 5 Prozent (im Volumen) der 16 km dicken äußeren Schale der Erde. Dennoch ist die Bedeutung dieser Gesteinsgruppe viel größer, als ihr prozentualer Anteil vermuten lässt. Würden Sie Proben von Gesteinen nehmen, die an der Erdoberfläche offen zugänglich sind, wäre der Hauptanteil davon Sedimentgestein. Tatsächlich bestehen fast 75 Prozent der Gesteinsaufschlüsse auf den Kontinenten aus Sedimentgesteinen. Wir können uns Sedimentgesteine als eine relativ dünne und etwas diskontinuierliche Schicht des obersten Bereichs der Erdkruste vorstellen. Da Sedimentgesteine an der Oberfläche akkumulieren, ist das logisch. Aus Sedimentgesteinen rekonstruieren Geologen viele Details der Erdgeschichte. Da Sedimente durch viele verschiedene Bedingungen an der Oberfläche abgelagert werden können, kann man durch die Gesteine, die daraus geformt wurden, viele Rückschlüsse auf die einstige Oberflächenbeschaffenheit ziehen. Sie können auch Besonderheiten aufweisen, mit deren Hilfe die Geologen die Art und die Entfernung des Sedimenttransports entschlüsseln können. Zudem enthalten Sedimentgesteine Fossilien, die eine wichtige Informationsquelle zur Erforschung der geologischen Vergangenheit darstellen.

Metamorphe Gesteine Metamorphe Gesteine werden aus bereits entstandenen magmatischen, sedimentären oder sogar anderen metamorphen Gesteinen ge-

Abbildung 1.21: Kalkstein ist ein chemisches Sedimentgestein, in dem das Mineral Calcit vorherrscht. Es gibt viele Varietäten. Die oberste Schicht des Grand Canyon, Arizona, bekannt als die Kaibab-Formation, ist ein Kalkstein permischen Alters mit marinem Ursprung. (Foto: E.J. Tarbuck)

bildet. Folgerichtig hat jedes metamorphe Gestein ein Muttergestein, aus dem es entstanden ist. Metamorph ist ein treffender Name, da er wörtlich „Veränderung des Aussehens" bedeutet. Die Prozesse, aus welchen metamorphe Gesteine entstehen, sind oft progressiv fortschreitend, von leichten Veränderungen (niedriggradige Metamorphose) zu tiefgreifenden Veränderungen (hochgradige Metamorphose). Bei niedriggradiger Metamorphose wird zum Beispiel aus einem gewöhnlichen Sedimentgestein Schiefer. Im Gegensatz dazu verursacht hochgradige Metamorphose so ausgeprägte Veränderungen, dass das Muttergestein nicht mehr bestimmt werden kann. Außerdem sind Gesteine in der Tiefe (wo hohe Temperaturen herrschen) direktem Druck ausgesetzt, so dass sie allmählich komplizierte Falten bilden. Unter extremen Metamorphosebedingungen kommen die Temperaturen fast in den Aufschmelzungsbereich von Gesteinen. *Während der Metamorphose bleibt das Gestein jedoch weitgehend fest*, ansonsten müsste man bei einem Aufschmelzungsgeschehen bereits von magmatischer Aktivität sprechen. Meistens vollzieht sich die Metamorphose unter einer der drei Bedingungen:

1. Wird ein Gestein von einem Magmenkörper intrudiert, wird eine *Kontaktmetamorphose* oder *thermische Metamorphose* ausgelöst. Hier findet eine Veränderung des Muttergesteins durch die erhöhte Temperatur der es umgebenden magmatischen Intrusion statt.
2. Hydrothermale Metamorphose bezieht chemische Veränderungen ein, die dann auftreten, wenn heißes, ionenreiches Wasser durch Gestein zirkuliert, das mit Fissuren durchzogen ist. Diese Art von Metamorphose ist im Allgemeinen mit magmatischer Aktivität assoziiert. Durch sie wird Wärme herangeführt, welche die chemischen Reaktionen antreibt und zirkulierende Flüssigkeit durch das Gestein presst.
3. Während Gebirgsbildungsprozessen werden große Gesteinsareale von anderen Gesteinspaketen überlagert und durch gerichtete Drücke und die damit verbundenen Temperaturen großflächiger Deformation ausgesetzt, die man *Regionalmetamorphose* (auch Dislokationsmetamorphose) nennt.

Der Metamorphosegrad wird durch die Gesteinstextur und die Mineralbestandteile repräsentiert. Während Gesteine der Regionalmetamorphose ausgesetzt sind, kristallisieren manche Minerale orientiert, und zwar im rechten Winkel zur Kompressionskraft. Die daraus resultierende Mineralausrichtung lässt das Gestein lagig oder gebändert erscheinen und wird als *Schieferung* bezeichnet. Schiefer und Gneise sind als Beispiele dafür zu nennen (▶ Abbildung 1.22A). Nicht alle metamorphen Gesteine besitzen eine schiefrige Textur, sie weisen eine ungeschieferte Textur auf. Metamorphe Gesteine, die aus nur einer Mineralart mit etwa gleich großen Kristallen bestehen, sind in der Regel nicht sichtbar geschiefert, wie beispielsweise Kalkstein, der nur aus einer Mineralart, dem Calcit, besteht. Wird ein feinkörniger Kalkstein metamorph, so vereinigen sich die kleinen Calcitkristalle zu größeren, ineinander verzahnten Kristallen. Das entstandene Gestein sieht wie ein grobkörniges, magmatisches Gestein aus. Dieses ungeschieferte, metamorphe Gegenstück zu Kalkstein nennt man Marmor (▶ Abbildung 1.22B). Große Gebiete mit metamorphen Gesteinen sind auf jedem Kontinent aufgeschlossen. Sie sind wichtiger Bestandteil vieler Gebirgsgürtel und machen einen großen Anteil des kristallinen Kerns der Gebirge aus. Sogar der stabile innere Bereich auf Kontinenten, der im Allgemeinen mit Sedimentgesteinen bedeckt ist, besteht im Sockel aus metamorphen Gesteinen. Unter diesen Umständen sind die metamorphen Gesteine in der Regel hoch deformiert und von einem Magmenkörper intrudiert. Tatsächlich sind große Teile der kontinentalen Kruste aus metamorphen und verwandten magmatischen Gesteinen zusammengesetzt.

1.10.2 Der Gesteinszyklus, ein Untersystem

Die Erde ist ein System. Das bedeutet, unser Planet besteht aus vielen, sich gegenseitig beeinflussenden Komponenten, die ein komplexes Ganzes bilden. Dies kann nirgends besser gezeigt werden als bei der Untersuchung des Gesteinszyklus (▶ Abbildung 1.23). Der **Gesteinszyklus** gibt uns einen Einblick in viele Wechselwirkungen zwischen den verschiedenen Komponenten des Erdsystems. Wir können dadurch den Ursprung magmatischer, sedimentärer und metamorpher Gesteine verstehen und erkennen, dass jeder Gesteinstyp mit den anderen durch Prozesse, die auf oder innerhalb des Planeten wirken, verbunden ist. Befassen Sie sich eingehend mit dem Gesteinskreislauf. Sie werden seine Wechselwirkungen noch detaillierter kennenlernen.

1 Einführung in die Geologie

A.

B.

Abbildung 1.22: Häufig vorkommende metamorphe Gesteine. **A.** Die Foliation eines Gneises tritt oft gebändert auf (Bändergneis). Seine Mineralzusammensetzung entspricht der des magmatischen Gesteins Granit. **B.** Marmor ist ein grobkristallines, nicht foliiertes Gestein mit Kalkstein als Ausgangsgestein.

Der grundlegende Zyklus Wir beginnen bei Abbildung 1.23 ganz unten. Magma und geschmolzenes Gestein werden tief unterhalb der Erdoberfläche geformt. Über einen langen Zeitraum hinweg kühlt das Magma ab und verfestigt sich. Diesen Prozess nennt man Kristallisation. Sie kann sich entweder unter der Oberfläche oder, etwa nach einem Vulkanausbruch, auf der Oberfläche vollziehen In beiden Fällen wird das daraus Entstehende als magmatisches Gestein bezeichnet. Liegt magmatisches Gestein exponiert an der Oberfläche, beginnt es zu verwittern, wobei der tägliche Einfluss der Atmosphäre das Gestein langsam zersetzen wird. Das entstehende Material gelangt durch Schwerkraft hangabwärts und wird dann von zahlreichen „Erosionswerkzeugen" wie fließendem Wasser, Gletschern, Wind oder Wellen weitertransportiert. Schließlich werden diese Teilchen und gelösten Substanzen, die *Sedimente,* abgelagert. Obwohl die meisten Sedimente am Ende im Meer abgelagert werden, gibt es auch andere Ablagerungsräume wie Flussebenen, Wüstenbecken, Sümpfe und Dünen. Als Nächstes werden die Sedimente der **Diagenese** (oder Lithifikation, was „Umwandlung zu Stein" bedeutet) unterworfen. Sediment wird dann zu Gestein verfestigt, wenn es durch das Gewicht der darüber liegenden Schichten zusammengepresst wird oder die Poren mit ausgefällten Mineralen aus einsickerndem Grundwasser gefüllt werden. Gelangt das so entstandene Gestein unter die Erdoberfläche und unterliegt der Dynamik von Gebirgsbildung oder einer magmatischen Intrusion, so wird es großen Drücken und/oder hohen Temperaturen ausgesetzt. Das Sedimentgestein wird mit der veränderten Umgebung reagieren und wird sich in den dritten Gesteinstypus, ein *metamorphes Gestein*, verwandeln. Wird das metamorphe Gestein zusätzlichem Druck oder noch höheren Temperaturen ausgesetzt, beginnt es zu schmelzen. Magma wird daraus entstehen und dieses wird wiederum zu magmatischem Gestein kristallisieren. Prozesse, die durch die Wärme aus dem Erdinneren in Gang kommen, sind verantwortlich für die Entstehung von magmatischem und metamorphem Gestein. Verwitterung und Erosion sind externe Prozesse, die durch Sonnenenergie angetrieben werden, und durch die Sedimente entstehen, aus welchen Sedimentgesteine gebildet werden.

Alternative Vorgänge Der Weg, der in dem grundlegenden Kreislauf aufgezeigt wird, ist nicht der einzig mögliche, andere sind genauso wahrscheinlich wie der hier beschriebene. Diese Alternativen werden durch blaue Pfeile in Abbildung 1.23 beschrieben. Magmatische Gesteine können tief im Erdinneren stecken bleiben, statt bis an die Oberfläche vorzudringen und dort Kompressionskräften und hohen Temperaturen, wie sie bei der Gebirgsbildung auftreten, ausgesetzt zu werden. Geschieht dies, werden sie direkt in metamorphe Gesteine umgewandelt. Metamorphe Gesteine und Sedimentgesteine bleiben nicht immer bedeckt. Werden auflagernde Schichten abgetragen, werden sie freigelegt und Verwitterung kann angreifen. So bildet sich neues Rohmaterial für andere Sedimentgesteine. Gesteine erscheinen als unveränderliche Massen. Der Gesteinskreislauf beweist, dass sie das nicht sind. Doch diese Veränderungen benötigen Zeit – sehr viel Zeit.

1.10 Gesteine und Gesteinszyklen

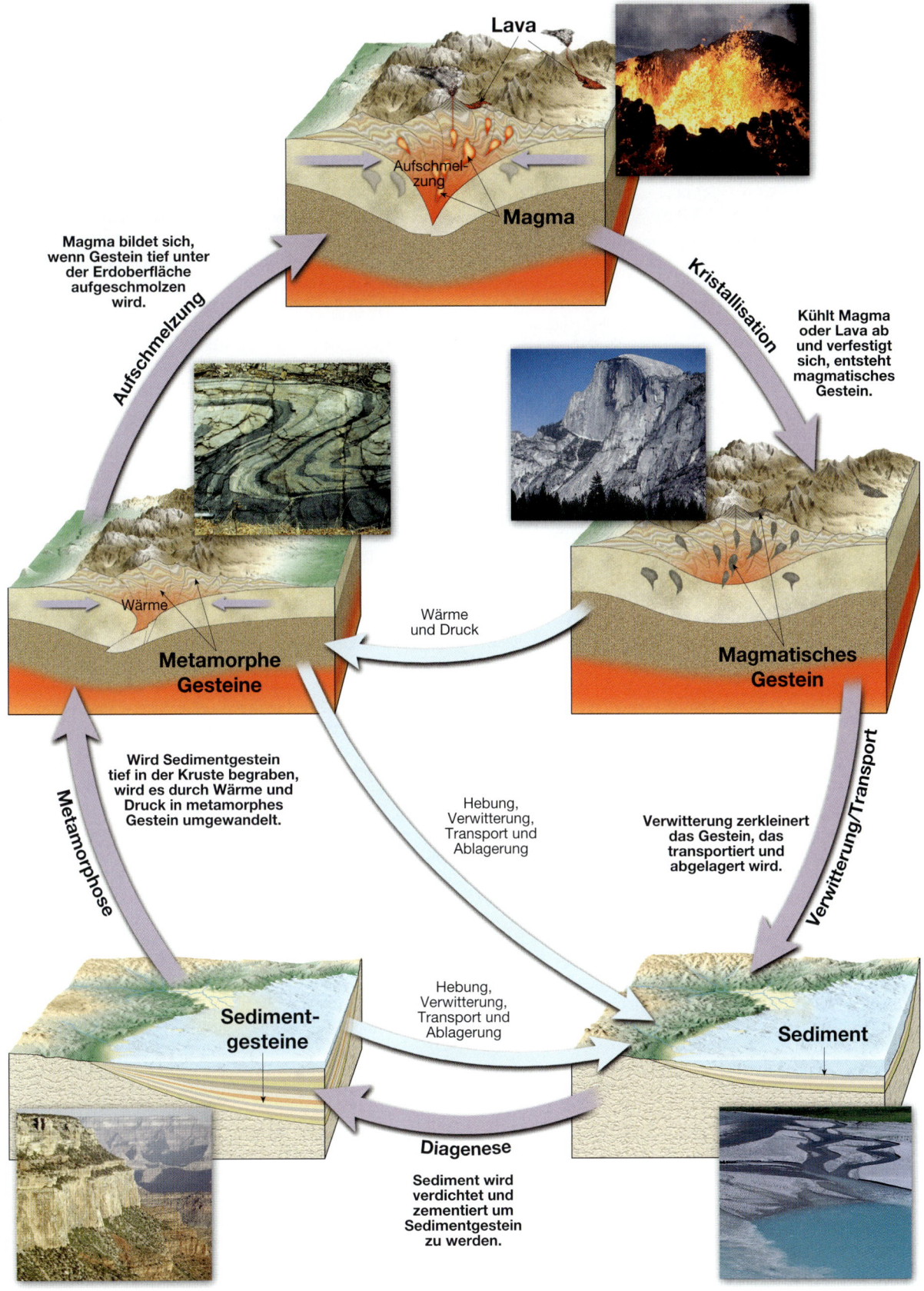

Abbildung 1.23: Über lange Zeiträume hinweg gesehen entstehen Gesteine, verändern sich und entstehen wieder aufs Neue in einem fortwährenden Prozess. Der Gesteinszyklus hilft uns, die Entstehung der drei Hauptgesteinstypen zu verstehen. Die Pfeile stellen Prozesse dar, die miteinander verknüpft sind.

ZUSAMMENFASSUNG

Geologie bedeutet „die Wissenschaft der Erde". Zwei große Gebiete der geologischen Forschung sind:

Physikalische oder allgemeine Geologie, die sich mit der stofflichen Zusammensetzung der Erde und den dynamischen Prozessen, die unter und auf der Erdoberfläche vor sich gehen (exogene und endogene Dynamik), befasst.

Historische Geologie, die versucht, den Ursprung der Erde und die zeitliche Entwicklungsgeschichte der Erde zu erfassen.

Die Beziehung zwischen den Menschen und ihrer natürlichen Umgebung ist ein wichtiger Schwerpunkt der Geologie. Das schließt Naturkatastrophen, Bodenschätze und menschlichen Einfluss auf geologische Prozesse ein.

Zwischen dem 17. und 18. Jahrhundert beeinflusste die *Katastrophentheorie* die Erklärungen zu den Vorgängen auf der Erde. Die Katastrophentheorie geht davon aus, dass die Oberflächenstrukturen der Erde durch große Katastrophen entstanden sind. Im Gegensatz dazu entwickelte *James Hutton* im späten 17. Jahrhundert die Theorie des *Aktualismus*, eine Theorie, die auch heute noch einen der Grundpfeiler der modernen Geologie darstellt. Der Aktualismus besagt, dass physikalische, chemische und biologische Gesetze, die heute wirksam sind, auch in der Vergangenheit wirksam waren. Diese Idee wird prosaisch zusammengefasst als „die Gegenwart ist der Schlüssel zur Vergangenheit". Huttons Hauptargument besagt, dass scheinbar langsame Prozesse über lange Zeitspannen hinweg ebenso große Auswirkungen wie plötzliche Katastrophen haben können.

Im Laufe des 19. Jahrhunderts haben Wissenschaftler eine geologische Zeiteinteilung entwickelt, unter Zuhilfenahme der Gesetzmäßigkeiten *relativer Datierung*. Das bedeutet, Ereignisse werden in richtiger Reihenfolge ohne Kenntnis ihres Alters eingeordnet. Die relative Datierung wird durch Gesetzmäßigkeiten wie das *Prinzip der Auflagerung* und der *Biostratigraphie* bestimmt.

Jede Wissenschaft basiert auf der Annahme, dass das Verhalten der Natur gleichmäßig und vorhersagbar bleibt. Den Vorgang, bei welchem Forscher Sachverhalte durch Beobachtungen von wissenschaftlichen *Hypothesen* und *Theorien* zusammentragen, nennt man *wissenschaftliche Methodik*. Um zu bestimmen, was in der Natur auftreten kann, bedienen sich Wissenschaftler oft des folgenden Konzepts: (1) Sie sammeln Sachverhalte, (2) Sie entwickeln eine wissenschaftliche Hypothese, (3) Sie führen Versuchsreihen durch, um die Hypothesen zu prüfen, (4) Sie erkennen, aufgrund eingehender Prüfungen, die Hypothese an, modifizieren oder verwerfen sie. Andere Entdeckungen, die eingehende Prüfungen überstanden haben, können aus rein theoretischen Annahmen resultieren. Manche wissenschaftlichen Fortschritte wurden gemacht, weil ein völlig unerwartetes Ereignis während eines Versuchs eintrat.

Die physikalische Umgebung der Erde wird seit jeher in drei Hauptkomponenten unterteilt: die feste Erde oder *Geosphäre*, der Wasseranteil unseres Planeten, die *Hydrosphäre*, und die Gashülle der Erde, die *Atmosphäre*. Dazu kommt die *Biosphäre*, welche die Gesamtheit des Lebens auf der Erde umfasst, in Wechselwirkung mit allen anderen der drei Sphären steht und damit ein gleichwertig zugehöriger Teil der Erde ist.

Obwohl jede der vier Erdsphären separat untersucht werden kann, sind alle in einem ständig in Wechselwirkung stehenden Komplex miteinander verbunden, den wir Erdsystem nennen. Die *Erdsystemwissenschaft* hat einen interdisziplinären Ansatz und gebraucht mehrere akademische Wissensgebiete, um unseren Planeten zu erforschen und seine globale Umweltproblematik.

Ein System ist eine Gruppe von miteinander in Wechselwirkung stehenden Komponenten, die ein komplexes Ganzes bilden. In geschlossenen Systemen kann sich Energie frei hinein- oder hinausbewegen, Materie jedoch kann weder in das System eindringen noch es verlassen. In einem offenen System können sich Energie und Materie frei hinein- und hinausbewegen.

Die meisten natürlichen Systeme besitzen Mechanismen, die dazu neigen, Veränderungen zu verstärken. Dies wird *positiver Rückkopplungsmechanismus* genannt. Andererseits gibt es auch einen *negativen Rückkopplungsmechanismus*, der von Veränderungen kaum beeinflusst wird und deswegen das System stabilisiert.

Das Erdsystem bezieht seine Energie aus zwei Quellen: (1) der Sonne, die externe Prozesse in der Atmosphäre, Hydrosphäre und der Erdoberfläche antreibt; und (2) Wärme aus dem Erdinneren, die interne Prozesse, wie die Entstehung von Vulkanen, Erdbeben und Gebirgen, antreibt.

Die Nebulartheorie beschreibt die Entstehung des Sonnensystems. Vor etwa 5 Mrd. Jahren begannen sich die Planeten und die Sonne aus einer riesigen Staub- und Gaswolke zu formen. Als sich die Wolke zusammenzog, begann sie zu rotieren und wurde scheibenförmig. Aus der Materie, die durch Gravitation zum Zentrum der Wolke gezogen wurde, entstand die *Protosonne*. Kleinere Zentren innerhalb der rotierenden Scheibe, die *Protoplaneten*, sogen mehr und mehr Detritus aus der Wolke. Aufgrund der hohen Temperaturen nahe der Sonne gelang es den inneren Planeten nicht, viele der Elemente anzuhäufen, die bei niedrigen Temperaturen dampfförmig werden. Da in weiter Entfernung von der Sonne die Temperaturen sehr niedrig sind, bestehen die äußeren Planeten aus großen Mengen Eis und leichter Materie. Diese Substanzen sind für die Größe und geringe Dichte der äußeren Planeten verantwortlich.

Der innere Aufbau der Erde wird in Schalen unterteilt, die unterschiedlich in ihrer chemischen Zusammensetzung und ihren physikalischen Eigenschaften sind. Die Erde setzt sich aus der äußeren, dünnen *Kruste*, dem festen *Mantel* und einem dichten *Kern* zusammen. Die anderen Schalen basieren auf den physikalischen Eigenschaften und schließen die *Lithosphäre*, die *Asthenosphäre*, die *Übergangszone*, den *unteren Mantel*, die *D"-Schicht*, den *äußeren* und den *inneren Kern* mit ein.

Die Oberfläche der Erde kann man in zwei Haupteinheiten unterteilen: die *Kontinente* und die *Ozeanbecken*. Der deutlichste Unterschied sind ihre relativen Erhebungen. Dieser kann durch ihre unterschiedliche Dichte und Mächtigkeit begründet werden.

Die wichtigsten Merkmale der Kontinente können in zwei Kategorien unterteilt werden: die *Gebirgsketten* und die *stabilen Zentren*. Der Ozeanboden wird in drei topographische Haupteinheiten unterteilt: die *Kontinentalränder*, die *Tiefseebecken* und die *ozeanischen Rücken*.

Der *Gesteinszyklus* ist einer von vielen Kreisläufen im Erdsystem, in welchem Materie wiederverwertet wird. Durch den Gesteinszyklus kann man viele Wechselwirkungen in der Geologie betrachten. Er veranschaulicht den Ursprung der drei Hauptgesteinsarten und die geologischen Prozesse, die einen Gesteinstyp in einen anderen verwandeln.

ZUSAMMENFASSUNG

Wiederholungsfragen

1. Die Geologie wird traditionell in zwei große Gebiete unterteilt. Nennen und beschreiben Sie diese zwei Unterordnungen.
2. Beschreiben Sie kurz den Einfluss von Aristoteles auf die Wissenschaft der Geologie.
3. Wie nahmen die Befürworter der Katastrophentheorie das Alter der Erde wahr?
4. Beschreiben Sie die Doktrin des Aktualismus. Welches Alter nahmen die Verfechter dieser Idee für die Erde an?
5. Wie alt ist die Erde ungefähr?
6. Die geologische Zeitskala wurde ohne Hilfe radioaktiver Datierung aufgestellt. Welche Gesetzmäßigkeiten wurden verwendet, um die Skala zu entwickeln?
7. Was ist der Unterschied zwischen einer wissenschaftlichen Hypothese und einer wissenschaftlichen Theorie?
8. Nennen und beschreiben Sie die vier Sphären, aus denen unser Lebensraum besteht.
9. Was ist der Unterschied zwischen einem offenen und einem geschlossenen System?
10. Vergleichen Sie positive und negative Rückkopplungsmechanismen miteinander.
11. Welche zwei Energiequellen besitzt das System Erde?
12. Beschreiben Sie kurz die Vorgänge, die zur Entstehung des Sonnensystems geführt haben.
13. Nennen und beschreiben Sie kurz die Einheiten, aus welchen die Erde zusammengesetzt ist.
14. Vergleichen Sie die Asthenosphäre mit der Lithosphäre.
15. Beschreiben Sie die Verteilung der jungen Gebirge auf der Erde im Allgemeinen.
16. Unterscheiden Sie Schilde und stabile Plattformen.
17. Nennen Sie drei topographische Haupteinheiten des Ozeanbodens.
18. Benennen Sie jedes der unten beschriebenen Gesteine:
    a. helles, grobkörniges Intrusivgestein
    b. klastisches Gestein in Korngrößen von Peliten
    c. feinkörniges, schwarzes Gestein, aus welchem die ozeanische Kruste besteht
    d. ungeschiefertes Gestein, das Kalkstein als Muttergestein hat
19. Ordnen Sie jedes Merkmal dem magmatischen, sedimentären oder metamorphen Gestein zu:
    a. Könnte intrusiv oder extrusiv sein.
    b. Wird durch Zusammendrücken und Verkitten verfestigt.
    c. Sandstein ist ein Beispiel.
    d. Manche Mitglieder dieser Gruppe sind geschiefert.
    e. Diese Gruppe wird in klastische und chemische Kategorien unterteilt.
    f. Der Gneis gehört zu dieser Gruppe.
20. Erklären Sie mithilfe des Gesteinszyklus die Behauptung „Ein Gestein ist das Rohmaterial für ein anderes".

Größere Multiple-Choice-Tests zur Wissenskontrolle und Prüfungsvorbereitung sowie weitere Informationen zu diesem Buchkapitel finden Sie auf der Companion Website zum Buch unter **www.pearson-studium.de**

Plattentektonik: Eine wissenschaftliche Revolution wird offenbar

2.1	Die Kontinentaldrift – eine Idee ihrer Zeit voraus	41
2.2	Die große Diskussion	46
2.3	Kontinentaldrift und Paläomagnetismus	48
2.4	Eine wissenschaftliche Revolution beginnt	52
2.5	Plattentektonik: Das neue Paradigma	57
2.6	Divergente Plattengrenzen	62
2.7	Konvergente Plattengrenzen	63
2.8	Transformstörungen (Seitenverschiebungen) als Plattengrenzen	68
2.9	Die Prüfung des Modells zur Plattentektonik	70
2.10	Die Messung der Plattenbewegung	74
2.11	Was treibt die Plattenbewegung an?	75
2.12	Die Bedeutung der Theorie zur Plattentektonik	78
Zusammenfassung		80
Wiederholungsfragen		81

2

ÜBERBLICK

2 Plattentektonik: Eine wissenschaftliche Revolution wird offenbar

Zusammengesetztes Satellitenfoto von Europa, Nordafrika und der Arabischen Halbinsel. (Foto © by Worldsat International, Inc., 2001, www.worldsat.ca. All Rights Reserved)

Zu Beginn des 20. Jahrhunderts festigte sich die Vorstellung, dass Kontinente auf der Erdoberfläche treiben. Diese Auffassung war sehr konträr zu der Meinung, Ozeanbecken und Kontinente seien unveränderliche, sehr, sehr alte Strukturen. Diese Sichtweise wurde untermauert durch Beobachtungen von Erdbebenwellen, die darauf schließen ließen, dass der Erdmantel aus festem Gestein besteht. Die Annahme eines festen Mantels führte die Forscher zu dem Schluss, die äußere Hülle der Erde sei unbeweglich. Zu dieser Zeit vertraten die Wissenschaftler die allgemein anerkannte Meinung, Gebirge hätten sich durch eine Kompression geformt. Diese wiederum ergab sich aus dem Schmelzzustand einer abkühlenden Erde. Man hatte eine einfache Erklärung: Während der inneren Abkühlung und Kontraktion war die feste äußere Hülle der Erde durch Auffaltung und Störungsbildung deformiert worden, um auf den schrumpfenden Planeten zu passen. Man verglich die Gebirge mit dem Schrumpeln einer ausgetrockneten Frucht. Dieses Modell der tektonischen[1] Prozesse auf der Erde, so unzulänglich es auch sein mag, war tief in der geologischen Betrachtungsweise der damaligen Zeit verwurzelt. Seit den 1960er Jahren hat sich unser Verständnis von der Beschaffenheit der Erde und den Vorgängen auf unserem Planeten deutlich verbessert. Wissenschaftler erkannten, dass die äußere Hülle beweglich ist und dass die Kontinente allmählich über den Globus wandern. Landmassen brechen im Laufe der Zeit auseinander, um neue Ozeanbecken zwischen divergierenden (auseinanderdriftenden) Kontinentalblöcken zu bilden, während in der Nähe von Tiefseegräben alte Teile der ozeanischen Kruste in den Mantel zurückfallen. Durch solche Bewegungsprozesse kollidieren kontinentale Blöcke, was wiederum zur Entstehung der großen Gebirgsregionen der Erde führt (▶ Abbildung 2.1). Kurz

---

[1] Die Tektonik schließt die Untersuchung von Prozessen ein, die die Erdkruste verformen und bedeutende Strukturmerkmale durch Deformation schaffen wie Gebirge, Kontinente und ozeanische Becken.

gesagt, ein neues, umwälzendes Modell für die tektonischen Vorgänge war entstanden. Eine grundlegend neue wissenschaftliche Betrachtungsweise wird als wissenschaftliche Revolution bezeichnet. Diese Revolution nahm ihren Ausgang mit der recht direkten Formulierung von Alfred Wegener zur Kontinentaldrift. Nach vielen Jahren hitziger Debatte wurde Wegeners Hypothese der Kontinentaldrift von einer überwältigenden Mehrheit der Wissenschaftler abgelehnt. Dem Konzept der mobilen Erde standen vor allem die nordamerikanischen Geologen kritisch gegenüber, möglicherweise weil viele Beweise aus südlichen Kontinenten zusammengetragen wurden, die den meisten nordamerikanischen Geologen wenig bekannt waren. Während der fünfziger und sechziger Jahre weckten neue Erkenntnisse das Interesse für die fast vergessene Theorie. Diese neuen Entdeckungen führten 1968 zu einer noch viel weiter ausholenden Theorie, die die Aspekte der Kontinentaldrift und der Ozeanbodenspreizung mit einbezog – eine Theorie, die als Plattentektonik bekannt ist. In diesem Kapitel werden wir die Umstände beleuchten, die zur drastischen Wende einer wissenschaftlichen Anschauung geführt haben, mit dem Versuch, uns einen Einblick zu verschaffen, welcher Vorgehensweisen sich die Wissenschaft dabei bedient. Wir werden auch kurz auf die Entwicklung des Konzepts der Kontinentaldrift eingehen und untersuchen, warum es zunächst abgelehnt wurde. Des Weiteren nehmen wir die Beweise unter die Lupe, die schließlich zur Akzeptanz der Theorie der Plattentektonik geführt haben.

2.1 Die Kontinentaldrift – eine Idee ihrer Zeit voraus

Die Meinung, dass Kontinente, insbesondere Südamerika und Afrika, wie Puzzleteile zusammenpassen, entstand mit den ersten exakten topographischen Karten der Erde. Dieser Meinung wurde erst wenig Beachtung geschenkt, bis 1915 Alfred Wegener, ein deutscher Meteorologe und Geophysiker sein Buch *Der Ursprung der Kontinente und Ozeane* publizierte. In dem Buch, das in mehreren Auflagen erschien, führte Wegener die grundlegenden Aspekte seiner radikalen Hypothese zur **Kontinentaldrift** weiter aus. Laut

Abbildung 2.1: Kletterer kampieren an der nackten Felswand des K7 im Karakorum-Massiv des Himalaya, Pakistan. Dieses Gebirge entstand aus dem Zusammenstoß der Landmassen von Indien und Eurasien. (Foto: Jimmy Chin/National Geographic/Getty)

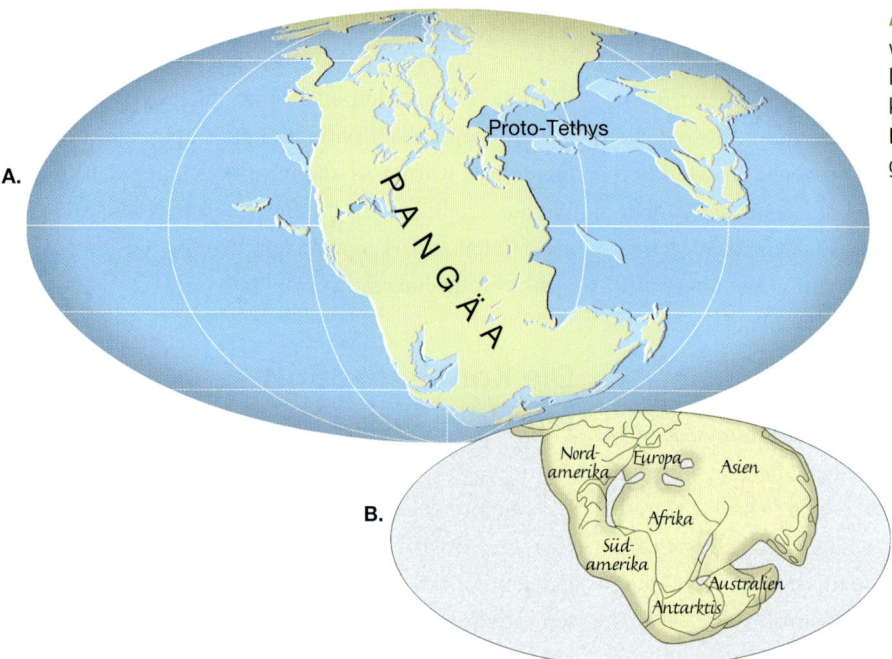

Abbildung 2.2: Rekonstruktionen von Pangäa, wie es vor 200 Millionen Jahren ausgesehen haben könnte. **A.** Moderne Rekonstruktion. **B.** Rekonstruktion von Alfred Wegener, 1915.

Wegener existierte einst ein einziger Superkontinent, **Pangäa** (*pan* = alles, *gaea* = Erde) genannt. Er stellte eine weitere Hypothese auf, dass im Mesozoikum, vor etwa 200 Millionen Jahren, dieser Superkontinent in kleinere Kontinentfragmente auseinanderzubrechen begann. Die kleineren Kontinente drifteten im Laufe der Zeit in ihre gegenwärtigen Positionen (▶ siehe Exkurs 2.1). Wegener entwickelte seine Idee vermutlich während einer Grönlandexkursion zwischen 1906 und 1908, als er das Eis im Meer aufbrechen sah. Wegener und andere Befürworter der Kontinentaldrifttheorie sammelten substanzielle Beweise, um ihre Idee zu belegen. Die Konturen der Küsten von Südamerika und Afrika und die geographgraphische Verteilung von Fossilien sowie das einstige Erdklima stützten die Idee, dass diese jetzt getrennten Landmassen vor langer Zeit miteinander verbunden waren. Wir wollen uns diese Beweise ansehen.

2.1.1 Die zueinander passenden Kontinente

Alfred Wegener vermutete, die Kontinente könnten miteinander verbunden gewesen sein, als er die große Ähnlichkeit der Küstenlinien Südamerikas und Afrikas, getrennt durch den atlantischen Ozean, bemerkte. Wegeners Versuch, die rezenten Küstenlinien der Kontinente zusammenzufügen, wurde sofort von anderen Geowissenschaftlern kritisiert. Seine Widersacher argumentierten zu Recht, dass sich Küstenlinien durch Erosions- und Ablagerungsprozesse ständig verändern. Auch wenn sich die Kontinente verlagert hätten, erschien ein solches Zusammenpassen bis zu diesem Zeitpunkt unwahrscheinlich. Wegener war sich im Klaren darüber, dass seine ersten Puzzlemodelle der Kontinente sehr grob ausgearbeitet waren (▶ Abbildung 2.2). In dieser Zeit fanden Geowissenschaftler heraus, dass eine viel bessere Annäherung der tatsächlichen, äußeren Grenzen eines Kontinents durch die meerwärts, mehrere Hundert Meter unter Wasser liegende Kante des Kontinentalschelfs gegeben ist. In den frühen 1960er Jahren erstellte Sir Edward Bullard mit zwei Kollegen eine Karte, anhand derer sie versuchten, die Kanten des Kontinentalschelfs von Südamerika und Afrika in einer Tiefe von 900 Meter darzustellen. Die bemerkenswerte Passform, die dabei erfasst wurde, wird in ▶ Abbildung 2.3 gezeigt. Die Kontinente überlappen an manchen Stellen. Dort lagerten Flüsse große Mengen Sediment ab und vergrößerten so das Kontinentalschelf. Insgesamt passten die Kontinente besser zusammen, als es die Forscher erwartet hatten.

2.1.2 Hinweise durch Fossilien

Obwohl Wegeners Hypothese sich auf die bemerkenswerte Ähnlichkeit der Küstenlinien an den sich ge-

2.1 Die Kontinentaldrift – eine Idee ihrer Zeit voraus

Studenten fragen manchmal …

Wie sah die übrige Erde aus, als alle Kontinente zur Zeit Pangäas zusammengeschlossen waren?

Als alle Kontinente miteinander verbunden waren, musste sie ein riesiger Ozean umgeben haben. Dieser Ozean wird *Panthalassa* genannt (*pan* = alles, *thalassa* = Ozean). Panthalassa schließt mehrere kleine Meere mit ein, wovon ein flaches Meer, die Tethys, zentral im Inneren gelegen war (siehe Abbildung 2.2). Vor ca. 180 Millionen Jahren begann der Superkontinent Pangäa auseinanderzubrechen und die unterschiedlichen Kontinentalmassen, so wie wir sie heute kennen, bewegten sich in ihre heutige Position. Der Überrest des einstigen Panthalassa ist der Pazifische Ozean, der sich seit dem Aufbrechen von Pangäa stetig verkleinert.

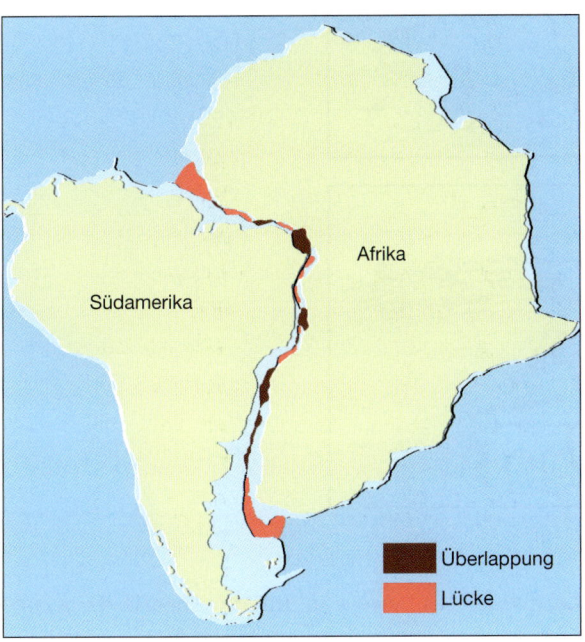

Abbildung 2.3: Diese Abbildung zeigt die bestmögliche Angrenzung von Südamerika und Afrika in einer Tiefe von etwa 900 Metern entlang ihres Kontinentalhangs. Die Gebiete, an denen die Kontinentalblöcke überlappen, sind braun dargestellt. (Nach A.G. Smith, „Continental Drift" in Understanding the Earth, herausgegeben von I.G.Gass)

verfolgen. Er begann damit, ernsthaft seine Idee auszuarbeiten. Während er sich in Literatur zu diesem Thema vertiefte, fand Wegener heraus, dass die meisten Paläontologen (Wissenschaftler, die die fossilen Überreste von Organismen untersuchen) darin übereinstimmten, dass es irgendwelche Landverbindungen gegeben haben musste, die das Auftreten identischer mesozoischer Fossilien in weit voneinander entfernten Landmassen erklären könnten. (Die jetzt in Nordamerika beheimateten Lebensformen sind sehr verschieden von jenen in Afrika. Deshalb würde man erwarten, dass Organismen, die während des Mesozoikums auch auf weit voneinander getrennten Kontinenten lebten, ziemlich unterschiedlich wären.)

Mesosaurus Um seinem Argument für die Existenz eines Superkontinents mehr Glaubwürdigkeit zu verleihen, zitierte Wegener mehrere gut dokumentierte Funde identischer fossiler Organismen auf den sich gegenüberliegenden Landmassen. Für diese Landlebewesen wäre es sehr unwahrscheinlich gewesen, den riesigen Ozean zu überqueren. Das klassische Beispiel ist *Mesosaurus*, ein fischfressendes Reptil, dessen fossile Überreste nur in Schwarzschiefen des Perm (vor ca. 260 Millionen Jahren) im östlichen Südamerika und im südlichen Afrika gefunden wurden. (▶ Abbildung 2.4) Hätte Mesosaurus den weiten Weg quer über den südlichen Atlantik geschafft, müssten seine fossilen Überreste viel weiträumiger verteilt sein. Da dies nicht der Fall ist, mussten Südamerika und Afrika einst verbunden gewesen sein, argumentierte Wegener.

Wie erklärten die Wissenschaftler zu Wegeners Lebzeiten das Vorkommen identischer Fossilien in Gebieten, die Tausende von Kilometern weit auseinanderliegen, getrennt durch einen offenen Ozean? Transozeanische Landbrücken, die solche Migrationen (▶ Abbildung 2.5) der Tiere ermöglicht hätten, boten damals die wahrscheinlichste Erklärung. Wir wissen beispielsweise, dass wegen des tieferen Meeresspiegels während der letzen Eiszeit Tiere die schmale Beringstraße überqueren konnten. War es also auch möglich, dass Landbrücken, die später unter den Meeresspiegel tauchten, Afrika und Südamerika einst miteinander verbunden hatten? Moderne Karten des Ozeanbodens untermauern Wegeners Behauptung, dass Landbrücken dieser Größenordnung nie existiert hatten, da ansonsten Spuren davon noch unter dem Meeresspiegel aufzufinden wären.

Glossopteris Wegener führte ebenfalls die Verbreitung

genüberliegenden Seiten des Atlantiks stützte, hielt Wegener die Idee einer mobilen Erde zunächst für unwahrscheinlich. Erst, als er zufällig erfuhr, dass es identische Fossilien in den Gesteinen Südamerikas und Afrikas gab, beschloss er, diese Idee ernsthaft zu

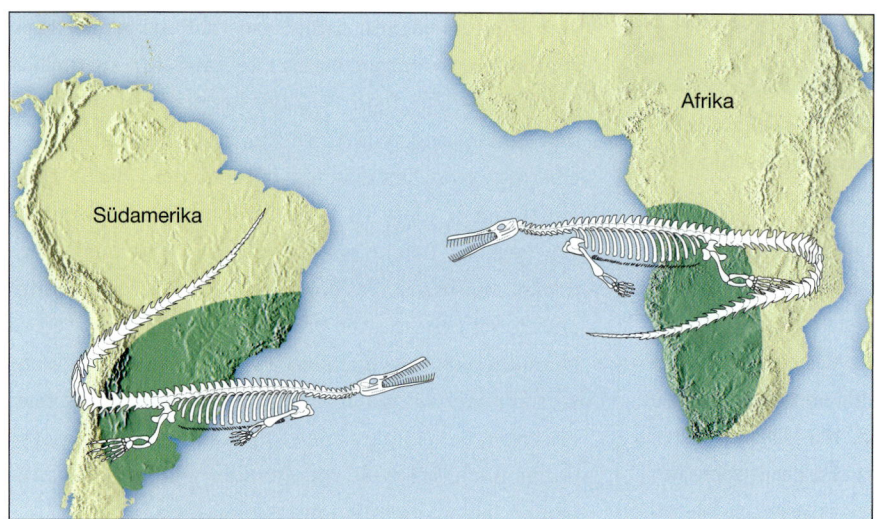

Abbildung 2.4: Fossile Überreste von Mesosaurus wurden auf beiden Kontinentalseiten des Südatlantiks gefunden, sonst jedoch nirgendwo auf der Welt. Diese und andere fossile Überreste in Südamerika und Afrika liefern Hinweise darauf, dass diese beiden Landmassen im späten Paläozoikum und frühen Mesozoikum miteinander verbunden waren.

Abbildung 2.5: Die Zeichnungen von John Holden stellen verschiedene Erklärungsmöglichkeiten dar, warum gleiche Spezies auf Landmassen auftreten, die heute durch einen riesigen Ozean getrennt sind.

des fossilen Farns *Glossopteris* als Beweis für die Existenz Pangäas an. Diese Pflanze zeichnete sich durch große Samen aus, die nicht sehr leicht zu verteilen waren. Der Farn war im späten Paläozoikum in Afrika, Australien, Indien und Südamerika weit verbreitet. Später wurden fossile Überreste von *Glossopteris* auch in der Antarktis gefunden. Wegener erkannte zudem, dass diese Samenfarne und die vergesellschaftete Flora nur im subpolaren Klima auftraten. Daraus schloss er, dass die Landmassen viel näher am Südpol lagen, als sie noch miteinander verbunden waren.

Heutige Lebewesen In einer späteren Auflage seines Buchs führte Wegener auch die Verteilung heutiger Lebewesen als Beweis an, um die Theorie der Kontinentaldrift zu stützen. Zum Beispiel finden sich heute Lebewesen mit ähnlicher Abstammung, die sich in den letzten 10 Millionen Jahren eindeutig isoliert voneinander entwickelt haben. Offensichtlich wird dies an den australischen Beuteltieren (zu denen etwa die Kängurus zählen), die eine direkte fossile Verbindung zu den Opossums der beiden amerikanischen Kontinente haben, bei denen es sich ebenfalls um Beuteltiere handelt. Nach dem Auseinanderbrechen von Pangäa folgten die australischen Beuteltiere evolutionär einem anderen Weg als ihre Verwandten auf den amerikanischen Kontinenten.

2.1.3 Ähnlichkeiten der Gesteinstypen und tektonischen Strukturen

Jeder, der schon einmal ein Puzzle zusammengesetzt hat, weiß, dass man nicht nur die Teile zusammenfügt, sondern auch ein Bild zusammensetzt. Das „Bild", das sich aus dem „Kontinentaldriftpuzzle" ergeben muss, ist das der Gesteinsarten und der Gebirgsketten auf den Kontinenten. Sollten die Kontinente einst verbunden gewesen sein, müssten Gesteine aus einer bestimmten Region eines Kontinents mit dem Alter und dem Typ der Gesteine in der Position des Nebenkontinents ziemlich genau übereinstimmen. Wegener fand als Beweis ein 2,2 Milliarden altes magmatisches Gestein in Brasilien, das einem Gestein in Afrika mit gleichem Alter sehr ähnlich war.

Ähnliche Beweise liefern Gebirgsgürtel, die an einer Küstenlinie aufhören, um auf einer anderen, durch den Ozean getrennten Landmasse wieder aufzutauchen. Beispielsweise zieht sich der Gebirgsgürtel, dem die Appalachen angehören, nordöstlich durch den Osten der USA, um vor der Küste Neufundlands abzutauchen. Gebirge vergleichbaren Alters und vergleichbarer Strukturen wurden in Grönland, auf den britischen Inseln und in Skandinavien gefunden. Wenn man diese Landmassen wieder zusammensetzt, wie in ►Abbildung 2.6, ergeben die Gebirgsketten einen nahezu durchgehenden Gebirgsgürtel.

Wegener war überzeugt, dass die Ähnlichkeit der Gesteinsstrukturen eine Verbindung der gegenüberliegenden Landmassen darstellt. Er sagte dazu: „Es ist so, als wenn wir die Stücke einer zerrissenen Zeitung nach ihren Konturen zusammensetzen und dann die Probe machen, ob die Druckzeilen glatt hinüberlaufen. Ist das der Fall, bleibt uns nichts anderes übrig als daraus zu schließen, dass die Stücke tatsächlich so miteinander verbunden waren."

2.1.4 Paläoklimatische Beweise

Da Alfred Wegener von Beruf Meteorologe war, suchte er auch nach paläoklimatischen Daten, um die Kontinentaldrifttheorie zu unterstützen. Seine Anstrengungen wurden belohnt, als er Hinweise auf einen offenbar dramatischen, globalen Klimawandel während der geologischen Vergangenheit fand. Insbesondere erkannte er anhand von eiszeitlichen Ablagerungen, dass am Ende des Paläozoikums (vor ca. 300 Millionen Jahren) ausgedehnte Eisdecken die südliche He-

Abbildung 2.6: Zueinander passende Gebirgsmassive quer über den Atlantik: Die Appalachen ziehen sich entlang der Ostflanke Nordamerikas hin und tauchen vor der Küste Neufundlands ab. Gebirge vergleichbaren Alters und vergleichbarer Strukturen wurden in Grönland, auf den britischen Inseln und in Skandinavien gefunden. Positioniert man diese Landmassen an der Stelle, an der man sie vor der Kontinentaldrift vermutet, formen die alten Gebirgsketten einen nahezu durchgehenden Gürtel. Diese aufgefalteten Gebirgsgürtel bildeten sich vor etwa 300 Millionen Jahren, als die Landmassen kollidierten und der Superkontinent Pangäa entstand.

misphäre und Indien bedeckt haben mussten (►Abbildung 2.7). Schichten gleichen Alters von glazial transportierten Sedimenten fand man im südlichen Afrika und Südamerika sowie in Indien und in Australien. Der überwiegende Anteil dieser Gebiete liegt gegenwärtig aber innerhalb des 30. Breitengrades vom Äquator, in subtropischem oder tropischem Klima.

Wäre es möglich gewesen, dass die Erde eine Periode starker Abkühlung durchlaufen hat und sich dadurch riesige Eisdecken in Gebieten bilden konnten, die jetzt unter tropischem Einfluss stehen? Wegener wies diese Erklärung zurück, da während des späten Paläozoikums große tropische Sümpfe auf der nördlichen Hemisphäre existierten. Aus diesen Sümpfen mit üppiger Vegetation gingen später die bedeutenden Kohlevorkommen der östlichen USA, Europas und Sibiriens hervor.

Fossilfunde von Baumfarnen mit riesigen Farnwedeln in den Kohlelagerstätten wiesen auf ein tropisches Umfeld bei ihrer Entstehung hin. Außerdem

2 Plattentektonik: Eine wissenschaftliche Revolution wird offenbar

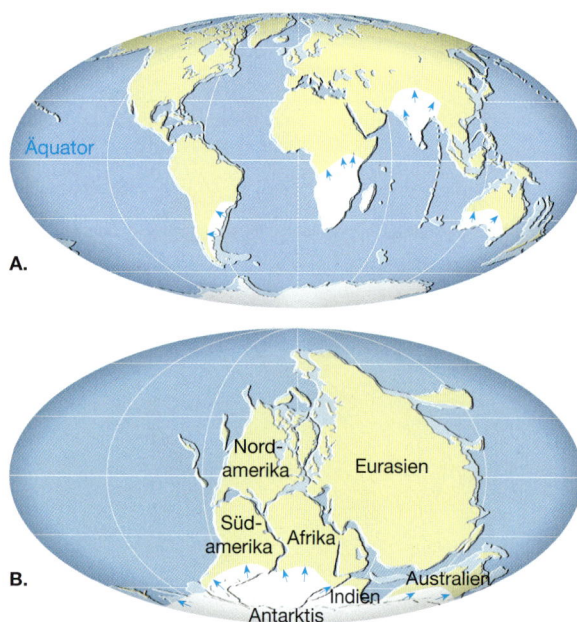

Abbildung 2.7: Paläoklimatische Hinweise für die Kontinentaldrift. **A.** Am Ende des Paläozoikums (vor ca. 300 Millionen Jahren) bedeckten ausgedehnte Eisflächen die südliche Hemisphäre und Indien. Die Pfeile zeigen die Bewegung des Eises auf, auf die durch eiszeitliche Rinnen geschlossen wurde. **B.** Gezeigt werden die Kontinente, deren ursprüngliche Position wiederhergestellt wurde, mit dem Südpol zwischen der Antarktis und Afrika gelegen. Mit dieser Anordnung können die notwendigen Bedingungen für die ausgedehnten Eisdecken und die radiale Bewegung des Eises weg vom Südpol erklärt werden.

waren keine Wachstumsringe bei den Baumfarnen zu erkennen, wie sie Bäume in kälterem Klima entwickeln, was auch ein Charakteristikum für tropische Pflanzen ist, die Temperaturschwankungen kaum ausgesetzt sind.

Wegener legte nahe, dass der Superkontinent Pangäa eine viel plausiblere Erklärung für eine spätpaläozoische Eiszeit sei. In einer solchen Anordnung sind die Kontinente im Verbund miteinander und nahe dem Südpol gelegen. Das würde die notwendigen Bedingungen erklären, die für ausgedehnte Eisdecken auf der südlichen Hemisphäre gesorgt haben. Gleichzeitig wären die heutigen nördlichen Landmassen geograghraphisch in der Nähe des Äquators gelegen, was die riesigen Kohlelagerstätten erklären würde. Wegener war so sehr von der Richtigkeit seiner Erklärung überzeugt, dass er schrieb: „Diese Beweise sind so überzeugend, dass man im Vergleich dazu jedes andere Kriterium vernachlässigen kann."

Wie können Gletscher im heißen, ariden Zentralaustralien entstehen? Wie können Landtiere einen riesigen, offenen Ozean überqueren? Wie überzeugend die Beweise auch gewesen sein mögen, es mussten 50 Jahre vergehen, ehe die Wissenschaftler das Konzept der Kontinentaldrift und die logischen Folgerungen, die dazu führten, anerkannten.

2.2 Die große Diskussion

Wegeners Vorschlag blieb bis 1924 von großer Kritik verschont, bis sein Buch ins Englische, Französische, Spanische und Russische übersetzt wurde. Von diesem Zeitpunkt an bis zu seinem Tod 1930 erfuhr seine Drifthypothese viele Anfeindungen. Der angesehene amerikanische Geologe R.T. Chamberlain bemerkte, „Wegeners Hypothese ist generell haltlos ..." W.B. Scott, ehemaliger Präsident der amerikanischen Gesellschaft für Philosophie, benutzte deutlichere Worte, als er die Hypothese als „ganz großen Quatsch" beschrieb.

2.2.1 Die Ablehnung der Hypothese zur Kontinentaldrift

Einer der wesentlichen Gründe für die Ablehnung von Wegeners Hypothese war, dass er nicht erklären konnte, welche Mechanismen fähig sind, die Kontinente auf dem Globus derart zu bewegen. Wegener schlug zwei mögliche Mechanismen der Kontinentaldrift vor: zum einen die Gravitationskraft, die von Sonne und Mond auf die Erde ausgeübt wird. Wegener argumentierte, dass Kräfte, die die Gezeiten verursachen, hauptsächlich die äußerste Schicht der Erde betreffen, die dann in Form von mit den Kontinenten verbundenen Fragmenten über das Erdinnere gleitet. Dem setzte der bekannte Physiker Harold Jeffreys richtigerweise entgegen, dass Tidenkräfte dieser Größenordnung die Rotation der Erde in wenigen Jahren zum Stillstand bringen würden. Wegener schlug fälschlicherweise auch vor, dass die größeren und massiveren Kontinente die ozeanische Kruste durchbrechen, ähnlich wie Eisbrecher das Eis. Jedenfalls gab es keinen Beweis dafür, dass der Ozeanboden so schwach wäre, um dies zu ermöglichen, ohne die Kontinente bei diesem Prozess deutlich zu deformieren. 1929 wurde Wegeners Idee von allen Seiten abgelehnt. Trotz der Kritik schrieb Wegener die vierte Auflage seines Buchs, das seine grundlegende Hypothese mit stützenden Beweisen enthielt. 1930 unternahm Wegener seine vierte und letzte Exkursion

2.2 Die große Diskussion

EXKURS 2.1 – DIE ERDE VERSTEHEN
Das Auseinanderbrechen von Pangäa

Wegener nahm Beweise von Fossilien, Gesteinstypen und von alten Klimabedingungen zu Hilfe, um das Puzzle der Kontinente in seinem Superkontinent Pangäa zusammenzufügen. Auf ähnliche Weise, aber mit modernen Methoden, die Wegener nicht zur Verfügung standen, rekonstruierten Geologen die einzelnen Schritte beim Aufbrechen von Pangäa vor etwa 180 Millionen Jahren. Diese Arbeit beschrieb gut den Zeitpunkt, wann sich die einzelnen Krustenteile voneinander getrennt haben, sowie deren relative Bewegung (▶ Abbildung 2.A). Eine bedeutende Folge des Auseinanderbrechens von Pangäa war die Entstehung eines „neuen" Ozeanbeckens: des Atlantiks. Wie Sie in Abbildung 2.A, Teil B sehen können, geschah das Aufreißen nicht gleichzeitig entlang der Ränder des Atlantiks. Der erste Riss entwickelte sich zwischen Nordamerika und Afrika. Dort war die kontinentale Kruste stark zerbrochen und große Mengen flüssiger Lava bahnten sich ihren Weg, um an die Oberfläche zu gelangen. Heute kann man diese Lavaströme als verwitterte, magmatische Gesteine entlang der Ostküste der USA betrachten, die meist von Sedimentgesteinen des Kontinentalschelfs überlagert werden. Radiometrische Datierungen der Lavagesteine führten zur Erkenntnis, dass die Riftentwicklung in verschiedenen Stufen vor 165 Millionen bis 180 Millionen Jahren begann. Diese Zeitspanne kann als die „Geburtsstunde" dieses Abschnitts des Nordatlantiks gesehen werden. Vor etwa 130 Millionen Jahren begann sich der Südatlantik an der Spitze des jetzigen Südafrikas zu öffnen. Mit der nordwärts gerichteten Wanderung der Riftzone öffnete sich der Südatlantik allmählich (vergleichen Sie Abbildung 2.A, Teil B und C). Das fortschreitende Auseinanderbrechen der südlichen Landmassen führte schließlich zur Trennung von Afrika von der Antarktis und zur Wanderung Indiens nach Norden. Im frühen Känozoikum vor etwa 50 Millionen Jahren, hatte sich Australien von der Antarktis abgespalten und der Südatlantik war ein voll ausgebildeter Ozean (Abbildung 2.A, Teil D). Die moderne Karte (Abbildung 2.A, Teil F) zeigt, dass Indien schließlich vor ca. 45 Millionen Jahren mit Asien kollidierte, wodurch der Himalaya und das tibetische Hochland entstanden. Etwa zur gleichen Zeit wurde mit der Abspaltung Grönlands von Eurasien das Aufbrechen der nördlichen Landmasse beendet. Während der letzten 20 Millionen Jahre der Erdgeschichte löste sich Arabien von Afrika und das Rote Meer entstand. Ebenso spaltete sich die Baja California von Mexiko ab, wodurch der Golf von Kalifornien entstand (Abbildung 2.A, Teil E). In der Zwischenzeit verbindet der Panamabogen Nordamerika mit Südamerika und verleiht unserer Erde das Aussehen, das wir kennen.

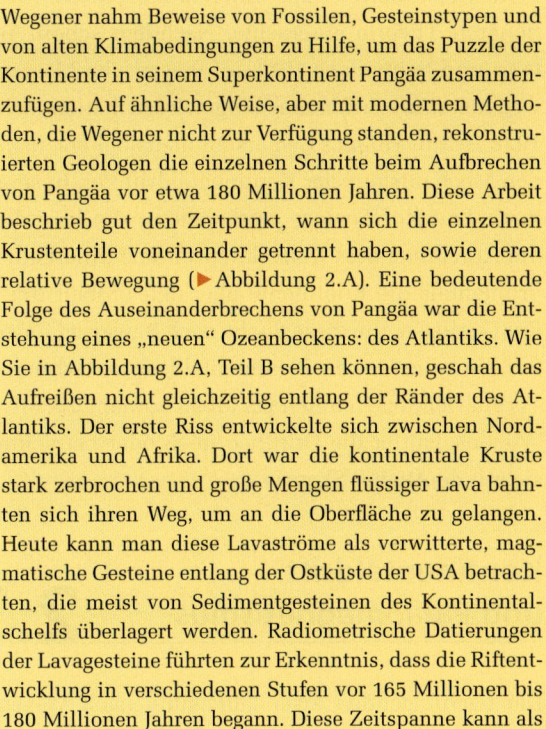
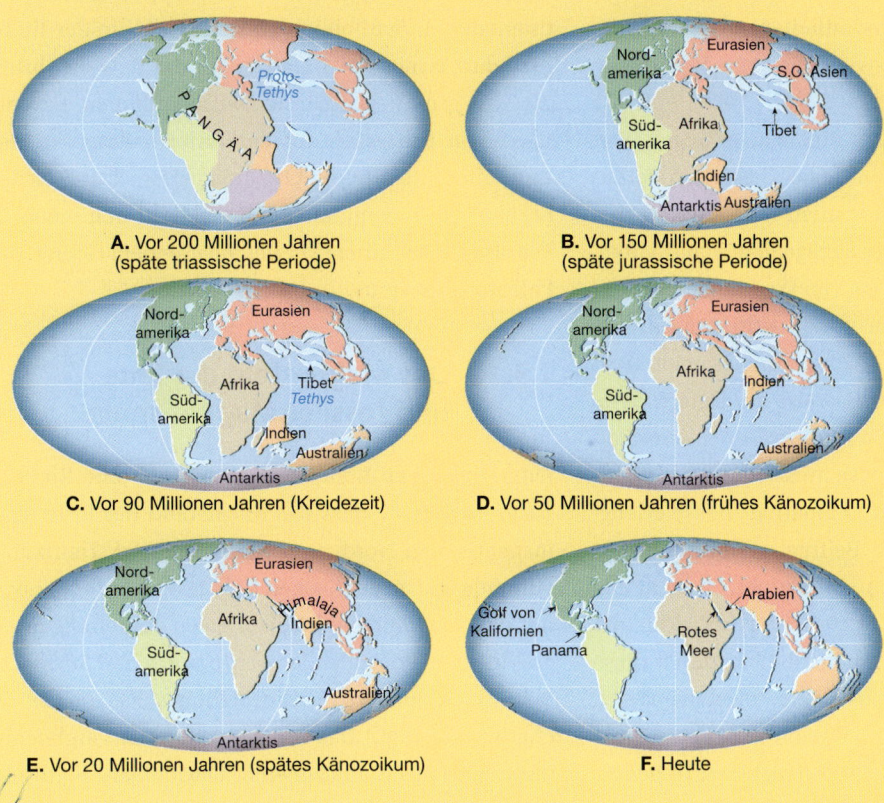

Abbildung 2.A: Pangäa bricht auseinander – über 200 Millionen Jahre.

zum Grönlandeis. Obwohl das primäre Ziel der Expedition eigentlich die Beobachtung der harten Winterbedingungen der schneebedeckten Insel war, führte Wegener die Erprobung seiner Drifthypothese weiter. Wegener glaubte fest daran, dass eine wiederholte Bestimmung des Längengrads eines bestimmten Orts das Abdriften Grönlands in westlicher Richtung von Europa beweisen würde. Frühe Versuche mit astronomischen Methoden schienen vielversprechend. Doch dänische Geodäten, die 1927, 1936, 1938 und 1948 Vermessungen vornahmen, fanden keinen Hinweis für eine Kontinentaldrift. Deswegen wurde Wegeners Versuch als gescheitert angesehen und seiner Hypothese kein Glauben geschenkt. Moderne Techniken ermöglichen es den Wissenschaftlern heutzutage, die allmähliche Verschiebung der Kontinente zu messen, so wie es sich Wegener gewünscht hätte. Im November 1930 verstarb Wegener auf dem Rückweg von der Forschungsstation *Eismitte*.

2.2.2 Die Kontinentaldrift und die wissenschaftliche Methodik

Was war schief gelaufen? Warum war es Wegener nicht gelungen, die seinerzeit anerkannte wissenschaftliche Sicht zu verändern? Erstens enthielt seine Drifthypothese viele Ungereimtheiten, trotz der richtigen Grundidee. Beispielsweise brechen Kontinente nicht durch den Ozeanboden und die Gezeitenkräfte sind zu schwach, um die Kontinente zu bewegen. Soll eine umfassende wissenschaftliche Theorie große Zustimmung erlangen, muss sie allen kritischen Fragen der verschiedenen Wissenschaftsgebiete standhalten. Die gleiche Auffassung wurde von Wegener selbst sehr treffend ausgedrückt, als er seinen Kritikern antwortete: „Die Wissenschaftler scheinen immer noch nicht wirklich zu verstehen, dass Beweise zur Entschlüsselung der Erdvergangenheit aus allen Geowissenschaften zusammengetragen werden müssen und die Wahrheit kann nur durch die Kombination dieser erlangt werden." Wegeners großer Beitrag zu unserem Verständnis der Erde widerstand dem nicht, da nicht alle seiner Argumente, so wie er sie formuliert hatte, die Kontinentaldrifthypothese unterstützten. Durch diese Aussage beantwortete er selbst seine Frage, die er sich so oft gestellt haben musste: „Warum wird meine Theorie abgelehnt?" Obwohl viele Zeitgenossen Wegeners seine Annahme ablehnten und sogar öffentlich lächerlich machten, fanden andere seine Theorie plausibel.

Unter ihnen waren der berühmte südafrikanische Geologe Alexander du Toit und der bekannte schottische Geologe Arthur Holmes. 1937 veröffentlichte du Toit *Our Wandering Continents*, worin er Wegeners schwächste Argumente vernachlässigte und dafür eine Reihe neuer Beweise zur Unterstützung dieser revolutionären Theorie einbrachte. Nachdem schon Ampferer und Schwinner 1914 auf thermische Massenbewegungen im Erdmantel hingewiesen hatten, schlug 1928 Arthur Holmes den ersten plausibel erscheinenden Mechanismus der Kontinentaldrift vor. In seinem Buch *Physical Geology* erarbeitete er die Idee durch die Annahme, dass Konvektionsströme innerhalb des Erdmantels die Kontinente über den Erdball treiben. Für Geologen, die diese Suche nach Beweisen fortsetzten, blieb die Idee der Kontinentaldrift weiterhin interessant. Dennoch lehnten vor allem nordamerikanische Wissenschaftler die Drifttheorie ab oder betrachteten sie mit deutlicher Skepsis.

2.3 Kontinentaldrift und Paläomagnetismus

Die nachfolgenden zwei Jahrzehnte nach Wegeners Tod brachten wenig Neues für die Hypothese zur Kontinentaldrift. Schließlich entstanden Mitte der fünfziger Jahre zwei neue Bereiche für die Beweisführung, die die grundlegenden wissenschaftlichen Erkenntnisse von Prozessen auf der Erde in Frage stellten. Zum einen lieferte die Ozeanbodenforschung weitere Erkenntnisse, zum anderen ergaben sich neue Erkenntnisse aus einem vergleichbar neuem Gebiet, dem Paläomagnetismus.

2.3.1 Das Magnetfeld der Erde und fossiler Magnetismus

Jeder, der einen Kompass benutzt, um eine Richtung zu finden, weiß, dass das Magnetfeld der Erde einen magnetischen Nord- und Südpol besitzt. Heutzutage stimmen die magnetischen Pole fast, aber nicht genau mit den geographgraphischen Polen überein. (Die geographischen Pole oder der wahre Nord- und Südpol befinden sich dort, wo die Erdrotationsachse die Oberfläche durchdringt.) Das Erdmagnetfeld ist vergleichbar mit dem eines Stabmagneten. Unsichtbare Feldlinien ziehen sich durch den Planeten und haben eine Ausdehnung von einem magnetischen Pol zum anderen,

2.3 Kontinentaldrift und Paläomagnetismus

EXKURS 2.2 – DIE ERDE VERSTEHEN

■ **Alfred Wegener (1880 – 1930): Polarforscher und Visionär**

Alfred Wegener wurde 1880 in Berlin geboren. Er studierte in Heidelberg und in Innsbruck. Obwohl er in Astronomie promovierte (1905), hatte er großes Interesse an der Meteorologie. Im Jahre 1906 brach er gemeinsam mit seinem Bruder Kurt den Rekord im Ballonfliegen. Sie blieben 52 Stunden in der Luft, 17 Stunden länger als der bisherige Rekord. Im gleichen Jahr schloss er sich einer dänischen Expedition nach Nordostgrönland an. Dort könnte er vielleicht zum ersten Mal über die Kontinentaldrift nachgedacht haben. Mit dieser Reise begann seine lebenslange Hingabe zur Erforschung der eisbedeckten Insel, auf der er auch gut 20 Jahre später verstarb. Nach seiner ersten Grönlandexpedition kehrte er 1908 zurück nach Deutschland um als Dozent für Meteorologie und Astronomie an der Universität Marburg zu lehren. Während dieser Zeit schrieb er eine Abhandlung über die Kontinentaldrift und ein Buch über Meteorologie. Wegener begab sich von 1912 bis 1913 zusammen mit seinem Kollegen J.P. Koch auf seine zweite Expedition nach Grönland, um dort als erster Mensch den 1200 km langen Weg quer durch die eisbedeckte Inselmitte zu begehen (▶Abbildung 2.B). Kurz nach seiner Rückkehr aus Grönland heiratete er Else Köppen, Tochter von Wladimir Köppen, einem berühmten Klimatologen, dessen Klassifikation des Weltklimas noch heute Gültigkeit besitzt. Wenig später wurde er als Frontkämpfer in den 1. Weltkrieg eingezogen und zweimal verwundet. Während seiner Genesung schrieb Wegener sein umstrittenes Buch zur Kontinentaldrift mit dem Titel „Der Ursprung der Kontinente und Ozeane". Weitere überarbeitete Ausgaben erschienen 1920, 1922 und 1929. Neben seiner Hingabe, Beweise für die Kontinentaldrift zu finden, verfasste Wegener auch zahlreiche wissenschaftliche Abhandlungen in Meteorologie und Geophysik. 1924 veröffentlichte er zusammen mit seinem Schwiegervater ein Buch über klimatische Veränderungen der Erdgeschichte (Paläoklimate). Im Frühjahr 1930 brach Wegener zu seiner vierten und letzten Expedition nach Grönland auf. Eines der Ziele war, die Station „Eismitte" zu gründen, 400 km von der Westküste Grönlands entfernt, auf einer Höhe von fast 3000 Meter. Aufgrund ungewöhnlich schlechter Wetterverhältnisse konnte nur ein kleiner Teil der für die zwei vor Ort stationierten Wissenschaftler notwendigen Ausrüstung das Lager erreichen. Als Expeditionsleiter führte Wegener ein Versorgungsteam, bestehend aus seinem Kollegen Fritz Loewe, ebenfalls ein Meteorologe, und 13 Grönländern nach Eismitte an. Wegen heftiger Schneefälle und Temperaturen von unter -50°C kehrten zwölf Grönländer zur Basisstation zurück. Wegener, Loewe und der Eskimo Rasmus Villumsen kämpften sich weiter. Nach 40 Tagen, am 30. Oktober 1930, erreichten Wegener und seine Gefährten die Station „Eismitte". Dort hatte man inzwischen eine Schutzhöhle gegraben und die Vorräte rationiert, um durch den Winter zu kommen. Die heldenhafte Rettungsexpedition wäre also nicht notwendig gewesen. Der erschöpfte und an Erfrierungen leidende Lowe entschied sich, in *Eismitte* zu überwintern, wo ihm später mit dem Taschenmesser ohne Betäubung acht Zehen amputiert werden mussten. Er überlebte. Von Wegener berichtete man jedoch: „Er sah frisch, zufrieden und kerngesund wie immer aus, als hätte er gerade einen Spaziergang gemacht." Zwei Tage später am 1. November 1930 feierten sie Wegeners 50. Geburtstag und Wegener und sein grönländischer Weggefährte machten sich bergabwärts auf den Weg zur Küste. Sie kamen nie an. Wegen der fehlenden Kommunikationsmöglichkeit zwischen den Stationen während der Wintermonate glaubte man, die beiden hätten in Eismitte überwintert. Ein Suchtrupp fand Wegeners Leichnam im Schnee etwa auf halber Strecke zwischen Eismitte und Küste. Das genaue Datum und die Ursache seines Todes blieben unbekannt. Es gab keine Anhaltspunkte für Verletzungen, Hungertod oder Erfrierungen und da Wegener als kerngesund galt, nahm man an, er habe einen tödlichen Herzinfarkt erlitten. Von Wegeners Gefährten, der vermutlich auch auf dem Rückweg starb, fand man keine sterblichen Überreste. Die Suchmannschaft begrub Wegener an der Stelle, an der er gefunden wurde, und errichtete ihm zur letzten Ehre ein Monument aus Schneeblöcken, das später durch ein sechs Meter hohes Eisenkreuz ersetzt wurde. All dies ist mittlerweile im Schnee versunken und Teil der großen Eisdecke geworden.

Abbildung 2.B: Alfred Wegener wartet den arktischen Winter 1912 bis 1913 auf einer Expedition nach Grönland ab. Er durchquerte auf einer 1200 Meter langen Traverse den breitesten Teil des Grönlandeises. (Foto: mit freundlicher Genehmigung des Bildarchivs Preußischer Kulturbesitz, Berlin)

2 Plattentektonik: Eine wissenschaftliche Revolution wird offenbar

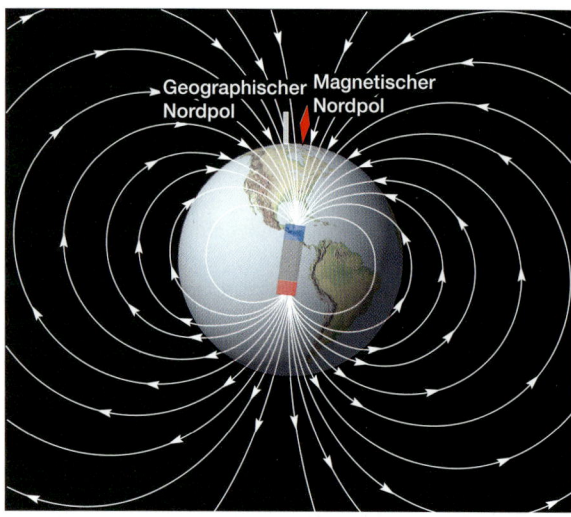

Abbildung 2.8: Das Magnetfeld der Erde besteht aus Feldlinien, gerade so, als wäre ein gigantischer Stabmagnet im Erdzentrum platziert worden.

wie man in ▶Abbildung 2.8.A sieht. Eine Kompassnadel ist selbst ein Magnet, kann frei auf einer Achse rotieren, richtet sich nach den magnetischen Feldlinien aus und zeigt zu den magnetischen Polen.

Anders als die Gravitationskraft spüren wir das Magnetfeld der Erde nicht. Seine Existenz wird durch die Bewegung der Magnetnadel sichtbar. In ähnlicher Weise besitzen bestimmte Gesteine Minerale, die wie „fossile Kompasse" sind. Diese eisenreichen Minerale, wie *Magnetit,* sind reichlich in basalthaltigen Lavaströmen enthalten.[2] Wenn diese eisenreichen Minerale über eine bestimmte Temperatur erhitzt werden, verlieren sie ihre Magnetisierung. Diese Temperaturschwelle ist als **Curiepunkt** bekannt. Kühlen sie wieder ab und die Temperatur sinkt unter ihren Curiepunkt (ca. 585°C für Magnetit), so werden sie allmählich wieder magnetisch, und zwar in Richtung der existierenden, magnetischen Feldlinien. Sind die Minerale verfestigt und abgekühlt, so bleibt ihre magnetische Ausrichtung erhalten, sie ist gewissermaßen eingefroren (Thermoremanenz). In dieser Hinsicht verhalten sich die magnetischen Minerale wie die Magnetnadel eines Kompasses; aber sie zeigen die Richtung der magnetischen Pole zum Zeitpunkt ihrer Magnetisierung an. Auch wenn das Gestein später verschoben oder gefaltet wird, bleibt die Information erhalten. So kön-

nen auch Millionen Jahre alte Gesteine ein Gedächtnis für die Richtung der Magnetpole zum Zeitpunkt ihrer Entstehung haben, was als **fossiler Magnetismus** oder **Paläomagnetismus** bezeichnet wird.

Ein weiterer wichtiger Aspekt beim Gesteinsmagnetismus ist nicht nur die Ausrichtung der magnetisierten Minerale in Richtung der Pole (wie ein Kompass), sondern auch die Möglichkeit, den Breitengrad ihres Ursprungs zu bestimmen. Um sich vorstellen zu können, wie man den Breitengrad durch Paläomagnetismus bestimmen kann, nimmt man eine Kompassnadel und befestigt sie in vertikaler Ebene statt horizontal wie bei einem gewöhnlichen Kompass. Wird dieser modifizierte Kompass (*Inklinationsnadel*) auf dem magnetischen Nordpol platziert, wie ▶Abbildung 2.9 zeigt, so richtet er sich nach den Feldlinien aus und die Nadel zeigt senkrecht nach unten. Rückt man die Inklinationsnadel näher zum Äquator, wird der Winkel der Inklination geringer, bis die Nadel am Äquator selbst horizontal steht.

In ähnlicher Weise zeigt die paläomagnetische Inklination in Gesteinen den Breitengrad *zum Zeitpunkt ihrer Magnetisierung* an. ▶Abbildung 2.10 zeigt die Beziehung zwischen der magnetischen Inklination einer Gesteinsprobe und dem Breitengrad der Entstehung

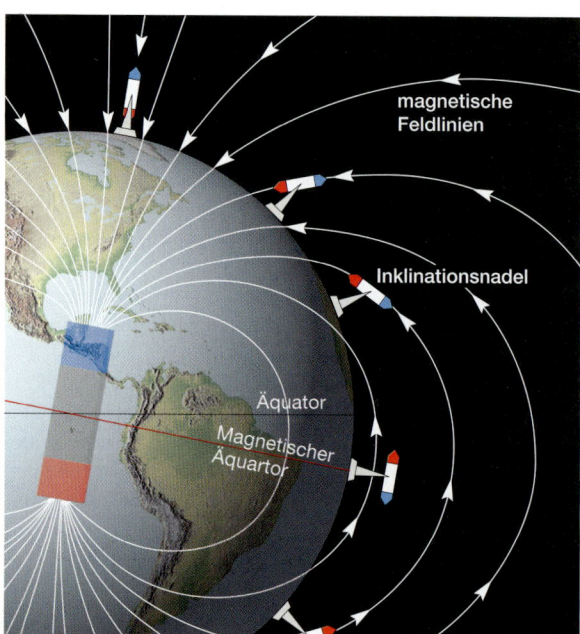

Abbildung 2.9: Das Magnetfeld der Erde bringt eine Inklinationsnadel (eine Kompassnadel in vertikaler Ebene angeordnet) dazu, sich nach den magnetischen Feldlinien auszurichten. Der Neigungswinkel nimmt systematisch von 90° an den magnetischen Polen bis auf 0° am magnetischen Äquator ab. Folglich kann die Entfernung zu den magnetischen Polen durch den Neigungswinkel bestimmt werden.

---

2   Auch einige Sedimente und Sedimentgesteine enthalten genügend Mineralkörner, die Eisen enthalten, um eine messbare Magnetisierung zu entfalten.

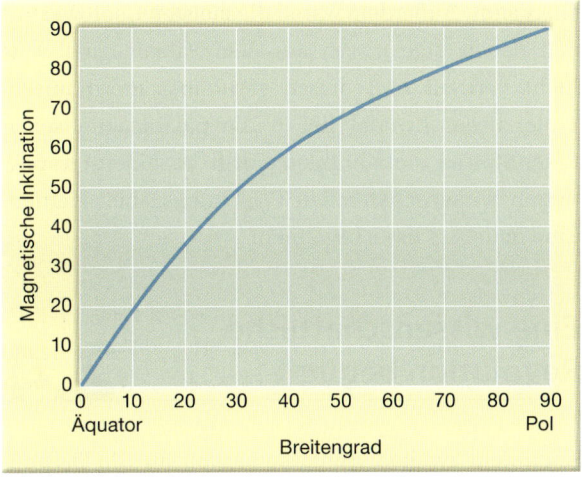

Abbildung 2.10: Die magnetische Inklination mit dem entsprechenden Breitengrad.

des Gesteins an. Weiß man, auf welchem Breitengrad ein Gestein magnetisiert wurde, kann man auch seine Entfernung zu den magnetischen Polen bestimmen. Nehmen wir zum Beispiel Hawaii (ungefähr 20° nördlicher Breite). Die dort ausfließenden Lavaströme sind etwa 70° vom magnetischen Nordpol entfernt (in der Annahme, der magnetische Nordpol läge auf der gleichen Position wie der geographgraphische Nordpol, also 90. Breitengrad). Deswegen können wir sagen, dass alte Gesteine, die einen Magnetismus von 40° nördlicher Breite aufweisen, bei ihrer Entstehung 50° vom magnetischen Nordpol entfernt gewesen wären. Würde man die gleichen Gesteine heute am Äquator finden, könnten wir ihren Magnetismus messen und daraus bestimmen, dass sie seit ihrer Entstehung 40° in südlicher Richtung gewandert sind.

Zusammenfassend kann man sagen, dass durch Gesteinsmagnetismus die Richtung und die Entfernung zu den magnetischen Polen zum Zeitpunkt der Gesteinsmagnetisierung festgehalten wurden.

2.3.2 Die scheinbare Polwanderung

Während der 1950er Jahre wurde eine Studie über Gesteinsmagnetismus von S. K. Runcorn und seinen Mitarbeitern in Europa durchgeführt, die zu einer interessanten Entdeckung führte. Die magnetische Ausrichtung eisenreicher Minerale in Lavaströmen unterschiedlichen Alters zeigte, dass einst viele verschiedene paläomagnetische Pole existiert haben müssen. Eine Aufzeichnung der scheinbaren Positionen des magnetischen Nordpols in Bezug auf Europa ließ erkennen, dass während der letzten 500 Millionen Jahre die Position des Nordpols allmählich gewandert ist und zwar von einem Gebiet in der Nähe Hawaiis nach Norden durch das östliche Sibirien und schließlich zu seiner jetzigen Position (▶Abbildung 2.11). Dies war ein deutlicher Hinweis, dass sich entweder die Pole während der Erdgeschichte verschoben haben, eine Annahme, die als *Polwanderung* bezeichnet wird, oder dass die Lavaströme bewegt wurden, also anders ausgedrückt, Europa ist im Verhältnis zu den Polen gedriftet.

Zwar wandern die magnetischen Pole unstet um die geographgraphischen Pole herum, aber man hat durch paläomagnetische Studien an zahlreichen Orten zeigen können, dass die magnetischen Pole, wenn man über ein paar Tausend Jahre mittelt, praktisch mit den geographgraphischen Polen übereinstimmen. So wurde Wegeners Hypothese zu einer plausiblen Erklärung für die *scheinbare Polwanderung*. Falls die magnetischen Pole unverändert bleiben, muss ihre scheinbare Bewegung durch eine Kontinentaldrift verursacht worden sein. Diese Annahme wurde weiter gestützt durch den Vergleich des Breitengrads von Europa (bestimmt durch fossilen Magnetismus) mit Ergebnissen aus der Paläoklimaforschung. Erinnern Sie sich, dass Europa während der jüngeren Karbonzeit (vor ca. 300 Millionen Jahren) von Sümpfen übersät war, aus denen später Kohle entstand. Paläomagnetische Hinweise aus jener Zeit ergeben für Europa eine Position in Äquatornähe, eine Behauptung, die durch die Kohlelagerstätten, die in tropischem Klima entstanden sein müssen, gestützt wird.

Weitere Erkenntnisse zur Kontinentaldrift erlangte man einige Jahre später, als der Weg der Polwanderung für Nordamerika rekonstruiert wurde (▶Abbildung 2.11A). Dabei ergab sich, dass die Wege der Polwanderung für Nordamerika und Europa ähnlich aussahen, jedoch durch etwa 30 Längengrade voneinander getrennt waren. Gab es zum Zeitpunkt der Kristallisation der Gesteine zwei magnetische Nordpole, die parallel zueinander gewandert sind? Nachforschungen ergaben keinerlei Hinweise auf diese Möglichkeit. Die Unterschiede der Migrationspfade lassen sich in Einklang bringen, wenn die zwei gegenwärtig getrennten Kontinente vor der Öffnung des Atlantiks nebeneinander lagen, so wie wir es heute annehmen. Beachten Sie in ▶Abbildung 2.11B, dass diese scheinbare Polwanderung beinahe genau mit der Zeitperiode vor 160 Millionen bis 400 Millionen Jahren vor heute zusam-

2 Plattentektonik: Eine wissenschaftliche Revolution wird offenbar

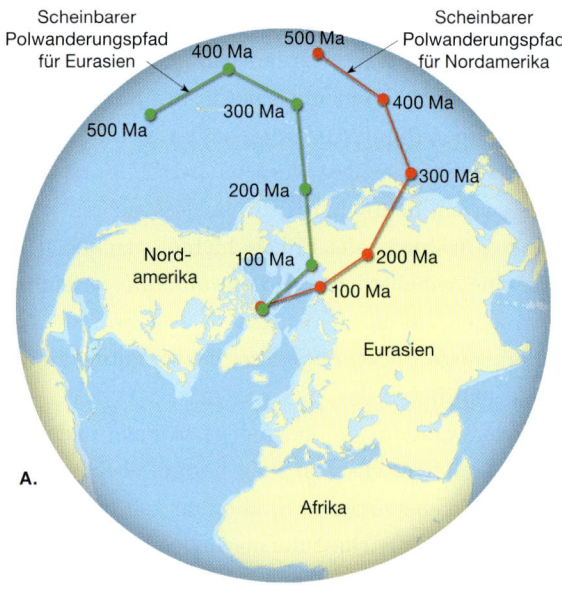

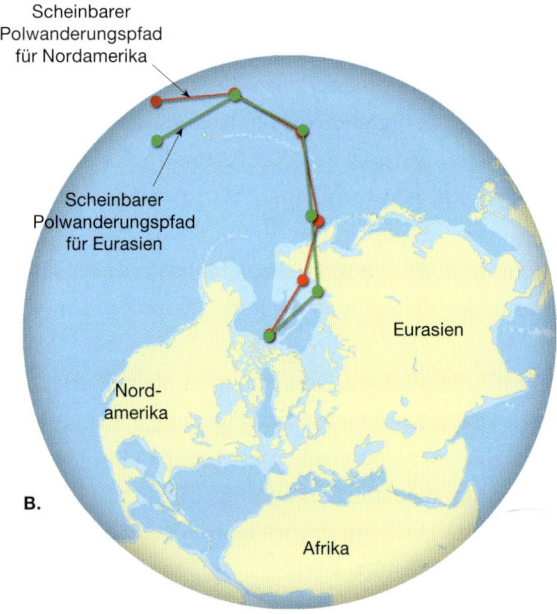

Abbildung 2.11: Vereinfacht dargestellt ist der Weg der scheinbaren Polwanderung aus paläomagnetischen Messdaten von Nordamerika und Eurasien. **A.** Der westlichere Weg, durch nordamerikanische Messdaten bestimmt, wurde durch die westwärts gerichtete und um 30° zu Eurasien verschobene Bewegung Nordamerikas hervorgerufen (Ma = Millionen Jahre). **B.** Die Positionen der Wanderwege, wenn man die Landmassen wieder zusammensetzt.

mentraf. Das ist ein Beweis dafür, dass Amerika und Europa während dieser Zeit verbunden waren und sich relativ zu den Polen als ein gesamter Kontinent bewegt haben.

Für Forscher, die sich mit paläomagnetischen Daten auskannten und darauf vertrauten, war dies ein unwiderlegbarer Beweis für eine Kontinentaldrift. Aber die Techniken zur Gewinnung von paläomagnetischen Daten waren relativ neu und nicht allgemein anerkannt. Außerdem waren die meisten Geologen mit den neuen Ergebnissen aus dem Paläomagnetismus nicht vertraut und diesen gegenüber misstrauisch. Trotz dieser Zweifel ließen die paläomagnetischen Erkenntnisse die Kontinentaldrift zu einem respektierten wissenschaftlichen Forschungsgebiet werden. Eine neue Ära hatte begonnen!

Eine wissenschaftliche Revolution beginnt 2.4

Nach dem zweiten Weltkrieg begann für die Ozeanographen, ausgestattet mit neuen Instrumenten und reichlich Unterstützung durch das amerikanische Institut für Meeresforschung eine noch nie da gewesene Periode ozeanographgraphischer Erforschung. In den folgenden zwei Jahrzehnten entstand, langsam und sorgfältig, ein viel besseres Bild des Ozeanbodens über riesige Flächen. Durch diese Arbeit wurde das globale **Ozeanrückensystem** (Oceanic Ridge System) entdeckt, das sich, ähnlich den Nähten eines Baseballs, durch alle großen Ozeane zieht. Eines dieser zusammenhängenden Segmente dehnt sich von der Mitte des Atlantiks aus und wurde demzufolge *Mittelatlantischer Rücken* genannt. Wichtig war auch die Entdeckung eines den atlantischen Rücken durchziehenden, zentralen Grabens. Diese Struktur ist ein Beweis für Zugkräfte, die die ozeanische Kruste aktiv am Rückenkamm auseinanderziehen. Zusätzlich fand man erhöhten Wärmefluss und Vulkanismus als Charakteristika des Ozeanrückensystems.

In anderen Teilen des Ozeans wurden noch weitere Entdeckungen gemacht. Die Erdbebenforschung im westlichen Pazifik entdeckte tektonische Aktivität bis in große Tiefen unter den Tiefseegräben. Am Gipfel abgeflachte Tiefseeberge *(Guyots)* wurden Hunderte von Metern unter dem Meeresspiegel gefunden. Man hielt sie für ehemalige Vulkaninseln, deren Gipfel erodiert wurden, bevor sie unter der Meeresoberfläche versanken. Gleichermaßen von Wichtigkeit war die Erkenntnis, dass die ozeanische Kruste nirgends älter als 180 Millionen Jahre war, was durch groß angelegte Schürfungen am Ozeanboden (Dredging) festgestellt wurde. Außerdem waren die Sedimentanhäufungen in den Tiefseebecken dünn und nicht wie angenommen Tausende von Metern mächtig.

Viele dieser Entdeckungen kamen unerwartet und passten nicht zu dem existierenden tektonischen Modell der Erde. Erinnern Sie sich, die Geologen glaubten, dass durch die Abkühlung und Kontraktion des Erdinneren Kompressionskräfte entstehen würden, die für die Deformation und Klüftung verantwortlich waren. Die Forschungsergebnisse vom Mittelatlantischen Rücken zeigten, dass zumindest dort die Kruste tatsächlich auseinandergezogen wurde. Zudem war die dünne Sedimentschicht auf dem Ozeanboden nur erklärbar, wenn entweder die Sedimentationsrate in der geologischen Vergangenheit viel langsamer als heute war oder der Ozeanboden tatsächlich viel jünger ist als angenommen.

2.4.1 Die Hypothese der Ozeanbodenspreizung (Seafloor Spreading)

In den frühen 1960er Jahren brachte Harry Hess von der Princeton University diese neu entdeckten Tatsachen miteinander in Einklang. Die von ihm entwickelte Hypothese wurde später **Ozeanbodenspreizung** (Seafloor Spreading) genannt. In seiner Abhandlung beschreibt er, dass Ozeanrücken über aufsteigenden Konvektionszonen des Mantels liegen (▶Abbildung 2.12). Da sich das aufsteigende Mantelmaterial lateral ausdehnt, wird der Ozeanboden wie von einem Fließband vom Rückenkamm wegtransportiert. Dort zerklüften Zugkräfte die ozeanische Kruste und bilden Aufstiegsmöglichkeiten für Magma, das neue Abschnitte ozeanischer Kruste bildet. Demzufolge ersetzt neu gebildete ozeanische Kruste den Ozeanboden, die sich vom Rückenkamm wegbewegt. Hess nahm an, dass der absteigende Teil einer Konvektionszone des Mantels in der Nähe von Tiefseegräben auftritt.[3] Dort, so Hess, würde ozeanische Kruste in das Erdinnere zurückgezogen. Als Folge daraus werden die älteren Teile des Ozeanbodens allmählich wiederaufgearbeitet, wenn sie in den Mantel absinken. Ein Forscher fasste zusammen: „Kein Wunder, dass der Ozeanboden jung ist, wenn er permanent erneuert wird!"

Die Bewegung der gesamten äußeren Schale der Erde durch Konvektionsströme im Mantel war eine von Hess' zentralen Ideen. Hess nahm an, dass die Kontinente passiv durch den horizontalen Teil der Konvektionsströme im Mantel bewegt werden – anders als Wegener, der davon ausging, dass die Kontinente durch den Ozeanboden pflügen. Auch das junge Alter des Ozeanbodens und die dünne Sedimentschicht sprachen für die Hypothese von Harry Hess.

---

3 Hess nahm an, dass unter den Ozeanischen Rücken die Konvektion von nach oben steigenden Strömungen des tiefen Mantels stammt. Heute weiß man, dass die nach oben steigenden Strömungen flache Strukturen sind und nicht aus dem tiefen Mantel kommen. Dieses Thema werden wir in Kapitel 13 behandeln.

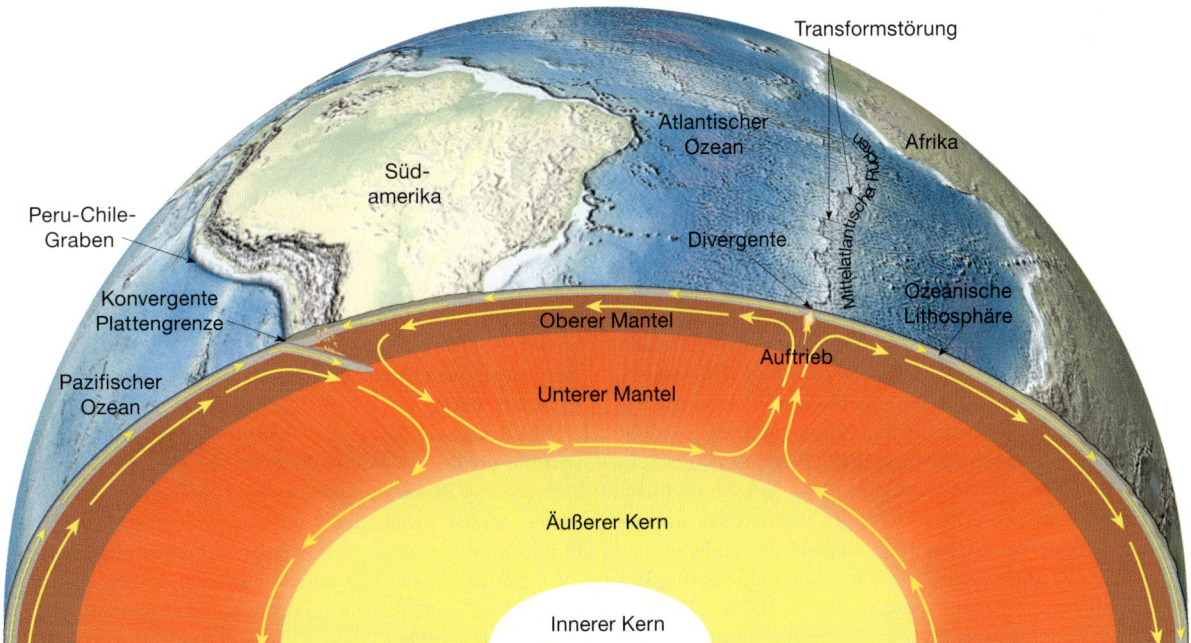

Abbildung 2.12: Ozeanbodenspreizung. Harry Hess nahm an, dass aufsteigendes Mantelmaterial entlang der Ozeanischen Rücken neuen Ozeanboden bildete. Die Konvektionsbewegung des Mantelmaterials bringt den Ozeanboden wie ein Fließband zu den Tiefseegräben, wo der Ozeanboden in den Mantel absinkt.

Trotz der Logik seiner Darlegungen blieb die Ozeanbodenspreizung ein kontroverses Thema für die nächsten Jahre.

Durch die Hypothese zur Ozeanbodenspreizung hatte Hess eine weitere Phase der wissenschaftlichen Revolution angestoßen. Den entscheidenden Beweis,

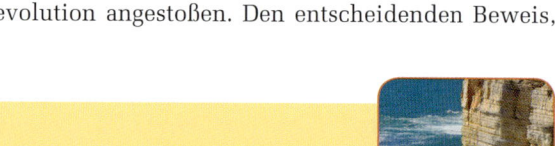

EXKURS 2.3 – DIE ERDE VERSTEHEN

■ **Das Urheberrecht in der Wissenschaft**

Das Urheberrecht oder der Ruhm für eine wissenschaftliche Idee oder Entdeckung steht *normalerweise* dem Forscher oder einer Gruppe von Forschern zu, die ihre Erkenntnisse als Erste in einem Wissenschaftsmagazin publizieren. Es ist auch nicht ungewöhnlich, wenn zwei oder sogar mehrere Forscher fast gleichzeitig ähnliche Schlussfolgerungen ziehen. Die zwei bekanntesten Beispiele sind die Evolutionstheorie von Charles Darwin und Alfred Wallace sowie die Entwicklung der Differentialrechnung von Isaac Newton und Gottfried W. Leibnitz. Ganz ähnlich verhielt es sich mit grundlegenden Gedanken, die zur tektonischen Revolution in den Geowissenschaften geführt haben.

Die Theorie der Kontinentaldrift wird zu Recht mit dem Namen Alfred Wegener in Verbindung gebracht. Doch er war nicht der erste, der an eine Bewegung der Kontinente glaubte. Tatsächlich wies Sir Francis Bacon schon 1620 auf die Ähnlichkeit der Küstenlinien von Afrika und Südamerika hin, ohne diese Idee jedoch weiter zu verfolgen. Fast drei Jahrhunderte später, im Jahre 1910, zwei Jahre bevor Wegener seine Ideen formell präsentierte, veröffentlichte der amerikanische Geologe F.B. Taylor die erste Abhandlung über ein Konzept zur Kontinentaldrift. Warum wird dann Wegener diese Idee zugeschrieben?

Taylors Veröffentlichung machte kaum Eindruck auf die Wissenschaftler und Alfred Wegener wusste von Taylors Arbeit nichts. Man glaubt deswegen, dass Wegener unabhängig davon fast gleichzeitig zu demselben Schluss kam. Was zählte, war Wegeners Bemühung, während seiner wissenschaftlichen Karriere viele Beweise zu sammeln, um seine Hypothese zu belegen. Taylor dagegen begnügte sich mit der Aussage: „Es gibt viele Gemeinsamkeiten, die auf eine Verbindung von Afrika und Südamerika weisen." Außerdem bewertete er seine Idee der Kontinentaldrift als spekulativ. Alfred Wegener aber war sich *sicher*, dass die Kontinente drifteten. Laut dem Buch von H.W. Menard *The Ocean of Truth* war es Taylor unangenehm, dass seine Ideen mit Wegeners Hypothese der Kontinentaldrift in Zusammenhang gebracht wurden. Taylor schrieb angeblich: „Wegener ist ein junger Professor der Meteorologie. Manche seiner Ideen sind von meinen sehr verschieden und er ging mit seinen Vermutungen wesentlich weiter." Ein anderes umstrittenes Urheberrecht folgte mit der Entwicklung der Hypothese zur Ozeanbodenspreizung. Harry Hess von der Princeton University verfasste eine Studie, die seine Ideen über die Ozeanbodenspreizung darlegten. Statt an eine rasche Publikation zu denken, verschickte er sein Manuskript an mehrere Kollegen, eine gängige Praxis unter Forschern. In der Zwischenzeit veröffentlichte Robert Dietz vom Scripps Institut für Ozeanographie offenbar unabhängig davon eine ähnliche Abhandlung in der renommierten Zeitschrift *Nature* (1961), mit dem Titel „Die Entwicklung der Kontinente und Ozeanbecken durch Spreizung des Ozeanbodens". Als Dietz davon hörte, dass Hess schon früher darüber geschrieben hatte, erkannte er das Urheberrecht für die Idee der Ozeanbodenspreizung für Hess an. Interessant ist auch, dass die grundlegende Idee von Hess Abhandlung bereits 1944 in einem Buch von Arthur Holmes beschrieben wurde. Deswegen müsste gerechterweise das Urheberrecht Holmes zugeschrieben werden. Dietz und Hess brachten neue Ideen ein, die die Entwicklung zur Theorie der Plattentektonik beeinflussten. Aus diesem Grund ordnen Historiker den Namen Hess und Dietz die Entdeckung der Ozeanbodenspreizung zu. Gelegentlich wird dabei der Name Holmes erwähnt.

Der umstrittenste Fall von wissenschaftlichem Urheberrecht ereignete sich 1963 mit der Veröffentlichung über die Beziehung zwischen der neu entdeckten magnetischen Umkehrung und der Hypothese der Ozeanbodenspreizung von Fred Vine und D.H. Matthews. Neun Monate zuvor war bereits eine ähnliche Abhandlung von dem kanadischen Geophysiker L.W. Morley verfasst, aber zur Veröffentlichung abgelehnt worden. Ein Gutachter kommentierte Morleys Abhandlung mit den Worten: „Derartige Spekulationen mögen zwar für netten Gesprächsstoff auf einer Cocktailparty sorgen, aber sollten nicht unter ernsthafter, wissenschaftlicher Schutzherrschaft veröffentlicht werden." Morleys-Abhandlung wurde schließlich 1964 publiziert, doch da war die Idee bereits als Vine-Matthews-Hypothese bekannt. N.D. Watkins schrieb 1971 über die Morley-Abhandlung: „Das Manuskript … gehört zu den bedeutendsten Abhandlungen der Geowissenschaften, dem jemals die Veröffentlichung verwehrt wurde."

Mit der Entwicklung der Theorie zur Plattentektonik wurden noch viele Wettläufe zwischen Forschern konkurrierender Einrichtungen um das Urheberrecht ausgetragen. Da das Urheberrecht für wissenschaftliche Ideen durch die zahlreichen unabhängigen und fast gleichzeitigen Entdeckungen nur schwer zuzuordnen ist, wurde es für Wissenschaftler ratsam, ihre Ideen so schnell wie möglich zu veröffentlichen.

der seine Idee untermauerte, brachte wenige Jahre später die Arbeit eines jungen Studenten der Universität Cambridge, Fred Vine, und seines Doktorvaters, D. H. Matthew. Diese Hypothese verband zwei Ideen miteinander: die Hypothese der Ozeanbodenspreizung und die neu entdeckte Umpolung des Magnetfelds (▶ siehe Exkurs 2.3). Hess nahm an, dass unter den Ozeanischen Rücken die Konvektion von nach oben steigenden Strömungen des tiefen Mantels stammt. Heute weiß man, dass diese Strömungen flache Strukturen sind und nicht aus dem tiefen Mantel kommen. Dieses Thema werden wir in Kapitel 13 behandeln.

2.4.2 Die geomagnetische Umpolung – ein Beweis für die Ozeanbodenspreizung

Etwa zur gleichen Zeit, als Hess das Konzept der Ozeanbodenspreizung entwickelte, begannen die Geophysiker zu akzeptieren, dass sich das Magnetfeld der Erde im Verlauf von Hunderttausenden von Jahren periodisch immer wieder umgepolt hat. Während einer **geomagnetischen Umpolung** wird der Nordpol zum Südpol und umgekehrt. Lava, die sich während einer Periode der Umpolung verfestigt, wird mit der umgekehrten Polarisation magnetisiert, als Gesteine, die heute gebildet werden. Gesteine mit dem gleichen Magnetismus, wie er heute existiert, werden als Gesteine mit **normaler Polarität** bezeichnet, Gesteine mit anderem Magnetismus als Gesteine **inverser Polarität**. Vieles über die magnetische Umpolung wurde bekannt, als Forscher den Magnetismus von Lava und Sedimenten unterschiedlichen Alters weltweit gemessen haben. Sie fanden heraus, dass Gesteine normaler und inverser Polarität eines bestimmten Alters in einem Gebiet zum Magnetismus von Gesteinen des gleichen Alters in allen anderen Gebieten passten. Das war ein wirklich überzeugender Beweis, dass sich das Erdmagnetfeld tatsächlich umgekehrt hatte. Als das Konzept der magnetischen Umpolung bestätigt war, begannen die Forscher eine Zeitskala für die magnetische Umpolung zu erstellen. Die Aufgabe bestand darin, die magnetische Polarität von Hunderten von Lavaströmen zu messen und mit radiometrischern Datierungsmethoden ihr Alter festzulegen (▶ Abbildung 2.13). In ▶ Abbildung 2.14 wird die **magnetische Zeitskala** der letzten paar Millionen Jahre gezeigt. Die Haupteinheiten der magnetischen Skala werden Chron genannt und dauern etwa 1 Million Jahre. Als mehrere Messdaten verfügbar waren, erkannten die Forscher, dass mehrere, kurz anhaltende Umpolungen (weniger als 200.000 Jahre lang) während eines Chrons auftreten. Zwischenzeitlich hatten die Ozeanographgraphen damit begonnen, magnetische Vermessungen des Ozeanbodens vorzunehmen. Das geschah im Zuge der Erstellung detaillierter Karten von der Topographgraphie des Ozeanbodens. Bei den magnetischen Messungen wurden sehr sen-

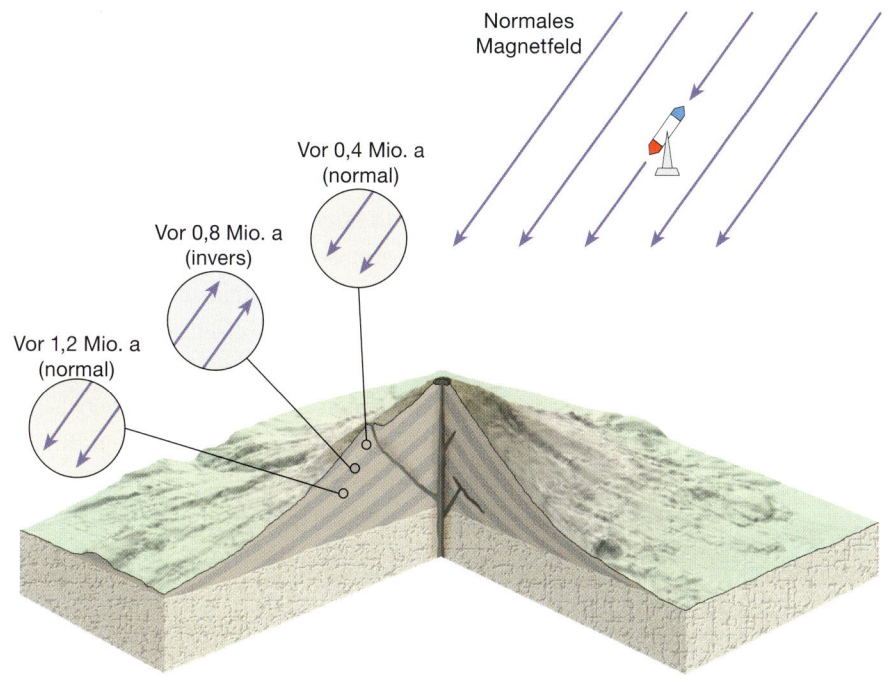

Abbildung 2.13: Schematische Darstellung von Paläomagnetismus, der in Lavaströmen verschiedener Alter manifestiert ist. Messdaten wie diese von verschiedenen Orten dienten zur Erstellung der Zeitskala der Polumkehrung (Abbildung 2.14).

2 Plattentektonik: Eine wissenschaftliche Revolution wird offenbar

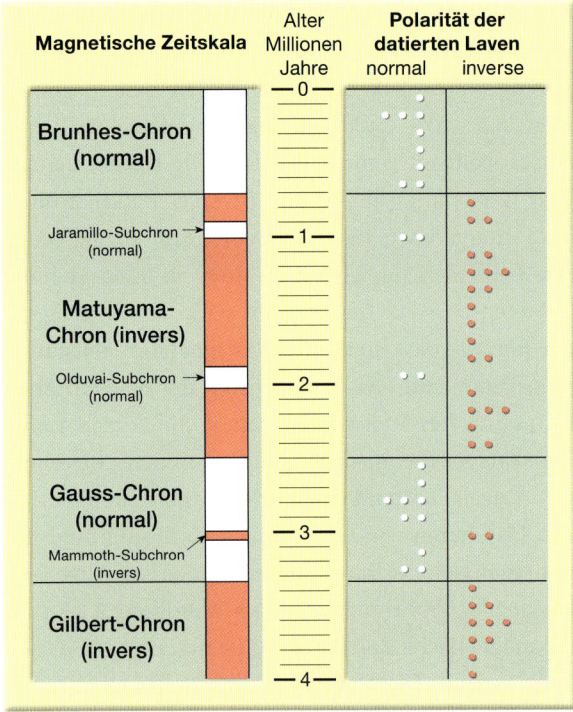

Abbildung 2.14: Zeitskala des Erdmagnetfelds der jüngsten Vergangenheit. Diese Zeitskala wurde durch die Erstellung der magnetischen Polarität von Gesteinen bekannten Alters entwickelt. (Daten von Allen Cox und G.B. Dalrymple)

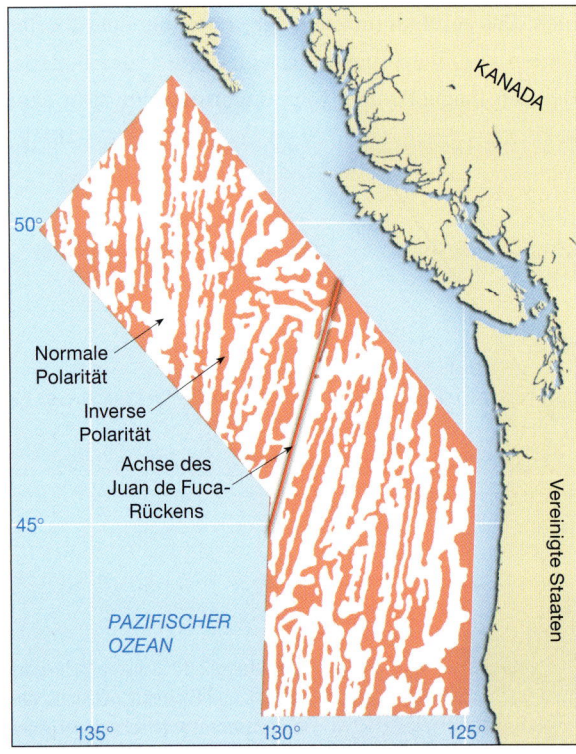

Abbildung 2.15: Das Streifenmuster von abwechselnd starkem und schwachem Magnetismus, das vor der pazifischen Küste Nordamerikas gefunden wurde.

sible Messgeräte, **Magnetometer** genannt, hinter den Forschungsschiffen hergezogen. Das Ziel der geophysikalischen Vermessungen war, die Veränderung in der Feldstärke des Erdmagnetfelds herauszukartieren, die durch die Unterschiede der magnetischen Eigenschaften der darunterliegenden Krustengesteine hervorgerufen wurde. Die erste umfassende Studie dieser Art wurde in der Nähe der pazifischen Küste Nordamerikas ausgeführt und brachte ein unerwartetes Ergebnis. Die Forscher entdeckten ein streifenförmiges Muster, bei welchem sich starke Magnetismusintensität mit schwacher abwechselt, wie in ▶Abbildung 2.15 dargestellt. Dieses relativ einfache Muster der magnetischen Variation konnte bis 1963 nicht erklärt werden, als Fred Vine und D.H. Matthews bewiesen, dass die Streifen starker und schwacher Magnetisierung das Konzept von Hess Ozeanspreizung stützten. Vine und Matthews nahmen an, dass die Streifen des stark intensiven Magnetismus Zonen sind, wo der Paläomagnetismus der ozeanischen Kruste normale Polarität aufweist (▶Abbildung 2.16). Folglich *verstärken* diese Gesteine das Magnetfeld der Erde. Im Gegensatz dazu sind die schwach magnetisierten Streifen Zonen, in welchen die Ozeankruste in umgekehrter Richtung polarisiert wurde und damit das existierende Magnetfeld der Erde *schwächt*. Aber wie werden parallele Streifen normaler und umgekehrter Polarität über den Ozeanboden verteilt?

Vine und Matthews nahmen an, dass Magma, das sich entlang der schmalen Spalten des Ozeanrückenscheitels verfestigt, mit der Polarität des existierenden magnetischen Felds magnetisiert wird (▶Abbildung 2.17). Kehrt das Erdmagnetfeld die Polarität um, wird jeder neu gebildete Ozeanboden mit der umgekehrten Polarität in der Mitte des alten Streifens geformt. Allmählich werden die zwei Teile des alten Streifens in entgegengesetzte Richtungen vom Scheitel des Ozeanrückens wegtransportiert. Nachfolgende Umkehrungen würden ein Streifenmuster mit normaler und umgekehrter Polarität aufweisen, wie Abbildung 2.17 zeigt. Da neues Gesteinsmaterial auf beiden Seiten des davongleitenden Materials in vergleichbarer Menge gebildet wird, ist ein Streifenmuster (Breite und Polarität) zu erwarten, das die eine Seite vom Ozeanrücken spiegelverkehrt zur anderen Seite zeigt. Wenige Jahre später ergab eine Vermessung quer zum atlantischen Rücken südlich von Island, dass das magnetische Streifenmuster einen bemerkenswert hohen Grad an Symmetrie besitzt.

2.5 Plattentektonik: Das neue Paradigma

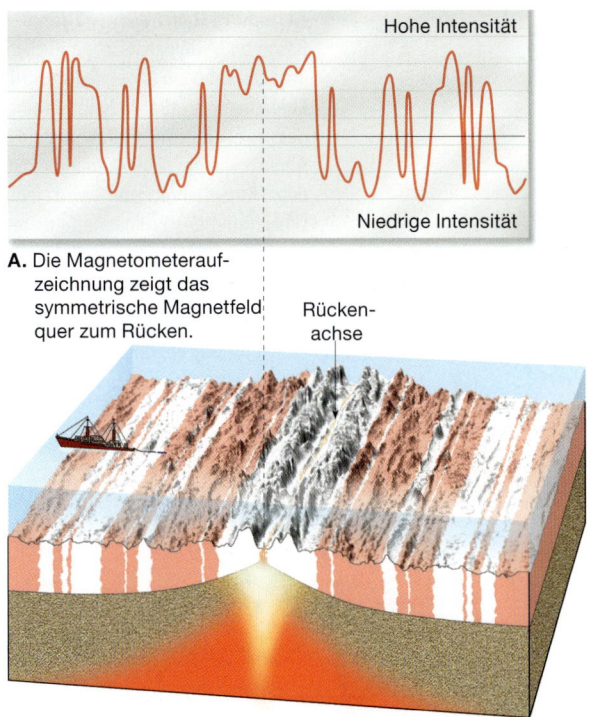

A. Die Magnetometeraufzeichnung zeigt das symmetrische Magnetfeld quer zum Rücken.

B. Ein Forschungsschiff zieht einen Magnetometer quer über den Rückenkamm eines Mittelozeanischen Rückens.

Abbildung 2.16: Der Ozeanboden als magnetisches Archiv. **A.** Schematische Darstellung der magnetischen Feldstärke. Gemessen wurde, während ein Magnetometer zwischen zwei Segmenten des Ozeanischen Rückens gezogen wurde. **B.** Beachten Sie die symmetrischen, parallel zum Ozeanischen Rücken liegenden Streifen mit Magnetismus von niedriger und hoher Intensität. Vine und Matthews nahmen an, dass Streifen mit hoher Intensität dann auftreten, wenn normal magnetisierter ozeanischer Basalt das existierende magnetische Feld verstärkt. Im Gegensatz dazu wird das existierende magnetische Feld abgeschwächt, wenn die Kruste in inverser Richtung polarisiert wird. Das zeigt sich an Streifen mit niedriger Intensität.

2.4.3 Das letzte Stück des Puzzles

Die 1960er Jahre waren von einer chaotischen Debatte über Tektonik geprägt. Manche Geologen glaubten an Ozeanbodenspreizung und Kontinentaldrift, andere dagegen vertraten die Ansicht, dass das Modell einer expandierenden Erde besser zu den Neubildungen am Scheitel Ozeanischer Rücken passte. Aus diesem Blickwinkel heraus nahm man an, dass Landmassen einst die gesamte Oberfläche der Erde bedeckten, wie in ▶Abbildung 2.18 gezeigt wird. Als sich die Erde ausdehnte, brachen die Landmassen auseinander, um die Kontinente, so wie wir sie heute kennen, zu bilden. Neuer Ozeanboden „füllte" die Lücken dazwischen, während sie auseinanderdrifteten (Abbildung 2.18).

In diese Debatte brachte sich der Geologe J. Tuzo Wilson ein, ein ehemaliger Physiker. 1965 veröffentlichte er eine Schrift, in der er das fehlende Glied zur Formulierung der Plattentektonik präsentierte. Wilson nahm an, dass große Störungen die weltumspannenden mobilen Gürtel zu einem zusammenhängenden Netzwerk verbinden und dadurch die äußere Hülle der Erde in viele „starre Platten" unterteilt wird. Zusätzlich beschrieb er drei verschiedene Plattengrenzen und wie sich die festen Blöcke der äußeren Schale der Erde relativ zueinander bewegen. An Ozeanischen Rücken bewegen sich die Platten voneinander fort. An Tiefseegräben dagegen bewegen sie sich aufeinander zu. An großen Störungen, die er *Transformstörungen* (Seitenverschiebungen) nannte, rutschen die Platten aneinander vorbei. Im weiteren Sinne hatte Wilson eine These formuliert, die später als *Theorie der Plattentektonik* bezeichnet wurde – ein Thema, das wir als Nächstes betrachten werden.

2.5 Plattentektonik: Das neue Paradigma

Die Idee zur Kontinentaldrift und zur Ozeanbodenspreizung wurde 1968 zu einer viel umfassenderen Theorie, die der **Plattentektonik** (*tekton* = bauen), zusammengefasst. Plattentektonik umfasst eine Vielzahl von Ideen, welche die beobachtbaren Bewegungen der äußeren Erdschale (der Lithosphäre) durch die Mechanismen von Subduktion und Ozeanbodenspreizung erklären. Diese Bewegungen wiederum formen die Hauptstrukturen der Erde, wie Kontinente, Gebirge und Ozeanbecken. Die Auswirkungen der Plattentektonik sind so weitreichend, dass diese Theorie die Basis zur Erklärung vieler geologischer Prozesse bildet.

2.5.1 Die Großplatten der Erde

Gemäß dem Modell der Plattentektonik verhält sich der oberste Mantel und die darüberliegende Kruste wie eine starke, starre Schicht, als **Lithosphäre** bekannt (*lithos* = Stein, *sphere* = Kugel), die in Stücke zerbrochen ist, die als **Platten** bezeichnet werden (▶Abbildung 2.19). Die ozeanische Lithosphäre besitzt die geringste Mächtigkeit unter den Ozeanen, die von wenigen Kilometern an den ozeanischen Rücken bis hin zu 100 Kilometer in das Tiefseebecken reichen kann. Im Gegensatz dazu ist die kontinentale Lithosphäre generell 100 Kilometer mächtig, kann aber mehr als 250 Kilometer unter alten Landmassen umfassen. Die Lithosphäre lagert einer schwachen Zone

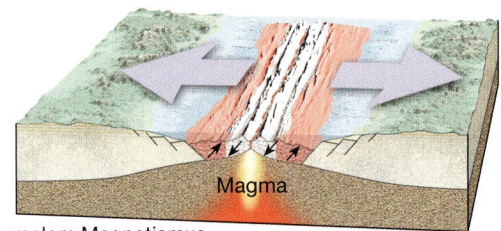

A. Periode mit normalem Magnetismus

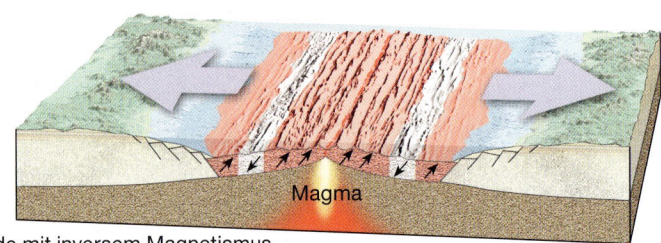

B. Periode mit inversem Magnetismus

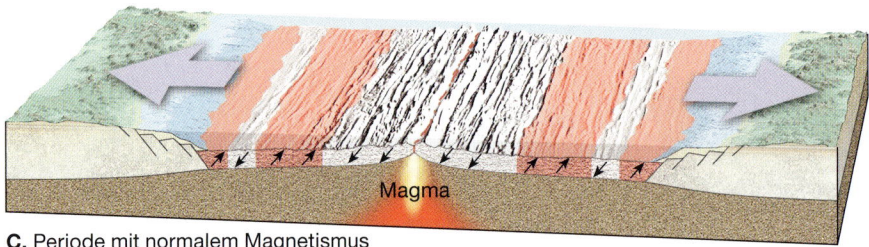

C. Periode mit normalem Magnetismus

Abbildung 2.17: Während frischer Basalt an Mittelozeanischen Rücken dem Ozeanboden angegliedert wird, übernimmt er die Magnetisierung des existierenden Erdmagnetfelds. Ähnlich wie bei einer Aufnahme mit dem Kassettenrecorder wird jede Umkehrung des Erdmagnetfelds registriert.

im oberen Mantel auf, der **Asthenosphäre** (*asthenos* = schwach, *sphere* = Kugel). In der oberen Asthenosphäre herrschen eine Temperatur und ein Druck, die die Gesteine fast zum Schmelzen bringen. Das führt zu einer mechanisch sehr schwachen Schicht, durch die die Lithosphäre von den Schichten unterhalb praktisch abgekoppelt ist. Wegen der schwachen oberen Asthenosphäre kann sich die starre äußere Schale der Erde unabhängig bewegen. Die Lithosphäre ist in zahlreiche Segmente zerbrochen, die als **Lithosphärenplatten** oder **tektonische Platten** bezeichnet werden. Sie sind

Abbildung 2.18: Eine alternative Hypothese zur Kontinentaldrift war die Hypothese einer expandierenden Erde. Nach diesem Modell war der Erddurchmesser einst nur halb so groß wie heute und von einer Kontinentschicht bedeckt. Während sich die Erde ausdehnte, brachen die Kontinente in ihrer heutigen Form auseinander und neuer Ozeanboden „füllte" die entstandenen Lücken der scheinbar auseinanderdriftenden Kontinente.

in Bewegung relativ zueinander und verändern auch ständig ihre Form und Größe. Wie in ▶ Abbildung 2.20 gezeigt wird, gibt es sieben große Lithosphärenplatten: die *nordamerikanische Platte*, die *südamerikanische Platte*, die *pazifische Platte*, die *afrikanische Platte*, die *eurasische Platte*, die *australisch-indische Platte* und die *antarktische Platte*. Die größte davon ist die pazifische Platte, die einen beachtlichen Anteil des pazifischen Ozeanbeckens einnimmt. Beachten Sie in Abbildung 2.20, dass die meisten großen Platten einen gesamten Kontinent und zudem ein großes Gebiet des Ozeanbodens einnehmen (zum Beispiel die südamerikanische Platte). Dadurch wurde Wegeners Hypothese der Kontinentaldrift, bei der Kontinente durch den Ozeanboden bewegt werden und nicht mit ihm, widerlegt. Beachten Sie auch, dass keine der Platten allein durch die Kontinentalränder begrenzt wird.

Lithosphärenplatten mittlerer Größe sind: die *karibische Platte*, die *Nazca-Platte*, die *philippinische Platte*, die *arabische Platte*, die *Cocosplatte*, die *Scotia-Platte* und die *Juan de Fuca-Platte*. Zusätzlich sind Dutzende kleiner Platten erkannt worden, die jedoch in Abbildung 2.20 nicht dargestellt sind.

Einer der Hauptgrundsätze der Plattentektonik besagt, dass die Platten sich als zusammenhängende

2.5 Plattentektonik: Das neue Paradigma

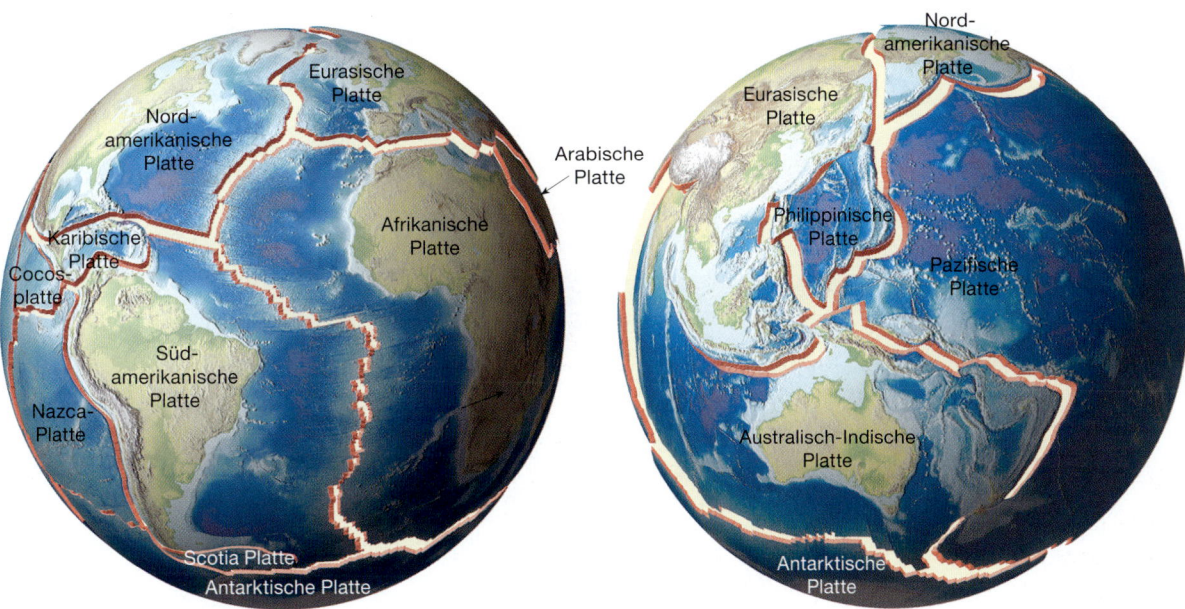

Abbildung 2.19: Die Darstellung einiger Lithosphärenplatten der Erde.

Einheiten relativ zu allen anderen Platten bewegen. Während sich eine Platte bewegt, bleibt die Entfernung zwischen zwei Orten, beispielsweise New York und Denver, im Verhältnis konstant, während sich bei Orten auf verschiedenen Platten, beispielsweise New York und London, die Entfernung allmählich verändert. (Kürzlich konnte gezeigt werden, dass die Platten einem gewissen Grad interner Deformation ausgesetzt sein können, insbesondere die ozeanische Lithosphäre.)

Lithosphärenplatten bewegen sich relativ zueinander sehr langsam, aber kontinuierlich (durchschnittlich etwa 5 cm pro Jahr). Ihre Bewegung wird ausschließlich durch die ungleiche Wärmeverteilung im Erdinneren angetrieben. Heißes Material aus den Tiefen des Mantels steigt empor und dient als ein Teil des inneren Konvektionssystems unseres Planeten. Gleichzeitig sinken kalte, dichte Stücke der ozeanischen Lithosphäre in den Mantel ab und setzen die starre äußere Schale in Bewegung. Schließlich verursachen die gigantischen, schleifenden Bewegungen der Lithosphärenplatten Erdbeben oder sie lassen Vulkane entstehen und verformen riesige Gesteinsmassen zu Bergen.

2.5.2 Plattengrenzen

Tektonische Platten bewegen sich als starre Einheiten relativ zu allen anderen Platten. Zwar können die Platten im Inneren einige Deformationen aufweisen, doch alle wesentlichen Wechselwirkungen zwischen einzelnen Platten (meist Deformation) treten entlang ihrer *Grenzen* auf. Plattengrenzen wurden erstmals erkannt, als man Erdbebengebiete der Karte einzeichnete. Platten sind durch drei unterschiedliche Arten von Grenzen definiert, die durch ihren Bewegungsmodus unterschieden werden. Diese Grenzen sind in Abbildung 2.20 unten dargestellt und werden hier kurz beschrieben:

- **1 Divergente Plattengrenzen** (*konstruktive Ränder*) – dort, wo zwei Platten auseinanderdriften, steigt neues Material aus dem Mantel auf und bildet neuen Ozeanboden (Abbildung 2.20A).
- **2 Konvergente Plattengrenzen** (*destruktive Ränder*) – dort, wo sich zwei Platten aufeinanderzubewegen, sinkt die ozeanische Lithosphäre unter die aufschiebende Platte, um so im Mantel absorbiert zu werden, oder es kollidieren zwei kontinentale Blöcke miteinander und es entsteht ein Gebirgssystem (Abbildung 2.20B).
- **3 Transformstörung** oder **Seitenverschiebende Plattengrenzen** (*konservative Ränder*) – dort, wo zwei Platten aneinander vorbeigleiten, ohne Lithosphäre zu erschaffen oder zu zerstören (Abbildung 2.20C).

Jede Platte ist durch eine Kombination dieser drei Arten von Plattengrenzen begrenzt. Zum Beispiel hat

2 | Plattentektonik: Eine wissenschaftliche Revolution wird offenbar

Abbildung 2.20: Die äußere Hülle der Erde besteht aus einem Mosaik starrer Platten. (Nach W.B. Hamilton, U.S. Geological Survey)

die Juan de Fuca-Platte eine divergente Grenze an der westlichen Seite, eine konvergente Grenze an der östlichen Seite und zahlreiche Transformstörungen, die Segmente des Ozeanrückens versetzten (Abbildung 2.20). Obwohl sich der Gesamtanteil der Erdoberfläche nicht verändert, können einzelne Platten verkleinert werden oder wachsen, abhängig vom Ungleichgewicht zwischen der Wachstumsrate an divergenten Grenzen und der Zerstörungsrate von Lithosphäre an konvergenten Grenzen. Die antarktische und die afrikanische Platte sind fast vollständig von divergenten Grenzen gesäumt und wachsen darum durch den

2.5 Plattentektonik: Das neue Paradigma

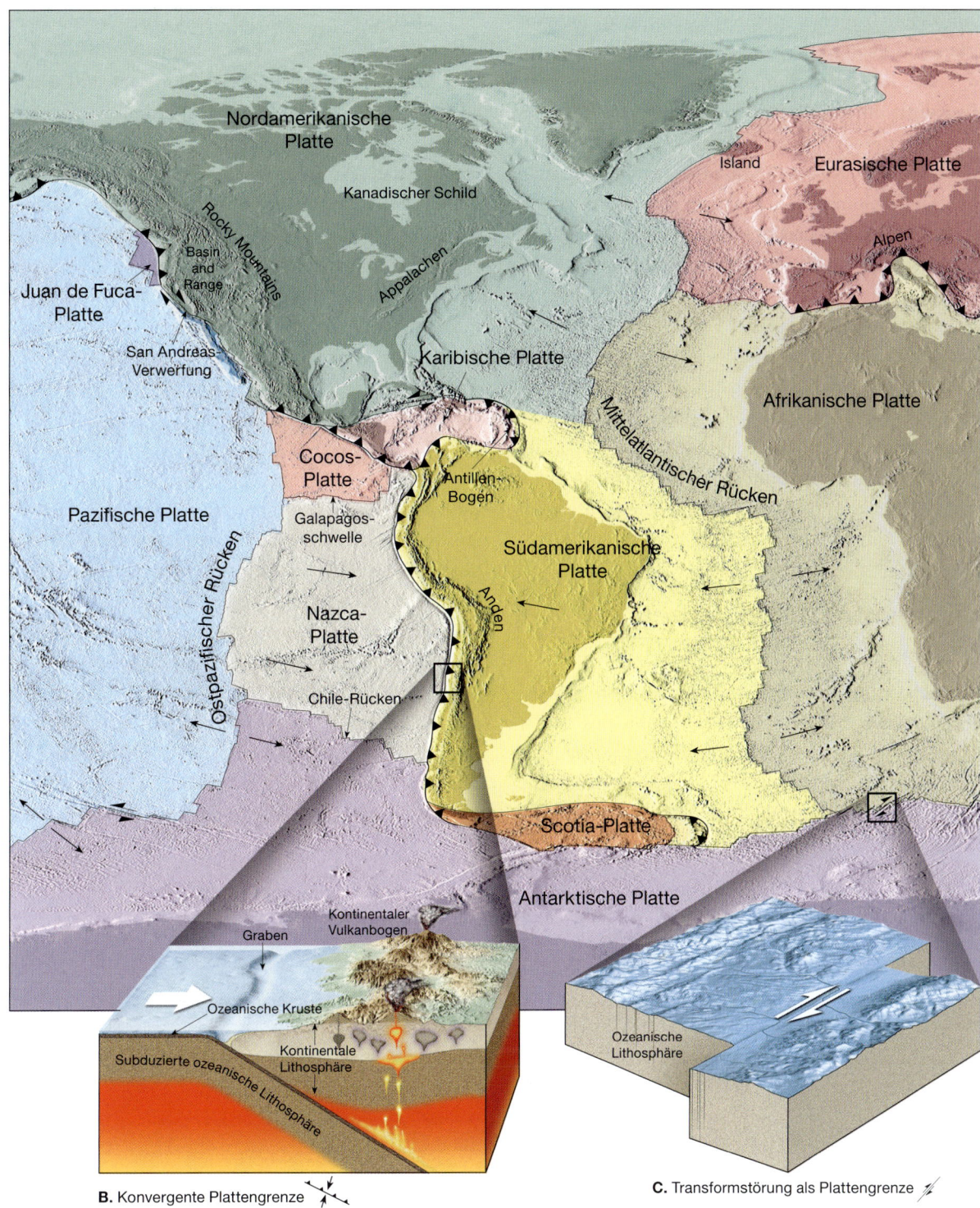

B. Konvergente Plattengrenze

C. Transformstörung als Plattengrenze

ständigen Zuwachs von Lithosphäre an ihren Rändern. Im Gegensatz dazu wird die pazifische Platte entlang ihrer nördlichen und westlichen Flanke vom Mantel verschluckt und demzufolge kleiner.

Es ist wichtig anzumerken, dass Plattengrenzen nicht fixiert, sondern mobil sind. Beispielsweise verursacht die westwärts gerichtete Driftbewegung der südamerikanischen Platte eine Überschiebung auf die Nazca-Platte. Als Folge davon wird die Grenze, die diese Platten trennt, allmählich auch verschoben. Da die antarktische Platte von konstruktiven Rändern umgeben ist, wird sie größer, wobei die divergenten

Grenzen sich immer weiter vom Kontinent der Antarktis entfernen.

Neue Plattengrenzen entstehen als Antwort auf die Kräfte, die auf die starren Platten einwirken, zum Beispiel die relativ neue divergente Grenze im Roten Meer. Vor weniger als 20 Millionen Jahren begann die arabische Halbinsel von Afrika wegzubrechen. An anderen Stellen bewegen sich Platten mit kontinentaler Kruste gegenwärtig aufeinander zu. Irgendwann könnten diese Kontinente kollidieren und sich miteinander verbinden. In diesem Fall der Vereinigung zweier Platten verschwindet eine Grenze, die sie einst getrennt hatte. Das Ergebnis eines solchen Zusammenstoßes wird eine majestätische Gebirgsregion wie die des Himalaya sein.

Im folgenden Abschnitt fassen wir kurz die Eigenschaften der drei Typen von Plattengrenzen zusammen.

Divergente Plattengrenzen 2.6

Die meisten **divergenten** (*di* = apart, *vergere* = bewegen) **Grenzen** befinden sich am Kamm des Mittelozeanischen Rückens und können als *konstruktive Plattengrenzen* betrachtet werden, da dort neue ozeanische Lithosphäre gebildet wird (▶ Abbildung 2.21). Divergente Grenzen werden auch **Spreizungszonen** (spreading centers) genannt, weil dort Ozeanbodenspreizung auftritt. Die dabei entstehenden Brüche füllen sich mit aufsteigendem, geschmolzenem Gestein aus dem heißen Mantel auf. Nach und nach entstehen bei der Abkühlung des Magmas neue Segmente von Ozeanboden. Die angrenzenden Platten bewegen sich kontinuierlich auseinander und dazwischen entsteht neue ozeanische Lithosphäre. Wie wir später sehen werden, sind divergente Grenzen nicht an den Ozeanboden gebunden, sondern können auch auf Kontinenten auftreten.

2.6.1 Ozeanische Rücken und Ozeanbodenspreizung (Seafloor Spreading)

Entlang deutlich ausgeprägter, divergenter Plattengrenzen ist der Ozeanboden erhöht und bildet den *Ozeanischen Rücken*. Das zusammenhängende Ozeanrückensystem ist das längste topographgraphische Merkmal auf der Erdoberfläche, mit einer Ausdehnung von 70.000 Kilometer Länge. Es vereinnahmt 20 Prozent der Erdoberfläche und zieht sich durch alle wichtigen Ozeanbecken. Obwohl der Kamm des Ozeanrückens meist zwei bis drei Kilometer höher als die benachbarten Ozeanbecken liegt, könnte die Bezeichnung Rücken falsch verstanden werden, da er oft eine Weite von 1.000 bis 4.000 Kilometern erreicht.

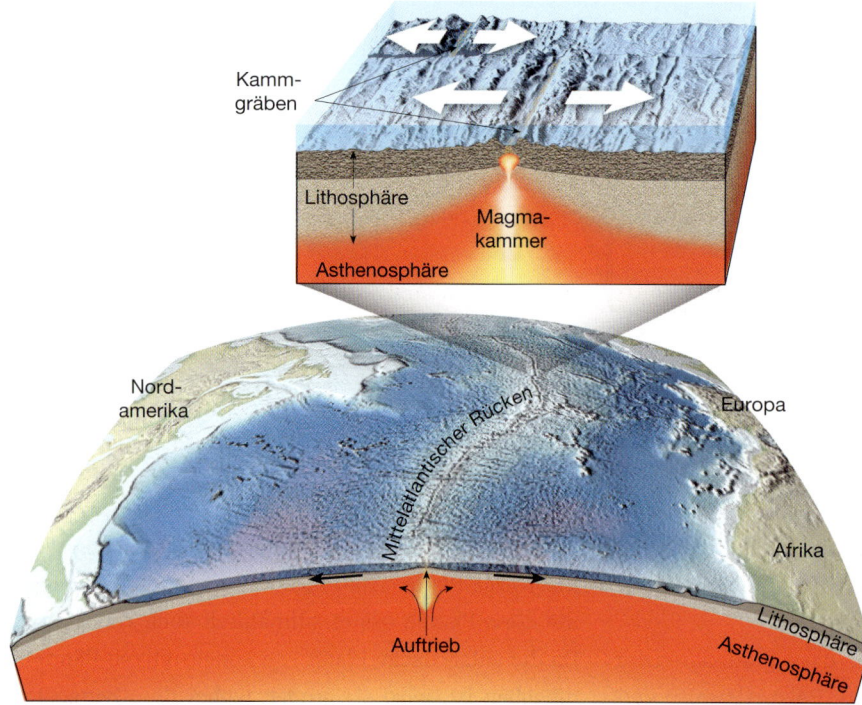

Abbildung 2.21: Die meisten divergenten Plattengrenzen befinden sich an den Kämmen der Ozeanischen Rücken.

Entlang der Achse mancher Rückensegmente befindet sich eine tiefreichende, störungsbedingte Struktur, der **zentrale Graben**. Den Mechanismus, durch den neuer Ozeanboden entlang des Ozeanischen Rückensystems gebildet wird, nennt man Ozeanbodenspreizung. Die durchschnittliche Spreizungsrate liegt bei 5 Zentimeter pro Jahr. Dies entspricht in etwa der Wachstumsrate menschlicher Fingernägel. Relativ langsam erfolgt die Spreizung mit 2 Zentimeter pro Jahr am Mittelatlantischen Rücken, am Ostpazifischen Rücken dagegen beträgt die Spreizungsrate mancher Segmente mehr als 15 Zentimeter. Die Produktion von Lithosphäre erscheint im Hinblick auf die Zeitmessung der Menschen ziemlich langsam, ist jedoch schnell genug, um alle Ozeanbecken innerhalb der letzten 200 Millionen Jahre zu bilden. In der Tat datiert kein Ozeanboden älter als 180 Millionen Jahre.

Der Hauptgrund für die erhöhte Position des Ozeanrückens ist die hohe Temperatur der neu gebildeten Kruste, die dadurch weniger dicht ist als kältere Gesteine und mehr Volumen einnimmt. Neue Lithosphäre, die am Ozeanrücken entsteht, wird langsam und kontinuierlich von der Aufstiegszone entlang der Rückenachse wegbewegt. Dadurch beginnt sie sich abzukühlen und zu schrumpfen und damit ihre Dichte zu erhöhen. Diese thermische Schrumpfung bedingt die größeren Meerestiefen, die vom Rückenkamm entfernt liegen. Es dauert ca. 80 Millionen Jahre, bis die Abkühlung und Schrumpfung völlig zum Erliegen kommen. Dann ist das Gestein, das einst Teil des erhöhten Ozeanrückensystems war, im Tiefseebecken aufzufinden, wo es unter einer beträchtlichen Sedimentdecke begraben werden kann. Auch der oberste Teil des Mantels kühlt unter der ozeanischen Kruste ab und wird so mechanisch fester und damit Teil der ozeanischen Lithosphäre, die im Laufe der Zeit dadurch immer dicker wird. Anders gesagt, die Dicke der ozeanischen Lithosphäre und damit der ozeanischen Platte ist altersabhängig. Je älter (kälter) sie ist, desto dicker ist sie auch.

2.6.2 Kontinentale Grabenbildung (Continental Rifting)

Divergente Plattengrenzen können auch innerhalb eines Kontinents auftreten, wobei die Landmasse in zwei oder mehrere kleinere Segmente zerbricht, wie es Alfred Wegener für das Auseinanderbrechen von Pangäa vorgeschlagen hatte. Man nimmt an, dass das Aufreißen eines Kontinents mit der Entstehung einer langgestreckten Depression, einem *kontinentalen Graben*, beginnt. Ein modernes Beispiel eines Grabenbruchsystems ist der ostafrikanische Graben. Ob sich dieser Graben zu einem voll ausgeprägten Spreizungszentrum entwickeln und schließlich den afrikanischen Kontinent auseinanderreißen wird, ist eine rein spekulative Angelegenheit.

Dennoch repräsentiert der ostafrikanische Grabenbruch die Anfangsphase eines aufbrechenden Kontinents (siehe Abbildung 13.20). Dort kann man sehen, wie Spannungskräfte die kontinentale Kruste dehnen und ausdünnen. Als Folge davon steigt geschmolzenes Gestein von der Asthenosphäre auf und löst vulkanische Aktivität an der Oberfläche aus (▶ Abbildung 2.22A). Große Vulkanberge wie der Kilimandscharo und Mount Kenia veranschaulichen die ausgeprägte vulkanische Aktivität, welche die kontinentale Grabenbruchbildung begleitet. Forscher nehmen an, dass sich im Fall der Aufrechterhaltung der Spannungskräfte der Grabenbruch verlängern und vertiefen könnte und sich letztlich über die Plattengrenze hinaus ausdehnen und die Platte in zwei Teile spalten würde (Abbildung 2.22C). Dann würde der Grabenbruch ein schmales Meer werden mit einer Öffnung zum Ozean, ähnlich dem Roten Meer. Das Rote Meer entstand, als sich die arabische Halbinsel von Afrika abspaltete, ein Ereignis, das vor ca. 20 Millionen Jahren stattfand. Das Rote Meer lässt uns erahnen, wie der Atlantische Ozean in seiner Anfangsphase ausgesehen haben mag.

Konvergente Plattengrenzen 2.7

Trotz der ständigen Produktion neuer Lithosphäre an den Ozeanischen Rücken wird unser Planet nicht größer – seine Gesamtoberfläche bleibt konstant groß. Um das Gleichgewicht zur neu entstandenen Lithosphäre zu halten, sinken ältere, dichtere Teile der ozeanischen Lithosphäre entlang von **konvergenten Plattengrenzen** (*con* = zusammen, *vergere* = bewegen) in den Mantel zurück. Da Lithosphäre an konvergenten Grenzen „zerstört" wird, heißen sie auch *destruktive Plattenränder* (▶ Abbildung 2.23A). Konvergente Plattenränder treten dort auf, wo sich zwei Platten aufeinander zubewegen und die Front einer Platte nach unten gebogen ist, so dass die andere darübergleiten kann. Das Absinken einer Platte wird an der Oberfläche als **Tief-**

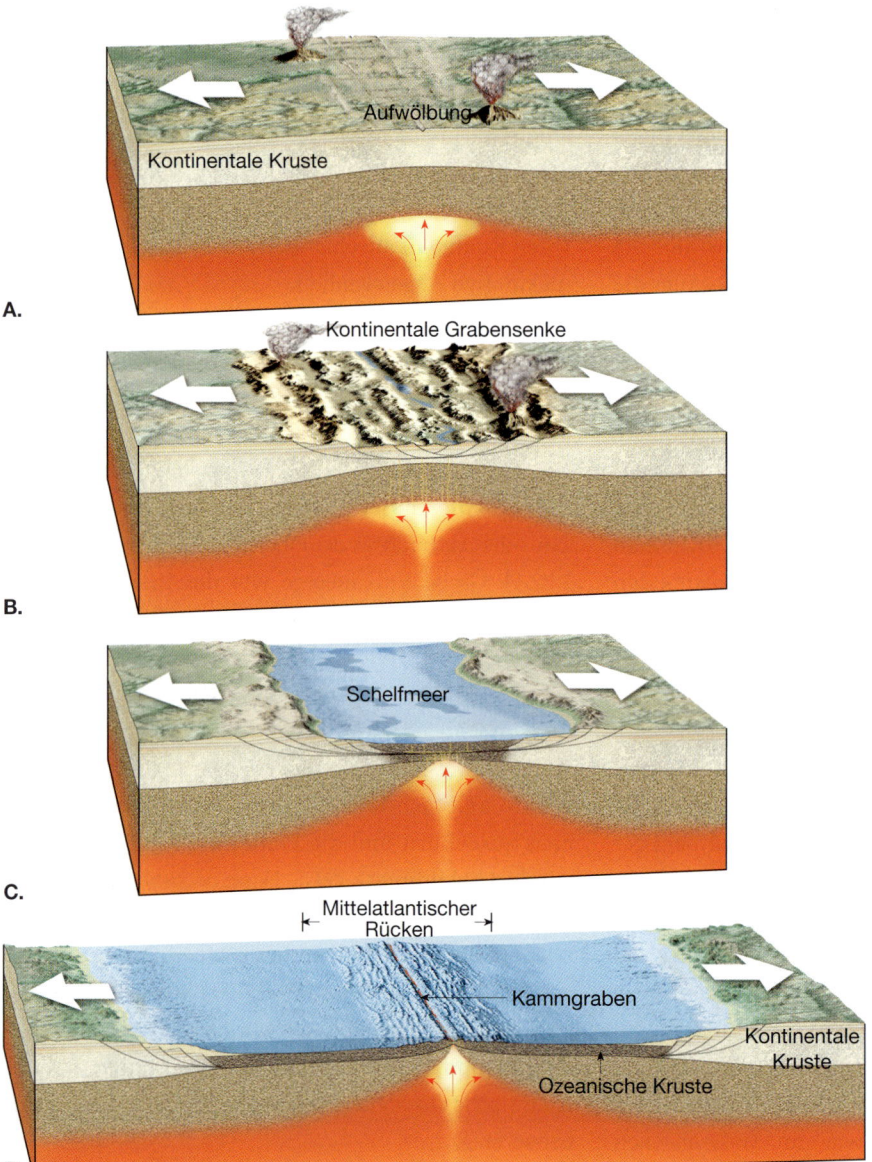

Abbildung 2.22: Kontinentale Grabenbruchbildung und die Entstehung eines neuen Ozeanbeckens. **A.** Man glaubt, dass kontinentale Grabenbruchbildung dort auftritt, wo Spannungskräfte die dünne Kruste dehnen und zerreißen. Deswegen kann geschmolzenes Gestein von der Asthenosphäre aufsteigen und vulkanische Aktivität an der Oberfläche auslösen. **B.** Während die Kruste auseinandergezogen wird, versinken große Gesteinsplatten und ein Grabenbruch entsteht. **C.** Ein schmales Meer entsteht durch weitere Entfernung der Platten. **D.** Schließlich bilden sich ein ausgedehntes Ozeanbecken und ein Rückensystem.

seegraben sichtbar, wie der Peru-Chile-Graben (siehe Abbildung 13.9). Auf diese Weise entstandene Gräben können Tausende Kilometer lang, 8 bis 12 Kilometer tief und zwischen 50 und 100 Kilometer breit sein.

Konvergente Plattengrenzen werden auch **Subduktionszonen** genannt, da es sich um Stellen handelt, an denen die Lithosphäre in den Mantel absinkt (subduziert). Subduktion tritt auf, da die absinkende tektonische Platte eine größere Dichte als die darunterliegende Asthenosphäre besitzt. Im Allgemeinen ist die ozeanische Lithosphäre dichter als die Asthenosphäre, während die kontinentale Lithosphäre weniger dicht ist und nicht subduziert wird. Folglich wird immer ozeanische Lithosphäre subduziert.

Ozeanische Lithosphäre sinkt in den Mantel in Winkeln von wenigen Grad bis fast senkrecht, durchschnittlich jedoch mit etwa 45 Grad zurück. Der Winkel, in dem die ozeanische Lithosphäre absinkt, hängt im Wesentlichen von ihrer Dichte ab. An einem Spreizungszentrum beispielsweise ist die Lithosphäre jung und daher warm. Sie besitzt Auftrieb. Befindet sich in der Nähe eine Subduktionszone, wird der Abtauchwinkel klein sein, wie das an manchen Stellen des Peru-Chile-Grabens der Fall ist. Niedrige Abtauchwinkel rufen Wechselwirkungen zwischen abtauchender und überschiebender Platte hervor. Als Konsequenz treten in diesen Gebieten häufig schwere Erdbeben auf.

Wenn ozeanische Lithosphäre altert (sich weiter vom Spreizungszentrum entfernt), kühlt sie sich allmählich ab. Sie wird dadurch dicker und erhöht ihre

Dichte. Ist die ozeanische Lithosphäre etwa 15 Millionen Jahre alt, so wird sie dichter als die sie stützende Asthenosphäre und sie wird bei nächster Gelegenheit abtauchen. In Teilen des westlichen Pazifiks sind manche Abschnitte der ozeanischen Lithosphäre mehr als 180 Millionen Jahre alt. Dies ist die dickste Lithosphäre mit der größten Dichte in den heutigen Ozeanen. Die subduzierten Stücke tauchen in diesen Gebieten mit fast 90 Grad in den Mantel ab.

Alle konvergenten Zonen haben die gleichen grundlegenden Charakteristika, besitzen aber stark unterschiedliche Merkmale. Das ist abhängig von der Art des Krustenmaterials und der tektonischen Gegebenheiten. Konvergente Plattengrenzen können zwischen ozeanischen Platten, einer ozeanischen und einer kontinentalen Platte oder zwischen zwei kontinentalen Platten entstehen. Alle drei Möglichkeiten sind in ▶ Abbildung 2.23 dargestellt.

2.7.1 Ozeanisch-kontinentale Konvergenz

Sobald sich eine Platte mit auflagernder kontinentaler Kruste einem Span ozeanischer Lithosphäre nähert, verbleibt der auftreibende Kontinentalblock „schwimmend", während die dichtere ozeanische Lithosphäre in den Mantel einsinkt (Abbildung 2.23A). Erreicht sie eine Tiefe von etwa 100 Kilometer, entsteht dort eine Aufschmelzung, wo ein Keil heißer Asthenosphäre aufliegt. Aber wie kann durch Subduktion eines kalten Spans ozeanischer Lithosphäre Mantelgestein zum Schmelzen gebracht werden? Die Antwort liegt darin, dass sich flüchtige Bestandteile (überwiegend Wasser) wie Salz verhalten, das Eis zum Schmelzen bringt. So kommt es, dass „nasses" Gestein unter hohem Druck bei wesentlich niedrigeren Temperaturen schmilzt als „trockenes" Gestein derselben Zusammensetzung.

Sedimente und ozeanische Kruste enthalten große Mengen an Wasser, das durch die abtauchende Platte bis in große Tiefen transportiert wird. Während die Platte nach unten sinkt, wird das Wasser aus den Poren gedrückt, sobald der einwirkende Druck anwächst. In noch größeren Tiefen treiben Wärme und Druck das Wasser sogar aus hydratisierten (wasserreichen) Mineralen, wie zum Beispiel den Amphibolen, aus. In einer Tiefe von etwa 100 Kilometer ist der Mantel heiß genug, so dass das Einbringen von Wasser zu etwas Aufschmelzung führt. Diesen Vorgang nennt man **partielle Aufschmelzung**. Sie produziert nur ca. 10 Prozent an geschmolzenem Material, das sich mit dem ungeschmolzenen Mantel vermengt. Dieses heiße, bewegliche Material ist weniger dicht als der umgebende Mantel und steigt allmählich tropfenförmig zur Oberfläche auf. Abhängig von der Umgebung können diese aus dem Mantel stammenden Magmen durch die Kruste dringen und einen Vulkanausbruch hervorrufen. Der größte Teil des aufgeschmolzenen Gesteins erreicht die Oberfläche nie, sondern verfestigt sich in der Tiefe und trägt dadurch zur Krustenverdickung bei.

Partielle Aufschmelzung produziert Gesteine mit basaltischer Zusammensetzung, ähnlich dem Material, das auf der Insel Hawaii bei Vulkanausbrüchen zu Tage tritt. In einer kontinentalen Umgebung schmilzt basaltisches Magma und vermischt sich mit einem Teil des Krustengesteins, das es beim Aufstieg durchdringt. Die Entstehung silikatreichen (SiO_2) Magmas ist die Folge. Gelegentlich erreichen silikatreiche Magmen die Oberfläche und brechen dann oft explosionsartig aus. Dabei entstehen hohe Säulen vulkanischer Aschen und Gase. Ein klassisches Beispiel eines solchen Ausbruchs ist der von Mount St. Helens. Sie werden mehr über die Entstehung von Magma und den Einfluss auf das Explosionspotenzial von Vulkanausbrüchen in Kapitel 4 und 5 erfahren.

Die Vulkane der hoch aufragenden Anden sind durch Magma als Folge der Subduktion der Nazca-Platte unter dem südamerikanischen Kontinent entstanden (siehe Abbildung 2.20). Gebirge wie die Anden, die teilweise durch vulkanische Aktivitäten im Zusammenhang mit der Subduktion ozeanischer Lithosphäre gebildet wurden, bezeichnet man als **kontinentale Vulkanbögen** (Continental Volcanic Arcs). Die Cascade Range in Washington, Oregon und Kalifornien ist ein weiterer Vulkanbogen, der aus mehreren bekannten Vulkanbergen besteht: Mount Rainier, Mount Shasta und Mount St. Helens (siehe Abbildung 5.19). (Dieser aktive Vulkanbogen dehnt sich bis nach Kanada aus und schließt Mount Garibaldi, Mount Silverthron und andere ein.)

2.7.2 Ozeanisch-ozeanische Konvergenz

Eine ozeanisch-ozeanische Konvergenzgrenze hat viele Merkmale mit ozeanisch-kontinentalen Plattengrenzen gemeinsam. Die Unterschiede beziehen sich hauptsächlich auf die Art der Kruste, die auf der überschiebenden Platte aufliegt. Bewegen sich zwei Plat-

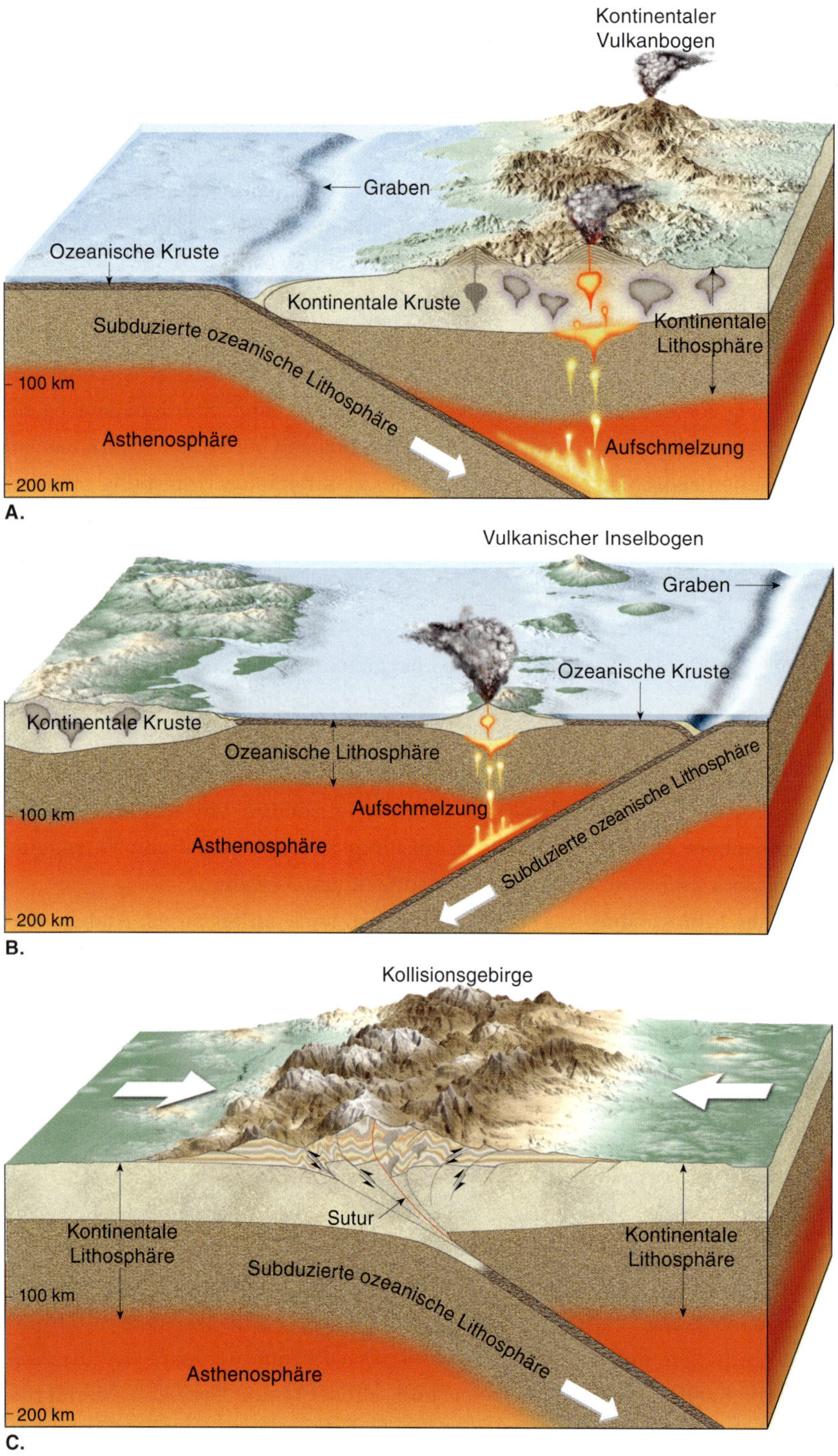

Abbildung 2.23: Gebiete der Plattenkonvergenz. **A.** Ozeanisch-kontinental **B.** Ozeanisch-ozeanisch **C.** Kontinental-kontinental.

tenstücke ozeanischer Kruste aufeinander zu, sinkt die eine unter die andere, was vulkanische Aktivität hervorruft und zwar mit dem gleichen Mechanismus, der bei ozeanisch-kontinentalen Plattengrenzen auftritt. Wasser wird aus dem subduzierten Span ozeanischer Lithosphäre „gepresst" und so entsteht eine Aufschmelzung in dem darüberliegenden, heißen Keil aus Mantelgestein. Unter diesen Umständen bilden sich Vulkane am Ozeanboden und nicht auf einer kontinentalen Plattform. Setzt sich die Subduktion fort, wird schließlich eine Kette von vulkanischen Strukturen gebildet, die als Inseln auftauchen. Die Vulkaninseln liegen durchschnittlich 80 Kilometer auseinander und sind auf untergetauchten, mehrere hundert

Kilometer breiten Hügeln aus vulkanischem Material entstanden. Das neu entstandene Land weist eine bogenförmige Kette kleiner Vulkaninseln auf und wird **vulkanischer Inselbogen** (Volcanic Island Arc) oder einfach nur **Inselbogen** (Island Arc) genannt (▶Abbildung 2.23B).

Die Aleuten, Marianen und Tonga sind Beispiele vulkanischer Inselbögen. Inselbögen wie diese sind normalerweise etwa 100 bis 300 Kilometer von Tiefseegräben entfernt. Neben den eben genannten Inseln liegen der Aleuten-Graben, der Mariannengraben und der Tonga-Graben (siehe Abbildung 1.17). Die meisten vulkanischen Inselbögen befinden sich im Westpazifik. Nur zwei vulkanische Inselbögen sind im Atlantik anzutreffen: der Bogen der kleinen Antillen nahe der Karibik und die Sandwich-Inseln im Südatlantik. Die kleinen Antillen entstanden durch die Subduktion der Atlantischen Platte unter die Karibische Platte. Innerhalb dieses Bogens befinden sich die Insel Martinique, wo 1902 der Ausbruch des Mount Pelee schätzungsweise 28.000 Menschen das Leben kostete, und die Insel Monserrat, auf der vulkanische Aktivität erst kürzlich auftrat.[4] Verhältnismäßig junge Inselbögen sind relativ einfache Strukturen, unter welchen deformierte ozeanische Kruste liegt, die meist nicht dicker als 20 Kilometer ist. Die Inselbögen von Tonga, den Aleuten und den kleinen Antillen sind Beispiele dafür. Im Gegensatz dazu sind ältere Inselbögen komplexer aufgebaut und die darunterliegende Kruste weist eine Dicke von 20 bis 30 Kilometer auf. Beispiele hierfür sind der Japanische und der Indonesische Inselbogen, die auf schon länger aktiven Subduktionszonen oder einem kleinen Stück kontinentaler Kruste aufliegen.

2.7.3 Kontinental-kontinentale Konvergenz

Wie Sie bereits erfahren haben, entsteht entlang des Kontinentalrands ein dem Andentyp entsprechender Vulkanbogen, wenn eine ozeanische Platte unter kontinentale Lithosphäre subduziert wird. Besteht die subduzierte Platte auch aus kontinentaler Lithosphäre, bringt fortwährende Subduktion die zwei Kontinentalblöcke zusammen (Abbildung 2.23C). Während ozeanische Lithosphäre relativ dicht ist und in die Asthenosphäre einsinkt, besitzt kontinentale Lithosphäre Auftrieb und kann somit nicht in große Tiefen suduziert werden. Folglich kollidieren zwei kontinentale Bruchstücke miteinander (▶Abbildung 2.23C). Ein derartiger Zusammenstoß ereignete sich, als Indien mit Asien kollidierte und dabei der Himalaya entstand, die großartigste Gebirgsregion der Erde (▶Abbildung 2.24). Während der Kollision verbog sich die kontinentale Kruste, zerbrach und wurde, allgemein gesprochen, verkürzt und verdickt. Auch andere große Gebirgssysteme wie die Alpen, die Appalachen und der Ural entstanden aufgrund einer kontinentalen Kollision.

Die betroffenen Landmassen sind vor der Kollision der Kontinente durch ein Ozeanbecken getrennt (Abbildung 2.24). Während die Kontinentalblöcke zusammentreffen, wird der dazwischenliegende Ozeanboden unter eine der Platten suduziert. Durch die Subduktion wird die partielle Aufschmelzung des darüberliegenden Mantels initiiert, was wiederum zur Bildung eines vulkanischen Bogens führt. In Abhängigkeit von der Position der Subduktionszone könnte sich ein Vulkanbogen entweder auf den zusammentreffenden Landmassen entwickeln oder, falls die Subduktionszone Hunderte von Kilometern von der Küste entfernt liegt, ein vulkanischer Inselbogen entstehen. Wird der dazwischenliegende Ozeanboden verschluckt, stoßen die Kontinentalmassen aufeinander (▶Abbildung 2.24B). Wie von einem gigantischen Schraubstock werden die entlang des Kontinentalrands abgelagerten Sedimente und Sedimentgesteine gefaltet und verformt. Durch diesen Prozess entsteht eine neue Gebirgsregion, die aus deformierten und metamorph überprägten Sedimenten, Fragmenten des Inselbogens und oft aus Teilen der ozeanischen Kruste aufgebaut ist.

> **Studenten fragen manchmal …**
>
> **Werden die Kontinente eines Tages wieder eine einzige Landmasse bilden?**
>
> Ja, es sieht so aus, als würden die Kontinente wieder zusammenkommen, aber das wird noch lange dauern. Da sich alle Kontinente auf der begrenzten Oberfläche unseres Planeten befinden, treffen sie immer wieder auf andere Kontinente, mit denen sie kollidieren. Neuere Studien haben ergeben, dass ein Superkontinent etwa alle 500 Millionen Jahre entsteht. Da Pangäa erst vor 200 Millionen auseinandergebrochen ist, müssen wir nur noch 300 Millionen Jahre auf den nächsten Superkontinent warten.

---

[4] Mehr zu diesen vulkanischen Ereignissen finden Sie in Kapitel 5.

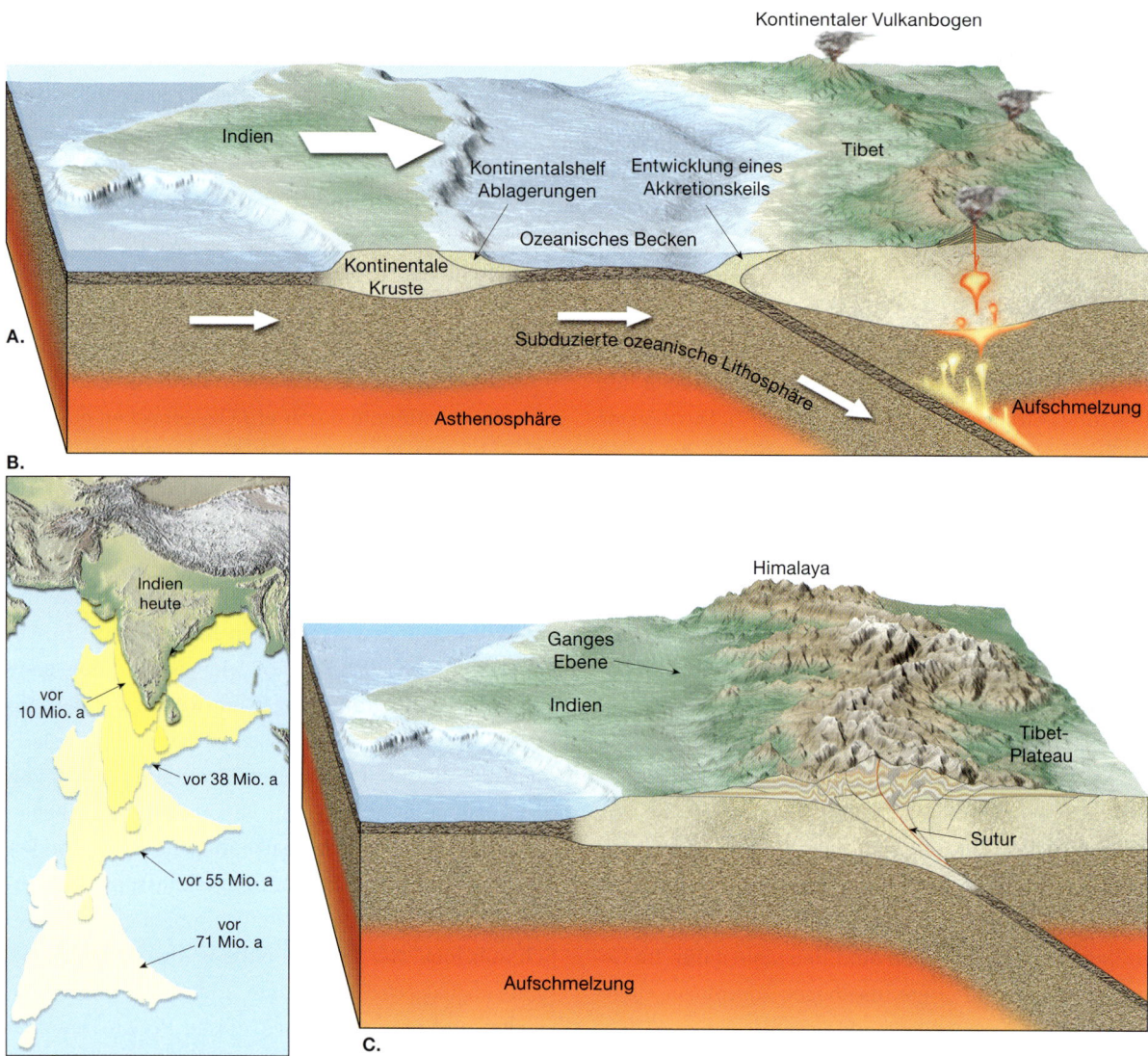

Abbildung 2.24: Vor ca. 45 Millionen Jahren begann die noch heute andauernde Kollision zwischen Indien und Asien, wodurch das Himalaya-Gebirge entstand. **A.** Die konvergierenden Platten ließen eine Subduktionszone entstehen, während eine partielle Aufschmelzung, die durch die subduzierende ozeanische Platte ausgelöst wurde, einen kontinentalen Vulkanbogen aufwarf. Sedimente, die von der subduzierenden Platte abgeschürft werden, werden dem Akkretionskeil hinzugefügt. **B.** Die Position Indiens in Relation zu Eurasien zu verschiedenen Zeiten (modifiziert nach Peter Molnar). **C.** Schließlich kollidierten die beiden Landmassen, wurden deformiert und die Sedimente, die sich entlang der Kontinentalränder abgelagert hatten, wurden gehoben. Zudem schoben sich Stücke der Indischen Kruste auf die Indische Platte.

Transformstörungen (Seitenverschiebungen) als Plattengrenzen   2.8

Die dritte Art von Plattengrenzen ist die **Transformstörung** *(trans* = darüber hinaus, hindurch, hinüber, *forma* = formen). Man findet sie dort, wo zwei Platten aneinander vorbeigleiten, ohne Lithosphäre zu erschaffen oder zu zerstören *(konservative Plattenränder)*. Die Wirkungsweise von Transformstörungen wurde 1965 von J. Tuzo Wilson von der Universität Toronto entdeckt. Wilson nahm an, dass diese großen Störungen den weltumspannenden aktiven Gürtel (konvergente Grenzen, divergente Grenzen und andere Transformstörungen), der die äußere Hülle der Erde in mehrere starre Platten unterteilt, zu einem Netzwerk verbinden. So schlug Wilson als Erster vor, dass die Erde aus einzelnen Platten besteht. Gleichzeitig erkannte er die Störungen, durch die eine relative Bewegung zwischen den Platten möglich wird.

Die meisten Transformstörungen verbinden zwei

2.8 Transformstörungen (Seitenverschiebungen) als Plattengrenzen

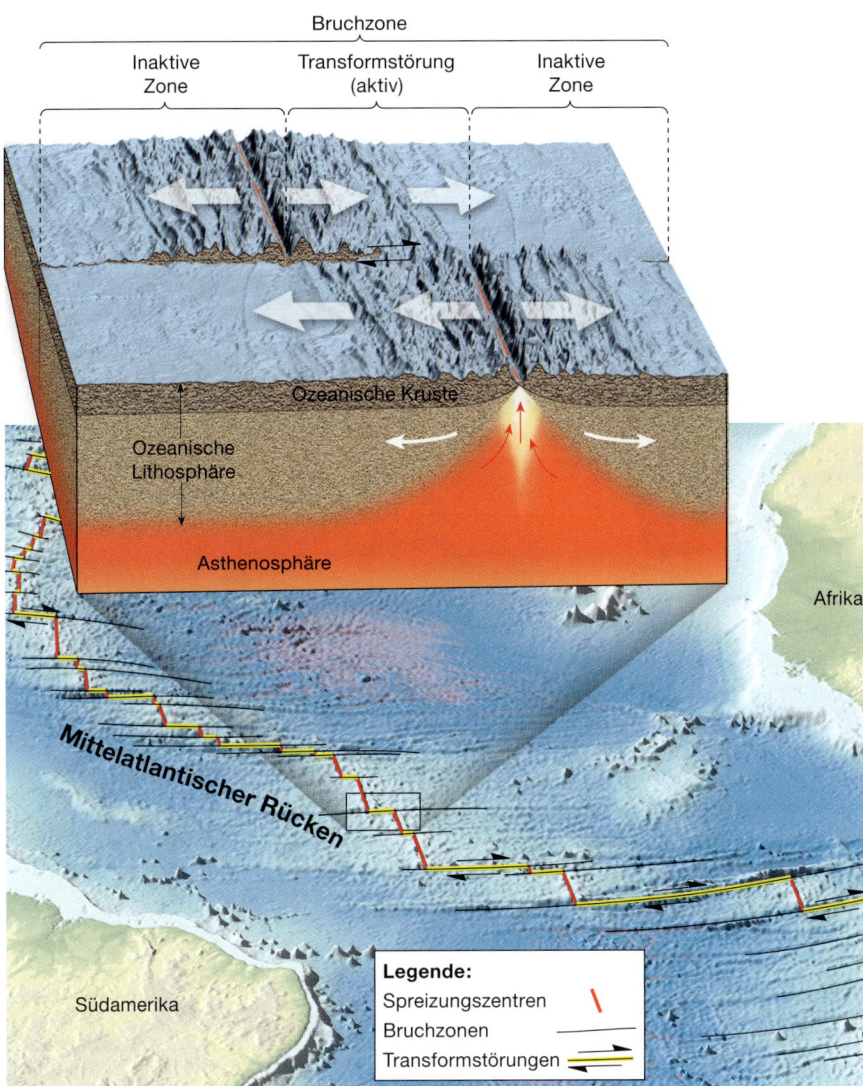

Abbildung 2.25: Das Diagramm stellt eine Transformstörung als Plattengrenze dar. Die Segmente des Mittelatlantischen Rückens werden dabei voneinander versetzt.

Segmente ozeanischer Kruste miteinander (▶Abbildung 2.25). Dort sind sie ein Teil linearer, prominenter Brüche in der ozeanischen Kruste, auch als ozeanische **Bruchzonen** bekannt. Sie umfassen sowohl die aktive Transformstörung als auch ihre passive Ausdehnung in das Platteninnere. Diese Bruchzonen finden sich etwa alle 100 Kilometer entlang der Streichrichtung einer Rückenachse. Wie man in Abbildung 2.25 sieht, *liegen* aktive Transformstörungen *nur zwischen* versetzten Rückensegmenten. Dabei wird Ozeanboden, der an der Rückenachse gebildet wird, in die entgegengesetzte Richtung des auf der anderen Seite der Störung gebildeten transportiert. Deswegen schleifen diese nebeneinanderliegenden Plattenstücke der ozeanischen Kruste zwischen den Rückensegmenten entlang der Störung aneinander vorbei. Hinter dem Rückenkamm befinden sich inaktive Zonen, an welchen Brüche als lineare topographgraphische Einschnitte erhalten bleiben. Die Richtung dieser Bruchzonen verläuft parallel zur Plattenbewegung zum Zeitpunkt ihrer Entstehung. Somit kann man mit diesen Strukturen die Richtung der Plattenbewegung in der geologischen Vergangenheit bestimmen.

In einer anderen Funktion sind Transformstörungen für den Transport der am Rückenkamm entstandenen, ozeanischen Kruste in die Tiefseegräben verantwortlich, wo sie zerstört wird. In ▶Abbildung 2.26 wird diese Situation dargestellt. Sie sehen, dass sich die Juan de Fuca-Platte in südöstlicher Richtung bewegt und schließlich unter der Westküste der Vereinigten Staaten subduziert wird. Das südliche Ende dieser Platte wird durch die Mendocino-Störung begrenzt. Diese Transformstörung begrenzt den Juan de Fuca-Rücken mit der Cascadia-Subduktionszone (Abbil-

2 Plattentektonik: Eine wissenschaftliche Revolution wird offenbar

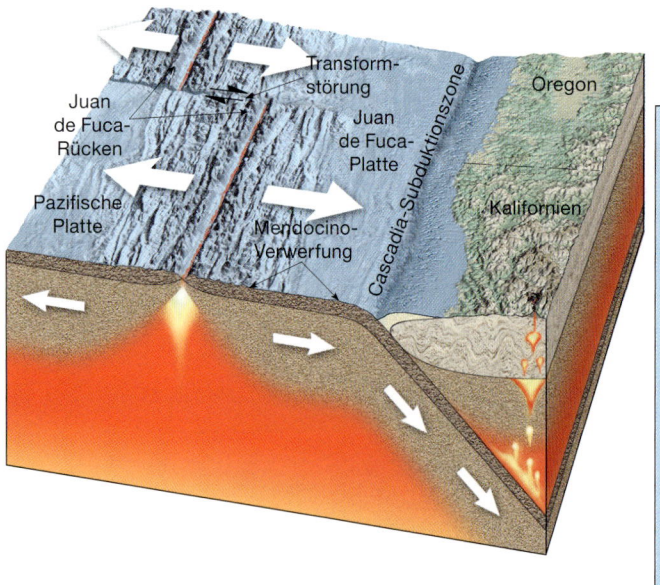
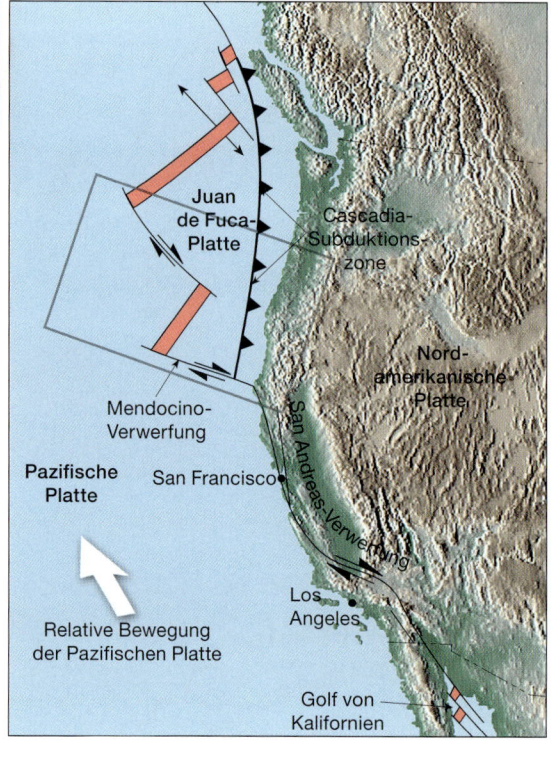

Abbildung 2.26: Am Juan de Fuca-Rücken begünstigt die Mendocino-Transformstörung die Bewegung des neu entstandenen Ozeanbodens vorbei an der Pazifischen Platte in südöstlicher Richtung unter die Amerikanische Platte. Auf diese Weise verbindet diese Transformstörung eine divergente Plattengrenze mit einer Subduktionszone. Außerdem verbindet die San Andreas-Störung zwei Spreizungszentren miteinander, den Juan de Fuca-Rücken und eine divergierende Zone im Golf von Kalifornien.

dung 2.26). Somit erleichtert die Transformstörung die Bewegung von Krustenmaterial, das am Rückenkamm gebildet wurde, zu seinem Bestimmungsort unter den nordamerikanischen Kontinent (Abbildung 2.26). Die meisten Transformstörungen befinden sich innerhalb der Ozeanbecken, nur wenige verlaufen durch kontinentale Kruste. Zwei Beispiele dafür sind die zu Erdbeben neigende San Andreas-Störung in Kalifornien und die Alpine Störung in Neuseeland. Beachten Sie in Abbildung 2.26, dass die San Andreas-Störung das Spreizungszentrum im Golf von Mexiko mit der Cascadia-Subduktionszone und der Mendocino-Störung entlang der Nordwestküste der Vereinigten Staaten verbindet. Entlang der San Andreas-Störung bewegt sich die Pazifische Platte nach Nordwesten, an der Nordamerikanischen Platte vorbei. Falls diese Bewegung anhält, wird dieser Teil Kaliforniens westlich der Störungszone, einschließlich der Baja Peninsula, zu einer Insel vor der Westküste der Vereinigten Staaten und Kanadas werden. Möglicherweise könnte sie Alaska erreichen. Eine weit größere Sorge bereitet jedoch die Erdbebenaktivität, die durch Bewegungen entlang dieser Störungszone hervorgerufen wird.

2.9 Die Prüfung des Modells zur Plattentektonik

Mit der Entwicklung der Theorie zur Plattentektonik begannen Forscher aus allen Bereichen der Geowissenschaften, dieses Modell von der Funktionsweise der Erde zu überprüfen. Manche Beweise, die die Theorie der Kontinentaldrift und der Ozeanbodenspreizung stützen, haben wir schon kennengelernt. Weitere Beweise, die die neuen Ideen im Wesentlichen belegen, folgen nun. Beachten Sie, dass viele Erkenntnisse nicht neu waren, sondern eine neue Interpretation bereits existierender Daten ermöglichten.

2.9.1 Erkenntnisse von Bohrungen am Ozeanboden

Die meisten überzeugenden Beweise, die die Idee der Ozeanbodenspreizung untermauerten, stammten von Bohrungen direkt im Ozeanboden. Von 1968 bis 1983 lieferte das Tiefseebohrprojekt (Deep Sea Drilling Project), ein internationales Programm, das von mehreren ozeanographischen Instituten und der Nationalen Forschungsstiftung finanziert wurde, wichtige Informationen. Hauptziel des Projekts war, das Alter der Ozeanbecken zu bestimmen und herauszufinden, durch welche Prozesse sie geformt wurden. Dafür wurde ein neues Bohrschiff, die *Glomar Challenger*, gebaut und im August 1968 begann man im Südatlantik mit der Durchführung. An mehreren Stellen wurde durch die gesamte Mächtigkeit der Sedimente bis in das darunterliegende Basaltgestein gebohrt. Ein wichtiges Ziel war das Sammeln von Sedimentproben, die knapp oberhalb der magmatischen Kruste lagen, als Mittel zur Datierung des Ozeanbodens auf beiden Seiten.[5] Da die Sedimentation sofort einsetzt, sobald die ozeanische Kruste gebildet wird, findet man Überreste von Mikroorganismen in den ältesten Sedimenten, die direkt auf der Kruste auflagern und zur Datierung verwendet werden können.

Als man das älteste Sediment aus den Bohrungen im Verhältnis zur Entfernung des Rückenkamms auf der Karte einzeichnete, stellte man fest, dass das Alter der Sedimente wuchs, je weiter sie vom Rückenkamm entfernt waren. Diese Entdeckung untermauerte die Hypothese der Ozeanbodenspreizung, die behauptet, dass die jüngste ozeanische Kruste direkt am Rückenkamm zu finden ist und die älteste ozeanische Kruste an den Kontinentalrändern. Die Messdaten vom Tiefseebohrungsprojekt stützten auch die Annahme, dass Ozeanbecken geologisch junge Gebilde sind, da bisher kein Ozeanboden gefunden wurde, der älter als 180 Millionen Jahre ist. Im Vergleich dazu sind Teile der kontinentalen Kruste auf mehr als 4 Milliarden Jahre datiert worden.

Die Mächtigkeit der Ozeanbodensedimente gab einen weiteren Hinweis auf die Richtigkeit der Hypothese der Ozeanbodenspreizung. Durch Bohrkerne vom Forschungsschiff *Glomar Challenger* ließ sich nachweisen, dass am Ozeanrückenkamm fast keine Sedimente vorhanden sind und die Mächtigkeit der Sedimente mit zunehmender Entfernung vom Ozeanrücken anwächst. Da der Ozeanrückenkamm jünger ist als die weiter entfernten Gebiete, war dieses Muster der Sedimentverteilung zu erwarten, sollte die Hypothese zur Ozeanbodenspreizung richtig sein.

Dem Tiefseebohrprojekt folgte das Ozeanbohrungsprogramm (Ocean Drilling Program), ebenso ein groß angelegtes, internationales Programm. Das nun technologisch fortschrittlichere Bohrschiff, die *JOIDES Resolution*, übernahm die Aufgabe von *Glomar Challenger* (▶ siehe Exkurs 2.4).[6] Die *JOIDES Resolution* kann in Wassertiefen bis zu 8.200 Meter bohren und ist mit Labors an Bord ausgestattet, die eine verschiedenartige Auswahl an meerestauglicher, wissenschaftlicher Forschungsausrüstung aufweisen (▶ Abbildung 2.27).

Im Oktober 2003 wurde die *JOIDES Resolution* Teil eines neuen Programms, dem Vereinten Ozeanbohrungsprogramm (IODP = Integrated Ocean Drilling Program). Diesem neuen internationalen Anlauf stehen

---

5 Radiometrische Daten der ozeanischen Kruste selbst sind nicht zuverlässig, da der Basalt durch das Meerwasser verändert wird.

6 JOIDES (Joint Oceanographic Institutions for Deep Earth Sampling).

Abbildung 2.27: *Die JOIDES Resolution*, ein Bohrschiff des Vereinten Ozeanbohrungsprogramms. (Foto freundlicherweise vom Ocean Drilling Program zur Verfügung gestellt)

EXKURS 2.4 – DIE ERDE VERSTEHEN

■ Probennahme vom Ozeanboden

Ein wesentlicher Aspekt der wissenschaftlichen Fragestellung ist die Sammlung von Fakten durch Beobachtungen und Messungen. Um Hypothesen zu formulieren und zu beweisen, braucht man verlässliche Daten. Es ist nicht leicht, Informationen aus den immensen Datenmengen zu gewinnen, die in Ozeanbodensedimenten und in der ozeanischen Kruste enthalten sind. Die Gewinnung von Probenmaterial ist oft eine technische Herausforderung und meist sehr teuer. Das Forschungsschiff *JOIDES Resolution* (▶ Abbildung 2.C) kann Bohrungen im Ozeanboden vornehmen und mit einem langen Bohrzylinder Bohrkerne von Sedimenten und Gesteinen entnehmen. „JOIDES" ist die Abkürzung für Joint Oceanographic Institutions for Deep Earth Sampling. Der Name „Resolution" wurde zu Ehren des Schiffs *HMS Resolution* gewählt, das vor mehr als 200 Jahren unter dem Kommando des vielseitigen englischen Entdeckers Kapitän James Cook stand.

Das *JOIDES Resolution* besitzt einen hohen Bohrturm aus Metall, der bei Drehbohrungen eingesetzt wird, während das Schiff durch Lageregelungsrotoren in einer bestimmten Position auf dem Ozean festgehalten wird (Abbildung 2.C). Die einzelnen Teile des Bohrgestänges werden zu einer einzigen Bohrstange von bis zu 8.200 Meter Länge zusammengebaut. Der Bohrkopf am Ende der Bohrstange dreht sich, während er gegen den Meeresboden gepresst wird, und kann bis zu 2.100 Meter in den Ozeanboden eindringen. Als würde man einen Strohhalm in einen Schichtkuchen hineindrehen, dringt das innen hohle Bohrgestänge durch Sedimente und Gestein und entnimmt einen Zylinder voll Material (Bohrkernprobe). Das wird dann an Bord des Schiffs geholt und dort in modernsten Labors analysiert.

Das Schiff hat seit 1985 weltweit 1.700 Löcher gebohrt. Dabei wurden Bohrkernproben von mehr als 210.000 Meter Länge gewonnen. Diese Proben repräsentieren Millionen Jahre der Erdgeschichte und werden von Forschern verwendet, um viele Aspekte der Geowissenschaften zu analysieren, einschließlich der globalen Klimaveränderung. Obwohl die Anzahl der Bohrlöcher sehr beeindruckend ist, repräsentiert ein Loch doch nur ein Gebiet der Größe Colorados.

Im September 2003 beendete die *JOIDES Resolution* ihre 110. und letzte Expedition als Teil eines sehr erfolgreichen Bohrprogramms (ODP = Ocean Drilling Program). Im Oktober 2003 wurde es für ein neues Projekt eingesetzt, das vereinte Ozeanbohrprogramm (IOPD = Integrated Ocean Drilling Program). Dieses neue, internationale Projekt verwendet mehrere Forschungsschiffe. Eine der neuesten Anschaffungen war im Jahr 2006 das riesige, 210 Meter lange Schiff *Chikyu* (japan. = Planet Erde). Das neue Programm zielt darauf ab, mehr über die Erdvergangenheit zu erfahren und ein besseres Verständnis für Prozesse des Erdsystems, wie Eigenschaften der tiefen Kruste, Muster der Klimaänderung, Mechanismen von Erdbeben und die Mikrobiologie des Ozeanbodens, zu entwickeln.

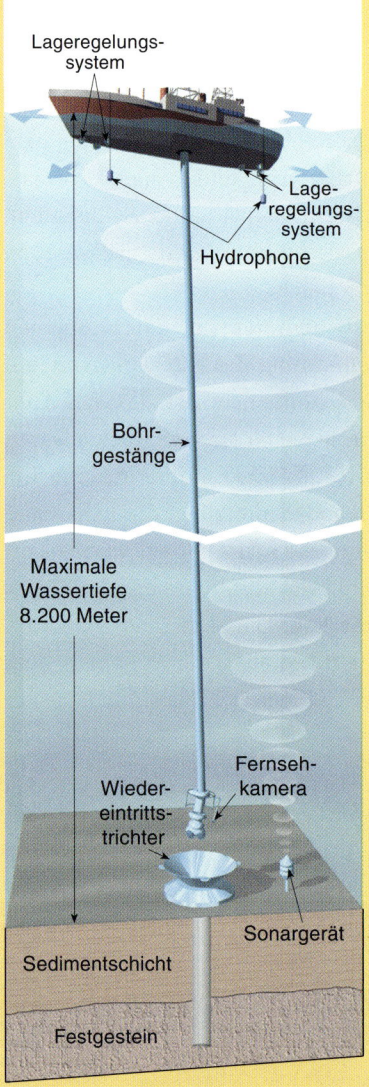

Abbildung 2.C: Die *JOIDES Resolution* führt Bohrungen im Ozeanboden durch und sammelt Bohrkerne von Sedimenten und Gesteinen zur Analyse. Das dynamische Lageregelungssystem des Schiffs besteht aus Lageregelungsrotoren (kleine Propeller), die es dem Schiff ermöglichen, eine bestimmte Position oberhalb der Bohrstelle zu halten. Ehemalige Bohrstellen können auch Jahre später wiederverwendet werden. Das Schiff ortet sie durch zurückgeworfene Schallwellen zwischen den Hydrophonen des Schiffs und Sonargeräten. Mithilfe einer Fernsehkamera mit Fernbedienung gelingt es, das Bohrgestänge in den Wiedereintrittstrichter zu positionieren.

nicht nur eines, sondern mehrere Forschungsschiffe zur Verfügung. Eines der neuesten ist die mächtige, 210 Meter lange *Chikyu*, die 2006 erstmals auslief.

2.9.1 Hot Spots (heiße Flecken) und Mantle Plumes (Manteldiapire)

Die Kartierung von Seebergen (Vulkanen unter Wasser) im Pazifik zeigte mehrere linear verlaufende Ketten von vulkanischen Strukturen. Eine der meist untersuchten Ketten besteht aus mindestens 129 Vulkanen und besitzt eine Ausdehnung von den hawaiianischen Inseln bis Midway Island und verläuft dann weiter nördlich bis zum Aleuten-Graben, mit einer Erstreckung von fast 6.000 Kilometer (▶Abbildung 2.28). Diese fast kontinuierlich verlaufende Kette vulkanischer Inseln und Seeberge wird die Hawaii Emperor Seamount-Kette genannt. Eine radiometrische Datierung dieser Strukturen ergab, dass das Alter der Vulkane zunimmt, je weiter sie von Hawaii entfernt sind. Hawaii, die jüngste vulkanische Insel, erhob sich vom Meeresboden vor weniger als einer Million Jahre, dagegen ist Midway Island 27 Millionen Jahre alt und der Suiko-Seeberg nahe des Aleuten-Graben mehr als 60 Millionen Jahre alt (Abbildung 2.28).

Betrachtet man die hawaiianischen Inseln genauer, so erkennen wir einen ähnlichen Anstieg des Alters von der aktiven Insel Hawaii am südöstlichen Ende der Kette bis zu den inaktiven Vulkanen auf der Insel Kauai im Nordwesten (Abbildung 2.28).

Forscher sind sich darin einig, dass sich ein aufsteigender Plume (Diapir), der aus Mantelmaterial besteht, unter der Insel Hawaii befindet. Sobald der **Mantle Plume** die Niederdruckzone der unteren Lithosphäre erreicht, kommt es zur Aufschmelzung. An der Oberfläche äußert sich diese Aktivität durch einen **Hot Spot**, das heißt ein Gebiet mit vulkanischer Aktivität, hohem Wärmefluss und Krustenaufwölbung, das sich über mehrere hundert Kilometer erstreckt. Als sich die Pazifische Platte über diesen Hot Spot hinwegbewegte, wurden nach und nach vulkanische Strukturen ausgebildet. Das Alter der Vulkane zeigt an (Abbildung 2.28), wann sie über dem relativ ortsgebundenen Mantle Plume lagen. Diese Kette aus vulkanischen Gebilden, auch Hot Spot Track (Hot Spot-Route) genannt, gibt die Bewegungsrichtung der Platte an.

Kauai ist die älteste der großen Inseln in der Hawaiianischen Kette. Vor rund 5 Millionen Jahren, als Kauai über dem Hot Spot lag, war sie die einzige Hawaiianische Insel (Abbildung 2.28). Sichtbare Beweise des Alters der Insel Kauai findet man bei der Untersuchung ihrer erloschenen Vulkane, die aufgrund von Erosion schroffe Berggipfel und tiefe Schluchten aufweisen. Im Gegensatz dazu sieht man auf der relativ jungen Insel Hawaii rezente Lavaströme und der Kilauea, einer ihrer Vulkane, ist noch aktiv.

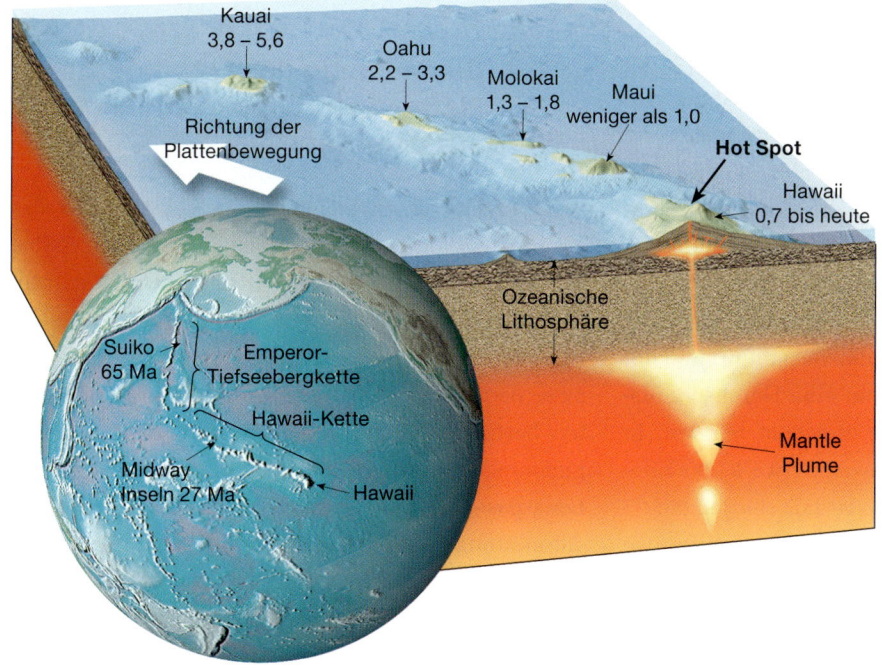

Abbildung 2.28: Die Inselkette und Seeberge, die sich von Hawaii zum Aleuten-Graben erstrecken, entstanden durch die Bewegung der Pazifischen Platte über einen anscheinend ortsgebundenen Hot Spot. Radiometrische Datierungen der hawaiianischen Inseln ergaben ein abnehmendes Alter der vulkanischen Aktivität in Richtung Hawaii.

Beachten Sie in Abbildung 2.28, dass die Hawaii-Emperor-Seamount-Kette eine Kurve aufweist. Diese Kurve entwickelte sich vor etwa 50 Millionen Jahren, als sich die Bewegungsrichtung der Pazifischen Platte von fast nördlicher Richtung nach nordwestlich änderte. In ähnlicher Weise haben Hot Spots, die auf dem Boden des Atlantiks gefunden wurden, unser Verständnis von der Wanderung der Landmassen nach dem Auseinanderbrechen Pangäas verbessert.

Forscher glauben, dass einige Mantle Plumes aus großen Tiefen aufsteigen, vielleicht von der Mantel-Kern-Grenze. Andere könnten in weniger großen Tiefen entstehen. Von den etwa 40 Hot Spots, die bisher bekannt sind, liegen mehr als ein Dutzend in der Nähe eines Spreizungszentrums. So ist beispielsweise ein Mantle Plume unter Island für die große Anhäufung von vulkanischem Gestein entlang des Mittelatlantischen Rückens verantwortlich.

Die Existenz von Mantle Plumes und deren Verbindung zu Hot Spots ist gut untersucht. Die meisten Mantle Plumes sind langlebige Erscheinungen, die scheinbar relativ ortsgebunden innerhalb des Mantels sind. Neue Erkenntnisse zeigen jedoch, dass manche Hot Spots langsam wandern. Sollte dies der Fall sein, so muss das Modell der Plattenbewegung, das sich auf ein feststehendes Muster von Hot Spots stützt, neu überarbeitet werden.

2.10 Die Messung der Plattenbewegung

Zahlreiche Methoden wurden angewendet, um die Richtung und die Geschwindigkeit der Plattenbewegungen zu messen. Wie bereits erwähnt, zeigen die Hot Spot-Routen die Richtung der Plattenbewegung relativ zum Mantel an, so wie die der Hawaii-Emperor-Seamount-Kette die Bewegungsrichtung der Pazifischen Platte anzeigt. Durch die Messung der Länge dieser Vulkanketten und des Zeitintervalls zwischen der Entstehung der ältesten (Suiko Seamount) und der jüngsten Struktur (Hawaii) kann eine Durchschnittsrate für die Plattenbewegung errechnet werden. In diesem Beispiel ist die Vulkankette etwa 3.000 Kilometer lang und sie entstand innerhalb der letzten 65 Millionen Jahre. Das würde eine durchschnittliche Bewegungsrate von 9 Zentimeter pro Jahr bedeuten. Die Genauigkeit dieser Berechnung ist abhängig von der Annahme, der Hot Spot bleibe ortsgebunden.

2.10.1 Paläomagnetismus und Plattenbewegung

Der Paläomagnetismus, der in den Gesteinen am Ozeanboden konserviert ist, bietet auch eine Möglichkeit, die Raten der Plattenbewegungen zu messen, zumindest als Durchschnittsrate über Millionen von Jahren. Erinnern Sie sich, dass symmetrische Streifenmuster von Magnetismus auf beiden Seiten des Ozeanischen Rückens auftreten. Kurz nach dieser Entdeckung begannen Forscher das Alter der magnetischen Streifen mithilfe der magnetischen Zeitskala (erstellt von Lavaströmen an Land) zuzuordnen. Sobald das Alter der magnetischen Streifen und ihre Entfernung vom Rückenkamm bekannt sind, kann die Berechnung der durchschnittlichen Bewegungsrate der Platte erfolgen.

Die Grenze zwischen der Gauß- und der Matujama-Epoche trat beispielsweise vor etwa 2,5 Millionen Jahren auf. Entlang eines Abschnitts des Mittelatlantischen Rückens erstreckt sich diese Grenze ca. 25 Kilometer auf beiden Seiten der Rückenachse, sie besitzt also eine Gesamtlänge von 50 Kilometer. Das bedeutet, dass die Rate der Ozeanbodenspreizung in diesem Abschnitt 50 Kilometer alle 2,5 Millionen Jahre betragen hat oder zwei Zentimeter pro Jahr. Demzufolge bewegt sich Amerika mit einer Geschwindigkeit von etwa zwei Zentimeter pro Jahr relativ zu Europa. Erinnern Sie sich, die Richtung der Ozeanbodenspreizung kann durch Bruchzonen auf dem Meeresboden bestimmt werden.

2.10.2 Die Messung der Plattengeschwindigkeit aus dem All

Seit kurzem ist es möglich, die Technologien des Raumfahrtzeitalters zu verwenden, um die relative Bewegung zwischen den Platten direkt zu messen. Dies wird ausgeführt, indem man periodisch die genaue Position und daraus die Entfernung zwischen zwei Beobachtungsstationen auf verschiedenen Platten bestimmt. Zwei Methoden werden für die Berechnungen angewendet: die VLBI-Methode (Very Long Baseline Interferometry) und eine Satellitenpositionierungstechnik, die mit GPS (Global Positioning System) arbeitet. Die VLBI-Methode verwendet große Radioteleskope, um Signale von sehr weit entfernten Quasaren (Quasi-stellare Objekte) aufzunehmen

2.11 Was treibt die Plattenbewegung an?

Abbildung 2.29: Ein Radioteleskop wie diese bei Green Bank, West Virginia, wird zur genauen Bestimmung der Entfernung von zwei auseinanderliegenden Orten verwendet. Die Messdaten von wiederholten Messungen ergaben eine relative Plattenbewegung von 1 bis 15 Zentimeter pro Jahr zwischen verschiedenen Orten (weltweit). (Mit freundlicher Genehmigung des National Radio Astronomy Observatory)

(▶Abbildung 2.29). Quasare liegen Milliarden von Lichtjahren von der Erde entfernt und dienen als feste Referenzpunkte. Der Unterschied von Millisekunden in der Ankunftszeit des gleichen Signals an auf der Erde stationierten Beobachtungsstationen ermöglicht die Feststellung der präzisen Entfernung zwischen den Empfängern. Für die Ausführung einer typischen Vermessung braucht man zwei weit auseinanderliegende Radioteleskope, die Dutzende Quasare genau gleichzeitig beobachten, jeden fünf bis zehn Mal. Mit diesem Schema kann man eine bis auf zwei Zentimeter genaue Schätzung zwischen den Beobachtungsstationen abgeben. Wiederholt man dieses Experiment zu einem späteren Zeitpunkt, so kann man die relative Bewegung dieser Stationen feststellen. Diese Methode ist für großräumige Plattenbewegungen besonders brauchbar, wie zum Beispiel die Trennung zwischen den Vereinigten Staaten und Europa.

Ihnen mag GPS als Teil des Navigationssystems Ihrer Automobile bekannt sein. Man gebraucht es, um den Standort festzustellen, und zur Wegbeschreibung zu einem anderen Ort. GPS benutzt mehrere Satelliten anstatt einer extragalaktischen Quelle, um eine bestimmte Stelle auf der Erdoberfläche präzise zu messen. Signale, die von zwei weit auseinanderliegenden GPS-Instrumenten empfangen werden, nimmt man, um deren Position mit beachtlicher Genauigkeit festzustellen. GPS-Empfangsinstrumente haben sich als nützlich zur Messung kleinräumiger Krustenbewegungen erwiesen, wie sie entlang von tektonisch aktiven Störungszonen auftreten.

Messdaten, die von diesen und anderen Technologien gewonnen wurden, bestätigten reale Plattenbewegungen. Berechnungen zeigen, dass sich Hawaii in nordwestlicher Richtung bewegt und sich Japan mit 8,3 Zentimeter pro Jahr nähert (▶Abbildung 2.30). Eine Stelle in Maryland entfernt sich von einer Position in England um 1,7 Zentimeter pro Jahr – eine Ozeanspreizungsrate, die der paläomagnetischen Rate von 2,3 Zentimeter pro Jahr sehr nahe kommt.

Was treibt die Plattenbewegung an? 2.11

Die Theorie der Plattentektonik *beschreibt* die Bewegung der Lithosphärenplatten und die Auswirkungen auf die Bildung und/oder Veränderungen der Großstrukturen der Erdkruste. Die Akzeptanz der Theorie der Plattentektonik ist unabhängig davon, ob wir wissen, welche Mechanismen genau die Plattenbewegungen hervorrufen – glücklicherweise, da sonst keines der bisher vorgeschlagenen Modelle für den Facettenreichtum der Plattentektonik genügen würde. Aber die Forscher haben sich auf folgende Punkte geeinigt:

- Konvektionsströme im 2.900 Kilometer dicken Mantel, in welchem warmes, durch Auftrieb charakterisiertes Gestein aufsteigt und kühles, dichtes Material unter dem Eigengewicht nach unten sinkt, sind die eigentlichen Antriebskräfte der Plattenbewegung.

Studenten fragen manchmal …

Wenn sich die Kontinente bewegen können, bewegen sich andere Komponenten, wie beispielsweise Segmente des Mittelozeanischen Rückens, auch?

Das ist eine gute Frage. Ja, sie bewegen sich! Interessant ist, dass tatsächlich nur sehr wenig auf der Erdoberfläche an einem Standort fixiert ist. Wenn wir über die Bewegung von Komponenten auf der Erde sprechen, müssen wir fragen: „Bewegung relativ wozu?" Natürlich bewegt sich der Mittelozeanische Rücken relativ zu den Kontinenten (was manchmal zur Subduktion von Segmenten des Mittelozeanischen Rückens unter die Kontinente führt).

2　Plattentektonik: Eine wissenschaftliche Revolution wird offenbar

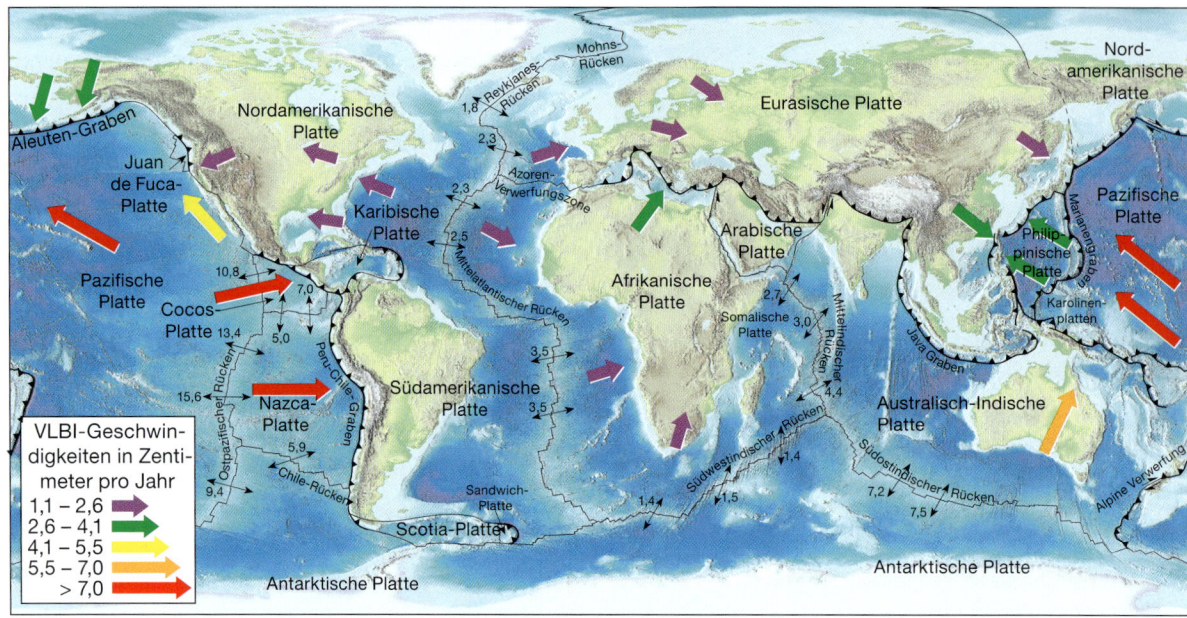

Abbildung 2.30: Diese Karte zeigt die Richtungen und Raten der Plattenbewegung in Zentimeter pro Jahr. Die Geschwindigkeit der Ozeanbodenspreizung (mit schwarzen Pfeilen und Beschriftung) wird über die Ausdehnung datierter magnetischer Streifen (Anomalien) berechnet. Mit den farbigen Pfeilen sind die VLBI-Messdaten (Very Long Base Inferometry) von Plattenbewegungen an bestimmten Orten dargestellt. Die Messdaten dieser beiden Modelle stimmen miteinander überein. (Ozeanbodenmessdaten von DeMets et.al., VBL-Daten von Ryan et.al.)

- Mantelkonvektion und Plattentektonik gehören zum gleichen System. Subduzierende ozeanische Platten gehören dem kalten, sich nach unten bewegenden Teil der Konvektionsströmung an, während flache Aufwölbungen heißen Gesteins entlang der Ozeanischen Rücken und durch Auftrieb gekennzeichnete Mantle Plumes den aufwärts bewegenden Teil der Konvektionsströmung ausmachen.
- Die langsame Bewegung der Lithosphärenplatten und des Mantels ergibt sich ausschließlich durch die ungleiche Verteilung von Wärme im Inneren der Erde. Durch diese Strömung wird Wärme vom Erdkern durch den Mantel geleitet.

Man kann das genaue Aussehen der Konvektionsströme nicht exakt bestimmen. Manche Forscher behaupten, der Mantel wäre mit einem gigantischen, aus zwei Lagen bestehenden Kuchen vergleichbar, der in einer Tiefe von 660 Kilometer geteilt ist. Konvektion tritt in beiden Lagen auf, eine Vermischung der beiden Lagen ergibt sich jedoch nur minimal. Auf der anderen Seite gibt es ein Modell eines einfachen Topfs kochender Suppe, die sehr langsam von oben nach unten umgewälzt wird, über Äonen geologischer Zeit. Keines der beiden Modelle erklärt alle verfügbaren Daten zufriedenstellend. Zunächst werden wir den Mechanismus betrachten, von dem man annimmt, er sei für die Plattenbewegung zuständig. Im Anschluss untersuchen wir einige Modelle, die im Rahmen der Mantelkonvektion beschrieben wurden.

2.11.1　Kräfte, die die Plattenbewegung antreiben

Es herrscht allgemeine Übereinstimmung, dass die Subduktion kalter, dichter Stücke ozeanischer Lithosphäre die Hauptantriebskraft für die Plattenbewe-

> **Studenten fragen manchmal …**
>
> **Wird die Plattentektonik auf der Erde einmal aufhören?**
>
> Da die Wärme aus dem Erdinneren (eine endliche Quelle) die plattentektonischen Prozesse antreibt, werden in ferner Zukunft diese Kräfte nachlassen und schließlich wird die Bewegung aufhören. Externe Prozesse werden die Oberflächenstrukturen der Erde weiter durch Erosion angreifen und letztlich eine flache Ausprägung schaffen. Es wird eine ganz andere Welt sein – eine Erde ohne Erdbeben, ohne Vulkane, ohne Gebirge. Flache Ebenen werden die Oberhand gewinnen!

gung ist (▶Abbildung 2.31). Wenn diese Plattenstücke in die Asthenosphäre absinken, ziehen sie die dahinter anhängende Platte mit. Dieses Phänomen wird Plattenzug (**Slab Pull**) genannt und tritt deswegen auf, weil alte Plattenstücke ozeanischer Lithosphäre dichter sind als die darunterliegende Asthenosphäre und demzufolge „wie ein Stein" absinken.

Eine andere wichtige Antriebskraft wird Rückenschub (**Ridge Push**) genannt (Abbildung 2.31). Dieser Mechanismus beruht auf der Gravitationskraft und resultiert aus der erhöhten Position des Ozeanischen Rückens, weswegen Plattenstücke der Lithosphäre an den Flanken des Ozeanrückens „herunterrutschen". Der Rückenschub scheint weniger an der Plattenbewegung beteiligt zu sein als der Plattenzug. Der Haupthinweis stammt von bekannten Spreizungsraten auf Rückensegmenten unterschiedlicher Höhe. Zum Beispiel sind Spreizungsraten entlang des Mittelatlantischen Rückens trotz seiner durchschnittlich größeren Höhe geringer als die am wesentlich weniger steilen Ostpazifischen Rücken (Abbildung 2.30). Die Tatsache, dass sich schnell bewegende Platten zu einem großen Prozentsatz an ihren Rändern subduziert werden, weist auf eine höhere Beteiligung von Slab Pull als von Ridge Push hin. Die Pazifische Platte, die Nazca-Platte und die Cocosplatte sind sich schnell bewegende Platten, die eine Spreizungsrate von mehr als 10 Zentimeter pro Jahr haben.

Es gibt noch eine weitere Antriebskraft, die aus der Schleppung des abtauchenden Lithosphärenstücks auf den darunterliegenden Mantel resultiert. Das Ergebnis ist eine induzierte Mantelzirkulation, die beide Platten, die abtauchende und die aufschiebende, zum Graben zieht. Da diese Mantelströmung benachbarte Platten „anzusaugen" scheint (ähnlich wie beim Herausziehen des Badewannenstöpsels), wird sie **Subduktions-Ansaugkraft** (**Slab Suction**) genannt (Abbildung 2.31). Selbst wenn eine abtauchende Platte von der darüberliegenden Platte getrennt wird, induziert ihr Absinken eine Mantelströmung, welche die Platten weiter antreibt.

2.11.2 Modelle der Platten-Mantel-Konvektion

Jedes Modell der Platten-Mantel-Konvektion muss mit den beobachteten physikalischen und chemischen Eigenschaften des Mantels übereinstimmen. Als die Idee der Ozeanbodenspreizung erstmals auftauchte, nahmen die Geologen an, dass Konvektion im Mantel durch aufsteigende Strömungen aus dem tiefen Mantel unter Ozeanischen Rücken auftritt. Man glaubte, wenn Konvektionsströmungen die Basis der Lithosphäre erreichen, werden die Platten lateral verschleppt. Man nahm auch an, die Platten werden passiv durch Strömungen im Mantel getragen. Jedenfalls stellten physikalische Erkenntnisse klar, dass die Aufwölbungen an den Ozeanischen Rücken flach sind und nichts mit Konvektion im tiefen Mantel zu tun haben. Die horizontale Bewegung der Lithosphärenplatten vom Ozeanischen Rücken weg verursacht die Aufwölbung des Mantels und nicht anders herum. Wir haben zudem erkannt, dass Plattenbewegungen die Hauptursache für Konvektionsströmungen im Mantel sind. Während sich die Platten bewegen, ziehen sie danebenliegendes Material mit sich und induzieren dadurch Strömungen

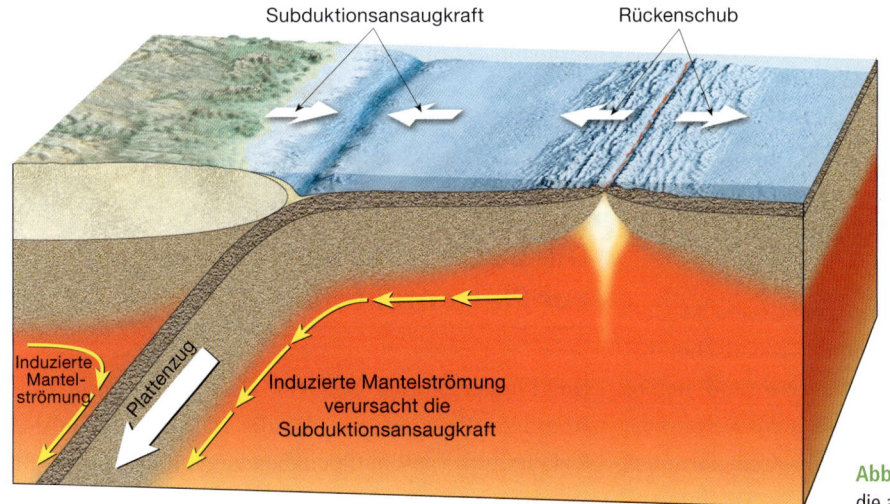

Abbildung 2.31: Dargestellt sind Kräfte, die an tektonischen Platten wirken.

im Mantel. Deswegen werden in modernen Modellen die Platten in die Mantelkonvektion einbezogen und sind möglicherweise sogar deren aktivste Komponente. Zusätzlich muss jedes anerkannte Modell die als bekannt geltenden Variationen in der Zusammensetzung des Mantels mit in Betracht ziehen. Zum Beispiel stammen sowohl die Basaltlaven, die an Ozeanischen Rücken ausfließen, als auch die Laven, die bei Hot-Spot-Vulkanismus ausbrechen, aus dem Mantel. Doch sind die Laven der Ozeanischen Rücken relativ homogen in ihrer Zusammensetzung und weisen einen Mangel an bestimmten Spurenelementen auf, während die Laven von Hot-Spot-Aktivitäten eine Anreicherung derselben Spurenelemente aufweisen. Da Basaltlaven von unterschiedlichen tektonischen Bedingungen unterschiedliche Konzentrationen bestimmter Elemente enthalten, nimmt man an, dass sie aus chemisch unterschiedlichen Mantelreservoiren stammen.

Die Lagenstruktur bei 660 Kilometer Im vorherigen Abschnitt haben wir bereits von der Schichtkuchenversion der Mantelkonvektion gesprochen. Wie in ▶ Abbildung 2.32A zu sehen ist, hat ein Lagenmodell zwei Konvektionszonen – eine dünne Konvektionslage im oberen Mantel (oberhalb 660 Kilometer) und eine dicke, darunterliegende. Dieses Modell erklärt erfolgreich, warum Basaltlava, die an Ozeanischen Rücken ausbricht, eine etwas andere Zusammensetzung besitzt als jene von Hawaii, die durch Hot-Spot-Aktivität gefördert wird. Die Basalte der Mittelozeanischen Rücken stammen von der oberen Konvektionslage, die gut vermischt ist. Mantle Plumes dagegen, die hawaiianische Vulkane versorgen, zapfen eine tiefergelegene, primitivere Magmenquelle an. Trotz der Erkenntnisse, die dieses Modell stützen, haben Messdaten aus der Untersuchung von Erdbebenwellen gezeigt, dass zumindest einige subduzierte Plattenbruchstücke, bestehend aus kalter, ozeanischer Lithosphäre, die 660-Kilometer-Genze durchdringen und tief in den Mantel absinken. Die subduzierte Lithosphäre würde dazu verhelfen, dass sich die obere und die untere Lage vermischen. Das Ergebnis wäre dann die Zerstörung der Lagenstruktur des Mantels, aber genau diese wird in diesem Modell vorgeschlagen.

Konvektion im gesamten Mantel Bei diesem Modell sinken Plattenstücke dichter, kalter, ozeanischer Lithosphäre in den unteren Mantel, während heiße, auftreibende Plumes, ursprünglich aus der Kern-Mantel-Grenze, die Wärme zur Oberfläche transportieren (▶ Abbildung 2.32B). Kürzlich ausgeführte Untersuchungen haben jedoch gezeigt, dass sich der Mantel bei einer Vermischung des gesamten Mantels komplett innerhalb von hundert Millionen Jahren homogen vermischen würde. Dann würde es aber keine chemisch unterschiedlichen Magmenquellen geben, wie sie bei Hot-Spot-Vulkanismus und Vulkanismus entlang Ozeanischer Rücken vorhanden sein müssten.

Lagenstruktur im tiefen Mantel Eine andere Hypothese sieht eine Lagenstruktur im tiefen Mantel vor. So wurde ein Modell ähnlich einer Lavalampe mit niedriger Einstellung beschrieben. Wie in ▶ Abbildung 2.32C gezeigt wird, ähnelt das untere Drittel des Mantels der gefärbten Flüssigkeit am Boden einer Lavalampe. Wie bei der Lavalampe, bringt Wärme die untere Lage dazu, in einem komplexen Muster aufzuquellen und sich zusammenzuziehen, ohne sich wesentlich mit der oberen Lage zu vermischen. Bei diesem Modell entstehen aus kleinen Mengen Materie der unteren Lage des Mantels Mantle Plumes, die zu Hot-Spot-Vulkanismus an der Oberfläche führen. So kann dieses Modell zwei chemisch unterschiedliche Magmenquellen aufweisen, eine im unteren Mantel und eine tiefere Quelle nahe der Mantel-Kern-Grenze. Außerdem ist dieses Modell mit einer Lagenstruktur im tiefen Mantel vereinbar mit der Erkenntnis, dass Lithosphärenplatten die 660-Kilometer-Lage durchdringen können. Trotz der Plausibilität gibt es kaum Hinweise darauf, dass eine tiefe Lage in dieser Ausprägung existiert, außer der sehr dünnen D"-Schicht (sprich: „D zwei Strich Schicht") knapp oberhalb der Mantel-Kern-Grenze.

Es gibt noch viel über den Mechanismus der Plattentektonik zu lernen, doch sind einige Fakten klar. Die ungleiche Wärmeverteilung im Erdinneren verursacht eine Art von Wärmekonvektion, die schließlich die Platten-Mantel-Bewegung antreibt. Die Hauptantriebskraft dafür entsteht durch dichte, absinkende Lithosphärenplatten und dient dazu, kalte Materie in den Mantel zu transportieren. Zudem fördern Mantle Plumes, die nahe der Kern-Mantel-Grenze entstehen, Wärme vom Kern zum Mantel.

Die Bedeutung der Theorie zur Plattentektonik 2.12

Die Plattentektonik schließt als erste Theorie alle wichtigen Prozesse ein, die die Hauptmerkmale der Erdoberfläche geschaffen haben (auch Kontinente und Ozeanbecken). So verband sie viele Aspekte der Geo-

2.12 Die Bedeutung der Theorie zur Plattentektonik

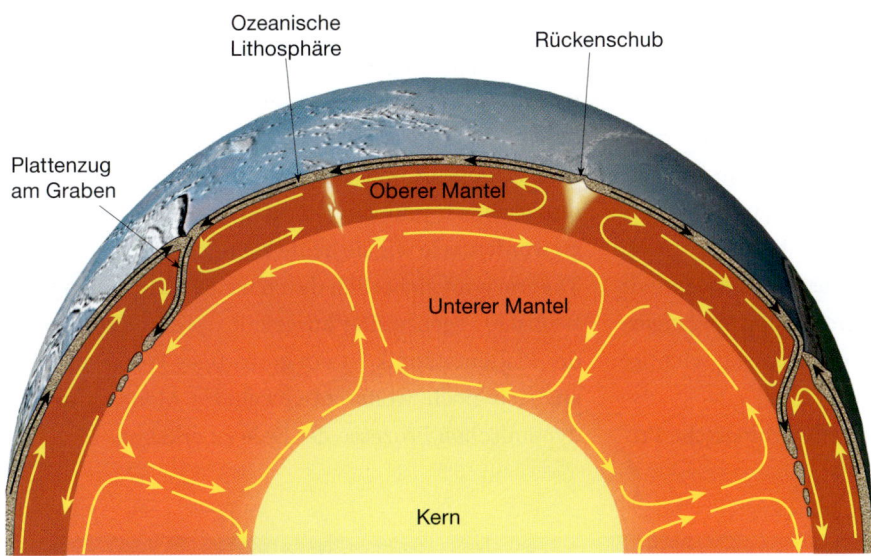

A. Lagenstruktur bei 660 Kilometern

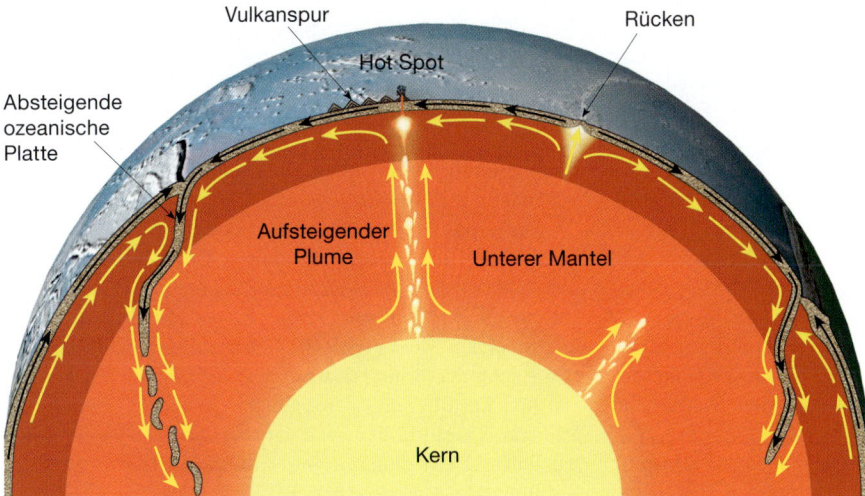

B. Konvektion im gesamten Mantel

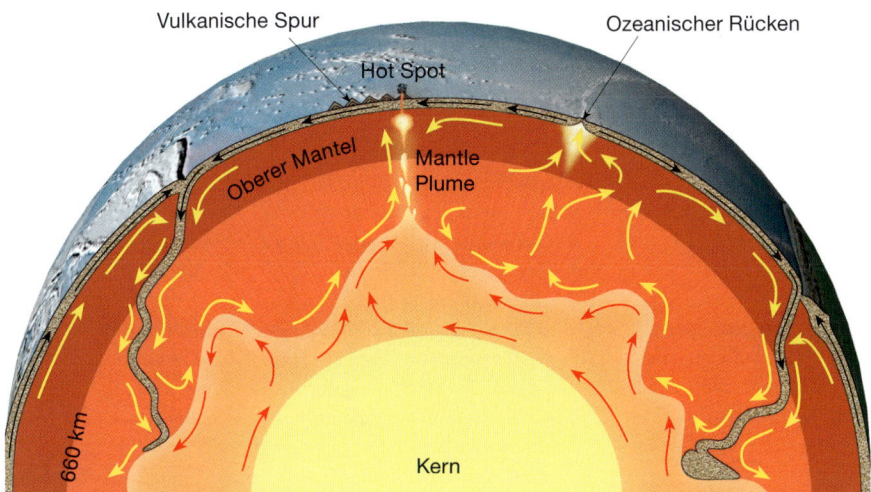

C. Lagenstruktur im tiefen Mantel

Abbildung 2.32: Modelle der Mantelkonvektion. **A.** Dieses Modell besteht aus zwei Konvektionslagen – einer dünnen Konvektionslage oberhalb 660 Kilometer und einer dickeren darunter. **B.** Dieses Konvektionsmodell schließt den gesamten Mantel ein. Dabei sinkt kalte ozeanische Lithosphäre in den unteren Teil des Mantels und heiße Mantle Plumes transportieren Wärme zur Oberfläche. **C.** Das Modell der Lagenstruktur im tiefen Mantel vergleicht die Vorgänge im Mantel mit einer Lavalampe in niedriger Einstellung. Die Erdwärme bringt die Konvektionslagen langsam dazu, in einem komplexen Muster aufzuquellen und wieder zusammenzusinken, ohne jedoch eine bedeutende Vermischung der Lagen zu verursachen.

logie, die bis dahin nicht miteinander in Beziehung gesetzt wurden. Die verschiedenen Arbeitsgebiete der Geologie sind zusammengeschlossen worden, um das Verständnis für unseren dynamischen Planeten zu erarbeiten. Geologen fanden Erklärungen für die geologische Verteilung von Erdbeben, Vulkanen und Gebirgsgürteln durch das Konstrukt der Plattentektonik. Außerdem fällt es uns nun leichter, zu erklären, wie die Tiere und Pflanzen in der geologischen Vergangenheit verteilt waren und wo sich ökonomisch wichtige Lagerstätten befinden.

Obwohl die Plattentektonik viele geologische Prozesse großen Maßstabs erklären kann, bleiben manche Fragen offen. Das Modell, das 1968 weiterentwickelt wurde, war ein einfaches Gedankengerüst und überließ präzise Forschung der Zukunft. Das Modell wurde kritisch geprüft und das Ursprungsmodell erfuhr Modifizierungen und Erweiterungen, um zu der Theorie zu werden, wie wir sie heute kennen. Die gegenwärtige Theorie wird sicherlich durch weitere Messungen und Beobachtungen weiter ausgefeilt werden. Die Theorie der Plattentektonik ist ein großartiges Werkzeug, aber ein sich noch weiterentwickelndes Modell, um die dynamischen Prozesse der Erde zu erklären.

ZUSAMMENFASSUNG

Im frühen 20. Jahrhundert entwickelte *Alfred Wegener* seine Theorie zur Kontinentaldrift. Eine seiner Grundsatzlehren besagt, dass der Superkontinent *Pangäa* vor 200 Millionen Jahren in kleinere Kontinente zu zerbrechen begann. Die Kontinentfragmente „drifteten" dann zu ihren gegenwärtigen geographischen Positionen. Um die Vermutung zu untermauern, dass die heute getrennten Kontinente einst verbunden waren, nahmen Wegener und auch andere Forscher die zueinander passenden Küstenlinien von Südamerika und Afrika, fossile Überreste, Gesteinsarten und Strukturen und einstige Klimabedingungen zur Hilfe. Der Hauptwiderstand gegen die Kontinentaldrifthypothese erwuchs aus der Unfähigkeit, einen annehmbaren Mechanismus zu finden, warum sich die Kontinente bewegen.

Bei der Erforschung des *Paläomagnetismus* erkannte man später, dass die Kontinente tatsächlich so gewandert sind, wie Wegener es angenommen hatte. 1962 formulierte Harry Hess die Idee der *Ozeanbodenspreizung*. Sie besagt, dass neuer Ozeanboden kontinuierlich an den Mittelozeanischen Rücken gebildet wird und alter, dichter Ozeanboden in den Tiefseegräben versinkt. Die Entdeckung eines magnetischen Streifenmusters mit abwechselnd starker und schwacher Magnetisierung parallel zu Rückenkämmen belegte die Idee der Ozeanbodenspreizung.

Von 1968 an wurden die Theorien zur Kontinentaldrift und zur Ozeanbodenspreizung in einer viel umfassenderen Theorie, der *Plattentektonik*, vereint. Nach dem Modell der Plattentektonik liegt die äußere feste Schale der Erde (*Lithosphäre*) auf einer schwächeren Zone (*Asthenosphäre*). Die Lithosphäre besteht aus sieben großen und zahlreichen kleinen Segmenten, den *Platten*, die ständig in Bewegung sind und kontinuierlich ihre Form und Größe ändern. Deformation tritt meist an ihren Grenzen auf.

Divergente Plattengrenzen liegen zwischen auseinanderdriftenden Platten. Dort wallt Material aus dem Mantel nach oben und bildet neuen Ozeanboden. Viele divergente Plattengrenzen treten entlang von Ozeanrückensystemen auf, verbunden mit einer Ozeanbodenspreizung (Spreizungsrate 2 bis 15 Zentimeter pro Jahr). Neue divergente Plattengrenzen können sich innerhalb eines Kontinents bilden (zum Beispiel der ostafrikanische Grabenbruch). Sie teilen dort die Landmasse und können schließlich zur Entwicklung eines neuen Ozeans führen.

Konvergente Plattengrenzen liegen zwischen Platten, die sich aufeinander zubewegen. Dort wird entlang von Tiefseegräben ozeanische Lithosphäre in den Mantel subduziert. Bei Konvergenz eines ozeanischen und eines kontinentalen Blocks wird ein Teilstück der ozeanischen Platte subduziert und ein *kontinentaler vulkanischer Bogen* (ein Kordillerengebirge) entsteht, wie die Anden in Südamerika. Bei Konvergenz von zwei ozeanischen Platten entsteht ein *vulkanischer Inselbogen*. Treffen zwei Kontinentalplatten aufeinander, werden sie wegen ihres Auftriebs nicht subduziert. Durch die „Kollision" kann sich ein Gebirgsgürtel wie der Himalaya oder die Alpen bilden.

Transformstörungen als Plattengrenzen treten dann auf, wenn zwei Platten aneinander vorbeidriften. Dabei wird Lithosphäre weder gebildet noch zerstört. Die meisten Transformstörungen vereinen zwei Segmente des Mittelozeanischen Rückens. Andere verknüpfen Spreizungszentren mit Subduktionszonen und erleichtern so den Transport von ozeanischer Kruste (die an einem Rückenkamm entstanden ist) zu Tiefseegräben (wo sie zerstört wird). Andere wiederum, wie die San-Andreas-Störung, verlaufen durch Kontinente.

Das Alter und die Mächtigkeit von Sedimenten in den Tiefseebecken, aber auch die Existenz von Inselketten, die über Hot Spots geformt werden, stützen die Theorie der Plattentektonik und liefern Anhaltspunkte für die Richtung der Plattenbewegung.

Drei grundlegende Modelle der Mantelkonvektion werden gegenwärtig ausgewertet. Der Konvektivstrom wird durch verschiedene Mechanismen angetrieben, das sind Plattenzug, Rückenschub und Manteldiapire (Slab

Pull, Ridge Push und Mantle Plumes). Der Plattenzugeffekt tritt dort auf, wo kalte, dichte ozeanische Lithosphäre subduziert wird und die anhängende Lithosphärenplatte mitzieht. Ein Rückenschub entsteht, wenn das topographisch erhöhte Plattenende vom ozeanischen Rücken durch Gravitation quer zum Ozeanischen Rücken abgleitet. Heiße, auftreibende Manteldiapire werden als aufsteigender Ast der Mantelkonvektionen angesehen. Ein Modell schlägt ein Konvektionsgeschehen in zwei bei 660 Kilometer getrennten Lagen des Mantels vor. In einem anderen Modell nimmt man an, dass der gesamte 2.900 Kilometer dicke Mantel durch Konvektion „verrührt" wird. Letztlich existiert noch ein Modell, in dem man sich vorstellt, dass das untere Drittel des Mantels von Konvektion betroffen ist, dort an manchen Stellen allmählich nach oben quillt, an andern wieder nach unten sinkt, ohne jedoch eine bedeutende Vermischung hervorzurufen.

ZUSAMMENFASSUNG

Wiederholungsfragen

1. Wem wird die Hypothese der Kontinentaldrift zugeschrieben?
2. Welcher vermutlich erste Beweis führte zur Annahme, dass die Kontinente einst miteinander verbunden waren?
3. Was war Pangäa?
4. Nennen Sie die Erkenntnisse, die Wegener und seine Befürworter sammelten, um die Hypothese der Kontinentaldrift zu stützen.
5. Erklären Sie, warum die Entdeckung fossiler Überreste von Mesosaurus in Südamerika und Afrika und an keinem anderen Ort die Hypothese der Kontinentaldrift unterstützt.
6. Wie wanderten die Landtiere über große Ozeane aus der Sicht des beginnenden 20. Jahrhunderts?
7. Wie erklärte Wegener, dass die südlichen Landmassen von Gletschern bedeckt waren, während Nordamerika, Europa und Sibirien von tropischen Sümpfen überzogen waren?
8. Erklären Sie, wie Paläomagnetismus verwendet werden kann, um den Breitengrad eines bestimmten Orts in der Vergangenheit zu bestimmen.
9. Was versteht man unter Ozeanbodenspreizung? Welchen Namen nennt man in Zusammenhang mit der Formulierung dieses wichtigen Konzepts? Wo tritt heute aktive Ozeanbodenspreizung auf?
10. Beschreiben Sie, wie Fred Vine und D. H. Matthews Ozeanbodenspreizung und magnetische Umpolung in Zusammenhang brachten.
11. Wo wird die Lithosphäre gebildet/zerstört? Warum müssen die Entstehung und die Zerstörung von Lithosphäre etwa gleich groß sein?
12. Warum wird ozeanische Lithosphäre subduziert, kontinentale dagegen Lithosphäre nicht?
13. Beschreiben Sie kurz, wie der Himalaya gebildet wurde.
14. Unterscheiden Sie zwischen Transformstörungen und den anderen beiden Plattengrenzen.
15. Manche Leute behaupten, Kalifornien werde im Meer versinken. Stimmt diese Aussage mit der Theorie der Plattentektonik überein?
16. Welches Alter haben Sedimente, die bei Tiefseebohrungen gefunden wurden? Wie steht das Alter der Sedimente im Verhältnis zu den ältesten Kontinentalgesteinen?
17. Nimmt man an, dass die Hot Spots ortsgebunden sind, in welcher Richtung hat sich dann die Pazifische Platte bewegt, als Hawaii gebildet wurde?
18. Mit welchen der drei Plattengrenzen sind die folgende Gegenden vergesellschaftet: Himalaya, Aleuten, Rotes Meer, Anden, San Andreas-Störung, Island, Japan, Mount St. Helens?
19. Beschreiben Sie die drei Modelle von der Mantel-Platten-Konvektion. Was fehlt bei jedem der drei Modelle?

Größere Multiple-Choice-Tests zur Wissenskontrolle und Prüfungsvorbereitung sowie weitere Informationen zu diesem Buchkapitel finden Sie auf der Companion Website zum Buch unter **www.pearson-studium.de**

Materie und Minerale

3.1	Minerale: Baueinheiten der Gesteine	85
3.2	Elemente: Baueinheiten der Minerale	88
3.3	Warum gehen Atome Bindungen ein?	90
3.4	Isotopen und radioaktiver Zerfall	92
3.5	Kristalle und Kristallisation	93
3.6	Die physikalischen Eigenschaften der Minerale	100
3.7	Wie erhalten Minerale ihren Namen und ihre Einteilung?	105
3.8	Einteilung (Klassifizierung) der Minerale	106
3.9	Die Silikate	107
3.10	Häufige Silikate	111
3.11	Wichtige Nichtsilikate	114
	Zusammenfassung	117
	Wiederholungsfragen	118

ÜBERBLICK

3

3 Materie und Minerale

Beryllkristall (bläulich-grün), Feldspat (weiß) und Quarz (durchsichtig). (Foto: Jeff Scovil)

Die Erdkruste und die Ozeane bilden die Quellen von nützlichen und wichtigen Mineralen. Das Spektrum der Minerale ist riesig. Die meisten Menschen kennen die gewöhnliche Verwendung vieler einfacher Metalle wie Aluminium für Getränkedosen, Kupfer für elektrische Kabel und Gold und Silber für Schmuck. Manchen Menschen ist es aber nicht bewusst, dass Bleistiftminen aus dem fettig anzufühlenden Mineral Graphit bestehen oder dass Badepuder und viele Kosmetikartikel das Mineral Talk enthalten. Viele wissen auch nicht, dass die Bohrer beim Zahnarzt mit Diamanten bestückt sind, damit er durch den Zahnschmelz bohren kann, oder dass aus dem gewöhnlichen Mineral Quarz Silikon für Computerchips hergestellt wird. Tatsächlich enthält praktisch jedes erzeugte Produkt einen Stoff, der von Mineralen stammt. Da die Nachfrage nach Mineralen in der modernen Gesellschaft zunimmt, wächst auch die Notwendigkeit für immer neuen Nachschub an brauchbaren Mineralen, was eine wachsende Herausforderung darstellt.

Neben der wirtschaftlichen Verwendung von Gesteinen und Mineralen sind die Eigenschaften dieser Grundbausteine der Erde bedeutsam für Prozesse, die von Geowissenschaftlern untersucht werden. An Ereignissen wie Vulkanausbrüche, Gebirgsbildung, Verwitterung und Erosion und sogar bei Erdbeben sind Gesteine und Minerale beteiligt. Folglich muss man die Materie auf der Erde kennen, um ein grundlegendes Verständnis für alle geologischen Phänomene zu erlangen.

3.1 Minerale: Baueinheiten der Gesteine

Abbildung 3.1: Die Krone von England, gefertigt aus purem Gold und mit 444 Edelsteinen besetzt. Sie ist als die St. Edwards-Krone bekannt; die Edelsteine wurden 1911 neu eingesetzt. (Foto: Tim Graham / Getty Images)

Minerale: Baueinheiten der Gesteine 3.1

Wir beginnen unsere Diskussion mit einem Überblick über die **Mineralogie** (Wissenschaft der Minerale), da die Minerale die Baueinheiten von Gesteinen sind. Minerale werden von Menschen seit Tausenden von Jahren im täglichen Gebrauch und für dekorative Zwecke verwendet (▶ Abbildung 3.1). Die ersten geförderten Minerale waren aus feinkristallinem Quarz bestehende Feuersteine (Flint) und Hornsteine (Kieselschiefer), die zu Schneidewerkzeugen und Waffen verarbeitet wurden. Schon 3700 v. Chr. betrieben die Ägypter Gold-, Silber- und Kupferbergbau und um das Jahr 2200 v. Chr. lernten die Menschen, aus Kupfer und Zinn Bronze herzustellen, eine harte und dauerhafte Legierung. Das Bronzezeitalter erlebte seinen Niedergang, als man lernte, Eisen aus Mineralen wie Hämatit zu extrahieren. Um 800 v. Chr. war die Technologie zur Bearbeitung von Eisen so weit fortgeschritten, dass Waffen und viele Dinge des täglichen Gebrauchs daraus hergestellt wurden, anstatt Kupfer, Bronze oder Holz zu verwenden. Während des Mittelalters war der Abbau von vielen Mineralen in Europa weit verbreitet und daraus erwuchs das Bedürfnis, die Minerale genau zu erforschen.

Die Bezeichnung *Mineral* wird auf unterschiedlichste Weise benutzt. Zum Beispiel rühmen diejenigen, welchen Gesundheit und Fitness wichtig sind, den Nutzen von Vitaminen und Mineralen. Die Bergbauindustrie gebraucht das Wort typischerweise für alles, was dem Boden entnommen werden kann, wie Kohle, Sand oder Kies. Das Fragespiel „*20 Fragen*" beginnt mit der Frage *Ist es ein Tier, eine Pflanze oder ein Mineral?* Nach welchen Kriterien beurteilen Geologen, wann etwas ein Mineral ist?

Geologen definieren ein Mineral als *jede natürlich vorkommende, feste Substanz, die eine geordnete kristalline Struktur und eine genau definierte chemische Zusammensetzung besitzt.* Demzufolge klassifiziert man alle Stoffe der Erde als Minerale, die folgende Charakteristika aufweisen:

1. **Natürliches Vorkommen.** Minerale entstehen bei natürlichen, geologischen Prozessen. Konsequenterweise werden synthetische Diamanten und Rubine sowie eine Reihe anderer Gebrauchsmaterialien, die im Labor hergestellt werden, nicht als Minerale betrachtet.
2. **Feststoffe.** Minerale sind Feststoffe innerhalb des auf der Erdoberfläche auftretenden Temperaturspektrums. So wird Eis (gefrorenes Wasser) als ein Mineral bezeichnet, flüssiges Wasser oder Wasserdampf dagegen nicht.
3. **Geordnete Kristallstruktur.** Minerale sind kristalline Substanzen, was bedeutet, dass ihre Atome in einer bestimmten, sich wiederholenden Ordnung ausgerichtet sind. Diese geordnete Atompackung wird Raumgitter genannt und spiegelt sich in den typischen Formen der Kristalle wider (▶ Abbildung 3.2). Einige natürlich vorkommende Festkörper wie beispielsweise vulkanisches Glas (Obsidian) haben keine sich wiederholende Atomstruktur und werden nicht als Minerale betrachtet.
4. **Fest definierte chemische Zusammensetzung.** Die meisten Minerale sind chemische Verbindungen, deren chemische Zusammensetzung durch ihre chemische Formel bestimmt wird. Beim Mineral Pyrit (FeS_2) zum Beispiel verbindet sich jedes Eisenatom (Fe) mit je zwei Schwefelatomen (S). In der Natur kann es jedoch vorkommen, dass ein Atom durch andere Atome gleicher Größe ersetzt wird, ohne dass dadurch die innere Struktur oder die Eigenschaften eines Minerals verändert werden. Deswegen kann die chemische Zusammensetzung eines Minerals variieren; aber sie variiert nur innerhalb bestimmter, fest definierter Grenzen.
5. **Meistens anorganisch.** Anorganische, kristalline Feststoffe, die natürlich im Boden vorkommen, wie beispielsweise gewöhnliches Speisesalz (Halit), bezeichnet man als Minerale. Zucker ist ein kristalliner Feststoff genauso wie Salz. Er wird aber aus Zuckerrohr oder Zuckerrüben gewonnen und ist eine organische Verbindung. Viele Meeresorganismen scheiden anorganische Substanzen aus. Eine wesentliche davon ist Calciumcarbonat (Calcit), das in Form von Schalen und Korallenriffen vorkommt. Von den meisten Geologen werden diese Materialien als Minerale anerkannt.

Im Gegensatz zu Mineralen ist die Definition von Gesteinen viel weiter gefasst. Als **Gestein** bezeichnet man jede feste Masse aus Mineralien aufgebauter oder mineralähnlicher Materie, die natürlich auf unserem Planeten vorkommt. Manche Gesteine sind fast vollständig aus nur einer Mineralart zusammengesetzt. Ein weit verbreitetes Beispiel ist *Kalkstein*, ein Sedimentgestein, das im Wesentlichen nur aus dem Mineral Calcit besteht. Die meisten Gesteine allerdings, wie beispielsweise gewöhnlicher Granit (▶ Abbildung 3.3),

Abbildung 3.2: Eine Sammlung schön ausgeprägter Quarzkristalle; Fundort in der Nähe von Hot Springs, Arkansas (Foto: Jeff Scovil)

3.1 Minerale: Baueinheiten der Gesteine

sind *Aggregate* (Gemenge) von mehreren verschiedenen Mineralen. Mit der Bezeichnung Aggregat soll hier ausgedrückt werden, dass alle im Gestein vorkommenden Minerale so miteinander verbunden sind, dass jedes Mineral seine Eigenschaften beibehält. Sie sehen in Abbildung 3.3, dass Sie die Mineralkomponenten von Granit leicht identifizieren können.

Einige Gesteine setzen sich aus nicht mineralischer Materie zusammen. Dazu gehören *Obsidian* und *Bimsstein*, die beide aus nicht kristallinen (amorphen) Substanzen bestehen, und *Kohle*, die aus verfestigtem organischen Ablagerungen aufgebaut ist (▶siehe Exkurs 3.1).

Obwohl dieses Kapitel hauptsächlich von den Eigenschaften der Minerale handelt, sollten wir uns merken, dass die meisten Gesteine einfach nur Aggregate von Mineralen sind. Da Gesteine im Wesentlichen durch ihre chemische Zusammensetzung und die kristalline Struktur der darin enthaltenen Minerale definiert werden, befassen wir uns zuerst mit dieser Materie. Etwas später, in Kapitel 4, 7 und 8, werden wir uns die Hauptgesteinsgruppen der Erde näher ansehen.

> ### Studenten fragen manchmal …
>
> **Sind die Minerale, von denen Sie in der Vorlesung sprechen, die gleichen wie die in Nahrungsergänzungsmitteln?**
>
> Normalerweise nicht. Aus geologischer Sicht sollte ein Mineral ein *natürlich vorkommender* kristalliner Feststoff sein. Minerale in Nahrungsergänzungsmitteln sind künstlich hergestellte, anorganische Beimengungen, die lebensnotwendige *Elemente* enthalten. Diese diätetischen Minerale enthalten typischerweise Metallelemente – Calcium, Kalium, Phosphor, Magnesium und Eisen – sowie Spurenelemente wie Kupfer, Nickel und Vanadium. Obwohl die beiden Arten von „Mineralen" unterschiedlich sind, haben sie auch eine Gemeinsamkeit: Die Quelle zur Herstellung der Elemente sind tatsächlich natürlich vorkommende Minerale aus der Erdkruste. Man sollte sich merken, dass Vitamine *organische Verbindungen* sind, die von Lebewesen produziert werden, und keinesfalls *anorganische Verbindungen* wie die Minerale.

Abbildung 3.3: Die meisten Gesteine sind Gemenge aus zwei oder mehr Mineralen.

3 Materie und Minerale

EXKURS 3.1 – MENSCH UND UMWELT
■ Glasverarbeitung aus Mineralen

Viele Gegenstände des täglichen Gebrauchs sind aus Glas, wie zum Beispiel Fensterscheiben, Einweckgläser, Flaschen und die optischen Gläser mancher Brillen. Die Menschheit stellt seit mindestens 2.000 Jahren Glas her. Dazu werden natürlich vorkommende Stoffe geschmolzen. Die entstandene Flüssigkeit wird dann schnell abgekühlt, damit den Atomen keine Zeit bleibt, wieder in ihrer geordneten Struktur zu kristallisieren. Auf gleiche Weise entsteht natürliches Glas (Obsidian) aus Lava.

Man kann aus verschiedenen Materialien Glas herstellen, doch der Hauptinhaltsstoff (75 Prozent) von kommerziell hergestelltem Glas ist das Mineral Quarz (SiO_2). Es werden noch geringe Mengen an Calcit (Calciumcarbonat) und Soda (Natriumcarbonat, „Natron") oder Pottasche (Kaliumcarbonat) hinzugefügt. Dadurch wird die Schmelztemperatur von etwa 1.700°C des reinen Quarzes auf unter 1.500°C gesenkt, was die Bearbeitung des geschmolzenen Glas erleichtert. In vielen Gegenden der Welt sind qualitativ hochwertiger Quarz (normalerweise Quarzsandstein) und Calcit (Kalkstein) jederzeit verfügbar. Soda und Pottasche dagegen sind seltener und werden heute fast ausschließlich synthetisch hergestellt.

Glashersteller können durch die Zugabe geringer Mengen anderer Stoffe (▶ Abbildung 3.A) die Eigenschaften von Glas verändern. Als Farbzusätze werden Eisensulfid (gelb-braun), Selen (pink), Kobaltoxid (blau) und Eisenoxide (grün, gelb, braun) verwendet. Der Zusatz von Blei macht das Glas klar und funkelnd und wird deswegen zur Herstellung edler Glaskristallware verwendet. Ofengeschirr wie zum Beispiel Pyrex® hält durch den Zusatz von Bor großer Hitze stand und Aluminium macht Glas widerstandsfähig gegen Witterungseinflüsse.

Abbildung 3.A: Zur Herstellung von Glasflaschen füllt man geschmolzenes Glas in Gussformen. Durch einwirkenden Luftdruck nimmt das Glas die Gestalt der Gussform an. Metallbeimischungen werden dem Rohmaterial zugefügt, um das Glas zu färben. (Foto: Guy Ryecart)

3.2 Elemente: Baueinheiten der Minerale

Sie kennen vermutlich die Namen vieler Elemente, beispielsweise Kupfer, Eisen, Sauerstoff und Kohlenstoff. Ein **Element** ist eine Substanz, die weder chemisch noch physikalisch weiter in noch einfachere Substanzen zerlegt werden kann. Es gibt 92 natürlich vorkommende Elemente und folglich 92 verschiedene Atomtypen. Zusätzlich konnten bereits 23 synthetische Elemente (Transurane) hergestellt werden.

Die Elemente werden in Reihen (Perioden) geordnet, so dass die Elemente mit ähnlichen Eigenschaften in der gleichen Spalte (Gruppe) stehen. Diese Aufstellung nennt man **Periodensystem** (▶ Abbildung 3.4 zeigt das Langperiodensystem). Sie sehen, dass Symbole ver-

3.2 Elemente: Baueinheiten der Minerale

Hauptgruppen																	Hauptgruppen
1A[1] / 1																	8A / 18
1 H 1,00794	2A / 2											3A / 13	4A / 14	5A / 15	6A / 16	7A / 17	2 He 4,002602
3 Li 6,941	4 Be 9,012182				Übergangsmetalle							5 B 10,811	6 C 12,0107	7 N 14,0067	8 O 15,9994	9 F 18,998403	10 Ne 20,1797
11 Na 22,989770	12 Mg 24,3050	3B / 3	4B / 4	5B / 5	6B / 6	7B / 7	8B / 8	8B / 9	8B / 10	1B / 11	2B / 12	13 Al 26,981538	14 Si 28,0855	15 P 30,973761	16 S 32,065	17 Cl 35,453	18 Ar 39,948
19 K 39,0983	20 Ca 40,078	21 Sc 44,955910	22 Ti 47,867	23 V 50,9415	24 Cr 51,9961	25 Mn 54,938049	26 Fe 55,845	27 Co 58,933200	28 Ni 58,6934	29 Cu 63,546	30 Zn 65,39	31 Ga 69,723	32 Ge 72,64	33 As 74,92160	34 Se 78,96	35 Br 79,904	36 Kr 83,80
37 Rb 85,4678	38 Sr 87,62	39 Y 88,90585	40 Zr 91,224	41 Nb 92,90638	42 Mo 95,94	43 Tc [98]	44 Ru 101,07	45 Rh 102,90550	46 Pd 106,42	47 Ag 107,8682	48 Cd 112,411	49 In 114,818	50 Sn 118,710	51 Sb 121,760	52 Te 127,60	53 I 126,90447	54 Xe 131,293
55 Cs 132,90545	56 Ba 137,327	57 La 138,9055	72 Hf 178,49	73 Ta 180,9479	74 W 183,84	75 Re 186,207	76 Os 190,23	77 Ir 192,217	78 Pt 195,078	79 Au 196,96655	80 Hg 200,59	81 Tl 204,3833	82 Pb 207,2	83 Bi 208,98038	84 Po [208,98]	85 At [209,99]	86 Rn [222,02]
87 Fr [223,02]	88 Ra [226,03]	89 Ac [227,03]	104 Rf [261,11]	105 Db [262,11]	106 Sg [266,12]	107 Bh [264,12]	108 Hs [269,13]	109 Mt [268,14]	110 Ds [271,15]	111 Rg [272,15]	112 [277]	113 [284]	114 [289]	115 [288]	116 [292]		

	58	59	60	61	62	63	64	65	66	67	68	69	70	71
*Lanthanoide	Ce 140,116	Pr 140,90765	Nd 144,24	Pm [145]	Sm 150,36	Eu 151,964	Gd 157,25	Tb 158,92534	Dy 162,50	Ho 164,93032	Er 167,259	Tm 168,93421	Yb 173,04	Lu 174,57
	90	91	92	93	94	95	96	97	98	99	100	101	102	103
†Actinoide	Th 232,0381	Pa 231,03588	U 238,02891	Np [237,05]	Pu [244,06]	Am [243,06]	Cm [247,07]	Bk [247,07]	Cf [251,08]	Es [252,08]	Fm [257,10]	Md [258,10]	No [259,10]	Lr [262,110]

[1] Bei den oben stehenden Bezeichnungen (1A, 2A, usw.) handelt es sich um die in den USA allgemein gebräuchlichen Bezeichnungen der Gruppen. Die unten stehenden Bezeichnungen (1, 2, usw.) sind die IUPAC-Bezeichnungen. Die Abkürzung IUPAC steht dabei für International Union of Pure and Applied Chemistry.
Der Nachweis der Elemente 112–116 ist offenbar in manchen Fällen umstritten.
Die bei radioaktiven Elementen in Klammern angegebenen Atommassen beziehen sich auf das langlebigste oder das wichtigste Isotop. Weitere Informationen finden Sie unter http://www.webelements.com.
Die Herstellung des Elements 116 wurde im Mai 1999 vom Lawrence Berkeley National Laboratory berichtet.

Abbildung 3.4: Periodensystem der Elemente.

wendet werden, um ein Element schnell darzustellen. Ein Element erkennt man auch durch seine Ordnungszahl (Atomzahl, Protonenzahl oder Kernladungszahl), die über dem Symbol im Periodensystem steht.

Manche Elemente wie Kupfer (Nummer 29) und Gold (Nummer 79) kommen in der Natur mit einzelnen Atomen als kleinster Einheit vor. So bestehen gediegen Kupfer und gediegen Gold vollständig aus einem Element. Manche Elemente sind sehr reaktionsfreudig und schließen sich mit Atomen eines anderen Elements oder mehrerer anderer Elemente zusammen und bilden **chemische Verbindungen**. Deswegen bestehen die meisten Minerale aus chemischen Verbindungen mit einem Element oder mehreren verschiedenen Elementen.

Um verstehen zu können, wie sich Elemente zusammenschließen, um Verbindungen zu bilden, müssen wir zunächst ein Atom betrachten. Ein Atom (a = nicht, tomos = schneiden) ist die kleinste Einheit der Materie, die die grundlegenden Eigenschaften eines Elements enthält. Es ist dieser extrem kleine Baustein, der die Verbindungen eingeht.

Im Zentrum des Atoms befindet sich der **Atomkern**. Der Atomkern enthält Protonen und Neutronen. **Protonen** sind sehr dichte, elektrisch positiv geladene Einheiten. **Neutronen** besitzen etwa dieselbe Masse wie die Protonen, sind aber ohne elektrische Ladung.

Den Atomkern umkreisen **Elektronen**, die elektrisch negativ geladen sind. Zur Veranschaulichung lässt sich der Atomkern als Diagramm darstellen, das zeigt, dass die Elektronen um den Atomkern wie die Planeten um die Sonne kreisen (▶Abbildung 3.5A). Die Elektronen bewegen sich in einer weniger vorhersagbaren Weise als die Planeten mit dem Ergebnis, dass sie eine kugelförmige, negativ geladene Zone um den Atomkern bilden. Ein viel realistischeres Bild von der Bewegung der Elektronen bekommt man, wenn man sich eine Wolke mit negativ geladenen Elektronen vorstellt, die den Atomkern umgibt (▶Abbildung 3.5B).

Durch Beobachtungen der Elektronenkonfigurationen kann man vorhersagen, dass sich einzelne Elektronen innerhalb einer Zone um den Atomkern bewegen, die **innere Schalen** (K-, L-Schalen) oder **Energieebenen** genannt wird. Jede dieser Schalen kann eine bestimmte Anzahl an Elektronen aufnehmen. Auf der äußersten Hauptschale befinden sich die Valenzelektronen. Wie Sie später sehen werden, kommt den Valenzelektronen eine besondere Bedeutung bei der Bildung chemischer Verbindungen zu.

Manche Atome besitzen nur ein einziges Proton in ihrem Atomkern, während andere Atome mehr als hundert Protonen haben. Die Anzahl der Protonen im Kern eines Atoms nennt man **Ordnungszahl**. Zum Beispiel sind alle Atome mit sechs Protonen Kohlenstoffatome; demzufolge hat Kohlenstoff die Ordnungszahl 6. Das Gleiche gilt für jedes andere Atom; so ist jedes Atom mit acht Protonen ein Sauerstoffatom.

Atome in ihrem natürlichen Zustand besitzen die gleiche Anzahl an Elektronen und Protonen, das heißt, die Ordnungszahl entspricht der Anzahl der Elektronen, die um den Atomkern kreisen. So hat Kohlenstoff sechs Elektronen, um seinen sechs Protonen zu entsprechen, während Sauerstoff über acht Elektronen verfügt, um seinen acht Protonen zu entsprechen. Neutronen besitzen keine elektrische Ladung, somit wird die positive Ladung der Protonen durch die negative Ladung der Elektronen ausgeglichen. Folglich haben Atome in ihrem natürlichen Zustand keine elektrische Ladung; sie sind elektrisch neutral.

Warum gehen Atome Bindungen ein? 3.3

Warum gehen Elemente Verbindungen ein? Experimente haben gezeigt, dass elektrische Kräfte die Atome zusammenhalten. Man weiß auch, dass chemische Bindungen durch Veränderungen in der Elektronenkonfiguration entstehen. Wie wir vorher schon angemerkt haben, sind es die Valenzelektronen (Elektronen der äußeren Schale), die normalerweise an chemischen Bindungen beteiligt sind. ▶Abbildung 3.6 zeigt eine vereinfachte Darstellung der Elektronenzahl in der äußeren Hauptschale (Valenzelektronen). Sie sehen, die Elemente der Gruppe I haben ein Valenzelektron, die Elemente der Gruppe II haben zwei Valenzelektronen und so weiter bis zur Gruppe VIII mit acht Valenzelektronen.

Anders als bei der ersten Schale, auf die zwei Elektronen passen, tritt eine stabile Konfiguration auf, wenn eine Schale acht Elektronen enthält. Nur die Edelgase wie Neon und Argon haben eine voll besetzte äußere Hauptschale. Deswegen sind Edelgase chemisch am wenigsten reaktionsfreudig und werden als „inert" (träge) bezeichnet.

Besitzt die äußere Schale eines Atoms nicht die maximale Elektronenzahl (acht), ist es sehr wahrscheinlich, dass das Atom eine Bindung mit einem anderen oder mehreren anderen Atomen eingeht. Erfolgt dabei eine Übertragung von Elektronen, spricht man von einer *Ionenbindung*, werden Elektronen gemeinsam „verwendet", bezeichnet man das als *kovalente*

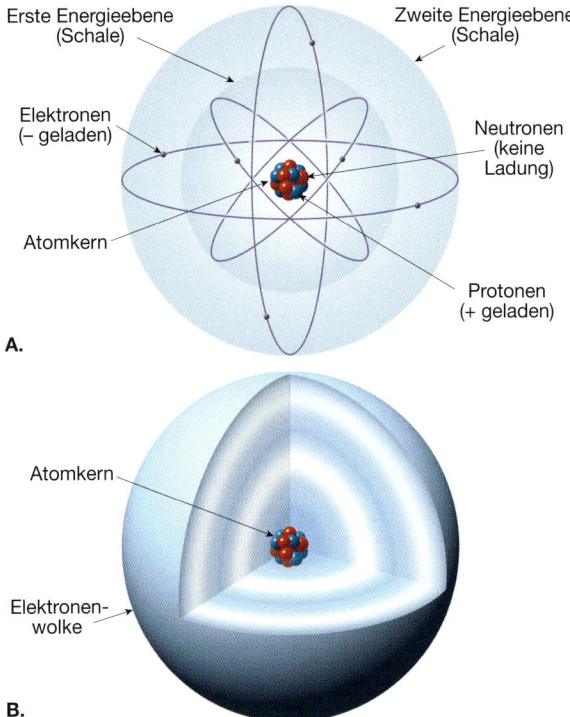

Abbildung 3.5: Zwei Atommodelle. **A.** Eine sehr vereinfachte Abbildung eines Atoms. Der Atomkern, bestehend aus Protonen und Neutronen, befindet sich im Zentrum und wird von Elektronen mit hoher Geschwindigkeit umkreist. **B.** Ein anderes Atommodell zeigt sphärisch angeordnete Elektronenwolken (Energieschalen). Sie erkennen, dass diese Modelle nicht maßstabsgetreu sind. Elektronen sind im Vergleich zu Protonen und Neutronen winzig; der relative Abstand zwischen dem Atomkern und den Elektronenschalen ist viel größer als dargestellt.

Elektronpunktdiagramm einiger häufiger Elemente							
I	II	III	IV	V	VI	VII	VIII
H•							He:
Li•	•Be•	•B•	•C•	•N•	•O:	:F:	:Ne:
Na•	•Mg•	•Al•	•Si•	•P•	•S:	:Cl:	:Ar:
K•	•Ca•	•Ga•	•Ge•	•As•	•Se:	:Br:	:Kr:

Abbildung 3.6: Punktediagramm für einige wichtige Elemente. Jeder Punkt stellt ein Valenzelektron dar, das sich auf der äußeren Hauptschale befindet.

Bindung (Atombindung, homöoplare Bindung, Elektronenpaarbindung). In beiden Fällen erhält die Atombindung eine stabile Elektronenkonfiguration mit acht Elektronen auf der äußeren Hülle.

3.3.1 Ionenbindung: Elektronen werden übertragen

Es ist am einfachsten, sich eine **Ionenbindung** vorzustellen. Bei einer Ionenbindung kommt es zur Übertragung von einem oder mehreren Elektronen von einem Atom zum anderen. Ein Atom gibt sein Valenzelektron an das andere ab und das benutzt das Elektron, um seine äußere Schale zu vervollständigen. Ein weit verbreitetes Beispiel einer Ionenbindung ist die Verbindung von Natrium (Na) und Chlor (Cl) zu Natriumchlorid (gewöhnliches Speisesalz), wie in ▶Abbildung 3.7A dargestellt. Beachten Sie, dass Natrium sein einziges Valenzelektron an Chlor abgibt. Dadurch erzielt Natrium eine stabile Elektronenkonfiguration mit acht Elektronen in seiner äußersten Hülle. Chlor nimmt das von Natrium abgegebene Elektron auf und vervollständigt damit seine äußerste Schale, die sieben Valenzelektronen enthält, zu acht Elektronen. So erhalten beide, Natrium und Chlor, durch die Übertragung eines einzigen Elektrons eine stabile Konfiguration.

Sobald ein Elektron übertragen wird, sind Atome nicht mehr elektrisch neutral. Das neutrale Natriumatom, das ein Elektron abgibt, wird *positiv geladen* (11 Protonen/10 Elektronen). Ähnlich wird das neutrale Chloratom durch die Aufnahme eines Elektrons *negativ geladen* (17 Protonen/18 Elektronen). Atome, die aufgrund ihrer ungleichen Anzahl an Elektronen und Protonen eine elektrische Ladung besitzen, nennt man **Ionen**. Atome, die ein zusätzliches Elektron aufnehmen und negativ geladen werden, bezeichnet man als **Anionen**. Dagegen nennt man Atome, die ein Elektron abgeben und positiv geladen werden, **Kationen**.

Wir wissen, dass sich Ionen gleicher Ladung abstoßen, während sich Ionen ungleicher Ladung anziehen. In einer Ionenbindung ziehen sich gegensätzlich geladene Ionen an und eine neutrale Verbindung entsteht. ▶Abbildung 3.7B zeigt die Anordnung von Natrium- und Chlorionen in gewöhnlichem Speisesalz. Sie sehen, Speisesalz ist aus abwechselnd Natrium- und Chlorionen aufgebaut, und zwar so, dass jedes positive Ion von einem negativen Ion angezogen wird und von allen Seiten von negativen Ionen umringt wird und

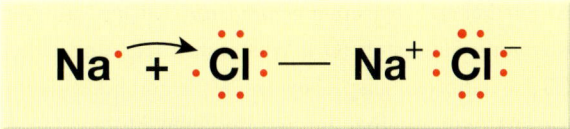

A.

B.

Abbildung 3.7: Die chemische Bindung von Natriumchlorid (Speisesalz). **A.** Durch die Übertragung eines Elektrons aus der äußeren Schale von Natrium zur äußeren Schale von Chlor wird Natrium ein positiv geladenes Ion (Kation) und Chlor ein negativ geladenes Ion (Anion). **B.** Das Diagramm veranschaulicht die Anordnung von Natrium- und Chlorionen in Tafelsalz.

umgekehrt. Durch diese Anordnung wird die Anziehung zwischen Ionen ungleicher Ladung maximiert und die Abstoßung von gleicher Ladung minimiert. Dementsprechend *besitzen Ionenbindungen eine regelmäßige Anordnung von gegensätzlich geladenen Ionen in einem definierten Verhältnis (Ionengitter), so dass elektrische Neutralität gegeben ist.*

Die Eigenschaften einer chemischen Verbindung unterscheiden sich ganz wesentlich von den Eigenschaften der Elemente, aus welchen sie gebildet wird. Zum Beispiel ist Natrium ein weiches, silberfarbenes Metall, das sehr reaktionsfreudig und giftig ist. Würden Sie nur eine kleine Menge elementares Natrium zu sich nehmen, müssten Sie sofort zum Notarzt. Chlor, ein grünes giftiges Gas, wurde wegen seiner Giftigkeit im ersten Weltkrieg als chemische Waffe eingesetzt. Diese beiden Elemente bilden zusammen Natriumchlorid, einen harmlosen Geschmacksverstärker, den wir als Speisesalz bezeichnen. Wenn sich Elemente miteinander verknüpfen, um Verbindungen zu bilden, verändern sich ihre Eigenschaften ganz wesentlich.

3.3.2 Kovalente Bindungen: Gemeinsame Elektronen

Nicht alle Elemente gehen Bindungen ein, indem sie Elektronen übertragen und zu Ionen werden. Manche

Atome haben Elektronen *gemeinsam*. Die gasförmigen Elemente Sauerstoff (O_2), Wasserstoff (H_2) und Chlor (Cl_2) existieren beispielsweise als stabile Moleküle, die aus zwei miteinander verbundenen Atomen bestehen, ohne dass dabei ein Elektronentransfer erfolgt.

▶ Abbildung 3.8 zeigt das gemeinsame Elektronenpaar zwischen Chloratomen, um ein Molekül Chlorgas (Cl_2) zu bilden. Durch die Überlappung ihrer äußersten Schale „verwenden" die Chloratome ein Elektronenpaar gemeinsam. So hat jedes Chloratom durch gegenseitige Beeinflussung das achte Elektron bekommen, das es benötigt, um seine äußere Schale zu vervollständigen. Die Verbindung, die durch ein gemeinsames Elektronenpaar (bindendes Elektronenpaar) gebildet wird, nennt man **kovalente Bindung**.

Eine Analogie könnte Ihnen helfen, sich eine kovalente Bindung vorzustellen. Stellen Sie sich zwei Menschen vor, die getrennt voneinander sitzend jeweils am anderen Ende eines dämmrigen Raums unter einer Leselampe lesen. Indem sie die Lampen zur Mitte des Raums rücken, führen sie ihre Lichtquellen zusammen und können so bei hellerem Licht besser lesen. So wie die überlappenden Lichtscheine der Lampen miteinander vereint sind, so sind die gemeinsamen Elektronenpaare, die für die elektrische Verkettung sorgen, nicht voneinander differenzierbar. Die am häufigsten vorkommende Mineralgruppe, die Silikate, enthalten

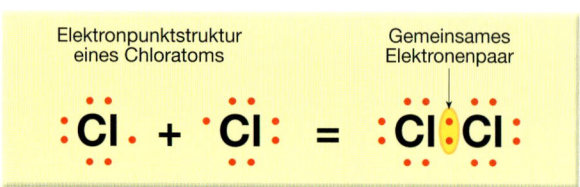

Abbildung 3.8: Das Punktdiagramm zeigt die gemeinsamen Elektronen zwischen zwei Chloratomen, um ein Chlormolekül zu bilden. Durch die gemeinsame Verwendung eines Elektronenpaars erreichen beide Chloratome eine vollbesetzte äußere Schale mit acht Elektronen.

das Element Silizium, das mit Sauerstoff leicht kovalente Verbindungen eingeht.

3.3.3 Andere Bindungen

Wie Sie wahrscheinlich vermuten, sind viele chemische Bindungen Mischformen (Hybridbindungen). Zu einem gewissen Prozentsatz haben sie gemeinsame Elektronen wie in kovalenten Bindungen, zum anderen werden Elektronen übertragen wie in Ionenbindungen. Beispielsweise bestehen Silikatminerale aus Bindungen von Silizium und Sauerstoffatomen, die beide Bindungstypen, die kovalente Bindung und die Ionenbindung, aufweisen. Diese Grundbaueinheiten sind wiederum mit einer Ionenbindung an Metallionen gebunden, wodurch ein großes Spektrum an elektrisch neutralen, chemischen Verbindungen entsteht.

Eine weitere Art chemischer Bindung entsteht, wenn Metallatome Elektronen abgeben (sogenannte Valenzelektronen) und positiv geladene „Atomrümpfe" zurückbleiben, die sich zu einem Raumgitter verbinden. Die in diesem Gitter frei beweglichen Valenzelektronen wandern von einem zum anderen Ion hin und her und bewirken einen elektrostatischen Zusammenhalt, sie wirken wie Klebstoff für die Atomrümpfe. Man nennt diese Bindungsart **Metallbindung**. Sie ist in Metallen wie Kupfer, Gold, Aluminium und Silber vorzufinden. Die frei beweglichen Elektronen sind für die hohe Leitfähigkeit der Metalle, ihre leichte Verformbarkeit und zahlreiche andere besondere Eigenschaften der Metalle verantwortlich.

3.4 Isotopen und radioaktiver Zerfall

Subatomare Teilchen sind so unglaublich klein, dass eine spezielle Einheit, die *atomare Masseneinheit*,

---

Studenten fragen manchmal …

Was bedeutet Karat?

Mit der Bezeichnung Karat wird die Reinheit von Gold bewertet, wobei 24 Karat reines Gold (Feingold) bezeichnet. Gold, das weniger als 24 Karat besitzt, besteht aus einer Legierung (Mischung) aus Gold und anderen Metallen, meist Kupfer oder Silber. Zum Beispiel enthält 14 Karat Gold 14 Gewichtsanteile Gold und 10 Gewichtsanteile anderer Metalle.

Des Weiteren wird Karat als Gewichtseinheit für Edelsteine wie Diamanten, Smaragde und Rubine verwendet. Die Größe eines Karat hat sich im Laufe der Vergangenheit verändert. Zu Beginn des 20. Jahrhunderts wurde ein Standard von 200 Milligramm (0,2 Gramm oder 0,7 Unzen) festgelegt. Ein typischer Diamantring für eine Verlobung hat beispielsweise zwischen einem halben und einem Karat. Der berühmte „Hope Diamond" am Smithsonian Institute besitzt 45,52 Karat.

zur Bezeichnung ihres Gewichts festgelegt wurde. Ein Proton oder ein Neutron besitzt eine Masse, die nur unwesentlich über der atomaren Masseneinheit liegt. Ein Elektron dagegen besitzt nur ein Zweitausendstel der atomaren Masseneinheit. Deswegen tragen Elektronen nicht wesentlich zum Gewicht eines Atoms bei, obwohl sie maßgeblich an chemischen Reaktionen beteiligt sind.

Die **Massenzahl** eines Atoms gibt einfach nur die Summe seiner Neutronen und Protonen an. Atome desselben Elements besitzen immer die gleiche Anzahl an Protonen. Die Anzahl der Neutronen für Atome eines Elements kann jedoch variieren. Atome mit der gleicher Protonenzahl, aber unterschiedlicher Neutronenzahl sind die **Isotopen** des Elements. Isotopen desselben Elements werden gekennzeichnet, indem man die Massenzahl nach dem Namen oder Symbol des Elements angibt.

Beispielsweise hat Kohlenstoff drei bekannte Isotope, eines mit der Massenzahl 12 (Kohlenstoff 12), eines mit der Massenzahl 13 (Kohlenstoff 13) und das dritte mit der Massenzahl 14 (Kohlenstoff 14). Da alle Atome von demselben Element stammen, besitzen sie alle die gleiche Protonenzahl, also sechs für Kohlenstoff. Dazu kommen bei Kohlenstoff 12 *sechs Neutronen*, was eine Massenzahl von 12 ergibt. In gleicher Weise besteht Kohlenstoff 14 aus sechs Protonen und *acht Neutronen*, was eine Massenzahl von 14 ergibt.

Alle Isotope eines Elements verhalten sich chemisch beinahe identisch. Sie zu unterscheiden, entspricht der Unterscheidung von eineiigen Zwillingen, von denen einer etwas schwerer ist. Da Isotope eines Minerals sich chemisch gleich verhalten, können verschiedene Isotope eines Elements in einem Mineral eingebaut sein. Calcit beispielsweise wird durch Kohlenstoff und Sauerstoff gebildet; dabei sind manche Kohlenstoffatome Kohlenstoff 12 und manche Kohlenstoff 14.

Die Atomkerne der meisten Atome sind stabil. Doch es gibt auch Elemente mit Isotopen, deren Atomkerne nicht stabil sind. „Instabil" bedeutet, dass diese Isotope durch einen Prozess auseinanderbrechen, den sogenannten **radioaktiven Zerfall**. Zum radioaktiven Zerfall kommt es, wenn die Bindungskräfte im Atomkern nicht stark genug sind.

Bei radioaktivem Zerfall strahlen instabile Atome Energie ab und emittieren Teilchen. Ein Teil dieser Energie treibt die Bewegung der Erdkruste und des oberen Mantels an. Die Zerfallsrate der instabilen Atome ist messbar. Aus diesem Grund kann das Alter von Fossilien, Gesteinen und Mineralen bestimmt werden. Über radioaktiven Zerfall und seine Anwendung für die Datierung geologischer Ereignisse wird in Kapitel 9 diskutiert.

3.5 Kristalle und Kristallisation

Manche verbinden das Wort Kristall gedanklich mit teuren Wasser- oder Weingläsern oder auch mit Glasgegenständen mit glatter Oberfläche und edelsteinähnlicher Form. Mineralogen dagegen verwenden die Bezeichnung Kristall oder kristallin in Zusammenhang mit *jedem natürlichen Festkörper, der eine geordnete, sich wiederholende Atomstruktur besitzt*. Nach dieser Definition müssen Kristalle keine glatte Oberfläche besitzen. Das in Abbildung 3.2 gezeigte Exemplar weist beispielsweise die charakteristische Kristallform auf, die wir mit dem Mineral Quarz assoziieren – eine sechsseitige prismatische Ausprägung mit pyramidenförmigen Spitzen. Dagegen weist der Quarzkristall aus dem Granitprobenstück in Abbildung 3.3 keine deutlich definierten Kristallflächen auf. Kristalle, die eine perfekte geometrische Ausprägung ihrer Flächen haben, bezeichnet man als *idiomorph* (euhedral), während die anderen mit einer unregelmäßigen Ausprägung ihrer Flächen als *xenomorph* (anhedral) beschrieben werden. Alle Minerale sind kristallin, Minerale mit vollkommen ausgebildeten Kristallflächen sind jedoch relativ selten.

3.5.1 Wie werden Minerale geformt?

Minerale werden durch den Prozess der **Kristallisation** geformt, bei dem die einzelnen Moleküle oder Ionen chemische Bindungen eingehen, um eine geordnete innere Struktur zu erlangen. Die vermutlich bekannteste Art der Kristallisation findet bei der Verdunstung einer wässrigen Lösung, die gelöste Ionen enthält, statt. Wie Sie sich denken können, wird sich die Konzentration des gelösten Stoffs erhöhen, je mehr Wasser verdunstet. Wenn Sättigung eintritt, gehen die Atome Bindungen ein und bilden eine feste kristalline Substanz, die aus der Lösung ausfällt. In Binnenseen mit Salzwasser wie das Tote Meer oder der Große Salzsee fallen oft die Minerale Halit (Steinsalz), Sylvin (Kalisalz), Gips (Calciumsulfat mit Kristallwasser) und andere löslichen Salze aus. In vielen Teilen der

Abbildung 3.9: Eine Geode, die teilweise mit Amethyst, einer violetten Quarzvarietät, gefüllt ist, Brasilien. (Foto: Jeff Scovil)

Welt, wie etwa tief unter Norddeutschland, geben bis zu mehrere Hundert Meter mächtige Schichten von Salzgesteinen Zeugnis von längst verdunsteten alten Meeren (siehe Abbildung 3.35).

Minerale können auch aus langsam fließendem Grundwasser ausfallen und dann Gesteinsklüfte und -poren füllen. Ein interessantes Beispiel, *Geode* genannt, ist ein kugelförmiges Gebilde mit nach innen stehenden Kristallen (▶Abbildung 3.9). Geoden enthalten oft eindrucksvolle Kristalle von Quarz, Calcit und anderen Mineralen.

Eine Temperatursenkung kann auch eine Kristallisation auslösen, wie es bei der Entstehung von Eis aus flüssigem Wasser passiert. In ähnlicher Weise, nur viel komplizierter, kann man sich vorstellen, wie Minerale aus flüssigem Magma kristallisieren. Ist das Magma sehr heiß, so sind die Atome sehr beweglich; kühlt das geschmolzene Material ab, werden die Atome langsamer und verbinden sich. Die Kristallisation eines Magmenkörpers bringt ein Tiefengestein hervor, das aus einem Mosaik von ineinanderwachsenden Kristallen ohne definierte Kristallflächen besteht (siehe Abbildung 3.3).

Durch Metamorphose, die normalerweise bei hohem Druck- und hoher Temperatur auftritt, können auch neue Minerale entstehen (▶siehe Exkurs 3.2). Unter solch extremen Bedingungen werden verwitterte Minerale oder bereits entstandene Minerale zu neuen Mineralen rekristallisiert, mit meist größeren Korngrößen als das Ausgangsmaterial. Bei der Metamorphose von Pelit, das aus winzigen Tonpartikeln besteht, entsteht ein Gestein, das Minerale wie Glimmer, Quarz und Granat enthält (siehe Abbildung 3.34).

Kristallisation von Mineralen tritt auch auf andere Weise auf. Schwefellagerstätten sind häufig in der Nähe von Vulkanschloten zu finden; dort werden die Schwefelkristalle direkt aus den heißen schwefelreichen Dämpfen abgelagert. Mit dem gleichen Mechanismus formen sich Schneeflocken – Wasserdampf wird in Form von Eiskristallen abgelagert, ohne jemals in die flüssige Phase überzugehen. Die Kristallisation großer Mengen von Mineralen kann durch mikroskopisch kleine Organismen wie zum Beispiel Bakterien ausgelöst werden. Wird das Mineral Pyrit (FeS_2) beispielsweise in Schiefer oder Kohlelagen gefunden, wird der Bildungsvorgang normalerweise durch Schwefel reduzierende Bakterien ausgelöst. Zudem bestehen die ausgeschiedenen Schalen von Mollusken und anderen wirbellosen Meeresbewohnern aus den Karbonatmineralen Calcit und Aragonit. Die Überreste dieser Schalen sind die Hauptbestandteile vieler Kalksteinschichten.

3.5.2 Kristallstrukturen (Kristallgitter)

Bei gleichmäßig ausgeprägten Kristallen sind glatte Kristallflächen und eine symmetrische Anordnung der Ausdruck ihrer geordneten Atom- oder Molekül-

Studenten fragen manchmal …

Dem Buch zufolge bildeten sich dicke Schichten von Halit und Gips, als alte Ozeane verdunsteten. Gab es so etwas in der jüngsten Vergangenheit?

Ja. Vor etwa vier bis fünf Millionen Jahren ist das Mittelmeer mehrere Male ganz oder weitgehend ausgetrocknet und hat sich wieder aufgefüllt. Verdunstet 65 Prozent des Meerwassers, beginnt Gips auszufallen. Gips tritt aus der Lösung aus und sammelt sich am Meeresgrund. Sind 95 Prozent des Wassers verdunstet, werden Halitkristalle gebildet, gefolgt von Kalium- und Magnesiumsalzen. Bei Tiefseebohrungen im Mittelmeer hat man mächtige, übereinanderliegende Schichten von Gips- und Salzablagerungen (vorwiegend Halit) bis in einer Tiefe von zwei Kilometern vorgefunden. Diese Ablagerungen erlauben den Schluss auf eine periodische Schließung und Öffnung des Mittelmeers zum Atlantik (die heutige Straße von Gibraltar) durch tektonische Ereignisse im Verlauf der letzten paar Millionen Jahre. In der Periode, in der das Mittelmeer vom Atlantik abgeschnitten war, führte das warme und trockene Klima in dieser Region fast zu einem Austrocknen des Mittelmeers. Als die Verbindung zum Atlantik wieder geöffnet war, füllte sich der Meerestrog erneut mit Meerwasser normaler Salinität. Dieser Kreislauf spielte sich wiederholt ab und dadurch entstanden die Gips- und Salzschichten am Boden des Mittelmeers.

jedes Mineral einzigartig. Deswegen ist die Röntgendiffraktometrie ein wichtiges Werkzeug zur Bestimmung von Mineralen.

Die Weiterentwicklung der Techniken zur Röntgendiffraktometrie ermöglicht es Mineralogen, die innere Mineralstruktur zu identifizieren. Darauf folgte die Entdeckung, dass Minerale eine sehr geordnete Struktur ihrer Atome besitzen; kugelförmige Atome oder Ionen werden durch eine bestimmte Bindung, ionare, kovalente oder metallische Bindung, zusammengehalten. Gediegene Metalle setzen sich aus nur einem Element zusammen und ihre Atompackung besteht aus einem einfachen dreidimensionalen Gitternetz, wodurch nur wenige Lücken auftreten. Sie können sich einen Berg gleich großer Kanonenkugeln vorstellen, bei dem die Lagen so gestapelt sind, dass die Kugeln der einen Lage in die Lücken zwischen den anderen Kugeln der danebenliegenden Lage gestapelt sind. Die Atomanordnung der meisten Minerale ist viel komplizierter als die der gediegenen Metalle, da sie aus positiv und negativ geladenen Ionen verschiedener Größen aufgebaut sind. ▶ Abbildung 3.11 zeigt die relativen Größen einiger häufig in Mineralen vorkommenden Ionen. Sie sehen, dass Anionen, die Elektronen erhalten, größer sind als Kationen, die Elektronen abgeben.

Wenn andere Eigenschaften gleich sind, haben Minerale, die große Kationen besitzen, eine geringere Dichte als die mit kleineren Kationen. Zum Beispiel beträgt die Dichte von Sylvit (KCl) mit dem relativ großen Kaliumion, weniger als die Hälfte als die von Pyrrothin (Magnetkies, FeS), obwohl das Molekulargewicht der beiden annähernd gleich ist. Das trifft nicht für große Kationen mit einem sehr großen Molekulargewicht zu.

Die meisten Raumgitter kann man als dreidimensionale Anordnung großer Kugeln (Anionen) mit

packung, die die interne Struktur eines Minerals ausmacht. Obwohl man einen Zusammenhang zwischen der Kristallisation und der Atomstruktur schon längst annahm, konnte erst 1912 durch den deutschen Physiker Max von Laue (1879–1960) experimentell bewiesen werden, dass Röntgenstrahlen am Kristallgitter gebeugt werden (von Laue erhielt dafür den Nobelpreis). Bei der Technik der Röntgendiffraktion wird ein paralleler Röntgenstrahl emittiert, durch ein Kristall geleitet und auf der Gegenseite Fotopapier damit belichtet (▶ Abbildung 3.10A). So ähnlich werden medizinische und zahnmedizinische Röntgenbilder produziert. Dabei interagiert der Röntgenstrahl mit den Atomen und wird in einer Weise gestreut, dass ein Muster dunkler Flecken auf dem Film entsteht (▶ Abbildung 3.10B). Das entstandene Beugungsbild gibt die Abstände und die Verteilung der Atome im Kristall wider und ist für

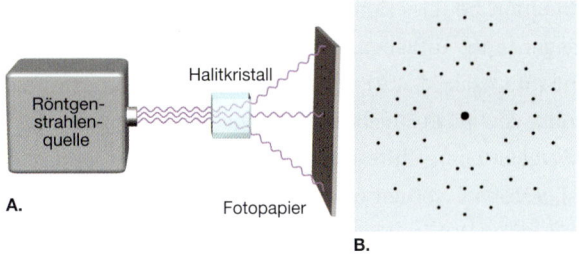

Abbildung 3.10: Das Prinzip der Röntgendiffraktion. **A.** Dringen parallele Röntgenstrahlen durch einen Kristall, so werden sie abgelenkt (gebeugt) und man erhält ein Muster schwarzer Punkte auf dem Fotopapier. **B.** Das Diffraktionsmuster für Halit.

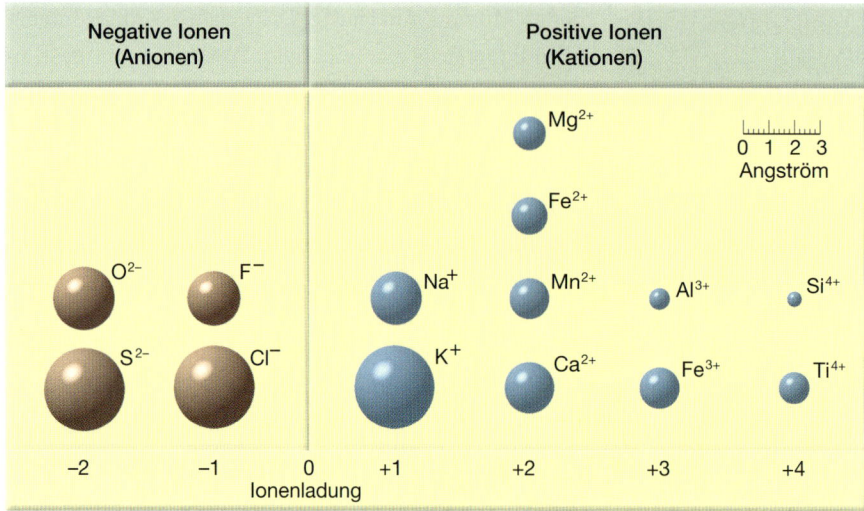

Abbildung 3.11: Die relativen Größen und Ionenladungen verschiedener Kationen und Anionen, die man häufig in Mineralen findet. Ionenradien werden normalerweise in Ångström ausgedrückt (1 Ångström = 10^{-8}).

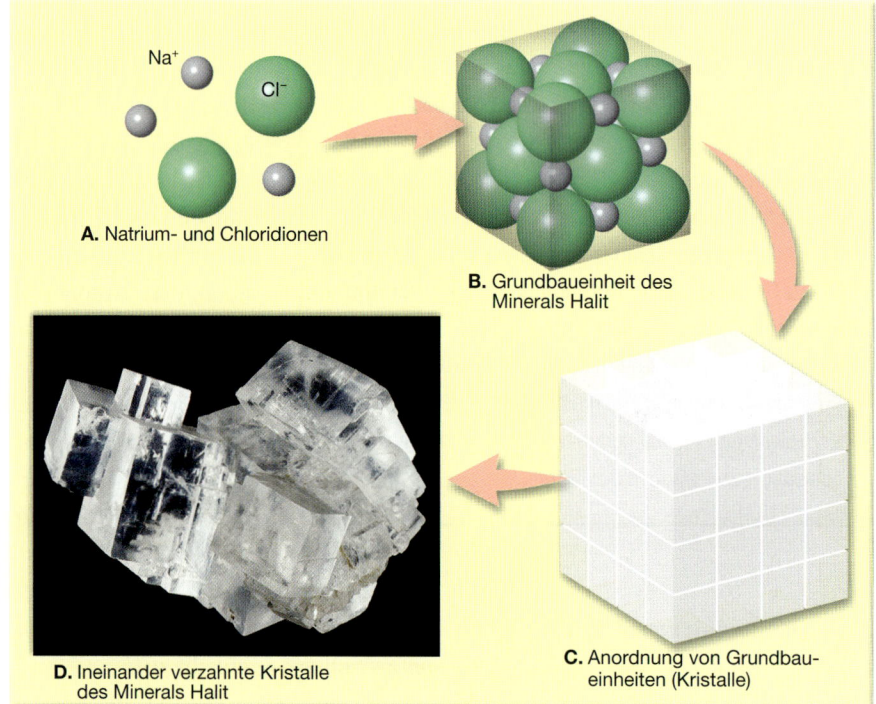

Abbildung 3.12: Dieses Diagramm zeigt die Anordnung von Natrium- und Chlorionen im Mineral Halit. Die Anordnung der Atome in Grundbaueinheiten besitzen eine kubische Form, was in der Ausbildung von kubischen Kristallen resultiert. (Foto M. Claye/Jacana Scientific Control/ Photo Researchers Inc.)

dazwischenliegenden kleinen Kugeln (Kationen) betrachten, so dass sich positive und negative Ladungen gegenseitig aufheben. Betrachten wir das Mineral Halit (Steinsalz, NaCl); es besteht aus der gleichen Anzahl von positiv geladenen Natriumionen und negativ geladenen Chlorionen. Da Anionen von Anionen abgestoßen werden und Kationen von Kationen, sind sie so weit wie möglich voneinander entfernt eingebaut. Folglich ist in dem Mineral Halit ein Natriumion (Na^{1+}) auf allen Seiten von Chlorionen (Cl^{1+}) umgeben und umgekehrt (▶Abbildung 3.12). Diese besondere Anordnung der Kugelpackung ergibt eine einzelne Baueinheit, die *Elementarzelle* genannt wird und eine *kubische* Ausprägung besitzt. Wie in Abbildung 3.12C gezeigt, schließen sich diese kubischen Elementarzellen zusammen, um Halitkristalle mit kubischem Habitus zu bilden. Salzkristalle, auch die aus dem Salzstreuer, sind oft perfekte Würfel.

Die Grundbaueinheiten von Halit stapeln sich regelmäßig aufeinander, um ein ganzes Kristall zu formen. Zudem entsprechen die Symmetrie und der Habitus der Baueinheiten der Symmetrie und dem Habitus (der äußeren Form) des ganzen Kristalls. Obwohl natürliche Kristalle selten vollkommen sind, bleibt

3.5 Kristalle und Kristallisation

der Winkel zwischen den entsprechenden Seiten der Kristallumrisse des gleichen Minerals bemerkenswert konstant. Diese Beobachtung machte als erster Nicolaus Steno (latinisiert, von Nils Stensen, einem dänischen Arzt) im Jahr 1669. Steno bemerkte, dass die Winkel zwischen den Prismenseiten eines Quarzkristalls immer 120° betragen, unabhängig von der Größe des Exemplars, der Größe der Kristallseiten und vom Fundort (▶ Abbildung 3.13). Diese Beobachtung wird allgemein als **Stenos Gesetz** bezeichnet oder auch als **Gesetz der Konstanz der Kristallwinkel**. Aus diesem Grund ist der **Kristallhabitus** oft ein wertvolles Instrument, um ein Mineral zu identifizieren.

Minerale, die aus geometrisch ähnlichen Baueinheiten aufgebaut sind, können eine unterschiedliche äußere Erscheinung haben. Zum Beispiel sind die Minerale Fluorit, Magnetit und Granat alle aus kubischen Elementarzellen aufgebaut. Doch kubische Elementarzellen können auf viele Arten verknüpft sein, um Kristalle verschiedener Ausprägungen zu bilden. Typischerweise sind Fluoritkristalle Würfel, Magnetitkristalle weisen Oktaeder auf und Granat bildet Dodekaeder (▶ Abbildung 3.14). Da die Baueinheiten sehr klein sind, haben die entstandenen Kristallflächen eine glatte, flache Oberfläche.

3.5.3 Abweichungen in der Mineralzusammensetzung

Wissenschaftler fanden durch genaue Analysen heraus, dass sich die chemische Zusammensetzung mancher Minerale von Exemplar zu Exemplar deutlich unterscheidet. Variationen in der Zusammensetzung sind

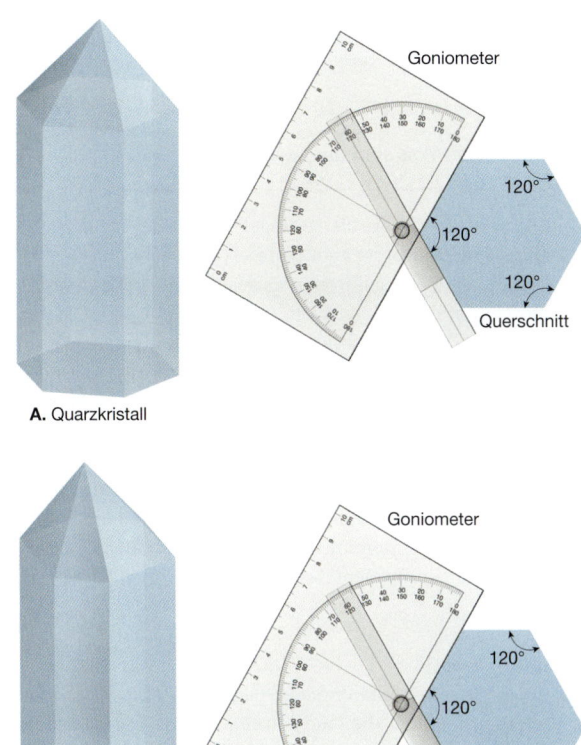

A. Quarzkristall

B. Quarzkristall

Abbildung 3.13: Darstellung von Stenos Gesetz. Da manche Kristallflächen größer als andere wachsen können, haben Kristalle derselben Mineralart oft nicht den gleichen Habitus. Trotzdem bleiben die Winkel zwischen entsprechenden Flächen bemerkenswert konstant.

durch die Größenähnlichkeit mancher Ionen möglich, die sich gegenseitig austauschen können, ohne die interne Gitterstruktur des Minerals zu zerstören. Man kann eine Analogie zu einem Maurer bilden, der eine

A. Würfel (Fluorit)   **B.** Oktaeder (Magnetit)   **C.** Dodekaeder (Granat)

Abbildung 3.14: Kubische Elementarzellen sind auf verschiedene Arten gestapelt und bilden damit Kristalle mit unterschiedlicher Form. Fluorit (**A.**) bildet häufig Würfel aus, Magnetitkristalle (**B.**) dagegen weisen typischerweise Oktaeder auf, während Granate (**C.**) als Dodekaeder auftreten. (Fotos: Dennis Tasa)

EXKURS 3.2 – MENSCH UND UMWELT

■ Asbest: Was sind die Gefahren?

Einst wurde Asbest als so ungefährlich angesehen, dass man es in Zahnpasta verarbeitete; heute gehört Asbest zu den am meisten gefürchteten gesundheitsgefährdenden Stoffen auf der ganzen Welt. Im Jahr 1986 begann in den USA eine Asbestpanik, als die Umweltschutzorganisation (EPA, Environmental Protection Agency) den „Asbestgefährdungs-Notfallhandlungs-Plan" (Asbestos Hazard Emergency Response Act) erstellte. Dabei wurde die Untersuchung aller öffentlichen und privaten Schulen auf Asbest angeordnet. Das erregte die öffentliche Aufmerksamkeit für Asbest und weckte die Angst vieler Eltern, ihre Kinder könnten durch das Einatmen hoher Konzentrationen an aerogenem Asbest in den Schulen Krebs entwickeln.

Was ist Asbest?
Asbest ist ein kommerzieller Begriff für eine Reihe von Silikatmineralen, die leicht in dünne, beständige Fasern zerteilt werden können. Sie sind biegsam, hitzebeständig und relativ inert (▶ Abbildung 3.B). Diese Eigenschaften machten Asbest zu einem begehrten Material bei Herstellern von Isolierungen, feuerfesten Stoffen, Zement, Bodenfliesen, Autobremsbelägen und andern Dingen. Außerdem wurden asbestreiche Wandanstriche in den USA während der Bauhochkonjunktur der fünfziger und frühen sechziger Jahre flächendeckend verwendet.

Das Mineral Chrysotil gehört zur Serpentinmineral-Gruppe und wird als weißer Asbest vermarktet, wobei es den Löwenanteil aller kommerziell genutzten Asbestarten ausmacht. Alle anderen Arten sind Amphibole und machen weniger als 10 Prozent des kommerziell genutzten Asbests aus. Die am häufigsten vorkommenden Asbestamphibole werden unkonventionell „brauner" und „blauer" Asbest genannt.

Belastung und Risiko
Die Befürchtung von Gesundheitsrisiken durch Asbest entstand aufgrund der hohen Todesraten durch Asbestose (Vernarbung der Lunge durch das Einatmen von Asbestfasern) und Mesotheliome (Krebs der Brust- und Bauchhöhle) unter den Bergleuten im Asbestabbau. Als Konsequenz entstand ein neuer Industriezweig, der alle Aspekte der Asbestentfernung umfasst.

Die starren, geraden Fasern des braunen und blauen Asbests (Amphibol) können das menschliche Lungengewebe leicht durchstechen und darin steckenbleiben. Die Fasern sind chemisch und physikalisch stabil und können vom menschlichen Körper nicht abgebaut werden. Diese Asbestform gibt begründeten Anlass zur Sorge. Weißer Asbest dagegen ist ein anderes Mineral mit anderen Eigenschaften. Die welligen Fasern des weißen Asbests kann die Lunge leicht ausscheiden bzw. sie lösen sich innerhalb eines Jahres auf.

Nach der Meinung des U.S. Geological Survey sind die Risiken durch die am häufigsten verwendete Asbestform (Chrysotil oder „weißer Asbest") sehr gering bzw. nicht vorhanden. Das stützt sich auf Untersuchungen aus Norditalien von Bergleuten, die mit dem Abbau des weißen Asbests beauftragt waren und deren Sterblichkeitsrate an Mesotheliome und Lungenkrebs kaum von der der restlichen Bevölkerung abwich. Eine weitere Untersuchung erfolgte an den Bewohnern aus dem Gebiet der Thetford Mines, Quebec, einst der größte Chrysotilabbau der Welt. Dort gab es viele Jahre keine Regulation der Staubentwicklung, so dass diese Menschen extrem hohen Konzentrationen von aerogenem Asbest ausgesetzt waren. Trotzdem entsprach die Erkrankungsrate an Krankheiten, die der Belastung durch Asbest zugeschrieben werden, dem normalen Niveau.

Trotz der Tatsache, dass 90 Prozent des kommerziell genutzten Asbests weißer Asbest ist, haben zahlreiche Länder viele Anwendungsarten von Asbest verboten, da die unterschiedlichen Mineralformen des Asbests nicht unterschieden werden. In Europa und den USA findet das einst so verherrlichte Mineral kaum noch Anwendung. Möglicherweise werden zukünftige Untersuchungen entscheiden, ob die Asbestpanik und der damit verbundene finanzielle Aufwand von Milliarden Euros für Kontrollen und Entsorgung ihre Berechtigung hatten.

Abbildung 3.B: Chrysotilasbest. Dieses Exemplar ist eine faserige Ausprägung des Minerals Serpentin. (Foto: E.J. Tarbuck)

Mauer aus Ziegelsteinen verschiedener Farben und Materialien baut. Solange die Ziegelsteine die gleiche Größe besitzen, ist die Form der Mauer nicht betroffen, nur ihre Zusammensetzung verändert sich.

Lassen Sie uns die chemische Variabilität am Beispiel des Minerals Olivin aufzeigen. Die chemische Formel für Olivin ist $(Mg,Fe)_2SiO_4$, wobei die variablen Komponenten Magnesium und Eisen in Klammern gesetzt sind. Beachten Sie in Abbildung 3.11, dass die Magnesiumkationen (Mg^{2+}) und die Eisenkationen (Fe^{2+}) beinahe gleiche Größe und elektrische Ladung haben. Im Extremfall könnte Olivin nur Magnesium ohne Eisen enthalten oder umgekehrt – aber in den meisten Olivinmineralen sind beide Kationen im Gitternetz eingebaut. Folglich besitzt Olivin eine Kombinationsreihe von Forsterit Mg_2SiO_4 auf der einen Seite bis Fayalit Fe_2SiO_4 auf der anderen Seite. Trotzdem haben alle Olivinexemplare die gleiche innere Struktur und weisen ähnliche, aber nicht identische Eigenschaften auf. Beispielsweise haben eisenreiche Olivine eine größere Dichte als magnesiumreiche Exemplare, was das höhere Atomgewicht von Eisen im Vergleich zu Magnesium widerspiegelt.

Im Gegensatz zu Olivin variiert bei Mineralen wie Quarz (SiO_2) oder Fluorit (CaF_2) die chemische Zusammensetzung wenig von ihrer chemischen Formel. Dennoch enthalten auch diese Minerale winzige Mengen an anderen, weniger häufig vorkommenden Elementen, den Spurenelementen. Zwar haben Spurenelemente kaum Einfluss auf die meisten Eigenschaften der Minerale, sie können aber die Mineralfarbe signifikant beeinflussen.

3.5.4 Verschiedenartige Strukturen der Minerale

Es kommt vor, dass zwei Minerale mit der exakt gleichen chemischen Zusammensetzung eine unterschiedliche innere Struktur besitzen und demzufolge eine unterschiedliche äußere Form. Minerale dieser Art nennt man **polymorph** (*poly* = viele, *morph* = Form). Graphit und Diamant sind besonders gute Beispiele für Polymorphie, da beide ausschließlich aus Kohlenstoffatomen bestehen, aber völlig unterschiedliche Eigenschaften besitzen. Graphit ist ein weiches graues Material, aus dem Bleistiftminen hergestellt werden, Diamant dagegen ist das härteste bekannte Mineral. Die Unterschiede der beiden Minerale lassen sich auf ihre Bildungsbedingungen zurückführen. Diamanten werden in Tiefen von fast 200 Kilometern gebildet,

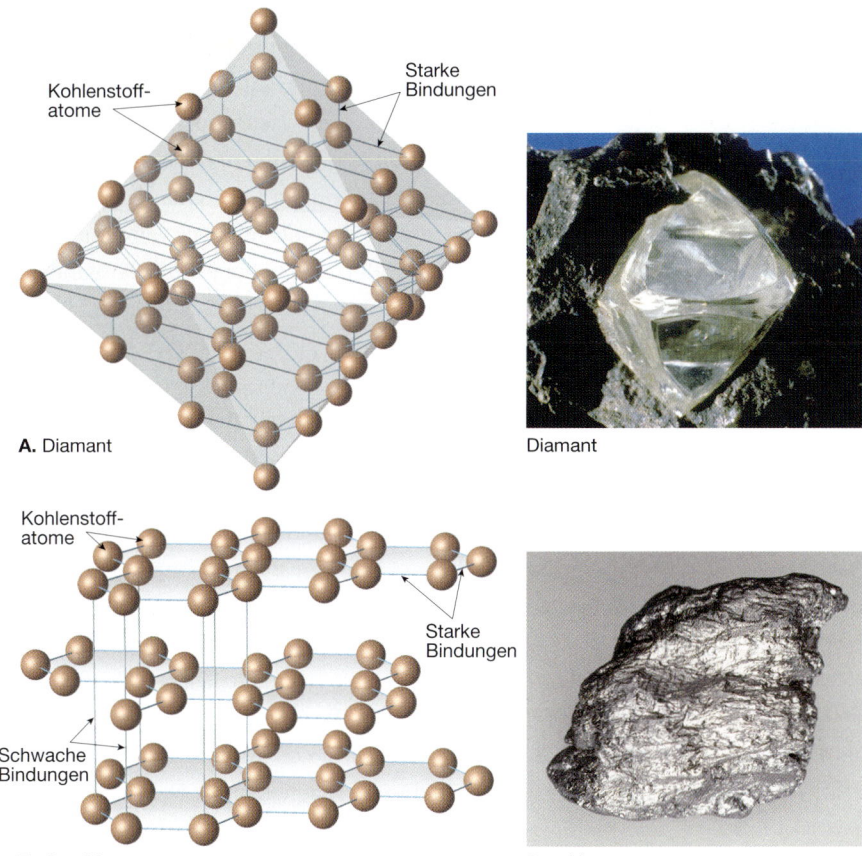

Abbildung 3.15: Vergleich der Strukturen von Diamant und Graphit. Beide sind natürliche Substanzen gleicher chemischer Zusammensetzung – Kohlenstoffatome. Trotzdem weisen ihre interne Struktur und ihre physikalischen Eigenschaften darauf hin, dass beide in sehr unterschiedlichen Milieus gebildet wurden. **A.** In Diamanten sind alle Kohlenstoffatome durch kovalente Bindungen in ein kompaktes, dreidimensionales Gerüst gepackt, das für die immens große Härte des Minerals verantwortlich ist. **B**. Im Graphit sind die Kohlenstoffatome in Schichten in einer lagigen Anordnung durch schwache elektrische Kräfte gebunden. Wegen dieser schwachen Bindungen können die Kohlenschichten leicht aneinander vorbeigleiten, was den Graphit weich und schlüpfrig macht und ihn zu einem nützlichen Schmiermittel werden lässt. (A. Fotograf Dane Pendland, mit freundlicher Genehmigung des Smithsonian Institute; B. E.J. Tarbuck)

wo extrem hoher Druck und hohe Temperaturen die kompakte Struktur, wie sie in ▶Abbildung 3.15A gezeigt wird, ausbilden. Graphit dagegen entsteht unter verhältnismäßig niedrigem Druck und besteht aus Schichten von Kohlenstoffatomen, die in großem Abstand voneinander liegen und schwache Bindungen haben (▶Abbildung 3.15B). Da die Kohlenstoffschichten leicht aneinander vorbeigleiten, fühlt sich Graphit schmierig an und eignet sich besonders gut als Schmiermittel.

Wissenschaftler fanden heraus, dass man Diamanten herstellen kann, indem man Graphit unter hohem Druck erhitzt. Da synthetische Diamanten oft Unreinheiten enthalten, haben sie meist keine Edelsteinqualität. Aber aufgrund ihrer Härte werden sie vielseitig in der Industrie eingesetzt. Des Weiteren sind Diamanten an der Erdoberfläche instabil, da sie unter Extrembedingungen, sehr hohem Druck und hohen Temperaturen gebildet wurden. Für Juweliere sind Diamanten jedoch glücklicherweise unvergänglich („Diamonds are forever"), da die Umwandlung von Diamant zu Graphit unendlich langsam erfolgt.

Zwei weitere Minerale mit identischer chemischer Zusammensetzung, Calciumcarbonat ($CaCO_3$), aber unterschiedlicher interner Struktur, sind Calcit und Aragonit. Calcit wird hauptsächlich durch biochemische Prozesse gebildet und macht den Hauptanteil des Sedimentgesteins Kalkstein aus. Aragonit ist eine weniger häufige polymorphe Modifikation von $CaCO_3$ und wird oft an heißen Quellen abgelagert. Es ist eine wichtige Komponente von Perlen und der Schale von Meeresorganismen. Da Aragonit allmählich in die stabilere kristalline Struktur von Calcit übergeht, findet man Aragonit selten in Gesteinen, die älter als 50 Millionen Jahre alt sind.

Der Übergang einer polymorphen Modifikation in eine andere wird *Phasenumwandlung* genannt. In der Natur durchlaufen bestimmte Minerale Phasenumwandlungen, wenn sie sich von einem Milieu ins nächste bewegen. Wenn zum Beispiel ein Stück ozeanischer Kruste, das aus olivinreichem Basalt besteht, durch eine subduzierende Platte in große Tiefen hinabgezogen wird, wandelt sich das Olivin in eine dichtere Modifikation von Mg_2SiO_4 um, das Spinell.

3.6 Die physikalischen Eigenschaften der Minerale

Jedes Mineral besitzt eine definierte Kristallstruktur und eine chemische Zusammensetzung, was ihm eine einzigartige Zusammenstellung von physikalischen und chemischen Eigenschaften verleiht, die alle Exemplaren dieses Minerals aufweisen. Zum Beispiel haben alle Exemplare von Halit die gleiche Härte, die gleiche Dichte und sie brechen in ähnlicher Weise. Da sich die innere Struktur und die chemische Zusammensetzung eines Minerals nur schwer ohne Hilfe von anspruchsvollen Versuchen und Apparaturen bestimmen lassen, werden zur Bestimmung immer die leicht erkennbaren physikalischen Eigenschaften verwendet.

Die diagnostischen, physikalischen Eigenschaften eines Minerals können durch Beobachtung oder die Durchführung eines einfachen Versuchs bestimmt werden. Die grundlegenden physikalischen Eigenschaften, die meistens zur Bestimmung von Handstücken verwendet werden, sind Glanz, Farbe, Strich, Kristallform (Habitus), Sprödigkeit, Härte, Spaltbarkeit, Bruch und Dichte oder spezifisches Gewicht. An zweite Stelle treten Bestimmungsmerkmale, die an einer begrenzten Zahl von Mineralen durchgeführt werden können, wie Magnetismus, Geschmack, Griffigkeit, Geruch, Doppelbrechung und Reaktion mit Salzsäure.

Studenten fragen manchmal …

Gibt es künstliche Materialien, die härter als Diamanten sind?

Ja, aber Sie werden sie nicht so schnell zu Gesicht bekommen. Eine gehärtete Form von Kohlenstoffnitrid, die 1989 beschrieben und kurz darauf in einem Labor hergestellt wurde, könnte härter als Diamant sein. Es wurden aber nicht genügend große Mengen davon für einen geeigneten Versuch hergestellt. Im Jahr 1999 entdeckten Wissenschaftler eine Modifikation von Kohlenstoff, die aus zusammengeschmolzenen Bällen von 20 und 28 Kohlenstoffatomen besteht – mit den bekannten „buckyballs" (den fußballähnlichen Fullerenen) verwandt – und so hart wie Diamant sein könnte. Es ist kostspielig, diese Materialien herzustellen, und so werden Diamanten weiterhin als Schleifmittel und als Schneidewerkzeuge gebraucht. Synthetische Diamanten werden seit 1955 hergestellt und in großem Stil für Industriezwecke verwendet.

3.6 Die physikalischen Eigenschaften der Minerale

3.6.1 Optische Eigenschaften

Von den vielen optischen Eigenschaften der Minerale sind Glanz, Lichtdurchlässigkeit, Farbe und Strich die gebräuchlichsten, um ein Mineral zu bestimmen.

Glanz Das Aussehen oder die Art, wie Licht auf der Oberfläche eines Minerals gebrochen wird, bezeichnet man als **Glanz**. Minerale, die das Aussehen von Metallen haben, ohne die Farbe in Betracht zu ziehen, beschreibt man als Minerale mit *Metallglanz* (▶ Abbildung 3.16). Manche metallischen Minerale, wie Kupfer oder Blei, entwickeln einen matten Überzug oder laufen an, wenn sie der Atmosphäre ausgesetzt sind. Da sie dann nicht so glänzen wie frisch gebrochene Oberflächen, bezeichnet man den Glanz dieser Stücke als *Halbmetallglanz*.

Die meisten Minerale besitzen einen *Nichtmetallglanz*, der oft als *Glasglanz* beschrieben wird. Des Weiteren gibt es die Beschreibung von *Perlglanz* (wie das innere einer Venusmuschel), *Seidenglanz* (wie Satinstoff) und *Fettglanz* (wie mit Öl überzogen). Der Glanz anderer Nichtmetalle wird auch als *matt* bezeichnet.

Lichtdurchlässigkeit (Transparenz) Ist ein Mineral lichtundurchlässig, bezeichnet man es als *opak*. Wenn Licht durchgelassen wird, ein Objekt durch das Exemplar aber nicht sichtbar ist, wird es *durchscheinend* genannt. Kann man Licht und ein Objekt durch das Exemplar sehen, wird es als *lichtdurchlässig* (transparent) bezeichnet.

Farbe Obwohl im Allgemeinen die **Farbe** das auffälligste Merkmal der Minerale ist, wird sie nur für die Bestimmung einiger Minerale herangezogen. Schon die geringsten Verunreinigungen oder Gitterfehler in einem gewöhnlichen Quarzmineral führen zu verschiedenen Farbtönen, die pink, violett, gelb, weiß, grau und sogar schwarz sein können (siehe ▶ Abbildung 3.32). Andere Minerale, wie beispielsweise Turmalin, weisen eine Reihe von Farbschattierungen auf und mehrere Farbtöne können innerhalb eines Exemplars auftreten. Deswegen kann die Farbe bei der Bestimmung eines Minerals oft mehrdeutig und sogar irreführend sein.

Strich Während die Farbe einer Probe bei der Bestimmung oft nicht weiterhilft, ist der Strich – die Farbe des pulverisierten Minerals – für die Bestimmung aufschlussreich. Den Strich erhält man, indem man das Mineral auf einer unglasierten Porzellanplatte (Strichplatte) reibt und die Farbe der entstandenen Markierung beurteilt (▶ Abbildung 3.17). Die Strichfarbe eines Minerals bleibt gewöhnlich gleich, auch wenn die Mineralfarbe von Exemplar zu Exemplar abweicht.

Der Strich kann zur Unterscheidung von Mineralen mit Metallglanz und Nichtmetallglanz helfen. Metallische Minerale haben gewöhnlich einen dichten, dunklen Strich, während Minerale mit einem Nichtmetallglanz einen sehr hellen Strich zeigen.

Man sollte sich merken, dass man nicht von allen Mineralen einen Strich auf der Strichplatte erhält. Das geschieht dann, wenn das Mineral härter als die Strichplatte ist.

Abbildung 3.16: Eine frisch aufgeschlagene Probe von Bleiglanz (rechts) zeigt Metallglanz; das Exemplar links ist angelaufen und weist einen Halbmetallglanz auf. (Foto: mit freundlicher Genehmigung von E.J. Tarbuck)

Abbildung 3.17: Während die Farbe einer Probe bei der Bestimmung oft nicht weiterhilft, ist der Strich – die Farbe des pulverisierten Minerals – für die Bestimmung aufschlussreich.

3.6.2 Kristallform oder Habitus

Mineralogen verwenden die Bezeichnung **Habitus**, wenn sie von der Gestalt eines Kristalls oder eines Kristallaggregats sprechen. Manche Minerale weisen in etwa regelmäßige Polygonale auf, die man gut zur Bestimmung verwenden kann. Erinnern Sie sich an die Magnetitkristalle, die manchmal als Oktaeder auftreten, Granate bilden häufig Dodekaeder und Halit und Fluorkristalle wachsen nahezu in Würfelform (siehe Abbildung 3.14). Die meisten Minerale besitzen nur einen Habitus; es gibt aber Minerale, wie beispielsweise Pyrit, die zwei oder mehrere charakteristische Kristallformen haben (▶ Abbildung 3.18).

Im Gegensatz dazu gibt es Minerale, die fast nie perfekte geometrische Formen entwickeln. Die anderen weisen charakteristische Formen auf, die der Bestimmung dienen. Manche Minerale neigen zu dreidimensionalem Wachstum, andere sind in einer Richtung gestreckt oder abgeflacht, falls das Wachstum in diese Richtung unterdrückt wurde. Die gebräuchlichsten Beschreibungen für den Kristallhabitus sind: isometrisch, blättrig, stengelig, faserig, tafelig, prismatisch, würfelig und traubig (▶ Abbildung 3.19).

3.6.3 Mineralfestigkeit

Wie sich ein Mineral unter Stress verhält, ob es bricht oder deformiert wird, hängt von der Art und Stärke der chemischen Bindungen ab, die einen Kristall zusammenhalten. Mineralogen verwenden die Bezeichnungen Sprödigkeit, Härte, Spaltbarkeit und Bruch, um die Mineralfestigkeit und das Mineralverhalten bei Stresseinwirkung zu beschreiben.

Sprödigkeit Die Bezeichnung **Sprödigkeit** beschreibt die Belastbarkeit eines Minerals oder seinen Widerstand bei Bruch oder Deformation. Minerale mit Ionenbindungen wie Halit oder Fluorit sind *brüchig* (spröde) und zerspringen beim Aufschlagen in kleine Stücke. Dagegen verhalten sich Minerale mit metallischen Bindungen, beispielsweise gediegenes Kupfer, *plastisch* und sie sind auch kalt verformbar. Minerale, die wie Gips oder Talk in dünne Plättchen geschnitten werden können, nennt man *spaltbar*. Wieder andere, besonders die Glimmer, sind *biegsam* (elastisch) und nehmen ihre Ausgangsform wieder an, wenn sie Stress ausgesetzt waren und dieser nachlässt.

Härte Eines der wichtigsten Bestimmungsmerkmale ist die **Härte**. Sie zeigt die Widerstandsfähigkeit eines Minerals gegen Abrieb oder Ritzen an. Diese Eigenschaft bestimmt man, indem man ein Mineral unbekannter Härte gegen eines mit bekannter Härte reibt oder umgekehrt. Mit einem Zahlenwert aus der **Mohs-Härteskala** (nach dem deutschen Mineralogen Friedrich Mohs, 1773–1839) mit zehn aufgelisteten Mineralen von 1 (sehr weich) bis 10 (sehr hart) benennt man die Härte (▶ Abbildung 3.20A). Wichtig dabei zu wissen ist, dass die Härteskala nach Mohs eine relative Rangliste darstellt und nicht bedeutet, dass das Mineral 2, Gips, doppelt so hart ist wie Mineral 1,

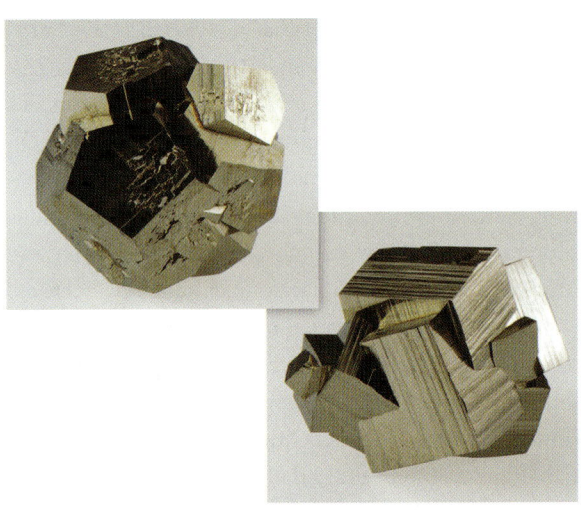

Abbildung 3.18: Die meisten Minerale weisen nur einen Kristallhabitus auf; manche wie Pyrit besitzen zwei oder mehr charakteristische Habitus. (Foto: Dennis Tasa)

A. Langtafelig   **B.** Prismatisch

C. Gebändert   **D.** Traubig

Abbildung 3.19: Einige häufig vorkommende Kristallhabitus. **A.** langtafelig, verlängerte Kristalle, in einer Richtung abgeflacht. **B.** Prismatisch, verlängerte Kristalle, deren Flächen parallel zu einer gemeinsamen Richtung stehen. **C.** Gebändert, Minerale mit Streifen oder Bändern unterschiedlicher Farbe oder Textur. **D.** Traubig, eine Gruppe miteinander verwachsener Kristalle, die wie eine Traube aussehen.

3.6 Die physikalischen Eigenschaften der Minerale

Talk. In Wirklichkeit ist Gips nur etwas härter als Talk (▶ Abbildung 3.20B).

Im Labor kann man auch an andere, gewöhnliche Objekte zu Hilfe nehmen, um die Härte eines Minerals zu bestimmen. Ein Fingernagel besitzt die Härte 2,5, ein Geldstück (Cent) aus Kupfer hat die Härte 3,5 und ein Stück Glas weist die Härte 5,5 auf. Das Mineral Gips mit einer Härte von 2 kann leicht mit dem Fingernagel zerkratzt werden. Andererseits kann Calcit mit der Härte 3 einen Fingernagel kratzen, aber kein Glas. Quarz, eines der härtesten der häufig vorkommenden Minerale, kann Glas leicht zerkratzen. Diamant ist am härtesten und zerkratzt alles.

Spaltbarkeit Manche Minerale besitzen Atomgitter, die nicht in jeder Raumrichtung gleich ausgebildet sind, und chemische Bindungen, die unterschiedlich stark sind. Deswegen haben diese Minerale die Tendenz zu brechen, so dass die Bruchstücke durch mehr oder weniger flache, ebene Oberflächen begrenzt sind; dies wird als **Spaltbarkeit** bezeichnet. Die Spaltbarkeit erkennt man, indem man nach glatten, ebenen Oberflächen sucht, die das Licht reflektieren, wenn man eine Mineralprobe in der Hand dreht. Beachten Sie, dass die Spaltbarkeit in kleinen, flachen, treppenförmig angeordneten Segmenten auftreten kann. Die einfachste Art der Spaltbarkeit weisen die Glimmer auf (▶ Abbildung 3.21). Da Glimmer in einer Raumrichtung viel schwächere Bindungen als in den anderen haben, spalten sie sich in dünne, flache Blättchen. Manche Minerale weisen eine vollkommene Spaltbarkeit in mehreren Raumrichtungen auf, andere besitzen eine gute bis unvollkommene Spaltbarkeit und manche verfügen über gar keine Spaltbarkeit (fehlende Spaltbarkeit). Spalten Minerale gleichförmig in mehr als einer Raumrichtung, wird die Spaltbarkeit durch die *Anzahl der Spaltebenen und der sie begrenzenden Winkel beschrieben* (▶ Abbildung 3.22).

Sie dürfen Spaltbarkeit nicht mit der Kristallform verwechseln. Weist ein Mineral Spaltbarkeit auf, so zerbricht es in geometrisch gleiche Stücke. Im Gegensatz dazu weisen die glattseitigen Quarzkristalle keine Spaltbarkeit auf. Zerbrechen sie, entstehen Formen, die nicht dem Ausgangskristall entsprechen.

Bruch Bei Mineralen, deren Struktur in allen Raumrichtungen gleich oder fast gleich stark ausgebildet ist, entstehen bei **Bruch** unregelmäßige Oberflächen. Minerale wie Quarz brechen in ebene, gekrümmte

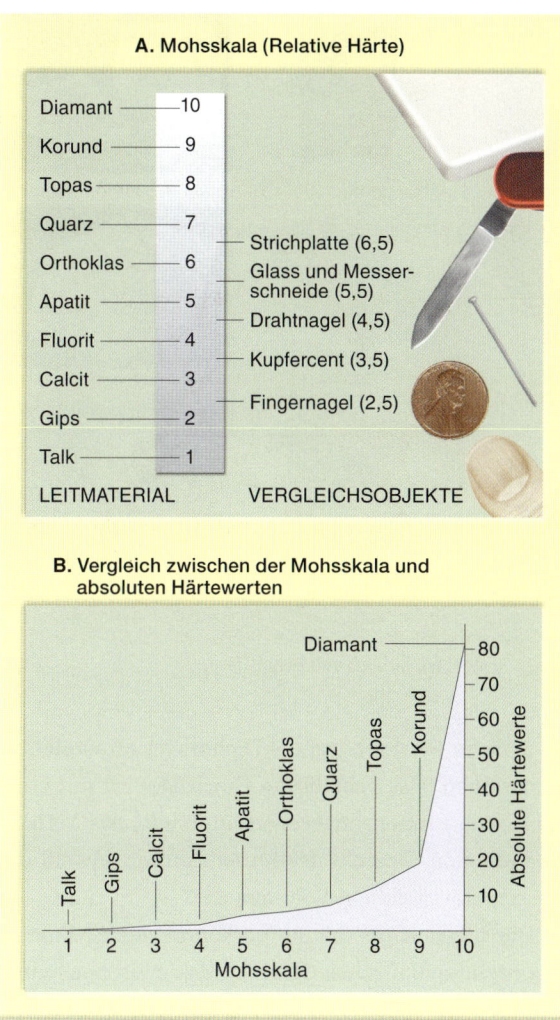

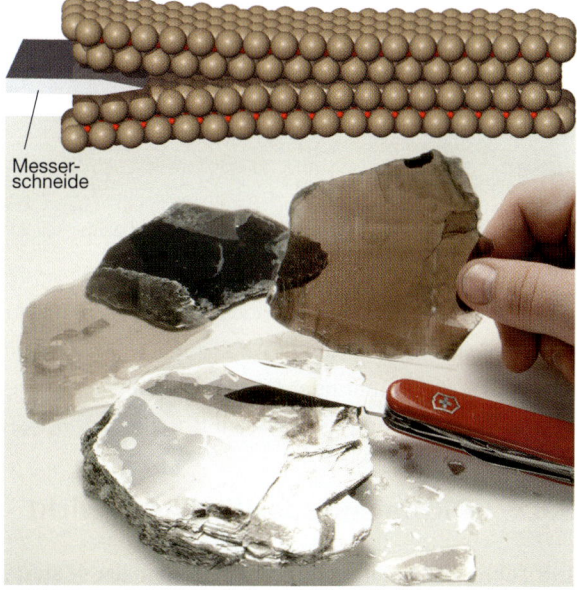

Abbildung 3.20: Härteskala. **A.** Mohs-Härteskala, im Vergleich die Härte einiger gebräuchlicher Objekte. **B.** Die Beziehung zwischen der relativen Härteskala nach Mohs und einer absoluten Härteskala.

Abbildung 3.21: Hier werden die dünnen Blätter eines Glimmerkristalls (Muskowit) gezeigt, die durch Teilung parallel zu seiner vollkommenen Spaltbarkeit entstehen. (Foto: Breck)

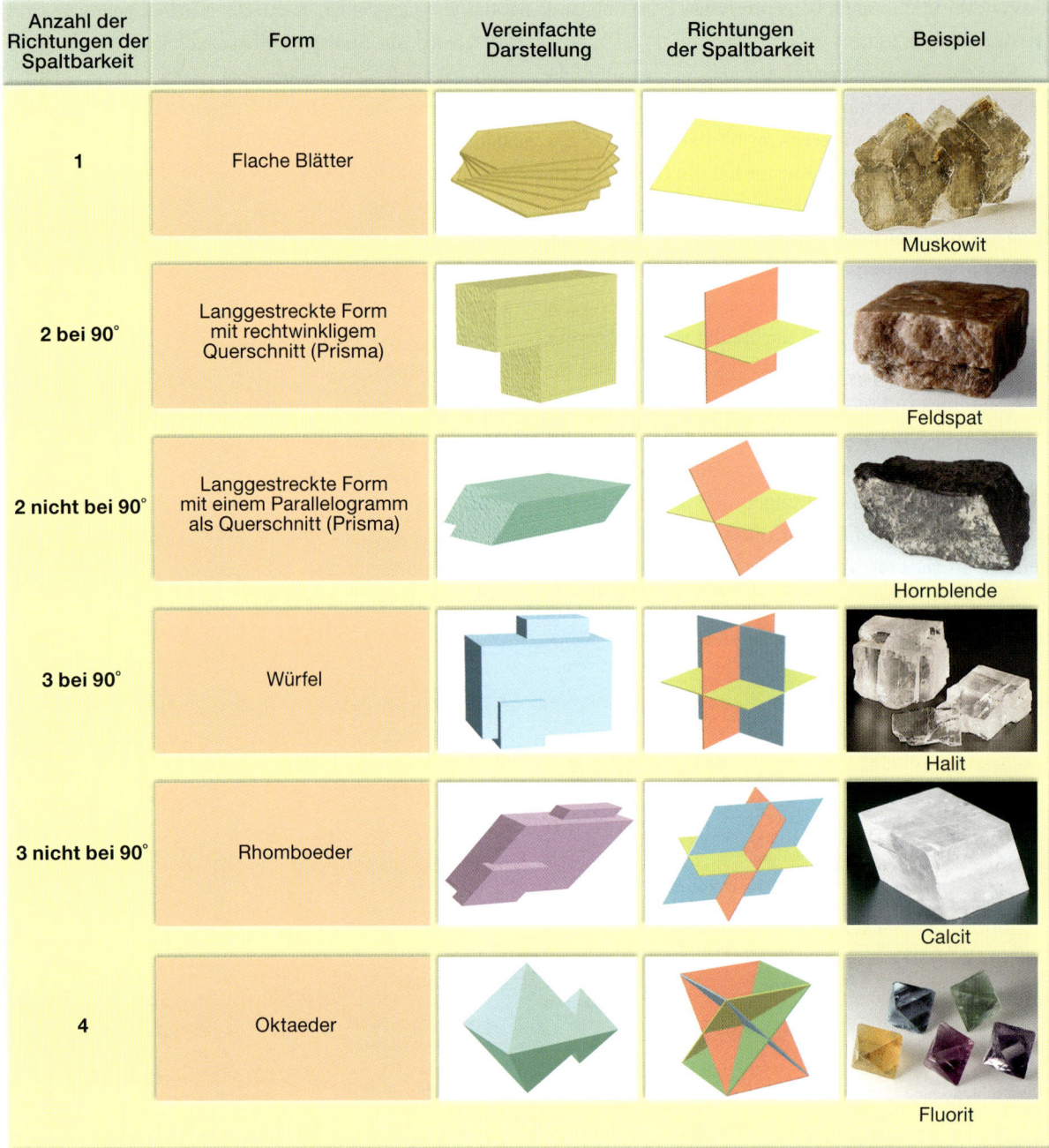

Abbildung 3.22: Häufig auftretende Richtungen der Spaltbarkeit von Mineralen. (Fotos: E.J. Tarbuck und Dennis Tasa)

Oberflächen ähnlich wie zerbrochenes Glas; sie haben einen *muscheligen Bruch* (▶ Abbildung 3.23). Andere zerbrechen in Splitter oder Fasern; die meisten Minerale weisen einen unregelmäßigen Bruch auf.

3.6.4 Dichte und spezifisches Gewicht

Die Dichte ist eine wichtige Eigenschaft der Materie und wird als Masse pro Volumeneinheit in Gramm pro Kubikzentimeter (g/cm³) ausgedrückt. Mineralogen verwenden häufig eine verwandte Maßeinheit, das *spezifische Gewicht*, um die Dichte von Mineralen zu beschreiben. Das **spezifische Gewicht** wird mit einer Zahl ohne Einheit angegeben und stellt das Verhältnis zwischen Gewicht des Minerals und Gewicht des Wassers mit gleichem Volumen dar.

Die meisten der häufig vorkommenden Minerale haben ein spezifisches Gewicht, das zwischen 2 und 3 liegt. Zum Beispiel besitzt Quarz ein spezifisches Gewicht von 2,65. Im Gegensatz dazu sind manche metallischen Minerale wie Pyrit, gediegenes Kupfer und Magnetit doppelt so dicht wie Quarz. Galenit, ein

Bleierz, weist ein spezifisches Gewicht von 7,5 auf, das von Gold dagegen beträgt 20.

Mit ein bisschen Übung können Sie das spezifische Gewicht einschätzen, indem Sie ein Mineral in Ihrer Hand abwägen. Stellen Sie sich selbst die Frage: „Fühlt sich dieses Mineral genauso „schwer" an wie ein Stein ähnlicher Größe?" Falls Sie die Antwort bejahen können, wird das spezifische Gewicht des Exemplars wahrscheinlich zwischen 2,5 und 3 liegen.

3.6.5 Weitere Eigenschaften der Minerale

Neben den bereits beschriebenen Eigenschaften der Minerale existieren noch weitere markante Eigenschaften von Mineralen. Halit, gewöhnliches Speisesalz, kann beispielsweise schnell durch seinen Geschmack identifiziert werden. Talk und Graphit haben eine unverwechselbare Griffigkeit; Talk fühlt sich seifig an und Graphit schmierig. Der Strich von vielen schwefelhaltigen Mineralen stinkt nach verfaulten Eiern. Einige Minerale, wie der Magnetit, weisen einen hohen Eisengehalt auf und können von einem Magneten angezogen werden und manche Varietäten (Eisenerze) sind natürliche Magnete, mit denen man kleine eisenhaltige Objekte wie Stecknadeln oder Büroklammern aufheben kann (siehe ▶ Abbildung 3.36).

Außerdem besitzen manche Minerale besondere optische Eigenschaften. Legt man zum Beispiel ein durchsichtiges Stück Calcit über eine Schrift, so erscheinen die Buchstaben doppelt. Diese optische Eigenschaft wird als Doppelbrechung bezeichnet (▶ Abbildung 3.24).

Ein sehr einfacher chemischer Test besteht daraus, einen Tropfen verdünnte Salzsäure auf eine frische Mineralbruchfläche zu tropfen. Bestimmte Minerale, die Karbonate, sprudeln dann auf, da das Gas Kohlendoxid frei wird (▶ Abbildung 3.25). Dieser Test eignet sich besonders gut, um das weit verbreitete Mineral Calcit zu identifizieren.

3.7 Wie erhalten Minerale ihren Namen und ihre Einteilung?

Über 4.000 Minerale wurden mit Namen versehen und jährlich werden 30 bis 50 neue Minerale entdeckt.

Abbildung 3.23: Muscheliger Bruch – die glatte, gekrümmte Oberfläche entsteht, wenn Minerale wie Glas zerbrechen. (Foto: E.J. Tarbuck)

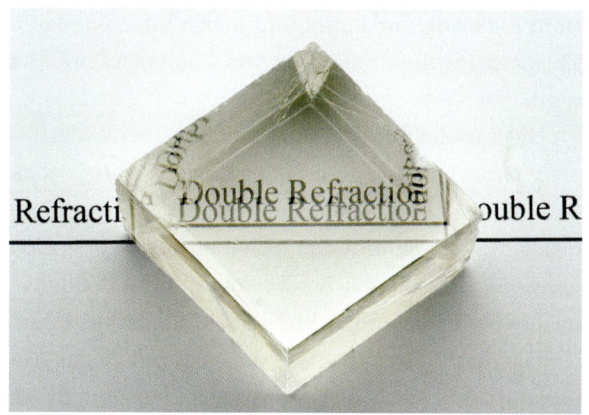

Abbildung 3.24: Doppelbrechung bei Calcit. (Foto: Chip Clark)

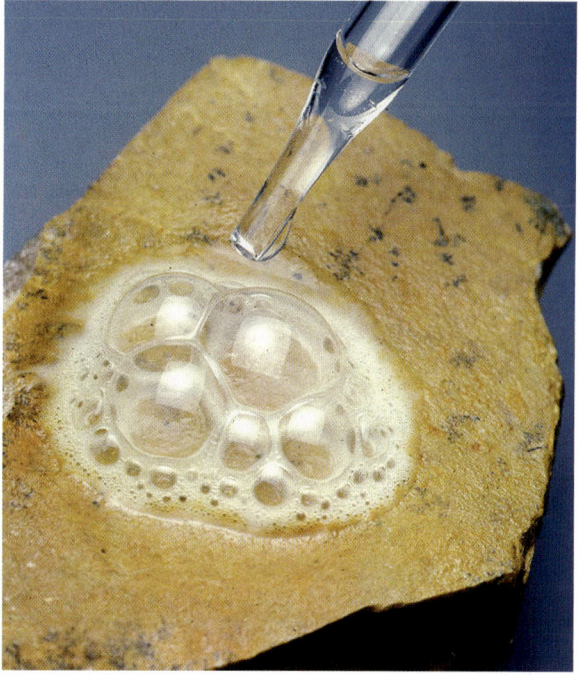

Abbildung 3.25: Calcit reagiert mit verdünnter Säure.

Studenten der Geowissenschaften müssen sich glücklicherweise zu Beginn ihres Studiums mit nicht mehr als ein paar Dutzend befassen. In der Gesamtbetrachtung besteht die Erdkruste aus genau diesen wenigen Mineralen, die oft als *gesteinsbildende* Minerale bezeichnet werden.

Viele andere Minerale, die weniger häufig vorkommen, werden trotzdem extensiv bei der Herstellung von Produkten, die für unsere moderne Gesellschaft wichtig sind, verwendet und als Industrieminerale bezeichnet. Man sollte sich merken, dass sich gesteinsbildende Minerale und Industrieminerale gegenseitig nicht ausschließen. Werden gesteinsbildende Minerale in einer größeren Menge gefunden, erlangen sie wirtschaftliche Bedeutung, wie beispielsweise bei Calcit, das als Hauptkomponente im Sedimentgestein Kalkstein vorkommt und neben vielen anderen Zwecken für die Produktion von Zement verwendet wird.

Die Entscheidung, ob ein Stoff als Mineral klassifiziert wird, obliegt der Internationalen Mineralogischen Vereinigung. So können Personen, die glauben, ein neues Mineral entdeckt zu haben, diese Organisation mit einer detaillierten Beschreibung ihres Funds benachrichtigen. Wird der Fund als Mineral anerkannt, so darf der Entdecker einen Namen für das neue Mineral wählen. Minerale werden nach Personen, ihrem Fundort, ihrer Erscheinung und ihrer chemischen Zusammensetzung benannt. Etwa 50 Prozent der Minerale erhielten ihre Bezeichnung in Anerkennung der Verdienste einer Person. Regeln verbieten es, Minerale nach sich selbst zu benennen.

3.8 Einteilung (Klassifizierung) der Minerale

Minerale werden in Kategorien eingeteilt, ähnlich wie Pflanzen und Tiere von Biologen klassifiziert werden. Manche häufig vorkommenden Mineralarten (Spezies) schließen Quarz, Calcit, Bleiglanz und Pyrit ein. Genauso wie sich einzelne Pflanzen oder Tiere einer Spezies voneinander unterscheiden, so unterscheiden sich die meisten Exemplare einer Mineralart.

Die Mineralarten werden normalerweise einer *Mineralklasse* zugeordnet, abhängig von ihren Anionen bzw. Anionenkomplexen, wie in ▶Tabelle 3.1 gezeigt wird. Einige wichtige Mineralklassen schließen Silikate (SiO_4^{4-}), Karbonate ($CaCO_3^{2-}$), Halogenide (Cl^{1-}, F^{1-}, Br^{1-}) und Sulfate (SO_4^{2-}) ein. Die Minerale einzelner Klassen weisen meist ähnliche innere Strukturen auf und folglich ähnliche Eigenschaften. Zum Beispiel reagieren die Minerale der Karbonate chemisch mit Säure – wenn auch mit unterschiedlicher Heftigkeit – und viele besitzen rhombische Spaltbarkeit. Des Weiteren treten Minerale der gleichen Klasse häufig zusammen in gleichen Gesteinsarten auf. Die Halogenide zum Beispiel findet man oft in Evaporiten.

Die Mineralklassen sind weiter in *Gruppen* (oder manchmal sogar Untergruppen) unterteilt, je nach

Klasse	Anion, Anionenkomplex der Elemente	Beispiel (Mineralart)	Chemische Formel
Silikate	$(SiO_4)^{4-}$	Quarz	SiO_2
Halogenide	Cl^-, F^-, Br^-, I^-	Halit	$NaCl$
Oxide	O^{2-}	Korund	Al_2O_3
Hydroxide	$(OH)^-$	Gibbsit	$Al(OH)_3$
Karbonate	$(CO_3)^{2-}$	Calcit	$CaCO_3$
Nitrate	$(NO_3)^-$	Nitrat	$NaNO_3$
Sulfate	$(SO_4)^{2-}$	Gips	$CaSO_4 \times 2H_2O$
Phosphate	$(PO_4)^{3-}$	Apatit	$Ca_5(PO_4)_3 \times (OH,F,Cl)$
Natürliche Elemente	Cu, Ag, S	Kupfer	Cu
Sulfide	S^{2-}	Pyrit	FeS_2

Tabelle 3.1: Hauptmineralklassen.

Ähnlichkeit in der Atomstruktur oder der Zusammensetzung. Mineralogen gruppieren beispielsweise die Feldspatminerale (Orthoklas, Albit, Anorthit), da sie alle eine ähnliche interne Struktur besitzen. Die Minerale Kyanit (auch als Disthen bezeichnet), Andalusit und Sillimanit wurden wegen ihrer gleichen chemischen Zusammensetzung (Al_2SiO_5) zusammengefasst. Sie erinnern sich, dass Minerale mit gleicher chemischer Zusammensetzung, aber unterschiedlicher kristalliner Struktur *polymorph* genannt werden. Aus den häufig vorkommenden Mineralgruppen sind die Feldspäte, die Pyroxene, die Amphibole, die Glimmer und die Olivine davon betroffen. Zwei Arten aus der Glimmergruppe sind Biotit und Muskowit. Obwohl sie eine ähnliche Atomstruktur besitzen, enthält Biotit Eisen und Magnesium, wodurch es eine größere Dichte und ein dunkleres Aussehen erhält, als Muskowit, das Kalium enthält.

Manche Mineralarten werden weiter in Mineralvarietäten unterteilt. Zum Beispiel ist reiner Quarz (SiO_2) farblos und durchsichtig. Wird nur eine kleine Menge Aluminium in sein Atomgitter eingebaut, bekommt Quarz eine relativ dunkle Erscheinungsform, die Rauchquarz genannt wird. Amethyst ist eine weitere Quarzvarietät und erhält seine violette Färbung durch minimale Spuren von Eisen.

3.8.1 Die Hauptmineralklassen

Bemerkenswert ist, dass nur acht Elemente die Masse der gesteinsbildenden Minerale und über 98 Prozent des Gewichts der kontinentalen Kruste ausmachen (▶ Abbildung 3.26). Diese Elemente in absteigender Reihenfolge sind: Sauerstoff (O), Silizium (Si), Aluminium (Al), Eisen (Fe), Calcium (Ca), Natrium (Na), Kalium (K) und Magnesium (Mg). Wie man in Abbildung 3.26 erkennt, sind Sauerstoff und Silizium die häufigsten Minerale der Erdkruste. Außerdem gehen die beiden sehr leicht Verbindungen ein und bilden das Gerüst der dominantesten Mineralklasse, den **Silikaten**, die über 90 Prozent der Erdkruste ausmachen. Mehr als 800 Arten von Silikatmineralen sind bekannt. Da das Sauerstoffanion recht groß ist, das Siliziumkation und andere Kationen dagegen sehr klein ausfallen, bewegen wir uns praktisch auf einer dichtesten Kugelpackung aus Sauerstoff!

Da andere Mineralklassen wesentlich weniger häufig vorkommen, werden sie unter dem Begriff **Nichtsilikate** zusammengefasst. Obwohl die Nichtsilikate

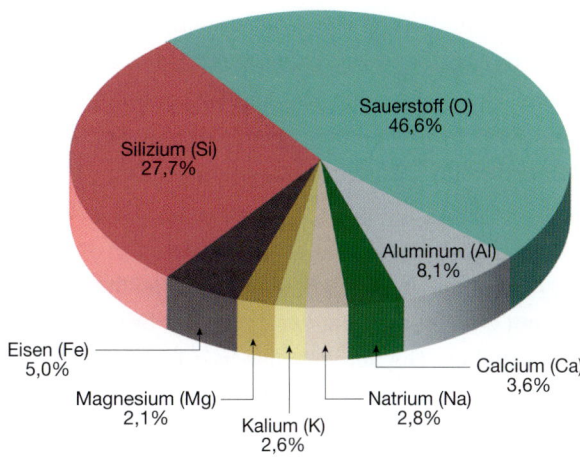

Abbildung 3.26: Relative Häufigkeit der acht am häufigsten vorkommenden Elemente in der kontinentalen Kruste.

nicht so häufig wie die Silikate vorkommen, sind manche wirtschaftlich sehr wichtig. Sie garantieren die Versorgung mit Eisen und Aluminium für unsere Autos, Gips für Mörtel und Gipskarton, um unsere Häuser zu bauen, und Kupfer für elektrische Kabel, um uns mit dem Internet zu verbinden. Zusätzlich zu ihrer wirtschaftlichen Bedeutung gehören diese Minerale einer Gruppe an, die die Hauptkomponenten in Sedimenten und Sedimentgesteinen ausmachen.

Wir werden uns zuerst mit der am häufigsten vorkommenden Mineralgruppe, den Silikaten, beschäftigen und dann einige der bedeutenden Nichtsilikatmineralgruppen betrachten.

3.9 Die Silikate

Jedes Silikatmineral beinhaltet die Elemente Sauerstoff und Silizium. Zudem enthalten die meisten ein oder mehrere andere der häufig vorkommenden Elemente. Gemeinsam lassen diese Elemente Hunderte von Mineralen mit einer bunten Vielfalt von Eigenschaften entstehen – einschließlich hartem Quarz, weichem Talk, blätterigem Glimmer, faserigem Asbest, grünem Olivin und blutrotem Granat.

3.9.1 Das Silizium-Sauerstoff-Tetraeder

Alle Silikatminerale haben die gleiche grundlegende Baueinheit: das **Silizium-Sauerstoff-Tetraeder**. Diese Tetraederstruktur, eine Pyramidenform mit vier identischen Seiten, besteht aus einem relativ kleinen Siliziumkation, das von vier Sauerstoffanionen umgeben wird (▶Abbildung 3.27). Diese Tetraeder sind keine chemischen Verbindungen, sondern komplexe Anionen (SiO_4^{4-}) mit einer negativen Ladungszahl (4-). Da Minerale eine ausgeglichene Ladung haben, binden sich die SiO_4^{4-}-Tetraeder an andere positiv geladene Ionen.

Insbesondere ist eines der Valenzelektronen von O^{2-} mit dem im Zentrum des Tetraeders liegenden Si^{4+} ausgeglichen. Die verbleibende negative Ladung der Sauerstoffanionen von −1 wird durch Bindungen mit anderen Elementen oder dem benachbarten SiO_4^{4-}-Tetraeder ausgeglichen.

Isolierte Tetraeder In der Natur ist es für ein isoliertes Tetraeder am einfachsten, eine neutrale Verbindung zu erlangen, indem es ein positiv geladenes Ion aufnimmt. Beispielsweise werden im Mineral Olivin Magnesium- (Mg^{2+}) und/oder Eisenkationen (Fe^{2+}) zwischen den größeren isolierten SiO_4^{4-}-Einheiten verknüpft. Sie bilden dadurch eine dichte dreidimensionale Struktur aus. Granat, ein verbreitetes Silikat, besteht auch aus isolierten Tetraedern, die Ionenbindungen mit Kationen eingehen. Olivin und Granat bilden dichte, harte, in allen Raumrichtungen gleich ausgeprägte Kristalle (isomorph) und weisen keine Spaltbarkeit auf.

Andere Silikatstrukturen Der Grund für die große Vielfalt der Silikate liegt in der Fähigkeit des Silikatanions (SiO_4^{4-}), sich in einer Vielzahl von Konfigurationen zu verbinden. Viele Tetraeder verbinden sich, um Einfachketten und Doppelketten zu bilden, wie in ▶Abbildung 3.28 gezeigt wird. Dieses Phänomen bezeichnet man als Polymerisation. Es wird durch gemeinsame Sauerstoffatome der nebeneinanderliegenden Tetraeder hervorgerufen.

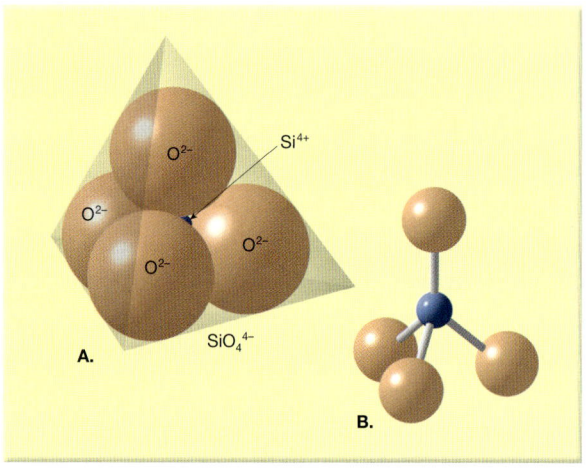

Abbildung 3.27: Zwei Vertreter der Silizium-Sauerstoff-Tetraeder. **A.** Die vier großen Kugeln stellen die Sauerstoffionen dar, die kleine blaue Kugel das Siliziumion. Die Kugeln wurden im Verhältnis der Ionenradien dargestellt. **B.** Eine durch Stäbe verlängerte Betrachtung des Tetraeders, um die Bindungen, die die Ionen zusammenhalten, zu zeigen.

Um sich vorzustellen, wie die gemeinsamen Atome auftreten, nimmt man eines der Siliziumionen (die kleine blaue Kugel) aus der Mitte einer Einzelkette, wie sie in Abbildung 3.28 gezeigt wird. Sie sehen, dass dieses Siliziumion von vier größeren Sauerstoffionen umgeben ist (Sie blicken durch eines der vier Sauerstoffionen, um das blaue Siliziumion zu sehen). Beachten Sie auch, dass die Hälfte der vier Sauerstoffionen mit zwei Siliziumionen verbunden sind, die andere Hälfte jedoch nicht. Die Verbindung quer über die gemeinsamen Sauerstoffionen vereinigt die Tetraeder zu einer Kettenstruktur. Nun nehmen Sie ein Siliziumion der Schichtstruktur und zählen die Anzahl von gemeinsamen und nicht gemeinsamen Sauerstoff-

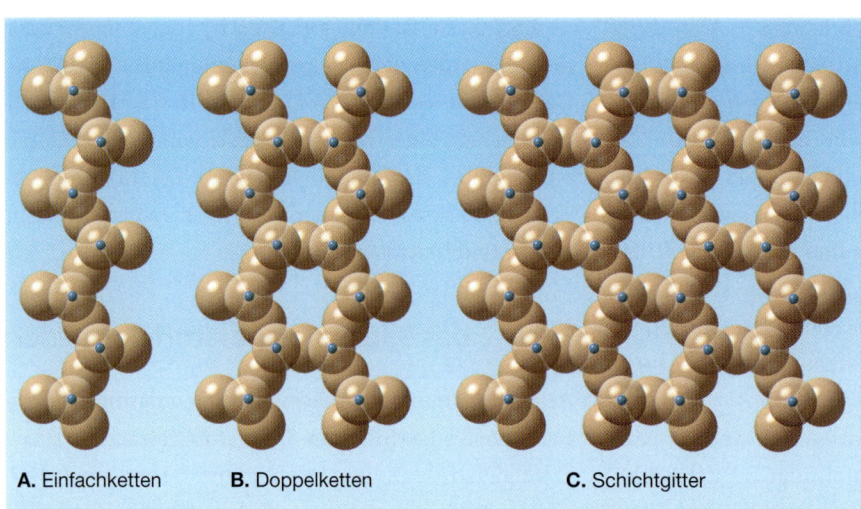

A. Einfachketten **B.** Doppelketten **C.** Schichtgitter

Abbildung 3.28: Die drei Typen der Silikatstrukturen.

ionen ab. Die Schichtstruktur entsteht dadurch, dass nebeneinanderliegende Tetraeder drei Sauerstoffionen gemeinsam haben.

Es gibt noch weitere Silikatstrukturen. In den am häufigsten vorkommenden Strukturen werden alle vier Sauerstoffionen gemeinsam verwendet und dadurch entsteht ein komplexes dreidimensionales Gerüst. Jedes Silikatgerüst bildet die Grundstruktur für eine bestimmte Gruppe von Silikatmineralen.

Nun können Sie erkennen, dass das Verhältnis von Sauerstoffionen zu Siliziumionen in jeder Silikatstruktur unterschiedlich ist. Im isolierten Silikattetraeder existieren vier Sauerstoffionen zu jedem Siliziumion. In den Einzelketten beträgt das Sauerstoff-Silizium-Verhältnis 3:1 und in dreidimensionalen Gerüststrukturen liegt das Verhältnis bei 2:1. Je mehr Sauerstoffionen gemeinsam verwendet werden, umso höher wird der Siliziumanteil in der Struktur. Silikate werden deswegen abhängig vom Sauerstoff-Silizium-Verhältnis in Silikate mit hohem bzw. niedrigem Siliziumanteil eingeteilt. Der Unterschied im Siliziumanteil ist wichtig, wie wir im Kapitel über Tiefengesteine (magmatische Gesteine) noch sehen werden.

3.9.2 Die Verbindung von Silikatstrukturen

Das Gerüst (Ketten, Schichten oder dreidimensionale Gerüste) der meisten Silikate, mit Ausnahme von Quarz (SiO_2), besitzt eine negative Ladung. Deswegen brauchen Silikate ein Kation, um die Gesamtladung auszugleichen und die Strukturen zusammenzuhalten, quasi als „Mörtel". Zu den Kationen, die Silikate häufig verbinden, gehören Eisen (Fe^{2+}), Magnesium (Mg^{2+}), Kalium (K^{1+}), Natrium (Na^{1+}), Aluminium (Al^{3+}) und Calcium (Ca^{2+}). Diese Kationen passen normalerweise in die Lücken zwischen den nicht gemeinsam verwendeten Sauerstoffionen, die die Ecken der Tetraeder besetzen.

Als allgemeine Regel kann man sagen, dass die teils kovalenten Bindungen zwischen Silizium und Sauerstoff stärker sind als die ionischen Bindungen, die ein Silikatgerüst mit dem nächsten zusammenhalten. Folglich werden Eigenschaften wie Spaltbarkeit und auch in gewissem Maße die Härte dieser Minerale von der Art der Silikatstrukturen bestimmt. Quarz, der nur aus Silizium-Sauerstoff-Bindungen besteht, zeichnet sich durch große Härte und fehlende Spaltbarkeit aus, hauptsächlich weil die Bindungen in allen Raum-

> **Studenten fragen manchmal ...**
>
> **Sind diese Silikate die gleichen Materialien, die auch bei Computerchips aus Silizium und bei Brustimplantaten aus Silikon verwendet werden?**
>
> Eigentlich nicht, aber alle drei enthalten das Element Silizium (Si). Dennoch stammt das Silizium, das für unzählige Produkte verwendet wird, einschließlich Computerchips und Brustimplantate, aus Silikatmineralen. Reines Silizium (ohne Sauerstoff, der in Silikatmineralen enthalten ist) wird für die Herstellung von Computerchips verwendet. So entstand der Name „Silicon Valley" eine High-Tech-Region bei San Francisco, wo solche Komponenten konstruiert werden. Die Hersteller von Computerchips gravieren in Siliziumkristallblättchen unglaublich eng nebeneinanderliegende, leitfähige Rillen und komprimieren Millionen von Schaltkreisen in jeden Chip von Fingernagelgröße.
>
> Silikon, das Material, das für Brustimplantate verwendet wird, ist ein Gel aus Silizium-Sauerstoff-Polymeren und fühlt sich gummiartig an. Es ist wasserabweisend, chemisch inert und bei extremen Temperaturen stabil. Zwar hat man seit 1992 die Verwendung der Implantate eingeschränkt, da man langfristig eine gesundheitliche Beeinträchtigung befürchtete. Eine solche ließ sich jedoch bisher nicht nachweisen.

richtungen gleich stark sind. Im Gegensatz dazu besitzen die Schichtsilikate, wie der Glimmer, eine sehr gute Spaltbarkeit in einer Raumrichtung und geringe Härte wegen der schwachen Bindungen zwischen den Schichtstrukturen.

Zudem scheint die Dichte mit steigender Anzahl gemeinsamer Sauerstoffatome abzunehmen. Zum Beispiel sind Olivin und Granat aus isolierten Tetraedern (keine gemeinsamen Sauerstoffatome) aufgebaut und bilden ziemlich kompakte Strukturen mit einem spezifischen Gewicht von 3,4 bis 4,4 aus. Im Gegensatz dazu haben Quarz und Feldspat, beide mit einem relativ offenen dreidimensionalen Gerüst (alle Sauerstoffatome werden gemeinsam verwendet), ein spezifisches Gewicht, das zwischen 2,6 und 2,8 liegt.

Sie erinnern sich, dass Kationen von ungefähr gleicher Größe sich gegenseitig problemlos ersetzen können. Zum Beispiel enthält Olivin Eisen- (Fe^{2+}) und Magnesiumionen (Mg^{2+}), die sich gegenseitig ersetzen, ohne dabei die Mineralstruktur zu verändern. Das gilt auch für einige Feldspate, in welchen Calcium und Natrium den gleichen Platz in der Kristallstruktur einnehmen. Auch Aluminium kann Silizium in einem Silizium-Sauerstoff-Tetraeder ersetzen.

Da die meisten Silikatstrukturen an einer vorge-

Mineral/Formel	Spaltbarkeit	Silikatstruktur	Beispiel
Olivingruppe $(Mg,Fe)_2SiO_4$	Keine	Einzelne Tetraeder 	 Olivin
Pyroxengruppe (Augit) $(Mg,Fe)SiO_3$	Zwei Ebenen bei 90°	Einfachketten 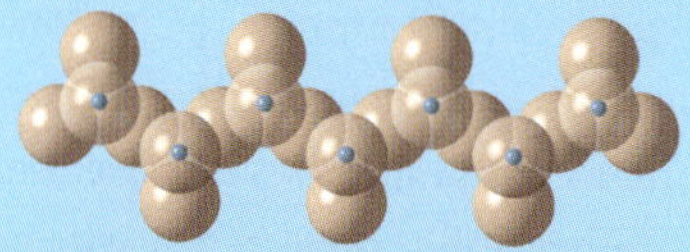	 Augit
Amphibolgruppe (Hornblende) $Ca_2(Fe,Mg)_5Si_8O_{22}(OH)_2$	Zwei Ebenen bei 60° und 120°	Doppelketten 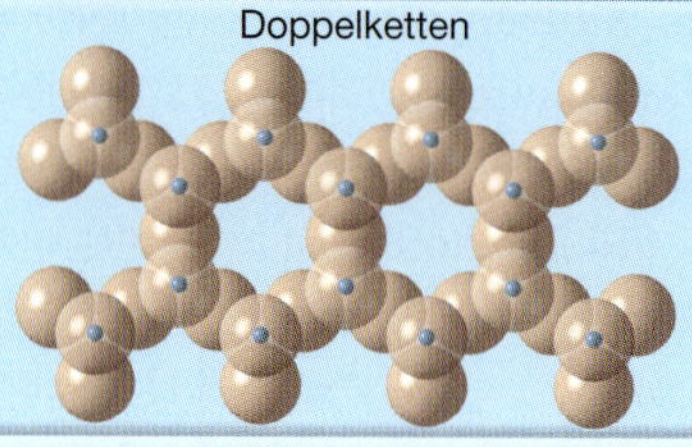	 Hornblende
Glimmer: Biotit $K(Mg,Fe)_3AlSi_3O_{10}(OH)_2$ / Muskowit $KAl_2(AlSi_3O_{10})(OH)_2$	Eine Ebene	Schichtgitter	Biotit / Muskowit
Feldspäte: Alkalifeldspat (Orthoklas) $KAlSi_3O_8$ / Plagioklas $(Ca,Na)AlSi_3O_8$	Zwei Ebenen bei 80°	Dreidimensionales Gerüst 	 Alkalifeldspat
Quarz SiO_2	Keine		 Quarz

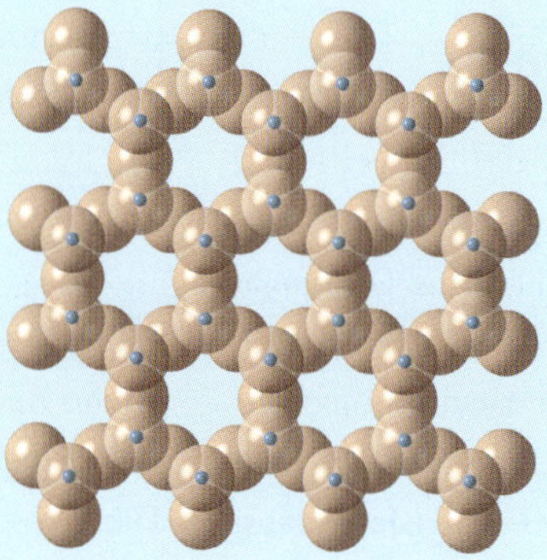

Abbildung 3.29: Häufige Silikatminerale. Sie sehen, dass die Silikatstrukturen zum Tabellenende hin immer komplexer werden. (Fotos: Dennis Tasa und E.J. Tarbuck)

gebenen Bindungsstelle verschiedene Kationen leicht aufnehmen, enthalten einzelne Exemplare eines Minerals oft unterschiedliche Mengen bestimmter Elemente. Deswegen bilden viele Silikate eine *Mineralgruppe* mit einer Bandbreite (Mischkristallreihe) in der Zusammensetzung, die zwischen den Silikaten an den Randpositionen liegt.

3.10 Häufige Silikate

Die Hauptsilikatgruppen und ihre wichtigsten Vertreter sind in ▶ Abbildung 3.29 dargestellt. Die Feldspate sind bei Weitem die häufigste Mineralgruppe und machen mehr als 50 Prozent der Erdkruste aus. Quarz ist das zweithäufigste Mineral der kontinentalen Kruste und das einzige, häufig vorkommende Mineral, das ausschließlich aus Silizium und Sauerstoff besteht.

Die meisten Silikate werden gebildet, wenn geschmolzenes Gestein abkühlt und kristallisiert. Die Abkühlung kann auf oder nahe der Erdoberfläche stattfinden (niedriges Temperatur-Druckregime) oder in großer Tiefe (hohes Temperatur-Druckregime). Das Milieu während der Kristallisation und die chemische Zusammensetzung des geschmolzenen Gesteins bestimmen zum größten Teil, welche Minerale entstehen. Zum Beispiel kristallisiert das Silikat Olivin bei hohen Temperaturen, Quarz dagegen bei wesentlich geringeren.

Außerdem werden manche Silikate an der Erdoberfläche durch die Verwitterungsprodukte anderer Silikate gebildet. Wieder andere Silikate entstehen unter extrem hohem Druck, wie er bei der Gebirgsbildung auftritt. Deswegen besitzt jedes Silikat eine Struktur und eine chemische Zusammensetzung, die auf die Bildungsbedingungen hinweisen. Folglich können Geologen durch genaue Untersuchung der Mineralkomponenten eines Gesteins bestimmen, unter welchen Bedingungen das Gestein gebildet wurde.

Wir werden uns nun einigen sehr häufig vorkommenden Silikaten zuwenden, die wir gemäß ihrer chemischen Zusammensetzung in zwei große Hauptgruppen einteilen.

3.10.1 Die hellen (felsischen) Silikate

Die **hellen** Silikate (felsische oder **Nichteisen-Magnesium-Silikate**) besitzen grundsätzlich eine helle Farbe und ein spezifisches Gewicht von 2,7 und sind damit beträchtlich leichter als die dunklen Silikate (Eisen-Magnesium-Silikate). Die Unterschiede sind überwiegend durch das Vorhandensein bzw. das Fehlen von Eisen und Magnesium bedingt. Die hellen Silikate enthalten unterschiedliche Mengen an Aluminium, Kalium, Calcium und Natrium statt Eisen und Magnesium.

Die Feldspat-Gruppe Die *Feldspate* sind die am häufigsten vorkommenden Minerale und können unter großen Schwankungsbereichen bei Temperatur und Druck gebildet werden, was ihre Häufigkeit erklärt (▶ Abbildung 3.30). Alle Feldspate haben ähnliche physikalische Eigenschaften. Sie besitzen zwei Spaltebenen, die fast im rechten Winkel aufeinandertreffen, sie sind relativ hart (Mohs-Härte 6) und ihr Glanz reicht von Glasglanz bis Perlglanz. Als Komponente im Gestein können Feldspatkristalle durch ihre rechteckige Form und die relativ glatten, schimmernden Flächen identifiziert werden (Abbildung 2.29).

Es gibt zwei verschiedene Feldspatstrukturen. Die eine Gruppe der Feldspate hat Kaliumionen in ihrer Struktur eingebaut und wird deswegen als **Kalifeldspate** (Kalium-Natrium-Feldspate) bezeichnet. (Orthoklas und Mikroklin sind häufige Vertreter der Kalifeldspatgruppe.) Die andere Gruppe, die Plagioklase (Natrium-Calcium-Feldspate), enthält Natrium und Calcium, die einander beliebig ersetzen können, abhängig vom Milieu während der Kristallisation.

Kalifeldspat ist gewöhnlich schwach creme- oder lachsfarben, gelegentlich auch schwach blaugrün. Die Plagioklase dagegen weisen eine Farbschattierung von

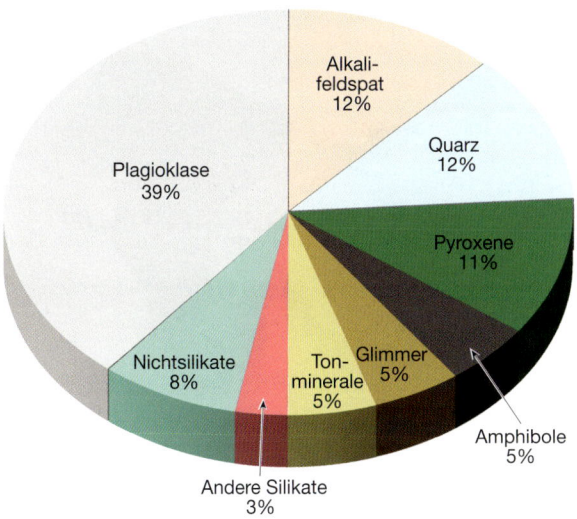

Abbildung 3.30: Der geschätzte Prozentsatz (des Volumens) der häufigsten Minerale der Erdkruste.

weiß bis mittelgrau auf. Dennoch sollte die Farbe nicht bei der Unterscheidung der beiden Gruppen verwendet werden. Die einzig sichere Methode, die Feldspate physisch (mit freiem Auge oder der Lupe) zu unterscheiden, ist durch viele feine parallel verlaufende Linien, auch *polysynthetische Zwillingslaminierung* genannt. Diese findet man nur auf manchen Spaltflächen der Plagioklase, nicht jedoch auf Spaltflächen der Kalifeldspate (▶Abbildung 3.31).

Quarz *Quarz* ist das einzige, häufig vorkommende Silikat, das vollständig aus Silizium und Sauerstoff besteht. Quarz hat die chemische Formel SiO_2. Da die Struktur von Quarz ein Verhältnis von einem Siliziumion (Si^{4+}) zu zwei Sauerstoffionen (O^{2+}) besitzt, wird kein weiteres positives Ion benötigt, um Neutralität zu erhalten.

Durch die gemeinsame Verwendung aller Sauerstoffatome von danebenliegenden Siliziumatomen bildet Quarz ein dreidimensionales Gerüst aus. Daher sind alle Bindungen im Quarz gleich starke Silizium-Sauerstoff-Bindungen. Demzufolge ist Quarz hart, verwitterungsbeständig und besitzt keine Spaltbarkeit. Der Bruch von Quarz ist muschelig (siehe Abbildung 2.3). Quarz ist in reiner Form farblos und bildet (bei ungestörtem Wachstum) sechseckige Kristalle mit pyramidenförmigen Spitzen aus. Wie die meisten farblosen Minerale, ist Quarz allerdings oft durch Einschlüsse verschiedener Ionen (Unreinheiten) gefärbt und bildet keine gut entwickelten Kristallflächen aus. Die häufigsten Varietäten von Quarz sind: Milchquarz (weiß), Rauchquarz (grau), Rosenquarz (rosa), Amethyst (violett) und Bergkristall (farblos) (▶Abbildung 3.32).

Muskowit *Muskowit* ist ein häufiger Vertreter der Glimmergruppe. Es besitzt eine helle Färbung und Perlmuttglanz. Wie alle anderen Glimmer weist Muskowit eine sehr gute Spaltbarkeit in einer Richtung auf. In dünnen Blättchen ist Muskowit durchsichtig; deswegen wurde es im Mittelalter als „Fensterglas" (besonders für Bullaugen von Schiffen) verwendet (*Muskowit* = „Moskauer Glas", weil große Kristalle einst aus Russland importiert wurden). Da Muskowit sehr glänzt, kann es im Gestein oft durch sein Funkeln identifiziert werden. Sollten Sie schon einmal genauer den Sand am Strand betrachtet haben, so haben Sie sicherlich den schimmernden Glanz der verstreuten Glimmerblättchen unter all den anderen Sandkörnern bemerkt.

Tonminerale *Ton* ist die Bezeichnung für eine Reihe komplexer Minerale, die wie die Glimmer eine Schichtstruktur besitzen. Anders als die anderen, häufig vorkommenden Silikate, wie Quarz und Feldspat, werden Tonminerale nicht unter magmatischen Bedingungen gebildet. Vielmehr entstehen Tonminerale durch chemische Verwitterung anderer Silikate. Deswegen machen Tonminerale einen großen Prozentsatz an Oberflächenmaterial aus, das wir Boden nennen. Durch ihre große Bedeutung für die Landwirtschaft und wegen ihrer Rolle als tragendes Material bei Gebäuden sind Tonminerale für uns Menschen äußerst wichtig. Außerdem machen Tonminerale fast die Hälfte des Volumens der Sedimentgesteine aus.

Abbildung 3.31: Diese parallel verlaufenden Linien werden polysynthetische Zwillingslaminierung genannt und sind ein Erkennungsmerkmal der Plagioklase.

Abbildung 3.32: Quarz. Manche Minerale wie beispielsweise Quarz können in einem Spektrum von Farben auftreten. Diese Exemplare sind Bergkristall (farblos), Amethyst (violetter Quarz), Citrin (gelber Quarz) und Rauchquarz (grauer bis schwarzer Quarz). (Foto: mit freundlicher Genehmigung von E.J. Tarbuck)

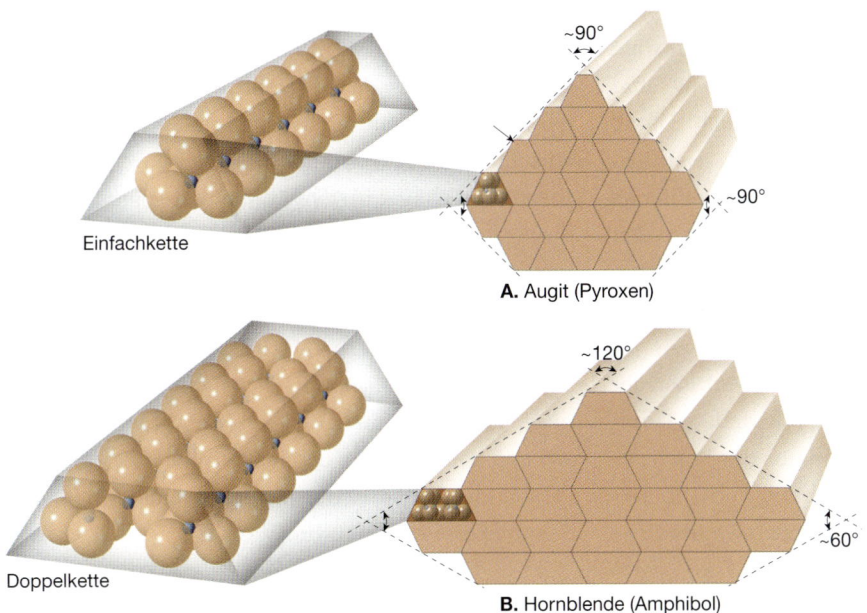

Abbildung 3.33: Spaltwinkel für Augit und Hornblende. Da die Doppelketten der Hornblende schwächere Bindungen als die Einfachketten des Augits haben, ist die Spaltbarkeit von Hornblende besser ausgebildet.

Tonminerale sind durchwegs sehr feinkörnig, was eine Bestimmung mit bloßem Auge sehr schwierig macht. Ihre Schichtstruktur und die schwachen Bindungen zwischen den Schichten sind für die charakteristische Griffigkeit nasser Tonminerale verantwortlich. Sie kommen häufig in Schiefern, Tonsteinen und anderen Sedimentgesteinen vor. Obwohl sie so feinkörnig sind, können sie sehr dichte Schichten oder Lagen bilden.

Eines der häufigsten Tonminerale ist *Kaolinit*, das bei der Herstellung von Porzellan und als Beschichtung für Hochglanzpapier (wie in diesem Buch) verwendet wird. Des Weiteren können manche Tonminerale große Mengen an Wasser aufnehmen und dadurch auf ein Vielfaches ihrer normalen Größe aufquellen. Diese Tonminerale wurden auf erfinderische Weise kommerziell genutzt, beispielsweise in Schnellimbissen (Fast-Food-Restaurants) als Verdickungsmittel für Milchmixgetränke (Milch-Shakes).

3.10.2 Die dunklen (mafischen) Silikate

Die **dunklen Silikate** (mafische oder **Eisen-Magnesium-Silikate**) enthalten Eisen oder Magnesium in ihrer Struktur. Durch den Eisengehalt erhalten die Eisen-Magnesium-Silikate ihre dunkle Färbung und haben ein höheres spezifisches Gewicht, zwischen 3,2 und 3,6 als die Nichteisen-Magnesium-Silikate. Die häufigsten dunklen Silikate sind die Olivine, die Pyroxene, die Amphibole, dunkle Glimmer (Biotit) und Granat.

Die Olivin-Gruppe Die *Olivine* sind eine Familie von Hochtemperatursilikaten, die eine schwarze bis olivgrüne Farbe, einen Glasglanz und einen muscheligen Bruch besitzen (Abbildung 3.29). Sie entwickeln normalerweise kleine, rundliche Kristalle, die einem Gestein mit viel Olivin ein körniges Aussehen geben. Olivin setzt sich aus isolierten Tetraedern zusammen, die durch eine Mischung aus Eisen- und Magnesiumionen verbunden werden, die so positioniert sind, dass Magnesium- und Sauerstoffatome aneinandergehängt werden. Da es im dreidimensionalen Gitternetz keine schwachen Bindungen gibt, die entlang einer Fläche ausgerichtet sind, besitzt Olivin keine Spaltbarkeit.

Die Pyroxen-Gruppe Die *Pyroxene* sind eine Gruppe komplexer Minerale und wichtige Bestandteile des Erdmantels. Der häufigste Vertreter, *Augit*, ist ein schwarzes, opakes Mineral mit einer Spaltbarkeit in zwei Richtungen und einem Spaltwinkel von nicht ganz 90° (Abbildung 3.29). Seine Kristallstruktur zeichnet sich durch Einfachketten aus; dabei werden die Tetraeder mit Eisen- und Magnesiumionen gebunden. Da die Silizium-Sauerstoff-Bindung stärker als die Bindung zwischen den Silikatstrukturen ist, spaltet Augit parallel zu den Silikatketten, wie in ▶Abbildung 3.33 gezeigt wird. Augit ist eines der vorherrschenden Minerale in Basalt (ein häufig vorkommendes magmatisches Gestein der ozeanischen Kruste und in kontinentalen Vulkangebieten).

Die Amphibol-Gruppe *Hornblende* ist der häufigste Vertreter einer chemisch komplexen Gruppe von Mineralen, die *Amphibole* genannt werden (Abbildung

3.29). Hornblende ist meist dunkelgrün bis schwarz gefärbt und außer seinen Spaltwinkeln von 60° und 120° dem Aussehen von Augit sehr ähnlich. Durch die Doppelketten erhält es seine besondere Spaltbarkeit (Abbildung 3.33). In Gesteinen bildet Hornblende oft längliche Kristalle aus und kann dadurch von den Pyroxenen mit eher gedrungenen Kristallen unterschieden werden. Hornblende findet man als dunklen Bestandteil in magmatischen Gesteinen.

Biotit *Biotit* ist der dunkle, eisenreiche Vertreter der Glimmergruppe (Abbildung 3.29). Wie andere Glimmer besitzt Biotit eine Blätterstruktur, die ihm vollkommene Spaltbarkeit in einer Richtung verleiht. Biotit hat ein schwarz glänzendes Aussehen, wodurch es von anderen Eisen-Magnesium-Mineralen unterschieden werden kann. Wie Hornblende kommt Biotit als häufige Komponente in magmatischen Gesteinen vor, einschließlich Granit.

Granat Bei Granat besteht ähnlich wie bei Olivin die Struktur aus isolierten Tetraedern, die durch Metallionen verknüpft sind. Wie Olivin besitzt Granat einen Glasglanz, keine Spaltbarkeit und hat einen muscheligen Bruch. Die Farbe von Granat kann variieren, ist aber meist braun bis tiefrot. Granat bildet isometrische (nach allen Richtungen etwa gleich große) Kristalle aus und kommt häufig in metamorphen Gesteinen vor (▶Abbildung 3.34). Transparente Granate finden als Schmucksteine Verwendung.

3.11 Wichtige Nichtsilikate

Nichtsilikate sind normalerweise in *Klassen* unterteilt, die sich auf das Anion (negativ geladenes Ion) oder den Anionenkomplex beziehen (▶Tabelle 3.2). Zum Beispiel enthalten die Oxide das negative Sauerstoffion (O^{2-}), das mit einer oder mehreren Arten positiv geladener Ionen Verbindungen eingeht. Deswegen sind innerhalb einer Mineralklasse die Elementarzelle und die Bindungsart ähnlich. Daraus ergeben sich ähnliche physikalische Eigenschaften für die Minerale einer Gruppe, die bei der Mineralbestimmung hilfreich sind.

Zwar machen die Nichtsilikate nur etwa 8 Prozent der Erdkruste aus, doch treten manche Minerale wie Gips, Calcit und Halit als Komponenten in Sedimentgesteinen in beträchtlicher Menge auf. Viele andere sind von wirtschaftlicher Bedeutung. Eine kurze Betrachtung über einige der häufig vorkommenden Nichtsilikate folgt. Zu den häufigsten Nichtsilikaten gehören die Karbonate (CO^{3-}), die Sulfate (SO_4^{2-}) und die Halogenide (Cl^{1-}, F^{1-}, Br^{1-}). Die Karbonate weisen eine wesentlich einfachere Struktur auf als die Silikate. Sie sind aus dem Karbonation und einer oder mehreren Anionenarten aufgebaut. Zwei sehr häufige Karbonate sind *Calcit* $CaCO_3$ und *Dolomit* $CaMg(CO_3)_2$. Da beide Minerale physikalisch und chemisch ähnlich sind, ist es schwierig, sie voneinander zu unterscheiden. Beide besitzen Glasglanz, eine fast vollkommene rhombische Spaltbarkeit und ihre Härte liegt zwischen 3 und 4. Man kann sie jedoch durch die Verwendung von verdünnter Salzsäure (5 bis 10 Prozent) unterscheiden. Calcit reagiert heftig mit der Säure, Dolomit

Abbildung 3.34: Ein tiefroter Granatkristall in einem hellen, glimmerreichen Metamorphit. (Foto: E. J. Tarbuck)

Studenten fragen manchmal …

Ich habe Granatschleifpapier in einer Eisenwarenhandlung gesehen. Besteht es wirklich aus Granat?

Ja, und es ist eines der vielen Dinge aus einem Eisenwarenladen, die aus Mineralen bestehen. Harte Minerale wie Granat (Mohs-Härte = 6,5 bis 7,5) und Korund (Härte = 9) sind sehr gute Schleifmittel. Granat kommt häufig vor und ist hart; dadurch ist es für die Herstellung von Schleifscheiben, Poliermittel, Anti-Rutsch-Oberflächen und für Sandstrahlung brauchbar. Andererseits werden Minerale mit niedrigen Ziffern auf der Mohs-Skala als Schmiermittel verwendet. Beispielsweise findet man auch ein anderes Mineral in Eisenwarenhandlungen, nämlich Graphit (Härte = 1); es wird in der Industrie als Schmiermittel verwendet.

EXKURS 3.3 – DIE ERDE VERSTEHEN
■ Edelsteine

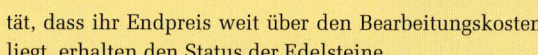

Edelsteine sind seit der Antike sehr begehrt. Doch es wimmelt an falscher Information über Edelsteine und ihren mineralogischen Aufbau. Das rührt teilweise von der alten Praxis her, die Edelsteine nach ihrer Farbe in Gruppen zu fassen und nicht nach ihrem mineralogischen Aufbau. Zum Beispiel sind sich Rubine und rote Spinelle farblich sehr ähnlich, doch handelt es sich um völlig verschiedene Minerale. Wegen der Farbzuordnung wird gewöhnlicher Spinell zum Rubin erhoben. Sogar heutzutage, mit den Möglichkeiten moderner Identifikationstechniken, wird gewöhnlicher gelber Quarz als Goldtopas verkauft.

Die Namensgebung der Edelsteine
Die meisten Edelsteine wurden nicht nach ihrem Ausgangsmineral benannt. Zum Beispiel ist Saphir eine der zwei Varietäten desselben Minerals, Korund. Durch Spurenelemente können Saphire beinahe alle Farben annehmen (▶ Abbildung 3.C). Winzige Spuren von Titan und Eisen in Korund lassen die begehrten blauen Saphire entstehen. Enthält das Mineral Korund genügend Chrom, entsteht eine leuchtend rote Farbe und der Edelstein wird Rubin genannt. Ist ein Exemplar als Edelstein nicht geeignet, verwendet man einfach seinen Mineralnamen, Korund. Wegen seiner Härte wird Korund, der keine Edelsteinqualität besitzt, zerkleinert und als Schleifmittel verkauft.

Zusammengefasst heißt das, Korund mit einer roten Farbtönung wird Rubin genannt. Hat es jedoch eine andere Farbe, so heißt der Edelstein Saphir. Während Korund das Ausgangsmineral für zwei Edelsteine darstellt, gehen aus dem Quarz mehr als ein Dutzend Edelsteine hervor. In der ▶ Tabelle 3.A sind einige bekannte Edelsteine und ihr Ausgangsmineral aufgelistet.

Was macht einen Edelstein aus?
Findet man Edelsteine in natürlichem Zustand, sind sie mattiert und die meisten Menschen würden sie übersehen wie jeden anderen Stein. Edelsteine müssen geschliffen und poliert werden, damit sie ihre wahre Schönheit entfalten (▶ Abbildung 3.C). Einen Edelstein zu spalten, ist eine Art, ihm seine Form zu geben; dabei wird das Mineral entlang seiner schwächsten Kristallebene (Spaltbarkeit) gespalten. Nur Minerale mit solch hoher Qualität, dass ihr Endpreis weit über den Bearbeitungskosten liegt, erhalten den Status der Edelsteine.

Edelsteine lassen sich in zwei Kategorien einteilen: edel und halbedel. Ein Edelstein muss Schönheit, Langlebigkeit und Seltenheit besitzen, bei einem Halbedelstein dagegen genügen eine oder zwei dieser Eigenschaften. Die Edelsteine mit dem traditionell höchsten Wert sind Diamanten, Rubine, Saphire, Smaragde und manche Varietäten der Opale (Tabelle 3.A). Alle anderen werden als Halbedelsteine eingestuft. Trotzdem wird für große, qualitativ hochwertige Exemplaren der Halbedelsteine ein sehr hoher Preis verlangt.

Heutzutage sind gleichmäßig gefärbte Steine am meisten gefragt. Die beliebtesten Tönungen sind rot, blau, grün, violett, rosa und gelb. Die höchsten Preise erzielen blutrote Rubine, blaue Saphire, grasgrüne Smaragde und kanariengelbe Diamanten. Farblose Edelsteine sind im Allgemeinen nicht so beliebt, außer bei Diamanten, die ein „Funkeln" oder auch „Feuer" (Brillanz) aufweisen.

Die Langlebigkeit eines Edelsteins hängt von seiner Härte ab, also seine Widerstandsfähigkeit gegen Abrieb von Gegenständen aus dem Alltag. Eine gute Haltbarkeit setzt eine Härte von mindestens 7 wie bei Quarz voraus, definiert durch die Mohs-Skala. Es gibt eine erwähnenswerte Ausnahme: Opal, der vergleichsweise weich (Härte 5 bis 6,5) und spröde ist. Der Wert des Opals rührt von seinem „Feuer" (der Vielfalt der funkelnden Farben).

Es scheint in der menschlichen Natur zu liegen, seltene Dinge zu sammeln. Im Fall der Edelsteine sind große, hochwertige Edelsteine viel seltener als kleinere Steine. Deswegen werden für große Rubine, Diamanten und Smaragde, die selten, wunderschön und langlebig sind, die höchsten Preise verlangt.

Abbildung 3.C: Australische Saphire mit unterschiedlichen Schliffen und Farben. (Foto: Fred Ward, Black Star)

Edelstein	Mineralname	Gefragte Färbungen
Edel		
Diamant	Diamant	farblos, gelb
Smaragd	Beryll	grün
Opal	Opal	schimmernd
Rubin	Korund	rot
Saphir	Korund	blau
Halbedel		
Alexandrit	Chrysoberyll	verschiedene
Amethyst	Quarz	violett
Tigerauge	Krokydolith (Na-Amphibol)	gelb
Kalzedon	Quarz (Achat)	gebändert
Citrin	Quarz	gelb
Granat	Granat	rot, grün
Jade	Jadeit oder Nephrit	grün
Mondstein	Feldspat	durchscheinend, blau
Peridot	Olivin	oliv, grün
Rauchtopas	Quarz	braun
Spinell	Spinell	rot
Topas	Topas	violett, rot
Turmalin	Turmalin	rot, blau-grün
Türkis	Türkis	blau
Zirkon	Zirkon	rot

Tabelle 3.A: Wichtige Edelsteine.

3 Materie und Minerale

Mineralgruppen (Schlüsselionen oder Elemente)	Mineralname	Chemische Formel	Wirtschaftliche Verwendung
Karbonate(CO_3^{2-})	Dolomit	$CaMg(CO_3)_2$	Portlandzement, Kalk
	Calcit	$CaCO_3$	Portlandzement, Kalk
Halogenide (Cl^{1-}, F^{1-}, Br^{1-}, I^{1-})	Halit	$NaCl$	Speisesalz
	Fluorit	CaF_2	Bei Stahlverarbeitung
	Sylvit	KCl	Dünger
Oxide(O^{2-})	Hämatit	Fe_2O_3	Eisenerz, Pigment
	Magnetit	Fe_3O_4	Eisenerz
	Korund	Al_2O_3	Schmuckstein, Schleifmittel
	Eis	H_2O	Feste Zustandsform von Wasser
Sulfide(S^{2-})	Bleiglanz	PbS	Bleierz
	Zinkblende	ZnS	Zinkerz
	Pyrit	FeS_2	Schwefelsäureproduktion
	Chalcopyrit	$CuFeS_2$	Kupfererz
	Zinnober	HgS	Quecksilbererz
Sulfate(SO_4^{2-})	Gips	$CaSO_4 \times 2H_2O$	Verputz
	Anhydrit	$CaSO_4$	Verputz
	Baryt (Schwerspat)	$BaSO_4$	Spülflüssigkeit für Tiefbohrungen, Kontrastmittel in der Röntgenmedizin
Gediegene Elemente (Einzelelemente)	Gold	Au	Handel, Schmuck
	Kupfer	Cu	Elektrischer Leiter
	Diamant	C	Schmuckstein, Schleifmittel
	Schwefel	S	Pharmazeutische Produkte, Chemikalien
	Graphit	C	Bleistiftminen, trockenes Schmiermittel
	Silber	Ag	Schmuck, Fotografie
	Platin	Pt	Katalysator

Tabelle 3.3: Häufige Mineralklassen der Nichtsilikate.

Abbildung 3.35: Eine mächtige Lage von Halit (Salz) im Untertagebau der Grand Saline, Texas. (Foto: Tom Bochsler)

nur zögernd. Calcit und Dolomit findet man gewöhnlich gemeinsam als Hauptkomponenten in Sedimentgesteinen vor. Ist Calcit das vorherrschende Mineral, nennt man das Gestein *Kalkstein*, herrscht Dolomit vor, so heißt das Gestein ebenfalls *Dolomit*. Kalkstein wird auf vielerlei Weise verwendet, zum Straßenbau, als Baustoff und als Hauptinhaltsstoff von Portlandzement.

Halit und *Gips* sind zwei weitere Nichtsilikate, die man oft in Sedimentgesteinen antrifft. Beide Minerale findet man in dicken Schichten als Rudimente alter, lang ausgetrockneter Meere (▶Abbildung 3.35). Beide sind, wie Kalkstein, wichtige nichtmetallische Rohstoffquellen. Hinter dem Mineralnamen Halit verbirgt sich normales Speisesalz (NaCl). Aus Gips ($CaSO_4 \times 2H_2O$), Calciumsulfat mit gebundenem Wasser in der Struktur, werden Wandverputze und andere ähnliche Baumaterialen hergestellt.

Die meisten Mineralklassen der Nichtsilikate werden wegen ihres wirtschaftlichen Nutzens geschätzt. Dazu gehören die Oxide mit Hämatit und Magnetit als bedeutende Eisenerze (▶Abbildung 3.36). Ebenso von Bedeutung sind die Sulfide, deren Grundkomponente Schwefel (S) ist, und dazu ein oder mehrere Metalle. Zu nennen sind hier Bleiglanz (Blei), Zinkblende (Zink), Chalcopyrit (= Kupferkies) (Kupfer). Des Weiteren haben gediegene Elemente wie Gold, Silber und Kohlenstoff (Diamanten) sowie andere Nichtsilikate – Fluorit oder Flussspat (als Flussmittel bei der Stahlherstellung), Korund (als Edelstein und Schleifmittel) und Uraninit (eine Uranquelle) – wirtschaftliche Bedeutung.

A.

B.

Abbildung 3.36: Magnetit (**A.**) und Hämatit (**B.**) sind beide Oxide und wichtige Eisenerze. (Foto: E.J. Tarbuck)

ZUSAMMENFASSUNG

Ein *Mineral* ist eine natürlich vorkommende, anorganische, feste Substanz, die eine geordnete kristalline Struktur (ein Raumgitter) und eine genau definierte chemische Zusammensetzung besitzt. Die meisten *Gesteine* sind eine Ansammlung zweier oder mehrerer Minerale.

Die *Elemente* sind die Bausteine der Minerale. Ein Atom ist die kleinste Einheit der Materie, die noch die Eigenschaften eines Elements aufweist. Jedes Atom besitzt einen Atomkern, in dem Protonen (Teilchen mit positiver elektrischer Ladung) und Neutronen (Teilchen ohne Ladung bzw. mit neutraler Ladung) enthalten sind. Um den Atomkern kreisen auf den *Energieebenen* oder *Hauptschalen* die *Elektronen*, die negativ geladen sind.

Die Anzahl von Protonen in einem Atomkern ist für die *Atomzahl* und den Elementnamen bestimmend. Ein Element hat viele elektrisch neutrale Atome mit gleicher Atomzahl.

Atome vereinigen sich zu viel komplexeren Substanzen, den *Verbindungen*. Atome verbinden sich durch Aufnahme, Abgabe oder gemeinsame Verwendung von Elektronen. Bei einer *Ionenbindung* werden ein oder mehrere Elektronen von einem Atom zu einem anderen übertragen, wodurch die Atome eine positive oder negative Gitterladung erhalten. Die entstehenden elektrisch geladenen Atome werden *Ionen* genannt. Ionenbindungen bestehen aus gegensätzlich geladenen Ionen, die in einer regelmäßigen kristallinen Struktur angeordnet sind, um maximale gegenseitige Anziehung, je nach Größe, zu erzielen.

Isotopen sind Varianten desselben Elements mit unterschiedlicher Massenzahl (die Summe aus Neutronen und Protonen eines Atomkerns). Manche Isotopen sind instabil und zerfallen natürlicherweise durch Prozesse, die als *Radioaktivität* bezeichnet werden.

Mineralogen verwenden die Bezeichnungen *Kristall* oder *kristallin* in Bezug auf *jede natürlich vorkommende Substanz mit geordneter, sich wiederholender Atomstruktur*. Minerale werden durch den Vorgang der *Kristallisation* gebildet. Diese tritt auf, wenn Stoffe aus einer Lösung ausfallen, wenn Magma abkühlt und kristallisiert oder im Hochtemperatur-Hochdruck-Regime der Metamorphose.

Die Grundbaueinheit der Minerale wird *Elementarzelle* genannt und besteht aus einer Anhäufung von Kationen und Anionen, die so angeordnet sind, dass sich die positiven und negativen Ladungen gegenseitig aufheben. Diese Elementarzellen sind auf regelmäßige Weise miteinander verknüpft und stehen in Beziehung zur Form und Symmetrie eines Kristalls. Deswegen *bleiben die Winkel zwischen den entsprechenden Kristallflächen desselben Minerals immer gleich* (*Gesetz der Winkelkonstanz von Steno*).

Die chemische Zusammensetzung einiger Minerale unterliegt Schwankungen, da Ionen ähnlicher Größe sich gegenseitig ersetzen können. Es ist auch nicht ungewöhnlich, dass zwei Minerale mit exakt gleicher chemischer Zusammensetzung unterschiedliche innere Strukturen und damit unterschiedliche äußere Formen aufweisen. Solche Minerale werden *Polymorphe* genannt.

Die Eigenschaften der Minerale schließen die *Kristallform (Habitus), den Glanz, die Farbe, den Strich, die Härte, die Spaltbarkeit, den Bruch* und *die Dichte* oder *das spezifische Gewicht* ein. Zusätzlich sind einige besondere physikalische und chemische Eigenschaften (*Geschmack, Geruch, Elastizität, Griffigkeit, Magnetismus, Doppelbrechung und chemische Reaktion zu Salzsäure*) zur Bestimmung bestimmter Minerale hilfreich. Jedes Mineral besitzt eine einzigartige Reihe von Eigenschaften, die zur Bestimmung verwendet werden können.

Von fast 4.000 Mineralen bauen nicht mehr als ein paar Dutzend die Erdkruste auf. Sie werden deswegen als gesteinsbildende Minerale bezeichnet. Acht Elemente (Sauerstoff, Silizium, Aluminium, Eisen, Calcium, Natrium, Kalium und Magnesium) machen den Hauptanteil aus und sind mit über 98 Prozent (Gewicht) in der Erdkruste vertreten.

Die am häufigsten vorkommende Mineralgruppe sind die *Silikate*. Alle Silikatminerale besitzen als grundlegende Baueinheit das negativ geladene *Silizium-Sauerstoff-Tetraeder*. In manchen Silikaten sind die Tetraeder zu Ketten verknüpft (Pyroxen- und Amphibolgruppe), in anderen sind sie in Schichten angeordnet (Glimmer-Muskowit und Biotit) oder sie bilden dreidimensionale Gerüste aus (Feldspate und Quarz). Die Tetraeder und die verschiedenen Silikatstrukturen werden durch positive Ionen von Eisen, Magnesium, Kalium, Aluminium und Calcium verbunden. Durch die Struktur und die chemische Zusammensetzung der Silikatminerale kann man Rückschlüsse auf die Bildungsbedingungen ziehen.

Die Nichtsilikate machen eine Reihe von wirtschaftlich bedeutenden Mineralen aus, dazu gehören die *Oxide* (zum Beispiel Hämatit wird für Eisen abgebaut), die *Sulfide* (zum Beispiel Zinkblende wird für Zink und Bleiglanz für Blei abgebaut), die *Sulfate*, *Halogenide* und *gediegene Elemente* (zum Beispiel Gold und Silber). Die häufigsten gesteinsbildenden Minerale aus der Nichtsilikatgruppe sind die *Karbonate*, Calcit und Dolomit. Zwei andere Nichtsilikatminerale, Halit und Gips, findet man auch oft in Sedimentgesteinen.

ZUSAMMENFASSUNG

Wiederholungsfragen

1. Nennen Sie fünf Eigenschaften, die einen Stoff als Mineral einordnen.
2. Definieren Sie die Bezeichnung „Gestein".
3. Nennen Sie die drei Hauptteilchen eines Atoms und erklären Sie die Unterschiede.
4. Ein neutrales Atom hat 35 Elektronen und seine Massenzahl ist 80. Berechnen Sie:
    a. die Anzahl der Protonen.
    b. die Atomzahl.
    c. die Anzahl der Neutronen.
5. Welche Bedeutung hat das Valenzelektron?
6. Unterscheiden Sie kurz eine ionische von einer kovalenten Bindung.
7. Was geschieht mit einem Atom, wenn es zum Kation wird? Zum Anion?
8. Was ist ein Isotop?
9. Was verstehen Mineralogen unter der Bezeichnung „Kristall"?
10. Beschreiben Sie kurz drei Möglichkeiten der Mineralbildung (Kristallisation).
11. Was besagt Stenos Gesetz?

12 Was sind Polymorphe? Wo haben sie Gemeinsamkeiten?

13 Warum ist es schwierig, ein Mineral nach seiner Farbe zu bestimmen?

14 Angenommen, Sie fänden auf Ihrer Gesteinssuche ein Mineral mit glasartigem Aussehen. Sie halten es für einen Diamanten. Welcher einfache Test würde Ihnen bei der Bestimmung helfen?

15 Erklären Sie die Verwendung von Korund aus Tabelle 3.2 in Bezug auf die Härteskala von Mohs.

16 Gold besitzt ein spezifisches Gewicht von fast 20. Wenn ein 25-Liter-Krug mit Wasser 25 Kilogramm wiegt, wie viel wiegt ein 25-Liter-Krug Gold?

17 Erklären Sie den Unterschied zwischen Silizium und Silikat.

18 Was ist mit der Sprödigkeit eines Minerals gemeint? Nennen Sie drei Begriffe, die Sprödigkeit beschreiben.

19 Auf welcher Grundlage werden Minerale in Mineralklassen eingeteilt?

20 Beschreiben Sie das Silizium-Sauerstoff-Tetraeder.

21 Was haben Eisen-Magnesium-Minerale gemeinsam? Nennen Sie Beispiele solcher Mineralen.

22 Was sind die Gemeinsamkeiten von Biotit und Muskowit? Was sind die Unterschiede?

23 Sollte man Orthoklas und Plagioklas anhand der Farbe unterscheiden? Was ist die beste Methode, um zwischen den beiden Feldspaten zu unterscheiden?

24 Jede der folgenden Aussagen beschreibt ein Silikatmineral oder eine Gruppe. Geben Sie jedem den passenden Namen.
   a. Der häufigste Vertreter der Amphibolgruppe
   b. Das häufigste Nichteisen-Magnesium-Mineral der Glimmerfamilie
   c. Das einzige Silikat, das nur aus Silizium und Sauerstoff aufgebaut ist
   d. Ein Hochtemperatur-Silikat, dessen Name auf seiner Farbe beruht
   e. Ein Silikat mit charakteristischer Streifung
   f. Ein Silikat, das als Produkt aus chemischer Verwitterung hervorgeht

25 Mit welchem einfachen Test kann man Calcit von Dolomit unterscheiden?

Größere Multiple-Choice-Tests zur Wissenskontrolle und Prüfungsvorbereitung sowie weitere Informationen zu diesem Buchkapitel finden Sie auf der Companion Website zum Buch unter **www.pearson-studium.de**

Magmatische Gesteine

4.1 Magma – das Ausgangsmaterial der magmatischen Gesteine 123

4.2 Magmatische Gefüge (Texturen) 126

4.3 Zusammensetzung der Magmatite 129

4.4 Die Namensgebung bei magmatischen Gesteinen 133

4.5 Die Herkunft des Magmas 138

4.6 Wie entwickeln sich Magmen? 141

4.7 Partielle Aufschmelzung und Magmenzusammensetzung 144

Zusammenfassung 148

Wiederholungsfragen 149

ÜBERBLICK

4 Magmatische Gesteine

Zwei Kletterer auf der Spitze einer Felsnadel in der Sierra Nevada. (Foto: Brian Bailey/ Getty Images)

Magmatische und metamorphe Gesteine stammen von magmatischen „Muttergesteinen" ab und sind mit etwa 95 Prozent in der Erdkruste enthalten. Der Erdmantel, der mehr als 82 Prozent des Erdvolumens ausmacht, ist vollständig aus magmatischen Gesteinen aufgebaut. Die Erde könnte man deswegen als riesige magmatische Gesteinsmasse bezeichnen, die mit einer dünnen Schicht aus Sedimentgesteinen bedeckt ist und einen relativ kleinen, eisenreichen Kern besitzt.

Magma – das Ausgangsmaterial der magmatischen Gesteine 4.1

In unseren Ausführungen über den Gesteinskreislauf stellten wir heraus, dass **magmatische Gesteine** dann entstehen, wenn flüssiges Gestein abkühlt und sich verfestigt. Vieles weist darauf hin, dass das Ausgangsmaterial der magmatischen Gesteine, Magma genannt, durch partielle Aufschmelzung gebildet wird. Partielle Aufschmelzung tritt auf verschiedenen Ebenen bis in Tiefen von möglicherweise 250 Kilometer innerhalb der Erdkruste und des oberen Mantels auf. Die Herkunft des Magmas untersuchen wir später in diesem Kapitel.

Ist ein Magmenkörper einmal gebildet, so hat er eine geringere Dichte als das Nebengestein und steigt durch seinen Auftrieb nach oben. Gelegentlich durchdringt die Gesteinsschmelze die Oberfläche und führt zu einem spektakulären Vulkanausbruch. Magma, das die Oberfläche erreicht, wird **Lava** genannt. Manchmal wird Lava fontänenartig herausbefördert, wenn entweichende Gase das flüssige Gestein aus der Magmenkammer heraustreiben. Gelegentlich kann Magma explosionsartig aus Vulkanschloten geschleudert werden, was zu einem katastrophalen Ausbruch führt. Jedoch sind nicht alle Vulkanausbrüche so gewaltig; aus vielen fließt dünnflüssige Lava einfach aus (▶ Abbildung 4.1).

Magmatische Gesteine entstehen aus einer Gesteinsschmelze. Die, die sich *an der Oberfläche* verfestigen werden als **Extrusivgestein**e (*ex* = heraus, *trudere* = schieben) oder **Vulkanite** (nach dem römischen Feuergott Vulcanus) bezeichnet. Extrusivgesteine kommen häufig auf den Äolischen oder Ägäischen Inseln vor oder in den westlichen Regionen der beiden amerikanischen Kontinente vor; dazu gehören auch die Vulkankegel der Anden oder der Cascade Range und die ausgedehnten Lavaströme auf dem Columbia-Plateau. Auch viele ozeanische Inseln, wie man sie von den Kanarischen Inseln oder Hawaii kennt, bestehen fast vollständig aus vulkanischen Extrusivgesteinen.

Magma, das seine Bewegungsfähigkeit verliert, bevor es die Oberfläche erreicht, kristallisiert in der Tiefe. Magmatische Gesteine, die *in der Tiefe gebildet* werden, nennt man **Intrusivgesteine** (*in* = hinein, *trudere* = schieben) oder **Plutonite** (nach Pluto, dem Gott der Unterwelt in der römischen Mythologie). Magmatische Intrusivgesteine würden nie an die Oberfläche gelangen, gäbe es keine Krustenhebung und würden

Abbildung 4.1: Flüssige Basaltlava vom Kilauea-Vulkan, Hawaii. (Foto: Philip Rosenberg/ Pacific Stock)

4 Magmatische Gesteine

Abbildung 4.2: Das Mount Rushmore National Memorial in den Schwarzen Bergen von Süddakota wurde in das Intrusivgestein gemeißelt. (Foto: Marc Muench)

die darüberliegenden Gesteine nicht durch Erosion entfernt. (Eine unbedeckte Krustengesteinsmasse ohne Boden- und Vegetationsbedeckung nennt man Aufschluss). Freigelegte Intrusivgesteine treten an vielen Stellen zu Tage: in den Zentralalpen (Mount Blanc, Aarmassiv, Bergell, Hohe Tauern), der Bretagne, im Schwarzwald, im Bayerischen Wald und im Fichtelgebirge oder in den USA in den Black Hills in Süddakota und im Yosemite National Park in Kalifornien (▶ Abbildung 4.2).

4.1.1 Die Beschaffenheit von Magma

Magma kann aus vollständig oder teilweise geschmolzenem Material zusammengesetzt sein, das sich bei Abkühlung zu einem magmatischen Gestein verfestigt. Die meisten Magmen bestehen aus drei unterschiedlichen Bestandteilen – einer flüssigen Komponente, einer festen Komponente und einer Gasphase.

Der flüssige Anteil wird **Schmelze** genannt und setzt sich aus beweglichen Ionen der Elemente zusammen, die häufig in der Erdkruste vorkommen; also hauptsächlich aus Silizium- und Sauerstoffionen, in geringerem Anteil auch aus Aluminium-, Kalium-, Calcium-, Natrium-, Eisen- und Magnesiumionen.

Die festen Komponenten im Magma (falls vorhanden) bestehen aus Silikatmineralen, die aus der Schmelze kristallisiert sind. Mit der Abkühlung des Magmas nehmen Größe und Anzahl der Kristalle zu. Während der letzten Abkühlungsphase setzt sich der Magmenkörper überwiegend aus kristallinen Festkörpern und einem geringen Schmelzanteil zusammen.

Die gasförmigen Komponenten des Magmas werden **flüchtige Bestandteile** genannt und bestehen aus Stoffen, die unter Oberflächendruck verdampfen (gasförmig werden). Die am häufigsten in Magma vorkommenden, flüchtigen Bestandteile sind Wasserdampf (H_2O), Kohlendioxid (CO_2) und Schwefeldioxid (SO_2). Sie werden durch den gewaltigen Druck der überlagernden Gesteinsschichten „eingesperrt". Diese Gase haben die Tendenz, sich vom zur Oberfläche (Niedrigdruckfeld) aufsteigenden Magma abzuspalten, um dort eine Dampferuption auszulösen. Aus den Magmenkörpern, die in der Tiefe kristallisieren, bilden die verbleibenden flüchtigen Bestandteile heiße, wasserreiche Fluide, die durch das Nebengestein wandern. Diese heißen Fluide spielen eine wichtige Rolle bei der Metamorphose und werden in Kapitel 8 näher erläutert.

Studenten fragen manchmal ...

Sind Lava und Magma das gleiche?

Nein, aber ihre Zusammensetzung kann sehr ähnlich sein. Beides sind Bezeichnungen für eine Gesteinsschmelze oder flüssiges Gestein: Magma befindet sich unterhalb der Erdoberfläche und Lava ist eine Gesteinsschmelze, die die Oberfläche erreicht hat. Das ist der Grund, warum beide eine ähnliche Zusammensetzung besitzen können. Lava entsteht aus Magma, hat aber bestimmte Stoffe verloren, die als Gas entweichen, wie zum Beispiel Wasserdampf.

4.1.2 Vom Magma zum Kristallingestein

Ist Magma am heißesten, findet ein ständiger Wechsel zwischen der Verknüpfung und dem Auseinanderbrechen von Ionen und Ionengruppen statt. Kühlt das Magma ab, bewegen sich die Ionen langsamer und verbinden sich schließlich zu geordneten kristallinen Strukturen. Dieser Prozess wird **Kristallisation** genannt und bringt verschiedene Silikatminerale hervor, die in der Schmelze verbleiben.

Bevor wir uns der Kristallisation von Magma widmen, wollen wir zunächst betrachten, wie ein einfacher kristalliner Feststoff schmilzt. In jedem kristallinen Festkörper sind die Ionen in einem geordneten, regelmäßigen Muster dicht gepackt. Trotzdem befinden sie sich noch in geringer Bewegung. Sie vollziehen eine Art von eingeschränkter Vibration um Fixpunkte. Steigt die Temperatur an, so vibrieren die Ionen schneller und stoßen schließlich mit stetig anwachsendem Schwung mit ihren benachbarten Ionen zusammen. Dementsprechend brauchen Ionen bei Erwärmung mehr Platz, was den Feststoff sich ausdehnen lässt. Vibrieren die Ionen so schnell, dass sie die chemische Bindungskraft überwinden, beginnt der Feststoff zu schmelzen. In dieser Phase können die Ionen aneinander vorbeigleiten und ihre geordnete kristalline Struktur zerfällt. So wird ein Feststoff, bestehend aus einheitlich dicht gepackten Ionen in eine Flüssigkeit umgewandelt, die aus ungeordneten Ionen mit zufälligen Bewegungen besteht.

Bei der Kristallisation werden die Vorgänge der Schmelze umgekehrt. Durch die fallende Temperatur werden die Ionen langsamer und immer dichter gepackt. Bei ausreichender Abkühlung können die chemischen Bindungskräfte die Ionen wieder in geordnete kristalline Gruppierungen zwingen.

Bei der Abkühlung von Magma verbinden sich Silizium und Sauerstoff als Erste, um die Grundbausteine der Silikatminerale, die Silizium-Sauerstoff-Tetraeder, zu bilden. Gibt das Magma weiter Wärme an seine Umgebung ab, verbinden sich die Tetraeder miteinander sowie mit anderen Ionen und bilden Kristallkeime. Die Keime beginnen zu wachsen, je mehr die Ionen an Bewegung verlieren und sich in das kristalline Baugerüst verknüpfen. Die zu Beginn geformten Minerale haben genug Platz, um zu wachsen, und weisen meist besser ausgebildete Kristallflächen auf als später kristallisierte Minerale, die die Lücken füllen. Schließlich entsteht aus einer Schmelze ein fester Körper mit ineinander verzahnten (verwachsenen) Mineralen, den wir *Magmatit* (magmatisches Gestein) nennen (▶Abbildung 4.3).

Abbildung 4.3: A. Eine Nahaufnahme von ineinander verwachsenen Kristallen in einem grobkörnigen magmatischen Gestein. Die größten Kristalle sind etwa 2 cm lang. **B.** Mikroskopaufnahme von ineinander verwachsenen Kristallen in einem grobkörnigen magmatischen Gestein. (Foto: E.J. Tarbuck).

Wie Sie später sehen werden, ist die Kristallisation von Magma ein wesentlich komplexerer Vorgang als der eben beschriebene. Während eine einzelne Verbindung wie beispielsweise Wasser bei einer bestimmten Temperatur kristallisiert, besitzt Magma aufgrund seiner vielfältigen chemischen Zusammensetzung eine Temperaturspanne von 200°C und mehr. Im Verlauf der Kristallisation verändert sich die Zusammensetzung der Schmelze kontinuierlich, da Ionen selektiv aus der Schmelze entfernt und in die zuerst gebildeten Minerale eingebaut werden. Würde man die Schmelze und die zuerst gebildeten Minerale voneinander trennen, so wäre ihre Zusammensetzung vom Ausgangsmagma verschieden. Auf diese Weise können aus einem einzigen Magma unterschiedliche magmatische Gesteine entstehen. Wir werden diese wichtige Feststellung später in diesem Kapitel behandeln.

Obwohl die Kristallisation von Magma sehr komplex ist, kann man die Magmatite nach ihrer Mineralzusammensetzung und ihren Bildungsbedingungen klassifizieren. Das Milieu während der Kristallisation kann in etwa aufgrund der Größe und der Anordnung der Mineralkörner, *Gefüge* oder Textur genannt, hergeleitet werden. Folglich *klassifiziert man magmatische Gesteine aufgrund ihrer Textur und der Mineralzusammensetzung*. Diese beiden Gesteinseigenschaften werden wir in den folgenden Abschnitten betrachten.

Magmatische Gefüge (Texturen) 4.2

Die Bezeichnung Gefüge oder Textur wird bei Magmatiten dann verwendet, wenn man das Gesamtbild eines Gesteins beschreibt, also die Größe, Form und Anordnung der miteinander verzahnten Kristalle (▶ Abbildung 4.4). Texturen sind ein wichtiges Charakteristikum, da sie viel über die Bildungsbedingungen verraten. Sie ermöglichen es dem Geologen schon im Gelände, wo keine Laborgeräte zur Verfügung stehen, Rückschlüsse auf die Herkunft eines Gesteins zu ziehen.

4.2.1 Einflussfaktoren auf die Kristallgröße

Drei Einflussfaktoren wirken auf die Gefüge der magmatischen Gesteine ein: (1) *die Abkühlungsrate des Magmas*, (2) *der Silikatanteil*, (3) *der Anteil an gelösten Gasen im Magma*. Davon ist die Abkühlungsrate der vorherrschende Faktor, wobei es auch hier, wie bei allen Verallgemeinerungen Ausnahmen gibt. Gibt ein Magmenkörper die Wärme an seine Umgebung ab, so nimmt die Beweglichkeit der Ionen ab. Ein sehr großer Magmenkörper in großer Tiefe wird möglicherweise über einen Zeitraum von zehn- bis hunderttausend Jahren abkühlen. Anfänglich bilden sich relativ wenige Kristallkeime. Eine langsame Abkühlung erlaubt es den Ionen, frei zu wandern, bis sie sich schließlich mit bereits vorhandenen Kristallstrukturen verknüpfen. Deswegen führt eine langsame Abkühlung zum Wachstum weniger, aber größerer Kristalle.

Bei schneller Abkühlung, zum Beispiel in einem dünnen Lavastrom, verlieren die Ionen jedoch schnell ihre Mobilität und bilden sehr leicht Kristalle. Dadurch entstehen zahlreiche Kristallkeime, die alle um die verfügbaren Ionen konkurrieren. Das Ergebnis ist eine feste Masse mit vielen ineinander verwachsenen Kristallen.

Wird die Schmelzmasse zu rapide abgekühlt, bleibt den Ionen nicht genügend Zeit, um sich in geordneten kristallinen Gerüsten anzuordnen. Gesteine, die aus ungeordneten Ionen bestehen, bezeichnet man als glasig (hyalin).

4.2.2 Arten magmatischer Gefüge

Sie konnten sehen, dass sich die Abkühlung relativ direkt auf die Gesteinsgefüge auswirkt. Langsame Abkühlung fördert das Wachstum großer Kristalle, lang-

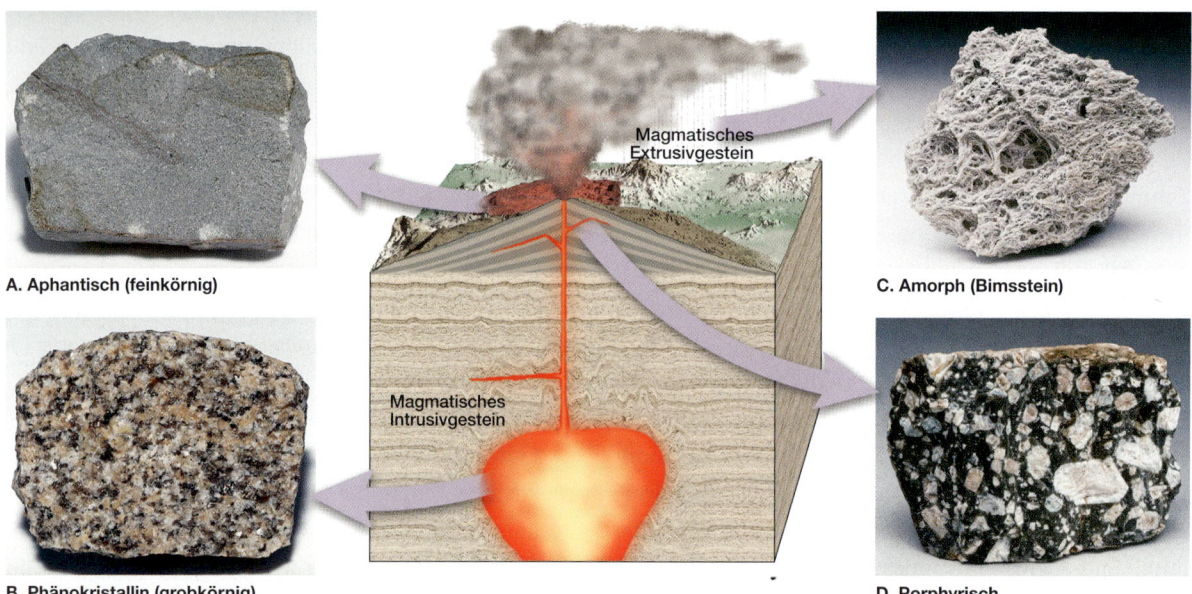

Abbildung 4.4: Gefüge magmatischer Gesteine. **A.** Magmatische Gesteine, die auf oder nahe der Erdoberfläche gebildet werden, kühlen schnell ab und weisen häufig eine feinkörnige (aphanitische) Textur auf. **B.** Grobkörniges (phänokristallines) Gestein wird dann gebildet, wenn Magma langsam in der Tiefe abkühlt. **C.** Während einer Vulkaneruption, wenn silikatreiche Lava in die Atmosphäre geschleudert wird, entsteht schaumiges Glas, auch Bimsstein genannt. **D.** Ein porphyrisches Gefüge kann entstehen, wenn Magma bereits einige große Kristalle besitzt und zu einer anderen Stelle mit höherer Abkühlungsrate migriert. Dadurch wird ein Gestein gebildet, das einige große Kristalle (Phänokristalle) aufweist, die in einer Grundmasse aus kleineren Kristallen eingebettet sind. (Fotos: mit freundlicher Genehmigung von E.J. Tarbuck)

same Abkühlung dagegen begünstigt das Wachstum kleiner Kristalle. Den beiden anderen Faktoren, die das Kristallwachstum beeinflussen, wenden wir uns zu, wenn wir die Hauptgesteinstypen untersuchen.

Aphanitische (feinkörnige) Gefüge Gesteine, die an der Oberfläche gebildet werden oder kleine Gesteinskörper innerhalb der oberen Kruste formen, unterliegen einem schnellen Abkühlungsprozess, wobei das Gefüge sehr feinkörnig, **aphanitisch** (*a* = nicht, *phaner* = sichtbar) ausgebildet wird. Per definitionem sind die Kristalle der aphanitischen Gesteine so klein, dass sie nur unter dem Mikroskop erkennbar sind (▶Abbildung 4.4A). Da eine Mineralbestimmung der individuellen Bestandteile in feinkörnigen Gesteinen mit bloßem Auge nicht möglich ist, beschreiben wir die Gesteinsfarbe; hell, intermediär oder dunkel. Benutzt man dieses Gruppierungssystem, so sind die hell gefärbten aphanitischen Gesteine diejenigen, die überwiegend helle Nicht-Eisen-Magnesium-Silikate besitzen und so weiter (siehe Abschnitt *Häufige Silikatminerale* in Kapitel 3).

Man sieht in aphanitischen Gesteinen häufig durch Gase entstandene Hohlräume, die während der Verfestigung der Lava entwichen sind. Diese runden oder ovalen Hohlräume werden Blasen genannt und ein Gestein mit vielen Blasen besitzt ein **blasiges Gefüge**. Solche Gesteine werden meist im oberen Bereich eines Lavastroms gebildet, da dort die Abkühlung schnell genug vor sich geht, um die Lava „einzufrieren" und so die Hohlräume zu erhalten, die durch die sich ausdehnenden Gasblasen entstanden sind (▶Abbildung 4.5).

Phänokristallines (grobkörniges) Gefüge Verfestigt sich ein großer Magmenkörper weit unterhalb der Oberfläche, werden magmatische Gesteine gebildet, die eine grobkörnige Textur aufweisen und als **phänokristallin** bezeichnet werden. Diese grobkörnigen Gesteine bestehen aus einer Vielzahl ineinander verwachsener Kristalle ungefähr gleicher Größe und groß genug, um die individuellen Minerale mit bloßem Auge zu bestimmen (▶Abbildung 4.4B). Da phänokristalline Gesteine tief in der Erdkruste gebildet werden, erreichen sie die Oberfläche nur durch Erosion der darüberliegenden Gesteine, die einst die Magmenkammer umgeben haben.

Porphyrisches Gefüge Ein großer Magmenkörper in der Tiefe könnte zur Verfestigung zehn- bis hunderttausend Jahre brauchen. Da bestimmte Minerale bei bestimmten Temperaturen (und auch in unterschiedlicher Schnelligkeit) kristallisieren, sind manche Minerale schon sehr groß gewachsen, bevor andere erst mit der Bildung beginnen. Verändern sich die Bildungsbedingungen, beispielsweise durch eine Eruption an der Oberfläche, würde sich der verbleibende flüssige Anteil des Magmas relativ schnell abkühlen. Das dadurch entstehende Gestein besitzt große Kristalle, die in einer Matrix von kleineren Kristallen eingebettet sind; man bezeichnet dies als **porphyrisches Gefüge** (▶Abbildung 4.4D). Die großen Kristalle nennt man **Phänokristalle** (*pheno* = zeigen, *cryst* = Kristall), wobei die Matrix der kleinen Kristalle als **Grundmasse** bezeichnet wird. Ein Gestein, das ein solches Gefüge aufweist, wird als **Porphyr** bezeichnet.

Glasiges (hyalines) Gefüge Bei einem Vulkanausbruch wird flüssiges Gestein in die Atmosphäre hinausgeschleudert und dort plötzlich abgekühlt. Durch diese plötzliche Abkühlung können Gesteine mit einem **glasigen Gefüge** entstehen (▶Abbildung 4.4C). Wie wir schon vorher herausgestellt haben, entsteht Glas dann, wenn ungeordnete Ionen „eingefroren" werden, ohne sich in einer geordneten kristallinen Struktur zu verbinden. *Obsidian* ist ein häufig vorkommendes natürliches Glas und in seinem Aussehen einem dunklen Stück künstlich hergestelltem Glas ähnlich (▶Abbildung 4.6). Wegen seinem hervorragendem muscheligen Bruch und seiner Eigenschaft scharfe und harte Kanten zu behalten, war Obsidian ein geschätztes Material, aus dem die Ureinwohner Amerikas oder Süditaliens Pfeilspitzen und Schneidewerkzeuge herstellten (Abbildung 4.6, Einblendung). Auch die Römer benutzten Rasierklingen aus Obsidian. Noch

Abbildung 4.5: Blasiges Gefüge an einer frischen Bruchstelle von Vulkanschlacke. Die Hohlräume sind die Spuren kleiner Gasblasen von entwichenen vulkanischen Gasen. (Foto: Michael Collier)

4 Magmatische Gesteine

Abbildung 4.6: Obsidian ist ein natürliches Glas, das von den Ureinwohnern Amerikas zur Herstellung von Pfeilspitzen und Schneidewerkzeugen verwendet wurde. (Eingeblendetes Foto: Jefferey Scovill)

heutzutage werden Skalpelle aus Obsidian bei besonders heiklen Operationen in der plastischen Chirurgie verwendet, da sie weniger Narben hinterlassen als Edelstahlskalpelle.

Es gibt an manchen Orten Lavaströme aus Obsidian, die bis hundert Meter mächtig sein können (▶ Abbildung 4.7). Dennoch führt nicht nur schnelle Abkühlung zu einem glasigen Gefüge. Als allgemeine Regel kann man sagen, dass Magmen mit hohem Silikatgehalt dazu neigen, lange kettenartige Strukturen auszubilden, bevor die Kristallisation beendet ist. Diese Strukturen behindern den Ionentransport und erhöhen die Viskosität des Magmas (*Viskosität* ist ein Maß für den Fließwiderstand einer Flüssigkeit).

Granitisches Magma ist reich an Silizium und kann als sehr zähe Masse austreten, die sich allmählich verfestigt und Obsidian bildet. Im Gegensatz dazu entsteht normalerweise aus basaltischem Magma, das siliziumarm ist und sehr flüssige Laven bildet, ein feinkristallines Gestein bei der Abkühlung. Dennoch kann die Oberfläche der basaltischen Lava so plötzlich abgekühlt werden, dass auch sie eine dünne, glasige Haut bildet. Zudem treten bei hawaiianischen Vulkanen manchmal Lavafontänen aus. Dabei spritzt basaltische Lava meterhoch in die Luft und führt mitunter zur Ausbildung vulkanischer Glassträhnen, die *Pele's Haar* genannt werden (nach der hawaiianischen Vulkangöttin).

Pyroklastisches (klastisches) Gefüge Manche magmatische Gesteine entstehen aus dem Zusammenschluss einzelner Gesteinsbruchstücke, die während eines heftigen Vulkanausbruchs herausgeschleudert werden (▶ Abbildung 4.8, Einblendung). Die ausgeworfenen Komponenten können sehr feine Asche, Schmelztropfen, oder große eckige, aus den Schlotwänden herausgerissene Blöcke sein. Magmatische Gesteine, die aus solchen Gesteinsfragmenten zusammengesetzt sind, werden **pyroklastische** Gesteine oder **Pyroklastika** genannt.

Ein häufig vorkommendes pyroklastisches Gestein ist der *Ignimbrit*, der sich aus feinen Glasfragmenten zusammensetzt. Die Glasstückchen blieben während des Flugs heiß genug, um miteinander zu verschweißen. Andere pyroklastische Gesteine setzen sich aus Fragmenten zusammen, die schon vor dem Zusammenstoß verfestigt waren und erst später zementiert werden. Da pyroklastische Gesteine aus einzelnen

Abbildung 4.7: Dieser Obsidianfluss extrudierte aus einem Schlot entlang der Südwand der Newberry Caldera, Oregon. Beachten Sie die Straße als Maßstab. (Foto: Marli Miller)

Teilen oder Fragmenten und nicht aus ineinander verzahnten Kristallen bestehen, ist ihr Gefüge den Sedimentgesteinen ähnlicher als den magmatischen Gesteinen.

Pegmatitische Gefüge Unter besonderen Bedingungen können außergewöhnlich grobkörnige Gesteine, die **Pegmatite**, entstehen. Gesteine, die aus ineinander verzahnten Kristallen mit einem Durchmesser größer als ein Zentimeter bestehen, haben ein **pegmatitisches Gefüge** (▶ Abbildung 4.9). Die meisten Pegmatite findet man am Rand großer Plutone in kleinen Massen vor oder in schmalen Gängen, die sich meist in das danebenliegende Wirtsgestein erstrecken.

Pegmatite werden in der späteren Phase der Kristallisation gebildet, wenn Wasser und andere flüchtige Bestandteile wie Chlor, Fluor und Schwefel einen ungewöhnlich hohen Anteil in der Schmelze haben. Da die Ionenwanderung im fluidreichen Milieu schneller und leichter stattfindet, bilden sich ungewöhnlich große Kristalle aus. Daher entstehen die großen Kristalle nicht wegen eines übermäßig langen Abkühlungsprozesses, sondern sie sind das Resultat eines fluidreichen Milieus, in dem große Kristalle wachsen können.

Die Zusammensetzung der meisten Pegmatite ist der der Granite sehr ähnlich. Folglich sind Pegmatite aus großen Quarz-, Feldspat- und Muskowitkristallen zusammengesetzt. Allerdings enthalten manche auch bedeutende Mengen an vergleichbar seltenen und deswegen kostbaren Mineralen.

Abbildung 4.8: Gesteine, die ein pyroklastisches Gefüge aufweisen, stammen aus der Verfestigung von Gesteinsbruchstücken, die während eines vehementen Vulkanausbruchs herausgeschleudert wurden. (Foto: Steve Kaufman/DRK)

4.3 Zusammensetzung der Magmatite

Magmatische Gesteine sind überwiegend aus Silikatmineralen aufgebaut (▶ siehe Exkurs 4.1). Zudem wird der Mineralaufbau eines bestimmten magmatischen Gesteins letztendlich von der Zusammensetzung des Magmas bestimmt, aus dem es kristallisiert. Sie erinnern sich, dass Magma im Großen und Ganzen aus acht Elementen zusammengesetzt ist, die wiederum die Hauptkomponenten der Silikatminerale sind. Chemische Analysen zeigen, dass Silizium und Sauerstoff (meist durch den Silikatgehalt SiO_2 des Magmas ausgedrückt) die mit Abstand am häufigsten vorkommenden Bestandteile der magmatischen Gesteine sind. Diese zwei Elemente plus Aluminium- (Al), Calcium- (Ca), Natrium-(Na), Kalium-(K), Magnesium-(Mg) und Eisenionen (Fe) machen etwa 98 Gewichtprozent des Magmas aus. Zudem enthält Magma kleine Mengen anderer Elemente einschließlich Titanium und Mangan und Spuren von viel selteneren Elementen wie Gold, Silber und Uran.

Abbildung 4.9: Ein Granitpegmatit, der überwiegend aus Quarz und Feldspat (lachsfarben) besteht. Der langgestreckte, dunkle Quarzkristall auf der rechten Seite besitzt etwa die Größe eines Zeigefingers. (Foto: Collin Keates)

4 Magmatische Gesteine

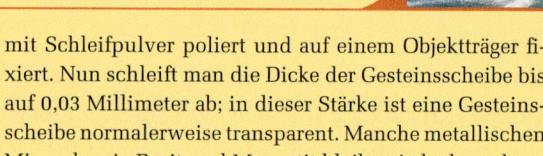

EXKURS 4.1 – DIE ERDE VERSTEHEN
■ Dünnschliffe und Gesteinsbestimmung

Die Benennung magmatischer Gesteine erfolgt auf der Grundlage ihrer Mineralzusammensetzung und ihres Gefüges. Zur Analyse von Gesteinshandstücken untersuchen Geologen die Stücke sehr genau, um die vorhandenen Minerale zu identifizieren und die Größe und die Anordnung der ineinander verwachsenen Kristalle zu bestimmen. Bei der Geländearbeit wenden die Geologen megaskopische Techniken an. Die megaskopischen Charakteristika eines Gesteins sind die Merkmale, die man mit bloßem Auge oder einer Handlupe mit zehnfacher Vergrößerung erkennen kann. Erachten die Geologen es als sinnvoll, sammeln sie Handstücke, die ins Labor gebracht werden, wo mikroskopische Methoden angewandt werden können. Die mikroskopische Untersuchung ist sehr wichtig, um Mineralspuren und Gefüge zu identifizieren, die mit bloßem Auge nicht zu erkennen sind. Da die meisten Gesteine nicht durchsichtig sind, muss man, bevor man am Mikroskop arbeiten kann, eine sehr dünnen Gesteinsscheibe herstellen, die Dünnschliff genannt wird (▶Abbildung 4.A, Teil B). Zuerst schneidet man mit einer Diamantsäge eine dünne Scheibe von der Probe. Dann wird eine Seite der kleinen Gesteinsscheibe mit Schleifpulver poliert und auf einem Objektträger fixiert. Nun schleift man die Dicke der Gesteinsscheibe bis auf 0,03 Millimeter ab; in dieser Stärke ist eine Gesteinsscheibe normalerweise transparent. Manche metallischen Minerale wie Pyrit und Magnetit bleiben jedoch opak.

Sobald die Dünnschliffe fertiggestellt sind, können sie mit einem speziellen Mikroskop, einem Polarisationsmikroskop (Durchlichtmikroskop), untersucht werden. Dieses Instrument besitzt eine Lichtquelle unter dem Objektträger, so dass das Licht nach oben durch den Dünnschliff geschickt werden kann. Da polarisiertes Licht durch die Kristallstrukturen der Minerale in messbarer Weise beeinflusst wird, können sogar die kleinsten Komponenten eines Gesteins identifiziert werden. ▶Teil C der Abbildung 4.A ist die fotographische Darstellung eines Dünnschliffs von Granit (Foto durch ein Mikroskop gemacht) unter polarisiertem Licht. Die Mineralkomponenten werden durch ihre einzigartigen optischen Eigenschaften identifiziert. Die Mikroskopie kommt auch in der Analyse von sedimentären und metamorphen Gesteinen erfolgreich zum Einsatz.

Abbildung 4.A: Dünnschliffe sind sehr hilfreich, um die Mineralbestandteile eines Gesteins zu identifizieren. **A.** Mit einer Diamantsäge schneidet man eine Gesteinsscheibe von einem Handstück ab. **B.** Aus dieser Gesteinsscheibe wird mit einer kleineren Diamantsäge ein kleines Klötzchen herausgeschnitten, sodass es auf einem Objektträger fixiert werden kann. Danach beginnt man das Klötzchen auf eine Dicke von etwa 0,03 Millimeter abzuschleifen; es ist dann lichtdurchlässig. Diese so präparierte, hauchdünne Scheibe eines Gesteins nennt man Dünnschliff. **C.** Ein Dünnschliff eines Granits unter polarisiertem Licht betrachtet. (Fotos: E.J. Tarbuck)

Während der Abkühlung und Verfestigung des Magmas verknüpfen sich die Elemente, um zwei Hauptgruppen der Silikatminerale zu bilden. Die dunklen (oder Eisen-Magnesium-)Silikate besitzen einen hohen Anteil an Eisen und/oder Magnesium und relativ wenig Silizium. Die häufig vorkommenden, dunklen Silikatminerale der Erdkruste sind Olivin, Pyroxene, Amphibol und Biotit. Im Gegensatz dazu enthalten die hellen (Nichteisen-Magnesium-)Silikate größere Mengen an Kalium, Natrium und Calcium anstatt von Eisen und Magnesium. Als Gruppe enthalten diese Minerale mehr Silikat als die dunklen Silikate. Zu den hellen Silikaten gehören Quarz, Muskowit und die häufigste Mineralgruppe, die Feldspate. Sie sind mit mindestens 40 Prozent in den meisten magmatischen Gesteinen vertreten. Magmatische Gesteine sind dementsprechend, nach den Feldspaten, aus der Kombination anderer, oben beschriebener, heller und/oder dunkler Silikate aufgebaut.

4.3.1 Granitische (felsische) versus basaltische (mafische) Zusammensetzung

Magmatische Gesteine (und ihre Abstammungsmagmen) können trotz der großen Unterschiede in ihrer Zusammensetzung in zwei große Gruppen nach ihren Anteilen von hellen und dunklen Mineralen eingeteilt werden (▶ Abbildung 4.10). Am Anfang der Abfolge stehen die Gesteine, die fast vollständig aus hellen Silikaten (Quarz und Feldspat) zusammengesetzt sind. Magmatische Gesteine, in welchen diese Minerale dominant sind, haben eine **granitische Zusammensetzung**. Geologen nennen diese granitischen Gesteine auch **felsisch**, was aus den beiden Bezeichnungen *Fel*dspat und *Si*liziumdioxid (Quarz) abgeleitet ist. Außer Quarz und Feldspat enthalten die meisten granitischen Gesteine etwa 10 Prozent dunkle Silikatminerale, meist Biotit und Amphibol. Granitische Gesteine haben einen hohen Silikatgehalt (ca. 70 Prozent) und machen den Hauptanteil der kontinentalen Kruste aus.

Gesteine, die überwiegend dunkle Silikatminerale und calciumreichen Plagioklas (aber keinen Quarz) enthalten, besitzen eine **basaltische Zusammensetzung** (Abbildung 4.10). Da basaltische Gesteine einen hohen Prozentsatz an Eisen-Magnesium-Mineralen enthalten, bezeichnen Geologen sie auch als **mafisch** (von *Ma*gnesium und *Fer*rum, dem lateinischen Namen für Eisen). Wegen ihres Eisengehalts sind mafische Gesteine typischerweise dunkler und dichter als granitische Gesteine. Der Ozeanboden und auch viele Vulkaninseln innerhalb der Ozeanbecken bestehen aus Basalt. Auf den Kontinenten bestehen die meisten großen Lavaströme auch aus Basalt.

4.3.2 Gesteinsgruppen anderer Zusammensetzung

Wie Sie in Abbildung 4.10 erkennen können, bezeichnet man die Zusammensetzung der Gesteine, die zwischen der granitischen und der basaltischen Zusammensetzung liegen, als **intermediäre** oder **andesitische Zusammensetzung**, benannt nach dem häufigen vorkommenden Vulkangestein *Andesit*. Intermediäre Gesteine enthalten mindestens 25 Prozent dunkle Silikatminerale, hauptsächlich Amphibol, Pyroxen und Biotit, sowie Plagioklas als weiteres dominantes Mineral. Diese wichtige magmatische Gesteinsgruppe tritt bei vulkanischer Aktivität an Kontinentalrändern auf.

Eine weitere wichtige Gruppe der magmatischen

> **Studenten fragen manchmal …**
>
> **Ich habe gehört, dass manche magmatischen Gesteine als „granitisch" bezeichnet werden. Sind alle granitischen Gesteine auch tatsächlich Granit?**
>
> Eigentlich nicht. Echter Granit ist ein grobkörniges Intrusivgestein mit einem bestimmten Prozentsatz an Leitmineralen, vor allem den hellen Mineralen wie Quarz und Feldspat sowie anderen dunklen Begleitmineralen. Dennoch hat es sich unter Geologen eingebürgert, die Bezeichnung Granit oder allgemeiner „Granitoid" für alle granitähnlichen grobkörnigen, aus überwiegend hellen Silikatmineralen bestehenden Intrusivgesteine zu verwenden. Dies rührt daher, dass für eine genauere Bestimmung das Mengenverhältnis zwischen Plagioklas und Kalifeldspat bekannt sein muss, das aber im Gelände schwer zu bestimmen ist. Außerdem werden polierte Steinplatten für Ladenthekenoberflächen und Fliesen als Granite verkauft, obwohl es sich noch nicht einmal um magmatische Gesteine handelt. (Die Bezeichnungen der Natursteinindustrie stimmen nur sehr selten mit den geologischen Benennungen überein.)

Gesteine sind die *Peridotite*. Sie bestehen hauptsächlich aus Olivin und Pyroxenen und stehen in der Zusammensetzung zu den granitischen Gesteinen entgegengesetzt (Abbildung 4.10). Da Peridotit fast vollständig aus Eisen-Magnesium-Mineralen besteht, bezeichnet man seine Zusammensetzung als **ultramafisch** (**Ultramafitite**). Auf der Eroberfläche kommen Ultramafitite relativ selten vor, doch nimmt man an, dass Peridotit die Hauptkomponente des oberen Mantels ist.

4.3.3 Der Kieselsäureanteil als Indikator für die Zusammensetzung

Ein wichtiger Aspekt der chemischen Zusammensetzung bei magmatischen Gesteinen ist ihr Anteil an Kieselsäure (SiO_2). (Das ist sprachlich nicht ganz korrekt, denn die Formel für Kieselsäure ist $Si(OH)_4$. Das SiO_2 der Gesteine ist genau genommen das Anhydrit der Kieselsäure, das entsteht, wenn man zwei Wassermoleküle abspaltet. Es hat sich aber in der Geologie eingebürgert, vereinfacht von Kieselsäure zu sprechen, wohl wissend, dass es nicht ganz korrekt ist.) Sie erinnern sich, dass Silizium und Sauerstoff die zwei häufigsten Elemente in magmatischen Gesteinen sind. Typischerweise reicht der Silikatgehalt der Krustengesteine von weniger als 45 Prozent (niedrig) in ultramafischen Gesteinen bis über 70 Prozent (hoch) in granitischen Gesteinen (Abbildung 4.10). Der Prozentsatz an Kieselsäure in magmatischen Gesteinen variiert systematisch in Korrelation mit dem Vorkommen anderer Elemente. Zum Beispiel enthalten Gesteine mit einem niedrigen Kieselsäuregehalt große Mengen an Eisen, Magnesium und Calcium. Im Gegensatz dazu enthalten Gesteine mit hohem Silikatgehalt sehr geringe Mengen dieser Elemente, sie sind stattdessen mit Natrium und Kalium angereichert. Folglich kann der chemische Aufbau eines magmatischen Gesteins direkt von seinem Silikatgehalt abgeleitet werden.

Außerdem beeinflusst die Anwesenheit von Kieselsäure im Magma dessen Verhalten. Granitisches Magma, das einen hohen Silikatanteil besitzt, ist ziemlich viskos (zähflüssig) und bleibt bei verhältnismäßig

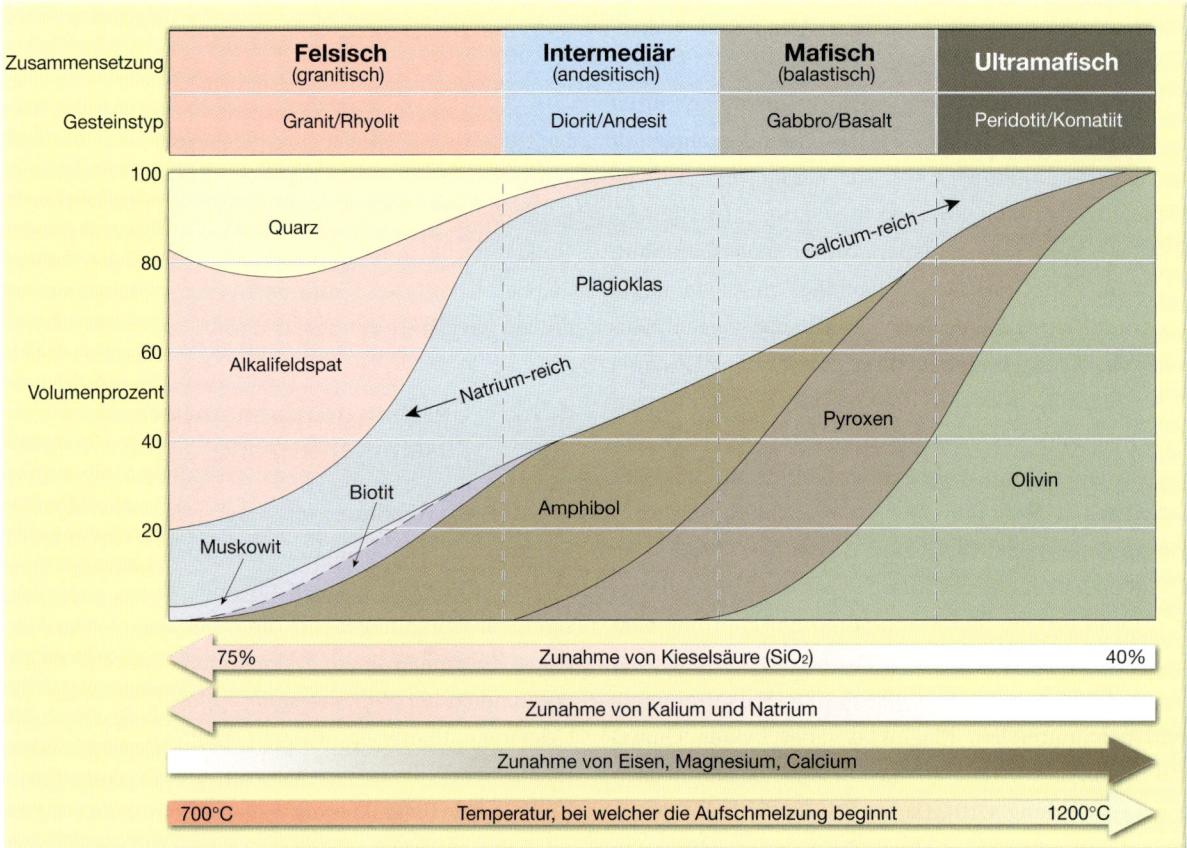

Abbildung 4.10: Die mineralogische Zusammensetzung von häufigen magmatischen Gesteinen und der Magmen, aus denen sie geformt werden. (Nach Dietrich, Daily und Larsen)

niedrigen Temperaturen bis zu 700°C noch (zäh)flüssig. Auf der anderen Seite sind basaltische Magmen (dünn)flüssiger. Zudem kristallisiert basaltisches Magma bei höheren Temperaturen als granitisches Magma und ist bei einer Temperatur um 4.000°C komplett verfestigt.

Zusammenfassend kann man sagen, dass magmatische Gesteine aufgrund ihrer Anteile von hellen und dunklen Mineralen in große Gruppen eingeteilt werden können. Granitische (felsische) Gesteine, fast vollständig aus hellen Mineralen aufgebaut, stehen an einem Ende des Spektrums der Zusammensetzung (Abbildung 4.10). Basaltische (mafische) Gesteine mit reichlich dunklen Silikatmineralen sowie Plagioklasfeldspat bilden die andere Hauptgruppe der magmatischen Gesteine in der Erdkruste und stehen am anderen Ende des Spektrums. Zwischen diesen beiden Gruppen liegen die Gesteine mit intermediärer (andesitischer) Zusammensetzung, während ultramafische Gesteine, die keine hellen Minerale enthalten, in der magmatischen Abfolge den granitischen Gesteinen gegenüberstehen.

4.4 Die Namensgebung bei magmatischen Gesteinen

Wie wir bereits festgestellt haben, werden magmatische Gesteine meist aufgrund ihres Gefüges und ihrer Mineralzusammensetzung klassifiziert oder in Gruppen zusammengefasst (▶ Abbildung 4.11). Die verschiedenen magmatischen Gefüge stammen im Wesentlichen von unterschiedlichen Abkühlungsprozessen, wobei die Mineralzusammensetzung eines magmatischen Gesteins das Ergebnis des chemischen Aufbaus des Ursprungmagmas ist. Zwei Gesteine können ähnliche Komponenten, aber unterschiedliche Gefüge haben und folglich unterschiedliche Namen. *Granit,* ein grobkörniges Tiefengestein, besitzt zum Beispiel ein feinkörniges vulkanisches Äquivalent, den *Rhyolit.* Obwohl diese Gesteine mineralogisch gleich sind, besitzen sie unterschiedliche Abkühlungsvorgänge und sehen einander überhaupt nicht ähnlich (▶ Abbildung 4.12).

Chemische Zusammensetzung		**Felsisch** (granitisch)	**Intermediär** (andesitisch)	**Mafisch** (basaltisch)	**Ultramafisch**
Hauptminerale		Quarz Alkali-Feldspat Natrium-reich Plagioklas	Amphibol Natrium- und Calcium-reich Plagioklas	Pyroxen Calcium-reich Plagioklas	Olivin Pyroxen
Nebenminerale		Amphibol Muskowit Biotit	Pyroxen Biotit	Amphibole Olivine	Calcium-reich Plagioklas
G E F Ü G E	Phänokristallin (grobkörnig)	**Granit**	**Diorit**	**Gabbro**	**Peridotit**
	Aphanitisch (feinkörnig)	**Rhyolit**	**Andesit**	**Basalt**	**Komatit** (selten)
	Porphyrisch	„Porphyrisch" stellt man vor die oben genannten Gesteinsbezeichnungen, falls die Gesteine nennenswerte Phänokristalle enthalten			ungewöhnlich
	Amorph	**Obsidian** (kompakt amorph) **Bimsstein** (schaumig amorph)			
	Pyroklastisch (klastisch)	**Tuff** (Fragmente kleiner als 2 mm) **Vulkanische Brekzie** (Fragmente größer als 2 mm)			
Gesteinsfarbe (basierend auf dem Prozentsatz dunkler Minerale)		0% bis 25%	25% bis 45%	45% bis 85%	85% bis 100%

Abbildung 4.11: Klassifikation der Hauptgruppen der Magmatite aufgrund ihrer Zusammensetzung und ihres Gefüges. Grobkörnige Gesteine sind plutonisch und verfestigen in der Tiefe. Feinkörnige Gesteine sind vulkanisch oder verfestigen sich als dünne „subvulkanische" Plutone nahe der Oberfläche. Ultramafische Gesteine sind dunkle, dichte Gesteine, die fast vollständig aus Eisen-Magnesium-Mineralen zusammengesetzt sind. Obwohl sie auf der Erdoberfläche relativ selten auftreten, sind diese Gesteine Hauptbestandteile des oberen Mantels.

4.4.1 Felsische (granitische) Magmatite

Granit *Granit* ist wahrscheinlich das bekannteste magmatische Gestein (Abbildung 4.12). Grund dafür ist einerseits seine natürliche Schönheit, die durch Politur oft hervorgehoben wird und andererseits, dass er häufig in der kontinentalen Kruste vorkommt. Polierte Granitplatten werden meist für Grabsteine und Denkmäler sowie als Bausteine verwendet. Bekannte Granitabbaugebiete finden sich in Spanien und Portugal, im Schwarzwald, Bayerischen Wald und im Fichtelgebirge. Jedoch verdrängen heute die Importe aus Fernost oder Südamerika die heimische Produktion.

Granit ist ein phänokristallines Gestein, das zu 25 Prozent aus Quarz und ungefähr zu 65 Prozent Feldspat (hauptsächlich kalium- und natriumreiche Varietäten) besteht. Die Quarzkristalle haben eine gerundete Form, häufig mit Glasglanz, und sind durchsichtig bis hellgrau. Im Gegensatz dazu weisen die Feldspate keinen Glasglanz auf, sie sind generell weiß bis grau oder lachsfarben und besitzen eine rechteckige, statt einer runden Form (siehe Abbildung 4.3A). Andere Nebenkomponenten von Granit sind Muskowit, einige dunkle Silikate, insbesondere Biotit und Amphibol. Obwohl die dunklen Komponenten im Allgemeinen nur einen Anteil von weniger als 10 Prozent in den meisten Graniten haben, scheinen sie viel prominenter zu sein.

Ist Kalifeldspat mit dunkelrosa Färbung vertreten, so erscheint der Granit rötlich (Abbildung 4.12). Diese Varietät des Granits ist für Denkmäler und Bausteine sehr beliebt. Oft sind die Feldspatkörner weiß bis grau. Sind sie mit einem geringeren Anteil von dunklen Silikaten vermischt, erscheinen die Granite als hellgrau (▶ Abbildung 4.13). Es gibt auch Granite mit porphyrischem Gefüge. Diese enthalten lang gestreckte, wenige

Abbildung 4.12: Häufig vorkommende Magmatite. (Fotos: E.J. Tarbuck)

4.4 Die Namensgebung bei magmatischen Gesteinen

Abbildung 4.13: Gesteine enthalten Informationen über ihre Entstehungsprozesse. Dieser massive granitische Monolith (El Capitan) befindet sich im Yosemite National Park, Kalifornien, und war einst eine Schmelzmasse tief unter der Erdoberfläche. (Foto: Tim Fitzharris /Minden Pictures)

Zentimeter lange Feldspäte, die zwischen kleineren Quarz- und Amphibolkristallen eingesprengt sind.

Granite und verwandte kristalline Gesteine treten oft als Nebenprodukte bei der Gebirgsbildung auf. Granite sind gegen Verwitterung sehr widerstandsfähig und bilden deswegen häufig den Kern von erodierten Bergen. Der Mont Blanc, Finsteraarhorn, Großer Arber im Bayerischen Wald, Feldberg im Schwarzwald oder der Brocken im Harz sind beispielsweise Gebiete, in denen große Massen an Granit an der Oberfläche freigelegt sind (Abbildung 4.13).

Granit ist ein sehr häufig vorkommendes Gestein. Bei Geologen hat es sich eingebürgert, jedes grobkörnige Intrusivgestein aus überwiegend hellem silikatischen Material, das Quarz enthält, als *Granit* zu bezeichnen. Wir werden diese Praxis der Einfachheit halber beibehalten. Sie sollten immer im Kopf behalten, dass mit der Bezeichnung *Granit* ein Gestein mit einer großen Bandbreite in der Mineralzusammensetzung gemeint ist.

Rhyolit *Rhyolit* ist das extrusive Äquivalent von Granit und besteht wie Granit im Wesentlichen aus hellen Silikaten (Abbildung 4.12). Daraus ergibt sich auch seine Färbung, die meist braun-gelb bis pink, gelegentlich auch hellgrau ist. Rhyolit hat ein aphanitisches Gefüge und enthält häufig Glasfragmente und Hohlräume, was auf eine schnelle Abkühlung an der Oberfläche hindeutet. Enthält Rhyolit Phänokristalle, sind diese klein und bestehen entweder aus Quarz oder aus Kalifeldspat. Im Gegensatz zu Granit, der in großen Plutonen weit verbreitet ist, sind Rhyolitvorkommen weniger häufig und treten im Allgemeinen nicht so großflächig auf. Der Yellowstone Park ist eine bekannte Ausnahme. Dort bedecken rhyolitische Lavaströme und mächtige Ascheablagerungen ähnlicher Zusammensetzung große Flächen. Auch in der Gegend von Bozen in den Italienischen Alpen finden sich auf einer Fläche von mehr als 2.000 Quadratkilometer mächtige Rhyolite in porphyrischer Struktur (Bozener Quarzporphyr).

4 Magmatische Gesteine

A.

B.

Abbildung 4.14: Obsidian ist ein dunkles, glasiges Gestein, das aus silikatreicher Lava gebildet wird. In Bild A. sehen Sie einen Obsidianstrom bei der Newberry Caldera, Oregon (Foto: mit freundlicher Genehmigung von E.J. Tarbuck) **A**. Ein großer Obsidianblock. **B**. Ein Handstück aus Obsidian.

Obsidian *Obsidian* ist ein dunkles glasartiges Gestein, das gewöhnlich dann gebildet wird, wenn silikatreiche Lava sehr schnell abkühlt (▶ Abbildung 4.14). Im Gegensatz zu den geordneten Ionengruppierungen, ein Charakteristikum der Minerale, sind die *Ionen im Glas ungeordnet*. Folglich setzen sich glasartige Gesteine wie Obsidian im engeren Sinne nicht aus Mineralen zusammen.

Trotz seiner schwarzen oder auch rötlich-braunen Farbe ähnelt die Zusammensetzung von Obsidian eher den hellen Magmatiten wie dem Granit als den dunklen Gesteinen wie dem Basalt. Die dunkle Farbe des Obsidians rührt von metallischen Ionen her, welche die ansonsten relativ klare, glasige Substanz einfärben. Wenn Sie eine dünne Kannte des Obsidian untersuchen, erscheint es fast transparent (siehe Abbildung 4.6). Große Vorkommen von Obsidian finden sich etwa auf der Insel Lipari vor Sizilien.

Bimsstein *Bimsstein* ist ein vulkanisches Gestein mit einem glasigen Gefüge, das gebildet wird, wenn große Gasmengen in der silikatreichen Lava ausperlen und eine graue, schaumige Masse ausbilden (▶ Abbildung 4.15). In manchen Exemplaren sind Hohlräume deutlich sichtbar, in anderen ähnelt der Bimsstein ineinander verschlungenen feinen Glassplittern. Wegen der vielen Hohlräume schwimmen viele Bimssteinexemplare auf Wasser. Häufig findet man Fließstrukturen in Bimsstein, die darauf hinweisen, dass vor der Verfestigung die Lava in Bewegung war. Außerdem kommen Obsidian und Bimsstein oft in der gleichen Gesteinsmasse in Wechsellagerung vor. Bimssteine aus Lipari finden sich an allen Küsten des Mittelmeeres, denn die geschlossenen Gasblasen verhindern, dass sich der Bimsstein mit Wasser vollsaugt und untergeht. So kann er viele Jahre auf dem Wasser treiben.

4.4.2 Intermediäre (andesitische) Magmatite

Andesit *Andesit* ist ein mittelgraues, feinkörniges Gestein vulkanischen Ursprungs. Der Name stammt von den Anden, dem Gebirge Südamerikas, wo zahlreiche Vulkane aus diesem Gesteinstyp bestehen. Auch viele andere vulkanische Gesteine entlang der Kontinentalränder des Pazifischen Ozeans haben eine andesitische Zusammensetzung. Normalerweise weist Andesit ein porphyrisches Gefüge auf (Abbildung 4.12). Wenn das der Fall ist, sind die Phänokristalle oft helle,

Abbildung 4.15: Bimsstein, ein glasiges Gestein, ist sehr leicht, da er eine Vielzahl an Hohlräumen enthält. (Foto: Chip Clark)

rechtwinklige Plagioklaskristalle oder schwarze, langgestreckte Amphibolkristalle. Andesit ähnelt oft dem Rhyolit und zur Bestimmung des Mineralbestands muss man normalerweise das Mikroskop zur Hilfe nehmen.

Diorit *Diorit* ist das plutonische Äquivalent zu Andesit. Es handelt sich um ein grobkörniges Intrusivgestein, das dem grauen Granit etwas ähnlich sieht. Man kann Diorit durch das Fehlen von Quarz und den höheren Prozentsatz von dunklen Silikatmineralen von Granit unterscheiden. Der Mineralbestandteil von Diorit enthält hauptsächlich natriumreiches Plagioklas und Amphibol und einen geringeren Anteil an Biotit. Da die hellen Feldspatkörner und die dunklen Amphibolkristalle in etwa gleichen Anteilen vorkommen, besitzt Diorit ein Salz-und-Pfeffer-Aussehen (Abbildung 4.12).

4.4.3 Mafische (basaltische) Magmatite

Basalt *Basalt* ist ein dunkelgrünes bis schwarzes, feinkörniges Vulkangestein, das überwiegend aus Pyroxen und calciumreichem Plagioklas mit einem geringeren Anteil an Olivin und Amphibol besteht (Abbildung 4.12). Besitzt Basalt ein porphyrisches Gefüge, enthält es kleine, helle Feldspatphänokristalle oder grüne Olivine mit glasartiger Ausprägung, die in einer dunklen Grundmasse eingebettet sind.

Basalt ist das am häufigsten vorkommende Extrusivgestein. Viele Vulkaninseln wie Hawaii oder Island sind überwiegend aus Basalt aufgebaut. Zudem besteht die obere Schicht der ozeanischen Kruste aus Basalt.

> **Studenten fragen manchmal ...**
>
> **Sie haben erwähnt, dass die Ureinwohner Amerikas und Europas Obsidian für Pfeilspitzen und Schneidewerkzeuge verwendet haben. War es das einzige Material, das sie benutzt haben?**
>
> Nein. In der Steinzeit wurde jedes Material verwendet, das in der Umgebung zur Verfügung stand, einschließlich harter, dichter Gesteine, die man bearbeiten konnte. Dabei handelte es sich um metamorphe Gesteine, wie Gabbros, Amphibolite, Quarzit, sedimentäre Ablagerungen aus Silikaten, wie Jaspis, Hornstein, Opal, Feuerstein und sogar Jade. Manche dieser Vorkommen haben eine geographisch begrenzte Verbreitung, so dass Anthropologen heute Handelswege zwischen verschiedenen Indianerstämmen rekonstruieren können. So stammte der Feuersteindolch, den „Ötzi", der 5.200 Jahre alte Gletschermann aus dem oberen Schnalstal/Südtirol, bei sich hatte, aus den Vicentinischen Bergen nördlich des heutigen Verona.

In den Vereinigten Staaten sind große Teile Oregons und Washingtons von weitreichenden Basaltergüssen geprägt (▶ Abbildung 4.16). An manchen Stellen konnte der einst flüssige Basaltstrom zu einer Mächtigkeit von fast drei Kilometer akkumulieren.

Gabbro *Gabbro* ist das Intrusiveäquivalent von Basalt (Abbildung 4.12). Wie Basalt weist Gabbro eine

Abbildung 4.16: Basaltstrom entlang des Columbia River oberhalb The Dalles, Oregon. Beachten Sie den Zug als Maßstab. (Foto: Michael Collier)

4 Magmatische Gesteine

Abbildung 4.17: Aufschluss eines Ignimbrits (braun) mit eingebettetem Obsidian (schwarz) in der Nähe von Shoshone, Kalifornien. Tuff ist hauptsächlich aus Partikeln von Aschengröße aufgebaut, kann aber auch größere Fragmente von Bimsstein oder vulkanischen Gesteinen enthalten. (Foto: Breck P. Kent)

dunkelgrüne bis schwarze Farbe auf und ist hauptsächlich aus Pyroxen und calciumreichem Plagioklas aufgebaut. Gabbro kommt zwar nicht so häufig in der kontinentalen Kruste vor, macht aber zweifellos einen großen Anteil der ozeanischen Kruste aus.

4.4.4 Pyroklastische Gesteine

Pyroklastische Gesteine sind aus Fragmenten zusammengesetzt, die während eines Vulkanausbruchs herausgeschleudert werden. Ein häufig vorkommendes pyroklastisches Gestein ist der Tuff, der aus winzigen aschegroßen Teilchen besteht, die später miteinander „verbacken" werden (▶ Abbildung 4.17). In Situationen, bei denen die Aschepartikel heiß genug bleiben, um miteinander zu verschweißen, wird das Gestein *Ignimbrit* (Schweißtuff) genannt. Obwohl der Ignimbrit überwiegend aus winzigen Glassplittern besteht, können auch walnussgroße Bimssteinstücke und andere Gesteinsfragmente darin enthalten sein.

Ignimbrite bedecken riesige Gebiete einer einst vulkanisch aktiven Region der westlichen Vereinigten Staaten. Manche dieser Tuffablagerungen sind Hunderte von Metern dick und dehnen sich von ihrer Austrittsstelle über mehr als zehn Kilometer aus. Die meisten Tuffablagerungen entstanden vor einigen Millionen Jahren, als vulkanische Aschen von vulkanischen Gebilden (Calderen) lawinenartig ausgespieen wurden und sich mit Geschwindigkeiten von bis zu 100 km/h ausgebreitet haben. Bei früheren Untersuchungen klassifizierte man diese Ablagerungen fälschlicherweise als rhyolitische Lavaströme. Heute wissen wir, dass silikatreiche Lava zu viskos (zähflüssig) ist, um mehr als wenige Kilometer vom Vulkanschlot wegzufließen.

Pyroklastische Gesteine setzen sich hauptsächlich aus Partikeln zusammen, die größer als Ascheteilchen sind, und werden *vulkanische Brekzien* genannt. Die Gesteinsfragmente in vulkanischen Brekzien können stromlinienförmige, in der Luft verfestigte Bruchstücke sein, aber auch herausgebrochene Gesteinsblöcke aus dem Kraterrand oder Kristalle und Glasfragmente.

Anders als bei den Bezeichnungen magmatischer Gesteine, wie Granit und Basalt, rühren die Bezeichnungen *Tuff* und *vulkanische Brekzie* nicht von der chemischen Zusammensetzung her. Sie werden häufig mit einer zusätzlich beschreibenden Bezeichnung wie z.B. Rhyolittuff ergänzt.

4.5 Die Herkunft des Magmas

Vieles weist darauf hin, dass die meisten Magmen aus dem oberen Mantel stammen. Klar ist auch, dass die Plattentektonik eine bedeutende Rolle bei der Entstehung von Magma spielt.

Die größte Produktion von Magma findet an divergenten Plattenrändern statt, die mit Ozeanbodenspreizung vergesellschaftet sind. An Subduktionszonen, wo ozeanische Lithosphäre in den Mantel absinkt, entsteht weniger Magma. Magmatische Aktivität tritt auch weit entfernt von Plattengrenzen auf. Das zeigt, dass nicht alle Magmen in den vorher beschriebenen Zonen entstehen müssen.

4.5.1 Die Entstehung von Magma aus Festgestein

Die verfügbaren wissenschaftlichen Erkenntnisse weisen darauf hin, dass *die Erdkruste und der Mantel aus hauptsächlich festem und nicht aus flüssigem (geschmolzenem) Gestein bestehen*. Obwohl der äußere Kern flüssig ist, verbleibt das sehr dichte und eisenreiche Material tief innerhalb der Erde. Was ist dann der Ursprungsort von Magma, die magmatische Aktivität hervorruft?

Geologen vermuten, dass das meiste Magma von der Aufschmelzung festen Gesteins aus der Kruste und des oberen Mantels stammt. Am offensichtlichsten kann man Magma produzieren, indem man die Temperatur über den Schmelzpunkt des Gesteins anhebt.

Die Rolle der Temperatur Welche Wärmequelle ist heiß genug, um Gestein zu schmelzen? Bergleute im Untertagebau wissen, je tiefer sie vordringen, desto höher wird die Temperatur. Zwar zeigt sich ein von Ort zu Ort veränderliches Temperaturintervall; der *Durchschnittswert* liegt aber zwischen 20 °C und 30 °C pro Kilometer in der *oberen* Kruste. Der Temperaturanstieg mit zunehmender Tiefe wird **geothermaler Gradient (Geothermale Tiefenstufe)** genannt (▶Abbildung 4.18). Nach Schätzungen könnte die Temperatur in 100 Kilometer Tiefe bei 4.200 °C bis 1.400 °C liegen.[1] Bei diesen hohen Temperaturen kommen die Gesteine im oberen Mantel nahe an ihren Schmelzpunkt heran und durch manche tektonische Gegebenheiten könnte eine partielle Aufschmelzung auftreten (Abbildung 4.18).

Die Rolle des Drucks Wäre die Temperatur der einzige bestimmende Faktor für das Aufschmelzen des Gesteins, so wäre unser Planet ein geschmolzener Ball mit einer dünnen, festen, äußeren Schicht. Das ist natürlich nicht der Fall, da der Druck mit der Tiefe zunimmt.

Ein Schmelzvorgang, der mit Volumenzunahme einhergeht, *tritt bei höheren Temperaturen in der Tiefe auf*, da dort ein größerer allseitiger Druck herrscht

---

[1] Wir betrachten die Wärmequellen des geothermalen Gradienten in Kapitel 12.

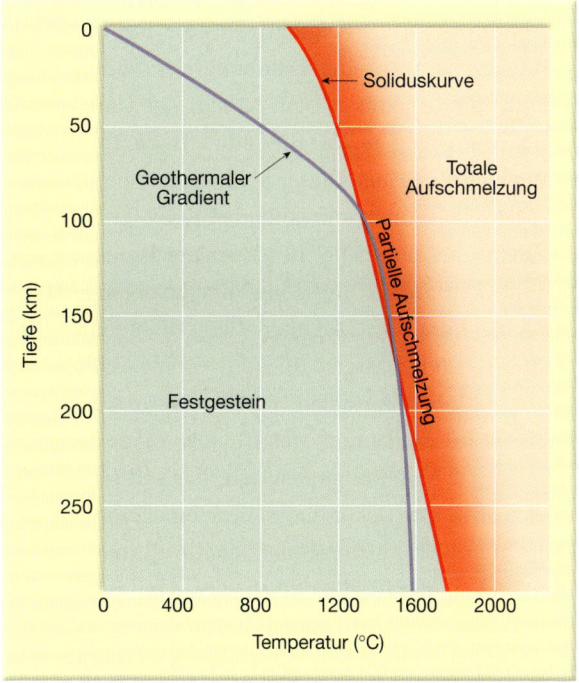

Abbildung 4.18: Das sehr schematische Diagramm zeigt einen typischen geothermalen Gradienten (Zunahme der Temperatur mit der Tiefe) für die kontinentale Kruste und den oberen Mantel. Ebenso abgebildet ist die idealisierte Kurve (Soliduskurve), die die Schmelzpunkte (besser gesagt: den Beginn der Teilschmelze) für Mantelgesteine illustriert. Beachten Sie, dass der geothermale Gradient die Kurve der partiellen Aufschmelzung für Mantelmaterial bei einer Tiefe von 100 und 200 Kilometer schneidet. In dieser Zone befindet sich der Mantel nahe oder an seiner Schmelztemperatur und unter manchen tektonischen Umständen kann partielle Aufschmelzung auftreten. In größerer Tiefe und weiter oben sollte der Mantel völlig fest sein. Behalten Sie im Gedächtnis, dass der geothermale Gradient je nach tektonischer Gegebenheit auch etwas variieren kann.

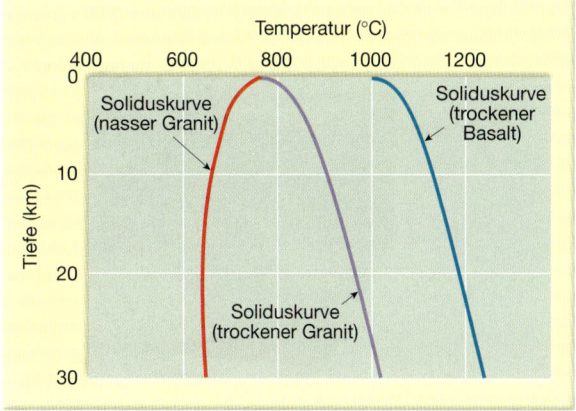

Abbildung 4.19: Idealisierte Kurve der Schmelztemperaturen. Diese Kurven umreißen die Minimaltemperaturen, die ein Gestein innerhalb der Erdkruste zum Beginn der teilweisen Aufschmelzung benötigt. Beachten Sie, dass trockener Granit und trockener Basalt mit zunehmender Tiefe bei höheren Temperaturen schmelzen. Im Gegensatz dazu nimmt die Schmelztemperatur von nassem Granit ab, wenn der Umgebungsdruck zunimmt.

4 Magmatische Gesteine

(▶Abbildung 4.19). Folglich ruft eine Erhöhung des allseitigen Drucks eine Erhöhung der Schmelztemperatur des Gesteins hervor. Nimmt der Umgebungsdruck weit genug ab, löst dies einen **Dekompressionsschmelzvorgang** aus. Dieser Schmelzvorgang tritt auf, wo Mantelgestein in aufwallenden Konvektionszonen aufsteigt und sich dabei in niedrigere Druckbereiche bewegt. Der Dekompressionsschmelzvorgang ist für die Entstehung von Magma entlang divergenter Plattengrenzen (Ozeanische Rücken) verantwortlich, wo Platten auseinanderreißen (▶Abbildung 4.20). Unterhalb des Rückenkamms steigt heißes Mantelmaterial auf, um das Material zu ersetzen, das seitlich wegbewegt wurde. Der Dekompressionsschmelzvorgang tritt auch innerhalb aufsteigender Mantle Plumes auf, so wie bei dem, der für die vulkanische Aktivität auf den hawaiianischen Inseln verantwortlich ist.

Die Rolle der flüchtigen (volatilen) Bestandteile Ein weiterer wichtiger Faktor, der die Schmelztemperatur der Gesteine beeinflusst, ist deren Wassergehalt. Wasser und andere flüchtige Bestandteile verhalten sich wie Salz, das Eis zum Schmelzen bringt. Das heißt, volatile Bestandteile lassen das Gestein bei tieferen Temperaturen schmelzen. Zudem wird ihre Wirkung durch ansteigenden Druck noch verstärkt. Folglich hat ein „nasses" Gestein (viele flüchtige Bestandteile) in der Tiefe eine viel niedrigere Schmelztemperatur als ein „trockenes" Gestein (wenige flüchtige Bestandteile) mit der gleichen Zusammensetzung, das dem gleichen Umgebungsdruck ausgesetzt wird (Abbildung 4.19). Deswegen bestimmen neben der Zusammensetzung eines Gesteins auch seine Temperatur, die Tiefe (der Umgebungsdruck) und der Wassergehalt, ob es fest oder flüssig ist.

Flüchtige Bestandteile spielen auch bei der Entstehung von Magma an konvergenten Plattengrenzen eine wichtige Rolle, wo kalte Stücke ozeanischer Lithosphäre in den Mantel absinken (▶Abbildung 4.21). Während eine ozeanische Platte absinkt, drücken Wärme und Druck das Wasser aus dem subduzierenden Krustengestein. Nun wandern diese flüchtigen Bestandteile in den direkt darüberliegenden Keil aus heißem Mantel. Dieser Vorgang senkt die Schmelztemperatur des Mantelgesteins so weit, dass ein Teil davon schmilzt. In Laborversuchen konnte man beweisen, dass der Schmelzpunkt von Basalt um 100°C gesenkt werden kann, indem man nur 0,1 Prozent Wasser hinzufügt.

Wird genügend Basaltmagma aus dem Mantelgestein erzeugt, steigt es durch seinen Auftrieb zur Oberfläche. In einem kontinentalen Umfeld würde das Basaltmagma einen „See" unterhalb des Krustengesteins bilden, das eine geringere Dichte besitzt und schon nahe seinem Schmelzpunkt ist. Das könnte zu etwas Aufschmelzung der Kruste führen und zur Bildung von einem silikatreichen sekundären Magma.

Zusammenfassend kann man sagen, dass Magma unter drei verschiedenen Bedingungen entstehen kann: (1) *Wärme* könnte zugeführt werden, beispielsweise durch einen aus größerer Tiefe stammenden, intrudierenden Magmenkörper, und das Krustengestein schmelzen; (2) ein *Druckabfall* (ohne zusätzliche

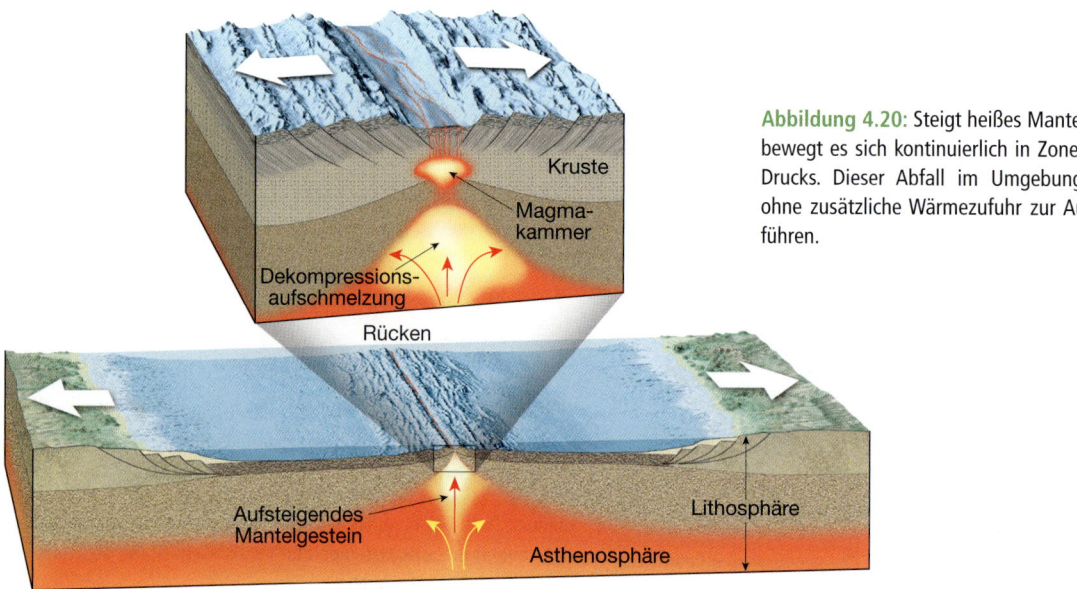

Abbildung 4.20: Steigt heißes Mantelmaterial auf, bewegt es sich kontinuierlich in Zonen niedrigeren Drucks. Dieser Abfall im Umgebungsdruck kann ohne zusätzliche Wärmezufuhr zur Aufschmelzung führen.

4.6 Wie entwickeln sich Magmen?

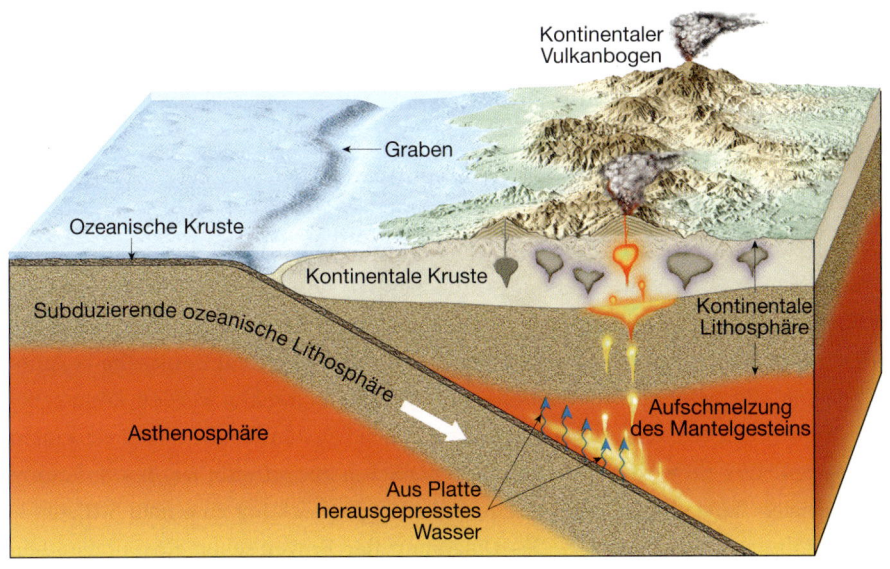

Abbildung 4.21: Während die ozeanische Platte in den Mantel absinkt, werden Wasser und andere flüchtige Bestandteile aus dem Krustengestein gedrückt. Die flüchtigen Bestandteile senken die Schmelztemperatur des Mantelgesteins so weit, dass es zur Aufschmelzung kommt.

Wärme) könnte zu einem *Dekompressionsschmelzvorgang* führen; und (3) durch den *Zusatz von flüchtigen Bestandteilen* (im Wesentlichen Wasser) kann die Schmelztemperatur des Mantelgesteins so weit herabgesetzt werden, dass Magma entsteht.

gen der Ursprung vieler verschiedener magmatischer Gesteine sein könnte. Um dieser Idee nachzugehen, führte N.L. Bowen im ersten Viertel des 20. Jahrhunderts eine Pionierarbeit zur Untersuchung der Kristallisation von Magma durch.

Wie entwickeln sich Magmen? 4.6

Da es viele verschiedene magmatische Gesteine gibt, wäre es logisch zu vermuten, dass auch eine gleich große Mannigfaltigkeit an Magmen existieren muss. Geologen haben beobachtet, dass aus einem einzigen Vulkan Laven mit ziemlich unterschiedlicher Zusammensetzung extrudieren können (▶ Abbildung 4.22). Daten wie diese führten zu der Untersuchung, ob sich Magma verändern (entwickeln) kann und deswe-

Abbildung 4.22: Asche und Bimsstein, die während des großen Ausbruchs des Mount Mazama (Kratersee) entstanden. Beachten Sie den graduellen Übergang von heller, silikatreicher Asche am Boden und dunklem Gestein an den Spitzen. Möglicherweise wurde das Magma vor Beginn der Eruption getrennt, als weniger dichtes, silikatreiches Magma zum Dach der Magmenkammer aufstieg. Die zonare Gliederung im Gestein entstand vermutlich dadurch, dass während der anhaltenden Eruption immer tiefere Ebenen der Magmenkammer angezapft wurden. Die Gesteinsabfolge ist ein umgekehrtes Abbild der Zusammensetzung des Magmenkörpers, der ebenfalls eine zonare Ausprägung hatte. Deswegen ist das Magma, das zuerst befördert wurde, am Boden der Ascheablagerungen zu finden, und umgekehrt. (Foto: E.J. Tarbuck)

4.6.1 Die Reaktionsreihe nach Bowen und die Zusammensetzung der magmatischen Gesteine

Sie erinnern sich sicher daran, dass Wasser bei einer ganz bestimmten Temperatur gefriert. Magma dagegen kristallisiert innerhalb einer Temperaturspanne von 200°C bei Abkühlung. Unter Laborbedingungen wiesen Bowen und seine Mitarbeiter nach, dass bei der Abkühlung von basaltischem Magma die Minerale dazu neigen, in systematischer Weise entsprechend ihrem Schmelzpunkt zu kristallisieren. Wie in ▶Abbildung 4.23 zu sehen ist, kristallisiert aus einem Basaltmagma als erstes Mineral das Olivin, ein eisenmagnesiumreiches Mineral. Eine weitere Abkühlung bringt calciumreichen Plagioklas sowie Pyroxen hervor etc. bis zum Ende des Diagramms.

Während des Kristallisationsprozesses verändert sich die Zusammensetzung des flüssigen Anteils kontinuierlich. In der Phase, in der ein Drittel des Magmas verfestigt wurde, wird in der Schmelze beispielsweise fast kein Eisen, Magnesium und Calcium mehr enthalten sein, da diese Elemente Bestandteile der erstgeformten Minerale sind. Sind diese Elemente aus der Schmelze entfernt, so ist sie mit Natrium und Kalium angereichert. Zudem wird die Schmelze silikatreicher (SiO_2), da das zuerst kristallisierte Mineral Olivin nur 40 Prozent SiO_2 enthält, das ursprüngliche Basaltmagma aber 50 Prozent Silikatanteil hatte. So wird durch die Entwicklung des Magmas die Schmelze mit SiO_2 angereichert.

Bowen konnte auch beweisen, dass feste Bestandteile, die in Kontakt mit der Schmelze verbleiben, chemisch reagieren und sich weiter in das nächste Mineral der Sequenz entwickeln, wie es in Abbildung 4.23 gezeigt wird. Aus diesem Grund wurde diese Sequenz der Minerale als **Bowen'sche Reaktionsreihe** bekannt (▶Exkurs 4.2). Wie Sie noch sehen werden, können bei manchen natürlichen Umständen die zuerst geformten Minerale von der Schmelze getrennt werden; so kommt jede weitere chemische Reaktion zu einem Stillstand.

Das Diagramm der Bowen'schen Reaktionsreihen (Abbildung 4.23) stellt die Mineralsequenz dar, die aus einem Magma durchschnittlicher Zusammensetzung unter Laborbedingungen kristallisiert. Der Beweis, dass dieses stark idealisierte Kristallisationsmodell sich den natürlichen Bedingungen annähert, stammt aus der Analyse magmatischer Gesteine. Insbesondere finden wir Minerale, die im gleichen Temperaturregime nach den Bowen'schen Reaktionsreihen gebildet werden, in den gleichen magmatischen Gesteinen vor. Zum Beispiel werden Sie in Abbildung 4.23 bemerken, dass das Mineral Quarz, Kalifeldspat und Muskowit im Bowen-Diagramm im gleichen Feld stehen und typischerweise als Hauptbestandteile in dem plutonischen Gestein *Granit* auftreten.

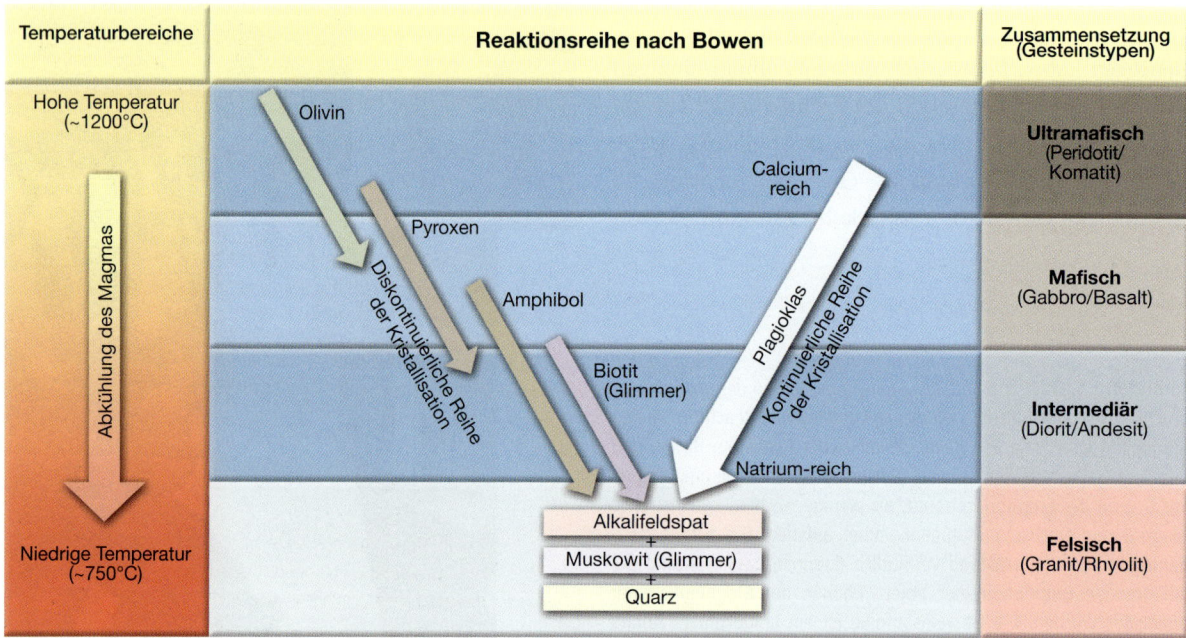

Abbildung 4.23: Die Reaktionsreihen nach Bowen zeigen die Abfolge, in der die Minerale aus dem Magma kristallisieren. Vergleichen Sie diese Abbildung mit der Mineralzusammensetzung der Gesteine in Abbildung 4.11. Beachten Sie dabei, dass jede Gesteinsgruppe aus Mineralen besteht, die im gleichen Temperaturfeld kristallisieren.

4.6 Wie entwickeln sich Magmen?

Magmatische Differentiation Bowen bewies, dass Minerale systematisch aus Magma kristallisieren. Aber wie kann Bowens Entdeckung die große Mannigfaltigkeit magmatischer Gesteine erklären? Es wurde gezeigt, dass während einer oder mehrerer Phasen der Kristallisation zu einer Trennung zwischen den festen und den flüssigen Bestandteilen des Magmas kommt. Ein Trennungsvorgang wird **Kristallabseigerung (gravitative Differentiation)** genannt. Dieser Prozess tritt auf, wenn die zuerst geformten Minerale dichter (schwerer) sind als der flüssige Anteil und zum Boden der Magmenkammer sinken, wie in ▶ Abbildung 4.24 gezeigt wird. Wenn sich die verbleibende Schmelzemasse verfestigt – entweder an der gleichen Stelle oder, falls sie durch Brüche im Umgebungsgestein migriert, an anderer Stelle – entsteht ein Gestein mit einer völlig unterschiedlichen chemischen Zusammensetzung als das Ursprungsmagma (Abbildung 4.24). Die Bildung eines oder mehrerer Magmen aus einem einzigen Ursprungsmagma wird **magmatische Differentiation** genannt.

Ein klassisches Beispiel für die magmatische Differentiation findet man beim Palisades Sill. Dabei handelt es sich um eine 300 Meter hohe, tafelförmige Masse eines dunklen magmatischen Gesteins, das am Westufer des unteren Hudson River aufgeschlossen ist. Wegen seiner großen Mächtigkeit und der anschließend langsamen Verfestigungsrate, sanken die Olivinkristalle (die Kristalle, die zuerst gebildet wurden) ab und machten ca. 25 Prozent des unteren Bereichs des Palisades Sill aus. Im Gegensatz dazu macht Olivin im oberen Bereich dieses magmatischen Körpers, wo die Schmelze zuletzt kristallisiert ist, nur 1 Prozent aus.[2]

In jeder Phase der Magmenentwicklung können sich die festen und die flüssigen Komponenten in zwei chemisch unterschiedliche Einheiten trennen. Außerdem kann die magmatische Differentiation bei der sekundären Schmelze weitere chemisch unterschiedliche Anteile bilden. Folglich können die magmatische Differentiation und die Trennung der festen und flüssigen Komponenten in verschiedenen Phasen der Kristallisation mehrere chemisch verschiedene Magmen und letztlich viele verschiedene magmatische Gesteine entstehen lassen (Abbildung 4.24).

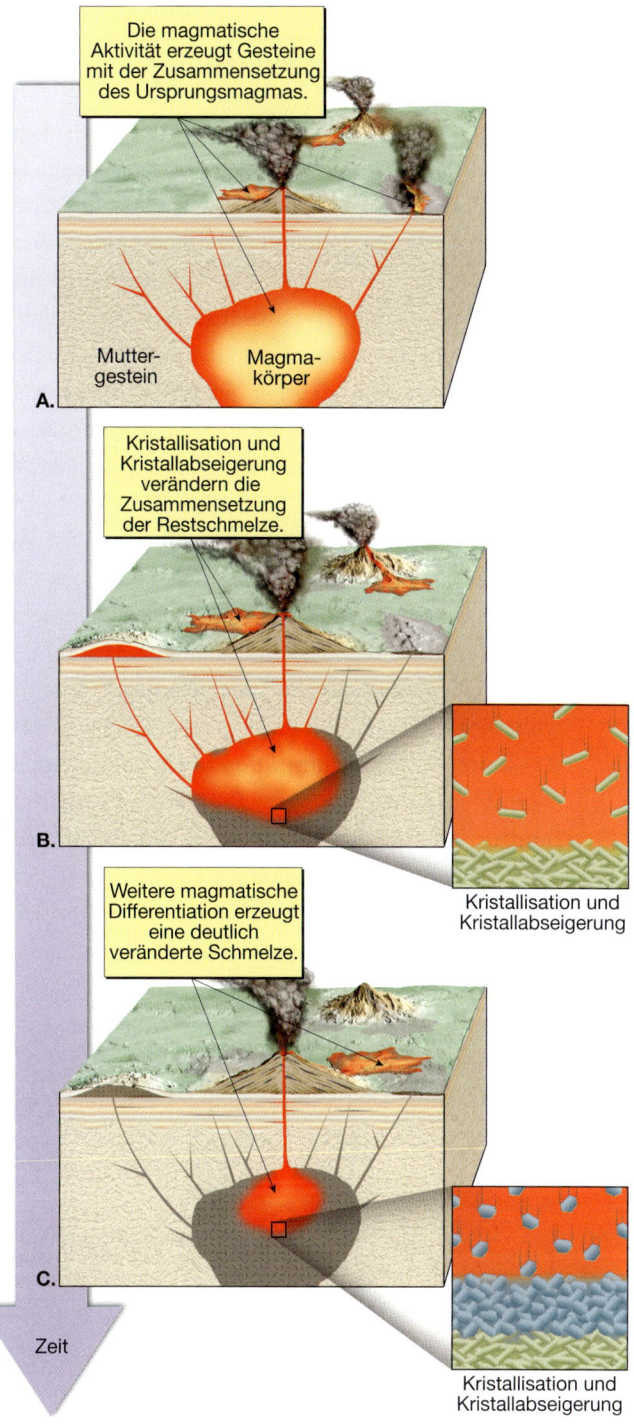

Abbildung 4.24: Darstellung der Entwicklung von Magma. Durch die Kristallisation und Abseigerung der zuerst gebildeten Minerale (die reicher an Eisen, Magnesium und Calcium sind) auf den Boden der Magmenkammer bleibt eine Schmelze zurück, die mit Natrium, Kalium und Silizium (SiO_2) angereichert ist. **A.** Einlagerung eines Magmenkörpers und die damit vergesellschaftete magmatische Aktivität, die Gesteine ähnlicher Zusammensetzung wie das Ursprungsmagma hervorbringt. **B.** Nach einiger Zeit verändern Kristallisation und Abseigerung die Zusammensetzung der Schmelze, wobei die entstehenden Gesteine eine ziemlich andere Zusammensetzung als das Ursprungsmagma besitzen. **C.** Eine weitere Entwicklung des Magmas bringt eine andere deutlich veränderte Schmelze und damit vergesellschaftete Gesteine hervor.

---

[2] Neuere Untersuchungen weisen darauf hin, dass diese Intrusivmasse durch mehrfache Injektionen von Magma entstanden ist und mehr als ein einfaches Beispiel von Kristallabseigerung repräsentiert.

4.6.2 Assimilation und Magmenvermischung

Bowen konnte erfolgreich beweisen, dass durch magmatische Differentiation aus einem Ursprungsmagma viele mineralogisch unterschiedliche magmatische Gesteine entstehen können. Jedoch haben modernere Arbeiten gezeigt, dass die magmatische Differentiation nicht allein für das komplette Spektrum der Zusammensetzung von magmatischen Gesteinen verantwortlich ist.

Sobald ein Magenkörper geformt wird, kann sich seine Zusammensetzung durch die Aufnahme von fremdem Material verändern. Wenn beispielsweise Magma nach oben steigt, könnte es etwas von seinem Nebengestein mit aufnehmen; ein Prozess, der **Assimilation** genannt wird (▶ Abbildung 4.25). Dieser Prozess kann in einer oberflächennahen Umgebung auftreten, dort, wo das Gestein brüchig ist. Während das Magma nach oben drückt, entstehen durch Spannung zahlreiche Brüche in dem darüberliegenden Gestein. Die Kraft der Magmeninjektion reicht oft aus, um Gesteinsblöcke des „fremden" Gesteins herauszureißen und in den Magmenkörper aufzunehmen. In größerer Tiefe könnte das Magma ganz einfach heiß genug sein, um einen Teil des Umgebungsgesteins, das schon nahe seiner Schmelztemperatur ist, aufzunehmen und aufzuschmelzen (assimilieren).

Auch auf andere Weise kann die Zusammensetzung des Magmenkörpers verändert werden: durch **Magmenmischung**. Dieser Vorgang geschieht dann, wenn ein Magmenkörper einen anderen intrudiert (Abbildung 4.25). Sind die beiden miteinander vereinigt, könnten Konvektivströme die Magmen vermischen und eine Flüssigkeit mit intermediärer Zusammensetzung entstehen lassen. Die Magmenvermischung könnte während des Aufstiegs zweier chemisch unterschiedlicher Magmenkörper auftreten, wobei die Masse mit dem größeren Auftrieb die sich langsamer bewegende Masse überholt.

Zusammenfassend kann man sagen, dass Bowen sehr erfolgreich gezeigt hat, dass durch magmatische Differentiation aus einem einzigen Stamm-Magma mehrere mineralogisch unterschiedliche magmatische Gesteine hervorgehen können. Deswegen ist dieser Prozess zusammen mit der Magmenvermischung und der Kontamination durch das Krusten- bzw. Nebengestein verantwortlich für die große Diversität von Magmen und magmatischen Gesteinen. Als Nächstes wenden wir uns einem ebenso wichtigen Vorgang für die Entstehung von Magmen unterschiedlicher Zusammensetzung zu, der partiellen Aufschmelzung.

4.7 Partielle Aufschmelzung und Magmenzusammensetzung

Wir haben uns gemerkt, dass die Kristallisation von Magma innerhalb eines Temperaturspektrums von

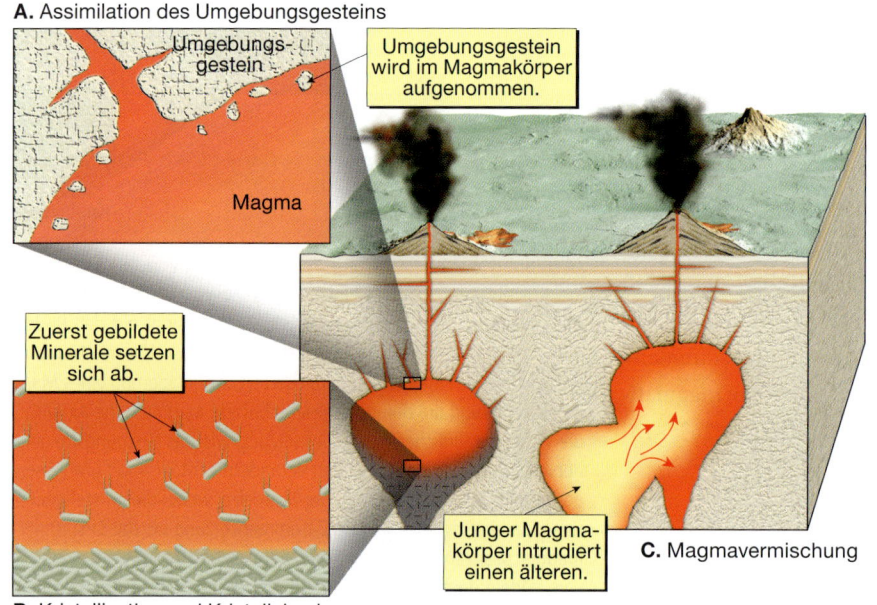

Abbildung 4.25: Diese Darstellung zeigt drei Möglichkeiten, wie die Zusammensetzung eines Magmenkörpers verändert werden kann: Magmenvermischung, Assimilation der Nebengesteine, magmatische Differentiation.

4.7 Partielle Aufschmelzung und Magmenzusammensetzung

EXKURS 4.2 – DIE ERDE VERSTEHEN

■ Eine genauere Betrachtung der Reaktionsreihen von Bowen

Zwar sind Bowens Reaktionsreihen stark idealisiert, dennoch zeigen sie uns anschaulich, wie die Minerale nacheinander aus einem Magma mit durchschnittlicher Zusammensetzung kristallisieren. Dieses Modell nimmt an, dass das Magma langsam in der Tiefe kristallisiert und sich sonst nichts in der Umgebung ändert. Beachten Sie, dass die Bowen'sche Reaktionsreihe zwei Äste aufweist, einen Ast mit einer diskontinuierlichen und einen zweiten Ast mit einer kontinuierlichen Kristallisationsreihe.

Diskontinuierliche Reaktionsreihen

Der linke obere Zweig der Bowen'schen Reaktionsreihen deutet darauf hin, dass Olivin als erster Kristall bei der Magmenabkühlung gebildet wird. Ist Olivin einmal entstanden, wird er mit der übrigen Schmelze reagieren und Pyroxen bilden (siehe Abbildung 4.23). Bei dieser Reaktion nimmt Olivin, das aus isolierten Silizium-Sauerstoff-Tetraedern besteht (deshalb „Inselsilikat"), mehr Kieselsäure in seine Struktur auf, wobei seine Tetraeder zu Einzelkettenstrukturen der Pyroxene verknüpft werden. (Beachten Sie, dass Pyroxen eine niedrigere Kristallisationstemperatur als Olivin besitzt und bei niedrigeren Temperaturen stabil ist.) Kühlt der Magmenkörper weiter ab, reagieren auch die Pyroxenkristalle mit der Schmelze, um Doppelkettenstrukturen der Amphibole zu bilden. Diese Reaktion wird so lange weitergeführt, bis das letzte Mineral dieser Reihe, Biotit, kristallisiert ist. In der Natur werden diese Reaktionen normalerweise nicht vollendet, so dass verschiedene Anteile aller Minerale der Serie zu jeder Zeit existieren können und Minerale wie Biotit vielleicht nie gebildet werden.

Diesen Zweig der Reaktionsreihen nach Bowen bezeichnet man als *diskontinuierliche Reaktionsreihen*, da in jeder Phase andere Silikatstrukturen auftauchen. Olivin, das erste Mineral in dieser Abfolge, ist aus einem einzigen Tetraeder aufgebaut, Pyroxen dagegen besitzt Einfachketten, Amphibol Doppelketten und Biotit Schichtstrukturen.

Kontinuierliche Reaktionsreihen

Die Reaktionsreihen im rechten Zweig werden *kontinuierliche Reaktionsreihen* genannt und zeigen, dass calciumreiche Plagioklase mit Natriumionen in der Schmelze reagieren um stetig natriumreicher zu werden (siehe Abbildung 4.23). Dabei diffundieren die Natriumionen in die Felsspatkristalle hinein und verdrängen Calciumionen aus dem Kristallgitter. Häufig ist aber die Abkühlungsrate so hoch, dass ein kompletter Austausch der Calciumionen durch Natriumionen verhindert wird. In diesem Fall hat das Feldspatkristall einen calciumreichen Kern, der von Zonen mit immer höherem Natriumgehalt umgeben ist (▶ Abbildung 4.B).

Während der letzten Kristallisationsphase, nachdem das meiste Magma verfestigt wurde, entsteht Kalifeldspat (Muskowit wird in Pegmatiten und anderen plutonischen, magmatischen Gesteinen gebildet, die in beträchtlicher Tiefe geformt werden). Schließlich weist die verbleibende Schmelze überschüssiges Silikat auf und das Mineral Quarz wird gebildet.

Die Überprüfung der Bowen'schen Reaktionsreihen

Als der hawaiianische Vulkan Kilauea 1965 ausbrach, floss basaltische Lava in einen grubenartigen Krater und bildete einen Lavasee, der zum natürlichen Labor für die Überprüfung der Bowen'schen Reaktionsreihen wurde. Als die Oberfläche des Lavasees genügend abgekühlt war, nahmen Geologen Bohrungen im Magma vor und entnahmen in regelmäßigen Zeitabständen Proben, die schockgefroren wurden, um die Schmelze und die darin entstehenden Minerale zu erhalten. Durch eine Probennahme der aufeinanderfolgenden Abkühlungsphasen ließ sich die Abfolge der Kristallisation festhalten.

Wie die Reaktionsreihen nach Bowen es vorhersagen, kristallisierte Olivin zuerst. Es wurde später nicht mehr gebildet und auch teilweise wieder in der abkühlenden Schmelze absorbiert. (In einem größeren, langsamer abkühlenden Magmenkörper würden wir erwarten, dass der größte Anteil an Olivin mit der Schmelze reagiert, um Pyroxen zu bilden.) Sehr wichtig ist, dass die Schmelze während der Kristallisation durchgehend ihre Zusammensetzung verändert hat. Im Gegensatz zur ursprünglichen Basaltlava mit einem Silikatanteil (SiO_2) von etwa 50 Prozent enthielt die letzte Schmelzmasse einen Silikatanteil von über 75 Prozent und war damit einer Zusammensetzung von Granit ähnlicher.

Obwohl die Lava in diesem Fall verhältnismäßig schnell abgekühlt ist (im Gegensatz zu tiefen Magmenkammern), war es doch langsam genug, um zu beweisen, dass die Minerale in systematischer Abfolge kristallisieren und in etwa der Bowen'schen Reaktionsreihen entsprechen. Wäre die Schmelze außerdem in jeder Phase des Abkühlungsprozesses abgetrennt worden, hätte sie ein Gestein mit einer völlig anderen Zusammensetzung als die Ausgangslava gebildet.

Abbildung 4.B: Foto eines Plagioklaskristalls mit Zonarbau. Nachdem dieser Kristall (calciumreicher Feldspat) entstanden war, ersetzten bei weiterer Abkühlung Natriumionen die Calciumionen. Da der Austausch nicht vollständig vollzogen wurde, besitzt dieser Feldspatkristall ein calciumreiches Zentrum, das von Zonen umgeben ist, deren Natriumgehalt stetig zunimmt.

mindestens 200 °C auftritt. Demnach können wir erwarten, dass der umgekehrte Vorgang, die Aufschmelzung, innerhalb eines ähnlichen Temperaturspektrums stattfindet. Wenn die Gesteine zu schmelzen beginnen, schmelzen die Minerale mit dem niedrigsten Schmelzpunkt zuerst. Geht der Schmelzvorgang weiter, beginnen auch die Minerale mit einem höheren Schmelzpunkt zu schmelzen und die Zusammensetzung des Magmas erreicht langsam die durchschnittliche Zusammensetzung des Gesteins, von dem es stammt. Meistens findet jedoch keine vollständige Aufschmelzung statt. Die unvollständige Aufschmelzung von Gesteinen ist unter der Bezeichnung **partielle Aufschmelzung** bekannt – einem Vorgang, der zwar nicht alle, aber die meisten Magmen hervorbringt.

Abbildung 4.23 zeigt, dass Gesteine granitischer Zusammensetzung Minerale mit den niedrigsten Schmelz-(Kristallisations-)Temperaturen enthalten, nämlich Quarz und Kalifeldspat. Wenn wir in den Bowen'schen Reaktionsreihen weiter nach oben gehen, besitzen die Minerale progressiv ansteigende Schmelztemperaturen. Olivin, das an der Spitze der Reihe steht, hat den höchsten Schmelzpunkt. Wird ein Gestein partieller Aufschmelzung unterworfen, so werden in seiner Schmelze die Ionen von Mineralen mit dem niedrigsten Schmelzpunkt angereichert sein. Eine Separation der beiden Anteile würde eine silikatreiche Schmelze ergeben, die dem granitischen Spektrum der Reihe näher steht als dem Ausgangsgestein.

4.7.1 Die Bildung basaltischer Magmen

Die meisten basaltischen Magmen stammen wahrscheinlich aus der partiellen Aufschmelzung des ultramafischen Gesteins *Peridotit*, dem Hauptbestandteil des oberen Mantels. Basaltische Magmen, die durch direkte Aufschmelzung der Mantelgesteine entstehen, nennt man *primäre Magmen* (Stamm-Magmen), da sie sich noch nicht weiterentwickelt oder verändert haben. Ausgelöst wird diese Magmenbildung meist durch die Senkung des Umgebungsdrucks (Dekompressionsschmelze), beispielsweise dort, wo Mantelgestein als Teil eines langsamen Konvektionsstroms an Mittelozeanischen Rücken aufsteigt (siehe Abbildung 4.20). Bitte erinnern Sie sich, dass basaltische Magmen auch an Subduktionszonen entstehen können, wenn Wasser durch die absinkende Platte der ozeanischen Kruste nach unten geführt wird und dort eine partielle Aufschmelzung der Mantelgesteine hervorruft (siehe Abbildung 4.21).

Da die meisten basaltischen Schmelzen zwischen ca. 50 und 250 Kilometer unterhalb der Oberfläche gebildet werden, sollten wir annehmen, dass sie auch bereits in der Tiefe wieder abkühlen und kristallisieren. Wenn andererseits basaltisches Magma nach oben steigt, verringert sich auch der Umgebungsdruck stetig, was die Schmelztemperatur noch weiter herabsetzt. Wie Sie im nächsten Kapitel sehen werden, gibt es Milieus, in welchen basaltische Magmen schnell genug aufsteigen können. Dabei wird der Wärmeverlust an das Nebengestein durch die Senkung der Schmelztemperatur ausgeglichen. Als Folge davon können riesige basaltische Lavaergüsse auf der Erdoberfläche gebildet werden – die sogenannten Plateaubasalte. Es gibt aber auch Situationen, wo das basaltische Magma verhältnismäßig dicht ist und unterhalb der Krustengesteine einen Magmensee bildet und dort langsam kristallisiert.

4.7.2 Die Bildung andesitischer und granitischer Magmen

Wenn partielle Aufschmelzung des Mantelgesteins basaltisches Magma bildet, was ist dann die Magmenquelle für andesitische und granitische Gesteine? Wir wissen, dass intermediäre und felsische Magmen nicht bei Vulkanausbrüchen in Tiefseebecken vorkommen, sondern nur innerhalb oder nahe an Kontinentalrändern (▶Abbildung 4.26). Das ist ein starkes Indiz für Wechselwirkungen zwischen basaltischen Magmen aus dem Mantel und silikatreichen Komponenten aus der Erdkruste, die diese Magmen hervorrufen. Wenn beispielsweise basaltische Magmen nach oben steigen, könnte es einen Teil des durchwanderten Krustengesteins aufschmelzen und assimilieren. Das Ergebnis wäre die Bildung eines silikatreicheren Magmas mit andesitischer Zusammensetzung (intermediär zwischen basaltisch und granitisch).

Andesitisches Magma könnte auch aus basaltischen Magmen durch den Vorgang der magmatischen Differentiation gebildet werden. Sie erinnern sich von der Darstellung der Bowen'schen Reaktionsreihen, dass bei der Verfestigung basaltischer Magmen die silikatarmen, eisen-magnesiumreichen Minerale zuerst kristallisieren. Werden die eisenreichen Komponenten von der flüssigen Schmelze durch Kristallabseigerung getrennt, wird die verbleibende Schmelze jetzt mit Si-

4.7 Partielle Aufschmelzung und Magmenzusammensetzung

likat angereichert sein und die Zusammensetzung mit Andesit verwandt sein. Die so veränderten Magmen werden *sekundäre Magmen* genannt.

Granitische Gesteine sind in so großer Menge vorhanden, dass sie nicht nur durch magmatische Differentiation primärer basaltischer Magmen entstanden sein können. Es ist viel wahrscheinlicher, dass sie entweder das Endprodukt der Kristallisation andesitischer Magmen sind oder das Ergebnis partieller Aufschmelzung von silikatreichen Kontinentalgesteinen. Die Wärme, um die Krustengesteine aufzuschmelzen, stammt häufig von heißen, basaltischen Magmen, die ihren Ursprung im Mantel haben, oberhalb einer abtauchenden Platte entstanden sind und innerhalb der Kruste erstarren.

Granitische Schmelzen sind viel silikatreicher und deswegen viel viskoser (zähflüssiger) als andere Magmen. Deswegen verlieren granitische Magmen normalerweise ihre Fließfähigkeit, bevor sie die Oberfläche erreichen. Sie neigen dazu, große plutonische Gebilde zu formen, im Gegensatz zu basaltischen Magmen, die häufig als große Lavaergüsse austreten. Wenn silikatreiches Magma die Oberfläche erreicht, kommt es zu explosivartigen, pyroklastischen Eruptionen wie die von Mount St. Helens.

Zusammenfassend kann man sagen, dass die Reaktionsreihen von Bowen vereinfachte Richtlinien sind, um den Vorgang der partiellen Aufschmelzung zu verstehen. Im Allgemeinen schmelzen die „Niedrigtemperaturminerale" im unteren Bereich der Bowen'schen Reaktionsreihen zuerst und bilden silikatreicheres (weniger mafisches) Magma als das Muttergestein. Deswegen entstehen durch partielle Aufschmelzung der ultramafischen Gesteine des Mantels die mafischen Basalte, die die ozeanische Kruste formen. Darüber hinaus wird aus der partiellen Aufschmelzung basaltischer Gesteine intermediäres (andesitisches) Magma gebildet, was gewöhnlich mit Vulkanbögen vergesellschaftet ist.

Abbildung 4.26: Der Ausbruch des Mount Ruapehu, Tongairo National Park, Neuseeland, 1996. Vulkane, die sich nahe am Pazifischen Ozean befinden, werden von Magmen mit intermediärer und felsischer Zusammensetzung gespeist. Diese silikatreichen Magmen brechen oft explosionsartig aus und bilden riesige Wolken aus Staub und vulkanischer Asche. (Foto: Tui de Roy/Minden Pictures)

ZUSAMMENFASSUNG

Magmatische Gesteine werden gebildet, wenn Magma abkühlt und sich verfestigt. Extrusive oder vulkanische Magmatite entstehen, wenn Lava an der Oberfläche abkühlt. Aus Magma, das sich in der Tiefe verfestigt, entstehen intrusive oder plutonische Magmatite.

Während das Magma abkühlt, ordnen sich die Ionen, aus welchen es sich zusammensetzt, in einem geordneten Muster an; dieser Vorgang wird als *Kristallisation* bezeichnet. Eine langsame Abkühlung bringt große Kristalle hervor. Im Gegensatz dazu entsteht bei sehr schneller Abkühlung eine feste Masse von winzigen, ineinander verwachsenen Kristallen. Wird eine Schmelze sehr plötzlich abgekühlt, entsteht eine Masse von ungeordneten Atomen, die man als *Glas* bezeichnet.

Magmatische Gesteine werden oft nach ihrem *Gefüge* und ihrer *Mineralzusammensetzung* klassifiziert.

Das Gefüge bzw. die Textur eines magmatischen Gesteins bezieht sich auf die gesamte Ausprägung des Gesteins, basierend auf der Größe und Anordnung der ineinander verwachsenen Kristalle. Der wichtigste Einflussfaktor ist die Abkühlungsrate des Magmas. Häufig auftretende Gefüge magmatischer Gesteine sind: *aphanitische* Gefüge, deren Körner zu klein sind, um sie ohne Hilfe eines Mikroskops zu identifizieren; *phänokristalline* Gefüge mit ineinander verwachsenen Kristallen, die etwa die gleiche Größe haben und groß genug sind, um sie mit bloßem Auge zu erkennen; *porphyrische* Gefüge mit großen Kristallen (Phänokristallen), die in einer Matrix aus kleineren Kristallen (Grundmasse) eingebettet sind, und *glasige* Gefüge.

Die Mineralzusammensetzung eines magmatischen Gesteins ist die Folge des chemischen Aufbaus des Stamm-Magmas und der Kristallisationsbedingungen. Magmatische Gesteine sind in große Gruppen bezüglich ihrer Zusammensetzung eingeteilt, basierend auf ihrem Anteil dunkler und heller Silikatminerale. *Felsische Gesteine* (wie Granit und Rhyolit) sind überwiegend aus den hellen Silikatmineralen Kalifeldspat und Quarz aufgebaut. Gesteine mit *intermediärer* Zusammensetzung (wie Andesit und Diorit) enthalten Plagioklas und Amphibol. *Mafische Gesteine* (wie Basalt und Gabbro) enthalten reichlich Olivin, Pyroxen und Calciumfeldspat. Sie besitzen einen hohen Eisen-, Magnesium- und Calciumgehalt, wenig Silikat und weisen eine dunkelgraue bis schwarze Färbung auf.

Der Mineralaufbau eines magmatischen Gesteins wird letztlich von der chemischen Zusammensetzung des Magmas bestimmt, aus dem es kristallisiert. N.L. Bowen entdeckte bei der Abkühlung von Magma unter Laborbedingungen, dass die Minerale mit höherem Schmelzpunkt vor den Mineralen mit niedrigerem Schmelzpunkt kristallisieren. Die *Bowen'schen Reaktionsreihen* stellen die Abfolge der Mineralbildung in Magma dar.

Während der Kristallisation von Magma setzen sich die zuerst gebildeten Minerale, falls sie schwerer als der verbleibende flüssige Anteil sind, am Boden der Magmenkammer ab. Man nennt diesen Vorgang *Kristallabseigerung* (gravitative Kristalldifferentiation). Durch die Kristallabseigerung werden die zuerst gebildeten Minerale aus der Schmelze entfernt und die verbliebene Schmelze bildet ein Gestein, dessen chemische Zusammensetzung völlig anders als die des Stamm-Magmas ist. Den Prozess, der mehr als einen Magmentyp aus einem gemeinsamen Stammmagma hervorbringt, nennt man *magmatische Differentation*.

Hat sich ein Magmenkörper geformt, kann sich seine Zusammensetzung durch die Aufnahme und Aufschmelzung von Fremdmaterial verändern, ein Prozess, der *Assimilation* oder *Magmenvermischung* genannt wird.

Magma stammt im Wesentlichen von festem Gestein der Kruste oder des Mantels. Neben der Zusammensetzung der Gesteine bestimmen seine Temperatur, der Druck (Umgebungsdruck) und der Wassergehalt, ob ein Gestein als Festkörper oder als Schmelze existiert. Deswegen kann Magma durch die *Erhöhung der Gesteinstemperatur* gebildet werden, was bei der Entstehung eines Magmensees aus einem heißen Mantle Plume unterhalb des Krustengesteins auftritt. Eine Senkung des Drucks kann eine Dekompressionsschmelze hervorrufen. Außerdem kann die Aufnahme von flüchtigen Bestandteilen (Wasser) den Schmelzpunkt eines Gesteins deutlich senken, so dass Magma gebildet wird. Da dabei das Gestein nicht vollständig aufschmilzt, entsteht durch diesen Prozess, der *partielle Aufschmelzung* genannt wird, eine Schmelze aus Mineralen mit niedrigem Schmelzpunkt, die silikatreicher als das Ausgangsgestein sind. Aus diesem Grund sind Magmen, die durch partielle Aufschmelzung entstehen, dem felsischen Spektrum der Zusammensetzung näher als die Ausgangsgesteine.

Wiederholungsfragen

1. Was ist Magma?
2. Wie unterscheidet sich Lava von Magma?
3. Wie beeinflusst die Abkühlungsrate den Kristallisationsprozess?
4. Welche zwei weiteren Faktoren außer der Abkühlungsrate beeinflussen den Kristallisationsprozess?
5. Die Klassifikation der magmatischen Gesteine basiert im Wesentlichen auf zwei Kriterien. Nennen Sie diese Kriterien.
6. Die folgenden Aussagen beziehen sich auf Bezeichnungen, die die Gefüge magmatischer Gesteine beschreiben. Nennen Sie für jede Aussage die richtige Bezeichnung.
    a. Öffnungen, die durch entweichende Gase entstanden sind
    b. Obsidian weist dieses Gefüge auf.
    c. Eine Matrix aus winzigen Kristallen, die Phänokristalle umgeben
    d. Kristalle, zu klein, um sie mit bloßem Auge zu erkennen
    e. Ein Gefüge, das durch zwei deutlich unterschiedliche Kristallgrößen charakterisiert ist
    f. Grobkörnig, mit Kristallen ähnlicher Korngröße
    g. Ungewöhnlich große Kristalle, die einen Durchmesser von mehr als 1 cm haben
7. Warum sind Kristalle in Pegmatiten so groß?
8. Worauf weist ein porphyrisches Gefüge bei magmatischen Gesteinen hin?
9. Was ist der Unterschied zwischen Granit und Rhyolit? Welche Ähnlichkeiten haben sie?
10. Vergleichen Sie und stellen Sie die folgenden Gesteinspaare gegenüber:
    a. Granit und Diorit
    b. Basalt und Gabbro
    c. Andesit und Rhyolit
11. Wie unterscheiden sich Bimsstein und vulkanische Brekzie von anderen magmatischen Gesteinen wie Granit und Basalt?
12. Was ist der geothermale Gradient?
13. Beschreiben Sie die drei Bedingungen, die vermutlich zur Aufschmelzung eines Gesteins führen.
14. Was ist magmatische Differentiation? Wie könnte dieser Vorgang zur Entstehung mehrerer unterschiedlicher Magmatite aus einem einzigen Magma führen?
15. Stellen Sie die Klassifikation der magmatischen Gesteine mit den Bowen'schen Reaktionsreihen in Beziehung.
16. Was bedeutet partielle Aufschmelzung?
17. Wie sieht die Zusammensetzung einer Schmelze aus, die durch partielle Aufschmelzung entstanden ist, im Vergleich zum Muttergestein?
18. Wie entstehen die meisten basaltischen Magmen?
19. Basaltische Magmen entstehen in großer Tiefe. Warum kristallisiert ein Großteil des Magmas nicht beim Aufstieg durch die relativ kalte Kruste?
20. Warum kommen Gesteine intermediärer (andesitischer) und felsischer (granitischer) Zusammensetzung generell nicht in Ozeanbecken vor?

Größere Multiple-Choice-Tests zur Wissenskontrolle und Prüfungsvorbereitung sowie weitere Informationen zu diesem Buchkapitel finden Sie auf der Companion Website zum Buch unter **www.pearson-studium.de**

Vulkane und andere magmatische Aktivitäten

5.1	Die Eigenschaften von Vulkanausbrüchen.............	155
5.2	Material, das während einer Eruption gefördert wird	158
5.3	Vulkantypen und Eruptionsarten......................	162
5.4	Das Leben im Schatten eines Stratovulkans...........	170
5.5	Andere vulkanische Landformen	175
5.6	Intrusive magmatische Aktivität.......................	181
5.7	Plattentektonik und magmatische Aktivität	186
5.8	Mit Vulkanen leben	192
Zusammenfassung...		195
Wiederholungsfragen...		196

ÜBERBLICK

5

5 Vulkane und andere magmatische Aktivitäten

Ein Ausbruch des Ätna, Italien. (Foto: Art Wolfe)

Am Sonntag, den 18. Mai 1980, ereignete sich der historisch größte Vulkanausbruch Nordamerikas, der einen einst malerischen Vulkan komplett verwüstete (▶ Abbildung 5.1). An diesem Tag brach im Südwesten des Bundesstaates Washington der Mount St. Helens mit unglaublicher Gewalt aus. Die große Wucht riss die gesamte Nordflanke des Vulkans weg und hinterließ ein gähnendes Loch. In einem kurzen Moment wurde ein mächtiger Vulkan mit einer Höhe von über 2.900 Meter um mehr als 400 Meter gekappt.

Dieses Ereignis zerstörte ein großes waldreiches Gebiet auf der Nordseite des Berges (▶ Abbildung 5.2). Innerhalb eines 400 Quadratkilometer großen Gebiets lagen Bäume ineinander verkeilt und flach auf dem Boden, die Äste waren abgerissen und aus der Luft sahen die Bäume wie verstreute Zahnstocher aus. Der nachfolgende Schlammstrom transportierte Asche, Bäume und wasserdurchtränkten Gesteinsschutt über 29 Kilometer weit den Toutle River hinunter. Bei dem Ausbruch kamen 59 Menschen ums Leben, entweder durch die immense Hitze und die erstickende Wolke aus Asche und Gasen, oder sie wurden durch die Wucht der Explosion durch die Luft gewirbelt oder von den Schlammmassen eingeschlossen.

Bei der Eruption wurde fast ein Kubikkilometer Asche und Gesteinstrümmer herausgeschleudert. Nach der zerstörenden Explosion traten aus Mount St. Helens große Mengen heißer Gase und Asche aus. Die Wucht der Explosion war so gewaltig, dass ein Teil der Asche mehr als 18 Kilometer hoch in die Stratosphäre geschleudert wurde. Während der darauffolgenden Tage wurde dieses sehr feinkörnige Material durch starke Höhenwinde über die ganze Erde verteilt. Gemeldet wurden messbare Ablagerungen aus Oklahoma und Minnesota sowie Ernteschäden in Zentralmontana. In der Zwischenzeit wuchs der Ascheniederschlag in der unmittelbaren Nähe des Ausbruchs auf zwei Meter Höhe an. Die Luft in Yakima, Washington, (130 Kilometer östlich davon) war so voller Asche, dass es um die Mittagszeit so dunkel war wie in der Nacht.

Abbildung 5.1: Vor und nach der Eruption. Die Fotos zeigen die Veränderung des Mount St. Helens durch die Eruption am 18. Mai 1980. Das dunkle Gebiet im unteren Bild ist der mit Eruptionsschutt gefüllte Spirit-See. Im oberen Bild ist der See vor dem Ausbruch zu sehen. (Fotos: mit freundlicher Genehmigung des U.S. Geological Survey)

Nicht alle Vulkanausbrüche sind so verheerend wie der Ausbruch von Mount St. Helens von 1980. Aus manchen Vulkanen, wie dem Kilauea in Hawaii, strömt flüssige Lava relativ ruhig aus. Diese „sanften" Eruptionen bleiben aber auch nicht ohne feurige Darbietung; gelegentlich sprüht weiß glühende Lava Hunderte von Meter in die Luft. Während der letzten aktiven Phase des Kilauea, die 1983 begann, wurden 180 Wohnhäuser und ein Besucherzentrum im Nationalpark zerstört.

5 Vulkane und andere magmatische Aktivitäten

Abbildung 5.2: Douglasfichten wurden durch die Wucht des Ausbruchs des Mount St. Helens am 18. Mai 1980 abgeknickt oder entwurzelt. (Großes Foto: Lyn Topinka/AP Fotos/U.S. Geological Survey; eingeblendetes Foto: John M. Burnley/Photo Resaerchers, Inc.)

Abbildung 5.3: Ein Basaltlavastrom nach dem Ausbruch des Mount Nyiragongo am 17. Januar 2002 zerstörte viele Wohnhäuser in Goma, Kongo. (Foto: Marco Longari/CORBIS)

Warum brechen Vulkane wie der Mount St. Helens so explosiv aus, während andere wie der Kilauea relativ ruhig bleiben? Warum treten Vulkane kettenförmig auf, wie die Aleuten und die Cascade Range? Warum werden manche Vulkane am Ozeanboden gebildet und andere auf dem Kontinent? Dieses Kapitel wird diese und andere Fragen behandeln, während wir die Eigenschaften und die Bewegung von Magma und Lava genauer untersuchen (▶ Abbildung 5.3).

Die Eigenschaften von Vulkanausbrüchen 5.1

Vulkanische Aktivität wird im Allgemeinen als ein Prozess wahrgenommen, der malerische, kegelförmige Strukturen schafft und durch periodisch heftige Ausbrüche, wie beim Mount St. Helens, gekennzeichnet ist (▶Exkurs 5.1). Manche Eruptionen verlaufen sehr heftig, viele jedoch nicht. Wodurch wird festgelegt, ob ein Vulkan heftig oder „sanft" ausbricht? Die Hauptfaktoren dafür sind die Zusammensetzung des Magmas, seine Temperatur und die Menge der darin enthaltenen gelösten Gase. All diese Faktoren beeinflussen in unterschiedlicher Weise die Fließfähigkeit oder **Viskosität** (*viskos* = zähflüssig) des Magmas; je zähflüssiger, desto weniger fließfähig ist es. (Zum Beispiel ist Sirup zähflüssiger als Wasser.) Magma, das bei einer explosiven Eruption austritt, ist fünfmal zähflüssiger als Magma, das ruhig ausfließt.

5.1.2 Faktoren, die die Viskosität beeinflussen

Der Einfluss der Temperatur auf die Viskosität ist sehr einfach zu sehen. Genauso wie erhitzter Sirup flüssiger (weniger viskos) ist, wird die Fließfähigkeit von Lava stark durch Temperatur verändert. Wenn Lava abkühlt, beginnt sie zu erstarren, die Fließfähigkeit nimmt ab und der Lavastrom bleibt stehen.

Die chemische Zusammensetzung des Magmas ist ein weiterer wichtiger Faktor im vulkanischen Geschehen. Sie erinnern sich, dass ein großer Unterschied zwischen verschiedenen magmatischen Gesteinen in ihrem Silikatgehalt (SiO_2) liegt (▶Tabelle 5.1). Aus Magmen mit etwa 50 Prozent Silikatanteil entstehen mafische Gesteine, wie Basalt und Magmen mit 70 Prozent und mehr Silikatanteil bringen felsische Gesteine (Granite und sein Extrusionsäquivalent Rhyolit) hervor. Die intermediären Gesteine Andesit und Diorit weisen einen Silikatanteil von etwa 60 Prozent auf.

Die Viskosität eines Magmas ist direkt von seinem Silikatgehalt abhängig. Allgemein gesagt, besitzt ein Magma mit höherem Silikatgehalt eine höhere Viskosität. Die Beweglichkeit des Magmas wird durch die Silikatstrukturen behindert, die sich sogar vor dem Kristallisationsbeginn in langen Ketten aneinanderreihen. Folglich sind rhyolitische (felsische) Laven wegen ihres hohen Silikatgehalts sehr viskos und bilden verhältnismäßig kurze, dicke Lavaströme aus. Im Gegensatz dazu sind basaltische Laven, die weniger Silikat enthalten, relativ flüssig und können bis zu 150 Kilometer und sogar noch weiter fließen, bevor sie erstarren, oder anders ausgedrückt, bevor sie kristallisieren, um zu magmatischem Gestein zu werden.

Durch den Anteil an **flüchtigen Bestandteilen** (den gasförmigen Bestandteilen des Magmas, hauptsächlich Wasserdampf) im Magma wird auch seine Beweglichkeit beeinflusst. Bleiben alle anderen Faktoren unverändert, führt gelöstes Wasser im Magma tendenziell zu einer höheren Fließfähigkeit, da es die Polymerisation (Bildung langer Silikatketten) durch Aufbrechen der Silizium-Sauerstoff-Bindung verringert. Deswegen macht der Verlust von Gasen in oberflächennaher Umgebung Magma (Lava) stärker viskos.

5.1.3 Warum brechen Vulkane aus?

Sie wissen aus Kapitel 4, dass die meisten Magmen durch partielle Aufschmelzung in der oberen Asthenosphäre in Tiefen von ca. 100 Kilometern entstehen. Sobald Magma gebildet ist, steigt es wegen seiner geringeren Dichte als das Nebengestein durch Auftrieb zur Oberfläche auf (▶Abbildung 5.4). Da die Dichte der Krustengesteine nach oben hin abnimmt, kann das Magma auf eine Ebene gelangen, in welcher die Gesteine eine

Zusammensetzung	Silikatgehalt	Viskosität	Gasgehalt
Mafisches (basaltisches) Magma	Gering (bis 50%)	Gering	Gering (1 bis 2%)
Intermediäres (andesitisches) Magma	Mittel (bis 60%)	Mittel	Mittel (3 bis 4%)
Felsisches (rhyolitisches) Magma	Hoch (bis 70%)	Hoch	Hoch (4 bis 6%)

Tabelle 5.1: Magmen besitzen unterschiedliche Zusammensetzungen, dadurch variieren ihre Eigenschaften.

EXKURS 5.1 – DIE ERDE VERSTEHEN

Anatomie einer Eruption

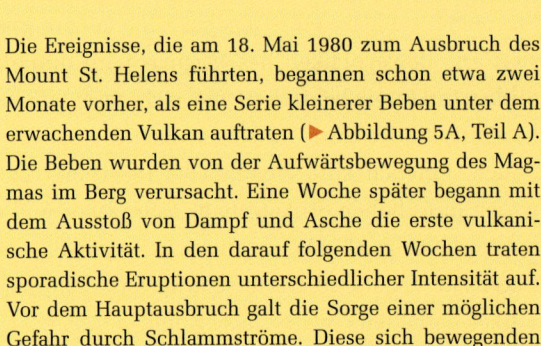

Die Ereignisse, die am 18. Mai 1980 zum Ausbruch des Mount St. Helens führten, begannen schon etwa zwei Monate vorher, als eine Serie kleinerer Beben unter dem erwachenden Vulkan auftraten (▶ Abbildung 5A, Teil A). Die Beben wurden von der Aufwärtsbewegung des Magmas im Berg verursacht. Eine Woche später begann mit dem Ausstoß von Dampf und Asche die erste vulkanische Aktivität. In den darauf folgenden Wochen traten sporadische Eruptionen unterschiedlicher Intensität auf. Vor dem Hauptausbruch galt die Sorge einer möglichen Gefahr durch Schlammströme. Diese sich bewegenden Loben aus wasserdurchtränkter Erde und Gestein entstehen, wenn Eis und Schnee am Berggipfel durch die ausstrahlende Wärme des im Vulkan befindlichen Magmas schmelzen.

Die einzige Warnung vor einem möglichen Ausbruch war eine Aufwölbung an der Nordflanke des Vulkans (▶ Abbildung 5.A, Teil B). Die gewissenhafte Beobachtung der kuppelförmigen Struktur markierte eine sehr langsame, aber stetige Wachstumsrate von einigen Metern pro Tag. Hätte sich die Wachstumsrate der Kuppel deutlich erhöht, wäre dies als Hinweis auf einen bald folgenden Ausbruch gewertet worden. Unglücklicherweise gab es keine solche Veränderung. Stattdessen schwächte sich die seismische Aktivität während der beiden Tage vor der großen Explosion ab.

Dutzende von Wissenschaftlern beobachteten den Berg, als er explodierte. „Vancouver, Vancouver, es geht los!" war die einzige Warnung – und die letzten Worte eines Wissenschaftlers –, die der Entfesselung unglaublicher Mengen eingepferchter Gase vorausgingen. Der Auslöser war ein mittelstarkes Erdbeben, dessen Vibrationen die Nordflanke des Vulkankegels in den Toutle River abstürzen ließen und damit das Deckgestein entfernten, das das Magma darunter gefangen hielt (▶ Abbildung 5.A, Teil C). Nun, da der Druck reduziert war, ging das Wasser im Magma in Wasserdampf über. Es dehnte sich aus und verursachte einen Riss in der Bergflanke, wie ein überhitzter Dampfkocher. Da der Ausbruch mehrere Hundert Meter unterhalb des Gipfels um die Aufwölbung herum begann, ging die erste Explosion seitlich und nicht vertikal los. Wäre die volle Wucht des Ausbruchs nach oben gegangen, wäre das Ausmaß der Zerstörung wesentlich geringer ausgefallen.

Mount St. Helens ist einer von 15 großen neben unzähligen kleinen Vulkanen, die die Cascade Range umfasst und sich von Britisch Kolumbien bis nach Nordkalifornien hinziehen. Acht der größten Vulkane waren in den letzten paar hundert Jahren aktiv. Von den übrigen sieben aktiven Vulkanen könnten Mount Baker und Mount Rainier in Washington, Mount Shasta und Lassen Peak in Kalifornien und Mount Hood in Oregon wieder ausbrechen.

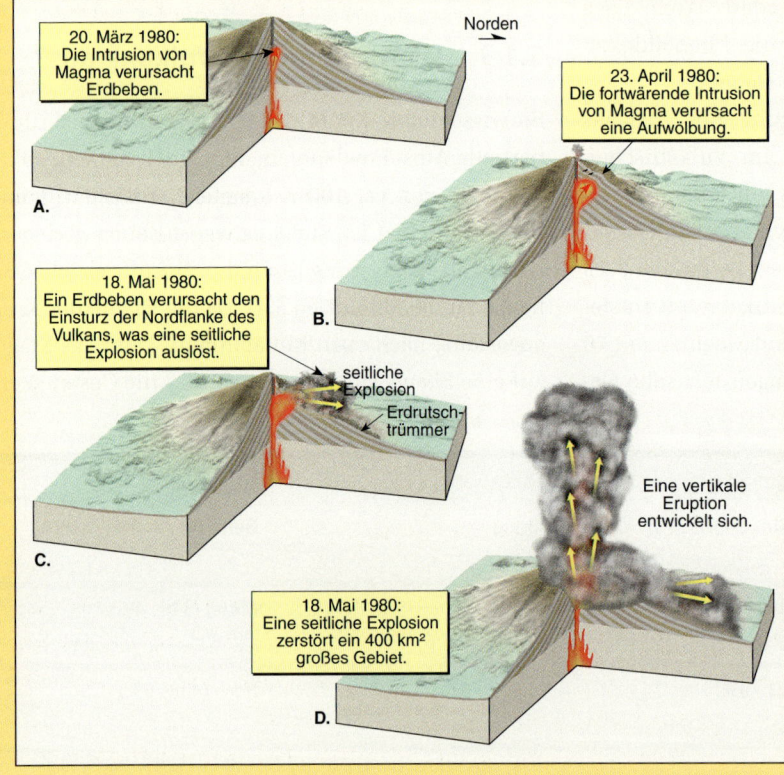

Abbildung 5.A: Das idealisierte Diagramm zeigt die Ereignisse des 18. Mai 1980, den Ausbruch des Mount St. Helens. **A.** Zunächst kündigt ein Erdbeben von beträchtlichem Ausmaß am Mount St. Helens die Möglichkeit auflebender vulkanischer Aktivität an. **B.** Das alarmierende Anwachsen einer Aufwölbung an der Nordflanke deutete auf eine Erhöhung des Magmendrucks in der Tiefe hin. **C.** Ausgelöst durch ein Erdbeben reduzierte ein gigantischer Hangrutsch den Umgebungsdruck auf den Magmenkörper und löste eine seitliche Explosion aus. **D.** Innerhalb von Sekunden schickte eine vertikale Eruption eine Säule vulkanischer Asche bis in eine Höhe von 18 Kilometern. Diese Phase der Eruption dauerte mehr als neun Stunden an.

geringere Dichte besitzen als es selbst. Geschieht dies, sammelt sich die Schmelzmasse und bildet eine Magmenkammer, worin sie für längere Zeit verbleibt, bevor sie sich entweder verfestigt oder auch ein Teil davon weiter nach oben steigt. Nur ein Bruchteil des in der Tiefe gebildeten Magmas erreicht je die Oberfläche.

Auslösende Faktoren für Vulkanausbrüche Der einfachste Mechanismus ist die Ankunft einer neuen Ladung Schmelze in einem oberflächennahen Magmenreservoir. Dieses Phänomen kann oft beobachtet werden, da sich der Gipfel eines Vulkans Monate oder sogar auch Jahre vor der Eruption aufbläht. In der Magmenkammer steigt der Druck, wenn frischer Nachschub an Schmelze einschießt, bis Risse in den Gesteinen darüber auftreten. Das wiederum bringt das Magma in Bewegung, das dann schnell nach oben entlang des zerklüfteten Gesteins steigt und die Lava oft für Wochen, Monate, sogar Jahre ruhig ausfließen lässt.

Man nimmt an, dass dieser Mechanismus zahlreiche große Basalteruptionen entlang der östlichen Riftzone (Spaltenzone) des Kilauea hervorgerufen hat. Die letzte Eruptivphase in dieser Region dauert fast kontinuierlich seit 1983 an. Man glaubt zwar, dass die Zufuhr von neuem Magma viele Ausbrüche hervorruft, doch erklärt es die Heftigkeit mancher explosiver Vulkanausbrüche nicht.

Die Rolle flüchtiger Bestandteile bei explosiven Eruptionen Alle Magmen enthalten einen kleinen Prozentsatz an Wasser und anderen flüchtigen Bestandteilen, die durch die immensen Drücke der auflagernden Gesteine in Lösung bleiben. Da sich das Magma verändert, wenn die zuerst gebildeten, eisenreichen Minerale nach unten sinken, wird der obere Teil des Reservoirs mit flüchtigen Bestandteilen und silikatreicher Schmelze angereichert. Beginnt dieses mit flüchtigen Bestandteilen angereicherte Magma aufzusteigen oder das Magma wird nicht mehr durch auflagernde Gesteine eingesperrt, so erfolgt eine Reduktion des Drucks und die gelösten Gase beginnen sich auszudehnen und Blasen zu bilden. Analog kann man sich eine Flasche mit warmem Mineralwasser beim Öffnen vorstellen, wenn dabei die Kohlendioxidblasen entweichen. Bei Temperaturen um 1.000 °C und niedrigem Oberflächendruck dehnen sich diese Gase schnell aus und können das Hundertfache ihres Volumens einnehmen.

Sehr flüssige, basaltische Magmen lassen die sich ausdehnenden Gase nach oben wandern und relativ leicht aus dem Schlot entweichen. Während sie entweichen, können die Gase glutflüssige Lava Hunderte

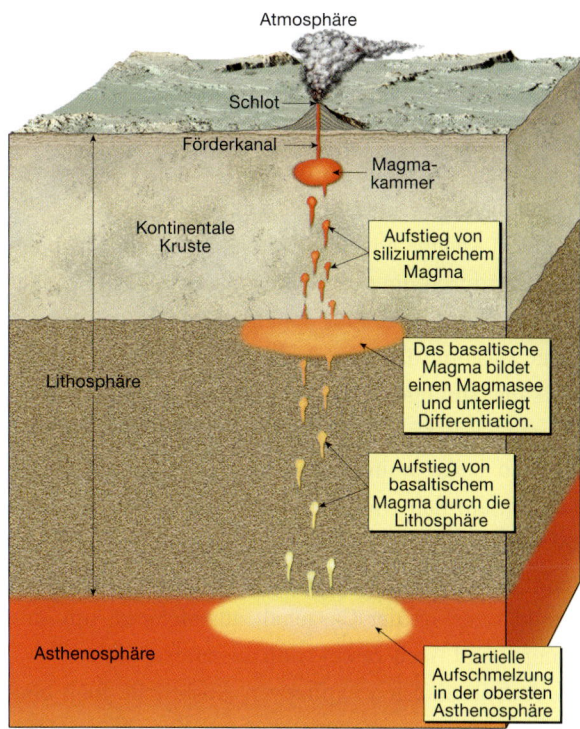

Abbildung 5.4: Schematische Zeichnung der Bewegung von Magma aus seiner Quelle in der oberen Asthenosphäre durch die kontinentale Kruste. Während des Aufstiegs entwickelt sich das Magma durch Differentiation und Assimilation kontinentaler Kruste mit vergleichbar niedrigen Schmelztemperaturen Deswegen sind Magmen, die Vulkane im kontinentalen Bereich versorgen, oft silikatreicher (viskoser) und haben einen hohen Gasgehalt.

von Metern in die Luft schleudern und so Lavafontänen bilden (▶ Abbildung 5.5). Diese Lavafontänen sind sehr eindrucksvoll und meistens auch harmlos und nicht mit explosionsartigen Ausbrüchen verbunden, die viele Leben kosten und großen Schaden anrichten. Die Eruptionen flüssiger basaltischer Lava verlaufen, wie auf Hawaii, im Allgemeinen ruhig.

Das andere Extrem sind hoch viskose, silikatreiche Magmen, die explosive Aschewolken und Gase hervorbringen, die sich in auftreibenden Plumes, auch **Eruptionssäulen** genannt, Tausende von Metern in die Atmosphäre ausdehnen (▶ Abbildung 5.6) Steigt zähflüssiges Magma nach oben, entweichen die entstehenden Gasblasen nicht so leicht, sondern sie verursachen eine Ausdehnung der Schmelzmasse durch den ansteigenden inneren Druck. Übersteigt der Druck die Festigkeit der auflagernden Gesteine, so werden sie zerklüftet. Die resultierenden Brüche verursachen einen weiteren Abfall des Umgebungsdrucks, wodurch wiederum vermehrt Gasblasen entstehen. Diese Kettenreaktion führt oft zu einem explosionsartigen Ausbruch, bei welchem das Magma buchstäblich in winzige Teilchen (Asche) gesprengt wird, die durch die aufsteigenden heißen Gase in große Höhen getragen werden. (Wie bei dem Ausbruch des Mount St. Helens veranschaulicht wurde, kann eine Senkung des Umgebungsdrucks auch durch das Abrutschen einer Vulkanflanke verursacht werden.)

Wird Magma aus dem obersten Teil der Magmenkammer durch die entweichenden Gase kraftvoll herausgeschleudert, nimmt der Druck auf das geschmolzene Gestein direkt unterhalb ab. Deswegen sind Vulkanausbrüche eher eine Serie von Explosionen als ein einziger „Knall". Logischerweise kann dieser Vorgang so lange weitergehen, bis die Magmenkammer leer ist, ähnlich wie ein Geysir sich selbst von Wasser entleert (siehe Kapitel 17). Jedenfalls passiert dies normalerweise nicht. Nur innerhalb der oberen Magmenkammer ist der Gasgehalt ausreichend, um eine Dampf- und Aschenexplosion auszulösen.

Auf die meisten explosiven Ausbrüche folgt eine ruhige Emission von entgaster Lava. Zum Beispiel bildete sich in den sechs Jahren nach der großen Explosion des Mount St. Helens (1980) durch periodische Extrusionen eine große Lavakuppel auf dem Kraterboden. Ein zweiter Kuppelbildungsprozess begann im Oktober 2004. Obwohl diese Eruptionsphasen einige Asche-Plumes hervorbrachten waren sie im Vergleich zu der Explosion vom 18. Mai 1980 harmlos.

Wir fassen zusammen: Die Viskosität eines Magmas und die Menge an darin gelösten Gasen und die Leichtigkeit, mit der sie entweichen können, bestimmen in hohem Maß das Wesen eines Vulkanausbruchs. Im Allgemeinen sind im Vergleich zu den hoch differenzierten silikatreichen Magmen in heißen basaltischen Magmen geringere Gasanteile enthalten, die noch dazu relativ leicht entweichen. Das erklärt den Gegensatz zwischen „sanftem" Ausfließen von flüssiger, basaltischer Lava auf Hawaii und den explosiven und manchmal katastrophalen Ausbrüchen zähflüssiger Lava von Vulkanen wie Mount St. Helens (1980), Mount Pinatubo auf den Philippinen (1991) und Soufriere Hills auf der Insel Montserrat (1995).

5.2 Material, das während einer Eruption gefördert wird

Aus Vulkanen treten Lava, große Mengen an Gas und pyroklastisches Material (Gesteinstrümmer, Lavabom-

Abbildung 5.5: Flüssige Basaltlava bricht aus dem Kilauea, Hawaii aus. (Foto: Douglas Peebles)

Abbildung 5.6: Dampf und eine Ascheneruptionssäule vom Mount Augustine, Cook Inlet, Alaska. (Foto: Steve Kaufmann /Peter Arnold, Inc.)

Studenten fragen manchmal …

Wie sieht die Gegend heute nach der großen Zerstörung durch den Ausbruch des Mount St. Helens aus?

Die Region erholt sich immer noch nur langsam von dem Ausbruch. Erstaunlicherweise haben manche Organismen die Explosion überlebt, besonders die Tiere, die im Boden leben, und Pflanzen, die von Schnee bedeckt und somit geschützt waren oder die in der Nähe von Flüssen wuchsen, wo die Erosion die Asche schnell wieder entfernen konnte. Andere besitzen eine hohe Anpassungsfähigkeit und können so die zerstörte Region schnell wieder bevölkern. Ganze 20 Jahre nach der Eruption bedeckt die Vegetation das Gebiet wieder, erste Wälder beginnen zu wachsen und viele Tiere haben sich angesiedelt. Eines Tages (in einigen hundert Jahren) wird der Wald wieder so gewachsen sein, dass kaum noch Spuren von der Eruption zu finden sein werden, außer einer dicken Ascheschicht im Boden.

Der Vulkan selbst beginnt wieder zu wachsen. Eine riesige Lavakuppel bildet sich innerhalb des Kraters, was darauf hindeutet, dass sich der Berg wieder aufbaut. Viele Vulkane zeigen ein ähnliches Verhalten wie der Mount St. Helens: Auf eine schnelle Zerstörung folgt ein langsamer Wiederaufbau. Sie können dies auf der Homepage http://www.fs.fed.us/gpnf/mshnvm verfolgen, wo eine Webcam Echtzeitaufnahmen vom Berg zeigt.

ben, feine Asche und Staub) aus. In diesem Abschnitt werden wir jedes dieser Materialien untersuchen.

5.2.1 Lavaströme

Man schätzt, dass mehr als 90 Prozent des Gesamtvolumens der auf der Erde vorkommenden Lava basaltische Zusammensetzung besitzt. Andesite und andere Laven intermediärer Zusammensetzung machen fast den gesamten Rest aus, während silikatreiche Rhyolitströme nur einen kleinen Anteil von 1 Prozent beitragen. Kürzlich aufgetretene Ausbrüche basaltischer Laven von zwei Vulkanen auf Hawaii, Mount Loa und Kilauea, hatten ein Volumen von etwa 0,5 Kubikkilometer. Einer der größten Basaltströme der Vergangenheit extrudierte 1783 aus der Laki-Spalte in Island. Die Menge an Lava, die dabei austrat, maß man auf 12 Kubikkilometer und ein Teil der Lava floss bis zu 88 Kilometer weit von seinem Entstehungsort weg. Manche prähistorische Ausbrüche waren sogar noch größer, wie der, der das Columbia Plateau im Nordwestpazifik gebildet hat. Ein Lavastrom machte mehr als 1.200 Kubikkilometer aus. Diese Menge wäre ausreichend, um drei Vulkane von der Größe des Ätna in Italien (einer der größten Vulkankegel der Erde) zu bilden.

Aufgrund ihres geringen Siliziumgehalts sind heiße basaltische Laven normalerweise sehr flüssig. Sie fließen in dünnen, breiten Decken oder stromartigen Bändern. Auf der Insel Hawaii wurde die Geschwindigkeit solcher Laven mit 30 Kilometer pro Stunde an steilen Hängen gemessen. Fließgeschwindigkeiten zwischen 10 und 300 Meter pro Stunde sind jedoch häufiger. Im Gegensatz dazu ist die Bewegung silikatreicher (rhyolitischer) Laven fast zu langsam, um wahrgenommen zu werden. Zudem sind rhyolitische Laven zäh und bewegen sich selten mehr als einige Kilometer von ihren Schloten fort. Wie zu erwarten, weisen andesitische Laven mit intermediärer Zusammensetzung Charakteristika auf, die dazwischenliegen.

Schlackenlava- und Stricklavaströme Zwei Typen von Lavaströmen sind im englischen Sprachraum unter ihrem hawaiianischen Namen bekannt. Die am häufigsten vorkommenden **Schlackenlavaströme** (hawaiianisch: Aa, ausgesprochen ah-ah) besitzen eine Oberfläche mit rauen, scharfkantigen Gesteinsblöcken mit gefährlich scharfen Kanten und dornigen Ausbuchtungen (▶ Abbildung 5.7A). Einen Schlackenlavastrom zu überqueren, kann eine Herausforderung sein und zu einer kläglichen Erfahrung werden. Im Gegensatz dazu weist eine **Stricklava** oder **Fladenlava** (hawaiianisch: pahoehoe, ausgesprochen pah-hoi-hoi) eine glatte Oberfläche auf, die oft wie ineinander verschlungene Stricke aussehen (▶ Abbildung 5.7B). „Pahoehoe" bedeutet „auf der man gehen kann".

Obwohl Schlacken- und Stricklaven aus demselben Schlot stammen können, besitzen Stricklaven höhere Temperaturen als Schlackenlaven. Folglich sind Stricklavaströme flüssiger als die Schlackenlavaströme. Zudem können Stricklavaströme zu Schlackenlavaströmen werden; umgekehrt ist das jedoch nicht möglich. Die Abkühlung, durch die sich Stricklava zu Schlackenlava verändert, wenn sich die Lava vom Schlot wegbewegt, wird als einer der Faktoren angenommen, die die Umwandlung erleichtern. Abkühlung begünstigt die Entstehung von Gasblasen, die wie bereits erwähnt die Viskosität erhöhen. Das entweichende Gas formt zahlreiche Hohlräume und

5 Vulkane und andere magmatische Aktivitäten

Abbildung 5.7: A. Typischer Schlackenlavastrom (aa-Lava) in langsamer Bewegung. **B.** Typische Stricklava. Beide Lavatypen kommen am Kilauea, Hawaii, vor. (Foto A: J. D. Griggs, U.S. Geological Surve; Foto B: Doug Perrine/DRK)

scharfe Dornen an der Oberfläche des erstarrenden Magmas. Während sich das noch heiße Innere vorwärtsbewegt, wird die äußere Kruste aufgebrochen und die ziemlich glatte Oberfläche verwandelt sich in eine sich vorwärts schiebende Masse aus rauen klinkerartigen Trümmern.

Man weiß von Stricklaven, dass sie zu Schlackenlaven avancieren, wenn sich der Lavastrom von einem sanften Hang zu einem steilen Hang bewegt. Die abrupte Veränderung in der Spannung trägt zur Freisetzung von Gasen bei, wodurch die Oberfläche aufbricht und Fragmente bildet, die dann noch weiter gestört werden, während der Strom sich fortbewegt. Es war Schlackenlava, die mit dem mexikanischen Vulkan Parícutin verbunden war und die Stadt San Juan Parangaricutiro unter sich begrub (▶siehe Abbildung 5.17). Einer der Lavaströme vom Parícutin bewegte sich mit nur einem Meter pro Tag vorwärts, doch die Bewegung dauerte mehr als drei Monate an.

Stricklaven sind auch dafür bekannt, sich quälend langsam fortzubewegen. Im Jahr 1990 mussten die Einwohner des hawaiianischen Dorfs Kalapana wochenlang einen Stricklavastrom beobachten, der mit wenigen Metern pro Stunde auf ihre Häuser zu kroch. Während die Menschen mit heiler Haut davonkamen, wurden ihre Häuser zu Asche.

Lavatunnel Verfestigte Basaltströme besitzen normalerweise Kanäle, durch welche Lava vom Schlot zur Lavafront transportiert wurde; meist verlaufen sie fast horizontal. Sie entstehen im Inneren des Lavastroms, wo die Temperaturen noch lange heiß bleiben, nachdem die Oberfläche schon verfestigt wurde. Unter solchen Bedingungen bewegt sich die noch flüssige Lava in den Kanälen vorwärts und bildet höhlenartige Gänge aus, die auch **Lavatunnel** genannt werden (▶Abbildung 5.8). Lavatunnel sind für den Transport von flüssiger Lava über große Entfernungen von Bedeutung.

Lavatunnel findet man bei Basaltvulkanen in vielen Teilen der Erde und sogar bei den riesigen Vulkanen auf dem Mars. Manche Lavatunnel können bemerkenswert große Dimensionen erreichen. Die Kazumura-Höhle am südöstlichen Hang des Vulkans Mauna Loa auf Hawaii besitzt beispielsweise eine Ausdehnung von über 60 Kilometer. Andesitische und rhyolitische Laven weisen selten einen Lavatunnel auf.

Blocklava (Schollenlava) Im Gegensatz zu den flüssigen Basaltmagmen, aus denen typischerweise Strick- und Spritzlavaströme hervorgehen, bilden sich aus andesitischen und rhyolitischen Magmen **Blocklaven** aus. Blocklaven zeichnen sich durch nebeneinander stehende, separate Blöcke mit gekrümmter Oberfläche aus, die eine verhältnismäßig glatte, statt einer rauen, klinkerartigen Oberfläche besitzen.

Pillowlava (Kissenlava) Sie erinnern sich, dass ein Großteil des Vulkangeschehens entlang Ozeanischer Rücken (divergierender Plattengrenzen) auftritt. Fließt Lava am Ozeanboden aus oder fließt Lava ins Meer, erstarrt die äußere Hülle der Lava schnell. Dennoch ist es der Lava möglich, durch die gehärtete Oberfläche durchzubrechen und weiter zu fließen. Dieser Prozess tritt immer und immer wieder auf, während geschmolzene Basaltmasse extrudiert (wie eine fest zusammengepresste Zahnpastatube). Das Ergebnis ist ein Lavastrom, der aus lang gestreckten Strukturen besteht, die aussehen wie aufeinandergestapelte Kissen. Diese Strukturen werden auch **Pillowlaven** genannt und sind für die Rekonstruktion der Erdgeschichte hilfreich, da ihre Entstehung auf ein Unterwassermilieu hinweist (siehe Abbildung 13.19).

5.2.2 Gase

Magmen enthalten veränderliche Anteile an gelösten Gasen (volatile Bestandteile), die im geschmolzenen Gestein durch den Umgebungsdruck eingeschlossen sind, ähnlich wie Kohlendioxid in Getränken. Wie bei Getränken, entweicht das Gas sobald der Druck gesenkt wird. Gasproben von einem ausbrechenden Vulkan zu nehmen, ist schwierig und gefährlich, deswegen schätzen die Geologen für gewöhnlich nur die Menge der Gase, die ursprünglich im Magma enthalten sind.

Der Gasanteil der meisten Magmen macht 1 bis 6 Prozent des Gesamtgewichts aus, wobei das meiste Wasserdampf ist. Der Prozentsatz mag zwar sehr gering erscheinen, die tatsächliche Menge an ausgestoßenem Gas kann aber Tausende von Tonnen pro Tag ausmachen.

Die Zusammensetzung der Vulkangase ist wichtig, da sie signifikant zum Aufbau der Erdatmosphäre beitragen. Die Analysen der Gasproben, die bei Vulkanausbrüchen auf Hawaii genommen wurden, haben ergeben, dass die Gase aus ca. 70 Prozent Wasserdampf, 15 Prozent Kohlendioxid, 5 Prozent Stickstoff, 5 Prozent Schwefel und geringen Mengen an Chlor, Wasserstoff und Argon bestehen. Die Schwefelbestandteile kann man leicht an ihrem beißenden Geruch erkennen. Vulkane sind eine natürliche Quelle der Luftverschmutzung und setzen Schwefeldioxid frei, das mit Wasser leicht zu Schwefelsäure wird.

Gase sind beim Herausschleudern des Magmas aus den Vulkanen von Bedeutung und bei der Bildung eines schmalen Gangs, der die Magmenkammer mit der Oberfläche verbindet. Zuerst entstehen durch hohe Temperaturen und die Auftriebskraft des Magmenkörpers Risse im überlagernden Gestein. Dann vergrößert die heiße Druckwelle der Hochdruckgase die entstandenen Risse und bildet eine Passage zur Oberfläche. Ist die Passage ausgebildet, werden die Wände von heißen, mit Gesteinsfragmenten beladenen Gasen erodiert und ein größerer Gang entsteht. Da die Erosionskräfte sich auf jeden Vorsprung entlang des Gangs konzentrieren und diesen wegschleifen, haben die Vulkanschlote letztlich eine glatte und im Querschnitt runde Form. Während der Gang vergrößert wird, bewegt sich das Magma nach oben und die vulkanische Aktivität verlagert sich an die Oberfläche. Nach einer Eruptivphase wird der Vulkanschlot oft durch eine Mischung von erstarrtem Magma und Gesteinsteilchen verstopft, die nicht komplett durch den Schlot ausgestoßen wurden. Vor der nächsten Eruption kann ein neuer Schub explosiver Gase den Gang wieder ausräumen.

Es kommt manchmal vor, dass bei einer Eruption immense Mengen an Gas ausgestoßen werden, die hoch nach oben in die Atmosphäre steigen und dort mehrere Jahre verbleiben können. Manche dieser

A. B.

Abbildung 5.8: Lavaströme, die in definierten Kanälen fließen, entwickeln oft eine feste Kruste und werden zu Lavaströmen innerhalb eines Lavatunnels. **A**. Thurston-Lavatunnel, Hawaii Volcanoes National Park. **B**. Blick auf einen aktiven Lavakanal durch das eingebrochene Tunneldach (Foto A: Douglas Peebles; Foto B: Jeffrey Judd, U.S. Geological Survey)

Eruptionen nehmen Einfluss auf das Erdklima, ein Thema, das wir in Kapitel 21 diskutieren werden.

5.2.3 Pyroklastika (pyroklastische Gesteine)

Bei der Extrusion von Basaltlava entweichen die gelösten Gase relativ leicht und kontinuierlich. Diese Gase treiben weiß glühende Lavatropfen in große Höhen (siehe Abbildung 5.5). Einiges davon landet in der Nähe des Schlots und bildet eine kegelförmige Struktur, wobei die kleineren Partikel über große Distanzen mit dem Wind getragen werden. Im Gegensatz dazu enthalten die höher viskosen rhyolitischen Magmen einen sehr hohen Anteil an Gasen, die sich bei ihrem Entweichen um ein Tausendfaches ausdehnen und dabei pulverisiertes Gestein, Lava und Glasbruchstücke aus dem Schlot in die Luft sprengen. Die Materialteile, die aus den beiden beschriebenen Situationen resultieren, werden als **Pyroklastika** oder **pyroklastische Gesteine** (*pyro* = Feuer, *clast* = Fragment) bezeichnet. Diese herausgeschleuderten Fragmente variieren in der Größe von sehr feinem Staub und sandkorngroßer vulkanischer Asche (weniger als 2 Millimeter) bis zu Stücken, die mehrere Tonnen wiegen.

Asche- und *Staubpartikel* entstehen aus mit Gas beladenem, viskosem Magma während einer explosiven Eruption (siehe Abbildung 5.6). Während das Magma im Schlot aufsteigt, dehnen sich die Gase schnell aus und es entsteht eine aufgeschäumte Schmelzmasse, ähnlich dem Schaum bei einer gerade geöffneten Champagnerflasche. Bei der explosiven Ausdehnung der Gase, wird der Schaum in sehr feine, glasige Fragmente zersprengt. Fällt die heiße Asche herunter, verschmelzen die glasigen Splitter oft zu Gestein, das *Schweißtuff* oder *Ignimbrit* genannt wird. Decken aus Ignimbriten sowie aus Ascheablagerungen, die sich später verfestigen, bedecken große Flächen der westlichen USA.

Auch kommen Pyroklastika häufig vor, die die Größe von kleinen Perlen bis zu Walnussgröße aufweisen können und *Lapilli* („kleine Steine") genannt werden. Diese Auswürflinge nennt man allgemein *Aschen* (2 bis 64 Millimeter). Partikel, die im Durchmesser größer als 64 Millimeter sind, werden als *Blöcke* bezeichnet, wenn sie aus erstarrtem Magma bestehen, und *Bomben*, wenn sie als glühende Lava herausgeschleudert werden. Da die Bomben beim Herausschleudern noch halb geschmolzen sind, nehmen sie oft, während sie durch die Luft fliegen, eine stromlinienförmige Gestalt an (▶Abbildung 5.9). Aufgrund ihrer Größe fallen sie meist auf die Hänge des Kegels; manchmal gehen sie aber auch weit entfernt vom Vulkan zu Boden. Beispielsweise wurden sechs Meter lange Bomben mit einem Gewicht von 200 Tonnen bei einem Ausbruch des Asama in Japan bis zu 600 Meter weit vom Schlot weggeschleudert.

Bisher haben wir verschiedenes pyroklastisches Material im Wesentlichen aufgrund der Fragmentgröße unterschieden. Manches Material wird auch durch das Gefüge und die Zusammensetzung beschrieben. **Vulkanschlacke** bezeichnet einen von Blasen (Hohlräumen) durchsetzten Auswürfling, der aus Basaltlava entsteht (▶Abbildung 5.10). Diese schwarz bis rötlich gefärbten Fragmente haben für gewöhnlich die Größenordnung von Lapilli und sehen wie Schlacken oder Klinkersteine aus Schmelzöfen für die Eisenverhüttung aus. Bildet ein Magma mit andesitischer oder silikatreicher Zusammensetzung Auswürflinge mit Blasen, so werden sie Bimstein genannt (siehe Abbildung 4.15). Bimsstein ist gewöhnlich heller und hat eine noch geringere Dichte als Vulkanschlacke. Manche Bimssteine besitzen so viele Hohlräume, dass sie beliebig lang auf dem Wasser schwimmen. Deshalb findet man an allen Küsten des Mittelmeers Bimssteine, die aus Lipari angeschwemmt wurden.

5.3 Vulkantypen und Eruptionsarten

Man stellt sich einen Vulkan gerne als einzeln stehenden, anmutigen, schneebedeckten kegelförmigen Berg vor, so wie den Mount Hood in Oregon oder den Fudschijama in Japan. Diese malerischen kegelförmigen Berge entstanden durch vulkanische Aktivität über Tausende oder sogar Hunderttausende von Jahren. Viele Vulkane passen jedoch nicht in dieses Bild. Manche sind nur 30 Meter hoch und wurden während einer einzigen, nur wenige Tage dauernden Ausbruchphase geschaffen. Zudem sind viele vulkanisch geprägte Gebiete gar keine „Vulkane". Zum Beispiel ist das Tal der „Ten Thousand Smokes" in Alaska eine nach oben abgeflachte Ablagerung aus 15 Kubikkilometer Asche, die in weniger als 60 Stunden ausgeworfen wurde und einen ganzen Flussabschnitt bis zu 200 Meter hoch bedeckte. Zum Größenvergleich: Die Pyra-

5.3 Vulkantypen und Eruptionsarten

Abbildung 5.9: Vulkanische Bomben, die bei einem Ausbruch des Kilauea, Hawaii, geformt wurden. Herausgeschleuderte Lavamassen nehmen eine stromlinienförmige Form an, während sie durch die Luft sausen. Die Bombe auf dem eingeblendeten Bild ist etwa 10 cm lang. (Foto: Arthur Roy/National Audubon Society; Einblendung: E.J. Tarbuck)

mide des Matterhorns in den Westalpen hat etwa ein Volumen von einem Kubikkilometer!

Vulkanlandschaften variieren stark in ihren Formen und Größenordnungen und jede Struktur hat ihre eigene Eruptionsgeschichte. Trotzdem konnten Vulkanologen die Vulkanlandschaften klassifizieren und das Eruptionsmuster bestimmen. In diesem Abschnitt werden wir uns den allgemeinen Aufbau eines Vulkans vornehmen und drei Hauptvulkantypen betrachten: Schildvulkane, Aschekegel und Stratovulkane. Auf diese Ausführungen folgt ein Überblick über andere bedeutende Vulkanlandschaften.

5.3.1 Der Aufbau eines Vulkans

Vulkanische Aktivität beginnt häufig dann, wenn durch eine gewaltsame Aufwärtsbewegung des Magmas Risse in der Erdkruste entstehen. Steigt gasreiches Magma in diesen linearen Rissen nach oben, wird sein Weg normalerweise in einem runden Kanal, dem **Förderkanal**, konzentriert, der an der Oberfläche in einer Öffnung, dem **Schlot**, endet (▶ Abbildung 5.11). Aufeinanderfolgende Ausbrüche von Lava, pyroklastischem Material, oder häufig eine Kombination aus beiden, oft auch mit längeren Intervallen von Inaktivität dazwischen, formen eine Struktur, die wir **Vulkan** nennen.

Am Gipfel der meisten Vulkane befindet sich eine trichterartige Vertiefung, der Krater (*crater* = eine Schüssel) genannt wird. Vulkane, die hauptsächlich durch den Auswurf pyroklastischen Materials gebildet werden, haben typischerweise Krater, deren Rand aus einer allmählichen Anhäufung vulkanischer Trümmer geformt wird. Krater können auch durch den Einsturz des Gipfels nach einer Eruption gebildet werden (▶ Abbildung 5.12).

Abbildung 5.10: Schlacke ist ein vulkanisches Gestein mit einem blasigen Gefüge. Die entweichenden Gasblasen hinterlassen Hohlräume. (Foto: E.J. Tarbuck)

5 Vulkane und andere magmatische Aktivitäten

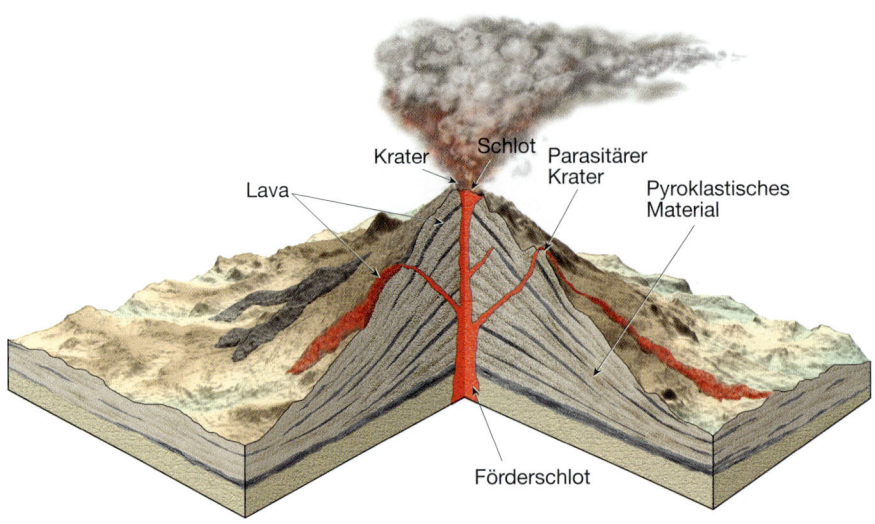

Abbildung 5.11: Der Aufbau eines „typischen" gemischten Vulkankegels (Stratovulkan) (siehe auch Abbildung 5.13 und 5.16, um den Vergleich zu einem Schild- und einem Schlackenvulkan zu haben).

Manche Vulkane weisen eine riesige runde Vertiefung auf, die sogenannte *Caldera* (vulkanischer Einbruchskessel). Die meisten Krater haben einen Durchmesser von einigen zehn bis Hunderten von Meter, der Durchmesser einer Caldera ist typischerweise größer als ein Kilometer und kann in seltenen Fällen mehr als 50 Kilometer ausmachen. Die Entstehung verschiedener Calderen betrachten wir später in diesem Kapitel.

Während der frühen Wachstumsphasen stammt das meiste Auswurfmaterial aus einem zentralen Gipfelschlot. Während sich der Vulkan entwickelt, wird Material auch von Rissen an den Flanken und am Fuß des Vulkans ausgestoßen. Fortwährende Aktivität an einer Flankeneruption kann zu kleinen **Parasitärkratern** (*parasitus* = einer, der am Tisch des anderen mit isst) führen. Zum Beispiel besitzt der Ätna in Italien mehr als 200 sekundäre Schlote, von welchen manche auch eine Kegelstruktur ausgebildet haben. Aus vielen dieser Schlote tritt jedoch nur Gas aus und sie werden deswegen treffend **Fumarolen** (*fumus* = Rauch) genannt.

Die Form der einzelnen Vulkane wird ganz wesentlich von der Zusammensetzung des Fördermagmas bestimmt. Wie Sie noch sehen werden, neigt der hawaiianische Lavatyp zur Ausbildung von weiten Strukturen mit sanften Hängen, die silikatreicheren und zähflüssigeren Laven (und manche gasreiche Ba-

Abbildung 5.12: Der Vulkankrater des Vesuv in Italien. Die Stadt Neapel liegt nordwestlich vom Vesuv, während die römische Stadt Pompeji, die im Jahre 79 n. Chr. begraben wurde, südöstlich des Vulkans liegt. (Mit freundlicher Genehmigung der NASA; Einblendung: Krafft/Foto Researchers).

saltlaven) dagegen formen Vulkankegel mit moderaten bis steilen Hängen.

5.3.2 Schildvulkane

Schildvulkane werden durch die Akkumulation sehr dünnflüssiger Basaltlaven gebildet und weisen die Form einer weiten, leicht gewölbten Struktur auf, die wie der Schild eines Kriegers aussieht (▶ Abbildung 5.13). Die meisten Schildvulkane sind vom Tiefseeboden aus gewachsen, um eine Insel oder einen Tiefseeberg zu formen. Die Hawaiianische Inselkette, Island und die Galápagos-Inseln sind beispielsweise entweder einzelne Schildvulkane oder die Vereinigung mehrerer Schilde. Manche Schildvulkane treten jedoch auch auf Kontinenten auf. Zu dieser Gruppe gehören ziemlich gewaltige Strukturen in Ostafrika, wie der Suswa in Kenia.

Ausführliche Forschungsarbeiten über die hawaiianischen Inseln bestätigen, dass jeder Schild aus einer Vielzahl von basaltischen, im Durchschnitt einige Meter dicken Lavaströmen entstanden ist. Zudem enthalten diese Inseln nur etwa ein Prozent pyroklastische Auswürflinge.

Mauna Loa ist einer von fünf sich überlappenden Schildvulkanen, die zusammen die große Insel Hawaii bilden (Abbildung 5.13). Von seinem Fuß am Grund des Pazifischen Ozeans bis zu seinem Gipfel ist Mauna Loa über neun Kilometer hoch und damit höher als der Mount Everest. Diese gigantische Anhäufung von basaltischem Gestein hat ein Volumen von fast 40.000 Kubikkilometer und extrudierte über einen Zeitraum von beinahe einer Million Jahre. Im Vergleich ist der Volumenanteil des Gesteinsmaterials von Mauna Loa 200 Mal größer als das Gesteinsmaterial, aus welchem ein großer Stratovulkan wie der Mount Rainier aufgebaut ist (▶ Abbildung 5.14). Die meisten Schildvulkane haben jedoch eine moderate Größe. Der Skjalbreidur, klassisches Beispiel eines Schildvulkans auf Island, erhebt sich nur auf etwa 600 Meter Höhe, hat aber an seinem Fuß einen Durchmesser von 10 Kilometern.

Trotz seiner enormen Größe ist Mauna Loa nicht der größte bekannte Vulkan unseres Sonnensystems. Olympus Mons, ein riesiger Schildvulkan auf dem Mars, besitzt eine Höhe von etwa 25 Kilometern und einen Durchmesser von 600 Kilometern (siehe Kapitel 24).

Aus jungen Schildvulkanen, wie jenen in Island, strömt sehr dünnflüssige Lava aus einem zentralen Gipfelschlot und die sanfte Neigung der Flanken variiert von einem bis fünf Grad. Bei älteren Schildvulkanen, wie beim Mauna Loa, sind die Flanken stei-

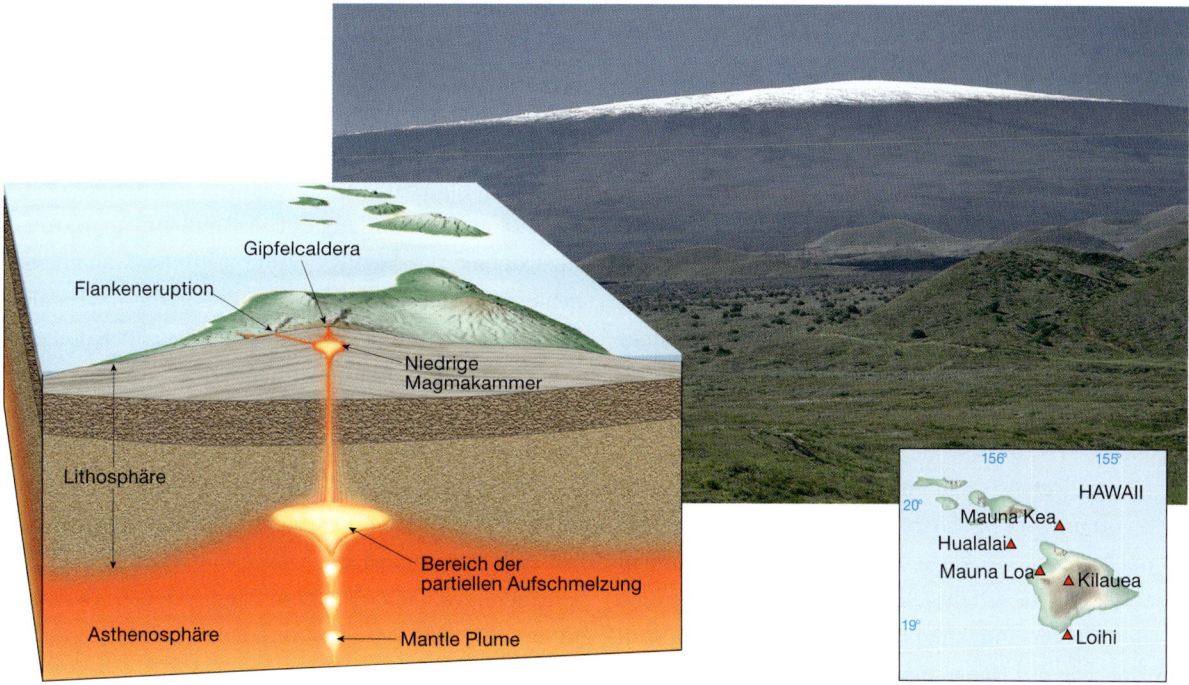

Abbildung 5.13: Mauna Loa ist einer von fünf Schildvulkanen, die zusammen die große Insel Hawaii bilden. Schildvulkane sind hauptsächlich aus flüssigen, basaltischen Lavaströmen aufgebaut und enthalten nur einen kleinen Prozentsatz an pyroklastischem Material. (Foto: Greg Vaughn)

5 Vulkane und andere magmatische Aktivitäten

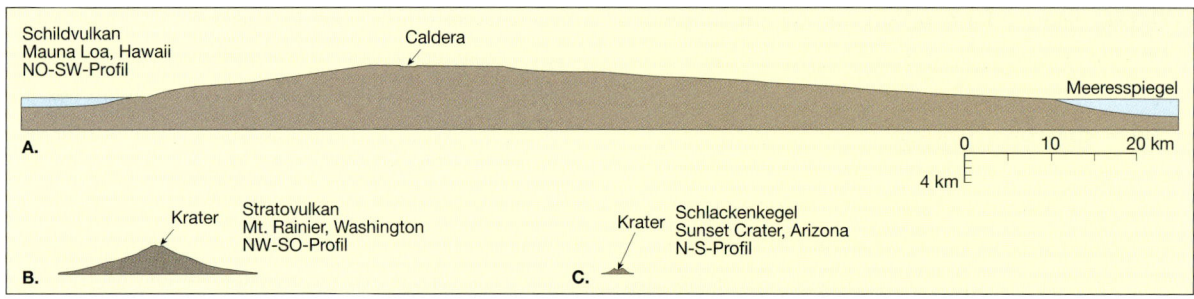

Abbildung 5.14: Die dargestellten Profile zeigen die Maßstäbe unterschiedlicher Vulkane. **A.** Profil des Mauna Loa, Hawaii; der größte Schildvulkan der Hawaiianischen Kette. Beachten Sie den Größenvergleich mit Mount Rainier, einem großen Stratovulkan. **B.** Das Profil des Mount Rainier, Washington. Sehen Sie, wie klein dagegen ein normaler Schlackenvulkan erscheint. **C.** Das Profil des Sunset in Arizona, eines typisch steilwandigen Schlackenvulkans.

ler (etwa zehn Grad) und die Gipfel verhältnismäßig flach. Während der Reifungsphase wird Lava sowohl aus dem Gipfelschlot als auch aus Bruchzonen, die sich entlang der Flanken gebildet haben, ausgestoßen. Ein Großteil der Lavaströme besteht aus Stricklaven, aber diese verändern sich während der Abkühlung beim Hangabwärtsfließen zu rauer Schlackenlava. Ist die Eruption in vollem Gang, fließt ein hoher Anteil an Lava (etwa 80 Prozent) durch ein gut entwickeltes Lavatunnelsystem (siehe Abbildung 5.8). Dadurch kann Lava über weite Strecken fließen, bevor sie verfestigt wird. Deswegen kann Lava, die am Gipfel ausströmt, oft bis zum Meer gelangen und dabei zum Anwachsen der Breite des Vulkankegels beitragen, allerdings auf Kosten der Höhe.

Ein weiteres Merkmal eines voll entwickelten, aktiven Schildvulkans ist eine große steilwandige Caldera, die die Gipfelregion einnimmt. Mauna Loas Gipfelcaldera misst 2,6 Kilometer mal 4,6 Kilometer, mit einer Tiefe von 150 Meter. Die Calderen großer Schildvulkane werden dann gebildet, wenn das Dach der Magmenkammer einstürzt. Diese Situation kann bei der Entleerung des Magmenreservoirs nach einer großen Eruption auftreten oder wenn Magma seitlich zu den Flanken des Vulkans wandert, um die Eruption an den Rissen zu versorgen.

In der letzten Phase des Wachstums ist die Aktivität voll entwickelter Schildvulkane sporadisch und pyroklastische Auswürfe herrschen vor. Außerdem erhöhen die Laven ihre Viskosität und die Ströme werden dicker und kürzer. Diese Eruptionen lassen die Neigung der Hänge des Gipfelgebiets, das oft mit Haufen von Schlackenkegeln bedeckt wird, steiler werden. Das erklärt, warum Mauna Kea, ein sehr reifer Vulkan, der in der historischen Vergangenheit nicht ausgebrochen ist, einen steileren Gipfel aufweist als Mauna Loa, der erst 1984 ausgebrochen ist. Astronomen sind sich so sicher, dass Mauna Kea erloschen ist, dass sie ein aufwändiges Observatorium mit den besten (und teuersten) Teleskopen der Welt auf seinem Gipfel errichtet haben.

Kilauea, Hawaii: Ausbruch eines Schildvulkans Kilauea, der aktivste und am intensivsten erforschte Schildvulkan der Erde, befindet sich im Schatten des Mauna Loa auf der Insel Hawaii. Mehr als 50 Ausbrüche wurden seit 1823, dem Beginn der Aufzeichnungen, beobachtet. Mehrere Monate vor jeder Ausbruchsphase bläht sich der Kilauea auf, bedingt durch die allmähliche Aufwärtsbewegung des Magmas, das sich in einem zentralen Reservoir ein paar Kilometer unterhalb des Gipfels ansammelt. Etwa 24 Stunden vor einem Ausbruch warnen zahlreiche kleine Erdbeben vor der bevorstehenden Aktivität.

Die Hauptaktivität des Kilaueas während der letzten 50 Jahre trat entlang der Vulkanflanken auf, in einem Gebiet, das East Rift Zone (östliche Grabenzone) genannt wird. Eine Flankeneruption in diesem Bereich trat 1960 auf und verschlang das fast 30 Kilometer von der Ausbruchsstelle entfernt gelegene Küstendorf Kapoho. Die längste und größte jemals aufgezeichnete Flankeneruption begann 1983 und dauert ohne Unterbrechung bis zum heutigen Tag an. Der erste Lavenaustritt begann an einem sechs Kilometer langen Riss, wo sich eine 100 Meter hohe Feuerwand bildete, als glutrote Lava nach oben geschleudert wurde (▶ Abbildung 5.15). Als sich die Aktivität lokalisierte, wurde ein Schlacken- und Schweißschlackenkegel mit dem hawaiianischen Namen *Puu Oo* gebildet. In den drei darauffolgenden Jahren war das Eruptionsmuster durch kurze Phasen (Stunden bis Tage) gekennzeichnet, wenn gasreiche Lava himmelwärts spritzte; auf jedes dieser Ereignisse folgte eine fast einmonatige, inaktive Phase.

Im Sommer 1986 öffnete sich ein neuer Schlot fast drei Kilometer tiefer. Dort bildete Stricklava mit glatter Oberfläche einen Lavasee. Gelegentlich lief der See über, doch viel häufiger verflüchtigte sich Lava durch einen Lavatunnel, um die Stricklavaströme weiter zu versorgen, die an den südöstlichen Flanken des Vulkans hangabwärts Richtung Meer flossen. Diese Lavaströme zerstörten beinahe hundert ländliche Behausungen, begruben eine Hauptstraße und gelangten schließlich zum Meer. Seit der Zeit ergießt sich die Lava unaufhörlich ins Meer und vergrößert dadurch die Landmasse der Insel Hawaii.

Nur 32 Kilometer von der Südküste des Kilauea entfernt befindet sich ein ebenfalls aktiver untermeerischer Vulkan, der Loihi. Dieser muss jedoch noch 930 Meter anwachsen, bis er an die Meeresoberfläche des Pazifiks gelangt.

5.3.3 Schlackenkegel (Lockerstoffvulkane)

Wie der Name schon sagt, werden **Schlackenkegel** (auch **Schlackenvulkane** genannt) durch den Auswurf von Lavafragmenten gebildet, die ein schlackeartiges Aussehen annehmen, während sie sich im Flug verfestigen (▶ Abbildung 5.16). Diese pyroklastischen Fragmente variieren in ihrer Größe von Aschepartikel bis hin zu vulkanischen Bomben mit einem Durchmesser von mehr als einem Meter. Grundsätzlich ist die Hauptmasse der Schlackenkegel aus schwarzen bis rötlich-braunen Lapilli mit Blasenstruktur von Erbsen- bis Walnussgröße aufgebaut. (Sie erinnern sich, dass Gesteinsfragmente mit blasigem Gefüge *Gesteinsschlacke* genannt werden.) Die Schlackenkegel sind zwar überwiegend aus vulkanischem Lockermaterial aufgebaut, doch manchmal extrudiert dort auch Lava. Dabei tritt die Lava eher aus Schloten am Fuß bzw. nahe am Fuß des Vulkans aus, als vom Gipfelkrater.

Schlackenkegel sind die häufigsten der drei Vulkantypen. Sie besitzen eine sehr einfache, durch ihre Neigung bestimmte, hervorstechende Form und bestehen nach der Ausbruchsphase aus vulkanischem Lockermaterial (Abbildung 5.16). Da Schlackenkegel einen hohen Böschungswinkel aufweisen (der steilste Winkel, bei welchem das Material stabil bleibt), sind junge Schlackenkegel sehr steilwandig und besitzen eine Böschung von 30 bis 40 Grad. Zudem weisen Schlackenkegel große, tiefe Krater im Verhältnis zu ihrer Gesamtgröße auf. Trotz ihrer relativ gut ausgeprägten Symmetrie, sind viele Schlackenkegel lang gestreckt und höher auf der während der Eruption in Windrichtung gelegenen Seite. Aus den meisten Schlackenkegeln geht oft nur ein einziges kurzlebiges Eruptionsereignis hervor. Durch eine Forschungsarbeit fand man heraus, dass die Hälfte aller Schlackenkegel innerhalb eines Monats aufgebaut wurden und 95 Prozent entstanden innerhalb eines Jahres. Manchmal können sie über mehrere Jahre aktiv bleiben. Der in ▶ Abbildung 5.17 dargestellte Parícutin hatte einen Eruptionszyklus von neun Jahren. Lässt die Aktivität nach, so verfestigt sich das Magma in den Zufuhrkanälen, die die Magmenquelle mit dem Schlot verbinden und der Vulkan kann nie wieder ausbrechen. Aufgrund ihrer kurzen Lebensdauer sind Schlackenkegel relativ klein, normalerweise zwischen 30 und 300 Meter; es gibt wenige Beispiele mit 700 Meter Höhe (siehe Abbildung 5.16).

Man findet Tausende von Schlackenkegel weltweit. Einige treten in Lavafeldern auf, wie die bei Flagstaff, Arizona mit etwa 600 Kegeln. Andere sind parasitäre Vulkankegel größerer Vulkane. Den Ätna zum Beispiel säumen ein Dutzend Schlackenkegel an seinen Flanken (siehe Kapitelfoto).

Abbildung 5.15: Lava trat an der East Rift Zone des Kilauea, Hawaii, aus. (Foto: Greg Vaughn)

5 Vulkane und andere magmatische Aktivitäten

Parícutin: Lebenszyklus eines Schlackenkegels im Hausgarten Einer der wenigen Vulkane, der von seiner ersten Aktivität bis zu seinem Erlöschen von Geologen erforscht wurde, ist der Schlackenvulkan Parícutin, etwa 320 Kilometer westlich von Mexiko City gelegen. Im Jahr 1943 begann seine Ausbruchsphase auf einem Maisfeld des Bauern Dionisio Pulido, der Zeuge des Ereignisses wurde, als er sein Feld bestellte. Zwei Wochen vor dem ersten Ausbruch lösten zahlreiche Erderschütterungen Besorgnis in dem nahe gelegenen Dorf Parícutin aus. Dann, am 20. Februar, wogten Schwefelgase aus einer kleinen Senke des Maisfelds, die dort

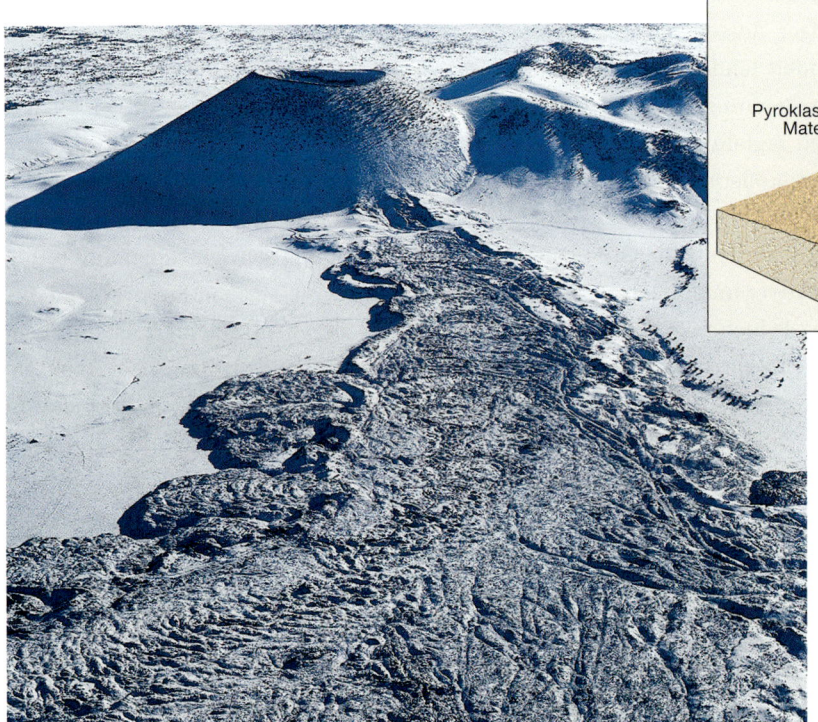

Abbildung 5.16: Der SP-Krater, ein Schlackenkegel nördlich von Arizona. Schlackenkegel werden durch ausgeworfene Lavatrümmer aufgebaut und selten höher als 300 Meter. (Foto: Michael Collier)

Abbildung 5.17: Das Dorf San Juan Parangaricutiro von einem Schlackenlavastrom aus dem Parícutin (im Hintergrund) eingeschlossen. Nur der Kirchturm blieb unversehrt. (Foto: Tad Nichols)

bereits seit Menschengedenken existierte. In der Nacht wurden heiße, glühende Gesteinsfragmente herausgeschleudert und boten ein eindrucksvolles Feuerwerk dar. Explosive Auswürfe dauerten an und heiße Fragmente und Asche wurden ausgeworfen, gelegentlich bis zu 6.000 Meter über den Kraterrand hinaus. Die größeren Fragmente fielen in der Nähe des Kraters nieder, manche blieben weiß glühend, während sie die Böschung herunterrollten. Dadurch wurde ein ästhetisch schöner Kegel ausgebildet, feinere Asche fiel auf ein noch viel größeres Gebiet und verbrannte und bedeckte schließlich das Dorf Parícutin. Am ersten Tag wuchs der Kegel auf 40 Meter an, am fünften Tag war er bereits mehr als 100 Meter hoch. Innerhalb des ersten Jahres wurden mehr als 90 Prozent der gesamten Auswurfmasse gefördert.

Der erste Lavastrom trat aus einem Riss aus, der sich nördlich des Kegels gebildet hatte; nach einigen Monaten flossen Lavaströme am Fuß des Kegels heraus. Im Juni 1944 bewegte sich ein 10 Meter dicker, schlackiger Schlackenlavastrom über das Dorf San Juan Parangaricutiro und ließ nur den Kirchturm übrig (Abbildung 5.17). Nach neun Jahren unaufhörlicher pyroklastischer Eruptionen und fast kontinuierlichem Lavafluss aus Schloten am Fuß des Vulkans, endete die Aktivität so plötzlich, wie sie begonnen hatte. Heute ist Parícutin nur ein weiterer Schlackenkegel, mit denen diese mexikanische Region übersät ist. Wie alle anderen wird auch er nicht mehr ausbrechen.

5.3.4 Stratovulkane (zusammengesetzte Vulkane)

Die malerischen und doch potenziell gefährlichen Vulkane sind die **Stratovulkane** oder **zusammengesetzten Vulkane** (▶Abbildung 5.18). Die meisten befinden sich in einer relativ schmalen Zone, die den Pazifischen Ozean umfasst und treffend (pazifischer) *Feuerring* genannt wird (siehe Abbildung 5.38). Diese aktive Vulkanzone schließt eine kontinentale Vulkankette entlang der Westküste Nord- und Südamerikas, einschließlich der großen Vulkankegel der Anden und der Cascade Range der westlichen USA und Kanada mit ein. Zur letzteren Gruppe gehören Mount St. Helens, Mount Rainier und Mount Garibaldi. Die aktivsten Zonen des Feuerrings befinden sich entlang des gekrümmten Gürtels vulkanischer Inseln, neben den Tiefseegräben des nördlichen und westlichen Pazifiks. Die beinahe ununterbrochene Vulkankette erstreckt sich von den Aleuten bis nach Japan und den Philippinen und endet auf North Island von Neuseeland.

Der klassische Stratovulkan ist eine große, fast symmetrische Struktur, die aus Lava und Pyroklastika aufgebaut ist. Genau wie Schildvulkane, die ihre Form flüssigen Basaltlaven verdanken, spiegeln Stratovulkane durch ihr Aussehen das Auswurfmaterial wider. Zum Großteil sind Stratovulkane das Produkt gasreicher Magmen mit andesitischer Zusammensetzung (Stratovulkane können auch unterschiedliche Mengen

Abbildung 5.18: Mount Shasta, Kalifornien, einer der größten Stratovulkane der Cascade Range. Der Shastina, links, ist ein parasitärer Vulkan. (Foto: David Muench)

von basaltischem oder rhyolitischem Material fördern). Im Verhältnis zu Schildvulkanen erzeugen Stratovulkane dicke, zähflüssige Laven, die nur kurze Strecken zurücklegen. Zudem können aus Stratovulkanen explosive Eruptionen austreten, die riesige Mengen an pyroklastischem Material herausschleudern.

Das Wachstum eines „typischen" Stratovulkans beginnt mit dem Austreten von pyroklastischem Material und von Lava aus einem zentralen Schlot. Während der Entwicklung der Vulkanstruktur neigt die Lava dazu, aus Rissen zu fließen, die sich an den unteren Flanken des Vulkans entwickelt haben. Diese Aktivität kann sich mit explosiven Eruptionen abwechseln, die pyroklastisches Material aus dem Gipfelkrater herausschleudern. Manchmal treten beide Aktivitäten gleichzeitig auf.

Eine kegelförmige Struktur mit einem steilen Gipfelgebiet und allmählich abfallenden Flanken ist typisch für viele Stratovulkane. Diese klassische Bild, das viele Kalender und Postkarten schmückt, ist zum Teil die Folge der Wachstumsweise des Vulkans durch viskose Laven und pyroklastisches Auswurfmaterial. Grobe Fragmente, die vom Gipfelkrater ausgestoßen werden, häufen sich stärker in der Nähe der Auswurfquelle an. Aufgrund ihres hohen Schüttwinkels trägt grobes Material zu steilen Hängen der Gipfelregion bei. Dagegen wird feineres Auswurfmaterial als dünne Lage über weite Gebiete hin abgelagert. Das führt zur Abflachung der Kegel. Zudem ist den frühen Wachstumsphasen Lava viel reichlicher vorhanden und scheint weiter vom Schlot wegzufließen als spätere Laven. Dadurch verbreitert sich der Fuß des Vulkankegels. Während sich der Vulkan aufbaut, dienen die kurzen Lavaströme vom Zentralkrater dazu, das Gipfelgebiet zu festigen und zu verstärken. Demzufolge können manchmal steile Hänge mit einem Gefälle von mehr als 40° entstehen. Zwei perfekt ausgebildete Vulkankegel – Mount Mayon auf den Philippinen und der Fudschijama in Japan – weisen die klassische Form auf, die wir von einem Stratovulkan erwarten, ein steiler Gipfel und sanft abfallende Hänge.

Trotz ihrer symmetrischen Form haben viele Stratovulkane eine komplexe Geschichte. Riesige Mengen aus vulkanischen Trümmern, die viele Vulkankegel umgeben, zeugen von massiven Erdrutschen in der Vergangenheit, als große Teile des Vulkans Hang abwärts gerutscht sind. Andere entwickeln hufeisenförmige Senken auf ihren Gipfeln – das Ergebnis explosiver Eruptionen oder wie bei der Eruption von Mount St. Helens (1980) eine Kombination aus einem Bergrutsch und der Eruption von 0,6 Kubikkilometer Magma, was einen klaffenden Hohlraum auf der Nordseite des Vulkankegels hinterließ. Oft wird der Vulkan nach solchen Ereignissen wieder aufgebaut, so dass keine Spur der amphitheaterartigen Narbe mehr zu sehen ist. Der Vesuv in Italien gibt uns ein weiteres Beispiel einer komplexen Geschichte eines Vulkangebiets. Dieser junge Vulkan formte sich an der gleichen Stelle, an der ein älterer Vulkan durch eine Eruption im Jahr 79 v. Chr. zerstört wurde. Im folgenden Abschnitt werden wir einen weitern Aspekt der Stratovulkane betrachten: ihre zerstörerische Natur.

5.4 Das Leben im Schatten eines Stratovulkans

Mehr als 50 Vulkane sind in den letzten 200 Jahren in den Vereinigten Staaten ausgebrochen (▶ Abbildung 5.19). Glücklicherweise traten die meisten explosiven Eruptionen in dünn besiedelten Gegenden in Alaska auf, mit Ausnahme von Mount St. Helens (1980). Zahlreiche zerstörerische Eruptionen fanden in den letzten Jahrtausenden statt, wobei durch manche die menschliche Zivilisation beeinflusst worden sein könnte (▶ siehe Exkurs 5.2).

5.4.1 Der Ausbruch des Vesuvs (79 v. Chr.)

Stratovulkane können nicht nur die heftigsten vulkanischen Aktivitäten hervorbringen, sie können auch völlig unerwartet ausbrechen. Einer der historisch am besten dokumentierten Ausbrüche war der 79 v. Chr. ausgebrochene, italienische Vulkan, den wir heute Vesuv nennen. Vor diesem Ausbruch ruhte der Vulkan jahrhundertelang und an seinen Hängen wurde Wein angebaut. Am 24. August endete die Zeit der Ruhe und in weniger als 24 Stunden wurde die Stadt Pompeji (in der Nähe von Neapel) vernichtet und mehr als 2.000 seiner 20.000 Einwohner verloren ihr Leben. Manche wurden unter einer drei Meter dicken Bimssteinschicht begraben, während andere von einer verfestigten Ascheschicht bedeckt wurden (▶ Abbildung 5.20). So verblieben sie fast 17 Jahrhunderte, bis die Stadt teilweise ausgegraben wurde und den Archäologen ein erstklassig detailliertes Bild des antiken römischen Leben darbot (▶ Abbildung 5.21).

5.4 Das Leben im Schatten eines Stratovulkans

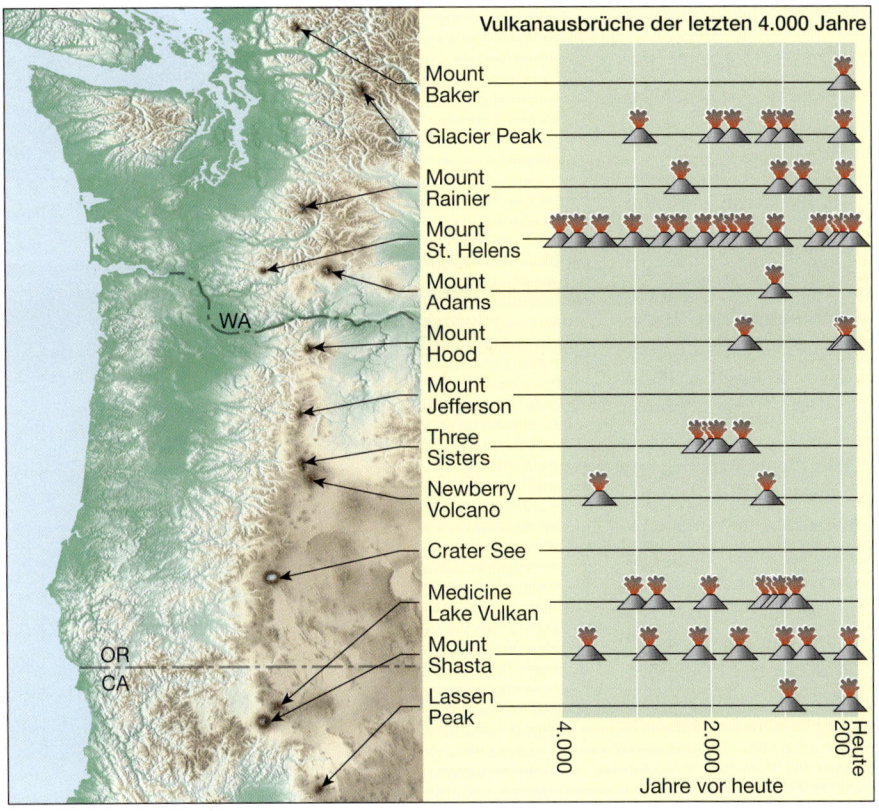

Abbildung 5.19: Von den 13 potenziell aktiven Vulkanen der Cascade Range sind elf in den vergangenen 4.000 Jahren und sieben in den letzten 200 Jahren ausgebrochen. Mount St. Helens ist der aktivste Vulkan der Cascade Range. Seine Ausbrüche variieren von relativ ruhigem Ausströmen von Lava bis hin zu Ausbrüchen mit explosivem Charakter, viel stärker als der vom 18. Mai 1980. Jedes Eruptionssymbol im Diagramm repräsentiert einen bis zu mehreren Dutzend Ausbrüche innerhalb kurzer Zeit (aus U.S. Geological Survey).

Durch eine Abstimmung historischer Aufzeichnungen mit genauen wissenschaftlichen Forschungsarbeiten dieses Gebiets setzen Vulkanologen die Zerstörung Pompejis chronologisch zusammen. Der Ausbruch begann höchstwahrscheinlich mit ausströmendem Dampf am Morgen des 24. August. Bis zum frühen Nachmittag bildeten feine Asche und Bimssteintrümmer eine hohe Eruptionswolke, die vom Vesuv ausströmte. Kurz darauf regnete es diese Trümmer auf Pompeji, 9 Kilometer in Windrichtung des Vulkans ab. Zweifellos flohen viele Menschen während der frühen Ausbruchsphase. In den nächsten Stunden fielen bis zu 5 Zentimeter große Tufffragmente auf Pompeji. Eine historische Aufzeichnung belegt, dass Menschen, die weiter von

Abbildung 5.20: Gipsabdrücke mehrerer Opfer des Ausbruchs des Vesuv 79 v. Chr., der die römische Stadt Pompeji zerstörte. (Foto: Leonard von Matt/Foto Researchers, Inc.)

Abbildung 5.21: Die Ruinen des 79 v. Chr. zerstörten Pompeji. Der Vesuv ist am Horizont zu erahnen. (Foto: Rodger Ressmeyer/Corbis)

5 Vulkane und andere magmatische Aktivitäten

EXKURS 5.2 – MENSCH UND UMWELT

Das „untergegangene Atlantis"

Anthropologen nehmen an, dass ein katastrophaler Vulkanausbruch auf der Insel Santorin (auch Thera genannt) zum Zusammenbruch der hoch entwickelten minoischen Kultur geführt hat, die sich im Zentrum der Ägäis um Kreta herum gebildet hatte (▶ Abbildung 5.B). Dieses Ereignis ließ die unsterbliche Legende von Atlantis entstehen. Nach Aufzeichnungen des griechischen Philosophen Plato versank ein Inselstaat mit Namen Atlantis während eines einzigen Tags und einer einzigen Nacht im Meer. Die Verbindung zwischen Platos Atlantis und der minoischen Zivilisation ist etwas fraglich, aber es gibt keinen Zweifel, dass ein katastrophaler Vulkanausbruch im Jahr 1600 v. Chr. stattgefunden hat.

Bei diesem Ausbruch entstand eine hoch, aufsteigende Eruptionssäule aus pyroklastischem Material. Aus dieser regnete es tagelang Asche und Bimssteine herab, welche die Umgebung bis zu 60 Meter tief bedeckten. Eine nahe gelegene minoische Stadt, die heute Akrotiri genannt wird, wurde begraben und blieb bis 1967 versiegelt, ehe Archäologen mit Grabungen in dieser Gegend begannen. Die Ausgrabung von wunderschönen Keramiken und feinen Wandzeichnungen deutet darauf hin, dass in Akrotiri eine wohlhabende und hoch entwickelte Gesellschaft lebte.

Nach dem Auswurf riesiger Materialmengen brach der Gipfel von Santorin ein und bildete eine Caldera mit acht Kilometer Durchmesser. Dieser einst majestätische Vulkan besteht derzeit aus fünf kleinen Inseln. Die Eruption und der Kollaps von Santorin erzeugte große Meereswellen (Tsunamis), die eine weitläufige Zerstörung der Küstendörfer von Kreta und nahe gelegener Inseln im Norden zur Folge hatten.

Obwohl einige Forscher die Meinung vertreten, dass der Ausbruch des Santorin zum Untergang der minoischen Zivilisation geführt hat, muss man hinterfragen, ob dieser Ausbruch die Hauptursache für den Untergang dieser großartigen Zivilisation war oder einer von vielen Faktoren, die dazu beigetragen haben. War Santorin der Inselkontinent, den Plato als Atlantis beschrieben hat? Wie die Antworten auch ausfallen mögen, klar ist, dass Vulkanismus die Geschicke der Menschheit drastisch verändern kann.

Abbildung 5.B: Die Karte zeigt die Überreste der Vulkaninsel Santorin, nachdem der Gipfelbereich des Vulkankegels in die durch den explosiven Ausbruch entleerte Magmenkammer eingebrochen ist. Der Standort der ausgegrabenen Stadt Akrotiri ist markiert. Vulkanausbrüche in den letzten 500 Jahren bildeten die Inseln im Zentrum. Trotz der Tatsache, dass eine weitere Eruption auftreten kann, wurde die Stadt Phira an den Flanken der Caldera errichtet.

Pompeji entfernt waren, Kissen auf ihre Köpfe banden, um sich vor den herabfallenden Fragmenten zu schützen. Mehrere Stunden lang fiel Tuff herab und akkumulierte mit einer Rate von 12 bis 15 Zentimeter pro Stunde. Dadurch stürzten die meisten Dächer Pompejis ein. Trotz der Anhäufung von mehr als zwei Meter Tuff waren viele Menschen, die Pompeji noch nicht verlassen hatten wahrscheinlich am Morgen des 25. August noch am Leben. Dann fegte plötzlich und unerwartet eine Wolke weißglühender heißer Asche und Gas schnell die Flanken des Vesuvs hinunter. Durch diese Druckwelle kamen schätzungsweise 2.000 Menschen, die den Tuffregen überlebt hatten, ums Leben. Manche sind vermutlich durch herumfliegende Trümmer getötet worden, aber die meisten von ihnen erstickten, als sie die mit Asche beladenen Gase einatmeten. Ihre sterblichen Überreste wurden schnell von Ascheregen begraben und vom Regen zu einer harten Masse zementiert, bevor die Körper verwesen konnten. Nach der Verwesung der Körper entstanden Hohlräume in der verhärteten Asche, die die Form der begrabenen Körper genau wiedergaben, manchmal blieb sogar der Gesichtsausdruck erhalten. Im 19. Jahrhundert wurden diese Hohlräume bei Ausgrabungen entdeckt und später mit Gips ausgegossen, um Abdrücke der Körper zu erhalten. Manche dieser Abdrücke zeigen, wie die Menschen versuchten, ihren Mund abzudecken.

5.4.2 Glutlawinen – tödliche pyroklastische Lavaströme

Die Zerstörung Pompejis war eine Katastrophe, doch **pyroklastische Lavaströme**, die aus heißen Gasen, weißglühender Asche und größeren Gesteinsbruchstücken bestehen, können noch verheerender sein. Die äußerst zerstörerischen Feuerströme, **Glutlawinen** genannt, sind in der Lage, mit fast 200 Stundenkilometer steile Vulkanböschungen hinabzurasen (▶ Abbildung 5.22). Der in Bodennähe befindliche Teil einer Glutlawine besteht aus feinen Staubpartikeln, die durch plötzliche Ströme auftreibender Gase durch die Glutlawinen nach oben gewirbelt werden. Manche dieser Gase sind Fragmente einer frischen Eruption. Dazu kommt, dass aus einem sich vorwärts bewegenden Strom Luft „eingefangen", eingesperrt und so weit aufgeheizt wird, dass den feinen Staubpartikeln des pyroklastischen Lavastroms Auftrieb verschafft. Deswegen können diese Glutlawinen, die große Gesteinsbrocken und Asche enthalten, sich fast reibungslos hangabwärts bewegen. Das erklärt, warum Ablagerungen vieler pyroklastischer Lavaströme mehr als 100 Kilometer von ihrem Ursprung gefunden wurden.

Durch Schwerkraft rasen diese Ströme, die schwerer als Luft sind, hangabwärts, ähnlich wie eine Schneelawine. Manche pyroklastischen Lavaströme entstehen, wenn eine gewaltige Eruption pyroklastisches Material seitlich aus dem Vulkan jagt. Aber wahrscheinlich werden Glutlawinen beim Einbruch einer hohen Eruptionssäule, die über dem Vulkan geformt wird, während einer Explosion ausgelöst. Ist die Schwerkraft größer als der anfängliche Aufwärtsschub durch die entweichenden Gase, beginnt das Auswurfmaterial herunterzufallen. Riesige Mengen weiß glühender Gesteinsblöcke, Asche und Bimssteinstücke fallen auf das Gipfelgebiet und beginnen unter dem Einfluss der Schwerkraft kaskadenartig nach unten zu fallen. Die größten Bruchstücke springen die Flanken eines Vulkans hinunter, während sich das kleinere Material rasend schnell wie eine sich ausdehnende, zungenförmige Wolke nach unten bewegt.

Die Zerstörung von St. Pierre Im Jahr 1902 zerstörte die berüchtigte Glutlawine vom Mount Pelée, einem kleinen Vulkan auf der karibischen Insel Martinique, die Hafenstadt St. Pierre. Die Zerstörung dauerte nur wenige Augenblicke und war so verheerend, dass fast alle 28.000 Einwohner dabei ums Leben kamen. Nur eine Person im Randgebiet der Stadt – ein Gefangener im Kerker – und einige Menschen auf Schiffen im Hafen überlebten (▶ Abbildung 5.23). Satis N. Coleman gibt in *Volcanoes, New and Old* eine lebhafte Erzählung dieses Ereignisses wieder, das nur fünf Minuten dauerte.

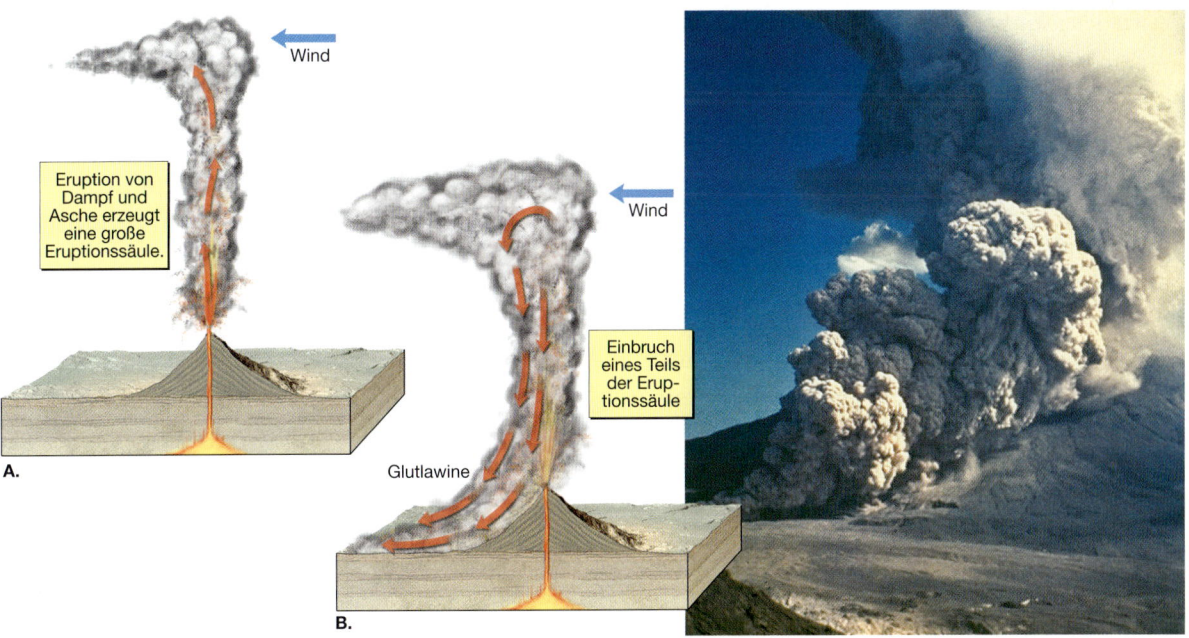

Abbildung 5.22: Die schematische Darstellung verdeutlicht die Entwicklung einer Glutlawine. Das Foto zeigt eine Glutlawine, die die Böschung des Mount St. Helens am 7. August 1980 mit einer Geschwindigkeit von mehr als 100 Stundenkilometer herunterrast. (Foto: Peter W. Lipman, U.S. Geological Survey)

5 Vulkane und andere magmatische Aktivitäten

Abbildung 5.23: St. Pierre, wie es kurz nach der Eruption von Mount Pelée 1902 aussah. (Kopie von der Sammlung der Library of Congress)

Ich sah, wie St. Pierre zerstört wurde. Die Stadt wurde durch einen großen Feuerblitz ausgelöscht … Unser Schiff, die Roraima, *lief in St. Pierre am frühen Donnerstagmorgen ein. Viele Stunden zuvor, bevor wir in die Reede kamen, sahen wir Flammen und Rauch von Mount Pelée aufsteigen … Es war ständig ein dumpfes Dröhnen zu hören. Es war so, als würde die größte Ölraffinerie auf dem Gipfel eines Berges brennen. Um etwa 7.45 Uhr, nachdem wir eingelaufen waren, gab es eine fürchterliche Explosion. Der Berg wurde in Stücke gerissen. Es gab keine Warnung. Eine Seite des Vulkans wurde herausgerissen und eine durchgehende Flammenwand raste auf uns zu. Es hörte sich wie tausend Kanonen an … Die Luft wurde richtig heiß und wir waren mittendrin. Wo die feurige Masse das Meer berührte, kochte das Wasser auf und entließ riesige Dampfsäulen … Der Feuerstoß aus dem Vulkan dauerte nur wenige Minuten. Alles, was damit in Berührung kam, verdörrte und wurde entzündet. Tausende von Rumfässern waren in St. Pierre gelagert und gingen durch die schreckliche Hitze in die Luft … Vor dem Zerbersten des Vulkans hielten sich viele Menschen auf den Anlegestellen von St. Pierre auf. Nach der Explosion war keine Menschenseele mehr zu sehen.*[1]

---

[1] New York: John Day, 1946, S. 80–88.

Kurz nach diesem verhängnisvollen Ausbruch reisten Wissenschaftler an. Während St. Pierre nur mit einer dünnen Schicht aus Vulkantrümmern bedeckt war, fanden sie einen Meter dicke Gesteinsmauern, die wie Dominosteine umgefallen waren; große Bäume waren entwurzelt und Kanonen aus ihren Verankerungen gerissen worden. Ein weiteres Erinnerungsstück an die zerstörerische Kraft dieser Glutlawine blieb in der psychiatrischen Heilanstalt erhalten. Ein kolossaler Stahlsessel, auf dem man alkoholkranke Menschen fixierte, wurde deformiert, als sei er aus Plastik gewesen.

5.4.3 Lahare: Schlammströme auf aktiven und ruhenden Vulkanen

Neben verheerenden Ausbrüchen können Stratovulkane eine Art Schlammstrom hervorrufen, der unter seinem indonesischen Namen **Lahar** bekannt ist. Diese zerstörerischen Ströme treten auf, wenn vulkanische Gesteinstrümmer mit Wasser gesättigt werden und sehr schnell steile Vulkanböschungen meist in Rinnen und Flusstälern herabbrausen. Manche Lahare werden ausgelöst, wenn großen Mengen Schnee und Eis während einer Eruption schmelzen. Andere entstehen, wenn heftige Regenfälle vulkanische Ablagerungen durchtränken. Deswegen können Lahare selbst dann auftreten, wenn der Vulkan gerade *nicht* ausbricht.

Studenten fragen manchmal ...

Manche der größeren Vulkanausbrüche wie der Ausbruch des Krakatoa waren bestimmt sehr eindrucksvoll. Wie kann man sich das vorstellen?

Am 27. August 1883 explodierte im heutigen Indonesien die Vulkaninsel Krakatoa und wurde beinahe ausgelöscht. Der Knall der Explosion war noch unglaubliche 4.800 Kilometer entfernt auf den Rodriguez-Inseln im Indischen Ozean hörbar. Der Staub, der bei der Explosion entstand, wurde in die Atmosphäre geschleudert und umkreiste durch Höhenwinde mehrmals die Erde. Er verursachte auch fast ein Jahr lang ungewöhnliche und wunderschöne Sonnenuntergänge.

Es kamen nicht viele Menschen bei der Explosion ums Leben, da die Insel unbewohnt war. Doch die Verdrängung des Wassers durch die frei gewordene Energie während der Explosion war enorm. Die dadurch hervorgerufene seismisch bedingte Welle (Tsunami) erreichte an den indonesischen Küsten Höhen von 35 Meter. Sie zerstörte die Küstengebiete der Sunda-Straße zwischen den nahegelegenen Inseln Sumatra und Java; über tausend Dörfer wurden überflutet und mehr als 36.000 Menschen kamen ums Leben. Die Energie dieser Welle erreichte jedes Meeresbecken und wurde bei Gezeitenmessungen sogar im weit entfernten London und in San Francisco festgestellt.

Als der Mount St. Helens 1980 ausbrach, entstanden mehrere Lahare. Diese Schlammströme und eine begleitende Überflutung schossen entlang des südlichen und nördlichen Flusstals mit Geschwindigkeiten von über 30 Kilometer pro Stunde hinab. Der Wasserpegel des Flusses stieg um 4 Meter über seinen Überschwemmungspegel und zerstörte oder verursachte schwere Schäden an allen Wohnhäusern und Brücken entlang des betroffenen Gebiets. Glücklicherweise war es nicht sehr dicht besiedelt.

1985 entstanden todbringende Lahare während eines kleinen Ausbruchs des Nevado del Ruiz, einem 5.300 Meter hohen Vulkan in den Anden von Kolumbien. Heiße Pyroklastika schmolzen Eis und Schnee vom Gipfel des Bergs (*nevado* (span.) = Schnee) und schickten reißende Ströme aus Asche und Gesteinströmmern die drei Hauptflüsse an der Flanke des Vulkans hinab. Mit Geschwindigkeiten von über 100 Kilometer forderten die Schlammströme tragischerweise 25.000 Menschenleben.

Der Mount Rainier in Washington wird von vielen als gefährlichster Vulkan Amerikas angesehen, da er wie der Nevado del Ruiz permanent von einer dicken Schnee- und Eisschicht bedeckt ist. Das Risikopotenzial erhöht sich durch die Ansiedlung von über 100.000 Menschen in den Tälern um den Mount Rainier, auf Laharen, die vor Tausenden oder Hunderttausenden von Jahren am Vulkan heruntergeströmt sind. Durch einen Ausbruch in der Zukunft oder auch nur eine Periode mit heftigen Regenfällen könnten sich Lahare bilden, die sich ähnliche Wege bahnen.

Andere vulkanische Landformen 5.5

Die offensichtlichste vulkanische Struktur ist ein Vulkankegel. Aber es gibt auch andere, hervorstechende und wichtige Geländeausprägungen, die mit vulkanischer Aktivität zusammenhängen.

5.5.1 Calderen

Calderen (*caldera* (span.) = Kessel) sind große, mehr oder weniger runde Einsturzkrater. Ihr Durchmesser kann über einen Kilometer hinausgehen, viele sogar bis über 60 Kilometer. (Solche, die kleiner als einen Kilometer sind, nennt man Collaps Pits.) Die meisten Calderen werden durch einen der folgenden Prozesse gebildet: (1) den Einbruch des Gipfels eines großen Stratovulkans nach einer silikatreichen Explosion von Bimsstein- und Aschefragmenten (Kraterseetyp-Calderen); den Einbruch der Spitze eines Schildvulkans durch den unterirdischen Abfluss einer zentralen Magmenkammer (Hawaiityp-Calderen); und den Einbruch eines großen Gebiets durch das Ausströmen riesiger Mengen an silikatreichem Tuff und Asche entlang von Ringbrüchen (Yellowstone-Typ-Calderen).

Kratersee-Typ-Calderen Der Crater Lake von Oregon liegt in einer Caldera mit einem Maximaldurchmesser von 10 Kilometer und einer Tiefe von 1.175 Meter. Diese Caldera wurde vor etwa 7.000 Jahren gebildet, als aus einem Stratovulkan namens Mount Mazama 50 bis 70 Kubikkilometer pyroklastisches Material mit großer Heftigkeit ausbrach (▶ Abbildung 5.24). Von dem einst markanten Vulkankegel stürzten, da der stützende Untergrund fehlte, 1.500 Meter des Gipfels

5 Vulkane und andere magmatische Aktivitäten

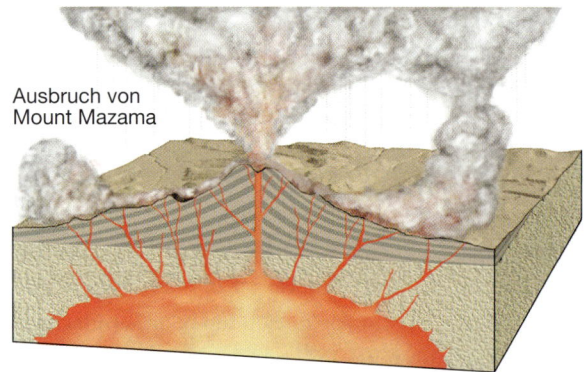
Ausbruch von Mount Mazama

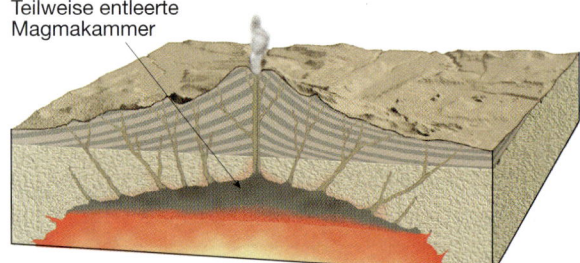
Teilweise entleerte Magmakammer

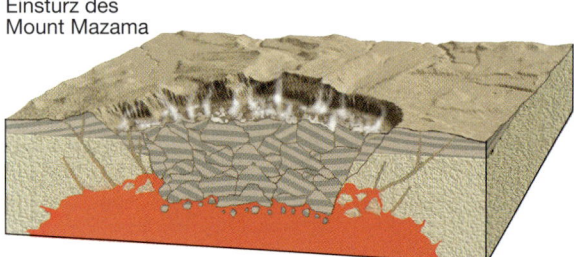
Einsturz des Mount Mazama

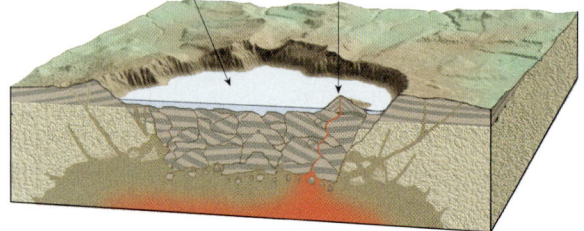
Bildung des Kratersees und von Wizard Island

ein. Nach dem Einbruch füllte sich die Caldera mit Regenwasser (Abbildung 5.24). Durch spätere vulkanische Aktivität entstand ein kleiner Schlackenkegel im See. Heute wird der kleine Kegel Wizard Island genannt und ist ein stummer Zeuge der vergangenen vulkanischen Aktivität.

Hawaii-Typ-Calderen Manche Calderen werden zwar durch *einen Einbruch nach einer explosiven Eruption* (Sprengtrichter) gebildet, andere dagegen nicht. Als Beispiel nehmen wir die aktiven Schildvulkane Hawaiis, Mauna Loa und Kilauea, beide besitzen große Calderen auf ihrem Gipfel. Kilauea misst 3,3 mal 4,4 Kilometer im Durchmesser und 150 Meter in der Tiefe. Die Wände dieser Caldera sind steil, beinahe vertikal, und sie sieht deswegen fast wie eine ausgedehnte flache Grube aus. Der Einbruch wurde hier nicht durch massenhafte Lavaströme direkt aus der Caldera ausgelöst, obwohl sich hin und wieder Lavaseen auf ihrem Boden gebildet hatten. Stattdessen entstand die Caldera des Kilauea durch allmähliche Absenkung, weil das Magma seitlich langsam von der darunterliegenden Magmenkammer zur East Rift-Zone abfloss und den Gipfel nicht mehr stützte.

Yellowstone-Typ-Calderen Obwohl der Ausbruch des Mount St. Helens 1980 sehr eindrucksvoll war, verblasst das Ereignis im Vergleich zu dem Ausbruch, der sich vor 630.000 Jahren in einem Gebiet, das heute zum Yellowstone-Nationalpark gehört, ereignete. Dabei wurden schätzungsweise 1.000 Kubikkilometer an Pyroklastika gefördert und schließlich eine Caldera mit einem Durchmesser von 70 Kilometer geschaffen. Durch diese Mega-Eruption entstanden Ascheregen,

Abbildung 5.24: Eine Reihe von Ausbruchsereignissen bildeten den Kratersee in Oregon. Vor etwa 7.000 Jahren wurde durch einen heftigen Ausbruch die Magmenkammer entleert, wodurch der Gipfel des ehemaligen Mount Mazama einstürzte. Regenwasser und Grundwasser füllten den Krater und bildeten den Crater Lake, den tiefsten See in den Vereinigten Staaten. Durch nachfolgende Eruptionen entstand der Schlackenkegel Wizard Island. (Nach H. Williams, Die alten Vulkane Oregons. Foto: Greg Vaughn/Tom Stack und Vertragspartner)

die bis zum Golf von Mexiko reichten. Es entstand eine Formation mit Namen Lava Creek-Tuff, eine verfestigte Ascheablagerung, die an manchen Stellen bis zu 400 Meter hoch wurde. Die vielen heißen Quellen und Geysire in der Gegend um Yellowstone sind Überbleibsel dieses Ereignisses.

Ähnliche Ausmaße wie die Yellowstone-Caldera hat die Bozner Quarzporphyrplatte, die ebenfalls auf einen Caldera-Einbruch zurückgeht. Dieser ereignete sich vor etwa 270 Millionen Jahren in der älteren Permzeit. Bis zu 2.000 Meter hoch türmen sich noch heute die Laven, Tuffe und Ignimbritablagerungen auf und zeugen von den gewaltigen Eruptionen, die einst die Region der heutigen Dolomiten heimsuchten.

Aufgrund der außerordentlich großen Menge des Eruptionsmaterials nehmen Forscher ähnlich gigantische Magmenkammern an, aus welchen Yellowstone-Typ-Calderen entstehen. Akkumuliert mehr und mehr Magma, übersteigt der Druck in der Magmenkammer das enorme Gewicht des darüberlagernden Gesteins (▶ Abbildung 5.25). Ein Ausbruch erfolgt dann, wenn das gasreiche Magma die darüberliegenden Gesteinsschichten genügend anhebt, um vertikale Brüche darin zu verursachen, die sich bis zur Oberfläche ausdehnen. Das Magma steigt entlang der neu entstandenen Brüche nach oben und bildet einen Eruptionsring (Abbildung 5.25C). Durch den Verlust der Stütze bricht das Dach der Magmenkammer ein und drückt noch mehr gasreiches Magma an die Oberfläche.

Die Vulkanausbrüche, die zur Bildung einer Caldera führen, haben ein gigantisches Ausmaß. Sie werfen riesige Volumina (normalerweise mehr als 100 Kubikkilometer) an pyroklastischem Material aus, hauptsächlich Asche und Bimssteinfragmente. Typischerweise entstehen daraus pyroklastische Lavaströme, die sich über die Landschaft mit Geschwindigkeiten von 100 Stundenkilometer und mehr ausbreiten und dabei alles Leben, das sich in ihren Weg stellt, vernichten. Nachdem der Lavastrom zum Stillstand gekommen ist, verschweißen sich Asche und Bimsstein miteinander und bilden einen Ignimbrit, der sehr stark einem verfestigten Lavastrom ähnelt. Trotz ihrer Größe dauert eine Eruption, aus der eine Caldera entsteht, vielleicht nur zehn Stunden oder wenige Tage.

Bezeichnend für die meisten großen Caldera-Ausbrüche ist eine langsame Aufdomung des Zentrums der Caldera durch spätere Nachschübe von Magmen, *Resurgenz = ein Wiederaufflammen*, die auf die Haupteruptivphase folgt. Deswegen bestehen diese Strukturen aus einer großen, rundlichen Absenkung mit einer Aufwölbung im Zentrum. Die meisten Calderen weisen eine komplexe Geschichte auf. In der Region um Yellowstone zum Beispiel sind drei Episoden der Calderen-Bildung über einen Zeitraum von 2,1 Millionen Jahren bekannt. Dem letzten rezenten Ereignis folgte ein episodisches Ausströmen von rhyolitischen und basaltischen Laven. Geologische Anzeichen sprechen dafür, dass noch immer ein Magmenreservoir unterhalb von Yellowstone liegt. Deswegen ist noch ein Ausbruch mit Caldera-Bildung wahrscheinlich, aber nicht unmittelbar bevorstehend.

Calderen, die von Yellowstone-Typ-Eruptionen hervorgerufen werden, sind die größten vulkanischen Strukturen der Erde. Vulkanologen vergleichen ihre zerstörerische Kraft mit dem Einschlag eines kleinen Asteroiden. Glücklicherweise kam es in historischer Zeit zu keiner solchen Eruption.

Ganz anders als Calderen, die mit Schildvulkanen oder Stratovulkanen vergesellschaftet sind, sind die Absenkungen so groß und so unscharf abgegrenzt, dass viele unentdeckt blieben, bis hochqualitative Luftbilder oder Satellitenbilder verfügbar wurden. Andere Beispiele großer Calderen in den Vereinigten Staaten sind: Long Valley Caldera in Kalifornien, LaGarita im San Juan-Gebirge von Südcolorado und die Valles-Caldera westlich von Los Alamos in New Mexico.

5.5.2 Spalteneruptionen und Basalt-Plateaus

Wir denken meist, dass Vulkanausbrüche einen Vulkankegel oder flachen Schild mit einem zentralen Schlot ausbilden. Aber das bei weitem größten Volumen an vulkanischem Material extrudiert aus Brüchen in der Erdkruste, die auch **Spalten** (**Fissuren**; *fissura = spalten*) genannt werden. Anstatt einen Kegel zu bilden, entlassen diese langen, engen Ritzen gering viskose Basaltlaven, die große Flächen überfluten.

Das ausgedehnte Columbia Plateau im Nordwesten der Vereinigten Staaten wurde auf diese Weise gebildet (▶ Abbildung 5.26). Dort extrudierten bei zahlreichen **Spalteneruptionen** sehr flüssige Basaltlaven (▶ Abbildung 5.27). Zahlreiche aufeinanderfolgende Lavaströme, jeder an die 50 Meter mächtig, begruben die existierende Landschaft und formten ein Lavaplateau von etwa 1,5 Kilometer Ausdehnung. Wie dünnflüssig diese Lava war, zeigt sich daran, dass sie bis zu 150 Kilometer weit von ihrem Ursprung wegfließen konnte.

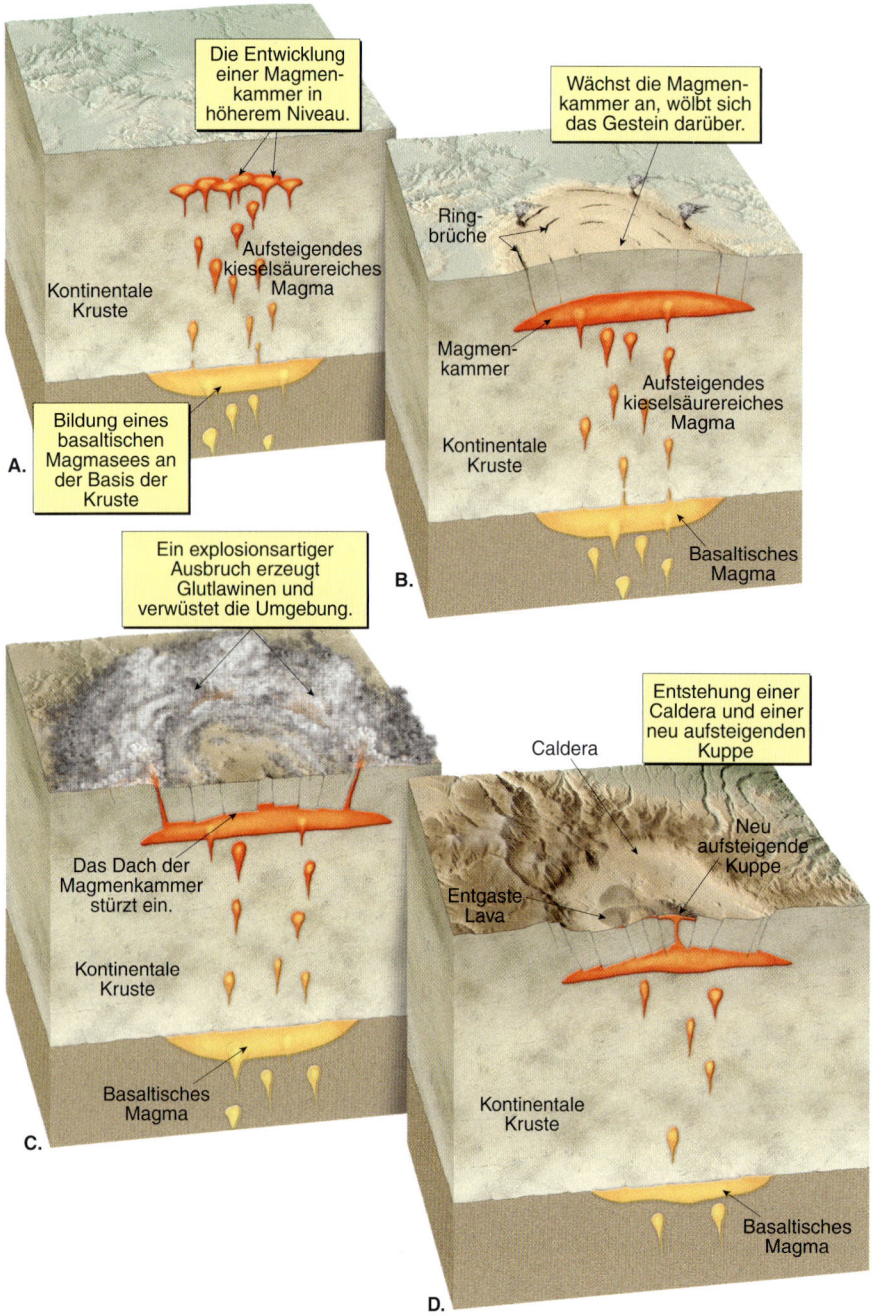

Abbildung 5.25: Die Ausbildung einer Caldera vom Typ Yellowstone. **A.** Partielle Aufschmelzung in der oberen Asthenosphäre formt heißes, basaltreiches Magma und steigt zur Basis der kontinentalen Kruste auf. Der Magmenkörper schmilzt einen Teil der kontinentalen Kruste, die einen relativ niedrigen Schmelzpunkt besitzt, die ihrerseits hoch viskoses, silikatreiches Magma produziert, das aufsteigt, um eine Magmenkammer in der oberen Ebene zu bilden. **B.** Durch das Anwachsen der Magmenkammer wölbt sich das Gestein auf und wird zerklüftet; dabei entstehen ringförmige Brüche. **C.** Sobald die Brüche den Magmenspeicher mit der Oberfläche verbunden haben, dringt Magma nach oben und ruft eine explosive Dampf- und Ascheeruption hervor. Durch den Verlust des stützenden Magmas bricht das Dach der Magmenkammer ein und drückt dadurch noch mehr gasreiches Magma in die Atmosphäre.

Die Bezeichnung **Flutbasalt** ist für diese Lavaströme sehr treffend. Gewaltige Anhäufungen von Basaltlava, ähnlich wie am Colorado-Plateau, treten weltweit auf. Eines der größten Basalt-Plateaus ist das der Deccan Traps, eine mächtige Abfolge flachliegender Basaltströme, die beinahe 500.000 Quadratkilometer von Westindien bedecken. Als die Deccan Traps vor etwa 66 Millionen Jahren entstand, wurden beinahe zwei Millionen Kubikkilometer Lava in weniger als einer Million Jahre gefördert. Eine weitere riesige Ablagerung von Flutbasalten erzeugte das Ontong-Java-Plateau, das sich am Grund des Pazifischen Ozeans befindet. Wir werden über die Herkunft der Plateaubasalte später in diesem Kapitel im Abschnitt *Magmatische Intraplatten-Aktivität* noch genauer eingehen.

5.5.3 Lavakuppen (Quellkuppen)

Im Gegensatz zu mafischen Laven sind silikatreiche Laven im Spektrum der Zusammensetzung nahe der felsischen (rhyolitischen) Zusammensetzung angesiedelt und so zähflüssig, dass sie kaum fließfähig sind.

5.5 Andere vulkanische Landformen

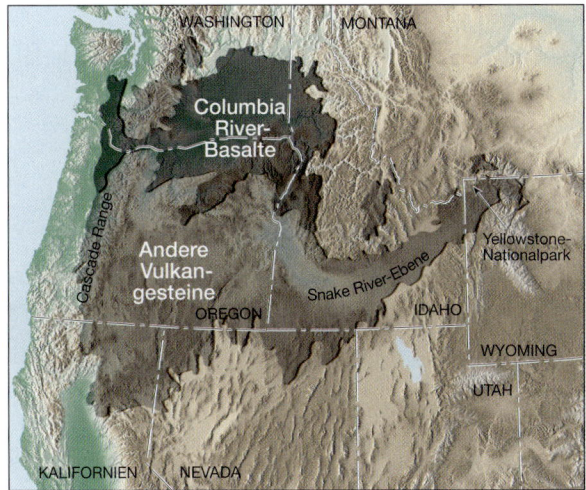

Abbildung 5.26: Vulkanische Gebiete, die das Columbia-Plateau im Nordwestpazifik ausmachen. Der Columbia River-Basalt bedeckt ein Gebiet von fast 200.000 Quadratkilometer. Die vulkanische Aktivität begann hier bereits vor etwa 17 Millionen Jahren, als Lava aus den großen Spalten zu strömen begann und schließlich ein Basalt-Plateau mit einer durchschnittlichen Höhe von mehr als einem Kilometer aufbaute (von U.S. Geological Survey).

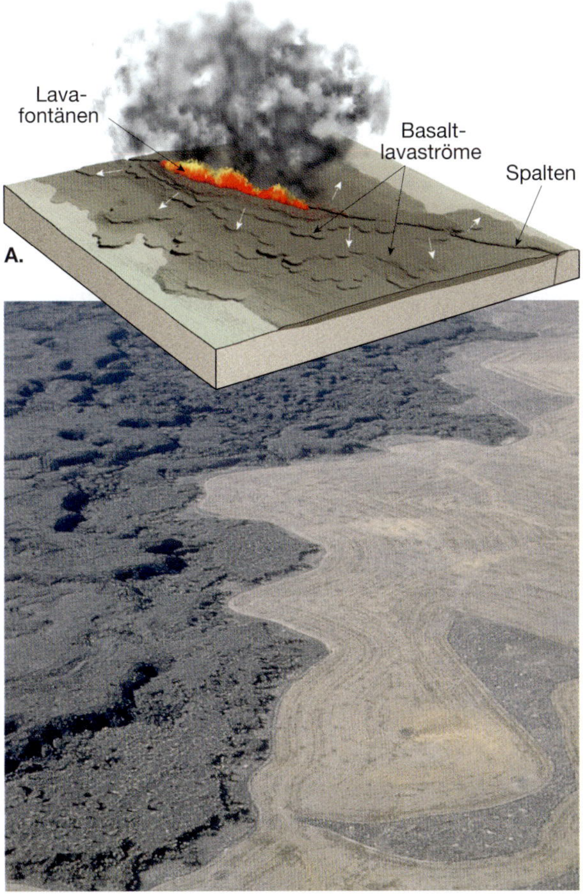

Abbildung 5.27: Basaltische Spalteneruption. **A**. Lava sprüht aus einer Spalte und bildet Lavaströme, die Basalt-Plateau genannt werden. **B**. Auf dem Foto ist ein Basaltstrom in der Nähe der Idaho-Wasserfälle zu sehen. (Foto: John S. Shelton)

Wird die dickflüssige Lava aus dem Schlot „herausgepresst", kann sie zu einer kuppelförmigen Lavamasse, **Quellkuppe** genannt, erstarren.

Lavakuppen treten in einer Reihe von Formen auf, die von pfannkuchenförmigen Ergüssen bis zu steilwandigen Pfropfen reichen, die wie ein Kolben nach oben gedrückt wurden. Die häufig vorkommenden Arten entwickeln sich über einen Zeitraum von mehreren Jahren nach einem explosiven Ausbruch gasreicher Magma. Das kann man gut an der Vulkankuppe sehen, die seit dem Ausbruch von Mount St. Helens (1980) aus dem Schlot „wächst" (▶Abbildung 5.28). Normalerweise bilden sich Lavakuppen auf Gipfeln von Stratovulkanen, es können aber auch Strukturen an den Vulkanflanken entstehen. Außerdem bilden sich manche Kuppen selbstständig, unabhängig von großen vulkanischen Strukturen. Ein Beispiel ist die Reihe von Rhyolit- und Obsidiankuppen am Mono-Krater in Kalifornien (▶Abbildung 5.29).

> ### Studenten fragen manchmal ...
>
> **Wenn Vulkane so gefährlich sind, warum leben dann Menschen auf oder nahe bei ihnen?**
>
> Sie sollten sich vergegenwärtigen, dass viele Menschen, die in der Nähe von Vulkanen leben, ihren Wohnort nicht selbst gewählt haben; sie wurden schlicht dort geboren. Ihre Vorfahren haben wahrscheinlich in dieser Region generationenlang gelebt. Historisch gesehen, wanderten viele Menschen wegen der fruchtbaren Erde in vulkanische Gebiete ein. Nicht alle Vulkane produzieren explosive Eruptionen, aber alle aktiven Vulkane sind gefährlich. Sicherlich bedeutet die Entscheidung, nahe bei einem Stratovulkan wie Mount St. Helens oder Soufrière Hills zu leben, ein großes Risiko. Aber das Intervall zwischen aufeinanderfolgenden Ausbrüchen kann mehrere Jahrzehnte oder Jahrhunderte betragen – Zeit genug, um Generationen von Menschen den letzten Ausbruch vergessen zu lassen und den Vulkan als inaktiv und deswegen als sicher zu betrachten. Andere Vulkane wie Mauna Loa oder die auf Island sind ständig aktiv; so sind rezente Ausbrüche noch in der Erinnerung der Bevölkerung erhalten. Viele Menschen, die ein Leben in der Nähe eines aktiven Vulkans wählen, glauben, dass das relative Risiko dort nicht höher als in anderen gefährdeten Gebieten sei. Im Wesentlichen rechnen sie damit, dass kein Vulkanausbruch auftritt, solange sie leben.

5 Vulkane und andere magmatische Aktivitäten

Abbildung 5.28: Nach der Eruption des Mount St. Helens am 18. Mai 1980 begann sich eine Lavakuppe zu entwickeln. (Foto von David Falconer/DRK Photo)

Abbildung 5.30: Das „Big Hole" in Kimberley, Südafrika, wurde ausgehoben, um Diamanten mit Edelsteinqualität aus der Kimberlit Pipe zu gewinnen. (Foto: Roger De La Harpe)

Abbildung 5.29: Die Mono-Krater in Kalifornien. Die Kette von Rhyolit- und Obsidiankuppen befindet sich in der Nähe des Mono-Sees, wo die Ausbrüche vor nur 200 Jahren auftraten. (Foto: Jim Sugar/Corbis)

5.5.4 Schlote, Pipes und Vulkanruinen

Bei den meisten Vulkanen wird Magma durch kurze, röhrenförmige Förderkanäle herangeführt, sogenannte *Schlote*, welche die Magmenkammer mit der Oberfläche verbinden. In seltenen Fällen können Schlote wie Schläuche bis in mehr als 200 Kilometer Tiefe reichen.

Man spricht dann von Pipes. Durch diese langen Pipes kann ultramafisches Magma ohne große Veränderung aus dem Erdmantel direkt an die Oberfläche aufsteigen. Geologen betrachten diese ungewöhnlich tiefen Förderkanäle als „Fenster" zum Erdinneren, da sie es uns ermöglichen, Gesteine zu sehen, die man normalerweise nur in großer Tiefe vorfindet.

Am bekanntesten sind die diamanthaltigen Kimberlit Pipes in Südafrika (▶ Abbildung 5.30). Dort stammen die Gesteine, welche die Pipes ausfüllen, aus Tiefen von mindestens 150 Kilometer, wo der Druck groß genug ist, um Diamanten und andere Hochdruckminerale zu erzeugen. Dass unverändertes Magma (mit Diamanteinschlüssen) durch 150 Kilometer festes Gestein transportiert werden kann, ist außergewöhnlich. Deswegen sind Diamanten so selten.

Vulkane auf dem Land werden kontinuierlich durch Verwitterung und Erosion abgetragen. Schlackenkegel können leicht erodieren, da sie nur aus Lockermaterial bestehen. Auch Vulkane unterliegen irgendwann in geologischer Zeit der unaufhaltsamen Erosion. Mit fortschreitender Erosion verschwindet der Vulkankegel allmählich; das Gestein aus dem Schlot ist oft widerstandsfähiger gegen Erosion und bleibt länger bestehen. Der Shiprock in New Mexico (▶ Abbildung 5.31) ist eine solche **Vulkanruine**. Diese Struktur ist höher als mancher Wolkenkratzer und eine der vielen Landschaftsformen, die auffällig aus der roten Wüstenlandschaft des Südwestens der USA hervorstechen.

Abbildung 5.31: Der Shiprock in New Mexico ist eine Vulkanruine, die sich mehr als 420 Meter über die Umgebung erhebt. Sie besteht aus magmatischem Gestein, das im Schlot eines längst erodierten Vulkans kristallisiert ist. (Foto: Tom Bean)

5.6 Intrusive magmatische Aktivität

Obwohl Vulkanausbrüche zu den heftigsten und eindrucksvollsten Ereignissen der Natur gehören und deswegen auch einer genaueren Betrachtung würdig sind, wird der größte Teil des Magmas in der Tiefe abgesetzt. Folglich ist das Verständnis von magmatischer Intrusionsaktivität unablässig für Geologen, genauso wie die Betrachtung vulkanischer Ereignisse.

Die Strukturen, die durch die Platzforderung magmatischen Materials in der Tiefe entstehen, nennt man **Plutone** (Pluto ist in der römischen Mythologie der Gott der Unterwelt). Da alle Plutone außer Sichtweite unter der Erdoberfläche gebildet werden, kann man sie nur erforschen, nachdem sie gehoben und durch Erosion freigelegt wurden. Die Herausforderung besteht dabei darin, die Ereignisse zu rekonstruieren, die diese Strukturen vor Millionen oder sogar Hunderten von Millionen Jahren hervorgebracht haben.

Der Klarheit wegen haben wir unsere Betrachtungen zu vulkanischer und plutonischer Aktivität voneinander getrennt. Behalten Sie aber im Kopf, dass diese Prozesse gleichzeitig auftreten und im Grunde genommen mit den gleichen Materialien stattfinden.

5.6.1 Die Beschaffenheit der Plutone

Man weiß von Plutonen, dass sie eine große Vielfalt an Größen und Formen besitzen. Die am häufigsten vorkommenden Typen sind in ▶Abbildung 5.32 dargestellt. Sie sehen, dass manche dieser Strukturen eine tafelförmige Form aufweisen, während andere ziemlich massiv sind. Sie können auch beobachten, dass manche dieser Körper durch bereits existierende Strukturen schneiden, wie zum Beispiel durch Schichten aus Sedimentgestein; andere entstehen dadurch, dass Magma zwischen zwei Sedimentlagen intrudiert. Aufgrund dieser Unterschiede werden magmatische Körper im Allgemeinen nach ihrer Form als **tafelförmig** oder **massiv** und nach ihrer Orientierung im Hinblick auf das Wirtsgestein klassifiziert. Plutone bezeichnet man als **diskordant** (*discordare* = nicht übereinstimmen), wenn sie existierende Strukturen durchschlagen, und als **konkordant** (*concordare* = übereinstimmen), wenn sie sich parallel dazu einschlichten, beispielsweise zu Sedimentschichten. Wie Sie in Abbildung 5.32A sehen, sind Plutone eng mit vulkanischer Aktivität verbunden. Viele der großen Intrusivkörper sind Überbleibsel von Magmenkammern, die einst alte Vulkane versorgt haben.

5.6.2 Gänge (Dikes)

Gänge sind tafelförmige, diskordante Intrusivkörper, die entstehen, wenn Magma in Risse gepresst wird. Die Kraft des eindringenden Magmas kann groß genug werden, um die Kluftwände weiter auseinanderzudrücken. Nach der Kristallisation können diese plattenartigen Strukturen eine Größe von weniger als einem

5 Vulkane und andere magmatische Aktivitäten

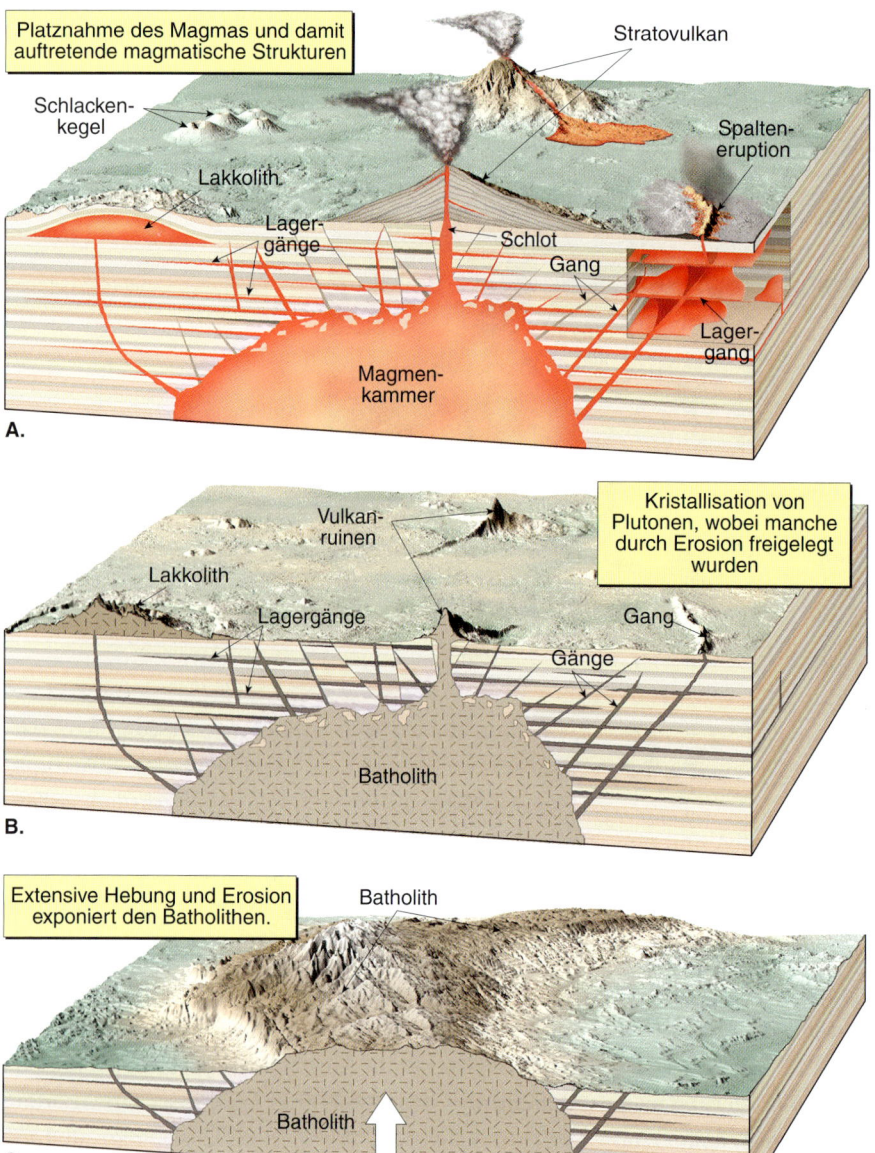

Abbildung 5.32: Hier sind grundlegende magmatische Strukturen illustriert. **A.** Dieses Blockdiagramm zeigt die Beziehung zwischen Vulkanismus und magmatischer Intrusionsaktivität. **B.** Diese Ansicht zeigt grundlegende intrusive, magmatische Strukturen; manche davon wurden durch Erosion lange nach ihrer Entstehung freigelegt. **C.** Nach Millionen von Jahren der Hebung und Erosion ist ein Batholith an der Oberfläche exponiert.

Zentimeter bis mehr als einem Kilometer aufweisen. Die größten sind mehrere hundert Kilometer lang. Aber die meisten Gänge sind einige Meter hoch und erstrecken sich nicht weiter als wenige Kilometer.

Gänge findet man häufig in Schwärmen. Sie dienten als vertikal orientierte Wege, durch die die Schmelzmasse alte Lavaströme versorgte. Der Ursprungspluton ist meist nicht zu sehen. Manche Gänge sind von vulkanischen Zentren aus radial angeordnet, wie die Speichen eines Rads. Man nimmt an, dass bei diesen Strukturen der aktive Aufstieg des Magmas Risse im Vulkankegel, aus dem sich die Lava ergoss, verursachte.

Gänge verwittern oft langsamer als das Umgebungsgestein. Sind sie schließlich durch Erosion freigelegt, ähneln sie Mauern, wie man in ▶Abbildung 5.33 sehen kann.

5.6.3 Lagergänge (Sills) und Lakkolithe

Lagergänge und Lakkolithe sind konkordante Plutone, die entstehen, wenn Magma in oberflächennahes Gebiet intrudiert. Sie unterscheiden sich in ihrer Form und in ihrem Aussehen.

Lagergänge **Lagergänge** sind tafelförmige Plutone, die durch die Injektion von Magma entlang sedimentärer

5.6 Intrusive magmatische Aktivität

Abbildung 5.33: Diese vertikale Struktur, die wie eine Steinmauer aussieht, ist ein Gang, der der Verwitterung stärker widersteht als das Umgebungsgestein. Dieser Gang befindet sich westlich von Granby, Colorado, nahe des Arpaho National Forest. (Foto: J. Fleischer)

Abbildung 5.34: Der Salt River Canyon in Arizona. Das dunkle, im Wesentlichen horizontale Band ist ein Lagergang mit basaltischer Zusammensetzung, der in horizontale Sedimentgesteinslagen eingedrungen ist. (Foto: E.J. Tarbuck)

Schichtung gebildet werden (▶ Abbildung 5.34). Horizontale Lagergänge kommen am häufigsten vor, obwohl sie in allen Richtungen, sogar vertikal, orientiert sein können. Wegen ihrer relativ gleichmäßigen Größe und ihrer großflächigen Ausdehnung entstehen Lagergänge durch sehr flüssige Magmen. Magmen mit geringem Silikatgehalt sind flüssiger, deswegen bestehen die meisten Lagergänge aus Basalt.

Die Platzforderung eines Lagergangs setzt voraus, dass das darüberliegende Sedimentgestein um den Betrag der Höhe des Lagergangs gehoben wird. Dies ist eine erhebliche Aufgabe, doch wird nahe der Oberfläche dazu manchmal weniger Energie benötigt, als das Magma die verbleibende Strecke zur Oberfläche hinaufzupressen. Folglich entstehen Lagergänge nur in der seichten Kruste, wo der Druck durch überlagerndes Gestein gering ist. Lagergänge intrudieren zwar zwischen die Schichten, sie können an manchen Stellen aber auch diskordant sein. Große Lagergänge queren häufig Sedimentlagen und nehmen ihre konkordante Lagerung auf einer höheren Ebene wieder auf.

Einer der größten und am besten erforschten Lagergänge der Vereinigten Staaten ist der Palisades Sill. Er ist über 80 Kilometer entlang des westlichen Ufers des Hudson River im südöstlichen New York und nordöstlichen New Jersey freigelegt und etwa 300 Meter mächtig. Da er so widerstandsfähig der Verwitterung gegenüber ist, kann man ihn leicht von der gegenüberliegenden Seite des Hudson River sehen.

In vielerlei Hinsicht erinnern Lagergänge an überdeckte Lavaströme. Beide sind tafelförmig und weisen säulenartige Absonderungen auf (▶ Abbildung 5.35). **Säulenklüfte** entstehen, wenn magmatische Gesteine abkühlen und Schrumpfungsklüfte entwickeln, durch die langgestreckte Säulen ausgebildet werden. Außerdem haben Lagergänge, da sie oft sehr oberflächennah gebildet werden und nur wenige Meter dick sind, durch die schnelle Abkühlung des Magmas ein aphanitisches Gefüge.

Bei der Rekonstruktion der geologischen Vergangenheit eines Gebiets ist es wichtig, zwischen Lagergängen und überdeckten Lavaströmen zu unterscheiden. Glücklicherweise kann man diese beiden Phänomene bei genauerer Betrachtung gut unterscheiden. Der obere Bereich eines überdeckten Lavastroms enthält Hohlräume, die durch entwichene Gasblasen entstanden sind. Zudem weist das darunterliegende Gestein nur bei Lavaströmen eine metamorphe Veränderung auf. Im Gegensatz dazu werden Lagergänge gebildet, wenn Magma gewaltsam zwischen Sedimentlagen eindringt. Deswegen kann man Fragmente des überlagernden Gesteins nur in Lagergängen finden. Andererseits extrudierten Lavaströme, bevor die Schichten darüber abgelagert wurden. Deswegen ist

Abbildung 5.35: Basaltsäulen am Giants Causeway National Park, Nordirland. Diese fünf- bis siebenseitigen Säulen entstehen durch Kontraktion und Kluftbildung bei der allmählichen Abkühlung eines Lavastroms oder Lagergangs. (Foto: Tom Till)

ein kontaktmetamorpher Saum über und unter lagernden Gesteinen ein Zeichen von Lagergängen.

Lakkolithe Lakkolithe sind Lagergängen ähnlich, da auch sie gebildet werden, wenn Magma oberflächennah zwischen Sedimentlagen intrudiert. Aber das Magma, aus welchem Lakkolithe entstehen, ist zähflüssiger. Dieses weniger flüssige Magma sammelt sich in linsenförmigen Massen an und wölbt die darüberliegenden Schichten nach oben (Abbildung 5.32). Wegen der kuppelförmigen Aufwölbung, die sich an der Oberfläche dadurch zeigt, kann ein Lakkolith gelegentlich entdeckt werden.

Die meisten großen Lakkolithe haben vermutlich nur eine Ausdehnung von ein paar Kilometern. Die Henry Mountains in Utah sind größtenteils aus mehreren Lakkolithen aufgebaut, die wahrscheinlich von einem nahegelegenen, ziemlich großen Magmenkörper versorgt wurden.

5.6.4 Batholithe

Mit Abstand sind **Batholithe** (*bathos* = Tiefe, *lithos* = Stein) die größten magmatischen Intrusivkörper. Am häufigsten treten Batholithe in linearen Strukturen von mehreren Kilometern Länge und bis zu 100 Kilometer Breite auf, wie in ▶Abbildung 5.36 gezeigt wird. Der Idaho-Batholith beispielsweise nimmt ein Gebiet von mehr als 40.000 Quadratkilometer ein und besteht aus vielen Plutonen. Indirekte Belege aus Gravitationsmessungen weisen darauf hin, dass Batholithe zudem sehr mächtig sein müssen und möglicherweise Dutzende von Kilometern in die Kruste reichen.

Ein Pluton muss mehr als 100 Quadratkilometer an der Oberfläche exponiert sein, um als Batholith zu gelten. Kleinere Plutone bezeichnet man als **Stock**. Viele Stöcke scheinen Teile von Batholithen zu sein, die noch nicht vollständig freigelegt sind.

Batholithe bestehen für gewöhnlich aus Gesteinstypen mit einer chemischen Zusammensetzung, die dem granitischen Ende des Spektrums nahestehen, obwohl man auch häufig Diorit vorfindet. Kleinere Batholithe weisen ziemlich einfache Strukturen auf und sind meist aus einer einzigen Gesteinsart zusammengesetzt. Genaue Untersuchungen großer Batholithe haben jedenfalls gezeigt, dass sie aus zahlreichen, individuellen Plutonen bestehen, die über eine Zeitspanne von mehreren Millionen von Jahren intrudiert sind. Die plutonische Aktivität, aus der der Sierra Nevada-Batholith stammt, dauerte beispielsweise 130 Millionen Jahre an und fand sein Ende während der Kreidezeit vor 80 Millionen Jahren.

Batholithe können das Zentrum eines Gebirgssystems bilden. Dabei wurde das Umgebungsgestein durch Hebung und Erosion entfernt und der widerstandsfähige Magmatit freigelegt. Einige der höchsten Gipfel in der Sierra Nevada wie der Mount Whitney bestehen aus einer solchen Granitmasse (▶Abbildung 5.37).

Große Ausdehnungen von Granitgesteinen treten auch im stabilen Inneren von Kontinenten auf, wie dem Kanadischen Schild von Nordamerika. Diese relativ flachen, freigelegten Flächen sind die Überreste alter Gebirge, die lange, bevor sie durch Erosion abgetragen wurden, entstanden sind. Deswegen sind die Gesteine eines Batholithen junger Gebirgsketten, wie die Sierra Nevada, am Dach einer Magmenkammer entstanden. Dagegen sind auf alten Schilden der Fuß der Berge und damit der untere Teil eines Batholithen freigelegt. In Kapitel 14 werden wir die Rolle der magmatischen Aktivität genauer betrachten, da sie mit dem Gebirgsbildungsprozess in Beziehung steht.

Platzierung von Batholithen Geologen stellten sich die interessante Frage, wie denn ein großer granitischer Batholith innerhalb von nur moderat deformierten Sedimentgesteinen und Metamorphiten zu liegen kommt. Was passierte mit dem Gestein, das durch diese magmatischen Massen verschoben wurde? Wie konnte sich der Magmenkörper seinen Weg durch mehrere Kilometer festes Gestein bahnen?

Wir wissen, dass Magma aufgrund seiner geringeren Dichte im Vergleich zum Umgebungsgestein aufsteigt, ähnlich wie ein Korken, der am Boden eines wassergefüllten Behälters festgehalten wird und aufsteigt, wenn er losgelassen wird. Aber die Erdkruste besteht aus festem Gestein. Jedoch wird in mehreren Kilometern Tiefe, wo hohe Temperaturen und hoher Druck herrschen, sogar festes Gestein durch Fließen deformiert. Deswegen kann in großer Tiefe eine durch Auftrieb bewegte, aufsteigende, Magmenmasse durch gewaltige Kraft das überlagernde Gestein beiseiteschieben und dadurch Platz für sich schaffen. Während das Magma weiter aufsteigt, füllt ein Teil des Nebengesteins, das beiseitegeschoben wurde, den Raum, der vom aufsteigenden Magmenkörper hinterlassen wird.[2]

Kommt das Magma nahe an die Oberfläche, trifft es auf relativ kaltes, sprödes Gestein, das nicht deformiert werden kann. Die weitere Aufwärtsbewegung wird von einem Vorgang begleitet, der als *Aufstemmen* bezeichnet wird. Durch diesen Prozess kann das Magma durch die Klüfte, die im darüberliegenden Nebengestein entstanden sind, aufsteigen und einzelne Gesteinsblöcke herausdrängen. Sobald sie vom Magma vereinnahmt wurden, können diese Gesteins-

Abbildung 5.36: Granitbatholithe treten entlang des westlichen Rands von Nordamerika auf. Diese gigantischen, gestreckten Körper bestehen aus zahlreichen Plutonen, die während der letzten 150 Millionen Jahre der Erdgeschichte entstanden.

blöcke schmelzen und dadurch die Zusammensetzung des Magmenkörpers verändern. Schließlich kühlt der Magmenkörper so weit ab, dass die Aufwärtsbewegung zum Stillstand kommt. Ein Indiz, das die Tatsache belegt, dass sich Magma durch festes Gestein bewegt, sind Einschlüsse, die **Xenolithe** (*xenos* = ein Fremder, *lithos* = Stein) genannt werden. Diese nicht aufgeschmolzenen Überreste des Nebengesteins findet man in magmatischen Körpern, die durch Erosion freigelegt wurden.

---

2 Eine ähnliche Situation tritt auf, wenn eine Dose mit Ölfarbe länger aufbewahrt wird. Die ölige Komponente der Farbe ist weniger dicht als die Farbpigmente; deswegen sammelt sich das Öl in Tropfen und wandert langsam nach oben, während die schwereren Pigmente am Boden bleiben.

5 Vulkane und andere magmatische Aktivitäten

Abbildung 5.37: Laurel Mountain in der östlichen Sierra Nevada von Kalifornien. Dieser Berg macht nur einen kleinen Teil des Sierra Nevada-Batholithen aus, einer riesigen Struktur, die sich über fast 400 Kilometer erstreckt. (Foto: Tim Fritzharris/Minden Pictures)

5.7 Plattentektonik und magmatische Aktivität

Geologen wissen seit Jahrzehnten, dass die globale Verteilung von Vulkanismus nicht zufällig ist. Von den mehr als 800 bisher bekannten aktiven Vulkanen[3] befinden sich die meisten entlang der Ränder von Ozeanbecken – vor allem innerhalb des zirkumpazifischen Gürtels, der als *pazifischer Feuerring* bekannt ist (▶ Abbildung 5.38). Diese Vulkangruppe besteht überwiegend aus Stratovulkanen, die gasreiches Magma mit intermediärer Zusammensetzung emittieren und gelegentlich furchterregende Ausbrüche hervorrufen.

Eine zweite Gruppe von Vulkanen emittiert sehr flüssige Basaltlaven, wie die wohlbekannten Beispiele von Hawaii und Island. Zu dieser Gruppe gehören auch viele aktive submarine Vulkane, die am Meeresboden verstreut sind. Besonders auffällig sind die unzähligen kleinen Guyots entlang der Achse des Mittelatlantischen Rückens. In diesen Tiefen ist der Druck so hoch, dass das Meerwasser nicht einmal im Kontakt mit heißer Lava explosiv hochkocht. Deswegen sind direkte Kenntnisse von diesen Ausbrüchen nur begrenzt vorhanden. Sie stammen überwiegend von Tiefseetauchbooten.

---
3 Für unsere Zwecke schließen aktive Vulkane diejenigen ein, deren Ausbrüche datiert wurden. Mindestens 700 weitere Vulkane weisen geologisch darauf hin, dass sie in den letzten 10.000 Jahren ausgebrochen sind, und werden als potenziell aktiv betrachtet. Außerdem entziehen sich zahlreiche aktive, submarine Vulkane in der Tiefe der Beobachtung und sind nicht in diesen Zahlen enthalten.

Eine dritte Gruppe von Vulkanen umfasst die unregelmäßig auf Kontinenten verteilten vulkanischen Strukturen. In Australien und in Zweidrittel des östlichen Nord- und Südamerika findet man keine davon. Afrika ist in diesem Zusammenhang bemerkenswert, da sich dort viele potenziell aktive Vulkane befinden, wie der Kilimandscharo, der mit 5.895 Meter höchste Berg auf dem Kontinent. Vulkanismus auf Kontinenten ist sehr verschiedenartig und reicht von Ausbrüchen mit sehr flüssigen Basaltlaven, wie jene, die das Columbia Plateau gebildet haben, bis hin zu silikatreichen rhyolitischen Magmen, wie sie in Yellowstone auftraten.

Bis in die späten sechziger Jahre hatten die Geologen keine Erklärung für die willkürliche Verteilung der Vulkane auf Kontinenten, noch konnten sie die fast durchgehende Vulkankette erklären, die das pazifische Becken umgibt. Mit der Entwicklung der Theorie zur Plattentektonik kam Licht ins Dunkel. Sie erinnern sich daran, dass primäres (unverändertes) Magma im oberen Mantel entsteht und dass der Mantel im Wesentlichen aus festem und nicht aus geschmolzenem Gestein besteht. Der Zusammenhang zwischen Plattentektonik und Vulkanismus besteht deshalb, weil *die Plattenbewegung den Mechanismus liefert, durch den Mantelgestein aufgeschmolzen wird, um Magma zu produzieren*.

Wir werden die drei Zonen magmatischer Aktivität und ihre Beziehung zu Plattengrenzen untersuchen. Die aktiven Gebiete befinden sich (1) entlang von konvergenten Plattengrenzen, wo sich die Platten aufeinander zubewegen und eine unter die andere abtaucht;

(2) entlang divergenter Plattengrenzen, wo sich Platten voneinander wegbewegen und neuer Ozeanboden entsteht; und (3) in Gebieten innerhalb der Platten, die nichts mit Plattengrenzen zu tun haben. Bemerkenswert ist, dass vulkanische Aktivität sehr selten an Transformstörungen auftritt. Diese drei vulkanischen Situationen sind in ▶Abbildung 5.39 dargestellt. (Falls Ihnen unklar sein sollte, wie die Entstehung von Magma funktioniert, empfehlen wir Ihnen, sich mit dem Abschnitt in Kapitel 4 unter der Überschrift *Herkunft des Magmas* zu befassen, bevor Sie fortfahren.)

5.7.1 Magmatische Aktivität an konvergenten Plattengrenzen

Sie erinnern sich, dass an konvergenten Plattengrenzen Stücke ozeanischer Kruste beim Absinken in den Mantel gebogen werden und dabei einen Ozeangraben bilden. Beim tieferen Absinken in den Mantel treibt der Anstieg von Druck und Temperatur die flüchtigen Bestandteile (überwiegend) aus der ozeanischen Kruste. Diese Fluide sind leicht und mobil und wandern aufwärts in das keilförmige Stück Mantel, das sich zwischen der abtauchenden Platte und der überschiebenden Platte befindet (▶Abbildung 5.39A). Sobald das absinkende Plattenstück eine Tiefe von ca. 100 bis 150 Kilometer erreicht, senken die wasserreichen Fluide den Schmelzpunkt des heißen Mantelgesteins so weit, dass eine teilweise Aufschmelzung erfolgt. Durch die partielle Aufschmelzung des Mantelgesteins (hauptsächlich Peridotit) entsteht Magma mit basaltischer Zusammensetzung. Nachdem sich eine genügend große Menge gebildet hat, wandert es langsam aufwärts.

Vulkanismus an konvergenten Plattengrenzen zeigt sich in der Entwicklung von linearen oder schwach gekrümmten Vulkanketten, die *Vulkanbogen* genannt werden. Diese Vulkanketten entwickeln sich ungefähr parallel zu den mit ihnen vergesellschafteten Gräben – mit Abständen von 200 bis 300 Kilometer. Vulkanbögen können auf ozeanischer oder kontinentaler Lithosphäre auftreten. Diejenigen, die sich innerhalb des Ozeans entwickeln und groß genug werden, um mit ihren Spitzen aus dem Wasser zu ragen, werden in den meisten Atlanten Inselarchipel genannt. Geologen bevorzugen die mehr beschreibende Bezeichnung **vulkanischer Inselbogen** oder einfach nur **Inselbogen** (Abbildung 5.39A). Mehrere junge vulkanische Inselbögen grenzen an das westpazifische Becken, einschließlich der Aleuten, Tongas und der Marianen-Inseln.

Das frühe Stadium eines Inselbogenvulkanismus wird typischerweise durch den Ausbruch recht dünnflüssiger Basalte dominiert, die zahlreiche schildförmige Strukturen auf dem Meeresboden bilden. Da diese Aktivität in großer Tiefe beginnt, müssen aus

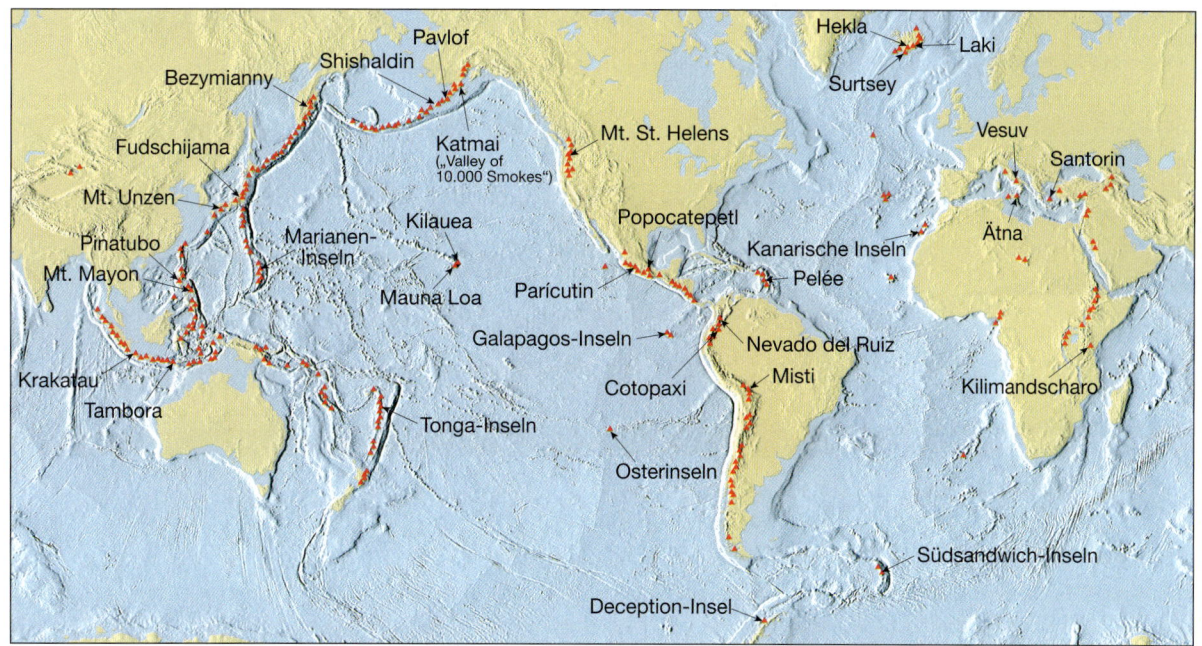

Abbildung 5.38: Die Positionen einiger wichtiger Vulkane der Erde.

5 Vulkane und andere magmatische Aktivitäten

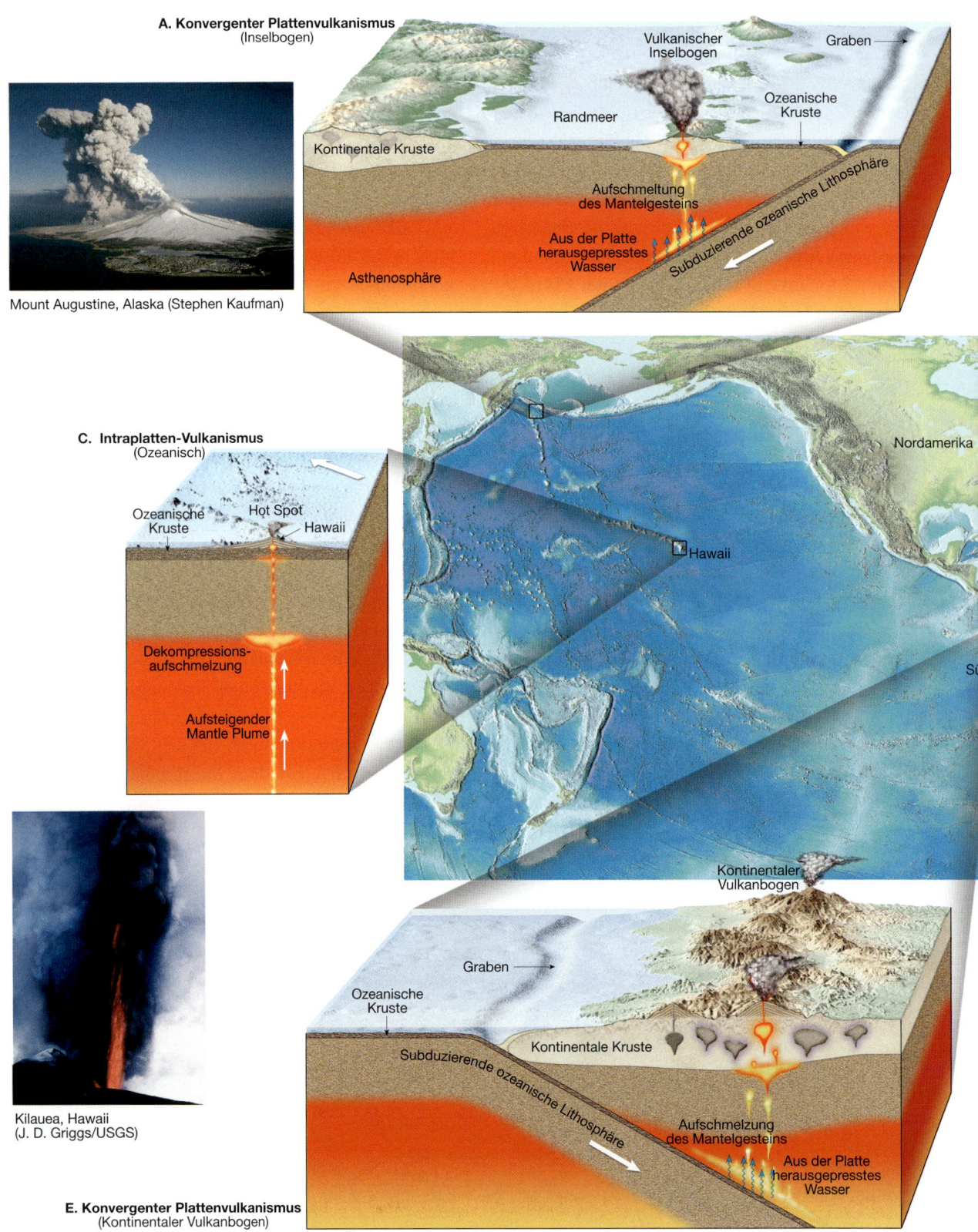

Abbildung 5.39: Die drei Vulkanzonen. Zwei davon liegen an Plattengrenzen und die dritte befindet sich im Inneren einer Platte.

5.7 Plattentektonik und magmatische Aktivität

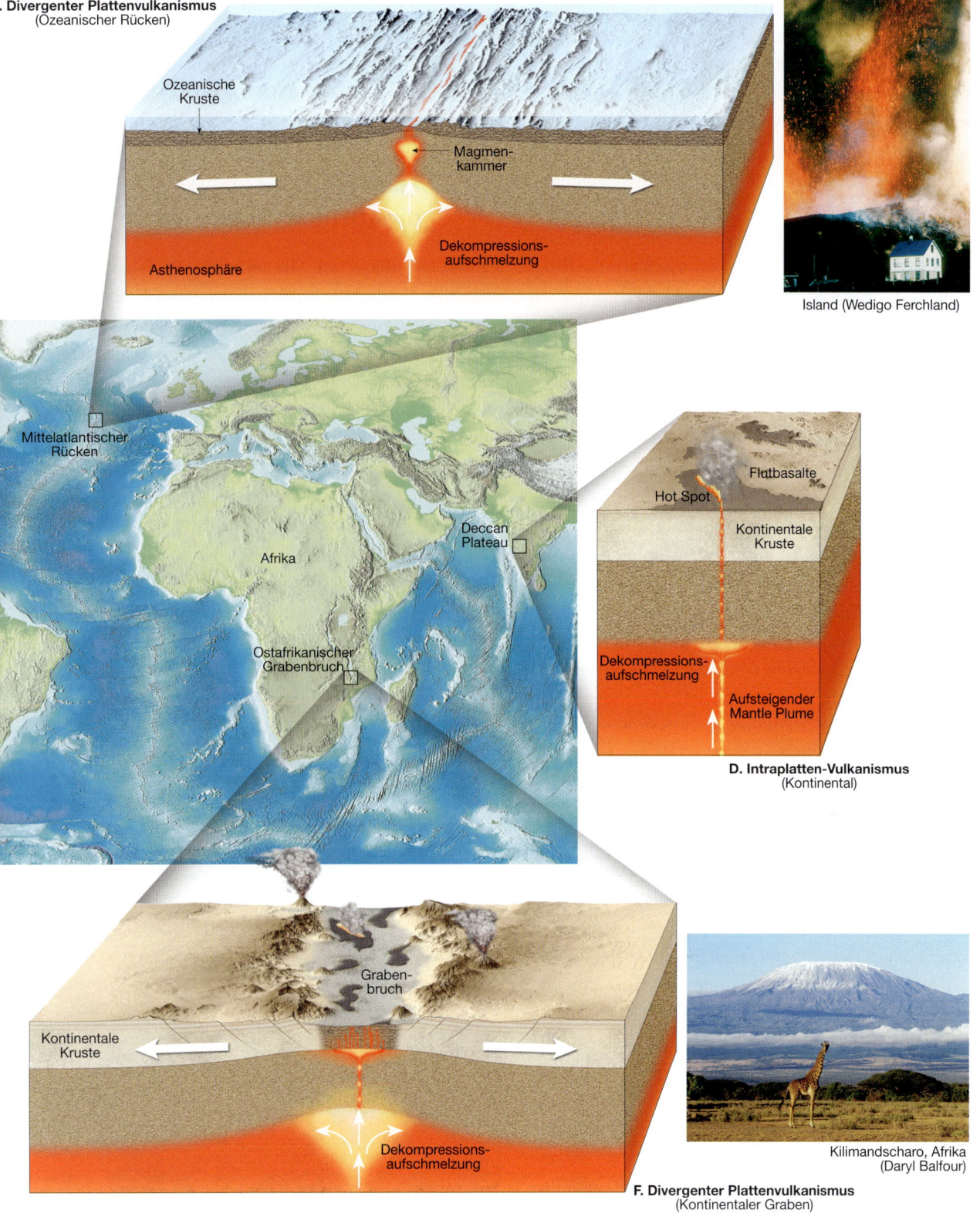

B. Divergenter Plattenvulkanismus
(Ozeanischer Rücken)

Island (Wedigo Ferchland)

D. Intraplatten-Vulkanismus
(Kontinental)

F. Divergenter Plattenvulkanismus
(Kontinentaler Graben)

Kilimandscharo, Afrika
(Daryl Balfour)

den Vulkankegeln große Mengen an Lava ausströmen, bevor ihre Spitzen über die Wasseroberfläche ragen, um Inseln zu bilden. Die Bildung eines Vulkankegels ist mit gewaltigen Basaltintrusionen verbunden sowie mit Magma, das der Unterseite der Kruste zugefügt wird und so eine Verdickung der Kruste des Bogens bewirkt. Als Ergebnis werden voll entwickelten Inselbögen von einer verhältnismäßig dicken Kruste unterlagert, die das Aufwärtsfließen von Mantelbasalt erschwert. Dadurch bleibt Zeit für magmatische Differentiation, wobei eisenreiche Minerale kristallisieren und sich absetzen und eine silikatreiche Schmelze hinterlassen (siehe Kapitel 4). Folglich brechen von den Magmen, die von voll entwickelten Inselbögen stammen, silikatreiche Andesite und sogar manchmal Rhyolite aus. Des Weiteren werden durch magmatische Differentiation die flüchtigen Bestandteile (Wasser) in den silikatreichen Komponenten dieser Magmen konzentriert. An vulkanischen Inselbögen treten typischerweise explosionsartige Eruptionen auf, da sie hoch viskose Magmen, die reich sind an flüchtigen Bestandteilen, emittieren.

Vulkanismus, der mit konvergierenden Plattengrenzen vergesellschaftet ist, kann auch **kontinentale Vulkanbögen** entwickeln, wenn Teile der ozeanischen Lithosphäre unter kontinentale Lithosphäre subduziert werden (▶ Abbildung 5.39E). Der Mechanismus, durch welchen diese aus dem Mantel stammenden Magmen entstehen, ist im Wesentlichen der gleiche wie der bei Inselbögen. Der große Unterschied liegt darin, dass kontinentale Kruste viel dicker ist und aus Gesteinen besteht, die einen höheren Kieselsäuregehalt als die ozeanische Kruste haben. Deswegen kann ein aus dem Mantel stammendes Magma durch die Assimilation von siliziumreichem Krustengestein und ausgeprägter magmatischer Differentiation stark verändert werden, wenn es durch die kontinentale Kruste aufsteigt. Anders gesagt, die primären Magmen des Mantels können sich von einem verhältnismäßig trockenen, flüssigen basaltreichen Magma zu einem zähflüssigen andesitischen oder rhyolitischen Magma mit hoher Konzentration an flüchtigen Bestandteilen entwickeln, während sie sich durch die kontinentale Kruste bewegen. Die Vulkankette der Anden entlang der Westseite von Südamerika ist ein gutes Beispiel für einen voll entwickelten kontinentalen Vulkanbogen.

Da das pazifische Becken im Wesentlichen durch konvergente Plattengrenzen (und vergesellschaftete Subduktionszonen) begrenzt ist, erschließt sich leicht, warum der unregelmäßige Gürtel explosiver Vulkane, der pazifische Feuerring, sich ausgerechnet dort befindet. Die Vulkane der Cascade Range im Nordwesten der Vereinigten Staaten umfassen Mount Hood, Mount Rainier und Mount Shasta (▶ Abbildung 5.40).

5.7.2 Magmatische Aktivität an divergenten Plattengrenzen

Die größte Menge an Magma (etwa 60 Prozent der gesamten jährlichen Produktion auf der Erde) wird entlang des ozeanischen Rückensystems gebildet, das mit der Ozeanbodenspreizung vergesellschaftet ist (Abbildung 5.39B). Unterhalb der Rückenachse, also dort, wo die Lithosphärenplatten kontinuierlich auseinandergezogen werden, reagiert der feste, aber mechanisch mobile Mantel auf die Verminderung der Auflast und steigt auf, um den Riss auszufüllen. Sie wissen aus Kapitel 4, dass das aufsteigende Gestein eine Abnahme des Umgebungsdrucks erfährt und ohne zusätzliche Wärmezufuhr aufgeschmolzen wird. Dieser Prozess wird Dekompressionsaufschmelzung genannt und ist der häufigste Vorgang, um Mantelgestein zu schmelzen.

Durch partielle Aufschmelzung an Spreizungszentren wird basaltreiches Magma produziert. Da dieses neu gebildete Magma weniger dicht ist als das Mantel-

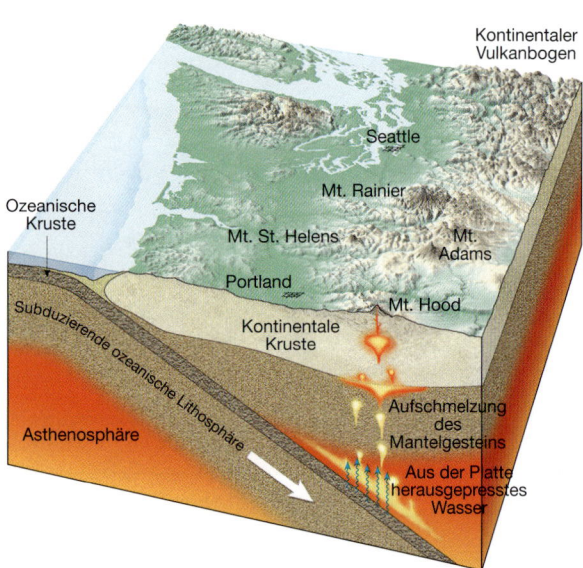

Abbildung 5.40: Eine ozeanische Platte sinkt in den Mantel ab, Wasser und andere flüchtige Bestandteile werden aus dem abtauchenden Krustengestein getrieben. Diese flüchtigen Bestandteile senken die Schmelztemperatur des Mantelgesteins ausreichend, um Schmelze entstehen zu lassen.

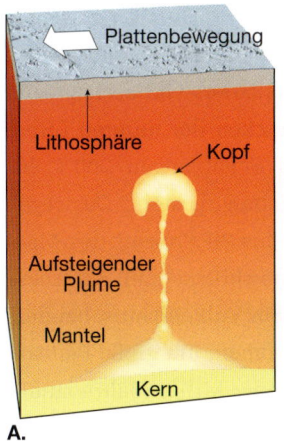
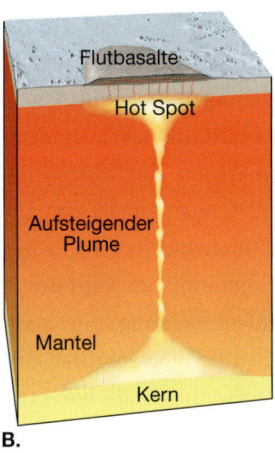
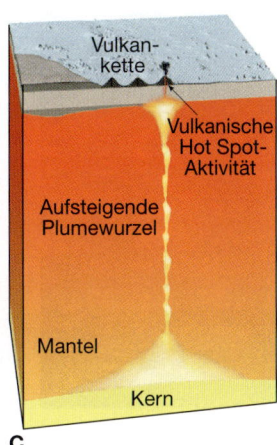

Abbildung 5.41: Das Modell eines Mantle Plume und damit verbundener Hot-Spot-Vulkanismus. **A.** Ein aufsteigender Mantle Plume mit einem zwiebelförmigen Kopf und einer schmalen schaftartigen Wurzel. **B.** Schnelle Dekompressionsaufschmelzung am Kopf eines Mantle Plume führt zu gewaltigen Lavaergüssen. **C.** An der Wurzel des Plume tritt Aktivität auf, die weniger Masse produziert, und es entsteht eine lineare Vulkankette auf dem Ozeanboden.

gestein, von dem es abstammt, steigt es schneller auf als der Mantel. Es sammelt sich in Reservoirs knapp unterhalb des Rückenkamms und etwa 10 Prozent dieser Schmelze steigt schließlich entlang von Spalten nach oben und ergießt sich über den Ozeanboden. Dieser Vorgang fügt den Plattenrändern kontinuierlich neues Basaltgestein zu, schweißt diese kurzfristig zusammen, um bei weiterer Spreizung wieder auseinanderzubrechen. Entlang mancher Rücken bildet ausströmende Kissenlava zahlreiche kleine Tiefseeberge. An anderen Stellen entsteht durch dünnflüssige Lavaströme eine sanfte Topographie.

Die meisten Spreizungszentren befinden sich entlang der Achse ozeanischer Rücken, manche jedoch nicht. Insbesondere ist das ostafrikanische Grabensystem ein Ort, wo kontinentale Lithosphäre auseinandergezogen wird und sich ein *kontinentales Grabensystem* bildet (▶Abbildung 5.39F). Auch dort wird Magma durch Dekompressionsaufschmelzung gebildet – auf gleiche Weise wie an den ozeanischen Rückensystemen. Massenhafte Ergüsse von flüssigen Basaltlaven kommen häufig in dieser Region vor. Das ostafrikanische Grabensystem enthält auch einige große Stratovulkane, wie beispielsweise den Kilimandscharo. Ähnlich wie die Stratovulkane an konvergenten Plattengrenzen entstehen diese Vulkane, wenn aus dem Mantel stammender Basalt sich während des Aufstiegs durch silikatreiches Gestein des Kontinents in volatilreiches andesitisches Magma verwandelt.

5.7.3 Magmatische Aktivität innerhalb der Platten

Wir wissen, warum magmatische Aktivität entlang von Plattengrenzen ausgelöst wird, aber warum treten Eruptionen im Inneren der Platten auf? Von Kilauea auf Hawaii glaubt man, er sei der aktivste Vulkan der Welt, und dabei liegt er doch inmitten der riesigen Pazifischen Platte Tausende von Kilometern von jeder Plattengrenze entfernt (▶Abbildung 5.39C). Andere Orte mit **Intraplattenvulkanismus** schließen die Kanarischen Inseln, Yellowstone, die Vulkane der Eifel und des Zentralmassivs in Frankreich ein und auch mehrere vulkanische Zentren, wie Hoggar und Tibesti in der Sahara Nordafrikas.

Wir wissen inzwischen, dass ein Großteil des Intraplattenvulkanismus dort auftritt, wo eine große Menge Mantelmaterial zur Oberfläche aufsteigt, das ungewöhnlich heiß ist und **Mantle Plume** genannt wird (▶Abbildung 5.41). Obwohl die Tiefe, in welcher sich Mantle Plumes (zumindest manche) bilden, recht umstritten ist, scheinen viele tief im Erdinneren, an der Mantel-Kern-Grenze, zu entstehen. Diese Plumes bestehen aus festem, jedoch beweglichem Mantelgestein und steigen zur Oberfläche auf und zwar in ähnlicher Weise wie die Tropfen, die sich innerhalb einer Lavalampe bilden. (Lavalampen sind modische Stehlampen, die zwei nicht vermischbare Flüssigkeiten in einem Glasbehälter enthalten. Wird nun der Boden der Lampe erwärmt, bekommt die dichtere Flüssigkeit am Boden der Lampe Auftrieb und bildet Tropfen, die zur Oberfläche steigen.) Wie diese Tropfen in einer Lavalampe besitzt ein Mantle Plume einen zwiebelförmigen Kopf, aus dem sich während des Aufstiegs nach unten ein enger Schaft entwickelt. Sobald der Kopf des Plume die obere Grenze des Mantels erreicht, führt die Dekompressionsaufschmelzung zur Entstehung von Basaltlava, was schließlich Vulkanismus an der Oberfläche auslöst. Als Ergebnis findet man eine lokalisierte vulkanische Region mit ein paar Hundert

5 Vulkane und andere magmatische Aktivitäten

Abbildung 5.42: Lava fließt über eine Straße am Kilauea, Hawaii. (Foto: J.D. Griggs/U.S. Geological Survey)

Kilometern im Durchmesser, die **Hot Spot** genannt wird (Abbildung 5.41). Bisher wurden mehr als 40 Hot Spots identifiziert, viele davon existieren schon seit Millionen von Jahren. Die Landoberfläche um Hot Spots herum ist oft erhöht und zeigt, dass sie durch einen Plume von warmem Material geringer Dichte aufgetrieben wurde. Durch Messungen des Wärmeflusses in dieser Gegend konnten Geologen außerdem bestimmen, dass der Mantel unterhalb von Hot Spots 100 °C bis 150 °C heißer als normal sein muss.

Die vulkanische Aktivität auf der Insel Hawaii mit ihren Basaltlavaergüssen ist sicherlich das Ergebnis von Hot-Spot-Vulkanismus (▶ Abbildung 5.42). Dort, wo ein Mantle Plume lange Zeit überdauert hat, kann sich eine Kette mit vulkanischen Strukturen bilden, wenn sich die überlagernde Platte darüber hinwegbewegt. Auf den hawaiianischen Inseln befindet sich die Hot-Spot-Aktivität gegenwärtig auf Kilauea. In den letzten 80 Millionen Jahren entstand aus demselben Mantle Plume eine Kette von Vulkaninseln (und Tiefseebergen), die sich über Tausende von Kilometern erstreckt, vom Big Island in nordwestlicher Richtung quer über den Pazifik.

Man glaubt auch, dass Mantle Plumes für die massenhaften Ergüsse von Basaltlaven verantwortlich sind, die große Plateaubasalte wie das Columbia Plateau im Nordwesten der Vereinigten Staaten, das Deccan Plateau in Indien und das Ontong Java Plateau im westlichen Pazifik gebildet haben (▶ Abbildung 5.43). Die plausibelste Erklärung für diese Ausbrüche, durch welche ungeheuer große Mengen an Basaltlaven über verhältnismäßig kurze Zeiträume ausströmen, bezieht einen großen Mantle Plume ein. Große Mantle Plumes könnten kopfförmige Strukturen besitzen, die sich über Hunderte von Kilometern im Durchmesser ausdehnen und mit einem von der Kern-Mantel-Grenze aufsteigenden, dünnen Ausläufer verbunden sind (Abbildung 5.41). Beim Erreichen der unteren Lithosphäre ist der Plume nach Schätzungen 200 °C bis 300 °C wärmer als das Umgebungsgestein. Deswegen schmelzen etwa 10 Prozent bis 20 Prozent des Mantelmaterials im Kopf des Plume blitzschnell auf. Diese Aufschmelzung führt zu einem Vulkanismus, bei dem gewaltige Lavaergüsse ausströmen, um große Plateaubasalte innerhalb von etwa einer Million Jahre zu bilden (Abbildung 5.41). Erhebliche Indizien sprechen dafür, dass gigantische Lavaergüsse, die mit einem Superplume in Zusammenhang stehen, große Mengen Kohlendioxid in die Atmosphäre entlassen haben, was wiederum zu einer bedeutenden Veränderung des Klimas während der Kreidezeit geführt haben könnte (siehe Kapitel 21). Auf eine relativ kurze initiale Eruptionsphase folgt eine Phase von einigen zehn Millionen Jahren mit weniger umfangreicher Aktivität, während der Ausläufer des Plume langsam zur Oberfläche steigt. Deswegen dehnt sich eine Kette vulkanischer Strukturen von den meisten großen Flutbasaltprovinzen aus, ähnlich der Hawaiianischen Kette, und endet über einem aktiven Hot Spot, der durch die gegenwärtige Position des Plume-Ausläufers markiert wird.

Basierend auf dem derzeitigen Wissensstand scheint Hot-Spot-Vulkanismus mit dem damit verbundenen Mantle Plume für den größten Teil des Intraplattenvulkanismus verantwortlich zu sein. Dennoch gibt es auch weit verstreute vulkanische Regionen, weit ab von jeder Plattengrenze gelegen und nicht mit Hot-Spot-Vulkanismus in Verbindung stehend. Gut bekannte Beispiele dafür findet man in der Basin and Range-Provinz der westlichen Vereinigten Staaten und im nordwestlichen Mexiko. Wir werden die Ursache des Vulkanismus in dieser Region in Kapitel 14 betrachten.

5.8 Mit Vulkanen leben

Etwa 10 Prozent der Weltbevölkerung lebt in der Nähe eines aktiven Vulkans. Selbst Großstädte wie Seattle, Washington; Mexiko City, Tokio, Neapel oder Quito sind auf oder nahe an einem Vulkan gelegen.

Bis vor kurzem war die westliche Gesellschaft der Ansicht, alles Nötige zu besitzen, um Vulkanen und anderen Arten von katastrophenähnlichen natürlichen Gefahren zu begegnen. Inzwischen wird zunehmend klar, dass Vulkane nicht nur sehr zerstörerisch, sondern auch sehr unberechenbar sind. Durch dieses Bewusstsein entwickelt sich eine neue Einstellung: „Wie lebt man mit Vulkanen?".

5.8.1 Gefahren, die von Vulkanen ausgehen

Wie in ▶Abbildung 5.44 gezeigt, geht von Vulkanen eine große Vielfalt an potenziellen Gefahren aus, die viele Menschen töten und die Tier- und Pflanzenwelt sowie Besitz zerstören kann. Die vielleicht größte Bedrohung besteht durch pyroklastische Ströme. Diese heiße Mischungen aus Gas, Asche und Tuff, die manchmal Temperaturen von mehr als 800 °C erreichen, rasen die Flanken eines Vulkans hinab und lassen den Menschen nur wenige Chancen zum Überleben.

Lahare, die sogar entstehen können, wenn ein Vulkan nicht ausbricht, sind wahrscheinlich die zweitgefährlichste vulkanische Bedrohung. Diese Mischungen aus vulkanischen Trümmern und Wasser können viele Kilometer die steilen Vulkanböschungen hinunterfließen und Geschwindigkeiten von über 100 Kilometer pro Stunde erreichen. Lahare stellen eine mögliche Bedrohung für viele Gemeinden dar, die flussabwärts von gletscherbedeckten Vulkanen wie dem Mount Rainier leben. Andere potenziell zerstörerischen Massenverlagerungen gehen von schnellen Einstürzen von Vulkanflanken oder -gipfeln aus.

Andere offensichtliche Bedrohungen schließen explosive Eruptionen ein, die Menschen und Besitz noch Hunderte von Kilometern vom Vulkan entfernt gefährden. Während der letzten 15 Jahre sind mindestens 80 Verkehrsflugzeuge beschädigt worden, als sie versehentlich in Wolken vulkanischer Asche flogen. Dabei wäre es 1989 fast zu einem Absturz gekommen, als eine Boeing 747 mit mehr als 300 Passagieren an Bord auf eine Aschenwolke des Redoubt-Vulkans in Alaska traf. Alle vier Motoren setzten aus, als sie mit Asche verstopft wurden. Glücklicherweise ließen sie sich im letzten Moment wieder starten und das Flugzeug konnte sicher in Anchorage landen.

5.8.2 Die Überwachung vulkanischer Aktivität

Heutzutage werden viele Beobachtungstechniken bei Vulkanen angewandt, die darauf abzielen, die Bewegung von Magma aus unterirdischen Reservoirs (gewöhnlich in mehreren Kilometern Tiefe) zur Oberfläche aufzuspüren. Die vier auffälligsten Veränderungen

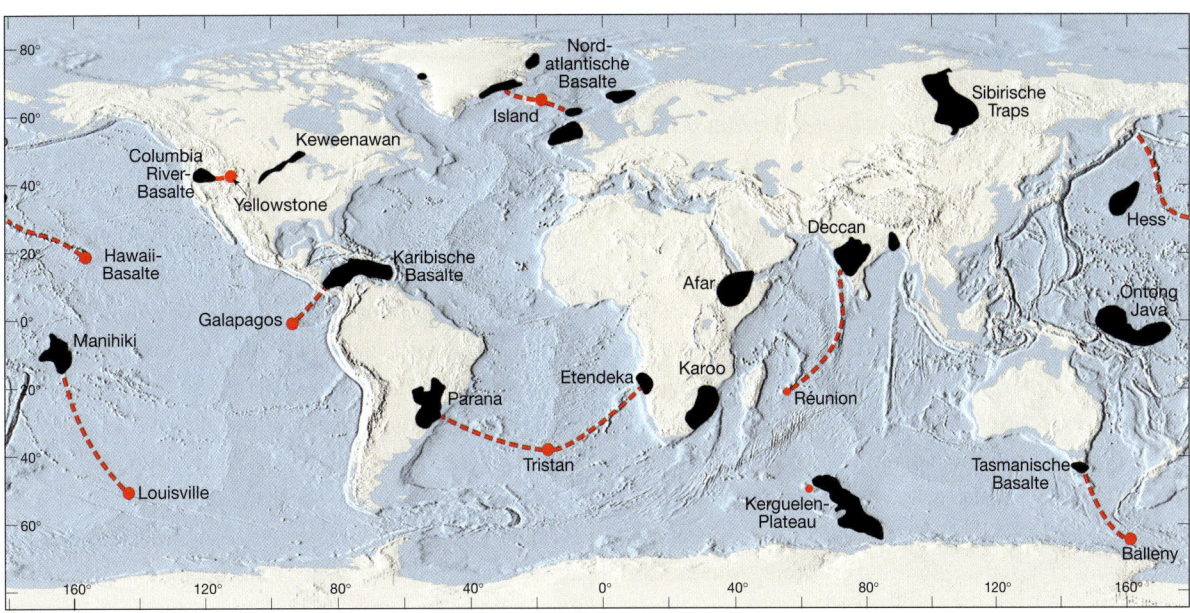

Abbildung 5.43: Globale Verteilung von Flutbasaltprovinzen (schwarz markiert) und damit verbundene Hot Spots (mit roten Punkten markiert). Die roten gestrichelten Linien zeigen die Spuren von Hot Spots; sie erscheinen als Linien vulkanischer Strukturen auf dem Ozeanboden. Die Keweenawanischen und die Sibirischen Flutbasalte (auch Trappbasalte genannt) haben sich in Kontinentalgräben gebildet, in denen die Kruste stark ausgedünnt worden war, die sich aber nicht zu einem Ozeanbecken erweitert haben (abgebrochene Grabenbildung, „aborted rift"). Ob es eine Verbindung zwischen dem Columbia River-Basalt und dem Yellowstone-Hot Spot gibt, ist eine noch unbeantwortete Frage gegenwärtiger Forschung.

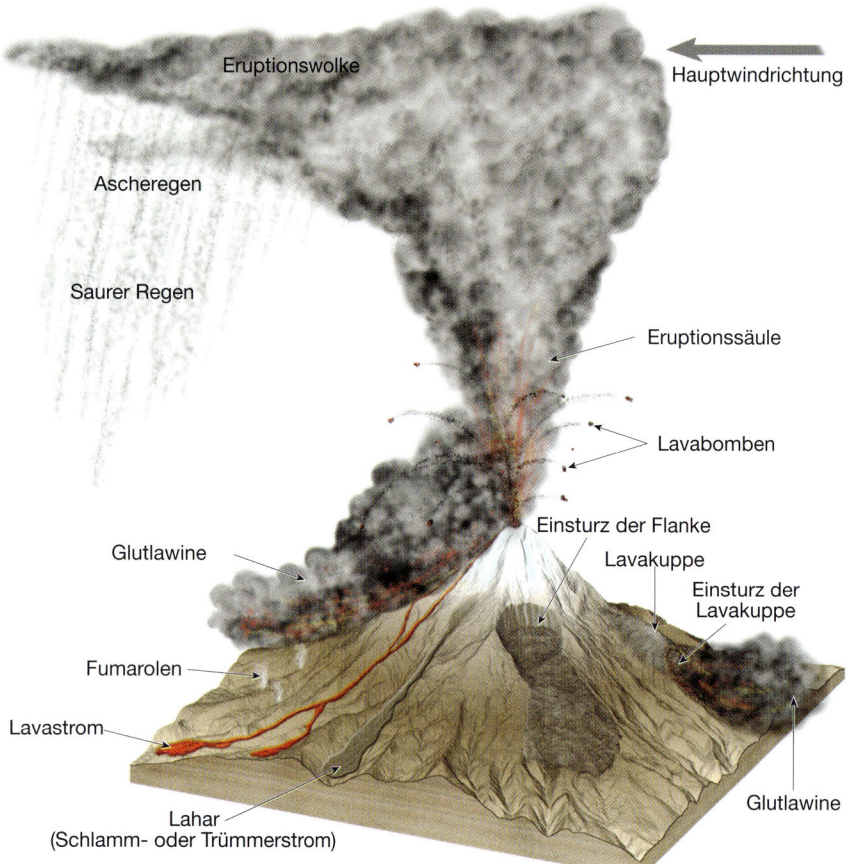

Abbildung 5.44: Vereinfachte Zeichnung der großen Vielfalt an natürlichen Bedrohungen, die von Vulkanen ausgehen. (nach: U.S. Geological Survey)

einer Vulkanlandschaft durch Bewegung des Magmas sind: (1) Veränderungen im Muster der vulkanischen Erdbeben; (2) Ausdehnung des oberflächennahen Magmas, was zur Aufblähung des Vulkans führt; (3) Veränderung in der Menge und/oder der Zusammensetzung der Gase, die aus dem Vulkan entweichen; (4) ein Anstieg der Bodentemperatur, bedingt durch die Platzforderung von neuem Magma.

Fast ein Drittel aller Vulkane, die in historischer Zeit ausgebrochen sind, werden nun seismisch überwacht (mit Instrumenten, die zur Überwachung von Erdbeben dienen). Im Allgemeinen ist das Anwachsen seismischer Unruhe, worauf eine Periode relativer Ruhe folgt, ein Anzeichen für einen Vulkanausbruch. Manche große vulkanische Strukturen haben jedoch eine längere Phase seismischer Unruhe. Zum Beispiel wurde bei der Rabaul-Caldera in Neu Guinea 1981 ein starker Anstieg seismischer Aktivität verzeichnet. Diese Aktivität dauerte 13 Jahre an und gipfelte schließlich in einem Ausbruch im Jahr 1994. Gelegentlich löst ein Erdbeben einen Vulkanausbruch aus oder stört das Zufuhrsystem eines Vulkans. Zum Bespiel brach der Kilauea nach dem Kalapana-Erdbeben 1975 aus.

Das Dach eines Vulkans kann ansteigen, wenn sich neues Magma im Inneren akkumuliert – ein Phänomen, das vielen Vulkanausbrüchen vorausgeht. Da die Zugänglichkeit zu vielen Vulkanen eingeschränkt ist, werden Fernerkundungsgeräte einschließlich Laser, Doppler-Radar und Satelliten auf der Erdumlaufbahn häufig eingesetzt, um zu bestimmen, ob ein Vulkan anwächst. Die aktuelle Entdeckung einer Bodenaufwölbung am Three Sisters-Vulkan in Oregon war erst durch Radaraufnahmen von Satelliten möglich.

Vulkanologen überwachen auch häufig die Gase, die aus einem Vulkan austreten, mit dem Ziel, sogar geringste Veränderungen in ihrer Menge und/oder Zusammensetzung zu entdecken. Einige Vulkane weisen eine Zunahme an Schwefeldioxid (SO_2)-Emissionen Monate oder Jahre vor einem Ausbruch auf. Andererseits nahm der Kohlendioxid (CO_2)-Ausstoß einige Tage vor dem Ausbruch des Pinatubo im Jahr 1991 dramatisch ab.

Die Entwicklung von Fernerkundungsgeräten hat unsere Fähigkeit, Vulkane zu überwachen, stark erweitert. Diese Instrumente und Techniken sind besonders für die Überwachung von Ausbrüchen geeignet, die bereits im Gange sind. Fotographische Abbildungen und Infrarotsensoren (Wärmesensoren) können Lavaströme und Vulkansäulen, die aus einem Vulkan aufsteigen, erkennen (▶Abbildung 5.45). Zudem können Satelliten die Oberflächendeformationen aufspüren und auch SO_2-Emissionen überwachen (siehe Abbildung 21.13A).

Das wichtigste Ziel aller Beobachtungstechniken ist, Anzeichen zu entdecken, die vor einem drohenden Ausbruch warnen können. Das wird erreicht, indem man den gegenwärtigen Zustand eines Vulkans zunächst diagnostiziert und dann diese Ausgangswerte verwendet, um sein zukünftiges Verhalten vorauszusagen. Anders ausgedrückt, ein Vulkan muss über eine längere Zeit beobachtet werden, um signifikante Veränderungen erkennen und vorhersagen zu können.

Abbildung 5.45: Das Foto von einer Dampf- und Ascheeruption aus dem Cleveland-Vulkan auf den Aleuten wurde von Jeff Williams aus der internationalen Raumstation aufgenommen. Dieses Ereignis wurde der Vulkanbeobachtungsstation in Alaska gemeldet, die eine Warnung an den Flugverkehr herausgab. (Foto: von der NASA)

ZUSAMMENFASSUNG

Die Hauptfaktoren, durch die die Eigenschaften eines Vulkanausbruchs bestimmt werden, betreffen die *Zusammensetzung* des Magmas, seine *Temperatur* und die *Menge der darin gelösten Gase*. Kühlt Lava ab, beginnt sie zu erstarren und mit zunehmender Viskosität nimmt ihre Beweglichkeit ab. Die *Viskosität eines Magmas steht in direkter Beziehung zu ihrem Silikatgehalt*. Rhyolitische (felsische) Lava mit hohem Kieselsäuregehalt (über 70 Prozent) ist hoch viskos und bildet kurze, dicke Lavaströme. Basaltische (mafische) Lava mit einem geringeren Kieselsäuregehalt (etwa 50 Prozent) ist dünnflüssiger und kann sich über weite Entfernungen bewegen, bevor sie erstarrt. Gelöste Gase neigen dazu, die Fließfähigkeit des Magmas zu erhöhen, und durch ihre Ausdehnung liefern sie die Kraft, die das geschmolzene Gestein aus dem Vulkanschlot treibt.

Mit Vulkanausbrüchen sind folgende Materialien verbunden: (1) *Lavaströme* (*Stricklava*/*Pahoehoe*-Ströme, die wie verschlungene Flechtzöpfe aussehen; und *Schlackenlava*/*Aa-Ströme*, die aus rauen, scharfen Blöcken bestehen; beide werden aus Basaltlaven gebildet); (2) *Gase* (überwiegend *Wasserdampf*); und *pyroklastisches Material* (pulverisiertes Gestein und Lavafragmente, die aus dem Vulkanschlot herausgeschleudert werden und *Asche*, *Bimsstein*, *Lapilli*, *Schlacken*, *Blöcke* und *Bomben* enthalten).

Durch aufeinanderfolgende Lavaausbrüche aus einem Zentralschlot werden berghohe Materialanhäufungen gebildet, die man *Vulkan* nennt. Auf dem Gipfel vieler Vulkane befindet sich eine steilwandige Absenkung, der *Krater*. *Schildvulkane* sind breite, schwach aufgewölbte Vulkane, die hauptsächlich aus dünnflüssiger Basaltlava gebildet wurden. *Schlackenkegel* haben steile Böschungen und sind auf pyroklastischem Material aufgebaut. *Zusammengesetzte Vulkane* oder *Stratovulkane* sind große, nahezu symmetrische Strukturen und werden durch Wechsellagerung von Laven und pyroklastischem Material aufgebaut. Aus Stratovulkanen können die heftigsten vulkanischen Aktivitäten hervorgehen. Oft ist mit einem heftigen Ausbruch eine *Glutlawine* verbunden, eine Feuerwolke aus heißen Gasen mit eingelagerter, weißglühender Asche, die die steilen Böschungen eines Vulkans herunterrast. Große Stratovulkane können auch einen Typ von Schlammstrom hervorrufen, der als *Lahar* bezeichnet wird.

Die meisten Vulkane werden durch (Förder-)*Kanäle*, *die sogenannten Schlote* oder *Pipes*, versorgt. Mit fortschreitender Erosion bleibt das Gestein, das sich im Schlot befindet, oft als *vulkanische Ruine* erhalten, da es widerstandsfähiger gegen Verwitterung ist. Die Gipfel mancher Vulkane besitzen eine große, beinahe runde Vertiefung, die *Caldera* genannt wird und durch einen Einsturz entsteht. Calderen können auch auf Schildvulkanen durch unterirdische Entleerung einer zentralen Magmenkammer entstehen. Die größten Calderen entstehen durch das Ausstoßen von kolossalen Mengen silikatreichen Tuffs entlang von Ringstrukturen. Obwohl Vulkanausbrüche aus einem zentralen Schlot am bekanntesten sind, extrudieren weitaus größere Mengen vulkanischen Materials aus Rissen in der Kruste, die *Spalten* genannt werden. Die Bezeichnung *Flutbasalt* beschreibt dünnflüssige, wasserähnliche Lavaströme, die ausgedehnte Gebiete, wie das Columbia Plateau im Nordwesten der Vereinigten Staaten, bedecken. Fließt kieselsäurereiches Magma aus, entstehen normalerweise *pyroklastische Ströme*, die im Wesentlichen aus Asche und Bimssteinfragmenten bestehen.

ZUSAMMENFASSUNG

Magmatische Intrusivkörper werden nach ihrer *Form* und nach ihrer *Ausrichtung im Hinblick auf das Nebengestein*, meist Sedimentgestein, klassifiziert. Die zwei Hauptformen sind *tafelförmig* (schichtartig) und *massiv*. Magmatische Intrusivkörper, die quer zu bereits existierenden Sedimentschichten verlaufen, werden als *diskordant bezeichnet*, und solche, die parallel zu bereits existierenden Sedimentschichten verlaufen, als konkordant.

Gänge sind tafelförmige, diskordante magmatische Körper, die entstehen, wenn Magma in Brüche des Nebengesteins injiziert wird. Tafelförmige konkordante Körper werden *Lagergänge* genannt und entstehen, wenn Magma entlang der Schichtflächen injiziert wird. In vielerlei Hinsicht ähneln Lagergänge überdeckten Lavaströmen. *Lakkolithe* sind Lagergängen ähnlich, entstehen aber aus weniger flüssigem Magma, das in linsenförmigen Massen die überlagernden Schichten nach oben biegt. *Batholithe* sind die größten Intrusivkörper und machen häufig den zentralen Kern bei Gebirgen aus, wie man in der Sierra Nevada sieht.

Die meisten aktiven Vulkane sind mit Plattengrenzen vergesellschaftet. Aktive vulkanische Gegenden findet man an Mittelozeanischen Rücken, dort, wo Ozeanbodenspreizung auftritt (divergente Plattengrenzen), in der Nähe von Ozeangräben, an Subduktionszonen (konvergente Plattengrenzen) und im Inneren von Platten (Intraplattenvulkanismus). Aufsteigende Plumes von heißem Mantelgestein sind meist die Quelle von Intraplattenvulkanismus.

Wiederholungsfragen

1. Was löste am 18. Mai 1980 den Ausbruch des Mount St. Helens aus?
2. Nennen Sie drei Faktoren, welche die Art eines Vulkanausbruchs bestimmen. Welche Rolle spielt jeder einzelne?
3. Warum stellt ein Vulkan, der durch hoch viskoses Magma gespeist wird, eine größere Bedrohung für Leben und Eigentum dar als ein Vulkan, der mit sehr dünnflüssigem Magma versorgt wird?
4. Beschreiben Sie Stricklava und Schlackenlava.
5. Nennen Sie die Hauptgase, die während eines Vulkanausbruchs entweichen. Warum sind Gase bei Ausbrüchen wichtig?
6. Wie unterscheiden sich vulkanische Bomben von Blöcken aus pyroklastischen Trümmern?
7. Was ist Schlacke? Wie unterscheidet sich Schlacke von Tuff?
8. Vergleichen Sie einen Vulkankrater mit einer Caldera.
9. Vergleichen Sie die drei Hauptvulkantypen und stellen Sie sie einander gegenüber (Größe, Zusammensetzung, Form und Eruptionsweise).
10. Benennen Sie einen bekannten Vulkan für jeden der drei Typen.
11. Vergleichen Sie kurz die Ausbrüche des Kilauea und des Parícutin.
12. Vergleichen Sie die Zerstörung von Pompeji mit der Zerstörung von St. Pierre (Zeitspanne, vulkanisches Material und Art der Zerstörung).
13. Beschreiben Sie die Entstehung des Crater Lake. Vergleichen Sie ihn mit der Caldera, die bei Schildvulkanen wie dem Kilauea gefunden wurde.
14. Was sind die größten Vulkanstrukturen der Erde?
15. Was ist der Shiprock in New Mexico und wie wurde er gebildet?
16. Wie unterscheiden sich Eruptionen, die das Columbia-Plateau gebildet haben, von denen, die Vulkangipfel bilden?
17. Wo treten Spalteneruptionen hauptsächlich auf?
18. Ausgedehnte Ablagerungen pyroklastischer Ströme sind häufig mit welchen vulkanischen Strukturen assoziiert?
19. Beschreiben Sie jeden Intrusivkörper, der im Text angesprochen wurde (Gang, Lagergang, Lakkolith, Batholith).
20. Warum könnte man einen Lakkolith auf der Erdoberfläche entdecken, bevor er durch Erosion freigelegt wurde?
21. Was ist der größte aller Intrusivkörper? Ist er tafelförmig oder massig? Konkordant oder diskordant?

22 Beschreiben Sie die Platznahme von Batholithen.
23 Mit welchem Gesteinstyp ist Vulkanismus an divergenten Plattengrenzen vergesellschaftet? Was bringt die Gesteine in diesen Gebieten zum Schmelzen?
24 Was ist der Pazifische Feuerring?
25 Welcher Typ von Plattengrenzen ist mit dem Pazifischen Feuerring vergesellschaftet?
26 Werden die Vulkane des Pazifischen Feuerrings generell als heftig oder als ruhig beschrieben? Benennen Sie einen Vulkan, der Ihre Aussage stützt.
27 Beschreiben Sie die Situation, die Magma entlang von divergierenden Plattengrenzen entstehen lässt.
28 Welche Magmenquelle hat der Intraplattenvulkanismus?
29 Was ist mit Hot Spot-Vulkanismus gemeint?
30 Wie erkennen Geologen Hot Spots außer durch Vulkanismus noch?
31 Die hawaiianischen Inseln, Yellowstone, die Cascade Range und die Flutbasalt-Provinzen sind mit welchen drei Zonen von Vulkanismus vergesellschaftet?
32 Welche vier Veränderungen werden in einem Vulkangebiet beobachtet um die Bewegung von Magma zu identifizieren?

Größere Multiple-Choice-Tests zur Wissenskontrolle und Prüfungsvorbereitung sowie weitere Informationen zu diesem Buchkapitel finden Sie auf der Companion Website zum Buch unter **www.pearson-studium.de**

Verwitterung und Boden

6.1	Die externen Prozesse der Erde	201
6.2	Verwitterung	201
6.3	Physikalische (mechanische) Verwitterung	202
6.4	Chemische Verwitterung	207
6.5	Verwitterungsgeschwindigkeit	214
6.6	Boden	215
6.7	Regulierung der Bodenbildung	217
6.8	Das Bodenprofil	220
6.9	Bodenerosion	223
Zusammenfassung		229
Wiederholungsfragen		230

6 Verwitterung und Boden

Selektive Verwitterung ist für die eindrucksvolle Landschaft im Utah National Park verantwortlich. (Foto: Carr Clifton)

Die Oberfläche der Erde verändert sich permanent. Gesteine zerfallen und werden zersetzt, gelangen durch Schwerkraft auf niedrigere Ebenen und werden von Wasser, Wind oder Eis abtransportiert. Auf diese Weise wird die physische Landschaft der Erde geformt. Dieses Kapitel konzentriert sich auf den ersten Schritt des niemals endenden Prozesses – auf die Verwitterung. Was lässt festes Gestein zerfallen und warum unterscheiden sich Verwitterungsart und Verwitterungsrate von Ort zu Ort? Den Boden, ein wichtiges Produkt des Verwitterungsprozesses und eine lebenswichtige Ressource, werden wir ebenfalls genauer betrachten.

Die externen Prozesse der Erde 6.1

Verwitterung, Massenbewegung und Erosion werden als **externe Prozesse** bezeichnet, da sie auf oder nahe der Erdoberfläche auftreten und durch die Sonnenenergie angetrieben werden. Externe Prozesse tragen wesentlich zum Gesteinskreislauf bei, da sie für die Umwandlung von festem Gestein in Sediment verantwortlich sind.

Bei flüchtiger Betrachtung mag das Gesicht der Erde im Laufe der Zeit unverändert erscheinen. Tatsächlich dachten die Menschen vor 200 Jahren, dass Berge, Seen und Wüsten permanente Merkmale der Erde seien, von der man annahm, sie sei nur wenige Tausend Jahre alt. Heute wissen wir, dass die Erde seit 4,5 Milliarden Jahren existiert und Gebirge letztlich der Verwitterung und Erosion unterliegen, Seen mit Sedimenten aufgefüllt oder durch Ströme entleert werden und Wüsten durch den Klimawandel entstehen und verschwinden.

Die Erde ist ein dynamischer Körper. Manche Teile der Erdoberfläche werden allmählich durch Gebirgsbildung und vulkanische Aktivität angehoben. Diese internen Prozesse beziehen ihre Energie aus dem Erdinneren. Andererseits wirken die externen Prozesse dagegen, indem sie Gesteine zersetzen und die Trümmer zu niedrigeren Ebenen transportieren. Die zuletzt genannten Prozesse schließen ein:

- **Verwitterung** – der physikalische Zerfall und die chemische Zersetzung von Gestein auf oder nahe der Erdoberfläche
- **Massenbewegung** – der Transport von Gestein und Boden hangabwärts durch den Einfluss von Schwerkraft
- **Erosion** – die physikalische Entfernung von Material durch bewegliche Medien wie Wasser, Wind oder Eis

In diesem Kapitel konzentrieren wir uns auf die Gesteinsverwitterung und auf die Produkte, die daraus entstehen. Allerdings lässt sich der Begriff Verwitterung nicht ganz einfach von Hangabtragung und Erosion trennen, weil durch den Materialtransport das Gestein noch weiter zerkleinert und zersetzt wird.

Verwitterung 6.2

Verwitterung findet ständig und überall statt, aber der Prozess verläuft so langsam und fast unmerklich, dass seine Bedeutung gern unterschätzt wird. Dennoch sollte man sich daran erinnern, dass Verwitterung einen grundlegenden Anteil am Gesteinskreislauf hat und deswegen einen Schlüsselprozess im Erdsystem darstellt. Verwitterung ist auch für uns Menschen wichtig – auch für diejenigen, die nicht Geologie studieren. Beispielsweise sind viele lebenswichtigen Minerale und Elemente, die im Boden und letztlich in unserer Nahrung enthalten sind, durch Verwitterung aus festem Gestein freigesetzt worden. Wie das Kapitelfoto und ▶ Abbildung 6.1 sowie andere Abbildungen in diesem Buch zeigen, trägt Verwitterung zur Bildung der eindrucksvollsten Landschaften der Erde bei. Aber dieselben Prozesse verursachen auch die Zerstörung vieler von uns errichteter Bauwerke (▶ Abbildung 6.2).

Alle Materialien sind verwitterungsempfindlich. Betrachten Sie zum Beispiel das Herstellungsprodukt Beton, das einem Sedimentgestein, Konglomerat genannt, sehr ähnelt. Ein frisch gegossener Betongehsteig hat ein glattes, unverwittertes Aussehen. Wenige Jahre später wird der gleiche Gehsteig zersplittert und rau erscheinen, Sprünge aufweisen und Kiesel werden an der Oberfläche freigelegt sein. Ist ein Baum in der Nähe, könnten seine Wurzeln den Beton angehoben und aufgewölbt haben.

Verwitterung tritt auf, wenn ein Gestein mechanisch zerteilt und/oder chemisch zersetzt wird. **Physikalische (mechanische) Verwitterung** wird durch physikalische Kräfte vollzogen, die das Gestein in immer kleinere Stücke zerteilen, ohne seine Mineralzusammensetzung zu verändern. **Chemische Verwitterung** bezieht die chemische Umwandlung eines Gesteins in eine oder mehrere Komponenten mit ein. Diese beiden Konzepte kann man anhand eines Blatts Papier veranschaulichen. Das Papier kann durch Zerreißen in immer kleinere Stücke zerteilt werden, Zersetzung dagegen wird durch Verbrennung des Papiers erreicht.

Warum verwittern Gesteine? Ganz einfach, Verwitterung ist die Antwort von Erdmaterialien auf eine sich verändernde Umwelt. Nach Millionen Jahren von Hebung und Erosion können zum Beispiel Gesteine, die einen großen Intrusivkörper überlagert haben, entfernt worden sein und ihn an seiner Oberfläche freigelegt haben. Diese kristalline Gesteinsmasse – tief unter der Erdoberfläche entstanden, wo Temperaturen und der Druck relativ hoch sind – ist nun einer sehr andersartigen und vergleichsweise feindlichen Oberflächenumgebung ausgesetzt. Dementsprechend wird sich die Gesteinsmasse allmählich verändern. Diese Umwandlung des Gesteins nennen wir Verwitterung.

Im folgenden Abschnitt werden wir die verschiedenen Arten physikalischer und chemischer Verwitterung besprechen. Wir betrachten die beiden Gruppen zwar separat, aber Sie sollten immer beachten, dass physikalische und chemische Verwitterungsprozesse gemeinsam angreifen und sich gegenseitig verstärken.

Physikalische (mechanische) Verwitterung 6.3

Wird ein Gestein physikalischer Verwitterung unterzogen, wird es in immer kleinere Stücke zerteilt, wobei jedes Stück die Eigenschaften des Ausgangsmaterials beibehält. Als Endergebnis erhält man viele kleine Stücke aus einem einzigen großen. ▶ Abbildung 6.3 zeigt, wie die Zerteilung eines Gesteins in kleinere Stücke die Oberfläche vergrößert und damit chemisch besser angreifbar macht. Eine analoge Situation tritt auf, wenn man zu einer Flüssigkeit Zucker gibt. Dabei wird sich ein Stück Würfelzucker langsamer auflösen als eine gleich große Menge an Zuckerkörnchen. Beim Würfelzucker steht eine kleinere Oberfläche zur Verfügung, um ihn aufzulösen. Folglich wird durch die Zerkleinerung der Gesteine bei der physikalischen Verwitterung die Gesteinsoberfläche, an der chemische Verwitterung angreifen kann, größer.

In der Natur führen vier wichtige physikalische Prozesse zur Zerkleinerung von Gestein: Frostsprengung (Frostverwitterung), Druckentlastung, thermische Ausdehnung (Temperaturverwitterung) und Bioaktivität.

Zusätzlich ist die Einwirkung von Wind, Gletschereis und strömendem Wasser wichtig, obwohl diese Erosionsmittel meist separat betrachtet werden. Bewegen sich diese mobilen Agenzien über Gesteinsschutt, zersetzen sie dieses Material unaufhaltsam.

6.3.1 Frostsprengung

Der wiederholte Kreislauf von Gefrieren und Auftauen stellt einen wichtigen Prozess der physikalischen Verwitterung dar. Flüssiges Wasser besitzt die einzigartige Eigenschaft, sich beim Gefrieren um etwa 9 Prozent auszudehnen, da Wassermoleküle in der regulären kristallinen Struktur von Eis weiter voneinander ent-

Abbildung 6.1: Bryce Canyon, National Park, Utah. Wenn Verwitterung die Unterschiede in den Gesteinen hervorhebt, entstehen manchmal eindrucksvolle Landschaftsformen. Zerfällt das Gestein allmählich und wird es zersetzt, entfernen Massenbewegungen und Erosion die Verwitterungsprodukte. (Foto: Tom Bean)

Abbildung 6.2: Sogar die „solidesten" Monumente, die von Menschen errichtet wurden, unterliegen schließlich den Verwitterungsprozessen. Tempel des olympischen Zeus, Athen, Griechenland. (Foto: CORBIS)

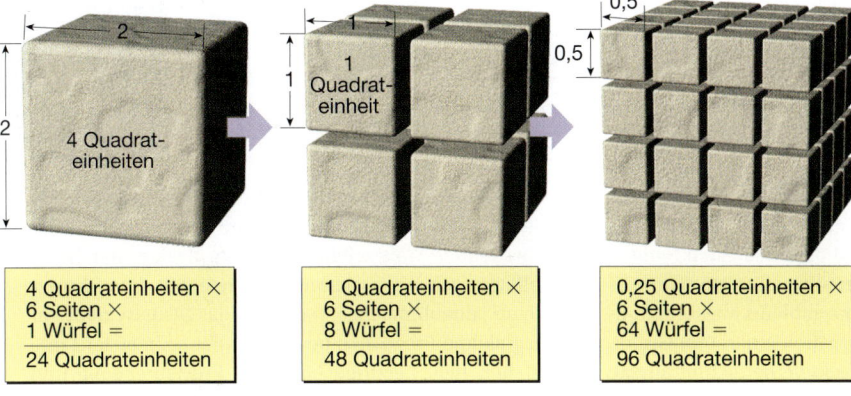

Abbildung 6.3: Chemische Verwitterung kann nur an den Stellen eines Gesteins angreifen, die den Verwitterungselementen ausgesetzt sind. Physikalische Verwitterung zerlegt das Gestein in immer kleinere Stücke; das vergrößert die Oberfläche, an der die chemische Verwitterung angreifen kann.

fernt sind als in flüssigem Wasser nahe dem Gefrierpunkt. Daraus ergibt sich, dass gefrierendes Wasser in einem geschlossenen Behälter enormen Druck auf dessen Außenwände ausübt. Um diese Aussage zu überprüfen, stellen Sie ein fest verschlossenes, mit Wasser komplett gefülltes Glas in das Gefrierfach. Wenn das Wasser gefriert, zerbricht das Glas.

In der Natur läuft Wasser in Gesteinsklüfte, dehnt sich aus, nachdem es gefroren ist und vergrößert somit die Klüfte. Nach viele Gefrier- und Tauskreisläufen ist das Gestein in eckige Bruchstücke zerbrochen. Dieser Prozess wird passend **Frostsprengung** genannt (▶Abbildung 6.4). In Gebirgsgebieten mit fast täglichen Gefrier- und Tauzyklen ist Frostsprengung besonders ausgeprägt (▶siehe Exkurs 6.1). Dabei werden Gesteinsteile abgesprengt und können auf große Haufen, die **Schutthalden**, rollen, die sich oft am Fuß eines steilen Gesteinsaufschlusses befinden (Abbildung 6.4).

Frostsprengung kann ebenso große Zerstörung an Straßenbelägen anrichten; besonders im Frühling, wenn der Gefrier- und Auftauzyklus besonders zur Geltung kommt. Auf den Straßen bilden sich durch diese zerstörerischen Kräfte Huckel und Wellen oder auch große Schlaglöcher.

6.3.2 Salzkristallwachstum (Salzverwitterung)

Eine weitere Ausdehnungskraft, die Gestein auseinandersprengen kann, entsteht beim Wachstum von Kristallen. Felsige Küsten und aride Gebiete sind normalerweise von diesem Prozess betroffen. Er beginnt, indem Gischt der sich brechenden Wellen oder salzreiches Grundwasser in Klüfte und Poren des Gesteins eindringt. Das Wasser verdunstet und es bilden sich Salzkristalle. Wachsen die Salzkristalle allmählich an, schwächen sie das Gestein, indem sie die umgebenden Körner verdrängen oder feine Haarrisse vergrößern.

Der gleiche Prozess kann auf Straßen, auf denen im Winter Salz gestreut wird, um Schnee und Eis zu schmelzen, dazu führen, dass sie bröckelig werden. Das Salz löst sich in Wasser auf und sickert in Risse, die wahrscheinlich durch Frosteinwirkung entstanden sind. Wenn das Wasser verdunstet, bricht das Wachstum der Salzkristalle den Straßenbelag weiter auf.

6.3.3 Druckentlastung

Wenn eine große Masse magmatischen Gesteins, besonders Granit, durch Erosion freigelegt wird, beginnen konzentrische Platten abzuplatzen. Dieser Vorgang, durch den zwiebelschalenartige Gesteinsplatten entstehen, wird **Abschalung** (Desquamation) genannt. Man nimmt an, dass dies zumindest teilweise wegen der Druckverminderung auftritt, wenn das darüberliegende Gestein erodiert wurde, ein Prozess, der als *Druckentlastung* bezeichnet wird. Weil die Ausdehnung der äußeren Gesteinslagen größer ist als die des Gesteins darunter, trennen sie sich vom Gesteinskörper ab (▶Abbildung 6.5). Fortwährende Verwitterung lässt die Schalen schließlich abplatzen, wodurch **Desquamationskuppeln** entstehen. Hervorragende Beispiele von Desquamationskuppeln sind der Stone Mountain, Georgia, und der Half Dome im Yosemite National Park (Abbildung 6.5).

Tiefer Untertagebau gibt uns ein weiteres Beispiel, wie sich Gesteine bei abnehmendem Umgebungsdruck verhalten. Man weiß, dass große Gesteinsplatten von den Wänden neu angelegter Untertagetunnel

6 Verwitterung und Boden

EXKURS 6.1 – DIE ERDE VERSTEHEN
Der Alte Mann aus dem Berg

Der Alte Mann aus dem Berg, auch als „Das Große Steingesicht" bekannt oder einfach nur „Das Profil", gehörte zu den am besten bekannten und dauerhaftesten Symbolen von New Hampshire (der Granitstaat). 1945 wurde es in der Mitte des nationalen Staatsemblems abgebildet. Es war eine natürliche Gesteinsformation aus rotem Granit, der aus einer bestimmten Perspektive betrachtet aussah wie ein alter Mann (▶ Abbildung 6.A). Jedes Jahr reisten Hunderttausende von Menschen an, um den Alten Mann zu sehen, der hoch am Cannon Mountain, 360 Meter über dem Profile Lake im Norden des Franconia Notch State Park, New Hampshire, herausragte.

Am Samstagmorgen, den 3. Mai 2003, mussten die Menschen von New Hampshire mit ansehen, dass auch ihr berühmtes Wahrzeichen sich den Kräften der Natur geschlagen geben musste und abstürzte. Mit dem Absturz endeten jahrzehntelange Versuche, das Staatssymbol vor dem gleichen Prozess zu bewahren, der es in erster Linie entstehen ließ. Letztlich behielten Frostsprengung und andere Verwitterungsprozesse die Oberhand.

Abbildung 6.A: **A**. Der Alte Mann aus dem Berg, hoch über Franconia Notch in New Hampshires White Mountains, wie er vor dem Morgen des 3. Mai 2003 aussah (Foto: Amerikanische Nachrichtenagentur). Die Einblendung zeigt das Staatsemblem von New Hampshire. **B**. Der berühmte Granitaufschluss nach dem Abbruch am 3. Mai 2003. Der Prozess, der den Alten Mann schuf, hat ihn schließlich auch wieder zerstört. (Foto: Amerikanische Nachrichtenagentur)

aufgrund der Druckreduktion abplatzen. Auch von Steinbrüchen kennt man dieses Phänomen und zudem das Auftreten von Brüchen parallel zum Boden des Steinbruchs, wenn große Gesteinsblöcke entfernt werden. Diese Hinweise stützen die Annahme, dass Druckentlastung die Ursache für Abschalung ist.

Während viele Brüche durch die Ausdehnung von Magma entstehen, werden andere durch Kontraktion während der Kristallisation von Magma gebildet (siehe Abbildung 5.35) und wieder andere durch tektonische Kräfte bei der Gebirgsbildung. Brüche, die durch diese Vorgänge hervorgerufen werden, nennt man *Klüfte* (joints) (▶ Abbildung 6.6). Klüfte sind wichtige Gesteinsstrukturen; durch sie kann Wasser in die Tiefe eindringen und den Verwitterungsprozess in Gang setzen, lange bevor das Gestein an der Oberfläche exponiert wird.

6.3.4 Thermische Ausdehnung

Der tägliche Kreislauf der Temperaturschwankungen kann das Gestein schwächen, besonders in heißen Wüsten mit täglichen Temperaturunterschieden von über 30 °C. Wird Gestein aufgeheizt, dehnt es sich aus, bei Abkühlung zieht es sich zusammen. Wiederholtes Ausdehnen und Schrumpfen von Mineralen mit unterschiedlichen Ausdehnungskoeffizienten sollte logischerweise einige Spannung auf die äußere Gesteinsschale ausüben.

Obwohl man von diesem Vorgang früher glaubte, er sei von größter Wichtigkeit für den Zerfall von Gestein, haben Laborexperimente dies nicht bestätigt. In einem Versuch wurde unverwittertes Gestein auf viel höhere Temperaturen erhitzt, als sie normalerweise auf der Erdoberfläche vorkommen, und dann abge-

6.3 Physikalische (mechanische) Verwitterung

Abbildung 6.4: Frostsprengung. Wenn Wasser gefriert, dehnt es sich aus und übt eine Kraft aus, die groß genug ist, um Gestein zu zerbrechen. Tritt Frostsprengung in einem Umfeld wie diesem auf, rollen die zerbrochenen Gesteinsstücke zum Fuß der Klippe und bilden dort eine kegelförmige Schutthalde. (Foto: Tom & Susan Bean, Inc.)

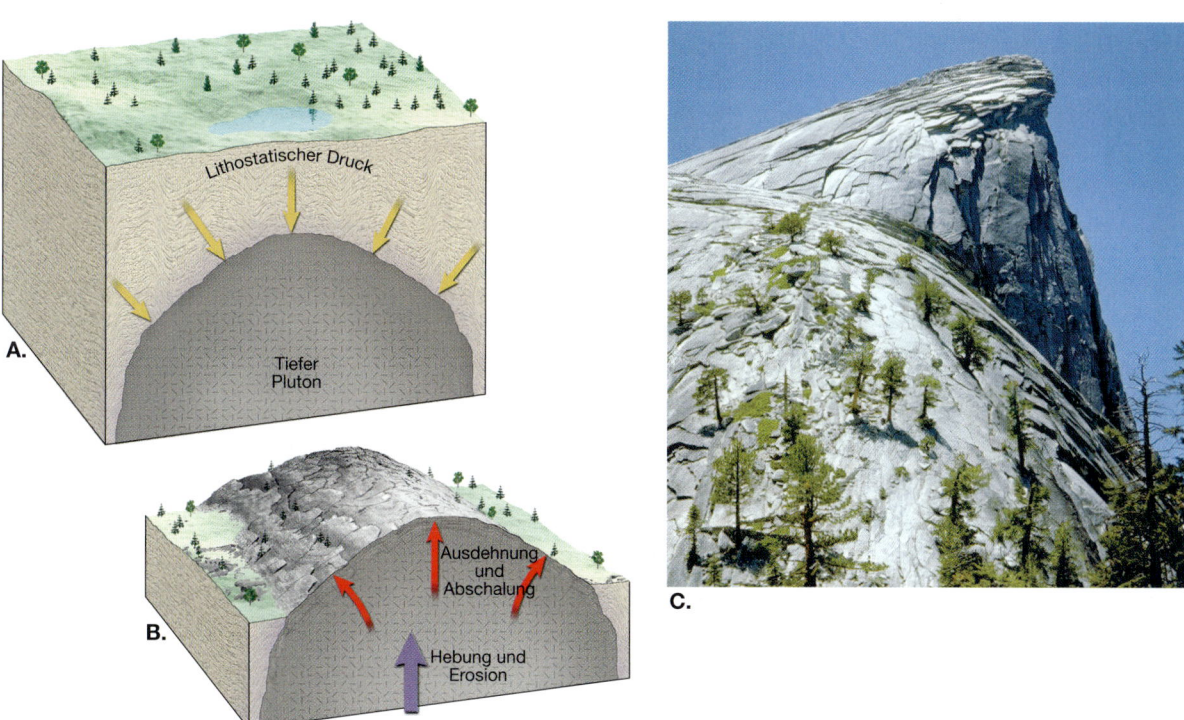

Abbildung 6.5: Abschalung wird durch die Ausdehnung von kristallinem Gestein verursacht, wenn durch Erosion das überlagernde Material entfernt wurde. Wird ein tief begrabener Pluton in **A.** an der Oberfläche durch Hebung und Erosion in **B.** freigelegt, zerbricht die Intrusivmasse in dünne Platten. Das Foto in **C.** zeigt den Gipfel des Half Dome im Yosemite National Park, Kalifornien. Es handelt sich um eine Desquamationskuppel mit zwiebelähnlichen Schichten, die durch Abschalung entstanden sind. (Foto: Breck P. Kent)

Abbildung 6.6: Luftbild von fast parallelen Klüften in der Nähe von Moab, Utah. (Foto: Michael Collier)

kühlt. Dieser Vorgang wurde viele Male durchgeführt, um Hunderte von Jahren der Verwitterung zu simulieren, aber das Gestein zeigte wenig offensichtliche Veränderung.

Dennoch weisen Steine in Wüstengebieten Anzeichen von Zersprengung auf, die durch Temperaturveränderung hervorgerufen worden sein könnte (▶ Abbildung 6.7). Ein Lösungsvorschlag in Bezug auf dieses Dilemma lautet, dass das Gestein zunächst durch chemische Verwitterung geschwächt worden sein muss, bevor es durch thermische Aktivität zersprengt werden kann. Außerdem könnte dieser Prozess durch die rapide Abkühlung eines Regensturms in der Wüste begünstigt worden sein. Zusätzliche Forschungsergebnisse werden benötigt, um eine definitive Schlussfolgerung zu ziehen, ob Temperaturveränderungen sich auf den Zerfall von Gesteinen auswirken.

6.3.5 Biologische Wirkung (biologische Verwitterung)

Verwitterung wird auch durch die Aktivitäten von Lebewesen hervorgerufen, wie Pflanzen, grabende Tiere und Menschen. Pflanzenwurzeln wachsen auf der Suche nach Nährstoffen und Wasser in Gesteinsklüfte hinein und sie spalten durch Wachstumsdruck das Gestein (▶ Abbildung 6.8). Grabende Tiere bringen frisches Material an die Oberfläche, wo physikalische und chemische Prozesse effizienter angreifen können. Verwesende Organismen produzieren Säuren, die zur

Abbildung 6.7: Diese Steine waren einst gerundeter Flussschotter; das heiße Wüstenklima, dem sie lange ausgesetzt waren, hat sie zerbrochen. (Foto: C.B. Hunt, U. S. Geological Survey)

Abbildung 6.8: Durch Wurzelsprengung werden die Klüfte im Gestein vergrößert und der Prozess der physikalischen Verwitterung unterstützt; Hariman State Park, New York. (Foto: Carr Clifton)

chemischen Verwitterung beitragen. Besonders dort, wo Gesteine gesprengt wurden, auf der Suche nach Lagerstätten oder beim Straßenbau ist die Auswirkung durch Menschen deutlich bemerkbar.

6.4 Chemische Verwitterung

In der vorausgehenden Betrachtung haben Sie erfahren, dass physikalische Verwitterung durch die Zerkleinerung von Gesteinen dazu beiträgt, dass eine größere Oberfläche geschaffen wird und die chemische Verwitterung besser angreifen kann. Es sei auch darauf hingewiesen, dass chemische Verwitterung zur physikalischen Verwitterung beiträgt. Das geschieht, indem der äußere Teil mancher Gesteine durch chemische Verwitterung geschwächt wird, was in der Umkehrung das Gestein leichter durch mechanische Verwitterung zersetzt.

Chemische Verwitterung schließt komplexe Prozesse ein, die die Gesteinskomponenten und internen Mineralstrukturen auflösen. Solche Prozesse wandeln die Bestandteile in neue Minerale um oder entlassen sie in die Umgebung. Während dieser Umwandlung zerfällt das Ausgangsgestein in Substanzen, die unter den Bedingungen an der Erdoberfläche stabil sind. Folglich bleiben die Produkte der chemischen Verwitterung so lange unverändert, solange sie sich in einer Umgebung befinden, die der ihrer Entstehung ähnlich ist.

Wasser ist das wichtigste Mittel der chemischen Verwitterung. Reines Wasser allein ist ein gutes Lösungsmittel und kleine Mengen an gelöstem Material führen zu erhöhter chemischer Aktivität von Verwitterungslösungen. Die Hauptvorgänge der chemischen Verwitterung sind Auflösung, Oxidation und Hydrolyse. Wasser spielt bei jedem dieser Vorgänge eine wesentliche Rolle.

6.4.1 Lösung (Lösungsverwitterung)

Wahrscheinlich lässt sich die Zersetzung am einfachsten durch den Prozess der **Lösung** darstellen. Genauso wie sich Zucker in Wasser auflöst, lösen sich manche Minerale in Wasser auf. Eines der wasserlöslichsten Minerale ist Halit (Speisesalz), das, wie Sie sich erinnern, aus Natrium- und Chlorionen besteht. Halit löst sich schnell in Wasser, da die einzelnen Ionen ihre eigene Ladung beibehalten, obwohl die Verbindung elektrisch neutral ist.

Zudem sind die umgebenden Wassermoleküle polar – das mit Sauerstoff beladene Ende des Moleküls besitzt eine kleine negative Restladung, das mit Wasserstoff beladene Ende eine kleine positive Restladung. Kommen nun die Wassermoleküle mit Halit in Kontakt, nähert sich ihr negatives Ende den Natriumionen und ihr positives Ende sammelt sich um die Chlorionen. Das zerstört die Anziehungskräfte im Halitkristall und entlässt die Ionen in die Wasserlösung (▶ Abbildung 6.9).

Obwohl die meisten Minerale eigentlich in reinem Wasser unlösbar sind, reicht die Anwesenheit von einer geringen Menge Säure aus, um die zerstörende Kraft des Wassers zu erhöhen. (Eine saure Lösung enthält das reaktionsfreudige Wasserstoffion H^+). In der Natur werden Säuren durch zahlreiche Vorgänge gebildet. Zum Beispiel entsteht Kohlensäure, wenn Kohlendioxid aus der Atmosphäre in Regentropfen gelöst wird. Sickert saures Regenwasser in den Boden, kann das Kohlendioxid im Boden den Säuregehalt der Verwitterungslösung erhöhen. Verschiedene organische Säuren werden durch die Verwesung von Lebewesen im Boden freigesetzt. Schwefelsäure entsteht bei der

6 Verwitterung und Boden

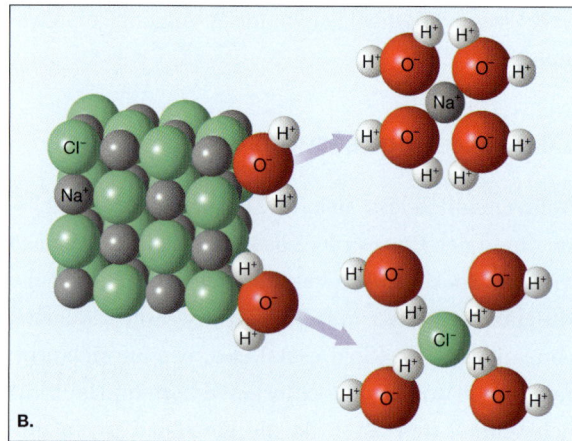

Abbildung 6.9: Darstellung, wie sich Halit in Wasser löst. **A.** Natrium- und Chlorionen werden durch die polaren Wassermoleküle angegriffen. **B.** Sind sie einmal entfernt, werden diese Ionen umringt und von zahlreichen Wassermolekülen festgehalten.

Abbildung 6.10: Die Lösungskraft von Kohlensäure spielt bei der Bildung von Höhlen in Kalkgebieten eine wichtige Rolle; Carlsbad Caverns National Park, New Mexiko. (Foto: Hohle Kalkstein/DRK Foto)

Verwitterung von Pyrit und anderen schwefelhaltigen Mineralen.

Ungeachtet der Herkunft der Säure werden durch dieses stark reaktionsfreudige Produkt die meisten Gesteine zersetzt und es entstehen wasserlösliche Komponenten. Beispielsweise wird das Mineral Calcit, $CaCO_3$, aus dem die häufigsten Bausteine Marmor und Kalkstein bestehen, sehr leicht schon von schwachen Säurelösungen angegriffen. Die Gesamtreaktion, bei der Calcit in kohlendioxidhaltigem Wasser gelöst wird, lautet:

$$CaCO_3 + (H^+ + HCO_3^-) \rightarrow Ca^{2+} + 2HCO_3^-$$
Calcit   Kohlensäure   Calciumion   Bicarbonation

Während dieses Vorgangs wird das unlösliche Calciumcarbonat in lösliche Komponenten umgewandelt. In der Natur werden über einen Zeitraum von Tausenden von Jahren große Mengen Kalkstein gelöst und durch Grundwasser fortgeschwemmt. Für diesen Vorgang gibt es deutliche Hinweise durch die große Anzahl von unterirdischen Karsthöhlen in Europa oder den USA (▶ Abbildung 6.10). Monumente und Bauwerke, die aus Kalkstein oder Marmor gebaut wurden, sind der Korrosionswirkung von Säuren ausgesetzt, besonders in Industriegebieten mit hoher Luftverschmutzung (▶ siehe Exkurs 6.2).

Die gelösten Ionen dieser Reaktion werden in unserem Grundwasser zurückbehalten. Sie sind für das sogenannte harte Wasser verantwortlich. Hartes Wasser ist manchmal unerwünscht, da die reaktionsfreudigen Ionen mit Waschmittel oder Seife zu unlöslichen Stoffen reagieren und die Waschwirkung damit stark herabsetzen. Zur Lösung dieses Problems kann man einen Wasserenthärter verwenden, der diese Ionen durch andere ersetzt, die chemisch nicht mit Seife oder Waschmittel reagieren.

6.4.2 Oxidation

Jeder hat Eisen- oder Stahlobjekte unter der Einwirkung von Wasser rosten sehen (▶ Abbildung 6.11). Das Gleiche kann eisenreichen Mineralen passieren. Dieser Rostvorgang tritt auf, wenn sich Sauerstoff mit Eisen verbindet, um ein Eisenoxid zu bilden:

$$4\,Fe + 3\,O_2 \rightarrow 2\,Fe_2O_3$$
Eisen   Sauerstoff   Eisenoxid (Hämatit)

Diese Art von chemischer Reaktion wird **Oxidation**[1] genannt und tritt dann auf, wenn ein Element während einer Reaktion Elektronen abgibt. In diesem Fall können wir sagen, Eisen wurde oxidiert, da es Elektronen an Sauerstoff abgegeben hat. Die Oxidation von Eisen ist ein sehr langsam fortschreitender Prozess, der durch Zugabe von Wasser stark beschleunigt wird.

Der Oxidationsprozess ist wichtig bei der Zersetzung von eisen- bzw. magnesiumhaltigen Mineralen, wie Olivin, Pyroxen und Hornblende. Sauerstoff verbindet sich sehr leicht mit dem Eisen dieser Minerale, um das rötlich-braune Eisenoxid, Hämatit (Fe_2O_3) genannt, und im anderen Fall einen gelblich gefärbten Rost mit Namen Limonit [(FeO)OH] entstehen zu lassen. Diese Produkte sind für die rostige Farbe der dunklen Magmatite wie Basalt verantwortlich, wenn sie zu verwittern beginnen. Jedoch kann die Oxidation erst ansetzen, nachdem das Eisen aus den Silikatstrukturen durch einen anderen Prozess freigesetzt wurde, der Hydrolyse.

Eine weitere wichtige Oxidationsreaktion tritt auf, wenn Sulfidminerale wie Pyrit zersetzt werden. Sulfidminerale sind die Hauptbestandteile von metallischen Erzen und Pyrit kommt auch in Kohlelagerstätten vor. Im feuchten Milieu bringt die chemische Verwitterung von Pyrit (FeS_2) Schwefelsäure (H_2SO_4) und Eisenhydroxid [(FeO)OH] hervor. In vielen Bergbaugebieten bedeutet dieser Verwitterungsprozess eine ernsthafte Gefahr für die Umwelt, besonders in feuchten Gegenden, wo reichlich Niederschlag in die Abraumhalden eindringt. Die sogenannten sauren Grubenwässer gelangen schließlich in Flüsse und töten dort im Wasser lebende Organismen und vermindern Lebensräume im Wasser (▶ Abbildung 6.12).

6.4.3 Hydrolyse

Die häufigsten Mineralgruppen, die Silikate, werden hauptsächlich durch einen Vorgang der **Hydrolyse** zersetzt (*hydro* = Wasser, *lysis* = lockern), was im Wesentlichen die Reaktion jeder Substanz mit Wasser ist. Idealerweise sollte die Hydrolyse eines Minerals in reinem Wasser stattfinden, da sich einige Wassermoleküle dissoziieren und die reaktionsfreudigen Wasserstoffionen (H^+) und Hydroxylionen (OH^-) bilden.

Abbildung 6.11: Eisen reagiert mit Sauerstoff zu Eisenoxiden, wie man an diesen rostigen Fässern sieht. (Foto: Stephen J. Krasemann/DRK Foto)

Abbildung 6.12: Dieses Sickerwasser von einem verlassenen Bergwerk in Colorado ist ein Beispiel für saure Grubenwässer. Saure Grubenwässer mit einer hohen Konzentration an Schwefelsäure (H_2SO_4) werden durch die Oxidation von Sulfidmineralen wie Pyrit verursacht. Fließt mit Säure vermischtes Wasser von seiner Entstehungsquelle, kann es Oberflächengewässer und Grundwasser verschmutzen und schwere ökologische Schäden verursachen. (Foto: Tim Haske/Profiles West/Index Stock Photography, Inc.)

Das Wasserstoffion greift an und ersetzt andere positiv geladene Ionen in einem Kristallgitter. Durch die Einschleusung von Wasserstoffionen in die kristalline Struktur wird die ursprünglich geordnete Atomanordnung zerstört und das Mineral zerfällt.

In der Natur enthält Wasser normalerweise andere Substanzen, die zusätzliche Wasserstoffionen liefern und dadurch die Hydrolyse stark beschleunigen. Die häufigste dieser Substanzen ist Kohlendioxid, CO_2, das sich in Wasser löst und Kohlensäure, H_2CO_3, bil-

---

[1] Der Leser sollte sich im Klaren darüber sein, dass sich die Bezeichnung „Oxidation" auf jede chemische Reaktion bezieht, bei der eine Verbindung oder ein Radikal Elektronen abgibt. Sauerstoff muss dabei nicht anwesend sein.

EXKURS 6.2 – DIE ERDE ALS SYSTEM

■ Saurer Niederschlag – der Einfluss des Menschen auf das Erdsystem

Menschen sind ein Teil des komplexen interaktiven Ganzen, das wir Erdsystem nennen. Somit rufen alle unsere Handlungen Veränderungen in allen anderen Teilen des Systems hervor. Behalten wir Menschen unser gegenwärtiges Verhalten bei, verändern wir die Zusammensetzung der Atmosphäre. Diese atmosphärischen Veränderungen verursachen wiederum unbeabsichtigte und unerwünschte Veränderungen in der Hydrosphäre, der Biosphäre und dem Festkörper Erde. Saurer Regen ist nur ein kleines, aber bedeutendes Beispiel.

Abbildung 6.B: Saurer Regen beschleunigt die chemische Verwitterung von steinernen Monumenten und Gebäuden. (Foto: Adam Hart-Davis/Science Photo Library/Photo Researchers Inc)

Zersetzte steinerne Monumente und Bauwerke sind in vielen Städten häufig anzutreffen (▶ Abbildung 6.B). Wir erwarten zwar, dass sich Gestein zersetzt, doch manche dieser Monumente sind vorzeitig zerfallen. Ein wichtiger Grund für die beschleunigte chemische Verwitterung ist saurer Niederschlag.

Regen ist natürlicherweise etwas sauer (▶ Abbildung 6.C). Löst sich Kohlendioxid aus der Atmosphäre in Wasser, entsteht eine schwache Säure. Die Bezeichnung saurer Niederschlag bezieht sich auf Niederschlag, der viel saurer als natürlicher, unverschmutzter Regen und Schnee ist.

Als Folge des langjährigen Gebrauchs fossiler Brennstoffe, wie Kohle und Erdölprodukte, werden 40 Millionen Tonnen Schwefel- und Stickstoffoxide jährlich allein in den USA freigesetzt. Die Hauptemissionsquellen sind Elektrizitätswerke, industrielle Prozesse wie Erzverhüttung und Erdölraffination und Fortbewegungsmittel aller Art. Durch eine Reihe komplexer chemischer Reaktionen wird ein Teil dieser Schadstoffe in Säure umgewandelt und trifft dann als Niederschlag (Regen oder Schnee) auf die Erdoberfläche. Ein anderer Teil wird in trockener Form abgelagert und anschließend bei Kontakt mit Niederschlägen, Tau oder Nebel in Säure umgewandelt.

In Nordeuropa, Nordamerika, Japan, China, Russland und Südamerika geht seit geraumer Zeit großflächig saurer Regen nieder. Zusätzlich zu den örtlichen Verschmutzungsquellen wurde saurer Regen auch in den dünn besiedelten Gebieten von Schweden und Kanada gefunden, Hunderte von Kilometern von industrialisierten Gebieten entfernt. Der Grund dafür ist, dass Schadstoffe etwa fünf Tage lang in der Atmosphäre verbleiben können und währenddessen über große Entfernungen transportiert werden können.

Die zerstörerischen Auswirkungen des sauren Regens auf die Umwelt können in sensiblen Gegenden bedrohliche Ausmaße annehmen (▶ Abbildung 6.D). Die bekannteste Auswirkung ist der erhöhte Säuregehalt in Tausenden von Seen in Skandinavien und dem östlichen Nordamerika. Begleitend dazu gab es eine bedeutende Erhöhung an gelöstem Aluminium, das aus dem Boden durch saures Wasser ausgelaugt wurde und giftig für Fische ist. Folglich sind einige Seen bereits nahezu fisch-

det. Regen löst einiges an Kohlendioxid in der Atmosphäre und zusätzliche Mengen an Kohlendioxid entstehen durch verrottendes organisches Material, wenn Wasser durch den Boden sickert.

Im Wasser ionisiert Kohlensäure zu Wasserstoffionen (H^+) und Hydrogencarbonationen (manchmal auch Bicarbonat genannt) (HCO_3^-). Um darzustellen,

wie Hydrolyse bei Vorhandensein von Kohlensäure auf ein Gestein einwirkt, betrachten wir die chemische Verwitterung von Granit, ein häufiges kontinentales Gestein. Sie erinnern sich, dass Granit hauptsächlich aus Quarz und Kalifeldspat besteht. Die Verwitterung der Kalifeldspatkomponenten sieht folgendermaßen aus:

6.4 Chemische Verwitterung

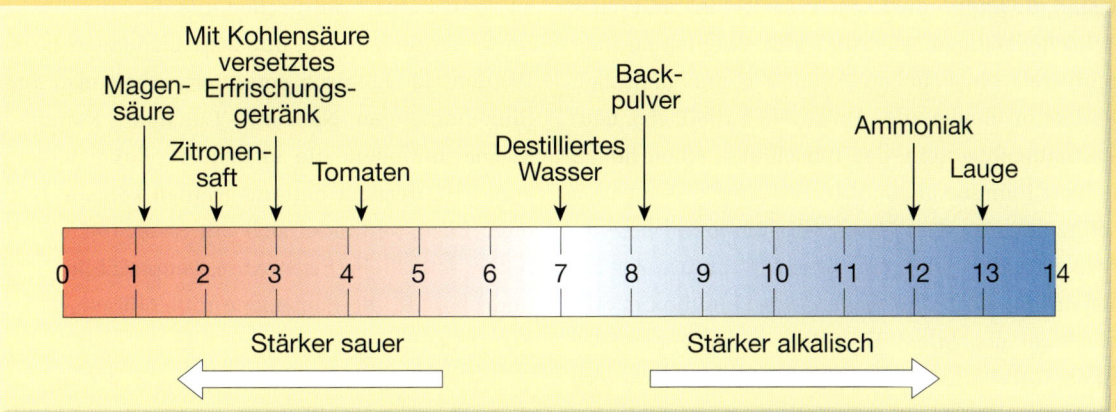

Abbildung 6.C: Die pH-Skala ist ein gewöhnliches Messinstrument, um den Säuregrad oder die Alkalinität einer Lösung zu bestimmen. Die Skala reicht von 0 bis 14, wobei der Wert 7 eine neutrale Lösung beschreibt. Werte unter 7 geben einen höheren Säuregehalt an, Werte über 7 stehen für eine höhere Alkalinität. Der pH-Wert bewertet einige bekannte Substanzen, wie im Diagramm gezeigt wird. Destilliertes Wasser mit einem pH-Wert von 7 ist neutral, Regenwasser ist natürlicherweise sauer. Es ist wichtig zu wissen, dass die pH-Skala logarithmisch ist; d.h., jede ganze größere Zahl weist einen zehnfachen Unterschied gegenüber dem vorherigen Wert auf. Deswegen ist pH 4 zehnmal saurer als pH 5 und hundert Mal (10 x 10) saurer als pH 6.

leer und andere werden dies in naher Zeit ebenfalls sein. Ökosysteme sind durch viele Wechselwirkungen der vielen Organisationsstufen charakterisiert und deswegen ist es schwierig, zu teuer und viel zu komplex, alle Auswirkungen des sauren Niederschlags auf diese komplexen Systeme zu bewerten.

Forschungsergebnisse liefern Hinweise, dass neben den vielen fischleeren Seen auch der agrarwirtschaftliche Ernteertrag reduziert werden könnte und die Produktivität der Wälder sinken könnte. Saurer Regen beschädigt nicht nur die Blätter, sondern auch die Wurzeln und laugt Nährstoffe aus dem Boden aus. Schließlich begünstigen saure Niederschläge die Korrosion von Metallen und sie tragen zur Zerstörung von steinernen Gebäuden bei.

Abbildung 6.D: Waldschäden durch saure Niederschläge sind in Europa und im östlichen Nordamerika gut dokumentiert. Diese Bäume in den Great Smoky Mountains erkrankten durch sauren Regen. (Foto: Doug Locke/Dembinsky Photo Associates)

$$2KAlSi_3O_8 + 2(H^+ + HCO_3^-) + H_2O \rightarrow Al_2Si_2O_5(OH)_4 + 2K^+ + 2HCO_3^- + 4SiO_2$$

Kalifeldspat — Kohlensäure — Wasser — Kaolinit — Kaliumion — Hydrogencarbonation — Quarz (Kieselsäure)

$\underbrace{\qquad\qquad\qquad}_{\text{in Lösung}}$

Bei dieser Reaktion greift das Wasserstoffion (H^+) das Kaliumion an, ersetzt es in der Feldspatstruktur und stört die kristalline Gitterordnung. Ist Kalium entfernt, steht es als Nährstoff für Pflanzen zur Verfügung oder es wird zu dem löslichen Salz Kaliumhydrogencarbonat ($KHCO_3$), was wiederum in andere Minerale eingebaut werden kann oder zum Meer befördert wird.

Das häufigste Produkt der chemischen Zerstörung von Kalifeldspat ist das Tonmineral Kaolin. Tonminerale sind die Endprodukte der Verwitterung und unter Oberflächenbedingungen sehr stabil. Folglich machen Tonminerale einen hohen Anteil des anorganischen Materials im Boden aus. Außerdem enthält das häufigste Sedimentgestein, der Tonschiefer, einen hohen Anteil an Tonmineralen.

Hinzukommt, dass etwas Siliziumdioxid aus der Feldspatstruktur gelöst und durch Grundwasser abtransportiert wird. Das gelöste Siliziumdioxid fällt schließlich aus, bildet Hornstein- oder Feuersteinknollen, füllt Porenräume zwischen Sedimentkörnern aus oder wird ins Meer transportiert, wo es mikroskopisch kleine Organismen aus dem Wasser aufnehmen und harte Siliziumhüllen bildet.

Zusammenfassend kann man sagen: Bei der Verwitterung von Kalifeldspat entsteht ein Tonmineral als Rückstand, ein lösliches Salz (Kaliumhydrogencarbonat) und etwas Silizium, das in Lösung geht.

Quarz, die andere Hauptkomponente von Granit, ist sehr widerstandsfähig gegen chemische Verwitterung und bleibt beim Angriff durch eine schwache Säure im Wesentlichen unverändert. Daraus ergibt sich, dass bei verwitterndem Granit die Feldspatkristalle zersetzt werden und sich langsam in Ton verwandeln. Dabei werden die darin einst verbundenen Quarzkristalle, die noch immer ihr frisches, glasiges Aussehen besitzen, gelockert. Ein Teil des Quarzes verbleibt im Boden, der Hauptanteil wird schließlich zum Meer oder anderen Ablagerungsplätzen transportiert, wo er sich als Hauptbestandteil von Sandstränden und Sanddünen anreichert. Mit der Zeit werden die Quarzkörner der Diagenese unterworfen, um irgendwann einmal das Sedimentgestein Sandstein zu bilden.

In der ▶Tabelle 6.1 sind die Verwitterungsprodukte der häufigsten Silikatminerale aufgelistet. Sie erinnern sich, dass Silikatminerale den größten Anteil an der Erdkruste ausmachen und dass diese Minerale im Wesentlichen aus nur acht Elementen bestehen. Werden sie chemisch verwittert, erhält man aus den Silikatmineralen Natrium-, Calcium-, Kalium- und Magnesiumionen, die lösliche Produkte bilden, die vom Grundwasser entfernt werden können. Das Element Eisen verbindet sich mit Sauerstoff und bildet relativ unlösliche Eisenoxide, hauptsächlich Hämatit und Limonit, die den Boden rötlich-braun oder gelblich färben.

Unter den meisten Bedingungen verbinden sich die verbleibenden Elemente – Aluminium, Silizium und Sauerstoff – mit Wasser, um die Residualtonminerale zu bilden. Aber auch die wenig löslichen Tonminerale werden sehr langsam durch unterirdisches Wasser entfernt.

6.4.4 Veränderungen durch chemische Verwitterung

Wie wir vorher angemerkt haben, führt die chemische Verwitterung zur Zersetzung von instabilen Mineralen und zur Entstehung von Stoffen, die an der Erdoberfläche stabil sind. Das erklärt, warum bestimmte Minerale in der Oberflächenbedeckung, dem Boden, vorherrschen.

Neben der Veränderung der internen Mineralstrukturen ruft chemische Verwitterung auch physische Veränderungen hervor. Wird beispielsweise eine kantige Gesteinsmasse chemisch verwittert, indem Wasser entlang der Klüfte eindringt, nehmen die Felsbrocken eine rundliche Form an. Die allmähliche Abrundung

Mineral	Rückstandsprodukt	Stoffe in Lösung
Quarz	Quarzkörner	Siliziumdioxid
Feldspäte	Tonminerale	Siliziumdioxid, K^+, Na^+, Ca^{2+}
Amphibole	Tonminerale	Siliziumdioxid
(Hornblende)	Limonit, Hämatit	Ca^{2+}, Mg^{2+}
Olivin	Limonit, Hämatit	Siliziumdioxid, Mg^{2+}

Tabelle 6.1: Verwitterungsprodukte.

der Ecken und Kanten der kantigen Blöcke ist in ▶Abbildung 6.13 dargestellt. Die Ecken und Kanten werden aufgrund der größeren Oberfläche im Verhältnis zum Volumen schneller als glatte Flächen angegriffen. Dieser Vorgang wird Wollsackverwitterung genannt und hinterlässt das Gestein mit einem gerundeten oder kugeligen Aussehen (▶Abbildung 6.13D).

Manchmal lösen sich bei der Bildung gerundeter Gesteinsblöcke nacheinander Schalen vom Hauptgesteinskörper ab (▶Abbildung 6.14). Schließlich bricht die äußere Schale weg und macht den Weg für chemische Verwitterung in tieferen Ebenen des Felsbrockens frei. Diese sphärische Absonderung entsteht, da die Minerale im Gestein zu Ton verwittern und ihre Größe durch Aufnahme von Wasser in ihre Struktur zunimmt. Diese angewachsene Masse übt einen nach auswärts gerichteten Druck aus, wodurch konzentrische Lagen vom Gestein losbrechen und abfallen.

Folglich lässt chemische Verwitterung Kräfte entstehen, die groß genug sind, um mechanische Verwitterung hervorzurufen. Diese Art von Wollsackverwitterung, bei der Schalen abplatzen, sollte nicht mit dem Phänomen der Abschalung verwechselt werden, das vorher diskutiert wurde. Bei der Abschalung entsteht die Bruchbildung als Folge von Druckentlastung und die Gesteinslagen sind bei der Trennung weitgehend unverändert, wenn sie vom Hauptgesteinskörper abplatzen.

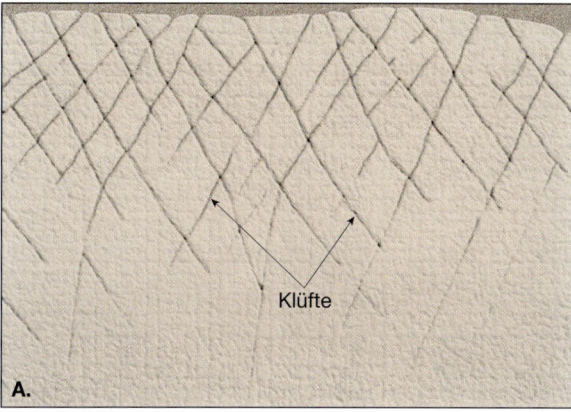

A.

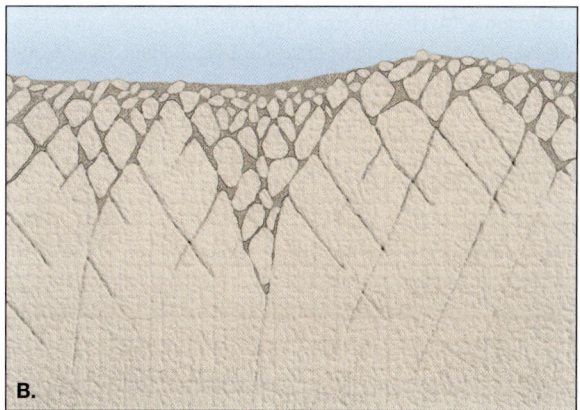

B.

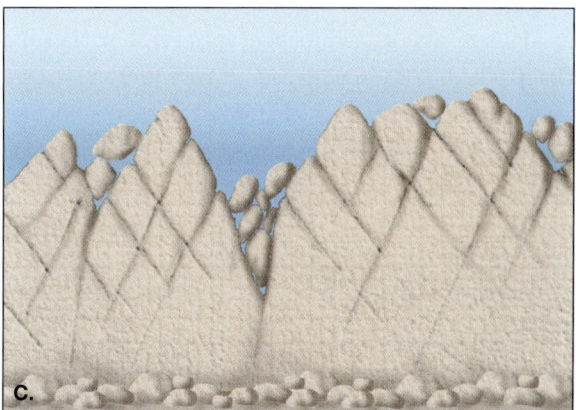

C.

D.

Abbildung 6.13: Wollsackverwitterung eines Gesteins mit ausgeprägter Klüftung. Wasser sickert durch die Klüfte und die daraufhin angreifende chemische Verwitterung vergrößert diese. Da die Gesteine mehr an den Ecken und Kanten angegriffen werden, erhalten sie eine rundliche Form. Das Foto zeigt Wollsackverwitterung im Joshua Tree National Park, Kalifornien. (Foto: E.J. Tarbuck)

Studenten fragen manchmal …

Ist der Ton, der bei der chemischen Verwitterung entsteht, der gleiche Ton, der zur Keramikherstellung verwendet wird?

Ja. Kaolin, der Ton in dem Abschnitt über Hydrolyse, wird für hochwertiges Porzellan verwendet. Dennoch werden weit größere Mengen von diesem Ton bei der Herstellung von hochqualitativem Papier als weiße Beschichtung verwendet, wie in diesem Buch.

Durch Verwitterung entstehen viele verschiedene Tonminerale, die auf vielerlei Weise verwendet werden: bei der Ziegelherstellung, für Fliesen, für Abwasserrohre und für Zement. Tone werden als Schmiermittel in Bohrlöchern von Ölplattformen genutzt und kommen als Inhaltsstoffe in Farben vor. Auch Autokatalysatoren oder Filter in der Bier- und Weinherstellung sind auf Tonminerale angewiesen.

Abbildung 6.14: Konzentrische Schalen lösen sich, wodurch der Verwitterungsvorgang noch tiefer in das Gestein vordringt. (Foto: Martin Schmidt, Jr.)

6.5 Verwitterungsgeschwindigkeit

Mehrere Faktoren beeinflussen Art und Geschwindigkeit der Verwitterung von Gesteinen. Wir haben schon gesehen, wie mechanische Verwitterung die Verwitterungsgeschwindigkeit beeinflusst. Indem das Gestein in kleinere Stücke zerbrochen wird, erhöht sich die Oberfläche, die dann chemischer Verwitterung ausgesetzt ist. Andere wichtige Faktoren, die hier betrachtet werden, schließen die Gesteinseigenschaften und das Klima mit ein.

6.5.1 Gesteinseigenschaften

Gesteinseigenschaften umfassen alle chemischen Eigenschaften eines Gesteins, einschließlich der Mineralzusammensetzung und der Löslichkeit. Zudem kann jedes physische Merkmal wie Klüfte (Risse) wichtig sein, da sie es dem Wasser ermöglichen, in das Gestein einzudringen.

Die Unterschiede der Verwitterungsgeschwindigkeiten aufgrund der Mineralzusammensetzung kann man aufzeigen, indem man alte Grabsteine miteinander vergleicht. Grabsteine aus Granit sind überwiegend aus Silikatmineralen aufgebaut und relativ resistent chemischer Verwitterung gegenüber. Wir können das gut an der Inschrift des Grabsteins von ▶ Abbildung 6.15 erkennen. Im Gegensatz dazu weist der Grabstein aus Marmor eine deutliche chemische Veränderung über einen nur kurzen Zeitraum auf. Marmor besteht aus Calcit (Calciumcarbonat) und wird leicht auch von schwachen Säuren gelöst.

Die häufigsten Mineralgruppen, die Silikate, verwittern gemäß der Reihenfolge, wie sie in ▶ Abbildung 6.16 aufgezeigt ist. Die Anordnung der Minerale ist identisch zur Reaktionsreihe nach Bowen. Die Reihenfolge, in der die Minerale verwittern, entspricht im Wesentlichen der Reihenfolge, in der sie kristallisieren. Die Erklärung findet sich in der Kristallstruktur der Silikatminerale. Die Bindungen von Silizium und Sauerstoff sind stark. Da Quarz vollständig aus diesen starken Bindungen aufgebaut ist, ist Quarz sehr verwitterungsresistent. Im Gegensatz dazu besitzt Olivin deutlich weniger Silizium-Sauerstoff-Bindungen und ist deswegen keineswegs so widerstandsfähig chemischer Verwitterung gegenüber.

6.5.2 Klima

Klimafaktoren, insbesondere Temperatur und Feuchtigkeit, sind ausschlaggebend für die Verwitterungs-

Abbildung 6.15: Bei dem Vergleich von Grabsteinen erkennt man, wie sich die Verwitterungsgeschwindigkeit auf verschiedene Gesteinstypen auswirkt. Der Grabstein aus Granit (links) wurde vier Jahre vor dem Grabstein aus Marmor errichtet (rechts). Die Inschrift im Marmor ist fast unlesbar. (Foto: E.J. Tarbuck)

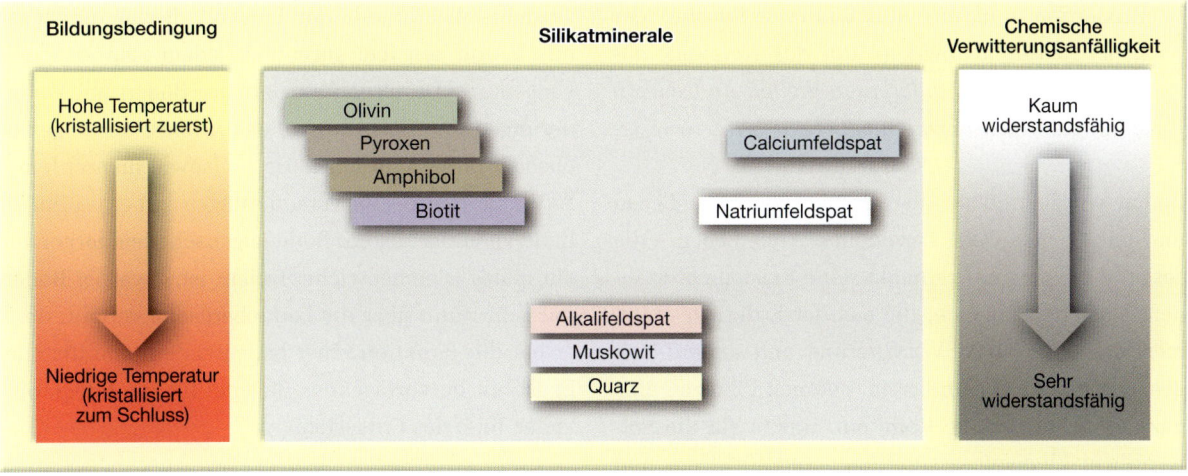

Abbildung 6.16: Die Verwitterung häufiger Silikatminerale. Die Reihenfolge, in der die Minerale verwittern, entspricht im Wesentlichen der Reihenfolge, in der sie kristallisieren.

geschwindigkeit von Gesteinen. Ein wichtiges Beispiel von mechanischer Verwitterung ist, dass die Häufigkeit der Gefrier- und Tauzyklen den Betrag der Frostsprengung stark beeinflusst. Auch Temperatur und Feuchtigkeit üben einen starken Einfluss auf die Geschwindigkeit der chemischen Verwitterung und auf die Art der Vegetation aus. Gebiete mit üppiger Vegetation besitzen oft eine dicke Bodenschicht mit zersetztem organischen Material, woraus chemisch reaktionsfreudige Flüssigkeiten wie Kohlensäure und Huminsäuren stammen.

Das optimale Milieu für chemische Verwitterung ist eine Kombination von warmen Temperaturen und reichlich Feuchtigkeit. In der Polarregion kann chemische Verwitterung kaum angreifen, da Temperaturen am Gefrierpunkt die verfügbare Feuchtigkeit als Eis binden und in ariden Gebieten zu wenig Feuchtigkeit vorhanden ist, um schnelle chemische Verwitterung zu begünstigen.

Menschliches Verhalten beeinflusst die Zusammensetzung der Atmosphäre, was wiederum Einfluss auf die Geschwindigkeit der chemischen Verwitterung nimmt. Exkurs 6.2 stellt ein gut bekanntes Beispiel vor, den sauren Regen.

6.5.3 Selektive Verwitterung

Gesteinsmassen verwittern nicht einheitlich. Blättern Sie zurück zu dem Foto des Ganges in Abbildung 5.33. Die verwitterungsresistente Intrusivmasse ragt aus dem Umgebungsgebiet auf wie eine Steinmauer. Ein Blick auf Abbildung 6.1 wird Ihnen ein weiteres Beispiel dieses Phänomens aufzeigen, das **selektive Verwitterung** genannt wird. Die Ausbildungen variieren von rauen, unebenen Oberflächen von marmornen Grabsteinen in Abbildung 6.15 zu auffällig geformten Aufschlüssen wie im Kapitelanfangsbild.

Viele Faktoren beeinflussen das Tempo der Verwitterung von Gesteinen. Zu den wichtigsten gehören die Unterschiede in der Gesteinszusammensetzung. Die widerstandsfähigsten Gesteine ragen als Rücken (Abbildung 14.13) oder Spitzen hervor oder als steile Klippen an unregelmäßigen Berghängen (Abbildung 7.4). Die Anzahl und der Abstand der Klüfte können auch bedeutende Faktoren sein (siehe Abbildungen 6.6 und 6.13). Selektive Verwitterung und nachfolgende Erosion formen viele ungewöhnliche und manchmal eindrucksvolle Gesteinsformationen und Landschaftsformen.

Boden 6.6

Boden bedeckt die meisten Landoberflächen. Zusammen mit Luft und Wasser ist Boden eine unserer unverzichtbaren Ressourcen (▶ Abbildung 6.17). Ebenso wie Luft und Wasser betrachten viele von uns Boden als selbstverständlich. Das folgende Zitat unterstreicht die Bedeutung dieser lebensnotwendigen Schicht:

Die Wissenschaft hat sich in den letzten Jahren mehr und mehr auf die Erde als Planeten konzentriert, der, wie wir alle wissen, einzigartig ist – wo eine dünne Luftschicht und ein noch dünnerer

Wasserfilm und ein hauchdünnes Furnier, der Boden, zusammenwirken, um das Netzwerk des Lebens in seiner wunderbaren Vielfalt und seinem ständigen Wechsel zu ermöglichen.

Boden wurde treffend als „Brücke zwischen Leben und unbeseelter Welt" bezeichnet. Alles Leben – die gesamte Biosphäre – verdankt seine Existenz etwa einem Dutzend Elemente, die aus der Erdkruste stammen müssen. Sobald Verwitterung und andere Vorgänge Boden entstehen lassen, nehmen Pflanzen eine dazwischengeschaltete Rolle ein, indem sie die notwendigen Elemente assimilieren und für Tiere und Menschen verfügbar machen.

6.6.1 Eine Schnittstelle im Erdsystem

Betrachtet man die Erde als System, verweist man auf den Boden als Schnittstelle – eine allgemeine Grenze, in der verschiedene Teile eines Systems in Wechselwirkung stehen. Das ist eine treffende Beschreibung da sich Boden dort bildet, wo die Geosphäre, die Atmosphäre, die Hydrosphäre und die Biosphäre zusammentreffen. Boden ist ein Material, das sich als Reaktion von komplexen ökologischen Wechselwirkungen zwischen verschiedenen Teilen des Erdsystems bildet. Im Laufe der Zeit entwickelt der Boden einen Gleichgewichtszustand mit der Umwelt. Boden ist dynamisch und sensibel gegenüber jedem Aspekt seiner Umgebung. Deswegen reagiert der Boden bei Veränderungen der Umwelt, wie des Klimas, der Vegetationsbedeckung und auf tierische (sowie menschliche) Aktivität. Jede dieser Veränderungen ruft eine allmähliche Veränderung der Bodeneigenschaften hervor, bis ein neues Gleichgewicht erreicht ist. Zwar ist Boden nur sehr dünn über die Landoberfläche verteilt, doch er hat die Funktion einer bedeutenden Schnittstelle. Er ist ein hervorragendes Beispiel für die Integration vieler Teile des Erdsystems.

6.6.2 Was ist Boden?

Mit wenigen Ausnahmen ist die Erdoberfläche mit **Verwitterungs-** oder **Lockerboden** (Regolith; *regos* = Decke, *lithos* = Stein) bedeckt, der Gesteinslage und den Mineralfragmenten, die durch Verwitterung entstanden sind. Manche würden dieses Material Boden nennen, aber Boden ist mehr als eine Anhäufung aus verwittertem Schutt. **Boden** ist die Kombination von mineralischem und organischem Material, Wasser und Luft – der Anteil des Verwitterungsbodens, der das Wachstum der Pflanzen unterstützt. Obwohl die Anteile der Hauptkomponenten im Boden variieren, sind vier Komponenten in unterschiedlichen Anteilen immer vorhanden (Abbildung 6.17). Etwa die Hälfte des Gesamtvolumens von gutem Boden ist eine Mischung aus zerfallenem und zersetztem Gestein (mineralische Materie) und **Humus**, die verrotteten Überreste von Pflanzen und Tieren (organisches Material). Die andere Hälfte besteht aus Porenräumen zwischen den festen Bestandteilen, in welchen Luft und Wasser zirkuliert. Zwar ist der mineralische Anteil des Bodens viel größer als der organische Anteil, doch ist Humus ein unerlässlicher Bestandteil. Humus ist nicht nur eine wichtige Nährstoffquelle für Pflanzen, sondern verbessert die Fähigkeit des Bodens, Wasser aufzunehmen. Da Pflanzen Luft und Wasser zum Leben brauchen, ist der Anteil des Porenraums im Boden, der die Zirkulation der beiden Komponenten gewährleistet, genauso wichtig wie die festen Bestandteile des Bodens.

Bodenwasser ist von „reinem" Wasser weit entfernt; stattdessen handelt es sich um eine komplexe Lösung mit vielen löslichen Nährstoffen. Bodenwasser liefert nicht nur die notwendige Feuchtigkeit für lebensnotwendige chemische Reaktionen, sondern

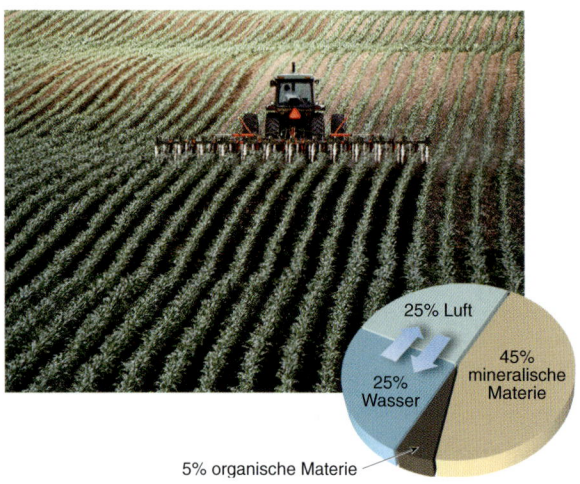

Abbildung 6.17: Boden ist eine lebensnotwendige Ressource, die wir oft als selbstverständlich annehmen. Boden ist kein lebendiges Wesen, aber er enthält eine Fülle von Leben. Zudem unterstützt dieses komplexe Medium fast alles pflanzliche Leben, was im Gegenzug das tierische Leben erhält. Das Kreisdiagramm zeigt die Zusammensetzung (im Volumen) von Boden in einem guten Zustand, wichtig für Pflanzenwachstum. Der Prozentanteil kann zwar schwanken, doch besteht jeder Boden aus mineralischem und organischem Material, Wasser und Luft. (Foto: Colin Molyneux/Getty Images)

> **Studenten fragen manchmal …**
>
> **Ich habe Fotos von Fußabdrücken der Astronauten auf der Mondoberfläche gesehen. Bedeutet das, dass es auf dem Mond Boden gibt?**
>
> Nicht wirklich. Der Mond hat keine Atmosphäre, kein Wasser und keine biologische Aktivität. Deswegen gibt es keine chemische Verwitterung, Frostsprengung und andere Verwitterungsvorgänge, wie wir sie von der Erde kennen. Doch sind alle lunaren Terrains mit einer bodenähnlichen Schicht von grauem Gesteinsschutt bedeckt, die lunarer Verwitterungsboden (Regolith) genannt wird. Sie stammt von Meteoriteneinschlägen, die vor Milliarden von Jahren stattfanden. Die Veränderungsrate der Mondoberfläche ist so gering, dass die Fußabdrücke, die von den Apollo-Astronauten hinterlassen wurden (▶ siehe Abbildung 24.8), wahrscheinlich noch in Millionen von Jahren frisch aussehen werden.

versorgt auch die Pflanzen mit Nährstoffen in einer verwertbaren Form. Die Porenräume, die nicht mit Wasser gefüllt sind, enthalten Luft. Diese Luft bedeutet für die meisten Mikroorganismen und Pflanzen, die im Boden leben, die Quelle von notwendigem Sauerstoff und Kohlendioxid.

6.7 Regulierung der Bodenbildung

Boden ist das Produkt eines komplexen Zusammenspiels vieler Faktoren, einschließlich des Ausgangsmaterials, der Zeit, des Klimas, der Pflanzen und Tiere und der Topographie. Obwohl diese Faktoren alle voneinander abhängig sind, werden wir sie getrennt betrachten.

6.7.1 Ausgangsmaterial

Die Quelle des Verwitterungsmaterials, aus dem sich Boden bildet, wird **Ausgangsmaterial** genannt und ist der Hauptfaktor, der neu gebildeten Boden beeinflusst. Es unterliegt graduellen physikalischen und chemischen Veränderungen mit dem Fortschreiten der Bodenbildung. Ausgangsmaterial kann entweder unterlagerndes Muttergestein sein oder eine Lage aus unverfestigten Ablagerungen. Handelt es sich bei dem Ausgangsmaterial um Muttergestein, wird der Boden als Rückstandsboden bezeichnet. Im Gegensatz dazu wird Boden, der sich auf unverfestigtem Sediment entwickelt, Ablagerungsboden genannt (▶Abbildung 6.18). Ablagerungsböden werden an Ort und Stelle auf Ausgangsmaterial gebildet, das von irgendwoher antransportiert und durch Schwerkraft, Wind oder Eis abgelagert wurde.

Die Beschaffenheit des Ausgangsmaterials beeinflusst den Boden auf zwei Arten. Erstens bestimmt die Art des Ausgangsmaterials die Verwitterungsgeschwindigkeit und damit das Ausmaß der Bodenbildung. Da unverfestigte Ablagerungen schon teilweise verwittert sind, wird die Entwicklung des Bodens auf solchen Materialien schneller voranschreiten als bei Muttergestein als Ausgangsmaterial. Zweitens wirkt sich der chemische Aufbau des Ausgangsmaterials auf die Fruchtbarkeit des Bodens aus. Das beeinflusst die Beschaffenheit der Vegetation, die durch den Boden versorgt werden kann.

Einst glaubte man, dass das Ausgangsmaterial der Hauptfaktor für die Unterschiede von Böden sei. Inzwischen erkannten Bodenkundler, dass andere Faktoren, besonders das Klima, wichtiger sind. Tatsächlich fand man heraus, dass ähnliche Böden oft aus unterschiedlichem Ausgangsmaterial entstanden sind, während sich unähnliche Böden aus dem gleichen Ausgangsmaterial entwickelt haben. Solche Entdeckungen bekräftigen die Wichtigkeit der bodenbildenden Faktoren.

6.7.2 Zeit

Zeit ist eine wichtige Komponente für *jeden* geologischen Prozess und Bodenbildung macht dabei keine Ausnahme. Die Beschaffenheit von Boden wird stark von dem Zeitraum beeinflusst, in dem Prozesse wirksam waren. Dauert die Verwitterung verhältnismäßig kurz, beeinflussen die Eigenschaften des Ausgangsmaterials die Beschaffenheit des Bodens. Setzt sich der Verwitterungsvorgang fort, wird der Einfluss des Ausgangsmaterials durch andere bodenbildenden Faktoren überlagert, besonders das Klima. Die Zeitspannen, die zur Entwicklung der verschiedenen Böden benötigt werden, können hier nicht aufgezählt werden, da die Bodenbildungsprozesse in unterschiedlichem Tempo bei unterschiedlichen Bedingungen ablaufen.

6 Verwitterung und Boden

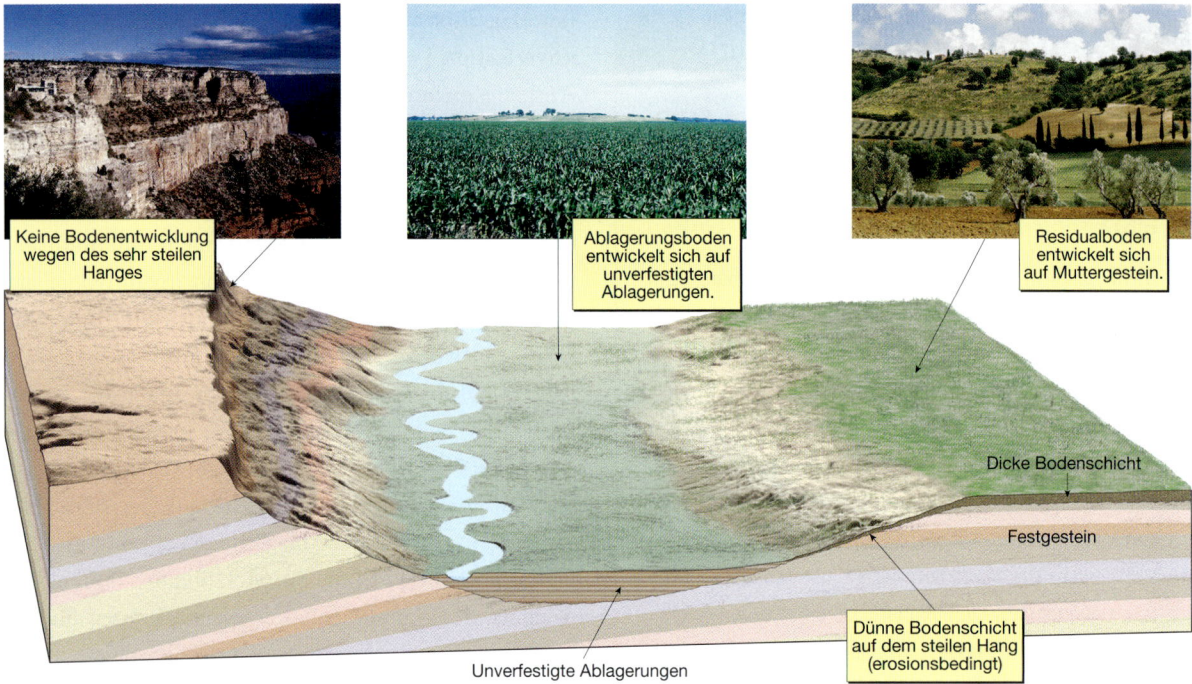

Abbildung 6.18: Das Ausgangsmaterial für Residualböden ist das unterlagernde Festgestein, Ablagerungsböden bilden unverfestigte Ablagerungen. Sie können erkennen, dass der Boden an steilen Hängen dünner wird. (Fotos: links und Mitte: E.J. Tarbuck; rechts: Grilly Bernard/Getty Images, Inc. Stone Allstock)

Dennoch kann man als Regel aufstellen, je länger ein Boden gebildet wurde, desto mächtiger wird er und desto weniger ähnelt er dem Ausgangsmaterial.

6.7.3 Klima

Das Klima wird als einflussreichster Faktor bei der Bodenbildung betrachtet. Temperatur und Niederschlag haben die größte Auswirkung auf die Bodenbildung. Schwankungen in der Temperatur bestimmen darüber, ob chemische oder physikalische Verwitterung vorherrscht, und sie beeinflussen auch die Geschwindigkeit und die Tiefe der Verwitterung. Zum Beispiel wird in heißem und feuchtem Klima eine dicke Schicht von chemisch verwittertem Boden im gleichen Zeitraum entstehen wie eine dünne Bedeckung aus physikalisch verwitterten Gesteinstrümmern in einem kalten und trockenen Klima. Ebenso beeinflusst der Niederschlag das Maß, in dem verschiedene Stoffe durch einsickerndes Wasser aus dem Boden weggeführt werden (ein Prozess, der Auslaugung genannt wird), was sich auf die Fruchtbarkeit des Bodens auswirkt. Letztlich haben klimatische Bedingungen auch großen Einfluss darauf, welche Pflanzen- und Tierarten vorhanden sind.

6.7.4 Pflanzen und Tiere

Pflanzen und Tiere spielen eine maßgebliche Rolle bei der Bodenbildung. Die Arten und die Fülle der vorhandenen Organismen nehmen starken Einfluss auf die physikalischen und chemischen Eigenschaften eines Bodens (▶ Abbildung 6.19). In der Tat wird die Bedeutung der natürlichen Vegetation für ausgereifte Böden schon daran deutlich, dass Bodenkundler Bezeichnungen wie Steppenboden, Waldboden und Tundraboden verwenden. Pflanzen und Tiere liefern organischen Stoffeintrag in den Boden. Moorböden setzen sich fast vollständig aus organischem Material zusammen, Wüstenböden dagegen können weniger als ein Prozent an organischem Material enthalten. Es gibt kaum einen Boden, dem organisches Material komplett fehlt, auch wenn die Menge an organischem Material in Böden ganz unterschiedlich ausfallen kann.

Die Hauptquelle für organische Materie in Böden stellen Pflanzen dar, wobei auch Tiere und eine unendliche Zahl an Mikroorganismen einen Beitrag leisten. Verrottet organisches Material, liefert es wichtige Nährstoffe für Pflanzen und im Boden lebende Mikroorganismen und Tiere. Folglich ist die Fruchtbarkeit des Bodens teilweise von der Menge des anwesenden organischen Materials abhängig. Außerdem entstehen durch die Verwesung von Pflanzen und Tieren verschiedene organische Säuren. Diese komplexen Säuren beschleunigen den Verwitterungsprozess. Organisches Material besitzt auch eine große Speicherkapazität für Wasser und unterstützt damit die Wasserrückhaltung im Boden.

Mikroorganismen, einschließlich Pilze, Bakterien und einzellige Protozoen spielen eine aktive Rolle bei der Zersetzung von Pflanzen und Tieren. Das Endprodukt ist Humus, ein Material, das nicht länger den Pflanzen und Tieren ähnelt, aus denen es hervorgegangen ist. Zudem fördern bestimmte Mikroorganismen die Fruchtbarkeit des Bodens, da sie die Fähigkeit besitzen, atmosphärischen Stickstoff in Bodenstickstoff zu verwandeln.

Regenwürmer und andere grabende Tiere vermischen die mineralischen und organischen Anteile des Bodens. Regenwürmer beispielsweise fressen organisches Material und vermischen gründlich den Boden, in dem sie leben; sie bewegen jedes Jahr mehrere Tonnen Boden pro Hektar und reichern ihn an. Die Gänge und Löcher unterstützen auch die Passage von Wasser und Luft durch den Boden.

6.7.5 Topographie

Die Landschaft kann über kurze Entfernungen hinweg stark variieren. Solche Veränderungen in der Topographie können örtlich zur Entwicklung von unterschiedlichen Bodenarten führen. Viele Unterschiede treten auf, da die Länge und die Neigung von Abhängen eine bedeutende Auswirkung auf die Erosion und den Wassergehalt des Bodens haben. An steilen Hängen ist der Boden oft sehr karg entwickelt, dadurch kann nur wenig Wasser aufgenommen werden und der Feuchtigkeitsgehalt des Bodens reicht dann möglicherweise nicht für ein üppiges Pflanzenwachstum aus. Außerdem sind an steilen Hängen wegen der beschleunigten Erosion die Böden dünn oder gar nicht vorhanden (Abbildung 6.18).

Im Gegensatz dazu haben die kaum entwässerten und mit Wasser durchtränkten Böden der Auenlandschaften einen völlig anderen Charakter. Diese Böden sind für gewöhnlich mächtig und dunkel. Die Farbe stammt von der großen Menge an organischem Material, das akkumuliert wird, da unter gesättigten Bedingungen die Zersetzung der Vegetation verzögert wird. Das optimale Terrain für die Bodenentwicklung ist

Abbildung 6.19: Der nördliche Nadelwald im Denali-Nationalpark, Alaska. Der Vegetationstyp beeinflusst die Bodenbildung stark. Der organische Abfall der Nadelbäume enthält viel saures Harz, das zur Anreicherung von Säure im Boden führt. Die intensive Säureauslaugung ist hier ein wichtiger Bodenbildungsprozess. (Foto: Carr Clifton)

6 Verwitterung und Boden

A.

B.

Abbildung 6.20: Ein Bodenprofil ist ein vertikaler Schnitt von der Oberfläche durch alle Bodenhorizonte bis hin zum Ausgangsmaterial. **A**. Dieses Profil zeigt einen gut entwickelten Boden im südöstlichen Süddakota. (Foto: E.J. Tarbuck) **B**. Die Grenzen zwischen den Horizonten in dem Boden in Puerto Rico sind nicht zu erkennen, damit erhält der Boden ein einheitliches Aussehen. (Foto: mit freundlicher Genehmigung der Soil Science Society of America)

das Hochland mit abwechselnd flacher und hügeliger Ausprägung. Hier gibt es einen guten Abfluss, wenig Erosion und genügend Infiltration von Wasser in den Boden.

Die *Hangausrichtung*, also die Richtung, in die der Hang zeigt, spielt auch eine Rolle. In den mittleren Breitengraden der nördlichen Hemisphäre wird auf einen südlich ausgerichteten Hang viel mehr Sonnenlicht einstrahlen als auf einen Nordhang. Tatsächlich könnte auf einen steilen nach Norden ausgerichteten Hang kein direktes Sonnenlicht treffen. Der Unterschied in der empfangenen Sonneneinstrahlung wird Unterschiede in der Bodentemperatur und der Bodenfeuchtigkeit zur Folge haben, was im Gegenzug die Art der Vegetation und die Eigenschaften des Bodens beeinflusst.

Zwar sind in diesem Abschnitt alle Faktoren, die zur Bodenbildung beitragen, einzeln betrachtet worden, doch darf man nicht vergessen, dass sie alle zusammenwirken, um den Boden zu bilden. Kein einzelner Faktor ist für die Eigenschaften eines Bodens verantwortlich. Es ist das Zusammenspiel von Ausgangsmaterial, Zeit, Klima, Pflanzen und Tieren sowie der Topographie, das die Eigenschaften bestimmt.

Das Bodenprofil 6.8

Da der Bodenbildungsprozess von der Oberfläche ausgeht und nach unten wirkt, gibt es Unterschiede in der Zusammensetzung, der Textur, der Struktur und der Farbe, die sich allmählich in unterschiedlichen Tiefen entwickeln. Diese vertikalen Unterschiede, die mit fortschreitender Zeit immer deutlicher werden, teilen

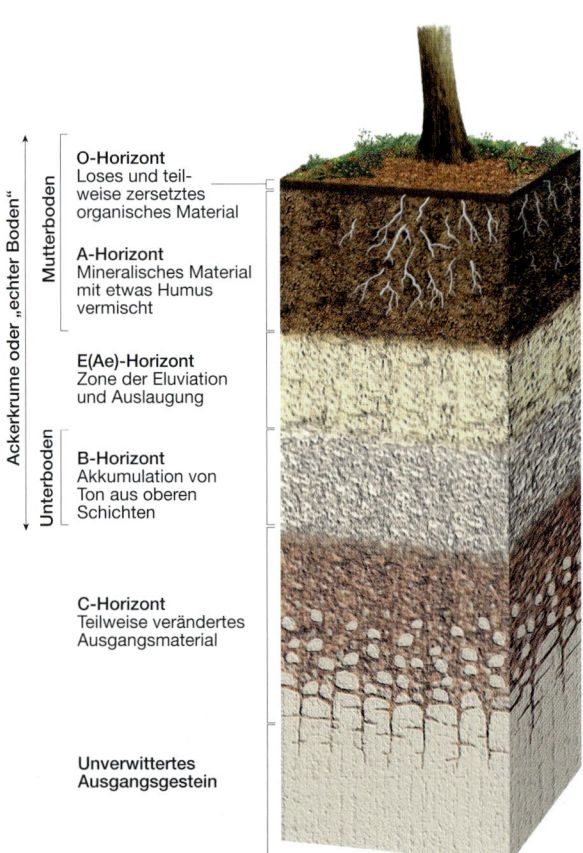

Abbildung 6.21: Ein idealisiertes Bodenprofil in humidem Klima und gemäßigten Breitengraden. Der Mutterboden und der Unterboden bilden zusammen die Ackerkrume, Oberboden oder „True Soil".

6.8 Das Bodenprofil

den Boden in Zonen oder Schichten auf und werden **Horizont** genannt. Wenn Sie eine Grube im Boden ausheben, erkennen Sie an ihren Wänden unterschiedliche Schichten. Ein derartiger vertikaler Schnitt durch alle Bodenhorizonte wird als **Bodenprofil** bezeichnet (▶ Abbildung 6.20).

▶ Abbildung 6.21 zeigt einen idealisierten Blick auf ein gut ausgebildetes Bodenprofil, in welchem fünf Horizonte identifiziert werden können. Von der Oberfläche nach unten sind sie mit O, A, E, B und C bezeichnet. Diese fünf Horizonte haben alle Böden in gemäßigten Gebieten gemeinsam. Die Eigenschaften und das Ausmaß der Entwicklung der Horizonte schwanken bei unterschiedlichen Umweltbedingungen. Deswegen findet man große Unterschiede in den Bodenprofilen an unterschiedlichen Orten.

Der O-Horizont besteht weitgehend aus organischem Material. Im Gegensatz dazu bestehen die Schichten darunter hauptsächlich aus mineralischem Material. Der obere Teil des O-Horizonts enthält vorwiegend Pflanzenabfälle wie abgefallene Blätter und andere organische Teile, die noch erkennbar sind. Dagegen besteht der untere Teil des O-Horizonts aus teilweise zersetztem, organischem Material (Humus), worin Pflanzenstrukturen nicht länger erkennbar sind. Neben der Vegetation wimmelt es im O-Horizont

Alfisol	Mäßig verwitterter, eisen- und aluminiumreicher Boden unter borealen Wäldern oder blattabwerfenden Laubwäldern. Tonpartikel reichern sich in einer tieferen Schicht als Folge der Auswaschung im feuchten Milieu an. Fruchtbare, produktive Böden, da nie zu feucht oder zu trocken.
Andisol	Junger Boden über frischer Vulkanasche und vulkanischen Gläsern.
Aridisol	Boden ariden Klimas; zu wenig Niederschlag, um lösliche Minerale zu entfernen. Kann Calciumcarbonat, Gips oder Salz im Unterboden enthalten. Geringer Gehalt an organischen Substanzen.
Entisol	Junger, unentwickelter Boden, der noch Eigenschaften des Ausgangsmaterials zeigt. Produktivität reicht von sehr hoch (für solche über jungen Flussablagerungen) bis sehr niedrig (für solche über Flugsand oder Felsuntergrund).
Gelisol	Junger Boden in Permafrostgebieten mit wenig entwickeltem Profil. Langsamer Bodenbildungsprozess.
Histosol	Organischer Boden, gebildet unter weiten Klimabedingungen. Kann unter allen Klimaten gefunden werden, wo sich organische Substanzen in Mooren anreichern können. Dunkles, teilweise zersetztes pflanzliches Material. Umgangssprachlich als Torf bezeichnet.
Inceptisol	Junger Boden mit Anfangsstadien schwach entwickelter Bodenhorizonte. Verbreitet in humiden Gebieten von der Arktis bis in die Tropen. Die ursprüngliche Vegetation ist meist Wald.
Mollisol	Dunkler, lockerer Boden unter Grasland, häufig unter Prärielandschaft. Mächtiger humusreicher Oberboden, der reich an Calcium und Magnesium ist. Sehr fruchtbar. Auch in Wäldern mit starker Regenwurmtätigkeit zu finden. Klimabereich von boreal oder alpin bis tropisch, aber meist mit trockenen Perioden.
Oxisol	Boden über alten Landoberflächen, sofern diese nicht vorher schon stark verwittert waren. Verbreitet in den Tropen und Subtropen. Reich an Eisen und Aluminiumoxiden. Oxisole sind stark ausgelaugt, deshalb arme Böden für die Landwirtschaft.
Spodosol	Boden humider Gegenden über sandigem Ausgangsmaterial. Verbreitet unter Nadelwäldern der nördlichen Breiten (siehe Abbildung 6.19) und Wälder der kühlen Klimate. Unter dem dunklen Oberboden mit hohem organischem Gehalt liegt ein heller, gebleichter Horizont, das typische Merkmal dieses Bodens.
Ultisol	Dieser Boden ist das Ergebnis einer langandauernden Verwitterung. Zirkulierendes Wasser hat Tonpartikel in tiefere Horizonte umgelagert (Tonanreicherungshorizont). Nur im humiden Klima der Tropen und gemäßigten Breiten mit langer Wachstumssaison zu finden. Reichlicher Niederschlag und lange frostfreie Zeiten tragen zur Auslaugung bei, daher ärmere Bodenqualität.
Vertisol	Tonreiche Böden, die schrumpfen, wenn sie austrocknen, und quellen, wenn sie feucht werden. Kommen in semiariden bis ariden Klimaten vor, vorausgesetzt, dass genügend Wasser zum Durchfeuchten des Bodens nach den Trockenperioden vorhanden ist. Bodenausdehnung und Schrumpfung führen zu Spannungen an Aufbauten.

Tabelle 6.2: Globale Bodentypen.

6 Verwitterung und Boden

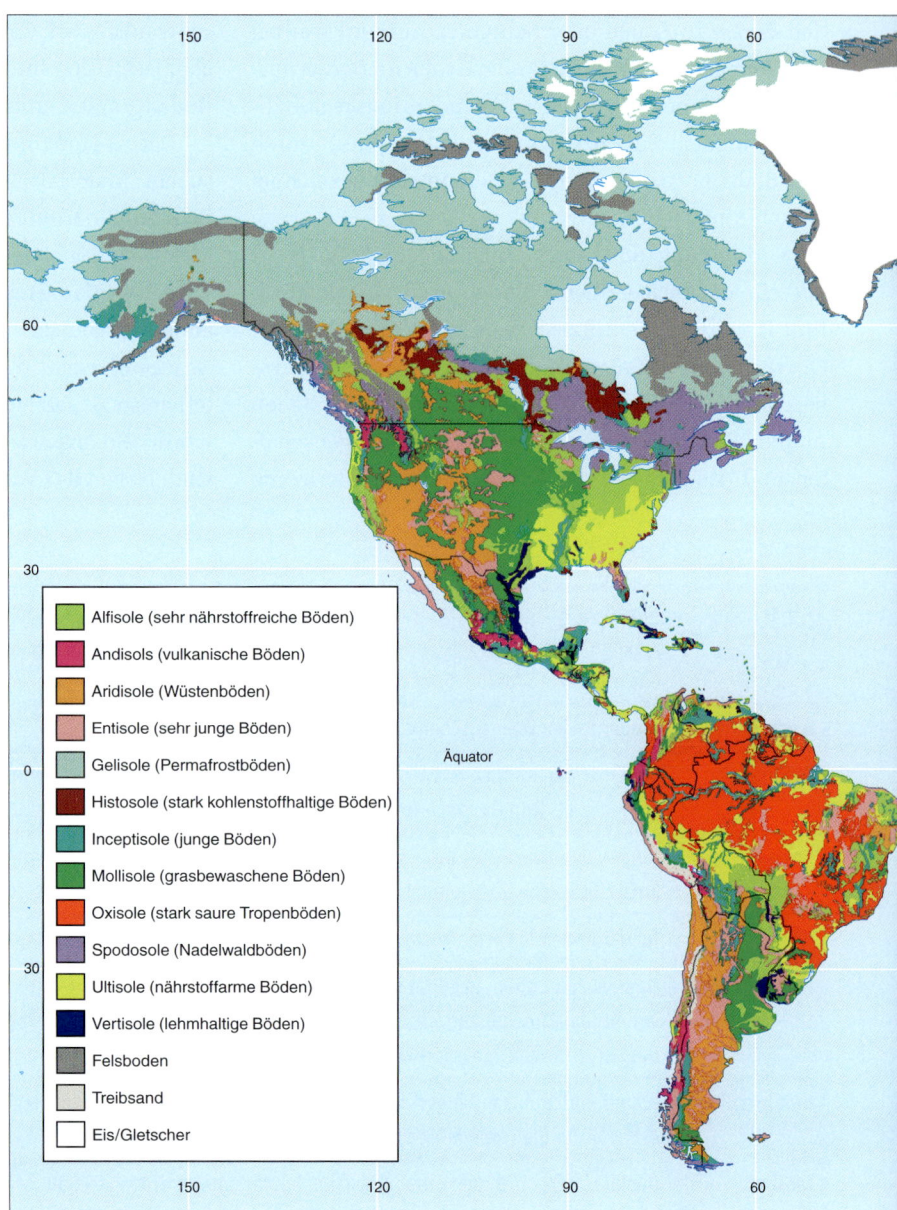

Abbildung 6.22: Die Bodenregionen der Erde. Die weltweite Verteilung der 12 Typen entsprechen der Bodentaxonomie. (Nach: U.S: Department of Agriculture, Natural Resources Conversation Service, World Soil Resources Staff)

von mikroskopisch kleinen Lebensformen, Bakterien, Pilze, Algen und Insekten eingeschlossen. Alle diese Organismen bringen Sauerstoff, Kohlendioxid und Stickstoff ein, um den Boden zu entwickeln.

Der mit organischem Material angereicherte O-Horizont wird vom A-Horizont unterlagert. Diese Zone besteht weitgehend aus mineralischem Material, jedoch ist die Bioaktivität hoch und Humus in der Regel vorhanden – bis zu 30 Prozent in manchen Fällen. Zusammen bilden der O- und der A-Horizont den sogenannten Mutterboden. Unter dem A-Horizont befindet sich der Ae-Horizont, eine helle Schicht, die wenig organisches Material enthält. Während das Wasser durch diese Zone nach unten sickert, werden feine Teilchen abtransportiert. Diese Auswaschung feiner Bodenpartikel wird als **Eluviation** (*elu* = von etwas wegkommen, *via* = Weg) bezeichnet. Das nach unten sickernde Wasser löst auch die löslichen anorganischen Bodenbestandteile und transportiert sie in tiefere Zonen. Diese Verarmung an löslichem Material vom oberen Boden wird als **Auslaugung** bezeichnet.

Unmittelbar unter dem Ae-Horizont liegt der B-Horizont oder Unterboden. Viel Material, das aus dem Ae-Horizont durch Eluviation entfernt wurde, lagert sich im B-Horizont ab und wird häufig als Akkumulationszone bezeichnet. Die Akkumulation feiner Tonpartikel verstärkt den Wasserrückhalt im Unterboden. Die O-, A-, Ae- und B-Horizonte bilden zusammen den Mutterboden oder die Ackerkrume. Im Mutterboden finden die Bodenbildungsprozesse

statt und Wurzeln, Pflanzen und Tiere sind auf diese Schicht beschränkt.

Unterhalb des Mutterbodens und oberhalb des unveränderten Ausgangsmaterials liegt der C-Horizont, eine Schicht mit teilweise verändertem Ausgangsmaterial. Während die O-, A-, E- und B-Horizonte dem Ausgangsmaterial wenig ähneln, kann man es im C-Horizont leicht erkennen. Das Material unterliegt zwar Veränderungen, die es allmählich in Boden verwandeln, doch hat es die Schwelle noch nicht überschritten, die Lockergestein vom Boden trennt.

Die Eigenschaften und das Ausmaß der Entwicklung können sich bei den Böden unterschiedlicher Milieus deutlich unterscheiden. Die Grenzen zwischen den Bodenhorizonten können prägnant oder auch fließend sein. Auch weist ein gut entwickelter Boden darauf hin, dass die Umweltbedingungen über eine längere Zeitspanne hinweg stabil waren und der Boden reif ist. Im Gegensatz dazu haben manche Böden keine Horizonte. Solche Böden werden als unreif bezeichnet, da die Bodenbildung erst seit kurzer Zeit geschieht. Unreife Böden sind auch durch steile Hänge charakterisiert, wo die Erosion den Boden kontinuierlich entfernt und eine vollständige Entwicklung verhindert.

Bodenerosion 6.9

Böden sind nur ein winziger Teil aller Erdmaterialien, dennoch stellen sie eine lebensnotwendige Ressource

EXKURS 6.3 – MENSCH UND UMWELT

■ Abholzung des Regenwalds – die Auswirkung auf den Boden

Mächtige rote Böden kommen häufig in tropischen und subtropischen Gebieten vor. Sie sind das Endprodukt extremer chemischer Verwitterung. Da üppige tropische Regenwälder mit diesen Böden vergesellschaftet sind, könnten wir annehmen, sie wären fruchtbar und hätten ein hohes Potenzial für die Landwirtschaft. Aber genau das Gegenteil ist der Fall – sie gehören zu den magersten Böden für die Landwirtschaft. Wie kann das sein?

Da sich die Regenwaldböden unter Bedingungen hoher Temperaturen und heftiger Regenfälle entwickeln, sind sie stark ausgelaugt. Durch Auslaugung verschwinden nicht nur lösliche Stoffe wie Calciumcarbonat, sondern die großen Mengen an durchsickerndem Wasser entfernen auch viel Kieselsäure, mit dem Ergebnis, dass unlösliche Eisenoxide und Aluminium in der Erde angereichert werden. Die markante rote Farbe des Bodens stammt von den Eisenoxiden. Da die Aktivität von Bakterien in den Tropen sehr hoch ist, enthält der Regenwaldboden praktisch keinen Humus. Zudem wird die Fruchtbarkeit des Bodens durch Auslaugung zerstört, da die meisten Pflanzennährstoffe durch das riesige Volumen an durchsickerndem Wasser weggeschwemmt werden. Die Vegetation mag zwar dicht und üppig sein, der Boden selbst enthält aber nur wenige, verfügbare Nährstoffe.

Die meisten Nährstoffe, von denen die Regenwälder leben, sind in den Bäumen selbst eingebunden. Stirbt die Vegetation ab und verrottet sie, werden die Nährstoffe schnell von den Wurzeln der Bäume absorbiert, bevor sie aus dem Boden ausgelaugt werden. Die Nährstoffe werden kontinuierlich wiederverwertet, wenn die Bäume absterben und verrotten.

Deswegen werden bei der Abholzung von Regenwald zur Gewinnung landwirtschaftlicher Flächen die meisten Nährstoffe auch mit entfernt (▶Abbildung 6.E). Übrig bleibt ein Boden, der angepflanzte Nutzpflanzen nicht ausreichend versorgen kann.

Der Kahlschlag von Regenwald entfernt nicht nur Pflanzennährstoffe, sondern beschleunigt auch die Erosion. Ist Vegetation vorhanden, befestigen die Wurzeln den Boden und die Äste und Blätter bieten dem Boden einen Regenschutz, indem sie die volle Wucht der häufigen und heftigen Regenfälle mildern.

Die Entfernung der Vegetation exponiert den Boden starker, direkter Sonneneinstrahlung. Dadurch verhärten die tropischen Böden zu ziegelähnlicher Konsistenz und werden praktisch undurchdringbar für Wasser und die Wurzeln von Nutzpflanzen. Nach nur wenigen Jahren können Böden in einem frisch gerodeten Gebiet nicht mehr kultiviert werden.

Die Bezeichnung Laterit wird oft für diese Böden gebraucht und stammt von dem lateinischen Wort *latere*, was Ziegel bedeutet. Der Name Laterit wurde zuerst für die Verwendung diese Materials zur Ziegelherstellung in Indien und Kambodscha verwendet. Arbeiter gruben die Böden einfach aus, formten sie und ließen sie in der Sonne trocknen. Historische, aber gut erhaltene Bauwerke, die aus Laterit errichtet wurden, sind noch immer in den nassen Tropen erhalten (▶Abbildung 6.F). Manche dieser Bauwerke haben Jahrhunderte der Verwitterung überstanden, da alles lösliche Material bereits durch chemische Verwitterung aus dem Boden entfernt worden war. Diese Böden sind trotz der Assoziation mit üppigem Wachstum tropischer Regenwälder unproduktiv, wenn die Vegetation entfernt wird. Zudem sind diese Böden, wenn sie frei von Pflanzen sind, fortschreitender Erosion unterworfen und können ziegelsteinhart durch die Sonne gebacken werden.

Abbildung 6.E: Kahlschlag von tropischem Regenwald im Westen von Kalimantan (Borneo), Indonesien. Die mächtige Bodenschicht ist stark ausgelaugt. (Foto: Wayne Lawler/Photo Researchers, Inc.)

Abbilung 6.F: Dieser alte Tempel von Angkor Wat, Kambodscha, wurde aus Lateritziegeln erbaut. (Foto: R. Ian Lloyd/The Stock Market)

Studenten fragen manchmal …

Als ich neulich in meinem Garten grub, stieß ich auf einen Verdichtungshorizont, der sehr schwer zu durchdringen war. Wie entsteht ein solcher Verdichtungshorizont?

Verdichtungshorizonte entstehen durch Auslaugung. Sickert das Wasser durch den Boden, werden feine Partikel in Tonkorngröße aus den oberen Bodenlagen entfernt und im Unterboden (B-Horizont) konzentriert. Nach einiger Zeit bildet die Akkumulation dieser Partikel mit Tonkorngrößen eine nahezu undurchdringliche Schicht; das ist das, was Sie gefunden haben. Manchmal sind Verdichtungshorizonte so undurchdringlich, dass sie eine effektive Sperre für die Wasserbewegung darstellen und ein weiteres Einsickern des Wassers verhindern. Verdichtungshorizonte werden auch Lehmsteinschicht genannt, da ihr hoher Tonanteil sich zur Verwendung als Bauziegel eignet.

Abbildung 6.23: Wenn es regnet, fallen Wassertropfen mit Geschwindigkeiten von 10 Meter pro Sekunde (35 Kilometer pro Stunde) auf den Boden. Treffen die Tropfen auf die exponierte Oberfläche, können Bodenpartikel bis zu einem Meter hoch in die Luft spritzen und mehr als einen Meter vom Tropfeneinschlag landen. Boden, der durch Spritzerosion gelockert wurde, kann leichter durch Schichtfluten entfernt werden. (Foto: mit freundlicher Genehmigung des U.S.D.A./Natural Resources Conservation Service)

dar. Da Böden notwendig für das Wachstum von wurzelnden Pflanzen sind, bilden sie eine wichtige Grundlage für das menschliche Lebenserhaltungssystem. Im selben Maße, wie durch menschlichen Einfallsreichtum die landwirtschaftliche Produktivität des Bodens durch Düngung und Bewässerung gesteigert werden kann, können die Böden durch fahrlässige Aktivitäten Schaden nehmen oder zerstört werden. Obwohl Böden eine wesentliche Rolle bei der Nahrungsversorgung, der Versorgung mit Textilfasern und anderen elementaren Materialien spielen, gehören sie zu den am meisten missbrauchten Ressourcen.

Vielleicht kam es zu dieser Vernachlässigung und Gleichgültigkeit, weil ein wesentlicher Teil der Böden sogar dort erhalten bleibt, wo die Erosion stark angreift. Der Verlust an Mutterboden mag zwar nicht für jedermann sichtbar sein, aber es ist ein wachsendes Problem, je mehr menschliche Aktivität zunehmend die Erdoberfläche zerstört.

6.9.1 Wie Boden erodiert

Bodenerosion ist ein natürlicher Prozess; er ist ein Teil des ständigen Recyclings des Erdmaterials, das wir Gesteinskreislauf nennen. Wird Boden geformt, bewegen Erosionskräfte, vor allem Wasser und Wind, die Bodenbestandteile von einem Ort zum anderen. Bei jedem Regen schlagen die Regentropfen mit erstaunlicher Kraft auf die Erdoberfläche auf (▶Abbildung 6.23). Jeder Tropfen verhält sich wie eine winzige Bombe, die bewegliche Bodenteilchen aus ihrer Position in der Bodenmasse wegsprengt. Fließt dann Wasser über die Oberfläche, werden die gelockerten Bodenteilchen fortgetragen. Da der Boden durch dünne Wasserschichten abgetragen wird, nennt man diesen Vorgang Schichtfluterosion oder Flächenerosion.

Nachdem das Wasser als dünne Schicht für eine kurze Strecke geflossen ist, entwickeln sich typischerweise Strömungsketten und winzige Kanäle und Rillen beginnen sich zu formen, die sich zu tieferen Einschnitten in den Boden vergrößern, sogenannte Rinnen (▶Abbildung 6.24). Gelingt es durch normale landwirtschaftliche Kultivierung nicht, diese Rinnen auszugleichen, können sich die Rinnen zu Kerben und Schluchten vergrößern. Auch wenn die meisten der entfernten Bodenteilchen nur eine geringe Strecke während jedes Regenfalls zurücklegen, werden doch bedeutende Mengen bei jedem Regenfall aus dem Feld geschwemmt und gelangen schließlich hangabwärts in die Flüsse. Im Fluss angekommen, werden diese Bodenpartikel, die man nun **Sediment** nennt, flussabwärts transportiert und schließlich abgelagert.

6 Verwitterung und Boden

A.

B.

Abbildung 6.24: A. Die Bodenerosion auf diesem Feld im nordöstlichen Wisconsin ist offensichtlich. Geht nur ein Millimeter Boden von einem einzigen Morgen verloren, macht das insgesamt fünf Tonnen aus. (Foto: D.P. Burnside/Foto Researchers, Inc.) **B.** Die Rinnenerosion ist in diesem kaum geschützten Boden in Kolumbien deutlich zu erkennen. (Foto: Carl Purcell/Photo Researchers, Inc.)

6.9.2 Erosionsgeschwindigkeit

Wir wissen, dass Bodenerosion das endgültige Schicksal aller Böden ist. In der Vergangenheit trat Erosion mit geringeren Geschwindigkeiten als heute auf, da ein größerer Teil der Landoberfläche mit Bäumen, Büschen, Gras und anderen Pflanzen bedeckt und geschützt war. Menschliche Aktivitäten, wie Landwirtschaft, Forstwirtschaft und Bebauung, haben die natürliche Vegetation entfernt oder gestört und die Bodenerosion beschleunigt. Ohne den Halt durch Pflanzen kann der Boden leichter vom Wind fortgetragen werden oder hangabwärts durch Flächenerosion weggeschwemmt werden.

> **Studenten fragen manchmal …**
>
> **Ist der Anteil an Ackerbau in den Vereinigten Staaten und weltweit rückläufig?**
>
> Ja, das ist so. Nach Schätzungen gehen in den USA jährlich 3 bis 5 Millionen Morgen bestes Ackerland durch schlechte Bewirtschaftung (einschließlich Bodenerosion) und nicht landwirtschaftliche Umnutzung verloren. Gemäß einem Bericht der Vereinten Nationen fallen seit 1950 weltweit mehr als ein Drittel der bebaubaren Ackerflächen der Erosion zum Opfer.

Die natürliche Erosionsgeschwindigkeit schwankt von Ort zu Ort sehr stark und hängt von den Bodeneigenschaften sowie von Faktoren wie Klima, Hangneigung und Vegetationsart ab. Die Erosion eines großen Gebiets durch Oberflächenabfluss kann durch die Sedimentladung der Flüsse bestimmt werden, die das Gebiet entwässern. Weltweite Untersuchungen darüber ergaben Hinweise darauf, dass der Sedimenttransport von den Flüssen zum Ozean vor dem Auftreten der Menschen knapp über neun Millionen metrischer Tonnen pro Jahr betragen hat. Im Gegensatz dazu beträgt die Menge des Materials, das derzeit durch Flüsse ins Meer transportiert wird, etwa 24 Millionen metrische Tonnen pro Jahr, also etwa zweieinhalb Mal so viel.

Schwieriger ist es, den Verlust von Boden durch Windabtrag zu messen. Doch die Entfernung von Boden durch Wind ist im Allgemeinen weniger bedeutend als die Erosion durch fließendes Wasser, mit Ausnahme von langen Trockenperioden. Herrschen trockene Bedingungen vor, kann starker Wind große Mengen Boden von ungeschützten Feldern davon tragen (▶ Abbildung 6.25). Das war in den dreißiger Jahren in einem Teil der Great Plains der Fall, das als Staubbecken (Dust Bowl) bekannt wurde (▶ siehe Exkurs 6.4).

In vielen Gebieten ist die Geschwindigkeit der Bodenerosion viel größer als die Geschwindigkeit der Bodenbildung. Das bedeutet, dass an manchen Orten eine erneuerbare Ressource zu einer nicht erneuerba-

6.9 Bodenerosion

EXKURS 6.4 – MENSCH UND UMWELT
Staubbecken (Dust Bowl) – Erosion in den Great Plains

Während einer Trockenperiode in den dreißiger Jahren des vorigen Jahrhunderts wurden die Great Plains von Staubstürmen heimgesucht. Aufgrund der Größe und Heftigkeit dieser Stürme erhielt diese Region die Bezeichnung „Staubbecken" (Dust Bowl) und diesen Zeitraum nannte man die „Schmutzigen Dreißiger" (Dirty Thirties). Das Zentrum des Staubbeckens umfasste beinahe 100 Millionen Morgen in den Panhandles von Texas und Oklahoma sowie benachbarter Gebiete von Colorado, New Mexiko und Kansas (▶Abbildung 6.G). Staubstürme waren, wenn auch weniger stark, ein Problem für große Teile der Great Plains, von Norddakota bis ins westliche Zentraltexas.

Zeitweise waren die Staubstürme so stark, dass sie „schwarze Blizzards" und „schwarze Walzen" genannt wurden, da sie die Sicht auf nur wenige Meter reduzierten. Zahlreiche Stürme dauerten Stunden und lösten große Mengen Mutterboden vom Land.

Im Frühjahr 1934 dauerte ein Windsturm eineinhalb Tage lang und entwickelte eine Staubwolke mit 2.000 Kilometer Länge. Als das Sediment sich ostwärts bewegte, gab es „Schlammregen" in New York und „schwarzen Schnee" in Vermont. Ein anderer Sturm trug den Staub mehr als 3 Kilometer in die Atmosphäre und transportierte ihn 3.000 Kilometer von seinem Herkunftsort in Colorado nach Neuengland und New York, wo er eine „Mittagsdämmerung" hervorrief.

Was verursachte das Staubbecken? Sicherlich ist die Tatsache wichtig, dass die Great Plains von einigen der stärksten Stürme Nordamerikas heimgesucht wurden. Dennoch war es die Ausdehnung der Landwirtschaft, die die Grundlage für die verheerende Periode von Bodenerosion schuf. Die Mechanisierung erlaubte eine schnelle Verwandlung der grasbedeckten Prärien dieses semiariden Gebiets in landwirtschaftliche Flächen. Zwischen 1870 und 1930 verzehnfachte sich die kultivierte Fläche von etwa 4 Millionen Hektar auf etwa 40 Millionen Hektar.

Solange der Niederschlag ausreichend war, blieb der Boden an Ort und Stelle. Als jedoch in den dreißiger Jahren eine lange Dürreperiode auftrat, boten die ungeschützten Felder dem Wind eine große Angriffsfläche. Daraus resultierten schwerwiegender Bodenverlust, Ernteausfälle und wirtschaftliche Not.

Zu Beginn des Jahres 1939 brachten regnerische Bedingungen Erleichterung. Neue landwirtschaftliche Methoden reduzierten den Verlust von Boden durch Wind. Zwar sind Staubstürme weniger zahlreich und schwerwiegend als in den dreißiger Jahren, doch tritt die Bodenerosion durch den Wind immer noch periodisch auf, wenn Dürre und ungeschützter Boden zusammentreffen.

Abbildung 6.G: Ein verlassener Hof symbolisiert die katastrophalen Auswirkungen von Winderosion und Ablagerung während der Staubbeckenperiode. Dieses Foto eines ehemals wohlhabenden Hofs entstand 1937 in Oklahoma. Siehe auch Abbildung 19.10. (Foto: mit freundlicher Genehmigung des Soil Conservation Service, U.S. Department of Agriculture)

ren Ressource wird. Gegenwärtig schätzt man, dass der Mutterboden auf zwei Drittel der Ackerflächen weltweit schneller erodiert, als er gebildet wird. Die Folgen davon sind niedrigere Produktivität, schlechtere Erntequalität, weniger Einkommen durch Landwirtschaft und eine unheilvolle Zukunft.

6.9.3 Sedimentation und chemische Verschmutzung

Ein weiteres Problem, das mit übermäßiger Bodenerosion zusammenhängt, ist die Ablagerung von Sediment. Jedes Jahr werden Hunderte Millionen Tonnen

6 Verwitterung und Boden

Abbildung 6.25: **A.** Windbrecher schützen Weizenfelder in Süddakota. Diese weiten Ebenen sind der Winderosion besonders ausgesetzt, wenn die Felder brach liegen. Die Baumreihen verlangsamen den Wind und lenken ihn nach oben ab. Das vermindert den Verlust kleiner Bodenpartikel. (Foto: Erwin C. Cole/U.S.D.A/Natural Resources Conservation Service) **B.** Dieser Windschutz aus Koniferen in Indiana bietet diesem Anbaugebiet ganzjährigen Schutz vor dem Wind. (Foto: Erwin C. Cole/U.S.D.A./Natural Resources Conservation Service)

erodierten Bodens in Seen, Staubecken und Flüssen abgelagert. Die Auswirkungen dieses Prozesses können sehr schwerwiegend sein. Wird beispielsweise mehr und mehr Sediment in einem Stausee abgelagert, verringert sich die Aufnahmefähigkeit des Reservoirs und damit die Erfüllung seiner Aufgaben als Hochwasserkontrolle, Wasserversorgung und/oder Energiegewinnung. Zudem kann die Sedimentation in Flüssen und anderen Wasserstraßen zu Behinderungen der Schifffahrt führen und hohe Kosten durch Ausbaggerungen verursachen.

In manchen Fällen werden die Bodenteilchen mit Pestiziden aus der Landwirtschaft kontaminiert. Werden diese Chemikalien in einen See oder ein Staubecken eingeschwemmt, sind Wasserqualität und die im Wasser lebenden Organismen bedroht. Zu dem Pestizideintrag kommen die Nährstoffe hinzu, die natürlicherweise im Boden vorkommen, und die durch Landwirtschaft ausgebrachten Düngemittel. Sie gelangen in Flüsse und Seen, wo sie das Pflanzenwachstum stimulieren. Über einen längeren Zeitraum hinweg beschleunigt die überhöhte Nährstoffversorgung den Vorgang, bei dem das Pflanzenwachstum zur Sauerstoffverarmung führt und damit zu einem frühen Absterben des Sees.

Die Verfügbarkeit von gutem Boden ist entscheidend für die Nahrungsversorgung der rapide wachsenden Bevölkerung auf der Erde. Auf jedem Kontinent findet unnötiger Bodenverlust statt, da angemessene Erhaltungsmaßnahmen nicht zum Einsatz kommen. Zwar lässt sich Erosion niemals ganz verhindern, aber es gibt die Möglichkeit, durch Bodenerhaltungsprogramme den Verlust dieser elementaren Ressource ganz wesentlich zu reduzieren. Windschutz (Baumreihen), Anlage von Terrassen und das Pflügen parallel zu den Höhenlinien sind effektive Maßnahmen, genauso wie spezielle Bodenkultivierung und Rotationsackerbau.

ZUSAMMENFASSUNG

Externe Prozesse schließen ein: (1) *Verwitterung* – den Zerfall und die Zersetzung von Gestein auf oder nahe der Erdoberfläche; (2) *Massenbewegung* – der Transport von Gesteinsmaterial hangabwärts unter dem Einfluss der Schwerkraft; und (3) *Erosion* – die Entfernung von Material durch bewegliche Agenzien, normalerweise durch Wasser, Wind oder Eis. Sie werden *externe Prozesse* genannt, weil sie auf oder nahe der Erdoberfläche stattfinden und ihre Energie durch die Sonne erhalten. Im Gegensatz dazu beziehen *interne Prozesse* wie Vulkanismus und Gebirgsbildung ihre Energie aus dem Erdinneren.

Physikalische Verwitterung ist das mechanische Aufbrechen von Gestein in kleinere Stücke. Gesteine verwittern durch *Frostsprengung* (wenn Wasser in Spalten und Hohlräume im Gestein eindringt und sich beim Gefrieren ausdehnt und die Öffnungen vergrößert), *Salzkristallwachstum*, *Druckentlastung* (Ausdehnung und Zerbrechen aufgrund einer großen Reduktion des Drucks, wenn das überlagernde Gestein erodiert wurde; *thermische Ausdehnung* (die Schwächung des Gesteins als Ergebnis von Ausdehnung und Kontraktion durch Erwärmung und Abkühlung) und *biologische Aktivität* (durch Menschen, grabende Tiere, Pflanzenwurzeln etc.).

Chemische Verwitterung verändert die Chemie eines Gesteins, indem es in andere Substanzen umgewandelt wird. Wasser ist mit Abstand das wichtigste Mittel bei chemischer Verwitterung. *Auflösung* tritt dann auf, wenn wasserlösliche Minerale wie Halit in Wasser gelöst werden. Sauerstoff, der in Wasser gelöst ist, wird eisenreiche Minerale *oxidieren*. Ist Kohlendioxid (CO_2) in Wasser gelöst, bildet sich *Kohlensäure*, die den Zerfall von Silikatmineralen durch *Hydrolyse* beschleunigt. Durch die chemische Verwitterung von Silikatmineralen entstehen häufig: (1) lösliche Produkte, die Natrium-, Calcium-, Kalium- und Magnesiumionen und Siliziumdioxid in Lösung enthalten; (2) unlösliche Eisenoxide und (3) Tonminerale.

Die Verwitterungsgeschwindigkeit eines Gesteins hängt von folgenden Faktoren ab: (1) *Teilchengröße* – kleinere Stücke verwittern im Allgemeinen schneller; (2) *Mineralaufbau* – Calcit wird schnell in schwachen Säuren gelöst und Silikatminerale, die als Erstes von Magma auskristallisieren, sind am wenigsten gegen chemische Verwitterung resistent; und (3) *klimatische Faktoren*, insbesondere Temperatur und Feuchtigkeit. Häufig verwittern Gesteine, die an der Erdoberfläche freigelegt sind, nicht gleich schnell. Diese *selektive Verwitterung* der Gesteine wird durch Faktoren wie den Mineralaufbau und das Ausmaß der Klüftung beeinflusst.

Boden ist eine Kombination aus organischem und mineralischem Material, Wasser und Luft – der Anteil des *Lockerbodens* (die Schicht von Gestein- und Mineralbruchstücken, die durch Verwitterung entstehen), der das Pflanzenwachstum fördert. Etwa die Hälfte des Gesamtvolumens eines hochqualitativen Bodens ist eine Mischung aus zerfallenem und zersetztem Gestein (mineralische Materie) und Humus (die verrotteten Überreste von Pflanzen und Tieren); die übrige Hälfte besteht aus Porenräumen, in denen Wasser und Luft zirkulieren können. Die wichtigsten Faktoren, die die Bodenbildung bestimmen, sind das *Ausgangsmaterial*, die *Zeit*, das *Klima*, *Pflanzen* und *Tiere* und die *Hangneigung*.

Bodenbildungsvorgänge greifen von der Oberfläche aus nach unten gehend an und produzieren Zonen oder Schichten im Boden, die *Horizonte* genannt werden. Von der Oberfläche aus abwärts werden die Horizonte jeweils bezeichnet als: *O* (überwiegend organisches Material), *A* (überwiegend mineralisches Material), *E* (dort wurden feine Bodenkomponenten und lösliches Material durch *Auswaschung* und *Auslaugung* entfernt), *B* Unterboden, oft als *Akkumulationszone* bezeichnet) und *C* (teilweise verändertes Ausgangsmaterial). Zusammen bilden die O- und A-Horizonte den *Mutterboden*.

Bodenerosion ist ein natürlicher Prozess und Teil der konstanten Wiederaufarbeitung von Erdmaterie, den wir Gesteinskreislauf nennen. Gelangen Bodenteilchen in einen Flusslauf, so werden sie transportiert und schließlich abgelagert. Die *Geschwindigkeit der Bodenerosion schwankt* von Ort zu Ort und hängt von den Bodeneigenschaften und von Faktoren wie Klima, Hangbeschaffenheit und Vegetationstyp ab.

Wiederholungsfragen

1. Beschreiben Sie die Rolle der externen Prozesse beim Gesteinskreislauf.
2. Wenn zwei identische Gesteine verwittern, eines physikalisch, das andere chemisch, wie würden sich die Verwitterungsprodukte der beiden Gesteine voneinander unterscheiden?
3. Unter welchen Umweltbedingungen ist Frostsprengung am effektivsten?
4. Beschreiben Sie die Bildung von Desquamationskuppen. Geben Sie dafür ein Beispiel.
5. Wie trägt die physikalische Verwitterung zur Wirksamkeit der chemischen Verwitterung bei?
6. Granit und Basalt sind an der Oberfläche in einem heißen und feuchten Gebiet aufgeschlossen.
    a. Welche Verwitterungsart wird vorherrschen?
    b. Welches dieser Gesteine wird schneller verwittern?
7. Wärme beschleunigt chemische Reaktionen. Warum schreitet chemische Verwitterung in einer heißen Wüste langsam voran?
8. Wie wird Kohlensäure (H_2CO_3) in der Natur gebildet? Welche Reaktion tritt auf, wenn die Säure mit Kalifeldspat reagiert?
9. Nennen Sie mögliche ökologische Auswirkungen von saurem Niederschlag.
10. Was ist der Unterschied zwischen Boden und Lockergestein?
11. Welche Faktoren können die Bildung verschiedener Böden aus dem gleichen Ausgangsmaterial hervorrufen bzw. die Bildung ähnlicher Böden aus unterschiedlichen Ausgangsmaterialien?
12. Welche Regulierung ist bei der Bodenbildung am wichtigsten? Erläutern Sie Ihre Antwort.
13. Wie kann die Topographie die Entwicklung des Bodens beeinflussen? Was ist mit dem Begriff Hangausrichtung gemeint?
14. Nennen Sie die Merkmale, die in einem gut ausgebildeten Bodenprofil mit jedem der Horizonte assoziiert sind. Welcher Horizont bildet die Ackerkrume? Unter welchen Umständen haben Böden keine Horizonte?
15. Der tropische Boden, wie in Exkurs 6.3 beschrieben, nährt üppige Regenwälder und wird doch als wenig fruchtbar beschrieben. Erklären Sie den Grund dafür.
16. Nennen Sie drei nachteilige Wirkungen der Bodenerosion, außer dem Verlust an Mutterboden auf landwirtschaftlichen Flächen.
17. Beschreiben Sie kurz die Bedingungen, die zum „Staubbecken" in den dreißiger Jahren geführt haben.

Größere Multiple-Choice-Tests zur Wissenskontrolle und Prüfungsvorbereitung sowie weitere Informationen zu diesem Buchkapitel finden Sie auf der Companion Website zum Buch unter **www.pearson-studium.de**

Sedimentgesteine

7.1	Der Ursprung der Sedimentgesteine	233
7.2	Klastische Sedimentgesteine	234
7.3	Chemische Sedimentgesteine	240
7.4	Kohle – ein organisches Sedimentgestein	246
7.5	Von Sediment zu Sedimentgestein: Diagenese und Verfestigung	248
7.6	Klassifikation der Sedimentgesteine	249
7.7	Sedimentationsräume	250
7.8	Sedimentstrukturen	255
	Zusammenfassung	261
	Wiederholungsfragen	262

7 Sedimentgesteine

Die weißen Kreidefelsen von Dover. Diese markanten Kreideablagerungen unterlagern große Teile Südenglands und Nordfrankreichs. (Foto: Jeremy Woodhouse/DRK Foto)

Ein Großteil der festen Erde besteht aus magmatischen und metamorphen Gesteinen. Geologen schätzen, dass diese beiden Gesteinskategorien 90 bis 95 Prozent der äußeren 16 Kilometer der Erdkruste ausmachen. Trotzdem besteht die feste Oberfläche der Erde entweder aus Sedimenten oder Sedimentgestein. Etwa 75 Prozent des Landgebiets ist mit Sedimenten und Sedimentgestein bedeckt. Der Ozeanboden, der fast 70 Prozent der festen Erdoberfläche ausmacht, ist eigentlich völlig mit Sediment bedeckt. Magmatisches Gestein ist dort nur am Kamm der ozeanischen Rücken exponiert und in manchen Vulkangebieten. Zwar machen Sedimente und Sedimentgestein nur einen kleinen Prozentsatz der Erdkruste aus, aber sie sind auf oder nahe der Erdoberfläche konzentriert – der Schnittstelle zwischen Geosphäre, Hydrosphäre, Atmosphäre und Biosphäre. Aufgrund dieser einzigartigen Lage enthalten die Sedimente und die Gesteinsschichten, die sich schließlich bilden, Hinweise auf vergangene Bedingungen und Ereignisse auf der Oberfläche. Außerdem enthalten Sedimentgesteine Fossilien, die wichtige Hilfsmittel zur Erforschung der geologischen Vergangenheit darstellen. Folglich liefert diese Gruppe der Gesteine die meisten Informationen, die Sie brauchen, um Details der Erdgeschichte zu rekonstruieren (▶ Abbildung 7.1).

Diese Forschungsarbeiten werden nicht nur aus Eigeninteresse durchgeführt, sie haben auch einen praktischen Nutzen. Kohle wird als Sedimentgestein klassifiziert und liefert einen bedeutenden Beitrag zu unserer elektrischen Energie. Außerdem stammen andere wichtige Energieressourcen – Öl, Erdgas und Uran – aus Sedimentgesteinen. Das gilt auch für wichtige Quellen von Eisen, Aluminium, Mangan und Phosphordünger und zahlreiche für die Bauindustrie bedeutende Materialien, wie Zement und Bauzuschlagsstoffe. Sedimente und Sedimentgesteine sind der Hauptspeicher für Grundwasser. Deswegen ist das

Verstehen dieser Gesteinsgruppe und der Prozesse, die sie gebildet und verändert haben, grundlegend für die weitere Versorgung mit vielen wichtigen Ressourcen.

Der Ursprung der Sedimentgesteine 7.1

▶ Abbildung 7.2 zeigt den Teil des Gesteinskreislaufs, der nahe der Erdoberfläche vorkommt – der Teil, der zu Sedimenten und Sedimentgesteinen gehört. Ein kurzer Überblick über diese Prozesse liefert eine brauchbare Vorausschau:

- Mit der Verwitterung beginnt der Prozess. Das schließt den physikalischen Zerfall und die chemische Zersetzung von bereits existierenden magmatischen, metamorphen und sedimentären Gesteinen ein. Durch Verwitterung entsteht eine Vielfalt an Produkten, einschließlich verschiedener fester Komponenten und Ionen in Lösung. Das sind die Rohstoffe für die Sedimentgesteine.

- Lösliche Anteile werden durch Oberflächenabfluss und Grundwasser wegtransportiert. Feste Bestandteile werden kontinuierlich durch die Schwerkraft hangabwärts bewegt, bevor sie durch abfließendes Wasser, Grundwasser, Wind und/oder Gletschereis entfernt werden. Durch Transport werden die Materialien von ihrem Entstehungsort zu ihrem Ablagerungsort bewegt. Der Transport von Sedimenten ist diskontinuierlich. Bei einer Flut wird beispielsweise ein schnell fließender Fluss große Mengen an Sand und Kies bewegen. Geht die Flut zurück, werden die Komponenten kurzfristig abgelagert und mit der nächsten Flut weitertransportiert.

- Die Ablagerung fester Bestandteile erfolgt, wenn Wind und Wasserströmung abnehmen und wenn Gletschereis schmilzt. Das Wort *sedimentär* bezieht sich eigentlich auf diesen Prozess. Es stammt von dem lateinischen Wort *sedimentum*, was „sich niederlassen" bedeutet, eine Bezugnahme auf festes Material, das sich aus einem Fluid (Wasser oder Luft) absetzt. Der Schlick am Grund eines Sees, ein Delta an Flussmündungen, ein Kiesbett im Fluss, die Teilchen in einer Wüstensanddüne und sogar Hausstaub sind Beispiele dafür.

Abbildung 7.1: Sedimentgesteine sind an der Oberfläche häufiger aufgeschlossen als magmatische und metamorphe Gesteine. Da sie Fossilien und andere Informationen über die geologische Vergangenheit enthalten, sind Sedimentgesteine für die Erforschung der geologischen Vergangenheit wichtig. Die hier gezeigten Schichten südlich des Soap Creek, Arizona, sind als Vermillion Cliffs bekannt. (Foto: Michael Collier)

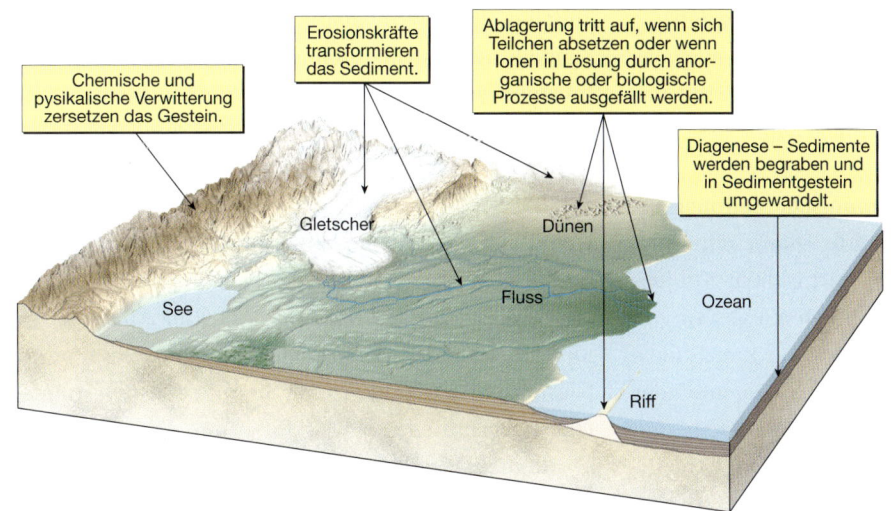

Abbildung 7.2: Dieses Diagramm zeigt den Teil des Gesteinskreislaufs, der zur Bildung von Sedimentgesteinen beiträgt. Verwitterung, Transport, Ablagerung und Diagenese machen die grundlegenden Prozesse aus, die darin eingebunden sind.

- Die Ablagerung von im Wasser gelösten Material steht in keiner Beziehung zur Wind- oder Strömungsstärke. Stattdessen werden die Ionen in Lösung dann entfernt, wenn durch chemische Veränderungen oder Änderungen in der Temperatur das Material zu kristallisieren oder auszufallen beginnt oder wenn Organismen das gelöste Material extrahieren, um Schalen zu bilden.
- Dauert die Ablagerung an, werden ältere Sedimente unter jüngeren Schichten begraben und allmählich durch Verdichtung und Zementierung in Sedimentgestein umgewandelt (lithifiziert). Das und andere Veränderungen werden als Diagenese (*dia* = Veränderung; *genesis* = Ursprung) bezeichnet, ein Sammelbegriff für alle Veränderungen (außer Metamorphose), die im Gefüge, der Zusammensetzung und bei anderen physikalischen Eigenschaften stattfinden, nachdem die Sedimente abgelagert wurden.

Da es verschiedene Arten der Verwitterung, des Transports, der Ablagerung und der Umwandlung in festes Gestein gibt, teilt man Sedimentgesteine in drei Kategorien ein. Im Überblick wurde darauf hingewiesen, dass Sedimente aus zwei wesentlichen Herkunftsquellen stammen. Erstens könnte eine Akkumulation von Material stattfinden, das nach seiner Entstehung durch physikalische und chemische Verwitterung in feste Partikel zerteilt und herantransportiert wurde. Ablagerungen dieser Art werden als *detritisch* bezeichnet und die Sedimentgesteine, die daraus entstehen, werden **detritische** oder auch **klastische Sedimente** genannt.

Die zweite Hauptquelle von Sedimenten ist lösliches Material, das größtenteils durch chemische Verwitterung entstanden ist. Werden diese Ionen in Lösung gebracht und entweder durch anorganische oder biologische Prozesse ausgefällt, nennt man das entstandene Material chemisches Sediment und das Gestein, das daraus gebildet wird, **chemisches Sedimentgestein**.

Die dritte Kategorie sind **organische Sedimentgesteine**. Das Hauptbeispiel ist Kohle. Dieses schwarze, brennbare Gestein besteht aus organischem Kohlenstoff von Pflanzenüberresten, die sich am Grund von Sümpfen angesammelt haben. Die Teile und Stücke der unverwesten Pflanzen, die die „Sedimente" der Kohle ausmachen, sind sehr verschieden von den Verwitterungsprodukten der detritischen und chemischen Sedimente.

Klastische Sedimentgesteine 7.2

Tonminerale und Quarz sind die Hauptbestandteile der meisten Sedimentgesteine dieser Kategorie, obwohl eine große Vielfalt an Mineralen und Gesteinsfragmenten (Klasten) in klastischen Sedimentgesteinen anzutreffen sind. Sie wissen aus Kapitel 6, dass Tonminerale die häufigsten Produkte der chemischen Verwitterung der Silikatminerale, insbesondere der Feldspate sind. Tone sind feinkörnige Minerale mit einer schichtartigen kristallinen Struktur ähnlich die der Glimmer. Das andere häufige Mineral Quarz ist reichlich vorhanden, da es extrem langlebig und sehr beständig gegenüber chemischer Verwitterung ist. Demnach werden durch Verwitterungsprozesse von Gesteinen wie dem Granit einzelne Quarzkörner freigesetzt.

Andere häufig vorkommende Minerale in detritischen Gesteinen sind Feldspate und Glimmer. Da chemische Verwitterung diese beiden Minerale schnell in neue Substanzen umwandelt, zeigt ihre Gegenwart an, dass Erosion und Ablagerung schnell genug vollzogen wurden, um einige der Primärminerale des Ausgangsgesteins zu erhalten, bevor sie zersetzt werden konnten.

Aufgrund der Korngröße werden die verschiedenen klastischen Sedimente unterschieden. ▶Tabelle 7.1 zeigt die Korngrößenverteilung der klastischen Gesteine. Die Korngröße ist nicht nur eine geeignete Methode, um detritische Gesteine einzuteilen, sondern auch um wertvolle Informationen über das Milieu der Ablagerung zu erhalten. Wasserströmungen oder Wind sortieren Teilchen nach Größe; je stärker die Strömung ist, desto größer sind die transportierten Teilchen. Kies wird beispielsweise durch schnell fließende Flüsse sowie durch Hangrutsche und Gletscher transportiert. Für den Transport von Sand wird weniger Energie benötigt; deswegen wird Sand häufig an Dünen durch Wind herangetragen oder man findet ihn bei einigen Flussablagerungen und an Stränden. Sehr wenig Energie wird für den Transport von Ton benötigt, aber er setzt sich sehr langsam ab. Die Akkumulation dieser feinen Teilchen findet im Allgemeinen unter ruhigen Bedingungen statt, wie im Wasser eines Sees, in einer Lagune, einem Sumpf oder in bestimmten Meeresmilieus.

Häufige klastische Sedimentgesteine in der Abfolge ihrer Korngrößen sind: Schiefer (Pelite), Sand-

7.2 Klastische Sedimentgesteine

Größenordnung (Millimeter)	Teilchenname	Allgemeine Sedimentbezeichnung	Klastisches Gestein
>256	Blöcke		
64–256	Geröllkies/Schutt	Kies	Konglomerat oder Brekzie
4–64	Geröll		
2–4	Kiesel		
1/16–2	Sand	Sand	Sandstein
1/256–1/16	Silt	Schlamm	Tonschiefer, Tonstein, Schluff
<1/256	Ton		

Tabelle 7.1: Korngrößeneinteilung der klastischen Sedimente.

Studenten fragen manchmal …

Gemäß Tabelle 7.1 ist Ton eine Bezeichnung, die mikroskopische Teilchengröße anzeigt. Ich dachte, Tone wären eine Gruppe von schichtartigen Silikatmineralen. Was ist richtig?

Beides ist richtig. Im Kontext von detritischen Korngrößen bezieht sich die Bezeichnung Ton nur auf Körner, die kleiner als 1/256 Millimeter groß sind, also mikroskopisch klein. Es zeigt nicht an, dass diese Partikel eine bestimmte Zusammensetzung besitzen. Dennoch wird die Bezeichnung Ton auch verwendet, um eine bestimmte Zusammensetzung zu beschreiben: nämlich eine Gruppe der Silikate, die mit den Glimmern verwandt ist. Obwohl die meisten Tonminerale Tonmineralgröße haben, bestehen nicht alle Sedimente mit Tonmineralgröße aus Tonmineralen.

Abbildung 7.3: Tonschiefer ist ein feinkörniges klastisches Gestein, das am häufigsten von allen Sedimentgesteinen vorkommt. Dunkle Tonschiefer mit darin enthaltenen Pflanzenüberresten sind relativ häufig. (Foto: mit freundlicher Genehmigung von E. J. Tarbuck)

stein (Psammite) und Konglomerate oder Brekzien (Psephite). Wir werden uns jetzt mit jedem einzelnen Typ und seiner Entstehung befassen.

7.2.1 Tonschiefer

Tonschiefer ist ein Sedimentgestein, das aus silt- oder tonmineralgroßen Partikeln besteht (▶ Abbildung 7.3). Diese feinkörnigen klastischen Gesteine machen mehr als die Hälfte aller Sedimentgesteine aus. Die Partikel in diesen Gesteinen sind so klein, dass sie nicht ohne starke Vergrößerung bestimmt werden können und deswegen ist Tonschiefer schwieriger zu untersuchen und zu analysieren als viele andere Sedimentgesteine.

Man kann vieles durch die Korngrößen erfahren. Winzige Körner im Tonschiefer weisen darauf hin, dass die Ablagerung in verhältnismäßig ruhigen, nicht turbulenten Strömungen durch allmähliche Absetzung vollzogen wurde. Solche Milieus können Seen, Flussauen, Lagunen und Teile der Tiefseebecken sein. Aber sogar unter diesen „ruhigen" Bedingungen gibt es genügend Turbulenzen, um Partikel in Tonmineralgröße fast unendlich lang in der Schwebe zu lassen. Deswegen wird Ton erst dann abgelagert, wenn sich einzelne Partikel miteinander verbinden, um größere Aggregate zu bilden.

Manchmal liefert die chemische Zusammensetzung des Gesteins zusätzliche Informationen. Ein Beispiel ist der Schwarzschiefer, der deswegen schwarz ist, weil er reichlich organisches Material (Kohlenstoff) enthält. Findet man solch ein Gestein, weist es eindringlich darauf hin, dass seine Ablagerung in einem sauerstoffarmen Milieu wie einem Sumpf stattgefunden hat, wo organisches Material schwer oxidiert und zersetzt wird.

Häufen sich Silt und Ton an, neigen sie dazu, dünne Lagen zu bilden, die allgemein als *Feinschichtung* (*Lamination*; *Lamin* = eine dünne Schicht) bezeichnet werden. Zunächst sind die Partikel in den Laminen zufällig angeordnet. Die zufällige Anordnung hinterlässt einen hohen Prozentsatz an Zwischenräumen (*Porenräume* genannt), die mit Wasser gefüllt sind. Jedenfalls verändert sich die Situation mit der Zeit, wenn sich weitere Lagen von Sediment anhäufen und das Sediment darunter zusammendrücken.

Während dieser Phase richten sich Ton- und Siltpartikel fast parallel aus und werden dicht gepackt. Diese Umordnung der Körner reduziert die Porenraumgröße und drückt viel Wasser heraus. Sind die Körner fest zusammengepresst, können Lösungen, die Bindematerial enthalten, nicht mehr hindurchzirkulieren. Schiefer werden oft als schwach bezeichnet, da sie wenig verkittet und deswegen nicht sehr gut verfestigt sind.

Die Unfähigkeit von Wasser, die mikroskopisch kleinen Poren zu durchdringen, erklärt, warum Tonschiefer für die Bewegung von Wasser oder Erdöl unter der Oberfläche oft Hindernisse sind. Tatsächlich liegen unter Gesteinsschichten, die Grundwasser enthalten, normalerweise Tonschieferlagen, die eine weitere Abwärtsbewegung blockieren. Die gegenteilige Situation gilt für unterirdische Erdölreservoirs. Sie sind oft von Tonschieferschichten überlagert, die sehr effektiv verhindern, dass Erdöl und Erdgas an der Oberfläche entweichen.[1]

Häufig wird die Bezeichnung Tonschiefer für alle feinkörnigen Sedimentgesteine angewandt, besonders im nicht technischen Kontext. Sie sollten sich jedoch im Klaren darüber sein, dass es eine engere Verwendung des Begriffs gibt. Für diesen engen Gebrauch muss Tonschiefer die Fähigkeit aufweisen, sich in dünne Lagen aufzuspalten, entlang von gut entwickel-

ten, eng aneinander liegenden Ebenen. Diese Eigenschaft heißt **Schiefrigkeit**.

Bricht ein (tonhaltiges) Gestein in Brocken oder Blöcke, nennt man es *Tonstein*. Ein weiteres feinkörniges Sedimentgestein, das der Gruppe der Tonschiefer zugeordnet wird und dem wie dem Tonstein die Schiefrigkeit fehlt, wird als *Siltstein* bezeichnet. Wie der Name schon sagt, besteht Siltstein hauptsächlich aus Partikeln in Siltgröße und es enthält weniger Material in Tonmineralgröße als Tonschiefer und Tonstein.

Obwohl Tonschiefer viel häufiger als andere Sedimente vorkommt, fällt er auch nicht weiter auf wie die anderen Vertreter seiner Gruppe. Der Grund dafür ist, dass durch Tonschiefer keine markanten Aufschlüsse entstehen wie Sandstein und Kalkstein. Tonschiefer bröseln leicht ab und bedecken meist den Boden, unter dem das unverwitterte Gestein versteckt liegt. Am Grand Canyon kann man das besonders gut sehen. Die sanften Hänge des verwitterten Tonschiefers sind ziemlich unauffällig und mit Vegetation überwachsen; im Gegensatz dazu stehen die nackten Klippen der beständigen Gesteine (▶ Abbildung 7.4).

Tonschieferlagen bilden zwar keine scharfen Klippen und markante Aufschlüsse aus, manche Ablagerungen sind aber von wirtschaftlicher Bedeutung. Bestimmte Tonschiefer werden abgebaut, um als Rohmaterial für Keramik, Ziegel, Fliesen und Porzellan zu dienen. Durch die Vermischung von Tonschiefer mit Kalkstein gewinnt man Portland-Zement. In der

Abbildung 7.4: Exponierte Sedimentgesteinslagen an den Hängen des Grand Canyon, Arizona. Die Lagen des verwitterungsbeständigeren Sandsteins und des Kalksteins lassen die nackten Klippen entstehen. Den Gegensatz dazu bilden die schwachen, wenig verkitteten, zerbröselnden Tonschiefer, die sanfte Hänge mit dem verwitterten Schutt ausbilden und mit etwas Vegetation bedeckt sind. (Foto: Tom & Susan Bean, Inc.)

---

1 Die Beziehung zwischen undurchlässigen Lagen und dem Auftreten und der Bewegung von Grundwasser wird in Kapitel 17 betrachtet. Tonschieferlagen als Deckgestein bei Ölfallen behandeln wir in Kapitel 21.

Zukunft könnte eine bestimmte Schieferart zu einer wertvollen Energieressource werden, nämlich der Ölschiefer. Diese Möglichkeit werden wir in Kapitel 23 betrachten.

7.2.2 Sandstein

Als *Sandstein* werden Gesteine bezeichnet, deren Partikel hauptsächlich Sandkorngröße besitzen (▶ Abbildung 7.5). Nach Tonschiefer ist Sandstein mit etwa 20 Prozent der gesamten Gruppe das häufigste Sedimentgestein. Sandsteine werden in verschiedenartigen Sedimentationsräumen gebildet und enthalten oft bedeutende Hinweise auf ihre Herkunft durch ihre Sortierung, Kornform und Zusammensetzung.

Sortierung und Kornform Die **Sortierung** bezeichnet den Anteil an gleichen Korngrößen in einem Sedimentgestein. Sind zum Beispiel die Körner in einem Sandstein etwa gleich groß, wird der Sand als *gut sortiert* bezeichnet. Umgekehrt ist es, wenn in einem Gestein große und kleine Partikel vermischt sind, dann wird der Sand als *schlecht sortiert* eingeordnet (▶ Abbildung 7.6A). Untersucht man das Maß der Sortierung, erfährt man viel über die Ablagerungsströmung. Sandablagerungen durch Wind sind in der Regel besser sortiert als Ablagerung durch Wellen. Material, das Wellen herantragen, ist besser sortiert als Material, das Flüsse ablagern. Schlecht sortierte sedimentäre Ablagerungen resultieren aus schneller Ablagerung nach einem kurzen Transport. Als Beispiel kann man sich einen turbulenten Fluss vorstellen, der, nachdem er die sanfte Hangneigung am Fuße eines Berges erreicht hat, schnell an Geschwindigkeit verliert und schlecht sortierten Sand und Kies ablagert.

Die Form der Sandkörner hilft, die Geschichte eines Sandsteins zu entschlüsseln (▶ Abbildung 7.6B).

Abbildung 7.5: Quarzsandstein. Sandstein ist nach dem Schiefer das häufigste Sedimentgestein. **A.** Diese dicke Sandsteinlage wird Navajo-Sandstein genannt und ist im Zion-Nationalpark in Utah aufgeschlossen. (Foto: Tom & Susan Bean, Inc.) **B.** Die Quarzkörner des Navajo-Sandsteins wurden, wie bei Dünen, ähnlich bei den Great Sand Dunes im Nationalpark in Colorado durch Wind abgelagert. (Foto: David Muench). **C.** Ein Handstück und eine Nahaufnahme einer Lage von Bildteil A. (Fotos: E.J. Tarbuck)

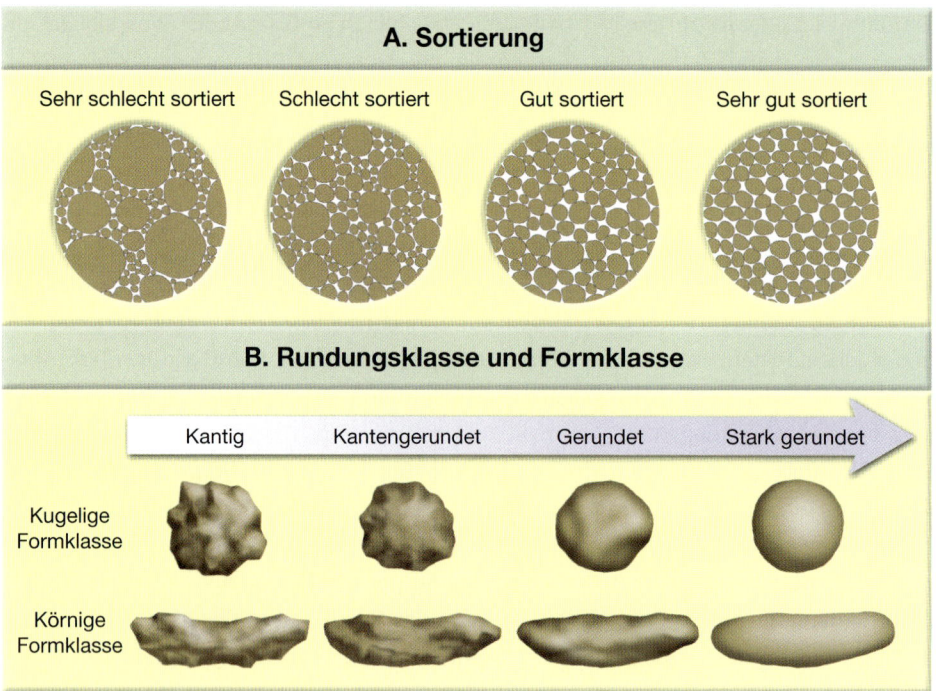

Abbildung 7.6: **A.** Detritische Gesteine besitzen meist viele verschieden große Klasten. Die Sortierung bezieht sich auf die Bandbreite der im Gestein enthaltenen Größen. Gesteine mit Klasten der fast gleichen Größe werden als „gut sortiert" bezeichnet; sind Sedimente „schlecht sortiert", so enthalten sie eine große Bandbreite verschiedener Größen. Besteht ein Gestein aus größeren Klasten, die von kleineren umgeben sind, bezeichnet man die Masse der kleineren Klasten als Matrix. **B.** Geologen beschreiben eine Partikelform mit den Begriffen „Rundungsklasse" (der Rundungsgrad der Kanten und Ecken eines Korns) und „Formklasse" (die Ähnlichkeit eines Korns mit einer Kugel). Durch den Transport werden die Größe reduziert und der Rundungsgrad erhöht, die allgemeine Form verändert sich nicht.

Durch den Transport der Sandkörner und anderer Sedimentpartikel durch Flüsse, Wind, und Wellen verlieren die Körner ihre scharfen Kanten und Ecken und werden gerundet, wenn sie mit anderen Partikeln während des Transports zusammenstoßen. Zudem ist der Rundungsgrad ein Hinweis auf die Entfernung oder die Zeit, die beim Transport des Sediments durch Wasser- oder Luftströmungen eine Rolle gespielt haben. Stark gerundete Körner weisen auf einen starken Abrieb und damit auf einen langen Transport hin.

Sehr kantige Körner deuten zwei Dinge an: Das Material wurde nur über eine kurze Entfernung transportiert, bevor es abgelagert wurde, und es wurde durch ein anderes Medium als Wasser oder Luft transportiert. Transportieren beispielsweise Gletscher das Sediment, sind die Partikel normalerweise kantiger, da das Eis sie zerbricht und abschleift.

Die Länge des Transports durch Luftbewegungen und Wasserströmungen beeinflusst nicht nur den Rundungs- und Sortierungsgrad, sondern auch die Mineralzusammensetzung einer sedimentären Ablagerung. Andauernde Verwitterung und ein langer Transport führen allmählich zur Zerstörung schwacher und weniger stabiler Minerale wie den Feldspaten und Eisen-Magnesium-Silikaten. Da Quarz sehr beständig ist, überdauert er normalerweise eine lange Reise unter turbulenten Bedingungen.

Die vorangegangene Betrachtung hat gezeigt, dass der Ursprung und die Geschichte eines Sandsteins oft durch die Untersuchung der Sortierung, des Rundungsgrads und der Mineralzusammensetzung der Körner hergeleitet werden können. Durch diese Information lässt sich schlussfolgern, dass ein gut sortierter quarzreicher Sandstein mit stark gerundeten Körnern durch einen langen und intensiven Transportvorgang entstanden sein muss. Solch ein Gestein kann mehrere Zyklen von Verwitterung, Transport und Ablagerung aufweisen. Genauso gut können wir annehmen, dass ein Sandstein mit hohem Anteil an Feldspat und Eisen-Magnesium-Mineralen mit kantigen Körnern wenig chemischer Verwitterung und einem kurzen Transportvorgang ausgesetzt war und wahrscheinlich nahe bei seinem Ursprung abgelagert wurde.

Zusammensetzung Aufgrund seiner Beständigkeit ist Quarz das häufigste Mineral in Sandsteinen. Ist das der Fall, kann man das Gestein einfach *Quarzsandstein* nennen. Enthält ein Sandstein beträchtliche Mengen an Feldspat (25 Prozent oder mehr) wird das Gestein *Arkose* genannt. Neben Feldspat enthält Arkose im Allgemeinen auch Quarz und glitzernde Glimmerteilchen. Die Mineralzusammensetzung der Arkose weist darauf hin, dass die Partikel von einem granitischen Ausgangsgestein stammen. Die Körner sind meist schlecht sortiert und kantig, was für einen kurzen Transportweg und minimale chemische Verwitterung in ziemlich trockenem Klima spricht sowie eine schnelle Ablagerung und Überlagerung.

Eine dritte Variation von Sandstein ist als *Grauwacke* bekannt. Zusammen mit Quarz und Feldspat enthält dieses dunkle Gestein reichlich Gesteinsbruchstücke und eine Matrix. Mehr als 15 Prozent des Volumens von Grauwacke ist Matrix. Schlechte Sortierung und wenig kantengerundete Körner führen zu der Annahme, dass die Partikel nur eine relativ kurze Strecke von ihrem Herkunftsort transportiert und schnell abgelagert wurden. Das Sediment wurde, bevor es weiter überarbeitet und sortiert werden konnte, mit zusätzlichen Sedimentlagen überdeckt. Grauwacke findet sich häufig gemeinsam mit submarinen Ablagerungen, die durch dichte, sedimentbeladene Wasserströme, auch Trübeströme (turbidity currents) genannt, entstanden sind.

7.2.3 Konglomerate und Brekzien

Konglomerate bestehen im Wesentlichen aus Kies (▶ Abbildung 7.7). Wie Tabelle 7.1 aufzeigt, reichen die Korngrößenintervalle von großen Geröllstücken bis hin zur Erbsengröße. Die Partikel sind in der Regel groß genug, um als unterschiedliche Gesteinstypen identifiziert zu werden. Deswegen können Konglomerate nützlich für die Bestimmung des Herkunftsgebiets der Sedimente sein. Häufig sind sie schlecht sortiert, da die Zwischenräume zwischen großen Kiesstücken Sand oder Schlick enthalten.

Kies häuft sich durch eine Reihe von Bedingungen an und weist gewöhnlich auf steile Hänge oder sehr turbulente Strömungen hin. Die groben Anteile in einem Konglomerat können von der Einwirkung eines dynamischen Bergflusses zeugen oder von starker Wellenaktivität entlang einer schnell erodierenden Küste herrühren. Manche Gletscherablagerungen und Ablagerungen durch Erdrutsche enthalten ebenso viel Kies.

> ### Studenten fragen manchmal ...
>
> **Warum sind viele der Sedimente, die in diesem Kapitel abgebildet sind, so farbenstark?**
>
> Im Westen und Südwesten der Vereinigten Staaten bieten die steilen Klippen der Canyon-Wände aus Sedimentgestein ein großartiges Farbenspiel (siehe zum Beispiel Abbildungen 7.1, 7.4, 7.5, 7.12, 7.22). An den Wänden des Grand Canyon in Arizona sehen wir Sedimentlagen rot, orange, violett, grau, braun und lederfarben. Manche der Sedimentgesteine im Bryce Canyon in Utah haben eine zarte rosa Färbung (siehe ▶ Abbildung 6.1). Sedimentgesteine in humiden Gebieten sind auch farbenfroh, doch sind sie normalerweise mit Boden und Vegetation bedeckt.
>
> Die wichtigsten „Farbpigmente" sind die Eisenoxide und davon genügt schon ein kleiner Anteil, um ein Gestein zu färben. Hämatit färbt Gestein rot oder rosa, aus Limonit dagegen entstehen Farbnuancen von Gelb und Braun. Enthalten Sedimentgesteine organisches Material, haben sie oft eine schwarze oder graue Färbung.

Abbildung 7.7: Konglomerat besteht hauptsächlich aus gerundeten kiesgroßen Partikeln. (Foto: E.J. Tarbuck)

Sind die großen Partikel kantig und nicht kantengerundet, wird das Gestein *Brekzie* genannt (▶Abbildung 7.8). Da die Kiesel und Geröllsteine sehr schnell abgeschliffen und abgerundet werden, deutet Brekzie an, dass der Transportweg vom Herkunftsort vor ihrer Ablagerung nur kurz war. Demgemäß enthalten Konglomerate und Brekzien wie viele anderen Sedimente Hinweise auf ihre Geschichte. Die Partikelgröße gibt Auskunft über die Stärke der Transportströmungen und der Rundungsgrad zeigt auf, wie weit die Partikel bewegt wurden. Durch die Bruchstücke innerhalb einer Gesteinsprobe kann man die Ausgangsgesteine identifizieren.

Chemische Sedimentgesteine 7.3

Im Gegensatz zu den detritischen Gesteinen, die aus festen Produkten der Verwitterung entstehen, stammen chemische Sedimente von Ionen, die *in Lösung* zu Seen und Meeren bewegt werden. Doch diese Stoffe bleiben nicht für immer in Lösung. Manche von ihnen fallen aus, um chemische Sedimente zu bilden. Sie werden zu Gesteinen wie Kalkstein, Hornstein und Steinsalz.

Die Ausfällung dieser Stoffe geschieht durch zwei Möglichkeiten. Aus anorganischen (*an* von *anti* = *gegen*; *organicus* = Leben) Prozessen wie Evaporation und chemischer Aktivität können chemische Sedimente gebildet werden. Organische (Lebens-)Prozesse von im Wasser lebenden Organismen können auch zur Bildung chemischer Sedimente führen; man sagt, sie haben einen biochemischen Ursprung.

Ein Beispiel einer Ablagerung durch anorganisch chemische Prozesse sind Tropfsteine, die viele Höhlen ausschmücken (▶Abbildung 7.9).

Ein weiteres Beispiel ist Salz, das als Salzkörper zurückbleibt, wenn Meerwasser verdunstet. Im Gegensatz dazu extrahieren viele im Wasser lebenden Tiere und Pflanzen gelöste mineralische Stoffe, um Schalen oder andere harte Bestandteile zu bilden. Sterben die Organismen ab, sammeln sich ihre Skelette zu Millionen am Boden eines Sees oder des Meeres als biochemisches Sediment an (▶Abbildung 7.10).

Abbildung 7.8: Ein detritisches Gestein mit eckigen, kiesgroßen Partikeln wird Brekzie genannt. (Foto: E.J. Tarbuck)

Abbildung 7.9: Da viele Höhlenablagerungen durch anscheinend unaufhörlich tropfendes Wasser über lange Zeiträume hinweg entstanden sind, werden sie allgemein *Tropfsteine* genannt. Das abgelagerte Material ist Calciumcarbonat ($CaCO_3$) und das Gestein gehört zur Gruppe der Kalksteine mit der Bezeichnung *Travertin*. Calciumcarbonat wird ausgefällt, wenn ein Teil des gelösten Kohlendioxids von einem Wassertropfen entweicht. (Foto: Guillen Photography; eingeblendetes Foto: Clifford Stroud / Wind Cave National Park)

7.3.1 Kalkstein

Kalkstein repräsentiert etwa 10 Prozent des Gesamtvolumens aller Sedimentgesteine und ist damit das häufigste chemische Sediment. Er ist hauptsächlich aus dem Mineral Calcit ($CaCO_3$) aufgebaut und wird entweder durch anorganische Prozesse gebildet oder ist das Ergebnis biochemischer Vorgänge (▶ siehe Exkurs 7.1). Ungeachtet ihrer Herkunft ist die Mineralzusammensetzung aller Kalksteine ähnlich. Es gibt viele verschiedene Arten von Kalkstein, weil er unter den unterschiedlichsten Bedingungen gebildet werden kann. Diejenigen mit marinem biochemischen Ursprung sind mit Abstand die häufigsten.

Kalkriffe Korallen sind ein wichtiges Beispiel für Organismen, die in der Lage sind, riesige Mengen an marinem Kalkstein zu bilden. Diese relativ einfachen, wirbellosen Tiere scheiden ein kalkiges (Calciumcarbonat in der Kristallstruktur von Aragonit), äußeres Skelett aus. Obwohl sie sehr klein sind, können Korallen riesige Strukturen, *Riffe* genannt, bilden (▶ Abbildung 7.11).

Riffe sind aus Korallenkolonien aufgebaut, die aus einer Vielzahl von Individuen gebildet werden. Die Tiere leben (sessil, also festsitzend) nebeneinander auf einem Carbonatgerüst, das sie selbst ausgeschieden haben. Zudem leben Calciumcarbonat ausscheidende Algen mit den Korallen und tragen (als sekundäre Riffbildner) dazu bei, die gesamte Struktur zu einer festen Masse zu verkitten. Eine große Vielfalt an anderen Organismen leben in oder nahe am Riff.

Das sicherlich bekannteste rezente Riff ist das Great Barrier Reef in Australien mit 2.000 Kilometer Länge, aber es gibt auch viele kleinere Riffe. Sie entwickeln sich in flachem, warmem Wasser der Tropen und Subtropen vom Äquator bis etwa zum 30. Breitengrad. Bemerkenswerte Beispiele sieht man auf den Bahamas und den Florida Keys.

Natürlich bilden nicht nur die heutigen Korallen Riffe. Korallen waren auch für die Entstehung gigantischer Mengen von Kalkstein in der geologischen Vergangenheit verantwortlich. Außerdem sind noch

Nahaufnahme

Abbildung 7.10: Dieses Gestein wird als Muschelschill bezeichnet und besteht aus Schalenbruchstücken; deswegen ist es biochemischen Ursprungs. (Foto: E.J. Tarbuck)

A.

B.

Abbildung 7.11: A. Das ist ein heutiges Korallenriff auf Bora Bora in Französich-Polynesien. (Foto: Nany Sefton/Photo Researchers, Inc.) **B.** Blick vom Kittrick Canyon entlang des Capitan Reef Escarpment im Guadalupe Mountains-Nationalpark, Texas. Dieses Bild zeigt nur einen kleinen Teil des riesigen permischen Riffkomplexes, der einst eine 600 Kilometer lange Schleife um den Rand des Delaware-Beckens geformt hat. Das Riff bestand aus einer vielfältigen Lebensgemeinschaft aus Schwämmen, Bryozoen, Crinoiden, Gastropoden, Kalkalgen und seltenen Korallen. (Foto: Peter A. Scholle)

7 Sedimentgesteine

EXKURS 7.1 – DIE ERDE ALS SYSTEM
Der Kohlenstoffkreislauf und die Sedimentgesteine

Um die Bewegung der Materie und der Energie des Erdsystems zu veranschaulichen, werfen wir einen kurzen Blick auf den *Kohlenstoffkreislauf* (▶ Abbildung 7.A). Reiner Kohlenstoff ist in der Natur ziemlich selten. Man findet ihn hauptsächlich in zwei Mineralen, Graphit und Diamant. Der meiste Kohlenstoff ist chemisch an andere Elemente gebunden, um Verbindungen wie Kohlendioxid, Calciumcarbonat und die Kohlenwasserstoffe in Kohle und Erdöl zu bilden. Kohlenstoff ist der Grundbaustein des Lebens, da es sich leicht mit Wasserstoff und Sauerstoff verbindet, um grundlegende organische Verbindungen zu bilden, aus welchen Lebewesen bestehen.

In der Atmosphäre findet man Kohlenstoff hauptsächlich als Kohlendioxid (CO_2) vor. Atmosphärisches Kohlendioxid ist von Bedeutung, da es ein Treibhausgas ist, was bedeutet, dass es die Energie, die von der Erde ausgestrahlt wird, sehr wirksam absorbiert und damit die Aufheizung der Atmosphäre beeinflusst. Da an vielen Prozessen, die auf der Erde wirken, CO_2 beteiligt ist, bewegt sich dieses Gas permanent in die Atmosphäre hinein und wieder hinaus (▶ Abbildung 7.B). Zum Beispiel nehmen Pflanzen beim Vorgang der Photosynthese CO_2 aus der Atmosphäre auf, um organische Verbindungen zu bilden, die sie für das Wachstum brauchen. Tiere, die diese Pflanzen (oder andere Pflanzenfresser) fressen, verwenden diese organischen Verbindungen als Energiequelle und durch ihren Atemvorgang wird das CO_2 wieder in die Atmosphäre entlassen. (Auch Pflanzen entlassen durch Atmung etwas CO_2 in die Atmosphäre). Des Weiteren wird nach dem Absterben und dem Zerfall der Pflanzen Biomasse oxidiert und CO_2 in die Atmosphäre entlassen.

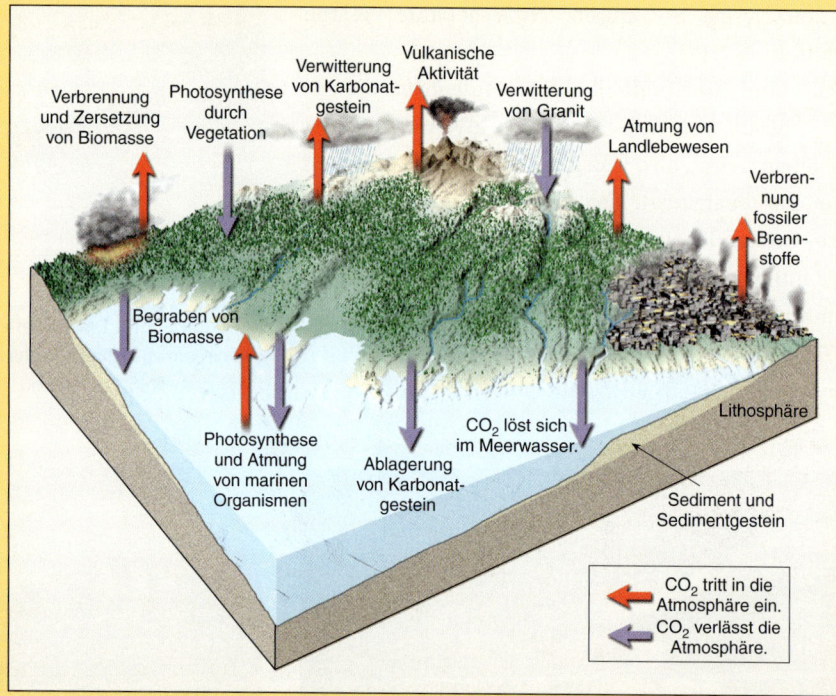

Abbildung 7.A: Ein vereinfachtes Diagramm des Kohlenstoffkreislaufs mit der Hervorhebung der Kohlenstoffbewegung zwischen Atmosphäre und Hydrosphäre, Lithosphäre und Biosphäre. Die farbigen Pfeile zeigen auf, ob die Kohlenstoffbewegung in die Atmosphäre hinein- oder wieder hinausgeht.

andere Calcium ausscheidende Organismen für die Bildung von rezenten und alten Riffen bekannt; dazu gehören bestimmte Algen, Schwämme und Bryozoen. In den Dolomiten sind die berühmten Gipfel, wie Marmolada, aus Korallenriffen der Trias aufgebaut. In den Vereinigten Staaten sind Riffe silurischen Alters hervorstechende Landschaftsmerkmale in Wisconsin, Illinois und Indiana. In Westtexas und im benachbarten südöstlichen New Mexiko ist ein massiver Riffkomplex aus dem Perm in den Guadalupe Mountains Nationalpark aufgeschlossen (▶ Abbildung 7.11B).

Muschelkalk und Kreide Zwar ist der meiste Kalkstein ein Produkt aus biologischen Prozessen, sein Ursprung ist aber nicht immer offensichtlich, da Schalen und Skelette beträchtlichen Veränderungen unterworfen sein können, bevor sie zu Gestein verfestigt werden.

7.3 Chemische Sedimentgesteine

Nicht das gesamte Pflanzenmaterial zerfällt sofort zu CO_2. Ein kleiner Prozentsatz wird als Sediment abgelagert und über eine lange geologische Zeitspanne wird eine beachtliche Menge an Biomasse mit den Sedimenten begraben. Unter geeigneten Bedingungen werden manche der kohlenstoffreichen Ablagerungen zu fossilen Brennstoffen umgewandelt: Kohle, Erdöl oder Erdgas. Schließlich wird ein Teil der Brennstoffe abgebaut (durch Bergbau oder Abpumpen) und zur Energiegewinnung verbrannt (um Fabriken zu betreiben und unser Transportsystem zu sichern). Ein Effekt der fossilen Brennstoffverheizung ist der Ausstoß immenser Mengen an CO_2 in die Atmosphäre. Der aktivste Teil des Kohlenstoffkreislaufs ist die Bewegung von CO_2 aus der Atmosphäre in die Biosphäre hinein und wieder zurück.

Kohlenstoff bewegt sich auch von der Lithosphäre und Hydrosphäre zur Atmosphäre und wieder zurück. Zum Beispiel glaubt man, dass vulkanische Aktivität in der frühen Erdgeschichte die Quelle für das meiste CO_2 in der Atmosphäre ist. Ein Weg, wie CO_2 in die Hydrosphäre zurückgelangt und dann zur festen Erde, geschieht zunächst durch die Verbindung mit Wasser zu Kohlensäure (H_2CO_3), die dann Gesteine der Lithosphäre angreift. Ein Produkt dieser chemischen Verwitterung ist das lösliche Hydrogencarbonation (HCO_3), das durch Grundwasser und Flüsse zum Meer transportiert wird. Dort extrahieren Wasserorganismen den gelösten Stoff, um Hartteile, bestehend aus Calciumcarbonat ($CaCO_3$), zu bilden. Von den absterbenden Organismen fallen die Skelettüberreste auf den Ozeanboden, verbleiben dort als biochemisches Sediment und werden zu Sedimentgestein. In der Tat ist die Lithosphäre der größte Ablagerungsraum von Kohlenstoff auf der Erde. Kohlenstoff ist ein Bestandteil vieler verschiedener Gesteine, allen voran Kalkstein. Schließlich, wenn Kalkstein an der Erdoberfläche aufgeschlossen wird, greift chemische Verwitterung an und der im Gestein gebundene Kohlenstoff wird als CO_2 wieder in die Atmosphäre entlassen.

Zusammenfassend kann man sagen, dass sich Kohlenstoff zwischen allen vier Hauptsphären der Erde bewegt. Kohlenstoff ist für jedes Lebewesen lebensnotwendig. In der Atmosphäre ist Kohlendioxid ein wichtiges Treibhausgas. In der Hydrosphäre wird Kohlendioxid in Seen, Flüssen und im Ozean gelöst. In der Lithosphäre ist Kohlenstoff in Carbonatsedimenten und Sedimentgesteinen enthalten und es wird als organisches Material in damit imprägnierten Sedimenten und als Kohle- und Erdöllagerstätten gespeichert.

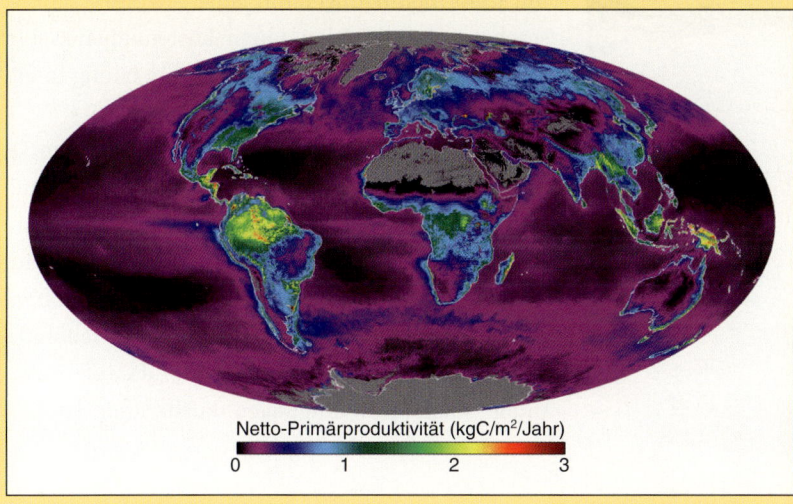

Abbildung 7.B: Diese Karte entstand anhand von Messungen aus dem Weltraum von einer Reihe pflanzlicher Merkmale und zeigt die Nettoproduktivität der Vegetation auf dem Land und in den Ozeanen im Jahr 2002. Sie wurde berechnet, indem man die Aufnahme von CO_2 in der Vegetation während der Photosynthese bestimmt hat, abzüglich der Abgabe durch Respiration. Die Wissenschaftler erhoffen sich durch diese globale Messung der Bioaktivität neue Einblicke in den komplexen Kohlenstoffkreislauf der Erde.

Ein sehr leicht erkennbarer, biochemischer Kalkstein ist der *Muschelschillkalk*, ein grobkörniges Gestein, das aus schwach verkitteten Schalen und Schalenbruchstücken zusammengesetzt ist (siehe Abbildung 7.10). Weniger offensichtlich ist die Herkunft bei der *Kreide*, ein weiches, brüchiges Gestein, das fast vollständig aus den harten Bestandteilen mikroskopisch kleiner Organismen aufgebaut ist. Zu den bekanntesten Kreideablagerungen gehören die an der Südküste von England aufgeschlossenen Kreidefelsen (siehe das Kapiteleröffnungsfoto).

Anorganischer Kalkstein Kalksteine werden anorganisch gebildet, wenn chemische Veränderungen oder hohe Wassertemperaturen die Konzentration von Calciumcarbonat auf einen Punkt erhöhen, wo es ausfällt. *Travertin*, eine Kalksteinart, findet man normalerweise in Höhlen (Abbildung 7.9). Grundwasser ist die Quelle des Calciumcarbonats, wenn Travertin abgelagert (ausgefällt) wird. Wenn die Wassertropfen der Luft in der Kaverne ausgesetzt werden, entweicht ein Teil des im Wasser gelösten Kohlendioxids, wodurch Calciumcarbonat ausfällt.

Eine weitere Varietät des Kalksteins ist der *Oolith*. Dieses Gestein besteht aus kleinen, kugelförmigen Körnern, den *Ooiden*. Ooide bilden sich in flachem Meereswasser, wenn winzige „Keim"-Partikel (meist kleinste Schalenbruchstücke) durch die Strömung vor- und zurückbewegt werden. Die Körner rollen im warmen, mit Calciumcarbonat übersättigten Meerwasser herum und werden von mehreren Schichten des chemisch ausgefällten Calciumcarbonats ummantelt (▶Abbildung 7.12).

7.3.2 Dolomitgestein

Eng verwandt mit Kalkstein ist *Dolomitgestein*, ein Gestein, das aus dem Calcium-Magnesiumcarbonat-Mineral Dolomit [Ca Mg(CO$_3$)$_2$] besteht. Obwohl Dolomitgestein und Kalkstein einander oft sehr ähnlich sind, können sie leicht durch ihre Reaktion mit verdünnter Salzsäure unterschieden werden. Tropft man fünf- bis zehnprozentige Salzsäure auf Kalkstein, kommt es zu einer kräftigen Reaktion (sprudeln), bei Dolomitgestein ist das nur schwach der Fall, es sei denn, er wird zerrieben.

Die genaue Bildung des Dolomitgesteins ist nicht ganz klar und wird noch häufig von Geologen diskutiert. Keine Meereslebewesen produzieren harte Teile aus Dolomit und die Ausfällung von Dolomit findet nur unter Bedingungen mit außergewöhnlichem Wasserchemismus in bestimmten küstennahen Gebieten statt. Dennoch kommt Dolomitgestein häufig in vielen alten sedimentären Gesteinsabfolgen vor.

Man nimmt an, dass erhebliche Mengen an Dolomitgestein dann entstehen, wenn magnesiumreiche Wässer durch Kalkstein zirkulieren und Calcit in Dolomit umwandeln, dabei ersetzen Magnesiumionen manche Calciumionen (ein Vorgang, der *Dolomitisierung* genannt wird). Jedoch gibt es bei vielen anderen Dolomitgesteinen keine Hinweise darauf, dass sie unter solchen Bedingungen entstanden sind, und ihre Herkunft bleibt fraglich.

7.3.3 Hornstein (Chert)

Hornstein ist der Name für eine Reihe von sehr kompakten und harten Gesteinen, die aus mikrokristallinem Quarz (SiO$_2$) bestehen. Eine allgemein bekannte Art ist *Feuerstein*, dessen dunkle Farbe von dem darin enthaltenen organischen Material stammt. *Jaspis*, eine rote Varietät, erhält seine leuchtend rote Farbe von den darin enthaltenen Eisenoxiden. Seine gebänderte Form wird gewöhnlich als *Achat* (▶Abbildung 7.13)

A.

B.

Abbildung 7.12: Ein oolithischer Kalkstein besteht aus Ooiden. Ooide sind kleine kugelige Körner, die durch chemische Ausfällung von Calciumcarbonat um einen winzigen Keim gebildet werden. Das Carbonat wird in konzentrischen Lagen zugefügt, während die kleinen Kugeln im warmen, seichten Meerwasser durch Strömungen hin- und hergerollt werden. (A. LarryDavis/Washington State University; B. Marli Miller/Visuals Unlimited)

7.3 Chemische Sedimentgesteine

A. Achat

B. Feuerstein

C. Jaspis

D. Hornstein

Abbildung 7.13: Hornstein ist der Name, der für eine Anzahl dichter, harter, aus mikrokristallinem Quarz bestehenden Gesteine verwendet wird. Drei Beispiele werden hier gezeigt. **A.** Achat ist die gebänderte Varietät. (Foto: Jeffrey A. Scoville) **B.** Die dunkle Farbe von Feuerstein stammt von organischem Material (Foto: E.J. Tarbuck). **C.** Die rote Varietät, Jaspis, erhält ihre rote Farbe von Eisenoxid. (Foto: E.J. Tarbuck) **D.** Die Menschen der Steinzeit stellten häufig Pfeilspitzen und scharfe Werkzeuge aus Hornstein her. (Foto: LA VENTA/CORBIS SYGMA)

bezeichnet. Wie Glas hat Hornstein meist einen muscheligen Bruch. Seine Härte und seine Eigenschaft, leicht abzusplittern und scharfe Kanten beizubehalten, machte Hornstein bei den Menschen der Steinzeit sehr beliebt zur Herstellung von Faustkeilen, Speer- und Pfeilspitzen und anderen Gerätschaften.

Aufgrund der Verwitterungsresistenz und der weiten Verbreitung von Hornstein findet man Pfeilspitzen in vielen Teilen Nordamerikas, Europas und Asiens.

Hornsteinablagerungen kommen gewöhnlich in zwei Situationen vor: als geschichtete Ablagerungen, die als *Hornsteinlagen* bzw. Kieselschiefer bezeichnet werden, oder als *Knollen* (Konkretionen), die eine in etwa rundliche Form haben und im Durchmesser von wenigen Millimetern (erbsengroß) bis hin zu einigen Zentimetern variieren. Die meisten Wasserorganismen produzieren ihre Hartteile aus Calciumcarbonat. Aber einige andere, wie Diatomeen und Radiolarien, produzieren glasähnliche Silikatskelette. Diese winzigen Organismen sind in der Lage, Silizium aus dem Meerwasser zu extrahieren, trotz des geringen Gehalts darin. Man glaubt, dass aus ihren Überresten ein Großteil der Hornsteinlagen gebildet wurde. Manche Hornsteinlagen sind mit Lavaströmen und vulkanischen Aschelagen vergesellschaftet. In diesen Fällen ist es wahrscheinlicher, dass das Silizium aus der Zersetzung der Vulkanasche und nicht aus biochemischen Ressourcen stammt. Hornsteinknollen bezeichnet man auch als *sekundären Hornstein*. Er kommt häufig in Kalksteinlagen vor und bildet sich, wenn organische Kieselsäure zunächst an einer Stelle abgelagert wurde, gelöst wird, weiterwandert, anderswo chemisch ausgefällt wird und älteres Material verdrängt.

7.3.4 Evaporite

Die Verdunstung (Evaporation) ist der Mechanismus, der die Ablagerung chemischer Ausfällungsprodukte auslöst. Minerale, die auf diese Weise ausfallen, sind Halit (Natriumchlorid, NaCl), die Hauptkomponente von *Steinsalz*, und Gips (Calciumsulfat Hydrat, $CaSO_4 \times 2H_2O$), der Hauptbestandteil von *massigem Gips*. Beide sind von größter Bedeutung. Halit ist jedem als Speisesalz beim Kochen und Würzen von Speisen bekannt. Aber auch in vielen anderen Bereichen findet es Verwendung, wie zum Abschmelzen von Eis auf Straßen und zur Produktion von Salzsäure. Die Menschen betrachteten es in der Vergangenheit als so wichtig, um danach zu suchen, damit zu handeln und deswegen Kriege zu führen. Die Millionenstadt München verdankt z.B. ihre Existenz der Vernichtung einer Brücke an der Salzstraße, an der Wegezoll für das Salz verlangt wurde, das von Reichenhall oder Hallstadt (darin weist der Wortstamm „Hal" auf das Salz hin) in andere Teile Deutschlands transportiert wurde.

Gips ist der Hauptbestandteil von gebranntem Gips. Dieses Material wird großflächig in der Bauindustrie für Wandplatten und den Innenputz verwendet.

In der geologischen Vergangenheit waren viele Gebiete, die jetzt trockenes Land sind, flache Meeresarme mit nur engen Verbindungen zum offenen Ozean. Unter diesen Bedingungen floss Meerwasser kontinuierlich in die Buchten, um das verdunstete Wasser zu ersetzen. Schließlich wurde das Wasser in der Bucht gesättigt und Gips und Salz begann auszufallen. Diese Ablagerungen werden **Evaporite** genannt. Verdunstet ein Meeresgewässer, fallen die Minerale in der Reihenfolge aus, die durch ihre Löslichkeit festgelegt ist. Die weniger löslichen Minerale fallen zuerst aus und löslichere Minerale fallen später mit zunehmender Salinität aus (▶ Abbildung 7.14).

Als Beispiel: Gips fällt aus, wenn etwa 80 Prozent des Meerwassers verdunstet ist und Halit bei einer Verdunstung von 90 Prozent des Wassers. Während der letzten Etappen fallen Kalium- und Magnesiumsalze aus. Eines der zuletzt gebildeten Salze ist das Mineral Sylvin. Es wird als bedeutender Rohstoff von Kalium („Pottasche") für Dünger abgebaut.

In geringerem Umfang findet man Evaporite an Orten wie dem Death Valley in Kalifornien. Dort fließen nach Regengüssen oder Schneeschmelzen Bäche aus den umliegenden Bergen hinunter in ein umschlossenes Becken. Bei Verdunstung des Wassers bilden sich Salztonebenen als weiße Kruste am Boden, wenn die gelösten Stoffe ausfallen (▶ Abbildung 7.15).

7.4 Kohle – ein organisches Sedimentgestein

Kohle unterscheidet sich sehr von anderem Gestein. Anders als Kalkstein und Hornstein, die calcit- und quarzreich sind, besteht Kohle aus organischem Material. Bei einer genauen Untersuchung mit dem Vergrößerungsglas kann man pflanzliche Strukturen wie Blätter, Rinde und Holz erkennen, die zwar chemisch verändert wurden, sich aber noch immer identifizieren lassen. Das bekräftigt den Schluss, dass Kohle das Endprodukt aus großen Mengen von Pflanzenmaterial ist, das Millionen von Jahren unter der Erde begraben war (▶ Abbildung 7.16).

In der Anfangsphase der Kohlebildung häufen sich riesige Mengen an Pflanzenresten an. Für eine Anhäufung in diesem Ausmaß müssen besondere Bedingungen vorherrschen, da totes Pflanzenmaterial in der

Abbildung 7.14: Jedes Jahr wird der globale Bedarf an Salz aus Meerwasser gewonnen. Bei diesem Vorgang behält man Salzwasser in flachen Teichen zurück und die Sonnenenergie verdunstet das Wasser. Fast reines Salz lagert sich in den künstlichen Evaporiten ab. Am südlichen Ende der San Francisco Bay benötigt man etwa 40.000 Liter Meerwasser, um eine Tonne Salz herzustellen. (Foto: William E. Townsend Jr./Photo Researchers, Inc.)

Abbildung 7.15: Die Bonneville-Salztonebenen in Utah sind bekannte Beispiele für evaporitische Ablagerungen. (Foto: Tom & Susan Bean, Inc.)

7.4 Kohle – ein organisches Sedimentgestein

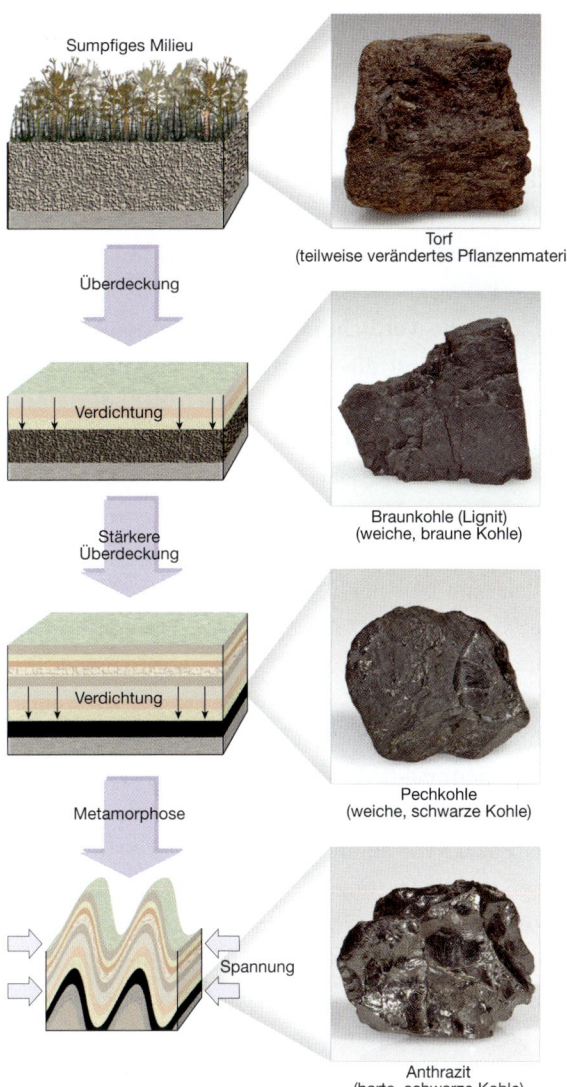

Abbildung 7.16: Die aufeinanderfolgenden Phasen der Kohlebildung. (Fotos: E.J. Tarbuck)

Abbildung 7.17: Große Mengen an Pflanzenmaterial können sich in Sümpfen anhäufen, da im stehenden Sumpfwasser die Pflanzen nicht völlig zersetzt werden. (Copyright© von Carr Clifton. Alle Rechte vorbehalten)

Atmosphäre oder anderen sauerstoffreichen Milieus leicht zersetzt wird. Sümpfe bieten die optimalen Bedingungen dafür (▶Abbildung 7.17).

Stehendes Sumpfwasser ist sauerstoffarm und somit ist eine völlige Zersetzung (Oxidation) des Pflanzenmaterials nicht möglich. Stattdessen werden die Pflanzenreste von bestimmten Bakterien angegriffen, die teilweise das organische Material zersetzen und Sauerstoff und Wasserstoff freisetzen. Beim Entweichen dieser Elemente erhöht sich der Prozentsatz von Kohlenstoff. Die Bakterien werden schließlich durch Säuren zerstört, die die Pflanzen freisetzen, und können deswegen die Zersetzung des Pflanzenmaterials nicht vollenden.

Die unvollständige Zersetzung der Pflanzenreste in einem sauerstoffarmen Sumpf lässt Torf entstehen, ein weiches, braunes Material, in welchem Pflanzenteile noch leicht erkennbar sind. Durch flache Überdeckung wandelt sich *Torf* in *Braunkohle* (Lignit) um. Die Auflagerung erhöht die Temperaturen der Sedimente und den Druck darauf.

Durch die höheren Temperaturen kommt es zu chemischen Reaktionen innerhalb des Pflanzenmaterials, wodurch Wasser und organische Gase (flüchtige Bestandteile) erzeugt werden. Mit der zunehmenden Sedimentauflagerung am Hangenden, der sich entwickelnden Kohle, werden das Wasser und die flüchtigen Bestandteile herausgepresst und der Anteil an *gebundenem Kohlenstoff* (das zurückbleibende brennbare Material) erhöht sich. Je höher der Kohlenstoffgehalt, desto höher wird der Brennwert von Kohle eingestuft. Durch die Auflast wird die Kohle zunehmend dichter. Beispielsweise wandelt sich Braunkohle in ein dichteres schwarzes Gestein, die *Steinkohle*, um. Im Vergleich zu Torf, aus dem sich die Steinkohle gebildet hat, ist eine Lage Steinkohle nur ein Zehntel so mächtig wie eine Torflage.

Braunkohle und Steinkohle sind Sedimentgesteine. Allerdings können aus diesen Sedimentlagen, wenn sie Wärme und Druck zum Beispiel durch Faltung und Deformation bei der Gebirgsbildung ausgesetzt sind, noch mehr Wasser und flüchtige Bestandteile entweichen, was den Anteil an gebundenem Kohlenstoff weiter erhöht. Dadurch verwandelt sich Steinkohle in *Anthrazit*, ein sehr hartes, glänzendes *metamorphes*

Gestein. Obwohl Anthrazit ein „sauberer" Brennstoff ist, wird nur wenig davon abgebaut. Anthrazit ist nicht sehr weit verbreitet und ist schwieriger abzubauen als die relativ flach liegenden Steinkohleflöze.

Kohle ist unsere Hauptenergiequelle. Ihre Bedeutung als Brennstoff und die damit verbundenen Probleme werden wir in Kapitel 23 betrachten.

Von Sediment zu Sedimentgestein: Diagenese und Verfestigung 7.5

Sedimente können großen Veränderungen ausgesetzt sein; zunächst verfestigen sie zu Sedimentgestein und nachfolgend können hohe Temperaturen und hoher Druck auf sie einwirken, die sie in metamorphe Gesteine verwandeln. Der Begriff **Diagenese** (*dia* = Veränderung, *genesis* = Ursprung) ist ein Sammelbegriff für alle chemischen, physikalischen und biologischen Veränderungen, die nach der Ablagerung eines Sediments stattfinden und daraus ein festes Gestein bilden.

Das Gewicht der Auflast begünstigt Diagenese, da Sedimente, die bedeckt werden, zunehmend höheren Temperaturen und höherem Druck ausgesetzt sind. Diagenese tritt innerhalb der obersten Kilometer der Erdkruste auf, bei Temperaturen, die meist geringer als 150°C bis 200°C sind. Oberhalb von diesem etwas willkürlichen Grenzwert tritt Metamorphose auf.

Ein Beispiel für diagenetische Veränderung ist die *Rekristallisation*, die Entwicklung von instabilen zu stabileren Mineralen. Das lässt sich am Beispiel des Minerals Aragonit, der weniger stabilen Form von Calciumcarbonat ($CaCO_3$), verdeutlichen. Aragonit wird von vielen marinen Organismen ausgeschieden, um Schalen und andere Hartteile zu bilden, wie die Skelettstrukturen von Korallen. In manchen Ablagerungsräumen häufen sich große Mengen dieses festen Materials als Sediment an. Beginnt die Überdeckung, so rekristallisiert Aragonit zu Calcit, der unter oberflächennahen Bedingungen stabileren Form des Calciumcarbonats.

Ein weiteres Beispiel für Diagenese bot die vorangegangene Betrachtung über die Kohleentstehung. Das geht einher mit der chemischen Veränderung von organischem Material in einem sauerstoffarmen Milieu. Statt völlig zu zerfallen, wie es bei der Anwesenheit von Sauerstoff der Fall wäre, wird das organische Material langsam in festen Kohlenstoff umgewandelt.

Diagenese schließt die **Verfestigung** mit ein, ein Prozess, durch den unverfestigte Sedimente in feste Sedimentgesteine umgewandelt werden. Zu den grundlegenden Verfestigungsprozessen gehören Verdichtung (Kompaktion) und Zementierung (Verkittung).

Die häufigste physikalische diagenetische Veränderung ist die **Verdichtung**. Häuft sich Sediment an, presst die Auflast die tieferliegenden Sedimente zusammen. Je tiefer ein Sediment sich befindet, desto stärker wird es zusammengedrückt und umso fester wird es. Da die Körner immer fester zusammengedrückt werden, verringert sich der Porenraum (der Zwischenraum zwischen zwei Partikeln) beachtlich. Werden zum Beispiel Tone mit mehreren Metern von Material überdeckt, kann sich das Volumen von ursprünglich 70 Prozent auf 40 Prozent reduzieren. Das in den Porenräumen festgehaltene Wasser wird dabei aus den Sedimenten gedrückt. Sande und andere grobkörnige Sedimente lassen sich nicht in besonderem Maße zusammendrücken, deswegen ist der Verdichtungsprozess vor allem bei feinkörnigen Sedimentgesteinen von Bedeutung.

Zementierung ist der wichtigste Prozess in der Umwandlung von Sedimenten in Sedimentgestein. Es handelt sich um eine diagenetische Veränderung, die die Kristallisation von Mineralen zwischen den einzelnen Sedimentkörnern mit einbeziehen. Das Grundwasser enthält die Ionen in Lösung. Allmählich kristallisieren neue Minerale in den Porenzwischenräumen aus diesen Ionen aus und zementieren die Klasten zusammen. Der Porenzwischenraum wurde schon durch Verdichtung reduziert, nun reduziert der „Zement" die Porosität noch weiter.

Calcit, Siliziumdioxid und Eisenoxid sind die häufigsten Minerale des Zements. Calcitzement wird mit verdünnter Salzsäure aufbrausen. Siliziumdioxid ist der härteste Zement und produziert deswegen auch die härtesten Sedimentgesteine. Eine orangefarbene oder dunkelrote Färbung im Sediment bedeutet das Vorhandensein von Eisenoxid.

Die meisten Sedimentgesteine werden durch Verdichtung und Zementierung verfestigt. Manche Sedimente, wie die Salzgesteine, bilden aber schon zu Beginn feste Massen von ineinander verwachsenen Kristallen. Andere kristalline Sedimentgesteine werden erst einige Zeit nach ihrer Ablagerung in eine Masse von ineinander verzahnten Kristallen umgewandelt. Zum Beispiel kristallisiert ein Sediment, das aus losem, zerbrechlichem Kalkskelettschutt besteht, mit der Zeit und durch Auflast zu einem relativ dichten Kalkstein. Das geschieht deshalb, weil der gesamte Auflastdruck auf den Punkten lastet, an denen sich die Körner berühren. Unter Druck ist die Löslichkeit eines Stoffs erhöht („Drucklösung"). Dabei werden die Kontaktstellen angelöst und das gelöste Material fällt unmittelbar daneben in den Poren wieder aus. Da die Kristalle so lange wachsen, bis sie alle verfügbaren Lücken ausgefüllt haben, fehlen Porenräume in einem kristallinen Sedimentgestein. Es ist dadurch kaum für Flüssigkeiten wie Wasser oder Öl durchlässig, außer es entwickelt später Klüfte und Spalten.

7.6 Klassifikation der Sedimentgesteine

Das Klassifikationsschema in ▶ Abbildung 7.18 unterteilt die Sedimentgesteine in zwei Hauptgruppen: detritische und chemisch-organische Sedimentgesteine. Außerdem können wir sehen, dass das wesentliche Kriterium zur Unterteilung der detritischen Sedimente die Korngröße ist. In der anderen (chemischen) Gruppe werden die verschiedenen Gesteine hauptsächlich aufgrund ihrer Mineralzusammensetzung unterschieden.

Wie in vielen Fällen (wahrscheinlich den meisten) sind Klassifikationen eines natürlichen Phänomens, hier die in Abbildung 7.18 dargestellten Einteilungen, kategorischer, als sie tatsächlich in der Natur vorkommen. In Wirklichkeit enthalten viele Sedimentgesteine, die der chemischen Gruppe zugeordnet werden, zumindest kleinste Mengen an detritischem Sediment. Viele Kalksteine zum Beispiel enthalten unterschiedliche Anteile an Ton oder Sand, was ihnen eine „sandige" oder „schiefrige" Ausprägung verleiht. Dagegen sind klastische Gesteine, die alle mit Material zementiert wurden, das einmal in Wasser gelöst war, weit davon entfernt, rein detritisch zu sein.

Wie auch bei den magmatischen Gesteinen von Kapitel 4 trägt das Gefüge ebenfalls zur Klassifikation bei: klastisch und nicht klastisch. Die Bezeichnung **klastisch** stammt von dem griechischen Wort *klastos*, das „gebrochen" bedeutet. Gesteine, die ein klastisches

Klastische Sedimentgesteine			Chemische und organische (biogene) Sedimentgesteine			
Klastisches Gefüge (Partikelgröße)	Sedimentbezeichnung	Gesteinsbezeichnung	Zusammensetzung	Gefüge	Gesteinsbezeichnung	
Grob (über 2mm)	Kies (gerundete Partikel)	Konglomerat	Calcit, CaCO$_3$	nicht klastisch: fein- bis grobkristallin	Kristalliner Kalkstein	Biochemische Kalksteine
Grob (über 2mm)	Kies (kantige Partikel)	Brekzie	Calcit, CaCO$_3$	nicht klastisch: fein- bis grobkristallin	Travertin	Biochemische Kalksteine
Mittel (1/16 bis 2mm)	Sand (falls genügend Feldspat vorhanden ist, wird das Gestein Arkose)	Sandstein	Calcit, CaCO$_3$	klastisch: sichtbare Schalen und Schalenbruchstücke, die lose einzementiert sind	Muschelschill	Biochemische Kalksteine
Mittel (1/16 bis 2mm)	Sand (falls genügend Feldspat vorhanden ist, wird das Gestein Arkose)	Sandstein	Calcit, CaCO$_3$	klastisch: Schalen und Schalenbruchstücke verschiedener Größen mit Calcit einzementiert	fossilführender Kalkstein („Lumachelle")	Biochemische Kalksteine
Fein (1/16 bis 1/256 mm)	Schlamm	Siltstein	Calcit, CaCO$_3$	klastisch: mikroskopisch kleine Schalen und Ton	Kreide	Biochemische Kalksteine
Sehr fein (kleiner als 1/256 mm)	Schlamm	Tonschiefer oder Tonstein	Quarz, SiO$_2$	nicht klastisch: sehr feinkristallin	Hornstein (hell) Feuerstein (dunkel)	
			Gips CaSO$_4$ · 2H$_2$O	nicht klastisch: fein- bis grobkristallin	massiger Gips	
			Halit, NaCl	nicht klastisch: fein- bis grobkristallin	Steinsalz	
			veränderte Pflanzenteile	nicht klastisch: feinkörniges organisches Material	bituminöse Kohle	

Abbildung 7.18: Die Bestimmung von Sedimentgesteinen. Sedimentgesteine werden in drei Gruppen eingeteilt: detritische, chemische und organische Sedimentgesteine. Das Hauptkriterium für die Namensgebung der detritischen Sedimentgesteine ist die Korngröße. Die chemischen Sedimentgesteine werden aufgrund ihrer Mineralzusammensetzung unterschieden.

Gefüge aufweisen, bestehen aus separaten Fragmenten und Partikeln, die miteinander verkittet und verdichtet sind. Obwohl Zement zwischen den Partikeln vorhanden ist, werden diese Zwischenräume selten ganz ausgefüllt. Alle detritischen Gesteine haben ein klastisches Gefüge, weshalb sie auch meist als „Klastische Sedimente" bezeichnet werden. Aber auch manche chemischen Sedimentgesteine weisen diese Art von Gefüge auf. Zum Beispiel der Muschelkalk, ein Kalkstein, der aus Schalen und Schalenfragmenten besteht, ist ganz klar genauso klastisch wie ein Konglomerat oder Sandstein. Das Gleiche gilt für einen oolithischen Kalkstein.

Manche chemischen Sedimente haben ein **nicht klastisches** oder auch **kristallines** Gefüge, wobei die Minerale ein Muster ineinander verzahnter Kristalle bilden. Die Kristalle können mikroskopisch klein oder ohne Vergrößerung sichtbar sein. Häufige Gesteinsexemplare mit nicht klastischer Textur sind jene, die bei der Verdunstung von Meerwasser abgelagert werden (▶ Abbildung 7.19). Das Material, aus dem viele andere nicht klastische Gesteine bestehen, könnte auch ursprünglich von detritischen Ablagerungen stammen. Unter diesen Umständen bestanden die Partikel vermutlich aus Schalenfragmenten und anderen Hartteilen, die reich an Calciumcarbonat oder Siliziumdioxid waren. Die klastische Beschaffenheit der Körner wurde nach und nach verwischt und überdeckt, da die Partikel bei der Verfestigung zu Kalkstein oder Hornstein rekristallisierten.

Nicht klastische Gesteine bestehen aus ineinander verwachsenen Kristallen und manche ähneln magmatischen Gesteinen, die ebenso kristallin sind. Die beiden Gesteinstypen lassen sich normalerweise gut unterscheiden, da die Minerale, die man in nicht klastischen Sedimentgesteinen findet, ganz andere sind als die in magmatischen Gesteinen. Zum Beispiel bestehen Steinsalz, massiver Gips und manche Kalksteinarten aus ineinander verwachsenen Kristallen, aber die Minerale innerhalb dieser Gesteine (Halit, Gips und Calcit) kommen selten in magmatischen Gesteinen vor.

7.7 Sedimentationsräume

Sedimentgesteine sind für die Interpretation der Erdgeschichte wichtig. Aus dem Verständnis für die Bedingungen zur Bildung sedimentärer Gesteine können Geologen oft die Geschichte eines Gesteins herleiten, einschließlich der Informationen über die Herkunft seiner Bestandteile, die Methode des Sedimenttransports und das Milieu des Ablagerungsorts, also über den Sedimentationsraum (▶ Abbildung 7.20).

Ein **Ablagerungsraum** oder **Sedimentationsraum** ist ganz einfach der geographische Rahmen, wo sich das Sediment anhäuft. Jedes Gebiet ist durch eine besondere Kombination aus geologischen Prozessen und Umweltbedingungen charakterisiert. Manche Sedimente, wie die chemischen Sedimente, die aus Gewässern ausfallen, sind nur das Produkt ihres Sedimentationsraums. Das bedeutet, ihre Mineralkomponenten sind am gleichen Ort entstanden, an dem sie abgelagert wurden. Andere Sedimente akkumulieren sich weit entfernt von dem Ort, woher sie stammen. Diese Materialien wurden über große Entfernungen durch eine Kombination aus Schwerkraft, Wasser, Wind und Eis von ihrem Entstehungsort bis zu ihrem Ablagerungsort transportiert.

Zu jeder Zeit bestimmen der geographische Rahmen und die Umweltbedingungen eines Sedimentationsraums die Eigenschaft eines Sediments, das sich anhäuft. Deswegen untersuchen Geologen die heutigen Ablagerungsräume sehr genau, da sie die Merkmale, die sie dort finden, auch bei alten Sedimentgesteinen beobachten können.

Abbildung 7.19: Wie bei anderen Evaporiten bezeichnet man das Gefüge dieses Exemplars von Steinsalz als nicht klastisch, da es aus ineinander verwachsenen Kristallen besteht. (Fotos: E.J. Tarbuck)

Indem Geologen genaue Kenntnisse der heutigen Bedingungen anwenden, versuchen sie, die alten Sedimentationsbedingungen und die geographischen Beziehungen eines Gebiets in einem Zeitraum zu rekonstruieren, als bestimmte sedimentäre Schichten abgelagert wurden. Solche Analysen führen oft zur Erstellung von Karten, auf welchen die geographische Verteilung von Land und Meer, Bergen und Flusstälern, Wüsten und Gletschern und anderen Ablagerungsräume dargestellt ist. Die vorangegangene Beschreibung ist ein hervorragendes Beispiel für die Anwendung des grundlegenden Prinzips der modernen Geologie: „Die Vergangenheit ist der Schlüssel zur Gegenwart".[2]

7.7.1 Arten von Sedimentationsräumen

Sedimentationsräume werden in drei Kategorien unterteilt: kontinentale, marine und küstennahe Sedimentationsräume. Jede Kategorie umfasst wiederum viele spezifische Untereinteilungen. Das idealisierte Diagramm in Abbildung 7.20 zeigt eine Reihe wichtiger Sedimentationsräume jeder Kategorie. Es handelt sich jedoch nur um eine Beispielsammlung der großen Vielfalt an Sedimentationsräumen. Die letzten Abschnitte dieses Kapitels geben nur einen kurzen Überblick über jede Kategorie. Später, in Kapitel 16 bis Kapitel 20, werden wir viele Milieus im Detail betrachten. Jedes für sich ist ein Gebiet, in dem Sedimente abgelagert werden, Organismen leben und sterben. Jeder einzelne lässt ein charakteristisches Sedimentgestein entstehen oder eine Ansammlung davon, die Auskunft über vorangegangene Bedingungen geben können.

Kontinentale Ablagerungsräume Kontinentale Ablagerungsräume werden durch Erosion und Ablagerung durch Flüsse dominiert. In manchen kalten Gebieten bestimmen die sich bewegenden Eismassen von Gletschern das strömende Wasser. In ariden Gebieten (sowie unter manchen Küstenbedingungen) hat Wind eine größere Bedeutung. Es ist deutlich, dass die unter kontinentalen Bedingungen abgelagerten Sedimente sehr stark durch das Klima beeinflusst werden.

Flüsse sind das dominierende Medium, das die Landschaft verändert. Sie erodieren bzw. transportieren den Boden und lagern mehr Sedimente ab als jeder andere Prozess. Zusätzlich zu den Flussbettablagerungen werden große Mengen an Sediment abgesetzt, wenn periodische Überflutungen weite, flache Talböden überschwemmen (*Flusstalauen* genannt). Wo reißende Ströme aus den Gebirgsregionen an flacherer Morphologie austreten, entsteht eine bestimmte kegelförmige Ablagerung, *alluvialer Schuttfächer* genannt.

Im kalten Milieu der hohen Breiten oder großen Höhen nehmen Gletscher riesige Volumen an Sediment auf und transportieren es. Materialien, die direkt vom Eis abgelagert werden, sind typischerweise unsortierte Partikel mit einer Größenordnung von Tonpartikeln bis hin zu Felsbrocken. Wasser von abschmelzenden Gletschern transportiert und lagert einen Teil des glazialen Sediments in Form von geschichteten und sortierten Anhäufungen wieder ab.

Die Einwirkungen durch Wind und die daraus entstandenen Produkte werden als *äolisch*, nach Aeolus, dem griechischen Gott des Windes, bezeichnet. Anders als glaziale Ablagerungen sind äolische Sedimente gut sortiert. Wind kann feinen Staub hoch in die Atmosphäre tragen und über große Entfernungen transportieren. Wo starke Winde auftreten und der Boden nicht durch die Vegetation verankert ist, wird Sand nahe an der Oberfläche transportiert und dann in Form von *Dünen* abgelagert. Wüsten und Küsten sind im Allgemeinen Orte für diese Art von Akkumulation.

In Wüsten können sich auch nach gelegentlichen heftigen Regenfällen oder bei Schneeschmelzen in den umliegenden Bergen in flachen Becken sogenannte Playas (Salztonebenen) bilden. Sie trocknen sehr schnell aus und lassen manchmal Evaporite und andere charakteristische Ablagerungen zurück. In humiden Regionen bestehen Seen für längere Zeiträume und ihre ruhigen Gewässer stellen eine hervorragende Sedimentfalle dar. Kleine Deltas, Strände und Nehrungen bilden sich entlang eines Seeufers, die feineren Sedimente fallen auf den Grund des Sees.

Marine Ablagerungsräume Marine Ablagerungsräume sind nach der Tiefe eingeteilt. Das flachmarine Milieu reicht bis in Tiefen von ca. 200 Meter und von der Küste bis zum äußeren Rand des Kontinentalschelfs. Das Tiefseemilieu verläuft von den Gewässern des Kontinentalschelfs, die tiefer als 200 Meter sind, zum offenen Ozean hin. Das flachmarine Milieu grenzt an alle Kontinente der Erde. Seine Breite variiert sehr stark, von fast nicht vorhanden bis hin zu einer Ausdehnung von 1.500 Kilometer an manchen anderen

---

[2] Mehr zu dieser Idee erfahren Sie in *Die Geburtsstunde der modernen Geologie*, Kapitel 1.

7 Sedimentgesteine

Abbildung 7.20: Sedimentationsräume sind Orte, an denen sich Sediment anhäuft. Jeder ist durch bestimmte physikalische, chemische und biologische Bedingungen charakterisiert. Da jedes Sediment Hinweise auf seinen Ablagerungsraum enthält, sind Sedimente wichtig für die Interpretation der Erdgeschichte. In diesem idealisierten Diagramm sind eine Reihe von wichtigen kontinentalen, küstennahen und marinen Sedimentationsräumen dargestellt. (Fotos: E.J. Tarbuck, außer Alluvialfächer: Marlie Miller)

Stellen. Im Durchschnitt ist diese Zone, der Kontinentalschelf, etwa 80 Kilometer breit. Die Art der abgelagerten Sedimente hängt von mehreren Faktoren ab, wie der Entfernung von der Küste, der Topographie des umliegenden Landgebiets, der Wassertiefe, der Wassertemperatur und des Klimas.

Aufgrund der stetigen Erosion auf den angrenzenden Kontinent erhalten marine Ablagerungsräume

7.7 Sedimentationsräume

große Mengen an Landsedimenten. Wo der Eintrag von solchem Sediment relativ gering und das Wasser warm ist, sind carbonatreiche Schlämme das vorherrschende Sediment. Ein Großteil des Materials besteht aus den Skelettbruchstücken der carbonatausscheidenden Organismen, vermischt mit anorganischen Ausfällungen. Korallenriffe sind mit einem warmen, flachmarinen Milieu vergesellschaftet. In heißen Gebieten, wo sich das Meerwasser in Becken mit verminderter Zirkulation befindet, löst Verdunstung die Ausfällung von löslichem Material und die Bildung mariner Evaporitlagerstätten aus.

Das Tiefseemilieu schließt alle Tiefseeböden ein. Weit entfernt von Landmassen bleiben winzige Partikel aus vielen Herkunftsorten lange in der Schwebe. Allmählich rieseln diese Körner auf den Ozeanboden hinunter, wo sie sich sehr langsam anhäufen. Bedeutende Ausnahmen sind die mächtigen Ablagerungen relativ grobkörniger Sedimente an der Basis des Kontinentalhangs. Dieses Material bewegt sich vom Kontinentalschelf als Trübestrom (Turbidity Currents) herab. Das sind dichte, durch Schwerkraft angetriebene Massen aus Sediment und Wasser. In ▶Exkurs 7.2 werden Sedimente, die im marinen Milieu abgelagert werden, genauer betrachtet.

Übergangssedimentationsräume Die Küste ist die Übergangszone zwischen dem marinen und dem kontinentalen Milieu. Hier finden wir vertraute Ablagerungen von Sand oder Kies, *Strände* genannt. Die schlammbedeckten *Watten* sind abwechselnd mit flachen Wasserflächen überzogen und dann wieder der Luft ausgesetzt, je nach Tidenhub. Entlang und nahe der Küste verteilt die Arbeit der Wellen und der Strömungen den Sand, es entstehen *spitz zulaufende Sandbänke, Uferbänke* und *Strandwallinseln*. Küstennahe Uferbänke und Riffe bilden Lagunen. Die ruhigen Wasserverhältnisse in diesen geschützten Zonen bilden einen weiteren Ort für Ablagerungen in der Übergangszone.

Deltas gehören zu den charakteristischsten Ablagerungen, die mit Übergangszonenmilieus vergesellschaftet sind. Die komplexen Anhäufungen von Sediment werden bis weit ins Meer hinaus gebildet, wenn Flüsse ihre Geschwindigkeit abrupt verlieren und ihre Fracht aus detritischem Sediment ablagern.

7.7.2 Sedimentäre Fazies

Betrachtet man eine Serie von Sedimentlagen können wir die fortlaufenden Veränderungen der Umweltbedingungen beobachten, die in einem bestimmten Gebiet im Laufe der Zeit aufgetreten sind. Veränderungen in Milieus aus der Vergangenheit lassen sich auch beobachten, wenn man eine einzige Einheit eines Sedimentgesteins lateral verfolgt, da zu jeder Zeit viele verschiedene Ablagerungsräume über ein weites Gebiet entstehen können. Während beispielsweise Sand in einer Strandumgebung angehäuft wird, lagern sich feinere Schlämme oft in den ruhigen, küstenfernen Gewässern ab. Noch etwas küstenferner, möglicherweise in einer Zone hoher biologischer Aktivität und ohne bedeutenden Eintrag von Sedimenten vom Land, werden die Sedimente hauptsächlich aus den kalkhaltigen Überresten winziger Organismen bestehen. Bei den vorangegangenen Beispielen lagern sich verschiedene nebeneinanderliegende Sedimente zur gleichen Zeit an. Jede Einheit besitzt eine Reihe unverwechselbarer Charakteristika, die die Bedingungen in einem bestimmten Milieu widerspiegeln. Um solche Sedimenteinheiten zu beschreiben, wird der Begriff **Fazies** verwendet. Untersucht man eine sedimentäre Einheit von einem Ende zum anderen im Profil, so geht jede Fazies lateral allmählich in die andere über. Obwohl sie zeitgleich gebildet wurden, weisen sie unterschiedliche Charakteristika auf (▶Abbildung 7.21). Im Allgemeinen vollzieht sich der Übergang der benachbarten Fazieseinräume eher graduell als durch eine scharfe Abgrenzung, aber es treten manchmal abrupte Veränderungen auf.

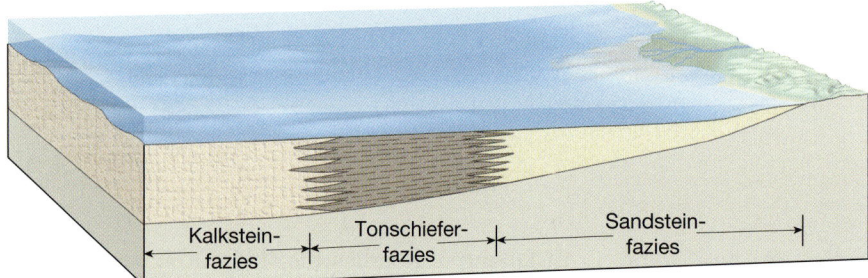

Abbildung 7.21: Betrachten wir eine einzige sedimentäre Lage entlang ihrer lateralen Ausdehnung, lassen sich mehrere verschiedene Gesteinstypen finden. Das ist deswegen möglich, da viele sedimentäre Milieus innerhalb eines weiten Gebiets gleichzeitig nebeneinander existieren können. Der Begriff Fazies wird verwendet, um solche Sedimentgruppen zu beschreiben. Jede Fazies geht lateral allmählich in eine andere über, die sich zwar alle zur gleichen Zeit, aber in unterschiedlichen Milieus gebildet haben.

Abbildung 7.22: Dieser Aufschluss von Sedimentgestein zeigt die charakteristische schichtförmige Ablagerung dieser Gesteinsgruppe. (Foto: Tom Till/Tom Till Photography)

Sedimentstrukturen 7.8

Neben den Unterschieden in der Korngröße, der Mineralzusammensetzung und des Gefüges weist jedes Sediment eine eigene Struktur auf. Manche, wie die gradierte Schichtung, entstehen, wenn die Sedimente akkumulieren, und sind ein Spiegelbild des Transportmediums. Andere, wie die *Trockenrisse*, entstehen erst nach Ablagerung des Materials und sind das Ergebnis von Vorgängen in dem Milieu. Findet man Sedimentstrukturen vor, kann man zusätzliche Informationen für die Interpretation der Erdgeschichte erhalten.

Sedimentgesteine bilden sich lagenweise. Diese Lagen werden **Schichten (Strata)** genannt und sind wahrscheinlich die *individuell häufigsten und charakteristischen Merkmale der Sedimentgesteine*. Jede Schicht (Stratum) ist einzigartig. Es kann ein grobkörniger Sandstein, ein fossilreicher Kalkstein, ein Schwarzschiefer usw. sein. Wenn Sie ▶ Abbildung 7.22 betrachten oder in diesem Kapitel zurückblättern und sich die Abbildungen 7.1 und 7.4 ansehen, werden Sie viele solcher Lagen sehen, jede anders als die andere. Die Variationen von Gefüge, Zusammensetzung und Größe spiegeln die unterschiedlichen Bedingungen wider, unter denen jede Schicht abgelagert wurde.

Die Mächtigkeit der Schichten reicht von mikroskopisch dünn bis meterdick. Die Schichten werden durch **Schichtflächen** getrennt, flache Oberflächen, an welchen die Gesteine leicht zerbrechen oder sich abspalten. Veränderungen in der Korngröße oder der Zusammensetzung eines abgelagerten Sediments können Schichtflächen hervorrufen. Sedimentationspausen können auch zur Ausbildung von Lagen führen, da das neu abgelagerte Material kaum identisch mit dem vorherigen sein wird. Allgemein gesagt, markiert jede Schichtfläche das Ende einer Sedimentationsepisode und den Beginn einer anderen.

Die meisten Schichten entstehen in horizontalen Lagen, da die Sedimente normalerweise als Partikel akkumulieren, die aus Flüssigkeiten abgesetzt wurden. Es gibt jedoch Umstände, unter welchen Sedimente nicht in horizontalen Schichten abgelagert werden. Manchmal lassen sich bei der Untersuchung einer Sedimentgesteinsschicht Lagen erkennen, die im rechten Winkel zur Horizontalen stehen. Dies bezeichnet man als **Kreuzschichtung**. Sie ist das häufigste Charakteristikum von Dünen, Flussdeltas und bestimmten Flussbetten (▶ Abbildung 7.23).

Die **gradierte Schichtung** stellt einen weiteren Spezialtyp der Schichtung dar. Dabei gehen die Partikel innerhalb einer einzigen sedimentären Lage von grobkörnig im unteren Bereich bis zu feinkörnig im oberen Bereich allmählich über. Eine gradierte Schichtung ist

7 Sedimentgesteine

EXKURS 7.2 – DIE ERDE VERSTEHEN
■ Eigenschaften und Verteilung von Ozeanbodensedimenten

Mit Ausnahme der steilen Gebiete des Kontinentalhangs und Gebieten nahe des Kamms des Mittelozeanischen Rückensystems ist der gesamte Ozeanboden mit Sedimenten bedeckt (▶ Abbildung 7.C) Ein Teil des Materials wurde als Trübestrom abgelagert, das meiste Material hat sich aber langsam von oben kommend am Ozeanboden abgesetzt (siehe Abbildung 7.24).

Ozeanbodensedimente können gemäß ihres Ursprungs in drei große Kategorien eingeteilt werden: (1) *terrigen* (*terra* = Land; *generare* = entstehen), (2) *biogen* (*bio* = Leben; *generare* = entstehen) und *hydrogen* (*hydro* = Wasser; *generare* = entstehen). Diese Kategorien werden zwar separat betrachtet, aber Ozeanbodensedimente stammen normalerweise aus verschiedenen Herkunftsorten und bilden deswegen eine Mischung aus mehreren Sedimenttypen.

Terrigene Sedimente bestehen hauptsächlich aus Mineralkörnern, die aus der Verwitterung von kontinentalem Gestein stammen und in den Ozean transportiert wurden. Größere Partikel (Sand und Kies) setzen sich normalerweise küstennah sehr schnell ab, feinere Partikel (mikroskopische tongroße Partikel) benötigen mitunter Jahre, um sich am Ozeanboden abzusetzen, und können über Tausende von Kilometern durch Meeresströmungen transportiert werden. Als Folge davon erhält praktisch jeder Teil des Ozeans etwas terrigenes Sediment. Die Akkumulationsrate dieser Sedimente auf dem Ozeanboden ist sehr gering. Die Entstehung von einem Zentimeter einer *abyssalen* Tonlage dauert 50.000 Jahre. Umgekehrt akkumulieren terrigene Sedimente an Kontinentalrändern nahe an Flussmündungen sehr schnell und in hohem Umfang. Im Golf von Mexiko zum Bei-

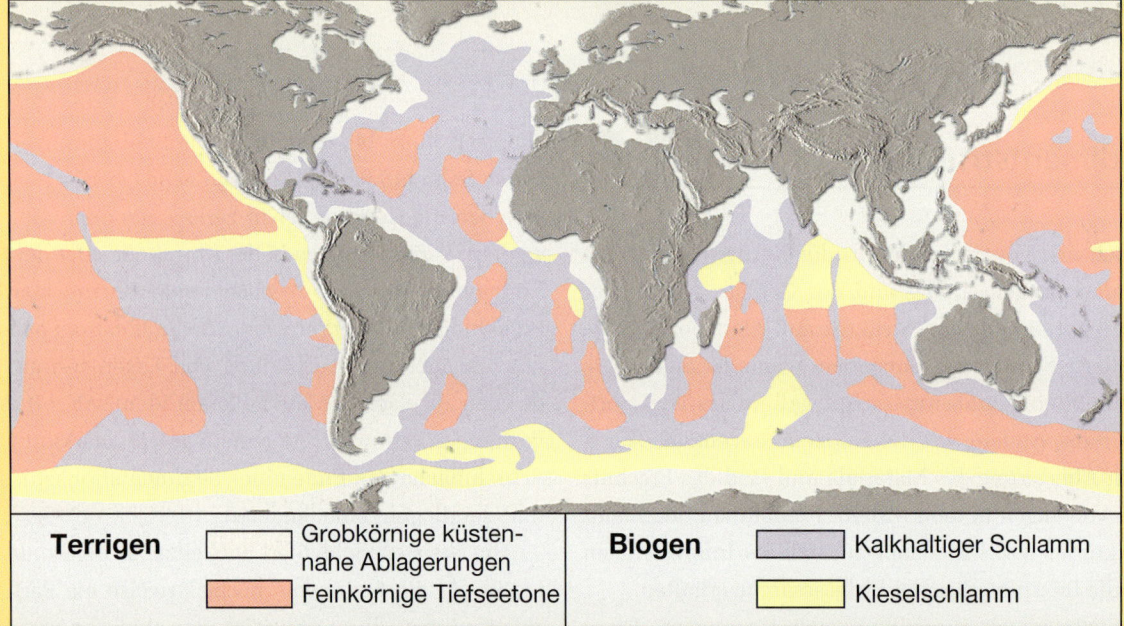

Abbildung 7.C: Die Verteilung mariner Sedimente. Grobkörnige terrigene Ablagerungen dominieren in Kontinentalrandgebieten, feinkörniges terrigenes Material (abyssale Tone) dagegen wird gewöhnlich in den tieferen Gebieten der Ozeanbecken abgelagert. Die Tiefseeablagerungen werden durch carbonatreiche Schlämme dominiert, die man in den flacheren Gebieten der Tiefsee entlang Mittelozeanischer Rücken vorfindet. Kieselschlämme findet man unter Gebieten mit ungewöhnlich hoher biologischer Produktivität, wie der Antarktis, dem äquatorialen Pazifik und dem Indischen Ozean. Hydrogene Sedimente machen nur einen kleinen Anteil der Sedimentablagerungen im Ozean aus.

höchst charakteristisch für eine sehr schnelle Ablagerung aus Wasser, das Sediment verschiedener Größe enthält. Verliert ein Fluss schnell an Fließgeschwindigkeit, setzen sich die größten Partikel als Erstes ab, gefolgt von allmählich kleiner werdenden. Die Ablagerung gradierter Schichtung ist oft mit Trübeströmen vergesellschaftet. Das ist eine Masse aus sedimentbeladenem Wasser, das dichter als klares Wasser ist und hangabwärts am Grund von Seen oder Ozeanen entlangfließt (▶ Abbildung 7.24).

Von den Gesteinen lässt sich vieles herleiten. Ein Konglomerat beispielsweise könnte auf ein hochenergetisches Milieu hinweisen, etwa eine Brandungszone oder einen reißenden Fluss, wo sich nur das grobe

spiel erreichen die Sedimente ein Ausmaß von vielen Kilometern.

Biogene Sedimente bestehen aus Schalen und Skeletten mariner Tiere und Algen. Dieser Schutt wird überwiegend von mikroskopischen Organismen produziert, die im sonnenbestrahlten Wasser nahe der Meeresoberfläche leben. Sterben diese Organismen ab, sinken ihre Hartteile kontinuierlich zum Ozeanboden und häufen sich dort an.

Die häufigsten biogenen Sedimente sind carbonatreicher ($CaCO_3$) Schlamm, der, wie sein Name schon sagt, von dicker Konsistenz ist. Dieses Sediment wird aus den Hartteilen von Organismen wie *Coccolithophoren* (einzellige Algen) und *Foraminiferen* (winzige Tiere) gebildet, die warmes Oberflächenwasser bewohnen. Sinken diese kalkhaltigen Hartteile nun zum Ozeanboden, beginnen sie sich aufzulösen. Das geschieht deswegen, weil kaltes Meerwasser einen höheren Anteil an Kohlendioxid hat und deswegen saurer als warmes Wasser ist. In einer Tiefe von mehr als 4.500 Meter lösen sich carbonathaltige Hartteile im Meerwasser völlig auf, bevor sie den Boden erreichen. Folglich kann sich carbonathaltiger Schlamm nicht am Boden von Tiefseebecken akkumulieren.

Andere biogene Sedimente bestehen auch aus *kieseligem* (SiO_2) *Schlamm* und phosphatreichem Material. Die erstgenannten setzen sich hauptsächlich aus *Diatomeen* (einzelligen Algen) und *Radiolarien* (einzelligen Tieren) zusammen, die kühlere Oberflächengewässer bevorzugen. Phosphatreiches Material stammt aus Knochen, Zähnen und Schuppen von Fischen und von anderen Meeresorganismen.

Hydrogene Sedimente bestehen aus Mineralen, die direkt vom Meerwasser durch verschiedene chemische Reaktionen kristallisieren. Hydrogene Sedimente repräsentieren einen relativ kleinen Anteil der Gesamtsedimente im Ozean. Sie weisen jedoch viele unterschiedliche Zusammensetzungen auf und sind in verschiedenen Sedimentationsräumen verteilt. Zu den häufigsten Typen der hydrogenen Sedimente gehören:

- *Manganknollen*, gerundete, harte Klumpen aus Mangan, Eisen und anderen Metallen, die in konzentrischen Lagen um einen Keim, wie ein vulkanischer Kiesel oder ein Sandkorn, ausfallen (▶Abbildung 7.D).

- *Calciumcarbonate*, die durch Ausfällung direkt aus dem Meerwasser in warmen Klimaten entstehen. Wird das Material begraben und verhärtet, entsteht Kalkstein. Den größten Anteil an Kalkstein machen jedoch biogene Sedimente aus.

- *Metallsulfide* überziehen normalerweise Gesteine an Schloten. Sie finden sich an den Kämmen der Mittelozeanischen Rücken und stoßen heißes mineralreiches Wasser aus. Die ausgefällten Ablagerungen enthalten Eisen, Nickel, Kupfer, Zink, Silber und andere Metalle mit unterschiedlichen Anteilen.

- *Evaporite* bilden sich dort, wo die Verdunstungsraten hoch sind und die Wasserzirkulation zum offenen Meer eingeschränkt ist. Verdunstet Wasser aus diesen Gebieten, wird das verbleibende Meerwasser mit gelösten Mineralen gesättigt, die dann auszufallen beginnen.

Abbildung 7.D: In einer Tiefe von 5.323 Metern fotografierte Manganknollen unterhalb von Robert Conrad, südlich von Tahiti. (Foto: mit freundlicher Genehmigung von Lawrence Sullivan, Lamont-Doherty Earth Observatory/Universität Columbia)

Material absetzt und die feineren Partikel in Lösung bleiben (▶Abbildung 7.25). Ist das Gestein eine Arkose, könnte es trockenes Klima anzeigen, wo Feldspate wenig chemisch verwittern. Kohlenstoffhaltiger Schiefer ist das Zeichen eines niedrig energetischen, mit organischem Material angereicherten Milieus, wie ein Sumpf oder eine Lagune.

Andere Merkmale, die man in manchen Sedimentgesteinen findet, geben ebenfalls Hinweise auf das Milieu der Vergangenheit. Rippelmarken sind solche Merkmale. **Rippelmarken** sind kleine Sandwellen, die sich durch die Bewegung von Wasser oder Luft auf der Sedimentoberfläche entwickeln (▶Abbildung 7.26). Die Rippen bilden sich im rechten Winkel zur Bewegungsrichtung. Werden die Rippelmarken durch Luft oder Wasser mit einer Bewegungsrichtung gebildet, ist ihre Form asymmetrisch. Diese *Strömungsrippeln* haben stromabwärts steilere Seiten und stromaufwärts einen etwas flacheren Anstieg auf der Seite. Rippelmarken, die durch einen Fluss entstehen, der durch ein sandiges Flussbett fließt, oder durch Wind, der über sandige Dünen bläst, sind zwei häufige Beispiele von Strömungsrippeln. Sind sie in festem Gestein zu finden, kann man mit ihnen die Bewegung alter Wind- und Luftströmungen bestimmen. Andere Rippelmarken haben eine symmetrische Form. Dieses Merkmale werden *Oszillationsrippeln* genannt und sind das Ergebnis der Vorwärts- und Rückwärtsbewegung von Oberflächenwellen in einem flachen küstennahen Gebiet.

Trockenrisse (Schrumpfungsrisse) weisen darauf hin, dass das Sediment, in dem sie gebildet wurden, abwechselnd nass und trocken war (▶ Abbildung 7.27). Wird nasser Schlamm der Luft ausgesetzt, trocknet er

A.

B.

Abbildung 7.23: **A.** Der Ausschnitt dieser Sanddüne zeigt eine Kreuzschichtung. (Foto: John S. Shelton) **B.** Die Kreuzschichtung dieses Sandsteins ist ein Hinweis darauf, dass es sich einst um eine Sanddüne gehandelt hat. (Foto: David Muench Photography, Inc.)

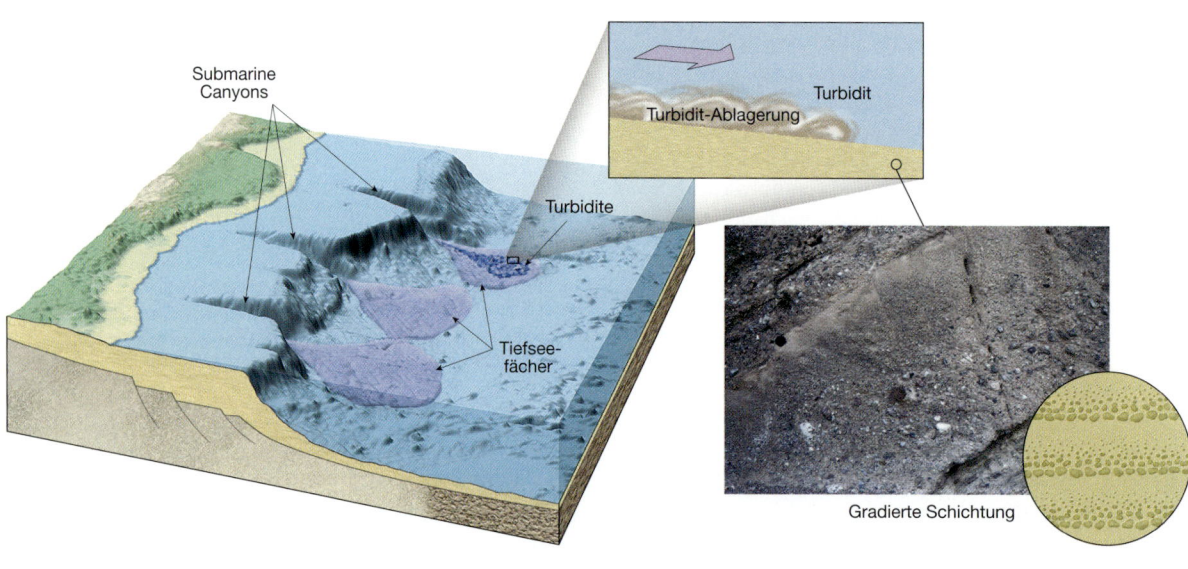

Abbildung 7.24: Trübeströme sind Hangabwärtsbewegungen von dichtem, mit Sediment beladenem Wasser. Sie entstehen, wenn Sand und Schlamm auf dem Kontinentalschelf und dem Kontinentalabhang ins Rutschen kommen und aufgeschlämmt werden. Da dieses mit Sediment beladene Wasser dichter als normales Meerwasser ist, fließt es hangabwärts, wobei es noch mehr Sediment erodiert und akkumuliert. Schichten, die durch diese Strömungen abgesetzt werden, nennt man *Turbidite*. Jedes Ereignis bringt eine einzige Schicht hervor, die durch eine Abnahme der Sedimentgröße von unten nach oben charakterisiert ist und gradierte Schicht genannt wird. (Foto: Marli Miller)

7.8 Sedimentstrukturen

Abbildung 7.25: In einem turbulenten Flussbett lagern sich nur größere Partikel ab. Das feinere Sediment bleibt in Suspension und setzt seinen Weg flussabwärts fort. Der reißende Fork River in der Nähe von Aspen, Colorado. (Foto: Tom & Susan Bean, Inc.)

A.

B.

Abbildung 7.26: **A**. In Sedimentgestein erhaltene Rippelmarken. (Foto: Stephen Trimble) **B**. Rippelmarken im Flussbett des Rio Negro, einem Nebenfluss des Amazonas, in der Nähe von Manaus, Brasilien. (Foto: Galen Rowell/Mountain Light Photography, Inc.)

Abbildung 7.27: Trockenrisse entstehen, wenn nasser Schlamm oder Ton austrocknet und schrumpft. (Foto: Gary Yeowell/Stone)

aus und schrumpft, dabei entstehen Risse. Trockenrisse finden sich beispielsweise in Wattengebieten, seichten Seen und Wüstenbecken.

Fossilien, die Überreste oder Spuren prähistorischen Lebens, sind Einschlüsse in Sediment und Sedimentgesteinen (▶Abbildung 7.28). Sie sind wichtige Hilfsmittel, um die geologische Vergangenheit zu interpretieren. Kennt man die verschiedenen Lebensformen, die zu einer bestimmten Zeit existiert haben, hilft das den Forschern, die Umweltbedingungen der Vergangenheit zu verstehen. Zudem sind Fossilien wichtige Zeitindikatoren, die eine Schlüsselrolle bei der Korrelation von Gesteinen ähnlichen Alters von verschiedenen Orten spielen.[3]

---

3 Der Abschnitt mit dem Titel *Fossilien, Zeugen des vergangenen Lebens* in Kapitel 9 enthält eine detaillierte Betrachtung der Rolle von Fossilien bei der Interpretation der Erdgeschichte.

A.

B.

Abbildung 7.28: Nur ein winziger Anteil der Organismen, die in der geologischen Vergangenheit lebten, sind als Fossilien erhalten. Hauptsächlich finden sich Fossilien von Organismen, die Hartteile besaßen und in Milieus lebten, in denen eine schnelle Überdeckung möglich war. **A.** Der natürliche Abdruck eines Trilobiten. Diese tierischen Meeresbewohner waren im Paläozoikum sehr häufig. **B.** Die Fußabdrücke eines Dinosauriers in der Nähe von Cameron, Arizona, entstanden ursprünglich in Schlamm und wurden schließlich zu Sedimentgestein. Fußabdrücke wie diese werden als Spurenfossilien (siehe Kapitel 9) bezeichnet. Dinosaurier hatten ihre Blütezeit während des Mesozoikums. (Foto: Tom Bean/DRK Photo)

Zusammenfassung

Sedimentgesteine machen etwa 5 bis 10 Prozent der äußeren 16 Kilometer der Erde aus. Da sie auf der Erdoberfläche konzentriert sind, ist die Bedeutung dieser Gruppe viel größer, als ihr Prozentanteil andeutet. Sedimentgesteine enthalten viele grundlegende Informationen, die man braucht, um die Erdgeschichte zu rekonstruieren. Außerdem liefert diese Gruppe wichtige Energie- und Mineralressourcen.

Sedimentgesteine bestehen aus *Sediment*, das in den meisten Fällen durch *Verdichtung* (Kompaktion) und *Zementierung* (Verkittung) zu festem Gestein *verfestigt* wurde. Sediment hat zwei wesentliche Herkunftsmöglichkeiten: (1) detritisches Material, das durch physikalische und chemische Verwitterung entsteht und in Form fester Partikel transportiert wird und nach der Verdichtung zu detritischem Sedimentgestein wird; und (2) lösliches Material, das hauptsächlich durch chemische Verwitterung entsteht und nach der Ausfällung *chemische Sedimentgesteine* bildet. Kohle ist das Hauptbeispiel einer dritten Gruppe, der *organischen Sedimentgesteine*, die aus organischem Kohlenstoff aus den Überresten von teilweise verändertem Pflanzenmaterial stammen.

Die *Korngröße* ist die Grundlage, um verschiedene detritische Sedimentgesteine zu unterscheiden. Die Größe der Partikel in detritischen Sedimenten ist ein Hinweis auf die Energie des Transportmediums. Beispielsweise wird Kies durch schnell fließende Flüsse bewegt, während für den Transport von Sand weniger Energie benötigt wird. Häufige detritische Sedimentgesteine sind unter anderem *Tonschiefer* (Silt- Tonpartikelgröße), *Sandstein* und *Konglomerat* (gerundete, kiesgroße Partikel) oder *Brekzie* (eckige, kiesgroße Partikel).

Die Ausfällung chemischer Sedimente geschieht auf zwei Arten: (1) durch *anorganische Prozesse* wie Evaporation und chemische Aktivität; oder (2) durch *organische Prozesse* von im Wasser lebenden Organismen, die Sedimente *biochemischer Herkunft* produzieren. *Kalkstein* ist das häufigste chemische Sedimentgestein. Es besteht aus dem Mineral Calcit ($CaCO_3$) und wird entweder auf anorganische Weise gebildet oder infolge von biochemischen Prozessen. Zu anorganischem Kalkstein gehören *Travertin*, der meist in Höhlen anzutreffen ist, und *oolithischer Kalkstein*, der aus kleinen kugeligen Calciumcarbonatkörnern besteht. Andere chemische Sedimentgesteine sind *Dolomitgestein* (zusammengesetzt aus dem Calcium-Magnesiumcarbonat-Mineral Dolomit), *Evaporite* (wie Steinsalz und massiger Gips) und *Kohle* (Braunkohle und Steinkohle).

Diagenese bezieht sich auf alle physikalischen, chemischen und biologischen Veränderungen, die auftreten, nachdem die Sedimente abgelagert wurden und während sowie nach der Zeit, wenn sie in Sedimentgestein umgewandelt werden. Auflast begünstigt die Diagenese. Die Diagenese schließt die Verfestigung mit ein.

Verfestigung beschreibt Prozesse, bei welchen unverfestigte Sedimente in festes Sedimentgestein umgewandelt werden. Die meisten Sedimentgesteine entstehen durch die Vorgänge der *Verdichtung* und/oder der *Zementierung*. Verdichtung tritt auf, wenn die Auflast der überlagernden Materialien die tieferen Sedimente zusammendrückt. Die Zementierung, ein sehr wichtiger Vorgang, durch welchen das Sediment in Sedimentgestein umgewandelt wird, tritt dann auf, wenn lösliche Zementmaterialien wie *Calcit*, *Siliziumdioxid* und *Eisenoxid* auf die Sedimentkörner ausgefällt werden und die Partikel miteinander verbinden. Obwohl die meisten Sedimentgesteine durch Verdichtung oder Zementierung verfestigt werden, gibt es chemische Sedimente, wie Evaporite, die sofort als solide Masse ineinander verwachsener Kristalle gebildet werden.

Sedimentgesteine werden in drei Gruppen unterteilt: *detritisch*, *chemisch* und *organisch*. Alle detritischen Gesteine haben ein klastisches Gefüge, das aus einzelnen miteinander zementierten und verdichteten Fragmenten und Partikeln besteht. Das Hauptkriterium für die Unterteilung der detritischen Gesteine ist die Partikelgröße. Häufige detritische Gesteine sind *Konglomerate*, *Sandsteine* und *Tonschiefer*. Die Grundlage zur Unterscheidung der verschiedenen Gesteine der chemischen Gruppe ist die Mineralzusammensetzung. Manche chemischen Gesteine wie die, die bei Verdunstung von Meerwasser abgelagert werden, haben ein *nicht klastisches (kristallines) Gefüge,* in welchem die Minerale ein Muster ineinander verwachsener Kristalle bilden. Jedenfalls enthalten in Wirklichkeit viele der als chemische Sedimente eingeteilten Gesteine zumindest einen kleinen Anteil an detritischem Sediment. Häufige chemische Sedimente sind *Kalkstein*, *Hornstein* und *massiger Gips*. Kohle ist das Hauptbeispiel für ein organisches Sedimentgestein.

Sedimentationsräume sind Orte, an welchen sich die Sedimente anhäufen. Sie werden in kontinentale, marine und Übergangs-(Küsten-)Sedimentationsräume eingeteilt. Jeder ist durch bestimmte physikalische, chemische und biologische Bedingungen charakterisiert. Da ein Sediment Rückschlüsse über die Bedingungen liefert, unter denen es abgelagert wurde, spielen Sedimente in der Interpretation der Erdgeschichte eine wichtige Rolle. Aufgrund der Akkumulation der einzelnen Lagen dokumentiert jede einzelne Lage die Umweltbedingungen zum Zeitpunkt der Sedimentation. Diese Lagen werden *Schichten* (*Strata*) genannt und sind wahrscheinlich die individuell häufigsten und charakteristischen Merkmale der Sedimentgesteine. Andere Merkmale, die man in Sedimentgesteinen vorfindet, sind *Rippelmarken*, *Trockenrisse*, *Kreuzschichtung*, *gradierte Schichtung* sowie *Fossilien*, die ebenfalls Hinweise auf die Vergangenheit liefern.

Wiederholungsfragen

1. In welchem Verhältnis steht das Volumen der Sedimentgesteine zu dem der magmatischen Gesteine in der Erdkruste? Sind die Sedimentgesteine gleichmäßig in der Kruste verteilt?
2. Nennen Sie die drei Hauptsedimentkategorien und unterscheiden Sie kurz zwischen ihnen.
3. Welche Minerale kommen am häufigsten in detritischen Sedimentgesteinen vor? Warum?
4. Was liefert die Grundlage, um zwischen den verschiedenen detritischen Sedimentgesteinen zu unterscheiden?
5. Warum bröselt Tonschiefer oft sehr leicht?
6. In welcher Beziehung stehen die Sortierung und der Rundungsgrad zum Transport von Sandkörnern?
7. Unterscheiden Sie zwischen Konglomerat und Brekzie.
8. Unterscheiden Sie zwei Kategorien chemischer Sedimente.
9. Was sind Evaporitablagerungen? Nennen Sie ein Gestein der Evaporite.
10. Verdunstet ein Meeresgewässer, fallen Minerale in einer bestimmten Reihenfolge aus. Was bestimmt diese Ordnung?
11. Jede der folgenden Aussagen beschreibt ein oder mehrere Charakteristika eines bestimmten Sedimentgesteins. Nennen Sie für jede Aussage das beschriebene Sedimentgestein.
    a. Ein Evaporit, das für Gips verwendet wird
    b. Ein feinkörniges detritisches Gestein, das *Schiefrigkeit* aufweist
    c. Das Hauptbeispiel eines organischen Sedimentgesteins
    d. Das häufigste Sedimentgestein
    e. Ein dunkles, hartes Gestein aus mikrokristallinem Quarz
    f. Eine Varietät des Kalksteins aus kleinen kugeligen Körnern
12. Was ist die Grundlage, um verschiedene chemische Gesteine voneinander zu unterscheiden?
13. Was ist Diagenese? Geben Sie ein Beispiel.
14. Verdichtung ist ein wichtiger Verfestigungsprozess bei welcher Korngröße?
15. Nennen Sie drei wichtige Zemente für Sedimentgesteine. Wie könnte man jedes unterscheiden?
16. Unterscheiden Sie zwischen klastischem und nicht klastischem Gefüge. Welche Gefüge haben alle detritischen Sedimentgesteine gemeinsam?
17. Manche nicht klastischen Sedimentgesteine ähneln magmatischen Gesteinen sehr. Wie könnte man die beiden unterscheiden?
18. Nennen Sie drei Kategorien von Sedimentationsräumen. Nennen Sie je ein Beispiel.
19. Unterscheiden Sie zwischen den verschiedenen Typen der Ozeanbodensedimente.
20. Was ist wahrscheinlich das individuell häufigste und charakteristische Merkmal der Sedimentgesteine?
21. Unterscheiden Sie zwischen Kreuzschichtung und gradierter Schichtung.
22. Wie unterscheiden sich Strömungsrippelmarken von Oszillationsrippelmarken?

Größere Multiple-Choice-Tests zur Wissenskontrolle und Prüfungsvorbereitung sowie weitere Informationen zu diesem Buchkapitel finden Sie auf der Companion Website zum Buch unter **www.pearson-studium.de**

Metamorphose und metamorphe Gesteine

8.1	Was ist Metamorphose?	265
8.2	Wodurch entsteht Metamorphose?	266
8.3	Metamorphe Gefüge	271
8.4	Häufige metamorphe Gesteine	275
8.5	Metamorphe Milieus	278
8.6	Metamorphosezonen	283
8.7	Die Interpretation metamorpher Milieus	287
	Zusammenfassung	290
	Wiederholungsfragen	291

ÜBERBLICK

8 se und metamorphe Gesteine

Ein Blick aus der Luft auf exponierte metamorphe Gesteine im Kanadischen Schild. (Foto: Robert Hildebrand)

Die gefalteten und metamorphen Gesteine in ▶Abbildung 8.1 waren einst flach liegende Sedimentschichten. Kompressionskräfte von unvorstellbarem Ausmaß und Temperaturen von Hunderten von Grad herrschten möglicherweise über Millionen von Jahren, um die Deformation zu erzeugen, die diese Gesteine aufweisen. Unter solchen extremen Bedingungen reagiert ein Gestein mit Faltung, mit Bruch und oft mit Fließen. Dieses Kapitel befasst sich mit tektonischen Kräften, die metamorphe Gesteine „schmieden" und mit der Veränderung dieser Gesteine in ihrem Aussehen, ihrer Mineralogie und manchmal sogar in ihrer gesamten chemischen Zusammensetzung.

Weite Gebiete mit metamorphen Gesteinen sind auf jedem Kontinent aufgeschlossen und werden, wenn sie eine flache Topographie aufweisen, als Schilde bezeichnet (siehe Kapiteleröffnungsfoto und ▶Abbildung 8.31). Diese metamorphen Regionen findet man in Nordeuropa, Russland, dem östlichen Kanada, Brasilien, Afrika, Indien, Australien und auf Grönland. Außerdem sind metamorphe Gesteine ein wichtiger Bestandteil vieler Gebirgsgürtel, dazu gehören auch die Alpen und die Appalachen, wo ein großer Anteil des Gebirgskristallins aus ihnen besteht. Sogar die stabilen Gebiete im Inneren der Kontinente bestehen aus metamorphem Grundgebirge, das mit Sedimenten bedeckt ist. In dieser Szenerie sind die metamorphen Gesteine hoch deformiert und von großen magmatischen Körpern intrudiert. Tatsächlich sind große Teile der kontinentalen Erdkruste aus metamorphen und verwandten Gesteinen aufgebaut.

Anders als bei einigen magmatischen und sedimentären Prozessen, die an oder nahe der Oberfläche ablaufen, findet Metamorphose meist tief in der Erde statt, abseits von unserer direkten Beobachtung. Dessen ungeachtet haben Geologen Techniken entwickelt,

Abbildung 8.1: Deformierter und gefalteter Gneis, Anza Borrego Desert State Park, Kalifornien. (Foto: A.P. Trujillo/APT Photos)

durch die es möglich ist, eine Menge über die Bildungsbedingungen der metamorphen Gesteine zu erfahren. Andererseits liefert die Untersuchung metamorpher Gesteine wichtige Einblicke in tektonische Prozesse innerhalb der Erdkruste und des oberen Mantels.

8.1 Was ist Metamorphose?

Sie erinnern sich aus dem Abschnitt über den Gesteinskreislauf in Kapitel 1, dass Metamorphose die Umwandlung eines Gesteinstyps in einen anderen ist. Metamorphe Gesteine entstehen aus bereits existierenden magmatischen, sedimentären oder sogar auch aus anderen metamorphen Gesteinen. Deswegen hat jeder Metamorphit ein **Ausgangsgestein (Protolith)** – das Gestein, aus dem er gebildet wurde.

Metamorphose, was „die Form verändern" heißt, ist ein Prozess, der zu Veränderungen in der Mineralogie, des Gefüges und manchmal auch der chemischen Zusammensetzung von Gesteinen führt. Metamorphose tritt auf, wenn ein Gestein einem physikalischen oder chemischen Milieu ausgesetzt wird, das deutlich anders ist als das, in dem es ursprünglich gebildet wurde. Dazu gehören Veränderungen in Temperatur und Druck (Stress) und die Gegenwart von chemisch wirksamen Fluiden. Als Antwort auf diese Veränderungen beginnt das Gestein, sich zu verändern, bis es einen Gleichgewichtszustand mit dem neuen Milieu erreicht hat. Die meisten metamorphen Veränderungen treten bei erhöhten Temperaturen und Drücken auf, die in den ersten paar Kilometern unterhalb der Erdoberfläche vorkommen und bis zum Mantel reichen.

Metamorphose steigert sich oft stufenweise von leichten Veränderungen (niedriggradige Metamorphose) bis hin zu grundlegenden Veränderungen (hochgradige Metamorphose). Zum Beispiel wird das häufige Sedimentgestein, der Tonschiefer, zu dem dichteren metamorphen Gestein, dem Phyllit, umgewandelt. Handstücke dieser beiden Gesteine sind oft schwer zu unterscheiden, was veranschaulicht, dass der Übergang von sedimentären zu metamorphen Gesteinen oft allmählich vor sich geht und die Veränderungen sehr subtil sein können.

In extremeren Milieus verursacht die Metamorphose eine so vollständige Umwandlung, dass man das Ausgangsgestein nicht mehr bestimmen kann. Bei hochgradiger Metamorphose werden Merkmale wie Schichtflächen, Fossilien und Hohlräume, die eventuell im Ausgangsgestein vorhanden waren, ausgelöscht. Zudem werden Gesteine in der Tiefe (wo hohe Temperaturen herrschen) auch gerichtetem Druck ausgesetzt, so dass sie langsam deformiert werden und dabei eine Vielfalt an Gefügen und Großstrukturen, wie Falten, entwickeln (▶Abbildung 8.2).

In den extremsten metamorphen Milieus erreichen die Temperaturen die Aufschmelztemperaturen der Gesteine. Dennoch verbleiben die Gesteine während der Metamorphose im Wesentlichen fest, da wir sonst, sollte Aufschmelzung auftreten, das Reich der magmatischen Aktivität betreten.

Wodurch entsteht Metamorphose? 8.2

Die Ursachen der Metamorphose umfassen Wärme, Druck (Stress) und chemisch wirksame Fluide. Während der Metamorphose werden Gesteine normalerweise allen drei metamorphen Wirkungsmechanismen gleichzeitig ausgesetzt.

8.2.1 Wärme als Ursache

Der wichtigste Faktor, der Metamorphose begünstigt, ist Wärme. Sie stellt die Energie zur Verfügung, die chemische Reaktionen antreibt, was in der Umkristallisation der vorhandenen Minerale und/oder der Bildung neuer Minerale resultiert. Sie erinnern sich von der Betrachtung über magmatische Gesteine, dass eine Temperaturerhöhung die Ionen innerhalb der Minerale stärker zum Vibrieren bringt. Sogar in einem kristallinen Festkörper, wo die Ionen feste Bindungen eingegangen sind, ermöglicht es das erhöhte Energieniveau einzelnen Atomen, sich freier zwischen den Atomplätzen in der Kristallstruktur zu bewegen.

Veränderungen, die durch Wärme verursacht werden Wärme hat auf zwei Arten Auswirkungen auf Erdmaterialien, besonders auf die, die in niedrig temperierten Milieus gebildet werden. Erstens begünstigt Wärme die Umkristallisation einzelner Mineralkörner. Das gilt besonders für Tone, feinkörnige Sedimente und manche chemische Ausfällungsstoffe. Höhere Temperaturen fördern Rekristallisation, bei der feine Partikel zu größeren Körnern mit gleicher Mineralogie zusammenwachsen.

Zweitens kann durch Wärme die Gesteinstemperatur bis zu einem Punkt angehoben werden, an dem

Abbildung 8.2: Deformierte metamorphe Gesteine an einem Straßenaufschluss in den Eastern Highlands von Connecticut. (Foto: Phil Dombrowski)

ein oder mehrere der Minerale nicht mehr chemisch stabil sind. In solchen Fällen neigen die beteiligten Ionen dazu, sich selbst in kristallinen Strukturen anzuordnen, die in dem neuen, hohen Energieniveau stabil sind. Durch chemische Reaktionen wie diese werden neue Minerale mit stabiler Konfiguration gebildet und in einer Gesamtzusammensetzung, die in etwa dem Originalmaterial entspricht. (In manchen Milieus können Ionen in eine Gesteinseinheit hinein- oder aus ihm herauswandern und dabei die gesamte chemische Zusammensetzung verändern.)

Verschaffen wir uns einen Überblick, indem wir eine Traverse durch eine metamorphe Zone eines Gesteins ziehen (das jetzt gehoben und aufgeschlossen ist). Bewegen wir uns in der Richtung der zunehmenden Metamorphoseintensität können wir zwei Veränderungen beobachten, die größtenteils der zunehmenden Temperatur zuzuschreiben sind. Die Korngröße in den Gesteinen wird zunehmen und die Mineralogie wird sich allmählich verändern.

Was ist die Wärmequelle? Die Wärme des Erdinneren stammt überwiegend von der Energie, die fortwährend durch radioaktiven Zerfall frei wird, und der thermischen Energie, die während der Entstehung unseres Planeten hervorgebracht wurde (Restwärme). Sie erinnern sich, dass Temperaturen mit der Tiefe in einer bestimmten Rate zunehmen, die als *geothermische* (*geo* = Erde, *thermos* = Wärme) *Tiefenstufe* (*geothermischer Gradient*) bekannt ist. In der oberen Kruste bewegt sich dieser Temperaturanstieg zwischen 20 °C und 30 °C pro Kilometer (▶Abbildung 8.3). Deswegen widerfährt den Gesteinen, die an der Erdoberfläche gebildet und in größere Tiefe versenkt wurden, eine allmähliche Temperaturerhöhung (Abbildung 8.3). Werden die Ge-

8.2 Wodurch entsteht Metamorphose?

> **Studenten fragen manchmal ...**
>
> **Wie heiß ist es tief in der Kruste?**
>
> Der Temperaturanstieg mit zunehmender Tiefe aufgrund der geothermalen Tiefenstufe kann so ausgedrückt werden: „Je tiefer man geht, desto heißer wird es." Dieser Zusammenhang wurde in tiefen Schächten von Bergleuten und bei Tiefbohrungen beobachtet. Im tiefsten Schacht der Welt (die Western Deep Level Mine in Südafrika mit vier Kilometern Tiefe) ist das Umgebungsgestein so heiß, dass es menschliche Haut verbrennen kann! Tatsächlich arbeiten die Bergleute nur paarweise: Einer baut das Gestein ab, während sein Partner einen großen Ventilator bedient, um den anderen abzukühlen.
>
> Die Temperatur ist an der Basis des tiefsten Bohrlochs der Erde noch höher. Die Tiefbohrung auf der Halbinsel Kola in Russland wurde 1992 abgeschlossen und erreichte 12,3 Kilometer. In dieser Tiefe ist es mit 245°C viel heißer als der Siedepunkt von Wasser. Der hohe Umgebungsdruck in der Tiefe verhindert das Kochen von Wasser.

steine in einer Tiefe von etwa 8 Kilometer begraben, wo sich die Temperaturen um 200°C bewegen, neigen Tonminerale dazu, instabil zu werden, und beginnen damit, in neue Minerale wie Chlorit und Muskowit umzukristallisieren, die in diesem Milieu stabil sind. (Chlorit ist ein glimmerähnliches Mineral, das aus dunklen [mafischen] Silikatmineralen gebildet wird.) Dennoch bleiben viele Silikatminerale, besonders diejenigen aus magmatischen Gesteinen – beispielsweise Quarz und Feldspat – bei diesen Temperaturen stabil.

Deswegen treten metamorphe Veränderungen dieser Minerale erst in viel größeren Tiefen auf.

Milieus, in welchen Gesteine in große Tiefen transportiert und aufgeheizt werden, können konvergente Plattengrenzen sein, wo Stücke ozeanischer Kruste, die mit Sediment beladen sind, subduziert werden. Ebenso können Gesteine in großen, sich allmählich absenkenden Becken unter dick angehäuften Sedimenten tief begraben werden (Abbildung 8.3). Solche Orte, anschaulich im Golf von Mexiko, entwickeln metamorphe Bedingungen im Liegenden der Auflagerungen. Außerdem können beim Zusammenprall von Kontinenten, wodurch die Kruste durch Verfaltung und Verwerfung verdickt wird, Gesteine tief begraben und dort durch erhöhte Temperaturen teilweise aufgeschmolzen werden (siehe ▶ Abbildung 8.22).

Wärme kann auch durch magmatische Intrusionen vom Mantel bis in die obersten Lagen der Kruste transportiert werden. Aufsteigende Mantle Plumes, Auftrieb von Magma an ozeanischen Rücken und Magma, das durch partielle Aufschmelzung von Mantelgestein an Subduktionszonen entsteht, sind drei Beispiele dafür (Abbildung 8.3). Immer, wenn Magma gebildet wird und durch Auftrieb zur Oberfläche steigt, tritt Metamorphose auf. Intrudiert Magma relativ kalte Gesteine in geringer Tiefe wird das Umgebungsgestein „gebacken". Diesen Prozess nennt man *Kontaktmetamorphose*, er wird später in diesem Kapitel betrachtet.

8.2.2 Umgebungsdruck und Differentialspannung

Der Druck, genauso wie die Temperatur, wächst mit der Tiefe und der Mächtigkeit der auflagernden Ge-

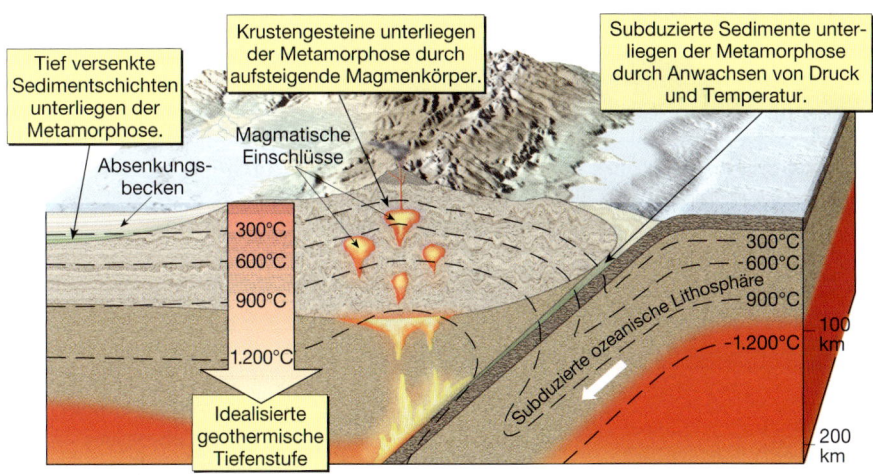

Abbildung 8.3: Die Darstellung der geothermischen Tiefenstufe und ihre Bedeutung für die Metamorphose. Beachten Sie, wie sehr der geothermische Gradient durch Subduktion von relativ kalter, ozeanischer Lithosphäre gesenkt wird. Im Gegensatz dazu ist thermische Aufheizung offensichtlich, wenn Magma die obere Kruste intrudiert.

steine an. Überlagerte Gesteine sind dem **lithostatischen Druck** ausgesetzt, einem Umgebungsdruck, der durch das Gewicht der überlagernden Gesteinsmassen entsteht. Er ist analog dem Wasserdruck, dessen Kräfte in alle Richtungen gleich wirken (▶ Abbildung 8.4A). Je tiefer Sie sich im Ozean befinden, desto höher wird der Umgebungsdruck. Das Gleiche gilt für überlagertes Gestein. Durch den Umgebungsdruck werden die Zwischenräume der Mineralkörner geschlossen und es entsteht ein kompakteres Gestein mit größerer Dichte (Abbildung 8.4A). Zudem kann in großer Tiefe der Umgebungsdruck dazu führen, dass Minerale in neue Minerale mit einer kompakteren Kristallform umkristallisieren. Jedoch faltet und deformiert der reine lithostatische Druck Gesteine *nicht*, wie in Abbildung 8.1 gezeigt.

Zusätzlich zum Umgebungsdruck können die Gesteine einem gerichteten Druck ausgesetzt sein. Dieser tritt zum Beispiel an konvergenten Plattengrenzen auf, wo Lithosphärenstücke aufeinanderprallen. Dabei sind die Kräfte, die das Gestein deformieren, in verschiedenen Richtungen ungleich und werden als **Differentialspannung** oder differentieller Stress bezeichnet. (Druck = Stress = Spannung = Kraft pro Flächeneinheit. Eine eingehende Betrachtung von Stress liefert Kapitel 10.)

Ungleich dem Umgebungsdruck, der das Gestein gleichmäßig in alle Richtungen „drückt", sind Differentialspannungen in einer Richtung größer als in anderen. Wie ▶ Abbildung 8.4B zeigt, werden Gesteine, die einer Differentialspannung ausgesetzt werden, in der Richtung der größten Spannung verkürzt und

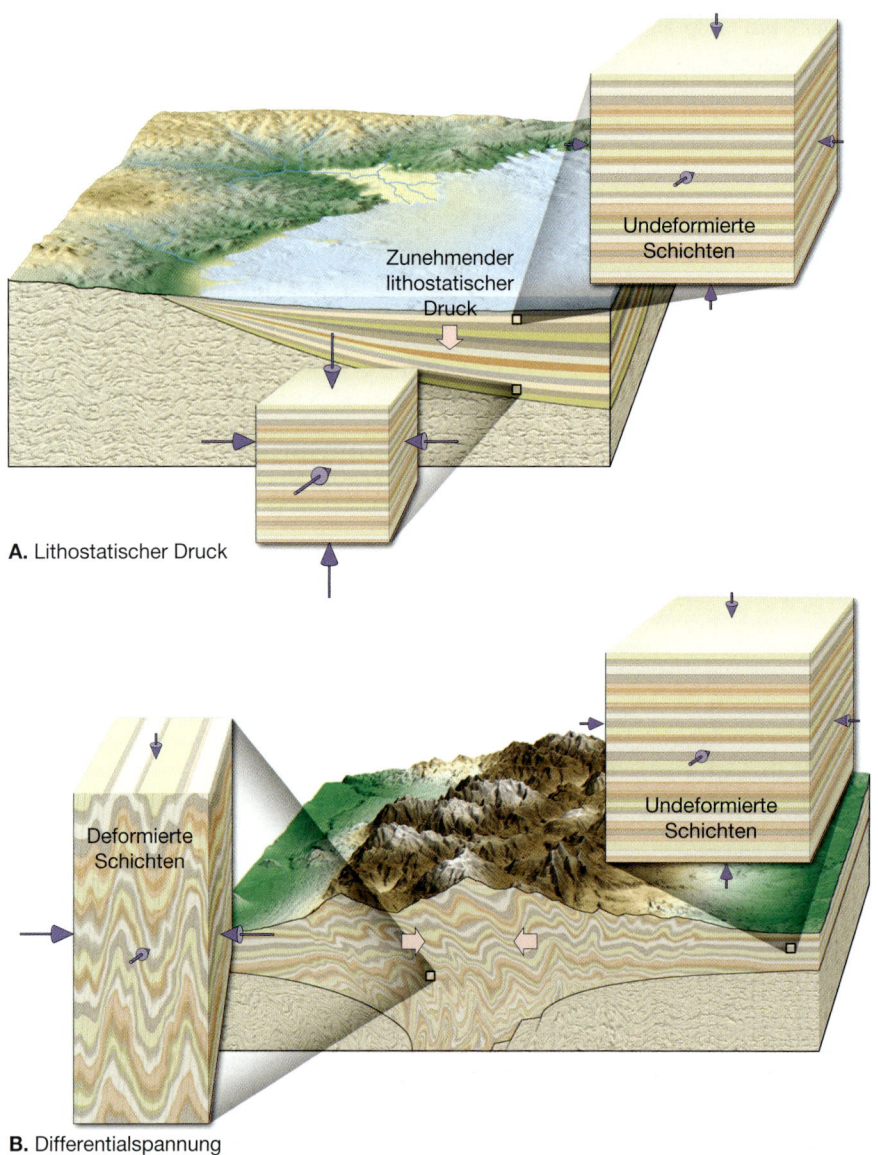

A. Lithostatischer Druck

B. Differentialspannung

Abbildung 8.4: Umgebungsdruck (hydrostatischer Druck) und Differentialspannung als Metamorphoseauslöser.

rechtwinklig dazu in Richtung der kleinsten Spannung gestreckt oder ausgelängt. Das hat zur Folge, dass die betroffenen Gesteine oft gefaltet oder abgeflacht werden (so als würde man auf einen Gummiball treten). Entlang konvergenter Plattengrenzen ist die größte Spannung in etwa horizontal in Richtung der Platte gerichtet und der geringste Druck erfolgt in vertikaler Richtung. Folglich wird bei diesen Gegebenheiten die Kruste deutlich verkürzt (horizontal) und verdickt (vertikal). Zwar sind Differentialspannungen im Vergleich zum Umgebungsdruck meist klein, aber sie sind wichtig bei der Entstehung der verschiedenen Texturen metamorpher Gesteine.

Im Oberflächenmilieu, wo vergleichsweise niedrige Temperaturen herrschen, sind die Gesteine *spröde* und zerbrechen, wenn sie größeren Differentialspannungen ausgesetzt werden. Setzt sich die Deformation lange Zeit fort, werden die Mineralkörner in kleine Fragmente zerrieben und pulverisiert. Im Gegensatz dazu sind Gesteine im Hochtemperaturmilieu *duktil*. Weisen Gesteine duktiles Verhalten auf, neigen ihre Mineralkörner dazu, sich abzuplatten und zu strecken, wenn sie Differentialspannung ausgesetzt sind (▶ Abbildung 8.5). Das verstärkt die Fähigkeit, durch Fließen deformiert zu werden (statt durch Zerbrechen) und komplizierte Falten zu bilden.

8.2.3 Chemisch wirksame Fluide

Fluide bestehen im Wesentlichen aus Wasser und anderen flüchtigen Bestandteilen wie Kohlendioxid und sie spielen vermutlich eine wichtige Rolle bei manchen Arten der Metamorphose. Fluide, die Mineralkörner umgeben, agieren als Katalysatoren, indem sie die Ionenwanderung erhöhen und damit die Umkristallisation fördern. In zunehmend heißen Milieus werden diese ionenreichen Fluide entsprechend reaktionsfreudiger. Sind zwei Mineralkörner aneinandergepresst, steht der Teil ihrer kristallinen Struktur, an dem sie sich berühren, am meisten unter Spannung. Ionen, die sich auf diesen Plätzen befinden, werden leicht durch heiße Fluide gelöst und wandern entlang der Kornoberflächen zu dem Porenraum zwischen den Körnern. Folglich unterstützen die hydrothermalen Fluide die Umkristallisation von Körnern, indem sie Material aus der Umgebung mit hoher Spannung herauslösen („Drucklösung") und in der Umgebung mit niedriger Spannung wieder ausfällen (ablagern). Daraus ergibt sich, dass *Minerale bei Kompressionsspannung eher im rechten Winkel dazu umkristallisieren und gestreckt wachsen*. Im Kapitel zur Diagenese haben wir den Mechanismus der Drucklösung und Wiederausfällung bereits kennengelernt. Dort verringert Drucklösung den Porenraum der Sedimente und die Wiederausfällung des gelösten Materials führt zur Verkittung der Klasten von Sedimenten.

Abbildung 8.5: Metakonglomerate. Diese einst fast runden Kiesel wurden aufgeheizt und in länglichen Strukturen abgeplattet. (Foto: E.J. Tarbuck)

Wo heiße Fluide frei durch das Gestein zirkulieren können, kann Ionenaustausch zwischen zwei nebeneinander liegenden Gesteinslagen stattfinden oder die Ionen können über weite Entfernungen wandern, bevor sie schließlich abgelagert werden. Die zweite Situation ist besonders häufig, wenn man heiße Fluide betrachtet, die aus einem magmatischen Gestein während dessen Kristallisation entwichen sind. Unterscheidet sich das den Pluton umgebende Gestein deutlich in der Zusammensetzung von den eindringendenn Fluiden, kann es zu einem umfangreichen Austausch von Ionen zwischen den Fluiden und dem Umgebungsgestein kommen. Ist das der Fall, ändert sich die Gesamtzusammensetzung des Umgebungsgesteins. Eine Veränderung durch Wechselwirkungen mit Fluiden nennt man **Metasomatose**.

Die Herkunft chemisch wirksamer Fluide Wasser kommt reichlich in den Porenzwischenräumen der meisten Sedimentgesteine vor sowie in Klüften von magmatischen Gesteinen. Zudem sind viele Minerale, wie Tone, Glimmer und Amphibole, hydratisiert (*hydra* = Wasser) und enthalten deswegen Wasser in ihrer kristallinen Struktur. Erhöhte Temperatur, zusammen mit niedriggradiger bis mittelgradiger Metamorphose, verursacht eine Dehydration dieser Minerale. Ist das Wasser einmal herausgetrieben, bewegt es sich entlang

> **Studenten fragen manchmal …**
>
> **Wird Gletschereis als metamorphes Gestein betrachtet?**
>
> Ja! Obwohl metamorphe Gesteine typischerweise in Hochtemperaturmilieus entstehen, ist Gletschereis eine Ausnahme. Trotz seiner Entstehung im kalten Klima erfüllt Gletschereis ganz klar die Kriterien, die für metamorphe Gesteine gelten. Die Bildung eines Gletschers beginnt mit der Umformung von Schneekristallen in dichtere Massen von Eiskörnern, Firnschnee genannt. Je mehr Schnee aufgehäuft wird, desto mehr führt der Druck auf die Schichten darunter zur Umkristallisation (Metamorphose) des Firnschnees in größere, ineinander verzahnte Kristalle. Zudem ist die Gletscherbewegung ein Beispiel von duktilem Fließen im Festzustand, eine weitere Eigenschaft metamorpher Gesteine. Das duktile Fließen wird durch interne Deformation und Umkristallisation einzelner Eiskristalle erleichtert. Das entstandene duktile Fließen wird für uns oft in Form von deformierten schmutzigen Schichten im Eis sichtbar. Diese Strukturen ähneln den Falten, die bei „typischeren" Metamorphiten auftreten.

> **Studenten fragen manchmal …**
>
> **Können metamorphe Gesteine Fossilien enthalten?**
>
> Ja, gelegentlich. Wird ein Sedimentgestein, das Fossilien enthält, einer Metamorphose unterzogen, könnte das Originalfossil noch immer erkennbar sein. Mit der Erhöhung des Metamorphosegrads werden Fossilien (genauso wie Schichtflächen, Hohlräume und andere Merkmale des Ausgangsgesteins) meist unkenntlich. Dies liegt aber im Allgemeinen an der mit der Metamorphose verbundenen Deformation. In geschützten Bereichen können Fossilien in Ausnahmefällen auch noch eine hochgradige Metamorphose überdauern. Beispielsweise wurden bestimmbare Pflanzenreste aus der Karbonzeit in Granatglimmerschiefern der Hohen Tauern gefunden. Sind Fossilien in metamorphen Gesteinen enthalten, geben sie nützliche Hinweise auf das Originalgestein und die Ablagerungsbedingungen. Zudem können Fossilien, deren Form während der Metamorphose verzerrt wurde, das Ausmaß der Verformung des Gesteins anzeigen.

der Oberflächen der einzelnen Körner und ist für einen vereinfachten Ionentransport verfügbar. In hochgradig metamorphen Milieus aber, wo extreme Temperaturen herrschen, können die Fluide aus den Gesteinen getrieben werden. Sie erinnern sich, dass bei ozeanischer Kruste, die bis in Tiefen von 100 Kilometer subduziert wird, das aus den Krustenstücken herausgepresste Wasser in den Mantelkeil darüber wandert und dort partielle Aufschmelzung auslöst.

8.2.4 Die Bedeutung des Ausgangsgesteins

Die meisten metamorphen Gesteine haben die gleiche chemische Gesamtzusammensetzung wie das Ausgangsgestein, aus dem sie entstanden sind, mit Ausnahme des eventuellen Verlusts oder der Aufnahme flüchtiger Bestandteile wie Wasser (H_2O) und Kohlendioxid (CO_2). Beispielsweise entsteht bei der Metamorphose von Schieferton (shale) Tonschiefer (slate), wenn die Tonminerale zu Glimmern umkristallisieren. (Die kleinen Kristalle von Quarz und Feldspat, die man im Tonschiefer vorfindet, werden bei der Umformung in Schiefer nicht verändert und bleiben deswegen mit den Glimmern vermischt.) Die Mineralogie verändert sich zwar bei der Umwandlung von Schieferton in Tonschiefer, doch die chemische Gesamtzusammensetzung von Tonschiefer ist mit der seines Ausgangsgesteins vergleichbar. Dementsprechend hat das metamorphe Produkt eines mafischen Ausgangsgesteins, wie Basalt, viele Minerale, die Eisen und Magnesium enthalten, außer, es gab einen erheblichen Verlust an diesen Atomen.

Zudem entscheidet der Mineralaufbau des Muttergesteins weitgehend darüber, in welchem Ausmaß die Metamorphosefaktoren eine Veränderung hervorrufen. Bahnt sich beispielsweise Magma seinen Weg durch bereits existierendes Gestein, verändern hohe Temperaturen und heiße ionenreiche Fluide meist das Umgebungsgestein. Besteht das Umgebungsgestein aus Mineralen, die verhältnismäßig reaktionsträge sind, wie Quarzkörner in einem relativ reinen Sandstein, wird wahrscheinlich wenig verändert werden. Ist das Umgebungsgestein jedoch ein „verunreinigter" Kalkstein, der reichlich silikatreichen Ton enthält, könnte der Calcit ($CaCO_3$) aus dem Kalkstein mit dem Siliziumdioxid (SiO_2) aus dem Ton reagieren und Wollastonit ($CaSiO_3$) plus Kohlendioxid (CO_2) bilden. In dieser Situation kann sich die Metamorphosezone über mehrere Kilometer vom Magmenkörper weg erstrecken.

8.3 Metamorphe Gefüge

Sie erinnern sich, dass der Begriff „Gefüge" verwendet wird, um die Größe, Form und Anordnung der Mineralkörner im Gestein zu beschreiben. Die meisten magmatischen und sedimentären Gesteine bestehen aus Mineralkörnern, die eine zufällige Orientierung haben und deswegen von allen Richtungen gleich aussehen. Im Gegensatz dazu enthalten deformierte metamorphe Gesteine flache Minerale wie etwa Glimmer und/oder stängelige Minerale wie Amphibole. Typischerweise weisen diese eine bevorzugte Orientierung auf, wobei die Mineralkörner parallel bis subparallel zueinander angeordnet sind. Gesteine, die gestreckte Minerale enthalten, die parallel zueinander ausgerichtet sind, werden wie eine Hand voller Bleistifte je nach Ansichtsrichtung (seitlich oder frontal) anders erscheinen. Wir sprechen von Streckungslineation oder von einem linearen Gefüge. Ein Gestein, das eine bevorzugte Orientierung seiner blättrigen Minerale aufweist, besitzt eine *Schieferung*.

8.3.1 Schieferung

Der Begriff **Schieferung** bezieht sich auf jede ebene (fast flache) Anordnung von Mineralkörnern oder Strukturmerkmalen innerhalb eines Gesteins. Obwohl Schieferung in manchen Sedimentgesteinen und sogar in manchen magmatischen Gesteinen auftritt, ist sie ein fundamentales Merkmal regionalmetamorpher Gesteine – was bedeutet, dass die Gesteinseinheiten stark gefaltet und verzerrt wurden. In metamorphen Milieus wird die Schieferung durch ungleiche Druckspannungen erzeugt, durch die die Gesteinseinheiten in einer Richtung verkürzt und in den beiden anderen Richtungen senkrecht dazu gelängt werden und die Mineralkörner sich im Gestein parallel oder fast parallel ausrichten. Beispiele für Schieferung schließen ein: die parallele Ausrichtung von flachen und/oder gestreckten Mineralen, die parallele Ausrichtung abgeflachter Mineralkörner oder Gerölle; Bänderung aufgrund der Zusammensetzung von hellen und dunklen Mineralen; und eine Transversalschieferung (slaty cleavage), durch die das Gestein leicht in dünne, tafelförmige Stücke entlang paralleler Oberflächen geteilt werden kann. Die verschiedenen Arten der Schieferung können auf unterschiedliche Weise gebildet werden:

- die Rotation von blättrigen und/oder gestreckten Mineralkörnern in eine neue Orientierung
- die Umkristallisation von Mineralen in neue Mineralkörner und in Richtung der bevorzugten Orientierung
- die Veränderung gleich großer Mineralkörner in gestreckte Formen, die sich in einer bevorzugten Orientierung anordnen

Die Rotation von bestehenden Mineralen kann man sich am einfachsten vorstellen. ▶ Abbildung 8.6 zeigt den Mechanismus, durch den die blättrigen oder gestreckten Minerale rotiert werden. Sie sehen, dass die neue Anordnung in etwa rechtwinklig zur Richtung der größten Verkürzung ist (was nicht unbedingt identisch sein muss mit der größten Spannungsrichtung! – siehe das Kapitel zur Tektonik). Die mechanische Rotation von blättrigen Mineralen trägt zwar zur Entwicklung einer Schieferung bei niedriggradiger Metamorphose bei, in extremeren Milieus wirken jedoch andere Mechanismen.

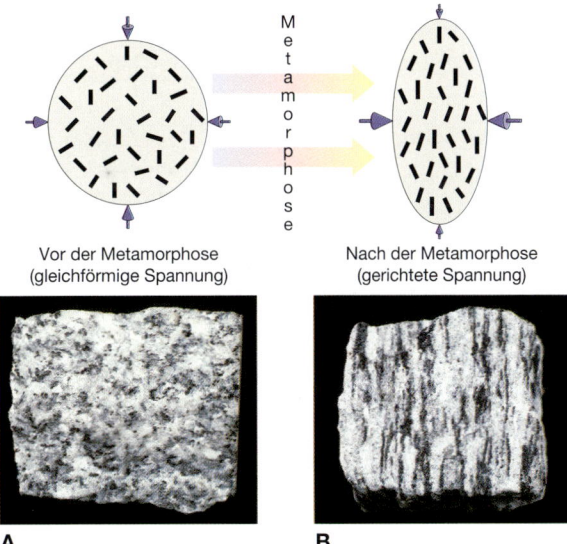

Abbildung 8.6: Mechanische Rotation von blättrigen oder gestreckten Mineralkörnern. **A.** Die existierenden Mineralkörner behalten ihre zufällige Orientierung, wenn die Kräfte gleichmäßig wirken. **B.** Die Differentialspannung verursacht die Abplattung von Gesteinen und die Mineralkörner rotieren gegen die Abplattungsebene. (Foto: E.J. Tarbuck)

Sie erinnern sich, dass die Umkristallisation die Entstehung neuer Minerale aus alten ist. Während der Umformung von Schieferton (shale) in Tonschiefer (slate), kristallisieren die winzigen Tonminerale (an der Oberfläche stabil) zu mikroskopisch kleinen Schüppchen von Chlorit und Glimmer (bei höheren Temperaturen und höherem Druck stabil). Unter bestimmten Bedingungen werden die alten Mineralkörner aufgelöst und wandern an andere Orte, wo sie ausfallen und neue Minerale bilden. Das Wachstum neuer Mineralkörner scheint oft auf alten Kristallen mit ähnlicher Struktur in der gleichen Orientierung stattzufinden. Auf diese Weise „ahmt" das neue Mineralwachstum das Wachstum alter Mineralkörner nach und verstärkt jede bereits bestehende bevorzugte Orientierung. Jedenfalls führt eine Umkristallisation, die eine Deformation begleitet, zu einer neuen bevorzugten Orientierung. Werden Gesteinseinheiten während der Metamorphose gefaltet und allgemein verkürzt, scheinen gestreckte und blättrige Minerale rechtwinklig zur größten Spannungsrichtung umzukristallisieren.

Mechanismen, die die Form von einzelnen Mineralkörnern verändern, haben eine besondere Bedeutung für die Entwicklung von bevorzugten Orientierungen in Gesteinen, die Minerale wie Quarz, Calcit und Olivin enthalten. Stehen diese Minerale unter Spannung, entwickeln sie gestreckte Körner, die sich in der Richtung parallel zur größten Abplattung ausrichten (▶ Abbildung 8.7). Dieser Typ der Deformation tritt in Hochtemperaturmilieus auf, wo duktile Deformation vorherrscht (was im Gegensatz zum spröden Zerbrechen steht).

Eine Veränderung in der Kornform kann dann auftreten, wenn Elemente einer kristallinen Mineralgitterstruktur an ganz bestimmten, von der Gitterstruktur vorgezeichneten Ebenen aneinander vorbeigleiten und dabei das Mineralkorn verzerren, wie in ▶ Abbildung 8.7B gezeigt wird. Bei dieser Art des plastischen Fließens im Festzustand verändern sich die Positionen der Atome oder Ionen, wodurch das Kristallgitter gestört wird. Typischerweise schließt das Aufbrechen der existierenden chemischen Bindungen die Bildung von neuen Bindungen ein. Zusätzlich kann sich die Mineralform verändern, da die Ionen von einem Punkt am Mineralrand, der unter hoher Spannung steht, zu einer unter geringerer Spannung stehenden Position auf dem gleichen Korn verschoben werden (▶ Abbildung 8.7C). Diese Art von Deformation tritt bei der Massenverschiebung von Material von einem Ort zum anderen auf. Wie Sie wahrscheinlich vermuten, wird dieser Mechanismus durch chemisch wirksame Fluide unterstützt und ist eine Art Umkristallisation.

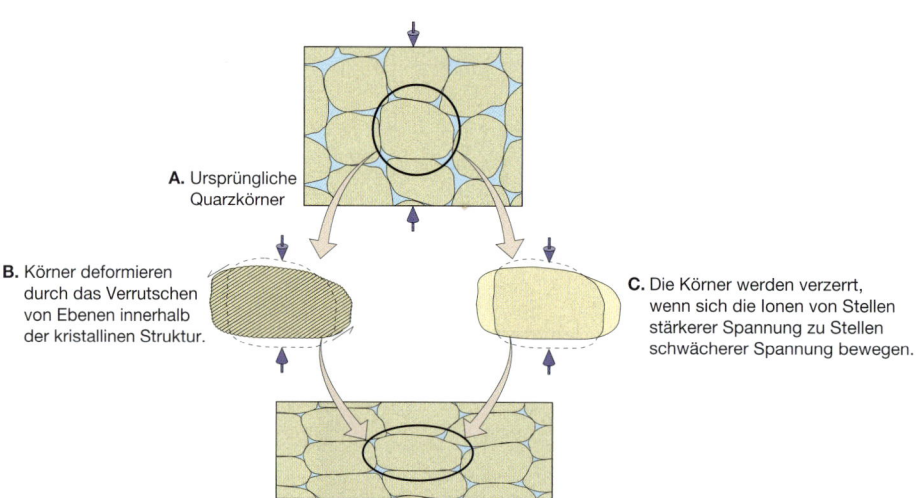

A. Ursprüngliche Quarzkörner

B. Körner deformieren durch das Verrutschen von Ebenen innerhalb der kristallinen Struktur.

C. Die Körner werden verzerrt, wenn sich die Ionen von Stellen stärkerer Spannung zu Stellen schwächerer Spannung bewegen.

D. Das abgeflachte Gestein weist verzerrte Quarzkörner auf.

Abbildung 8.7: Die Entwicklung einer bevorzugten Orientierung von Mineralen wie Quarz, Calcit und Olivin. **A.** Duktile Deformation (Abflachung) dieser in etwa gleich großen Mineralkörner kann durch den einen oder anderen Mechanismus ablaufen. **B.** Der erste Mechanismus ist ein plastisches Fließen vom Festkörperstatus, das intrakristallines Gleiten einzelner Elemente eines Mineralkorns einbezieht. **C.** Der zweite Mechanismus bezieht gelöstes Material aus Gebieten mit hoher Spannung mit ein und setzt das Material an Plätzen mit niedriger Spannung ab. **D.** Beide Mechanismen verändern die Form des Mineralkorns, aber das Volumen und die Zusammensetzung jedes Mineralkorns bleiben im Wesentlichen unverändert.

8.3.2 Geschieferte Gefüge

Es gibt verschiedene Typen der Schieferung, die abhängig vom Grad der Metamorphose und der Mineralogie des Ausgangsgesteins sind. Wir werden drei betrachten: die *Transversalschieferung*, die kristalline Schieferung und das *Gneisgefüge*.

Transversalschieferung Transversalschieferung bezieht sich auf die engständige, ebene Fläche, entlang welcher die Gesteine in dünne Platten zerfallen, wenn man mit dem Hammer daraufschlägt. Transversalschieferung ist in vielen metamorphen Gesteinen entwickelt, am besten zeigt jedoch der Tonschiefer („Dachschiefer") diese hervorragende **Spaltbarkeit**. Abhängig vom metamorphen Milieu und der Zusammensetzung des Ausgangsgesteins entwickelt sich die Transversalschieferung auf vielfältige Weise. Von einem Milieu niedriggradiger Metamorphose weiß man, dass sie sich dort bildet, wo Tonsteine (und verwandte Sedimentgesteine) stark verfaltet und der Metamorphose unterworfen werden und Schiefer bilden. Der Prozess beginnt damit, dass blättrige Mineralkörner geknickt und gebogen werden – sie bilden dabei mikroskopisch kleine Falten mit Schenkeln, die in etwa parallel zueinander ausgerichtet sind (▶ Abbildung 8.8).

Weitere Deformation verstärkt die neue Anordnung, da sich alte Mineralkörner auflösen und vorzugsweise in der Richtung der neu entwickelten Orientierung umkristallisieren. Diese ebene Ausprägung wechselt mit Zonen, die Quarz und andere Mineralkörner enthalten, die keine deutlich lineare Orientierung aufweisen. Entlang dieser sehr dünnen Zonen zeigen die plattigen Minerale eine parallele Ausrichtung und der Tonschiefer splittert dort (▶ Abbildung 8.9).

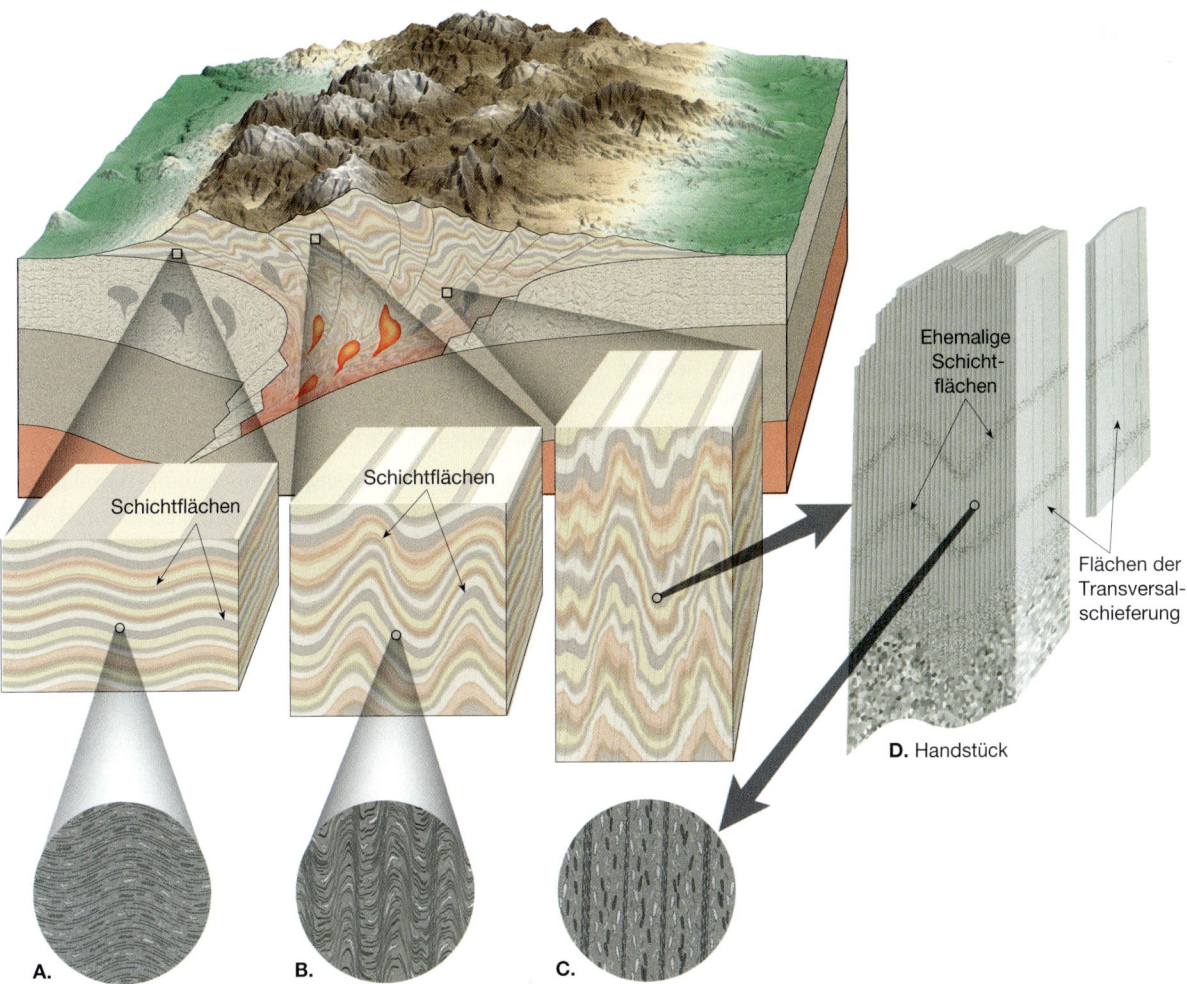

Abbildung 8.8: Die Entwicklung eines Typs der Transversalschieferung. Wird Schieferton stark verfaltet (**A., B.**) und der Metamorphose unterworfen, um Tonschiefer zu bilden, werden die Glimmerplättchen in Mikrofalten verbogen. **C.** Weitere Metamorphose resultiert in der Umkristallisation von Glimmerkörnern entlang der Schenkel dieser Falten und verstärkt die Schieferung. **D.** Ein Handstück eines Tonschiefers zeigt die Schieferung und seine Orientierung zu den ehemaligen Schichtflächen.

8 Metamorphose und metamorphe Gesteine

Abbildung 8.9: Das Gestein in diesem Tonschieferabbau in der Nähe von Alta, Norwegen, weist eine hervorragende Transversalschieferung auf. Die parallele Mineralanordnung in diesem Gestein ermöglicht eine leichte Spaltung in flache Platten, wie man auf diesem Foto sieht. (Foto: Fred Bruemmer/DRK Foto)

Abbildung 8.10: Dieses Gestein zeigt ein Gneisgefüge. Sie sehen, dass die dunklen Biotitblättchen und die hellen Silikatminerale getrennt sind und dem Gestein eine gebänderte bzw. lagige Erscheinung verleihen. (Foto: E.J. Tarbuck)

Da Schiefer normalerweise durch niedriggradige Metamorphose gebildet wird, sind oft noch Hinweise der ursprünglichen Schichtflächen erhalten. Wie in ▶ Abbildung 8.8D gezeigt wird, entwickelt sich jedoch die Orientierung der Transversalschieferung normalerweise im schiefen Winkel zu den ursprünglichen Sedimentschichten. Deswegen bricht Tonschiefer quer zu den Schichtflächen und nicht wie Schieferton entlang dieser. Andere metamorphe Gesteine, wie Glimmerschiefer oder Gneise, lassen sich auch entlang von ebenen Oberflächen spalten und weisen deswegen eine Schieferung auf.

Kristalline Schieferung Unter hohen Temperatur-Druckregimes beginnen die winzigen Glimmer- und Chloritkörnchen im Schiefer um einiges zu wachsen. Wenn diese flachen Minerale groß genug sind, um mit bloßem Auge erkennbar zu sein, und eine ebene oder lagige Struktur aufweisen, sagt man, das Gestein weist einen Schieferungstyp auf, den man **kristalline Schieferung** nennt. Gesteine mit diesem Gefüge werden als *kristalline Schiefer* bezeichnet. Zusätzlich zu den blättrigen Mineralen enthalten Glimmerschiefer oft deformierte Quarz- und Feldspatkörner, die als flache oder linsenförmige Körner versteckt zwischen den Glimmerkörnern vorkommen.

Gneisgefüge (Bänderung) Ionenwanderung kann sich während hochgradiger Metamorphose in Mineraltrennung äußern, wie in ▶ Abbildung 8.10 gezeigt wird. Sie sehen, dass sich die dunklen Biotitkristalle und die hellen Silikatminerale (Quarz und Feldspat) voneinander getrennt haben und dem Gestein ein gebändertes Aussehen verleihen, das **Gneisgefüge**. Gneise lassen sich normalerweise nicht so leicht spalten wie Schiefer und einige kristalline Schiefer, obwohl sie geschiefert sind. Aber auch Gneise neigen dazu, parallel zu ihrer Schieferung zu zerbrechen. Sie weisen dann glimmerreiche Oberflächen auf, die dem kristallinen Schiefer ähneln.

8.3.3 Andere metamorphe Gefüge

Nicht alle metamorphen Gesteine weisen ein geschiefertes Gefüge auf. Die Gesteine, die keine Schieferung besitzen, bezeichnet man als **ungeschiefert**. Ungeschieferte metamorphe Gesteine entwickeln sich typischerweise in Milieus, wo die Deformation minimal ist und die Ausgangsgesteine aus Mineralen mit gleich großen Kristallen zusammengesetzt sind, wie Quarz oder Calcit. Wird zum Beispiel feinkörniger Kalkstein (aus Calcit) durch die Intrusion eines heißen Magmenkörpers der Metamorphose unterworfen, kristallisieren die kleinen Calcitkörner um und bilden größere ineinander verzahnte Kristalle. Das daraus entstehende Gestein ist *Marmor* mit großen, gleichförmig ausgebildeten Mineralkörnern, die eine zufällige Orientierung haben, ähnlich wie grobkörnige magmatische Gesteine.

Ein anderes, häufig auftretendes Gefüge bei metamorphen Gesteinen zeigt sich in der Ausbildung von besonders großen Mineralkörnern, die *Porphyroblasten* genannt werden. Sie sind von einer feinkörnigen Matrix aus anderen Mineralen umgeben. Ein **porphyroblastisches Gefüge** entwickelt sich in vielen Gesteinstypen und metamorphen Milieus, wenn die

Minerale der Ausgangsgesteine umkristallisieren und neue Minerale bilden. Während der Umkristallisation bestimmter metamorpher Minerale, dazu gehören Granat, Staurolith und Analusit, entwickeln sich ausnahmslos eine *kleine Anzahl sehr großer Kristalle*. Im Gegensatz dazu bilden Minerale wie Muskowit, Biotit und Quarz typischerweise eine *große Anzahl sehr kleiner Kristalle*. Werden nun bei der Metamorphose Granat, Biotit und Muskowit im gleichen Milieu gebildet, so wird das Gestein aus großen Granatkristallen (Porphyroblasten) bestehen, die in einer feinkörnigen Matrix aus Biotit und Muskowit eingebettet sind (▶ Abbildung 8.11).

8.4 Häufige metamorphe Gesteine

Abbildung 8.11: Granatglimmerschiefer. Die dunkelroten Granatkristalle (Porphyroblasten) sind in einer Matrix aus feinkörnigen Glimmern eingebettet. (Foto: E. J. Tarbuck)

Sie erinnern sich, dass Metamorphose viele Veränderungen in Gesteinen hervorruft. Dazu gehören erhöhte Dichte, Veränderungen in der Korngröße, Neuorientierung von Mineralkörnern in einer ebenen Anordnung, als Schieferung bekannt, und die Umwandlung von Niedrigtemperaturmineralen in Hochtemperaturminerale. Außerdem kann die Zufuhr von Ionen neue Minerale hervorrufen, manche davon mit wirtschaftlicher Bedeutung.

Die Hauptmerkmale einiger metamorpher Gesteine sind in ▶ Abbildung 8.12 zusammengefasst. Beachten Sie, dass metamorphe Gesteine grob nach ihrem Schieferungstypus klassifiziert werden können, nicht so sehr nach ihrer chemischen Zusammensetzung.

8.4.1 Geschieferte Gesteine

Tonschiefer Tonschiefer ist ein sehr feinkörniges (weniger als 0,5 Millimeter) geschiefertes Gestein, das aus winzigen, nicht mit bloßem Auge erkennbaren Glimmerblättchen zusammengesetzt ist. Deswegen erscheint Schiefer matt und ähnelt dem Schieferton sehr. Nennenswerte Merkmale von Tonschiefer sind seine hervorragende Spaltbarkeit und seine Tendenz, in ebene Platten zu brechen (▶ Abbildung 8.13).

Tonschiefer wird oft durch niedriggradige Metamorphose aus Tonstein oder Siltstein gebildet. Weniger häufig entsteht er durch die Metamorphose vulkanischer Asche. Die Farbe des Schiefers hängt von seinen Mineralbestandteilen ab. Schwarzer (kohliger) Schiefer enthält organisches Material, roter Schiefer erhält seine Färbung von Eisenoxiden und grüner Schiefer enthält normalerweise Chlorit.

Phyllit Phyllit repräsentiert eine Metamorphosestufe, die zwischen Tonschiefer und kristallinem Schiefer steht. Seine flachen Minerale sind größer als die im Schiefer, aber doch nicht groß genug, um mit bloßem Auge erkannt zu werden. Phyllit sieht zwar ähnlich wie Tonschiefer aus, doch lässt er sich aufgrund des glänzenden Schimmers und seiner manchmal gewellte Oberfläche leicht davon unterscheiden (▶ Abbildung 8.14). Phyllit weist Gesteinsspaltbarkeit auf und ist hauptsächlich aus sehr feinen Kristallen, entweder Muskowit, Chlorit oder beiden, zusammengesetzt.

Kristalliner Schiefer (Glimmerschiefer) Kristalline Schiefer sind mittel- bis grobkörnige metamorphe Gesteine, in denen flache Minerale vorherrschen. Diese flachen Komponenten schließen für gewöhnlich die Glimmer (Muskowit und Biotit) ein und zeigen eine ebene Ausrichtung, wodurch das Gestein ein geschiefertes Gefüge erhält. Zudem enthält Schiefer kleinere Mengen anderer Minerale, häufig Quarz und Feldspat. Es sind auch Schiefer bekannt, die hauptsächlich aus dunklen Mineralen (Amphibolen) bestehen. Wie bei Schiefer ist das Ausgangsgestein vieler kristalliner Schiefer der Tonschiefer, der mittel- bis hochgradiger

Gesteinsname	Gefüge	Korngröße	Bemerkung	Ursprüngliches Muttergestein
Tonschiefer (Zunahme der Metamorphose ↓)	geschiefert	sehr feinkörnig	Ausgezeichnete Transversalschieferung, glatte, matte Oberflächen	Schieferton, Tonstein oder Siltstein
Phyllit	geschiefert	feinkörnig	Bricht entlang der gewellten Oberflächen, glänzender Schein	Schieferton, Tonstein oder Siltstein
Glimmerschiefer	geschiefert	mittel- bis grobkörnig	Glimmerminerale dominieren, schuppige Schieferung	Schieferton, Tonstein oder Siltstein
Gneis	geschiefert	mittel- bis grobkörnig	Bänderung durch Mineralumlagerung	Schieferton, Granit oder vulkanisches Gestein
Migmatit	geschiefert	mittel- bis grobkörnig	Gebändertes Gestein, mit Zonen von hellen, grobkristallisierten Mineralen	Schieferton, Granit oder vulkanisches Gestein
Mylonit	schwach geschiefert	feinkörnig	Wenn er sehr feinkörnig ist sieht er aus wie Hornfels, bricht plattig.	jeder Gesteinstyp
Metakonglomerat	schwach geschiefert	grobkörnig	Gestreckte oder geplättete Gerölle mit bevorzugter Orientierung	Quarzreiches Konglomerat
Marmor	ungeschiefert	mittel- bis grobkörnig	Ineinander verzahnte Calcit- oder Dolomitkörner	Kalkstein, Dolomit
Quarzit	ungeschiefert	mittel- bis grobkörnig	Ineinander verzahnte Quarzkörner, massiv, sehr hart	Quarzsandtein
Hornfels	ungeschiefert	feinkörnig	Normalerweise ein dunkles, massiges Gestein mit mattem Glanz	jeder Gesteinstyp
Anthrazit	ungeschiefert	feinkörnig	Glänzendes, schwarzes Gestein das muscheligen Bruch aufweisen kann	Bituminöse Kohle
Störungsbrekzie	ungeschiefert	mittel- bis sehr grobkörnig	Zerbrochene Fragmente in willkürlicher Anordnung	jeder Gesteinstyp

Abbildung 8.12: Klassifikation häufiger metamorpher Gesteine.

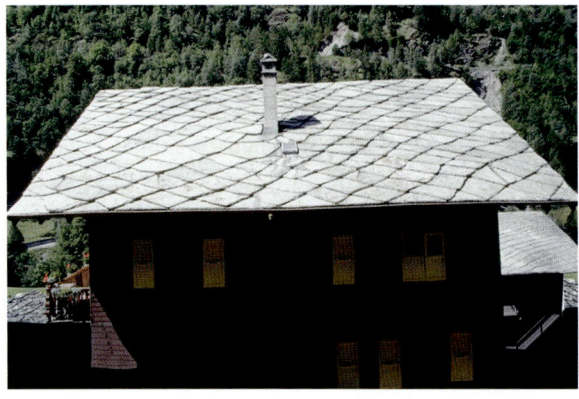

Abbildung 8.13: Durch seine Eigenschaft, in flache Platten zu brechen, hat Tonschiefer eine Reihe von Verwendungsmöglichkeiten. Hier wird er als Dachziegel für ein Haus in der Schweiz verwendet („Dachschiefer"). (Foto: E.J. Tarbuck)

A. B.

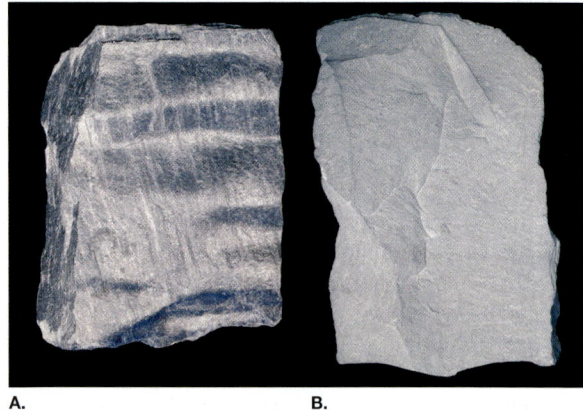

Abbildung 8.14: Phyllit (**A.**) kann von Tonschiefer (**B.**) durch seinen glänzenden Schein und seine wellige Oberfläche unterschieden werden. (Foto: E.J. Tarbuck)

Metamorphose bei Gebirgsbildungsphasen unterworfen wurde.

Der Begriff kristalliner Schiefer beschreibt das Gefüge eines Gesteins und wird als solches verwendet, um Gesteine mit einem weiten Spektrum an chemischen Zusammensetzungen zu beschreiben. Um die Zusammensetzung zu benennen, wird sie im Mineralnamen verwendet. Schiefer, die überwiegend aus Muskowit und Biotit aufgebaut sind, werden zum Beispiel als Glimmerschiefer bezeichnet (▶Abbildung 8.15). Abhängig vom Metamorphosegrad und der Zusammensetzung des Ausgangsgesteins enthalten Glimmerschiefer oft wenige *Begleitminerale*, die häufig einzigartig für metamorphe Gesteine sind. Manche der häufigen Begleitminerale sind Granat, Staurolith und Sillimanit, wobei das Gestein Granatglimmerschiefer, Staurolithglimmerschiefer etc. genannt wird (Abbildung 8.11).

Zudem können kristalline Schiefer im Wesentlichen aus den Mineralen Chlorit und Talk bestehen. Entsprechend wird das Gestein je nach Anteil dann *Chloritschiefer* oder *Talkschiefer* genannt. Andere enthalten das Mineral *Graphit*, das für Bleistiftminen, für Graphitfasern (für Angelstangen) und als Schmiermittel (für Schlösser) verwendet wird.

Gneis *Gneis* ist ein Begriff, der für mittel- bis grobkörnige, gebänderte metamorphe Gesteine verwendet wird, in welchen körnige und gestreckte (im Gegensatz zu flachen) Minerale dominieren. Die häufigsten Minerale in Gneis sind Quarz, Kalifeldspat und natriumreicher Feldspat. Die meisten Gneise enthalten geringe Anteile von Biotit, Muskowit und Amphibol, die sich in einer bevorzugten Richtung entwickeln. Manche Gneise spalten entlang der Lagen aus flachen Mineralen, die meisten brechen jedoch irregulär.

Sie erinnern sich, dass sich während hochgradiger Metamorphose die hellen und dunklen Minerale voneinander abtrennen, was dem Gneis sein charakteristisches gebändertes oder lagiges Aussehen verleiht. Deswegen bestehen die meisten Gneise aus wechselnder Bänderung von weißen oder rötlichen feldspatreichen Zonen und Lagen von dunklen Eisen-Magnesium-Mineralen (siehe Abbildung 8.10). Diese gebänderten Gneise geben oft Hinweise auf Deformationen, einschließlich Falten und manchmal auch Verwerfungen (siehe Abbildung 8.1).

Die meisten Gneise besitzen eine felsische Zusammensetzung und stammen oft von Granit und seinem aphanitischen Äquivalent, dem Rhyolit, ab. Viele bil-

Abbildung 8.15: Glimmerschiefer. Dieses Handstück besteht überwiegend aus Muskowit und Botit. (Foto: E. J. Tarbuck)

den sich jedoch durch hochgradige Metamorphose aus Tonschiefer. In diesem Fall repräsentiert Gneis das letzte Gestein in der Reihe von Tonschiefer, Schiefer, Phyllit, kristalliner Schiefer und Gneis. Gneis kann wie der kristalline Schiefer große Kristalle von Begleitmineralen wie Granat oder Staurolith enthalten. Es gibt auch Gneise, die hauptsächlich aus dunklen Mineralen bestehen, wie die, die in Basalten vorkommen. Beispielsweise nennt man ein amphibolreiches Gestein, das gneisartiges Gefüge aufweist, *Amphibolit*.

8.4.2 Ungeschieferte Gesteine

Marmor *Marmor* ist ein grobkörniges, kristallines, metamorphes Gestein, das als Ausgangsgestein entweder Kalkstein oder Dolomitstein hat (▶Abbildung 8.16). Reiner Marmor ist weiß und im Wesentlichen aus dem Mineral Calcit zusammengesetzt. Aufgrund seiner relativ geringen Härte (Härte 3) ist Marmor einfach zu schneiden und zu bearbeiten. Weißer Marmor ist als Stein besonders begehrt bei der Herstellung von Monumenten und Statuen, wie die berühmte Statue des *David* von Michelangelo (▶Abbildung 8.17). Leider wird Marmor leicht von saurem Regen angegriffen, da er aus Calciumcarbonat besteht.

Das Ausgangsgestein, aus dem sich Marmor bildet, enthält oft Unreinheiten, die eine Färbung des Steins verursachen können. Deswegen kann Marmor rosa,

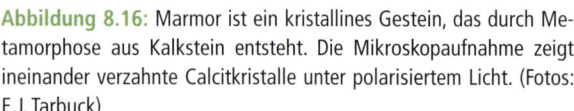

Mikroskopiefoto (6,5×)

Abbildung 8.16: Marmor ist ein kristallines Gestein, das durch Metamorphose aus Kalkstein entsteht. Die Mikroskopaufnahme zeigt ineinander verzahnte Calcitkristalle unter polarisiertem Licht. (Fotos: E.J. Tarbuck)

Abbildung 8.17: Eine Kopie der Statue des David von Michelangelo. Wie das Original wurde diese Skulptur aus einem großen Block von sehr reinem weißem Marmor geschaffen. (Mit freundlicher Genehmigung: Getty Images/Photo Disk)

grau, grün oder sogar schwarz sein und eine Vielfalt an Begleitmineralen (Chlorit, Glimmer, Granat und Wollastonit) enthalten. Bildet sich Marmor aus Kalkstein, der in Wechsellagerung mit Tonschiefern vorlag, erscheint er gebändert und weist eine sichtbare Schieferung auf. Werden solche gebänderten Marmore deformiert, können die glimmerreichen Flächen stark verkrümmte Falten entwickeln, die dem Gestein das Aussehen eines Kunstwerks geben. Daher wurden diese dekorativen Marmore seit prähistorischer Zeit als Baustein verwendet.

Quarzit Quarzit ist ein sehr hartes metamorphes Gestein, das aus Quarzsandstein gebildet wird (▶ Abbildung 8.18). Bei moderater bis hochgradiger Metamorphose verschweißen die Quarzkörner des Sandsteins (Einblendung in Abbildung 8.18). Die Umkristallisation ist so vollständig, dass bei einem Bruch der Quarzit durch die Quarzkörner hindurch, statt an ihren Grenzen entlang spaltet. In manchen Fällen sind sedimentäre Merkmale wie Kreuzschichtung erhalten und geben dem Gestein ein gebändertes Aussehen. Reiner Quarzit ist weiß, aber Eisenoxide können ihm rötliche oder rosafarbene Farbnuancen verleihen, während dunkle Mineralkörner eine graue Färbung bedingen.

> ### Studenten fragen manchmal ...
>
> **Neulich half ich einem Freund bei seinem Umzug. Er hat einen Billardtisch, der sehr schwer ist. Er sagte mir, die Oberfläche sei aus Schiefer. Kann das wahr sein?**
>
> Ja, und der Billardtisch muss deinen Freund viel Geld gekostet haben. Nur die qualitativ hochwertigsten Billardtische werden aus Tonschiefer gemacht. Tonschiefer – ein sehr feinkörniges, geschiefertes Gestein – ist aus mikroskopisch kleinen Glimmerplättchen zusammengesetzt und hat die Eigenschaft, sich entlang seiner Schieferungsflächen zu spalten und flache Stücke von glattem Gestein entstehen zu lassen. Er wird zu hohen Preisen für die Herstellung von Billardtischen sowie für andere Baumaterialien wie Bodenfliesen oder Dachziegel gehandelt.

8.5 Metamorphe Milieus

Es gibt eine Reihe von metamorphen Milieus. Die meisten befinden sich in der Nähe von Plattengrenzen und sind mit magmatischer Aktivität vergesellschaftet. Wir werden die folgenden Arten der Metamorphose betrachten: (1) Kontakt- oder Thermometamorphose,

8.5 Metamorphe Milieus

Abbildung 8.18: Quarzit ist ein nicht geschiefertes metamorphes Gestein, das aus Sandstein gebildet wird. Die Mikroskopaufnahme zeigt ineinander verzahnte Quarzkörner, typisch für Quarzit. (Fotos: E.J. Tarbuck)

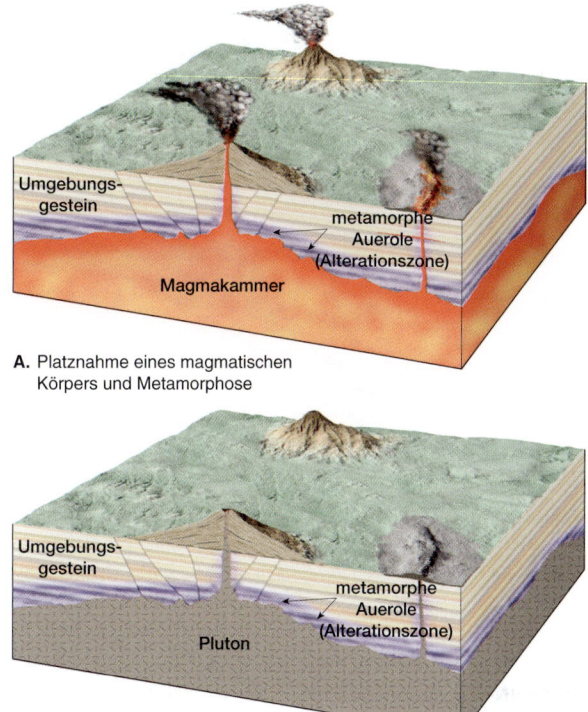

A. Platznahme eines magmatischen Körpers und Metamorphose

B. Kristallisation eines Plutons

C. Hebung und Erosion enthüllte den Pluton und das daraufliegende metamorphe Gestein

Abbildung 8.19: Durch Kontaktmetamorphose entsteht eine Alterationszone um das Intrusivgestein, die Aureole. Auf dem Foto besteht die dunkle Lage, Dachgesteinsscholle genannt, aus metamorphem Nebengestein; direkt darunter befindet sich der obere Teil des hellen Plutons. Der Begriff „Dachgesteinsscholle" impliziert, dass das Gestein einst das Dach einer Magmakammer war (Sierra Nevada, in der Nähe von Bishop, Kalifornien). (Foto: John S. Shelton)

(2) hydrothermale Metamorphose, (3) Versenkungs- und Subduktionszonenmetamorphose, (4) regionale Metamorphose, (5) Impaktmetamorphose, (6) Metamorphose entlang von Verwerfungen. Mit Ausnahme der Impaktmetamorphose überlappen sich die anderen Metamorphosetypen beträchtlich.

8.5.1 Kontaktmetamorphose oder Thermometamorphose

Die **Kontaktmetamorphose** oder **Thermometamorphose** tritt auf, wenn Gesteine, die unmittelbar einen geschmolzenen Magmenkörper umgeben, „gebacken" werden und ihr Ausgangszustand deswegen verändert wird. Das veränderte Gestein befindet sich in einer Zone, die metamorphe **Aureole** genannt wird (▶Abbildung 8.19). Während kleine Intrusionen wie Gänge und Lagergänge typischerweise Aureolen mit nur wenigen Zentimetern Dicke bilden, können große Intrusionen wie Batholithe Aureolen entwickeln, die sich über mehrere Kilometer erstrecken.

Nicht nur die Größe des Magmenkörpers, sondern auch die Mineralzusammensetzung des Umgebungsgesteins und die Wasserverfügbarkeit können die Größe der Aureole stark beeinflussen. Bei chemisch aktiven Gesteinen, wie bei Kalkstein, kann die Veränderungszone 10 Kilometer groß sein. Diese großen Aureolen verfügen oft über definierte Metamorphosezonen. In der Nähe des Magmenkörpers können sich Hochtemperaturminerale wie Granate bilden, in weiterer Entfernung werden niedriggradige Minerale wie Chlorit gebildet.

Obwohl die Kontaktmetamorphose nicht nur an geringe Krustentiefen gebunden ist, kann man sie leichter erkennen, wenn sie in diesem Milieu auftritt.

8 Metamorphose und metamorphe Gesteine

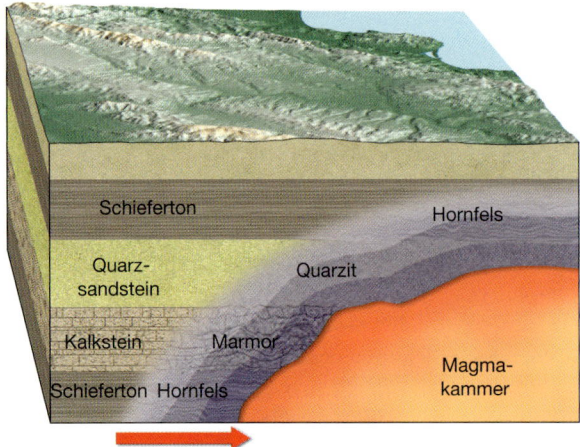

Abbildung 8.20: Die Kontaktmetamorphose von Schiefer ergibt Hornfels, während durch die Kontaktmetamorphose von Quarzsandstein und von Kalkstein entsprechend Quarzit und Marmor entstehen.

Da Kontaktmetamorphose keinem gerichteten Druck ausgesetzt ist, sind die Kristalle innerhalb der metamorphen Aureole mehr oder weniger zufällig orientiert.

Während der Kontaktmetamorphose von Tonsteinen und Schiefern werden die Tonminerale wie in einem Brennofen gebacken. Daraus entsteht ein sehr hartes, feinkörniges, metamorphes Gestein, das Hornfels genannt wird (▶ Abbildung 8.20). Diese Gesteine sind nicht geschiefert, da gerichteter Druck als Faktor nicht vorhanden ist. Hornfels kann während der Kontaktmetamorphose aus verschiedenen Materialien gebildet werden, einschließlich vulkanischer Asche und Basalt. Da sich große Körner metamorpher Minerale bilden, wie Granat und Staurolith, kann Hornfels in manchen Fällen ein prophyroblastisches Gefüge haben (Abbildung 8.11).

Zwei weitere metamorphe Gesteine, die in Verbindung mit Hornfels gebildet werden, sind Quarzit und Marmor (Abbildung 8.20). Ihre Ausgangsgesteine sind dementsprechend Quarzsandstein und Kalkstein. Quarzit und Marmor finden sich häufig in Zusammenhang mit Kontaktmetamorphose, doch anders als Hornfels bilden sie sich auch in anderen Milieus.

8.5.2 Hydrothermale Metamorphose

Hydrothermale Metamorphose ist die chemische Veränderung von Gestein, durch dessen Spalten und Brüche heiße, eisenreiche Fluide zirkulieren. Dieser Typ der Metamorphose ist eng mit magmatischer Aktivität vergesellschaftet, da sie die Wärme für die Zirkulation der eisenreichen Lösungen liefert. Deswegen tritt hydrothermale Metamorphose häufig zusammen mit Kontaktmetamorphose in Gebieten auf, wo große Plutone intrudieren.

Wenn diese großen Magmenkörper abkühlen und sich verfestigen, werden die Ionen, die nicht in die kristallinen Strukturen der neu geformten Silikatminerale eingebaut sind, und auch die übrig gebliebenen flüchtigen Bestandteile (Wasser) heraus getrieben. Diese eisenreichen Fluide werden als **hydrothermale** (*hydra* = Wasser, *therm* = Wärme) **Lösungen** bezeichnet. Neben der chemischen Veränderung des Umgebungsgesteins durch hydrothermale Lösungen fallen manchmal Ionen aus ihnen aus, die eine Vielzahl wirtschaftlich wichtiger Minerallagerstätten bilden.

Ist das Umgebungsgestein durchlässig wie bei Carbonatgesteinen, beispielsweise Kalkstein, können diese Fluide die Aureolen auf mehrere Kilometer ausdehnen. Außerdem können silikatreiche Lösungen mit den Carbonaten reagieren und verschiedene calciumreiche Minerale hervorbringen, die ein Gestein bilden, das *Skarn* genannt wird. Sie erinnern sich, dass ein metamorpher Prozess, der die gesamte chemische Zusammensetzung einer Gesteinseinheit verändert, Metasomatose genannt wird.

Mit wachsendem Wissen über die Plattentektonik wurde klar, dass das häufigste Auftreten von hydrothermaler Metamorphose entlang der Achse Mittelozeanischer Rückensysteme auftritt. Dort entsteht an den auseinandertreibenden Platten durch das Aufwallen von Magma neuer Ozeanboden. Sickert Meerwasser durch die junge, heiße ozeanische Kruste, wird es aufgeheizt und reagiert chemisch mit dem neu gebildeten Basalt (▶ Abbildung 8.21). Das Ergebnis ist die Umwandlung von Eisen-Magnesium-Mineralen wie Olivin und Pyroxen in hydratisierte Silikate wie Serpentin, Chlorit und Talk. Außerdem werden die calciumreichen Plagioklasfeldspate im Basalt zunehmend natriumreicher, da das Salz (NaCl) im Meerwasser die Natriumionen gegen die Calciumionen austauscht.

Große Mengen an Metallen wie Eisen, Cobalt, Nickel, Silber, Gold und Kupfer werden aus der neu gebildeten Kruste gelöst. Diese heißen, metallreichen Fluide steigen schließlich entlang von Klüften auf und ergießen sich über den Ozeanboden mit Temperaturen von 350°C und bilden dabei *black smokers*, Quellen, aus denen schwarze, mit Partikeln angereicherte Wolken entlassen werden. Durch die Vermischung mit kla-

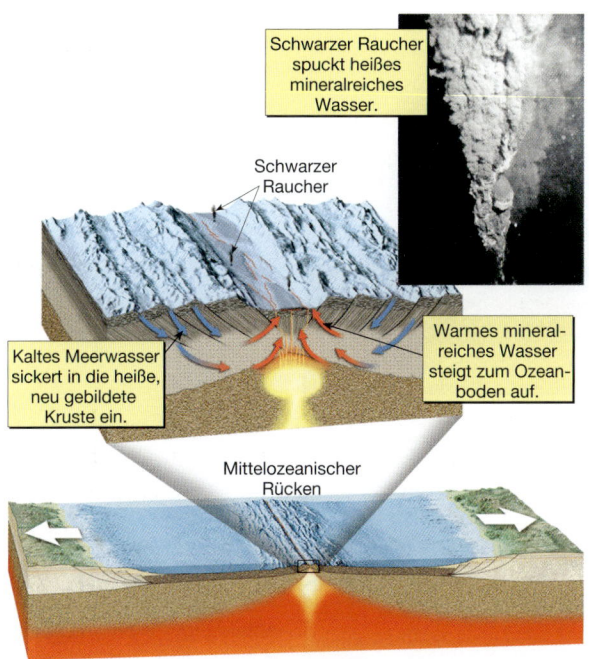

Abbildung 8.21: Hydrothermale Metamorphose entlang von Mittelozeanischen Rücken. (Foto: R. Ballard/Woods Hole)

rem Meerwasser fallen Sulfid- und Carbonatminerale mit Schwermetallgehalt aus, was manchmal Metalllagerstätten von wirtschaftlicher Bedeutung entstehen lässt. Auf diese Weise, so glaubt man, sind die heute abgebauten Kupfererze Zyperns entstanden.

Versenkungsmetamorphose und Subduktionszonenmetamorphose Versenkungsmetamorphose tritt zusammen mit einer sehr dicken Akkumulation von Sedimentschichten in einem absinkenden Becken auf (siehe Abbildung 8.3). Dort können in den untersten Schichten niedriggradige Metamorphosebedingungen erreicht werden. Der Umgebungsdruck und die geothermale Wärme führen zur Umkristallisation der einzelnen Minerale und damit zur Veränderung des Gefüges und/oder Mineralogie der Gesteine ohne deutliche Deformation.

Die notwendige Tiefe für die Versenkungmetamorphose ist von Ort zu Ort verschieden und hängt vom vorherrschenden geothermalen Gradienten ab. Niedriggradige Metamorphose beginnt bei Tiefen von etwa acht Kilometer und Temperaturen von ca. 200°C. Doch in Gebieten mit einem großen geothermischen Gradienten, wie in der Nähe von Salton Sea in Kalifornien und in Neuseeland, wurden durch Tiefbohrungen metamorphe Minerale in Tiefen von nur wenigen Kilometern gefunden.

Gesteine und Sedimente können auch in großen Tiefen entlang von konvergenten Plattengrenzen entstehen, dort, wo ozeanische Lithosphäre subduziert wird. Dies wird **Subduktionszonenmetamorphose** genannt. Sie unterscheidet sich von der Versenkungsmetamorphose durch die Spannung (den Stress), die (der) bei der Deformation der Gesteine eine wesentliche Rolle bei der Metamorphose spielt. Des Weiteren wirkt auf metamorphe Gesteine, die entlang von Subduktionszonen gebildet werden, ein weiterer Metamorphoseprozess beim Zusammenprall zweier kontinentaler Blöcke ein. Eine Betrachtung dieses Prozesses finden Sie später in diesem Kapitel unter dem Abschnitt *Die Interpretation metamorpher Milieus*.

8.5.3 Regionalmetamorphose

Die meisten metamorphen Gesteine entstehen durch den Prozess der **Regionalmetamorphose** bei der Gebirgsbildung. Während dieser dynamischen Ereignisse werden große Segmente der Erdkruste entlang von konvergenten Plattengrenzen intensiv deformiert (▶ Abbildung 8.22). Dieser Vorgang tritt häufig auf, wenn ozeanische Lithosphäre subduziert wird, um kontinentale Vulkanbögen zu bilden, und beim Zusammenprall von Kontinentalplatten.

Metamorphose, die in Zusammenhang mit der Kollision von Kontinentalplatten auftritt, bezieht sich auf die Konvergenz eines aktiven Plattenrands mit einem passiven Kontinentalrand, wie in Abbildung 8.22 gezeigt wird. Durch solche Zusammenstöße werden große Segmente der Erdkruste intensiv durch Kompressionskräfte deformiert, die bei konvergenter Plattenbewegung auftreten. Die Sedimente und Krustenblöcke, die den Rand des kollidierenden Kontinentalblocks bilden, werden gefaltet und verworfen, wobei sie wie ein zusammengeschobener Teppich verkürzt und verdickt werden (Abbildung 8.22). Dieses Ereignis schließt oft den kristallinen Kontinentalsockel sowie Stücke der ozeanischen Kruste ein, die einst zum Ozeanboden des dazwischenliegenden Ozeanbeckens gehörten.

Die allgemeine Verdickung der Kruste zeigt sich in einer durch Auftrieb bedingten Hebung, wobei die deformierten Gesteine weit über Meereshöhe angehoben werden, um ein Gebirgsterrain zu bilden. Zugleich werden durch die Krustenverdickung große Mengen an Gesteinen tief versenkt, wenn sich eine Krustenscholle über eine andere schiebt. An der Gebirgswurzel herrschen erhöhte Temperaturen, verursacht durch die tiefe Versenkung und verantwortlich für eine sehr starke und

8 Metamorphose und metamorphe Gesteine

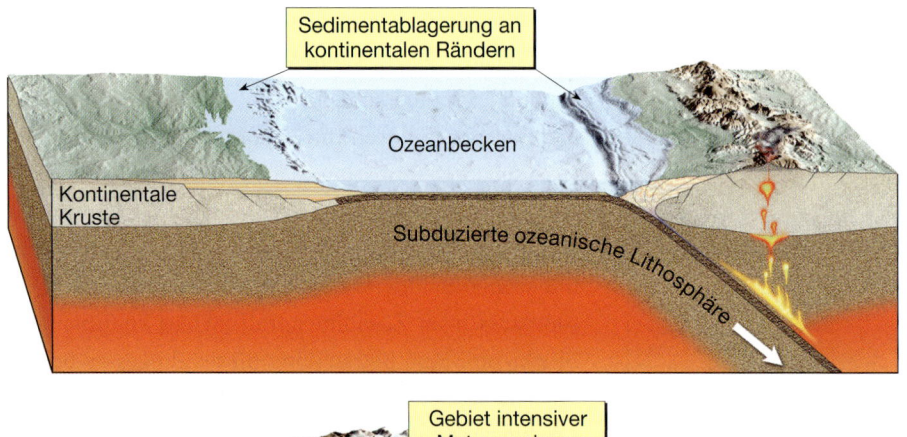

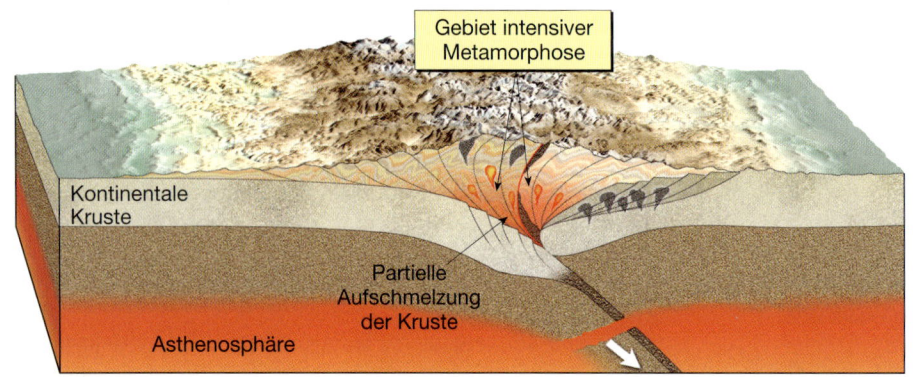

Abbildung 8.22: Regionalmetamorphose tritt auf, wenn Gesteine zwischen zwei konvergierenden Lithosphärenplatten während der Gebirgsbildung zusammengequetscht werden.

intensive Metamorphose innerhalb des Gebirgsgürtels. Häufig werden die tief begrabenen Gesteine bis zum Schmelzpunkt aufgeheizt. Als Folge davon sammelt sich Magma in großen Magmenkörpern an, groß genug, um durch Auftrieb aufzusteigen und in die darüberliegenden metamorphen und sedimentären Gesteine zu intrudieren (Abbildung 8.22). Deswegen bestehen die Gebirgskerne vieler Gebirgsmassive aus verfalteten und übereinander geschobenen metamorphen Gesteinen, die häufig mit Magmenkörpern verbunden sind. Im Laufe der Zeit werden diese deformierten Massen gehoben und das darüberliegende Material wird durch Erosion entfernt, was die magmatischen und metamorphen Gesteine des zentralen Kerns einer Gebirgskette freilegt (siehe Abbildung 14.21).

8.5.4 Weitere metamorphe Milieus

Es gibt noch andere Arten von Metamorphose, durch die lokal verhältnismäßig geringe Mengen metamorpher Gesteine entstehen.

Metamorphose entlang von Störungszonen In der Nähe der Oberfläche verhalten sich die Gesteine wie spröde Feststoffe. Deswegen werden Gesteine durch die Bewegung entlang von Störungszonen zerbrochen und pulverisiert (▶ Abbildung 8.23). Es entsteht ein lose zusammenhängendes Gestein, das *Reibungsbrekzie* genannt wird und aus zerbrochenen und zerdrückten Gesteinstrümmern besteht (Abbildung 8.23). Verschiebungen entlang der San Andreas-Störung in Kalifornien haben eine Zone mit Reibungsbrekzie und verwandten Gesteinen von mehr als 1.000 Kilometer Länge und bis zu drei Kilometer Breite entstehen lassen.

In manchen, wenig tiefen Störungszonen entsteht *Verwerfungston (auch Störungsletten genannt)*, ein weiches, unverfestigtes, tonähnliches Material. Verwerfungston wird durch Zerdrücken und Zerreiben von Gesteinsmaterial während der Verwerfungsbewegung gebildet. Das entstandene zertrümmerte Material wird weiter durch Grundwasser verändert, das die poröse Störungszone infiltriert.

Der größte Anteil der Deformation an Störungszonen tritt in großer Tiefe und deswegen bei hohen Temperaturen auf. In dem vorangegangenen Milieu werden bestehende Minerale durch duktiles Fließen deformiert (Abbildung 8.23). Wenn große Gesteinsschollen sich gegeneinander bewegen, bilden die Minerale in der Störungszone dazwischen gestreckte Körner, die dem Gestein ein geschiefertes oder stängeliges Aussehen geben. Gesteine, die in diesen Zonen intensiver, duktiler Deformation gebildet werden, nennt man *Mylonite* (*Mylo* = Mühle, *ite* = Stein).

8.6 Metamorphosezonen

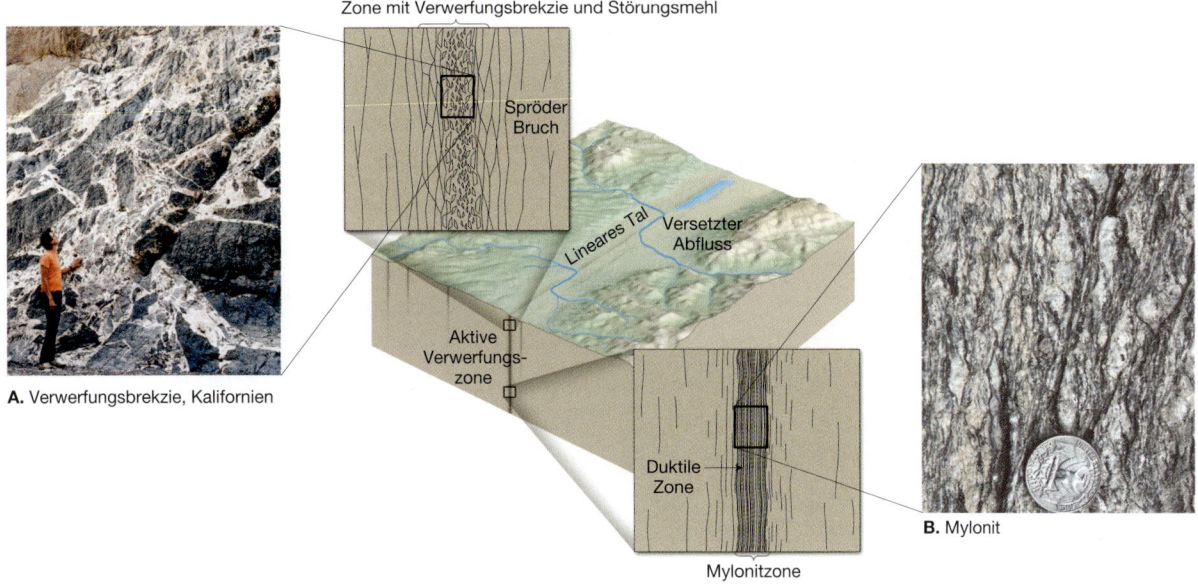

Abbildung 8.23: Metamorphose entlang von Störungszonen. (Foto A.: A.P. Trujillo, Foto B.: Ann Bykerk-Kauffman)

Impaktmetamorphose Impakt- oder **Schockmetamorphose** entsteht, wenn Meteorite (Bruchstücke von Kometen oder Asteroiden) mit Hochgeschwindigkeit in die Erdoberfläche einschlagen. Beim Einschlag wird die Energie des sich schnell bewegenden Meteorits in Wärmeenergie und Schockwellen umgewandelt, die durch die Umgebungsgesteine hindurchlaufen. Es entsteht pulverisiertes, zerschmettertes und manchmal geschmolzenes Gestein. Die Produkte dieser Einschläge werden Tektite genannt und bestehen aus einer Mischung von verschweißten Gesteinstrümmern sowie glasreichen Auswurfprodukten, die wie vulkanische Bomben aussehen (▶ siehe Exkurs 8.1). In manchen Fällen findet man eine dichte Form von Quarz (Coesit), bei sehr großen Einschlägen, wie dem Nördlinger Ries, sogar eine noch dichtere Form von Quarz, den Stishovit und winzige Diamanten. Diese Hochdruckminerale liefern überzeugende Beweise, dass Druck und Temperaturen mindestens so groß wie im oberen Mantel zumindest kurz auf der Erdoberfläche geherrscht haben.

8.6 Metamorphosezonen

In Gebieten, die von Metamorphose betroffen sind, gibt es normalerweise Zonen systematischer Abstufungen in der Mineralogie und des Gefüges der Gesteine, die man beim Durchqueren des Gebiets beobachten kann. Die Unterschiede stehen in deutlicher Beziehung zum Metamorphosegrad in jeder metamorphen Zone.

8.6.1 Gefügevariationen

Wir beginnen mit den tonreichen Sedimentgesteinen wie Tonstein oder Tonschiefer. Ein allmählicher Anstieg der Metamorphoseintensität wird durch gröbere Korngrößen begleitet. Deswegen beobachten wir, wie sich Tonschiefer zu einem feinkörnigen Schiefer verwandelt, der dann einen Phyllit bildet und aufgrund fortwährender Umkristalisation zu einem grobkörnigen kristallinen Schiefer wird (▶ Abbildung 8.24). Unter noch intensiveren Bedingungen entwickelt sich ein Gneisgefüge, das helle und dunkle Minerallagen aufweist. Einen solchen systematischen Übergang von metamorphen Gefügen können wir in den Appalachen beobachten, wenn wir uns von Westen annähern. Tonschieferschichten, die sich einst über große Gebiete der östlichen Vereinigten Staaten ausdehnten, sind noch immer als fast flach liegende Schichten in Ohio zu sehen. In den weithin gefalteten Appalachen von Zentralpennsylvania dagegen sind die einst flach liegenden Schichten gefaltet und weisen eine bevorzugte Orientierung flacher Mineralkörner auf. Das zeigt sich in einer gut entwickelten Transversalschieferung. Bewegen wir uns weiter ostwärts in die intensiver deformierten Appalachen, treffen wir auf große Aufschlüsse mit kristallinen Schiefern. Die intensivsten

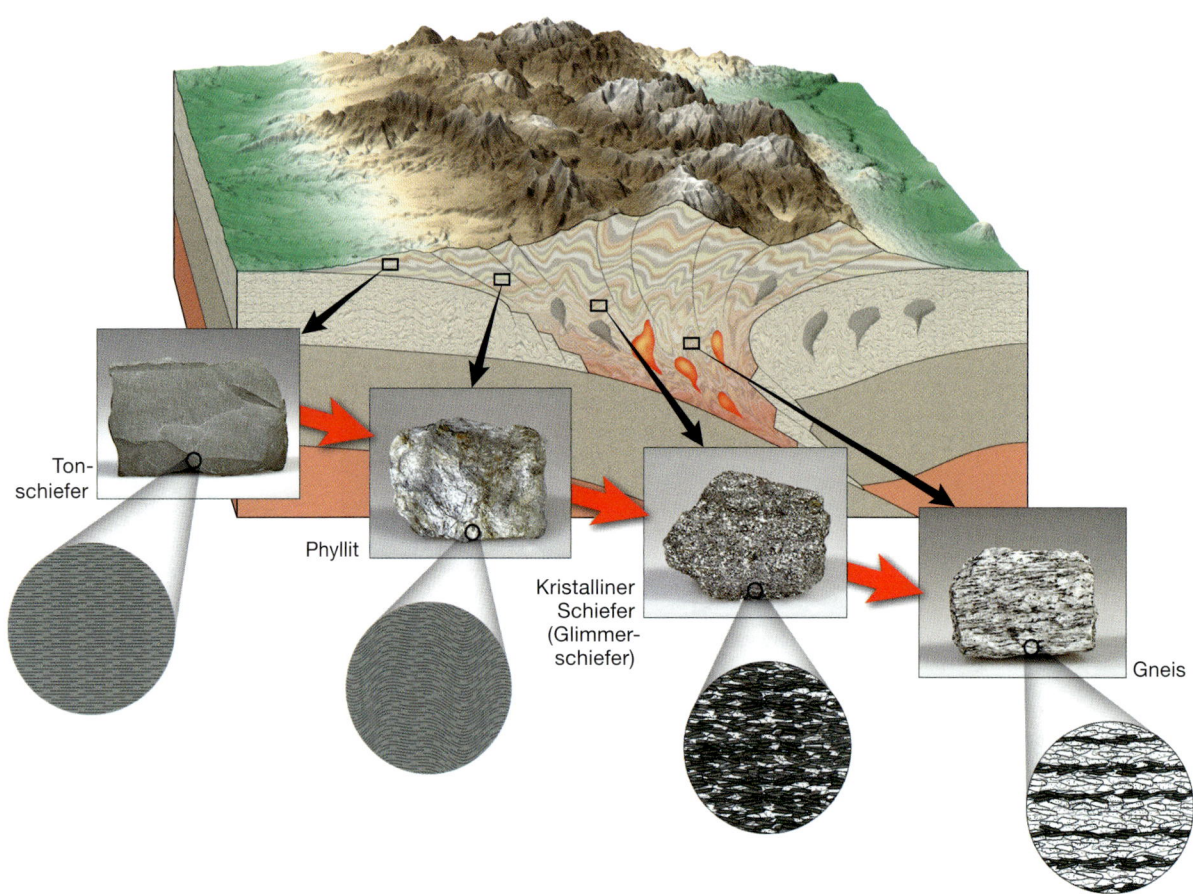

Abbildung 8.24: Idealisierte Darstellung von progressiver Regionalmetamorphose. Von links nach rechts bewegen wir uns von niedriggradiger Metamorphose (Schiefer) zu hochgradiger Metamorphose (Gneis). (Fotos: E.J. Tarbuck)

Metamorphosezonen finden wir in Vermont und New Hampshire mit Gneisaufschlüssen vor.

8.6.2 Leitminerale und Metamorphosegrad

Neben den Gefügeveränderungen treffen wir auf entsprechende Veränderungen in der Mineralogie, wenn wir von Gebieten mit niedriggradiger Metamorphose zu Gebieten mit hochgradiger Metamorphose wechseln. Einen idealisierten Übergang in der Mineralogie durch Regionalmetamorphose von Tonschiefer zeigt die ▶ Abbildung 8.25. Das erste neue Mineral, das sich bei der Umwandlung von Tonschiefer zu Schiefer bildet, ist Chlorit. Bei höheren Temperaturen beginnen Muskowit- und Biotitschuppen zu dominieren. Unter noch extremeren Bedingungen können metamorphe Gesteine Granat- und Staurolithkristalle enthalten. Bei Temperaturen, die sich dem Schmelzpunkt nähern, bildet sich Sillimanit. Sillimanit ist ein metamorphes Hochtemperaturmineral, das zur Herstellung von hitzebeständigem Porzellan wie in Zündkerzen verwendet wird.

Durch die Erforschung metamorpher Gesteine in ihrer natürlichen Umgebung (*Geländeforschung* genannt) und durch experimentelle Versuche haben die Forscher erkannt, dass bestimmte Minerale, wie die in Abbildung 8.25, gute Indikatoren für das metamorphe Milieu sind, in dem sie sich gebildet haben. Mit diesen **Leitmineralen** können Geologen zwischen den verschiedenen Zonen der Regionalmetamorphose unterscheiden. Das Mineral Chlorit zum Beispiel beginnt sich bei relativ niedrigen Temperaturen, bei weniger als 200°C, zu bilden (▶Abbildung 8.26). Deswegen werden Gesteine, die Chlorit enthalten (normalerweise Tonschiefer), als *niedriggradig* bezeichnet. Im Gegensatz dazu bildet sich das Mineral Sillimanit nur unter sehr extremen Bedingungen, bei Temperaturen über 600°C, und Gesteine, die Sillimanit enthalten, werden als *hochgradig metamorph* bezeichnet. Kartieren Geologen das Vorkommen von Leitmineralen, so kartieren sie tatsächlich Zonen von unterschiedlichen

8.6 Metamorphosezonen

EXKURS 8.1 – DIE ERDE VERSTEHEN
■ **Impaktmetamorphose und Tektite**

Man weiß nun, dass Kometen und Asteroiden viel häufiger mit der Erde zusammengeprallt sind, als früher angenommen. Die Beweise: Mehr als 100 gigantische Impaktstrukturen wurden bis heute identifiziert. Davor hielt man diese Strukturen für das Ergebnis schwer zu verstehender vulkanischer Prozesse. Die meisten Impaktstrukturen, wie Manicouagan in Quebec, sind so alt und verwittert, dass sie nicht länger einem Einschlagskrater ähneln (siehe Abbildung 24.C). Eine bemerkenswerte Ausnahme stellt der Meteor-Krater in Arizona dar (▶ Abbildung 8.A).

Ein Merkmal eines Einschlagskraters ist die *Schockmetamorphose*. Schlagen Geschosse mit hoher Geschwindigkeit auf der Erdoberfläche ein, kann dies einen Druck von Millionen von Atmosphären und Temperaturen von über 2.000°C in einem Augenblick verursachen. Das Ergebnis ist pulverisiertes, zerschmettertes und geschmolzenes Gestein. Dort, wo Einschlagskrater noch relativ frisch sind, umgeben schockgeschmolzenes Auswurfsmaterial und Gesteinstrümmer den Ort des Einschlags. Zwar wird das meiste Material nahe an seinem Entstehungsort abgelagert, manche Auswürflinge können aber über weite Entfernungen getragen werden. Ein Beispiel sind *Tektite* (*tektos* = geschmolzen), Perlen aus silikatreichem Glas, von denen manche aerodynamisch wie Tränen während des Flugs geformt wurden (▶ Abbildung 8.B). Die meisten Tektite sind nicht größer als einige Zentimeter im Durchschnitt und pechschwarz bis dunkelgrün oder gelblich. In Australien sind Millionen von Tektiten über ein Gebiet verstreut, das siebenmal größer als Texas ist. Mehrere solcher Tektitgruppierungen konnten weltweit identifiziert werden, wobei sich eine um den halben Globus erstreckt.

Bisher konnte kein Herabfallen von Tektiten beobachtet werden, so dass ihre Herkunft nicht sicher bekannt ist. Da Tektite einen viel höheren Siliziumdioxidgehalt haben als vulkanisches Glas (Obsidian), ist ein vulkanischer Ursprung unwahrscheinlich. Die meisten Forscher stimmen jedoch darin überein, dass Tektite aus Einschlägen großer Geschosse stammen.

Eine Hypothese geht von einem extraterrestrischen Ursprung der Tektite aus. Asteroide könnten den Mond mit solch einer Kraft getroffen haben, dass die Auswürflinge schnell genug „herausgespritzt" sind, um der Anziehungskraft des Monds zu entkommen. Andere halten Tektite dagegen für terrestrisch. Dagegen sprechen manche Gruppierungen der australischen Tektite, die keinen identifizierbaren Krater haben. Doch das Objekt, das die australischen Tektite gebildet hat, könnte in den Kontinentalschelf eingeschlagen haben und einen Krater außer Sichtweite unter der Meeresoberfläche hinterlassen haben. Hinweise auf eine terrestrische Herkunft bieten Tektite in Westafrika, die das gleiche Alter haben wie ein Krater in der gleichen Region. Dasselbe gilt für die Tektite aus Böhmen, die das gleiche Alter haben wie der Krater des Nördlinger Rieses.

Abbildung 8.A: Meteor-Krater westlich von Winslow, Arizona. (Foto: Michael Collier)

Abbildung 8.B: Tektite aus der Nullarbor-Ebene, Australien. (Foto: Brian Mason/Smithsonian Institute)

Metamorphosegraden. Metamorphosegrad ist ein Begriff, der bezüglich der Temperaturbedingungen (oder manchmal des Drucks) verwendet wird, dem ein Gestein ausgesetzt war.

Migmatite In den extremen Milieus erfahren sogar die hochgradigsten Metamorphite eine Veränderung. Beispielsweise kann Gneis so weit erhitzt werden, dass er beginnt zu schmelzen. Doch erinnern Sie sich aus

8 Metamorphose und metamorphe Gesteine

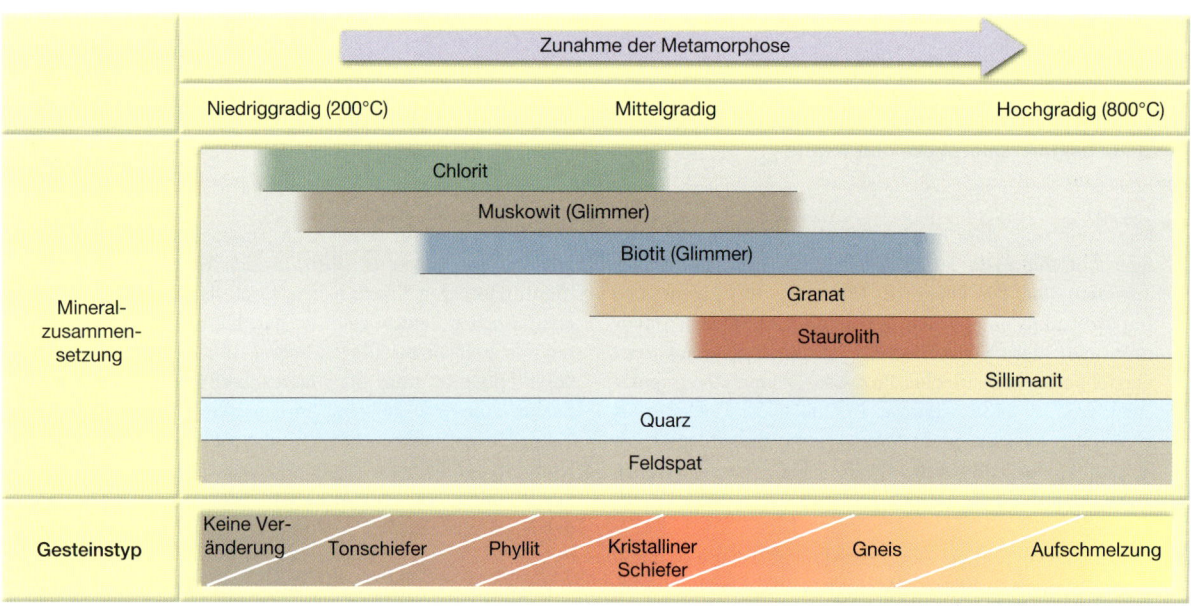

Abbildung 8.25: Die typischen Veränderungen in der mineralogischen Zusammensetzung bei der progressiven Metamorphose von Tonschiefer.

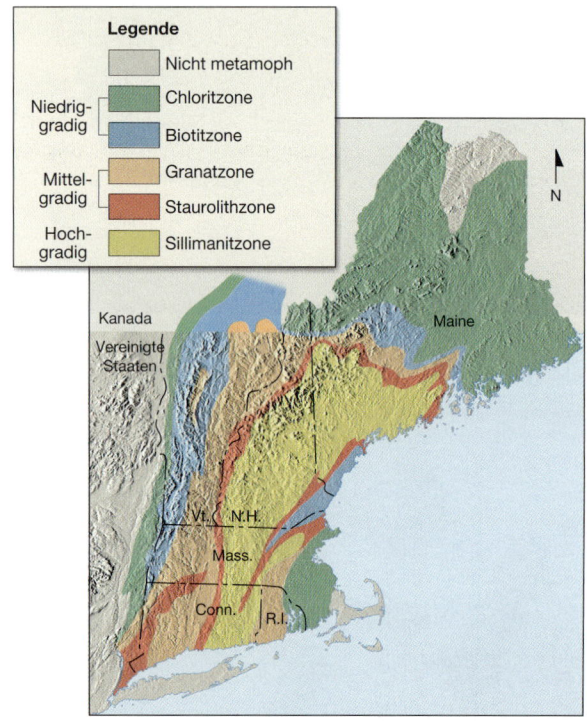

Abbildung 8.26: Die Zonen metamorpher Intensität in Neuengland.

Abbildung 8.27: Migmatite. Die hellsten Lagen bestehen aus magmatischem Gestein, das reichlich Quarz und Feldspat enthält, die dunklen Lagen dagegen sind noch Reste eines metamorphen Altbestands. (Foto: Harlan H. Roepke)

unserer Betrachtung über magmatische Gesteine, dass verschiedene Minerale bei verschiedenen Temperaturen zu schmelzen beginnen. Die hellen Silikate, normalerweise Quarz und Kalifeldspat, haben die niedrigsten Schmelztemperaturen und beginnen zuerst zu schmelzen, wogegen die mafischen Silikate wie Amphibol und Biotit fest bleiben. Kühlt dieses teilweise aufgeschmolzene Gestein ab, werden die hellen Bänder aus magmatischen oder magmatisch aussehenden Komponenten zusammengesetzt sein, während die dunklen Bänder aus ungeschmolzenem metamorphem Material bestehen. Gesteine dieses Typs werden **Migmatite** (*migma* = Mischung; *ite* = Stein) genannt (▶Abbildung 8.27). Die hellen Bänder in Migmatiten bilden oft gewundene Falten und können tafelförmige Einschlüsse der dunklen Komponenten enthalten. Migmatite untermauern die Tatsache, dass manche Gesteine Übergangsformen sind und nicht klar zu einer der drei Hauptgesteinsgruppen gehören.

Die Interpretation metamorpher Milieus 8.7

Vor etwa einem Jahrhundert erkannten Geologen, dass vergesellschaftete Mineralgruppen (Mineralparagenesen) verwendet werden können, um den Druck und die Temperaturen zu bestimmen, denen die Gesteine während der Metamorphose unterliegen (▶ siehe Exkurs 8.2). Basierend auf dieser Entdeckung entwickelte der finnische Geologe Pennti Eskola das Konzept der metamorphen Fazies. Vereinfacht ausgedrückt gehören metamorphe Gesteine mit der gleichen Ansammlung an Mineralen zur gleichen **metamorphen Fazies** – vorausgesetzt, dass sie in sehr ähnlichen metamorphen Milieus gebildet wurden. Das Konzept der metamorphen Fazies ist analog zur Verwendung von Pflanzengruppen zur Definition von Klimazonen. Regionen, in denen ähnliche Bedingungen bezüglich Niederschlag und Temperatur herrschen, beherbergen ähnliche Pflanzen. Wälder, die aus schlanken Fichten, Tannen, Lärchen und Birken bestehen, gehören beispielsweise zur subarktischen oder der Taiga-Klimazone der Erde.

▶ Abbildung 8.28 zeigt die häufigsten metamorphen Fazies-Bereiche. Dazu gehören die *Hornfels-, Zeolit-, Grünschiefer-, Amphibolit-, Granulit-, Blauschiefer-, und Eklogit-Fazies*. Der Name jeder Fazies basiert auf dem Mineralnamen, der sie definiert (Abbildung 8.28). Zum Beispiel sind die Gesteine der Amphibolit-Fazies durch das Mineral Hornblende (ein häufiges Amphibol) charakterisiert. Die Grünschiefer-Fazies besteht aus Schiefern, in welchen die Minerale Chlorit, Epidot und Serpentin prominent sind. Ähnliche Mineralfolgen (Mineralparagenesen) findet man in Terrains aus allen Zeitaltern in allen Teilen der Erde. Deswegen hat sich das Konzept der metamorphen Fazies als brauchbar erwiesen, da Gesteine, die zur gleichen metamorphen Fazies gehören, unter den gleichen Druck- und Temperaturbedingungen gebildet werden und deswegen in ähnlichen tektonischen Milieus unabhängig von ihrem Alter oder Ort entstanden sind.

Der Name für jede metamorphe Fazies bezieht sich auf ein metamorphes Gestein von basaltischem Ausgangsgestein. Der Grund dafür ist, dass sich Pennti Eskola auf die Metamorphose von Basalten konzentrierte und seine grundlegende Terminologie erhalten blieb und nur leicht verändert wurde. Die Bezeichnungen der Eskola-Fazies dienen als brauchbare Typisierung für bestimmte Temperatur- und Druckkombinationen, ohne Einbeziehung der Mineralzusammensetzung. Anders gesagt, auch wenn ein nicht basaltisches Ausgangsgestein verschiedene Leitminerale unter bestimmten metamorphen Bedingungen hervorbringt, werden die Bezeichnungen aus Abbildung 8.28 verwendet, um die Temperatur- und Druckbereiche zu markieren, die durch das metamorphe Gestein verkörpert werden.

8.7.1 Tektonisches Umfeld und Metamorphose-Fazies

▶ Abbildung 8.29 zeigt, wie das Konzept der Fazies mit dem Kontext der Plattentektonik zusammenpasst. In der Nähe von Tiefseegräben werden Stücke relativ kalter ozeanischer Lithosphäre subduziert. Während die Lithosphäre absinkt, werden Sedimente und Krus-

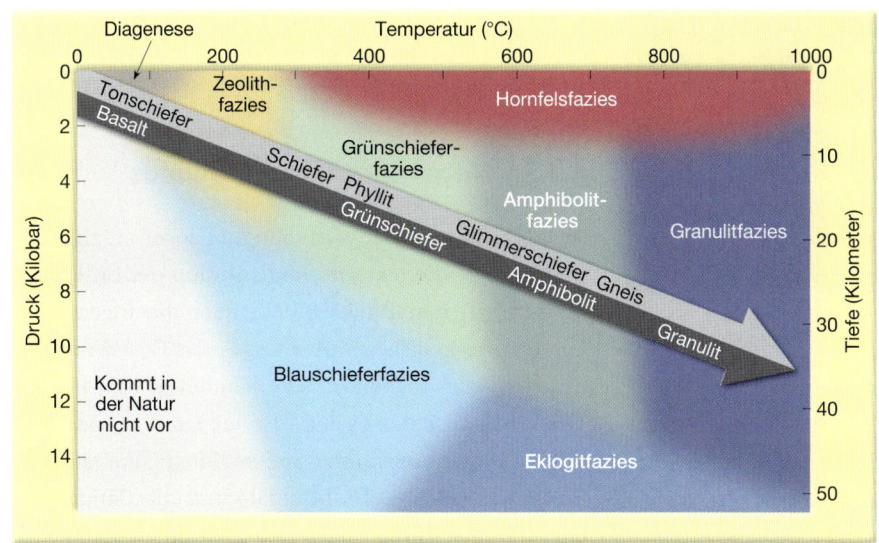

Abbildung 8.28: Die metamorphen Fazies-Bereiche und die entsprechenden Temperatur- und Druckbedingungen. Beachten Sie die äquivalenten metamorphen Gesteine, die durch Regionalmetamorphose von Basalt und Tonschiefer als Ausgangsgesteine gebildet wurden.

8 Metamorphose und metamorphe Gesteine

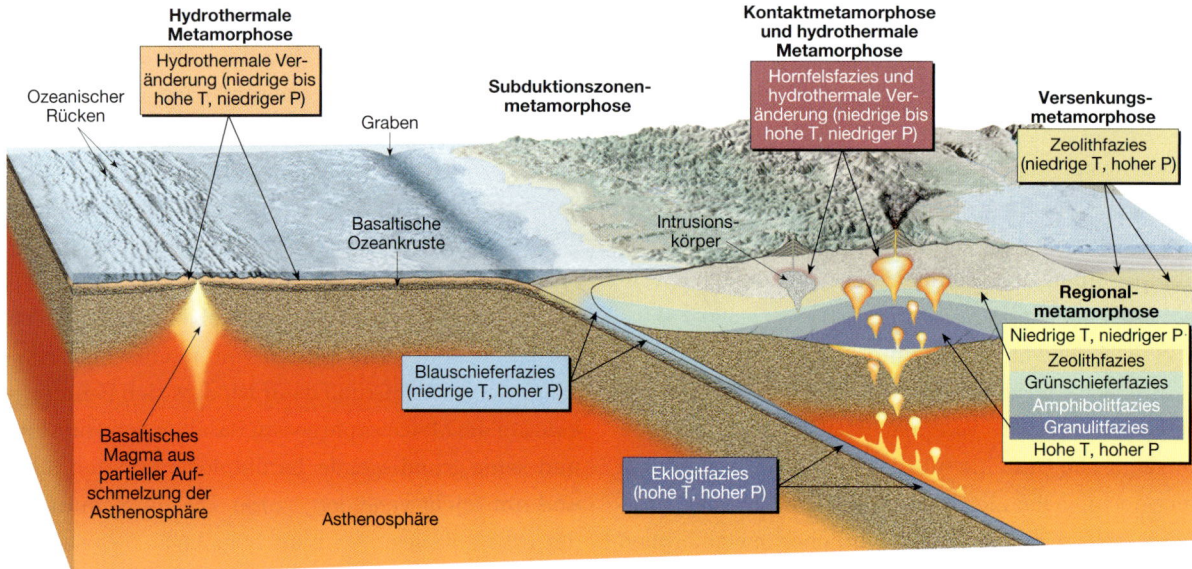

Abbildung 8.29: Die metamorphen Fazies-Bereiche, vergesellschaftet mit tektonischen Milieus.

tengesteine ständig anwachsenden Temperaturen und wachsendem Druck ausgesetzt (▶Abbildung 8.29). Dennoch bleiben die Temperaturen in dem Lithosphärenstück kälter als in dem umgebenden Mantelgestein, da Gestein ein schlechter Wärmeleiter ist und sich deswegen nur langsam erwärmt. Die metamorphe Fazies, die mit diesem Typ von Hochdruck und Niedrigtemperatur vergesellschaftet ist, nennt man Blauschiefer-Fazies. Das rührt von der Anwesenheit einer blaugefärbten Varietät eines Amphibols her, dem Glaukophan (▶Abbildung 8.30A). Die Gesteine der Coast Range in Kalifornien gehören zur Blauschiefer-Fazies.

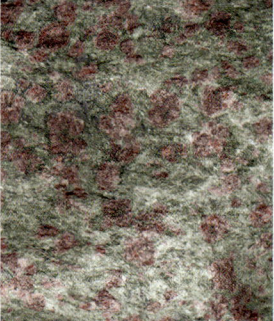

A. Blauschiefer   **B.** Eklogit

Abbildung 8.30: Gesteine, die durch Subduktionszonenmetamorphose gebildet wurden. **A.** Blauschiefer zeugen von Niedrigtemperatur- und Hochdruckbedingungen (beachten Sie den blauen Amphibol, welcher Glaukophan genannt wird). **B.** Eklogit repräsentiert Hochtemperatur- und Hochdruckbedingungen des Mantels. Beachten Sie die Granatkörner mit dunkelrosa Farbe und die grünen Pyroxenkörner. (Fotos: C. Tsujiita)

Dort wurden hochdeformierte Gesteine, die einst tief versenkt waren, wegen einer Veränderung an der Plattengrenze gehoben. In manchen Gebieten bringt die Subduktion die Gesteine sogar in noch größere Tiefen, wobei die Eklogit-Fazies entsteht, die diagnostisch für mittlere bis hohe Temperaturen und sehr hohen Druck ist (▶Abbildung 8.30B).

Entlang mancher konvergenter Zonen prallen Kontinentalblöcke aufeinander und bilden ausgedehnte Gebirgsgürtel (siehe Abbildung 8.22). Diese Aktivität lässt große Gebiete von Regionalmetamorphose entstehen, wozu auch Kontaktmetamorphose, hydrothermale Metamorphose und Subduktionszonenmetamorphose gehören. Die ansteigenden Temperaturen und der wachsende Druck in Zusammenhang mit der Regionalmetamorphose werden durch die Grünschiefer-Amphibolit-Granulit–Fazies-Abfolge festgehalten, wie sie in Abbildung 8.28 gezeigt wird.

8.7.2 Alte metamorphe Milieus

Metamorphite geben wertvolle und sogar einzigartige Einblicke in die tektonische Evolution der Erdkruste. Sie ermöglichen Rückschlüsse über die Eigenschaften des Ausgangsgesteins – wurde das Gestein an der Erdoberfläche abgelagert oder handelt es sich um ein Stück ozeanischer Kruste, die an Land „angewachsen" ist, oder unzählige andere Möglichkeiten. Die Zusammensetzung der Minerale und die Gefüge metamorpher Gesteine zeigen Deformationsperioden auf,

8.7 Die Interpretation metamorpher Milieus

EXKURS 8.2 – DIE ERDE VERSTEHEN
■ **Mineralstabilität**

In den meisten tektonischen Milieus, wie entlang von Subduktionszonen, erfahren Gesteine *sowohl* einen Anstieg des Drucks *als auch* der Temperatur. Ein Anstieg des Drucks bedingt das Einengen der Minerale, was die Bildung von sehr dichten Mineralen begünstigt. Doch eine Temperaturerhöhung resultiert in der Ausdehnung, so dass Mineralphasen, die ein größeres Volumen einnehmen (weniger dicht sind), bei höheren Temperaturen stabiler sind. Deswegen ist es keine leichte Aufgabe zu bestimmen, unter welchen Bedingungen von Temperatur und Druck ein Mineral stabil ist (sich nicht verändert). Um diese Bemühungen zu unterstützen, haben sich die Forscher Laborversuchen zugewandt. Dort werden Materialien verschiedener Zusammensetzung aufgeheizt und einem Druck ausgesetzt, der den Bedingungen in unterschiedlichen Tiefen innerhalb der Erde entsprechen. Aus diesen Experimenten lässt sich bestimmen, welche Minerale sich am ehesten unter bestimmten metamorphen Bedingungen bilden.

Es hat sich gezeigt, dass manche Minerale, wie zum Beispiel Quarz, über eine große Spanne metamorpher Bedingungen stabil sind. Glücklicherweise bieten andere Mineralabfolgen brauchbare Schätzungen der Metamorphosebedingungen. Eine der wichtigsten Gruppen umfasst die Minerale *Disthen* (auch als *Kyanit* bekannt), *Andalusit* und *Sillimanit*. Alle drei Minerale haben eine identische chemische Zusammensetzung (Al_2SiO_5), aber unterschiedliche kristalline Strukturen, was sie zu *Polymorphen* macht (siehe Kapitel 3). ▶ Abbildung 8.C ist ein Phasendiagramm, das den spezifischen Druck- und Temperaturbereich aufzeigt, in dem jedes dieser drei aluminiumreichen Silikate stabil ist.

Die Elemente aus diesen Mineralen sind in tonigen Gesteinen enthalten, die sehr häufig vorkommen, deswegen sind in ihren metamorphen Produkten (Schiefer, kristalline Schiefer und Gneise) häufig unterschiedliche Mengen von Andalusit, Disthen oder Sillimanit enthalten. Wird zum Beispiel Tonschiefer in eine Tiefe von 35 Kilometer versenkt, wo Temperaturen von 550°C herrschen, würde sich das Mineral Disthen bilden (siehe das „X" in Abbildung 8.C).

Im Allgemeinen entsteht Andalusit durch Kontaktmetamorphose in Milieus nahe der Oberfläche, wo die Temperaturen hoch sind, aber der Druck relativ gering ist. Disthen wird als das Hochdruckpolymorph angesehen, das sich während der Subduktion bildet und mit tiefer Versenkung bei Gebirgsbildung vergesellschaftet ist. Sillimanit bildet sich andererseits nur bei hohen Temperaturen, als Ergebnis des Kontakts mit sehr heißem Magma und/oder sehr tiefer Versenkung. Kennt man die Temperatur- und Druckbereiche, die ein Gestein während der Metamorphose durchläuft, liefert es den Geologen wertvolle Daten für die Interpretation von tektonischen Milieus der Vergangenheit.

Abbildung 8.C: Die Darstellung der Druck- und Temperaturbedingungen, unter welchen alle drei Al_2SiO_5-Minerale stabil sind, im Phasendiagramm (Fotos: A. Harry Taylor/Dorling Kindersley Media Library B. Dennis Tasa, Biophoto Associates/Photo Researchers, Inc.)

die mit tiefer Versenkung entlang von Subduktionszonen vergesellschaftet sind oder möglicherweise einer Deformation, die während einer Episode der Gebirgsbildung stattfand.

Die metamorphen Gesteine helfen nicht nur, die relativ rezente tektonische Aktivität zu entschlüsseln, sie unterstützen Forscher auch darin, die Geschichte alter Milieus zu rekonstruieren. Dazu gehören die flachen, weit ausgedehnten Bereiche metamorpher Gesteine und die mit ihnen vergesellschafteten magmatischen

8 Metamorphose und metamorphe Gesteine

Abbildung 8.31: Das Luftbild zeigt alte metamorphe Gesteine des Kanadischen Schildes in den Northwest Territories. (Foto: Robert Hildebrand)

Plutonen, die als alte Schilde bekannt sind und das stabile Innere von Kontinenten bilden (siehe Abbildung 1.18). Eine dieser Strukturen, der Kanadische Schild, hat sehr wenige topographische Erhebungen und bildet das Grundgebirge des größten Teils von Zentralkanada, von der Hudson Bay bis nach Nordminnesota (▶Abbildung 8.31). Radiometrische Datierungen des Kanadischen Schilds weisen darauf hin, dass es aus Gesteinen aufgebaut ist, die ein Altersspektrum von 1,8 Milliarden bis zu 4 Milliarden Jahren umfassen. Das Gefüge und der Mineralgehalt dieser metamorphen Gesteine halten die alten Gebirgsbildungsereignisse fest, die zur Formation des nordamerikanischen Kontinents geführt haben, obwohl diese einst hohen Strukturen längst wegerodiert wurden. Weiteres zu diesem Thema erfahren Sie in Kapitel 22.

ZUSAMMENFASSUNG

Metamorphose beschreibt die Umwandlung eines Gesteinstyps in einen anderen. *Metamorphe Gesteine* bilden sich aus bestehenden Gesteinen (entweder aus magmatischen, sedimentären oder anderen metamorphen Gesteinen), die durch Faktoren der Metamorphose verändert wurden; dazu gehören *Wärme, Druck (Spannung)* und *chemisch wirksame Fluide*. Während der Metamorphose bleibt das Gesteinsmaterial im Wesentlichen fest. Die Veränderungen, die bei metamorphen Gesteinen auftreten, betreffen das Gefüge und die Mineralogie.

Der Mineralaufbau der Ausgangsgesteine bestimmt in großem Ausmaß, welcher Faktor zu welchem Grad metamorphe Veränderungen hervorruft. Wärme ist der wichtigste Faktor, da davon die Energie stammt, um chemische Reaktionen anzutreiben, was zur Umkristallisation der Minerale führt. Druck und Temperatur nehmen mit der Tiefe zu. Werden Minerale einem höheren *Umgebungsdruck* ausgesetzt, kristallisieren sie in dichtere Formen. Während der Gebirgsbildung sind die Gesteine *Differentialspannung* ausgesetzt, wodurch sie in der Richtung, in der der größte Druck ausgeübt wird, verkürzt werden und in der Richtung des kleinsten Drucks rechtwinklig dazu gestreckt werden. In der Tiefe sind Gesteine warm und *duktil*, was es möglich macht, sie durch Fließen zu deformieren, wenn sie einer Differentialspannung ausgesetzt sind. Chemisch aktive Fluide, meist Wasser, enthalten Ionen in Lösung und verstärken metamorphe Prozesse, indem sie Minerale auflösen und die Wanderung und Ausfällung an anderen Stellen unterstützen.

Der Metamorphosegrad wird durch das Gefüge und die Mineralogie der metamorphen Gesteine widergespiegelt. Während der Regionalmetamorphose zeigen die Gesteine typischerweise eine *bevorzugte Orientierung*, *Schieferung* genannt, dort wo sich tafelige und stängelige Minerale ausrichten. Schieferung entwickelt sich, wenn tafelige oder stängelige Minerale in eine parallele Ausrichtung rotieren und umkristallisieren, um neue Körner zu bilden, die die bevorzugte Orientierung aufweisen, oder plastisch in flache Körner deformiert werden, die eine ebene Ausrichtung zeigen. *Transversalschieferung* ist eine Art der Schieferung, bei der sich das Gestein in glatte, dünne Platten entlang der Schieferfläche spaltet,

ZUSAMMENFASSUNG

zu der die flachen Minerale parallel ausgerichtet sind. *Kristalline Schieferung* ist eine Art der Schieferung, die durch die parallele Anordnung mittel- bis grobkörniger flacher Minerale definiert ist. Während hochgradiger Metamorphose kann die Wanderung von Ionen dazu führen, dass Minerale sich in dünne, voneinander abgesetzte Lagen trennen. Metamorphe Gesteine mit einem gebänderten Gefüge heißen *Gneis*. Metamorphe Gesteine, die nur aus einer einzigen Mineralart mit gleich großen Kristallen bestehen, sind meist *ungeschiefert*. Marmor (metamorpher Kalkstein) ist oft ungeschiefert. Außerdem kann Metamorphose die Umwandlung von Niedrigtemperaturmineralen in Hochtemperaturminerale verursachen und durch das Einbringen von Ionen aus *hydrothermalen Lösungen* neue Minerale schaffen. Manche davon bilden wichtige metallische Lagerstätten.

Zu den häufig vorkommenden geschieferten Metamorphiten gehören *Tonschiefer, Phyllit*, verschiedene Arten von *kristallinem Schiefer* (z.B. Granat-Glimmer-Schiefer) und *Gneis*. Zu den ungeschieferten Gesteinen zählen *Marmor* (Ausgangsgestein Kalkstein) und *Quarzit* (meist aus Quarzsandstein gebildet).

Die vier geologischen Milieus, in denen Metamorphose häufig vorkommt, sind: (1) *Kontakt- oder Thermometamorphose*, (2) *hydrothermale Metamorphose*, (3) *Versenkungsmetamorphose oder Subduktionszonenmetamorphose* und (4) *Regionalmetamorphose*. Kontaktmetamorphose tritt auf, wenn Gesteine in Kontakt mit einem Magmenkörper kommen und dadurch Alterationszonen um das Magma gebildet werden, sogenannte *Aureolen*. Die meisten kontaktmetamorphen Gesteine sind feinkörnige, dichte, harte Gesteine verschiedenster chemischer Zusammensetzung. Da gerichteter Druck kein Hauptfaktor ist, sind diese Gesteine im Allgemeinen nicht geschiefert. Hydrothermale Metamorphose tritt auf, wenn heiße, eisenreiche Fluide durch ein Gestein zirkulieren und chemische Veränderungen der bestehenden Minerale hervorrufen. Die meisten hydrothermalen Veränderungen treten entlang der Mittelozeanischen Rückensysteme auf, wo Meerwasser durch die heiße ozeanische Kruste wandert und die neu gebildeten basaltischen Gesteine chemisch verändert. Metallionen, die aus der neu gebildeten, noch heißen ozeanischen Kruste entfernt werden, wandern schließlich zum Ozeanboden, wo sie an „Schwarzen Rauchern" („black smokers") ausfallen und Metallkonzentrationen bilden, die sogar wirtschaftliche Bedeutung haben können. Regionalmetamorphose findet in beträchtlichen Tiefen über ein weit ausgedehntes Gebiet statt und ist mit dem Prozess der Gebirgsbildung vergesellschaftet. Eine Abstufung im Grad der Veränderung kommt normalerweise bei Regionalmetamorphose vor, wobei sich die Metamorphoseintensität (niedrig- bis hochgradig) im Gefüge und in der Mineralogie der Gesteine widergespiegelt. In den meisten extremen metamorphen Milieus kommen Gesteine vor, die man als *Migmatite* bezeichnet und der Übergangszone zwischen „echten" magmatischen Gesteinen und „echten" metamorphen Gesteinen zuordnet.

Wiederholungsfragen

1. Was ist Metamorphose? Welche Faktoren verändern die Gesteine?
2. Warum wird Wärme als der wichtigste Faktor bei der Metamorphose angesehen?
3. Wie unterscheidet sich lithostatischer Druck von Differentialspannung?
4. Welche Rolle spielen chemisch wirksame Fluide bei der Metamorphose?
5. Auf welche zwei Arten kann das Ausgangsgestein den Metamorphoseprozess beeinflussen?
6. Was ist Schieferung? Unterscheiden Sie zwischen Transversalschieferung, kristalliner Schieferung und Gneisgefüge.
7. Beschreiben Sie kurz die drei Mechanismen, wodurch Minerale eine bevorzugte Orientierung entwickeln.
8. Nennen Sie einige Veränderungen, die an einem Gestein als Reaktion auf den Metamorphoseprozess auftreten können.
9. Schiefer und Phyllit ähneln einander. Wie könnten Sie die beiden voneinander unterscheiden?
10. Jede der folgenden Aussagen beschreibt eine oder mehrere Eigenschaften eines bestimmten metamorphen Gesteins. Benennen Sie für jede Aussage das metamorphe Gestein, das beschrieben wird.
    a. Calcitreich und meist ungeschiefert
    b. Lose zusammenhängendes Gestein, aus zerbrochenen Fragmenten zusammengesetzt, die an Störungszonen gebildet wurden
    c. Repräsentiert einen Metamorphosegrad zwischen Schiefer und kristallinem Schiefer

d. Sehr feinkörnig und geschiefert; hervorragende Transversalschieferung
e. Geschiefert und vorwiegend aus tafeligen bzw. blättrigen Mineralen zusammengesetzt
f. Besteht aus abwechselnd hellen und dunklen Bändern von Silikatmineralen
g. Hartes, ungeschiefertes Gestein, aus Kontaktmetamorphose entstanden

11 Unterscheiden Sie zwischen Kontaktmetamorphose und Regionalmetamorphose. Welche bringt die größere Menge metamorpher Gesteine hervor?

12 Wo tritt vorwiegend hydrothermale Metamorphose auf?

13 Beschreiben Sie die Versenkungsmetamorphose.

14 Wie verwenden Geologen Leitminerale?

15 Beschreiben Sie kurz die Gefügeveränderung, die sich bei der Umwandlung von Schiefer zu Phyllit, zu kristallinem Schiefer und dann zu Gneis vollzieht.

16 Wie stehen Gneise und Migmatite miteinander in Beziehung?

17 Mit welchem Typ von Plattengrenze ist die Regionalmetamorphose vergesellschaftet?

18 Warum enthalten die Gebirgskerne der Hauptgebirgsketten der Erde metamorphe Gesteine?

19 Was sind Schilde? Wie stehen diese relativ flachen Gebiete mit Gebirgen in Beziehung?

20 Beschreiben Sie kurz das tektonische Milieu, das folgende metamorphe Fazies hervorruft: Hornfels-, Blauschiefer-, Granulit-Fazies.

Größere Multiple-Choice-Tests zur Wissenskontrolle und Prüfungsvorbereitung sowie weitere Informationen zu diesem Buchkapitel finden Sie auf der Companion Website zum Buch unter **www.pearson-studium.de**

Geologische Zeit

9.1	Die Geologie braucht eine Zeitskala	295
9.2	Relative Datierung – Grundprinzipien	295
9.3	Korrelation von Gesteinsschichten	301
9.4	Fossilien: Hinweise auf vergangenes Leben	302
9.5	Datierung mit radioaktiven Isotopen	308
9.6	Die geologische Zeitskala	315
9.7	Schwierigkeiten bei der Datierung der geologischen Zeitskala	317
	Zusammenfassung	319
	Wiederholungsfragen	320

Die im Grand Canyon aufgeschlossenen Schichten bergen Informationen über Millionen von Jahren der Erdgeschichte. Der Ausblick vom Yaki Point zum South Rim. (Foto: Tom Bean)

Im späten 18. Jahrhundert erfasste James Hutton die Unermesslichkeit der Erdgeschichte und die Bedeutung der Zeit für alle geologischen Prozesse. Im 19. Jahrhundert zeigten Sir Charles Lyell und andere erfolgreich, dass die Erde mehrere Episoden der Gebirgsbildung und Erosion erfahren hatte und dass diese Entwicklungen sehr große geologische Zeitspannen in Anspruch genommen haben mussten. Obwohl diese wissenschaftlichen Pioniere verstanden hatten, dass die Erde sehr alt ist, kannten sie keinesfalls ihr richtiges Alter. Was bedeutet ein Alter von zehn Millionen, hundert Millionen oder gar Milliarden von Jahren? Es wurde eine geologische Zeitskala entwickelt, die die Abfolge von Ereignissen im Hinblick auf die Prinzipien der relativen Datierung zeigte. Was sind diese Prinzipien? Welche Rolle spielen Fossilien? Mit der Entdeckung der Radioaktivität und radiometrischer Datierungsmethoden können Geologen heute ziemlich genau die Zeitpunkte vieler Ereignisse in der Erdgeschichte zuordnen. Was ist Radioaktivität? Warum ist sie ein guter „Zeitmesser", um die geologische Vergangenheit zu datieren?

Die Geologie braucht eine Zeitskala 9.1

Im Jahr 1869 führte John Wesley Powell, der später an der Spitze des U.S. Geological Survey stand, eine Forschungsexpedition zum Colorado und durch den Grand Canyon an (▶ Abbildung 9.1). Als er über die an den Flusstalwänden exponierten Gesteinsschichten schrieb bemerkte Powell, dass der Canyon dieses Gebiets wie ein Buch der Offenbarung in der „gesteinsbeblätterten Bibel" der Geologie sei. Er war zweifellos von den Millionen Jahren der Erdgeschichte beeindruckt, die sich an den Wänden des Grand Canyon offenbarten (siehe Kapiteleröffnungsfoto).

Powell erkannte, dass sich die Beweise für eine uralte Erde in ihren Gesteinen verbargen. Vergleichbar mir den Seiten eines dicken, schwierigen Geschichtsbuchs halten Gesteine geologische Ereignisse und die Veränderungen der Lebensformen der Vergangenheit fest. Das Buch jedenfalls ist noch nicht vollständig. Viele Seiten, vor allem aus den ersten Kapiteln, fehlen. Manche sind ramponiert, herausgerissen oder verwischt. Dennoch bleibt noch genug von dem Buch übrig, um den größten Teil der Geschichte zu entziffern.

Die Interpretation der Erdgeschichte ist ein Hauptziel der Geowissenschaft. Wie ein zeitgemäßer Detektiv muss ein Geologe die Anhaltspunkte, die in den Gesteinen erhalten sind, interpretieren. Geologen können durch die Untersuchung der Gesteine, insbesondere der Sedimentgesteine und der Besonderheiten, die sie enthalten, Licht in die Komplexität der Vergangenheit bringen.

Geologische Ereignisse für sich haben jedenfalls wenig Bedeutung, bis sie in einen Zeitrahmen gesetzt werden. Für das Studium von Geschichte, sei es ein Krieg oder das Zeitalter der Dinosaurier, benötigt man einen Kalender. Unter den wesentlichen Beiträgen der Geologie zum menschlichen Wissen zählen die geologische Zeitskala und die Entdeckung, dass die Erdgeschichte überaus lang ist.

Relative Datierung – Grundprinzipien 9.2

Die Geologen, die die geologische Zeitskala entwickelt haben, veränderten bei den Menschen die Zeitauffassung und die Wahrnehmung von unserem Planeten. Sie erkannten, dass die Erde viel älter ist, als sich irgendjemand zuvor vorgestellt hatte, und dass ihre Oberfläche und ihr Inneres sich immer und immer wieder verändert haben – und zwar durch die gleichen geologischen Prozesse, die noch heute wirksam sind.

A.

B.

Abbildung 9.1: **A.** Der Start der Expedition von der Green River Station, eine Zeichnung aus Powells Buch von 1875. **B.** Major John Wesley Powell, ein Pionier der Geologe und zweiter Direktor des U.S. Geological Survey. (Mit freundlicher Genehmigung des U.S. Geological Survey, Denver)

9 Geologische Zeit

Während des späten 18. und frühen 19. Jahrhunderts wurden Versuche gemacht, das Alter der Erde zu bestimmen. Zwar schienen manche Methoden vielversprechend, doch stellte sich keiner der frühen Versuche als zuverlässig heraus. Das, was die Wissenschaftler suchten, waren **numerische Zeitangaben**, also die Anzahl an Jahren, die seit dem Ereignis verstrichen sind. Heute können wir durch unser Verständnis der Radioaktivität genaue Zeitpunkte für wichtige Ereignisse bestimmen, die sich in ferner Vergangenheit der Erde abspielten und in Gesteinen festgehalten sind. Mit der Radioaktivität werden wir uns später in diesem Kapitel befassen. Vor der Entdeckung der Radioaktivität verfügten Geologen über keine verlässliche Methode zur numerischen Datierung und mussten sich allein auf die relative Datierung verlassen.

Relative Datierung bedeutet, dass die Gesteine in ihrer richtigen Entstehungsabfolge eingeordnet werden – also das zuerst Gebildete, das zweite, das dritte usw. Durch relative Datierung erfahren wir nicht, vor wie langer Zeit etwas stattfand, sondern nur, was einem Ereignis vorausging und einem anderen folgte. Die Techniken, die zur relativen Datierung entwickelt wurden, sind nützlich und werden noch weiterhin angewendet. Numerische Datierungsmethoden haben diese Techniken nicht ersetzt, sondern nur ergänzt. Um eine relative Zeitskala aufzustellen, mussten einige Grundprinzipien oder Regeln entdeckt und angewendet werden. Auch wenn sie uns heute naheliegend erscheinen, waren sie doch ein wichtiger Durchbruch in der Denkweise ihrer Zeit und ihre Entdeckung stellte eine wichtige wissenschaftliche Errungenschaft dar.

Studenten fragen manchmal …

Sie erwähnten, dass sich die frühen Versuche zur Bestimmung des Erdalters als unzuverlässig erwiesen hatten. Wie gingen die Wissenschaftler des 19. Jahrhunderts bei solchen Berechnungen vor?

Eine Methode, die mehrmals ausprobiert wurde, war die Festlegung der Zeitspanne, die ein Sediment zur Ablagerung braucht. Wenn sich bestimmen ließe, mit welcher Sedimentationsrate sich ein Sediment anhäuft und die absolute Mächtigkeit eines Sedimentgesteins, das sich während der Erdgeschichte abgelagert hatte, bekannt wäre, ließe sich die Länge der geologischen Zeit abschätzen. Man musste nur die Gesamtmächtigkeit des Sedimentgesteins durch die Sedimentationsrate dividieren.

Schätzungen des Erdalters variierten mit jeder Anwendung dieser Methode. Das Erdalter, das durch diese Methode berechnet wurde, reichte von 3 Millionen Jahren bis zu 1,5 Milliarden Jahren! Offensichtlich waren diese Methoden mit Schwierigkeiten behaftet. Können Sie sich vorstellen, welche es waren?

 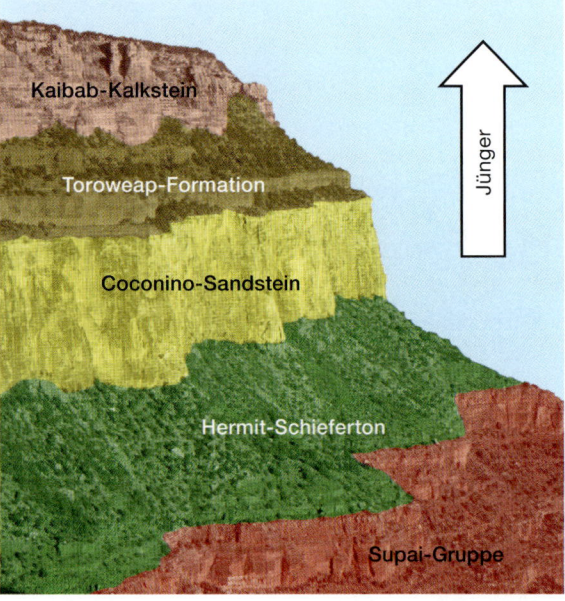

Abbildung 9.2: Wendet man das Prinzip der Überlagerung im oberen Bereich der Sedimentgesteine des Grand Canyon an, so ist die Supai-Gruppe die älteste und der Kaibab-Kalkstein der jüngste. (Foto: E.J. Tarbuck)

9.2 Relative Datierung – Grundprinzipien

Abbildung 9.3: Der überwiegende Teil der Schichten eines Sediments wird fast horizontal abgelagert. Wenn wir also Gesteinsschichten finden, die gefaltet oder verkippt sind, können wir annehmen, dass sie nach der Ablagerung durch eine Störung in der Erdkruste in diese Position gebracht wurden. Diese Faltungen finden sich im Ugab-Tal, Namibia. (Michael Fogden/DRK Photo)

9.2.1 Das Prinzip der Überlagerung

Nicolaus Steno, einem dänischen Arzt und Anatom (1638 bis 1686), wird zugeschrieben, als Erster eine Abfolge erdgeschichtlicher Ereignisse in einem Aufschluss von Sedimentgesteinslagen erkannt zu haben. Während seiner Arbeit in den Bergen des Apennin in Italien wandte Steno eine sehr einfache Regel an, die das grundlegende Prinzip der relativen Datierung wurde – das **Prinzip der Überlagerung**. Das Prinzip besagt ganz einfach, dass in einer nicht deformierten Abfolge von Sedimentgesteinen, die jüngeren Schichten auf den älteren Schichten liegen. Obwohl es ziemlich offensichtlich zu sein scheint, dass keine Gesteinsschicht abgelagert werden kann, ohne eine stützende Unterlage zu haben, war das nicht so klar, bis 1669 Steno das Gesetz formulierte.

Dieses Prinzip gilt auch für andere an der Oberfläche abgelagerte Materialien, wie bei Lavaströmen und Aschelagen von Vulkanausbrüchen. Wendet man das Prinzip der Überlagerung bei den oberen Gesteinslagen des Grand Canyon an (▶ Abbildung 9.2), können wir die Schichten leicht in ihre richtige Ordnung bringen. Unter den Schichten in der Grafik sind die Sedimentgesteine der Supai-Gruppe die ältesten, gefolgt vom Hermit Shale, dann vom Coconino-Sandstein, der Toroweap-Formation und dem Kaibab-Sandstein.

9.2.2 Das Prinzip der ursprünglichen Horizontalität

Steno wird die Erkenntnis eines weiteren wichtigen Prinzips zugeschrieben, das **Prinzip der ursprünglichen Horizontalität**. Mit einfachen Worten bedeutet es, dass die Schichten eines Sediments generell horizontal abgelagert werden. Falls wir flach liegende Gesteinsschichten beobachten und sie nicht gestört wurden, besitzen sie also noch immer ihre *ursprüngliche* Horizontalität. Die Schichten des Grand Canyon veranschaulichen das im Kapiteleröffnungsfoto und in Abbildung 9.2. Sind sie aber verfaltet oder in einem steilen Winkel geneigt, mussten sie durch eine Krus-

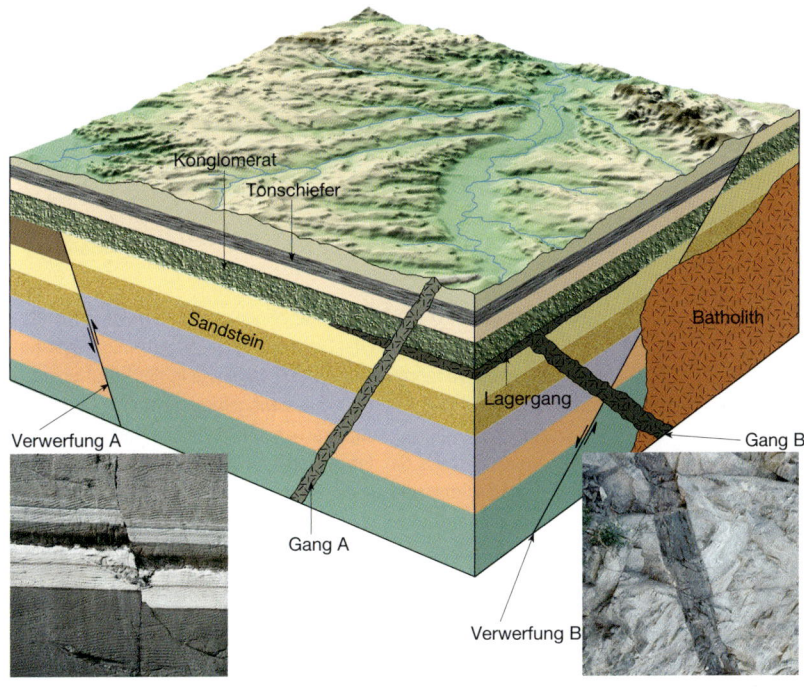

Abbildung 9.4: Durchdringungsbeziehungen bilden eine Grundlage für die relative Altersbestimmung: Ein Intrusionskörper ist jünger als das Gestein, in das er eindringt. Eine Verwerfung ist jünger als die Gesteinsschichten, die sie durchschneidet.

tenstörung einige Zeit *nach* ihrer Ablagerung in diese Position bewegt worden sein (▶Abbildung 9.3).

9.2.3 Das Prinzip der Horizontbeständigkeit

Läuft eine Verwerfung durch Gesteine oder intrudiert und kristallisiert ein Magma, dann können wir annehmen, dass die Störung bzw. die Intrusion jünger als das betroffene Gestein ist.[1] In ▶Abbildung 9.4 müssen beispielsweise die Verwerfungen und die Gänge entstanden sein, nachdem die Sedimentschichten abgelagert wurden.

Das ist das **Prinzip der Horizontbeständigkeit**. Indem man das Prinzip der Horizontbeständigkeit anwendet, können Sie sehen, dass die Verwerfung A aufgetreten ist, *nachdem* der Sandstein abgelagert wurde, da sie die Schicht gestört („zerbrochen") hat. Gleichermaßen entstand die Verwerfung A, *bevor* das Konglomerat abgelagert wurde, da die Schicht ungestört ist.

Wir können auch feststellen, dass der Gang B und sein Lagergang älter als Gang A sind, da Gang A den Lagergang durchschneidet. Auf gleiche Weise wissen wir, dass der Batholith seinen Platz einnahm, nachdem Bewegung entlang der Verwerfung B auftrat, aber bevor der Gang B gebildet wurde. Das ist richtig, da der Batholith durch die Verwerfung B schneidet, der Gang B schneidet aber durch den Batholithen.

9.2.4 Einschlüsse

Manche Einschlüsse können beim relativen Datierungsprozess hilfreich sein. **Einschlüsse** sind Fragmente einer Gesteinseinheit, die in einer anderen eingeschlossen wurden. Das Grundprinzip ist logisch und einfach. Der Gesteinskörper nahe dem, der die Einschlüsse enthält, muss zuerst dagewesen sein, um die Gesteinsfragmente zu liefern. Deswegen ist die Gesteinseinheit, die die Einschlüsse enthält, die jüngere der beiden. ▶Abbildung 9.5 zeigt ein Beispiel. Hier belegen die Einschlüsse von magmatischem Intrusivgestein, dass das Sedimentgestein auf einen verwitterten Intrusionskörper abgelagert wurde und nicht von unten von Magma intrudiert wurde, das später kristallisierte.

---

1 Verwerfungen sind Brüche in der Erdkruste, an welchen meist beträchtliche Verlagerungen stattgefunden haben. Verwerfungen werden ausführlicher in Kapitel 10 besprochen.

9.2.5 Diskordanzen

Gesteinsschichten, die im Wesentlichen ohne Unterbrechung abgelagert wurden, nennen wir **konkordant**. An bestimmten Stellen sind konkordante Lagen aufgeschlossen und repräsentieren eine bestimmte geologi-

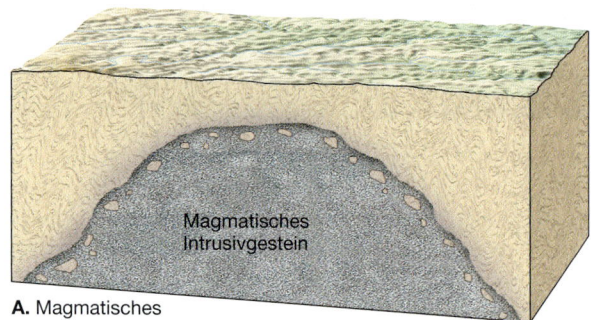

A. Magmatisches Intrusivgestein

B. Freilegung und Verwitterung des Intrusivgesteins

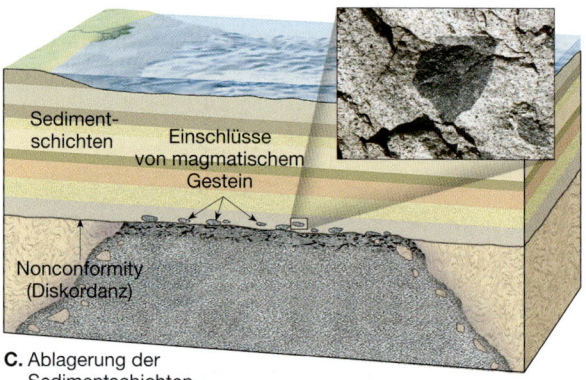

C. Ablagerung der Sedimentschichten

Abbildung 9.5: Diese Diagramme zeigen zwei Arten der Einschlussbildung auf sowie eine Art der Diskordanz, „Nonconformity" genannt. Im Diagramm **A.** repräsentieren die Einschlüsse in der Intrusionsmasse ungeschmolzene Rückstände des Umgebungsgesteins, die bei der Intrusion des Magmas abgebrochen und vereinnahmt wurden. Im Diagramm **C.** muss das Intrusivgestein älter als die überlagernden Sedimentschichten sein, da die Sedimentschichten Einschlüsse des Intrusivgesteins enthalten. Werden ältere Intrusivgesteine von jüngeren Sedimentschichten überlagert, spricht man im englischen Sprachraum von einer „Nonconformity", während im deutschen Sprachraum auch hier das Wort „Diskordanz" verwendet wird. Das Foto zeigt einen Einschluss von dunklem Intrusivgestein in einem helleren und jüngeren Umgebungsstein. (Foto: Tom Bean)

9.2 Relative Datierung – Grundprinzipien

sche Zeitspanne. Aber es gibt keinen Ort auf der Erde, wo eine vollständige Abfolge konkordanter Schichten abgelagert wäre.

In der Erdgeschichte wurde die Ablagerung von Sedimenten immer wieder unterbrochen oder gestört. Alle diese Unterbrechungen, die ein Gestein aufweist, bezeichnet man als Diskordanzen. Eine **Diskordanz** repräsentiert eine lange Periode, in der die Ablagerung aufhörte, Erosion die schon gebildeten Gesteine entfernte und dann die Ablagerung wieder neu einsetzte. In jedem Fall folgen auf Hebung und Erosion Senkung und erneute Sedimentation. Diskordanzen sind wichtige Anhaltspunkte, da sie bedeutende geologische Ereignisse in der Erdgeschichte markieren. Außerdem hilft uns ihre Entdeckung, Zeitintervalle zu identifizieren, die nicht durch Schichten repräsentiert sind und deswegen auf der geologischen Zeitskala fehlen.

Die im Grand Canyon beim Colorado aufgeschlossenen Gesteine repräsentieren eine gewaltige Spanne geologischer Geschichte. Es ist ein großartiger Platz, um eine Zeitreise zu unternehmen. Die farbenfrohen Gesteinslagen des Canyons dokumentieren eine lange Sedimentationsgeschichte in verschiedenen Milieus – ansteigende Meere, Flüsse und Deltas, Wattenmeere und Dünen. Aber die Dokumentation ist nicht vollständig. Diskordanzen zeigen riesige Zeitabschnitte auf, die nicht in den Schichten des Canyons festgehalten wurden. ▶Abbildung 9.6 liefert ein geologisches Profil durch den Grand Canyon. Beziehen Sie sich darauf, wenn Sie über die drei Grundtypen von Diskordanzen lesen: Winkeldiskordanz, Schichtlücke und Diskordanz über einem Grundgebirge „Nonconformity".

Winkeldiskordanz Die wahrscheinlich am leichtesten erkennbare Diskordanz ist die **Winkeldiskordanz**. Sie besteht aus geneigten oder gefalteten Sedimentgesteinen, die von jüngeren, flacher liegenden Schichten überlagert werden. Eine Winkeldiskordanz zeigt an, dass während der Sedimentationspause eine Deformationsperiode (Faltung oder Kippung) und Erosion aufgetreten sind ▶Abbildung 9.7.

Als James Hutton eine Winkeldiskordanz in Schottland vor mehr als 200 Jahren untersuchte, wurde ihm

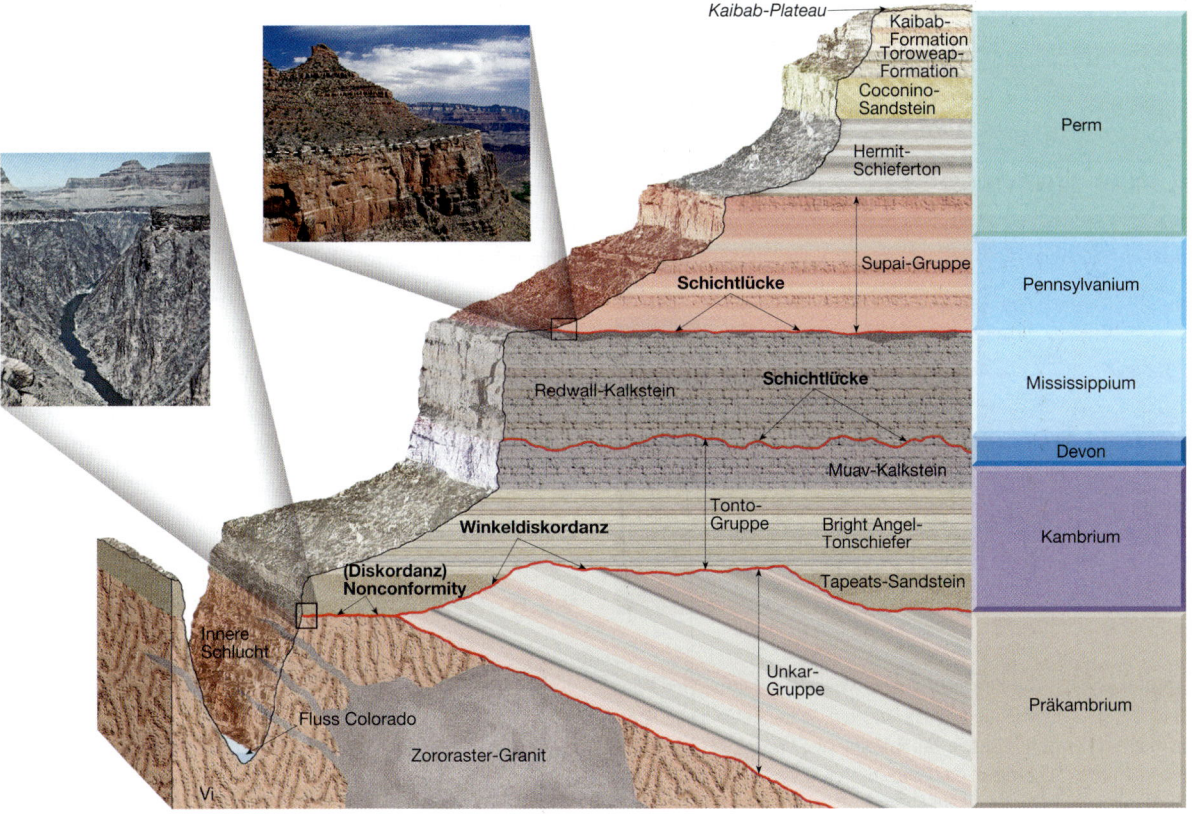

Abbildung 9.6: Dieses Profil durch den Grand Canyon zeigt die drei Grundtypen der Diskordanzen. Eine Winkeldiskordanz kann man zwischen der gekippten präkambrischen Unkar-Gruppe und dem kambrischen Tapeats-Sandstein sehen. Zwei Schichtlücken sind über und unter dem Redwall-Kalkstein markiert. Eine „Nonconformity" tritt zwischen magmatischen sowie metamorphen Gesteinen, die in der inneren Klamm aufgeschlossen sind, und den Sedimentschichten der Unkar-Gruppe auf. Eine „Nonconformity", durch ein Foto hervorgehoben, findet sich auch zwischen den Gesteinen der inneren Klamm und den Tapeats-Sandsteinen.

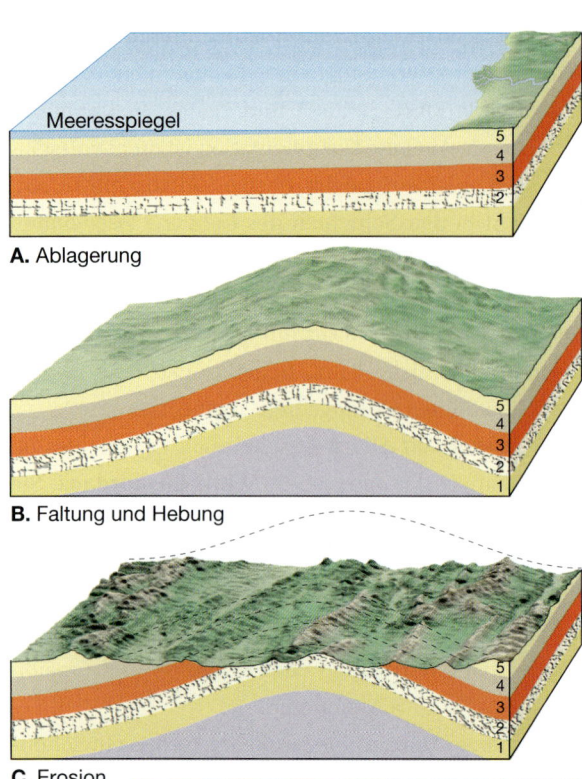
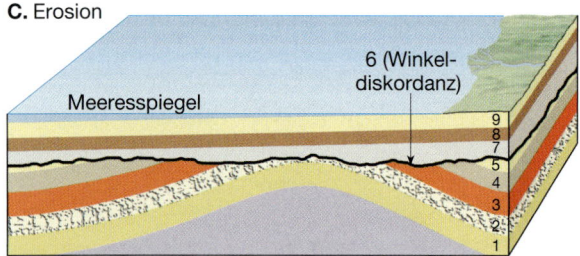

Abbildung 9.7: Die Entstehung einer Winkeldiskordanz. Eine Winkeldiskordanz repräsentiert einen längeren Zeitraum, in dem Deformation und Erosion wirkten. Teil **E**. zeigt eine Winkeldiskordanz am Siccar Point in Schottland, die James Hutton vor mehr als 200 Jahren beschrieben hat. (Foto: Edward A. Hay)

klar, dass es sich hierbei um einen großen Zeitraum geologischer Aktivität handeln musste.² Er und seine Kollegen begannen die immensen Zeitspannen zu erahnen, die sich aus solchen Lagerungsbeziehungen ergaben. Einer seiner Gefährten schrieb später über den Besuch an diesem inzwischen berühmt gewordenen Platz, dem Siccar Point, dass einem der Verstand ganz schwindelig würde, wenn man so weit in den Abgrund der Zeit blickte.

Schichtlücke Im Vergleich zu Winkeldiskordanzen sind **Schichtlücken** häufiger, aber gewöhnlich weniger auffällig, da die Schichten auf beiden Seiten im Wesentlichen parallel verlaufen. Viele Schichtlücken lassen sich nur schwer identifizieren, insbesondere wenn die Gesteine darüber und darunter ähnlich sind und es kaum Hinweise auf Erosion gibt. So eine Lücke ähnelt häufig einer normalen Schichtfläche. Andere Schichtlücken kann man leichter erkennen, etwa wenn die alte Erosionsoberfläche tief in die älteren Gesteine darunter einschneidet.

Nonconformity Der dritte Grundtyp einer Diskordanz ist die Grenze zwischen metamorphem oder magmatischem Grundgebirge und dem sedimentären Deckgebirge darüber, im Englischen **Nonconformity** genannt. Dabei trennt die Zäsur ältere metamorphe oder intrusive Gesteine von jüngeren Sedimentschichten (Abbildung 9.5 und 9.6). Genauso wie Winkeldiskordanzen und Schichtlücken Krustenbewegungen anzeigen, so tun es auch Nonconformities. Magmatische Intrusivkörper und metamorphe Gesteine entstehen weit unterhalb der Oberfläche. Damit sich eine Nonconformity entwickeln kann, muss daher eine Hebungsphase und die Erosion überlagernder Gesteine aufgetreten sein. Sind die magmatischen oder metamorphen Gesteine an der Oberfläche freigelegt, sind sie der Verwitterung und Erosion sowie nachfolgender Senkung und erneuter Sedimentation ausgesetzt.

9.2.6 Die Anwendung der Prinzipien der relativen Datierung

Wenden Sie die Prinzipien der relativen Datierung bei dem hypothetischen Profil in ▶Abbildung 9.8. an, dann können Sie die Gesteine und die Ereignisse, die sie repräsentieren, in der richtigen Reihenfolge einordnen. Die Aussagen innerhalb der Abbildung fassen

---

2 Dieser Pionier der Geologie wird in Kapitel 1 im Abschnitt *Die Geburtsstunde der modernen Geologie* vorgestellt.

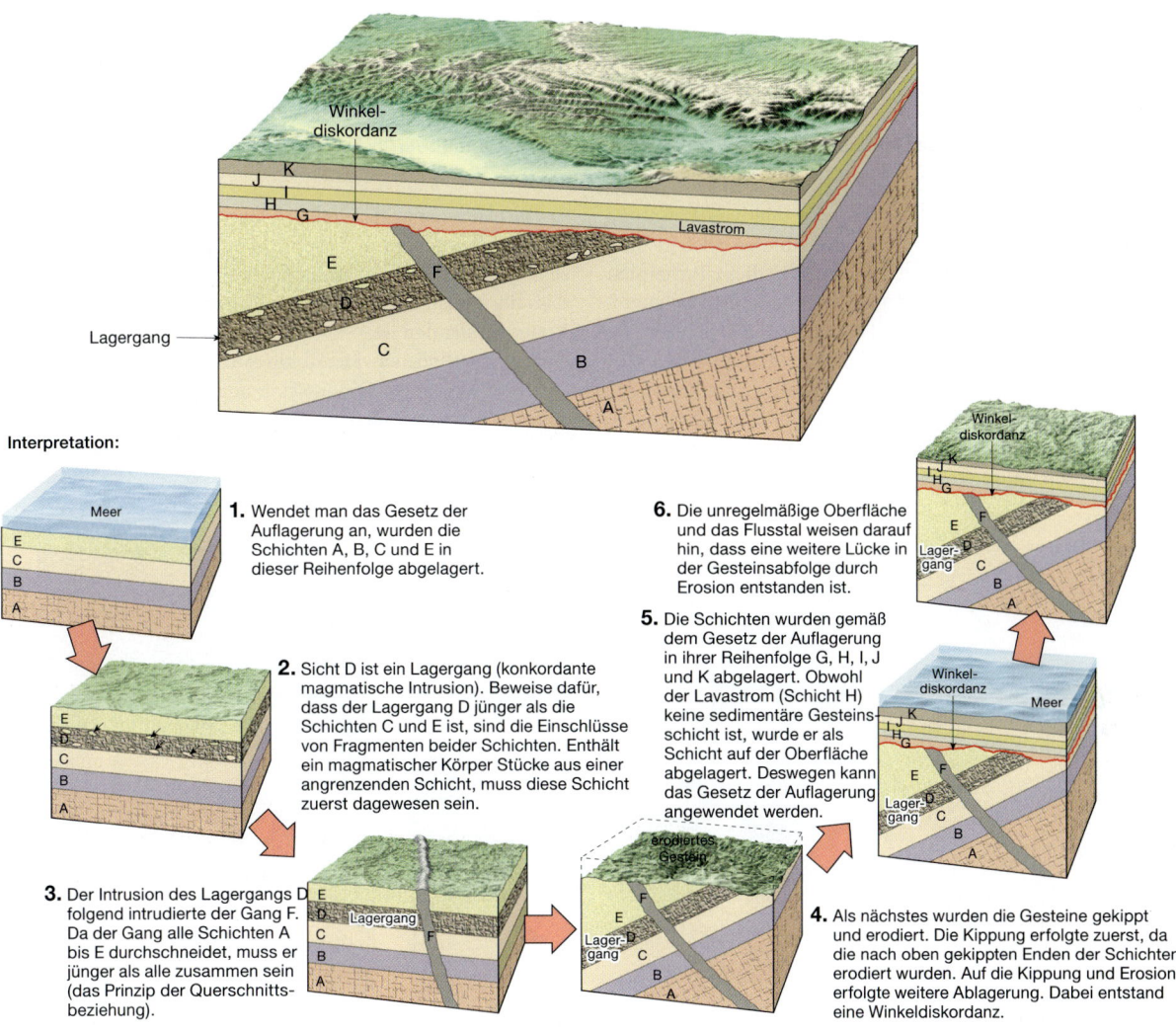

Abbildung 9.8: Geologisches Profil eines hypothetischen Gebiets.

die verwendete Logik zusammen und interpretieren das Profil.

In diesem Beispiel stellen wir eine relative Zeitskala für die Gesteine und die Ereignisse für das Gebiet des Profils auf. Sie erinnern sich, dass uns diese Methode keine Anhaltspunkte dafür liefert, wie viele Jahre der Erdgeschichte dabei repräsentiert sind, da wir keine numerischen Zeitangaben haben. Außerdem wissen wir nicht, wie vergleichbar dieses Gebiet mit anderen ist (siehe ▶Exkurs 9.1).

Korrelation von Gesteinsschichten 9.3

Um eine geologische Zeitskala zu entwickeln, die auf die gesamte Erde angewendet werden kann, müssen Gesteine ähnlichen Alters aus verschiedenen Gebieten miteinander verglichen werden. Diese Aufgabe nennt man **Korrelation**.

Man kann die Gesteine innerhalb eines begrenzten Gebiets miteinander korrelieren, indem man einfach entlang der Gesteinsgrenzen wandert. Das wird jedoch nicht möglich sein, wenn die Gesteine überwiegend mit Boden und Vegetation bedeckt sind. Über kurze Distanzen wird Korrelation oft erreicht, indem man die Position einer Schicht in der stratigraphischen Abfolge vermerkt. Auch kann eine Schicht an einem anderen Ort identifiziert werden, wenn sie hervorstechende oder ungewöhnliche Minerale enthält.

Durch die Korrelation der Gesteine aus verschiedenen Gebieten erhält man einen größeren Überblick über die geologische Geschichte eines Gebiets. Zum Beispiel zeigt ▶Abbildung 9.9 die Korrelation von

9 Geologische Zeit

EXKURS 9.1 – DIE ERDE VERSTEHEN
■ Die Anwendung der Prinzipien der relativen Datierung auf die Mondoberfläche

Genauso wie wir die Prinzipien der relativen Datierung auf der Erde verwenden, um die Abfolge geologischer Ereignisse zu bestimmen, können wir diese Prinzipien auch auf der Mondoberfläche (und anderen Planetenoberflächen) anwenden. Beispielsweise zeigt uns die Aufnahme der Mondoberfläche in ▶ Abbildung 9.A den vordersten Rand eines an Ort und Stelle „eingefrorenen" Lavastroms. Wenden wir das Gesetz der Überlagerung an, dann erkennen wir, dass der Lavastrom jünger ist als die Schichten darunter.

Die Horizontbeständigkeit kann auch angewendet werden. Betrachten wir in ▶ Abbildung 9.B einen Einschlagkrater, der einen anderen überlappt, so wissen wir, dass der vollständige Krater nach dem durchschlagenen Krater entstanden ist.

Die deutlichsten Merkmale auf der Mondoberfläche sind die Krater. Die meisten entstanden durch sehr schnell bewegte Objekte, sogenannte Meteoriten. Der Mond weist Hunderttausende von Einschlagkratern auf, während sich auf der Erde nur wenige fanden. Der Unter-

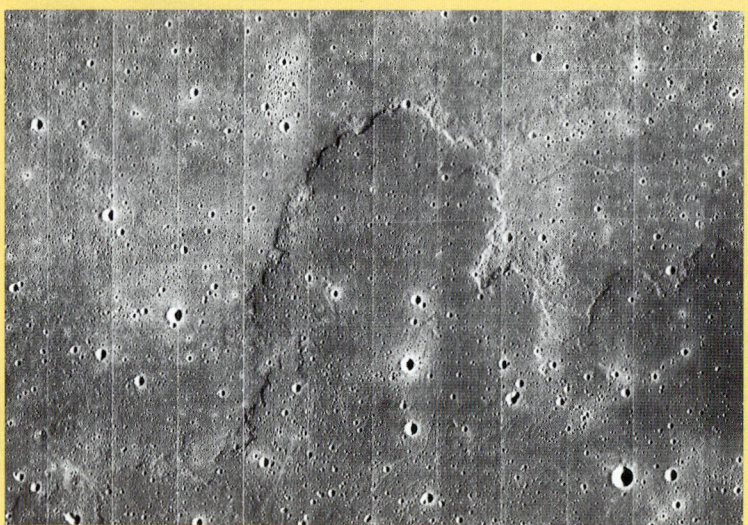

Abbildung 9.A: Durch die Anwendung des Gesetzes der Überlagerung können Sie bestimmen, welcher Lavastrom älter ist. (Foto: mit freundlicher Genehmigung des NASA-Datenzentrums)

Abbildung 9.B: Das Prinzip der Horizontbeständigkeit erlaubt uns zu definieren, dass die kleineren, durchbrochenen Krater anschließend an den großen Krater entstanden sind. (Foto: mit freundlicher Genehmigung der NASA)

drei Schichten im Colorado Plateau im südlichen Utah und im nördlichen Arizona. An keiner einzigen Stelle findet man die gesamte stratigraphische Abfolge, aber durch Korrelation enthüllt man ein vollständigeres Bild der Geschichte der Sedimentgesteine.

Viele geologische Untersuchungen finden in relativ kleinen Gebieten statt. Zwar sind sie für sich gesehen wichtig, doch ihre volle Bedeutung erlangen sie erst, wenn man sie mit anderen Gebieten korreliert. Die eben beschriebenen Methoden sind zwar geeignet, eine Gesteinsformation über verhältnismäßig kurze Entfernungen zu verfolgen, doch reichen sie nicht aus, um räumlich weit auseinanderliegende Gesteine einander zuzuordnen. Um zwischen räumlich weit auseinanderliegenden Gebieten oder zwischen Kontinenten zu korrelieren, müssen sich Geologen auf Fossilien stützen.

9.4 Fossilien: Hinweise auf vergangenes Leben

Fossilien sind die Überreste oder Spuren des Lebens aus der Vorzeit und wichtige Einschlüsse in Sedimenten und Sedimentgesteinen. Sie bieten grundlegende und wichtige Anhaltspunkte für die Interpretation der

9.4 Fossilien: Hinweise auf vergangenes Leben

schied lässt sich zum Teil mit der Erdatmosphäre begründen. Durch die Reibungshitze mit der Luft verdampfen kleinere Trümmer, bevor sie die Oberfläche erreichen. Außerdem wurden die Anzeichen der meisten großen Krater auf der Erde durch Erosion und tektonische Prozesse verwischt.

Die Betrachtung der lunaren Kraterbildung dient zur relativen Altersschätzung verschiedener Positionen auf dem Mond. Das Prinzip ist einfach. Ältere Gebiete waren Meteoriteneinschlägen länger ausgesetzt und zeigen deswegen mehr Krater. Verwendet man die Technik in Verbindung mit ▶ Abbildung 9.C, können wir annehmen, dass die stark von Kratern übersäten Hochgebiete (die Terrae) älter sind, als die dunklen Gebiete, die sogenannten Mare. Die Anzahl der Krater pro Fläche (die *Kraterdichte*) ist in den Hochgebieten offensichtlich viel größer. Bedeutet das, dass die Hochgebiete *viel* älter sind? Zwar mag das eine logische Schlussfolgerung sein, die Antwort lautet aber „nein". Sie erinnern sich, dass wir mit dem Prinzip der *relativen* Datierung arbeiten. Die Krater der Terrae und in den Maren sind beide sehr alt. Die radiometrische Datierung von Mondgestein, das von den *Apollomissionen* mitgebracht wurde, ergab ein Alter der Hochgebiete von mehr als 4 Milliarden Jahren, wogegen die Mare ein Altersspektrum von 3,2 bis 3,9 Milliarden Jahren aufweisen. Folglich ist die Kraterdichte *nicht* nur ein Ergebnis unterschiedlich langer Exponierung. Astronomen erkannten, dass vor etwa 3,9 Milliarden Jahren das Meteoritenbombardement in unserem Sonnensystem plötzlich abnahm. Die meisten Krater der Hochgebiete entstanden vor dieser Zeit und die Lavaströme, welche die Mare bildeten, verfestigten sich später.

Abbildung 9.C: Kraterdichte. Jüngere Gebiete haben weniger Krater als ältere Gebiete. Die dicht mit Kratern übersäten Hochgebiete sind älter als die dunklen Gebiete, die Mare genannt werden. (UCO/Lick Observatory Image)

geologischen Vergangenheit. Die wissenschaftliche Erforschung der Fossilien nennt man **Paläontologie**. Die Paläontologie ist eine interdisziplinäre Wissenschaft, die eine Brücke zwischen Geologie und Biologie schlägt, mit dem Ansatz, alle Aspekte der Lebensabfolgen in der riesigen Ausdehnung geologischer Zeit zu verstehen. Kennen die Forscher die Eigenschaften der Lebensformen, die zu einer bestimmten Zeit existiert haben, so hilft es ihnen, die einstigen Umweltbedingungen zu erfassen. Außerdem sind Fossilien ein wichtiger Zeitindikator und sie spielen eine Schlüsselrolle bei der Korrelation von Gesteinen ähnlichen Alters aus unterschiedlichen Gebieten.

9.4.1 Fossiltypen

Es gibt viele Fossiltypen. Die Überreste von relativ rezenten Organismen können noch ganz unverändert sein. Objekte wie Zähne, Knochen und Schalen sind häufige Fundstücke (▶ Abbildung 9.10). Ganze Tiere oder Fleisch sind viel weniger häufig erhalten und wenn, dann nur durch ungewöhnliche Umstände. Eingefrorene Überreste von prähistorischen Elefanten (den Mammuts) in der arktischen Tundra Sibiriens und Alaskas sind Beispiele dafür oder auch die mumifizierten Überreste von Faultieren aus einer trockenen Höhle in Nevada.

9 Geologische Zeit

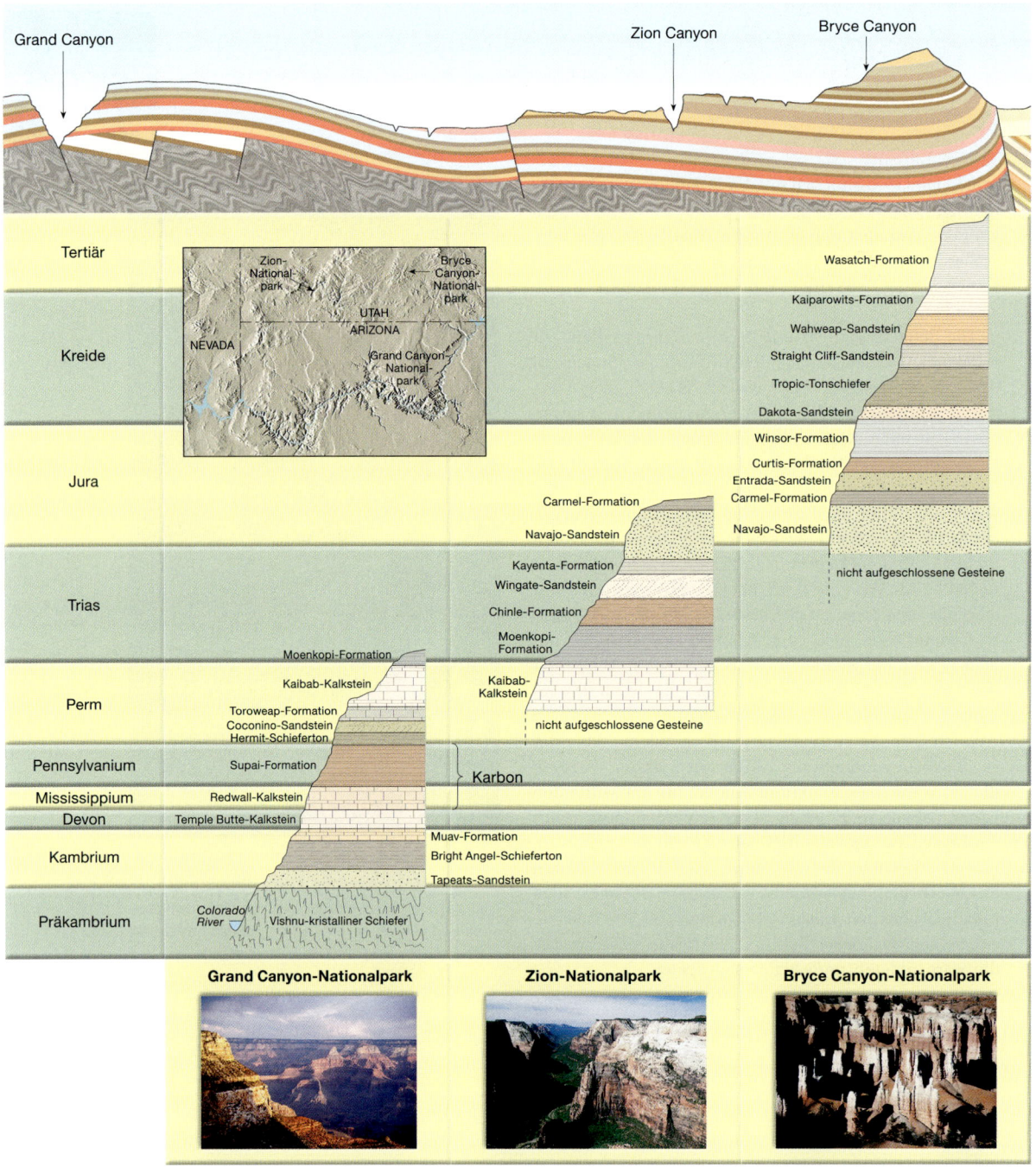

Abbildung 9.9: Die Korrelation der Schichten an drei Stellen des Colorado-Plateaus liefert ein vollständigeres Bild der Sedimentgesteine dieses Gebiets. Bei dem Diagramm oben handelt es sich um sein geologisches Profil. (Modifiziert vom U.S. Geological Survey; Fotos: E.J. Tarbuck)

Steht genügend Zeit zur Verfügung, verändern sich die Überreste eines Lebewesens sehr wahrscheinlich. Sehr oft werden Fossilien versteinert, was bedeutet, dass die ursprünglich vorhandenen kleinen inneren Hohlräume und Poren mit mineralischem Material gefüllt werden, das aus Lösungen ausfällt. (▶ Abbildung 9.11A). In anderen Fällen kommt es zum *Stoffaustausch* (Metasomatose). Dabei werden die Zellwände und anderes festes Material entfernt und durch mineralische Materie ersetzt. Manchmal sind mikroskopische Details der ausgetauschten Substanz naturgetreu erhalten (Steinkerne).

Abdrücke und Steinkerne sind weitere häufige Fossilarten. Wird eine Muschelschale oder ein anderes Hartteil unter Sediment begraben und dann durch Grundwasser aufgelöst, entsteht ein Negativabdruck.

Abbildung 9.10: Fossilien vieler relativ junger (rezenter) Organismen sind unveränderte Überreste. Objekte wie Knochen, Zähne und Schalen sind häufige Fundstücke. Auf diesem historischen Foto von 1914 der La Brea-Asphaltgrube werden eiszeitliche Säugetiere ausgegraben. (Foto: mit freundlicher Genehmigung des The George C. Page Museum)

Der Abdruck gibt nur die Form und den Oberflächenabdruck eines Lebewesens wieder; er offenbart aber nichts über die innere Struktur. Werden diese Hohlräume nach und nach mit Mineralmasse gefüllt, entstehen *Steinkerne* (▶ Abbildung 9.11B).

Eine Art der Fossilisation wird *Inkohlung* genannt und ist besonders wirksam bei der Erhaltung von Blättern und zerbrechlichen Tierformen. Sie tritt dann auf, wenn feines Sediment die Überreste von Organismen einschließt. Mit der Zeit presst der Druck Wasser und Gaskomponenten heraus und hinterlässt einen dünnen kohligen Rückstand (▶ Abbildung 9.11C). Schwarzschiefer, die als Schlamm mit organischem Material in sauerstoffarmem Milieu abgelagert werden, enthalten oft reichlich kohlige Überreste. Geht der Kohleüberzug eines in feinem Sediment erhaltenen Fossils verloren, kann die Kopie der Oberfläche, der Abdruck, noch beachtliche Details zeigen (▶ Abbildung 9.11D).

Zarte Tierformen, wie zum Beispiel Insekten, lassen sich schwerlich erhalten und sind deswegen in fossiler Erhaltung ziemlich rar. Sie müssen nicht nur vor Verwesung geschützt sein, sondern dürfen auch keinem Druck ausgesetzt werden, der sie zerquetschen könnte. Eine Art, wie Insekten erhalten werden, ist durch Bernstein, dem verhärteten Harz alter Bäume. Die Fliege in ▶ Abbildung 9.11E blieb erhalten, nachdem sie in einem Tropfen klebrigem Harz gefangen wurde. Das Harz versiegelte das Insekt vor der Atmosphäre und schützte die Überreste vor Zerstörung durch Wasser und Luft. Mit der Aushärtung des Harzes entstand eine schützende, dem Druck widerstehende Hülle.

Neben den bereits erwähnten Fossilien gibt es zahlreiche andere Typen, wobei viele nur Spuren prähistorischen Lebens darstellen. Beispiele solcher indirekter Anhaltspunkte sind:

- **Spuren** – Tierfährten in weichem Sediment, das später versteinert wurde (▶ siehe Abbildung 7.28B)
- **Grabgänge** – Röhren in Sediment, Holz oder Stein, durch ein Tier entstanden. Diese Löcher werden später mit Mineralen gefüllt und bleiben erhalten. Einige der ältesten bekannten Fossilien sind wahrscheinlich Wurmbohrgänge.
- **Koprolithen** – fossile Exkremente und der Mageninhalt. Sie können wertvolle Informationen über die Nahrungsgewohnheiten der Lebewesen liefern (▶ Abbildung 9.11F).
- **Gastrolithen** – hoch polierte Magensteine, die einigen ausgestorbenen Reptilien zum Zermahlen der Nahrung dienten

9.4.2 Bedingungen, die Fossilerhaltung begünstigen

Nur ein winziger Anteil der Organismen, die in der geologischen Vergangenheit gelebt haben, sind als Fossilien erhalten geblieben. Normalerweise werden die Überreste von Tieren und Pflanzen zerstört. Unter welchen Voraussetzungen bleiben sie erhalten? Zwei besondere Bedingungen scheinen von Nöten zu sein: schnelles Einbetten und das Vorhandensein von Hartteilen.

Stirbt ein Organismus, werden seine Weichteile meist schnell von Aasfressern vertilgt oder durch Bakterien zersetzt. Gelegentlich werden die Überreste jedoch im Sediment begraben. Geschieht dies, sind die Überreste vor den zerstörerischen Prozessen der Umwelt geschützt. Schnelle Einbettung ist eine wichtige Bedingung, die zur Fossilerhaltung beiträgt.

Besonders Tiere und Pflanzen mit Hartteilen haben eine viel größere Chance, erhalten zu bleiben. Es gibt zwar Spuren und Abdrücke von Quallen, Würmern und Insekten, sie sind aber nicht häufig. Fleisch

9 Geologische Zeit

Abbildung 9.11: Es gibt viele Arten der Fossilisation. Sechs Beispiele werden hier gezeigt: **A.** Versteinertes Holz aus dem Petrified Forest National Park, Arizona. **B.** Das Foto des Trilobiten zeigt einen Abdruck und einen Steinkern. **C.** Eine fossile Biene ist als feines Kohlenstoffhäutchen erhalten. **D.** Eindrucke sind häufige Fossilien und zeigen oft beachtliche Details. **E.** Ein Insekt in Bernstein. **F.** Koprolithen sind fossile Exkremente. (Foto A.: David Muench; Fotos B., D. und F.: E.J. Tarbuck; Foto C.: mit freundlicher Genehmigung des National Park Service; Foto E.: Breck P. Kent)

verwest so schnell, dass eine fossile Erhaltung ausgesprochen unwahrscheinlich ist. Hartteile wie Schalen, Knochen und Zähne dominieren bei der Erhaltung früherer Lebensformen. Da Fossilien bedingt durch besondere Umstände erhalten werden, ist die Überlieferung der geologischen Vergangenheit verzerrt. Die fossile Erhaltung von Organismen mit Hartteilen, die in Sedimentationsräumen lebten, ist sehr reichlich. Jedenfalls bietet sich nur gelegentlich ein flüchtiger Eindruck von anderen Lebensformen, die den besonderen Bedingungen, die der Fossilerhaltung dienen, nicht genügten.

9.4 Fossilien: Hinweise auf vergangenes Leben

> ### Studenten fragen manchmal ...
>
> **Wie unterscheidet sich Paläontologie von Archäologie?**
>
> Viele verwechseln diese beiden Forschungsgebiete, da man annimmt, dass Paläontologen und Archäologen vorsichtig wichtige Anhaltspunkte über die Vergangenheit aus Gesteinsschichten oder aus Sediment gewinnen. Es ist richtig, dass bei den beiden Disziplinen viel „gegraben" wird, jedoch mit unterschiedlichem Schwerpunkt. Paläontologen erforschen Fossilien und beschäftigen sich mit *allen* Lebensformen der geologischen Vergangenheit. Im Gegensatz dazu liegt das Hauptaugenmerk der Archäologen auf Überresten von Gegenständen aus der Vergangenheit der Menschen. Diese Überreste umfassen Gebrauchsobjekte, die von Menschen vor langer Zeit verwendet wurden, und werden *Artefakte* genannt sowie den Gebäuden und anderen Errichtungen, die mit der *Behausung* von Menschen zu tun haben und als *Stätten* bezeichnet werden. Archäologen verbessern unser Verständnis über unsere menschlichen Vorfahren und die Art, wie sie die Herausforderungen des täglichen Lebens in der Vergangenheit meisterten.

9.4.3 Fossilien und Korrelation

Die Existenz von Fossilien war jahrhundertelang bekannt, doch wurde ihre Bedeutung als geologisches Hilfsmittel nicht vor dem späten 17. und frühen 18. Jahrhundert offensichtlich. In dieser Zeit entdeckte der englische Ingenieur und Kanalbauer, William Smith, dass in den Kanälen, in welchen er gearbeitet hatte, jede Gesteinsformation andere Fossilien in jeder Schicht enthielt. Außerdem bemerkte er, dass die Stratigraphie der Sedimente in weit voneinander entfernten Gebieten durch ihren charakteristischen Fossilgehalt identifiziert und korreliert werden kann.

Aufgrund von Smiths Beobachtungen und den Entdeckungen vieler nachfolgender Geologen konnte der wichtigste Hauptgrundsatz der historischen Geologie formuliert werden: *Fossile Organismen folgen aufeinander in einer definierten und bestimmbaren Ordnung und deswegen kann jede Zeitperiode an ihrem Fossilgehalt erkannt werden.* Dies wurde als **Prinzip der Fossilabfolge** bekannt. Anders gesagt, sind Fossilien gemäß ihrem Alter angeordnet, sie liefern kein zufälliges oder willkürliches Bild. Noch einmal anders ausgedrückt dokumentieren Fossilien die Evolution des Lebens im Laufe der Zeit.

Beispielsweise wird das Zeitalter der Trilobiten einer relativ frühen Fossilgeschichte zugeordnet. Dann ordnen Paläontologen aufeinanderfolgend das Zeitalter der Fische, das Zeitalter der Kohlesümpfe, das Zeitalter der Reptilien und das Zeitalter der Säugetiere ein. Diese „Zeitalter" enthalten (Fossil-)Gruppen, die besonders reichlich und charakteristisch in einer bestimmten Zeitperiode auftraten. Innerhalb dieser „Zeitalter" wurden viele Unterordnungen eingeteilt, beispielsweise basierend auf bestimmten Spezies von Trilobiten, von bestimmten Fischarten, Reptilien usw. Die gleiche (zeitliche) Abfolge der dominierenden Organismen, immer in der Reihenfolge, findet man auf jedem Kontinent vor.

Als man entdeckte, dass Fossilien Zeitmarken sind, wurden sie das wichtigste Hilfsmittel, um Gesteine ähnlichen Alters aus verschiedenen Gebieten zu korrelieren. Besonders wertvoll sind die **Leitfossilien**. Das sind Fossilien, die geographisch weit verbreitet sind und nur während eines kurzen geologischen Zeitrahmens lebten. Somit liefert ihr Auftreten einen wichtigen Schlüssel zur Erkennung von Gesteinen gleichen Alters. Jedoch enthalten Gesteinsformationen nicht immer Leitfossilien. In solchen Fällen werden Fossilgruppen verwendet, um das Alter der Schichten zu erfassen. ▶ Abbildung 9.12 zeigt, wie eine Fossilgemeinschaft verwendet werden kann, um Gesteine präziser zu datieren, als es durch die Verwendung von nur einer Fossilart möglich gewesen wäre.

Neben ihrer Bedeutung und Verwendung als grundlegendes Hilfsmittel zur Korrelation sind Fossilien auch wichtige Umweltindikatoren. Wenn man die Beschaffenheit und die Charakteristika von Sedimentgesteinen studiert, lässt sich zwar viel über die vergangenen Umweltbedingungen ableiten, aber die genaue Untersuchung der darin vorhandenen Fossilien gibt meist viel mehr Aufschluss darüber. Findet man zum Beispiel die Überreste bestimmter Muschelschalen in Kalkstein, dann können Geologen praktisch annehmen, dass das Gebiet einst von einem flachen Meer bedeckt war. Auch durch die Anwendung unseres Wissens über lebende Organismen können wir schließen, dass fossile Tiere mit dicken Schalen in der Lage waren, einen Lebensraum an Küstenlinien mit tosenden und wogenden Wellen zu besiedeln.

Auf der anderen Seite stellen Tiere mit dünnen, zerbrechlichen Schalen Hinweise auf tiefes, ruhiges,

9 Geologische Zeit

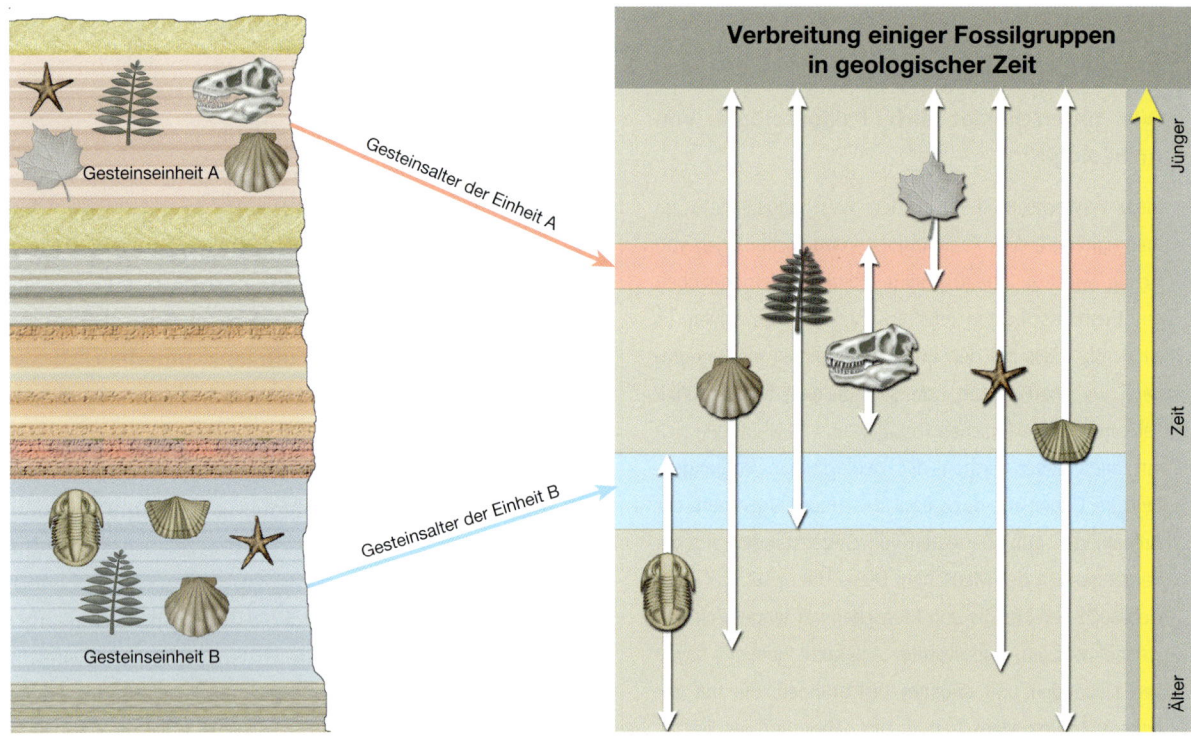

Abbildung 9.12: Überlappende Fossilgemeinschaften helfen uns, Gesteine exakter zu datieren als mit einer einzigen Fossilart.

küstenfernes Gewässer dar. Demzufolge kann man durch genauere Betrachtung der Fossilart die ungefähre Position der alten Küstenlinie herleiten. Außerdem geben Fossilien Hinweise auf die damalige Wassertemperatur. Bestimmte rezente Korallen brauchen warme und flache tropische Gewässer wie die in der Gegend um Florida und die Bahamas. Werden ähnliche Korallenarten in altem Kalkstein gefunden, zeigen sie das marine Milieu während ihrer Lebenszeit an. Diese Beispiele zeigen auf, wie mithilfe von Fossilien die komplexe Erdgeschichte enträtselt werden kann.

9.5 Datierung mit radioaktiven Isotopen

Neben der Aufstellung relativer Datierungen durch die Anwendung der Prinzipien aus dem vorhergehenden Abschnitt ist es auch möglich, verlässliche numerische Datierungen für Ereignisse der geologischen Vergangenheit zu erhalten. Wir wissen zum Beispiel, dass die Erde etwa 4,5 Milliarden Jahre alt ist und die Dinosaurier vor ca. 65 Millionen Jahren ausgestorben sind. Zahlenangaben, die in Millionen und Milliarden von Jahren ausgedrückt werden, überfordern sicherlich unser Vorstellungsvermögen, da unser persönliches Kalendarium die Zeit in Stunden, Wochen und Jahren misst. Dennoch ist die gigantische Ausdehnung der geologischen Zeit Realität und durch Datierung mithilfe radioaktiver Isotope messbar. Im folgenden Abschnitt werden Sie etwas über die Radioaktivität und ihre Anwendung bei der absoluten Datierung erfahren.

9.5.1 Rückblick über die grundlegende Atomstruktur

Sie erinnern sich aus Kapitel 3, dass jedes Atom über einen Atomkern verfügt. Er besteht aus Protonen und Neutronen und wird von Elektronen umkreist. Elektronen haben eine negative elektrische Ladung, während Protonen eine positive elektrische Ladung besitzen. Ein Neutron ist eigentlich eine Kombination eines Protons mit einem Elektron und hat damit keine Ladung (es ist neutral).

Die Ordnungszahl (die Identifikationszahl jedes Elements) gibt die Zahl der Protonen im Atomkern an. Jedes Element besitzt eine andere Ordnungszahl (Wasserstoff = 1, Kohlenstoff = 6, Sauerstoff = 8, Uran = 92 etc.). Atome desselben Elements haben die gleiche Anzahl an Protonen, somit bleibt die Ordnungszahl immer konstant.

Der Atomkern macht beinahe die gesamte Masse (99,9 Prozent) eines Atoms aus, was darauf schließen lässt, dass Elektronen praktisch keine Masse haben. Durch die Zusammenfassung von Protonen und Neutronen eines Atomkerns erhält man die Massenzahl. Die Anzahl der Neutronen kann variieren und diese Varianten oder Isotope besitzen eine andere Massenzahl.

Man kann das an einem Beispiel veranschaulichen: Der Atomkern von Uran besitzt immer 92 Protonen, deswegen ist seine Ordnungszahl immer 92. Aber die Anzahl der Neutronen variiert, was bei Uran bedeutet, dass es drei Isotope besitzt: Uran 234 (Protonen + Neutronen = 234), Uran 235 und Uran 238. Alle drei Isotope kommen in der Natur gemischt vor. Sie sehen gleich aus und verhalten sich bei chemischen Reaktionen gleich.

9.5.2 Radioaktivität

Die Kräfte, die Protonen und Neutronen im Atomkern zusammenhalten, sind normalerweise stark. Doch es gibt auch Isotope, in welchen die Atomkerne instabil sind, da die Kräfte, die Protonen und Neutronen zusammenhalten, nicht stark genug sind. Die Folge davon ist, dass die Atomkerne spontan auseinanderbrechen oder zerfallen, ein Prozess, der **Radioaktivität** genannt wird.

Was geschieht, wenn ein instabiler Atomkern auseinanderbricht? Drei gewöhnliche Arten von radioaktivem Zerfall sind in ▶ Abbildung 9.13 dargestellt und können wie folgt zusammengefasst werden:

1 Alpha-Teilchen (α-Teilchen) können vom Atomkern abgestrahlt werden. Ein alpha-Teilchen setzt sich aus zwei Protonen und zwei Neutronen zusammen. Durch die Abstrahlung eines alpha-Teilchens wird deswegen die Massenzahl der Isotope um 4 reduziert und die Ordnungszahl um 2 gesenkt.

2 Wird ein beta-Teilchen (β-Teilchen) oder Elektron vom Atomkern abgegeben, bleibt die Massenzahl unverändert, da Elektronen praktische keine

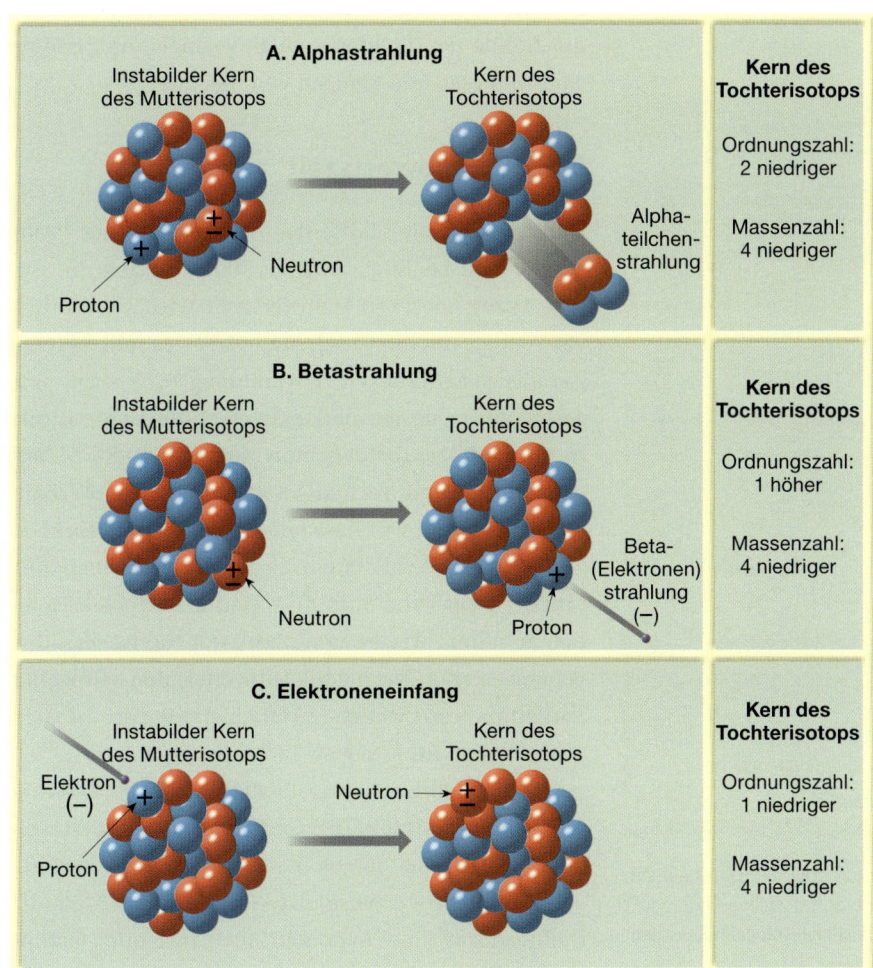

Abbildung 9.13: Häufige Arten radioaktiven Zerfalls. Beachten Sie, dass sich in jedem Fall die Anzahl der Protonen (Ordnungszahl) im Atomkern verändert und deswegen ein neues Element entsteht.

Masse besitzen. Da jedoch das Elektron von einem Neutron stammt (Sie erinnern sich, dass ein Neutron die Verbindung aus Proton und Elektron ist), enthält der Atomkern ein Proton mehr als vorher. Deswegen erhöht sich die Ordnungszahl um 1.

3 Manchmal wird ein Elektron vom Atomkern eingefangen. Das Elektron verbindet sich mit einem Proton und bildet ein Neutron. Wie im vorangegangenen Fall bleibt die Massenzahl unverändert. Jedenfalls enthält der Atomkern ein Proton weniger, deswegen verringert sich die Ordnungszahl um 1.

Ein instabiles radioaktives Isotop wird als Mutterisotop bezeichnet und die daraus resultierenden Isotope als Tochterisotope. ▶Abbildung 9.14 liefert ein Beispiel eines radioaktiven Zerfalls. Hier kann man sehen, dass beim Zerfall des radioaktiven Mutterisotops Uran 238 (Ordnungszahl 92 und Massenzahl 238) eine Reihe von Schritten erfolgen, wobei acht alpha-Teilchen und sechs beta-Teilchen emittiert werden, bevor es zu dem stabilen Tochterisotop Blei 206 wird (Ordnungszahl 82, Massenzahl 206). Eines der instabilen Tochterisotope, das während dieser Zerfallsreihe entsteht, ist Radon. ▶Exkurs 9.2 beleuchtet die Gefahren, die durch dieses radioaktive Gas entstehen.

Zu den sicherlich wichtigsten Befunden bei der Entdeckung der Radioaktivität zählt die Erkenntnis, dass Radioaktivität ein verlässliches Mittel ist, um das Alter von Gesteinen und Mineralen mit radioaktiven Isotopen zu datieren. Dieses Verfahren wird **radiometrische Datierung** genannt. Warum ist die radiometrische Datierung verlässlich? Weil die Zerfallsraten vieler Isotopen präzise gemessen wurden und sich unter den physikalischen Bedingungen der äußeren Erdschichten nicht verändern. Deswegen ist jedes zur Datierung verwendete radioaktive Isotop seit der Bildung der Gesteinsformation, in der es vorkommt, mit einer fest vorgegebenen Geschwindigkeit zerfallen und die Zerfallsprodukte haben sich in einer entsprechenden Geschwindigkeit angehäuft. Kristallisiert ein Mineral, zum Beispiel aus Magma, aus und bindet dabei Uran mit ein, ist kein Blei (das stabile Tochterisotop) aus einem vorhergehenden Zerfall vorhanden. Die radiometrische „Uhr" beginnt an dieser Stelle zu ticken. Zerfällt Uran in diesem neu gebildeten Mineral, sind die Atome der Tochterisotopen gefangen und häufen sich zu messbaren Mengen von Blei an.

9.5.3 Halbwertszeit

Die Zeit, die die Hälfte der Atomkerne einer Probe zum Zerfall benötigt, wird als **Halbwertszeit** der Isotope bezeichnet. Die Halbwertszeit wird gewöhnlich verwendet, um die Geschwindigkeit des radioaktiven Zerfalls auszudrücken. ▶Abbildung 9.15 zeigt, was geschieht, wenn ein radioaktives Mutterisotop direkt in ein stabiles Tochterisotop zerfällt. Ist die Menge von Mutter- und Tochterisotopen gleich (im Verhältnis 1:1), wissen wir, dass eine Halbwertszeit vorübergegangen ist. Verbleibt ein Viertel der ursprünglichen Mutterisotope und sind drei Viertel zu Tochterisotopen zerfallen, wissen wir, dass zwei Halbwertszeiten vergangen sind. Nach drei Halbwertszeiten beträgt das Verhältnis von Mutter- zu Tochterisotopen 1:7 (ein Mutterisotop für je sieben Tochterisotope).

Ist die Halbwertszeit radioaktiver Isotope bekannt und kann das Mutter/Tochter-Verhältnis ermittelt werden, so lässt sich daraus das Alter der Probe bestimmen. Nehmen wir beispielsweise einmal an, dass die Halbwertszeit eines hypothetischen, instabilen Isotops bei 1 Million Jahre liegt und das Mutter/Tochter-Ver-

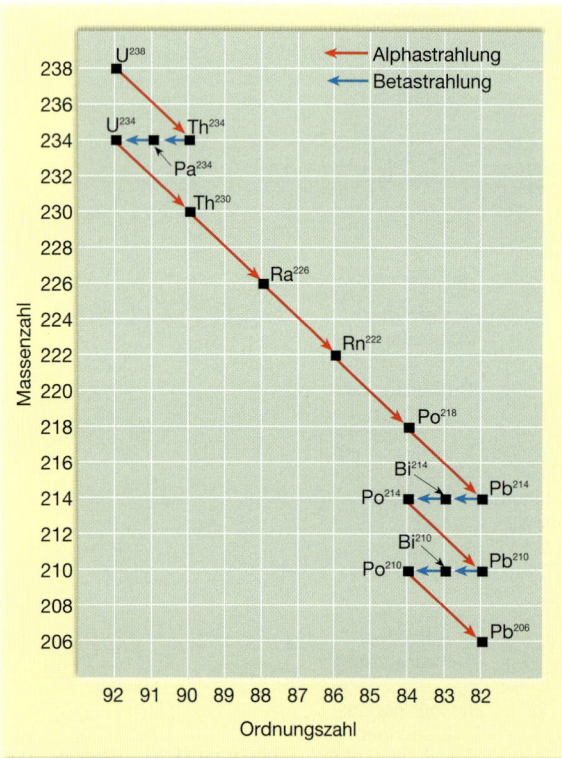

Abbildung 9.14: Das häufigste Isotop von Uran (U-238) ist ein Beispiel einer radioaktiven Zerfallsreihe. Bevor das stabile Endprodukt (Pb-206) erreicht ist, werden viele verschiedene Isotope in Zwischenschritten gebildet.

9.5 Datierung mit radioaktiven Isotopen

EXKURS 9.2 – DIE ERDE VERSTEHEN

■ **Radon (Richard L. Hoffmann*)**

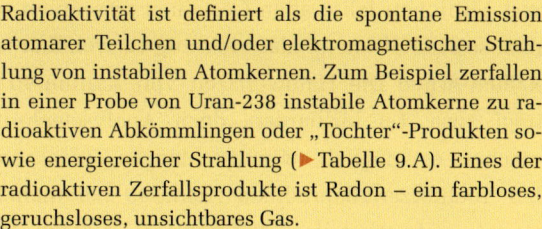

Radioaktivität ist definiert als die spontane Emission atomarer Teilchen und/oder elektromagnetischer Strahlung von instabilen Atomkernen. Zum Beispiel zerfallen in einer Probe von Uran-238 instabile Atomkerne zu radioaktiven Abkömmlingen oder „Tochter"-Produkten sowie energiereicher Strahlung (▶ Tabelle 9.A). Eines der radioaktiven Zerfallsprodukte ist Radon – ein farbloses, geruchsloses, unsichtbares Gas.

Radon rückte ins Licht der Öffentlichkeit, als 1984 durch einen Beschäftigten eines Atomkraftwerks in Pennsylvania Strahlungsalarm auslöst wurde – nicht beim Verlassen seiner Arbeitsstelle, sondern als er dort ankam. Seine Kleidung und seine Haare waren mit radioaktiven Zerfallsprodukten kontaminiert. Die Untersuchung ergab, dass der Keller seines Hauses einen 2.800 Mal höheren Gehalt an Radon aufwies als der eines Durchschnittshauses. Das Haus befand sich in einer geologischen Formation, der Reading Prong – einer Masse uranhaltigen Gesteins, das von Reading, Pennsylvania bis nach Trenton, New Jersey reicht.

Radonisotope (Rn-222 und Rn-220), die aus dem radioaktiven Zerfall von Uran und Thorium stammen, findet man in fast allen Böden und sie werden kontinuierlich in einem natürlichen Prozess erneuert. Geologen schätzen, dass die oberen zwei Meter des Bodens von durchschnittlich 0,4 Hektar Land 22,5 Kilogramm Uran enthalten (etwa 2 bis 3 Anteile pro Million [ppm]); manche Gesteinstypen enthalten mehr. Radon entsteht kontinuierlich durch den allmählichen Zerfall dieses Urans. Da Uran eine Halbwertszeit von 4,5 Milliarden Jahren hat, wird Radon immer gegenwärtig sein.

Radon selbst zerfällt mit einer Halbwertszeit von ungefähr vier Tagen. Seine Zerfallsprodukte sind alle radioaktiv (außer dem Endprodukt Blei-206) und Feststoffe, die sich an Staubpartikel hängen, die wir einatmen. Ist man über längere Zeit einer radonbelasteten Umwelt ausgesetzt, findet ein Teil des Zerfalls statt, während das Gas noch in den Lungen ist, und die radioaktiven Radonabkömmlinge Polonium, Blei und Wismut kommen in direkten Kontakt mit dem empfindlichen Lungengewebe. Es gibt zunehmend Hinweise, dass Radon eine wesentliche Ursache für Lungenkrebs ist und an zweiter Stelle nach dem Rauchen steht.

Ein Haus mit einem Radongehalt von 4,0 Picocurie pro Liter Luft enthält etwa acht bis neun Radonatome, die jede Minute pro Liter Luft zerfallen. Die EPA (Environmental Protection Agency) empfiehlt einen Radongehalt in Innenräumen unter diesem Wert. EPA nimmt vorsichtige Risikoeinschätzungen vor – sie basieren auf der Annahme, dass man sich bei einer Lebenszeit von 70 Jahren ca. 75 Prozent der Zeit (etwa 52 Jahre) an einem kontaminierten Platz aufhält, was die meisten Leute nicht tun würden.

Ist Radon im Boden entstanden, diffundiert es durch die winzigen Zwischenräume der Bodenpartikel. Ein Teil des Radons erreicht schließlich die Bodenoberfläche, wo es sich in der Luft verteilt. Radon gelangt in Gebäude und Wohnhäuser durch Löcher und Risse in Kellerböden und Wänden. Die Dichte von Radon ist größer als die von Luft, deswegen tendiert es dazu, während seines kurzen Zerfallszyklus im Untergeschoss zu bleiben.

Die Quelle des Radons ist so dauerhaft wie sein Erzeugungsmechanismus innerhalb der Erde: Radon wird niemals verschwinden. Doch stehen kosteneffektive Strategien zur Schadensminderung zur Verfügung, um die Radonwerte auf akzeptable Werte zu senken.

Einige Zerfallsprodukte von Uran-238	Entstandene Zerfallsprodukte	Halbwertszeit
Uran-238	alpha	4,5 Milliarden Jahre
Radium-226	alpha	1.600 Jahre
Radon-222	**alpha**	**3,82 Tage**
Polonium-218	alpha	3,1 Minuten
Blei-214	beta	26,8 Minuten
Wismuth-214	beta	19,7 Minuten
Polonium-214	alpha	$1,6 \times 10^{-4}$ Sekunden
Blei-210	beta	20,4 Jahre
Wismuth-210	beta	5,0 Tage
Blei-210	alpha	138 Tage
Blei-206	keine	stabil

Tabelle 9.A: Zerfallsprodukte von Uran-238.

* Dr. Hoffmann, ehemaliger Professor der Chemie am Central College, Illinois

---

hältnis der Probe wäre 1:15. Dieses Verhältnis würde bedeuten, dass vier Halbwertszeiten vorübergegangen sind und die Probe 4 Millionen Jahre alt sein muss.

9.5.4 Radiometrische Datierung

Beachten Sie, dass der *Prozentsatz* zerfallender radioaktiver Atome während der Halbwertszeit immer der gleiche ist: 50 Prozent. Dennoch verringert sich die *effektive Anzahl* der zerfallenden Atome mit der Beendigung einer Halbwertszeit kontinuierlich. Deswegen steigt der Anteil der stabilen Tochteratome mit der Abnahme der radioaktiven Mutteratome an und dieser Anstieg der Tochteratome gleicht genau die Abnahme der Mutteratome aus. Diese Tatsache ist der Schlüssel zur radiometrischen Datierung.

9 Geologische Zeit

Studenten fragen manchmal …

Gibt es beim radioaktiven Zerfall einen Punkt, an dem alle Mutterisotopen zu Tochterisotopen verwandelt sind?

Theoretisch nein. Während jeder Halbwertszeit wird die Hälfte der Mutterisotope in Tochterisotope verwandelt. Dann wird die Hälfte davon wieder in der nächsten Halbwertszeit verwandelt usw. (Abbildung 9.15 zeigt, wie diese logarithmische Beziehung funktioniert – beachten Sie, dass die rote Linie nach mehreren Halbwertszeiten fast parallel zur horizontalen Achse wird). Durch die Umwandlung von nur der Hälfte der übrigen Mutterisotope in Tochterisotope gibt es nie einen Punkt, an dem alle Mutterisotope umgewandelt sind. Stellen Sie es sich so vor: Falls Sie einen Kuchen immer wieder halbieren und die Hälfte aufessen, würden Sie jemals alles davon aufessen? (Die Antwort lautet nein, vorausgesetzt, Sie hätten ein Messer, das scharf genug ist, um den Kuchen bis auf atomare Größe zu zerkleinern!) Allerdings sind die Mutterisotope nach vielen Halbwertszeiten nur noch in so geringen Mengen vorhanden, dass sie im Wesentlichen nicht nachweisbar sind.

Von den vielen in der Natur vorkommenden radioaktiven Isotopen haben sich fünf als besonders hilfreich zur Bestimmung radiometrischer Alter von alten Gesteinen erwiesen (▶ Tabelle 9.1). Rubidium-87, Thorium-232 und zwei Uranisotope, die nur zur Datierung von Millionen Jahre alten Gesteinen verwendet werden, sowie Kalium-40, das vielseitig verwendbar ist.

Kalium-Argon Die Halbwertszeit von Kalium-40 beträgt zwar 1,3 Milliarden, doch Analysetechniken machen es möglich, winzige Mengen seines stabilen Tochterzerfallsprodukts Argon-40 bei manchen Gesteinen festzustellen, die jünger als 100.000 Jahre sind. Ein weiterer wichtiger Grund für seine häufige Verwendung ist das reichliche Vorhandensein von Kalium in vielen häufigen Mineralen, besonders in Glimmern und Feldspaten.

Kalium (K) hat drei natürliche Isotope ^{39}K, ^{40}K und ^{41}K, nur ^{40}K ist radioaktiv. Zerfällt ^{40}K, gibt es dabei zwei Möglichkeiten. Etwa 11 Prozent wandeln sich durch Elektroneneinfang in Argon-40 (^{40}Ar) um (siehe Abbildung 9.13). Die verbleibenden 89 Prozent von ^{40}K zerfallen zu Calcium-40 (^{40}Ca) durch beta-Strahlung (siehe Abbildung 9.13B). Der Zerfall von ^{40}K zu ^{40}Ca eignet sich jedoch weniger zu radiometrischer Datie-

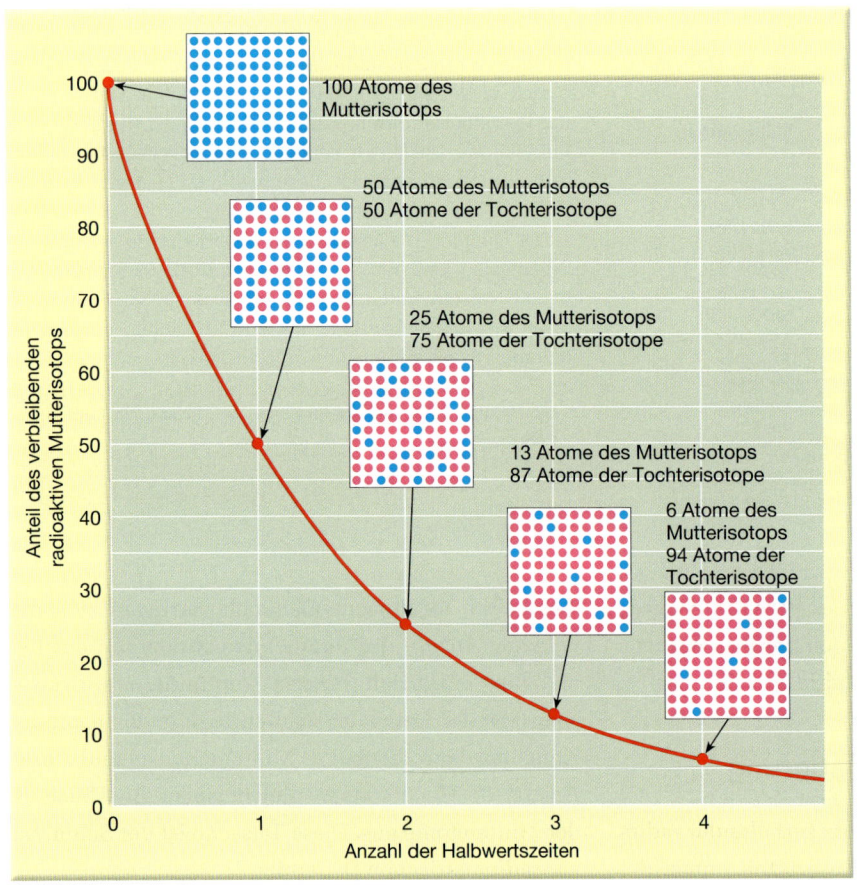

Abbildung 9.15: Die radioaktive Zerfallskurve zeigt einen exponentiellen Zerfall. Die Hälfte der radioaktiven Mutterisotope bleibt nach einer Halbwertszeit übrig. Nach einer zweiten Halbwertszeit verbleibt ein Viertel der Mutterisotope (und so fort).

Radioaktives Mutterisotop	Stabiles Tochterisotop	Derzeit anerkannte Halbzeitwerte
Uran-238	Blei-206	4,5 Milliarden Jahre
Uran-235	Blei-207	713,0 Millionen Jahre
Thorium-232	Blei-208	14,1 Milliarden Jahre
Rubidium-87	Strontium-87	47,0 Milliarden Jahre
Kalium-40	Argon-40	1,3 Milliarden Jahre

Tabelle 9.1: Häufig verwendete Isotope bei radiometrischer Datierung.

rung, da das ^{40}Ca, das durch den radioaktiven Zerfall entsteht, nicht vom Calcium unterschieden werden kann, das schon bei der Bildung des Gesteins vorhanden gewesen sein könnte.

Die Kalium-Argon-Uhr beginnt zu ticken, wenn Minerale, die Kalium enthalten, aus Magmen kristallisieren oder sich in metamorphen Gesteinen bilden. Zu diesem Zeitpunkt enthält das neue Mineral zwar ^{40}K, aber noch kein ^{40}Ar, da dieses Element ein inertes Gas ist, das sich chemisch nicht mit anderen Elementen verbindet. Mit voranschreitender Zeit zerfällt ^{40}K stetig durch Elektroneneinfang. Das ^{40}Ar, das durch diesen Prozess entsteht, bleibt im Kristallgitter des Minerals gefangen. Da kein ^{40}Ar vorhanden war, als das Mineral gebildet wurde, müssen alle im Mineral eingeschlossenen Tochterisotopen aus dem Zerfall von ^{40}K stammen. Um das Alter einer Probe zu bestimmen, wird das ^{40}K/^{40}Ar-Verhältnis genau gemessen und die bekannte Halbwertszeit für ^{40}K angewendet.

Fehlerquellen Man sollte sich vor Augen halten, dass man eine exakte radiometrische Datierung nur erhalten kann, wenn das Mineral die gesamte Zeit seit seiner Entstehung in einem geschlossenen System verbleibt. Eine korrekte Datierung ist nur möglich, wenn kein Zuwachs oder Verlust an Mutter- oder Tochterisotopen entstanden ist. Das ist nicht immer der Fall. Tatsächlich ist es eine entscheidende Einschränkung der Kalium-Argon-Methode, dass Argon ein Gas ist und aus Mineralen austreten kann und so die Messungen verfälscht. In der Tat kann ein bedeutender Verlust entstehen, wenn die Gesteine relativ hoher Temperatur ausgesetzt sind.

Natürlich führt eine Reduktion des ^{40}Ar-Gehalts zu einer Unterschätzung des Gesteinsalters. Manchmal sind die Temperaturen für eine genügend lange Zeit hoch genug, so dass das gesamte Argon entweichen kann. Geschieht das, wird die Kalium-Argon-Uhr neu gestartet und die Datierung der Probe wird nur die Zeit des thermischen Neustarts angeben und nicht das wahre Alter der Gesteine. Bei anderen radiometrischen Uhren kann es zum Verlust von Tochterisotopen kommen, wenn das Gestein der Verwitterung oder Auslaugung ausgesetzt war. Um dieses Problem zu vermeiden, sollte man nur frisches, unverwittertes Material verwenden und keine Proben, die möglicherweise chemisch verändert wurden.

9.5.5 Datierungen mit Kohlenstoff 14 (^{14}C)

Um sehr kurz zurückliegende Ereignisse zu datieren, wird Kohlenstoff-14 (^{14}C) verwendet. Kohlenstoff-14 ist das radioaktive Isotop von Kohlenstoff. Diese Messmethode wird oft als **Radiocarbondatierung** bezeichnet. Da die Halbwertszeit von Kohlenstoff-14 nur bei 5.730 Jahren liegt, kann es für Ereignisse sowohl der historischen Vergangenheit als auch für sehr kurz zurückliegende geologische Ereignisse verwendet werden. In seltenen Fällen kann man Kohlenstoff-14 zur Datierung von Ereignissen verwenden, die mehr als 70 000 Jahre zurückliegen.

Kohlenstoff-14 bildet sich kontinuierlich in der oberen Atmosphäre als Folge des kosmischen Strahlenbeschusses. Kosmische Strahlen (hochenergetische

> ### Studenten fragen manchmal ...
>
> **Wenn Mutter/Tochter-Verhältnisse nicht immer verlässlich sind, wie kann man dann aussagekräftige radiometrische Zahlen für Gesteine erhalten?**
>
> Eine häufige vorsorgende Maßnahme zur Vermeidung von Fehlerquellen ist der Gebrauch von Gegenproben. Dazu wird manchmal einfach eine Probe mit zwei verschiedenen radiometrischen Methoden gemessen. Stimmen die beiden Datierungen überein, ist die Wahrscheinlichkeit hoch, dass die Datierungen verlässlich sind. Sollten andererseits deutliche Unterschiede zwischen den Datierungen auftreten, so müssen andere Gegenproben angewendet werden (wie die Verwendung von Fossilien oder die Korrelation mit einem anderen, gut datierten Schichtmarker), um zu bestimmen, ob eine der Datierungen, falls überhaupt, korrekt ist.

9 Geologische Zeit

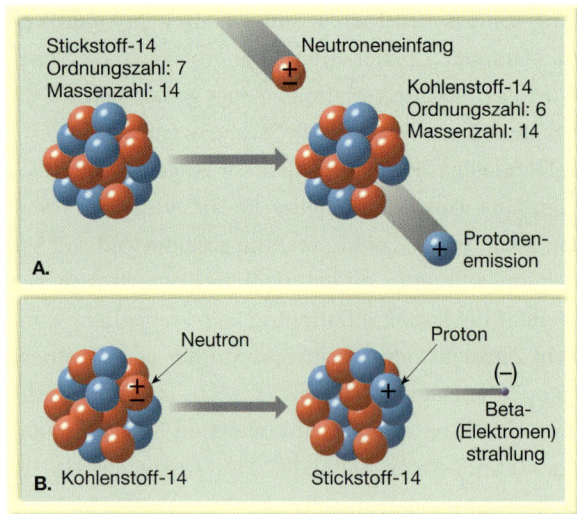

Abbildung 9.16: **A.** Produktion von Kohlenstoff-14. **B.** Zerfall von Kohlenstoff-14. Diese Zeichnungen repräsentieren die Atomkerne der jeweiligen Atome.

nukleare Teilchen) zerschmettern die Atomkerne von Gasatomen der Atmosphäre und lassen dabei Neutronen frei. Manche Neutronen werden von Stickstoffatomen (Ordnungszahl 7, Massenzahl 14) absorbiert und bringen den Atomkern dazu, ein Proton zu emittieren. Daraus resultiert eine Abnahme der Ordnungszahl um 1 (zu 6) und es entsteht ein anderes Element, der Kohlenstoff-14 (▶ Abbildung 9.16 A). Dieses Kohlenstoffisotop wird schnell in Kohlendioxid eingebunden, das in der Atmosphäre zirkuliert und von lebender Materie aufgenommen wird. Infolge dessen enthalten alle Organismen einen kleinen Anteil an Kohlenstoff-14, auch Sie.

Solange ein Organismus lebt, wird der zerfallende Kohlenstoff-14 ersetzt und das Verhältnis von Kohlenstoff-14 und Kohlenstoff-12 bleibt konstant. Stirbt ein Tier oder eine Pflanze, nimmt der Gehalt von Kohlenstoff-14 allmählich ab, da es in Stickstoff-14 durch beta-Strahlung zerfällt (Abbildung 9.16 A). Durch den Vergleich des Verhältnisses von Kohlenstoff-14 und Kohlenstoff-12 in einer Probe kann man das Kohlenstoffalter bestimmen. Es ist wichtig zu betonen, dass Kohlenstoff-14 nur brauchbar für die Datierung organischen Materials ist, also Holz, Holzkohle, Knochen, Fleisch und sogar Kleidung aus Baumwollfasern.

Zwar ist Kohlenstoff-14 nur brauchbar, um den letzten kleinen Abschnitt geologischer Zeit zu datieren, aber es wurde zu einem sehr nützlichen Hilfsmittel für Anthropologen, Archäologen und Historiker sowie Geologen, die sich mit rezenter Erdgeschichte beschäftigen. In der Tat wurde die Entwicklung der Kohlenstoffdatierung als so wichtig erachtet, dass ihr Entdecker, der Chemiker Willard F. Libby, 1960 den Nobelpreis erhielt.

9.5.6 Die Bedeutung radiometrischer Datierung

Sie sollten immer daran denken, dass die grundlegenden Prinzipien der radiometrischen Datierung zwar einfach, die eigentliche Prozedur jedoch ziemlich komplex ist. Die Analyse, mit der die Anteile von Mutter- und Tochterisotopen bestimmt werden, muss absolut genau sein. Zudem zerfallen manche radioaktive Materialien nicht direkt in die stabilen Tochterisotope, wie es in unserem hypothetischen Beispiel der Fall war – ein Umstand, der die Analyse noch weiter verkomplizieren kann. Im Fall von Uran-238 gibt es 13 dazwischenliegende instabile Tochterisotope, bevor das 14. und letzte Tochterisotop, das stabile Blei-206-Isotop, gebildet wird (Abbildung 9.14).

Radiometrische Datierungsmethoden haben inzwischen Tausende von Datierungen für Ereignisse der Erdgeschichte hervorgebracht. Gesteine, deren Alter mehr als 3,5 Milliarden Jahre beträgt, findet man auf allen Kontinenten. Die (bisher) ältesten Gesteine sind Gneise aus Nordkanada, nahe des Great Slave-Sees, die auf 4,03 Milliarden Jahre datiert wurden. Gesteine aus Westgrönland wurden auf 3,7 bis 3,8 Milliarden Jahre datiert und Gesteine mit fast gleichem Alter findet man im Minnesota River Valley und im nördlichen Michigan (3,5 –bis 3,7 Mrd. Jahre), im südlichen Afrika (3,4 –bis 3,7 Mrd. Jahre) und im westlichen Australien (3,4 bis 3,6 Mrd. Jahre). Es ist wichtig herauszustellen, dass diese alten Gesteine nicht von einer Art „Urkruste" stammen, sondern als Lavaströme, magmatische Intrusionen oder Sedimentablagerungen in flachem Wasser entstanden sind – ein Hinweis darauf, dass die Erdgeschichte *vor* der Entstehung dieser Gesteine begann. Es wurden sogar ältere Mineralkörner datiert. Winzige Zirkonkristalle mit einem radiometrischen Alter von 4,3 Mrd. Jahren wurden in jüngeren Sedimentgesteinen im westlichen Australien gefunden. Das Muttergestein dieser kleinen beständigen Körner ist entweder nicht mehr vorhanden oder wurde bisher noch nicht entdeckt.

Die radiometrische Datierung untermauerte die Ideen von Hutton, Darwin und anderen, die vor mehr als 150 Jahren folgerten, dass die geologische Zeit un-

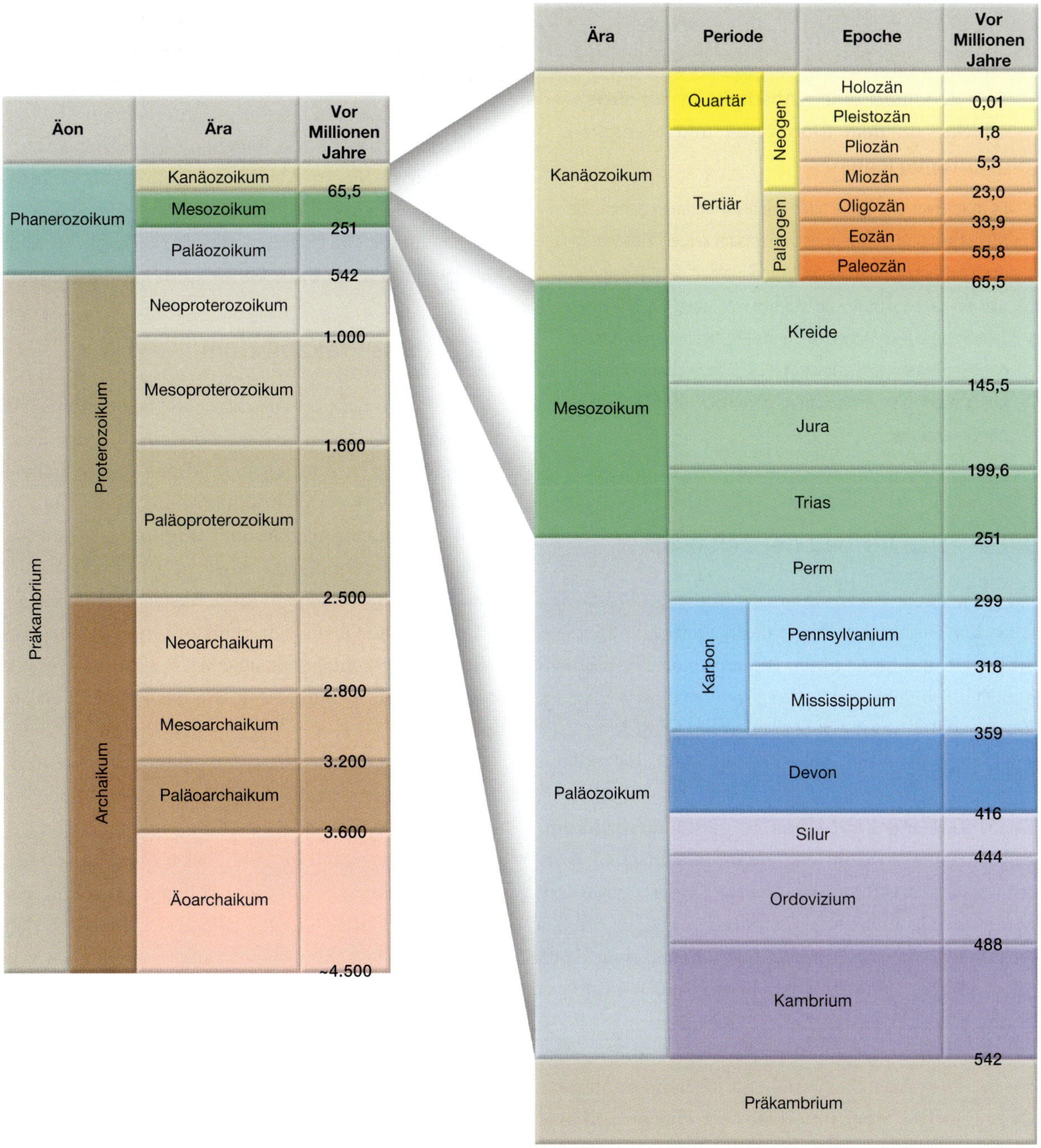

9.6 Die geologische Zeitskala

Abbildung 9.17: Die geologische Zeitskala. Die numerischen Daten wurden lange nach der Erstellung der Zeitskala mithilfe radiometrischer Datierungsmethoden hinzugefügt.

ermesslich sein müsse. Tatsächlich haben moderne Datierungsmethoden bewiesen, dass genügend Zeit für die gewaltigen geologischen Prozesse zur Verfügung stand, die wir beobachten.

Die geologische Zeitskala

Geologen haben die gesamte geologische Geschichte in Einheiten unterschiedlicher Größe eingeteilt. Zusammen umfassen sie die geologische Zeitskala der Erdgeschichte (▶ Abbildung 9.17). Die Haupteinheiten der Zeitskala wurden im 19. Jahrhundert im Grunde genommen von Wissenschaftlern aus Westeuropa und Großbritannien entworfen. Da zu dieser Zeit die radiometrische Datierung noch nicht zur Verfügung stand, wurde die gesamte Skala durch die Verwendung relativer Datierungsmethoden erstellt. Erst im 20. Jahrhundert erlaubten die radiometrischen Datierungsmethoden die Ergänzung von numerischen Datierungen.

> **Studenten fragen manchmal …**
>
> **Gab es jemals einen Abschnitt in der Erdgeschichte, in dem Dinosaurier und Menschen gleichzeitig lebten?**
>
> Es mag zwar alte Filme oder Zeichentrickserien geben, die Menschen und Dinosaurier gemeinsam zeigen. Das war jedoch tatsächlich nie der Fall. Die Blütezeit der Dinosaurier war im Mesozoikum; sie starben vor etwa 65 Millionen Jahren aus. Die Menschen und ihre nächsten Vorfahren dagegen traten erst sehr spät im Känäozoikum in Erscheinung, mehr als 60 Millionen Jahre *nach* dem Untergang der Dinosaurier.

9.6.1 Der Aufbau der Zeitskala

Die geologische Zeitskala unterteilt die 4,5 Milliarden Jahre der Geschichte der Erde in viele verschiedene Einheiten und bietet einen bedeutsamen Zeitrahmen, innerhalb welchem die Ereignisse der geologischen Vergangenheit angeordnet sind. Wie Abbildung 9.17 zeigt, repräsentieren **Äone** (Äonotheme) die größten Zeitspannen der (geologischen) Zeit. Das Äon, das vor 542 Millionen Jahren begann, ist das **Phanerozoikum**, eine Bezeichnung, die von einem griechischen Wort mit der Bedeutung „*sichtbares Leben*" abgeleitet wurde. Das ist eine passende Bezeichnung, da die Gesteine und Ablagerungen des phanerozoischen Äons reichlich Fossilien enthalten, die wichtige Evolutionsrichtungen dokumentieren.

Ein weiterer Blick auf die Zeitskala enthüllt, dass die Äonen in Ären bzw. Äratheme (Zeitalter) unterteilt sind. Die drei Ären innerhalb des Phanerozoikums sind das **Paläozoikum** (*palaeos* = alt, *zóo* = Leben), das **Mesozoikum** (*mesos* = mittlere, mitten; *zóo* = Leben) und das **Känozoikum** (*kainos* = rezent, *zóo* = Leben). Wie schon die Namen implizieren, sind die Ären an tiefgreifende weltweite Veränderungen der Lebensformen gebunden.[3]

Jede Ära des Phanerozoikums ist in weitere Zeiteinheiten unterteilt, die **Perioden** (Systeme). Das Paläozoikum besitzt sieben, das Mesozoikum drei und das Känozoikum zwei. Jede dieser Perioden ist durch weniger tiefgreifende Veränderungen der Lebensformen im Vergleich zu den Ären charakterisiert. Diese Ären und Perioden sind in der ▶ Tabelle 9.2 kurz beschrieben.

Jeder der zwölf Perioden ist ihrerseits in kleinere Einheiten unterteilt, die **Epochen** oder Serien (Abteilungen). Wie Sie in Abbildung 9.17 sehen können, wurden sieben Epochen für die Perioden des Känozoikums benannt. Die Epochen anderer Perioden werden für gewöhnlich mit Früh, Mittel und Spät bezeichnet.

9.6.2 Das Präkambrium

Sie erkennen, dass Details der geologischen Zeitskala nicht vor 542 Millionen Jahren datieren, der Zeitmarke für den Beginn des Kambriums. Die beinahe 4 Milliarden Jahre vor dem Kambrium sind in zwei Äonen unterteilt, das **Archaikum** (*archaios* = alt) und das **Proterozoikum** (*proteros* = davor, *zóo* = Leben). Häufig bezieht man sich auch auf diese riesige Zeitspanne als **Präkambrium**. Obwohl das Präkambrium fast 88 Prozent der Erdgeschichte ausmacht, ist es keineswegs in so viele kleine Zeiteinheiten wie das Phanerozoikum unterteilt.

Warum ist diese riesige Zeitspanne des Präkambriums nicht in zahlreiche Ären, Perioden und Epochen unterteilt? Der Grund ist, dass die präkambrische Geschichte ungenügend im Detail bekannt ist. Die Menge an Informationen, die die Geologen entschlüsseln konnten, verhält sich in gewisser Weise analog zu den Details der Menschheitsgeschichte. Je weiter wir uns zurück in die Vergangenheit bewegen, desto weniger wissen wir. Es existieren sicherlich mehr Daten und Informationen für die letzten zehn Jahre als für die ersten zehn Jahre des 20. Jahrhunderts; die Ereignisse des 19. Jahrhunderts wurden viel besser dokumentiert als die Ereignisse des 1. Jahrhunderts n. Chr. usw. Genauso verhält es sich mit der Erdgeschichte. Die rezentere Vergangenheit hat die frischesten, am wenigsten gestörten und am besten zu beobachtenden Belege. Je weiter zurück sich ein Geologe in die Vergangenheit bewegt, desto bruchstückhafter werden die Belege und Anhaltspunkte. Es gibt noch andere Gründe, die das Fehlen einer detaillierten Zeitskala für diesen riesigen Abschnitt der Erdgeschichte erklären können:

- Die ersten reichlichen Fossilfunde der geologischen Aufzeichnungen stammen aus der Zeit nach Beginn des Kambriums. Vor dem Kambrium do-

---

[3] Mit großen Veränderungen der Lebensformen befasst sich Kapitel 22 *Die Evolution der Erde in geologischer Zeit*.

Känozoikum (Erdneuzeit)	Quartär	Die einzelnen geologischen Zeitalter (Ären) waren ursprünglich Primär, Sekundär, Tertiär und Quartär benannt. Die ersten beiden Namen werden nicht länger verwendet; Tertiär und Quartär wurden beibehalten, aber als Bezeichnung für Systeme (Perioden) gebraucht.
	Tertiär	
Mesozoikum (Erdmittelalter)	Kreide	Abgeleitet vom lateinischen Wort für Kreide (*creta*); wurde als Erstes für die ausgedehnten Ablagerungen der weißen Klippen entlang der englischen Kanalküste verwendet (siehe Kapitel 7, Titelfoto).
	Jura	Benannt nach dem Juragebirge zwischen Frankreich und der Schweiz, wo Gesteine diesen Alters als Erstes untersucht wurden.
	Trias	Das Wort bezeichnet den dreiteiligen Charakter dieser Gesteine in Europa.
Paläozoikum (Erdaltertum)	Perm	Benannt nach der Provinz Perm in Russland, wo diese Gesteine zuerst untersucht wurden.
	Karbon	Benannt nach den großen Kohlenlagerstätten, die in dieser Zeit entstanden.
	Devon	Benannt nach Devonshire County in England, wo diese Gesteine zuerst untersucht wurden.
	Silur, Ordovizium	Benannt nach keltischen Stämmen, den Silurern und Ordoviziern, die in Wales während der römischen Besatzung lebten.
	Kambrium	Stammt vom römischen Namen für Wales (*Cambria*), wo Gesteine die frühesten Anhaltspunkte für komplexe Lebensformen lieferten.
Präkambrium (Erdvorzeit)		Die Zeit zwischen der Entstehung des Planeten und dem Auftreten komplexer Lebensformen. Etwa 88 Prozent der geschätzten 4,5 Milliarden Erdjahre fallen in diese Zeitspanne.

Tabelle 9.2: Die Herkunft der Begriffe der geologischen Zeitskala. (Quelle: U.S. Geological Survey)

minierten einfache Lebensformen wie Algen, Bakterien, Pilze und Würmer. All diesen Organismen fehlen Hartteile, eine wichtige Bedingung für die Erhaltung. Aus diesem Grund gibt es nur magere Fossilhinweise im Präkambrium. Viele Aufschlüsse präkambrischer Gesteine wurden untersucht, doch ist es schwierig, sie zu korrelieren, wenn Fossilien fehlen.

■ Da präkambrische Gesteine sehr alt sind, waren sie vielen Veränderungen ausgesetzt. Viele der präkambrischen Gesteine bestehen aus stark deformierten, metamorphen Gesteinen. Das macht die Interpretation von vergangenen Umweltbedingungen schwierig, da viele Hinweise, die man in den ursprünglichen Sedimentgesteinen vorfindet, zerstört wurden.

Radiometrische Datierung bietet eine Teillösung für die mühselige Aufgabe der Datierung und Korrelierung von präkambrischen Gesteinen. Die Entwirrung der komplexen präkambrischen Geschichte bleibt eine herausfordernde Aufgabe.

9.7 Schwierigkeiten bei der Datierung der geologischen Zeitskala

Es wurden zwar genaue numerische Zeitangaben für die geologische Zeitskala (Abbildung 9.17) aufgestellt, es ist jedoch keine unproblematisch Aufgabe. Die Hauptschwierigkeit bei der Zuordnung numerischer Jahreszahlen zu Zeiteinheiten besteht darin, dass nicht alle Gesteine mit radiometrischen Methoden datiert werden können. Sie erinnern sich daran, dass es für die radiometrische Datierung am besten ist, wenn alle Minerale etwa zur gleichen Zeit gebildet wurden. Aus diesem Grund kann man radioaktive Isotope verwenden, um zu bestimmen, wann Minerale in einem magmatischen Gestein kristallisiert sind und wann Druck und Wärme neue Minerale in einem metamorphen Gestein entstehen ließen.

Doch Sedimentgesteine können nur selten direkt radiometrisch datiert werden. Obwohl in einem detritischen Sediment Partikel vorhanden sein können, die radioaktive Isotope enthalten, lässt sich das Gesteinsalter nicht genau bestimmen, da die Körner, die das Gestein bilden, nicht das gleiche Alter haben wie das Gestein, in dem sie vertreten sind. Vielmehr entstanden die Sedimente aus Gesteinen diverser Alter.

Die Interpretation von radiometrischen Datierungen von metamorphen Gesteinen kann auch schwierig sein, da das Alter eines bestimmten Minerals in metamorphen Gesteinen nicht notwendigerweise die Zeit repräsentiert, in der das Gestein ursprünglich gebildet wurde. Stattdessen könnte das Alter irgendein Alter der darauffolgenden Metmorphosephasen anzeigen.

Wenn Proben eines Sedimentgesteins kaum verlässliche radiometrische Alter ergeben, wie kann dann eine numerische Datierung den Sedimentschichten zugeordnet werden? Gewöhnlich setzen Geologen die Schichten mit datierbaren magmatischen Körpern in Beziehung, wie in ▶Abbildung 9.18. In diesem Beispiel wurde das Alter der vulkanischen Ascheschicht zwischen der Morrison-Formation und dem Gang, der die Mancos-Tonschiefer und der Mesaverde-Formation durchschneidet, radiometrisch bestimmt. Die Sedimentschichten unterhalb der Ascheschicht sind offensichtlich älter als die Ascheschicht selbst, während alle Schichten darüber jünger sind. Der Gang ist jünger als die Mancos-Tonschiefer und die Mesaverde-Formation, aber älter als die Wasatch-Formation, da der Gang die tertiären Gesteine nicht durchschneidet.

Durch diese Art von Anhaltspunkten schätzen Geologen, dass ein Teil der Morrison-Formation vor 160 Millionen Jahren abgelagert wurde, wie die Ascheschicht anzeigt. Zudem folgern sie, dass das Tertiär nach der Intrusion des Ganges vor 66 Millionen Jahren begann. Dies ist ein Beispiel von buchstäblich Tausenden, das aufzeigt, wie datierbare Materialen verwendet werden, um die verschiedenen Episoden der Erdgeschichte innerhalb spezifischer Zeitperioden einzugrenzen. Dies zeigt die Notwendigkeit, Datierungen aus dem Labor und Geländeuntersuchungen von Gesteinen zu kombinieren.

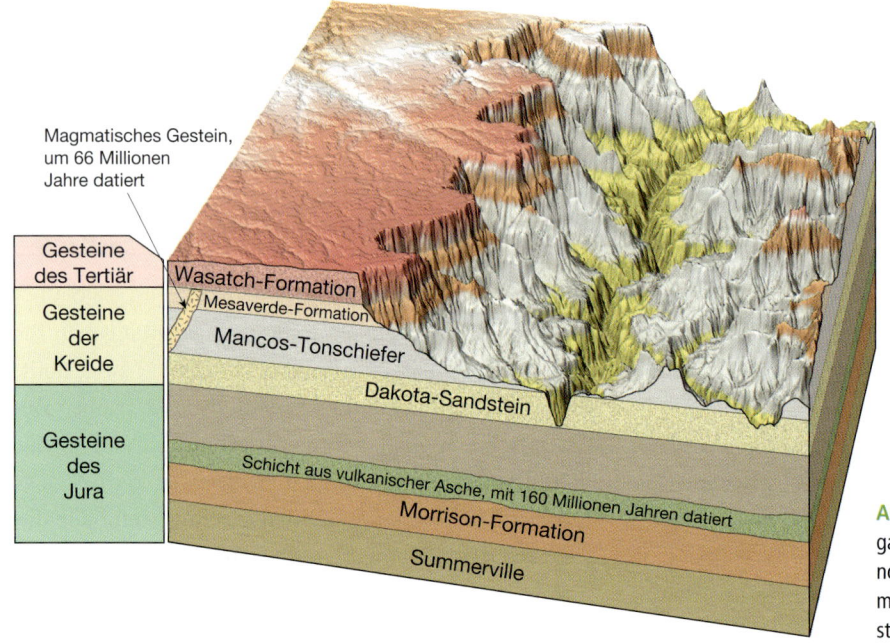

Abbildung 9.18: Numerische Zeitangaben für Sedimentschichten werden normalerweise durch ihre Beziehung mit magmatischen Gesteinen bestimmt. (Nach: U.S. Geological Survey)

ZUSAMMENFASSUNG

Zwei Arten von Zeitangaben werden von Geologen verwendet, um die Erdgeschichte zu interpretieren: (1) *relative Zeitangaben*, die die Ereignisse in die *richtige Abfolge der Formation* bringen, und (2) *numerische Zeitangaben*, die die *Zeit*, in der ein Ereignis passiert ist, in *Jahren* genau festlegen.

Relative Zeitangaben lassen sich ermitteln durch das *Gesetz der Auflagerung* (in einer nicht deformierten Abfolge von Sedimentgesteinen oder magmatischen Gesteinen, die an der Oberfläche abgelagert wurden, ist immer die untere Schicht die ältere und die darüberliegende die jüngere), das *Prinzip der ursprünglichen Horizontalität* (die meisten Schichten sind in einer horizontalen Position abgelagert), das *Prinzip der Horizontbeständigkeit* (wenn eine Verwerfung oder eine Intrusion durch ein anderes Gestein schneidet, ist die Verwerfung oder Intrusion jünger als die durchschnittenen Gesteine), und *Einschlüsse* (der Gesteinskörper, der die Einschlüsse enthält, ist jünger als das Gestein, von dem die Einschlüsse stammen).

Diskordanzen sind Lücken in der Gesteinsgeschichte. Jede repräsentiert eine lange Periode, während der die Ablagerung aufhörte, durch Erosion zuvor gebildete Gesteine teilweise entfernt wurden und dann die Ablagerung wieder einsetzte. Die drei grundlegenden Diskordanzen sind die *Winkeldiskordanz* (gekippte oder gefaltete Sedimentgesteine, die durch jüngere oder flachere Schichten überlagert sind), die *Schichtlücke* (die Schichten auf jeder Seite der Diskordanz sind im Wesentlichen parallel) und „*Nonconformities*" (die Grenze zwischen älteren metamorphen oder intrusiven magmatischen Gesteinen und jüngeren Sedimentschichten).

Mit der *Korrelation* werden zwei oder mehrere geologische Phänomene ähnlichen Alters in unterschiedlichen Gebieten einander zugeordnet. Mit ihrer Hilfe wird eine geologische Zeitskala für die ganze Erde erstellt.

Fossilien stellen die Überreste oder Spuren prähistorischen Lebens dar. Die besonderen Bedingungen, die die Erhaltung von Fossilien begünstigen, sind *schnelle Einbettung* und das *Vorhandensein von Hartteilen* wie Schalen, Knochen oder Zähne.

Mit Fossilien kann man Sedimentgesteine *korrelieren*, die aus unterschiedlichen Gebieten stammen. Dabei nimmt man den charakteristischen Fossilgehalt eines Gesteins und wendet das *Prinzip der Fossilabfolge* an. Es basiert auf der Arbeit von William Smith im späten 17. Jahrhundert und besagt, dass fossile Organismen in einer definierten und bestimmbaren Ordnung aufeinanderfolgen und deswegen kann jede Zeitperiode durch ihren Fossilgehalt ermittelt werden. Leitfossilien sind geographisch weit verbreitet und nur in einer kurzen Zeitspanne vertreten. Sie machen es möglich, Gesteine gleichen Alters einander zuzuordnen.

Jedes Atom hat einen Atomkern, der Protonen (positiv geladene Teilchen) und Neutronen (neutrale Teilchen) besitzt. Die negativ geladenen Elektronen kreisen um den Atomkern. Die Ordnungszahl eines Atoms entspricht der Anzahl an Protonen im Atomkern. Die Massenzahl entspricht der Anzahl der Protonen plus der Anzahl an Neutronen in einem Atomkern. Isotopen sind Varianten des gleichen Atoms und verschiedener Anzahl von Neutronen und deswegen einer unterschiedlichen Massenzahl.

Radioaktivität beschreibt das spontane Auseinanderbrechen (Zerfall) von bestimmten instabilen Atomkernen. Drei häufige Typen von radioaktivem Zerfall sind: (1) Abstrahlung von alpha-Teilchen aus dem Atomkern, (2) Abstrahlung von beta-Teilchen aus dem Atomkern und (3) das Einfangen eines Elektrons durch den Atomkern.

Ein instabiles radioaktives Isotop, Mutterisotop genannt, zerfällt und bildet stabile Tochterisotope. Die Zeitdauer, die für den Zerfall der Hälfte der Atomkerne eines radioaktiven Isotops benötigt wird, nennt man die Halbwertszeit der Isotope. Ist die Halbwertszeit eines Isotops bekannt, lässt sich das Verhältnis der Mutter-/Tochterisotope messen und das Alter der Probe berechnen. Eine genaue radiometrische Zeitangabe kann man nur dann erhalten, wenn das Mineral, das das radioaktive Isotop enthält, die gesamte Zeitperiode seit seiner Entstehung in einem geschlossenen System verbleibt.

Die geologische Zeitskala unterteilt die Erdgeschichte in Einheiten mit unterschiedlicher Größenordnung. Normalerweise wird sie in einer Grafik dargestellt, wobei die älteste Zeit mit ihren Ereignissen unten steht und die jüngste Zeit oben. Die Haupteinheiten der geologischen Zeitskala sind die Äonen. Diese umfassen das Archaikum, das Proterozoikum (beide zusammen werden oft als Präkambrium bezeichnet) und mit seinem Beginn vor etwa 542 Millionen Jahren das Phanerozoikum. Das Phanerozoikum (was „sichtbares Leben" bedeutet) wird in die folgenden Ären unterteilt: Paläozoikum („altes Leben"), Mesozoikum („mittleres Leben") und Känozoikum („rezentes Leben").

Ein bedeutsames Problem ist, dass nicht alle Gesteine numerischen Zeitangaben zugeordnet werden können, da nicht alle Gesteine radiometrisch datierbar sind. Ein Sedimentgestein kann aus unterschiedlichen Gesteinen gebildet worden sein und Teilchen verschiedenen Alters enthalten, die durch Verwitterung aus vielen Gesteinen stammen. Für Geologen gibt es nur die Möglichkeit, den Sedimentgesteinen numerische Zeitangaben zuzuordnen, indem sie sie mit datierbaren magmatischen Körpern in Beziehung setzen.

Wiederholungsfragen

1. Unterscheiden Sie zwischen numerischer und relativer Datierung.
2. Was ist das Gesetz der Auflagerung? Wie wird das Prinzip der Horizontbeständigkeit bei der relativen Datierung angewendet?
3. Beziehen Sie sich auf Abbildung 9.4 und beantworten Sie folgende Fragen:
   a. Ist Verwerfung A jünger als die Sandsteinschicht?
   b. Ist der Gang A älter oder jünger als die Sandsteinschicht?
   c. Wurde das Konglomerat vor oder nach der Verwerfung A abgelagert?
   d. Wurde das Konglomerat vor oder nach der Verwerfung B abgelagert?
   e. Welche Verwerfung ist älter: A oder B?
   f. Ist der Gang A älter oder jünger als der Batholith?
4. Wenn Sie an einem Aufschluss steil geneigte Sedimentschichten beobachten, welches Prinzip erlaubt Ihnen die Annahme, dass die Schichten nach ihrer Ablagerung geneigt wurden?
5. Ein Granitkörper ist in Kontakt mit einer Sandsteinschicht. Verwenden Sie ein Prinzip, das in diesem Kapitel beschrieben wurde, um zu erklären, ob der Sandstein auf dem Granit abgelagert wurde oder ob der Granit intrudierte, nachdem der Sandstein abgelagert worden war.
6. Unterscheiden Sie zwischen Winkeldiskordanz, Schichtlücke und „Nonconformity".
7. Was ist mit der Bezeichnung Korrelation gemeint?
8. Beschreiben Sie William Smiths wichtigen Beitrag zur Wissenschaft der Geologie.
9. Nennen und beschreiben Sie kurz mindestens fünf verschiedene Fossiltypen.
10. Nennen Sie zwei Bedingungen, die es begünstigen, dass ein Organismus fossil erhalten bleibt.
11. Warum sind Fossilien so gute Hilfsmittel bei der Korrelation?
12. Abbildung 9.19 ist ein Blockdiagramm eines hypothetischen Gebiets im amerikanischen Südwesten. Stellen Sie die mit Buchstaben gekennzeichneten Gebilde in ihre richtige Reihenfolge, vom ältesten zum jüngsten. Identifizieren Sie eine Winkeldiskordanz und eine „Nonconformity".
13. Falls ein radioaktives Isotop von Thorium (Ordnungszahl 90, Massenzahl 232) sechs alpha-Teilchen und vier beta-Teilchen im Verlauf seines radioaktiven Zerfalls emittiert, wie lauten dann die Ordnungszahl und die Massenzahl des stabilen Tochterisotops?
14. Warum ist die radiometrische Datierung die verlässlichste Methode zur Datierung der geologischen Vergangenheit?
15. Ein hypothetisches radioaktives Isotop besitzt eine Halbwertzeit von 10.000 Jahren. Sei das Verhältnis des radioaktiven Mutterisotops zum stabilen Tochterisotop 1:3; wie alt ist das Gestein, das das radioaktive Material enthält?
16. Um verlässliche radiometrische Zeitangaben zu liefern, muss ein Mineral von dem Zeitpunkt seiner Entstehung bis zur Gegenwart in einem geschlossenen System verbleiben. Nennen Sie die Gründe dafür.
17. Welche Vorsorgemaßnahmen muss man treffen, um verlässliche radiometrische Zeitangaben zu erhalten?
18. Um die Berechnungen einfacher zu gestalten, runden wir das Alter der Erde auf 5 Milliarden Jahre.
    a. Welcher Bruchteil der geologischen Geschichte wird durch die dokumentierte Geschichte repräsentiert (nehmen Sie 5.000 Jahre für die dokumentierte Geschichte an)?
    b. Die ersten reichen Fossilhinweise treten nicht vor Beginn des Kambriums (vor 540 Millionen Jahren) auf. Welchen Prozentsatz nimmt die geologische Zeit ein, die sich durch Fossilreichtum auszeichnet?
19. Aus welchen Untereinheiten besteht die geologische Zeitskala?
20. Erklären Sie das Fehlen einer detaillierten Zeitskala für die riesige Zeitspanne des Präkambriums.
21. Beschreiben Sie kurz die Schwierigkeiten bei der Zuordnung von numerischen Zeitangaben zu Sedimentgesteinslagen.

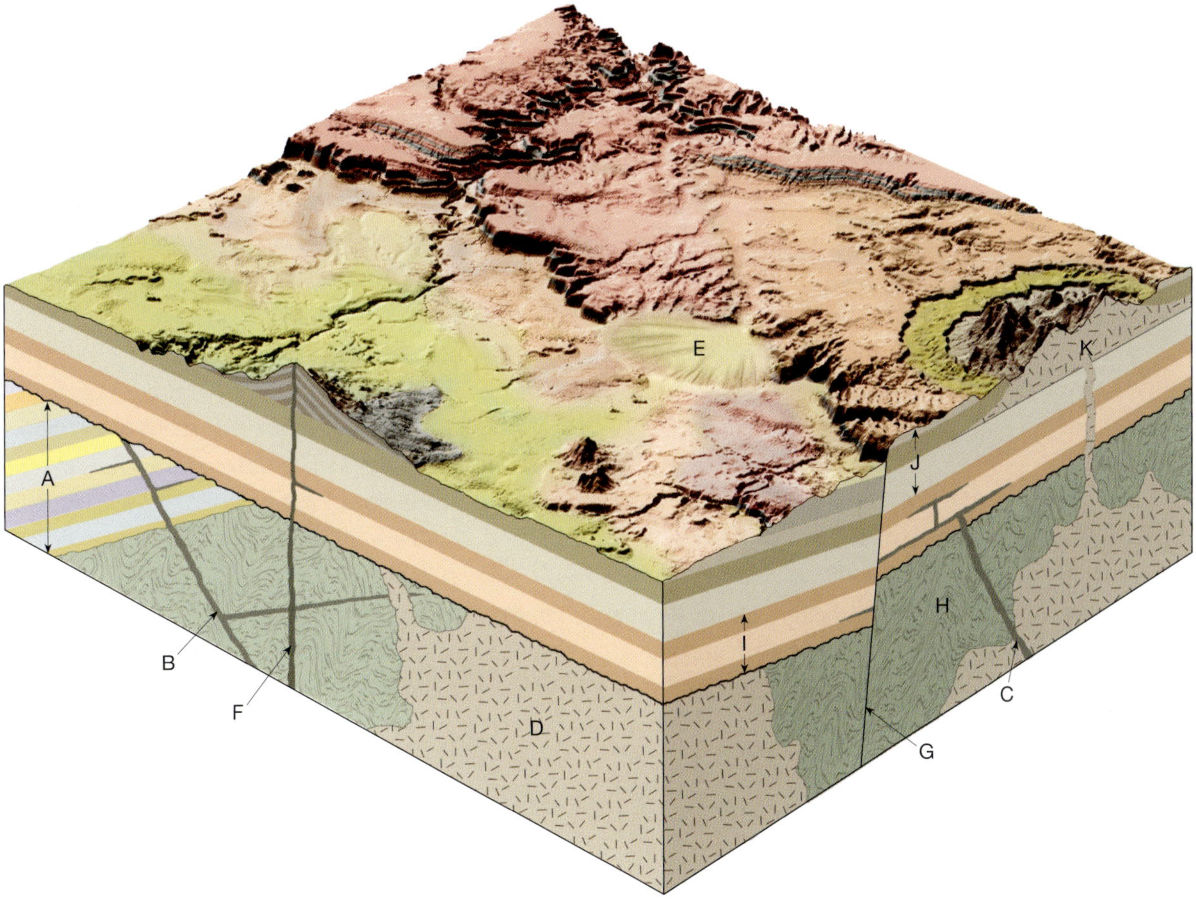

Wiederholungsfragen

Abbildung 9.19: Verwenden Sie dieses Blockdiagramm in Zusammenhang mit Wiederholungsfrage 12.

Größere Multiple-Choice-Tests zur Wissenskontrolle und Prüfungsvorbereitung sowie weitere Informationen zu diesem Buchkapitel finden Sie auf der Companion Website zum Buch unter **www.pearson-studium.de**

Krustendeformation

10.1 Strukturgeologie:
Die Erforschung der Struktur der Erde 325

10.2 Deformation 326

10.3 Die Kartierung geologischer Strukturen 330

10.4 Falten 332

10.5 Verwerfungen 337

10.6 Klüfte 346

Zusammenfassung 347

Wiederholungsfragen 348

10 Krustendeformation

Deformierte Schichten in der Panamint Range, Death Valley-Nationalpark, Kalifornien. (Foto: Michael Collier)

Die Erde ist ein dynamischer Planet. In den vorausgegangenen Kapiteln haben Sie erfahren, dass Verwitterung, Massenbewegungen und Erosion durch Wasser, Wind und Eis die Landschaft formen. Zusätzlich verformen tektonische Kräfte die Gesteine der Erdkruste. Viele Tausende Kilometer von Gesteinsschichten, gefaltet, verformt, überkippt und manchmal von zahllosen Brüchen durchzogen, liefern uns Beweise für die enormen Kräfte, die auf der Erde wirken (▶Abbildung 10.1). In den Alpen oder den kanadischen Rocky Mountains zum Beispiel wurden manche Gesteinseinheiten Hunderte von Kilometern über andere Schichten geschoben. In kleinerem Maßstab treten Krustenbewegungen von wenigen Metern entlang von Verwerfungen bei Erdbeben auf. Zudem entstehen über lange geologische Zeiträume ausgedehnte Senken durch Rifting (Spreizung) und Dilatation (Ausdehnung), sie können sich sogar zu Ozeanbecken entwickeln.

Strukturgeologie: Die Erforschung der Struktur der Erde 10.1

Die Auswirkungen tektonischer Aktivität zeigen sich mit beeindruckender Deutlichkeit an den großen Gebirgsgürteln der Erde (siehe Kapiteleröffnungsfoto). Dort befinden sich Gesteine, die Fossilien mariner Organismen enthalten, Tausende von Metern über dem Meeresspiegel und massive Gesteinseinheiten sind intensiv zerklüftet und verfaltet, als wären sie aus Knetmasse. Sogar im stabilen Inneren der Kontinente enthüllen Gesteine eine Deformationsgeschichte, die zeigt, dass sie aus viel tieferen Ebenen der Kruste herausgehoben wurden.

Strukturgeologen erforschen die Struktur der Erdkruste und „wie es dazu kam", insofern Deformation daran beteiligt war. Indem sie die Orientierung der Verwerfungen und Falten untersuchen und die Besonderheiten, die in kleinem Maßstab an deformierten Gesteinen auftreten, können Strukturgeologen oft die ursprüngliche geologische Situation rekonstruieren und die Kräfte identifizieren, die diese Strukturen erzeugt haben. Auf diese Weise können komplexe Ereignisse der geologischen Erdgeschichte enträtselt werden.

Das Verstehen der Gesteinsstrukturen ist nicht nur für die Entschlüsselung der Erdgeschichte wichtig, sondern auch von grundlegender Bedeutung für unser wirtschaftliches Wohlergehen. Zum Beispiel sind die meisten Erdöl- und Erdgasvorkommen an bestimmte geologische Strukturen gebunden, welche diese Fluide auffangen und zu wertvollen Reservoirs anreichern (siehe Kapitel 23). Des Weiteren kann an Gesteinsklüften hydrothermale Mineralisation auftreten, die zu abbauwürdigen Metalllagerstätten führen kann. Zudem muss man bei der Auswahl von geeigneten Bauplätzen für große Konstruktionen wie Brücken, Staudämme oder Atomkraftwerke die Orientierung der Kluftoberflächen in Betracht ziehen, da sie Schwächezonen im Gestein aufzeigen. Kurz gesagt, verwertbare Kenntnisse über Gesteinsstrukturen sind für unsere moderne Lebensweise unerlässlich.

In diesem Kapitel untersuchen wir die Kräfte, die Gesteine deformieren, sowie die daraus entstehenden Strukturen. Wichtige geologische Strukturen, die bei Deformationen auftreten, sind Falten, Verwerfungen (Störungen), Klüfte, Foliation (einschließlich Schieferung). Da in Kapitel 8 die Schieferung und die Folia-

Abbildung 10.1: Gehobene und verfaltete Sedimentschichten bei Stair Hole, in der Nähe von Lulworth, Dorset, England. Diese Schichten jurassischen Alters wurden ursprünglich horizontal abgelagert und durch den Zusammenprall (Kollision) der Afrikanischen mit der Europäischen Platte verfaltet. (Foto: Tom & Susan Bean, Inc.)

tion schon behandelt wurden, wird sich dieses Kapitel mit den übrigen Gesteinsstrukturen befassen sowie mit den Kräften, durch die sie entstanden sind.

Deformation 10.2

Jeder Gesteinskörper, ungeachtet seiner Festigkeit, besitzt einen Punkt, an dem er bricht oder zu fließen beginnt. Deformation (*de* = aus; *forma* = Form) ist eine allgemeine Bezeichnung für alle Veränderungen in der Größe, der Gestalt, der Orientierung oder Position eines Gesteinskörpers. Am häufigsten tritt Krustendeformation entlang von Plattenrändern auf. Die Plattenbewegungen und die Wechselwirkungen entlang der Plattengrenzen rufen tektonische Kräfte hervor, die die Gesteinseinheiten verformen.

> **Studenten fragen manchmal ...**
>
> **Mich bringt das durcheinander: Sind Stress und Strain nicht das Gleiche?**
>
> Nein. Zwar werden beide Bezeichnungen in ähnlichen Situationen gebraucht, aber die Bezeichnungen Stress und Strain haben unterschiedliche Bedeutungen in der Geologie. Stress ist eine ausgeübte Kraft; Strain ist die Deformation (Verbiegung oder Bruch), die durch Stress verursacht wird. Drückt man beispielsweise einen Tennisball zusammen, setzt man ihn einer Kraft aus (Stress). Das Ergebnis des Zusammendrückens ist eine Veränderung in der Form des Balls (strain). Anders ausgedrückt, Stress ist die Aktion, die einen Strain am Ball verursacht. Strain ist ein messbares Ergebnis.

10.2.1 Kraft und Spannung

Kraft bezeichnet den Vorgang, der ein feststehendes Objekt in Bewegung bringt oder die Bewegungsrichtung eines Körpers ändert. Aus der Alltagserfahrung wissen Sie, dass Sie eine klemmende Tür (unbewegt) öffnen können, in dem Sie Kraft anwenden (in Bewegung bringen).

Um die Kräfte zu beschreiben, die Gesteine verformen, verwenden Strukturgeologen die Bezeichnung **Stress** (auch Spannung oder Druck) – das ist die Größe einer Kraft, die auf ein definiertes Gebiet einwirkt. Das Ausmaß von Stress ist nicht einfach die Wirkung der eingesetzten Kraftgröße, sondern steht in Beziehung zu der Fläche, auf die die Kraft einwirkt. Gehen Sie zum Beispiel barfuß auf einer harten Oberfläche entlang, verteilt sich die Kraft (Gewicht) Ihres Körpers auf den gesamten Fuß; damit wirkt der Stress auf jeden Punkt Ihres Fußes gering. Doch treten Sie auf einen kleinen spitzen Stein (aua!), wird die Stresskonzentration auf einem Punkt Ihres Fußes hoch sein. Darum sollten Sie Stress als Maß ansehen, das die Konzentration der Kraft angibt. Wie Sie in Kapitel 8 erfahren haben, kann Stress gleichförmig in alle Richtungen wirken (lithostatischer Druck) oder aber nicht einheitlich (Differentialspannung).

10.2.2 Arten von Stress

Wirkt Stress ungleich in verschiedene Richtungen, wird er **differentieller Stress** oder Differentialspannung genannt. **Differentialspannung**, die einen Gesteinskörper verkürzt, nennt man **Kompressionsspannung** (Compressional Stress; *com* = zusammen, *premere* = drücken). Kompressionsspannung ist vergesellschaftet mit der Kollision von Platten und bewirkt, dass sich die Erdkruste durch Verfaltung, Fließen und die Bildung von Verwerfungen verkürzt und verdickt (▶Abbildung 10.2B). Sie erinnern sich an unsere Diskussion über metamorphe Gesteine, dass Kompressionsspannung stärker an Stellen wirkt, an welchen Mineralkörner in Kontakt miteinander sind, und dadurch mineralisches Material von Stellen mit hohem Stress zu Stellen mit niedrigem Stress wandern lässt (siehe Abbildung 8.7). Als Folge daraus neigen die Mineralkörner (und die Gesteinseinheit) dazu, sich in die Richtung parallel zur Ebene des größten Stresses zu verkürzen und sich rechtwinklig zur Richtung des größten Stresses zu strecken.

Streckt oder zieht Stress eine Gesteinseinheit auseinander, so wird das als **Zugspannung** (Tensional Stress) bezeichnet (▶Abbildung 10.2). Dort, wo Platten auseinanderdriften (divergente Plattengrenzen), werden die in der oberen Kruste befindlichen Gesteinskörper durch Verschiebung entlang von Verwerfungen gestreckt oder gedehnt. In der Tiefe erfolgt die Verschiebung durch Fließen, ähnlich wie bei Knetmasse.

Differentialspannung kann eine **Zerscherung** (oder auch nur **Scherung**) (Shear) der Gesteine verursachen (▶Abbildung 10.2D). Eine Art der Zerscherung, die so-

10.2 Deformation

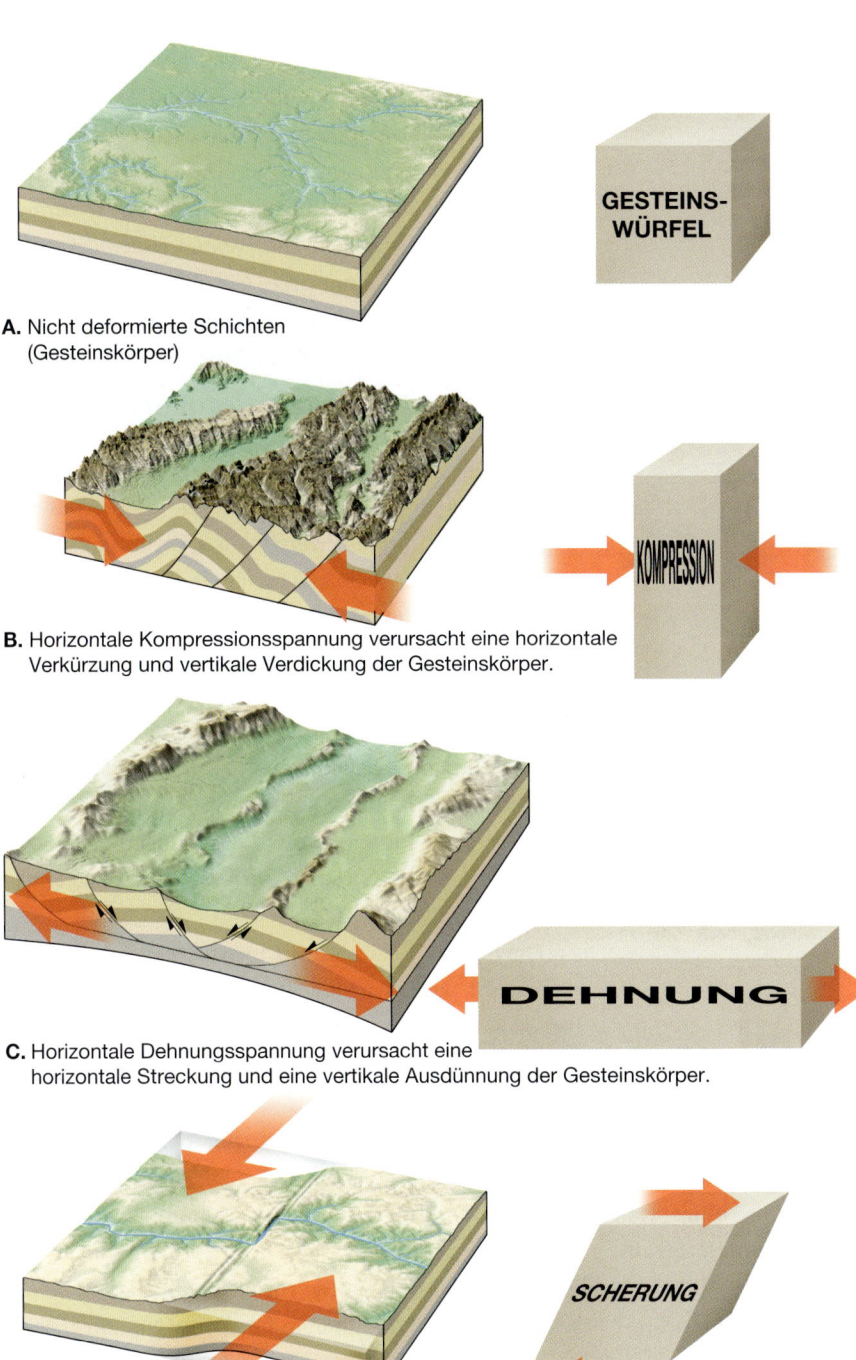

A. Nicht deformierte Schichten (Gesteinskörper)

B. Horizontale Kompressionsspannung verursacht eine horizontale Verkürzung und vertikale Verdickung der Gesteinskörper.

C. Horizontale Dehnungsspannung verursacht eine horizontale Streckung und eine vertikale Ausdünnung der Gesteinskörper.

D. Scherspannung verursacht eine Verschiebung entlang von Verwerfungszonen oder durch duktiles Fließen.

Abbildung 10.2: Die Deformation der Erdkruste wird durch tektonische Kräfte und die damit verbundenen Spannungen werden durch die Bewegung der Lithosphärenplatten verursacht. A. Schichten vor der Deformation. B. Kompressionsspannung, bedingt durch die Kollision von Platten, führt dazu, die Erdkruste durch Faltung, Fließen und Bildung von Verwerfungen zu verkürzen und zu verdicken. C. Zugspannungen an divergenten Plattengrenzen neigen dazu, die Gesteinskörper in der oberen Kruste durch Verschiebung entlang von Verwerfungen zu strecken und in der Tiefe duktiles Fließen zu verursachen. D. Scherspannung an Plattengrenzen mit Transformstörungen verursachen Verschiebungen entlang der Verwerfungszone. Die rechte Seite der Diagramme stellt die Deformation (strain) eines Gesteinswürfels als Reaktion auf die Differentialspannungen dar, die das entsprechende linke Diagramm zeigt.

genannte „einfache Scherung", ähnelt dem Zergleiten von Spielkarten, wenn man den oberen Bereich des Stapels relativ zum unteren verschiebt (▶Abbildung 10.3). In oberflächennahem Milieu tritt Zerscherung oft an engständigen, parallel stehenden Flächen auf, die Schwächezonen enthalten, wie an Schichtflächen, Schieferflächen und Mikroverwerfungen. Des Weiteren verursacht Scherspannung entlang der Grenzen von Transformstörungen Versatz in großem Maßstab.

Andererseits geht die Abscherung in großen Tiefen mit hohen Temperaturen und hohem Umgebungsdruck in Form von plastischem Fließen vor sich.

10.2.3 Strain

Der wahrscheinlich einfachste Deformationstyp, den man sich bildlich vorstellen kann, tritt entlang von kleinen Verwerfungsflächen auf – dort, wo Differen-

10 Krustendeformation

A. Spielkartenstapel

B. Scherung tritt auf, wenn man mit der Hand den Spielkartenstapel oben schiebt.

Abbildung 10.3: Die Darstellung einer einfachen Scherung und die daraus resultierende Deformation (strain). **A.** Ein gewöhnlicher Spielkartenstapel mit einem seitlich aufgedruckten Kreis. **B.** Indem wir den oberen Teil des Stapels relativ zum unteren Bereich verschieben, können wir die Art der Scherung demonstrieren, die gewöhnlich entlang eng stehender Schwächeebenen im Gestein auftreten. Sie sehen, dass der Kreis zu einer Ellipse wird, die man als Hilfsmittel verwenden kann, um Größe und Art der Deformation (Strain) zu messen. Eine zusätzliche Verschiebung (Scherung) der Karten würde zu noch höherem Strain führen und sich durch eine weitere Längung und Rotation der Ellipsenform bemerkbar machen.

tialspannung eine Bewegung der Gesteine relativ zueinander verursacht, so dass ihre ursprüngliche Mächtigkeit und Form erhalten bleiben. Stress kann jedoch auch irreversible Veränderungen eines Gesteinskörpers verursachen und wird dann als **Strain** bezeichnet. Wie der Kreis in ▶ Abbildung 10.3B *behalten Körper, die Strain ausgesetzt waren, ihre ursprüng-*

liche Konfiguration während der Deformation nicht. Abbildung 10.1 veranschaulicht Strain (Deformation), dem die Gesteinseinheiten nahe Dorset, England ausgesetzt waren. Untersuchen Geologen Gesteinseinheiten, die Strain ausgesetzt waren, wie die in Abbildung 10.1 gezeigten, so fragen sie: *Welche Hinweise geben die deformierten Strukturen auf ihre ursprüngliche Anordnung und wie wurden sie deformiert?*

10.2.4 Wie Gesteine deformiert werden

Sind Gesteine Stress ausgesetzt, der größer als ihre eigene Festigkeit ist, beginnen sie sich zu deformieren. Das geschieht normalerweise durch Verfaltung, durch Fließen oder indem sie zerbrechen (▶ Abbildung 10.4). Man kann sich leicht vorstellen, wie Gesteine zerbrechen, da wir von ihnen annehmen, sie seien spröde. Aber wie können Gesteinseinheiten in komplizierte Falten verkrümmt sein, ohne zerbrochen zu werden? Um diese Frage zu beantworten, führen Strukturgeologen Laborexperimente durch, in welchen die Gesteine Differentialspannungen unter Bedingungen ausgesetzt sind, die unterschiedliche Tiefen der Erdkruste simulieren (▶ Abbildung 10.5).

Obwohl jedes Gestein in unterschiedlicher Weise deformiert wird, wurden die grundlegenden Charakteristika der Gesteinsdeformation durch diese Experimente bestimmt. Geologen fanden heraus, dass bei allmählich einwirkendem Stress die Gesteine zunächst elastisch reagieren. Veränderungen, die zu elastischer Deformation führen, sind reversibel – ähnlich wie bei einem Gummiband erhält das Gestein wieder seine ursprüngliche Größe und Form zurück, sobald der Stress nachlässt. (Wie Sie im nächsten Kapitel sehen werden, stammt die Energie für die meisten Erdbeben

Abbildung 10.4: Deformierte Sedimentschichten sind an einer Straßenschneise in der Nähe von Palmdale, Kalifornien, aufgeschlossen. Zusätzlich zu der offensichtlichen Verfaltung sind die hellen Schichten entlang einer Verwerfung, auf der rechten Seite des Fotos zu sehen, versetzt. (Foto: E.J. Tarbuck)

| Nicht deformiert | Geringer lithostatischer Druck | Mittlerer lithostatischer Druck | Hoher lithostatischer Druck |

Abbildung 10.5: Ein Marmorzylinder wird im Labor durch das Einwirken von einigen Tonnen Gewicht von oben deformiert. Jedes Exemplar wurde in einem Milieu deformiert, das den lithostatischen Druck in verschiedenen Tiefen imitiert. Sie sehen: Als der lithostatische Druck niedrig war, deformierte sich das Objekt mit sprödem Zerbrechen. War der Umgebungsdruck dagegen hoch, verformte sich das Objekt plastisch. (Foto: mit freundlicher Genehmigung von M.S. Patterson, Australian National University)

von gespeicherter elastischer Energie, die frei wird, wenn das Gestein in seine ursprüngliche Position zurückschnappt.)

Ist die Elastizitätsgrenze eines Gesteins (Festigkeit) überschritten, beginnt es entweder zu fließen (duktile Deformation) oder zu zerbrechen (spröde Deformation). Zu den Faktoren, die die Festigkeit eines Gesteins beeinflussen und damit die Art der Deformation, gehören die Temperatur, der lithostatische Druck, der Gesteinstyp, die Verfügbarkeit von Fluiden und die Zeit.

Temperatur und lithostatischer Druck Gesteine, die sich nahe an der Oberfläche befinden, wo die Temperaturen und der lithostatische Druck niedrig sind, neigen dazu, sich wie spröde Festkörper zu verhalten, und zerbrechen, sobald ihre Festigkeit überstiegen ist. Diese Art von Deformation nennt man **spröden Bruch** oder **spröde Deformation** (im Englischen „brittle" von *bryttian* = zerspringen, zerbrechen). Aus unserem täglichen Erfahrungsbereich wissen wir, dass gläserne Gegenstände, Holzbleistifte, Porzellanteller und sogar unsere Knochen mit sprödem Bruch reagieren, sobald ihre Festigkeit überstiegen ist. In der Tiefe dagegen, dort wo die Temperaturen und der lithostatische Druck hoch sind, reagieren Gesteine mit duktilem Verhalten. **Duktile Deformation** ist eine Art Fließen aus dem Festzustand, wobei sich die Größe und die Form eines Objekts verändert, ohne dass es zerbricht. Alltägliche Gegenstände, die duktiles Verhalten aufweisen, sind: Modellierton, Bienenwachs, Buttertoffee und die meisten Metalle. Legt man beispielsweise eine Kupfermünze auf eine Eisenbahnschiene, wird sie durch die Kraft, die durch den darüberfahrenden Zug ausgeübt wird, abgeplattet und deformiert (ohne zu zerbrechen). Die duktile Deformation eines Gesteins – stark durch hohe Temperatur und hohen lithostatischen Druck gestützt – ähnelt in mancher Hinsicht der Kupfermünze, die durch den Zug abgeplattet wird. Diese Art von Fließen aus dem Festkörperzustand wird in einem Gestein durch das allmähliche Verrutschen und die Rekristallisation entlang von Schwächeebenen innerhalb der Kristallgitter von Mineralkörnern hervorgerufen (siehe Abbildung 8.7). Diese mikroskopische Art des allmählichen Fließens aus dem Festkörperzustand umfasst auch Gleitvorgänge im Kristallgitter, die das Kristallgitter stören und die darauffolgende, sofortige Rekristallisation, die die Struktur repariert. Gesteine, die diese Anzeichen duktilen Fließens aufweisen, wurden normalerweise in großen Tiefen deformiert und können gewundene Falten haben, die den Eindruck erwecken, als hätte das Gestein eine Festigkeit wie Knetmasse (▶ Abbildung 10.6).

Abbildung 10.6: Gesteine in Colorado zeigen das Resultat duktilen Verhaltens. Diese Gesteine wurden in großer Tiefe deformiert und nachfolgend an der Oberfläche aufgeschlossen. (Foto: Marli Miller)

Gesteinstyp Neben dem physischen Milieu beeinflussen die Mineralzusammensetzung und die Textur eines Gesteins die Art der Deformation. Zum Beispiel ist Kristallingestein aus Mineralen zusammengesetzt, die starke innere molekulare Bindungen haben und durch sprödes Zerbrechen reagieren. Im Gegensatz dazu sind Sedimentgesteine, die schwach zementiert sind, oder metamorphe Gesteine, die Schwächezonen wie eine Foliation aufweisen, für duktiles Fließen empfänglicher. Zu den Gesteinen, die extrem schwach sind und am ehesten duktil reagieren, gehören Steinsalz, Gips und Tonschiefer. Dagegen besitzen Kalkstein, kristalliner Schiefer und Marmor mittlere Festigkeit. Tatsächlich hat Steinsalz eine so geringe Festigkeit, dass es sich bei geringer Differentialspannung verformt und wegen seiner geringen Dichte wie ein Tropfen oder eine Steinsäule durch Sedimentschichten aufsteigt, wie es im und um den Golf von Mexiko oder in Norddeutschland vorkommt. Ein bekanntes Beispiel ist der Salzstock von Gorleben, der als Endlager für radioaktive Stoffe in Betracht gezogen wird. Man will sich hierbei die Fließfähigkeit des Salzes zu Nutze machen: Ist das Endlager gefüllt, umschließt das Salz den radioaktiven Müll lückenlos. Weil es keine Klüfte gibt, kann auch kein Wasser eindringen. Der vermutlich schwächste natürlich auftretende Feststoff, der duktiles Fließen in großem Maßstab aufweist, ist Gletschereis. Die Gletscher der Alpen können bis etwa 100 Meter pro Jahr talabwärts fließen. Im Vergleich dazu haben Granit und Basalt eine hohe Festigkeit und sind spröde. In einem oberflächennahen Milieu zerbrechen spröde Gesteine mit hoher Festigkeit, wenn sie einem differentiellen Stress ausgesetzt werden, der ihre Festigkeit übersteigt. Es ist wichtig, sich zu merken, dass schon geringe Mengen an Wasser im Gestein den Widerstand zu duktiler Deformation herabsetzen.

Zeit Ein Schlüsselfaktor, der von Forschern nicht im Labor nachgeahmt werden kann, ist die Reaktion von Gesteinen auf geringen differentiellen Stress über lange *geologische Zeitspannen*. Dennoch bieten alltägliche Erfahrungen Einblicke, welchen Effekt der Faktor Zeit auf die Deformation besitzt. Beispielsweise weiß man, dass Marmorbänke unter ihrem eigenen Gewicht über einen Zeitraum von hundert Jahren oder mehr absacken und hölzerne Bücherregale können sich schon nach kurzer Zeit unter dem Gewicht der Bücher durchbiegen. In der Natur spielt Stress, der über eine lange Zeitspanne einwirkt, sicherlich eine wichtige Rolle bei der Deformation von Gesteinen.

Einwirkende Kräfte, die anfänglich nicht in der Lage sind, ein Gestein zu deformieren, können ein Gestein zum Fließen bringen, wenn der Stress über lange Zeit anhält.

Dabei ist es wichtig zu beachten, dass die Deformationsprozesse, durch die Gesteine verformt werden, eine lange zusammenhängende Folge darstellen, mit einem Spektrum von rein sprödem Zerbrechen auf der einen Seite bis hin zu duktilem (viskosem) Fließen auf der anderen. Es gibt keine scharfen Grenzen zwischen den unterschiedlichen Arten der Deformation. Auch sollten wir uns daran erinnern, dass die eleganten Falten und Fließmuster, die wir an deformierten Gesteinen sehen, meist durch einen kombinierten Effekt von Verdrehen, Zergleiten und Rotation der einzelnen Mineralkörner eines Gesteins entstehen. Zudem findet die Verdrehung und Neuanordnung von Mineralkörnern in einem Gestein statt, das im Grunde genommen fest ist.

10.3 Die Kartierung geologischer Strukturen

Der Deformationsprozess erzeugt viele Besonderheiten in verschiedenen Größenordnungen. An einem extremen Ende stehen die großen Gebirgssysteme der Erde. Andererseits verursacht stark lokalisierter Stress im anstehenden Gestein kleinere Brüche. All diese Phänomene, von den größten Falten in den Alpen bis hin zu den kleinsten Brüchen in einer Gesteinsplatte, bezeichnet man als **Gesteinsstrukturen**. Bevor wir unseren Diskurs über Gesteinsstrukturen beginnen, untersuchen wir, wie Geologen sie beschreiben und kartieren.

Untersucht ein Geologe eine Region, identifiziert und beschreibt er die dominanten Strukturen. Eine Struktur kann oft so groß sein, dass nur ein kleiner Teil davon aus jedem einzelnen Blickwinkel sichtbar ist. Meistens ist das anstehende Gestein durch Vegetation oder durch rezente Sedimentation überdeckt. Deswegen muss die Rekonstruktion durch eine Datensammlung von vorhandenen Aufschlüssen erfolgen. Aufschlüsse sind Stellen, an denen das anstehende Gestein an der Oberfläche sichtbar ist (▶ siehe Exkurs 10.1). Trotz solcher Schwierigkeiten gibt es zahlreiche Kartierungstechniken, die es den Geologen ermöglichen, die Ausrichtung und die Ausprägung der existierenden Strukturen zu rekonstruieren. In den vergan-

10.3 Die Kartierung geologischer Strukturen

EXKURS 10.1 – DIE ERDE VERSTEHEN
■ Die Benennung örtlicher Gesteinseinheiten

Zu den Hauptzielen der Geologie gehört die Rekonstruktion der langen und komplexen Erdgeschichte durch die systematische Untersuchung von Gesteinen. In den meisten Gebieten sind die Gesteine nicht durchgehend über weite Strecken aufgeschlossen. Folglich muss man die Gesteine stellenweise (an Aufschlüssen) untersuchen und dann mit Daten von benachbarten Gebieten korrelieren, um ein größeres und vollständigeres Bild zu erhalten. Der erste Schritt bei dem Versuch, die geologische Vergangenheit zu entschlüsseln, beinhaltet die Beschreibung und Kartierung der Gesteinseinheiten, die stellenweise aufgeschlossen sind.

Um etwas so Komplexes wie eine Gesteinseinheit zu beschreiben, muss man sie in Schichteinheiten von überschaubarer Größe unterteilen. Die einfachste Einteilung der Gesteine beschreibt die Formation, die nichts weiter als eine unterscheidbare Serie von Schichten umfasst, die durch gleiche geologische Prozesse entstanden sind. Genauer gesagt ist eine *Formation* eine kartierbare Gesteinseinheit mit definierten Grenzen (oder Kontakten zu anderen Gesteinseinheiten) und bestimmten Charakteristika (Gesteinstypen), die sie von anderen Gesteinseinheiten unterscheidbar macht, weswegen man sie von Ort zu Ort verfolgen kann.

▶ Abbildung 10.A zeigt mehrere, mit Namen bezeichnete Formationen, die an den Wänden des Gran Canyon aufgeschlossen sind. Genauso wie diese Gesteinsschichten im Gran Canyon unterteilt wurden, unterteilen Geologen Gesteinsabfolgen auf der ganzen Welt in Formationen.

Viele von Ihnen kennen wahrscheinlich schon die Namen bestimmter Formationen. Bekannte Formationen in Mitteleuropa sind etwa der Buntsandstein, der Muschelkalk, die Posidonienschiefer oder der Weißjurakalk der schwäbischen Alb.

Zwar können Formationen auch aus magmatischen und metamorphen Gesteinen bestehen, doch die große Mehrheit der bestehenden Formationen sind Sedimentgesteine. Eine Formation kann relativ wenig mächtig sein und nur aus einer einzigen Gesteinsart bestehen, beispielsweise aus einer 1 Meter dicken Kalksteinlage. Im anderen Extrem können Formationen Tausende von Metern mächtig sein und aus einer Abfolge von miteinander wechsellagernden Gesteinstypen wie zum Beispiel Kalke und Mergel oder Sandsteinen und Tonschiefern bestehen. Die wichtigste Bedingung für die Entstehung einer Formation ist, dass sie aus einer *Gesteinseinheit besteht, die durch einheitliche oder einheitlich wechselnde Bedingungen entstanden ist.*

In den meisten Regionen der Welt setzt sich der Name einer Formation aus zwei Teilen zusammen – zum Beispiel der Wettersteinkalk und die Werfen Formation. Den ersten Teil des Namens bestimmt normalerweise eine geologische Struktur oder die örtliche Lage, wo die Formation deutlich und vollständig aufgeschlossen ist. Beispielsweise ist der Wettersteinkalk gut im Wettersteingebirge der Bayerisch-Tiroler Alpen aufgeschlossen. Deswegen ist dieser spezielle Aufschluss als *Typuslokalität* bekannt. Idealerweise weist der zweite Teil des Namens auf den vorherrschenden Gesteinstyp hin, wie bei den Namen Grödner Sandstein, Bundenbacher Schiefer und Burgess Tonschiefer deutlich wird. Dominiert kein einzelner Gesteinstyp, wird die Bezeichnung *Formation* verwendet, wie bei der bekannten Chinle Formation, die in Arizona im Petrified Forest Nationalpark aufgeschlossen ist.

Zusammenfassend kann man sagen, dass die Beschreibung und die Benennung von Formationen einen ersten wichtigen Schritt darstellen, um die Untersuchung und die Analyse der Erdgeschichte zu gliedern und zu vereinfachen.

Abbildung 10.A: Der Grand Canyon mit einigen seiner bezeichneten Gesteinseinheiten (Formationen). (Foto: E.J. Tarbuck)

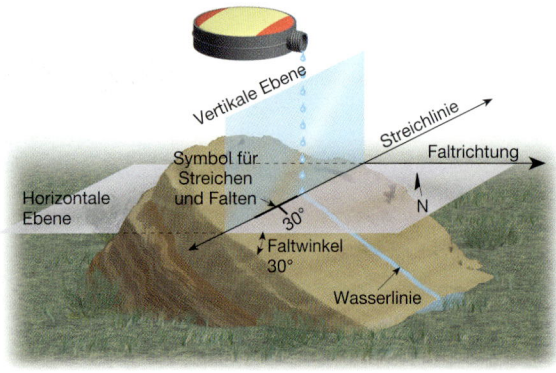

Abbildung 10.7: Streichen und Einfallen einer Gesteinsschicht.

genen Jahren wurde diese Arbeit durch Fortschritte in der Fernerkundung, Satellitenbilder und die Entwicklung des GPS (Global Positioning System) unterstützt. Zusätzlich liefern Profile aus der Reflexionsseismik (siehe Kapitel 12) und Bohrlöcher Informationen über die Zusammensetzung und die Struktur der Gesteine in der Tiefe.

Geologische Kartierungen können dort leicht durchgeführt werden, wo Sedimentschichten aufgeschlossen sind. Das ist deswegen der Fall, weil Sedimente normalerweise in horizontalen Schichten abgelagert werden. Liegen die Sedimentschichten immer noch horizontal, ist das für Geologen ein Hinweis, dass die Gegend wahrscheinlich strukturell nicht verändert ist. Sind die Schichten aber geneigt, gebogen oder zerbrochen, weist dies auf eine Deformation nach der Ablagerung hin.

10.3.1 Streichen und Einfallen

Geologen verwenden Messungen, um die Orientierung oder Lage einer Gesteinsschicht oder Verwerfungsfläche zu bestimmen. Man nennt sie *Streichen* (Richtung) und *Einfallen* (Neigung) (▶Abbildung 10.7). Kennen Geologen das Streichen und Einfallen eines Gesteins, können sie die Eigenschaften und die Struktur der Gesteinseinheiten und Störungen vorhersagen, die unter der Oberfläche verborgen sind.

Das **Streichen** ist die horizontale Linie oder Spur, die sich aus dem Verschnitt einer geneigten Gesteinseinheit oder Verwerfung (geologische Fläche) mit einer (gedachten) Horizontalebene ergibt (Abbildung 10.7). Das Streichen (Kompasspeilung) wird im Allgemeinen als Winkel relativ zu Nord ausgedrückt. Zum Beispiel bedeutet N10°E, dass die Linie des Streichens 10° östlich, von Norden ausgehend verläuft. Das Streichen der in Abbildung 10.7 dargestellten Gesteinseinheit verläuft etwa 75° nordöstlich (N75°E). Im deutschsprachigen Raum hat sich eingebürgert, den Streichwinkel immer im Uhrzeigersinn von Nord über Ost nach Süd zu messen, weshalb hier einfach der Winkel angegeben wird (75°).

Das **Einfallen** ist der Neigungswinkel der Oberfläche einer Gesteinseinheit oder Verwerfung (geologische Fläche) gemessen von einer (gedachten) Horizontalebene aus. Das Einfallen beinhaltet den Neigungswinkel der Schicht und die Richtung, in die ein Gestein einfällt (Einfallsrichtung). In Abbildung 10.7 ist der Einfallswinkel der Gesteinsschicht 30°. Man kann sich das gut vorstellen, wenn man an Wasser denkt, das auf der Gesteinsoberfläche parallel zum Einfallen herunterläuft. Die Einfallsrichtung liegt immer im 90°-Winkel zur Streichrichtung. Die vollständige Schreibweise für die Raumlage der Schicht mit einem Streichen in Richtung 75° und einem Fallwinkel von 30° Richtung Südosten würde als 075/30 SO notiert werden. Weil in romanischen Sprachen das „O" meist für Westen steht (wie im französischen „Ouest"), wird in der geologischen Notierung Osten meist mit „E" bezeichnet (wie in „East"). Die meisten Geologen würden also 075/30 SE schreiben.

Im Gelände messen Geologen das Streichen (Richtung) und das Einfallen (Neigung) eines Sedimentgesteins an so vielen Aufschlüssen, wie es zweckmäßig ist. Die Messdaten werden dann auf einer topographischen Karte oder in einem Luftbild eingezeichnet, indem die verschiedenen Gesteine farblich definiert werden. Aus der Orientierung der Gesteinslagen lässt sich eine angenommene Orientierung und Ausprägung der Struktur herleiten, wie in ▶Abbildung 10.8 gezeigt wird. Diese Informationen helfen Geologen, die prä-erosiven Strukturen zu rekonstruieren und die geologische Geschichte der Region zu interpretieren.

Falten 10.4

Während der Gebirgsbildung werden flach liegende Sediment- und Vulkangesteine oft in eine Reihe von wellenartigen Undulationen gebogen, die man als **Falten** bezeichnet. Falten in Sedimentschichten ähneln den Falten, die ein Blatt Papier wirft, dessen Enden man hält und zusammenschiebt. In der Natur treten Falten in einem großen Spektrum von Größen und Ausprägungen vor. Manche Falten sind weite Flexuren, in

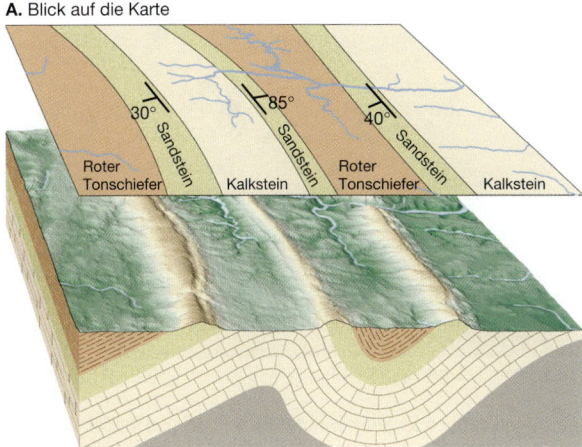

Abbildung 10.8: Durch die Angabe von Streichen und Einfallen der aufgeschlossenen Sedimentschichten auf einer Karte (**A.**) können Geologen auf die Orientierung und Raumlage der Struktur im Untergrund schließen (**B.**).

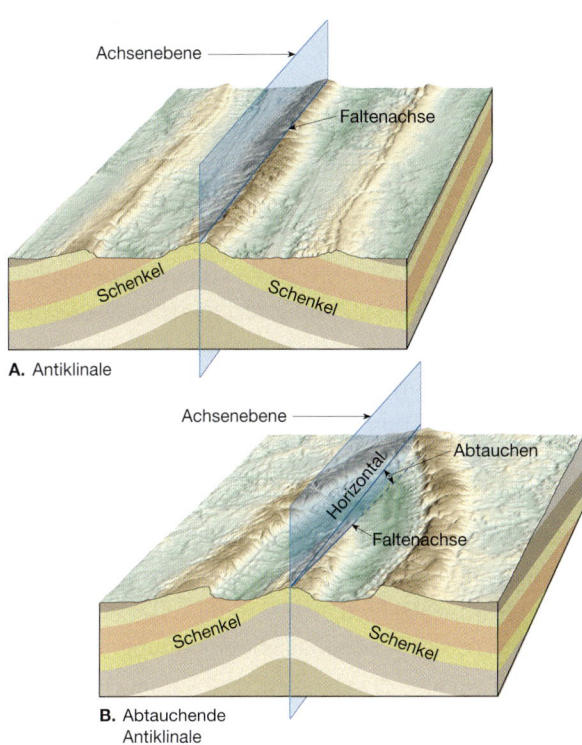

Abbildung 10.9: Idealisierte Skizzen, die die Eigenschaften symmetrischer Falten darstellen. Die Faltenachse der Falte in **A.** verläuft horizontal, dagegen taucht die Faltenachse in **B.** ab.

welchen sich Hunderte Meter mächtige Gesteinseinheiten leicht verbogen haben. Andere sind sehr enge mikroskopische Strukturen, wie man sie in metamorphen Gesteinen vorfindet. Ungeachtet der Größenunterschiede sind die meisten Falten das Ergebnis von Kompressionsspannung, die in einer Verkürzung und Verdickung der Kruste resultiert. Gelegentlich findet man einzelne Falten vor, doch meist treten sie in einer Serie von Undulationen auf.

Um unser Verständnis für Falten und Verfaltung zu entwickeln, müssen wir uns mit der Terminologie bei der Bezeichnung von Faltenteilen vertraut machen. Wie in ▶Abbildung 10.9 gezeigt wird, bezeichnet man die beiden Seiten einer Falte als *Schenkel (Faltenschenkel)*. Eine Linie, die entlang der Punkte maximaler Krümmung (*Faltenscharnier*) gezogen wird, nennt man korrekt *Scharnierlinie*, umgangssprachlich wird sie aber meist als *Faltenachse* bezeichnet. Bei manchen Falten, wie in ▶Abbildung 10.9A gezeigt, verläuft die Scharnierlinie bzw. Faltenachse horizontal oder parallel zur Oberfläche. Bei komplexeren Verfaltungen neigt sich die Faltenachse jedoch in einem Winkel (zur Oberfläche), was als *Abtauchen* bezeichnet wird (▶Abbildung 10.9B). Die *Achsenfläche* ist eine gedachte Oberfläche, die die Falte so symmetrisch wie möglich teilt.

10.4.1 Faltenarten

Die zwei häufigsten Faltentypen werden Antiklinalen und Synklinalen genannt (▶Abbildung 10.10). Eine **Antiklinale** entsteht meist durch Auffaltung und Aufwölbung von Gesteinsschichten.[1] Abbildung 10.10 zeigt ein Beispiel für eine Antiklinale. Manchmal sind Antiklinalen eindrucksvoll aufgeschlossen, wenn Fernstraßen durch deformierte Schichten schneiden. Häufig sind Mulden oder Tröge, **Synklinalen** genannt, mit Antiklinalen vergesellschaftet. Beachten Sie in ▶Abbildung 10.11, dass der Schenkel einer Antiklinale oft auch der Schenkel einer angrenzenden Synklinale ist.

Je nach ihrer Orientierung werden diese einfachen Falten als *symmetrisch* beschrieben, wenn Faltenschenkel spiegelgleich zueinander sind, und ansonsten als *asymmetrisch*. Eine asymmetrische Falte bezeichnet man als *überkippt*, wenn ein Faltenschenkel

---

[1] Nach strenger Definition ist eine Antiklinale eine Struktur, bei der die ältesten Schichten in der Mitte liegen Das tritt typischerweise auf, wenn Schichten aufgefaltet werden. Zudem ist eine Synklinale als Struktur definiert, bei der man die jüngsten Schichten in der Mitte vorfindet. Das tritt meist dann auf, wenn sich die Schichten bei der Verfaltung nach unten biegen. Ist die stratigraphische Abfolge nicht sicher, spricht man vorsichtiger von einer Antiform bzw. einer Synform, denn in metamorphen und komplex geformten Gebirgen können Falten erneut gefaltet und dann total auf den Kopf gestellt werden.

10 Krustendeformation

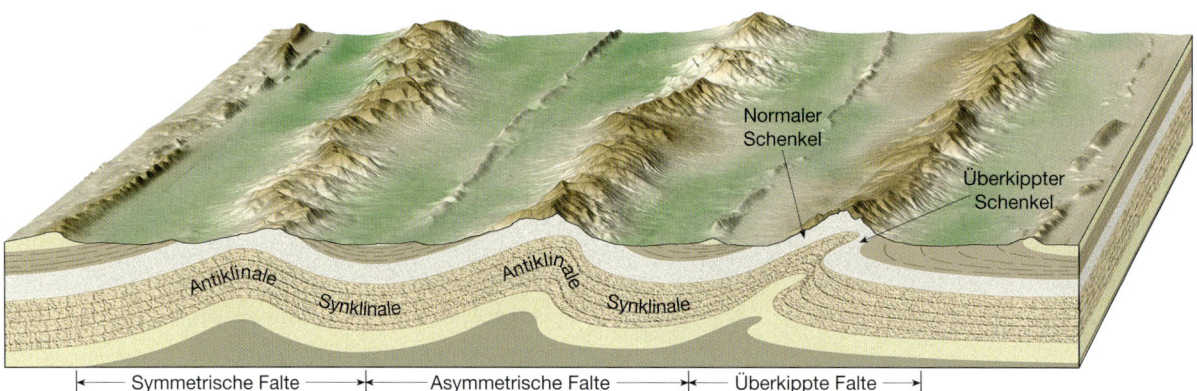

Abbildung 10.10: Blockdiagramm von Haupttypen gefalteter Schichten. Die aufgefalteten oder aufgewölbten Strukturen sind Antiklinalen. Die Mulden oder Tröge sind Synklinalen. Beachten Sie, dass der Faltenschenkel einer Antiklinale auch der Schenkel der angrenzenden Synklinale ist.

Abbildung 10.11: Die Synklinale (links) und die Antiklinale (rechts) teilen sich einen gemeinsamen Achsenschenkel. (Foto: E.J. Tarbuck)

Abbildung 10.12: Liegende Falten in der Morclesdecke nahe Martigny in den Schweizer Alpen. (Foto: Mike Andrews)

über die Vertikale hinaus verkippt ist (Abbilddung 10.10). Eine überkippte Falte kann sogar auf „der Seite liegen", so dass die Achsenfläche der Falte fast horizontal steht. Diese *liegenden* Falten sind in Gebirgsregionen wie zum Beispiel den Alpen häufig (▶ Abbildung 10.12).

Falten verlaufen nicht ewig; irgendwann hören sie auf, ähnlich wie Falten in einem Stoff. Manche Falten *tauchen ab*, wenn die Faltenachse in den Boden dringt (▶ Abbildung 10.13A, B). Wie die Abbildung zeigt, können sowohl eine Antiklinale als auch eine Synklinale abtauchen. ▶ Abbildung 10.13C zeigt das Beispiel einer abtauchenden Antiklinale und das Muster, das entsteht, wenn die Erosion die oberen Schichten der Struktur abträgt und ihr Inneres freilegt. Beachten Sie, dass das Aufschlussmuster einer Antiklinale in seine Abtauchrichtung weist, wobei das Gegenteil für eine Synklinale gilt. Ein gutes Beispiel für die Ausbildung der Topographie durch das Angreifen von Erosionskräften an Sedimentschichten liefert die Valley and Ridge-Province der Appalachen (siehe Abbildung 14.13).

Es ist wichtig zu verstehen, dass Kämme nicht notwendigerweise mit Antiklinalen vergesellschaftet sein müssen bzw. Täler nicht mit Synklinalen in Beziehung stehen müssen. Vielmehr entstehen Kämme und Täler durch unterschiedlich stark angreifende Verwitterung und Erosion. In der Valley and Ridge Province beispielsweise bleiben verwitterungsbeständige Sandsteine als aufragende Kämme bestehen, die durch Täler, entstanden durch die Erosion von weicheren Schiefer- oder Kalksteinschichten, getrennt sind.

Wir haben zwar unseren Diskurs über Falten und Verwerfungen aufgeteilt, in Wirklichkeit aber sind sie eng miteinander verknüpft. Beispiele für diesen Ver-

10.4 Falten

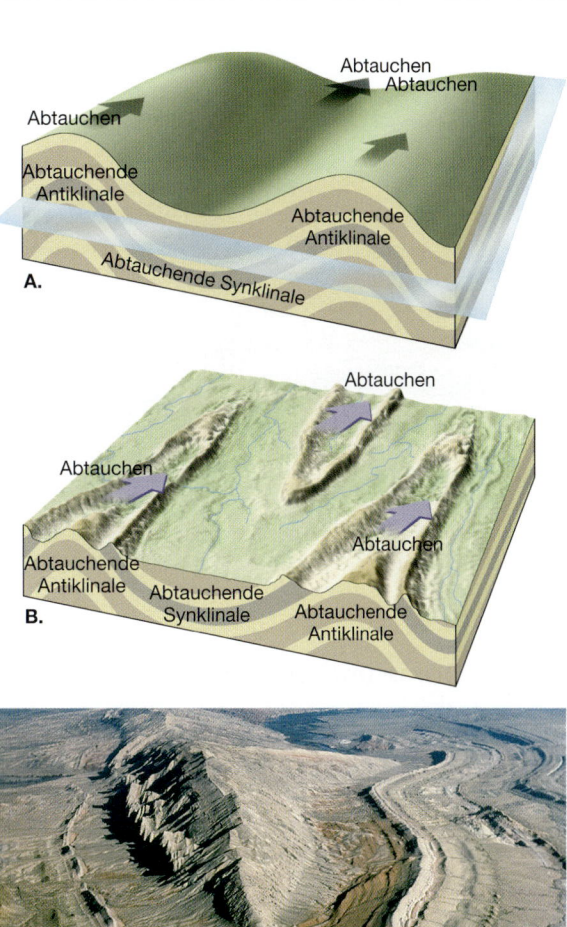

Abbildung 10.13: Abtauchende Falten. **A.** Idealisierter Blick auf eine abtauchende Falte, der eine horizontale Oberfläche zugefügt wurde. **B.** Blick auf abtauchende Falten, wie sie nach extensiver Erosion auftreten könnten. Beachten Sie, dass in einer abtauchenden Antiklinale das Aufschlussmuster in die Richtung des Abtauchens „zeigt", während das Gegenteil für abtauchende Synklinalen gilt. **C.** Sheep Mountain, eine zweiseitig abtauchende Antiklinale. (Foto: John S. Shelton)

band sind breite, regionale Besonderheiten, die Monoklinale oder Flexur genannt werden. Die besonders markanten Merkmale des Colorado-Plateaus sind die Monoklinalen, große, stufenförmige Falten in den ansonsten horizontalen Sedimentschichten (▶ Abbildung 10.14). Diese Falten scheinen durch die Reaktivierung der steil einfallenden Verwerfungszone entstanden zu sein, die sich im Liegendgestein unter dem Plateau befindet. Indem große Schollen des Liegendgesteins entlang alter Verwerfungen nach oben geschoben wurden, reagierten die im Verhältnis dazu duktilen Schichten mit Verfaltung. Auf dem Colorado Plateau weisen Monoklinalen eine schmale Zone von steil geneigten Schichten auf, die sich abflachen und die obersten Lagen der großen herausgehobenen Gebiete ausmachen, einschließlich des Zuni Uplift, des Echo Cliffs Uplift und des San Rafael Swell (Abbildung 10.14). Verschiebungen entlang dieser reaktivierten Verwerfungen gehen oft über einen Kilometer hinaus und die größten Monoklinalen weisen Verschiebungen von fast drei Kilometern auf.

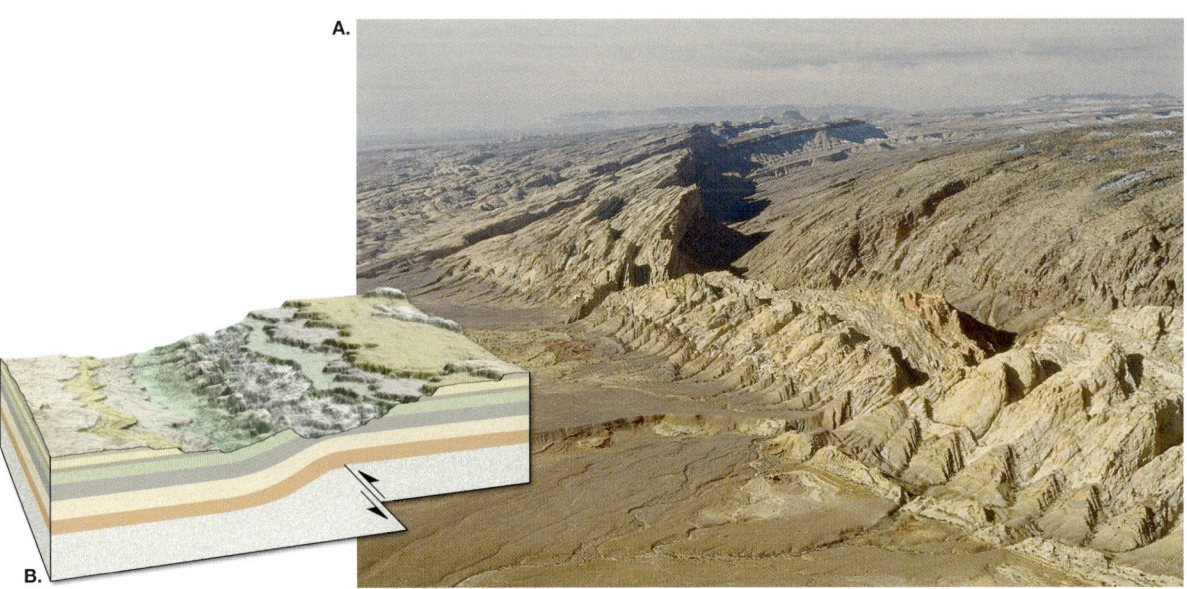

Abbildung 10.14: Monoklinale (Flexur). **A.** Die San Rafael-Monoklinale in Utah. (Foto: Stephen Trimble) **B.** Monoklinalen bestehen aus gebogenen Sedimentschichten, die durch Verwerfungen im darunter befindlichen Liegendgestein deformiert wurden. Die Aufschiebung wird in diesem Diagramm blinde Aufschiebung genannt, da sie nicht bis zur Oberfläche reicht.

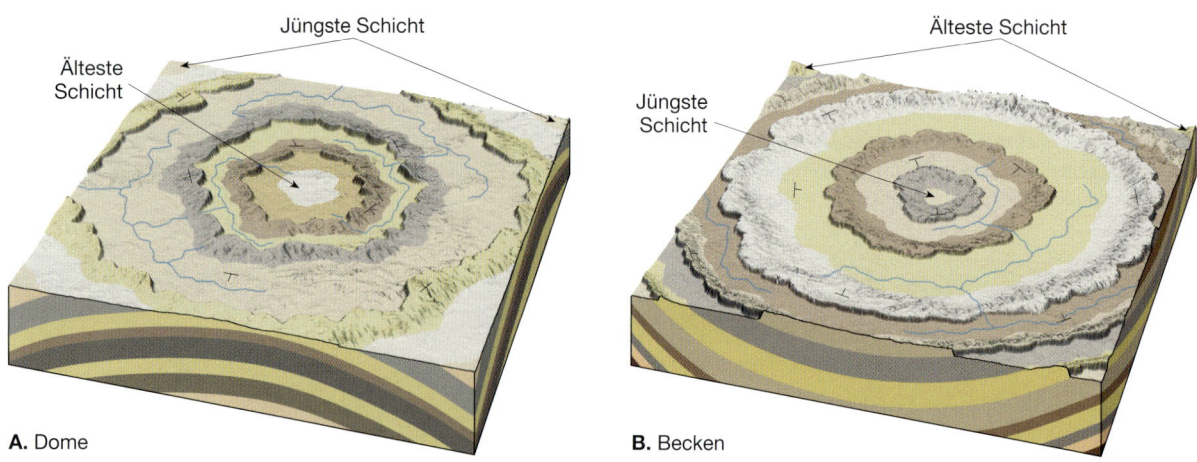

A. Dome   **B.** Becken

Abbildung 10.15: Sanfte Auf- und Abwölbungen von Krustengesteinen rufen Dome (**A.**) und Becken (**B.**) hervor. Durch die Erosion dieser Strukturen entsteht ein Aufschlussmuster, das in etwa rund oder oval ist.

10.4.2 Dome und Becken

Weite Aufwölbungen im Grundgebirge können die darüberliegende Bedeckung von Sedimentschichten deformieren und große Falten bilden. Entsteht durch diese Aufwölbung eine runde oder ovale Struktur, sprechen wir von einem **Dom** (▶ Abbildung 10.15A). Nach unten gewölbte Strukturen besitzen eine ähnliche Form und werden als **Becken** bezeichnet (▶ Abbildung 10.15B).

Die Black Hills im westlichen Süddakota sind große Sattelstrukturen, die vermutlich durch Aufwölbung entstanden sind. Die Erosion hat hier den obersten Teil der nicht gewölbten Sedimentschichten entfernt und dabei ältere magmatische und metamorphe Gesteine im Zentrum freigelegt (▶ Abbildung 10.16). Überreste dieser, einst durchgehenden Sedimentschichten sind sichtbar und flankieren das kristalline Innere der Gebirgsregion. Die verwitterungsbeständigeren Schichten kann man leicht identifizieren, da sie durch unterschiedlich angreifende Erosion als markante, kantige Kämme herausragen; sie werden als **Schichtrippen** bezeichnet. Da sich Schichtrippen bilden können, wenn verwitterungsbeständige Schichten steil geneigt sind, kommen sie auch zusammen mit anderen Faltentypen vor.

Sättel können auch durch Intrusionen von Magma (Lakkolithe) entstehen, wie in Abbildung 5.32 gezeigt wird. Oft ruft auch das Aufwärtsfließen von Salzformationen Salzsättel hervor, wie sie im Golf von Mexiko häufig auftreten.

In den Vereinigten Staaten existieren mehrere große Becken (▶ Abbildung 10.17). Die Becken von Michigan und Illinois besitzen sehr sanft einfallende

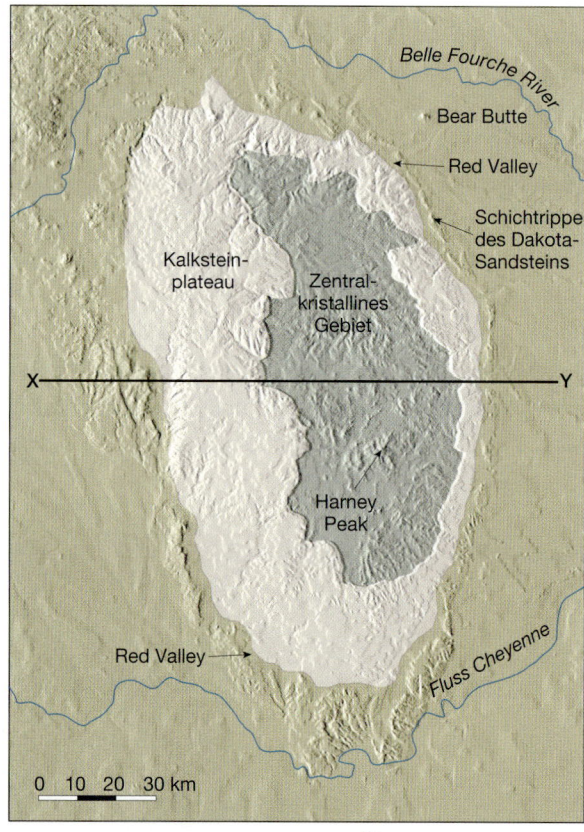

Abbildung 10.16: Die Black Hills in Süddakota umfassen eine große Sattelstruktur mit verwitterungsbeständigen magmatischen und metamorphen Gesteinen, die in ihrem Kern aufgeschlossen sind.

Schichten, ähnlich wie Unterteller. Man glaubt, diese Mulden seien durch eine große Akkumulation von Sediment entstanden, die die Kruste nach unten absinken ließ (siehe in Kapitel 14 den Abschnitt über Isosta-

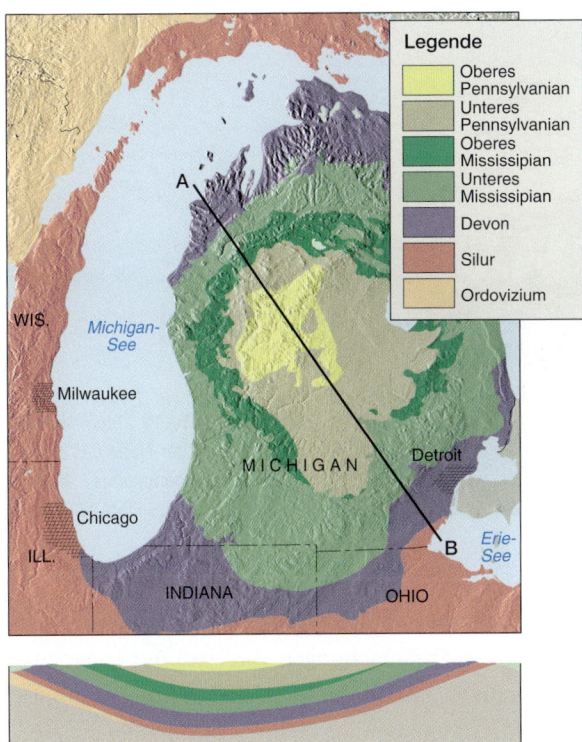

Abbildung 10.17: Die Geologie des Grundgebirges im Michigan Basin. Sie erkennen, dass sich die jüngsten Gesteine im Zentrum befinden, während die ältesten Lagen an den Flanken der Struktur liegen.

sie). Ein paar strukturgeologische Mulden könnten das Ergebnis gigantischer Asteroideneinschläge sein. Das bedeutendste Becken in Europa ist das Pariser Becken, das von den Vogesen bis in die Bretagne reicht und in dessen Zentrum Frankreichs Hauptstadt liegt.

Da große Mulden Sedimentschichten enthalten, die in geringen Winkeln geneigt sind, werden sie für gewöhnlich durch das Alter ihrer Gesteine identifiziert. Die jüngsten Gesteine findet man nahe dem Zentrum und die ältesten Gesteine an den Flanken. Das ist nur die umgekehrte Struktur, wie man sie bei Sätteln wie den Black Hills vorfindet, wo die ältesten Gesteine den Kern bilden.

Verwerfungen 10.5

Verwerfungen sind Brüche in der Kruste, an denen merkliche Verschiebungen stattgefunden haben. Gelegentlich kann man kleine Verwerfungen bei Straßenschneisen erkennen, wo Sedimentschichten oft nur einige Meter versetzt wurden, wie ▶ Abbildung 10.18 zeigt. Verwerfungen in dieser Größenordnung treten gewöhnlich als einzelne Brüche auf. Im Gegensatz dazu besitzen große Verwerfungen wie die San Andreas-Verwerfung in Kalifornien Verschiebungen von Hunderten von Kilometern und enthalten viele untereinander verbundene Verwerfungsflächen. Diese *Verwerfungszonen* können mehrere Kilometer breit sein und sind oft besser durch Luftbilder aus großer Höhe als vom Boden aus zu identifizieren.

Plötzliche Bewegungen entlang dieser Verwerfungen sind die Ursache der meisten Erdbeben. Die große Mehrheit der Verwerfungen sind jedoch inaktiv und daher Überreste vergangener Deformation. Die Gesteine entlang von Verwerfungen werden oft zerbrochen und pulverisiert, wenn die Krustenschollen der sich gegenüberliegenden Seiten aneinander vorbeireiben. Das daraus entstehende, lose zusammenhängende, tonartige Material wird als *Verwerfungston* oder auch Störungsletten bezeichnet. An manchen Verwerfungsoberflächen werden die Gesteine durch das Aneinandervorbeigleiten der Krustenschollen hoch poliert und gekritzt oder gerillt. Diese polierten und gekritzten Oberflächen bezeichnet man als *Harnische*. Sie liefern den Geologen Hinweise auf die letzte Verschiebungsrichtung entlang der Verwerfung. Geologen klassifizieren Verwerfungen durch diese relativen Bewegungen, die überwiegend horizontal, vertikal oder diagonal sein können.

10.5.1 Abschiebungen

Verwerfungen, deren Bewegung hauptsächlich parallel zum Einfallen (oder zur Neigung) der Verwerfungs-

Abbildung 10.18: Eine Verwerfung verursachte eine vertikale Verschiebung der Schichten in der Nähe von Kanab, Utah. Die Pfeile zeigen eine relative Bewegung der Gesteinseinheiten. (Foto: Tom Bean/DRK Photo)

Abbildung 10.19: Eine Verwerfungsstufe in der Nähe des Joshua Tree-Nationalmonuments, Kalifornien. (Foto: A.P. Trujillo/APT Photos)

fläche verläuft, nennt man **lotrechte Verschiebungen** (Dip-slip Fault). Solche Verschiebungen können lange, niedrige Klippen hervorrufen, die man als **Verwerfungsstufen** bezeichnet. Verwerfungsstufen, wie sie in ▶Abbildung 10.19 gezeigt werden, entstehen durch Verschiebungen bei Erdbeben.

Es ist üblich, die Gesteinsfläche direkt oberhalb der Verwerfung als Hangendes zu bezeichnen und die Gesteinsfläche direkt unter der Verwerfung als Liegendes (▶Abbildung 10.20). Diese Nomenklatur entstand durch Prospektoren und Bergleute, die Schächte und Tunnel entlang von Verwerfungszonen ausgruben, da man dort häufig Erzlagerstätten vorfindet. In einem solchen Tunnel gingen die Bergleute auf den Gesteinen unterhalb der mineralisierten Zonen (Liegendes) und ihre Laternen hängten sie an den Gesteinen darüber auf (Hangendes).

Es gibt zwei Arten von lotrechten Verschiebungen: die **Abschiebung** und die **Aufschiebung**. Zudem wird eine inverse Verwerfung (Reverse Fault) mit einem Fallwinkel (Neigung) von weniger als 45° als *Überschiebung* (Thrust Fault) bezeichnet. Als Nächstes wenden wir uns den Typen der Abschiebungen zu.

Abschiebungen Störungen werden als Abschiebungen klassifiziert, wenn sich die hangende Scholle relativ zur liegenden Scholle nach unten bewegt (▶Abbildung 10.21). Die meisten Abschiebungen besitzen ein steiles Einfallen von etwa 60°, was sich mit der Tiefe abzuflachen scheint. Dennoch gibt es Abschiebungen mit einem viel geringeren Einfallswinkel, manche sind fast horizontal. Aufgrund der Abwärtsbewegung des Hangenden kennzeichnen Abschiebungen ein Auseinanderziehen oder eine Dehnung der Kruste.

Die meisten Abschiebungen haben ein geringes Ausmaß mit Verschiebungen von etwa nur einem Meter, wie die in Abbildung 10.18 an der Straßenschneise gezeigte. Andere dehnen sich über Kilometer aus, wobei sie sich entlang der Grenze eines Gebirgsmassivs winden können. Im Westen der Vereinigten Staaten sind großräumige Verwerfungen wie diese mit Strukturen vergesellschaftet, die man **Bruchschollengebirge** nennt. Beispiele für ein Bruchschollengebirge liefern die Teton Range in Wyoming und die Sierra Nevada in Kalifornien. Beide sind entlang ihrer östlichen Flan-

> ### Studenten fragen manchmal ...
>
> **Wie bestimmen Geologen, welche Seite einer Verwerfung sich bewegt hat?**
>
> Erstaunlicherweise kann das bei vielen Verwerfungen nicht genau festgestellt werden. Bewegte sich auf dem Foto der Verwerfung in Abbildung 10.18 die linke Seite nach unten oder die rechte Seite nach oben? Da die Oberfläche (oben im Foto) durch Erosion abgeflacht wurde, könnte sich entweder die eine oder die andere Seite oder auch beide bewegt haben, wobei sich dann eine Seite stärker als die andere bewegt hätte (beispielsweise könnten sich beiden nach oben bewegt haben, wobei sich die rechte Seite mehr bewegte als die linke Seite). Deswegen sprechen Geologen von relativer Bewegung bei Verwerfungen. In diesem Fall bewegte sich die linke Seite relativ zur rechten Seite nach unten und die rechte Seite bewegte sich relativ zur linken Seite nach oben (beachten Sie die Pfeile im Foto).

10.5 Verwerfungen

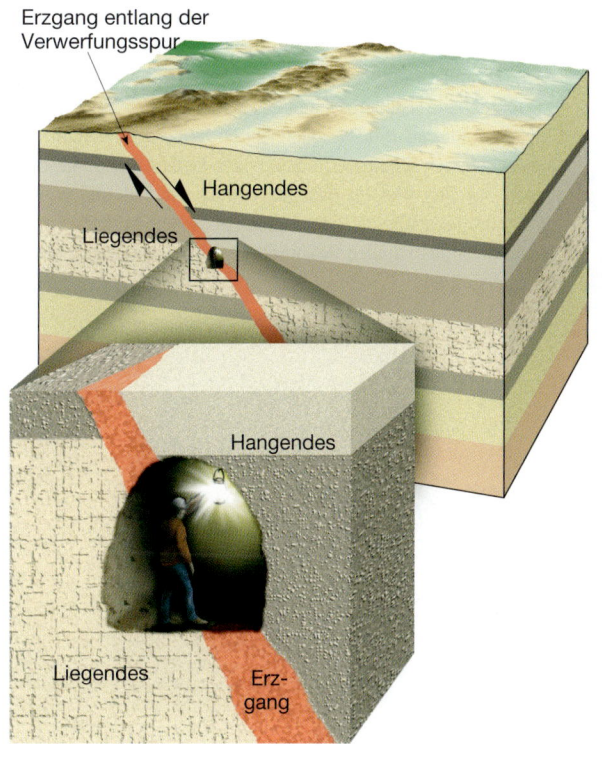

Abbildung 10.20: Das Gestein unmittelbar oberhalb der Verwerfungsfläche ist das Hangende und das Gestein darunter das Liegende. Diese Namen stammen von Bergleuten, die Erz entlang der Verwerfungszonen abbauten. Die Bergleute hängten ihre Laternen an die Gesteine oberhalb der Verwerfungslinie auf (Hangendes) und gingen auf dem Gestein unterhalb der Verwerfungslinie (Liegendes).

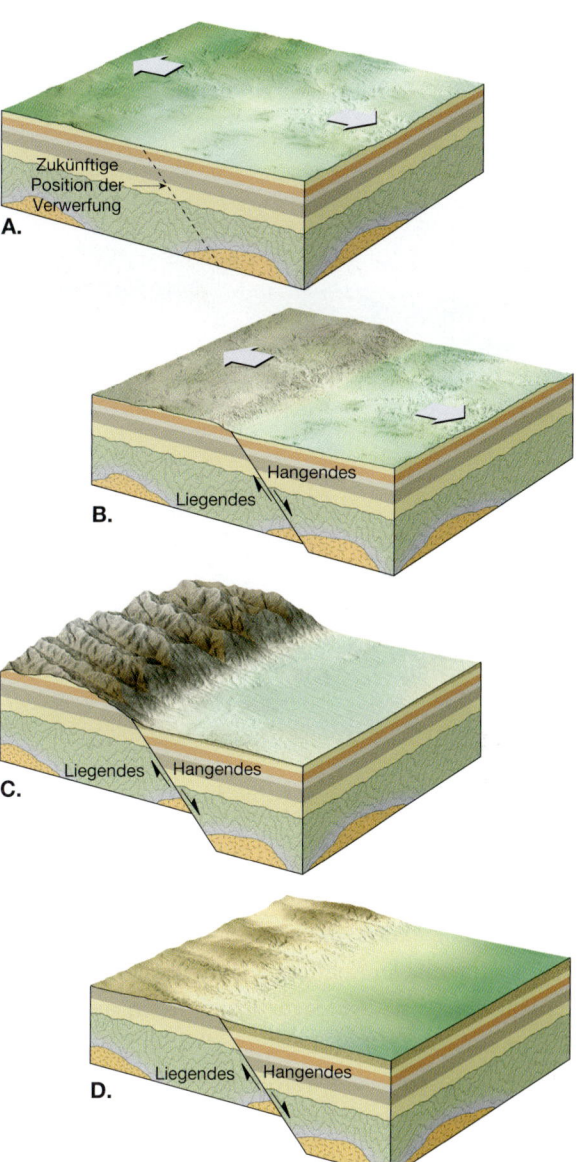

Abbildung 10.21: Die Blockdiagramme zeigen eine Abschiebung. **A.** Die Gesteinsschichten vor der Verwerfung. **B.** Die relative Bewegung von verschobenen Schollen. Verschiebungen können sich in einem Bruchschollengebirge über einen Zeitraum von Millionen von Jahren fortsetzen und bestehen aus vielen, weit auseinanderliegenden Verwerfungsepisoden. **C.** Eine Möglichkeit, wie Erosion die aufgeschobene Scholle verändern könnte. **D.** Schließlich endete die Deformationsperiode und Erosion wird zum dominanten geologischen Prozess.

ken verworfen, die gehoben wurden, als die Schollen nach unten in Richtung Westen geneigt waren. Diese steilwandigen Gebirgsfronten entstanden in einem Zeitraum von 5 bis 10 Millionen Jahren durch viele unregelmäßig auftretende Verwerfungsepisoden. Jedes dieser Ereignisse war für die Verschiebung von nur wenigen Metern verantwortlich.

Andere ausgezeichnete Beispiele von Bruchschollengebirgen findet man in der Basin and Range Province, ein Gebiet, das Nevada und Teile der umgebenden Staaten umfasst (▶Abbildung 10.22). Dort wurde die Kruste ausgedehnt und zerbrochen, um mehr als 200 kleinere Gebirgszüge zu bilden. Mit durchschnittlich 80 Kilometer Länge erheben sich die Gebirgszüge in einer Höhe von 900 bis 1.500 Meter über die nach unten verworfenen Bruchsenken.

Die Topographie der Basin and Range Province entstand durch ein System von in etwa nordsüdlich verlaufenden Abschiebungen. Bewegungen entlang dieser Verwerfungen erzeugten abwechselnd herausgehobene Verwerfungsschollen, **Horste** genannt, und abgesunkene Schollen, die man als **Gräben** bezeichnet. Horste bilden herausgehobene Bereiche, Gräben dagegen Senken. Wie Abbildung 10.22 zeigt, sind Strukturen, die als **Halbgräben** bezeichnet werden, gekippte Verwerfungsschollen und tragen auch zu den sich abwechselnden topographischen Höhen und Tiefen der Basin and Range Province bei. Die Horste und die aufragenden Enden der gekippten Verwerfungsschollen sind der Herkunftsort der Sedimente, die in den Senken abgelagert werden, die durch die Gräben

10 Krustendeformation

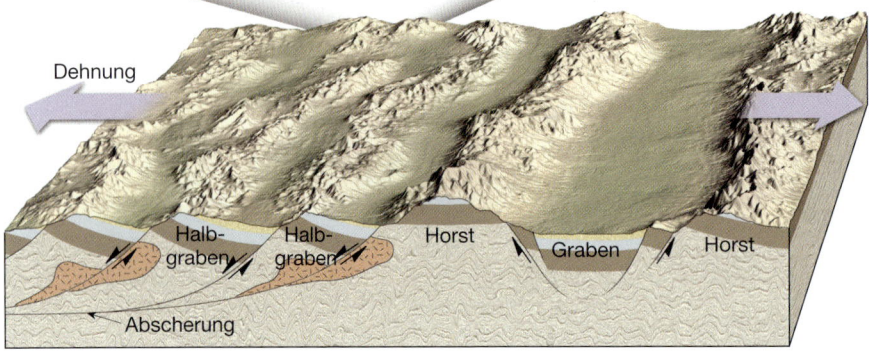

Abbildung 10.22: Abschiebungen in der Basin and Range Province. Hier hat Zugspannung die Kruste ausgedehnt und in zahlreiche Schollen zerbrochen. Durch Bewegung entlang dieser Brüche wurden die Schollen gekippt und ließen parallele Gebirgszüge entstehen, die als Bruchschollengebirge bezeichnet werden. Die abgeschobenen Schollen (Gräben) bilden Senken. Die aufgeschobenen Schollen (Horste) dagegen wurden erodiert und weisen eine schroffe, gebirgige Topographie auf. Außerdem bilden zahlreiche gekippte Schollen (Halbgräben) Senken und Berge. (Foto: Michael Collier)

und die tieferen Enden der gekippten Verwerfungsschollen entstanden sind.

Beachten Sie in Abbildung 10.22, dass die Einfallswinkel der Abschiebungen in der Basin and Range Province nach der Tiefe zu abnehmen und die Verwerfungen sich schließlich verbinden, um eine fast horizontale Verwerfung zu bilden, die man als **Abscherung** oder auch Detachment bezeichnet. Diese Verwerfungen können sich über Hunderte von Kilometern unter der Oberfläche erstrecken. Dort bilden sie eine Hauptgrenze zwischen den Gesteinen darunter, die duktile Deformation aufweisen, und den Gesteinen darüber, die sprödes Deformationsverhalten in Form von Verwerfungen zeigen.

Abschiebungen sind auch an Spreizungszentren weit verbreitet, an welchen Plattendivergenz auftritt. Dort wird eine zentrale Scholle (Graben) von Abschiebungen begrenzt und sie sinkt ab, sobald sich die Platten trennen. Diese Gräben erzeugen ein längliches Tal, das von herausgehobenen Verwerfungsschollen (Horsten) begrenzt wird.

Die ostafrikanische Grabenzone besteht aus mehreren großen Gräben, über welchen gekippte Horste eine lineare gebirgige Topographie entstehen lassen. Dieses Tal mit fast 6.000 Kilometer Länge ist der Fundort von einigen der ältesten menschlichen Fossilien. Beispiele von inaktiven Grabenzonen findet man im Rheintal in Deutschland und in den Gräben triassischen Alters im Osten der Vereinigten Staaten. Sogar noch größere inaktive Abschiebungen weisen die auseinandergedrifteten Kontinentalränder auf, wie die entlang der Ostküsten der beiden amerikanischen Kontinente und die Westküsten von Europa und Afrika.

Studenten fragen manchmal …

Hat jemals jemand beobachtet, wie sich eine Verwerfungsstufe gebildet hat?

Erstaunlicherweise ja. Es gab mehrere Fälle, wo Menschen zufällig zur richtigen Zeit am richtigen Ort waren, um die Entstehung einer Verwerfungsstufe zu beobachten – und dies auch überlebten, um davon zu berichten. Im Jahr 1983 bildete sich durch ein starkes Erdbeben eine drei Meter hohe Verwerfungsstufe in Idaho, was mehrere Menschen beobachteten. Häufiger werden Verwerfungsstufen bemerkt, nachdem sie sich gebildet haben. Zum Beispiel entstand 1999 durch ein Erdbeben in Taiwan eine bis zu acht Meter hohe Verwerfungsstufe, die einen neuen Wasserfall bildete und eine nahegelegene Brücke zerstörte.

Verwerfungsbewegungen liefern Geologen eine Methode zur Bestimmung der Eigenschaften der Kräfte, die auf der Erde wirken. Abschiebungen weisen auf die Anwesenheit von Dehnungskräften hin, die die Kruste auseinanderziehen. Dieses „Auseinanderziehen" wird entweder durch Hebung erreicht, wodurch sich die Oberfläche dehnt oder bricht, oder aber durch entgegengesetzt wirkende horizontale Kräfte.

Aufschiebungen und Überschiebungen Aufschiebungen und **Überschiebungen** sind Verwerfungen, bei denen sich die hangende Scholle relativ zur liegenden Scholle nach oben bewegt (▶ Abbildung 10.23). Sie erinnern sich, dass Aufschiebungen ein Einfallen von 45° und mehr haben und Überschiebungen einen Winkel aufweisen, der kleiner als 45° ist. Da sich die hangende Scholle nach oben und über die liegende Scholle bewegt, führen Überschiebungen zur horizontalen Verkürzung und vertikalen Verdickung der Kruste.

Die meisten spitzwinkligen Aufschiebungen sind klein und weisen örtliche Verschiebungen in Regionen auf, die durch andere Verwerfungstypen dominiert werden. Überschiebungen treten dagegen in allen Größenordnungen auf. Kleine Überschiebungen umfassen Verschiebungen in der Größenordnung von Millimetern bis hin zu einigen Metern. Manche große Überschiebungen besitzen Verschiebungsbeträge von zehn bis Hunderte von Kilometern.

Während Abschiebungen in einem durch Dehnung gekennzeichneten Umfeld auftreten, entstehen Überschiebungen durch große Kompressionsspannungen. In diesen Milieus werden die Krustenschollen zueinander verschoben, wobei das Hangende nach oben, relativ zum Liegenden, verschoben wird. Überschiebungen sind besonders ausgeprägt an Subduktionszonen, aber auch an anderen konvergenten Plattengrenzen, wo Platten zusammenprallen. Kompressionskräfte bringen sowohl Falten als auch Verwerfungen hervor und verursachen eine Verdickung und Verkürzung des beteiligten Materials.

In Gebirgsregionen wie den Alpen, den nördlichen Rocky Mountains, dem Himalaya und den Appalachen haben Überschiebungen Gesteinsschichten bis zu 50 Kilometer weit über die angrenzenden Gesteinseinheiten verfrachtet. Als Ergebnis dieser großräumigen Bewegungen lagern ältere Schichten über jüngerem Gestein. Einen mustergültigen Ort einer Überschiebung kann man im Glacier-Nationalpark (▶ Abbildung 10.24) sehen. Dort bestehen die Gebirgsgipfel, die die

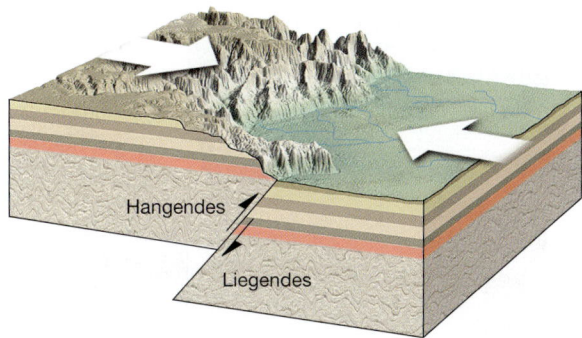

Abbildung 10.23: Das Blockdiagramm zeigt die relative Bewegung entlang einer Aufschiebung.

majestätische Landschaft des Parks ausmachen, aus präkambrischen Gesteinen, die über die viel jüngeren Kreideschichten geschoben wurden. An der östlichen Grenze des Glacier Nationalparks befindet sich ein entlegener Gipfel mit Namen Chief Mountain. Diese Struktur ist ein vereinzelter Überrest einer Überschiebungsdecke, der durch die Erosionskräfte von Gletschereis und fließendem Wasser abgetrennt wurde. Eine isolierte Gesteinsscholle wie der Chief Mountain wird als **tektonische Deckscholle** oder **Klippe** bezeichnet (▶ Abbildung 10.25).

10.5.2 Blattverschiebungen (Transversal-, Horizontal- oder Seitenverschiebungen)

Verwerfungen mit vorherrschenden Verschiebungen horizontal und parallel zum Streichen der Verwerfungsfläche nennt man Seitenverschiebungen oder **Blattverschiebungen** (Strike-Slip Faults). Aufgrund ihrer riesigen Ausmaße und ihrer geradlinigen Ausprägung hinterlassen viele Blattverschiebungen eine Spur, die über große Entfernungen sichtbar ist (▶ Abbildung 10.26). Statt aus einem einzelnen Bruch, an dem die Bewegung stattfindet, bestehen Blattverschiebungen aus einer Zone von in etwa parallel verlaufenden Brüchen. Die Zone kann mehrere Kilometer breit sein. Die aktuellste Bewegung findet oft an einem wenige Meter breiten Strang statt, wo zum Beispiel Flussbetten versetzt werden (▶ Abbildung 10.27). Außerdem werden durch die Verwerfung entstandene, zerquetschte und zerbrochene Gesteine leichter erodiert und erzeugen oft geradlinige Täler oder Tröge, die die Stellen der Blattverschiebung markieren.

Die frühesten wissenschaftlichen Aufzeichnungen von Blattverschiebungen entstanden, indem man Ober-

10 Krustendeformation

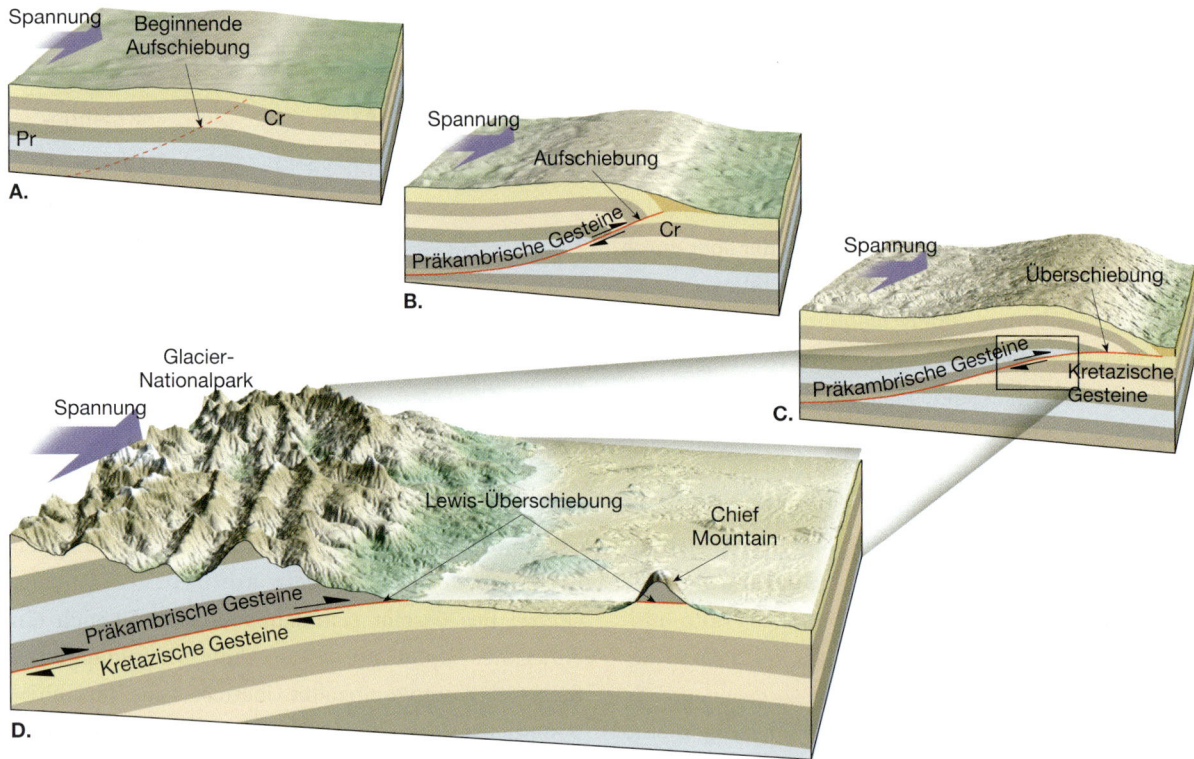

Abbildung 10.24: Idealisierte Entwicklung der Lewis-Überschiebung. **A.** Die geologische Situation vor der Deformation. **B.**, **C.** Die großräumige Bewegung entlang einer Überschiebung verfrachtete in der Region des Glacier-Nationalparks präkambrische Gesteine über Kreideschichten. **D.** Die Erosion durch Gletschereis und fließendes Wasser formten aus der Überschiebungsdecke eine eindrucksvolle Landschaft und eine isolierte Scholle, ein Überrest der Überschiebungsdecke, Chief Mountain genannt.

Abbildung 10.25: Der Chief Mountain im Glacier-Nationalpark von Montana ist eine tektonische Deckscholle (Klippe). (Foto: David Muench)

10.5 Verwerfungen

Abbildung 10.26: Luftbild einer Blattverschiebung (rechts-lateral) im südlichen Nevada. Sie sehen, dass der Kamm des weißen Gesteins, oben rechts im Foto, relativ zu demselben Kamm im unteren, linken Teil des Fotos nach rechts versetzt wurde.

> ### Studenten fragen manchmal ...
>
> **Weisen Verwerfungen nur Blattverschiebungen oder nur Auf- bzw. Abschiebungen auf?**
>
> Nein. Blattverschiebungen und Abschiebungen stehen sich an den Enden eines Spektrums von Verwerfungsstrukturen gegenüber. Verwerfungen, die eine Kombination z.B. aus Abschiebungen und Blattverschiebungen aufweisen, nennt man *Schrägabschiebung* (oblique-slip fault). Obwohl die meisten Verwerfungen eine schräge Bewegungsrichtung erkennen lassen, weisen sie eine vorherrschende Abschiebungs-, Aufschiebungs- oder Seitenverschiebungsbewegung auf.

flächenrissen folgte, die große Erdbeben verursachten. Eines der bemerkenswerten davon war das große Erdbeben von San Francisco im Jahr 1906. Während dieses starken Erdbebens wurden Strukturen, wie Zäune, die quer über die San Andreas-Verwerfung errichtet worden waren, bis zu 4,7 Meter versetzt. Da die Bewegung entlang der San Andreas-Verwerfung die Krustenschollen auf den sich gegenüberliegenden Seiten der Verwerfung nach rechts bewegen lässt (wenn Sie der Verwerfung gegenüberstehen), wird sie rechts-laterale (oder dextrale) Blattverschiebung genannt. Die Great Glen-Verwerfung in Schottland ist eine bekannte links-laterale (sinistrale) Blattverschiebung, die den gegensätzlichen Verschiebungssinn aufweist. Die Gesamtverschiebung entlang des Great Glen wird auf über 100 Kilometer geschätzt. Mit dieser Verwerfungsspur sind zahlreiche Seen vergesellschaftet, einschließlich des Loch Ness, die Heimat des legendären Ungeheuers.

Viele große Blattverschiebungen schneiden durch die Lithosphäre und umfassen Bewegungen zwischen zwei großen Krustenplatten. Sie erinnern sich an die besondere Art von Blattverschiebungen, die **Transformstörungen**. Zahlreiche Transformstörungen schneiden durch die ozeanische Lithosphäre und verbinden sich auseinanderspreizende Ozeanrücken. Andere weisen eine Verschiebung zwischen zwei Kontinentalplatten auf, die sich horizontal im Verhältnis zueinander bewegen. Eine der bekanntesten Transformstörungen ist die San Andreas-Verwerfung in Kalifornien (▶siehe Exkurs 10.2). Diese plattenbegrenzende Verwerfung kann man über 950 Kilometer weit verfolgen, vom Golf von Kalifornien bis zu einem

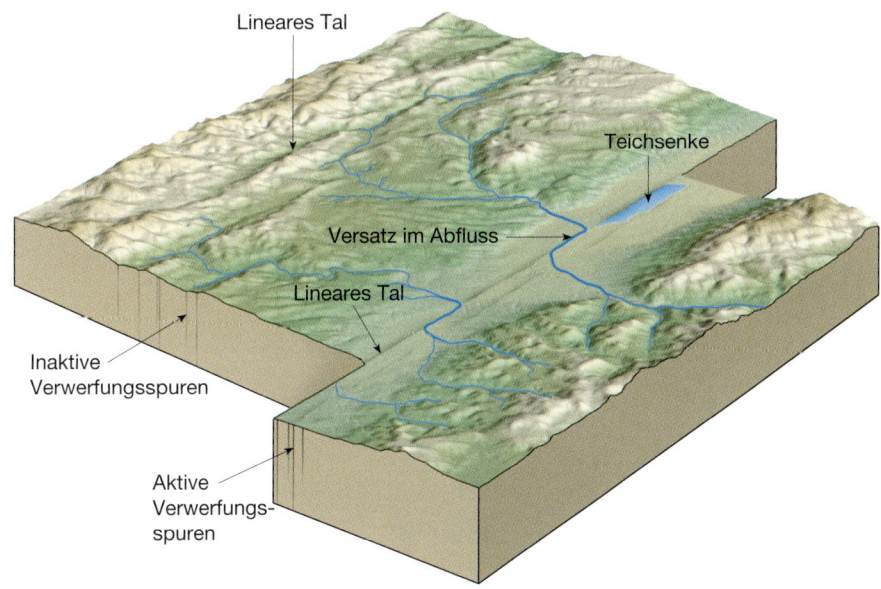

Abbildung 10.27: Das Blockdiagramm stellt die Geländemerkmale dar, die mit einer Blattverschiebung vergesellschaftet sind. Sie sehen, wie Flusstäler durch die Bewegung der Verwerfung versetzt werden. Die Verwerfungen in diesem Diagramm sind rechts-laterale Blattverschiebungen. (Modifiziert nach R.L. Wesson et al.)

10 Krustendeformation

EXKURS 10.2 – MENSCH UND UMWELT

■ Das San Andreas-Verwerfungssystem

Das San Andreas-Verwerfungssystem ist das bestbekannte und größte Verwerfungssystem in Nordamerika. Es erregte im Jahr 1906 durch das schwere Erdbeben und Feuer in San Francisco erstmals große Aufmerksamkeit. Geologische Untersuchungen, die auf die verheerenden Ereignisse folgten, bewiesen, dass eine Verschiebung von fünf Metern entlang der Verwerfung für das Erdbeben verantwortlich war. Heute ist bekannt, dass dieses dramatische Ereignis nur eines von vielen Tausenden von Erdbeben war, die von immer wieder auftretenden Bewegungen entlang der San Andreas-Verwerfung in seiner 29 Millionen Jahre alten Geschichte herrührten.

Wo befindet sich das San Andreas-Verwerfungssystem? Wie in ▶Abbildung 10.B gezeigt, verläuft es in nordwestlicher Richtung über nahezu 1.300 Kilometer durch fast das gesamte Westkalifornien. An seinem südlichen Ende verbindet sich die San Andreas-Verwerfung mit Spreizungszentren, die sich im Golf von Kalifornien befinden. Im Norden tritt die Verwerfung bei Point Arena in den Pazifischen Ozean ein und man nimmt an, dass sie in nordwestlicher Richtung weiterführt und sich schließlich an der Mendocino-Bruchzone anschließt. In der zentralen Zone ist die San Andreas-Verwerfung relativ einfach und gerade. Doch an den beiden Enden der Störung breiten sich mehrere Zweige von der Hauptspur weg aus, so dass in manchen Gebieten die Verwerfungszone mehr als 100 Kilometer breit ist.

Über weite Teile ihrer Ausdehnung deutet ein linearer Trog auf die Existenz der San Andreas-Verwerfung hin. Betrachtet man das System von der Luft aus, markieren lineare Narben, versetzte Flussbetten und ausgelängte Teiche die Spur auf auffällige Weise. Vom Boden aus sind die Spuren auf der Oberfläche viel schwieriger zu erkennen. Manche auffällige Landausprägungen sind lange gerade Steilhänge, enge Kämme, Senkungsteiche, die durch das Absetzen von Gesteinsschollen innerhalb der Verwerfungszone entstehen. Zudem krümmen sich viele Flussbecken scharf nach rechts, wenn sie die Verwerfung queren (▶Abbildung 10.C).

Mit dem Aufkommen der Theorie zur Plattentektonik erkannten die Geologen die Bedeutung dieses großen Verwerfungssystems. Die San Andreas-Verwerfung ist

Abbildung 10.B: Die Karte zeigt die Ausdehnung des San Andreas-Verwerfungssystems. Auf der Einblendung sieht man viele abgespaltene Verwerfungen, die zum großen Verwerfungssystem gehören.

Jahr	Ort	Stärke	Bemerkungen
1812	Wrightwood, Kalifornien	7	Die Kirche von San Juan Capistrano stürzte ein, 40 Betende wurden getötet.
1812	Santa Barbara-Kanal	7	Kirchen und andere Gebäude wurden in und um Santa Barbara herum zerstört.
1838	San Francisco-Halbinsel	7	Man hielt es für vergleichbar mit dem großen Erdbeben von 1906.
1857	Fort Tejon, Kalifornien	8,25	Eines der größten Erdbeben in den Vereinigten Staaten. Es trat in der Nähe von Los Angeles auf, damals eine Stadt mit 4.000 Einwohnern.
1868	Hayward, Kalifornien	7	Ein Riss der Hayward-Verwerfung verursachte erhebliche Schäden im Gebiet der San Francisco Bay.
1906	San Francisco, Kalifornien	8,25	Das große Erdbeben von San Francisco. Mehr als 80 Prozent der Schäden wurden durch Feuer verursacht, weil Gasleitungen brachen und das Gas sich entzündete. Weil auch die Wasserleitungen brachen, hatte die Feuerwehr kein Löschwasser.
1940	Imperial Tal	7,1	Verschiebung an der neu entdeckten Imperial-Verwerfung.
1952	Kern County	7,7	Riss der White Wolf-Verwerfung. Das größte Erdbeben in Kalifornien seit 1906. Zwölf Menschen wurden getötet und es entstand ein Schaden in Höhe von 60 Millionen Dollar.
1971	San Fernando-Tal	6,5	58 Tote und eine halbe Milliarde Dollar an Schäden.
1989	Santa Cruz Mountains	7,1	Loma Prieta-Erdbeben. 62 Menschen verloren ihr Leben und 3.757 wurden verletzt. Zudem entstand ein Schaden von 6 Milliarden Dollar.
1994	Northridge (nahe Los Angeles)	6,9	51 Tote und über 5.000 Verletzte sowie Schäden in Höhe von 15 Milliarden Dollar.

Tabelle 10.A: Große Erdbeben am San Andreas-Verwerfungssystem.

eine Transformgrenze, die zwei sich sehr langsam bewegende Platten trennt. Die Pazifische Platte im Westen bewegt sich relativ zur Nordamerikanischen Platte nordwestlich und verursacht dadurch Erdbeben entlang der Verwerfung (▶ Tabelle 10.A).

Die San Andreas-Verwerfung ist zweifellos das am besten untersuchte Verwerfungssystem der Welt. Zwar bleiben viele Fragen unbeantwortet, doch haben die Geologen daraus gelernt, dass jedes Verwerfungssegment einer Verwerfung ein etwas anderes Verhalten aufweist. Manche Teile der San Andreas-Verwerfung weisen ein langsames Kriechen mit geringer seismischer Aktivität auf. Andere Segmente verrutschen regelmäßig und verursachen dabei kleine Erdbeben, während wieder andere Segmente elastische Energie über mehr als 200 Jahre speichern, bevor sie zerreißen und dadurch ein großes Erdbeben hervorrufen. Diese Kenntnisse sind wichtig, wenn man für bestimmte Segmente ein Erdbebengefährdungspotenzial bestimmen soll.

Aufgrund der Länge und Komplexität der San Andreas-Verwerfung spricht man besser von einem „Verwerfungssystem". Das Hauptverwerfungssystem besteht im Wesentlichen aus der San Andreas-Verwerfung und mehreren Hauptzweigen, einschließlich der Hayward- und Calaveras-Verwerfungen von Zentralkalifornien und der San Jacinto- und Elsinore-Verwerfung des südlichen Kaliforniens (Abbildung 10.B). Diese Hauptsegmente und eine riesige Zahl kleinerer Verwerfungen, wozu die Imperial-Verwerfung, die San Fernando-Verwerfung und die Santa Monika-Verwerfung gehören, verursachen gemeinsam die relative Bewegung zwischen der Nordamerikanischen und der Pazifischen Platte.

Die an der San Andreas-Verwerfung sich gegenüberliegenden Gesteinsschollen bewegen sich horizontal in entgegengesetzte Richtungen – als würde eine Person, die auf einer Seite der Verwerfung stünde, beobachten, dass sich die Gesteinsscholle auf der gegenüberliegenden Seite bei einer Verrutschung nach rechts bewegt. Diese Art von Verschiebung bezeichnen Geologen als dextrale oder rechts-laterale Blattverschiebung (Abbildung 10.C).

Seit dem großen Erdbeben von 1906 in San Francisco, als Verschiebungen von fünf Metern auftraten, haben Geologen versucht, den gesamten Verschiebungsbetrag entlang dieser Verwerfung in ihrer 29 Millionen Jahre langen Geschichte festzustellen. Geologen ordneten die Gesteinseinheiten entlang der Verwerfung einander zu und konnten eine Gesamtverschiebung durch Erdbeben und Gleiten von über 560 Kilometer feststellen.

Abbildung 10.C: Das Luftbild zeigt den Versatz eines Flussbettes quer über die San Andreas-Verwerfung auf der Carrizo-Ebene westlich von Taft, Kalifornien. (Foto: Michael Collier DRK Photo)

Punkt entlang der pazifischen Küste nördlich von San Francisco, wo sie ins Meer hinausstreicht. Seit ihrer Entstehung vor 29 Millionen Jahren hat die Verschiebung entlang der San Andreas-Verwerfung über 560 Kilometer zurückgelegt. Diese Bewegung beinhaltet die nordwärts gerichtete Verschiebung des südwestlichen Kaliforniens und der Baia-Halbinsel von Mexiko in Relation zum verbleibenden Nordamerika.

Klüfte 10.6

Zu den am häufigsten vorkommenden Gesteinsstrukturen zählen Brüche, die man **Klüfte** nennt. Anders als bei Verwerfungen handelt es sich bei Klüften um Brüche, entlang welcher keine nennenswerte Verschiebung auftritt. Manche Klüfte haben zwar eine zufällige Orientierung, doch die meisten treten in etwa in parallelen Scharen auf (Abbildung 6.6).

Wir haben bereits zwei Arten von Klüften betrachtet. Wir haben erfahren, dass sich *Säulenklüfte* bilden, wenn magmatische Gesteine abkühlen und sich Schrumpfungsbrüche entwickeln, die längliche pfeilerartige Säulen hervorrufen (▶Abbildung 10.28).

Sie erinnern sich auch, dass Abschalung ein Muster von leicht gekrümmten Klüften verursacht, die sich mehr oder weniger parallel zur Oberfläche von großen freigelegten magmatischen Körpern wie Batholithen entwickeln. Dort entsteht die Klüftung durch eine allmähliche Ausdehnung, die dann auftritt, wenn Erosion die auflagernde Last entfernt.

Im Gegensatz zu den gerade beschriebenen Strukturen entstehen Klüfte, wenn Gesteine der äußersten Kruste deformiert werden. Dort veranlassen Zug- und Scherspannung zusammen mit Krustenbewegungen das Gestein, durch spröde Brüche zu zerfallen. Tritt beispielsweise Faltung auf, so wird das Gestein, das sich an den Faltenscharnieren befindet, gedehnt und auseinandergezogen und es entstehen Zugklüfte. Ausgedehnte Kluftmuster können sich auch als Reaktion auf eine relativ sanfte und oft fast nicht bemerkbare regionale Auf- und Abwölbung der Kruste entwickeln. In vielen Fällen ist die Ursache für Klüftung an bestimmten Schauplätzen nicht ohne Weiteres erkennbar.

Viele Gesteine zerbrechen durch zwei oder sogar drei Scharen von sich überschneidenden Klüften, die das Gestein in zahlreiche, gleichmäßig geformte

Abbildung 10.28: Der Devil's Tower, das Nationalmonument im östlichen Wyoming. Im September 1906 wurde dieses als erstes Nationalmonument der Vereinigten Staaten eingeführt. Der fast vertikale Monolith erhebt sich mehr als 380 Meter über das umgebende Grasland und die Nadelwälder. Die eindrucksvolle Struktur weist Säulenklüfte und die daraus entstehenden Säulen auf. Säulenklüfte bilden sich, wenn magmatische Gesteine bei der Abkühlung Schrumpfungsbrüche entwickeln, die fünf- bis siebenseitige längliche säulenähnliche Strukturen hervorbringen. (Foto: Bob Thomason/Tony Stone Image)

Scheiben schneiden. Diese Kluftscharen üben oft einen starken Einfluss auf andere geologische Prozesse aus. Beispielsweise scheint sich chemische Verwitterung entlang von Klüften zu konzentrieren und in vielen Gegenden wird die Grundwasserbewegung und die dadurch entstehende Auflösung von löslichem Gestein durch das Kluftmuster kontrolliert (▶ Abbildung 10.29). Zudem kann ein Kluftsystem die Richtung eines Flusslaufs beeinflussen. Das rechtwinklige Entwässerungsmuster, das in Kapitel 16 beschrieben wird, ist ein Beispiel dafür.

Klüfte können auch vom wirtschaftlichen Blickpunkt aus bedeutend sein. Manche der weltgrößten und bedeutendsten Lagerstätten für Rohstoffe befinden sich entlang von Kluftsystemen. Hydrothermale Lösungen, die nichts anderes als mineralisierte Fluide sind, wandern in das zerbrochene Wirtsgestein und fällen wirtschaftlich bedeutende Mengen an Kupfer, Silber, Gold, Zink, Blei, Flussspat und Uran aus.

Außerdem stellen stark zerklüftete Gesteine ein Risiko für den Bau technischer Konstruktionen dar, einschließlich von Fernstraßen und Dämmen. Am 5. Juni 1975 verloren durch einen Dammbruch des Teton-Damms in Idaho 14 Menschen ihr Leben und es entstand ein Schaden von fast einer Milliarde Dollar. Dieser irdene Damm war aus sehr leicht erodierbaren Tonen und Silten errichtet worden und befand sich auf einem stark zerbrochenen vulkanischen Gestein. Zwar gab es Versuche, die Hohlräume in dem zerklüfteten Gestein zu füllen, aber das Wasser durchdrang allmählich die Brüche unter der Oberfläche und untergrub das Fundament des Damms. Schließlich bahnte sich das fließende Wasser den Weg durch einen Tunnel in die leicht erodierbaren Tone und Silte. Innerhalb von Minuten brach der Damm und eine 20 Meter hohe Wasserwand schoss den Teton und den Snake River hinunter.

Abbildung 10.29: Chemische Verwitterung tritt verstärkt entlang von Klüften auf – hier im granitischen Gestein in der Nähe des Gipfels des Lembert Dome im Yosemite-Nationalpark, Kalifornien. (Foto: E.J. Tarbuck)

ZUSAMMENFASSUNG

Deformation bezieht sich auf Veränderung in der Form und/oder des Volumens eines Gesteinskörpers und tritt am deutlichsten an Plattengrenzen auf. Um die Kräfte zu beschreiben, die die Gesteine verformen, verwenden die Geologen die Bezeichnung Spannung für die Größe einer Kraft, die auf eine bestimmte Fläche wirkt. Spannung, die in alle Raumrichtungen gleichförmig wirkt, bezeichnet man als lithostatischen Druck, dagegen wählt man die Bezeichnung Differentialspannung bei ungleichen Kräften in verschiedenen Raumrichtungen. Bei Differentialspannungen, die ein Gestein horizontal verkürzen, handelt es sich um Kompressionsspannungen, diejenigen, die ein Gestein in die Länge ziehen, beschreibt man als Zugspannungen. „Strain" bezeichnet die Veränderung der Größe und Gestalt eines Gesteins, die durch Spannung verursacht wird.

Gesteine verändern sich auf unterschiedliche Weise, abhängig vom Milieu (Temperatur und lithostatischer Druck), der Zusammensetzung und des Gefüges des Gesteins und der Zeitdauer, in der die Spannung aufgebaut und beibehalten wird. Gesteine reagieren zunächst mit *elastischer* Verformung und erhalten ihre ursprüngliche Gestalt wieder, sobald die Spannung nachlässt. Sobald die Elastizitätsgrenze (Festigkeit) überschritten wird, verformen sich die Gesteine entweder durch duktiles Fließen oder indem sie brechen. *Duktile Deformation* ist ein Fließen aus dem Festzustand heraus, wodurch sich ein Objekt in seiner Größe und Gestalt verändert, ohne zu zerbrechen. Duktiles Fließen kann von allmählichem Gleiten und Rekristallisation entlang von Schwächebenen innerhalb des Kristallgitters der Mineralkörner begleitet sein. Duktile Deformation tritt in Hochtemperatur-/ Hochdruckmilieus auf. In oberflächennahen Milieus verformen sich die meisten Gesteine durch *spröden Bruch*.

Die Orientierung einer Gesteinseinheit oder einer Verwerfungsfläche wird durch Messungen festgelegt, die man als Streichen und Einfallen bezeichnet. Das *Streichen* ist die Kompassrichtung einer Linie, die durch die Schnittstelle einer geneigten Gesteinsschicht oder Verwerfung mit einer (gedachten) horizontalen Ebene entsteht. Das *Einfallen* ist der Neigungswinkel der Fläche einer Gesteinseinheit oder einer Verwerfungsfläche von einer horizontalen Ebene aus gemessen.

Die einfachsten mit Gesteinsdeformation vergesellschafteten geologischen Strukturen sind *Falten* (flachliegende Sedimentgesteine oder Vulkanite, die in eine Serie von wellenartigen Undulationen verbogen wurden) sowie *Verwerfungen*. Die zwei häufigsten Faltentypen sind *Antiklinalen*, gebildet durch Faltung von Gesteinsschichten nach oben oder deren Aufwölbung und *Synklinalen*, die nach unten gefaltet wurden. Die meisten Falten sind das Ergebnis von horizontal angreifenden Kompressionsspannungen. Falten können *symmetrisch*, *asymmetrisch* oder falls ein Faltenschenkel über die Vertikale gekippt wurde, *überkippt* sein. *Dome* (hochgewölbte Strukturen) und *Becken* (nach unten gewölbte Strukturen) sind rundliche oder etwas längliche Falten, die durch vertikale Verschiebung von Schichten entstanden sind.

Verwerfungen (Störungen) sind Brüche in der Kruste, entlang welcher deutliche Verschiebungen auftreten. Verwerfungen mit vorwiegend vertikaler Bewegung bezeichnet man als *lotrechte Verwerfung*. Zu diesen gehören *Abschiebungen* und Aufschiebungen. Aufschiebungen mit einem flachen Winkel nennt man *Überschiebungen*. *Abschiebungen* weisen auf Zugspannung hin, die die Kruste auseinanderzieht. Entlang von Plattenspreizungszentren kann durch die Divergenz eine zentrale Scholle (Graben genannt), die durch *Abschiebungen* begrenzt wird, nach unten rutschen, wenn sich die Platten voneinander wegbewegen.

Aufschiebungen und Überschiebungen weisen auf Kompressionsspannung hin. Große Überschiebungen findet man entlang von Subduktionszonen und anderen konvergenten Plattengrenzen, dort, wo Platten zusammenprallen. In Gebirgsregionen wie den Alpen, den nördlichen Rocky Mountains, dem Himalaya und den Appalachen haben Überschiebungen Gesteinsschichten bis zu mehr als 100 Kilometer weit über die angrenzenden Gesteinseinheiten verfrachtet.

Blattverschiebungen weisen hauptsächlich horizontale Verschiebung parallel zum Streichen der Verwerfungsfläche auf. Große Blattverschiebungen werden Transformstörungen genannt und verursachen Verschiebungen zwischen Plattengrenzen. Die meisten Transformstörungen durchschneiden ozeanische Lithosphäre und verbinden sie mit Spreizungszentren. Die San Andreas-Verwerfung schneidet durch kontinentale Lithosphäre und verursacht die nordwärts gerichtete Verschiebung des südwestlichen Kaliforniens.

Klüfte sind Brüche, entlang welcher keine nennenswerten Verschiebungen auftreten. Klüfte treten häufig in Scharen auf, mit in etwa paralleler Orientierung zueinander. Sie sind das Ergebnis spröder Schwächezonen in Gesteinseinheiten der äußersten Kruste.

Z U S A M M E N F A S S U N G

Wiederholungsfragen

1. Was ist eine Gesteinsdeformation? Wie verändert sich ein Gesteinskörper während der Deformation?
2. Nennen Sie fünf geologische Strukturen, die mit Deformation vergesellschaftet sind.
3. In welcher Beziehung steht Spannung zu Kraft?
4. Stellen Sie Kompressionsspannung und Zugspannung gegenüber.
5. Beschreiben Sie, wie Scherspannung ein Gestein in einem oberflächennahen Milieu deformieren kann.
6. Vergleichen Sie „Strain" und Spannung (Stress).
7. Wie unterscheidet sich spröde Deformation von duktiler Deformation?
8. Nennen Sie drei Faktoren, die das Verhalten von Gesteinen bestimmen, wenn sie Spannung ausgesetzt sind, die ihre Festigkeit übersteigt. Erklären Sie kurz die jeweilige Funktion.
9. Was ist ein Aufschluss?
10. Welche Messungen verwendet man, um die Orientierung deformierter Schichten ausfindig zu machen? Nennen Sie die Unterschiede.

11. Unterscheiden Sie zwischen Antiklinalen und Synklinalen, Domen und Becken, Antiklinalen und Domen.
12. Was ist der Unterschied zwischen einer Monoklinale (Flexur) und einer Antiklinale?
13. Die Black Hills von Süddakota sind ein gutes Beispiel für welche Art von Strukturmerkmal?
14. Vergleichen Sie die Bewegungen, die an einer Abschiebung und einer Aufschiebung auftreten. Welche Art von Spannung tritt jeweils auf?
15. Ist die in Abbildung 10.18 gezeigte Verwerfung eine Abschiebung oder eine Aufschiebung?
16. Beschreiben Sie einen Horst und einen Graben. Erklären Sie, wie sich ein Grabental bilden kann, und nennen Sie eines.
17. Welche Art von Verwerfungen sind mit Bruchschollengebirgen vergesellschaftet?
18. Wie unterscheiden sich Aufschiebungen von Überschiebungen? Auf welche Weise sind sie gleich?
19. Die San Andreas-Verwerfung ist ein ausgezeichnetes Beispiel für eine _____ störung.
20. Mit welchen der drei Typen von Plattengrenzen treten Abschiebungen auf? Mit welchen Aufschiebungen? Mit welchen Blattverschiebungen?
21. Wie unterscheiden sich Klüfte von Verwerfungen?

Größere Multiple-Choice-Tests zur Wissenskontrolle und Prüfungsvorbereitung sowie weitere Informationen zu diesem Buchkapitel finden Sie auf der Companion Website zum Buch unter **www.pearson-studium.de**

Erdbeben

11.1	Was ist ein Erdbeben?	353
11.2	Risse und Ausbreitung durch Erdbeben	357
11.3	Die San Andreas-Verwerfung – eine aktive Erdbebenzone	357
11.4	Seismologie – die Lehre von Erdbebenwellen	358
11.5	Die Ermittlung der Herkunft eines Erdbebens	362
11.6	Die Messung der Stärke von Erdbeben	364
11.7	Zerstörung durch Erdbeben	370
11.8	Kann man Erdbeben vorhersagen?	376
11.9	Erdbeben: Anzeichen für Plattentektonik	383
Zusammenfassung		385
Wiederholungsfragen		386

ÜBERBLICK

11

11 Erdbeben

Die Nachwirkungen eines verheerenden Tsunamis in der Küstenstadt von Banda Aceh auf der indonesischen Insel Sumatra am 26. Dezember 2004. (Foto: Mark Pearson/Alamy)

Am 17. Oktober 1989 um 5.04 Uhr pazifischer Tageszeit setzten sich Millionen von Menschen auf der ganzen Welt vor den Fernseher, um das dritte Spiel der Word Series anzusehen.
Stattdessen wurde der Bildschirm schwarz, als Erdstöße den Candlestick Park von San Francisco erschütterten. Obwohl sich das Erdbebenzentrum in einem abgelegenen Teil des Santa Cruz-Gebirges 100 Kilometer südlich befand, kam es im Marina-Distrikt von San Francisco zu großen Schäden.

Die größte Tragödie der heftigen Erschütterungen war der Einsturz der doppelstöckigen Autobahn 880, auch als Nimitz-Autobahn bekannt. Durch die Bodenbewegungen schwankte das obere Deck und zerschmetterte die stützenden Betonpfeiler entlang eines Abschnitts von einer Meile auf der Autobahn. Das obere Deck stürzte auf den unteren Teil und zerdrückte Autos, als wären sie Aluminiumdosen. Dieses Erdbeben, benannt nach seinem Ursprungspunkt Loma Prieta, forderte 67 Menschenleben.

Mitte Januar 1994, weniger als fünf Jahre, nachdem das Loma Prieta-Erdbeben Teile der Bucht von San Francisco verwüstet hatte, erschütterte ein großes Erdbeben das Northridge-Gebiet von Los Angeles. Es war zwar nicht das besagte „Große Erdbeben", doch dieses mäßig starke Erdbeben mit 6,7 auf der Richterskala, forderte 51 Todesopfer, verletzte 5.000 Menschen und schnitt Tausende von Haushalten von der Strom- und Wasserversorgung ab. Der Schaden überstieg 40 Milliarden US$. Die Ursache war eine unbekannte Verwerfung, die 18 Kilometer unterhalb von Northridge aufgerissen war.

Das Erdbeben von Northridge begann um 4.31 Uhr früh und dauerte etwa 40 Sekunden. Während dieses kurzen Zeitraums versetzte das Erdbeben das gesamte Gebiet von Los Angeles in Angst und Schrecken. In dem dreistöckigen Northridge Meadows-Appartmentkomplex starben 16 Menschen, als Teile der oberen Stockwerke einstürzten und auf die unteren Stockwerke fielen. Fast 300 Schulen wurden erheblich beschädigt, Dutzende von Hauptstraßen waren aufgebrochen. Darunter befanden sich die beiden Hauptzubringer Kaliforniens, die Golden State-Autobahn, auf der eine Überführung komplett einbrach und die Straße blockierte, und die Santa Monica-Autobahn. Glücklicherweise war so früh am morgen kaum Verkehr auf diesen beiden Straßen.

In den nahegelegenen Granada Hills verursachten leckgeschlagene Gasleitungen eine Feuersbrunst und Wasserrohrbrüche führten zu Überflutungen der Straßen. Siebzig Häuser brannten im Sylmargebiet. Ein Güterzug mit Güterwägen entgleiste, wobei manche Gefahrgut geladen hatten. Es ist bemerkenswert, dass die Zerstörung nicht größer war. Ohne Frage hat die Nachrüstung von Gebäuden gemäß der Baubestimmungen, die für diese Erdbebengefährdungszone entwickelt wurden, geholfen, eine möglicherweise viel größere menschliche Tragödie zu vermeiden.

Was ist ein Erdbeben? 11.1

Ein **Erdbeben** ist die Erschütterung der Erde, die durch die plötzliche Freisetzung von Energie entsteht (▶ Abbildung 11.1). Häufig werden Erdbeben durch Verrutschen (oder Abgleiten) der Erdkruste entlang von Verwerfungen verursacht. Die freigesetzte Energie breitet sich von seiner Quelle, dem sogenannten **Erdbebenherd** oder **Hypozentrum**, in alle Richtungen wellenförmig aus. Diese Wellen entstehen analog zu Wellen, die ein in einen stillen See geworfener Stein hervorruft (▶ Abbildung 11.2). Genauso wie der Aufprall des Steins auf der Wasseroberfläche Wellen auslöst, so verursacht ein Erdbeben seismische Wellen, die sich durch die Erde ausbreiten. Obwohl die Energie mit zunehmender Entfernung vom Erdbebenherd rapide abnimmt, können sensible Erdbebenmessgeräte, die auf der ganzen Welt verteilt sind, dieses Ereignis verzeichnen.

Mehr als 30.000 spürbare Erdbeben treten pro Jahr weltweit auf. Glücklicherweise sind die meisten kleine Beben, die nur geringe Schäden anrichten. Im

Abbildung 11.1: Die Zerstörung, hervorgerufen durch ein großes Erdbeben im Nordwesten der Türkei am 17. August 1999. Mehr als 17.000 Menschen starben. (Foto: Yann Arthus-Bertrand/Peter Arnold, Inc.)

11 Erdbeben

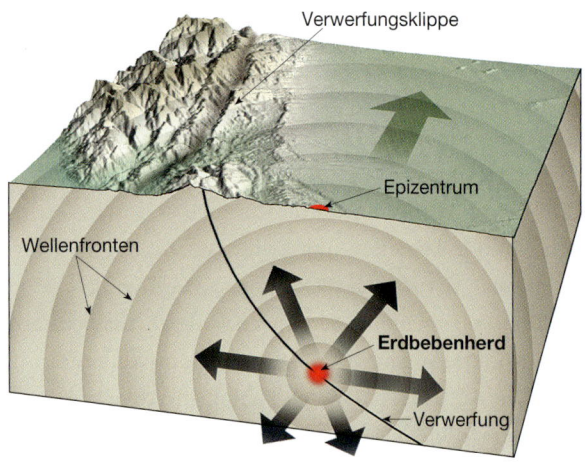

Abbildung 11.2: Erdbebenherd und Epizentrum. Der Erdbebenherd ist die Zone innerhalb der Erde, von der aus die Initialverschiebung ausgeht. Das Epizentrum ist die Stelle, die auf der Oberfläche direkt über dem Erdbebenherd liegt.

Allgemeinen finden jährlich etwa 75 bedeutende Erdbeben statt und davon viele in abgelegenen Gebieten. Dennoch treten gelegentlich große Erdbeben in der Nähe von stark bevölkerten Zentren auf. Unter diesen Bedingungen gehören Erdbeben zu den größten zerstörerischen Naturgewalten der Erde.

Das Beben des Bodens, gepaart mit der Verflüssigung mancher Böden, richtet Verwüstungen an Gebäuden und anderen Bauwerken an. Tritt ein Beben in einem besiedelten Gebiet auf, werden oft Strom- und Gasleitungen zerrissen, wodurch zahlreiche Feuer entstehen. Bei dem bereits genannten Erdbeben in San Francisco von 1906 entstanden die größten Schäden durch Feuer (▶Abbildung 11.3). Sie gerieten schnell außer Kontrolle, als aus zerborstenen Wasserleitungen den Feuerwehrmännern nur ein Rinnsal Wasser zum Löschen blieb.

11.1.1 Erdbeben und Verwerfungen

Die ungeheure Energie, die durch Atomexplosionen oder Vulkanausbrüche frei wird, kann Erdbeben verursachen, doch diese Ereignisse sind relativ selten. Durch welche Mechanismen entstehen zerstörerische Erdbeben? Es gibt genügend Beweise dafür, dass die Erde kein statischer Planet ist. Wir wissen, dass die Erdkruste bisweilen gehoben wird, da wir Brandungsplattformen viele Meter über der höchsten Gezeitenebene aufgefunden haben. Andere Regionen weisen eine extensive Absenkung auf. Neben vertikalen Verschiebungen weisen versetzte Zäune, Straßen und andere Errichtungen auf häufige horizontale Bewegun-

Abbildung 11.3: San Francisco nach dem Erdbeben von 1906 in Flammen (Reproduktion aus der Sammlung der Bücherei des Kongresses). Das eingefügte Foto zeigt Feuer, das durch eine geborstene Gasleitung während des Northridge-Erdbebens, Südkalifornien, von 1994 entstanden war. (AFP/Getty Images)

Abbildung 11.4: Das Abgleiten entlang einer Verwerfung verursacht einen Versatz in einer Orangenplantage östlich von Calexico, Kalifornien. (Foto: John S. Shelton)

gen hin (▶Abbildung 11.4). Diese Bewegungen sind normalerweise mit großen Brüchen der Erdkruste vergesellschaftet, die wir **Verwerfungen** nennen.

Typischerweise treten Erdbeben entlang dieser bereits bestehenden Verwerfungen auf, die sich in weit zurückliegender Vergangenheit gebildet haben. Manche davon sind sehr groß und können schwere Erdbeben hervorrufen. Ein Beispiel dafür ist die San Andreas-Verwerfung, eine Transformstörung an einer Plattengrenze, die zwei große Abschnitte der Erdlithosphäre trennt: die Nordamerikanische Platte und die Pazifische Platte. Diese ausgedehnte Verwerfungszone streicht in nordwestlicher Richtung fast 1.300 Kilometer durch einen großen Teil von Westkalifornien.

Andere Verwerfungen sind klein und rufen nur schwache und unregelmäßige Erdbeben hervor. Der Hauptanteil der Verwerfungen ist jedenfalls nicht aktiv und ruft keine Erdbeben hervor. Doch können Verwerfungen, die Tausende von Jahren nicht aktiv waren, wieder aufreißen, falls die Spannung, die auf diese Gegend wirkt, hoch genug ansteigt.

Zudem verlaufen die meisten Verwerfungen nicht gerade und kontinuierlich; stattdessen bestehen sie aus zahlreichen Zweigen und kleineren Brüchen, die Knicke und Versetzungen aufweisen. Ein derartiges Muster zeigt Abbildung 10.B. Dabei sieht man, dass die San Andreas-Verwerfung eigentlich ein System ist, das aus mehreren großen Verwerfungen besteht (zahlreiche kleine Brüche werden nicht gezeigt).

Viele Bewegungen entlang von Verwerfungen kann die Theorie zur Plattentektonik zufriedenstellend erklären. Laut dieser befinden sich riesige Schollen der Erdlithosphäre in einer fortwährenden langsamen Bewegung. Diese mobilen Platten stehen in Wechselwirkung mit den benachbarten Platten, wobei die Gesteine an den Rändern verformt und deformiert werden. Tatsächlich ereignen sich die meisten Erdbeben an Verwerfungen, die an Plattengrenzen liegen. Außerdem kehren Erdbeben periodisch wieder: Sobald ein Erdbeben vorüber ist, fügt die kontinuierliche Bewegung der Platten den Gesteinen „Strain" zu, bis die Gesteine wieder nachgeben.

11.1.2 Die Entdeckung der Ursache von Erdbeben

Der eigentliche Mechanismus, der Erdbeben entstehen lässt, entzog sich den Geologen, bis H.F. Reid von der Hopkins University eine Untersuchung nach dem großen Erdbeben von San Francisco im Jahr 1906 vornahm. Das Erdbeben wurde von horizontalen, mehrere Meter langen Oberflächenversetzungen entlang des nördlichen Teils der San Andreas-Verwerfung begleitet. Geländeuntersuchungen zeigten, dass durch ein einziges Erdbeben die Pazifische Platte um 4,7 Meter nordwärts an der benachbarten Nordamerikanischen Platte vorbeigeschnappt ist.

Reid erschloss aus diesen Informationen den Mechanismus für die Entstehung eines Erdbebens, wie ▶Abbildung 11.5 darstellt. Im Teil A der Abbildung sehen Sie eine bestehende Verwerfung bzw. einen Bruch im Gestein. Im Teil B verformen tektonische Kräfte das Krustengestein auf beiden Seiten der Verwerfung sehr langsam, wie durch die gekrümmten Gebilde gezeigt wird. Unter diesen Bedingungen biegen sich die Gesteine und speichern elastische Spannung wie ein Holzstock, der verbogen wird. Schließlich wird der Reibungswiderstand, der die Gesteine an ihrer Position hält, überschritten. Ein Abgleiten tritt am schwächsten Punkt (Erdbebenherd) auf und der Versatz übt Spannung weiter entlang der Verwerfung aus, wo zusätzliche Abgleitungen den angesammelten „Strain" freisetzen (Abbildung 11.5C). Dieses Abgleiten ermöglicht den deformierten Gesteinen „zurückzuschnappen". Die uns als Erdbeben bekannten Erschütterungen treten auf, wenn das Gestein durch elastische Bewegung zu seiner ursprünglichen Gestalt zurückkehrt. Das „Zurückspringen" der Gesteine wurde von Reid als **elastische Rückformung** bezeichnet, da sich die Gesteine elastisch verhalten, ähnlich einem gedehnten Gummiband, das wieder losgelassen wird.

Zusammenfassend kann man sagen, dass Erdbeben

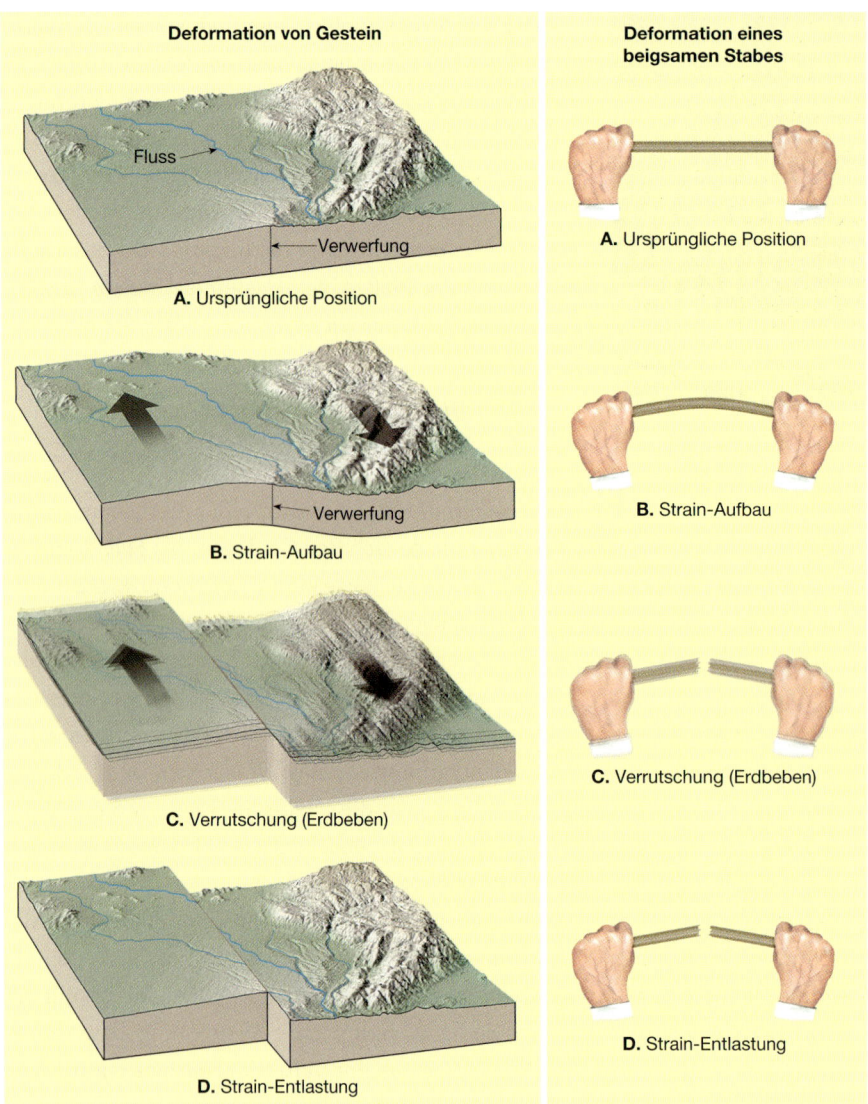

Abbildung 11.5: Elastische Rückformung. Wird das Gestein deformiert, biegt es sich und speichert elastische Energie. Wird es über die Scherfestigkeit hinaus verformt, bekommt es Risse und setzt die gespeicherte Energie in Form von Erdbebenwellen frei.

durch die plötzliche Freisetzung von gespeicherter, elastischer Energie in Gesteinen entstehen, die großer Spannung ausgesetzt waren. Wird die Scherfestigkeit des Gesteins überschritten, reißt es ruckartig und verursacht die Erschütterungen eines Erdbebens. Erdbeben treten meistens entlang von bestehenden Verwerfungen auf, wenn die Reibungskräfte auf der Verwerfungsfläche überschritten werden.

11.1.3 Vorbeben und Nachbeben

Die intensiven Erschütterungen des Erdbebens von San Francisco im Jahr 1906 dauerten ca. 40 Sekunden. Während die meisten Versetzungen entlang der Verwerfung innerhalb dieser kurzen Zeitspanne auftraten, dauerten zusätzliche Bewegungen entlang dieser oder nahegelegener Verwerfungen mehrere Tage nach dem Hauptbeben noch an. Die Umverteilung des Stresses in der Tiefe, die auf ein großes Erdbeben folgt, ruft oft kleinere Erdbeben hervor, sogenannte **Nachbeben**. Zwar sind die Nachbeben normalerweise viel schwächer als das Hauptbeben, doch können sie die durch das Hauptbeben vorgeschädigten Bauwerke zerstören. Das geschah beispielsweise 1988 bei einem Erdbeben in Armenien. Bei einem starken Nachbeben mit einer Magnitude von 5,8 stürzten viele Bauwerke ein, die durch das Hauptbeben instabil geworden waren.

Außerdem gehen großen Erdbeben oft kleinere Erdbeben Tage, manchmal aber auch Jahre voraus; man nennt sie **Vorbeben**. Die Beobachtung dieser Vorbeben als Mittel zur Vorhersage von bevorstehenden großen Erdbeben wurde mit unterschiedlichem Erfolg angewendet. Wir werden das Thema zur Erdbebenvorhersage später in diesem Kapitel behandeln.

Risse und Ausbreitung durch Erdbeben 11.2

Wir wissen, dass Spannungen, die das plötzliche Abgleiten entlang von Verwerfungen auslösen, letztlich durch die Bewegung der Erdplatten entstehen. Es ist also klar, dass die meisten Verwerfungen blockiert sind, außer bei den kurzen abrupten Bewegungen, die ein Erdbeben begleiten. Der Hauptgrund dafür, dass die Verwerfungen blockiert bzw. verhaftet sind, ist der enorm große lithostatische Druck, der durch die überlagernde Kruste ausgeübt wird. Deswegen werden die Brüche in der Kruste im Grunde genommen zugedrückt.

Schließlich übersteigen die Spannungen an der Verwerfung den Reibungswiderstand und führen zur plötzlichen Verschiebung. Was den ursprünglichen Riss eigentlich auslöst, ist nicht ganz klar. Doch dieses Ereignis markiert den Beginn eines Erdbebens.

Sie erinnern sich, dass ein Erdbeben an einer Stelle (in der Tiefe) entlang der Verwerfungsfläche, dem Erdbebenherd, beginnt. Zwar beginnen alle Erdbeben an einem einzigen Punkt, doch schließen sie Verschiebung entlang einer ausgedehnten Verwerfungsfläche ein. Anders ausgedrückt, das anfängliche Zerreißen beginnt am Erdbebenherd und breitet sich von seinem Ursprung weg aus, manchmal in zwei horizontalen Richtungen entlang der Verwerfung, meistens aber nur in einer Richtung. Gemäß einem Modell erfolgt die Ausbreitung der Ruptur entlang des gesamten betroffenen Teils der Verwerfungsfläche fast augenblicklich, „innerhalb eines Wimpernschlages". Außerdem ist innerhalb eines bestimmten Zeitrahmens die Verschiebung an eine schmale Zone entlang einer Verwerfung gebunden, die sich kontinuierlich vorwärtsbewegt. Während diese Zerreißungszone vorwärtswandert, kann sie sich verlangsamen, beschleunigen oder sogar auf nahegelegene Verwerfungssegmente überspringen.

Während kleiner Erdbeben tritt eine Verschiebung nur an einer verhältnismäßig kleinen Verwerfungsfläche oder einem kleinen Segment einer größeren Verwerfung auf. Deswegen ist die Risszone in der Lage, sich schnell auszubreiten, und das Erdbeben ist nur kurzlebig. Im Gegensatz dazu tritt bei großen Erdbeben eine Ruptur entlang eines großen Verwerfungssegments auf, gelegentlich von einigen Hundert Kilometern in der Längenausdehnung und es dauert deswegen länger. Beispielsweise würde die Ausbreitung einer Risszone an einer 300 Kilometer langen Verwerfung etwa 1,5 Minuten dauern. Somit wären die starken Erschütterungen, die ein großes Erdbeben begleiten, nicht nur stärker, sondern sie würden auch länger anhalten als die Erschütterungen, die durch ein kleines Erdbeben entstehen.

Eine Analogie zu der Ausbreitung eines Risses bei einem Erdbeben kann man mit einem Sprung in einer Fensterscheibe erzielen. Stellen Sie sich vor, ein Stein würde auf eine Ecke Ihrer Scheibe treffen, es würde sich ein Sprung entwickeln, der sich sofort über die gesamte Fensterscheibe (einer Entfernung von 2 Meter) innerhalb eines Zehntels einer Sekunde ausbreitet. Nun stellen Sie sich eine Fensterscheibe mit einer Breite von 300 Kilometern vor, die ein großes Segment einer Verwerfung repräsentieren würde. Ein Sprung, der sich von einem Ende der Windschutzscheibe bis zum anderen mit der gleichen Geschwindigkeit ausbreiten würde, bräuchte für diese Strecke etwa vier Stunden. Offensichtlich ist die Ausbreitung eines Erdbebens viel plötzlicher und seine Größenordnung um Beachtliches mehr als ein Sprung in einer Fensterscheibe.

Nachdem wir nochmals durchdacht haben, wie sich Erdbebenrisse ausbreiten, bleibt folgende Frage offen: „Warum enden Erdbeben, statt an der gesamten Verwerfung fortzufahren?" Es gibt Hinweise darauf, dass die Verschiebung dann zum Halt kommt, wenn der Riss auf einen Abschnitt der Verwerfung trifft, in dem die Gesteine nicht ausreichend deformiert wurden, um den Reibungswiderstand zu überschreiten. Das könnte ein Abschnitt der Verwerfung sein, an dem erst kürzlich ein Erdbeben aufgetreten ist. Der Riss könnte auch enden, wenn er auf einen genügend großen Knick oder Versatz entlang der Verwerfungsebene trifft.

Die San Andreas-Verwerfung – eine aktive Erdbebenzone 11.3

Die San Andreas-Verwerfung ist zweifellos das am besten untersuchte Verwerfungssystem der Welt. Während der jahrelangen Untersuchung hat sich gezeigt, dass sich die Verschiebung entlang einzelner 100 bis 200 Kilometer langer Segmente vollzieht. Zudem verhält sich jedes Segment anders als die anderen. Ein paar Abschnitte der San Andreas-Verwerfung weisen eine langsame, allmähliche Verschiebung auf, **Verwerfungskriechen** genannt, was relativ gleichmäßig mit nur gering wahrnehmbarer seismischer Aktivität verläuft. Andere Segmente gleiten in regelmäßigen Abständen und verursachen kleine bis mittlere Erdbeben.

Wieder andere Segmente bleiben verhaftet und speichern einige hundert Jahre elastische Spannung, bevor sie bei großen Erdbeben zerreißen. Dieser Prozess, bei dem sich Haftreibung ruckartig in Gleitreibung „entlädt", bezeichnet man als **Stick-Slip-Bewegung**. Man schätzt, dass es entlang dieser Abschnitte der San Andreas-Verwerfung, die „Stick-Slip"-Bewegungen aufweisen alle 50 bis 200 Jahre zu großen Erdbeben kommt. Dieses Wissen ist brauchbar, wenn man einem bestimmten Segment ein Erdbebenpotenzial zuordnen soll.

Die tektonischen Kräfte entlang der San Andreas-Verwerfungszone, die für das Erdbeben von 1906 in San Francisco verantwortlich waren, sind immer noch aktiv. Gegenwärtig wird mit Laserstrahlen und Techniken, die man für das Global Positioning System (GPS) anwendet, die relative Bewegung zwischen den sich gegenüberliegenden Seiten der Verwerfung gemessen. Die Messungen enthüllen einen Versatz von 2 bis 5 Zentimeter pro Jahr. Das scheint langsam zu sein, aber über Millionen von Jahren entsteht dadurch eine beträchtliche Bewegung. Um dies zu veranschaulichen, würde bei dieser Bewegungsrate in 30 Millionen Jahren der westliche Teil Kaliforniens nordwärts verschoben, so würde Los Angeles, das sich auf der Pazifischen Platte befindet, neben San Francisco liegen, das sich auf der Nordamerikanischen Platte befindet! Für einen kurzen Zeitraum wichtiger bedeutet eine Verschiebung von nur 2 Zentimeter pro Jahr einen Versatz von 2 Meter in 100 Jahren. Folglich würde eine Verschiebung von 4 Meter, wie sie 1906 beim großen Erdbeben von San Francisco auftrat, alle 200 Jahre entlang dieses Segments der Verwerfungszone auftreten. Diese Tatsache steht hinter Kaliforniens Bemühungen, erdbebenwiderstandsfähige Gebäude zu errichten, in der Erwartung eines großen Erdbebens.

Erdbeben, die entlang von Blattverschiebungen auftreten, wie die Verwerfungen, die das San Andreas-Verwerfungssystem umfassen, gehen im Allgemeinen mit Erdbebenherden von etwa 20 Kilometer nicht sehr in die Tiefe. Das Erdbeben von 1906 in San Francisco beispielsweise schloss Bewegungen innerhalb der oberen 15 Kilometer der Erdkruste ein; sogar das im Vergleich tiefe Erdbeben von 1989 in Loma Prieta besaß seinen Erdbebenherd in nur 19 Kilometer Tiefe. Die Hauptursache für die Aktivität in geringer Tiefe in dieser Region liegt daran, dass Erdbeben nur dort auftreten, wo die Gesteine starr sind und elastisches Verhalten aufweisen. Sie wissen aus Kapitel 10, dass Gesteine in der Tiefe, wo hohe Temperaturen und hohe lithostatische Drücke herrschen, mit *duktiler Deformation* reagieren. In diesen Milieus deformiert Gestein, dessen Scherfestigkeit überstiegen wurde, durch unterschiedliche Fließmechanismen, die langsames, allmähliches Gleiten verursachen, ohne elastische Verformung zu speichern. Deswegen sind Gesteine in der Tiefe nicht in der Lage, Erdbeben hervorzurufen. Die große Ausnahme tritt an konvergenten Plattengrenzen auf, wo kalte Lithosphäre schnell subduziert wird. (Für weitere Informationen zur San Andreas-Verwerfung lesen Sie bitte Exkurs 10.2.)

11.4 Seismologie – die Lehre von Erdbebenwellen

Die Lehre von den Erdbebenwellen, die **Seismologie** (*seismos* = schütteln, *logos* = Lehre), geht auf Versuche der Chinesen vor fast 2.000 Jahren zurück, die Richtung zu bestimmen, aus welcher die Wellen stammten. Das seismische Instrument, das die Chinesen dabei verwendeten, war ein hohles Gefäß, in dem oben vermutlich ein Gewicht aufgehängt war (▶ Abbildung 11.6). Dieses herabhängende Gewicht (ähnlich eines Uhrenpendels) wurde auf bestimmte Weise mit mehreren Drachenfiguren verbunden, die das Behältnis umgaben. Jeder Drache hielt in seinem Maul einen metallenen Ball fest. Erreichte eine Erdbebenwelle das Instrument, so würde die relative Bewegung des herabhängenden Gewichts und des Gefäßes einige metallene Bälle herausdrängen, direkt in die geöffneten Mäuler der kreisförmig um das Behältnis aufgestellten Frösche.

Die Chinesen wussten offensichtlich, dass die erste starke Bodenbewegung eines Erdbebens gerichtet ist und dass, falls es stark genug ist, alle nicht befestigten Dinge in die gleiche Richtung stürzen. Anscheinend nutzten die Chinesen diese Tatsache und die Position der herausgefallenen Bälle, um die Richtung zu einer Erdbebenquelle zu bestimmen. Jedoch ist es wegen der komplexen Bewegung von seismischen Wellen unwahrscheinlich, dass damit die eigentliche Richtung zu einem Erdbeben zuverlässig bestimmt werden konnte.

Wenigstens im Prinzip sind moderne **Seismographen** (*seismos* = schütteln, *graphos* = schreiben), das sind Geräte, die seismische Wellen aufzeichnen, den im alten China verwendeten Vorrichtungen nicht unähnlich. Seismographen besitzen ein von einer Stütze frei herabhängendes Gewicht, das mit dem Boden verbunden ist (▶Abbildung 11.7). Erreichen die Erschütterungen eines entfernten Erdbebens das Messinstrument, hält die **Trägheit**[1] der Masse sie relativ still in Position, während sich die Erde und die Stütze bewegen. Die Bewegung der Erde wird relativ zur unbewegten Masse auf einer sich drehenden Walze oder einem Magnetband aufgezeichnet.

Erdbeben verursachen vertikale und horizontale Bodenbewegungen; daher benötigt man mehr als einen Typ von Seismographen. Das in Abbildung 11.7 gezeigte Messinstrument ist so konzipiert, dass die

---

[1] Einfach ausgedrückt: Objekte, die sich im Ruhezustand befinden, tendieren dazu, in Ruhe zu bleiben, und Objekte, die sich in Bewegung befinden, neigen dazu, in Bewegung zu bleiben, bis eine äußere Kraft auf sie einwirkt. Sie haben dieses Phänomen wahrscheinlich schon einmal festgestellt, als Sie versucht haben, Ihr Auto schnell zum Stehen zu bringen, und sich Ihr Körper weiter vorwärts bewegt hat.

Abbildung 11.6: Alter chinesischer Seismograph. Während einer Erderschütterung lassen die Drachen, die sich in der Richtung der Haupterschütterung befinden, einen Ball in das Maul eines Frosches fallen.

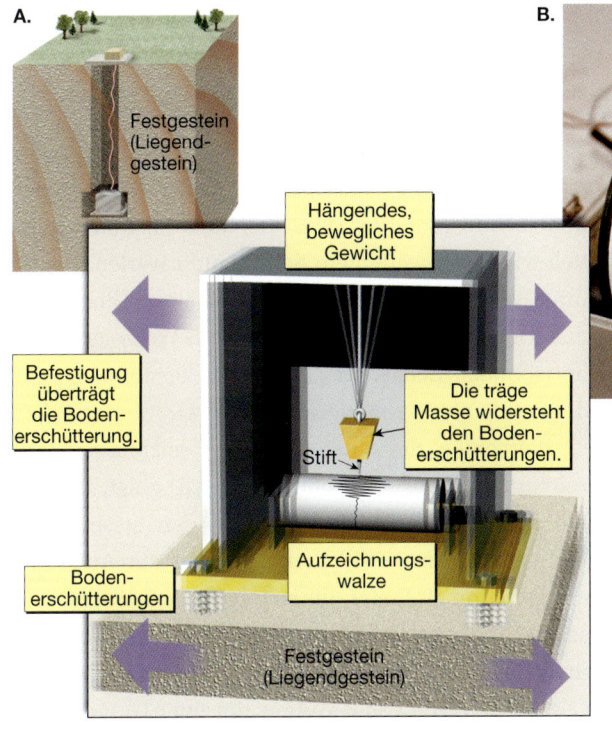

Abbildung 11.7: Das Prinzip eines Seismographen. **A.** Durch seine Trägheit bleibt das herabhängende Gewicht in Ruhe, während die Aufzeichnungswalze mit dem Liegendgestein verbunden ist und beim Eintreffen von seismischen Wellen mit Erschütterung reagiert. So liefert das feststehende Gewicht einen Referenzpunkt, von welchem aus der Versatz gemessen wird, der auftritt, wenn seismische Wellen durch den Boden laufen. **B.** Ein Seismograph, der Erderschütterungen aufzeichnet. (Foto: mit freundlicher Genehmigung von Zephyr/Foto Researchers, Inc.)

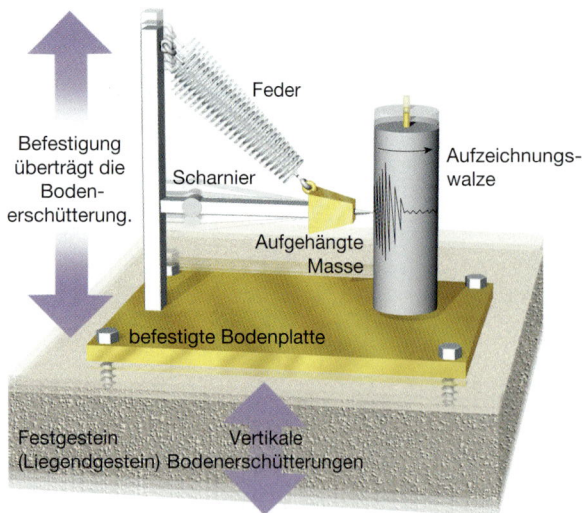

Abbildung 11.8: Ein Seismograph, der zur Aufzeichnung vertikaler Bodenbewegung konzipiert wurde

Masse seitlich schwingen kann und damit horizontale Bodenbewegungen wahrnehmen kann. Normalerweise verwendet man zwei horizontale Seismographen, einen mit Nord-Süd-Orientierung, den anderen mit Ost-West-Orientierung. Vertikale Bodenbewegungen können festgestellt werden, wenn das Gewicht an einer Feder hängt, wie in ▶Abbildung 11.8 gezeigt wird.

Um sehr schwache Erdbeben feststellen zu können oder große Erdbeben, die in einem anderen Teil der Welt auftreten, sind seismische Instrumente typischerweise so konzipiert, dass sie die Bodenbewegung vergrößern. Andererseits gibt es manche Messinstrumente, die so gestaltet sind, dass sie dem gewaltigen Schütteln standhalten, das sehr nahe an der Erdbebenquelle auftritt.

Die Aufzeichnungen, die man von einem Seismographen erhält, nennt man **Seismogramme**. Sie liefern viele Informationen über das Verhalten von seismischen Wellen. Bei seismischen Wellen handelt es sich um elastische Energie, die in alle Richtungen vom Erdbebenherd ausstrahlt. Die Ausbreitung (Übertragung) dieser Energie kann man mit dem Schütteln einer Schüssel voller Wackelpudding vergleichen. Während der Wackelpudding nur eine Art von Erschütterung besitzt, lassen Seismographen erkennen, dass zwei Gruppen von seismischen Wellen durch das Abgleiten einer Gesteinsmasse entstehen. Ein Wellentyp wandert am äußeren Teil der Erde entlang. Sie werden **Oberflächenwellen** genannt. Die anderen wandern durch das Erdinnere und werden **Raumwellen** genannt. Raumwellen werden weiter in zwei Typen unterteilt, die **Primär-** oder **P-Wellen** und die **Sekundär-** oder **S-Wellen**.

Raumwellen werden durch die Weise, wie sie dazwischenliegendes Material durchlaufen, in P- und S-Wellen eingeteilt. P-Wellen sind Verdichtungswellen (oder auch Druck- und Kompressionswellen); sie drücken und ziehen das Gestein in die Richtung, in der sie sich ausbreiten (▶Abbildung 11.9A). Stellen Sie sich vor, Sie halten eine Person an den Schultern und schütteln sie. Diese Bewegung des Schiebens und Ziehens ist so, wie P-Wellen die Erde durchlaufen. Die Wellenbewegung ist analog zu der, die von menschlichen Stimmbändern erzeugt wird, wenn durch sie die Luft schwingt, um Töne zu erzeugen. Feststoffe, Flüssigkeiten und Gase widerstehen einer Veränderung im Volumen, wenn sie zusammengedrückt werden; wird die Kraft entfernt, schnellen sie wieder elastisch zurück. Deswegen können P-Wellen, die Kompressionswellen sind, all diese Materialien durchlaufen.

Demgegenüber „schütteln" die S-Wellen (auch Scherwellen genannt) die Partikel rechtwinklig zu ihrer Bewegungsrichtung. Das kann man sich mit einem Seil veranschaulichen, das man an einem Ende befestigt, während man das andere Ende schüttelt, wie in ▶Abbildung 11.9B gezeigt wird. Anders als die P-Wellen, die kurzfristig das *Volumen* des durchlaufenen Materials durch abwechselndes Verdichten und Ausdehnen verändern, verändern S-Wellen kurzfristig die *Gestalt* des Materials, das sie überträgt. Da Fluide (Gase und Flüssigkeiten) nicht elastisch auf Veränderungen der Gestalt reagieren, übertragen sie keine S-Wellen.

Die Bewegung der Oberflächenwellen ist etwas komplexer. Da sich Oberflächenwellen am Boden entlang ausbreiten, verursachen sie eine Bewegung des Bodens und von allem, was sich darauf befindet, ähnlich wie Ozeanwellen ein Schiff emporwerfen. Neben ihrer Auf- und Abbewegung weisen sie seitliche Hin- und Herbewegungen auf, wie eine S-Welle auf einer horizontalen Ebene, was besonders zerstörerisch auf die Fundamente von Bauwerken wirkt.

Betrachten Sie eine „typische" seismische Aufzeichnung, wie sie ▶Abbildung 11.10 zeigt, können Sie große Unterschiede zwischen den seismischen Wellen erkennen: P-Wellen erreichen die Aufzeichnungsstation als Erstes, ihnen folgen die S-Wellen und schließlich die Oberflächenwellen. Das ist die Folge ihrer Geschwindigkeiten. Zur Veranschaulichung: Die Geschwindigkeit von P-Wellen, die einen Granit inner-

11.4 Seismologie – die Lehre von Erdbebenwellen

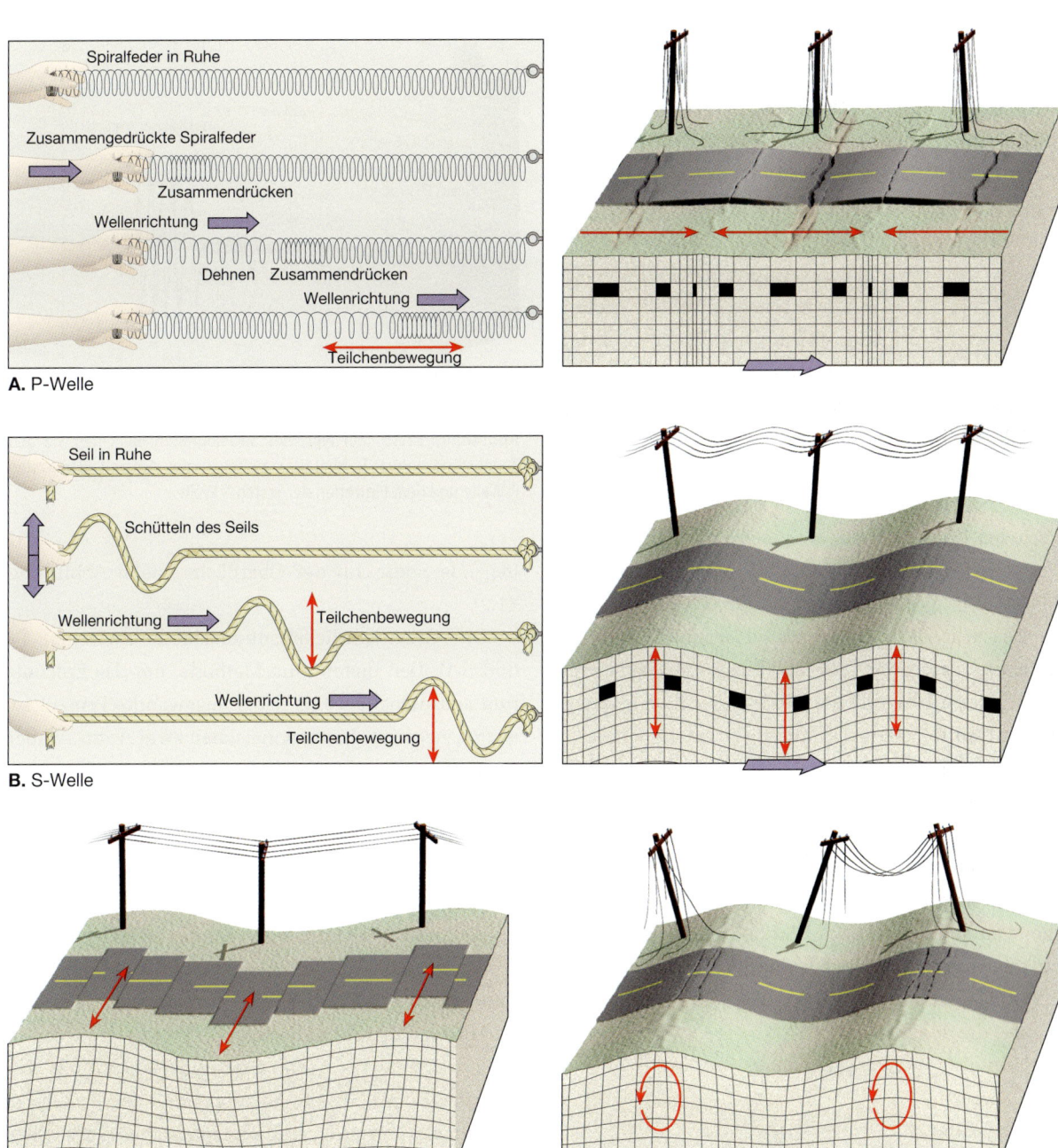

A. P-Welle

B. S-Welle

C. Oberflächenwelle

D. Oberflächenwelle

Abbildung 11.9: Typische seismische Wellen und ihre charakteristische Bewegung. Beachten Sie, dass während eines starken Erdbebens das Schütteln des Bodens aus einer Kombination von verschiedenen Arten seismischer Wellen besteht. **A.** Wie mit einer Spiralfeder dargestellt wird, sind P-Wellen Kompressionswellen, die das Material, das sie durchlaufen, abwechselnd verdichten und ausdehnen. Die Vor- und Zurückbewegung, die entsteht, wenn Kompressionswellen am Boden entlanglaufen, kann dazu führen, dass sich der Boden verbiegt und bricht und Stromleitungen zerstört werden. **B.** Durch S-Wellen schwingt das von ihnen durchlaufene Material im rechten Winkel zur Wellenbewegung. Da S-Wellen auf jeder Ebene verlaufen können, erzeugen sie eine Auf- und Abbewegung und eine seitliche Erschütterung des Bodens. **C.** Ein Typ von Oberflächenwellen ist im Wesentlichen das gleiche wie S-Wellen mit nur horizontaler Bewegung. Diese Art der Oberflächenwellen verläuft am Boden in einer seitlichen Hin- und Herbewegung, was sich besonders zerstörerisch auf die Fundamente von Bauwerken auswirkt. **D.** Ein weiterer Typ von Oberflächenwellen breitet sich auf der Erdoberfläche wie rollende Ozeanwellen aus. Die Pfeile zeigen die elliptische Gesteinsbewegung beim Durchlaufen der Welle.

halb der Kruste durchlaufen, beträgt etwa 6 Kilometer pro Sekunde und S-Wellen breiten sich unter gleichen Bedingungen mit 3,6 Kilometer pro Sekunde aus. Unterschiede in der Dichte und den elastischen Eigenschaften des Gesteins beeinflussen die Geschwindigkeit dieser Wellen stark. Im Allgemeinen durchlaufen

P-Wellen jedes feste Material 1,7 Mal schneller als S-Wellen und Oberflächenwellen besitzen etwa 90 Prozent der Geschwindigkeit von S-Wellen.

Zu den Unterschieden in der Geschwindigkeit kommt hinzu, dass die Höhe, oder korrekter die Amplitude der verschiedenen Wellentypen, variiert (Sie können das in Abbildung 11.10 sehen). Die S-Wellen besitzen eine etwas höhere Amplitude als die P-Wellen, während die Oberflächenwellen, die die größten Zerstörungen anrichten, eine noch größere Amplitude aufweisen. Da die Oberflächenwellen an eine schmale, oberflächennahe Zone gebunden sind und sich nicht wie die P- und S-Wellen durch die Erde hindurch ausbreiten, behalten sie ihre maximale Amplitude länger bei. Oberflächenwellen besitzen auch längere Perioden (Zeitintervalle zwischen den Scheitelpunkten); deswegen bezeichnet man sie auch als **lange** oder **L-Wellen**.

Wie wir sehen werden, sind seismische Wellen nützlich, um den Ort und die Magnituden von Erdbeben festzustellen. Außerdem liefern seismische Wellen ein Hilfsmittel, um das Erdinnere zu untersuchen.

Die Ermittlung der Herkunft eines Erdbebens 11.5

Sie erinnern sich, dass der Erdbebenherd der Ort ist, an dem die Erdbebenwellen ihren Ursprung haben. Das **Epizentrum** ist die direkt über dem Erdbebenherd liegende Stelle auf der Oberfläche (siehe Abbildung 11.2).

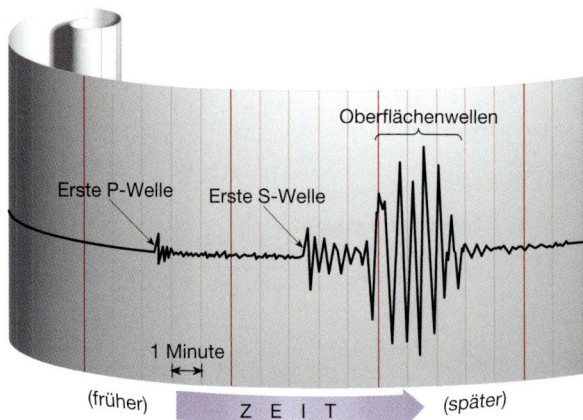

Abbildung 11.10: Ein typisches Seismogramm. Beachten Sie den Zeitabstand (etwa 5 Minuten) zwischen der Ankunft der ersten P-Welle und dem Eintreffen der ersten S-Welle.

Die Geschwindigkeitsunterschiede zwischen P- und S-Wellen bieten eine Methode, um das Epizentrum auszumachen. Das dabei angewandte Prinzip ist analog zu einem Rennen zwischen zwei Autos, wobei eines schneller als das andere ist. Die P-Wellen gewinnen das Rennen immer und kommen vor den S-Wellen an. Aber je länger das Rennen dauert, umso größer wird der Unterschied der Ankunftszeiten auf der Ziellinie (die seismische Station). Deswegen ist die Entfernung von der Herkunft des Erdbebens umso größer, je größer das im Seismogramm aufgezeichnete Intervall zwischen den ersten eintreffenden P-Wellen und den ersten eintreffenden S-Wellen ist.

Ein System zur Lokalisierung der Epizentren von Erdbeben wurde durch Seismogramme von Erdbeben entwickelt, die aufgrund physikalischer Anzeichen leicht ermittelt werden konnten. Von diesen Seismogrammen wurden Laufzeitkurven erstellt (▶ Abbildung 11.11). Die ersten Laufzeitkurven konnten stark verbessert werden, als Seismogramme von nuklearen Explosionen zur Verfügung standen, da der genaue Ort und die genaue Zeit der Detonation bekannt waren.

Verwendet man das Seismogramm von Abbildung 11.10 und die Laufzeitkurve aus Abbildung 11.11, können wir die Entfernung der Aufzeichnungsstation vom Erdbeben in zwei Schritten bestimmen: (1) Man verwendet das Seismogramm, um den Zeitunterschied zwischen der Ankunft der ersten P-Welle und der ersten S-Welle zu ermitteln. (2) Durch die Verwendung der Laufzeitkurve bestimmt man das P-S-Zeitintervall auf der vertikalen Achse des Graphen und verwendet

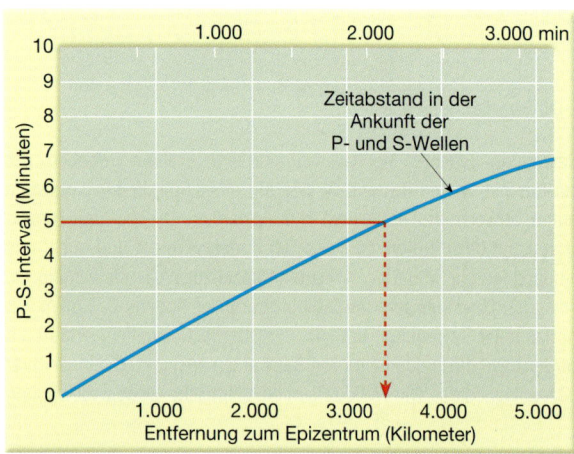

Abbildung 11.11: Man verwendet eine Laufzeitkurve, um die Entfernung vom Epizentrum zu bestimmen. Der Unterschied in der Ankunftszeit zwischen den ersten P- und den ersten S-Wellen beträgt im Beispiel 5 Minuten. Demzufolge liegt das Epizentrum etwa 3.400 Kilometer weit entfernt.

die Information, um die Entfernung des Epizentrums auf der horizontalen Achse des Graphen zu bestimmen. Durch diese Information können wir festlegen, dass sich dieses Erdbeben 3.400 Kilometer vom Aufzeichnungsgerät entfernt ereignet hat.

Nun wissen wir, wie groß die *Entfernung* ist, aber in welcher *Richtung* liegt es? Das Epizentrum könnte in jeder Richtung von der seismischen Station ausgehend liegen. Wie in ▶Abbildung 11.12 gezeigt wird, kann man den exakten Ort des Epizentrums ausmachen, wenn die Entfernung von mindestens drei (oder mehreren) seismischen Stationen bekannt ist. Wir ziehen auf einem Globus einen Kreis um jede seismische Station. Jeder Kreis repräsentiert die Entfernung des Epizentrums von der seismischen Station. An dem Punkt, an dem sich die drei Kreise schneiden, befindet sich das Epizentrum des Bebens. Diese Methode bezeichnet man als *Triangulation*.

Abbildung 11.12: Das Epizentrum eines Erdbebens wird durch seine Entfernung von drei oder mehr seismischen Stationen bestimmt.

11.5.1 Erdbebengürtel

Etwa 95 Prozent der Energie, die bei Erdbeben freigesetzt wird, stammt von wenigen, schmalen Zonen, die sich um den Globus schlängeln (▶Abbildung 11.13). Die größte Energie wird am äußeren Ende des Pazifischen Ozeans, dem *Zirkumpazifischen Gürtel*, freigesetzt. Diese Zone umfasst Gebiete mit großer seismischer Aktivität, wie Japan, die Philippinen, Chile und zahlreiche vulkanische Inselketten, wie beispielsweise die Aleuten.

Andere Hauptkonzentrationen seismischer Aktivität verlaufen durch die Gebirgsregionen, die an das Mittelmeer angrenzen und weiter durch den Iran am Himalaya vorbeiführen. Abbildung 11.13 verweist jedoch auf einen weiteren durchgehenden Gürtel, der sich über Tausende von Kilometern durch die Weltmeere ausdehnt. Diese Zone deckt sich mit den Ozeanrückensystemen, die ein Gebiet von ständiger seismischer Aktivität von geringer Intensität sind.

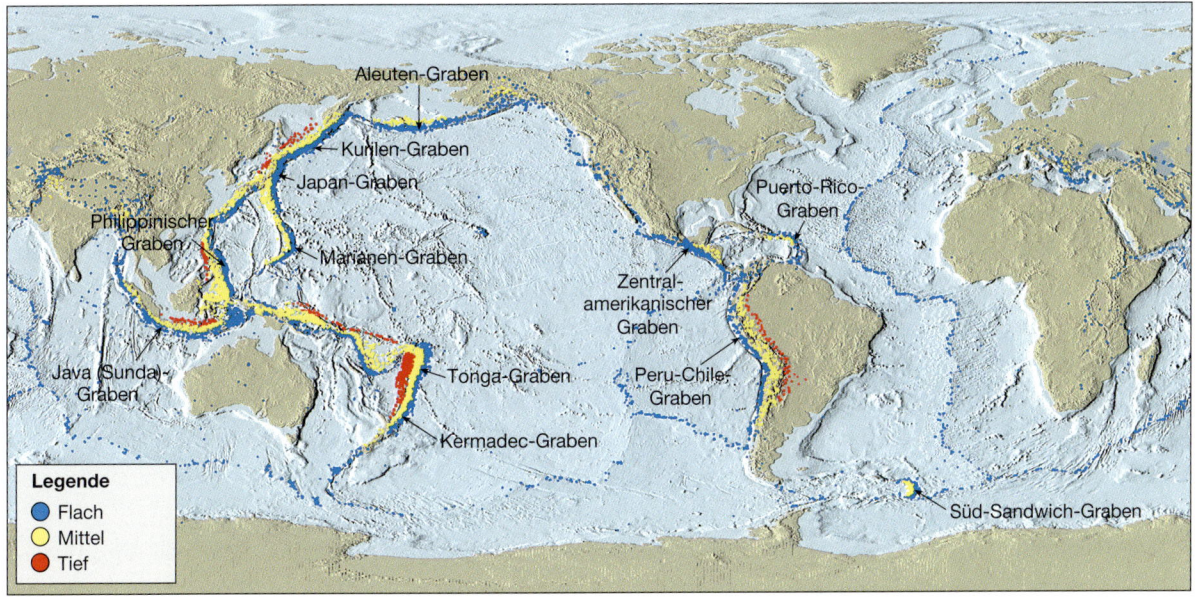

Abbildung 11.13: Die Verteilung von flachen, mittleren und tiefen Erdbebenherden. Sie sehen, dass tiefe Erdbebenherde nur zusammen mit konvergenten Plattengrenzen und Subduktionszonen auftreten. (Daten von NOAA)

Die Gebiete der Vereinigten Staaten, die zum zirkumpazifischen Gürtel gehören, liegen benachbart zur San Andreas-Verwerfung und entlang der westlichen Küstenregionen von Alaska einschließlich der Aleuten. Zu diesen Hochrisikogebieten kommen andere Teile der Vereinigten Staaten hinzu, die man als Regionen betrachtet, in welchen starke Erdbeben mit großer Wahrscheinlichkeit auftreten (▶ siehe Exkurs 11.1).

11.5.2 Die Tiefe von Erdbeben

Hinweise von seismischen Aufzeichnungen zeigen, dass Erdbeben in Tiefen von 5 bis 700 Kilometer entstehen. Auf etwas willkürliche Weise wurden Erdbebenherde gemäß ihrer Ursprungstiefe klassifiziert. Man beschreibt solche mit einem Ursprungspunkt innerhalb von 70 Kilometer von der Oberfläche aus als *flach*, diejenigen, die in einer Tiefe zwischen 70 und 300 Kilometer entstehen, als *mittel* und die mit einem Erdbebenherd, der tiefer als 300 Kilometer liegt, als *tief*. Etwa 90 Prozent aller Erdbeben treten in Tiefen von weniger als 100 Kilometer auf und beinahe alle zerstörerischen Erdbeben stammen aus flachen Tiefen.

Sie wissen vom Erdbeben aus dem Jahr 1906 in San Francisco, dass Bewegungen innerhalb der oberen 15 Kilometer der Erdkruste beteiligt waren. Das Erdbeben in Alaska von 1964 dagegen besaß einen Erdbebenherd, der 33 Kilometer in die Tiefe reichte. Seismische Daten zeigen auf, dass flache Erdbebenherde mit einer Magnitude von 8,6 auf der Richterskala verzeichnet wurden, dagegen wiesen die stärksten Erdbeben aus mittleren Tiefen einen Wert unter 7,5 auf und tiefe Erdbebenherde gingen nicht über eine Magnitude von 6,9 hinaus.

Als man die Erdbebendaten entsprechend ihrer geographischen Position und ihrer Tiefe eintrug, machte man mehrere interessante Beobachtungen. Statt einer zufälligen Verteilung von flachen und tiefen Erdbeben ergab sich ein sehr definiertes Muster (Abbildung 11.13). Erdbeben, die an einem Ozeanrückensystem entstehen, haben immer einen flachen Erdbebenherd, keines davon ist sehr stark. Zudem bemerkte man, dass fast alle tiefen Erdbebenherde entlang des Zirkumpazifischen Gürtels auftraten, besonders an den landwärts gerichteten Gebieten eines Tiefseegrabens.

Im Pazifischen Becken durchgeführte Untersuchungen zeigten, dass die Tiefe der Erdbebenherde mit zunehmender Entfernung von den Tiefseegräben zunimmt. Sie sehen in Abbildung 11.13, dass in Südamerika die Tiefe der Erdbebenherde landwärts vom Peru-Chile-Graben aus zunimmt. Diese seismischen Gebiete werden nach zwei Wissenschaftlern, die als erste intensive Untersuchungen darüber durchführten, **Wadati-Benioff-Zonen** genannt und fallen mit einem Durchschnittswinkel von etwa 45° zur Oberfläche ein. Warum sollten Erdbeben entlang einer schmalen Zone, die fast 700 Kilometer ins Erdinnere abfällt, orientiert sein? Wir werden diese Frage später in diesem Kapitel aufgreifen.

11.6 Die Messung der Stärke von Erdbeben

In der Vergangenheit haben Seismologen verschiedene Methoden verwendet, um zwei grundverschiedene Messungen zu erhalten, die die Größe (das Ausmaß) eines Erdbebens beschreiben – die Intensität und die Stärke (Magnitude). Als Erstes wurde die **Intensität** verwendet, ein Maß für den Grad der Erdbebenerschütterung an einer bestimmten Stelle, basierend auf der Größe der Schäden. Mit der Entwicklung von Seismographen wurde klar, dass eine quantitative Messung eines Erdbebens basierend auf seismischen Aufzeichnungen wünschenswert war und nicht auf unzuverlässigen, subjektiven Abschätzungen eines Schadens. Die Messung, die man entwickelte, **Magnitude** genannt, bezieht sich auf Berechnungen mit Daten aus seismischen Aufzeichnungen (und anderen Techniken).

Wie es sich herausstellte, liefern sowohl die Intensität als auch die Magnitude brauchbare, wenn auch ganz verschiedene Informationen über die Erdbebenstärke.

11.6.1 Intensitätsskalen

Vor etwas mehr als einem Jahrhundert waren historische Aufzeichnungen die einzigen Berichte über die Heftigkeit der Erschütterung und die Zerstörung eines Erdbebens. Die Verwendung dieser Beschreibungen, die ohne feststehende Richtlinien für die Berichterstattung zusammengetragen waren, machte einen genauen Vergleich von Erdbebengrößen, im günstigsten Fall, schwierig.

Die wahrscheinlich ersten Versuche, die Auswirkungen eines Erdbebens „wissenschaftlich" zu beschreiben, folgten auf das große Erdbeben bei Neapel in Italien von 1857. Durch systematische Kartierung

11.6 Die Messung der Stärke von Erdbeben

EXKURS 11.1 – MENSCH UND UMWELT

■ **Erdbeben östlich der Rocky Mountains**

Die meisten Erdbeben treten an Plattengrenzen auf, beispielsweise in Kalifornien und Japan. Dennoch können auch von Plattengrenzen weit entfernte Gebiete betroffen sein. Eine Arbeitsgruppe von Seismologen haben kürzlich geschätzt, dass es eine Wahrscheinlichkeit von zwei Drittel für ein zerstörerisches Erdbeben östlich der Rocky Mountains innerhalb der nächsten 30 Jahre gibt, vergleichbar mit einem Erdbeben ähnlichen Ausmaßes in Kalifornien. Wie alle Erdbebenrisikoeinschätzungen basiert diese Vorhersage auf der geographischen Verteilung und der Durchschnittsrate von Erdbeben, die in dieser Region auftreten.

Seit der Kolonialzeit ereigneten sich mindestens sechs große Erdbeben in der Mitte und im Osten der Vereinigten Staaten. Drei davon passierten nahe dem Mississippi-Tal im südöstlichen Missouri mit Stärken von 7,5, 7,3 und 7,8 auf der Richterskala. Sie traten über einen dreimonatigen Zeitraum hinweg auf, im Dezember 1811, im Januar 1812 und im Februar 1812. Diese Erdbeben und zahlreiche kleinere Erschütterungen zerstörten die Stadt New Madrid in Missouri. Sie lösten auch riesige Erdrutsche aus, zerstörten ein Gebiet von sechs Staaten, veränderten den Lauf des Mississippi und vergrößerten den Reelfoot See in Tennessee.

Die Entfernung, über die die Erdbeben noch gespürt wurden, ist in der Tat bemerkenswert. Kamine stürzten in Cincinnati und Richmond von den Dächern und sogar die Einwohner von Boston 1.770 Kilometer nordöstlich davon, spürten die Erschütterungen.

Die Zerstörung des Erdbebens von New Madrid war nur gering, verglichen mit dem Loma Prieta-Erdbeben von 1989, doch der Mittlere Westen war im frühen 18. Jahrhundert nur dünn besiedelt. Memphis nahe dem Epizentrum war noch nicht entstanden und St. Louis war eine kleine Grenzstadt. Andere zerstörerische Erdbeben – Aurora, Illinois (1909) und Valentine, Texas (1931) zeigen uns, dass die Mitte der Vereinigten Staaten auch betroffen sein kann.

Das größte historische Erdbeben in den östlichen Staaten fand in Charleston, Süd-Carolina im Jahr 1886 statt. Bei dem Ereignis, das nur 1 Minute dauerte, kamen 60 Menschen ums Leben, zahlreiche Menschen wurden verletzt und es gab große wirtschaftliche Verluste im Umkreis von 200 Kilometer um Charleston. Innerhalb von 8 Minuten brachten starke Erschütterungen die oberen Stockwerke von Gebäuden in Chicago und St. Louis ins Wanken und veranlassten die Menschen, auf die Straße zu laufen. Allein in Charleston wurden mehr als hundert Gebäude zerstört und 90 Prozent der verbliebenen Gebäude waren beschädigt. Man konnte kaum noch einen intakten Kamin auf den Häusern finden (▶ Abbildung 11.A).

Neuengland und angrenzende Gebiete wurden seit der Kolonialzeit von größeren Erschütterungen heimgesucht, dazu gehören das Beben von 1683 in Plymouth und im Jahr 1755 das Beben von Cambridge in Massachusetts. Im Staat New York gab es über 300 Erdbeben, stark genug, um von Menschen wahrgenommen zu werden.

Die Erdbeben, die in der Mitte und im Osten auftreten, sind wesentlich weniger häufig als die in Kalifornien. Dennoch haben die Erschütterungen östlich der Rocky Mountains Strukturschäden über ein größeres Gebiet angerichtet als Erdbeben mit ähnlicher Stärke in Kalifornien. Der Grund dafür liegt darin, dass das unterlagernde Grundgebirge in der Mitte und im Osten der Vereinigten Staaten älter und starrer ist. Deswegen durchlaufen seismische Wellen größere Entfernungen und werden weniger abgeschwächt als im Westen der Vereinigten Staaten. Bei ähnlich starken Erdbeben kann die maximale Bodenbewegung in der Region im Osten zehnmal größer als im Westen sein. Folglich wird die größere Häufigkeit der Erdbeben im Westen zum Teil durch die größere Ausdehnung der Schäden im Osten ausgeglichen.

Trotz der jüngsten geologischen Vergangenheit gibt es in Memphis, dem am stärksten bevölkerten Gebiet in der Gegend um das Erdbeben von New Madrid, keine Vorsorge für Erdbeben durch Baubestimmungen. Zu allem Übel liegt Memphis auf unverfestigtem Hochwasserablagerungen, wodurch seine Gebäude noch anfälliger für Schäden sind. Aus einer bundesstaatlichen Studie von 1985 zog man den Schluss, dass ein Erdbeben in diesem Gebiet mit einer Stärke von 7,6 schätzungsweise den Tod von 2.500 Menschen, den Einsturz von 3.000 Gebäuden und einen Schaden von 25 Milliarden Dollar verursachen würde und eine Viertelmillion Menschen allein aus Memphis vertreiben könnte.

Abbildung 11.A: Schäden in Charleston, South Carolina, durch das Erdbeben vom 31. August 1886. Die Schäden reichten von herabgefallenen Kaminen und abgefallenem Mauerwerk bis hin zum totalen Einsturz. (Foto: mit freundlicher Genehmigung U.S. Geological Survey)

wurden Auswirkungen des Erdbebens, ein Maß für die Stärke und Verteilung der Bodenbewegung, aufgestellt. Die Karte, die durch diese Untersuchung entstand, verwendete Linien, die Stellen mit ähnlichen Schäden miteinander verband (▶Abbildung 11.14). Mit dieser Technik identifizierte man Intensitätszonen, wobei die Zone höchster Intensität in der Nähe des Zentrums der maximalen Bodenerschütterung liegt und oft (aber nicht immer) der Ausgangspunkt der seismischen Wellen ist.

Um die Intensitäten von Erdbeben vergleichbar zu beschreiben, entwickelte man verschiedene Intensitätsskalen, die Schäden an Gebäuden, aber auch individuelle Beschreibungen der Ereignisse sowie Sekundäreffekte wie Erdrutsche und Bodenspalten berücksichtigen. Etwa 1902 hatte Guiseppe Mercalli eine relativ verlässliche Intensitätsskala entwickelt. Sie wird in veränderter Form noch heute verwendet (Abbildung 10.14). Die **Modifizierte Mercalli-Intensitätsskala** (▶Tabelle 11.1) gilt für die Gebäude Kaliforniens als Standard, ist aber für die Anwendung für fast alle Gebiete in den Vereinigten Staaten und Kanada geeignet, um die Stärke eines Erdbebens einzuordnen. Würden zum Beispiel gut gebaute Holzhäuser und ge-

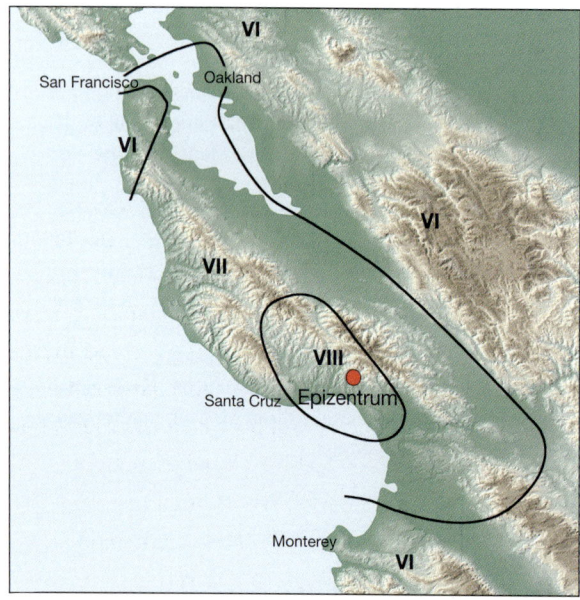

Abbildung 11.14: Zerstörungszonen, die beim Loma Prieta-Erdbeben von 1989 in Kalifornien auftraten (Einteilung nach der Modifizierten Mercalli-Intensitätsskala). Die römischen Zahlen zeigen die Intensitätskategorien. Die Zone der maximalen Intensität entspricht etwa dem Epizentrum. Sogar höhere Intensitäten wurden an einigen Stellen in San Francisco und Oakland wahrgenommen, wo die örtlichen Bedingungen die seismischen Wellen verstärkt haben. (Daten von Plafker und Galloway)

Stärke	Folgen/Schäden
I	Wird nicht wahrgenommen, außer von wenigen Personen unter günstigen Umständen.
II	Wird von wenigen Personen wahrgenommen, besonders in oberen Stockwerken von Gebäuden.
III	In Innenräumen deutlich spürbar, besonders in oberen Stockwerken von Gebäuden; viele Menschen erkennen es nicht als Erdbeben.
IV	Während des Tages wird es drinnen von vielen wahrgenommen, im Freien von wenigen. Ereignisse wie schwere Lastwägen, die Gebäude streifen.
V	Wird von fast jedem wahrgenommen. Viele erwachen. Das Schwanken von Bäumen, Masten und anderen hohen Objekten wird manchmal beobachtet.
VI	Wird von allen wahrgenommen; viele sind beunruhigt und laufen ins Freie. Manche schwere Möbelstücke werden bewegt; einige Vorkommnisse wie herabgefallener Putz oder beschädigte Kamine.
VII	Jeder läuft ins Freie. Die Schäden an gut konstruierten Häusern sind vernachlässigbar; leichte bis mäßige Schäden bei gut gebauten, gewöhnlichen Bauten; erhebliche Schäden an schlecht gebauten oder konstruierten Gebäuden.
VIII	Leichte Schäden auch an speziell konstruierten Bauwerken; erhebliche Schäden an stabilen Gebäuden mit teilweisem Einsturz. Große Schäden an schlecht gebauten Errichtungen (Herabfallen von Kaminen, Fabrikanlagen, Säulen, Monumenten und Wänden).
IX	Erhebliche Schäden an speziell konstruierten Gebäuden. Gebäude werden von ihrem Fundament geschoben. Sichtbare Bodenrisse.
X	Manche gut gebauten Holzkonstruktionen werden zerstört. Die meisten gemauerten Gebäude und Rahmentragwerke werden zerstört. Der Boden ist stark von Rissen durchzogen.
XI	Wenige gemauerte Bauten bleiben stehen. Brücken werden zerstört. Breite Risse im Boden.
XII	Totale Zerstörung. Wellen können am Boden beobachtet werden. Gegenstände werden durch die Luft gewirbelt.

Tabelle 11.1: Die Modifizierte Mercalli-Intensitätsskala.

mauerte Gebäude durch ein Erdbeben zerstört, würde die Gegend mit der Intensität X auf der Mercalli-Skala (Tabelle 11.1) gekennzeichnet.

Obwohl Intensitätsskalen für Seismologen als Hilfsmittel sehr nützlich sind, um die Heftigkeit von Erdbeben zu vergleichen, haben sie doch ihre Einschränkungen – besonders deswegen, da Intensitätsskalen häufig auf Auswirkungen (weitgehend Zerstörung) von Erdbeben basieren, die nicht nur von der Heftigkeit der Bodenerschütterung abhängen, sondern auch von der Bevölkerungsdichte, der Architektur und der Beschaffenheit des Oberflächenmaterials. Die mittlere Magnitude von 6,9 des Erdbebens aus dem Jahr 1988 in Armenien war aufgrund der mangelhaften Bauweise extrem zerstörerisch. Das Beben von 1985 in Mexiko City dagegen war wegen des weichen Sediments, auf dem sich die Stadt befindet, todbringend. Deswegen kann die Zerstörung, die Erdbeben hervorrufen, nicht als wahres Maß für die Stärke eines Erdbebens gelten.

11.6.2 Magnitudenskalen

Um Erdbeben auf der ganzen Welt vergleichen zu können, brauchte man eine Messung, die sich nicht auf Parameter stützte, die sich von einem Teil der Welt zu einem anderen beträchtlich unterscheiden, wie es zum Beispiel bei Bauweisen der Fall ist. Deswegen wurden eine Reihe von Magnitudenskalen entwickelt.

Die Richtermagnitude Im Jahr 1935 entwickelte Charles Richter vom California Institute of Technology die erste Magnitudenskala unter Verwendung seismischer Aufzeichnungen, um die relative Größe von Erdbeben zu vergleichen. Wie ▶ Abbildung 11.15 (oben) zeigt, basiert die **Richterskala** auf der Amplitude der größten seismischen Welle (P-, S- oder Oberflächenwelle), die auf einem Seismogramm aufgezeichnet wurde. Da sich seismische Wellen mit Zunahme der Entfernung des Erdbebenherds vom Seismographen abschwächen (ähnlich wie bei Licht), entwickelte Richter eine Methode, die auch für die Abnahme der Wellenamplitude mit zunehmender Entfernung galt. Theoretisch würden Beobachtungsstationen an verschiedenen Orten die gleiche Richtermagnitude für jedes aufgezeichnete Erdbeben erhalten, sofern gleiche oder äquivalente Messinstrumente verwendet werden. (Richter wählte den Wood-Anderson-Seismographen als Standardaufnahmegerät aus.) In der Praxis erhalten verschiedene Beobachtungsstationen für das gleiche Erdbeben

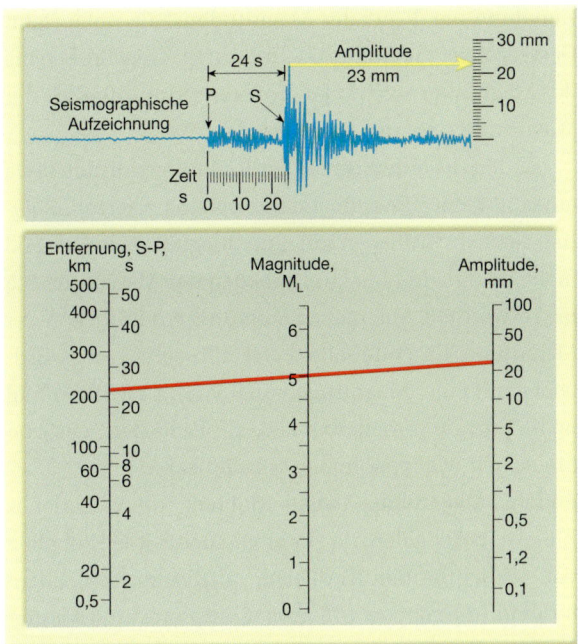

Abbildung 11.15: Die Darstellung zeigt, wie die Richtermagnitude eines Erdbebens graphisch bestimmt werden kann, indem man die seismographischen Aufzeichnungen eines Wood-Anderson-Messgeräts verwendet. Zuerst misst man die Höhe (Amplitude) der größten Welle auf dem Seismogramm (23 mm) und dann die Entfernung zum Erdbebenherd durch die Verwendung des Zeitintervalls zwischen den S- und P-Wellen (24 Sekunden). Als Nächstes ziehen Sie eine Linie zwischen der Entfernungsskala (links) und der Wellenamplitudenskala (rechts). Dadurch sollten Sie die Richtermagnitude (M_L) von 5 erhalten. (Daten vom California Institute of Technology)

oft leicht unterschiedliche Richtermagnituden – eine Folge der Variationen der Gesteinstypen, die die Wellen durchlaufen.

Obwohl die Richterskala keine Obergrenze besitzt, war 8,9 die größte Magnitude, die auf einem Wood-Anderson-Seismographen aufgezeichnet wurde. Diese starken Stöße setzten eine Energie von etwa 10^{26} Erg frei – das entspricht etwa der Detonation von 1 Milliarde Tonnen TNT. Andererseits werden Erdbeben mit einer Magnitude von 2,0 auf der Richterskala von Menschen nicht wahrgenommen. Mit der Entwicklung von noch sensibleren Messgeräten wurden Erschütterungen von −2 aufgezeichnet. ▶ Tabelle 11.2 zeigt wie die Richterskala und die Auswirkungen in Beziehung stehen.

Erdbeben unterscheiden sich enorm in ihrer Stärke und große Erdbeben rufen Wellenamplituden hervor, die tausend Mal größer sind als die von schwachen Erschütterungen. Um diese breite Variation unterzubringen, verwendete Richter eine logarithmische Skala, mit der er die Magnitude ausdrückte, wobei eine zehnfache Zunahme der Wellenamplitude einer

Zunahme um 1 auf der Magnitudenskala entspricht. Deswegen ist die Bodenerschütterung eines Erdbebens der Magnitude 5 zehnmal größer als ein Erdbeben der Magnitude 4 auf der Richterskala.

Zudem ist eine Einheit der Richtermagnitude etwa einer 32-fachen Energiezunahme gleichzusetzen. Folglich setzt ein Erdbeben mit einer Magnitude 6,5 32 Mal mehr Energie frei als ein Erdbeben der Magnitude 5,5 und etwa 1.000 Mal mehr Energie als ein Erdbeben der Magnitude 4,5 (▶Tabelle 11.3). Ein sehr großes Erdbeben mit einer Magnitude von 8,5 setzt 1 Million Mal mehr Energie frei als das kleinste Erdbeben, das von Menschen wahrgenommen werden kann.

Andere Magnituden-Skalen Richters ursprüngliches Ziel war bescheiden, da er nur versuchte, die Erdbeben von Südkalifornien (Erdbeben mit flachen Erdbebenherden) in Gruppen von großer, mittlerer und kleiner Amplitude einzuteilen. Insofern war die Richterskala dazu gedacht, nahebei (oder lokal) auftretende Erdbeben zu untersuchen. Dies wird mit dem Symbol (M_L) ausgedrückt – wobei M für *Magnitude* und L für *lokal* steht.

Den Vorteil, die Erdbebengröße durch eine einzige Zahl zu beschreiben, die leicht aus einem Seismogramm berechenbar ist, macht die Richterskala zu einem leistungsfähigen Hilfsmittel. Außerdem könnten die Richtermagnituden Erdbeben in etwas abgeschiedenen Gegenden und sogar Ereignissen, die im Ozeanbecken stattgefunden haben, zugeordnet werden. Die Intensitätsskalen sind dagegen nur auf besiedelte Gebiete auf der Erde anwendbar. Deswegen wurde die von Richter erfundene Methode einer Reihe von verschiedenen Seismographen an verschiedenen Orten der Welt angepasst. Mit der Zeit modifizierten Seismologen Richters Arbeit und entwickelten neue Magnitudenskalen.

Doch trotz ihrer Nützlichkeit sind keine dieser „Richter-ähnlichen" Magnitudenskalen angemessen, um sehr große Erdbeben zu beschreiben. Das Erdbeben in San Francisco von 1906 und das Erdbeben in Alaska von 1964 hatten beispielsweise etwa die gleiche Richtermagnitude. Dennoch setzte das Erdbeben in Alaska aufgrund der Größe der Verwerfungszone und der Länge des Versatzes beträchtlich mehr Energie frei als das Beben von San Francisco. Deswegen wird die Richterskala (so wie andere Magnitudenskalen) für große Erdbeben als *gesättigt* bezeichnet, da sie nicht zwischen der Größe der Ereignisse unterscheiden können.

Momenten-Magnitude In den letzten Jahren haben Seismologen eine präzisere Messung, die **Momenten-Magnitude** (M_w), eingesetzt, die mit verschiedenen Techniken berechnet werden kann. Bei einer Methode wird die Momenten-Magnitude aus Geländeuntersuchungen berechnet. Dabei verwendet man eine Kombination von Faktoren. Sie umfassen den durchschnittlichen Versatz entlang einer Verwerfung, das Gebiet der Rissfläche und die Scherfestigkeit des verworfenen Gesteins – ein Maß, wie viel Deformation ein Gestein speichern kann, bevor es plötzlich durchschert und Energie in Form eines Erdbebens (und Wärme) freisetzt. Beispielsweise wäre die Energie, die bei einer Verschiebung eines Gesteinskörpers von 3 Meter

Richtermagnituden	Auswirkungen in der Nähe des Epizentrums	Geschätzte Anzahl pro Jahr
< 0.2	Wird im Allgemeinen nicht wahrgenommen, aber aufgezeichnet	600.000
2,0 – 2,9	Kaum wahrnehmbar	300.000
3,0 – 3,9	Wird von manchen wahrgenommen	49.000
4,0 – 4,9	Wird von den meisten wahrgenommen	6.200
5,0 – 5,9	Stöße richten Schaden an.	800
6,0 – 6,9	Zerstörung in bevölkerten Gegenden	266
7,0 – 7,9	Große Erdbeben verursachen schwere Schäden.	18
8,0	Riesige Erdbeben verursachen weitreichende Zerstörungen in Gegenden nahe des Epizentrums.	1,4

Tabelle 11.2: Erdbebenmagnituden und zu erwartendes Auftreten weltweit.

Erdbebenmagnitude	Freigesetzte Energie* (in Millionen Erg)	Ungefähres Energieäquivalent
0	630.000	450 Gramm Sprengstoff
1	20.000.000	
2	630.000.000	Energie eines Blitzschlags
3	20.000.000.000	
4	630.000.000.000	450 Kilogramm Sprengstoff
5	20.000.000.000.000	
6	630.000.000.000.000	Atombombentest von 1946 im Bikini-Atoll Erdbeben von 1994 in Northridge
7	20.000.000.000.000.000	Erdbeben von 1989 in Loma Prieta
8	630.000.000.000.000.000	Erdbeben von 1906 in San Francisco Ausbruch des Mount St. Helens, 1980
9	20.000.000.000.000.000.000	Erdbeben von 1964 in Alaska Erdbeben von 1960 in Chile
10	630.000.000.000.000.000.000	Jährlicher Energieverbrauch der Vereinigten Staaten

* Für jede Zunahme der Magnitudeneinheit erhöht sich die freigesetzte Energie um das 31,6-Fache
Quelle:. U.S. Geological Survey

Tabelle 11.3: Erdbebenmagnituden und Energieäquivalent.

entlang eines Risses mit einigen 100 Kilometer Länge viel größer als die Energie, die bei einer Verschiebung von 1 Meter entlang einem 10 Kilometer langen Riss auftritt (bei vergleichbaren Tiefen der Risse).

Die Momenten-Magnitude kann sofort von Seismogrammen berechnet werden, indem man sehr lang periodische seismische Wellen untersucht. Die dadurch erhaltenen Werte muss man eichen, so dass kleine und mittlere Erdbeben-Momenten-Magnituden in etwa äquivalent zu den Richtermagnituden sind. Beispielsweise würde das Erdbeben von 1906 in San Francisco mit einer Richtermagnitude von 8,3, auf der Momenten-Magnituden-Skala mit 7,9 festgehalten. Das Erdbeben von Alaska von 1964 mit einer Richter-Magnitude von 8,3 wäre auf der Momenten-Magnituden-Skala auf 9,2 angewachsen. Das stärkste, bisher aufgezeichnete Erdbeben ist das Erdbeben in Chile von 1960 mit einer Momenten-Magnitude von 9,5.

Momenten-Magnituden haben sich große Akzeptanz unter den Seismologen und Ingenieuren erworben: Sie sind die einzige Magnitudenskala, die angemessen die Größe von sehr großen Erdbeben abschätzen kann; (2) sie ist ein Maß, das mathematisch von der Größe der Rissfläche und dem Versatz hergeleitet werden kann und deswegen die gesamte Energiefreisetzung besser reflektiert; und (3) sie kann durch zwei verschiedene Methoden überprüft werden – durch Geländeuntersuchungen, die auf Messungen des Verwerfungsversatzes basieren, und durch seismographische Methoden unter Verwendung von langperiodischen Wellen.

> **Studenten fragen manchmal ...**
>
> **Verringern mittlere Erdbeben die Chance auf größere Erdbeben in der gleichen Region?**
>
> Nein. Das hat mit der riesigen Zunahme bei der Energiefreisetzung zu tun, die mit Erdbeben höherer Magnituden vergesellschaftet sind (siehe Tabelle 11.3). Beispielsweise setzt ein Erdbeben mit einer Magnitude 8,5 Millionen Mal mehr Energie frei als das kleinste Erdbeben, das von Menschen wahrgenommen wird. In ähnlicher Weise würden Tausende von mittleren Beben benötigt, um die riesige Menge an Energie freizusetzen, die ein „großes" Erdbeben freisetzt.

11 Erdbeben

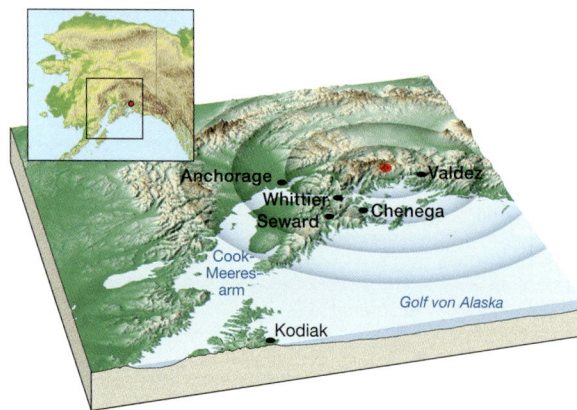

Abbildung 11.16: Die Region, die vom Erdbeben am Karfreitag 1964 am meisten betroffen war. Beachten Sie die Stelle des Epizentrums (roter Punkt). (Nachillustriert vom U.S. Geological Survey)

11.7 Zerstörung durch Erdbeben

Das heftigste Erdbeben, das jemals in Nordamerika aufgezeichnet wurde – das Karfreitag-Erdbeben von Alaska – ereignete sich am 27. März 1964 um 17.36 Uhr. Das Erdbeben mit einer Momenten-Magnitude (M_w) von 9,2 dauerte etwa 3 bis 4 Minuten und wurde in den gesamten Vereinigten Staaten wahrgenommen. Bei diesem kurzen Ereignis starben 131 Menschen, verloren Tausende ihr Heim und die Wirtschaft des Staates erlitt empfindliche Einbußen. Wären die Schulen und die Einkaufszentren geöffnet gewesen, hätte es sicherlich mehr Opfer gegeben. Innerhalb von 24 Stunden nach dem ersten Stoß wurden 28 Nachbeben aufgezeichnet, davon gingen 10 über eine Magnitude von 6 auf der Richterskala hinaus. Die Stelle des Epizentrums und die Städte, die am stärksten vom Erdbeben betroffen waren, sind in ▶ Abbildung 11.16 dargestellt.

Viele Faktoren bestimmen das Ausmaß der Zerstörung, die ein Erdbeben begleitet. Der offensichtlichste ist die Magnitude des Erdbebens und die Nähe zu besiedelten Gegenden. Glücklicherweise sind die meisten Erdbeben klein und treten in abgeschiedenen Regionen der Erde auf. Dennoch berichtet man jährlich von etwa 20 großen Erdbeben, wobei ein oder zwei davon katastrophenähnlich sind.

Während eines Erdbebens widerfährt einem Gebiet 20 bis 50 Kilometer vom Epizentrum entfernt das gleiche Maß an Bodenunruhe. Ab dieser Entfernung schwächen sich die Erschütterungen rasch ab. Gelegentlich ist die Ausbreitung von Erdbeben, die innerhalb eines stabilen Kontinents auftreten, wie das Erdbeben von New Madrid im Jahr 1811, viel größer. Das Epizentrum dieses Erdbebens befand sich direkt südlich von Cairo, Illinois und die Erschütterungen waren noch vom Golf von Mexiko bis nach Kanada und von den Rocky Mountains bis zur Atlantikküste wahrzunehmen.

11.7.1 Zerstörung durch seismische Erschütterungen

Das Erdbeben in Alaska von 1964 bot Geologen neue Einblicke in die Bedeutung von Bodenerschütterungen als destruktive Kraft. Wandert die bei einem Erdbeben freigesetzte Energie auf der Erdoberfläche entlang, so verursacht sie eine Bodenerschütterung auf komplexe Weise, durch Auf- und Abbewegungen sowie seitliche Bewegungen. Das Aufmaß des Schadens an Bauwerken durch die Erschütterungen hängt von mehreren Faktoren ab, einschließlich: (1) der Intensität, (2) der Dauer von Erschütterungen, (3) der Beschaffenheit des Grunds, auf dem sich das Bauwerk befindet, und (4) der Bauweise.

Alle Hochhäuser in Anchorage waren durch die Erschütterungen beschädigt worden. Den flexibleren Holzrahmenwohnhäusern erging es noch am besten. Dennoch wurden viele Wohnhäuser zerstört, da der Boden nachgab. Ein eindrucksvolles Beispiel, wie Unterschiede in der Bauweise das Ausmaß von Erdbebenschäden bestimmen, zeigt ▶ Abbildung 11.17. Sie erkennen, dass das Stahlrahmengebäude auf der linken Seite den Erschütterungen standgehalten hat, wogegen das schlecht konstruierte J.C. Penney-Gebäude schwer beschädigt wurde. Ingenieure haben daraus gelernt, dass nicht verstärkte Mauerbauten eine ernste Sicherheitsbedrohung bei Erdbeben sind.

Die meisten großen Bauwerke in Anchorage wurden beschädigt, obwohl sie gemäß der Erdbebenvorsorge nach einheitlichen Bauvorschriften (Uniform Building Codes) errichtet worden waren. Möglicherweise kann ein Teil der Zerstörung der ungewöhnlich langen Dauer dieses Erdbebens zugeschrieben werden. Die meisten Erdbeben dauern weniger als eine Minute. Beispielsweise währte das Northridge-Erdbeben von 1994 40 Sekunden und die starken Erschütterungen des Loma Prieta-Erdbebens von 1989 waren weniger als 15 Sekunden zu spüren. Die Erschütterungen des Erdbebens von Alaska dauerten dagegen drei bis vier Minuten.

Abbildung 11.17: Schäden am fünfstöckigen J.C. Penney-Gebäude, Anchorage, Alaska. An dem benachbarten Gebäude traten kaum Schäden in der Konstruktion auf. (Mit freundlicher Genehmigung von NOAA/Seattle)

Abbildung 11.18: Auswirkungen der Bodenverflüssigung. Dieses umgekippte Gebäude stand auf unverfestigten Sedimenten, die sich wie Treibsand während des Erdbebens 1985 in Mexiko City verhielten. (Foto: James L. Beck)

Die Verstärkung von seismischen Wellen Das Gebiet innerhalb von 20 bis 50 Kilometer vom Epizentrum aus erfährt in etwa die gleiche Intensität an Bodenerschütterungen. Die Zerstörung innerhalb dieses Gebiets variiert jedoch beträchtlich (▶ siehe Exkurs 11.2). Dieser Unterschied lässt sich hauptsächlich auf die Beschaffenheit des Bodens zurückführen, auf dem die Bauwerke errichtet wurden. Weiche Sedimente verstärken beispielsweise die Erschütterungen mehr als festes Grundgebirge. Anchorage, das sich auf unverfestigten Sedimenten befindet, erfuhr starke Gebäudeschäden. Whittier, das viel näher am Epizentrum lag und auf einem festen Fundament aus Granit gründet, meldete wesentlich geringere Schäden. Allerdings wurde Whittier durch einen Tsunami zerstört (siehe nächster Abschnitt).

Bodenverflüssigung In Gegenden, wo unverfestigtes Material mit Wasser gesättigt ist, können Erdbebenerschütterungen ein Phänomen hervorrufen, das man als **Bodenverflüssigung** bezeichnet. Unter solchen Bedingungen verwandelt sich ein stabiler Boden in ein bewegliches Fluid, das nicht in der Lage ist, Gebäude oder andere Bauwerke zu stützen (▶ Abbildung 11.18). Als Folge davon können unterirdische Objekte, wie Speichertanks oder Abwasserrohre geradezu nach oben an die Oberfläche ihrer frisch verflüssigten Umgebung treiben. Gebäude und andere Bauwerke können absinken und einstürzen. Während des Erdbebens von Loma Prieta (1989) im Marina Distrikt von San Francisco gaben die Fundamente nach und Geysire aus Sand und Wasser, die aus dem Boden schossen,

EXKURS 11.2 – DIE ERDE VERSTEHEN

■ Wellenverstärkung und seismische Risiken

Viele Tote und große Schäden hatte Mexiko City beim Erdbeben von 1985 deswegen zu beklagen, weil die Gebäude der Innenstadt auf den Sedimenten eines Sees erbaut worden waren, die die Bodenbewegung verstärkten. Um die Gründe dafür zu verstehen, rufen Sie sich ins Gedächtnis, dass seismische Wellen während ihrer Ausbreitung durch die Erde das durchlaufene Material zum Vibrieren bringen, wie bei einer angeschlagenen Stimmgabel. Zwar kann man die meisten Objekte auf einer weitreichenden Spanne von Frequenzen zum Vibrieren „zwingen", doch hat jedes seine bevorzugte Eigenschwingung. Unterschiedliche Erdmaterialien, wie Stimmgabeln unterschiedlicher Länge, haben auch eine Eigenschwingung.*

Die Verstärkung der Bodenbewegung tritt dann auf, wenn die stützenden Materialien eine Eigenschwingung (Frequenz) haben, die den seismischen Wellen gleicht. Ein häufig erwähntes Beispiel dieses Phänomens tritt auf, wenn ein Elternteil sein Kind auf einer Schaukel anschubst. Schubst das Elternteil das Kind periodisch im Rhythmus der Schaukel an, bewegt sich das Kind in einem immer größer werdenden Bogen (Amplitude) vor und zurück. Die Sedimentsäule unterhalb von Mexiko City hatte zufällig eine natürliche Eigenschwingung von etwa 2 Sekunden, was den stärksten seismischen Wellen glich. Deswegen entwickelte sich eine *Resonanz*, als die seismischen Wellen die weichen Sedimente zu erschüttern begannen, wodurch sich die Amplitude der Erschütterungen verstärkte. Diese Verstärkung rief Erschütterungen hervor, die alle zwei Sekunden eine Vor- und Zurückbewegung von 40 Zentimeter aufwiesen und beinahe zwei Minuten dauerte. Solche Bewegungen waren zu intensiv für viele der schlecht konstruierten Gebäude der Stadt. Zusätzlich schwangen mittelhohe Bauwerke (fünf bis 15 Stockwerke) mit einer Schwingung von etwa zwei Sekunden vor und zurück. Deswegen entwickelte sich auch eine Resonanz zwischen diesen Gebäuden und dem Boden, mit dem Ergebnis, dass die meisten Gebäudeeinstürze Bauwerke dieser Höhe betrafen (▶Abbildung 11.B).

Man glaubt, dass sedimentär bedingte Wellenverstärkung auch wesentlich zum Einsturz des zweispurigen Abschnitts der Autobahn 880 beim Erdbeben von Loma Prieta 1989 beigetragen hat (▶Abbildung 11.C). Auf dem 1,4 Kilometer langen, eingestürzten Abschnitt durchgeführte Untersuchungen zeigten, dass dieser auf San Francisco-Lehm erbaut worden war. Andere Abschnitte dieser Autobahn, die zwar beschädigt, aber nicht eingestürzt waren, waren auf festerem alluvialem Material errichtet worden.

Abbildung 11.B: Während des Erdbebens von 1985 in Mexiko schwangen mehrstöckige Gebäude bis zu einem Meter vor und zurück. Viele, wie dieses hier gezeigte Hotel, stürzten ein oder wurden stark beschädigt. (Foto: James L. Beck)

* Um die Eigenschwingung eines Objekts zu zeigen, halten Sie ein Lineal über eine Schreibtischkante, so dass ein Großteil nicht durch den Schreibtisch gestützt wird. Bringen Sie es zum Vibrieren und beachten Sie das Geräusch, das es macht. Indem Sie die Länge des nicht gestützten Abschnitts des Lineals verändern, wird sich die Eigenschwingung entsprechend ändern.

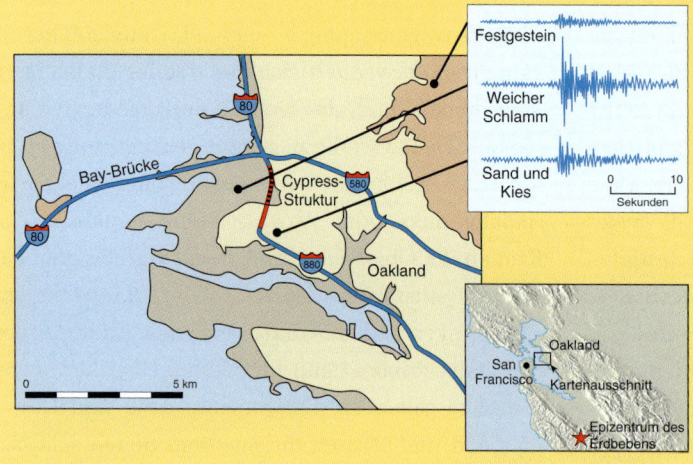

Abbildung 11.C: Jener Teil der Cypress-Autobahnkonstruktion in Oakland, Kalifornien, der in weichem Lehm stand (rot gestrichelte Linie), stürzte 1989 beim Loma Prieta-Erdbeben ein. Benachbarte Streckenabschnitte, die auf festerem Grund gebaut waren, blieben stehen. Seismogramme von einem Nachbeben (oben rechts) zeigen, dass die Erschütterung im weichen Lehm deutlich verstärkt wird, verglichen mit der in festeren Materialien.

zeigten das Auftreten von Bodenverflüssigung an (▶Abbildung 11.19).

Seiches Die Auswirkungen von großen Erdbeben können über Tausende von Kilometern entfernt von ihrem Ursprung noch verspürt werden. Die Bodenbewegung kann *Seiches* hervorrufen, die rhythmisches Schwappen des Wassers in Seen, Grundwasserspeichern und abgeschlossenen Becken, wie dem Golf von Mexiko, hervorrufen. Das Erdbeben von Alaska (1964) erzeugte beispielsweise zwei Meter hohe Wellen vor der Küste von Texas, die kleine Schiffe beschädigten. Viel kleinere Wellen wurden in Schwimmbecken in Texas und Louisiana beobachtet.

Seiches können besonders gefährlich werden, wenn sie in Wasserspeichern auftreten, die von irdenen Dämmen gehalten werden. Man weiß von diesen Wellen, dass sie über die Wasserspeicherwände schwappen und dadurch den Damm schwächen, was das Leben von Tausenden flussabwärts gefährdet.

11.7.2 Was ist ein Tsunami?

Große untermeerische Erdbeben (Seebeben) setzen gelegentlich riesige Wasserwellen in Bewegung, die man **seismische Seewellen** oder **Tsunamis** (*tsu* = Hafen, *nami* = Wellen) nennt. Die meisten Tsunamis entstehen durch den vertikalen Versatz entlang von Verwerfungen am Ozeanboden oder bei großen untermeerischen Erdrutschen, die durch Erdbeben ausgelöst werden (▶Abbildung 11.20).

Hat sich ein Tsunami einmal gebildet, ähnelt er kleinen Wellen, die entstehen, wenn ein Stein in einen Teich geworfen wird. Im Gegensatz zu den kleinen Wellen, bewegt sich ein Tsunami mit unglaublicher Geschwindigkeit von 500 bis 900 Kilometer pro Stunde über den Ozean. Trotz dieses besonderen Merkmals kann ein Tsunami im offenen Ozean unbemerkt vorübergehen, da seine Höhe in der Regel weniger als ein Meter ist und die Entfernung zwischen den Wellenbergen zwischen 100 und 700 Kilometer liegt. Doch dringt ein Tsunami in flachere Küstengewässer vor, verlangsamen sich diese zerstörerischen Wellen und das Wasser beginnt sich aufzutürmen, bis in Höhen, die gelegentlich 30 Meter übersteigen (Abbildung 11.20). Erreicht ein Tsunami die Küste, erscheint er wie ein plötzlicher Anstieg des Meeresspiegels mit turbulenter und chaotischer Oberfläche. Ein Tsunami kann sehr zerstörerisch sein (▶Abbildung 11.21).

Normalerweise ist die erste Warnung vor einem

A.

B.

Abbildung 11.19: Bodenverflüssigung. **A.** Diese „Schlammvulkane" entstanden durch das Erdbeben von Loma Prieta 1989. Sie bildeten sich, als Geysire aus Sand und Wasser aus dem Boden schossen, ein Indiz dafür, dass Bodenverflüssigung auftrat. (Foto: Richard Fox, mit freundlicher Genehmigung von Dennis Fox) **B.** Studenten probieren die Eigenschaften von Bodenverflüssigung aus. (Foto: Marli Miller)

Tsunami der relativ plötzliche Rückzug des Wassers vom Strand. In der Nähe des Pazifischen Beckens lebende Bewohner haben gelernt, eine solch Warnung ernst zu nehmen, und flüchten sich auf höher gelegene Gebiete, da etwa fünf bis 30 Minuten später auf den Rückzug des Wassers eine Welle folgt, die sich mehrere hundert Meter landeinwärts ausbreiten kann. Danach folgt auf jede Welle ein plötzlicher Rückzug des Wassers in Richtung Ozean.

Der Tsunami, der 1964 durch das Erdbeben in Alaska entstand, fügte den Gemeinden in der Nähe des Golfes von Alaska schwere Schäden zu und zer-

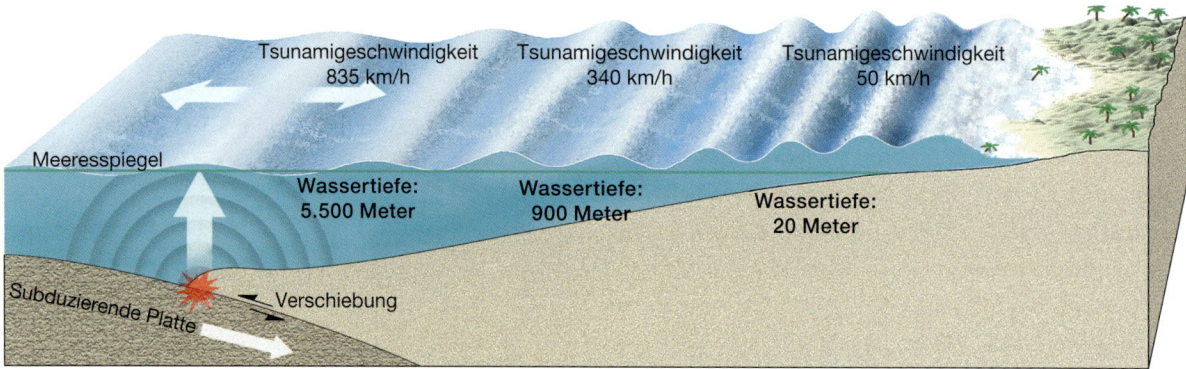

Abbildung 11.20: Schematische Zeichnung eines Tsunamis, der durch den Versatz von Ozeanboden entstanden ist. Die Wellengeschwindigkeit korreliert mit der Meerestiefe. Wie abgebildet, bewegen sich Wellen in tiefem Wasser mit Geschwindigkeiten von über 800 Kilometern pro Stunde. Die Geschwindigkeit nimmt allmählich auf 50 Kilometer pro Stunde bei Tiefen von 20 Meter ab. Die abnehmende Tiefe verlangsamt die Bewegung der Welle. Während sich die Wellen im flachen Wasser also verlangsamen, wächst ihre Größe so lange an, bis sie umkippen und mit enormer Gewalt auf die Küste treffen. Die Größe und der Abstand der Dünung sind nicht maßstabsgerecht.

A.

B.

Abbildung 11.21: Ein riesiges Erdbeben der Magnitude 9 vor der Küste der indonesischen Insel Sumatra verursachte einen Tsunami, der über den Indischen Ozean und die Bucht von Bengalen am 26. Dezember 2004 hinwegraste. **A.** Ahnungslose Touristen, die zunächst an den Strand gegangen waren, als das Wasser sich zurückzog, eilen jetzt der Küste entgegen, als die erste der sechs Tsunamiwellen auf den Hai Ray Lai-Strand in der Nähe von Krabi, Thailand, zurast. (AFT/Getty Images Inc.) **B.** Die indonesische Stadt Banda Aceh zehn Tage nach dem Tsunami. (Foto: Berbar Halin/Sipa Press)

störte die Stadt Chenega bis auf die Grundmauern. Die Insel Kodiak wurde auch schwer beschädigt sowie ein Großteil der Fischereiflotte, als die seismische Welle viele Boote in den Geschäftsbezirk schwemmte. Der Tsunami forderte 107 Menschenleben. Dagegen starben nur neun Menschen in Anchorage in Folge der Erschütterungen.

Der durch den Tsunami, der auf das Erdbeben in Alaska folgte, entstandene Schaden dehnte sich trotz einer einstündigen Vorwarnung entlang eines großen Teils der Westküste von Nordamerika aus. In Crescent City, Kalifornien, wurden zwölf Menschen getötet, alle davon kamen bei der fünften Welle um und auch die meisten Schäden wurden davon verursacht. Die erste Welle erreichte vier Meter Höhe von der Ebbenlinie aus und auf sie folgten stufenweise abnehmend drei kleinere Wellen. In der Annahme, der Tsunami sei vorüber, kehrten die Menschen zur Küste zurück, nur um von einer fünften, höchst zerstörerischen Welle getroffen zu werden, die den Flutstand übertraf und um sechs Meter höher war als der Pegel bei Ebbe.

Der Tsunamischaden des Erdbebens in Indonesien von 2004 Am 26. Dezember 2004 trat ein riesiges Seebeben mit einer Momenten-Magnitude von 9,0 in der Nähe der Insel Sumatra auf und schickte Wellen über den Indischen Ozean und die Bucht von Bengalen (▶ Abbildung 11.21A). Dieser Tsunami war eine der größten todbringenden, natürlichen Katastrophen der heutigen Zeit und forderte 230.000 Menschenleben. Das Wasser, das mehrere Kilometer landeinwärts drängte, schleuderte Autos und Lastwägen wie Spielzeug in einer Badewanne herum, Fischerboote wurden in Häuser geworfen. An manchen Orten schleppte der Sog des sich zurückziehenden Wassers Leichname und große Mengen an Schutt ins Meer hinaus.

Die Zerstörung machte keinen Unterschied zwischen Luxusferienorten und einfachen Fischersiedlungen an der Küste des Indischen Ozeans (▶ Abbildung 11.21.B). Von der Verwüstung waren besonders die südöstliche Küste Sri Lankas, die indonesische Provinz Aceh, der indische Staat Tamil Nada und die thailändische Ferieninsel Phuket betroffen. Schäden wurden sogar von der 4.100 Kilometer westlich vom Epizentrum entfernt liegenden somalischen Küste in Afrika gemeldet.

Die „Mörderwellen", die durch dieses riesige Seebeben entstanden waren, erreichten Höhen von zehn Meter und trafen auf viele unvorbereitete Gebiete innerhalb von drei Stunden nach dem Beben. Zwar enthält der Pazifische Ozean Tiefseebojen und Gezeitenmesser, die Tsunami-Wellen im Meer erkennen können, der Indische Ozean aber nicht. (Die Tiefseebojen haben Drucksensoren, die Veränderungen im Druck feststellen können, da die Erdbebenenergie durch den Ozean wandert. Die Gezeitenmesser messen den Anstieg und Rückgang des Meeresspiegels. Die Seltenheit von Tsunamis im Indischen Ozean trug auch dazu bei, dass man auf ein solches Ereignisses nicht vorbereitet war. Es erscheint nur logisch, dass Länder wie Indien, Indonesien und Thailand Pläne zur Errichtung eines Tsunami-Frühwarnsystems im Indischen Ozean angekündigt haben.

Tsunami-Frühwarnsysteme Ohne Vorherwarnung traf 1946 ein großer Tsunami die hawaiianischen Inseln. Eine Welle mit mehr als 15 Meter Höhe hinterließ mehrere Küstenstädte als Trümmerhaufen. Diese Zerstörung gab dem U.S. Coast and Geodetic Survey Anlass, ein Tsunami-Frühwarnsystem für die Küstengebiete am Pazifik einzurichten. Von großen Beobachtungsstationen der ganzen Region werden große Erdbeben an das Tsunami-Warnzentrum in Honolulu gemeldet. Wissenschaftler in diesem Zentrum verwenden Gezeitenmesser, um festzustellen, ob sich ein Tsunami gebildet hat. Innerhalb einer Stunde kann eine Warnung herausgegeben werden. Obwohl sich ein Tsunami sehr schnell bewegt, bleibt genügend Zeit, um alle außerhalb der Region am nächsten zum Epizentrum zu evakuieren. Würde sich beispielsweise ein Tsunami in der Nähe der Aleuten bilden, würde es

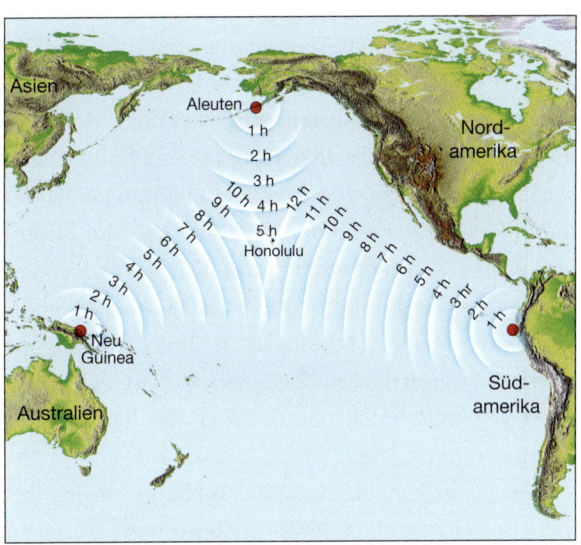

Abbildung 11.22: Die Fortbewegungszeit von Tsunamis nach Honolulu, Hawaii, von ausgewählten Orten im gesamten Pazifik. (Daten von NOAA)

fünf Stunden dauern, bis er Hawaii erreicht, und ein Tsunami, der nahe der chilenischen Küste entsteht, würde 15 Stunden brauchen, bis er auf Hawaii trifft (▶ Abbildung 11.22).

11.7.3 Erdrutsche und Bodenabsenkung

Beim Erdbeben von Alaska (1964) entstand der größte Schaden aufgrund von Erdrutschen und Bodenabsenkungen, die durch die Erschütterungen hervorgerufen wurden. Bei Valdez und Seward verursachten die heftigen Erschütterungen die Verflüssigung von Deltasedimenten. Der darauffolgende Erdrutsch verdrängte beide Wasserfronten. Da man eine Wiederholung befürchtete, versetzte man Valdez sieben Kilometer weiter auf stabilen Untergrund. In Valdez starben 31 Menschen auf einem Dock, als es ins Meer rutschte.

Die größten Schäden in der Stadt Anchorage waren die Folge von Erdrutschen. Viele Wohnhäuser wurden in den Turnagain Heights zerstört, als eine Tonlage ihre Festigkeit verlor und etwa 810.000 km³ Land zum Ozean hin abrutschte (▶ Abbildung 11.23). Ein Teil dieses spektakulären Erdrutsches wurde als Mahnmal dieses zerstörerischen Ereignisses in seinem Originalzustand belassen. Der Ort wurde passend „Erdbebenpark" benannt. Das Zentrum von Anchorage wurde auch gespalten, als ein Teil des Hauptgeschäftsbezirks drei Meter einbrach.

11.7.4 Feuer

Das Erdbeben von 1906 in San Francisco erinnert uns an die furchterregende Bedrohung durch Feuer. Die Altstadt bestand überwiegend aus älteren, hölzernen Bauten und Ziegelhäusern. Zwar wurden viele der nicht verstärkten Ziegelhäuser durch Erschütterungen stark beschädigt, doch die größte Zerstörung entstand durch Feuer, die durch durchtrennte Gas- und Stromleitungen verursacht wurden. Die Feuer wüteten drei Tage lang außer Kontrolle und verwüsteten 500 Stadtabschnitte (siehe Abbildung 11.3). Teil des Problems waren die durch die erste Bodenerschütterung in Hunderte von unterbrochenen Stücken geteilten Wasserleitungen in der Stadt.

Das Feuer konnte schließlich gestoppt werden, indem Gebäude entlang eines breiten Straßenzuges in die Luft gesprengt wurden, um eine Feuerschneise zu bilden – die gleiche Strategie, die bei der Bekämpfung von Waldbränden angewendet wird. Bei dem Feuer von San Francisco gab es nur wenige Tote, das ist nicht immer der Fall. Ein Erdbeben in Japan im Jahr 1923 löste schätzungsweise 250 Feuer aus, die die Stadt Yokohama verwüsteten und mehr als die Hälfte aller Wohnhäuser in Tokio zerstörten. Durch die Feuer, die von ungewöhnlich starken Winden angetrieben wurden, fanden 100.000 Menschen den Tod.

11.8 Kann man Erdbeben vorhersagen?

Die Erschütterungen, die Northridge 1994 in Kalifornien heimsuchten, waren verantwortlich für den Tod von 57 Menschen und einen Schaden von 40 Milliarden Dollar (▶ Abbildung 11.24). Dies passierte bei einem kurzen Erdbeben (etwa 40 Sekunden) mit mo-

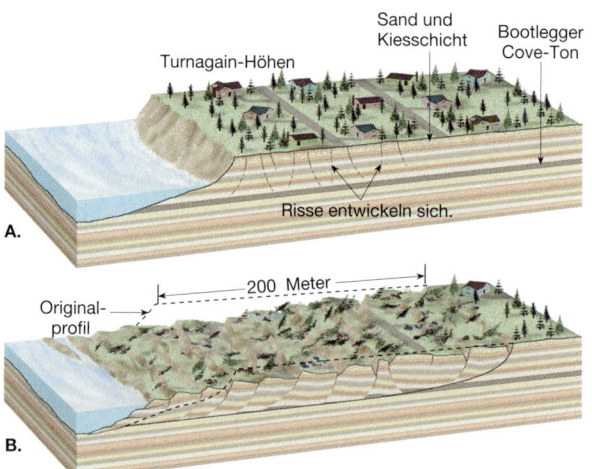

Abbildung 11.23: Der Turnagain Height-Erdrutsch, der durch das Erdbeben von 1964 in Alaska verursacht wurde. **A.** Erschütterungen des Erdbebens verursachten Risse, die an der Kante des Steilufers auftraten. **B.** Innerhalb von Sekunden begannen Landbrocken auf einer schwachen Tonlage Richtung Meer herunterzurutschen. In weniger als 5 Minuten wurden 200 Meter des Turnagain Heights-Gebiet zerstört. **C.** Foto eines kleinen Ausschnitts des Erdrutsches an den Turnagain Heights. (Foto: mit freundlicher Genehmigung des U.S. Geological Survey)

derater Einstufung (M_w). Seismologen warnen, dass Erdbeben mit ähnlicher oder größerer Stärke entlang der San Andreas-Verwerfung auftreten werden, eine Verwerfung, die sich einen 1.300 Kilometer langen Pfad durch Kalifornien bahnt. Die naheliegende Frage ist: Können Erdbeben vorhergesagt werden?

11.8.1 Kurzfristige Vorhersagen

Das Ziel kurzfristiger Vorhersagen ist eine Warnung über den Ort und die Magnitude eines starken Erdbebens innerhalb eines engen Zeitrahmens. Mit dauerhafter Anstrengung sind Japan, die Vereinigten Staaten, China und Russland – Länder, in denen das Erdbebenrisiko hoch ist – bemüht, diese Zielsetzung zu erreichen (▶ Tabelle 11.4). Diese Forschung hat sich auf die Überwachung möglicher *Vorläufer* konzentriert – Phänomene, die vorausgehen und deswegen eine Warnung für ein kommendes Erdbeben darstellen. In Kalifornien messen Seismologen beispielsweise die Hebung, Senkung und Verformung der Gesteine nahe aktiver Verwerfungen. Japanische Wissenschaftler untersuchen anormales Verhalten bei Tieren, das ein Erdbeben vorhersagen könnte. Andere Forscher beobachten Veränderungen im Grundwasserspiegel, während wieder andere versuchen, Erdbeben anhand von Veränderungen in der elektrischen Leitfähigkeit von Gesteinen vorherzusagen.

Eines der anspruchsvollsten Erdbebenexperimente wird entlang eines Segments der San Andreas-Verwerfung in der Stadt Townfield in Zentralkalifornien durchgeführt. Hier traten Erdbeben mittlerer Intensität seit 1857 regelmäßig etwa alle 22 Jahre auf. Der letzte Riss entstand bei einem Erdbeben mit einer Magnitude von 5,6 im Jahr 1966. Da das nächste Ereignis deutlich „überfällig" ist, hat der U.S. Geological Survey ein ausgedehntes Überwachungssystem eingerichtet. Geräte zur Messung des Abgleitens, der Kippung und der Verformung von Bohrlöchern sollen die Ansammlung oder die Freisetzung von „Strain" messen. Zudem wurden über 70 Seismographen von unterschiedlichem Design aufgestellt, um sowohl die Vorbeben als auch das Hauptbeben aufzuzeichnen. Schließlich gibt es noch ein Netzwerk von Entfernungsmessern, die Laserstrahlen verwenden und Bewegungen an der Verwerfung messen (▶ Abbildung 11.25). Ziel ist die Identifizierung von Bodenbewegungen, die einem großen Riss vorausgehen.

Chinesische Seismologen behaupteten, eine erfolgreiche, kurzfristige Vorhersage für das Erdbeben in der Liaoning-Provinz am 4. Februar 1975 gemacht zu haben. Laut Berichten kamen nur wenige Menschen ums Leben, denn durch die Vorhersage des Erdbebens seien viele Menschen evakuiert worden, obwohl mehr als 1 Million Menschen neben dem Epizentrum lebten. Kürzlich haben westliche Seismologen diese Behauptung hinterfragt und darauf hingewiesen, dass ein intensiver Schwarm von Vorbeben, der 24 Stunden vor dem Hauptbeben begann, bei vielen Menschen eine spontane Evakuierung ausgelöst haben könnte. Außerdem ging aus einem zehn Jahre später veröffentlichten, offiziellen Bericht der chinesischen Regierung hervor, dass 1.328 Menschen durch das Erdbeben starben und 16.980 verletzt wurden.

> **Studenten fragen manchmal …**
>
> **Ich habe gehört, der sicherste Platz in einem Haus während eines Erdbebens sei unter einem Türrahmen. Ist das wirklich der beste Aufenthaltsort während eines Erdbebens?**
>
> Das kommt darauf an. Auf der Straße sollten Sie sich von Tunnels, Unterführungen und Überführungen fernhalten. Suchen Sie einen sicheren Ort auf und bleiben Sie im Auto, bis die Erschütterungen aufhören. Sollten Sie sich während eines Erdbebens draußen befinden, bleiben Sie Gebäuden, Bäumen, Telefonmasten und Hochspannungsleitungen fern. Sollten Sie sich drinnen befinden, sollten Sie sich *ducken, schützen* und *festhalten*. Sollten Sie ein Erdbeben verspüren, ducken Sie sich unter einen Schreibtisch oder einen schweren Tisch. Halten Sie sich von Fenstern, Bücherregalen, Aktenordnern, schweren Spiegeln, Hängepflanzen und anderen schweren Objekten fern, die herunterfallen könnten. Bleiben Sie in Deckung, bis die Erschütterungen aufhören. Und halten Sie sich am Schreibtisch oder Tisch fest: Sollte er sich bewegen, bewegen Sie sich mit ihm.
>
> Ein anhaltendes Klischee von Kalifornien ist ein Adobehaus, bei dem als einziger Teil der Türrahmen bestehen blieb. Daher rührt der Glaube, dass der Türrahmen der sicherste Platz während eines Erdbebens sei. Das wäre wahr, wenn Sie in einem alten, unverstärkten Adobehaus lebten. In modernen Häusern sind Türrahmen nicht stärker als andere Teile des Hauses und haben normalerweise Schwingtüren, die Sie verletzen könnten. In diesem Fall wäre es unter dem Tisch sicherer.

11 Erdbeben

Abbildung 11.24: Der Schaden an der Autobahn 5 entstand am 17. Januar 1994 beim Northridge-Erdbeben. (Foto: Tom McHugh/Foto Researchers, Inc.)

Ein Jahr nach dem Erdbeben von Liaoning starben mindestens 240.000 Menschen bei einem Erdbeben in Tangshan in China, es war nicht vorhergesagt worden. Die Chinesen gaben mitunter auch falschen Alarm. In einer Provinz nahe von Hong Kong verließen Berichten zu Folge Menschen ihre Behausungen einen Monat lang, ohne dass es zu einem Erdbeben kam. Ganz deutlich zu sehen ist, dass die Methoden, die die Chinesen für kurzfristige Vorhersagen von Erdbeben anwenden, *nicht* verlässlich sind.

Um für ein Vorhersageschema allgemeine Akzeptanz zu garantieren, muss es genau und verlässlich sein. Deswegen *darf es nur einen eng gesteckten Bereich von Unsicherheiten bezüglich des Ortes und der Zeit haben und es darf nur wenige Fehlangaben und falsche Alarme auslösen.* Können Sie sich die Diskussion vorstellen, die folgen würde, um eine große Stadt in den Vereinigten Staaten wie Los Angeles oder San Francisco zu evakuieren? Die Kosten, um Millionen Menschen zu evakuieren, ihre Unterkünfte zu arrangieren und entgangene Arbeitszeit und Löhne zu bezahlen, wären gigantisch.

Gegenwärtig existiert keine verlässliche Methode, um kurzfristige Erdbebenvorhersagen zu machen. Tatsächlich sind führende Seismologen der letzten hundert Jahre nach einer kurzen Periode des Optimismus während der 1970er Jahre zu dem Schluss gekommen, dass eine kurzfristige Vorhersage von Erdbeben *nicht* durchführbar ist. Zitiert man Charles Richter, so bieten Vorhersagen „Jagdgründe für Amateure, Sonderlinge und ausgemachte, die öffentliche Aufmerksamkeit suchende Fälscher". Diese Aussage wurde 1990 bestätigt, als Iben Brown, ein selbst ernannter Experte, vorhersagte, dass ein großes Erdbeben an der Madrid-Verwerfung am 2. oder 3. Mai ein Gebiet südöstlich von Missouri verwüsten würde. Viele Menschen in Missouri, Tennessee und Illinois schlossen eilig Erd-

Abbildung 11.25: Lasermessgeräte verwendet man, um Bewegungen an der San Andreas-Verwerfung zu messen. (Foto: John K. Nakata/U.S. Geological Survey)

Jahr	Ort	Tote (geschätzt)	Magnitude	Bemerkungen/Schäden
1556	Shensi, China	830.000		Möglicherweise die größte natürliche Katastrophe
1755	Lissabon, Portugal	70.000		Ausgedehnte Tsunami-Schäden
1811–1812	New Madrid, Missouri	wenige	7,9	Drei große Erdbeben
1886	Charleston, South Carolina	60		Historisch das größte Erdbeben im Osten der Vereinigten Staaten
1906	San Francisco, Kalifornien	1.500	7,8	Feuer verursachen weitreichende Schäden.
1908	Messina, Italien	120.000		
1923	Tokio, Japan	143.000	7,9	Feuer verursachen weitreichende Zerstörung.
1960	Südchile	5.700	9,5	Möglicherweise das Erdbeben mit der größten, je aufgezeichneten Magnitude
1964	Alaska	131	9,2	Größtes Erdbeben in Nordamerika
1970	Peru	66.000	7,8	Großer Erdrutsch
1971	San Fernando, Kalifornien	65	6,5	Der Schaden überstieg 1 Milliarde US $.
1975	Liaoning-Provinz, China	1.328	7,5	Das erste große Erdbeben, das vorhergesagt wurde
1976	Tangshan, China	240.000	7,6	Nicht vorhergesagt
1985	Mexiko City	9.500	8,1	Großer Schaden trat 400 km vom Epizentrum entfernt auf.
1988	Armenien	25.000	6,9	Schlechte Bauweise
1989	Loma Prieta, Kalifornien	65	6,9	Der Schaden überstieg 6 Milliarden US $.
1990	Rasht, NW-Iran	50.000	7,3	Erdrutsche und schlechte Bauweise verursachten große Schäden.
1993	Latur, Indien	10.000	6,4	Fand im stabilen Inneren eines Kontinents statt
1994	Northridge, Kalifornien	57	6,7	Der Schaden überstieg 40 Milliarden US $.
1995	Kobe, Japan	5.472	6,9	Der Schaden wurde auf über 100 Milliarden US $ geschätzt.
1999	Izmit, Türkei	17.127	7,4	Fast 44.000 Verletzte und 250.000 Heimatlose
1999	Chi-Chi, Taiwan	2.300	7,6	Ernsthafte Zerstörungen; 8.700 Verletzte
2001	El Salvador	1.000	7,6	Löste viele Erdrutsche aus
2001	Bhuj, Indien	20.000	7,9	1 Million oder mehr Obdachlose
2003	Bam, Iran	41.000	6,6	Alte Stadt mit schlechter Bauweise
2004	Indischer Ozean	230.000	9,0	Verwüstender Tsunami-Schaden
2005	Pakistan/Kaschmir	86.000	7,6	69.000 Verletzte, 4 Millionen Obdachlose, viele Erdrutsche

+ Weit voneinander abweichende Magnituden wurden für manche dieser Erdbeben geschätzt. Wo verfügbar, verwendete man Momenten-Magnituden. Quelle: U.S. Geological Survey

Tabelle 11.4: Einige Erdbeben mit besonders hohen Schadensfolgen.

bebenversicherungen ab. Viele Schulen und Fabriken wurden geschlossen und Menschen, die weit entfernt von Illinois lebten, blieben zu Hause, statt das Risiko der Fahrt zur Arbeit einzugehen. Das benannte Datum ging ohne die geringste Erschütterung vorüber.

11.8.2 Langfristige Vorhersagen

Im Gegensatz zu kurzfristigen Vorhersagen, die darauf abzielen, Erdbeben innerhalb eines kurzen Zeitrahmens von Stunden oder höchstens Tagen vorherzubestimmen, geben langfristige Vorhersagen die Wahrscheinlichkeit eines Erdbebens mit einer bestimmter Magnitude in einer Zeitspanne von 30 bis 100 Jahren an. Anders ausgedrückt, liefern diese Vorhersagen eine statistische Abschätzung einer zu erwartenden Intensität der Bodenbewegung innerhalb eines bestimmten Zeitrahmens. Zwar mögen langfristige Vorhersagen nicht so informativ sein, wie wir es gerne hätten, doch diese Daten sind wichtig für die Aktualisierung der allgemeinen Baubestimmungen, den landesweiten Standards für die Konstruktion erdbebensicherer Bauwerke.

Langfristige Vorhersagen basieren auf der Voraussetzung, dass Erdbeben periodisch wiederkehrend oder zyklisch wie das Wetter sind. Anders ausgedrückt: Sobald ein Erdbeben vorüber ist, beginnt sich durch die fortwährende Bewegung der Erdplatten „Strain" in den Gesteinen aufzubauen, bis sie wieder verrutschen. Das führte Seismologen dazu, historische Aufzeichnungen von Erdbeben zu analysieren, um erkennbare Muster zu finden, die die Wahrscheinlichkeit einer Wiederholung nachweisen könnten.

Mit diesem Konzept vor Augen zeichnete eine Gruppe von Seismologen die Verteilung von Risszonen in Zusammenhang mit großen Erdbeben auf, die in seismisch aktiven Regionen des Pazifischen Beckens aufgetreten waren. Aus den Karten ließ sich entnehmen, dass einzelne Risszonen nebeneinander aufzutreten schienen, ohne nennenswerte Überlappung und dabei einer Plattengrenze folgend. Sie erinnern sich, dass die meisten Erdbeben entlang von Plattengrenzen durch die relative Bewegung von großen Krustenschollen hervorgerufen werden. Da die Platten in ständiger Bewegung sind, machten die Forscher die Vorhersage, dass über eine Zeitspanne von zwei Jahrhunderten große Erdbeben entlang von jedem Segment der Pazifischen Platte auftreten würden.

Als die Forscher die historischen Aufzeichnungen analysierten, fanden sie heraus, dass sich in manchen Zonen kein großes Erdbeben mehr seit über einem Jahrhundert ereignet hatte. Diese ruhigen Zonen, die man auch seismische Lücken nennt, wurden als wahrscheinlichste Stellen von großen Erdbeben innerhalb der nächsten Jahrzehnte gewertet (▶ Abbildung 11.26). In den 25 Jahren seit Durchführung der ersten Nachforschungen sind manche dieser Lücken gerissen (▶ siehe Exkurs 11.3). Zu dieser Gruppe gehört die Zone, in der das Erdbeben seinen Ursprung hatte, das Teile von Mexiko City im September 1985 zerstörte.

Eine weitere Methode von langfristigen Vorhersagen umfasst zusätzlich die Paläoseismologie (*palaois* = alt; *seismos* = schütteln, *logos* = Lehre). Eine Methode bezieht die Untersuchung von geschichteten Ablagerungen ein, die durch prähistorische, seismische Turbulenzen versetzt wurden. Dabei wurde der Abfluss

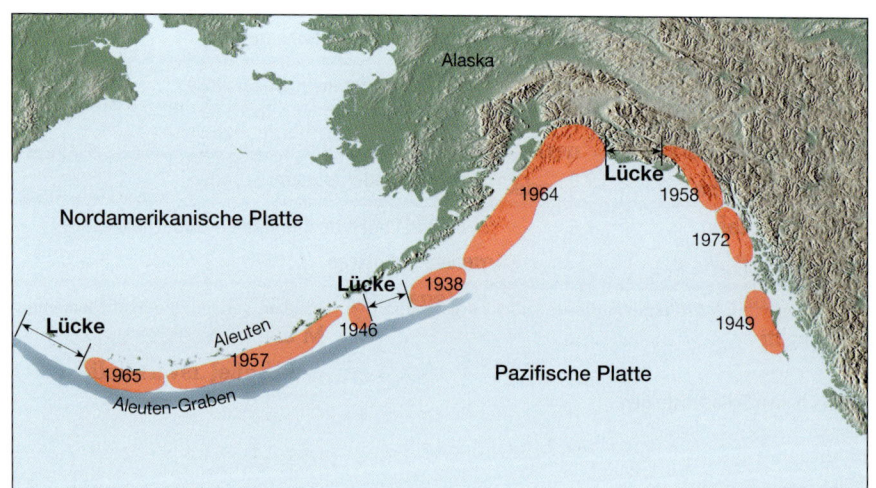

Abbildung 11.26: Die Verteilung von Bruchgebieten von großen und flachen Erdbeben von 1930 bis 1979 entlang der Südwestküste von Alaska und der Aleuten. Die drei seismischen Lücken bezeichnen die wahrscheinlichsten Orte für die nächsten großen Erdbeben entlang dieser Plattengrenze. (Nach: J.C. Savage et al., U.S. Geological Survey)

11.8 Kann man Erdbeben vorhersagen?

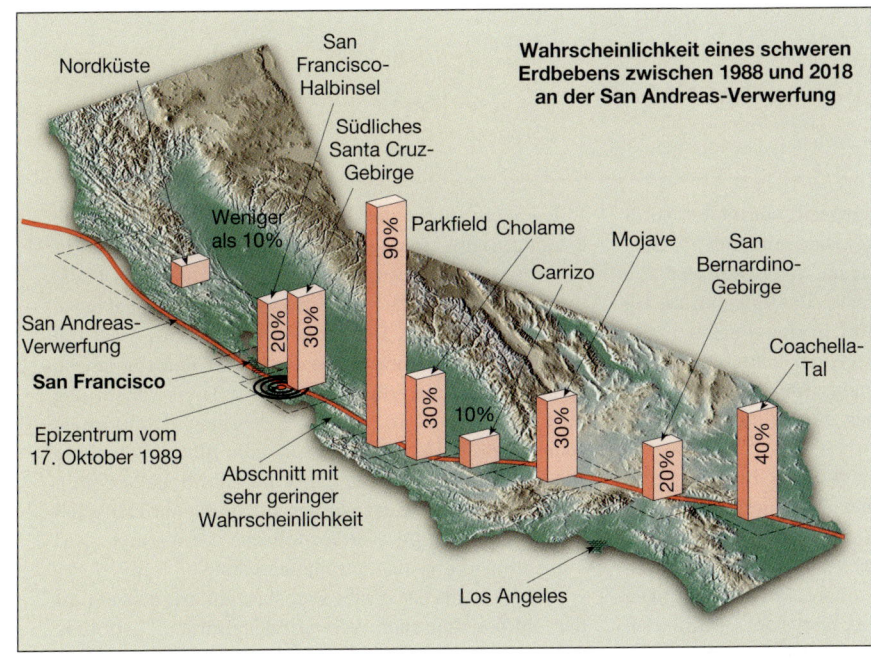

Abbildung 11.27: Die Wahrscheinlichkeiten von großen Erdbeben zwischen 1988 und 2018 entlang der San Andreas-Verwerfung.

von Pallet Creek durch wiederkehrende Rissbildung entlang der Verwerfungszone wiederholt gestört. Gräben, die man quer durch das Bachbett grub, legten Sedimente frei, die offensichtlich von neun Erdbeben innerhalb von 1.400 Jahren versetzt wurden. Anhand dieser Daten ließ sich bestimmen, dass ein großes Erdbeben hier im Durchschnitt alle 140 bis 150 Jahre auftritt. Das letzte große Ereignis entlang dieses Segments der San Andreas-Verwerfung trat im Jahr 1857 auf. Demnach sind etwa 140 Jahre vergangen. Sollten Erdbeben tatsächlich zyklisch auftreten, scheint ein großes Erdbeben in Südkalifornien bevorzustehen. Solche Informationen führten das U.S. Geological Survey zur Vorhersage, dass mit 50 Prozent Wahrscheinlichkeit ein Erdbeben mit einer Magnitude von 8,3 innerhalb der nächsten 30 Jahre entlang der südlichen San Andreas-Verwerfung auftreten wird.

Forscher entdeckten kürzlich unter Zuhilfenahme anderer paläoseismologischer Methoden deutliche Hinweise, dass große Erdbeben (Magnitude 8 oder höher) wiederholt während der letzten tausend Jahre im Nordwestpazifik aufgetreten sind. Das letzte Ereignis fand vor etwa 300 Jahren statt. Aufgrund dieser Entdeckungen leiteten Behörden Schritte ein, um einige der bestehenden Dämme, Brücken und Wasserversorgungen zu verstärken. Sogar der private Sektor wurde aktiv. Das U.S. Bancorp-Gebäude in Portland, Oregon wurde mit einem Kostenaufwand von 8 Millionen Dollar verstärkt und entspricht nun einem höheren Standard, als die Allgemeine Bauverordnung fordert.

Eine weitere Untersuchung des U.S Geological Survey gibt die Wahrscheinlichkeit für einen Riss entlang verschiedener Segmente der San Andreas-Verwerfung mit 30 Jahren an, zwischen 1988 und 2018 (▶ Abbildung 11.27). Von diesen Untersuchungen ausgehend wurde für die Santa Cruz-Gebirgsregion eine 30-prozentige Wahrscheinlichkeit für ein Erdbeben der Magnitude 6,5 während dieses Zeitraums angegeben. Tatsächlich trat 1989 ein Erdbeben in Loma Prieta mit einer Magnitude von 6,9 auf.

Entlang der San Andreas-Verwerfung wurde als Region mit der höchsten Wahrscheinlichkeit (90 Prozent) eines Erdbebens das Parkfield-Teilstück bestimmt. Das Gebiet wird als „The Old Faithful" (das alte Verlässliche) der Erdbebenzonen bezeichnet, da die Aktivitäten hier sehr regelmäßig auftraten seit Beginn der Aufzeichnungen im Jahr 1857. Im späten September 2004 ereignete sich ein Erdbeben der Magnitude 6,0 in diesem Gebiet. Zwar war das Ereignis mehr als ein Jahrzehnt überfällig, doch es zeigte die potenzielle Brauchbarkeit von langfristigen Vorhersagen. Für einen weiteren Abschnitt zwischen Parkfield und dem Santa Cruz-Gebirge wurde eine sehr geringe Wahrscheinlichkeit errechnet, ein Erdbeben hervorzurufen. In diesem Gebiet zeigte sich in historischer Zeit sehr geringe seismische Aktivität; es weist vielmehr eine

11 Erdbeben

EXKURS 11.3 – DIE ERDE VERSTEHEN
■ Ein großes Erdbeben in der Türkei

Am 17. August 1999 um 3:02 Ortszeit, wurde der Nordwesten der Türkei durch ein Erdbeben mit einer Momenten-Magnitude (M_w) von 7,4 erschüttert, während die meisten Menschen noch schliefen. Das Epizentrum lag 10 Kilometer südöstlich von Izmit, in einer Region, in der sich das Industriezentrum des Landes befindet und die am dichtesten besiedelt ist (siehe Titeleröffnungsfoto). Istanbul mit seinen 13 Millionen Einwohnern liegt nur 70 Kilometer westlich davon.

Nach offiziellen Schätzungen wurden durch das Erdbeben mehr als 17.000 Menschen getötet und fast 44.000 verletzt (▶Abbildung 11.D). Mehr als 250.000 Menschen mussten ihre Wohnhäuser verlassen und kamen in selbst gebauten „Zeltstädten" unter. Nach Schätzungen der Weltbank ging Eigentum im Wert von 7 Milliarden US $ verloren. Bodenverflüssigung und Erschütterungen waren die Hauptursachen für die Schäden, aber Oberflächenrisse und Erdrutsche waren ebenfalls für Tod und Zerstörung verantwortlich. Es war das vernichtendste Erdbeben in der Türkei seit 60 Jahren.

Die Türkei ist eine geologisch aktive Region, in der häufig große Erdbeben auftreten. Der Großteil des Landes ist Teil einer schmalen Scholle von kontinentaler Lithosphäre, unter dem Namen Türkische Mikroplatte bekannt. Diese kleine Platte ist zwischen der sich nordwärts bewegenden Arabischen und Afrikanischen Platte und der relativ stabilen Eurasischen Platte gefangen (▶Abbildung 11.E). Das Erdbeben im August 1999 trat entlang des westlichen Endes des 1.500 Kilometer langen Anatolischen Verwerfungssystems auf. Diese Verwerfung hat vieles mit der San Andreas-Verwerfung in Kalifornien gemeinsam. Beide sind rechts-laterale Blattverschiebungen, haben eine ähnliche Länge und ähnliche Langzeitbewegungsraten.* Genauso wie ihr nordamerikanisches Gegenstück ist die Nordanatolische Verwerfung eine Transformstörung an einer Plattengrenze.

Die Tatsache, dass große Erdbeben entlang dieses Teils der Nordanatolischen Verwerfung auftreten, ist nicht verwunderlich. Begründet auf historischen Aufzeichnungen, wurde die Region des Epizentrums als seismische Lücke identifiziert, eine „ruhige Zone" entlang der Verwerfung, wo der „Strain" sich über möglicherweise 300 Jahre aufbauen konnte. Zudem hatte sich in den vergangenen 60 Jahren ein interessantes Muster seismischer Aktivität entwickelt. Beginnend mit einem Erdbeben der Momenten-Magnitude (M_w) von 7,9 entstand ein 350 Ki-

Abbildung 11.D: Schäden durch das Erdbeben in der Nähe von Izmit, Türkei, 1999. (Foto: mit freundlicher Genehmigung von CORBIS/SYGMA)

langsame, kontinuierliche Bewegung auf, die man als *Verwerfungsgleiten* bezeichnet. Derartige Bewegungen sind vorteilhaft, da sie Verformung („Strain") im Gestein in großem Ausmaß verhindern.

Zusammenfassend betrachtet scheinen die besten Aussichten für brauchbare Erdbebenvorhersagen Prognosen von Magnituden und Gebieten über Jahre vielleicht sogar Jahrzehnte zu sein. Diese Prognosen sind wichtig, da sie Informationen bereitstellen, die man verwenden kann, um allgemeine Baubestimmungen zu entwickeln, und in die Planung der Bodennutzung mit einbeziehen kann.

11.9 Erdbeben: Anzeichen für Plattentektonik

lometer langer Bodenriss. Es folgten sieben Erdbeben, die die Verwerfung von Ost nach West stückweise aufrissen, wie in ▶ Abbildung 11.F gezeigt wird.

Die Forscher haben nun erkannt, dass bei jedem Erdbeben die westlich davon gelegene Zone zusätzlicher Spannung ausgesetzt wurde. Setzte ein Erdbeben die Spannung auf einem Abschnitt der Verwerfung frei, riss sie auf und übertrug die Spannung auf danebenliegende Segmente. Das nächste Segment westlich von Izmit ist als Nächstes an der Reihe. Dies könnte relativ bald geschehen. In der Abfolge seit 1939 hatten die Erdbeben nie größere Abstände als 22 Jahre. Manche traten innerhalb eines Jahres nach dem vorausgegangenen auf.

Das Erdbeben von 1999 in der Nähe von Izmit, Türkei zeigt die gewaltige Kraft eines großen Erdbebens und das unglaubliche Leid der Menschen, das bei einem Erdbeben in einem städtischen Gebiet auftreten kann. Obwohl niemand genau weiß, wo oder wann das nächste große Erdbeben in der Region auftreten wird, scheint doch das Erdbeben von 1999 in der Nähe von Izmit das Risiko für diejenigen, die in der Nähe von Istanbul leben, erhöht zu haben.

Abbildung 11.E: Die Erdbeben in der Türkei werden durch die nordwärts gerichtete Bewegung der Arabischen und Afrikanischen Platte im Verhältnis zur Eurasischen Platte erzeugt, wobei die kleine Türkische Mikroplatte nach Westen gedrückt wird. Die Bewegung spielt sich zwischen zwei großen Blattverschiebungen ab – der Nordanatolischen Verwerfung und der Ostanatolischen Verwerfung.

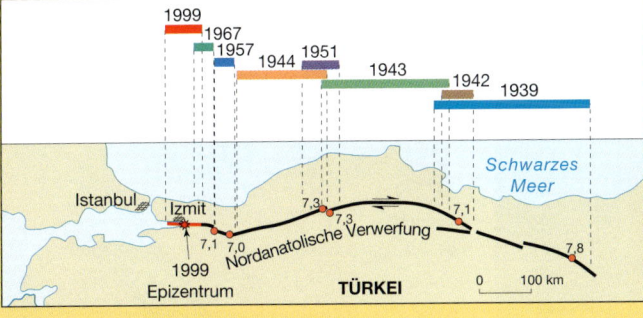

Abbildung 11.F: Diese Karte illustriert das sequenzartige westliche Fortschreiten großer Erdbeben entlang der Nordanatolischen Verwerfung zwischen 1939 und 1999. Das Epizentrum und die Magnitude der einzelnen Erdbeben sind vermerkt. Die Länge eines jeden farbig unterlegten Abschnitts zeigt für jedes Ereignis das Ausmaß des Oberflächenrisses entlang der Verwerfung.

Erdbeben: Anzeichen für Plattentektonik 11.9

Kaum war der grundlegende Entwurf der Theorie zur Plattentektonik formuliert, begannen Forscher aus verschiedenen Zweigen der Geowissenschaften ihre Gültigkeit zu testen. Einer der ersten Versuche wurde von einer Gruppe Seismologen durchgeführt, denen es gelungen war, eine gute Passform des neu entwickelten Modells zur Plattentektonik mit der weltweiten Verbreitung von Erdbeben, wie Abbildung 11.13

zeigt, darzustellen. Insbesondere konnten diese Wissenschaftler die enge Verbindung zwischen Erdbebenherden und Subduktionszonen nachweisen.

Durch unser Verständnis über den Mechanismus, der Erdbeben hervorruft, ließ sich voraussagen, dass Erdbeben nur in der kalten, starren äußersten Schicht der Erde, der Lithosphäre, auftreten. Sie erinnern sich, dass all diese Gesteine deformiert sind, sie dehnen sich und speichern elastische Energie – wie ein ausgedehntes Gummiband. Ist das Gestein einmal ausreichend deformiert, reißt es und setzt die gespeicherte Energie durch die Erschütterungen eines Erdbebens frei. Im Gegensatz dazu sind die heißen beweglichen Gesteine der Asthenosphäre nicht in der Lage, elastische Energie zu speichern, und sollten deswegen keine Erdbeben hervorrufen. Dennoch sind auch Erdbeben in einer Tiefe von 700 Kilometer bekannt.

Die einzigartige Verbindung zwischen Erdbeben mit tiefem Erdbebenherd und Tiefseegräben wurde durch Untersuchungen auf den Tongainseln nachgewiesen. Zeichnet man die Tiefe der Erdbebenherde und ihre Position innerhalb des Tongabogens ein, taucht ein Muster auf, das ▶Abbildung 11.28 zeigt. Die meisten flachen Erdbebenherde treten innerhalb oder neben dem Graben auf, die mittleren und tiefen Erdbebenherde dagegen finden sich in Richtung Tongainseln.

Im Modell zur Plattentektonik bilden sich Tiefseegräben, wo Schollen von ozeanischer Lithosphäre, die eine große Dichte aufweisen, in den Mantel absinken (Abbildung 11.28). Flache Erdbeben entstehen durch die Verbiegung und das Zerbrechen der Lithosphäre, sobald sie beginnt, abzusinken bzw. sobald die subduzierte Scholle mit der überschiebenden Platte reagiert. Sinkt die Scholle tiefer in die Asthenosphäre, werden Erdbeben mit tiefem Erdbebenherd von anderen Mechanismen hervorgerufen. Die verfügbaren Hinweise weisen darauf hin, dass die Erdbeben eher in der kühlen subduzierten Scholle auftreten als in den duktilen Gesteinen des Mantels. Sehr wenige Erdbeben konnten unterhalb von 700 Kilometer aufgezeichnet werden, möglicherweise, da die abtauchende Scholle genügend aufgeheizt wurde, um ihre Sprödigkeit zu verlieren.

Zusätzliche Hinweise, die das Modell der Plattentektonik stützen, ergaben sich aus Beobachtungen, dass *nur* flache Erdbebenherde entlang von divergenten Plattengrenzen und Grenzen an Transformstörungen auftreten. Sie erinnern sich, dass an der San Andreas-Verwerfung die meisten Erdbeben innerhalb der oberen 20 Kilometer der Kruste auftreten. Da Ozeangräben die einzigen Orte sind, wo Schollen kalter, ozeanischer Kruste in große Tiefen absinken, sollten sie die einzigen Stellen sein, an denen Erdbeben mit tiefen Erdbebenherden auftreten. Tatsächlich untermauert das Fehlen von Erdbeben mit tiefem Erdbebenherd entlang von Ozeanischen Rücken und Transformstörungen die Theorie der Plattentektonik.

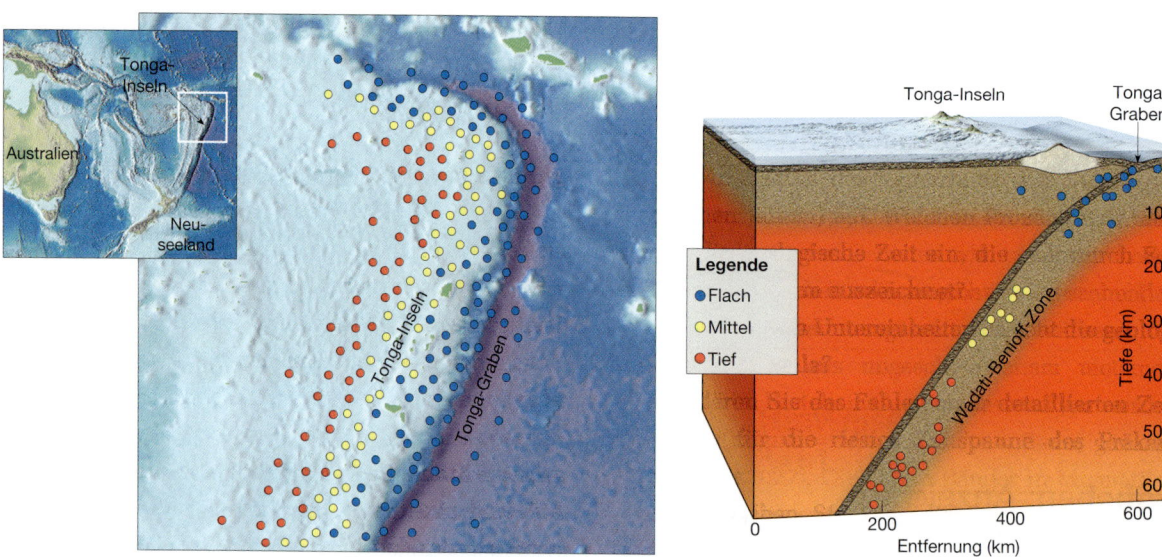

Abbildung 11.28: Idealisierte Verteilung von Erdbebenherden in der Nähe des Tonga-Grabens. Sie sehen, dass die Erdbeben mit mittleren und tiefen Erdbebenherden nur innerhalb der absinkenden Lithosphäre auftreten. (Modifiziert nach B. Isacks, J. Oliver und L.R. Sykes)

ZUSAMMENFASSUNG

Erdbeben sind Erschütterungen der Erde, die durch die ruckartige Freisetzung von Energie hervorgerufen werden, bedingt durch das Aufreißen von Gestein, das über seine Scherfestigkeit hinausgehender Spannung ausgesetzt war. Die Energie nimmt die Form von Wellen an und breitet sich kreisförmig in alle Richtungen von der Erdbebenquelle, *Erdbebenherd* genannt, aus. Die Bewegung von Erdbeben entsteht entlang von langen Brüchen, die man als *Verwerfungen* bezeichnet und die normalerweise mit Plattengrenzen vergesellschaftet sind.

Entlang von Verwerfungen speichern die Gesteine Energie, wenn sie gebogen werden. Tritt eine Verschiebung am schwächsten Punkt auf (dem Erdbebenherd), verlagert sich die Spannung weiter entlang der Verwerfung, wo weitere Verschiebungen stattfinden, so lange, bis der größte Teil der aufgestauten Verformung freigesetzt wurde. Ein Erdbeben tritt auf, wenn das Gestein elastisch zu seiner ursprünglichen Gestalt zurückkehrt. Das „Zurückspringen" eines Gesteins wird als *elastische Rückformung* bezeichnet. Kleine Erdbeben werden *Vorbeben* genannt und gehen häufig (aber nicht immer!) einem großen Erdbeben voraus. Die Anpassungen, die auf große Erdbeben folgen, verursachen oft kleinere Erdbeben und werden *Nachbeben* genannt.

Während eines Erdbebens werden zwei Haupttypen von *seismischen Wellen* erzeugt: (1) *Oberflächenwellen*, die sich entlang der äußeren Schale der Erde fortbewegen, und (2) *Raumwellen*, die sich durch das Erdinnere fortbewegen. Raumwellen werden weiter unterteilt in *primäre* oder *P-Wellen*, die das Gestein in Wellenrichtung verdichten und dehnen, und *sekundäre* oder *S-Wellen*, die die Partikel in einem Gestein rechtwinklig zur Wellenbewegung „schütteln". P-Wellen können sich durch Feststoffe, Flüssigkeiten und Gase fortbewegen. Fluide (Gase und Flüssigkeiten) lassen S-Wellen nicht durch. In jedem Festkörper breiten sich P-Wellen etwa 1,7 Mal schneller als S-Wellen aus.

Die Stelle auf der Erdoberfläche direkt über dem Erdbebenherd nennt man Epizentrum. Ein Epizentrum bestimmt man, indem man Geschwindigkeitsunterschiede von P- und S-Wellen vergleicht. Anhand der unterschiedlichen Zeitpunkte des Eintreffens der P- und S-Wellen kann die Entfernung einer Messstation von einem Erdbeben bestimmt werden. Sind die Entfernungen von drei oder mehr seismischen Stationen bekannt, kann das Epizentrum durch Anwendung einer Methode, *Triangulation* genannt, festgestellt werden.

Eine enge Korrelation existiert zwischen Erdbebenepizentren und Plattengrenzen. Die Hauptzonen der Erdbebenepizentren treten am äußeren Rand des Pazifischen Ozeans, bekannt als *Zirkumpazifischer Gürtel*, und durch die Weltmeere entlang des *Ozeanrückensystems* auf.

Seismologen verwenden zwei grundsätzlich unterschiedliche Maßeinheiten, um das Ausmaß eines Erdbebens zu beschreiben – die Intensität und die Magnitude. Die *Intensität* ist ein Maß für die Bodenerschütterung eines bestimmten Orts bezüglich der entstandenen Schäden. Die *Modifizierte Mercalli-Intensitätsskala* verwendet das Ausmaß der Schäden an Gebäuden in Kalifornien, um die Intensität der Bodenerschütterung eines nahen Erdbebens zu schätzen. Die *Magnitude* wird aus seismischen Aufzeichnungen berechnet und schätzt die Energie, die an der Erdbebenquelle frei wurde. Unter Verwendung der *Richterskala* schätzt man die Magnitude eines Erdbebens durch die Messung der *Amplitude* (maximale Verschiebung) der größten aufgezeichneten seismischen Welle. Man verwendet eine logarithmische Skala, um die Magnitude auszudrücken, wobei ein zehnfacher Anstieg der Bodenerschütterung einem Anstieg von 1 auf der Magnitudenskala entspricht. Momenten-Magnituden werden derzeit verwendet, um die Größe von mäßigen und großen Erdbeben abzuschätzen. Sie wird über den durchschnittlichen Versatz der Verwerfung, die Größe der Verwerfungsfläche und die Scherfestigkeit der verworfenen Gesteine berechnet.

Die offensichtlichsten Faktoren, die die Größe der Zerstörung durch ein Erdbeben bestimmen, sind die Magnitude und die Nähe des Bebens zu besiedelten Gebieten. Der strukturelle Schaden, den Erdbebenerschütterungen anrichten können, hängt von verschiedenen Faktoren ab, dazu gehören: (1) die Wellenamplituden, (2) die Dauer der Erschütterungen, (3) die Beschaffenheit des Materials, worauf sich die Struktur befindet, und (4) die Bauweise der Struktur. Zu den Sekundäreffekten eines Erdbebens gehören *Tsunami*, Erdrutsche, Bodenabsenkung und Feuer.

Grundlagenforschung zur Vorhersage von Erdbeben wird in Japan, den Vereinigten Staaten, China und Russland betrieben – Staaten mit einem hohen Erdbebenrisiko. Bisher wurde keine verlässliche Methode zur kurzfristigen Vorhersage von Erdbeben gefunden. Langfristige Vorhersagen basieren auf der Annahme, dass Erdbeben wiederkehrend oder zyklisch sind. Seismologen analysieren die Geschichte von Erdbeben, um Muster zu erkennen und so ihr Auftreten vorhersagen zu können. Langfristige Vorhersagen sind wichtig, da sie Informationen bereitstellen, die man verwenden kann, um die allgemeinen Baubestimmungen zu entwickeln und in die Planung der Bodennutzung mit einzubeziehen.

Die Verteilung der Erdbeben liefert deutliche Beweise für die Theorie zur Plattentektonik. Ein Aspekt schließt die enge Beziehung von tiefen Erdbebenherden mit Subduktionszonen ein. Zusätzliche Beweise liefert die Tatsache, dass nur flache Erdbeben an divergenten Plattengrenzen und Transformstörungen an Plattengrenzen auftreten.

Wiederholungsfragen

1. Was ist ein Erdbeben? Unter welchen Bedingungen tritt ein Erdbeben auf?
2. In welcher Beziehung stehen Verwerfungen, Erdbebenherde und Epizentren?
3. Wer war der erste, der den Entstehungsmechanismus von Erdbeben erklären konnte?
4. Erklären Sie, was elastische Rückformung bedeutet.
5. Verwerfungen, an welchen kein aktives Gleiten stattfindet, kann man als „sicher" betrachten. Widerlegen Sie oder untermauern Sie diese Aussage.
6. Beschreiben Sie das Prinzip eines Seismographen.
7. Nennen Sie die Hauptunterschiede zwischen P- und S-Wellen.
8. P-Wellen verlaufen durch Feststoffe, Flüssigkeiten und Gase. S-Wellen dagegen bewegen sich nur durch Feststoffe. Erklären Sie diese Aussage.
9. Welcher seismische Wellentyp verursacht die größte Zerstörung?
10. Bestimmen Sie unter Verwendung von Abbildung 11.11 die Entfernung zwischen einem Erdbeben und einer seismischen Station, wenn die erste S-Welle 3 Minuten nach der ersten P-Welle ankommt.
11. Die meisten starken Erdbeben treten in einer Zone auf der Erde auf, die als _____ bekannt ist.
12. Erdbeben mit tiefen Erdbebenherden treten mehrere hundert Kilometer unter welchen prominenten Strukturen am Ozeanboden auf?
13. Unterscheiden Sie zwischen der Mercalli-Skala und der Richterskala.
14. Für jede Zunahme um 1 auf der Richterskala nehmen die Wellenamplituden um das _____-Fache zu.
15. Ein Erdbeben, das auf der Richterskala mit 7 gemessen wird, setzt _____ Mal mehr Energie frei als ein Erdbeben der Magnitude 6.
16. Nennen Sie drei Gründe für die Beliebtheit der Momenten-Magnituden-Skala unter den Seismologen.
17. Nennen Sie vier Faktoren, die Auswirkung auf die Zerstörung bei seismischen Erschütterungen haben.
18. Welcher Faktor war am meisten ausschlaggebend für die weitreichenden Schäden im Bereich des Zentrums von Mexiko City beim Erdbeben von 1985?
19. Das Erdbeben in Armenien von 1988 hatte eine Magnitude von 6,9 auf der Richterskala, weniger als das Erdbeben von 1994 in Northridge, Kalifornien. Dennoch kamen bei dem Ereignis in Armenien mehr Menschen ums Leben. Warum?
20. Nennen Sie neben der Zerstörung, die direkt durch seismische Erschütterungen verursacht wird, drei weitere Arten der Zerstörung, die bei Erdbeben auftreten können.
21. Was ist ein Tsunami? Wie entsteht er?
22. Führen Sie einige Gründe an, warum ein Erdbeben mit einer mittleren Magnitude viel ausgeprägteren Schaden anrichten kann als ein Erdbeben mit hoher Magnitude.
23. Kann man Erdbeben vorhersagen?
24. Welchen Wert hat eine langfristige Erdbebenvorhersage?
25. Beschreiben Sie kurz, wie Erdbeben als Beweise für die Theorie der Plattentektonik verwendet werden können.

Größere Multiple-Choice-Tests zur Wissenskontrolle und Prüfungsvorbereitung sowie weitere Informationen zu diesem Buchkapitel finden Sie auf der Companion Website zum Buch unter **www.pearson-studium.de**

Das Erdinnere

12.1	Schwerkraft und Planeten mit Schalenaufbau	389
12.2	Probenahme im Erdinneren: Das „Sehen" von seismischen Wellen	389
12.3	Der Schalenaufbau der Erde	391
12.4	Die Temperatur der Erde	399
12.5	Die dreidimensionale Struktur der Erde	404
12.6	Das Magnetfeld der Erde	408
Zusammenfassung		412
Wiederholungsfragen		414

Das Erdinnere

Vulkanausbrüche liefern Daten über die Eigenschaften des Erdinneren, hier am Ätna in Italien. (Foto: Marco Fulle) [1]

Könnten Sie einen beliebigen Planeten in der Mitte auseinanderschneiden, würden Sie als Erstes erkennen, dass er aus unterschiedlichen Schalen aufgebaut ist. Die schwersten Materialien (Metalle) sind ganz innen anzutreffen. Leichtere Feststoffe (Gesteine) wären in der Mitte. Flüssigkeiten und Gase machen die oberste Schale aus. Von der Erde kennen wir diese Schalen als den Eisenkern, den Gesteinsmantel und die Gesteinskruste, die flüssigen Ozeane und die gasförmige Atmosphäre. Mehr als 95 Prozent der Unterschiede in der Zusammensetzung und der Temperatur auf der Erde sind durch die Schalenstruktur bedingt. Doch das ist nicht alles. Wäre es so, wäre die Erde tote, leblose, im Weltraum schwebende Schlacke.

In der Tiefe gibt es auch horizontal verlaufende kleine Unterschiede in der Zusammensetzung und der Temperatur. Sie zeigen an, dass das Innere unseres Planeten sehr aktiv ist. Die Gesteine des Mantels und der Kruste sind in ständiger Bewegung, nicht nur durch Plattentektonik, sondern sie werden auch permanent zwischen der Oberfläche und dem tiefen Inneren wiederaufbereitet. Auch das Wasser unserer Ozeane und die Luft unserer Atmosphäre werden aus dem tiefen Inneren der Erde wieder aufgefüllt. Auf diese Weise wird das Leben an der Oberfläche erhalten.

Die Bewegungsmuster in der Tiefe der Erde waren nicht leicht zu entdecken und zu analysieren. Licht durchdringt Gestein nicht, deswegen benötigen wir andere Mittel, um in unseren Planeten „hineinzusehen". Eines davon sind die seismischen Wellen, die bei Erdbeben auftreten und zur Untersuchung des Erdinneren genutzt werden. Andere Techniken umfassen

---

1 Dieses Kapitel wurde von Professor Michael Wysession, Universität Washington, vorbereitet.

Experimente der Mineralphysik, wobei Bedingungen unter extremen Temperaturen und einem Druck wie im Erdinneren geschaffen werden, und Schwerkraftmessungen, welche die Unterschiede in der Massenverteilung des Inneren aufzeigen. Durch die Untersuchung des Erdmagnetfeldes erhält man Rückschlüsse auf die Fließmuster des flüssigen Eisens im Kern. Zusammengenommen geben uns diese verschiedenen Forschungsbereiche eine Vorstellung von der Erde als einen aufgewühlten, vielgestaltigen, komplexen Planeten, der sich immer weiter verändert und entwickelt.

12.1 Schwerkraft und Planeten mit Schalenaufbau

Wenn man eine Flasche mit Ton, Eisenspänen, Wasser und Luft füllt und anschließend schüttelt, so erscheint der Inhalt als eine einzige schlammige Zusammensetzung. Stellt man diese Flasche ab, so setzen sich die unterschiedlichen Materialien in Schichten ab. Die Eisenspäne, die am dichtesten sind, sinken auf den Boden. Über dem Eisen folgen der Ton, dann das Wasser und schließlich die Luft. Das Gleiche passiert auch im Inneren von Planeten. Bei ihrer Entstehung bilden sich Planeten aus einer Anhäufung von Nebularteilchen, sie beginnen aber sehr rasch mit der Ausbildung von Schalen. Das Eisen sinkt und bildet den Kern, aus den Gesteinen entstehen der Mantel und die Kruste und Gase bilden die Atmosphäre. Alle großen Körper im Sonnensystem besitzen Eisenkerne und Gesteinsmäntel, sogar Jupiter, Saturn und die Sonne. Ein Profil durch den Schalenaufbau der Erde zeigt ▶ Abbildung 12.1.

Für beide, für die Flasche mit Schlamm und die Erde, ist die Schwerkraft für den Schichtenaufbau verantwortlich. Abbildung 11.1 zeigt einen weiteren interessanten Aspekt. Die Dichte verändert sich nicht nur zwischen den Schichten, sondern auch innerhalb der Schichten. Das ist deswegen so, da sich Materialen zusammenschieben, wenn man Druck auf sie ausübt. Die Gesteinszusammensetzung des oberen Mantels hat an der Erdoberfläche eine Dichte von etwa 3,3g/cm³. Nehmen Sie das Gestein und bringen Sie es zur Basis des Mantels, so steigt seine Dichte auf fast das Doppelte, auf 5,6 g/cm³, an. Der immense Druck der überlagernden Gesteine verursacht, dass das Gestein an der Basis des Mantels fast um die Hälfte seines Volumens zusammengedrückt wird!

Die Erhöhung der Dichte ergibt sich zum Teil daraus, dass durch den immensen Druck die Atome in ihrer Größe schrumpfen. Doch nicht alle Atome werden in der gleichen Weise zusammengedrückt. Es ist leichter, negative Ionen zusammenzudrücken als positive. Negative Ionen besitzen mehr Elektronen als positive Ionen und neigen dazu, „ausgefranster" zu werden als positive Ionen. Wird Gestein zusammengedrückt, verdichten sich negative Ionen (wie O^{2-}) leichter als positive Ionen (wie Si^{4+} und Mg^{2+}) und so ändert sich das Verhältnis der Ionengrößen. Verändern sich diese Verhältnisse ausreichend, ist die Struktur eines Minerals nicht länger stabil und die Atome ordnen sich in einer stabileren und dichteren Struktur an. Diesen Vorgang bezeichnet man als Mineralphasenwechsel. Er wurde bereits in Kapitel 3 besprochen. Die zunehmende Dichte des Mantels beruht auf beidem, dem Zusammendrücken der bestehenden Minerale und dem Übergang zu neuen „Hochdruckmineralen".

12.2 Probenahme im Erdinneren: Das „Sehen" von seismischen Wellen

Die beste Art, Erkenntnisse über das Erdinnere zu sammeln, wären Bohrungen ins Innere, um direkte Untersuchungen durchzuführen. Leider ist dies nur bis in geringe Tiefen möglich. Das tiefste Loch, das je gebohrt wurde, war nur 12,3 Kilometer tief, was 1/500 des Weges zum Erdzentrum entspricht! Sogar dies war eine außerordentliche Bemühung, da Temperatur und Druck mit der Tiefe rapide zunehmen.

Glücklicherweise sind viele Erdbeben stark genug, so dass ihre seismischen Wellen durch den gesamten Erdkörper wandern können und auf der anderen Seite aufgezeichnet werden (▶ Abbildung 12.2). Das bedeutet, dass sich die seismischen Wellen wie medizinische Röntgenstrahlen verhalten, die Bilder vom Inneren eines Menschen aufnehmen. Es treten jährlich etwa 100 bis 200 Erdbeben auf, die stark genug sind (etwa $M_w>6$), um von Seismographen auf der ganzen Welt aufgezeichnet zu werden. Diese großen Erdbeben liefern die Möglichkeit, in unseren Planeten zu „sehen". Folglich waren sie die Quelle für die meisten Daten, die uns das Ergründen des Erdinneren ermöglichen.

Die Interpretation der auf Seismogrammen aufgezeichneten Wellen im Hinblick auf das Erdinnere

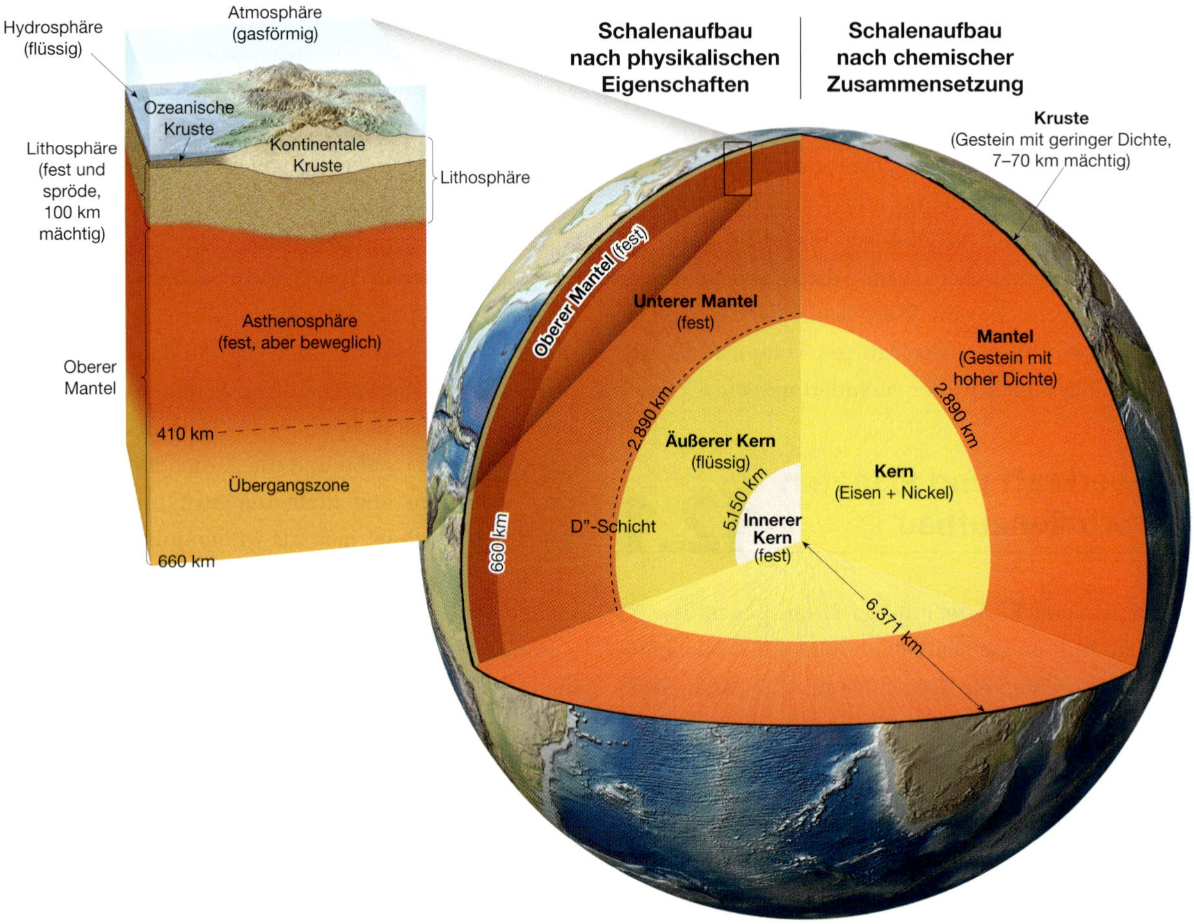

12 Das Erdinnere

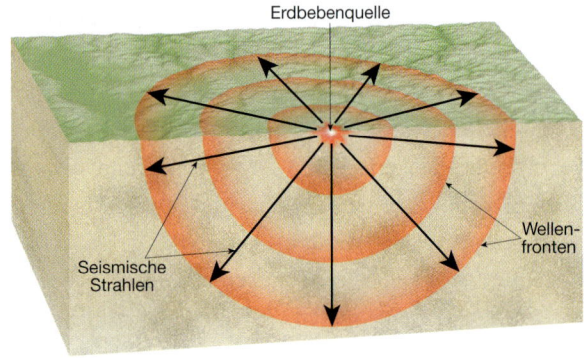

Abbildung 12.1: Die Schalen der Erde sind mit den Bezeichnungen der physikalischen Eigenschaften und der chemischen Zusammensetzung dargestellt. Die physikalischen Eigenschaften (links) umfassen den physikalischen Zustand des Materials (fest, flüssig, gasförmig) und auch die Steifheit (Festigkeit) des Materials (zum Beispiel die Unterscheidung zwischen Lithosphäre und Asthenosphäre). Die chemischen Schichten werden hauptsächlich durch ihre Dichte bestimmt; dabei befinden sich die schwersten Materialien im Zentrum und die leichtesten an der Oberfläche.

Abbildung 12.2: Bewegen sich seismische Wellen durch ein einheitliches Medium, breiten sie sich von einem Erdbebenzentrum (Erdbebenherd) in kreisförmigen Strukturen aus, die Wellenfronten genannt werden. Es ist jedoch allgemein üblich, den Weg der seismischen Wellen als seismischen Strahl zu betrachten, und zwar als Linien, die rechtwinklig zur Wellenfront gezogen werden, wie in diesem Diagramm gezeigt wird.

ist schwierig. Das liegt daran, dass sich seismische Wellen normalerweise nicht entlang gerader Wege fortbewegen. Stattdessen werden seismische Wellen reflektiert, abgelenkt und gebeugt, während sie unseren Planeten durchlaufen. Sie werden von den Grenzen zwischen verschiedenen Schalen zurückgeworfen, beim Durchdringen von einer Schale zu anderen abgelenkt (oder gebogen) und sie werden von jedem Hindernis abgelenkt, auf das sie treffen. Aufgrund dieser unterschiedlichen Verhaltensweisen der Wellen gelang die Identifizierung der Grenzen, die innerhalb der Erde existieren.

Wie Abbildung ▶12.3 zeigt, verursachen Veränderungen in der Zusammensetzung oder Struktur der Gesteine die Reflektion der Wellen von den Grenzen zwischen den unterschiedlichen Materialien. Das

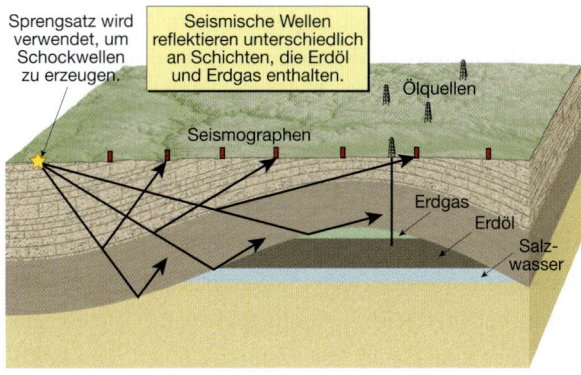

Abbildung 12.3: Reflektierte seismische Wellen werden für die Suche nach Erdöl und Erdgas im Untergrund verwendet. Die seismischen Wellen, die von Explosionen stammen, reflektieren unterschiedlich von Gesteinsschichten, die flüssiges Öl und Erdgas enthalten, und werden deswegen für die Kartierung von Erdölreservoirs in der Erdkruste verwendet.

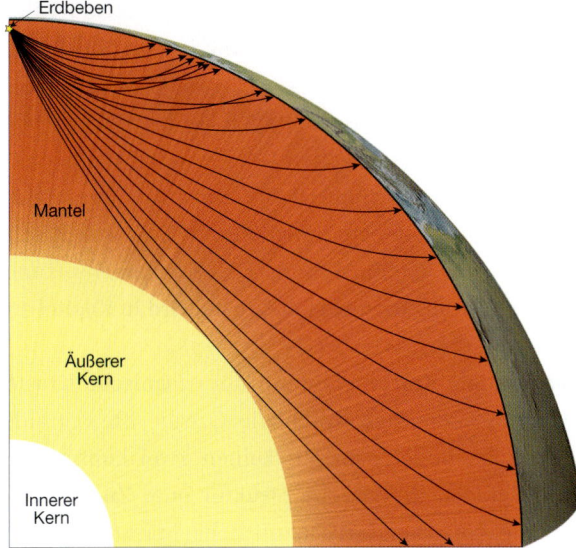

Abbildung 12.4: Ein Schnitt durch den Erdmantel zeigt einige Strahlenwege seismischer Wellen eines Erdbebens. Die Strahlen folgen gekrümmten (abgelenkten) Wegen anstatt geraden Wegen, da die seismische Geschwindigkeit von Gesteinen im Mantel mit der Tiefe zunimmt, was ein Ergebnis des mit der Tiefe zunehmenden Drucks ist. Beachten Sie die komplizierten Strahlenmuster im oberen Mantel, wobei sich sogar einige kreuzen. Das bedingt der plötzliche Anstieg der seismischen Geschwindigkeit, die aus dem Mineralphasenwechsel bei zunehmendem Druck resultiert.

ist besonders wichtig bei der Exploration von Erdöl oder Erdgas, wobei man mit künstlich erzeugten seismischen Wellen die Kruste erprobt. Erdöl scheint in bestimmten Arten von geologischen Fallen gefangen zu werden und diese Strukturen können durch die Kartierung der Schichten in der oberen Kruste identifiziert werden. Der Preis für Kraftstoff wäre ohne die Existenz seismischer Darstellungen um einiges teurer, da auf der Suche nach Öl eine große Anzahl an Bohrlöchern zufällig verteilt werden müssten. Durch die Nutzung der seismischen Wellen können Firmen genau an den Stellen bohren, die am aussichtsreichsten für Erdölfunde sind. Seismische Wellen werden auch von den Grenzen zwischen Kruste, Mantel, äußerem Kern, innerem Kern und auch von anderen Grenzen innerhalb des Mantels zurückgeworfen.

Ein höchst beachtenswertes Verhalten seismischer Wellen ist, dass sie stark gekrümmten Pfaden folgen (▶Abbildung 12.4). Das geschieht, da die Geschwindigkeit seismischer Wellen generell mit der Tiefe zunimmt. Zudem bewegen sich seismische Wellen schneller fort, wenn das Gestein starrer und weniger komprimierbar ist. Diese Eigenschaften von Starrheit und Komprimierbarkeit werden dann gebraucht, um die Zusammensetzung und die Temperatur des Gesteins zu interpretieren. Wird Gestein beispielsweise wärmer, wird es weniger starr (stellen Sie sich eine gefrorene Schokoladentafel vor und erwärmen Sie sie!) und seismische Wellen bewegen sich langsamer. Wellen bewegen sich auch mit unterschiedlichen Geschwindigkeiten in Gesteinen unterschiedlicher Zusammensetzung. Deswegen kann die Geschwindigkeit, mit welcher sich seismische Wellen bewegen, dazu beitragen, sowohl die Gesteinsart innerhalb der Erde als auch deren Temperatur zu bestimmen. Innerhalb des Erdmantels, wo scharfe Grenzen und eine allmähliche Veränderung der seismischen Geschwindigkeit auftreten, wird das Muster der seismischen Wellen ziemlich komplex. ▶Abbildung 12.5 zeigt, wie die S-Wellen eines tiefen Erdbebens aussehen, wenn sie sich durch den Mantel bewegen. Sie sehen, wie eine einzige Welle der Erschütterung bald in viele verschiedene Wellen gespalten wird, die auf dem Seismogramm als getrennte Signale erscheinen.

Der Schalenaufbau der Erde 12.3

Durch die Kombination der aus seismologischen Untersuchungen erhaltenen Daten und der Mineralphysik haben wir ein Verständnis von der Zusammensetzung der Erde Schicht für Schicht erhalten (▶siehe Exkurs 12.1). Die seismische Geschwindigkeit als eine Funktion der Tiefe ist in ▶Abbildung 12.6 aufgezeigt. Durch die Untersuchung des Verhaltens von verschiedenen Gesteinen in der Tiefe, bei entsprechendem

12 Das Erdinnere

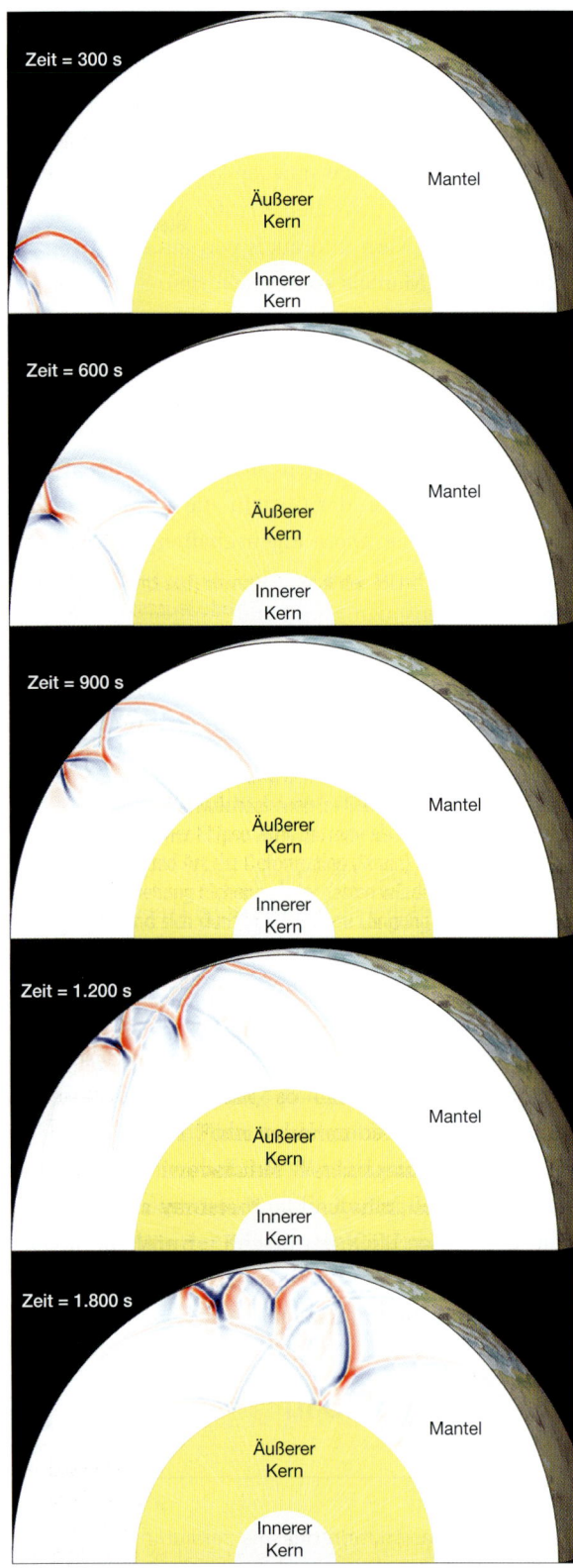

Abbildung 12.5: Fünf Momentaufnahmen nachfolgender Zeitpunkte, die die Positionen der S-Wellen im Erdmantel nach einem Erdbeben zeigen. Neben der Ablenkung und Beugung werden S-Wellen von Grenzen wie der Kern-Mantel-Grenze zurückgeworfen. Beachten Sie, dass S-Wellen den äußeren Kern nicht durchdringen, da sie sich nicht durch Flüssigkeiten bewegen.

Druck, waren Geologen in der Lage, die Zusammensetzung der Erdkruste, des Erdmantels und des Erdkerns herauszufinden.

12.3.2 Die Erdkruste

Die **Erdkruste** besteht aus zwei verschiedenen Arten – der kontinentalen Kruste und der ozeanischen Kruste. Beide haben die Bezeichnung „Kruste" gemeinsam, aber hier endet auch die Gemeinsamkeit. Die kontinentale und die ozeanische Kruste besitzen sehr unterschiedliche Zusammensetzungen, Vergangenheiten und Entstehungsarten. Tatsächlich ist die ozeanische Kruste Gesteinen des Mantels ähnlicher als Gesteinen der kontinentalen Kruste.

Ozeanische Kruste Seismische Darstellungen haben gezeigt, dass die ozeanische Kruste meist etwa 7 Kilometer mächtig ist. Jede ozeanische Kruste bildet sich an Mittelozeanischen Rücken, an welchen sich zwei divergierende tektonische Platten trennen. Die ozeanische Kruste weist P-Wellen-Geschwindigkeiten von 5 bis 7 Kilometer und eine Dichte von etwa 3,0g/cm³ auf, was auch mit den experimentellen Werten von Basalt und Gabbro übereinstimmt. Die Zusammensetzung und Entstehung ozeanischer Kruste wird in Kapitel 13 weiter besprochen.

Kontinentale Kruste Während die ozeanische Kruste ziemlich einheitlich durch die Ozeane hinweg aufgebaut ist, findet man auf keinen zwei kontinentalen Regionen die gleiche Struktur oder Zusammensetzung vor. Die durchschnittliche Mächtigkeit der kontinentalen Kruste liegt bei 40 Kilometer, sie kann aber in bestimmten Gebirgsregionen wie dem Himalaya oder den Anden mehr als 70 Kilometer betragen. Die dünnste Kruste in Nordamerika liegt unter der Basin and Range-Region der westlichen Vereinigten Staaten, mit einer Mächtigkeit von nur 20 Kilometer. Die mächtigste Kruste in Nordamerika befindet sich unter den Rocky Mountains mit einem Umfang von über 50 Kilometer. In Mitteleuropa ist die Kruste in den Alpen mit über 50 km am mächtigsten, während sie etwa unter Freiburg im Rheintalgraben nur gut 20 Kilometer beträgt. Seismische Geschwindigkeiten innerhalb von Kontinenten sind ziemlich variabel, was darauf schließen lässt, dass die Zusammensetzung der kontinentalen Kruste sehr stark variieren dürfte. Das stimmt mit dem überein, was Sie in Kapitel 22 über die unterschiedlichen Entstehungsweisen der Konti-

12.3 Der Schalenaufbau der Erde

EXKURS 12.1 – DIE ERDE VERSTEHEN
Die Nachbildung der tiefen Erde

Die Seismologie allein kann nicht bestimmen, aus was die Erde besteht. Man braucht zusätzliche Informationen durch andere Hilfsmittel, damit man seismische Geschwindigkeiten bezüglich der Gesteinstypen interpretieren kann. Das geschieht in Labors, durch Experimente der Mineralphysik. Indem man Gesteine und Minerale zusammendrückt und aufheizt, können physikalische Eigenschaften wie Starrheit, Komprimierbarkeit und Dichte (und deswegen seismische Geschwindigkeiten) direkt gemessen werden. Das bedeutet, dass die Bedingungen des Mantels und des Kerns simuliert werden können und die Ergebnisse mit den seismischen Modellen verglichen werden.

Die meisten Versuche in der Mineralphysik werden unter Verwendung von gigantischen Pressen aus sehr hartem Karbonstahl durchgeführt. Doch den höchsten Druck gewinnt man durch Diamantstempelzellen wie in ▶ Abbildung 12.A gezeigt. Diese machen sich zwei wichtige Eigenschaften von Diamanten zu Nutze – ihre Härte und ihre Transparenz. Die Spitzen zweier Diamanten werden abgeschliffen und eine kleine Probe eines Gesteins oder Minerals wird dazwischen platziert. Drücke, so groß wie im Inneren des Jupiters, konnten durch das Zusammenpressen der beiden Diamanten erzielt werden. Hohe Temperaturen erreicht man, indem ein Laserstrahl durch die Diamanten und in die Mineralprobe geschickt wird.

Neben der Messung von seismischen Geschwindigkeiten unter Bedingungen in unterschiedlichen Tiefen innerhalb der Erde gibt es noch weitere wichtige Experimente in der Mineralphysik. Ein Experiment bestimmt die Temperatur, bei welcher Minerale unter verschiedenem Druck zu schmelzen beginnen. Ein anderes Experiment bestimmt (bei verschiedenen Temperaturen) den Druck, unter welchem eine Mineralphase instabil wird und sich in eine neue „Hochdruckphase" umwandelt. Ein weiteres Experiment führt sogar die gleiche Untersuchung nur mit leicht veränderten Mineralzusammensetzungen aus. Alle diese Experimente sind notwendig, da, wie wir später besprechen werden, dreidimensionale Veränderungen in der Zusammensetzung und der Temperatur im Erdinneren vorliegen.

Abbildung 12.A: Hochdruckexperimente in einer Diamantstempelzelle (Foto links) können Bedingungen schaffen, wie sie im Inneren eines Planeten herrschen. Die gesamte Apparatur ist klein und passt auf eine Tischplatte. Ein hoher Druck wird erzeugt, indem man die Spitzen von hochqualitativen Diamanten abschleift (rechtes Foto) und eine kleine Gesteinsprobe dazwischen platziert, die Diamanten zusammenpresst und die Probe mit einem Laser erhitzt. (Linkes Foto: mit freundlicher Genehmigung des Lawrence Livermore National Laboratory; rechtes Foto: Douglass L. Peck Photography)

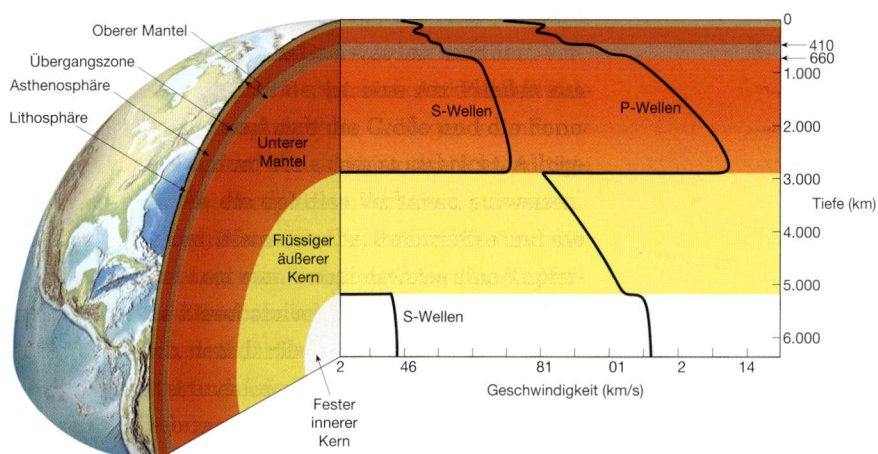

Abbildung 12.6: Ein Ausschnitt des Erdinneren zeigt die unterschiedlichen Schalen und die Durchschnittsgeschwindigkeiten von P- und S-Wellen in der entsprechenden Tiefe. S-Wellen sind ein Hinweis auf die Starrheit des Materials – der innere Kern ist weniger starr als der Mantel und der flüssige äußere Kern weist gar keine Starrheit auf.

nente erfahren werden. Im Allgemeinen besitzen Kontinente eine Dichte von etwa 2,7g/cm³ und ist damit viel geringer als die der ozeanischen Kruste sowie des Mantelgesteins. Die geringere Dichte erklärt, warum Kontinente „schwimmen" (Auftrieb besitzen) – sich wie große Flöße verhalten, die auf einer tektonischen Platte treiben, und warum sie nicht in den Mantel subduziert werden können.

Die Entdeckung der (Schalen-)Grenzen: die Moho Die Grenze zwischen Kruste und Mantel wird **Moho** (Mohorovičič – Diskontinuität) genannt und war eines der ersten Merkmale des Erdinneren, das mithilfe seismischer Wellen entdeckt wurde. Der kroatische Seismologe Andrija Mohorovičič entdeckte 1909 die Grenze, die ihm zu Ehren benannt wurde. Am Sockel der Kontinente bewegen sich P-Wellen mit 6 km/s, aber die Geschwindigkeit erhöht sich abrupt auf 8 km/s bei etwas größerer Tiefe. Andrija Mohorovičič folgerte aus diesem großen Sprung der seismischen Geschwindigkeit sehr scharfsinnig zwei unterschiedlich dichte Lagen, deren Grenzschicht heute Moho genannt wird. Er erkannte, dass zwei verschiedene Bündel seismischer Wellen innerhalb einiger hundert Kilometer eines Erdbebens von Seismographen aufgezeichnet wurden. Eine Wellenreihe bewegte sich mit 6km/s durch den Untergrund, während die andere Reihe der Wellen mit 8 km/s durch den Untergrund wanderte. Aufgrund dieser Wellen bestimmte Mohorovičič, dass die unterschiedlichen Wellen von unterschiedlichen Schalen kommen, wie ▶Abbildung 12.7 zeigt.

Tritt ein flaches Erdbeben auf, bewegt sich eine *direkte Welle* gerade durch die Kruste und wird von einem Seismographen in der Nähe aufgezeichnet. (In Abbildung 12.7 gibt die Neigung der Linie die Geschwindigkeit einer direkten Welle durch die Kruste an.) Seismische Wellen folgen auch einem Weg nach

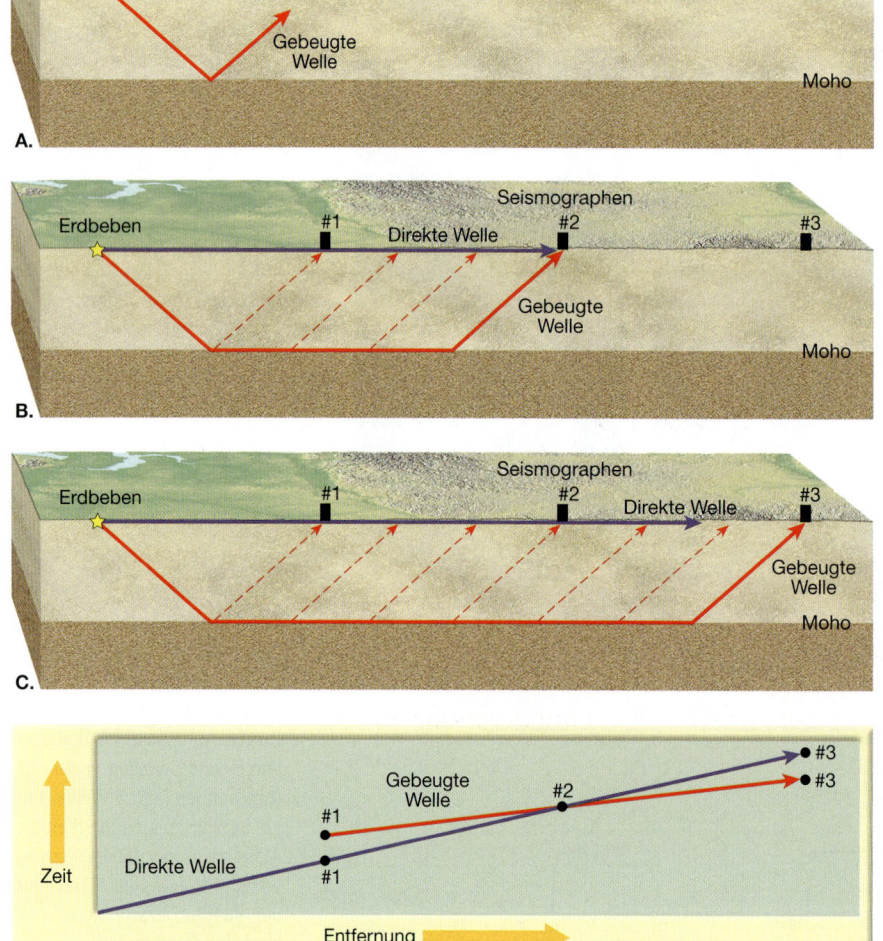

Abbildung 12.7: Das Diagramm zeigt die seismischen Wellen eines Erdbebens, die an drei verschiedenen Seismographen ankommen. Über eine kurze Entfernung wie bei Seismograph #1 kommt die direkte Welle zuerst an. Bei größeren Entfernungen wie bei Seismograph #3 trifft die abgelenkte Welle zuerst ein. Am „Crossover"- oder Überholpunkt, der in diesem Diagramm bei Seismograph #2 auftritt, treffen beide Wellen gleichzeitig ein. Die Entfernung zum „Crossover"- oder Überholpunkt nimmt mit der Tiefe der Moho zu. Deswegen kann man ihn verwenden, um die Mächtigkeit der Kruste zu bestimmen.

unten durch die Kruste und entlang der Oberseite des Mantels. Sie werden *abgelenkte Wellen* genannt, da sie gebogen bzw. abgelenkt werden, sobald sie in den Mantel eintreten. Diese abgelenkten P-Wellen bewegen sich durch den Untergrund mit einer Geschwindigkeit wie die der Wellen durch den Mantel (8 km/s). Bei kurzen Entfernungen trifft die direkte Welle als Erstes ein. Doch bei größeren Entfernungen kommt die abgelenkte Welle zuerst an. Der Punkt, an dem beide Wellen zur gleichen Zeit ankommen, heißt „Crossover"– oder *Überholpunkt* und kann zur Bestimmung der Tiefe der Moho herangezogen werden. Deswegen können Sie durch die Verwendung dieser beiden Wellen und zahlreicher Seismographen die Mächtigkeit der Kruste an einer beliebigen Stelle bestimmen.

Der Unterschied zwischen direkten und abgelenkten Wellen ist analog einer Fahrt auf einer Hauptstraße oder auf der Autobahn. Auf kurzen Strecken werden Sie schneller ankommen, wenn Sie auf der Hauptstraße fahren. Für größere Entfernungen benötigt man weniger Zeit, wenn man zuerst zur Autobahn fährt und dann auf ihr die Reise fortsetzt. Der „Crossover"- oder Überholpunkt, an dem beide Strecken die gleiche Zeit in Anspruch nehmen, steht in direkter Beziehung zu der Entfernung, in der Sie sich zur Autobahn befinden (oder, wenn Sie die Tiefe der Moho bestimmen, wie weit der Mantel (schnelle Schale) von der Oberfläche entfernt ist).

12.3.3 Der Erdmantel

Der **Mantel** macht mehr als 82 Prozent des Erdvolumens aus und besitzt eine beinahe 2.900 Kilometer mächtige Schale, die von der Basis der Kruste (Moho) ausgehend bis hin zum flüssigen äußeren Kern reicht. Da sich S-Wellen leicht durch den Mantel bewegen, wissen wir, dass er aus einer festen Gesteinsschale besteht, die sich aus Silikatmineralen, angereichert mit Eisen und Magnesium, zusammensetzt. Doch trotz der festen Ausbildung der Gesteine im Mantel sind sie ziemlich heiß und in der Lage zu fließen, auch wenn das sehr langsam vor sich geht.

Der Obere Mantel Der Obere Mantel dehnt sich von der Moho ausgehend nach unten bis auf 660 Kilometer aus. Der Obere Mantel kann in drei verschiedene Abschnitte eingeteilt werden. Die obere Lage des Oberen Mantels gehört zur starren **Lithosphäre** und darunter befindet sich die schwächere **Asthenosphäre**. Diese Lagen sind ein Ergebnis der Temperaturstruktur der Erde und werden später in diesem Kapitel besprochen. Der untere Abschnitt des Oberen Mantels bildet die sogenannte *Übergangszone*.

Wir haben eine gute Vorstellung davon, woraus der Obere Mantel aufgebaut ist, da Mantelgesteine durch mehrere verschiedene geologische Prozesse an die Erdoberfläche gebracht werden. Die seismischen Geschwindigkeiten, die wir für den Mantel beobachten, stimmen mit einem Gestein überein, das *Peridotit* genannt wird. Mantelperidotit ist ein ultramafisches Gestein, das überwiegend aus den Mineralen Olivin und Pyroxen besteht. Peridotit ist mit den Metallen Magnesium und Eisen mehr angereichert als die Minerale, die man in der kontinentalen oder ozeanischen Kruste vorfindet.

Die Olivinkristalle im Peridotit weisen eine sehr wichtige Eigenschaft auf, die **seismische Anisotropie**. Das bedeutet, dass sich seismische Wellen mit unterschiedlichen Geschwindigkeiten entlang unterschiedlicher Wege durch die Kristalle bewegen. Bei Olivin reihen sich die Kristalle mit ihrer schnellen Richtung in der gleichen Richtung auf, in welche das Gestein fließt. Das ist für Geologen ein sehr vorteilhafter Umstand, denn falls die schnellste seismische Wellenrichtung, die sich durch die Regionen des Oberen Mantels bewegen, gefunden wird, wird auch die Richtung, in die sich der Olivin bewegt, entdeckt. Seismologen können deswegen nicht nur eine Momentaufnahme der inneren Erdstruktur präsentieren, sondern auch den Bewegungssinn angeben, in dem sich die Gesteine im Inneren der Erde in Zukunft bewegen werden.

Die Übergangszone Der Abschnitt des Oberen Mantels wird von einer Tiefe von etwa 410 Kilometer bis zu etwa 660 Kilometer als **Übergangszone** bezeichnet. Der obere Bereich der Übergangszone wird durch einen plötzlichen Anstieg in der Dichte von 3,5 g/cm³ auf 3,7 g/cm³ identifiziert. Wie die Moho reflektiert auch diese Grenze seismische Wellen. Anders als die Moho besteht diese Grenze aber nicht wegen einer Veränderung in der chemischen Zusammensetzung, sondern aufgrund einer Veränderung in der Mineralphase. Die chemische Zusammensetzung ober- und unterhalb der 410-Kilometer-Diskontinuität ist die gleiche. Doch das Mineral Olivin, das im Oberen Mantel stabil ist, ist bei einem Druck der Übergangszone nicht länger stabil und wandelt sich in eine dichtere Phase um (▶ Abbildung 12.8). In der oberen Hälfte der Übergangszone wandelt sich Olivin in eine Phase um, die man β-Spinell nennt. In der unteren Hälfte ver-

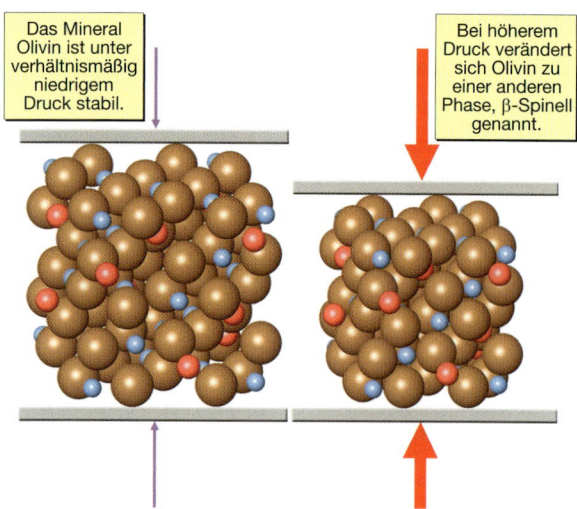

Abbildung 12.8: Die Auswirkung von Druck auf die Mineralstrukturen wird hier demonstriert. Das Mineral Olivin, das im Oberen Mantel stabil ist, ist bei Drücken der Übergangszone nicht weiter stabil und verändert sich zu dichteren Phasen. Im oberen Bereich der Übergangszone wandelt sich Olivin in eine Mineralphase um, die β-Spinell genannt wird. Die Atome sind die gleichen, aber sie werden in eine kompaktere kristalline Struktur zusammengedrückt.

wandelt sich β-Spinell in eine Struktur, die man mit Ringwoodit bezeichnet.

Das Ungewöhnlichste an der Übergangszone ist, dass sie in der Lage ist, eine große Menge an Wasser aufzunehmen, bis zu 2 Prozent ihres Gewichts. Das ist bedeutend mehr als für Peridotit des Oberen Mantels, der nur etwa 0,1 Prozent seines Gewichts an Wasser enthalten kann. Da die Übergangszone 5 Prozent des Erdvolumens ausmacht, könnte sie unter Umständen das fünffache Volumen der Weltmeere an Wasser beinhalten. Wasser bewegt sich auf seinem Kreislauf langsam durch den Planeten. Es wird mit der subduzierten ozeanischen Lithosphäre nach unten in den Mantel gebracht und durch aufsteigende Plumes aus Mantelgestein nach oben befördert. Wie viel Wasser sich tatsächlich in der Übergangszone befindet, ist unbekannt.

Der Untere Mantel Von 660 Kilometer Tiefe bis zum oberen Bereich des Kerns, bei einer Tiefe von 660 Kilometer, befindet sich der **Untere Mantel**. Unterhalb der 660-Kilometer-Diskontinuität nehmen Olivine und Pyroxene die Kristallstruktur des Minerals *Perowskit* $(Fe,Mg)SiO_3$ an. Perowskit ist eigentlich ein CaTi-Silikat ($CaTiO_3$), wobei die Ionen in dichtest möglicher Kugelpackung vorliegen. Eine solche Kugelpackung nehmen auch die Ionen im Unteren Mantel ein. Daher spricht man von Perowskitstruktur – das Mineral Perowskit kommt aber dort nicht vor. Der Untere Mantel macht bei weitem die größte Schale der Erde aus und nimmt 56 Prozent des Volumens des Planeten ein. Das bedeutet, dass die Perowskitstruktur der häufigste Typ eines Kristallgitters der Erde ist.

Die D''-Schicht (sprich: „D zwei Strich Schicht") In den unteren paar hundert Kilometern des Mantels, knapp über dem Kern, befindet sich eine hochveränderliche und ungewöhnliche Schicht, die **D''-Schicht** (auf Englisch: „dee double-prime"). Das ist die Grenze zwischen dem Mantel aus Gestein und dem flüssigen äußeren Eisenkern (▶ Abbildung 12.9). Die D''-Schicht ist der Lithosphäre ähnlich, die die Grenzlage zwischen dem Mantel und der Ozean-/Atmosphärenschicht darstellt. Beide, die Lithosphäre und die D''-Schicht, weisen große Unterschiede in der Zusammensetzung und Temperatur auf. Die Temperaturunterschiede der Lithosphäre zwischen heißem Mittelozeanischen Rücken und kaltem abyssalem Ozeanboden betragen mehr als 1.000 °C. Die horizontalen Veränderungen der Temperatur innerhalb der D''-Schicht sind ähnlich. Die Zusammensetzung der Lithosphäre weist ein großes Variationsspektrum auf, mit darin eingebetteter kontinentaler oder ozeanischer Kruste. Es scheinen auch in der D''-Schicht große Schollen unterschiedlicher Gesteinstypen eingebettet zu sein.

Am untersten Ende der D''-Schicht, wo der Mantel direkt mit dem heißen flüssigen Eisenkern in Kontakt kommt, ähnelt sie der Erdoberfläche, indem „auf dem Kopf stehende Berge" aus Gestein in den Kern eindringen. Zudem scheint in manchen Bereichen der Kern-Mantel-Grenze der unter Teil der D''-Schicht heiß genug zu sein, um teilweise aufgeschmolzen vorzuliegen. Das könnte der Grund für schmale Zonen an der untersten Basis des Mantels sein, wo die Geschwindigkeiten der P-Wellen um 10 Prozent abnehmen und die der S-Wellen um 30 Prozent.

Die Entdeckung von Grenzen: die Kern-Mantelgrenze Indizien, dass die Erde einen eigenständigen zentralen Kern besitzt, wurden 1906 von dem britischen Geologen Richard Dixon Oldham entdeckt. (1914 berechnete Beno Gutenberg die Tiefe der Kerngrenze mit 2.900 Kilometer, ein Wert, der bis heute gilt.) Oldham beobachtete, dass bei Entfernungen von über 100° von einem großen Erdbeben, die P- und die S-Wellen fehlen oder sehr schwach sind. Mit anderen Worten produziert der zentrale Kern eine „*Schattenzone*" für seismische Wellen, wie in ▶ Abbildung 12.10 gezeigt.

Wie Oldham voraussagte, weist der Erdkern deut-

12.3 Der Schalenaufbau der Erde

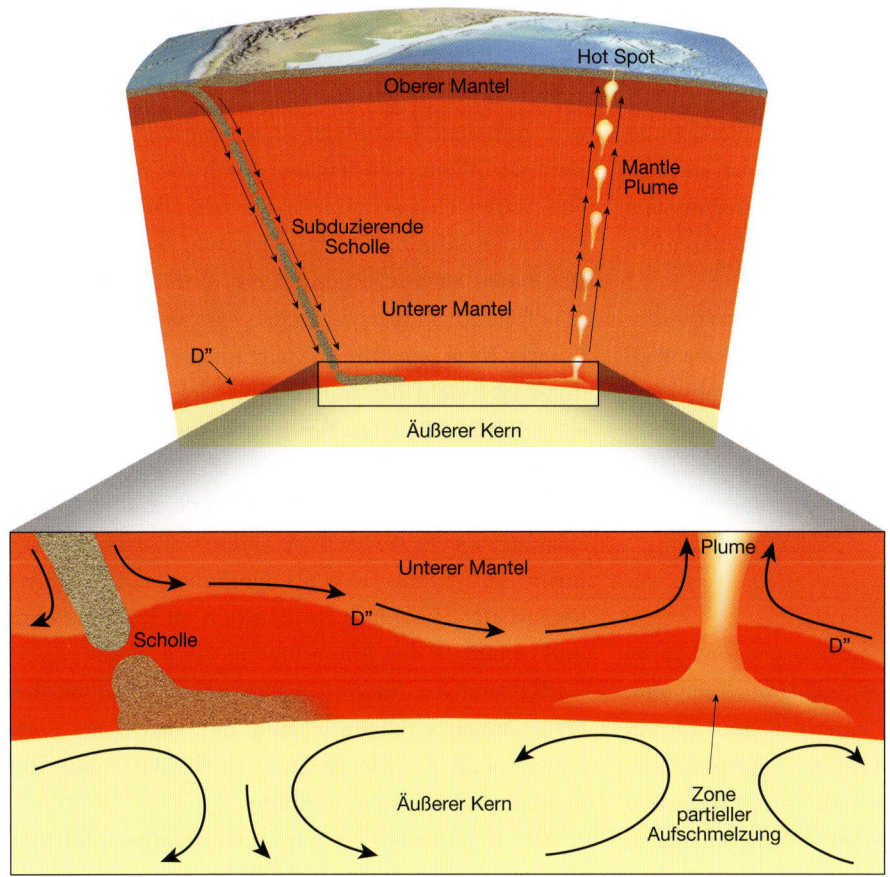

Abbildung 12.9: Schematische Darstellung der veränderlichen und außergewöhnlichen D"-Schicht an der Basis des Mantels. Wie die Lithosphäre im Oberen Mantel weist die D"-Schicht große horizontale Veränderungen auf, sowohl in der Temperatur als auch in der Zusammensetzung. Viele Wissenschaftler glauben, dass die D"-Schicht das Grab für einige subduzierte ozeanische Lithosphärenschollen und der Entstehungsort von einigen Mantle Plumes ist.

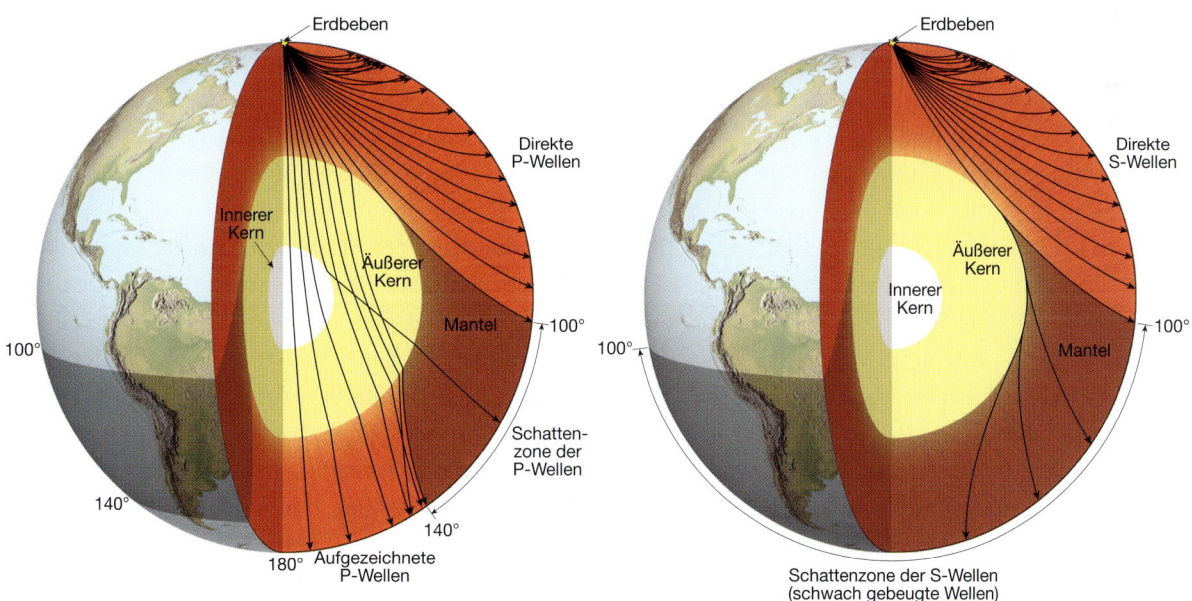

A. Schattenzone der P-Wellen
B. Schattenzone der S-Wellen

Abbildung 12.10: Zwei Einblicke in das Erdinnere zeigen die Auswirkungen des Äußeren und des Inneren Kerns auf die Strahlenwege der P- und S-Wellen. **A.** Stehen die P-Wellen in Wechselwirkung mit der Niedriggeschwindigkeit des flüssigen Eisens im Äußeren Kern, werden ihre Strahlen nach unten abgelenkt. Das erzeugt eine Schattenzone, in der keine direkten P-Wellen aufgezeichnet werden (obwohl abgelenkte P-Wellen dahin gelangen). Die P-Wellen, die sich durch den Kern bewegen, werden PKP-Wellen genannt (K von Kern). Die Erhöhung der seismischen Geschwindigkeit im oberen Bereich des Inneren Kerns lenkt die Wellen stark ab, so dass manche in der Schattenzone ankommen, was durch einen einzelnen Strahl dargestellt ist. **B.** Der Kern ist ein Hindernis für S-Wellen. Doch manche S-Wellen werden um den Kern herum abgelenkt und auf der anderen Seite des Planeten aufgezeichnet.

lich unterschiedliche elastische Eigenschaften zum darüber liegenden Mantel auf, was eine beträchtliche Ablenkung der P-Wellen zur Folge hat – ähnlich wie Licht abgelenkt (gekrümmt) wird, wenn es aus der Luft ins Wasser eintritt. Da zudem der äußere Kern aus flüssigem Eisen besteht, blockiert er die Übertragung von S-Wellen. (Sie erinnern sich, dass sich S-Wellen nicht durch Flüssigkeiten bewegen.)

Abbildung 12.10 zeigt die Stellen der Schattenzonen von P- und S-Wellen und wie die Wege der Wellen durch den Kern beeinflusst werden. Obwohl noch P- und S-Wellen in der Schattenzone ankommen, unterscheiden sie sich deutlich von denen, die man bei einem Planeten ohne Kern erwarten würde.

12.3.4 Der Erdkern

Der Äußere Kern Die Grenze zwischen dem Mantel und dem Äußeren Kern, *Kern-Mantel-Grenze* genannt, ist die signifikanteste Grenze innerhalb der Erde, in Bezug auf Veränderungen der Materialeigenschaften. P-Wellen verlangsamen sich von 13,7 auf 8,1 km/s an der Kern-Mantel-Grenze, S-Wellen verlangsamen sich dramatisch von 7,3 km/s bis hin zu null. Da S-Wellen sich nicht durch Flüssigkeiten bewegen, bedeutet das Nichtvorhandensein von S-Wellen im **Äußeren Kern**, dass er flüssig ist. Die Veränderung der Dichte von 5,6 auf 9,9 g/cm³ ist sogar noch größer als die an der Erdoberfläche beobachtete Dichteänderung von Gestein zu Luft.

Aufgrund unseres Wissens über die Zusammensetzung von Meteoriten und der Sonne erwarten die Geologen bei der Erde einen großen Eisengehalt. Doch dieses Eisen fehlt größtenteils in der Kruste und im Mantel. Diese Tatsache und die große Dichte des Kerns weisen darauf hin, dass er im Wesentlichen aus Eisen und etwas Nickel besteht, was eine ähnliche Dichte wie Eisen besitzt.

Der **Kern** macht nur ein Sechstel des Erdvolumens aus, aber da Eisen so dicht ist, trägt der Kern mit ein Drittel zur Erdmasse bei und Eisen ist in Bezug auf das Gewicht das häufigste Element. Der Äußere Kern besteht jedoch nicht nur aus reinem Eisen. Seine Dichte und seismische Geschwindigkeit weisen darauf hin, dass im Äußeren Kern etwa 15 Prozent andere, leichtere Elemente enthalten sind. Höchstwahrscheinlich gehören dazu Schwefel, Sauerstoff, Silizium und Wasserstoff. Das ist, basierend auf der Mineralphysik, nicht verwunderlich. Reines Eisen schmilzt beispielsweise bei sehr hohen Temperaturen, während eine Mischung aus Eisen und Schwefel bei viel tieferen Temperaturen schmilzt. Als die Erde entstand und sich aufheizte, konnte das Eisen, das absank, um den Kern zu bilden, viel leichter durch die Anwesenheit von Schwefel geschmolzen werden, das dabei auch mit in den Kern hinuntergezogen wurde.

Der Innere Kern Im Zentrum des Kerns befindet sich eine feste Kugel mit geringerem Nickelanteil, sie wird **Innerer Kern** genannt. In Zeichnungen wie in Abbildung 12.1 sieht der Innere Kern viel größer aus, als er in Wirklichkeit ist. Der Innere Kern ist eigentlich ziemlich klein und umfasst nur 1/142 (weniger als 1 Prozent) des Volumens der Erde. In der frühen Erdgeschichte, als der Planet noch heißer war, existierte der Innere Kern nicht. Doch als der Planet sich abkühlte, begann sich das Eisen im Zentrum zu kristallisieren und es bildete den festen Inneren Kern. Sogar gegenwärtig setzt der Innere Kern mit dem Abkühlen des Planeten sein Größenwachstum fort. Der Innere Kern besitzt nicht die Menge an leichten Elementen, die man im Äußeren Kern vorfindet.

Der Innere Kern ist durch den flüssigen äußeren Kern vom Mantel getrennt und kann sich deswegen unabhängig bewegen. Kürzlich durchgeführte Untersuchungen deuten darauf hin, dass der Innere Kern tatsächlich schneller rotiert als die Kruste und der Mantel und sie alle paar hundert Jahre überholt (▶ Abbildung 12.11). Die kleine Größe des Kerns und seine große Entfernung zur Oberfläche machen den Inneren Kern zu einer Region innerhalb der Erde, die am schwierigsten zu untersuchen ist.

Die Entdeckung der Grenzen: Die Grenze Innerer Kern/ Äußerer Kern Die Grenze zwischen dem festen Inneren Kern und dem flüssigen Äußeren Kern wurde 1936 durch die dänische Seismologin Inge Lehman entdeckt. Sie konnte keine Aussage machen, ob der innere Kern tatsächlich fest ist, aber durch die Verwendung von einfacher Trigonometrie begründete sie, dass manche P-Wellen durch einen plötzlichen Anstieg der seismischen Geschwindigkeit an der Grenze Innerer Kern/Äußerer Kern stark abgelenkt werden. Das ist die gegensätzliche Situation zu dem, was eine P-Wellen-Schattenzone verursacht. Nehmen die seismischen Geschwindigkeiten plötzlich ab, wie an der Grenze Mantel/Äußerer Kern, werden die Wellen gekrümmt, so dass eine Schattenzone entsteht, wo keine direkten Wellen ankommen. Nehmen die seismischen Wellen plötzlich zu, wie es an der Grenze Äußerer

Die Temperatur der Erde   12.4

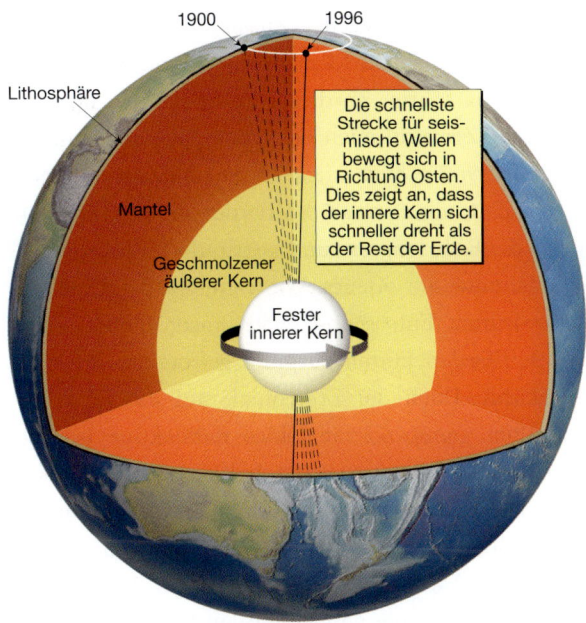

Abbildung 12.11: Der feste Innere Kern ist durch den flüssigen Äußeren Kern vom Mantel getrennt und er bewegt sich eigenständig. Leichte Unterschiede in der Laufzeit seismischer Wellen durch den Kern, über Jahrzehnte hinweg gemessen, deuten darauf hin, dass der Innere Kern tatsächlich schneller als der Mantel rotiert. Die Ursache dafür liegt noch im Unklaren.

Kern/Innerer Kern der Fall ist, so werden die Wellen so gekrümmt, dass mehrere P-Wellen manchmal an einer einzigen Stelle ankommen können. Im Fall des Inneren Kerns können diese Wellen genug abgelenkt werden, um innerhalb der P-Wellen-Schattenzone anzukommen. Beide Fälle, in Abbildung 12.10A illustriert, sind ein Beweis für einen eigenständigen Inneren Kern.

Man kann unseren Planeten durch die Zusammensetzung seiner Schalen beschreiben, wie in dem vorausgegangenen Diskurs. Er lässt sich aber auch über die Veränderung der Temperatur mit der Tiefe beschreiben. Das ist sehr wichtig um die Bewegungen der Gesteine innerhalb eines Planeten zu verstehen. Ihnen ist vermutlich bewusst, dass Wärme von heißeren Gebieten hin zu kälteren wandert. Die Temperatur im Erdinneren liegt bei etwa 5.500 °C und bei 0° an der Erdoberfläche, deswegen bewegt sich die Wärme kontinuierlich zur Oberfläche. Dieser Wärmefluss produziert die Konvektionsströme der Gesteine und Metalle im Mantel und Kern und im Verlauf die Plattentektonik.

Wir können das Tempo messen, mit dem die Erde abkühlt, indem wir die Raten des Wärmeverlusts durch die Erdoberfläche messen. Messungen am gesamten Planeten haben gezeigt, dass der durchschnittliche Wärmefluss an der Oberfläche 87 Milliwatt pro m² beträgt. Das ist nicht viel, da man 870 m² benötigen würde, um eine 100-Watt-Glühbirne zum Leuchten zu bringen. Doch die Erdoberfläche ist so groß, dass der Wärmeausstoß 44 Terawatt pro Jahr beträgt. Das ist etwa der dreifache globale Energieverbrauch.

Wie ▶Abbildung 12.12 zeigt, strömt die Wärme nicht mit gleichmäßigem Fluss von der Erdoberfläche. Die Rate des Wärmeflusses ist nahe den Mittelozeanischen Rücken am höchsten, wo das Magma heiß ist und ständig zur Oberfläche befördert wird. Der Energiefluss ist in vielen kontinentalen Gebieten so hoch,

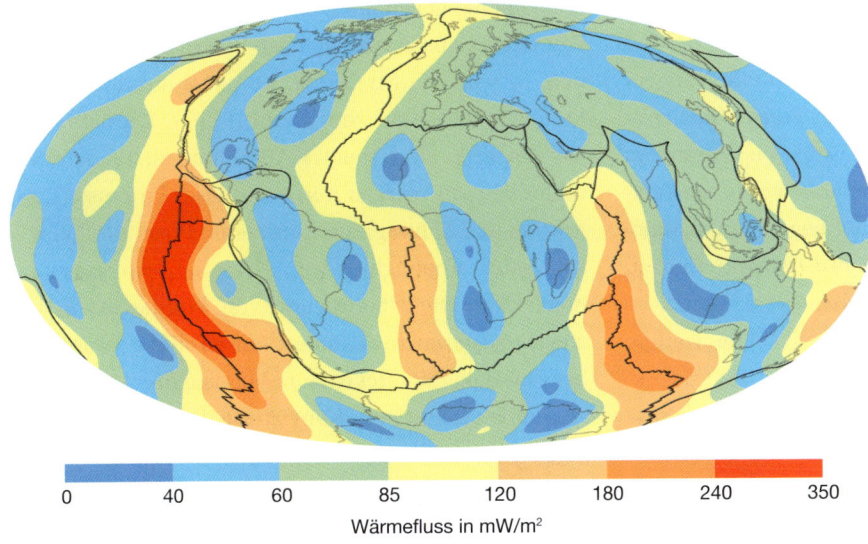

Abbildung 12.12: Eine Karte der Wärmeflussrate der Erde während ihrer allmählichen Abkühlung, gemessen in Milliwatt pro m². Der größte Wärmeausstoß der Erde erfolgt in der Nähe von Mittelozeanischen Rücken, wo das Magma zur Oberfläche steigt, um die Risse zu füllen, die durch das Auseinanderziehen tektonischer Platten entstanden sind. Kontinente verlieren die Wärme schneller als alter Ozeanboden, da sie einen höheren Gehalt an Wärme produzierenden radioaktiven Isotopen haben.

da es dort besonders hohe Konzentrationen an radioaktiven Isotopen gibt. Der Wärmefluss ist am geringsten in Gebieten mit alten, kalten Tiefseeebenen am Ozeanboden.

12.4.1 Wie wurde die Erde so heiß?

Die Erde hat, wie alle Planeten in unserem Sonnensystem, zwei Thermalphasen. Die erste Phase trat während der Entstehung der Erde auf, mit einem rasanten Anstieg der inneren Temperatur. Die zweite Phase vollzieht sich als ein sehr langsamer Abkühlungsprozess. Die erste Phase dauerte mit 50 Millionen Jahren nur sehr kurz. Die zweite Phase dauert seit den 4,5 Milliarden Jahren der Erdgeschichte an und wird für weitere 4,5 Milliarden Jahre weitergehen, bis die Sonne zu einem Roten Riesen wird und die Erde zerstört ist.

Wie in Kapitel 1 besprochen, entstand die Erde durch einen sehr gewaltigen Prozess während der Entstehung unseres Sonnensystems, der mit dem Zusammenprall zahlloser Planetesimale („Babyplaneten") einherging. Mit jedem Zusammenprall wurde die kinetische Bewegungsenergie in Wärme umgewandelt. Mit zunehmender Größe wurde die frühe Erde schnell heißer. Mehrere Faktoren trugen zu dem frühen Temperaturanstieg bei. Die Planeten enthielten viele relativ kurzlebige radioaktive Isotope wie Aluminium-26 und Calcium-41. Während ihres Zerfalls zu stabilen Isotopen setzten sie eine große Menge Energie frei. Zudem wuchs mit der Größenzunahme der Erde die Anziehungskraft und diese Kraft führte zum Zusammendrücken der gesamten Erde. Diese Kompression bewirkte den Anstieg der Erdtemperatur, ähnlich wie die zusammengepresste Luft beim Aufpumpen eines Fahrradreifens die Erwärmung der Luftpumpe verursacht.

Die beiden anderen Ereignisse hatten einen augenblicklichen Temperaturanstieg zur Folge. Das erste Ereignis war der Einbruch des Eisenkerns. An einem bestimmten Punkt des Erdwachstums wurde die Temperatur heiß genug und das Eisen begann zu schmelzen. Tropfen aus flüssigem Eisen begannen sich zu bilden und sanken ins Erdzentrum, wo sie den Kern bildeten. Das Absinken der Tropfen setzte weitere Energie frei, was mehr Eisen zum Schmelzen und Absinken brachte und noch mehr Wärme freisetzte und so weiter. Der Kern bildete sich wahrscheinlich durch diesen unaufhaltsamen Prozess sehr schnell.

Das zweite signifikante Ereignis, das unseren Planeten aufheizte, war der Zusammenprall der Erde mit einem Objekt in Marsgröße, was zur Entstehung des Monds führte. Zu dieser Zeit befanden sich der gesamte Kern und auch der größte Teil des Mantels, möglicherweise auch alles, im Schmelzzustand. Seit dieser Zeit, vor etwa 4,5 Milliarden Jahren, bis heute kühlt die Erde langsam und kontinuierlich ab.

Stammte die einzige Wärmequelle der Erde aus ihrer frühen Entstehung, wäre unser Planet schon vor Milliarden Jahren zu einer gefrorenen Schlacke abgekühlt. Doch der Erdmantel und die Erdkruste enthalten genügend langlebige radioaktive Isotope, die unseren Planeten warm halten, wie mit einem Langsambrenner: Uran-235, Uran-238, Thorium-232 und Kaliun-40. Wie aus ▶ Tabelle 9.1 ersichtlich ist, liegen die Halbwertszeiten dieser vier Isotopen in der Größenordnung von Milliarden Jahren. Als Folge davon bleiben große Mengen dieser Isotope übrig. Radioaktivität spielt deswegen in der Geologie eine wesentliche Rolle. Sie liefert die Möglichkeit, das Alter von Gesteinen zu bestimmen, wie in Kapitel 9 besprochen wurde. Noch wichtiger ist jedoch, dass dadurch die Mantelkonvektion erhalten bleibt und damit die Plattentektonik für Milliarden von Jahren aktiv sein wird.

12.4.2 Wärmefluss

Wärme wird durch drei verschiedene Mechanismen bewegt: durch *Strahlung*, *Wärmeleitung* und *Konvektion* (Strömung): Innerhalb eines Planeten sind alle drei aktiv, aber innerhalb der unterschiedlichen Schalen haben sie jeweils unterschiedliche Bedeutung. Die Bewegung der Gesteine und Metalle im Inneren eines Planeten hängt gänzlich davon ab, wie sich die Wärme von einer Schale zur nächsten bewegen kann. Regionen, in welchen Strahlung, Konvektion und Wärmeleitung wichtig für die Kontrolle des Wärmeflusses aus der Erde sind, zeigt ▶ Abbildung 12.13. Wie Sie sehen können, wirken nur zwei dieser Prozesse (*Konvektion* und *Leitung*) im Erdinneren. Diese werden wir als Nächstes betrachten.

Konvektion Die Übertragung von Wärme durch bewegtes Material funktioniert auf ähnliche Weise wie bei Flüssigkeiten. Bei diesem Vorgang die Wärme mitzunehmen nennt man **Konvektion**. Das ist die vorrangige Art, wie Wärme in der Erde übertragen wird. Sie kennen den Vorgang der Konvektion, falls Sie schon einmal einen Topf mit kochendem Wasser beobachtet haben. Das Wasser scheint zu rollen – es steigt in der Mitte des Topfs auf und sinkt entlang der Seiten (▶ Abbildung 12.14). Dieses Muster nennt man Konvektionskreislauf. Es tritt innerhalb des Erdmantels und des Äußeren Kerns auf, möglicherweise auch innerhalb des Inneren Kerns.

Konvektion tritt aufgrund mehrerer Faktoren auf: thermale Expansion, Schwerkraft und Fließfähigkeit. Ist das Wasser am Boden des Topfs erhitzt, dehnt es sich aus. Das kältere und schwerere Wasser im oberen Bereich des Topfs sinkt ab und ersetzt das heiße Wasser am Boden, welches in den oberen Bereich steigt. Die antreibende Kraft für die Konvektion ist die Schwerkraft, die das Wasser nach unten zieht. Würden Sie versuchen, Wasser zu kochen, während Sie im Weltraum schwebten, wo es keine starke Schwerkraft gibt, würden Sie erkennen, dass in dem Topf mit kochendem Wasser keine Konvektion auftritt.

Schließlich muss das Material flüssig genug sein, um fließen zu können. Wissenschaftler messen die Fließfähigkeit des Materials gewöhnlich über seinen Fließwiderstand, **Viskosität** genannt. Wasser fließt sehr leicht und besitzt eine geringe Viskosität. Das flüssige Eisen im Äußeren Kern der Erde hat wahrscheinlich eine ähnliche Viskosität wie Wasser und konvektiert ebenfalls sehr leicht. Materialien, die sehr viskos sind, fließen nicht sehr leicht, aber sie konvektieren trotzdem. Ketchup ist 50.000 Mal viskoser als Wasser, doch auch er kann fließen. Gestein im Unteren Mantel ist 10 Trillionen Trillionen (10^{25}) Mal viskoser als Wasser, doch es kann auch fließen.

Die Temperaturen oben und unten in einem Konvektionskreislauf bestimmen das Ausmaß der Konvektion. Die Erdoberfläche ist verglichen mit dem Erdinneren sehr kalt; deswegen kühlt neu gebildete ozeanische Lithosphäre schnell ab. Das hat zur Folge, dass sich die ozeanische Lithosphäre zusammenzieht, dichter und schwerer wird und mit der Zeit an Subduktionszonen in den Mantel zurücksinkt. Diese kalten, absinkenden Schollen sinken schließlich zur Basis des Mantels und nehmen auf ihrem Weg dorthin Wärme auf. Wird das Gestein im Unteren Mantel warm genug, steigt es zurück zur Oberfläche auf. Manches davon wandert zu Mittelozeanischen Rücken, um zu neuer ozeanischer Lithosphäre zu werden (▶ Abbildung 12.15). Ozeanische Lithosphäre kann man deswegen als oberen Teil des Mantelkonvektionskreislaufs betrachten. Auf ähnliche Weise lässt sich Plattentektonik als Äußerung der Mantelkonvek-

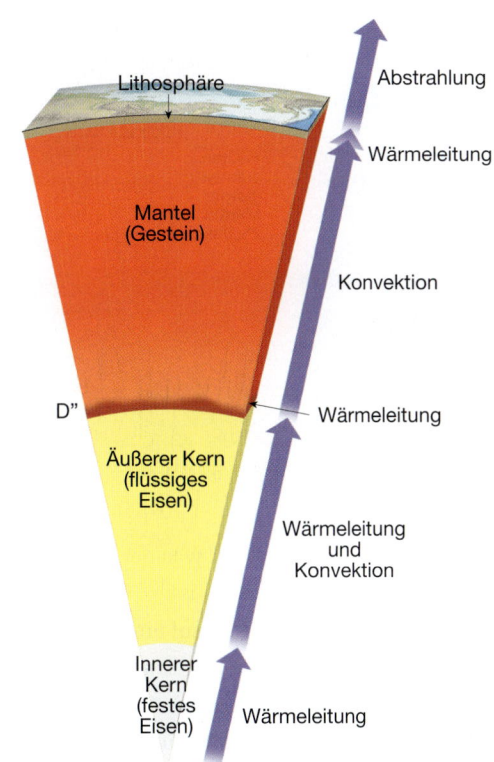

Abbildung 12.13: Das Diagramm zeigt die vorherrschende Art des Wärmetransfers bei unterschiedlichen Tiefen innerhalb der Erde während der Abkühlung des Planeten. Letztendlich verliert die Erde ihre Wärme an das Weltall durch Abstrahlung. Die Wärme bewegt sich durch die Prozesse der Konvektion und der Wärmeleitung vom Erdinneren zur Erdoberfläche.

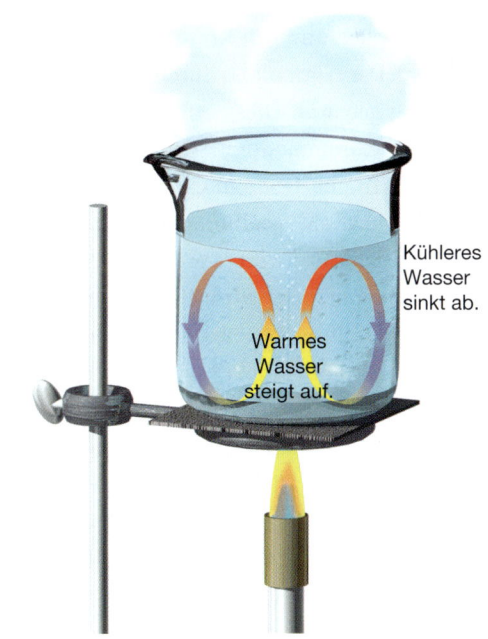

Abbildung 12.14: Ein einfaches Beispiel der Konvektion ist die Wärmeübertragung, das die gegenwärtige Bewegung einer Substanz mit einbezieht. Hier erwärmt die Flamme das Wasser am Boden des Glasbehälters. Das erhitzte Wasser dehnt sich aus, wird weniger dicht (bekommt mehr Auftrieb) und steigt auf. Gleichzeitig sinkt das kältere, dichtere Wasser nahe der Oberfläche nach unten.

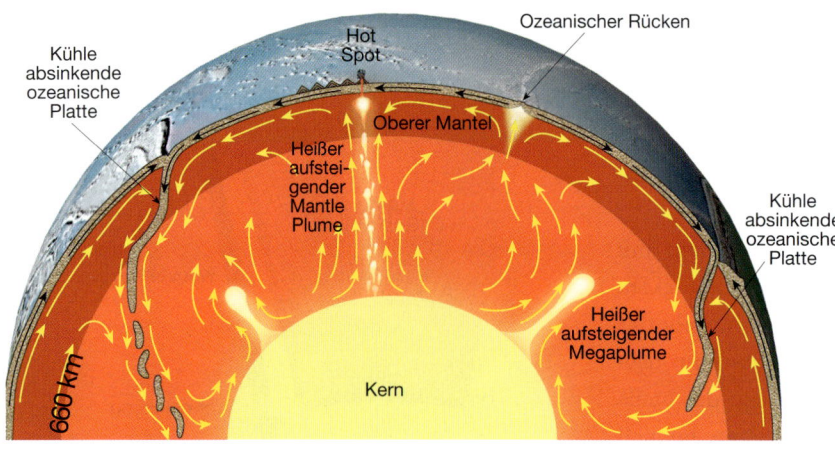

Abbildung 12.15: Das Diagramm zeigt die Konvektion innerhalb des Erdmantels. Der gesamte Mantel befindet sich in Bewegung und wird angetrieben durch die tief in den Mantel zurück absinkende, kalte ozeanische Lithosphäre. Das ist, wie einen Topf mit Suppe mit nach unten gerichteten Bewegungen umzurühren. Das Aufwärtsfließen von Gestein tritt mit großer Wahrscheinlichkeit durch eine Kombination von Mantle Plumes und breitem Umkehrfließen von Gestein auf, um die ozeanische Lithosphäre zu ersetzen, die die Oberfläche an Subduktionszonen verlässt.

tion an der Oberfläche ansehen, was der Hauptmechanismus zur Abkühlung der Erde ist.

Konvektion kann manchmal auf eine Art auftreten, die nicht durch Wärmefluss angetrieben wird. Dies wird *chemische Konvektion* genannt und sie tritt auf, wenn sich Veränderungen in der Dichte durch chemische und nicht durch thermische Vorgänge ergeben. Chemische Konvektion ist ein wichtiger Mechanismus innerhalb des Äußeren Kerns. Während Eisen kristallisiert und absinkt, um den Inneren Kern zu bilden, hinterlässt es eine Schmelze mit einem höheren Prozentsatz an leichteren Elementen. Da diese Flüssigkeit mehr Auftrieb besitzt als das sie umgebende Material, steigt sie nach oben und ruft Konvektion hervor.

Wärmeleitung Der Wärmefluss durch ein Material wird **Wärmeleitung** genannt. Diese erfolgt auf zwei Arten: (1) durch den Zusammenprall von Atomen und (2) durch den Elektronenstrom. In Gesteinen sind Atome ortsgebunden, aber sie oszillieren ständig. Wird eine Seite eines Gesteins erwärmt, werden die Atome energetischer oszillieren. Dies wird die Intensität des Zusammenpralls mit ihren Nachbaratomen erhöhen und wie bei einem „Dominoeffekt" wird sich die Energie langsam durch das ganze Gestein ausbreiten. Obwohl die Atome der Metalle auch ortsgebunden sind, können sich manche ihrer Elektronen frei durch das Material bewegen und diese Elektronen sind in der Lage, Wärme schnell von einer Seite eines Metallobjekts zur anderen zu bringen.

Es gibt riesige Unterschiede in der Geschwindigkeit der Wärmeleitung für unterschiedliche Materialien. Beispielsweise wird Wärme etwa 40.000 Mal leichter durch einen Diamant als durch Luft geleitet. Die meisten Gesteine sind schlechte Wärmeleiter. Wärmeleitung ist deswegen keine wirkungsvolle Art, um Wärme durch den Großteil der Erde zu bewegen. Doch es gibt Orte, an denen die Wärmeleitung von Bedeutung ist. Dazu gehören die Lithosphäre, die D''-Schicht und der Kern.

Wärmeleitung durch Elektronenfluss ist in gleicher Weise sowohl in dem festen Inneren Eisenkern als auch im flüssigen Äußeren Eisenkern wichtig. Sobald Wärme vom Inneren Kern zum Äußeren Kern geleitet wird, könnte Konvektion eine bedeutende Rolle beim Wärmetransport zum oberen Bereich des Kerns spielen. Trotzdem, Wärme kann vom Kern zum Mantel nur durch Wärmeleitung gelangen, aber nicht durch Konvektion. Der Grund dafür ist, dass das Eisen viel zu dicht ist, um in den leichteren, darüber treibenden Mantel vorzudringen. Damit die Wärme den Kern verlassen kann, muss sie durch die Kern-Mantel-Grenze und somit durch die D''-Schicht geleitet werden. Hat sie den Unteren Mantel schließlich erreicht, wird sie durch Mantelkonvektion zur Oberfläche befördert.

Als Nächstes bewegt sich die Wärme vom Mantel durch die aus Gestein bestehende Lithosphäre zur Erdoberfläche. Es gibt einige Stellen, an denen die Konvektion die Wärme in Form von Lava direkt an die Erdoberfläche bringt. Überall sonst muss die Wärme ihren letzten Weg zur Oberfläche bahnen, indem sie langsam durch die starre, steife Lithosphäre geleitet wird.

12.4.3 Das Profil der Erdtemperatur

Das Profil von den Durchschnittstemperaturen der Erde in einer bestimmten Tiefe wird **geothermischer Gradient** genannt (▶ Abbildung 12.16A). Die Erdtemperatur nimmt von 0°C an der Oberfläche bis über 5.000°C im Erdmittelpunkt zu. Innerhalb der Erdkruste steigen die Temperaturen rasant an – soviel wie 30°C pro Kilometer Tiefe. Sie können das in tiefen Bergwerken erleben. Die tiefsten Diamantminen in Südafrika reichen bis in Tiefen von mehr als drei Kilometer, wo Temperaturen von über 50°C herrschen. Doch die Temperaturen steigen nicht so rasch weiter, da sonst unser Planet in einer Tiefe von über 100 Kilometer geschmolzen wäre.

An der Basis der Lithosphäre beträgt die Temperatur in etwa 1.400°C. Aber Sie müssten fast zur Basis des Mantels gehen, bevor sich die Temperatur auf 2.800°C verdoppeln würde. Für den größten Teil des Mantels gilt ein sehr langsamer Temperaturanstieg von etwa 0,3°C pro Kilometer. Doch die D"-Schicht verhält sich wie eine thermische Grenzschicht und die Temperatur steigt dort von oben nach unten um mehr als 1.000°C an. Vom Äußeren Kern zum Innern Kern erhöhen sich die Temperaturen nur allmählich.

Die Temperatur innerhalb der Erde zu bestimmen, ist schwierig und es gibt viele Ungewissheiten. Tatsächlich könnte die Temperatur in der Erdmitte auch 8.000°C betragen. Sie werden sich fragen, wie Geowissenschaftler die Temperaturen in der tiefen Erde messen. Die beste Möglichkeit bieten die Experimente aus der Mineralphysik, die Temperaturen und Druck messen, bei welchen sich das Material verändert. Beispielsweise stammt die Grundlage für die geothermische Tiefenstufe des Oberen Mantels (wird in Abbildung 12.16A gezeigt) aus Experimenten, die Temperaturen herstellen, bei welchen das Mineral Olivin eine Phasenänderung durchmacht, die für die 410- und die 660-Kilometer-Diskontinuität verantwortlich ist.

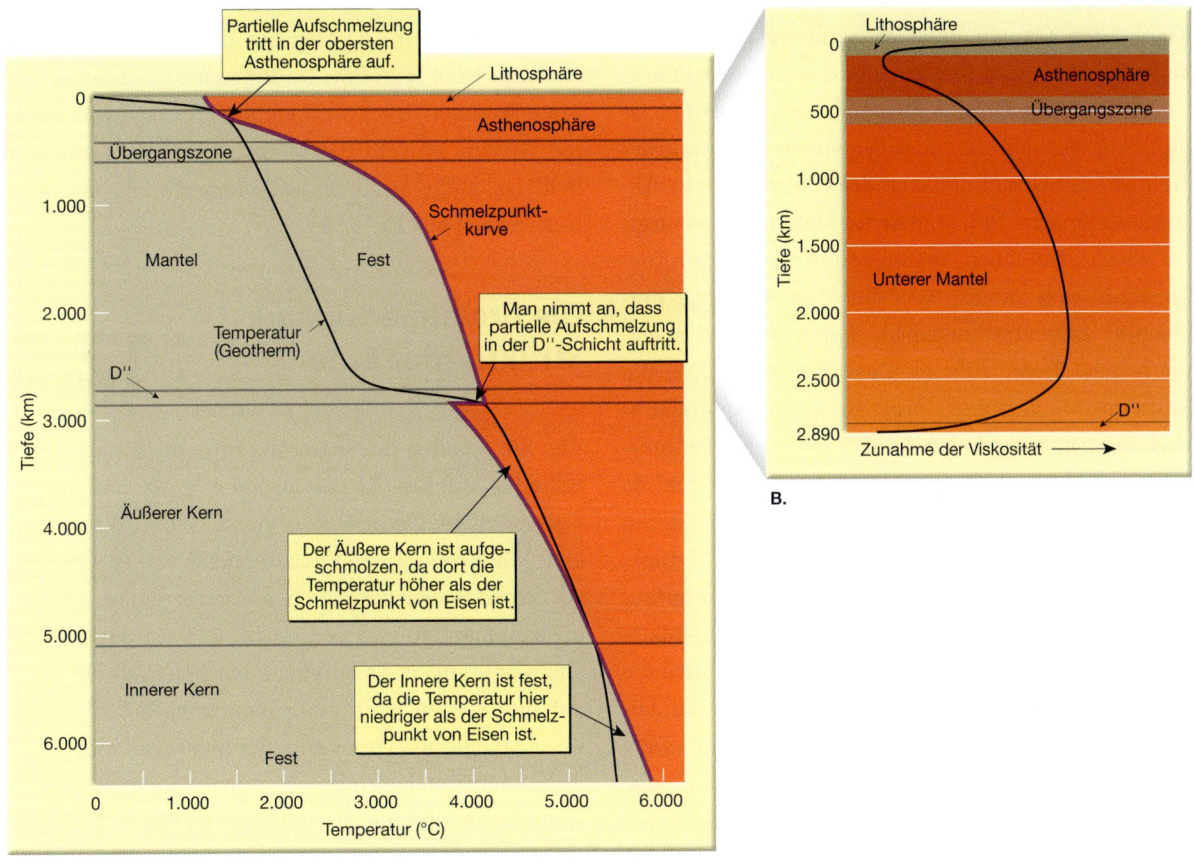

Abbildung 12.16: Dieser Graph zeigt, wie die Viskosität der Erdmaterialien in verschiedenen Tiefen zu der geothermischen Tiefenstufe und dem Schmelzpunkt dieser Materialien in Beziehung steht. **A.** Das Profil der Erdtemperatur in der Tiefe oder auch geothermischen Tiefenstufe. Sie sehen, dass die Temperatur der Erde an den meisten Stellen allmählich zunimmt. An den beiden größten Temperaturgrenzen, der Lithosphäre und der D"-Schicht an der Kern-Mantel-Grenze, steigt die Temperatur schnell über eine kurze Entfernung an. Es wird auch die Schmelzpunktkurve für die Materialien (Gestein oder Metall) in unterschiedlichen Tiefen gezeigt. Wo die geothermische Tiefenstufe oberhalb (rechts davon) die Schmelzpunktkurve schneidet, wie es im Äußeren Kern der Fall ist, ist das Material geschmolzen. **B.** Der Graph zeigt, wie sich die Viskosität (der Fließwiderstand) mit der Tiefe von der Erdoberfläche zur Basis des Mantels verändert. Hohe Viskosität, wie in der Erdkruste und der Lithosphäre, enthält Gestein, das starrer ist und weniger leicht fließt. Wenn Sie diese beiden Darstellungen vergleichen, können Sie sehen, dass die Gesteine in Tiefen bei Temperaturen nahe ihres Schmelzpunkts (der Asthenosphäre und der D"-Schicht) am schwächsten sind und am leichtesten fließen.

Ähnliche Experimente werden durchgeführt, um die Temperatur zu bestimmen, bei der flüssiges und festes Eisen an der Grenze zwischen Innerem und Äußerem Kern nebeneinander vorkommen würden.

In Abbildung 12.16A ist die Kurve für den durchschnittlichen Schmelzpunkt von Material bei bestimmten Tiefen eingezeichnet. Je nachdem, wie nahe die geothermische Tiefenstufe am Schmelzpunkt eines Materials liegt, wird nicht nur bestimmt, ob das Material geschmolzen vorliegt oder nicht, sondern auch, wie starr es ist. ▶Abbildung 12.16B zeigt die Viskosität des Materials in der Kruste und im Mantel. Regionen mit hoher Viskosität, wie die Lithosphäre, sind sehr starr. Regionen mit niedriger Viskosität, wie die Asthenosphäre oder die D"-Schicht, sind viel beweglicher. Beachten Sie, wie direkt die Viskosität mit der Nähe der geothermischen Tiefenstufe an der Schmelzpunktkurve in Abbildung 12.16A in Beziehung steht. Kommt ein Gestein nahe an seinen Schmelzpunkt heran, verliert es an Festigkeit und wird beweglich.

Die geothermische Tiefenstufe und die Schmelzpunktkurven nehmen im Allgemeinen beide mit der Tiefe zu. Der Grund dafür ist der kontinuierliche Anstieg des Drucks. Drückt man ein Material zusammen, verursacht man einen Anstieg seiner Temperatur, Dieser ergibt sich daraus, dass die Atome häufiger miteinander zusammenzustoßen. Somit nimmt die geothermische Tiefenstufe zu. Deswegen tritt durch die Mitte des Mantels und durch den Kern ein allmählicher Temperaturanstieg auf. Doch das Zusammenpressen eines Materials lässt es schlechter schmelzen, da Flüssigkeiten normalerweise mehr Platz einnehmen als Feststoffe. Höherer Druck führt dazu, dass weniger Platz für das Gestein vorhanden ist, um sich auszudehnen, und so tendieren unter Druck stehende Materialien dazu, fest zu sein. Entsprechend steigt auch die Schmelzpunktkurve mit zunehmender Tiefe. Im Allgemeinen steigt die Schmelzpunktkurve mit der Tiefe schneller als die geothermische Tiefenstufe. Dennoch sind in zwei Schichten, der obersten Asthenosphäre und der D"-Schicht, die Temperaturen der Erde hoch genug, dass manche Gesteine zu schmelzen beginnen.

Wir verstehen nun die Gründe für das Verhalten der unterschiedlichen Schalen der Erde. Die Lithosphäre ist starr, da ihre Temperatur viel kälter als ihre Schmelztemperatur ist. Die Asthenosphäre ist weniger fest und beweglicher, da sie sich sehr nahe an ihrer Schmelztemperatur befindet und partielle Aufschmelzung an manchen Stellen auftritt. Die Existenz einer schwachen Asthenosphäre ist entscheidend für die Existenz der Plattentektonik auf der Erde. Sie erlaubt es starren Lithosphärenplatten, auf ihr dahinzugleiten. Ohne Asthenosphäre würde der Erdmantel zwar noch konvektieren, aber es gäbe keine tektonischen Platten.

Der größte Teil des Unteren Mantels ist sehr starr und die Gesteine bewegen sich dort im Schneckentempo. Man glaubt, dass der Konvektionsstrom im Unteren Mantel vielfach langsamer ist als im Oberen Mantel. Doch im untersten Bereich des Mantels, wo sich die Erdtemperatur wieder dem Schmelzpunkt annähert, ist die D"-Schicht ziemlich schwach und das Gestein fließt dort leichter.

Im Kern nimmt die Temperatur viel langsamer als der Druck zu. Von der Kern-Mantel-Grenze bis zur Erdmitte könnte die Temperatur um nur 40 Prozent ansteigen bzw. von 4.000° auf 5.500°C. Doch über die gleiche Tiefendifferenz verdreifacht sich der Druck fast, von 1,36 auf 3,64 Megabar. Obwohl das Eisen im Äußeren Kern kälter als im Inneren Kern ist, steht es unter weniger Druck und verbleibt flüssig. Mit anderen Worten, obwohl das Eisen im Inneren Kern sehr heiß ist, steht es unter so hohem Druck, dass der Innere Kern fest ist.

12.5 Die dreidimensionale Struktur der Erde

Wie Sie gesehen haben, ist die Erde nicht perfekt geschichtet. An der Oberfläche gibt es große horizontale Unterschiede: Ozeane, Kontinente, Berge, Täler, Gräben, Mittelozeanische Rücken und so weiter. Geophysikalische Beobachtungen haben gezeigt, dass sich die horizontalen Unterschiede nicht nur auf die Oberfläche beschränken – sie treten auch innerhalb der Erde auf und stehen in direkter Beziehung zum Vorgang der Mantelkonvektion und der Plattentektonik. Die dreidimensionale Struktur innerhalb der Erde wird in erster Linie mit einer Art seismischer Darstellung, der sogenannten seismischen Tomographie, erstellt. Sie wird auch durch die Untersuchung von Veränderungen im Gravitationsfeld und im Magnetfeld der Erde erforscht.

12.5.1 Die Schwerkraft der Erde

Der maßgeblichste Grund für Veränderungen in der Schwerkraft auf der Oberfläche ergibt sich aus der

Rotation der Erde. Da sich die Erde einmal am Tag um ihre eigene Achse dreht, ist die Beschleunigung durch Schwerkraft[2] am Äquator geringer (9,78m/s²) als an den Polen (9,83m/s²). Das geschieht aus zwei Gründen. Durch die Erdrotation entsteht eine Zentrifugalkraft, die im Verhältnis zur Entfernung von der Rotationsachse steht (sie ist der Kraft ähnlich, die Sie in einem Karussell nach außen treibt). Die Zentrifugalkraft tritt auf, um Objekte am Äquator, wo die Kraft am größten ist, nach oben zu werfen.

Zusätzlich verursachte die Erdrotation eine leichte Abflachung der Erdform, wobei der Äquator mit 6.378 Kilometer weiter vom Erdzentrum entfernt liegt als die Pole mit 6.357 Kilometer. Das schwächt die Schwerkraft am Äquator, da die Schwerkraft geringer ist, wenn die Objekte weiter auseinander liegen. Ihr Körpergewicht ist übrigens am Äquator um 0,5 Prozent geringer als an den Polen (▶Abbildung 12.17). Deswegen ist die Erde keine perfekte Kugel, sondern sie hat die Form eines *abgeflachten Ellipsoids*. Die Größe der Abflachung beträgt 1:298. Diese Form gab den Geologen einen ersten Hinweis, dass der Erdmantel, obwohl er im Wesentlichen fest ist, sich wie eine Flüssigkeit verhält und in der Lage ist, innerhalb sehr langer Zeiträume zu fließen.

Schwerkraftmessungen zeigen, dass es mehr Variationen in der Erdform gibt als nur ihre elliptische Form. Die Dichte des Gesteins ist innerhalb der Erde an verschiedenen Stellen unterschiedlich. Das ist für die Kruste offensichtlich, wo Geologen Gesteine unterschiedlicher Zusammensetzung und Dichte an verschiedenen Stellen der Oberfläche vorfinden. In den Vereinigten Staaten beispielsweise sind die magmatischen Gesteine, die die ausgedehnten Lavaströme im Nordwesten ausmachen, dichter als die Sedimentgesteine, die im Mittleren Westen aufgeschlossen sind. Dichteunterschiede bei Gesteinen unterschiedlicher Zusammensetzung dehnen sich durch die Kruste auch in den Mantel aus. Ist dichteres Gestein im Untergrund vorhanden, verursacht die erhöhte Masse größere Schwerkraft. Da Metalle und Metallerze tendenziell viel dichter als Silikatgesteine sind, wurden Schwerkraftanomalien (Abweichungen vom Erwarteten) zur Prospektion von Lagerstätten verwendet. Eine Karte von Schwerkraftanomalien in den Vereinigten

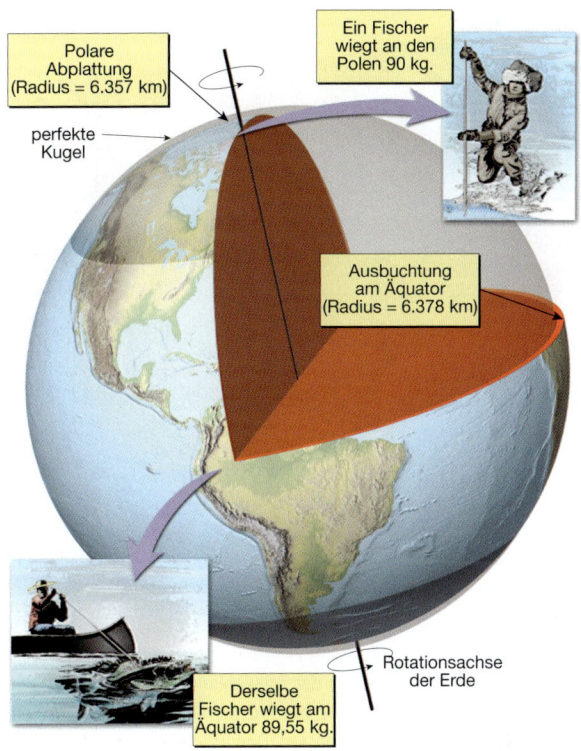

Abbildung 12.17: Die Grafik der Erde zeigt die Ausbuchtung am Äquator und die Abplattung an den Polen, die wegen der Erdrotation auftreten. Die Kombination der ellipsoidalen Form der Erde und ihrer täglichen Rotation verursacht, dass die Schwerkraft am Äquator schwächer wirkt als an den Polen. Dieser Unterschied ist groß genug, um auf einer Personenwaage gemessen zu werden. Stellen Sie sich zwei Fischer mit gleichem Gewicht vor, die am Meer stehen. Würde derjenige am Nordpol 90 Kilogramm wiegen, hätte der am Äquator nur 89,55 Kilogramm.

Staaten wird in ▶Abbildung 12.18 gezeigt. Der größte Teil der gezeigten Unterschiede ergibt sich aus den Unterschieden in der Dichte, die von Veränderungen in der Zusammensetzung herrühren. Ein weiterer maßgeblicher Grund für die Gravitationsunterschiede an der Oberfläche sind die Topographie auf dem Land und die Bathymetrie (Topographie des Ozeanbodens). Beispielsweise wird über den Ozeanen, dort wo Seeberge sind, das Wasser durch Gestein ersetzt und das erhöht die Schwereanziehung in diesem Gebiet. Diese Schwerkraftanomalien verändern den Meeresspiegel. Im Gegensatz dazu, was Sie annehmen mögen, ist der Meeresspiegel über Seebergen, Ozeanrücken und Unterwasserplateaus höher und nicht niedriger. Doch die nach unten gerichtete Gravitationskraft, die auf das darüber befindliche Wasser wirkt, ist erhöht. Diese Erhöhung der Schwerkraft verursacht, dass das umgebende Wasser zu den erhöhten Geländemarken hingezogen wird, was eine Erhöhung des Meeresspie-

---

2   Die Schwerkraft verursacht, dass Objekte, wie beispielsweise ein Apfel, sich beim Herunterfallen beschleunigen; daher kommt der Ausdruck „Schwerebeschleunigung".

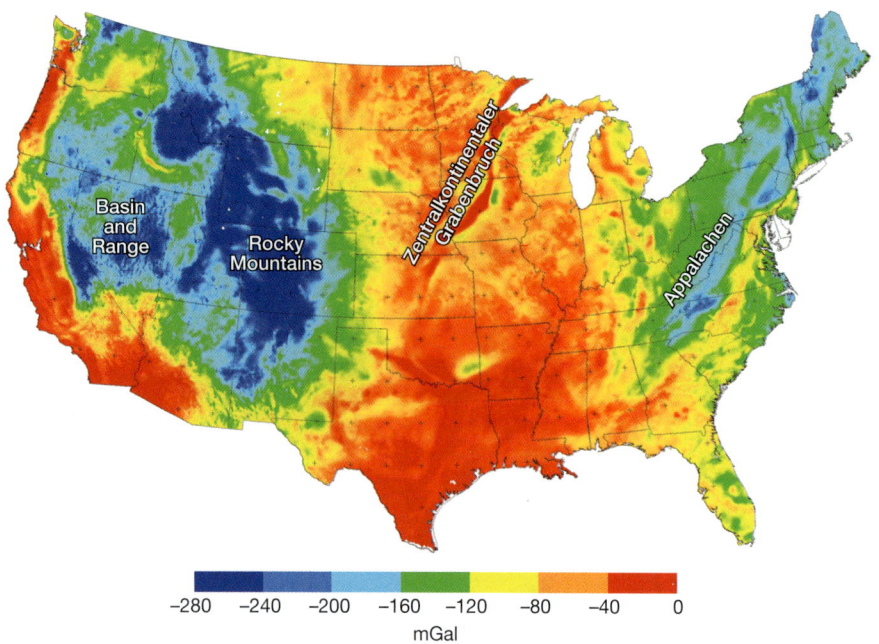

Abbildung 12.18: Eine Karte der Schwereanomalien unterhalb der Vereinigten Staaten. Höhenveränderungen verändern die Stärke der Erdschwerkraft; deswegen werden die Werte an jeder Stelle vom Meeresspiegel ausgehend gemessen. Dadurch können die Schwereanomalien auf der Karte miteinander verglichen werden. Die negativen Anomalien (blau) unter den Rocky Mountains und den Appalachen zeigen uns an, dass die Kruste dort einen tiefen Sockel unter Gebirgen besitzt. Die negative Anomalie in der Basin and Range Province ist das Ergebnis von heißer, tektonisch aktiver Kruste (Rifting und Vulkane). Die schmale positive Anomalie (rot), die in der Mitte in einer Linie durch das Land führt, ist ein Riss in der Mitte des Kontinents, wo dichtere vulkanische Gesteine vor mehr als einer Milliarde Jahre in die Kruste eingedrungen sind.

gels zur Folge hat. Tatsächlich wird die Topographie des Ozeanbodens sogar global über Satelliten mittels Radar gemessen, um die Erhöhung des Meeresspiegels zu ermitteln (Abbildung 13.5).

Veränderungen in der Dichte unterhalb der Oberfläche rufen auch Veränderungen in der Gestalt der Erdoberfläche hervor. Die Höhe der Meeresoberfläche verändert sich vertikal um etwa 200 Meter aufgrund weit ausgedehnter Dichteunterschiede innerhalb des Mantels. Die Form dieser Oberfläche, wegen der Erdrotation von einem perfekten Ellipsoid ausgehend, wird **Geoid** genannt. Eine Karte von globalen Geoidunterschieden wird in ▶ Abbildung 12.19 gezeigt. Die Weite der Geoidanomalien kann einen Hinweis auf die Tiefe der Dichteanomalien geben, durch die sie verursacht wurden. Liegen Dichteanomalien im Untergrund nahe der Oberfläche, sind die Geoidunterschiede kleinräumig. Liegen die Dichteanomalien sehr tief, sind die Geoidanomalien sehr weit gestreut, manchmal über Tausende von Kilometern. Diese großmaßstäblichen Anomalien sind das Ergebnis von großen Wallungen nach oben und unten bei Mantelkonvektionen.

12.5.2 Seismische Tomographie

Die dreidimensionalen Veränderungen in der Zusammensetzung und der Dichte, die bei Schweremessungen entdeckt werden, können mithilfe der Seismologie sichtbar gemacht werden. Durch eine Technik der sogenannten seismischen Tomographie werden eine große Anzahl von seismischen Beobachtungen kombiniert, um ein dreidimensionales Modell des Erdinneren zu schaffen. Diese Modelle beinhalten normalerweise die Sammlung von zahlreichen verschiedenen Erdbebensignalen, die von vielen Seismographen aufgezeichnet wurden, um alle Teile der Erde zu „sehen". Seismische Tomographie ähnelt der medizinischen Tomographie sehr stark, wo Ärzte CT-Scanner verwenden, um dreidimensionale Bilder des menschlichen Körpers zu erstellen.

Seismische Tomographie beinhaltet normalerweise die Identifizierung von Regionen, in welchen sich P- oder S-Wellen in einer bestimmten Tiefe schneller oder langsamer als im Durchschnitt fortbewegen. Diese „Anomalien" der seismischen Geschwindigkeit

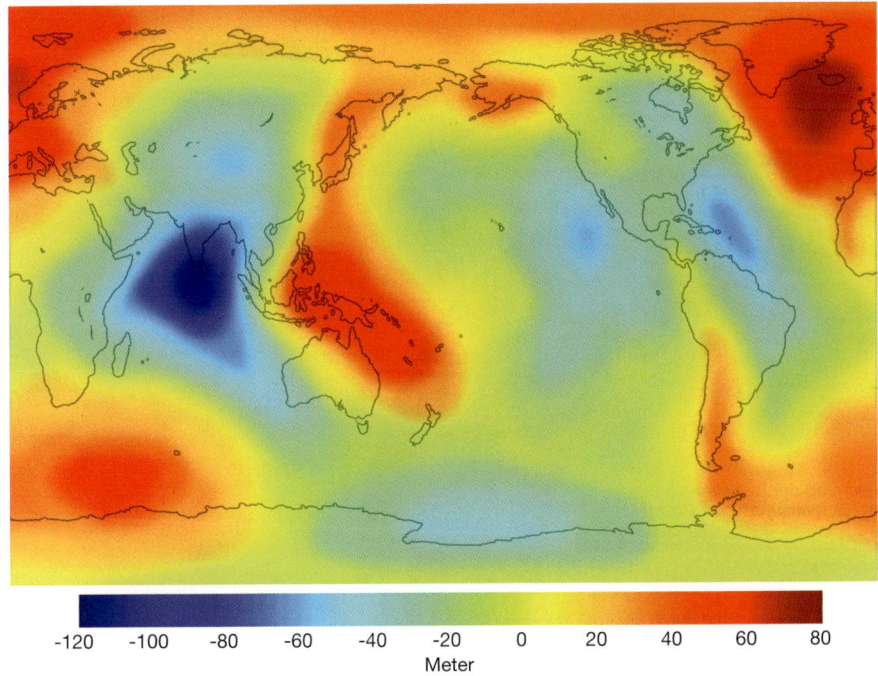

Abbildung 12.19: Die Karte eines großregionalen Geoids aus Satellitenmessungen. Das Geoid ist die Gestalt der Erde, die sich von dem unterscheidet, was von der Erdrotation erwartet wird. Das Geoid resultiert aus den breiten Dichteunterschieden des Erdinneren. Das hat die Auswirkung, dass die Meeresoberfläche um mehr als 200 Meter Höhe wegen der Bewegungen tief im Erdinneren variiert.

werden als Unterschiede in den Materialeigenschaften wie Temperatur, Zusammensetzung, Mineralphasen oder Wassergehalt interpretiert. Erhöht man beispielsweise die Temperatur eines Gesteins um etwa 100°C, verringert sich die Geschwindigkeit der S-Wellen um etwa 1 Prozent, deswegen werden die Darstellungen der seismischen Tomographie als Temperaturunterschiede interpretiert.

▶ Abbildung 12.20 zeigt ein Beispiel von S-Wellen-Tomographie für den Erdmantel unterhalb von Nordamerika. Die rote Farbe zeigt Regionen an, wo sich die Wellen langsamer als im Durchschnitt fortbewegen und die blaue Farbe zeigt Regionen an, in welchen sich die Wellen schneller als durchschnittlich fortbewegen. Dieses farbige Diagramm weist einige sehr auffällige Muster auf. Kontinentale Lithosphäre besitzt schnelle seismische Geschwindigkeiten im Vergleich zur ozeanischen Lithosphäre, da sie älter ist und deswegen länger an der Oberfläche abgekühlt ist. Die seismische Darstellung zeigt auch, dass die kontinentale Lithosphäre (dunkelblaue Gebiete) sehr weit in die Tiefe reichen kann, bis mehr als 300 Kilometer tief in den Mantel. Diese tiefe kontinentale Lithosphäre wird **Tektosphäre** genannt. Unter manchen der ältesten Abschnitte der Kontinente geht die Tektosphäre, ohne dass eine Asthenosphäre erkennbar wäre, in den Mantel über. Die gegenteilige Situation tritt an den Ozeanischen Rücken auf, die langsame seismische Geschwindigkeiten (tiefrote Gebiete) aufweisen, da sie sehr heiß sind (Abbildung 12.20).

Im mittleren Mantel unterhalb von Nordamerika können Sie eine Ausbuchtung schneller seismischer Geschwindigkeiten (dunkelblau) beobachten, die eine Scholle der alten Pazifischen Ozeanlithosphäre darstellt und als Farallon-Platte bekannt ist. Diese Platte tauchte einst unter der gesamten westlichen Kante Nordamerikas unter. Überreste der Platte tauchen immer noch unter Oregon und Washington als Juan de Fuca-Platte und unter Mexiko als Kokos-Platte ab. Das Segment dieses ehemaligen Ozeanbodens, wie in Abbildung 12.20 zu sehen ist, tauchte einst unter Kalifornien ab, ist jetzt aber völlig subduziert. Die Farallon-Platte sinkt jetzt durch den Unteren Mantel in Richtung der Kern-Mantel-Grenze, wo sie langsam aufgeheizt wird und schließlich wieder mit dem Mantel vermischt wird. Mit der Zeit wird die Scholle heiß genug werden, um wieder zur Oberfläche aufzusteigen. Diese Art des nach oben gerichteten Umkehrflusses könnten wir möglicherweise durch die rot-orangefarbenen Gebiete auf der rechten und linken Seite der Darstellung erkennen.

Die große Region langsamer seismischer Geschwindigkeit an der Basis des Mantels unterhalb von Afrika (die große rot-orangefarbene Region unten rechts in der Abbildung von 12.20) wird afrikanischer Superplume genannt – eine Region mit nach oben fließen-

12   Das Erdinnere

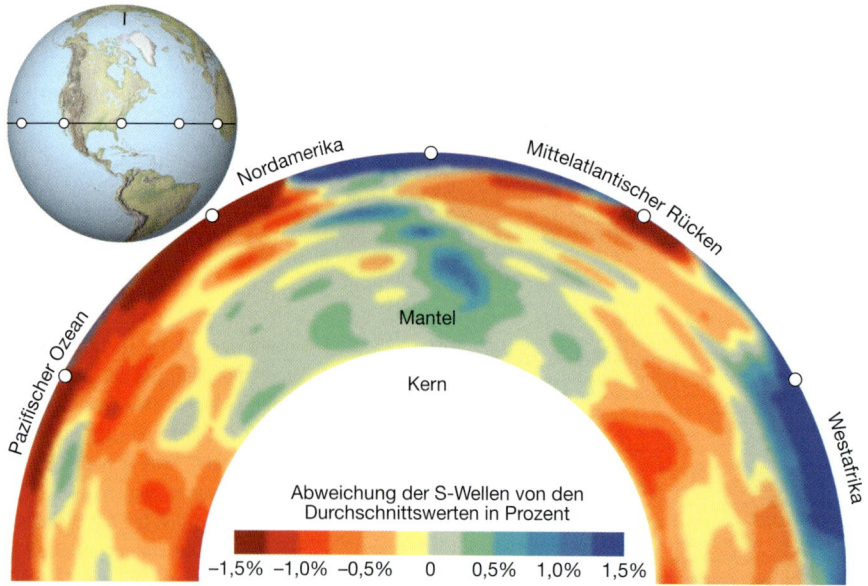

Abbildung 12.20: Ein Schnitt von seismischer Tomographie durch die Erde zeigt den Mantel. Die Farben zeigen die Abweichungen der Geschwindigkeiten der S-Wellen von ihren Normalwerten. Ältere Teile von Kontinenten, wie von Nordamerika und Afrika, sind kalt und starr. Deswegen zeigt ihre blaue Färbung schnelle S-Wellen an. Die westlichen Vereinigten Staaten sind heißer und tektonisch aktiv und machen den Teil des Kontinents wärmer und schwächer, was die S-Wellen verlangsamt. Die große blaue Struktur, die sich weit über Nordamerika ausdehnt, ist eine Scholle von kaltem, dichtem, altem Ozeanboden, der zur Basis des Mantels sinkt. Die große orangefarbene Struktur unter Westafrika und dem pazifischen Ozean hält man für Megaplumes durch zur Oberfläche steigendes, warmes Material.

dem Mantel. Diese langsamen Geschwindigkeiten sind wahrscheinlich durch die ungewöhnlich hohen Temperaturen und die starke Anreicherung der Gesteine mit Eisen bedingt. Die aufsteigenden Gesteine können nicht sehr leicht die afrikanische Tektosphäre durchbrechen und deswegen werden sie, wie es scheint, auf beide Seiten Afrikas umgeleitet, um vielleicht am Mittelatlantischen Spreizungszentrum und am Spreizungszentrum des Indischen Ozeans für Nachschub von neuem Magma zu sorgen.

Bilder von seismischer Tomographie wie die aus Abbildung 12.20 enthüllen den Konvektionskreislauf des gesamten Mantels. Schollen von kaltem, altem Ozeanboden sinken an die Basis des Mantels, wo sie erwärmt werden, sich ausdehnen und wieder zurück zur Oberfläche aufsteigen.

Das Magnetfeld der Erde   12.6

Die Konvektion des flüssigen Eisens im Äußeren Kern ist dynamisch und lässt das Erdmagnetfeld entstehen. Da das Material im Äußeren Kern so leicht fließt, sind die horizontalen Temperaturabweichungen sehr gering – wahrscheinlich weniger als 1 °C. Solche geringen Temperaturabweichungen schaffen ununterscheidbare Unterschiede in den seismischen Geschwindigkeiten und somit erscheint der Äußere Kern in jeder Tiefe einheitlich, wenn er mit seismischen Wellen untersucht wird. Doch die Fließmuster im Äußeren Kern lassen Abweichungen im Erdmagnetfeld entstehen und das kann man an der Oberfläche beobachten. Man nimmt an, dass der Fluss im Äußeren Kern drei Gründe hat:

1. Wird die Wärme aus dem Kern in den umgebenden Mantel geleitet, kühlt die äußerste Kernflüssigkeit ab, sie wird dichter und sinkt ab. Das ist eine Form der thermisch angetriebenen Konvektion.
2. Die Kristallisation des festen Eisens am Boden des Äußeren Kerns, um den Inneren Kern zu bilden, setzt eine an Eisen angereicherte Flüssigkeit frei, die deswegen Auftrieb besitzt. Steigt diese Flüssigkeit auf und entfernt sich von der Inneren Kerngrenze, treibt sie die Konvektion an. Das ist eine Form der chemisch angetriebenen Konvektion.
3. Es könnten sich radioaktive Isotope wie Kalium-40 im Kern befinden, was für zusätzliche Wärme sorgen würde, um thermale Konvektion anzutreiben.

12.6 Das Magnetfeld der Erde

Die relative Bedeutung dieser drei Mechanismen ist noch nicht sicher.

Der Geodynamo Steigt die Flüssigkeit aus dem Kern auf, wird sie durch den *Corioliseffekt abgelenkt*, ein Phänomen, das aus der Erdrotation resultiert. Die Flüssigkeit bewegt sich deshalb in spiralförmigen Säulen nach oben, wie ▶ Abbildung 12.21 zeigt. Da die Flüssigkeit elektrisch geladen ist, erzeugt sie ein Magnetfeld, das durch einen Prozess erzeugt wird, der als Geodynamo bezeichnet wird und einem Elektromagneten ähnlich ist. Wickelt man einen Draht um einen Eisennagel und lässt im Draht Strom fließen, dann wird im Nagel ein Magnetfeld erzeugt, das wie das Magnetfeld eines Stabmagneten aussieht (▶ Abbildung 12.22A). Dies wird dipolares Feld genannt – ein Typ eines Magnetfelds, das zwei Pole besitzt (einen Nord- und einen Südpol). Wie ▶ Abbildung 12.22C zeigt, besitzt das Erdmagnetfeld, das vom Äußeren Erdkern ausstrahlt, dieselbe dipolare Form.

Dennoch, die Konvektion im Äußeren Mantel ist nicht ganz so einfach. Mehr als 90 Prozent des Erdmagnetfelds nimmt die Form eines dipolaren Felds ein, während das Übrige des Felds das Ergebnis eines viel komplizierteren Konvektionsmusters im Kern ist. Außerdem verändern sich manche der Merkmale des Erdmagnetfelds mit der Zeit. Viele Jahrhunderte lang haben Seeleute Kompasse zur Richtungsbestimmung verwendet. Folglich hat man sehr darauf geachtet, die Richtung zu verfolgen, in die die Kompassnadel deutet. Eine beobachtete Veränderung des Erdmagnetfelds ist die allmähliche „westliche Abdrängung" des Teils des Magnetfelds, das keinen Dipol besitzt. Um das er-

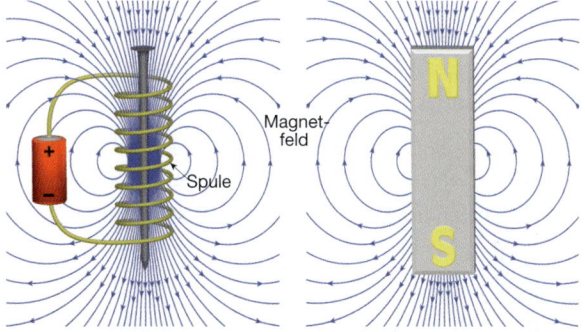

A. Elektromagnet (Dipolares Feld) **B.** Stabmagnet (Dipolares Feld)

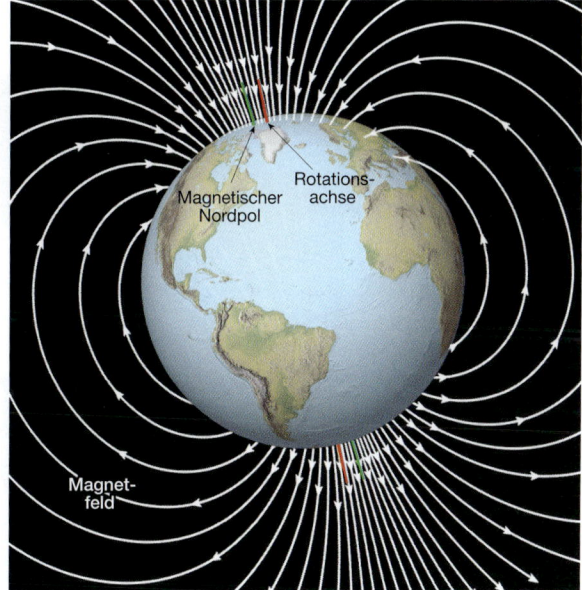

C. Das Erdmagnetfeld (Dipolares Feld)

Abbildung 12.21: Die Darstellung einer Art von Konvektionsmuster innerhalb des flüssigen Äußeren Eisenkerns der Erde, das zur Entstehung eines Magnetfelds führen könnte, das wir an der Oberfläche messen. Man glaubt, dass Konvektion die Form von zylindrischen Wirbeln des rotierenden, geschmolzenen Eisen annimmt, die in Richtung der Rotationsachse der Erde ausgerichtet sind.

Abbildung 12.22: Demonstration der Ähnlichkeit des Erdmagnetfeldes mit einem Elektromagneten (**A.**), der aus einem elektrischen Strom besteht, der durch eine Drahtspule oder einen Stabmagneten wirkt. (**B.**) Während man einst glaubte, die Erde würde sich wie ein großer Stabmagnet verhalten, glauben Wissenschaftler heute, dass das Erdmagnetfeld (**C.**) eher einem Elektromagneten ähnelt und dass sich die Zylinder von spiralförmigem flüssigem Eisen, wie in Abbildung 12.21 gezeigt, wie die Stromspirale verhalten, die durch die Drähte des Elektromagneten fließt.

klären zu können, müssen wir erst betrachten, wie das Erdmagnetfeld gemessen wird.

An jedem Punkt auf der Erdoberfläche wird die Richtung, in die das Magnetfeld weist, mit zwei Winkeln gemessen, der *Deklination* und der *Inklination*. Die Deklination misst zum magnetischen Nordpol im Hinblick auf die Richtung zum geographischen Nordpol (die Rotationsachse der Erde). Die Inklination misst die nach unten gerichtete Kippung der Magnetfeldlinien an jeder Stelle. Das wäre die Anzeige Ihres Kompasses, wenn Sie ihn auf die Seite kippen würden. Am magnetischen Nordpol zeigen diese Linien direkt nach unten. Am Äquator liegen sie horizontal (▶ Abbildung 12.23). In Nordamerika sind sie mit einem mittleren Winkel nach unten gekippt.

Die Position des magnetischen Nordpols bewegt sich über eine signifikante Entfernung während eines Menschenlebens. Der magnetische Nordpol der Erde wurde in Kanada festgelegt, aber seit dem letzten Jahrzehnt hat er sich nordwärts in den Arktischen Ozean bewegt und bewegt sich nun mit 20 Kilometer pro Jahr sehr schnell nach Sibirien weiter (▶ Abbildung 12.24). Dieser Prozess ist nicht symmetrisch. Während sich der magnetische Nordpol auf den geographischen Nordpol zubewegt hat, hat sich der magnetische Südpol vom geographischen Südpol entfernt und ist dabei von der Antarktis zum Pazifischen Ozean gewandert. Das bedeutet, dass sich die Konvektion im Kern innerhalb von Jahrzehnten signifikant verändert (▶ Exkurs 12.2).

Magnetfeldumkehrungen Die Konvektion im Kern verändert sich zwar mit der Zeit und bedingt dadurch eine Wanderung der magnetischen Pole, die Positionen der magnetischen Pole sind im Mittel der Jahrtausende aber die gleichen wie die Erdrotationsachse (geographische Pole). Davon gibt es allerdings eine große Ausnahme und die tritt in Zeiten der Umkehrung des Erdmagnetfelds auf. In scheinbar zufälligen Zeiträumen kehrt das Erdmagnetfeld seine Polarität um, so dass die Nordnadel Ihres Kompasses in den Süden zeigen würde. (Die Bedeutung dieser Umkehrprozesse für die Untersuchung des Paläomagnetismus wurde bereits in Kapitel 2 erläutert.) Während einer Umkehr nimmt die Stärke des Magnetfelds um 10 Prozent vom Normalzustand ab und die Positionen der Pole beginnen großräumig zu wandern und über-

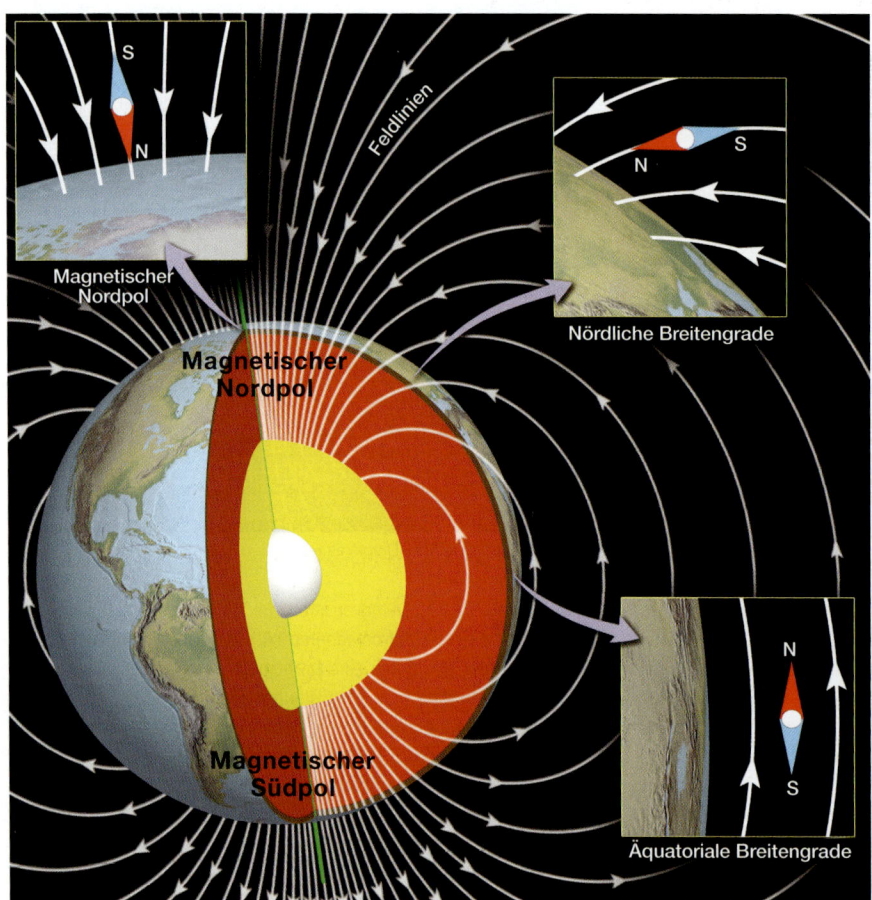

Abbildung 12.23: Die Zeichnung zeigt die Richtung des Magnetfelds an verschieden Stellen entlang der Erdoberfläche. Ein Kompass misst nur die horizontale Richtung eines Magnetfelds (die Deklination), an den meisten Stellen taucht das Feld mit verschiedenen Winkeln in die Oberfläche hinein oder aus der Oberfläche heraus (Inklination).

12.6 Das Magnetfeld der Erde

EXKURS 12.2 – DIE ERDE ALS SYSTEM
■ **Globale dynamische Verbindungen**

Die Schalen des Planeten Erde sind nicht voneinander isoliert, ihre Bewegungen sind thermisch miteinander verbunden. Zudem vollziehen sich diese thermischen Bewegungen nicht immer stetig, manchmal treten sie episodisch oder pulsierend auf. Ein Beispiel zeigt die Verbindung zwischen magnetischer Umkehr, Hot-Spot-Vulkanen und das Auseinanderbrechen des Superkontinents Pangäa.

Pangäa begann vor etwa 200 Millionen Jahren auseinanderzubrechen. Die Plattenbewegung nahm zu und es gab eine erhöhte Menge an subduzierter ozeanischer Lithosphäre. Etwa 80 Millionen Jahre später hörte der Umkehrprozess des Kerns auf und 35 Millionen Jahre lang trat keine Umkehr des Erdmagnetfelds mehr auf. In den darauf folgenden mehreren zehn Millionen Jahren gab es gigantische Lavaergüsse, die mit der Ankunft neuer Hot-Spot-Mantle-Plumes an der Oberfläche in Zusammenhang gebracht wurden. Dies hätte heißes Gestein an der Basis des Mantels verdrängt und vieles davon zum Aufstieg an die Oberfläche bewegt, um dort als Flutbasalte wie die Deccan Traps in Indien auszubrechen. Die plötzliche Platznahme von kalter ozeanischer Lithosphäre an der Kern-Mantel-Grenze hätte den äußersten Kern schnell abgekühlt und eine noch vehementere Konvektion verursacht, was das Magnetfeld von einer Abschwächung und Umkehr abgehalten hätte. Falls diese Hypothese korrekt ist, ist sie eine wichtige Erinnerung daran, dass die Erde ein komplexer, konvektierender, pulsierender Planet ist, der geologisch vielfältig aktiv ist.

queren unter Umständen den Äquator (▶ Abbildung 12.25). Dann kehrt die Stärke des Magnetfelds zu ihrem normalen Niveau zurück und das Feld wird mit umgekehrter Polarität regeneriert. Der ganze Prozess dauert nur ein paar tausend Jahre.

Die Art, wie sich ein Magnetfeld umkehrt, ist ein Indiz dafür, dass sich die Konvektionsmuster im Äußeren Kern über relativ kurze Zeiträume verändern. Dieser komplexe Prozess wird von Hochgeschwindigkeitscomputern wie Abbildung 12.25 zeigt, modelliert. Die Abbildung zeigt auch, wie die magnetischen Feldlinien auf komplexe Weise verdreht werden, bevor sie wieder zu dem einfacheren dipolaren Muster zurückkehren, das normalerweise existiert.

Die Existenz magnetischer Umkehr ist für Geowissenschaftler extrem wichtig, da sie das Fundament für die Theorie der Plattentektonik liefert, aber eine magnetische Umkehr könnte auch schädigende Auswirkungen für das Leben auf dem Land haben. Das Magnetfeld der Erde bildet eine große magnetische Schicht um den Planeten herum, die als die Magnetosphäre bekannt ist. Zusammen mit der Atmosphäre schützt die Magnetosphäre die Erdoberfläche vor ionisierten Partikeln, die von der Sonne emittiert werden. Diese ionisierten Partikel bilden den sogenannten Sonnenwind. Nimmt die Stärke des Magnetfelds während einer Umkehr ab, könnte die Menge des Sonnenwinds, der die Erdoberfläche erreicht, eine Gesundheitsbedrohung für Menschen und andere Lebewesen auf dem Land bedeuten.

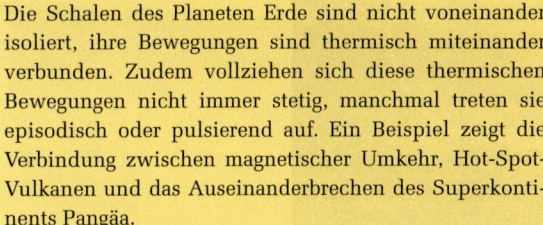

Abbildung 12.24: Die Karte zeigt die Veränderung der gemessenen Positionen des Nordpols mit der Zeit. Das Konvektionsmuster innerhalb des Äußeren Kerns verändert sich schnell genug, um eine deutliche Veränderung des Magnetfelds während eines Menschenlebens hervorzurufen.

12 Das Erdinnere

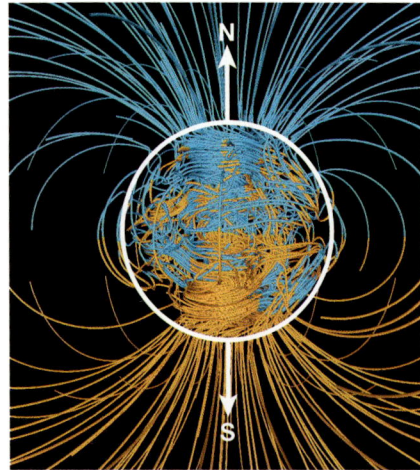
A. Normale Orientierung des Magnetfelds

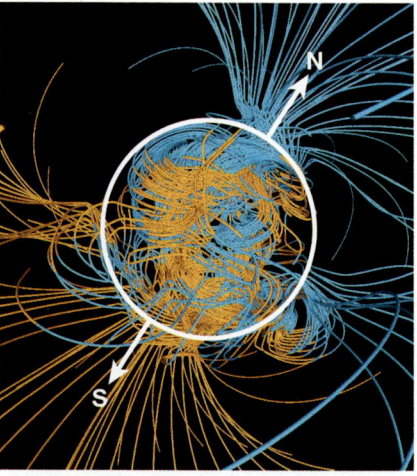
B. Das Magnetfeld schwächt sich ab und die Pole beginnen zu wandern.

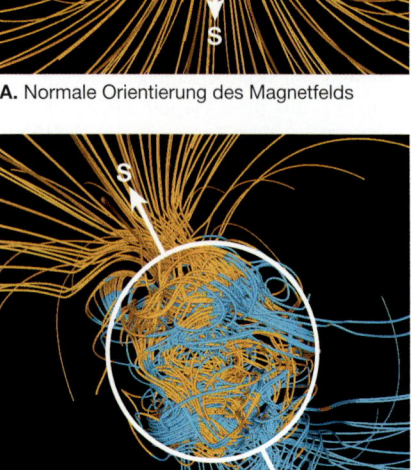
C. Die Pole wandern quer über den Äquator.

D. Die Umkehr ist abgeschlossen, da der Nordpol nach Süden zeigt.

Abbildung 12.25: Die Computersimulationen zeigen, wie das Erdmagnetfeld seine Richtung umkehren könnte. Die weißen Kreise repräsentieren die Kern-Mantel-Grenze und die Pfeile zeigen jeweils zum magnetischen Nord- (N) bzw. Südpol (S). Während einer Umkehrung wird das Magnetfeld schwächer und die Pole beginnen großräumig zu wandern und überqueren unter Umständen sogar den Äquator. Kehrt das Magnetfeld zu normaler Stärke zurück, ist ein Feld mit umgekehrter Polarität entstanden.

ZUSAMMENFASSUNG

Die Erde ist durch Schalen (Schichten) aufgebaut, wobei sich das dichteste Material im Zentrum und das leichteste Material in der äußersten Schale (Schicht) befindet. Dieser Schalen- bzw. Schichtenaufbau ist durch die Schwerkraft bedingt und für alle Planeten ähnlich. Die Schalen der Erde bestehen aus dem *Inneren Kern* (festes Eisen), dem *Äußeren Kern* (flüssiges Eisen), *dem Mantel* (dichtes Gestein), *der Kruste* (Gestein mit geringer Dichte), dem *Ozean* (Wasser) und der *Atmosphäre* (Gas). Innerhalb einer Schale nimmt die Dichte aufgrund der Kompression durch den zunehmenden Druck mit der Tiefe zu. Innerhalb des Mantels tritt auch eine Zunahme der Dichte wegen der Veränderungen von Mineralphasen auf.

Da es unmöglich ist, tiefe Bohrungen in die Erde vorzunehmen, werden *seismische Wellen* zur Untersuchung des Erdinneren verwendet. Das Muster seismischer Wellen ist kompliziert, da ihr Verhalten durch unterschiedliche Strukturen innerhalb des Planeten beeinflusst wird, bevor sie zur Oberfläche zurückkehren. Seismische Wellen bewegen sich langsamer durch heißes Gestein und schneller durch kaltes. Seismische Wellen werden von Schichten, die aus unterschiedlichen Materialien bestehen, zurückgeworfen. Das Ergebnis von seismischen Bildern des Erdinneren kann durch den Vergleich mit Experimenten aus der Mineralphysik interpretiert werden. In diesen Experimenten werden die Temperatur- und Druckbedingungen des Erdinneren nachgeahmt. Dies ermöglicht es den Wissenschaftlern, auf die Eigenschaften der Gesteine und Metalle in unterschiedlichen Tiefen zu schließen.

Die *ozeanische Kruste* und die *kontinentale Kruste* unterscheiden sich deutlich voneinander. Die ozeanische Kruste entsteht an Mittelozeanischen Rücken und ist in ihrer Zusammensetzung und Mächtigkeit überall relativ ähnlich. Die kontinentale Kruste besitzt große Unterschiede, sie hat eine stark variierende Zusammensetzung und wird auf viele verschiedene Weisen gebildet. Die ozeanische Kruste ist nirgendwo älter als 200 Millionen Jahre, die kontinentale Kruste dagegen kann älter als 4 Milliarden Jahre sein. Die Mächtigkeit der ozeanischen Kruste beträgt etwa 7 Kilometer, die kontinentale Kruste kann mehr als 70 Kilometer umfassen. Die Grenze zwischen Kruste und Mantel wird *Moho* genannt.

Der Mantel bildet den größten Teil (82 Prozent) des Erdvolumens. Der Obere Mantel erstreckt sich von der Moho bis zu einer Tiefe von durchschnittlich 660 Kilometer. Der Obere Mantel enthält Teile der starren Lithosphäre, der schwachen Asthenosphäre und der Übergangszone, die beträchtliche Mengen an Wasser enthalten kann. Der Untere Mantel erstreckt sich von 660 Kilometer nach unten bis zur Kern-Mantel-Grenze, 2.891 Kilometer unterhalb der Erdoberfläche. An der Basis des Unteren Mantels befindet sich die variable D"-Schicht.

Der Kern besteht im Wesentlichen aus Eisen und Nickel, obwohl er etwa 15 Prozent leichtere Elemente enthält. Da Eisen sehr dicht ist, macht der Kern ein Drittel der Erdmasse aus und Eisen ist das häufigste Element der Erde (nach der Masse). Der feste innere Kern wird mit der Abkühlung der Erde immer größer.

Die Temperatur der Erde steigt von etwa 0°C an der Oberfläche auf etwa 5.500°C im Mittelpunkt des Kerns an (wobei die genaue Temperatur schwer zu bestimmen ist). Der Wärmefluss aus dem Erdinneren ist uneinheitlich, mit dem größten Wärmeverlust entlang der Ozeanrückensysteme. Die Erde wurde in der Vergangenheit sehr heiß (sie könnte auch vollständig geschmolzen gewesen sein). Das ist im Wesentlichen dem Zusammenprall mit Planetesimalen zuzuschreiben und der Wärme, die durch radioaktiven Zerfall freigesetzt wird. Seither ist die Erde langsam abgekühlt. Die Erde ist immer noch wegen der radioaktiven Wärme aus langlebigen, radioaktiven Isotopen von Uran-238, Uran-235, Thorium-232 und Kalium-40 geologisch aktiv.

Der Wärmefluss verläuft vom heißen Erdinneren aus zur Erdoberfläche und erfolgt in erster Linie durch Konvektion und Wärmeleitung. *Konvektion* überträgt die Wärme durch die Bewegung von Material. Bei der *Wärmeleitung* wird die Wärme durch den Zusammenprall zwischen Atomen oder die Bewegung von Elektronen übertragen. Konvektion spielt eine wichtige Rolle innerhalb des Erdmantels und dem Äußeren Kern, wogegen die Wärmeleitung am wichtigsten im Inneren Kern, in der Lithosphäre und der D"-Schicht ist. Innerhalb der Asthenosphäre und an der Basis der D"-Schicht liegt die Temperatur nahe am Schmelzpunkt, so dass zum Teil partielle Aufschmelzung auftritt und das Gestein schwach genug ist, um leichter zu fließen als im übrigen Mantel. Die schwache Asthenosphäre ist für die Plattentektonik von großer Bedeutung, da sie es den starren Lithosphärenplatten erlaubt, sich leichter darauf zu bewegen.

Die Rotation der Erde führt dazu, dass die Erde die Form eines *abgeplatteten Ellipsoids* annimmt, was bedeutet, dass der Äquator leicht ausgebeult ist. Die Kombination aus Erdrotation und der ellipsoidalen Gestalt der Erde verursacht eine deutliche Abweichung der Schwerkraft von 9,78 m/s² am Äquator und 9,83 m/s² an den Polen. Die Schwerkraft unterliegt an der Erdoberfläche kleineren Veränderungen, die auf die Anwesenheit verschieden dichter Gesteinsschichten im Untergrund zurückgehen. Diese Dichteunterschiede verformen sogar die Erdoberfläche und die Meeresoberfläche um mehr als 200 Meter. Diese Oberfläche wird *Geoid* genannt.

Dreidimensionale Aufzeichnungen der Geschwindigkeitsverteilung innerhalb des Mantels werden anhand einer großen Anzahl seismischer Wellen mithilfe *seismischer Tomographie* erstellt. Man vermutet, dass die Abweichungen von einer Durchschnittsgeschwindigkeit auf Temperaturunterschiede zurückgehen. Diese Bilder zeigen, dass sich die kontinentale Lithosphäre über mehrere hundert Kilometer in den Mantel hinein ausdehnen kann. Sie zeigen auch kalte subduzierte ozeanische Lithosphäre, die bis hinunter an die Basis des Mantels sinkt, und große Superplumes aus heißem Gestein, die von der Kern-Mantel-Grenze aufsteigen. Dies weist darauf hin, dass Konvektion überall im Mantel auftritt.

Konvektion im flüssigen Eisen des Äußeren Kerns lässt einen dynamischen *Geodynamo* entstehen, der für das Erdmagnetfeld verantwortlich ist. Die Konvektion nimmt spiralförmige zylindrische Formen an, was eine Auswirkung der Corioliskraft ist. Das Feld ist in erster Linie dipolar, weil es dem Magnetfeld eines Stabmagneten oder Elektromagneten ähnelt. Das Muster der Konvektion im Äußeren Kern verändert sich rasant genug, dass sich das Magnetfeld spürbar innerhalb eines Menschenlebens ändert.

Das Magnetfeld dreht sich episodisch nach einigen Hunderttausend oder Millionen Jahren zufällig um, dabei tauschen der Nord- und der Südpol ihre Positionen. Eine Umkehr erfolgt innerhalb weniger Tausend Jahre und wird von einer erheblichen Abnahme der Intensität des dipolaren Felds begleitet. Das ist wichtig, da das Magnetfeld eine Magnetosphäre um die Erde bildet, die unseren Planeten vor einem Großteil des Sonnenwindes schützt, der ihn andernfalls mit schnellen ionisierten Partikeln bombardieren würde. Sollte die Magnetosphäre geschwächt werden, würde dies das Leben auf dem Festland beeinträchtigen.

Wiederholungsfragen

1. Welche Rolle spielt die Schwerkraft bei der Schalenbildung von Planeten?
2. Was sind die beiden Hauptgründe für den Anstieg der Dichte im Mantel mit zunehmender Tiefe?
3. Warum ist die Seismologie für erschwingliche Preise beim Treibstoff verantwortlich, wie sie sonst (ohne Seismologie) nicht möglich wären?
4. Nennen Sie drei Gründe, warum die ozeanische und die kontinentale Kruste unterschiedlich sind. Wohin würden Sie gehen, um sehr dicke Kruste zu finden? Sehr dünne Kruste?
5. Welche Bedeutung hat die Bestimmung der „Cross-Over"-Entfernung?
6. Wie ermöglichen uns die S-Wellen zu bestimmen, dass der Mantel fest ist?
7. Falls der Erdmantel viel Wasser enthielte, in welcher Schicht würde es sich befinden?
8. Welche Veränderungen in der Mineralphase treten im oberen und im unteren Bereich der Übergangszone auf?
9. Welche Schale der Erde hat das größte Volumen?
10. In welcher Beziehung ähnelt die D"-Schicht der Lithosphäre?
11. Richtig oder falsch: Keine seismischen Wellen erreichen die Schattenzone. Erklären Sie Ihre Antwort.
12. Warum macht der Erdkern ein Sechstel des Erdvolumens aus, aber ein Drittel ihrer Masse?
13. Warum wächst der Innere Kern weiter an?
14. Warum ist der Wärmefluss an der Erdoberfläche nicht gleichmäßig verteilt?
15. Was waren die Wärmequellen, die die Erde in ihrer frühen Geschichte so heiß werden ließen?
16. Was hält die Erde davon ab, eine kalte, bewegungslose Kugel zu sein, komplett aus Gestein oder Metall bestehend?
17. Erklären Sie den Unterschied zwischen Wärmeleitung und Konvektion.
18. Warum ist Konvektion ein weniger wirkungsvolles Mittel zur Wärmeübertragung in Materialien hoher Viskosität?
19. Warum ist Wärmeleitung innerhalb der Erdkruste wichtiger als Konvektion?
20. Was geschieht mit Gesteinen, wenn sich die geothermische Tiefstufe der Schmelzpunkttemperatur nähert?
21. Was geschieht mit Gesteinen in der Region, wo die geothermische Tiefstufe oberhalb der Schmelzpunktkurve kreuzt?
22. Warum könnten sich tektonische Platten nicht bewegen, wenn es die Asthenosphäre nicht gäbe?
23. Warum ist die Lithosphäre starrer als die Asthenosphäre?
24. Die Erde rotierte einst viel schneller als gegenwärtig. Wie anders hätte die Form der Erde in der Vergangenheit ausgesehen?
25. Würden Sie erwarten, einen großen Eisenerzkörper in einer Region mit einer negativen oder einer positiven Schwereanomalie zu finden? Erklären Sie Ihre Antwort.
26. Warum tritt der Mittelatlantische Rücken als eine langsame seismische Anomalie in Abbildung 12.20 auf?
27. Welches sind die drei Ursachen für Konvektion im Äußeren Mantel?
28. Was passiert während einer Magnetfeldumkehr?
29. Warum könnte eine Magnetfeldumkehr gefährlich für Menschen sein?
30. Falls die Plattentektonik sich plötzlich viel schneller bewegen würde und große Mengen von subduzierter ozeanischer Lithosphäre auf den Grund des Mantels sinken würden, glauben Sie, dass eine Magnetfeldumkehr häufiger oder weniger häufig auftreten würde? Erklären Sie Ihre Antwort.

Größere Multiple-Choice-Tests zur Wissenskontrolle und Prüfungsvorbereitung sowie weitere Informationen zu diesem Buchkapitel finden Sie auf der Companion Website zum Buch unter **www.pearson-studium.de**

Divergente Plattengrenzen: Ursprung und Entwicklung des Ozeanbodens

13.1	Das Bild des Ozeanbodens wird klarer	417
13.2	Kontinentalränder	420
13.3	Merkmale von Tiefseebecken	424
13.4	Die Anatomie der Ozeanrücken	426
13.5	Ozeanische Rücken und Ozeanbodenspreizung	429
13.6	Die Beschaffenheit der ozeanischen Kruste	432
13.7	Kontinentale Grabenbildung: Die Entstehung eines neuen Ozeanbeckens	435
13.8	Die Zerstörung ozeanischer Lithosphäre	442
Zusammenfassung		445
Wiederholungsfragen		446

13 Divergente Plattengrenzen: Ursprung und Entwicklung des Ozeanbodens

Das Forschungsschiff der Universität von Hawaii, *Kilo Mona*, bei seiner Ankunft in Kodiak, Alaska. (Foto: Marshalena Delaney/AP Photo U.S. Küstenwache)

Der Ozean bedeckt mehr als 70 Prozent der Oberfläche unseres Planeten. Einer der Hauptgründe, warum Wegeners Hypothese von der Kontinentaldrift nicht auf große Akzeptanz stieß, als sie zum ersten Mal vorgestellt wurde, lag daran, dass so wenig über den Ozeanboden bekannt war. Bis zum 20. Jahrhundert maßen die Forscher die Wassertiefe mit Senkloten. Im tiefen Wasser dauerten diese Messungen oder Lotungen stundenlang und waren wahrscheinlich sehr ungenau.

Mit der Entwicklung mariner Hilfsmittel nach dem Zweiten Weltkrieg wuchs unser Wissen über die mannigfaltige Topographie des Ozeanbodens rasant. Eine der interessantesten Entdeckungen war die des weltumspannenden Ozeanrückensystems. Diese hoch aufragende Geländeform erhebt sich zwei bis drei Kilometer über die angrenzenden Tiefseebecken und ist das längste topographische Gebilde auf der Erde.

Heute wissen wir, dass Ozeanrücken divergente Plattengrenzen markieren, dort, wo neue ozeanische Lithosphäre entsteht. Wir wissen auch, dass Tiefseegräben konvergente Plattengrenzen repräsentieren, dort, wo ozeanische Lithosphäre in den Mantel subduziert wird. Da ozeanische Lithosphäre durch den Prozess der Plattentektonik an den Mittelozeanischen Rücken neu entsteht und an Subduktionszonen verschluckt wird, wird die ozeanische Kruste ständig erneuert und recycelt.

In diesem Kapitel untersuchen wir die Topographie des Ozeanbodens und betrachten die Prozesse, die seine verschiedenen Ausprägungen hervorbringen. Sie werden auch etwas über die Zusammenset-

13.1 Das Bild des Ozeanbodens wird klarer

zung, die Struktur und die Herkunft der ozeanischen Kruste erfahren. Zudem werden wir jene Prozesse untersuchen, die die ozeanische Lithosphäre recyceln, und überlegen, wie diese Aktivität die Landmassen der Erde zur Wanderung über den Globus bringt.

Das Bild des Ozeanbodens wird klarer 13.1

Würde man alles Wasser aus den Ozeanbecken ablassen, könnten wir viele verschiedenartige Strukturen sehen, wie breite Vulkangipfel, tiefe Gräben, ausgedehnte Ebenen, geradlinige Gebirgsketten und weite Plateaus. In der Tat wäre die Landschaft fast genauso abwechslungsreich wie auf den Kontinenten.

Das Verständnis für die Formen am Meeresboden kam mit der Entwicklung von Techniken, die die Tiefe von Ozeanen messen. **Bathymetrie** (*bathos* = Tiefe, *metrie* = Messung) ist die Messung der Ozeantiefen und der Entwurf von der Gestalt oder Topographie des Ozeanbodens.

13.1.1 Die Kartierung des Meeresbodens

Die frühesten Erkenntnisse über die vielgestaltige Topographie des Ozeanbodens wurden erst durch die historische Reise der *HMS Challenger* gewonnen (▶ Abbildung 13.1). Von Dezember 1872 bis Mai 1876 führte die *Challenger-Expedition* die erste – und vielleicht die umfangreichste – Untersuchung der Weltmeere durch, die je von einer einzigen Gesellschaft unternommen wurde. Während der 127.500 Kilometer langen Reise erreichte das Schiff mit Wissenschaftlern an Bord jeden Ozean, außer dem Arktischen. Die Forscher untersuchten eine Vielzahl von Ozeaneigenschaften, einschließlich der Wassertiefe, was von arbeitsintensivem Überbordlassen von Seilen, die mit einem Gewicht versehen waren, begleitet war. Wenige Jahre später wurde das Wissen über die große Tiefe und die vielgestaltige Topographie der Ozeane, das man durch die *Challenger* gewonnen hatte, mit der Verlegung der transatlantischen Fernmeldekabel, insbesondere im Nordatlantik, erweitert. Doch solange man die Ozeantiefen nur mit einem Senklot messen konnte, blieb das Wissen über die Strukturen am Meeresboden sehr begrenzt.

Bathymetrische Techniken Heute wird Schallenergie verwendet, um die Wassertiefe zu messen. Die einfache Methode gebraucht eine Art von **Sonar** (Unterwasserschallgerät), ein Akronym für Sound Navigation and Ranging (Unterwasserschall). Die ersten Geräte, die den Schall zur Messung der Wassertiefe verwendeten, nannte man **Echolote**. Sie wurden in den frühen zwanziger Jahren entwickelt. Echolote funktionieren durch die Übertragung einer Schallwelle ins

Abbildung 13.1: Die ersten systematischen bathymetrischen Vermessungen des Ozeanbodens wurden an Bord der *HMS Challenger* während ihrer historischen, dreieinhalb Jahre dauernden Reise durchgeführt. Die eingeblendete Karte zeigt die Route der *HMS Challenger*, die im Dezember 1872 in England ablegte und im Mai 1876 wieder zurückkehrte. (Aus C.W. Thompson und Sir John Murray, *Report on the Scientific Results of the Voyage of the HMS Challenger*, Vol.1, Großbritannien: Challenger-Büro, 1895, Abbildung 1. Bibliothek des Kongress)

13 Divergente Plattengrenzen: Ursprung und Entwicklung des Ozeanbodens

Wasser mit der Absicht, ein Echo zu erzielen, wenn die Schallwelle von beliebigen Objekten, wie zum Beispiel großen Meereslebewesen oder dem Ozeanboden, zurückgeworfen wird (▶Abbildung 13.2A). Ein empfindliches Empfangsgerät fängt das Echo auf, das vom Grund reflektiert wird, und eine Uhr misst dabei exakt die Laufzeit bis zu einem Bruchteil einer Sekunde. Da man die Geschwindigkeit von Schallwellen im Wasser kennt – etwa 1.500 Meter pro Sekunde – und die Zeit, die für den Energieimpuls benötigt wird, um den Ozeanboden zu erreichen und wieder zurückzukehren, kann man die Tiefe berechnen. Die aus der kontinuierlichen Überwachung dieser Echos bestimmten Tiefen werden aufgezeichnet und so erhält man ein Profil des Ozeanbodens. Durch die arbeitsaufwändige Verbindung mehrerer nebeneinander liegender Traversen kann man eine Karte des Ozeanbodens erstellen.

Nach dem Zweiten Weltkrieg entwickelte die amerikanische Marine ein seitenabtastendes Echolot (Side-Scan Sonar), um nach Minen und anderen explosiven Gegenständen zu suchen. Das Instrument mit torpedoähnlichem Aussehen kann hinter einem Schiff hergezogen werden, von wo aus es einen Schallfächer zu beiden Seiten der Schiffsroute aussendet. Forscher kombinierten breite Bahnen von Echolotdaten und erstellten dadurch das erste fotografieähnliche Bild des Ozeanbodens. Das seitenabtastende Echolot liefert brauchbare Ansichten vom Ozeanboden, gibt jedoch keine bathymetrischen Daten (Wassertiefen) an.

Dieses Problem tritt beim *hochauflösenden Fächerecholot* nicht auf, ein Instrument, das während der 1990er Jahre entwickelt wurde. Dieses System verwendet Schallquellen, die vom Schiffsrumpf ausgehen und einen Schallfächer aussenden. Eng nebeneinander liegende Empfänger, die mit unterschiedlichen Winkeln ausgerichtet sind, zeichnen die Reflektionen vom Meeresboden auf. Diese Technik macht es einem Forschungsschiff möglich, die Strukturen des Ozeanbodens entlang eines Streifens von mehreren zehn Kilometer Länge zu kartieren (▶Abbildung 13.3), statt nur alle paar Sekunden die Tiefe eines einzelnen Punkts zu erhalten. Verwendet ein Schiff ein Fächerecholot, bewegt es sich in einem bestimmten Muster, ähnlich wie beim Rasenmähen, in regelmäßigen Abständen vor und zurück. Außerdem können diese Systeme bathymetrische Daten in einer hohen Auflösung sammeln, wobei sie Tiefen, die weniger als einen Meter voneinander abweichen, unterscheiden können. Trotz ihrer größeren Effizienz und der verbesserten Detailaufnahme bewegen sich Schiffe, die mit einem Fächerecholot ausgestattet sind, nur mit 10 bis 20 Kilometer pro Stunde fort. Selbst 100 Schiffe mit dieser Ausstattung würden Hunderte von Jahren brauchen, um den gesamten Meeresboden zu kartieren. Das erklärt, warum nur etwa 5 Prozent des Ozeanbodens detailliert kartiert wurden – und warum große Gebiete des Ozeanbodens per Echolot noch gar nicht kartiert sind.

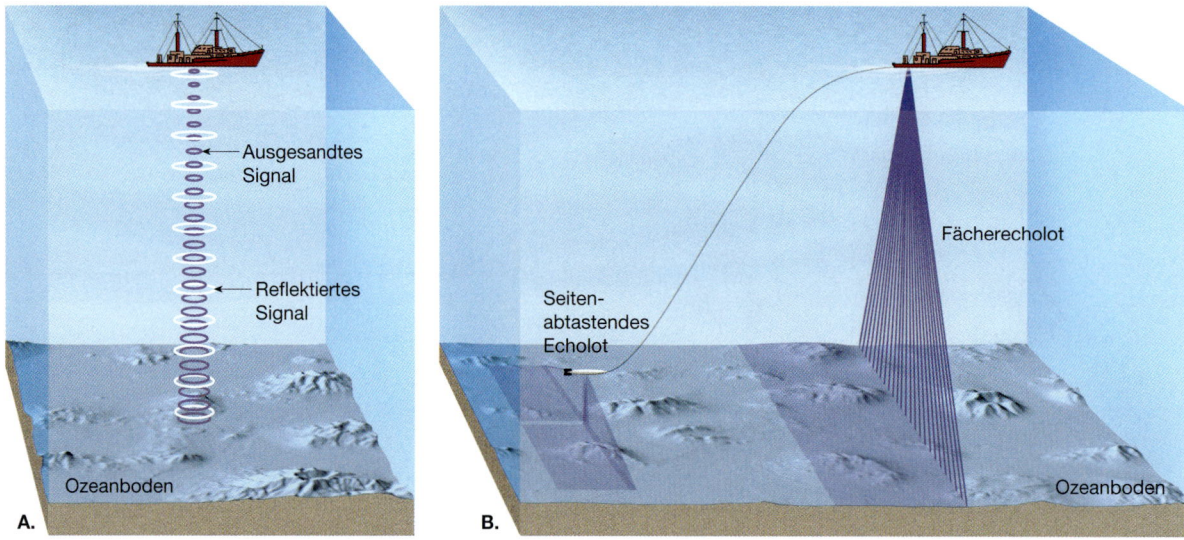

Abbildung 13.2: Verschiedene Arten von Unterwasserschall. **A.** Ein Echolot bestimmt die Wassertiefe durch die Messung des Zeitintervalls, das eine Schallwelle benötigt, um sich vom Schiff zum Ozeanboden und zurück zu bewegen. Die Geschwindigkeit des Schalls beträgt 1.500 m/s, daraus ergibt sich Tiefe = ½ (1.500 m/s × Echolaufzeit). **B.** Moderne Fächerecholote und seitenabtastende Echolote erhalten alle paar Sekunden ein „Bild" eines schmalen Streifens vom Ozeanboden.

13.1 Das Bild des Ozeanbodens wird klarer

Reflexionsseismische Profile Meeresgeologen sind auch daran interessiert, die Gesteinsstrukturen unterhalb der Sedimentdecke auf dem Ozeanboden abzubilden. Das erreicht man, indem ein **reflexionsseismisches Profil** erstellt wird. Um solch ein Profil zu erstellen, wird stark niedrigfrequenter Schall durch Explosionen am Meeresgrund oder durch sogenannte „airguns" erzeugt, das sind Behälter, die in kurzen Abständen Druckluft explosionsartig freisetzen und die hinter dem Schiff hergezogen werden. Diese Schallwellen dringen in die Sedimente des Ozeanbodens ein und reflektieren alle Kontakte zwischen den Gesteinsschichten und Verwerfungszonen, genauso wie Schallwellen vom Meeresboden zurückgeworfen werden. ▶Abbildung 13.4 zeigt ein seismisches Profil eines Abschnitts der Madeira-Abyssalebene (Tiefseeebene) im östlichen Atlantik. Sie sehen, dass eine ungleichmäßige ozeanische Kruste unter einer dicken Sedimentschicht begraben ist, obwohl der Ozeanboden flach ist.

13.1.2 Die Betrachtung des Ozeanbodens aus dem All

Ein weiterer technischer Durchbruch, der zu einem vertieften Einblick in den Ozeanboden führte, gelang durch die Vermessung der Oberfläche des Ozeans vom Weltraum aus. Nachdem man Wellen, Tidenhub, Strömungen und Auswirkungen der Atmosphäre digital ausgeglichen hatte, entdeckte man, dass die Wasseroberfläche nicht perfekt „glatt" ist. Der Grund ist, dass die Schwerkraft das Wasser dort anzieht, wo besonders massive Strukturen des Ozeanbodens auftreten. Dabei erzeugen Berge und Rücken durch ihre Schwereanziehung über sich Gebiete mit erhöhter Meeresoberfläche und andererseits verursachen Schluchten und Gräben eine Depression der Meeresoberfläche. Satelliten, ausgestattet mit *Radarhöhenmessern*, sind in der Lage, diese feinen Unterschiede der Meeresoberfläche durch reflektierte Mikrowellen zu messen (▶Abbildung 13.5). Diese Geräte können geringe Abweichungen von 3 bis 6 Zentimeter messen. Solche Daten lieferten einen großen Beitrag zum Wissen über die Ozeanbodentopographie. Diese Daten werden nach Gegenprüfungen mit traditionellen Echolottiefenmessungen dazu verwendet, detaillierte Karten vom Ozeanboden zu erstellen, wie die Karte von Abbildung 1.17.

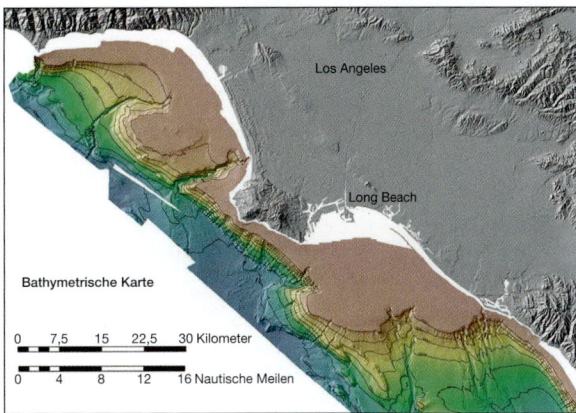

Abbildung 13.3: Eine farbkodierte perspektivische Karte des Ozeanbodens und der Küstenformen in der Gegend von Los Angeles, Kalifornien. Dieser Teil des Ozeanbodens auf dieser Karte (farbig) wurde aus den gesammelten Daten eines hoch auflösenden Kartierungssystems konstruiert. (U.S. Geological Survey)

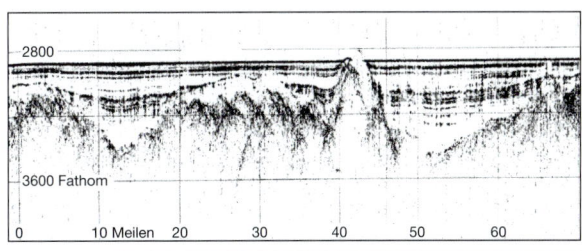

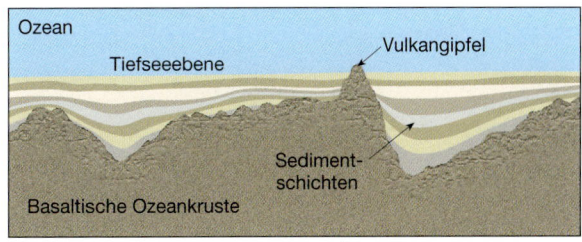

Abbildung 13.4: Das seismische Profil und die interpretierte Skizze durch einen Teil der Abyssalebene von Madeira im östlichen Atlantik zeigt die von Sedimenten begrabene, unebene ozeanische Kruste. (Mit freundlicher Genehmigung von Charles Hollister, Woods Hole Oceanographic Institution)

13.1.3 Provinzen des Ozeanbodens

Ozeanographen, die sich mit der Topographie des Ozeanbodens befassen, beschreiben drei Haupteinheiten: die *Kontinentalränder*, die *Tiefseebecken* und die *Ozeanischen (Mittelozeanischen) Rücken*. Die Karte aus ▶Abbildung 13.6 gibt einen Überblick über diese Einheiten im Nordatlantik und das Profil in der Darstellung unten zeigt die unterschiedliche Topographie. Solche Profile sind in ihrer vertikalen Dimension mehrfach überhöht – in diesem Fall 40-fach –, um die topographischen Merkmale deutlicher zu machen.

13 Divergente Plattengrenzen: Ursprung und Entwicklung des Ozeanbodens

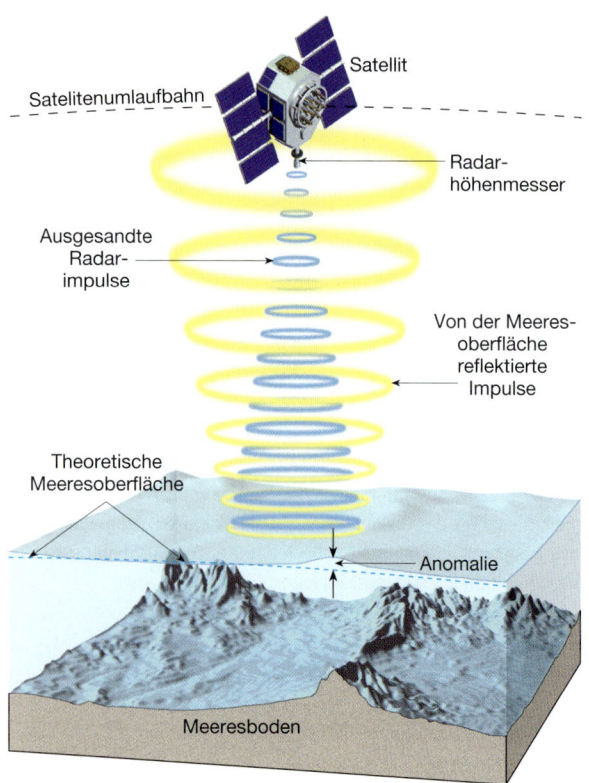

Abbildung 13.5: Ein Satellitenhöhenmesser misst die Unterschiede in der Höhe des Meeresspiegels, die durch gravitative Anziehung entstehen und die Gestalt des Ozeanbodens nachahmen. Die Meeresspiegelanomalie ist die Differenz zwischen dem gemessenen und dem tatsächlichen Meeresspiegel.

Doch vertikale Überhöhungen lassen Abhänge, die in Profilen vom Ozeanboden gezeigt werden, viel steiler erscheinen, als sie es tatsächlich sind.

13.2 Kontinentalränder

Man hat zwei Haupttypen von **Kontinentalrändern** identifiziert – *passive* und *aktive*. Passive Kontinentalränder findet man entlang der meisten Küstengebiete, die den Atlantik und den Indischen Ozean umgeben, einschließlich der Ostküsten von Nord- und Südamerika sowie der Küstengebiete von Europa und Afrika. Passive Kontinentalränder befinden sich *nicht* entlang einer aktiven Plattengrenze und weisen deswegen sehr wenig Vulkanismus und wenige Erdbeben auf. Dort häufen sich die verwitterten, von benachbarten Landmassen erodierten Materialien an, um einen mächtigen, breiten Keil mit relativ ungestörten Sedimenten zu bilden.

Im Gegensatz dazu treten aktive Kontinentalränder auf, wo ozeanische Lithosphäre unter den Rand eines Kontinents subduziert wird. Daraus entsteht ein relativ schmaler Saum aus hochdeformierten Sedimenten, die von der absinkenden Lithosphärenscholle abgerieben wurden. Aktive Kontinentalränder kommen häufig um den Pazifik herum vor, wo sie parallel zu Tiefseegräben verlaufen (▶ siehe Exkurs 13.1)

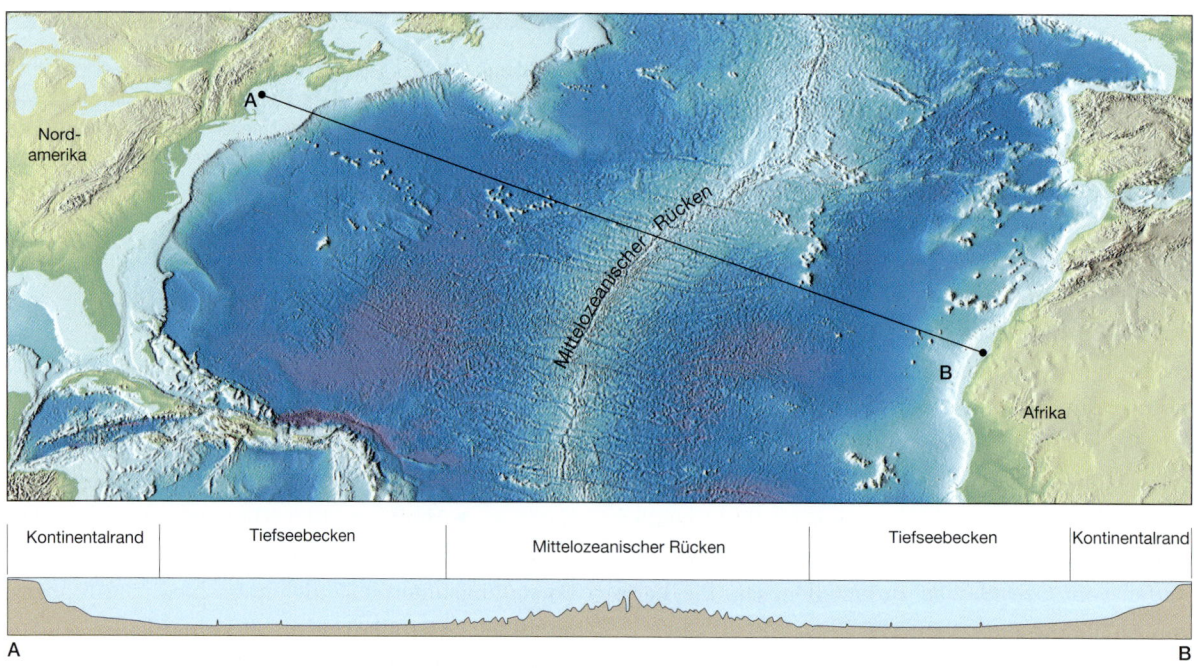

Abbildung 13.6: Topographische Haupteinteilungen des Nordatlantiks und ein Profil von Neuengland bis zur nordafrikanischen Küste.

13.2 Kontinentalränder

EXKURS 13.1 – DIE ERDE VERSTEHEN
Susan DeBari – eine Karriere in der Geologie

Ich entdeckte die Geologie, als ich bei einem Ferienjob im Cascade-Gebirge im Staat Washington Wanderwege instand hielt. Ich hatte gerade mein erstes Studienjahr an der Universität beendet und mich vorher nie mit Geologie befasst. Aber ein Kollege (nun mein bester Freund) begann, die geologischen Merkmale der Berge zu beschreiben, in denen wir wanderten – die klassische Kegelform des Vulkans Mount Baker, die U-Form des Gletschertals und das Fließen von aktiven Gletschern. Ich war fasziniert und ging im Herbst zur Universität zurück, mit einer nicht nachlassenden Leidenschaft für die Geologie. Als Jungstudentin arbeitete ich als Geländeassistentin für einen graduierten Studenten und meine Diplomarbeit handelte von Gesteinen aus dem Inselbogen der Aleuten. Seit diesem anfänglichen Interesse für Inselbögen gehörten Inselbögen während meiner Promotion an der Universität Stanford, meiner Forschungsarbeit nach meiner Promotion (postdoc) an der Universität von Hawaii und als Institutsmitglied an der Universität vom Staat San Jose und der Universität von Westwashington zu meinem Hauptinteressensgebiet. Am meisten interessierte mich die tiefe Kruste an Inselbögen, das Material, das nahe an der Mohorovičič-Diskontinuität liegt.

Welche Prozesse gehen dort an der Basis der Kruste an den Inselbögen vor? Wo liegt die Quelle der Magmen, die zur Oberfläche gelangen – liegt sie im Mantel oder in der tiefen Kruste selbst? Welche Wechselwirkung gehen die Magmen während ihres Aufstiegs mit der Kruste ein? Wie sehen die frühen Magmen chemisch aus? Unterscheiden sie sich von denen, die an der Oberfläche ausbrechen?

Es ist klar, dass Geologen nicht zur Basis der Kruste hinuntergehen können, denn sie liegt typischerweise 20 bis 40 Kilometer unterhalb der Erdoberfläche. Deswegen müssen sie ein bisschen Detektiv spielen. Sie müssen die Gesteine verwenden, die ursprünglich in der tiefen Kruste an Inselbögen gebildet wurden und jetzt an der Erdoberfläche aufgeschlossen sind. Die Gesteine mussten entlang von Verwerfungszonen schnell zur Oberfläche gebracht werden, um ihre Ursprünglichkeit zu bewahren. Deswegen kann ich auf der Kruste gehen, ohne die Erdoberfläche zu verlassen! Es gibt einige Stellen auf der Erde, wo diese seltenen Gesteine aufgeschlossen sind. An manchen Orten habe ich gearbeitet, dazu gehören das Chugach-Gebirge in Alaska, die Sierras Pampeanas in Argentinien, der Karakorum-Gebirgszug in Pakistan, die Westküste von Vancouver Island und die Nord Cascades in Washington. Bei der Geländearbeit war ich meist zu Fuß unterwegs, verwendete aber auch Esel und Lastwägen.

Auf der Suche nach aufgeschlossenen Teilen der tiefen Kruste von Inselbögen begab ich mich auch an einen weniger gut zugänglichen Ort, in einen der tiefsten Ozeangräben der Welt, den Izu Bonin-Graben (▶Abbildung 13.A). Dort tauchte ich in einem Tiefseetauchboot mit Namen Shinkai 6.500 Meter tief (rechts hinter mir auf dem Bild). Die Shinkai 6.500 ist ein japanisches Tiefseetauchboot, das in der Lage ist, 6.500 Meter unter die Wasseroberfläche zu tauchen. Ich plante, am tiefsten Punkt des Grabens Gesteinsproben von seinen Wänden mithilfe des mechanischen Arms des Tiefseetauchboots zu nehmen. Da vorliegende Daten besagten, dass große Mengen an Gestein mehrere Kilometer vertikal aufgeschlossen sind, wäre das eine hervorragende Gelegenheit, das tiefe Inselbogenfundament zu beproben. Dreimal tauchte ich in dem Tiefseetauchboot und erreichte eine maximale Tiefe von 6.497 Meter. Jeder Tauchvorgang dauerte neun Stunden und der Platz, der mir und zwei japanischen Tauchpiloten, die das Tiefseetauchboot steuerten, zur Verfügung stand, war nicht größer als der Vordersitz eines Hondas. Das war eine aufregende Erfahrung!

Nun arbeite ich an der Universität von West Washington, wo ich meine Forschung über die tiefen Wurzeln von Vulkanbögen weiterführe und Studenten darin mit einbeziehe. Ich bin auch an der wissenschaftlichen Ausbildung von Lehrern beteiligt und hoffe, junge Menschen zu motivieren, Fragen über die faszinierende Welt zu stellen, die sie umgibt.

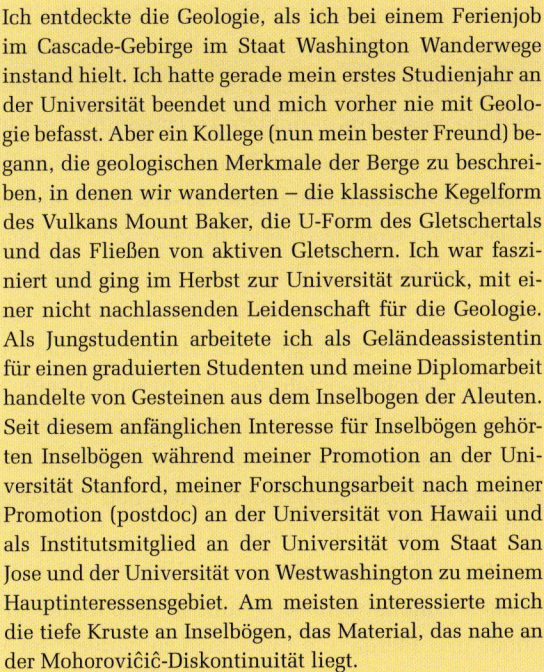

Abbildung 13.A: Susan DeBari mit dem japanischen Tiefseetauchboot Shinkai 6.500, das sie verwendete, um Gesteinsproben vom Izu Bonin-Graben zu nehmen. (Foto: mit freundlicher Genehmigung von Susan DeBari)

13.2.1 Passive Kontinentalränder

Die Merkmale, die einen **passiven Kontinentalrand** ausmachen, sind der Kontinentalschelf, der Kontinentalabhang und der Kontinentalfuß (▶ Abbildung 13.7).

Der Kontinentalschelf Der Kontinentalschelf ist eine sanft abfallende untergetauchte Fläche, die sich von der Küstenlinie bis zum Tiefseebecken erstreckt. Da unter dem Kontinentalschelf kontinentale Kruste liegt, ist es ganz klar die überflutete Ausdehnung der Kontinente.

Der Kontinentalschelf variiert in seiner Ausdehnung beträchtlich. Entlang mancher Kontinente ist er fast nicht vorhanden, während er sich an anderen über mehr als 1.500 Kilometer ozeanwärts ausdehnt. Im Durchschnitt beträgt die Breite des Kontinentalschelfs etwa 80 Kilometer mit einer Tiefe von etwa 130 Meter an seiner ozeanwärts gerichteten Kante. Die durchschnittliche Neigung beträgt etwa 1/10 Grad, ein Gefälle von etwa 2 Meter pro Kilometer. Das Gefälle ist so gering, dass es einem Betrachter als eine horizontale Fläche erscheint.

Zwar repräsentieren die Kontinentalschelfe nur 7,5 Prozent des gesamten ozeanischen Gebiets, doch ihre wirtschaftliche und politische Bedeutung ist enorm, denn es kommen in ihnen viele wichtige Minerallagerstätten (z.B. Diamanten vor Namibias Küste) vor sowie Erdöl-, Erdgas- und große Sand- und Kiesablagerungen. Die Gewässer der Kontinentalschelfe sind auch wichtige Fischgründe und damit bedeutende Nahrungsquellen.

Kontinentalschelfe haben kaum Geländemarken, doch manche Gebiete sind von ausgedehnten Gletscherablagerungen eingehüllt und deswegen recht schroff. Zudem sind manche Kontinentalschelfe von großen Tälern durchschnitten, die von der Küstenlinie in tiefere Gewässer ziehen. Viele dieser *Schelftäler* sind die meerwärts gerichtete Verlängerung von Flusstälern der benachbarten Landmassen. Solche Täler scheinen während der letzten Eiszeit, im Pleistozän, ausgegraben worden zu sein. In dieser Zeit wurden gigantische Mengen an Wasser in riesigen Eisdecken auf den Kontinenten gespeichert. Das verursachte einen Abfall des Meeresspiegels um 100 Meter oder mehr und legte große Gebiete des Kontinentalschelfs frei. Wegen diesem Abfall des Meeresspiegels weiteten die Flüsse ihren Lauf aus und Landbewohner aus Pflanzen- und Tierreich besiedelten die neu freigelegten Teile der Kontinente. Vor der Küste von Nordamerika wurden bei Baggerarbeiten alte Überreste von zahlreichen Landbewohnern gefunden; Mammute, Mastodons und Pferde, um nur einige zu nennen. Im Mittelmeer fanden Taucher nahe Marseille den heute 37 Meter unter der Wasseroberfläche liegenden Eingang zu einer altsteinzeitlichen Höhle mit bestens erhaltenen Höhlenmalereien – die Grotte Cosquer. Solche Funde tragen zu der These bei, dass sich Teile des Kontinentalschelfs einst über dem Meeresspiegel befanden.

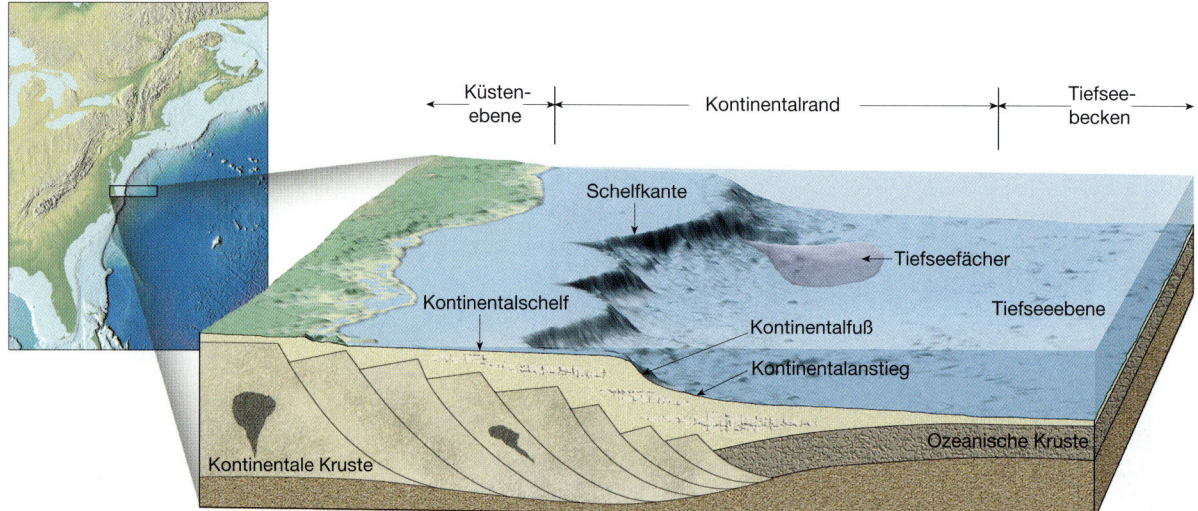

Abbildung 13.7: Schematischer Überblick über die Hauptmerkmale eines passiven Kontinentalrands. Beachten Sie, dass die Neigungen für den Kontinentalschelf und den Kontinentalabhang stark überhöht sind. Der Kontinentalschelf hat in Wirklichkeit nur ein Gefälle von durchschnittlich 1/10 Grad, ein Kontinentalabhang nur von etwa 5 Grad.

Die meisten passiven Kontinentalschelfe, wie die entlang der Atlantikküste Europas oder der Ostküste Nord- und Südamerikas, bestehen aus Flachwasserablagerungen von mehreren Kilometern Umfang. Solche mächtigen Sedimentanhäufungen eines Flachwassers können nur entstehen, wenn der Kontinentalrand allmählich während der Sedimentation absinkt.

Kontinentalabhang Der **Kontinentalabhang** ist eine relativ steile Struktur (im Vergleich zum Kontinentalschelf) und markiert die meerwärts gerichtete Kante des Kontinentalschelfs sowie die Grenze zwischen kontinentaler und ozeanischer Kruste (Abbildung 13.7). Die durchschnittliche Neigung des Kontinentalabhangs beträgt nur etwa 5 Grad, variiert aber von Ort zu Ort stark und kann an manchen Stellen auch 25 Grad übersteigen. Zudem ist der Kontinentalabhang mit einer durchschnittlichen Breite von etwa 20 Kilometer relativ schmal.

Der Kontinentalfuß In den Regionen, wo es keine Tiefseegräben gibt, geht der Kontinentalabhang in eine gemäßigte Neigung über und wird dann als **Kontinentalfuß** bezeichnet. Hier fällt der Abhang um ein Drittel Grad oder um etwa 6 Meter pro Kilometer ab. Im Gegensatz zum relativ schmalen Kontinentalabhang kann sich der Kontinentalfuß über Hunderte von Kilometern in das Tiefseebecken erstrecken.

Der Kontinentalfuß besteht aus einer mächtigen Anhäufung von Sedimenten, die sich langsam vom Kontinentalschelf zum Tiefseeboden hangabwärts bewegen. Die Sedimente gelangen durch *Turbidite* (*Turbidity Currents*), die periodisch durch submarine Schluchten nach unten fließen, zur Basis des Kontinentalabhangs. Wenn diese schlammigen Strömungen aus einer Schluchtmündung auf den relativ flachen Ozeanboden austreten, lagern sie Sedimente ab, die einen **Tiefseefächer** bilden (Abbildung 13.7). Wachsen die Sedimentfächer von benachbarten Schluchten an, gehen sie lateral ineinander über und bilden eine geschlossene Sedimentbedeckung an der Basis des Kontinentalabhangs, wodurch der Kontinentalfuß entsteht.

13.2.2 Aktive Kontinentalränder

Entlang mancher Küsten fällt der Kontinentalabhang abrupt in einen Tiefseegraben ab. In dieser Situation sind die landwärts liegende Wand des Grabens und der Kontinentalabhang im Grunde genommen das gleiche Gebilde. An solchen Stellen ist der Kontinentalschelf, falls überhaupt vorhanden, sehr schmal.

Aktive Kontinentalränder befinden sich hauptsächlich im Pazifischen Ozean in Gebieten, wo die ozeanische Lithosphäre unter die frontale Kante eines Kontinents subduziert wird (▶ Abbildung 13.8). Dort werden Sedimente vom Ozeanboden und Teile der ozeanischen Kruste von der absinkenden ozeanischen Platte abgekratzt und an die Kante des überschiebenden Kontinents angedrückt. Diese chaotische Anhäufung von deformierten Sedimenten und Fragmenten der ozeanischen Kruste wird **Akkretionskeil** (*ad* = zu; *crescere* = wachsen) genannt. Eine lang andauernde Plattensubduktion kann zusammen mit der Akkretion von Sedimenten auf der landwärts gerichteten Seite des Grabens eine große Anhäufung von Sedimenten

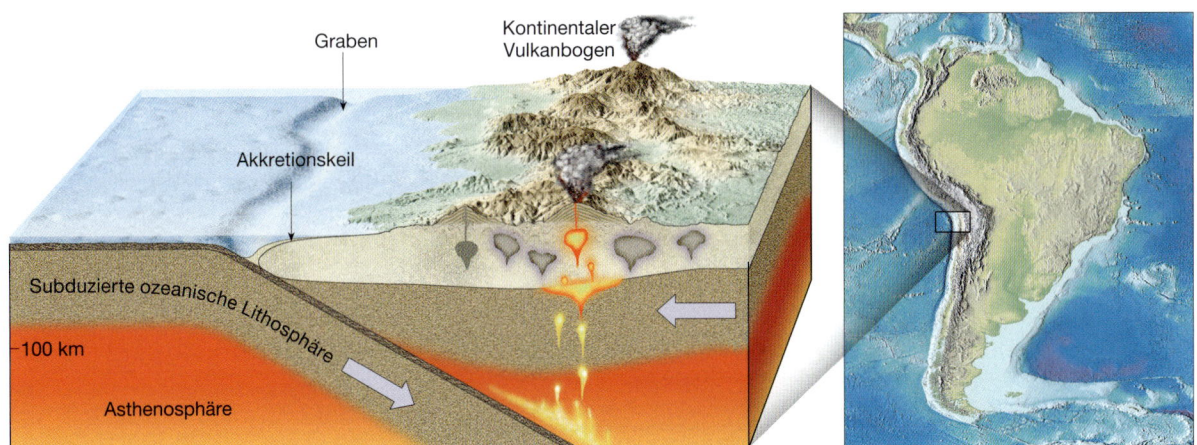

Abbildung 13.8: Ein aktiver Kontinentalrand. Hier werden Sedimente vom Ozeanboden der absinkenden Platte abgekratzt und der kontinentalen Kruste als Akkretionskeil angefügt.

entlang von Kontinentalrändern hervorrufen. Entlang der Nordküste der japanischen Honshu-Insel wurde beispielsweise ein großer Akkretionskeil entdeckt. Die Karibikinsel Barbados ist gar ein Stück Akkretionskeil, der über den Meeresspiegel herausgehoben ist.

Manche Subduktionszonen haben kleine oder gar keine Sedimentanhäufungen, was ein Hinweis darauf ist, dass die Sedimente mit der abtauchenden Platte in den Mantel befördert wurden. Das scheinen Regionen zu sein, in welchen alte ozeanische Lithosphäre fast vertikal in den Mantel subduziert wird. An diesen Stellen ist der Kontinentalrand sehr schmal, da der Graben oft nur 50 Kilometer von der Küste entfernt liegt.

13.3 Merkmale von Tiefseebecken

Zwischen dem Kontinentalrand und dem Ozeanischen Rücken liegt das **Tiefseebecken** (siehe Abbildung 13.6). Die Größe dieser Region – fast 30 Prozent der Erdoberfläche – ist in etwa vergleichbar mit der Landfläche oberhalb des Meeresspiegels. Diese Region enthält bemerkenswert flache Gebiete, die *Tiefseeebenen* (Abyssalebenen); hohe Vulkangipfel *Tiefseeberge* oder *Guyots* genannt; *Tiefseegräben*, die lineare Einkerbungen in den Ozeanboden darstellen; und große Flutbasaltprovinzen, die man als *ozeanische Plateaus* bezeichnet.

13.3.1 Tiefseegräben

Tiefseegräben sind lange, relativ schmale Einkerbungen im Ozeanboden, die den tiefsten Teil des Ozeans bilden (▶ Tabelle 13.1). Die meisten Tiefseegräben befinden sich entlang der Ränder des Pazifischen Ozeans (▶ Abbildung 13.9), wo sich manche bis in 10.000 Meter Tiefe ausdehnen. In einem Abschnitt eines Grabens – die Challenger-Tiefe im Marianengraben – wurde eine Tiefe von 11.022 Meter unter Meeresniveau gemessen, was ihn zum tiefsten bekannten Punkt im Weltozean macht. Nur zwei Gräben finden sich im Atlantik – der Puerto-Rico-Graben neben dem Kleinen-Antillen-Bogen und der Süd-Sandwich-Graben.

Obwohl die tiefsten Ozeangräben nur einen kleinen Bereich des Ozeanbodens repräsentieren, sind sie doch hervorstechende geologische Merkmale. Gräben sind Orte der Plattenkonvergenz, an welchen Lithosphärenplatten subduziert werden und in den Mantel zurücksinken. Dort entstehen Erdbeben, wenn eine Platte an der anderen „reibt", und auch vulkanische Aktivität tritt in diesen Gebieten auf. Gräben werden häufig von bogenförmigen Reihen aktiver Vulkane begleitet, den vulkanischen Inselbögen. Des Weiteren befinden sich kontinentale Inselbögen, wie die, die Teile der Anden und Cascades ausmachen, parallel zu Gräben, die vor einem Kontinentalrand liegen. Die große Anzahl der Gräben und die damit verbundenen vulkanischen Aktivitäten entlang des Rands des pazi-

Graben	Tiefe (Kilometer)	Durchschnittliche Breite (Kilometer)	Länge (Kilometer)
Aleuten	7,7	50	3.700
Japan	8,4	100	800
Java	7,5	80	4.500
Kurile-Kamchatka	10,5	120	2.200
Marianen	11,0	70	2.550
Zentralamerika	6,7	40	2.800
Peru-Chile	8,1	100	5.900
Philippinen	10,5	60	1.400
Puerto Rico	8,4	120	1.550
Süd Sandwich	8,4	90	1.450
Tonga	10,8	55	1.400

Tabelle 13.1: Die Dimensionen einiger Tiefseegräben.

13.3 Merkmale von Tiefseebecken

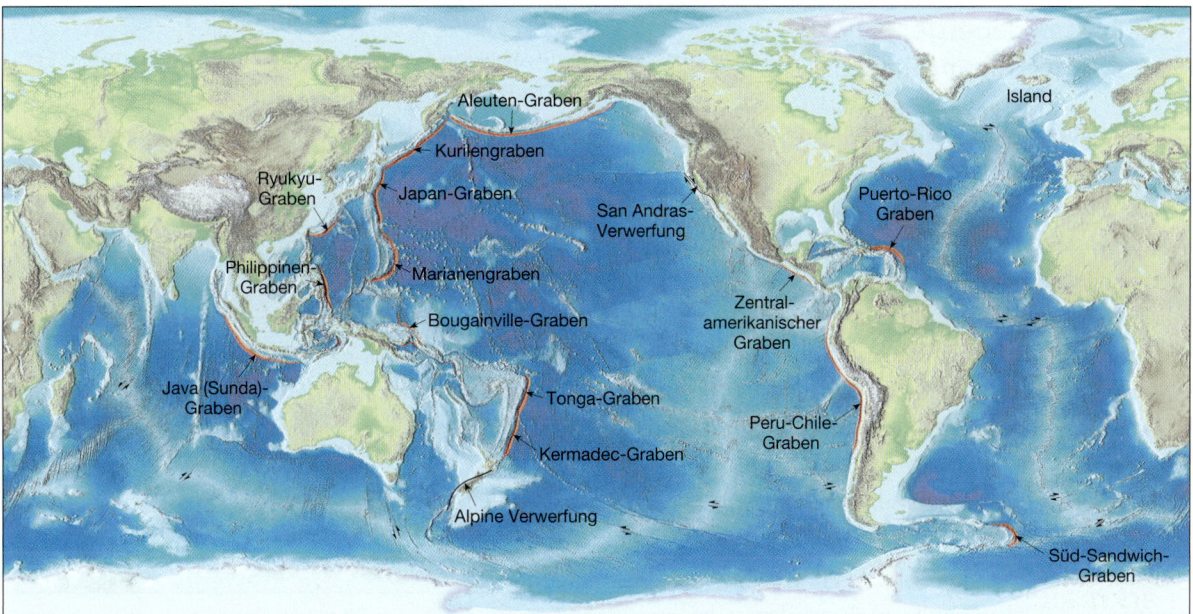

Abbildung 13.9: Die Verteilung der tiefsten Tiefseegräben der Erde.

fischen Ozeans erklären, warum die Region als „Pazifischer Feuerring" bekannt ist.

13.3.2 Tiefseeebenen (Abyssalebenen)

Tiefseeebenen oder **Abyssalebenen** (a = ohne, $byssus$ = Boden) sind tiefe, unglaublich flache Gebilde; tatsächlich sind diese Regionen die wahrscheinlich flachsten Orte der Erde. Die Tiefseeebene vor der argentinischen Küste hat beispielsweise ein weniger als 3 Meter hohes Relief über eine Entfernung von über 1.300 Kilometer. Die monotone Topographie der Tiefseeebenen wird gelegentlich durch eine aufragende Spitze eines zum Teil begrabenen Vulkangipfels unterbrochen.

Mit Seismic Profilers, *seismischen Instrumenten zur Erstellung von Tiefenprofilen* (Instrumente, die Signale erzeugen, die weit in den Ozeanboden eindringen), konnten Wissenschaftler bestimmen, dass Tiefseeebenen ihre relativ nichtssagende Topographie dicken Sedimentanhäufungen verdanken, die einen ansonsten schroffen Ozeanboden bedecken (siehe Abbildung 13.4). Die Beschaffenheit der Sedimente weist darauf hin, dass diese Ebenen überwiegend aus feinem Sediment bestehen, das durch Turbidite weit ins Meer hinaustransportiert wurde, aus Ablagerungen, die aus dem Meerwasser ausgefallen sind und aus Schalen und Skeletten von mikroskopisch kleinen Meeresorganismen stammen.

Tiefseeebenen findet man in allen Ozeanen. Der atlantische Ozean hat aber die ausgedehntesten Tiefseeebenen, da er kaum Tiefseegräben besitzt, die als Sedimentfallen das Material, das den Kontinentalhang hinuntertransportiert wird, abfangen könnten.

> **Studenten fragen manchmal …**
>
> **Haben Menschen jemals den tiefsten Ozeangraben erforscht? Gibt es dort Leben?**
>
> Menschen waren tatsächlich im tiefsten Teil der Ozeane, wo erdrückend hoher Druck, absolute Dunkelheit und Temperaturen nahe dem Gefrierpunkt herrschen – und das vor 45 Jahren! Im Januar 1960 tauchten der U.S.-Marineleutnant Don Walsh und der Forscher Jacques Piccard in der Tiefseetauchkapsel *Trieste* zum Boden der Challenger Deep-Region im Marianengraben ab. Bei 9.906 Meter hörten die Männer ein lautes Krachen, das die ganze Kabine erschütterte. Sie konnten nicht sehen, dass die 7,6 Zentimeter dicke Plexiglasscheibe des Bullauges gesprungen war (wie durch ein Wunder hielt sie während des restlichen Tauchvorgangs stand). Mehr als fünf Stunden nach Verlassen der Oberfläche erreichten sie den Grund bei 10.912 Meter – ein Rekord, der bisher nicht gebrochen wurde. Sie sahen Lebensformen, die an das Leben in der Tiefe angepasst waren, einen kleinen Flachfisch, eine Krabbe und ein paar Quallen.

13.3.3 Tiefseeberge, Guyots und Ozeanplateaus

Am Ozeanboden verteilte submarine Vulkane werden **Tiefseeberge** genannt, die sich Hunderte von Metern über die umgebende Topographie erheben. Man schätzt, dass es etwa eine Million dieser Gebilde gibt. Manche wachsen hoch genug, um zu Ozeaninseln zu werden, sie sind aber selten. Die meisten haben eine nicht lang genug dauernde Eruptionsgeschichte, um eine Struktur oberhalb des Meeresspiegels zu bilden. Diese konischen Gipfel findet man am Boden aller Ozeane, doch die größte Anzahl wurde im Pazifik entdeckt. Zudem bilden Tiefseeberge häufig lineare Ketten oder in manchen Fällen einen kontinuierlichen Vulkanrücken, was allerdings nicht mit einem Mittelozeanischen Rücken verwechselt werden sollte.

Manche, wie die Hawaii-Emperor-Tiefseebergkette im Pazifik, die sich von der Insel Hawaii bis zum Aleuten-Graben erstreckt, entstehen über einem vulkanischen Hot Spot in Verbindung mit einem Mantle Plume (siehe Abbildung 2.28). Andere entstehen in der Nähe von ozeanischen Rücken. Kann sich ein Vulkan hoch genug aufbauen, bevor er durch Plattenbewegung von der Magmenquelle wegbewegt wird, taucht die Struktur als Insel auf. Beispiele im Atlantik sind die Azoren oder die Inseln Ascension, Tristan da Cunha und St. Helen.

Während ihres Daseins als Inseln werden manche dieser Vulkanstrukturen durch Erosions- und Verwitterungskräfte bis nahe an den Meeresspiegel abgetragen. Zudem sinkt die Insel allmählich ab, da die sich bewegende Platte sie langsam von ihrem Entstehungsort, dem erhöhten Ozeanrücken oder Hot Spot, entfernt (▶siehe Exkurs 13.2). Untergetauchte Tiefseeberge mit abgeflachtem Gipfel, die auf diese Weise entstanden sind, werden **Guyots** oder **Tafelberge** genannt.[1]

Durch Mantle Plumes sind auch mehrere große Ozeanplateaus entstanden, die den Flutbasaltprovinzen der Kontinente ähneln. Beispiele dieser ausgedehnten Vulkanstrukturen sind das Ontong Java und das Karibische Plateau, die durch massive Ergüsse flüssiger Basaltlaven auf den Ozeanboden (▶Abbildung 13.10) entstanden sind. Deswegen setzen sich ozeanische Plateaus meist aus Basalten und ultramafischen Gesteinen zusammen, die manchmal mehr als 30 Kilometer Umfang haben.

13.4 Die Anatomie der Ozeanrücken

Entlang von gut ausgeprägten divergenten Plattengrenzen ist der Ozeanboden erhöht und bildet eine breite lineare Aufwölbung, die man als **Ozeanischen Rücken** oder **Mittelozeanischen Rücken** bezeichnet. Unser Wissen über Ozeanrückensysteme stammt aus Vermessungen des Ozeanbodens durch Echolote, von Bohrkernen aus Tiefseebohrungen, von visueller Beobachtung von Tiefseetauchbooten aus (▶Abbildung 13.11) und sogar aus direkter Begutachtung von Spänen des Ozeanbodens, die entlang von konvergenten Plattengrenzen auf das trockene Land geschoben wurden. Die Ozeanischen Rücken sind durch erhöhte Stellen, extensive Verwerfungen und damit verbundene Erdbeben, hohen Wärmefluss und zahlreiche Vulkanstrukturen charakterisiert.

---
1 Die Bezeichnung „Guyot" wurde nach dem ersten Geologieprofessor der Universität Princeton gewählt.

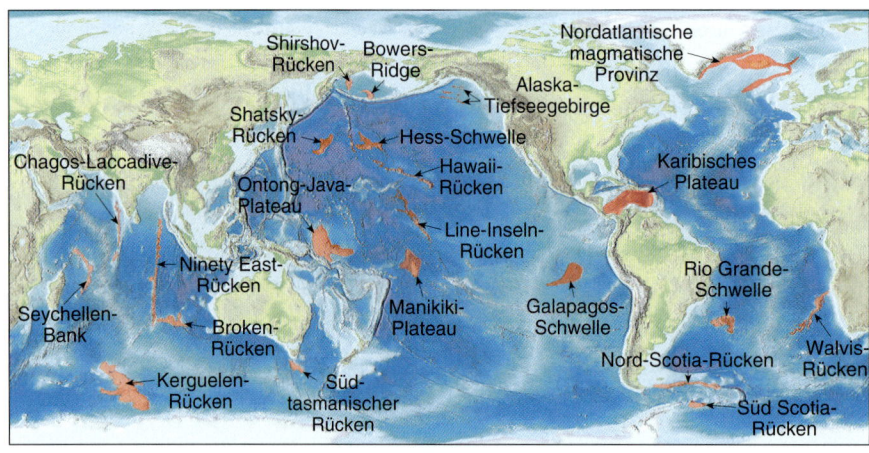

Abbildung 13.10: Die Verteilung von Ozeanplateaus, Hot-Spot-Routen und anderen untergetauchten Krustenfragmenten.

13.4 Die Anatomie der Ozeanrücken

Das zusammenhängende Ozeanrückensystem mit einer Längenausdehnung von 70.000 Kilometer, ist das längste topographische Gebilde auf der Erdoberfläche. Die Ozeanischen Rücken repräsentieren mehr als 20 Prozent der Erdoberfläche und winden sich durch alle großen Ozeane ähnlich wie die Nähte auf einem Baseball (▶ Abbildung 13.12). Der Kamm dieser linearen Struktur steht typischerweise 2 bis 3 Kilometer über dem danebenliegenden Tiefseebecken und markiert eine Plattengrenze, an der neue ozeanische Kruste gebildet wird.

Sie sehen in Abbildung 13.12, dass große Abschnitte des Ozeanrückensystems entsprechend ihres Herkunftsorts innerhalb der verschiedenen Ozeanbecken benannt worden sind. Manche Rücken verlaufen in der Mitte eines Ozeanbeckens und werden dort *Mittelozeanische Rücken* genannt. Das stimmt für den Mittelatlantischen Rücken, der sich in der Mitte des Atlantiks in etwa parallel zu den Kontinentalrändern auf beiden Seiten befindet, und auch für den Mittelindischen Rücken. Doch der Ostpazifische Rücken ist nicht „mittelozeanisch". Er befindet sich vielmehr, wie der Name impliziert, im östlichen Pazifik, weit vom Zentrum des Ozeans entfernt. Sein nördliches Ende verzweigt sich in zwei Äste – einer erstreckt sich in Richtung Zentralamerika, der andere krümmt sich in Richtung Südamerika (Abbildung 13.12)

Abbildung 13.11: Das Tiefseetauchboot *Alvin* ist 7,6 Meter lang, wiegt 16 Tonnen, hat eine Fahrgeschwindigkeit von 1 Knoten und kann Tiefen von 4.000 Meter erreichen. Während eines normalen 6 bis 10 Stunden während Tauchgangs sind ein Pilot und zwei wissenschaftliche Beobachter an Bord. (Mit freundlicher Genehmigung von Rod Catanach/Woods Hole Oceanographic Institution)

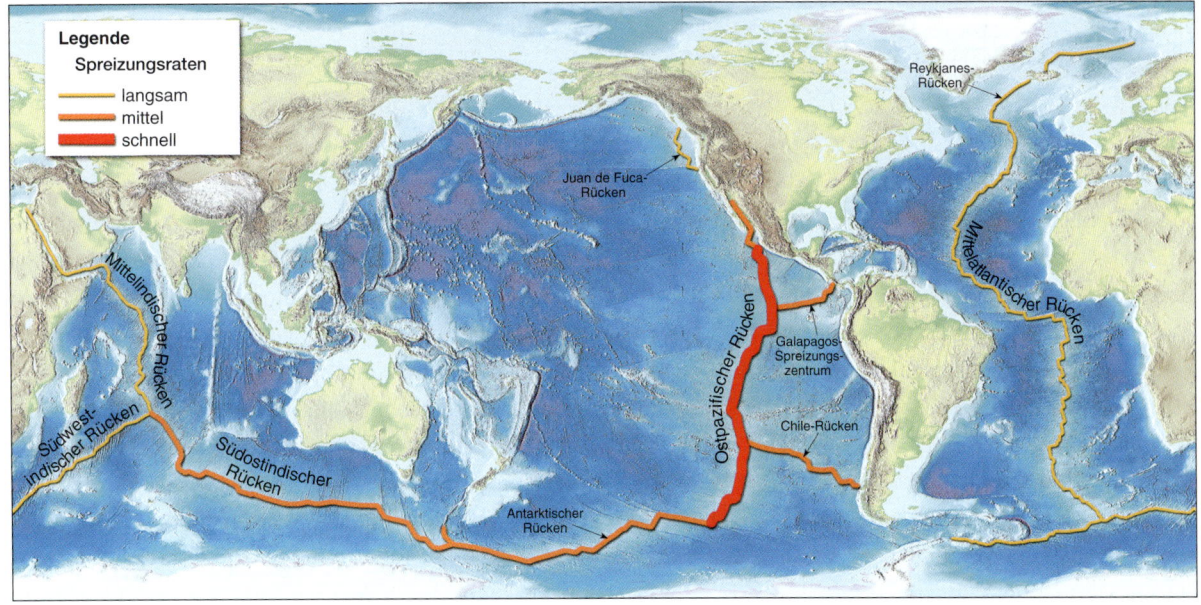

Abbildung 13.12: Die Verteilung der Ozeanrückensysteme. Die Karte zeigt Rückensegmente, die langsame, mittlere und schnelle Spreizungsraten aufweisen.

EXKURS 13.2 – DIE ERDE VERSTEHEN

■ Die Erklärung zu Korallenatollen – Darwins Hypothese

Korallenatolle sind ringförmige Strukturen, die sich oft über mehrere Tausend Meter unter dem Meeresspiegel ausdehnen (▶ Abbildung 13.B). Was führt zur Bildung von Atollen und wie erhalten sie so große Ausmaße?

Korallen sind koloniebildende Tiere in Ameisengröße, die sich ihre Nahrung mit ihren stechenden Tentakeln holen und mit den Quallen verwandt sind. Die meisten Korallen bilden zum Schutz ein hartes äußeres Skelett aus Calciumcarbonat.

Wo Korallen über mehrere Jahrhunderte wachsen und sich vermehren, verbinden sich ihre Skelette zu großen Gebilden, den Korallenriffen. Andere Korallen – aber auch Schwämme und Algen – beginnen sich an das Riff zu heften und vergrößern es dadurch weiter. Schließlich werden Fische, Meeresschnecken, Tintenfische und andere Organismen von diesen vielfältigen und produktiven Lebensräumen angezogen.

Korallen benötigen bestimmte Umweltbedingungen, um wachsen zu können. Beispielsweise wachsen riffbildende Korallen am besten bei einer durchschnittlichen Wasserjahrestemperatur von 24°C. Sie sind nicht in der Lage, lange bei Temperaturen unter 18°C oder über 30°C zu überleben. Zudem benötigen sie einen Haftgrund (meist andere Korallen) und klares, lichtdurchflutetes Wasser. Folglich ist die Grenztiefe für einen Großteil des aktiven Riffwachstums nur ca. 45 Meter.

Die eingeschränkten Umweltbedingungen, die das Korallenwachstum voraussetzt, ergeben ein interessantes Paradoxon: Wie können Korallen – die warmes, flaches, sonnendurchflutetes Wasser, nicht tiefer als ein paar Dutzend Meter zum Leben brauchen – dicke Strukturen wie Korallenatolle bilden, die sich bis ins tiefe Wasser hin ausdehnen?

Der Naturforscher Charles Darwin war einer der ersten, der eine Hypothese über die Entstehung von Atollen formulierte. Von 1831 bis 1836 war er an Bord des britischen Schiffs *HMS Beagle* bei ihrer berühmten Weltumsegelung. An verschiedenen Orten, die Darwin besuchte, erkannte er verschiedene Stadien in der Entwicklung von Korallenriffen. Zunächst bildet sich (1) ein Saumriff ent-

Abbildung 13.B: Ein Luftbild des Tetiaroa-Atolls im Pazifik. Das hellblaue bis türkisfarbene Wasser der relativ flachen Lagune steht im Kontrast zu der dunkelblauen Farbe des tiefen Ozeans, der das Atoll umgibt. (Foto: Douglas Peebles Photography)

Die Bezeichnung *Rücken* könnte irreführend sein, da diese Gebilde nicht schmal und steil sind, wie die Bezeichnung impliziert, sondern sie weisen Breiten von 1.000 bis 4.000 Kilometer auf und besitzen ein Erscheinungsbild einer breiten, lang gezogenen Schwelle, die verschiedene Schroffheitsgrade aufweist. Zudem ist das Rückensystem in Segmente zerbrochen, die von einigen zehn bis Hunderten von Kilometern Länge reichen können. Zwar ist jedes Segment gegenüber dem danebenliegenden versetzt, doch sind sie insgesamt untereinander durch Transformstörungen verbunden.

Ozeanische Rücken sind so hoch wie manche Berge der Kontinente; doch hier endet schon die Ähnlichkeit. Die Ozeanischen Rücken entstehen, wo Zugkräfte die ozeanische Kruste zerbrechen und auseinanderziehen, wogegen die meisten kontinentalen Berge gebildet werden, wenn Kompressionskräfte mächtige Sedimentabfolgen entlang von konvergenten Plattengrenzen verfalten und der Metamorphose unterwerfen. Die Ozeanischen Rücken bestehen aus Schichten und Anhäufungen neu gebildeter mafischer Gesteine, die zu lang gezogenen Blöcken verworfen wurden und durch Auftrieb angehoben wurden.

Entlang der Achse einiger Segmente des Ozeanrückensystems gibt es tiefe, nach unten verworfene Strukturen, die sogenannten **medianen Kammgräben** (Rift Valleys) (▶ Abbildung 13.13). Manche Kammgräben,

lang der Ränder eines Vulkans, (2) dann im Laufe der Zeit ein Wallriff mit einem Vulkan in der Mitte einer Lagune dazwischen und schließlich (3) ein Atoll, das aus einem durchgehenden oder auch unterbrochenen Ring eines Korallenriffs mit umgebender zentraler Lagune, besteht (▶ Abbildung 13.C). Die Kernaussage von Darwins Hypothese lautete, dass die Korallen während des langsamen Absinkens einer vulkanischen Insel den Riffkomplex weiter nach oben bauen.

Darwins Hypothese erklärte, wie Korallenriffe, die an Flachwasser gebunden sind, Strukturen bilden, die sich nun in viel tieferem Wasser befinden. Jedoch gab es zu Darwins Lebzeiten keine plausible Erklärung für das Absinken einer Insel.

Heutzutage erklärt man mithilfe der Plattentektonik, wie eine Vulkaninsel untergeht und über lange Zeiträume hinweg in große Tiefen versinkt. Vulkaninseln bilden sich oft über einem relativ stationären Mantle Plume, der einen Aufstieg der Lithosphäre durch Auftrieb verursacht hat. Über eine Zeitspanne von Millionen von Jahren werden diese Vulkaninseln inaktiv und sinken allmählich ab, da sie durch die sich bewegenden Platte von der Region des Hot-Spot-Vulkanismus wegbewegt werden (Abbildung 13.C).

Zudem ergaben Bohrungen durch Atolle, dass tatsächlich Vulkangestein unter den ältesten (und tiefsten) Strukturen des Korallenriffs liegt, was Darwins Hypothese bestätigte. Deswegen verdanken Atolle ihre Existenz allmählich absinkender Vulkaninseln, die von allmählich nach oben wachsenden Korallenriffen umgeben sind.

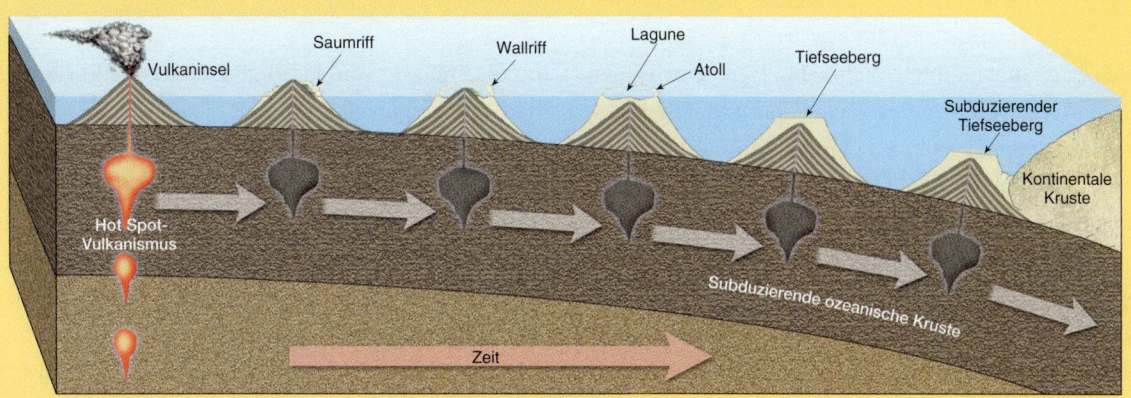

Abbildung 13.C: Ein Korallenatoll entsteht, wenn ozeanische Kruste allmählich absinkt und ein Korallenriff nach oben wächst. Ein Saumriff bildet sich um eine aktive Vulkaninsel. Während sich die Vulkaninsel von dem Gebiet der Hot-Spot-Aktivität fortbewegt, sinkt sie ab und das Saumriff wird langsam zum Wallriff. Schließlich ist der Vulkan völlig untergetaucht und ein Atoll bleibt zurück.

auch viele entlang des Mittelatlantischen Rückens, sind über 30 Kilometer breit und ihre Grabenwände ragen mit 2.000 Meter über den Boden des Grabens auf. Damit sind sie mit dem tiefsten und breitesten Abschnitt des Grand Canyon in Arizona vergleichbar.

Ozeanische Rücken und Ozeanbodenspreizung 13.5

Die größte Magmenmenge (mehr als 60 Prozent des jährlichen Ausstoßes der Erde) wird entlang von Ozeanrückensystemen in Verbindung mit Ozeanbodenspreizung produziert. Während sich die Platten auseinanderbewegen (divergieren), entstehen Risse in der ozeanischen Kruste, die mit geschmolzenem, aus der heißen Asthenosphäre hervorquellendem Gestein gefüllt werden. Das geschmolzene Material kühlt langsam zu festem Gestein ab und produziert neue Ozeanbodenspäne. Dieser Prozess tritt immer und immer wieder auf und bildet neue Lithosphäre, die sich fließbandähnlich vom Rückenkamm wegbewegt.

13.5.1 Ozeanbodenspreizung

Harry Hess von der Princeton University formulierte in den frühen 60er Jahren das Konzept der Ozeanbodenspreizung. Die Sichtweise von Hess, dass die Ozean-

13 Divergente Plattengrenzen: Ursprung und Entwicklung des Ozeanbodens

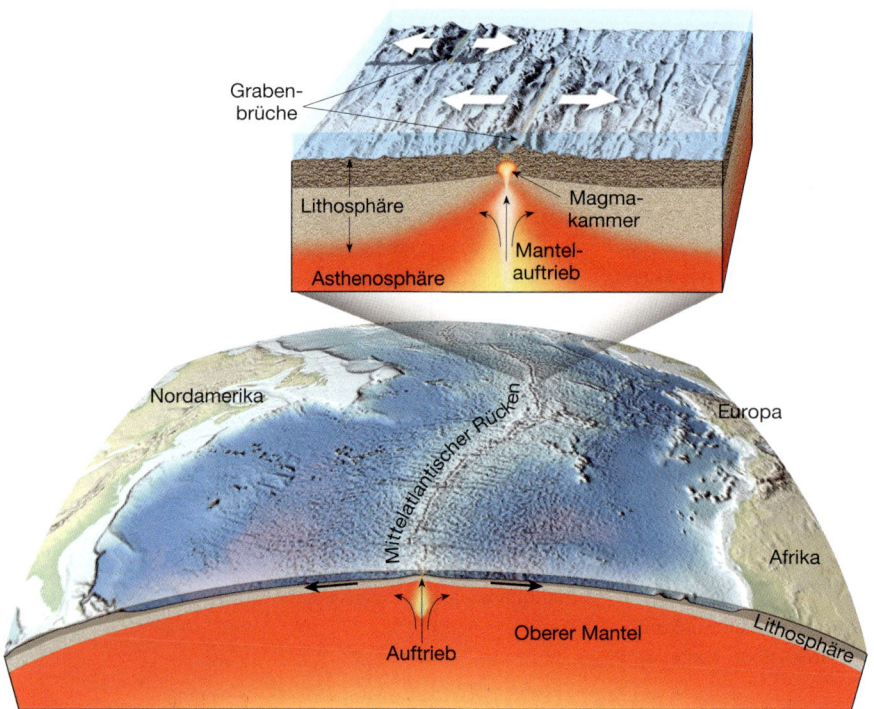

Abbildung 13.13: Entlang einiger Segmentachsen des Ozeanrückensystems befinden sich tiefe, nach unten verworfene Strukturen, die mediane Kammgräben (Rift Valleys) genannt werden. Manche sind über 30 Kilometer breit und ihre Grabenwände ragen bis 2.000 Meter auf.

bodenspreizung an relativ schmalen Gebieten, an den Kämmen der Ozeanischen Rücken, auftreten, konnten Geologen später bestätigen. Hier, unterhalb der Rückenachse, wo sich die Lithosphärenplatten voneinander trennen, steigt festes heißes Mantelgestein auf, um den Platz des Materials einzunehmen, das seitlich wegbewegt wurde. Rufen Sie sich aus Kapitel 4 ins Gedächtnis zurück, dass das Gestein, während es aufsteigt, eine Verminderung des lithostatischen Drucks erfährt, was zur Aufschmelzung ohne Temperaturzufuhr führen kann. Durch diesen Vorgang, der als Dekompressionsaufschmelzung bezeichnet wird, entsteht das Magma entlang der Rückenachse.

Partielle Aufschmelzung des Mantelgesteins bringt basaltische Magmen hervor, die entlang des gesamten Rückensystems erstaunlich konsistent sind. Das neu gebildete Magma spaltet sich vom Mantelgestein, von dem es stammt, ab und steigt als tränenartiger Tropfen zur Oberfläche. Man glaubt zwar, dass sich ein Großteil dieses Magmas in lang gestreckten Reservoirs (Magmenkammern) unterhalb des Rückenkamms ansammelt und nur etwa 10 Prozent schließlich aufwärtswandert, um entlang von Rissen als Lava am Ozeanboden auszubrechen (Abbildung 13.13). Diese Aktivität fügt kontinuierlich neues basaltisches Gestein an die Plattengrenzen, schweißt sie kurzzeitig zusammen, bis sie durch die fortwährende Spreizung wieder auseinanderbrechen. Entlang einiger Rücken entstehen durch Ergüsse von knolligen Laven untergetauchte Schildvulkane (Tiefseeberge) sowie lang gestreckte Lavarücken. An anderen Stellen bilden relativ voluminöse Lavaströme eine ausgeglichene Topographie.

Während der Ozeanbodenspreizung wird Magma in neu entstandene Risse injiziert, dabei entstehen Gänge, die von ihren Außenwänden nach innen, zu ihrem Zentrum hin abkühlen. Da das warme Innere der neu gebildeten Gänge noch nicht fest ist, werden diese jungen Gesteine durch die fortwährende Spreizung, die wiederum neue Risse produziert, oft in der Mitte gespalten. Als Folge davon wird neues Material gleichmäßig an die zwei divergierenden Platten angefügt. Deswegen wächst der neue Ozeanboden symmetrisch auf beiden Seiten des sich in der Mitte befindlichen Rückenkamms an. Tatsächlich befinden sich die Rückensysteme des Atlantischen und Indischen Ozeans in der Mitte dieser Gewässer. Doch der Ostpazifische Rücken befindet sich weit von der Mitte des Pazifischen Ozeans entfernt. Trotz der einheitlichen Spreizung entlang des Ostpazifischen Rückens wurde ein Großteil des Pazifischen Beckens, das einst östlicher von dieser divergenten Grenze entfernt lag, durch die westwärts gerichtete Wanderung der Amerikanischen Platte überschoben.

Zu der Zeit, als Harry Hess das Konzept der Ozeanbodenspreizung vorstellte, glaubte man, dass die Aufwölbung des Mantels eine der antreibenden Kräfte für die Plattenbewegung ist. Geologen haben seitdem erkannt, dass die Aufwölbung entlang von Ozeanischen Rücken ein *passiver Prozess* ist.

13.5.2 Warum sind die Ozeanischen Rücken herausgehoben?

Der Hauptgrund für die erhabene Position eines Rückensystems ist der Umstand, dass neu entstandene, ozeanische Lithosphäre heiß ist und mehr Volumen einnimmt und deswegen weniger dicht ist als kühle Gesteine des Tiefseebeckens. Während sich die neu gebildete basaltische Kruste vom Rückenkamm entfernt, wird sie von oben her abgekühlt, da das Meerwasser durch den Porenraum und die Risse im Gestein zirkuliert. Sie kühlt auch deswegen ab, weil sie sich von der Aufwölbungszone, der Hauptwärmequelle, entfernt. Als Folge der Abkühlung zieht sich die Lithosphäre zusammen und wird dichter. Diese thermische Kontraktion ist für die größeren Ozeantiefen der weiter vom Rücken entfernten Regionen verantwortlich. Es dauert fast 80 Millionen Jahre, bis die Abkühlung und Kontraktion vollständig aufhört. Zu dieser Zeit befindet sich das Gestein, das einst Teil des herausgehobenen Ozeanrückensystems war, im Tiefseebecken, wo es mit relativ mächtigen Sedimenten bedeckt sein kann.

Während die Lithosphäre vom Rückenkamm wegbewegt wird, verursacht die Abkühlung auch einen allmählichen Anstieg der Lithosphärenmächtigkeit. Das geschieht, da die Grenze zwischen Lithosphäre und Asthenosphäre temperaturabhängig ist. Erinnern Sie sich daran, dass die Lithosphäre die kalte, starre, äußere Lage der Erde ist, dagegen ist die Asthenosphäre eine vergleichbar heiße Zone mit geringer Materialfestigkeit. Während das Material im Oberen Mantel altert (abkühlt), wird es starr. Deswegen wird der obere Teil der Asthenosphäre nur durch Abkühlung in Lithosphäre umgewandelt. Neu gebildete ozeanische Lithosphäre wird sich im Verlauf der kommenden 80 Millionen Jahre verdicken. Danach bleibt ihre Mächtigkeit relativ konstant, bis sie subduziert wird.

13.5.3 Spreizungsraten und Topographie der Rücken

Als man verschiedene Segmente des Ozeanrückensystems im Detail untersuchte, kamen einige topographische Unterschiede ans Licht. Viele dieser Unterschiede scheinen von den Spreizungsraten kontrolliert zu werden. Einer der Hauptfaktoren, der durch die Spreizungsraten kontrolliert wird, ist die Menge an Magma, das an einer Grabenbruchzone (Rift-Zone) entsteht. An schnell auseinandersprezenden Zentren tritt die Divergenz mit einer höheren Rate auf, als an langsam auseinandersprezenden Zentren, was zur Folge hat, dass mehr Magma vom Mantel aufsteigt. Deswegen scheinen die Magmenkammern, die sich unter schnellen Spreizungszentren befinden, größer und dauerhafter zu sein als diejenigen, welche mit langsamen Spreizungszentren vergesellschaftet sind. Zudem scheint die Spreizung entlang von schnellen Spreizungszentren ein relativ kontinuierlicher Prozess zu sein, wo Grabenbruchbildung und Aufwölbung entlang der gesamten Rückenachse auftritt. Im Gegensatz dazu scheint die Grabenbruchbildung an langsamen Spreizungszentren episodischer zu sein, dort, wo sich Rückensegmente über längere Zeitintervalle inaktiv verhalten.

Bei langsamen Spreizungsraten von 1 bis 5 Zentimeter pro Jahr, wie am Mittelatlantischen und am Mittelindischen Rücken, befindet sich ein Graben entlang fast des gesamten Rückenkamms mit einer ziemlich zerklüfteten Topographie (▶ Abbildung 13.14A). Erinnern Sie sich daran, dass sich diese Kammgräben über 30 Kilometer in der Breite und 2.000 Meter in die Tiefe ausdehnen können. Hier entstehen die steilen Wände der Kammgräben durch die Aufwärtsbewegung großer, auftreibender Schollen ozeanischer Kruste entlang von fast vertikalen Verwerfungen. Zudem werden an langsamen Spreizungszentren zahlreiche Vulkankegel innerhalb des Kammgrabens gebildet, was die zerklüftete Topographie des Rückenkamms noch hervorhebt.

Entlang dem Galapagos-Rücken ist eine mittlere Spreizungsrate von 5 bis 9 Zentimeter pro Jahr die Norm. Unter solchen Bedingungen sind die Kammgräben flach, oft weniger als 200 Meter tief. Zudem scheint die Topographie im Vergleich mit den Rücken mit langsameren Spreizungsraten niedriger zu sein.

Bei schnelleren Spreizungsraten (mehr als 9 Zentimeter pro Jahr, wie fast am gesamten Ostpazifischen Rücken, sind Kammgräben im Allgemeinen nicht vorhanden (▶ Abbildung 13.14B), stattdessen ist die Rückenachse höher als der Ozeanboden zu beiden Seiten. Solche Gebiete bestehen aus *Schwellen* – vulkanische Extrusionen, die sich überlappen oder sogar relativ schmale Strukturen bilden (▶ Abbildung 13.15). An anderen Stellen entlang von schnellen Spreizungszen-

13 Divergente Plattengrenzen: Ursprung und Entwicklung des Ozeanbodens

tren haben dünne Schichten flüssiger Lava ein Gebiet von relativ flacher Topographie entstehen lassen. Da die Tiefe des Ozeans vom Alter des Ozeanbodens abhängt, neigen Rückensegmente mit schnelleren Spreizungsraten zu ausgeglicheneren Profilen als Rücken mit langsameren Spreizungsraten (▶Abbildung 13.16). Aufgrund dieser Unterschiede in der Topographie werden die sanft abfallenden, weniger schroffen Abschnitte der Ozeanischen Rücken als *Anstiege* bezeichnet.

13.6 Die Beschaffenheit der ozeanischen Kruste

Einer der interessantesten Aspekte der ozeanischen Kruste ist, dass ihre Mächtigkeit und Struktur im gesamten Ozeanbecken bemerkenswert gleichförmig ist. Seismische Untersuchungen zeigen, dass ihre durchschnittliche Mächtigkeit nur etwa 7 Kilometer beträgt. Außerdem setzt sich die ozeanische Kruste fast ausschließlich aus basaltischen und gabbroiden Gesteinen zusammen, die von einer Schicht des ultramafischen Gesteins Peridotit unterlagert werden, das bereits zur Mantellithosphäre gehört.

Zwar entsteht die ozeanische Kruste außerhalb unserer Beobachtungsreichweite, weit unter dem Meeresspiegel, doch waren Geologen in der Lage, die Struktur des Ozeanbodens direkt zu untersuchen. An Orten in Italien, Zypern, Oman, Neufundland und Kalifornien wurden Späne der ozeanischen Kruste hoch über den Meeresspiegel aufgeschoben. Aus diesen Aufschlüssen haben Forscher geschlossen, dass die ozeanische Kruste aus vier unterschiedlichen Schichten besteht (▶Abbildung 13.17).

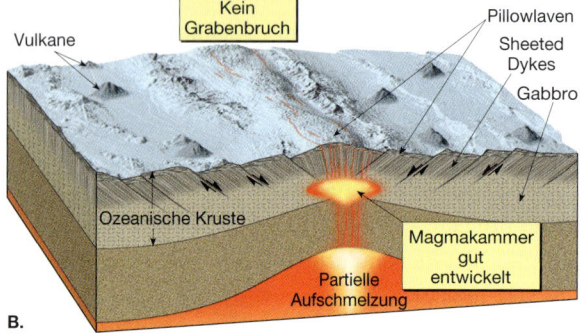

Abbildung 13.14: Topographie am Kamm eines ozeanischen Rückens. **A.** Bei langsamen Spreizungsraten entwickelt sich ein ausgeprägter Kammgraben entlang des Rückenkamms und die Topographie ist typischerweise zerklüftet. **B.** Entlang von schnellen Spreizungszentren entwickelt sich kein medianer Kammgraben und die Topographie ist verhältnismäßig sanft.

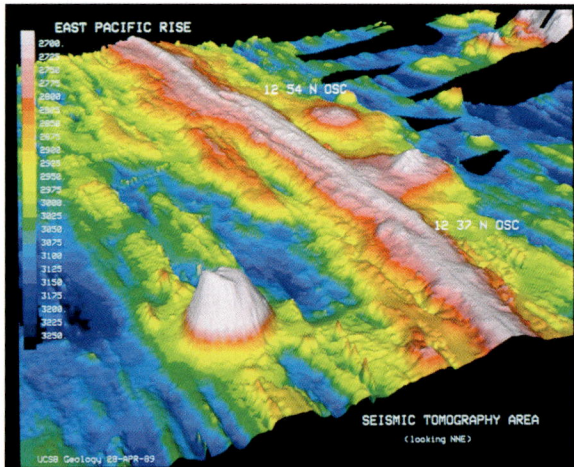

Abbildung 13.15: Ein Falschfarbensonarbild eines Segments des Ostpazifischen Rückens. Das geradlinige rosafarbene Gebiet ist die Schwelle, die sich über der Rückenachse gebildet hat. Sie sehen auch einen großen Vulkankegel links unten im Bild. (Mit freundlicher Genehmigung S. P. Miller)

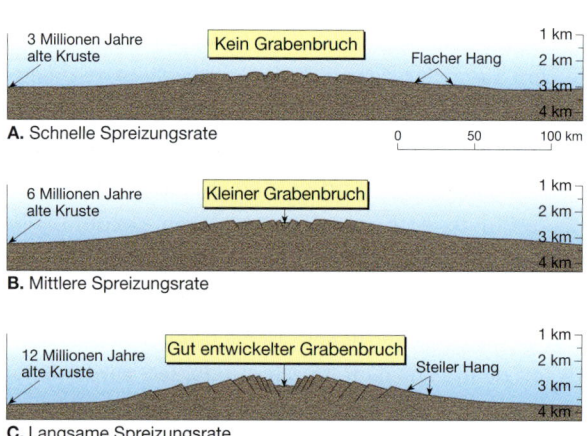

Abbildung 13.16: Schema von Rückensedimenten mit schneller, mittlerer und langsamer Spreizungsrate. Schnelle Spreizungszentren sind gekennzeichnet durch sanfte Neigungen und ein Fehlen des Kammgrabens. Im Gegensatz dazu besitzen langsame Spreizungsraten deutlich ausgeprägte Kammgräben und steile Flanken. (Die Neigungen aller Profile sind stark überhöht.)

- Schicht 1: Die oberste Schicht besteht aus unverfestigten Sedimentabfolgen. Sedimente sind in der Nähe der Achse von Ozeanischen Rücken sehr dünn, können aber in der Nähe von Kontinenten mehrere Kilometer mächtig werden.
- Schicht 2: Unter den Sedimenten befindet sich eine Gesteinseinheit, die hauptsächlich aus basaltischen Laven mit kissenähnlichen Strukturen besteht, die man *Kissenlava* (*Pillowlava*) nennt.
- Schicht 3: Die mittlere Gesteinslage besteht aus zahlreichen miteinander verbundenen gangförmigen Intrusionen mit fast vertikaler Ausrichtung und wird als „Sheeted Dyke-Komplex" bezeichnet. Diese Gänge sind frühere Förderwege des Magmas, das die Lavaströme am Ozeanboden gespeist hat.
- Schicht 4: Die untere Einheit besteht hauptsächlich aus Gabbro, das grobkörnige Äquivalent von Basalt, das in der Magmenkammer unterhalb der Rückenachse kristallisiert ist.

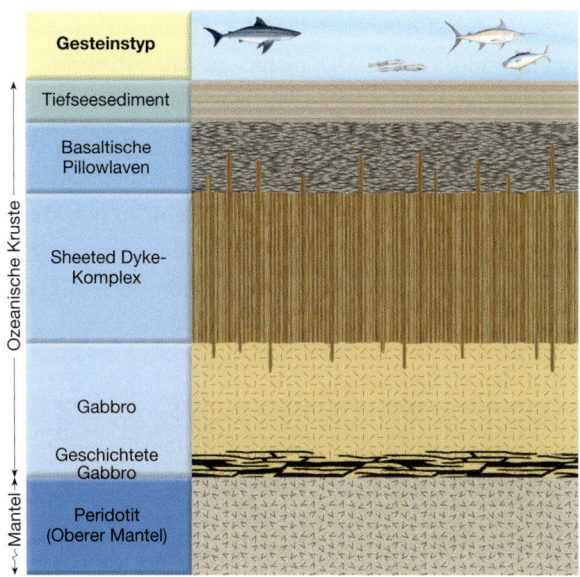

Abbildung 13.17: Gesteinstypen, die mit einem typischen Abschnitt ozeanischer Kruste vergesellschaftet sind. Die Daten stammen von Ophiolitkomplexen und seismischen Untersuchungen.

Die Abfolge der Gesteine, aus der sich die ozeanische Kruste zusammensetzt, wird als **Ophiolitkomplex** bezeichnet (Abbildung 13.17). Aus Untersuchungen verschiedener Ophiolitkomplexe der Erde und verwandten Daten haben Geologen den Entstehungsvorgang des Ozeanbodens enträtselt.

13.6.1 Wie wird ozeanische Kruste gebildet?

Rufen Sie sich in Ihre Erinnerung zurück, dass basaltisches Magma zur Bildung neuer ozeanischer Kruste aus dem partiell aufgeschmolzenen Mantelgestein (Peridotit) stammt. Da das Magma partiell aufgeschmolzen und weniger dicht als das Umgebungsgestein ist, steigt es zu einer Magmenkammer auf, die sich nur 1 bis 2 Kilometer unterhalb des Rückenkamms befindet und weniger als 10 Kilometer breit ist. Seismische Untersuchungen, die am Ostpazifischen Rücken ausgeführt wurden, haben gezeigt, dass sich Magmenkammern entlang von 60 Prozent des Rückens befinden. Deswegen scheinen diese Strukturen relativ permanent zu sein, zumindest an schnellen Spreizungszentren. Doch entlang von langsamen Spreizungszentren, wo die Magmenproduktion geringer ist, sind die Magmenkammern klein und scheinen sich nur periodisch zu bilden.

Während die Ozeanspreizung voranschreitet, bilden sich zahlreiche vertikale Brüche in der ozeanischen Kruste, die oberhalb dieser Magmenkammern leben. Geschmolzenes Gestein wird in die Klüfte injiziert, wobei ein Teil davon abkühlt und Gänge entstehen. Neue Gänge intrudieren ältere Gänge, die noch warm und nicht verfestigt sind; dabei entsteht der **Sheeted Dyke-Komplex**.

Etwa 10 Prozent des Magmas, das in die Reservoirs eintritt, fließt schließlich auf dem Ozeanboden aus. Da die Oberfläche eines submarinen Lavastroms schnell durch das Meerwasser abgekühlt wird, bewegt sich der Lavastrom selten weiter als einige Kilometer, bevor er sich völlig verfestigt. Der Lavastrom bewegt sich vorwärts, indem sich Lava hinter dem erstarrten Rand ansammelt und dann wieder durchbricht. Dieser Vorgang geht immer und immer wieder vor sich, wenn Basalt extrudiert – wie Zahnpasta aus einer fest zusammengedrückten Tube (▶ Abbildung 13.18). Daraus entstehen schlauchförmige Ausbuchtungen, die wie große, neben- und übereinandergestapelte Kissen aussehen, daher kommt der Name **Kissenlaven (Pillowlaven)** (▶ Abbildung 13.19). Unter manchen Bedingungen können Pillowlaven Anhäufungen in Vulkangröße aufbauen, die Schildvulkanen ähnlich sehen oder lang gestreckte Rücken von mehreren zehn Kilometern Länge bilden (Abbildung 13.18). Schließlich werden sie von ihrer Magmenquelle abgeschnitten, wenn sie durch Ozeanbodenspreizung vom Rückenkamm fortbewegt werden.

Die unterste Einheit der Ozeanischen Kruste entwickelt sich durch Kristallisation innerhalb der Magmenkammer selbst. Die ersten auskristallisierenden Minerale sind Olivin, Pyroxen und gelegentlich Chromit (Chromoxid). Sie sinken im Magma nach unten, um eine Lagenzone nahe des Bodens der Magmenkammer zu bilden. Das übrige Magma scheint an den Wänden der Magmenkammer zu kristallisieren und bildet große Mengen an grobkörnigem Gabbro. Diese Einheit macht den Hauptanteil der ozeanischen Kruste aus

und kann mehr als 5 bis 7 Kilometer der Gesamtmächtigkeit betragen.

Auf diese Weise entstehen durch die Prozesse, die entlang von Rückensystemen vor sich gehen, vollständige Gesteinsabfolgen, die man in Ophiolitkomplexen findet. Da die Magmenkammern periodisch mit frischem, aus der Asthenosphäre aufsteigendem Magma aufgefüllt werden, entsteht kontinuierlich neue ozeanische Kruste.

13.6.2 Wechselwirkungen zwischen Meerwasser und ozeanischer Kruste

Die Wechselwirkung zwischen Meerwasser und neu gebildeter basaltischer Kruste dient zur Verteilung der Wärme des Erdinneren und verändert beide, das Meerwasser und die Kruste. Da submarine Lavaströme sehr permeabel sind und die obere Kruste stark zerklüftet ist, kann das Meerwasser bis zu einer Tiefe von 2 bis 3 Kilometer eindringen. Während das Meerwasser durch die heiße Kruste zirkuliert, wird es aufgeheizt und verändert das basaltische Gestein durch einen Prozess, der *hydrothermale Metamorphose* oder auch Metasomatose genannt wird (siehe Kapitel 8). Durch diese Alteration werden aus den dunklen Silikaten (Olivin und Pyroxen) des Basalts neue Minerale wie Chlorit und Serpentin gebildet.

Abbildung 13.18: Dieses Foto von Lavaausbrüchen im Kammgraben des Mittelatlantischen Rücken wurde während des Projekts FAMOUS von dem Tiefseetauchboot *Alvin* aus aufgenommen. Große zahnpastaähnliche Extrusionen wie diese sind häufige Gebilde. Ein mechanischer Arm nimmt eine Probe von einer benachbarten blasenartigen Extrusion. (Foto: mit freundlicher Genehmigung der Woods Hole Oceanographic Institution)

Nicht nur die basaltische Kruste verändert sich, sondern auch das Meerwasser. Während das heiße Meerwasser durch das neu gebildete Gestein zirkuliert, löst es die Ionen von Silizium, Calcium, Eisen, Kupfer und manchmal Silber und Gold aus dem heißen Basalt. Ist das Meerwasser auf mehrere hundert °C aufgeheizt, steigt es durch Auftrieb entlang von Klüften auf und wird an der Oberfläche ausgespieen (▶siehe Exkurs 13.3). Bei Untersuchungen, die mit Tiefseetauchbooten entlang des Juan de Fuca-Rücken ausgeführt wurden, fotografierte man diese metallreichen Lösungen, wie sie aus dem Ozeanboden heraussprudeln und mit Partikeln beladene Wolken bilden. Sie werden als **Schwarze Raucher (Black Smokers)** bezeichnet. Mischt sich die heiße mineralreiche Flüssigkeit (von etwa 350°C) mit dem kalten Meerwasser, fallen die gelösten Minerale aus, um massive, metallische Sulfidlagerstätten zu bilden, manche davon mit wirtschaftlicher Bedeutung. Gelegentlich wachsen diese Ablagerungen nach oben und bilden

Abbildung 13.19: Aufgeschlossene Pillowlaven entlang einer Meeresklippe in Cape Wanbrow, Neuseeland. Sie sehen, dass jede Kissenlava einen äußeren, schnell abgekühlten, glasartigen Rand aufweist, der ein dunkelgraues basaltisches Inneres aufweist. (Foto: G.R. Roberts)

große, kaminartige Strukturen, so hoch wie Wolkenkratzer.

Kontinentale Grabenbildung: Die Entstehung eines neuen Ozeanbeckens 13.7

Warum der Superkontinent Pangäa vor fast 200 Millionen Jahren auseinanderzubrechen begann, ist nicht mit Sicherheit geklärt. Dennoch hilft dieses Ereignis, zu verdeutlichen, dass wahrscheinlich das beginnende Auseinanderbrechen von Kontinenten die „Geburt" der meisten Ozeane bedeutet. Das trifft ganz klar auf den Atlantischen Ozean zu, der sich bildete, als sich die beiden amerikanischen Kontinente von Europa und Afrika wegbewegten. Es gilt auch für den Indischen Ozean, der sich entwickelte, als Afrika durch eine Grabenbruchbildung von der Antarktis und von Indien getrennt wurde.

13.7.1 Die Entwicklung eines Ozeanbeckens

Die Entwicklung eines Ozeanbeckens beginnt mit der Bildung eines **kontinentalen Grabenbruchs**, einer lang gestreckten Senke, in welcher die Lithosphäre in ihrer gesamten Mächtigkeit deformiert wurde. Zu den Beispielen für kontinentale Grabenbruchbildung gehören der Ostafrikanische Graben, der Baikal-Graben, der Rheintalgraben und die Basin and Range-Provinz in den westlichen Vereinigten Staaten. Es scheint so, als würde sich die kontinentale Grabenbruchbildung unter verschiedenartigen tektonischen Bedingungen bilden und mitunter zum Auseinanderbrechen der Landmassen führen.

Unter Bedingungen, bei welchen die Grabenbruchbildung weiter voranschreitet, verwandelt sich das Grabensystem in ein junges, schmales Ozeanbecken, wie es durch das heutige Rote Meer veranschaulicht ist. Schließlich lässt die Ozeanbodenspreizung ein voll entwickeltes Ozeanbecken entstehen, das von Kontinentalrändern mit Grabensenken umgrenzt wird. Der Atlantische Ozean ist ein gutes Beispiel dafür. Im Folgenden soll dieses Modell der Ozeanbeckenentwicklung an modernen Beispielen mit verschiedenen Entwicklungsstufen der Grabenbildung diskutiert werden.

Das ostafrikanische Grabenbruchsystem Das ostafrikanische Grabenbruchsystem ist ein Beispiel für ein aktives kontinentales Grabenbruchsystem, das sich in einer Länge von etwa 3.000 Kilometer durch Ostafrika ausdehnt. Der Ostafrikanische Graben besteht nicht nur aus einem einzelnen Graben, sondern aus mehreren in gewisser Weise miteinander verbundenen Grabensenken, die sich in einen östlichen und einen westlichen Abschnitt um den Viktoriasee aufteilen (▶Abbildung 13.20). Ob sich dieser Grabenbruch zu einem Spreizungszentrum entwickeln wird, wobei sich die Somalische Subplatte vom afrikanischen Kontinent trennen wird, ist noch Gegenstand der Diskussionen.

Die jüngste Phase der Grabenbruchbildung begann vor 20 Millionen Jahren, als Aufwallungen im Mantel die Basis der Lithosphäre kraftvoll intrudierten (▶Abbildung 13.21A). Die durch Auftrieb verursachte Hebung der aufgeheizten Lithosphäre führte zur Entstehung einer Kuppel in der Kruste. Als Folge davon zerbrach die obere Kruste entlang einer steilwinkligen Abschiebung, wobei nach unten verworfene Blöcke oder Gräben entstanden, während die untere Kruste durch duktile Dehnung verformt wurde (▶Abbildung 13.21B). Deswegen ähnelt dieses kontinentale Grabenbruchsystem sehr den Gräben, die man entlang von langsamen Spreizungszentren vorfindet.

In seiner frühen Entstehungsgeschichte intrudierte Magma, das durch Dekompression aus dem aufsteigenden Mantle Plume ausgeschmolzen wurde, die Kruste. Ein Teil des Magmas wanderte entlang von Brüchen und floss an der Oberfläche aus. Es entstanden extensive Basaltströme sowie Vulkankegel innerhalb des Grabens – manche davon bildeten sich mehr als 100 Kilometer von der Grabenachse entfernt. Beispiele dafür sind der Kilimandscharo, der sich mit fast 6.000 Meter Höhe als höchster Punkt Afrikas hoch über die Serengeti-Ebene erhebt, und Mount Kenia.

Das Rote Meer In der Forschung nimmt man an, dass sich eine Grabensenke verlängert und ausdehnt und schließlich über den Rand des Kontinents hinausgeht und ihn dabei in zwei Teile spaltet, falls die Zugkräfte aufrechterhalten bleiben (▶Abbildung 13.21C). Zu diesem Zeitpunkt wird sich der kontinentale Graben zu einem schmalen, linearen Meer mit einer Öffnung zum Ozean entwickelt haben, ähnlich wie das Rote Meer.

Divergente Plattengrenzen: Ursprung und Entwicklung des Ozeanbodens

EXKURS 13.3 – DIE ERDE ALS SYSTEM

■ Hydrothermale Tiefseeschlote*

In einem abgedunkelten, mit Computern bestückten Raum sitzt eine Gruppe von Geologen, Biologen und Chemikern und starrt gebannt auf einen Videomonitor, auf dem erstaunliche Bilder von gigantischen, rauchenden, kaminartigen Gesteinsformationen und einer Vielfalt an bizarren Tieren zu sehen sind. Ist dies eine Szene aus einem aktuellen Hollywood-Science-Fiction-Blockbuster? Nein, es ist eine typische Szene aus einem modernen Forschungsschiff, das sich 250 Kilometer südwestlich von Vancouver Island befindet. Die Bilder werden von einem kanadischen, ferngesteuerten Gefährt RO-POS (Remotely Operated Platform for Ocean Science) an das Schiff weitergegeben, während sich das Gefährt zwei Kilometer unter der Wasseroberfläche befindet und den Juan de Fuca-Rücken untersucht. Diese Gebirgskette am Ozeanboden wurde aktiv durch das Auseinanderziehen der Pazifischen und der Juan de Fuca-Platten hervorgerufen, wo die Produktion von neuer ozeanischer Kruste durch aufwallendes Magma erfolgt.

Entlang von Ozeanischen Rücken wie dem Juan de Fuca-Rücken bewegt sich kaltes Meerwasser mehrere Hundert Meter tief in die stark zerklüftete basaltische Kruste, wo es durch die Magmenquelle erhitzt wird. Auf seinem Weg nimmt das Wasser Metalle und Elemente wie Schwefel vom Umgebungsgestein auf. Die aufgeheizten Fluide neigen dazu, aufgrund der Konvektion, durch Verbindungsröhren und Klüfte, die sich entlang des Rückens konzentrieren, aufzusteigen. Wenn die Fluide die Oberfläche der Kruste erreichen, können sie über 400°C heiß sein, sie kochen aber aufgrund des extrem hohen Drucks durch die Wassersäule oberhalb der Schlote nicht. Kommen diese hydrothermalen Fluide in Kontakt mit dem viel kälteren Meerwasser, fallen die Minerale unverzüglich aus und bilden eine schillernde, rauchähnliche Wolke aus, was diesen Gebilden den Namen „*Schwarzer Raucher*" (*Black Smoker*) gibt (▶ Abbildung 13.D). Manche Minerale verfestigen sich augenblicklich und tragen zu den eindrucksvollen kaminartigen Strukturen bei, die

Abbildung 13.D: Ein Schwarzer Raucher entlang des Ostpazifischen Rückens spuckt heißes, mineralreiches Wasser. Trifft die aufgeheizte Lösung auf das kalte Meerwasser, fallen unmittelbar Kupfer-, Eisen- und Zinksulfide aus und bilden Mineralhügel um diese Schlote herum. (Foto: Dudley Foster, Woods Hole Oceanographic Institution)

Das Rote Meer entstand, als sich die arabische Halbinsel vor etwa 20 Millionen Jahren durch einen Graben von Afrika abzuspalten begann. Steile Verwerfungshänge, die sich 3 Kilometer hoch über den Meeresspiegel erheben, flankieren die Ränder dieses Gewässers. Deswegen ähneln die Felswände, die das Rote Meer umgeben, den Klippen, die den Ostafrikanischen Grabenbruch begrenzen. Zwar erreicht das Rote Meer nur an manchen Stellen ozeanische Tiefen (bis zu 5 Kilometer), die symmetrischen Magnetstreifen weisen aber darauf hin, dass eine typische Ozeanbodenspreizung in den letzten 5 Millionen Jahren stattgefunden hat.

Der Atlantische Ozean Setzt sich die Spreizung fort, wird das Rote Meer breiter werden und einen erhöhten Ozeanrücken entwickeln, ähnlich dem Mittelatlantischen Rücken (▶ Abbildung 13.21D). Während neue ozeanische Kruste den divergierenden Platten hinzugefügt wird, bewegen sich die Kontinentalränder sehr langsam voneinander fort. Als Folge davon werden die auseinandergerissenen Kontinentalränder,

13.7 Kontinentale Grabenbildung: Die Entstehung eines neuen Ozeanbeckens

so hoch wie ein 15-stöckiges Gebäude sein können und mit passenden Namen wie „*Godzilla*" und „*Inferno*" belegt wurden. In manchen Fällen enthalten diese Kamine konzentrierte Mengen an Eisen, Kupfer, Zink, Blei, Silber und sogar Gold.

Die Juan de Fuca-Schlote sind auch für die Biologie von Bedeutung. In diesen Milieus, in totaler Finsternis, ziehen Mikroorganismen Nutzen aus den mineralreichen hydrothermalen Fluiden, um Chemosynthese zu betreiben. Die Mikrobengemeinschaft ernährt wiederum größere, komplexere Tiere wie Fische, Krabben Würmer, Miesmuscheln und Venusmuscheln. Manche Arten findet man nirgendwo anders auf der Erde, nur an diesen Schloten. Die berühmtesten und vielleicht einzigartigsten sind die Bartwürmer (Röhrenwürmer) (▶ Abbildung 13.E). Diese Kreaturen mit ihren weißen Chitinröhren und den leuchtend roten Körpern, sind vollständig von Bakterien abhängig, die in ihrem *Trophosom* wachsen – ein inneres Organ, das zum Abweiden von Bakterien angelegt ist. Diese *symbiotischen* Bakterien sind vollständig von den Bartwürmern abhängig, da sie den Bakterien das passende Habitat bieten, und versorgen im Gegenzug die Bartwürmer mit Zellbausteinen aus Kohlenstoff.

Die Sorge um die mögliche Zerstörung dieses einzigartigen Ökosystems durch Probennahmen von Wissenschaftlern, anwachsenden Ökotourismus oder die mögliche Ausbeutung biologischer und mineralogischer Ressourcen bewog die kanadische Regierung kürzlich dazu, einen Teil der hydrothermalen Schlote von Juan de Fuca zu Kanadas erster Meeresschutzzone (MPA = Marine Protected Area) zu erklären. Diese Benennung setzt erzwingbare Bestimmungen in Kraft, um das Gebiet und seine Meeresorganismen zu erhalten und zu schützen, aber dabei weiterführende wissenschaftliche Untersuchungen dieses einzigartigen und bemerkenswerten Ökosystems zu fördern, das in „Kanadas Hinterhof" liegt.

* Dieser Exkurs stammt von Richard Leveille, Forschungswissenschaftler an der Universität von Quebec, Montreal, Kanada.

Abbildung 13.E: Bis zu drei Meter lange Bartwürmer gehören zu den Organismen, die man in den extremen Milieus der hydrothermalen Schlote entlang von Ozeanischen Rücken findet, dort wo niemals das Sonnenlicht hinkommt. Diese Organismen ernähren sich von den in ihrem Inneren lebenden bakterienähnlichen Organismen, die ihrerseits ihre Nahrung und ihre Energie durch Chemosynthese erhalten. (Foto: Al Giddings Images, Inc.)

die sich einst über der aufwallenden Region befanden, nun zum Inneren der wachsenden Platten transportiert. Als Folge kühlt sich die kontinentale Lithosphäre ab. Sie zieht sich zusammen und sinkt ab, während sie sich von der Wärmequelle wegbewegt.

Mit der Zeit werden die Kontinentalränder unter den Meeresspiegel sinken. Gleichzeitig erodiert Material von den benachbarten Landmassen und wird auf der verworfenen Topographie des untergetauchten Kontinentalrands abgelagert. Schließlich akkumuliert das Material und bildet einen mächtigen, breiten Keil von relativ ungestörten Sedimenten und Sedimentgestein. Rufen Sie sich ins Gedächtnis zurück, dass Kontinentalränder dieses Typs *passive Kontinentalränder* genannt werden. Da passive Kontinentalränder nicht mit Plattengrenzen vergesellschaftet sind, treten dort wenig Vulkanismus und wenige Erdbeben auf. Erinnern Sie sich auch daran, dass dies nicht der Fall war, wenn Lithosphärenblöcke die Flanken eines Kontinentalgrabens bilden.

13 Divergente Plattengrenzen: Ursprung und Entwicklung des Ozeanbodens

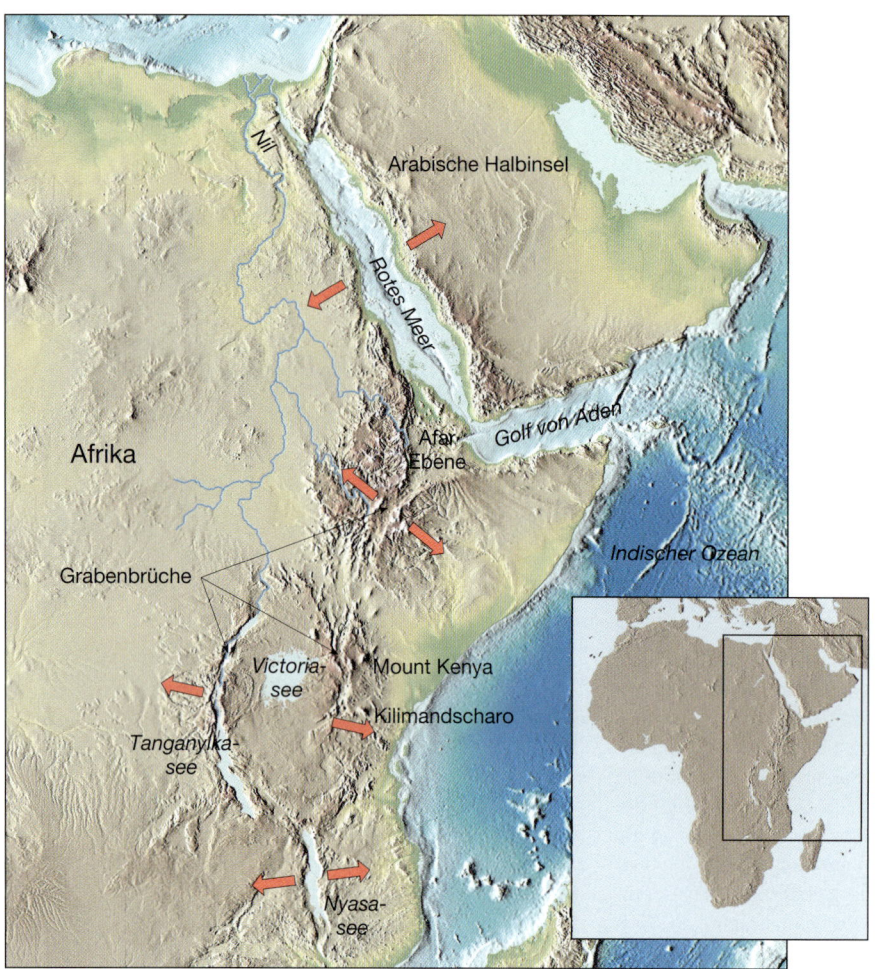

Abbildung 13.20: Der ostafrikanische Grabenbruch und die damit vergesellschafteten Strukturen.

Nicht alle kontinentalen Grabenbrüche werden zu voll entwickelten Spreizungszentren. Quer durch die Vereinigten Staaten, von Lake Superior bis nach Zentralkansas, verläuft ein „erfolgloser" Graben (▶ Abbildung 13.22). Dieser einst aktive Grabenbruch ist mit Vulkangestein aufgefüllt, das auf die Kruste vor mehr als 1 Milliarde Jahren ausfloss. Warum sich ein Grabenbruch zu einem aktiven Spreizungszentrum entwickelt, während andere stillgelegt werden, ist bisher unbekannt.

13.7.2 Mechanismen der kontinentalen Grabenbruchbildung

Es scheint so, als hätten Superkontinente in der geologischen Vergangenheit sporadisch existiert. Pangäa, der letzte in jüngster Vergangenheit, wurde zu einem Superkontinent zwischen 450 Millionen Jahren und 230 Millionen Jahren zusammengesetzt, nur um kurz darauf wieder auseinanderzubrechen. Deswegen vermuten Geologen, dass die Bildung eines Superkontinents, gefolgt von einer Aufspaltung in Kontinente, ein integraler Bestandteil der Plattentektonik sein müsse. Außerdem muss dieses Phänomen eine große Veränderung in der Richtung und den Eigenschaften von Kräften, die die Plattenbewegung antreiben, einbeziehen. Anders ausgedrückt, über lange geologische Zeitperioden hinweg scheinen die Kräfte, die die Plattenbewegungen antreiben, die Krustenfragmente zu einem einzigen Superkontinent anzuordnen, nur um wieder ihre Richtungen zu ändern und sie wieder auseinanderzutreiben. Man hat zwei Mechanismen für die Bildung kontinentaler Grabenbrüche vorgeschlagen – Plumes von heißem, beweglichem Gestein, die vom tiefen Mantel aufsteigen, und Kräfte, die bei den Plattenbewegungen entstehen.

Mantle Plumes und Schwerkraftgleitung Rufen Sie sich ins Gedächtnis zurück, dass Mantle Plumes aus heißerem Mantelgestein als normales Mantelgestein bestehen. Ihr oberer Abschnitt ähnelt einem pilzförmigen Kopf mit einem Durchmesser von Hunderten von Kilometern und ihr unterer Abschnitt weist einen

13.7 Kontinentale Grabenbildung: Die Entstehung eines neuen Ozeanbeckens

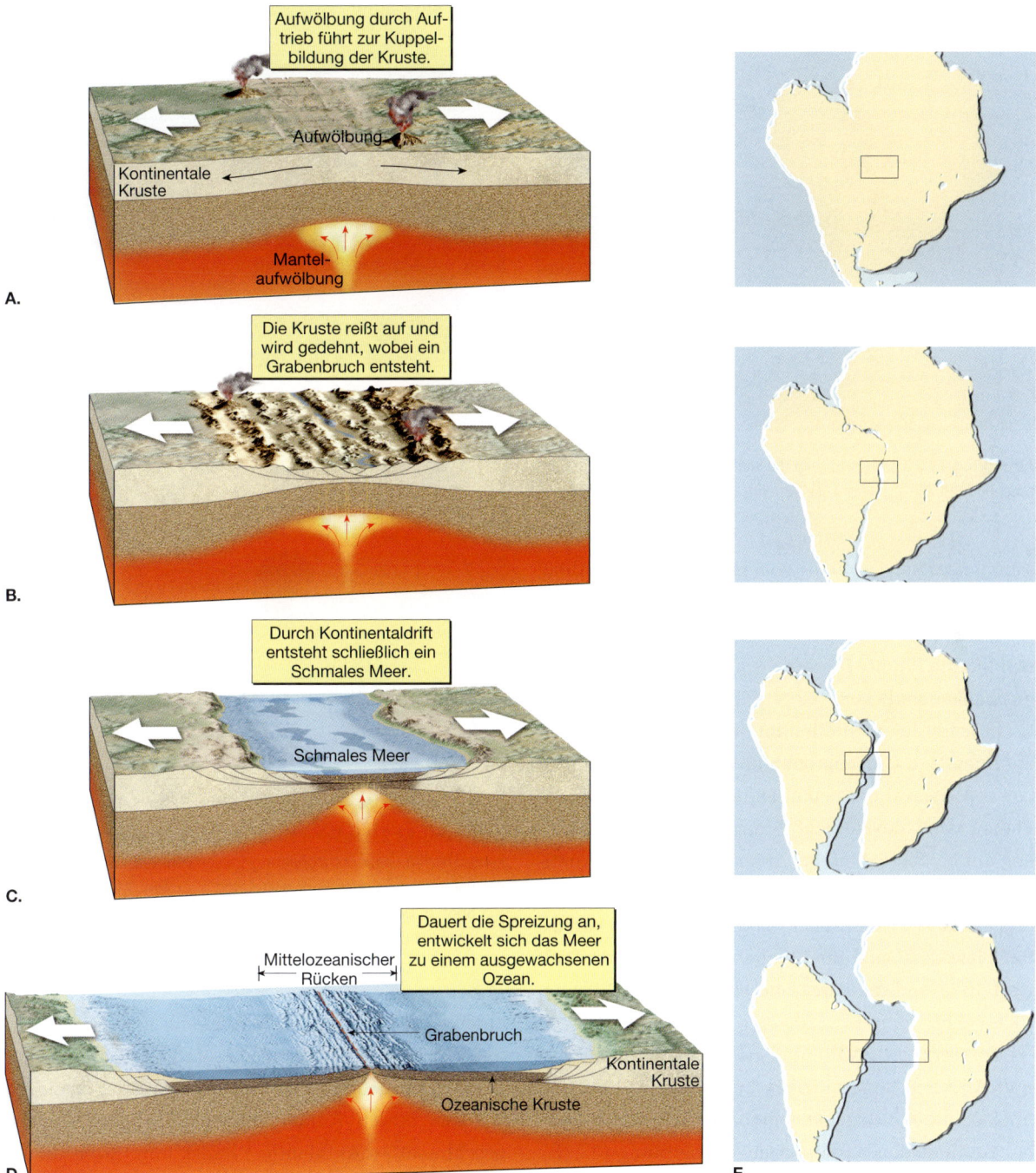

Abbildung 13.21: Die Bildung eines Ozeanbeckens. **A.** Zugkräfte und Hebung der aufgeheizten Lithosphäre durch Auftrieb lassen entlang von Abschiebungen die obere Kruste zerbrechen, während die untere Kruste durch duktile Dehnung verformt wird. **B.** Beim Auseinanderziehen der Kruste sinken große Gesteinsschollen ab und bilden eine Grabenzone. **C.** Durch weitere Spreizung entsteht ein schmales Meer. **D.** Schließlich entwickelte sich ein ausgedehntes Ozeanbecken und Rückensystem. **E.** Die Trennung von Südamerika und Afrika und der dabei entstehende Atlantik.

langen, aber schmalen Schaft auf, den sie hinter sich nachziehen. Nähert sich der Kopf des Plume der Basis der Lithosphäre, dehnt er sich seitlich aus. Eine Dekompressionsaufschmelzung innerhalb des Plume-Kopfs bildet riesige Volumen basaltischen Magmas, das aufsteigt und Vulkanismus an der Oberfläche hervorruft. Daraus entsteht eine vulkanische Region, ein sogenannter Hot Spot, dessen Größe mehr als 2.000 Kilometer betragen kann.

Forscher nehmen an, dass Mantle Plumes dazu neigen könnten, sich unter einem Superkontinent zu konzentrieren, da die große Landmasse, sobald sie zu-

Abbildung 13.22: Die Karte zeigt die Stelle einer erfolglosen Grabenbruchbildung, die sich vom Lake Superior bis nach Kansas ausdehnt.

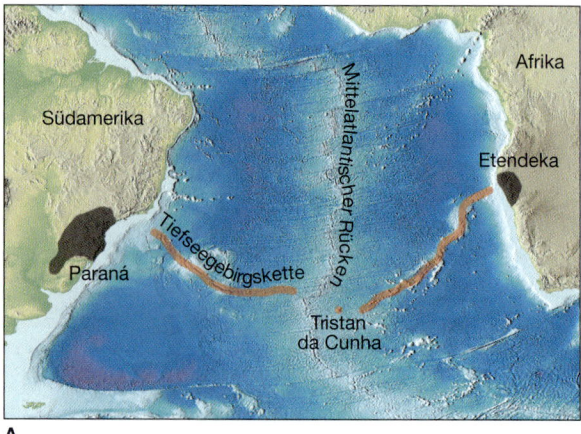

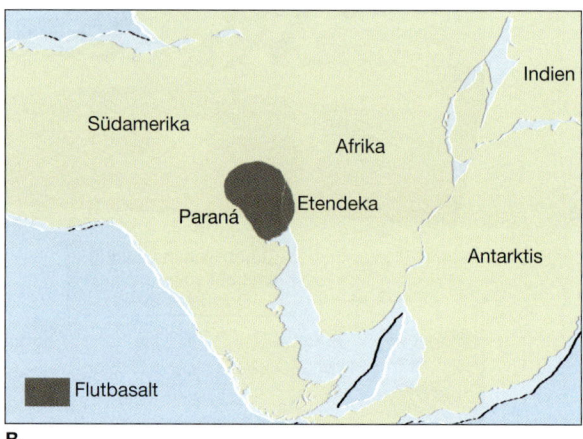

Abbildung 13.23: Indizien für die Rolle, die Mantle Plumes bei der kontinentalen Grabenbruchbildung spielen könnten. **A**. Die Beziehung der Paraná- und Etendeka-Basaltplateaus zu dem Tristan da Cunha-Hot Spot. **B**. Die Position dieser Basaltplateaus vor 130 Millionen Jahren, gerade bevor der Atlantik sich zu öffnen begann.

sammengesetzt ist, eine isolierende „Decke" bildet, die die Wärme des Mantels gefangenhält. Der daraus entstehende Temperaturanstieg würde zur Entstehung von Mantle Plumes führen, die als Wärmeverteilungsmechanismen dienen.

Indizien für die Rolle, die Mantle Plumes bei der kontinentalen Grabenbruchbildung spielen, stammen von passiven Kontinentalrändern, den ehemaligen Stellen von Grabenbruchbildung. In mehreren Regionen auf beiden Seiten des Atlantiks gingen der kontinentalen Grabenbruchbildung die Hebung der Kruste und massives Ausströmen basaltischer Lava voraus. Beispiele dazu sind die Etendeka-Flutbasalte in Südwestafrika und die Paraná-Basaltprovinz in Südamerika (▶ Abbildung 13.23A).

Vor etwa 130 Millionen Jahren, als Südamerika und Afrika in einer einzigen Landmasse zusammenhingen, bildeten ungeheuer große Lavaergüsse ein großes kontinentales Basaltplateau (▶ Abbildung 13.23B). Kurz nach diesem Ereignis begann sich der Südatlantik zu öffnen und spaltete die Basaltprovinz in das Etendeka- und das Paraná-Plateau. Mit der Vergrößerung des Ozeanbeckens bildete der Schaft des Plume eine Kette von Tiefseebergen beidseitig des neu entstandenen Rückens (Abbildung 13.23A). Das heutige Gebiet der Hot Spot-Aktivität befindet sich mit seinem Zentrum bei der Vulkaninsel Tristan da Cunha, die auf dem Mittelatlantischen Rücken liegt.

Vor etwa 60 Millionen Jahren, so nimmt man an, löste ein weiterer Mantle Plume die Abspaltung Grönlands von Nordeuropa aus. Vulkanische Gesteine, die mit dieser Aktivität in Verbindung standen, weisen eine Verbreitung von Ostgrönland bis nach Schottland auf. Der Hot Spot, der mit diesem Ereignis in Verbindung stand, befindet sich gegenwärtig unter Island.

Aus diesen Untersuchungen haben Geologen geschlossen, dass Mantle Plumes eine Rolle in der Entwicklung von mindestens einigen kontinentalen Grabenbruchbildungen gespielt haben. In diesen Regionen begann die Bruchbildung, wenn ein Mantle Plume die Basis der Lithosphäre erreicht hatte und sich dadurch die darüber liegende Kruste aufwölbte und an Festigkeit verlor. Wird die Kruste durch Auftrieb gehoben, wird sie gedehnt und entwickelt Gräben, ähnlich denen in Ostafrika. Gleichzeitig führt die Aufschmelzung durch Druckentlastung zu enormen Lavaergüssen. Auf diese Episoden magmatischer Aktivität folgte die Öffnung eines Ozeanbeckens. Der Mechanismus, der für die Grabenbruchbildung angenommen wurde, ist die Schwerkraftgleitung aufgrund der Hebung, die durch den Auftrieb des Mantle Plumes verursacht wurde.

Plattenzug und Plattensog Man ist sich darüber einig, dass Spannungskräfte, die Gesteinseinheiten tendenziell strecken oder auseinanderziehen, erforderlich sind, um einen Kontinent zu zerlegen. Aber woher stammen diese Kräfte?

Erinnern Sie sich daran, dass alte ozeanische Lithosphäre subduziert wird, weil sie dichter ist als die darunterliegende Asthenosphäre. Ein Kontinent wird in einer Situation, in der er einer subduzierten Scholle ozeanischer Lithosphäre anhaftete, zum Graben hingezogen. Auch verlagert sich die absinkende Plattenzunge (der „Slab") ozeanwärts zurück, so dass Raum für den Kontinent frei wird. Doch Kontinente liegen auf dicken Abschnitten des lithosphärischen Mantels. Deswegen scheinen sie dem Abschleppen entgegenzuhalten, wobei Zugspannung entsteht, die die Kruste dehnt und ausdünnt. Ob „Plattenzug" einen Kontinent auseinanderreißen kann, wird noch untersucht. Möglicherweise tragen andere Faktoren, einschließlich der Anwesenheit von Hot Spots oder innewohnende Schwachstellen in der Kruste, beispielsweise große Verwerfungszonen, zur Grabenbruchbildung bei.

Forscher haben vorgeschlagen, dass sich die beiden amerikanischen Kontinente während des Auseinanderbrechens von Pangäa von Europa und Afrika durch eine andere Kraft, den Plattensog („Slab Suction"), abgespalten haben. Erinnern Sie sich daran, dass eine absinkende, kalte ozeanische Scholle eine Strömung in der Asthenosphäre induziert, die die überschiebende Platte zum zurückweichenden Graben zieht (▶ Abbildung 13.24).

Während des Auseinanderbrechens von Pangäa erstreckte sich eine Subduktionszone entlang des gesamten westlichen Kontinentalrands von Nord- und Südamerika. Mit der Entwicklung der Subduktionszone zog sich der Graben langsam westwärts in Richtung eines Spreizungszentrums im Pazifik zurück. Zu den rezenten Überresten dieser Subduktionszone gehören der Peru-Chile-Graben, der Zentralamerikanische Graben und die Cascadia-Subduktionszone (siehe Abbil-

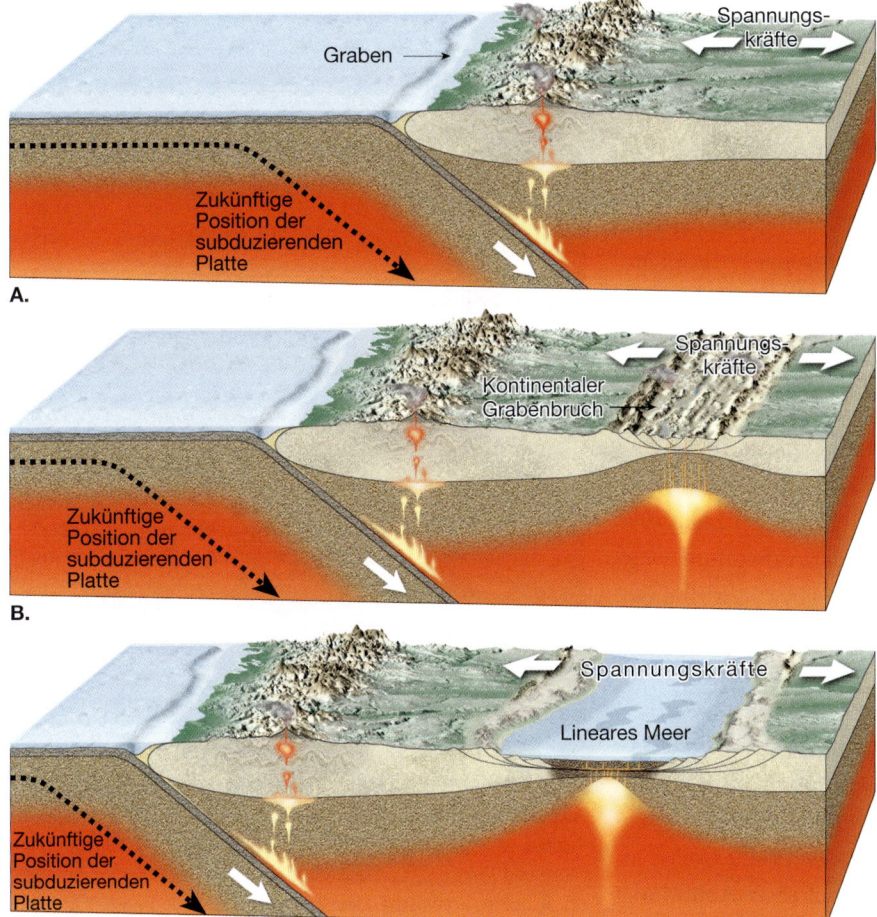

Abbildung 13.24: Darstellung, wie durch das Zurückweichen oder Rückgängigmachen eines Grabens eine „Slab Suction"-Kraft entsteht, von der man annimmt, dass sie zum Auseinanderbrechen eines Kontinents beiträgt.

dung 13.9). „Slab Suction" entlang des gesamten westlichen Kontinentalrands der beiden amerikanischen Kontinente könnte die Spannungskräfte verursacht haben, die Pangäa auseinanderrissen.

Zusammenfassend kann man sagen, dass kontinentale Grabenbruchbildung auftritt, wenn eine Landmasse unter Spannung steht, die die Lithosphäre streckt und ausdünnt. Dieser Mechanismus könnte durch eine Serie von Hot Spots unterstützt werden, die die Kruste schwächen und emporwölben.

Die Zerstörung ozeanischer Lithosphäre 13.8

Es wird zwar an divergenten Plattengrenzen kontinuierlich neue Lithosphäre produziert, doch die Erdoberfläche wird nicht größer. Um die Menge an neu entstandener Lithosphäre auszugleichen, muss es einen Prozess geben, durch welchen die Platten zerstört werden. Rufen Sie sich ins Gedächtnis zurück, dass das an *konvergenten Plattengrenzen* geschieht, die man auch *Subduktionszonen* nennt.

13.8.1 Warum die ozeanische Lithosphäre subduziert

Der Prozess der Plattensubduktion ist komplex und über das letztendliche Schicksal der ozeanischen Lithosphäre wird noch debattiert. Mit einiger Sicherheit ist bekannt, dass eine Scholle ozeanischer Lithosphäre deswegen abtaucht, weil ihre Dichte insgesamt größer ist als die des darunter liegenden Mantels. Erinnern Sie sich daran, dass die ozeanische Kruste bei ihrer Entstehung entlang eines Ozeanischen Rückens warm ist und Auftrieb besitzt, eine Tatsache, die sich darin äußert, dass der Ozeanische Rücken gegenüber den Tiefseebecken erhöht ist. Bewegt sich die ozeanische Lithosphäre von diesem Ort warmer Aufwallung weg, kühlt sie ab und wird dicker. Nach etwa 15 Millionen Jahren scheint eine Scholle ozeanischer Lithosphäre dichter zu sein als die sie stützende Asthenosphäre. In Teilen des Westpazifiks ist manche ozeanische Lithosphäre beinahe 180 Millionen Jahre alt. Sie stellt damit die mächtigste und älteste ozeanische Lithosphäre in den heutigen Ozeanen dar. Die subduzierenden Schollen tauchen in dieser Region typischerweise in Winkeln von fast 90° in den Mantel ab (▶ Abbildung 13.25A). Stellen, an welchen die Platten mit derart steilen Winkeln subduziert werden, findet man vergesellschaftet mit dem Tonga-, dem Marianen- und dem Kurilen-Graben.

Liegt ein Spreizungszentrum in der Nähe einer Subduktionszone, ist die ozeanische Lithosphäre noch jung und deswegen warm und besitzt Auftrieb. Deswegen ist der Winkel des Abtauchens bei diesen Platten klein (▶ Abbildung 13.25B). Es ist sogar möglich, dass ozeanische Lithosphäre von einer kontinentalen Landmasse überschoben wird, bevor sie genügend abgekühlt ist, um gleich subduziert zu werden. In diesem Fall könnte die ozeanische Scholle so viel Auftrieb besitzen, dass sie sich horizontal unter den kontinentalen Lithosphärenblock schiebt, statt in den Mantel zu versinken. Dieses Phänomen wird **Buoyant-Subduktion** (negative isostatische Subduktion, Subduktion unter Auftrieb) genannt. Von schwimmenden Schollen glaubt man, dass sie schließlich absinken, wenn sie genügend abgekühlt sind und ihre Dichte angewachsen ist.

Man sollte sich merken, dass es der unter der ozeanischen Kruste liegende lithosphärische Mantel ist, der die Subduktion antreibt. Sogar wenn die ozeanische Kruste relativ alt ist, beträgt ihre Dichte 3,0 g/cm³,

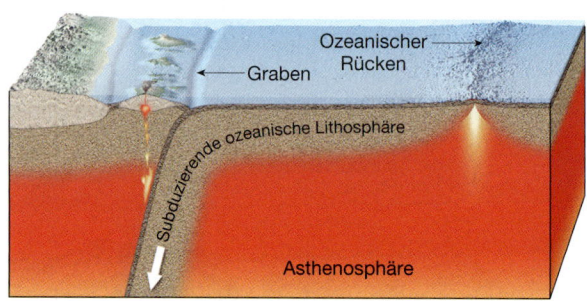

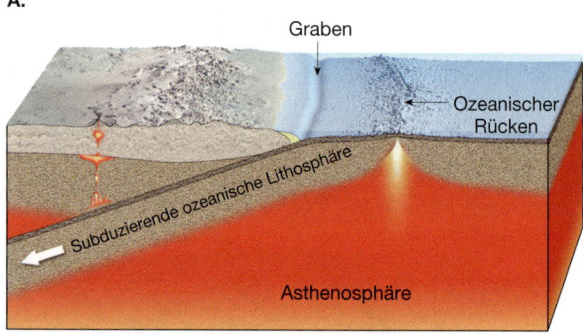

Abbildung 13.25: Der Winkel, mit dem ozeanische Lithosphäre in Asthenosphäre absinkt, hängt von ihrer Dichte ab. **A.** In Teilen des Pazifiks ist manche ozeanische Lithosphäre älter als 160 Millionen Jahre und sinkt typischerweise in den Mantel mit Winkeln nahe 90° ab. **B.** Junge ozeanische Lithosphäre ist warm und besitzt Auftrieb; deswegen neigt sie dazu, mit flachen Winkeln zu subduzieren.

was weniger als die Dichte der darunterliegenden Asthenosphäre mit 3,2g/m³ ist. Nur weil kalter lithosphärischer Mantel dichter als die warme Asthenosphäre ist, die ihn stützt, tritt Subduktion auf.

An manchen Stellen ist die ozeanische Kruste ungewöhnlich dick, da sie eine Kette von Tiefseebergen umfasst. Hier könnte die Lithosphäre genügend Krustenmaterial und demzufolge Auftrieb besitzen, um Subduktion zu verhindern oder zumindest zu modifizieren. Das scheint so in zwei Gebieten entlang des Peru-Chile-Grabens zu sein, wo die Abtauchwinkel ziemlich flach, etwa 10° bis 15°, sind. Bei flachen Abtauchwinkeln tritt oft eine starke Wechselwirkung zwischen der absinkenden Scholle und der überschiebenden Platte auf. Folglich kommt es in diesen Gebieten gehäuft zu starken Erdbeben.

Man hat auch festgestellt, dass ungewöhnlich mächtige Einheiten von ozeanischer Kruste, mit einem Umfang von mehr als 30 Kilometer, wahrscheinlich nicht subduzieren. Ein Beispiel dafür ist das Ontong-Java-Plateau, ein mächtiges ozeanisches Basaltplateau im Westpazifik. Vor etwa 20 Millionen Jahren erreichte dieses Plateau den Graben, der die Grenze zwischen subduzierender Pazifischer Platte und überschiebender Australisch-Indischen Platte bildete. Das Ontong-Java-Plateau hatte offensichtlich zu viel Auftrieb, um subduziert zu werden, verstopfte den Graben und legte die Subduktionszone an dieser Stelle still. Wir werden im nächsten Kapitel betrachten, was möglicherweise mit Krustenbruchstücken geschieht, die zu viel Auftrieb besitzen, um subduziert zu werden.

13.8.2 Subduzierende Platten: Der Untergang eines Ozeanbeckens

Geologen begannen mithilfe der Magnetstreifen und Bruchzonen auf dem Ozeanboden, die Bewegung der Platten in den letzten 200 Millionen Jahren zu rekonstruieren. Durch diese Arbeit entdeckten sie, dass entlang von Subduktionszonen Teile von Ozeanen oder sogar ganze Ozeanbecken zerstört wurden. Beachten Sie beispielsweise beim Auseinanderbrechen von Pangäa (Abbildung 2.A), dass die Afrikanische Platte rotierte und sich nordwärts bewegte. Schließlich kollidierte der nördliche Rand Afrikas mit der Eurasischen Platte. Bei diesem Ereignis wurde der Ozeanboden der dazwischenliegenden Tethys fast vollständig vernichtet und nur das heutige Mittelmeer blieb davon übrig.

Rekonstruktionen vom Auseinanderbrechen Pangäas halfen den Forschern auch, die Vernichtung der Farallon-Platte zu verstehen – eine große ozeanische Platte, die einst einen großen Teil des Ostpazifischen Beckens ausmachte. Vor dem Auseinanderbrechen befanden sich die Farallon-Platte und eine oder zwei kleinere Platten gegenüber der Pazifischen Platte auf der östlichen Seite eines Spreizungszentrums, das in der Nähe des Zentrums des Pazifischen Beckens angelegt war. Ein rezentes Überbleibsel dieses Spreizungszentrums, das beide, die Farallon- und die Pazifische Platte hervorbrachte, ist der Ostpazifische Rücken.

Mit dem Beginn vor 180 Millionen Jahren wurden die Amerikanischen Platten durch Ozeanbodenspreizung im Atlantik nach Westen getrieben. Demzufolge wanderten die konvergenten Plattengrenzen, die sich entlang der Westküsten von Nord- und Südamerika bildeten, langsam westwärts relativ zum Spreizungszentrum im Pazifik. Die Farallon-Platte subduzierte schneller unter die Amerikanischen Platten, als sie erzeugt wurde, und wurde kleiner und kleiner (▶Abbildung 13.26). Während das Oberflächengebiet kleiner wurde, zerbrach es in kleine Stücke, wobei manche davon ganz subduzierten. Die übrig gebliebenen Bruchstücke der einst gewaltigen Farallon-Platte sind die Juan de Fuca-Platte, die Cocos-Platte und die Nazca-Platte.

Studenten fragen manchmal ...

In der Vorlesung behaupteten Sie, dass ozeanische Lithosphäre nach etwa 15 Millionen Jahren genügend abgekühlt ist, um dichter zu sein als die darunterliegende Asthenosphäre. Warum beginnt sie dann nicht zu subduzieren?

Die Platten-Mantel-Konvektion ist viel komplizierter als der klassische Konvektionsstrom, der sich entwickelt, wenn eine Flüssigkeit von unten erhitzt wird. In einer konvektiven Flüssigkeit sinkt das Material ab, das sich oben abgekühlt hat und dichter geworden ist als das Material darunter. In der Platten-Mantel-Konvektion ist die obere Grenzschicht-Lithosphäre ein starrer Festkörper. Um eine neue Subduktionszone zu entwickeln, muss irgendwo in der Lithosphärenscholle ein Gebiet mit weniger Festigkeit existieren. Zudem muss der negative Auftrieb der Lithosphäre groß genug sein, um die Festigkeit der kalten, starren Platte zu übersteigen. Anders ausgedrückt, müssen die Kräfte, die auf eine Platte einwirken, um einen Teil davon zu subduzieren, groß genug sein, um die Platte zu verbiegen.

13 Divergente Plattengrenzen: Ursprung und Entwicklung des Ozeanbodens

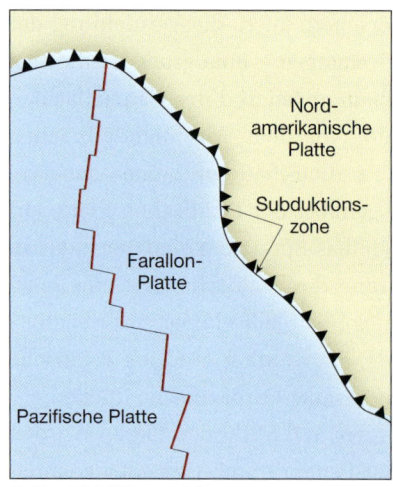
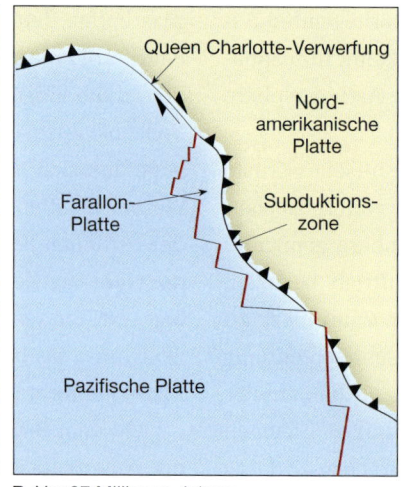
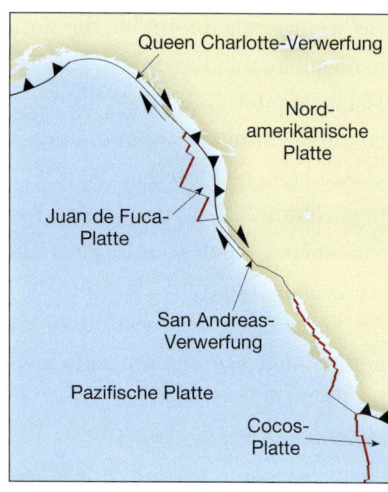

A. Vor 56 Millionen Jahren   **B.** Vor 37 Millionen Jahren   **C.** Heute

Abbildung 13.26: Vereinfachte Darstellung vom Ende der Farallon-Platte, die einst entlang des westlichen Kontinentalrands der beiden amerikanischen Kontinente verlief. Die Farallon-Platte subduzierte schneller, als sie erzeugt wurde, und wurde kleiner und kleiner. Die übrig gebliebenen Bruchstücke der einst gewaltigen Farallon-Platte sind die Juan de Fuca-Platte, die Cocos-Platte und die Nazca-Platte.

Während die Farallon-Platte schrumpfte, wuchs die Pazifische Platte an und breitete sich auf die Amerikanischen Platten aus. Vor etwa 30 Millionen Jahren erreichte ein Teil des Ostpazifischen Rückens die Subduktionszone, die einst vor der Küste Kaliforniens lag (Abbildung 13.16B). Mit der Subduktion dieses Spreizungszentrums in den kalifornischen Graben zerstörten sich diese Strukturen gegenseitig und wurden durch ein neu entstandenes Transformstörungssystem ersetzt, das die Ausgleichsbewegungen zwischen der Nordamerikanischen Platte und der Pazifischen Platte beherbergt. Je mehr vom ozeanischen Rücken subduziert wurde, umso weiter breitete sich das Transformstörungssystem, das wir heute San Andreas-Verwerfung nennen, durch Westkalifornien aus (Abbildung 13.26). Weiter nördlich brachte ein ähnliches Ereignis die Queen Charlotte-Transformstörung hervor.

Folglich liegt ein Großteil der heutigen Plattengrenzen zwischen der Pazifischen und der Nordamerikanischen Platte entlang von Transformstörungen, die sich innerhalb des Kontinents befinden. In den Vereinigten Staaten (außerhalb von Alaska) ist die Cascadia-Subduktionszone der einzige, übrig gebliebene Teil der extensiven konvergenten Plattengrenze, die einst entlang der gesamten Westküste verlief. Hier brachte die Juan de Fuca-Platte die Vulkane der Cascade Range hervor.

Heute ist das südliche Ende der San Andreas-Verwerfung mit einem jungen Spreizungszentrum (einer Verlängerung des Ostpazifischen Rückens) verbunden, durch das der Golf von Kalifornien entstand (▶Abbildung 13.27). Aufgrund dieser Veränderung in der Plattengeometrie hat die Pazifische Platte ein Stückchen von Nordamerika (die Baja-Halbinsel) an sich gerissen und trägt es nun nach Nordwesten in Richtung Alaska mit einer Rate von etwa 6 Zentimeter pro Jahr weiter.

Abbildung 13.27: Das Satellitenbild zeigt die Trennung zwischen der Baja-Halbinsel und Nordamerika. (Mit freundlicher Bildgenehmigung der NASA)

Zusammenfassung

Die Bathymetrie des Ozeans wird mithilfe von Echoloten und hochauflösenden Fächerecholoten bestimmt, wobei Schallsignale vom Ozeanboden zurückgeworfen werden. Auf Schiffen installierte Empfänger nehmen die reflektierten Echos auf und messen das Zeitintervall der Signale exakt. Mit dieser Information kann eine Meerestiefe berechnet und aufgetragen werden, um so Karten der Ozeantopographie zu erstellen. Seit kurzem tragen *Satellitenmessungen* des Ozeanbodens Daten zur Kartierung der Ozeanbodenmerkmale bei.

Ozeanographen haben die Topographie des Ozeans untersucht und drei Haupteinheiten festgelegt: *Kontinentalränder*, *Tiefseebecken* und *Ozeanische (Mittelozeanische) Rücken*.

Die Zonen, die insgesamt einen *passiven Kontinentalrand* ausmachen, sind der *Kontinentalschelf* (eine sanft abfallende untergetauchte Oberfläche, die sich von der Küstenlinie bis zum Tiefseebecken erstreckt), der *Kontinentalabhang* (die tatsächliche Kante des Kontinents mit einem steilen Abhang, die vom Kontinentalschelf ins tiefe Wasser führt) und der *Kontinentalfuß* (wenn der relativ steile Kontinentalabhang in eine allmähliche Neigung übergeht). Der Kontinentalfuß besteht aus Sedimenten, die sich vom Kontinentalschelf hangabwärts auf den Tiefseeboden bewegt haben.

Aktive Kontinentalränder befinden sich überwiegend um den Pazifischen Ozean herum, in Gebieten, wo die frontale Kante eines Kontinents die ozeanische Lithosphäre überschiebt. Dort werden Sedimente von der absinkenden Platte abgekratzt und gegen den Kontinent gedrückt, wobei eine Ansammlung aus Sedimenten entsteht, die *Akkretionskeil* genannt wird. Ein aktiver Kontinentalrand hat im Allgemeinen einen schmalen Kontinentalschelf, der allmählich in einen Tiefseegraben übergeht.

Die Tiefseebecken liegen zwischen dem Kontinentalrand und dem Ozeanrückensystem. Sie sind aufgebaut aus *Tiefseegräben* (lange, schmale Senken, die die tiefsten Teile des Ozeans ausmachen und sich dort befinden, wo die Krustenplatten zurück in den Mantel absinken), *Tiefseeebenen* (sie gehören zu den topographisch glattesten Stellen der Erde aus mächtigen Sedimentakkumulationen, die auf den niedrigen, schroffen Teilen des Ozeanbodens durch Turbidite abgelagert wurden), *Tiefseebergen* (Vulkangipfel auf dem Ozeanboden, die in der Nähe von Ozeanrücken in Verbindung mit Hot Spots entstanden sind) und *Ozeanplateaus* (große Flutbasaltprovinzen, ähnlich derer, die man auf den Kontinenten vorfindet).

Die *Ozeanischen (Mittelozeanischen) Rücken*, die Orte der Ozeanbodenspreizung, kommen in allen großen Ozeanen vor und machen mehr als 20 Prozent der Erdoberfläche aus. Sie sind die auffälligsten Erhebungen in den Ozeanen, da sie beinahe durchgehende Schwellen bilden, die sich zwei bis drei Kilometer über den angrenzenden Ozeanboden erheben. Ozeanische Rücken sind durch eine *erhöhte Position*, *extensive Verwerfungen* und *vulkanische Strukturen* gekennzeichnet, die sich auf neu entstandener ozeanischer Kruste entwickelt haben. Ein Großteil der geologischen Aktivität an Ozeanischen Rücken findet entlang einer schmalen Zone, der zentralen Grabenzone, am Rückenkamm statt, wo Magma aus der Asthenosphäre nach oben steigt, um neue Späne ozeanischer Kruste zu bilden. Die Topographie der verschiedenen Segmente der Ozeanischen Rücken wird durch die Ozeanbodenspreizungsrate festgelegt.

Neue ozeanische Kruste wird durch den fortwährenden Prozess der Ozeanbodenspreizung gebildet. Die obere Kruste besteht aus *Pillowlaven* mit basaltischer Zusammensetzung. Unter dieser Lage befinden sich zahlreiche miteinander verbundene gangförmige Intrusionen (*Sheeted Dyke-Komplex*), die von einem mächtigen Gabbrokörper unterlagert werden. Die gesamte Abfolge bezeichnet man als *Ophiolithkomplex*.

Die Entwicklung eines neuen Ozeanbeckens beginnt mit einer *kontinentalen Grabenbruchbildung*, ähnlich des Ostafrikanischen Grabens. In diesen Milieus, wo die Grabenbruchbildung voranschreitet, entwickelt sich ein junges, schmales Ozeanbecken, wie man am Beispiel des Roten Meers sehen kann. Schließlich entsteht durch Ozeanbodenspreizung ein Ozeanbecken, das von Kontinentalrändern mit Grabensenken begrenzt ist, ähnlich dem heutigen Atlantischen Ozean. Zwei Mechanismen wurden für die kontinentale Grabenbildung vorgeschlagen – Plumes (Diapire) aus heißem beweglichem Gestein, die tief aus dem Mantel aufsteigen, und Kräfte, die bei der Plattenbewegung entstehen.

Ozeanische Lithosphäre subduziert, da ihre Gesamtdichte größer ist als die der darunterliegenden Asthenosphäre. Die Subduktion ozeanischer Lithosphäre kann die Zerstörung von Teilen oder sogar des gesamten Ozeanbeckens zur Folge haben. Ein klassisches Beispiel ist die Farallon-Platte, die unter den Amerikanischen Platten subduziert wurde, als sie in Richtung Westen bei der Spreizung des Atlantiks verschoben wurden.

13 Divergente Plattengrenzen: Ursprung und Entwicklung des Ozeanbodens

Wiederholungsfragen

1. Nehmen wir an, die Durchschnittsgeschwindigkeit von Schallwellen würde in Wasser 1.500 Meter pro Sekunde betragen. Bestimmen Sie die Wassertiefe, wenn ein Signal, ausgesendet von einem Echolot, 6 Sekunden benötigt, um den Ozeanboden zu streifen und zum Aufnahmegerät zurückzukehren.

2. Beschreiben Sie, wie Satelliten, die die Erde umkreisen, Gebilde auf dem Ozeanboden feststellen, ohne in der Lage zu sein, sie direkt zu beobachten, da sie mehrere Kilometer unter dem Meereswasser liegen.

3. Was sind die drei topographischen Hauptprovinzen des Ozeanbodens?

4. Nennen Sie die drei Hauptformen, die einen passiven Kontinentalrand ausmachen. Welche dieser Formen betrachtet man als überflutete Ausdehnung des Kontinents? Welche davon hat den steilsten Hang?

5. Beschreiben Sie die Unterschiede zwischen aktiven und passiven Kontinentalrändern. Vergewissern Sie sich, dass Sie alle Ausprägungen, die in Verbindung mit Plattentektonik stehen, einbringen, und nennen Sie ein geographisches Beispiel für jeden Plattentyp.

6. Warum sind Abyssalebenen am Boden des Atlantischen Ozeans ausgedehnter als am Boden des Pazifischen Ozeans?

7. Wie entsteht ein abgeplatteter *Tiefseeberg* oder *Guyot*?

8. Beschreiben Sie kurz das Ozeanrückensystem.

9. Die Ozeanischen Rücken können so hoch wie manche Berge auf den Kontinenten sein. Wie unterscheiden sich die beiden Formen?

10. Was ist die Magmenquelle bei der Ozeanbodenspreizung?

11. Was ist die Hauptursache für die erhöhte Position der Ozeanrückensysteme?

12. Wie verändert hydrothermale Metamorphose die basaltischen Gesteine, aus welchen der Ozeanboden besteht? Wie verändert sich das Meerwasser bei diesem Prozess?

13. Was ist ein Schwarzer Raucher?

14. Vergleichen Sie und stellen Sie die Gegensätze zwischen einem langsamen Spreizungszentrum wie dem Mittelatlantischen Rücken und einem schnellen Spreizungszentrum wie dem Ostpazifischen Rücken gegenüber.

15. Beschreiben Sie kurz die vier Schichten der ozeanischen Kruste.

16. Wie entsteht ein *Sheeted Dyke-Komplex*? Wie entsteht die unterste Einheit?

17. Nennen Sie einen Ort, der kontinentale Grabenbildung veranschaulicht.

18. Welche Rolle spielen Mantle Plumes bei der Grabenbildung auf Kontinenten?

19. Welche Anzeichen weisen darauf hin, dass Hot-Spot-Vulkanismus nicht immer zu einem Auseinanderbrechen eines Kontinents führt?

20. Erklären Sie, warum ozeanische Lithosphäre subduziert, obwohl die ozeanische Kruste weniger dicht ist als die darunterliegende Asthenosphäre.

21. Warum verdickt sich die Lithosphäre, wenn sie sich durch Ozeanspreizung vom Rücken fortbewegt?

22. Was geschah mit der Farallon-Platte? Benennen Sie die übrig gebliebenen Teile.

Größere Multiple-Choice-Tests zur Wissenskontrolle und Prüfungsvorbereitung sowie weitere Informationen zu diesem Buchkapitel finden Sie auf der Companion Website zum Buch unter **www.pearson-studium.de**

Konvergente Plattengrenzen – der Ursprung der Gebirge

14

14.1	Gebirgsbildung	449
14.2	Konvergenz und subduzierende Platten	451
14.3	Subduktion und Gebirgsbildung	455
14.4	Die Kollision von Kontinenten	458
14.5	Terrane und Gebirgsbildung	464
14.6	Bruchschollengebirge	469
14.7	Vertikale Bewegungen der Kruste	470
Zusammenfassung		474
Wiederholungsfragen		475

ÜBERBLICK

14 Konvergente Plattengrenzen – der Ursprung der Gebirge

Das Elk-Gebirge, westlich von Snowmass, Colorado. (Foto: Michael Collier)

Berge sind beeindruckende Landmarken, die sich oft aus der Umgebung abrupt erheben (▶Abbildung 14.1). Manche treten als isolierte Körper auf: Beispielsweise überragt der Vulkankegel des Kilimandscharo das ausgedehnte Grasland Ostafrikas um fast 6.000 Meter über Meeresniveau. Andere Gipfel sind Teil eines ausgedehnten Gebirgsgürtels, wie den amerikanischen Kordilleren, die sich fast kontinuierlich von der Spitze Südamerikas bis nach Alaska erstrecken. Gebirgsketten wie Pamir und Himalaya besitzen junge hochragende Gipfel, die noch immer weiterwachsen. Andere dagegen sind viel älter und ihre stolzen Höhen erodieren. Dazu zählen in Europa die Mittelgebirge, einschließlich der Bretagne, dem Massive Central, Schwarzwald, Bayerischer Wald und Böhmerwald, sowie im Osten der Vereinigten Staaten die Appalachen.

Die meisten Gebirgsgürtel geben Hinweise auf enorme, horizontale Kräfte, die große Abschnitte der Erdkruste gefaltet, verworfen und allgemein deformiert haben. Gefaltete und verworfene Schichten tragen zum majestätischen Aussehen der Berge bei, ihre Schönheit ist jedoch Verwitterungsprozessen und Vorgängen durch Massenbewegung zuzuschreiben sowie den erosiven Kräften von fließendem Wasser und Gletschereis, die diese gehobenen Massen gestalten und unaufhörlich daran arbeiten, sie auf Meeresniveau abzutragen.

In diesem Kapitel werden wir den Aufbau der Gebirge betrachten und die Mechanismen, die zu ihrer Entstehung führten.

Gebirgsbildung 14.1

Gebirgsbildung trat in der jüngsten geologischen Vergangenheit an mehreren Orten der Erde auf. Zu den jungen Gebirgsgürteln gehören die amerikanischen Kordilleren, die entlang der beiden amerikanischen Kontinente von Kap Horn bis Alaska verlaufen und die Anden sowie die Rocky Mountains einschließen, die Alpen–Himalaya-Kette, die sich vom Mittelmeergebiet durch den Iran nach Nordindien bis nach Indochina zieht und weiter bis in die gebirgigen Zonen des westlichen Pazifiks mit den Vulkaninseln Japan, Philippinen und Sumatra. Die meisten Gebirgsgürtel entstanden in den letzten 100 Millionen Jahren. Manche davon, wie der Himalaya, begannen erst vor 45 Millionen Jahren, in die Höhe zu wachsen.

Neben diesen jungen Gebirgsgürteln existieren auf der Erde mehrere Gebirgsketten mit paläozoischem und präkambrischem Alter. Die älteren Strukturen sind zwar tief erodiert und topographisch weniger hervorstechend, besitzen aber die gleichen strukturellen Eigenschaften, wie man sie in jüngeren Gebirgen vorfindet. Die Appalachen in den östlichen Vereinigten Staaten und der Ural in Russland sind klassische Beispiele dieser älteren Gebirgskettengruppe.

In den letzten Jahrzehnten fanden Geologen sehr viel über gebirgsbildende, plattentektonische Prozesse heraus. Die Bezeichnung für alle Prozesse, aus welchen Gebirgsgürtel hervorgehen, ist die **Orogenese** (*oros* = Berg, *genesis* = zum Leben erwecken). Manche Gebirgsgürtel, einschließlich der Anden, bestehen hauptsächlich aus Laven und vulkanischen Tuffen, die an der Oberfläche ausgetreten sind, sowie aus großen Mengen magmatischer Intrusivgesteine, die in der Tiefe erstarrten. Dennoch weisen die meisten Gebirgsketten deutliche Anzeichen von großen tektonischen Kräften auf, die die Kruste verkürzt und verdickt haben. Diese *Kompressionsgebirge* scheinen große Mengen an Sedimentgesteinen und kristallinen Krustenfragmenten zu enthalten, die verfaltet wurden (▶Abbildung 14.2). Faltung und Aufschiebung sind für eine Orogenese zwar die auffälligsten Zeichen, doch sind Metamorphose und magmatische Aktivität mit unterschiedlicher Stärke immer beteiligt.

Im Laufe der Zeit wurden mehrere Hypothesen im Hinblick auf die Entstehung der Hauptgebirgsgürtel der Erde aufgestellt (▶Abbildung 14.3). Einer der frü-

Abbildung 14.1: Hebung entlang einer steilwinkligen Verwerfung ließ den Mount Sneffels in den Rocky Mountains von Colorado entstehen. (Foto: Art Wolfe, Inc.)

14 Konvergente Plattengrenzen – der Ursprung der Gebirge

Abbildung 14.2: Hochdeformierte Sedimentschichten sind an der Bergwand des Mount Kid, Alberta, aufgeschlossen. Diese Sedimentgesteine bestehen aus kontinentalen Schelfablagerungen, die entlang von flachwinkeligen Überschiebungen zur Mitte Kanadas hin verschoben wurden. (Foto: Peter French/DRK Photo)

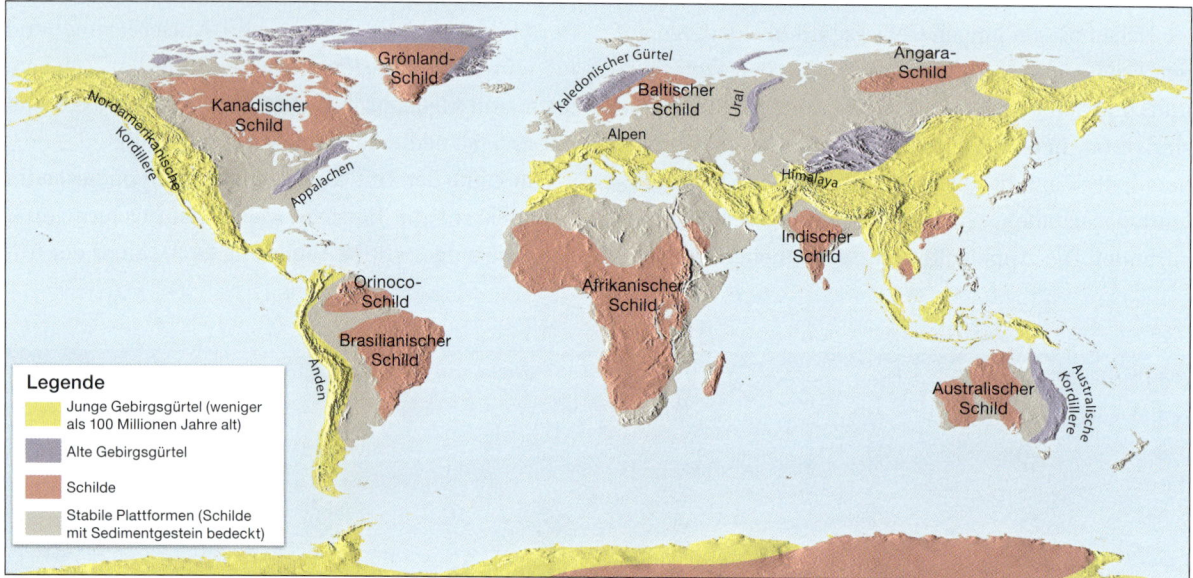

Abbildung 14.3: Die Hauptgebirgsgürtel der Erde.

hen Vorschläge besagt, dass Gebirge einfach nur Runzeln in der Erdkruste seien, entstanden durch die Abkühlung des Planeten aus seinem halbgeschmolzenen Zustand. Durch den Wärmeverlust zöge sich die Erde zusammen und würde schrumpfen. Als Reaktion auf diesen Prozess würde die Kruste in ähnlicher Weise deformiert werden wie bei einem ausgetrockneten, verschrumpelten Apfel. Doch weder diese noch andere frühe Hypothesen hielten eingehenden Prüfungen stand.

Mit der Entwicklung der Theorie der Plattentektonik tauchte für die Orogenese ein Modell mit großer Erklärungskraft auf. Nach diesem Modell tritt Gebirgsbildung überwiegend an konvergenten Plattengrenzen auf. Hier löst die Subduktion von ozeanischer Lithosphäre partielle Aufschmelzung der Mantelgesteine aus und sorgt so für eine Magmenquelle, von der aus die Krustengesteine vom Rand der oberen Platte intrudiert werden. Außerdem liefern zusammenstoßende Platten die tektonischen Kräfte, die verfalten, verwerfen und die mächtigen Sedimentanhäufungen, die entlang der Landmassenflanken abgelagert wurden, metamorph werden lassen. Diese beiden Prozesse verdicken und verkürzen die kontinentale Kruste und heben dabei die Gesteine, die möglicherweise am Ozeanboden gebildet wurden, in stolze Höhen. Um

Studenten fragen manchmal …

Sie haben erwähnt, dass die meisten Gebirge das Ergebnis von Krustendeformation sind. Gibt es Gebiete mit gebirgiger Topographie, die ohne Krustendeformation entstanden sind?

Ja. Plateaus – Gebiete mit hoch hinausragenden Gesteinen, die im Grunde genommen horizontal sind – sind ein Beispiel eines Gebildes, das durch Erosionskräfte tief eingeschnitten werden kann und in eine zerklüftete, bergähnliche Landschaft verwandelt wird. Diese Hochländer ähneln zwar topographisch Gebirgen, ihnen fehlen aber die Strukturen, die mit Orogenese vergesellschaftet sind. Es gibt aber auch die gegenteilige Situation. Beispielsweise weist der Piedmont-Abschnitt der östlichen Appalachen eine Topographie auf, die fast genauso sanft ist wie die in den Great Plains. Trotzdem ist diese Region aus hochdeformierten metamorphen Gesteinen aufgebaut und gehört ganz eindeutig zu den Appalachen.

die Ereignisse bei der Entstehung von Gebirgen zu entschlüsseln, untersuchen Forscher sowohl alte Gebirgsstrukturen als auch Orte, an welchen die Orogenese noch aktiv ist. Von besonderem Interesse sind aktive Subduktionszonen, dort wo Lithosphärenplatten konvergieren. Dort ruft die Subduktion von ozeanischer Lithosphäre die stärksten Erdbeben der Erde und die explosivsten Vulkanausbrüche hervor und spielt eine Schlüsselrolle bei der Entstehung von vielen Gebirgsgürteln der Erde.

14.2 Konvergenz und subduzierende Platten

Wie in Kapitel 13 besprochen wurde, entsteht entlang von divergenten Plattengrenzen neue ozeanische Lithosphäre durch aufwallendes, partiell geschmolzenes Mantelgestein. Im Gegensatz dazu sind Subduktionszonen entlang von konvergenten Plattengrenzen Orte der Plattendestruktion – Orte, an welchen sich Schollen ozeanischer Lithosphäre biegen und zurück in den Mantel abtauchen. Während die Lithosphäre langsam absinkt, verändern höhere Temperaturen und Drücke diese starren Schollen, bis sie vollständig im Mantel assimiliert sind.

14.2.1 Die Hauptmerkmale von Subduktionszonen

Subduktionszonen kann man grob in vier Regionen unterteilen, dazu gehören: (1) ein *Tiefseegraben*, der sich bildet, wenn sich eine subduzierende ozeanische Lithosphärenplatte biegt und in die Asthenosphäre abtaucht; (2) ein *Vulkanbogen*, der sich auf der überlagernden Platte bildet, (3) ein Gebiet zwischen dem Graben und dem Vulkanbogen (*Forearc-Region*) und (4) ein Gebiet auf der Seite des Vulkanbogens, die dem Graben gegenüberliegt (*Backarc-Region*). Alle Subduktionszonen weisen zwar diese Merkmale auf, doch es gibt große Abweichungen zum einen entlang der gesamten Erstreckung einer Subduktionszone, zum anderen zwischen verschiedenen Subduktionszonen (▶ Abbildung 14.4).

Subduktionszonen können auch in zwei Kategorien eingeteilt werden – erstens in Subduktionszonen, an welchen ozeanische Lithosphäre unter eine andere ozeanische Scholle subduziert wird, und zweitens in Subduktionszonen, an welchen ozeanische Lithosphäre unter einen kontinentalen Block subduziert. (Eine Ausnahme bildet die Aleuten-Subduktionszone; dort ist der westliche Teil eine ozeanische Subduktionszone, während der östliche Teil unter das Festland Alaskas abtaucht.)

Vulkanbögen Die wahrscheinlich augenfälligste Struktur, die durch eine Subduktionszone entsteht, ist ein *Vulkanbogen* auf der überlagernden Platte. Dort, wo zwei ozeanische Schollen konvergieren, wird eine unter die andere subduziert. Das löst eine partielle Aufschmelzung am Mantelkeil oberhalb der abtauchenden Platte aus. Dabei entsteht schließlich ein **vulkanischer Inselbogen** oder einfach **Inselbogen** auf dem Ozeanboden. Beispiele aktiver Inselbögen sind der Marianen-Inselbogen, der Inselbogen der Neu Hebriden, der Tonga-Inselbogen und der Inselbogen der Aleuten (▶ Abbildung 14.5).

An Stellen, an welchen ozeanische Lithosphäre unter einen kontinentalen Block subduziert wird, entsteht ein **kontinentaler Vulkanbogen**. Dadurch bildet sich ein Vulkanbogen auf der höheren Topographie alter kontinentaler Gesteine, wobei manche Vulkangipfel Höhen von 6.000 Meter über Meeresniveau erreichen.

Tiefseegräben Ein weiteres Merkmal, das mit Subduktionszonen vergesellschaftet ist, ist der Tiefseegraben. Die Grabentiefe scheint stark vom Alter und deswe-

14 Konvergente Plattengrenzen – der Ursprung der Gebirge

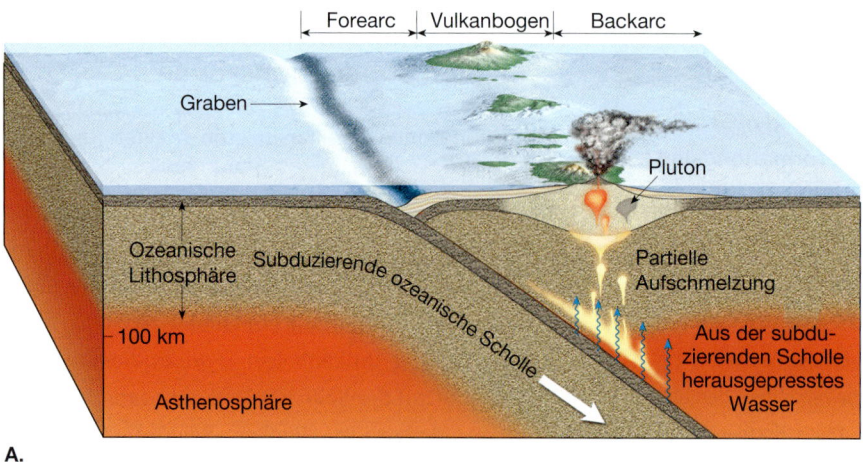

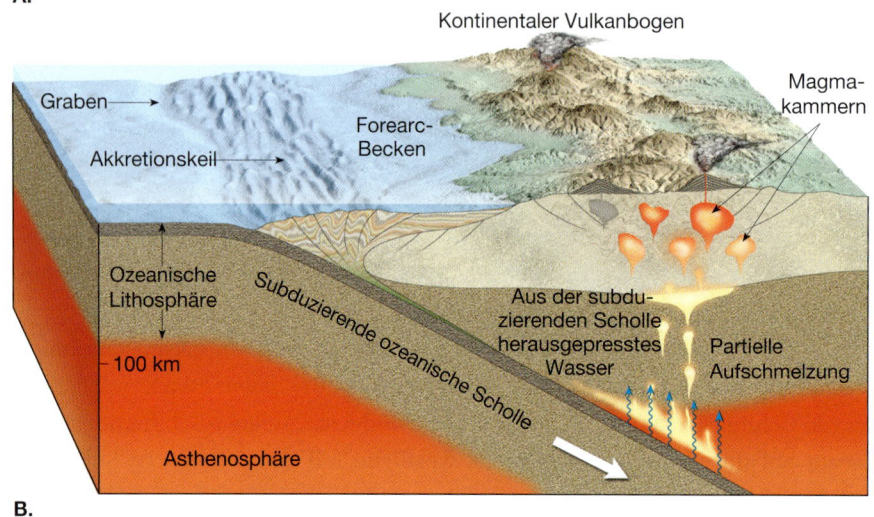

Abbildung 14.4: Der Vergleich eines vulkanischen Inselbogens (**A.**) mit der Plattengrenze des Andentyps im Diagramm (**B.**).

gen von der Temperatur der subduzierenden Scholle abzuhängen. Im Westpazifik, wo die ozeanische Lithosphäre kalt ist, sinken relativ dichte ozeanische Schollen in den Mantel und erzeugen tiefe Gräben. Ein gut bekanntes Beispiel ist der Marianengraben mit dem tiefsten Abschnitt von mehr als 11.000 Meter unter Meeresniveau. Im Gegensatz dazu fehlt der Cascadia-Subduktionszone ein gut ausgeprägter Graben. Dort subduziert die warme, auftreibende Juan de Fuca-Platte aktiv mit einem sehr flachen Winkel unter Südwestkanada und den Nordwesten der Vereinigten Staaten. Andererseits weist die Peru-Chile-Subduktionszone Grabentiefen auf, die zwischen diesen beiden Extremen liegen. Ein Großteil dieses Grabens ist 2 bis 3 Kilometer flacher, als die Gräben im Westpazifik mit durchschnittlich 7 bis 8 Kilometer Tiefe. Eine Ausnahme tritt in Zentralchile mit einem sehr flachen Einfallswinkel auf, wodurch ein Graben quasi nicht vorhanden ist.

Forearc- und Backarc-Regionen Die *Forearc*-Regionen befinden sich zwischen sich entwickelnden Vulkanbögen und Tiefseegräben (Abbildung 14.4). Hier akkumulieren pyroklastisches Material von Vulkanbögen sowie Sedimente, die von angrenzenden Landmassen erodiert wurden. Zudem werden Ozeanbodensedi-

Abbildung 14.5: Abgebildet sind drei der vielen Vulkaninseln, die den Inselbogen der Aleuten ausmachen. Dieses schmale Band von Vulkanismus entsteht bei der Subduktion der Pazifischen Platte. In der Ferne sieht man den Vulkan Great Sitkin (1.772 Meter), den die Aleuten-Bewohner wegen seiner ständigen Aktivität „Great Emptier of Bowels" („Großer Entleerer des Inneren") nennen. (Foto: Bruce D. Marsh)

mente von der subduzierenden Platte zur Forearc-Region getragen.

Eine andere Stelle, an der sich Sedimente und vulkanische Erosionsprodukte ablagern können, ist die *Backarc-Region*. Sie befindet sich am Vulkanbogen gegenüber vom Graben. In diesen Regionen dominieren oft Dehnungskräfte, die die Kruste dehnen und ausdünnen.

14.2.2 Die Dynamik von Subduktionszonen

Da sich Subduktionszonen dort bilden, wo zwei Platten konvergieren, wird man natürlicherweise vermuten, dass große Kompressionskräfte die Plattengrenzen deformieren. Das ist tatsächlich entlang vieler, aber nicht aller konvergenten Plattengrenzen der Fall.

Dehnung und Back Arc Spreading Entlang mancher konvergenter Plattengrenzen befinden sich die überlagernden Platten unter Zugspannung, was Dehnung und Ausdünnung der Kruste zur Folge hat. Aber wie funktionieren Dehnungsprozesse dort, wo sich zwei Platten aufeinander zubewegen?

Man glaubt, dass das Alter der subduzierenden ozeanischen Scholle eine signifikante Rolle bei der Bestimmung der dominierenden Kräfte spielt, die auf die überschiebende Platte wirken. Rufen Sie sich ins Gedächtnis zurück, dass eine relativ kalte, dichte ozeanische Scholle bei der Subduktion keinem festgelegten Weg in die Asthenosphäre folgt. Sie sinkt nahezu vertikal beim Abtauchen ab, wobei sich der Graben ozeanwärts zurückzieht oder zurückrollt, wie ▶Abbildung 14.6 zeigt. Während die subduzierende Platte absinkt, verursacht sie einen Sog (*Slab Suction*) in der Asthenosphäre, der die obere Platte nachzieht. (Stellen Sie sich vor, Sie säßen während des Sinkens der Titanic in einem Rettungsboot!) Das hat zur Folge, dass die überschiebende Platte unter Spannung gerät und gestreckt und ausgedünnt werden könnte. Bleibt die Zugspannung lange genug erhalten, kann sich ein **Backarc-Becken** bilden.

Erinnern Sie sich aus Kapitel 13, dass die Ausdünnung und das Zerreißen der Lithosphäre zum Aufwallen des heißen Mantelgesteins führen und damit einhergehender Dekompressionsaufschmelzung. Anhaltende Dehnung löst eine Art von Ozeanbodenspreizung aus, wodurch neue ozeanische Kruste entsteht und dabei das sich entwickelnde Backarc-Becken größer wird.

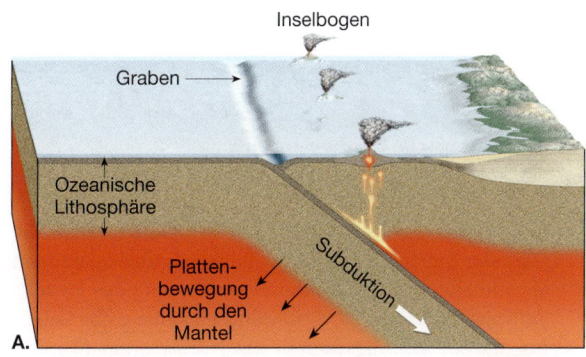
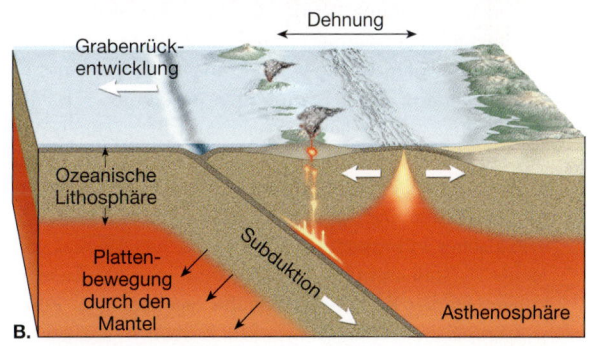
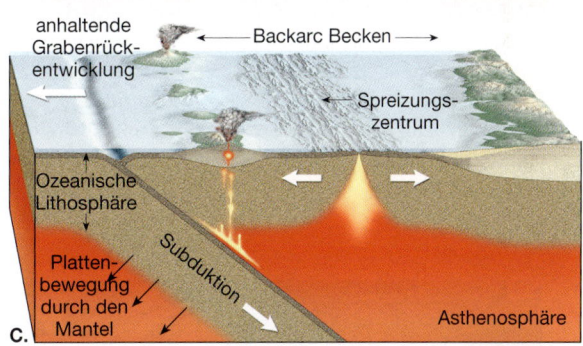

Abbildung 14.6: Das Modell zeigt die Entstehung eines Backarc-Beckens. Subduktion und Rückrollen einer ozeanischen Platte rufen einen Sog im Mantel hervor, der die obere Platte nachzieht.

Aktive Backarc-Becken befinden sich hinter den Marianen und Tonga-Inseln, inaktive Backarc-Becken liegen im Südchinesischen Meer und im Japanischen Meer. Man nimmt an, dass das Japanische Meer durch Backarc-Spreizung entstand, wobei sich ein kleines Stück der kontinentalen Kruste Asiens abgespalten hat. Allmählich wanderte dieses Krustensegment mit der sich zurückziehenden Subduktionszone meerwärts. Im Gegenzug entstand durch Ozeanbodenspreizung die Ozeanbodenkruste des Japanischen Meers.

Drucksysteme An manchen Subduktionszonen sind Kompressionskräfte vorherrschend (▶siehe Exkurs 14.1). Das scheint in den Zentralanden der Fall gewesen zu sein, wo eine Deformationsepisode vor etwa 30 Millionen Jahren einsetzte. In dieser Zeitspanne überschob die Westkante von Südamerika aktiv die abtau-

14 Konvergente Plattengrenzen – der Ursprung der Gebirge

EXKURS 14.1 – DIE ERDE VERSTEHEN
Erdbeben im Nordwestpazifik

Seismische Untersuchungen haben gezeigt, dass die Cascadia-Subduktionszone weniger Erdbebenaktivität als alle anderen Subduktionszonen entlang des Pazifiks aufweist. Bedeutet das, dass Erdbeben keine große Gefahr für die Bevölkerungszentren des Nordwestpazifiks darstellen (▶ Abbildung 14.A)? Für einige Zeit war das die allgemeine Überzeugung. Doch diese Ansicht veränderte sich mit der Entdeckung von begrabenen Marschen und Küstenwäldern, die sich am besten durch eine schnelle Absenkung, wie sie bei Erdbeben auftritt, erklären lassen.

Die Cascadia-Subduktionszone ähnelt dem konvergenten Plattenrand in Zentralchile sehr, wo Schollen ozeanischer Lithosphäre mit einem flachen Winkel von 10 bis 15 Grad absinken. In Chile kann man die Auswirkungen starker Kompressionskräfte regelmäßig in Form von Erdbeben spüren. Das stärkste Erdbeben, das jemals aufgezeichnet wurde, fand 1960 dort mit einer Stärke von Mw 9,5 statt. Untersuchungen prognostizieren, dass Subduktion mit einem flachen Winkel ein Milieu schafft, das für große Erdbeben förderlich ist (Mw 8,0 oder höher). Zum Teil kann das durch den großen Kontaktbereich, den die aufliegende Platte mit der abtauchenden Scholle hat, erklärt werden.

Wie die zentralchilenische Subduktionszone weist auch die Cascadia-Grenze eine sanft einfallende Platte auf und sie besitzt keinen Graben. Das legt nahe, dass große Erdbeben an der Cascadia-Subduktionszone auftreten können. Indizien für vergangene Erdbeben mit großer Magnitude liefern Torfablagerungen in manchen Buchten. Diese Entdeckungen decken sich mit Phasen schneller Senkung ähnlich den Ereignissen 1964 beim Erdbeben in Alaska (siehe Kapitel 11). Zudem riss anscheinend vor 1.100 Jahren eine Verwerfung in der Nähe von Seattle auf und rief einen großen Tsunami hervor.

Doch hat man auch Indizien gefunden, dass große Erdbeben nicht sehr wahrscheinlich sind, jedenfalls nicht in nächster Zeit. Geodätische Untersuchungen, die entlang der Küstengebiete des Nordwestpazifiks in den letzten Jahrzehnten durchgeführt wurden, zeigen, dass elastischer Strain sich in nicht besonders großem Ausmaß aufstaut.

Welche Auffassung ist die richtige? Steht ein großes Erdbeben bevor oder ist es unwahrscheinlich? Weitere Forschung liefert hoffentlich Antworten auf diese Frage. In der Zwischenzeit sollten diejenigen, die in der angrenzenden Region zur Cascadia-Subduktionszone leben, Vorsichtsmaßnahmen entwickeln, um so die verheerenden Auswirkungen eines großen Erdbebens zu begrenzen.

Abbildung 14.A: Eine Szene außerhalb eines historischen Square-Gebäudes aus der Pionierzeit nach dem Erdbeben vom 28. Februar 2001 in Seattle. (Foto: Tim Crosby/Newsmakers/Liason Agency, Inc.)

chende Nazca-Platte mit einer Geschwindigkeit von etwa 3 Zentimeter pro Jahr. Anders gesagt, bewegte sich die Südamerika-Platte wegen der abtauchenden Scholle auf den Peru-Chile-Graben mit einer höheren Geschwindigkeit zu als der Geschwindigkeit, mit der sich der Graben zurückzog. Deswegen diente im Fall der Anden die absinkende Platte aus ozeanischer Lithosphäre als „Wand", die die westwärts gerichtete Bewegung der Südamerikanischen Platte aufhielt. Die daraus entstandenen tektonischen Kräfte verkürzten und verdickten die Westkante von Südamerika. (Es ist wichtig, sich zu merken, dass kontinentale Kruste generell weniger Festigkeit besitzt als ozeanische Kruste und deswegen ein Großteil der Deformation im Krustenblock auftritt.) In dieser Region weist der Krustenblock der Anden die größte Mächtigkeit mit etwa 70 Kilometer auf und die gebirgige Topographie geht manchmal über Höhen von 6.000 Meter hinaus.

14.3 Subduktion und Gebirgsbildung

Wie vorher angemerkt wurde, lässt die Subduktion ozeanischer Lithosphäre zwei unterschiedliche Arten von Gebirgsgürteln entstehen. Wo *ozeanische Lithosphäre* unter eine ozeanische Platte subduziert, entwickeln sich ein Inselbogen und damit verbundene tektonische Merkmale. Subduktion unter einen *kontinentalen Block* resultiert andererseits in der Bildung eines Vulkanbogens am Kontinentalrand. Plattengrenzen, an welchen kontinentale Vulkanbögen entstehen, bezeichnet man oft als **Plattenränder vom Andentyp** bzw. **andinotype Plattenränder.**

14.3.1 Inselbögen

Inselbögen repräsentieren die wahrscheinlich einfachsten Gebirgsgürtel: Diese Strukturen entstehen bei einer gleichmäßigen Subduktion der ozeanischen Lithosphäre, die mindestens 100 Millionen Jahre dauern kann. Sporadische vulkanische Aktivität, die Platznahme von Plutonen in der Tiefe und die Akkumulation von Sediment, das von der subduzierenden Platte abgerieben wird, vergrößern das Volumen des Krustenmaterials, das die obere Platte bedeckt. Manche voll entwickelten vulkanischen Inselbögen scheinen auf bereits existierenden Fragmenten der kontinentalen Kruste gebildet worden zu sein, ein Beispiel dafür ist Japan.

Durch die weitere Entwicklung eines reifen vulkanischen Inselbogens kann eine gebirgige Topographie mit magmatischen und metamorphen Gesteinsgürteln entstehen. Doch diese Aktivität betrachtet man nur als eine Phase in der Entwicklung von großen Gebirgsgürteln. Wie Sie später sehen werden, trägt die abtauchende Platte manche Vulkanbögen zum Rand großer Kontinentalblöcke, wo sie dann Hauptgebirgsbildungsphasen unterworfen werden.

14.3.2 Gebirgsbildung entlang von Plattenrändern des Andentyps

Die erste Phase bei der Entwicklung eines Gebirgsgürtels vom Andentyp tritt vor der Entstehung der Subduktionszone auf. Zu dieser Zeit ist der **Kontinentalrand** deswegen **passiv**, da er kein Kontinentalrand, sondern ein Teil der gleichen Platte wie die angrenzende ozeanische Kruste ist. Die Ostküste der Vereinigten Staaten gibt ein rezentes Beispiel eines passiven Kontinentalrands. In solchen Milieus entsteht durch die Ablagerung von Sedimenten eine mächtige Plattform aus Flachwassersedimenten: Sandsteine, Kalksteine und Tonschiefer (▶Abbildung 14.7A). Hinter dem Kontinentalschelf lagern Turbidite Sedimente auf dem Tiefseeboden ab (siehe Kapitel 13). In diesem Milieu nehmen drei strukturelle Elemente eines sich entwickelnden Gebirgsgürtels allmählich Form an: die Vulkanbögen, die Akkretionskeile und die Forearc-Becken (▶Abbildung 14.7).

Die Entstehung eines Vulkanbogens Rufen Sie sich ins Gedächtnis zurück, dass mit Absinken ozeanischer Lithosphäre in den Mantel die ansteigenden Temperaturen und Drücke die volatilen Bestandteile (hauptsächlich Wasser) aus dem keilförmigen Teil des Mantelstücks austreibt, der sich zwischen der subduzierenden Scholle und der oberen Platte befindet. Hat die absinkende Scholle Tiefen von etwa 100 Kilometer erreicht, senken die wasserreichen Fluide den Schmelzpunkt des heißen Mantels ausreichend, um etwas Aufschmelzung auszulösen (Abbildung 14.7). Die partielle Aufschmelzung von Mantelgestein (im Wesentlichen von Peridotit) erzeugt primäre Magmen mit basaltischer Zusammensetzung. Da die neu gebildeten basaltischen Magmen eine geringere Dichte als ihr Ursprungsgestein besitzen, steigen sie durch Auftrieb auf. Nachdem sie die Basis der aus Gesteinen mit geringer Dichte bestehenden kontinentalen Kruste erreicht haben, sammeln sich die basaltischen Magmen meist an oder bilden Magmenseen. Der rezente Vulkanismus an heutigen Vulkanbögen zeigt an, dass manche Magmen die Oberfläche erreichen können, wie beispielsweise beim Ätna in Sizilien.

Damit Magenkörper aufsteigen können, müssen sie ihren Auftrieb relativ zur Kruste behalten. An Subduktionszonen geschieht das in der Regel durch Magmendifferentiation, wobei die schweren, eisenreichen Minerale kristallisieren und sich absetzen und eine mit SiO_2 und anderen „leichten" Komponenten

14 Konvergente Plattengrenzen – der Ursprung der Gebirge

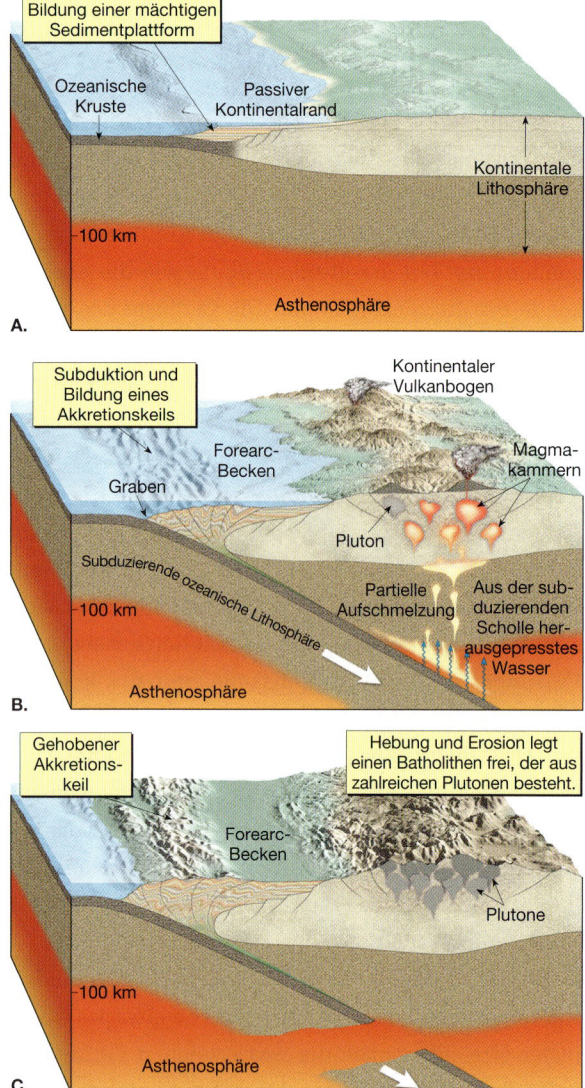

Abbildung 14.7: Orogenese entlang einer Subduktionszone des Andentyps. **A.** Passiver Kontinentalrand mit einer ausgedehnten Plattform aus Sedimenten. **B.** Plattenkonvergenz erzeugt eine Subduktionszone und durch partielle Aufschmelzung einen Inselbogen. Anhaltende Konvergenz und magmatische Aktivität deformieren und verdicken die Kruste noch mehr und heben Gebirgsgürtel heraus, während sich ein Akkretionskeil entwickelt. **C.** Die Subduktion endet und eine Hebungs- und Erosionsphase folgt.

angereicherte Schmelze übrig bleibt (siehe Kapitel 4). Aus diesem Grund kann relativ dichtes basaltisches Magma durch magmatische Differentiation andesitische (intermediäre) oder sogar rhyolitische (felsische) Schmelzen mit geringer Dichte und Auftrieb hervorrufen.

Der Vulkanismus entlang von Kontinentalbögen wird durch die Eruption von Laven und Pyroklastika mit andesitischer Zusammensetzung dominiert, wobei geringere Mengen an basaltischen und rhyolitischen Gesteinen entstehen können. Da das aus der subduzierenden Platte herausgepresste Wasser notwendig für die Aufschmelzung ist, sind diese vom Mantel stammenden Magmen mit Wasser und anderen volatilen Bestandteilen (den gasförmigen Komponenten eines Magmas) angereichert. Es sind gerade diese mit Gas beladenen andesitischen Magmen, die explosive Ausbrüche hervorrufen und die kontinentalen Inselbögen und voll entwickelten Inselbögen charakterisieren.

Die Platznahme eines Plutons Mächtige kontinentale Kruste verhindert den Aufstieg von Magma in großem Maß. Folglich erreicht ein großer Prozentsatz des Magmas, das in die Kruste eindringt, nie die Oberfläche – es kristallisiert stattdessen in der Tiefe und bildet einen Pluton. Die Platznahme dieser massiven magmatischen Körper verwandelt das Umgebungsgestein metamorph durch einen Prozess, der Kontaktmetamorphose genannt wird (▶siehe Kapitel 8).

Schließlich werden diese magmatischen Körper und die vergesellschafteten metamorphen Gesteine durch Hebung und Erosion freigelegt. Sind sie an der Oberfläche aufgeschlossen, werden diese riesigen Strukturen *Batholithe* genannt (Abbildung 14.7C). Batholithe, die aus mehreren Plutonen zusammengesetzt sind, bilden den Kern der Sierra Nevada in Kalifornien und sind in den peruanischen Anden vorherrschend.

Die Entwicklung eines Akkretionskeils Während der Entwicklung von Vulkanbögen können auf der subduzierenden Platte auflagernde Sedimente sowie Fragmente der ozeanischen Kruste abgerieben und an der überschiebenden Platte festgedrückt werden. Das Ergebnis daraus ist eine chaotische Anhäufung von deformierten und überschobenen Sedimenten sowie von Spänen ozeanischer Kruste, die man als **Akkretionskeil** bezeichnet (▶Abbildung 14.7B). Die Prozesse, die diese Sedimente deformieren, ähneln dem Vorgang, bei dem eine Bodenscholle von einer Baggerschaufel abgerieben und davor hergeschoben wird.

Zu den Sedimenten, die einen Akkretionskeil ausmachen, gehören Schlämme, die sich am Ozeanboden angehäuft haben und nachfolgend durch die Plattenbewegung zur Subduktionszone bewegt werden. Die anderen Materialien stammen vom danebenliegenden Vulkanbogen und bestehen aus vulkanischer Asche und anderen Pyroklastika sowie aus Sedimenten, die von diesen erhöhten Festländern erodiert werden.

Manche Subduktionszonen besitzen nur minimale oder gar keine Akkretionskeile. Der Marianengraben zum Beispiel weist keinen Akkretionskeil auf, zum

Teil wegen seiner Entfernung zu einer bedeutenden Materialquelle. (Eine weitere Erklärung führt das Fehlen des Akkretionskeils darauf zurück, dass der größte Teil der verfügbaren Sedimente subduziert wird.) Im Gegensatz dazu besitzt die Cascadia-Subduktionszone einen großen Akkretionskeil. Hier weist die Juan de Fuca-Platte eine 3 Kilometer mächtige Sedimentschicht auf, die überwiegend vom Fluss Columbia stammt.

Andauernde Subduktion in sedimentreichen Gebieten können den Akkretionskeil mächtig genug werden lassen, so dass er über den Meeresspiegel hinauswächst. Das trat am südlichen Ende des Puerto Rico-Grabens auf, wo das Orinoco-Flussbecken von Venezuela die Hauptmaterialquelle ist. Der daraus entstandene aufgetauchte Keil bildet die Insel Barbados.

Nicht alle verfügbaren Sedimente werden Teil des Akkretionskeils, vielmehr werden manche in große Tiefen subduziert. Während des Absinkens dieser Sedimente nimmt der Druck allmählich zu, aber die Temperaturen innerhalb der Sedimente bleiben relativ niedrig, da sie in Kontakt mit der kalten, absinkenden Platte stehen. Durch diesen Vorgang entstehen eine Reihe von metamorphen Hochdruck-/Niedrigtemperatur-Mineralen. Aufgrund ihrer geringen Dichte steigen manche der subduzierten Sedimente und vergesellschafteten metamorphen Komponenten durch Auftrieb zur Oberfläche. Dieser „Rückfluss" neigt dazu, die Sedimente im Akkretionskeil zu vermischen und aufzuwühlen. Deswegen entwickelt sich ein Akkretionskeil zu einer komplexen Struktur, die aus verworfenen und gefalteten Sedimentgesteinen und Spänen ozeanischer Kruste besteht und möglicherweise noch mit metamorphen, während des Subduktionsprozesses entstandenen Gesteinen vermischt ist. Die einzigartige Ausprägung eines Akkretionskeils half Geologen beim Versuch, die Ereignisse zusammenzufügen, die unsere heutigen Kontinente gebildet haben.

Forearc-Becken Während ein Akkretionskeil in die Höhe wächst, scheint er ein Hindernis für die Bewegung der Sedimente vom Vulkanbogen zum Graben zu werden. Als Folge davon sammeln sich Sedimente zwischen dem Akkretionskeil und dem Vulkanbogen an. Diese Region, die aus relativ undeformierten Sedimentschichten und Sedimentgesteinslagen besteht, nennt man Forarc Basin (Abbildung 14.7B). Absenkung und fortdauernde Sedimentation in den Forearc-Becken kann eine Abfolge horizontaler Sedimentschichten von mehreren Kilometern Mächtigkeit hervorrufen.

14.3.3 Sierra Nevada und Küstengebirge

Als sich während des Juras der Nordatlantik zu öffnen begann, entstand entlang des westlichen Plattenrands der nordamerikanischen Platte eine Subduktionszone. Indizien für diese Subduktionsepisode findet man durch den fast kontinuierlichen Gürtel eines Plutons, der den Baja-Batholith von Mexiko, den Nevada- und Idaho-Batholith im Westen der Vereinigten Staaten und den Coast Range-Batholith in Kanada (siehe Abbildung 5.36) ausmacht.

Ein Teil dieser konvergenten Plattengrenzen liefert nun ein exzellentes Beispiel für einen inaktiven Gebirgsgürtel des Andentyps. Dazu gehören die Sierra Nevada und die Coast Ranges in Kalifornien (▶ Abbildung 14.8). Diese parallel dazu liegenden Gebirgsgürtel bildeten sich durch die Subduktion eines Teils der Pazifischen Platte (Farallon-Platte) unter den Westrand von Kalifornien.

Der Sierra Nevada-Batholith ist ein Relikt des kontinentalen Vulkanbogens, der aus vielen Magmenaufstiegen über mehrere zehn Millionen Jahre hervorging. Die Coast Ranges repräsentieren einen Akkretionskeil, der sich bildete, als Sedimente von der subduzierenden Platte abgerieben und durch Erosion vom kontinentalen Vulkanbogen geliefert und intensiv verfaltet und verworfen wurden. (Teile der Coast Ranges bestehen aus einer chaotischen Mischung von sedimentären und metamorphen Gesteinen und Bruchstücken der ozeanischen Kruste, Franciscan-Formation genannt.)

Vor etwa 30 Millionen Jahren ließ die Subduktion entlang des nordamerikanischen Rands allmählich nach, als das Spreizungszentrum, aus dem die Farallon-Platte hervorging, in den Kalifornischen Grabenbruch eindrang (siehe Abbildung 13.26). Anschließend wurden sowohl das Spreizungszentrum als auch die Subduktionszone zerstört. Nachfolgende Hebung und Erosion auf dieses Ereignis entfernten fast alle Hinweise auf die vergangene vulkanische Aktivität und legten den Kern, bestehend aus magmatischen und verwandten metamorphen Gesteinen der Sierra Nevada, frei. Die Coast Ranges wurden erst in jüngster Zeit gehoben, wie die jungen unverfestigten Sedimente beweisen, die Abschnitte dieses Hochlands ummanteln.

Das Great Valley von Kalifornien ist ein Überrest eines Forearc Basin, das sich zwischen der sich entwickelnden Sierra Nevada und der Coast Range gebildet

14 Konvergente Plattengrenzen – der Ursprung der Gebirge

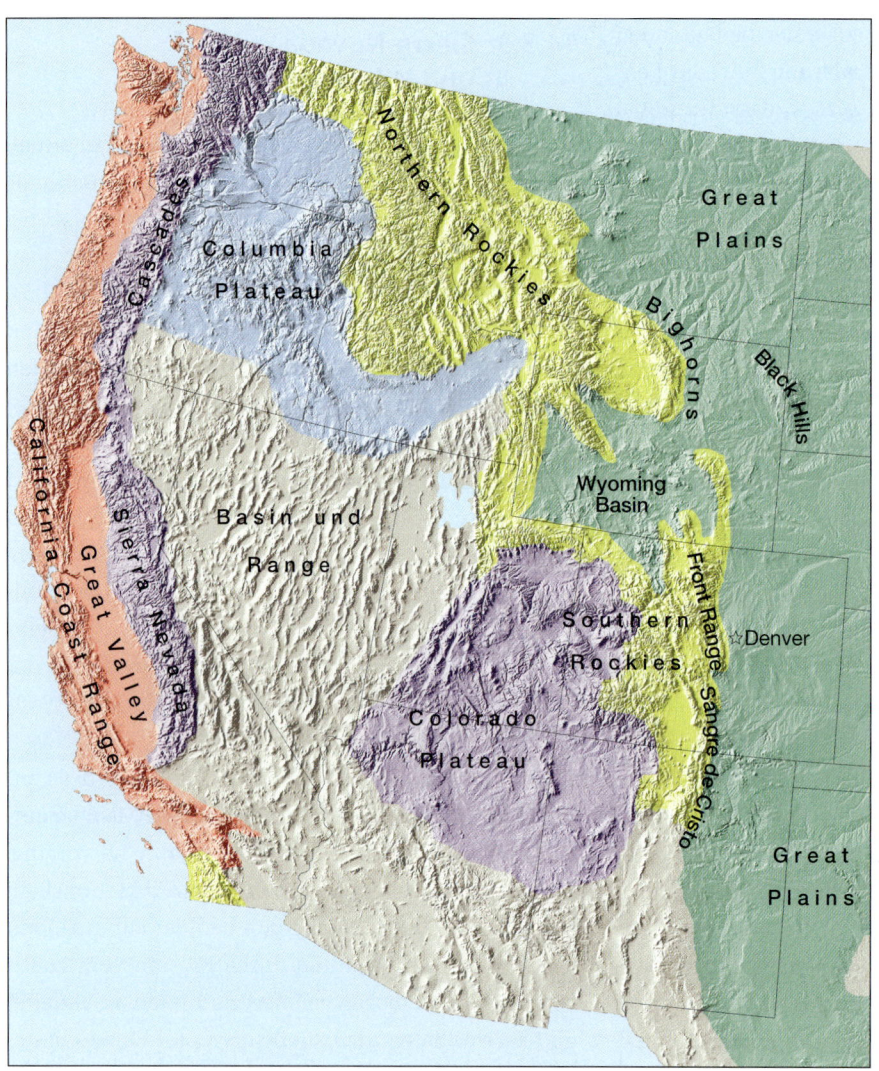

Abbildung 14.8: Karte der Gebirgsregionen und Geländeformen im Westen der Vereinigten Staaten. (nach Thelin und Pike, U.S. Geological Survey)

hatte. Die meiste Zeit während der Entwicklung des Great Valley lagen Teile davon unter dem Meeresspiegel. Die mit Sediment beladenen Kontinente enthalten mächtige marine Ablagerungen und Geröllstücke, die vom Vulkanbogen erodiert wurden.

An diesem Beispiel können wir erkennen, dass die Gebirgsgürtel vom Andentyp aus zwei in etwa parallelen Deformationszonen bestehen. Ein kontinentaler Vulkanbogen, der sich entlang von kontinentalen Plattenrändern bildet, besteht aus Vulkanen und großen Intrusionskörpern und mit ihnen vergesellschafteten metamorphen Gesteinen. Seewärts des kontinentalen Vulkanbogens, dort, wo die subduzierenden Platten unter den Kontinent absinken, bildet sich ein Akkretionskeil. Dieser besteht im Wesentlichen aus verfalteten, verworfenen und an manchen Stellen metamorph überprägten Sedimenten und vulkanischen Trümmergesteinen (Abbildung 14.7). Zwischen diesen deformierten Gebieten liegt das Forearc-Becken mit hauptsächlich horizontalen marinen Schichten.

Zusammenfassend gesehen, ist das Anwachsen von Gebirgsgürteln eine Reaktion auf die Krustenverdickung, die durch das Hinzufügen von magmatischen Gesteinen aus dem Mantel resultiert. Zusätzlich kann Krustenverkürzung und -verdickung entlang kontinentaler Plattenränder auftreten.

14.4 Die Kollision von Kontinenten

Wie Sie gesehen haben, entwickelt sich ein Gebirgsgürtel vom Andentyp, wenn eine Scholle ozeanischer Lithosphäre unter einen Kontinentalrand subduziert. Befindet sich auf der subduzierenden Scholle auch ein Kontinent, wird dieser Kontinentalblock bei an-

14.4 Die Kollision von Kontinenten

dauernder Subduktion zum Graben bewegt. Die ozeanische Kruste ist zwar relativ dicht und subduziert sehr leicht, die kontinentale Kruste enthält aber beträchtliche Mengen an Material mit geringer Dichte und besitzt zu viel Auftrieb, um einer nennenswerten Subduktion unterzogen zu werden. Folglich kommt es zum Zusammenprall mit dem Kontinentalrand des oben liegenden Kontinentalblocks, wenn die kontinentale Lithosphäre den Graben erreicht hat und die Subduktion endet (▶Abbildung 14.9).

Beim Zusammenprall kontinentaler Massen entstehen Gebirge, die durch eine verkürzte und verdickte Kruste charakterisiert sind. Für gewöhnlich betragen die Mächtigkeiten 50 Kilometer und manche Regionen weisen eine Krustendicke von mehr als 70 Kilometer auf. In diesen Milieus entsteht die Mächtigkeit durch Verfaltung und Überschiebung.

Nennenswerte Merkmale der meisten Gebirgszüge, die durch den Zusammenprall zweier Kontinentalblöcke resultieren, sind **Falten- und Überschiebungsgürtel**. Die gebirgigen Gelände entstehen aus der Verformung von mächtigen Abfolgen mariner Flachwasserablagerungen, ähnlich denjenigen, die den passiven Kontinentalrand des Atlantiks ausmachen. Während eines Aufpralls kontinentaler Blöcke werden diese Sedimentgesteine landeinwärts vom Kern des sich entwickelnden Gebirgsgürtels über das stabile Kontinentinnere geschoben. Im Wesentlichen wird die Krustenverdickung durch Verschiebungen entlang von Überschiebungen (stumpfwinklige Aufschiebungen) erreicht, wo ehemals flachliegende Schichten übereinandergestapelt waren, wie in Abbildung 14.9 gezeigt wird. Während dieser Verschiebung wird oft Material, das zwischen die Überschiebungen gerät, verfaltet und es entstehen dabei die großen Strukturen eines Falten- und Überschiebungsgürtels. Hervorragende Beispiele für alte Falten- und Überschiebungsgürtel findet man in der Tal- und Rücken-Provinz der Appalachen, in den kanadischen Rocky Mountains, im niedrigen (südlichen) Himalaya und in den Nordalpen.

Die Zone, in welcher zwei Kontinente kollidieren, wird **Sutur** genannt. Dieser Teil des Gebirgsgür-

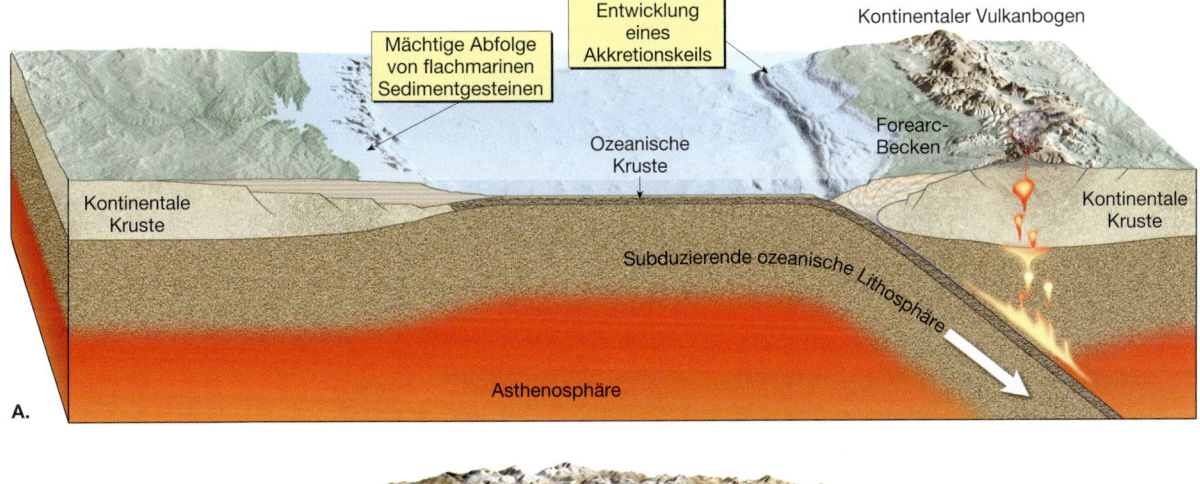

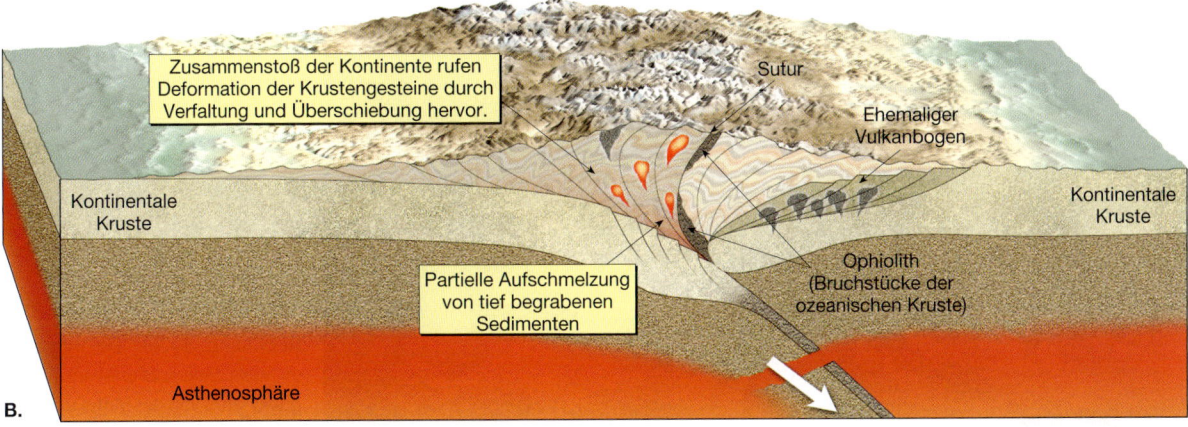

Abbildung 14.9: Die Illustration zeigt die Bildung der Hauptmerkmale von Druckgebirgen, einschließlich eines Falten- und Überschiebungsgürtels.

tels bewahrt oft Späne ozeanischer Lithosphäre, die zwischen den zusammenprallenden Platten gefangen wurden. Wegen ihrer einzigartigen Ophiolithstruktur (siehe Kapitel 13) helfen diese Stücke ozeanischer Lithosphäre, den Ort der Kollisionsgrenzen festzustellen. Entlang von Suturzonen werden Kontinente als „zusammengeschweißt" beschrieben.

Wir werden zwei Beispiele von Kollisionsgebirgen genauer betrachten – den Himalaya und die Appalachen. Der Himalaya ist das jüngste Kollisionsgebirge der Erde und befindet sich noch immer in der Hebungsphase. Die Appalachen sind ein viel älterer Gebirgsgürtel. Dort endete die aktive Gebirgsbildung vor etwa 250 Millionen Jahren.

14.4.1 Der Himalaya

Die Gebirgsbildungsphase, aus der der Himalaya hervorging, begann vor etwa 45 Millionen Jahren, als Indien anfing, mit Asien zu kollidieren. Vor dem Auseinanderbrechen Pangäas war Indien ein Teil von Gondwana auf der südlichen Hemisphäre (siehe Abbildung 2.A). Nachdem sich Indien von dem Kontinent abgespalten hatte, bewegte es sich schnell (aus geologischer Sicht) einige Tausend Kilometer in nördlicher Richtung (siehe Abbildung 2.A).

Die Subduktionszone, die Indiens nordwärts gerichtete Wanderung erleichterte, befand sich nahe am südlichen Kontinentalrand Asiens. Die anhaltende Subduktion entlang von Asiens Plattenrand schuf eine Plattengrenze vom Andentyp mit einem gut entwickelten Vulkanbogen und einem Akkretionskeil. Andererseits war Indiens Nordrand ein passiver Kontinentalrand, bestehend aus einer mächtigen Plattform mit Flachwassersedimenten und Sedimentgesteinen.

Die entsprechenden Details bleiben zwar etwas lückenhaft, doch ein oder vielleicht mehrere kleine Kontinentbruchstücke wurden auf der subduzierenden Platte irgendwo zwischen Indien und Asien abgelegt. Während der Schließung des dazwischenliegenden Ozeans erreichte ein relativ kleines Krustenfragment (das heutige südliche Tibet) den Graben. Auf dieses Ereignis folgte das Andocken von Indien selbst. Die tektonischen Kräfte, die bei dem Aufprall Indiens auf Asien auftraten, waren immens und verursachten, dass das deformierbare Material an den ozeanwärts gerichteten Kanten dieser Landmassen stark verfaltet und verworfen wurde. Die Verkürzung und die Verdickung der Kruste hoben große Mengen von Krustenmaterial an und bildeten dabei das eindrucksvolle Himalaya-Gebirge (▶ Abbildung 14.10).

Neben der Hebung waren durch die Krustenverdickung große Mengen an Material erhöhten Temperaturen und Drücken ausgesetzt (Abbildung 14.9). In der tiefsten und am stärksten deformierten Region des sich entwickelnden Gebirgsgürtels erzeugte partielle Aufschmelzung Plutone, die in die darüberliegenden Gesteinsschichten intrudierten und sie noch stärker deformierten. In solchen Milieus entsteht der metamorphe und magmatische Kern von Druckgebirgen.

Auf die Entstehung des Himalaya folgte eine Hebungsphase, in der das tibetische Hochland aufstieg.

Abbildung 14.10: Der Himalaya mit dem Mount Everest im Hintergrund (links von der Mitte) und dem Nuptse im Vordergrund (rechts vom Zentrum). (Foto: David Woodfall/DRK Foto)

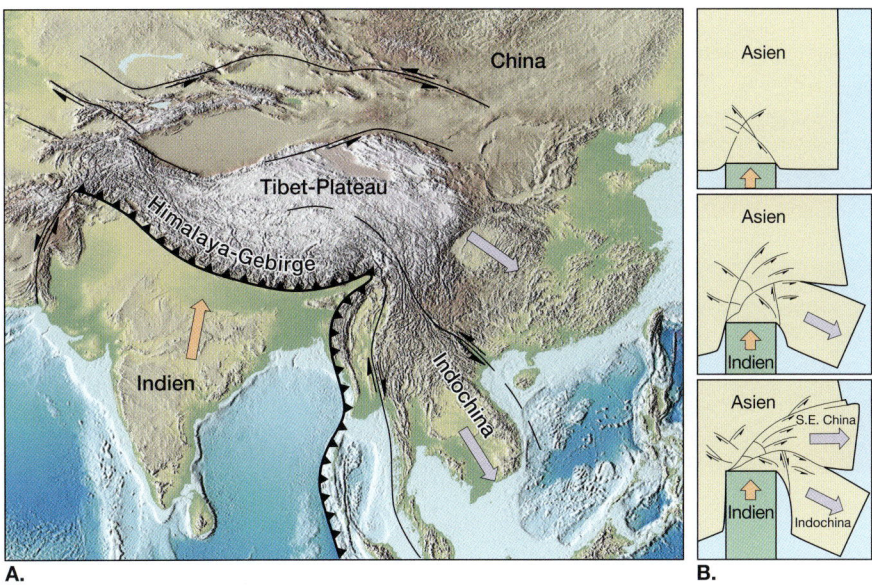

Abbildung 14.11: Die Kollision zwischen Indien und Asien erzeugte den Himalaya und das tibetische Hochland und deformierte einen großen Teil von Südostasien. **A.** Eine Kartenansicht einiger Hauptstrukturmerkmale von Südostasien, die man mit dieser Gebirgsbildungsphase in Zusammenhang sieht. **B.** Nachbildung der Deformation von Asien, indem ein starrer Block, der Indien repräsentiert, in eine Masse von deformierbarem Modellierton geschoben wird.

Informationen aus seismischen Untersuchungen liefern Hinweise darauf, dass ein Teil des indischen Subkontinents mit einer Länge von etwa 400 Kilometer unter Tibet geschoben wurde. Falls dies so ist, kann man die stolzen Höhen des südlichen Tibet, die im Mittel höher sind als der Mount Whitney, der höchste Punkt der gesamten Vereinigten Staaten, durch den zusätzlichen Krustenzuwachs erklären. Andere Forscher stimmen diesem Szenario nicht zu. Stattdessen nehmen sie an, dass extensive Überschiebungen und Verfaltung in der oberen Kruste sowie duktile Deformation der unteren Kruste und des darunterliegenden lithosphärischen Mantels eine große Krustenmächtigkeit erzeugten, die für diese extrem hohen Plateaus verantwortlich ist. Um diesen Streitpunkt zu klären, muss noch mehr Forschung betrieben werden.

Der Zusammenstoß mit Asien verlangsamte die nordwärts gerichtete Bewegung von Indien, stoppte sie jedoch nicht. Seitdem hat Indien 2.000 Kilometer in das asiatische Festland hinein zurückgelegt. Ein Teil dieser Bewegung kann der Krustenverkürzung zugeschrieben werden. Man glaubt, dass ein Großteil des übrigen Eindringens nach Asien aus dem lateralen Versatz großer Blöcke der asiatischen Kruste resultiert, ein Mechanismus, der als *Kontinentalflucht* beschrieben wird. Wie ▶Abbildung 14.11 zeigt, wurden beim Zusammenstoß von Indien mit Asien Teile von Asien östlich aus der Kollisionszone „herausgequetscht". Zu diesen verschobenen Krustenblöcken gehören ein Großteil des heutigen Indochinas und Abschnitte des chinesischen Festlands.

Warum wurde das Innere Asiens in so großem Maßstab deformiert, während Indien regelrecht unberührt blieb? Die Antwort liegt in der Beschaffenheit der verschiedenen Krustenblöcke. Indien ist im Wesentlichen ein Schild, der hauptsächlich aus kristallinen präkambrischen Gesteinen aufgebaut ist (▶siehe Abbildung 14.13). Diese dicke, kalte Krustenscholle blieb mehr als 2 Milliarden Jahre ungestört. Im Gegensatz dazu wurde Südostasien in jüngerer Zeit aus mehreren, kleineren Krustenbruchstücken zusammengesetzt – während oder sogar noch nach der Entstehung von Pangäa. Folglich war es noch relativ „warm und flexibel" von den letzten Gebirgsbildungsphasen. Die Deformation Asiens wurde im Labor nachgestellt, indem ein starrer Block, der Indien darstellte, in eine Masse aus deformierbarem Modellierton geschoben wurde, wie Abbildung 14.11 zeigt. Indien schiebt sich weiterhin mit einigen Zentimetern pro Jahr nach Asien hinein.

14.4.2 Die Appalachen

Die Appalachen sind von malerischer Schönheit, besonders nahe dem östlichen Rand von Nordamerika, von Alabama bis nach Neufundland. Neben den Appalachen bildeten sich zeitgleich Gebirge auf den Britischen Inseln, in Skandinavien, in Mitteleuropa, in Nordwestafrika und in Grönland (siehe Abbildung 2.6). Die Orogenese, die dieses ausgedehnte Gebirgssystem erzeugt hat, dauerte einige hundert Millionen Jahre und war eine der Phasen, in welchen sich der Superkontinent Pangäa zusammenschloss. Genaue

14 Konvergente Plattengrenzen – der Ursprung der Gebirge

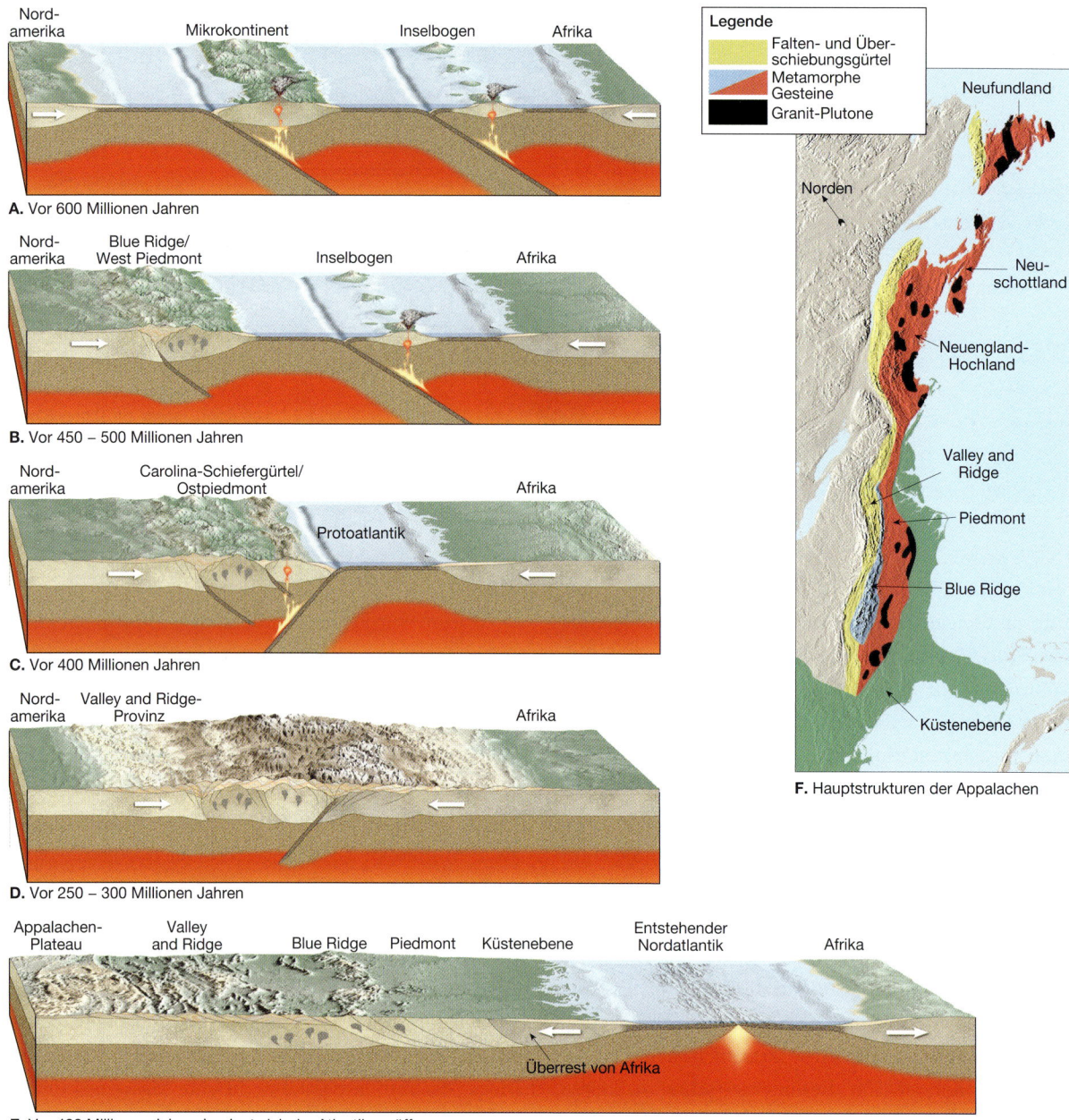

Abbildung 14.12: Ein vereinfachtes Diagramm stellt die Entwicklung der südlichen Appalachen dar, als sich der alte Nordatlantik während der Formation von Pangäa schloss. Drei voneinander getrennte Gebirgsbildungsphasen dauerten über 300 Millionen Jahre an. (Nach Zve Ben-Avraham, Jack Oliver, Larry Brown und Frederick Cook)

Untersuchungen in den Zentral- und Südappalachen weisen darauf hin, dass die Entstehung dieses Gebirgsgürtels weitaus komplexer war als zunächst angenommen. Statt durch einen einzigen kontinentalen Aufprall gebildet zu werden, umfasst die Entstehung der Appalachen drei unterschiedliche Gebirgsbildungsphasen.

Das stark vereinfachte Szenario beginnt vor etwa 750 Millionen Jahren mit dem Auseinanderbrechen des Prä-Pangäa-Superkontinents (Rodinia), wobei sich Nordamerika von Europa und Afrika trennte. Diese Phase der kontinentalen Grabenbruchbildung und Ozeanbodenspreizung erzeugte den ursprünglichen Nordatlantik (Protoatlantik). Innerhalb des sich entwickelnden Ozeanbeckens befand sich ein Bruchstück kontinentaler Kruste, das sich von Nordamerika abgespalten hatte (▶ Abbildung 12.A).

Vor etwa 600 Millionen Jahren veränderte sich dann die Plattenbewegung dramatisch und der ursprüngliche Nordatlantik schloss sich. Wahrscheinlich bildeten sich zwei Subduktionszonen. Die eine befand sich meerwärts vor der afrikanischen Küste und führte zur Entstehung eines Vulkanbogens ähnlich den heutigen, am Rand des Westpazifiks gelegenen. Die andere entwickelte sich auf dem kontinentalen Bruchstück, das vor der nordamerikanischen Küste lag, wie in ▶ Abbildung 14.12 zu sehen ist.

Vor 450 und 500 Millionen Jahren begann sich das Randmeer zwischen dem Krustenfragment und Nordamerika zu schließen. Die darauffolgende Kollision deformierte den Kontinentalschelf und schweißte das Krustenfragment an die Nordamerikanische Platte. Die metamorphen Relikte des Krustenfragments kann man heute in Form der kristallinen Gesteine des Blue Ridge und der westlichen Piedmont-Gebiete der Appalachen finden (▶ Abbildung 14.12 B). Neben der tiefgreifenden Metamorphose entstanden während der magmatischen Aktivität zahlreiche Plutonite entlang des gesamten Kontinentalrands, besonders in Neuengland.

Eine zweite Phase der Gebirgsbildung fand vor 400 Millionen Jahren statt. In den südlichen Appalachen führte die fortgesetzte Schließung des Protoatlantiks zum Zusammenprall des sich entwickelnden Vulkanbogens mit Nordamerika (▶ Abbildung 14.12C). Indizien für dieses Ereignis zeigt der Carolina-Schiefergürtel im Osten von Piedmont, der metamorphe, sedimentäre und vulkanische Gesteine, charakteristisch für einen Inselbogen, enthält.

Ihren Abschluss fand die Orogenese irgendwann vor 250 und 300 Millionen Jahren, als Afrika mit Nordamerika zusammenprallte. An manchen Stellen könnte die landwärts gerichtete Verschiebung der Blue Ridge- und Piedmont-Provinzen über 250 Kilometer hinausgegangen sein. Dieses Ereignis verschob und deformierte die Schelfsedimente und Sedimentgesteine, die einst den östlichen Rand Nordamerikas flankierten noch mehr (▶ Abbildung 14.12D). Heute stellen diese gefalteten und überschobenen Sandsteine, Kalksteine und Tonschiefer den Hauptanteil der nicht metamorphen Gesteine der Valley-and-Ridge-Provinz dar. Aufschlüsse der gefalteten und überschobenen Strukturen, die Druckgebirge ausmachen, findet man weit im Inneren des Festlands, wie in Zentralpennsylvania und West Virginia (▶ Abbildung 14.13).

Geologisch gesehen, begann kurz nach der Entstehung der Appalachen der neu entstandene Super-

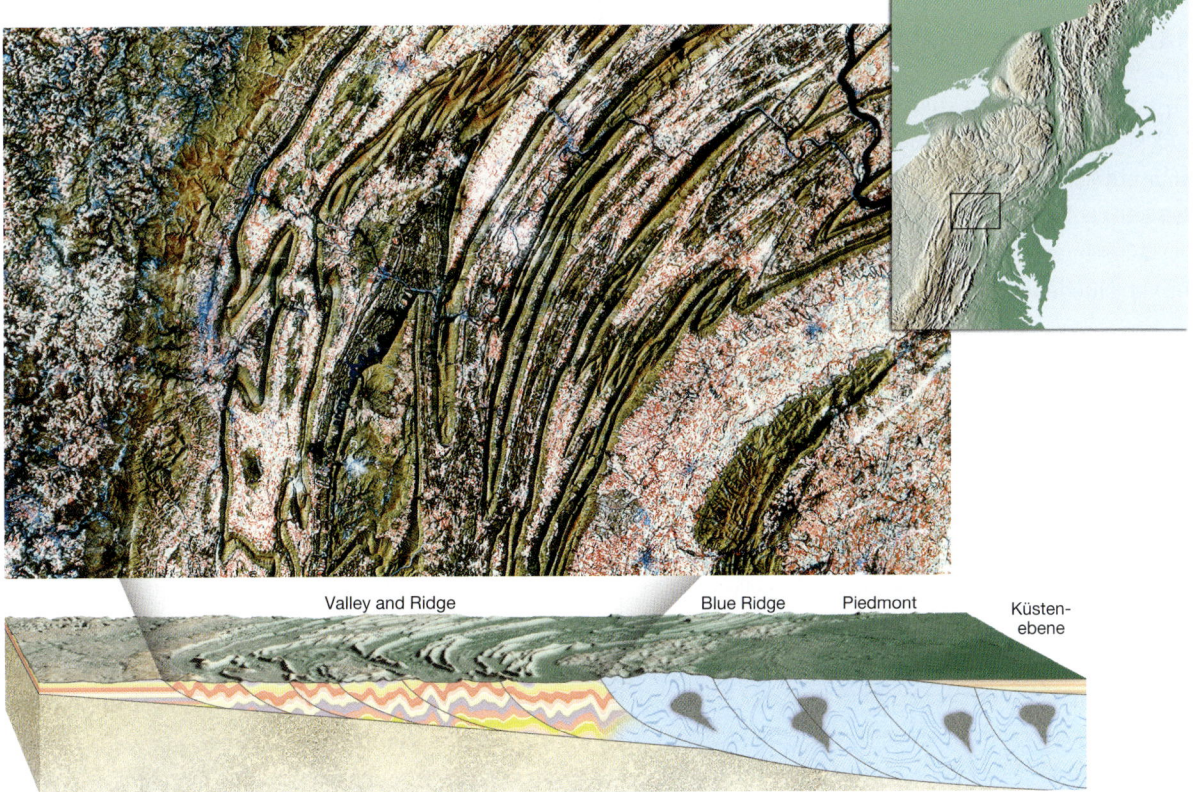

Abbildung 14.13: Die Valley-and-Ridge-Provinz. Dieser Teil der Appalachen besteht aus verfalteten und verworfenen Sedimentschichten, die landeinwärts mit der Schließung des Protoatlantiks versetzt wurden. (LANDSAT Image, mit freundlicher Genehmigung der Phillips Petroleum Gesellschaft, Abteilung für Explorationsprojekte)

kontinent Pangäa in kleinere Fragmente auseinanderzubrechen. Da diese neue Grabenbruchzone östlich der Sutur zwischen Afrika und Nordamerika auftrat, bleibt ein Relikt von Afrika an die Nordamerikanische Platte „angeschweißt" (▶ Abbildung 14.12E).

Andere Gebirgszüge, die Hinweise auf den Zusammenprall von Kontinenten geben, sind die Alpen und der Ural. Von den Alpen glaubt man, sie seien ein Ergebnis der Kollision zwischen Afrika und Europa während der Schließung der Tethys. Der Ural andererseits bildete sich während der Formation von Pangäa, als das Baltikum und Sibirien zusammenprallten.

Terrane und Gebirgsbildung 14.5

Gebirgsgürtel können sich auch nach dem Zusammenstoß und dem Verschmelzen eines Inselbogens oder anderen kleinen Krustenfragmenten mit einem Kontinentalblock bilden. Der Prozess von Kollision und Akkretion verhältnismäßig kleiner Krustenfragmente zu einem Kontinentalrand erzeugte viele gebirgige Regionen, die den Pazifik einrahmen.

14.5.1 Die Merkmale von Terranen

Geologen bezeichnen diese angewachsenen Krustenblöcke als **Terrane**. Die Bezeichnung Terran bezieht sich einfach nur auf ein beliebiges Krustenfragment, dessen geologische Vergangenheit sich von dem angeschlossenen Terran unterscheidet. Terrane treten in verschiedenen Formen und Größen auf. Was sind

> **Studenten fragen manchmal …**
>
> **Was ist der Unterschied zwischen einem Terran und einem Terrain?**
>
> Die Bezeichnung *Terran* wird verwendet, um bestimmte und erkennbare Abfolgen von Gesteinsformationen, die durch plattentektonische Prozesse transportiert wurden, zu bezeichnen. Da sich Geologen, die diese Gesteine kartierten, nicht sicher waren, woher sie kamen, bezeichneten sie sie manchmal als „exotische", „fragwürdige" oder „fremde" Terrane. Verwechseln Sie dies nicht mit der Bezeichnung *Terrain*, was die Gestalt der Oberflächentopographie oder die „Lage des Landes" beschreibt.

die Merkmale dieser Terrane und woher stammen sie? Nach Forschungsarbeiten könnten manche der Fragmente vor ihrer Akkretion an den Kontinentalblock **Mikrokontinente** gewesen sein, ähnlich der heutigen Insel Madagaskar, die östlich von Afrika im Indischen Ozean liegt. Viele andere waren Inselbögen ähnlich wie Japan, die Philippinnen und die Aleuten. Wieder andere könnten untergetauchte Krustenfragmente gewesen sein, wie die, die am Grund des Westpazifiks auftreten (siehe Abbildung 13.10). Mehr als hundert dieser verhältnismäßig kleinen Krustenfragmente sind heute bekannt. Ihre Herkunft ist unterschiedlich. Manche sind untergetauchte Fragmente und bestehen hauptsächlich aus kontinentaler Kruste, wogegen andere erloschene Vulkaninseln sind, wie die Hawaii-Explorer-Tiefseebergkette. Wieder andere sind untergetauchte ozeanische Plateaus, die durch massives Ausströmen von basaltischen Laven vergesellschaftet mit Hot-Spot-Aktivität entstanden sind.

14.5.2 Akkretion und Orogenese

Es ist eine weithin anerkannte Ansicht, dass ozeanische Platten während ihrer Wanderung darin eingeschlossene ozeanische Plateaus, vulkanische Inselbögen und Mikrokontinente zu einer Subduktionszone des Andentyps bewegen. Enthält eine ozeanische Platte eine Kette mit kleinen Tiefseebergen, werden diese Gebilde normalerweise zusammen mit der abtauchenden ozeanischen Scholle subduziert. Doch sehr mächtige Einheiten, wie das Ontong Java-Plateau oder ein voll entwickelter Inselbogen, bestehend aus reichlich „leichten" Magmatiten, die durch magmatische Differentiation entstanden sind, könnten den Auftrieb der ozeanische Lithosphäre zu groß werden lassen, um sie zu subduzieren. In solchen Situationen kommt es zu einem Zusammenprall zwischen Krustenfragmenten und Kontinenten.

Die Abfolge der Ereignisse, die auftreten, wenn ein voll entwickelter Inselbogen einen Plattenrand des Andentyps erreicht, wird in ▶ Abbildung 14.14 gezeigt. Aufgrund seines Auftriebs subduziert ein voll entwickelter Inselbogen nicht unter die kontinentale Platte. Stattdessen wird der obere Anteil dieser verdickten Zonen von der absinkenden Platte abgeschält und in relativ dünnen Decken auf den danebenliegenden Kontinentalblock geschoben. Stößt dieses Fragment nun mit dem Kontinentalrand zusammen, bewegt es den angefügten Inselbogen weiter ins Inland,

14.5 Terrane und Gebirgsbildung

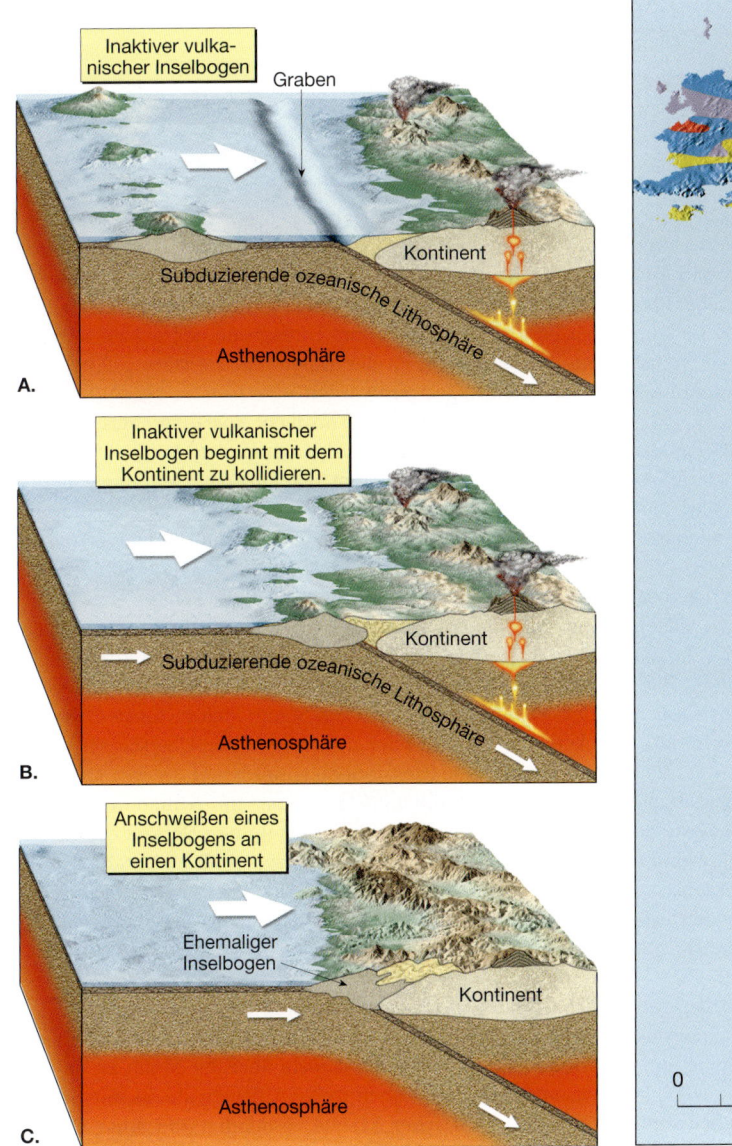

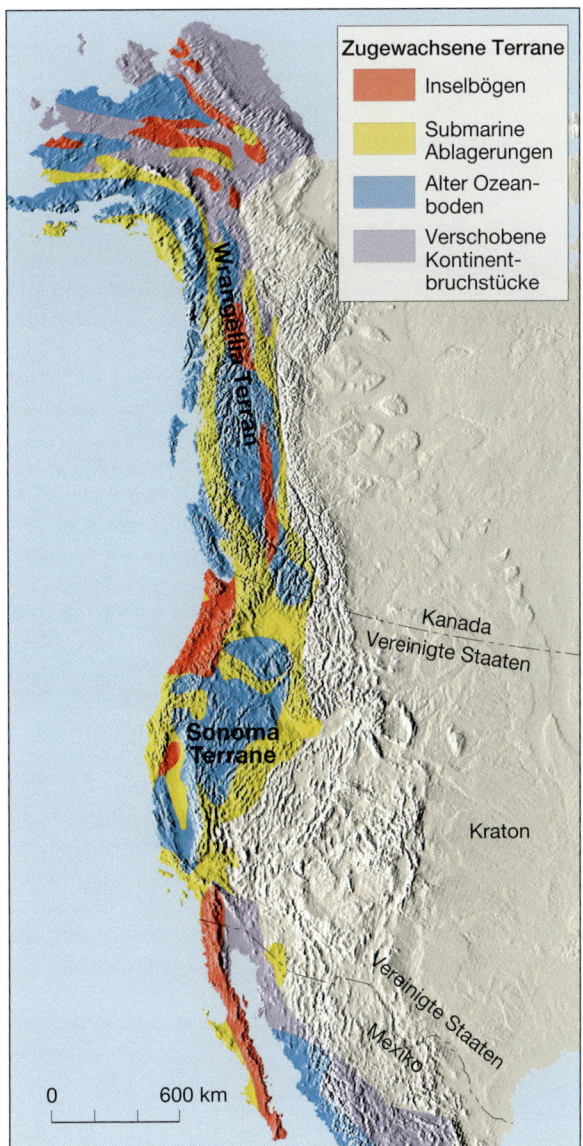

Abbildung 14.14: Die Abfolge von Ereignissen zeigt den Zusammenstoß und das Anfügen eines Inselbogens mit einem Kontinentalrand.

Abbildung 14.15: Die Karte zeigt die Terrane, die dem Westen Nordamerikas während der letzten 200 Millionen Jahre zugewachsen sind. Paläomagnetische Untersuchungen und Fossilien weisen darauf hin, dass manche dieser Terrane Tausende von Kilometern südlich von ihrer derzeitigen Position entstanden sind. (Nach D.R. Hutchison et.al)

trägt zur Deformationszone bei und zu der Mächtigkeit und der lateralen Ausdehnung des Kontinentalrands.
Die Nordamerikanischen Kordilleren Die Idee, dass Gebirgsbildung mit der Akkretion von Krustenfragmenten an eine Kontinentalmasse verbunden ist, entstand zuerst bei Untersuchungen, die in den Nordamerikanischen Kordilleren durchgeführt wurden (▶Abbildung 14.15). Hier wurde aufgrund von Fossilien und palaeomagnetischen Indizien geschlossen, dass manche Gebirgsbiete, hauptsächlich die Gebirgsgürtel von Alaska und Britisch Kolumbien, einst näher am Äquator lagen.

Man nimmt nun an, dass viele der anderen Terrane, die man in den Nordamerikanischen Kordilleren vorfindet, einst im gesamten Ostpazifik verstreut lagen, so wie wir heute Inselbögen und Ozeanplateaus im Westpazifik vorfinden (Abbildung 13.10). Noch vor dem Auseinanderbrechen von Pangäa wurde der östliche Teil des Pazifischen Beckens (Farallon-Platte) unter den westlichen Rand von Nordamerika subduziert. Scheinbar führte dieser Vorgang zur stückchenweisen Angliederung von Krustenfragmenten an den gesamten pazifischen Rand des Kontinents – von der Baja-Halbinsel, Mexiko bis nach Nordalaska (Abbil-

EXKURS 14.2 – DIE ERDE VERSTEHEN

■ **Die Alpen**

Die Alpen sind Teil eines großen eurasischen Gebirgssystems, das vom Apennin über die Karpaten, die Gebirge Anatoliens, des Iran (Elbrus und Zagros) über Pamir und Hindukusch zum Himalaya reicht und noch darüber hinaus bis Indonesien. Sie markieren eine große Zone kontinentaler Kollision, die vor gut 100 Millionen Jahren begonnen hatte, die aber in den verschiedenen Abschnitten zu unterschiedlichen Zeiten wirksam war.

Die Alpen gelten als das komplizierteste Gebirge der Erde, was auch daran liegen mag, dass es das am intensivsten erforschte Gebirge ist. Hier sollen nur stark vereinfacht die grundlegenden Charakteristika wiedergegeben werden.

In den Alpen findet man zwei Kontinentalränder übereinandergeschoben, die sich zuvor während der späten Trias und im frühen Jura durch Rifting, also durch Grabentektonik, gebildet haben, als der Großkontinent Pangäa in viele Bruchstücke zerfiel. Der tektonische Graben des späteren Alpenabschnitts erweiterte sich im Mittleren Jura zu dem kleinen Penninischen Ozean – ähnlich groß wie das Rote Meer. Der nördliche Kontinentalrand war mit Europa verbunden und seine alpinen Gesteine werden als „Helvetikum" bezeichnet, weil sie ihre größte Verbreitung in den Schweizer Alpen haben. Flachmarine Schelfsedimente akkumulieren erst ab dem späten Jura und dann vor allem in der Kreidezeit in größerer Mächtigkeit.

Der südliche Kontinentalrand war mit Afrika verbunden oder genauer: mit einer Mikroplatte, die sich von Afrika losgelöst hatte, der Adriaplatte. Seine alpinen Gesteine werden als „Ostalpin" bezeichnet, weil sie vorwiegend im Ostabschnitt der Alpen anzutreffen sind. Die Ostalpinen Gesteine waren mit denen der Südalpen verbunden, wurden aber vor etwa 30 Millionen Jahren durch eine große Seitenverschiebung, die Periadriatische Linie, von diesen abgetrennt. Die ebenfalls flachmarinen Sedimente auf der Adriaplatte werden bereits in der Trias mehrere Kilometer mächtig (als auf der Europäischen Platte kaum sedimentiert wurde). Die mächtigen Riffkomplexe der Dolomiten und der Nördlichen Kalkalpen gehören dazu. Die Gesteine der Adriaplatte zeigen im späten Jura Anzeichen von Tiefwassergesteinen wie Radiolarite, die unterhalb der CCD (Calcit-Kompensationstiefe) abgelagert wurden, einer Tiefe, unterhalb der Calcit in Lösung geht.

Der Penninische Ozean war im Westabschnitt der Alpen durch eine Insel bzw. ein Terran, das Briançonnais, in einen Süd- und einen Nordpenninischen Ozean geteilt. Die Sedimentation begann erst im mittleren und höheren Jura (vorher gab es den Ozean ja noch nicht), wobei sich tonige und mergelige fossilarme Sedimente (Bündnerschiefer bzw. Schistes Lustrés, Glanzschiefer) ablagerten, die große Mächtigkeiten erreichten. Später, in der Kreidezeit und im Alttertiär, erfolgte die Sedimentation vorwiegend über Turbidite (siehe Kapitel 7), die im Lauf der Kollision vom Untergrund abgeschabt und im Akkretionskeil an der Alpenfront als stark gefaltete Flyschzone angelagert wurden.

Weit im Osten erreichte noch ein Ausläufer eines kleinen weiteren Ozeans den Alpenraum: der Meliata-Ozean aus dem ungarischen Raum, der Teile des Ostalpins voneinander trennte. Dieser Ozean wurde als erster subduziert und es kam zu einer ersten Kollision vor etwa 100 bis 80 Millionen Jahren, die sich aber nur innerhalb des Ostalpins auswirkte. Eine erste Faltungsphase erfasste den ostalpinen Raum, die besonders gut in den Nördlichen Kalkalpen sichtbar wird, weil dort die Antiklinalen aus dem Meer herausgehoben und teilweise Kilometer tief erodiert werden und der Schutt sich in lokalen Becken bzw. Mulden oder an der Front von Überschiebungen ansammelte (Gosau-Sedimente).

Die Hauptkollision fand erst im frühen Tertiär statt; dabei schoben sich die ostalpinen Decken an die 100 Kilometer über den europäischen Kontinentalrand. Das konnte nur geschehen, weil sich ein Anteil der kontinentalen Kruste vom lithosphärischen Mantel ablöste. Das wird plausibel, wenn man bedenkt, dass der Bereich der Moho eine Schwächezone darstellt, weil der lithosphärische Mantel darunter schwerer als die Asthenosphäre unterhalb ist und eigentlich darin versinken könnte. Die kontinentale Kruste über der Moho ist dagegen leichter und steht unter Auftrieb; sie ist mit ihrem lithosphärischen Mantel verbunden und muss ihn oben halten wie ein Schwimmer, an dem ein schwerer Stein hängt. Aber die Verbindung ist lösbar und so kann sich wie an einem Reißverschluss ein Keil öffnen, wobei der obere Teil der kontinentalen Kruste als tektonische Decke nahe der Oberfläche den Rand der Europäischen Platte überschiebt, während der tiefere Teil nach unten absinkt.

Eine Tatsache bereitet vielen Alpengeologen Kopfzerbrechen: Das sind die geringen Mengen an Magmen, die man mit der Subduktion des Penninischen Ozeans in Verbindung bringen kann und die während der alpinen Gebirgsbildung aufgedrungen sind. Das erklärt sich vielleicht aus der relativ kurzen Zeitdauer der Subduktion.

Vor etwa 30 Millionen Jahren scheint der lithosphärische Mantel der Europäischen Platte abgerissen zu sein und ist in der Asthenosphäre versunken. In die entstehende Lücke floss heißes Asthenosphärenmaterial ein, das die Kruste teilweise zum Aufschmelzen brachte, wodurch verschiedene Granite, wie Bergell, Adamello und

Rieserferner, aber auch basische Magmen, in den Südalpen aufdrangen, die genau dieses Alter haben.

In der Subduktionszone wurden teils auch kleine Späne kontinentaler Kruste bis in Tiefen von 100 Kilometer und mehr sehr schnell nach unten gezogen (schnell, das heißt mit einigen Zentimetern pro Jahr) und nach kurzer Zeit mit ähnlich hoher Geschwindigkeit an der Subduktionszone wieder hochgebracht. Man weiß dies aus dem Vorkommen von Superhochdruck-Mineralen in diesen Gesteinen. So ist etwa das häufige Krustenmineral Quarz in seine dichtere Hochdruckphase Coesit umgewandelt worden und aus Basalt ist das Hochdruckgestein Eklogit entstanden, das aus Pyroxen und Granat besteht. Aus Graphitteilchen haben sich sogar örtlich mikroskopisch kleine Diamanten gebildet.

Ein weiteres Phänomen ist das des seitlichen Ausweichens des Gebirges, das ganz ähnlich wie in China und dem Himalaya erfolgte. An mehreren spitzwinklig zueinander stehenden Verwerfungen wurde das Alpengebirge in seinem östlichen Teil ausgequetscht wie ein glitschiger Melonenkern zwischen den Fingern, wodurch es in ost-westlicher Richtung gedehnt werden konnte. Offenbar war der Widerstand gegen eine weitere Hebung vorübergehend größer als der seitliche Anpressdruck.

Das seitliche Ausweichen ermöglichte es andererseits einem großen Block europäischer Kruste, aufzusteigen und die Oberfläche zu durchbrechen. So findet sich heute inmitten der ostalpinen Decken ein Bereich, der eigentlich zur europäischen Platte gehört. Erinnern Sie sich, dass solche Strukturen, bei denen man unter einer Decke in den tieferen Untergrund schauen kann, tektonische Fenster heißen. In unserem Fall ist es das Tauernfenster. (▶ Abbildung 14.B)

Neue tomographische Untersuchungen mit hoher Auflösung haben in den Alpen jüngst gezeigt, dass die Polarität der Subduktion in jüngerer geologischer Vergangenheit offenbar gewechselt hat. War die Subduktion ursprünglich nach Süden (und in den Westalpen nach Osten) gerichtet, so ist sie im Ostteil der Alpen inzwischen nach Nordosten gerichtet. Das hatte zur Folge, dass der Akkretionskeil (und damit der Deckenbau) sich ursprünglich nach Norden stapelte. Nach der Umkehrung der Subduktion begann die Überschiebung der Decken auf der Adriaplatte und die Sedimente der Südalpen werden verschoben und gefaltet. Auch die Erdbebentätigkeit hat sich nach Süden an den Alpenrand verlagert, was die Menschen in Friaul im Jahr 1976 schmerzlich erfahren mussten, als ein Erdbeben die Region heimsuchte und etwa 1.000 Todesopfer forderte.

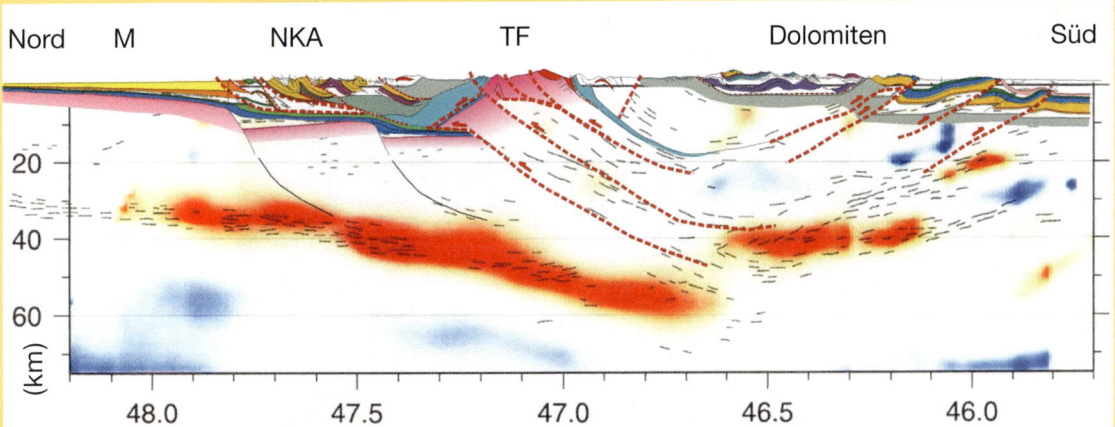

Abb. 14.B: Ein Querschnitt durch die Ostalpen zwischen München (M) und der Ebene von Venedig zwischen 48,2° und 45,7° nördlicher Breite. Der Deckenstapel auf der Nordseite (Nördliche Kalkalpen) entwickelte sich zuerst. Durch das seitliche Ausweichen eines Teils der Ostalpinen Decken konnte ein Teil der europäischen Platte hochgepresst werden (Tauernfenster im Zentrum der Ostalpen, TF). Der Deckenstapel im Süden ist gegenwärtig aktiv. Das rote Band in Tiefen zwischen 30 und 60 Kilometer ist der Bereich der Unterkruste und der Moho.

14 Konvergente Plattengrenzen – der Ursprung der Gebirge

FORTSETZUNG
Die Alpen

Abb. 14.C: Blick vom Tauernfenster (europäische Platte) nach Westen auf die überschobenen Felsmassen der Stubaier Alpen (Ostalpin der Adriaplatte). Dazwischen eingeklemmt die Reste des Penninischen Ozeans.

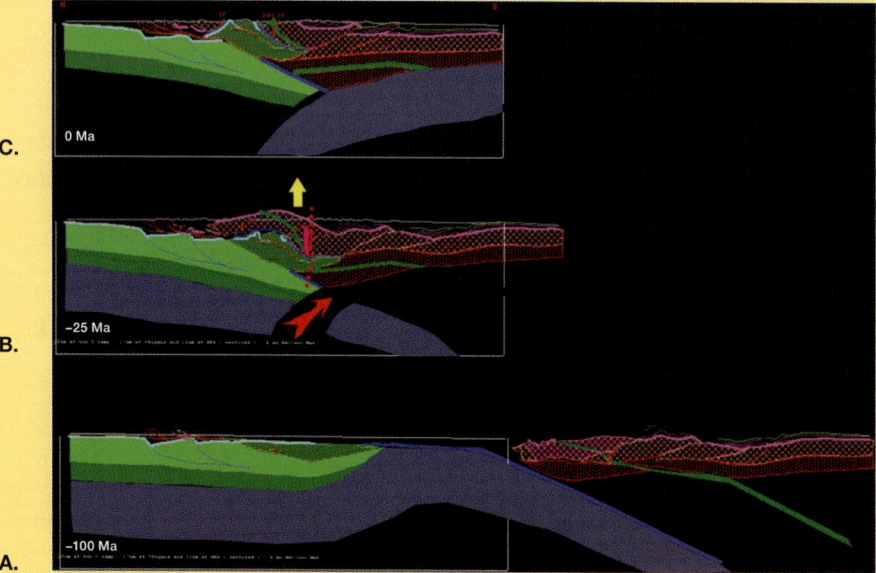

Abb. 14.D: Drei Stadien aus der Entwicklung der Alpen. **A.** Vor 100 bis 80 Ma wurde eine Subduktionszone im Bereich der Adriaplatte blockiert (grüne Linie rechts im Bild). Der lithosphärische Mantel des Penninischen Ozeans (blau) wurde nach Süden (rechts im Bild) subduziert. Auf der Europäischen Platte herrscht noch Dehnungstektonik vor. **B.** Vor 30 Millionen Jahren ist der gesamte Penninische Ozean bereits subduziert und die Adriaplatte ist mit Europa kollidiert und in der Tiefe verkeilt. Dabei bricht der lithosphärische Mantel der Europäischen Platte ab, heiße Asthenosphäre strömt ein (roter Pfeil) und heizt die Kruste darüber auf, so dass sie teilweise aufschmilzt und Granite entlang einer Bruchzone, der Periadriatischen Naht (gepunktet), aufsteigen können. **C.** Heute versinkt der Mantel der Adriatischen Platte und es entwickelt sich ein nach Süden gerichteter Keil. Die Erdbebentätigkeit hat sich in die Südalpen verlagert. Das Tauernfenster ist dadurch nach oben geschoben worden.

Abbildung 14.16: Die Grand Tetons in Wyoming sind ein Beispiel eines Bruchschollengebirges. (Foto: Art Wolfe, Inc.)

dung 14.15). In gleicher Weise werden viele rezente Mikrokontinente mit einem aktiven Kontinentalrand zusammenwachsen und einen neuen Orogengürtel hervorbringen.

14.6 Bruchschollengebirge

Die meisten Gebirgsgürtel einschließlich der Alpen, des Himalaya und der Appalachen werden in Druckmilieus gebildet, was sich durch das Vorherrschen von großen Überschiebungen und verfalteten Schichten belegen lässt. Dennoch können auch andere tektonische Prozesse wie kontinentale Grabenbruchbildung zur Hebung und Entstehung von topographischen Gebirgen führen. Die Gebirge, die in einem solchen Umfeld entstehen, werden **Bruchschollengebirge** genannt und sind durch steil einfallende Abschiebungen begrenzt, die allmählich mit der Tiefe abflachen (▶Abbildung 14.16).

14.6.1 Basin and Range-Provinz

Zwischen der Sierra Nevada und den Rocky Mountains befindet sich das größte Bruchschollengebirge der Erde – die Basin and Range-Provinz. Diese Region erstreckt sich über fast 3.000 Kilometer in Nord- Süd-Richtung und umfasst nahezu ganz Nevada und Teile der umgebenden Staaten sowie Teile Südkanadas und Westmexikos. Hier zerbrach die spröde obere Kruste in buchstäblich Hunderte von Bruchschollen. Die Kippung dieser verworfenen Strukturen (Halbgräben) löste den Aufstieg von nahezu parallel liegenden Gebirgszügen mit durchschnittlich 80 Kilometer Länge aus, die sich über benachbarte, sedimentgefüllte Becken erheben (Abbildung 10.22).

Eine Dehnung in der Basin and Range-Provinz vor etwa 20 Millionen Jahren scheint die Kruste auf mehr als das Doppelte ihrer ursprünglichen Breite gedehnt zu haben. ▶Abbildung 14.17 zeigt einen groben Umriss der Grenzen der westlichen Staaten vor und nach der Dehnungsperiode. Hoher Wärmefluss in der Region, dreimal höher als im globalen Durchschnitt, und mehrere Episoden von Vulkanismus geben deutliche Hinweise, dass ein Aufwallen des Mantels zur Aufwölbung der Kruste geführt hat, was zugleich zur Dehnung in dieser Region beigetragen hat.

Es wird auch die Ansicht vertreten, dass eine Veränderung der Eigenschaften der westlichen Platten-

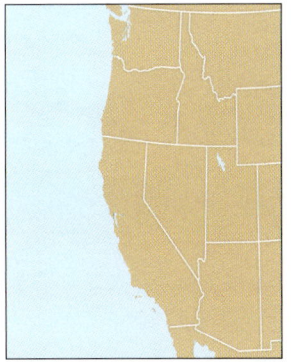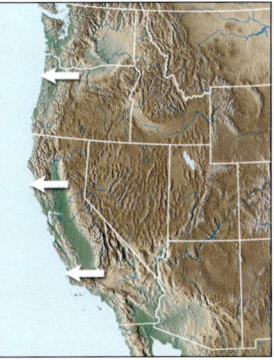

Abbildung 14.17: Dehnung in der Basin and Range-Provinz hat die Kruste an manchen Stellen auf das Zweifache ihrer ursprünglichen Breite „gedehnt". Hier wird der grobe Umriss der westlichen Staaten vor (links) und nach (rechts) der Dehnung gezeigt.

grenzen Kaliforniens zur Entstehung der Basin und Range-Provinz beigetragen haben könnte. Vor etwa 40 Millionen Jahren waren die auf den Westrand Nordamerikas einwirkenden Kräfte im Wesentlichen Kompressionskräfte, die sich durch die Subduktion unter Auftrieb eines wenig dichten Segments des Pazifischen Beckens formten (▶ Abbildung 14.18). Die Subduktion entlang der kalifornischen Küste endete, als die konvergente Plattengrenze zwischen Pazifischer und Nordamerikanischer Platte zu einer Transformstörung wurde, die wir heute San Andreas-Verwerfung nennen. Vor etwa 20 Millionen Jahren begann ein warmer aufsteigender Mantle Plume die Kruste zwischen der Sierra Nevada und den Rocky Mountains zu heben und zu verwerfen. Nach diesem Modell begannen die gehobenen Krustenblöcke aufgrund der Schwerkraft von ihren erhabenen Stellen herunterzugleiten und die Bruchschollentopographie der Basin and Range-Provinz zu bilden (Abbildung 14.18).

Vertikale Bewegungen der Kruste   14.7

Neben den großen Krustenversätzen, deren antreibender Motor hauptsächlich die Plattentektonik ist, beobachtet man an vielen Orten der Erde eine Auf- und Abbewegung der Kruste. Zwar tritt ein Großteil dieser vertikalen Bewegung entlang von Plattengrenzen auf und ist mit aktiver Gebirgsbildung vergesellschaftet, doch gibt es auch Ausnahmen. Hinweise auf Krustenhebung finden sich entlang der Westküste der Vereinigten Staaten. Bleibt die Erhöhung eines Küstengebiets über eine längere Zeitspanne unverändert, entwickelt sich eine Küstenterrasse (siehe Abbildung 20.11). In Teilen Kaliforniens kann man heute alte Küstenterrassen Hunderte von Metern oberhalb des Meeresspiegels finden (▶ Abbildung 14.19). Solche Indizien für eine Krustenhebung findet man häufig, doch leider ist der Grund für die Hebung nicht immer so einfach zu bestimmen.

14.7.1 Isostasie

In frühen Forschungsarbeiten entdeckte man, dass die weniger dichte Kruste der Erde auf dichteren und verformbaren Gesteinen des Mantels schwimmt. Das Konzept einer schwimmenden Kruste durch gravitativen Ausgleich wird Isostasie (*iso* = gleich; *stasis* = stehend) genannt. Am einfachsten kann man das Konzept der Isostasie erfassen, wenn man sich eine Gruppe von im Wasser treibenden Holzblöcken unterschiedlicher Dicke vorstellt, wie ▶ Abbildung 14.20 zeigt. Sie sehen, dass die dickeren Holzblöcke höher aus dem

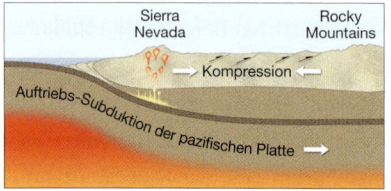
A. Vor 40 Millionen Jahren (Kompressionskräfte herrschen vor)

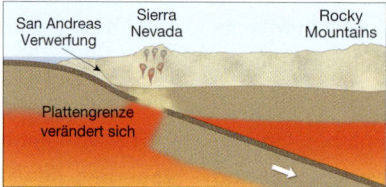
B. Vor 30 Millionen Jahren (Änderung von einer konvergenten Plattengrenze zu einer Transformstörung)

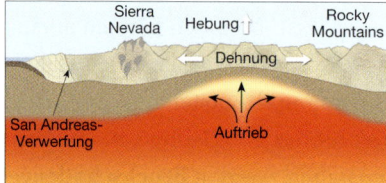
C. Vor 20 Millionen Jahren (Hebung und Dehnung der Küste)

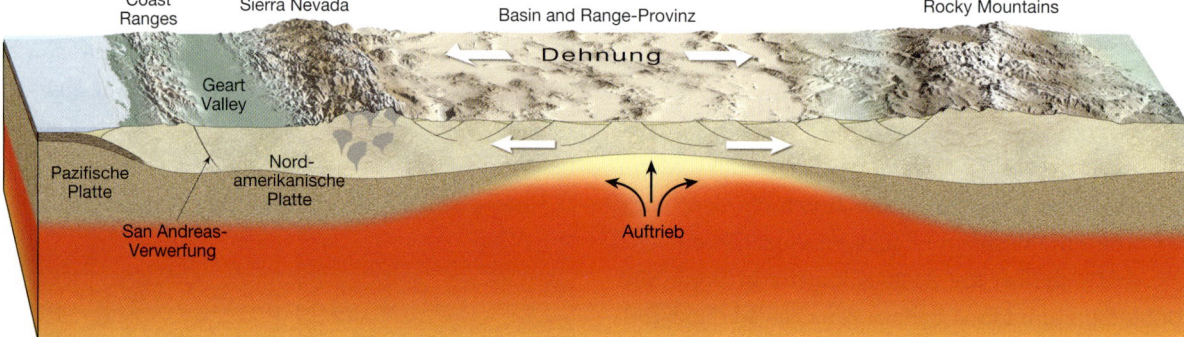
D. Seit 20 Millionen Jahren (Hebung und schwerkraftbedingte Rutschungen erzeugen die Topographie der Basin and Range-Provinz)

Abbildung 14.18: Die Basin and Range-Provinz besteht aus zahlreichen Bruchschollengebirgen, die während der letzten 20 Millionen Jahre der Erdgeschichte entstanden sind. Das Aufwallen des Mantels und möglicherweise der Zusammenbruch bedingt durch Schwerkraft (gravitativer Kollaps) trugen wesentlich zur Dehnung und Ausdünnung der Kruste bei.

14.7 Vertikale Bewegungen der Kruste

Abbildung 14.19: Ehemalige Küstenterrassen, die sich als Serie herausgehobener Terrassen auf der Westseite der San Clemente-Insel vor der südkalifornischen Küste befinden. Die höchsten Terrassen, die sich einst auf Meeresniveau befanden, sind etwa 400 Meter gehoben worden. (Foto: John S. Shelton)

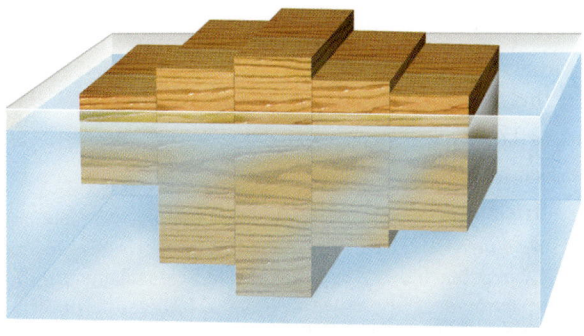

Abbildung 14.20: Die Illustration zeigt, wie Holzblöcke unterschiedlicher Dichte im Wasser schwimmen. In gleicher Weise schwimmen dickere Krustenabschnitte höher als dünnere Krustenschollen.

Wasser aufragen, aber auch tiefer eintauchen als die dünneren Blöcke. In ähnlicher Weise stehen aufgrund der Krustenverdickung viele Gebirgsgürtel hoch über dem umgebenden Gelände. Diese Druckgebirge besitzen auftreibende „Krustenwurzeln", die sich tief in das stützende Material darunter ausdehnen, so wie die dickeren Holzblöcke in Abbildung 14.20 (siehe Exkurs 14.3).

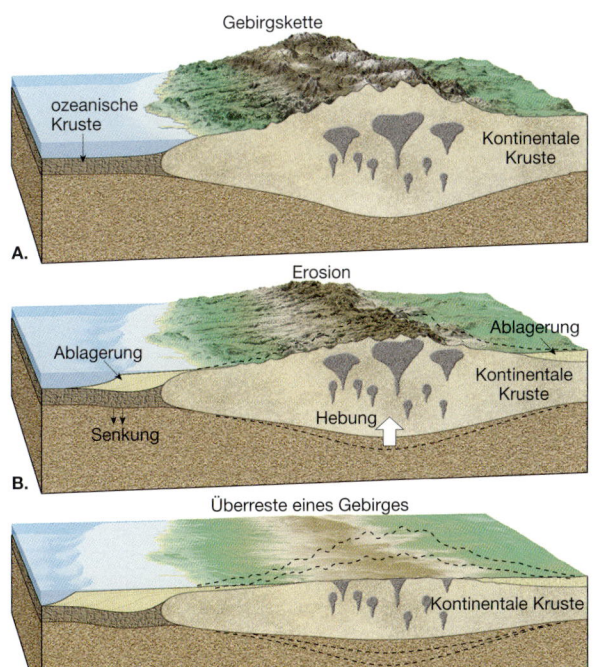

Abbildung 14.21: Diese Abfolge zeigt die gemeinsamen Auswirkungen von Erosion und isostatischem Ausgleich, die ein Ausdünnen der Kruste in Gebirgsregionen bewirken. **A.** Bei jungen Gebirgen ist die Kruste am dicksten. **B.** Während die Erosion die Gebirge senkt, wächst die Kruste als Folge der reduzierten Last. **C.** Erosion und Hebung setzen sich so lange fort, bis die Gebirge „normale" Krustenmächtigkeit erreicht haben.

Isostatische Anpassung Stellen Sie sich vor, was passieren würde, wenn noch ein kleiner Holzblock auf einen der Blöcke aus Abbildung 14.20 gelegt würde. Der zusammengesetzte Block würde absinken, bis ein neues isostatisches (gravitatives) Gleichgewicht erreicht wäre. Dennoch wäre das oberste Ende des zusammengesetzten Holzblocks höher als vorher und das untere Ende tiefer. Diesen Prozess, eine neue Ebene des gravitativen Gleichgewichts zu finden, nennt man **isostatischen Ausgleich**.

Wendet man das Konzept des isostatischen Ausgleichs an, sollten wir erwarten, dass die Kruste bei Hinzufügen eines Gewichts absinkt und mit Entfernen des Gewichts wieder aufsteigt (stellen Sie sich ein Schiff vor, dessen Fracht geladen und abgeladen wird). Hinweise für die Krustenabsenkung und einen darauf folgenden Wiederaufstieg liefern die eiszeitlichen Gletscher. Als kontinentale Eisdecken Teile Europas und Nordamerikas während des Pleistozäns einnahmen, fügten sie das Gewicht einer bis zu drei Kilometer mächtigen Eismasse hinzu, was zu einer Verkrümmung der Erdkruste nach unten um mehrere hundert Meter führte. In den 8.000 Jahren, seit die letzte Eisdecke geschmolzen ist, trat eine Hebung um 330 Meter in dem Gebiet der Hudson Bay, Kanada auf, wo sich die dickste Eisschicht akkumuliert hatte (siehe Abbildung 18.26). Ähnliche Hebungsraten gibt es in Skandinavien, das sich im nördlichen Ostseebereich immer noch um mehr als 10 Millimeter pro Jahr hebt.

Eine der Folgen des isostatischen Ausgleichs ist, dass wenn die Erosion die Gebirgsgipfel abbaut und Talsysteme herausmodelliert, die Kruste als Reaktion des verringerten Gewichts hochsteigt (▶ Abbildung

EXKURS 14.3 – DIE ERDE VERSTEHEN

■ **Haben Gebirge Wurzeln?**

Ein großer Fortschritt bei der Bestimmung von Gebirgsstrukturen gelang in den 1840er Jahren, als Sir George Everest (nach ihm wurde der Mount Everest benannt) die erste topographische Vermessung in Indien durchführte. Während dieser Vermessung wurde die Entfernung zwischen Kalianpur und Kaliana im Süden der Himalaya-Gebirgskette mit zwei verschiedenen Methoden gemessen. Bei der einen Methode verwendete man die konventionelle Vermessungstechnik der Triangulation und bei der anderen Methode bestimmte man die Entfernung astronomisch. Obwohl beide Techniken ähnliche Ergebnisse ergeben sollten, setzte die astronomische Berechnung die beiden Städte 150 Meter näher zueinander als die Vermessung mittels Triangulation.

Die Diskrepanz schrieb man der Erdanziehungskraft zu, die von den massiven Bergen des Himalayas auf das Senklot ausgeübt wurde, das man zur Ausrichtung des astronomischen Messgeräts verwendete. (Ein Senklot ist ein Metallgewicht, das von einer Schnur hängt und zur vertikalen Orientierung verwendet wird.) Man nahm an, dass die Ablenkung des Senklots in Kaliana größer als in Kalianpur sei, da es näher an den Bergen liegt (▶ Abbildung 14.E).

Einige Jahre später schätzte J.H. Pratt die Masse des Himalaya und berechnete den Fehler, der durch den Gravitationseinfluss des Gebirges verursacht werden müsste. Zu seiner Überraschung erkannte Pratt, dass das Gebirge einen dreimal größeren Fehler verursacht haben müsste, als man tatsächlich beobachtete. Einfach ausgedrückt, das Gebirge zog sein Gewicht nicht genügend an. Es schien, als hätte es einen hohlen Kern.

Eine Hypothese zur Erklärung der anscheinend „fehlenden" Masse wurde von George Airy entwickelt. Airy nahm an, dass die leichteren Krustengesteine der Erde auf dem dichteren, leichter deformierbaren Mantel schwimmen. Außerdem argumentierte er richtigerweise, dass die Kruste unter Gebirgen dicker als unter den benachbarte Ebenen sein musste. Mit anderen Worten werden Gebirgslandschaften von leichtem Krustenmaterial gestützt, das sich wie „Wurzeln" in den dichteren Mantel ausdehnt (Abbildung 14.E). Dieses Phänomen weisen Eisberge auf, die den Auftrieb durch das Gewicht des verdrängten Wassers erfahren. Sollte der Himalaya Wurzeln aus leichtem Krustengestein besitzen, die sich weit nach unten ausdehnen, dann hätte dieses Gebirge weniger Gravitationsanziehung ausüben können, wie Pratt berechnet hatte. Daher erklärt Airys Modell, warum das Senklot weniger stark abgelenkt wurde als erwartet.

Seismologische Messungen und Untersuchungen der Schwerkraft haben die Existenz von Krustenwurzeln unter manchen Gebirgszügen festgestellt. Die Mächtigkeit der Kruste beträgt normalerweise etwa 35 Kilometer, es konnten Krustendicken von über 70 Kilometer für manche Gebirgsgürtel festgestellt werden.

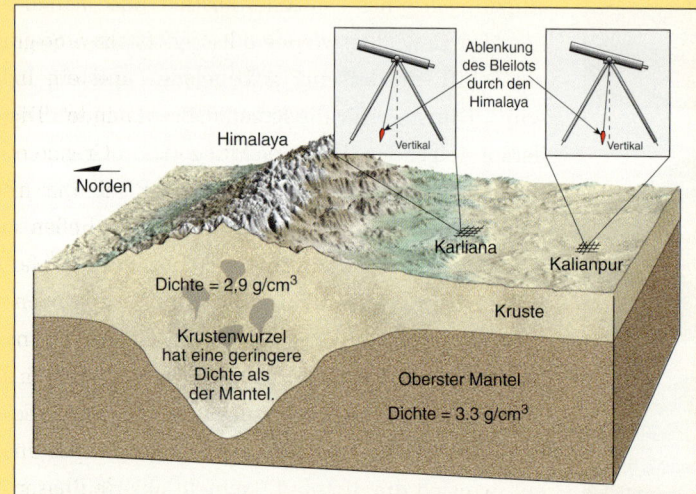

Abbildung 14.E: Während der ersten Vermessung von Indien trat ein Fehler bei den Messungen auf, da das Senklot an einem Messinstrument durch die gewaltigen Massen des Himalaya abgelenkt wurde. In einer späteren Arbeit stellte George Airy die Hypothese auf, dass Gebirge Wurzeln aus leichtem Krustengestein haben. Airys Modell erklärte, warum das Senklot weniger stark abgelenkt wurde als erwartet.

14.21). Dennoch ist jede Episode von isostatischer Hebung etwas geringer als der Höhenverlust durch Erosion. Die Prozesse von Hebung und Erosion dauern an, bis die Gebirgsblöcke „normale" Krustenmächtigkeit erreicht haben. Anschließend werden die Gebirge nahe an das Meeresniveau erodiert und das einst tief begrabene Innere der Gebirge gelangt an die Oberfläche. Werden die Gebirge durch Abtragung abgebaut, lagern sich die Sedimente auf danebenliegenden Landschaften ab und verursachen ein Absinken dieser Gebiete (Abbildung 14.21).

Wie hoch ist zu hoch? Wo große Kompressionskräfte

herrschen, wie die, die Indien nach Asien hineintreiben, entstehen Gebirge wie der Himalaya. Aber gibt es eine Obergrenze, wie hoch ein Gebirge anwachsen kann? Während Gebirgsgipfel ansteigen, beschleunigen sich Gravitationsprozesse wie Erosion und Massenbewegung und zerschneiden die deformierten Schichten in zerklüftete Landschaften. Gleichzeitig wirkt die Schwerkraft aber auch auf die Gesteine dieser Gebirgsmassen ein. Je höher die Berge, desto größer ist die nach unten gerichtete Kraft auf die Gesteine nahe der Basis. (Stellen Sie sich eine Gruppe von Artisten vor, die eine menschliche Pyramide bilden.) Ab einem gewissen Punkt wird das Gestein, das sich tief im sich entwickelnden Berg befindet und noch verhältnismäßig warm und flexibel ist, beginnen, seitlich wegzufließen (▶ Abbildung 14.22). Dies ist analog zu dem, was geschieht, wenn ein sehr dicker Pfannkuchenteig auf ein heißes Backblech gegossen wird. Als Folge davon erfährt der Berg einen **gravitativen Kollaps**, der Abschiebungen und Absenkung in dem oberen spröden Teil der Kruste bewirkt sowie duktile Verteilung in der Tiefe.

Wie kommt es, dass der Himalaya erhalten bleibt? Ganz einfach deswegen, weil die horizontalen Kompressionskräfte, die Indien nach Asien hineintreiben, größer sind als die vertikalen Gravitationskräfte. Doch sobald Indiens nordwärts gerichtete Reise endet, wird die nach unten gerichtete Schwerkraft, die an dieser Gebirgsregion ansetzt, zur dominierenden Kraft.

14.7.2 Mantelkonvektion – ein Grund für die vertikale Krustenbewegung

Aufgrund von Untersuchungen des Gravitationsfelds der Erde wurde klar, dass das Auf und Ab des Konvektionsflusses im Mantel auch die Hebung wichtiger Landformen der Erde beeinflusst. Der Auftrieb des heißen aufsteigenden Materials ist für das weite Aufwölben der darüberliegenden Lithosphäre verantwortlich, während nach unten gerichtetes Fließen eine Absenkung verursacht.

Die Hebung ganzer Kontinente Im südlichen Afrika ist eine vertikale Bewegung im großen Maßstab offensichtlich. Ein Großteil der Region besteht aus einem ausgedehnten Plateau mit einer durchschnittlichen Höhe von 1.500 Meter. Geologische Untersuchungen haben gezeigt, dass das südliche Afrika und der umgebende Ozeanboden seit etwa 100 Millionen Jahren langsam aufsteigen, obwohl beide seit fast 400 Millionen Jahren keinen Plattenzusammenstoß erfahren haben.

Indizien aus seismischer Tomographie (siehe Abbildung 12.20) weisen darauf hin, dass sich eine große pilzförmige Masse von heißem Mantelgestein unter der Mitte der unteren Spitze Afrikas befindet. Dieser *Superplume* reicht von der Mantel-Kern-Grenze etwa 2.900 Kilometer nach oben und breitet sich über mehrere tausend Kilometer aus. Forscher schließen daraus, dass das Aufwärtsfließen dieses riesigen Mantle Plume ausreicht, um das südliche Afrika zu heben.

Krustenabsenkung Es wurden auch ausgedehnte, nach unten gewölbte Gebiete entdeckt. Zum Beispiel findet man große, fast zirkuläre Becken im Inneren mancher Kontinente, wie das Pariser Becken in Europa. Untersuchungen haben ergeben, dass viele große Phasen einer Wölbung der Kruste nach unten nicht durch das Gewicht der akkumulierenden Sedimente verursacht werden. Es zeigte sich, ganz im Gegenteil, dass die Entstehung der Becken die Anhäufung großer Mengen an Sedimenten begünstigte. Mehrere dieser nach unten gewölbten Strukturen existieren in den Vereinigten Staaten, wozu die großen Becken von Michigan und Illinois gehören.

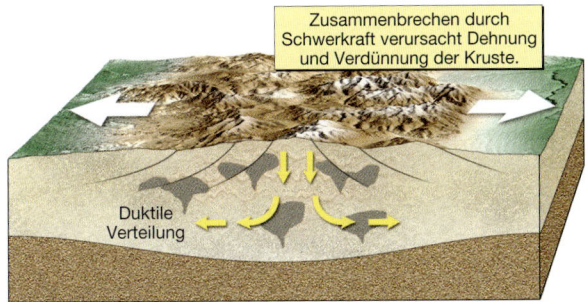

Abbildung 14.22: Das Blockdiagramm eines Gebirgsgürtels, der unter seinem eigenen Gewicht kollabiert. Ein gravitativer Kollaps schließt Abschiebungen im oberen spröden Teil der Kruste und duktile Verteilung in der Tiefe mit ein.

Ähnliche Episoden von konkaver Wölbung sind auch von anderen Kontinenten bekannt. Die Ursache dieser Abwärtsbewegungen, auf die eine Hebung folgt, könnte die Subduktion von Schollen ozeanischer Lithosphäre sein. Ein entsprechender Vorschlag besagt, dass sich durch das Ende der Subduktion entlang eines Kontinentalrands die abtauchende Scholle von der wandernden Lithosphäre abkoppelt und weiter in den Mantel absinkt. Beim Absinken ruft diese eigenständige Lithosphärenscholle einen nach unten gerichteten Fluss in ihrem Sog hervor, der an der Basis des überschiebenden Kontinents zieht. In manchen Fällen wird die Kruste offensichtlich weit genug nach unten gezogen, so dass der Ozean sich landeinwärts ausdehnen kann. Je tiefer die ozeanische Scholle in den Mantel absinkt, desto stärker lässt der nachgezogene Sog nach und der Kontinent „treibt" wieder zurück zum isostatischen Ausgleich.

ZUSAMMENFASSUNG

Die Bezeichnung für Prozesse, die gemeinsam einen *Druckgebirgsgürtel* erzeugen, ist die *Orogenese*. Die meisten Druckgebirge bestehen aus gefalteten und verworfenen sedimentären und vulkanischen Gesteinen, wobei Teile davon starker Metamorphose ausgesetzt waren und von jüngeren Magmenkörpern intrudiert wurden.

Plattenkonvergenz kann eine Subduktionszone bilden, die aus vier Gebieten besteht: (1) ein *Tiefseegraben*, der sich bildet, wo sich eine subduzierende Scholle ozeanischer Lithosphäre biegt und in die Asthenosphäre absinkt, (2) ein *Vulkanbogen*, der sich auf der oben liegenden Platte bildet, (3) ein Gebiet zwischen dem Graben und dem Vulkanbogen (*Forearc-Region*) und (4) eine Region auf der Seite des Vulkanbogens, die gegenüber dem Graben liegt (*Backarc-Region*). Entlang mancher Subduktionszonen geht aus der Backarc-Spreizung die Entstehung eines *Backarc-Beckens* hervor, wie die am Grund des Japanischen und des Chinesischen Meeres.

Die Subduktion ozeanischer Lithosphäre unter einen Kontinentalblock erzeugt einen *Plattenrand vom Andentyp*, der durch einen kontinentalen Vulkanbogen und damit vergesellschafte Plutone charakterisiert ist. Zudem wird vom Land stammendes Sediment sowie von der subduzierenden Platte abgekratztes Material der landwärts gerichteten Seite des Grabens zugefügt und bildet dabei einen *Akkretionskeil*. Hervorragende Beispiele für einen inaktiven Gebirgsgürtel vom Andentyp sind die Sierra Nevada im Westen der Vereinigten Staaten und die Coast Ranges in Kalifornien.

Fortdauernde Subduktion ozeanischer Lithosphäre unter einen Kontinentalrand vom Andentyp führt letztendlich zur Schließung eines Ozeans. Das Ganze resultiert in einer *kontinentalen Kollision* und der Entwicklung von Druckgebirgen, die durch eine verkürzte und verdickte Kruste charakterisiert sind, wie man am Himalaya sieht. Die Entwicklung großer Gebirgsgürtel ist oft komplex und schließt zwei oder mehr Gebirgsbildungsphasen ein. Ein häufiges Merkmal für Druckgebirge sind *Falten- und Überschiebungsgürtel*. Durch den Zusammenprall von Kontinenten entstanden viele Gebirgsgürtel, einschließlich der Alpen, des Urals und der Appalachen.

Gebirgsgürtel können sich als Folge des Zusammenpralls oder der Verschmelzung eines Inselbogens, eines Ozeanplateaus oder anderen kleinen Krustenfragmenten mit einem Kontinentalblock entwickeln. Viele Gebirgsgürtel der Nordamerikanischen Kordilleren, hauptsächlich die in Alaska und Britisch Kolumbien, entstanden auf diese Weise.

Zwar entstehen die meisten Gebirge an konvergenten Plattengrenzen, doch andere tektonische Prozesse wie kontinentale Grabenbruchbildung können ebenso Hebung und die Entstehung von topographischen Gebirgen hervorrufen. Gebirge, die in diesem Umfeld entstehen, werden als *Bruchschollengebirge* bezeichnet und sind durch steilwinklige Abschiebungen begrenzt, die sich mit der Tiefe allmählich abflachen. Die Basin and Range-Provinz in den westlichen Vereinigten Staaten besteht aus Hunderten von verworfenen Blöcken, die den Aufstieg von fast parallelen Gebirgszügen verursacht haben und über sedimentgefüllte Becken ragen.

Die weniger dichte Kruste der Erde schwimmt auf dichteren und verformbaren Gesteinen des Mantels, ähnlich wie Holzblöcke auf Wasser schwimmen. Das Konzept einer schwimmenden Kruste durch gravitativen Ausgleich bezeichnet man als *Isostasie*. Ein Großteil der gebirgigen Topographie befindet sich dort, wo die Kruste verkürzt und verdickt wurde. Deswegen haben Gebirge tiefe Krustenwurzeln, die sie isostatisch tragen. Werden die Gipfel durch Erosion abgebaut, hebt *isostatischer Ausgleich* die Gebirge als Reaktion darauf an. Der Prozess der Hebung und der Erosion wird so lange vor sich gehen, bis der Gebirgsblock eine „normale" Krustenmächtigkeit erreicht hat. Die Schwerkraft verursacht auch, dass gehobene Gebirgsstrukturen unter ihrem eigenen „Gewicht" zusammenbrechen.

Der Konvektionsfluss des Mantels trägt zum Auf- und Abwogen der Kruste bei. Man glaubt, dass der nach oben gerichtete Fluss von riesigen Superplumes unter Südafrika zur Hebung dieser Region während der letzten 100 Millionen Jahre geführt hat. Krustensenkung erzeugte große Becken und könnte mehrere Male in der geologischen Vergangenheit zum Eindringen des Ozeans in die Kontinente geführt haben.

Wiederholungsfragen

1. Im Modell der Plattentektonik steht welcher Typ der Plattengrenzen am engsten mit Gebirgsbildung in Beziehung?
2. Nennen Sie vier Hauptmerkmale einer Subduktionszone und beschreiben Sie, an welcher Stelle sie sich relativ zueinander befinden.
3. Beschreiben Sie kurz, wie sich ein Backarc-Becken bildet.
4. Beschreiben Sie den Vorgang, der das meiste basaltische Magma an Subduktionszonen hervorruft.
5. Beschreiben Sie, wie Magmen intermediärer bis felsischer Zusammensetzung aus mantelstammenden Magmen an Plattengrenzen vom Andentyp entstehen könnten.
6. Was ist ein Batholith? In welcher modernen tektonischen Umgebung werden Batholithe erzeugt?
7. Auf welche Weise sind sich die Sierra Nevada und die Anden ähnlich? Wie unterscheiden sie sich?
8. Was ist ein Akkretionskeil? Beschreiben Sie kurz seine Entstehung.
9. Was ist ein passiver Kontinentalrand? Nennen Sie ein Beispiel. Geben Sie ein Beispiel eines aktiven Kontinentalrands.
10. Die Formation einer gebirgigen Topographie an einem Inselbogen wie Japan wird nur als eine Phase in der Entwicklung eines großen Gebirgsgürtels gesehen. Erklären Sie diese Aussage.
11. Welche tektonische Struktur weisen die Coast Ranges in Kalifornien auf?
12. Suturzonen werden oft als Stellen bezeichnet, an welchen die Kontinente „zusammengeschweißt" sind. Warum könnte diese Aussage irreführend sein?
13. Während der Entstehung des Himalaya wurde die kontinentale Kruste Asiens mehr deformiert als Indien für sich. Wie lässt sich das begründen?
14. Wo könnte Magma in einem neu gebildeten Kollisionsgebirge entstehen?
15. Nehmen Sie an, ein Span ozeanischer Kruste würde im Inneren eines Kontinents entdeckt. Würde dies die Theorie der Plattentektonik stützen oder widerlegen? Erklären Sie dies.
16. Inwiefern kann es sich bei den Appalachen um ein Kollisionsgebirge handeln, wenn der nächste Kontinent 5.000 Kilometer weit entfernt liegt?
17. Was für eine Erklärung bietet die Plattentektonik dafür, dass sich Gesteine mit marinen Fossilien ganz oben auf Kollisionsgebirgen befinden?
18. Beschreiben Sie kurz mit eigenen Worten die Entwicklungsphasen eines großen Gebirgsgürtels gemäß dem Modell der Plattentektonik.
19. Definieren Sie die Bezeichnung Terran. Was ist der Unterschied zu der Bezeichnung Terrain?
20. Welche anderen Gebilde, abgesehen von Mikrokontinenten, werden von der ozeanischen Lithosphäre bewegt und möglicherweise einem Kontinent zugefügt?
21. Beschreiben Sie kurz die Hauptunterschiede zwischen der Entwicklung der Appalachen und der Nordamerikanischen Kordilleren.
22. Vergleichen Sie die Prozesse, die Bruchschollengebirge erzeugen, mit denen, die mit den meisten anderen Gebirgsgürteln in Verbindung stehen.
23. Geben Sie ein Beispiel für ein Indiz, das das Konzept der Krustenhebung stützt.
24. Was geschieht mit einem schwimmenden Objekt, wenn man ein Gewicht zufügt? Wenn man es wegnimmt? Wie kann man dieses Prinzip bei Veränderungen der Höhe von Gebirgen anwenden? Welche Bezeichnung verwendet man für Anpassungen, die Krustenhebung dieser Art verursachen?
25. Wie erklären manche Forscher die herausgehobene Position des südlichen Afrika?

Größere Multiple-Choice-Tests zur Wissenskontrolle und Prüfungsvorbereitung sowie weitere Informationen zu diesem Buchkapitel finden Sie auf der Companion Website zum Buch unter **www.pearson-studium.de**

Massenbewegung: Die Auswirkung der Schwerkraft

15.1	Erdrutsche als Naturkatastrophen	479
15.2	Massenbewegung und die Entwicklung der Geländeform	479
15.3	Kontrollfaktoren und Auslöser der Massenbewegung	481
15.4	Die Klassifizierung der Massenbewegungsprozesse	486
15.5	Sackungen	489
15.6	Felsrutschungen	491
15.7	Muren	491
15.8	Erdfließen	495
15.9	Langsame Bewegungen	496
15.10	Die empfindliche Permafrostlandschaft	497
15.11	Submarine Rutschungen	498
	Zusammenfassung	500
	Wiederholungsfragen	501

15

ÜBERBLICK

15 Massenbewegung: Die Auswirkung der Schwerkraft

Dieser Schlammstrom bei La Conchita, Kalifornien, im Januar 2005 wurde durch außergewöhnliche Regenfälle ausgelöst. Lesen Sie eine Fallstudie in Exkurs 15.1. (Foto: David MC New/ Getty Images)

Die Erdoberfläche ist niemals perfekt eben, sondern besteht aus vielen verschiedenartig geneigten Hängen. Manche sind steil und abschüssig; andere sind mäßig oder sanft. Manche Hänge sind lang und graduell ansteigend, andere sind kurz und abrupt. Abhänge können von Boden ummantelt sein oder aus nacktem Fels oder Geröll bestehen. Zusammengenommen sind Abhänge die häufigsten Erscheinungen unserer physikalischen Landschaft. Obwohl es scheint, dass die meisten Abhänge stabil und unverändert bleiben, bewirkt die Schwerkraft eine Abwärtsbewegung des Materials. Einerseits kann die Bewegung allmählich und beinahe unmerklich sein. Andererseits kann sie aus einem tosenden Schlammstrom bestehen oder aus einer herabdonnernden Gesteinslawine. Erdrutsche sind weltweit auftretende natürliche Bedrohungen. Führen diese bedrohlichen Prozesse zum Verlust von Leben und Eigentum, werden sie zu Naturkatastrophen.

Erdrutsche als Naturkatastrophen 15.1

Sogar in Gebieten mit steilen Hängen treten katastrophenähnliche Erdrutsche relativ selten auf. Deswegen sind sich Menschen, die in den betreffenden Gebieten leben, oft der Gefahr in ihrem Lebensraum nicht bewusst. Doch Medienberichte erinnern uns daran, dass solche Ereignisse mit einiger Regelmäßigkeit auf der Welt auftreten (▶ Abbildung 15.1). Die drei hier beschriebenen Beispiele traten innerhalb eines Zeitraums von nur vier Monaten auf.

Am 8. Oktober 2005 erschütterte ein Erdbeben der Magnitude 7,6 die Kaschmirregion zwischen Indien und Pakistan. Zu den tragischen Auswirkungen, die die starken Bodenerschütterungen verursachten, gehörten Hunderte von Erdrutschen, die durch das Erdbeben und die vielen Nachbeben ausgelöst wurden. Steinschläge und Bergschlipfe donnerten steile Gebirgshänge hinunter und wurden in enge Täler gedrängt, die Heimstatt vieler Menschen. Die Erdrutsche blockierten auch Straßen und Wege, was die Hilfstransporte behinderte.

Nur drei Tage zuvor hatten sintflutartige Regenfälle, die auf den Orkan Stan folgten, Schlammströme in Guatemala ausgelöst. Ein Trübestrom aus Schlamm, etwa ein Kilometer breit und bis zu 12 Meter tief, begrub das Dorf Panabaj. Die Zahl der Todesopfer schätzte man auf 1.400. Ströme wie diese können an schroffen Gebirgshängen Geschwindigkeiten von 50 Kilometer pro Stunde erreichen.

Am 17. Februar 2006, nur wenige Monate nach der Tragödie in Zentralamerika, lösten außergewöhnlich starke Regenfälle einen todbringenden Schlammstrom aus, der eine kleine Stadt auf der philippinischen Insel Leyte begrub. Eine Schlammmasse bedeckte diese abgelegene Küstengegend bis zu einer Tiefe von 10 Meter. Etwa 1.800 Menschen kamen ums Leben. Diese Region ist prädestiniert für solche Ereignisse, da durch Abholzung die nahe gelegenen Berghänge denudiert wurden. Auf den folgenden Seiten erhalten Sie tiefere Einblicke in reißende Massenbewegungsprozesse, damit Sie die Ursachen und Auswirkungen besser verstehen können.

Massenbewegung und die Entwicklung der Geländeform 15.2

Erdrutsche sind Beispiele einfacher geologischer Prozesse, die als Massenbewegung bezeichnet werden. **Massenbewegung** bezieht sich auf die hangabwärts gerichtete Bewegung von Gestein, Regolith und Boden unter dem direkten Einfluss der Schwerkraft. Der Unterschied zu anderen Erosionsprozessen, die in den anderen Kapiteln behandelt werden, besteht darin, dass Massenbewegung kein Transportmedium wie Wasser, Wind oder Gletschereis benötigt.

A.

B.

Abbildung 15.1: A. Am 8. Oktober 2005 löste ein großes Erdbeben in Kaschmir Hunderte von Erdrutschen aus; einer davon ist hier zu sehen. (Foto: AP Photo/Burhan Ozblici) **B.** Außergewöhnlich starke Regenfälle lösten diesen Schlammstrom aus, der eine kleine Stadt auf der philippinischen Insel Leyte begrub. (Foto: AP Photo/Pat Roque).

15 Massenbewegung: Die Auswirkung der Schwerkraft

15.2.1 Die Rolle der Massenbewegung

Bei der Entwicklung der meisten Geländeformen ist die Massenbewegung der Schritt, der auf die Verwitterung folgt. Die Verwitterung allein verursacht kein signifikantes Relief. Es ist eher so, dass sich Landformen dann entwickeln, wenn die Verwitterungsprodukte von ihren Entstehungsorten entfernt werden. Sobald die Verwitterung das Gestein geschwächt und zerbrochen hat, werden die Trümmer durch die Massenbewegung hangabwärts getragen und durch einen Fluss abtransportiert, der dabei wie ein Fließband fungiert. Zwar gibt es viele Zwischenstopps auf dem Weg, doch das Sediment wird schließlich zu seinem Zielort transportiert, dem Meer.

Die kombinierte Auswirkung von Massenbewegung und fließendem Wasser lässt Flusstäler entstehen, die die häufigsten und auffälligsten Landschaftsformen der Erde sind. Wären Flüsse allein für die Entstehung der Flusstäler verantwortlich, wären die Täler sehr schmal ausgeprägt. Doch die Tatsache, dass die meisten Flusstäler viel breiter als tief sind, ist ein starkes Indiz für die Bedeutung der Massenbewegungsprozesse bei der Materialanlieferung zu den Flüssen. Veranschaulicht wird dies durch den Grand Canyon (▶ Abbildung 15.2). Die Flanken des Canyon reichen weit vom Colorado weg, was dem Transport der verwitterten Trümmer durch Massenbewegungsprozesse hangabwärts zum Fluss und seinen Nebenflüssen zuzuschreiben ist. Auf diese Weise modifizieren und skulpturieren Flüsse und Massenbewegung gemeinsam die Oberfläche. Daneben sind natürlich auch Gletscher, Grundwasser, Wellen und Wind wichtige Faktoren bei der Gestaltung von Landformen und der Entwicklung von Landschaften.

15.2.2 Abhänge verändern sich im Lauf der Zeit

Dort, wo Massenbewegung auftritt, müssen auch Abhänge vorhanden sein, an denen sich Gestein, Boden und Regolith nach unten bewegen. Gebirgsbildung und vulkanische Vorgänge auf der Erde produzieren diese Abhänge durch langsame Veränderungen der Höhe der Landmassen und des Ozeanbodens. Würden die dynamischen internen Prozesse nicht kontinuierlich Gebiete mit größeren Höhen erzeugen, würde das System, das Gesteinstrümmer zu niedrigeren Höhen transportiert, allmählich langsamer werden und schließlich aufhören.

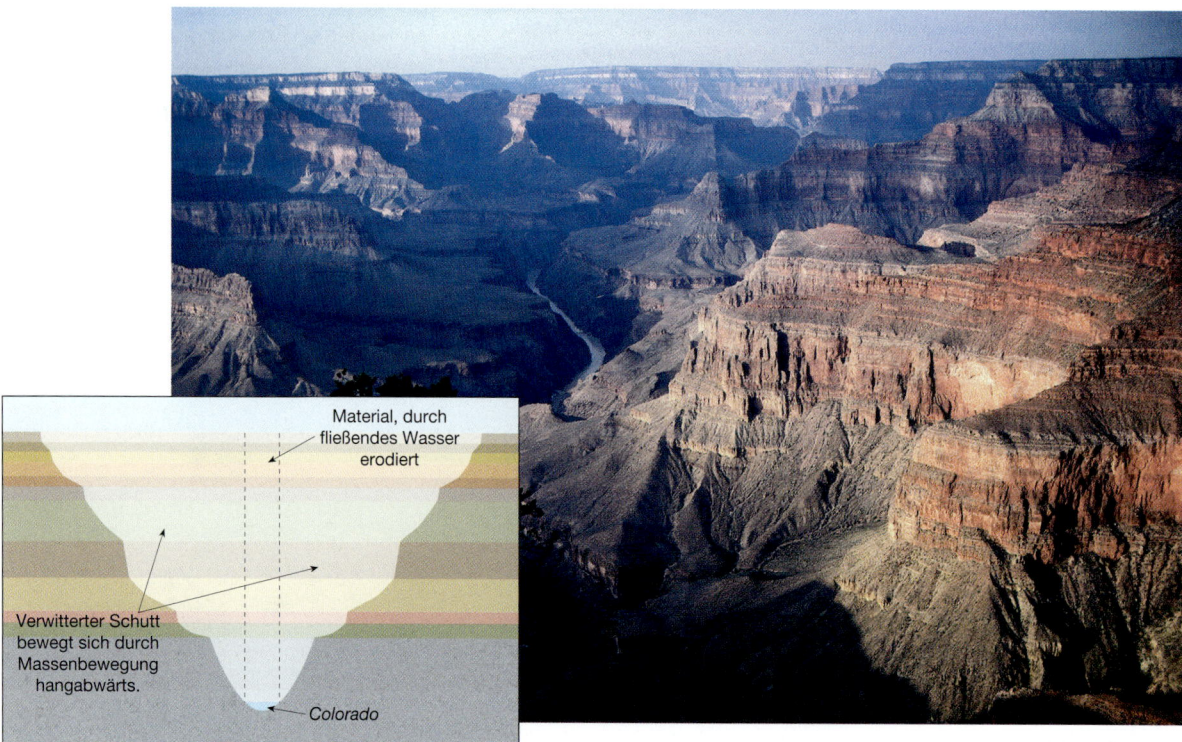

Abbildung 15.2: Die Flanken des Grand Canyon verlaufen bis weit entfernt vom Flussbett des Colorado. Das ist in erster Linie dem Transport der verwitterten Trümmer durch Massenbewegungsprozesse hangabwärts zum Fluss zuzuschreiben. (Foto: Tom und Susan Bean, Inc.)

15.3 Kontrollfaktoren und Auslöser der Massenbewegung

> **Studenten fragen manchmal ...**
>
> Es scheint so, als hätten Sie sich mit der Bezeichnung „Erdrutsch" auf mehrere verschiedene Dinge bezogen – von Schlammströmen bis zu Gesteinslawinen. Was ist die genaue Definition von „Erdrutsch"?
>
> Viele Leute, einschließlich Geologen, verwenden das Wort *Erdrutsch* häufig, doch es hat keine spezielle Definition in der Geologie. Es ist vielmehr eine beliebte, unwissenschaftliche Bezeichnung, um irgendeine oder alle relativ schnellen Arten von Massenbewegung zu beschreiben.

Die schnellsten und eindrucksvollsten Massenbewegungsereignisse treten in schroffen, geologisch jungen Gebirgen auf. Neu entstandene Gebirge werden von Flüssen und Gletschern schnell in Gebiete mit steilen und instabilen Abhängen erodiert. In solchen Milieus ereignen sich große, destruktive Erdrutsche, wie die Yungay-Katastrophe. Klingt die Gebirgsbildung ab, senken Massenbewegung und Erosionsprozesse das Land. Mit der Zeit werden steile und schroffe Gebirgshänge sanfter und flacher. Deswegen lassen mit zunehmendem Alter der Landschaft große und schnelle Massenbewegungsprozesse nach und kleinere, weniger dramatische Hangabwärtsbewegungen können wirken.

Kontrollfaktoren und Auslöser der Massenbewegung 15.3

Die Schwerkraft ist die bestimmende Kraft der Massenbewegung, aber mehrere Faktoren können eine wichtige Rolle bei der Überwindung der Trägheit und der Erzeugung von Hangabwärtsbewegungen spielen. Lange bevor ein Erdrutsch oder eine Hangrutschung auftritt, arbeiten mehrere Prozesse an der Schwächung des Hangmaterials und machen es dadurch mehr und mehr anfällig für die Wirkung der Schwerkraft. Während dieser Zeit verbleibt der Hang stabil, er nähert sich aber immer weiter der Instabilität. Schließlich ist die Festigkeit des Hangs so weit geschwächt, dass die Grenzschwelle von Stabilität zu Instabilität durch eine Kleinigkeit überschritten wird. So ein Ereignis, das die Hangabwärtsbewegung verursacht, nennt man *Auslöser*. Beachten Sie, dass ein Auslöser nicht der einzige Grund für ein Massenbewegungsereignis ist, sondern nur die letzte von vielen Ursachen. Zu den häufigsten Faktoren, die Massenbewegungsprozesse auslösen, gehören die Sättigung des Materials mit Wasser, übersteile Hänge, die Entfernung von verankernder Vegetation und Bodenvibrationen bei Erdbeben.

15.3.1 Die Rolle des Wassers

Massenbewegung wird manchmal ausgelöst, wenn heftige Regenfälle oder eine Periode der Schneeschmelze das Oberflächenmaterial sättigen. Das war im Oktober 1998 der Fall, als sintflutartige Regengüsse während des Orkans Mitch verwüstende Schlammströme in Zentralamerika auslösten (▶Abbildung 15.3). Der ▶Exkurs 15.1 berichtet über eine Fallstudie eines anderen Ereignisses bei La Conchita, Kalifornien im Januar 2005.

Werden die Sedimentporen mit Wasser gefüllt, wird die Kohäsion zwischen den Partikeln zerstört und sie können relativ leicht aneinander vorbeigleiten. Beispielsweise klebt feuchter Sand ziemlich gut zusammen. Doch wird genügend Wasser dazugegeben, um die Zwischenräume zwischen Sandkörnern zu füllen, wird der Sand in alle Richtungen wegsickern (▶Abbildung 15.4). Deswegen reduziert Sättigung den internen Widerstand des Materials, das dann durch die Schwerkraft leicht in Bewegung gesetzt wird. Wird Ton befeuchtet, wird er sehr schlüpfrig – ein weiteres Beispiel des „Schmierungseffekts" von Wasser. Wasser

Abbildung 15.3: Starke Regenfälle, die der Orkan Mitch im Herbst 1998 mit sich brachte, lösten verheerende Schlammströme in Zentralamerika aus. Wasser spielt eine wichtige Rolle bei vielen Massenbewegungsprozessen. (Foto: Associated Press)

EXKURS 15.1 – MENSCH UND UMWELT

■ Erdrutschgefährdung bei La Conchita, Kalifornien*

Südkalifornien liegt rittlings auf einer großen Plattengrenze, die geprägt ist von der San-Andreas-Störung und zahlreichen anderen, damit vergesellschafteten Verwerfungen Es ist eine dynamische Umgebung mit schroffen Gebirgen und steilen Schluchten. Leider birgt diese malerische Landschaft ernste geologische Gefahren. Im selben Maße, wie tektonische Prozesse die Landschaft konstant nach oben schieben, zieht die Schwerkraft sie erbarmungslos nach unten. Herrscht die Schwerkraft vor, treten Erdrutsche auf.

Wie zu erwarten, werden manche Erdrutsche in der Region durch Erdbeben hervorgerufen. Andere dagegen stehen im Zusammenhang mit Perioden von lang anhaltenden und heftigen Regenfällen. Ein tragisches Beispiel der letztgenannten Situation trat am 10. Januar 2005 auf, als eine gigantische Mure durch La Conchita fegte, eine kleine Stadt in Kalifornien, 80 Kilometer nordwestlich von Los Angeles (▶Abbildung 15.A).

Zwar überraschte die reißende Schlammflut viele Stadtbewohner, aber ein solches Ereignis war zu erwarten. Lassen Sie uns kurz die Faktoren untersuchen, die zur Entstehung der todbringenden Mure beitrugen.

Die Stadt liegt auf einem schmalen Küstenstreifen, etwa 250 Meter breit zwischen der Küstenlinie und einer steilen, 180 Meter hohen Uferwand (▶Abbildung 15.B). Die Uferwand besteht aus schlecht sortierten marinen Sedimenten und wenig zementierten Schichten aus Tonschiefer, Siltstein und Sandstein.

Die vernichtende Mure von 2005 bestand nur aus wenig oder keinem neuen abgerutschten Material, sondern aus einem wieder in Bewegung gesetzten großen Erdrutsch, der 1995 mehrere Häuser zerstört hatte. Tatsächlich belegen historische Aufzeichnungen seit 1865, dass in der unmittelbaren Gegend regelmäßig Erdrutsche auftraten. Zudem gibt es geologische Hinweise auf Erdrutsche verschiedener Typen und in unterschiedlichen Dimensionen, die wahrscheinlich seit Tausenden von Jahren in La Conchita auftreten.

Der signifikanteste Faktor, der zu der tragischen Mure beitrug, war lang anhaltender und intensiver Regen. Das Ereignis trat am Ende einer fast rekordverdächtigen Regenperiode in Südkalifornien auf. Der winterliche Regenfall im nahe gelegenen Ventura betrug 49,3 Zentimeter, gemessen an einem Durchschnittswert von nur 12,1 Zentimeter. Wie ▶Abbildung 15.C zeigt, fiel ein Großteil des Regens während der zwei Wochen vor dem Murenabgang.

Das war nicht der erste destruktive Erdrutsch, der La Conchita traf, und es wird auch nicht der letzte sein. Der geologische Standort der Stadt und die Geschichte der Ereignisse von reißender Massenbewegung untermauern diese Einschätzung. Sind die Menge und die Intensität der Regenfälle ausreichend, sind Murenabgänge zu erwarten. Die Zusammenfassung in einem Bericht des U.S. Geological Survey lautet folgendermaßen:

Abbildung 15.A: Ein Blick auf den Murenabgang von La Conchita vier Tage nach dem Ereignis im Januar 2005. Das freigelegte, helle Gestein im oberen Teil des Fotos markiert die Ausbruchnische eines Rutsches, der zehn Jahre zuvor auftrat. Das Ereignis vom Januar 2005 (Pfeil) setzte einen Teil des Erdrutsches von 1995 wieder in Bewegung. (Foto: Randall Jibson/U.S. Geological Survey)

15.2 Massenbewegung und die Entwicklung der Geländeform

Abbildung 15.B: Das größere Bild zeigt einen Blick entlang des Murenabgangs von La Conchita im Jahr 2005. Es zeigt auch die Position der kleinen Stadt zwischen dem Meer und der steilen Klippe. Der Pfeil weist auf das Haus, das im eingeblendeten Bild zu sehen ist. Die Mure war ziemlich zähflüssig und riss Häuser, die in ihrem Weg standen, mit sich, statt um sie herumzufließen. Wie Sie sehen können, wurde die linke Seite des Hauses weggerissen und fortbewegt. (Foto: Randall Jibson/U.S. Geological Survey)

Das La-Conchita-Gebiet hat und wird weiterhin ziemlich unterschiedliche Hangrutschgefährdungen erfahren. Unterschiedliche Szenarien werden mit mehr oder weniger großer Wahrscheinlichkeit als Folge von unterschiedlich spezifischen Regenbedingungen eintreten und niemand in der Bevölkerung kann sich sicher fühlen. Leider wissen wir noch zu wenig, um genau vorhersagen zu können, was sich bei jedem möglichen Regenfallszenario ereignen könnte. Wir erwarten mit Sicherheit erneute Erdrutschaktivitäten während oder nach zukünftigen lang anhaltenden und/oder intensiven Regenfällen. Zukünftige Erdbeben können natürlich ebenfalls Erdrutsche in diesem Gebiet auslösen.

* Teilweise basierend auf Material, das vom U.S. Geological Survey erstellt wurde.

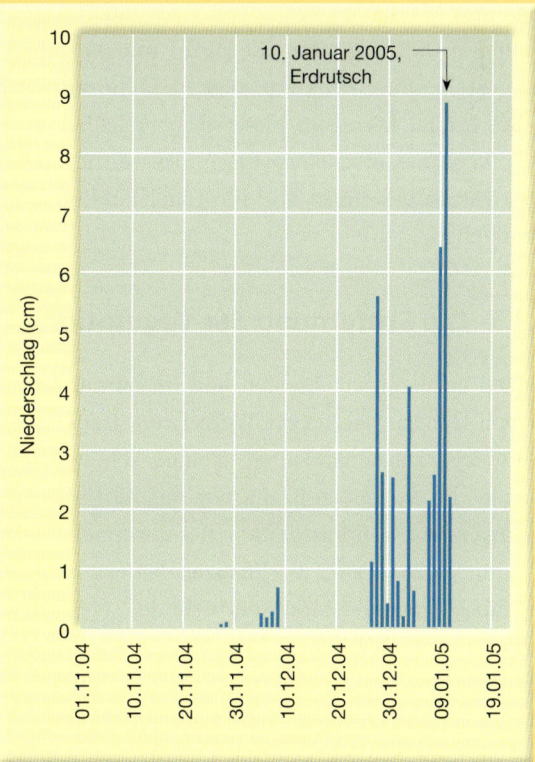

Abbildung 15.C: Der tägliche Regenfall in der nahen Stadt Ventura während der Wochen vor dem Ereignis von La Conchita im Januar 2008. Jede Linie in den Graphensäulen zeigt den Regenfall für einen bestimmten Tag an. Der Murenabgang trat an der Kulmination des stärksten Regenfalls der Jahreszeit auf. Etwa 80 Prozent des jahreszeitlichen, außergewöhnlich hohen Niederschlags fiel in dieser kurzen Zeitspanne.

fügt einer Materialmasse auch beträchtliches Gewicht zu. Das zugefügte Gewicht allein könnte ausreichen, um das Material hangabwärts gleiten oder rutschen zu lassen.

15.3.2 Übersteile Hänge

Übersteile Hänge sind ein weiterer Auslöser für viele Massenbewegungen. Es gibt zahlreiche Situationen in der Natur, in welchen ein Übersteilen auftritt. Ein Fluss, der eine Talflanke untergräbt, und Wellen, die gegen die Basis einer Klippe tosen, sind nur zwei bekannte Beispiele. Außerdem schaffen Menschen durch ihr Handeln oft übersteile und instabile Hänge, die zu Hauptschauplätzen der Massenbewegung werden. Unverfestigte, körnige Partikel (sandgroß oder gröber) bilden einen stabilen Hang mit einem natürlichen **Böschungswinkel**. Das ist der steilste Winkel, in welchem das Material stabil bleibt (▶Abbildung 15.5). In Abhängigkeit von der Größe und der Beschaffenheit der Partikel variiert der Winkel von 25° bis 40°. Die größeren, kantigeren Partikel haben die steilsten Hänge. Wird der Winkel größer, passen sich die Gesteinstrümmer durch eine Abwärtsbewegung an.

Das Übersteilen ist nicht nur wichtig, weil es ein Auslöser für die Bewegung von unverfestigtem, körnigem Material ist. Übersteilen erzeugt auch instabile Hänge und Massenbewegung von zusammenhängenden Böden, Lockergestein (Regolith) und anstehendem Gestein. Eine Reaktion folgt nicht unmittelbar wie bei losem, körnigem Material, aber früher oder später werden Massenbewegungsprozesse die übersteilten Hänge beseitigen und die Hangstabilität wiederherstellen.

15.3.3 Die Entfernung der Vegetation

Pflanzen schützen vor Erosion und tragen zur Stabilität von Hängen bei, da ihr Wurzelwerk Boden und Schuttdecke zusammenhalten. Zudem schützen die Pflanzen die Bodenoberfläche vor den Erosionsauswirkungen von aufprasselnden Regentropfen (siehe Abbildung 6.23). Dort, wo Pflanzen fehlen, tritt die Massenbewegung verstärkt auf, besonders bei steilen Hängen und reichlichem Vorhandensein von Wasser. Wird die verankernde Vegetation durch Waldbrände oder durch den Menschen (Holzwirtschaft, Bodennutzung) entfernt, bewegt sich das Oberflächenmaterial häufig hangabwärts.

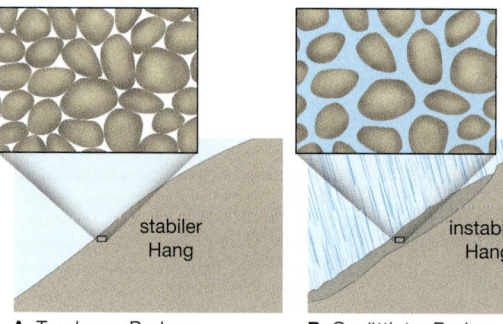

Abbildung 15.4: Die Auswirkungen von Wasser auf Massenbewegung können sehr groß sein. **A.** Ist wenig oder kein Wasser anwesend, hält die Reibung zwischen den dicht gepackten Bodenpartikeln auf dem Hang sie an Ort und Stelle. **B.** Ist der Boden mit Wasser gesättigt, werden die Körner auseinandergedrängt und die Reibung verringert sich; dabei kann sich der Boden nach unten bewegen.

Wie sich die Verankerung durch Pflanzen auswirkt, zeigt ein außergewöhnliches Beispiel, das sich vor einigen Jahrzehnten an den steilen Hängen in der Nähe von Menton, Frankreich zutrug. Die Bauern ersetzten Olivenbäume, die Tiefwurzler sind, durch eine gewinnbringendere, aber flach wurzelnde Kulturpflanze, die Nelken. Als der Hang an Stabilität verlor und schließlich nachgab, kostete der Erdrutsch elf Menschen das Leben.

Im Juli 1994 fegte ein wildes Buschfeuer über die Storm King Mountains westlich von Glenwood Springs, Colorado und denudierte die Vegetation von den Hängen. Zwei Monate später entstanden durch heftige Regenfälle zahlreiche Muren, eine davon blockierte die Autobahn und drohte, den Colorado aufzustauen. Eine 5 Kilometer lange Strecke der Autobahn wurde von großen Massen an Gestein, Schlamm und verbrannten Bäumen bedeckt. Die Schließung der Autobahn verursachte kostspielige Verzögerungen auf dieser

Abbildung 15.5: Der Böschungswinkel für dieses körnige Material beträgt in etwa 30°. (Foto: G. Leavens/Photo Researchers)

15.3 Kontrollfaktoren und Auslöser der Massenbewegung

Abbildung 15.6: Im Sommer treten Buschfeuer im Westen der Vereinigten Staaten häufig auf. Millionen Hektar werden jedes Jahr verbrannt. Die Entfernung der verankernden Vegetation bereitet die Stufe für beschleunigte Massenbewegung vor. (Foto: Raymond Gehman)

wichtigen Strecke. Auf ausgedehnte Buschfeuer, die im Sommer 2000 auftraten, folgten ebenfalls Massenbewegungen, die Autobahnen und andere Infrastrukturen in der Nähe der vom Feuer verwüsteten Berghänge im gesamten Westen der Vereinigten Staaten bedrohten (▶ Abbildung 15.6).

Neben der Vernichtung der Pflanzen, die den Boden verankern, kann Feuer Massenbewegung auf andere Weise fördern. Nach einem Buschfeuer wird der obere Teil des Bodens trocken und lose. Deswegen neigt der Boden dazu, auch bei trockenem Wetter, sich an steilen Hängen nach unten zu bewegen. Außerdem kann Feuer den Boden „backen" und erzeugt eine wasserabweisende Schicht in geringer Tiefe. Diese Grenzschicht ist fast undurchlässig und verhindert oder verlangsamt die Einsickerung von Wasser, was einen erhöhten Oberflächenabfluss bewirkt. Als Folge davon können gefährliche Sturzfluten aus viskosem Schlamm und Gesteinstrümmern entstehen.

15.3.4 Erdbeben als Auslöser

Bedingungen, die Massenbewegung begünstigen, können sich in Gebieten einstellen, in welchen lange Zeit keine Bewegung stattgefunden hat. Ein zusätzlicher Faktor ist manchmal notwendig, um eine Bewegung auszulösen. Zu den wichtigen und dramatischen Auslösern gehören Erdbeben. Ein Erdbeben und die folgenden Nachbeben können gewaltige Mengen an Gesteinen und unverfestigtem Material verrutschen lassen. Das Ereignis in der Region um Kaschmir, das am Anfang des Kapitels beschrieben wurde, ist ein tragisches Beispiel.

Erdrutsche, ausgelöst durch das Northridge-Erdbeben

Im Januar 1994 ereignete sich in der Region um Los Angeles in Südkalifornien ein Erdbeben. Das Epizentrum befand sich in Northridge mit einer Magnitude von 6,7. Das Beben verursachte Kosten von 20 Milliarden US$. Einige dieser Kosten wurden durch mehr als 11.000 Erdrutsche, die durch das Erdbeben in Bewegung kamen, innerhalb eines Gebiets von etwa 10.000 m² verursacht (▶ Abbildung 15.7). Bei den meisten handelte es sich nur um Gesteinsschläge aus geringer Höhe und Rutschungen, aber manche waren viel größer und füllten Schluchtböden mit Boden, Gestein und Pflanzenteilen, alles wild durcheinandergewürfelt. Die Trümmer am Boden von Schluchten stellen

Abbildung 15.7: Verschiedene Arten von Massenbewegung können durch Erdbeben ausgelöst werden. Dieses Wohnhaus in den Pacific Palisades, Kalifornien, wurde durch einen Erdrutsch zerstört, den das Erdbeben von Northridge im Januar 1994 auslöste. In manchen Fällen sind die Schäden, die durch Erdbeben ausgelöste Massenbewegungen verursacht werden, größer als die Schäden, die direkt durch die Bodenerschütterungen während des Erdbebens entstehen. (Foto: Chromo Sohm/Corbis/The Stock Market).

15 Massenbewegung: Die Auswirkung der Schwerkraft

eine zweite Bedrohung dar, da sie bei einem Regenunwetter in Bewegung geraten und Muren erzeugen können. Solche Ströme kommen in Südkalifornien häufig vor und sind oft katastrophal.

Die durch das Northridge-Erdbeben ausgelösten Massenbewegungsprozesse zerstörten Dutzende von Wohnhäusern und verursachten erhebliche Schäden an Straßen, Pipelines und an Bohrmaschinen auf Erdölfeldern. An manchen Stellen denudierten Erdrutsche mehr als 75 Prozent der Hanggebiete und machten sie für die darauffolgende Massenbewegung, ausgelöst durch schwere Regenfälle, anfällig.

Bodenverflüssigung Intensive Bodenerschütterungen während eines Erdbebens können zur Folge haben, dass mit Wasser gesättigte Oberflächenmaterialien ihre Festigkeit verlieren und sich wie flüssige Massen verhalten und fließen. Dieser Vorgang, *Bodenverflüssigung* oder *Liquifikation* genannt, war die Hauptursache der Schäden in Anchorage, Alaska, während des großen Erdbebens am Karfreitag 1964 (siehe Kapitel 11).

15.3.5 Massenbewegungen ohne Auslöser?

Brauchen reißende Massenbewegungsereignisse immer einen Auslöser, wie heftigen Regen oder ein Erdbeben? Die Antwort ist nein; solche Ereignisse treten manchmal ohne speziellen Auslöser auf. Am Nachmittag des 9. Mai 1999 tötete ein Erdrutsch zehn Wanderer und verletzte viele andere im Sacred Falls State Park, in der Nähe von Hauula an der Nordküste von Oahu, Hawaii. Dieses tragische Ereignis geschah, als eine Gesteinsmasse in einer Schlucht 150 Meter an einem beinahe senkrechten Hang nach unten auf den Talboden fiel. Aus Sicherheitsgründen blieb der Park geschlossen, damit die Spezialisten für Erdrutsche

> **Studenten fragen manchmal …**
>
> **Wie viele Todesopfer gibt es jährlich bei Erdrutschen?**
>
> Nach Schätzungen des U.S. Geological Survey werden jährlich in den Vereinigten Staaten 25 bis 30 Menschen durch Erdrutsche getötet. Die Zahl der Todesopfer weltweit ist natürlich viel höher.

vom U.S. Geological Survey den Schauplatz untersuchen konnten. Sie kamen überein, dass dieser Erdrutsch *ohne erkennbare äußere Ursachen ausgelöst* wurde.

Viele reißende Massenbewegungsereignisse treten ohne erkennbare Auslöser auf. Das Hangmaterial verliert durch den Einfluss von Langzeitverwitterung, Einsickern von Wasser oder andere physikalische Prozesse mit der Zeit an Festigkeit. Schließlich, falls die Festigkeit unter die Stabilitätsgrenze fällt, die benötigt wird, um die Stabilität des Hangs zu erhalten, tritt ein Bergsturz oder Hangrutsch auf. Der zeitliche Ablauf von solchen Ereignissen ist zufällig und deswegen ist eine akkurate Vorhersage unmöglich (▶ siehe Exkurs 15.2).

15.4 Die Klassifizierung der Massenbewegungsprozesse

Es gibt ein großes Spektrum von verschiedenen Vorgängen, die von Geologen Massenbewegung genannt werden. Im Allgemeinen klassifiziert man die verschiedenen Typen anhand der beteiligten Materialart, der Art der auftretenden Bewegung und der Schnelligkeit der Bewegung.

15.4.1 Die Art des Materials

Die Klassifikation von Massenbewegungsprozessen aufgrund des Materials, das bei der Bewegung eine Rolle spielt, hängt davon ab, ob die herunterkommende Masse aus unverfestigtem Material oder aus Festgestein besteht. Überwiegen Boden und Lockermaterial (Regolith), dann werden Bezeichnungen wie Trümmer, Schlamm oder Erde verwendet. Im Gegensatz dazu kann, falls Muttergestein losbricht und sich hangabwärts bewegt, die Bezeichnung Gestein oder Fels in der Beschreibung enthalten sein.

15.4.2 Die Bewegungsweise

Neben der Art des Materials, das bei der Massenbewegung eine Rolle spielt, kann auch die Art, wie ein Gestein transportiert wird, wichtig sein. Im Allgemeinen wird die Bewegungsweise entweder als Sturz, als Rutschung oder als Strom beschrieben.

15.4 Die Klassifizierung der Massenbewegungsprozesse

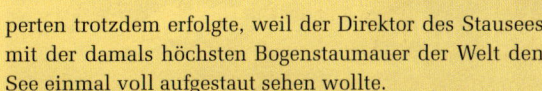

EXKURS 15.2 – MENSCH UND UMWELT

■ Die Vajont-Damm-Katastrophe

Am häufigsten werden Hangrutschungen oder Bergstürze (das sind schnelle Rutschungen von mehr als 1 Million Kubikmeter Volumen) durch natürliche Ereignisse wie heftigen Regen oder ein Erdbeben ausgelöst. Doch manchmal findet sich die Ursache von Hangrutschen in der Handlungsweise der Menschen, wie das folgende Beispiel zeigt. Leider hatte es katastrophale Folgen. Im Jahr 1960 wurde ein großer Damm mit fast 265 Meter Höhe durch das Vajont-Tal in den italienischen Alpen gebaut. Er wurde bautechnisch ohne fundierte geologische Daten errichtet und nur drei Jahre später kam es zur Katastrophe.

Die Schichten im südlichen Teil des Vajont-Tals fielen steil zum See hin ab, der hinter dem Damm aufgestaut war. Der anstehende stark zerklüftete Kalkstein mit Tonlagen und zahlreichen Lösungshohlräumen besaß nur geringe Festigkeit entlang der Schichtflächen. Als sich das Reservoir hinter dem fertiggestellten Damm füllte, wurde das Gestein mit Wasser gesättigt und die Tone quollen auf und wurden plastischer. Das steigende Wasser verringerte die interne Reibung, die das Gestein auf seinem Platz hielt.

Messungen, die kurz nach Auffüllen des Stausees gemacht wurden, wiesen schon bald auf ein Problem hin. Es zeichnete sich ab, dass sich ein Teil des Bergs mit einer Geschwindigkeit von 1 Zentimeter pro Woche langsam hangabwärts schob. Geologen und Felsmechaniker warnten deshalb eindringlich vor einem vollständigen Auffüllen des Stausees, das aber gegen den Rat der Experten trotzdem erfolgte, weil der Direktor des Stausees mit der damals höchsten Bogenstaumauer der Welt den See einmal voll aufgestaut sehen wollte.

Im September 1963 nahm aufgrund sehr starker wochenlanger Regenfälle die Geschwindigkeit auf 1 Zentimeter pro Tag zu und stieg dann auf 10 bis 20 Zentimeter pro Tag. Schließlich erhöhte sie sich letztlich auf 80 Zentimeter am Tag der Katastrophe.

Schließlich löste sich ein Berghang ab. Innerhalb kürzester Zeit rutschten 260 Millionen Kubikmeter Fels und Geröll den Bergabhang hinunter und füllten fast 2 Kilometer der Schlucht bis zu einer Höhe von 150 Meter über dem Wasserspiegel (▶ Abbildung 15.D). Das drückte das gesamte Wasser in einer mehr als 90 Meter hohen Welle über den Damm. In einer Entfernung von 1,5 Kilometer flussabwärts war die Welle immer noch 70 Meter hoch und zerstörte alles, was sich ihr in den Weg stellte.

Das ganze Ereignis dauerte weniger als sieben Minuten, kostete 2.100 Menschen das Leben und ging als die schlimmste Dammkatastrophe in die Geschichte ein. Auf die Bogenstaumauer wirkten Kräfte, die weit größer als die theoretische Höchstbelastung der Mauer waren. Dennoch blieb diese erstaunlicherweise selbst intakt und steht heute noch. Während die Katastrophe durch menschliches Eingreifen am Flusslauf des Vajont ausgelöst wurde, wäre der Rutsch zu gegebener Zeit auch ohne Zutun aufgetreten; doch die Auswirkungen wären niemals so tragisch gewesen.

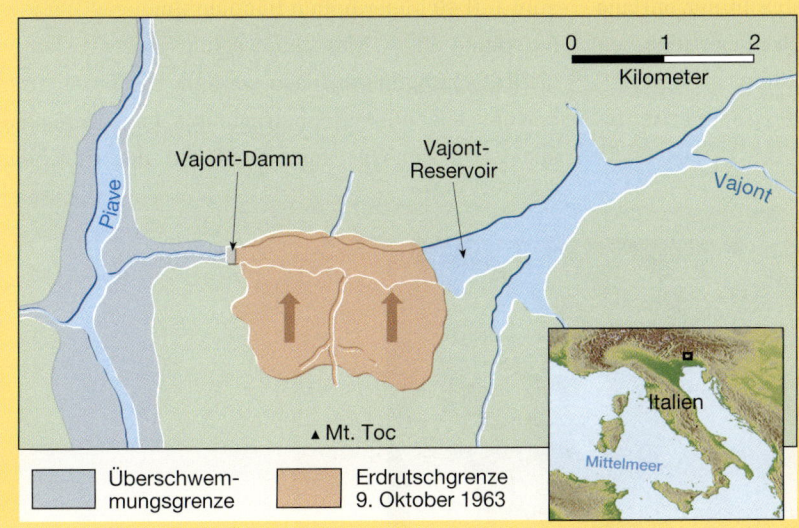

Abbildung 15.D: Eine Kartenskizze des Gebiets um den Fluss Vajont zeigt die Grenzen des Erdrutsches, den Teil des Reservoirs, das mit Trümmern gefüllt wurde, und die Ausdehnung der Überflutung flussabwärts. (Nach: G.A. Kiersch, „Vajont Reservoir Disaster", *Civil Engineering* 34 (1964): 32-39)

Sturz (Schlag) Ist die Bewegung ein freier Fall von losgelösten einzelnen Stücken beliebiger Größe, bezeichnet man sie als **Sturz** oder **Schlag**. Der Sturz ist eine häufig vorkommende Bewegungsweise an sehr steilen Hängen, an welchen das Material nicht auf der Oberfläche bleiben kann. Das Gestein kann direkt zum Fuß des Abhangs oder mit ein paar Sprüngen über andere Gesteine auf dem Weg nach unten fallen. *Schuttkegel*

15 Massenbewegung: Die Auswirkung der Schwerkraft

Abbildung 15.8: Ein Schuttkegel (Talus) ist ein Hang, der aus eckigen Gesteinstrümmern aufgebaut ist. Mechanische Verwitterung, besonders die Frostsprengung, löst Stücke des Muttergesteins, die dann auf die Basis des Felsvorsprungs fallen. Mit der Zeit baut sich eine Reihe von steilen, kegelförmigen Anhäufungen an der Basis eines vertikalen Abhangs auf. Diese Schuttkegel befinden sich im Banff-Nationalpark, Alberta, Kanada. (Foto: Marli Miller)

werden in erster Linie durch Steinschlag gebildet und aufgefüllt (▶ Abbildung 15.8). Viele Stürze folgen auf Frost- und Abtauzyklen und/oder wegen des Wurzelwachstums von Pflanzen, wobei das Gestein gelockert wird, bis zu dem Punkt, da die Schwerkraft überhand nimmt. Zwar warnen Verkehrsschilder entlang von Straßen vor Steinschlägen, doch nur wenige von uns haben tatsächlich schon einen Steinschlag erlebt. Doch wie es in der ▶ Abbildung 15.9 zu sehen ist, treten sie tatsächlich auf.

Wenn große Gesteinsmassen aus großen Höhen auf den Boden stürzen, lösen sie oft zusätzliche Massenbewegungsprozesse aus. Ein verheerendes Beispiel ereignete sich in Peru. Im Jahr 1970 brachen durch ein Erdbeben riesige Mengen an Gestein und Eis von der steilen Nordwand des Nevados Huascaran, dem höchsten Punkt der peruanischen Anden los. Das Material stürzte fast 2 Kilometer ab und wurde beim Aufprall pulverisiert. Die darauf folgende Gesteinslawine, die inzwischen durch eingeschlossene Luft und Eis flüssig geworden war, raste den Bergabhang hinunter. Auf ihrem Weg riss sie Millionen Tonnen zusätzlicher Trümmer mit sich und begrub am Ende tragischerweise 20.000 Menschen in den Städten Yungay und Ranrahirca.

Eine andere Auswirkung, ausgelöst durch einen Felssturz, zeigte sich im Yosemite-Nationalpark weniger als sechs Monate vor dem Ereignis, das in Abbildung 15.9 zu sehen ist. Am 10. Juli 1996 lösten sich zwei große Gesteinsmassen von steilen Gesteinsklippen und fielen 500 Meter auf die Basis des Yosemite-Tals. Der Aufprall war groß genug, um von einer 200 Kilometer entfernten Erdbebenstation aufgezeichnet zu werden. Als die losgelösten Gesteinsmassen auf den Boden prallten, erzeugten sie atmosphärische Druckwellen, die vergleichbar mit der Geschwindigkeit eines Wirbelwinds oder Orkans waren. Die Kraft des Luftstoßes entwurzelte und knickte Tausende von zum Teil 40 Meter hohen Bäumen um.

Rutschung Viele Massenbewegungsprozesse können als **Rutschung** beschrieben werden. Die Bezeichnung bezieht sich auf Massenbewegungen, bei welchen eine abgesetzte Zone geringer Festigkeit das rutschende

Abbildung 15.9: Im Januar 1997 versperrte dieser Felssturz die Autobahn in der Nähe vom Arch-Rock-Eingang des Yosemite-Nationalparks, Kalifornien. (Foto: Roger J. Wyan/AP/Wide World Fotos)

Material von dem festeren, unten liegenden Material trennt. Es gibt zwei Grundtypen von Rutschungen. Bei *Rotationsrutschungen* weist der Abriss eine konkave, löffelförmige Kurve auf und das herunterkommende Material macht zusätzlich zur Abwärtsbewegung eine Drehung nach außen. Im Gegensatz dazu bewegt sich bei einer *Translationsrutschung* die Masse entlang einer relativ flachen Oberfläche, wie beispielsweise einer Kluft, einer Verwerfung oder einer Schichtfläche. Solche Rutschungen weisen kaum Rotation oder Rückkippung auf.

Strom Der dritte Bewegungstyp, der **Strom**, ist bei Massenbewegungsprozessen häufig. Ein Strom tritt dann auf, wenn das Material hangabwärts als viskose Flüssigkeit fließt. Die meisten Ströme sind mit Wasser gesättigt und bewegen sich typischerweise als Lobus oder Zunge.

15.4.3 Die Bewegungsrate

Manche der in diesem Kapitel beschriebenen Ereignisse weisen sehr schnelle Bewegungsraten auf. Man schätzt beispielsweise, dass die Trümmer, die den Abhang des Nevados Huascaran in Peru herabrasten, Geschwindigkeiten von mehr als 200 Kilometer pro Stunde erreichten. Diese reißende Massenbewegung bezeichnet man als **Gesteinslawine**. Viele Forscher glauben, dass Gesteinslawinen, wie die in ▶ Abbildung 15.10, während ihrer Abwärtsbewegung buchstäblich „auf Luft schweben".

> **Studenten fragen manchmal …**
>
> **Wie schwierig ist es, auf einem Schuttkegel zu wandern?**
>
> Sehr schwierig. Man könnte es auch wegen seiner Steilheit genauer als Kletterei bezeichnen. Einen Schuttkegel aus grobem Material hinabzusteigen bedeutet, von Felsblock zu Felsblock zu klettern. Einen Schuttkegel mit feinerem Material abzusteigen ist schwieriger; das Material kann beim Abstieg ins Rutschen geraten. Oft bedeutet diese ermüdende Tätigkeit, dass Sie für jeden aufwärts gemachten Schritt einen halben Schritt zurückrutschen.

Sackungen 15.5

Sackung bezieht sich auf das Abwärtsgleiten einer Gesteinsmasse oder von unverfestigtem Material in einer Gesamteinheit entlang einer gekrümmten Oberfläche (▶ Abbildung 15.11). Normalerweise bewegt sich das abgesackte Material nicht besonders schnell oder weit. Es ist eine häufige Form der Massenbewegung, besonders bei mächtigen Anhäufungen von zusammenhängendem Material wie beispielsweise Ton. Die Ruptur der Oberfläche ist charakteristisch löffelförmig und konkav entweder nach oben oder nach außen hin. Tritt Bewegung auf, wird im obersten Bereich eine sichelförmige Felswand erzeugt und die obere Fläche des

Abbildung 15.10: Diese 4 Kilometer lange Zunge aus Geschiebe wurde auf dem Sherman-Gletscher, Alaska, durch eine Gesteinslawine abgelagert. Das Ereignis wurde durch ein großes Erdbeben im März 1964 ausgelöst. (Foto: Austin Post, U.S. Geological Survey)

15 Massenbewegung: Die Auswirkung der Schwerkraft

Blocks ist manchmal zurückgekippt. Bei einer Sackung kann es sich zwar nur um eine Einzelmasse handeln, doch oft besteht sie aus mehreren Blöcken. Manchmal sammelt sich Wasser zwischen der Felswand und dem oberen Teil des gekippten Blocks. Wenn dieses Wasser entlang der Rupturfläche nach unten sickert, kann es zu weiterer Instabilität und Bewegung beitragen.

Eine Sackung tritt gewöhnlich auf, wenn ein Hang übersteil wurde. Das Material im oberen Bereich des Hangs wird durch das Material an der Basis des Hangs an Ort und Stelle gehalten. Wird dieses stützende Material an der Basis entfernt, wird das Material im oberen Bereich instabil und reagiert auf die Schwerkraft. Ein relativ häufiges Beispiel ist die Talflanke, die durch einen mäandrierenden Fluss übersteil wird. Das Foto von Abbildung 15.11 liefert ein weiteres Beispiel, in dem eine Küstenklippe durch die Arbeit der Wellen an ihrer Basis unterhöhlt wird. Eine Sackung kann auch auftreten, wenn ein Hang überladen ist und internen Stress auf das Material darunter ausübt. Diese Art von Sackung tritt meist dort auf, wo wenig festes, tonreiches Material unter einer Schicht von einem Gestein mit größerer Festigkeit und Widerstandsfähigkeit

> **Studenten fragen manchmal …**
>
> **Werden Schneelawinen als eine Art der Massenbewegung angesehen?**
>
> Sicherlich. Manchmal bewegen diese donnernden Hangabwärtsbewegungen von Schnee und Eis große Mengen an Gestein, Boden und Bäumen. Natürlich sind Schneelawinen sehr gefährlich, besonders für Skifahrer an hohen Berghängen oder für Gebäude und Straßen am Fuß der Abhänge in lawinengefährdeten Gebieten.
>
> In den Alpen gehen jedes Jahr Tausende von Lawinen ab. Im schneereichen Winter 2004/2005 gab es allein in Österreich 48 Lawinentote und in der Schweiz 25 Tote. Schneelawinen werden zu einem wachsenden Problem, da immer mehr Menschen sich dem Wintersport widmen oder Erholung in Wintersportorten suchen.

wie Sandstein liegt. Das Sickerwasser, das durch die obere Schicht rinnt, reduziert die Festigkeit des Tons darunter und der Hang gibt nach.

Abbildung 15.11: **A.** Eine Sackung tritt auf, wenn Material in seiner Gesamtheit entlang einer Rissfläche nach unten rutscht. Es ist ein Beispiel einer Rotationsrutschung. Erdfließen bildet sich gewöhnlich an der Basis einer Sackung. **B.** Eine Rutschung an Port Fermin, Kalifornien. Sackungen werden häufig ausgelöst, wenn Hänge durch Erosion, beispielsweise durch die Arbeit der Wellen, übersteil werden. (Foto: John S. Shelton)

Felsrutschungen 15.6

Felsrutschungen treten auf, wenn sich Gesteinsblöcke vom Muttergestein loslösen und einen Hang herunterrutschen (▶ Abbildung 15.12). Ist das Material hauptsächlich unverfestigt, spricht man von einer **Schuttrutschung**. Solche Ereignisse gehören zu den schnellsten und äußerst zerstörerischen Massenbewegungen. Normalerweise treten Felsrutschungen in einem geologischen Umfeld auf, wo die Gesteinsschichten geneigt sind oder wo Klüfte und Brüche parallel zum Hang auftreten. Wird solch eine Gesteinseinheit vom Fuß des Abhangs aus untergraben, verliert sie ihren Halt und gibt nach. Manchmal wird eine Felsrutschung durch Regen oder Schneeschmelze ausgelöst, die die darunterliegende Fläche gleitfähig macht, bis zu dem Punkt, da die Reibung nicht mehr ausreicht, um die Gesteinseinheit zu halten. Deswegen treten Gesteinsrutschungen häufiger im Frühling auf, wenn heftiger Regen und die Schneeschmelze einsetzen.

Wie bereits bemerkt wurde, können Erdbeben Felsrutschungen und andere Massenbewegungen auslösen. Es gibt gut bekannte Beispiele. Das Erdbeben in New Madrid, Missouri von 1811 verursachte eine Rutschung in einem Gebiet von 13.000 m² entlang des Mississippi-Tals. Am 17. August 1959 löste ein schweres Erdbeben westlich des Yellowstone-Parks eine gewaltige Rutschung in die Schlucht des Flusses Madison im Südwesten von Montana aus. In wenigen Augenblicken rutschten geschätzte 27 Millionen Kubikmeter Gestein, Boden und Bäume in die Schlucht. Der Schutt staute einen Fluss auf und begrub einen Campingplatz sowie eine Autobahn. Dabei kamen 20 ahnungslose Camper ums Leben.

Nicht weit von der Madison-Rutschung entfernt ereignete sich 34 Jahre zuvor der legendäre Gros-Ventre-Felsrutsch. Der Fluss Gros Ventre fließt westlich vom nördlichsten Teil des Wind-River-Gebirgszugs nach Nordwest-Wyoming durch den Teton-Nationalpark und speist schließlich den Fluss Snake. Am 23. Juli 1925 ereignete sich in seinem Tal, etwas östlich der Stadt Kelly, ein gigantischer Felsrutsch. In nur wenigen Minuten stürzten gewaltige Massen, bestehend aus Sandstein, Tonschiefer und Boden, die Südseite des Tals hinunter und rissen einen dichten Nadelwald mit sich. Die Trümmer mit einem geschätzten Volumen von 38 Millionen Kubikmeter türmten einen 70 Meter hohen Damm am Fluss Gros Ventre auf. Da der Fluss

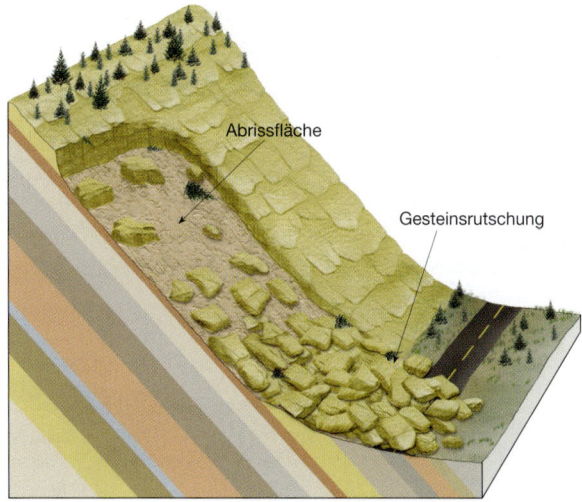

Abbildung 15.12: Gesteinsrutschungen und Schuttrutschungen sind schnelle Bewegungen, die als Translationsrutschungen klassifiziert werden, wobei sich das Material entlang einer relativ flachen Oberfläche mit wenig bzw. keiner Rotation oder Rückkippung bewegt.

komplett abgeriegelt war, bildete sich ein See. Dieser See füllte sich so schnell, dass ein Haus, das 18 Meter oberhalb des Flusses stand, nur 18 Stunden nach dem Rutsch von seinem Fundament weggeschwemmt wurde. Im Jahr 1927 überflutete der See den Damm, wobei der See zum Teil entleert wurde und eine verheerende Flut flussabwärts verursachte.

Warum geschah die Gros-Ventre-Felsrutschung? In ▶ Abbildung 15.13 zeigt das Diagramm die Profilansicht der Geologie des Tals. (1) Sie sehen, dass die Sedimentschichten in diesem Gebiet 15° bis 21° einfallen (gekippt sind). (2) Unter der Sandsteinschicht befindet sich eine relativ dünne Lage aus Ton. (3) Am Talboden grub sich der Fluss ziemlich stark in die Sandsteinschicht. Im Frühjahr 1925 sickerte Wasser von heftigen Regenfällen und Schneeschmelzen durch den Sandstein und sättigte den darunterliegenden Ton. Da ein Großteil der Sandsteinlage vom Fluss Gros Ventre abgegraben war, erhielt die Lage am Fuß des Hangs fast keine Stütze. Schließlich konnte sich der Sandstein nicht mehr auf dem nassen Ton halten und die Schwerkraft zog die Masse an der Seite hinunter ins Tal. Die Umstände an dieser Stelle ließen dieses Ereignis unumgänglich werden.

Muren 15.7

Eine Mure ist eine relativ schnelle Art der Massenbewegung, die einen Strom aus Boden und Regolith mit

15 Massenbewegung: Die Auswirkung der Schwerkraft

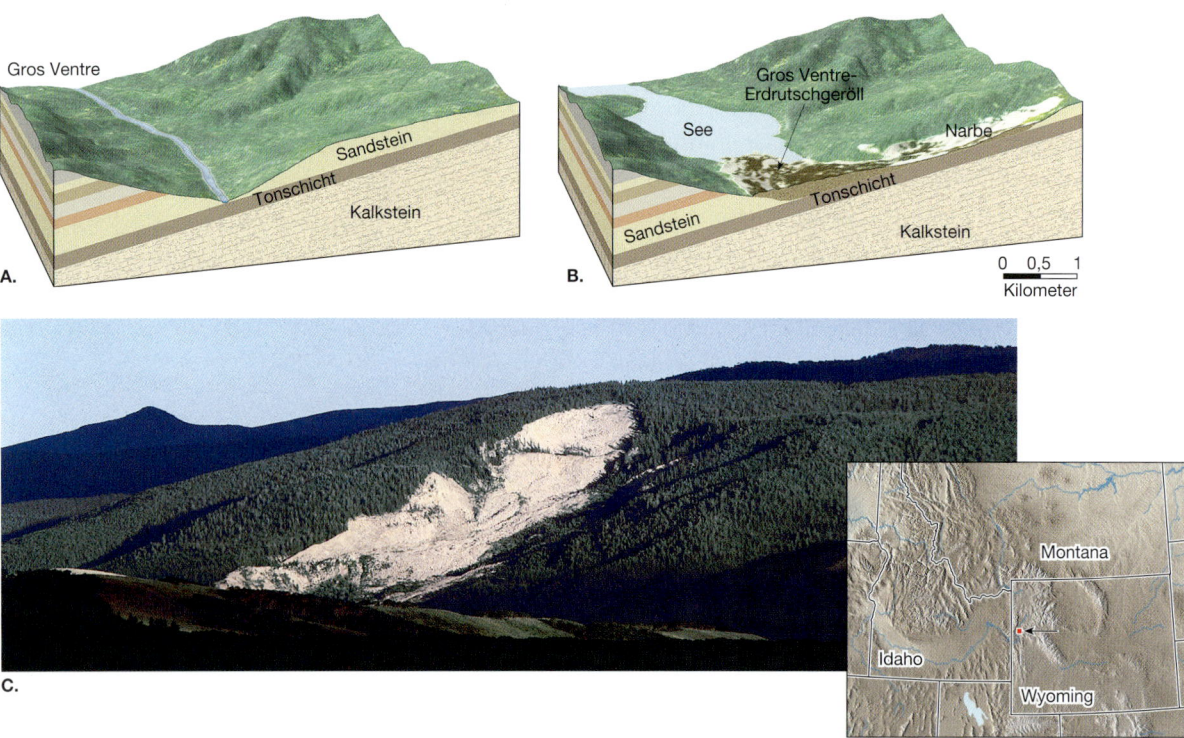

Abbildung 15.13: Bild **A.** und **B.** zeigen den Profilschnitt vor und nach der Felsrutschung bei Gros Ventre. Die Rutschung trat auf, als die geneigte und untergrabene Sandsteinlage ihre Position über der wassergesättigten Tonschicht nicht länger halten konnte. Wie das Foto in Teil **C.** zeigt, ist die entstandene Narbe an der Flanke des Sheep Mountain noch immer ein hervorstechendes Merkmal, obwohl sich die Felsrutschung von Gros Ventre 1925 zugetragen hat. (Teil A. und B. nach W.C. Alden, „Landslide and Flood at Gros Ventre, Wyoming", *Transactions (AIME)* 76 (1928), 348; Teil C: Foto: Stephen Trimble)

einer großen Menge an Wasser enthält. Muren werden auch **Schlammströme** genannt und sind sehr charakteristisch für semiaride, gebirgige Gebiete und auch für manche Vulkanhänge. Aufgrund ihrer Eigenschaften als Flüssigkeit folgen sie häufig Schluchten und Flussbetten. In bevölkerten Gegenden können Muren eine ernste Bedrohung für Leben und Eigentum darstellen (▶ Abbildung 15.14).

15.7.1 Muren in semiariden Gebieten

Bei Wolkenbrüchen und schnellem Abschmelzen des Schnees im Gebirge können in semiariden Gebieten große Mengen an Boden und Regolith in nahe gelegene Flussbetten transportiert werden, da dort normalerweise nur wenig Vegetation vorhanden ist, die das Oberflächenmaterial verankert. So entsteht eine fließende Zunge aus gut durchgemischtem Schlamm,

Abbildung 15.14: Muren sind eine zungenförmige Masse aus einer Mischung aus Schlamm, Boden und Wasser. Ihre Konsistenz kann zwischen der von nassem Beton bis hin zu einer flüssigen Mischung nicht fester als schlammiges Wasser variieren. (Foto: Tony Waltham)

Boden, Gestein und Wasser. Ihre Konsistenz kann zwischen der von nassem Beton bis hin zu einer flüssigen Mischung, nicht fester als schlammiges Wasser, variieren. Die Fließgeschwindigkeit hängt deswegen nicht nur vom Abhang, sondern auch vom Wassergehalt ab. Sind Muren sehr dickflüssig, können sie mit Leichtigkeit große Felsbrocken, Bäume und sogar Häuser transportieren oder schieben.

Muren stellen eine ernste Gefahr für die Bebauung in relativ trockenen Gebirgsgegenden wie in Südkalifornien dar. Durch den Bau von Häusern auf den Bergflanken von Canyons und die Entfernung der natürlichen Vegetation durch Waldbrände und auf andere Weise nahmen diese zerstörerischen Ereignisse zu. Erreicht eine Mure das Ende eines steilen, schmalen Canyons, breitet sie sich aus und bedeckt das Gebiet vor der Mündung des Canyons mit einer Mischung aus nassen Trümmern. Dieses Material trägt zur Entstehung von fächerähnlichen Ablagerungen an der Canyon-Mündung bei. Es ist relativ einfach, auf diesen Fächern zu bauen, sie bieten eine schöne Aussicht und liegen nahe an den Bergen und in der Tat wurden die nahe gelegenen Canyons ein beliebtes Bebauungsland. Da Muren meist nur sporadisch auftreten, ist sich die Öffentlichkeit der möglichen Gefahr an solchen Orten nicht bewusst (▶ siehe Exkurs 15.3).

Abbildung 15.15: Ein Haus, das durch einen Lahar entlang des Flusses Toutle nordwestlich vom Mount St. Helens beschädigt wurde. Der hintere Abschnitt des Hauses wurde weggerissen und gegen die Bäume gedrückt. (Foto: D.R. Crandell, U.S. Geological Survey)

15.7.2 Lahare

Muren, die größtenteils nur aus vulkanischem Material an den Flanken eines Vulkans bestehen, werden **Lahare** genannt. Das Wort stammt aus Indonesien, einer Vulkanregion, die viele dieser zerstörerischen Ereignisse erlebt hat. Historisch gesehen gehören Lahare zu den tödlichen Vulkangefahren. Sie können sowohl während einer Eruption auftreten als auch während einer Ruhephase des Vulkans. Sie entstehen, wenn stark instabile Asche- und Trümmerschichten mit Wasser gesättigt werden und steile Vulkanhänge nach unten fließen, normalerweise entlang von bereits bestehenden Flussbetten. Oft lösen heftige Regenfälle diese Ströme aus. Andere beginnen zu fließen, wenn große Mengen an Eis und Schnee durch die Wärme geschmolzen werden, die vom Inneren des Vulkans zur Oberfläche strömt, oder durch heiße Gase und beinahe aufgeschmolzene Gesteinstrümmer, die während eines Vulkanausbruchs herausgeschleudert werden.

Als Mount St. Helens im Mai 1980 ausbrach, entstanden mehrere Lahare. Ströme und begleitende Fluten schossen mit Geschwindigkeiten von mehr als 30 Kilometer pro Stunde die Täler der Nord- und Südgabelung des Flusses Toutle hinunter. Glücklicherweise war das betroffene Gebiet nicht sehr dicht besiedelt. Dennoch wurden mehr als 200 Häuser zerstört oder erheblich beschädigt (▶ Abbildung 15.15). Für die meisten Brücken galt dasselbe. Gemäß dem U.S. Geological Survey:

> *Sogar nachdem sich die Schlammströme mehrere Kilometer vom Vulkan entfernt hatten und sich mit kaltem Wasser vermischt hatten, behielten sie Temperaturen im Bereich von 84°C bis 91°C bei; die Temperatur war näher an der Ausbruchstelle zweifellos höher… Stellenweise wogten die Schlammströme die Talflanken bis zu 110 Meter hoch und über Berge mit einer Höhe von 75 Meter. Die Spuren, die von badewannenähnlichen Schlammringen zurückgelassen wurden, zeigen, dass die Schlammströme an ihrem Höhepunkt eine Tiefe zwischen 10 und 20 Meter erreichten.*[1]

Schließlich trugen die Lahare in der Abflussgegend des Flusses Toutle mehr als 50 Millionen Kubikmeter zu den tieferen Flüssen Cowlitz und Columbia. Die Ablagerungen reduzierten kurzfristig die Wasserauf-

---

1 Robert I. Tilling, *Die Ausbrüche des Mount St. Helens: Vergangenheit, Gegenwart und Zukunft.* Washington, DC U.S. Government Printing Office, 1987.

15 Massenbewegung: Die Auswirkung der Schwerkraft

EXKURS 15.3 – MENSCH UND UMWELT

■ Muren an Alluvialfächern: Eine Fallstudie aus Venezuela[1]

Im Dezember 1999 lösten heftige Regenfälle Tausende von Erdrutschen entlang der Küste Venezuelas aus (▶Abbildung 15.E). Muren und Springfluten verursachten ernste Schäden an Eigentum und kosteten schätzungsweise 19.000 Menschenleben. Die Stellen mit den größten Schäden und den meisten Todesopfern waren Alluvialfächer. Diese Geländeformen bestehen aus sich sanft neigenden, kegel- bis fächerförmigen Sedimentanhäufungen und man findet sie normalerweise dort, wo Flüsse mit starkem Gefälle aus engen Tälern in gebirgigen Gebieten abrupt in flaches Terrain austreten.[2]

Mehrere hunderttausend Menschen leben an der schmalen Küstenzone nördlich von Caracas, Venezuela. Sie wohnen am Fuß steiler Gebirge. Sie siedeln auf Alluvialfächern, die sich bis zu 2.000 Meter erheben, da diese Stellen die einzigen Gebiete sind, die nicht zu steil für eine Bebauung sind (▶Abbildung 15.F). Solche Milieus sind besonders anfällig für Erdrutsche, die durch Regenfälle ausgelöst werden.

Eine ungewöhnlich nasse Periode im Dezember 1999 mit Regenfällen von 20 Zentimetern am 2. und 3. Dezember folgten zusätzliche 91 Zentimeter zwischen dem 14. und 16. Dezember. Die heftigen Regenfälle lösten Tausende von Muren und andere Massenbewegungen aus. Die sich bewegenden Massen aus Schlamm und Gestein verbanden sich zu einer riesigen Mure, die sich schnell durch die steilen, engen Canyons bewegte, ehe sie auf den bestehenden Alluvialfächer austrat.

Auf buchstäblich jeden Alluvialfächer in diesem Gebiet luden Muren und Springfluten riesige Mengen an Sediment ab, einschließlich Felsbrocken mit einem Durchmesser von bis zu zehn Metern. Hunderte von Häusern und andere Bauwerke nahmen Schaden oder wurden komplett zerstört (▶Abbildung 15.G). Der Gesamtschaden betrug fast 2 Milliarden US$.

Dieses Beispiel aus Venezuela zeigt die extreme Gefahr für Leben und Eigentum an Orten, wo viele Menschen auf einem Alluvialfächer leben. Die Möglichkeit von ähnlichen Ereignissen mit vergleichbarem Ausmaß existiert ebenso in anderen Teilen der Welt.

Siedlungen auf Alluvialfächer zu bauen, kann einen natürlichen Prozess in ein gigantisches, tödliches Ereignis verwandeln. Kofi Annan, der ehemalige Generalsekretär der Vereinten Nationen, sagt dazu:

„Die Bezeichnung „Naturkatastrophe" wird zunehmend zu einer anachronistischen Fehlbezeichnung. In der Realität verwandelt menschliches Handeln ein Naturrisiko in etwas, was eigentlich „unnatürliche Katastrophe" bezeichnet werden sollte."[3]

---

1   Teilweise basierend auf Material, das vom U.S Geological Survey erstellt wurde

2   Weitere Informationen über Alluvialfächer finden Sie in Kapitel 16 und Kapitel 19.

3   Matthew C. Larsen, et.al. *Natural Hazards on Alluvial Fans: The Venezuela Debris Flow and Flash Flood Disaster*, U.S. Geological Survey, Merkblatt FS 103, S. 4.

Abbildung 15.E: Das Gebiet Venezuelas, das 1999 von verheerenden Muren und Springfluten heimgesucht worden war.

Abbildung 15.F: Luftbild eines stark ausgeprägten Alluvialfächers bei Caraballeda, Venezuela, der von einer Mure bedeckt ist. (Kimberly White / REUTERS/Corbis/Bettmann)

Abbildung 15.G: Schäden durch einen Murenabgang. Riesige Blöcke (mehr als 300 Tonnen schwer) wurden durch manche Muren transportiert. (AP/Wide World Foto).

Abbildung 15.16: Dieses kleine zungenförmige Erdfließen trat auf einem neu errichteten Hang entlang einer kürzlich gebauten Autobahn auf. Es bildete sich in tonreichem Material nach einer heftigen Regenperiode. Beachten Sie die kleine Sackung am oberen Bereich. (Foto: E.J. Tarbuck)

nahmefähigkeit des Flusses Cowlitz um 85 Prozent und die Tiefe des schiffbaren Fahrwassers nahm im Fluss Columbia von 12 Meter auf 4 Meter ab.

Im November 1985 entstanden Lahare während des Ausbruchs vom Nevado del Riz, einem 5.300 Meter hohen Vulkan in den kolumbianischen Anden. Der Ausbruch schmolz einen Großteil von Schnee und Eis, welche die obersten 600 Meter des Gipfels bedeckten, und erzeugte dabei reißende Ströme aus heißem, glutflüssigem Schlamm, Asche und Trümmern. Die Lahare bewegten sich vom Vulkan entlang dreier Hochwasser führender Flusstäler nach unten. Der Strom, der in das Tal des Lagunilla flussabwärts floss, richtete die größten Verwüstungen an. Er verwüstete die Stadt Armero, 48 Kilometer vom Berg entfernt. Bei diesem Ereignis waren die meisten der 25.000 Todesopfer in dieser einst florierenden landwirtschaftlichen Gemeinschaft zu beklagen.

Durch die Lahare kam es auch in 13 weiteren Dörfern innerhalb des 180 Quadratkilometer großen Katastrophengebiets zu Todesopfern und Zerstörung von Hab und Gut. Obwohl ein Großteil des pyroklastischen Materials explosionsartig vom Nevado del Ruiz herausgeschleudert wurde, waren es die bei dieser Eruption ausgelösten Lahare, die diese verheerende Katastrophe verursachten. Tatsächlich war es die schlimmste Vulkankatastrophe seit dem Ausbruch des Mount Pelée von 1902 auf der karibischen Insel Martinique, bei dem 28.000 Menschen ums Leben kamen.[2]

---
2 Einen Diskurs über den Ausbruch des Mount Pelée finden Sie in Kapitel 5.

15.8 Erdfließen

Wir haben gesehen, dass Muren in semiariden Gebieten häufig auf Flusstäler begrenzt sind. Im Gegensatz dazu entsteht **Erdfließen**, auch **Solifluktion** genannt, oft an Berghängen in humiden Gebieten nach heftigen Niederschlägen oder der Schneeschmelze. Sättigt Wasser den Boden und Regolith an einem Berghang, kann sich das Material loslösen, es hinterlässt eine Narbe auf dem Hang und bildet eine zungen- oder tränenförmige, nach unten fließende Masse (▶ Abbildung 15.16).

Das Material, das dabei eine Rolle spielt, ist normalerweise ton- und siltreich und enthält nur eine geringe Menge an Sand und gröberen Partikeln. Das Ausmaß von Erdfließen variiert von einigen Metern Länge und Breite und weniger als einem Meter Tiefe, bis hin zu mehr als einem Kilometer Länge und mehreren hundert Meter Breite und mehr als 10 Meter Tiefe. Da das Erdfließen meist sehr zähflüssig ist, bewegt es sich mit einer geringeren Geschwindigkeit als die flüssigere Mure, die im vorherigen Abschnitt beschrieben wurde. Erdfließen ist durch eine langsame kontinuierliche Bewegung charakterisiert und kann mehrere Tage bis Jahre aktiv sein. In Abhängigkeit von der Steilheit des Hangs und der Konsistenz des Materials reichen die gemessenen Geschwindigkeiten von 1 Millimeter bis hin zu mehreren Metern pro Tag. Innerhalb der Zeitspanne, in der Erdfließen auftritt, ist es gewöhnlich in Feuchtperioden schneller als in Trockenperioden. Neben dem Auftreten als einzelnes Berghangphänomen ist Erdfließen oft mit großen Sackungen vergesellschaftet. In solchen Situationen kann man es in Form von zungenförmigen Strömen an der Basis eines abgesackten Gesteinsblocks sehen (Abbildung 15.11).

15.9 Langsame Bewegungen

Bewegungen wie Felsrutschungen, Gesteinslawinen und Lahare sind sicherlich die eindrucksvollsten und katastrophalsten Arten der Massenbewegung. Da von diesen Ereignissen bekannt ist, dass sie Tausende von Opfern fordern, ist es wichtig, sie genau zu untersuchen, so dass effizientere Vorhersagen, rechtzeitige Warnungen und bessere Überwachung helfen können, Menschenleben zu retten. Doch auf Grund ihres Ausmaßes und ihrer eindrucksvollen Ausprägung geben sie uns einen falschen Eindruck bezüglich ihrer Bedeutung als Prozesse der Massenbewegung. Tatsächlich sind plötzliche Bewegungen für die Verlagerung von weniger Material verantwortlich als die langsame, fast unmerkliche Bewegung des Kriechens. Während die reißenden Arten der Massenbewegung charakteristisch für Gebirge und steile Berghänge sind, tritt das Kriechen an steilen und an sanften Hängen auf und ist deswegen weiter verbreitet.

15.9.1 Kriechen

Das **Kriechen** ist eine Art von Massenbewegung, die die allmähliche Abwärtsbewegung von Boden und Regolith bezeichnet. Ein Faktor, der zum Kriechen beiträgt, ist die abwechselnde Ausdehnung und Kontraktion des Oberflächenmaterials durch Gefrieren und Tauen und durch Befeuchten und Trocken. Wie ▶Abbildung 15.17 zeigt, werden die Teilchen beim Gefrieren oder Befeuchten im rechten Winkel zum Hang gehoben und beim Auftauen oder Trocknen bewegen sich die Partikel auf ein leicht niedrigeres Niveau zurück. Jeder Zyklus bewegt deswegen das Material ein winziges Stückchen bergab. Kriechen wird durch alles unterstützt, was den Boden stört, wie aufprallende Regentropfen oder die Störung durch das Wurzelwerk der Pflanzen und grabende Tiere. Kriechen wird auch begünstigt, wenn der Boden mit Wasser gesättigt wird. Nach heftigem Regen oder der Schneeschmelze kann ein mit Wasser vollgesogener Boden seine innere Kohäsion verlieren, wodurch die Schwerkraft das Material bergabwärts ziehen kann. Da Kriechen unmerklich langsam ist, kann man den Prozess an sich nicht beobachten. Doch was wir beobachten können, sind die Auswirkungen des Kriechens. Kriechen verursacht, dass Zäune und Strommasten gekippt und Stützmauern versetzt werden (▶Abbildung 15.18).

15.9.2 Solifluktion

Ist der Boden mit Wasser gesättigt, kann die vollgesogene Masse mit einer Geschwindigkeit von wenigen Millimetern oder Zentimetern pro Tag oder pro Jahr nach unten fließen. Dieser Prozess wird **Solifluktion** (wörtlich: Bodenfließen) genannt. Es ist eine Art der Massenbewegung, die auftritt, wenn das Wasser aus der gesättigten Oberflächenschicht nicht durch Versickerung in tiefere Schichten gelangen kann. Ein dichter toniger Ortstein oder eine undurchlässige Muttergesteinsschicht kann Solifluktion fördern.

Solifluktion ist besonders in Regionen mit *Permafrost* häufig. Permafrost bezieht sich auf einen ständig gefrorenen Boden (Dauerfrostboden), der mit rauem Tundraklima und Eiskappenklima vergesellschaftet ist. (Im nächsten Abschnitt wird Permafrost genauer besprochen.) Solifluktion tritt in einer Zone oberhalb des Permafrosts, aktive Schicht genannt, auf. Die *aktive Schicht* taut während des kurzen Sommers der hohen Breitengrade etwa einen Meter auf und gefriert dann im Winter wieder. Während der Sommersaison kann das Wasser nicht in die darunterliegende, undurchdringliche Permafrostschicht dringen. Als Folge davon wird die aktive Schicht gesättigt und fließt langsam. Der Prozess kann an sanften Hängen von 2° bis 3° auftreten. Dort, wo eine gut entwickelte Vegeta-

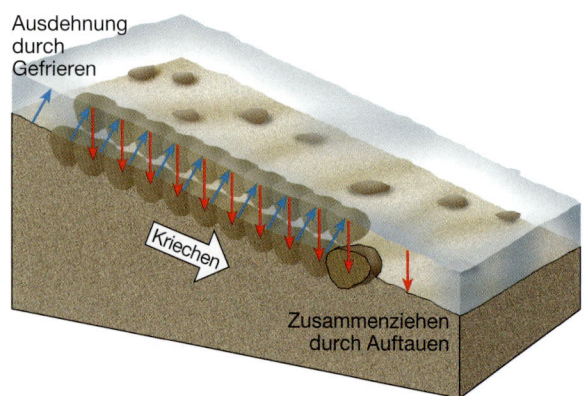

Abbildung 15.17: Die wiederholte Ausdehnung und Kontraktion des Oberflächenmaterials verursacht eine langsame Abwärtswanderung der Gesteinspartikel – ein Prozess, der Kriechen genannt wird.

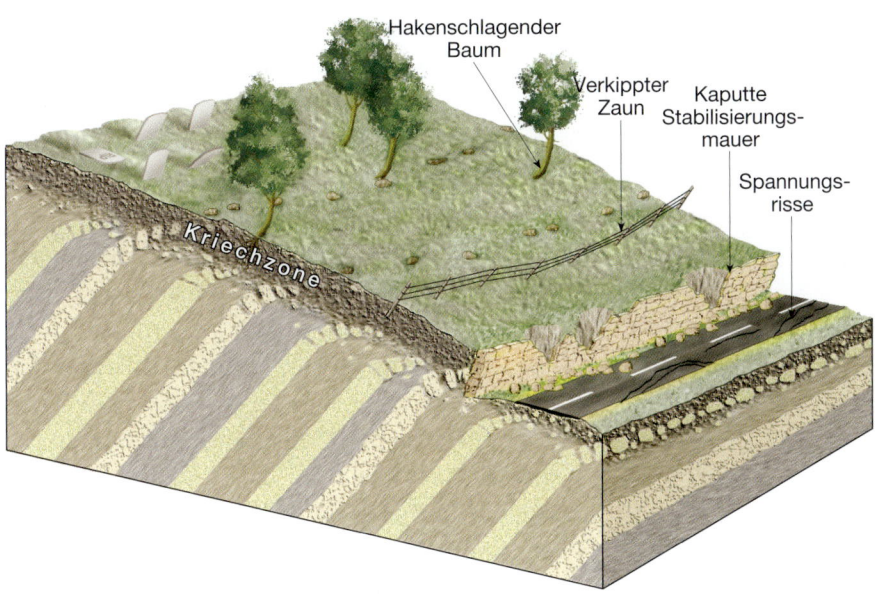

Abbildung 15.18: Obwohl Kriechen eine unmerklich langsame Bewegung ist, sind seine Auswirkungen oft sichtbar.

Abbildung 15.19: Solifluktionsloben nordöstlich von Fairbanks, Alaska. Solifluktion tritt in Permafrostgegenden auf, wenn die aktive Schicht im Sommer auftaut. (Foto: James E. Patterson)

tionsbedeckung vorhanden ist, kann sich eine Solifluktionsdecke in einer Reihe von gut ausgebildeten Loben oder einer Reihe von zum Teil überschiebenden Falten bewegen (▶Abbildung 15.19).

Die empfindliche Permafrostlandschaft 15.10

Viele der hier im Kapitel beschriebenen Katastrophen der Massenbewegung haben eine plötzliche und verheerende Auswirkung auf die Menschen. Verursacht das Handeln der Menschen das Schmelzen des permanent gefrorenen Untergrunds, ist die Auswirkung nicht so plötzlich und verheerend. Doch können die Narben von schlecht geplanter Handlungsweise in Permafrostgegenden, die empfindliche und verletzliche Landschaften sind, für Generationen erhalten bleiben.

Dauerhaft gefrorener Boden, als **Permafrost** bekannt, tritt auf, wenn die Sommer zu kühl sind, um mehr als eine flache Oberflächenschicht zu schmelzen. Der tiefere Grund bleibt das ganze Jahr über gefroren. Genauer gesagt ist der Permafrost nur nach der Temperatur definiert. Das bedeutet, dass es sich um Boden handelt, dessen Temperatur für kontinuierlich zwei oder mehrere Jahre unter 0°C liegt. Die Menge an Eis, das im Boden vorhanden ist, wirkt sich auf das Verhalten des Oberflächenmaterials aus. Zu wissen, wie viel Eis vorhanden ist und wo es sich befindet, ist sehr wichtig beim Bau von Straßen und Gebäuden und bei anderen Projekten in Gebieten, die von Permafrost unterlagert werden.

Permafrost ist in Gebieten um den Arktischen Ozean sehr ausgedehnt. Er bedeckt mehr als 80 Prozent von Alaska und 50 Prozent von Kanada und einen erheblichen Teil von Nordsibirien (▶Abbildung 15.20). In der Nähe der Südränder der Region besteht der Permafrost aus relativ dünnen, isolierten Massen. Weiter nördlich dehnen sich das Gebiet und die Mächtigkeit allmählich bis zu dem Punkt aus, wo der Permafrost eigentlich durchgehend ist und sich seine Mächtigkeit 500 Meter annähert oder sogar darüber hinaus gehen kann. In der diskontinuierlichen Zone ist die Planung für die Landnutzung schwieriger als in der kontinuierlichen Zone weiter nördlich, da das Auftreten von Permafrost stellenweise und schwer vorhersagbar ist.

Stören die Menschen die Oberfläche beispielsweise

15 Massenbewegung: Die Auswirkung der Schwerkraft

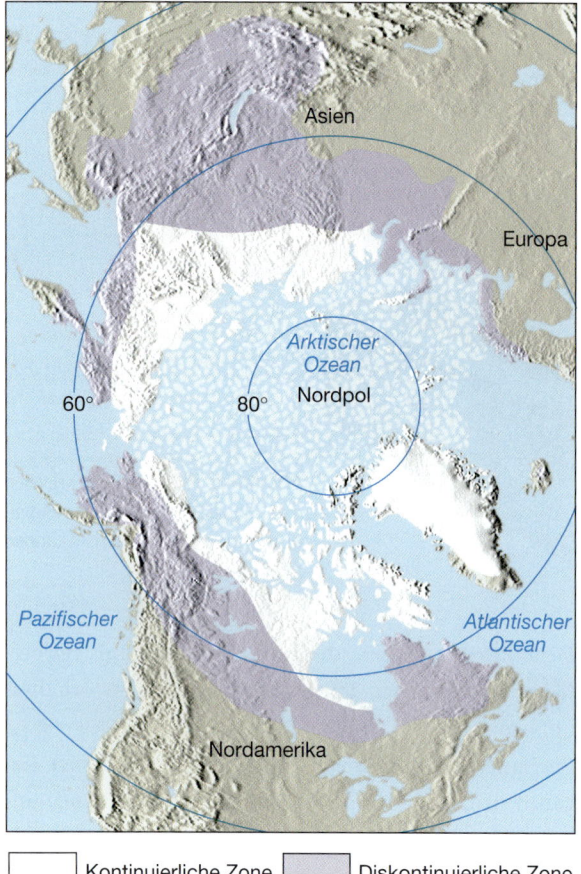

Abbildung 15.20: Die Verteilung des Permafrosts auf der nördlichen Hemisphäre. Er bedeckt mehr als 80 Prozent von Alaska und 50 Prozent von Kanada. Man kann zwei Zonen erkennen. In der kontinuierlichen Zone sind die einzigen eisfreien Gebieten unter tiefen Seen oder Flüssen. In Bereichen der höheren Breitengrade der diskontunierlichen Zone sind nur einzelne Flecken mit aufgetautem Boden vorhanden. Je weiter man sich nach Süden bewegt, desto stärker nimmt der Prozentsatz an ungefrorenem Boden zu, bis der gesamte Boden nicht mehr gefroren ist.

☐ Kontinuierliche Zone   ☐ Diskontinuierliche Zone

durch Entfernung der isolierenden Vegetationsbedeckung oder durch den Bau von Straßen und Gebäuden, wird auch das empfindliche Temperaturgleichgewicht gestört und der Permafrost kann auftauen (▶Abbildung 15.21A). Das Auftauen erzeugt einen instabilen Grund, der gleiten, absacken, absinken und starker Hebung durch Frost unterzogen werden kann. Wird ein beheiztes Gebäude direkt auf Permafrost gebaut, der einen großen Anteil an Eis enthält, saugt sich das Bodenmaterial beim Auftauen voll und das Gebäude kann einsinken. Eine Lösung für die Errichtung von Gebäuden und anderen Strukturen ist, sie auf Pfählen zu errichten. Durch solche Pfähle kann die Luft, die unter der Nullgradgrenze liegt, zwischen der Basis des Gebäudes und dem Boden zirkulieren und der Boden bleibt deswegen gefroren.

Als man Öl in Alaskas Norden entdeckte, waren viele Menschen wegen des Baus einer Pipeline beunruhigt, die die Ölfelder in Prudhoe Bay mit dem eisfreien Hafen von Valdez 1.300 Kilometer weiter südlich verbinden sollte. Man zeigte sich ernsthaft besorgt darüber, dass so ein großes Projekt der empfindlichen Permafrostumgebung schaden könnte. Viele waren auch wegen einer möglichen Ölverschmutzung beunruhigt.

Da Öl auf 60°C erhitzt werden muss, damit es gut fließt, mussten spezielle technische Verfahren entwickelt werden, um die Wärme vom Permafrost zu isolieren. Die Methoden beinhalteten die Isolierung des Rohrs, die Erhöhung von Teilen der Pipeline über den Boden und sogar die Platzierung von Kühlelementen im Boden, um ihn gefroren zu halten (▶Abbildung 15.21B). Die Pipeline in Alaska ist eine der komplexesten und kostspieligsten Projekte, die jemals in der arktischen Tundra durchgeführt wurden. Detaillierte Untersuchungen und vorsichtiges technisches Vorgehen halfen, die nachteiligen Auswirkungen, die durch die Störung des gefrorenen Grunds entstanden sind, zu minimieren.

Submarine Rutschungen 15.11

Wie Sie sich vorstellen können, sind Massenbewegungen nicht auf das Land beschränkt. Die Entwicklung von qualitativ hochwertigen Messinstrumenten, die den Ozeanboden darstellen können, erlaubten es uns, zu bestimmen, dass submarine Massenbewegungen ein häufiges und weit verbreitetes Phänomen sind. Beispielsweise haben Untersuchungen enorme submarine Erdrutsche an den Flanken der Hawaiianischen Kette sowie entlang des Kontinentalschelfs und des Kontinentalabhangs am amerikanischen Festland enthüllt. In der Tat treten submarine Rutschungen überwiegend in Form von Sackungen und Trümmerlawinen auf und scheinen viel größer zu sein als ähnliche Massenbewegungsereignisse an Land.

Unter den spektakulärsten submarinen Rutschungen sind diejenigen, die sich an den Flanken submariner Vulkane (Tiefseeberge genannt) und Vulkaninseln wie Hawaii ereignen. An der untergetauchten Flanke der hawaiianischen Inseln wurden Dutzende von großen Rutschungen von mehr als 20 Kilometer Länge identifiziert. Manche besitzen wirklich aufsehenerre-

A.
B.

Abbildung 15.21: A. Als die Eisenbahnschienen durch die Permafrostlandschaft in Alaska gebaut wurden, gab der Boden nach. (Foto: Lynn A. Yehle, U.S. Geological Survey) **B.** An manchen Stellen in Alaska ist die Pipeline über dem Boden aufgehängt, um das Auftauen des empfindlichen Permafrosts zu verhindern. (Tom & Pat Lesson/Photo Researchers)

gende Dimensionen. Eine der größten, die je kartiert wurde, ist als die Nuuanu-Trümmerlawine bekannt und liegt an der nordöstlichen Seite von Oahu. Sie dehnt sich fast 25 Kilometer über den Ozeanboden aus und erhebt sich an ihrem Endpunkt auf einen 300 Meter hohen Abhang hinauf, was darauf hinweist, dass sie eine große Gewalt und Wucht hatte. Riesige Gesteinsblöcke wurden kilometerweit durch diese gigantische Rutschung transportiert. Wahrscheinlich werden beim Auftreten solch riesiger und reißender Ereignisse gigantische Seewellen (Tsunami genannt) erzeugt, die durch den Pazifik rasen.[3]

Die gewaltigen submarinen Rutschungen, die an den Flanken der hawaiianischen Inseln entdeckt wurden, stehen mit großer Sicherheit in Zusammenhang mit den Bewegungen des Magmas, während der Vulkan aktiv ist. Eine riesige Menge an Lava bildet sich am ozeanwärts liegenden Rand eines Vulkans und das Anhäufen des Materials löst schließlich eine Rutschung aus. Bei der Hawaiianischen Kette scheint sich dieser Prozess des Anwachsens und Zusammenbrechens in Intervallen von 100.000 bis 200.000 Jahren zu wiederholen, während der Vulkan aktiv ist.

Entlang der Kontinentalränder des nordamerikanischen Festlands markieren große Sackungs- und Murennarben den Kontinentalhang. Diese Prozesse werden durch eine schnelle Anhäufung von instabilen Sedimenten oder durch Naturgewalten wie Sturmwellen und Erdbeben ausgelöst. Submarine Massenbewegungen treten besonders in der Nähe von Deltas auf, wo massenhafte Ablagerungen an den Flussmündungen vorhanden sind. Dort, wo sich riesige Ladungen an wassergesättigtem Ton und Sedimenten, reich an organischem Material, anhäufen, werden sie instabil und fließen leicht sogar sanfte Abhänge hinunter. Manche dieser Bewegungen waren gewaltig genug, um Schäden an großen Bohrinseln zu verursachen.

Massenbewegungen scheinen einen Beitrag zum Anwachsen von passiven Kontinentalrändern zu leisten. Sedimente, die durch Flüsse zum Kontinentalschelf befördert werden, bewegen sich über den Schelf zum oberen Kontinentalhang. Von dort aus bewegen Sackungen, Rutschungen und Muren das Sediment zum Kontinentalfuß und manchmal darüber hinaus.

---

[3] Mehr über diese destruktiven Wellen erfahren Sie im Abschnitt über Tsunamis in Kapitel 11.

Massenbewegung: Die Auswirkung der Schwerkraft

ZUSAMMENFASSUNG

Massenbewegung bezieht sich auf die Abwärtsbewegung von Gestein, Regolith und Boden unter dem direkten Einfluss von Schwerkraft. Bei der Entwicklung verschiedener Landformen ist die Massenbewegung der Schritt, der auf die Verwitterung folgt. Die gemeinsamen Auswirkungen von Massenbewegung und Erosion durch fließendes Wasser lassen Flusstäler entstehen.

Die Schwerkraft ist die beherrschende Kraft der Massenbewegung. Andere Faktoren, die die Abwärtsbewegung beeinflussen oder auslösen, sind die Sättigung des Materials mit Wasser, die Übersteilung der Hänge über den *Böschungswinkel* hinaus, die Entfernung der Vegetation und die Bodenerschütterungen bei Erdbeben.

Die verschiedenen Prozesse, die unter der Bezeichnung Massenbewegung zusammengefasst sind, werden unterteilt und beschrieben auf der Basis von (1) der Art des betroffenen Materials (Trümmer, Schlamm, Erde, Gestein); (2) der Art der Bewegung (Fallen, Rutschen, Fließen); und (3) der Geschwindigkeit (schnell oder langsam).

Die schnellen Arten der Massenbewegungen beinhalten die *Rutschung*, das Abwärtsrutschen einer Gesteinsmasse oder unverfestigten Materials als Einheit entlang einer gekrümmten Oberfläche; die *Felsrutschung*, Blöcke des Muttergesteins lösen sich und rutschen hangabwärts; die *Muren*, ein relativ rasches Fließen von Boden und Regolith mit einem großen Wassergehalt; und das *Erdfließen*, ein nicht begrenzter Strom aus gesättigtem tonreichem Boden, der häufig an Berghängen nach heftigen Niederschlägen oder der Schneeschmelze in humiden Gebieten auftritt.

Zur langsamsten Form der Massenbewegung gehört das Kriechen, die allmähliche Abwärtsbewegung von Boden und Regolith; und *Solifluktion*, das allmähliche Fließen einer gesättigten Oberflächenschicht, die von einer undurchlässigen Zone unterlagert wird. Häufig tritt die Solifluktion an Orten auf, die von *Permafrost* unterlagert werden (permanent gefrorener Untergrund, vergesellschaftet mit Tundra- und Eiskappenklimaten).

Permafrost, permanent gefrorener Untergrund, bedeckt große Teile Nordamerikas und Sibiriens. Das Auftauen erzeugt einen instabilen Untergrund, der rutschen, absacken und sich senken kann und starke frostbedingte Hebungen erfahren kann.

Massenbewegungen ereignen sich nicht nur an Land; sie treten auch unter Wasser auf. Viele *submarine Rutschungen* sind überwiegend Sackungen und Trümmerlawinen und viel größer als die, die an Land auftreten.

Wiederholungsfragen

1. Beschreiben Sie, wie Prozesse der Massenbewegung zur Entwicklung von Flusstälern beitragen.
2. Welches ist die bestimmende Kraft bei der Massenbewegung?
3. Wie wirkt sich Wasser auf die Prozesse der Massenbewegung aus?
4. Beschreiben Sie die Bedeutung des Böschungswinkels.
5. Wie könnte die Entfernung der Vegetation durch Feuer oder Abholzung die Massenbewegung begünstigen?
6. In welcher Verbindung stehen Erdrutsche mit Erdbeben?
7. Wie trug der Bau eines Damms zur Katastrophe in Vajont bei? War die Katastrophe vermeidbar? Unterscheiden Sie zwischen Fallen, Gleiten und Fließen.
8. Warum können sich Gesteinslawinen mit so hohen Geschwindigkeiten bewegen?
9. Die Sackung und die Rutschung bewegen sich beide durch Gleiten. Wie unterscheiden sie sich?
10. Welche Faktoren führten zum gigantischen Bergsturz bei Gros Ventre, Wyoming?
11. Erklären Sie, warum der Bau eines Hauses auf einem Alluvialfächer keine gute Idee sein könnte.
12. Vergleichen und unterscheiden Sie eine Mure vom Erdfließen.
13. Beschreiben Sie die Massenbewegung, die am Mount St. Helens während seiner aktiven Phase 1980 und am Nevado Ruiz 1985 auftrat.
14. Kriechen ist ein unmerklich langsamer Prozess. Was könnte darauf hinweisen, dass dieses Phänomen an einem Hang auftritt?
15. Was ist Permafrost? Welcher Teil der Erdoberfläche ist davon betroffen?
16. Während welcher Jahreszeiten tritt Solifluktion in Permafrostgegenden auf?

Größere Multiple-Choice-Tests zur Wissenskontrolle und Prüfungsvorbereitung sowie weitere Informationen zu diesem Buchkapitel finden Sie auf der Companion Website zum Buch unter **www.pearson-studium.de**

Fließendes Wasser

16

16.1	**Die Erde als System: Der hydrologische Kreislauf**	505
16.2	**Fließendes Wasser**	507
16.3	**Flussströmungen**	509
16.4	**Veränderungen zwischen den Abschnitten flussaufwärts und flussabwärts**	511
16.5	**Die Arbeit des fließenden Wassers**	514
16.6	**Wasserlaufgerinne**	517
16.7	**Die Erosionsbasis und Wasserläufe im Gleichgewicht**	520
16.8	**Die Modellierung von Flusstälern**	522
16.9	**Ablagerungslandschaften**	525
16.10	**Entwässerungsmuster**	531
16.11	**Hochwasser und Hochwasserschutz**	534
	Zusammenfassung	541
	Wiederholungsfragen	542

ÜBERBLICK

16 Fließendes Wasser

Die Rainbow-Wasserfälle am mittleren Flusslauf des San Joaqui, Devil's Postpile-Nationalmonument. (Foto: CarrClifton)

Flüsse sind für den Menschen sehr wichtig. Wir nutzen sie als Wasserstraßen für den Warentransport, als Wasserquelle zur Bewässerung und als Energiequelle. Ihre fruchtbaren Flussniederungen wurden seit Beginn der Zivilisation kultiviert. Betrachtet man sie als Bestandteil im Erdsystem, sind Flüsse und Wasserläufe ein elementares Bindeglied des ständig zirkulierenden Wassers auf der Erde. Zudem ist fließendes Wasser, das mehr Material erodiert und mehr Sediment transportiert als jeder andere Prozess, die Hauptkraft für die Veränderung der Landschaft. Da so viele Menschen entlang von Flüssen siedeln, gehören Überflutungen zu den zerstörerischsten aller geologischen Gefahren. Trotz großer Investitionen für Deiche und Dämme können Flüsse nicht immer bezwungen werden (▶Abbildung 16.1).

Die Erde als System: Der hydrologische Kreislauf 16.1

Wasser ist ständig in Bewegung, in einem endlosen Kreislauf vom Ozean zum Land und wieder zurück. Wasser gibt es fast überall auf der Erde – in den Ozeanen, in Gletschern, in Flüssen und Seen, in der Luft und im lebenden Gewebe. Alle diese „Reservoirs" machen die Hydrosphäre der Erde aus. Insgesamt beträgt die Wassermenge der Hydrosphäre etwa 1,36 Milliarden Kubikkilometer.

Die größte Menge davon, etwa 97,2 ProzentProzent, ist in den Weltmeeren gespeichert (▶ Abbildung 16.2). Eisdecken und Gletscher beinhalten weitere 2,15 Prozent, wodurch nur 0,65 Prozent verbleiben, die sich auf Seen, Wasserläufe und Oberflächenwasser und die Atmosphäre verteilen (Abbildung 16.2). Die Prozentsätze des Wassers auf der Erde sind für die zuletzt genannten Milieus nur ein kleiner Bruchteil des Gesamtbestands, jedoch sind die absoluten Mengen groß.

Das Wasser, das sich in den einzelnen in Abbildung 16.2 dargestellten Reservoirs befindet, verbleibt dort nicht für immer. Wasser kann seinen Aggregatzustand schnell ändern (fest, flüssig, gasförmig), je nach Temperaturen und Drücken, die auf der Erdoberfläche auftreten. Deswegen bewegt sich das Wasser kontinuierlich zwischen Hydrosphäre, Geosphäre und Biosphäre. Der niemals endende Kreislauf des Wassers auf der Erde wird **hydrologischer Kreislauf** (Wasserkreislauf) genannt Der Kreislauf zeigt uns viele entscheidende Zwischenbeziehungen unter den verschiedenen Bestandteilen des Erdsystems.

Der hydrologische Kreislauf ist ein gigantisches, weltweites System, das durch die Sonnenenergie angetrieben wird, wobei die Atmosphäre das unverzichtbare Bindeglied zwischen den Ozeanen und den Kontinenten ist (▶ Abbildung 16.3). Wasser verdunstet vom Ozean und in einem weniger großen Ausmaß von den Kontinenten in die Atmosphäre. Der Wind transportiert die mit Feuchtigkeit beladene Luft oft über große Entfernungen, bis Bedingungen auftreten, die die Kondensation der Feuchtigkeit zu Wolken und Niederschlag bewirken. Die Niederschläge, die auf den Ozean

Abbildung 16.1: Luftbild eines Teils von Portland, Pennsylvania, das vom Fluss Delaware im Juni 2006 überflutet wurde. Extrem starke Regenfälle zwischen dem 24. und 28. Juni verursachten Rekord- oder Fastrekordflutpegel entlang vieler Wasserläufe im Delaware-Flussbecken. (AP Foto/Pocono Rekord/David Kidwell) (Associated Press Foto)

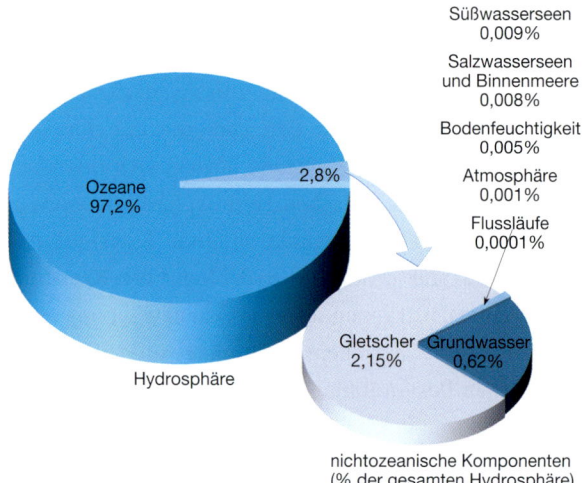

Abbildung 16.2: Die Verteilung des Wassers auf der Erde.

ckert im Boden (**Versickerung** genannt) und bewegt sich nach unten, dann lateral und gelangt schließlich in Seen, Wasserläufe oder direkt ins Meer. Ist die Niederschlagsrate höher als die Aufnahmefähigkeit des Bodens, fließt das überschüssige Wasser über die Oberfläche in Seen und Flüsse ab, ein Prozess, der **Abfluss** genannt wird.

Ein Großteil des Wassers, das versickert oder abfließt, gelangt schließlich durch die Verdunstung vom Boden oder von Seen und Wasserläufen zurück in die Atmosphäre. Ein Teil des Wassers, das im Boden versickert, wird durch Pflanzen aufgenommen, die es später in die Atmosphäre entlassen. Dieser Prozess wird **Transpiration** genannt (*trans* = quer; *spiro* = atmen). Die Bezeichnung **Evotranspiration** (auch Evapotranspiration genannt) wird verwendet, um sich auf den Verlust des Wassers von Festlandgebieten durch den kombinierten Effekt von Evaporation und Transpiration zu beziehen.

fallen, vervollständigen den Kreislauf, der wieder von vorne beginnt. Das Wasser, das auf das Festland fällt, muss trotzdem wieder zurück zum Ozean gelangen.

Was geschieht mit dem Niederschlag, sobald er auf das Festland gefallen ist? Ein Teil des Wassers versi-

Fallen Niederschläge in sehr kalten Gebieten – in großen Höhen oder hohen Breiten –, wird das Wasser nicht sofort versickern, ablaufen oder verdunsten.

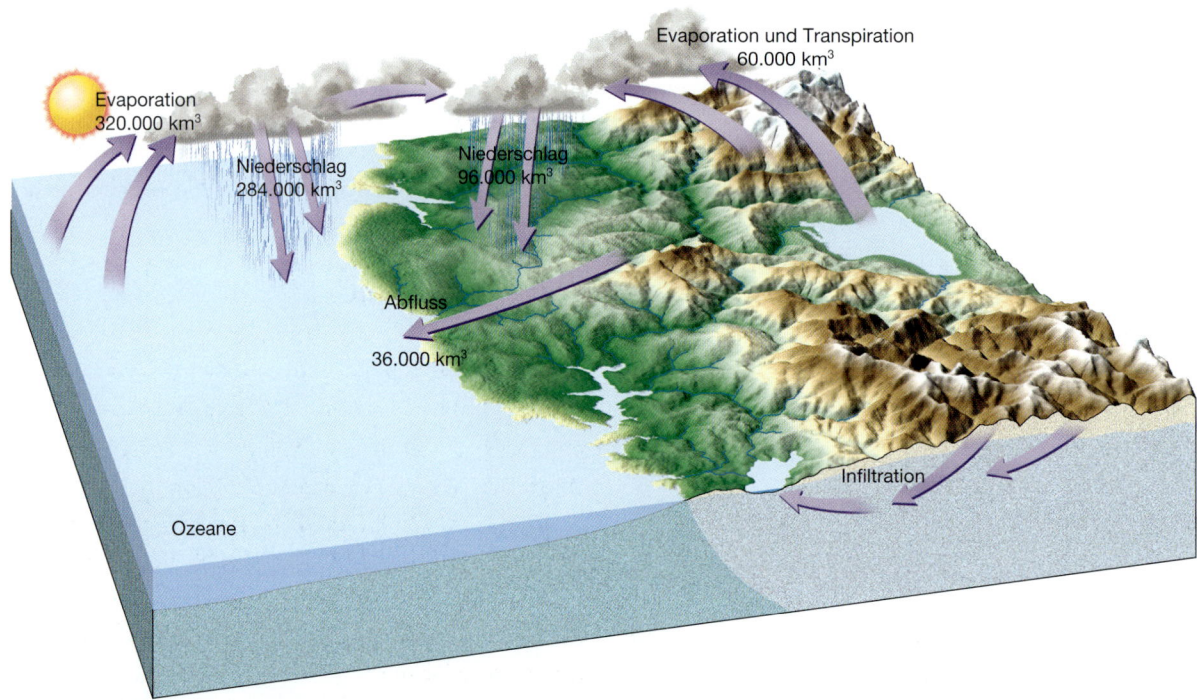

Abbildung 16.3: Die Wasserbilanz der Erde. Jedes Jahr werden durch die Sonnenenergie etwa 320.000 Kubikkilometer Wasser aus den Ozeanen verdunstet, während die Verdunstung vom Festland (einschließlich Seen und Flüssen) mit 60.000 Kubikkilometern dazu beiträgt. Von den gesamten 380.000 Kubikkilometern Wasser gelangen etwa 284.000 Kubikkilometern zurück ins Meer und die übrigen 96.000 Kubikkilometer fallen auf das Festland. Von den 96.000 Kubikkilometern kommen nur 60.000 Kubikkilometer durch Verdunstung und Transpiration zurück in die Atmosphäre, wobei 36.000 Kubikkilometer Wasser auf dem Weg zurück zum Ozean die Landoberfläche erodieren.

> **Studenten fragen manchmal ...**
>
> **Ist die Menge an Wasserdampf, den die Pflanzen durch Transpiration in die Atmosphäre emittieren, bedeutend?**
>
> Verwenden Sie folgendes Beispiel, um selbst zu entscheiden. Jedes Jahr kann ein landwirtschaftlich genutztes Feld das Äquivalent von einer 60 Zentimeter hohen Wasserschicht auf dem gesamten Feld transpirieren. Die gleiche Fläche mit Bäumen kann die doppelte Menge in die Atmosphäre entlassen.

Stattdessen wird es ein Bestandteil des Schneefeldes oder des Gletschers werden. Auf diese Weise speichern Gletscher große Mengen an Wasser auf dem Festland. Würden die heutigen Gletscher abschmelzen und das gespeicherte Wasser freisetzen, würde der Meeresspiegel weltweit um mehrere Meter ansteigen und viele stark besiedelten Küstengebiete unter Wasser setzen. Wie Sie in Kapitel 18 sehen werden, haben sich in den vergangenen 2 Millionen Jahren riesige Eisdecken gebildet, die bei mehreren Gelegenheiten wieder abgeschmolzen sind, um jedes Mal das Gleichgewicht des hydrologischen Kreislaufs zu verändern.

Abbildung 16.3 zeigt auch die gesamte *Wasserbilanz* oder das Volumen des Wassers, das jährlich jede Station des Kreislaufs durchwandert. Die Menge des Wasserdampfs in der Luft ist nur ein winziger Bruchteil des gesamten Wasserhaushalts der Erde. Doch die absolute Menge, die innerhalb eines Jahres durch die Atmosphäre bewegt wird, ist immens – einige 380.000 Kubikkilometer. Nach Schätzungen wird über Nordamerika sechsmal mehr Wasser durch bewegte Luftströmungen transportiert als von allen Flüssen des Kontinents.

Es ist wichtig zu wissen, dass der hydrologische Kreislauf ausgeglichen ist. Damit der Gesamtwasserdampf in der Atmosphäre in etwa gleich bleibt, muss der jährliche Niederschlag auf der Erde der Menge des verdunsteten Wassers entsprechen. Doch der Niederschlag auf allen Kontinenten zusammen übersteigt die Verdunstung. Andererseits überwiegt die Verdunstung über den Ozeanen den Niederschlag. Da aber der Meeresspiegel nicht fällt, muss das System im Gleichgewicht sein.

Die Erosionswirkung, die durch das Fließen der 36.000 Kubikkilometer Wasser jährlich vom Festland zum Ozean entsteht, ist enorm:

Die durchschnittliche Höhe des kontinentalen Festlands beträgt 823 Meter über dem Meeresspiegel. Unter der Annahme, dass die 36.000 Kubikkilometer des jährlichen Abflusses mit durchschnittlich 823 Meter bergab fließen, kann man die potenzielle mechanische Kraft des Systems berechnen. Unter Umständen wäre der Abfluss vom gesamten Festland kontinuierlich etwa 9×10^9 kW. Würde all diese Kraft zur Erosion des Landes verwendet, wäre es vergleichbar mit einem Bodenhobel, der von einem Pferd gezogen wird und Tag und Nacht das ganze Jahr über ein 12.000 m² Feld bearbeitet. Natürlich geht ein großer Teil der potenziellen Energie des Abflusses als Reibungswärme bei turbulentem Fließen oder bei Verspritzen des Wassers verloren.[1]

Obwohl nur ein kleiner Prozentsatz der Energie des fließenden Wassers zur Oberflächenerosion aufgewendet wird, ist Wasser nichtsdestotrotz *die wichtigste Kraft bei der Reliefbildung der Festlandsoberfläche auf der Erde.*

Zusammenfassend repräsentiert der hydrologische Kreislauf die kontinuierliche Bewegung des Wassers vom Ozean zur Atmosphäre, von der Atmosphäre zum Festland und vom Festland zurück zum Meer. Die Abtragung der Landoberfläche der Erde kann dem letzten dieser Schritte zugeschrieben werden und ist der Hauptschwerpunkt im verbleibenden Kapitel.

16.2 Fließendes Wasser

Wir waren zwar schon immer von fließendem Wasser abhängig, doch wussten wir jahrhundertelang nichts über seine Herkunft. Im 15. Jahrhundert erkannte man, dass Wasserläufe durch den Oberflächenabfluss und das Wasser aus dem Untergrund gespeist werden, die wiederum Regen und Schnee als ihre eigentliche Quelle haben.

Der Abfluss fließt anfänglich in breiten, dünnen Wasserflächen über den Boden und wird passend als

---

[1] *Geomorphology: A Systematic Analysis of Late Cenozoic Landforms* (Englewood Cliffs, N.J.: Prentice Hall, 1978), S. 97.

16 Fließendes Wasser

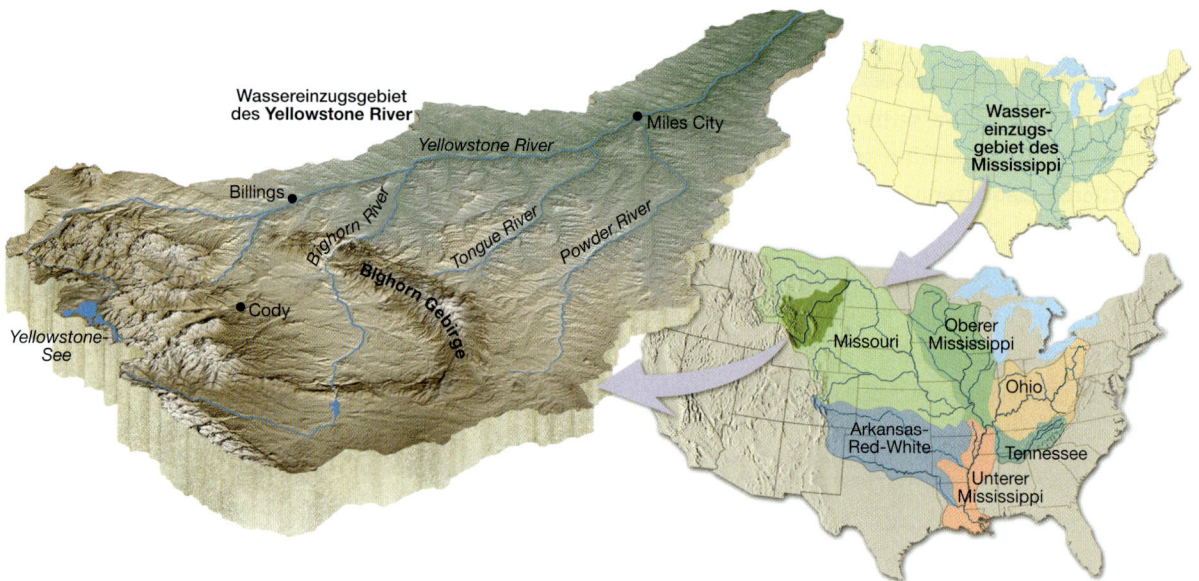

Abbildung 16.4: Ein Wassereinzugsgebiet ist ein Festlandgebiet, das von einem Fluss und seinen Zuflüssen entwässert wird. Wasserscheiden sind Grenzen, die zwei Wassereinzugsgebiete trennen. Wassereinzugsgebiete und Wasserscheiden sind bei allen Wasserläufen unabhängig von ihrer Größe vorhanden. Das Wassereinzugsgebiet des Yellowstone ist eines von vielen, die dem Missouri Wasser zuführen. Dieser wiederum ist einer von vielen Flüssen, die zum Wassereinzugsgebiet des Mississippi gehören. Das Wassereinzugsgebiet des Mississippi ist das größte in Nordamerika und umfasst 3,2 Millionen Quadratkilometer des Kontinents.

Flächenabfluss bezeichnet. Die Menge des Wassers, die auf diese Weise abläuft, anstatt in den Boden zu versickern, hängt von der **Versickerungskapazität** des Bodens ab. Die Versickerungskapazität wird durch viele Faktoren reguliert. Dazu gehören: (1) die Intensität und die Dauer der Regenfälle, (2) der primär durchfeuchtete Zustand des Bodens, (3) die Bodenbeschaffenheit, (4) die Neigung der Oberfläche und (5) die Art der Vegetationsbedeckung. Wird der Boden gesättigt, beginnt der Flächenabfluss mit einer nur wenige Millimeter dicken Schicht. Nach dem anfänglichen Fließen in Form einer dünnen unbegrenzten Fläche entlang einer nur kurzen Strecke beginnen sich Strömungsfäden zu entwickeln und winzige wasserführende Rinnen, **Rinnsale** genannt, transportieren das Wasser zu einem Wasserlauf. Zunächst sind die Wasserläufe klein, aber sobald sie sich kreuzen, bilden sich immer größere. Schließlich gehen Flüsse daraus hervor, die Wasser aus einem weiten Gebiet zum Ozean transportieren.

16.2.1 Wassereinzugsgebiete

Das Landgebiet, das ein Flusssystem mit Wasser versorgt, nennt man **Wassereinzugsgebiet**. Das Wassereinzugsgebiet eines Flusses wird von dem eines anderen durch eine gedachte Linie getrennt, die man **Wasserscheide** nennt (▶ Abbildung 16.4). Wasserscheiden können ein Ausmaß von einem Höhenrücken, der zwei Abzugskanäle auf einem Berg trennt, bis hin zu einer *kontinentalen Wasserscheide*, die einen ganzen Kontinent in riesige Wassereinzugsgebiete aufteilt. Der Mississippi hat das größte Wassereinzugsgebiet in Nordamerika. Mit einer Ausdehnung von den Rocky Mountains im Westen bis zu den Appalachen im Osten nehmen der Mississippi und seine Zuflüsse Wasser von mehr als 3,2 Millionen Quadratkilometer auf dem Kontinent auf.

16.2.2 Flusssysteme

Flüsse und Wasserläufe können einfach als fließendes Wasser in einem Gerinnebett definiert werden. Sie spielen drei wichtige Rollen bei der Bildung einer Landschaft: Sie erodieren die Rinnen, in welchen sie fließen, sie transportieren Material, das durch Verwitterung und Gefälleprozesse geliefert wird, und sie erzeugen eine große Vielgestaltigkeit der von Erosion und Ablagerung geprägten Landschaften. In der Tat haben Flusssysteme in den meisten Gebieten, einschließlich vieler arider Regionen, die vielgestaltigen Landschaftsformen geschaffen, die wir Menschen besiedeln.

Ein Flusssystem besteht aus drei Hauptteilstücken, in welchen verschiedene Prozesse dominieren: einer

Erosionszone, einer Zone des Sedimenttransports und einer Zone der Sedimentablagerung. Es ist wichtig, sich vor Augen zu halten, dass etwas Erosion, Transport und Ablagerung in allen drei Zonen vorkommt; doch innerhalb einer Zone dominiert normalerweise einer dieser Prozesse. Zudem sind die Teilstücke eines Flusssystems ineinandergreifend, so dass Prozesse, die in einem Teilstück auftreten, die anderen beeinflussen.

Bei großen Flusssystemen dominiert die Erosion in den Gebieten stromaufwärts, die im Allgemeinen aus einer gebirgigen oder hügeligen Topographie bestehen. Dort erodieren kleine Zuflüsse die Gerinne, in welchen sie fließen, und transportieren Material, das durch Verwitterung und Massenverwitterung geliefert wurde.

Das Gebiet innerhalb eines Flusssystems, das von Ablagerung dominiert wird, befindet sich normalerweise dort, wo der Wasserlauf in einen großen Wasserkörper eintritt. Dort werden Sedimente durch Strömungen von der Küste wegbewegt, sie häufen sich bei der Ausbildung von Deltas an oder werden durch die Wellenbewegung wiederaufgearbeitet, um vielgestaltige Küstenlandschaften zu schaffen. Zwischen der Erosionszone und der Ablagerungszone befindet sich der *Hauptwasserlauf*, der dem Transport der Sedimente dient. Zusammengenommen sind die Erosion, der Transport und Ablagerung die Prozesse, durch welche die Flüsse das Oberflächenmaterial der Erde bewegen und die Landschaft formen.

> **Studenten fragen manchmal ...**
>
> **Was ist der Unterschied zwischen einem Wasserlauf und einem Fluss?**
>
> Im alltäglichen Gebrauch deuten diese Begriffe die relative Größe an (ein Fluss ist größer als ein Wasserlauf, die beiden sind größer als ein Bach oder Bächlein). Doch in der Geologie ist das nicht der Fall: Das Wort Wasserlauf wird verwendet, um kanalisiertes Fließen gleich welcher Größe zu bezeichnen, von einem kleinen Bach bis hin zum gewaltigsten Fluss. Obwohl die Bezeichnungen Fluss und Wasserlauf manchmal austauschbar verwendet werden, wird die Bezeichnung Fluss oft bei der Beschreibung eines Hauptwasserlaufs, in welchen mehrere Zuflüsse hineinfließen, vorgezogen.

Flussströmungen 16.3

Wasser kann auf die eine oder andere Art fließen – entweder als **laminares Fließen** oder als **turbulentes Fließen**. In sehr langsam fließenden Wasserläufen ist das Fließen oft laminar und die Wasserteilchen bewegen sich in etwa in einer geraden Linie, die parallel zur Rinne des Wasserlaufs verläuft. Dennoch, eine Flussströmung ist normalerweise turbulent und das Wasser bewegt sich auf unregelmäßige Weise, die als wirbelnde Bewegung charakterisiert werden kann. Starkes, turbulentes Fließen kann Strudel und Wirbel aufweisen sowie Stromschnellen. Sogar Wasserläufe, die an der Oberfläche sanft erscheinen, weisen oft turbulentes Fließen nahe am Grund oder an den Seiten der Rinne auf. Turbulenzen tragen zur Fähigkeit des Wasserlaufs bei, sein Gerinne zu erodieren, da es das Sediment vom Bett des Wasserlaufs hebt.

Wasser bahnt sich seinen Weg zum Meer unter dem Einfluss der Schwerkraft. Die Zeit, die es für seinen Weg benötigt, hängt von der Fließgeschwindigkeit des Wasserlaufs ab. Die Fließgeschwindigkeit bezeichnet die Entfernung, die das Wasser in einer Zeiteinheit zurücklegt.

Manche langsamen Wasserläufe fließen mit weniger als einem Kilometer pro Stunde, während einige schnelle über 30 Kilometer pro Stunde zurücklegen können. Fließgeschwindigkeiten werden an Pegelmessstationen bestimmt, wo Messungen von mehreren Stellen quer über das Gerinnebett vorgenommen werden und davon der Durchschnitt verwendet wird. Das wird deswegen gemacht, da die Bewegungsrate des Wassers innerhalb eines Flussbetts nicht einheitlich ist. Bei einem geraden Wasserlaufgerinne tritt die höchste Fließgeschwindigkeit in der Mitte, knapp unter der Oberfläche auf (▶ Abbildung 16.5). Dort ist die Reibung am geringsten. Geringe Fließgeschwindigkeiten finden sich an den Seiten und am Boden (Bett) der Gerinne, wo die Reibung immer am größten ist. Ist ein Wasserlauf gekrümmt oder gebogen, ist die größte Fließgeschwindigkeit nicht in der Mitte. Es ist vielmehr so, dass die Zone der größten Fließgeschwindigkeit bei jeder Kurve nach außen verlagert wird. Wie wir später sehen werden, spielt diese Verlagerung eine wichtige Rolle bei der Erosion der Wasserlaufgerinne auf dieser Seite.

Die Fähigkeit eines Wasserlaufs, Material zu erodieren und zu transportieren, steht in direkter Relation zu seiner Fließgeschwindigkeit. Sogar leichte

Abbildung 16.5: Der Einfluss der Gerinneform auf die Fließgeschwindigkeit. **A.** Der Wasserlauf in diesem weiten, flachen Gerinne bewegt sich langsamer als das Wasser in dem halbrunden Gerinne auf Grund des Reibungswiderstands. **B.** Die Querschnittsfläche dieser halbrunden Gerinne ist die gleiche wie in Teil **A.**, aber hat weniger Wasserkontakt mit dem Gerinne und deswegen weniger Reibungswiderstand. Demzufolge fließt das Wasser schneller in Gerinne **B.** unter sonst gleichen Bedingungen. **C.** Kontinuierliche Aufzeichnungen des Zustands und des Abflusses werden von mehr als 7.000 Pegelmessstationen durch den U.S. Geological Survey gesammelt. Die durchschnittliche Fließgeschwindigkeit wird durch Messungen an verschiedenen Stellen im Wasserlauf bestimmt. Diese Messstation befindet sich am Rio Grande südlich von Taos, New Mexiko. (Foto: E.J. Tarbuck.) **D.** Ein Strömungsmesser, der zur Messung der Fließgeschwindigkeit an einer Messstation verwendet wird.

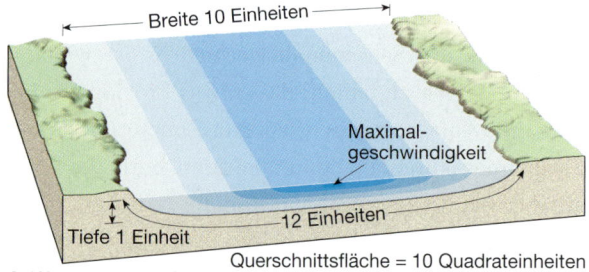

A. Weites, flaches Gerinne
Querschnittsfläche = 10 Quadrateinheiten
Umfang = 12 Einheiten

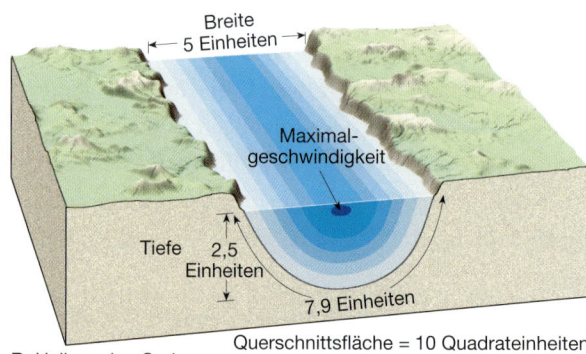

B. Halbrundes Gerinne
Querschnittsfläche = 10 Quadrateinheiten
Umfang = 7,9 Einheiten

C. Messstation

Veränderungen in der Fließgeschwindigkeit können zu bedeutenden Änderungen in der Sedimentfracht führen, die vom Wasser transportiert werden kann. Mehrere Faktoren bestimmen die Fließgeschwindigkeit eines Wasserlaufs und beeinflussen deswegen das Ausmaß der Erosion, die ein Fluss vornehmen kann. Zu diesen Faktoren gehören: (1) das Gefälle; (2) die Form, die Größe und die Unebenheit des Gerinnebetts (3) und der Abfluss.

16.3.1 Gefälle und Eigenschaften des Flussbetts

Die Neigung eines Wasserlaufs, ausgedrückt als vertikaler Abfall über eine bestimmte Entfernung, ist das **Gefälle**. Abschnitte des unteren Mississippi haben beispielsweise ein sehr geringes Gefälle, von 10 Zentimeter pro Kilometer und sogar noch geringer. Im Gegensatz dazu fallen manche Gebirgsflussgerinne in ihrer Höhe mit einer Rate von mehr als 40 Meter pro Kilometer bzw. einem Gefälle 400 Mal steiler als der untere Mississippi (▶ Abbildung 16.6). Das Gefälle variiert nicht nur zwischen den unterschiedlichen Wasserläufen, sondern auch entlang einer bestimmten Strecke des Wasserlaufs. Wären zwei Wasserläufe in jeder Hinsicht identisch, außer in ihrem Gefälle, hätte der Wasserlauf mit dem höheren Gefälle offensichtlich die größere Fließgeschwindigkeit.

Ein Wasserlaufgerinne ist ein Kanal, der den Wasserfluss leitet, doch das Wasser erfährt während seiner Fließbewegung Reibung. Die Querschnittsform eines Gerinnes bestimmt die Wassermenge, die mit dem Gerinne in Kontakt kommt, und beeinflusst deswegen den Reibungswiderstand. Das effizienteste Gerinne ist das mit der geringsten Reibung. In Abbildung 16.5 werden zwei Gerinnenformen miteinander verglichen. Obwohl die Fläche des Querschnitts bei beiden identisch ist, besitzt die halbrunde Form weniger Wasserkontakt mit dem Gerinne und deswegen weniger Reibungswiderstand. Daraus ergibt sich, dass, falls alle anderen Faktoren gleich bleiben, das Wasser in dem halbrunden Gerinne schneller fließen wird.

Die Größe und die Unebenheit des Gerinnes kann auch die Reibungsgröße beeinflussen. Ein größeres Gerinne reduziert das Verhältnis des Umfangs zur Querschnittsfläche und steigert deswegen die Effizienz der Fließgeschwindigkeit. Die Auswirkung durch Unebenheiten ist offensichtlich. Eine glattes Gerinne fördert gleichmäßigeres Fließen, während ein unebe-

Abbildung 16.6: Stromschnellen gibt es häufig in Gebirgsflüssen mit steilem Gefälle und unebenen und irregulären Rinnen. Obwohl die meisten Flussströmungen turbulent sind, sind sie für gewöhnlich nicht so wild, wie es diese „Rafter" an den Lost Yak-Stromschnellen des Rio Bio Bio, Chile, erleben. (Foto: © Carr Clifton)

nes Gerinne, angefüllt mit Gesteinsbrocken, genug Turbulenzen erzeugt, um die Vorwärtsbewegung des Wasserlaufs zu verlangsamen.

16.3.2 Durchfluss

Der **Durchfluss** eines Wasserlaufs ist das Wasservolumen, das an einem bestimmten Punkt innerhalb einer gegebenen Zeiteinheit vorbeifließt, und wird normalerweise in Kubikmeter pro Sekunde gemessen. Der Durchfluss wird bestimmt durch die Multiplikation der Fließgeschwindigkeit eines Wasserlaufs mit seiner Querschnittsfläche:

Durchfluss (m^3/Sekunde) =
Gerinnebreite (Meter) × Gerinnetiefe (Meter)
× Fließgeschwindigkeit (Meter/Sekunde)

▶ Tabelle 16.1 listet die größten Flüsse der Welt bezüglich des Durchflusses auf. Den Mississippi, den größten Fluss Nordamerikas, durchfließen durchschnittlich 17.300 Kubikmeter pro Sekunde. Dies ist eine riesige Menge an Wasser, doch gemessen am Amazonas, dem größten Fluss der Welt, ist das verschwindend gering. Mit einem Wassereinzugsgebiet, das fast drei Viertel der Vereinigten Staaten einnimmt, und einer durchschnittlichen Regenmenge von 12 Zentimeter pro Jahr durchfließen den Amazonas durchschnittlich 12 Mal mehr Wasser als den Mississippi. In der Tat schätzt man, dass der Amazonas 15 Prozent aller Flüsse der Erde zum Süßwasserdurchfluss in den Ozean beiträgt. Der Durchfluss von nur einem Tag würde den Wasserbedarf von New York für neun Jahre decken!

Der Durchfluss der meisten Wasserläufe ist wenig konstant und kann auf Unterschiede im Regenfall und in der Schneeschmelze zurückgeführt werden. Verändert sich der Durchfluss, müssen sich die vorher genannten Faktoren auch verändern. Wird der Durchfluss größer, muss auch die Weite oder Tiefe der Gerinne größer werden oder das Wasser muss schneller fließen oder eine Kombination beider Faktoren muss sich verändern. Tatsächlich zeigen Messungen, dass sich alle Faktoren, Breite, Tiefe und Fließgeschwindigkeit, in einer geordneten Reihenfolge vergrößern, wenn die Menge des Wassers in einem Wasserlauf zunimmt (▶ Abbildung 16.7). Um das zusätzliche Wasser aufnehmen zu können, muss ein Wasserlauf sein Gerinne dadurch vergrößern, dass er es verbreitert und vertieft. Wie wir vorher gesehen haben, wird bei Vergrößerung der Wasserlaufgerinne proportional weniger Wasser in Kontakt mit dem Bett und den Ufern des Wasserlaufs sein. Das bedeutet, dass die Reibung, die den Fluss verlangsamt, verringert ist. Je weniger Reibung vorhanden ist, desto schneller wird das Wasser fließen.

16.4 Veränderungen zwischen den Abschnitten flussaufwärts und flussabwärts

Das **Längsprofil** eines Wasserlaufs dient seiner Untersuchung. Solch ein Profil ist einfach ein Querschnitt eines Wasserlaufs von seinem Ursprungsgebiet, **Oberlauf** genannt, bis zu seiner **Mündung**, die Stelle fluss-

16 Fließendes Wasser

Rang	Fluss	Land	Wassereinzugsgebiet Quadratkilometer	Durchschnittlicher Durchfluss Kubikmeter
1	Amazonas	Brasilien	5.778.000	212.400
2	Kongo	Zaire	4.014.500	39.650
3	Jangtse	China	1.942.500	21.800
4	Brahamaputra	Bangladesh	935.000	19.800
5	Ganges	Indien	1.059.300	18.700
6	Yenisei	Russland	2.590.000	17.400
7	Mississippi	Vereinigte Staaten	3.222.000	17.300
8	Orinoco	Venezuela	880.600	17.000
9	Lena	Russland	2.424.000	15.500
10	Parana	Argentinien	2.305.000	14.900

Tabelle 16.1: Die wasserreichsten Flüsse der Erde.

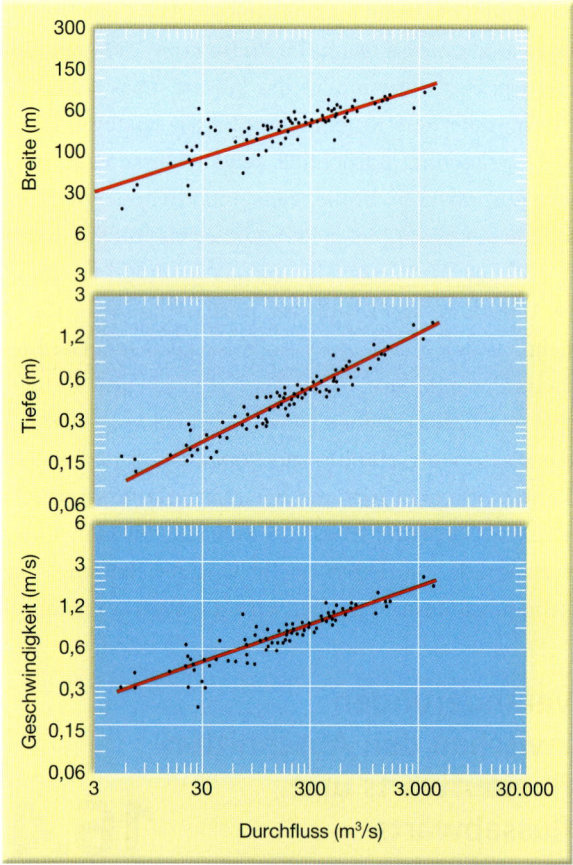

Abbildung 16.7: Das Verhältnis von Breite, Tiefe und Fließgeschwindigkeit zum Durchfluss des Flusses Powder in Locate, Montana. Mit wachsendem Durchfluss nehmen Breite, Tiefe und Fließgeschwindigkeit proportional zu. (Nach L.B. Leopold und Thomas Maddock, Jr., *Geological Survey Professional Paper 252*, 1953)

abwärts, an der der Wasserlauf in ein anderes Gewässer fließt. Wenn Sie die ▶Abbildung 16.8 betrachten, können Sie sehen, dass das deutlichste Merkmal eines typischen Längsprofils ein konstant abnehmendes Gefälle vom Oberlauf bis zur Mündung ist. Zwar mag es stellenweise Unregelmäßigkeiten geben, doch das Profil insgesamt weist eine gleichmäßige nach oben hin konkave Kurve auf.

Das Längsprofil zeigt ein Gefälle, das flussabwärts hin abnimmt. Um zu sehen, wie die anderen Faktoren in der Richtung flussabwärts abnehmen, muss man Beobachtungen und Messungen vornehmen. Sammelt man die Daten der Pegelmessstationen, die entlang eines Wasserlaufs aufeinanderfolgen, zeigen diese in humiden Gebieten ein Ansteigen des Durchflusses zur Mündung hin. Das ist nicht verwunderlich, da flussabwärts mehr und mehr Zuflüsse Wasser in den Hauptwasserlauf eintragen. Im Fall des Amazonas sind es etwa 1.000 Zuflüsse, die entlang seines 6.500 Kilometerlaufs durch Südamerika in den Hauptfluss einmünden.

Außerdem wird in humiden Gegenden zusätzlich Wasser aus dem Grundwasservorrat eingebracht. Deswegen müssen sich Breite, Tiefe und Fließgeschwindigkeit als Reaktion auf das angewachsene Wasservolumen verändern. Tatsächlich verändern sich flussabwärts diese Variablen in ähnlicher Weise, als würde der Durchfluss nur an einer Stelle zunehmen, d.h. alle drei nehmen zu.

16.4 Veränderungen zwischen den Abschnitten flussaufwärts und flussabwärts

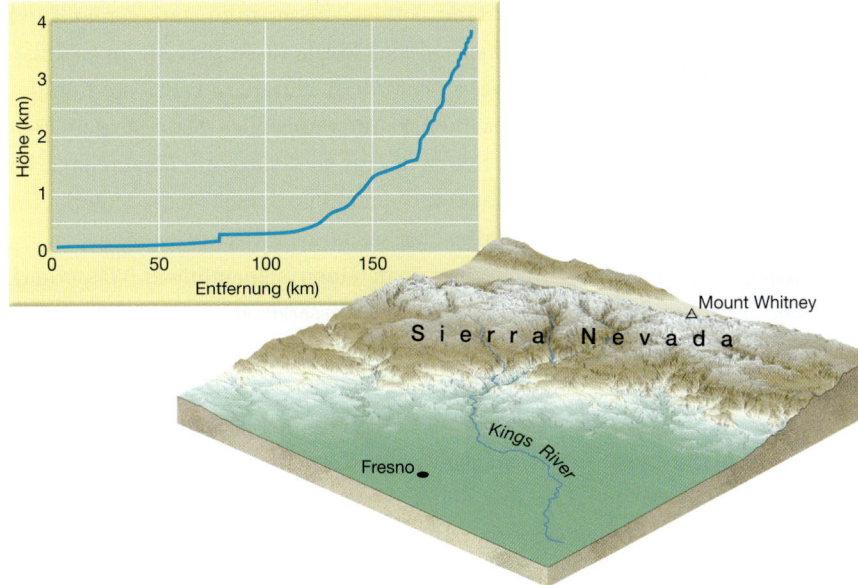

Abbildung 16.8: Ein Longitudinalprofil des Flusses King in Kalifornien. Er entspringt in der Sierra Nevada und fließt westlich in das San Joaquin-Tal. Ein Longitudinalprofil ist ein Querschnitt entlang der Länge eines Wasserlaufs. Sie sehen die nach oben konkave Kurve des Profils, mit einem steileren Gefälle im Oberlauf und einem sanfteren Gefälle im Unterlauf.

Die beobachtete Zunahme der durchschnittlichen Fließgeschwindigkeit, die flussabwärts auftritt, widerspricht unserer spontanen Vorstellung von wilden, turbulenten Gebirgsflüssen und breiten ruhigen Flüssen in den Ebenen. Gebirgsflüsse besitzen viel höhere unmittelbare, turbulente Fließgeschwindigkeiten, aber das Wasser bewegt sich vertikal, lateral und manchmal flussaufwärts. Deswegen kann die durchschnittliche Fließgeschwindigkeit niedriger sein als in einem breiten, ruhig strömenden Fluss, der viel weniger Turbulenzen aufweist.

In der Oberlaufregion, wo das Gefälle am steilsten ist, muss das Wasser oft in einem relativ schmalen Gerinne fließen, in dem viele Gesteinsbrocken verteilt sind. In diesem schmalen und rauen Gerinne wirkt ein großer Reibungswiderstand. Dieser behindert den Abfluss durch die Verteilung des Wassers in beinahe alle Richtungen, mit einer fast so großen Rückwärts- wie Vorwärtsbewegung. Weiter flussabwärts wird das Material im Flussbett kleiner und bietet der Fließbewegung weniger Widerstand. Auch die Breite und die Tiefe des Gerinnes nehmen zu und lassen eine größere Fließgeschwindigkeit zu. Diese Faktoren, insbesondere die breiteren und tieferen Gerinne, ermöglichen dem Wasser ein freieres und deswegen schnelleres Fließen.

Insgesamt haben wir gesehen, dass es eine komplexe Beziehung zwischen Gefälle und Durchfluss gibt. Ist das Gefälle groß, kann der Durchfluss gering sein und umgekehrt, weil auch andere Faktoren mitspielen, wie Rauigkeit und Geometrie des Bettes. Anders ausgedrückt, ein Fluss kann eine höhere Fließgeschwindigkeit in der Nähe seiner Mündung aufweisen, obwohl das Gefälle dort geringer als flussaufwärts ist, wenn er eine höhere Durchflussmenge, ein größeres Gerinne und ein ebeneres Bett besitzt.

Studenten fragen manchmal …

Unser Wetterbericht liefert immer Informationen über den Stand des Flusses, der durch unsere Gegend fließt. Was bedeutet der Stand genau?

Es ist eine der grundlegenden Messungen, die an jeder der mehr als 7.000 Flusspegelstationen in den Vereinigten Staaten vorgenommen wird. Der Stand bezeichnet einfach nur die Höhe der Wasseroberfläche relativ zu einem willkürlich festgelegten Referenzpunkt. Diese Messung wird gewöhnlich in einem Pegelhäuschen gemacht. Dafür wird ein Schacht am Fluss entlang gegraben, der rundherum geschlossen ist, um die Messinstrumente zu schützen. Durch ein oder mehrere Rohre tritt das Wasser ein oder verlässt den Schacht und so kann das Wasser im gleichen Maß wie der Fluss steigen oder fallen. Die Messgeräte im Pegelhäuschen zeichnen die Wasserhöhe im Schacht auf (Flusspegel). Die aufgezeichneten Messdaten können per Telefon abgerufen oder per Satellit übermittelt werden. Die Messdaten werden verwendet, um Hochwasserwarnungen und andere Informationen herauszugeben.

Die Arbeit des fließenden Wassers 16.5

Wasserläufe sind die wichtigsten Ursachen der Erosion auf der Erde. Sie können nicht nur ihre Gerinne vertiefen und verbreitern, sondern auch enorme Mengen an Sediment transportieren, die ihnen durch Flächenabfluss, Massenbewegung und das Grundwasser zugetragen werden. Schließlich wird dieses Material abgelagert, um mannigfaltige Oberflächenstrukturen zu bilden.

16.5.1 Flusserosion

Die Fähigkeit eines Wasserlaufs, Boden und verwittertes Gestein aufzunehmen und zu transportieren, wird durch die Wirkung von Regentropfen unterstützt, welche die Sedimentpartikel lose klopfen (siehe Abbildung 6.23). Dort, wo der Boden mit Wasser gesättigt ist, kann das Regenwasser nicht einsickern. Deswegen fließt es hangabwärts und nimmt einiges an losem Material mit sich. An kargen Hängen entstehen durch das Fließen von schlammigem Wasser (Flächenabfluss) kleine Rinnen (Rinnsale), die oft zu größeren Kanälen werden (siehe Abbildung 6.24). Hat ein Oberflächenstrom einen Wasserlauf erreicht, hat sich seine Erosionsfähigkeit deutlich durch das größere Wasservolumen verstärkt. Ist der Wasserstrom stark genug, kann er Teilchen aus der Rinne lösen und sie in das fließende Wasser befördern. Auf diese Weise erodiert das Wasser schnell kaum verfestigtes Material vom Bett und den Seiten der Rinne. Gelegentlich kann das Ufer untergraben werden und noch mehr loses Material ins Wasser fallen, um weiter befördert zu werden.

Beobachtet man einen schlammigen Wasserlauf, zeigt sich, dass die Wasserströmungen Trümmer heben und transportieren können. Aber es ist nicht so offensichtlich, dass ein Wasserlauf auch in der Lage ist, Festgestein durch eine Art Abschleifen zu erodieren. Genauso wie die Körner auf Sandpapier ein Stück Holz abschleifen, so wirken Sand und Geröll, die von einem Fluss transportiert werden, abrasiv auf das Festgestein im Flussbett. Viele steilwandige Schluchten, die sich durch den unaufhörlichen Beschuss von Teilchen auf die Flanken und das Bett eines Flusses in hartes Gestein schneiden, sind Zeugen dieser Erosionskraft (▶ Abbildung 16.9). Zudem werden die einzelnen Sedimentkörner auch durch den häufigen Aufprall auf das Gerinne und untereinander abgeschliffen. Deswegen werden durch Kratzen, Reiben und Stoßen sowohl das Gerinne im Festgestein geglättet als auch die abrasiven Teilchen abgerundet.

Häufige Strukturen in Flussbetten sind rundliche Einsenkungen, die als **Kolke** (potholes) bezeichnet werden (▶ Abbildung 16.10). Sie entstehen durch die

Abbildung 16.9: Die steilwandige Schlucht im Zion-Nationalpark, Utah wurde durch Flusserosion in das Festgestein eingeschnitten. Schluchten wie diese entstehen durch das schnelle Einschneiden von Flüssen und die langsame Verwitterung der Schluchtwände. (Foto: Zandria Muench Beraldo/CORBIS)

abrasive Wirkung von Teilchen in Wasserwirbeln. Die kreisförmige Bewegung des Sands und der Kiesel verhalten sich wie ein Bohrer, der diese Löcher bohrt. Sind die Teilchen abgeschliffen, werden sie durch neue ersetzt, die weiter in das Flussbett bohren. Schließlich können daraus glattwandige Vertiefungen von mehreren Metern Durchmessern und ebenso großer Tiefe entstehen.

16.5.2 Der Transport von Sediment durch Wasserläufe

Alle Wasserläufe jeglicher Größe transportieren Gesteinsmaterial. Wasserläufe sortieren auch das von ihnen transportierte feste Sediment, da sie feineres und leichteres Material schneller mitführen können als größere und schwerere Partikel. Wasserläufe transportieren ihre Sedimentfracht auf drei verschiedene Arten: (1) in Lösung (**gelöstes Material**), (2) in Suspension (**Schwebefracht**) und (3) durch Gleiten oder Rollen entlang der Basis (**Bodenfracht**).

16.5.3 Die Ablagerung von Sedimenten durch Wasserläufe

Gelöstes Material Ein Großteil des gelösten Materials wird durch das Grundwasser in einen Wasserlauf eingebracht und durch den Wasserstrom verteilt. Beim Durchsickern des Wassers durch den Boden nimmt es zunächst lösliche Komponenten aus dem Boden auf. Sinkt das Wasser tiefer durch Risse und Poren in das Festgestein darunter ab, kann es zusätzliche Mineralstoffe aufnehmen. Schließlich erreicht dieses mineralreiche Wasser die Wasserläufe.

Die Fließgeschwindigkeit der Flussströmungen hat eigentlich keine Auswirkung auf die Fähigkeit des Wasserlaufs, das gelöste Material mit sich zu führen. Sobald das Material in Lösung ist, folgt es dem Wasserlauf unabhängig von seiner Fließgeschwindigkeit. Eine Ausfällung findet nur dann statt, wenn sich die Chemie des Wassers ändert.

Die Menge an gelöstem Material, die transportiert werden kann, ist stark variabel und richtet sich nach Faktoren wie dem Klima und dem geologischen Milieu. Normalerweise drückt man das gelöste Material in Teilchen des gelösten Materials pro einer Million Teilchen Wasser aus (ppm oder Parts per Million). Der Durchschnittswert für die Flüsse der Erde wird zwischen 115 und 120 ppm geschätzt, obwohl manche

Abbildung 16.10: Kolke im Flussbett eines kleinen Flusses im Cataract Falls-Staatenpark, Indiana. Die kreisförmige Bewegung der wirbelnden Kiesel wirkt wie ein Bohrer, der die Kolke aushöhlt. (Foto: Tom Till Photography)

Flüsse 1.000 ppm oder mehr gelöst haben können. Fast 4 Milliarden metrische Tonnen von gelöstem Material werden jährlich in die Ozeane eingebracht.

Schwebefracht Viele Wasserläufe (aber nicht alle) führen den größten Teil ihrer Fracht in *Suspension* mit. Tatsächlich ist die sichtbare im Wasser schwebende Sedimentwolke der erkennbare Teil der Fracht eines Wasserlaufs. Normalerweise werden nur feine Partikel in Sand-, Silt- und Tongröße mitgeführt; während der Flutphase werden aber auch größere Partikel mitbewegt. Auch erhöht sich die Menge des als Schwebefracht transportierten Materials während der Flutphase dramatisch und kann durch Ablagerungen in Wohnhäusern nach Überflutungen belegt werden. Während der Überflutungsphase wurde vom Hwang Ho (Gelben Fluss) in China berichtet, dass er ein Gewicht an Sediment mitführen kann, das beinahe seinem Wassergewicht entspricht. Flüsse wie diese werden beschrieben als „zu dickflüssig, um davon zu trinken, und zu dünnflüssig, um sie zu kultivieren".

Die Art und die Menge von Material, das in Suspension mitgeführt wird, hängt von zwei Faktoren ab: der Fließgeschwindigkeit des Wassers und der Sinkgeschwindigkeit der einzelnen Körner. Die **Sinkgeschwindigkeit** wird als die Geschwindigkeit definiert, mit der Teilchen durch eine ruhige Flüssigkeit fallen. Je größer und damit schwerer ein Teilchen ist, desto schneller setzt es sich im Flussbett ab. Neben der

Größe beeinflussen die Form und das spezifische Gewicht die Sinkgeschwindigkeit. Flachere Körner sinken langsamer durch das Wasser als rundliche Körner und dichtere Teilchen fallen schneller auf den Grund als weniger dichte. Je langsamer die Sinkgeschwindigkeit und je stärker die Turbulenzen, desto länger bleiben die Sedimentteilchen in Suspension und desto länger werden sie mit dem fließenden Wasser flussabwärts mitgeführt.

Bodenfracht Ein Teil der festen Materialfracht des Wasserlaufs besteht aus Sediment, das zu groß ist, um in Suspension mitgeführt zu werden. Diese gröberen Partikel bewegen sich am Boden eines Wasserlaufs (Flussbett) und machen die *Bodenfracht* aus (▶Abbildung 16.11). In Bezug auf die Erosionswirkung ist der Abrieb durch die Bodenfracht, der von einem einschneidenden Wasserlauf ausgeübt wird, von großer Bedeutung.

Die Teile, aus welchen die *Bodenfracht* besteht, bewegen sich entlang des Bodens durch Rollen, Gleiten oder Hüpfen (Saltation). Sedimente, die sich durch **Saltation** bewegen (*saltare* = springen), scheinen entlang des Flussbetts zu hüpfen oder zu springen. Es sieht so aus, als würden die Teile in die Luft geschleudert oder durch die Strömung angehoben und flussabwärts getragen, bis die Schwerkraft sie wieder auf den Boden des Flussbetts zurückzieht. Teilchen, die zu groß sind, um durch Saltation bewegt zu werden, rollen oder gleiten abhängig von ihrer Form am Boden entlang.

Die *Bodenfracht* übersteigt normalerweise nicht mehr als 10 Prozent der Gesamtfracht eines Wasserlaufs, kann aber in manchen Wasserläufen auch bis zu 50 Prozent der Gesamtfracht ausmachen. Betrachten Sie beispielsweise die Verteilung von 750 Millionen Tonnen Material, das jährlich vom Mississippi bis zum Golf von Mexiko getragen wird. Von dieser Gesamtzahl werden ungefähr 67 Prozent als Suspension, 26 Prozent in Lösung und die übrigen 7 Prozent als *Bodenfracht* transportiert. Schätzungen der *Bodenfracht* eines Wasserlaufs sollten vorsichtig betrachtet werden, da der Sedimenttransport als *Bodenfracht* oder in Suspension sich ständig verändert. Das Verhältnis der einzelnen Komponenten hängt von den Eigenschaften des Strömungsflusses zu jeder Zeit ab und diese können über kurze Intervalle fluktuieren. Mit zunehmender Fließgeschwindigkeit wird ein Teil der *Bodenfracht* in Suspension gebracht. Umgekehrt wird mit abnehmender Fließgeschwindigkeit ein Teil der

Abbildung 16.11: Die Bodenfracht vieler Flüsse besteht aus Sand, die Bodenfracht dieses Wasserlaufs hier aus Felsbrocken, die während Niedrigwasserperioden leicht zu erkennen sind. Bei Hochwasser werden die als unbeweglich erscheinenden Gesteine in diesem Gerinne am Flussbett entlang gerollt. Die maximale Größe des Materials, das ein Fluss bewegen kann, wird durch die Fließgeschwindigkeit des Wassers bestimmt. (Foto: E.J. Tarbuck)

Bodenfracht abgelagert und ein Teil des Sediments, das in Suspension war, wird zur *Bodenfracht*.

Aufnahmekapazität und Schleppkraft Die Fähigkeit eines Wasserlaufs, feste Teilchen zu transportieren, wird in der Regel durch zwei Kriterien beschrieben: zum einen die maximale Fracht von festen Teilchen, die ein Wasserlauf transportieren kann, die sogenannte **Aufnahmekapazität**. Je größer die Menge des fließenden Wassers in einem Wasserlauf ist (Abflussmenge), desto größer ist die Aufnahmekapazität eines Wasserlaufs für zu transportierendes Material. Zum anderen zeigt die **Schleppkraft**, welche maximale Größe die Teilchen haben können, die ein Wasserlauf transportieren kann. Die Fließgeschwindigkeit eines Wasserlaufs bestimmt seine Schleppkraft. Je stärker das Fließen, desto größer sind die Teilchen, die er in Suspension oder als Geschiebefracht transportieren kann.

Als allgemeine Regel gilt, dass die Schleppkraft eines Wasserlaufs im Quadrat zu seiner Geschwindigkeit zunimmt. Demzufolge erhöht sich die Aufprallkraft des Wassers um das Vierfache, wenn sich

Abbildung 16.12: Bei Hochwasser erhöhen sich die Kapazität und die Schleppkraft. Deswegen treten die stärkste Erosion und der größte Sedimenttransport während dieser Hochwasserperioden auf. Hier sehen wir das sedimentreiche Hochwasser des Flusses Mara in Kenia. (Foto: Tim Davis/Stone)

die Fließgeschwindigkeit des Wasserlaufs verdoppelt. Verdreifacht sich die Fließgeschwindigkeit, erhöht sich die Aufprallkraft um das Neunfache. Deswegen können große Felsbrocken, die man oft während der Niedrigwasserphase sehen kann und unbeweglich erscheinen, während der Hochwasserphase transportiert werden, da der Fluss dann eine deutlich höhere Schleppkraft besitzt (▶ Abbildung 16.11).

Nun sollte eigentlich klar sein, warum die stärkste Erosion und der größte Transport von Sedimenten während Flutphasen auftreten (▶ Abbildung 16.12). Ein erhöhter Abfluss resultiert in einer größeren Kapazität; die erhöhte Fließgeschwindigkeit erzeugt größere Schleppkraft. Mit steigender Fließgeschwindigkeit wird das Wasser turbulenter und immer größere Teilchen werden in Bewegung gesetzt. Im Verlauf von nur wenigen Tagen oder vielleicht nur wenigen Stunden kann ein Wasserlauf während seiner Hochwasserphase mehr Sediment transportieren, als während vieler Monate mit normaler Wasserführung.

16.5.4 Ablagerung von Sedimenten durch Wasserläufe

Sobald ein Wasserlauf langsamer wird, kehrt sich die Situation um. Nimmt die Fließgeschwindigkeit ab, verringert sich die Schleppkraft und die Sedimente beginnen sich abzusetzen, die größten Teilchen zuerst. Jede Teilchengröße besitzt eine *kritische Absetzgeschwindigkeit*. Sinkt die Flussströmung unter die kritische Absetzgeschwindigkeit einer bestimmten Partikelgröße, beginnen sich Sedimente dieser Kategorie abzusetzen. Folglich bietet der Strömungstransport einen Mechanismus, durch welchen feste Teilchen verschiedener Größen getrennt werden. Dieser Vorgang wird **Sortierung** genannt und erklärt, warum Teilchen gleicher Größe zusammen abgelagert werden.

Das Material, das durch einen Wasserlauf abgelagert wird, nennt man **Alluvium**, die allgemeine Bezeichnung für jedes durch Wasserläufe abgelagertes Sediment. Viele verschiedene Ablagerungsstrukturen werden vom Alluvium gebildet. Manche treten innerhalb der Wasserlaufgerinne auf, manche am Talboden neben dem Gerinne und manche findet man an der Mündung von Wasserläufen. Wir werden die Beschaffenheit dieser Strukturen später betrachten.

16.6 Wasserlaufgerinne

Eine grundlegende Eigenschaft des Strömungsfließens, die es von Flächenfluten unterscheidet, ist die Bindung an ein Gerinne. Ein Wasserlaufgerinne besteht aus einem Bett und Ufern, die den Wasserlauf außerhalb von Überflutungszeiten begrenzen.

Wasserlaufgerinne lassen sich stark vereinfacht in zwei Typen einteilen. Gerinne im Festgestein (*Festgesteinsgerinne*) sind diejenigen, bei welchen sich der Wasserlauf aktiv ins Festgestein schneidet. Im Gegensatz dazu steht das *Alluvialgerinne*, bei welchem das Bett und die Ufer hauptsächlich aus unverfestigtem Sediment bestehen.

16.6.1 Gerinne im Festgestein

Im Oberlauf, wo das Gefälle steil ist, schneiden viele Wasserläufe in das Festgestein. Solche Wasserläufe transportieren gröbere Teilchen, die aktiv das Gerinne im Festgestein abschleifen. Kolke sind häufig sichtbare Beweise, dass Erosionskräfte am Werk sind.

Gerinne im Festgestein scheinen sich zwischen relativ sanften Abschnitten mit abgelagertem Alluvium und steileren Abschnitten, wo das Festgestein aufgeschlossen ist, abzuwechseln. Die steileren Abschnitte können Stromschnellen aufweisen oder gelegentlich auch einen Wasserfall. Die Gerinnemuster, die ein

Wasserlauf aufweist, der sich ins Festgestein eingräbt, ergeben sich durch die zugrunde liegende Geologie. Sogar wenn Wasserläufe über ein relativ gleichförmiges Festgestein fließen, scheinen die Wasserläufe ein gewundenes oder irreguläres Muster aufzuweisen, statt einem geraden Gerinne zu folgen. Jeder, der schon einmal an einer Wildwasserfahrt (Rafting) teilgenommen hat, konnte die steile, gewundene Ausbildung eines Wasserlaufs erfahren, der durch ein Gerinne im Festgestein fließt.

16.6.2 Alluvialgerinne

Viele Wasserläufe setzen sich aus lose verbundenem Sediment (Alluvium) zusammen und können großen Veränderungen unterliegen, da die Sedimente permanent erodiert, transportiert und wieder abgelagert werden. Die Hauptfaktoren, die auf die Ausprägung dieser Gerinne Einfluss nehmen, sind die durchschnittliche Größe des transportierten Sediments, das Gefälle der Gerinne und der Abfluss.

Das alluviale Gerinnemuster spiegelt die Fähigkeit eines Wasserlaufs wider, seine Fracht mit einer gleichmäßigen Rate zu transportieren und dabei die kleinstmögliche Energie aufzuwenden. Deswegen helfen die Größe und die Art des mitgeführten Sediments, die Gestalt der Wasserläufe zu bestimmen. Zwei häufige Typen von Alluvialgerinnen sind *mäandrierende Gerinne* und *verwilderte Gerinne*.

Mäandrierende Wasserläufe Wasserläufe, die einen Großteil ihrer Fracht in Suspension transportieren, bewegen sich durch schwungvolle Schlingen, **Mäander** genannt. Diese Wasserläufe fließen in relativ tiefen, ebenen Gerinnen und transportieren überwiegend Schlamm (Silt und Ton). Der untere Mississippi stellt ein Gerinne dieses Typs dar.

Aufgrund der Kohäsion von verfestigtem Schlamm scheinen die Ufer der Wasserlaufgerinne, die feine Teilchen mit sich führen, der Erosion zu widerstehen. Folglich tritt Erosion überwiegend an der Außenseite der Mäander auf, dort, wo die Fließgeschwindigkeit und die Turbulenzen am größten sind. Mit der Zeit wird die äußere Flanke untergraben, besonders in Hochwasserperioden. Da die äußere Flanke eines Mäanders aktive Erosion aufweist, bezeichnet man sie auch als **Prallufer** bzw. **Prallhang** (▶Abbildung 16.13). Die Gesteinstrümmer, die vom Wasserlauf am Prallufer aufgenommen werden, bewegen sich mit dem gröberen Material flussabwärts und werden im Allgemeinen als **Ufersandbank** in Zonen verringerter Fließgeschwindigkeit auf der Innenseite der Mäander (Gleithang) abgelagert. Auf diese Weise verlagern sich

Abbildung 16.13: Wenn ein Wasserlauf mäandriert, verlagert sich seine Zone maximaler Geschwindigkeit zum äußeren Ufer hin. Ein Gleithang wird abgelagert, wo das Wasser auf der Innenseite des Mäanders langsamer wird. Der hier gezeigte Gleithang stammt vom Missouri in Süddakota. Das Schwarzweißfoto zeigt die Erosion eines abgeschnittenen Ufers entlang des Flusses Newaukum, Washington. Durch die Erosion des äußeren Ufers und der Ablagerung des Materials an der Innenseite der Biegung kann ein Wasserlauf sein Gerinne verlagern. (Foto des Gleithangs: Carr Clifton; Fotos der erodierten Ufer: Glancy, U.S. Geological Survey)

16.6 Wasserlaufgerinne

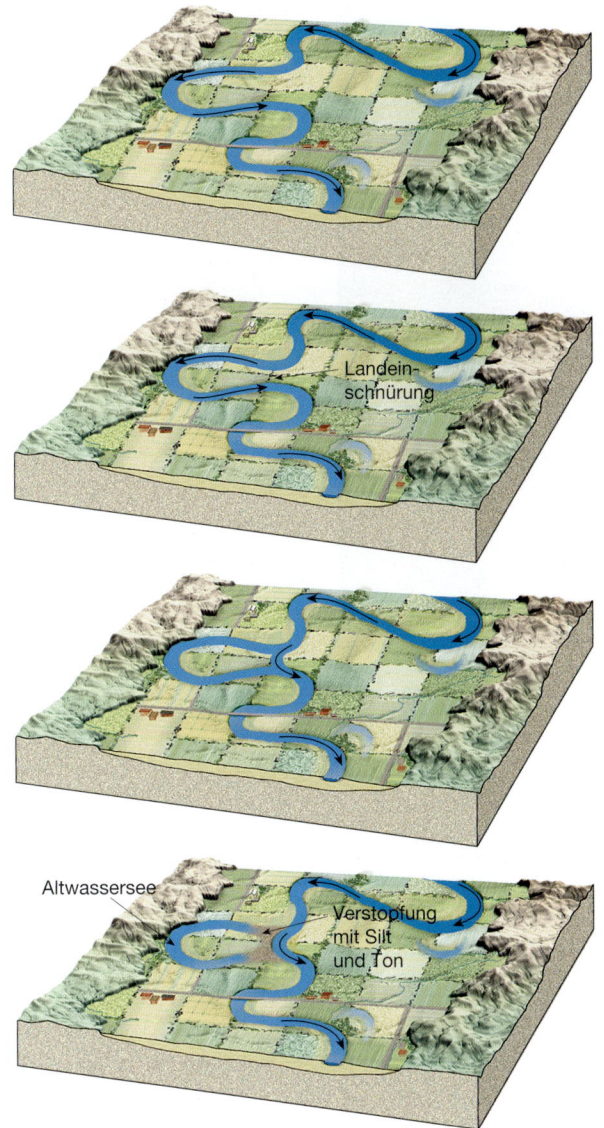

Abbildung 16.14: Entstehung eines Durchstichs und eines Altwassers (Altarm).

Abbildung 16.15: Altwasserseen nehmen den Platz zurückgelassener Mäander ein. Durch das Auffüllen mit Sediment werden sie zu sumpfigen Mäanderrelikten. Luftbild von einem Altwassersee, der durch den mäandrierenden Green River nahe Bronx, Wyoming, entstanden ist. (Foto: Michael Collier)

die Mäander lateral, indem sie die Außenseite der Biegungen erodieren und an der Innenseite wieder ablagern.

Neben der lateralen Verlagerung wandern die Flussschlaufen auch talwärts hinunter. Der Grund dafür ist, dass die Erosion an der flussabwärts (hangabwärts) gerichteten Seite des Mäanders effektiver angreift. Manchmal verlangsamt sich die stromabwärtige Verlagerung eines Mäanders, etwa wenn er auf verwitterungsbeständigeres (härteres) Material trifft. Das ermöglicht es dem nächsten Mäander, stromaufwärts „aufzuholen" und diesen zu überholen, wie ▶ Abbildung 16.14 zeigt. Schließlich kann der Fluss durch die Landeinschnürung zur nächsten Schlaufe erodieren (Abbildung 16.14). Der neue, kürzere Gerinneabschnitt wird **Durchstich** genannt und die zurückgelassene Biegung bezeichnet man als **Altwasser** (Altarm oder Totarm) (▶ Abbildung 16.15).

Verwilderte Flüsse (Zopfflüsse, Flechtflüsse) Manche Wasserläufe bestehen aus einem komplexen Netzwerk aus zusammenlaufenden und auseinanderlaufenden Gerinnen, die sich ihren Weg zwischen zahlreichen Inseln und Kiesbänken bahnen (▶ Abbildung 16.16). Da diese Gerinne ein verflochtenes (braided), unsystematisches Netzwerk aus Gerinnen besitzen, werden sie als verzweigte oder **verwilderte Flüsse** bezeichnet oder auch als Flechtflüsse oder Zopfflüsse. Verzweigte Gerinneformen entstehen, wenn große Anteile der Fracht aus grobem Material (Sand und Kies) bestehen und der Wasserlauf einen relativ veränderlichen Durchfluss besitzt. Da das Ufermaterial leicht erodierbar ist, sind verwilderte Gerinne breit und flach.

Verwilderte Flüsse entstehen beispielsweise am Ende von Gletschern (Gletschertor), wo große saisonale Unterschiede im Durchfluss bestehen. Dort werden große Mengen von Sediment, das von Eis erodiert wurde, in die vom Gletscher wegfließenden Schmelzwasserströme verfrachtet. Fließt der Wasserlauf langsam, kann er nicht das gesamte Sediment fortbewegen und lagert deswegen das gröbste Material als Bänke ab. Der Fließstrom wird dadurch gespalten und folgt ver-

Abbildung 16.16: Ein verwilderter Fluss nahe an der Kante eines schmelzenden Gletschers, der mit Sediment verstopft ist. (Foto: Bradford Washburn)

schiedenen Wegen. Normalerweise überarbeiten die seitlich verschobenen Wasserläufe das Material jedes Jahr und verändern dabei das gesamte Flussbett. In manchen verwilderten Flüssen haben sich Bänke zu Inseln ausgebildet, die von der Vegetation verankert werden.

Zusammenfassend gesagt, entwickeln sich mäandrierende Gerinne dort, wo die Fracht im Wesentlichen aus feinkörnigen Teilchen besteht, die in Suspension in einem tiefen, ebenen Gerinne transportiert werden. Im Gegensatz dazu entsteht ein breites, flaches verwildertes Gerinne, wo grobkörniges Alluvium als Bodenfracht transportiert wird.

16.7 Die Erosionsbasis und Wasserläufe im Gleichgewicht

Im Jahr 1875 entwickelte John Wesley Powell, ein geologischer Pionier, der als erster den Gran Canyon erforschte und später Vorsitzender des U.S Geological Survey war, das Konzept, dass es bei der Flusserosion eine Begrenzung nach unten gibt. Diese nannte er **Erosionsbasis**. Obwohl die Idee relativ einfach ist, enthält sie doch ein Grundkonzept für die Untersuchung der Wasserlaufaktivität. Die Erosionsbasis ist definiert als die niedrigste Fläche, auf die ein Wasserlauf sein Gerinne erodieren kann. Im Wesentlichen ist das das Niveau, an welchem die Mündung eines Wasserlaufs in den Ozean, einen See oder einen anderen Wasserlauf führt. Erosionsbasen tragen zu der Tatsache bei, dass die meisten Wasserlaufprofile geringe Gefälle nahe ihrer Mündung haben, da die Wasserläufe dort das Niveau erreichen, unter welches sie ihr Gerinnebett nicht erodieren können. Powell erkannte, dass es zwei Arten von Erosionshorizonten gibt: *„Wir können annehmen, dass das Meeresniveau ein gewaltiger Erosionshorizont ist, unter welchem trockenes Land nicht erodiert werden kann; aber wir können auch für regionale und zwischenzeitliche Ziele andere Erosionshorizonte haben."* [2]

Das Meeresniveau, das Powell die große Erosionsbasis nannte, bezeichnet man heute als **endgültige Erosionsbasis**. Die **regionale** oder **zwischenzeitliche Erosionsbasis** umfasst Seen, harte Gesteinsschichten und Hauptflussadern, die eine temporäre Erosionsbasis für ihre Zuflüsse darstellen. Alle können einen Wasserlauf auf ein bestimmtes Niveau begrenzen.

Wenn ein Wasserlauf beispielsweise in einen See fließt, nähert sich seine Fließgeschwindigkeit schnell dem Wert null und seine Erosionsfähigkeit endet. Deswegen hält der See den Wasserlauf davon ab, an einer Stelle flussaufwärts unter sein Niveau zu erodieren. Doch da der Ausfluss eines Sees nach unten einschnei-

---

[2] *Erforschung des Colorado des Westens* (Washington, D.C.: Smithsonian Institution, 1875), S. 203.

den und ihn entwässern kann, ist der See nur ein zwischenzeitliches Hindernis für die Fähigkeit eines Wasserlaufs, sein Gerinne nach unten einzuschneiden. Auf ähnliche Weise verhält sich das harte Gestein der oberen Kante des Wasserfalls in ▶ Abbildung 16.17 als zwischenzeitlicher Erosionshorizont. Bis die Kante des harten Gesteins beseitigt ist, wird es das Maß des Einschneidens flussaufwärts beschränken.

Jede Veränderung der Erosionsbasis wird eine entsprechende Anpassung der Aktivität des Wasserlaufs zur Folge haben. Wird ein Damm entlang eines Wasserlaufs gebaut, hebt das Reservoir, das sich dahinter bildet, die Erosionsbasis des Wasserlaufs (▶ Abbildung 16.18). Flussaufwärts vom Damm ausgehend sinken das Gefälle und die Fließgeschwindigkeit und deswegen verringert sich auch die Fähigkeit des Flusses, Sediment zu transportieren. Der Wasserlauf, der nun nicht mehr in der Lage ist, all seine Fracht zu transportieren, wird Material ablagern und dabei sein Gerinne erhöhen. Dieser Prozess setzt sich fort, bis der Wasserlauf wieder ein Gefälle besitzt, das ausreicht, um seine Sedimentfracht zu transportieren. Das Profil der neuen Gerinne wäre dem alten ähnlich, nur dass es etwas höher läge.

Anderseits würde sich der Wasserlauf beim Absenken des Erosionshorizonts entweder durch die Hebung des Lands oder durch das Absenken des Meeresspiegels wieder anpassen. Der Wasserlauf, der sich nun oberhalb des Erosionshorizonts befindet, hätte überschüssige Energie, um in sein Gerinne einzuschneiden und um ein neues Gleichgewicht mit seinem neuen Erosionshorizont herzustellen. Die Erosion würde zunächst in der Nähe der Mündung voranschreiten und sich dann flussaufwärts arbeiten, bis sich das Wasserlaufprofil in seiner vollen Länge angepasst hat.

Die Beobachtung, dass Wasserläufe ihr Profil den Veränderungen des Erosionshorizonts anpassen, führte zu dem Konzept eines ausgeglichenen Wasserlaufs. Ein **ausgeglichener Wasserlauf** besitzt die richtige Neigung und andere Gerinneeigenschaften, die notwendig sind, um nur die Fließgeschwindigkeit für den Transport des eingetragenen Materials beizubehalten. Im Durchschnitt transportiert ein ausgeglichenes System das Sediment nur, es erodiert es nicht und lagert es nicht ab. Hat ein Wasserlauf den Zustand des Gleichgewichts erreicht, wird es zu einem selbst regulierenden System, bei dem die Veränderung einer Eigenschaft die Anpassung einer anderen hervorruft, um der Auswirkung entgegenzuwirken. Wieder Bezug nehmend auf unser Beispiel des Wasserlaufs, der

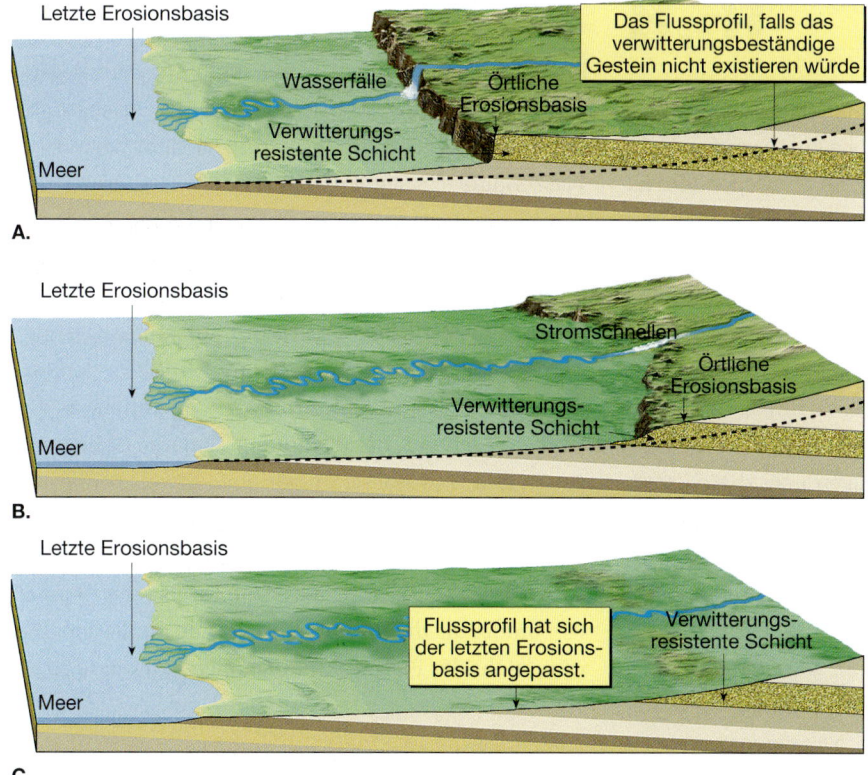

Abbildung 16.17: Eine harte Gesteinslage kann als regionale (zwischenzeitliche) Erosionsbasis fungieren. Da die harte Schicht langsamer erodiert wird, begrenzt sie flussaufwärts das Einschneiden nach unten.

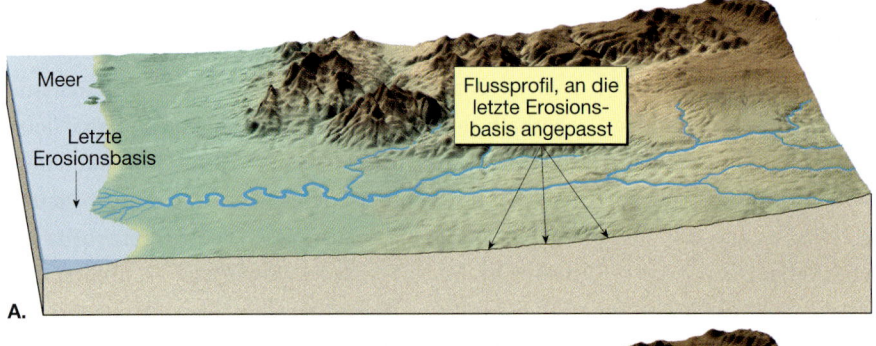

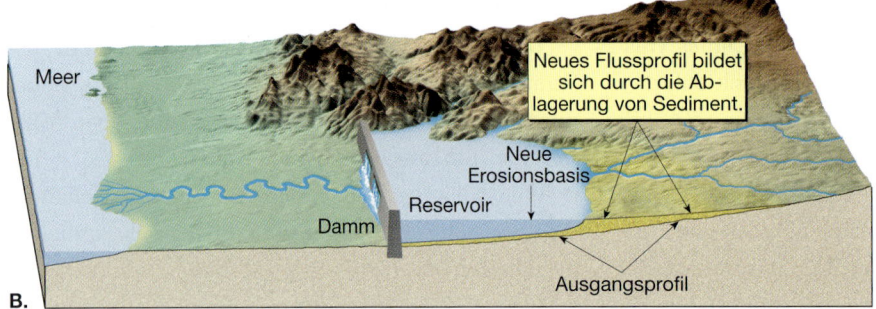

Abbildung 16.18: Wird ein Damm gebaut und ein Stausee bildet sich, erhöht sich die Erosionsbasis eines Wasserlaufs. Dabei verringert sich die Fließgeschwindigkeit des Wasserlaufs, was zur Ablagerung und zur Verringerung des Gefälles flussaufwärts führt.

sich an die Senkung seines Erosionshorizonts anpasst, wäre der Wasserlauf nicht ausgeglichen, während er sich nach unten in sein neues Gerinne eingräbt. Er würde diesen Zustand aber erreichen, nachdem er mit dem Eingraben aufgehört hat.

Die Modellierung von Flusstälern 16.8

Täler sind die häufigsten Landschaftsformen auf der Erdoberfläche. In der Tat sind sie in so großer Zahl vorhanden, dass sie niemals gezählt wurden, außer zu Untersuchungszwecken in begrenzten Gebieten. Zu Beginn des 19. Jahrhunderts glaubte man, dass Täler durch Katastrophenereignisse entstanden sind, bei welchen die Kruste auseinandergerissen wurde und Tröge entstanden, in welchen die Flüsse fließen konnten. Heute wissen wir, dass Flüsse ihre Täler selbst ausbilden, von einigen Ausnahmen abgesehen.

Eine der ersten klaren Aussagen über diese Tatsache stammt vom englischen Geologen John Playfair aus dem Jahr 1802. In seinem bekannten Werk *Darstellungen der Theorie Huttons von der Erde* erklärte er das Prinzip, das zum Playfair-Gesetz wurde:

Jeder Fluss scheint aus einer Hauptader zu bestehen, die von einer Reihe von Nebenadern gespeist wird, wovon jede in einem Tal proportional zu ihrer Größe fließt und alle zusammen ein Talsystem bilden, in welchem eine mit der anderen in Verbindung steht und so schöne Anpassungen an ihre Gefälle hat, so dass keines davon auf zu hoher oder zu niedriger Ebene mit dem Haupttal zusammenführt; ein Umstand, der höchst unwahrscheinlich wäre, wenn jedes dieser Täler nicht das Werk des Flusses wäre, der darin fließt.[3]

Playfairs Beobachtungen waren nicht nur grundlegend richtig, sondern auch in einem Stil geschrieben, der selten in wissenschaftlicher Prosa erreicht wird. Wasserläufe formen mit Hilfe der Verwitterung und der Massenbewegung die Landschaft, durch die sie fließen. Als Folge davon verändern Wasserläufe kontinuierlich die Täler, die sie durchfließen.

Ein **Flusstal** besteht nicht nur aus einem Gerinne, sondern auch aus dem umgebenden Terrain, dem der Fluss direkt Wasser zuführt. Folglich schließt es den Talboden mit ein, der das untere, flachere Gebiet ausmacht und vom Wasserlaufgerinne teilweise oder ganz eingenommen wird, und die geneigten Talflanken, die sich auf beiden Seiten vom Talboden aus erheben. Die meisten Wasserlaufgerinne sind im oberen Bereich viel breiter als die Breite ihrer Gerinne am Boden. Das wäre nicht der Fall, wenn die einzige wirkende Kraft,

---

3 Playfair, John. *Illustrations of the Huttonian Theory of the Earth*, New York: Dover Publications, S. 102 (Faksimile, 1964).

um die Täler zu erodieren, die Wasserläufe wären, die durch sie fließen. Die Flanken der meisten Täler werden durch eine Kombination aus Verwitterung, Oberflächenabfluss und Massenbewegung überformt (siehe Abbildung 15.2). In manchen ariden Regionen, wo die Verwitterung langsam erfolgt und die Gesteine besonders hart sind, besitzen schmale Täler oft fast vertikale Flanken (Abbildung 16.9).

Flusstäler kann man in zwei grundlegende Typen einteilen – die schmalen V-Täler (Kerbtäler) und breite Täler (Solentäler bzw. Kastentäler) mit flachem Boden. Dazwischen existieren noch viele Variationen.

16.8.1 Talvertiefung

Ist das Gefälle eines Wasserlaufs steil und sein Gerinne befindet sich weit oberhalb der Erosionsbasis, ist das Eintiefen die dominierende Aktivität. Die Abrasion, die durch die am Boden entlang gleitende und rollende Geschiebefracht verursacht wird, und die hydraulische Kraft des schnell fließenden Wassers vertiefen langsam das Flussbett. Das Ergebnis ist normalerweise ein V-förmiges Tal (Kerbtal) mit steilen Flanken. Ein klassisches Beispiel eines V-förmigen Tals ist der Abschnitt des Flusses Yellowstone, wie er in ▶ Abbildung 16.19 zu sehen ist. Die augenscheinlichsten Merkmale eines Kerbtals sind *Stromschnellen* und *Wasserfälle*. Beide treten dann auf, wenn das Gefälle eines Flusses deutlich zunimmt, eine Situation, die bei einer Veränderung der Härte des Festgesteins auftritt, die das Flussbett gerade durchschneidet. Harte Gesteinsschichten bilden Stromschnellen, indem sie als zwischenzeitliche Erosionsbasis flussaufwärts fungieren, während sich das Eingraben flussabwärts fortsetzt. Mit der Zeit trägt die Erosion das harte Gestein für gewöhnlich ab.

Wasserfälle sind Stellen, an welchen der Fluss einen vertikalen Abfall aufweist. Ein Typ eines Wasserfalls wird am Beispiel der Niagarafälle aufgezeigt (▶ Abbildung 16.20). Dort stützt harter Dolomit die Wasserfälle und wird von einem weicheren Tonschiefer unterlagert. Während das Wasser über die Kante stürzt, erodiert es den weicheren Tonschiefer und untergräbt damit den Dolomit, von dem schließlich ein Stück wegbricht. Auf diese Weise behält der Wasserfall seine vertikale Kante bei, zieht sich aber kontinuierlich flussaufwärts zurück. In den vergangenen 12.000 Jahren haben sich die Niagara-Fälle um mehr als 11 Kilometer flussaufwärts zurückgezogen.

Abbildung 16.19: Das V-förmige Tal des Yellowstone. Die Stromschnellen und die Wasserfälle weisen darauf hin, dass der Fluss sich kräftig nach unten einschneidet. (Foto: Art Wolfe, Inc.)

16.8.2 Talverbreiterung

Hat sich ein Wasserlauf nahe an seinen Erosionshorizont eingeschnitten, nähert er sich einem ausgeglichenen Zustand und die nach unten gerichtete Erosion wird weniger vorherrschend. Zu diesem Zeitpunkt nimmt das Gerinne des Wasserlaufs ein mäandrierendes Muster an und von der Energie des Wasserlaufs wird mehr von Seite zu Seite geführt. Das Ergebnis ist eine Talverbreiterung, wenn der Fluss eine Uferbank nach der anderen wegnimmt (▶ Abbildung 16.21). Die kontinuierliche laterale Erosion, die durch das Hin- und Herwandern der Mäander des Wasserlaufs verursacht werden, lassen einen breiten flachen Talboden entstehen, der mit Alluvium bedeckt ist. Diese Struktur wird **Flussaue** oder **Flussniederung** genannt. Bei einer Hochwasserphase tritt der Fluss über seine Ufer und überschwemmt die Flussniederung. Mit der Zeit

Abbildung 16.20: Die kleineren amerikanischen Wasserfälle bei den Niagara-Fällen. Der Fluss fällt und erodiert die Tonschiefer unterhalb des härteren Lockport-Dolomits. Wird ein Abschnitt des Dolomits untergraben, verliert er seinen Halt und bricht ab. (Foto: David Ball/Stone)

verbreitert sich die Flussniederung so weit, dass der Wasserlauf nur noch an einigen Stellen die Talflanken aktiv erodiert. Im Fall des Mississippi beträgt die Entfernung von einem Ufer zum anderen manchmal mehr als 150 Kilometer.

Wenn ein Fluss in der Lateralen erodiert und dabei eine Flussniederung wie gerade beschrieben entsteht, wird sie als *erosive Flussniederung* bezeichnet. Doch Flussniederungen können auch der Ablagerung dienen. *Sedimentationsflussniederungen* entstehen durch große Fluktuationen der Bedingungen, beispielsweise einer Veränderung der Erosionsbasis. Die Flussniederung im Yosemite-Tal, Kalifornien ist solch eine Struktur; sie entstand, als ein Gletscher das ehemalige Flusstal um etwa 300 Meter tiefer als vorher ausmeißelte. Als das Gletschereis schmolz, passte sich der Fluss seiner ehemaligen Erosionsbasis an, indem er das Tal mit Alluvium anfüllte.

16.8.3 Einschneidende Mäander und Flussterrassen

Normalerweise erwarten wir von einem Fluss mit einem stark mäandrierenden Wasserlauf, dass er sich in einer Talaue in einem breiten Tal befindet. Doch bestimmte Flüsse weisen mäandrierende Gerinne auf, die in steilen engen Tälern verlaufen. Solche Mäander nennt man **einschneidende** (*incisum* = hineinschneiden) **Mäander** (▶ Abbildung 16.22). Wie bilden sich solche Strukturen aus?

Ursprünglich entwickelten sich die Mäander wahrscheinlich auf einer Flussniederung eines Wasserlaufs, der relativ nah an seinem Erosionshorizont war. Als eine Veränderung im Erosionshorizont eintrat, begann der Fluss sich nach unten einzuschneiden. Zwei der folgenden Ereignisse könnten eingetroffen sein. Entweder fiel der Erosionshorizont oder das

Land, auf welchem der Fluss entlangströmte, wurde angehoben.

Ein Beispiel für den erstgenannten Umstand ereignete sich während der Eiszeit, als große Mengen an Wasser aus dem Meer entnommen und als Gletscher an Land gespeichert wurden. Daraufhin fiel der Meeresspiegel (endgültige Erosionsbasis) und bewirkte, dass Flüsse, die ins Meer flossen, begannen, sich nach unten einzuschneiden. Natürlich ließ diese Aktivität mit dem Ende der Eiszeit allmählichen nach, als Gletscher abschmolzen und das Meer auf sein vormaliges Niveau anstieg.

Eine regionale Anhebung des Landes, die zweite Ursache für einschneidende Mäander, lässt sich am Beispiel des Colorado-Plateaus im Südwesten der Vereinigten Staaten erkennen. Dort passten sich zahlreiche mäandrierende Flüsse, die höher als der Erosionshorizont waren, durch Einschneiden nach unten an, als das Plateau allmählich gehoben wurde (Abbildung 16.22).

Nachdem sich ein Fluss dem relativen Abfall des Erosionshorizonts durch Einschneiden nach unten angepasst hat, kann er noch einmal eine Flussniederung unterhalb der alten Flussniederung erzeugen. Die Überreste einer ehemaligen Niederung zeigen sich manchmal in Form von **Terrassen** (▶ Abbildung 16.23).

Ablagerungslandschaften 16.9

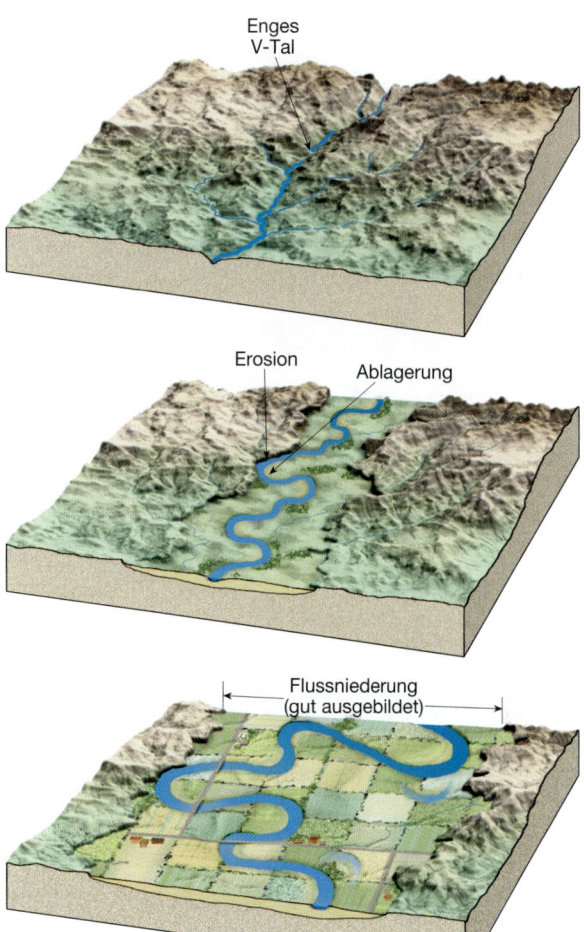

Abbildung 16.21: Ein Fluss erodiert seine Flussniederung.

Wie vorher schon angedeutet wurde, beginnt ein Fluss einen Teil seiner Sedimente abzulagern, die er mit sich führt, wenn seine Fließgeschwindigkeit sinkt. Rufen Sie sich auch in Gedächtnis zurück, dass Flüsse

A.

B.

Abbildung 16.22: **A**. Dieses Bild aus großer Höhe zeigt den einschneidenden Mäander des Flusses Delores in Westcolorado (mit freundlicher Genehmigung der USDA–ASCS). **B**. Eine Nahaufnahme der einschneidenden Mäander des Colorado in Canyonlands-Nationalpark, Utah. (Foto: Michael Collier) An beiden Stellen begannen die Flüsse sich nach unten einzuschneiden, da sich das Colorado-Plateau gehoben hatte.

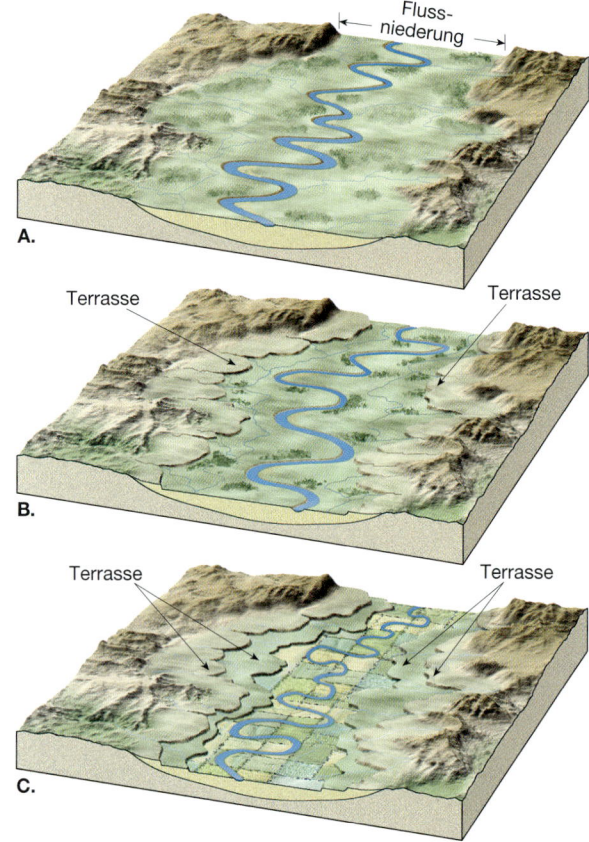

Abbildung 16.23: Teil **A.**, **B.** und **C.** zeigen die Entwicklung einer vielschichtigen Flussterrasse. Terrassen können sich bilden, wenn sich ein Fluss in das vorher abgelagerte Alluvium einschneidet. Dies kann als Reaktion auf einen gefallenen Erosionshorizont oder als Ergebnis einer regionalen Hebung auftreten. Das Foto in **D.** zeigt die Terrassen des Flusses Snake in Wyoming. (Foto: Lester Lefkowitz)

kontinuierlich Sedimente in einem Abschnitt ihrer Gerinne aufnehmen und es an anderer Stelle flussabwärts wieder ablagern. Diese Gerinneablagerungen bestehen überwiegend aus Sand und Kies und werden im Allgemeinen als **Bänke** bezeichnet. Doch solche Strukturen sind nur temporär, da das Material wieder aufgenommen und schließlich zum Meer getragen wird. Neben den Sand- und Kiesbänken erzeugen Flüsse auch andere Ablagerungsstrukturen mit einer längeren Lebensdauer. Dazu gehören Deltas, natürliche Deiche und Alluvialfächer.

16.9.1 Deltas

Ein **Delta** bildet sich, wenn ein Fluss in ein Meer oder einen See tritt. ▶ Abbildung 16.24 stellt die Struktur eines einfachen Deltas dar, das sich im relativ ruhigen Wasser eines Sees bilden könnte. Während die Vorwärtsbewegung eines Flusses beim Eintritt in einen See gebremst wird, lädt die abflauende Strömung seine Sedimentfracht ab. Diese Ablagerungen treten in drei verschiedenen Arten von Ablagerungsschichten auf. Die *Böschungsschichten* setzen sich aus gröberen Teilchen zusammen, die fast sofort beim Eintritt in den See fallen und Schichten bilden, die sich an der Deltafront stromabwärts nach unten neigen. Die Böschungsschichten sind normalerweise von einer dünnen Lage der horizontalen *Deckschichten* bedeckt, die während einer Flutphase abgelagert werden. Die feineren Silte und Tone setzen sich in einiger Entfernung zur Mündung in fast horizontalen Lagen ab und werden *Bodenschichten* genannt.

Beim Anwachsen des Deltas nach außen wird das Gefälle des Flusses normalerweise geringer. Dieser Umstand verursacht eine Verstopfung der Gerinne mit Sediment wegen der geringer werdenden Wasserströmung. Als Folge davon sucht sich der Fluss einen kürzeren Weg mit stärkerem Gefälle zum Erosionshorizont, wie in ▶ Abbildung 16.24B zu sehen. Diese Abbildung zeigt, dass sich der Hauptfluss in mehrere kleinere Flüsse teilt, die **Nebenflüsse**. Die meisten Deltas sind durch diese wandernden Gerinne charakterisiert, die sich gegensätzlich zu den Zuflüssen verhalten. Statt das Wasser dem Hauptfluss zuzuführen, tragen die Nebenflüsse das Wasser vom Hauptfluss auf verschiedenen Wegen weg zum endgültigen Erosionshorizont. Nach zahlreichen Verlagerungen der Gerinne kann ein einfaches Delta die dreieckige Form des griechischen Buchstabens Delta (Δ), daher auch sein Name, annehmen (▶ Abbildung 16.25). Beachten Sie aber, dass viele Deltas diese Form nicht aufweisen. Unterschiede in der Ausprägung von Küstenlinien und Variationen in den Eigenschaften und der Stärke der Wellenaktivität können viele verschiedene Formen hervorrufen.

Obwohl Deltas, die sich im Meer bilden, im Allgemeinen die gleiche Grundform aufweisen wie die

16.9 Ablagerungslandschaften

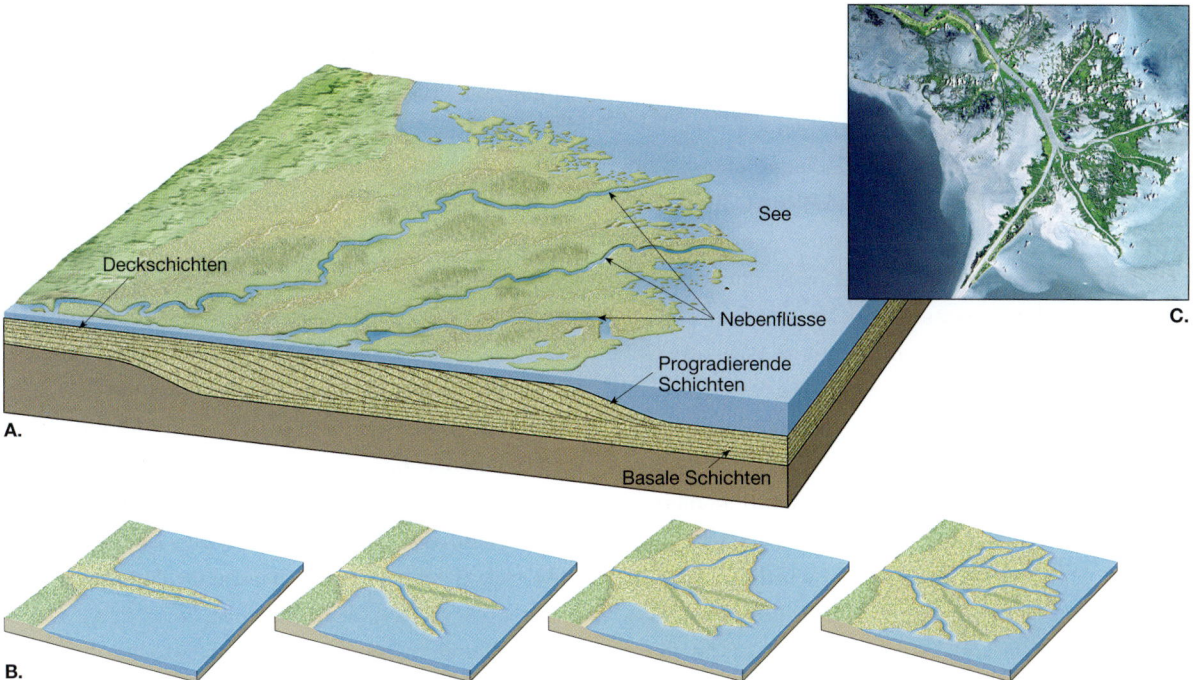

Abbildung 16.24: **A.** Die Struktur eines einfachen Deltas bildet sich im relativ ruhigen Wasser eines Sees. **B.** Das Anwachsen eines einfachen Deltas. Dehnt ein Wasserlauf sein Gerinne aus, wird das Gefälle verringert. Häufig wird ein Fluss während der Hochwasserphase zu einem Lauf mit höherem Gefälle umgeleitet und bildet einen neuen Nebenarm. In alte, zurückgelassene Nebenarme dringen allmählich Wasserpflanzen vor und die Arme werden mit Sediment aufgefüllt. (Nach Ward's Natural Science Establishment, Inc. Rochester N.Y.) **C.** Satellitenbild von einem Abschnitt des Mississippi-Deltas im Mai 2001. Seit den letzten 500 Jahren behielt der Fluss seinen gegenwärtigen Lauf bei und dehnte sich südöstlich von New Orleans aus. Während dieser Zeit drang das Delta bis in den Golf von Mexiko mit einer Rate von 10 Kilometer pro Jahrhundert vor. Beachten Sie die zahlreichen Nebenarme. (Satellitenbild: mit freundlicher Genehmigung von JPL/Cal Tech/NASA)

Abbildung 16.25: Die Formen der Deltas variieren und hängen von Faktoren wie der Sedimentfracht von Flüssen und der Festigkeit und Art der Vorgänge an der Küstenlinie ab. Die dreieckige Form des Nil-Deltas lieferte die Grundlage für den Namen dieser Struktur. Auf diesem Satellitenbild stehen das Delta und die gut bewässerten Gebiete neben dem Nil in scharfem Kontrast zur umgebenden Sahara. (NASA/GSFFC/METI/ERSDAC/JARos und U.S./Japan ASTER Wissenschaftsgemeinschaft)

einfachen, im See abgelagerten Strukturen, wie eben beschrieben, sind die meisten marinen Deltas weitaus komplexer und haben Böschungsschichten, die in einem viel flacheren Winkel geneigt sind, als die in ▶Abbildung 16.24A gezeigten. Tatsächlich haben viele große Flüsse der Welt riesige Deltas erzeugt, jedes mit seinen eigenen Besonderheiten und keines davon so einfach wie das in Abbildung 16.24B dargestellte.

16.9.2 Das Mississippi-Delta

Viele große Flüsse besitzen Deltas, die sich über Tausende von Quadratkilometern ausdehnen. Das Delta des Mississippi ist eine solche Struktur. Es entstand aus der Anhäufung riesiger Sedimentmengen aus weitreichenden Gebieten, die vom Fluss und seinen Nebenflüssen entwässert werden. Heute befindet sich New Orleans dort, wo sich vor weniger als 5.000 Jahren der Ozean befand. ▶Abbildung 16.26 zeigt den Abschnitt des Mississippi-Deltas, der innerhalb der letzten 5.000 bis 6.000 Jahre entstanden ist. Wie die Abbildung zeigt, besteht das Delta eigentlich aus einer Reihe von aneinanderhängenden Subdeltas. Jedes davon wurde gebildet, als der Fluss sein bestehendes Gerinne verließ, um einen kürzeren und direkteren Weg zum Golf von Mexiko zu finden. Diese einzelnen Subdeltas verzahnen sich und bedecken sich teilweise gegenseitig und lassen so eine sehr komplexe Struktur entstehen. Auch wird in Abbildung 16.26 offensichtlich, dass die Küstenerosion die Strukturen modifiziert hat, nachdem ein Abschnitt zurückgelassen wurde. Das gegenwärtige Delta wird wegen der Ausbildung seiner Nebenflüsse *Vogelfußdelta* genannt und entstand durch den Mississippi in den letzten 500 Jahren.

Gegenwärtig hat sich dieses aktive Vogelfußdelta etwa so weit ausgedehnt, wie es seine natürlichen Kräfte erlauben. Tatsächlich hat der Fluss jahrelang damit gekämpft, eine Landenge zu durchschneiden und seinen Lauf zu dem des Atchafalaya zu verlagern (siehe Einblendung in Abbildung 16.26). Würde das geschehen, würde der Mississippi seinen unteren Lauf von 500 Kilometer zu Gunsten des viel kürzeren Laufs von 225 Kilometer des Atchafalaya verlassen. In den frühen 1940er Jahren bis zu den 1950er Jahren wurde zunehmend ein Teil des Mississippi-Durchflusses zu seinem neuen Lauf abgelenkt – ein Hinweis darauf, dass der Fluss bereit war, sich zu verlagern und ein neues Subdelta auszubilden begann.

Um solch ein Ereignis zu verhindern und den Mississippi seinem gegenwärtigen Kurs folgen zu lassen, wurde eine dammartige Struktur an der Stelle errichtet, die das Gerinne zu durchbrechen versuchte. Im Jahr 1973 schwächte ein Hochwasser diese Struktur und der Fluss drohte wieder sich zu verlagern, bis ein massiver Hilfsdamm Mitte der 1980er Jahre fertiggestellt wurde. Bis zum heutigen Tag konnte das Unabdingbare vermieden werden und der Mississippi wird weiterhin an Baton Rouge und Orleans auf seinem Weg zum Golf von Mexiko vorbeifließen (▶siehe Exkurs 16.1).

16.9.3 Natürliche Deiche

Manche Flüsse nehmen Täler mit breiten Flussniederungen ein und bilden **natürliche Deiche**, die parallel zu ihrem Gerinne an beiden Ufern verlaufen (▶Abbildung 16.27). Natürliche Deiche entstehen durch aufeinanderfolgende Hochwässer über viele Jahre hinweg. Tritt ein Fluss über die Ufer in die Flussniederung, fließt das Wasser in breiter Form über die Oberfläche. Da solch ein Fließmuster die Fließgeschwindigkeit und die Turbulenz des Wassers signifikant verringert, wird der gröbere Anteil der Lösungsfracht streifenförmig entlang der Gerinne abgelagert. Während sich das Wasser über die Flussniederung verteilt, wird ein geringerer Anteil an feinerem Sediment auf dem Talboden abgelagert. Diese ungleiche Verteilung des Materials erzeugt eine sanfte, fast nicht wahrnehmbare Neigung des natürlichen Deichs.

Der natürliche Deich des unteren Mississippi erhebt sich 6 Meter über den unteren Anteil des Talbodens. Dieses Gebiet hinter dem natürlichen Deich ist ein charakteristisch schlecht entwässertes Gebiet; offensichtlich kann das Wasser nicht über den natürlichen Damm zurück in den Fluss fließen. Dadurch entstehen häufig Marschen oder **Marschland**. Tritt ein Zufluss in ein Tal, das viele natürliche Deiche besitzt, kann es sein, dass er keinen Weg zum Hauptfluss findet. Als Folge davon könnte der Zufluss viele Kilometer parallel zum Hauptfluss durch das Marschland fließen, bevor er den natürlichen Deich überquert. Solche Wasserläufe werden **Yazoo-Systeme** nach dem Fluss Yazoo genannt, der mehr als 300 Kilometer parallel zum unteren Mississippi fließt.

Studenten fragen manchmal ...

Ich weiß, dass alle Flüsse Sediment mit sich führen. Besitzen alle Flüsse Deltas?

Erstaunlicherweise nicht. Wasserläufe, die große Mengen an Sediment mit sich führen, haben möglicherweise keine Deltas an ihrer Mündung, da die Ozeanwellen und gewaltige Strömungen das Material schnell wieder verteilen, sobald es abgelagert wurde (der Fluss Columbia im nordwestlichen Pazifik ist ein solches Beispiel). In anderen Fällen führen die Flüsse eine nicht genügend große Menge an Sedimenten mit sich, um ein Delta zu bilden. Der St. Lawrence beispielsweise hat wenig Gelegenheit, um viele Sedimente zwischen dem Ontario-See und seiner Mündung am Golf von St. Lawrence aufzunehmen.

16.9 Ablagerungslandschaften

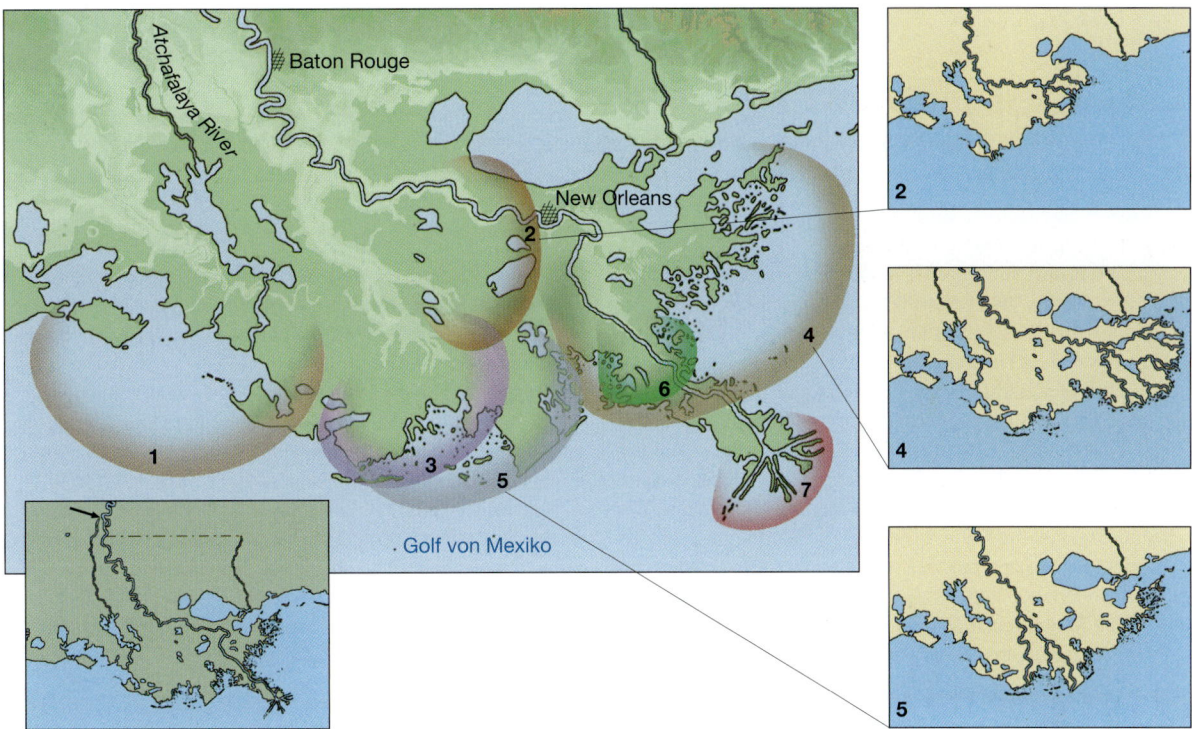

Abbildung 16.26: Während der letzten 5.000 bis 6.000 Jahre hat der Mississippi eine Reihe von zusammenhängenden Subdeltas geformt. Die Ziffern zeigen die Reihenfolge auf, in welcher die Subdeltas abgelagert wurden. Das gegenwärtige Vogelfußdelta (7) repräsentiert die Aktivität der letzten 500 Jahre. Ohne fortwährende menschliche Bemühungen wird sich der gegenwärtige Lauf verlagern und dem Lauf des Atchafalaya folgen. Die Einblendung links zeigt die Stelle, an der der Mississippi eines Tages durchbrechen (Pfeil) und den kürzeren Weg zum Golf von Mexiko nehmen wird. (Nach C.R. Kolb und J.R. Van Lopik)

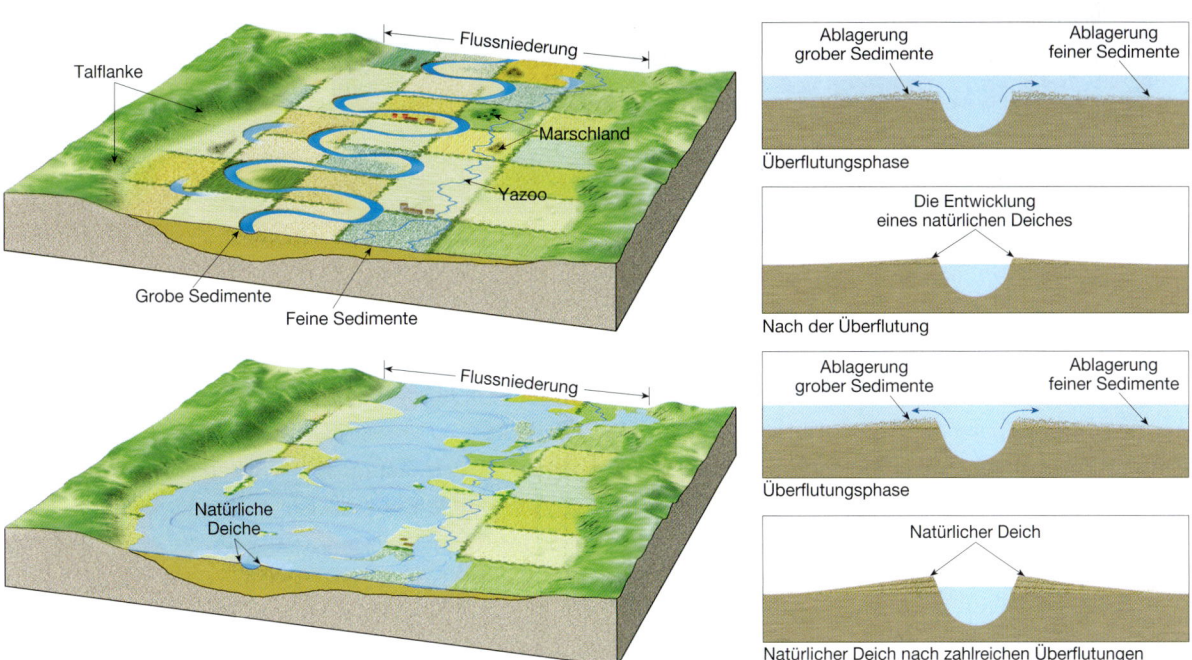

Abbildung 16.27: Natürliche Deiche sind sanft abfallende Strukturen, die sich durch wiederholte Hochwässer ausbilden. Das Diagramm rechts zeigt die Reihenfolge der Entwicklung. Da der Untergrund neben dem Flussgerinne höher liegt als die benachbarte Flussniederung, können sich Marschländer und Yazoo-Systeme entwickeln.

529

EXKURS 16.1 – MENSCH UND UMWELT

■ **Küstenfeuchtgebiete verschwinden aus dem Mississippi-Delta**

Küstenfeuchtgebiete bilden sich in geschützten Milieus aus, die aus Sümpfen, Wattenmeeren, Küstenmarschgebieten und sumpfigen Flussarmen bestehen. Die vielfältige Fauna bietet Nistplätze und wichtige Zwischenstopps für Wasservögel und Zugvögel sowie Laichplätze und wertvolle Habitate für Fische.

Das Mississippi-Delta in Louisiana macht etwa 40 Prozent aller Küstenfeuchtgebiete in den 48 Lower States aus. Louisianas Feuchtgebiete sind durch flach vor der Küste liegende Inselbarrieren geschützt vor der Wellentätigkeit durch Hurrikans und Winterstürme. Beides, das Feuchtgebiet und die Inselbarrieren, bildeten sich als Folge der Verlagerung des Mississippi während der vergangenen 7.000 Jahre.

Die Küstenfeuchtgebiete von Louisiana sind abhängig von Inselbarrieren sowie vom Mississippi und seinen Nebenflüssen als direkte Quellen für Sediment, was sie empfindlich auf Veränderungen im Flusssystem reagieren lässt. Zudem werden die Küstengebiete durch die Abhängigkeit von Inselbarrieren als Schutz vor Sturmwellen angreifbar, falls diese schmalen vor der Küste liegenden Inseln erodieren.

Heutzutage verschwinden die Küstenfeuchtgebiete Louisianas mit alarmierender Geschwindigkeit. Louisiana umfasst zwar 40 Prozent der Feuchtgebiete der 48 Lower States inne, doch macht es 80 Prozent des Feuchtgebietverlusts aus. Gemäß dem U.S. Geological Survey verlor Louisiana fast 5.000 Quadratkilometer des Küstengebiets zwischen 1932 und 2000. Der Staat verliert weiterhin zwischen 65 bis 91 Quadratkilometer jährlich. Mit dieser Geschwindigkeit werden weitere 1.800 bis 4.500 Quadratkilometer bis zum Jahr 2050 im Golf von Mexiko

Abbildung 16.A: Abgestorbene Zypressen, bekannt als Totholzwälder, wurden durch überlaufendes Salzwasser in Terrebonne Parish, Louisiana, vernichtet. (Foto: Roberto Caputo /Aurora Fotos)

16.9.4 Alluvialfächer

Wie ▶Abbildung 16.28 zeigt, haben **Alluvialfächer** einen passenden Namen. Diese fächerartigen Ablagerungen entstehen durch Anhäufungen von Sedimenten, die an der Mündung eines Tals abgelagert werden, das von einem Gebirgsgebiet oder einem Hochlandgebiet auf eine relativ flache Ebene oder ein größeres Hauptstromtal austritt. Da diese Wasserläufe auf flachere Hänge treffen, lagern sie einen Teil ihrer Sedimentlast ab. Dadurch behalten sie ein adäquates Gefälle bei. Die fächerförmige Ausprägung wird durch einen Wasserlauf erzeugt, der vom Scheitelpunkt des Fächers vor- und zurückpendelt. Alluvialfächer sind zwar in Wüstengegenden deutlicher zu erkennen, doch man findet sie auch in humiden Gebieten.

Wenn ein Wasserlauf aus seinem Tal auf einen Alluvialfächer heraustritt, spaltet er sich normalerweise in viele Zuflussgerinne. Da die Sedimente, aus welchen ein Fächer zusammengesetzt ist, oft aus groben Sanden und Kiesen bestehen, sickert das Wasser schnell ein. Zwischen den Regenperioden in den Wüsten fließt kein oder nur wenig Wasser über einen Alluvialfächer. Eine Untersuchung einer Fächeroberfläche an solchen Stellen zeigt, dass sie von vielen trockenen Gerinnen durchquert wird. Deswegen wachsen die

16.10 Entwässerungsmuster

verschwinden.[1] Der globale Klimawandel könnte die das Problem verschärfen, da der steigende Meeresspiegel und stärkere tropische Stürme die Geschwindigkeit der Küstenerosion vorantreiben. Dies wurde erstmals während der außergewöhnlichen Hurrikansaison 2005 beobachtet, als die Hurrikane Katrina und Rita Teile der Golfküste verwüsteten.

Natürlicherweise sind das Delta, seine Feuchtgebiete und die nahe liegenden Inselbarrieren dynamische Strukturen. Während des Jahrtausends, als sich das Sediment anhäufte und das Delta in einer Richtung aufbaute, verursachten Erosion und Absenkung Verluste an anderer Stelle (▶ Abbildung 16.A). Immer wenn der Fluss sich verlagert, wächst die entsprechende Zone des Deltas und die Zerstörung verlagert sich. Doch mit der Ankunft der Menschen veränderte sich das relative Gleichgewicht zwischen Bildung und Zerstörung – die Rate, mit der das Delta und seine Feuchtgebiete zerstört werden, erhöhte sich und übersteigt nun die Entstehungsrate deutlich. Warum schrumpfen die Feuchtgebiete Louisianas?

Bevor die Europäer sich in dem Delta niederließen, trat der Mississippi bei den jährlichen Überflutungen regelmäßig über seine Ufer. Die großen Mengen an Sediment, die abgelagert wurden, erneuerten den Boden und hielten das Delta vor dem Absinken auf Meeresniveau ab. Doch mit der Besiedelung kamen die Hochwasserschutzmaßnahmen und der Wunsch, die Schifffahrt auf dem Fluss zu verbessern. Künstliche Deiche wurden errichtet, um den Fluss während der Hochwasserphase zu kontrollieren. Im Laufe der Zeit wurden die künstlichen Deiche den gesamten Weg entlang zur Mündung des Mississippi erweitert, um das Gerinne für die Schifffahrt offen zu halten.

Die Wirkungen sind ziemlich deutlich. Die künstlichen Deiche verhindern, dass Sediment und Süßwasser in den Feuchtgebieten verteilt werden. Stattdessen wird der Fluss gezwungen, seine Last zum tiefen Wasser an seiner Mündung zu transportieren. In der Zwischenzeit halten die Prozesse der Verdichtung, der Absenkung und der Wellenerosion an. Da nicht genug Sediment zugefügt wird, um diesen Kräften entgegenzuwirken, schrumpfen das Delta und seine Feuchtgebiete langsam.

Dieses Problem verschärfte sich durch die Abnahme des Sedimenttransports durch den Mississippi von etwa 50 Prozent in den vergangenen 100 Jahren. Ein beträchtlicher Anteil der Sedimentabnahme entsteht durch die großen Reservoirs, die durch den Dammbau an den Zuflüssen des Mississippi als Sedimentfallen fungieren.

Ein weiterer Faktor, der zur Abnahme der Feuchtgebiete führt, ist die Tatsache, dass das Delta über 13.000 Kilometer von befahrbaren Rinnen und Kanälen durchzogen ist. Diese künstlichen Öffnungen ermöglichen es dem salzigen Golfgewässer, ins Landesinnere zu fließen. Die Invasion des Salzwassers und die Gezeitenbewegung führen zu einem massiven „Verbraunen" oder Absterben des Marschlands.

Um den Einfluss der Menschen zu verstehen und zu verändern, muss ein Basisplan zur Reduzierung des Verlusts von Feuchtgebieten im Mississippi-Delta erstellt werden. Der U.S. Geologische Survey schätzt, dass eine Wiederherstellung der Küste von Louisiana 14 Milliarden US$ im Verlauf der nächsten 40 Jahre kosten wird. Was geschieht, falls nichts unternommen wird? Schätzungen besagen, dass die Kosten bei Untätigkeit auf über 100 Milliarden US$ steigen könnten.

---

[1] Siehe: „Louisianas schwindende Feuchtgebiete: Going, Going..." in *Science*, Vol. 289, 15. September 2000, S. 1860–1863. Siehe auch Elizabeth Kolbert, Wartermark – Can Southern Lousiana be Saved? *The New Yorker*, 27. Februar 2006, S. 46–47.

Fächer in trockenen Gebieten nur periodisch, da sie beträchtliche Wasser- und Sedimentmengen nur während Regenperioden erhalten. Wie Sie in Kapitel 15 erfahren haben, sind steile Schluchten die Hauptorte für Murenabgänge. Folglich sollte man erwarten, dass viele Alluvialfächer im ariden Klima aus Murenablagerungen mit dem Alluvium bestehen.

Entwässerungsmuster 16.10

Alle Entwässerungssysteme bestehen aus einem miteinander verbundenen Netzwerk aus Wasserläufen, die zusammen ein bestimmtes Muster ergeben. Die Eigenschaften eines Entwässerungsmusters können stark von einem Terraintyp zum anderen abweichen, hauptsächlich in Bezug auf die Gesteinsart, auf der sich ein Wasserlauf entwickelt, oder die strukturellen Muster von Verwerfungen und Falten.

Das häufigste Entwässerungsmuster ist das **dentritische Muster** (▶ Abbildung 16.29A). Dieses Muster ist durch das irreguläre Verzweigen von Zuflüssen charakterisiert, das dem Verästelungsmuster eines Laubbaums ähnelt. In der Tat bedeutet das Wort *dentritisch* baumartig. Ein dentritisches Muster bildet sich dort, wo das unterlagernde Festgestein relativ einheitlich

16 Fließendes Wasser

Abbildung 16.28: Alluvialfächer werden durch Sedimente an einer Talmündung geformt, die von einer Gebirgsregion oder einem Hochland in eine relativ flache Ebene eintaucht. Die Oberfläche des Fächers neigt sich vom Scheitelpunkt der Flusstalmündung in einem weiten Bogen nach außen. Normalerweise wird grobes Material nahe dem Fächerscheitelpunkt abgelagert, das feinere Material wird weiter zur Basis der Ablagerung befördert. Das Death Valley in Kalifornien hat viele große Alluvialfächer. (Foto: Michael Collier)

ist, etwa wie flach liegende Sedimentschichten oder massive magmatische Gesteine. Da das unterlagernde Material im Wesentlichen einheitlich in seiner Widerstandsfähigkeit gegen Erosion ist, kontrolliert es nicht das Muster des Strömungsfließens. Eher wird das Muster hauptsächlich durch die Neigungsrichtung des Bodens kontrolliert.

Divergieren Wasserläufe von einem zentralen Gebiet aus, wie die Speichen aus einer Radnabe, so bezeichnet man das Muster als **radial** (▶ Abbildung 16.29B). Dieses Muster entwickelt sich typischerweise auf einzelnen Vulkankegeln und domartigen Hebungen.

▶ Abbildung 16.29C zeigt ein **rechtwinkliges Muster** mit vielen rechtwinkligen Flussbiegungen. Dieses Muster entwickelt sich, wenn das Muttergestein von einer Reihe von Klüften und Verwerfungen durchzogen wird. Da diese Strukturen leichter erodiert werden als unversehrtes Gestein, bestimmen ihre geometrischen Muster die Richtungen der Wasserläufe, während sich ihre Täler eingraben.

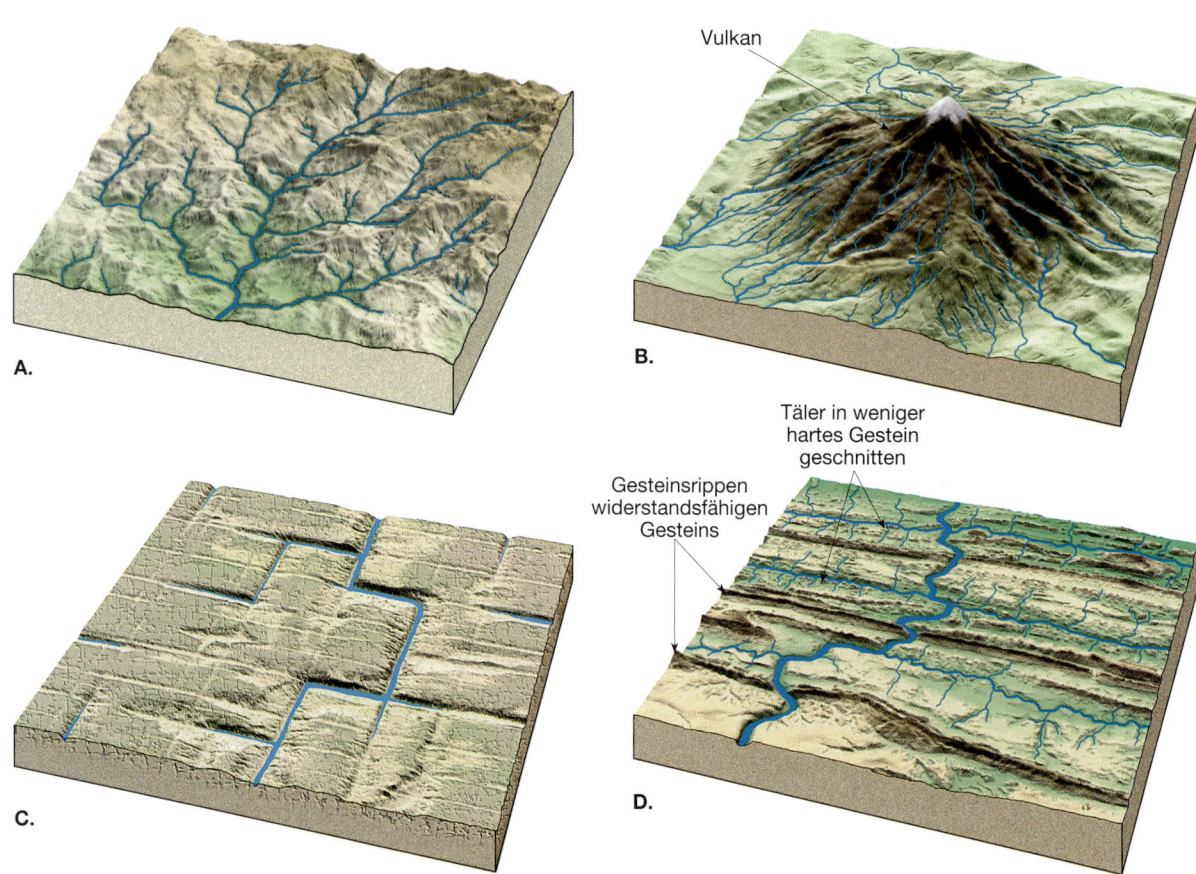

Abbildung 16.29: Entwässerungsmuster. **A.** Dentritisch. **B.** Radial. **C.** Rechtwinklig. **D.** Spaliersystem.

Abbildung 16.30: Durch die rückschreitende Erosion dehnen sich Täler in vorher nicht eingeschnittenes Terrain aus. Der San Rafael zeigt sein Zusammenwachsen mit dem Green River in Utah. (Foto: Michael Collier)

In ▶ Abbildung 16.29D sieht man ein **Spalierentwässerungssystem**, ein rechtwinkliges Muster, bei welchem die Zuflüsse fast parallel zueinander verlaufen und das Aussehen eines Gartenspaliers haben. Dieses Muster bildet sich in Gebieten, die von abwechselnd harten und weichen Gesteinen unterlagert werden, und ist besonders gut in den verfalteten Appalachen zu sehen, wo Schichten großer und geringer Festigkeit in beinahe parallelen Gürteln aufgeschlossen sind.

16.10.1 Rückschreitende Erosion und Flussanzapfung

Wir haben gesehen, dass ein Fluss seinen Lauf verlängern kann, indem er ein Delta an seiner Mündung bildet. Ein Wasserlauf verlängert seinen Lauf auch durch **rückschreitende Erosion**, indem er seinen Talschluss hangaufwärts verlagert. Wenn sich der Flächenabfluss sammelt und sich am Oberlauf eines Wasserlaufgerinnes konzentriert, erhöht sich seine Fließgeschwindigkeit und folglich seine Erosionskraft. Deswegen dehnt sich ein Tal durch vorausgehende Erosion in ein vorher nicht eingeschnittenes Terrain aus (▶ Abbildung 16.30).

Rückschreitende Erosion durch Wasserläufe spielt eine Hauptrolle in der Zerschneidung der Hochlandgebiete. Zudem hilft das Verständnis dieser Prozesse, die Veränderungen zu erklären, die in einem Entwässerungsmuster auftreten. Ein Grund für die Veränderungen, die beim Muster von Wasserläufen auftreten, ist die **Flussanzapfung**, die Ablenkung der Entwässerung eines Wasserlaufs aufgrund der vorausgehenden Erosion eines anderen. Flussanzapfung kann auftreten, wenn beispielsweise ein Wasserlauf auf einer Seite einer Wasserscheide ein steileres Gefälle hat als ein Wasserlauf auf der anderen Seite. Da der Wasserlauf mit dem steileren Gefälle mehr Energie besitzt, kann er sein Tal vorausgehend ausdehnen, schließlich die Wasserscheide durchbrechen und einen Teil oder sogar den gesamten Abfluss des langsameren Wasserlaufs aufnehmen. In ▶ Abbildung 16.31 wurde der Fluss des Wasserlaufs A eingenommen, als der schneller fließende Zufluss B die Wasserscheide an seiner Stirn durchbrach und den Wasserlauf A ablenkte.

Flussanzapfung erklärt auch das Vorhandensein von steilwandigen Schluchten, durch die kein aktiver Wasserlauf fließt. Diese verlassenen Durchbruchstäler (*trockene Durchbruchstäler*) entstehen, wenn der Wasserlauf, der den Engpass durchschneidet, von einem anzapfenden Wasserlauf in seiner Richtung verändert wurde. In Abbildung 16.31 wurde ein durchflossenes Durchbruchstal, das der Wasserlauf A erzeugte, zu einem trockenen Durchbruchstal als Folge der Flusskappung.

16 Fließendes Wasser

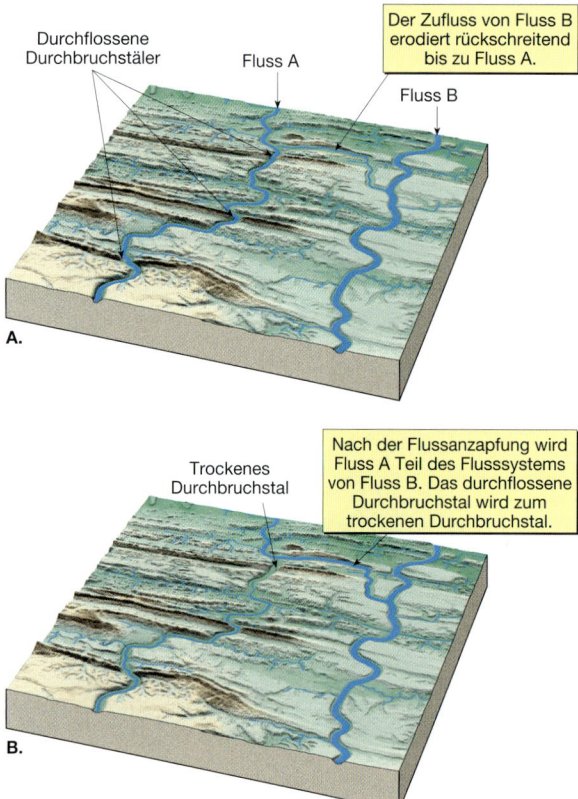

Abbildung 16.31: Flusskappung und die Entstehung von trockenen Durchbruchstälern. Ein Zufluss von Fluss **B.** erodiert vorausgehend, bis er schließlich Fluss **A.** kappt und ablenkt. Ein durchflossenes Durchbruchstal, durch das Fluss **A.** fließt, wird durch die Kappung hinterlassen. Die Folge davon ist, dass diese Struktur nun ein trockenes Durchbruchstal ist. In diesem sattel- und muldenartigen Milieu werden die weicheren Gesteine in den Tälern leichter erodiert als an den härteren Rücken. Deswegen werden mit der Abtragung des Tals die Sättel und trockenen Durchbruchstäler relativ zu Tälern herausgehoben.

16.10.2 Entstehung von Durchbruchstälern

Um manchmal das Muster von Wasserläufen in einem Gebiet ganz zu verstehen, müssen wir die Geschichte der Wasserläufe verstehen. Beispielsweise kann man an vielen Stellen eines Flusstals sehen, dass es einen Bergrücken oder Berg, der quer im Weg liegt, durchschneidet. Den steilwandige Engpass, dem der Fluss durch die Struktur folgt, bezeichnet man als **durchflossenes Durchbruchstal** (▶ Abbildung 16.32).

Warum schneiden Flüsse durch solch eine Struktur und fließen nicht außen herum? Eine Möglichkeit besteht darin, dass der Fluss existierte, bevor der Bergrücken oder der Berg entstand. In diesem Fall müsste der Fluss, **antezedenter Fluss** genannt, durch Eingraben der Hebung standhalten. Das bedeutet der Fluss würde seinen Lauf beibehalten, während Verfaltung

oder Verwerfung einen Krustenabschnitt quer durch den Lauf eines Flusses anhebt.

Eine zweite Möglichkeit ist, dass der Fluss die Struktur **überlagert** oder sich darauf niedergelassen hat (Abbildung 16.32). Das kann passieren, wenn ein Bergrücken oder ein Berg unter relativ flach liegenden Sedimentlagen oder sedimentären Schichten begraben ist. Wasserläufe, die auf dieser Bedeckung entstehen, würden ihren Lauf ungeachtet der Strukturen darunter ausbilden. Später, wenn das Tal vertieft wäre und der Fluss auf die Struktur träfe, würde er weiter sein Tal dort hineingraben. Die verfalteten Appalachen bieten einige gute Beispiele. Dort schneiden sich einige große Flüsse wie der Potomac und der Susquehanna in die verfalteten Schichten auf dem Weg zum Atlantik.

Hochwasser und Hochwasserschutz 16.11

Wird der Durchfluss eines Wasserlaufs so groß, dass er die Aufnahmefähigkeit seiner Gerinne übersteigt, tritt er als Hochwasser über die Ufer. **Hochwässer** bzw. **Überschwemmungen** gehören zu den tödlichsten und destruktivsten geologischen Gefahren. Trotzdem sind sie nur ein Teil des *natürlichen* Verhaltens von Flüssen.

Die meisten Hochwässer haben einen meteorologischen Ursprung, der durch atmosphärische Prozesse verursacht wird, die sehr stark zeitlich und räumlich variieren können. Ein schweres Gewitter mit einer Dauer von einer Stunde oder sogar kürzer kann eine Überschwemmung in kleinen Tälern auslösen. Dagegen entstehen große Überschwemmungen in großen Flusstälern oft durch aufeinanderfolgende außergewöhnlich starke Niederschlagsereignisse in einem weiten Gebiet über einen langen Zeitraum.

Landnutzungsplanungen von Flusseinzugsgebieten erfordern Informationen über die Häufigkeit und das Ausmaß von Überschwemmungen. Der wahrscheinlich größte sofortige praktische Nutzen von Daten, die an Flussmessstationen gesammelt werden, ist die Ermittlung der Wahrscheinlichkeit von diversen Wasserhöchstständen. Überschwemmungen werden oft als wieder **auftretendes Intervall** oder als **Wiederholungsperiode** beschrieben. Das ist der Fall, wenn Sie von einem *Jahrhunderthochwasser* (oder einem 30-Jahres-Hochwasser oder einem 50-Jahres-Hochwasser) hören. Was bedeutet das? Der Hochwasserdurchfluss, der

16.11 Hochwasser und Hochwasserschutz

> ### Studenten fragen manchmal ...
>
> **Beeinflusst die Plattentektonik die Flüsse?**
>
> Ja, in vielerlei Hinsicht. Beispielsweise hängt die Entstehung eines großen Flusses stark von der Lage eines Kontinents in einer Klimazone mit hohem Niederschlag ab. Das wiederum ist von der Plattenbewegung abhängig. Flüssen entstehen und verschwinden wieder, wenn die Platten die Kontinente in verschiedene Klimazonen hinein- oder hinausbefördern.
>
> Es gibt noch viele andere direkte oder indirekte Wirkungen. Gebirgsbildung an konvergenten Plattengrenzen beeinflussen die Hänge in der Region und verändern Niederschlagsmuster. Auffaltung und Verwerfungsbildung in Zusammenhang mit tektonischen Prozessen wirken sich auf die Abflussmuster auf, wogegen ein ausgedehnter Lavastrom, der aufgrund von aktivem Plattenvulkanismus entstanden ist, ein Flusssystem radikal verändern kann.

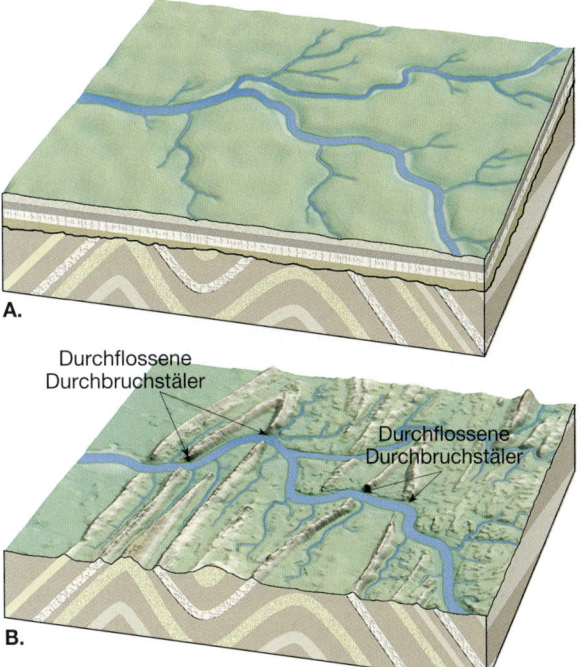

eine einprozentige Wahrscheinlichkeit besitzt, in irgendeinem Jahr übertroffen zu werden, wird Jahrhunderthochwasser genannt. Diese Bezeichnung ist irreführend, da viele Leute glauben, dass nur ein derartiges Hochwasser in einer Zeitspanne von 100 Jahren auftreten wird oder dass solche Überschwemmungen regelmäßig alle 100 Jahre auftreten. Nichts davon ist richtig. Tatsache ist, dass ungewöhnlich große Überschwemmungen in unregelmäßigen Intervallen auftreten und sich in *irgendeinem* Jahr ereignen können.

Viele Hochwasserfestsetzungen werden mit der Zeit neu bewertet und geschätzt, wenn eine größere Datenmenge vorliegt oder wenn ein Wassereinzugsgebiet auf eine Weise verändert wird, die sich auf den Wasserfluss auswirkt. Dämme und städtische Entwicklung sind Beispiele des menschlichen Einflusses auf ein Wassereinzugsgebiet, der sich auf die wiederauftretenden Intervalle auswirken kann.

16.11.1 Ursachen und Arten von Hochwässern

Hochwässer bzw. Überschwemmungen können durch mehrere natürliche und durch den Menschen hervorgerufene Faktoren entstehen. Zu den häufigsten Arten zählen regionale Überschwemmungen, Sturzfluten, Eisstauungshochwasser und Überschwemmungen durch Dammbrüche.

Abbildung 16.32: Die Entwicklung eines antezedenten Flusses. **A.** Der Fluss bildet seinen Lauf auf relativ einheitlichen und flach liegenden Schichten aus. **B.** Dann trifft er auf gefaltete Schichten, aber er kann nicht ausweichen und schneidet durch die darunterliegenden Strukturen. **C.** Das Durchbruchstal Harpers Ferry am Zusammenfluss von Shenandoah und Potomac in der Nähe der Virginia-Maryland-Grenze. Durchbruchstäler wie diese sind in den Appalachen häufig. (John S. Shelton)

Regionale Hochwässer Manche regionale Hochwässer sind saisonal bedingt. Schnelles Abschmelzen des Schnees im Frühjahr und/oder heftiger Regen im Frühjahr überfüllen einen Fluss. Das ausgedehnte Hochwasser von 1997 entlang des Red River im Norden ist ein bemerkenswertes Beispiel eines Ereignisses, das durch das schnelle Abschmelzen von Schnee hervorgerufen wurde. Der Überschwemmung ging ein besonders schneereicher Winter voraus. Im April begann der Schnee zu schmelzen und eine Überflutung schien drohend bevorzustehen. Am 5. und 6. April erhöhte ein Schneesturm die abnehmenden Schneeverwehungen an manchen Stellen auf 6 Meter. Dann schmolz der Schnee durch schnell ansteigende Temperaturen innerhalb von Tagen und verursachte ein rekordbrechendes 500-Jahres-Hochwasser. Etwa 18 Millionen Hektar Grund stand unter Wasser und die Verluste in den Grand Forks der Norddakota-Region überstiegen 3,5 Milliarden US$. Ein weiterer Faktor, der zu diesem Ereignis beitrug, ist der Umstand, dass der Red River nordwärts fließt. Demzufolge fließt er im zeitigen Frühjahr in Gebiete, in welchen der Boden noch hart gefroren ist. Solche Bedingungen vermindern die Versickerung in den Boden und erhöhen dabei den Abfluss.[4]

Ausgedehnte Feuchtperioden zu jeder Zeit des Jahres können einen wassergesättigten Boden hervorrufen. Danach fließt jeder zusätzliche Regen in die Flüsse ab, bis deren Aufnahmefähigkeit erschöpft ist. Regionale Überschwemmungen werden oft durch sich langsam bewegende Unwettersysteme verursacht, einschließlich abflauender Orkane. Die ausgedehnten und kostspieligen Überflutungen im Osten von North Carolina im September 1999 entstanden durch sintflutartige Regenfälle auf bereits wasserdurchtränkten Böden durch den abflauenden Orkan Floyd. Anhaltende Regenwettermuster führten im Sommer 1993 zu den außergewöhnlichen Regenfällen und verheerenden Überschwemmungen im oberen Mississippi-Tal (▶ Abbildung 16.33).

Sturzfluten Eine Sturzflut kann auch ohne große Vorwarnung auftreten und tödlich sein, da sie einen raschen Anstieg der Wasserpegel hervorrufen und eine zerstörerische Fließgeschwindigkeit haben kann (▶ siehe Exkurs 16.2). Mehrere Faktoren beeinflussen Sturzfluten. Dazu gehören die Intensität und die Dauer des Regenfalls, die Oberflächenbedingungen und die Topografie. Gebirgige Gegenden sind besonders anfällig, da steile Hänge den Abfluss in enge Schluchten zwingen können, was katastrophale Folgen haben kann. Dies zeigt die Überschwemmung des Big Thompson in Colorado vom 31. Juli 1976 (siehe Abbildung 16.C in Exkurs 16.2). Während eines vierstündigen Zeitraums fielen mehr als 30 Zentimeter Regen auf das kleine Wassereinzugsgebiet des Flusses.

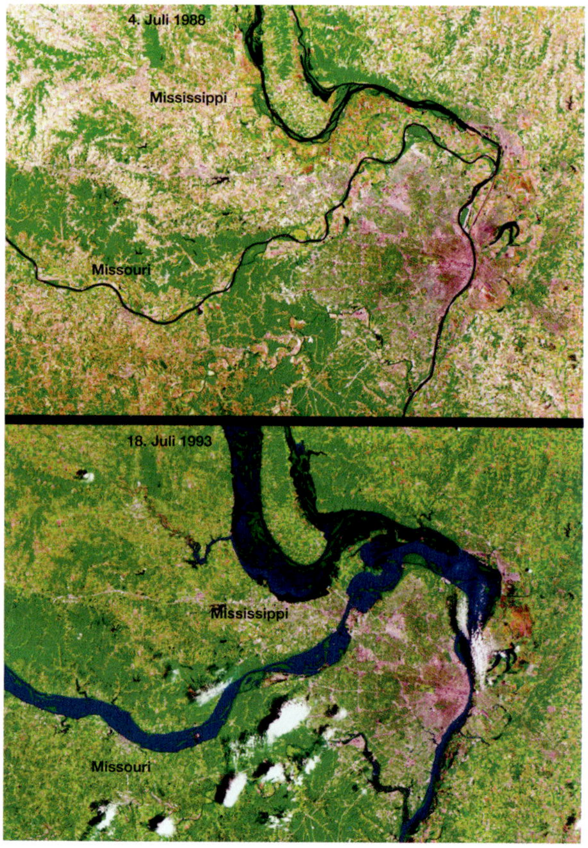

Abbildung 16.33: Satellitenblick auf den in den Mississippi fließenden Missouri. St. Louis befindet sich etwas südlich von ihrem Zusammenfluss. Das obere Satellitenbild zeigt die Flüsse während einer Trockenperiode im Sommer 1988. Das untere Satellitenbild dokumentiert den Höchststand des Rekord-Hochwassers von 1993. Außergewöhnliche Regenfälle sorgten für das feuchteste Frühjahr und den feuchtesten Sommer des 20. Jahrhunderts im oberen Einzugsgebiet des Mississippi. Insgesamt wurden beinahe 56 Millionen Hektar überflutet und 50.000 Menschen wurden obdachlos. (Mit freundlicher Genehmigung des Spaceimaging.com)

Die Sturzflut in dem engen Canyon dauerte nur wenige Stunden, aber 139 Menschen kamen dabei ums Leben und es entstanden Schäden von mehreren zehn Millionen Dollar.

Städtische Gebiete sind sehr empfänglich für Sturzfluten, da ein hoher Prozentsatz des Oberflächengebiets aus wasserdichten Dächern, Straßen und Parkplätzen besteht, wodurch das Wasser sehr rasch abfließt. In der Tat ergab eine Untersuchung, dass das Gebiet versiegelter Oberflächen in den USA (ausgenommen Alaska und Hawaii) mehr als 112.600 Quadratkilometer ausmacht, etwas mehr als das Gebiet des Staates Ohio.[5]

---

[4] Eisstau trägt ebenfalls zu Überschwemmungen am Red River im Norden bei.

[5] C. D. Elvidge, et.al. „U.S. Constructed Area Approaches the Size of Ohio", in EOS, Transactions, *American Geophysical Union*, Vol.85, Nr.24 (15. Juni 2004) S. 233.

16.11 Hochwasser und Hochwasserschutz

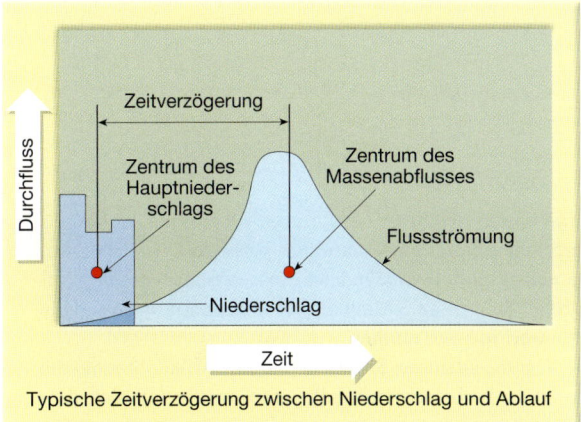

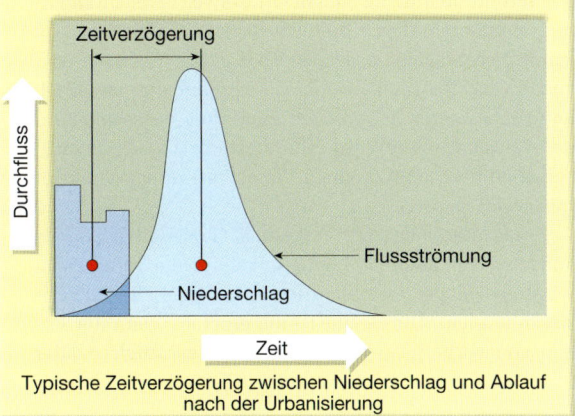

Abbildung 16.34: Wird ein ländliches Gebiet zu einer urbanen Gegend, verkürzt sich die Verzögerungszeit zwischen Regenfall und höchstem Pegelstand des Hochwassers. Der höchste Pegelstand des Hochwassers ist auch höher als Folge der Verstädterung. (Nach L.B. Leopold, U.S. Geological Survey)

Um die Auswirkung der Verstädterung auf Flussströmungen zu verstehen, untersuchen wir ▶ Abbildung 16.34. Teil A der Abbildung ist ein hypothetischer Hydrograph, der die Beziehung zwischen einem Regenunwetter und dem Auftreten von Überschwemmungen zeigt. Beachten Sie, dass der Wasserspiegel des Flusses bei Beginn des Niederschlags nicht ansteigt, da das Wasser Zeit benötigt, um von der Stelle, auf der es als Niederschlag auftrifft, bis zum Fluss zu gelangen. Dieser Zeitunterschied wird *Verzögerungszeit* genannt. Der Hydrograph in ▶ Abbildung 16.34B zeigt dasselbe hypothetische Gebiet und das Regenereignis *nach* der Verstädterung. Beachten Sie, dass das Maximum des Abflusses während einer Überschwemmung größer und die Verzögerungszeit kürzer ist als vor der Urbanisierung. Die Erklärung dafür ist ganz einfach. Straßen, Parkplätze und Gebäude bedecken den Boden, der einst Wasser aufnehmen konnte. Deswegen kann weniger Wasser einsickern und die Geschwindigkeit und die Menge des Abflusses nehmen zu. Da zudem viel weniger Wasser im Boden versickert, ist in vielen städtischen Gebieten der Niedrigwasserfluss (Trockenzeit), der von der Bewegung des Grundwassers in das Gerinne beibehalten wird, stark reduziert. Wie man erwarten würde, hängt das Ausmaß dieser Wirkung von dem Prozentsatz des Gebiets ab, das von wasserundurchlässigen Oberflächen bedeckt ist.

Eisstauhochwasser Gefrorene Flüsse sind für Eisstauhochwässer empfänglich. Steigt der Wasserspiegel eines Flusses an, kann dies das Eis brechen und einen Transport des Eises hervorrufen, wobei sich das Eis zu Packeis aufeinandertürmt und das Gerinne versperrt. Das Wasser vom Eisdamm aus flussaufwärts kann schnell ansteigen und die Flussufer überfluten. Bricht der Eisdamm, wird das dahinter angestaute Wasser freigesetzt und es verursacht eine Sturzflut flussabwärts.

Dammbruchüberschwemmungen Menschliches Eingreifen in ein Flusssystem kann Überschwemmungen hervorrufen. Ein deutliches Beispiel dafür ist der Bruch eines Damms oder eines künstlichen Deichs. Dämme oder künstliche Deiche werden zum Hochwasserschutz errichtet. Sie werden entworfen, um das Hochwasser bis zu einem bestimmten Pegel aufzuhalten. Tritt ein größeres Hochwasser auf, wird der Damm oder der künstliche Deich überspült. Falls ein Damm oder ein künstlicher Deich bricht oder herausgewaschen wird, entsteht eine Springflut. Der Bruch des Damms von 1889 am Little Conemaugh verursachte eine verheerende Überschwemmung in Johnstown, Pennsylvannia, bei der 2.200 Menschen ums Leben kamen (▶ Abbildung 16.35).

16.11.2 Hochwasserschutz

Es wurden Strategien entwickelt, um die katastrophale Wirkung von Überschwemmungen zu verhindern oder zu begrenzen. Zu den technischen Bemühungen gehören die Errichtung künstlicher Deiche, der Bau von Hochwasserschutzdämmen und die Kanalisierung von Flüssen.

Künstliche Deiche *Künstliche Dämme* sind Hügel aus Erde, die an den Flussufern errichtet werden, um das Volumen des Wassers zu erhöhen, das das Gerinne halten kann. Diese häufigste Flusseindämmungsstruktur wird seit dem Altertum bis heute verwendet. Künstliche Deiche kann man normalerweise leicht von natürlichen Deichen unterscheiden, da ihre Hänge viel steiler sind. An manchen Orten, besonders im städti-

EXKURS 16.2 – MENSCH UND UMWELT
■ **Sturzfluten**

Wirbelstürme und Orkane sind die fürchterlichsten Stürme in der Natur. Daher stehen sie im Mittelpunkt erhöhter Aufmerksamkeit. Doch erstaunlicherweise sind diese gefürchteten Ereignisse nicht für die größte Zahl an sturmbedingten Todesfällen verantwortlich. Diese Auszeichnung ist für Sturzfluten reserviert.[1] Während einer zehnjährigen Periode von 1995 bis 2004 gab es bei Überschwemmungen, die auf Stürme folgten, durchschnittlich 84 Todesopfer pro Jahr. Dagegen lagen die Todesfälle durch Wirbelstürme bei 65 und für Orkane bei 15 pro Jahr.

Sturzfluten sind lokale Hochwässer von großem Volumen und kurzer Dauer (▶ Abbildung 16.B). Die schnell steigende Flut des Wassers tritt normalerweise ohne große Vorwarnung auf und kann Straßen, Brücken und Häuser und andere wichtige Bebauungen zerstören. Der Abfluss erreicht schnell ein Maximum, verringert sich aber fast genauso schnell wieder. Hochwasserströme enthalten oft große Mengen an Sediment und Trümmern, während sie die Gerinne leer räumen.

Häufig entstehen Sturzfluten durch Wolkenbrüche, die langsam vorbeiziehende schwere Gewitter mit sich führen, oder sie treten auf, wenn eine Reihe von Gewittern wiederholt über den gleichen Ort hinwegziehen. Manchmal werden sie durch heftigen Regen bei Orkanen und tropischen Stürmen ausgelöst. Gelegentlich können treibende Gesteinstrümmer oder Eisschollen sich an einem natürlichen oder künstlichen Hindernis festsetzen und den Wasserdurchfluss behindern. Bricht solche ein vorübergehender Damm, können Wassermassen als Sturzflut freigesetzt werden.

Sturzfluten können in fast jedem Gebiet eines Landes auftreten. Sie kommen häufig in gebirgigem Terrain vor, wo steile Hänge den Ablauf schnell in enge Täler kanalisieren können. Die Gefahr ist am größten, wenn der Boden von vorherigem Regen schon fast gesättigt ist oder

---
[1] Das Jahr 2005 war sicherlich eine Ausnahme. Die Orkane Dennis (12 Tote), Katrina (1.300), Rita (119) und Wilma (35) waren für beinahe 1.500 Todesopfer in den Vereinigte Staaten verantwortlich. Falls wir diese Zahlen in unsere Berechnungen miteinbeziehen, beträgt die jährliche Todesrate bei Orkanen 65 (auf 30 Jahre bezogen) und 169 (auf 10 Jahre bezogen).

Abbildung 16.B: Sturzfluten in Las Vegas im August 2003. In Teilen der Stadt ging innerhalb weniger Stunden fast die Hälfte der jährlichen Menge an Regenfällen nieder. Hier werden Feuerwehrleute vom Dach des Feuerwehrwagens befreit, der vom tosenden Wasser eingeschlossen ist. (Foto: John Locher/Las Vegas Review-Journal)

---

schen Bereich, werden Hochwasserwände aus Beton zum selben Zweck wie künstliche Deiche errichtet.

Solche Strukturen bieten nicht immer den Hochwasserschutz, der beabsichtigt war. Viele künstliche Deiche waren nicht genügend stark, um Perioden extremen Hochwassers standzuhalten. Beispielsweise gab es zahlreiche Deichbrüche im Mittleren Westen während des Sommers 1993, als der obere Mississippi und viele seiner Zuflüsse Rekordhochwässer erreichten (▶ Abbildung 16.36). Während des gleichen Ereignisses erzeugten die Hochwasserwände in St. Louis, Missouri eine Engstelle für den Fluss, was zu einer größeren Überflutung der Stadt flussaufwärts führte.

Hochwasserschutzdämme *Hochwasserschutzdämme* werden gebaut, um Hochwasser zu speichern und dann langsam abzulassen. Durch das Ausdehnen über

16.11 Hochwasser und Hochwasserschutz

aus undurchlässigem Material besteht. Eine Katastrophe in Shadydale, Ohio, zeigt, was geschehen kann, wenn nur mäßig starker Regen auf gesättigten Boden mit steilen Hängen fällt.

Am Abend des 26. Juni 1990 kamen 26 Menschen ums Leben, als geschätzte 7,5 bis 10 cm Regen auf gesättigten Boden fielen, was in den Flüssen Flutwellen von bis zu 10 Meter hervorrief und ufernahe Wohnhäuser und Geschäfte zerstörte. In den vorangegangenen Monaten hatten außergewöhnliche Regenfälle für eine Bodenfeuchtigkeit nahe der Sättigung gesorgt. Als Folge davon erzeugten mäßige Regenfälle große Mengen an Oberflächen- und oberflächennahem Abfluss. Steile Täler mit fast vertikalen Wänden kanalisierten die Fluten und es entstanden sehr schnell hohe und steile Wellenkämme.[2]

---

[2] „Vorhersagen und Verhinderung von Sturzfluten: Eine Grundsatzaussage der amerikanischen meteorologischen Gesellschaft." *Bulletin of the American Meteorological Society,* Vol.74; Nr. 8 (1993), S. 1586.

Warum sterben so viele Menschen bei Sturzfluten? Neben dem Überraschungseffekt (viele werden im Schlaf überrascht) unterschätzen die Menschen die Kraft des bewegten Wassers. Ein Blick auf ▶ Abbildung 16.C hilft, die Gewalt einer Flutwelle darzustellen. Nur 15 Zentimeter von sich schnell bewegendem Hochwasser kann eine Person umwerfen. In nur 0,6 Meter Wasser können die meisten Automobile treiben und werden weggeschwemmt. *Mehr als die Hälfte aller Todesfälle bei Sturzfluten treten im Zusammenhang mit Autos auf.* Ganz klar sollten Menschen niemals versuchen, über eine überflutete Straße zu fahren. Die Tiefe des Wassers ist nicht immer offensichtlich. Das Straßenbett könnte auch unter Wasser weggewaschen worden sein. Sturzfluten sind heutzutage Katastrophen mit einem Potenzial für sehr viele Todesfälle und hohen Sachschaden. Man bemüht sich zwar, die Beobachtungen und Warnungen zu verbessern, doch bleiben Sturzfluten weiterhin schwer greifbare natürliche Katastrophen.

Abbildung 16.C: Die katastrophale Auswirkung von Sturzfluten ist hier durch die Überschwemmung des Flusses Big Thompson am 31. Juli 1976 in Colorado dargestellt. Während eines vierstündigen Zeitraums fielen mehr als 30 Zentimeter Regen auf Teile des Wassereinzugsgebiets des Flusses. Das betrug etwa ein Dreiviertel des durchschnittlichen jährlichen Gesamtniederschlags. Die Sturzflut dauerte in dem engen Canyon nur wenige Stunden, doch kamen dabei 139 Menschen ums Leben. Der entstandene Schaden wurde auf 39 Millionen US$ geschätzt. (U.S. Geological Survey Denver)

einen längeren Zeitraum wird der Hochwasserscheitel gesenkt. Seit den 1920er Jahren wurden Tausende von Dämmen an fast jedem großen Fluss der Vereinigten Staaten gebaut. Viele Dämme haben außerdem neben dem Hochwasserschutz weitere wichtige Funktionen, wie die Bereitstellung von Wasser für die landwirtschaftliche Bewässerung und für die Erzeugung von elektrischer Energie durch Wasserkraft. Viele Reservoirs haben auch Bedeutung als große regionale Erholungsgebiete.

Die Dämme können zwar Überschwemmungen reduzieren und andere Vorteile bieten, ihr Bau verursacht aber erhebliche Kosten und Konsequenzen. Beispielsweise kann ein Reservoir, das eingedämmt wurde, fruchtbares Ackerland vernichten und nützliche Wälder, historische Stätten und malerische Täler

Abbildung 16.35: Die Nachwirkungen der Überschwemmung des historischen Johnstown, Pennsylvania. Die Überschwemmung trat am 31. Mai 1889 auf, als der südliche Forkdamm des Conemaugh brach. Die Überschwemmung zerstörte 1.600 Wohnhäuser und tötete 2.209 Menschen. (Foto: CORBIS)

Abbildung 16.36: Das Wasser rauscht durch die Bruchstelle eines künstlichen Deiches in Monroe County, Illinois. Während der Überschwemmungen von 1993 im Mittleren Westen konnten viele künstliche Deiche der Kraft des Rekordhochwassers nicht standhalten. Abschnitte von geschwächten Dämmen wurden überflutet oder brachen einfach. (Foto: James A. Finley/AP/Wide World Photos)

überfluten. Natürlich sind Dämme eine Sedimentfalle. Deswegen erodieren Deltas und Flussniederungen flussabwärts, da sie während Überflutungen nicht länger mit Silt aufgefüllt werden. Große Dämme können auch signifikanten ökologischen Schaden in der Umgebung von Flüssen anrichten, die Tausende von Jahren brauchte, um sich herauszubilden.

Der Bau eines Damms ist keine dauerhafte Lösung in Bezug auf Hochwasser. Die Sedimentation hinter einem Damm bedeutet, dass das Volumen seines Reservoirs allmählich kleiner wird und sich damit die Effektivität dieses Hochwasserkontrollmittels reduziert.

Kanalisierung *Kanalisierung* umfasst alle Veränderungen eines Wasserlaufgerinnes, die darauf abzielen, das Fließen des Wassers zu beschleunigen, um es davon abzuhalten einen Hochwasserpegel zu erreichen. Das kann einfach nur das Säubern des Gerinnes von Hindernissen sein oder das Ausbaggern eines Gerinnes, um es breiter oder tiefer zu machen.

Eine weitere Veränderung schließt die Begradigung eines Gerinnes durch *künstliche Durchstiche* ein. Die Idee ist, dass durch die Verkürzung des Wasserlaufs das Gefälle und somit die Fließgeschwindigkeit erhöht wird. Durch eine erhöhte Fließgeschwindigkeit kann ein größerer Durchfluss bei Hochwasser erreicht werden.

Seit den frühen 1930er Jahren errichtete das Ingenieurkorps der Armee viele künstliche Durchstiche am Mississippi, um die Effizienz des Wasserlaufs zu verbessern und die Gefahr der Überflutung einzudämmen. Insgesamt wurde der Fluss um 240 Kilometer verkürzt. Das Programm war in gewisser Weise bei der Reduktion der Flusspegelhöhe bei Hochwasser erfolgreich. Doch da der Fluss immer noch zur Ausbildung von Mäandern tendiert, war es schwierig, den Fluss davon abzuhalten, zu seinem ursprünglichen Lauf zurückzukehren

Künstliche Durchstiche erhöhen die Fließgeschwindigkeit und können auch die Erosion des Flussbetts und der Flussufer beschleunigen. Ein Fallbeispiel dafür ist der Fluss Blackwater in Missouri, dessen mäandrierender Lauf im Jahr 1910 verkürzt wurde. Zu den vielen Auswirkungen dieses Projekts zählte auch die dramatische Verbreiterung des Flusslaufs, hervorgerufen durch die erhöhte Fließgeschwindigkeit des Flusses. Eine Brücke über den Fluss brach wegen der Ufererosion 1930 zusammen. Innerhalb der nächsten 17 Jahre musste die gleiche Brücke dreimal wieder neu errichtet werden, jedes Mal mit einer größeren Länge.

Ein Ansatz ohne Baumaßnahmen Alle der bisher beschriebenen Hochwasserschutzmaßnahmen umfassen strukturelle Lösungen mit dem Ziel, den Fluss „unter Kontrolle zu bekommen". Diese Lösungen sind teuer und geben den in der Flussniederung lebenden Menschen ein falsches Sicherheitsgefühl.

Heutzutage widmen sich viele Wissenschaftler und Ingenieure einem nicht strukturellen Ansatz beim Hochwasserschutz. Sie empfehlen als Alternative zu künstlichen Deichen, Dämmen und Kanalisierung eine vernünftige Handhabung der Flussniederungen. Durch die Identifizierung von Hochrisikogebieten kann eine angemessene Zonenregulierung realisiert werden, um den Verbau zu minimieren und eine vernünftige Landnutzung zu fördern.

ZUSAMMENFASSUNG

Der *hydrologische Kreislauf* beschreibt die kontinuierliche Wechselwirkung zwischen den Ozeanen, der Atmosphäre und den Kontinenten. Angetrieben von der Sonnenenergie stellt die Atmosphäre das Bindeglied zwischen den Ozeanen und den Kontinenten in einem globalen System dar. Die Prozesse, die zum hydrologischen Kreislauf gehören, umfassen *Niederschlag, Verdunstung, Versickerung* (die Bewegung des Wassers in die Gesteine oder den Boden durch Risse oder Porenzwischenräume), den Abfluss (Wasser, das über das Land fließt) und *Transpiration* (die Freisetzung von Wasserdampf in die Atmosphäre durch Pflanzen). *Fließendes Wasser ist der wichtigste Faktor bei der Reliefbildung der Landoberfläche auf der Erde.*

Die Menge des Wassers, das vom Land abfließt, statt darin zu versickern, hängt von der *Versickerungskapazität* des Bodens ab. Zunächst fließt das Wasser als breite, dünne Schicht über die Oberfläche (Oberflächenabfluss). Nach kurzer Entfernung entwickeln sich typischerweise Strömungsfäden und winzige Kanäle, *Rinnsale* genannt.

Das Oberflächengebiet, das einen Wasserlauf mit Wasser versorgt, ist sein *Wassereinzugsgebiet*. Wassereinzugsgebiete werden durch gedachte Linien getrennt, die *Wasserscheiden*.

Flusssysteme umfassen drei wichtige Abschnitte: die Zonen der Erosion, des Transports und der Ablagerung.

Die Faktoren, die die *Fließgeschwindigkeit* eines Wasserlaufs bestimmen, sind das Gefälle (die Neigung der Wasserlaufgerinne), die *Form*, die *Größe*, die *Unebenheit* der Gerinne und der *Durchfluss* eines Wasserlaufs (die Menge des Wassers, das innerhalb einer bestimmten Zeiteinheit an einem bestimmten Punkt vorbeifließt; wird häufig in Kubikmeter pro Sekunde gemessen). Häufig nehmen das Gefälle und die Unebenheiten flussabwärts ab, während die Breite, die Tiefe und der Durchfluss zunehmen.

Wasserläufe transportieren ihre Sedimentfracht in Lösung (*Lösungsfracht*), in Suspension (*Schwebefracht*) und entlang am Boden der Gerinne (*Bodenfracht*). Ein Großteil der Lösungsfracht wird vom Grundwasser eingebracht. Die meisten Flüsse führen den größten Teil ihrer Fracht in Suspension mit sich.

Die Fähigkeit eines Wasserlaufs, feste Teilchen zu transportieren, wird durch zwei Kriterien beschrieben: die *Aufnahmekapazität* (die maximale Menge an Teilchen, die ein Wasserlauf mitführen kann) und die Schleppkraft (die maximale Teilchengröße, die ein Wasserlauf mitführen kann). Die *Schleppkraft* nimmt im Quadrat zur Fließgeschwindigkeit zu; verdoppelt sich die Geschwindigkeit, vervierfacht sich die Kraft des Wassers.

Wasserläufe lagern Sedimente ab, wenn die Fließgeschwindigkeit langsamer wird und sich die Schleppkraft verringert. Daraus ergibt sich eine *Sortierung*, ein Prozess, bei dem Teilchen gleicher Größe gemeinsam abgelagert werden. Flussablagerungen werden als *Alluvium* bezeichnet und können als Gerinneablagerungen auftreten, die dann *Bänke* genannt werden, als Ablagerungen in Flussniederungen, wozu auch *natürliche Deiche* gehören, und als *Deltas* oder *Alluvialfächer*.

Wasserlaufgerinne bestehen aus zwei Grundtypen: *Festgesteinsgerinne* oder *Alluvialgerinne*. Festgesteinsgerinne treten häufig im Oberlauf auf, wo das Gefälle steil ist. Stromschnellen und Wasserfälle sind häufige Ausprägungen. Die Alluvialgerinne können in zwei Typen unterteilt werden: *mäandrierende Gerinne* und *verwilderte Gerinne*.

Es gibt zwei grundlegende Arten von *Erosionsbasen* (der niedrigste Punkt, bis zu welchem ein Wasserlauf sein Gerinne erodieren kann): (1) die *endgültige Erosionsbasis* und (2) die *temporäre (zwischenzeitliche)* oder *regionale Erosionsbasis*. Jede Veränderung der Erosionsbasis zwingt den Wasserlauf dazu, Anpassungen vorzunehmen und ein neues Gleichgewicht zu finden. Die Senkung des Erosionshorizonts führt einen Wasserlauf dazu, in die Tiefe zu schneiden, die Hebung des Erosionshorizonts bewirkt dagegen die Ablagerung von Material im Gerinne.

Flusstäler kann man in zwei Haupttypen einteilen: (1) *enge V-förmige Täler* (*Kerbtäler*) und (2) *weite Täler mit flachem Boden* (*Sohlentäler*). Dazwischen gibt es viele Variationen und Zwischenstufen. Kerbtäler besitzen oft *Wasserfälle* und *Stromschnellen*, da die Hauptaktivität des Wassers dort das Einschneiden nach unten zum Erosionshorizont ist.

Hat ein Wasserlauf sein Gerinne tiefer zur Erosionsbasis hin eingeschnitten, wird seine Energie von Seite zu Seite gerichtet und die Erosion erzeugt einen flachen Talboden, der *Flussniederung* genannt wird. Wasserläufe, die auf Flussniederungen fließen, bewegen sich oft in schwungvollen Biegungen, *Mäander* genannt. Weitausgedehntes Mäandrieren kann kürzere Gerinneabschnitte zur Folge haben, die man *Durchstiche* nennt, und/oder zurückgelassene Schlingen, die man als *Altwasser* (*Atlwasserarm, Totarm*) bezeichnet.

Zu den häufigen *Entwässerungsmustern* (die Form eines Netzwerks von Wasserläufen), die durch den Hauptfluss und seine Zuflüsse entstehen, gehören: (1) *dendritische*, (2) *radiale*, (3) *rechtwinklige* und (4) *spalierförmige* Entwässerungsmuster.

Rückschreitende Erosion verlängert den Lauf eines Flusses durch die Ausdehnung seines Talschlusses hangaufwärts. Dieser Prozess kann zur *Flussanzapfung* führen (die Ablenkung des Abflusses eines Wasserlaufs durch einen anderen). Ehemalige durchflossene Durchbruchstäler, *trockene Durchbruchstäler* genannt, können durch Flussanzapfung entstehen.

Hochwässer werden durch heftige Regenfälle und/oder Schneeschmelzen ausgelöst. Manchmal kann menschliches Eingreifen das Hochwasser verschlimmern oder es sogar hervorrufen. Zu Hochwasserschutzmaßnahmen gehören der Bau von *künstlichen Deichen* und Dämmen sowie die *Kanalisierung,* was auch den Bau von *künstlichen Durchstichen* einschließen kann. Viele Wissenschaftler und Ingenieure befürworten einen Ansatz ohne Baumaßnahmen zum Hochwasserschutz, was eine vernünftigere Landnutzung einschließt.

ZUSAMMENFASSUNG

Wiederholungsfragen

1. Beschreiben Sie die Bewegung des Wassers im hydrologischen Kreislauf. Fällt der Niederschlag auf das Festland, welchen Weg könnte das Wasser nehmen?
2. Über den Ozeanen ist die Verdunstung größer als die Niederschläge, doch der Meeresspiegel sinkt nicht ab. Können Sie erklären, warum das so ist?
3. Nennen Sie mehrere Faktoren, die die Versickerungskapazität beeinflussen.
4. Was sind die drei Hauptbestandteile (Zonen) eines Flusssystems?
5. Ein Wasserlauf entspringt 2.000 Meter über dem Meeresspiegel und bewegt sich 250 Kilometer zum Ozean. Was ist sein durchschnittliches Gefälle in Meter pro Kilometer?
6. Nehmen Sie an, der Wasserlauf aus Frage 5 würde ausgeprägte Mäander entwickeln, so dass sein Lauf auf 500 Kilometer verlängert wäre. Berechnen Sie das neue Gefälle. Wie beeinflusst das Mäandern das Gefälle?
7. Was geschieht mit der Fließgeschwindigkeit eines Flusses, wenn sich der Durchfluss erhöht?
8. Was geschieht typischerweise mit der Breite, Tiefe, Fließgeschwindigkeit und dem Durchfluss eines Gerinnes von der Stelle, an der ein Wasserlauf beginnt, bis zu der Stelle, wo er endet? Erklären Sie kurz, warum diese Veränderungen stattfinden.
9. Auf welche drei Arten transportiert ein Wasserlauf seine Fracht?
10. Wenn Sie eine Wasserprobe aus einem Wasserlauf in einem Glas nehmen, welcher Teil der Fracht wird sich am Boden des Glases absetzen? Welcher Anteil wird auf ungewisse Zeit im Wasser verbleiben? Welcher Anteil der Fracht des

Wasserlaufs wird vermutlich nicht in Ihrer Probe vorhanden sein?

11 Unterscheiden Sie zwischen Aufnahmekapazität und Schleppkraft.

12 Was ist die Absetzgeschwindigkeit? Welche Faktoren beeinflussen sie?

13 Findet man Festgesteinsgerinne eher am Oberlauf oder an der Mündung eines Flusses?

14 Beschreiben Sie eine Situation, die einen Wasserlauf verwildern lassen könnte.

15 Definieren Sie die Erosionsbasis. Nennen Sie den Hauptfluss in Ihrer Region. Für welche Flüsse dient er als Erosionsbasis? Was ist die Erosionsbasis für den Mississippi? Für den Missouri?

16 Beschreiben Sie zwei Situationen, die einschneidende Mäander auslösen würden.

17 Beschreiben Sie kurz die Entstehung von natürlichen Deichen. In welcher Beziehung steht diese Struktur zu Marschland und Yazoo-Systemen?

18 Nennen Sie zwei häufige Ablagerungsmerkmale außer natürlichen Deichen, die mit Wasserläufen in Verbindung stehen. Unter welchen Bedingungen werden sie gebildet?

19 Wie konnte der Bau künstlicher Deiche und Dämme am Mississippi und seinen Zuflüssen zum Schrumpfen des Mississippi-Deltas und seiner ausgedehnten Feuchtgebiete führen?

20 Jede der folgenden Aussagen bezieht sich auf ein bestimmtes Abflussmuster. Identifizieren Sie das Muster.
   a. Wasserläufe verzweigen sich von einem hohen zentralen Gebiet (wie von einer Domstruktur)
   b. Ein verästeltes, baumartiges Muster
   c. Ein Muster, das sich entwickelt, wenn das Festgestein von Klüften und Verwerfungen durchzogen ist

21 Beschreiben Sie, wie ein durchflossenes Durchbruchstal entstehen könnte.

22 Stellen Sie lokale Überschwemmungen und Sturzfluten einander gegenüber. Welche Art ist die lebensbedrohlichste?

23 Nennen und beschreiben Sie kurz die drei grundlegenden Hochwasserschutzstrategien. Nennen Sie jeweils die Nachteile.

Größere Multiple-Choice-Tests zur Wissenskontrolle und Prüfungsvorbereitung sowie weitere Informationen zu diesem Buchkapitel finden Sie auf der Companion Website zum Buch unter **www.pearson-studium.de**

Grundwasser

17.1	Die Bedeutung des Grundwassers	547
17.2	Die Verteilung von Grundwasser	548
17.3	Der Wasserspiegel	548
17.4	Faktoren, die die Speicherung und die Bewegung des Grundwassers beeinflussen	551
17.5	Die Bewegung des Grundwassers	553
17.6	Quellen	555
17.7	Heiße Quellen und Geysire	557
17.8	Brunnen	559
17.9	Artesische Quellen	560
17.10	Probleme, die mit der Entnahme von Grundwasser verbunden sind	562
17.11	Die geologische Arbeit des Grundwassers	568
Zusammenfassung		574
Wiederholungsfragen		575

Grundwasser

Etwa 190 Milliarden Liter Grundwasser werden täglich für die Landwirtschaft der USA zur Verfügung gestellt. (Foto: Michael Collier)

Brunnen und Quellen versorgen auf der ganzen Welt Städte, Felder, Nutztiere und die Industrie mit Wasser. In den USA stammt 40 Prozent des Wassers, das für alle Zwecke mit Ausnahme von Wasserkraft- und Atomkraftwerken verwendet wird, aus dem Grundwasser. Grundwasser ist für mehr als 50 Prozent der Bevölkerung Trinkwasser, trägt 40% des Wassers bei, das zur Bewässerung verwendet wird, und versorgt mit mehr als 25 Prozent den Bedarf der Industrie. In manchen Gebieten verursacht die Überbeanspruchung dieser wichtigen Ressource Wasserknappheit, Verringerung der Flussströmung, Landabsenkung, Versalzung durch Meerwasser, erhöhte Kosten für das Heraufpumpen und Grundwasserverschmutzung.

Die Bedeutung des Grundwassers 17.1

Grundwasser ist eine unserer wichtigsten und weithin verfügbaren Ressourcen, doch die Menschen haben oft nur eine schemenhafte und falsche Vorstellung davon, wie das Umfeld unter der Oberfläche aussieht und woher das Grundwasser stammt. Der Grund ist, dass das Grundwassermilieu weitgehend im Verborgenen liegt, ausgenommen in Höhlen und Bergminen. Die Eindrücke, die die Menschen von diesen Hohlräumen unter der Oberfläche gewinnen, sind irreführend. Beobachtungen auf der Landoberfläche vermitteln oft den Eindruck, die Erde sei „fest". Dieser Eindruck bleibt, wenn wir eine Höhle betreten und sehen, wie Wasser einen Kanal hinunterläuft, der in festes Gestein eingeschnitten zu sein scheint.

Aufgrund dieser Beobachtungen haben viele Menschen die Vorstellung, das Grundwasser würde nur in unterirdischen „Flüssen" auftreten. In Wirklichkeit ist der Großteil des Milieus unter der Oberfläche überhaupt nicht „fest". Dazu zählen die zahllosen kleine *Porenzwischenräume* zwischen den Körnern des Bodens und des Sediments sowie feine Klüfte und Risse im Festgestein. Zusammen machen die Zwischenräume ein immenses Volumen aus. In diesen kleinen Öffnungen sammelt sich das Grundwasser und bewegt sich weiter.

Betrachtet man die gesamte Hydrosphäre oder das gesamte Wasser auf der Erde, kommen nur sechs Zehntel eines Prozents im Untergrund vor. Dennoch macht dieser kleine Prozentsatz, der in Gesteinen und Sedimenten unter der Erdoberfläche gespeichert wird, eine riesige Menge aus. Nimmt man die Ozeane aus und betrachtet nur die Herkunftsorte von Süßwasser, wird die Bedeutung des Grundwassers deutlicher.

▶Tabelle 17.1 zeigt die geschätzte Verteilung von Süßwasser in der Hydrosphäre. Den deutlich größten Anteil nimmt das Gletschereis ein. An zweiter Stelle steht das Grundwasser mit etwas mehr als 14 Prozent der Gesamtmenge. Doch wenn das Gletschereis dabei ausgenommen wird und man nur flüssiges Wasser betrachtet, bestehen mehr als 94 Prozent des gesamten Süßwassers aus Grundwasser. Ohne Frage *repräsentiert das Grundwasser das größte Süßwasserreservoir, das den Menschen direkt zur Verfügung steht.* Sein Wert im Hinblick auf die Wirtschaft und das Wohlergehen der Menschen ist nicht messbar.

Geologisch gesehen ist Grundwasser eine wichtige Erosionskraft. Die Lösungsaktivität von Grundwasser löst langsam lösliches Gestein wie z.B. Kalkstein und fördert die Bildung von Oberflächenvertiefungen, so genannte *Karsttrichter*, sowie unterirdischen Höhlen (▶Abbildung 17.1). Grundwasser gleicht auch den Strömungsfluss von Flüssen aus. Ein Großteil des Wassers, das in Flüssen fließt, stammt nicht direkt vom Regenabfluss oder der Schneeschmelze. Es ist vielmehr so, dass ein großer Prozentsatz des Niederschlags einsickert und sich dann langsam unterirdisch zu den Wasserläufen bewegt. Grundwasser ist deswegen eine Art Speicher, der Flüsse während regenarmer Perioden versorgt. Sehen wir Wasser während einer Trockenperiode in einem Fluss fließen, handelt es sich um Regen, der vor einiger Zeit niedergegangen ist und unterirdisch gespeichert wurde.

Anteile der Hydrosphäre	Volumen des Süßwassers (km³)	Anteil am Gesamtvolumen des Süßwassers (%)
Eisdecken und Gletscher	24.000.000	84,945
Grundwasser	4.000.000	14,158
Seen und Wasserspeicher	155.000	0,549
Bodenfeuchtigkeit	83.000	0,294
Wasserdampf in der Atmosphäre	14.000	0,049
Flusswasser	1.200	0,004
Gesamt	**28.253.200**	**100,00**
Quelle: U.S. Geological Survey, Abhandlung zur Wasserversorgung 2.220, 1987		

Tabelle 17.1: Süßwasser der Hydrosphäre.

Abbildung 17.1: A. Ein Blick vom Innern der Three Fingers-Höhle, Lincoln County, New Mexico. Der Lösungsvorgang durch das Grundwasser ließ die Höhle entstehen. Später lagerte das Grundwasser die Kalksteinausschmückungen ab. (Foto: Harris Photographic/Tom Stack and Associates) **B.** Grundwasser war für die Bildung der Karsttrichter in einem Kalksteinplateau nördlich von Jajce, Bosnien-Herzegowina verantwortlich. (Foto: Jerome Wyckoff)

Die Verteilung von Grundwasser — 17.2

Fällt Regen, läuft ein Teil des Wassers ab, ein Teil kehrt durch Evaporation und Transpiration zur Atmosphäre zurück und der Rest versickert im Boden. Das ist praktisch die wichtigste Quelle von allem unterirdischen Wasser. Die Menge des Wassers variiert zeitlich und räumlich sehr stark bei jedem dieser Wege. Zu den Einflussfaktoren zählen die Steilheit der Hänge, die Beschaffenheit des Oberflächenmaterials, die Regenintensität und die Art und Menge der Vegetation. Starke Regenfälle, die auf steile Hänge mit wasserundurchlässigem Material fallen, werden offensichtlich zu einem hohen Prozentsatz ablaufen. Andererseits, falls leichter Regen stetig auf sanft abfallende Hänge mit wasserdurchlässigem Oberflächenmaterial fällt, wird ein viel größerer Prozentsatz an Wasser in den Boden sickern.

Ein Teil des einsickernden Wassers bewegt sich nicht sehr weit fort, da es durch die molekulare Anziehung als Oberflächenfilm an den Bodenpartikeln bleibt. Diese oberflächennahe Zone nennt man die **Zone der Bodenfeuchte** bzw. **Bodenwasser**. Diese wird von Wurzeln durchzogen, durch verrottete Wurzeln entstehen darin Hohlräume und Grabgänge von Tieren und Würmern verstärken die Versickerung von Regenwasser in den Boden. Das Bodenwasser benötigen Pflanzen für ihre Lebensvorgänge und wird zur Transpiration aufgebraucht. Ein Teil des Wassers verdunstet direkt in die Atmosphäre.

Wasser, das nicht als Bodenfeuchte gehalten wird, sickert nach unten, bis es eine Zone erreicht, in der alle Zwischenräume im Sediment und Gestein mit Wasser gefüllt ist (▶Abbildung 17.2). Dies ist die **Sättigungszone** (auch phreatische Zone genannt). Wasser innerhalb dieser Zone bezeichnet man als **Grundwasser**. Die obere Grenze dieser Zone wird **Grundwasserspiegel** genannt. Nach oben hin, vom Grundwasserspiegel ausgehend, dehnt sich der **Kapillarsaum** (*capillus* = Haar) aus. Hier wird das Grundwasser durch die Oberflächenspannung in winzigen Gängen zwischen den Körnern des Bodens oder des Sediments festgehalten. Der Bereich über dem Wasserspiegel schließt den Kapillarsaum und die Zone der Bodenfeuchte ein und wird **ungesättigte** oder **vadose Zone** genannt. Obwohl ein beträchtlicher Wasseranteil in der ungesättigten Zone vorhanden sein kann, lässt sich dieses Wasser nicht durch Brunnen nach oben pumpen, da es zu fest an den Gesteinen und Bodenpartikeln haftet. Wird der Wasserdruck unterhalb des Wasserspiegels groß genug, um das Wasser in Brunnen eintreten zu lassen, dann kann man Grundwasser zum Gebrauch entnehmen. Wir werden später in diesem Kapitel Brunnen etwas genauer betrachten.

Der Wasserspiegel — 17.3

Der Grundwasserspiegel, die obere Grenze der Sättigungszone, ist ein sehr auffälliger Bestandteil des Grundwassersystems. Der Grundwasserspiegel ist wichtig, um die Ergiebigkeit eines Brunnens voraus-

17.3 Der Wasserspiegel

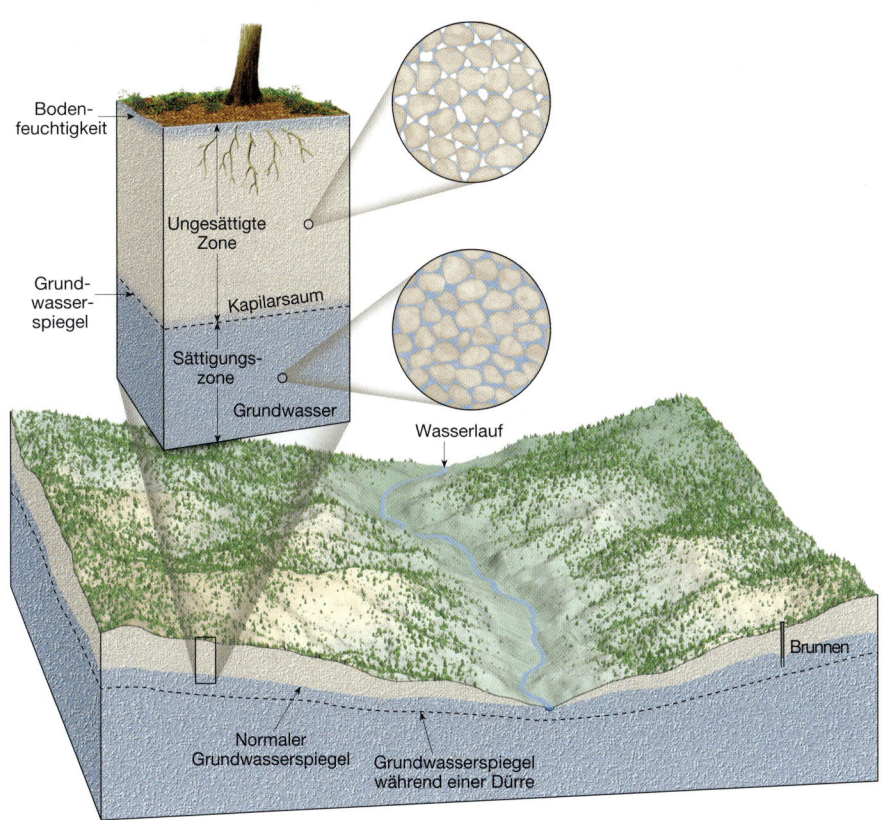

Abbildung 17.2: Die Verteilung des unterirdischen Wassers. Die Form des Grundwasserspiegels ist normalerweise ein abgeschwächtes Abbild der Oberflächentopographie. Während der Dürreperioden sinkt der Grundwasserspiegel ab, die Flussströmung wird reduziert und manche Brunnen trocknen aus.

zusagen, die Strömungsveränderungen an Quellen zu erklären, und er bedingt die Schwankungen der Wasserhöhe von Seen.

17.3.1 Schwankungen im Grundwasserspiegel

Die Tiefe des Wasserspiegels unterliegt starken Schwankungen und kann bei null liegen, wenn er an der Oberfläche liegt, er kann an anderen Orten aber auch einige hundert Meter tief liegen. Ein wichtiges Merkmal des Wasserspiegels ist, dass seine Beschaffenheit saisonal und von Jahr zu Jahr schwankt, da der Zufluss von Wasser zum Grundwassersystem in enger Verbindung zu Menge, Verteilung und Zeit des Niederschlags steht. Nur wenn der Wasserspiegel direkt an der Oberfläche steht, können wir ihn direkt beobachten. Dennoch kann seine Höhe an Stellen, an welchen zahlreiche Brunnen vorhanden sind, kartiert und untersucht werden, da der Wasserspiegel in Brunnen mit dem Grundwasserspiegel übereinstimmt (▶ Abbildung 17.3). Diese Karten zeigen, dass der Grundwasserspiegel selten eben ist, wie wir es erwarten würden. Stattdessen ist seine Form normalerweise ein abgeschwächtes Abbild der Oberflächentopographie, wobei er am höchsten unter Hügeln steht und sich talwärts absenkt (Abbildung 17.2). In einem Feuchtgebiet liegt der Grundwasserspiegel direkt an der Oberfläche. Seen und Wasserläufe nehmen im Allgemeinen Gebiete ein, die niedrig genug sind, so dass sich der Grundwasserspiegel über der Landoberfläche befindet.

Mehrere Faktoren tragen zur unregelmäßigen Oberfläche des Grundwasserspiegels bei. Fakt ist, dass sich Grundwasser sehr langsam bewegt, doch mit unterschiedlichen Geschwindigkeiten unter verschiedenen Bedingungen. Deswegen neigt Wasser dazu, sich unter hohen Gebieten zwischen Flusstälern „anzuhäufen". Würde der Regenfall komplett aufhören, würden sich diese „Wasserhügel" langsam absenken und allmählich die Talebenen erreichen. Doch normalerweise verhindert der regelmäßige Eintrag von Regenwasser solch ein Szenario. Dennoch, in Zeiten ausgeprägter Trockenheit (▶ siehe Exkurs 17.1) kann der Wasserspiegel weit genug fallen, um flache Brunnen austrocknen zu lassen (Abbildung 17.2). Andere Gründe für die Unebenheit des Wasserspiegels sind die Schwankungen der Niederschläge und der Durchlässigkeit in verschiedenen Regionen.

EXKURS 17.1 – DIE ERDE ALS SYSTEM

■ **Die Auswirkung von Dürreperioden auf das hydrologische System***

Dürre ist eine Periode von außergewöhnlich trockenem Wetter, die lange genug anhält, um ein erhebliches hydrologisches Ungleichgewicht hervorzurufen, das beispielsweise zu Ernteverlusten und Wasserknappheit führt. Die Heftigkeit der Dürre hängt vom Feuchtigkeitsmangel, von seiner Dauer und der Größe der betroffenen Gegend ab. Naturkatastrophen wie Überschwemmungen und Orkane erregen normalerweise mehr Aufmerksamkeit, doch Dürreperioden können genauso verheerend und sogar noch kostenintensiver sein. Durchschnittlich kosten Dürreperioden die Vereinigten Staaten jährlich 8 Milliarden US$ im Vergleich zu 2,4 Milliarden US$ für Überschwemmungen und 1,2 bis 4,8 Milliarden US$ für Orkane. Direkte Verluste der Wirtschaft durch eine Dürreperiode im Jahr 1988 wurden auf 61 Milliarden US$ (2.002 Dollar) geschätzt.

Dürre unterscheidet sich von allen anderen Naturkatastrophen in vielerlei Hinsicht. Erstens tritt sie allmählich, „schleichend" auf, was ihren Beginn und ihr Ende schwer bestimmbar macht. Die Auswirkungen einer Dürre wachsen langsam über einen ausdehnten Zeitraum hinweg und bleiben noch für viele Jahre nach Ende der Dürre bestehen. Zweitens gibt es keine genaue und allgemein anerkannte Definition für eine Dürre. Das trägt zu der Verwirrung bei, ob eine Dürre tatsächlich auftritt und falls sie auftritt, mit welcher Heftigkeit. Drittens verursacht eine Dürre selten strukturelle Schäden, deswegen sind die sozialen und wirtschaftlichen Auswirkungen weniger offensichtlich als bei anderen Naturkatastrophen.

Die Definitionen spiegeln vier grundlegende Versuche, eine Dürre zu messen, wider: meteorologisch, landwirtschaftlich, hydrologisch und sozioökonomisch. Die meteorologische Dürre befasst sich mit dem Grad der Trockenheit basierend auf dem Abweichen des Niederschlags vom Normalwert und der Dauer der Trockenperiode. Die landwirtschaftliche Dürre bezieht sich normalerweise auf ein Fehlen von Bodenfeuchte. Der Wasserbedarf einer Pflanze richtet sich nach den vorherrschenden Wetterbedingungen, der biologischen Signatur einer bestimmten Pflanze, der Wachstumsphase und verschiedenen Bodeneigenschaften. Die hydrologische Dürre bezieht sich auf den Mangel an oberirdischen und unterirdischen Wasservorräten. Er wird an Flussströmungen, an Seen, an Wasserspeichern und an Grundwasser gemessen. Es gibt eine Zeitverzögerung zwischen dem Beginn der trockenen Bedingungen und einem Nachlassen der Flussströmung oder dem Absinken des Pegels von Seen, Wasserspeichern und des Grundwassers. Deswegen sind hydrologische Messungen nicht die ersten Indikatoren für eine Dürre. Die sozioökonomische Dürre spiegelt wider, was geschieht, wenn sich physischer Wassermangel auf die Menschen auswirkt. Die sozioökonomische Dürre tritt auf, wenn die Nachfrage für Wirtschaftsgüter größer als das Angebot ist, als Folge des Defizits in der Wasserversorgung.

Es gibt eine Abfolge der Auswirkungen bei meteorologischen, landwirtschaftlichen und hydrologischen Dürren (▶ Abbildung 17.A). Beginnt eine meteorologische Dürre, ist der landwirtschaftliche Sektor normalerweise

17.3.2 Wechselwirkung zwischen Grundwasser und Wasserläufen

Die Wechselwirkung zwischen dem Grundwassersystem und Wasserläufen ist ein grundlegendes Bindeglied im hydrologischen Kreislauf. Sie kann auf eine von drei Arten stattfinden. Wasserläufen kann Wasser durch einfließendes Grundwasser über das Flussbett zugeführt werden. Solche Wasserläufe werden **wasseraufnehmende Flüsse** genannt (▶ Abbildung 17.4). Damit dies geschieht, muss der Grundwasserspiegel höher sein als der Flusspegel. Wasserläufe können auch Wasser an das Grundwassersystem durch Ausfließen aus dem Flussbett abgeben. In dieser Situation wird der Fluss als **wasserabgebend** bezeichnet (▶ Abbildung 17.4B, C). Geschieht dies, muss die Höhe des Wasserspiegels niedriger als der Flusspegel sein. Die dritte Möglichkeit ist eine Kombination der beiden – ein Wasserlauf nimmt Wasser in manchen Abschnitten auf und gibt es in anderen ab.

Wasserabgebende Flüsse können mit Grundwassersystemen durch eine gesättigte Zone in Verbindung stehen oder sie können vom Grundwassersystem durch eine nicht gesättigte Zone getrennt sein. Vergleichen Sie Teil B und C in Abbildung 17.4. Ist der Wasserlauf davon getrennt, könnte der Wasserspiegel eine erkennbare Aufwölbung unter dem Wasserlauf haben, falls die Bewegung des Wassers durch das Flussbett und die mit Luft durchsetzte Zone größer sind als die Geschwindigkeit der Grundwasserbewegung weg von der Aufwölbung.

In manchen Milieus kann ein Fluss immer ein wasseraufnehmender Fluss oder immer ein wasserabgebender Fluss sein. Doch meistens ändert sich die Situation entlang eines Flusses und manche Abschnitte nehmen Grundwasser auf, andere geben Wasser an

der erste, der davon betroffen ist, da er stark von der Bodenfeuchtigkeit abhängig ist. Die Bodenfeuchtigkeit ist während ausgedehnter Trockenperioden rasch erschöpft. Falls der Niederschlag weiterhin ausbleibt, leiden diejenigen, die abhängig von Flüssen, Seen, Wasserspeichern und Grundwasser sind.

Normalisiert sich das Niederschlagsgeschehen, kommt die Dürreperiode zu einem Ende. Die Bodenfeuchte wird als Erstes wieder aufgefüllt, gefolgt von Flussströmungen, Wasserspeichern, Seen und letztlich dem Grundwasser. Deswegen können die Auswirkungen einer Dürre im landwirtschaftlichen Sektor wegen seiner Abhängigkeit von der Bodenfeuchte schnell verringert werden, aber für andere Sektoren, die von gespeicherter oberirdischer oder unterirdischer Wasserversorgung abhängig sind, können die Nachwirkungen monate- oder jahrelang andauern. Grundwasserverbraucher sind oft die letzten, die von einer beginnenden meteorologische Dürre betroffen sind, können aber auch als Letztes die Wiederkehr zu normalem Wasserstand erfahren. Die Länge der Erholungsperiode hängt von der Intensität der meteorologischen Dürre, der Dauer und der Menge des Niederschlags nach dem Ende der Dürre ab.

Die erlittenen Auswirkungen einer Dürre werden sowohl durch das meteorologische Ereignis als auch die Verletzlichkeit der Gesellschaft auf Perioden ohne Niederschlag bestimmt. Mit der Zunahme der Wassernachfrage als Folge des Bevölkerungswachstums und der regionalen Verlagerung der Bevölkerung ist zu erwarten, dass zukünftige Dürren größere Auswirkungen haben werden, unabhängig davon, ob meteorologische Dürren in ihrer Häufigkeit oder Intensität zunehmen.

* Basiert teilweise auf Material des National Drought Mitigation Center (*http://drought.unl.edu*)

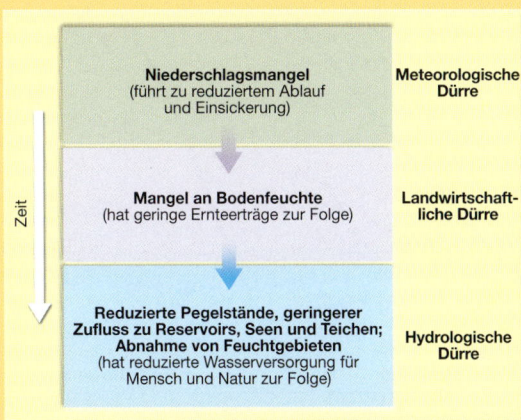

Abbildung 17.A: Die Reihenfolge der Auswirkungen einer Dürre. Nach dem Beginn einer meteorologischen Dürre wird zuerst die Landwirtschaft in Mitleidenschaft gezogen, gefolgt von einer Verminderung der Flussströmung und dem Wasserpegel von Seen, Wasserspeichern und dem Untergrund. Endet die meteorologische Dürre, endet auch die landwirtschaftliche Dürre, da die Bodenfeuchtigkeit wieder aufgefüllt wird. Das Ende einer hydrologischen Dürre nimmt einen bedeutend längeren Zeitraum ein.

das Grundwassersystem ab. Außerdem kann sich die Polarität der Einspeisung innerhalb eines kurzen Zeitraums umkehren, beispielsweise als Folge von Gewittern, die Wasser nahe am Flussufer eingebracht haben oder wenn temporäre Hochwasserpegel sich entlang der Gerinne fortbewegen.

Grundwasser trägt zu Wasserläufen in den meisten geologischen und klimatischen Milieus bei. Sogar wenn Wasserläufe in erster Linie Wasser an das Grundwassersystem abgeben, können bestimmte Abschnitte während mancher Jahreszeiten einen Grundwasserzufluss erhalten. In einer Untersuchung von 54 Flüssen aus allen Teilen der Vereinigten Staaten ergab die Analyse, dass 52 Prozent des Flussstroms ins Grundwasser eingetragen wurde. Der Grundwassereintrag reichte von niedrigen 14 Prozent bis zu einem Maximum von 90 Prozent. Grundwasser ist auch die Hauptquelle für das Wasser von Seen und Feuchtgebieten.

Faktoren, die die Speicherung und die Bewegung des Grundwassers beeinflussen 17.4

Die Beschaffenheit des Materials unter der Oberfläche beeinflusst die Geschwindigkeit der Grundwasserbewegung und die Menge an Grundwasser, die gespeichert werden kann. Zwei Faktoren sind dabei besonders wichtig – die Porosität und die Durchlässigkeit (Permeabilität).

17.4.1 Porosität

Das Wasser versickert im Untergrund, da sich im Festgestein, in Sedimenten und im Boden zahllose Hohl-

17 Grundwasser

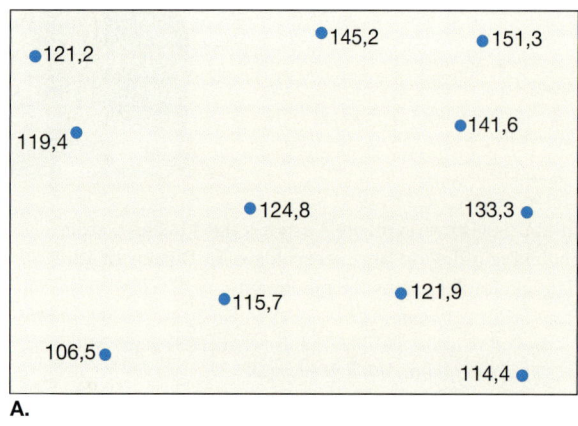

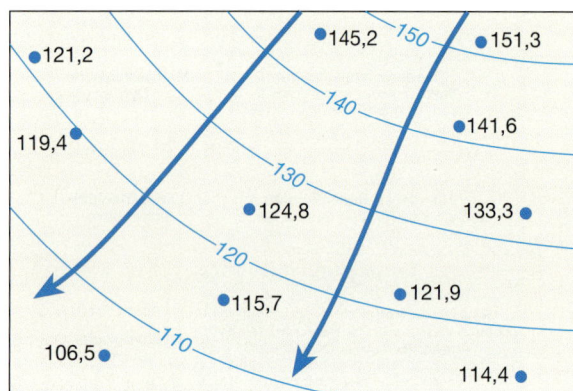

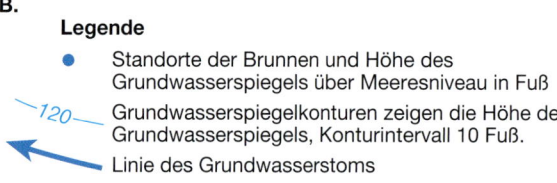

Legende

- Standorte der Brunnen und Höhe des Grundwasserspiegels über Meeresniveau in Fuß
- ~120~ Grundwasserspiegelkonturen zeigen die Höhe des Grundwasserspiegels, Konturintervall 10 Fuß.
- ← Linie des Grundwasserstoms

Abbildung 17.3: Die Herstellung einer Karte des Grundwasserspiegels. Der Wasserspiegel in Brunnen deckt sich mit dem Grundwasserspiegel. **A.** Zunächst werden die Positionen der Brunnen und die Höhe des Wasserspiegels über Meeresniveau auf die Karte eingetragen. **B.** Diese Messpunkte werden verwendet, um Höhenlinien des Grundwasserspiegels in regelmäßigen Höhenintervallen zu zeichnen. Auf dieser Beispielkarte beträgt der Abstand der Höhenlinien 10 Fuß (ca. 3 Meter). Grundwasserfließlinien können hinzugefügt werden, um die Richtung der Wasserbewegung im oberen Teil der gesättigten Zone aufzuzeigen. Grundwasser tendiert dazu, ungefähr senkrecht zu den Grundwasserhöhenlinien hangabwärts zu fließen.

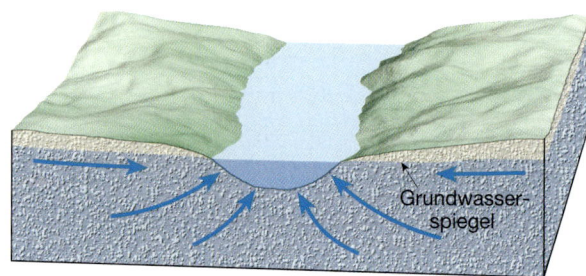

A. Wasseraufnehmende Flüsse

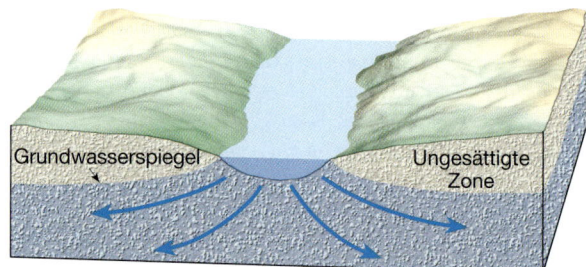

B. Wasserabgebende Flüsse

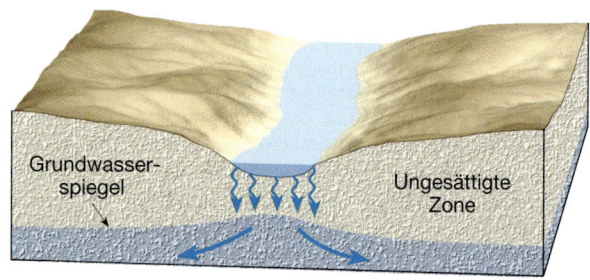

C. Wasserabgebende Flüsse

Abbildung 17.4: Die Wechselwirkung zwischen dem Grundwassersystem und Wasserläufen. **A.** Wasseraufnehmende Flüsse erhalten ihr Wasser aus dem Grundwassersystem. **B.** Wasserabgebende Flüsse geben Wasser an das Grundwassersystem ab. **C.** Werden wasserabgebende Flüsse vom Grundwassersystem durch die ungesättigte Zone getrennt, kann sich eine Aufwölbung im Grundwasserspiegel bilden. (nach: U.S. Geological Survey)

räume und Öffnungen befinden. Diese Öffnungen ähneln denen eines Schwamms und werden deswegen oft *Porenräume* genannt. Die Menge an Grundwasser, die gespeichert werden kann, hängt von der **Porosität** des Materials ab. Sie macht den Prozentsatz der Porenräume am Gesamtvolumen eines Gesteins oder Sediments aus. Hohlräume sind häufig Zwischenräume zwischen den Sedimentteilchen, aber auch Klüfte, Verwerfungen und Spalten, die durch die Lösung von lösbarem Gestein, wie Kalkstein, entstehen und Blasenhohlräume (Hohlräume durch Gas, das aus Lava entweicht).

Die Unterschiede in der Porosität können groß sein. Sediment ist gewöhnlich recht porös und die Öffnungen können zwischen 10 und 50 Prozent des Gesamtvolumens ausmachen. Der Porenraum hängt von der Größe und der Form der Körner ab, ihrer Packung, dem Sortierungsgrad und bei Sedimentgesteinen von der Menge des Zementierungsmaterials (Matrix). Beispielsweise können Tone eine Porosität von 50 Prozent aufweisen, während manche Kiese nur 20 Prozent an Hohlräumen besitzen.

Wo Sedimente schlecht sortiert sind, ist die Porosität reduziert, da die feineren Teilchen dazu neigen, die Öffnungen zwischen den größeren Körnern zu füllen (siehe Abbildung 7.6). Die meisten magmatischen und metamorphen Gesteine sowie manche Sedimentgesteine (wie Gips oder Kalkstein) sind aus eng miteinander verzahnten Kristallen zusammengesetzt, so dass die Hohlräume zwischen den Körnern vernachlässigbar sein können. In diesen Gesteinen müssen Brüche die Hohlräume bilden.

17.4.2 Permeabilität, Aquitarde und Aquifere

Porosität ist nicht das einzige Maß für die Kapazität eines Materials, Grundwasser zu halten. Gestein oder Sediment können sehr porös sein und dennoch das Wasser nicht durchfließen lassen. Das gilt z.B. für Bimsstein, der so porös ist, dass er jahrhundertelang auf dem Meer schwimmen kann, weil sich seine geschlossenen und isolierten Poren nicht mit Wasser füllen können. Die Poren müssen *miteinander verbunden* sein, damit Wasser durchfließen kann, und sie müssen *groß genug* sein, um einen Durchfließen zu ermöglichen. Deswegen ist die **Permeabilität** (*permeare* = durchdringen) eines Materials – seine Fähigkeit, Flüssigkeit durchzulassen – auch sehr wichtig.

Grundwasser bewegt sich auf komplizierten Bahnen durch die kleinen miteinander verbundenen Poren. Je kleiner der Porenraum ist, desto langsamer bewegt sich das Wasser. Dieses Konzept wird in ▶ Tabelle 17.2 verdeutlicht, wenn man die Information über den möglichen Wasserertrag der unterschiedlichen Materialien darstellt. Hier wird das Grundwasser in zwei Kategorien unterteilt: der Anteil, der unter dem Einfluss der Schwerkraft entwässert wird (*spezifischer Ertrag*), und (2) der Teil, der als Film auf Teilchen und Gesteinsoberflächen sowie in winzigen Öffnungen zurückgehalten wurde (*spezifische Speicherung*). Der spezifische Ertrag gibt an, wie viel Wasser tatsächlich zur Verfügung steht, wobei die spezifische Speicherung angibt, wie viel Wasser im Material gebunden bleibt. Beispielsweise ist die Fähigkeit von Ton, Wasser zu speichern, sehr groß, dank seiner hohen Porosität, aber der Porenzwischenraum ist so klein, dass sich das Wasser nicht hindurchbewegen kann. Da die Permeabilität von Ton sehr gering ist, ist der spezifische Ertrag von Ton sehr niedrig, obwohl seine Porosität hoch ist.

Undurchlässige Schichten, die die Wasserbewegung behindern oder verhindern, werden als **Aqui-**

Material	Porosität	Spezif. Ertrag	Spezif. Speicher
Ton	50	2	48
Sand	25	22	3
Kies	20	19	1
Kalkstein	20	18	2
Sandstein (halb verfestigt)	11	6	5
Granit	0,1	0,09	0,01
Basalt (frisch)	11	8	3

Werte in Volumenprozent
Quelle: U.S. Geological Survey, Abhandlung zur Wasserversorgung 2.220, 1987

Tabelle 17.2: Ausgewählte Werte für Porosität, spezifischen Ertrag und spezifischen Speicher.

tarde (*aqua* = Wasser; *tard* = langsam) bezeichnet. Ton ist ein gutes Beispiel. Andererseits haben große Teilchen wie Sand oder Kies größere Porenräume. Deswegen bewegt sich das Wasser mit relativer Leichtigkeit. Durchlässige Gesteinsschichten oder Sediment, die Grundwasser frei hindurchlassen, werden **Aquifere** (*aqua* = Wasser; *fer* = tragen) genannt. Sand und Kies sind häufige Beispiele.

Zusammenfassend haben Sie gesehen, dass die Porosität nicht immer ein verlässlicher Anzeiger für die Grundwassermenge ist, die erzeugt werden kann, und dass die Permeabilität bedeutend bei der Bestimmung der Geschwindigkeit der Grundwasserbewegung und der Wassermenge ist, die aus einem Brunnen entnommen werden kann.

17.5 Die Bewegung des Grundwassers

Die Bewegung des Wassers in der Atmosphäre und auf der Landoberfläche kann man sich relativ einfach vorstellen, die Bewegung des Grundwassers jedoch nicht. Am Anfang des Kapitels haben wir die allgemeine, aber nicht ganz zutreffende Auffassung erwähnt, dass Grundwasser in unterirdischen Flüssen auftreten würde, die den Flüssen an der Oberfläche ähneln. Unterirdische Flüsse kommen zwar vor, sind aber *selten*. Es ist eher so, dass das Grundwasser, wie Sie vorher erfahren haben, in Porenräumen und Brüchen im Gestein und im Sediment vorkommt. Deswegen ist die Bewegung des Grundwassers von Pore zu Pore, im Gegensatz zu allen Vorstellungen von einem raschen Fließen, die ein unterirdischer Fluss hervorrufen könnte, ausgesprochen langsam. Mit ausgesprochen langsam meinen wir eine Fließgeschwindigkeit von wenigen Zentimetern pro Tag.

▶ Abbildung 17.5 stellt ein einfaches Beispiel eines Grundwasserfließsystems dar – einen dreidimensionalen Körper von Erdmaterial, gesättigt mit sich bewegendem Grundwasser. Es zeigt, wie sich das Grundwasser entlang eines Wegs von einem Gebiet des Zuflusses zu einer Zone des Abflusses entlang eines Wasserlaufs bewegt. Abfluss tritt auch an Quellen, Seen, oder Feuchtgebieten und in Küstengebieten auf, wenn das Grundwasser langsam in Buchten oder im Ozean versickert. Die Transpiration durch Pflanzen, deren Wurzeln nahe zum Wasserspiegel reichen, stellt eine weitere Form des Abflusses dar.

Die Energie, die das Grundwasser bewegt, wird durch die Schwerkraft bereitgestellt. Als Folge der Schwerkraft bewegt sich das Wasser von Gebieten mit hohem Wasserspiegel zu Zonen mit niedrigem Wasserspiegel. Ein Teil des Wassers nimmt zwar den direkten Weg hangabwärts vom Wasserspiegel, doch der Großteil des Wassers folgt langen geschwungenen Wegen.

▶ Abbildung 17.5 zeigt Wasser, das in alle möglichen Richtungen in einen Wasserlauf versickert. Manche Wege biegen sich deutlich nach oben gegen die Schwerkraft und treten durch die Basis der Gerinne ein. Das kann man leicht erklären: Je weiter Sie in die Sättigungszone hineingehen, desto größer wird

> **Studenten fragen manchmal ...**
>
> **Wie kann man die Rate der Grundwasserbewegung mit der Fließgeschwindigkeit von Wasserläufen vergleichen?**
>
> Die Fließgeschwindigkeiten des Grundwasserstroms sind generell um Größenordnungen kleiner als die der Flussströmungen. Eine Fließgeschwindigkeit des Grundwassers von 0,3 Meter oder mehr pro Tag ist eine hohe Bewegungsrate für Grundwasser. Sie kann so langsam wie 0,3 Meter pro Jahr oder pro Jahrzehnt sein. Die Fließgeschwindigkeit der Flussströmungen wird dagegen in Meter pro Sekunde gemessen. Eine Fließgeschwindigkeit von 0,3 Meter pro Sekunde ergibt etwa 10 Kilometer pro Tag.

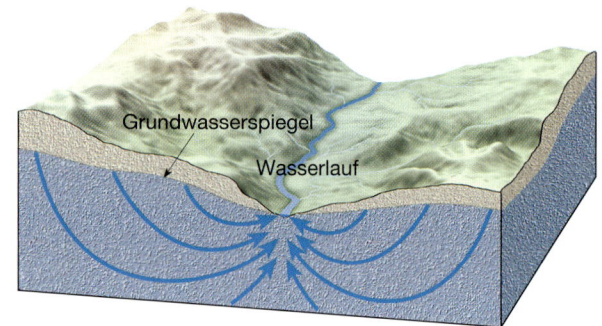

Abbildung 17.5: Die Pfeile zeigen die Grundwasserbewegung durch einheitlich durchlässiges Material. Die gekrümmten Bewegungspfade entstehen als Kompromiss zwischen dem Zug der Schwerkraft nach unten und der Tendenz des Wassers, sich zu Gebieten mit vermindertem Druck zu bewegen.

der Druck des Wassers. So kann man die umschlingenden Biegungen, denen das Wasser in der gesättigten Zone folgt, als Kompromiss sehen zwischen dem Zug der Schwerkraft nach unten und der Tendenz des Wassers, sich zu Gebieten mit geringerem Druck zu bewegen. Die Folge davon ist, dass das Wasser in einem bestimmten Höhenniveau nahe einem Hügel unter größerem Druck steht als nahe einem Flussgerinne und das Wasser tendiert dann dazu, in Richtung des geringeren Drucks zu strömen.

17.5.1 Das Darcy-Gesetz

Das Fundament unseres Wissens über die Bewegung des Grundwassers wurde in der Mitte des 19. Jahrhunderts mit den Arbeiten des französischen Ingenieurs Henri Darcy gelegt. Während dieser Zeit machte Darcy Messungen und führte Experimente durch, um herauszufinden, ob der Wasserbedarf der Stadt Dijon im Osten von Zentralfrankreich durch das Anzapfen der regionalen Grundwasservorräte gedeckt sein würde. Eines der von Darcy ausgeführten Experimente zeigte, dass sich die Fließgeschwindigkeit des Grundwassers proportional zur Neigung des Grundwasserspiegels verhält – je steiler die Neigung des Grundwasserspiegels, desto schneller bewegt sich das Wasser (da der Druck zwischen zwei Punkten größer ist, je steiler die Neigung ist). Die Neigung des Wasserspiegels wird als **hydraulisches Gefälle** bezeichnet und kann mit folgender Gleichung ausgedrückt werden:

$$\text{Hydraulisches Gefälle} = \frac{h_1 - h_2}{d}$$

h_1 ist die Höhe eines Punkts des Grundwasserspiegels, h_2 ist die Höhe des zweiten Punkts und d ist die horizontale Distanz (Fließstrecke) zwischen den beiden Punkten (▶ Abbildung 17.6).

Darcy experimentierte auch mit verschiedenen Materialien wie grobem Sand und feinem Sand, wobei er die Geschwindigkeit des Durchflusses durch sedimentgefüllte, mit unterschiedlichen Winkeln gekippte Rohre maß. Er fand heraus, dass die Fließgeschwindigkeit in Abhängigkeit von der Durchlässigkeit des Sediments schwankt – das Grundwasser fließt schneller durch Sedimente mit größerer Permeabilität als durch Materialien mit geringerer Permeabilität. Dieser Faktor, die **hydraulische Leitfähigkeit**, ist ein Koeffizient, der die Permeabilität eines Aquifers und die Viskosität der Flüssigkeit mit einbezieht.

Um den Abfluss (Q) zu bestimmen, also das tatsächliche Wasservolumen, das durch ein Aquifer in einer bestimmten Zeit fließt, verwendet man folgende Gleichung:

$$Q = \frac{KA(h_1 - h_2)}{d}$$

wobei $(h_1 - h_2) / d$ das hydraulische Gefälle bezeichnet. K ist der Koeffizient, der die hydraulische Leitfähigkeit repräsentiert, und A ist die Querschnittsfläche des Aquifers. Diese Darstellung wird **Darcy-Gesetz** genannt, als Würdigung des französischen Pionierwissenschaftlers und Ingenieurs.

17.5.2 Verschiedene Größenordnungen der Bewegung

Die Ausdehnung des Grundwasserfließsystems schwankt von wenigen Quadratkilometern (oder weniger) bis hin zu Tausenden von Quadratkilometern. Die Länge der Fließstrecke reicht von wenigen Metern bis zu Hunderten von Kilometern. ▶ Abbildung 17.7 zeigt ein Profil durch ein hypothetisches Gebiet, bei welchem ein tiefes Grundwasserfließsystem von mehreren flacheren Fließsystemen überlagert wird und mit diesen verbunden ist. Die Geologie unterhalb der Oberfläche zeigt eine komplizierte Anordnung von Aquiferen mit hoher hydraulischer Leitfähigkeit und Aquitardeinheiten mit geringer hydraulischer Leitfähigkeit.

In Abbildung 17.7 repräsentieren die blauen Pfeile die Wasserbewegung in mehrere lokale Grundwassersysteme, die im oberen Grundwasserspiegelaquifer auftreten. Sie sind durch Grundwasserscheiden in der Mitte der Hügel getrennt und fließen in den oberflächennahsten Wasserkörper ab. Unter diesen überwiegend flach verlaufenden Systemen zeigen die roten Pfeile die Wasserbewegung etwas tiefer im System an, wobei das Grundwasser nicht in den oberflächennahsten Wasserkörper abfließt, sondern in einen weiter entfernten. Die schwarzen Pfeile zeigen die Grundwasserbewegung in einem tiefen regionalen System, das unter den anderen liegt und mit ihnen verbunden ist. Der horizontale Maßstab der Abbildung kann von einigen zehn bis zu Hunderten von Kilometern reichen.

Quellen 17.6

Quellen wecken seit Jahrtausenden die Neugier der Menschen. Quellen stellen auch heute noch für viele Menschen ein mysteriöses Phänomen dar. Das ist nicht schwer zu verstehen, da dort das Wasser bei jedem Wetter ungehindert und scheinbar unerschöpflich, ohne erkennbaren Herkunftsort aus dem Boden fließt.

Mitte des 17. Jahrhunderts entkräftete der französische Physiker Pierre Perrault die uralte Annahme, dass der Niederschlag für die Menge des Wassers nicht ausreichen könne, das aus Quellen strömt und in Flüssen fließt. Mehrere Jahre lang errechnete Perrault die Menge des Wassers, die im Einzugsgebiet des Flusses Seine niederfiel. Er berechnete dann den durchschnittlichen jährlichen Ablauf, indem er den Durchfluss des Flusses maß. Nachdem er einen Wasserverlust für

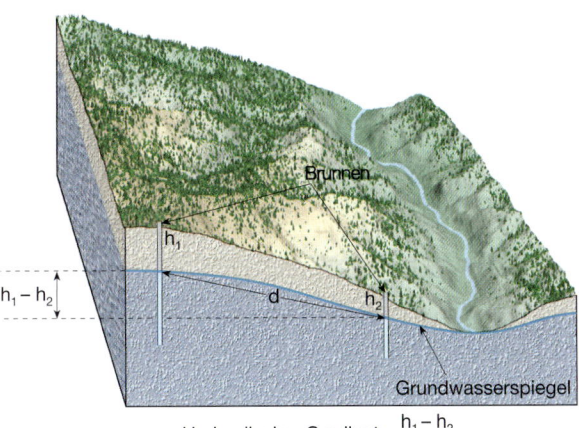

Abbildung 17.6: Man bestimmt das hydraulische Gefälle durch die Messung der Höhe zwischen zwei Punkten auf dem Grundwasserspiegel (h_1-h_2). Diese Differenz wird durch die Strecke d zwischen den beiden dividiert. Man verwendet normalerweise Brunnen, um die Höhe des Grundwasserspiegels zu bestimmen.

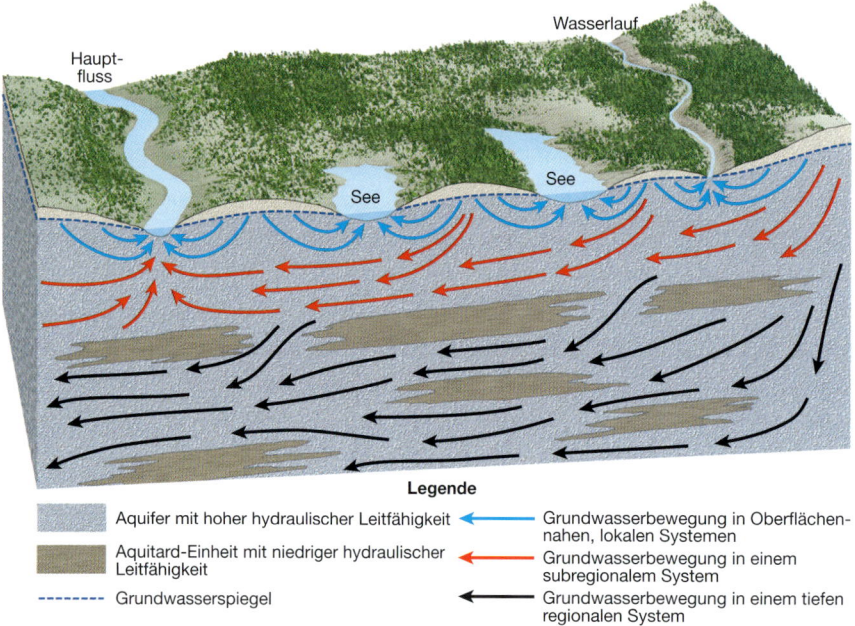

Abbildung 17.7: Ein hypothetisches Grundwasserfließsystem, das Subsysteme mit unterschiedlichen Maßstäben mit einschließt. Unterschiede in der Oberflächentopographie können eine komplexe Situation entstehen lassen. Der horizontale Maßstab der Abbildung kann von einigen zehn bis zu Hunderten von Kilometern reichen. (nach: U.S. Geological Survey)

die Verdunstung berücksichtigt hatte, konnte er zeigen, dass genügend Wasser übrig blieb, um Quellen zu speisen. Dank der Pionierarbeit von Perrault und den Messungen, die viele andere danach anstellten, wissen wir, dass das Wasser der Quellen aus der gesättigten Zone stammt und die Herkunft dieses Wassers letztlich vom Niederschlag stammt. Immer wenn der Grundwasserspiegel die Erdoberfläche schneidet, entsteht ein natürlicher Ausfluss des Grundwassers, den wir **Quelle** nennen (▶Abbildung 17.8). Quellen, wie die in Abbildung 17.8 dargestellte, bilden sich, wenn ein Aquitard die Bewegung des Grundwassers nach unten blockiert und es dazu zwingt, lateral zu fließen. An der Stelle, an der die permeable Schicht zu Tage tritt, entsteht eine Quelle. Eine weitere Situation, die zu einer Quellenbildung führen kann, ist in ▶Abbildung 17.9 dargestellt. Hier befindet sich ein Aquitard über dem Hauptgrundwasserspiegel. Sickert Wasser nach unten durch, wird ein Teil davon vom Aquitard abgehalten, wobei eine lokale Sättigungszone und ein **gespannter Grundwasserspiegel** entstehen.

Quellen sind jedoch nicht auf Stellen beschränkt, an welchen ein gespannter Grundwasserspiegel einen Oberflächenaustritt erzeugt. Viele geologische Umstände führen zur Bildung einer Quelle, da die Verhältnisse im Untergrund von Ort zu Ort stark variieren. Sogar in Gebieten, die von undurchlässigem Kristallingestein unterlagert sind, können durchlässige Zonen in Form von Brüchen oder Lösungskanälen existieren. Füllen sich diese Öffnungen mit Wasser und schneiden sie sich mit der Oberfläche entlang eines Hangs, entsteht eine Quelle.

Abbildung 17.8: Quelle im Marble Canyon, Arizona. (Foto: Michael Collier)

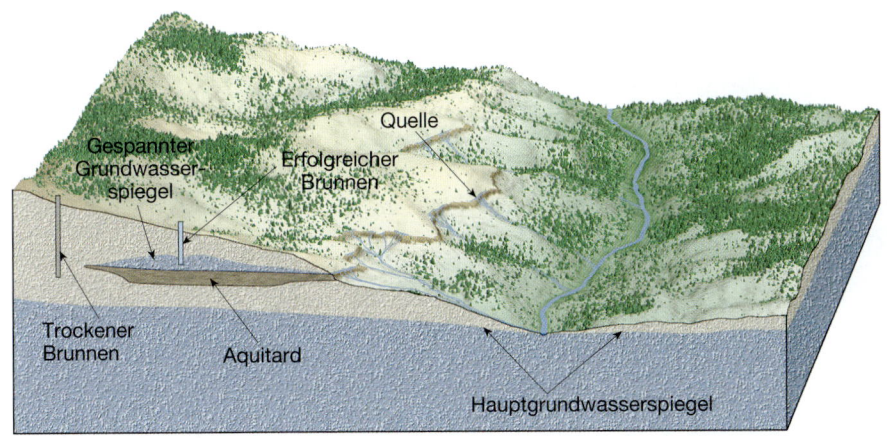

Abbildung 17.9: Befindet sich ein Aquitard oberhalb des Hauptwasserspiegels, kann eine lokalisierte Sättigungszone entstehen. Schneidet der angespannte Grundwasserspiegel die Talflanken, fließt eine Quelle. Der angespannte Grundwasserspiegel kann auch zum Ertrag des Brunnens rechts führen, wobei der Brunnen links trocken sein wird, außer er wird tiefer gebohrt.

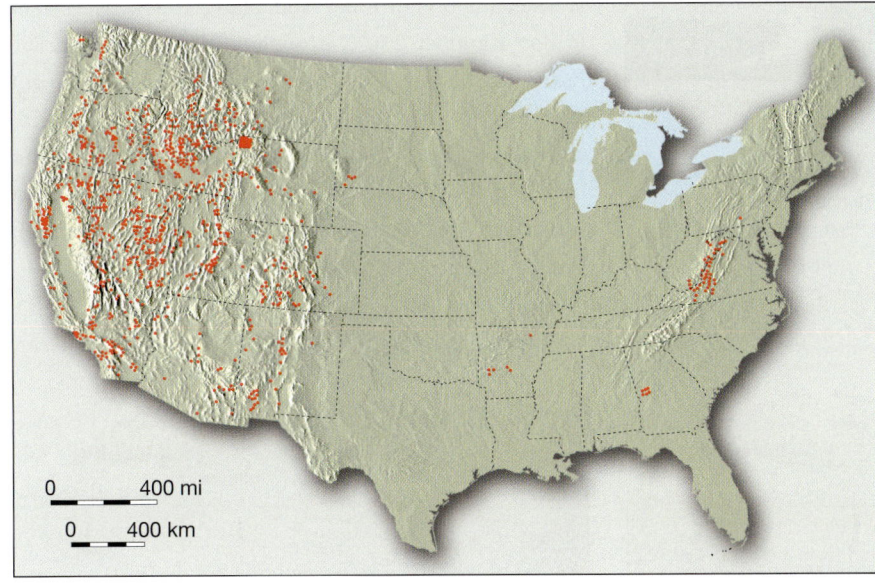

Abbildung 17.10: Die Verteilung heißer Quellen und Geysire in den Vereinigten Staaten. Beachten Sie die Konzentration im Westen, wo die magmatische Aktivität vor nicht allzu langer Zeit stattgefunden hat. (Nach G.A. Waring, U.S. Geological Survey Expertise 492, 1965)

Heiße Quellen und Geysire 17.7

Per Definition ist das Wasser **heißer Quellen** 6° bis 9°C wärmer als die mittlere jährliche Lufttemperatur an ihren Entstehungsorten. In den Vereinigten Staaten allein gibt es mehr als 1.000 solcher Quellen (▶ Abbildung 17.10).

Die Temperaturen in tiefen Bergstollen und Ölbrunnen steigen mit zunehmender Tiefe, durchschnittlich etwa 2°C pro 100 Meter. Grundwasser, das in großen Tiefen zirkuliert, wird aufgeheizt. Steigt es zur Oberfläche, kann das Wasser als heiße Quelle entweichen. Das Wasser einiger heißer Quellen im Osten der USA wird auf diese Weise aufgeheizt. Doch die Mehrzahl (mehr als 95 Prozent) der heißen Quellen in den Vereinigten Staaten kommen im Westen vor (Abbildung 17.10). Der Grund dafür liegt darin, dass die Wärme für die meisten heißen Quellen von abkühlendem magmatischem Gestein stammt und im Westen die magmatische Aktivität vor nicht allzu langer Zeit stattgefunden hat.

Geysire sind episodische heiße Quellen oder Fontänen, bei welchen die Wassersäulen mit großer Kraft in unterschiedlichen Intervallen herausgeschleudert werden und dabei oft 30 bis 60 Meter in die Luft steigen können. Nachdem der Wasserstrahl nachgelassen hat, stürzt eine Dampfsäule gewöhnlich mit einem donnernden Getöse heraus. Der möglicherweise bekannteste Geysir der Welt ist der „Old Faithful" im Yellowstone Nationalpark, der einmal in der Stunde ausbricht (▶ Abbildung 17.11). Die große Häufigkeit und Verschiedenheit der Geysire in Yellowstone sowie andere thermale Besonderheiten waren zweifellos der Hauptgrund, dieses Gebiet zum ersten Nationalpark der Vereinigten Staaten zu machen. Geysire findet man

17 Grundwasser

Abbildung 17.11: Ein Ausbruch des weltbekannten Geysirs Old Faithful zur Winterzeit. Er stößt ca. jede Stunde die Menge von 45.000 Liter heißes Wasser und Dampf aus. (Foto: Marc Muench/David Muench Photographie, Inc.)

auch in anderen Teilen der Welt, vor allem in Neuseeland und Island. Tatsächlich stammt der Name Geysir vom isländischen Wort *geysa* (emporschießen).

Geysire treten auf, wenn ausgedehnte Kammern innerhalb des heißen magmatischen Gesteins existieren. Wie dieser Mechanismus funktioniert, ist in ▶Abbildung 17.12 dargestellt. Tritt relativ kühles Grundwasser in die Kammern ein, wird es durch das umgebende Gestein aufgeheizt. Am Boden der Kammer steht das Wasser aufgrund des Gewichts des darüber liegenden Wassers unter hohem Druck. Der große Druck verhindert das Sieden des Wassers bei normaler Oberflächentemperatur von 100°C. Beispielsweise muss das Wasser am Boden einer 300 Meter tiefen, wassergefüllten Kammer 230°C erreichen, um zu sieden. Die Erhitzung bedingt eine Ausdehnung des Wassers mit der Folge, dass ein Teil davon an der Oberfläche hinausgedrängt wird. Der Verlust des Wassers senkt den Druck in der Kammer, was wiederum den Siedepunkt senkt. Ein Teil des Wassers in der Kammer wandelt

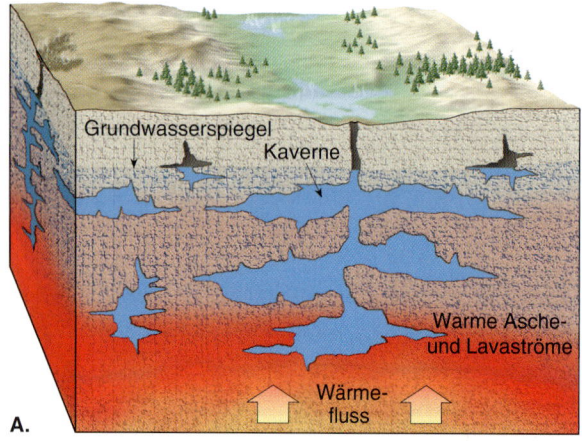

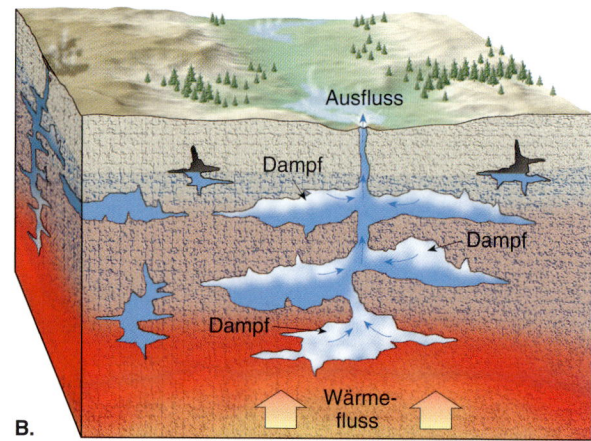

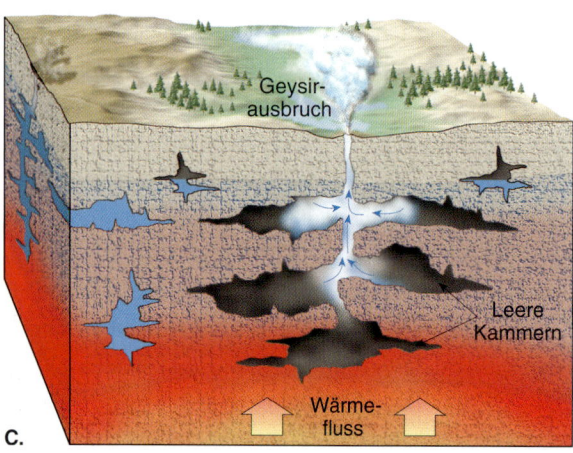

Abbildung 17.12: Idealisierte Diagramme eines Geysirs. Ein Geysir kann sich bilden, wenn die Wärme nicht durch Konvektion verteilt wird. **A.** In dieser Abbildung befindet sich das Wasser nahe am Boden fast an seinem Siedepunkt. Der Siedepunkt ist höher als an der Oberfläche, da das Gewicht des darüber liegenden Wassers den Druck erhöht. **B.** Das Wasser weiter oben im Geysirsystem wird ebenfalls aufgeheizt; es dehnt sich aus und fließt an der Oberfläche aus, wobei der Druck auf das Wasser am Boden sinkt. **C.** Durch den reduzierten Druck kommt es zum Sieden. Ein Teil des Wassers am Boden wird zu Dampf und der sich ausdehnende Dampf führt zur Eruption.

> **Studenten fragen manchmal …**
>
> **Ich weiß, dass der Geysir „Old Faithful" im Yellowstone-Nationalpark am bekanntesten ist. Ist er auch der größte?**
>
> Nein. Es scheint so, dass diese Auszeichnung für den Geysir „Dampfboot" vorbehalten ist, zumindest wenn man das Wort „groß" in der Bedeutung von „hoch" verwendet. Während einer großen Eruption kann der Geysir „Dampfboot" über 90 Meter hohe Fontänen bis zu 40 Minuten lang spucken. Auf diese Wasserphase folgen in der Dampfphase gewaltige Ausbrüche von heißem Dampf, der sich 150 Meter hoch in den Himmel erstrecken kann. Wie die meisten der Yellowstone-Geysire ist der Geysir „Dampfboot" nicht so verlässlich wie der „Old Faithful". Die Intervalle bei ihm können von drei Tagen bis zu 50 Jahren dauern. Der Geysir, der von 1911 bis 1961 nicht aktiv war, brach seit 1989 weniger als zehnmal aus.

sich schnell in Dampf um und der Geysir schießt empor (Abbildung 17.12). Nach der Eruption sickert wieder kühles Grundwasser in die Kammer und der Kreislauf beginnt von neuem.

Fließt Grundwasser aus heißen Quellen und Geysiren an der Oberfläche aus, wird Material, das sich in Lösung befindet, oft ausgefällt und erzeugt eine Anhäufung von chemischem Sedimentgestein.

Das Material, das an einem bestimmten Ort abgelagert wird, spiegelt die chemische Zusammensetzung des Gesteins wider, durch das das Wasser zirkuliert. Enthält das Wasser gelöstes Silizium, entsteht *Kieselsinter* oder *Geyserit*, der sich um die Quelle herum ablagert. Enthält das Wasser Calciumcarbonat, entsteht eine Kalksteinvarietät, der *Travertin* oder *Kalktuff*. Die letzte Bezeichnung trifft auf Material zu, das viele Hohlräume besitzt und porös ist.

Die Ablagerungen an den heißen Mammoth-Quellen im Yellowstone Nationalpark sind eindrucksvoller als die meisten anderen (▶Abbildung 17.13). Während das heiße Wasser durch eine Reihe von Kanälen nach oben fließt und dann an der Oberfläche austritt, ermöglicht es der reduzierte Druck dem Kohlendioxid, sich abzuspalten und aus dem Wasser zu entweichen. Der Verlust des Kohlendioxids verursacht eine Übersättigung des Wassers mit Calciumcarbonat, das dann ausfällt. Neben dem Gehalt an gelöstem Silizium und Calciumcarbonat enthalten manche Quellen Schwefel, was den Quellen einen schlechten Geschmack und einen unangenehmen Geruch verleiht. Zweifellos handelt es sich bei der Quelle „Rotten Egg" (Verfaultes Ei) um ein solches Beispiel.

17.8 Brunnen

Grundwasser wird am häufigsten mithilfe eines **Brunnens** entnommen – das ist ein Loch, das in die gesättigte Zone gebohrt wird. Brunnen dienen als kleine Wasserspeicher, in welchen das Grundwasser wan-

Abbildung 17.13: Die heißen Mammoth-Quellen im Yellowstone-Nationalpark. Die meisten Ablagerungen an Geysiren und heißen Quellen im Yellowstone-Nationalpark sind siliziumreiche Geyserite, die Ablagerungen an den Mammoth-Quellen bestehen aus einer Kalksteinart, dem Travertin. (Foto: Stephen Trimble)

dert und woraus es an die Oberfläche gepumpt werden kann. Die Verwendung von Brunnen lässt sich über viele Jahrhunderte zurückverfolgen und bleibt auch heute noch eine wichtige Methode zur Wassergewinnung. Den weitaus größten Anteil am Verbrauch dieses Wassers in den Vereinigten Staaten hat die Bewässerung in der Landwirtschaft. Mehr als 65 Prozent des Grundwassers wird jährlich zu diesem Zweck verwendet. Der industrielle Verbrauch folgt mit Abstand an zweiter Stelle, gefolgt vom Wasserverbrauch in den Städten und ländlichen Privathaushalten.

Der Grundwasserspiegel kann im Jahresverlauf beträchtlich schwanken, mit einem Abfall während der trockenen Jahreszeiten und einem Anstieg während der Regenperioden. Um eine kontinuierliche Versorgung zu gewährleisten, muss ein Brunnen unterhalb des Grundwasserspiegels gebohrt werden. Entnimmt man Wasser aus dem Brunnen, sinkt der Wasserspiegel um den Brunnen herum. Dieser Effekt, der mit der Entfernung zum Brunnen abnimmt, wird als **Grundwasserabsenkung** bezeichnet. Es entsteht eine Senkung des Grundwasserspiegels mit einer in etwa konischen Form, die **Absenkungstrichter** genannt wird (▶ Abbildung 17.14). Da der Absenkungstrichter das hydraulische Gefälle in der Nähe des Brunnens erhöht, fließt das Grundwasser schneller zur Öffnung hin. Für die meisten kleinen privaten Brunnen ist der Absenkungstrichter vernachlässigbar. Doch wenn Brunnen zur Bewässerung oder für industrielle Zwecke ausgepumpt werden, kann die Entnahmemenge des Wassers so groß sein, dass ein sehr weiter und steiler Absenkungstrichter entsteht. Das kann den Grundwasserspiegel erheblich senken und das Trockenwerden nahe gelegener Brunnen bedingen. Abbildung 17.14 stellt diese Situation dar.

Das erfolgreiche Graben von Brunnen stellt für Menschen, die in Gebieten leben, in welchen das Grundwasser die Hauptversorgungsquelle darstellt, ein bekanntes Problem dar. Ein Brunnen kann schon in 10 Meter Tiefe ertragreich sein, ein anderer in der Nachbarschaft muss doppelt so tief gegraben werden, um den gleichen Ertrag zu erzielen. Wieder andere Brunnen erfordern eine noch tiefere Grabung oder man muss es an einer ganz anderen Stelle neu probieren. Ist das Oberflächenmaterial heterogen, kann der Ertrag eines Brunnens über kurze Strecken sehr unterschiedlich sein. Werden beispielsweise zwei nebeneinander liegende Brunnen auf der gleichen Ebene gebohrt und nur einer davon bringt Ertrag, könnte die Ursache ein angespannter Grundwasserspiegel unterhalb von einem der beiden sein. Ein derartiger Fall ist in Abbildung 17.9 dargestellt. Massive magmatische und metamorphe Gesteine liefern ein zweites Beispiel. Das Kristallingestein ist normalerweise nicht durchlässig, außer dort, wo es von vielen Klüften und Brüchen durchschnitten ist. Deswegen ist es wahrscheinlich, dass ein Brunnen, der in solchem Gestein nicht in ein angemessenes Netzwerk von Brüchen gebohrt wird, keinen Ertrag bringt.

17.9 Artesische Quellen

In den meisten Brunnen kann das Wasser nicht von allein aufsteigen. Trifft man zum ersten Mal in 30 Meter Tiefe auf Wasser, bleibt es auf diesem Niveau, mit

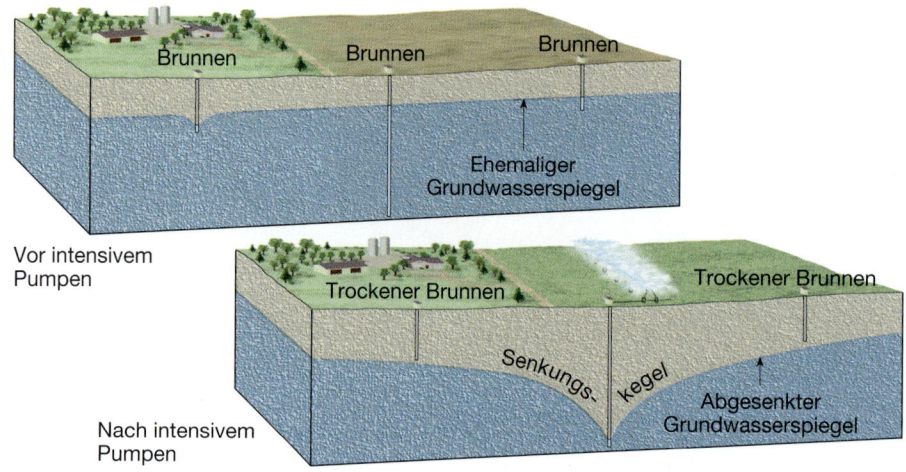

Abbildung 17.14: Ein Absenkungstrichter im Grundwasserspiegel bildet sich oft um einen Brunnen, der gepumpt wird. Senkt starkes Pumpen den Grundwasserspiegel ab, fallen flache Brunnen trocken.

17.9 Artesische Quellen

einer möglichen Schwankungsbreite von einem oder zwei Metern während jahreszeitlichen Nass- und Trockenperioden. Doch in manchen Brunnen steigt das Wasser bis zur Oberfläche, bis es ausfließt. Diese Art von Brunnen findet man häufig in der Region von *Artois* in Nordfrankreich und wir nennen diese von allein aufsteigenden Brunnen *artesisch*.

Für viele Menschen wird die Bezeichnung artesisch auf einen beliebigen Brunnen angewendet, der in großen Tiefen gebohrt ist. Die Verwendung dieser Bezeichnung ist nicht korrekt. Andere glauben, ein artesischer Brunnen müsste frei an die Oberfläche fließen (▶ Abbildung 17.15). Obwohl diese Annahme eine zutreffendere Bedeutung als die erste hat, ist es eine zu eng gefasste Definition. Die Bezeichnung **artesisch** kann auf *jede* Situation angewendet werden, bei welcher das unter Druck stehende Grundwasser über die Ebene des Aquifers steigt. Wie wir sehen werden, bedeutet das nicht immer einen freien Oberflächendurchfluss.

Damit ein artesisches System entstehen kann, müssen normalerweise zwei Bedingungen zusammentreffen (Abbildung 17.15): (1) Das Wasser muss an ein geneigtes Aquifer gebunden sein, so dass an einem Ende Wasser zufließen kann; und (2) Aquitarde über und unter dem Aquifer müssen vorhanden sein, um das Wasser am Entweichen zu hindern (so ein Aquifer wird *gespannter Grundwasserspeicher* genannt). Wird so eine Schicht angezapft, bringt der Druck des darüberliegenden Wassers das Wasser zum Steigen. Gäbe es keine Reibung, würde das Wasser im Brunnen bis zum dem obersten Niveau des Aquifers steigen. Doch die Reibung reduziert die Druckoberfläche. Je größer die

Abbildung 17.15: Manchmal fließt Wasser ungehindert an die Oberfläche, wenn sich ein artesischer Brunnen entwickelt hat. Doch bei den meisten artesischen Brunnen muss das Wasser zur Oberfläche gepumpt werden. (Foto: James E. Patterson)

Entfernung zum Versorgungsgebiet ist (wo das Wasser in das geneigte Aquifer eintritt), desto größer ist die Reibung und desto geringer ist der Wasseranstieg.

In ▶Abbildung 17.16 ist der Brunnen 1 ein **nicht fließender artesischer Brunnen**, da sich an dieser Stelle die Druckoberfläche unterirdisch befindet. Liegt die Druckoberfläche oberirdisch und es wird ein Brunnen in das Aquifer gebohrt, entsteht ein **fließender artesischer Brunnen** (Brunnen 2 in Abbildung 17.16). Nicht alle artesischen Systeme sind Brunnen. Es gibt auch *artesische Quellen*. Dabei kann das Grundwasser die Oberfläche erreichen, indem es entlang natürlicher Brüche aufsteigt, wie beispielsweise entlang einer Verwerfung, anstatt durch künstlich geschaffene Löcher. In Wüsten sind artesische Quellen manchmal für die Entstehung von Oasen verantwortlich.

Artesische Systeme verhalten sich wie Leitungen und transportieren Wasser über große Entfernungen,

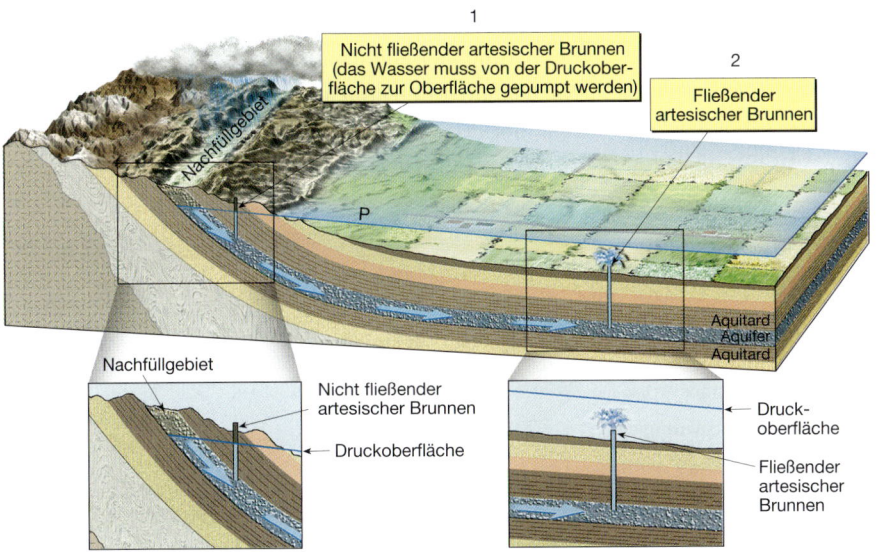

Abbildung 17.16: Artesische Systeme entstehen, wenn ein geneigtes Aquifer von undurchlässigen Schichten umgeben ist.

17 Grundwasser

Abbildung 17.17: Wie eine Springquelle fließt der artesische Brunnen in South Dakota in der ersten Hälfte des 20. Jahrhunderts. Tausende zusätzlicher Brunnen haben nun dasselbe begrenzte Aquifer angezapft; deswegen fiel der Druck bis zu dem Punkt, wo viele Brunnen aufhörten zu fließen und gepumpt werden mussten. (Foto: N.H. Darton, U.S. Geological Survey)

von abgelegenen Versorgungsgebieten bis zu der Stelle des Ausflusses. Ein bekanntes artesisches System in South Dakota liefert ein gutes Beispiel dafür. Im westlichen Teil des Staates wurden die Ränder von Sedimentschichten entlang der Flanken der Black Hills nach oben zur Oberfläche gebogen. Eine dieser Schichten, der durchlässige Dakota-Sandstein, ist zwischen zwei undurchlässigen Schichten eingezwängt, mit einer graduellen Neigung nach Osten. Als man das Aquifer zum ersten Mal anzapfte, ergoss sich das Wasser an der Oberfläche in mehreren Meter hohen Fontänen (▶Abbildung 17.17). An manchen Stellen war die Wasserkraft so stark, dass man Wasserräder antreiben konnte. Doch Szenen, wie die in Abbildung 17.17 dargestellte, können nicht mehr entstehen, da viele Tausend zusätzliche Brunnen in das gleiche Aquifer gebohrt wurden. Das verminderte den Wasserspeicher und der Grundwasserspiegel im Versorgungsgebiet sank. Als Folge davon nahm der Druck so weit ab, dass viele Brunnen aufhörten zu fließen und stattdessen gepumpt werden mussten. Das Wasserversorgungssystem in Städten kann in einem anderen Maßstab als Beispiel eines artesischen Systems betrachtet werden (▶Abbildung 17.18). Die Wassertürme, in die das Wasser gepumpt wird, repräsentieren das Versorgungsgebiet, die Rohre den angespannten Grundwasserspeicher und die Wasserhähne in den Häusern einen fließenden artesischen Brunnen.

17.10 Probleme, die mit der Entnahme von Grundwasser verbunden sind

Wie viele unserer wertvollen natürlichen Ressourcen wird das Grundwasser mit zunehmender Geschwindigkeit ausgebeutet. In manchen Gebieten bedroht übermäßige Entnahme das Grundwasser. An anderen Orten kann die Entnahme das Absinken des Bodens mit allen darauf befindlichen Dingen verursachen. An wieder anderen Stellen zeigt man sich besorgt über eine mögliche Kontamination der Grundwasserversorgung.

17.10.1 Die Behandlung des Grundwassers als nicht erneuerbare Ressource

Viele natürliche Systeme tendieren dazu, einen Gleichgewichtszustand zu erreichen. Das Grundwassersystem bildet keine Ausnahme. Die Höhe des Grundwasserspiegels spiegelt das Gleichgewicht zwischen der Versickerungsrate und der Durchflussrate und der Entnahme wider. Ein über lange Zeit bestehendes Ungleichgewicht kann zu einem erheblichen Absinken des Grundwasserspiegels führen, falls entweder der Nachschub durch eine lang anhaltende Dürre abnimmt oder der Durchfluss oder die Entnahme zunimmt.

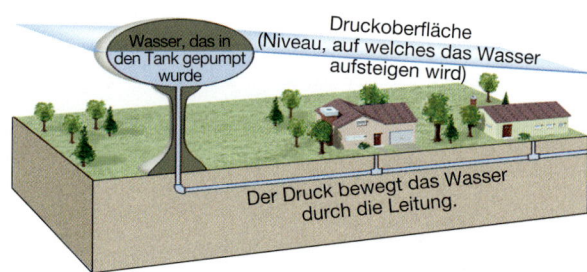

Abbildung 17.18: Das Wassersystem einer Stadt kann als künstliches artesisches System betrachtet werden.

Für viele scheint das Grundwasser eine endlos erneuerbare Ressource zu sein, da es kontinuierlich durch Regenfall und Schneeschmelze wieder aufgefüllt wird. Aber in manchen Regionen muss das Grundwasser wie eine *nicht erneuerbare* Ressource behandelt werden. Wo das der Fall ist, ist die Menge des verfügbaren Wassers, um die Aquifere aufzufüllen, erheblich geringer als die Menge, die entnommen wird.

Die High Plains liefern ein Beispiel dafür. Dort hängt eine extensive Agrarwirtschaft von der Bewässerung ab (▶Abbildung 17.19). In manchen Teilen der Region erschöpfte sich das Grundwasser durch intensive Bewässerung über längere Zeiträume sehr stark. Unter diesen Umständen kann man sagen, dass das Grundwasser wörtlich genommen „abgebaut" wurde. Selbst wenn man das Pumpen sofort beenden würde, könnte es Hunderte oder Tausende von Jahren dauern, bis das Grundwasser wieder voll aufgefüllt wäre.

17.10.2 Absenkung

Wie Sie später in diesem Kapitel sehen werden, kann die Bodenabsenkung durch einen natürlichen Prozess erfolgen, der in Beziehung zum Grundwasser steht. Der Boden kann jedoch auch absinken, wenn das Wasser von den Brunnen schneller gepumpt wird, als es durch die natürlichen Auffüllprozesse ersetzt werden kann. Dieser Effekt ist besonders in Gebieten ausgeprägt, die von mächtigen, nicht verfestigten Sedimenten unterlagert werden. Wird Wasser entnommen, sinkt der Wasserdruck ab und das Gewicht der Überlagerung wird auf die Sedimente übertragen. Der höhere Druck packt die Sedimentkörner dichter zusammen und der Boden senkt sich. Die Größe des Gebiets, das von der Absenkung betroffen sein kann, ist beachtlich. In den gesamten Vereinigten Staaten machte es eine geschätzte Größe von 26.000 Quadratkilometer aus – ein Gebiet mit etwa der gleichen Größe wie Massachusetts! Viele Gebiete weisen eine Landabsenkung auf, entstanden durch das exzessive Auspumpen von Grundwasser aus relativ losem Sediment. Ein klassisches Beispiel in den Vereinigten Staaten findet sich im San-Joaquin-Tal in Kalifornien und wird in ▶Exkurs 17.2 besprochen. Viele andere Fälle von Landabsenkung aufgrund des Herauspumpens von Grundwasser findet man in den Vereinigten Staaten; dazu gehören Las Vegas, Nevada; New Orleans und Baton Rouge, Louisiana; und das Houston-Galveston-Gebiet von Texas. In dem tief liegenden Küstengebiet zwischen Houston und Galveston beträgt die Landabsenkung 1,5 bis zu 3 Meter. Die Folge davon ist, dass etwa 78 Quadratkilometer davon ständig überflutet sind.

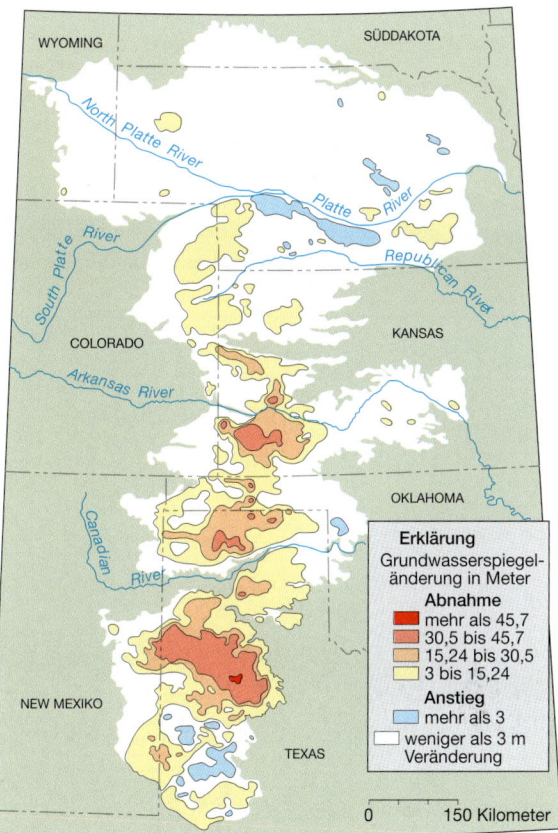

Abbildung 17.19: Veränderungen im Grundwasserspiegel im Aquifer der High Plains von der Zeit vor der Erschließung bis 1997. Extensives Pumpen zur Bewässerung führte zu einem Absinken des Grundwasserspiegels von mehr als 30 Meter in Teilen von Kansas, Oklahoma, Texas und New Mexico. Der Anstieg des Grundwassers trat dort auf, wo man Oberflächenwasser für die Bewässerung verwendete, wie entlang des Flusses Platte in Nebrasaka. (Nach: U.S. Geological Survey)

Außerhalb der Vereinigten Staaten findet sich das eindrucksvollste Beispiel von Absenkung in Mexiko City, das auf einem ehemaligen Seeboden errichtet wurde. In der ersten Hälfte des 20. Jahrhunderts wurden Tausende von Brunnen in das wassergesättigte Sediment unterhalb der Stadt gebohrt. Als man das Wasser entnahm, sank die Stadt etwa 6 bis 7 Meter ab. An manchen Stellen sind die Gebäude so weit eingesunken, dass sich der Zugang von der Straße aus dort befindet, wo früher das zweite Stockwerk war!

17.10.3 Kontamination mit Salzwasser (Versalzung)

In vielen Küstengebieten wird die Ressource Grundwasser durch den Eintrag von Salzwasser bedroht.

17 Grundwasser

EXKURS 17.2 – MENSCH UND UMWELT

■ Landabsenkung im San Joaquin-Tal

Das San Joaquin-Tal ist ein weites strukturelles Becken, das eine mächtige Füllung mit Sedimenten enthält. Mit der Größe von Maryland umfasst es die südlichen zwei Drittel des kalifornischen Zentraltals, eine Ebene, die zwei Gebirgszüge voneinander trennt – die Coast Ranges im Westen und die Sierra Nevada im Osten (▶ Abbildung 17.B). Das Aquifersystem des Tals ist eine Mischung aus alluvialem Material, das aus den umliegenden Bergen stammt. Die Sedimentmächtigkeit liegt im Durchschnitt bei 870 Meter. Das Klima des Tals ist arid bis semiarid mit einem durchschnittlichen Niederschlag von 12 bis 35 Zentimeter pro Jahr.

Das San Joaquin-Tal besitzt eine blühende Agrarwirtschaft mit einem hohen Wasserbedarf zur Bewässerung. Viele Jahre lang wurde über 50 Prozent dieses Bedarfs aus dem Grundwasser gedeckt. Zudem verbraucht fast jede Stadt der Region das Grundwasser als Hauptquelle für Privathaushalte und Industrie. Obwohl die Erschließung des Grundwassers im Tal zur Bewässerung schon im späten 18. Jahrhundert begann, kam es erst ab Mitte der 1920er Jahre zu einer Landabsenkung, als die Entnahme erheblich zunahm. Bis Mitte der 1970er Jahre war der Grundwasserspiegel um bis zu 120 Meter gefallen. Die daraus entstehende Landabsenkung betrug über 8,5 Meter an einer Stelle in der Region (▶ Abbildung 17.C). Zu dieser Zeit sanken Gebiete innerhalb des Tals schneller als ein Meter pro Jahr ab. Dann wurde Oberflächenwasser von außerhalb hereingebracht und das Pumpen von Grundwasser reduziert. Dadurch erholte sich der Wasserspiegel im Aquifer und die Absenkung kam zum Stillstand. Doch während einer Dürreperiode von 1976 bis 1977 führte starkes Pumpen zu einer erneuten Absenkung. Diesmal sank der Wasserspiegel aufgrund der verringerten Speicherkapazität viel schneller, was durch die vorausgehende Verdichtung der Sedimente hervorgerufen worden war. Insgesamt war das halbe Tal von der Absenkung betroffen. Der U.S. Geological Survey äußerte sich dazu wie folgt:

Abbildung 17.B: Das kolorierte Gebiet zeigt das San Joaquin-Tal in Kalifornien.

Um dieses Problem zu verstehen, müssen wir die Beziehung zwischen Grundwasser aus Süßwasser und Grundwasser aus Salzwasser untersuchen. ▶ Abbildung 17.20A zeigt ein Profil als Blockdiagramm, das die Beziehung in einer Küstenregion aufzeigt, die mit durchlässigem homogenen Material unterlagert ist. Süßwasser besitzt eine geringere Dichte als Salzwasser, deswegen schwimmt es auf Salzwasser und bildet einen großen linsenförmigen Körper, der sich in beträchtliche Tiefen unter den Meeresspiegel ausdehnen kann. In einer Situation, in der der Grundwasserspiegel 1 Meter über dem Meeresspiegel liegt, dehnt sich die Basis des Süßwasserkörpers bis in Tiefen von 40 Meter unter den Meeresspiegel aus. Anders ausgedrückt ist die Tiefe des Süßwassers unter dem Meeresspiegel 40 Mal größer als der Grundwasserspiegel über dem Meeresspiegel. Senkt exzessives Pumpen den Grundwasserspiegel um eine bestimmte Menge, wird die Basis der Süßwasserzone um das 40-Fache dieser Menge steigen. Übersteigt die Grundwasserentnahme weiter die Wiederauffüllung, kommt es irgendwann dazu, dass das Niveau des Salzwassers hoch genug ist, um in die Brunnen gezogen zu werden und damit das Süßwasser kontaminiert (▶ Abbildung 17.20B). Tiefe Brunnen und Brunnen nahe der Küste sind normalerweise als erste davon betroffen.

17.10 Probleme, die mit der Entnahme von Grundwasser verbunden sind

Die Absenkung des San Joaquin-Tals ist vermutlich eine der größten durch den Menschen verursachten Veränderungen in der Konfiguration der Erdoberfläche ...Es entstanden dadurch ernste und kostspielige Probleme bei der Errichtung und der Wartung der Wassertransportsysteme, von Autobahnen und Autobahnverbindungen; auch wurden Millionen von US-Dollar für die Wiederherstellung oder den Ersatz von Tiefbrunnen ausgegeben. Neben der Veränderung des Gefälles und des Laufes der Bäche und Flüsse im Tal hat die Landabsenkung unerwartete Überschwemmungen verursacht und sie kostet Bauern viele Hunderttausende von Dollar durch wiederholte Landeinebnungen.[1]

Ähnliche Auswirkungen wurden in der San Jose-Gegend des Santa Clara-Tals in Kalifornien beobachtet, wo die Landabsenkung zwischen 1916 und 1966 fast 4 Meter erreichte. Die Überschwemmung des Gebiets, das an den südlichen Teil der Bucht von San Francisco grenzt, war eines der Ergebnisse. Wie beim San Joaquin-Tal hörte die Landabsenkung auf, als mehr Oberflächenwasser zugeführt wurde und man die Grundwasserentnahmemenge reduzierte.

---

1 Ireland, R. L., Poland J. F. und Riley F. S., *Landabsenkung im San Joaquin-Tal, Kalifornien, ab 1980*, U.S. Geological Survey Expertise 437-I (Washington, D.C.: Druckerei der Regierung der Vereinigten Staaten, 1984), S. 11.

Abbildung 17.C: Die Markierungen auf diesem Versorgungspfosten zeigen die Ebene des umgebenden Landes in den Vorjahren an. Zwischen 1925 und 1975 sank dieser Teil des San-Joaquin-Tals fast 9 Meter aufgrund der Grundwasserentnahme und der daraus resultierenden Verdichtung der Sedimente. (Foto: mit freundlicher Genehmigung U.S. Geological Survey)

In besiedelten Küstengebieten geht das durch exzessives Pumpen erzeugte Problem mit der abnehmenden natürlichen Auffüllrate einher. Je mehr Oberflächen durch Straßen, Parkplätze und Gebäude versiegelt werden, desto stärker nimmt die Versickerung in den Boden ab.

Beim Versuch, das Problem der Versalzung von Grundwasserressourcen zu beheben, kann man ein Netzwerk von Brunnen verwenden, die der Wiederauffüllung dienen. Diese Brunnen sind darauf ausgelegt, Abwasser zurück in das Grundwassersystem zu pumpen. Eine zweite Methode zur Behebung des Problems kann die Errichtung von großen Becken sein.

Diese Becken sammeln den Oberflächenabfluss und lassen ihn in den Boden versickern. Auf Long Island bei New York wurden, seitdem man das Problem der Versalzung vor 40 Jahren erkannt hatte, beide Methoden mit beachtlichem Erfolg angewandt.

Die Kontamination von Süßwasseraquiferen durch Salzwasser ist ein Hauptproblem in Küstengebieten, kann aber auch andere Orte bedrohen. Viele alte Sedimentgesteine marinen Ursprungs wurden an Stellen abgelagert, die noch vom Ozean bedeckt waren, sich jetzt aber weit im Binnenland befinden. Unter besonderen Umständen wurden beträchtliche Mengen Salzwasser eingeschlossen und befinden sich noch immer

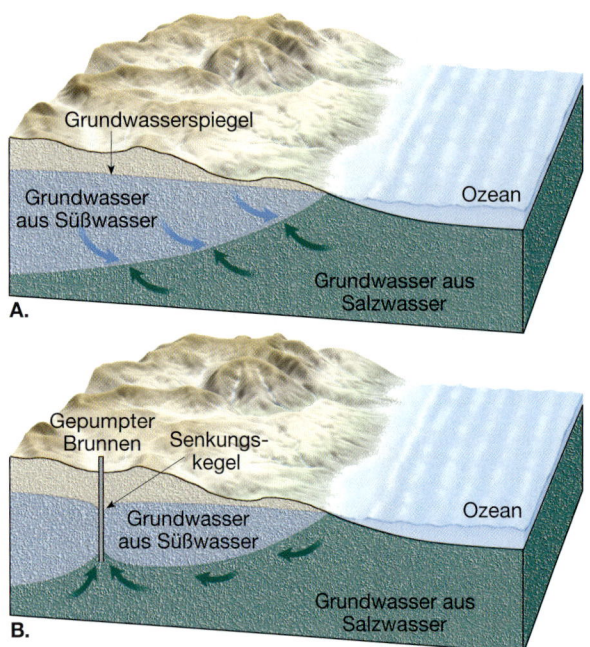

Abbildung 17.20: A. Da Süßwasser weniger dicht als Salzwasser ist, schwimmt es auf Salzwasser und bildet einen linsenförmigen Körper, der sich in beachtliche Tiefen unterhalb des Meeresspiegels ausdehnt. **B.** Senkt exzessives Pumpen den Grundwasserspiegel, steigt die Basis der Süßwasserzone um das 40-Fache dieser Menge. Das kann zur Folge haben, dass Salzwasser die Brunnen kontaminiert.

im Gestein. Diese Schichten enthalten manchmal Mengen an Süßwasser und werden für den menschlichen Wasserverbrauch gepumpt. Doch wird Süßwasser schneller entfernt als wiederaufgefüllt, kann salziges Wasser eindringen und die Brunnen unbrauchbar machen. Diese Situation bedroht die Verbraucher eines tiefen Sandsteinaquifers (kambrischen Alters) in der Gegend um Chicago. Um dem entgegenzuwirken, wurde den betroffenen Gemeinden Wasser vom Michigan-See bereitgestellt, um die Entnahmerate vom Aquifer wettzumachen.

17.10.4 Grundwasserverschmutzung

Die Verschmutzung des Grundwassers ist eine ernste Angelegenheit, besonders in Gegenden, in welchen ein Großteil der Wasserversorgung aus Aquiferen stammt. Eine häufige Quelle für die Verschmutzung von Grundwasser ist das Abwasser. Seine Herkunft rührt von einer immer stärker anwachsenden Anzahl von Versitzgruben sowie von ungeeigneten und gebrochenen Abwasserleitungen und landwirtschaftlichen Abwässern.

Dringt mit Bakterien kontaminiertes Abwasser in das Grundwasser ein, kann es durch natürliche Prozesse geklärt werden. Die schädlichen Bakterien können mechanisch durch Sediment, durch das das Wasser sickert, gefiltert werden, durch chemische Oxidation zerstört werden und/oder von anderen Organismen assimiliert werden. Damit eine Reinigung erfolgt, muss ein Aquifer die richtige Zusammensetzung haben. Beispielsweise haben extrem durchlässige Aquifere (wie stark zerbrochenes Kristallingestein, grober Kies oder kavernöser Kalkstein) so große Öffnungen, dass das verschmutzte Grundwasser lange Strecken zurücklegen kann, ohne gereinigt zu werden. In diesem Fall fließt das Wasser zu schnell und es ist nicht lang genug mit dem Umgebungsmaterial in Kontakt, damit eine Reinigung erfolgen könnte. Das ist das Problem des Brunnens in ▶ Abbildung 17.21A.

Auf der anderen Seite wird verschmutztes Wasser schon gereinigt, nachdem es wenige Meter durch ein Aquifer geflossen ist, wenn es aus Sand oder durchlässigem Sandstein besteht. Die Zwischenräume zwischen den Sandkörnern sind groß genug, um eine Wasserbewegung zu ermöglichen, doch die Bewegung des Wassers ist langsam genug, um reichlich Zeit für eine Reinigung zu gewährleisten (Brunnen 2, ▶ Abbildung 17.21B).

Manchmal führt die Vertiefung eines Brunnens zur Grundwasserverschmutzung. Wird der Brunnen stark genug gepumpt, verursacht der Absenkungstrichter einen lokal stärker geneigten Grundwasserspiegel. Unter manchen Bedingungen kann die ursprüngliche Neigung auch umgekehrt werden. Das könnte zu einer Kontamination der Brunnen führen, die vor dem starken Abpumpen sauberes Wasser geliefert haben (▶ Abbildung 17.22). Erinnern Sie sich auch daran, dass die Fließgeschwindigkeit des Grundwassers mit einer steileren Neigung des Grundwasserspiegels zunimmt. Das könnte zu Problemen führen, da eine schnellere Bewegungsrate dem Wasser weniger Zeit lässt, im Aquifer gereinigt zu werden, bevor es zur Oberfläche gepumpt wird.

Auch andere Ursachen und Arten der Kontamination bedrohen die Grundwasserversorgung (▶ Abbildung 17.23). Dazu gehören die weit verbreitete Verwendung von Streusalz, Dünger und Pestiziden, die auf der Landoberfläche aufgebracht werden. Zusätzlich gibt es ein großes Spektrum an chemischem und industriellem Material, das aus Pipelines, Öltanks, Mülldeponien und Auffangbecken auslaufen kann. Manche dieser Schadstoffe sind als *gefährlich* eingestuft, was bedeutet, dass sie entweder entflammbar,

17.10 Probleme, die mit der Entnahme von Grundwasser verbunden sind

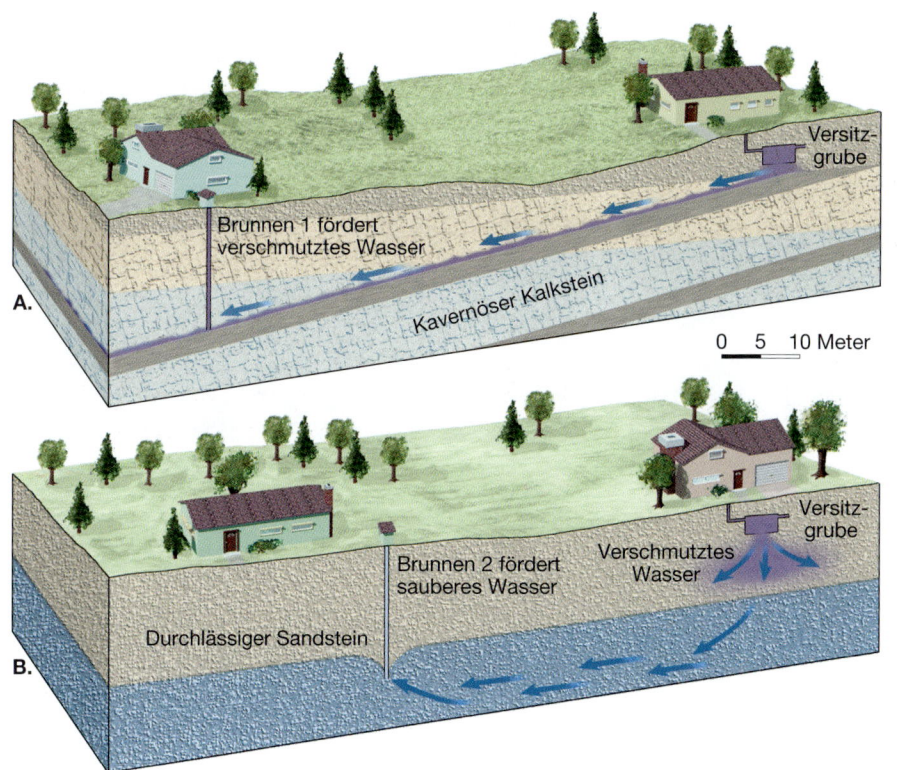

Abbildung 17.21: A. Obwohl sich das kontaminierte Material mehr als 100 Meter bewegt hat, bevor es Brunnen 1 erreicht, ist das Wasser zu schnell durch den kavernösen Kalkstein geflossen, um gereinigt zu werden. **B.** Sickert das Abwasser aus der Versitzgrube durch den durchlässigen Sandstein, wird es in relativ kurzer Zeit gereinigt.

ätzend, explosiv oder giftig sind. Auf Müllhalden werden potenzielle Schadstoffe aufeinandergestapelt oder direkt auf dem Boden verteilt. Sickert Regenwasser durch den Müll, kann es eine Reihe von organischem und anorganischem Material lösen. Erreicht das ausgelaugte Material den Grundwasserspiegel, vermischt es sich mit dem Grundwasser und kontaminiert die Wasserversorgung. Ähnliche Probleme können durch leckgeschlagene Auffangbecken (flach ausgegrabene Aushöhlungen) entstehen, in welchen verschieden flüssige Abfallprodukte entsorgt werden.

Da die Grundwasserbewegung in der Regel langsam ist, kann verschmutztes Wasser oft lange unbemerkt bleiben. In der Tat wird die Kontamination manchmal erst entdeckt, nachdem Trinkwasser davon betroffen ist und Menschen davon krank werden. In der Zwischenzeit kann die Menge an verschmutztem Wasser sehr groß geworden sein und sogar wenn man die Kontaminationsquelle sofort entfernt, kann das Problem nicht gelöst werden. Die Quellen der Grundwasserkontamination sind zwar vielfältig, doch es gibt nur wenige Lösungen für dieses Problem.

Sobald der Auslöser identifiziert und beseitigt wurde, besteht die häufigste Praxis darin, die Wasserversorgung nicht mehr zu verwenden und die Schad-

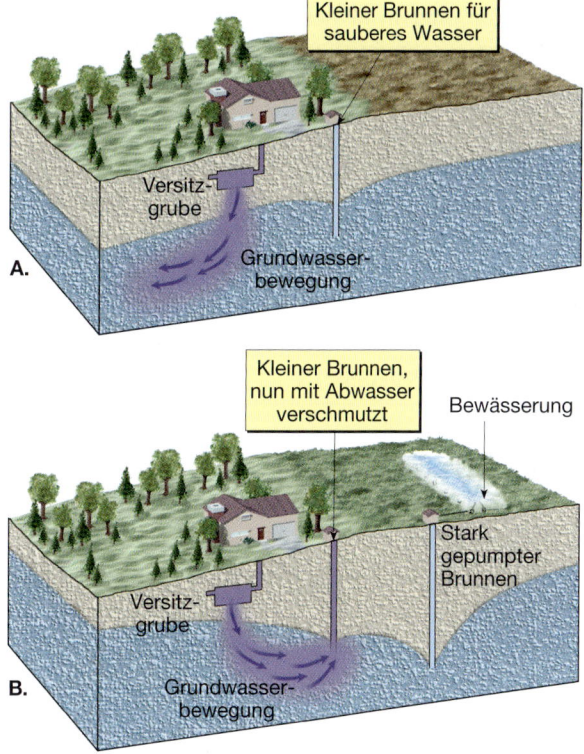

Abbildung 17.22: A. Ursprünglich bewegte sich das von der Versitzgrube ausgeflossene Abwasser von dem kleinen Brunnen weg. **B.** Starkes Pumpen des Brunnens verursachte eine Veränderung der Neigung des Grundwasserspiegels, was dazu führt, dass das kontaminierte Grundwasser zum kleinen Brunnen fließt.

17 Grundwasser

A.

B.

Abbildung 17.23: Manchmal finden **A.** Chemikalien aus der Landwirtschaft und **B.** Materialen von Müllhalden ihren Weg ins Grundwasser. Dies sind zwei der potenziellen Quellen der Grundwasserkontamination. (Foto: Roy Morsch/Corbis/The Stock Market; Foto: F. Rossotto/Corbis/The Stock Market)

stoffe langsam ausschwemmen zu lassen. Das ist die preiswerteste und einfachste Lösung, doch das Aquifer darf viele Jahre nicht mehr in Gebrauch genommen werden. Um diesen Prozess zu beschleunigen, wird verschmutztes Wasser manchmal herausgepumpt und behandelt. Nach der Entfernung des verunreinigten Wassers lässt man das Aquifer auf natürliche Weise nachfüllen oder in manchen Fällen wird das behandelte Wasser oder frisches Wasser zurückgepumpt. Dieser Prozess ist teuer, zeitraubend und riskant, da man nicht sicher sein kann, ob die gesamte Kontamination entfernt wurde. Sicherlich besteht die effektivste Lösung darin, das Grundwasser vor Verschmutzung zu schützen.

17.11 Die geologische Arbeit des Grundwassers

Grundwasser löst Gesteine auf. Diese Tatsache ist der Schlüssel zum Verständnis, wie sich Karsthöhlen und Karsttrichter bilden. Da lösliches Gestein, insbesondere Kalkstein, Millionen von Quadratkilometern der Erdoberfläche unterlagert, spielt hier das Grundwasser eine wichtige Rolle als Erosionskraft. Kalkstein ist fast unlöslich in reinem Wasser, doch er lässt sich leicht lösen, sobald das Wasser geringe Mengen an Kohlensäure enthält, und die meisten Grundwasser enthalten diese Säure. Sie bildet sich, da Regenwasser das Kohlendioxid aus der Luft und verrottenden Pflanzen leicht herauslöst. Kommt das Grundwasser in Kontakt mit Kalkstein, reagiert die Kohlensäure mit dem Calcit (Calciumcarbonat) im Gestein, um Calciumbicarbonat – ein lösliches Material – zu bilden, das dann in Lösung abtransportiert wird.

17.11.1 Karsthöhlen

Die eindrucksvollsten Beweise der Arbeit des Grundwassers als Erosionskraft liefern Kalksteinkarsthöhlen. In den Vereinigten Staaten allein wurden etwa 17.000 Karsthöhlen entdeckt und jedes Jahr findet man neue. Viele sind relativ klein, doch manche haben spektakuläre Dimensionen. Die Mammoth-Höhle

> **Studenten fragen manchmal ...**
>
> **Ist die Kohlensäure die einzige Säure, die Karsthöhlen aus Kalkstein entstehen lässt?**
>
> Nein. Es scheint so, dass auch durch Schwefelsäure (H_2SO_4) manche Höhlen entstehen. Ein Beispiel dafür ist die Lechuquilla-Höhle im Guadalupe-Gebirge in der Nähe von Karlsbad, New Mexico. Dort wanderten Lösungen, die Schwefelwasserstoff (H_2S) enthalten, aus tiefen, erdölreichen Sedimenten unter Druck durch Spalten im Gestein nach oben. Vermischen sich diese Lösungen mit Grundwasser, das Sauerstoff enthält, bildet sich Schwefelsäure, die dann den Kalkstein auflöst. Die Lechuquilla-Höhle ist eine der tiefsten bekannten Höhlen in den Vereinigten Staaten mit einem vertikalen Ausmaß von 478 Metern und gehört mit ihren 170 Kilometer langen Gängen ebenso zu den größten Höhlen im Land.

in Kentucky und die Carlsbad-Karsthöhle im südöstlichen New Mexico sind bekannte Beispiele. Das Mammoth-Höhlensystem ist das ausgedehnteste der Welt, mit mehr als 540 Kilometer miteinander verbundener Gänge. Die Dimensionen der Carlsbad-Karsthöhle sind auf andere Weise eindrucksvoll. Dort finden wir die größte und vielleicht eindrucksvollste einzelne Kammer. Der Big Room (das große Zimmer) der Carlsbad-Karsthöhle hat eine Größe von 14 Fußballfeldern und eine Höhe, die ausreicht, das amerikanische Capitol unterzubringen.

Die meisten Karsthöhlen entstehen auf der Höhe des Grundwasserspiegels oder knapp darunter in der Sättigungszone. Dort folgt das saure Grundwasser Schwächezonen im Gestein, wie Klüften und Schichtgrenzen, und vergrößert sie allmählich zu Karsthöhlen. Das gelöste Material fließt schließlich in Wasserläufen ab und wird zum Ozean befördert.

In vielen Höhlen trat eine Entwicklung auf mehreren Ebenen auf, wobei die gegenwärtige Karsthöhlenbildung auf der niedrigsten Ebene stattfindet. Diese Situation spiegelt die enge Beziehung zwischen der Bildung von großen unterirdischen Passagen und dem Flusstal, in welches sie entwässern, wider. Schneidet der Fluss sein Tal tiefer ein, sinkt der Grundwasserspiegel, wenn die Flussebene absinkt. Schneiden sich die Flüsse an der Oberfläche schnell ein, fallen die umgebenden Grundwasserspiegel schnell und Höhlengänge, die im Querschnitt noch relativ klein sind, werden vom Wasser zurückgelassen. Vollzieht sich das Einschneiden der Flüsse langsam oder ist es vernachlässigbar, bleibt andererseits viel Zeit, um große Karsthöhlen auszubilden.

Sicherlich weckten die Strukturen der märchenlandartigen Gesteinsformationen mancher Karsthöhlen die größte Neugierde vieler Karsthöhlenbesucher. Diese Formationen sind keine Erosionsstrukturen wie die Karsthöhlen selbst, sondern Ablagerungsstrukturen des scheinbar endlosen Tropfens von Wasser über einen langen Zeitraum hinweg. Das zurückbleibende Calciumcarbonat bildet den Kalkstein, den wir Travertin nennen. Diese Höhlenablagerungen werden allgemein *Tropfsteine* genannt, offensichtlich eine Bezugnahme auf ihren Ursprung. Die Bildung der Karsthöhlen findet zwar in der gesättigten Zone statt, doch die Ablagerung von Tropfstein ist erst möglich, wenn sich die Karsthöhlen über dem Grundwasserspiegel in der ungesättigten Zone befinden. Sobald sich die Kammer mit Luft füllt, ist der Schauplatz für den Beginn der Dekorationsphase zum Karsthöhlenaufbau bereit.

Die verschiedenen Tropfsteinstrukturen, die man in den Höhlen vorfindet, werden kollektiv als **Speläothem** (*spelaion* = Höhle, *them* = tun) bezeichnet, wobei sich keine zwei exakt gleichen (▶Abbildung 17.24). Die wahrscheinlich geläufigsten Speläotheme sind die **Stalaktiten** (*stalaktos* = tröpfeln). Diese eiszapfenförmigen Gehänge hängen von der Karsthöhlendecke und bilden sich, wenn Wasser durch Risse darüber einsickert. Kommt das Wasser mit der Luft in der Höhle in Berührung, entweicht ein Teil des gelösten Kohlendioxids aus dem Tropfen und Calcit fällt aus. Die Ablagerung tritt als Ring um den Rand des Wassertropfens auf. Während Tropfen auf Tropfen folgt, hinterlässt jeder eine unmerkliche Spur von Calcit und eine hohle Kalksteinröhre bildet sich. Das Wasser bewegt sich dann durch die Röhre, bleibt einen Moment am Röhrenende hängen, hinterlässt einen winzigen Calcitring und fällt zum Höhlenboden. Der gerade beschriebene Stalaktit wird treffend als *Sinterröhrchen* bezeichnet (▶Abbildung 17.25). Oft wird die hohle Röhre des Sinterröhrchens verstopft oder der Wassernachschub nimmt zu. In beiden Fällen wird das Wasser zum Fließen gezwungen und es lagert sich an der Außenseite des Röhrchens ab. Hält die Ablagerung an, bekommt der Stalaktit die häufigere konische Form.

Speläotheme, die sich am Boden einer Karsthöhle bilden und nach oben zur Decke wachsen, nennt man **Stalagmiten** (*stalagmos* = tropfen). Das Wasser, das den Calcit für das Stalagmitenwachstum mitbringt, fällt von der Decke und platscht über den Boden. Deswegen haben Stalagmiten kein Röhrchen im Zentrum und sind normalerweise massiver in ihrer Erscheinung und an ihren oberen Enden gerundeter als die Stalaktiten. Steht genügend Zeit zur Verfügung, können ein nach unten wachsender Stalaktit und ein nach oben wachsender Stalagmit zusammenwachsen und eine Säule, einen **Stalagnat,** bilden.

17.11.2 Karsttopographie

Viele Gebiete der Welt besitzen Landschaften, die in einem großen Ausmaß durch die lösende Kraft des Grundwassers geformt wurden. Man sagt von diesen Gebieten, sie weisen eine **Karsttopographie** auf. Der Name stammt von dem Kras-Plateau in Slowenien entlang der nordöstlichen Küste des adriatischen Meeres,

Abbildung 17.24: Speläotheme sind vielgestaltig; sie umfassen Stalaktiten, Stalagmiten und Stalagnate. Der Big Room im Carlsberg-Karsthöhlen-Nationalpark. Der große Stalagmit wird Totempfahl genannt. (Foto: David Muench/David Muench Photography)

Abbildung 17.25: „Lebendige" Sinterröhrchen – Stalaktiten in den Lehman-Höhlen, Great-Basin-Nationalpark, Nevada. (Foto: Tom & Susan Bean, Inc.)

wo diese Topographie in ausgeprägter Weise entwickelt ist. In den Vereinigten Staaten treten Karstlandschaften in vielen Gegenden auf, die von Kalkstein unterlagert werden; dazu gehören Kentucky, Tennessee, Alabama, Südindiana, Zentral- und Nordflorida. Im Allgemeinen sind aride und semiaride Gebiete zu trocken, um eine Karsttopographie zu entwickeln. Existieren in solchen Gebieten Lösungsstrukturen, stammen sie vermutlich aus einer Zeit, als feuchtere Bedingungen vorherrschten.

Karstgebiete besitzen typischerweise ein irreguläres Terrain, das von vielen Vertiefungen, den **Karsttrichtern** oder **Dolinen** durchsetzt ist. In den Kalksteingebieten von Florida, Kentucky und Südindiana finden sich Zehntausende dieser Vertiefungen mit unterschiedlichen Tiefen von nur einem oder zwei Meter bis hin zu einem Maximum von mehr als 50 Meter (▶ Abbildung 17.26).

Karsttrichter bilden sich meist auf zwei unterschiedliche Arten. Manche entwickeln sich allmählich über viele Jahre hinweg, ohne physische Störung des Gesteins. Unter diesen Umständen wird der Kalkstein unmittelbar unter dem Boden durch nach unten sickerndes, frisch mit Kohlendioxid beladenes Regenwasser gelöst. Mit der Zeit senkt sich die Muttergesteinsoberfläche und die Spalten, durch die das Wasser sickert, vergrößern sich. Wenn sich die Spal-

17.11 Die geologische Arbeit des Grundwassers

A.

B.

Abbildung 17.26: A. Dieses Infrarotluftbild zeigt ein Gebiet mit Karsttopographie in Zentralflorida. Die vielen Seen befinden sich in Dolinen. (Mit freundlicher Genehmigung USDA – ASCS) **B.** Diese kleine Doline bildete sich plötzlich 1991, als das Dach einer Karsthöhle einstürzte und dieses Wohnhaus in Frostproof, Florida, zerstörte. (Foto: St. Petersburg Times/Liason Agency, Inc.)

ten vergrößern, rutscht der Boden in die geweiteten Hohlräume, durch die es vom Grundwasser, das darunter in Gängen fließt, entfernt wird. Diese Vertiefungen sind normalerweise flach und besitzen eine sanfte Neigung.

Karsttrichter können sich aber auch abrupt und ohne Warnung bilden, wenn das Dach einer Karsthöhle unter dem eigenen Gewicht zusammenbricht. Die Vertiefungen, die auf diese Weise entstehen, sind steilwandig und tief. Bilden sie sich in bevölkerten Gegenden, können sie eine ernste geologische Gefahr darstellen. Diese Situation ist sicherlich in ▶Abbildung 17.26B und ▶Exkurs 17.3 gegeben.

Die Oberfläche in Karstgegenden ist mit Dolinen übersät und es fehlt ihnen charakteristischer Weise der Oberflächenabfluss (Flüsse). Nach einem Regenguss wird der Abfluss schnell durch die Dolinen geleitet. Das Wasser fließt dann durch die Karsthöhlen, bis es den Grundwasserspiegel erreicht. Dort, wo Flüsse an der Oberfläche existieren, ist ihr Weg oft sehr kurz. Manche Karsttrichter werden mit Ton und Gesteinstrümmern verstopft und erzeugen dadurch einen kleinen Teich oder einen See. Die Entwicklung einer Karstlandschaft ist in Abbildung 17.26 dargestellt.

Manche Gebiete mit Karstentwicklung weisen Landschaften auf, die gänzlich anders aussehen als ein mit Karsttrichtern übersätes Terrain, wie ▶Ab-

bildung 17.27 zeigt. Ein besonderes Beispiel ist eine ausgedehnte Region im südlichen China. Dieser Karst wird als Turmkarst oder Kegelkarst bezeichnet. Wie ▶Abbildung 17.28 zeigt, ist die Bezeichnung Turm oder Kegel treffend, da die Landschaft aus einem Labyrinth von einzelnen steilwandigen Hügeln besteht, die sich abrupt vom Boden erheben. Jeder ist von zusammenhängenden Höhlen und Gängen durchsiebt. Diese Art von Karst bildet sich, wenn feuchte tropische und subtropische Gebiete mächtige Schichten von stark zerklüftetem Kalkstein besitzen. Dort löste das Grundwasser große Mengen an Kalkstein und ließ nur die Türme zurück. Die Entwicklung von Karst

> ### Studenten fragen manchmal ...
>
> **Ist Kalkstein das einzige Gestein, das Karststrukturen entwickelt?**
>
> Nein. Beispielsweise kann eine Entwicklung von Karst auch in anderen Karbonatgesteinen wie Marmor oder Dolomit auftreten. Zudem sind Evaporite wie Gips und Salz (Halit) stark löslich und lösen sich schnell, um Karststrukturen wie Karsttrichter, Höhlen und auslaufende Flüsse zu bilden. Die zuletzt beschriebene Situation wird als *Evaporitkarst* beschrieben.

schreitet in tropischen Klimaten aufgrund der reichlichen Regenfälle und der größeren Verfügbarkeit von Kohlendioxid beim Zerfall der üppigen tropischen Vegetation viel schneller voran. Die Extraportion Kohlendioxid im Boden bedeutet mehr Kohlensäure, um den Kalkstein zu lösen. Zu tropischen Gebieten mit voranschreitender Karstentwicklung gehören Teile Puerto Ricos, Westkuba und Nordvietnam.

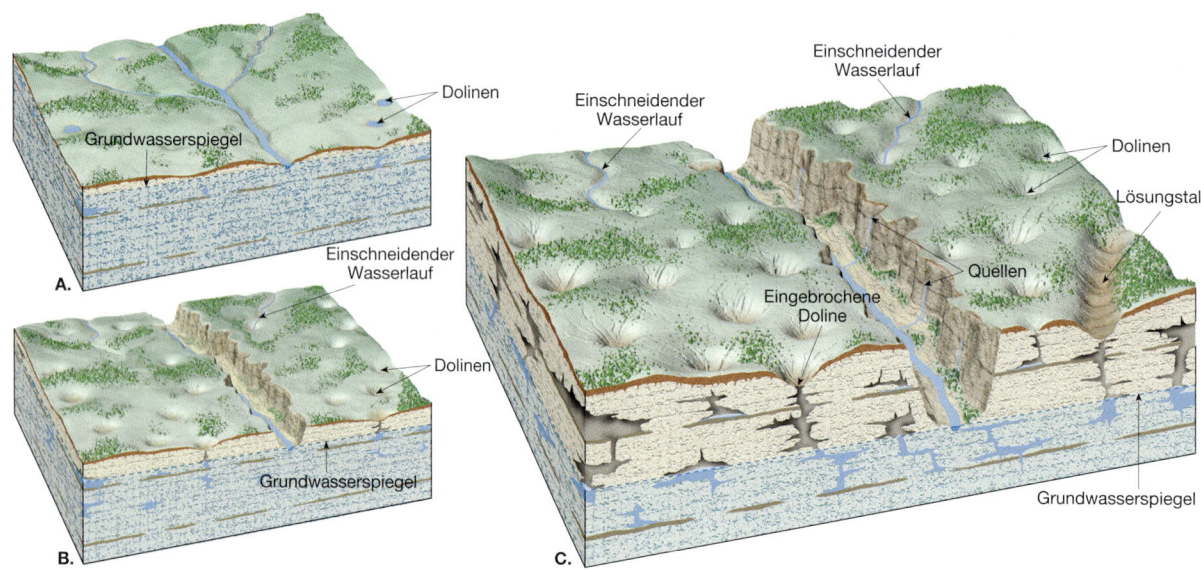

Abbildung 17.27: Die Entwicklung einer Karstlandschaft. **A.** Während der frühen Phase sickert das Grundwasser entlang von Klüften und Schichtgrenzen durch den Kalkstein. Die Lösungsaktivität bildet und vergrößert Karsthöhlen unterhalb des Grundwasserspiegels. **B.** Bei dieser Ansicht entwickeln sich auch Dolinen und Wasserläufe an der Oberfläche werden in den Untergrund geleitet. **C.** Mit der Zeit werden die Karsthöhlen größer und Anzahl und Größe der Dolinen wachsen an. Der Einsturz von Karsthöhlen und das Zusammenwachsen von Karsttrichtern erzeugen größere Vertiefungen mit meist flachen Böden – die sogenannten Poljen. Schließlich kann die Lösungsaktivität den Großteil des Kalksteins aus dem Gebiet entfernen und vereinzelte Überreste wie in Abbildung 17.28 unten hinterlassen.

Abbildung 17.28: A. Ein Gemälde von chinesischem Kegelkarst: „Der Pfirsichgarten im Land der Unsterblichen" von Qui Ying (Asian Art and Archeology, Inc./CORBIS – NY) **B.** Eine der bekanntesten und sehr markanten Gegenden mit Kegelkarst ist der Guillin-Distrikt im südöstlichen China. (Foto: A.C. Waltham/Robert Harding World Imagery)

17.11 Die geologische Arbeit des Grundwassers

EXKURS 17.3 – MENSCH UND UMWELT
■ **Der Fall des verschwindenden Sees**

Der Chesterfield war ein netter 9,3 Hektar großer, künstlich angelegter See in einem ruhigen Vorort von St. Louis. Entlang seines Ufers lebten Menschen, die mit ihren kleinen Ruderbooten auf Fischfang gingen – bis der See eines Tages verschwand! Im Juni 2004 beobachteten die Anwohner, wie der gesamte See in weniger als drei Tagen austrocknete (▶ Abbildung 17.D).

„Es war so, als hätte jemand den Abflussstöpsel gezogen", sagt Donna Ripp, die auf der Straße gegenüber vom See lebt, der heute ein riesiges Schlammloch ist. Ripp bemerkte, wie der Wasserspiegel zu sinken begann, und am zweiten Tag war der See halb leer. Nach einem weiteren Tag war er völlig verschwunden.

Was war geschehen? Die Ursache war schnell klar. Am Nordende des Sees befindet sich ein großer Karsttrichter (Doline) mit etwa 20 Meter Durchmesser. Die Geologen untersuchten nun, wie das weitere unterirdische Netzwerk aussieht. Dieser Abschnitt des Missouri besitzt viele Höhlen, viele sind groß genug, um von Menschen untersucht werden zu können.

Der Geologe David Taylor, der den See kurz nach dem Auslaufen des Wassers untersuchte, stellte fest, dass der Karsttrichter nicht wirklich groß sei. Aber ein Karsttrichter muss nicht sehr groß sein, um einen ganzen See zu entwässern. Taylor sagte, dass ein Loch mit einem Durchmesser von 0,3 Meter höchstens 3.800 Liter pro Minute entwässern kann. Taylor ist der Vorsitzende der Firma Strata Services, Inc. mit Sitz in St. Charles, die sich darauf spezialisiert hat, Seen wiederherzustellen, die in unterirdische Höhlen auslaufen. „In meiner Laufbahn habe ich Hunderte von undichten Seen wiederhergestellt."

Aber bevor Taylor und seine Kollegen darüber nachdenken konnten, den See Chesterfield wiederherzustellen, mussten sie erst eine Ahnung über das Höhlennetzwerk unter dem See bekommen – eine Aufgabe, die, wie er sagt, sehr schwierig ist. „Da unten gehen einige verrückte Sachen vor sich. Es handelt sich um unterirdische Arbeit, die sehr unberechenbar und sehr schwierig ist."

Taylor fand heraus, dass die unterirdische Höhle, die verantwortlich für den Karsttrichter unter dem See Chesterfield ist, unterirdisch mehrere Kilometer lateral verläuft. Ein Wassermarker, der in der Nähe des Karsttrichters eingebracht wurde, trat etwa 5,5 Kilometer vom See entfern an einer Quelle wieder aus. Um sich ein besseres Bild von den unterirdischen Karsthöhlen zu verschaffen, bohrte Taylor fünf Testlöcher in 12 Meter Abständen und fand heraus, dass zwei davon in leere Hohlräume eingedrungen waren. Aber nach seiner Schätzung würden etwa 600 Bohrlöcher in jeweils 12 Meter Abstand von Nöten sein, um die Region ganz verstehen zu können.

Sobald das Bild erstellt war, füllte Taylors Firma die Hohlräume mit einer zementartigen Substanz, damit sich andere Karsttrichter nicht öffnen und ein ähnliches Problem verursachen. „Falls wir nur als Notlösung den Karsttrichter abdecken und den See wieder auffüllen, kann das Gleiche wieder geschehen."

In der Zwischenzeit erhielten die Anwohner einen Schnellkurs in Karsttopographie. „Erst als dies geschah, wusste ich, dass es hier unterirdische Höhlen gibt."

Abbildung 17.D: Die Anwohner betrachten den entleerten See Chesterfield – ein etwa 6 Hektar großes Reservoir, das sich innerhalb von drei Tagen entwässerte, als sich ein Karsttrichter unterhalb öffnete. (Foto: Hillary Levin/St. Louis Post Dispatch)

ZUSAMMENFASSUNG

Grundwasser ist die größte Ressource an Süßwasser, die den Menschen direkt zur Verfügung steht. Geologisch erzeugt Lösung durch Grundwasser *Höhlen* und *Karsttrichter*. Grundwasser gleicht auch die Flussströmung aus. Grundwasser ist Wasser, das die gesamten Porenzwischenräume in Sediment und Gestein in der unterirdischen *Sättigungszone* ausfüllt. Die obere Grenze dieser Zone ist der *Grundwasserspiegel*. Die *Durchlüftungszone* liegt über dem Grundwasserspiegel, dort, wo Boden, Sediment und Gestein nicht gesättigt sind.

Die Wechselwirkung zwischen Wasserläufen und dem Grundwasser findet auf drei Arten statt: Wasserläufe erhalten Wasser durch den Eintrag von Grundwasser (*wasseraufnehmende Flüsse*); sie geben Wasser durch das Flussbett in das Grundwasser ab (*wasserabgebende Flüsse*) oder sie tun beides, nehmen an manchen Abschnitten Wasser auf und geben es an anderen wieder ab.

Materialien mit sehr kleinem Porenraum (wie Ton) be- oder verhindern die Bewegung des Grundwassers, sie werden *Aquitarde* genannt. *Aquifere* bestehen aus Material mit größeren Porenzwischenräumen (wie Sand), das durchlässig ist und das Grundwasser frei fließen lässt.

Grundwasser bewegt sich in schlängelnden Biegungen, die einen Kompromiss darstellen zwischen dem Zug der Schwerkraft nach unten und der Tendenz des Wassers, sich dorthin zu bewegen, wo der Druck geringer ist.

Der Hauptfaktor, der die Fließgeschwindigkeit des Grundwassers beeinflusst, ist die Neigung des Grundwasserspiegels (*hydraulisches Gefälle*) und der Durchlässigkeit (Permeabilität) des Aquifers (*hydraulische Durchlässigkeit*).

Quellen treten auf, wo der Wasserspiegel die Landoberfläche schneidet und sich ein natürliches Auslaufen des Grundwassers ergibt. *Brunnen* sind Öffnungen, die in die Sättigungszone gebohrt wurden und aus welchen Grundwasser entnommen wird. Dabei entstehen konische Vertiefungen im Grundwasserspiegel, die als *Absenkungstrichter* bezeichnet werden. *Artesische Brunnen* treten auf, wenn Wasser über die Ebene ansteigt, von der es ursprünglich stammt.

Zirkuliert das Grundwasser in großen Tiefen, wird es aufgeheizt. Steigt es auf, kann das Wasser als *heiße Quelle* auftauchen. *Geysire* treten auf, wenn das Grundwasser in unterirdischen Kammern aufgeheizt wird, sich ausdehnt und ein Teil des Wassers sich schnell zu Dampf umwandelt und die Eruption einer Wasserfontäne hervorruft. Die Wärmequelle für die meisten Geysire und heißen Quellen sind heiße magmatische Gesteine.

Zu manchen der gegenwärtigen Umweltprobleme, die mit Grundwasser zu tun haben, gehören: (1) die *Übernutzung* durch extensive Bewässerung, (2) die *Absenkung*, die durch Grundwasserentnahme verursacht wird, (3) die *Kontamination durch Salzwasser* und (4) die *Kontamination durch Schadstoffe*.

Die meisten *Karsthöhlen* bilden sich im Kalkstein auf der Höhe des Grundwasserspiegels oder darunter, wenn sich saures Grundwasser Gestein entlang von Schwächezonen wie Klüften oder Schichtgrenzen löst. Die unterschiedlichen *Tropfsteinstrukturen*, die man in den Karsthöhlen vorfindet, haben die Kollektivbezeichnung *Speläothem*. Landschaften, die in weiten Teilen durch die lösende Kraft des Grundwassers gebildet wurden, weisen eine *Karsttopographie* auf. Dabei handelt es sich um ein Terrain, das mit Vertiefungen, den Dolinen übersät ist.

Wiederholungsfragen

1. Welchen Prozentsatz an Süßwasser besitzt das Grundwasser? Schließt man das Gletschereis aus und betrachtet nur flüssiges Süßwasser, welchen Anteil hat das Grundwasser dann?
2. Geologisch gesehen verfügt das Grundwasser über eine wichtige Erosionskraft. Nennen Sie eine weitere bedeutende Rolle des Grundwassers.
3. Vergleichen Sie und stellen Sie die Durchlüftungszone und die Sättigungszone gegenüber. Welche der beiden enthält Grundwasser?
4. Wir glauben zwar, dass die Grundwasserspiegel flach sind, doch im Allgemeinen sind sie das nicht. Erklären Sie dies.
5. Obwohl eine meteorologische Dürre beendet ist, geht eine hydrologische Dürre weiter. Erklären Sie dies.
6. Stellen Sie einen wasseraufnehmenden und einen wasserabgebenden Fluss einander gegenüber.
7. Unterscheiden Sie zwischen Permeabilität und Porosität.
8. Was ist der Unterschied zwischen einem Aquitard und einem Aquifer?
9. Unter welchen Umständen besitzt ein Material eine hohe Porosität, ist aber ein schlechtes Aquifer?
10. Wie in Abbildung 17.5 gezeigt wird, bewegt sich Grundwasser in schlängelnden Kurven. Welche Faktoren verursachen diese Bewegung des Wassers?
11. Beschreiben Sie kurz den wichtigen Beitrag von Henri Darcy für unser Verständnis vom Grundwasser.
12. Befindet sich ein Aquitard oberhalb des Hauptwasserspiegels, kann eine lokalisierte Sättigungszone entstehen. Welcher Begriff beschreibt diese Situation?
13. Welche Wärmequelle besitzen die meisten heißen Quellen und Geysire? Wie spiegelt sich dies in der Verteilung dieser Strukturen wider?
14. Zwei Nachbarn graben jeweils einen Brunnen. Obwohl beide Brunnen in der gleichen Tiefe angelegt werden, hat ein Nachbar Erfolg, der andere nicht. Beschreiben Sie die Umstände, die das erklären können.
15. Was ist mit dem Begriff artesisch gemeint?
16. Damit ein artesischer Brunnen entstehen kann, müssen zwei Bedingungen vorliegen. Nennen Sie diese.
17. Als der Dakotasandstein zum ersten Mal angezapft wurde, floss das Wasser ungehindert aus vielen artesischen Brunnen. Heute müssen diese Brunnen gepumpt werden. Erklären Sie dies.
18. Welches Problem ist mit dem Heraufpumpen von Grundwasser zur Bewässerung im südlichen Teil der High Plains vergesellschaftet?
19. Erklären Sie kurz, was im San Joaquin-Tal aufgrund der extensiven Grundwasserentnahme passierte?
20. In einer bestimmten Küstenregion befindet sich der Grundwasserspiegel 4 Meter über dem Meeresspiegel. Wie weit unter den Meeresspiegel reicht der Grundwasserspiegel in etwa?
21. Warum nimmt die Rate der natürlichen Wiederauffüllung des Grundwassers ab, wenn sich urbane Gebiete entwickeln?
22. Welches Aquifer wäre das effektivste bei der Klärung von verschmutztem Grundwasser? Grober Kies, Sand oder kavernöser Kalkstein?
23. Was bedeutet es, wenn Grundwasserschadstoffe als gefährlich eingestuft werden?
24. Nennen Sie zwei häufige Speläotheme und unterscheiden Sie diese voneinander.
25. Gegenden mit Landschaften, die weiträumig durch die Erosionswirkung des Grundwassers gebildet wurden, besitzen welche Topographie?
26. Beschreiben Sie, auf welche zwei Arten Dolinen entstehen können.

Größere Multiple-Choice-Tests zur Wissenskontrolle und Prüfungsvorbereitung sowie weitere Informationen zu diesem Buchkapitel finden Sie auf der Companion Website zum Buch unter **www.pearson-studium.de**

Gletscher und Vergletscherung

18.1	Gletscher als Teil von zwei Grundkreisläufen	579
18.2	Die Entstehung und die Bewegung von Gletschereis	584
18.3	Glaziale Erosion	589
18.4	Landformen, geschaffen durch glaziale Erosion	590
18.5	Glaziale Ablagerungen	594
18.6	Landschaftsformen aus Moränenschutt	595
18.7	Landschaftsformen aus geschichtetem Geschiebe	600
18.8	Andere Auswirkungen durch eiszeitliche Gletscher	601
18.9	Die Glazialtheorie und das Eiszeitalter	604
18.10	Ursachen für die Vergletscherung	607
18.11	Andere Faktoren	610
Zusammenfassung		611
Wiederholungsfragen		612

18

ÜBERBLICK

18 Gletscher und Vergletscherung

Ein kleines Boot nähert sich dem am Meer liegenden Rand eines antarktischen Gletschers. (Foto: Sergio Pitamitz /CORBIS)

Das Klima hat einen starken Einfluss auf die Eigenschaften und die Intensität der externen Prozesse auf der Erde. Diese Tatsache wird in diesem Kapitel auf dramatische Weise geschildert, da der Klimawandel der Erde größtenteils die Existenz und die Ausdehnung der Gletscher bestimmt. Wie fließendes Wasser und Grundwasser, die im Mittelpunkt der vorangegangenen zwei Kapitel standen, stellen Gletscher einen bedeutenden Erosionsvorgang dar. Diese sich bewegenden Eismassen sind für die Entstehung einzigartiger Landschaften verantwortlich und ein wichtiger Bestandteil im Gesteinskreislauf, bei welchem die Verwitterungsprodukte transportiert und als Sediment abgelagert werden.

Die heutigen Gletscher bedecken etwa 10 Prozent der Landoberfläche der Erde; in der jüngsten geologischen Vergangenheit bedeckten jedoch um ein Dreifaches weiter ausgedehnte Eisdecken riesige Gebiete mit Tausenden von Metern mächtigem Eis. Viele Gebiete weisen noch die Prägung durch diese Gletscher auf (▶ Abbildung 18.1). Das grundlegende Aussehen von so verschiedenen Orten wie die Alpen, Cape Cod und das Yosemite-Tal wurde durch die nun verschwundenen Gletschereismassen geschaffen. Zudem verdanken Long Island, die Great Lakes und die Fjorde in Norwegen und Alaska ihre Existenz den Gletschern. Gletscher sind natürlich nicht nur ein Phänomen der geologischen Vergangenheit. Wie Sie sehen werden, sind sie auch heute in vielen Gegenden bei der Formung des Geländes und der Ablagerung von Schutt aktiv.

Gletscher als Teil von zwei Grundkreisläufen 18.1

Gletscher gehören zu zwei grundlegenden Kreisläufen im Erdsystem – dem hydrologischen Kreislauf und dem Gesteinskreislauf. Sie haben bereits erfahren, dass sich das Wasser der Hydrosphäre ständig im Kreislauf der Atmosphäre, der Biosphäre und der Geosphäre befindet. Immer wieder verdunstet Wasser aus den Ozeanen in die Atmosphäre, fällt auf das Land und fließt in Flüssen und unterirdisch zurück ins Meer. Doch fällt der Niederschlag in großen Höhen oder hohen Breitengraden, wird das Wasser sich nicht sofort auf den Weg zum Meer machen. Stattdessen wird es Teil eines Gletschers werden. Zwar wird das Eis irgendwann schmelzen und das Wasser kann dann seinen Weg zum Meer weiter antreten, doch kann das Wasser viele zehn, hundert oder sogar tausend Jahre als Gletschereis gespeichert werden.

Ein **Gletscher** ist eine mächtige Eismasse, die sich über Hunderte oder Tausende von Jahren bildet. Er entsteht an Land durch die Akkumulation, Verdichtung und Rekristallisation von Schnee. Ein Gletscher scheint bewegungslos zu sein, ist es aber nicht – Gletscher bewegen sich sehr langsam. Wie fließendes Wasser, Grundwasser, Wind und Wellen sind Gletscher dynamische Erosionskräfte, die Sedimente akkumulieren, transportieren und ablagern. Deswegen nehmen die Gletscher eine grundlegende Rolle im Gesteinskreislauf ein. Man findet Gletscher auch heute in vielen Teilen der Welt vor. Die meisten befinden sich in abgelegenen Gebieten, entweder nahe der Erdpole oder im Hochgebirge.

18.1.1 Talgletscher (alpine Gletscher)

Es existieren tatsächlich Tausende von relativ kleinen Gletschern in erhabenen Gebirgsgebieten, wo sie normalerweise den Tälern folgen, die ursprünglich von Flüssen eingenommen wurden. Anders als die Flüsse, die einst in diesen Tälern flossen, bewegen sich die Gletscher langsam vorwärts, möglicherweise nur wenige Zentimeter pro Tag. Aufgrund des Umfelds bezeichnet man diese sich bewegenden Eismassen als **Talgletscher** oder **alpine Gletscher** (▶ Abbildung 18.2).

Abbildung 18.1: Der Glacier-Nationalpark in Montana besitzt eine durch Gletscher geformte Landschaft. Der St. Mary-See nimmt ein durch Gletscher erodiertes Tal (glaziales Trogtal) ein und existiert, da die eiszeitlichen Ablagerungen als Damm fungieren. Die scharfen Rücken auf der rechten Seite (Grate) und die spitzen Gipfel im Hintergrund (Horn) wurden auch durch Gletschereis geformt. (Copyright© von Carr Clinton. Alle Rechte vorbehalten)

18　Gletscher und Vergletscherung

Abbildung 18.2: Luftbild auf das Chigmit-Gebirge im Lake-Clark-Nationalpark, Alaska. Talgletscher verändern weiterhin diese Landschaft. (Foto: Michael Collier)

Jeder Gletscher ist eigentlich ein Eisstrom, der durch steil abfallende Gesteinswände begrenzt wird, und bewegt sich von seinem Akkumulationsgebiet (Nährgebiet) talabwärts. Ähnlich wie Flüsse können Talgletscher lang oder kurz, breit oder schmal, einfach oder mit vielen Verästelungen sein. Insgesamt ist die Breite von Talgletschern im Verhältnis zu ihrer Länge schmal. Manche erstrecken sich nur über einen Bruchteil eines Kilometers, wogegen sich andere über viele zehn Kilometer ausdehnen. Der westliche Arm des Hubbard-Gletschers verläuft beispielsweise über 112 Kilometer durch gebirgiges Terrain in Alaska und das Yukon-Territorium.

18.1.2 Eisschilde

Im Gegensatz zu Talgletschern nehmen **Eisschilde** ein viel größeres Areal ein. Aufgrund der niedrigen gesamtjährlichen Sonneneinstrahlung an den Polen können sich dort riesige Eismassen anhäufen. Viele Eisschilde haben zwar vielleicht auch in der Vergangenheit existiert, doch nur zwei werden derzeit als solche klassifiziert (▶ Abbildung 18.3). In der Gegend um den Nordpol ist Grönland von einem beeindruckenden Eisschild bedeckt, das 1,7 Millionen Quadratkilometer bzw. etwa 80 Prozent dieser riesigen Insel einnimmt. Mit einer durchschnittlichen Mächtigkeit von fast 1.500 Meter erreicht die Eisdicke an manchen Stellen mehr als 3.000 Meter über der Basis des Festgesteins.

Auf der südlichen Hemisphäre erreicht der antarktische Eisschild eine maximale Mächtigkeit von etwa 4.300 Meter und bedeckt fast den gesamten Kontinent, ein Gebiet von mehr als 13,9 Millionen Quadratkilometer. Aufgrund der Proportionen dieser riesigen Strukturen werden sie oft als *Inlandeis* bezeichnet.

Tatsächlich macht das gesamte Inlandeis fast 10 Prozent der Landgebiete auf der Erde aus.

Diese enormen Massen fließen in alle Richtungen von einem oder mehreren Nährgebieten aus und bedecken, außer den höchsten Gebieten, das gesamte unterlagernde Terrain. Sogar starke Reliefunterschiede in der Topographie unter dem Gletscher erscheinen als relativ gemäßigte Undulationen auf der Eisoberfläche. Doch diese Topographieunterschiede wirken sich auf das Verhalten der Eisdecken, besonders an ihren Rändern aus, indem sie den Eisfluss in eine bestimmte Richtung leiten und Zonen von schnellerer und langsamerer Bewegung erzeugen.

Entlang mancher Abschnitte der antarktischen Küste fließt das glaziale Eis in den angrenzenden Ozean und erzeugt Strukturen, die man **Schelfeis** nennt. Das sind große, relativ flache treibende Eismassen, die sich von der Küste aus Richtung Ozean ausdehnen und mit dem Land an einer oder mehreren Seiten in Verbindung bleiben. Die Schelfe sind an ihrer landwärts gerichteten Seite am mächtigsten und werden Richtung Meer dünner. Durch den angrenzenden Eisschild sowie durch Schneefall und anfrierendes Meerwasser an ihrer Basis werden sie mit Eis versorgt. Antarktisches Schelfeis besitzt eine Ausdehnung von 1,4 Millionen Quadratkilometer. Das Ross-Schelfeis und das Filchner-Schelfeis sind die größten, wobei der Ross-Eisschelf allein ein Gebiet bedeckt, das ungefähr der Größe von Texas entspricht (Abbildung 18.3). In den letzten Jahren zeigten Satellitenbeobachtungen, dass manche Schelfeise instabil werden und auseinanderbrechen. Der ▶Exkurs 18.1 untersucht dieses Thema.

18.1.3 Andere Gletschertypen

Neben den Talgletschern und Eisschilden gibt es auch andere Gletschertypen. Glaziale Eismassen, die manche hoch gelegenen Gebiete und Plateaus bedecken, nennt man **Eiskappen** oder **Plateaugletscher**. Wie die Schilde bedecken die Eiskappen die gesamte darunterliegende Landschaft, sind aber kleiner als die Strukturen mit kontinentalem Ausmaß. Eiskappen kommen an vielen Plätzen vor, dazu gehören Island und viele große Inseln im arktischen Ozean (▶Abbildung 18.4).

Häufig versorgen Eiskappen und Eisschilde **Auslassgletscher**. Diese Eiszungen dehnen sich von den Rändern der größeren Eismassen aus und fließen in die Täler hinunter Die Gletscherzungen sind im We-

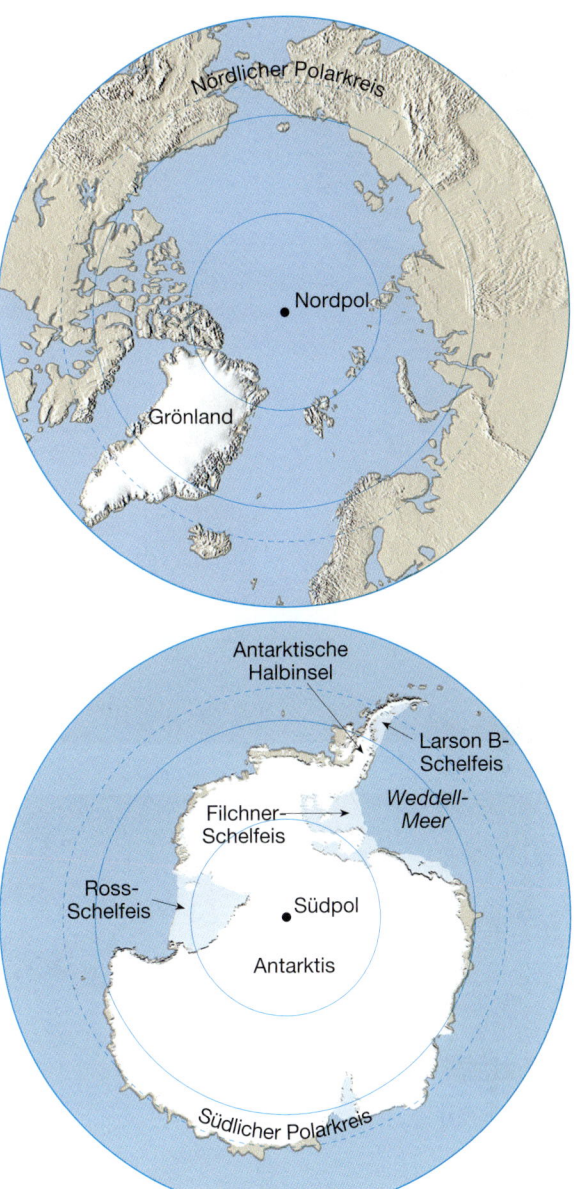

Abbildung 18.3: Die gegenwärtig einzigen Eisschilde bedecken Grönland und die Antarktis. Beide Gebiete zusammengenommen machen fast 10 Prozent der Landgebiete auf der Erde aus. Das Eisschild Grönlands nimmt 1,7 Millionen Quadratkilometer ein oder etwa 80 Prozent der Insel. Der antarktische Eisschild erstreckt sich über etwa 14 Millionen Quadratkilometer. Schelfeis, das an den antarktischen Eisschild angrenzt, nimmt weitere 1,4 Millionen Quadratkilometer ein.

sentlichen Talgletscher und bilden eine Straße für die Bewegung des Eises von einer Eiskappe oder einem Eisschild durch gebirgiges Terrain hinunter zum Ozean. Treffen manche Auslassgletscher auf das Meer, breiten sie sich als treibendes Schelfeis aus. Oft entstehen dabei viele Eisberge.

Piedmontgletscher nehmen weites Flachland am Fuß eines steilen Bergs ein und bilden sich, wenn ein oder mehrere Talgletscher aus den begrenzenden

18 Gletscher und Vergletscherung

Abbildung 18.4: Die Eiskappe in diesem Satellitenbild ist die Vantnajökull im südöstlichen Island (dänisch bedeutet *jökull* „Eiskappe"). Im Jahr 1996 brach der Vulkan Grimsvötn unter der Eiskappe aus und erzeugte große Mengen an glazialem Schmelzwasser, was zu Überschwemmungen führte. (*Landsat* Image von der NASA)

Abbildung 18.5: Der Malaspina-Gletscher im südöstlichen Alaska wird als das klassische Beispiel eines Piedmont-Gletschers angesehen. Piedmont-Gletscher treten auf, wenn Talgletscher aus einem Gebirgszug auf weites flaches Land austreten, nicht weiter begrenzt werden und sich zu großen Loben ausbreiten. Der Malaspina-Gletscher ist eigentlich ein zusammengesetzter Gletscher, der durch das Verschmelzen von mehreren Talgletschern entsteht. Die bedeutendsten davon sind, wie hier auf dem Bild zu sehen, der Agassiz-Gletscher (links) und der Seward-Gletscher (rechts). Insgesamt ist der Malaspina-Gletscher 65 Kilometer breit und dehnt sich über 45 Kilometer von der Gebirgsfront zum Meer hin aus. Der perspektivische Blick in Richtung Norden umfasst ein Gebiet von 55 x 55 Kilometer. Er wurde durch Überlagerung eines Landsat-Satellitenbilds mit einem Reliefmodell der Shuttle Radar Topography Mission (SRTM) erstellt. Solche Bilder sind ausgezeichnete Hilfsmittel, um die geographische Ausdehnung von Gletschern zu kartieren und um zu bestimmen, ob ein Gletscher ab- oder zunimmt. (Abbildung von NASA/JPL)

Felswänden der Gebirgstäler austreten. Dort breitet sich das voranbewegende Eis aus und bildet eine weite Decke. Die Größe der einzelnen Piedmontgletscher variiert beträchtlich. Zu den größten gehört der Malaspina-Gletscher entlang der Küste von Süd-Alaska. Er bedeckt Tausende von Quadratkilometern der flachen Küstenebene am Fuß des erhabenen St. Elias-Gebirgszugs (▶ Abbildung 18.5).

18.1.4 Was würde passieren, wenn das Eis schmilzt?

Wie viel Wasser ist im Gletschereis gespeichert? Schätzungen durch den U.S. Geological Survey weisen darauf hin, dass nur etwas mehr als 2 Prozent des Wassers auf der Erde in Gletschern gespeichert ist. Aber auch 2 Prozent einer riesigen Menge ist immer noch viel.

EXKURS 18.1 – DIE ERDE VERSTEHEN
Das Zusammenbrechen des antarktischen Schelfeises

Untersuchungen von jüngsten Satellitenbildern zeigen, dass Segmente von manchem Schelfeis auseinanderbrechen. Beispielsweise brach innerhalb von 35 Tagen im Februar und März 2002 das Schelfeis Larsen B auf der östlichen Seite der antarktischen Halbinsel auseinander und spaltete sich vom Kontinent ab (▶ Abbildung 18.A). Durch dieses Ereignis drifteten Tausende von Eisbergen in das angrenzende Weddell-Meer (siehe Abbildung 18.3). Insgesamt brachen 3.250 Quadratkilometer Schelfeis auseinander. (Zum Vergleich: Der gesamte Staat Rhode Island bedeckt 2.717 Quadratkilometer.) Dies war kein Einzelereignis, sondern Teil einer längeren Entwicklung. Innerhalb einer Spanne von fünf Jahren schrumpfte der Eisschelf Larsen B um 5.700 Quadratkilometer. Außerdem nahm seit 1974 die Ausdehnung der sieben Eisschilde, die die antarktische Halbinsel umgeben, um etwa 13.500 Quadratkilometer ab.

Warum brachen die Massen von treibendem Eis auseinander? Was passiert, wenn diese Entwicklung so weitergeht? Könnte dies ernste Folgen haben?

Wissenschaftler schreiben das Auseinanderbrechen des Schelfeis einer starken regionalen Klimaerwärmung zu. Seit 1950 sind die antarktischen Temperaturen um 2,5 °C gestiegen. Die Erwärmungsrate betrug etwa 0,5 °C pro Jahrzehnt. Steigen die Temperaturen weiterhin an, könnte das Schelfeis in der Nachbarschaft des Eisschelfs Larsen B beginnen, sich in den kommenden Jahrzehnten zurückzuziehen. Außerdem kann eine regionale Erwärmung von nur ein paar Grad Celsius ausreichen, damit Teile des riesigen Ross-Ice-Schelf instabil werden und auseinanderbrechen (siehe Abbildung 18.3).

Was könnten die Folgen davon sein? Das nationale Schnee- und Eisdatenzentrum (National Snow and Ice Data Center (NSIDC)) legen Folgendes nahe:

Das Auseinanderbrechen des Schelfeises auf der Halbinsel hat wenig Konsequenzen für den Anstieg des Meeresspiegels, aber ein Auseinanderbrechen von anderem Schelfeis in der Antarktis könnte große Auswirkungen auf die Eisflussrate vom Kontinent weg haben. Schelfeis verhält sich wie ein Stützpfeiler bzw. wie ein Bremssystem für Gletscher. Außerdem hält es die wärmere marine Luft von den Gletschern fern; aus diesem Grund mäßigen sie die Abschmelzmenge auf den Gletscheroberflächen. Sind ihre Eisschelfe einmal entfernt, erhöht sich die Geschwindigkeit der Gletscher aufgrund des Schmelzwasserdurchflusses und/oder einer Verminderung der Bremskräfte und sie könnten anfangen, mehr Eis in den Ozean abzuladen. Eine Erhöhung der Gletschereisgeschwindigkeit wurde schon in Gegenden von Halbinseln beobachtet, wo Eisschelfe in den Vorjahren zerfallen waren.[1]

Der Eintrag großer Mengen an Gletschereis könnte tatsächlich einen bedeutenden Anstieg des Meeresspiegels verursachen.

Doch vergessen Sie nicht, diese Annahmen sind noch spekulativ, da wir gegenwärtig nur eine unvollständige Kenntnis über die Dynamik der Gletscher und der Eisschelfe auf der Antarktis besitzen. Zusätzliche Beobachtungen durch Satelliten und Geländebeobachtungen werden notwendig sein, damit wir einen möglichen globalen Meeresspiegelanstieg, der durch die hier beschriebenen Mechanismen ausgelöst wird, genauer vorhersagen können.

---

[1] National Snow and Ice Data Center (NSIDC); "Antarctic Iceshelf Collapses", 21. März 2002, http://nsidc.org/iceshelves/larsenb2002.

Abbildung 18.A: Das Satellitenbild zeigt den Eisschelf Larsen B während seines Auseinanderbrechens zu Beginn des Jahres 2002. (Satellitenbild: mit freundlicher Genehmigung der NASA)

Das Gesamtvolumen von Talgletschern allein macht 210.000 Kubikkilometer aus, was vergleichbar mit dem Gesamtvolumen aller Salz- und Süßwasserseen der Erde ist.

Das Eisschild der Antarktis repräsentiert 80 Prozent des Eises auf der Welt und geschätzte 65 Prozent des Süßwassers der Erde. Es bedeckt ein Gebiet, das anderthalb Mal so groß ist wie die Vereinigten Staaten. Würde das Eis schmelzen, würde der Meeresspiegel um 60 bis 70 Meter steigen und der Ozean würde

18 Gletscher und Vergletscherung

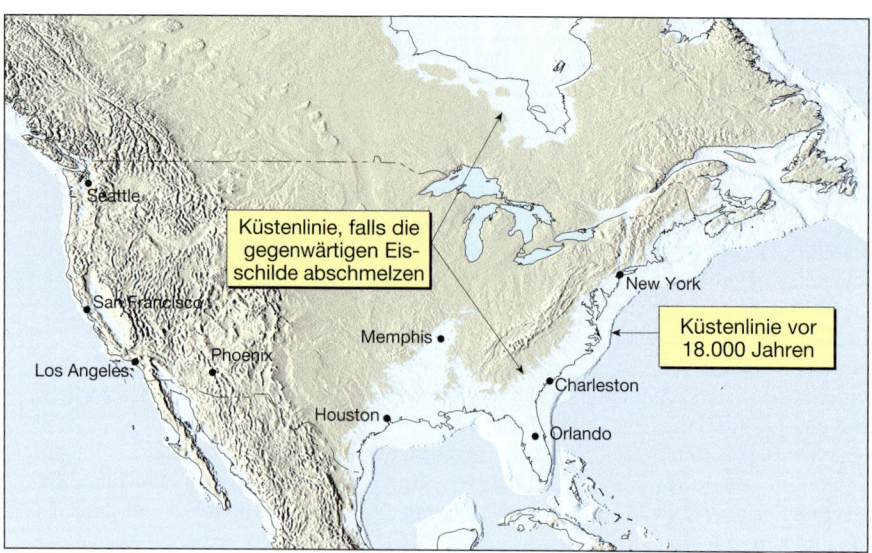

Abbildung 18.6: Diese Karte eines Abschnitts von Nordamerika zeigt die heutige Küstenlinie verglichen mit der Küstenlinie während der letzten Eiszeit (vor 18.000 Jahren) und die Küstenlinie, falls die gegenwärtigen Eisschilde Grönlands und der Antarktis abschmelzen würden. (nach R.H. Dott, Jun., und R.L. Battan, „Evolution of the Earth"; Die Evolution der Erde, New York: McGraw Hill, 1971. Nachdruck mit Genehmigung des Verlags)

viele dicht besiedelte Küstengebiete überschwemmen (▶ Abbildung 18.6).

Die hydrologische Bedeutung des antarktischen Eises kann man auf andere Weise darstellen. Würde der Eisschild mit einer gleichmäßigen Rate schmelzen, könnte es (1) den Mississippi für mehr als 50.000 Jahre speisen, (2) alle Flüsse in den Vereinigten Staaten für etwa 17.000 Jahre versorgen, (3) dem Amazonas eine Versorgung für 5.000 Jahre gewährleisten und (4) allen Flüssen der Welt etwa 750 Jahre lang Wasser liefern.

Die Entstehung und die Bewegung von Gletschereis 18.2

Der Schnee ist das Rohmaterial, aus dem das Gletschereis entsteht. Gletscher bilden sich in Gegenden, wo im Winter mehr Schnee fällt als im Sommer abschmilzt. Gletscher entwickeln sich in den hohen Breiten des Polarreichs, weil die Temperaturen trotz des eher bescheidenen jährlichen Gesamtschneefalls so niedrig sind, dass nur wenig Schnee schmilzt. Gletscher können sich auch in Gebirgen bilden, da mit steigender Höhe die Temperaturen sinken. So können sich sogar am Äquator in Höhen über 5.000 Meter Gletscher bilden. Beispielsweise liegt der Kilimandscharo in Tansania praktisch direkt am Äquator und besitzt auf einer Höhe von 5.895 Kilometer Gletscher auf seinem Gipfel (▶ Abbildung 18.7). Die Höhe, bei der der Schnee das ganze Jahr über erhalten bleibt, heißt Schneegrenze.

Wie Sie erwarten dürfen, variiert die Höhe der Schneegrenze mit dem Breitengrad. Nahe am Äquator liegt sie hoch oben im Gebirge, während sie sich jenseits des 60. Breitengrads auf Meereshöhe befindet. Bevor ein Gletscher entsteht, muss der Schnee in Gletschereis umgewandelt werden.

18.2.1 Glaziale Eisbildung

Bleibt die Temperatur nach dem Schneefall unter dem Gefrierpunkt, verändert sich bald die lockere Anhäufung der zarten hexagonalen Kristalle. Weil Luft in den Zwischenräumen der Kristalle zirkuliert, ver-

> **Studenten fragen manchmal …**
>
> **In Kapitel 8 sagten Sie, dass Gletschereis ein metamorphes Gestein ist, das einen Teil der Geosphäre ausmacht. Gletschereis ist auch ein Teil des hydrologischen Kreislaufs. Wird es auch als Teil der Hydrosphäre angesehen?**
>
> Ja, man kann Gletschereis in beide „Sphären" einbeziehen. Außerdem stellen Wissenschaftler Eis in seine eigene „Sphäre" – Kryosphäre. Das Wort stammt von griechisch *kryos* ab, was „Frost" oder „eiskalt" bedeutet. Die Kryosphäre bezieht sich auf den Teil der Erdoberfläche, auf dem Wasser in seiner festen Form vorkommt. Das schließt Schnee, Gletschereis, Meereis, Süßwassereis und gefrorenen Boden (Permafrost) mit ein.

Abbildung 18.7: Der Kilimandscharo, der höchste Berg in Afrika, ist mit einem kleinen alpinen Gletscher bedeckt. (Foto: Ulrich Döring/Alamy)

dunsten die feinen Ästchen der Schneekristalle und der Wasserdampf kristallisiert nahe am Mittelpunkt des Kristalls. Auf diese Weise werden die Schneeflocken kleiner, dicker und rundlicher und die großen Porenräume verschwinden bald. Dieser Prozess drängt die Luft heraus und der einst leichte, lockere Schnee rekristallisiert zu einer viel dichteren Masse aus kleinen Körnern mit einer Konsistenz von grobem Sand. Diesen körnigen, rekristallisierten Schnee bezeichnet man als **Firn.** Aus Firn bestehen alte Schneefelder am Ende des Winters überwiegend. Kommt Schnee hinzu, nimmt der Druck auf die unteren Schichten allmählich zu und verdichtet die Eiskörner in der Tiefe. Übersteigt die Mächtigkeit von Eis und Schnee 50 Meter, ist das Gewicht groß genug, um den Firn in eine kompakte Masse aus ineinander verzahnten Eiskristallen zu verwandeln. Nun hat sich Gletschereis gebildet.

Die Geschwindigkeit, mit der diese Transformation vor sich geht, ist unterschiedlich. In Gebieten, in welchen die jährliche Schneeanhäufung groß ist, geht die Überdeckung relativ schnell vor sich und der Schnee kann sich in weniger als zehn Jahren in Gletschereis verwandeln. Dort, wo der jährliche Schneezuwachs gering ist, kann die Umformung von Schnee zu Gletschereis Hunderte von Jahren andauern.

18.2.2 Die Bewegung der Gletscher

Die Bewegung von Gletschereis bezeichnet man generell als *Fließen*. Die Tatsache, dass glaziale Bewegungen auf diese Weise beschrieben werden, scheint paradox zu sein – wie kann ein Festkörper fließen?

Die Art, wie Eis fließt, ist komplex und es gibt zwei grundlegende Typen. Das erste der beiden, das **plastische Fließen**, bezieht eine Bewegung *innerhalb* des Eises mit ein. Eis verhält sich wie ein spröder Festkörper, bis der Druck darüber mit dem Gewicht von einer etwa 50 Meter mächtigen Eisschicht vergleichbar ist. Wird diese Last übertroffen, verhält sich das Eis wie plastisches Material und beginnt zu fließen. Solches Fließen tritt aufgrund der Molekularstruktur von Eis auf. Gletschereis besteht aus Molekülschichten, die aufeinandergestapelt sind. Die Bindungen zwischen den Schichten sind schwächer als die Bindungen innerhalb der Schichten. Übersteigt Stress die Stärke der Bindungen zwischen den Schichten, bleiben die Schichten selbst intakt und gleiten übereinander.

Ein zweiter und häufiger, gleichermaßen wichtiger Mechanismus der glazialen Bewegung besteht in der Rutschung der gesamten Eismasse entlang des Bodens. Mit Ausnahme einiger Gletscher in den Polargebieten, wo das Eis vermutlich an das Festgestein festgefroren ist, glaubt man von den meisten Gletschern, dass sie sich durch diesen Rutschprozess, **basales Gleiten** (Sohlgleitung) genannt, voranbewegen. Bei diesem Prozess verhält sich Schmelzwasser vermutlich wie ein hydraulischer Heber und vielleicht als Schmiermittel, das das Eis über das Gestein befördert. Flüssiges Wasser entsteht zum Teil dadurch, dass der Schmelzpunkt von Eis mit der Druckerhöhung abnimmt. Deswegen kann innerhalb eines Gletschers das Eis am Schmelzpunkt sein, auch wenn die Außentemperatur unter 0°C beträgt.

Außerdem können noch andere Faktoren zur An-

Gletscher und Vergletscherung

Studenten fragen manchmal …

Ich habe gehört, dass Eisberge als Wasserquellen in Wüsten dienen sollen?

Es stimmt, dass sich Menschen, die in ariden Gebieten leben, ernsthaft damit befasst haben, Eisberge von der Antarktis als Süßwasserquelle heranzutransportieren. Es gibt sicherlich eine ausreichende Versorgung. Jedes Jahr rutschen 1.000 Kubikkilometer Eis in die Gewässer um die Antarktis und bilden Eisberge. Aber es gibt signifikante technische Probleme, die nicht so schnell überwunden werden können. Beispielsweise wurden noch keine Schiffe entwickelt, die große Eisberge ziehen könnten. Zudem würde ein bedeutender Verlust von Eis durch Schmelzen und Verdunstung auftreten, wenn ein Eisberg langsam durch wärmere Gewässer treiben würde.

18.2.3 Die Geschwindigkeit der Gletscherbewegung

Die Bewegung von Gletschern ist, anders als bei Flüssen, nicht erkennbar. Könnten wir die Bewegung eines alpinen Gletschers beobachten, würden wir erkennen, dass sich das Eis im Gletschertal wie das Wasser in einem Fluss nicht mit gleichmäßiger Geschwindigkeit fortbewegt. Die Reibung am Talboden verlangsamt die Bewegung des Gletschers am Boden des Gletschers, der Widerstand an den Talflanken verursacht die höchste Fließrate im Zentrum des Gletschers. Das wurde zum ersten Mal im 19. Jahrhundert durch Experimente gezeigt. Dabei brachte man vorsichtig Markierungen in einer geraden Linie quer über den oberen Bereich eines Talgletschers an. Man zeichnete die Positionen der Markierungen in Intervallen auf und konnte eine wie gerade beschriebene Bewegungsweise feststellen. Mehr über diese Experimente finden Sie in Exkurs 1.2 auf Seite 13.

Wie schnell bewegt sich Gletschereis? Die durchschnittlichen Geschwindigkeiten unterscheiden sich von Gletscher zu Gletscher beträchtlich. Manche bewegen sich so langsam, dass Bäume und andere Vegetation in den angehäuften Trümmern auf der Gletscheroberfläche sehr gut anwachsen, andere dagegen bewegen sich mit Geschwindigkeiten von meh-

wesenheit von Schmelzwasser innerhalb des Gletschers beitragen. Die Temperaturen können durch plastisches Fließen zunehmen (ein Effekt, der der Erwärmung durch Reibung ähnlich ist), durch Wärme aus dem Erdinneren und durch das Wiedergefrieren von heruntersickerndem Schmelzwasser. Der letztgenannte Prozess bezieht sich auf die Eigenschaft der Wärmeentwicklung (latente Wärmediffusion), wenn Wasser vom flüssigen Aggregatzustand in den festen übergeht.

▶Abbildung 18.8 zeigt die Auswirkungen der zwei grundlegenden Gletscherbewegungen. Das vertikale Profil durch einen Gletscher zeigt, dass nicht das gesamte Eis mit der gleichen Rate vorwärtsfließt. Der Reibungswiderstand an der Oberfläche des Festgesteins verursacht, dass sich der untere Bereich des Gletschers langsamer bewegt. Die oberen 50 Meter sind, anders als der untere Bereich, keinem ausreichenden Druck ausgeliefert, um plastisch fließen zu können. Das Eis des oberen Bereichs ist brüchig und wird als **Bruchzone** bezeichnet. Das Eis in der Bruchzone wird vom Eis darunter „Huckepack" befördert. Bewegt sich der Gletscher über unebenes Terrain, steht die Bruchzone unter Spannung und es entstehen Risse, die **Gletscherspalten** (▶Abbildung 18.9). Diese auseinanderklaffenden Risse können bis in Tiefen von 50 Meter reichen und machen eine Gletscherüberquerung gefährlich. Unterhalb dieser Tiefe werden sie durch das plastische Fließen versiegelt.

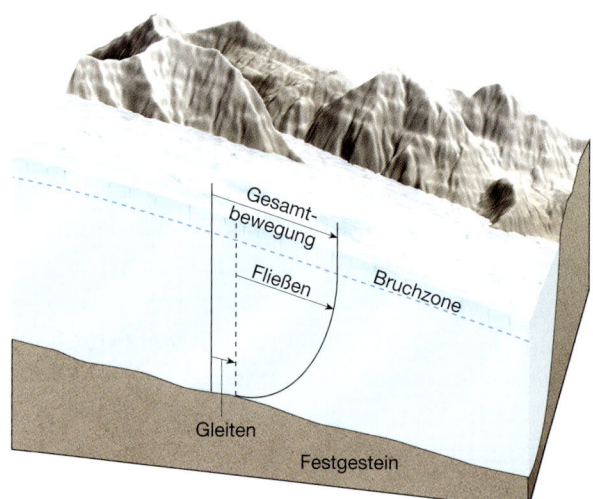

Abbildung 18.8: Ein vertikales Profil durch einen Gletscher verdeutlicht die Eisbewegung. Die Gletscherbewegung kann in zwei Komponenten eingeteilt werden. Unterhalb von etwa 50 Meter verhält sich das Eis plastisch und fließt. Außerdem kann die gesamte Eismasse entlang des Untergrunds rutschen. Das Eis in der Bruchzone wird auf eine Art „Huckepack" transportiert. Beachten Sie, dass die Bewegungsrate am langsamsten an der Basis der Gletscher ist, wo der Reibungswiderstand am größten ist.

18.2 Die Entstehung und die Bewegung von Gletschereis

reren Metern pro Tag. Beispielsweise wurde der Byrd-Gletscher, ein Auslassgletscher in der Antarktis, zehn Jahre lang unter Verwendung von Satellitenbildern untersucht. Er bewegt sich mit einer durchschnittlichen Rate von 750 bis 800 Meter pro Jahr (etwa 2 Zentimeter pro Tag). Andere untersuchte Gletscher bewegen sich mit nur einem Viertel dieser Bewegungsrate.

Die Fortbewegung mancher Gletscher ist durch Perioden plötzlicher Bewegungen charakterisiert, die man als **Surges** (Gletscherlauf) bezeichnet. Gletscher, die so ein Verhalten aufweisen, können sich anscheinend auf normale Weise fortbewegen, um sich dann für eine relativ kurze Zeit zu beschleunigen, bevor sie zu ihrer normalen Bewegungsrate zurückkehren. Die Fließraten während eines Gletscherlaufs sind 100 Mal höher als die normalen Raten. Es gibt Hinweise darauf, dass viele Gletscher vom Surges-Typ sein könnten.

Noch ist es nicht ganz klar, ob der Mechanismus, der diese schnellen Bewegungen auslöst, für alle Gletscher vom Surges-Typ gleich ist. Forscher, die den Variegated-Gletscher (▶ Abbildung 18.10) untersucht haben, stellten jedoch fest, dass die Surges dieser Eismasse in Form eines schnellen Anstiegs des basalen Gleitens vor sich geht, was durch den erhöhten Wasserdruck unter dem Eis verursacht wird. Dadurch reduziert der Wasserdruck an der Basis des Gletschers die Reibung zwischen dem darunterliegenden Festgestein und dem sich bewegenden Eis. Die Druckzunahme wiederum steht in Beziehungen mit Veränderungen in den Gangsystemen, die das Wasser entlang des Gletscherbetts und als Ausfluss zur Gletscherstirn führen.

Abbildung 18.9: Gletscherspalten bilden sich in der Bruchzone. Sie reichen bis in Tiefen von 50 Meter und können offensichtlich die Überquerung eines Gletschers gefährlich werden lassen. Gasherbrum II-Expedition, Pakistan. (Foto: Galen Rowell/Mountain Light Photography, Inc.)

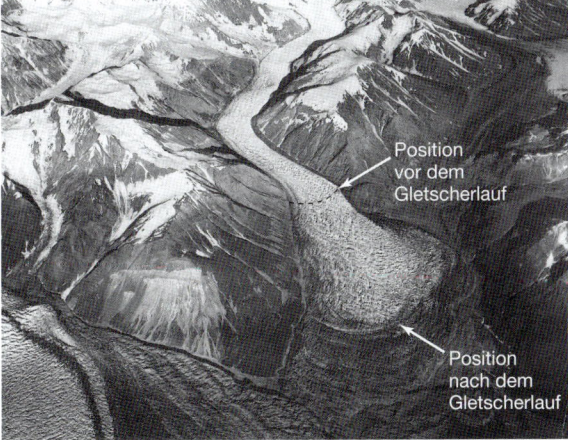

Abbildung 18.10: Der Gletscherlauf des Variegated-Gletschers, eines Talgletschers in der Nähe von Yakutat, Alaska, nordwestlich von Juneau ist auf diesen beiden Luftbildern in einem Zeitabstand von einem Jahr dargestellt. Während eines Gletscherlaufs sind die Geschwindigkeiten des Eises im Variegated-Gletscher um 20 bis 50 Mal größer als während einer ruhigen Phase. (Fotos: Austin Post, U.S. Geological Survey)

18 Gletscher und Vergletscherung

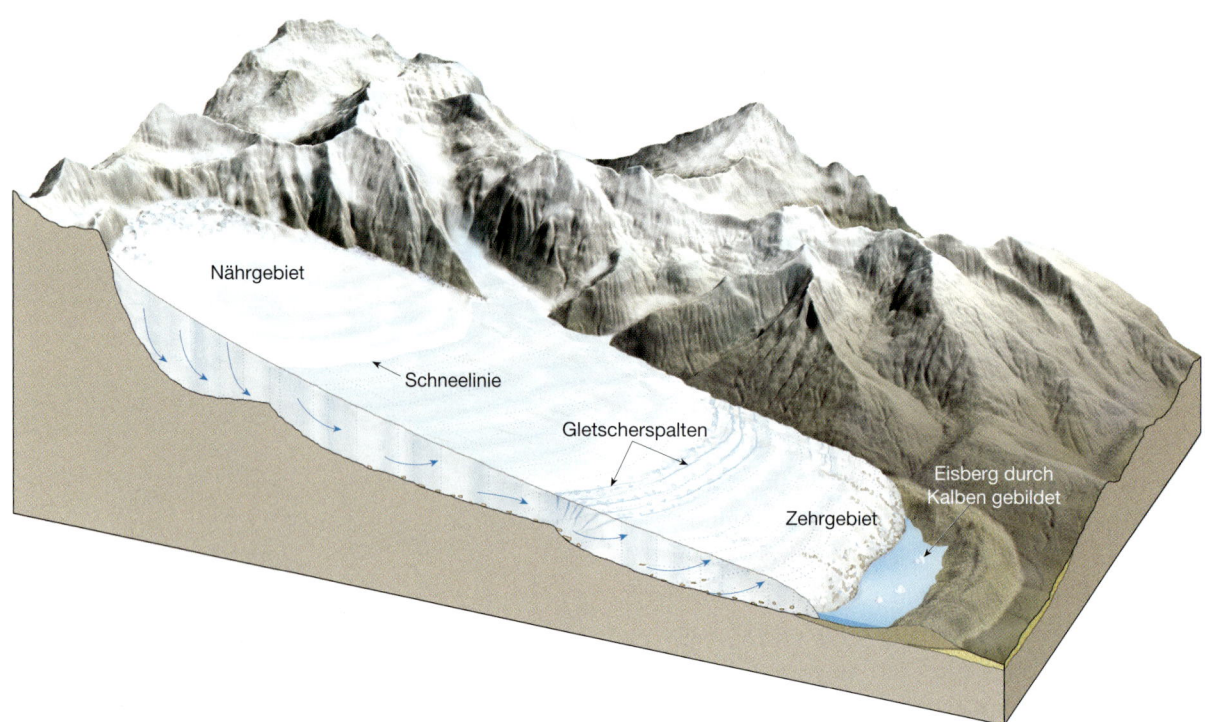

Abbildung 18.11: Die Schneelinie trennt das Nährgebiet (Akkumulationszone) vom Zehrgebiet. Oberhalb der Schneelinie fällt jeden Winter mehr Schnee, als im Sommer abschmilzt. Unterhalb der Schneelinie schmelzen der Schnee vom vorherigen Winter sowie ein Teil des darunterliegenden Eises ab. Ob ein Gletscher vorrückt, sich zurückzieht oder stationär bleibt, hängt von dem Gleichgewicht zwischen Akkumulation (Nährung) und Zehrung (Ablation) ab. Bewegt sich ein Gletscher über unebenes Gelände, bilden sich Gletscherspalten in der Bruchzone.

18.2.4 Der Gletscherhaushalt

Schnee ist das Rohmaterial, aus dem die Gletscher entstehen: Deswegen bilden sich Gletscher in Gebieten, in welchen im Winter mehr Schnee fällt, als im Sommer schmilzt. Gletscher verlieren und gewinnen ständig Eis. Schneeakkumulation und Eisbildung tritt im **Nährgebiet** auf. Seine äußeren Grenzen sind durch die Schneelinie begrenzt. Wie zuvor schon bemerkt wurde, variiert die Schneegrenze sehr stark, von Meeresniveau in Polarregionen bis hin zu Höhen von 5.000 Metern nah am Äquator. Oberhalb der Schneelinie verdickt das Hinzufügen von Schnee den Gletscher und fördert die Bewegung. Unterhalb der Schneelinie liegt das **Zehrgebiet**. Dort gibt es einen Nettoverlust für den Gletscher, da der gesamte Schnee des vorausgegangenen Winters sowie ein Teil des Gletschereises abschmelzen (▶Abbildung 18.11).

Neben dem Abschmelzen verkleinern sich Gletscher, wenn große Stücke vom vorderen Bereich des Gletschers abbrechen, einen Prozess, den man **Kalben** nennt. Das Kalben lässt *Eisberge* an Stellen entstehen, wo Gletscher das Meer oder einen See erreichen (▶Abbildung 18.12). Da Eisberge eine nur etwas geringere Dichte als das Meerwasser besitzen, treiben sie auf dem Wasser, wobei 80 Prozent ihrer Masse unter Wasser bleibt. Entlang des antarktischen Schelfeisrands ist Kalben die Hauptursache, durch welche diese Massen Eis verlieren. Die relativ flachen Eisberge, die dabei entstehen, können mehrere Kilometer breit und bis zu 600 Meter hoch sein. Im Vergleich dazu entstehen Tausende von irregulär geformten Eisbergen durch Auslassgletscher an den Rändern der grönländischen Eisdecke. Viele treiben südwärts und finden ihren Weg in den Nordatlantik, wo sie eine Gefahr für die Schifffahrt bedeuten können. Ob ein Gletscherrand vorrückt, sich zurückzieht oder auf der gleichen Stelle verbleibt, hängt vom Haushalt des Gletschers ab. Der Gletscherhaushalt ist das Gleichgewicht oder das fehlende Gleichgewicht zwischen einem Zuwachs im oberen Bereich des Gletschers und dem Verlust am unteren Ende. Falls der Eiszuwachs größer ist als die Ablation, bewegt sich die Gletscherstirn voran, bis beide Faktoren im Gleichgewicht sind. Geschieht dies, bleibt die Gletscherstirn stehen.

Sollte sich eine Erwärmungstendenz abzeichnen und/oder sollte nachlassender Schneefall den Nachschub verringern, wird sich die Gletscherstirn zurück-

Abbildung 18.12: Eisberge entstehen, wenn große Stücke von einer Gletscherstirn kalben, nachdem sie ein Gewässer erreicht haben. Hier kalbt Eis von der Gletscherstirn des Hubbard-Gletschers im Wrangell-St. Elias-Nationalpark in Alaska. Nur etwa 20 Prozent eines Eisbergs ragen über die Wasseroberfläche auf. (Foto: Tom & Susan Bean, Inc.)

ziehen. Beim Rückzug der Gletscherstirn nimmt die Ausdehnung des Zehrgebiets ab. Deswegen wird sich mit der Zeit ein neues Gleichgewicht zwischen Nährung und Zehrung einstellen und die Gletscherstirn wird erneut stehen bleiben.

Ob der Rand eines Gletschers nun vorrückt, sich zurückzieht oder gleich bleibt, das Eis innerhalb des Gletschers wird weiterhin vorwärtsfließen. Im Fall eines sich zurückziehenden Gletschers fließt das Eis immer noch vorwärts, doch nicht schnell genug, um die **Ablation** auszugleichen. Dieses Thema ist schön in Abbildung 1.C dargestellt. Während sich die Linie zwischen den Markierungen am Rhône-Gletscher weiter talabwärts bewegt, zieht sich die Gletscherstirn langsam talaufwärts zurück.

Glaziale Erosion   18.3

Gletscher können große Erosionen verursachen. Für jeden, der die Gletscherstirn eines alpinen Gletschers beobachtet hat, wird der Beleg für die große Erosionskraft eines Gletschers klar. Sie werden sehen, wie Gesteinsmaterial von verschiedener Größe aus dem abschmelzenden Eis auftaucht. Alle Hinweise führen zu dem Schluss, dass das Eis Gestein vom Talboden und von den Talflanken weggekratzt, abgescheuert und mitgerissen hat. Doch sollte man deutlich machen, dass in Gebirgsregionen die Massenbewegungsprozesse auch einen wesentlichen Beitrag zur Sedimentlast des Gletschers leisten. Ein Blick zurück in Abbildung 15.10 zeigt ein besonders Beispiel. Das Bild zeigt eine vier Kilometer lange Gesteinstrümmerlawine, die auf dem Sherman-Gletscher in Alaska abgelagert wurde.

Hat ein Gletscher Gesteinstrümmer aufgenommen, wird die große Festigkeit des Eises die Trümmer nicht absetzten lassen, wie bei einer Sedimentlast, die von Flüssen oder vom Wind transportiert wird. In der Tat gibt es für Eis als Sedimenttransportmedium keinen Vergleich. Gletscher können riesige Gesteinsblöcke transportieren, die kein anderes Erosionsmedium jemals vom Fleck bewegen könnte (▶ Abbildung 18.13). Die heutigen Gletscher haben zwar eine eingeschränkte Bedeutung als Erosionskraft, doch spiegeln viele Landschaften durch die weit verbreiteten Gletscher der letzten Eiszeit den großen Anteil an Erosionsarbeit der Gletscher wider.

Abbildung 18.13: Ein großer, vom Eis transportierter Felsbrocken in Wyoming. Solche Gesteinsbrocken werden erratische Blöcke genannt. (Foto: Yava Momatiuk und Eastcott/Photo Researchers, Inc.)

Gletscher erodieren das Land auf zwei grundlegende Arten – Detraktion (Herausbrechen) und Abschürfen (Abrasion). Bei der ersten Erosionsart fließt ein Gletscher über die zerbrochene Festgesteinsoberfläche, löst und hebt dabei Gesteinsblöcke heraus und inkorporiert sie in das Eis. Man spricht dabei von einem Prozess der **Detraktion**. Dieser Vorgang tritt auf, wenn Schmelzwasser durch die Risse und Klüfte des Festgesteins unter einem Gletscher eindringt und gefriert. Da sich das Wasser dabei ausdehnt, übt es eine enorme Hebelwirkung aus und bricht das Gestein los. Auf diese Weise werden Sedimente aller Größen Teil der Sedimentlast des Gletschers.

Der zweite Haupterosionsprozess ist die **Abrasion** (▶ Abbildung 18.14). Während das Eis und seine Gesteinstrümmerlast über das Festgestein rutschen, verhalten sie sich wie Sandpapier, das die darunterliegende Oberfläche glättet und poliert. Das pulverisierte Gestein, das durch die glaziale „Mühlfräse" entsteht, nennt man passend **Gesteinsmehl**. Es kann so viel Gesteinsmehl entstehen, dass das aus den Gletschern strömende, grauweiße Schmelzwasser oft das Aussehen von halbfetter Milch hat. Man spricht deswegen auch von **Gletschermilch**. Sie liefert den sichtbaren Beweis von der Schleifkraft der Gletscher.

Enthält das Eis an der Basis eines Gletschers große Gesteinsfragmente, können lange Schrammen und Riefen in das Festgestein hineingemeißelt werden. Sie werden **Gletscherschrammen** genannt (▶ Abbildung 18.14A). Diese linearen Rillen liefern Rückschlüsse auf die Eisfließrichtung. Bei der Kartierung der Schrammen über große Gebiete kann man oft die Muster der glazialen Fließrichtung rekonstruieren. Auf der anderen Seite verursachen nicht alle abrasiven Vorgänge Schrammen. Die Gesteinsoberfläche, über die sich ein Gletscher bewegt, kann auch durch Eis und seine Sedimentlast aus feinen Partikeln hochpoliert werden. Die weite Ausdehnung der glattpolierten Granite im Yosemite Nationalpark liefern ein ausgezeichnetes Beispiel (▶ Abbildung 18.14B).

Wie auch bei anderen Erosionskräften, ist die glaziale Erosionsrate sehr variabel. Die unterschiedliche Erosion durch Eis wird weitgehend durch vier Faktoren kontrolliert: (1) die glaziale Bewegungsrate; (2) die Eismächtigkeit; (3) die Form, die Menge und die Härte der im Eis enthaltenden Gesteinsfragmente an der Basis des Gletschers; (4) die Erodierbarkeit der Oberflächen unter dem Gletscher. Veränderungen von einem oder allen dieser Faktoren von Zeit zu Zeit und/

Abbildung 18.14: A. Glaziale Abrasion erzeugte Striemen und Rillen in diesem Festgestein. Glacier Bay-Nationalpark, Alaska. (Foto: Copyright © Carr Clifton. Alle Rechte vorbehalten) **B.** Durch Eis polierter Granit im Yosemite-Nationalpark, Kalifornien. (Foto: E.J. Tarbuck)

oder von Ort zu Ort bewirken, dass sich die Strukturen, Auswirkungen und das Ausmaß der Landschaftsmodifikation in Gletschergebieten stark unterscheiden können.

18.4 Landformen, geschaffen durch glaziale Erosion

Die Auswirkungen der Erosion auf die Gletschertäler und Eisdecken sind ganz unterschiedlich. Besucht man ein vergletschertes Gebirgsgebiet, wird man vermutlich eine scharfe und kantige Topographie betrachten (siehe Abbildung 18.1). Der Grund dafür liegt darin, dass alpine Gletscher sich talabwärts bewegen und dabei die unregelmäßige Gebirgslandschaft weiter akzentuieren, indem sie noch tiefere Canyonwände graben und kahle Gipfel noch stärker zerklüften. Im Gegensatz dazu dehnen sich kontinentale Eisdecken über ein Terrain aus und gleichen die Unregelmäßigkeiten aus, statt sie hervorzuheben. Obwohl das Erosionspotenzial der Eisdecken enorm ist, rufen die Landschaften, die durch diese riesigen Eismassen herausgemeißelt wurden, normalerweise nicht das gleiche Erstaunen und die gleiche Ehrfurcht hervor wie die Erosionsstrukturen, die durch Talgletscher entstehen. Viele dieser zerklüfteten Gebirgsszenerien, die so sehr für ihre majestätische Schönheit geachtet werden, sind das Erosionsprodukt alpiner Gletscher. ▶ Abbildung 18.15 zeigt eine hypothetische Gebirgsregion vor, während und nach der Vergletscherung

18.4.1 Gletschertäler

Eine Wanderung durch ein Gletschertal hinauf enthüllt oft zahlreiche, durch Eis geformte Strukturen. Das Tal selbst besitzt eine dramatische Ansicht. Anders als Flüsse, die ihre eigenen Täler erzeugen, folgen Gletscher dem Weg des geringsten Widerstands, indem sie bereits vorhandene Flusstäler nehmen. Vor der Vergletscherung sind Gebirgstäler charakteristisch schmal und V-förmig, da sich die Flüsse weit oberhalb der Erosionsbasis befinden und deswegen einschneiden. Doch während der Vergletscherung unterliegen die schmalen Täler einer Veränderung, da sie der Gletscher verbreitert und vertieft und ein U-förmiges **Trogtal** schafft. Neben der Verbreiterung und Vertiefung des Tals begradigt es der Gletscher. Da das Eis um die scharfen Krümmungen herumfließt, entfernt die große Erosionskraft die Felsvorsprünge, die sich in das Tal ausdehnen. Es entstehen dreieckige Klippen, die **Schliffkanten** genannt werden (Abbildung 18.15).

Die Menge an glazialer Erosion, die in verschiedenen Tälern einer Gebirgsregion stattfindet, variiert. Vor der Vergletscherung verbinden sich viele Zuflüsse mit dem Haupttal auf der Höhe des Wasserlaufs in diesem Tal. Während der Vergletscherung kann die Menge an Eis, das durch das Haupt(Stamm-)tal fließt, viel größer sein als die Menge, die in jedem Nebental nach unten vorrückt. Folglich wird das Tal, das den Stammgletscher enthält, tiefer erodiert als die kleineren Täler, die es speisen. Nach dem Rückzug der Gletscher bleiben die Nebentäler oberhalb des Hauptglazialtrogs zurück. Sie werden als **Hängetäler** bezeichnet (Abbildung 18.15). Flüsse, die durch diese Täler fließen, können spektakuläre Wasserfälle erzeugen, wie die im Yosemite-Nationalpark (Abbildung 18.15).

Wandert man einen Glazialtrog hinauf, kommt man an einer Reihe von Einbuchtungen auf dem Festgestein des Talbodens vorbei, die wahrscheinlich durch Detraktion entstanden sind und dann durch die abschleifende Kraft des Eis abgeschmirgelt wurden. Sind diese Einbuchtungen mit Wasser gefüllt, spricht man von **Paternoster-Seen** (Abbildung 18.15). Der lateinische Name bedeutet „Vater Unser" und bezieht sich auf die aneinandergereihte Kette von Rosenkranzperlen.

Im oberen Bereich des Gletschertals befindet sich eine charakteristische und oft imposante Struktur, das **Kar**. Wie Abbildung 18.15 zeigt, haben diese schüsselförmigen Einbuchtungen an drei Seiten steil abfallende Flanken, sie sind aber an der Talseite offen. Das Kar ist der Brennpunkt des Gletscherwachstums, da es das Gebiet der Schneeakkumulation und der Eisbildung ist. Kare entstehen, wenn Unebenheiten an der Gebirgsseite immer wieder durch Frostsprengung und Detraktion, die an den Seiten und der Basis des Gletschers auftritt, vergrößert werden.

Nachdem der Gletscher abgeschmolzen ist, bleiben mit Wasser gefüllte Kare zurück. Es entstehen kleine Gebirgsseen, die **Karseen** (Abbildung 18.5).

Liegen sich zwei Gletscher an einem Kamm gegenüber und fließen sie voneinander fort, wird der trennende Kamm zwischen ihren Karen größtenteils durch Detraktion und Frosteinwirkung eliminiert, wenn die beiden Kare sich ausweiten. Wenn dies geschieht, schneiden sich die beiden Gletschertröge und es entsteht eine Lücke oder ein Durchgang von einem Tal in das andere. Eine solche Struktur bezeichnet man als **Pass**. Bedeutende und bekannte Gebirgspässe sind der St. Gotthard-Pass in den Schweizer Alpen, der Tioga-Pass in der Sierra Nevada, Kalifornien und der Berthoud-Pass in den Rocky Mountains in Colorado.

Bevor wir das Thema Gletschertröge und ihre vergesellschafteten Strukturen verlassen, sollten wir über eine weitere allgemein bekannte Struktur sprechen, die Fjorde. Die **Fjorde** sind tiefe, oft unglaublich steilwandige Öffnungen zum Meer, die man in hohen Breiten vorfindet, wo Gebirge direkt an das Meer grenzen (▶ Abbildung 18.16). Sie sind überschwemmte glaziale Tröge, die untertauchten als das Eis das Tal verließ und der Meeresspiegel nach der Eiszeit anstieg. Die Tiefe der Fjorde kann über 1.000 Meter betragen. Doch die große Tiefe dieser überfluteten Tröge lässt sich nur zum Teil durch den nach der Eiszeit erfolgten Anstieg des Meeresspiegels erklären. Anders als bei der talabwärts gerichteten Erosion von Flüssen fungiert der Meeresspiegel nicht als Erosionsbasis für die Gletscher. Folglich können Gletscher ihre Glet-

18 Gletscher und Vergletscherung

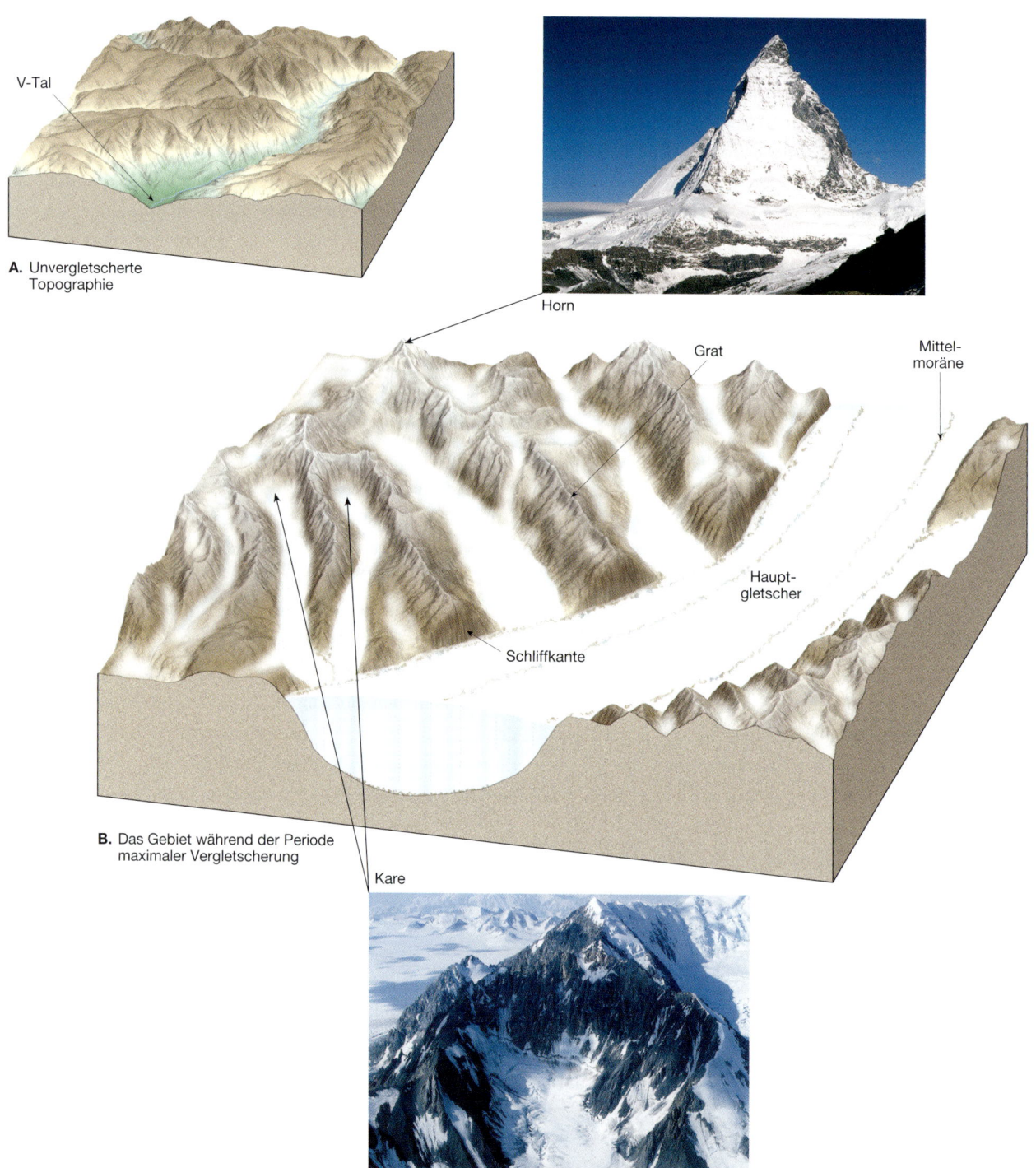

Abbildung 18.15: Vor der Vergletscherung ist ein Gebirgstal typischerweise schmal und V-förmig. Während der Vergletscherung weitet, vertieft und begradigt ein alpiner Gletscher das Tal und erzeugt einen U-förmigen glazialen Trog. Diese hier gezeigten Diagramme eines hypothetischen Gebiets zeigen die Entwicklung von erosiven Landschaftsformen, die durch alpine Gletscher erzeugt wurden. Die unvergletscherte Landschaft in Teil **A.** wird durch einen Talgletscher in Teil **B.** modifiziert. Nachdem sich das Eis in Teil **C.** zurückzieht, sieht das Terrain ganz anders als vor der Vergletscherung aus. (Fotos: Kar: Marli Miller; Horn: Gavriel Jecan; glazialer Trog: John Montagne; Hängetal: Marc Muench; Karsee: Stephen J. Krasermann; Grat: James E. Patterson)

scherbetten weit unterhalb der Meeresoberfläche eingraben. Beispielsweise kann ein 300 Meter mächtiger Gletscher seinen Talboden mehr als 250 Meter unter den Meeresspiegel eingraben, bevor die nach unten gerichtete Erosion aufhört und das Eis zu treiben beginnt. Norwegen, British Kolumbien, Grönland, Neuseeland, Chile und Alaska sind durch Fjorde an ihren Küstenlinien charakterisiert.

18.4 Landformen, geschaffen durch glaziale Erosion

C. Topographie nach der Vergletscherung

18.4.2 Grate und Hörner

Ein Besuch in den Alpen, den nördlichen Rocky Mountains oder vielen anderen malerischen Gebirgslandschaften, die durch Talgletscher eingeschnitten wurden, enthüllt nicht nur Gletschertröge, Kare, Paternoster-Seen und weitere, damit in Verbindung stehende Strukturen, die gerade besprochen wurden. Sie werden bestimmt auch gewundene scharfkantige Rücken sehen, die man **Grate** nennt, aber auch spitze pyramidenförmige Gipfel, die man als **Hörner** bezeichnet und hoch über ihre Umgebung hinausragen. Beide Strukturen können durch den gleichen grundlegenden Prozess entstehen, nämlich die Vergrößerung von Karen durch Detraktion und Frosteinwirkung (Abbildung 18.15). Im Fall der Gesteinsspitzen, die Hörner

18 Gletscher und Vergletscherung

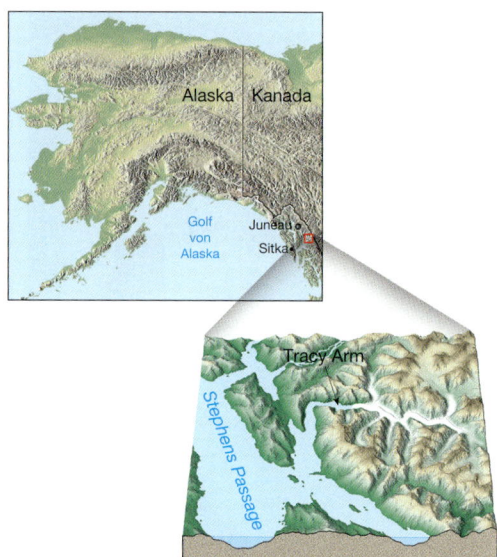

Abbildung 18.16: Wie andere Fjorde ist auch dieser bei Tracy Arm in Alaska ein überschwemmter glazialer Trog. (Foto: Tom & Susan Bean, Inc.)

genannt werden, sind Kare, die sich um einen einzelnen hohen Berg gruppiert haben, dafür verantwortlich. Durch die Vergrößerung und das Verschmelzen der Kare entsteht ein einzelnes Horn. Das bekannteste Beispiel ist das Matterhorn in den Schweizer Alpen (Abbildung 18.15).

Grate bilden sich auf ähnliche Weise, nur sind die Kare nicht um einen Punkt herum gruppiert, sondern sie liegen auf den entgegengesetzten Seiten eines Kammes. Beim Anwachsen der Kare wird der sie trennende Kamm zu einer messerschneideartigen Trennwand reduziert. Ein Grat kann aber auch auf andere Weise gebildet werden. Befinden sich zwei Gletscher in zwei parallelen Tälern, kann sich ein Grat bilden, wenn ein Kamm, der die beiden vorrückenden Gletscherzungen trennt, durch die schleifende Wirkung des Eises verschmälert und seine angrenzenden Täler vergrößert werden.

18.4.3 Rundhöcker

In vielen vergletscherten Landschaften, aber am häufigsten dort, wo kontinentale Eisdecken das Terrain verändert haben, schneidet das Eis stromlinienförmige Hügel in die hervorstehenden Felshöcker. Solche asymmetrischen Festgesteinshöcker bezeichnet man als **Rundhöcker**. Sie bilden sich, wenn glaziale Abrasion den sanft abfallenden Hang, der in Richtung der vorrückenden Eisdecke liegt, glättet. Wenn das Eis über den Höcker fließt, werden durch Detraktion die gegenüberliegenden Seiten steiler (▶Abbildung 18.17). Rundhöcker geben die glaziale Fließrichtung an, da der sanftere Hang sich auf der Seite bildet, von der aus das Eis vorrückt.

18.5 Glaziale Ablagerungen

Gletscher nehmen riesige Mengen an Gesteinsschutt auf und transportieren ihn, während sie langsam über das Land vorrücken. Letztlich wird das Material abgelagert, wenn das Eis schmilzt. In Gebieten, in welchen glaziale Sedimente abgelagert wurden, kann das Sediment eine bedeutende Rolle bei der Bildung der Landschaft spielen. Beispielsweise sind in vielen Gegenden, die in der letzten Eiszeit mit großen Eisdecken bedeckt waren, die Festgesteine kaum aufgeschlossen, da eiszeitliche Ablagerungen, die einige zehn oder sogar hunderte Meter mächtig sind, das Terrain komplett überdecken. Eine wesentliche Folge dieser Ablagerungen ist die Reduzierung des örtlichen Reliefs und der Ausgleich der Topographie. Tatsächlich ist uns diese Szenerie von ländlichen Gegenden her bekannt. Steinige Weiden in Neuengland, Weizenfelder in den Dakotas, hügeliges Ackerland im Mittleren Westen – entstanden sind sie direkt durch glaziale Ablagerungen.

Lange bevor die Theorie eines ausgedehnten Eiszeitalters aufkam, dachte man, dass der Boden und die Gesteinstrümmer, die Teile Europas bedecken, von

Abbildung 18.17: Ein Rundhöcker im Yosemite-Nationalpark, Kalifornien. Der sanfte Hang wurde abradiert und die steile Seite erfuhr eine Detraktion. Das Eis bewegte sich von rechts nach links. (Foto: E.J. Tarbuck)

anderswo herstammten. Zu dieser Zeit glaubte man, dass diese „fremden" Materialien zu ihrer gegenwärtigen Position auf schwimmendem Eis während einer lange zurückliegenden Flut „gedriftet" sind. Folglich wird der Begriff „Drift" für diese Sedimente verwendet. Obwohl die Bezeichnung aus einem falschen Konzept hervorging, hatte sich der Begriff bis zu der Zeit, da der wahre glaziale Ursprung der Gesteinstrümmer erkannt wurde, so sehr etabliert, dass er Bestandteil des glazialen Fachwortschatzes blieb. Heute ist **Eisdrift** oder **glaziales Geschiebe** (Gletschergeschiebe) ein allumfassender Name für Sedimente glazialen Ursprungs, gleich wie und wo und in welcher Form sie abgelagert wurden.

Eines der Merkmale, das glaziale Geschiebe von anderen Sedimenten unterscheidet, ist, dass glaziale Ablagerungen aus hauptsächlich physikalisch verwitterten Gesteinstrümmern bestehen, die wenig bzw. keiner chemischen Verwitterung vor ihrer Ablagerung unterworfen waren. Deswegen sind Minerale, die chemisch schnell verwittern, wie beispielsweise Hornblende oder Plagioklas, häufig auffällige Bestandteile in Glazialsedimenten.

Glaziale Geschiebe werden von Geologen in zwei unterschiedliche Typen eingeteilt: (1) Material, das direkt vom Gletscher abgelagert wurde, ist der **Moränenschutt** (Till) und (2) Sedimente, die durch glaziales Schmelzwasser abgelagert wurden, nennt man **Geschiebemergel**. Wir werden Geländeformen beider Typen betrachten.

18.6 Landschaftsformen aus Moränenschutt

Moränenschutt wird abgelagert, wenn glaziales Eis schmilzt und seine Gesteinsfragmentlast ablädt. Anders als fließendes Wasser und Wind kann Eis die Sedimente, die es mit sich führt, nicht sortieren. Deswegen sind Moränenablagerungen normalerweise eine unsortierte Mischung vieler Partikelgrößen (▶Abbildung 18.18). Eine genaue Untersuchung dieses Sediments zeigt, dass viele Stücke gekritzt und poliert sind, als Folge vom Mitschleifen durch den Gletscher. Solche Stücke helfen, Moränen von anderen Ablagerungen zu unterscheiden, die auch aus einer Mischung verschiedener Sedimentgrößen bestehen, wie das Material einer Mure oder eines Felsrutsches.

Gesteinsbrocken, die man im Moränenschutt vorfindet oder die frei an der Oberfläche liegen, werden **erratische Blöcke** oder **Findlinge** genannt, wenn sie sich vom darunterliegenden Festgestein unterscheiden (siehe Abbildung 18.13). Das bedeutet natürlich, dass sie von einem Ort außerhalb des Ablagerungsgebiets stammen, in dem sie gefunden werden. Der Ort ihrer Herkunft ist von den meisten erratischen Blöcken unbekannt, von manchen kann allerdings die Herkunft bestimmt werden. Manchmal werden Findlinge bis zu 500 Kilometer von ihrem Herkunftsgebiet transportiert, in manchen Fällen sogar mehr als 1.000 Kilometer. Deswegen können Geologen manchmal durch die

Untersuchung der erratischen Blöcke sowie der Mineralzusammensetzung des übrigen Moränenschutts den Weg des Eisstroms zurückverfolgen.

In Teilen Neuenglands, dem Alpenvorland und anderen Gebieten sind erratische Blöcke auf Weide- und Ackerland verteilt. An manchen Orten wurden diese großen Steine von den Feldern weggeschafft und aufeinandergestapelt, um Zäune und Mauern zu bilden (▶Abbildung 18.19). Die Felder davon zu befreien ist eine beständige Aufgabe, da in jedem Frühjahr neu freigelegte erratische Blöcke auftauchen. Durch die winterliche Frosthebung werden sie zur Oberfläche befördert.

18.6.1 Seiten- und Mittelmoränen

Die häufigste Bezeichnung für Landschaftsformen, die aus glazialen Ablagerungen bestehen, ist die *Moräne*. Ursprünglich wurde die Bezeichnung von französischen Bauern verwendet, wenn sie von Rücken und Bänken aus Gesteinsschutt sprachen, die sie in der Nähe der Gletscherränder in den französischen Alpen fanden. Heute hat die Bezeichnung Moräne eine allgemeinere Bedeutung, da sie für viele Geländeformen angewendet wird, die alle hauptsächlich aus Moränenschutt bestehen.

Alpine Gletscher erzeugen zwei Arten von Moränen, die nur in Gebirgstälern auftreten. Die erste davon wird **Seitenmoräne** genannt (▶Abbildung 18.20). Wie wir schon erfahren haben, wird Eis von den Talwänden mit großer Effizienz erodiert, wenn sich der Gletscher talabwärts bewegt. Zudem werden große Mengen an Schutt zur Gletscheroberfläche hinzugefügt, wenn Gesteinsschutt von weiter oben von den Talflanken hinunterfällt oder hinunterrutscht und sich am Rand des sich bewegenden Eises sammelt. Wenn das Eis dann schließlich schmilzt, werden diese Schuttanhäufungen neben den Talflanken abgesetzt. Diese Kämme aus Geschiebeschutt, die parallel zu den Talseiten liegen, machen die Seitenmoränen aus.

Der zweite Moränentyp, einzigartig bei alpinen Gletschern, ist die **Mittelmoräne** (▶Abbildung 18.21).

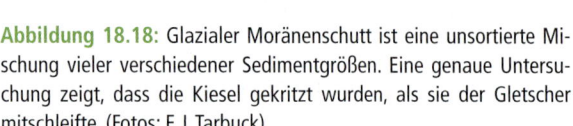

Nahaufnahme eines gekritzten Geschiebes

Abbildung 18.18: Glazialer Moränenschutt ist eine unsortierte Mischung vieler verschiedener Sedimentgrößen. Eine genaue Untersuchung zeigt, dass die Kiesel gekritzt wurden, als sie der Gletscher mitschleifte. (Fotos: E.J. Tarbuck)

Abbildung 18.19: Die Bereinigung des Geländes von erratischen Blöcken, die aufeinandergestapelt wurden, um wie hier, nahe West Bend, Wisconsin, eine Trockensteinmauer zu bauen. (Foto: Tom Bean)

Mittelmoränen entstehen, wenn zwei alpine Gletschertäler zusammenlaufen, um einen einzigen Eisstrom zu bilden. Der Moränenschutt, der einst entlang der Seiten jedes Gletschers transportiert wurde, verbindet sich zu einem einzelnen dunklen Schuttstreifen im neu vergrößerten Gletscher. Die Bildung dieser dunklen Streifen innerhalb des Eisstroms sind ein sichtbarer Beweis für die Bewegung des Gletschereises, da sich eine Moräne nicht bilden könnte, wenn das Eis nicht talabwärts fließen würde. Man sieht häufig mehrere Mittelmoränen in einem alpinen Gletscher, da ein Schuttstreifen immer dann entsteht, wenn ein weiterer Gletscher in das Haupttal einfließt.

18.6.2 End- und Grundmoränen

Eine **Endmoräne** ist ein Moränenschuttwall, der sich an der Gletscherstirn bildet. Diese relativ häufig vorkommende Geländeform entsteht, wenn ein Gleichgewicht zwischen Ablation und Eisakkumulation erreicht wird. Eine Endmoräne bildet sich, wenn das Eis am Gletscherende mit der gleichen Rate zu schmelzen und zu verdunsten beginnt wie das Vorwärtsrücken des Gletschers von seiner Nährzone. Obwohl die Gletscherstirn sich nun nicht mehr weiterbewegt, fließt das Eis weiterhin vorwärts und sorgt für eine kontinuierliche Zufuhr von Sediment, auf die gleiche Weise, wie ein Förderband Waren an das Ende einer Produktionskette liefert. Schmilzt das Eis, wird der Moränenschutt abgelagert und die Endmoräne wächst an. Je länger die Gletscherstirn ortsgebunden bleibt, desto größer wird der Wall aus Moränenschutt.

Abbildung 18.20: Gut entwickelte Seitenmoränen, die vom schrumpfenden Athabaska-Gletscher im Jasper-Nationalpark, Kanada, abgelagert wurden. (Foto: David Barnes/The Stock Market)

Nach einiger Zeit übertrifft die Ablation die Nährung. Dabei zieht sich die Gletscherstirn in die Richtung zurück, aus der sie ursprünglich vorrückte. Doch während sich die Gletscherstirn zurückzieht, geht die förderbandartige Lieferung des Gletschers weiter und liefert frischen Sedimentnachschub zur Gletscherstirn. Auf diese Weise werden riesige Mengen an Moränenschutt abgelagert, während das Eis abschmilzt. Dabei

Abbildung 18.21: Mittelmoränen bilden sich, wenn die Seitenmoränen von zusammenfließenden Gletschern miteinander verschmelzen. Saint Elias National-Park (Foto: Tom Bean)

entsteht eine gewellte, mit Gesteinen übersäte Oberfläche. Diese sanft hügelige Moränenschuttschicht, die abgelagert wird, wenn sich das Eis zurückzieht, wird **Grundmoräne** genannt. Eine Grundmoräne wirkt ausgleichend auf den Untergrund, indem sie niedrige Gebiete auffüllt und alte Wasserlaufgerinne verstopft. Oft führt das zu einer Störung des bestehenden Entwässerungssystems. Dort, wo die Moränenschuttschichten noch relativ jung sind, beispielsweise in der nördlichen Great-Lake-Region kommen schlecht entwässerte, sumpfige Böden häufig vor.

Ein Gletscher zieht sich periodisch zu einem Punkt zurück, an dem Ablation und Nährung wieder im Gleichgewicht sind. Geschieht dies, stabilisiert sich die Gletscherstirn wieder und eine neue Endmoräne bildet sich.

Die Struktur der Endmoränenbildung und der Grundmoränenablagerung kann sich häufig wiederholen, viele Male, bevor ein Gletscher endgültig verschwunden ist. So eine Struktur ist in ▶Abbildung 18.22 dargestellt. Man muss betonen, dass die äußerste Endmoräne die Grenze des vorrückenden Gletschers markiert. Aufgrund ihrer besonderen Stellung spricht man bei dieser Endmoräne von einer **Stirnmoräne**. Andererseits nennt man Endmoränen, die sich bildeten, als sich das Eis bei seinem Rückzug gelegentlich stabilisierte, **Rückzugsmoränen**. Sie sollten wissen, dass beide, die Stirn- und die Rückzugsmoränen, im Prinzip gleich sind. Sie unterscheiden sich nur in ihrer relativen Position.

Endmoränen, die in der jüngsten Hauptphase der eiszeitlichen Vergletscherung abgelagert wurden, sind markante Strukturen in vielen Teilen des Mittleren Westens und dem Nordosten. In Wisconsin ist die bewaldete und hügelige Kettle-Moräne nahe Milwaukee ein besonders hübsches Beispiel. Im Nordosten liefert Long Island ein bekanntes Beispiel. Der lineare Streifen aus glazialem Sediment dehnt sich nordöstlich von New York City aus und ist Teil eines Moränenkomplexes, der sich von Ost-Pennsylvania bis nach Cape Cod,

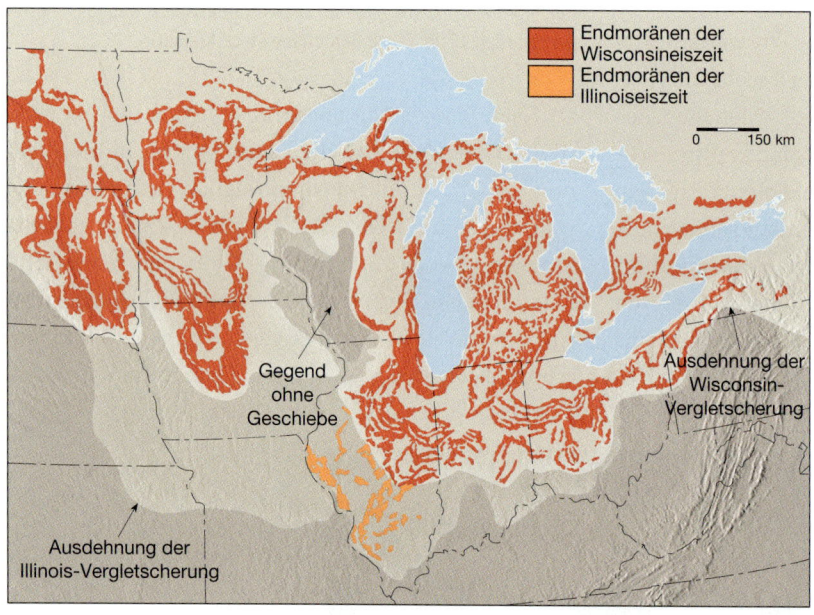

Abbildung 18.22: Endmoränen in der Great-Lake-Region. Diejenigen, die überwiegend in der letzten Eiszeit (Wisconsin- bzw. Würmeiszeit) abgelagert wurden, sind am stärksten ausgeprägt.

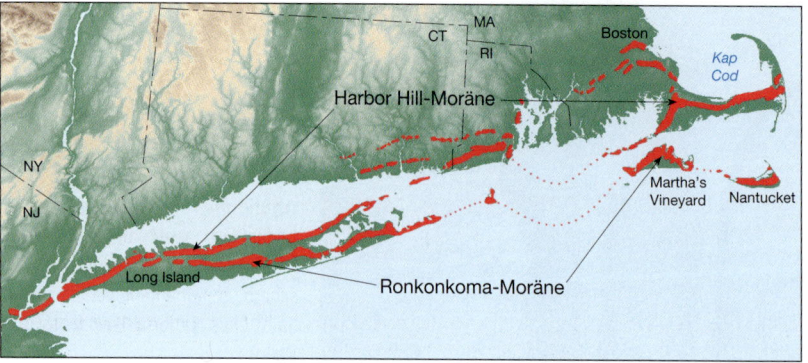

Abbildung 18.23: Endmoränen machen einen bedeutenden Teil von Long Island, Cape Cod, Martha's Vineyard und Nantucket aus. Obwohl Teile davon überschwemmt sind, dehnt sich die Ronkonkoma-Moräne (eine Stirnmoräne) durch Zentral-Long Island, Martha's Vineyard und Nantucket aus. Sie wurde vor 20.000 Jahren abgelagert. Die Harbor-Hill-Rückzugsmoräne, die sich vor 14.000 Jahren bildete, erstreckt sich entlang der Nordküste von Long Island, durch das südliche Rhode Island und Cape Cod.

Massachusetts erstreckt (▶Abbildung 18.23). Die Endmoränen, aus welchen Long Island besteht, weisen Material auf, das von einem kontinentalen Eisschild in den seichten Küstengewässern abgelagert wurde und sich mehrere Meter über dem Meeresspiegel aufgebaut hat. Die Meerenge von Long Island ist ein schmaler Wasserkörper, der die Insel vom Festland trennt. Sie wurde durch glaziale Ablagerungen nicht so hoch aufgeschüttet und deswegen durch den Anstieg des Meeresspiegels nach der Eiszeit überflutet.

▶Abbildung 18.24 zeigt ein hypothetisches Gebiet während einer Vergletscherung und dem darauffolgendem Rückzug des Eises. Es zeigt die in diesem Abschnitt beschriebenen Moränen sowie die im folgenden Abschnitt behandelten Ablagerungsstrukturen. Diese Abbildung stellt Landschaftsstrukturen dar, wie Sie sie vorfinden, wenn Sie in den Mittleren Westen oder nach Neuengland reisen. Im nächsten Abschnitt, der weitere glaziale Ablagerungen behandelt, werden Sie mehrmals auf diese Abbildung verwiesen.

18.6.3 Drumlins

Moränen sind nicht die einzigen Geländeformen, die durch Gletscher abgelagert werden. In manchen Gebieten, die einst von kontinentalen Eisschilden bedeckt waren, trifft man auf eine besondere Form von glazialer Landschaftsstruktur – eine, die durch glatte, lang gestreckte Hügel, die **Drumlins**, gekennzeichnet ist (Abbildung 18.24). Sicherlich einer der bekanntesten Drumlins ist der Bunker Hill in Boston, der Ort der berühmten Schlacht im Revolutionskrieg von 1775.

Untersuchungen von Bunker Hill und anderen weniger berühmten Drumlins zeigen, dass Drumlins stromlinienförmige asymmetrische Hügel sind und überwiegend aus Moränenschotter bestehen. Sie können 15 bis 50 Meter hoch sein und bis zu einem Kilometer lang. Die steile Seite der Hügel weist in die Richtung, aus der das Eis heranrückte, wogegen der sanftere, längere Abhang in die Richtung zeigt, in die sich das Eis bewegte. Drumlins findet man nicht als

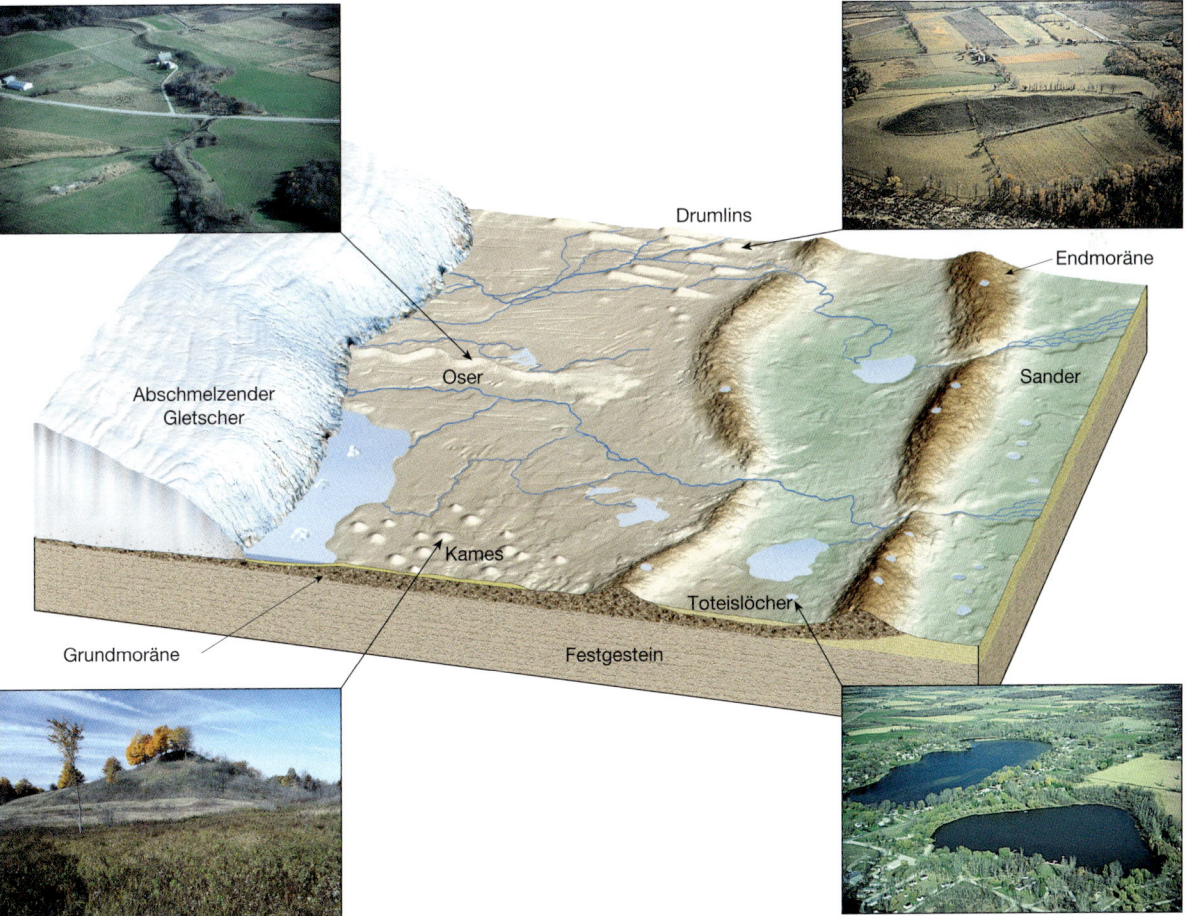

Abbildung 18.24: Dieses hypothetische Gebiet illustriert alle häufigen glazialen Ablagerungsgeländeformen. (Fotos: Drumlins: mit freundlicher Überlassung Ward's Natural Science Establishment; Kame, Oser und Toteisseen: Richard R. Jacobs/JLM Visuals)

einzelne Geländestruktur, sondern in Gruppen, den *Drumlin-Feldern* (▶ Abbildung 18.25). Eine solche Ansammlung, östlich von Rochester, New York, besteht schätzungsweise aus 10.000 Drumlins. Die Entstehung der Drumlins ist zwar noch nicht ganz geklärt, ihre stromlinienförmige Ausprägung weist jedoch darauf hin, dass sie in der Zone des plastischen Fließens innerhalb eines aktiven Gletschers modelliert wurden. Man glaubt, dass viele Drumlins entstehen, wenn Gletscher über bereits abgelagerte Geschiebe vorrücken und das Material neu geformt wird.

18.7 Landschaftsformen aus geschichtetem Geschiebe

Wie der Name schon sagt, werden in geschichteten Ablagerungen die Partikel nach Größe und Gewicht sortiert. Da Eis zu einer solchen Sortierung nicht in der Lage ist, wurde dieses Material nicht direkt vom Gletscher als Moränenschutt abgelagert, sondern es zeigt die Sortierungswirkung des glazialen Schmelzwassers. Anhäufungen von geschichtetem Geschiebe bestehen hauptsächlich aus Sand und Kies – also dem Material der Bodenfracht –, da das feinere Gesteinsmehl in Suspension bleibt und deswegen von den Schmelzwasserströmen weit vom Gletscher weg transportiert wird.

18.7.1 Sanderebenen und fluvioglaziale Schotter

Zur gleichen Zeit, zu der sich Endmoränen bilden, fließt das Schmelzwasser der Gletscher kaskadenartig über den Moränenschutt und schwemmt einen Teil davon nach vorne aus, vor den anwachsenden Wall aus unsortiertem Schutt. Das Schmelzwasser tritt normalerweise vom Eis in schnell fließenden Strömen aus. Sie sind oft mit Material in Suspension angereichert und transportieren zudem eine beträchtliche Bodenfracht. Verlässt das Wasser den Gletscher, bewegt es sich auf eine relativ flache Oberfläche zu und verliert schnell an Geschwindigkeit. Als Folge davon verliert es schnell seine Bodenfracht und das Schmelzwasser beginnt, ein komplex verflochtenes Rinnenmuster hineinzuarbeiten (Abbildung 18.24). Auf diese Weise wird eine rampenartige Fläche aus stratifiziertem (geschichtetem) Geschiebe flussabwärts von den Stirn- oder Endmoränen gebildet. Wird diese Struktur

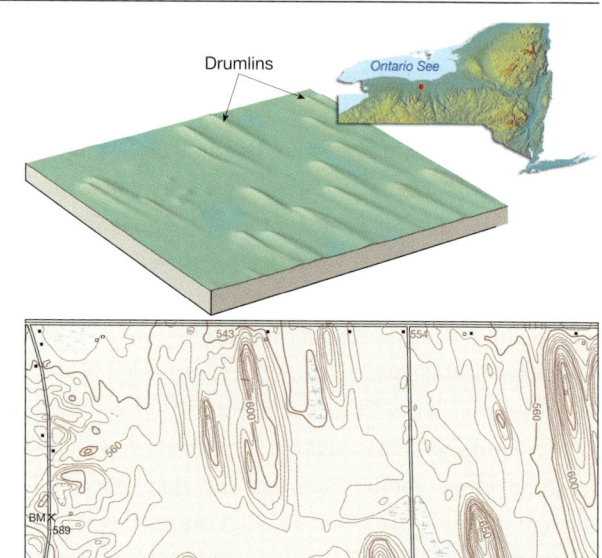

Abbildung 18.25: Die topographische Karte von Palmyra, New York, zeigt einen Teil eines Drumlin-Felds. Der Norden liegt oben. Die Drumlins sind am steilsten auf der Nordseite, was darauf hinweist, dass das Eis aus dieser Richtung heranrückte.

in Verbindung mit einem Eisschild gebildet, wird sie **Sanderebene** genannt, und wenn sie größtenteils an ein Gebirgstal gebunden sind, spricht man von **fluvioglazialem Schotter**.

Sanderebenen und fluvioglazialer Schotter sind oft von Becken oder Depressionen durchsetzt, die man **Toteislöcher** nennt (Abbildung 18.24). Toteislöcher können auch in Moränenschuttablagerungen auftreten. Toteislöcher bilden sich, wenn liegengebliebenes Eis (Toteisblöcke) ganz oder teilweise im Geschiebe begraben wird. Schließlich schmelzen die Toteisblöcke und hinterlassen Gruben im Glazialsediment. Die meisten Toteislöcher sind zwar nicht größer als 2 Kilometer im Durchmesser, doch gibt es in Minnesota einige, die über 10 Kilometer hinausgehen. Ähnlich ist es mit der Tiefe, die typischerweise bei 10 Meter liegt, aber auch bis zu 50 Meter betragen kann. In vielen Fällen füllte Wasser die Senke und bildete einen Teich oder einen See (Toteissee). Ein Beispiel dazu liefert Walden Pond nahe Concord, Massachusetts. Dort lebte in den 1840er Jahren Henry David Thoreau zwei Jahre lang allein, während er sein berühmtes Buch *Walden* oder *Leben im Wald* schrieb.

18.7.2 Eiskontaktablagerungen

Schmilzt die Gletscherstirn zu einem kritischen Punkt, hört das Fließen auf und das Eis bleibt liegen. Das Schmelzwasser, das über, in und unter dem bewegungslosen Eis fließt, lagert geschichtetes Geschiebe ab. Schmilzt das stützende Eis ab, hinterlässt es das geschichtete Geschiebe in Form von Hügeln, Terrassen und Wällen. Solche Akkumulationen fasst man unter dem Sammelbegriff **Eiskontaktablagerungen** zusammen und klassifiziert sie nach ihrer Form.

Besitzt ein geschichtetes Geschiebe die Form eines Erdwalls oder eines steilwandigen Hügels, wird es **Kame** genannt (Abbildung 18.24). Manche Kames repräsentieren Sedimentkörper, die das Schmelzwasser innerhalb des Eises oder in Senken auf dem Eis abgelagert haben. Andere entstanden als Deltas oder Fächer vor dem Eis durch Schmelzwasser. Später wenn das eingeschlossene Toteis abtaute, fielen die verschiedenen Sedimentakkumulationen in sich zusammen und bildeten einzelne, irreguläre Erdhügel.

Nimmt Gletschereis ein ganzes Tal ein, dann können sich **Kamesterrassen** entlang der Talseiten bilden. Diese Strukturen sind normalerweise schmale Erhebungen von geschichtetem Geschiebe, das zwischen dem Gletscher und den Talseiten von Wasserläufen abgelagert wurde, die ihren Schutt entlang der schrumpfenden Eismasse hinterließen.

Ein dritter Typ der Eiskontaktablagerung besteht aus einem lang gestreckten, schmalen, gewundenen Rücken, der sich überwiegend aus Sand und Kies zusammensetzt. Manche sind mehrere 100 Meter hoch, mit Längen von mehr als 100 Kilometer. Die Ausdehnung vieler anderer ist nicht so gewaltig. Sie werden **Os** (Esker oder Wallberg, Mehrzahl: Oser) genannt und wurden durch das Schmelzwasser gebildet, das auf, in und unter einer liegengebliebenen Toteismasse floss (Abbildung 18.24). Viele Sedimente wurden durch tosendes Schmelzwasser in Rinnen zwischen dem Eis transportiert, doch nur das gröbere Material kann sich aus den schnell fließenden Flüssen absetzen.

18.8 Andere Auswirkungen durch eiszeitliche Gletscher

Neben der gewaltigen Erosions- und Ablagerungswirkung durch pleistozäne Gletscher hatte ein Eisschild noch andere, manchmal tief greifende Auswirkungen auf die Landschaft. Beispielsweise wenn das Eis vorrückte oder sich zurückzog, waren Tiere zur Wanderung und Pflanzen zum Standortwechsel gezwungen. Das führte zu Stress, dem manche Organismen nicht gewachsen waren. Folglich starben mehrere Pflanzen und Tiere aus. Andere Auswirkungen der eiszeitlichen Gletscher, die in diesem Abschnitt beschrieben werden, schließen die Ausgleichsbewegungen der Erdkruste durch die Zunahme und Entfernung des Eises und die Veränderungen des Meeresspiegels in Zusammenhang mit der Bildung und dem Abschmelzen von Eisschilden ein. Der Vorstoß und der Rückzug von Eisschilden führten auch zu signifikanten Veränderungen der Flussläufe. In manchen Gebieten verhielten sich Gletscher wie Dämme und es entstanden große Seen. Als die Eisdämme abschmolzen, war die Auswirkung auf die Landschaft tiefgreifend. In Gegenden, die heute Wüsten sind, bildeten sich während des Pleistozäns Seen anderer Art, die Pluvialseen.

18.8.1 Krustenabsenkung und Rückfederung

In Gebieten, die Zentren der Eisakkumulation waren, wie Skandinavien und der kanadische Schild, hob sich das Land langsam in den vergangenen Jahrtausenden. Eine Hebung von fast 300 Meter trat im Hudson-Bay-Gebiet auf. Das ist eine Auswirkung der kontinentalen Eisschilde. Aber wie kann glaziales Eis solch eine

---

> **Studenten fragen manchmal …**
>
> **Sind manche glazialen Ablagerungen wertvoll?**
>
> Ja. In vergletscherten Gebieten bestehen Geländeformen aus geschichtetem Geschiebe wie die Sander und sind häufig ausgesprochen gute Quellen für Sand und Kies. Der Wert pro Tonne ist zwar gering, doch es werden gewaltige Mengen dieser Materialien in der Bauindustrie verwendet. Zudem sind Sand und Kies wertvoll, da sie ausgezeichnete Aquifere ergeben und deswegen in manchen Gegenden als bedeutende Grundwasserquellen dienen. Die Tone von ehemaligen Gletscherseen wurden zur Ziegelherstellung verwendet.

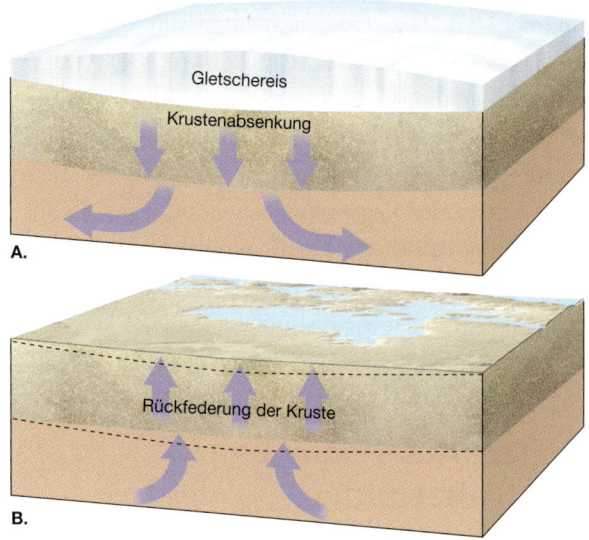

Abbildung 18.26: Die vereinfachte Darstellung zeigt Krustenabsenkung und Rückfederung der Kruste als Folge des Hinzufügens und der Entfernung von kontinentalen Eisdecken. **A.** In Nordkanada und Skandinavien, wo die größte Akkumulation von Gletschereis auftrat, verursachte das Gewicht des Eises eine Krümmung der Kruste nach unten. **B.** Seitdem das Eis abgeschmolzen ist, gab es eine langsame Hebung oder Rückfederung der Kruste.

vertikale Krustenbewegung hervorrufen? Wir wissen inzwischen, dass sich das Land hebt, weil das hinzugefügte Gewicht einer drei Kilometer dicken Eismasse eine Verbiegung der Erdkruste nach unten verursacht hat. Nach der Entfernung dieser immensen Last hat sich die Kruste seitdem durch Zurückfedern wieder angeglichen (▶ Abbildung 18.26)[1].

18.8.2 Veränderungen des Meeresspiegels

Sicherlich eine der interessantesten und wahrscheinlich dramatischen Auswirkungen des Eiszeitalters war wahrscheinlich das Fallen und Steigen des Meeresspiegels, das den Vorstoß und den Rückzug der Gletscher begleitete. In diesem Kapitel wurde bereits herausgestellt, dass der Meeresspiegel um schätzungsweise 60 bis 70 Meter ansteigen würde, falls das Eis, das jetzt in der antarktischen Eisdecke gespeichert ist, ganz abschmelzen würde. Durch solch ein Ereignis würden viele dicht besiedelte Küstengebiete überflutet werden.

---

[1] Für einen ausführlicheren Diskurs dieses Konzepts, das isostatischer Ausgleich genannt wird, siehe den Abschnitt über isostatischen Ausgleich in Kapitel 14.

Das Gesamtvolumen an Gletschereis ist heute mit über 25 Millionen Kubikkilometer zwar groß, doch während der Eiszeit betrug das Volumen der Eismassen 70 Millionen Kubikkilometer oder 45 Kubikkilometer mehr als heute. Da wir wissen, dass der Schnee, aus dem die Gletscher letztlich bestehen, aus der Evaporation des Meerwassers stammt, musste das Anwachsen der Eisschilde ein weltweites Absinken des Meeresspiegels zur Folge gehabt haben (▶ Abbildung 18.27). Es gibt Schätzungen, nach welchen der Meeresspiegel um 100 Meter niedriger als heute gewesen sein musste. Folglich war Land, das heute überflutet ist, damals trocken. Die Atlantikküste der Vereinigten Staaten läge 100 Kilometer weiter östlich von New York City, Frankreich und England wären dort verbunden, wo sich heute der Ärmelkanal befindet; Alaska und Sibirien stünden durch die Beringstraße in Verbindung und Südostasien wäre auf dem Landweg mit Indonesien verbunden.

18.8.3 Flüsse vor und nach der Eiszeit

▶ Abbildung 18.28A zeigt ein gewohntes Bild des heutigen Flusssystems in Zentralnordamerika mit dem Missouri, dem Ohio und dem Illinois als Hauptzuflüsse zum Mississippi. ▶ Abbildung 18.28B stellt das Entwässerungssystem in dieser Region vor der Eiszeit dar. Das Muster unterscheidet sich deutlich von dem

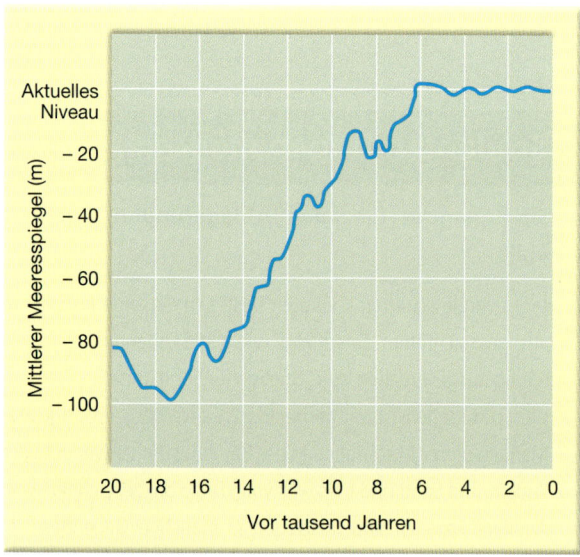

Abbildung 18.27: Die Veränderung des Meeresspiegels während der letzten 20.000 Jahre. Der niedrigste Spiegel, der im Graphen gezeigt wird, trat vor etwa 18.000 Jahren auf, als der jüngste Eisvorstoß am größten war.

heutigen. Die bemerkenswerte Veränderung des Flusssystems resultierte aus dem Vorrücken und dem Rückzug der Eisschilde.

Beachten Sie, dass vor der Eiszeit ein bedeutender Teil des Missouri nach Norden in die Hudson Bay entwässerte. Außerdem folgte der Mississippi nicht der heutigen Iowa-Illinois-Grenze, sondern floss quer durch West-Illinois, dort wo der untere Illinois heute fließt. Der präglaziale Ohio gelangte einmal bis in den Staat Ohio und die Flüsse, die heute Zubringer für den Ohio in West-Pennsylvania sind, flossen nordwärts und entwässerten in den Nordatlantik. Die großen Seen entstanden durch glaziale Erosion während der Eiszeit. Vor dem Pleistozän waren die Becken, die von diesen großen Seen eingenommen wurden, Niederungen mit Flüssen, die ostwärts zum Golf von St. Lawrence verliefen.

Der große Teays war vor der Eiszeit ein bedeutender Fluss (Abbildung 18.28B). Er führte von West Virginia durch Ohio, Indiana und Illinois, wo er unweit des heutigen Peoria in den Mississippi abfloss. Dieses Flusstal, das durch seine Größe dem Mississippi gleichkam, wurde während des Pleistozäns völlig verwischt, als es mit Hunderte von Meter mächtigen glazialen Ablagerungen bedeckt wurde. Heutzutage machen die begrabenen Sande und Kiese im Teays-Tal ein bedeutendes Aquifer aus.

Klar ist nun, dass wir die glaziale Entwicklung kennen müssen, um das heutige Muster der Flüsse in Zentralnordamerika (und auch vielen anderen Orten) zu verstehen.

18.8.4 Proglaziale Seen durch Eisdämme

Eisschilde und alpine Gletscher können sich wie Dämme verhalten und so durch das Einschließen von glazialem Schmelzwasser und das Absperren von Flüssen Seen bilden. Manche dieser Seen sind relativ kleine, kurzlebige Wassereinschlüsse. Andere können riesig sein und für Hunderte oder Tausende von Jahren existieren.

▶ Abbildung 18.29 ist eine Karte des Agassiz-Sees – der größte See, der sich während der Eiszeit in Nordamerika gebildet hat. Mit dem Rückzug des Eisschilds kamen riesige Mengen an Schmelzwasser. Die Great Plains stiegen insgesamt leicht nach Westen an. Als sich die Gletscherstirn des Eisschilds nordöstlich zurückzog, wurde Schmelzwasser zwischen dem Eis auf der einen Seite und dem ansteigenden Land auf der an-

A.

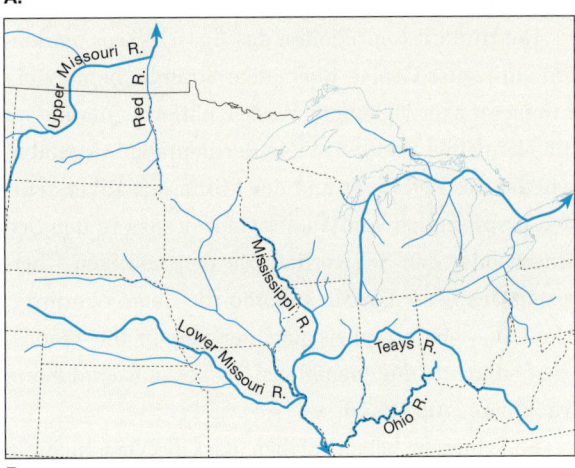

B.

Abbildung 18.28: A. Diese Karte zeigt die Great Lakes und das gewohnte Bild des heutigen Flusssystems in Zentralnordamerika. Die pleistozänen Eisdecken haben eine große Rolle bei der Schaffung dieses Musters gespielt. B. Die Rekonstruktion des Abflusssystems in Zentralnordamerika vor der Eiszeit. Das Muster unterschied sich deutlich von dem heutigen und es gab keine großen Seen.

Abbildung 18.29: Die Karte zeigt die Ausdehnung des eiszeitlichen Agassiz-Sees. Er hatte eine immense Ausdehnung – größer als alle der heutigen Großen Seen zusammen. Die rezenten Überreste dieses proglazialen Wasserkörpers formen noch immer die Landschaft.

deren Seite eingeschlossen, was dazu führte, dass sich der Agassiz-See vertiefte und über das Gelände ausbreitete. Der See entstand vor etwa 12.000 Jahren und existierte etwa 4.500 Jahre. Solche Gewässer bezeichnet man als proglaziale Seen oder Eisrandseen in Bezug auf ihre Position genau hinter den äußeren Grenzen eines Gletschers oder eines Eisschilds. Die Geschichte des Sees ist durch die Dynamik des Eisschilds sehr kompliziert, der zu verschiedenen Zeiten vorrückte und den Seespiegel sowie das Abflusssystem beeinträchtigte. Wo ein Abfluss auftrat, hing von dem Wasserspiegel des Sees und der Lage des Eisschilds ab.

Die Hinterlassenschaften des Agassiz-Sees markieren ein weites Gebiet. Ehemalige Strände, heute viele Kilometer von jeglichem Wasser entfernt, markieren die ehemalige Seelinie. Viele der heutigen Flusstäler, wie das des Red River und des Minnesota River, wurden ursprünglich von Wasser geformt, das in den See eintrat oder den See verließ. Zu den heutigen Überresten des Sees Agassiz gehören die Seen Winnipeg, Manitoba, Winnipegosis und der See Of the Woods. Die Sedimente des ehemaligen Seebeckens sind heute fruchtbares Ackerland.

Forschungen haben ergeben, dass die Verschiebung der Gletscher und das Abschmelzen der Eisdämme zu einer schnellen Freisetzung riesiger Mengen an Schmelzwasser geführt haben. Solche Ereignisse traten während der Geschichte des Agassiz-Sees auf. Einer dieser dramatischen *glazialen Wasserergüsse* ist in ▶ Exkurs 18.2 beschrieben.

18.8.5 Pluviale Seen

Während die Bildung und das Wachstum der Eisschilde eine sichtbare Reaktion auf bedeutende Klimaveränderungen darstellten, lösten die Gletscher selbst wichtige Klimaveränderungen in ihrer weiteren Umgebung aus. In ariden und manchen semiariden Gebieten waren auf allen Kontinenten die Temperaturen und deswegen auch die Verdunstungsraten niedriger, aber gleichzeitig gingen mäßige Niederschläge nieder. Dieses kühlere und feuchtere Klima erzeugte viele **pluviale Seen** (vom lateinischen Wort *pluvia* = Regen). In Nordamerika konzentrieren sich die pluvialen Seen in der riesigen Basin and Range-Region von Nevada und Utah (▶ Abbildung 18.30). Der bei Weitem größte See in dieser Gegend war der Bonneville-See. Mit einer maximalen Tiefe von 300 Meter und einer Größe von etwa 50.000 Quadratkilometer hatte der Bonneville-

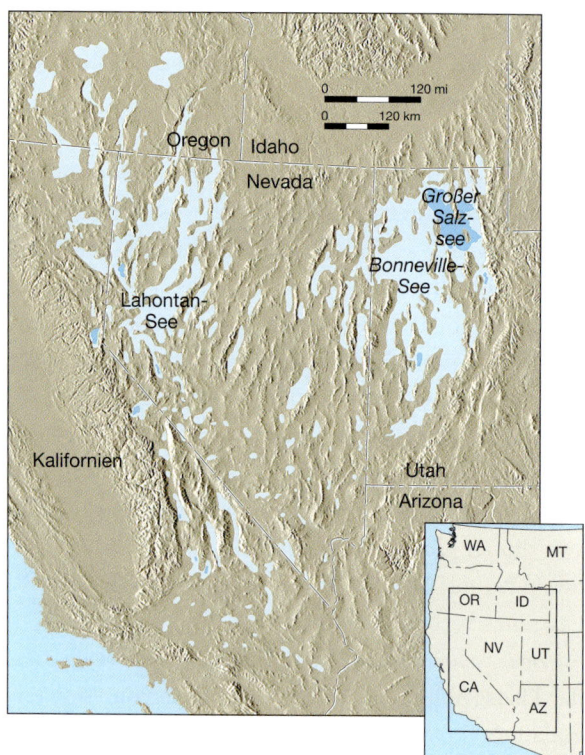

Abbildung 18.30: Pluvialale Seen der westlichen Vereinigten Staaten. (Nach R..F. Flint, Glacial and Quarternary Geology, New York: John Wiley & Sons)

See fast die gleiche Größe wie der heutige Michigansee. Als die Eisschilde abnahmen, wurde das Klima arider und der Seespiegel sank dadurch. Obwohl fast der gesamte See verschwand, blieben einige Überreste des Lake Bonneville. Der Great Salt Lake ist der größte und bekannteste.

18.9 Die Glazialtheorie und das Eiszeitalter

In den vorausgegangenen Seiten behandelten wir die Eiszeit als eine Zeit, in der sich die Eisschilde und die alpinen Gletscher viel weiter ausdehnten als heute. Wie schon erwähnt, gab es eine weitverbreitete Erklärung für das Material, bei dem es sich, wie wir heute wissen, um glaziale Ablagerungen handelt. Früher glaubte man, dass es wie Eisberge herangetrieben wurde oder durch eine katastrophale Flut über die Landschaft geschwemmt wurde. Was überzeugte die Geologen, dass eine große Eiszeit für diese Ablagerungen und viele andere glazialen Strukturen verantwortlich ist?

Im Jahr 1821 legte ein Schweizer Ingenieur, Ignaz

Venetz, eine Abhandlung vor, in der er darlegte, dass glaziale Landschaftsstrukturen noch in beträchtlicher Entfernung von den bestehenden Gletschern der Alpen auftreten. Das legte nahe, dass die Gletscher einst größer waren und Positionen weiter talabwärts besetzten. Ein anderer Schweizer Forscher, Louis Agassiz, bezweifelte diese Annahme von Venetz von einer so großen glazialen Ausdehnung. Er fing an, Beweise zu sammeln, dass diese Annahme keine Gültigkeit besitzt. Ironischerweise überzeugte ihn seine Geländearbeit schließlich von der Gültigkeit der Hypothesen seines Kollegen. In der Tat stellte Agassiz die Hypothese eines großen Eiszeitalters auf, das ausgedehnte und weitreichende Wirkungen hatte – eine Idee, die Agassiz zu seinem großen Ruhm verhalf.

Der Beweis der Glazialtheorie durch Agassiz und andere stellt ein klassisches Beispiel der Anwendung des Aktualismus dar. Sie erkannten, dass bestimmte Strukturen durch nichts anderes als nur durch glaziale Wirkung entstanden sein können. Deswegen fingen sie an, die Ausdehnung der nun verschwundenen Eisschilde zu rekonstruieren, indem sie die erhaltenen Strukturen und die Ablagerungen erforschten, die weiter hinten an den Rändern der heutigen Gletscher zu finden waren. Auf diese Weise gingen Entwicklung und Prüfung der Glazialtheorie während des 19. Jahrhunderts weiter und durch die Anstrengungen vieler Wissenschaftler entstand das Wissen über die Beschaffenheit und die Ausdehnung der früheren Eisschilde.

Mit dem beginnenden 20. Jahrhundert hatten die Geologen weitgehend die Gebietsausdehnung der eiszeitlichen Vergletscherung festgelegt. Zudem entdeckten sie im Verlauf ihrer Untersuchungen, dass manche vergletscherten Gebiete nicht nur eine Geschiebeschicht besaßen, sondern mehrere. Außerdem zeigte eine genaue Untersuchung der älteren Ablagerungen gut entwickelte Zonen von chemischer Verwitterung und Bodenbildung sowie Überreste von Pflanzen, die nur bei warmen Temperaturen gedeihen. Die Beweise waren deutlich; es gab nicht nur einen Gletschervorstoß, sondern viele – jeder durch eine ausgedehnte Warmzeit getrennt, in der das Klima so warm oder wärmer als heute war. Das Eiszeitalter war nicht nur einfach eine Zeit, in der das Eis über das Land vorrückte, für eine Weile blieb und sich dann wieder zurückzog. Diese Periode war vielmehr ein komplexes Ereignis, das durch mehrere Vorstöße und Rückzüge des glazialen Eises charakterisiert war.

Im frühen 20. Jahrhundert wurde eine vierfache Einteilung des Eiszeitalters von Nordamerika und Europa erstellt. Die Einteilungen beruhten größtenteils auf Untersuchungen von glazialen Ablagerungen. In Nordamerika wurde jede der vier Hauptstufen nach dem Staat des Mittleren Westens benannt, in welchem die Ablagerungen dieser Stufe besonders gut aufgeschlossen und/oder zuerst untersucht wurden. Diese sind in der Reihenfolge ihres Auftretens die Nebraska-, die Kansas-, die Illinois- und die Wisconsin-Eiszeit. Diese ursprünglichen Einteilungen wurden verwendet, bis man erst kürzlich feststellte, dass Sedimentbohrkerne aus dem Ozeanboden eine viel vollständigere Information über den Klimawandel während der Eiszeit liefern. Anders als die Informationen vom Land, die durch viele Schichtlücken unterbrochen sind, bieten Ozeanbodensedimente eine ununterbrochene Sedimentationsabfolge und damit eine Information über die Klimazyklen dieser Periode. Untersuchungen dieser Ozeanbodensedimente haben gezeigt, dass eiszeitliche/zwischeneiszeitliche Zyklen etwa alle 100.000 Jahre auftreten. Etwa 20 solcher Zyklen wurden für die Zeitspanne identifiziert, die wir Eiszeitalter nennen.

Während der Eiszeit ließ das Eis seinen Fußabdruck auf fast 30 Prozent der Landgebiete der Erde zurück. Dazu gehören: 10 Millionen Quadratkilometer von Nordamerika, 5 Millionen Quadratkilometer von Europa und 4 Millionen Quadratkilometer von Sibi-

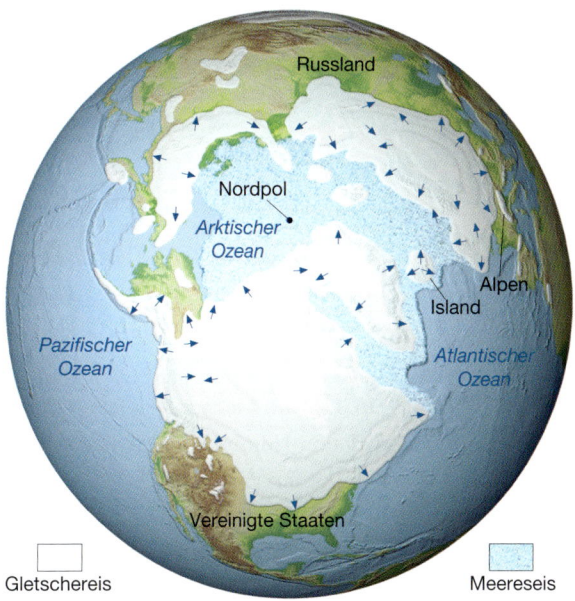

Abbildung 18.31: Die maximale Ausdehnung der Eisdecken auf der nördlichen Hemisphäre während der Eiszeit.

EXKURS 18.2 – DIE ERDE VERSTEHEN

■ **Der glaziale Missoula-See, Riesenüberschwemmungen und die Channeled Scablands**

Der Missoula-See war ein prähistorischer, proglazialer See in West Montana, der in der pleistozänen Eiszeit vor etwa 15.000 und 13.000 Jahren entstanden war. Das geschah zu der Zeit, als sich das Klima allmählich erwärmte und der Kordilleren-Eisschild, der den größten Teil West-Kanadas und Teile des pazifischen Nordwestens bedeckte, abschmolz und sich zurückzog.

Der See entstand durch einen Eisdamm, der sich bildete, als eine südwärts vordringende, glaziale Eismasse, der Purcell Lobus, den Clark-Fork-Fluss absperrte (▶ Abbildung 18.B). Als das Wasser hinter dem 600 Meter hohen Damm anstieg, überflutete es die Täler des westlichen Montana. Bei seiner größten Ausdehnung erstreckte sich der See Missoula über 300 Kilometer in östlicher Richtung. Sein Volumen umfasste mehr als 2.500 Kubikkilometer – größer als der heutige Ontario-See.

Schließlich wurde der See so tief, dass der Eisdamm Auftrieb bekam. Das bedeutet, dass das steigende Wasser hinter dem Damm das leichtere Eis anhob, so dass es keine Funktion mehr als Damm hatte. Die Folge davon war eine katastrophale Überflutung, als sich das Wasser des Missoula-Sees plötzlich durch den brechenden Damm ergoss. Der Wasserschwall schoss über die Lavaebenen des östlichen Staates Washington den Columbia-Fluss hinunter zum Pazifischen Ozean. Aufgrund der Größe der Gesteinsbrocken, die während dieses Ereignisses bewegt wurden, muss die Geschwindigkeit der Sturzflut fast 70 oder mehr Kilometer pro Stunde erreicht haben. Der gesamte See wurde innerhalb von wenigen Tagen entleert. Wegen der temporären Speicherung von Wasser in engen Klüften entlang des Überflutungswegs dauerte die Überflutung vermutlich einige Wochen in der verwüsteten Gegend an. Die Folgen der Erosion und Ablagerung einer solchen gigantischen Überflutung waren dramatisch. Die turmhohen Wassermassen, die über das Land hinwegrauschten, entfernten mächtige Sediment- und Bodenschichten und schnitten tiefe Schluchten in den darunterliegenden Basalt (▶ Abbildung 18.C). Heute wird die Region *Channeled Scablands* genannt – eine Landschaft, die aus einer bizarren Mischung von Geländeformen besteht. Die wahrscheinlich auffälligsten Strukturen sind die tafelbergartigen Lavahügel (Scabs)

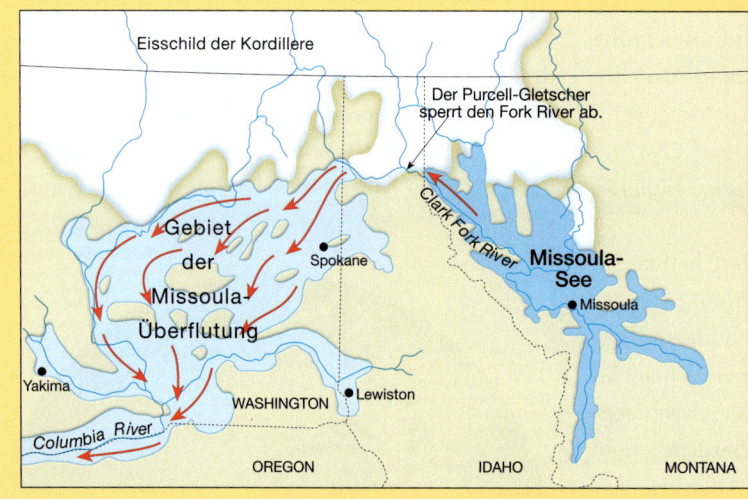

Abbildung 18.B: Der Missoula-See war ein proglazialer See (Eisrandsee), der entstand, als der Purcell-Lobus des Kordilleren-Eisschilds am Clark-Fork-Fluss einen Eisdamm bildete. Periodisch brach der Damm und eine riesige Sturzflut ergoss sich über die Landschaft des östlichen Washington.

rien (▶ Abbildung 18.31). Die Menge des glazialen Eises war in der nördlichen Hemisphäre etwa zweimal so groß wie auf der südlichen Hemisphäre. Der Hauptgrund liegt darin, dass das Polareis nicht weit über die Ränder der Antarktis hinausreichen konnte. Dagegen konnten sich in Nordamerika und in Europa die Eisschilde weit auf dem Land ausdehnen. Heute wissen wir, dass das Eiszeitalter vor 2 oder 3 Millionen Jahren begann. Das bedeutet, die meisten Hauptglazialstufen traten während einer Einheit der geologischen Zeitskala auf, die **Pleistozän** genannt wird. Obwohl das Pleistozän im Allgemeinen als Synonym für Eiszeit verwendet wird, umfasst diese Epoche nicht die gesamte letzte glaziale Periode. Das antarktische Schild wurde beispielsweise bereits vor 30 Millionen Jahren gebildet.

zwischen verwilderten, ineinander verflochtenen Flüssen (▶ Abbildung 18.D). Es war nicht die einzige Überflutung, die vom glazialen See Missoula ausging, die diese außergewöhnliche Landschaft formte. Was den See Missoula so außergewöhnlich macht, ist der Zyklus von abwechselnder Auffüllung und Entleerung, der sich mehr als 40 Mal innerhalb einer Zeitspanne von 1.500 Jahren wiederholte. Nach jeder Überflutung sperrte der glaziale Lobus das Tal wieder ab und erzeugte einen neuen Eisdamm. Der Zyklus von Auffüllen des Sees, Dammbruch und gigantischer Überflutung erfolgte in Intervallen von 20 bis 60 Jahren.

Abbildung 18.C: Die Landschaft der Channeled Scablands wurde durch riesige Überflutungen in Verbindung mit dem Missoula-See geformt. (Foto: Jim Wark/AirPhotoNA)

Abbildung 18.D: Diese tafelbergartige, in den Basalt hineingeschnittene Landschaft entstand durch die Überflutungen des Missoula-Sees am Ende des Pleistozäns. (Foto: John S. Shelton)

Ursachen für die Vergletscherung 18.10

Über Gletscher und Vergletscherung existiert ein relativ genaues Wissen. Man hat vieles über die Gletscherbildung und ihre Bewegung, die Ausdehnung der Gletscher in der Vergangenheit und der Gegenwart und durch Erosion und Ablagerung geschaffene Strukturen erfahren. Trotzdem gibt es noch keine allgemein anerkannte Theorie für die Ursachen der Vereisung. Obwohl mehr als 160 Jahre vergangen sind, seitdem Louis Agassiz seine Theorie eines großen Eiszeitalters vorstellte, gibt es bisher keine Übereinstimmung über die Ursachen dieser Ereignisse.

Eine ausgedehnte Vergletscherung kommt zwar in der Erdgeschichte selten vor, doch ist die Epoche des Pleistozäns nicht die einzige eiszeitliche Periode, für die es Hinweise gibt. Frühere Vergletscherungen kann man anhand von Ablagerungen eines Sedimentgesteins, **Tillit** genannt, erkennen, das entsteht, wenn sich eiszeitlicher Moränenschutt verfestigt. Solche Ablagerungen findet man in Schichten verschiedenen Alters. Sie enthalten normalerweise gekritzte Gesteinsfragmente und liegen gerilltem und poliertem Festgestein auf oder sind mit Sandsteinen und Konglomeraten vergesellschaftet, die Strukturen von Schmelzwasserablagerungen enthalten. Zwei präkambrische Eiszeitepisoden sind in der geologischen Geschichte bisher erkannt worden; die erste vor etwa 2 Milliarden Jahren und die zweite vor etwa 600 Millionen Jahren. Außerdem gibt es gut erhaltene Beweise von einer früheren Eiszeit in spätpaläozoischen Gesteinen mit einem Alter von etwa 250 Millionen Jahren, die auf mehreren Landmassen existieren.

Jede Theorie, die die Ursachen der Eiszeiten erklären will, muss zwei grundlegende Fragen beantworten können. (1) Was verursachte den Beginn von eiszeitlichen Bedingungen? Für kontinentale Eisschilde musste eine etwas niedrigere Durchschnittstemperatur als heute existiert haben und bedeutend niedriger während des Großteils in der geologischen Zeit. Deswegen müsste eine gelungene Theorie die Abkühlung erklären, die schließlich zu den eiszeitlichen Bedingungen geführt hat. (2) Was verursachte den Wechsel zwischen Eiszeiten und Zwischeneiszeiten, den man im Pleistozän erkannte? Die erste Frage behandelt die Temperaturentwicklung auf lange Sicht, innerhalb von Millionen von Jahren, während sich die zweite Frage auf zeitlich viel kürzere Temperaturveränderungen bezieht.

Obwohl die wissenschaftliche Literatur eine riesige Auswahl an Hypothesen für mögliche Ursachen der eiszeitlichen Perioden bereitstellt, werden wir nur über einige Hauptideen sprechen, um den gegenwärtigen Gedanken zusammenzufassen.

18.10.1 Plattentektonik

Der wahrscheinlich interessanteste Vorschlag zur Erklärung der Tatsache, dass eine ausgedehnte Vergletscherung nur wenige Male in der geologischen Vergangenheit auftrat, stammt von der Theorie der Plattentektonik.

Da sich Gletscher nur an Land bilden können, wissen wir, dass irgendwo Landmassen in höheren Breiten existiert haben müssen, bevor eine Eiszeit beginnen konnte. Viele Wissenschaftler schlagen die Hypothese vor, dass Eiszeiten nur dann auftreten, wenn die wandernden Krustenplatten der Erde die Kontinente von tropischen Breiten in mehr polwärtige Positionen bewegt haben.

Eiszeitliche Strukturen im heutigen Afrika, Australien, Südamerika und Indien weisen darauf hin, dass diese Gebiete, die nun tropisch oder subtropisch sind, eine Eiszeit vor etwa 250 Millionen Jahren am Ende der paläozoischen Ära erfahren haben. Doch es gibt keinen Beweis, dass die Eisschilde während dieser gleichen Periode dort existierten, wo heute die höheren Breiten von Nordamerika und Eurasien sind. Lange rätselten die Wissenschaftler darüber. War das Klima in diesen relativ tropischen Breitengraden einst, wie es heute in Grönland oder in der Antarktis ist? Warum bildeten sich die Gletscher nicht in Nordamerika und Eurasien? Bis zu der Zeit, da die Plattentektonik formuliert war, gab es keine vernünftige Erklärung.

Heute wissen die Wissenschaftler, dass die Gebiete, die diese alten eiszeitlichen Strukturen enthalten, einst als ein einziger Superkontinent viel weiter südlich von ihrer gegenwärtigen Position zusammengefügt waren. Später brachen diese Landmassen auseinander und die Stücke, jedes auf einer anderen Platte,

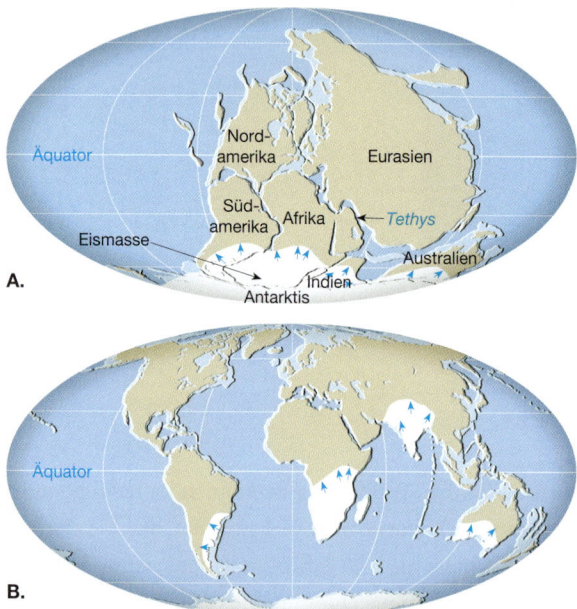

Abbildung 18.32: A. Der Superkontinent Pangäa zeigt ein Gebiet, das vor 300 Millionen Jahren mit Eis bedeckt war. **B.** Die Kontinente in ihrer heutigen Position. Die weißen Flächen zeigen auf, wo Hinweise auf eine ehemalige Vergletscherung existieren.

wanderten zu ihrer gegenwärtigen Position (▶Abbildung 18.32). Nun wissen wir, dass während der geologischen Vergangenheit den Plattenbewegungen viele dramatische Klimaveränderungen zuzuschreiben sind, wenn die Landmassen sich im Verhältnis zueinander verschoben und an verschiedene Breitengradpositionen wanderten. Veränderungen in der Meerwasserzirkulation muss auch aufgetreten sein, wobei sich der Wärme- und Feuchtigkeitstransport veränderte und folglich auch das Klima. Da die Bewegungsrate der Platten sehr langsam ist – wenige Zentimeter pro Jahr –, treten deutliche Positionsveränderungen der Kontinente nur über große geologische Zeitspannen auf. Deswegen wird ein Klimawandel durch die Verschiebung der Platten, die sehr allmählich erfolgt, nur auf einer Skala von Millionen Jahren ausgelöst.

18.10.2 Veränderungen in der Erdumlaufbahn

Da klimatische Veränderungen, die durch die Plattenwanderung hervorgerufen werden, extrem langsam vor sich gehen, kann die Theorie der Plattentektonik nicht für den Wechsel zwischen eiszeitlichen und zwischeneiszeitlichen Klimaten, wie sie im Pleistozän auftraten, verantwortlich gemacht werden. Deswegen müssen wir nach einem anderen auslösenden Mechanismus suchen, der einen Klimawandel auf einer Skala von Tausenden und nicht von Millionen Jahren hervorgerufen haben kann. Viele Wissenschaftler glauben heute bzw. haben die starke Vermutung, dass die klimatischen Oszillationen, die das Pleistozän prägten, möglicherweise durch Veränderungen in der Erdumlaufbahn hervorgerufen wurden. Diese Hypothese wurde zuerst von dem serbischen Astrophysiker Milutin Milankovitch entwickelt und vehement verteidigt. Sie basiert auf der Annahme, dass die Veränderungen beim Eintreffen der Sonneneinstrahlung der Hauptkontrollfaktor des Erdklimas sind.

Milankovitch formulierte ein umfassendes mathematisches Modell, basierend auf folgenden Elementen (▶Abbildung 18.33):

- Veränderungen in der Form (*Exzentrizität*) der Erdumlaufbahn um die Sonne
- Veränderungen in der *Schiefe der Ekliptik*; Veränderungen, des Achsenwinkels mit der Ebene der Erdumlaufbahn
- Das Schwanken der Erdachse, *Präzession* genannt

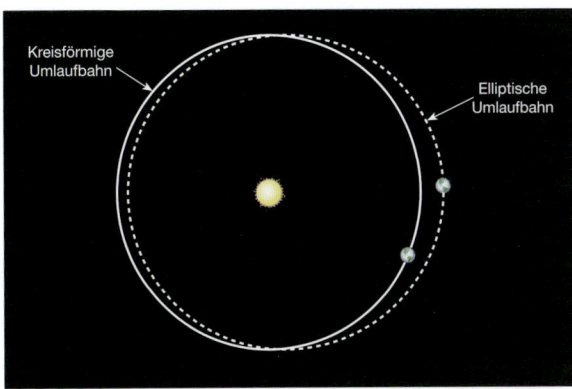

A.

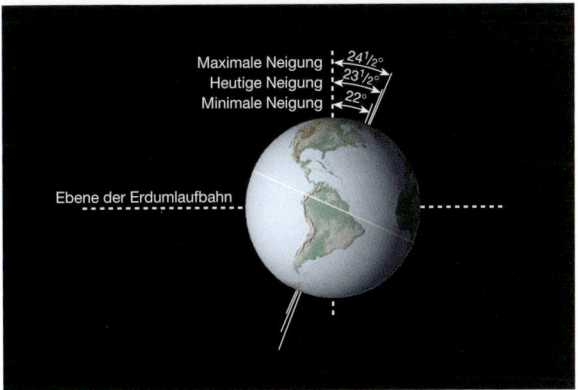

B.

C.

Abbildung 18.33: Veränderungen in der Erdumlaufbahn. **A.** Die Form der Erdumlaufbahn verändert sich in einem Zyklus von 100.000 Jahren. Sie wandelt sich langsam von einer fast kreisförmigen zu einer stark elliptischen Form und dann wieder zurück. In diesem Diagramm ist die Größe der Veränderung übertrieben dargestellt. **B.** Heute neigt sich die Erdachse 23,5° zur Ebene der Erdumlaufbahn. Während eines Zyklus von 41.000 Jahren verändert sich dieser Winkel von 21,5° bis zu 24,5°. **C.** Präzession. Die Erdachse taumelt wie ein Kreisel. Folglich deutet die Achse innerhalb eines Zyklus von 26.000 Jahren auf verschiedene Punkte in den Himmel.

Mit diesen Faktoren berechnete Milankovitch Veränderungen in der Aufnahme von Sonnenenergie und der entsprechenden Oberflächentemperatur für die Nordhalbkugel der Erde zeitlich rückwirkend mit dem Ansatz, diese Veränderungen mit den Klimaschwankungen des Pleistozäns korrelieren zu können. Beachten Sie, dass bei der Erklärung der Klimaveränderungen, die aus diesen drei Variablen entstehen, diese nur wenig oder keine Abweichungen in der auf den Boden auftreffenden, totalen Sonnenenergie verursachen. Stattdessen spürt man ihre Wirkung, da sie den Kontrast zwischen den Jahreszeiten verändern. Etwas mildere Winter in mittleren bis hohen Breitengraden würden einen höheren Gesamtschneefall bedeuten, wogegen kühlere Sommer die Schneeschmelze reduzieren würden.

Unter den Untersuchungen, die zur Glaubwürdigkeit von Milankovitchs astronomischer Theorie beitrugen, befindet sich eine, die klimatisch empfindliche Mikroorganismen aus Tiefseesedimenten analysiert hat, um eine Chronologie der Temperaturveränderungen bis zu 500.000 Jahre zurück aufzustellen.[2]

Diese Zeitskala der Klimaveränderung wurde dann mit den Berechnungen der Exzentrizität, der Schiefe der Ekliptik und der Präzession verglichen, um zu bestimmen, ob es tatsächlich eine Korrelation gibt. Obwohl die Untersuchung sehr kompliziert und mathematisch sehr komplex war, waren die Schlussfolgerungen eindeutig. Die Forscher fanden heraus, dass die Hauptveränderungen im Klima von vergangenen, mehreren Hunderttausenden von Jahren eng mit Veränderungen in der Geometrie der Erdumlaufbahn vergesellschaftet waren. Das bedeutet, dass Zyklen klimatischer Veränderung eng mit Perioden der Schiefe der Ekliptik, der Präzession und der Exzentrizität der Erdumlaufbahn in Verbindung standen. Die Autoren machten eine noch genauere Aussage: *„Es wurde gefolgert, dass Veränderungen in der Geometrie der Erdumlaufbahn eine grundlegende Ursache für die Abfolge des quartären Eiszeitalters sind."*[3]

Lassen Sie uns kurz die gerade beschriebenen Ideen zusammenfassen. Die Theorie der Plattentektonik liefert uns eine Erklärung für den weit ausgedehnten und nicht periodischen Beginn von eiszeitlichen Bedingungen zu unterschiedlichen Zeiten in der geologischen Vergangenheit. Die Theorie, die von Milankovitch vorgeschlagen und durch die Arbeit von J.D. Hays und seinen Kollegen unterstützt wurde, liefert eine Erklärung für den Wechsel von eiszeitlichen und zwischeneiszeitlichen Perioden im Pleistozän.

Andere Faktoren 18.11

Abweichungen in der Erdumlaufbahn korrelieren zeitlich dicht mit eiszeitlichen/zwischeneiszeitlichen Zyklen. Doch die Abweichungen in der Sonnenenergie, die auf die Erdoberfläche auftreffen und durch die Veränderungen in der Erdumlaufbahn verursacht werden, können die Höhe der Temperaturveränderungen, die in der letzten Eiszeit aufgetreten sind, nicht allein erklären. Andere Faktoren müssen dazu beigetragen haben. Ein Faktor bezieht Abweichungen in der Zusammensetzung der Erdatmosphäre mit ein. Andere Einflüsse berücksichtigen Veränderungen in der Reflektion der Erdoberfläche und die Meereszirkulation. Lassen Sie uns diese Faktoren kurz betrachten.

Chemische Analysen von Luftblasen, die im Gletschereis zur Zeit der Eisbildung eingeschlossen wurden, weisen darauf hin, dass die Atmosphäre in der Eiszeit weniger Kohlendioxid und Methan enthielt als die postglaziale Atmosphäre. Kohlendioxid und Methan sind bedeutende „Treibhausgase, was bedeutet, dass sie von der Erde emittierte Strahlung absorbieren und deshalb zur Aufheizung der Atmosphäre beitragen. Nimmt die Menge an Kohlendioxid und Methan in der Atmosphäre zu, steigt die globale Temperatur. Werden andererseits diese Gase reduziert, so wie es während der Eiszeit auftrat, dann fallen die Temperaturen. Deswegen kann eine Reduzierung der Konzentration der Treibhausgase den großen Temperaturabfall während der Eiszeiten erklären. Die Wissenschaftler wissen zwar, dass die Konzentrationen an Kohlendioxid und Methan sanken, sie kennen jedoch nicht den Grund dafür. Wie so oft in der Wissenschaft liefern Beobachtungen, die während einer Untersuchung gesammelt wurden, Informationen, die neue Fragen aufwerfen, die wiederum weiterer Analyse und Erklärung bedürfen.

Immer wenn die Erde in eine Eiszeit kam, bedeckten Eis und Schnee ausgedehnte Landgebiete, die vormals eisfrei waren. Zudem verursacht ein kälteres Klima auch die Ausdehnung des Gebiets, das mit Meereseis (gefrorenes Meerwasser) bedeckt ist. Eis und Schnee reflektieren einen großen Anteil der auftreffenden Sonnenenergie zurück in den Weltraum (Albedo). Deswegen würde die Energie, die die Erdoberfläche

---

[2] D. Hays, John Imbrie und N.J. Shakelton, „Variations in the Earths's Orbit: Pacemarker of the Ice Ages", *Science* 194 (1976): 1121-32.
[3] D. Hays et. al., S. 1131. Der Begriff *Quartär* bezieht sich auf eine Periode der geologischen Zeitskala, die die vergangenen 1,8 Millionen Jahre umfasst.

und die darüberliegende Luft erwärmt hätte, verloren gehen und die globale Abkühlung verstärkt werden.[4]

Ein weiterer Faktor, der das Klima während der Eiszeiten beeinflusst, sind die Meeresströmungen. Forschungen konnten zeigen, dass sich die Meereszirkulation während der Eiszeiten verändert. Beispielsweise deuten Untersuchungen darauf hin, dass die warme Strömung, die große Mengen an Wärme von den Tropen zu den höheren Breiten im Nordatlantik transportiert, während der Eiszeiten bedeutend schwächer war. Das hätte zu einem kälteren Klima in Europa geführt, was die Abkühlung durch die Abweichungen der Erdumlaufbahn noch verstärkt hätte.

Zusammenfassend betonen wir, dass die gerade besprochenen Theorien nicht die einzig möglichen Erklärungen für die Eiszeitalter sind. Diese Vorschläge sind zwar interessant und bestechend, jedoch sicherlich nicht unanfechtbar und auch nicht die einzigen Möglichkeiten, die derzeit untersucht werden. Andere Faktoren sind wahrscheinlich ebenso involviert.

---

[4] Erinnern Sie sich aus Kapitel 1, dass etwas, das eine anfängliche Veränderung verstärkt, positiver Rückkopplungsmechanismus genannt wird (siehe den Diskurs über Rückkopplungsmechanismen im Abschnitt *Die Erde als System* in Kapitel 1).

ZUSAMMENFASSUNG

Ein *Gletscher* ist eine mächtige Eismasse, die sich an Land als Folge der Verfestigung und Rekristallisation von Schnee bildet und Hinweise auf vergangenes bzw. gegenwärtiges Fließen gibt. Heutzutage findet man *Talgletscher* oder *alpine Gletscher* in Gebirgsgegenden, wo sie normalerweise Tälern folgen, die ursprünglich Flüsse vereinnahmten. *Eisschilde* existieren in einem viel größeren Maßstab und bedecken einen großen Teil von Grönland und der Antarktis.

Nahe der Oberfläche eines Gletschers, in der *Bruchzone*, ist das Eis spröde. Doch unterhalb von etwa 50 Meter ist der Druck groß genug, dass er das Eis zum *Fließen* bringt, wie *plastisches Material*. Ein weiterer wichtiger Mechanismus der Gletscherbewegung ist das *Gleiten* der gesamten Eismassen entlang des Bodens.

Die durchschnittliche Geschwindigkeit der Gletscherbewegung ist generell sehr langsam, variiert aber beträchtlich von Gletscher zu Gletscher. Das Vorrücken mancher Gletscher ist durch Perioden extrem schneller Bewegungen, den *Surges*, charakterisiert.

Gletscher bilden sich in Gebieten, in denen im Winter mehr Schnee fällt, als im Sommer schmilzt. Die Akkumulation von Schnee und die Bildung von Eis geschehen in der *Nährzone*. Seine äußeren Grenzen werden durch die *Schneelinie* definiert. Hinter der Schneelinie befindet sich das *Zehrgebiet*, wo der Nettoverlust des Gletschers auftritt. Der *Gletscherhaushalt* beschreibt das Gleichgewicht oder das Fehlen des Gleichgewichts zwischen Akkumulation am oberen Ende des Gletschers und dem Verlust, *Ablation* genannt, am unteren Ende.

Gletscher erodieren das Land durch Detraktion (Herausheben von Festgestein) und Abrasion (Schleifen und Kratzen auf einer Gesteinsoberfläche). Zu den Erosionsstrukturen, die durch Talgletscher erzeugt werden, gehören *Gletschertröge, Hängetäler, Paternoster-Seen, Fjorde, Kare, Grate, Hörner* und *Rundhöcker*.

Jedes eiszeitliche Sediment wird *Geschiebe* genannt. Die zwei unterschiedlichen Gletschergeschiebe sind (1) *Moränenschutt*, was aus unsortiertem Sediment besteht und direkt durch das Eis abgelagert wird, und (2) *geschichtetes Geschiebe*, das ein relativ gut sortiertes Sediment ist und durch glaziales Schmelzwasser abgelagert wurde.

Die am weitesten verbreiteten Strukturen von glazialen Ablagerungen sind Schichten oder Wälle aus Moränenschutt, *Moränen* genannt. In Verbindung mit Talgletschern stehen *Seitenmoränen*, die entlang der Talflanken gebildet werden, und *Mittelmoränen*, die sich dann bilden, wenn zwei Gletscher ineinanderfließen. *Endmoränen* markieren die ehemalige Position der Gletscherstirn. *Grundmoränen*, wellige Moränenschuttschichten, wurden abgelagert, als sich die Eisfront zurückzog. Beide kommen sowohl bei Talgletschern als auch bei Eisschilden vor. Eine *Sanderebene* ist häufig mit einer Endmoräne eines Eisschilds vergesellschaftet. *Fluvioglaziale Schotter* können sich bilden, wenn ein Gletscher an ein Tal gebunden ist. Zu weiteren Ablagerungsstrukturen gehören *Drumlins* (asymmetrische Hügel, die aus Moränenschutt bestehen), *Oser* oder *Esker* (gekrümmte Wälle, die weitgehend aus Sand und Kies bestehen und von Wasserläufen, die in Rinnen unterhalb der Eisdecke flossen, nahe an der Gletscherstirn abgelagert wurden) und *Kames* (steilwandige Hügel, die aus Sand und Kies bestehen).

Das *Eiszeitalter*, das vor etwa 2 Millionen Jahren begann, war eine sehr komplexe Periode und ist charakterisiert durch eine Reihe von Vorstößen und Rückzügen des Gletschereises. Die meisten der eiszeitlichen Hauptepisoden traten während einer *Epoche* der geologischen Zeitskala auf, die *Pleistozän* genannt wird. Der wahrscheinlich überzeugendste Beweis für das Auftreten mehrerer Vorstöße während der Eiszeit ist die weite Verbreitung von *mehreren Geschiebeschichten* und einer durchgehenden Sequenz von *Meeresbodensedimenten*, die Hinweise über die Klimazyklen enthalten.

Neben der massiven Erosions- und Ablagerungstätigkeit wirken sich die eiszeitlichen Vergletscherungen auch anderweitig aus, nämlich auf die erzwungene Abwanderung von Organismen, die Veränderung von Wasserläufen, die Bildung großer proglazialer Seen, den Krustenausgleich durch Rückfederung nach der Entfernung der riesigen Eislast und klimatische Veränderungen, hervorgerufen durch die Existenz der Gletscher selbst. Im Meer zeigte sich die größte Auswirkung des Eiszeitalters mit der weltweiten Veränderung des Meeresspiegels, die jeden Vorstoß und jeden Rückzug der Eisdecken begleitete.

Jede Theorie, die die Ursachen der Eiszeiten erklären will, muss zwei grundlegende Fragen beantworten.

(1) Was verursachte den Beginn von eiszeitlichen Bedingungen? (2) Was verursachte den Wechsel zwischen Eiszeiten und Zwischeneiszeiten, der für das Pleistozän erkannt wurde? Zwei von vielen Hypothesen für die Ursachen der Eiszeit umfassen (1) die Plattentektonik und (2) Abweichungen in der Erdumlaufbahn. Zu den anderen Faktoren, die mit dem Klimawandel während der Eiszeiten in Verbindung stehen, gehören Veränderungen in der atmosphärischen Zusammensetzung, Abweichungen in der Menge des reflektierten Sonnenlichts von der Erdoberfläche und Veränderungen in der Meereszirkulation.

ZUSAMMENFASSUNG

Wiederholungsfragen

1. Wo findet man heute Gletscher? Welchen Prozentsatz der Landoberfläche der Erde bedecken sie? Wie kann man das mit den Gebieten, die während des Pleistozäns mit Gletschern bedeckt waren, vergleichen?

2. Beschreiben Sie, wie die Gletscher in den hydrologischen Kreislauf passen. Welche Rolle spielen sie beim Gesteinskreislauf?

3. Jede der folgenden Aussagen bezieht sich auf einen bestimmten Gletschertyp. Benennen Sie den Gletscher.
   a. Die Bezeichnung kontinental wird häufig bei der Beschreibung dieser Gletscher verwendet.
   b. Dieser Gletschertyp wird auch alpiner Gletscher genannt.
   c. Ein Eisstrom, der vom Rand eines Eisschilds durch das Gebirge zum Meer führt
   d. Dieser Gletscher entsteht, wenn sich ein oder mehrere Talgletscher an der Basis einer steilen Gebirgsfront ausbreiten.
   e. Grönland ist das einzige Beispiel auf der nördliche Hemisphäre.

4. Beschreiben Sie die beiden Komponenten des Gletscherfließens. Mit welcher Geschwindigkeit bewegen sich Gletscher? Bewegt sich in einem Talgletscher das gesamte Eis mit der gleichen Geschwindigkeit? Erklären Sie Ihre Antwort.

5. Warum bilden sich Gletscherspalten im oberen Teil eines Gletschers und nicht unterhalb von 50 Meter?

6. Unter welchen Bedingungen wird eine Gletscherstirn vorrücken? Sich zurückziehen? Stationär bleiben?

7. Beschreiben Sie die Prozesse der Gletschererosion.

8. Wie unterscheidet sich ein vergletschertes Tal in seinem Aussehen von einem Gebirgstal, das nicht vergletschert war?

9. Nennen und beschreiben Sie die Erosionsstrukturen, die Sie in einem Gebiet erwarten würden, in welchem Talgletscher existieren oder jüngst existiert haben.

10. Was ist glaziales Geschiebe? Was ist der Unterschied zwischen Moränenschutt und geschichtetem Geschiebe? Welche allgemeine Auswirkung haben glaziale Ablagerungen auf eine Landschaft?

11. Nennen Sie vier grundlegende Moränentypen. Was ist das Besondere an Stirnmoränen und Rückzugsmoränen?

12. Warum sind Mittelmoränen ein Beweis dafür, dass sich Talgletscher bewegen?

13. Wie bilden sich Toteisseen?

14. In welche Richtung bewegte sich die Eisdecke, die das Gebiet in Abbildung 18.25 beeinflusste? Erklären Sie, woran Sie das bestimmen konnten.

15. Was sind Eiskontaktablagerungen? Unterscheiden Sie zwischen Kames und Oser.

16. Beschreiben Sie mindesten vier Auswirkungen von eiszeitlichen Gletschern neben der Bildung

von großen Erosions- und Ablagerungsstrukturen.

17. Die Entwicklung der Glazialtheorie ist ein gutes Beispiel für die Anwendung des Aktualismus. Beschreiben Sie dies kurz.
18. Während der Epoche des Pleistozäns war die Eismenge auf der nördlichen Hemisphäre zweimal so groß wie auf der südlichen Hemisphäre. Erklären Sie kurz die Gründe dafür.
19. Wie könnte die Plattentektonik eine Hilfe bei der Erklärung der Eiszeiten sein? Kann die Plattentektonik den Wechsel zwischen eiszeitlichen und zwischeneiszeitlichen Klimaten während des Pleistozäns erklären?

Größere Multiple-Choice-Tests zur Wissenskontrolle und Prüfungsvorbereitung sowie weitere Informationen zu diesem Buchkapitel finden Sie auf der Companion Website zum Buch unter **www.pearson-studium.de**

Wüsten und Winde

19.1	**Verteilung und Ursachen für Trockengebiete**	617
19.2	**Geologische Prozesse im ariden Klima**	621
19.3	**Basin and Range: Die Entwicklung einer Wüstenlandschaft**	625
19.4	**Der Transport des Sediments durch Wind**	628
19.5	**Winderosion**	629
19.6	**Windablagerungen**	634
	Zusammenfassung	639
	Wiederholungsfragen	640

19 Wüsten und Winde

Arizonas Orgelpfeifenkaktus-Nationalmonument in der Sonoran-Wüste mit dem Ajo-Gebirge im Hintergrund. (Foto: Jeff Lepore/Photo Researcher, Inc.)

Das Klima hat einen starken Einfluss auf die Art und die Intensität der externen Prozesse auf der Erde. Das wurde im vorausgehenden Kapitel über Gletscher deutlich. Ein weiteres hervorragendes Beispiel für die enge Beziehung zwischen Klima und Geologie ist die Entwicklung arider Landschaften. Die Bezeichnung Wüste, im Englischen „Desert", bedeutet wörtlich „verlassen" oder „nicht bewohnt". Für viele trockene Gegenden ist das eine sehr passende Bezeichnung, obwohl Wasser in den Wüsten verfügbar ist und Pflanzen und Tiere gedeihen. Doch die großen Trockengebiete der Welt sind wahrscheinlich die am wenigsten vertrauten Landgebiete auf der Erde außerhalb der Polarregion.

Wüstenlandschaften erscheinen häufig als kahl. Ihre Profile werden nicht durch eine Boden- und Pflanzendecke abgerundet. Stattdessen sind häufig nackte felsige Aufschlüsse mit steilen, kantigen Hängen anzutreffen. An manchen Stellen sind die Gesteine orange und rot gefärbt. An anderen Stellen sind sie grau und braun und mit Schwarz durchzogen. Für viele ist die Wüstenszenerie umwerfend schön, für andere erscheint das Terrain trostlos. Ganz gleich, welche Gefühle hervorgerufen werden, klar ist, dass sich Wüsten ganz deutlich von humiden Gebieten unterscheiden, in welchen die Mehrheit der Menschen lebt.

Wie Sie sehen werden, sind aride Gebiete nicht von einem einzigen geologischen Prozess dominiert. Es ist eher so, dass die Auswirkungen der tektonischen Kräfte, des fließenden Wassers und des Winds alle sichtbar sind. Da diese Prozesse von Ort zu Ort auf unterschiedliche Weise gemeinsam auftreten, variiert die Ausprägung der Wüstenlandschaften auch sehr stark (▶ Abbildung 19.1).

19.1 Verteilung und Ursachen für Trockengebiete

Trockengebiete umfassen weltweit etwa 42 Millionen Quadratkilometer, was erstaunliche 30 Prozent der Landoberfläche der Erde ausmacht. Keine andere Klimagruppe umfasst ein so großes Landgebiet. In diesen wasserarmen Gebieten kann man gewöhnlich zwei Klimatypen erkennen: aride Wüste und semiaride Steppe. Die beiden haben viele Merkmale gemeinsam; ihre Unterschiede sind Ansichtssache (▶siehe Exkurs 19.1). Die Steppe ist eine am Rand befindliche, stärker humide Variante der Wüste und stellt eine Übergangszone dar, die die Wüste umgibt und sie von den humiden Klimaten abgrenzt. Die Weltkarte zeigt die Verteilung von Wüsten- und Steppenregionen, wobei auffällt, dass die Trockengebiete sich in den Subtropen und in den mittleren Breiten befinden (▶Abbildung 19.2).

19.1.1 Wüsten in niedrigen Breitengraden

Das Herz der trockenen Klimate niedriger Breiten liegt nahe am nördlichen und südlichen Wendekreis. Abbildung 19.2 zeigt ein beinahe durchgehendes Wüstenmilieu, das sich über 9.300 Kilometer von der atlantischen Küste in Nordafrika bis zu den Trockengebieten von Nordwestindien erstreckt. Neben dieser einzigen großen Ausdehnung besitzt die nördliche Hemisphäre ein anderes viel kleineres Gebiet tropischer Wüste und Steppe in Nordmexiko und im Südwesten der Vereinigten Staaten.

Auf der südlichen Hemisphäre dominiert trockenes Klima in Australien. Fast 40 Prozent des Kontinents besteht aus Wüste und ein Großteil des verbleibenden Rests ist Steppe. Aride und semiaride Gebiete existieren außerdem im südlichen Afrika und machen einen Teil der Küstengegend in Peru und Chile aus.

Was verursacht diese Wüstengürtel in niedrigen Breiten? Die Antwort liegt in der globalen Verteilung des Luftdrucks und der Winde. ▶Abbildung 19.3A hilft uns mit einem idealisierten Diagramm der allgemeinen Luftzirkulation auf der Erde, diese Beziehung zu verstehen. Heiße Luft in dem Druckgürtel, bekannt als Äquatorialtief, steigt in große Höhen auf (normalerweise zwischen 15 und 20 Kilometer) und breitet sich dann aus. Erreicht die obere Ebene den nördlichen bzw. südlichen 20. oder 30. Breitengrad, sinkt sie auf die Oberfläche ab. Luft, die durch die Atmosphäre aufsteigt, dehnt sich aus und kühlt ab, ein Prozess,

Abbildung 19.1: Eine Szene im südlichen Utah in der Nähe des San Juan-Flusses. Die Landschaften von Wüsten variieren von Ort zu Ort sehr stark. (Foto:© Carr Clifton. Alle Rechte vorbehalten.)

19 Wüsten und Winde

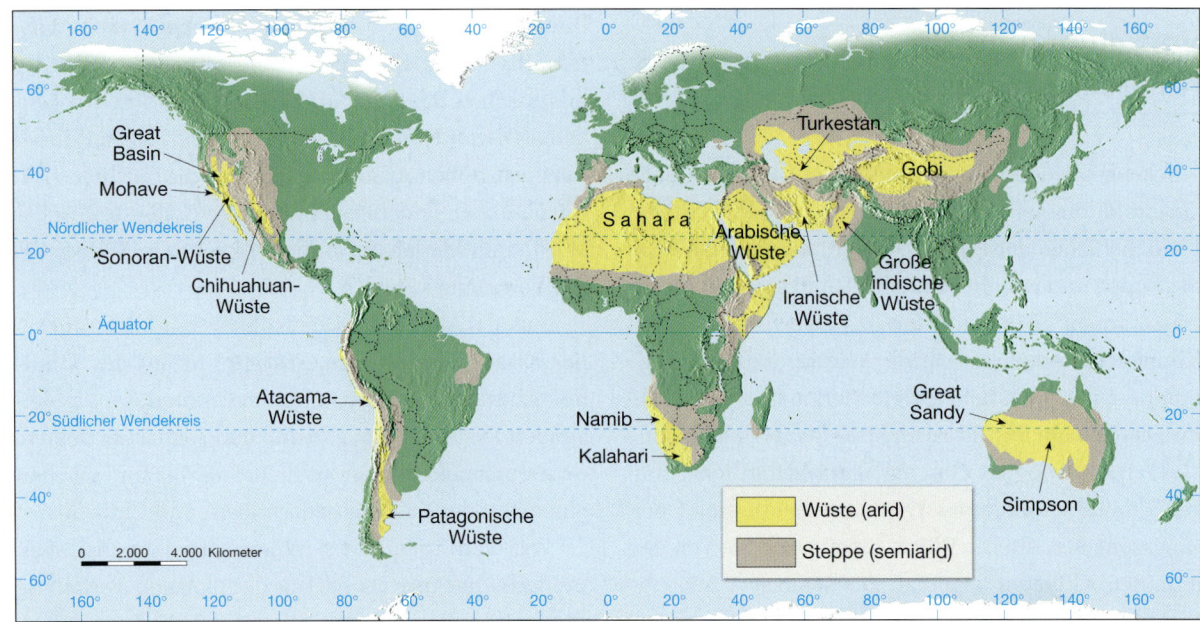

Abbildung 19.2: Aride und semiaride Gebiete bedecken fast 30 Prozent der Landoberfläche der Erde. Keine andere Klimagruppe umfasst ein so großes Landgebiet.

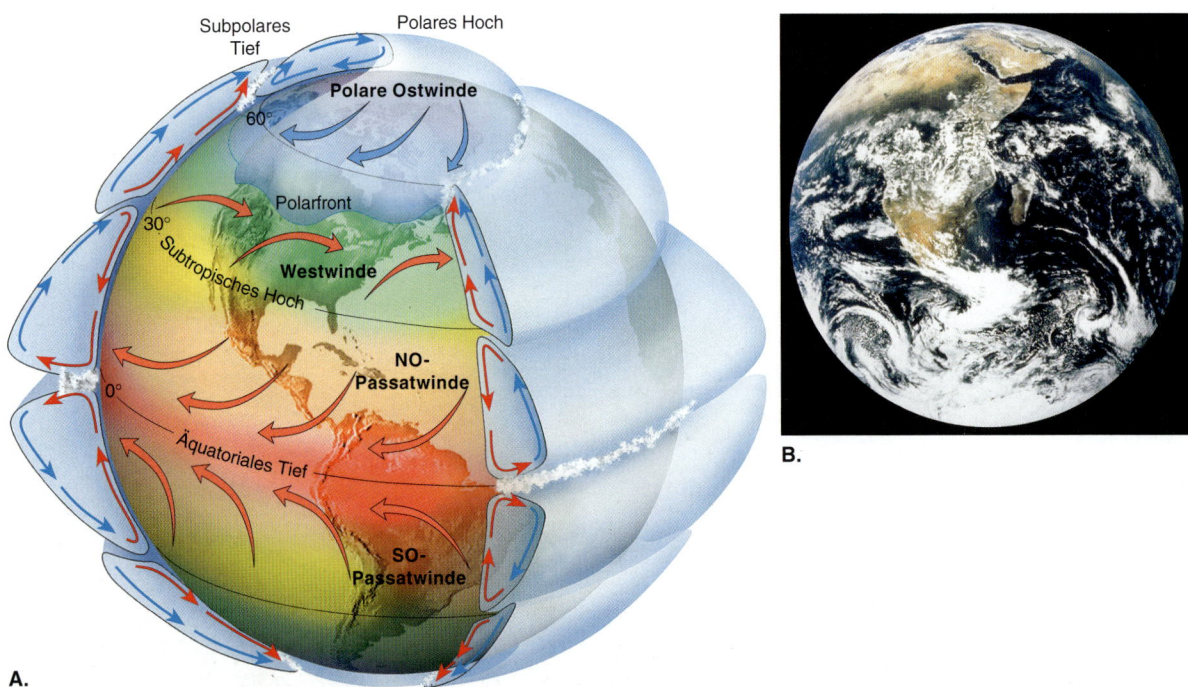

Abbildung 19.3: A. Ein idealisiertes Diagramm der allgemeinen Zirkulation der Erde. Die Wüsten und Steppen konzentrieren sich zwischen dem 20° und 30° nördlichen und südlichen Breitengrad und fallen mit dem tropischen Hochdruckgürtel zusammen. Dort verhindert die trockene absinkende Luft die Wolkenbildung und Niederschläge. Dagegen ist der äquatoriale Tiefdruckgürtel mit den regenreichsten Gebieten der Erde vergesellschaftet. **B.** Bei dieser Ansicht der Erde aus dem Weltraum kann man deutlich die Sahara, die danebenliegende arabische Wüste sowie die Kalahari und die Namib-Wüste im südlichen Afrika als bräunliche, wolkenfreie Zone erkennen. Das Wolkenband, das sich über Zentralafrika und die benachbarten Ozeane ausdehnt, fällt mit dem äquatorialen Tiefdruckgebiet zusammen. (Foto: mit freundlicher Genehmigung der NASA/Science Source/Photo Researchers, Inc.)

19.1 Verteilung und Ursachen für Trockengebiete

> ### Studenten fragen manchmal ...
>
> **Ich dachte, dass Wüsten im Allgemeinen leblose Orte sind. Ist das wahr?**
>
> Das ist ein verbreiteter Irrtum. In Wüsten gibt es spärliches – und in manchen Fällen auch reichliches – Leben. Pflanzen und Tiere, die in der Wüste leben, sind speziell an das Überleben in diesem ariden Milieu angepasst und haben eine höchst bemerkenswerte Toleranz gegenüber Trockenheit entwickelt. Beispielsweise besitzen viele Wüstenpflanzen wachsartige Stiele oder Äste oder eine dicke Oberschicht (die äußere Schutzschicht), um den Wasserverlust zu reduzieren. Andere haben sehr kleine oder überhaupt keine Blätter.
>
> Auch reichen die Wurzeln mancher Arten in große Tiefen, um die Feuchtigkeit dort anzuzapfen, wogegen andere ein flaches, aber weit ausgedehntes Wurzelsystem entwickeln, das es ihnen ermöglicht, die Feuchtigkeit schnell von den unregelmäßigen Wüstenregengüssen aufzunehmen. Oft sind die Stiele dieser Pflanzen fleischig verdickt, so dass genügend Wasser bis zum nächsten Regenguss gespeichert werden kann. Obwohl viele Pflanzen weit verstreut sind und nur wenig Bodenbedeckung bieten, können viele Arten in der Wüste gedeihen.
>
> Tiere sind ebenso hervorragend an das Leben in der Wüste angepasst. Viele sind Nachttiere und nur während der kühlen Nacht zu sehen. Manche, wie die Kängururatte, müssen niemals Wasser trinken. Stattdessen erhalten sie die benötigte Flüssigkeit über die Nahrungsaufnahme. Andere halten einen monatelangen Winterschlaf und sind nur aktiv, nachdem genügend Regen gefallen ist. Die Wüsten sind das Zuhause einer großen Vielfalt von Organismen.

der zur Entwicklung von Wolken und Niederschlag führt. Aus diesem Grund gehören Gebiete, die unter dem Einfluss des *Äquatorialtiefs* stehen, zu den Gebieten mit den häufigsten Niederschlägen auf der Erde. Genau das Gegenteil gilt für Gebiete in der Nähe der nördlichen und südlichen 30. Breitengrade, wo Hochdruck dominiert. Dort sinkt die Luft in Zonen ab, die als *subtropisches Hoch* bekannt sind. Sinkt die Luft ab, wird sie zusammengedrückt und erwärmt. Solche Bedingungen sind genau das Gegenteil von denen, die Wolkenbildung und Niederschläge entstehen lassen. Folglich sind diese Gebiete für ihren wolkenlosen Himmel, die Sonne und ständige Dürren bekannt (▶ Abbildung 19.3B).

19.1.2 Wüsten in mittleren Breitengraden

Anders als ihre Pendants in niedriger Breite sind die Wüsten und Steppen in mittleren Breiten nicht durch absinkende Luftmassen, die mit Hochdruck vergesellschaftet sind, bestimmt. Stattdessen existiert dieses trockene Land in erster Linie, da es geschützt im tiefen Inneren von großen Landmassen liegt. Sie befinden sich weit entfernt vom Ozean, der die wichtigste Feuchtigkeitsquelle für die Wolkenbildung und den Niederschlag ist. Ein bekanntes Beispiel ist die Wüste Gobi in Zentralasien, nördlich von Indien.

Die Gegenwart der hohen Berge im Weg der vorherrschenden Winde trennt diese Gebiete außerdem von den wasserbeladenen Meeresluftmassen, zudem bringen die Berge die Luft dazu, einen Großteil ihres Wassers abzuladen. Der Mechanismus ist einfach: Treffen die vorherrschenden Winde auf Gebirgsfronten, wird

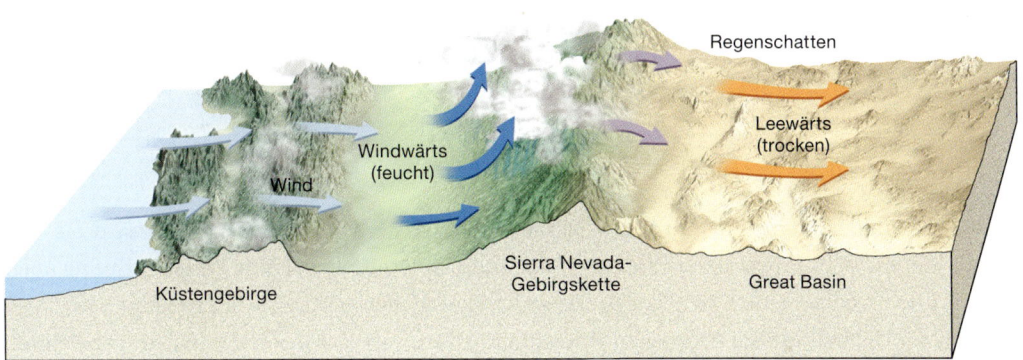

Abbildung 19.4: Viele Wüsten der Mittleren Breiten sind Regenschattenwüsten. Trifft bewegte Luft auf eine Gebirgsbarriere, wird sie zum Steigen gezwungen. Wolken und Niederschläge auf der windwärts gerichteten Seite entstehen häufig. Luft, die auf der Lee-Seite absinkt, ist viel trockener. Die Gebirge schneiden die leewärts gerichtete Seite von der Feuchtigkeitsquelle ab und erzeugen eine Regenschattenwüste. Die Great-Basin-Wüste ist eine Regenschattenwüste. Sie bedeckt fast gesamt Nevada und Teile der benachbarten Staaten.

19 Wüsten und Winde

EXKURS 19.1 – DIE ERDE VERSTEHEN

Was versteht man unter „trocken"?

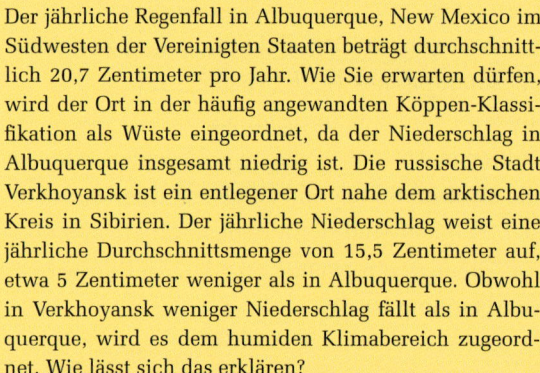

Der jährliche Regenfall in Albuquerque, New Mexico im Südwesten der Vereinigten Staaten beträgt durchschnittlich 20,7 Zentimeter pro Jahr. Wie Sie erwarten dürfen, wird der Ort in der häufig angewandten Köppen-Klassifikation als Wüste eingeordnet, da der Niederschlag in Albuquerque insgesamt niedrig ist. Die russische Stadt Verkhoyansk ist ein entlegener Ort nahe dem arktischen Kreis in Sibirien. Der jährliche Niederschlag weist eine jährliche Durchschnittsmenge von 15,5 Zentimeter auf, etwa 5 Zentimeter weniger als in Albuquerque. Obwohl in Verkhoyansk weniger Niederschlag fällt als in Albuquerque, wird es dem humiden Klimabereich zugeordnet. Wie lässt sich das erklären?

Wir alle erkennen, dass Wüsten trockene Orte sind, aber was ist mit dem Begriff *trocken* gemeint? Ist es so, dass die Regenmenge die Grenze zwischen humiden und trockenen Gebieten definiert? Manchmal wird sie kühn in Form einer einzigen Datenzahl für den Regenfall definiert, beispielsweise 25 Zentimeter pro Jahr an Niederschlag. Doch das Konzept der Trockenheit ist relativ und bezieht sich auf jede Situation, in der Wassermangel vorherrscht. Deswegen definieren Klimatologen *trockenes Klima* als eines, bei welchem der jährliche Niederschlag kleiner ist als der potenzielle Wasserverlust durch Evaporation. Trockenheit ist deswegen nicht nur auf die jährliche Regenmenge bezogen, sondern auch eine Funktion der Evaporation, die wiederum stark von der Temperatur abhängig ist.

Steigt die Temperatur an, nimmt die potenzielle Evaporation zu. Ein Niederschlag zwischen 15 und 25 Zentimeter kann ausreichen, um einen Nadelwald in Nordskandinavien oder Sibirien, wo die Evaporation in die kühle, feuchte Luft minimal ist und ein Überschuss im Boden verbleibt, zu erhalten. Doch die Niederschlagsmenge, die in New Mexico oder im Iran fällt, versorgt nur eine spärliche Vegetationsdecke, da die Evaporation in die heiße Luft groß ist. Deswegen kann keine spezielle Niederschlagsmenge als allgemeine Grenze für trockene Klimate gelten.

Um eine Grenze zwischen trockenen und humiden Klimaten zu erstellen, gebraucht die häufig angewandte Köppen-Klassifikation Formeln mit drei Variabeln: den durchschnittlichen, jährlichen Niederschlag, die durchschnittliche Jahrestemperatur und die saisonale Verteilung des Niederschlags. Die Verwendung der durchschnittlichen Jahrestemperatur spiegelt ihre Bedeutung als Index für die Evaporation wider. Die Menge des Regenfalls, der die Grenze zwischen trocken und humid bestimmt, ist größer, wenn die mittlere Jahrestemperatur höher ist und kleiner, wenn die Temperaturen niedriger sind. Das Einbeziehen der saisonalen Niederschlagsverteilung als Variable ist auch in diesem Konzept enthalten. Konzentriert sich der Regen auf die wärmsten Monate, ist der Verlust durch Evaporation größer, wie wenn sich der Niederschlag auf die kühlen Monate konzentriert.

▶ Tabelle 19.A fasst die Niederschlagsmengen zusammen, die trockene und humide Klimate unterscheiden. Beachten Sie, dass ein Ort mit einem Jahresmittel von 20 °C und einem sommerlichen Niederschlag von 68 Zentimeter als trocken klassifiziert wird. Fällt der Regen hauptsächlich im Winter, müssen an diesem Ort jedoch nur wenigstens 40 Zentimeter fallen, damit er als feucht betrachtet wird. Ist der Niederschlag etwas gleichmäßiger verteilt, liegt die Größe, die die Grenze humid – trocken definiert, zwischen den anderen beiden.

Durchschnittliche Jahrestemperatur (°C)	Regenfall im Winter, Maximum (Zentimeter)	Gleichmäßige Verteilung (Zentimeter)	Sommer-Maximum (Zentimeter)
5	10	24	38
10	20	34	48
15	30	44	58
20	40	54	68
25	50	64	78
30	60	74	88

Tabelle 19.A: Der durchschnittliche Niederschlag definiert die Grenze zwischen trockenen und humiden Klimaten.

die Luft zum Absinken gezwungen. Steigt die Luft auf, dehnt sie sich aus und kühlt ab, ein Prozess, der Wolken und Niederschlag hervorrufen kann. Die windwärts gerichteten Seiten der Gebirge weisen deswegen oft hohe Niederschlagsraten auf. Dagegen sind die Lee-Seiten der Gebirge häufig viel trockener (▶ Abbildung 19.4). Diese Situation entsteht, da die Luft, die die Lee-Seite erreicht, den Großteil ihrer Feuchtigkeit schon verloren hat und falls die Luft absinkt, wird sie verdichtet und erwärmt, wobei eine Wolkenbildung noch unwahrscheinlicher wird. Die entstehende trockene Region wird oft mit **Regenschattenwüste** bezeichnet. Da viele Wüsten in mittlerer Breite Positionen an den Lee-Seiten der Gebirge einnehmen, kann man sie als Regenschattenwüsten klassifizieren. In Nordamerika erhalten die äußeren Gebirge ihre Feuchtigkeit durch

Studenten fragen manchmal ...

Sind alle Wüsten heiß?

Nein, aber in vielen Wüsten herrschen sehr hohe Temperaturen. Beispielsweise wurde die höchste tatsächlich aufgezeichnete Temperatur in den Vereinigten Staaten – sowie in der gesamten westlichen Hemisphäre – mit 57°C am 10. Juli 1913 im Death Valley, Kalifornien, gemessen. Die höchste Temperatur der Welt wurde mit 59°C am 13. September 1922 in Aziza, Libyen, in der nördlichen Sahara aufgezeichnet.

Trotz dieser bemerkenswert hohen Temperaturen gibt es auch sehr niedrige Temperaturen in Wüstengebieten. Beispielsweise beträgt das durchschnittliche tägliche Temperaturminimum im Januar in Phoenix, Arizona, 1,7°C, was knapp über dem Gefrierpunkt liegt. In Ulan Bator in der mongolischen Wüste Gobi liegt die durchschnittliche Höchsttemperatur im Januar bei −19°C. Trockene Klimate findet man von den Tropen bis in höhere mittlere Breiten. Die tropischen Wüsten haben zwar keine kalte Jahreszeit, doch die Wüsten mittlerer Breiten erfahren jahreszeitliche Temperaturschwankungen, wobei es manchmal sehr kalt werden kann.

den Pazifik. Dazu gehören die Coast Ranges, die Sierra Nevada und die Cascades (Abbildung 19.4). In Asien verhindert die große Himalayakette, dass der Sommerzeitmonsun die feuchte Luft vom Indischen Ozean ins Innere bringt (siehe Exkurs 19.2).

Da es in der südlichen Hemisphäre keine großen Landgebiete in den mittleren Breiten gibt, existieren nur kleine Wüsten und Steppen auf diesem Breitengrad, hauptsächlich nahe der südlichen Spitze Südamerikas im Regenschatten der hochragenden Anden.

Die Wüsten in den mittleren Breiten liefern ein Beispiel, wie tektonische Prozesse das Klima beeinflussen. Wüsten im Regenschatten bestehen aufgrund der durch Plattenkollision entstandenen Gebirge. Ohne solche Gebirgsbildungsepisoden würde feuchteres Klima vorherrschen, wo heute trockene Gebiete existieren.

19.2 Geologische Prozesse im ariden Klima

Die kantigen Hügel, die bloßen Schluchtwände und die steinige oder sandige Wüstenoberfläche stehen im scharfen Gegensatz zu den abgerundeten Hügeln und geschwungenen Hängen von humiden Orten. Tatsächlich könnte es einem Besucher aus einem humiden Gebiet so vorkommen, als wäre die Wüstenlandschaft durch andere Kräfte geformt worden, als die, die in wasserreichen Gegenden angreifen. Doch obwohl die Gegensätze eklatant sein können, spiegeln sie die gleichen Prozesse wider. Sie offenbaren nur die unterschiedlichen Auswirkungen derselben Prozesse, die unter gegensätzlichen klimatischen Bedingungen wirken.

19.2.1 Verwitterung

In humiden Gebieten bildet ein Boden mit relativ feiner Textur eine fast kontinuierliche Vegetationsbedeckung, die auf der Oberfläche liegt. Dort sind die Hänge und die Felskanten gerundet, was den starken Einfluss der chemischen Verwitterung im humiden Klima widerspiegelt. Dagegen besteht ein Großteil der verwitterten Gesteinstrümmer in Wüsten aus unverändertem Gestein und Mineralfragmenten – das Ergebnis physikalischer Verwitterungsprozesse. In Trockengebieten ist jede Art von Gesteinsverwitterung stark vermindert, da Feuchtigkeit und organische Säuren von verrottenden Pflanzen fehlen. Trotzdem fehlt chemische Verwitterung in Wüsten nicht ganz. Über lange Zeiträume bilden sich Tone und eine dünne Bodenbedeckung und viele eisenhaltige Silikate oxidieren und erzeugen die rostfarbene Verfärbung, die vielen Wüstenlandschaften einen roten Farbstich verleiht.

19.2.2 Die Rolle des Wassers

Ständig fließende Flüsse sind in humiden Gebieten normal, doch fast alle Flussbetten in Wüsten liegen die meiste Zeit trocken (▶ Abbildung 19.5A). Wüsten besitzen ephemerische (oder **ephemerale** = episodische) **Flüsse**, was bedeutet, dass sie nur Wasser während spezifischen Regenfallepisoden führen. Ein typisch ephemeraler Fluss kann für nur einige Tage oder vielleicht auch nur einige Stunden im Jahr fließen. In manchen Jahren kann das Flussbett auch trocken bleiben.

Diese Tatsache wird angesichts vieler Brücken, unter denen kein Fluss fließt, und zahlreicher Senken in der Straße, wo trockene Flussbetten kreuzen, schnell klar. Kommt jedoch einer der seltenen heftigen Regengüsse, fällt so viel Regen in so kurzer Zeit, dass nicht

EXKURS 19.2 – MENSCH UND UMWELT

■ **Der Aralsee verschwindet**

Der Aralsee liegt an der Grenze zwischen Usbekistan und Kasachstan in Zentralasien (▶Abbildung 19.A). Das Umfeld besteht aus der turkmenischen Wüste, einer Wüste mittlerer Breite im Regenschatten der hohen afghanischen Gebirge. In diesem Gebiet mit Binnenentwässerung transportieren zwei große Flüsse, der Amu Darya und der Syr Darya, Wasser von den Bergen Nordafghanistans durch die Wüste zum Aralsee. Das Wasser verlässt den See durch Evaporation. Deswegen hängt die Größe des Sees von einem Gleichgewicht zwischen Flusseintrag und Evaporation ab.

Im Jahr 1960 war der Aralsee mit einem Gebiet von etwa 67.000 Quadratkilometer weltweit einer der größten Wasserkörper im Binnenland. Nur das Kaspische Meer, Lake Superior und der Viktoriasee waren größer. Bis zum Jahr 2000 schrumpfte der See um 75 Prozent und spaltete sich in zwei, durch eine schmale Passage verbundene Abschnitte. Der Wasserspiegel fiel um 22 Meter und der See verlor 90 Prozent seines Volumens. Das Schrumpfen dieses Wasserkörpers ist in ▶Abbildung 19.B dargestellt. Bis etwa 2010 werden wahrscheinlich nur drei seichte Überreste zurückbleiben.

Was verursachte das Austrocknen des Aralsees innerhalb der letzten 40 Jahre? Die Antwort ist, dass der Wasserzufluss aus den Bergen, der den See speiste, beträchtlich reduziert und schließlich eliminiert wurde. Noch 1965 erhielt der Aralsee etwa 50 Kubikkilometer frisches Wasser pro Jahr. In den frühen 1980er Jahren fiel diese Menge beinahe auf null. Der Grund war, dass das Wasser des Amu Darya und Syr Darya abgezweigt wurde, um die riesige ausgedehnte Landwirtschaft in dieser trockenen Region künstlich zu bewässern. Die intensive Bewässerung erhöhte die landwirtschaftliche Produktivität stark, jedoch nicht ohne signifikante Verluste. Die Deltas der beiden Hauptflüsse verloren ihre Feuchtgebiete und die wild lebenden Tiere verschwanden. Die einst blühende Fischindustrie erlebte ihren Niedergang und die 24 Fischarten, die zuvor im Aralsee lebten, gibt es nicht mehr. Die Küstenlinie ist nun mehrere Kilometer von den Städten entfernt, die ehemals Zentren der Fischerei waren (▶Abbildung 19.C).

Durch das Schrumpfen des Sees liegen Millionen Hektar des ehemaligen Seebodens exponiert und sind der Sonne und dem Wind ausgesetzt. Die Oberfläche ist mit Salz sowie durch die von den Flüssen eingetragenen künstlichen Düngemittel, Herbizide, Pestizide und anderen Schadstoffe verkrustet. Besonders problematisch wirkt sich dabei die Substanz TCDD aus dem Entlaubungsmittel „Agent Orange" aus (bekannt geworden durch den Einsatz durch die amerikanische Armee im Vietnamkrieg), das weitflächig zur Entlaubung bei der industriellen Baumwollernte eingesetzt wird. Die stabile Verbindung ist hochgiftig und erbgutschädigend. Deswegen gibt es in dieser Region in einem erschreckenden Ausmaß Missbildungen, geistige Retardierung, organische Erkrankungen, Krebserkrankungen und eine hohe Kindersterblichkeit. Jedes Jahr nehmen starke Winde regelmäßig Tausende von Tonnen neu an exponiertem Materials auf und lagern es wieder ab. Dieser Prozess reduziert nicht nur erheblich die Luftqualität für die in der Region lebenden Menschen, sondern der Luftstrom nimmt auch Aerosole auf, die in den höheren Schichten der Stratosphäre verteilt werden und damit die globale Luftverschmutzung um 5 Prozent erhöht. Außerdem be-

Abbildung 19.A: Der Aralsee liegt östlich des Kaspischen Meers in der Wüste Turkmenistans. Zwei Flüsse, der Amu Darya und der Syr Darya, führen das Wasser aus den Bergen in den Süden.

19.1 Verteilung und Ursachen für Trockengebiete

einträchtigt die Ablagerung salzreicher Sedimente fruchtbarem Land beträchtlich den Ernteertrag.

Das Schrumpfen des Aralsees hat deutliche Auswirkungen auf das Klima der Region. Ohne die ausgleichende Wirkung des großen Wasserkörpers gibt es größere Temperaturextreme, eine kürzere Anbauzeit und lokal verringerten Niederschlag. Aufgrund dieser Veränderungen stellten viel Bauern vom Baumwollanbau auf den Anbau von Reis um, was noch mehr Wasserabzweigung aus den Flüssen verlangt.

Umweltexperten stimmen darin überein, dass die gegenwärtige Situation nicht beibehalten werden kann. Könnte man die Krise abwenden, falls wieder genügend Süßwasser in den Aralsee fließen würde?

Die Aussichten sind schlecht. Die Experten schätzen, dass eine Verdoppelung der gegenwärtigen Größe des Aralsees nur durch eine sofortige Beendigung der Wasserabzweigung aus den beiden Hauptflüssen möglich wäre. Die gesamte künstliche Bewässerung müsste mindestens 50 Jahre lang eingestellt werden. Das kann aber nicht vollzogen werden, ohne die Wirtschaft der Länder zu ruinieren, die abhängig von diesem Wasser sind.[1]

Der Niedergang des Aralsees ist eine große Umweltkatastrophe, trauriger Weise von Menschenhand verursacht.

---

1 Um mehr darüber zu erfahren, siehe: „Coming to Grips with the Aral Sea's Grim Legacy", in *Science*, Vol. 284, 2. April 1999, S. 30–31, und „To Save a Vanishing Sea" in *Science* Vol. 307, 18. Februar 2005, S. 1032-33.

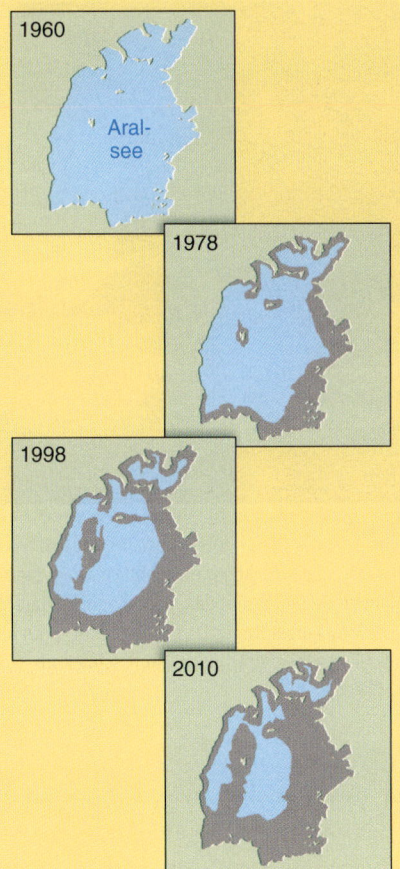

Abbildung 19.B: Der schrumpfende Aralsee – bis zum Jahr 2010 werden nur drei kleine Reste übrig sein.

Abbildung 19.C: In der Stadt Jamboul, Kasachstan, liegt das Boot nun im Sand, da der Aralsee ausgetrocknet ist. (Foto: Ergun Cagatay/Liason Agency, Inc.)

A. **B.**

Abbildung 19.5: **A.** Die meiste Zeit bleiben Wüstenflussbetten trocken. **B.** Ein ephemerer Fluss kurz nach einem heftigen Regenguss. Solche Fluten sind zwar nur kurzlebig, aber es kommt zu starken Erosionen. (Fotos: E.J. Tarbuck)

die gesamte Menge davon versickern kann (▶Abbildung 19.6). Da die Wüstenvegetation nur spärlich vorhanden ist, fließt der Abfluss relativ ungehindert und vorübergehend sehr schnell, wobei oft Springfluten entlang der Talböden entstehen (▶Abbildung 19.5). Diese Hochwasser sind ganz anders als die in humiden Gebieten. Ein Hochwasser entlang eines Flusses wie dem Mississippi kann mehrere Tage brauchen, um den höchsten Stand zu erreichen und dann abzuflauen. Aber Wüstenhochwasser treten plötzlich auf und verebben schnell wieder. Da die Vegetation das Oberflächenmaterial in einer Wüste nicht fest verankert, ist die Menge der Erosionsarbeit während eines einzigen kurzlebigen Regenereignisses sehr beeindruckend.

Im trockenen Westen der Vereinigten Staaten verwendet man unterschiedliche Bezeichnungen für ephermale Flüsse, nämlich „Wash" und „Arroyo". In anderen Teilen der Welt bezeichnet man einen trockenen Wüstenfluss als „Wadi" (Arabien, Nordafrika und auch im deutschen Sprachgebrauch), als „Donga" (Südamerika) oder als Nullah (Indien).

Humide Gebiete besitzen ein integriertes Entwässerungssystem. In ariden Gebieten dagegen fehlt den Flüssen normalerweise ein ausgeprägtes Zuflusssystem. Stattdessen ist ein grundlegendes Merkmal der Wüstenflüsse, dass sie klein sind und versiegen, bevor sie zum Meer gelangen. Da der Grundwasserspiegel meist tief unter der Erde liegt, können wenige Wüs-

Abbildung 19.6: Ein Gewitter in der Wüste über Tucson, Arizona. Es gibt oft viele Wochen, Monate oder sogar gelegentlich Jahre, die zwischen den Regenperioden liegen. Treten dennoch Regenfälle auf, sind sie oft stark und von relativ kurzer Dauer. Da die Regenintensität hoch ist, kann das Wasser nicht einsickern und es läuft schnell ab. (Foto: Warren Faidley/DRK Photo)

tenflüsse davon Wasser ziehen, wie es die Flüsse in humiden Gebieten tun (siehe Abbildung 17.4). Ohne ständige Wasserversorgung entleert die Kombination aus Evaporation und Versickerung den Fluss bald. Die wenigen dauerhaften Flüsse, die durch aride Gegenden fließen, wie der Colorado und der Nil entspringen *außerhalb* der Wüste, oft in gut mit Wasser versorgten Gebirgen. Dort muss der Wasservorrat riesig sein, um den Verlust zu kompensieren, den der Fluss beim Durchqueren der Wüste erleidet. Nachdem beispielsweise der Nil seinen Oberlauf bei den Seen und Gebirgen von Zentralafrika verlassen hat, durchquert er etwa 3.000 Kilometer lang die Sahara, ohne einen einzigen Zufluss. In humiden Gebieten dagegen wächst der Durchfluss eines Flusses flussabwärts an, da entlang des Wegs Zuflüsse und Grundwasser zusätzliches Wasser mit eintragen.

Man muss betonen, *dass fließendes Wasser, wenn auch unregelmäßig, die Haupterosionsarbeit in Wüsten leistet.* Dieser Gegensatz steht zu der allgemeinen Annahme, dass der Wind als wichtigste Erosionskraft die Wüstenlandschaften formt. Der Wind ist zwar tatsächlich in trockenen Gebieten bedeutender als an anderen Orten, doch die meisten Wüstenlandschaften entstehen durch fließendes Wasser. Wie Sie in Kürze sehen werden, spielt der Wind die Hauptrolle beim Transport und der Ablagerung von Sediment, wobei Grate und Hügel gebildet und geformt werden, die wir Dünen nennen.

19.3 Basin and Range: Die Entwicklung einer Wüstenlandschaft

Da in ariden Regionen typischer Weise keine perennierenden (permanenten) Flüsse vorhanden sind, zeichnen sie sich durch **Binnenentwässerung** aus. Das bedeutet, sie haben ein diskontinuierliches Muster von periodischen Flüssen, die nicht aus der Wüste in den Ozean hineinfließen. Die Basin and Range-Region in den Vereinigten Staaten liefert dafür ein hervorragendes Beispiel. Die Region umfasst das südliche Oregon, ganz Nevada, West-Utah, Südost-Kalifornien, Süd-Arizona und Süd-Neumexiko. Der Name Basin and Range ist ein treffender Name für dieses beinahe 800.000 Quadratkilometer große Gebiet, da sich mehr als 200 relativ niedrige Bergkämme auf 900 bis 1.500 Meter vor den Mulden erheben, die sie voneinander trennen.

In dieser Region, wie in anderen der Welt, tritt die Erosion auf, meist ohne den Ozean als tiefste Erosionsbasis einzubeziehen, da die Binnenentwässerung den Ozean nie erreicht. Sogar, wo perennierende Flüsse zum Ozean fließen, existieren wenige Zuflüsse und deswegen befindet sich nur ein schmaler Landstreifen neben dem Fluss auf Meeresniveau als endgültige Höhenreduktion des Landes.

Die Blockmodelle in ▶Abbildung 19.7 zeigen, wie sich die Landschaft in der Basin and Range-Region entwickelt hat. Nach und während der Hebung der Gebirge beginnt das fließende Wasser in die angehobenen Landmassen zu schneiden und große Mengen von Gesteinsschutt in den Becken abzulagern. Während dieser frühen Phase ist das Relief am größten, da die Erosion die Berge senkt und Sediment die Becken auffüllt, verringern sich die Höhenunterschiede allmählich.

Bewegen sich die gelegentlichen reißenden Wasserströme aus sporadischen Regenfällen durch die Canyons, sind sie schwer mit Sediment beladen. Tauchen sie aus den einengenden Canyons auf, dann breitet sich der Abfluss über die sanfteren Hänge am Fuß der Berge aus und sie verlieren schnell an Geschwindigkeit. Folglich wird die Last nach kurzer Entfernung abgeladen. Es entsteht ein Kegel von Gesteinsschutt an der Mündung des Canyons, der als Alluvialfächer oder Schwemmkegel bezeichnet wird (▶Abbildung 19.8). Da das gröbste Material zuerst abgelagert wird, ist der obere Bereich eines Alluvialfächers am steilsten, mit einer Neigung von 10 bis 15°. Weiter unten nehmen die Sedimentgröße und die Neigung des Hangs ab und verschmelzen unmerklich mit dem Boden der Mulde. Eine Untersuchung der Fächeroberfläche würde ein weit verzweigtes Flussbettgerinne aufweisen, da das Wasser seinen Lauf verlagert, wenn nachfolgende Gerinne mit Sediment verstopft werden. Mit der Zeit vergrößert sich der Fächer, verbindet sich schließlich mit Fächern nahe liegender Canyons, um ein keilförmiges Sedimentvorfeld entlang der Gebirgsfront zu bilden, das man **Bajada** (von span.: Abstieg, Absenkung) nennt.

Während der seltenen Gelegenheiten von reichlichem Regenfall können Flüsse durch den Schwemmkegel zur Mitte der Mulde in einen seichten Salztonsee oder Playasee fließen. Salztonseen sind vorübergehende Strukturen, die nur einige Tage und höchstens ein paar Wochen überdauern, bevor Evaporation und Versickerung das Wasser entfernen. Das übrig gebliebene trockene, flache Seebett nennt man **Salztonebene** oder **Playa**. Salztonebenen bestehen typischer Weise aus feinen Silten und Tonen und sind gelegentlich mit Salzausfällungen während der Evaporation verkrustet (siehe Abbildung 7.15). Diese Ausfällungen können ungewöhnliche Salze beinhalten, wie etwa Natrium-

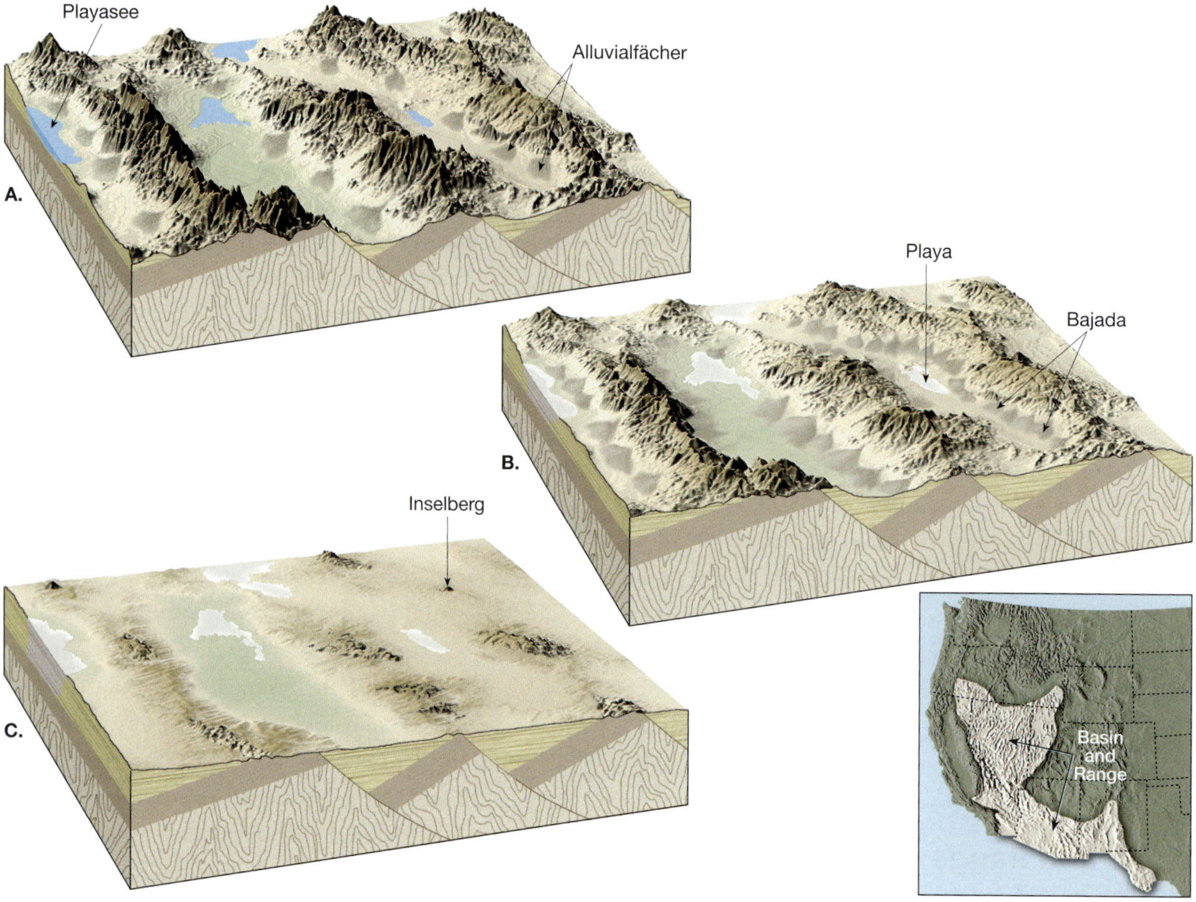

19 Wüsten und Winde

Abbildung 19.7: Die Stufen einer Landschaftsevolution in einer gebirgigen Wüste wie der Basin and Range-Region des Westens. Geht die Erosion der Gebirge und die Ablagerung in den Mulden weiter, vermindert sich das Relief. **A.** Frühe Phase. **B.** Mittlere Phase. **C.** Späte Phase.

Abbildung 19.8: Luftbild auf einen Alluvialfächer im Death Valley, Kalifornien. Die Größe des Fächers hängt von der Größe des Wassereinzugsgebiets ab. Wachsen die Fächer an, verschmelzen sie schließlich zu einem Sedimentkeil, der Bajada. (Foto: Michael Collier)

borat (Borax), das von alten Salztonebenenseeablagerungen im Death Valley, Kalifornien abgebaut wird.

Mit voranschreitender Erosion der Gebirgsmasse und der begleitenden Sedimentation verringert sich das örtliche Relief kontinuierlich. Schließlich ist fast die gesamte Gebirgsmasse verschwunden. Die Gebirge „ertrinken" gewissermaßen in ihrem eigenen Schutt. In der späten Phase der Erosion sind die Gebirgsgegenden zu einigen großen Festgesteinhöckern reduziert, die aus den umgebenden sedimentgefüllten Mulden herausragen. Diese isolierten Erosionsrelikte einer Wüstenlandschaft in der späten Phase werden **Inselberge** genannt (▶ siehe Exkurs 19.3).

Jede Phase der Landschaftsentwicklung in ariden Klimaten, wie sie in Abbildung 19.7 dargestellt sind, kann in der Basin and Range-Provinz beobachtet werden. Jüngst gehobene Gebirge in einer frühen Erosionsphase findet man in Süd-Oregon und Nord-Nevada. Das Death Valley, Kalifornien, und Süd-Nevada passen mehr in die mittlere Phase, die späte Phase dagegen

EXKURS 19.3 – DIE ERDE VERSTEHEN
Mount Uluru in Australien

Erwägt man ein Reise nach Australien und sieht sich Broschüren und andere Reiseliteratur an, wird man mit Sicherheit auf ein Bild des Mount Uluru (früher Ayers Rock) stoßen oder eine Beschreibung dazu lesen. Wie ▶ Abbildung 19.D zeigt, ist diese bekannte Formation eine riesige Struktur, die sich steil aus der umgebenden Ebene erhebt. Der in etwa kreisförmige Monolith mit einer Höhe von mehr als 350 Meter und einem Umfang von 9,5 Kilometer an seinem Fuß befindet sich im Uluru-Kata-Tjuta-Nationalpark südwestlich von Alice Springs in der trockenen Mitte des Landes. Sein Gipfel ist abgeflacht und seine Flanken sind zerfurcht. Er besteht aus Sandstein und die roten und orangefarbenen Farbschattierungen verändern sich mit dem Tageslicht. Neben der besonderen geologischen Attraktion ist Mount Uluru etwas Besonderes, da die eingeborenen Stämme der Region ihn als Heiligtum verehren.

Mount Uluru ist ein spektakuläres Beispiel einer Struktur, die als Inselberg bezeichnet wird, was auch angemessen erscheint, da diese Gesteinsmasse aussieht wie eine steinerne Insel, die sich über die Oberfläche eines weiten Meeres erhebt. Ähnliche Strukturen sind durchwegs in ariden und semiariden Regionen der Erde verteilt. Mount Uluru ist eine besondere Art von Inselberg, der aus einer sehr verwitterungsbeständigen Gesteinsmasse, einem groben Sandstein, besteht und eine gerundete oder domartige Form aufweist. Solche Massen werden auch „Bornhardts" nach dem deutschen Forscher Wilhelm Bornhardt (19. Jahrhundert) benannt, der ähnliche Strukturen in Afrika beschrieben hat.

„Bornhardts" bilden sich in Regionen, wo massives oder verwitterungsbeständiges Gestein wie Granit oder Sandstein von Gestein umgeben ist, das leichter verwittert. Die größere Verwitterungsanfälligkeit der umgebenden Gesteine entsteht oft durch ihre starke Zerklüftung. Durch Klüfte kann Wasser in größere Tiefen eindringen und dort Verwitterungsprozesse auslösen. Sind die umgebenden tief verwitterten Gesteine durch Erosion abgetragen, bleibt die weniger verwitterte Gesteinsmasse hoch stehen. Nachdem ein „Bornhardt" gebildet wurde, scheint er Wasser abzugeben. Dadurch verstärkt ein „Bornhardt" den Erosionsprozess in seiner Umgebung, der zu seiner Entstehung geführt hat, und sichert somit seinen Fortbestand. Tatsächlich können Gesteinsmassen wie Mount Uluru mehrere zehn Millionen Jahre lang ein Bestandteil der Landschaft bleiben.

„Bornhardts" treten häufiger in niedrigen Breiten auf, da die Verwitterung, die für ihre Entstehungsprozesse verantwortlich ist, in wärmeren Klimaten schneller vorangeht. In heute ariden oder semiariden Regionen spiegeln „Bornhardts" Zeiten wider, in welchen feuchteres Klima herrschte.

Abbildung 19.D: Mount Uluru (früher Ayers Rock) erhebt sich beeindruckend über die trockenen Ebenen von Zentralaustralien. Er ist eine Art Inselberg, die als „Bornhardt" bezeichnet wird. Während die Erosion allmählich die Oberfläche absenkt, bleibt das weniger verwitterte Gesteinsmassiv weit über dem stärker zerklüfteten und leichter verwitterten Umgebungsgestein stehen. (Foto: Art Wolfe, Inc.)

19 Wüsten und Winde

> **Studenten fragen manchmal …**
>
> **Wo befindet sich die trockenste Wüste der Welt?**
>
> Die Atacama-Wüste in Chile wird als trockenste Wüste der Welt angesehen. Dieser relativ schmale aride Landgürtel dehnt sich über 1.200 Kilometer entlang der südamerikanischen Pazifikküste aus (siehe Abbildung 19.2). Man sagt, dass auf manche Teile der Atacama-Wüste mehr als 400 Jahre kein Regen mehr niederging! Solche Aussagen muss man skeptisch betrachten. Doch zu den Orten, für die Aufzeichnungen vorliegen, gehört Arica im nördlichen Teil der Atacama-Wüste Chiles. In diesem Ort gab es vierzehn Jahre lang keinen messbaren Regenfall.

mit Inselbergen kann man in Süd-Arizona beobachten.

19.4 Der Transport des Sediments durch Wind

Bewegte Luft ist wie bewegtes Wasser, turbulent und in der Lage, lose Trümmer aufzuheben und an andere Stellen zu transportieren. Genauso wie in einem Fluss, erhöht sich die Geschwindigkeit des Winds mit der Höhe über der Oberfläche. Auch wie ein Fluss transportiert Wind feine Partikel in Suspension, während schwerere als Bodenlast mitgeführt werden. Dennoch unterscheidet sich der Transport von Sedimenten durch den Wind auf zwei bedeutende Arten. Erstens ermöglicht die geringere Dichte des Winds weniger gut die Aufnahme und den Transport von grobem Material. Zweitens, da der Wind nicht an Gerinne gebunden ist, kann er Sedimente über große Gebiete und auch hoch in die Atmosphäre verbreiten.

19.4.1 Bodenfracht

Die **Bodenfracht**, die durch den Wind getragen wird, besteht aus Sandkörnern. Beobachtungen im Gelände und Experimente in Windkanälen weisen darauf hin, dass der vom Wind verwehte Sand sich durch Springen und Hüpfen entlang der Oberfläche bewegt – ein Prozess, der **Saltation** genannt wird. Die Bezeichnung stammt von dem lateinischen Wort mit der Bedeutung „springen" ab.

Die Bewegung der Sandkörner beginnt, wenn der Wind eine Geschwindigkeit erreicht, die ausreicht, um die Trägheit der liegenden Partikel zu übertreffen. Zunächst rollen die Sandkörner an der Oberfläche entlang. Streift ein sich bewegendes Sandkorn ein anderes, kann eines oder können alle beide in die Luft springen. Sind sie einmal in der Luft, werden sie durch den Wind vorwärts getrieben, bis die Schwerkraft sie wieder zurück zur Oberfläche zieht. Trifft der Sand auf die Oberfläche, springt er entweder zurück in die Luft oder bewegt andere Sandkörner, die dann nach oben springen. Auf diese Weise entsteht eine Kettenreaktion, wobei innerhalb von kurzer Zeit die Luft nahe am Boden mit springenden Sandkörnern gefüllt wird. (▶Abbildung 19.9).

Springende Körner bewegen sich nie weit von der Oberfläche weg. Sogar wenn der Wind sehr stark ist, springt ein Sandkorn kaum höher als einen Meter,

Abbildung 19.9: Eine Wolke von hüpfenden Sandkörnern bewegt sich den sanften Hang einer Düne hinauf. (Foto: Stephen Trimble)

Abbildung 19.10: Staub verdunkelt den Himmel am 21. Mai 1937 nahe Elkhart, Kansas. Wegen Stürmen wie diesem wurden Teile der Great Plains in den 1930er Jahren „Dust Bowl" (Staubschüssel) benannt. (Foto: reproduziert aus der Sammlung der Bibliothek des Kongresses)

meist ist es nur etwa ein halber Meter. Manche Sandkörner sind zu groß, um durch den Aufprall anderer in die Luft geworfen zu werden. Ist das der Fall, treibt die Energie des Aufpralls der kleineren hüpfenden Körner die größeren Körner vorwärts. Nach Schätzungen werden bei einem Sandsturm etwa 20 bis 25 Prozent des Sands auf diese Weise bewegt.

19.4.2 Suspensionsfracht

Anders als Sand können feinere Staubpartikel durch den Wind hoch in die Atmosphäre gefegt werden. Da sich Staub häufig aus relativ flachen Partikeln mit großer Oberfläche im Verhältnis zu ihrem Gewicht zusammensetzt, ist es für turbulente Luft relativ leicht, der Schwerkraft entgegenzuwirken und diese feinen Partikel für mehrere Stunden oder sogar Tage in der Luft zu halten. Zwar können sowohl Silt als auch Ton in Suspension transportiert werden, doch Silt macht den Hauptanteil der **Suspensionsfracht** aus, da durch geringere chemische Verwitterung in Wüsten nur geringe Tonmengen vorhanden sind.

Feine Teilchen werden leicht vom Wind transportiert, doch können sie anfänglich nicht sehr leicht emporgehoben werden. Der Grund ist, dass die Windgeschwindigkeit innerhalb einer sehr dünnen Schicht nahe am Boden praktisch null ist. Deswegen kann der Wind das Sediment selbst nicht emporheben. Stattdessen muss der Staub durch hüpfende Sandkörner oder andere Störungen in die sich bewegende Luft hinausgeschleudert oder gespritzt werden. Diesen Vorgang kann man gut an einer ungeteerten Landstraße an einem windigen Tag beobachten. Bleibt sie ungestört, wird wenig Staub durch den Wind in die Luft gehoben. Doch fährt ein Auto oder ein Lastwagen über die Landstraße, wird die Siltschicht hochgewirbelt und bildet eine dichte Staubwolke.

Die Suspensionsfracht wird in der Regel relativ nah an ihrem Herkunftsort abgelagert. Starke Winde sind jedoch in der Lage, große Staubmengen über riesige Entfernungen zu tragen (▶ Abbildung 19.10). In den 1930er Jahren wurde Silt in Kansas aufgenommen und nach Neuengland und weiter in den Nordatlantik transportiert. Ähnlich konnte Staub, der von der Sahara verweht wurde, bis in das Amazonasgebiet verfolgt werden. In Europa führt Saharastaub zu „gelbem Regen" und entsprechenden gelben staubigen Rückständen auf glatten Flächen, beispielsweise Autolack (▶ Abbildung 19.11). Durch den ständigen Export von Saharastaub haben Bewohner der Kanarischen Inseln beispielsweise eine höhere Feinstaubbelastung als ein durchschnittlicher Europäer vom Festland.

Winderosion 19.5

Verglichen mit fließendem Wasser und Gletschern hat Wind eine relativ unbedeutende Erosionskraft. Rufen Sie sich in Erinnerung, dass sogar in Wüsten die meiste Erosion durch periodisch fließendes Wasser und nicht durch Wind verursacht wird. Winderosion ist in ariden Gebieten effektiver als in humiden Gebieten, da in humiden Gebieten die Feuchtigkeit Partikel aneinanderbindet und die Vegetation den Boden verankert. Damit der Wind eine wirksame Erosionskraft sein kann, sind Trockenheit und spärliche Vegetation wichtige Voraussetzungen (▶ siehe Exkurs 19.4). Falls solche Umstände vorliegen, kann der Wind große

19 Wüsten und Winde

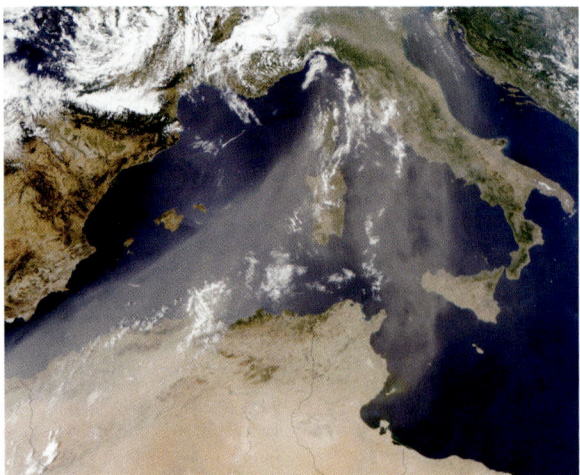

Abbildung 19.11: Dieses Satellitenbild vom 16. Juli 2003 zeigt dicke Staubfahnen, die aus der Sahara über das Mittelmeer nach Italien wehten und dabei auch die Alpen überquerten. Solche Staubstürme sind häufig im ariden Nordafrika. Tatsächlich ist diese Region die größte Staubquelle der Welt. Satelliten sind ausgezeichnete Hilfsmittel, um den Transport des Staubs in einem globalen Maßstab zu beobachten. Sie zeigen, dass Staubstürme ein großes Gebiet bedecken können und der Staub über große Entfernungen transportiert werden kann. (Satellitenbild mit freundlicher Genehmigung der NASA)

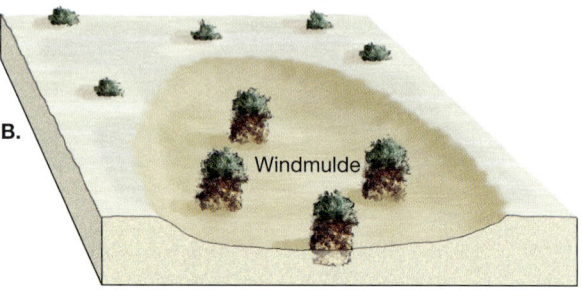

Abbildung 19.12: Die Entstehung einer Windmulde. **A.** Das Gebiet vor der Deflation. **B.** Das Gebiet, nachdem die Deflation eine niedrige Vertiefung erzeugt hat. **C.** Dieses Foto entstand nördlich von Granville, Nord Dakota, im Juli 1936 während einer langen Dürre. Starke Winde entfernten den Boden, der nicht durch Vegetation befestigt war. Die Hügel sind 1,2 Meter hoch und zeigen das Niveau des Lands vor der Deflation. (Foto: zur Verfügung gestellt von der staatlichen historischen Gesellschaft von Nord Dakota, col 278-1)

Mengen an Sediment aufnehmen, transportieren und wieder ablagern. Während der 1930er Jahre gab es in den Great Plains große Staubstürme. Auf das Unterpflügen der natürlichen Vegetationsbedeckung für landwirtschaftliche Zwecke folgte ein große Dürre, durch die das Land der Winderosion ausgesetzt war. Sie führte zur Bezeichnung der Gegend als „Dust Bowl" (Staubschüssel).[1]

19.5.1 Deflation und Windmulden

Eine Art der Winderosion erfolgt durch die **Deflation** (*de* = aus, *flatus* = Wind), das Emporheben und die Entfernung von losem Material. Manchmal ist die Deflation schwer zu erkennen, da die gesamte Oberfläche zur gleichen Zeit abgesenkt wurde, sie kann aber signifikant sein. In Teilen der „Dust Bowl" der 1930er Jahre wurden riesige Gebiete in weniger als einem Jahr bis zu einem Meter gesenkt.

Diese höchst bemerkenswerten Folgen der Deflation sind flache Vertiefungen an einigen Stellen, die passend **Windmulde** (oder Deflationskessel) genannt werden (▶ Abbildung 19.12). In der Region der Great Plains nördlich von Texas bis nach Montana sind Tausende von Windmulden in der Landschaft sichtbar. Sie reichen von kleinen Einbuchtungen, die weniger als einen Meter tief und drei Meter breit sind, bis hin zu Vertiefungen von beinahe 50 Meter Tiefe und mehreren Kilometer Durchmesser. Der Faktor, der die Tiefe dieser Becken bestimmt (fungiert als Erosionshorizont), ist der Grundwasserspiegel. Wird die Windmulde bis zum Grundwasserspiegel hin gesenkt, verhindern der feuchte Boden und die Vegetation weitere Deflation.

---

[1] Für mehr Informationen darüber siehe Exkurs 6.4 *Staubbecken (Dust-Bowl) – Erosion in den Great Plains.*

EXKURS 19.4 – MENSCH UND UMWELT

■ **Die Wüsten dehnen sich aus**

Die Übergangszonen, die die Wüsten umgeben, stellen sehr empfindliche und sehr fein ausbalancierte Ökosysteme dar. In diesen Randgebieten können menschliche Handlungsweisen das Ökosystem über seine Toleranzschwelle hinaus strapazieren, was die Abtragung des Lands zur Folge hat. Ist solch eine Abtragung einschneidend, spricht man von *Versteppung*. Versteppung bedeutet die Ausdehnung wüstenähnlicher Bedingungen in Nichtwüstengebiete. Zwar kann solch eine Verwandlung auf natürliche Vorgänge zurückgehen, die sich über Jahrzehnte, Jahrhunderte oder Jahrtausende entwickelt haben, doch in den vergangenen Jahren bedeutet Versteppung die schnelle Umwandlung von Land in wüstenähnliche Bedingungen als Folge menschlicher Handlungsweisen.

Die Vereinten Nationen zählen die Versteppung zu den größten Umweltherausforderungen des 21. Jahrhunderts. Gemäß der Internationalen Hilfe für landwirtschaftliche Entwicklung der U.N. fallen jährlich etwa 40.000 Hektar Land der Versteppung zum Opfer. Daraufhin haben mehr als 190 Länder (einschließlich der Vereinigten Staaten) einen Vertrag, die Konvention zum Kampf gegen die Versteppung, ratifiziert.

Das Voranschreiten wüstenähnlicher Bedingungen in Gebieten, die vormals für die Landwirtschaft genutzt wurden, ist keine einheitliche, deutliche Verschiebung von Wüstengrenzen. Der Abbau in eine Wüste vollzieht sich als schrittweiser Übergang von trockenem, aber urbarem Land zu lebensfeindlichem Gebiet. Das rührt in erster Linie von ungeeigneter Landnutzung her und wird durch Dürren gefördert und vorangetrieben. Leider erkennen wir ein Gebiet, das der Versteppung unterworfen ist, erst, nachdem der Prozess schon vorangeschritten ist.

Die Versteppung beginnt, wenn Land am Wüstenrand zum Ackerbau und zur Beweidung verwendet wird. In beiden Fällen wird die Vegetation durch Grasen oder Pflügen entfernt.

Pflanzt man Kulturpflanzen und eine Dürre tritt auf, wird der ungeschützte Boden den Erosionskräften preisgegeben. Rinnenbildung an Hängen und Anhäufungen von Sediment in Flussbetten sind sichtbare Zeichen in einer Landschaft, genauso wie Staubwolken, die entstehen, wenn der Wind den Oberboden entfernt.

Wird Vieh gezüchtet, wird das Land ebenfalls abgetragen. Die mäßige natürliche Vegetation kann zwar ansässige Wildtiere versorgen, aber nicht dem intensiven Abgrasen großer Viehherden standhalten. Überweidung reduziert bzw. eliminiert die Pflanzendecke. Ist die Vegetationsbedeckung unter den notwendigen Minimalbestand zum Schutz des Bodens vor Erosion zerstört, ist die Zerstörung irreversibel. Außerdem verdichtet das Trampeln der Viehhufe den Boden, was die Wassermenge verringert, die einsickern kann. Die trampelnden Hufe pulverisieren auch den Boden und erhöhen den Anteil an feinem Material, das starke Winde dann leichter entfernen können.

Die Versteppung rückte erstmals ins Licht der Öffentlichkeit, als eine Dürre über eine Region in Afrika, der *Sahelzone*, Ende der 1980er Jahre hereinbrach (▶Abbildung 19.E). Während dieser und vielen nachfolgenden Dürreperioden in dieser riesigen südlichen Ausdehnung der Sahara litten viele Menschen an Mangelernährung oder starben den Hungertod. Viehherden wurden dezimiert und der Verlust an fruchtbarem Land war groß (▶Abbildung 19.F). Hunderttausende von Menschen waren zur Wanderung gezwungen. Schrumpft die landwirtschaftliche Fläche, müssen die Menschen die Nahrungsproduktion auf kleineren Flächen konzentrieren. Das wiederum belastet die Umwelt und beschleunigt den Versteppungsprozess.

Das menschliche Leid in der Sahelzone ist zwar besonders groß, doch ist bei weitem nicht nur diese Region betroffen. Versteppung tritt in allen Teilen Afrikas und auf allen anderen Kontinenten außer der Antarktis auf. Wiederholte Dürren scheinen vordergründig Schuld an der Versteppung zu haben, doch die Hauptursache für die Versteppung liegt darin, dass die Menschen ein zartes Ökosystem mit empfindlichen Böden überbeanspruchen.

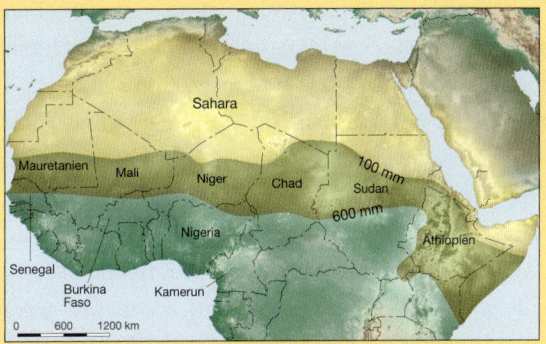

Abbildung 19.E: Die Versteppung ist am südlichen Rand der Sahara, bekannt als Sahelzone, ein ernstes Problem. Die Linien, die die ungefähren Grenzen der Sahelzone definieren, repräsentieren den durchschnittlichen jährlichen Regenfall in Millimeter.

Abbildung 19.F: Die Überweidung der Randzonen in Afrika südlich der Sahara hat zur Versteppung beigetragen. (Foto: Sean Sprague/Peter Arnold, Inc.)

19.5.2 Wüstenpflaster (Deflationsrückstände)

In Abschnitten vieler Wüsten besteht die Oberfläche aus einer eng gepackten Schicht grober Partikel. Dieses Kieselfurnier wird **Wüstenpflaster** genannt und ist nur ein oder zwei Steine mächtig (▶ Abbildung 19.13). Darunter befindet sich eine Lage mit einem signifikanten Anteil an Silt und Sand. Wo Wüstenpflaster vorhanden sind, stellen sie einen wichtigen Kontrollfaktor für die Winderosion dar, da die Wüstenpflastersteine für die Deflation zu groß sind, um sie zu entfernen. Wird dieser Panzer zerstört, kann der Wind leicht den exponierten feinen Silt erodieren.

Jahrelang war die verbreitete Erklärung für die Bildung von Wüstenpflastern, dass sie entstehen, wenn der Wind Sand und Silt zwischen schlecht sortierten Oberflächenablagerungen entfernt. Wie ▶ Abbildung 19.14A zeigt, konzentrieren sich allmählich die größeren Partikel, während die kleineren Partikel langsam weggeweht werden.

Untersuchungen haben gezeigt, dass der in Abbildung 19.14.A dargestellte Prozess keine adäquate Erklärung für alle Milieus liefert, in denen Wüstenpflaster vorkommen. Beispielsweise ist an vielen Stellen das Wüstenpflaster von einer relativ dicken Siltschicht unterlagert, in der wenige oder gar keine Kiesel- und Pflastersteine vorkommen. In so einem Milieu kann die Deflation des feinen Sediments keine Schicht aus groben Partikeln zurücklassen. Untersuchungen haben auch gezeigt, dass die Kiesel- und Pflastersteine, die das Wüstenpflaster bilden, in manchen Gebieten etwa für die gleiche Zeitspanne exponiert waren. Das wäre für den Prozess in Abbildung 19.14A nicht Fall. Dort erreichen die großen Partikel, die das Wüstenpflaster bilden, erst über einen längeren Zeitraum die Oberfläche, wenn die Deflation das feinere Material nach und nach entfernt.

Deswegen formulierte man eine andere Erklärung für die Entstehung von Wüstenpflastern (▶ Abbildung 19.14B). Diese Hypothese besagt, dass sich das Wüstenpflaster auf einer Oberfläche entwickelt, auf welcher sich ursprünglich grobe Partikel befanden. Mit der Zeit fangen die herausstehenden Pflastersteine feine durch den Wind verwehte Körner ein, die sich absetzen und durch die Zwischenräume der größeren Gesteinsoberflächen nach unten rieseln. Diesen Prozess unterstützt einsickerndes Regenwasser. In diesem Modell wurden die Pflastersteine des Wüstenpflasters

Abbildung 19.13: Das Wüstenpflaster besteht aus einer dicht gepackten, dünnen Schicht aus Kieseln und Pflastersteinen, die nur zwei Steine dick ist. Unter dem Pflaster enthält das Material einen bedeutenden Anteil an feinen Partikeln. Bleibt das Wüstenpflaster ungestört, schützt es die Oberfläche vor weiterer Deflation. (Bobbé Christopherson)

nie begraben. Zudem erklärt es das Fehlen von groben Partikeln unter dem Wüstenpflaster sehr gut.

19.5.3 Windkanter und Yardangs (Windhöcker)

Wie Gletscher und Flüsse erodiert auch Wind durch **Abrasion** (*ab* = weg, *radere* = kratzen). In trockenen Gebieten sowie entlang mancher Strände schneidet und poliert verwehter Sand exponierte Gesteinsoberflächen. Abrasion erzeugt manchmal interessant geformte Steine, Windkanter genannt (▶ Abbildung 19.15A). Die Seite eines Steins, die dem vorherrschenden Wind ausgesetzt ist, ist abradiert, poliert und scharfkantig. Kommt der Wind nicht immer aus der gleichen Richtung oder werden die Kiesel neu ausgerichtet, kann ein Stein mehrere facettierte Oberflächen haben.

Leider schreibt man der Abrasion oft viel zu vieles zu. Strukturen wie balancierende Steine, die hoch oben auf schmalen Sockeln stehen, und komplizierte Verzierungen an Gesteinsspitzen sind nicht die Folge von Abrasion. Sand bewegt sich selten mehr als einen Meter über der Oberfläche; damit ist die Sandstrahlwirkung des Winds auf die vertikale Ausdehnung beschränkt.

Neben Windkantern ist die Winderosion für die Entstehung viel größerer Strukturen, die Yardangs, verantwortlich (vom turkestanischen Wort *yar*, was

19.5 Winderosion

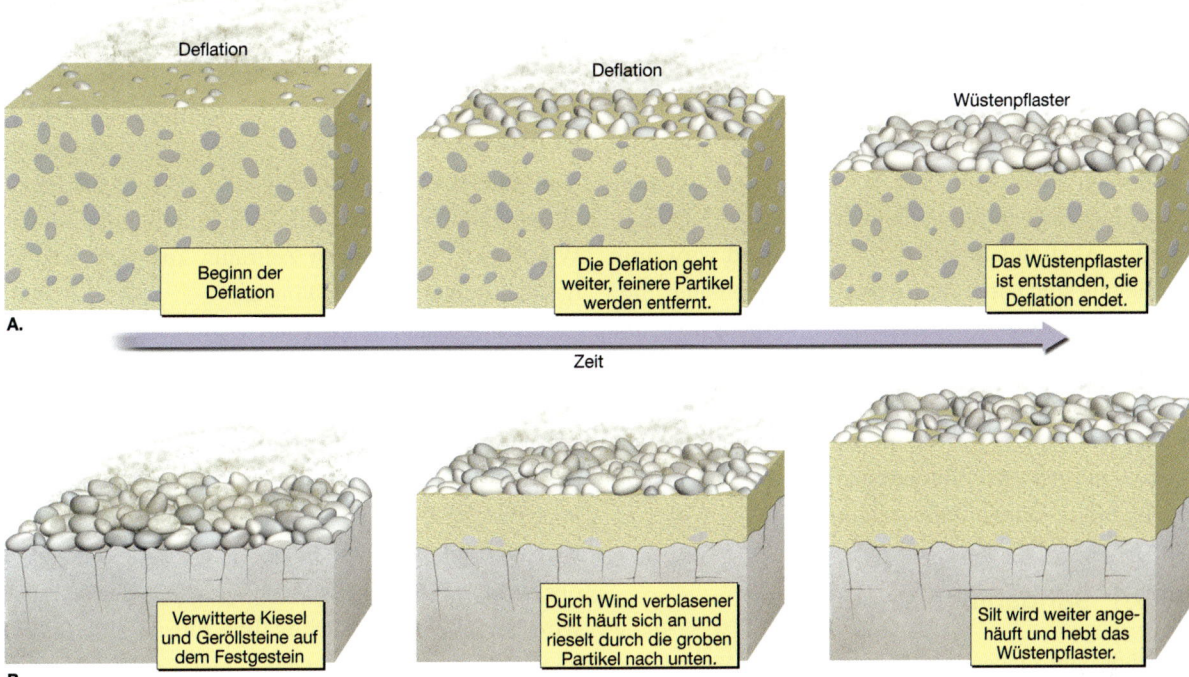

Abbildung 19.14: A. Dieses Modell porträtiert ein Gebiet mit schlecht sortierter Oberflächenablagerung. Grobe Partikel konzentrieren sich allmählich in dicht gepackten Schichten, während die Deflation die Oberfläche durch die Entfernung von Sand und Silt absenkt. Hier ist das Wüstenpflaster die Folge der Winderosion. **B.** Dieses Modell zeigt die Entstehung des Wüstenpflasters auf einer Oberfläche, die anfänglich mit groben Kiesel- und Pflastersteinen bedeckt war. Durch Wind verblasener Staub akkumuliert an der Oberfläche und rieselt durch die Zwischenräume der groben Partikel nach unten. Einsickerndes Regenwasser unterstützt diesen Prozess. Dieser Ablagerungsprozess lässt die Oberfläche anwachsen und erzeugt eine Schicht von groben Kieseln und Pflastersteinen, die von einer dicken Schicht aus feinem Sediment unterlagert werden.

Abbildung 19.15: A. Windkanter sind Gesteine, die durch die Sandstrahlwirkung des Winds poliert und geformt wurden. (Foto: Stephen Trimble) **B.** Yardange sind meist kleine, vom Wind skulpturierte Landschaftsformen, die parallel zum Wind ausgerichtet sind. (Foto: David Love, Dienststelle für Geologie und Lagerstätten, New Mexiko)

steiler Sandwall bedeutet). Ein **Yardang** ist eine stromlinienförmige, durch Wind skulpturierte Landschaft, die parallel zu den vorherrschenden Winden ausgerichtet ist (▶Abbildung 19.15B). Einzelne Yardangs sind im Allgemeinen kleine Strukturen, die weniger als 5 Meter hoch und nicht länger als 10 Meter sind. Da die Sandstrahlwirkung des Winds in der Nähe des Bodens am größten ist, sind die abradierten Muttergesteinsüberreste normalerweise an ihrer Basis schmal. Manchmal sind Yardangs große Strukturen. Das Ica-Tal in Peru weist bis zu 100 Meter hohe und mehrere Kilometer lange Yardangs auf. In der iranischen Wüste Lut werden manche Yardangs 150 Meter hoch und sie erstrecken sich über mehrere Kilometer.

Windablagerungen 19.6

Der Wind spielt zwar keine große Rolle bei der Entstehung von Erosionslandschaftsformen (ausgenommen die großen Yardang-Felder), doch er erzeugt in manchen Gegenden bedeutende Ablagerungslandschaftsformen. Akkumulationen durch vom Wind verwehte Sedimente sind besonders in den Trockengebieten und entlang den Küsten der Erde hervorstechend. Windablagerungen lassen sich in zwei unterschiedliche Typen einteilen: (1) Sandhügel und -kämme aus der Bodenlast der Winde, die wir als Dünen bezeichnen, und (2) ausgedehnte Siltdecken, einst als Suspension transportiert, werden Löss genannt.

19.6.1 Sandablagerungen

Ähnlich dem fließenden Wasser lädt der Wind seine Last ab, sobald die Geschwindigkeit sinkt und die Energie, die für den Transport zur Verfügung steht, nachlässt. Deswegen beginnt sich Sand anzuhäufen, sobald ein Hindernis im Weg des Winds seine Geschwindigkeit vermindert. Anders als bei vielen Siltablagerungen, die sich in deckenartigen Schichten auf große Gebiete legen, lagert der Wind den Sand auf Hügeln oder Rücken ab, die **Dünen** genannt werden (▶ Abbildung 19.16).

Trifft die bewegte Luft auf ein Objekt, wie ein Vegetationsbüschel oder ein Gestein, fegt der Wind um das Hindernis herum oder darüber hinweg und hinterlässt einen Schatten von langsamer bewegter Luft hinter dem Hindernis sowie eine schmale Zone von ruhiger Luft vor dem Hindernis. Manche der hüpfenden Sandkörner, die sich mit dem Wind bewegen, kommen in diesen Windschatten zur Ruhe. Geht die Sandakkumulation weiter, wird das Hindernis noch größer und eine effizientere Sedimentfalle für noch mehr Sand. Ist genügend Sandnachschub vorhanden und bläst der Wind über einen langen Zeitraum konstant, wächst der Sandhügel zu einer Düne an.

Viele Dünen besitzen ein asymmetrisches Profil mit einem leewärts gerichteten (geschützten), steilen Abhang und einem windwärts gerichteten, sanfter geneigten Abhang (▶ Abbildung 19.17). Der Sand bewegt sich auf der windwärts gerichteten, sanfter geneigten Seite durch Saltation. Kurz nach dem Kamm der Düne, wo die Windgeschwindigkeit nachlässt, häuft sich der Sand an. Je mehr Sand sich anhäuft, desto steiler wird der Abhang und schließlich rutscht ein Teil davon unter der Einwirkung der Schwerkraft nach unten (Abbildung 19.16). Auf diese Weise behält der Hang der Leeseite einer Düne einen Winkel von etwa 34° bei, den Böschungswinkel für losen, trockenen Sand. (Erinnern Sie sich aus Kapitel 15, dass der Böschungswinkel der steilste Winkel ist, bei welchem loses Material stabil bleibt.). Andauernde Anhäufungen von Sand, zusammen mit periodischem Abrutschen von Sand entlang des Leehangs haben zur Folge, dass sich die Düne in der Windrichtung voranbewegt.

Wird Sand am Leehang abgelagert, bilden sich Schichten, die in Richtung des wehenden Winds geneigt sind. Solche geneigten Schichten nennt man **Schrägschichtung** (Abbildung 19.17). Begraben

Abbildung 19.16: Im White-Sands-Nationalmonument rutscht Sand entlang des Leehangs einer Düne hinunter. (Foto: Michael Collier)

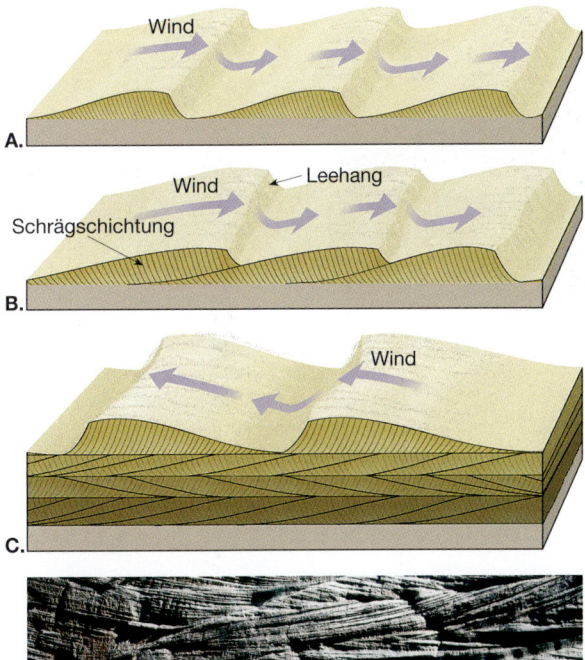

> **Studenten fragen manchmal …**
>
> **Sind Wüsten nicht überwiegend mit Sanddünen bedeckt?**
>
> Ein allgemeiner Irrtum über Wüsten ist, dass sie kilometerweit aus wandernden Sanddünen bestehen. Sicherlich sammelt sich Sand in manchen Gebieten an und kann beeindruckende Strukturen schaffen. Aber erstaunlicherweise machen Sandansammlungen weltweit nur einen kleinen Prozentsatz der gesamten Wüstengebiete aus. Zum Beispiel in der Sahara – der größten Wüste der Welt – bedecken Sandanhäufungen nur *ein Zehntel* des Gebiets. Die arabische Wüste ist die sandigste aller Wüsten; ein Drittel besteht dort aus Sand.

Abbildung 19.17: Wie Teil **A.** und **B.** zeigen, besitzen Dünen normalerweise eine asymmetrische Form. Die steilere Leeseite wird Leehang genannt. Sandkörner, die auf dem Leehang mit dem Böschungswinkel abgelagert werden, erzeugen die Schrägschichtung der Dünen. **C.** Ein komplexes Muster entwickelt sich als Reaktion auf Veränderungen der Windrichtung. Beachten Sie auch, dass die Schrägschichtung erhalten bleibt, wenn Dünen ein Teil des Sedimentgesteins werden. **D.** Schrägschichtung ist ein augenscheinliches Merkmal des Navajo-Sandsteins im Zion-Nationalpark in Utah. (Foto: Marli Miller)

derung aufzuhalten. Sammelt sich der Sand weiterhin an, müssen die Zäune höher gebaut werden. In Kuwait erstrecken sich Schutzzäune über fast 10 Kilometer um ein wichtiges Ölfeld herum. Wandernde Dünen können auch ein Problem für den Bau und die Wartung von Autobahnen und Eisenbahnschienen darstellen, die durch sandreiche Wüstenregionen verlaufen. Um beispielsweise einen Abschnitt der Autobahn 95 nahe Winnemucca, Nevada für den Verkehr aufrechtzuerhalten, muss etwa dreimal pro Jahr Sand weggeschafft werden. Jedes Mal werden zwischen 1.500 und 4.000 Kubikmeter Sand entfernt. Versuche, die Dünen durch die Pflanzung verschiedener Grassorten zu stabilisieren, blieben aufgrund des spärlichen Niederschlags erfolglos.

19.6.2 Arten von Sanddünen

Dünen sind nicht nur zufällige Ansammlungen von verwehten Sedimenten. Sie sind Sandanhäufungen, die meist Muster annehmen und erstaunlich geordnet sind (Abbildung 19.18). Dazu beobachtete ein früher führender Erforscher von Dünen, der britische Ingenieur R.A. Bagnold:

> *Statt Chaos und Unordnung vorzufinden, wird der Betrachter immer erstaunt über die Einfachheit der Formen, die exakte Wiederholung und eine geometrische Ordnung sein …*

Die große Auswahl an Dünenformen wird hier bei der Besprechung zu einigen Haupttypen vereinfacht.

schließlich andere Sedimentschichten die Dünen und werden die Dünen dadurch ein Teil des Sedimentgesteins, wird ihre asymmetrische Form zerstört, aber die Schrägschichtung bleibt als Beweis ihrer Herkunft erhalten. Nirgendwo ist die Schrägschichtung so ausgeprägt wie im Zion Canyon in Utah (Abbildung 19.17).

In vielen Gegenden wirft der wandernde Sand Probleme auf. In ▶ Abbildung 19.18 wandern Dünen über bewässerte Felder in Ägypten. In Teilen des Mittleren Ostens müssen bedeutende Ölplattformen vor den sich nähernden Sanddünen geschützt werden. In manchen Fällen werden Zäune in Windrichtung in ausreichender Entfernung vor den Dünen errichtet, um ihre Wan-

19 Wüsten und Winde

Abbildung 19.18: Diese Wüstendünen (Sicheldünen) nähern sich von rechts nach links bewässerten Feldern in Ägypten. (Foto: Georg Gerster/ Photo Researschers, Inc.)

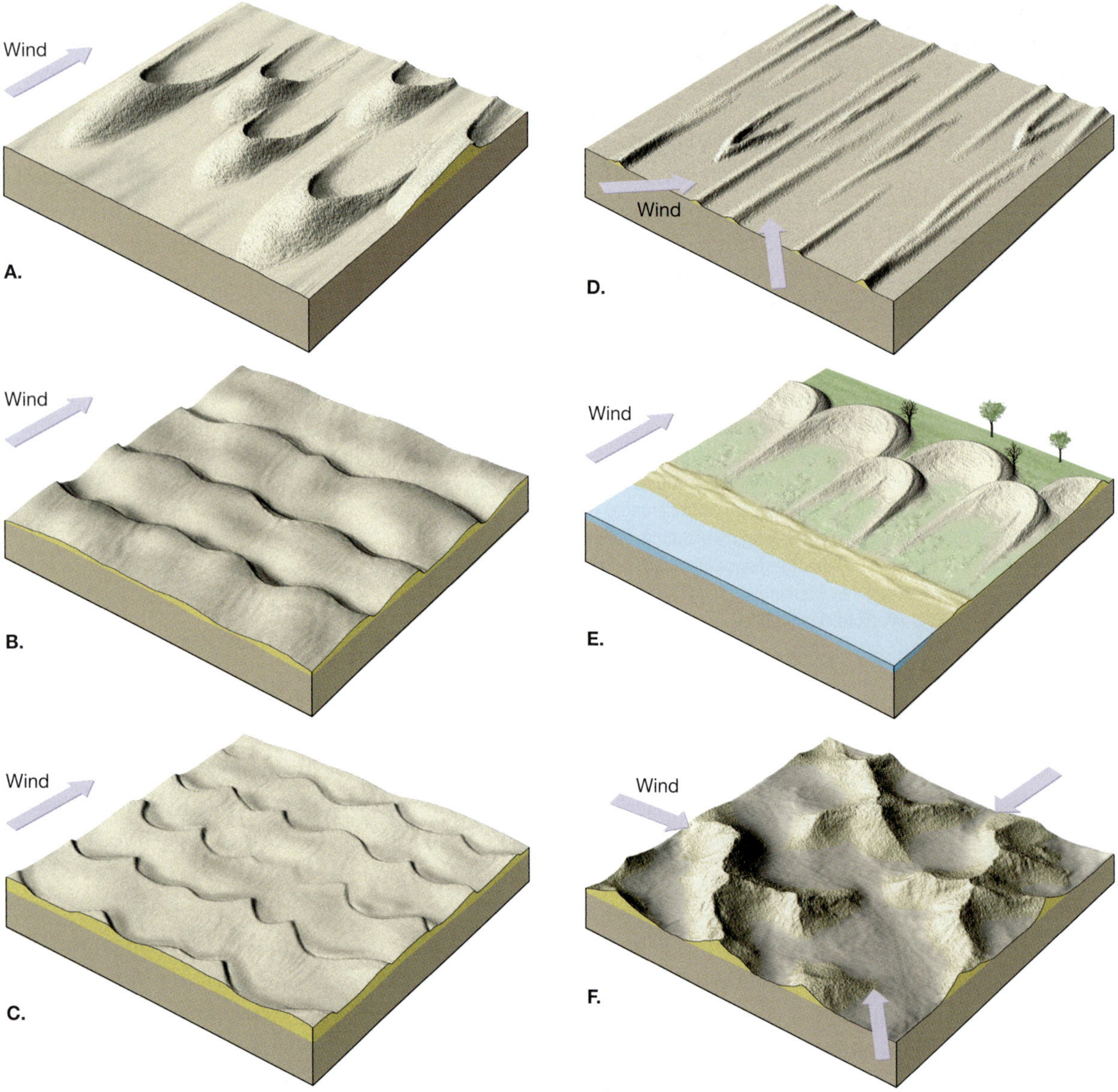

Abbildung 19.19: Sanddünentypen. **A.** Sicheldüne. **B.** Transversaldüne. **C.** Barachanoide Dünen **D.** Longitudinaldünen. **E.** Parabeldünen. **F.** Sterndünen.

Natürlich gibt es auch Abstufungen unter den verschiedenen Formen sowie unregelmäßig geformte Dünen die nicht leicht in irgendeine Kategorie passen. Mehrere Faktoren beeinflussen die Form und Größe, die die Dünen schließlich annehmen. Dazu gehören die Windrichtung und die Windgeschwindigkeit, die Verfügbarkeit von Sand und die Menge der vorhandenen Vegetation. Sechs grundlegende Dünentypen sind in ▶ Abbildung 19.19 dargestellt, wobei die Pfeile die Windrichtungen darstellen.

Sicheldünen (Barchane) Einzelne Sanddünen, die wie Halbmonde geformt sind und mit ihren Spitzen in die Windrichtung zeigen, werden **Sicheldünen** oder **Barchane** genannt (Abbildung 19.18 und ▶ 19.19A). Diese Dünen bilden sich, wenn der Sandnachschub begrenzt ist und die Oberfläche relativ flach, hart und ohne Vegetation ist. Sie wandern langsam in Windrichtung mit etwa 15 Meter pro Jahr. Sicheldünen besitzen eine relativ moderate Größe mit höchstens 30 Meter Höhe und einer maximalen Ausdehnung von 300 Meter zwischen den Spitzen. Ist die Windrichtung konstant, wird die Halbmondform fast symmetrisch. Ist die Windrichtung nicht perfekt konstant, wird eine Spitze länger als die andere.

Transversal (Reihendünen) In Gebieten, in welchen die vorherrschenden Winde stetig aus einer Richtung kommen, viel Sand zur Verfügung steht und die Vegetation spärlich oder gar nicht vorhanden ist, bilden die Dünen eine Reihe langer Rücken, die durch Tröge getrennt sind und sich im rechten Winkel zur vorherrschenden Windrichtung ausrichten. Aufgrund ihrer Orientierung werden sie als **Transversaldünen** bezeichnet (▶ Abbildung 19.19B). Typischerweise gehören viele Dünen an den Küsten diesem Typ an. Zudem kommen Transversaldünen häufig in vielen ariden Gebieten vor, wo die ausgedehnte Oberfläche mit gewelltem Sand manchmal *Sandmeer* genannt wird. In manchen Teilen der Sahara und der arabischen Wüsten können Transversaldünen bis zu 200 Meter hoch und 1 bis 2 Kilometer breit werden und sich über mehrere 100 Kilometer erstrecken.

Eine relativ häufige Dünenform bildet eine Zwischenform aus einzelnen Sicheldünen und den ausgedehnten Wellen von Transversaldünen. Solche Dünen werden barachanoide Dünen genannt und weisen bogenförmige Reihen aus Sand auf, die im rechten Winkel zum Wind angeordnet sind (▶ Abbildung 19.19C). Die Reihen sehen wie Barachane aus, die sich nebeneinander angeordnet haben. Besucher des White-Sands-Nationalmonuments werden bei den Gipsdünen diese Form erkennen (▶ Abbildung 19.20).

Abbildung 19.20: Barachanoide Dünen repräsentieren einen Dünentyp, der eine Zwischenstellung zwischen einzelnen Sicheldünen und ausgedehnten Transversaldünen einnimmt. Die Gipsdünen am White-Sands-Nationalmonument, New Mexico, sind ein Beispiel. (Foto: Michael Collier)

> **Studenten fragen manchmal ...**
>
> **Wo findet man die größten Sanddünen und wie groß sind sie?**
>
> Die höchsten Dünen der Welt befinden sich entlang der Westküste Afrikas in der Namib. An manchen Stellen erreichen diese riesigen Dünen 300 bis 350 Meter. Die Dünen im Great-Dunes-Nationalpark in South Colorado sind die höchsten in Nordamerika und erheben sich 210 Meter über das umgebende Terrain.

Longitudinaldünen (Längsdünen) Longitudinaldünen sind lange Sandrücken, die sich in etwa parallel zum vorherrschenden Wind anordnen. Sie kommen dort vor, wo ein mäßiger Sandnachschub gewährleistet ist (▶ Abbildung 19.19D). Offensichtlich verändert sich die Hauptwindrichtung etwas, bleibt jedoch im gleichen Kompassquadranten. Die kleineren Typen sind zwar nur 3 bis 4 Meter hoch und mehrere Dutzend Meter lang, doch in manchen Wüsten können Longitudinaldünen riesige Ausmaße erreichen. Beispielsweise in Teilen Nordafrikas, Arabiens und Zentralaustraliens erreichen diese Dünen Höhen von 100 Meter und dehnen sich über mehr als 100 Kilometer aus.

Parabeldüne (Bogendüne) Anders als die bisher beschriebenen Dünen bilden sich **Parabeldünen**, wenn die Vegetation den Sand teilweise bedeckt. Die Form dieser Dünen ähnelt der eines Barchans mit dem Unterschied, dass ihre Spitzen gegen den Wind weisen (▶ Abbildung 19.19E). Parabeldünen bilden sich oft entlang von Küsten, wo starke Küstenwinde auftreten und reichlich Sand vorhanden ist. Wird die spärliche Vegetationsbedeckung an einer Stelle gestört, verursacht Deflation eine Windmulde. Sand wird dann aus der Vertiefung heraustransportiert und auf dem gebogenen Rand abgelagert, der immer höher anwächst, je mehr sich die Windmulde vergrößert.

Sterndünen (Kreuzdünen) **Sterndünen** sind einzelne Sandhügel mit einer komplexen Form und kommen vor allem in Teilen der Sahara und in den arabischen Wüsten vor (▶ Abbildung 19.19F). Ihr Name rührt daher, dass sie an ihrer Basis wie ein mehrspitziger Stern aussehen. Normalerweise gehen drei oder vier scharfkantige Kämme von einem hohen Zentralpunkt aus, der sich in manchen Fällen in 90 Meter Höhe befindet (▶ Abbildung 19.21). Wie man von der Form her

Abbildung 19.21: Eine Sterndüne in der Namib-Wüste im südwestlichen Afrika. (Foto: Comstock)

annehmen kann, werden die Windrichtungen unterschiedlich sein.

19.6.3 Lössablagerungen

In manchen Teilen der Welt wird die Oberflächentopographie von windverblasenen Schluffablagerungen bedeckt, die wir **Löss** nennen. Über Tausende von Jahren lagerten Staubstürme dieses Material ab. Wird

A.

B.

C.

Abbildung 19.22: A. Diese vertikale Lössklippe nahe am Mississippi im südlichen Illinois ist etwa 3 Meter hoch. (Foto: James E. Patterson) **B.** In Teilen Chinas besitzt der Löss genügend strukturelle Festigkeit, um die Ausgrabung von Behausungen zu stützen. (Foto: Betty Crowell) **C.** Dieses Satellitenbild vom 23. März 2003 zeigt Ströme von windverblasenem Staub, die südlich in den Golf von Alaska wandern. Es zeigt einen Prozess ähnlich dem, der viele Lössvorkommen im amerikanischen Mittleren Westen während der Eiszeit abgelagert hat. Feiner Schluff entstand durch die schürfende Bewegung der Gletscher und wurde hinter der Eislinie durch fließendes Wasser transportiert und später abgelagert. Danach wurde der feine Schluff von starken Winden aufgenommen und als Löss abgelagert. (Satellitenbild: NASA)

Löss von Flüssen oder Straßen durchschnitten, tendiert er dazu, vertikale Abhänge zu erhalten, und er weist keine sichtbare Schichtung auf, wie Sie in ▶Abbildung 19.22 sehen können.

Die weltweite Verteilung von Löss weist darauf hin, dass es zwei Hauptquellen für dieses Sediment gibt: Wüsten und glaziale Auswaschungsablagerungen. Die mächtigsten und am weitesten ausgedehnten Ablagerungen der Erde treten im westlichen und nördlichen China auf. Sie wurden aus den ausgedehnten Wüstenbecken Zentralasiens dorthin verblasen. Anhäufungen von 30 Meter kommen häufig vor und Ablagerungen von mehr als 100 Meter Mächtigkeit konnten gemessen werden. Dieses feine, lederfarbene Sediment gibt dem Gelben Fluss (Huang Ho) seinen Namen.

In den Vereinigten Staaten gibt es in vielen Gegenden bedeutende Lössvorkommen, dazu gehören South Dakota, Nebraska, Iowa, Missouri und Illinois sowie auf dem Columbia-Plateau und dem pazifischen Nordwesten. Die Korrelation der Lössvorkommen mit den wichtigen landwirtschaftlichen Gebieten im Mittleren Westen und dem östlichen Staat Washington ist nicht nur ein Zufall, da Böden, die von diesem windabgelagerten Sediment stammen, zu den fruchtbarsten Böden der Welt zählen.

Anders als die Lössvorkommen in China, die ihren Ursprung in der Wüste haben, sind die Lössvorkommen der Vereinigten Staaten und Europas ein indirektes Produkt der Vergletscherung. Ihr Ursprung sind geschichtete Grundmoränen. Während des Rückzugs der Eisdecken waren viele Flusstäler mit Sedimenten verstopft, die das Schmelzwasser abgelagert hatte. Starke Westwinde, die über die öden Flussniederungen hinwegfegten, nahmen das feinere Sediment auf und lagerten es als Decke auf der östlichen Talseite ab. Diese Erklärung zur Entstehung wird dadurch bekräftigt, dass die mächtigsten und gröbsten Ablagerungen an der Lee-Seite solch großer glazialen Entwässerungsöffnungen wie dem Mississippi und dem Illinois vorhanden sind und mit zunehmender Entfernung von den Tälern dünner werden. Außerdem sind die kantigen, physikalisch verwitterten Partikel, die den Löss ausmachen, im Wesentlichen das gleiche Gesteinsmehl, das durch schürfende Bewegung der Gletscher entsteht.

ZUSAMMENFASSUNG

Der *Begriff der Trockenheit ist relativ*: Er bezieht sich auf jede Situation, in welcher Wassermangel besteht. Trockene Gebiete machen etwa 30 Prozent der Landoberfläche der Erde aus. Zwei Klimatypen kann man dabei allgemein unterscheiden: Die *ariden Wüsten* und die *semiariden Steppen* (die am Rand gelegene, etwas humide Variante der Wüste). Wüsten in *niedrigen Breiten* decken sich mit Zonen der subtropischen Hochs in niedrigen Breiten. Auf der anderen Seite bestehen Wüsten *mittlerer Breiten* in erster Linie wegen ihrer Lage im tiefen Inneren von großen Landmassen und weit entfernt von den Ozeanen.

Die gleichen geologischen Prozesse, die in humiden Gebieten wirken, wirken auch in Wüsten, aber unter unterschiedlichen klimatischen Bedingungen. In trockenen Gebieten ist *jede Art von Gesteinsverwitterung* wegen der mangelnden Feuchtigkeit und den spärlich vorhandenen organischen Säuren von verrottenden Pflanzen *stark reduziert*. Der Großteil der verwitternden Trümmer ist das Ergebnis physikalischer Verwitterung. Fast alle Wüstenflüsse liegen die meiste Zeit über trocken und werden als *ephemere* (episodische) Flüsse bezeichnet. Wasserläufe sind in Wüsten selten gut integriert und haben kein ausgeprägtes System an Zuflüssen. Trotzdem ist fließendes Wasser für die meiste Erosionsarbeit in Wüsten verantwortlich. Obwohl die Winderosion in trockenen Gebieten eine größere Rolle als an anderen Orten spielt, beschränkt sich die Rolle des Winds auf den Transport und die Ablagerung des Sediments.

Da in ariden Gebieten typischerweise perennierende Flüsse fehlen, sind sie durch *Binnenentwässerung* charakterisiert. Viele Landschaften in der Basin and Range-Region der westlichen und südwestlichen Vereinigten Staaten entstanden durch Flüsse, die die gehobenen Gebirgsblöcke erodierten und Sedimente in die inneren Becken ablagerten. Alluvialfächer, Salztonebenen und Salztonebenenseen sind Strukturen, die häufig in diesen Landschaften vorkommen. Im späten Stadium der Erosion sind die Gebirge zu wenigen großen Festgesteinshöckern abgetragen, den Inselbergen, die sich über sedimentgefüllte Becken erheben.

Der Sedimenttransport durch Wind unterscheidet sich von dem Transport durch fließendes Wasser auf zwei Arten. Erstens besitzt der Wind im Vergleich zu Wasser eine geringere Dichte; deswegen kann er kein grobes Material aufnehmen und weitertransportieren. Zweitens ist der Wind nicht an Kanäle gebunden und kann deswegen Sediment über große Gebiete verteilen. Die *Bodenfracht* des Winds besteht aus Sandkörnern, die an der Oberfläche entlang hüpfen und springen, ein Prozess der *Saltation* genannt wird. Feine Staubpartikel können durch den Wind über große Entfernungen als *Suspensionfracht* getragen werden.

19 Wüsten und Winde

ZUSAMMENFASSUNG

Verglichen mit fließendem Wasser und Gletschern ist Wind eine weniger bedeutende Erosionskraft. *Deflation*, die Hebung und die Entfernung von losem Material, erzeugt oft flache Vertiefungen, sogenannte *Windmulden*. Wind erodiert auch durch Abrasion und erzeugt oft interessant geformte Gesteine, die man *Windkanter* nennt. Yardangs sind schmale, stromlinienförmige, durch Wind skulpturierte Landschaften.

Ein *Wüstenpflaster* ist eine dünne Schicht von groben Kieseln und Pflastersteinen, die die Wüstenoberfläche bedecken. Wenn es besteht, schützt es die Oberfläche vor weiterer Deflation. Abhängig von den Umständen kann es entweder eine Folge der Deflation oder eine Folge der Ablagerung von feinen Partikeln sein.

Von Windablagerungen gibt es zwei verschiedene Arten: (1) *Sandhügel* und *Sandrücken*, die man *Dünen* nennt. Sie werden durch Sediment gebildet, das der Wind als Bodenlast transportiert; (2) *ausgedehnte Schluffdecken*, *Löss* genannt, die vom Wind einst als *Suspension* transportiert wurden. Das Profil einer Düne weist eine asymmetrische Form auf mit einer steilen Lee-Seite (geschützte Seite) am Hang und einem sanfter geneigten Abhang auf der windwärts gerichteten Luv-Seite. Zu den verschiedenen Typen der Sanddünen gehören (1) *Sicheldünen* (Barachane); *Transversaldünen* (Reihendünen); (3) *brachanoide Dünen*; (4) *Longitudinaldünen* (Längsdünen); (5) *Parabeldünen* (Bogendünen); und (6) *Sterndünen* (Kreuzdünen). Die mächtigsten und ausgedehntesten Lössablagerungen treten im westlichen und nördlichen China auf. Anders als die Vorkommen in China, die ihren Ursprung in Wüsten haben, ist der Löss in Europa und den Vereinigten Staaten ein indirektes Produkt der Vergletscherung.

Wiederholungsfragen

1. Wie weit dehnen sich Wüsten und Steppen auf der Erde aus?
2. Was ist die Hauptursache für subtropische Wüsten? Von Wüsten in mittleren Breiten?
3. In welcher Hemisphäre (nördliche oder südliche) sind Wüsten in mittleren Breiten häufiger?
4. Warum ist die Menge des Niederschlags, der zur Bestimmung verwendet wird, ob ein Ort ein trockenes Klima oder ein humides Klima besitzt, eine Variable?
5. *Wüsten sind heiß, ohne Leben und sandbedeckte Landschaften, die durch die Kraft des Winds geformt werden.* Diese Aussage fasst das Bild zusammen, das viele Menschen, besonders die an humiden Orten lebenden, von einer ariden Gegend haben. Ist diese Betrachtung korrekt?
6. Warum geht die Gesteinsverwitterung in Wüsten langsamer vor sich?
7. Wenn ein perennierender Fluss wie der Nil die Wüste durchquert, nimmt sein Durchfluss zu oder ab? Wie kann man das mit einem Fluss in einem humiden Gebiet vergleichen?
8. Was ist die wichtigste Erosionskraft in Wüsten?
9. Warum ist der Meeresspiegel (tiefste Erosionsbasis) kein bedeutender Einflussfaktor in Wüstengegenden?
10. Warum schrumpft der Aralsee?
11. Beschreiben Sie die Merkmale und Besonderheiten, die mit jeder Phase bei der Entwicklung einer Gesteinswüste verbunden sind. Wo können diese Phasen in den Vereinigten Staaten beobachtet werden?
12. Beschreiben Sie die Art, wie der Wind Sand transportiert. Wie hoch oberhalb der Oberfläche kann der Sand transportiert werden?
13. Warum ist die Winderosion in ariden Gebieten im Verhältnis wichtiger als in humiden Gebieten?
14. Auf welche Weise trägt die Handlungsweise der Menschen zur Versteppung bei?
15. Welcher Faktor beschränkt die Tiefe der Windmulden?
16. Beschreiben Sie kurz die zwei Hypothesen, die man zur Erklärung der Entstehung von Wüstenpflaster heranzieht.
17. Wie wandern Sanddünen?
18. Nennen Sie drei Faktoren, die die Form und Größe einer Sanddüne beeinflussen.
19. Es gibt sechs Hauptdünentypen. Zeigen Sie auf, welcher Dünentyp auf die folgenden Aussagen zutrifft:
    a. Dünen, deren Spitzen in den Wind weisen

b. Lange Sandrücken, die im rechten Winkel zum Wind orientiert sind
c. Dünen, die sich oft entlang von Küsten bilden, wo starke Winde Windmulden erzeugen.
d. Eine einzelne Düne, deren Spitzen in Windrichtung deuten.
e. Lange Sandrücken mehr oder weniger parallel zur Hauptwindrichtung orientiert
f. Eine einzelne Düne, die aus drei oder vier scharfkantigen Rücken besteht, die von einem höhergelegenen Zentralpunkt ausgehen.
g. Bogenförmige Sandreihen, die im rechten Winkel zum Wind angeordnet sind.

20 Obwohl Sanddünen zu den am besten bekannten Windablagerungen gehören, sind Anhäufungen von Löss in manchen Teilen der Welt sehr bedeutend. Was ist Löss? Wo kann man solche Ablagerungen finden? Welchen Ursprung hat dieses Sediment?

Größere Multiple-Choice-Tests zur Wissenskontrolle und Prüfungsvorbereitung sowie weitere Informationen zu diesem Buchkapitel finden Sie auf der Companion Website zum Buch unter **www.pearson-studium.de**

Küstenlinien

20.1	Die Küstenlinie – eine dynamische Grenzfläche	645
20.2	Die Küstenzone	646
20.3	Wellen	647
20.4	Wellenerosion	650
20.5	Sandbewegungen am Strand	651
20.6	Strukturen an der Küstenlinie	654
20.7	Uferbefestigungen	657
20.8	Erosionsprobleme entlang der Küsten der Vereinigten Staaten	662
20.9	Wirbelstürme – die größte Bedrohung für Küsten	665
20.10	Klassifikation der Küsten	670
20.11	Die Gezeiten	671
	Zusammenfassung	675
	Wiederholungsfragen	676

20

ÜBERBLICK

20 Küstenlinien

Die Küste von Kaho'olawe, einer kleinen Vulkaninsel südlich von Maui (im Hintergrund) auf den Hawaii-Inseln. (Foto: David Muench)

Das ruhelose Wasser des Ozeans ist ständig in Bewegung. Der Wind erzeugt Oberflächenströmungen, die Anziehungskraft des Monds und der Sonne rufen die Gezeiten hervor und die Dichteunterschiede verursachen Zirkulation in der Tiefsee. Zudem tragen die Wellen die Energie von Stürmen zu entfernten Küsten, wo ihr Aufprall das Land erodiert.

Küstenlinien sind dynamische Umgebungen. Ihre Topographie, ihr geologischer Aufbau und das Klima unterscheiden sich von Ort zu Ort sehr stark. Kontinentale und ozeanische Vorgänge treffen entlang von Küsten zusammen und erschaffen Landschaften, die einer schnellen Veränderung unterliegen. In Bezug auf die Sedimentablagerung stellen sie die Übergangszone zwischen marinen und kontinentalen Milieus dar.

Die Küstenlinie – eine dynamische Grenzfläche 20.1

Nirgendwo ist die ständige Bewegung des Ozeans stärker wahrnehmbar als an der Küste – der dynamischen Grenzfläche von Luft, Land und Meer. Eine *Grenzfläche* ist eine gemeinsame Grenze, an der verschiedene Teile eines Systems miteinander in Wechselwirkung stehen. Dies ist sicherlich eine geeignete Bezeichnung für eine Küstenzone. Dort können wir das rhythmische Heben und Senken der Gezeiten sehen und beobachten, wie die Wellen beständig anrollen und sich brechen. Manchmal sind die Wellen niedrig und sanft. Ein anderes Mal treffen sie mit gewaltiger Kraft am Strand auf.

Es mag zwar nicht sofort zu erkennen sein, doch die Küstenlinie wird konstant durch die Wellen verändert. Beispielsweise entlang von Kap Cod, Massachusetts, werden durch die Wellenaktivität Klippen aus wenig verfestigtem, glazialem Sediment so stark erodiert, dass sich die Klippen bis zu einem Meter jährlich landeinwärts zurückziehen (▶Abbildung 20.1A). Im Gegensatz dazu sind die Festgesteinsklippen an Point Reyes weniger stark durch die Wellentätigkeit angreifbar und deswegen ziehen sie sich viel langsamer zurück (▶Abbildung 20.1B).

Entlang beider Küsten bewegt die Wellenaktivität das Sediment entlang des Strands und bildet schmale Sandbänke, die in manche Buchten vordringen oder quer dazu liegen.

Die Beschaffenheit der heutigen Küstenlinien ist nicht nur das Ergebnis des unerbittlichen Angriffs des Meeres auf das Land. In der Tat besitzt die Küste als Folge vielfältiger geologischer Prozesse einen komplexen Charakter. Beispielsweise waren alle Küstengebiete durch den weltweiten Anstieg des Meeresspiegels betroffen, der am Ende des Pleistozäns mit

A.

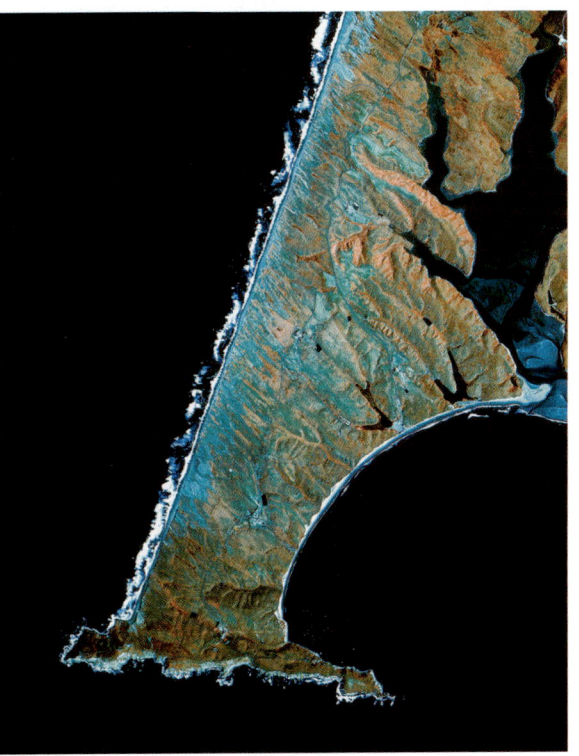

B.

Abbildung 20.1: **A.** Dieses Satellitenbild zeigt den bekannten Umriss von Kap Cod. Boston befindet sich links oben. Die zwei großen Inseln vor der südlichen Küste von Kap Cod sind Martha's Vineyard (links) und Nantucket (rechts). Obwohl die Arbeit der Wellen die Küstenlandschaft konstant modifiziert, sind Prozesse an der Küstenlinie nicht in erster Linie für ihre Entstehung verantwortlich. Die derzeitige Größe und Form von Kap Cod sind die Folge der Ablagerung von Moränen und anderem eiszeitlichen Material während des Pleistozäns. (Satellitenbild mit freundlicher Genehmigung der Earth Satellite Corporation /Science Photo Library/Photo Researchers, Inc.) **B.** Luftbild von Point Reyes (unten im Foto) nördlich von San Francisco, Kalifornien. Die 5,5 Kilometer langen, nach Süden zeigenden Klippen bei Point Reyes sind der vollen Kraft der Wellen des Pazifischen Ozeans ausgesetzt. Trotzdem zieht sich dieses Kap nur langsam zurück, da das Gestein, aus dem es besteht, sehr verwitterungsbeständig ist. (Satellitenbild mit freundlicher Genehmigung der USDA-ASCS)

dem Abschmelzen der Gletscher einherging. Als das Meer landeinwärts vordrang, zog sich die Küstenlinie zurück und die bestehenden Landschaften wurden durch verschiedene Prozesse wie Flusserosion, Vergletscherung, vulkanische Aktivität und Kräfte der Gebirgsbildung überlagert.

Heutzutage sind die Küstenzonen durch die intensive Aktivität der Menschen geprägt. Leider behandelt der Mensch die Küstenlinie, als wäre sie eine stabile Fläche, auf der man sicher bauen könnte. Diese Einstellung führt unvermeidbar zu Konflikten zwischen Mensch und Natur. Wie Sie sehen werden, sind viele Küstenformen, insbesondere Strände und Strandwallinseln, relativ empfindliche kurzlebige Strukturen und ungeeignete Stellen für eine Bebauung.

20.2 Die Küstenzone

Im Alltagsgespräch wird eine Reihe von Bezeichnungen verwendet, wenn man von der Grenze zwischen Land und Meer spricht. Im vorangegangenen Abschnitt wurden die Bezeichnungen *Strand*, *Küstenlinie*, *Küstenzone* und *Küste* verwendet. Zudem denkt man an das Wort *Strand*, wenn man an den Grenzbereich zwischen Land und Meer denkt. Lassen Sie uns zunächst diese Begriffe festlegen und eine Terminologie einführen, die von denjenigen verwendet wird, die die Land-Meer-Grenze untersuchen. Um dies zu erleichtern, können Sie sich auf die ▶Abbildung 20.2 beziehen, die ein idealisiertes Profil einer Küstenzone darstellt.

Die **Küstenlinie** ist die Linie, die den Kontakt zwischen *Land* und *Meer* markiert. Täglich, mit dem Steigen und Fallen der Gezeiten, wandert die Position der Küstenlinie. Über lange Zeitspannen hinweg verändert sich die Küstenlinie langsam, wenn der Meeresspiegel steigt oder fällt.

Der Strand ist das Gebiet, das sich zwischen der niedrigsten Ebbe und dem höchsten Punkt an Land erstreckt, der durch Sturmwellen erreicht wird. Die **Küste** dagegen dehnt sich vom Strand landeinwärts aus, solange man Strukturen vorfindet, die mit dem Meer in Beziehung stehen. Die Küstenlinie markiert die meerwärts gerichtete Kante der Küste; allerdings ist die landeinwärts gerichtete Grenze oftmals nicht klar zu sehen bzw. nicht leicht zu bestimmen.

Wie Abbildung 20.2 darstellt, wird die Küste in *Vorstrand* und *Strandhinterland* unterteilt. Der **Vorstrand** ist ein Gebiet, das bei Ebbe freiliegt und bei Flut mit Wasser bedeckt ist. Ist dieser Bereich flach und weit, spricht man von einem Watt bzw. einem Wattenmeer. Das Nordseewatt ist bis zu 40 Kilometer breit und 450 Kilometer lang und damit das größte Wattenmeer der Welt.

Das **Strandhinterland** befindet sich landeinwärts hinter der Flut-/Strandlinie. Normalerweise liegt es trocken und wird nur durch Sturmwellen beeinträchtigt. Man kann zwei weitere Zonen identifizieren.

Die **küstennahe Zone** liegt zwischen der Ebbe-/Strandlinie und der Linie, an der sich die Wellen bei Ebbe brechen und wo der Meeresboden von der Wellenwirkung noch betroffen ist. Meerwärts von der

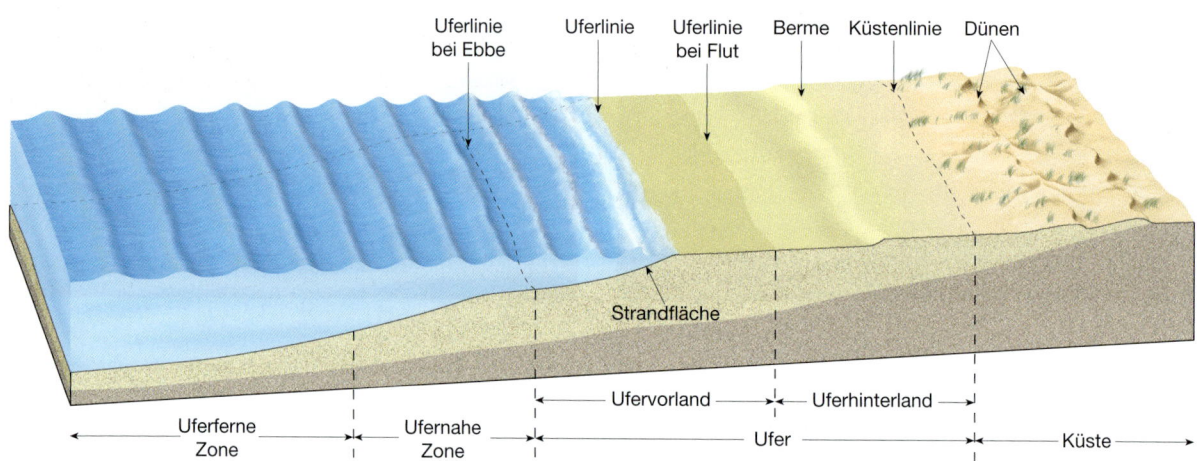

Abbildung 20.2: Die Küstenzone besteht aus mehreren Abschnitten. Der Strand ist eine Sedimentanhäufung auf dem landwärts gerichteten Rand des Ozeans oder eines Sees. Man kann es sich als Material vorstellen, das entlang der Küste wandert.

küstennahen Zone ausgehend, befindet sich die **küstenferne Zone**.

Für viele ist ein Strand ein sandiges Gebiet, auf welchem die Menschen in der Sonne liegen oder spazieren gehen. Eigentlich ist der **Strand** eine Anhäufung von Sediment, das man am landwärts gerichteten Rand eines Ozeans oder Sees findet. Entlang gerader Küsten erstrecken sich Strände oft über mehrere zehn bis hundert Kilometer. Dort, wo die Küste unregelmäßig ist, kann die Strandbildung an relativ ruhige Gewässer in Buchten gebunden sein.

Strände bestehen aus einer oder mehreren **Strandterrassen** (**Bermen**). Sie sind relativ flache Plattformen, die häufig aus Sand bestehen und nahe an Stranddünen oder Klippen liegen und meerwärts durch eine Änderung des Gefälles markiert sind. Ein weiterer Teil des Strands ist die **Strandfläche**, eine nasse, geneigte Oberfläche, die sich von der Strandterrasse bis zur Strandlinie erstreckt. An sandigen Stränden bevorzugen Sonnenanbeter die Strandterrasse, Läufer dagegen ziehen den nassen, festgedrückten Sand der Strandfläche vor.

Strände bestehen aus Material, das reichlich in der Umgebung vorhanden ist. Das Sediment für manche Strände stammt von der Erosion der nahe liegenden Klippen oder dem nahe gelegenen Küstengebirge. Andere Strände bestehen aus Sediment, das von Flüssen zur Küste transportiert wird.

Obwohl die Mineralzusammensetzung mancher Strände überwiegend aus langlebigen Quarzkörnern besteht, können andere Minerale dominant sein. Beispielsweise in Gebieten wie Südflorida, wo es keine nahe gelegenen Gebirge oder andere Quellen von gesteinsbildenden Mineralen in der Nähe gibt, bestehen die meisten Strände aus Schalenbruchstücken und den Überresten von Organismen, die in Küstengewässern leben. Manche Strände auf Vulkaninseln im offenen Ozean sind aus den verwitterten Körnern der Basaltlava zusammengesetzt, aus welcher die Inseln bestehen, oder aus grobem Schutt, der von Korallenriffen erodiert wurde, die sich um Inseln herum in niedrigen Breitengraden gebildet haben.

Ohne Rücksicht auf die Zusammensetzung bleibt das Material, aus dem die Strände bestehen, nicht auf einem Platz. Stattdessen wird es ständig von den aufschlagenden Wellen bewegt. Deswegen kann man sich die Strände als Materialdurchgangsorte entlang der Küste vorstellen.

20.3 Wellen

Ozeanwellen sind Energie, die entlang der Grenzfläche zwischen Ozean und Atmosphäre wandert und dabei oft die Energie eines Sturms weit draußen im Meer über Entfernungen von mehreren Tausend Kilometern transportiert. Darum bewegen sich selbst an ruhigen Tagen die Wellen über die Meeresoberfläche. Wenn Sie Wellen beobachten, sollten Sie sich immer daran erinnern, dass Sie Energie beobachten, die durch ein Medium (Wasser) wandert. Wenn Sie Wellen verursachen, indem Sie Kiesel in einen Teich werfen oder in einem Schwimmbecken plantschen oder indem Sie auf die Oberfläche einer Tasse Kaffee pusten, übermitteln Sie dem Wasser *Energie* und die Wellen, die Sie sehen, sind nur der sichtbare Beweis, dass sich Energie hindurchbewegt.

Durch den Wind erzeugte Wellen liefern die meiste Energie, die die Küstenlinien formt und verändert. Wo Land und Meer aufeinandertreffen, können die Wellen, die sich Hunderte oder Tausende von Kilometern ungehindert fortbewegt haben, plötzlich auf ein Hindernis treffen, das sie davon abhält, weiter vorzurücken, und ihre Energie absorbiert. Anders gesagt ist die Küste der Ort, an dem eine praktisch unaufhaltsame Kraft auf ein eigentlich unbewegliches Hindernis trifft. Der daraus entstehende Widerstreit ist endlos und manchmal dramatisch.

20.3.1 Merkmale der Wellen

Die meisten Ozeanwellen erhalten ihre Energie und Bewegung vom Wind. Weht ein leichter Wind von weniger als 3 Kilometer pro Stunde, treten nur kleine Wellen auf. Bei größeren Windgeschwindigkeiten bilden sich langsam stabilere Wellen, die mit dem Wind vorrücken.

Merkmale von Ozeanwellen sind in ▶Abbildung 20.3 dargestellt und zeigen einfache, nicht brechende Wellenformen. Der obere Bereich der Wellen sind die *Wellenberge*, die durch *Wellentäler* voneinander getrennt sind. Auf halbem Weg zwischen den Wellenbergen und den Wellentälern befindet sich der *Ruhewasserspiegel*, der sich auf der Höhe befindet, die das Wasser einnehmen würde, falls es keine Wellen gäbe. Die vertikale Distanz zwischen dem Wellenberg und dem Wellental ist die **Wellenhöhe**, die Horizon-

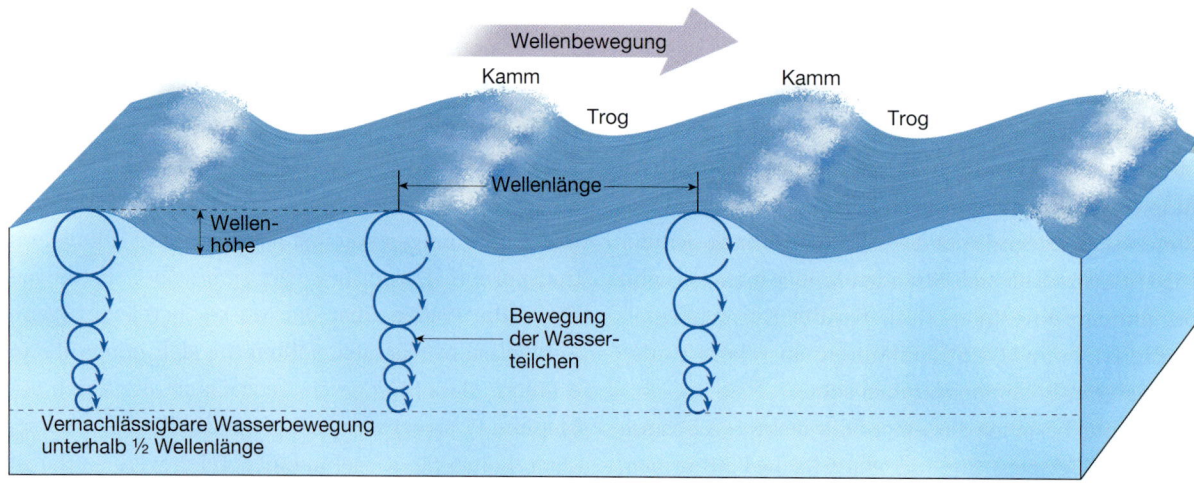

Abbildung 20.3: Diagrammdarstellung einer idealisierten, nicht brechenden Ozeanwelle, die die wesentlichen Abschnitte einer Welle zeigt sowie die Bewegung der Wasserpartikel in der Tiefe. Eine vernachlässigbare Wasserbewegung tritt unterhalb einer Tiefe auf, die einer halben Wellenlänge entspricht (untere gestrichelte Linie).

taldistanz zwischen zwei Wellenbergen oder Wellentälern ist die **Wellenlänge** und die Zeit, die eine Welle braucht, um gegenüber einer fixen Position eine Wellenlänge weit zu wandern, ist die **Wellenperiode**.

Die Höhe, die Länge und die Periode, die schließlich von einer Welle erreicht werden, hängen von drei Faktoren ab: (1) der Windgeschwindigkeit, (2) der Länge der Zeit, in der der Wind geblasen hat, und (3) der **Streichlänge**, das ist die Entfernung, die der Wind auf offenem Wasser zurückgelegt hat.

Während die Energiemenge zunimmt, die der Wind auf das Wasser überträgt, nehmen die Höhe und die Steilheit der Wellen auch zu. Schließlich wird ein kritischer Punkt erreicht, an dem die Wellen so groß werden, dass sie umkippen und Ozeanbrecher, sogenannte *schaumgekrönte Wellen* bilden.

Für eine bestimmte Windgeschwindigkeit gibt es eine maximale Streichlänge und Dauer des Windes; darüber werden die Wellen nicht größer. Wenn die maximale Luvbreite und Dauer für eine bestimmte Windgeschwindigkeit erreicht sind, spricht man von den Wellen als „voll entwickelt". Der Grund, warum die Wellen nicht höher wachsen können, liegt daran, dass sie genauso viel Energie durch das Brechen der Schaumkronen verlieren, wie sie vom Wind erhalten.

Hört der Wind auf oder ändert er seine Richtung oder verlassen Wellen das Sturmgebiet, in dem sie entstanden sind, bewegen sie sich unabhängig vom Wind weiter. Die Wellen gehen allmählich in die *Dünung* über, die längere Wellenlängen und niedrigere Wellenhöhen aufweist und die Energie des Sturms zu entlegenen Küsten transportieren kann. Da viele unterschiedliche Wellensysteme gleichzeitig existieren, nimmt die Meeresoberfläche ein komplexes, irreguläres Muster an. Deswegen sind die Meereswellen, die wir von der Küste aus beobachten, oft eine Mischung aus Dünungen von weit entfernten Stürmen und Wellen, die von örtlichen Winden hervorgerufen werden.

20.3.2 Orbitale Wasserbewegung

Wellen können große Distanzen über Ozeanbecken zurücklegen. In einer Untersuchung wurden nahe der Antarktis erzeugte Wellen verfolgt, während sie sich durch das pazifische Ozeanbecken bewegten. Nach mehr als 10.000 Kilometern gaben die Wellen ihre Energie entlang der Küstenlinie der Aleuten von Alaska ab. Das Wasser selbst bewegt sich nicht über die gesamte Strecke fort, sondern die Wellenform. Während sich die Welle fortbewegt, gibt das Wasser die Energie weiter, indem es sich kreisförmig bewegt. Man nennt diese Bewegung *orbitale Wasserbewegung*.

Die Beobachtung eines auf den Wellen treibenden Objekts zeigt, dass es sich nicht nur auf und ab bewegt, sondern auch mit jeder nachfolgenden Welle leicht vorwärts und rückwärts. ▶ Abbildung 20.4 illustriert, dass sich ein schwimmendes Objekt nach oben und rückwärts bewegt, wenn sich der Wellenkamm nähert; nach oben und vorwärts, wenn sich der Wellenkamm vorbeibewegt; nach unten und vorwärts nach dem Wellenkamm und nach unten und rückwärts, wenn sich der Wellentrog nähert und sich hebt und sich wieder rückwärts bewegt, sobald sich der nächste Wellenkamm nähert. Verfolgt man die Bewegung des Spielzeugboots aus Abbildung 20.4, wenn sich eine Welle vorbeibewegt, sieht man, dass sich das Boot in einem Kreis bewegt und im Wesentlichen wieder zum gleichen Punkt zurückkehrt. Die Orbitalbewegung ermöglicht der Wellenform (der Wellengestalt), sich durch das Wasser vorwärtszubewegen, während sich die einzelnen Wasserteilchen, die die Welle übertragen, in einem Kreis bewegen. Wind, der sich durch ein Weizenfeld bewegt, verursacht ein ähnliches Phänomen: Der Weizen selbst bewegt sich nicht durch das Feld, sondern die Wellen.

Die Energie, die der Wind in das Wasser einbringt, wird nicht nur entlang der Oberfläche übertragen, sondern auch nach unten. Die Kreisbewegung nimmt jedoch unter der Oberfläche schnell ab, bis in der Tiefe, die der 1,5-fachen Wellenlänge entspricht, gemessen von der Stillwasserebene, und in der die Bewegung der Wasserpartikel vernachlässigbar ist. Diese Tiefe bezeichnet man als *Wellenbasis*. Die dramatische Abnahme der Wellenenergie mit der Tiefe wird durch die rasch abnehmenden Durchmesser der Kreisbewegung der Wasserteilchen in Abbildung 20.3 gezeigt.

20.3.3 Wellen in der Brandungszone

Solange sich eine Welle in tiefem Wasser befindet, bleibt sie von der Wassertiefe unberührt (▶Abbildung 20.5, links). Doch nähert sich eine Welle dem Strand, wird das Wasser flacher und beeinflusst das Wellenverhalten. Sie beginnt, bei einer Wassertiefe „den Boden zu fühlen", die ihrer Wellenbasis entspricht. Solche Tiefen beeinträchtigen die Wasserbewegung an der Wellenbasis und verlangsamen ihr Vorwärtskommen (Abbildung 20.5).

Während eine Welle zum Strand vorrückt, holt sie eine etwas schnellere Welle weiter außerhalb im Ozean ein und verringert die Wellenlänge. Verringern sich die Geschwindigkeit und die Wellenlänge, wächst die Welle stetig höher. Schließlich wird ein kritischer Punkt erreicht, wenn die Welle zu steil wird, um sich selbst zu stützen. Die Wellenfront kollabiert, sie *bricht* (Abbildung 20.5) und das Wasser stürzt zum Strand.

Das turbulente Wasser, das durch brechende Wellen

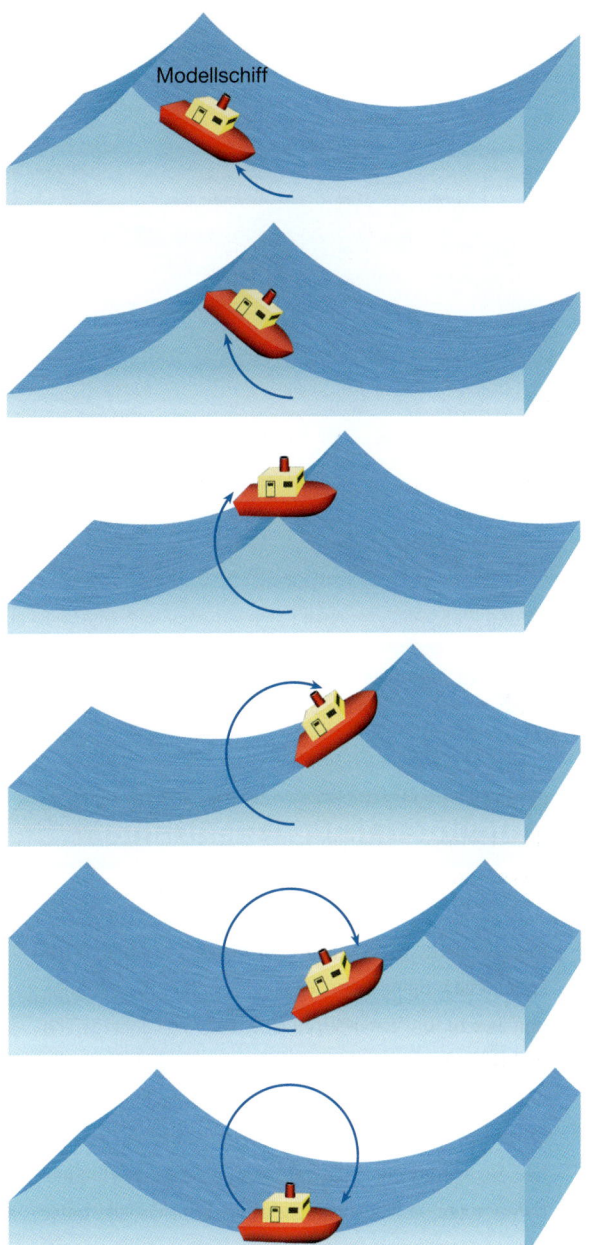

Abbildung 20.4: Die Bewegung eines Spielzeugboots zeigt, dass die Wellenform vorrückt, doch das Wasser bewegt sich nicht bedeutend von seiner ursprünglichen Position weg. In dieser Abfolge bewegt sich die Welle von links nach rechts, während das Boot (und das Wasser, in dem es schwimmt) in einem gedachten Kreis rotiert.

erzeugt wird, nennt man **Brandung**. An den landwärts gerichteten Rand der Brandungszone bewegt sich das turbulente Wasser von den gebrochenen Wellen, das man auch *Anspülung* nennt, den Hang am Strand hinauf. Lässt die Energie der Anspülung nach, fließt das Wasser als *Rückspülung* den Strand wieder hinunter zurück zur Brandungszone.

20 Küstenlinien

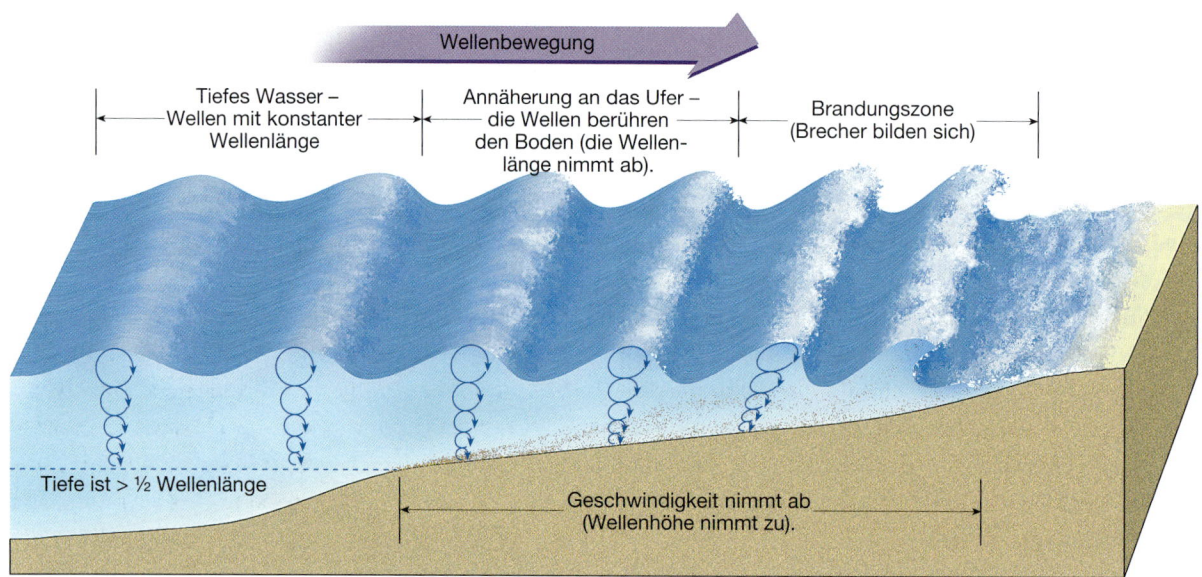

Abbildung 20.5: Veränderungen treten auf, wenn sich eine Welle auf die Küste zubewegt. Die Wellen berühren den Boden, wenn sie auf eine Wassertiefe mit weniger als einer Wellenlänge treffen. Die Wellengeschwindigkeit nimmt ab und die Wellen stapeln sich gegen die Küste aneinander, was zu einer Abnahme der Wellenlänge führt. Das wiederum ruft eine Zunahme der Wellenhöhe hervor, bis zu dem Punkt, wo die Welle nach vorne umkippt und in der Brandungszone bricht.

Studenten fragen manchmal ...

Was sind seismische Flutwellen?

Die seismischen Flutwellen oder besser als *Tsunami* bekannt (*tsu* = Hafen, *nami* = Welle) haben nichts mit Ebbe und Flut zu tun! Sie besitzen eine lange Wellenlänge von vielen Kilometern, bewegen sich schnell, sind oft große und manchmal zerstörerische Wellen, die durch eine plötzliche Veränderung in der Ozeanbodentopographie entstehen. Sie werden durch das Verschieben von Verwerfungen, Lawinen und Vulkanausbrüche verursacht, die alle unter Wasser stattfinden. Da die Mechanismen, die Tsunamis auslösen, häufig seismische Ereignisse sind, werden sie passend als *seismische Flutwellen* bezeichnet. Für weitere Informationen über die Eigenschaften von Tsunamis und ihre zerstörerische Wirkung, siehe Kapitel 11, *Erdbeben*.

20.4 Wellenerosion

Bei ruhigem Wetter ist die Wellenbewegung gering. Doch genauso wie Flüsse ihre Hauptarbeit bei Überflutungen leisten, so erfüllen die Wellen ihre Hauptarbeit bei Stürmen. Der Aufprall von hohen, durch Sturm entstandenen Wellen gegen die Küste kann eine gewaltige Kraft haben (▶ Abbildung 20.6). Jede gebrochene Welle kann Tausende Tonnen von Wasser gegen das Land schleudern, dabei kann der Boden manchmal tatsächlich erzittern. Der Druck, der beispielsweise im Winter von den Atlantikwellen ausgeübt wird, beträgt durchschnittlich 10.000 Kilogramm pro Quadratmeter. Die Kraft bei Stürmen ist noch größer. Während eines solchen Sturms wurde ein 1.350 Tonnen schweres Teil einer Wellenbrecherkonstruktion aus Stahlbeton herausgerissen und zu einer nutzlosen Stelle in Richtung des Strands von Wick Bay, Schottland, transportiert. Fünf Jahre später widerfuhr einer 2.600 Tonnen schweren Konstruktion, die die alte ersetzt hatte, ein ähnliches Schicksal.

Es gibt viele ähnliche Geschichten, die die große Kraft von brechenden Wellen zeigen. Es ist nicht erstaunlich, dass sich Risse und Spalten schnell in Klippen, Uferdämme und Wellenbrechern und allen anderen Dingen bilden, die diesen enormen Stößen ausgesetzt sind. Wasser wird in jede Öffnung gezwängt und verursacht durch die Schubkraft der brechenden Wellen eine hohe Kompression der Luft in den Rissen. Weichen die Wellen zurück, dehnt sich die Luft schnell wieder aus, bringt Gesteinsbruchstücke aus ihrer Position und vergrößert und dehnt Brüche aus.

Neben der Erosion, die der Wellenaufprall und der Druck verursachen, ist die **Abrasion** – die sägende und schleifende Wirkung des mit Gesteinsbruchstücken

Abbildung 20.6: Wenn die Wellen am Strand brechen, kann die Kraft des Wassers sehr stark sein und die dabei verrichtete Erosionsarbeit ist sehr groß. Diese Sturmwellen brechen entlang der Küste von Wales. (The Photolibrary Wales/Alamy)

Entlang von Küstenlinien, die aus unverfestigtem Material und nicht aus Festgestein bestehen, kann die Erosionsrate der brechenden Wellen außerordentlich sein. In Teilen von Großbritannien, wo Wellen einfach nur eiszeitliche Ablagerungen wie Sand, Kies und Ton erodieren, wurde die Küste seit der Römerzeit um 3 bis 5 Kilometer abgetragen. Viele alte Dörfer und Landmarken wurden fortgeschwemmt.

Sandbewegungen am Strand 20.5

Strände werden manchmal „Sandflüsse" genannt. Der Grund dafür ist, dass die Energie der brechenden Wellen oft große Mengen an Sand an der Strandfläche und entlang der Brandungszone in etwa parallel zur Strandlinie entlangbewegt. Die Wellenkraft verursacht auch eine Sandbewegung im rechten Winkel zur Strandlinie (sowohl hin als auch zurück).

20.5.1 Bewegungen senkrecht zur Strandlinie

Wenn Sie am Strand bis zu den Knöcheln im Wasser stehen, werden Sie sehen, wie die Anspülung und Rückspülung den Sand zur Strandlinie hin- und

bestückten Wassers – von Bedeutung. In der Tat ist die Abrasion in der Brandungszone wirkungsvoller als in jedem anderen Milieu. Glatte gerundete Steine und Kiesel erinnern uns eindrücklich an die unermüdlich schleifende Wirkung von Gesteinen gegen Gesteine in der Brandungszone (▶ Abbildung 20.7A). Zudem werden solche Bruchstücke als „Werkzeuge" von den Wellen verwendet, die sich horizontal in das Land schneiden (▶ Abbildung 20.7B).

A.

B.

Abbildung 20.7: A. Abrasion kann in der Brandungszone sehr intensiv sein. Glatte gerundete Steine entlang der Küste sind offensichtliche Hinweise auf diese Tatsache. Garrapta State Park, Kalifornien. (Foto: Carr Clifton) **B.** Eine Sandsteinklippe wird durch die Wellenerosion bei der Gabriola-Insel untergraben, British Columbia, Kanada. (Foto: Fletscher und Baylis/Fotoresearchers, Inc.)

20 Küstenlinien

> **Studenten fragen manchmal …**
>
> **Wohin wird der Sand der Strandterrasse bei starker Wellenaktivität transportiert?**
>
> Die Kreisbewegung der Wellen ist zu flach, um den Sand sehr weit von der Küste fortzutransportieren. Folglich häuft sich der Sand kurz hinter dem Ende der Brandungszone an und bildet eine oder mehrere vor der Küste liegende Sandbänke, Brandungssandbänke genannt.

wieder zurückbewegt. Ob dabei ein Nettoverlust des Sands auftritt, hängt von der Höhe der Wellenaktivität ab. Ist die Wellenaktivität relativ gering (wenig energiereiche Wellen), sickert ein Großteil der Anspülung in den Strand, was die Rückspülung verringert. Folglich dominiert die Anspülung und verursacht eine Nettobewegung des Sands zur Strandterrasse.

Herrschen energiereiche Wellen vor, ist der Strand von den vorherigen Wellen gesättigt, so dass viel weniger der Anspülung einsickert. Als Folge davon erodiert die Strandterrasse, da die Rückspülung stark ist und eine Nettobewegung des Sands die Strandfläche hinunter hervorruft.

Entlang vieler Strände tritt prinzipiell leichte Wellenaktivität im Sommer auf. Deswegen entwickelt sich allmählich eine breite Sandterrasse. Während des Winters, wenn häufig stärkere Stürme auftreten, erodiert und verschmälert die starke Wellenaktivität die Strandterrasse.

20.5.2 Wellenbeugung

Die Beugung von Wellen spielt eine wichtige Rolle bei Prozessen an der Küstenlinie (▶ Abbildung 20.8). Sie wirkt sich auf die Energie entlang der Küste aus und beeinflusst deswegen auch, wo und in welchem Ausmaß Erosion, Sedimenttransport und Ablagerung stattfinden.

Wellen nähern sich der Küste selten gerade. Die meisten Wellen bewegen sich in einem Winkel zur Küste. Doch wenn sie auf flaches Wasser eines schwach geneigten Bodens treffen, werden sie zum Strand hin gebeugt und treffen nahezu parallel auf den Strand auf. Diese Beugung erfolgt, da der Teil der Welle, der dem Strand am nächsten ist, sich zuerst verlangsamt, während sich das Ende, das sich noch in tiefem Wasser befindet, ungebremst weiterbewegt. Die Folge davon ist, dass sich die Wellenfront fast parallel zur Küste ausrichtet, ungeachtet der ursprünglichen Richtung der Welle.

Aufgrund der Brechung konzentriert sich der Aufprall auf die Seiten und die Spitzen der Landzungen, die ins Wasser hinausragen, wogegen der Angriff der Wellen in den Buchten abgeschwächt wird. Dieser unterschiedliche Angriff der Wellen entlang von ungeraden Küstenlinien ist in ▶ Abbildung 20.9 dargestellt. Da die Wellen flaches Wasser vor den Landzungen schneller erreichen als die in den benachbarten Buchten, werden sie stärker parallel zu dem ins Meer ragenden Land gebeugt und treffen auf alle drei Seiten auf. Bei der Brechung in den Buchten dagegen werden die Wellen abgelenkt und geben

Abbildung 20.8: Wellen laufen um das Ende eines Strandes herum, Stinson Beach, Kalifornien. (Foto: James E. Patterson)

20.5 Sandbewegungen am Strand

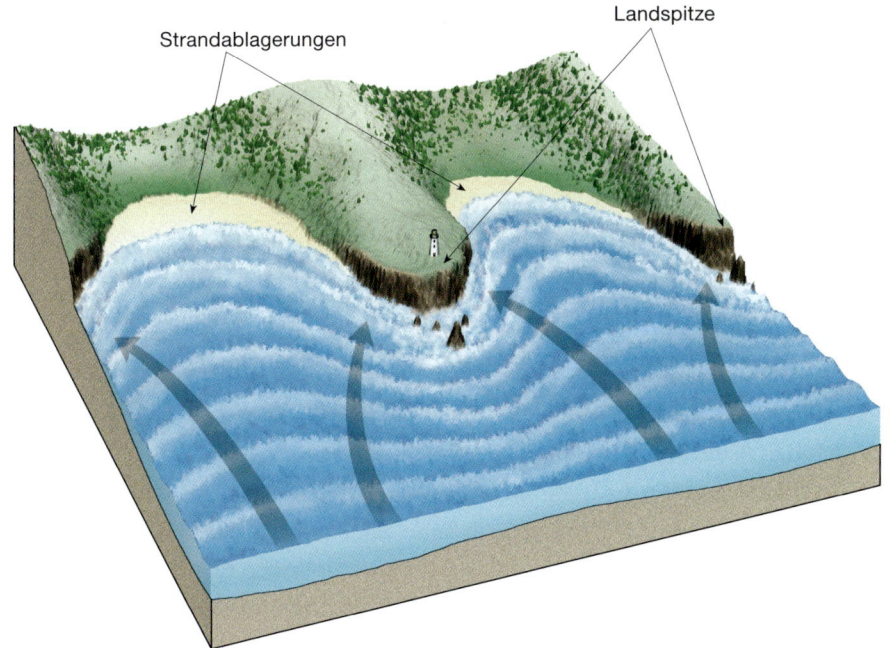

Abbildung 20.9: Wellenbeugung entlang einer unregelmäßigen Küstenlinie. Berühren die Wellen zuerst den Boden in den Untiefen der Landzunge, verlangsamen sie sich, was dazu führt, dass die Wellen gebeugt werden und sich fast parallel zur Küstenlinie einregeln. Das führt dazu, dass die Wellenenergie auf die Landzungen konzentriert wird (was zur Erosion führt) und sich in den Buchten zerstreut (was zur Ablagerung führt).

weniger Energie ab. In diesen Zonen abgeschwächter Wellenaktivität können sich die Sedimente anhäufen und Sandstrände bilden. Über einen langen Zeitraum hinweg werden die Erosion der Landzungen und die Ablagerung in den Buchten die ungerade Küstenlinie begradigen.

20.5.3 Stranddrift und Küstenstrom

Obwohl die Wellen gebeugt werden, treffen die meisten doch in einem leichten Winkel auf den Strand auf. Folglich erreicht das heranbrausende Wasser jeder gebrochenen Welle (die Anspülung) in einem schiefen Winkel die Strandlinie. Doch die Rückspülung läuft gerade die Neigung des Strands hinunter. Dieses Muster auf die Wasserbewegung wirkt sich dahingehend aus, dass das Sediment in einem Zickzackkurs auf der Strandfläche herantransportiert wird (▶Abbildung 20.10). Diese Bewegung wird **Stranddrift** genannt und kann Sand und Kiesel Hunderte und sogar Tausende von Metern pro Tag transportieren. Die typische Rate liegt jedoch bei etwa 5 bis 10 Meter pro Tag.

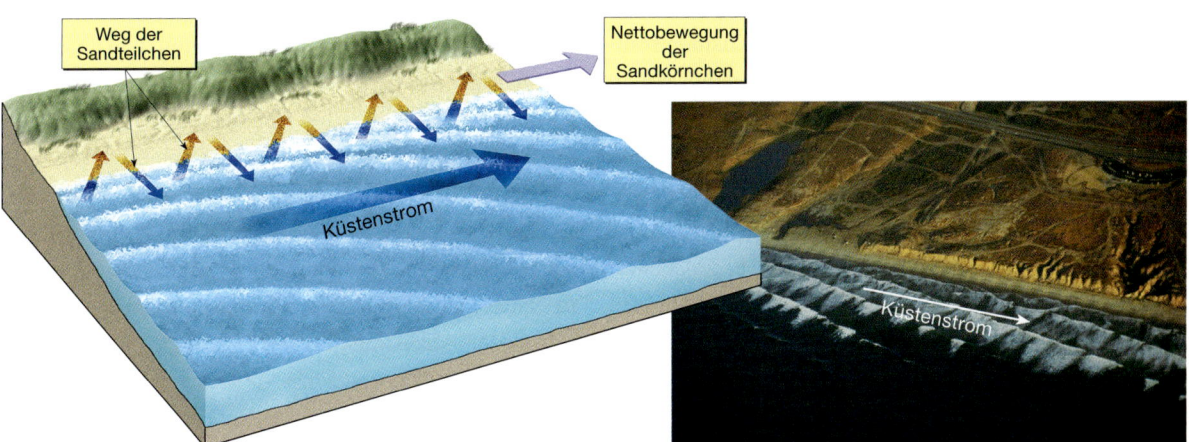

Abbildung 20.10: Stranddrift und Küstenströme werden durch schief anbrandende Wellen erzeugt. Stranddrift tritt auf, wenn die eintreffenden Wellen den Sand schief zum Strand befördern, während das Wasser der ausgelaufenen Wellen ihn direkt den Strandabhang hinuntertransportieren. Ähnliche Bewegungen treten vor der Küste in der Brandungszone auf, um Küstenströme zu erzeugen. Diese Prozesse transportieren große Mengen an Material entlang des Strands und in der Brandungszone. Auf dem Foto nähern sich die Wellen in einem leichten Winkel dem Strand in der Nähe von Oceanside, Kalifornien, und erzeugen einen Küstenstrom, der sich von links nach rechts bewegt. (Foto: John S. Shelton)

> **Studenten fragen manchmal …**
>
> **Sind Rippströmungen das gleiche wie Küstenströme?**
>
> Nein. Die Küstenströme treten in der Brandungszone auf und bewegen sich in etwa parallel zum Strand. Im Gegensatz dazu bewegen sich Rippströmungen rechtwinklig zur Küste und in die entgegengesetzte Richtung der brechenden Wellen. Ein Großteil der Rückspülung der angelieferten Wellen findet ihren Weg zurück in den offenen Ozean als nicht begrenzter Fluss über den Ozeanboden, einer breitflächigen Rückströmung. Doch ein Teil des zurückfließenden Wassers bewegt sich als *Rippströmung* meerwärts an der Oberfläche, insbesondere wenn Hindernisse wie Sandbänke einen flächigen Rückstrom behindern. Rippströmungen kann man durch die Art erkennen, wie sie die hereinkommenden Wellen überlagern, oder durch Sediment, das sich in der Rippströmung oft in Suspension befindet. Rippströmungen reichen zwar nicht sehr weit über die Brandungszone hinaus, trotzdem können sie gefährlich werden, weil sie Schwimmer sehr schnell vom Ufer wegtreiben können. Wird man von einer Rippströmung erfasst, ist es sinnvoll, parallel zum Ufer zu schwimmen, um aus dem Rippstrom herauszukommen!

Schiefe Wellen verursachen auch Strömungen innerhalb der Brandungszone, die parallel zum Strand fließen, und bewegen wesentlich mehr Sediment als die Stranddrift. Da das Wasser dort sehr turbulent ist, bewegen diese **Küstenströme** feinen Sand in Suspension und rollen größere Sand- und Kiespartikel am Boden entlang. Werden die von dem Küstenstrom transportierten Sedimente der Sedimentmenge zugefügt, die von der Stranddrift bewegt wird, kann die Gesamtmenge sehr groß sein. Am Sandy Hook in New Jersey beispielsweise betrug die entlang des Strands transportierte Sandmenge innerhalb einer Zeitspanne von 48 Jahren fast 750.000 Tonnen jährlich. Innerhalb eines Zeitraums von zehn Jahren wurden in Oxnard, Kalifornien, mehr als 1,5 Millionen Tonnen Sediment jedes Jahr entlang des Strands bewegt. Beide, die Flüsse und die Küstenzonen, bewegen Wasser und Sediment von einem Gebiet (*flussaufwärts*) zu einem anderen (*flussabwärts*). Deswegen wurde der Strand oft als „Fluss aus Sand" charakterisiert. Stranddrift und Küstenstrom bewegen sich jedoch in Zickzackmustern, wogegen Flüsse meistens auf turbulente, strudelnde Weise fließen. Zudem kann sich die Richtung der Küstenströme entlang einer Küstenlinie ändern, wogegen Flüsse meist in die gleiche Richtung fließen (bergabwärts). Küstenströme verändern ihre Richtung, da sich die Richtung der Wellen, die sich dem Strand nähern, mit den Jahreszeiten ändert. Trotzdem fließen die Küstenströme entlang der atlantischen und der pazifischen Küste der Vereinigten Staaten südwärts.

20.6 Strukturen an der Küstenlinie

Eine faszinierende Mischung von Strukturen an der Küstenlinie kann man entlang der Küsten der Welt beobachten. Die Strukturen der Küstenlinien ändern sich je nach Gesteinstyp, der am Strand aufgeschlossen ist, der Intensität der Wellenaktivität, der Art der Küstenströmungen und ob eine Küste gleich bleibt, absinkt oder sich hebt. Strukturen, die ihren Ursprung in der Erosionswirkung haben, werden *Erosionsstrukturen* genannt, Sedimentanhäufungen werden dagegen *Ablagerungsstrukturen* genannt.

20.6.1 Erosionsstrukturen

Viele Küstenlandformen verdanken ihre Entstehung Erosionsprozessen. Solche Erosionsstrukturen kommen häufig entlang der schroffen und unregelmäßigen Küste Neu Englands vor und entlang der steilen Küstenlinien entlang der Westküste der Vereinigten Staaten.

Brandungsklippen, Brandungsplattformen und marine Terrassen **Brandungsklippen** entstehen, wie der Name schon sagt, durch die einschneidende Wirkung der Wellen auf die Basis des Küstenlands. Während die Erosion voranschreitet, zerbröckeln die Gesteine über der Brandungshohlkehle, einer Einkerbung an der Basis der Klippe, in die Brandung und die Klippe weicht zurück. Die zurückweichende Klippe lässt eine relativ flache, bankartige Oberfläche, die **Brandungsplattform** oder **Abrasionsplattform**, zurück (▶ Abbildung 20.11, links). Die Plattform verbreitert sich, während der Wellenangriff weitergeht. Ein Teil des Schutts, der durch die brechenden Wellen entsteht, bleibt entlang der Wasserkante als Sediment am Strand liegen, während der übrige Teil weiter meerwärts transportiert wird. Wenn eine Abrasionsplattform durch tektonische Kräfte über den Meeresspiegel angehoben wird,

20.6 Strukturen an der Küstenlinie

Abbildung 20.11: Eine Brandungsplattform und eine marine Terrasse. Eine Brandungsplattform liegt während der Ebbe entlang der kalifornischen Küste bei Bolinas Point nahe San Francisco frei. Eine von Brandungswellen herauspräparierte Plattform wurde gehoben und bildet eine marine Terrasse. (Foto: John S. Shelton)

wird sie zur **marinen Terrasse** oder **Küstenterrasse** (▶ Abbildung 20.11, rechts). Küstenterrassen kann man leicht erkennen durch ihre sanfte meerwärts geneigte Form. Sie sind beliebte Orte für Küstenstraßen, Gebäude oder Landwirtschaft.

Brandungstore und Felsnadeln im Meer Landzungen, die ins Meer vorspringen, werden aufgrund der Wellenbeugung heftig von der Brandung angegriffen. Die Brandung erodiert das Gestein selektiv, dabei wird weicheres und stärker zerbrochenes Gestein mit einer schnelleren Rate angegriffen. Zunächst können sich Meereshöhlen bilden. Vereinigen sich zwei gegenüberliegende Meereshöhlen einer Festlandseinheit, entsteht ein **Brandungstor** (▶ Abbildung 20.12). Wenn ein Brandungstor schließlich einbricht, bleibt ein isolierter Überrest, eine **Felsnadel**, auf der Brandungsplattform zurück (Abbildung 20.12). Mit der Zeit wird diese durch die Wellenaktivität aufgearbeitet.

20.6.2 Ablagerungsstrukturen

Vom Strand erodiertes Sediment wird entlang des Strands transportiert und dort abgelagert, wo die Wellenenergie niedrig ist. Durch solche Prozesse entstehen verschiedene Ablagerungsstrukturen.

Nehrungen, Sandbänke, Inselnehrungen Wo Stranddrift und Küstenstrom aktiv sind, können sich mehrere Strukturen, die in Verbindung mit der Bewegung von Sediment stehen, entwickeln. Eine **Nehrung** (*spit* = spine) ist ein lang gestreckter Sandrücken, der vom Land in die Mündung der benachbarten Bucht hinausragt. Oft krümmt sich das Ende im Wasser landwärts als sogenannter Sandhaken zurück, als Reaktion auf die Hauptrichtung des Küstenstroms (▶ Abbildung 20.13). Eine Nehrung kann eine Bucht komplett queren und sie vom offenen Ozean abriegeln, wenn die Strömungen in der Bucht sehr schwach sind (▶ Ab-

Abbildung 20.12: Ein Brandungstor und eine Felsnadel an der Spitze der Baja-Halbinsel, Mexiko. (Foto: Mark A. Johnson/The Stock Market)

Abbildung 20.13: A. Diese Fotografie wurde von der internationalen Raumstation ISS aus gemacht und zeigt die Provincetown-Nehrung an der Spitze von Kap Cod. Können Sie diese Struktur auf dem Satellitenbild in Abbildung 20.1A. erkennen? (NASA Image) **B**. Das Luftbild eines gut entwickelten Sandhakens und einer Nehrung entlang der Küste von Martha's Vineyard, Massachusetts. (Foto: mit freundlicher Genehmigung der USDA-ASCS)

bildung 20.13B). Im Ostseeraum wird eine ganz oder teilweise abgeschnürte Bucht als Haff bezeichnet, beispielsweise das bekannte Kurische Haff. Durch Süßwasserzufluss enthalten Haffe (lokal auch als Lagunen oder Bodden bezeichnet) meist brackisches Wasser. Eine **Inselnehrung** (*tombolo* = Hügel, Rücken) ist ein Sandrücken, der eine Insel mit dem Festland oder einer anderen Insel verbindet. Sie wird auf ähnliche Weise wie eine Nehrung gebildet.

Strandwallinseln Die atlantische Küste und Golf-Küstenebenen sind relativ flach und neigen sich sanft meerwärts. Die Küstenzone ist durch **Strandwallinseln** charakterisiert. Die niedrigen Landrücken im Meer verlaufen mit einer Entfernung von 3 bis 30 Kilometern parallel zur Küste. Von Cape Cod, Massachusetts bis Padre Island säumen fast 300 Strandwallinseln die Küste (▶Abbildung 20.14).

Die meisten Strandwallinseln sind 1 bis 5 Kilometer breit und zwischen 15 und 30 Kilometer lang. Die längsten Strukturen sind Sanddünen meist mit Höhen von 5 bis 10 Kilometer; in manchen Gebieten sind unbewachsene Dünen mehr als 30 Meter hoch. Die Lagunen, die diese schmalen Inseln von der Küste trennen, repräsentieren Zonen relativ ruhiger Gewässer, in welchen kleine Schiffe zwischen New York und Nordflorida fahren und die raue See des Nordatlantiks meiden.

Strandwallinseln entstehen wahrscheinlich auf mehrere Arten. Manche sind ursprünglich Nehrungen, die nachfolgend vom Festland durch Wellenerosion abgeschnitten wurden oder durch einen allgemeinen Meeresspiegelanstieg nach der letzten Eiszeit. Andere entstehen in turbulenten Gewässern in der Zone, in der die Wellenbrecher Sand anhäufen, der vom Boden gekratzt wurde. Da diese Strandwallinseln über den normalen Meeresspiegel ansteigen, rührt die Sandanhäufung wahrscheinlich als Folge von Sturmwellen bei Flut her. Schließlich können manche Strandwallinseln ehemalige Sanddünenrücken sein, die während der letzten Eiszeit entlang des Strands entstanden sind. Als das Eis abschmolz, stieg der Meeresspiegel an und überflutete das Gebiet hinter dem Strand-Dünen-Komplex.

20.6.3 Die Entwicklung des Strandes

Eine Küstenlinie unterliegt ständiger Veränderung ohne Rücksicht auf ihre ursprüngliche Beschaffenheit. Anfänglich sind alle Küstenlinien unregelmäßig, obwohl das Maß und der Grund für die Unregelmäßig-

Abbildung 20.14: Fast 300 Strandwallinseln säumen die Golf- und die Atlantikküste. Die Inseln entlang der südtexanischen Küste und entlang der Küste von Nord Carolina sind ausgezeichnete Beispiele.

keit von Ort zu Ort stark abweichen können. Entlang einer Küstenlinie, die eine vielseitige Geologie auszeichnet, könnte die Brandung die Unregelmäßigkeit zunächst noch verstärken, da die Wellen die weicheren Gesteine leichter erodieren als die festeren. Bleibt eine Küstelinie jedoch stabil, werden schließlich die Meereserosion und die Ablagerung eine geradere und gleichmäßigere Küste schaffen. ▶ Abbildung 20.15 stellt die Entwicklung einer anfänglich unregelmäßigen Küste dar. Da die Wellen die Landzungen erodieren und Klippen und eine Brandungsplattform erzeugen, transportieren sie Sediment entlang des Strands. Ein Teil des Materials wird in Buchten abgelagert, während sich aus anderem Schutt Nehrungen und Buchtmündungsnehrungen bilden. Zur gleichen Zeit füllen Flüsse die Buchten mit Sediment an. Schließlich entsteht eine insgesamt gerade, glatte Küste.

20.7 Uferbefestigungen

An den Küsten herrscht heutzutage rege menschliche Aktivität. Leider behandeln die Menschen die Küstenlinie oft so, als wäre sie eine stabile Plattform, auf der man gefahrlos bauen könnte. Diese Einstellung gefährdet sowohl den Menschen als auch die Küstenlinie, da viele Küstenlandformen relativ empfindliche, kurzlebige Strukturen sind, die leicht durch Verbauung geschädigt werden können. Und jeder, der schon einmal einen tropischen Sturm miterlebt hat, weiß, dass die Küste nicht immer der sicherste Platz zum Leben ist. Wir werden diese Aussage etwas genauer in dem Abschnitt über *Wirbelstürme – die größte Bedrohung für Küsten* untersuchen.

Verglichen mit anderen Naturgewalten wie Erdbeben, Vulkanausbrüche und Erdrutsche wird die Erosion an Küsten häufig als ein eher kontinuierlicher und vorhersehbarer Prozess aufgefasst, der relativ begrenzten Schaden in begrenzten Gebieten anrichtet. In Wirklichkeit ist die Küstenlinie ein dynamischer Ort, der sich unter dem Einfluss von Naturgewalten schnell verändern kann. Außergewöhnliche Stürme sind in der Lage, Strände und Klippen mit einer Geschwindigkeit zu erodieren, die weit über das Langzeitmittelmaß hinausgeht. Solche Ausbrüche von beschleunigter Erosion haben nicht nur eine bedeutende Auswirkung auf die natürliche Entwicklung einer Küste, sondern auch tiefgreifende Auswirkungen auf die Menschen, die an der Küste leben (▶ Abbildung 20.16). Es werden jährlich riesige Summen ausgege-

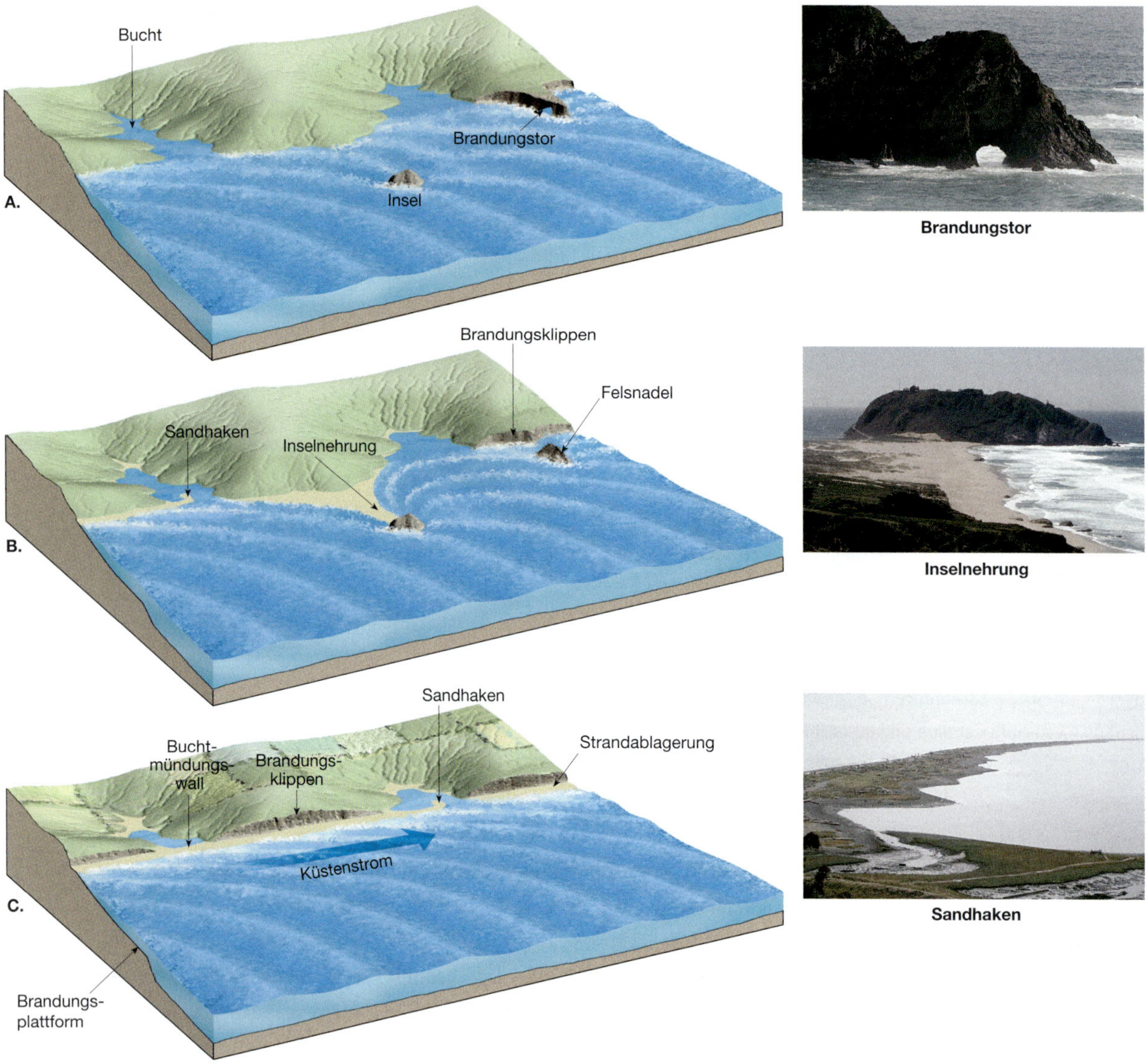

20 Küstenlinien

Abbildung 20.15: Diese Diagramme zeigen die Veränderungen, die mit der Zeit entlang einer ursprünglich irregulären Küstenlinie stattfinden können, die relativ stabil bleibt. Die Küstenlinie, die in Teil **A.** gezeigt wird, entwickelt sich allmählich zu **B.** und dann zu **C.** Die Diagramme dienen auch dazu, viele der Strukturen zu veranschaulichen, die in dem Abschnitt über Strukturen an Küstenlinien beschrieben wurden. (Fotos: E.J Tarbuck)

Abbildung 20.16: Wellenerosion durch starke Stürme zwang zum Verlassen dieses stark bebauten Gebiets an der Küstenlinie in Long Island, New York. Küstengebiete sind dynamische Orte, die sich schnell als Reaktion auf Naturgewalten verändern können. (Foto: Mark Wexler/Woodfin Camp & Associates)

ben, nicht nur, um die Schäden zu beseitigen, sondern auch, um die Erosion zu verhindern oder zu kontrollieren. Die Küstenerosion ist schon an vielen Orten ein Problem und wird sicherlich ein weiter anwachsendes Problem werden, wenn sich die extensive Küstenbebauung fortsetzt.

Die gleichen Prozesse verursachen zwar Veränderungen entlang jeder Küste, doch nicht alle Küsten verhalten sich auf gleiche Weise. Wechselwirkungen zwischen verschiedenen Prozessen und die relative Bedeutung von jedem Prozess hängen von den örtlichen Faktoren ab. Zu diesen Faktoren gehören: (1) die Nähe der Küste zu stark mit Sediment beladenen Flüssen, (2) das Ausmaß an tektonischer Aktivität, (3) die Topographie und Zusammensetzung des Lands, (4) die vorherrschenden Wind- und Wettermuster und (5) die Beschaffenheit der Küstenlinie und der küstennahen Gebiete.

Während der letzten 100 Jahre brachten der wachsende Wohlstand und die wachsende Nachfrage nach Erholung eine unvorhersehbare Entwicklung an vielen Küstengebieten. Da sowohl die Anzahl als auch der Wert von Gebäuden gestiegen sind, gibt es auch vermehrte Versuche, das Eigentum vor Sturmwellen zu schützen, indem man die Küste befestigt. Auch die natürliche Wanderung des Sands zu kontrollieren, ist ein unaufhörlicher Kampf in vielen Küstengebieten. Solche Eingriffe können ungewollte Veränderungen nach sich ziehen, die man schwerlich und nur unter hohem Kostenaufwand wieder korrigieren kann.

20.7.1 Starre Befestigungen

Den Bau von Anlagen, die die Küste vor Erosion schützen oder die Bewegung des Sands am Strand entlang verhindern sollen, nennt man **bleibende Befestigung**. Eine bleibende Befestigung kann auf vielfältige Weise geschehen und oft vorhersehbare, wenn auch unerwünschte Folgen haben. Zu den bleibenden Befestigungen zählt man Molen, Buhnen, Wellenbrecher und Uferdämme.

Molen Schon in der relativ frühen Geschichte Amerikas war es in Küstengebieten ein grundlegendes Ziel, die Häfen zu entwickeln und instand zu halten. In vielen Fällen war damit der Bau von Molensystemen verbunden. **Molen** werden normalerweise paarweise errichtet und erstrecken sich bei Einfahrten in Flüsse und Häfen in den Ozean hinein aus. Da der Wasserstrom an eine schmale Zone gebunden ist, wird durch das Heben und Senken der Gezeiten, bei Ebbe und Flut, der Sand in Bewegung gehalten und seine Ablagerung in dem Kanal verhindert. Doch wie ▶ Abbildung 20.17 zeigt, kann eine Mole wie ein Damm gegen die Küstenströme und die Stranddriftablagerung wirken. Gleichzeitig entfernt die Wellenaktivität den Sand auf der anderen Seite. Da die andere Seite keinen neuen Sand erhält, wird dort bald kein Strand mehr vorhanden sein.

Buhnen Um einen Strand zu erhalten oder Strände zu verbreitern, die Sand verlieren, werden manchmal **Buhnen** errichtet. Eine Buhne ist eine Barriere, die

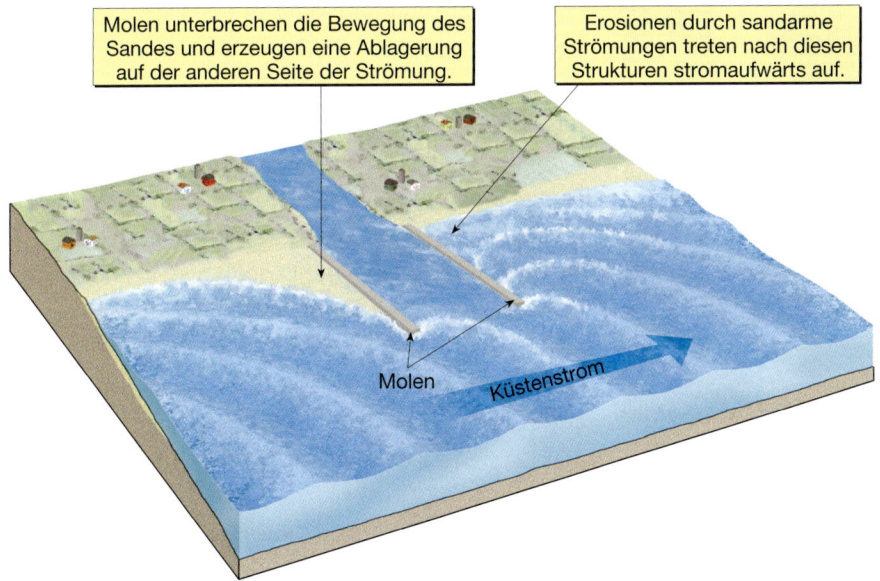

Abbildung 20.17: Molen werden an Mündungen von Flüssen und Einfahrten zu Häfen gebaut und dienen dazu, Sedimentablagerung im Schifffahrtskanal zu verhindern. Molen unterbrechen die Bewegung des Sandes durch die Stranddrift und Küstenströme. Stranderosion tritt oft stromabwärts von den Molen auf.

rechtwinklig zum Strand errichtet wird, um den Sand einzufangen, der sich parallel zum Strand bewegt. Buhnen werden in der Regel aus großen Gesteinsbrocken errichtet; sie können aber auch aus Holz bestehen. Diese Errichtungen sind oft so effektiv, dass der Küstenstrom hinter den Buhnen ohne Sand bleibt. Als Folge davon erodiert die Strömung Sand vom Strand auf der Seite der Abwärtsströmung an der Buhne. Um dieser Wirkung entgegenzuwirken, errichten die Besitzer von Immobilien stromabwärts von der Buhne eine weitere auf ihrem Grund. Auf diese Weise vervielfältigt sich die Anzahl von Buhnen und ein *Buhnenfeld* entsteht (▶ Abbildung 20.18). Ein Beispiel einer solchen wilden Ansammlung von Buhnen ist der Strand von New Jersey, wo Hunderte dieser Errichtungen entstanden sind. Da sich oft schon gezeigt hat, dass Buhnen häufig keine befriedigende Lösung bieten, sind sie keine beliebte Methode mehr, um die Stranderosion zu kontrollieren.

Wellenbrecher und Küstendämme Bleibende Befestigungen können auch parallel zur Küste errichtet werden. Eine dieser Konstruktionen ist ein **Wellenbrecher** mit der Funktion, eine ruhige Wasserzone nahe der Küstenlinie zu schaffen, um Boote vor der Gewalt großer brechender Wellen zu schützen. Doch durch die verminderte Wellenaktivität hinter der Konstruktion kann sich Sand anhäufen. Bei Santa Monica, Kalifornien, wo ein Wellenbrecher solch ein Problem hervorrief, benutzte die Stadt ein Baggerschiff, um den Sand aus der geschützten, ruhigen Wasserzone zu entfernen und stromabwärts abzulagern, wo der Küstenstrom und die Stranddrift den Sand weiter die Küste entlang transportieren (▶ Abbildung 20.19).

Eine weitere Art der Befestigung, die parallel zu Küste errichtet wird, ist der **Uferdamm** oder **Küstendamm**, der so gestaltet ist, dass die Küste und die Privatbesitze vor der Gewalt der brechenden Wellen geschützt werden. Wellen verlieren viel von ihrer Energie, wenn sie über einen offenen Strand laufen. Uferdämme unterbrechen diesen Vorgang und werfen die Gewalt der nicht verausgabten Wellenenergie meerwärts zurück. Als Folge davon erfährt der Strand auf der meerwärts gerichteten Seite des Uferdamms verstärkte Erosion und kann in manchen Fällen völlig verschwinden (▶ Abbildung 20.20). Ist die Breite des Strands reduziert, ist der Uferdamm noch stärkerem Aufprall durch die Wellen ausgesetzt. Schließlich wird dieses Einwirken dazu führen, dass der Uferdamm bricht und ein größerer und teurer Uferdamm gebaut werden muss, um ihn zu ersetzen.

Die Erfahrungen in der Errichtung von temporären Schutzstrukturen entlang von Küsten werden immer mehr gefragt. Die Meinungen vieler Küstenwissenschaftler und Ingenieure sind im folgenden Auszug eines Positionspapiers anlässlich einer Konferenz über „Amerikas erodierende Küsten" wiedergegeben:

Es ist inzwischen klar geworden, dass die Schutzerrichtungen an zurückweichenden Küstenlinien nur wenigen nützen, dafür aber ernsthafte Schäden

Abbildung 20.18: Buhnen entlang der Küste von New Jersey bei Kap May. (Foto: John S. Shelton)

Abbildung 20.19: Luftbild auf Wellenbrecher bei Santa Monica, Kalifornien. Die Wellenbrecher erscheinen in einer schwachen Linie im Wasser, dahinter liegen viele Boote vor Anker. Die Konstruktion der Wellenbrecher unterbricht den Transport durch den Küstenstrom und verursacht ein meerwärts gerichtetes Anwachsen des Strandes. (Foto: John S. Shelton)

20.7 Uferbefestigungen

Abbildung 20.20: Seabright im nördlichen New Jersey hatte einst einen breiten sandigen Strand. Ein 5 bis 6 Meter hoher Uferdamm mit einer Länge von 8 Kilometer wurde gebaut, um die Stadt und die Eisenbahnlinie, die Touristen zum Strand brachte, zu schützen. (Foto: Rafael Macia /Foto Researchers, Inc.)

und Zerstörungen an den natürlichen Stränden anrichten und damit ihren Wert für die Mehrheit der Bevölkerung herabsetzen. Schutzvorrichtungen lenken zwar zeitweise die Energie des Ozeans von Privatbesitz ab, aber meist wird diese Energie auf benachbarte natürliche Strände fokussiert. Dabei wird vielfach der natürliche Sandfluss in Küstenströmungen unterbrochen und viele Strände werden ihrer notwendigen Sanderneuerung beraubt.[1]

20.7.2 Alternativen zur starren Befestigung

Die Küste mit starren Befestigungen zu panzern, weist mehrere potenzielle Nachteile auf, einschließlich der Kosten für die Befestigung und der Sandverlust am Strand. Zu den Alternativen der bleibenden Befestigung gehören Sandvorspülung und Umsiedlung.

Aufsandung Die **Aufsandung** ist ein Versuch, die Sandvorkommen der Küstenlinie ohne bleibende Befestigung zu stabilisieren. Wie die Bezeichnung schon sagt, werden bei dieser Praxis riesige Mengen an Sand dem Strandsystem hinzugefügt (▶ Abbildung 20.21). Durch die Vergrößerung der Strände meerwärts verbessern sich sowohl die Strandqualität als auch der Schutz vor Sturm. Die Sandvorspülung ist dennoch keine permanente Lösung für das Problem der schrumpfenden Strände. Die gleichen Prozesse, die den Sand bereits entfernten, werden schließlich auch den erneuerten Sand entfernen. Zudem ist die Sandvorspülung sehr teuer, da riesige Volumen an Sand von küstenfernen Gebieten, nahe gelegenen Flüssen oder anderen Herkunftsgebieten zum Strand transportiert werden müssen. Orrin Pilkey, ein angesehener Küstenwissenschaftler, beschreibt die Situation folgendermaßen:

Aufsandungen wurden an Stränden auf beiden Seiten des Kontinents vorgenommen, doch das bisher teuerste Unterfangen und das größte Sandvolumen wurde an den Strandwallinseln der Ostküste zwischen dem südlichen Strand von Long Island N.Y. und Südflorida aufgewendet. Entlang dieser Strandstrecke haben die Gemeinden eine Gesamtmenge von 450 Millionen Kubikmeter Sand auf 195 Stränden in 680 Einzelfällen zugefügt. Manche Strände … wurden seit 1965 mehr als 20 Mal mit Sand aufgeschüttet. Virginia Beach wurde mehr als 50 Mal mit Sand verfüllt. Das Aufschütten der Strände kostet im Allgemeinen zwischen $1,2 Millionen und $6 Millionen pro Kilometer.[2]

In manchen Fällen können Aufschüttungen unerwünschte Auswirkungen auf die Umwelt haben. Beispielsweise wurde am Waikiki-Strand, Hawaii, grober kalkiger Sand mit weichem, schlammigerem und kalkigem Sand aufgefüllt. Die Zerstörung des weichen

---

1 „Strategie zur Erhaltung der Strände vorgeschlagen", *Geotimes* 30 (No.12, Dezember 1985): S. 15.

2 „Küsten sind mit Politik überflutet", in *Geotimes*, Juli 2005, S. 38–39.

Küstenlinien

Abbildung 20.21: Miami Beach. **A.** Vor der Sandaufschüttung. **B.** Nach der Aufschüttung des Strandes. (Fotos: mit freundlicher Genehmigung des U.S. Army Corps of Engineers,, Vicksburg District)

Sandstrands durch die Brandung trübte das Wasser, was zum Absterben küstenferner Korallenriffe führte. Am Miami Beach schädigte das trübere Wasser ebenfalls die dort heimischen Korallengemeinschaften.

Strandaufschüttungen scheinen nur in solchen Gebieten eine rentable wirtschaftliche Lösung für das Problem der Stranderhaltung auf lange Sicht zu sein, in welchen eine dichte Bebauung herrscht, große Sandvorräte, relativ niedrige Wellenenergie vorhanden sind und verträgliche Umweltaspekte vorliegen. Leider weisen wenige Gebiete alle diese Attribute auf.

Umsiedlung Statt des Baus von Vorrichtungen wie Buhnen und Uferdämmen, um den Strand zu erhalten, oder der Erneuerung von Stränden, indem man sie mit Sand auffüllt, gibt es noch eine weitere Option. Viele Küstenwissenschaftler und Planer fordern eine Änderung der Politik weg vom Schutz und dem Wiederaufbau von Stränden und Eigentum in Hochgefährdungsgebieten, hin zur Umsiedlung von sturmgeschädigten Gebäuden, um die Natur die Strände wieder zurückerobern zu lassen (▶ siehe Exkurs 20.1). Dieser Ansatz gleicht dem, den die föderale Regierung für die Flussniederungen nach den verheerenden Überflutungen des Mississippi von 1993 eingeführt hat, bei welchen die gefährdeten Strukturen aufgegeben und auf höheren, sichereren Boden umgesiedelt wurden.

Solche Vorschläge sind natürlich umstritten. Personen mit bedeutenden küstennahen Investitionen erschaudern bei dem Gedanken, nicht wieder aufzubauen und die Bebauung nicht vor der Erosionsgewalt des Meeres zu schützen. Andere argumentieren jedoch, dass mit dem Anstieg des Meeresspiegels die Auswirkungen der Küstenstürme in den nächsten Dekaden nur noch schlimmer werden. Diese Gruppe vertritt die Ansicht, dass häufig beschädigte Bauten verlassen oder umgesiedelt werden sollten, um die Personensicherheit zu verbessern und die Kosten zu reduzieren. Diese Vorschläge werden sicherlich im Brennpunkt vieler Untersuchungen und Diskussionen stehen, wenn Staaten und Gemeinden die Landnutzungspolitik an der Küste neu bewerten und überdenken.

20.8 Erosionsprobleme entlang der Küsten der Vereinigten Staaten

Die Küstenlinie entlang der pazifischen Küste der Vereinigten Staaten ist auffallend anders als die atlantischen Küstenregionen und die am Golf. Manche Unterschiede sind durch die Plattentektonik bedingt. Die Westküste repräsentiert die vorantreibende Kante der nordamerikanischen Platte und deswegen unterliegt sie einer aktiven Hebung und Deformation. Die Ostküste ist dagegen eine tektonisch ruhige Region, die

EXKURS 20.1 – MENSCH UND UMWELT

■ **Der Umzug des Jahrhunderts – der Standortwechsel des Kap-Hatteras-Leuchtturms***

Trotz aller Versuche, die Gebäude zu schützen, die zu nahe an der Küste liegen, können sie immer noch durch die zurückweichenden Küstenlinien und die zerstörerische Kraft der Wellen gefährdet sein. Das traf für eine der bekanntesten Landmarken der Nation zu, den Leuchtturm an Kap Hatteras, North Carolina, gestreift wie eine Zuckerstange und mit einer Höhe von 21 Stockwerken der höchste Leuchtturm der Nation.

Der Leuchtturm wurde 1870 auf der Kap-Hatteras-Strandwallinsel 475 Meter von der Küstenlinie entfernt erbaut, um die Seeleute durch gefährliche Untiefen vor der Küste, bekannt als „Der Friedhof des Atlantiks", zu leiten (▶Abbildung 20.A). Als die Strandwallinsel auf das Festland zuzuwandern begann, verschmälerte sich der Strand des Leuchtturms. Als die Wellen begannen, seine Ziegel und seine Basis aus Granit nur 37 Meter davon entfernt zu umspielen, gab es Bedenken, dass sogar ein mäßig starker Wirbelsturm genug Erosion auslösen könnte, um den Leuchtturm umzustürzen.

Im Jahr 1970 baute die U.S. Marine drei Buhnen vor den Leuchtturm und versuchte, damit den Strand vor weiterer Erosion zu schützen. Die Buhnen verlangsamten anfänglich die Erosion, doch sie unterbrachen den Sandfluss in der Brandungszone, was ein Abflachen der benachbarten Dünen und die Bildung einer Bucht südlich des Leuchtturms verursachte. Versuche, den Strand vor dem Leuchtturm mithilfe von Strandvorspülungen und künstlichen, vor der Küste liegenden Seegrasbänken zu verbreitern, schlugen fehl.

Im Jahr 1980 schlug das Armeeregiment der Ingenieure vor, einen massiven steinernen Uferdamm um den Leuchtturm herum zu bauen. Sie befürchteten dann jedoch, dass die erodierende Küste unter der Struktur hinwegwandern würde und sie als eine eigene Insel im Meer gestrandet zurücklassen würde.

Im Jahr 1988 prognostizierte die nationale Akademie der Wissenschaften, dass die Küstenlinie vor dem Leuchtturm so weit zurückerodieren würde, dass dabei der Leuchtturm zerstört würde. Sie empfahlen eine Umsetzung des Turms, wie es bereits mit kleineren Leuchttürmen gemacht wurde.

Im Jahr 1999 gab der Nationalpark Service, in dessen Besitz sich der Leuchtturm befindet, schließlich die Erlaubnis, den Leuchtturm an eine sicherere Stelle umzusetzen.

Die Umsetzung des Leuchtturms, der etwa 4.395 Tonnen wiegt, erforderte die Trennung von seinem Fundament. Anschließend wurde er vorsichtig auf eine Plattform mit Stahlstreben auf Rollen gehievt. Nachdem er auf der Plattform stand, wurde er langsam, unter Verwendung einer Reihe von hydraulischen Hebern, auf einer speziell konstruierten Spur aus Stahl weitergerollt. Ein Streifen Vegetation wurde für die Rollbahn entfernt, auf der der Leuchtturm in Schritten von jeweils 1,5 Meter bewegt wurde. Dabei wurden die Schienen aus Stahl hinten abgebaut und vorne wieder angefügt, während sich der Leuchtturm weiterbewegte. In weniger als einem Monat wurde der Leuchtturm vorsichtig 884 Meter von seinem ursprünglichen Standort wegtransportiert, was ihn zu einer der größten Strukturen macht, die jemals erfolgreich umgesetzt wurden.

Nach der Umsetzung, die $12 Millionen kostete, steht der Leuchtturm nun in einem Wald aus Krüppeleichen und Pinien (▶Abbildung 20.B). Obwohl der Leuchtturm nun weiter landeinwärts steht, ist er durch seine leicht erhöhte Position auch gut auf See sichtbar und kann weiterhin die Seefahrer vor gefährlichen Untiefen warnen. Bei der gegenwärtigen Rate des Küstenrückzugs ist der Leuchtturm vor der Bedrohung durch die Wellen für mindestens ein Jahrhundert sicher.

---

* Dieser Exkurs wurde von Professor Alan P. Tujillo, Palomar College, vorbereitet.

Abbildung 20.A: Als der historische Leuchtturm am Kap Hatteras, North Carolina, durch Küstenerosion bedroht wurde, setzte man ihn im Sommer 1999 um. Hier sehen Sie den Leuchtturm etwa 100 Meter vom Wasser entfernt, bevor er umgesetzt wurde. (Foto: Don Smetzer/Getty Images Inc. – Stone Allstock)

Abbildung 20.B: Der Kap-Hatteras-Leuchtturm, nachdem er 488 Meter von der Küstenlinie entfernt umgesetzt wurde. An seinem neuen Platz sollte er für mehr als 50 Jahre sicher sein. (Foto: Reuters/Stringer/Getty Images, Inc. – Hulton Archive Photos)

weit entfernt von jedem aktiven Plattenrand liegt. Wegen dieses grundlegenden geologischen Unterschieds unterscheidet sich die Gewichtung der Probleme durch die Erosion an den gegenüberliegenden Küsten Amerikas.

20.8.1 Atlantikküsten und Golfküsten

Der Großteil der Küstenverbauung entlang der Atlantik- und der Golfküste geschah auf den Strandwallinseln. Typischerweise besitzen Strandwallinseln, auch *Strandwälle* oder *Küstenwälle* genannt, einen breiten Strand, hinter dem Dünen liegen, die durch sumpfige Lagunen vom Hauptkörper der Insel getrennt sind. Die breiten Sandausdehnungen und die Lage am Meer sind attraktive Orte für die Bebauung. Leider ist diese Bebauung schneller gewachsen als unser Verständnis über die Dynamik von Strandwallinseln.

Da Strandwallinseln am offenen Ozean liegen, treffen die großen Stürme, die über die Küste fegen, mit voller Kraft auf sie. Bei Sturm absorbieren die Wälle die Wellenenergie hauptsächlich durch die Bewegung des Sands. Dieser Prozess und das Dilemma, das sich daraus ergibt, wurden wie folgt beschrieben:

Wellen können Sand vom Strand zu küstenfernen Gebieten transportieren oder auch umgekehrt in die Dünen hinein. Sie können die Dünen erodieren, Sand auf den Strand ablagern oder ihn ins Meer hinaustragen; oder sie können den Sand vom Strand und den Dünen in das Marschland hinter der Strandwallinsel transportieren, ein Prozess, der als Überspülung bekannt ist. Der gemeinsame Faktor ist die Bewegung. Genauso wie eine biegsame Binse den Wind überleben kann, der einen Eichenbaum zerstört, so überdauern Strandwälle Wirbelstürme und Nordweststürme nicht durch unüberwindbare Stärke, sondern durch Nachgeben.

Dieses Bild ändert sich, wenn ein Strandwall mit Privathäusern oder Ferienhäusern bebaut wird. Sturmwellen, die davor schadlos durch die Lücken zwischen den Dünen durchfegten, treffen nun auf Gebäude und Straßen. Da die dynamische Beschaffenheit der Strandwälle nur während der Stürme wahrgenommen wird, neigen die Hausbesitzer dazu, den Schaden bestimmten Stürmen zuzuordnen, und nicht der grundsätzlichen Beweglichkeit der Küstenwälle. Durch die Gefährdung ihrer Eigenheime und Investitionen achten die Bewohner mehr darauf, den Sand an Ort und Stelle und die Wellen unter Kontrolle zu halten, als zuzugeben, dass von Anfang an ein falscher Ort zur Bebauung gewählt wurde.[3]

20.8.2 Pazifische Küste

Im Gegensatz zu den breiten, sanft abfallenden Küstenebenen der Atlantik- und Golfküste ist die pazifische Küste durch relativ schmale Strände mit steilen Klippen und Gebirgsketten dahinter charakterisiert. Rufen Sie sich in Ihr Gedächtnis zurück, dass die Westküste Amerikas eine schroffere und tektonisch aktivere Region als der östliche Rand ist. Da die Hebung weitergeht, ist ein Anstieg des Meeresspiegels im Westen nicht gleich bemerkbar. Trotzdem stammen die Erosionsprobleme auch an den diesen Strandwallinseln entgegengesetzten Westküsten von der Veränderung des natürlichen Systems durch den Menschen.

Ein Hauptproblem der pazifischen Küstenlinie und insbesondere von Teilen Südkaliforniens ist die erhebliche Verschmälerung vieler Strände. An vielen Stränden wird die Hauptmenge an Sand von den Flüssen angeliefert, die den Sand von den Bergen bis zur Küste transportieren. Mit der Zeit wurde dieser natürliche Strom des Materials zur Küste durch den Bau von Dämmen zur Bewässerung und Hochwasserkontrolle unterbrochen. Die Reservoirs fangen den Sand effektiv auf, der andernfalls das Strandmilieu mit Sand versorgen würde. Wären die Strände breiter, würden sie die Klippen dahinter vor der Kraft der Sturmwellen schützen. Nun bewegen sich die Wellen aber über die verschmälerten Strände, ohne Energie zu verlieren, und bedingen eine schnellere Erosion der Meeresklippen.

Obwohl der Rückzug der Klippen Material liefert, das einen Teil des Sands wieder ersetzen kann, der hinter den Dämmen gefangen ist, gefährdet er auch Wohnhäuser und Straßen, die an der Steilküste gebaut wurden. Zudem verschärft sich das Problem zusätzlich durch die Bebauung auf den Klippen. Durch die Verstädterung erhöht sich der Abfluss, der, falls er nicht vorsichtig gehandhabt wird, in einer ernsten Klippenerosion resultiert. Die Gartenbewässerung fügt

---

[3] Frank Lowenstein, „Strände oder Zimmer" – die Wahl, wenn der Meeresspiegel steigt", *Oceanus* 28 (Nr. 3, Herbst 1985); S. 22.

erhebliche Wassermengen dem Abhang zu. Dieses Wasser sickert nach unten an die Basis der Klippen, wo es in kleinen Vernässungen wieder auftaucht. Dieser Prozess reduziert die Stabilität des Abhangs und erleichtert Massenbewegungsprozesse.

Die Erosion der Küstenlinie entlang der pazifischen Küste variiert wegen des sporadischen Auftretens von Stürmen sehr stark von Jahr zu Jahr. Deswegen werden seltene, aber schwerwiegende Erosionsepisoden oft ungewöhnlichen Stürmen zugeschrieben und nicht der Küstenbebauung oder den weit entfernten Dämmen, die als Sedimentfallen fungieren. Falls der Meeresspiegel, wie vorhergesagt, in den kommenden Jahren mit einer höheren Rate ansteigen sollte, muss man eine erhöhte Erosion entlang der Küstenlinie und einen Meeresklippenrückzug an vielen Stellen der Pazifikküste erwarten. Die Verwundbarkeit der Küste in Bezug auf den Meeresspiegelanstieg wird eingehend in Kapitel 21 *Globaler Klimawandel* als mögliche Folge der globalen Erwärmung diskutiert.

20.9 Wirbelstürme – die größte Bedrohung für Küsten

Die wirbelnden tropischen Zyklone, die oft Windgeschwindigkeiten von mehr als 300 Kilometer pro Stunde besitzen, sind die *Wirbelstürme* – die größten Stürme der Erde (▶ Abbildung 20.22). Im englischen Sprachgebrauch nennt man sie *Hurrikane*. Im westlichen Pazifik werden sie *Taifun* genannt und im Indischen Ozean ganz einfach *Zyklon*. Egal, welchen Namen man verwendet, die Stürme gehören zu den äußerst zerstörerischen Naturkatastrophen. Erreicht ein Wirbelsturm das Land, ist er in der Lage, das Küstengebiet dem Erdboden gleich zu machen und Zehntausende von Menschenleben zu fordern.

Die größte Zahl von Todesfällen durch Wirbelstürme und Schäden werden durch relativ seltene, jedoch gewaltige Stürme hervorgerufen. Der tödlichste und teuerste Sturm in über einem Jahrhundert trat im August 2005 auf, als der Wirbelsturm Katrina die Golfküste von Louisiana, Mississippi und Alabama zerstörte (▶ siehe Exkurs 20.2). Obwohl Hunderttausende flohen, bevor der Sturm ankam, traf der Sturm noch Tausende an. Neben dem menschlichen Leid und den tragischen Todesopfern im Schlepptau des Wirbelsturms Katrina war der finanzielle Schaden, den der

> **Studenten fragen manchmal ...**
>
> **Wann ist die Wirbelsturmsaison?**
>
> Die Wirbelsturmsaison tritt in unterschiedlichen Teilen der Welt verschieden auf. Die Menschen in den Vereinigten Staaten interessieren sich in der Regel am meisten für Atlantikstürme. Die Wirbelsturmsaison am Atlantik erstreckt sich offiziell von Juni bis November. Mehr als 97 Prozent der tropischen Aktivität in dieser Region tritt während dieser sechsmonatigen Zeitspanne auf. Die Hauptsaison reicht von August bis Oktober und hat ihren Höhepunkt Anfang bis Mitte September.

A.   B.

Abbildung 20.22: **A.** Satellitenbild des Wirbelsturms Katrina Ende August 2005, kurz bevor er die Golfküste zerstörte. (NASA-Photo) **B.** Nach Schätzungen wurden etwa 80 Prozent von New Orleans überflutet, nachdem mehrere Küstendämme durch die Wirkung von Katrina gebrochen waren. Die Sturmflut ließ den Wasserspiegel des Sees Ponchartrain ansteigen und schwächte dabei das die Stadt schützende Uferdammsystem. (Fotos: AP Photos/David J. Phillip)

EXKURS 20.2 – DIE ERDE VERSTEHEN

■ Die Untersuchung des Wirbelsturms Katrina aus dem All

Mit Satelliten können wir die Bildung, die Bewegung und das Anwachsen von Wirbelstürmen verfolgen. Zudem liefern ihre Spezialmessgeräte Daten, die in Bilder umgewandelt werden können, mit welchen die Wissenschaftler die innere Struktur und Funktionsweise dieser riesigen Stürme analysieren. Die Bilder und Bildunterschriften in diesem Exkurs liefern einen einzigartigen Blick auf den Wirbelsturm Katrina, der verheerendste Sturm, der in mehr als einem Jahrhundert auf die amerikanische Küste auftraf. Abbildung 20.22A und ▶Abbildung 20.C vom Satelliten *Terra* der NASA sind relativ „konventionelle" Bilder, die Katrina in seinen verschiedenen Entwicklungsstufen zeigt. ▶Abbildung 20.D ist ein farbcodiertes Infrarotbild vom Satelliten *GOES-East*. Die kältesten Wolkenoberflächen (rot) sind mit den intensivsten Stürmen vergesellschaftet und können leicht an diesem Bild des Wirbelsturms Katrina erkannt werden, das wenige Stunden vor Eintreffen auf Land gemacht wurde. Die farbcodierte Bilddarstellung ist eine Methode, die von Wissenschaftlern verwendet wird, um die Satelliteninterpretation zu unterstützen. Durch die Farben kann man leicht und schnell die wichtigen Strukturen erkennen.

▶Abbildung 20.E vom Satelliten *QuikSCAT* der NASA ist ganz anders in seiner Erfassung. Er bietet einen detaillierten Blick auf Katrinas Winde an der Oberfläche, bevor der Sturm an Land eintraf. Das Bild zeigt die relative Windgeschwindigkeit und nicht die tatsächlichen Werte. Der Satellit sendet hochfrequente Radiowellen aus, von welchen einige vom Ozean reflektiert werden und zum Satelliten zurückkehren. Raue, durch Sturm aufgewühlte See erzeugt ein starkes Signal, wogegen eine glatte Oberfläche ein schwächeres Signal zurückwirft. Um die Windgeschwindigkeiten dem Signaltyp anzugleichen, das sie zum Satelliten zurückwerfen, vergleichen die Wissenschaftler die Windgeschwindigkeiten mit den Messungen, die von Datenbojen im Ozean gemacht wurden, mit den Signalen, die von den Satelliten empfangen wurden. Gibt es zu wenige Messungen von den Datenbojen, um mit den Satellitendaten verglichen zu werden, kann man keine genauen Windgeschwindigkeiten bestimmen. Dennoch zeigt das Bild ein klares Bild relativer Windgeschwindigkeiten.

Schließlich zeigt ▶Abbildung 20.F die *Multisatelliten-Niederschlagsanalyse (MPA)* des Sturms. Das Bild, das auch den Weg des Sturms darstellt, zeigt das Gesamtmuster der Regenmenge. Es wurde aus Daten konstruiert, die über mehrere Tage durch den *Tropischer-Regenfall-Messungsmission (TRMM)*-Satelliten und andere gesammelt wurden.

Abbildung 20.C: Satellitenbild des tropischen Sturms Katrina vom 24. August 2005, kurz nachdem er als der elfte mit einem Namen versehene Sturm der amerikanischen Wirbelsturmsaison gekennzeichnet wurde. Als dieses Bild gemacht wurde, hatte Katrina Windgeschwindigkeiten von 64 Kilometer pro Stunde und begann gerade den erkennbaren Wirbel eines Wirbelsturms anzunehmen. (Image: NASA)

Sturm verursachte, so immens, dass er praktisch nicht kalkulierbar war.

Unsere Küsten sind verwundbar. Zahlreiche Menschen wollen an der Küste leben. Der Anteil der Bevölkerung in den Vereinigten Staaten, die innerhalb von 75 Kilometern an der Küste leben, wird für 2010 auf mehr als 50 Prozent geschätzt. Diese große Konzentration an Menschen, die an der Küste leben, bedeutet, dass Millionen Menschen dem Risiko eines Wirbelsturms ausgesetzt sind. Hinzukommen unglaublich hohe potenzielle Kosten für Sachschäden.

Der potenzielle Umfang des Schadens durch Wirbelstürme hängt von mehreren Faktoren ab. Dazu gehören die Größe und Dichte der Population des betroffenen Gebiets und die Form des Ozeanbodens nahe am Strand. Der bedeutendste Faktor ist natürlich die Stärke des Sturms. Mithilfe einer Untersuchung vergangener Stürme hat man eine Skala aufgestellt, um die relative Intensität der Wirbelstürme einzuordnen. Wie die ▶Tabelle 20.1 zeigt, ist ein Sturm der Kategorie 5 am schlimmsten, während ein Wirbelsturm der *Kategorie 1* am schwächsten ist.

20.9 Wirbelstürme – die größte Bedrohung für Küsten

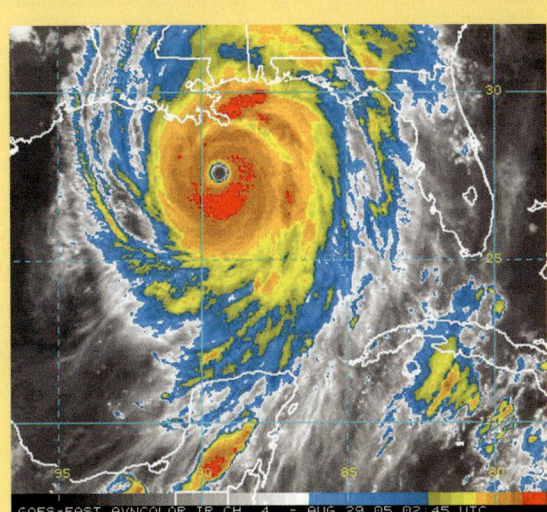

Abbildung 20.D: Farbcodiertes Infrarotbild des GOES-East-Satelliten vom Wirbelsturm Katrina einige Stunden, bevor er am 29. August 2005 das Land erreichte. (NOAA)

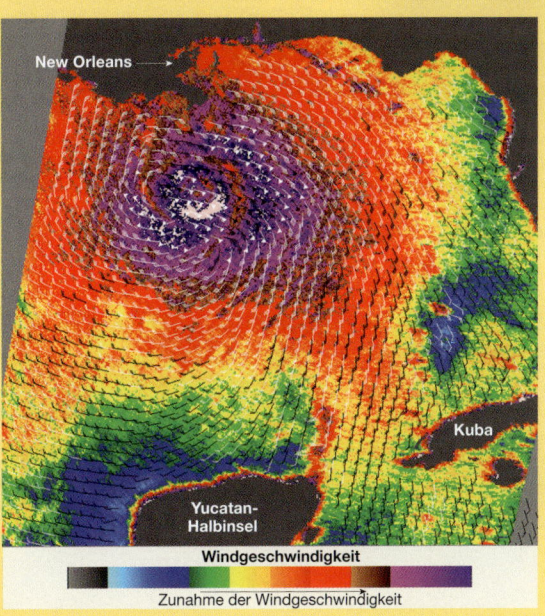

Abbildung 20.E: Der QuikSCAT-Satellit der NASA war die Datenquelle für dieses Bild vom Wirbelsturm Katrina am 28. August 2005. Die stärksten Winde, mit den violetten Farbschattierungen dargestellt, kreisen um ein gut definiertes Sturmauge. Die Fähnchen zeigen die Windrichtung an. (NASA Image)

Abbildung 20.F: Der Weg des Sturms und die Regenfallwerte für den Wirbelsturm Katrina in der Zeit vom 23. bis 31. August 2005. Die Niederschlagsmengen stammen von Satellitendaten. Die größten Gesamtmengen (dunkelrot) übersteigen 30 Zentimeter. Nachdem der Sturm an der Küste angekommen war, bewegte er sich schneller und die Gesamtniederschlagsmenge (grün bis blau) betrug im Allgemeinen weniger als 13 Zentimeter. (NASA Image)

Während der Wirbelsturmsaison hört man häufig von Wissenschaftlern und Reportern die Zahlen der *Simpson-Wirbelsturm-Skala*. Als der Wirbelsturm Katrina eintraf, betrug die Windstärke 225 Kilometer pro Stunde, was Katrina zu einem starken Sturm der Kategorie 4 machte. Stürme der Kategorie 5 sind selten. Ein bekanntes Beispiel dafür ist der Wirbelsturm Camille, der im Jahr 1969 auftrat und katastrophale Schäden entlang der Küste von Mississippi verursachte (▶ Abbildung 20.23).

Durch Wirbelstürme verursachte Schäden können in drei Kategorien eingeteilt werden: (1) Sturmflut, (2) Windschäden und (3) Überflutungen im Binnenland.

20.9.1 Sturmflut

Zweifellos werden die verheerendsten Schäden in der Küstenzone durch die Sturmflut ausgelöst. Sie ist nicht nur für den großen Anteil an Sachschaden verantwortlich, sondern auch für einen hohen Prozentsatz aller durch Wirbelstürme verursachten Todesfälle. Eine **Sturmflut** ist eine Wasserkuppel mit einer Breite

Skala Nummer (Kategorie)	Zentraler Druck (Millibar)	Windgeschwindigkeit (Km/h)	Windgeschwindigkeit (Mph)	Sturmbrandung (Meter)	Sturmbrandung (Fuß)	Schaden
1	≥980	119–153	74–95	1,2–1,5	4–5	minimal
2	965–975	154–177	96–110	1,6–2,4	6–8	mäßig
3	945–964	178–209	111–130	2,5–3,6	9–12	extensiv
4	920–944	210–250	131–150	3,7–5,4	13–18	extrem
5	<920	>250	>155	>5,4	>18	katastrophal

Tabelle 20.1: Die Saffir-Simpson-Wirbelsturm-Skala.

A.

B.

Abbildung 20.23: Im Jahr 1969 traf der Wirbelsturm Camille die Küste von Mississippi. Er war einer der seltenen Stürme der Kategorie 5. Diese alten Fotografien dokumentieren die verheerende Kraft der 7,5 Meter hohen Sturmflut des Wirbelsturms bei Pass Christian. **A.** Die Richelieu Apartments vor dem Wirbelsturm. Dieses solide aussehende dreistöckige Gebäude lag direkt neben der Hauptstraße zum Strand. **B.** Dieselben Apartments nach dem Wirbelsturm. (Fotos: Estate of Chauncey T. Hinman)

von 65 bis 80 Kilometer, die über die Küsten hinwegfegt, wenn dort das Sturmauge eintrifft. Würde man die Wellenaktivität ausgleichen, hätte die Sturmflut eine Höhe über der normalen Gezeitenhöhe. Zudem überlagert enorme Wellenaktivität die Brandung. Wir können uns leicht vorstellen, welchen Schaden diese Wasserbrandung in tiefliegenden Küstengebieten anrichten kann (Abbildung 20.23). Die schlimmsten Sturmfluten treten an Orten wie dem Golf von Mexiko auf, wo der Kontinentalschelf sehr niedrig und sanft abfallend ist. Zudem können örtliche Strukturen wie Buchten und Flüsse die Höhe einer Brandung verdoppeln und ihre Geschwindigkeit erhöhen.

Während sich ein Wirbelsturm auf die Küste der nördlichen Hemisphäre zubewegt, ist die Sturmflut immer auf der rechten Seite des Sturmzentrums (Sturmauge) am intensivsten, wo die Winde in Richtung Küste blasen. Zudem trägt auf dieser Seite des Sturms die Vorwärtsbewegung des Sturmtiefs zur Sturmflut bei. In ▶Abbildung 20.24 nehmen wir an, dass sich das Sturmtief mit Winden von einer Höchstgeschwindigkeit von 175 Kilometer pro Stunde auf die Küste mit 50 Kilometer pro Stunde zubewegt. In diesem Fall beträgt die Nettowindgeschwindigkeit auf der rechten Seite des vorrückenden Sturmssystems 225 Kilometer pro Stunde. Auf der linken Seite wehen die Wirbelsturmwinde entgegengesetzt zur Sturmrichtung, so dass die Nettowindgeschwindigkeiten von der Küste weg 125 Kilometer pro Stunde betragen. Entlang der Küste, die zur linken Seite des auftreffenden Wirbelsturms gerichtet ist, kann sich der Wasserspiegel senken, wenn der Sturm auf das Land trifft.

20.9.2 Windschäden

Durch Wind verursachte Zerstörung ist wahrscheinlich die deutlichste Klassifizierung für Wirbelsturmschäden. Trümmer, wie beispielsweise Verkehrszeichen, Material von Dächern und kleine Gegenstände, die sich draußen befinden, werden bei Wirbelstürmen zu fliegenden Geschossen. Bei manchen Bauten reicht der Wind aus, um sie komplett zu zerstören. Wohnwägen sind besonders gefährdet. Auch hohe Gebäude sind für Winde von Wirbelstürmen anfällig. Höhere Stockwerke

20.9 Wirbelstürme – die größte Bedrohung für Küsten

Abbildung 20.24: Winde, die mit einem Wirbelsturm auf der nördlichen Hemisphäre vergesellschaftet sind, rücken in Richtung Küste vor. Dieser hypothetische Sturm mit Windstärken von 175 Kilometer pro Stunde bewegt sich auf die Küste mit 50 Kilometer pro Stunde zu. Auf der rechten Seite des herannahenden Sturmtiefs haben die Winde mit 175 Kilometer pro Stunde die gleiche Richtung wie das Sturmtief mit 50 Kilometer pro Stunde. Deswegen erreicht der Sturm auf seiner rechten Seite eine Nettowindgeschwindigkeit von 225 Kilometer pro Stunde. Auf der linken Seite blasen die Winde des Wirbelsturms in die entgegengesetzte Richtung, so dass die Nettowindgeschwindigkeit von der Küste weg nur noch 125 Kilometer pro Stunde beträgt. Die Sturmflut wird entlang jenes Teils der Küste am größten sein, der von der rechten Seite des herannahenden Wirbelsturms erreicht wird.

> **Studenten fragen manchmal …**
>
> **Was ist der Unterschied zwischen einem Wirbelsturm und einem tropischen Sturm?**
>
> Bei beiden handelt es sich um tropische Zyklone – zirkuläre Zonen eines Tiefs, mit starken, nach innen wirbelnden Winden. Der Unterschied bezieht sich auf die Intensität. Wenn anhaltende Winde eine Geschwindigkeit zwischen 61 und 119 Kilometer pro Stunde haben, wird der Zyklon als tropischer Sturm bezeichnet. Während dieser Phase wird er mit einem Namen versehen (Andrew, Fran, Rita etc.). Halten die Winde eines Zyklons mit über 119 Kilometer pro Stunde an, spricht man von einem Wirbelsturm.

sind am meisten gefährdet, da die Windgeschwindigkeiten normalerweise mit der Höhe zunehmen. Neueste Untersuchungen haben ergeben, dass Menschen unterhalb des zehnten Stockwerks bleiben sollten, bei Überschwemmungsgefahr jedoch in entsprechend sicheren Stockwerken. In Gebieten mit guten Bauverordnungen sind die Windschäden normalerweise nicht so groß wie die Sturmflutschäden. Doch Winde mit Wirbelsturmstärke wirken sich auf viel größere Gebiete aus als Sturmfluten und können riesige ökonomische Verluste verursachen. Beispielsweise waren es 1992 die Winde, die mit dem Wirbelsturm Andrew einhergingen, die einen Schaden von über 25 Milliarden US$ in Südkalifornien verursachten. Durch Wirbelstürme entstehen manchmal Tornados, die zur zerstörerischen Gewalt der Stürme beitragen. Untersuchungen haben gezeigt, dass mehr als die Hälfte der Wirbelstürme, die auf das Land treffen, mindestens einen Tornado erzeugen. Im Jahr 2004 war die Zahl der Tornados, die in Zusammenhang mit Tropenstürmen und Wirbelstürmen auftraten, außerordentlich. Der tropische Sturm Bonnie und fünf Wirbelstürme, die auf das Land eintrafen – Charley, Frances, Gaston, Ivan, Jeanne – erzeugten mindestens 300 Tornados, die die südöstlichen und mittelatlantischen Staaten trafen.

20.9.3 Überflutung im Binnenland

Sintflutartige Regenfälle, die mit Wirbelstürmen einhergehen, stellen eine dritte, bedeutende Bedrohung dar: die Überflutung. Während sich die Auswirkungen von Sturmfluten und starken Winden in Küstengebirgen konzentrieren, können heftige Regenfälle in Orten, Hunderte von Kilometern von der Küste entfernt, noch mehrere Tage anhalten, nachdem der Sturm bereits seine wirbelsturmartige Windkraft verloren hat.

Im September 1999 traf der Wirbelsturm Floyd mit sintflutartigen Regenfällen, starkem Wind und rauer See große Teile der Atlantikküste. Mehr als 2,5 Millionen Menschen mussten ihr Zuhause in Florida verlassen und sich bis nach North und South Carolina retten. Es war bis zu diesem Zeitpunkt die größte Evakuierung in Friedenszeiten in der Geschichte der Vereinigten Staaten. Sintflutartige Regenfälle, die auf bereits mit Wasser gesättigten Boden fielen, verursachten verheerende Überschwemmungen im Binnenland. Insgesamt brachte Floyd 48 Zentimeter Regen in den Gebieten von Wilmington, North Carolina, 33,98 Zentimeter davon innerhalb von 24 Stunden.

Zusammenfassend kann man sagen, dass weitreichende Schäden und Todesfälle in der Küstenzone durch Sturmfluten, starke Winde und sintflutartige Regenfälle verursacht werden. Zahlreiche Todesfälle sind meist durch Sturmfluten verursacht, die ganze Strandwallinseln oder Zonen, die einige Straßenzüge weit von der Küste entfernt liegen, zerstören können. Obwohl die Windschäden meist nicht so katastrophal wie die Sturmflut sind, ist ein viel größeres Gebiet betroffen. Dort, wo die Bauverordnungen unzureichend sind, entstehen besonders große wirtschaftliche Schäden. Da sich Wirbelstürme abschwächen, während sie sich landeinwärts bewegen, treten die größten Schäden in 200 Meter Entfernung zur Küste auf. Weit von der Küste entfernt können Stürme ausgedehnte Überschwemmungen hervorrufen, lange nachdem sie ihren Wirbelsturmstatus verloren haben. Manchmal übertrifft der Schaden der Binnenlandüberflutung sogar die Zerstörung durch die Sturmflut.

Klassifikation der Küsten 20.10

Die große Verschiedenheit der Küstenlinien bedingt ihre Komplexität. Tatsächlich muss man, um jedes einzelne Küstengebiet zu verstehen, viele Faktoren berücksichtigen, einschließlich der Gesteinstypen, der Größe und Richtung der Wellen, der Häufigkeit von Stürmen, den Tidenhub und die Topographie vor der Küste. Zudem sind praktisch alle Küstengebiete vom weltweiten Anstieg des Meeresspiegels betroffen, der das Abschmelzen der eiszeitlichen Gletscher am Ende des Pleistozäns begleitete. Schließlich muss man auch tektonische Ereignisse berücksichtigen, die das Land heben oder absenken oder das Volumen der Ozeanbecken verändern. Die große Anzahl der Faktoren, die die Küstengebiete beeinflussen, machen die Klassifikation der Küsten schwierig.

Viele Geologen klassifizieren die Küsten basierend auf den Veränderungen, die sich im Hinblick auf den Meeresspiegel ereignet haben. Diese häufig verwendete Klassifikation unterteilt die Küsten in zwei sehr allgemeine Kategorien: auftauchend und abtauchend. **Auftauchende Küsten** entwickeln sich entweder, weil sie Hebung erfahren haben, oder als Folge des absinkenden Meeresspiegels. Im Gegensatz dazu entstehen **abtauchende Küsten**, wenn der Meeresspiegel ansteigt oder das dem Meer angrenzende Land absinkt.

20.10.1 Auftauchende Küsten

In manchen Gebieten tauchen Küsten ganz deutlich auf, da das ansteigende Land oder der fallende Wasserspiegel Klippen, die durch Wellen eingeschnitten wurden, und Plattformen oberhalb des Meeresspiegels freilegen. Zu ausgezeichneten Beispielen gehören Teile der Küste Kaliforniens, wo sich eine Hebung in der jüngsten geologischen Vergangenheit ereignet hat (siehe Abbildung 14.19). Die Meeresterrasse, wie sie in Abbildung 20.11 gezeigt wird, stellt diese Situation dar. Im Fall der Palos Verdes Hills südlich von Los Angeles existieren sieben verschiedene Terrassen, was auf sieben verschiedene Hebungsepisoden schließen lässt. Das ewig unnachgiebige Meer schneidet gegenwärtig eine Plattform an der Basis der Klippe ein. Falls eine Hebung folgt, wird auch diese zu einer angehobenen Meeresterrasse werden.

Andere Beispiele von auftauchenden Küsten umfassen Regionen, die einst unter kontinentalen Eisdecken begraben waren. Als die Gletscher noch existierten, drückten sie mit ihrem Gewicht die Kruste nach unten und als das Eis schmolz, begann die Kruste allmählich wieder zurückzufedern. Deswegen kann man die ehemaligen Strukturen der Küstenlinie heute hoch über dem Meeresspiegel vorfinden. Die Hudson-Bay-Region von Kanada ist solch ein Gebiet; Teile davon steigen immer noch mit mehr als einem Zentimeter pro Jahr nach oben.

20.10.2 Abtauchende Küsten

Im Gegensatz zu den vorangegangenen Beispielen zeigen andere Küstengebiete deutliche Zeichen von Abtauchen. Küsten, die in der jüngsten Vergangenheit abgetaucht sind, sind oft sehr unregelmäßig, da das Meer typischerweise die niedrigeren Flussabschnitte überflutet, die ins Meer fließen. Die Bergrücken, die die Täler voneinander trennen, bleiben oberhalb des Meeresspiegels und ragen als Landzungen ins Meer. Die unter Wasser liegenden Flussmündungen, **Ästuare** genannt, charakterisieren heutzutage viele Küsten. Entlang der atlantischen Küstenlinie sind die Chesapeake- und die Delaware-Bucht Beispiele großer Ästuare, die durch das Abtauchen entstanden sind (▶ Abbildung 20.25). Die malerische Küste von Maine, insbesondere in der Nähe des Acadia-Nationalparks, ist ein weiteres gutes Beispiel eines Gebiets, das durch den nacheiszeitlichen Anstieg des Meeresspiegels überflutet und zu einer sehr irregulären Küstenlinie verändert wurde.

Beachten Sie dabei, dass die meisten Küsten eine komplexe geologische Geschichte besitzen. Im Hinblick auf den Meeresspiegel sind viele zu unterschied-

20.11 Die Gezeiten

Abbildung 20.25: Große Ästuare entlang der Ostküste der Vereinigten Staaten. Die unteren Abschnitte vieler Flusstäler wurden durch den Anstieg des Meeresspiegels am Ende der Eiszeit überflutet und bildeten riesige Ästuare wie die Chesapeake- und die Delaware-Bucht.

lichen Zeiten aufgetaucht und dann wieder abgetaucht. Jedes Mal können sie einen Teil der Strukturen der vorherigen Situation beibehalten.

Die Gezeiten 20.11

Die **Gezeiten** sind die täglichen Veränderungen in der Höhe des Meeresspiegels. Über das rhythmische Steigen und Fallen entlang der Küstenlinien weiß man seit der Antike Bescheid. Anders als die Wellen sind sie die am einfachsten zu beobachtenden Meeresbewegungen (▶ Abbildung 20.26).

Obwohl man die Gezeiten seit Jahrhunderten kannte, konnte man sie nicht erklären, bis Isaac Newton auf sie das Gesetz der Schwerkraft zufriedenstellend anwandte. Newton zeigte, dass eine gegenseitige Anziehungskraft zwischen zwei Körpern vorhanden ist und da sich die Ozeane frei bewegen können, werden sie durch diese Kraft deformiert. Folglich resultieren die Meeresgezeiten aus dieser Anziehungskraft, die vom Mond auf die Erde ausgeübt wird und ebenso von der Sonne, wenn auch mit weniger Wirkung.

20.11.1 Die Ursachen der Gezeiten

Es ist leicht nachzuvollziehen, dass die Gravitationskraft des Monds dazu führen kann, dass der Wasserspiegel auf der Seite der Erde, die dem Mond am nächsten steht, steigt. Daneben entsteht aber ein ähnlich starker Gezeitenberg auf der Seite der Erde direkt gegenüber der Seite des Monds (▶ Abbildung 20.27).

Beide Gezeitenberge werden, wie Newton entdeckte, durch die Schwerkraft verursacht. Die Schwerkraft ist umgekehrt proportional zum Quadrat der Entfernung zwischen zwei Körpern, was ganz einfach bedeutet, dass sie sich schnell mit der Entfernung abschwächt. In diesem Fall betrifft es die beiden Objekte Erde und Mond. Da die Schwerkraft mit der Entfer-

Abbildung 20.26: Flut und Ebbe im Minasbecken in der Bucht Fundy, Neuschottland. Die Gebiete, die während der Ebbe frei liegen und während der Flut von Wasser bedeckt sind, nennt man Gezeitenebene oder Watt. Die Gezeitenebene ist hier sehr ausgedehnt. (Fotos: mit freundlicher Genehmigung der Tourismus- und Kulturabteilung von Neuschottland)

20 Küstenlinien

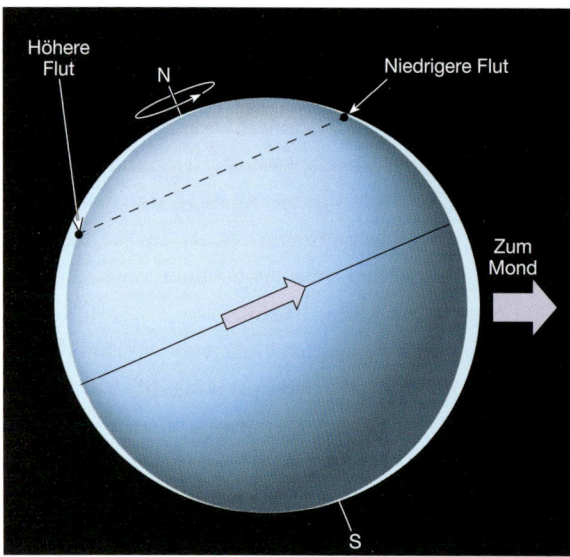

Abbildung 20.27: Idealisierte Gezeitenberge auf der Erde, die durch den Mond hervorgerufen werden. Wäre die Erde mit einer gleichmäßigen Wassertiefe bedeckt, gäbe es zwei Gezeitenberge: einen auf der Seite der Erde, die zum Mond zeigt (rechts), und einen auf der entgegengesetzten Seite der Erde (links). Abhängig von der Position des Mondes können die Gezeitenberge relativ zum Äquator der Erde geneigt sein. In dieser Situation würde man durch die Erdrotation zwei unterschiedlich hohe Fluten am Tag beobachten.

> **Studenten fragen manchmal …**
>
> **Wo gibt es den größten Tidenhub auf der Welt?**
>
> Den größten Tidenhub der Welt (der Unterschied zwischen aufeinanderfolgender Flut und Ebbe) findet man am nördlichen Ende von Neuschottland an der 258 Kilometer langen Bucht Fundy. Während der maximalen Springflut beträgt der Tidenhub an der Buchtmündung (dort, wo sich die Bucht zum Ozean öffnet) nur etwa 2 Meter. Doch der Tidenhub nimmt von der Bucht Richtung Norden progressiv zu, da die natürliche Geometrie der Bucht die Gezeitenenergie konzentriert. Im nördlichen Ende des Minasbecken beträgt der maximale Tidenhub etwa 17 Meter. Bei diesem extremen Unterschied im Tidenhub liegen die Boote während der Ebbe trocken (Abbildung 20.26).

nung abnimmt, ist die Schwerkraftanziehung auf die Erde leicht größer auf der Seite, die dem Mond am nächsten steht, als auf der gegenüberliegenden Seite. Als Folge dieser unterschiedlichen Anziehung streckt (verlängert) sich die „feste" Erde leicht. Im Gegensatz dazu ist der weltumspannende Ozean beweglich und wird ganz dramatisch durch diesen Effekt deformiert, wobei er zwei gegensätzliche Gezeitenberge erzeugt.

Da sich die Position des Mondes innerhalb eines Tages nur mäßig ändert, bleiben die Gezeitenberge an der gleichen Position, während die Erde „hindurch" rotiert. Aus diesem Grund rotiert die Erde durch abwechselnde Gebiete von tieferen und flacheren Wasser, was Sie beobachten können, wenn Sie sich 24 Stunden an einer Meeresküste aufhalten. Werden Sie in die Gezeitenberge hineinbewegt, sehen Sie die Flut steigen, und wenn Sie in das Tal zwischen den Gezeitenbergen hineinbewegt werden, sinkt die Flut. Deswegen gibt es an den meisten Orten der Erde zweimal pro Tag Ebbe und Flut.

Zudem wandert der Gezeitenberg, weil der Mond in etwa 29 Tagen um die Erde kreist. Deswegen verschieben sich die Gezeiten, wie auch der Mondaufgang, um ca. 50 Minuten pro Tag. Nach 29 Tagen ist der Zyklus vollständig und ein neuer beginnt.

An vielen Orten kann es zu Ungleichheiten bei den Flutphasen an einem bestimmten Tag kommen. In Abhängigkeit von der Position des Monds kann sich der Gezeitenberg in Richtung des Äquators neigen, wie in Abbildung 20.27 dargestellt. Die Abbildung zeigt, dass die Flut, die man in der nördlichen Hemisphäre beobachtet, beträchtlich höher sein kann als die Flut einen halben Tag später. Auf der südlichen Hemisphäre dagegen würde man den gegenteiligen Effekt beobachten.

20.11.2 Der monatliche Gezeitenzyklus

Der Hauptkörper, der die Gezeiten beeinflusst, ist der Mond, der die Erde alle 29,5 Tage umkreist. Die Sonne beeinflusst die Gezeiten ebenso. Sie ist viel größer als der Mond, aber da sie viel weiter entfernt ist, ist ihre Wirkung wesentlich geringer. Tatsächlich entspricht die Gezeiten erzeugende Wirkung der Sonne nur 46 Prozent der des Monds.

In der Zeit des Neumonds und des Vollmonds stehen Sonne und Mond in einer Linie und ihre Kräfte addieren sich (▶ Abbildung 20.28A). Dementsprechend erzeugt die gemeinsame Schwerkraft dieser beiden Gezeiten hervorrufenden Körper größere Gezeitenberge (höhere Flut) und tiefere Gezeitentäler (niedrigere Ebbe) und damit einen größeren Tidenhub. Dies wird als **Springflut** bezeichnet und tritt zweimal im Monat auf, wenn das Erde-Mond-Sonnensystem in einer Linie steht. Umgekehrt wirken Gravitationskräfte im ersten und dritten Viertel des Monds und der

Sonne im rechten Winkel auf die Erde und schwächen sich teilweise gegenseitig ab (▶ Abbildung 20.28B). Als Folge davon ist der tägliche Tidenhub geringer. Dies wird als **Nippflut** bezeichnet und tritt ebenfalls zweimal im Monat auf. Es gibt also jeden Monat zwei Springfluten und zwei Nippfluten jeweils mit etwa einer Woche Unterschied.

20.11.3 Gezeitenmuster

Bis jetzt wurden die einfachen Ursachen und Arten der Gezeiten erklärt. Behalten Sie jedoch im Gedächtnis, dass diese theoretischen Überlegungen nicht verwendet werden können, um die Höhe oder die Zeit der eigentlichen Gezeiten an einem bestimmten Ort vorherzusagen. Das ist so, da viele Faktoren – einschließlich der Gestalt der Küstenlinie, der Beschaffenheit der Ozeanbecken und der Wassertiefe – die Gezeiten besonders beeinflussen. Folglich reagieren Gezeiten an unterschiedlichen Orten verschieden auf die Gezeiten erzeugenden Faktoren. Deshalb kann die Beschaffenheit der Gezeiten an einer beliebigen Küstenposition am genauesten durch die aktuelle Beobachtung bestimmt werden. Die Vorhersagen in Gezeitentabellen und Gezeitendaten in nautischen Tabellen basieren auf solchen Untersuchungen.

Es existieren weltweit drei Hauptgezeitenmuster. Ein **tägliches Gezeitenmuster** ist charakterisiert durch eine einzige Flut und eine einzige Ebbe (▶ Abbildung 20.29). Gezeiten von diesem Typ treten entlang des

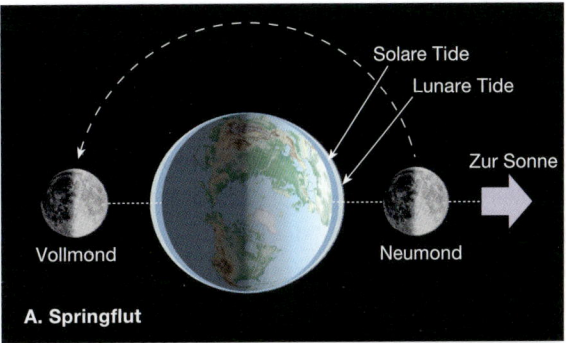
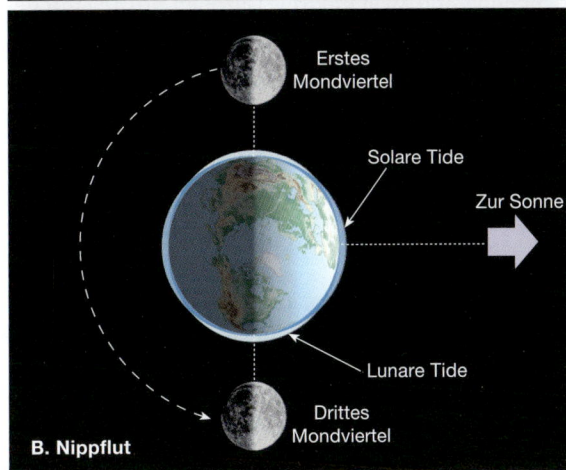

Abbildung 20.28: Die Erde-Mond-Sonne-Positionen und die Gezeiten. **A.** Steht der Mond im Vollmond oder im Neumond, stehen die Gezeitenberge, die durch Sonne und Mond hervorgerufen werden, in einer Linie; es gibt einen großen Tidenhub auf der Erde und man kann Springfluten beobachten. **B.** Befindet sich der Mond im ersten oder dritten Viertel, stehen die Gezeitenberge, die durch den Mond erzeugt werden, im rechten Winkel zu den Gezeitenbergen, die durch die Sonne entstehen. Der Tidenhub ist kleiner und man kann Nippfluten beobachten.

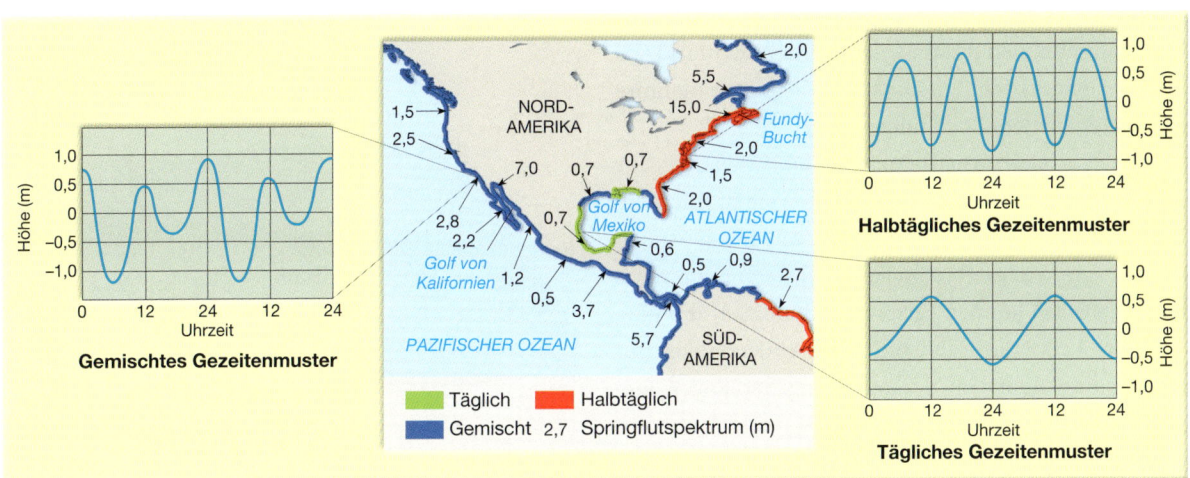

Abbildung 20.29: Gezeitenmuster und ihr Auftreten entlang von Abschnitten der Küstenlinien von Nord- und Südamerika. Ein tägliches Gezeitenmuster (unten rechts) zeigt eine Flut und eine Ebbe pro Gezeitentag. Ein halbtägliches Muster (oben rechts) zeigt zwei Fluten und zwei Ebben mit etwa gleichen Höhen pro Gezeitentag. Ein gemischtes Gezeitenmuster (links) zeigt zwei Fluten und zwei Ebben mit ungleichen Höhen pro Gezeitentag.

nördlichen Strands am Golf von Mexiko auf. Ein **halbtägliches Gezeitenmuster** weist zwei Fluten und zwei Ebben pro Tag auf, wobei jeweils die zwei Fluten und die zwei Ebben die gleiche Höhe haben (Abbildung 20.29). Ein **gemischtes Gezeitenmuster** ist einem halbtäglichen Muster ähnlich, außer dass es durch eine große Ungleichheit in den Wasserhöhen (bei Ebbe oder bei Flut oder bei beiden) charakterisiert ist (Abbildung 20.29). In diesem Fall gibt es für gewöhnlich zwei hohe und zwei niedrige Gezeiten pro Tag mit den Fluten und den Ebben auf unterschiedlichen Höhen. Solche Gezeiten herrschen entlang der pazifischen Küste der Vereinigten Staaten und in vielen anderen Teilen der Welt.

20.11.4 Gezeitenströmungen

Gezeitenströmung ist der Begriff, der das horizontale Fließen des Wassers beschreibt, das das Ansteigen und Fallen der Gezeiten begleitet. Diese Wasserbewegungen, die durch die Gezeitenkräfte hervorgerufen werden, können für manche Küstengegenden von Bedeutung sein. Gezeitenströmungen fließen in eine Richtung während eines Teils des Gezeitenzyklus und in umgekehrter Richtung während der übrigen Zeit. Während der **Tidenhub** fällt, erzeugt das Richtung Meer bewegte Wasser **Ebbeströmungen** und es erodieren Abflussrinnen aus dem Untergrund, die Wattrinnen oder Priele. Perioden mit wenig oder keiner Strömung, *Stillwasser* genannt, trennen Ebbe und Flut. Gebiete, die von diesen wechselnden Gezeitenströmungen betroffen sind, werden **Watt** genannt (siehe Abbildung 20.26). Abhängig von der Beschaffenheit der Küstenzone variiert das Watt von schmalen Streifen meerwärts vom Strand aus bis hin zu ausgedehnten Zonen, die sich über mehrere Kilometer ausdehnen können.

Obwohl Gezeitenströmungen im offenen Meer keine große Bedeutung haben, können sie in Buchten, Flussästuaren, Meerengen und anderen engen Stellen schnell sein. Vor der bretonischen Küste in Frankreich beispielsweise können Gezeitenströmungen, die eine Flut von 12 Meter begleiten, bis zu 20 Kilometer pro Stunde erreichen. An der Mündung der Rance (gegenüber der berühmten Wattinsel St. Maló) nützt ein Gezeitenkraftwerk diese Strömung und erzeugt daraus etwa 580 Megawattstunden Strom pro Jahr.

Obwohl Gezeitenströmungen im Allgemeinen keinen großen Beitrag zur Erosion und zum Sedimenttransport leisten, gibt es erwähnenswerte Ausnahmen, wo sich die Gezeiten durch eine Engstelle hindurchbewegen. Dort reiben sie ständig den schmalen Eingang von vielen Häfen frei, die andererseits blockiert sein würden.

Manche Ablagerungen, **Gezeitendeltas** genannt, entstehen durch Gezeitenströmungen (▶ Abbildung 20.30). Sie können sich entweder als *Flutdeltas* landeinwärts von einem engen Durchlass oder als *Ebbedelta* auf der meerwärts gerichteten Seite bilden. Da Wellenaktivität und Küstenströme auf der geschützten landeinwärts gerichteten Seite reduziert sind, sind Flutdeltas häufiger und ausgeprägter (siehe Abbildung 20.13B). Sie bilden sich, nachdem sich die Gezeitenströmung schnell durch die Engstelle bewegt. Erreicht die Strömung aus den engen Passagen das offenere Wasser, verlangsamt sie sich und lagert ihre Sedimentladung ab.

20.11.5 Gezeiten und die Rotation der Erde

Die Gezeiten wirken durch die Reibung gegen den Ozeanboden wie schwache Bremsen, die stetig die Erdrotation verlangsamen. Die Verlangsamungsrate ist dennoch nicht besonders groß. Astronomen, die die Länge des Tages in den letzten 300 Jahren gemessen haben, fanden heraus, dass sich der Tag um 0,002 Sekunden pro Jahrhundert verlängert. Obwohl dies keine Konsequenzen zu haben scheint, wird diese kleine Auswirkung über Millionen von Jahren sehr groß werden.

Falls sich die Erdrotation verlangsamt, muss in der geologischen Vergangenheit die Tageslänge kürzer

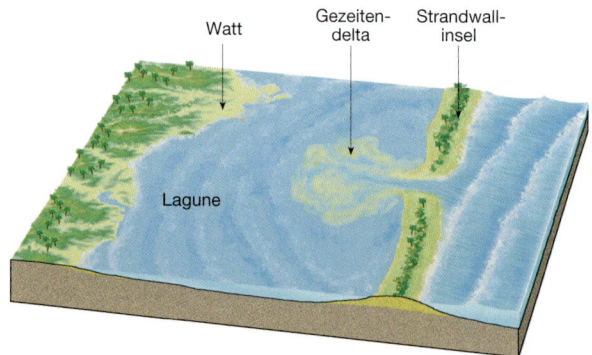

Abbildung 20.30: Da sich dieses Gezeitendelta in den relativ ruhigen Gewässern auf der landwärts gerichteten Seite einer Strandwallinsel bildet, wird es als Flutdelta bezeichnet. Erreicht die Strömung aus den engen Passagen das offenere Wasser, verlangsamt sie sich und lagert ihre Sedimentladung ab. Die Formen solcher Flutdeltas sind sehr variabel.

und die Anzahl der Tage pro Jahr größer gewesen sein. Eine dabei angewandte Methode zur Untersuchung dieses Phänomens ist die Untersuchung von Schalen bestimmter wirbelloser Tiere unter dem Mikroskop. Bei Venusmuscheln und Korallen sowie anderen Organismen wächst täglich eine dünne Lage von neuem Schalenmaterial. Durch die Untersuchung der täglichen Wachstumsringe von einigen gut erhaltenen Fossilproben können wir die Anzahl der Tage im Jahr bestimmen. Aus Untersuchungen, die diese geniale Technik angewandt haben, geht hervor, dass in der frühen kambrischen Periode, vor etwa 540 Millionen Jahren, die Länge des Tages nur etwa 21 Stunden betrug. Da sich die Länge eines Jahres, das durch die Drehung der Erde um die Sonne bestimmt ist, nicht ändert, enthielt ein kambrisches Jahr 424 Tage mit 21 Stunden. Im späten Devon vor etwa 365 Millionen Jahren bestand ein Jahr aus 410 Tagen und mit Beginn des Perms vor etwa 290 Millionen Jahren hatte das Jahr 390 Tage.

ZUSAMMENFASSUNG

Das *Ufer* ist ein Gebiet, das sich zwischen der Linie des niedrigsten Gezeitenstands und der höchsten Erhebung an Land, die noch durch Sturmwellen betroffen ist, erstreckt. Die *Küste* dehnt sich vom Binnenland bis zum Ufer hin aus, soweit man Strukturen, die in Beziehung zum Meer stehen, vorfindet. Der Strandbereich kann in den *Vorstrand* und das *Strandhinterland* eingeteilt werden. Meerwärts vom Vorstrand liegen die küstennahe Zone und die küstenferne Zone.

Ein **Strand** ist eine Anhäufung von Sediment, das man entlang des landwärts gerichteten Rands eines Ozeans oder Sees findet. Der Strand umfasst eine oder mehrere *Strandterrassen* und die *Strandfläche*. Die Strände bestehen aus Material, das örtlich reichlich vorhanden ist. Man muss es sich als Durchgangsmaterial entlang der Küste vorstellen.

Wellen bewegen Energie und die meisten Ozeanwellen werden durch Wind hervorgerufen. Die drei Faktoren, die die *Höhe*, die *Länge* und die *Periode* einer Welle beeinflussen, sind (1) die *Windgeschwindigkeit*, (2) die *Länge der Zeit, in der der Wind bläst*, und (3) die *Streichlänge*, das ist die Entfernung, die der Wind über offenes Wasser wandert. Sobald die Wellen ein Sturmgebiet verlassen, werden sie als Dünung bezeichnet. Dünung erkennt man an symmetrischen Wellen mit größerer Wellenlänge.

Wenn sich Wellen fortbewegen, *übermitteln Wasserteilchen die Energie durch eine zirkuläre Orbitalbewegung*, die sich in eine Tiefe ausdehnt, die einer Wellenlänge entspricht. Bewegt sich eine Welle in flacheres Wasser, erfährt sie eine physikalische Veränderung, die die Welle zum Einstürzen oder *Brechen* bringt und die *Brandung* bildet.

Die Wellenerosion wird durch den Druck des Wellenaufpralls und Abrasion (die sägende und schleifende Wirkung des mit Gesteinstrümmern versehenen Wassers) verursacht. Die Biegung der Wellen nennt man *Wellenbeugung*. Wegen der Wellenbeugung konzentriert sich der Wellenaufprall auf die Seiten und die Spitzen der Landzungen.

Die meisten Wellen treffen in einem kleinen Winkel auf die Küste. Die Anspülung und Rückspülung des Wassers von jeder brechenden Welle bewegt das Sediment im Zickzackmuster den Strand entlang. Diese Bewegung wird *Stranddrift* genannt und kann Sand über Hunderte oder sogar Tausende von Metern täglich transportieren. Schiefe Wellen können auch innerhalb der Brandungszone einen *Küstenstrom* erzeugen, der parallel zur Küste fließt.

Zu den Strukturen, die durch die *Erosion der Küstenlinie* erzeugt werden, gehören steile *Klippen* (die durch die unterschneidende Arbeit der Brandung an der Basis des Küstengebiets entstehen), *Brandungsplattformen* (relativ flache, sitzbankartige Oberflächen, die von den zurückweichenden Klippen hinterlassen werden), *Brandungstore* (die gebildet werden, wenn eine Landzunge erodiert wird und zwei Höhlen von gegenüberliegenden Seiten sich miteinander verbinden) und *Seenadeln* (die sich bilden, wenn das Dach eines Brandungstors einstürzt).

Manche Ablagerungsstrukturen, die sich bilden, wenn sich Sedimente durch Stranddrift und Küstenströme ablagern, sind *Nehrungen* (lang gezogene Sandrücken, die vom Land in die Mündung der benachbarten Bucht hineinragen oder auch eine Bucht völlig verschließen) und *Inselnehrungen* (Sandrücken, die eine Insel mit dem Festland oder einer anderen Insel verbinden). Entlang der Atlantik- und der Golfküstenebenen ist die Küstenzone durch *Strandwallinseln* charakterisiert, niedrige Sandrücken, die parallel zur Küste 3 bis 30 Kilometer entfernt sind.

Örtliche Faktoren, die die Erosion der Küstenlinie beeinflussen, sind (1) die Nähe zu sedimentbeladenen Flüssen, (2) das Ausmaß der tektonischen Aktivität, (3) die Topographie und der Aufbau des Lands, (4) die vorherrschenden Wind- und Wettermuster und (5) die Beschaffenheit der Küstenlinie und der küstennahen Gebiete.

Starre Schutzbauten umfassen den Bau von harten, massiven Strukturen mit dem Ansatz, eine Küste vor Erosion zu schützen oder die Bewegung von Sand entlang des Strands zu verhindern. Zur bleibenden Stabilisierung gehören *Buhnen* (kurze Mauern, die im rechten Winkel zur Küste gebaut werden, um wandernden Sand abzufangen), *Wellenbrecher* (Strukturen, die parallel zur

Küste gebaut werden, um diese vor der Gewalt der brechenden Wellen zu schützen) und *Uferdämme* (die die Küste verstärken, um zu verhindern, dass die Wellen das Gebiet dahinter erreichen). *Alternativen zur bleibenden Stabilisation* sind das *Aufsanden* (das Auffüllen von Sand, um die erodierenden Strände wieder aufzufüllen) und schließlich die Umsetzung von beschädigten oder gefährdeten Gebäuden.

Wegen der grundlegenden geologischen Unterschiede ist die *Gewichtung der Probleme der Küstenerosion entlang der pazifischen und atlantischen Küsten Nordamerikas sehr unterschiedlich*. Ein Großteil der Bebauung entlang der Atlantik- und der Golfküsten wurde auf Strandwallinseln durchgeführt, die der vollen Gewalt großer Stürme ausgesetzt sind. Ein Großteil der pazifischen Küste ist durch schmale Strände charakterisiert, die an steile Klippen und Gebirgsketten angrenzen. Ein Hauptproblem, das sich der pazifischen Küste stellt, ist die Verschmälerung der Strände, da der natürliche Materialfluss zur Küste durch Dämme unterbrochen ist, die für die Bewässerung und zum Hochwasserschutz errichtet wurden.

Obwohl die von Wirbelstürmen verursachten Schäden von mehreren Faktoren abhängen, zu welchen die Größe und die Populationsdichte des betroffenen Gebiets gehören sowie der Aufbau des küstennahen Bodens, ist der bedeutendste Faktor die Stärke des Sturms selbst. Die *Saffir-Simpson-Skala* teilt die relative Intensität von Wirbelstürmen ein. Ein Sturm der Kategorie 5 ist am stärksten und einer mit Kategorie 1 am wenigsten stark. Die von Wirbelstürmen verursachten Schäden werden in drei Kategorien eingeteilt: (1) *die Sturmflut*, die am intensivsten auf der rechten Seite des Sturmauges ist, wo Winde zur Küste hin blasen, und die dann auftritt, wenn eine Wasserkuppel über die Küste fegt, dort, wo das Sturmauge auf Land getroffen ist; (2) *Windschäden*; und (3) *Überflutungen im Binnenland*, die durch sintflutartige Regenfälle, die den Wirbelsturm begleiten, ausgelöst werden.

Eine allgemein verwendete Klassifikation von Küsten basiert auf Veränderungen, die im Hinblick auf den Meeresspiegel auftreten. *Auftauchende Küsten* (oft mit Klippen, die von den Brandungswellen herauspräpariert wurden, und Brandungsplattformen oberhalb des Meeresspiegels) entwickeln sich entweder in einem Gebiet, das eine Hebung erfährt, oder sind die Folge der Meeresspiegelabsenkung. Im Gegensatz dazu entstehen abtauchende Küsten mit ihren unter Wasser liegenden Flussmündungen, den Ästuaren, wenn der Meeresspiegel ansteigt oder das Land neben dem Meer absinkt.

Die *Gezeiten*, das tägliche Steigen und Fallen in der Höhe der Ozeanoberfläche an einem bestimmten Ort, werden durch die *Anziehungskraft* des Monds und zu einem geringeren Ausmaß der Sonne hervorgerufen. Der Mond und die Sonne rufen beide ein Paar von *Gezeitenbergen* auf der Erde hervor. Diese Gezeitenberge bleiben an einer festen Position relativ zu den hervorrufenden Körpern (Mond und Sonne), während die Erde sich unter ihnen hindurchdreht, was abwechselnd Ebbe und Flut verursacht. *Springfluten* treten nahe dem Voll- und Neumond auf, wenn Sonne und Mond in einer Linie stehen und die Auslenkungen sich addieren und besonders hohe Flut und besonders niedrige Ebbe hervorrufen *(ein großer täglicher Tidenhub)*. Andererseits treten *Nippfluten* dann auf, wenn der Mond im ersten oder im zweiten Drittel steht (also bei Halbmond), die Auslenkungen von Sonne und Mond im rechten Winkel zueinander stehen und einen *kleineren täglichen Tidenhub* verursachen.

Es existieren weltweit drei Hauptgezeitenmuster. Ein *tägliches Gezeitenmuster* weist täglich eine Flut und eine Ebbe auf; ein *halbtägliches Gezeitenmuster* umfasst zwei Fluten und zwei Ebben in etwa gleicher Höhe täglich; und ein *gemischtes Gezeitenmuster* hat täglich zwei Fluten und zwei Ebben mit unterschiedlichen Höhen.

Gezeitenströmungen sind horizontale Wasserbewegungen, die das Steigen und Fallen der Gezeiten begleiten. Eine Gezeitenebene bzw. ein *Watt* ist ein Gebiet, das vom Vorrücken und Zurückziehen der Gezeitenströmungen betroffen ist. Verlangsamen sich Gezeitenströmungen, nachdem sie enge Passagen durchströmt haben, lagern sie Sediment ab, das schließlich ein *Gezeitendelta* bilden kann.

ZUSAMMENFASSUNG

Wiederholungsfragen

1. Unterscheiden Sie zwischen Strand, Strandlinie, Küste und Küstenlinie.
2. Was ist ein Strand? Unterscheiden Sie kurz zwischen Strandfläche und Strandterrasse. Welches sind die Quellen für das Strandsediment?
3. Nennen Sie drei Faktoren, welche Höhe, Länge und Periode einer Welle bestimmen.
4. Beschreiben Sie die Bewegung eines schwimmenden Objekts, wenn sich eine Welle vorbeibewegt).
5. Beschreiben Sie die physikalischen Veränderungen bezüglich der Geschwindigkeit, Wellenlänge und Höhe einer Welle, wenn diese sich in flacheres Wasser bewegt und bricht.

Wiederholungsfragen

6 Beschreiben Sie zwei Arten, wodurch Wellen Erosion verursachen.

7 Was ist Wellenbeugung? Was ist die Auswirkung davon auf unregelmäßige Küstenlinien?

8 Warum werden Strände oft als „Sandflüsse" bezeichnet?

9 Beschreiben Sie die Entstehung folgender Strukturen: durch Wellen eingeschnittene Klippen, Brandungsplattform, Meeresterasse, Seenadel, Nehrung, Inselnehrung.

10 Nennen Sie drei Arten, durch die sich Strandwallinseln bilden können.

11 In welcher Richtung bewegen Stranddrift und Küstenstrom den Sand in Abbildung 20.18? Bewegt er sich im Foto nach oben oder nach unten?

12 Nennen Sie drei Beispiele starrer Befestigung und beschreiben Sie deren Aufgaben. Welche Auswirkung hat jede davon auf die Verteilung von Sand am Strand?

13 Nennen Sie zwei Alternativen zur bleibenden Stabilisation, zeigen Sie jeweils die möglichen Probleme auf.

14 Stellen Sie die Dammverbauung von Flüssen mit dem Schrumpfen der Strände an vielen Orten der Westküste der Vereinigten Staaten miteinander in Beziehung. Warum führen schmalere Strände zu einem schnelleren Rückzug der Meeresklippen?

15 Wirbelsturmschäden kann man in drei große Kategorien unterteilen. Nennen Sie diese. Welche Kategorie davon ist für die meisten Todesopfer durch Wirbelstürme verantwortlich?

16 Welche beobachtbaren Strukturen würden Sie veranlassen, ein Küstengebiet als auftauchend zu beschreiben?

17 Stehen Ästuare mit auftauchenden oder abtauchenden Küsten in Zusammenhang? Erklären Sie Ihre Antwort.

18 Diskutieren Sie die Entstehung der Meeresgezeiten. Erklären Sie, warum der Einfluss der Sonne auf die Gezeiten der Erde nur etwa halb so groß ist wie der des Monds, obwohl die Sonne viel größer als der Mond ist.

19 Erklären Sie, warum ein Beobachter zwei ungleiche Flutereignisse an einem Tag erleben kann (Abbildung 20.27).

20 Wie unterscheiden sich tägliche, halbtägliche und gemischte Gezeitenmuster?

21 Unterscheiden Sie zwischen Flutströmungen und Ebbeströmungen.

22 Welche Auswirkung haben die Gezeiten auf die Erdrotation? Wie untermauerten Geologen diese Annahme?

Größere Multiple-Choice-Tests zur Wissenskontrolle und Prüfungsvorbereitung sowie weitere Informationen zu diesem Buchkapitel finden Sie auf der Companion Website zum Buch unter **www.pearson-studium.de**

Globaler Klimawandel

21.1 Das Klimasystem 681
21.2 Wie kann man den Klimawandel erkennen? 682
21.3 Einige Grundlagen über die Atmosphäre 687
21.4 Natürliche Ursachen des Klimawandels 691
21.5 Der menschliche Einfluss auf das Klima 696
21.6 Kohlendioxid, Spurengase und der Klimawandel 697
21.7 Klima-Rückkopplungsmechanismen 702
21.8 Wie Aerosole das Klima beeinflussen 703
21.9 Einige mögliche Auswirkungen der globalen
 Erwärmung 704

Zusammenfassung 711
Wiederholungsfragen 712

21 Globaler Klimawandel

Alte Borstenkiefern in den White Mountains, Kalifornien. Die Untersuchung der Baumwachstumsringe hilft Wissenschaftlern, vergangene Klimate zu rekonstruieren. Manche dieser Bäume sind 4.000 Jahre alt. (Foto: Dennis Flaherty/Photo Researchers, Inc.)

Das Klima, das Verhalten der Erdatmosphäre über längere Zeitspannen, hat tiefgreifende Auswirkungen auf viele geologische Prozesse. Deswegen wären im Fall einer Klimaänderung diese geologischen Prozesse ebenfalls betroffen. Ein Blick zurück auf den Gesteinskreislauf (Abbildung 1.23) erinnert uns an viele Zusammenhänge. Natürlich steht die Gesteinsverwitterung in einem deutlichen Zusammenhang mit dem Klima, genauso wie die Prozesse, die in ariden oder in vereisten Landschaften stattfinden. Geschehnisse wie Murenabgänge oder Überflutungen werden oft durch atmosphärische Ereignisse wie lange Regenperioden hervorgerufen. Der hydrologische Kreislauf steht in enger Verbindung zu der Atmosphäre (▶ Abbildung 21.1). Andere Verbindungen des Klimas mit der Geologie schließen die Wirkung interner Prozesse auf die Atmosphäre ein. Beispielsweise können die Partikel und Gase, die ein Vulkan ausstößt, die Zusammensetzung der Atmosphäre verändern und die Gebirgsbildung kann eine erhebliche Auswirkung auf regionale Temperatur-, Niederschlags- und Windmuster haben.

Die geologischen Manifestationen haben uns gezeigt, dass das Klima variabel ist. Die Untersuchung von Sedimenten, Sedimentgesteinen und Fossilien beweist ganz deutlich, dass durch die Zeitalter praktisch jeder Ort auf unserem Planeten große Klimaumschwünge erfahren hat, von Eiszeiten zu Bedingungen, die mit subtropischen Kohlesümpfen vergesellschaftet sind oder mit Wüstendünen. Kapitel 22 *Die Evolution der Erde in geologischer Zeit* bekräftigt diese Tatsache. Zeitskalen für das Klima variieren von Jahrzehnten bis hin zu Millionen von Jahren.

Welche Faktoren waren für Klimaveränderungen in der Erdgeschichte verantwortlich? Eines der Hauptthemen in diesem Kapitel sind die natürlichen Ursachen des Klimawandels.

Heute ist der globale Klimawandel mehr als nur ein Thema von akademischem Interesse für eine Gruppe von Wissenschaftlern, die etwas über die Erdgeschichte

21.1 Das Klimasystem

Abbildung 21.1: Die Atmosphäre ist ein grundlegendes Bindeglied im hydrologischen Kreislauf. Heftige Regenfälle, wie sie hier im südlichen Utah auftreten, können Überflutungen und Murenabgänge auslösen. (Foto: Michael Collier)

> **Studenten fragen manchmal …**
>
> **Was ist der Unterschied zwischen Wetter und Klima?**
>
> Der Begriff Wetter bezieht sich auf den Zustand der Atmosphäre zu einer bestimmten Zeit an einem bestimmten Ort. Veränderungen des Wetters sind häufig und manchmal scheinbar sprunghaft. Das Klima ist eine Beschreibung von gesammelten Wetterbedingungen, die auf Beobachtungen über viele Jahrzehnte basieren. Das Klima wird oft ganz einfach als „Durchschnittswetter" bezeichnet, doch diese Definition ist unpassend, da die Abweichungen und Extreme ebenso ein Teil der Klimabeschreibung sind.

erfahren wollen. Das Thema macht Schlagzeilen. Viele Menschen sind nicht nur neugierig, sondern auch besorgt über die Möglichkeiten. Warum ist der Klimawandel ein Thema für die Nachrichten? Der Grund ist, dass im Brennpunkt der Untersuchungen das menschliche Handeln und dessen Einfluss auf die Umwelt stehen und dass Menschen das Klima unabwendbar verändern. Anders als in der Vergangenheit wird der moderne Klimawandel durch den menschlichen Einfluss dominiert. Er ist so groß, dass er die Grenzen der natürlichen Veränderung übersteigt. Außerdem sieht es so aus, als würden sich die Veränderungen über viele Jahrhunderte fortsetzen. Die Auswirkungen dieses Wagnis ins Unbekannte aufgrund des Klimas könnten sehr zerstörend nicht nur für die Menschheit, sondern auch für viele andere Lebensformen sein.

Wie werden die Einzelheiten von vergangenen Klimaten bestimmt? Wie nützlich ist diese Information für uns jetzt? In welcher Weise verändert der Mensch das globale Klima? Was sind die möglichen Folgen?

Das Klimasystem 21.1

Durch das gesamte Buch hindurch wurden Sie daran erinnert, dass die Erde ein multidimensionales System ist, das aus vielen Bestandteilen besteht, die miteinander in Wechselwirkung stehen. Eine Veränderung in einem der Bestandteile kann Veränderungen in einem oder allen anderen Bestandteilen hervorrufen – oftmals in einer Weise, die weder sichtbar noch sofort deutlich wird. Diese Tatsache ist sicherlich wahr, wenn man das Klima und den Klimawandel untersucht.

Um das Klima zu verstehen und anzuerkennen, ist es wichtig zu erkennen, dass das Klima mehr als nur die Atmosphäre einbezieht:

Die Atmosphäre ist die zentrale Komponente des komplexen, miteinander verbundenen und in Wechselwirkung stehenden globalen Umweltsystems, von welchem alles Leben abhängt. Das Klima kann man im weiteren Sinne definieren als das langfristige Verhalten dieses Umweltsystems. Um es ganz zu verstehen und Veränderungen in der atmosphärischen Komponente des Klimasystems vorhersagen zu können, muss man die Sonne, die Ozeane, die Eisschilde, die feste Erde und alle Lebensformen verstehen.[1]

Tatsächlich müssen wir erkennen, dass es ein **Klimasystem** gibt, das die Atmosphäre, die Hydrosphäre, die Geosphäre, die Biosphäre und die Kryosphäre mit einschließt (die Kryosphäre bezieht sich auf das Eis und den Schnee, der auf der Erdoberfläche existiert). *Das Klimasystem beinhaltet den Austausch von Energie und Feuchtigkeit zwischen den fünf Sphären.* Dieser Austausch verbindet die Atmosphäre mit den anderen Sphären, so dass das Ganze als eine äußerst komplexe

---

1 Die amerikanische meteorologische Gesellschaft und die Kooperation der Universitäten für Atmosphärenforschung „Weather and the Nation's Well-Beeing", *Bulletin of the American Meteorological Society*, 73, No.12 (Dezember 2001), S. 2038.

21 Globaler Klimawandel

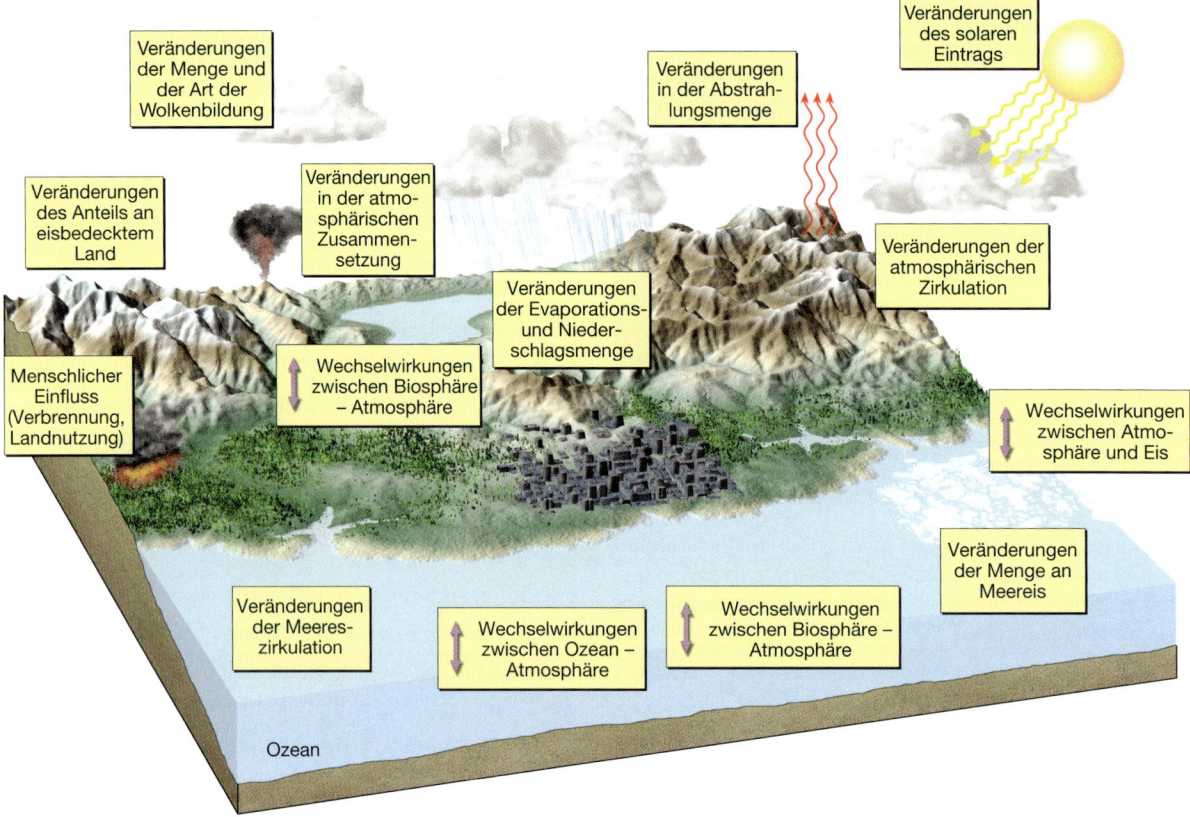

Abbildung 21.2: Schematische Ansicht von mehreren Bestandteilen des Klimasystems der Erde. Viele Wechselwirkungen treten zwischen den verschiedenen Komponenten in einem großen Rahmen von Raum und Zeit auf, was das System außerordentlich komplex macht.

interaktive Einheit funktioniert. Veränderungen des Klimasystems treten nicht nur isoliert auf. Vielmehr ist es so, dass bei Veränderungen eines Bestandteils die anderen Komponenten auch reagieren. Die Hauptkomponenten des Klimasystems zeigt die ▶Abbildung 21.2.

Wie kann man den Klimawandel erkennen? 21.2

Hoch entwickelte Technologien und präzise Messinstrumente sind heute verfügbar, um die Zusammensetzung und die Dynamik der Atmosphäre zu untersuchen. Aber diese Hilfsmittel sind moderne Erfindungen und können nur die Daten einer sehr kurzen Zeitspanne erfassen. Um das Verhalten der Atmosphäre ganz zu verstehen und einen Vorgeschmack auf den kommenden Klimawandel zu erhalten, müssen wir auf irgendeine Weise herausfinden, wie sich das Klima über große Zeitskalen verändert hat.

Aufzeichnungen durch Messgeräte gibt es erst seit ein paar Jahrhunderten und je weiter wir zurückgehen, desto unvollständiger und unzuverlässiger werden die Daten. Um das Fehlen der direkten Messungen zu überbrücken, müssen die Wissenschaftler mit Hilfe indirekter Hinweise (sogenannte Proxies, im Singular: Proxy) die Klimate der Vergangenheit entschlüsseln und rekonstruieren. Solche **Proxy-Daten** stammen von natürlichen Aufzeichnungsquellen der Klimaabweichungen, wie Ozeanbodensedimente, Gletschereis, fossile Pollen und Jahresringe sowie aus historischen Aufzeichnungen. Wissenschaftler, die Proxy-Daten analysieren und die Klimate der Vergangenheit rekonstruieren, beschäftigen sich mit der Wissenschaft der **Paläoklimatologie**. Das Hauptziel dieser Arbeit ist, die vergangenen Klimate zu verstehen, um das gegenwärtige und das mögliche zukünftige Klima im Hinblick auf natürliche Klimaabweichungen zu beurteilen. Im folgenden Diskurs werden wir einige wichtige Quellen für die Proxy-Daten untersuchen.

21.2.1 Ozeanbodensedimente – ein Schatz an Klimadaten

Wir wissen, dass Teile des Erdsystems miteinander so verbunden sind, dass Veränderungen in einer Komponente Veränderungen in allen anderen hervorrufen können. In diesem Beispiel werden Sie sehen, wie Temperaturveränderungen der Atmosphäre und des Ozeans die Lebensweise von Meeresorganismen beeinflussen.

Die meisten Ozeanbodensedimente enthalten die Überreste von Organismen, die einst nahe der Meeresoberfläche (der Grenzfläche zwischen Ozean und Atmosphäre) gelebt haben. Wenn solche Organismen, aus der Oberflächenzone absterben, sinken ihre Hüllen langsam auf den Ozeanboden, wo sie Teil des sedimentären Vermächtnisses werden (▶ Abbildung 21.3). Diese Ozeanbodensedimente sind nützliche Archive weltweiter Klimaveränderung, da sich die Anzahl und die Arten der Organismen, die nahe der Meeresoberfläche leben, mit dem Klima verändern:

> Wir würden erwarten, dass in einem beliebigen Gebiet der Grenzfläche zwischen Ozean und Atmosphäre die durchschnittliche Jahrestemperatur des Wassers an der Meeresoberfläche der der angrenzenden Atmosphäre entspricht. Das Temperaturgleichgewicht, das sich zwischen der Oberfläche des Meerwassers und der Luft darüber einstellt, sollte bedeuten, dass sich Klimaveränderungen in den Veränderungen der an der Tiefseeoberfläche lebenden Organismen widerspiegeln Wenn wir uns daran erinnern, dass die Ozeanbodensedimente in riesigen Gebieten des Ozeans aus den Hüllen pelagischer Foraminiferen bestehen und diese Tiere sehr empfindlich auf Abweichungen der Wassertemperatur reagieren, wird die Verbindung zwischen solchen Sedimenten und klimatischen Veränderungen deutlich.[2]

In dem Versuch, den Wandel des Klimas sowie andere Umweltveränderungen zu verstehen, zapfen die Wissenschaftler das große Datenreservoir der Ozeanbodensedimente an. Die Sedimentbohrkerne, die von Tiefseebohrschiffen und anderen Forschungsschiffen genommen wurden, lieferten wertvolle Daten, die

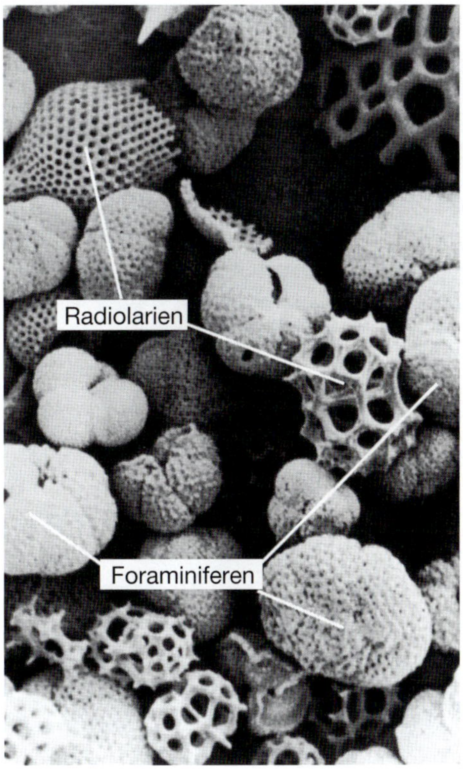

Abbildung 21.3: Mikroskopisch kleine Hartteile von Radiolarien und Foraminiferen. Diese Mikroskopfotografie wurde hunderte Male vergrößert. Diese Organismen reagieren empfindlich sogar auf die kleinsten Fluktuationen der Umweltbedingungen. (Foto: mit freundlicher Genehmigung des Tiefseebohrprojekts, Scripps Institut für Ozeanographie, Universität von Kalifornien, San Diego)

unser Wissen und unser Verständnis vergangener Klimate stark erweitert haben (▶ siehe Abbildung 21.4).

Ein erwähnenswertes Beispiel für die Bedeutung der Ozeanbodensedimente für unser Verständnis von Klimaveränderungen betrifft die Entschlüsselung der fluktuierenden atmosphärischen Bedingungen während der Eiszeit. Die Manifestation von Temperaturveränderungen in Bohrkernen der Ozeanbodensedimente hat sich als bedeutend für unser gegenwärtiges Verständnis dieser jüngst vergangenen Zeitspanne der Erdgeschichte erwiesen.[3]

21.2.2 Sauerstoffisotopenanalyse

Die **Sauerstoffisotopenanalyse** basiert auf der exakten Messung des Verhältnisses zweier Sauerstoffisotopen: von ^{16}O, welches das häufigste ist, und dem schwereren ^{18}O. Ein H_2O-Molekül kann sich entweder aus

---

[2] Richard F. Flint, *Glacial and Quarternary Geology* (New York: John Wiley & Sohns, 1971), S. 718.

[3] Für mehr Informationen zu diesem Thema siehe *Ursachen der Vergletscherung* in Kapitel 18.

Abbildung 21.4: Wissenschaftler untersuchen einen Sedimentbohrkern an Bord der *JOIDES Resolution*, des Forschungsschiffes des Tiefseebohrprogramms. Der Ozeanboden bietet ein riesiges Reservoir an Daten, die mit den globalen Umweltveränderungen in Beziehung stehen. (Foto: mit freundlicher Genehmigung des Tiefseebohrprojekts)

^{16}O oder ^{18}O bilden. Das leichtere Isotop ^{16}O evaporiert jedoch leichter aus dem Ozean. Deswegen ist der Niederschlag (und das glaziale Eis, das sich daraus bildet) mit ^{16}O angereichert. Das hinterlässt eine höhere Konzentration der schwereren Isotopen ^{18}O im Meerwasser. Folglich ist in Perioden mit extensiver Vergletscherung mehr von den leichteren ^{16}O Isotopen im Eis gebunden und die Konzentration von ^{18}O im Meerwasser steigt an. Im Gegensatz dazu wird während warmer Zwischeneiszeiten, wenn die Menge an Gletschereis dramatisch abnimmt, mehr ^{16}O ins Meer zurückgeführt und deswegen sinkt auch die Proportion von ^{18}O relativ zu ^{16}O im Meerwasser. Hätten wir nun einige alte Aufzeichnungen von Veränderungen des $^{18}O/^{16}O$-Verhältnisses könnten wir bestimmen, wann es Eiszeiten gab und wann das Klima kälter wurde.

Glücklicherweise verfügen wir über solche Aufzeichnungen. Da einige Mikroorganismen ihre Schalen aus Calciumcarbonat ($CaCO_3$) bilden, spiegelt sich das vorherrschende $^{18}O/^{16}O$-Verhältnis in diesen Hartteilen wider. Sterben die Organismen ab, sinken die Hartteile zum Ozeanboden und werden dort Teil der Sedimentschichten. Folglich kann man Perioden von glazialer Aktivität aus den Abweichungen der Sauerstoffisotope bestimmen, die man in den Schalen bestimmter Mikroorganismen findet, die in den Sedimenten der Tiefsee begraben wurden.

Dieses $^{18}O/^{16}O$-Verhältnis variiert auch mit der Temperatur. Aus diesem Grund evaporiert mehr ^{18}O aus den Ozeanen, wenn die Temperaturen hoch sind. Und dementsprechend weniger wird aus den Ozeanen evaporiert, wenn die Temperaturen niedriger sind. Deswegen sind die schweren Isotope reichlicher im Niederschlag warmer Ären vorhanden und weniger reichlich während kalter Perioden. Unter Verwendung dieser Prinzipien waren Wissenschaftler, die die Eis- und Schneeschichten in Gletschern untersucht haben, in der Lage, eine Aufzeichnung vergangener Klimaveränderungen festzustellen.

21.2.3 Der Klimawandel manifestiert sich im Gletschereis

Eisbohrkerne sind eine unverzichtbare Datenquelle, um vergangene Klimate zu rekonstruieren. Die Forschung, die sich auf vertikale Bohrkerne aus den Eisschilden Grönlands und der Antarktis stützt, hat unser Verständnis von der Funktionsweise des Klimas grundlegend verändert.

Wissenschaftler sammeln die Bohrkerne mit einer Bohrplattform, die der Miniausgabe einer Ölbohrplattform ähnelt. Ein hohler Schaft folgt dem Bohrkopf in das Eis und ein Eisbohrkern wird extrahiert. Auf diese Weise kann man manchmal über 2.000 Meter lange Bohrkerne zur Untersuchung gewinnen, die mehr als 200.000 Jahre Klimageschichte repräsentieren (▶ Abbildung 21.5).

Das Eis liefert eine detaillierte Aufzeichnung

21.2 Wie kann man den Klimawandel erkennen?

A.

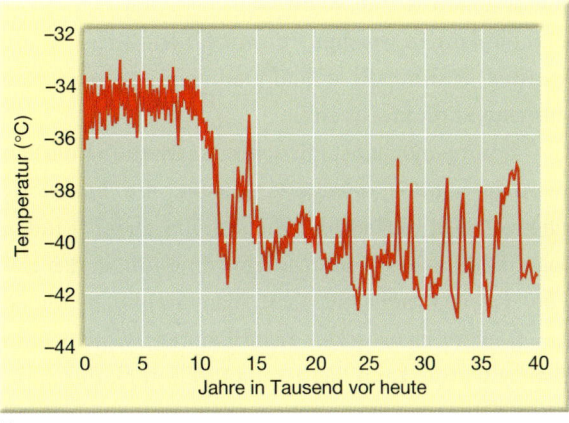

B.

Abbildung 21.5: A. Das nationale Eiskernlabor ist eine physikalische Anlage zur Lagerung und Erforschung von Eisbohrkernen, die aus Gletschern aus aller Welt entnommen wurden. Diese Kerne repräsentieren eine Langzeitaufzeichnung von Material, das aus der Atmosphäre abgelagert wurde. Das Labor bietet Wissenschaftlern die Möglichkeit, Untersuchungen von Eisbohrkernen auszuführen, und konserviert die Reinheit dieser Probenstücke in einer Lagervorrichtung, damit der Klimawandel und vergangene Umweltbedingungen erforscht werden können. (Foto: USGS/Nationales Eisbohrkernlabor) **B.** Dieser Graph zeigt die Temperaturschwankungen der letzten 40.000 Jahre. Die Daten wurden durch Sauerstoffisotopenanalyse von Eisbohrkernen aus dem grönländischen Eisschild gewonnen. (Nach: U.S. Geological Survey)

von Veränderungen der Lufttemperaturen und des Schneefalls. Luftblasen, die im Eis gefangen sind, halten die Abweichungen in der Zusammensetzung der Atmosphäre fest. Veränderungen in Kohlendioxid und Methan stehen in Verbindung mit fluktuierenden Temperaturen. Die Bohrkerne enthalten auch atmosphärischen Fallout wie durch Wind verblasenen Staub, vulkanische Asche, Pollen und die Spuren der Luftverschmutzung unserer modernen Gesellschaft.

Die Temperaturen der Vergangenheit werden durch die *Sauerstoffisotopenanalyse* bestimmt. Unter Verwendung dieser Technik sind Wissenschaftler in der Lage, ein Verzeichnis der vergangenen Temperaturveränderungen zu erstellen. Einen Teil eines solchen Verzeichnisses sehen Sie in ▶Abbildung 21.5B.

21.2.4 Jahresringe – Archive der Umweltgeschichte

Wenn Sie sich den Stumpf eines abgesägten Baumstamms ansehen, bemerken Sie, dass er aus vielen konzentrischen Ringen aufgebaut ist. Jeder dieser Jahresringe wird vom Zentrum nach außen hin größer (▶Abbildung 21.6). Jedes Jahr legen die Bäume in gemäßigten Regionen eine Schicht aus neuem Holz unter der Rinde zu. Die Besonderheiten jedes Jahresrings, wie Größe und Dichte spiegeln die vorherrschenden Umweltbedingungen (besonders das Klima) während des Jahres wider, in dem sich der Ring ge-

Abbildung 21.6: Jedes Jahr produziert ein wachsender Baum eine Schicht neuer Zellen unterhalb der Rinde. Wird der Baum gefällt und der Baumstamm untersucht (oder es wird ein Bohrkern entnommen, um das Fällen des Baums zu vermeiden), kann man das Wachstum pro Jahr als Ring sehen. Da die Wachstumsmenge vom Niederschlag und der Temperatur abhängt, sind Jahresringe normalerweise brauchbare Aufzeichnungen vergangener Klimate. Die Datierung und die Untersuchung von Jahresringen nennt man Dendrochronologie. (Foto: Stephen J. Krasermann/DRK Photo)

bildet hat. Günstige Wachstumsbedingungen erzeugen einen breiten Ring, ungünstige einen schmalen Ring. Bäume, die zur selben Zeit in derselben Region wachsen, zeigen ähnliche Jahresringmuster.

Da normalerweise jedes Jahr ein neuer Jahresring hinzukommt, kann man das Alter des Baums zu dem Zeitpunkt, als er gefällt wurde, bestimmen, indem man die Jahresringe zählt. Weiß man, in welchem Jahr der

Baum gefällt wurde, kann man das Alter des Baums und das Jahr, in welchem die einzelnen Ringe gebildet wurden, bestimmen, indem man vom äußersten Ring ausgehend rückwärts zählt.

Für eine möglichst effiziente Verwendung der Jahresringe wurden erweiterte Muster, die *Jahresringchronologien*, aufgestellt. Sie werden erstellt, indem man die Muster der Jahresringe von Bäumen des gleichen Gebiets vergleicht. Kann man das gleiche Muster bei zwei Probenstücken identifizieren, wovon eines datiert wurde, kann das zweite Probestück durch das erste datiert werden, indem man die gemeinsamen Jahresringe abgleicht. Bei dieser Technik spricht man von *Kreuzdatierung*, sie wird in ▶ Abbildung 21.7 dargestellt. Die Jahresringchronologien konnten für manche Regionen über Tausende von Jahren ausgeweitet werden. Um eine Holzprobe mit unbekanntem Alter zu datieren, wird ihr Jahresringmuster mit der Referenzchronologie abgeglichen.

Die Jahresringchronologien sind einzigartige Archive der Umweltgeschichte und sind wichtig in ihrer Verwendung in Disziplinen wie Klimatologie, Geologie, Ökologie und Archäologie. Beispielsweise verwendet man Jahresringe zur Rekonstruktion von Klimaabweichungen in einer Region über Zeitspannen von Tausenden von Jahren vor den historischen Aufzeichnungen durch die Menschen. Das Wissen über langfristige Abweichungen ist von großem Wert in Bezug auf die jüngsten Aufzeichnungen über den Klimawandel.

21.2.5 Andere Typen von Proxy-Daten

Andere Quellen von Proxy-Daten, die man nutzt, um Einblicke in vergangene Klimate zu erhalten, umfassen fossile Pollen, Korallen und historische Dokumente.

Fossile Pollen Das Klima ist ein Hauptfaktor, der die Vegetationsverteilung beeinflusst. Die Eigenschaften einer Pflanzengemeinschaft, die ein Gebiet einnimmt, spiegeln das Klima wider. Pollen und Sporen sind Bestandteile des Lebenskreislaufs vieler Pflanzen und da ihre äußeren Hüllen sehr resistent sind, sind sie oft die häufigsten und die am leichtesten identifizierbaren und am besten erhaltenen Pflanzenüberreste in Sedimenten. Durch die Analyse von Pollen von genau datierten Sedimenten ist es möglich, hoch auflösende Aufzeichnungen von Vegetationsveränderungen in einem Gebiet zu erhalten. Aus solchen Informationen lassen sich die Klimate der Vergangenheit rekonstruieren.

Korallen Korallenriffe bestehen aus Korallenkolonien, die in warmem Flachwasser leben und hartes Material nach oben bilden, das durch abgestorbene Korallen hinterlassen wurde (▶ Abbildung 21.8). Korallen bilden ihre harten Skelette aus Calciumcarbonat ($CaCO_3$), das sie aus dem Meerwasser extrahieren. Das Karbonat enthält Sauerstoffisotope, die dazu verwendet werden, die Wassertemperatur zu bestimmen, in der die Korallen wuchsen. Nützliche Informationen über vergangene Klimabedingungen kann man durch die Analyse der chemischen Zusammensetzung von Korallenriffen erreichen, da sie sich mit der Tiefe verändert.

Abbildung 21.7: Die Kreuzdatierung ist ein grundlegendes Prinzip der Dendrochronologie. Hier wurde es verwendet, um eine archäologische Grabungsstätte durch das Miteinander-Korrelieren von Jahresringmustern dreier verschiedener Alter zu datieren. Zuerst erstellt man eine Jahresringchronologie des Gebiets, indem man Bohrkerne von lebenden Bäumen extrahiert. Diese Chronologie wird zeitlich nach hinten verlängert, indem man überlappende Muster mit älteren abgestorbenen Bäumen abgleicht. Schließlich werden Bohrkerne von Balken aus Ruinen entnommen und dazu verwendet, um die Chronologien der anderen zwei Stätten zu erstellen.

Abbildung 21.8: Korallenkolonien gedeihen im warmen, flachen tropischem Wasser. Die winzigen Invertebraten extrahieren Calciumcarbonat aus dem Meerwasser, um Hartteile zu bilden. Sie leben auf dem soliden Fundament, das von abgestorbenen Korallen hinterlassen wurde. Chemische Analysen einer sich verändernden Zusammensetzung der Korallenriffe mit der Tiefe können nützliche Daten über die oberflächennahen Wassertemperaturen in der Vergangenheit liefern. Da Korallen in geringen Tiefen leben, liefern sie manchmal zudem Hinweise auf Veränderungen des Meeresspiegels. (Foto: mit freundlicher Genehmigung von Jeff Hunter/Photographer's Choice/Getty)

Historische Daten Manchmal enthalten historische Daten nützliche Informationen. Obwohl es den Anschein erwecken mag, dass sich solche Aufzeichnungen besser zur Klimaanalyse eignen, ist das nicht der Fall. Die meisten Manuskripte wurden nicht zur Aufzeichnung des Klimas, sondern aus anderen Gründen verfasst. Außerdem vernachlässigen die Schreiber verständlicherweise die Perioden relativ stabiler atmosphärischer Bedingungen und verzeichnen nur die Dürren, schweren Stürme, unvergessliche Schneestürme und dergleichen. Trotzdem liefern Aufzeichnungen über Ernten, Überflutungen und Völkerwanderungen nützliche Hinweise auf die möglichen Einflüsse eines sich verändernden Klimas.

21.3 Einige Grundlagen über die Atmosphäre

Um den Klimawandel besser verstehen zu können, ist es hilfreich, einiges über die Zusammensetzung der Atmosphäre und den Prozess, der sie aufheizt, den *Treibhauseffekt*, zu wissen.

21.3.1 Die Zusammensetzung der Atmosphäre

Die Luft ist nicht ein einzelnes Element oder eine Komponente. Sie ist vielmehr ein Gemisch aus vielen bestimmten Gasen, jedes mit seinen eigenen physikalischen Eigenschaften. In ihnen befinden sich unterschiedliche Anteile von winzigen, festen und flüssigen Partikeln in Suspension.

Wie Sie in ▶ Abbildung 21.9 sehen können, besteht saubere, trockene Luft fast ausschließlich aus zwei Gasen – 78 Prozent Stickstoff und 21 Prozent Sauerstoff. Obwohl diese beiden Gase die häufigsten Bestandteile der Luft sind und große Bedeutung für das Leben auf der Erde besitzen, wirken sie sich nur wenig bzw. gar nicht auf das Wetterphänomen aus. Das verbleibende eine Prozent besteht hauptsächlich aus dem inerten

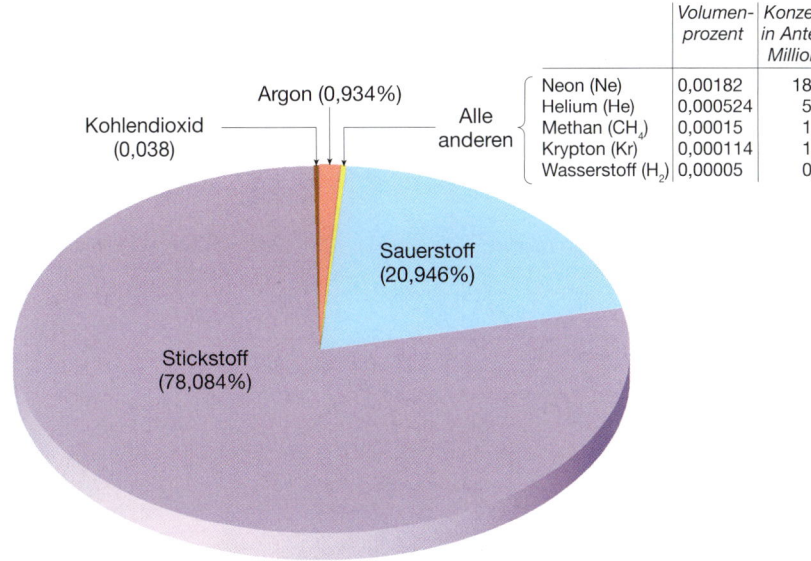

Abbildung 21.9: Das proportionale Volumen von Gasen, die die Luft bilden. Stickstoff und Sauerstoff dominieren ganz offensichtlich.

Gas Argon (0,93%) und winzigen Mengen einer Reihe anderer Gase. Kohlendioxid ist zwar nur mit einer sehr winzigen Menge von (0,038%) vorhanden, stellt jedoch trotzdem eine wichtige Komponente der Luft dar und beeinflusst die Aufheizung der Atmosphäre.

Die Luft beinhaltet viele Gase und Partikel, die von Zeit zu Zeit und von Ort zu Ort erheblich schwanken. Wichtig dabei sind der Wasserdampf und winzige feste und flüssige Partikel.

Die Menge des Wasserdampfs in der Luft schwankt beträchtlich; von quasi null bis zu etwa 4 Volumenprozent. Warum ist ein so kleiner Bruchteil der Atmosphäre so wichtig? Sicherlich wäre die Tatsache, dass der Wasserdampf die Quelle aller Wolken und des Niederschlags ist, Grund genug, seine Bedeutung zu erklären. Dennoch besitzt der Wasserdampf auch andere Aufgaben. Wie Kohlendioxid hat er die Fähigkeit, Energie zu absorbieren, die von der Erde und auch zum Teil von der Sonne abgegeben wird. Deswegen ist er für die Untersuchung der Aufheizung der Atmosphäre wichtig.

Die Bewegungen der Atmosphäre reichen aus, um eine große Menge an festen und flüssigen Partikeln in Suspension zu halten. Zwar sind manchmal Staubwolken am Himmel zu sehen, doch diese relativ großen Partikel sind zu schwer, um lange in der Luft zu bleiben. Manche Partikel sind jedoch mikroskopisch klein und bleiben über eine beträchtliche Zeit in Suspension. Sie können aus vielen Quellen stammen, aus natürlichen oder durch den Menschen verursachten. Es können auch das Meersalz von brechenden Wellen, feiner Boden, der in die Luft gewirbelt wurde, Rauch und Ruß von Feuern, Pollen und Mikroorganismen, die durch den Wind gehoben wurden und Asche und Staub von Vulkanausbrüchen und mehr dazugehören. Diese winzigen festen und flüssigen Partikel werden mit dem Sammelbegriff **Aerosole** bezeichnet.

Vom meteorologischen Standpunkt aus können diese winzigen, oft nicht sichtbaren Partikel bedeutend sein. Erstens dienen viele davon als Kondensationsoberfläche für den Wasserdampf, eine wichtige Funktion bei der Bildung von Wolken und Nebel. Zweitens können Aerosole eintreffende Sonnenenergie absorbieren oder reflektieren. Deswegen kann nach einer Periode von Luftverschmutzung oder nachdem die Asche eines Vulkanausbruchs den Himmel verdunkelt hat, das Sonnenlicht nur noch in reduziertem Maß auf die Erdoberfläche auftreffen.

21.3.2 Die Sonnenenergie

Fast die gesamte Energie, die das veränderliche Wetter und das Klima der Erde verursacht, stammt von der Sonne.

Aus unserer täglichen Erfahrung wissen wir, dass die Sonne Licht und Wärme sowie die ultraviolete Strahlung, die unsere Haut bräunt, emittiert. Obwohl diese Energieformen einen Hauptanteil der gesamten Energie darstellen, die von der Sonne abgestrahlt wird, sind sie doch nur ein kleiner Teil aus einem großen Energiespektrum, das *Strahlung* oder *elektromagnetische Strahlung* genannt wird. Dieses Spektrum aus energetischer Strahlung ist in ▶ Abbildung 21.10 abgebildet. Jede Strahlung, ob es sich nun um Röntgenstrahlung, Mikrowellen oder Radiowellen handelt, überträgt Energie durch das Vakuum des Weltraums

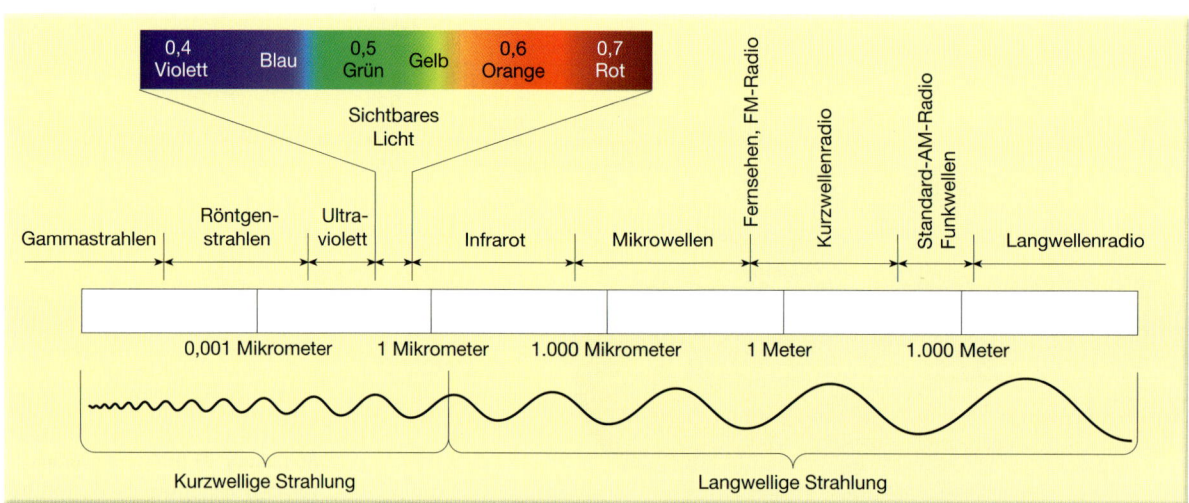

Abbildung 21.10: Das elektromagnetische Spektrum stellt die Wellenlängen und die Namen der verschiedenen Arten von Strahlung dar.

mit 300.000 Kilometer pro Sekunde und nur etwas langsamer durch unsere Atmosphäre. Absorbiert ein Körper irgendeine Form von Strahlungsenergie, erfolgt eine Erhöhung der Molekularbewegung, was eine entsprechende Temperaturerhöhung zur Folge hat.

Um das Aufheizen der Atmosphäre besser zu verstehen, ist es hilfreich, ein allgemeines Verständnis über die grundlegenden, die Strahlung beherrschenden Gesetze zu besitzen.

1 *Alle Objekte gleich welcher Temperatur emittieren Strahlungsenergie.* Das heißt, dass nicht nur heiße Objekte wie die Sonne, sondern auch die Erde einschließlich ihrer vereisten Polkappen kontinuierlich Energie emittieren.

2 *Heißere Objekte strahlen mehr Gesamtenergie pro Quadrateinheit ab als kältere Objekte.*

3 *Je heißer der strahlende Körper, desto kürzer ist die Wellenlänge der maximalen Strahlung.* Die Sonne mit einer Oberflächentemperatur von etwa 5.700 °C strahlt maximale Energie von 0,5 Mikrometer, was im sichtbaren Spektrum liegt. Die maximale Strahlung für die Erde tritt bei einer Wellenlänge von 10 Mikrometer mitten im Infrarot(Wärme)-spektrum auf. Da die maximale Erdstrahlung etwa 20 Mal länger als die maximale Sonnenstrahlung ist, wird sie *langwellige Strahlung* und die solare Strahlung *kurzwellige Strahlung* genannt.

4 *Objekte, die Strahlung gut absorbieren, strahlen sie auch wieder gut ab.* Die Erdoberfläche und die Sonne sind perfekte Strahlungskörper, da sie im Hinblick auf ihre Temperatur mit fast 100 Prozent Effizienz absorbieren und abstrahlen. Andererseits verhalten sich Gase bei Absorption und Emission selektiv. Für manche Wellenlängen ist die Atmosphäre nahezu durchlässig (wenig Strahlung wird absorbiert). Für andere ist sie dagegen fast opak (Strahlung wird gut absorbiert). Durch unsere Erfahrung wissen wir, dass die Atmosphäre durchlässig für sichtbares Licht ist; folglich erreichen diese Wellenlängen die Erdoberfläche relativ leicht. Das ist für die längere Wellenlänge, die von der Erde ausgestrahlt wird, nicht der Fall.

21.3.3 Das Schicksal der eintreffenden Sonnenenergie

In der ▶ Abbildung 21.11 sehen wir, was mit der eintreffenden Sonneneinstrahlung im Mittel für die ge-

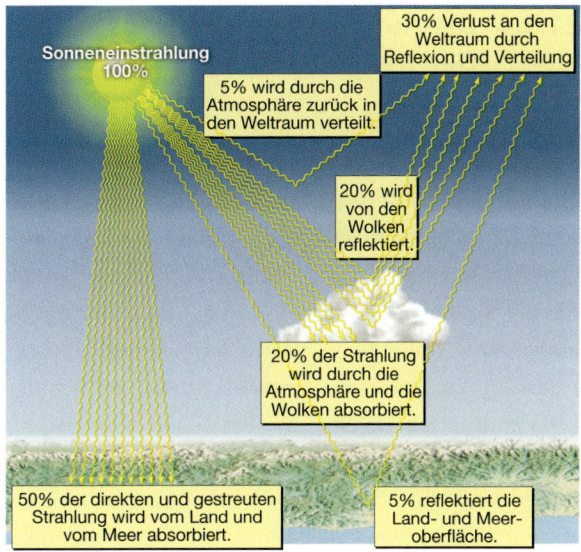

Abbildung 21.11: Die durchschnittliche Verteilung der eintreffenden Sonneneinstrahlung in Prozent. Es wird mehr Sonnenenergie von der Erdoberfläche absorbiert als von der Atmosphäre. Folglich wird die Luft nicht direkt von der Sonne aufgeheizt, sondern indirekt von der Erdoberfläche. Diese Prozentanteile können variieren. Nimmt beispielsweise die Wolkenbedeckung zu oder ist die Oberfläche heller, wächst auch der Prozentsatz des reflektierten Lichts. Diese Situation hinterlässt weniger Sonnenenergie, um die anderen beiden Wege zu nehmen.

samte Erde geschieht. Sie können erkennen, dass die Atmosphäre für die eintreffende Sonneneinstrahlung ziemlich durchlässig ist. Im Durchschnitt werden etwa 50 Prozent der Sonneneinstrahlung, die den oberen Bereich der Atmosphäre erreichen, von der Erdoberfläche absorbiert. Weitere 30 Prozent werden durch die Atmosphäre, von Wolken und reflektierenden Oberflächen wie Schnee und Wasser in den Weltraum zurückgeworfen. Die übrigen 20 Prozent werden direkt von den Wolken und den atmosphärischen Gasen absorbiert. Durch was wird bestimmt, ob die Sonneneinstrahlung auf die Oberfläche übertragen, gestreut oder nach außen reflektiert wird? Es hängt im Großen und Ganzen sowohl von der Energie der Wellenlänge als auch von den Eigenschaften des durchlaufenen Materials ab.

Die Zahlen in Abbildung 21.11 repräsentieren die globalen Durchschnitte, die eigentlichen Prozentanteile können stark voneinander abweichen. Ein wichtiger Grund für diese Abweichung hat mit den Veränderungen im Prozentsatz des in den Weltraum zurückreflektierten oder gestreuten Lichts zu tun. Ist der Himmel beispielsweise bedeckt, wird ein höherer Prozentsatz in den Weltraum zurückreflektiert als bei klarem Himmel.

21.3.4 Die Aufheizung der Atmosphäre: Der Treibhauseffekt

Etwa 50 Prozent der Sonnenenergie, die auf die obere Schicht der Atmosphäre trifft, erreicht die Erdoberfläche und wird absorbiert. Ein Großteil dieser Energie wird dann himmelwärts wieder abgestrahlt. Da die Oberflächentemperatur der Erde viel niedriger ist als die der Sonne, besitzt die Strahlung, die sie emittiert, eine höhere Wellenlänge als die Sonneneinstrahlung.

Die Atmosphäre als Ganzes absorbiert die von der Erde emittierten längeren Wellenlängen sehr effektiv (*terrestrische Strahlung*). Wasserdampf und Kohlendioxid sind die zwei Gase, die hauptsächlich absorbieren. Wasserdampf absorbiert etwa fünfmal mehr terrestrische Strahlung als alle anderen Gase zusammengenommen und trägt zu den wärmeren Temperaturen in der unteren Atmosphäre (eine Schicht, die man Troposphäre nennt)[4] bei. Da die Atmosphäre für die kürzeren Wellenlängen der Solarstrahlung ziemlich durchlässig ist und die längeren Wellenlängen der terrestrischen Strahlung leicht absorbiert, wird die Atmosphäre eher vom Boden aus aufgeheizt als umgekehrt. Das erklärt den allgemeinen Temperaturabfall mit zunehmender Höhe in der Troposphäre. Je weiter man sich von einer Heizquelle entfernt, desto kälter wird es.

Absorbieren die Gase in der Atmosphäre die terrestrische Strahlung, erwärmen sie sich, aber sie strahlen schließlich diese Wärme ab. Ein Teil davon bewegt sich Richtung Himmel, wo er von anderen Gasmolekülen resorbiert werden kann, eine Möglichkeit, die mit zunehmender Höhe weniger wahrscheinlich wird, da die Konzentration von Wasserdampf mit der Höhe abnimmt. Der Rest wandert zurück Richtung Erde und wird dort wieder von der Erde absorbiert. Aus diesem Grund erfährt die Erdoberfläche eine kontinuierliche Versorgung mit Wärme von der Atmosphäre als auch von der Sonne. Ohne diese absorbierenden Gase in unserer Atmosphäre wäre die Erde nicht als Lebensraum für uns Menschen und zahlreiche andere Lebensformen geeignet.

Dieses sehr bedeutende Phänomen nannte man **Treibhauseffekt**, da man einst glaubte, dass Gewächshäuser auf ähnliche Weise aufgeheizt werden (▶ Abbildung 21.12). Die Gase in unserer Atmosphäre, insbesondere Kohlendioxid und Wasserdampf, verhalten sich wie das Glas in einem Treibhaus. Sie lassen die kürzere Wellenlänge der Sonneneinstrahlung hinein, wo sie von den Objekten im Gewächshaus absorbiert wird. Diese Objekte strahlen auch Energie ab, aber mit einer längeren Wellenlänge, für die das Glas fast undurchlässig ist. Die Wärme wird darum im Gewächshaus „gefangen". Doch ein wichtigerer Faktor, um das Treibhaus warm zu halten, ist die Tatsache, dass das

---
[4] Die untere Schicht der Atmosphäre wird Troposphäre genannt. Im Durchschnitt ist sie durch eine Temperaturabnahme mit steigender Höhe von etwa 6,5°C pro Kilometer charakterisiert. Die Mächtigkeit dieser Schicht variiert, liegt jedoch durchschnittlich bei 12 Kilometern.

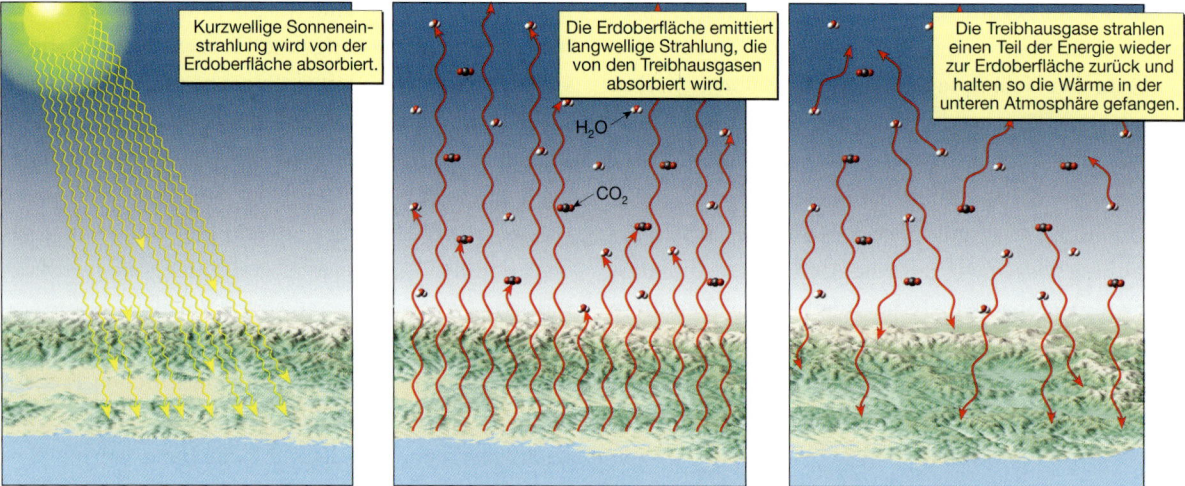

Abbildung 21.12: Die Aufheizung der Atmosphäre. Ein Großteil der kurzwelligen Strahlung von der Sonne bewegt sich durch die Atmosphäre und wird von der Land-Wasser-Oberfläche der Erde absorbiert. Diese Energie wird dann von der Oberfläche als längerwellige Strahlung emittiert, wobei ein Großteil davon von bestimmten Gasen in der Atmosphäre absorbiert wird. Ein Teil der Energie, die von der Atmosphäre absorbiert wird, wird erdwärts zurückgestrahlt. Dieser sogenannte Treibhauseffekt ist dafür verantwortlich, dass die Erdatmosphäre viel wärmer ist, als sie es andernfalls wäre.

Treibhaus selbst die Vermischung der Luft innen mit der kälteren Luft außen verhindert. Dennoch wird die Bezeichnung *Treibhauseffekt* noch verwendet.

21.4 Natürliche Ursachen des Klimawandels

Viele unterschiedliche Hypothesen wurden vorgeschlagen, um den Klimawandel zu erklären. Einige wurden anfänglich stark unterstützt, wieder abgelehnt und erneut aufgenommen. Manche Erklärungen sind gegensätzlich. Das ist zu erwarten, da planetarische atmosphärische Prozesse in einem so großen Maßstab auftreten und so komplex sind, dass sie nicht physikalisch in Laborexperimenten reproduziert werden können. Stattdessen muss man das Klima und seine Veränderungen mit leistungsfähigen Computern mathematisch simulieren (modellieren).

In Kapitel 18 werden im Abschnitt *Ursachen der Vergletscherung* zwei „natürliche Mechanismen" des Klimawandels beschrieben. Erinnern Sie sich nur an die Bewegung der Lithosphärenplatten, die die Kontinente auf der Erde langsam zum Äquator hin oder davon weg bewegt. Obwohl diese Verschiebungen entlang der Breitengrade langsam sind, können sie einen dramatischen Einfluss auf das Klima über Zeitspannen von Millionen von Jahren haben. Die Bewegung der Landmassen kann auch zu bedeutenden Verschiebungen der Ozeanzirkulation führen, was wiederum den Wärmetransport um den Erdball beeinflusst.

Ein zweiter natürlicher Mechanismus des Klimawandels wurde in Kapitel 18 über die Abweichungen der Erdumlaufbahn besprochen. Veränderungen in der Form der Erdumlaufbahn (Exzentrizität) und Abweichungen vom Winkel der Erdachse mit der Ebene der Umlaufbahn (Schiefe der Ekliptik) und das Taumeln der Achse (Präzession) verursachen Fluktuationen in der saisonalen und breitengradspezifischen Verteilung der Sonneneinstrahlung. Diese Abweichungen wiederum trugen zu dem Wechsel von glazialen und interglazialen Episoden des Eiszeitalters bei.

In diesem Abschnitt beschreiben wir zwei zusätzliche Hypothesen, die die Gemeinschaft der Wissenschaftler ernsthaft in Erwägung gezogen haben. Eine davon schließt die Rolle der vulkanischen Aktivität mit ein. Welche Auswirkung haben von Vulkanen ausgestoßene Gase und Partikel auf das Klima? Eine zweite in diesem Abschnitt diskutierte Möglichkeit des Klimawandels bezieht die solare Variabilität mit ein. Verändert die Sonne ihre Strahlungsemission? Beeinflussen Sonnenflecken die Emission?

Nach der Betrachtung der natürlichen Faktoren werden wir uns den vom Menschen hervorgerufenen Klimaveränderungen zuwenden, einschließlich der Auswirkung des steigenden Kohlendioxidausstoßes, im Wesentlichen bedingt durch die Verbrennung fossiler Brennstoffe.

Während Sie diesen Abschnitt lesen, werden sie feststellen, dass mehrere Hypothesen die gleiche klimatische Veränderung erklären können. In der Tat könnten mehrere Mechanismen in Wechselwirkung miteinander das Klima verändern. Zwar kann keine einzelne Hypothese Klimaveränderungen in allen Zeitskalen erklären, doch auch ein Vorschlag, der die Veränderungen über Millionen von Jahren erklärt, kann generell keine Fluktuationen über Hunderte von Jahren erklären. Falls unsere Atmosphäre und ihre Veränderung jemals komplett erforscht werden sollten, werden wir wahrscheinlich erkennen, dass der Klimawandel von vielen Mechanismen verursacht wird, die hier diskutiert werden, und durch neue Mechanismen, die erst noch vorgestellt werden müssen.

21.4.1 Vulkanische Aktivität und Klimawandel

Der Gedanke, dass explosive Vulkanausbrüche das Erdklima verändern könnten, wurde vor vielen Jahren vorgestellt und wird noch immer als plausible Erklärung für manche Aspekte der Klimaveränderungen angesehen. Explosive Ausbrüche emittieren riesige Mengen an Gasen und feinkörnigem Gesteinsschutt in die Atmosphäre (▶ Abbildung 21.13). Die größten Ausbrüche sind kraftvoll genug, um Material hoch in die Atmosphäre zu schleudern, wo es sich über die gesamte Erdkugel verteilen und dort für Monate oder sogar Jahre bleiben kann.

Die Grundvoraussetzung Die Grundvoraussetzung ist, dass dieses vulkanische Material in Suspension einen Teil der eintreffenden Sonneneinstrahlung herausfiltert, was dann die Temperatur in der Troposphäre herabsetzt. Vor mehr als 200 Jahren verwendete Benjamin Franklin diesen Gedanken für die Behauptung, dass der Ausbruch des großen isländischen Vulkans Hekla das Sonnenlicht zurück in das Weltall reflektiert hat und deswegen für den ungewöhnlich kalten Winter von 1783 bis 1784 verantwortlich war. Die

21 Globaler Klimawandel

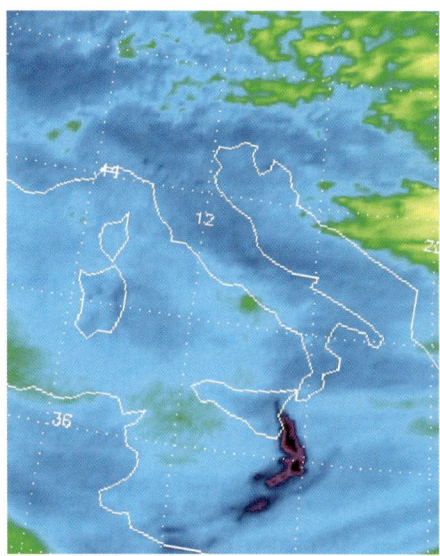 

Abbildung 21.13: Der Ätna, ein Vulkan auf der Insel Sizilien, brach im Spätoktober 2002 aus. Der Ätna ist Europas größter und aktivster Vulkan. **A.** Dieses Bild vom atmosphärischen Infrarotsensor des Satelliten *Aqua* der NASA zeigt die Schwefeldioxid(SO_2)-Rauchfahne in den Farbschattierungen von Violett und Schwarz. Das Klima könnte betroffen sein, wenn riesige Mengen von SO_2 in die Atmosphäre hinausgeschleudert werden. **B.** Dieses Foto vom Ätna in Richtung Südost zeigend wurde von einem Mitglied der Internationalen Raumstation gemacht.

wahrscheinlich erwähnenswerteste kalte Periode in Zusammenhang mit einem vulkanischen Ereignis ist das „Jahr ohne Sommer", das 1815 auf den Ausbruch des indonesischen Vulkans Tambora folgte. Der Ausbruch des Tambora ist der größte der modernen Zeit. Vom 7. bis 12. April 1815 stieß der mehr als 4.000 Meter hohe Vulkan mehr als 100 Kubikkilometer an vulkanischen Trümmern aus. Man vermutet, dass die Auswirkung der vulkanischen Aerosole sich in einem riesigen Ausmaß auf die nördliche Hemisphäre ausdehnte. Von Mai bis September 1816 kam es zu unerwarteten Kälteeinbrüchen in den nordöstlichen Vereinigten Staaten und benachbarten Teilen Kanadas. Es gab Schnee im Juni und Frost im Juli und im August. Ungewöhnliche Kälte trat auch in weiten Teilen Westeuropas ein. In Paris lag im Juni zeitweise Schnee. Ähnliche, obwohl offensichtlich weniger dramatische Auswirkungen gab es bei anderen großen explosiven Vulkanausbrüchen, einschließlich des Ausbruchs des Krakatau in Indonesien von 1883.

Drei große vulkanische Ereignisse lieferten umfangreiche Daten und Einblicke bezüglich der Auswirkung von Vulkanen auf die globalen Temperaturen. Der Ausbruch des Mount St. Helens von 1980 im Staat Washington, der des mexikanischen Vulkans El Chichón im Jahr 1982 und der philippinische Vulkanausbruch des Pinatubo von 1991 gaben Wissenschaftlern die Möglichkeit, die Auswirkungen der Vulkanausbrüche auf die Atmosphäre mit besser entwickelter Technologie als die der Vergangenheit zu untersuchen. Satellitenbilder und Fernerkundungsmessgeräte helfen den Wissenschaftlern, die Auswirkungen der von den Vulkanen herausgeschleuderten Gas- und Aschewolken zu untersuchen.

Mount St. Helens Als Mount St. Helens ausbrach, gab es unmittelbare Vermutungen über die möglichen Auswirkungen auf unser Klima. Könnte ein solcher Ausbruch unser Klima verändern? Es gibt keinen Zweifel, dass die große Menge an vulkanischer Asche, die durch einen explosiven Ausbruch herausgeschleudert wird, kurzeitig eine erhebliche örtliche und regionale Auswirkung hat. Doch Untersuchungen wiesen darauf hin, dass eine längerfristige Senkung der Temperatur einer Hemisphäre vernachlässigbar war. Die Abkühlung war so gering, wahrscheinlich nur 0,1°C, dass sie nicht von anderen natürlichen Fluktuationen unterschieden werden konnte.

El Chichón Nach dem Vulkanausbruch des El Chichón von 1982 weisen Beobachtungen und Untersuchungen über zwei Jahre darauf hin, dass seine abkühlende Auswirkung in einer Größenordnung von 0,3 bis 0,5°C auf die globale Durchschnittstemperatur größer war als die von Mount St. Helens. Die Eruption des El Chichón war weniger explosiv als der Ausbruch des

Mount St. Helens, warum hatte sie eine größere Auswirkung auf die globalen Temperaturen? Der Grund ist, dass das Material, das von Mount St. Helens ausgestoßen wurde, weitgehend feine Asche war, die sich relativ schnell absetzte. El Chichón emittierte viel größere Mengen an Schwefeldioxidgas (etwa 40 Mal mehr) als Mount St. Helens. Dieses Gas verbindet sich mit Wasserdampf in der Stratosphäre und bildet eine dichte Wolke mit winzigen Schwefelsäurepartikeln (▶Abbildung 21.14)[5]. Diese Partikel nennt man Aerosole und sie brauchen mehrere Jahre, um sich vollständig abzusetzen. Sie senken die Durchschnittstemperatur der Troposphäre, da sie die Sonneneinstrahlung zurück ins All reflektieren.

Wir wissen nun, dass sich die vulkanischen Wolken, die ein Jahr oder länger in der Stratosphäre bleiben, weitgehend aus Schwefelsäuretröpfchen und nicht, wie vorher vermutet, aus Staub zusammensetzen. Deswegen ist das Volumen an feinkörnigen vulkanischen Aschen kein genaues Kriterium, um die globalen atmosphärischen Auswirkungen einer Eruption vorherzusagen.

Pinatubo Der philippinische Vulkan Pinatubo brach im Juni 1991 explosiv aus und stieß 25 bis 30 Millionen Tonnen Schwefeldioxid in die Stratosphäre. Das Ereignis gab den Wissenschaftlern die Möglichkeit, den Einfluss eines solchen großen, explosiven Vulkanausbruchs auf das Klima im Rahmen des Radiation Budget Experiment der NASA vom Weltraum aus zu untersuchen. Im Verlauf des folgenden Jahres erhöhte der Dunst der winzigen Aerosole die Reflexion und senkte die globalen Temperaturen um 0,5°C.

Es mag richtig sein, dass der Einfluss auf die globale Temperatur durch Eruptionen wie die des El Chichón und des Pinatubo relativ gering ist, aber die Wissenschaftler stimmen darin überein, dass die hervorgerufene Abkühlung das allgemeine Muster der Zirkulation in der Atmosphäre für eine begrenzte Zeit verändern könnte. Solch eine Veränderung könnte wiederum das Wetter in manchen Regionen beeinflussen. Die Vorhersage oder sogar die Bestimmung spezifischer regionaler Auswirkungen stellt eine beträchtliche Herausforderung für die Atmosphärenforscher dar.

Die vorausgegangenen Beispiele zeigen die Auswirkung auf das Klima eines einzigen Vulkanausbruchs, wobei es keine Rolle spielt, ob er groß oder klein oder gering und kurzlebig ist. Deswegen müssten viele große, zeitlich dicht beieinanderliegende Vulkanausbrüche auftreten, um einen deutlichen Einfluss über einen größeren Zeitraum zu haben. Sollte dies geschehen, so wäre die Stratosphäre mit genügend Gas und Asche beladen, um die Sonneneinstrahlung, die auf die Erdoberfläche trifft, merklich zu mindern. Da keine derartige Periode von explosivem Vulkanismus in der historischen Vergangenheit bekannt ist, wird dies oft als möglicher Beitrag zu einer Klimaverschiebung in prähistorischer Zeit erwähnt. Eine weitere Art, wie Vulkanismus das Klima beeinflussen könnte, ist in ▶Exkurs 21.1 beschrieben.

Abbildung 21.14: Das Satellitenbild zeigt einen Plume aus weißem Nebel vom Vulkan Anatahan, der nach einem Vulkanausbruch im April 2005 einen Teil des philippinischen Meeres bedeckt. Dieser Nebel ist *keine* vulkanische Asche. Er besteht vielmehr aus Tröpfchen von Schwefelsäure, die sich bildet, wenn sich Schwefeldioxid aus einem Vulkan mit dem Wasser in der Atmosphäre verbindet. Der Nebel ist hell und reflektiert das Sonnenlicht zurück in den Weltraum. Zur Linken des Nebels wird die Sonne von der glatten Oberfläche des Ozeans reflektiert. Der Effekt ist ein silbriger Spiegel, das sogenannte Sonnenglitzern (Sunglint), und dehnt sich in einem schmalen Streifen des Bilds nach unten, wo der Winkel der Sonne genau richtig war, um das Licht direkt in den Sensor zu reflektieren. (NASA Image)

---

5   Die Stratosphäre ist die Schicht der Atmosphäre, die direkt über der Troposphäre liegt. Sie dehnt sich von einer Höhe von 12 Kilometern bis zu einer Höhe von 50 Kilometern aus.

EXKURS 21.1 – MENSCH UND UMWELT

■ Eine mögliche Verbindung zwischen Vulkanismus und Klimawandel in der geologischen Vergangenheit

Die Kreidezeit ist die letzte Periode der mesozoischen Ära, die Ära des Erdmittelalters, von der man oft als „Zeitalter der Dinosaurier" spricht. Sie begann vor etwa 145,5 Millionen Jahren und endete vor etwa 65,5 Millionen Jahren mit dem Aussterben der Dinosaurier (und auch vieler anderer Lebensformen).

Das Klima der Kreidezeit war eines der wärmsten in der langen Erdgeschichte. Dinosaurier, die bei milden Temperaturen existierten, bewegten sich nördlich des nördlichen Polarkreises. In Grönland und in der Antarktis existierten tropische Wälder und Korallen wuchsen um 15 Breitengrade näher zu den Polen als heute. Die Ablagerungen von Torf bildeten schließlich weit ausgedehnte Kohleschichten in hohen Breitengraden. Der Meeresspiegel lag um etwa 200 Meter höher als heute, was darauf hinweist, dass es keine Eisschilde auf den Polen gab.

Was war der Grund für die ungewöhnlich warmen Klimate in der Kreidezeit? Zu den bedeutendsten Faktoren, die dazu beigetragen haben könnten, gehörte das Ansteigen des Kohlendioxids in der Atmosphäre.

Wo kam das zusätzliche Kohlendioxid her, das zur Erwärmung des Klimas in der Kreidezeit führte? Viele Geologen nehmen an, dass die wahrscheinliche Quelle die vulkanische Aktivität war. Kohlendioxid ist eines der Gase, das von Vulkanen ausgestoßen wird, und es gibt nun beträchtlich viele geologische Beweise, dass die mittlere Kreidezeit eine Zeit mit einer ungewöhnlich hohen Rate vulkanischer Aktivität war. Mehrere riesige ozeanische Lavaplateaus entstanden am Boden des Pazifiks während dieser Zeitspanne. Diese ausgedehnten Strukturen standen mit Hot Spots in Verbindung, die das Produkt großer Mantle Plumes (siehe Abbildung 5.41) gewesen sein könnten. Massives Ausfließen von Lava über Millionen von Jahren wäre mit einer riesigen Freisetzung von Kohlendioxid verbunden gewesen, was wiederum einen verstärkenden Effekt auf den Treibhauseffekt gehabt haben könnte. *Folglich könnte die Wärme, die die Kreidezeit charakterisierte, ihren Ursprung tief im Erdmantel haben.*

Vermutlich gab es weitere Konsequenzen durch diese außerordentlich warme Periode, die mit vulkanischer Aktivität in Verbindung standen. Beispielsweise nahmen aufgrund der hohen globalen Temperaturen und der mit CO_2 angereicherten Atmosphäre in der Kreidezeit die Menge und die Arten von Phytoplankton (winzige, überwiegend mikroskopisch kleine Pflanzen wie Algen) und anderen Lebensformen im Ozean zu. Diese Entfaltung marinen Lebens wird durch die ausgedehnten Kreideablagerungen, die mit der Kreidezeit vergesellschaftet sind, widergespiegelt (▶ Abbildung 21.A). Kreide besteht aus den calcitreichen Hartteilen mikroskopisch kleiner mariner Organismen. Erdöl und Erdgas stammen aus der Umwandlung der biogenen Überreste (überwiegend des Phytoplanktons). Viele der wichtigsten Erdöl- und Erdgasvorkommen treten in marinen Sedimenten der Kreidezeit auf, eine Folge der Reichhaltigkeit marinen Lebens während dieser Warmzeit.

Eine Liste der möglichen Folgen, die in Verbindung mit dieser außergewöhnlichen Vulkanismusperiode während der Kreidezeit stehen, ist noch lange nicht vollständig, doch dient sie dazu, die Zwischenbeziehungen der Komponenten im Erdsystem aufzuzeigen. Materialien und Prozesse, die zunächst gar nicht in Beziehung zu stehen schienen, erweisen sich als damit verbunden. Hier haben Sie erfahren, wie Prozesse, die ihren Ursprung tief im Erdinneren haben, direkt oder indirekt mit der Atmosphäre, den Ozeanen und der Biosphäre verbunden sind.

Abbildung 21.A: Die berühmten Kreideablagerungen, bekannt als die Weißen Klippen von Dover, stehen in Beziehung mit der Expansion marinen Lebens, die während der außergewöhnlichen Wärme der Kreideperiode auftrat. (Foto: LagunaPhoto/GettyImages; Inc. – Liason)

21.4 Natürliche Ursachen des Klimawandels

> **Studenten fragen manchmal ...**
>
> **Könnte ein Meteorit, der mit der Erde zusammenstößt, einen Klimawandel verursachen?**
>
> Ja, das ist möglich. Beispielsweise nimmt die am stärksten unterstützte Hypothese bezüglich des Aussterbens der Dinosaurier (vor etwa 65 Millionen Jahren) ein solches Ereignis an. Durch das Einschlagen eines großen Meteoriten (mit etwa 10 Kilometer Durchmesser) auf der Erde wurden riesige Mengen an Gesteinstrümmern hoch in die Atmosphäre geschleudert. Monatelang beschränkten die umherwandernden Staubwolken das auf die Erdoberfläche auftreffende Licht. Ohne ausreichendes Sonnenlicht für die Photosynthese brach die empfindliche Nahrungskette zusammen. Als das Sonnenlicht wieder durchkam, waren mehr als die Hälfte aller Arten auf der Erde, einschließlich der Dinosaurier und vieler mariner Organismen, ausgestorben. Sie erfahren in Kapitel 22 mehr darüber.

21.4.2 Solare Abweichungen und das Klima

Die am längsten bestehenden Hypothesen bezüglich des Klimawandels basieren zum Teil auf dem Gedanken, dass die Sonne ein veränderlicher Stern ist und ihren Energieausstoß mit der Zeit verändert. Die Auswirkungen solcher Veränderungen scheinen direkt und leicht zu verstehen zu sein. Die Zunahme des Ausstoßes an Sonnenenergie würde eine Erwärmung der Atmosphäre verursachen und eine Reduzierung würde eine Abkühlung zur Folge haben. Diese Vorstellung ist ansprechend, da man sie verwenden kann, um den Klimawandel für jede Länge oder Intensität zu erklären. Doch wurden bisher keine langfristigen Veränderungen in der totalen Intensität der Sonneneinstrahlung außerhalb der Atmosphäre gemessen. Solche Messungen waren bis zu dem Zeitpunkt, da die Satellitentechnologie verfügbar war, gar nicht möglich. Nun da wir die Möglichkeit besitzen, werden wir viele Jahre für Aufzeichnungen benötigen, bevor wir erahnen können, wie veränderlich (oder unveränderlich) die Sonnenenergie tatsächlich ist.

Mehrere Vorschläge, basierend auf einer veränderlichen Sonnenenergie in Bezug auf Sonnenflecken, wurden für den Klimawandel gemacht. Die auffälligsten und am besten bekannten Strukturen auf der Sonnenoberfläche sind dunkle Verfärbungen, die man als **Sonnenflecken** bezeichnet (▶Abbildung 21.15). Die Sonnenflecken sind riesige Magnetstürme, die sich von der Sonnenoberfläche tief in das Sonneninnere ausdehnen. Außerdem stehen diese Flecken in Verbindung mit dem Herausschleudern riesiger Massen von Partikeln von der Sonne, die beim Auftreffen auf die oberste Erdatmosphäre mit den Gasen Wechselwirkungen eingehen und dabei Polarlichter erzeugen wie die Aurora Borealis (Nordlichter) auf der nördlichen Hemisphäre.

Neben anderen solaren Aktivitäten scheint die Anzahl der Sonnenflecken auf regelmäßige Weise in einem 11-Jahres-Zyklus zu- und abzunehmen. Die Grafik in ▶Abbildung 21.16 zeigt die jährliche Anzahl der Sonnenflecken, beginnend im frühen 17. Jahrhundert.

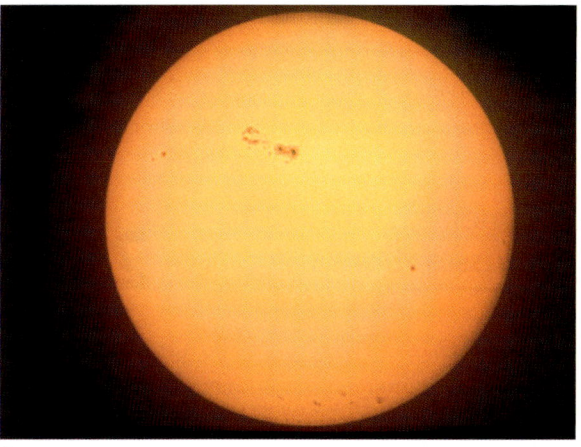
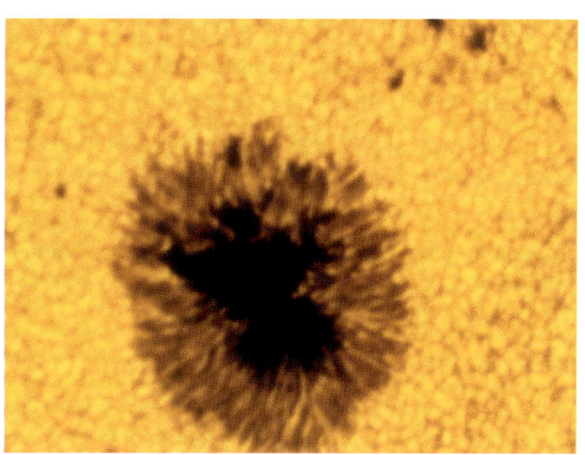

A.   B.

Abbildung 21.15: **A.** Eine große Sonnenfleckengruppe auf der Sonne (Celestron 8-Foto: mit freundlicher Genehmigung von Celestron International) **B.** Sonnenflecken haben einen sichtbaren Kernschatten (dunkles Gebiet in der Mitte) und einen Halbschatten (helleres Gebiet, das den Kernschatten umgibt). (mit freundlicher Genehmigung der National Optical Astronomy Observatories)

21 Globaler Klimawandel

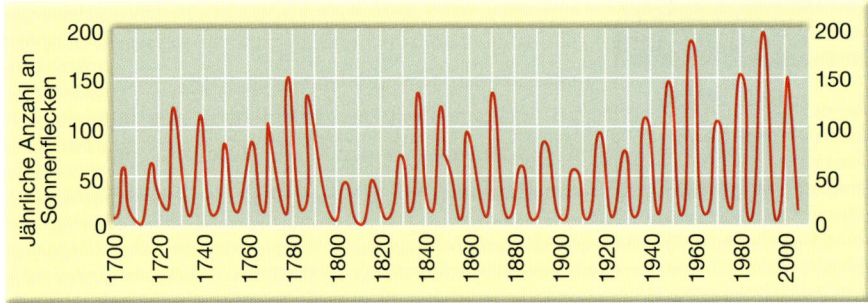

Abbildung 21.16: Mittlere jährliche Anzahl von Sonnenflecken.

Doch dieses Muster tritt nicht immer auf. Es gab Perioden, in welchen die Sonne praktisch ohne Sonnenflecken war. Außerdem gibt es neben dem 11-Jahres-Zyklus einen 22-Jahres-Zyklus. Dieser längere Zyklus basiert auf der Tatsache, dass die magnetischen Polaritäten der Sonnenfleckengruppen sich alle aufeinanderfolgenden elf Jahre umkehren.

Das Interesse an möglichen Sonne-Klima-Auswirkungen hält fast ununterbrochen an und man versucht seit langem, Korrelationen auf den Zeitskalen zu finden, die von Tagen bis über Zehntausende von Jahren reichen. Zwei intensiv debattierte Beispiele werden hier kurz beschrieben.

Sonnenflecken und Temperatur Untersuchungen weisen darauf hin, dass es verlängerte Perioden gibt, in welchen Sonnenflecken abwesend bzw. fast abwesend sind. Zudem passen diese Ereignisse eng mit den Kaltzeiten Europa und Nordamerika zusammen. Andererseits korrelieren Perioden mit reichlich Sonnenflecken gut mit wärmen Zeiten in diesen Regionen.

Basierend auf diesen Übereinstimmungen halten manche Wissenschaftler Veränderungen der Sonne für bedeutende Ursachen des Klimawandels. Andere Wissenschaftler hingegen hinterfragen diese Aussage ernsthaft. Ihr Zögern ergibt sich durch nachfolgende Untersuchungen unter Verwendung unterschiedlicher Klimaaufzeichnungen weltweit, die keine signifikante Korrelation zwischen Sonnenaktivität und Klima feststellen konnten. Noch störender ist, dass es keinen überprüfbaren physikalischen Mechanismus gibt, um die besagte Auswirkung zu erklären.

Sonnenflecken und Dürren Eine zweite mögliche Verbindung zwischen Sonne und Klima auf einer Zeitskala, die sich von den vorausgehenden Beispielen unterscheidet, bezieht sich auf Veränderungen im Niederschlag statt auf die Temperatur. Eine ausgedehnte Untersuchung von Jahresringen enthüllte, dass Dürren im Westen der Vereinigten Staaten im 22-Jahres-Rhythmus periodisch wiederkehren. Die Periodizität fällt mit dem vorher erwähnten magnetischen 22-Jahres-Zyklus der Sonne zusammen.

Ein Kommentar dieser möglichen Verbindung stellt ein Gremium des nationalen Forschungsrats vor:

Kein überzeugender Mechanismus ist bisher aufgetaucht, der eine so subtile Eigenschaft der Sonne mit Dürreprofilen auf begrenzte Regionen verbunden hätte. Zudem ist das zyklische Muster der Dürren, das man in Jahresringen gefunden hat, selbst eine feine Struktur, die sich von Ort zu Ort innerhalb der weiten Untersuchungsregion verschiebt.[6]

Mögliche Verbindungen zwischen solaren Abweichungen und Klima wären viel einfacher zu bestimmen, wenn die Forscher physikalische Verbindungen zwischen der Sonne und der unteren Atmosphäre herstellen könnten. Aber trotz vieler Forschungsarbeiten konnte bisher keine Verbindung zwischen solaren Abweichungen und dem Wetter hergestellt werden. Scheinbare Korrelationen wurden fast immer widerlegt, wenn sie einer kritischen statistischen Untersuchung unterworfen wurden oder wenn mit unterschiedlichen Datengruppen geprüft wurde. Das Ergebnis ist eine fortwährende Kontroverse und Diskussion.

21.5 Der menschliche Einfluss auf das Klima

Bisher haben wir vier potenzielle Ursachen für den Klimawandel untersucht, alle davon natürlichen Ursprungs. In diesem Abschnitt werden wir darüber sprechen, wie wir Menschen zum globalen Klimawandel

---

[6] *Solar Variability, Weather and Climate* (Washington D.C.: National Academy Press, 1982), S. 7.

beitragen (▶siehe Exkurs 21.2). Ein Effekt resultiert weitgehend aus dem Eintrag von Kohlendioxid und anderen Treibhausgasen in die Atmosphäre. Ein zweiter Effekt steht in Beziehung zu dem Eintrag der von Menschen hergestellten Aerosole in die Atmosphäre.

Man nimmt häufig an, dass der menschliche Einfluss auf das regionale und globale Klima mit dem Einsetzen der modernen Industrialisierungsperiode begann. Das ist aber wahrscheinlich nicht so.

Es gibt gute Beweise, dass die Menschen die Umwelt ausgedehnter Gebiete seit Tausenden von Jahren modifiziert haben. Die Verwendung des Feuers und das Überweiden von Wüstenrandgebieten haben die Fülle und die Verteilung der Vegetation reduziert. Durch die Veränderung der Bodenbedeckung haben die Menschen so wichtige klimatische Faktoren wie die Oberflächenreflexion, die Evaporationsraten und Oberflächenwinde modifiziert. In einem Kommentar zu diesem Thema, der vom Menschen herbeigeführten Klimaveränderung, bemerkt der Astronom Carl Sagan:

Im Gegensatz zur vorherrschenden Anschauung, dass nur moderne Menschen in der Lage sind, das Klima zu verändern, glauben wir, dass die Menschheit seit der Entdeckung des Feuers eine grundlegende und fortwährende Wirkung auf das Klima ausübt.[7]

Kürzlich wurden Carl Sagans Annahmen durch eine Arbeit, die auf Daten von antarktischen Eisbohrkernen basiert, unterstützt und weiter fortgeführt. Diese Untersuchung besagt, dass die Menschen vor Tausenden von Jahren begonnen haben könnten, einen bedeutenden Einfluss auf die Zusammensetzung der Atmosphäre und die globalen Temperaturen zu nehmen.

Die Menschen begannen sehr früh, vor 8.000 Jahren, den Thermostat hinaufzuschrauben, als sie für die Landwirtschaft die Wälder abholzten und vor 5.000 Jahren mit dem Anbau von Reis begannen. Die Treibhausgase, die durch diese Eingriffe entstanden sind, haben die Erde erwärmt.[8]

---

[7] Carl Sagan et al., "Anthropogenic Albedo Changes and the Earth's Climate"; *Science*, 206, No. 4425 (1980), S. 367.

[8] "An Early Start for Greenhouse Warming?", *Science*, Vol. 303, 16 January 2004. Dieser Artikel ist ein Bericht in einer Zeitung, der vom Paläoklimatologen William Rudiman bei einem Treffen der American Geophysical Union im Dezember 2003 stammt.

21.6 Kohlendioxid, Spurengase und der Klimawandel

Sie haben bereits erfahren, dass Kohlendioxid (CO_2) nur etwa 0,038 Prozent der Gase von trockener sauberer Luft ausmacht. Dennoch ist es meteorologisch gesehen eine wichtige Komponente. Kohlendioxid ist bedeutend, da es für die eintreffende kurzwellige Sonneneinstrahlung durchlässig ist, jedoch für einen Teil der langwelligen nach außen gehenden Erdstrahlung nicht. Ein Teil der Energie, der die Erdoberfläche verlässt, wird durch das CO_2 in der Atmosphäre absorbiert. Diese Energie wird anschließend wieder zurückgeschickt, ein Teil davon zurück zur Erdoberfläche, wobei es die Luft nahe am Boden wärmer hält, als sie es ohne CO_2 sein würde.

Deswegen ist Kohlendioxid zusammen mit Wasserdampf für den *Treibhauseffekt* der Atmosphäre verantwortlich. Kohlendioxid kann Wärme sehr gut absorbieren und daraus folgt logischerweise, dass jede Veränderung des CO_2-Gehalts der Luft die Temperatur in der unteren Atmosphäre verändern kann.

21.6.1 Das CO_2-Niveau steigt an

Die unglaubliche Industrialisierung der Erde in den vergangenen zwei Jahrhunderten wurde angeheizt – und wird noch immer angeheizt durch die Verbrennung von fossilen Brennstoffen: Kohle, Erdgas und Erdöl (siehe Abbildung 23.4). Die Verbrennung dieser Brennstoffe hat der Atmosphäre riesige Mengen an Kohlendioxid zugefügt.

Die Verwendung von Kohle und anderer Brennstoffe liefern den größten Anteil an CO_2, den wir Menschen in die Atmosphäre entlassen, doch es ist nicht der einzige. Die Abholzung der Wälder trägt ebenso wesentlich dazu bei, da CO_2 entweicht, wenn die Vegetation verrottet oder verbrannt wird. Die Abholzung ist besonders ausgeprägt in den Tropen, wo riesige Gebiete für Weideland oder Landwirtschaft abgeholzt werden oder ineffizientem kommerziellem Holzhandel zum Opfer fallen. Gemäß den Schätzungen der Vereinten Nationen überstieg das Ausmaß der Zerstörung von tropischem Regenwald während der 1990er Jahre 15 Millionen Hektar pro Jahr.

Obwohl ein Teil des überschüssigen CO_2 von Pflanzen aufgenommen oder im Ozean gelöst wird, bleiben geschätzte 45 bis 50 Prozent in der Atmosphäre.

21 Globaler Klimawandel

EXKURS 21.2 – DIE ERDE VERSTEHEN
■ Computermodelle des Klimas – wichtige, jedoch unvollkommene Hilfsmittel

Das Klimasystem der Erde ist unglaublich komplex. Umfassende, dem Stand der Wissenschaft entsprechende Klimasimulationsmodelle gehören zu den grundlegendsten Hilfsmitteln, um mögliche Szenarien des Klimawandels zu entwickeln. Sie werden *allgemeine Zirkulationsmodelle* GCM genannt, basieren auf den Grundgesetzen der Physik und Chemie und beziehen menschliche und biologische Auswirkungen mit ein. Die Modelle werden verwendet, um viele Variablen einschließlich Temperatur, Regenfall, Schneebedeckung, Bodenfeuchte, Wind, Wolken und Meereszirkulation über viele Jahrzehnte hinweg auf der gesamten Erde zu simulieren.

Auf vielen anderen Forschungsgebieten können Hypothesen durch direkte Experimente im Labor oder durch Beobachtungen und Messungen im Gelände überprüft werden. Doch bei der Erforschung des Klimas ist das oft nicht möglich. Stattdessen müssen die Wissenschaftler Computermodelle von der Wirkungsweise des Klimasystems auf unserem Planeten konstruieren. Verstehen wir das Klimasystem richtig und konstruieren wir ein geeignetes Modell, dann sollte das Verhalten des Klimasystems im Modell das Verhalten des Klimasystems der Erde nachahmen.

Welche Faktoren beeinflussen die Genauigkeit des Klimamodells? Ganz klar sind mathematische Modelle vereinfachte Versionen der *wirklichen* Erde und können die ganze Komplexität, besonders in kleinerem geographischem Maßstab nicht erfassen. Falls man zudem das Computermodell dazu verwendet, um zukünftige Klimaveränderungen zu simulieren, müssen viele Annahmen gemacht werden, die das Ergebnis entscheidend beeinflussen. Darin muss ein großes Spektrum von Möglichkeiten für zukünftige Veränderungen bei der Population, des Wirtschaftswachstums, des Verbrauchs fossiler Brennstoffe, der technologischen Entwicklung, der Verbesserung der Energieeffizienz, etc. berücksichtigt werden.

Trotz vieler Hindernisse verbessert sich weiterhin unsere Fähigkeit, Supercomputer zur Klimasimulation zu verwenden. Obwohl die heutigen Modelle weit von Unfehlbarkeit entfernt sind, sind sie leistungsfähige Hilfsmittel für das Verständnis, wie das zukünftige Klima der Erde aussehen könnte.

▶Abbildung 21.17A zeigt die CO_2-Konzentrationen der letzten tausend Jahre, basierend auf Daten von Eisbohrkernen und (seit 1958) von Messungen des Mauna-Loa-Observatoriums in Hawaii. Der rapide Anstieg von CO_2-Konzentrationen seit Beginn der Industrialisierung ist offensichtlich und wird dicht gefolgt vom Anstieg der CO_2-Emissionen durch die Verbrennung fossiler Brennstoffe (▶Abbildung 21.17B).

21.6.2 Die Reaktion der Atmosphäre

Ist angesichts des Anstiegs von Kohlendioxid in der Atmosphäre die globale Temperatur tatsächlich gestiegen? Die Antwort lautet ja. Ein Bericht des zwischenstaatlichen Gremiums für Klimawandel (ICPP)[9] verweist auf Folgendes:

■ Während des 20. Jahrhunderts stieg die durchschnittliche Oberflächentemperatur um 0,6 Prozent an.

■ Weltweit scheint es so zu sein, dass die 1990er Jahre das wärmste Jahrzehnt und 1998 und 2005 die wärmsten Jahre seit 1861 waren. Die nächsten vier warmen Jahre traten alle nach dem Jahr 2000 auf (▶Abbildung 21.18).

■ Neue Analysen für Daten der nördlichen Hemisphäre weisen darauf hin, dass der Temperaturanstieg im 20. Jahrhundert der größte in den letzten 1.000 Jahren war (▶Abbildung 21.19).

Wurde diese Entwicklung des Temperaturanstiegs durch menschliche Aktivitäten verursacht oder trat sie einfach so auf? Die Wissenschaftler sind bei der Beantwortung sehr vorsichtig, doch sie glauben, dass menschliche Aktivitäten eine erhebliche Rolle dabei gespielt haben. Ein IPCC-Bericht im Jahr 1996 bestätigt, dass nach Abwägen der Beweise ein menschlicher Einfluss auf das globale Klima unleugbar ist.[10] Fünf Jahre später machte die IPCC die Aussage: „Es gibt neue und gewichtige Hinweise, dass ein Groß-

---

9 Intergovernmental Panel on Climate Change, *Climate Change 2001: The Science of Climate Change*, NewYork: Cambridge University Press, 2001, S. 2.

10 Intergovernmental Panel on Climate Change, *Climate Change 1995: The Science of Climate Change*, NewYork: Cambridge University Press, 1996, p. 4.

21.6 Kohlendioxid, Spurengase und der Klimawandel

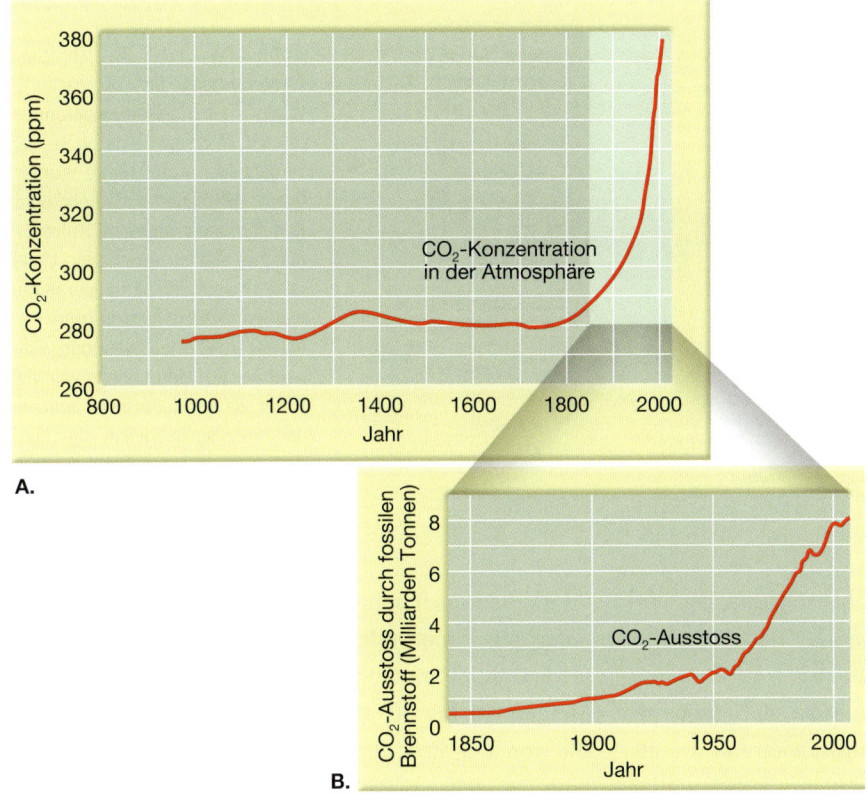

Abbildung 21.17: A. Die Kohlenstoffdioxid (CO_2)-Konzentrationen der letzten 1.000 Jahre. Viele Aufzeichnungen basieren auf Daten, die von Eisbohrkernen der Antarktis gewonnen wurden. Luftblasen, die im Gletschereis eingefangen sind, liefern Proben der ehemaligen Atmosphären. Die Aufzeichnungen seit 1958 stammen von direkten CO_2-Messungen der Atmosphäre, die am Mauna-Loa-Observatorium, Hawaii, gemacht wurden. **B.** Emissionen durch fossile Brennstoffe. Der große Anstieg der CO_2-Konzentration seit Beginn der Industrialisierung wurde dicht gefolgt von einem Anstieg von CO_2-Emissionen aus fossilen Brennstoffen.

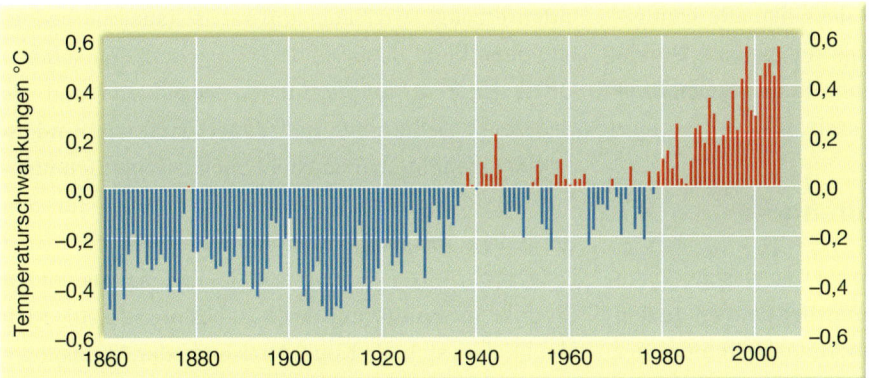

Abbildung 21.18: Der jährliche Durchschnitt der globalen Temperaturen für die Periode zwischen 1860 und 2005. Die Vergleichsbasis ist der Durchschnitt der Periode von 1961 bis 1990 (die 0,0-Linie auf dem Graphen). Jeder der schmalen Balken auf dem Diagramm repräsentiert die Abweichung von der globalen Durchschnittstemperatur zwischen 1961 und 1990 für ein Jahr. Beispielsweise lag die mittlere globale Temperatur für 1862 um mehr als 0,5°C unter dem Durchschnitt der Periode von 1961 bis 1990, das globale Mittel von 1998 dagegen lag mit mehr als 0,5°C darüber (1998 war genau um 0,56°C wärmer). Die Balkendiagramme zeigen deutlich, dass es zu *erheblichen Veränderungen von Jahr zu Jahr* kommen kann. Das Diagramm zeigt aber auch einen Trend. Die geschätzten mittleren globalen Temperaturen lagen seit 1978 über dem Durchschnitt von 1961 bis 1990. Global gesehen waren die 1990er Jahre das wärmste Jahrzehnt – und die Jahre 1998, 2005, 2002, 2003, 2001 und 2004 die wärmsten Jahre – seit 1861. (Verändert und mit neueren Daten versehen nach G. Bell, et al. „Climate Assessment for 1998", *Bulletin of the American Meteorological Society*", Vol. 80, No. 5 Mai 1999, S. 54)

teil der beobachteten Erwärmung der letzten 50 Jahre menschlichem Verhalten zuzuschreiben ist."[11] Was ist mit der Zukunft? Bis zum Jahr 2100 prognostizieren einzelne Modelle eine CO_2-Konzentration in der Atmosphäre von 540 zu 970 ppm. Wie werden sich die globalen Temperaturen bei einem derartigen Anstieg verändern? Es folgt ein Bericht des IPCC von 2001.[12]

---

[11] IPPC; *Climate Change 2001: The Scientific Basis*, S. 10.

[12] IPPC; *Climate Change 2001: The Scientific Basis*, S. 13.

21 Globaler Klimawandel

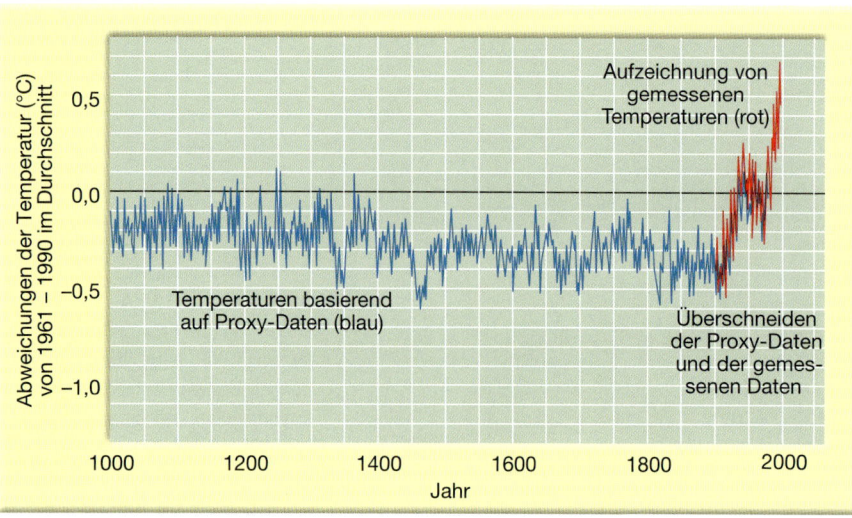

Abbildung 21.19: Die jährlichen Abweichungen der durchschnittlichen Oberflächentemperaturen für die nördliche Hemisphäre der vergangenen 1.000 Jahre wurden durch Jahresringe, Eisbohrkerne, Korallen und historische Aufzeichnungen (blauer Anteil der Linie) rekonstruiert und Lufttemperaturen wurden direkt gemessen (roter Anteil der Linie). Die Erwärmung während des 20. Jahrhunderts war viel höher als in irgendeinem anderen der vorausgegangenen Jahrhunderte. (Nach: U.S. Global Change Research Program und IPCC)

- Für die durchschnittliche globale Oberflächentemperatur wird ein Anstieg um 1,4 °C auf 5,8 °C bis zum Jahr 2100 hochgerechnet.
- Die errechnete Erwärmungsrate ist viel größer als die beobachteten Veränderungen während des 20. Jahrhunderts. Sie ist wahrscheinlich beispiellos für mindestens die letzten 10.000 Jahre.
- Es ist sehr wahrscheinlich, dass sich alle Landgebiete schneller erwärmen als der globale Durchschnitt, besonders jene der nördlichen hohen Breitengrade in der kalten Jahreszeit.

21.6.3 Die Rolle der Spurengase

Kohlendioxid ist nicht das einzige Gas, das zu einem möglichen globalen Temperaturanstieg beiträgt. In den vergangenen Jahren mussten die Atmosphärenforscher erkennen, dass die industriellen und landwirtschaftlichen Aktivitäten der Menschen eine Anhäufung von Spurengasen verursachen, die ebenfalls eine bedeutende Rolle spielen. Die Substanzen werden Spurengase genannt, da ihre Konzentration um so viel kleiner ist als die von Kohlendioxid. Die Spurengase, die am wichtigsten zu sein scheinen, sind Methan (CH_4), Stickstoffoxid (N_2O) und Fluorchlorkohlenwasserstoffe (FCKWs). Die Gase absorbieren die Wellenlängen der nach außen gehenden Strahlung von der Erde, die andernfalls in den Weltraum entweichen würde. Obwohl die einzelnen Auswirkungen relativ mäßig sind, können die Spurengase zusammengenommen so bedeutend wie CO_2 bei der Erwärmung der Troposphäre sein.

Methan ist in viel geringeren Anteilen als CO_2 vorhanden, aber seine Bedeutung ist größer, als man aufgrund seiner relativ kleinen Konzentration von etwa 1,7 ppm annehmen würde. Das liegt daran, dass Methan 20 bis 30 Mal effizienter als Kohlendioxid die von der Erde emittierte Infrarotstrahlung absorbiert.

Methan wird durch anaerobe Bakterien an feuchten Orten erzeugt, wo Sauerstoff rar ist (anaerob bedeutet „ohne Luft", insbesondere Sauerstoff). Zu solchen Orten gehören Sümpfe, Moore, Marschland und die Gedärme von Termiten und Weidetieren wie Rindern und Schafen. Methan entsteht auch in künstlich überfluteten Reisfeldern („künstliche Sümpfe") für den Reisanbau. Der Abbau von Kohle und die Erdöl- und Erdgasbohrungen sind weitere Quellen, da Methan ein Produkt ihrer Bildung ist (▶ Abbildung 21.20). Man glaubt, dass sich die Konzentration in der Atmosphäre seit dem 18. Jahrhundert verdoppelt hat und Hand in Hand mit dem Bevölkerungswachstum der Menschen geht. Diese Beziehung zeigt die enge Verbindung zwischen der Bildung von Methan und der Landwirtschaft. Mit dem Anstieg der Bevölkerung stieg auch die Zahl der Rinder und der Reisfelder.

Stickstoffoxid, manchmal auch „Lachgas" genannt, sammelt sich ebenfalls in der Atmosphäre an, wenn auch nicht so schnell wie Methan. Man schreibt den Anstieg hauptsächlich der Landwirtschaft zu. Bei der Verwendung von stickstoffhaltigen Düngemitteln zur Ernteertragssteigerung geht ein Teil des Stickstoffs als Stickstoffoxid in die Luft über. Dieses Gas entsteht auch bei der Hochtemperaturverbrennung fossiler Brennstoffe. Zwar ist die jährliche Freisetzung in die Atmosphäre gering, doch beträgt die Lebensspanne ei-

Abbildung 21.20: Methan wird von anaeroben Bakterien an feuchten Orten, wo Sauerstoff rar ist, produziert (anaerob: „ohne Luft"). Zu solchen Orten gehören Sümpfe, Moore, Marschland und die Gedärme von Termiten und Weidetieren wie Rindern und Schafen. Methan entsteht auch in künstlich überfluteten Reisfeldern („künstliche Sümpfe") für den Reisanbau. Die Reisfelder auf dem Foto befinden sich in den Ebenen des Ganges in Indien. Der Abbau von Kohle und die Erdöl- und Erdgasbohrungen sind weitere Quellen, da Methan ein Produkt ihrer Bildung ist. (Foto: George Holton/Photo Researchers, Inc)

nes Stickstoffoxidmoleküls 150 Jahre! Sollte die Verwendung von Stickstoffdüngern und fossilem Brennstoff mit der angenommenen Rate wachsen, könnte Stickstoffoxid in einem Maße zur Treibhauserwärmung beitragen, das der Hälfte von Methan nahekommt.

Anders als Methan und Stickstoffoxid sind Fluorchlorkohlenwasserstoffe (FCKWs) nicht natürlich in der Atmosphäre vorhanden. FCKWs sind künstlich hergestellte Chemikalien mit vielen Verwendungsarten und sie erregten Aufmerksamkeit, da sie für die Ozonverminderung in der Stratosphäre verantwortlich sind. Die Rolle der FCKWs bei der globalen Erwärmung ist wenig bekannt. FCKW sind sehr effiziente Treibhausgase. Sie wurden erst in den 1920er Jahren entwickelt und ab den 1950er Jahren in großem Stil verwendet, doch tragen sie bereits im gleichen Maße zum Treibhauseffekt bei wie Methan. Obwohl man bereits korrigierende Maßnahmen ergriffen hat, wird der FCKW-Spiegel *nicht* sehr schnell sinken. Die FCKWs bleiben viele Jahrzehnte lang in der Atmosphäre und selbst wenn man sämtliche FCKW-Emissionen sofort stoppen würde, wäre die Atmosphäre noch viele Jahre damit belastet.

Kohlendioxid ist sicherlich die bedeutendste Einzelursache für die angenommene globale Treibhauserwärmung. Doch trägt es nicht allein dazu bei. Nimmt man alle Auswirkungen der vom Menschen erzeugten Treibhausgase zusammen und überträgt sie in die Zukunft, erhöht ihre gemeinsame Wirkung die Auswirkung von CO_2 allein bedeutend.

Ausgefeilte Computermodelle zeigen, dass die Erwärmung der unteren Atmosphäre durch CO_2 und Spurengase nicht überall gleich sein wird. Stattdessen könnte die Temperaturreaktion in den Polarregionen zwei- bis dreimal größer sein als im globalen Durchschnitt. Ein Grund dafür ist, dass die polare Troposphäre sehr stabil ist, was die vertikale Vermischung

> **Studenten fragen manchmal ...**
>
> **Wie heißt das zwischenstaatliche Gremium, das sich mit dem Klimawandel befasst?**
>
> Die Weltorganisation für Meteorologie (WMO) und das Umweltprogramm der Vereinten Nationen, die das Problem des potenziellen globalen Klimawandels erkannt haben, richteten einen zwischenstaatlichen Ausschuss für Klimaänderungen (abgekürzt IPCC für Intergovernmental Panel on Climate Change) ein. Das IPCC begutachtet die wissenschaftlichen, technischen und sozioökonomischen Informationen, die für das Verständnis des vom Menschen eingeleiteten Klimawandels relevant sind. Diese Expertengruppe gibt in periodischen Berichten Ratschläge an die Weltgemeinschaft, die auf dem Kenntnisstand der Ursachen für den Klimawandel basieren.

> **Studenten fragen manchmal …**
>
> **Gäbe es auf der Erde keine Treibhausgase, wie hoch wäre die Oberflächentemperatur der Erde?**
>
> Kalt! Die Durchschnittstemperatur der Erdoberfläche läge bei eisigen −18°C statt der heutigen, relativ komfortablen 14,5°C.

unterdrückt. Deshalb ist die Menge der Oberflächenwärme, die nach oben hin übertragen wird, begrenzt. Zudem würde eine Verringerung des Meereises zu einer größeren Temperaturzunahme beitragen. Dieses Thema behandeln wir eingehender im nächsten Abschnitt.

Klima-Rückkopplungsmechanismen 21.7

Das Klima ist ein sehr komplexes, interaktives physikalisches System. Deswegen müssen Wissenschaftler viele mögliche Ergebnisse berücksichtigen, falls eine beliebige Komponente des Klimasystems verändert wird. Diese möglichen Ergebnisse werden **Klima-Rückkopplungsmechanismen** genannt. Sie verkomplizieren die Versuche, ein Klimamodell zu erstellen, und führen zu größeren Unsicherheiten bei Klimavorhersagen.

Welche Klima-Rückkopplungsmechanismen stehen mit Kohlendioxid und den anderen Treibhausgasen in Verbindung? Ein wichtiger Mechanismus ist, dass wärmere Oberflächentemperaturen die Evaporationsraten erhöhen. Das erhöht wiederum den Wasserdampf in der Atmosphäre. Sie erinnern sich, dass Wasserdampf die von der Erde abgegebene Strahlung noch stärker absorbiert. Deswegen wird mit mehr Wasserdampf in der Luft die Temperaturerhöhung durch Kohlendioxid und Spurengase verstärkt.

Sie erinnern sich auch, dass die Temperaturzunahme in höheren Breitengraden zwei- oder dreimal höher als im globalen Durchschnitt sein wird. Diese Annahme stützt sich zum Teil auf die Wahrscheinlichkeit, dass das Gebiet, das mit Meereis bedeckt ist, abnehmen wird, wenn die Oberflächentemperaturen steigen. Da Eis einen viel höheren Prozentsatz der eintreffenden Sonneneinstrahlung als offenes Wasser reflektiert, würde wegen des Abschmelzens des Meereises eine hoch reflektierende Oberfläche durch eine relativ dunkle Oberfläche ersetzt werden (▶Abbildung 21.21). Als Folge davon käme es zu einem deutlichen Anstieg der von der Oberfläche absorbierten Sonnenenergie. Das wiederum würde eine Rückkopplung auf die Atmosphäre bedeuten und die anfängliche Temperaturerhöhung durch die höheren Pegel der Treibhausgase vergrößern.

Die bisher besprochenen Klimarückkopplungsprozesse haben den Temperaturanstieg durch die Anreicherung von Kohlendioxid vergrößert. Da diese Auswirkungen die ursprüngliche Veränderung verstärken, werden sie **positiver Rückkopplungsmechanismus** genannt. Allerdings muss man andere Auswirkungen als **negativen Rückkopplungsmechanismus** klassifizieren, da sie das Gegenteil der ursprünglichen Veränderung darstellen und dazu neigen, sie abzuschwächen.

Eine wahrscheinliche Folge der globalen Temperaturerhöhung wäre eine damit einhergehende Zunahme der Bewölkung aufgrund des höheren Feuchtigkeitsgehalts in der Atmosphäre. Die meisten Wolken können die Sonneneinstrahlung gut reflektieren. Gleichzeitig absorbieren und emittieren sie die von der Erde abgegebene Strahlung. Folglich erzeugen Wolken zwei gegensätzliche Effekte. Sie haben einen negativen Rückkopplungsmechanismus, da sie die Reflexion der Sonneneinstrahlung erhöhen und deswegen die Menge an Sonnenenergie verringern, die zur Verfügung steht, um die Atmosphäre aufzuheizen. Andererseits verhalten sich Wolken mit einem positiven Rückkopplungsmechanismus, indem sie die Strahlung, die andernfalls durch die Troposphäre entweichen würde, absorbieren und emittieren.

Welcher Effekt ist stärker, falls überhaupt? Die Modellierung der Atmosphäre zeigt, dass der negative Effekt der höheren Reflexion dominant ist. Deswegen sollte das Nettoergebnis einer vermehrten Bewölkung eine Verminderung der Lufttemperatur sein. Man glaubt jedoch, dass die Magnitude dieser negativen Rückkopplung nicht so groß ist wie der positive Rückkopplungsprozess durch die vermehrte Feuchtigkeit und das abnehmende Meereis. Demzufolge würden, wie Klimamodelle zeigen, die Temperaturen trotzdem durch den kalkulierten Zuwachs an CO_2 und Spurengasen zunehmen, obwohl die Zunahme der Wolkenbedeckung teilweise den globalen Temperaturanstieg abmildern könnte.

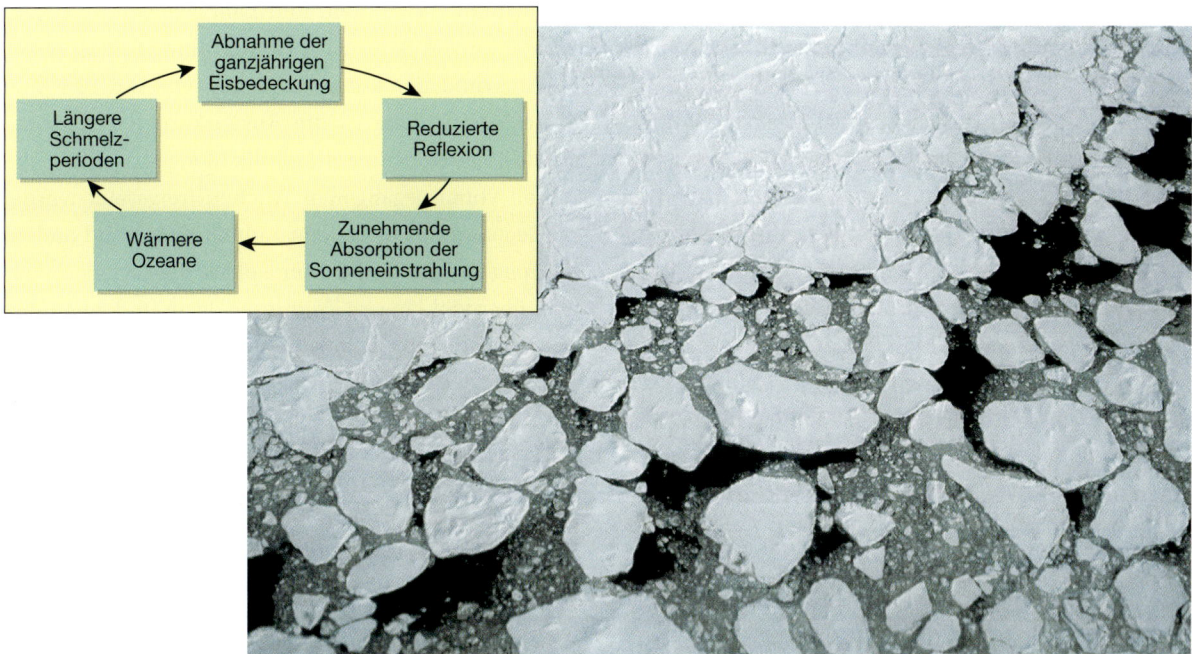

Abbildung 21.21: Dieses Satellitenbild zeigt das Aufbrechen des Meereises in der Nähe der Antarktis im Frühjahr. Auf der Einblendung sieht man einen möglichen Rückkopplungskreis. Eine Verringerung des Meereises wirkt als positiver Rückkopplungsmechanismus, da die Oberflächenreflexion abnehmen und die Energiemenge, die von der Oberfläche absorbiert wird, sich erhöhen würde. (Foto: George Holton/Photo Researchers Inc.)

Das Problem der globalen Erwärmung durch die von Menschen verursachte Veränderung in der Zusammensetzung der Atmosphäre wird weiterhin der am meisten untersuchte Aspekt des Klimawandels sein. Obwohl bisher noch kein Modell das gesamte Spektrum der möglichen Faktoren und Rückkopplungen mit einbezieht, stimmen die Wissenschaftler darin überein, dass der Anstieg des Niveaus von CO_2 und anderen Spurengasen zu einem wärmeren Planeten mit einer anderen Verteilung der Klimazonen führen wird.

Wie Aerosole das Klima beeinflussen 21.8

Der Anstieg von Kohlendioxid und anderen Treibhausgasen in der Atmosphäre ist der direkteste menschliche Einfluss auf das globale Klima. Aber es ist nicht die einzige Auswirkung. Das globale Klima wird auch durch menschliche Aktivitäten beeinflusst, die zum Aerosolgehalt in der Atmosphäre beitragen. Sie erinnern sich, dass Aerosole winzige, oft auch mikroskopisch kleine flüssige und feste Partikel darstellen, die in der Luft in Suspension sind. Anders als Wolkentröpfchen sind Aerosole sogar in relativ trockener Luft präsent. Die Aerosole der Atmosphäre setzen sich aus vielen verschiedenen Materialien zusammen. Dazu gehören Boden, Rauch, Meersalz und Schwefelsäure. Die natürlichen Quellen sind zahlreich und schließen Phänomene wie Staubstürme und Vulkane mit ein.

Der gegenwärtige Beitrag der Menschen an Aerosolen gleicht dem der Menge, die von natürlichen Quellen ausgestoßen wird. Die meisten vom Menschen erzeugten Aerosole stammen vom Schwefeldioxid, das während der Verbrennung von fossilen Brennstoffen entsteht, sowie aus der Verbrennung von Vegetation zur Flächengewinnung für die Landwirtschaft. Chemische Reaktionen in der Atmosphäre wandeln das Schwefeldioxid in schwefelhaltige Aerosole um, das gleiche Material, das den sauren Regen verursacht.

Wie wirken sich Aerosole auf das Klima aus? Aerosole wirken sich direkt aus, indem sie das Sonnenlicht in den Weltraum reflektieren, und indirekt, indem sie die Wolken zum „helleren" reflektieren bringen. Die zweite Auswirkung bezieht sich auf die Tatsache, dass viele Aerosole (wie die aus Salz oder Schwefelsäure) Wasser anziehen und deswegen besonders effektive Kondensationskeime für Wolken sind. Die große Menge an Aerosolen, die durch menschliches Handeln entstehen (besonders Industrieemissionen), löst ein Anwachsen der Anzahl von Wolkentröpfchen innerhalb

Globaler Klimawandel

einer Wolke aus. Eine größere Anzahl von kleineren Tröpfchen erhöht die Helligkeit einer Wolke, d.h., es wird mehr Sonnenlicht zurück ins Weltall reflektiert.

Durch die Reduktion der im Klimasystem verfügbaren Sonnenenergie haben die Aerosole insgesamt einen Abkühlungseffekt. Untersuchungen haben ergeben, dass der Abkühlungseffekt durch die vom Menschen erzeugten Aerosole einem Teil der globalen Erwärmung durch die anwachsende Menge von Treibhausgasen entgegenwirkt. Leider sind die Größenordnung und die Tragweite des Abkühlungseffekts der Treibhausgase in der Atmosphäre ungewiss. Diese Ungewissheit ist eine bedeutende Hürde für unser Verständnis, wie die Menschen das Klima der Erde verändern.

Es ist wichtig, einige bedeutende Unterschiede zwischen der globalen Erwärmung durch die Treibhausgase und der Abkühlung durch Aerosole herauszustellen. Wenn Treibhausgase wie beispielsweise Kohlendioxid ausgestoßen werden, verbleiben sie für viele Jahrzehnte in der Atmosphäre. Im Gegensatz dazu entweichen Aerosole in die Troposphäre, sie verbleiben dort nur für wenige Tage oder längstens für wenige Wochen, bevor sie durch den Niederschlag wieder „herausgewaschen" werden. Wegen ihrer geringen Lebensdauer in der Troposphäre verteilen sich Aerosole ungleich über die Erde. Wie wir erwarten dürfen, konzentrieren sich die vom Menschen erzeugten Aerosole in der Nähe der Gebiete, wo sie produziert werden, namentlich in Industrieregionen, die fossile Brennstoffe verbrennen, und Landgebieten, in denen Vegetation verbrannt wird (▶ Abbildung 21.22).

Aufgrund der kurzen Lebenspanne der Aerosole in der Atmosphäre ist die Auswirkung der Aerosole auf das heutige Klima durch die Menge bestimmt, die in den vorausgegangenen Wochen freigesetzt wurde. Im Gegensatz dazu bleiben Kohlendioxid und andere Spurengase, die in die Atmosphäre ausgestoßen wurden, über viel längere Zeiträume darin und beeinflussen das Klima für viele Jahrzehnte.

21.9 Einige mögliche Auswirkungen der globalen Erwärmung

Welche Folgen kann man erwarten, wenn der Kohlenstoffgehalt der Atmosphäre ein Niveau erreicht, das doppelt so hoch ist wie das im 20. Jahrhundert? Da das Klimasystem so komplex ist, ist die Vorhersage zur Verteilung von regionalen Veränderungen sehr spekulativ. Es ist bisher nicht möglich, Besonderheiten herauszustellen, etwa in der Weise, wo und wann es trockener oder feuchter werden wird.

Wie bereits bemerkt, wird die Größenordnung des Temperaturanstiegs nicht überall gleich sein. Der Temperaturanstieg wird vermutlich in den Tropen am geringsten sein, um dann zu den Polen hin zuzunehmen. Für den Niederschlag weist das Modell darauf hin, dass manche Regionen signifikant mehr Niederschlag und Abfluss erfahren werden. Für andere dagegen wird der Abfluss weniger werden (aufgrund von

Abbildung 21.22: Die vom Menschen erzeugten Aerosole konzentrieren sich in der Nähe der Gebiete, in denen sie produziert werden. Da Aerosole die für das Klimasystem verfügbare Sonnenenergie reduzieren, haben sie eine abkühlende Auswirkung. Dieses Satellitenbild zeigt, wie sich eine dichte Decke von Luftverschmutzung von der Küste Chinas wegbewegt. Die Aerosolfahne ist etwa 200 Kilometer breit und mehr als 600 Kilometer lang. (NASA Image)

> **Studenten fragen manchmal …**
>
> **Was sind die Szenarien und wofür werden sie verwendet?**
>
> Ein Szenario ist ein Beispiel dafür, was unter bestimmten Annahmen geschehen könnte. Szenarien sind ein Weg, um Fragen über eine unsichere Zukunft zu beantworten. Beispielsweise sind die zukünftigen Entwicklungen der Verwendung von fossilem Brennstoff und anderer menschlicher Aktivitäten ungewiss. Deswegen haben Wissenschaftler eine Reihe von Szenarien entwickelt, wie sich das Klima unter Annahme des breiten Spektrums von Möglichkeiten entwickeln könnte.

21.9 Einige mögliche Auswirkungen der globalen Erwärmung

verringerten Niederschlägen oder größerer Evaporation verursacht durch höhere Temperaturen).

▶ Tabelle 21.1 fasst einige der wahrscheinlichsten Auswirkungen und ihre möglichen Folgen zusammen. Die Tabelle gibt auch die Schätzungen des IPCC über die Wahrscheinlichkeit jedes Effekts wieder. Die Abstufungen der Wahrscheinlichkeiten für diese Prognosen variieren von „wahrscheinlich" (67 bis 90 Prozent Wahrscheinlichkeit) bis „sehr wahrscheinlich" (90 bis 99 Prozent Wahrscheinlichkeit). ▶ Exkurs 21.3 be-

Projizierte Veränderungen und geschätzte Wahrscheinlichkeiten*	Beispiele von projizierten Auswirkungen
Höhere Maximaltemperaturen; heißere Tage und Hitzewellen in fast allen Landgebieten (*sehr wahrscheinlich*)	Erhöhte Todesfälle und ernste Erkrankungen bei älteren Menschen und Armen in Städten Erhöhter Wärmestress bei Nutzvieh und Wildtieren Verschiebung der touristischen Reiseziele Erhöhtes Risiko von Schäden an Nutzpflanzen Erhöhter Bedarf an elektrischer Kühlung und reduzierte Verlässlichkeit der Energiezufuhr
Höhere Minimaltemperaturen; weniger kalte und frostige Tage und Kältewellen in fast allen Landgebieten (*sehr wahrscheinlich*)	Verringerte Krankheit und Sterblichkeit durch Kälte Verringertes Risiko von Schäden für einige Nutzpflanzen und erhöhtes Risiko für andere Verbreitertes Spektrum und Aktivität mancher Schädlings- und Krankheitsvektoren Verringerte Heizenergienachfrage
Intensivere Niederschlagsereignisse (in manchen Gebieten *sehr wahrscheinlich*)	Erhöhte Schäden durch Überflutungen, Erdrutsche, Lawinen und Muren Erhöhte Bodenerosion Erhöhter Ablauf bei Überflutungen könnte die Wiederauffüllung von Flussniederungen und Aquiferen erhöhen Erhöhter Druck auf Regierungen und private Überschwemmungsversicherungssysteme und Katastrophenhilfe
Erhöhte Sommertrockenheit im kontinentalen Landesinneren vieler Gebiete der mittleren Breite und damit verbundene Risiken von Dürren (*wahrscheinlich*)	Verringerte Ernteerträge Vermehrte Schäden an Gebäuden durch die Absenkung des Bodens Abnahme der Wasserressourcenmenge und -qualität Erhöhtes Risiko von Waldbränden
Erhöhung der Spitzen von Windintensitäten bei tropischen Zyklonen sowie von mittleren und Höchstniederschlags- Intensitäten (für manche Gebiete *wahrscheinlich*)	Erhöhtes Risiko für menschliches Leben, Risiko von Epidemien durch Infektionskrankheiten und viele andere Risiken Erhöhte Küstenerosion, Schäden an Gebäuden und Infrastruktur an der Küste Erhöhte Schäden an Ökosystemen der Küste, wie Korallenriffe und Mangroven
In vielen verschiedenen Regionen intensive Dürren und Überflutungen, die mit El-Niño-Ereignissen in Zusammenhang stehen (*wahrscheinlich*)	Abnahme der landwirtschaftlichen und Weidelandproduktivität in Gebieten, die für Dürren und Überflutungen anfällig sind Abnahme der Stromerzeugung in Dürregebieten durch Wasserkraft
Zunahme von Abweichungen beim Niederschlag des asiatischen Sommermonsuns	Zunahme der Maxima von Überflutungen und Dürren im gemäßigten und tropischen Asien
Zunahme der Intensität von Stürmen in mittleren Breiten (ungewiss)	Erhöhtes Risiko für menschliches Leben und Gesundheit Vermehrte Verluste von Eigentum und Infrastruktur Vermehrte Schäden an Ökosystemen der Küsten

* *Sehr wahrscheinlich* deutet darauf hin, dass eine Wahrscheinlichkeit von 90 bis 99 Prozent besteht. *Wahrscheinlich* weist auf eine Wahrscheinlichkeit von 67 bis 89 Prozent hin. Quelle: IPCC, 2001

Tabelle 21.1: Prognostizierte Veränderungen und Effekte der globalen Erwärmung im 21. Jahrhundert.

21 Globaler Klimawandel

> **EXKURS 21.3 – MENSCH UND UMWELT**
>
> ■ **Mögliche Folgen des Klimawandels für die Vereinigten Staaten**
>
> Was erwartet die in den Vereinigten Staaten lebenden Menschen als Folge des Klimawandels während des 21. Jahrhunderts? Dieser Exkurs fasst die wichtigsten Ergebnisse der Bewertung von Auswirkungen des Klimawandels auf die Vereinigten Staaten zusammen.[1] Es handelt sich um einen Bericht, der vom nationalen Team zur Gutachtenzusammenfassung (NAST) als Teil des Forschungsprogramms der Vereinigten Staaten über globale Veränderungen (U.S. Global Change Research Program, USGCRP) verfasst wurde. Dessen Zweck ist es, „unser bisheriges Wissen über die möglichen Folgen einer Klimaveränderung und die Veränderungen für die Vereinigten Staaten im 21. Jahrhundert zusammenzufassen, zu evaluieren und zu berichten". Die Hauptergebnisse des Berichts sind folgende:
>
> **1** *Zunahme der Erwärmung.* Unter der Annahme, dass der Treibhausgasausstoß auf der Erde weiter ansteigt, haben die grundlegenden Klimamodelle, die für dieses Gutachten verwendet wurden, einen Temperaturanstieg für die Vereinigten Staaten von durchschnittlich 3–5 °C für die nächsten 100 Jahre berechnet. Ein breiteres Spektrum von Ergebnissen ist möglich.
>
> **2** *Unterschiedliche regionale Auswirkungen.* Der Klimawandel wird sich in den Vereinigten Staaten sehr unterschiedlich auswirken. Der Temperaturanstieg wird sich von Region zu Region unterscheiden. Heftige und extreme Niederschläge werden häufiger, manche Gegenden werden dagegen trockener. Die möglichen Auswirkungen des Klimawandels werden sich auch innerhalb der Nation weit unterscheiden.
>
> **3** *Verletzbare Ökosysteme.* Viele Ökosysteme sind hoch empfindlich auf die prognostizierte Rate und Stärke des Klimawandels. Einige, wie die alpinen Wiesen in den Rocky Mountains und einige Strandwallinseln, werden aus manchen Gebieten ganz verschwinden. Andere, wie die Wälder des Südostens, werden wahrscheinlich große Artenverschiebungen erfahren oder in ein Mosaik aus Grasland, Waldstücke und Wälder zerfallen. Die Güter und die Serviceleistungen, die durch das Verschwinden oder das Zerstückeln bestimmter Ökosysteme verloren gehen, sind wahrscheinlich kostspielig und unersetzbar.
>
> **4** *Weitreichende Wassernöte.* Wasser ist für jede Region wichtig, aber die Ausprägung seiner Bedeutung variiert. Dürren können ein erhebliches Problem in jeder Region sein. Überflutungen und mangelnde Wasserqualität stellen Probleme in vielen Regionen dar. Veränderungen in der Schneebedeckung haben insbesondere für den Westen und den pazifischen Nordwesten der USA und für Alaska bedeutende Folgen.
>
> **5** *Absicherung der Nahrungsmittelversorgung.* Auf nationalem Niveau scheint sich der Landwirtschaftssektor an den Klimawandel anpassen zu können. Insgesamt sieht es so aus, als würde der Ackerbau in den USA während der nächsten Jahrzehnte wachsen, aber die Zuwächse werden nicht gleichmäßig über die Nation verteilt sein. Fallende Preise und
>
> ---
> [1] National Assessment Synthesis Team; *Climate Change Impact on the United States: The Potential Consequences of Climate Variability and Change*, Washington, DC: US Global Change Research Program, 2000, S. 19.

trachtet die grundlegenden Ergebnisse im Hinblick auf mögliche Folgen des Klimawandels für die Vereinigten Staaten im 21. Jahrhundert.

21.9.1 Wasservorräte und Landwirtschaft

Derartige Veränderungen können die Verteilung der Wasserressourcen der Erde grundlegend verändern und damit die Produktivität landwirtschaftlicher Regionen, die von Flüssen zur Bewässerung abhängen. Beispielsweise könnte eine Erwärmung um 2 °C und eine Verminderung des Niederschlags um 50 Prozent im Wassereinzugsgebiet des Colorado River den Flussstrom um 50 Prozent oder mehr verringern. Da der gegenwärtige Flussstrom kaum den Bewässerungsanforderungen der Landwirtschaft genügt, wären die negativen Folgen ernst. Viele andere Flüsse liefern die Basis für eine extensive Bewässerung in der Landwirtschaft und die prognostizierte Verringerung ihrer Wasserführung hätte ähnlich ernste Konsequenzen. Dagegen würden große Niederschlagszunahmen in anderen Gebieten die Wasserführung mancher Flüsse erhöhen und zu häufigeren zerstörerischen Überflutungen führen.

Schwieriger ist die Einschätzung bezüglich der Auswirkungen von nicht bewässerten Feldern, die vom direkten Regen und Schneefall abhängen. Manche Orte werden zweifellos eine Abnahme ihrer Produktivität aufgrund einer Abnahme der Regenfälle oder einer Zunahme der Evaporation erfahren. Doch immerhin könnten diese Verluste durch Gewinne an-

21.9 Einige mögliche Auswirkungen der globalen Erwärmung

Wettbewerbsdruck werden sehr wahrscheinlich die Bauern belasten und den Konsumenten zu Gute kommen.

6 *Zunahme des Waldwachstums in naher Zukunft.* Die Produktivität der Wälder wird in manchen Gebieten in den nächsten paar Jahrzehnten wahrscheinlich zunehmen, da die Bäume auf einen höheren Kohlendioxidgehalt reagieren. Über einen längeren Zeitraum werden Veränderungen aufgrund von Prozessen in größerem Maßstab wie Feuer, Insektenplagen, Dürren und Krankheiten möglicherweise die Produktivität des Waldes senken. Daneben wird es durch den Klimawandel langfristige Verschiebungen von Waldarten geben, wie beim Zuckerahorn, der nördlich aus den Vereinigten Staaten verschwindet.

7 *Zunehmende Schäden in Küstengebieten und Permafrostgegenden.* Der Klimawandel und der resultierende Anstieg des Meeresspiegels werden wahrscheinlich Bedrohungen für Gebäude, Straßen, Hochspannungsleitungen und andere Infrastrukturen in klimatisch empfindlichen Orten darstellen. Beispielsweise steht der infrastrukturelle Schaden mit dem Abschmelzen des Permafrosts in Alaska und dem Meeresspiegelanstieg sowie Sturmbrandungen bei niedrig liegenden Küstengebieten in Beziehung.

8 *Die Anpassung bestimmt den Gesundheitszustand.* Eine Reihe negativer Auswirkungen auf die Gesundheit sind durch den Klimawandel möglich. Anpassung hilft uns wahrscheinlich, einen Großteil der Bevölkerung zu schützen. Die Erhaltung der Gesundheit der Menschen und der Gemeinschaftseinrichtungen von Wasseraufbereitungsanlagen bis hin zum Notfallschutz werden für die Minimierung der Auswirkungen von Krankheiten, die über Wasser übertragen werden, die Belastung durch Hitze, Luftverschmutzung, extreme Wetterereignisse und Krankheiten, die von Insekten, Zecken und Nagetieren übertragen werden, wichtig werden.

9 *Andere Belastungen, die durch den Klimawandel höher werden.* Der Klimawandel wird sehr wahrscheinlich kumulative Auswirkungen anderer Belastungen wie Luft- und Wasserverschmutzung und Lebensraumzerstörung aufgrund der menschlichen Entwicklungsmuster vergrößern. Für manche Systeme, wie Korallenriffe, wird die kombinierte Auswirkung von Klimawandel und anderen Belastungen sehr wahrscheinlich die kritische Grenze überschreiten und zu schwerwiegenden, möglicherweise irreversiblen Folgen führen.

10 *Ungewissheiten bleiben, Überraschungen werden erwartet.* Erhebliche Ungewissheiten bleiben in der Wissenschaft in Bezug auf einen regionalen Klimawandel und seine Auswirkungen. Weitere Forschung würde im Hinblick auf gesellschaftliche Auswirkungen und Auswirkungen auf das Ökosystem sowohl unser Verständnis verbessern als auch unsere Fähigkeit zur Prognose. Zudem würde sie die Öffentlichkeit mit weiteren nützlichen Informationen über Möglichkeiten zur Anpassung versorgen. Doch es ist wahrscheinlich, dass manche Aspekte und Auswirkungen des Klimawandels komplett unangetastet bleiben, da komplexe Systeme auf unvorhersehbare Weise auf den voranschreitenden Klimawandel reagieren.

---

derswo wieder wettgemacht werden. Die Erwärmung der höheren Breitengrade könnte beispielsweise die Anbauzeit verlängern. Dies würde die Expansion der Landwirtschaft in Gebiete ermöglichen, die sich gegenwärtig nicht zum Anbau eignen.

21.9.2 Der Anstieg des Meeresspiegels

Eine weitere Folge der durch den Menschen verursachten globalen Erwärmung ist wahrscheinlich der Anstieg des Meeresspiegels. In welcher Beziehung steht eine wärmere Atmosphäre zu einem global ansteigenden Meeresspiegel? Die deutlichste Verbindung ist das Abschmelzen der Gletscher. Sie ist wichtig, aber *nicht* die maßgeblichste. Weitaus bedeutender ist, dass die wärmere Atmosphäre eine Erhöhung des Ozeanvolumens durch thermale Ausdehnung verursacht. Höhere Lufttemperaturen wärmen die nahe liegenden oberen Schichten des Ozeans, was wiederum dazu führt, dass sich das Wasser ausdehnt und der Meeresspiegel ansteigt.

Untersuchungen weisen darauf hin, dass der Meeresspiegel im Laufe des vergangenen Jahrhunderts um 10 bis 25 Zentimeter angestiegen ist und dass der Trend sich mit beschleunigter Rate fortsetzen wird. Manche Modelle deuten auf einen Anstieg hin, der sich 50 Zentimeter Höhe annähern oder diese sogar übersteigen könnte. Solche Veränderungen scheinen mäßig zu sein, doch die Wissenschaftler haben erkannt, dass jeder Anstieg des Meeresspiegels entlang einer sanft abfallenden Strandlinie, wie die der Atlantik- oder der Golfküste, zu bedeutender Erosion

21 Globaler Klimawandel

und ersten, ständigen Überflutungen des Binnenlands führen wird (▶Abbildung 21.23). Falls dies geschehen sollte, würden viele Strände und viel Marschland verschwinden und die Zivilisation an der Küste wäre ernsthaft gestört.

Da der Anstieg des Meeresspiegels ein allmähliches Phänomen ist, könnte es von den Küstenbewohnern als wichtiger Beitrag zur Strandlinienerosion übersehen werden. Stattdessen würde man andere Kräfte, insbesondere Stürme, dafür verantwortlich machen. Zwar könnte ein bestimmter Sturm die unmittelbare Ursache sein, die Größenordnung seiner Zerstörung könnte von einem relativ geringen Meeresspiegelanstieg stammen, der es der Kraft des Sturms ermöglicht, ein viel größeres Landgebiet zu überqueren (▶Abbildung 21.23C).

Wie bereits erwähnt, wird ein wärmeres Klima die Abschmelzung der Gletscher zur Folge haben. In der Tat ist ein Teil des 10 bis 25 Zentimeter hohen Anstiegs des Meeresspiegels im Laufe des vergangenen Jahrhunderts dem Abschmelzen der Gebirgsgletscher zuzuschreiben (▶Abbildung 21.24).

Dieser Anstieg wird für das 21. Jahrhundert weiterhin angenommen. Würden die Eisschilde Grönlands und der Antarktis merklich abschmelzen, würde dies zu einem viel größeren Anstieg des Meeresspiegels und einer riesigen Vereinnahmung von Küstengebieten durch das Meer führen.

21.9.3 Die Veränderung der Arktis

Eine kürzlich durchgeführte Untersuchung in der Arktis begann mit folgender Aussage.

Seit beinahe 30 Jahren nehmen die Ausdehnung und die Mächtigkeit des antarktischen Meereises dramatisch ab. Die Permafrost-Temperaturen steigen an und die Schneebedeckung nimmt ab. Die Gebirgsgletscher und der Grönlandeisschild schrumpfen. Indizien weisen darauf hin, dass wir Zeugen der frühen Phase einer vom Menschen hervorgerufenen globalen Erwärmung sind, die die natürlichen Kreisläufe überlagert und durch die Verminderung des arktischen Eises verstärkt wird.[13]

Das arktische Meereis Die Klimamodelle stimmen im Allgemeinen darin überein, dass eines der stärksten Signale der globalen Erwärmung der Verlust des Meereises der Arktis sein würde. Dies lässt sich tatsächlich feststellen. Die Karte in ▶Abbildung 21.25 vergleicht die Ausdehnung des Meereises im September am Ende der sommerlichen Schmelzperiode für die beiden Jahre 1979 und 2005. Während dieser Zeitspanne hat das

---

[13] J. T. Overpeck, et al. „Arctic System on Trajectory to New, Seasonally Ice-Free-States", *EOS, Transactions, American Geophysical Union*, Vol. 86, No. 34, 23 August 2005, S. 309.

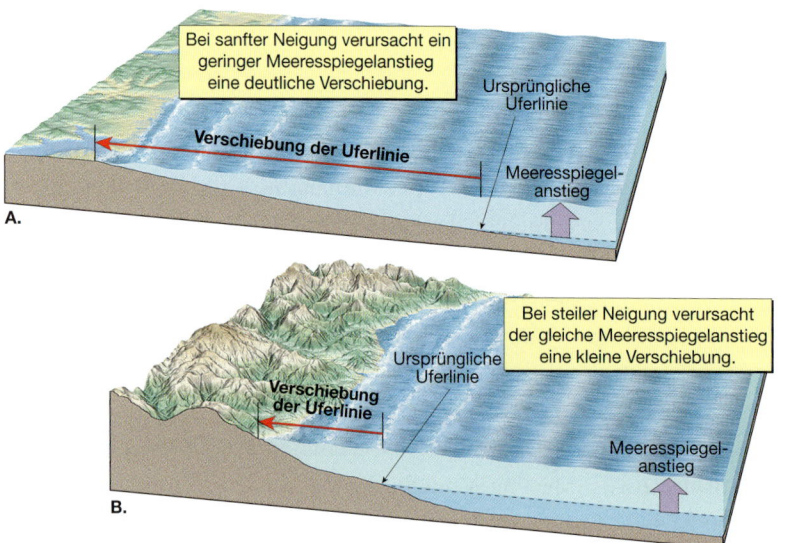

Abbildung 21.23: Die Neigung einer Strandlinie bestimmt entscheidend über das Ausmaß, in dem sich der Meeresspiegelanstieg darauf auswirkt. **A.** Ist die Neigung sanft, verursachen geringe Veränderungen im Meeresspiegel eine große Verschiebung. **B.** Der gleiche Meeresspiegelanstieg entlang einer Steilküste wirkt sich in einer nur geringen Verschiebung der Strandlinie aus. **C.** Während der Meeresspiegel langsam ansteigt, zieht sich die Strandlinie allmählich zurück und Bauten, die wir einst als sicher vor dem Angriff der Wellen wähnten, sind nun der Gewalt des Meeres ausgeliefert.

21.9 Einige mögliche Auswirkungen der globalen Erwärmung

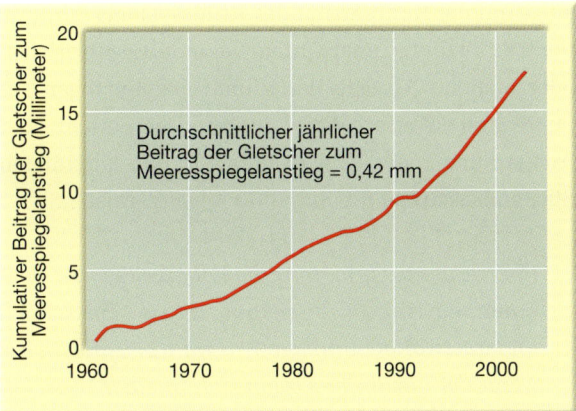

Abbildung 21.24: Der Beitrag von geschmolzenem Gletschereis zum Anstieg des Meeresspiegels zwischen 1961 und 2003. Gebirgsgletscher bedecken etwa ein Gebiet von über 785.000 Quadratkilometer – etwa 4 Prozent des gesamten Landgebiets ist von Gletschereis bedeckt. Man schätzt, dass diese Gletscher in den vergangenen 100 Jahren etwa 20 bis 30 Prozent zum gesamten Meeresspiegelanstieg beigetragen haben. Seit 1990 hat der relative Beitrag abschmelzender Gletscher zugenommen. Etwa 40 Prozent des gesamten Meeresspiegelanstiegs während dieser Zeitspanne könnte von abschmelzendem Gletschereis kommen. (National Snow and Ice Data Center)

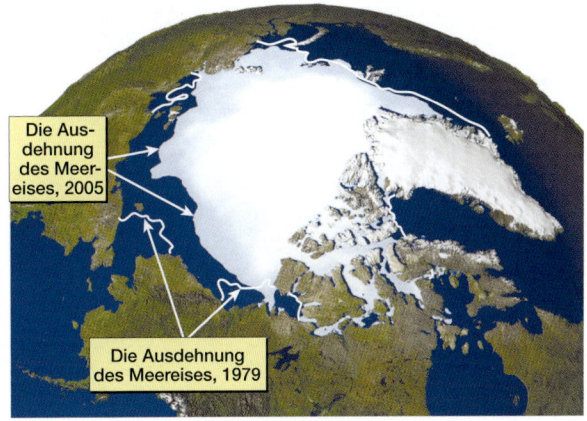

Abbildung 21.25: Ein Vergleich der Ausdehnung von Meereis am Ende der sommerlichen Schmelzperiode für die beiden Jahre 1979 und 2005. Das vom Meereis bedeckte Gebiet hat um über 20 Prozent abgenommen. (NASA)

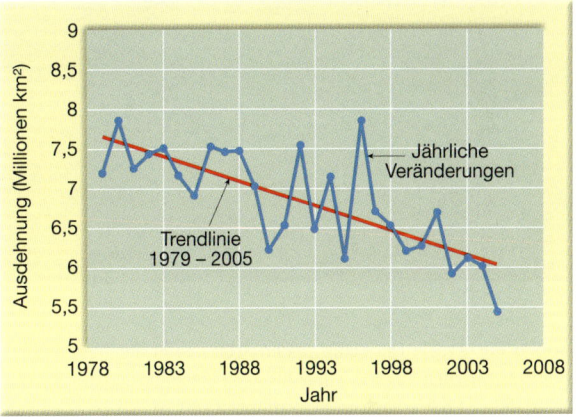

Abbildung 21.26: Dieses Diagramm stellt die Abnahme von arktischem Meereis von 1979 bis 2005 dar. Die Abnahmerate übersteigt 8 Prozent pro Jahrzehnt. Das Jahr 2005 wies das kleinste Gebiet an arktischem Meereis auf, das bis zu diesem Zeitpunkt durch Satellitenaufzeichnungen gemessen wurde. Bis zum Jahr 2008 hat sich dieser Trend fortgesetzt. (National Snow and Ice Data Center)

Septembereis um mehr als 20 Prozent abgenommen. Dieser Trend wird auch im Diagramm der ▶ Abbildung 21.26 deutlich. Kann es sein, dass dieser Trend ein Teil eines natürlichen Kreislaufs ist? Ja, doch es ist eher so, dass die Abnahme des Meereises eine Kombination aus natürlichen Abweichungen und vom Menschen erzeugter globaler Erwärmung repräsentiert, wobei die letztgenannte Komponente in den kommenden Jahrzehnten zunehmend deutlicher sein wird. Wie schon im Abschnitt „Klima-Rückkopplungsmechanismen" bemerkt wurde, stellt die Reduktion des Meereises einen positiven Rückkopplungsmechanismus dar.

Permafrost Während des vergangenen Jahrzehnts gab es zahlreiche Indizien, die zeigen, dass die Ausdehnung des Permafrosts auf der nördlichen Hemisphäre abgenommen hat, wie man es unter lang anhaltenden warmen Bedingungen erwarten würde. In ▶ Abbildung 21.27 sehen wir, dass solch eine Abnahme auftritt.

In der Arktis taut in den kurzen Sommern nur die obere Schicht des gefrorenen Bodens auf. Der Permafrost unter dieser *aktiven Schicht* verhält sich wie der Zementboden in einem Schwimmbecken. Im Sommer kann das Wasser nicht nach unten sickern und so sättigt es den Boden über dem Permafrost und sammelt sich an der Oberfläche in Tausenden von Seen. Doch wenn die Temperaturen der Arktis steigen, scheinen „Risse" im „Becken" aufzutreten. Die Satellitenbilder zeigen, dass innerhalb eines Zeitraums von 20 Jahren eine bedeutende Anzahl an Seen geschrumpft oder ganz verschwunden ist. Taut der Permafrost auf, fließt das Seewasser tiefer in den Boden.

Der auftauende Permafrost repräsentiert einen besonders bedeutenden positiven Rückkopplungsmechanismus, der die globale Erwärmung verstärken konnte. Stirbt Vegetation in der Arktis ab, verhindern kalte Temperaturen die totale Zersetzung. Deswegen wurde über Tausende von Jahren eine große Menge an organischem Material im Permafrost gespeichert. Taut der Permafrost ab, tritt das organische Material, das möglicherweise über Tausende von Jahren eingefroren war, zu Tage und zersetzt sich. Als Folge davon werden Treibhausgase wie Kohlendioxid und Methan entlassen, die zur globalen Erwärmung beitragen.

21 Globaler Klimawandel

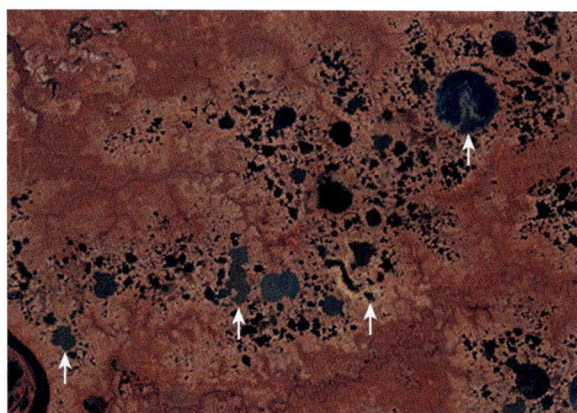

A. 27. Juni 1973

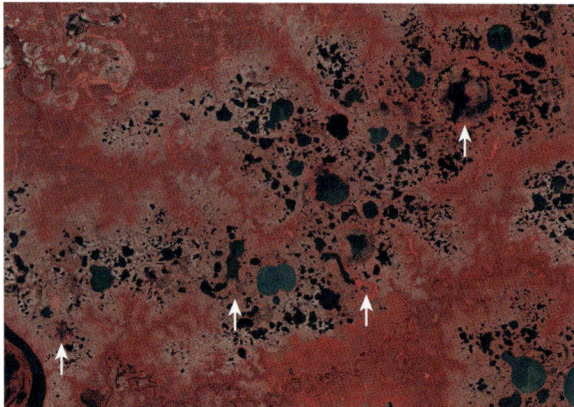

B. 2. Juli 2002

Abbildung 21.27: Die Bilder zeigen Seen, die in der Tundra Nordsibiriens zwischen 1973 (**A.**) und 2002 (**B.**) verstreut sind. Die Tundravegetation ist mit schwachroten Farbtönen kodiert, die Seen erscheinen in Blau oder Blaugrün. Viele der Seen sind zwischen 1973 und 2002 verschwunden oder deutlich geschrumpft. Vergleichen Sie die Gebiete, die mit den weißen Pfeilspitzen in jedem Bild hervorgehoben sind. Nachdem Wissenschaftler die Satellitenbilder von etwa 10.000 großen Seen in einem 500.000 Quadratkilometer großen Gebiet in Nordsibirien untersucht hatten, dokumentierten sie eine Abnahme von 11 Prozent in der Anzahl der Seen, wobei 125 komplett verschwunden sind.

21.9.4 Ein Potenzial für Überraschungen

Zusammenfassend sehen wir, dass man von dem Klima des 21. Jahrhunderts, anders als in den vorausgegangenen tausend Jahren, nicht erwarten kann, dass es stabil ist. Viele Veränderungen werden wahrscheinlich allmähliche Verschiebungen in der Umwelt sein, von Jahr zu Jahr nicht wahrnehmbar. Trotzdem werden die Auswirkungen, die sich über Jahrzehnte ansammeln, schwerwiegende wirtschaftliche, soziale und politische Folgen haben.

Trotz größter Bemühungen, die zukünftigen Klimaverschiebungen zu verstehen, gibt es auch Raum für „Überraschungen". Das bedeutet ganz einfach, dass wir aufgrund der Komplexität des Klimasystems der Erde relativ plötzliche, unerwartete Veränderungen erleben oder manche Aspekte der Klimaverschiebungen auf unerwartete Weise sehen könnten. Der Bericht über Auswirkungen des Klimawandels in den Vereinigten Staaten beschreibt die Situation folgendermaßen:

> *Überraschungen fordern die Fähigkeiten der Menschen zur Anpassung heraus, da sie sehr schnell und unerwartet auftreten. Was wäre beispielsweise, wenn der pazifische Ozean sich in einer Weise erwärmt, dass die El Niño-Ereignisse extremer würden? Das könnte die Häufigkeit, aber nicht die Stärke der Wirbelstürme entlang der Ostküste reduzieren, während an der Westküste heftigere Winterstürme, extreme Niederschlagsereignisse und zerstörerische Winde häufig werden könnten. Was wäre, falls riesige Mengen an Methan, ein potentes Treibhausgas, das gegenwärtig in der arktischen Tundra und Sedimenten gefroren ist, durch die Erwärmung in die Atmosphäre freigesetzt würde und eine verstärkende „Rückkopplungsschleife" erzeugen würde, die noch mehr Erwärmung erzeugen würde? Wir wissen ganz einfach nicht, inwieweit das Klimasystem oder andere Systeme, auf die es sich auswirkt, noch weiter vorwärts getrieben werden, bevor sie auf unerwartete Weise reagieren.*
>
> *Es gibt viele Beispiele von möglichen Überraschungen, von welchen jede große Konsequenzen haben würde. Über die meisten dieser möglichen Auswirkungen wird kaum berichtet, weder in diesem Forschungsbericht noch anderswo.*
>
> *Auch wenn die Chance, dass jede einzelne der Überraschungen auftreten wird, klein ist, ist die Chance, dass sich mindestens eine dieser Überraschungen einstellen wird, viel größer. Anders gesagt, während wir nicht wissen, welche dieser Ereignisse auftreten werden, ist es sehr wahrscheinlich, dass eines oder mehrere schließlich auftreten werden.*[14]

Es wird deutlich, dass die Auswirkungen auf das Klima durch einen Anstieg von CO_2 und Spurengasen von vielen Unbekannten und Ungewissheiten begleitet sind. Versicherungsagenten werden damit konfron-

---

14 National Assessment Synthesis Team; *Climate Change Impact on the United States: The Potential Consequences of Climate Variability and Change*, Washington, DC: US Global Change Research Program, 2000, S. 19.

tiert, Risiken durch Emissionen von Treibhausgasen einzuschätzen und sich dabei erheblichen wissenschaftlichen Unsicherheiten zu stellen. Sie müssen sich ebenso der Tatsache bewusst sein, dass Umweltveränderungen durch das Klima nicht schnell wieder umgekehrt werden können und, falls dies überhaupt möglich sein sollte, den langen Zeitskalen des Klimasystems entsprechen. Dieses Thema wurde vom zwischenstaatlichen Ausschuss für Klimaänderungen angesprochen:

Ungewissheit bedeutet nicht, dass sich eine Nation oder die Welt nicht in eine bessere Position bringen könnte, um für das große Spektrum der möglichen Klimaveränderungen gewappnet zu sein oder auf mögliche kostenintensive Auswirkungen in der Zukunft vorbereitet zu sein. Die Verzögerung solcher Maßnahmen könnte eine Nation oder die Welt schlecht vorbereitet lassen, um mit unterschiedlichen Veränderungen fertig zu werden, oder sie könnte die Möglichkeit von irreversiblen oder sehr kostenintensiven Folgen erhöhen. Besonders wünschenswert scheinen die Möglichkeiten zur Anpassung an die Veränderung oder zur Abmilderung der Veränderung zu sein, die heute aus anderen Gründen gerechtfertigt sind (beispielsweise die Verringerung von Luft- und Wasserverschmutzung) und die Gesellschaft flexibler und weniger anfällig für die erwarteten verschiedenen Auswirkungen des Klimawandels machen sollen.[15]

---

[15] Intergovernmental Panel on Climate Change. *Climate Change 1995: Impacts, Adaptions and Mitigation of Climate Change: Scientific-Technical Analysis.* New York: Cambridge University Press, 1996, S. 23.

ZUSAMMENFASSUNG

Das *Klimasystem* besteht aus der Atmosphäre, der Hydrosphäre, der Geosphäre, der Biosphäre und der Kryosphäre (das Eis und der Schnee auf der Erdoberfläche). Das System umfasst ebenso den Austausch von Energie und Feuchtigkeit zwischen den fünf Sphären.

Techniken, um die Klimageschichte der Erde in Zeiträumen von Hunderten bis Tausenden von Jahren zu analysieren, schließen Zeugnisse von *Ozeanbodensedimenten* und der *Sauerstoffisotopenanalyse* mit ein. Ozeanbodensedimente archivieren auf nützliche Weise weltweite Klimaveränderungen, da die Anzahl und die Arten der Überreste von Organismen, die in den Sedimenten eingeschlossen sind, Hinweise auf die Oberflächentemperatur der Ozeanoberfläche geben. Mit der Sauerstoffisotopenanalyse können Wissenschaftler das $^{18}O/^{16}O$-Verhältnis aus Schalen von Mikroorganismen im Sediment und in Eis- und Schneeschichten verwenden, um die Temperaturen zu bestimmen, die in der Vergangenheit herrschten. Andere Daten, die zur Untersuchung vergangener Klimate verwendet werden (*Proxy-Daten*), umfassen die Jahresringe von Bäumen, Pollen aus Sediment, Korallenriffe und Informationen aus historischen Dokumenten.

Die Luft ist ein Gemisch vieler unterschiedlicher Gase und ihre Zusammensetzung variiert von Zeit zu Zeit und von Ort zu Ort. Nachdem Wasserdampf, Staub und andere variable Komponenten entfernt sind, machen zwei Gase, *Stickstoff* und *Sauerstoff*, 99 Prozent des Volumens der verbleibenden sauberen, trockenen Luft aus. *Kohlendioxid* ist zwar nur in winzigen Mengen (0,038 Prozent oder 380 ppm) vorhanden, absorbiert jedoch die von der Erde emittierte Energie auf sehr effiziente Weise und beeinflusst deswegen die Aufheizung der Atmosphäre.

Zwei wichtige variable Bestandteile der Luft sind Wasserdampf und Aerosole. Wie Kohlendioxid kann Wasserdampf die Wärme absorbieren, die von der Erde abgegeben wird. *Aerosole* (winzige, feste und flüssige Teilchen) sind bedeutend, da diese häufig unsichtbaren Teilchen als Oberflächen dienen, auf welchen der Wasserdampf kondensieren kann, und sie absorbieren und reflektieren (je nach Teilchen) die eintreffende Sonneneinstrahlung.

Die *elektromagnetische Strahlung* ist Energie, die in Form von Strahlen oder Wellen abgegeben wird, den elektromagnetischen Wellen. Jede Strahlung kann Energie durch das Vakuum des Weltraums übertragen. Zu den wichtigsten Unterschieden zwischen elektromagnetischen Strahlen gehören ihre *Wellenlängen*, die von sehr langen *Radiowellen* bis zu sehr kurzen *Gammastrahlen* reichen. *Sichtbares Licht* ist nur ein Teil des elektromagnetischen Spektrums, das wir sehen können. Einige grundlegende Gesetze, welchen die Strahlung unterliegt, während sie Atmosphäre aufheizt. sind: (1) Alle Objekte emittieren Strahlungsenergie, (2) heißere Objekte geben mehr totale Energie ab als kältere, (3) je heißer der strahlende Körper, desto kürzer ist die Wellenlänge der maximalen Strahlung und (4) Objekte, die die Strahlung gut absorbieren, können sie auch gut emittieren. Gase absorbieren selektiv und emittieren bestimmte Wellenlängen, andere jedoch nicht.

Etwa 50 Prozent der Sonnenenergie, die auf den oberen Bereich der Atmosphäre trifft, erreicht die Erdoberfläche. Etwa 30 Prozent wird zurück in den Weltraum reflektiert. Die übrigen 20 Prozent absorbieren die Wolken und die Gase in der Atmosphäre. Die Wellenlänge der übertragenen Energie sowie die Größe und die Eigenschaften der absorbierenden oder reflektierenden Substanz bestimmen, ob die Sonneneinstrahlung gestreut, in den Weltraum reflektiert oder absorbiert wird.

Absorbierte Strahlungsenergie heizt die Erde auf und wird schließlich wieder himmelwärts abgestrahlt. Da die Erdoberfläche eine viel geringere Oberflächentemperatur als die Sonne besitzt, handelt es sich bei der Strahlung um eine langwellige Infrarotstrahlung. Da die Gase der Atmosphäre, hauptsächlich Wasserdampf und Kohlendioxid, die terrestrische (langwellige) Strahlung sehr gut absorbieren, wird die Atmosphäre vom Boden aus aufgeheizt. Die Übertragung von kurzwelliger Sonneneinstrahlung durch die Atmosphäre, verbunden mit einer selektiven Absorption der Erdstrahlung durch Gase in der Atmosphäre, resultiert in der Erwärmung der Atmosphäre und wird als *Treibhauseffekt* bezeichnet.

Mehrere Konzepte wurden formuliert, um den Klimawandel zu erklären. Die gegenwärtigen Hypothesen für die „natürlichen" Mechanismen (Ursachen, die nicht mit menschlichem Handeln in Verbindung stehen) des Klimawandels schließen ein: (1) Plattentektonik, wobei die Kontinente der Erde näher zum oder weiter vom Äquator gerückt werden, (2) Abweichungen in der Erdumlaufbahn, wozu Veränderungen in der Form der Umlaufbahn (*Exzentrizität*), des Winkels, den die Erdachse mit der Ebene ihrer Umlaufbahn einnimmt (*Schiefe der Ekliptik*), und/oder das Taumeln der Achse (*Präzession*), (3) vulkanische Aktivität, wodurch die Sonneneinstrahlung, die die Oberfläche erreicht, reduziert wird, und (4) Veränderungen im Energieausstoß der Sonne, der mit Sonnenflecken in Beziehung steht.

Die Menschen verändern seit Jahrtausenden die Umwelt. Indem sie die Bodenbedeckung unter Verwendung von Feuer und der Überweidung des Landes veränderten, haben sie auch wichtige klimatologische Faktoren wie Oberflächenreflexion, Verdunstungsraten und Oberflächenwinde modifiziert.

Durch das Hinzufügen von Kohlendioxid und anderen Spurengasen (Methan, Stickstoffoxid und Chlorfluorkohlenwasserstoffe) ist es sehr wahrscheinlich, dass der moderne Mensch zum globalen Klimawandel in erheblichem Maße beiträgt.

Wird eine Komponente des Klimasystems verändert, müssen Wissenschaftler die vielen möglichen Reaktionen, die *Klimarückkopplungsmechanismen*, in Erwägung ziehen. Veränderungen, die eine anfängliche Veränderung verstärken, bezeichnet man als *positiven Rückkopplungsmechanismus*. Beispielsweise verursachen wärmere Oberflächentemperaturen eine Erhöhung der Evaporation, die zu weiterem Temperaturanstieg führt, da der zusätzliche Wasserdampf noch mehr von der Strahlung absorbiert, die die Erde abgibt. Der *negative Rückkopplungsmechanismus* führt dagegen dazu, dass das Gegenteil der anfänglichen Veränderung eintritt, und neigt dazu, diese auszugleichen. Ein Beispiel wäre die negative Auswirkung, die eine vermehrte Wolkenbedeckung auf die Menge der verfügbaren Sonneneinstrahlung besitzt, um die Atmosphäre aufzuheizen.

Das globale Klima wird auch durch die Aktivitäten der Menschen beeinträchtigt, die zum *Aerosolgehalt* der Atmosphäre beitragen (Aerosole sind winzige, häufig mikroskopisch kleine, flüssige und feste Teilchen, die in der Luft in Suspension sind). Da sie das Sonnenlicht zurück in den Weltraum reflektieren, haben sie insgesamt eine abkühlende Wirkung. Die Auswirkung von Aerosolen auf das heutige Klima wird von der Menge bestimmt, die während der vorausgegangenen zwei Wochen ausgestoßen wurde. Kohlendioxid bleibt dagegen für viel längere Zeiträume in der Atmosphäre und beeinflusst das Klima über viele Jahrzehnte.

Da das Klimasystem so komplex ist, sind Vorhersagen über besondere regionale Veränderungen, die als Ergebnis eines erhöhten Kohlendioxidgehalts in der Atmosphäre auftreten könnten, rein spekulativ. Jedoch umfassen einige möglichen Folgen der Treibhauserwärmung (1) die veränderte Verteilung der Wasserressourcen auf der Erde, (2) einen wahrscheinlichen Anstieg des Meeresspiegels, (3) eine höhere Intensität von tropischen Zyklonen und (4) Veränderungen in der Ausdehnung des Meereises der Arktis und des Permafrosts.

Aufgrund der Komplexität des Klimasystems können nicht alle zukünftigen Verschiebungen vorhergesehen werden. Deswegen sind „Überraschungen" (relativ plötzliche unerwartete Veränderungen des Klimas) möglich.

ZUSAMMENFASSUNG

Wiederholungsfragen

1. Nennen Sie die fünf Teile des Klimasystems.
2. Was sind *Proxy-Daten*? Nennen Sie mehrere Beispiele. Warum sind solche Daten bei der Untersuchung der Klimasysteme wichtig?
3. Warum erweisen sich die Meeresbodensedimente als nützlich bei der Untersuchung vergangener Klimate?
4. Beschreiben Sie kurz, warum Jahresringe bei der Erforschung der geologischen Vergangenheit hilfreich sein können.
5. Was sind die Hauptbestandteile von sauberer, trockener Luft? Nennen Sie zwei signifikante, variable Bestandteile der Atmosphäre.

6. Emittiert die Sonne im Vergleich zur Erde den Großteil ihrer Energie als längere oder als kürzere Wellenlängen der elektromagnetischen Strahlung?
7. Welche sind die drei grundlegenden Wege, die von der eintreffenden Sonneneinstrahlung genommen werden? Welcher Weg wird durchschnittlich mit welchem Prozentsatz genommen? Was könnte eine Veränderung der Prozentsätze verursachen?
8. Erklären Sie, warum die Erdatmosphäre überwiegend durch Strahlung von der Erdoberfläche statt direkt durch die Sonneneinstrahlung erwärmt wird.
9. Welche Gase absorbieren im Wesentlichen die Wärme in der unteren Atmosphäre?
10. Beschreiben Sie den Treibhauseffekt.
11. Die Vulkanausbrüche des El Chichón in Mexiko und des Pinatubo auf den Philippinen hatten messbare kurzzeitige Auswirkungen auf die globalen Temperaturen. Beschreiben Sie dies und erklären Sie kurz diese Auswirkungen.
12. Nennen Sie zwei Beispiele, bei denen der mögliche Klimawandel mit Veränderungen der Sonne in Bezug steht. Sind die Sonne-Klima-Beziehungen allgemein akzeptiert?
13. Warum steigt der Kohlendioxidgehalt der Atmosphäre seit mehr als 150 Jahren an?
14. Wie können sich die Temperaturen in der unteren Atmosphäre ändern, wenn der Kohlendioxidgehalt weiterhin ansteigt?
15. Welche anderen Spurengase neben dem Kohlendioxid tragen zukünftig zu einer globalen Temperaturveränderung bei?
16. Was sind die Klimarückkopplungsmechanismen? Geben Sie einige Beispiele.
17. Nennen Sie die Hauptquellen der vom Menschen erzeugten Aerosole. Welche Auswirkung haben die Aerosole auf die Temperaturen in der Troposphäre? Wie lange verbleiben Aerosole in der unteren Atmosphäre, bevor sie verschwinden?
18. Nennen Sie vier mögliche Auswirkungen der globalen Erwärmung.

Größere Multiple-Choice-Tests zur Wissenskontrolle und Prüfungsvorbereitung sowie weitere Informationen zu diesem Buchkapitel finden Sie auf der Companion Website zum Buch unter **www.pearson-studium.de**

Die Evolution der Erde in geologischer Zeit

22.1	Ist die Erde einzigartig?	717
22.2	Die Entstehung eines Planeten	720
22.3	Der Ursprung der Atmosphäre und der Ozeane	723
22.4	Präkambrische Geschichte: Die Bildung der Kontinente	726
22.5	Phanerozoische Geschichte: Die Formation der modernen Kontinente der Erde	732
22.6	Das erste Leben auf der Erde	737
22.7	Die paläozoische Ära: Die Explosion des Lebens	740
22.8	Die mesozoische Ära: Das Zeitalter der Dinosaurier	743
22.9	Die kanäozoische Ära: Die Säugetiere	747
	Zusammenfassung	750
	Wiederholungsfragen	752

22 Die Evolution der Erde in geologischer Zeit

Maroon Bells im Herbst, Colorado, Rockies. (Foto: Fitz Harris/Minden Pictures, Inc.)

Die Erde besitzt eine lange und komplexe Geschichte. Die Zeit und sich wiederholende Kollisionen und erneutes Auseinanderbrechen der Kontinente brachten große Gebirgsketten und neue Ozeanbecken hervor. Zudem haben die Lebensformen auf unserem Planeten dramatische Veränderungen im Laufe der Zeit erfahren.

Viele Veränderungen auf dem Planeten Erde treten im „Schneckentempo" auf, alle insgesamt zu langsam, um vom Menschen wahrgenommen zu werden. Deswegen ist das menschliche Bewusstsein über evolutionäre Veränderungen sehr jung. Die Evolution ist nicht nur auf Lebensformen beschränkt, da sich alle „Erdsphären" zusammen entwickelt haben: die Atmosphäre, die Hydrosphäre, die Geosphäre und die Biosphäre (▶ Abbildung 22.1). Diese Veränderungen kann man an der Luft, die wir atmen, an der Zusammensetzung der Weltmeere, an der schwerfälligen Bewegung der Krustenplatten, die Gebirge entstehen lassen, und an der Evolution des riesigen Spektrums an Lebensformen erkennen. Während der Entwicklung der Erdsphären hat jede einzelne die anderen gewaltig beeinflusst.

A. Atmosphäre

B. Hydrosphäre

C. Geosphäre

D. Biosphäre

Abbildung 22.1: Die Erdsphären haben sich über die lange Ausdehnung geologischer Zeit gemeinsam entwickelt. (Fotos: **A**. Momatiuk Eastcott, **B**. und **C**. Michael Collier, **D**. Carr Clifton/Minden Pictures)

Ist die Erde einzigartig? 22.1

Es gibt – so weit wir wissen – einen einzigen Ort im gesamten Universum, der Leben hervorbringen kann – ein Planet mittlerer Größe mit dem Namen Erde, der einen durchschnittlich großen Stern, die Sonne, umkreist. Das Leben auf der Erde ist einzigartig; man stößt darauf in brodelnden Schlammlöchern und heißen Quellen, im Abgrund der Tiefsee und sogar unter dem antarktischen Eisschild. Doch ist der Lebensraum auf unserem Planeten weitgehend begrenzt, wenn wir die Bedürfnisse der einzelnen Organismen berücksichtigen, insbesondere die der Menschen. Der weltumspannende Ozean bedeckt 71 Prozent der Erdoberfläche, doch nur wenige hundert Meter unterhalb der Wasseroberfläche ist der Druck so groß, dass unsere Lungen kollabieren würden. Außerdem sind viele Gegenden auf den Kontinenten zu steil, zu hoch oder zu kalt, um bewohnbar zu sein (▶ Abbildung 22.2). Trotzdem ist die Erde bei weitem der wirtlichste Planet, wenn man von unserer Kenntnis über andere Objekte im Sonnensystem ausgeht und die kürzlich entdeckten etwa 80 Planeten, die andere Sterne umkreisen, betrachtet.

Welche zufälligen Ereignisse brachten einen Planeten hervor, der so einladend für lebende Organismen wie uns ist? Die Erde war nicht immer so, wie wir sie heute vorfinden. Während der Jahre ihrer Entstehung wurde unser Planet heiß genug, um einen Magmenozean zu versorgen. Er machte auch eine mehrere Hundert Millionen Jahre lange Periode von extremem Beschuss mit Meteoriten durch, was die stark mit Kratern überzogene Mondoberfläche beweist. Sogar die Anreicherung der Atmosphäre mit Sauerstoff, was höhere Lebensformen erst möglich macht, ist aus geologischer Sicht ein relativ junges Ereignis. Trotzdem scheint die Erde der richtige Planet am richtigen Ort zur richtigen Zeit zu sein.

22 Die Evolution der Erde in geologischer Zeit

Abbildung 22.2: Bergsteiger nahe des Gipfels des Mount Everest. In dieser Höhe beträgt der verfügbare Sauerstoffgehalt nur ein Drittel des Sauerstoffgehalts auf Meereshöhe. (Foto: mit freundlicher Genehmigung Woodfin Camp und Vertragspartner)

22.1.1 Der richtige Planet

Welche Eigenschaften macht die Erde unter den Planeten so einzigartig? Überlegen Sie Folgendes:

- Wäre die Erde beträchtlich größer (schwerer), wäre die Schwerkraft proportional größer. Wie die riesigen Planeten hätte die Erde eine dicke, lebensfeindliche Atmosphäre beibehalten, die aus Stickstoff und Methan, möglicherweise sogar Wasserstoff und Helium bestehen würde.
- Wäre die Erde viel kleiner, würden Sauerstoff und Wasserdampf und andere volatile Komponenten in den Weltraum entweichen und auf ewig verloren sein. Deswegen wäre, wie bei Merkur und Mond, keine Atmosphäre vorhanden und es gäbe kein Leben auf der Erde.
- Hätte die Erde keine feste Lithosphäre, die auf einer biegsamen Asthenosphäre liegt, könnte die Plattentektonik nicht funktionieren. Unsere kontinentale Kruste (das Hochland der Erde) hätte sich nicht ohne das Wiederaufarbeiten der Platten gebildet. Folglich wäre der gesamte Planet wahrscheinlich mit einem Ozean von einigen Kilometern Tiefe bedeckt. Wie der Autor Bill Bryson treffend bemerkte: „Es könnte zwar Leben in diesem einsamen Ozean geben, es gäbe aber sicherlich nicht Baseball."
- Am erstaunlichsten ist vielleicht aber die Tatsache, dass ein Großteil des Lebens auf der Erde nicht existieren würde, hätte unser Planet nicht einen geschmolzenen Eisenkern. Obwohl man sich dies schwer vorstellen kann, könnte ohne das Fließen des Eisens im Kern die Erde kein Magnetfeld aufrechterhalten. Es ist aber das Magnetfeld, das die tödliche kosmische Strahlung (die Sonnenwinde) von der Erdoberfläche abhält.

22.1.2 Der richtige Ort

Einer der Hauptfaktoren, der bestimmt, ob ein Planet für höhere Lebensformen geeignet ist, hängt von seiner Position im Sonnensystem ab. Die Erde befindet sich in einer ausgezeichneten Position:

- Wäre die Erde etwa 10 Prozent näher an der Sonne, wie die Venus, würde unsere Atmosphäre hauptsächlich aus dem Treibhausgas Kohlendioxid bestehen. Als Folge davon wäre die Erdoberfläche zu heiß, um höhere Lebensformen zu erhalten.
- Wäre die Erde etwa 10 Prozent weiter von der Sonne entfernt, gäbe es das gegensätzliche Problem, zu kalt statt zu heiß. Die Ozeane würden einfrieren und es gäbe den aktiven Wasserkreislauf der Erde nicht. Ohne flüssiges Wasser würden die meisten Lebensformen zugrunde gehen.
- Die Erde befindet sich neben einem Stern von mäßiger Größe. Sterne wie die Sonne besitzen eine durchschnittliche Lebensdauer von etwa 10 Milliarden Jahren. Während dieser Zeit wird Strahlungsenergie auf einem relativ gleich bleibenden Niveau emittiert. Riesige Sterne dagegen verbrauchen ihre nukleare Heizkraft mit sehr hohen Ra-

ten und „brennen" deswegen in wenigen Hundert Millionen Jahren aus. Das lässt ganz einfach nicht genug Zeit für die Entwicklung der Menschen, die auf diesem Planeten erst vor wenigen Millionen Jahren zum ersten Mal aufgetreten sind.

22.1.3 Die richtige Zeit

Der letzte, doch sicherlich nicht der unbedeutendste zufällige Faktor ist die Zeit. Die ersten Lebensformen der Erde waren extrem primitiv und begannen vor etwa 3,8 Milliarden Jahren zu existieren. Seit diesem Zeitpunkt sind unzählige Veränderungen aufgetreten – Lebensformen kamen und gingen zusammen mit den Veränderungen im physischen Umfeld unseres Planeten. Zu zwei von vielen zeitnahen, die Erde verändernden Ereignissen gehören:

- Die Entwicklung unserer modernen Atmosphäre. Man glaubt, dass die primitive Atmosphäre der Erde überwiegend aus Wasserdampf und Kohlendioxid sowie aus geringen Mengen anderer Gase zusammengesetzt war, jedoch keinen freien Sauerstoff aufwies. Glücklicherweise entwickelten sich Lebewesen, die freien Sauerstoff durch den Prozess der *Photosynthese* produzierten. Vor etwa 2,2 Milliarden Jahren begann sich eine Atmosphäre mit freiem Sauerstoff zu entwickeln. Als Folge davon entstanden die Vorläufer der Lebensformen, die heute auf der Erde leben.
- Vor etwa 65 Millionen Jahren schlug ein Asteroid mit 10 Kilometer Durchmesser auf unserem Planeten ein. Dieser Einschlag verursachte ein Massensterben, wobei fast Dreiviertel aller Pflanzen und Tierarten, einschließlich der Dinosaurier, ausstarben (▶ Abbildung 22.3). Obwohl dies nicht wie ein zufälliges Ereignis erscheint, öffnete das Aussterben der Dinosaurier neue Lebensräume für kleine Säugetiere, die den Einschlag überlebt hatten. Diese Lebensräume zusammen mit den Kräften der Evolution führten zur Entwicklung vieler großer Tiere, die in unserer modernen Welt leben. Ohne dieses Ereignis wären Säugetiere noch immer kleine, nagetierähnliche Kreaturen, die in unterirdischen Bauten leben.

Wie verschiedene Beobachter bemerkt haben, entwickelten sich die Erde und „die genau richtigen Bedingungen", um höheren Lebensformen Raum zu geben.

Abbildung 22.3: Die Ausgrabung eines fossilen Dinosauriers aus dem Dry-Mesa-Steinbruch, Colorado. (Foto: Michael Colier)

Astronomen bezeichnen dies gern als das *Goldilock-Szenario*. Wie in der Fabel „Goldilock und die drei Bären" ist die Venus zu heiß (der Brei von Vater Bär), der Mars ist zu kalt (der Brei von Mutter Bär), aber die Erde ist genau richtig (der Brei von Baby Bär). Entstanden diese „genau richtigen" Bedingungen aus reinem Zufall, wie manche Forscher annehmen, oder könnte, wie andere argumentieren, sich das einladende Umfeld der Erde für die Evolution und das Überleben entwickelt haben?

Im weiteren Kapitel legen wir unseren Schwerpunkt auf den Ursprung und die Evolution des Planeten Erde – der alleinige Platz im Universum, von dem wir wissen, dass er Leben beherbergt. Wie Sie in Kapitel 9 gelernt haben, verwenden die Forscher viele Hilfsmittel, um die Aufschlüsse über die Erdvergangenheit zu interpretieren. Mit der Verwendung dieser Hilfsmittel und anhand der Aufschlüsse, die in den Gesteinen enthalten sind, waren Wissenschaftler in der Lage, viele komplexe Ereignisse der geologischen Vergangenheit zu enträtseln. Das Ziel dieses Kapitels ist, einen kurzen Überblick über die Geschichte unseres Planeten und seinen Lebensformen zu geben. Diese Reise führt uns 4,5 Milliarden Jahre zurück zur Entstehung der Erde und ihrer Atmosphäre. Als Nächstes werden wir betrachten, wie unsere physische Welt ihre gegenwärtige Form angenommen hat und wie sich die Bewohner der Erde im Laufe der Zeit verändert haben. Wir schlagen vor, dass Sie sich noch einmal mit der geologischen Zeitskala aus ▶ Abbildung 22.4 vertraut machen, da sie im gesamten Kapitel Verwendung findet.

Die Evolution der Erde in geologischer Zeit

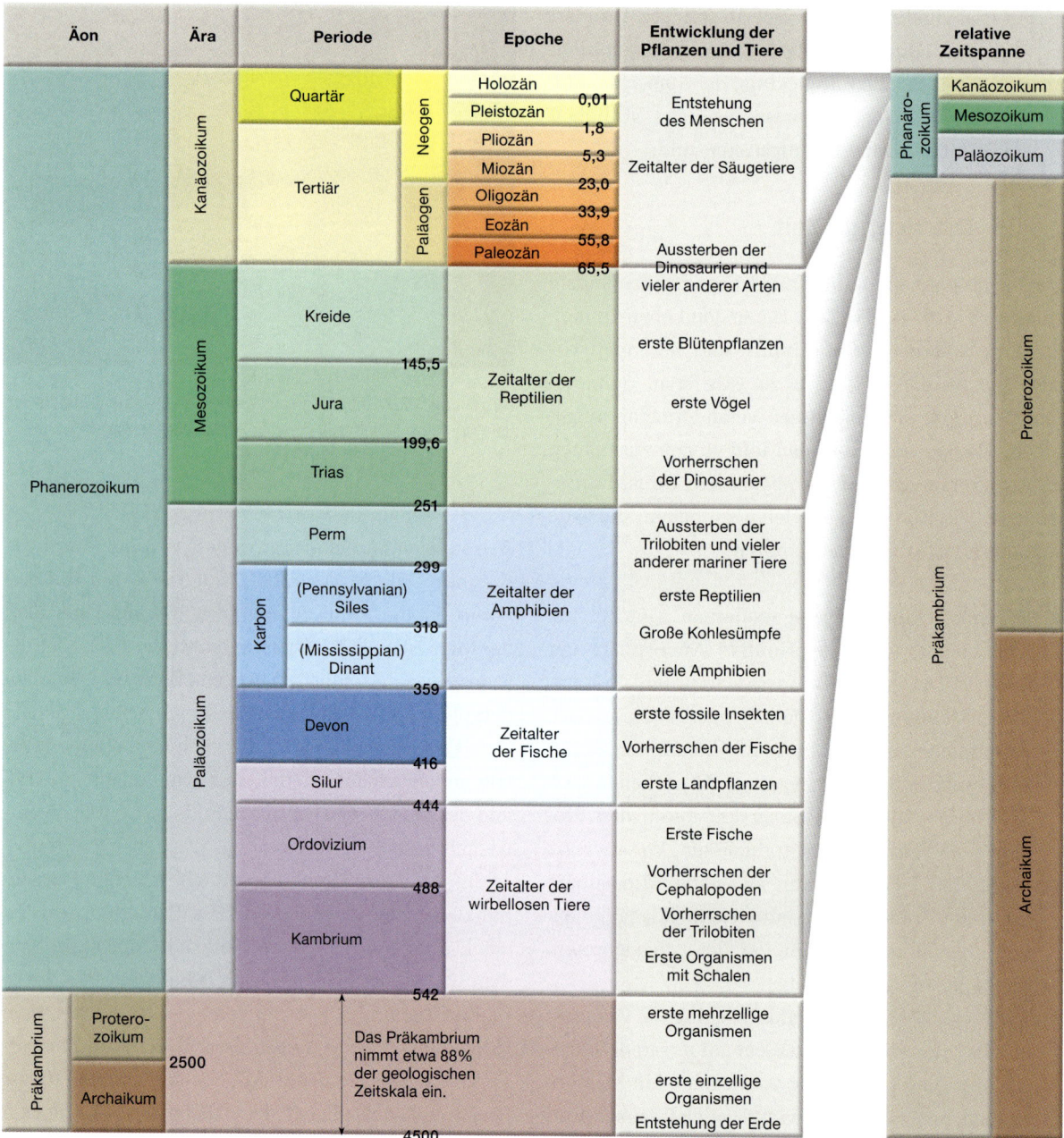

Abbildung 22.4: Die geologische Zeittafel. Die Zahlen repräsentieren die Zeit in Millionen von Jahren vor heute. Diese Daten wurden unter Verwendung radiometrischer Datierungen lange nach der Erstellung der Zeittafel hinzugefügt. Das Präkambrium umfasst 88 Prozent der geologischen Zeit. (Daten der Geological Society of America)

22.2 Die Entstehung eines Planeten

Gemäß der Urknalltheorie begann die Formation unseres Planeten vor etwa 13,7 Milliarden Jahren mit einer kataklysmischen Explosion, die alle Materie und allen Raum beinahe in einem Augenblick schuf (▶Abbildung 22.5). Zu Beginn bildeten sich atomare Teilchen (Protonen, Neutronen und Elektronen). Später, als diese Teilchentrümmer abkühlten, bildeten sich Wasserstoff und Helium, die beiden leichtesten Elemente. Innerhalb von einigen Millionen Jahren kondensierten diese Gaswolken zu Sternen, aus welchen die Galaxien bestehen, die sich, wie wir heute beobachten können, von ihrem Entstehungsort entfernen.

Während sich diese Gase zusammenzogen, um die ersten Sterne zu bilden, löste die Aufheizung den Prozess der *nuklearen Fusion* aus. Im Inneren der Sterne wandelten sich Wasserstoffatome zu Heliumatomen um und entließen enorme Energiemengen in Form

22.2 Die Entstehung eines Planeten

Abbildung 22.5: Die Hauptereignisse, die zur Formation der frühen Erde geführt haben.

von Strahlung (Wärme, Licht, kosmische Strahlung). Astronomen entdeckten, dass in Sternen, die größer als die Sonne sind, in weiteren thermonuklearen Reaktionen alle Elemente im Periodensystem bis hin zur Ordnungszahl 26 (Eisen) entstehen. Noch schwerere Elemente (nach der Ordnungszahl 26) entstehen nur bei extrem Temperaturen während des explosiven Tods eines Sterns, der möglicherweise zehn- bis zwanzigmal größer als die Sonne ist. Während eines dieser kataklysmischen **Supernova**-Ereignisse erzeugte ein explodierender Stern alle Elemente, die schwerer als Eisen sind, und schleuderte sie in den interstellaren Weltraum. Aus diesen Trümmern bildeten sich unsere Sonne und unser Sonnensystem. Gemäß des Urknallszenarios wurden die Atome, aus denen Ihr Körper besteht, aus dem heißen Inneren von nun erloschenen Sternen gebildet und das Gold Ihres Schmucks entstand während einer Supernovaexplosion, die sich Trillionen von Kilometern entfernt ereignete.

22.2.1 Von Planetesimalen zu Protoplaneten

Sie erinnern sich, dass die Erde zusammen mit dem Rest des Sonnensystems vor etwa 4,5 Milliarden Jahren aus dem **Solarnebel** entstand, einer großen rotierenden Wolke aus interstellarem Staub und Gas (siehe Kapitel 1). Als sich der Solarnebel zusammenzog, sammelte sich ein Großteil der Materie im Zentrum, um die heiße Protosonne zu bilden, während der Rest zu einer sich drehenden Scheibe wurde. Innerhalb der sich drehenden Scheibe bildete die Materie allmählich Klumpen, die miteinander kollidierten und verklumpten und so Objekte in Asteroidengröße bildeten, die **Planetesimale**. Die Zusammensetzung der einzelnen Planetesimale hing im Wesentlichen von ihrer Entfernung zur heißen Protosonne ab.

Nahe der heutigen Umlaufbahn des Merkurs kondensierten nur metallische Körner aus dem Solarnebel. Weiter draußen, in der Nähe der Erdumlaufbahn, kondensierten sowohl metallische als auch steinige Substanzen und hinter dem Mars bildete sich Eis aus Wasser, Kohlendioxid, Methan und Stickstoff. Aus diesen Materialklumpen bildeten sich Planetesimale und durch wiederholte Zusammenstöße und Akkretion wuchsen sie zu acht **Protoplaneten** und ihren Monden an (Abbildung 22.5).

Irgendwann in der Evolution der Erde gab es einen gigantischen Einschlag von einem Planetesimal in Marsgröße mit der jungen, halbgeschmolzenen Erde. Durch diese Kollision wurden riesige Mengen an Trümmern in den Weltraum geschleudert, wovon manche sich miteinander verbanden und den Mond bildeten (siehe Abbildung 24.9).

22.2.2 Die frühe Entwicklung der Erde

Durch die fortwährende Akkumulation des Materials und den Hochgeschwindigkeitseinschlag von interplanetaren Trümmern (Planetesimalen) sowie durch den Zerfall radioaktiver Elemente stieg die Temperatur unseres Planeten stetig an. Während dieser Periode intensiver Aufheizung wurde die Erde heiß genug, um Eisen und Nickel zu schmelzen. Durch das Schmelzen entstanden flüssige Tropfen von schwerem Metall, die unter ihrem eigenen Gewicht abzusinken begannen. Dieser Prozess trat im Hinblick auf die geologische Zeitskala schnell auf und erzeugte den dichten eisenreichen Kern der Erde. Die Formation eines geschmolzenen Eisenkerns war nur die erste Stufe chemischer Differentiation, von welcher die Erde sich von einem homogenen Körper mit etwa dem gleichen Material in jeder Tiefe zu einem Planeten mit Lagenstruktur umwandelte, bei welchem das Material aufgrund der Dichte sortiert wurde (Abbildung 22.5).

Diese frühe Periode der Aufheizung brachte auch einen Ozean aus Magma hervor, möglicherweise mit mehreren Hundert Kilometer Tiefe. Innerhalb des Magmaozeans stiegen leichtere Anteile der geschmolzenen Gesteinsmassen durch Auftrieb zur Oberfläche auf, wo sie sich schließlich verfestigten und eine dünne primitive Kruste bildeten. Die erste Kruste der Erde hatte wahrscheinlich eine basaltische Zusammensetzung – ähnlich der heutigen ozeanischen Kruste. Ob zu der damaligen Zeit die Plattentektonik aktiv war, ist nicht bekannt. Doch müssen heftige Konvektionsbewegungen des noch flüssigen oberen Mantels die Kruste immer und immer wieder aufgearbeitet haben.

Diese Periode chemischer Differentiation brachte die drei Hauptunterteilungen des Erdinneren hervor – den eisenreichen *Kern*, die dünne *primitive Kruste* und die größte Lage der Erde, den *Mantel*, der sich zwischen der Kruste und dem Kern befindet. Zudem entwichen die leichtesten Materialien, wie Wasserdampf, Kohlendioxid und andere Gase, um eine primitive Atmosphäre zu bilden und wenig später danach auch die Ozeane (▶ Abbildung 22.6).

Abbildung 22.6: Zeichnerische Darstellung der Erde von vor 4 Milliarden Jahren. Dies war eine Zeit intensiver vulkanischer Aktivität, die die primitive Atmosphäre und die Ozeane der Erde erzeugten, während frühe Lebensformen hügelige Strukturen bildeten, die man Stromatolithen nennt.

Der Ursprung der Atmosphäre und der Ozeane 22.3

Ohne die Treibhausgase in unserer Atmosphäre wäre die Erde um fast 15,5 °C kälter. Das wäre zwar nicht so kalt wie die Oberfläche des Mars, doch wären die meisten Gewässer der Erde gefroren und der hydrologische Kreislauf, bei dem Wasser, das den Ozean als Wasserdampf verlässt und in flüssiger Form wieder zurückkehrt, wäre bestenfalls sehr spärlich. Erinnern Sie sich an den Erwärmungseffekt bestimmter Gase in der Atmosphäre, hauptsächlich an Kohlendioxid und Wasserdampf, den man als Treibhauseffekt bezeichnet.

Heutzutage ist die Luft, die wir atmen, eine stabile Mischung aus 78 Prozent Stickstoff und 21 Prozent Sauerstoff, etwa 1 Prozent Argon (ein inertes Edelgas) und geringe Mengen an Gasen wie Kohlendioxid und Wasserdampf (siehe Abbildung 21.9). Doch die ursprüngliche Atmosphäre unseres Planeten vor 4,5 Milliarden Jahren hatte eine ganz andere Zusammensetzung.

22.3.1 Die primitive Atmosphäre der Erde

Als die Erde entstand, bestand die Atmosphäre aus den Gasen, die am häufigsten im frühen Sonnensystem vorhanden waren – Wasserstoff, Helium, Methan, Ammoniak, Kohlendioxid und Wasserdampf (siehe Kapitel 24). Die leichtesten dieser Gase, Wasserstoff und Helium, sind vermutlich in den Weltraum entwichen, da die Erdanziehungskraft zu schwach ist, um sie zu halten. Die meisten der übrigen Gase wurden wahrscheinlich von den starken *Sonnenwinden* (riesigen Partikelströmen) einer jungen, aktiven Sonne weggeblasen. (Alle Sterne, einschließlich der Sonne, scheinen eine stark aktive Phase in ihrer frühen Entwicklung zu durchlaufen, die als *T-Tauri-Phase* bekannt ist, währenddessen die Sonnenwinde sehr intensiv sind.)

Die erste lang anhaltende Atmosphäre der Erde wurde durch einen Prozess der **Ausgasung** gebildet. Dabei werden Gase, die im Inneren eines Planeten gefangen sind, freigesetzt. Die Ausgasung geht heutzutage durch weltweit Hunderte von aktiven Vulkanen weiter (▶ Abbildung 22.7). Doch in der frühen Erdgeschichte, als massive Aufheizung und schnelle Strömungen im Erdmantel auftraten, muss der Gasausstoß immens gewesen sein. Die Zusammensetzung der Gase ähnelte wahrscheinlich in etwa denen, die heute durch Vulkanismus freigesetzt werden. Abhängig von der Chemie des Magmas bestehen die Gaskomponenten moderner Vulkanausbrüche zwischen aus 35 Prozent und 90 Prozent Wasserdampf, 5 Prozent bis 30 Prozent Kohlendioxid, 2 Prozent bis 30 Prozent Schwefeldioxid und geringeren Mengen an Stickstoff, Chlor, Wasserstoff und Argon. Demzufolge bestand die

Abbildung 22.7: Die erste Atmosphäre der Erde wurde durch einen Prozess gebildet, den man als Ausgasung bezeichnet und der bis heute durch Hunderte von Vulkanen weltweit anhält. (Foto: Marco Fulle/ www.stromboli.net)

primitive Erdatmosphäre wahrscheinlich hauptsächlich aus Wasserdampf, Kohlendioxid und Schwefeldioxid und geringen Mengen an anderen Gasen, jedoch keinem freien Sauerstoff und wenig Stickstoff.

22.3.2 Der Sauerstoff in der Atmosphäre

Während der Abkühlung der Erde kondensierte der Wasserdampf und bildete dichte Wolken, aus denen heftige Regengüsse die niedrig gelegenen Gebiete auffüllten und die Ozeane entstanden. In den Ozeanen begannen vor fast 3,5 Milliarden Jahren Bakterien durch Photosynthese Sauerstoff ins Wasser freizusetzen. Während der *Photosynthese* wird die Sonnenenergie von Organismen dazu verwendet, um organische Verbindungen aus Kohlendioxid (CO_2) und Wasser (H_2O) zu produzieren (energiereiche Zuckermoleküle, die Wasserstoff und Kohlenstoff enthalten). Die ersten Bakterien verwendeten vermutlich Schwefelwasserstoff (H_2S) als Quelle für Wasserstoff anstatt von Wasser. Dennoch begannen die ersten Bakterien, die *Cyanobakterien*, Sauerstoff als Nebenprodukt der Photosynthese zu produzieren.

Anfänglich wurde der neu entstandene Sauerstoff schnell durch chemische Reaktionen mit anderen Atomen und Molekülen im Ozean, besonders mit Eisen, verbraucht. Die Quelle eines Großteils des Eisens scheinen submariner Vulkanismus und damit vergesellschaftete hydrothermale Schlote (schwarze Raucher) zu sein. Eisen besitzt eine ungeheure Affinität zu Sauerstoff und diese beiden Elemente verbinden sich zu Eisenoxid und Eisenhydroxid (Rost), das sich am Ozeanboden als Sediment akkumuliert. Die frühen Eisenoxid-Lagerstätten bestehen aus abwechselnden Lagen von eisenreichen Schichten und solchen aus Hornfels und sind als **gebänderte Eisenformation** (Banded Iron Formation; BIF) bekannt (▶Abbildung 22.8). Die meisten der gebänderten Eisenformationen wurden im Präkambrium vor 3,5 bis 2 Milliarden Jahren abgelagert und repräsentieren das bedeutendste Eisenerzreservoir der Erde.

Als das verfügbare Eisen ausgefällt war und die Anzahl an Sauerstoff produzierenden Organismen zunahm, begann der Sauerstoff, sich in der Atmosphäre anzureichern. Die chemische Analyse von Gesteinen legt nahe, dass ein bedeutender Anteil des Sauerstoffs in der Atmosphäre schon vor 2,2 Milliarden Jahren auftrat und der Anteil stetig anstieg, bis ein stabiles Niveau vor 1,5 Milliarden Jahren erreicht war. Die Verfügbarkeit von freiem Sauerstoff hatte einen gewaltigen Einfluss auf die Entwicklung des Lebens.

Ein weiterer bedeutender Vorteil der „Sauerstoffexplosion" war die Neuanordnung von Sauerstoffmolekülen (O_2) zu Ozon (O_3) durch den Beschuss von ultravioletter Strahlung. Heutzutage konzentriert sich das Ozon oberhalb der Oberfläche in einer Lage, die man als Stratosphäre bezeichnet, wo es einen Großteil der ultravioletten Strahlung absorbiert, die in die

22.3 Der Ursprung der Atmosphäre und der Ozeane

Abbildung 22.8: Diese geschichteten eisenreichen Gesteine nennt man gebänderte Eisenformation (BIF, Banded Iron Formation). Sie wurden während des Präkambriums abgelagert. Ein Großteil des Sauerstoffs, erzeugt als Nebenprodukt der Photosynthese, wurde schnell in chemischen Reaktionen mit Eisen verbraucht, wodurch diese Gesteine entstanden.

Atmosphäre tritt. Zum ersten Mal wurde die Erde von dieser Art solarer Strahlung geschützt, die insbesondere für die DNA schädlich ist. Marine Organismen wurden immer durch die Ozeane von ultravioletter Strahlung abgeschirmt, doch mit der Entwicklung der schützenden Ozonschicht wurden die Kontinente wirtlicher für die Entwicklung des Lebens.

22.3.3 Die Entwicklung der Ozeane

Vor etwa 4 Milliarden Jahren enthielten die Ozeanbecken etwa 90 Prozent des gegenwärtigen Volumens an Meerwasser. Da die primitive Atmosphäre einen hohen Gehalt an Kohlendioxid sowie an Schwefeldioxid und Schwefelwasserstoff hatte, war das frühe Regenwasser sehr sauer – noch saurer als der saure Regen, der in jüngster Vergangenheit Seen und Wasserläufe im östlichen Nordamerika oder westlichen Skandinavien schädigte. Als Folge davon verwitterte die steinige Oberfläche der Erde mit einer beschleunigten Rate. Die Produkte, die durch die chemische Verwitterung freigesetzt wurden, bestanden aus Atomen und Molekülen unterschiedlicher Substanzen, wie etwa Natrium, Calcium, Kalium und Silizium, die in den neu gebildeten Ozean eingetragen wurden. Manche dieser gelösten Substanzen fielen aus und bildeten chemische Sedimente, die den Ozeanboden bedeckten. Andere häuften sich allmählich an und erhöhten die Salinität des Meerwassers. Das heutige Meerwasser enthält durchschnittlich 3,5 Prozent gelöste Salze, wovon das Speisesalz (Natriumchlorid) am häufigsten ist. Untersuchungen weisen darauf hin, dass der Salzgehalt der Ozeane zunächst stark anstieg, sich aber innerhalb der letzten Milliarden von Jahren nicht wesentlich verändert hat.

Die Ozeane der Erde dienen auch als Speicher für immense Kohlendioxidvolumen, ein Hauptbestandteil der primitiven Atmosphäre – und sind es auch heute. Das ist bedeutend, da Kohlendioxid ein Treibhausgas ist, das die Aufheizung der Atmosphäre stark beeinflusst. Die Venus, von der man einst glaubte, sie sei der Erde sehr ähnlich, besitzt eine Atmosphäre, die zu 97 Prozent aus Kohlendioxid besteht, der einen unkontrollierbaren Treibhauseffekt verursacht. Die Oberfläche der Venus weist eine Temperatur von 475 °C auf, heiß genug, um Blei zu schmelzen.

Kohlendioxid ist leicht in Wasser löslich, wo es sich oft mit anderen Atomen oder Molekülen verbindet, um verschiedene chemische Ausfällungen zu bilden. Die häufigste Verbindung bei diesem Prozess ist Calciumcarbonat ($CaCO_3$), das das häufigste Sedimentgestein, den *Kalkstein*, ausmacht. Später in der Erdgeschichte begannen marine Organismen das Calciumcarbonat aus dem Meerwasser aufzunehmen und daraus ihre Schalen und andere Hartteile zu bilden. Dazu gehören Trillionen winziger Organismen wie Foraminiferen, die abstarben und am Meeresboden abgelagert wurden. Heute bestehen die Kreideschichten, die an den Weißen Klippen von Dover, England oder von Rügen an der Ostsee aufgeschlossen sind, aus solchen Ablagerungen (▶ Abbildung 22.9). Durch das Einschließen des Kohlendioxids verhindern die Kalksteine, dass dieses Treibhausgas einfach wieder in die Atmosphäre eintritt.[1]

---

1 Für weitere Informationen darüber siehe Exkurs 7.1 *Der Kohlenstoffkreislauf und die Sedimentgesteine.*

22 Die Evolution der Erde in geologischer Zeit

Abbildung 22.9: Diese hervorstechenden Kreideablagerungen, die Weißen Klippen von Dover, findet man in Südengland und Nordfrankreich.

22.4 Präkambrische Geschichte: Die Bildung der Kontinente

Die ersten 4 Milliarden Jahre der Erdgeschichte umfassen eine Zeitspanne, die man als *Präkambrium* bezeichnet. Das Präkambrium repräsentiert beinahe 90 Prozent der Erdgeschichte und wird in das *Archaische Äon* („Altes Zeitalter") und das darauf folgende *Proterozoikum* („Frühes Leben") eingeteilt. Um sich die Proportionen veranschaulichen zu können, werfen Sie einen Blick auf Abbildung 22.4, die die relativen Zeitspannen für das Präkambrium und die Ären des Phanerozoikums anzeigt.

Unser Wissen über diese alte Zeit ist schemenhaft, da die meisten frühen Gesteinszeugnisse durch die Prozesse auf der Erde verfälscht wurden, besonders durch die Plattentektonik, die Erosion und die Ablagerung. Die meisten präkambrischen Gesteine enthalten keine Fossilien, was die Korrelation von Gesteinseinheiten behindert. Zudem sind Gesteine von großem Alter metamorph und verformt, extensiv erodiert und manchmal durch darüber liegende, jüngere Schichten verdeckt. Und tatsächlich besteht die Präkambrische Geschichte aus vereinzelten, spekulativen Episoden, wie ein dickes Buch mit vielen fehlenden Kapiteln.

Wir sind uns dennoch ziemlich sicher, dass während des frühen Archaikums die Erde mit einem Ozean aus Magma bedeckt war. Aus diesem Material entstanden die Atmosphäre, die Ozeane und die ersten Kontinente der Erde.

22.4.1 Die ersten Kontinente der Erde

Mehr als 95 Prozent der Erdbevölkerung lebt auf Kontinenten – der Rest lebt auf Vulkaninseln, wie Hawaii und Island. Die Inselbewohner leben für gewöhnlich auf ozeanischer Kruste, die dick genug ist, um über den Meeresspiegel herauszuragen.

Was unterscheidet kontinentale von ozeanischer Kruste? Rufen Sie sich ins Gedächtnis zurück, dass die ozeanische Kruste eine verhältnismäßig dichte Schicht ($3.0 g/cm^3$) aus basaltischem Gestein ist, das aus der partiellen Aufschmelzung des gesteinsartigen oberen Mantels entstammt. Zudem ist die ozeanische Kruste dünn mit durchschnittlich nur 7 Kilometer Mächtigkeit. Ungewöhnlich mächtige Krustenblöcke bilden sich gerne über Mantle Plumes (Hot-Spot-Vulkanismus). Anderserseits besteht die kontinentale Kruste aus verschiedenen Gesteinstypen und besitzt eine durchschnittliche Mächtigkeit von fast 40 Kilometer und sie enthält einen riesigen Anteil an silikatreichen Gesteinen von geringer Dichte (wie etwa Granit).

Dies sind sehr wichtige Unterschiede. Die ozeanische Kruste tritt mehrere Kilometer unter dem Meeresspiegel auf, da sie relativ dünn und dicht ist, außer sie wurde durch tektonische Kräfte auf eine Landmasse geschoben. Die kontinentale Kruste dehnt sich wegen ihrer großen Mächtigkeit und ihrer geringeren Dichte weit über das Meeresniveau hinaus aus. Rufen Sie sich auch ins Gedächtnis zurück, dass ozeanische Kruste mit normaler Mächtigkeit leicht subduziert wird, während die mächtigen Blöcke kontinentaler Kruste unter Auftrieb stehen und so der Wiederaufarbeitung im Mantel widerstehen.

Die Entstehung der kontinentalen Kruste Die erste Kruste der Erde bestand vermutlich aus Basalt, wie die der heutigen ozeanischen Rücken. Aber das können wir nicht mit Sicherheit sagen, da bisher keine gefunden wurde. Der heiße turbulente Mantel, der während des archaischen Äons existierte, recycelte vermutlich dieses Material zurück in den Mantel. Wahrscheinlich wurde es immer wieder aufgearbeitet, ähnlich wie eine „Kruste", die sich auf einem Lavasee bildet und kontinuierlich von frischer Lava, die von unten herauf dringt, ersetzt wird (▶ Abbildung 22.10).

Die ältesten erhaltenen kontinentalen Gesteine (mehr als 3,5 Milliarden Jahre alt) treten in kleinen, stark deformierten Segmenten auf, die sich in etwas jüngere Blöcke kontinentaler Kruste eingelagert haben (▶ Abbildung 22.11). Die ältesten dieser 4 Milliarden Jahre alten Acasta-Gneise befinden sich in der Slave-Provinz im Nordwest-Territorium von Kanada. (Einige winzige Zirkonkristalle, die im Jack-Hills-Gebiet von Australien gefunden wurden, besitzen radiometrische Datierungen zwischen 3,8 und 4,4 Milliarden Jahren.)

Die frühe kontinentale Kruste ist eine einfache Fortführung der gravitativen Trennung der Erdmaterialien, die in der letzten Phase der Akkretion unseres Planeten begann. Nachdem der metallische Kern und der aus Gestein bestehende Mantel gebildet waren, wurden allmählich siliziumreiche Minerale geringer Dichte aus dem Mantel extrahiert, um die kontinentale Kruste zu bilden. Dies geschah durch einen mehrphasigen Prozess, wobei die partielle Aufschmelzung von ultramafischem Mantelgestein (Peridotit) zunächst ein basaltisches Gestein erzeugte und die Wiederaufschmelzung von Basalt erzeugte Magmen, die als felsische Gesteine kristallisierten, in welchen Quarz enthalten ist (siehe Kapitel 4). Dennoch weiß man wenig über die Mechanismen, die im Archaikum abliefen, um diese siliziumreichen Gesteine zu erzeugen.

Viele Geologen folgern, dass eine plattenähnliche Bewegung mit Subduktion in der frühen Erdgeschichte erfolgte. Zudem spielte der Hot-Spot-Vulkanismus wahrscheinlich auch eine Rolle. Weil der Mantel im Archaikum heißer war als heute, könnten alle diese Phänomene schneller abgelaufen sein als ihre heutigen Gegenstücke. Man glaubt, dass der Hot-Spot-Vulkanismus riesige Schildvulkane sowie ozeanische Plateaus erzeugt hat. Gleichzeitig erzeugte die Subduktion ozeanischer Kruste vulkanische Inselbögen. Diese relativ schmalen und dünnen Krustenfragmente repräsentieren die erste Phase einer stabilen kontinentalen Landmasse.

Von kontinentaler Kruste zu den Kontinenten Nach einem Modell wurde das Wachstum großer kontinentaler Massen von der Kollision und Akkretion verschiedener Terrantypen begleitet, wie sie in ▶ Abbildung 22.12

Abbildung 22.10: Ein Spreizungsmuster auf einem Lavasee. Die den Lavasee bedeckende Kruste wird fortwährend von frischer, von unten heraufdringender Lava ersetzt. Auf ähnliche Weise wurde die Erdkruste in ihrer frühen Geschichte aufgearbeitet. (Foto: Juerg Alean/www.stromboli.net)

Die Evolution der Erde in geologischer Zeit

Abbildung 22.11: Diese Gesteine bei Isua-Grönland, die zu den ältesten der Welt gehören, werden auf 3,8 Milliarden Jahre geschätzt. (Foto: mit freundlicher Genehmigung von Corbis/Bettmann)

zu sehen sind. Diese Art von Kollisionstektonik deformierte und überprägte die Sedimente metamorph, die zwischen den konvergierenden Krustenfragmenten eingeschlossen waren. Dabei verkürzte sich die entwickelnde Kruste, wurde aber gleichzeitig verdickt. Innerhalb der tiefsten Regionen dieser Kollisionszonen erzeugte die partielle Aufschmelzung der verdickten Kruste siliziumreiche Magmen, die aufstiegen und in die darüber liegenden Gesteine intrudierten. Als Folge davon entstanden große Krustenprovinzen, die sich im Gegenzug an andere anschweißten, um noch größere Krustenblöcke, die **Kratone**, zu bilden. (Den Teil eines modernen Kratons, der an der Oberfläche aufgeschlossen ist, bezeichnet man als *Schild*.) Die Bildung eines großen Kratons schloss mehrere Episoden von Gebirgsbildung mit ein, so wie es am indischen Subkontinent auftrat, als dieser mit Asien kollidierte. ▶ Abbildung 22.13 zeigt die Ausdehnung des Krustenmaterials, das während des archaischen und proterozoischen Äons entstand. Dies wurde durch Kollision und Akkretion von vielen dünnen und recht mobilen Terranen begleitet, die sich zu ersten größeren Massen zusammenschlossen, in denen sich schon kontinentale Strukturen erkennen ließen.

Das Präkambrium war eine Zeit, in der ein Großteil der kontinentalen Kruste der Erde entstand. Dennoch wurde ein bedeutender Anteil an Krustenmaterial auch wieder zerstört. Die Kruste kann auf zwei Arten verschwinden, durch Verwitterung und Erosion oder durch die direkte Wiederaufarbeitung in den Mantel durch Subduktion.

Doch vor 3 Milliarden Jahren wuchsen die Kratone groß und mächtig genug an, um einer direkten Wiederaufarbeitung in den Mantel zu widerstehen. Seit diesem Zeitpunkt standen Verwitterung und Erosion als Hauptprozesse der Krustendestruktion im Vordergrund. Am Ende des Präkambriums war der Großteil der modernen kontinentalen Kruste gebildet – etwa 85 Prozent.

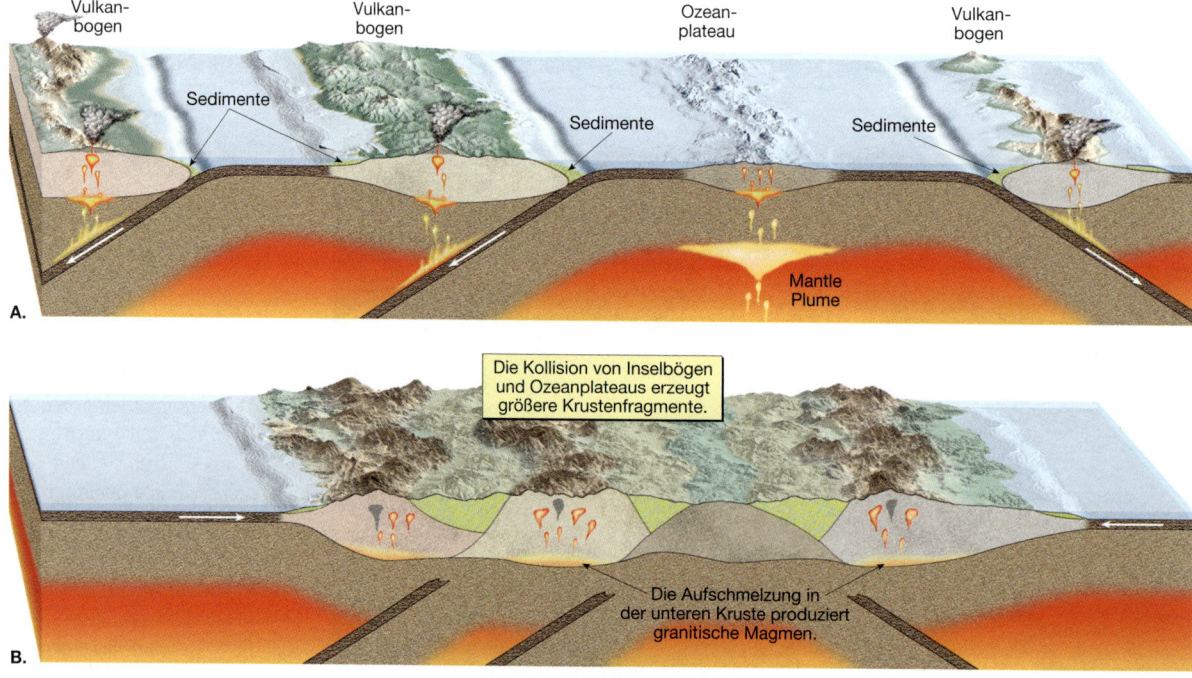

Abbildung 22.12: Gemäß eines Modells wurde das Wachstum großer kontinentaler Massen durch den Zusammenstoß und das Verschweißen verschiedener Arten von Terranen erzielt.

22.4 Präambrische Geschichte: Die Bildung der Kontinente

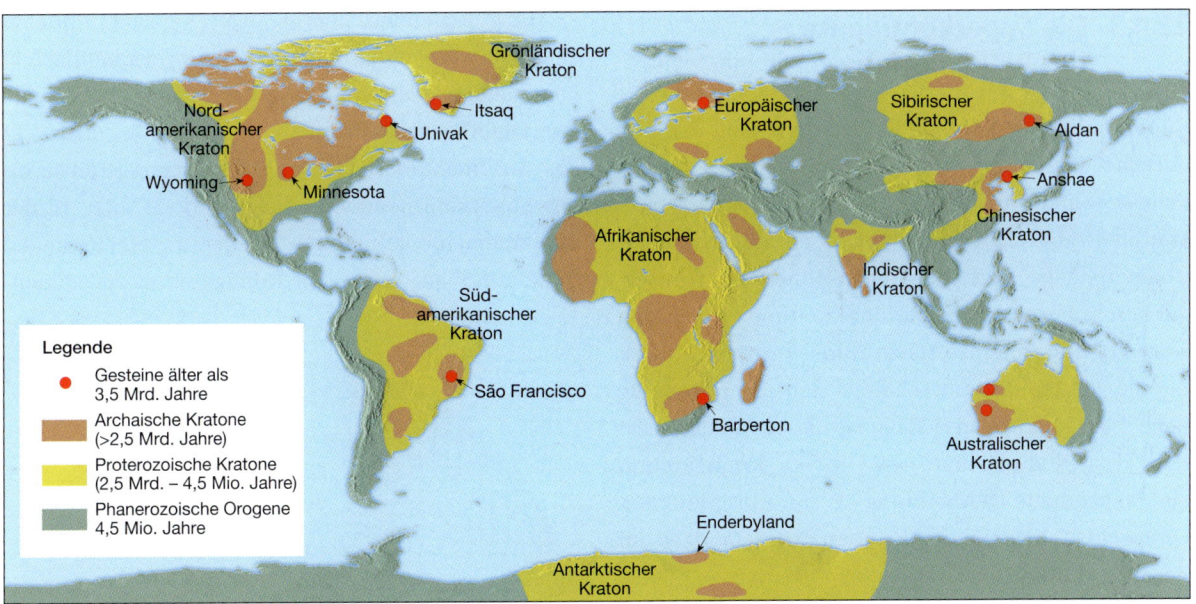

Abbildung 22.13: Die Abbildung zeigt die Ausdehnung von Krustenmaterial, das aus dem Archaikum und dem proterozoischen Äon übrig geblieben ist.

22.4.2 Die Entstehung Nordamerikas

Nordamerika liefert ein gutes Beispiel für die Entwicklung kontinentaler Kruste und den stückweisen Aufbau zu einem Kontinent. Beachten Sie in ▶ Abbildung 22.14, dass nur noch wenig kontinentale Kruste vorhanden ist, die älter als 3,5 Milliarden Jahren ist. Im späten Archaikum, zwischen 3 und 2,5 Milliarden Jahren, gab es eine Periode, in der die Kruste gewaltig anwuchs. Während dieser Zeitspanne erzeugte die Akkretion zahlreicher Inselbögen und anderer Krustenfragmente mehrere große Krustenprovinzen. Nordamerika enthält einige dieser Krusteneinheiten einschließlich der Superior und der Hearne/Rae-Kratone, wie in Abbildung 22.14 dargestellt wird. Die Positionen dieser alten kontinentalen Blöcke während ihrer Entstehung sind nicht bekannt.

Vor etwa 1,9 Milliarden Jahren kollidierten diese Krustenprovinzen, woraus der Trans Hudson-Gebirgsgürtel (Abbildung 22.14) entstand. (Diese Gebirgsbildungsphase ist nicht nur auf Nordamerika beschränkt, da man alte deformierte Schichten ähnlichen Alters auch auf anderen Kontinenten vorfindet.) Dieses Ereignis erzeugte den nordamerikanischen Kraton, an welchen sich später einige große und mehrere kleine Krustenfragmente anfügten. Beispiele dieser späteren Anfügungen schließen die Blue Ridge- und die Piedmont-Provinzen der Appalachen mit ein sowie mehrere Terrane, die dem westlichen Rand von Nordamerika während der mesozoischen und der känozoischen Ären angefügt wurden, um die gebirgige nordamerikanische Kordillere zu bilden.

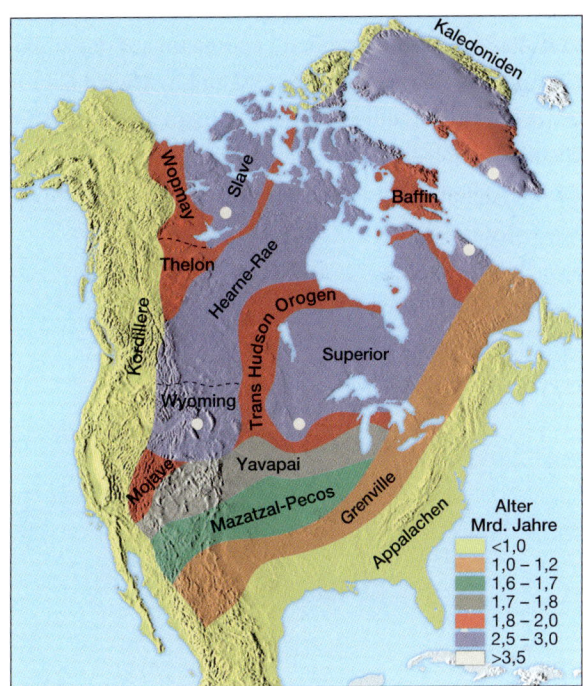

Abbildung 22.14: Die Karte zeigt die geologischen Provinzen Nordamerikas und ihr Alter in Milliarden Jahren (Ga). Es scheint so, dass sich Nordamerika aus Krustenblöcken zusammensetzt, die durch einen Prozess verbunden wurden, welcher dem der modernen Plattentektonik ähnlich ist. Diese alten Zusammenstöße erzeugten Gebirgsgürtel und weisen Überreste von vulkanischen Inselbögen auf, die von kollidierenden kontinentalen Fragmenten eingeschlossen wurden.

22.4.3 Die Superkontinente des Präkambriums

Superkontinente sind große Landmassen, die alle oder fast alle der existierenden Kontinente enthalten. Pangäa war der in jüngster Zeit existierende Superkontinent, aber sicherlich nicht der einzige Superkontinent in der geologischen Vergangenheit. Der früheste gut beschriebene Superkontinent Rodinia bildete sich während des proterozoischen Äons vor etwa 1,1 Milliarden Jahren. Zwar beschäftigt sich die Forschung noch immer mit seiner Rekonstruktion, doch es ist klar, dass Rodinia eine ganz andere Konfiguration als Pangäa hatte (▶Abbildung 22.15). Ein deutlicher Unterschied liegt in der Position Nordamerikas im Zentrum dieser alten Landmasse.

Zwischen 800 und 600 Millionen Jahren brach Rodinia allmählich auseinander und die Bruchstücke verteilten sich. Am Ende des Präkambriums hatten sich viele der Fragmente wieder zusammengeschlossen und wurden zu einer großen Landmasse auf der südlichen Hemisphäre, *Gondwana*. Manchmal wird Gondwana als eigenständiger Superkontinent angesehen. Er bestand hauptsächlich aus dem heutigen Südamerika, Afrika Indien, Australien und Antarktis (▶Abbildung 22.16). Auch andere kontinentale Fragmente bildeten sich. Wir werden das Schicksal dieser präkambrischen Landmassen später in diesem Kapitel erörtern.

Der Superkontinentkreislauf Der Gedanke, dass auf das Auseinanderbrechen und Auseinandertreiben eines Superkontinents eine lange Periode folgt, in der die Fragmente allmählich wieder zu einem neuen Superkontinent mit neuer Konfiguration zusammen-

A. Der Kontinent Gondwana

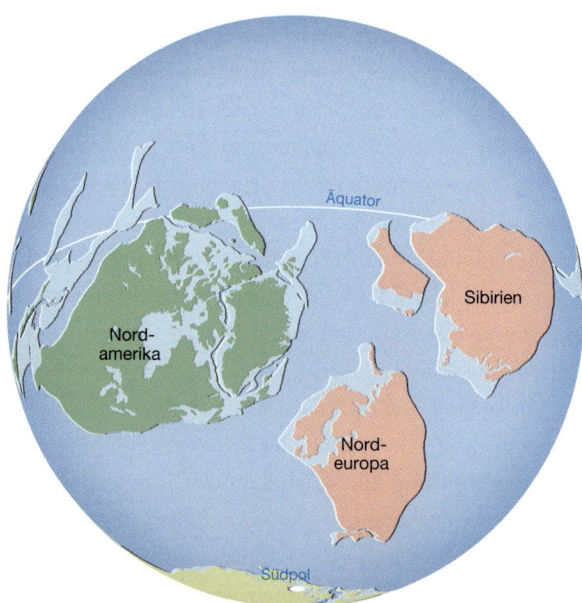

B. Kontinente, die nicht Teil Gondwanas waren

Abbildung 22.15: Vereinfachte Zeichnung, die mehrere mögliche Konfigurationen des Superkontinents Rodinia zeigt. Zur Verdeutlichung wurden die Kontinente mit etwas moderneren Formen gezeichnet. (Nach P. Hoffmann, J. Rogers und anderen)

Abbildung 22.16: Die Rekonstruktion der Erde, wie sie im späten Präkambrium ausgesehen haben könnte. **A.** Die südlichen Kontinente waren zu einer einzigen Kontinentalmasse, Gondwana genannt, vereint. **B.** Zu den anderen Landmassen, die nicht Teil von Gondwana waren, gehörten Nordamerika, Nordwesteuropa und Nordasien. (Nach P. Hoffmann, J. Rogers und anderen)

gesetzt werden, nennt man **Superkontinentkreislauf**. Wie vorher angedeutet wurde, hatte das Zusammensetzen und Auseinandertreiben von Superkontinenten einen grundlegenden Einfluss auf die Entwicklung der Kontinente auf der Erde. Zudem beeinflusste dieses Phänomen das globale Klima in großem Maßstab und trug auch zu periodischen Episoden von Steigen und Fallen des Meeresspiegels bei.

Klima und Superkontinente Die sich bewegende Kontinente verändern die Meeresströmungen und wirken sich auf die globalen Windmuster aus, was zu einer Veränderung in der Verteilung der Temperaturen und Niederschläge führt. Ein relativ junges Beispiel für den Einfluss des Auseinanderbrechens eines Superkontinents auf das Klima zeigt sich in der Bildung der antarktischen Eisdecke. Obwohl sich die östliche Antarktis mehr als 100 Millionen Jahre über dem Südpol befand, wurde sie erst vor 25 Millionen Jahren von Eis bedeckt. Vor dieser Zeit war die antarktische Halbinsel mit Südamerika verbunden. Diese Anordnung der Landmassen unterstützte die Beibehaltung des Zirkulationsmusters, wobei warme Meeresströmungen die Küste der Antarktis erreichten, wie man in ▶Abbildung 22.17A sieht. So hält auch der heutige Golfstrom Island weitgehend eisfrei – trotz seines Namens. Doch als sich Südamerika von der Antarktis trennte, bewegte es sich nordwärts und dabei konnte die Ozeanzirkulation von West nach Ost um den gesamten Kontinent Antarktis herumfließen (▶Abbildung 22.17B). Diese Strömung wird Westwinddrift genannt und schneidet die gesamte antarktische Küste sehr effektiv von der warmen polwärts gerichteten Strömung in die südlichen Ozeane ab. Das führte schließlich zur Überdeckung der antarktischen Landmasse mit glazi-

alem Eis. Lokale und regionale Klimate wurden auch durch große Gebirgssysteme beeinflusst, die sich während der Kollision großer Kratone bildeten. Aufgrund ihrer großen Höhen weisen Gebirge deutlich niedrigere Temperaturen als die umgebenden Ebenen auf. Wird Luft dazu gezwungen über diese hohen Strukturen aufzusteigen, „drückt" die Hebung Feuchtigkeit aus der Luft und hinterlässt die Region auf der Leeseite relativ trocken. Eine moderne Analogie sind die feuchten, stark bewaldeten westlichen Abhänge der Sierra Nevada und das trockene Klima der Great-Basin-Wüste, die direkt im Osten liegt (Abbildung 19.4). Außerdem können große Gebirgssysteme in Abhängigkeit von ihrer Höhe und ihrem Breitengrad ausgedehnte Talvergletscherung unterstützen wie im Himalaya heutzutage.

Da das frühe präkambrische Leben sehr primitiv war (überwiegend Bakterien) und es nur wenig Überreste gibt, weiß man wenig über das Klima auf der Erde während dieser Periode. Jedoch gibt es Hinweise in Gesteinen, die vermuten lassen, dass kontinentale Vergletscherungen mehrere Male in der geologischen Vergangenheit, einschließlich des Präkambriums, auftraten.

Meeresspiegelschwankungen und Superkontinente Bedeutende Veränderungen im Meeresspiegel wurden mehrere Male in der geologischen Vergangenheit dokumentiert und viele davon scheinen in Zusammenhang mit dem Zusammenwachsen und dem Auseinanderreißen der Superkontinente zu stehen. Steigt der Meeresspiegel an oder sinkt die durchschnittliche Höhe einer Landmasse durch erosive oder tektonische Kräfte, so dringen flache Meere in die Kontinente vor. Als Folge davon werden weitreichende, marine Sedi-

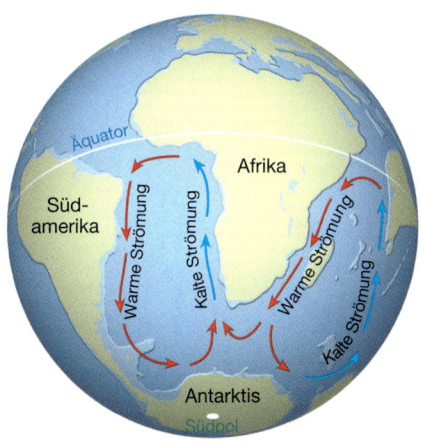

A. Vor 50 Millionen Jahren

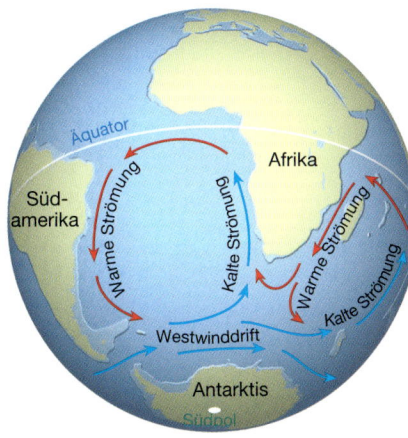

B. Heute

Abbildung 22.17: Der Vergleich der Zirkulation von Ozeanströmungsmustern vor 50 Millionen Jahren mit heute. Als sich Südamerika von der Antarktis abspaltete, entwickelte sich eine Westdrift, die die gesamte antarktische Küste sehr effektiv von warmen, polwärts gerichteten Strömungen in den südlichen Ozeanen isolierte. Dies führte schließlich dazu, dass fast die gesamte Antarktis mit Eis bedeckt wurde.

mente abgelagert, häufig mit einer Mächtigkeit von einigen hundert Metern. Hinweise auf solche Perioden, in denen sich das Meer über die Kontinente ausbreitete, beinhalten mächtige Abfolgen alter Sedimentgesteine, die große Gebiete moderner Landmassen bedecken.

Der Meeresspiegel neigt dazu, während einer Periode „globaler Erwärmung" aufgrund der Abschmelzung des glazialen Eises anzusteigen. (Diese scheint heutzutage aufzutreten, siehe Kapitel 21.) Natürlicherweise wird sich während einer Abkühlungsperiode das glaziale Eis anhäufen, der Meeresspiegel wird absinken und flache Binnenmeere werden sich zurückziehen und somit große Gebiete der Kontinentalränder freilegen.

Der Kreislauf der Superkontinente und die Meeresspiegelschwankungen stehen in direkter Verbindung mit der Geschwindigkeit der *Ozeanbodenspreizung*. Ist die Spreizungsrate schnell, wie es entlang des Ostpazifischen Rückens heutzutage der Fall ist, ist auch die Produktion von warmer ozeanischer Kruste entsprechend hoch. Da die warme ozeanische Kruste weniger dicht ist (sie nimmt mehr Platz ein), beanspruchen schnell spreizende Ozeanrücken ein größeres Volumen in einem Ozeanbecken als sich langsam spreizende Ozeanrücken. (Stellen Sie sich vor, Sie steigen in eine mit Wasser gefüllte Badewanne.) Deswegen steigt der Meeresspiegel an, wenn die Ozeanbodenspreizungsraten zunehmen. Dadurch dringen flache Meere in die tief liegenden Gebiete der Kontinente vor.

Phanerozoische Geschichte: Die Formation der modernen Kontinente der Erde 22.5

Die Zeitspanne seit dem Ende des Präkambriums wird Phanerozoikum genannt. Das Phanerozoikum umfasst 542 Millionen Jahre und man unterteilt es in drei Ären: das Paläozoikum, das Mesozoikum und das Känozoikum. Der Beginn des Phanerozoikums wird durch das Auftreten der ersten Lebensformen mit Hartteilen wie Schalen, Schuppen, Knochen oder Zähnen gekennzeichnet, was die Chance der fossilen Erhaltung der Organismen stark erhöhte (▶ Abbildung 22.18).[2] Demzufolge wurde die Erforschung der Krustengeschichte des Phanerozoikums durch die Verfügbarkeit an Fossilien unterstützt, was die stark verfeinerten Methoden der geologischen Datierung erleichterte. Da jeder Organismus zudem mit seiner eigenen besonderen Nische in Verbindung steht, hat die deutlich verbesserte Erhaltung der Fossilien wertvolle Informationen zur Entschlüsselung der alten Umweltmilieus geliefert.

---

2   Siehe den Abschnitt 9.4.2 *Bedingungen, die Fossilerhaltung begünstigen.*

A.

B.

Abbildung 22.18: Fossilien von häufigen phanerozoischen Lebensformen. **A**. Ein natürlicher Abdruck eines Trilobiten. Trilobiten waren im frühen paläozoischen Ozean beherrschend, sie waren Aasfresser auf dem Meeresboden. **B**. Ausgestorbene zusammengerollte Cephalopoden. Wie ihre modernen Verwandten waren sie hoch entwickelte marine Organismen. (Fotos: mit freundlicher Genehmigung von E.J. Tarbuck)

22.5 Phanerozoische Geschichte: Die Formation der modernen Kontinente der Erde

22.5.1 Paläozoische Geschichte

Als die paläozoische Ära begann, war Nordamerika ein Land ohne Lebewesen, weder Pflanzen noch Tiere. Es gab weder die Appalachen noch die Rocky Mountains; der Kontinent war ein weitgehend ödes Flachland. Mehrmals rückten während des frühen Paläozoikums flache Meere ins Landesinnere vor und zogen sich wieder vom Inneren des Kontinents zurück. Ablagerungen von reinem Sandstein markieren die Küstenlinien der flachen Meere im mittleren Kontinent. Eine Lagerstätte, der St. Peter-Sandstein, wird extensiv in Missouri und Illinois für die Herstellung von Glas, Filtern, Schleifmittel und als „Markierungssand" für die Erdöl- und Erdgasbohrungen abgebaut.

Die Bildung von Pangäa Eines der Hauptereignisse des Paläozoikums war die Formation des Superkontinents Pangäa. Es begann mit einer Reihe von Kollisionen, die allmählich Nordamerika, Europa, Sibirien und andere Krustenelemente miteinander verband (▶ Abbildung 22.19). Diese Ereignisse erzeugten schließlich einen großen Nordkontinent, den man mit Laurasien bezeichnet. Diese Landmasse befand sich in den Tropen, wo die warmen, feuchten Bedingungen zur Bildung ausgedehnter Sümpfe führten, die letztendlich zu Kohle wurden. Diese forcierte im 18. Jahrhundert

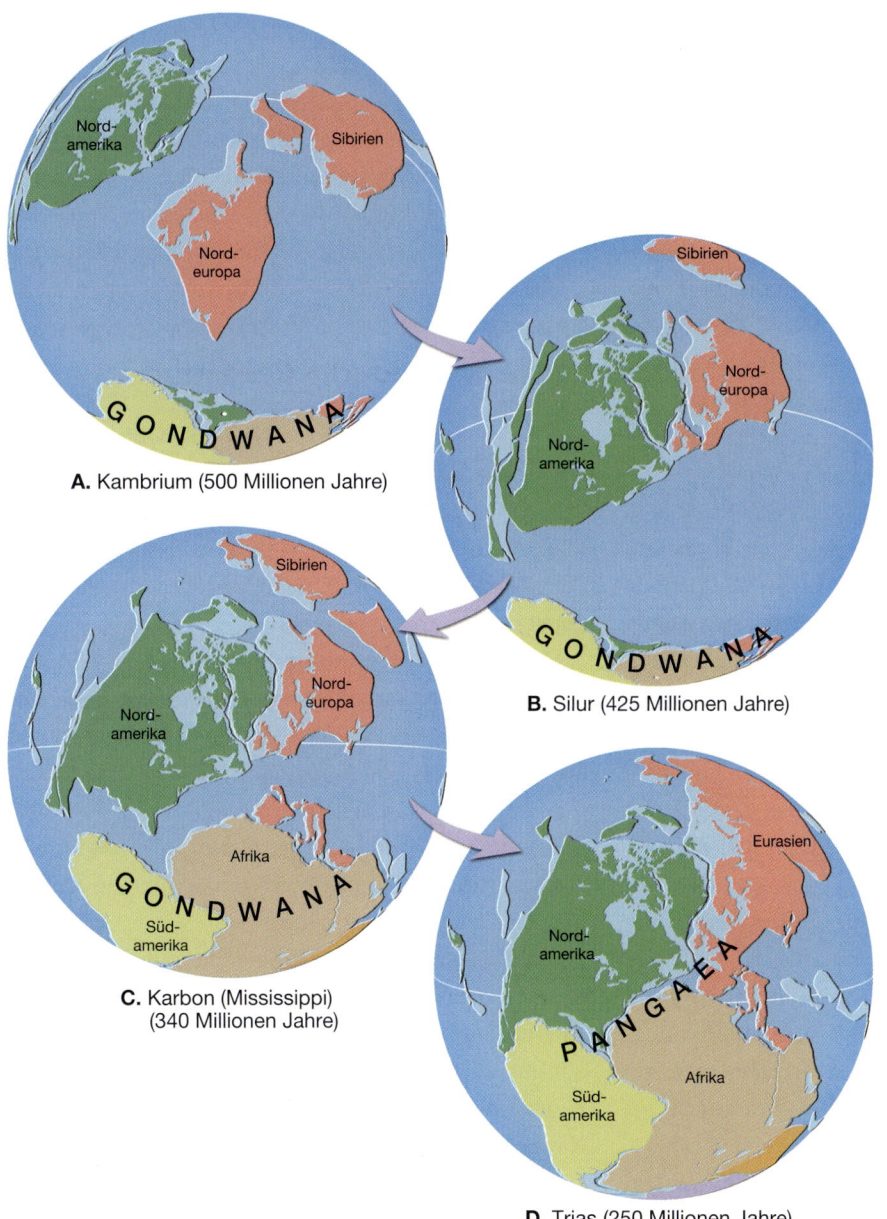

Abbildung 22.19: Während des späten Paläozoikums fügten die Plattenbewegungen die Hauptlandmassen zusammen und bildeten den Superkontinent Pangäa. (Nach P. Hoffman, J. Rogers und andere)

Abbildung 22.20: Diese massiven kreuzgeschichteten Sandsteinklippen im Zion-Nationalpark sind Überreste von alten Sanddünen. (Foto: Michael Collier)

die industrielle Revolution und wird auch heute noch in großer Menge verwendet. Während des frühen Paläozoikums bestand der weit ausgedehnte Südkontinent Gondwana aus fünf Kontinenten – Südamerika, Afrika, Australien, Antarktis und möglicherweise aus Teilen Chinas. Hinweise auf eine ausgedehnte kontinentale Vergletscherung lassen auf eine Platzierung dieser Landmasse in Südpolnähe schließen! Am Ende des Paläozoikums driftete Gondwana nordwärts, um mit Laurasien zu kollidieren und zu der Formation des Superkontinents Pangäa zu kulminieren.

Die Anschweißung von Pangäa erstreckte sich über 200 Millionen Jahre und resultierte in der Formation mehrerer Gebirgsgürtel. Während dieser Zeitperiode fand die Kollision von Nordeuropa statt (hauptsächlich Norwegen mit Grönland) und es entstand das kaledonische Gebirge. Etwa zur gleichen Zeit stießen mindestens zwei Mikrokontinente zusammen und deformierten die Sedimente, die sich am östlichen Rand von Nordamerika akkumuliert hatten. Dieses Ereignis war eine frühe Phase in der Entstehung der Appalachen.

Bis zum späten Paläozoikum erzeugte die Verbindung von Asien (Sibirien) mit Europa das Uralgebirge. Man nimmt an, dass Nordchina am Ende des Paläozoikums an Asien angeschweißt wurde, wogegen Südchina wahrscheinlich ein Teil von Asien wurde, nachdem Pangäa wieder auseinanderzubrechen begann. (Erinnern Sie sich daran, dass Indien erst vor 45 Millionen Jahren an Asien angeschweißt wurde.)

Pangäa erreichte seine maximale Größe vor 250 Millionen Jahren, als Afrika mit Nordamerika und Europa kollidierte und im Osten am Uralgebirge ganz Ostasien angeschweißt wurde (▶ Abbildung 22.19D). Dieses Ereignis markierte die letzte Wachstumsepisode in der langen Geschichte des Superkontinents, in deren Verlauf auch die Appalachen in Nordamerika und das Variszische Gebirge Europas entstanden (siehe Kapitel 14).

22.5.2 Mesozoische Geschichte

Mit einer Zeitspanne von etwa 186 Millionen Jahren teilt man das Mesozoikum in drei Perioden ein: Trias, Jura und Kreide. Zu den Hauptereignissen des Mesozoikums gehören das Auseinanderbrechen von Pangäa und die Entwicklung unserer modernen Ozeanbecken.

Zu Beginn der mesozoischen Ära lag ein Großteil der Landmasse oberhalb des Meeresspiegels. In der Tat weist keine andere Periode spärlichere Sedimentfunde auf als die Trias. Bei den aufgeschlossenen Sedimenten handelt es sich meistens um roten Sandstein und Tonstein ohne Fossilien, alles Merkmale eines terrestrischen Milieus. (Die rote Farbe der Sedimente stammt von der Oxidation von Eisen.)

Mit Beginn der jurassischen Periode drang das Meer in den Westen Nordamerikas und Europas vor. Angrenzend an dieses Flachmeer wurden extensiv kontinentale Sedimente auf dem heutigen Colorado Plateau abgelagert. Der prominenteste davon ist der Navajo-Sandstein, ein vom Wind verblasener weißer Sandstein, der an manchen Stellen eine Mächtigkeit von 300 Metern erreicht. Die Überreste massiver Dünen weisen darauf hin, dass im frühen Jura eine große

Wüste einen Großteil des amerikanischen Südwestens einnahm (▶Abbildung 22.20). Eine weitere Formation des Jura ist die Morison-Formation – der größte Fundplatz für Dinosaurierknochen weltweit. Dort fand man die fossilen Knochen von riesigen Dinosauriern wie Apatosaurus (früher Brontosaurus), Brachiosaurus und Stegosaurus.

Als die jurassische Periode in die Kreide überging, drangen erneut flache Meere in den Westen Nordamerikas sowie in atlantische Küstenregion und in die Küstenregion des Golfs vor. Das führte zur Bildung großer Sümpfe, ähnlich jenen des Paläozoikums. Heutzutage sind die Kohlelagerstätten im Westen der Vereinigten Staaten und Kanadas wirtschaftlich von sehr großer Bedeutung. Beispielsweise liegen im Crow-Indianerreservat beinahe 20 Milliarden Tonnen an hochqualitativer Kohle aus der Kreidezeit.

Ein weiteres großes Ereignis des Mesozoikums war das Aufbrechen Pangäas (▶Abbildung 22.21). Vor etwa 165 Millionen Jahren entwickelte sich ein Grabenbruch zwischen dem heutigen Nordamerika und Westafrika, der Geburtsstunde des Atlantischen Ozeans. Als Pangäa allmählich auseinanderbrach, begann die sich westwärts bewegende nordamerikanische Platte das pazifische Becken zu überfahren (siehe Abbildung 13.26). Dieses tektonische Ereignis markierte den Beginn einer kontinuierlichen Deformationswelle, die sich landeinwärts entlang des westlichen Rands Nordamerikas bewegte. Im Jura hatte die Subduktion der Farallon-Platte begonnen, eine chaotische Gesteinsmischung zu erzeugen, die heute an den Coast Ranges von Kalifornien existieren. Weiter landeinwärts war magmatische Aktivität vorherrschend und ungezügelter Vulkanismus über fast 60 Millionen Jahre ließ riesige Magmenmassen bis wenige Kilometer unter die Oberfläche aufsteigen. Zu den Überresten

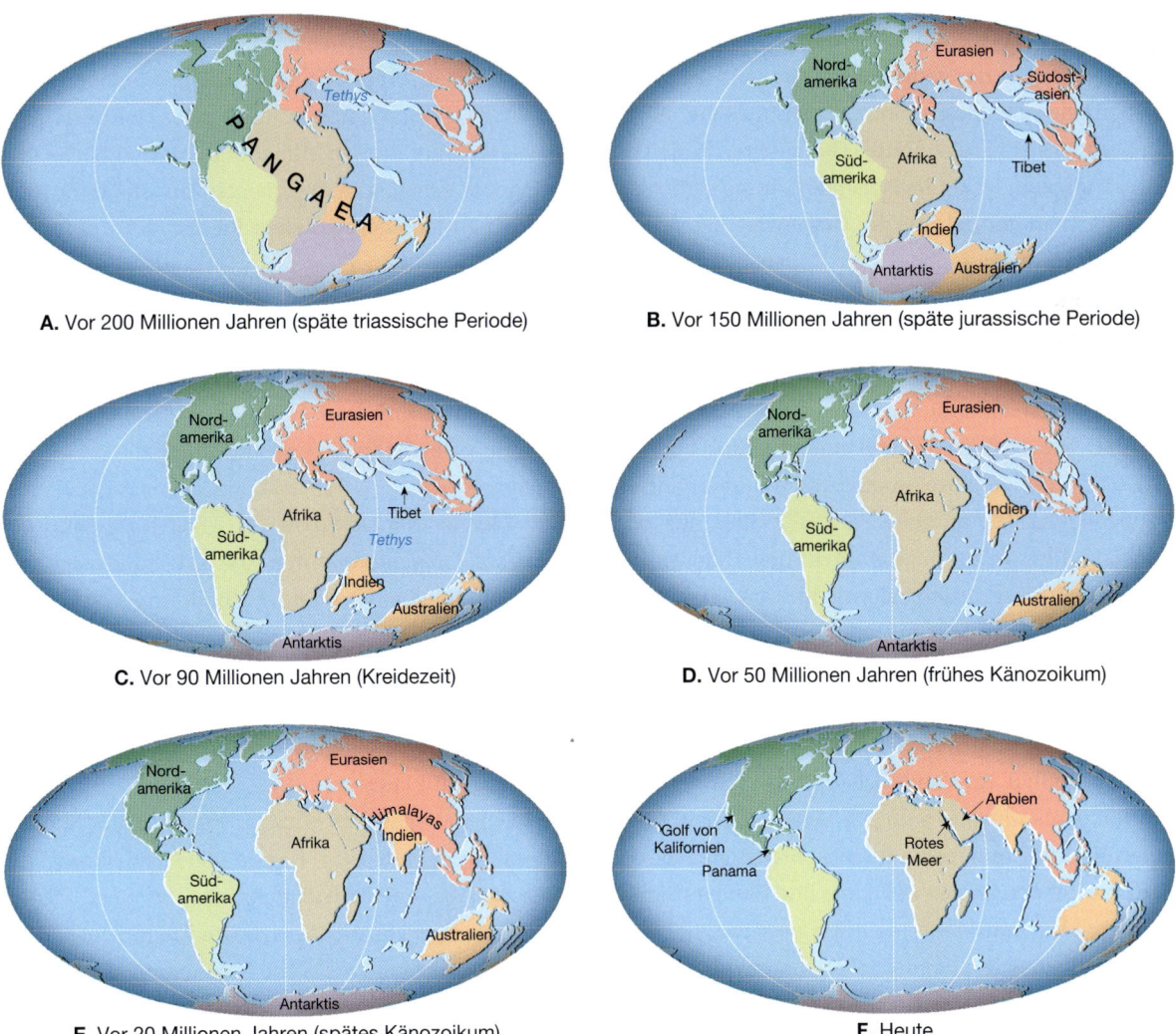

Abbildung 22.21: Mehrere Ansichten vom Auseinanderbrechen Pangäas über einen Zeitraum von 200 Millionen Jahren.

dieser Aktivität gehören der Granitpluton der Sierra Nevada sowie der Idaho-Batholith und der Coast Range-Batholith von Britisch Kolumbien.

Die tektonische Aktivität, die im Jura begann, dauerte bis in die Kreide an. Kompressionskräfte bewegten riesige Gesteinseinheiten ostwärts und stapelten sie wie Dachschindeln übereinander. In einem Großteil des Westrands Nordamerikas wurden über eine Entfernung von mehr als 150 Kilometern ältere Gesteine über jüngere Schichten geschoben. Das führte letztendlich zur Bildung der nördlichen Rocky Mountains, die sich von Wyoming bis nach Alaska ausdehnen.

22.5.3 Känozoische Geschichte

Die känozoische Ära oder die „Ära des rezenten Lebens" umfasst die letzten 65,5 Millionen Jahre der Erdgeschichte. Während dieser Zeitspanne entstanden die Landschaften und die Lebensformen unserer modernen Welt. Das Känozoikum repräsentiert einen viel kleineren Anteil der geologischen Zeit, als das Paläozoikum oder das Mesozoikum. Obwohl es viel kürzer ist, besitzt es eine reichhaltige Geschichte, da sich die Vollständigkeit der geologischen Erhaltung verbessert, je näher man zeitlich an die Gegenwart heranrückt. Die Gesteinsformationen dieser Zeitspanne sind viel weiter verbreitet und weniger gestört als alle anderen der vorhergehenden Perioden.

Das Känozoikum unterteilt man in zwei Perioden von sehr unterschiedlicher Dauer, das Tertiär und das Quartär. Die tertiäre Periode umfasst fünf Epochen und 63 Millionen Jahre, praktisch die Gesamtheit des Känozoikums. Die quartäre Periode besteht aus zwei Epochen, Pleistozän (die Eiszeiten) und Holozän (die Jetztzeit), die nur die letzten zwei Millionen Jahre geologischer Geschichte repräsentieren. Um eine etwas ausgewogenere Einteilung zu erlangen, verwendet man neuerdings nur noch die Unterteilung in Paläogen und Neogen (siehe Tafel 22.4).

Ein Großteil Nordamerikas befand sich während des Känozoikums oberhalb des Meeresspiegels. Doch aufgrund der unterschiedlichen Plattengrenzenverhältnisse fanden an den östlichen und den westlichen Rändern des Kontinents deutlich gegensätzliche Ereignisse statt. Die atlantische Küstenregion und die Golfküstenregion befanden sich weit entfernt von einer aktiven Plattengrenze und waren tektonisch stabil. Das westliche Nordamerika dagegen war die vordere Kante der nordamerikanischen Platte. Als Folge gab es durch die Wechselwirkung zwischen den Platten viele Ereignisse von Gebirgsbildung, Vulkanismus und Erdbeben.

Das östliche Nordamerika Der stabile Kontinentalrand des östlichen Nordamerikas war ein Ort reichlicher mariner Sedimentation. Die ausgedehnteste Ablagerung umgab den Golf von Mexiko, von der Yukatan-Halbinsel bis nach Florida. Dort verursachte die große Anhäufung an Sedimenten ein Hinunterbiegen der Kruste und erzeugte zahlreiche Verwerfungen. In vielen Fällen ließen die Verwerfungen Strukturen entstehen, in welchen sich Erdöl und Erdgas anhäuften. Heutzutage sind diese und andere Erdölfallen die wirtschaftlich bedeutendsten Ressourcen der Golfküste, wie man an den zahlreichen Ölbohrplattformen vor der Küste erkennen kann.

Im frühen Känozoikum war ein Großteil der ursprünglichen Appalachen bereits zu einer tief gelegenen Ebene erodiert. Später wurde diese Region durch isostatische Ausgleichsbewegungen gehoben, wodurch den Flüssen wieder mehr Kraft verliehen wurde. Die Wasserläufe erodierten mit wiedererlangter Stärke und formten allmählich die Oberfläche, die wir heute sehen. Die Sedimente von dieser Erosion wurden entlang der östlichen Ränder des Kontinents abgelagert, wo sie zu einer Mächtigkeit von mehreren Kilometern heranwuchsen. Heute sind Teile dieser während des Känozoikums abgelagerten Schichten als die sanft abfallenden Küstenebenen am Atlantik und am Golf aufgeschlossen. Hier lebt ein Großteil der Bevölkerung der östlichen und südöstlichen Vereinigten Staaten.

Der Westen Nordamerikas Im Westen endete die Laramide-Orogenese, durch die die südlichen Rocky Mountains entstanden (▶ Abbildung 22.22) sind. Während die Erosion das Gebirge abtrug, füllten sich die Becken zwischen den gehobenen Gebirgszügen mit Sedimenten. Ostwärts wurde von den erodierten Rocky Mountains ein großer Sedimentkeil geschüttet, der die Great Plains auffüllte.

Mit dem Beginn des Miozäns vor etwa 20 Millionen Jahren erfuhr eine breite Region von Nord-Nevada bis nach Mexiko eine Krustendehnung, die mehr als 150 Bruchschollengebirgszüge erzeugte. Heute erheben sie sich abrupt über angrenzende Gräben und machen die Basin and Range-Provinz aus (siehe Kapitel 14).

Als sich die Basin and Range-Provinz bildete, wurde der gesamte Westen des Kontinentinneren allmählich

Abbildung 22.22: Das San Juan-Gebirge bei Telluride, Colorado, ist eine von mehreren Gebirgsketten, aus welchen die Rocky Mountains bestehen. (Foto: Jim Steinberg/Foto Researchers, Inc.)

gehoben. Dieses Ereignis hob die Rocky Mountains erneut an und verlieh den Hauptflüssen des Westens wieder neue Kraft. Als sich die Flüsse einschnitten, entstanden eindrucksvolle Schluchten, einschließlich des Grand Canyon, des Snake River und des Black Canyon des Gunnison River.

Vulkanische Aktivität war auch während des Känozoikums im Westen weit verbreitet. Mit dem Beginn des Miozäns flossen große Mengen an flüssiger Basaltlava aus Spalten im heutigen Washington, Oregon und Idaho. Diese Eruptionen bauten das extensive (1,8 Millionen Quadratkilometer große) Columbia Plateau auf. Direkt westlich vom Columbia Plateau hatte die vulkanische Aktivität einen ganz anderen Charakter. Dort brachen zähere Magmen mit einem höheren Kieselsäuregehalt explosiv aus und schufen die Cascades, eine Stratovulkankette, die sich von Nord-Kalifornien bis nach Kanada ausdehnt. Manche dieser Vulkane werden als noch aktiv klassifiziert.

Eine letzte Deformationsepisode trat im Westen im späten Tertiär auf und schuf die Coast Range, die sich entlang der pazifischen Küste erstreckt. Inzwischen war die Sierra Nevada von Störungen durchsetzt und an ihrer östlichen Flanke gehoben worden, was die imposante Gebirgsfront bildete, die wir heute kennen.

Als das Tertiär zu Ende ging, hatten die Auswirkungen der Gebirgsbildung, der vulkanischen Aktivität, des isostatischen Ausgleichs und der extensiven Erosion und Sedimentation eine physische Landschaft erzeugt, die der heutigen sehr ähnlich ist. Was von der känozoischen Zeit übrig blieb, war die letzte 2 Millionen Jahre lange Episode, Quartär genannt (heute meist als Pleistozän und Holozän bezeichnet). Während dieser jüngsten (und gegenwärtigen) Phase der Erdgeschichte, in der sich die Menschen entwickelten, gaben Gletschereis, Wind und fließendes Wasser der Landschaft einen letzten Schliff.

22.6 Das erste Leben auf der Erde

Die ältesten Fossilien zeigen, dass das Leben auf der Erde vor mindestens 3,5 Milliarden Jahren begann. Mikroskopisch kleine Fossilien, ähnlich moderner Cyanobakterien (früher als Blau-Grünalgen bekannt) fand man weltweit in kieselsäurereichen Hornsteinablagerungen. Zwei erwähnenswerte Gebiete sind Südafrika, wo Gesteine auf mehr als 3,1 Milliarden Jahre datiert werden und der Gunflint-Kieselschiefer (benannt nach seiner Verwendung bei Steinschlossgewehren) am Lake Superior (Oberer See). Chemische Spuren von organischer Materie in sogar noch älteren Gesteinen führten Paläontologen zu dem Schluss, dass Leben bereits vor 3,8 Milliarden Jahren existiert haben könnte.

Wie begann das Leben? Eine Voraussetzung für Leben sind neben einem wirtlichen Milieu die chemischen Rohmaterialien, die man benötigt, um die entscheidenden Moleküle des Lebens, die DNA, RNA und die Proteine zu bilden. Einer der Bausteine für diese Substanzen sind organische Verbindungen, die *Aminosäuren*. Die ersten Aminosäuren könnten sich aus Methan und Ammoniak synthetisiert haben, da die beiden Substanzen reichlich in der primitiven Erdatmosphäre vorkamen. Es bleibt die Frage, ob sich diese Gase durch ultraviolettes Licht leicht in die brauchbaren Moleküle organisiert haben könnten oder ob Blitze den Impuls gaben, wie die gut bekannten Experimente von Stanley Miller und Harold Urey zu beweisen versuchten.

Die Evolution der Erde in geologischer Zeit

Andere Forscher nehmen an, dass die Aminosäuren bereits fertig ankamen, herangebracht durch Asteroiden oder Kometen, die mit der jungen Erde zusammenstießen. Eine Gruppe von Meteoriten (Trümmer von Asteroiden und Kometen, die die Erde streifen) wird Chondriten genannt und wir wissen, dass sie Aminosäuren und ähnliche organische Verbindungen beinhalten. Vielleicht hatte das frühe Leben einen extraterrestrischen Beginn.

Eine andere Hypothese geht davon aus, dass das organische Material, das für Leben benötigt wurde, von Methan und Schwefelwasserstoff stammte, das aus hydrothermalen Schloten der Tiefsee gespuckt wurde. Die Erforschung moderner Bakterien und anderer „Hyperthermophilen", die um die hydrothermalen Schlote (Black Smokers) herum leben, weist darauf hin, dass das Leben in diesem extremen Milieu entstanden sein könnte, wo die Temperaturen den Siedepunkt des Wassers übersteigen. Dort waren die organischen Verbindungen aber besser vor den ultravioletten Strahlen der Sonne geschützt.

Ist es möglich, dass das Leben seinen Ursprung in der Nähe eines hydrothermalen Schlots fand oder innerhalb einer heißen Quelle ähnlich denen im Yellowstone National Park (▶ Abbildung 22.23)? Manche Forscher, die sich mit dem Ursprung des Lebens beschäftigen, halten dies für ein sehr unwahrscheinliches Szenario, da die brühend heißen Temperaturen jede frühe Form von sich selbst kopierenden Molekülen zerstört hätten. Sie argumentieren, dass die Heimstätte des ersten Lebens sich entlang geschützter Stücke alter Strände befand, wo Wellen und die Gezeiten verschiedenartiges organisches, in den Ozeanen des Präkambriums gebildetes Material zusammengebracht hätten.

Ungeachtet dessen wo das Leben seinen Ursprung fand, war eine Veränderung unvermeidbar (▶ Abbildung 22.24). Die ersten bekannten Organismen waren einzellige Bakterien, die zu der Gruppe der **Prokaryoten** gehören, was bedeutet, dass ihr genetisches Material (DNA) nicht vom Rest der Zelle durch einen Zellkern getrennt ist. Da Sauerstoff in der frühen Erdatmosphäre und den Ozeanen nicht vorhanden war, hatten die ersten Organismen einen anaeroben (sauerstofffreien) Stoffwechsel, um Energie aus der „Nahrung" zu erhalten. Ihre Nahrungsquelle waren wahrscheinlich organische Moleküle in ihrer Umgebung, doch war der Nachschub dieses Materials begrenzt. Dann entwickelte sich ein Bakterientyp, der Sonnenenergie verwendete, um organische Verbindungen (Zucker) zu synthetisieren. Dieses Ereignis war ein wichtiger Wendepunkt in der Evolution – zum ersten Mal besaßen Organismen die Fähigkeit, Nahrung für sich sowie für andere zu produzieren.

Es sei daran erinnert, dass die Photosynthese von vorzeitlichen Cyanobakterien, ein Prokaryontentyp, zum allmählichen Anstieg des Sauerstoffgehalts zunächst im Ozean und dann in der Atmosphäre geführt hat. Deswegen veränderten diese frühen Organismen unseren Planeten. Fossile Hinweise für die Existenz dieser mikroskopisch kleinen Bakterien umfassen deutlich geschichtete Hügel aus Calciumcarbonat, die man als **Stromatolithen** bezeichnet. (▶ Abbildung 22.25A). Stromatolithen sind nicht die Überreste der eigentlichen Organismen, doch bilden sich Kalksteinmatten aus kalkanhäufenden Bakterien. Es gibt deutliche Hinweise für den Ursprung dieser vorzeitlichen Fossilien durch die große Ähnlichkeit mit modernen Stromatolithen, die man in der Shark Bay (Haifischbucht), Australien vorfindet (▶ Abbildung 22.25B).

Die ältesten Fossilien von etwas weiter entwickelten Organismen, die man **Eukaryoten** nennt, sind etwa 2,1 Milliarden Jahre alt. Wie die Prokaryoten waren die ersten Eukaryoten mikroskopisch kleine, wasserbewohnende Organismen. Ihre Zellstruktur enthielt jedoch einen Zellkern. Es sind diese primitiven Organismen, die den Weg für alle mehrzelligen Organismen bereiteten, die heute unseren Planeten einnehmen – für die Bäume, die Vögel, die Fische, die Reptilien und sogar die Menschen.

Das Leben im Präkambrium bestand die meiste Zeit aus einzelligen Organismen. Erst vor 1,5 Milliar-

Abbildung 22.23: Der Grand Prismatic Pool im Yellowstone-Nationalpark, Wyoming. Der Kessel mit heißem Wasser erhält seine blaue Farbe von mehreren Arten wärmetoleranter Cyanobakterien. (Foto: Jim Brandenburg/Minden Pictures)

22.6 Das erste Leben auf der Erde

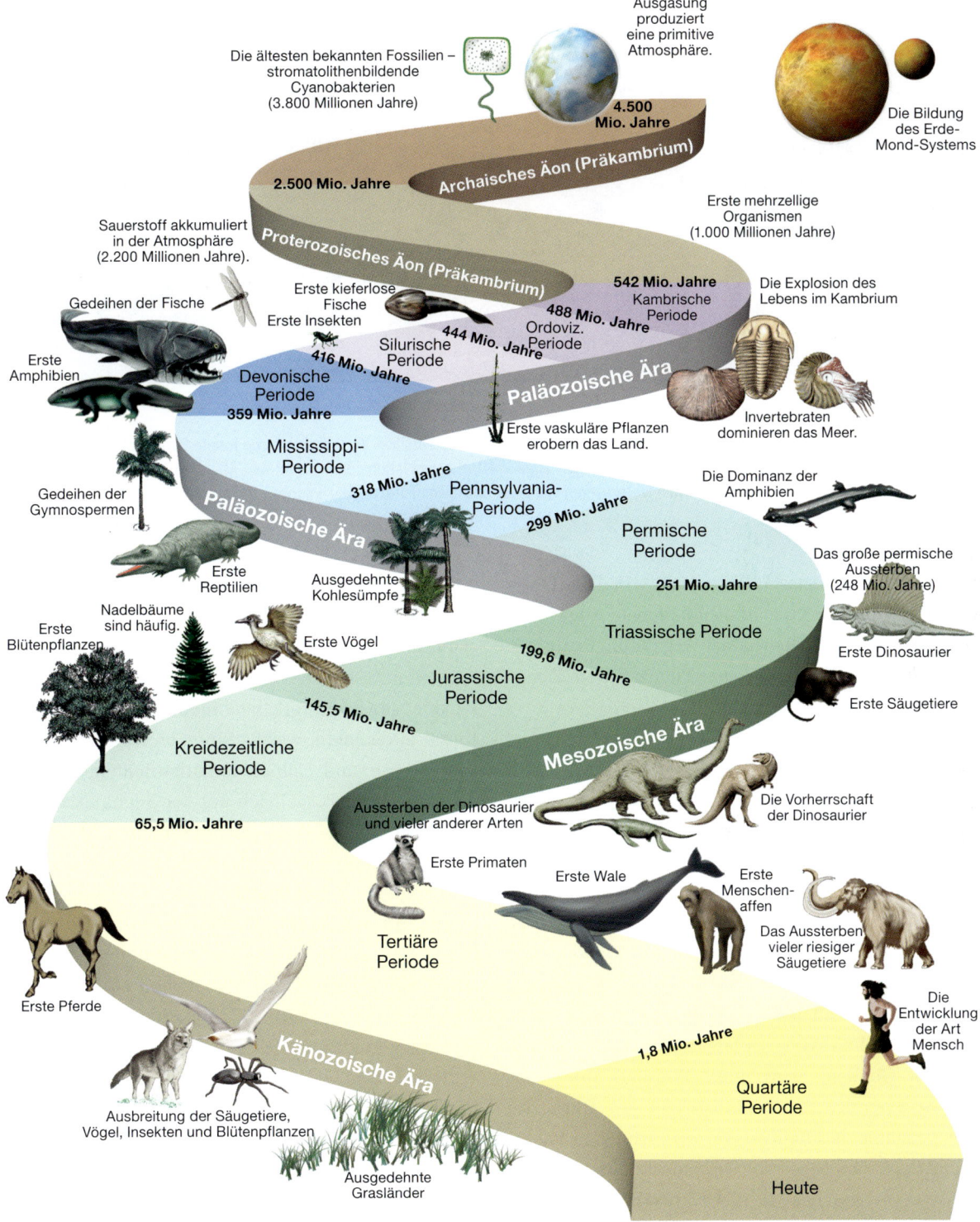

Abbildung 22.24: Die Evolution des Lebens in geologischer Zeit.

den Jahren entwickelten sich mehrzellige Eukaryoten. Grüne Algen gehörten zu den ersten mehrzelligen Organismen und enthielten Chloroblasten (für die Photosynthese) und waren die Vorläufer der modernen Pflanzen. Die ersten primitiven marinen Tiere erschienen erst um einiges später, möglicherweise vor 600 Millionen Jahren; was wir aber nicht mit Sicherheit wissen.

Fossile Funde weisen darauf hin, dass die organische Evolution bis zum Ende des Präkambriums in einem fürchterlich langsamen Tempo vor sich ging. Zu dieser Zeit waren die Kontinente der Erde öde und die

22 Die Evolution der Erde in geologischer Zeit

A.   B.

Abbildung 22.25: Stromatolithen gehören zu den häufigsten präkambrischen Fossilien. **A.** Präkambrische fossile Stromatolithen der Helena-Formation, bestehend aus Calciumcarbonat und durch Algen abgelagert, Glacier-Nationalpark. (Foto: Ken M. Johns/Photo Researchers, Inc.) **B.** Moderne Stromatolithen wachsen in salzigen Flachmeeren von Westaustralien. (Foto: Bill Bachmann/Foto Researchers, Inc.)

Ozeane waren hauptsächlich von so winzigen Organismen bevölkert, dass man sie mit bloßem Auge nicht sehen konnte. Trotzdem war der Weg für die Evolution von größeren und komplexeren Pflanzen und Tieren im frühen Paläozoikum bereitet.

22.7 Die paläozoische Ära: Die Explosion des Lebens

Die Periode des Kambriums markiert den Beginn der paläozoischen Ära vor 542 Millionen Jahren. In dieser Zeitspanne traten neue Tierformen auf, die keinerlei Ähnlichkeit hatten mit Wesen, die davor oder danach existierten. Aber auch alle Hauptgruppen der Invertebraten (Tiere ohne Wirbelsäule) erschienen, einschließlich der Quallen, Schwämme, Würmer, Mollusken und Arthropoden (Insekten, Krustentiere). Diese riesige Zunahme der Biodiversität wird häufig als kambrische Explosion bezeichnet (▶ siehe Exkurs 22.1).

Aber was geschah? Es gibt Hinweise darauf, dass diese Lebensformen allmählich im späten Präkambrium an Diversität gewonnen haben, sie wurden aber nicht fossil in Gesteinen erhalten. Dagegen markiert das Kambrium einen Zeitpunkt, zu dem Organismen Hartteile entwickelten. Ist es möglich, dass das kambrische Ereignis eine Explosion von Tierarten war, die an Größe zunahmen und „hart" genug wurden, um fossil erhalten zu bleiben?

Paläontologen werden wahrscheinlich niemals eine definitive Antwort darauf geben können. Doch sie wissen, dass Hartteile zu vielen nützlichen Zwecken dienen und die Anpassung an einen neuen Lebensstil unterstützten. Schwämme entwickelten zum Beispiel ein Netzwerk von ineinander verwobenen Kieselsäurenadeln, was es ihnen ermöglichte, größer zu wachsen und sich mehr aufzurichten. Das versetzte sie in die Lage, sich auf der Suche nach Nahrung über den Meeresboden auszubreiten. Mollusken (Muscheln und Schnecken) schieden äußere Schalen, bestehend aus Calciumcarbonat aus, die ihnen Schutz boten und es den Körperorganen ermöglichten, in einem kontrollierteren Milieu zu funktionieren. Die erfolgreichen Trilobiten entwickelten ein Exoskelett aus Protein, dem Chitin (ähnlich dem menschlichen Fingernagel), das es ihnen ermöglichte, sich auf der Futtersuche im weichen Sediment einzugraben (▶ Abbildung 22.18A).

22.7.1 Frühe paläozoische Lebensformen

Das Kambrium war das goldene Zeitalter der *Trilobiten*. Mehr als 600 Gattungen dieser im Schlamm grabenden Aasfresser hatten weltweit ihre Blütezeit. Das Ordovizium markierte das Auftreten einer reichen Fauna von Cephalopoden (Kopffüßler) – bewegliche, hoch entwickelte Mollusken, die die Hauptraubtiere dieser Zeit waren (▶ Abbildung 22.26). Zu den Abkömmlingen dieser Mollusken gehören der gekam-

EXKURS 22.1 – DIE ERDE VERSTEHEN
Der Burgess-Schiefer

Besitzen Organismen Hartteile, so steigt die Wahrscheinlichkeit, dass sie als Fossil erhalten bleiben. Dennoch kam es in der geologischen Geschichte bei seltenen Gelegenheiten vor, dass auch Organismen mit Weichkörpern erhalten blieben. Der Burgess-Schiefer ist ein bekanntes Beispiel dafür. Er befindet sich in den kanadischen Rocky Mountains in der Nähe der Stadt Field im südöstlichen Britisch Kolumbien und wurde 1909 von Charles D. Walcott vom Smithsonian Institut entdeckt.

Der Burgess-Schiefer enthält ausgezeichnet erhaltene Fossilien mit einer Diversität an Tieren, wie sie bisher nicht wieder entdeckt wurde (▶ Abbildung 22.A). Die Tiere des Burgess-Schiefertons lebten kurz nach der *kambrischen Explosion*, einer Zeit, in der die marine Biodiversität geradezu explodierte. Die wunderbar erhaltenen Fossilien repräsentieren unseren komplettesten und maßgeblichsten Ausschnitt des kambrischen Lebens, weitaus besser als Ablagerungen, die nur Fossilien mit Hartteilen enthalten. Mehr als 100.000 einzelne Fossilien wurden darin gefunden.

Die Tiere aus dem Burgess-Schiefer bewohnten ein warmes und flaches Meer in der Nähe eines großen Riffs, das Teil des Kontinentalrands von Nordamerika war. Während des Kambriums lag der nordamerikanische Kontinent nahe dem Äquator. Das Leben war auf das Meer beschränkt und das Land war öde und leer.

Welche Umstände führten zur Erhaltung der vielen Lebensformen, die man im Burgess-Schieferton fand? Die Tiere lebten in und auf Schlammbänken unter Wasser, die sich bildeten, während sich die Sedimente an den äußeren Rändern eines Riffs anhäuften, das an einem steilen Abhang (Klippe) lag. In regelmäßigen Abständen wurde die Anhäufung der Schlämme instabil und die heruntersackenden und rutschenden Sedimente bewegten sich die Steilstufe als Trübeströme („turbidity currents") hinunter. Diese Strömung transportierte die Tiere in einer aufgewirbelten Wolke aus Sediment zur Basis des Riffs, wo sie begraben wurden. Dort, in einem an Sauerstoff armen Milieu, waren die abgestorbenen Körper vor Aasfressern und zersetzenden Bakterien geschützt. Dieser Vorgang wiederholte sich immer wieder und führte schließlich zu einer mächtigen Abfolge von fossilreichen Sedimentschichten. Vor etwa 175 Millionen Jahren hoben gebirgsbildende Prozesse diese Schichten über den Meeresboden und bewegten sie viele Kilometer ostwärts entlang riesiger Überschiebungen zu ihrer heutigen Position in den kanadischen Rocky Mountains.

Der Burgess-Schiefer ist eine der wichtigsten Fossilfundstätten des 20. Jahrhunderts. Seine Schichten erlauben uns einen faszinierenden Einblick in die frühe Tierwelt, die vor mehr als einer halben Milliarde Jahren existierte.

Abbildung 22.A: Zwei Beispiele von Fossilien im Burgess-Schieferton. *Thumatilon walcotti* (links) war ein relativ großes (bis zu 20 Zentimeter langes) blattähnliches Tier. (Foto: Nationalmuseum der Naturgeschichte) *Aysheaia pedunculata* (rechts) war ein altertümlicher Verwandter des Samtwurms und hat sich vielleicht an weichen Schwämmen mit den winzigen Haken an seinen Füßen festgehalten. (Foto: Royal Tyrrell Museum)

merte Nautilus, Tintenfische, und Kraken, die noch heute unsere Meere bewohnen. Cephalopoden waren die ersten wirklich großen Organismen auf der Erde, wobei eine Spezies sogar eine Länge von fast 10 Metern erreichte.

Die frühe Diversifizierung der Tiere wurde teilweise vom Aufkommen eines räuberischen Lebensstils angetrieben. Die größeren mobilen Cephalopoden erbeuteten Trilobiten, die meist kleiner als eine Kinderhand waren. Die Entwicklung einer effizienten Bewegung war häufig mit der Evolution größerer sensorischer Fähigkeiten und einem komplexeren Nervensystem

Abbildung 22.26: Während des Ordoviziums (vor 490 bis 443 Millionen Jahren) enthielten die Flachwassermeere im Landesinneren von Zentral-Nordamerika eine Vielfalt von marinen Invertebraten. In dieser Rekonstruktion werden Cephalopoden mit gerader Schale (Orthoceren), Trilobiten, Brachiopoden, Schnecken und Korallen gezeigt. (© The Field Museum, Neg., GEO80820c, Chicago)

verbunden. Die Tiere entwickelten sensorische Einrichtungen, um Licht, Gerüche und Berührung zu erfassen.

Vor etwa 400 Millionen Jahren entwickelten sich aus Grünalgen, die sich an das Leben an der Wasseroberfläche angepasst hatten, die ersten mehrzelligen Landpflanzen. Die Hauptschwierigkeit der Erhaltung des Pflanzenlebens an Land war der Bezug von Wasser und der aufrechte Stand, trotz Schwerkraft und Wind. Die ersten Landpflanzen waren blattlose Stifte etwa von der Größe Ihres Zeigefingers. Doch zum Ende des Devons, ca. 40 Millionen Jahre später, existierten, wie die fossile Erhaltung zeigt, Wälder mit mehr als zehn Meter hohen Bäumen.

In den Meeren perfektionierten die Fische mit einem inneren Skelett eine neue Stützform für ihren Körper. Sie waren die ersten Tiere, die einen Kiefer besaßen. Gepanzerte Fische, die sich im Ordovizium entwickelt hatten, passten sich weiter an (▶Abbildung 22.27). Ihre Panzerung wurde auf leichte Schuppen reduziert, die eine höhere Fortbewegungsgeschwindigkeit und Mobilität erlaubten. Andere Fische, deren Skelette aus Knorpeln bestanden, wie primitive Haie, entwickelten sich während des Devons. Andere waren Knochenfische, eine Gruppe, zu der die meisten modernen Fische gehören. Fische waren die ersten

Abbildung 22.27: Diese Placodermen oder „gepanzerten" Fische kamen im Devon (vor 417 bis 354 Millionen Jahren) häufig vor. (Zeichnung nach A.S. Romer)

Wirbeltiere und schnellere Schwimmer als wirbellose Tiere und sie besaßen schärfere Sinne und ein größeres Gehirn. Somit wurden sie zu den beherrschenden Räubern der Meere. Aus diesem Grund spricht man vom Devon oft als dem „Zeitalter der Fische".

22.7.2 Wirbeltiere besiedeln das Land

Während des Devons begann eine Gruppe von Fischen, die *Quastenflosser*, sich an terrestrische Milieus anzupassen (▶Abbildung 22.28). Wie ihre modernen Verwandten besaßen diese Fische Säcke, die sich mit Luft füllten, um ihre Atmung durch die Kiemen zu unterstützen. Die ersten Quastenflosser lebten wahrscheinlich im Wattenmeer oder in kleinen Teichen in

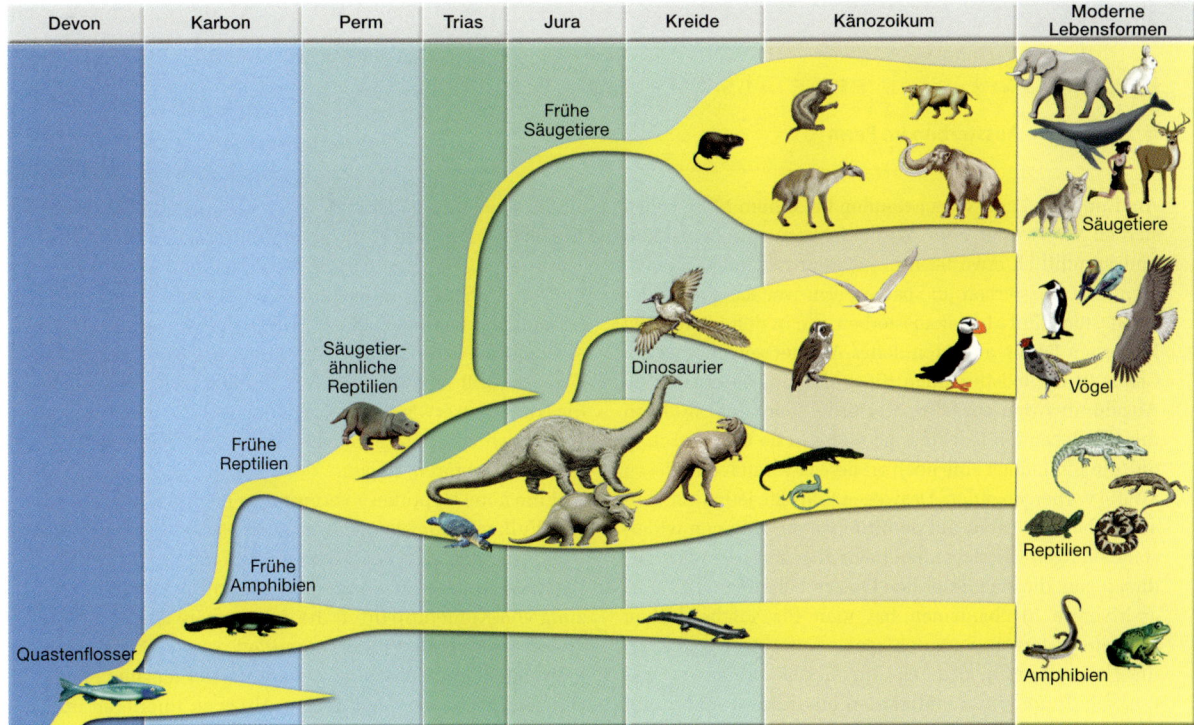

Abbildung 22.28: Die Beziehungen verschiedener Wirbeltiere und ihre Evolution aus einem fischähnlichen Vorfahren.

Meeresnähe. Manche fingen an, ihre Flossen dazu zu verwenden, sich von einem Teich aus auf die Suche nach Futter zu bewegen oder einen austrocknenden Teich zu verlassen. Das begünstigte die Entwicklung einer Tiergruppe, die längere Zeit außerhalb des Wassers verbringen und sich erfolgreicher an Land bewegen konnte. Im späten Devon hatten sich die Quastenflosser zu luftatmenden Tieren entwickelt. Sie hatten zwar starke Beine entwickelt, doch sie behielten einen fischähnlichen Kopf und einen Schwanz.

Moderne Amphibien wie Frösche, Kröten und Salamander sind klein und leben in beschränkten biologischen Nischen. Doch während des späten Paläozoikums waren die Bedingungen für diese Neuankömmlinge an Land ideal. Große tropische Sümpfe dehnten sich über Nordamerika, Europa und Sibirien aus, in welchen sich große Insekten und Tausendfüßler tummelten (▶Abbildung 22.29). Ohne nennenswerte Räuber diversifizierten sich die Amphibien schnell. Manche Gruppen nahmen Lebensweisen und Formen an, die denen der modernen Reptilien, wie den Krokodilen, ähnlich waren.

Trotz ihres Erfolgs waren die ersten Amphibien nicht richtig an das Leben außerhalb des Wassers angepasst. Tatsächlich bedeutet Amphibie „Doppelleben", da sie sowohl die Wasserwelt brauchen, aus der sie stammten, als auch das Land, welches sie besiedeln. Amphibien werden mit Kiemen und Schwanz ausgestattet im Wasser geboren, wie man an Kaulquappen verdeutlichen kann. Mit der Zeit verschwinden diese Merkmale und ein Luft atmendes erwachsenes Tier mit Beinen entsteht.

Am Ende des Paläozoikums waren die großen Landmassen der Erde miteinander zum Superkontinent Pangäa verbunden (siehe Abbildung 22.19). Diese Neuverteilung von Wasser und Land mit Veränderungen bei den Erhebungen der Landmassen brachte deutliche Veränderungen im Weltklima mit sich. Weite Gebiete der nördlichen Kontinente wurden über den Meeresspiegel gehoben und das Klima wurde trockener. Diese Veränderungen führten anscheinend zum Niedergang der Amphibien (▶Exkurs 22.2).

22.8 Die mesozoische Ära: Das Zeitalter der Dinosaurier

Als die mesozoische Ära begann, waren ihre Lebensformen die Überlebenden des großen Massensterbens im Perm. Diese Organismen diversifizierten sich auf vielerlei Hinsicht, um die biologischen Leerräume zu füllen, die am Ende des Paläozoikums entstanden

EXKURS 22.2 – DIE ERDE ALS SYSTEM

■ **Das große Aussterben im Perm**

Am Ende des Perm verschwanden bei einem Massenaussterben 70 Prozent aller Wirbeltierarten auf dem Land und vermutlich etwa 90 Prozent aller marinen Organismen. Das Aussterben im späten Perm war das größte der mindestens fünf Massenaussterben, die in den letzten 500 Millionen Jahren auftraten. Jedes Aussterben richtete ein Chaos in der existierenden Biosphäre an, da eine große Anzahl an Arten ausgelöscht wurde. Jedes Mal bildeten die Überlebenden jedoch neue biologische Gemeinschaften, die schließlich eine noch größere Diversität aufwiesen als die vorhergehenden. Deswegen kräftigte jedes Massenaussterben das Leben auf der Erde, da die wenigen widerstandsfähigen Überlebenden mehr Nischen besetzten, als diejenigen, die sich unter den Opfern befanden.

Mehrere Mechanismen hat man für solche frühen Massenaussterben vorgeschlagen. Anfänglich glaubten die Paläontologen, dass es allmähliche Ereignisse waren, die durch eine Kombination aus Klimawandel und biologischen Kräften, wie räuberischer Lebensweise und Rivalität, verursacht wurden. Dann vermutete in den 1980er Jahren ein Forschungsteam, dass das Massensterben vor 65 Millionen Jahren als Folge eines explosiven Asteroideneinschlags von 10 Kilometern Durchmesser verursacht wurde und somit schnell auftrat. Solch ein Ereignis, das die Auslöschung der Dinosaurier verursachte, wird in ▶ Exkurs 22.3 beschrieben.

Wurde das Massensterben im Perm auch durch einen gigantischen Einschlag wie das nun allseits bekannte Aussterben der Dinosaurier verursacht? Viele Jahre lang war das die Meinung der Forscher. Doch fand man dürftige Hinweise auf Ablagerungen, die von einem Einschlag herstammen könnten, der groß genug gewesen wäre, um viele Lebensformen auf der Erde zu zerstören.

Ein weiterer möglicher Mechanismus für das Aussterben im Perm sind die voluminösen Ausbrüche von Basaltlaven, die vor etwa 251 Millionen Jahren begannen und von welchen man weiß, dass sie Tausende Quadratkilometer von Land bedeckten. (Diese Vulkanismusperiode erzeugte die sibirischen Trap-Basalte in Nordrussland.) Der Ausstoß von Kohlendioxid hätte mit Sicherheit die Treibhauserwärmung verstärkt und die Emissionen von Schwefeldioxid erzeugten wahrscheinlich ergiebige Mengen an saurem Regen.

Eine neue Hypothese vermutet zu Beginn eine Periode von Vulkanismus, gefolgt von einer Periode globaler Erwärmung, fügt aber noch eine neue Wendung hinzu. Die Forscher stimmen überein, dass eine zusätzliche Freisetzung von Kohlendioxid in die Atmosphäre eine schnelle Treibhauserwärmung hervorgerufen hätte. Das alleine hätte jedoch nicht zu einer Zerstörung der meisten Pflanzen geführt, da sie dazu neigen, Hitze zu tolerieren und CO_2 durch Photosynthese zu verbrauchen. Sie nehmen stattdessen an, dass die Probleme im Meer und nicht an Land beginnen.

Die meisten Organismen auf der Erde verwenden Sauerstoff, um Nahrung für den Stoffwechsel zu verbrennen, genauso wie wir Menschen. Doch manche Bakterienarten verfügen über einen anaeroben (sauerstofffreien) Stoffwechsel. Unter normalen Bedingungen wird der Sauerstoff aus der Atmosphäre schnell im Meerwasser gelöst und in allen Tiefen durch tiefe Wasserströmungen gleichmäßig verteilt. Dieses „sauerstoffreiche Wasser" verbannt „Sauerstoff meidende" anaerobe Bakterien in ein sauerstofffreies Milieu, wie man es in manchen Tiefseesedimenten vorfindet.

Abbildung 22.29: Die Nachempfindung eines Kohlesumpfes aus der jüngeren Karbonzeit (vor 323 bis 290 Millionen Jahren). Man kann Schuppenbäume (links), Samenfarne (unten links) und wuchernde Schachtelhalme (rechts) sehen. Beachten Sie auch die riesige Libelle. (© The Field Museum, Neg., GEO85637c, Chicago)

22.8 Die mesozoische Ära: Das Zeitalter der Dinosaurier

Die Treibhauserwärmung, zusammen mit dem riesigen Ausstoß von vulkanischen Ablagerungen und Gasen, hätte die Ozeanoberfläche erwärmt und dabei die Sauerstoffmenge, die das Meerwasser absorbieren konnte, deutlich herabgesetzt (▶Abbildung 22.B). Diese Bedingung favorisiert anaerobe Tiefseebakterien, die giftigen Schwefelwasserstoff als gasförmiges Abfallprodukt produzieren. Während sich diese Organismen stark vermehrten, stieg die Menge an Schwefelwasserstoff, die sich im Meer löste, stetig an. Schließlich erreichte die Konzentration an Schwefelwasserstoff eine Grenzschwelle und große Blasen von diesem Gift explodierten in die Atmosphäre (Abbildung 22.B). An Land war der Schwefelwasserstoff für Pflanzen und Tiere gleichermaßen tödlich, die Sauerstoff atmenden marinen Organismen wären dabei am stärksten betroffen gewesen.

Wie plausibel ist dieses Szenario? Rufen Sie sich in Erinnerung, dass die gerade beschriebenen Ideen Hypothesen repräsentieren, eine vorläufige Erklärung, die eine Reihe von Beobachtungen einbezieht. Zusätzliche Forschung darüber und andere Hypothesen, die mit dem Aussterben im Perm in Beziehung stehen, gehen weiter.

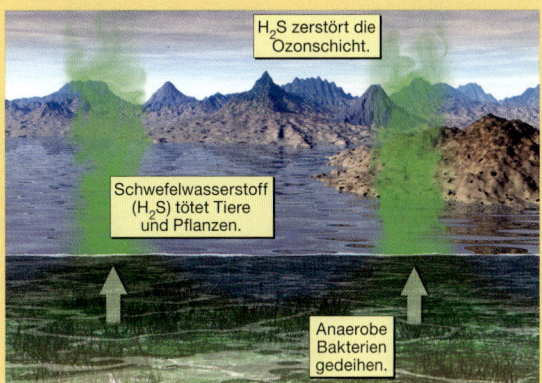

Abbildung 22.B: Modell für „das große Aussterben im Perm". Extensiver Vulkanismus entließ Treibhausgase, die zu einer extremen globalen Erwärmung führten. Diese Bedingung reduzierte die Menge an Sauerstoff, die im Meerwasser gelöst war. Das wiederum begünstigte „Sauerstoff meidende" anaerobe Bakterien, die toxisches Schwefelwasserstoffgas als Abfallprodukt erzeugten. Schließlich erreichte die Konzentration von Schwefelwasserstoff den Schwellenwert; riesige Blasen des Giftstoffs explodierten in die Atmosphäre und richteten ein Massaker unter den an Land lebenden Organismen an. Die Sauerstoff atmenden marinen Lebewesen waren am stärksten betroffen.

waren. An Land wurden diejenigen begünstigt, die sich an trockneres Klima anpassen konnten. Unter den Pflanzen waren die Nacktsamer, die Gymnospermen, solch eine Gruppe. Anders als die ersten Pflanzen, die das Land besiedelten, waren die Samen tragenden Gymnospermen nicht von stehendem Wasser zur Befruchtung abhängig. Folglich waren diese Pflanzen nicht an ein Leben in der Nähe eines Gewässers gebunden.

Die Gymnospermen wurden schnell die dominanten Bäume des Mesozoikums, zu ihnen gehörten: die Palmfarne oder Cycadeen, die wie große Ananaspflanzen aussehen; die Ginkgos mit ihren fächerförmigen Blättern, die schon ähnlich wie die ihrer modernen Verwandten aussahen, und die größten Pflanzen, die Koniferen, deren moderne Abkömmlinge die Fichten, Föhren und Wacholder sind. Die bekanntesten fossilen Vorkommen dieser alten Bäume befinden sich im Petrified-Forest-Nationalpark von Arizona. Dort liegen riesige versteinerte Baumstämme an der Oberfläche aufgeschlossen, die aus den Gesteinen der triassischen Chinle-Formation herausgewittert sind (▶Abbildung 22.30).

Unter den Tieren passten sich die Reptilien schnell an das trockenere mesozoische Klima an, wobei die Amphibien in Feuchtgebiete verdrängt wurden, wo die meisten auch heute noch verbleiben. Die Reptilien waren die ersten wahren Landtiere mit verbesserten Lungen für ein aktives Leben an Land und einer „wasserfesten" Haut, die einen Wasserverlust über die Haut verhinderte. Am wichtigsten war jedoch die Entwick-

Abbildung 22.30: Ein versteinerter Baumstamm triassischen Alters im Petrified-Forest-Nationalpark von Arizona. (Foto: David Muench)

Abbildung 22.31: Fossilien des großen fliegenden Pteranodons wurden aus Kalkablagerungen der Kreide in Kansas geborgen. Der Pteranodon hatte eine Flügelspanne von 7 Metern, doch wurde ein fliegendes Reptil mit der doppelten Flügelspannweite in Texas entdeckt.

Abbildung 22.32: Marine Reptilien wie dieser Ichthyosaurus waren die wohl spektakulärsten Meeresbewohner. (Foto: Chip Clark)

lung von schalenbedeckten Eiern, die an Land gelegt werden konnten. Die Eliminierung der Entwicklungsstufe im Wasser (wie die Kaulquappen bei Fröschen) war ein wichtiger evolutionärer Schritt.

Interessant ist die Tatsache, dass die wässerige Flüssigkeit in den Reptilieneiern in der chemischen Zusammensetzung dem Meerwasser sehr ähnelt. Da sich der Reptilienembryo in dieser wässrigen Flüssigkeit entwickelt, kann man die Eier mit Schalen als „Privataquarium" charakterisieren, in welchem die Embryos dieser Landwirbeltiere die wassergebundene Entwicklungsphase ihres Lebens verbringen. Mit dem „hartschaligen Ei" konnte die verbliebene Anbindung an das Meer aufgegeben werden und die Reptilien zogen in das Landesinnere.

Die ersten Reptilien waren klein, doch große Formen entwickelten sich schnell, insbesondere bei den Dinosauriern. Einer der größten war der *Apatosaurus*, der mehr als 30 Tonnen wog und von Kopf bis zum Schwanz 25 Meter maß. Für fast 160 Millionen Jahre übernahmen die Dinosaurier die Vorherrschaft.

Manche der größten Dinosaurier waren Fleischfresser (*Tyrannosaurus*), andere waren Pflanzenfresser (wie der massige *Apatosaurus*). Der extrem lange Hals von *Apatosaurus* könnte eine Anpassung an die Nahrungsaufnahme von hohen Koniferen sein. Jedoch waren nicht alle Dinosaurier groß. Manche kleine Formen ähnelten sehr den modernen schnellfüßigen Eidechsen.

Die Reptilien machten eine der beeindruckendsten Anpassungen in verschiedene Richtungen durch. Eine Gruppe, die Pterosaurier, eroberte den Luftraum. Diese „Drachen des Himmels" besaßen riesige Membranflügel, die ihnen rudimentäres Fliegen ermöglichte (▶Abbildung 22.31). Eine weitere Gruppe der Reptilien, am Beispiel des *Archäopteryx* zu sehen, entwickelte erfolgreichere Flieger: die Vögel. Während einige Reptilien die Luft einnahmen, kehrten andere wieder ins Meer zurück, wie der fischfressende Plesiosaurus und der Ichtyosaurus (▶Abbildung 22.32). Diese Reptilien wurden ausgezeichnete Schwimmer, doch behielten sie ihr Reptiliengebiss und atmeten über die Lungen.

Am Ende des Mesozoikums starben viele Reptiliengruppen aus. Nur einige Typen überlebten bis zur heutigen Zeit, wozu die Schildkröten, Schlangen, Krokodile und Eidechsen gehören (▶Abbildung 22.33). Die riesigen Dinosaurier des Festlands, die marinen Plesiosaurier und fliegenden Pterosaurier sind nur auf-

22.9 Die kanäozoische Ära: Die Säugetiere

Abbildung 22.33: Der fossile Schädel eines riesigen Krokodils mit mesozoischem Alter. (Foto: mit freundlicher Genehmigung von Project Exploration)

grund ihrer fossilen Erhaltung bekannt. Was führte zu dem großen Massenaussterben? (▶ siehe Exkurs 22.3)

22.9 Die kanäozoische Ära: Die Säugetiere

Während des Känozoikums nahmen die Säugetiere die Stelle der Reptilien als dominante Landtiere ein. Fast zur gleichen Zeit nahmen die Angiospermen (Blütenpflanzen mit bedeckten Samen) die Vorrangstellung gegenüber den Gymnospermen als Landpflanzen ein. Das Känozoikum wird häufig als das „Zeitalter der Säugetiere" bezeichnet, könnte aber auch genauso treffend das „Zeitalter der Blütenpflanzen" genannt werden.

Die Entwicklung der Blütenpflanzen beeinflusste sowohl die Evolution der Vögel als auch die der Säugetiere, die sich von deren Samen und Früchten ernährten. Während des mittleren Tertiärs entwickelten sich Gräser (Angiospermen) schnell und breiteten sich über die Ebenen aus. Das wiederum begünstigte das Auftauchen von herbivoren (Pflanzen fressenden) Säugetieren, was andererseits das Milieu für die Evolution großer, räuberischer Säugetiere schuf.

Während des Känozoikums tummelten sich moderne Fische wie etwa die Thunfische, Schwertfische und Barracudas in den Ozeanen. Zudem gingen manche Säugetiere wie die Seehunde, die Wale und die Walrosse zurück ins Meer.

22.9.1 Von Reptilien zu Säugetieren

Die ersten Säugetiere existierten fast hundert Millionen Jahre lang neben den Dinosauriern, waren aber kleine nagerartige Kreaturen, die Nahrung in der Nacht sammelten, wenn die Dinosaurier weniger aktiv waren. Dann, vor etwa 65 Millionen Jahren, gab es eine schicksalhafte Wende, als ein Asteroid mit der Erde zusammenstieß und die Vorherrschaft der Dinosaurier beendete. Diesen Übergang, bei welchem eine dominante Gruppe von einer anderen abgelöst wurde, kann man ganz deutlich an der fossilen Überlieferung ablesen.

Säugetiere unterscheiden sich von Reptilien dadurch, dass sie lebende Junge gebären (die mit Milch gesäugt werden) und warmblütig sind. Diese spätere Anpassung ermöglichte es den Säugetieren, ein aktiveres Leben zu führen und breitere Lebensräume einzunehmen als die Reptilien, da sie in kalten Gebieten überleben konnten. (Die meisten Reptilien halten während Kaltwetterperioden Ruhe.) Zu anderen Säugetieranpassungen gehörten die Entwicklung von isolierender Körperbehaarung und leistungsfähigeren Herzen und Lungen.

Mit dem Niedergang der großen mesozoischen Reptilien, diversifizierten sich die kanäozoischen Säugetiere schnell. Die vielen Formen, die heutzutage existieren, entwickelten sich aus kleinen, primitiven Säugetieren, die durch kurze Beine, flache fünfzehige Füße und kleine Gehirne charakterisiert waren. Ihre Entwicklung und Spezialisierung führte in vier Hauptrichtungen: (1) Zunahme der Größe, (2) Zunahme des Gehirns, (3) Spezialisierung der Zähne, um die Nahrung besser zu verarbeiten, und (4) Spezialisierung der Extremitäten, um die Tiere besser für eine bestimmte Lebensweise oder Umgebung auszustatten.

Beuteltiere und Plazentatiere Zwei Säugetiergruppen, die Beuteltiere und Plazentatiere, entwickelten und entfalteten sich während des Känozoikums. Die Gruppen unterscheiden sich grundlegend in der Art ihrer Fortpflanzung. Junge Beuteltiere werden lebend, aber in einer sehr frühen Phase ihrer Entwicklung geboren. Bei der Geburt gelangen die winzigen und unreifen Jungen in den Beutel der Mutter, um zu saugen und ihre Entwicklung zu vollenden. Heute findet man Beuteltiere hauptsächlich in Australien vor, wo sie einer getrennten evolutionären Ausbreitung unterlagen, fernab von den Plazentatieren. Zu den modernen

Die Evolution der Erde in geologischer Zeit

EXKURS 22.3 – DIE ERDE VERSTEHEN

■ Der Niedergang der Dinosaurier

Die Grenzen zwischen Einheiten auf der geologischen Zeitskala repräsentieren Zeiten von signifikanten geologischen und/oder biologischen Veränderungen. Von besonderem Interesse ist die Grenze zwischen dem Mesozoikum („Erdmittelalter") und dem Känozoikum („Erdneuzeit") vor etwa 65 Millionen Jahren. Zu diesem Zeitpunkt starben etwa zwei Drittel aller Pflanzen- und Tierarten in einem Massensterben aus. Diese Grenze markiert auch das Ende einer Ära, in der Dinosaurier und andere Reptilarten die Landschaft dominierten, und den Beginn einer Ära, in der die Säugetiere sehr bedeutend wurden (▶Abbildung 22.C). Da die letzte Periode des Mesozoikums die Kreide ist (abgekürzt mit K) und die erste Periode des Känozoikum das Tertiär ist (abgekürzt mit T), wird die Zeit des Massenaussterbens als *Kreide-Tertiär*- oder als *KT-Grenze* bezeichnet.

Das Verschwinden der Dinosaurier wird generell der Unfähigkeit dieser Gruppe zugeschrieben, sich an radikale Veränderungen in der Umwelt anzupassen. Welches Ereignis könnte das schnelle Aussterben der Dinosaurier – eine der erfolgreichsten Gruppen von Landtieren, die jemals lebten – ausgelöst haben?

Die am besten belegte Hypothese nimmt an, dass unser Planet vor etwa 65 Millionen Jahren von einem Kohlenstoffmeteoriten, einem Relikt aus der Entstehung des Sonnensystems, getroffen wurde. Die verirrte Gesteinsmasse hatte vermutlich einen Durchmesser von 10 Kilometern und besaß beim Aufprall eine Geschwindigkeit von 90.000 Kilometern pro Stunde. Er stieß mit dem südlichen Nordamerika zusammen, der heutigen Yukatan-Halbinsel Mexikos, die damals ein flaches tropisches Meer war (▶Abbildung 22.D). Die bei dem Aufprall freigesetzte Energie wird auf ein Äquivalent von etwa 100 Millionen Megatonnen (*mega* = Millionen) von Hochexplosiva geschätzt.

Noch ein bis zwei Jahre nach dem Aufprall reduzierte fein verteilter Staub die Menge an Sonneneinstrahlung, die auf die Erdoberfläche traf. Das verursachte eine globale Abkühlung („Impaktwinter") und hemmte die Photosynthese, was die Nahrungsproduktion stark ein-

Abbildung 22.C: Dinosaurier dominierten die mesozoische Landschaft bis zu ihrer Auslöschung am Ende der Kreide. Dieses Skelett eines Tyrannosaurus ist im New Yorker Naturgeschichtemuseum ausgestellt. (Photo: Gail Mooney/CORBIS Photo)

Beuteltieren gehören Kängurus, Opossums und Koalas (▶Abbildung 22.34).

Plazentatiere dagegen entwickeln sich innerhalb des Mutterkörpers über einen viel längeren Zeitraum, so dass die Jungen geboren werden, wenn sie vergleichsweise reif sind. Die meisten modernen Säugetiere sind Plazentatiere, auch die Menschen.

In Südamerika koexistierten primitive Beuteltiere und Plazentatiere isoliert etwa 40 Millionen Jahre lang nach dem Auseinanderbrechen von Pangäa. Die Evolution und Spezialisierung beider Gruppen fand ungestört bis vor etwa 3 Millionen Jahren statt, als die Landbrücke Panamas die beiden amerikanischen Kontinente miteinander verband. Dieses Ereignis ermöglichte den Austausch der Fauna zwischen den beiden Kontinenten. Affen, Gürteltiere, Faultiere und Oppossums erreichten Nordamerika, während verschiedene Typen von Pferden, Bären, Nashörnern, Kamelen und Wölfen südwärts wanderten. Viele Tiere, die einzigartig in Südamerika waren, verschwanden nach diesem Ereignis völlig aus Südamerika, wozu Huf tragende Säugetiere, Nagetiere in Nashorngröße und eine Reihe von fleischfressenden Beuteltieren gehören. Da diese Periode des Aussterbens mit dem

22.9 Die kanäozoische Ära: Die Säugetiere

schränkte. Lange nachdem sich der Staub abgesetzt hatte, wurden durch den Einschlag verbliebenes Kohlendioxid, Wasserdampf und Schwefeloxide der Atmosphäre zugeführt. Falls sich bedeutende Mengen an Sulfat-Aerosolen gebildet hatten, hätte ihre hohe Reflektion dazu beigetragen, die kühleren Oberflächentemperaturen einige Jahre länger beizubehalten. Schließlich verlassen die Sulfataerosole als saure Niederschläge die Atmosphäre. Im Gegensatz dazu verbleibt Kohlendioxid viel länger in der Atmosphäre. Kohlendioxid ist ein Treibhausgas und es ist ein Gas, das einen Teil der von der Erdoberfläche abgegebenen Strahlung einfängt. Mit dem Verschwinden der Aerosole hätte der durch das Kohlendioxid verstärkte Treibhauseffekt zu einem langfristigen Anstieg der globalen Durchschnittstemperaturen geführt. Als Folge davon fielen wahrscheinlich Pflanzen und Tiere, die zu Beginn den Angriff auf die Umwelt überlebt hatten, dem Stress durch die globale Abkühlung, gefolgt von saurem Niederschlag und globaler Erwärmung zum Opfer.

Das Aussterben der Dinosaurier öffnete neue Lebensräume für kleine Säugetiere, die überlebt hatten. Diese neuen Lebensräume führten, zusammen mit Evolutionskräften, zur Entwicklung der großen Säugetiere, die unsere heutige Welt bevölkern.

Welche Beweise gibt es für eine katastrophale Kollision vor 65 Millionen Jahren? Zum einen wurde weltweit eine bis zu einem Zentimeter dicke Sedimentschicht an der KT-Grenze entdeckt. Dieses Sediment enthält einen hohen Gehalt an *Iridium*. Es kommt selten in der Erdkruste vor, nimmt aber einen hohen Anteil in Steinmeteoriten ein. Könnte diese Schicht die verstreuten Überreste eines Meteoriten darstellen, der für die Veränderungen der Umwelt verantwortlich war, was zum Niedergang vieler Reptiliengruppen geführt hat?

Trotz wachsender Unterstützung stimmen manche Wissenschaftler nicht mit der Hypothese vom Meteoriteneinschlag überein. Stattdessen nehmen sie an, dass riesige Vulkanausbrüche zu einem Zusammenbruch der Nahrungskette geführt haben könnten. Um diese Hypothese zu unterstützen, berufen sie sich auf enormes Ausfließen von Laven auf dem Deccan Plateau in Nordindien vor etwa 65 Millionen Jahren.

Was auch immer das KT-Aussterben verursacht haben könnte, wir bewerten nun die Rolle eines Katastrophenereignisses höher, das die Geschichte unseres Planeten und das Leben darauf gestaltet. Hätte ein Katastrophenereignis heutzutage ähnliche Folgen? Diese Möglichkeit könnte erklären, warum ein Ereignis, das vor 65 Millionen Jahren aufgetreten ist, so großes Interesse weckt.

Abbildung 22.D: Der Chicxulub-Krater ist ein gigantischer Einschlagkrater, der sich vor 65 Millionen Jahren bildete und sich seitdem mit Sedimenten füllte. Mit einem Durchmesser von 180 Kilometern wird der Chicxulub-Krater von einigen Forschern als der Einschlagsort angesehen, von dem der Niedergang der Dinosaurier ausging.

Auftauchen der Landbrücke von Panama zusammenfiel, glaubte man, dass die weiterentwickelten Fleischfresser aus Nordamerika dafür verantwortlich waren. Jüngste Forschungsarbeiten haben aber ergeben, dass andere Faktoren, wie klimatische Veränderungen, eine bedeutende Rolle gespielt haben könnten.

22.9.2 Große Säugetiere und deren Aussterben

Wie Sie gesehen haben, konnten sich die Säugetiere während der kanäozoischen Ära schnell diversifizieren. Im Oligozän beispielsweise hatte sich ein hornloses Nashorn entwickelt, das fast fünf Meter groß war. Dies ist das größte bekannte Landsäugetier, das jemals existierte. Mit der Zeit entwickelten sich viele andere Säugetiere zu immer größeren Formen – tatsächlich mehr, als es heute gibt. Viele der großen Arten waren noch vor 11.000 Jahren häufig. Doch eine Welle des Aussterbens im späten Pleistozän ließ diese Tiere von der Bildfläche verschwinden.

In Nordamerika starben das Mastodon und das Mammut, beide riesige Verwandten der Elefanten, aus (▶ Abbildung 22.35). In Europa betraf das Aussterben

22 Die Evolution der Erde in geologischer Zeit

des späten Pleistozäns das Wollhaarnashorn (Wollnashorn), den großen Höhlenbären, den irischen Elch. Wissenschaftler rätseln über die Ursache dieser letzten Welle des Aussterbens, die große Tiere betraf. Diese Tiere hatten mehrere große Eisvorstöße und Zwischeneiszeiten überlebt, deswegen ist es schwierig, dieses Aussterben einem Klimawandel zuzuschreiben. Manche Wissenschaftler erstellten die Hypothese, dass die frühen Menschen den Niedergang dieser Säugetiere durch selektives Bejagen großer Beutetiere beschleunigt haben.

Abbildung 22.34: Nach dem Aufbrechen von Pangäa entwickelten sich die australischen Beuteltiere anders als ihre Verwandten der beiden amerikanischen Kontinente. (Foto: Martin Harvey)

Abbildung 22.35: Eine Darstellung ausgestorbener Säugetiere des Känozoikums. (Foto: Chase Studio/Photo Researchers)

ZUSAMMENFASSUNG

Die Geschichte der Erde begann vor 13,7 Milliarden Jahren, als die ersten Elemente während des *Urknalls* entstanden. Aus diesem Material und anderen Elementen, die in den interstellaren Raum von nun erloschenen Sternen geschleudert wurden, wurde die Erde zusammen mit dem Rest des Sonnensystems gebildet. Während sich die Materie zu immer größeren Materieklumpen, den *Planetesimalen*, ansammelte, verursachten die ständigen Kollisionen unter hoher Geschwindigkeit und der Zerfall radioaktiver Elemente einen stetigen Anstieg der Temperatur unseres Planeten. Eisen und Nickel schmolzen und sanken nach unten, um einen Metallkern zu bilden, während silikatisches Material aufstieg, um den Mantel und die erste Erdkruste zu bilden.

Die Atmosphäre der Erde, die hauptsächlich aus Wasserdampf und Kohlendioxid bestand, bildete sich durch den Prozess der *Ausgasung,* welcher der Dampferuptionen moderner Vulkane entspricht. Vor etwa 3,5 Milliarden Jahren begannen Bakterien, durch Photosynthese Sauerstoff freizusetzen, zunächst in die Ozeane und dann in die Atmosphäre. Damit fing die Entwicklung unserer modernen Atmosphäre an. Die Ozeane bildeten sich früh in der Erdgeschichte, als Wasserdampf zu Wolken kondensierte und heftige Regenfälle tief liegende Gebiete auffüllten.

Zusammenfassung

Die Salinität im Meerwasser stammt von vulkanischen Ausgasungen und von Elementen, die aus der primitiven Kruste der Erde verwittert und erodiert wurden.

Das *Präkambrium*, das man in zwei Äone, das *Archaikum* und das *Proterozoikum*, unterteilt, umfasst fast 90 Prozent der Erdgeschichte. Es begann mit der Bildung der Erde vor etwa 4,5 Milliarden Jahren und endet vor etwa 542 Millionen Jahren. Während dieser Zeit wurde ein Großteil der kontinentalen Kruste der Erde durch einen mehrstufigen Prozess gebildet. Zunächst erzeugte die partielle Aufschmelzung des Mantels Magma, das aufstieg und vulkanische Inselbögen und Ozeanplateaus bildete. Diese dünnen Krustenfragmente stießen miteinander zusammen und verschweißten und bildeten so größere Krustenprovinzen, die sich wiederum zu größeren Krustenblöcken, den *Kratonen*, zusammensetzten. Kratone, die den Kern moderner Kontinente bilden, wurden hauptsächlich während des Präkambriums gebildet.

Superkontinente sind große Landmassen, die aus allen oder fast allen existierenden Kontinenten bestehen. *Pangäa* war der jüngste Superkontinent, doch gingen ihm ein massiver südlicher Kontinent *Gondwana* und ein vielleicht noch größerer, *Rodinia*, voraus. Das Aufreißen und das Wiederzusammenwachsen von Superkontinenten erzeugte einen Großteil der Hauptgebirgsgürtel der Erde. Zudem beeinflusste die Bewegung dieser Krustenblöcke das Erdklima grundlegend und verursachte den Anstieg und das Absinken des Meeresspiegels.

Die Zeitspanne, die auf das Ende des Präkambriums folgte, wird *Phanerozoikum* genannt und umfasst 542 Millionen Jahre. Man unterteilt sie in drei Ären: *Paläozoikum, Mesozoikum* und *Känozoikum*. Die Ära des Paläozoikums wurde durch Kollisionen der Kontinente dominiert, als der Superkontinent Pangäa entstand und dabei die Kaledoniden, die Appalachen, das Variszische Gebirge und der Ural gebildet wurden. Im frühen Mesozoikum befand sich ein großer Anteil des Landes über dem Meeresspiegel. Doch bereits im mittleren Mesozoikum drang das Meer in den Western Nordamerikas und weit nach Europa ein. Als Pangäa aufzubrechen begann, wurde die Pazifische Platte durch die westwärts gerichtete Bewegung der Nordamerikanischen Platte überfahren und der gesamte westliche Kontinentalrand von Nordamerika wurde deformiert. Der Großteil Nordamerikas befand sich während des Känozoikums oberhalb des Meeresspiegels. Aufgrund der unterschiedlichen Plattengrenzenverhältnisse erfuhren die östlichen und die westlichen Ränder des Kontinents gegensätzliche Ereignisse. Am stabilen östlichen Plattenrand wurden in Folge einer isostatischen Hebung der Appalachen große Sedimentmengen abgelagert. In den aufsteigenden Appalachen konnten die Wasserläufe mit verstärkter Kraft erodieren und ihre Sedimente entlang des Kontinentalrands ablagern. Im Westen kam der Aufbau der Rocky Mountains zum Ende (die Laramische Orogenese), die Basin and Range-Provinz bildete sich und vulkanische Aktivität war sehr verbreitet.

Die ersten bekannten Bakterien waren einzellige *Prokaryonten*, denen der Zellkern fehlte. Eine Gruppe dieser Organismen, die Cyanobakterien, verwendete Sonnenenergie, um organische Verbindungen (Zucker) zu synthetisieren. Zum ersten Mal waren damit Organismen in der Lage, ihre eigene Nahrung zu produzieren. Zu den fossilen Beweisen der Existenz dieser Bakterien gehören die *Stromatolithen*, geschichtete Hügel aus Calciumcarbonat.

Der Beginn des Paläozoikums wird durch das *Auftreten der ersten Lebensformen mit Hartteilen* (z.B. Schalen) markiert. Deswegen gibt es reichlich Fossilien aus dem Paläozoikum, die es ermöglichen, die paläozoischen Ereignisse detaillierter zu rekonstruieren. Das Leben im frühen Paläozoikum war auf das Meer beschränkt und bestand aus mehreren wirbellosen Gruppen, wie Trilobiten, Cephalopoden, Schwämmen und Korallen. Während des Paläozoikums gewannen die Organismen dramatisch an Diversität. Insekten und Pflanzen besiedelten das Land und Fische mit Quastenflossen passten sich an das Leben auf dem Land an und wurden zu den ersten Amphibien. Bis zur Periode des Pennsylvanium (in Europa meist „Stefan" genannt) dehnten sich riesige tropische Sümpfe über Nordamerika, Europa und Sibirien aus, die zu den Hauptkohlelagerstätten von heute (etwa des Ruhrgebiets) wurden. Am Ende des Paläozoikums verschwanden durch ein Massenaussterben 70 Prozent aller Landwirbeltiere und 90 Prozent aller Meeresorganismen.

Das *Mesozoikum*, die Ära des Erdmittelalters, wird häufig als das *Zeitalter der Reptilien* bezeichnet. Die Organismen, die das Aussterben am Ende des Paläozoikums überlebt hatten, begannen sich auf eindrucksvolle Weise zu diversifizieren. *Gymnospermen* (Cycadeen, Koniferen und Ginkgos) wurden zu den beherrschenden Bäumen des Mesozoikums, da sie sich an die trockeneren Klimate anpassten. Reptilien waren die dominanten Landtiere. Die gewaltigsten der mesozoischen Reptilien waren die *Dinosaurier*. Am Ende des Mesozoikums starben viele große Reptilien einschließlich der Dinosaurier aus.

Das *Känozoikum* wird häufig als *Zeitalter der Säugetiere* bezeichnet, da diese die Reptilien als wichtigste Wirbeltierform an Land ablösten. Zwei Säugetiergruppen entwickelten und dehnten sich während dieser Ära aus, die Beuteltiere und die Plazentatiere. Einige Säugetiere zeigten die Tendenz, sehr groß zu werden. Doch eine Welle des Aussterbens am Ende des *Pleistozäns* ließ all diese Tiere von der Bildfläche verschwinden. Manche Wissenschaftler nehmen an, dass die frühen Menschen diesen Niedergang durch selektive Jagd auf große Tiere beschleunigten. Das Känozoikum kann auch als das *Zeitalter der Blütenpflanzen* bezeichnet werden. Als Nahrungsquelle beeinflussten die blühenden Pflanzen (Bedecktsamer oder Angiospermen) die Evolution von Vögeln und herbivoren (pflanzenfressenden) Säugetieren während des Känozoikums sehr stark.

Wiederholungsfragen

1. Warum ist der geschmolzene Metallkern der Erde für die heute lebenden Menschen so wichtig?*

   * Anmerkung des Fachlektors: Der Sonnenwind wird in der Hochatmosphäre abgefangen und kommt nicht bis zur Erdoberfläche. Er erzeugt die Nordlichter in ca. 80 km Höhe. Bei einer Feldumkehr ist das Magnetfeld oft schon fast ganz zusammengebrochen und nichts ist passiert. Was herabkommt, sind die harte kosmische Strahlung und sekundäre Teilchen davon. Diese kann der Sonnenwind aber nur zum Teil abfangen. Der Sonnenwind kann aber Störungen des Magnetfelds hervorrufen, die Elektronik von Satelliten stören und die irdische Stromversorgung stören.

2. Aus welchen beiden Elementen bestand fast das gesamte frühe Universum?
3. Wie wird das kataklysmische Ereignis genannt, bei welchem ein explodierender Stern alle Elemente erzeugt, die schwerer als Eisen sind?
4. Beschreiben Sie die Bildung von Planeten aus dem Solarnebel.
5. Was ist mit Ausgasung gemeint und welches heutige Phänomen nimmt diese Rolle ein?
6. Die Ausgasung erzeugte die frühe Erdatmosphäre. Aus welchen beiden Gasen bestand sie überwiegend?
7. Warum ist die Evolution von einer Bakterienart, die durch Photosynthese Nahrung erzeugte, bedeutend für die meisten modernen Organismen?
8. Was war die Wasserquelle für die ersten Ozeane?
9. Wie entfernt der Ozean Kohlendioxid aus der Atmosphäre? Welche Rolle spielen winzige Organismen wie die Foraminiferen dabei?
10. Erklären Sie, warum die präkambrische Geschichte viel schwieriger zu erfassen ist als die jüngere geologische Geschichte.
11. Beschreiben Sie kurz, wie Kratone entstehen.
12. Was ist der Superkontinentzyklus?
13. Wie kann die Bewegung der Kontinente eine Klimaveränderung bewirken?
14. Ordnen Sie die folgenden Phrasen den passenden Zeitaltern zu. Wählen Sie aus den folgenden aus: Präkambrium, Paläozoikum, Mesozoikum, Känozoikum.
    a. Pangäa entstand.
    b. Erste Leitfossilien
    c. Die Ära umfasst die geringste Zeit.
    d. Die Hauptkratone der Erde wurden gebildet.
    e. „Das Zeitalter der Dinosaurier"
    f. Die Entstehung der Rocky Mountains
    g. Die Entstehung der Appalachen und des Variszischen Gebirges
    h. Kohlesümpfe dehnten sich über Nordamerika, Europa und Sibirien aus.
    i. Die Öllagerstätten der Golfküste entstanden.
    j. Die Bildung der Haupteisenerzlagerstätten der Welt
    k. Riesige Dünen bedeckten Teile des Colorado-Plateaus.
    l. Das „Zeitalter der Fische" fällt in diese Zeitspanne.
    m. Pangäa begann auseinanderzubrechen und auseinanderzudriften.
    n. „Das Zeitalter der Säugetiere"
    o. Tiere mit Hartteilen traten zum ersten Mal häufig auf.
    p. Gymnospermen waren die dominanten Bäume.
    q. Es gab reichlich Stromatolithen.
    r. Bruchschollengebirge bildeten die Basin and Range-Region.
15. Stellen Sie den östlichen und den westlichen Rand von Nordamerika während des Känozoikums in Bezug auf ihre Plattengrenzen gegenüber.
16. Was besaßen Pflanzen, um das Land besiedeln zu können?
17. Von welcher Tiergruppe glaubt man, dass sie den Ozean verließ und zu den ersten Amphibien wurde?
18. Warum betrachtet man Amphibien nicht als „echte" Landtiere?
19. Welche große Entwicklung ermöglichte es den Reptilien, das Landesinnere zu besiedeln?
20. Von welchem Ereignis nimmt man an, dass es die Herrschaft der Dinosaurier beendete?

Größere Multiple-Choice-Tests zur Wissenskontrolle und Prüfungsvorbereitung sowie weitere Informationen zu diesem Buchkapitel finden Sie auf der Companion Website zum Buch unter **www.pearson-studium.de**

Energie und Mineralressourcen

23

23.1	Erneuerbare und nicht erneuerbare Energien	755
23.2	Energiequellen	756
23.3	Erdöl und Erdgas	758
23.4	Ölsande und Ölschiefer – das Erdöl der Zukunft?	762
23.5	Alternative Energiequellen	763
23.6	Mineralressourcen	774
23.7	Mineralressourcen und magmatische Prozesse	775
23.8	Minerallagerstätten und metamorphe Prozesse	780
23.9	Verwitterung und Erzlagerstätten	780
23.10	Seifen	781
23.11	Nichtmetallische Mineralressourcen	782
Zusammenfassung		786
Wiederholungsfragen		787

ÜBERBLICK

23 Energie und Mineralressourcen

Eine große Kupfertagebaugrube in Morenci, Arizona. Hier wird seit den 1870er Jahren Kupfer abgebaut. (Foto: Michael Collier)

Materialien, die wir aus der Erde extrahieren, sind die Basis unserer modernen Zivilisation (▶ Abbildung 23.1). Mineral- und Energieressourcen aus der Kruste sind die Rohmaterialien, aus welchen Produkte zur Verwendung für unsere Gesellschaft hergestellt werden. Wie die meisten Menschen, die in einer hoch industrialisierten Nation leben, werden Sie wahrscheinlich nicht erkennen, welche Mengen an Ressourcen benötigt werden, um ihren gegenwärtigen Lebensstandard zu erhalten. Die ▶ Abbildung 23.2 zeigt den jährlichen Pro-Kopf-Verbrauch von mehreren wichtigen metallischen und nicht metallischen Ressourcen für die Vereinigten Staaten. Sie zeigt die anteilsmäßige Verteilung der einzelnen von der Industrie benötigten Menge an Materialien, um das riesige Spektrum an Häusern, Autos, elektronischen Artikeln, Kosmetika, Verpackungsmaterialien etc. bereitzustellen, nach welchen die moderne Gesellschaft verlangt. Die Daten von anderen hoch industrialisierten Ländern wie Kanada, Australien und mehreren Nationen in Westeuropa sind vergleichbar.

Die Menge der unterschiedlichen Mineralressourcen, die die modernen Industrien benötigen, ist riesig. Obwohl manche Länder einschließlich der Vereinigten Staaten über beträchtliche Lagerstätten von vielen wichtigen Mineralen verfügen, ist keine Nation völlig unabhängig. Alle Länder sind vom internationalen Handel abhängig, um zumindest einige ihrer Bedürfnisse zu decken.

Abbildung 23.1: Diese Szene aus Houston, Texas, erinnert uns daran, dass Mineral- und Energieressourcen die Basis der modernen Zivilisation sind. (Fotos: H.R. Bramaz/Peter Arnold, Inc.)

Erneuerbare und nicht erneuerbare Energien 23.1

Ressourcen werden im Allgemeinen in zwei große Kategorien eingeteilt – erneuerbare und nicht erneuerbare Energien. **Erneuerbare Energie** können wieder über relativ kurze Zeiträume aufgefüllt werden, etwa über Monate, Jahre oder Jahrzehnte. Allgemeine Beispiele sind Pflanzen und Tiere zur Nahrungsgewinnung, natürliche Fasern für Kleidung und Bäume als Bauholz und für Papier. Energie aus fließendem Wasser, Wind und die Sonne werden auch als erneuerbar angesehen.

Im Gegensatz dazu werden die **nicht erneuerbaren Energien** weiterhin in der Erde gebildet, doch die Prozesse, die sie bilden, verlaufen so langsam, dass bedeutende Lagerstätten erst nach Millionen von Jahren angehäuft sind. Für menschliche Zwecke enthält die Erde eine begrenzte Menge dieser Substanzen. Baut man die gegenwärtigen Vorräte ab oder pumpt sie aus dem Boden, werden sie versiegen. Beispiele dafür sind Brennstoffe (Kohle, Erdöl und Erdgas) und viele wichtige Metalle (Eisen, Kupfer, Uran, Gold). Manche davon, wie Aluminium, können immer wieder verwendet werden; andere dagegen, wie Erdöl, lassen sich nicht recyceln.

Gelegentlich kann man manche Ressourcen in Abhängigkeit von ihrer Verwendung in beide Kategorien einordnen. Grundwasser ist ein solches Beispiel. Wird es mit einer Pumprate aus dem Untergrund geholt, mit der es sich wieder auffüllen kann, wird Grundwasser als erneuerbare Ressource klassifiziert. Doch an Orten, wo das Grundwasser schneller entzogen wird, als es aufgefüllt werden kann, sinkt der Wasserspiegel stetig. In diesem Fall wird das Grundwasser auf ähnliche Weise „abgebaut" wie jede andere nicht erneuerbare Ressource.[1]

▶ Abbildung 23.3 zeigt, dass die Bevölkerung auf unserem Planeten rapide anwächst. Während die Bevölkerungszahl eine Milliarde erst mit Beginn des 19. Jahrhunderts erreichte, verdoppelte sich die Population nur 130 Jahre später auf 2 Milliarden. Zwischen 1930 und 1975 verdoppelte sich diese Zahl noch einmal auf 4 Milliarden und bis 2015 könnten mehr als 7 Milliarden Menschen den Planeten bewohnen. Es ist

---

1 Das Problem von absinkenden Grundwasserspiegeln wird in Kapitel 17 diskutiert.

23 Energie und Mineralressourcen

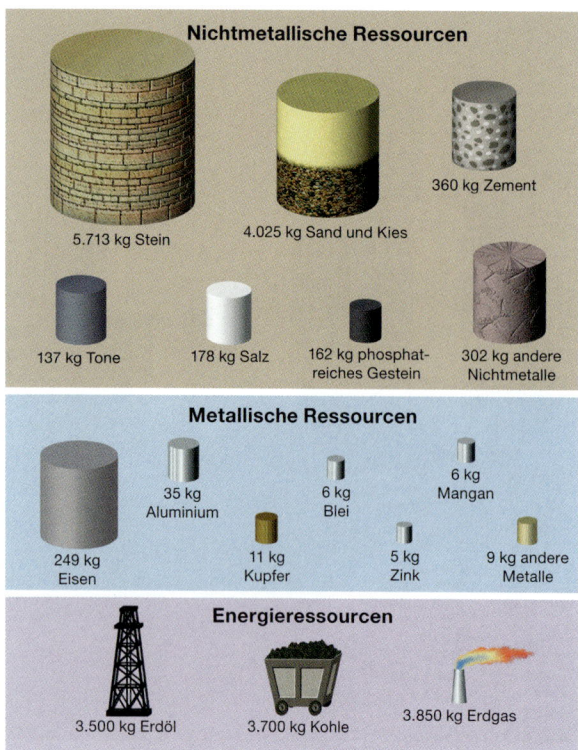

Abbildung 23.2: Der jährliche Pro-Kopf-Verbrauch an nichtmetallischen und metallischen Mineralressourcen in den Vereinigten Staaten beträgt etwa 11.000 Kilogramm (11 Tonnen!). Etwa 97 Prozent der verbrauchten Materialien davon sind nichtmetallisch. Der Pro-Kopf-Verbrauch an Erdöl, Kohle und Erdgas geht über 11.000 Kilogramm hinaus. (Nach: U.S. Geological Survey)

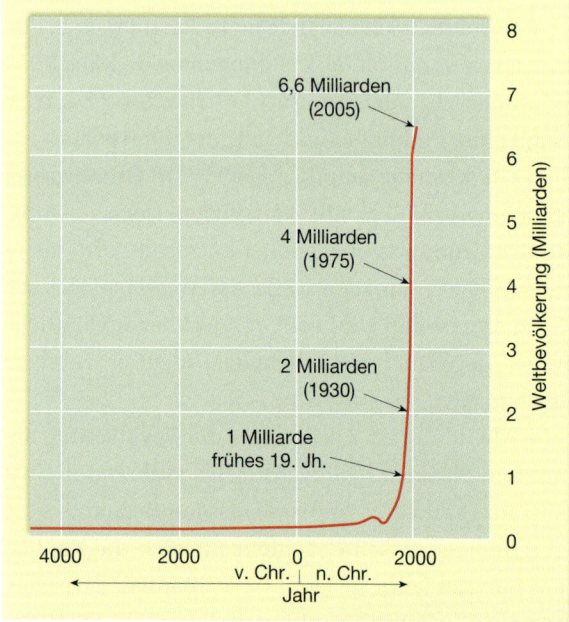

Abbildung 23.3: Das Bevölkerungswachstum auf der Welt. Es dauerte bis 1800, ehe die Weltbevölkerung 1 Milliarde erreichte. Bis zum Jahr 2015 werden mehr als 7 Milliarden Menschen den Planeten bewohnen. Die Nachfrage nach grundlegenden Ressourcen wächst schneller als die Rate, mit der die Weltbevölkerung anwächst. (Daten des Population Reference Bureau)

klar, dass mit dem Bevölkerungswachstum die Nachfrage nach Ressourcen ebenfalls wächst. Doch ist die Rate des Verbrauchs von Mineral- und Energieressourcen schneller gestiegen als das Populationswachstum. Das resultiert aus einem anwachsenden Lebensstandard. In den Vereinigten Staaten verbrauchen nur 6 Prozent der Weltbevölkerung etwa 30 Prozent der weltweiten jährlichen Produktion an Mineral- und Energieressourcen!

Wie lange können unsere verbleibenden Ressourcen den ansteigenden Lebensstandard der heutigen industrialisierten Länder aufrechterhalten und noch für die wachsende Nachfrage der Entwicklungsländer sorgen? Wie viel Umweltzerstörung wollen wir in Hinblick auf die Ressourcen in Kauf nehmen? Kann man Alternativen finden? Falls wir es mit einer anwachsenden Pro-Kopf-Nachfrage und einer wachsenden Weltbevölkerung zu tun haben, müssen wir über unsere Ressourcen und ihre Begrenztheit Bescheid wissen.

23.2 Energiequellen

Kohle, Petroleum und Erdgas sind die Hauptbrennstoffe unserer modernen industriellen Wirtschaft (▶ Abbildung 23.4). Etwa 86 Prozent der Energie, die in den Vereinigten Staaten verbraucht wird, stammt aus diesen grundlegenden fossilen Brennstoffen. Es wird zwar in den nächsten Jahren keine große Knappheit von Erdöl und Erdgas geben, doch werden die Reserven zur Neige gehen. Trotz neuer Explorationen sogar in abgeschiedenen Gegenden und bei harschen Umweltbedingungen reichen die neu entdeckten Ressourcen nicht, um den steigenden Verbrauch auszugleichen.

Außer es werden neue Erdöllagerstätten entdeckt (was möglich, aber nicht wahrscheinlich ist), wird ein größerer Anteil unseres zukünftigen Bedarfs durch Kohle und alternative Energiequellen wie nukleare, geothermische und solare Energie sowie aus Gezeitenenergie und Wasserkraft gedeckt werden (▶ siehe Exkurs 23.1). Manchmal werden zwei Alternativen von fossilem Brennstoff – Ölsand und Ölschiefer – als vielversprechende Quellen für flüssige Brennstoffe genannt. Im folgenden Abschnitt werden wir kurz die Brennstoffe untersuchen, die traditionell unseren Energiebedarf gedeckt haben, sowie die Quellen, die einen wachsenden Anteil unserer zukünftigen Anforderungen erfüllen werden.

23.2 Energiequellen

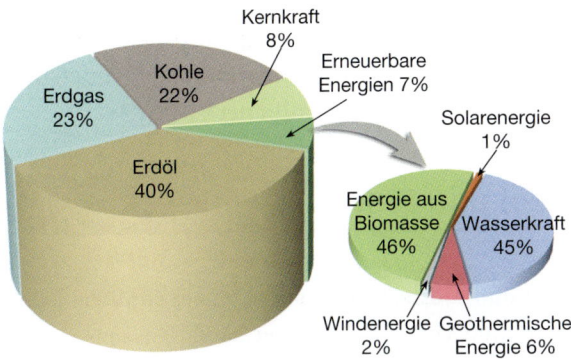

Abbildung 23.4: Der Energieverbrauch in den Vereinigten Staaten 2004. Die Gesamtheit betrug 100 Quadrillionen BTU. Eine Quadrillion ist 10^{12} oder eine Million Millionen. Eine Quadrillion BTU ist eine zweckmäßige Einheit, um sich auf den Energieverbrauch der Vereinigten Staaten als Ganzes zu beziehen. (Quelle: U.S. Department of Energy, Energy Information Administration)

Studenten fragen manchmal ...

In Abbildung 23.4 wird Biomasse als eine Form von erneuerbarer Energie gezeigt. Was ist Biomasse genau?

Biomasse bezieht sich auf organisches Material, das direkt als Brennstoff verbrannt oder in eine andere Form umgewandelt werden kann und dann verbrannt wird. Biomasse ist ein relativ neuer Name für einen der ältesten Brennstoffe der Menschheit. Beispiele sind Holz, Holzkohle, Ernteüberreste und tierische Exkremente. Diese Brennstoffe sind insbesondere für Länder mit wachsender Wirtschaft wichtig. Zu den etwas moderneren Brennstoffen gehören Produkte wie Ethanol (ein Alkohol, der aus Mais und anderen Getreidearten gewonnen und dem Benzin zugesetzt wird) und Biodiesel (ein Diesel-Äquivalent, das aus natürlichen erneuerbaren Quellen, wie pflanzlichem Öl, stammt).

23.2.2 Kohle

Genau wie Erdöl und Erdgas wird Kohle im Allgemeinen als fossiler Brennstoff bezeichnet. Solch eine Bezeichnung ist geeignet, da wir jedes Mal, wenn wir Kohle verbrennen, Sonnenenergie verbrauchen, die vor vielen Millionen Jahren von Pflanzen gespeichert wurde. Wir verbrennen in der Tat ein „Fossil".

Kohle ist seit Jahrhunderten ein wichtiger Brennstoff. Im 19. und frühen 20. Jahrhundert trieb billige und reichlich vorhandene Kohle die industrielle Revolution an. Um 1900 deckte Kohle 90 Prozent der Energie, die in den Vereinigten Staaten verbraucht wurde. Kohle ist zwar immer noch wichtig, ihr Anteil beträgt aber nur noch 22 Prozent der von der Nation verbrauchten Energie (Abbildung 23.4).

Bis 1950 war Kohle ein wichtiger häuslicher Brennstoff sowie eine Energiequelle für die Industrie. Doch ihre direkte Verwendung für den häuslichen Gebrauch wurde weitgehend durch Erdöl, Erdgas und Elektrizität ersetzt. Man zieht diese Energieformen vor, da sie schnell verfügbar (sie werden über Rohre, Tanks oder elektrische Leitungen geliefert) und sauberer im Gebrauch sind.

Trotzdem bleibt Kohle ein Hauptbrennstoff, der in Kraftwerken zur Stromerzeugung verwendet wird. Sie stellt damit indirekt eine wichtige Energiequelle für unser Zuhause dar. Mehr als 70 Prozent des gegenwärtigen Kohleverbrauchs wird zur Stromerzeugung genutzt. Wenn die Erdölreserven allmählich zur Neige gehen, wird die Verwendung von Kohle ansteigen. Eine erweiterte Kohleproduktion ist möglich, da die Erde enorme Kohlereserven besitzt und die Technologie für den Kohleabbau sehr effizient ist. In den Vereinigten Staaten sind Kohlevorkommen weit verbreitet und sie enthalten Vorräte für mehrere hundert Jahre (▶Abbildung 23.5).

Obwohl die Kohle reichlich vorhanden ist, bergen ihr Abbau und ihre Verwendung zahlreiche Probleme. Übertagebau kann die Landschaft in ein aufgerissenes Ödland verwandeln, falls keine vorsichtige (und kostenintensive) Rekultivierung erfolgt, um das Land

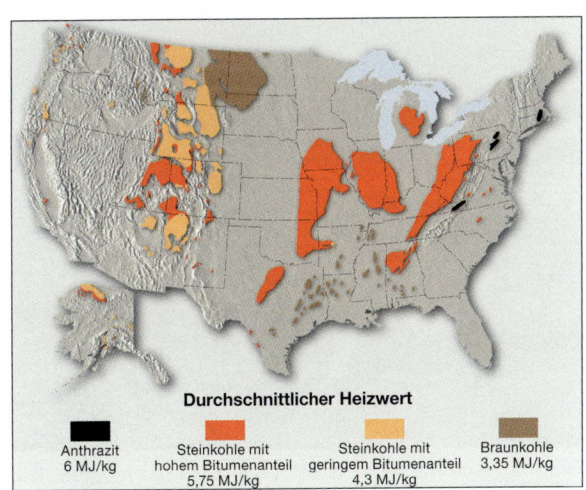

Abbildung 23.5: Kohlevorkommen in den Vereinigten Staaten (Daten des Bureau of Mines, U.S. Department of the Interior)

wieder urbar zu machen. (Heutzutage muss bei jedem Übertagebau das Land wieder urbar gemacht werden.) Der Untertagebau verletzt zwar nicht die Landschaft im gleichen Ausmaß, doch der Preis in Bezug auf die menschliche Gesundheit und in Form von Menschenleben ist hoch.

Heute erfolgt der Untertagebau nicht mehr mit Pickel und Schaufel, sondern es handelt sich um einen hochmechanischen und computergesteuerten Prozess (▶ Abbildung 23.6). Die föderalen Sicherheitsvorschriften machen den Bergbau in den Vereinigten Staaten ziemlich sicher. Doch die Gefahr durch einstürzende Stollen, Gasexplosionen und durch die Arbeit mit schwerem Gerät bleibt bestehen.

Die Luftverschmutzung ist ein Hauptproblem, das mit der Verbrennung von Kohle einhergeht. Ein Großteil der Kohle enthält bedeutende Mengen an Schwefel. Trotz der Versuche, den Schwefel aus der Kohle zu entfernen, bevor sie verbrannt wird, bleibt ein Rest erhalten. Wird die Kohle verbrannt, wandelt sich der Schwefel in schädliche Schwefeloxidgase um. Durch eine Reihe von komplexen chemischen Reaktionen in der Atmosphäre wandeln sich die Schwefeloxide in Schwefelsäure um, die dann als saurer Regen oder Schnee auf die Erdoberfläche fällt. Dieser saure Niederschlag kann ungünstige ökologische Folgen für weitläufige Gebiete haben (siehe Exkurs 6.2).

Wie bei jeder Verbrennung von fossilem Brennstoff produziert auch die Verbrennung von Kohle Kohlendioxid. Dieses Haupt-„Treibhausgas" spielt eine signifikante Rolle bei der Aufheizung unserer Atmosphäre. Das Kapitel 21, *Globaler Klimawandel*, untersucht diesen Gesichtspunkt detaillierter.

23.3 Erdöl und Erdgas

Erdöl und Erdgas findet man in einem ähnlichen Umweltmilieu vor und sie treten häufig zusammen auf. Beide bestehen aus verschiedenen Kohlenwasserstoffverbindungen (Verbindungen bestehend aus Wasserstoff und Kohlenstoff), die vermischt sind. Sie können auch geringe Mengen an anderen Elementen enthalten, etwa Schwefel, Stickstoff und Sauerstoff. Wie die Kohle sind Erdöl und Erdgas biologische Produkte, die aus Überresten von Organismen stammen. Doch das Umweltmilieu, in welchem sie beide gebildet werden, ist sehr unterschiedlich, ebenso wie die Organismen. Kohle bildet sich überwiegend aus Pflanzenmaterial, das sich in einer sumpfigen Umgebung oberhalb des Meeresspiegels anhäufte. Erdöl und Erdgas stammen von pflanzlichen und tierischen Überresten aus dem Meer.

23.3.1 Die Bildung von Erdöl

Die Bildung von Erdöl ist komplex und noch nicht in allen Details geklärt. Dennoch wissen wir, dass sie mit der Akkumulation von Sediment in Ozeangebieten beginnt, die reich an Pflanzen- und Tierüberresten sind.

A.

B.

Abbildung 23.6: **A.** Moderner Untertage-Kohlebergbau ist hoch automatisiert und relativ sicher. (Foto: Melvin Grubb/Grubb Foto Services, Inc.) **B.** Tagebaugewinnung von Kohle bei Black Mesa, Arizona. Der Abbau an der Oberfläche erfolgt dort, wo sich Kohleflöze nahe an der Oberfläche befinden. (Foto: Richard W. Brooks/Foto Researchers, Inc)

EXKURS 23.1 – DIE ERDE VERSTEHEN

Gashydrat – ein Brennstoff aus den Ozeanbodensedimenten

Gashydrate sind ungewöhnlich kompakte chemische Strukturen, die aus Wasser und natürlichem Gas bestehen. Der häufigste Gastyp ist das Methan, welches das *Methanhydrat* bildet. Gashydrate treten unter Permafrostgebieten auf dem Land und auf dem Ozeanboden unterhalb von Tiefen von 525 Metern auf.

Die meisten marinen Gashydrate entstehen, wenn Bakterien organisches Material zersetzen, das in Ozeanbodensedimenten gefangen ist, und dabei Methangas mit geringen Anteilen von Ethan und Propan produzieren. Diese Gase verbinden sich mit Wasser in den Tiefseesedimenten bei hohem Druck und niedrigen Temperaturen auf eine ungewöhnliche Weise: Das Gas ist innerhalb eines gitterartigen Käfigs aus Wassermolekülen gefangen.

Schiffe, die Bohrungen in Gashydrate durchführten, konnten Bohrkerne, bestehend aus Schlamm vermischt mit Stücken oder Schichten aus Gashydrat, bergen (▶Abbildung 23.A), die, sobald sie den relativ warmen und Niedrigdruckbedingungen der Ozeanoberfläche ausgesetzt sind, schnell wegsprudeln oder evaporieren. Gashydrate ähneln Eisstücken, brennen aber, wenn sie angezündet werden, da das Methan und andere entzündliche Gase freigesetzt werden, wenn die Gashydrate sich verflüchtigen (▶Abbildung 23.B).

Manche Schätzungen weisen darauf hin, dass etwa 20 Quadrillionen Kubikmeter Methan in Sedimenten eingeschlossen sind, die Gashydrate enthalten. Das entspricht dem zweifachen Wert an Kohlenstoff aus den Lagerstätten von Kohle, Erdöl und Erdgas der Erde zusammen, deswegen besitzen Gashydrate ein großes Potenzial.

Ein großer Hinderungsgrund für den Abbau von Gashydratlagerstätten ist der schnelle Zerfall bei Oberflächentemperaturen – und Oberflächendruck. In der Zukunft könnten jedoch diese riesigen Energiereserven des Ozeanbodens die moderne Gesellschaft weiterentwickeln.

Abbildung 23.A: Diese Probe, dem Ozeanboden entnommen, zeigt Schichten von eisartigem Gashydrat, das mit Schlamm vermischt ist. (Foto: mit freundlicher Genehmigung von GEOMAR Forschungszentrum, Kiel)

Abbildung 23.B: Gashydrate evaporieren, wenn sie Oberflächenbedingungen ausgesetzt sind. Dabei setzen sie natürliches, entzündliches Gas frei. (Foto: mit freundlicher Genehmigung von GEOMAR Forschungszentrum, Kiel)

Diese Akkumulationen treten dort auf, wo die Bioaktivität hoch ist, etwa in küstennahen Gebieten. Doch die meisten marinen Milieus sind sauerstoffreich was zu einem Zersetzen von organischen Überresten führt, bevor sie von anderen Sedimenten begraben werden. Deswegen sind Anhäufungen von Erdöl und Erdgas nicht so weit verbreitet wie marine Milieus mit reichlich biologischer Aktivität. Ungeachtet dieser einschränkenden Faktoren werden große Mengen an organischem Material begraben und vor der Oxidation in vielen, vor der Küste liegenden Sedimentbecken geschützt. Mit zunehmender Überdeckung über Millionen von Jahren verwandeln chemische Reaktionen das ursprünglich organische Material in flüssige und gasförmige Kohlenwasserstoffe, das Erdöl und das Erdgas.

Ungleich dem organischen Material, aus welchem sie gebildet werden, sind das neu entstandene Erdöl und Erdgas mobil. Diese Fluide werden allmählich aus den kompaktierenden schlammreichen Schichten, aus welchen sie stammen, herausgedrückt und wandern in benachbarte, mehr permeable Schichten wie Sandstein, wo die Öffnungen zwischen den Sedimentkörnern größer sind. Da dies unter Wasser geschieht, sind die Schichten, die Erdöl und Erdgas enthalten, mit Wasser gesättigt. Doch da Erdöl und Erdgas eine geringere Dichte als Wasser besitzen, wandern sie durch die mit Wasser gefüllten Poren nach oben in die umgebenden Gesteine. Es sei denn, etwas hält diese Wanderung auf, erreichen die Fluide schließlich die Oberfläche, wo die volatilen Komponenten evaporieren.

23.3.2 Erdölfallen

Manchmal wird die Wanderung nach oben aufgehalten. Ein geologisches Milieu, in dem sich eine bedeutende Menge an Erdöl und Erdgas unterirdisch ansammeln kann, wird als **Erdölfalle** bezeichnet. Mehrere geologische Strukturen können als Erdölfallen fungieren. Sie alle haben jedoch zwei grundlegende Bedingungen gemeinsam: ein poröses, durchlässiges **Speichergestein**, das Erdöl und Erdgas in ausreichenden Mengen enthält, um eine Bohrung rentabel zu machen, und eine **Deckschicht**, wie etwa Schiefer, die weitgehend undurchlässig für Erdöl und Erdgas ist. Die Deckschicht hält das nach oben wandernde Erdöl und Erdgas auf und verhindert dabei das Verflüchtigen an der Oberfläche (▶Abbildung 23.7).

▶Abbildung 23.8 zeigt häufige Erdöl- und Erdgasfallen. Eine der einfachsten Fallen sind nach oben gewölbte Sedimentabfolgen, die Antiklinalen, (Abbildung 28.8A). Werden die Schichten aufgebogen, sammelt sich das aufsteigende Erdöl und das Erdgas an der Apex der Falte an. Da das Gas eine geringere Dichte als das Erdöl besitzt, sammelt es sich über dem Erdöl. Beide befinden sich oberhalb des dichteren Wassers, das das Speichergestein sättigt. Eines der größten Ölfelder der Welt, El Naja in Saudi-Arabien entstand durch eine Antiklinale, ebenso wie der bekannte Teapot Dome in Wyoming.

Verwerfungsfallen bilden sich, wenn Schichten so versetzt werden, dass ein einfallendes Speichergestein gegenüber einer undurchlässigen Schicht positioniert wird, so wie es in ▶Abbildung 23.8B gezeigt wird. In diesem Fall wird die Wanderung des Erdöls bzw. des

A.

B.

Abbildung 23.7: Erdöl sammelt sich in Erdölfallen an, die aus porösem, durchlässigem Speichergestein bestehen, das von einem undurchdringlichen Deckgestein überlagert ist. **A.** Moderne küstenferne Erdölplattform in der Nordsee. (Foto: Peter Bowater/Photo Researchers, Inc.) **B.** Der erste erfolgreiche Erdölförderbrunnen wurde von Edwin Drake (rechts) am 27. August 1859 in der Nähe von Titusville, Pennsylvania, fertiggestellt. Man traf auf das ölführende Speichergestein in einer Tiefe von 21 Metern. (Foto: CORBIS/Bettman)

Erdgases nach oben aufgehalten, sobald es auf die Verwerfung trifft.

In der Küstenebene der Golfregion in den Vereinigten Staaten treten bedeutende Ansammlungen an Erdöl in Vergesellschaftung mit *Salzstöcken* auf. In solchen Gebieten liegen mächtige Anhäufungen von Sedimentschichten vor, darunter auch Schichten aus Steinsalz. Weil Salz leichter ist als die darüber liegenden Sedimentgesteine und zudem sehr leicht fließfähig, wird das Salz schon bei geringen Druckdifferenzen domartig aufsteigen oder auch in Säulen. Diese aufsteigenden Salzsäulen oder Salzfome deformieren die darüber liegenden Schichten allmählich. Da Erdöl bzw. Erdgas auf das höchstmögliche Niveau wandern, sammelt es sich in den nach oben gebogenen Sandsteinschichten neben den Salzsäulen (▶ Abbildung 23.8C).

Ein weiterer wichtiger geologischer Umstand, der zu bedeutenden Akkumulationen von Erdöl und Erdgas führen kann, ist die *stratigraphische Falle*. Diese Öl führenden Strukturen resultieren im Wesentlichen aus dem ursprünglichen Sedimentationsmuster und nicht aus struktureller Deformation. Die stratigraphische Falle, die in ▶ Abbildung 23.8D dargestellt ist, bildet sich, wenn sich eine einfallende Sandsteinschicht bis zu ihrem Verschwinden ausdünnt.

Wird der Verschluss der Deckschicht durch eine Bohrung durchdrungen, wandert das unter Druck stehende Erdöl und Erdgas von den Porenzwischenräumen des Speichergesteins zum Bohrloch. Unter seltenen Umständen, wenn der Fluiddruck groß ist, kann sich das Erdöl in das Bohrloch hinaufpressen und eine Ölfontäne an der Oberfläche verursachen. Normalerweise benötigt man jedoch eine Pumpe, um das Öl hinauszubefördern.

Ein Bohrloch ist nicht die einzige Möglichkeit, wie Erdöl bzw. Erdgas aus einer Erdölfalle entweichen kann. Erdölfallen können durch natürliche Kräfte durchbohrt werden. Beispielsweise können Bewegungen der Erde Brüche erzeugen, die es den leicht flüchtigen Kohlenwasserstoffen ermöglichen zu entweichen. Oberflächenerosion kann eine Erdölfalle mit einem ähnlichen Resultat öffnen. Je älter die Gesteine, desto höher ist die Wahrscheinlichkeit, dass Deformation oder Erosion auf die Erdölfalle eingewirkt haben. Tatsächlich enthalten Gesteine verschiedenen Alters Erdöl und Erdgas in unterschiedlichen Anteilen. Die größte Produktion stammt aus den jüngsten Gesteinen mit känozoischem Alter. Aus mesozoischen Gesteinen kommt weniger und noch geringere Erträge stammen aus den älteren paläozoischen Schichten. Es wird

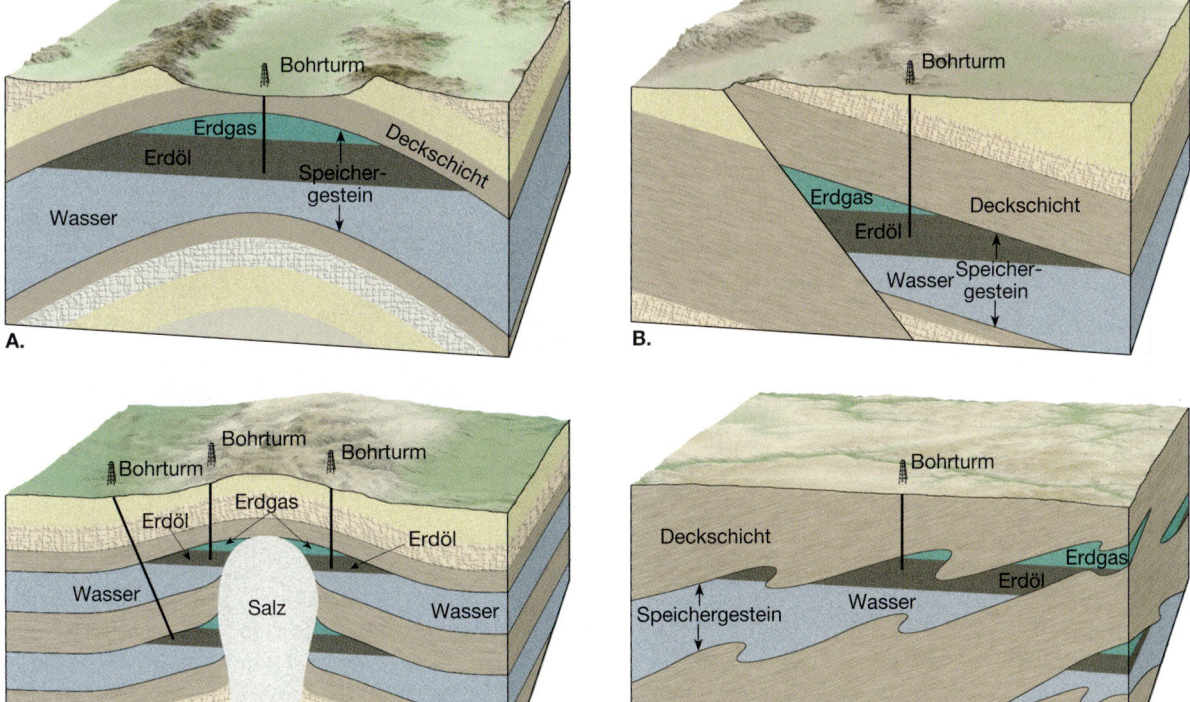

Abbildung 23.8: Häufige Ölfallen. **A.** Antiklinale. **B.** Verwerfungsfalle. **C.** Salzstock. **D.** Stratigraphische (auskeilende) Erdölfalle.

praktisch kein Erdöl aus den ältesten Gesteinen mit präkambrischen Altern produziert.

Ölsande und Ölschiefer – das Erdöl der Zukunft? 23.4

In den kommenden Jahren werden die Erdölvorräte schwinden. Dann werden geringerwertige Kohlenwasserstoffe diese ersetzen müssen. Sind Brennstoffe, die aus Ölsanden und Ölschiefern stammen, ein guter Ersatz?

23.4.1 Ölsande

Ölsande (auch Teersande genannt) bestehen gewöhnlich aus einer Mischung aus Ton und Sand zusammen mit Wasser und unterschiedlichen Anteilen von einem schwarzen, hoch viskosen Teer, bekannt als *Bitumen*. Die Verwendung der Bezeichnung Sand könnte irreführend sein, da nicht alle Lagerstätten mit Sanden und Sandsteinen vergesellschaftet sind. Manche treten in anderen Materialen auf, etwa wie Schiefern und Kalksteinen. Das Erdöl in diesen Lagerstätten ist dem sehr schweren Rohöl, das aus Bohrlöchern gepumpt wird, sehr ähnlich.

Bedeutende Ölsandlagerstätten treten in mehreren Gebieten weltweit auf. Die beiden größten sind die Athabasca-Ölsande in der kanadischen Provinz Alberta und die Ablagerungen des Orinoco River in Venezuela (▶Abbildung 23.9).

Gegenwärtig werden Ölsande in Übertagebergbau ähnlich dem Flächenabbau von Kohle gewonnen. Das abgegrabene Material wird mit unter Druck stehendem Dampf erhitzt, bis das Bitumen weich wird und aufsteigt. Sobald es sich gesammelt hat, wird das ölige Material behandelt, indem man Verunreinigungen entfernt und dann Wasserstoff hinzufügt. Dieser letzte Schritt erhöht seine Qualität zu einem synthetischen Rohöl, das schließlich raffiniert werden kann. Die Extraktion und Raffination von Ölsanden erfordert sehr viel Energie – fast halb so viel, wie der Ertrag des Endproduktes ergibt! Dennoch entsprechen Ölsande aus den riesigen Vorkommen Albertas etwa einem Drittel von Kanadas Ölproduktion.

Die Gewinnung von Öl aus Ölsanden hat einen bedeutenden Nachteil für die Umwelt. Eine erhebliche Zerstörung der Landschaft geht mit dem Abbau riesiger Mengen an Gestein und Sediment einher. Zudem benötigt man für die Aufbereitung riesige Mengen an Wasser. Nach der Aufbereitung häufen sich kontaminiertes Wasser und Sedimente in giftigen Klärteichen an.

Etwa 80 Prozent der Ölsande von Alberta liegen zu tief für den Übertagebau. Das Öl aus diesen tiefen Lagerstätten muss durch *In Situ*-Techniken abgebaut werden. Unter Verwendung von Bohrtechnologie wird Dampf in die Ablagerungen injiziert um den Ölsand aufzuheizen und damit die Viskosität des Bitumens zu reduzieren. Das heiße, mobile Bitumen wandert zu den arbeitenden Brunnen, von wo aus es an die Ober-

Abbildung 23.9: **A.** In Nordamerika finden sich die größten Ölsandvorkommen in der kanadischen Provinz Alberta. Die als Athabasca-Ölsande bekannten Vorkommen bedecken ein Gebiet von über 42.000 Quadratkilometern. Die Hauptölsande von Alberta enthalten mehr als 1,7 Trillionen Barrel Bitumen (umgerechnet über 270 Milliarden Tonnen). Doch ein Großteil des Bitumens kann nicht zu vernünftigen Kosten abgebaut werden. Man schätzt, dass mit der gegenwärtigen Technologie nur etwa 300 Milliarden Barrel abbaubar sind. **B.** Der Abbau von Ölsanden in Alberta. Beachten Sie den „Teer" an den Händen der Arbeiter (Foto: Burkhard/Bilderberg/Peter Arnold, Inc.)

fläche gepumpt wird, während die Sande an Ort und Stelle bleiben („in situ" ist das lateinische Wort für „am Platz"). In Situ-Technologie ist teuer und erfordert bestimmte Voraussetzungen, wie etwa eine nahe Wasserversorgung. Die Produktion unter Verwendung von *In Situ*-Technologien stehen schon in Konkurrenz zum Übertagebau und könnte in der Zukunft den Abbau von Ölsanden zur Produktion von Bitumen als Hauptquelle ersetzen.

Zu den Herausforderungen für die *In Situ*-Technologien gehören die Erhöhung der Effizienz zur Ölgewinnung, das Wassermanagement für die Bedampfung und die Reduktion der Kosten für den Gewinnungsprozess.

23.4.2 Ölschiefer

Ölschiefer enthalten enorme Mengen an nicht angezapftem Öl. Der U.S. Geological Survey schätzt, dass weltweit mehr als 3.000 Milliarden Barrel Öl[2] in Ölschiefern enthalten sind, die mehr als 38 Liter Ertrag pro Tonne Schiefer liefern könnten. Doch sind diese Zahlen irreführend, da weniger als 200 Milliarden Barrel mit der derzeitigen Technologie zum Abbau zur Verfügung stehen. Aber die geschätzten Reserven der Vereinigten Staaten sind immerhin 14 Mal höher als jene des konventionell abgebauten Öls und die Schätzungen werden sich vermutlich erhöhen, je mehr geologische Informationen gesammelt werden.

Etwa die Hälfte des weltweiten Vorrats befindet sich in der Formation am Green River in Colorado, Utah und Wyoming (▶Abbildung 23.10). Innerhalb dieser Regionen sind die Ölschiefer Bestandteil der sedimentären Schichten, die sich am Grund von zwei riesigen, flachen Seen während der eozänen Epoche (vor 36 Millionen bis 57 Millionen Jahren) angehäuft haben.

Den Ölschiefer schlägt man als Teillösung wegen der schwindenden Brennstoffvorräte vor. Doch die Wärmeenergie des Ölschiefers beträgt ein Achtel der Wärmeenergie von Rohöl, was auf den hohen Anteil an mineralischem Material in den Schiefern zurückzuführen ist.

Dieses mineralische Material erhöht die Kosten für den Abbau, die Verarbeitung und die Entsorgung. Die Produktion von Öl aus Ölschiefern weist die gleichen

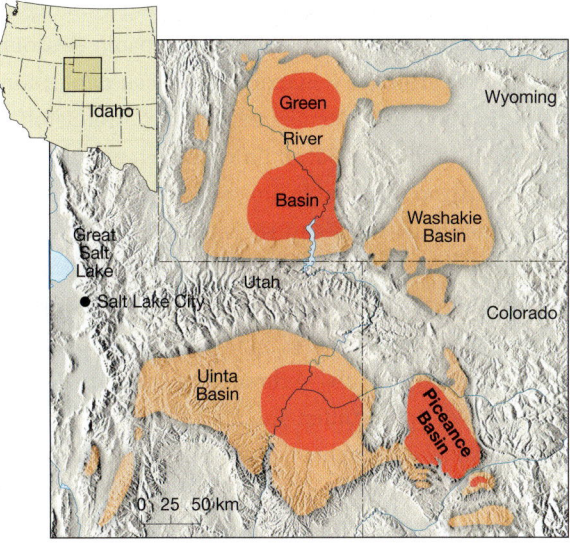

Abbildung 23.10: Die Verteilung der Ölschiefer in der Green-River-Formation von Colorado, Utah und Wyoming. Die Gebiete, die mit der dunkleren Farbe kodiert sind, repräsentieren die reichsten Vorkommen. Die Regierung und die Industrie haben große Geldsummen investiert, um diese Ölschiefer zu einer wirtschaftlichen Ressource zu machen, doch die Kosten waren immer höher als der Preis für Öl. Doch mit dem Anstieg der Preise für Brennstoffe könnten diese Vorkommen eines Tages wirtschaftlich rentabel werden. (Nach D.C. Duncan und V.E. Swanson, U. S. Geological Survey Circular 523, 1965)

Probleme auf wie die Produktion von Öl aus Sanden. Übertagebau verursacht eine große Landzerstörung und bringt bedeutende Entsorgungsprobleme mit sich. Zudem erfordert die Prozessierung große Wassermengen und Wasser ist in der semiariden Region des Green River knapp.

Gegenwärtig gibt es reichlich Erdöl zu einem relativ günstigen Preis auf dem Weltmarkt. Deswegen ist es mit den zur Verfügung stehenden Technologien nicht rentabel, die Ölschiefer abzubauen. Die Bemühungen zur Erforschung und Entwicklung des Abbaus von Ölschiefern wurde von der Industrie fast völlig eingestellt. Trotzdem nimmt der U.S. Geological Survey an, dass die riesige Ölmenge, die aus den Ölschiefern in den Vereinigten Staaten extrahiert werden kann, schließlich einbezogen wird und die nationale Energiemischung gewährleistet.

Alternative Energiequellen 23.5

Betrachtet man die Abbildung 23.4, wird deutlich, dass wir in einem Zeitalter der fossilen Brennstoffe leben.

---

2 1 Barrel Erdölprodukte nach US-Rechnung entspricht etwa 159 Litern.

Mehr als 85 Prozent des Energiebedarfs der Vereinigten Staaten wird aus diesen nicht erneuerbaren Ressourcen gedeckt. Heutige Schätzungen weisen darauf hin, dass die Menge an abbaubaren, fossilen Brennstoffen sich an 10 Trillionen Barrel Erdöl nähert, was bei dem gegenwärtigen Verbrauch für die nächsten 170 Jahre ausreichen dürfte. Da natürlich die Weltbevölkerung ansteigt, wird auch der Verbrauch ansteigen. Deswegen werden die Reserven schon vorher knapp werden. Bis dahin halten die schädlichen Auswirkungen auf die Umwelt durch die Verbrennung riesiger Mengen von fossilen Brennstoffen an.

Wie kann die wachsende Nachfrage nach Energie erfüllt werden, ohne zu radikale Auswirkungen auf den von uns bewohnten Planeten zu verursachen? Obwohl bisher keine klaren Antworten dazu formuliert wurden, muss man die Notwendigkeit in Betracht ziehen, mehr auf alternative Energiequellen zu setzen. In diesem Abschnitt werden wir mehrere mögliche Quellen einschließlich Kernenergie, Solarenergie, Windkraft, Wasserkraft, geothermische Energie und Gezeitenenergie betrachten.

23.5.1 Kernenergie

Etwa 8 Prozent der Energienachfrage in den Vereinigten Staaten stammt aus Kernkraftwerken. Der Brennstoff für diese Einrichtungen stammt von radioaktivem Material, das Energie durch einen Prozess der **Kernspaltung** freisetzt. Kernspaltung entsteht durch die Bombardierung von schweren Atomkernen, meist Uran 235, mit Neutronen. Dadurch werden die Atomkerne des Urans in kleinere Atomkerne gespalten und Neutronen sowie Wärmeenergie emittiert. Die herausgeschleuderten Neutronen bombardieren wiederum die benachbarten Uranatome und verursachen eine *Kettenreaktion*. Ist der Nachschub an spaltbarem Material ausreichend und könnte die Reaktion auf unkontrollierte Weise voranschreiten, würde eine enorme Energiemenge in Form einer Atomexplosion freigesetzt.

In einem Kernkraftwerk wird die Kernspaltungsreaktion durch Regelstäbe (Bremsstäbe aus Bor), die Neutronen auffangen, kontrolliert. Man kann sie in den Reaktor hinein- oder hinausschieben. Als Folge davon entsteht eine kontrollierte Kernspaltungsreaktion, die große Mengen an Wärme erzeugt. Die erzeugte Energie wird vom Reaktor wegtransportiert und dazu verwendet, Dampfturbinen anzutreiben, die elektrische Generatoren drehen, ähnlich den Prozessen in konventionellen Wärmekraftwerken.

Uran Uran 235 ist das einzige, natürlich vorkommende Isotop, das sofort spaltbar ist und als Hauptbrennstoff in Kernkraftwerken verwendet wird.[3] Man hat zwar große Mengen an Uranerz entdeckt, doch das meiste enthält weniger als 0,05 Prozent an Uran. In diesen geringen Mengen sind 99,3 Prozent des nichtspaltbaren Uran 238 und nur 0,7 Prozent bestehen aus dem spaltbaren Uranisotop 235. Da die meisten Kernkraftwerke mit Brennstoffen betrieben werden, die mindestens 3 Prozent Uran 235 enthalten, müssen die beiden Isotopen getrennt werden, um das spaltbare Uran 235 anzureichern. Der Trennungsprozess dieser beiden Isotope ist schwierig und erhöht die Kosten für die Kernkraftenergie deutlich.

Uran ist zwar ein seltenes Element in der Erdkruste, doch tritt es auch in angereicherten Lagerstätten auf. Einige der wichtigsten sind, wie man annimmt, alte Seifen in Flussbetten.[4] Beispielsweise am Witwatersrand in Südafrika konzentrieren sich Uranerzkörner (sowie reiche Goldvorkommen) durch ihre hohe Dichte in Gesteinen, die hauptsächlich aus Quarzkieseln bestehen. In den Vereinigten Staaten findet man reiche Uranvorkommen in jurassischen und triassischen Sandsteinen des Coloradoplateaus und in jüngeren Gesteinen in Wyoming. Die meisten dieser Vorkommen haben sich durch die Ausfällung von Uranverbindungen aus dem Grundwasser gebildet. Dort tritt die Ausfällung von Uran als Folge einer chemischen Reaktion mit organischem Material auf, wie durch die Urankonzentration in fossilen Baumstämmen und mit organischem Material angereicherten schwarzen Schiefern belegt wird.

Hindernisse für die Entwicklung Es gab eine Zeit, da wurde die Kernkraft als saubere, billige Energiequelle und als Ersatz für fossile Brennstoffe gepriesen. Doch tauchten mehrere bedeutende Nachteile auf, die die Entwicklung der Kernkraft zur Hauptenergiequelle verhinderten. Es waren nicht nur die enormen Baukosten für nukleare Einrichtungen mit zahlreichen Sicherheitsvorkehrungen. Wichtiger war wahrscheinlich die Sorge über die Möglichkeit eines ernsten Zwischenfalls in einem der 200 weltweit existierenden Kernkraftwerke (▶ Abbildung 23.11). Der Zwi-

---

3 Thorium, das allein keine Kettenreaktion auslöst, kann zusammen mit Uran als Kernbrennstoff verwendet werden.

4 Seifen werden später in diesem Kapitel erörtert.

Abbildung 23.11: Das Diablo-Canyon-Kernkraftwerk nahe San Luis Osipo, Kalifornien. Die Reaktoren sieht man als kuppelförmige Gebäude. Das Kühlwasser wird in den Ozean abgelassen. Der Standort dieser Einrichtung war auf Grund seiner Nähe zu Verwerfungen, die potenzielle Erdbebenschäden hervorrufen können, umstritten. (Foto: Comstock)

schenfall, der sich 1979 am Three Mile Island nahe Harrisburg, Pennsylvania, ereignete, zeigte diese Problematik deutlich auf. Dort führte eine Fehlfunktion dazu, dass die Reaktorbetreiber glaubten, es befände sich zu viel Wasser im Primärsystem anstatt zu wenig. Diese Verwirrung führte dazu, dass der Reaktorkern für mehrere Stunden offen lag. Obwohl nur eine geringe Gefahr für die Bevölkerung ausging, gab es einen schwerwiegenden Schaden am Reaktor.

Weitaus ernster war der Unfall von Tschernobyl, Ukraine, von 1986. Bei diesem Zwischenfall geriet der Reaktor außer Kontrolle und zwei kleine Explosionen hoben das Dach der Gebäudestruktur, wobei Uranstücke in der unmittelbaren Entfernung verteilt wurden. Es dauerte zehn Tage, bis der entstandene Brand gelöscht werden konnte. Während dieses Zeitraums fanden die größten Freisetzungen an radioaktiven Stoffen in die Atmosphäre statt und die Wolken mit dem radioaktiven Fallout verteilten sich zunächst über weite Teile Europas und schließlich über die gesamte nördliche Halbkugel. Wechselnde Luftströmungen trieben sie zunächst nach Skandinavien, dann über Polen, Tschechien, Österreich, Süddeutschland und Norditalien und sie konnten sogar in Norwegen nachgewiesen werden. Unmittelbar nach dem Unglück und bis Ende 1987 wurden etwa 200.000 Aufräumarbeiter („Liquidatoren") eingesetzt. Davon erhielten ca. 1.000 innerhalb des ersten Tages nach dem Unglück schwere bis tödliche Strahlendosen. Innerhalb von sechs Wochen nach dem Unfall starben 18 Menschen und viele tausend Menschen sind einem stark erhöhten Krebsrisiko in Zusammenhang mit dem Fallout ausgesetzt. Über genetische und teratogene Schäden sowie Langzeitschäden gibt es zahlreiche Studien.

Man muss aber betonen, dass die Konzentrationen an spaltbarem Uran 235 und der architektonische Plan eines Reaktors so ausgerichtet sind, dass das Kernkraftwerk nicht wie eine Atombombe explodieren kann. Gefahren gehen von einem möglichen Entweichen radioaktiver Trümmer während einer Kernschmelze oder einer Fehlfunktion aus. Zudem gibt es Gefahren bei der Lagerung nuklearen Abfalls und einen Zusammenhang zwischen nuklearen Energieprogrammen und der Förderung von Atomwaffen, was wir bei der Bewertung von Pro und Kontra des Gebrauchs von Kernkraft berücksichtigen müssen.

Zu den positiven Aspekten von Kernkraft gehört die Tatsache, dass die Kernkraftwerke kein Kohlendioxid ausstoßen (ein Treibhausgas, das bedeutend zur globalen Erwärmung beiträgt, siehe Kapitel 21). Die Erzeugung von Elektrizität aus fossilen Brennstoffen dagegen produziert riesige Mengen an Kohlendioxid. Deswegen stellt die Verwendung von Kernkraft anstelle der Energie aus fossilen Brennstoffen eine Möglichkeit zur Reduktion von Kohlendioxid dar.

23.5.2 Solarenergie

Die Bezeichnung *Solarenergie* bezieht sich im Allgemeinen auf die direkte Verwendung von Sonnenstrahlen, um Energie für den menschlichen Bedarf bereitzustellen. Die einfachsten und wahrscheinlich am meisten verwendeten *passiven Sonnenkollekto-*

ren sind nach Süden ausgerichtete Fenster. Dringt das Sonnenlicht durch das Fensterglas, wird die Energie von Objekten im Raum absorbiert. Diese Objekte strahlen wiederum die Wärme ab, die dann die Luft erwärmt. In den Vereinigten Staaten verwendet man häufig nach Süden ausgerichtete Fenster, um zusammen mit einer besser isolierenden und luftdichteren Bauweise die Heizkosten deutlich zu reduzieren.

Die *aktiven Sonnenkollektoren* sind etwas weiter entwickelte Systeme, die zur privaten Beheizung verwendet werden. Diese Vorrichtungen werden auf das Hausdach montiert und sind meist große geschwärzte und mit Glas bedeckte Kästen. Die Wärme, die von ihnen gesammelt wird, kann durch in Rohren zirkulierende Luft oder Flüssigkeiten dorthin geleitet werden, wo Energie benötigt wird. Sonnenkollektoren werden auch erfolgreich für die Erwärmung von Wasser im privaten und kommerziellen Bereich eingesetzt. Beispielsweise liefern Sonnenkollektoren heißes Wasser für mehr als 80 Prozent der israelischen Haushalte.

Die Sonnenenergie selbst ist zwar kostenlos, Ausstattung und Installation sind es jedoch nicht. Die Ausgangskosten zur Errichtung eines Systems, einschließlich einer zusätzlichen Heizung für Zeiten, wenn die Sonnenenergie verringert (Tage mit wolkenbedecktem Himmel und im Winter) oder nicht verfügbar ist (nachts), können hoch sein. Dennoch ist die Sonnenenergie in vielen Teilen der Vereinigten Staaten wirtschaftlich rentabel und wird mit dem Preisanstieg anderer Brennstoffe sogar noch kostendeckender werden.

Es werden derzeit Forschungsprojekte durchgeführt, um die Technologien zur Konzentration von Sonnenlicht zu verbessern. Eine Methode, die man untersucht, verwendet Spiegel, die der Sonne folgen und ihre Strahlen auf einen Empfangsturm bündeln. Eine Einrichtung von Sonnenkollektoren mit 2.000 Spiegeln wurde in der Nähe von Barstow, Kalifornien errichtet (▶ Abbildung 23.12A). Die auf einen zentralen Turm gebündelte Sonnenenergie erhitzt das Wasser in unter Druck stehenden Panelen auf über 500 °C. Das hoch erhitzte Wasser wird dann zu Turbinen geleitet, die elektrische Generatoren antreiben.

Ein weiterer Typ von Kollektoren verwendet Photovoltaik-(Solar-)Zellen, die die Sonnenenergie direkt in elektrische Energie umwandeln. Eine experimentelle Einrichtung mit Verwendung von photovoltaischen Zellen befindet sich in der Nähe von Sacramento, Kalifornien (▶ Abbildung 23.12B).

Kürzlich hat man begonnen, kleine Dachbefestigungen von photovoltaischen Systemen in ländlichen Haushalten mancher Länder der dritten Welt, einschließlich der dominikanischen Republik, Sri Lanka und Zimbabwe zu verwenden. Diese Einheiten besitzen in etwa die Größe eines geöffneten Aktenkoffers und verwenden eine Batterie, um Elektrizität zu speichern, die während der Tagesstunden erzeugt wird. In den Tropen können diese kleinen Photovoltaiksysteme einen Fernseher oder ein Radio und einige Glühbirnen für drei bis vier Stunden täglich versorgen. Obwohl ihre Herstellung viel billiger ist als die von konventionellen elektrischen Generatoren, sind diese Einheiten für arme Familien immer noch viel zu teuer. Folglich gibt es in Entwicklungsländern schätzungsweise 2 Milliarden Menschen, die noch ohne Elektrizität leben.

23.5.3 Windenergie

Luft besitzt Masse und wenn sie sich bewegt (also wenn der Wind weht) enthält sie Energie aus dieser Bewegung – kinetische Energie. Ein Teil dieser Energie kann in andere Energieformen umgewandelt werden – mechanische Kraft oder Elektrizität – die wir verwenden, um Arbeiten auszuführen (▶ Abbildung 23.13).

Die mechanische Energie von Wind wird normalerweise verwendet, um Wasser in ländlichen oder schlecht zugänglichen Orten zu pumpen. Die „Bauernhofwindmühle", ein noch immer gewohnter Anblick in ländlichen Gebieten, ist ein Beispiel dafür. Mecha-

> **Studenten fragen manchmal …**
>
> **Sind elektrische Fahrzeuge besser für die Umwelt?**
>
> Ja, doch nicht um so viel besser, wie manche denken. Der Grund liegt darin, dass die Elektrizität der elektrisch angetriebenen Fahrzeuge von Kraftwerken stammt, die nicht erneuerbare Brennstoffe verwenden. Folglich kommen die Schadstoffe nicht direkt aus dem Auto. Sie entstehen stattdessen in dem Kraftwerk, das die Elektrizität für das Auto erzeugt. Dennoch sind moderne, elektrisch angetriebene Fahrzeuge so gebaut, dass sie weniger Treibstoff verbrauchen als traditionelle, mit Ottokraftstoff angetriebene Fahrzeuge. Sie stoßen darum weniger Schadstoffe pro Kilometer aus.

23.5 Alternative Energiequellen

A.

B.

Abbildung 23.12: A. Solar One, eine Solarinstallation, die verwendet wird, um Elektrizität in der Mojave-Wüste in der Nähe von Barstow, Kalifornien zu erzeugen (Foto: Thomas Braise/Corbis/Stock Market) **B**. Solarzellen oder photovoltaische Zellen wandeln Sonnenlicht direkt in Elektrizität um. Viele photovoltaische Systeme, die heute verwendet werden, befinden sich in abgeschiedenen Gegenden, doch diese Reihe von Sonnenkollektoren befindet sich in der Nähe von Sacramento, Kalifornien. (Foto: Martin Bond/Science Photo Library/Photo Researchers, Inc.)

nische Energie, die vom Wind umgewandelt wird, kann auch für andere Zwecke verwendet werden, etwa zum Zersägen von Baumstämmen, dem Zermahlen von Körnern und dem Antreiben von Segelbooten. Die vom Wind angetriebenen elektrischen Turbinen dagegen erzeugen Elektrizität für Haushalte, Industrie und für die öffentlichen Verkehrsbetriebe.

Etwa 0,25 Prozent der Sonnenenergie, die die untere Atmosphäre erreicht, wird in Wind umgewandelt. Obwohl dies nur ein winziger Prozentsatz ist, ist die absolute Energiemenge enorm. Nach einer Schätzung wäre Nord-Dakota theoretisch in der Lage, genug Energie durch Wind zu erzeugen, um mehr als ein Drittel der Nachfrage an Strom in den Vereinigten Staaten zu erfüllen. Die Windgeschwindigkeit ist ein wesentlicher Faktor bei der Bestimmung, ob ein Ort für die Installierung von Windkrafteinrichtungen geeignet ist. Im Allgemeinen ist eine durchschnittliche Windgeschwindigkeit pro Jahr von 21 Kilometern pro Stunde für eine Windkraftanlage für einen Versorgungsbetrieb notwendig.

Die verfügbare Energie des Windes ist proportional zur dritten Potenz seiner Geschwindigkeit. Deswegen könnte eine Turbine, die an einer Stelle mit einer durchschnittlichen Windgeschwindigkeit von 21 km pro Stunde etwa 35 Prozent mehr Elektrizität erzeugen als an einer Stelle mit 19 Kilometern pro Stunde, da $21^3 (= 9.261)$ um etwa 35 Prozent größer ist als $19^3 (= 6.859)$. (In Wirklichkeit wird

23 Energie und Mineralressourcen

Abbildung 23.13: A. Windräder auf Bauernhöfen sind noch immer ein gewohnter Anblick in manchen Gebieten. Die mechanische Energie des Windes wird in der Regel dafür verwendet, Wasser zu pumpen. (Foto: Darren Bennett) **B.** Die Verwendung von Windturbinen zur Erzeugung von Elektrizität wächst rapide an. Diese Turbinen befinden sich am Crowley Ridge, Alberta, Kanada. (Foto: Alan Sirulnikoff/Photo Researchers, Inc.)

Land	Nutzung (Megawatt*)
Deutschland	18.428
Spanien	10.027
Vereinigte Staaten	9.149
Indien	4.430
Dänemark	3.122
Italien	1.717
Vereinigtes Königreich	1.353
China	1.260
Niederlande	1.216
Japan	1.078
Die übrige Welt	7.301
Gesamt	**59.084**

* 1 Megawatt reicht aus, um etwa 250 bis 300 amerikanische Durchschnittshaushalte mit Strom zu versorgen.

Tabelle 23.1: Die führenden Länder der Welt bei der Windnutzung (2005). (Quelle: Global Wind Energy Council)

eine Turbine nicht ganz so viel Elektrizität mehr erzeugen, doch wird sie wesentlich mehr als nur 10 Prozent des Unterschieds in der Windgeschwindigkeit erzeugen.)[5]

Wichtig ist es zu verstehen, dass das, was als ein kleiner Unterschied in Windgeschwindigkeit erscheint, einen großen Unterschied an verfügbarer Energie und produzierter Elektrizität bedeuten kann und deswegen einen großen Unterschied bei den Elektrizitätskosten verursacht. Ebenso kann man sehr wenig Energie bei geringen Windgeschwindigkeiten gewinnen (ein Wind mit 10 Kilometer pro Stunde besitzt weniger als ein Achtel der Energie eines Windes mit 20 Kilometer pro Stunde).

Mit der Verbesserung der Technologie ist die Effizienz gestiegen und die Kosten für Energie, die durch Wind erzeugt wird, sind dadurch wettbewerbsfähig. Zwischen 1983 und 2005 konnten durch technische Fortschritte die Kosten für Windkraft um mehr als 85 Prozent gesenkt werden. Als Folge davon stiegen

---

5 American Wind Energy Association, „Wind Energy Basics", http://www.awea.org.

23.5 Alternative Energiequellen

die installierten Kapazitäten dramatisch an. Der Gesamtanteil an installierter Windkraft stieg weltweit von 7.636 Megawatt im Jahr 1997 auf 59.000 im Jahr 2005 an (▶Tabelle 23.1). 59.000 Megawatt reichen aus, um 13 Millionen amerikanische Durchschnittshaushalte zu versorgen oder genauso viel, wie 17 große Kernkraftwerke erzeugen könnten. Bis Mitte 2006 erreichte die Kapazität in den Vereinigten Staaten fast 10.000 Megawatt (▶Abbildung 23.14).

Die U.S. Energiebehörde hat als Ziel verkündet, 5 Prozent der Elektrizität bis 2020 aus Windkraft zu beziehen – ein Ziel, das sich mit der gegenwärtigen nationalen Wachstumsrate von Windenergie deckt. Deswegen scheint sich durch Windkraft erzeugte Elektrizität von der „alternativen" Energiequelle zur „Hauptenergiequelle" zu wandeln.

23.5.4 Wasserkraft

Fallendes Wasser ist ein seit Jahrhunderten eine Energiequelle. In der Geschichte der Menschheit wurde durch Wasserräder erzeugte, mechanische Energie verwendet, um Mühlen und andere Maschinen anzutreiben. Heute verwendet man die Energie von fallendem Wasser, um Turbinen anzutreiben, die Elektrizität erzeugen. Daher stammt die Bezeichnung **Wasserkraft** oder **hydroelektrische Kraft**. In den Vereinigten Staaten tragen Wasserkraftwerke mit etwa 3 Prozent zum Landesbedarf bei, in Deutschland sind es 5 Prozent, in der Schweiz etwa 60 Prozent, in Österreich fast 70 Prozent und in Norwegen 99 Prozent! Ein Großteil der Energie wird an großen Dämmen erzeugt, wobei ein kontrollierter Wasserfluss möglich ist (▶Abbildung 23.15). Das in einem Reservoir aufgefangene Wasser ist eine Art von gespeicherter Energie, die jederzeit freigesetzt werden kann, um Elektrizität zu produzieren.

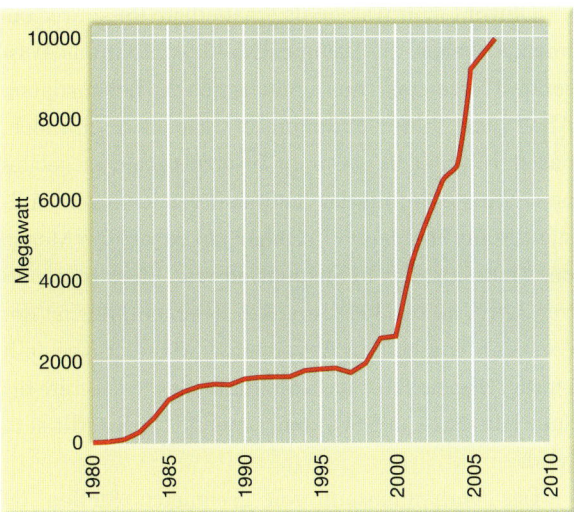

Abbildung 23.14: In den Vereinigten Staaten installierte Windkraftkapazität (in Megawatt; Jahresmitte von 2006). In den vergangenen Jahren gab es ein dramatisches Wachstum. (Daten vom U.S. Department of Energy und der American Wind Energy Association)

Abbildung 23.15: Der Powell-See ist ein Reservoir, das entstand, als der Glen Canyon-Damm über den Colorado River gebaut wurde. Wird Wasser abgelassen, treibt es Turbinen an und erzeugt Elektrizität. Schließlich wird das Reservoir mit Sediment aufgefüllt sein, das der Colorado River ablagert. (Foto: Michael Collier).

Obwohl man Wasser als erneuerbare Ressource betrachtet, haben die Dämme, die Elektrizität aus Wasserkraft erzeugen, nur eine begrenzte Lebensdauer. Alle Flüsse führen Sediment in Suspension mit sich, das sich hinter dem Damm absetzt, sobald er gebaut ist. Schließlich füllt das Sediment das Reservoir vollständig auf. Das dauert in Abhängigkeit von der Menge des Materials, das in Suspension vom Fluss transportiert wird, 50 bis 300 Jahre. Ein Beispiel dafür ist der Assuan-Staudamm in Ägypten, der 1960 fertiggestellt wurde. Man schätzt, dass die Hälfte des Reservoirs bis zum Jahr 2025 mit Sediment vom Nil aufgefüllt sein wird.

Das Vorhandensein von geeigneten Stellen ist ein wichtiges Einschränkungskriterium beim Bau von groß angelegten Wasserkraftwerken. Ein guter Platz bietet eine bedeutende Höhe für das Fallen des Wassers und eine hohe Fließrate. Wasserkraftdämme existieren in vielen Teilen der Vereinigten Staaten mit der größten Konzentration im Südosten und im pazifischen Nordwesten. Ein Großteil der besten Stellen in den Vereinigten Staaten wurde bereits bebaut, was eine zukünftige Ausweitung von Wasserkraft begrenzt. Die Gesamtkraft, die durch Wasserkraft erzeugt wird, könnte noch weiter anwachsen, aber der relative Anteil der von dieser Quelle bereitgestellt wird, wird wahrscheinlich abnehmen, da andere alternative Energiequellen mit einer schnelleren Rate zunehmen.

> ### Studenten fragen manchmal …
>
> **Welches ist weltweit das größte Projekt in Sachen Wasserkraft?**
>
> Diese Auszeichnung verdient das Drei-Schluchten-Projekt am Jangtse-Fluss in China. Der Bau begann 1993. Wenn er in 2009 voll ausgelastet sein wird, erwartet man eine Energieerzeugung von 85 Milliarden Kilowatt pro Jahr, was 6,5 Prozent von Chinas Elektrizitätsbedarf von 2001 entspricht. Hochwasserschutz war wahrscheinlich die primäre Motivation zum Bau des umstrittenen Dammes. Sein Reservoir wird ein Gebiet von 632 Quadratkilometer überfluten, das sich über 660 Kilometer vom Fluss aus ausdehnt. Dazu mussten aber 1,1 Millionen Menschen aus 150 Städten aus den fruchtbaren Ebenen in die steileren und weniger fruchtbaren Talflanken umgesiedelt werden und 24.000 ha fruchtbares Ackerland gingen verloren.

In den vergangenen Jahren kam ein anderer Wasserkrafttyp zum Einsatz – das Pumpspeicherwerk. Das *Wasserpumpensystem* ist eigentlich eine Art von Energiemanagement. Während der Zeit, in der die Nachfrage an Elektrizität gering ist, wird nicht benötigte Energie aus den gleichmäßig Strom liefernden Atom- oder Kohlekraftwerken dafür aufgewendet, um Wasser aus einem niedrig gelegenen Reservoir in einen Speicher auf höherem Niveau zu pumpen. Während der Zeit, in der die Nachfrage nach Elektrizität hoch ist, ist das Wasser, das nun im höher gelegenen Reservoir gespeichert ist, dann verfügbar, um die Turbinen anzutreiben und den teuren Spitzenstrom zu erzeugen und die Energieversorgung dadurch zu unterstützen.

23.5.5 Geothermische Energie

Geothermische Energie macht man sich zunutze, indem man natürliche unterirdische Reservoirs an Dampf und heißem Wasser anzapft. Diese entstehen, wenn die Temperaturen aufgrund von jüngst aufgetretenem Vulkanismus unter der Oberfläche hoch sind. Geothermische Energie wird auf zwei verschiedene Arten verwendet: Der Dampf und das heiße Wasser werden zum Beheizen und zur Elektrizitätserzeugung genutzt.

Island ist eine große Vulkaninsel mit gegenwärtiger vulkanischer Aktivität (▶ Abbildung 23.16). In Reykjavik, Islands Hauptstadt, werden in der gesamten Stadt Wasserdampf und heißes Wasser zur Beheizung in Gebäude gepumpt. Sie beheizen auch Treibhäuser, in welchen das ganze Jahr über Obst und Gemüse wächst. In den Vereinigten Staaten wird in mehreren Staaten des Westens heißes Wasser aus geothermischen Quellen zur Beheizung verwendet.

Die Italiener waren 1904 die ersten, die bei Larderello in der Toskana geothermische Energie zur Stromerzeugung verwendeten. An der Wende zum 21. Jahrhundert produzierten über 250 Geothermiekraftwerke in 22 Ländern mehr als 8.000 Megawatt (Millionen Watt) Energie. Diese Kraftwerke liefern an über 60 Millionen Menschen Energie. Die führenden Erzeuger von geothermischer Energie sind in ▶ Tabelle 23.2 aufgeführt.

Das erste kommerzielle geothermische Kraftwerk in den Vereinigten Staaten wurde 1960 bei „The Geysers" nördlich von San Francisco gebaut (▶ Abbildung 23.17). „The Geysers" in den Vereinigten Staaten bleiben mit einer Produktion von fast 1.000 Megawatt an geothermischer Energie das größte geothermische

23.5 Alternative Energiequellen

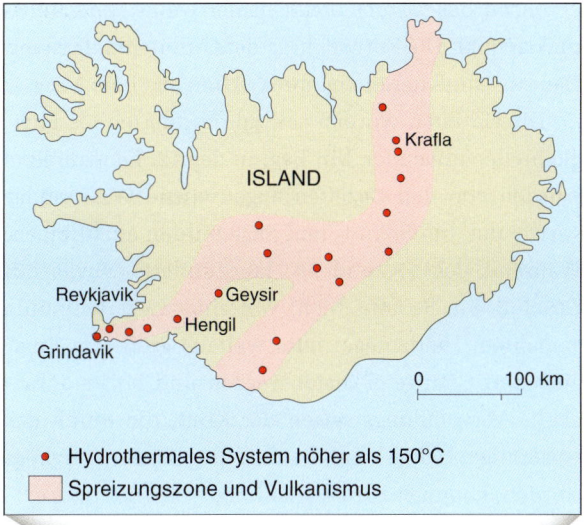

Abbildung 23.16: Island befindet sich direkt auf dem Mittelatlantischen Rücken. Diese divergierende Plattengrenze ist ein Ort, an dem sich zahlreiche aktive Vulkane und geothermale Systeme befinden. Da das gesamte Land aus geologisch jungem Vulkangestein besteht, kann man in Bohrlöchern fast überall auf warmes Wasser treffen. Mehr als 45 Prozent der Energie Islands ist geothermischen Ursprungs. Das Foto zeigt ein Elektrizitätswerk im Südwesten Islands. Der Dampf wird verwendet, um Elektrizität zu erzeugen. Heißes (83°C) Wasser wird von dieser Anlage aus in isolierten Pipelines nach Reykjavik zu Beheizungszwecken geschickt. (Foto: Simon Fraser/Science Photo Library, Inc.)

Produzierendes Land	Megawatt
Vereinigte Staaten	2.564
Philippinnen	1.931
Mexiko	953
Indonesien	797
Italien	791
Japan	535
Neuseeland	435
Island	202
Costa Rica	163
El Salvador	151
Alle anderen	411
Gesamt	**8.933**

Tabelle 23.2: Weltweite geothermische Energieproduktion (2005). (Quelle: Geothermal Resources Council)

Abbildung 23.17: „The Geysers" in der Nähe der Stadt Santa Rosa in Nordkalifornien ist die weltgrößte geothermische Anlage zur Erzeugung von Elektrizität. Die meisten Dampfbrunnen sind etwa 3.000 Meter tief. (Foto: AP/Calpine)

Kraftwerk der Welt (►siehe Exkurs 23.2). Neben „The Geysers" gibt es weitere geothermische Entwicklungen in den Vereinigten Staaten, nämlich in Nevada, Utah und dem Imperial Valley von Südkalifornien. Die Kapazität bei der Erzeugung geothermischer Energie in den Vereinigten Staaten beträgt mehr als 2.500 Megawatt und ist ausreichend, um etwa 3 Millionen Haushalte mit Energie zu versorgen. Diese Menge ist vergleichbar mit der Verbrennung von ca. 60 Millionen Barrel Erdöl pro Jahr.

Welche geologischen Faktoren begünstigen ein geothermisches Reservoir von wirtschaftlicher Bedeutung?

1. Eine potente Wärmequelle, wie etwa eine Magmenkammer, die tief genug liegt, um den notwendigen Druck zu gewährleisten, und eine schnelle Abkühlung verhindert. Sie darf aber auch nicht zu tief sein, damit die natürliche Wasserzirkulation nicht behindert ist. Solche Magmenkammern findet man am wahrscheinlichsten in Regionen mit rezentem Vulkanismus.
2. Große und poröse Reservoirs mit Kanälen, die mit der Wärmequelle verbunden sind, nahe dort, wo Wasser zirkulieren und dann im Reservoir gespeichert werden kann.
3. Eine Gesteinsdecke mit geringer Durchlässigkeit, die den Wasserfluss und die Wärmeabgabe an die Oberfläche verhindert.
4. Ist keine Magmenkammer vorhanden, muss entsprechend tiefer gebohrt werden, was natürlich die Kosten und Risiken erhöht. In München-Riem wird 93° C heißes Wasser aus verkarsteten Malmkalken in etwa 3.000 m Tiefe gewonnen und für die Versorgung der Messestadt verwendet. In Unterhaching südlich von München ist es Wasser von 132°C aus etwa 3.350 m Tiefe.

Genau wie bei anderen alternativen Methoden zur Energiegewinnung erwartet man von geothermischen Quellen keinen großen Anteil zur Deckung des wachsenden Weltbedarfs. Doch in Regionen, wo das Potenzial entwickelt werden kann, wird seine Verwendung zweifellos weiter wachsen.

23.5.6 Gezeitenkraft

Mehrere Methoden zur Energieerzeugung aus dem Ozean wurden bisher vorgeschlagen, doch das Energiepotenzial des Meeres bleibt bisher weitgehend unberücksichtigt. Die Entwicklung der Gezeitenkraft ist ein Hauptbeispiel der Energieproduktion aus dem Meer.

Die Gezeiten wurden seit Jahrhunderten als Energiequelle verwendet. Mit Beginn des 12. Jahrhunderts wurden von den Gezeiten angetriebene Wasserräder verwendet, um Schrot- und Sägemühlen anzutreiben. Während des 17. und 18. Jahrhunderts wurde ein Großteil von Bostons Mehl von einer Gezeitenmühle gemahlen. Heutzutage muss weitaus größerem Energiebedarf Genüge geleistet werden und höher entwickelte Verwendungsweisen der Kraft, die durch das beständige Heben und Senken des Ozeans erzeugt werden, kommen zur Anwendung.

Man nutzt die Gezeitenkraft, indem man Dämme quer über die Mündung einer Bucht oder eines Ästuars baut und zwar in einer Küstenregion, die einen großen

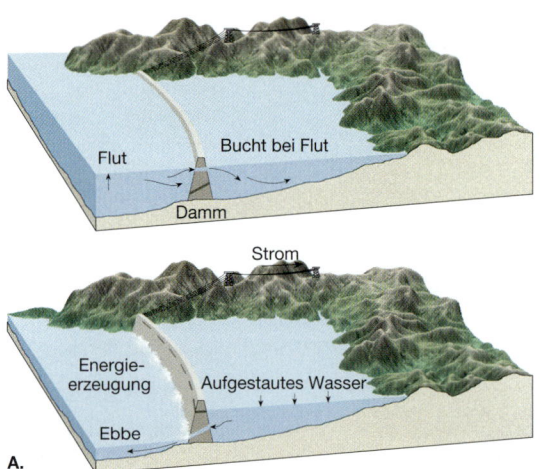

A.

B.

Abbildung 23.18: A. Ein vereinfachtes Diagramm zeigt das Prinzip eines Gezeitendamms. Die Elektrizität wird nur dann erzeugt, wenn ein ausreichender Wasserhöhenunterschied zwischen der Bucht und dem Meer existiert. **B.** Gezeitenkraftwerk bei Annapolis Royal, Neuschottland, in der Fundy-Bucht. (Foto: James P. Blair)

23.5 Alternative Energiequellen

EXKURS 23.2 – MENSCH UND UMWELT
■ Die Beibehaltung des Energieflusses an „The Geysers"[1]

Als Folge eines rapiden Ausbaus bei „The Geysers" während der 1980er Jahre und manchem nachfolgenden Weiterbau kam es zu einer Abnahme bei der Rate der Dampfproduktion (und der Elektrizitätserzeugung) aufgrund von Druckverlust in den Förderbrunnen. Die Dampfproduktion erreichte 1988 ihren Höhepunkt und nahm im folgenden Jahrzehnt ab.

Ein Großteil dieser geothermischen Energie blieb intakt und zwar gespeichert in heißen Gesteinen, die das hydrothermale Reservoir ausmachen. Um die Abnahme des Dampfdrucks in den Förderbrunnen zu vermindern und dabei die Nutzungsdauer der Ressource zu verlängern, entwickelte ein Team aus privater Industrie und Regierungsbehörden eine schlaue und effektive Methode, um große Mengen an Abwasser von nahe gelegenen Gemeinden zu entsorgen. Einfach erklärt, wird das geklärte Abwasser in den Untergrund durch genau positionierte Brunnen gepumpt. Während es zu den Zulaufzonen der Förderbrunnen fließt, wird das Abwasser durch den Kontakt mit dem heißen Gestein aufgeheizt. Die Förderbrunnen zapfen dann den natürlichen Dampf an, der durch das dampfförmige Abwasser verstärkt wurde.

Im Jahr 1997 wurde durch eine 50 Kilometer lange Pipeline etwa 30 Millionen Liter Abwasser pro Tag in den südlichen Teil des geothermischen Felds von „The Geysers" gepumpt. Das verlangsamte die Druckabnahme und führte zu einer Gewinnung von 75 Megawatt der erbrachten Leistung, die durch die Druckabnahme vor dem Einpumpen verloren ging.

Das ursprüngliche Experiment war so erfolgreich, dass eine zweite Pipeline 2003 fertiggestellt wurde, die weitere 40 Millionen Liter pro Tag in den zentralen Teil des Felds lieferte. Zusammen ersetzen diese beiden Quellen von künstlich aufgefülltem Wasser fast die gesamte geothermische Flüssigkeit, die bei der Stromerzeugung verloren geht. Man erwartet vom Einpumpprogramm, dass eine elektrische Leistung von insgesamt etwa 1.000 Megawatt für mindestens zwei Jahrzehnte und möglicherweise länger beibehalten werden kann.

---

1 Basierend auf dem Material, das in Wendell A. Duffield und John H. Sass erscheint; *Geothermal Energy – Clean Power from the Earths Heat*; U.S. Geological Survey Circular 1249, S.14.

Gezeitenunterschied besitzt (▶Abbildung 23.18A). Die enge Öffnung zwischen der Bucht und dem offenen Meer verstärkt die Unterschiede der Wasserhöhe, die auftreten, wenn die Gezeiten sich heben und senken. Das starke Ein- und Ausströmen, das an solchen Stellen auftritt, wird dann zum Antrieb von Turbinen und elektrischen Generatoren genutzt.

Die Nutzung von Gezeitenkraft kann man am Beispiel des Gezeitenkraftwerks am Rance-Fluss in Frankreich aufzeigen. Es ist das größte, das bisher erbaut wurde, und wurde 1966 in Betrieb genommen. Es produziert genug Energie, um den Bedarf der Bretagne zu decken und auch zum Bedarf anderer Regionen beizutragen. Viel kleinere experimentelle Einrichtungen wurden bei Murmansk in Russland, bei Taliang in China und am Annapolis-Flussästuar, einem Arm des Bay of Fundy in der kanadischen Provinz von Neuschottland, errichtet (▶Abbildung 23.18B).

Entlang der meisten Küsten auf der Welt ist es nicht möglich, die Gezeitenenergie zu nutzen. Ist der Gezeitenunterschied geringer als acht Meter oder falls es keine schmalen eingeschlossenen Buchten gibt, ist die Entwicklung von Gezeitenkraft unwirtschaftlich.

Studenten fragen manchmal …

Ist die Energie aus Ozeanwellen eine praktisch anwendbare Energiequelle?

Die Technologie der Wellenenergie ist sehr jung, verglichen mit der Stromerzeugung durch Wasserkraft oder Windturbinen, doch es werden Methoden zur Nutzung der Wellenenergie entwickelt. Im November 2000 wurde das erste kommerzielle Wellenkraftwerk der Welt auf der schottischen Insel Islay in Betrieb genommen. Es speist Energie in das britische Stromnetz. Das 500-Watt-Kraftwerk verwendet eine Technologie, die oszillierende Wassersäule genannt wird, in welcher die ankommenden Wellen die Luft innerhalb eines Rohrs aus Beton, das teilweise im Meer untergetaucht ist, nach oben und unten drücken. Die Luft, die in das Rohr und aus der oberen Öffnung wieder hinausgedrängt wird, verwendet man, um eine Turbine anzutreiben, die Strom erzeugt. Falls sich diese Technologie als erfolgreich herausstellt, könnte sie die Wellenenergie in geeigneten Küstenregionen zu einem bedeutenden Zulieferer von erneuerbaren Energiequellen werden lassen.

Aus diesem Grund werden die Gezeiten nie einen hohen Anteil an unserer ständig steigenden Nachfrage an elektrischer Energie haben. Doch die Entwicklung von Gezeitenkraft kann an geeigneten Stellen lohnend sein, da der von den Gezeiten erzeugte Strom keine Abgase produzierenden Brennstoffe benötigt und keinen gefährlichen Abfall hinterlässt.

23.6 Mineralressourcen

Die Erdkruste ist in großer Vielfalt die Quelle von nützlichen und notwendigen Substanzen. In der Tat enthält jedes hergestellte Produkt Substanzen, die aus Mineralen stammen. In ▶ Tabelle 23.3 sind einige wichtige Beispiele aufgelistet.

Mineralressourcen sind die Anreicherungen von nützlichen Mineralen, die wirtschaftlich gewonnen werden können. Zu den Ressourcen gehören sowohl bereits erkundete Lagerstätten, aus welchen Minerale mit Profit abgebaut werden können (die **Reserven** genannt werden), als auch Lagerstätten, die noch nicht wirtschaftlich oder technologisch abbaubar sind. Lagerstätten, von denen man weiß, dass sie existieren, die aber noch nicht prospektiert wurden, bezeichnet man als Mineralressourcen. Zudem verwendet man die Bezeichnung Erz für nützliche metallische Minerale, die profitabel abgebaut werden können. Im all-

Metall	Haupterz	Geologisches Vorkommen
Aluminium	Bauxit	Residualprodukt bei der Verwitterung
Chrom	Chromit	Magmatische Segregation
Kupfer	Chalcopyrit (Kupferkies) Bornit (Buntkupferkies) Chalcocit (Kupferglanz)	Hydrothermale Ablagerungen, Kontaktmetamorphose, Anreicherung durch Verwitterungsprozesse
Gold	gediegen Gold	Hydrothermale Ablagerungen, Seifen
Eisen	Hämatit Magnetit Limonit	Gebänderte Sedimente, magmatische Segregation
Blei	Galenit (Bleiglanz)	Hydrothermale Ablagerungen
Magnesium	Magnesit Dolomit	Hydrothermale Ablagerungen
Mangan	Pyrolousit	Residualprodukt bei der Verwitterung
Quecksilber	Zinnober	Hydrothermale Ablagerungen
Molybdän	Molybdänit	Hydrothermale Ablagerungen
Nickel	Pentlandit	Magmatische Segregation
Platin	natives Platin	Magmatische Segregation, Seifen
Silber	gediegen Silber Argenit	Hydrothermale Ablagerungen, Anreicherung durch Verwitterungsprozesse
Zinn	Cassiterit	Hydrothermale Ablagerungen, Seifen
Titan	Ilmenit Rutil	Magmatische Segregation, Seifen
Wolfram	Wolframit Scheelit	Pegmatite, Lagerstätten durch Kontaktmetamorphose, Seifen
Uran	Uraninit (Pechblende)	Pegmatite, sedimentäre Ablagerungen
Zink	Sphalerit (Zinkblende)	Hydrothermale Ablagerungen

Tabelle 23.3: Vorkommen von metallischen Mineralen.

gemeinen Sprachgebrauch wird die Bezeichnung **Erz** auch für manche nicht metallische Minerale wie Fluorit und Schwefel angewendet. Doch Materialien, die für Zwecke wie Bausteine, Zuschlagsstoffe beim Straßenbau, Schleifmittel, Keramik und Düngemittel verwendet werden, bezeichnet man normalerweise nicht als Erz; man bezeichnet sie eher als Industriegesteine und Industrieminerale.

Erinnern Sie sich daran, dass mehr als 98 Prozent der Erdkruste aus nur acht Elementen aufgebaut ist. Außer Sauerstoff und Silizium machen alle anderen Elemente einen relativ kleinen Anteil in den normalen Krustengesteinen aus (siehe Abbildung 3.26). In der Tat ist die natürliche Konzentration vieler Elemente außerordentlich klein. Eine Lagerstätte mit einem durchschnittlichen Prozentsatz eines kostbaren Elements ist wertlos, falls die Kosten der Gewinnung den Wert des Materials übersteigen. Um als kostbar klassifiziert zu werden, muss ein Element über dem Bereich seiner durchschnittlichen Häufigkeit in der Kruste stehen. Im Allgemeinen kann man sagen, je geringer die Häufigkeit in der Kruste ist, umso höher muss die Konzentration sein.

Beispielsweise macht Kupfer etwa 0,0135 Prozent der Kruste aus, doch um als Kupfererz eingeteilt zu werden, muss es mindestens 50-fach angereichert sein. Aluminium dagegen repräsentiert 8,13 Prozent der Kruste und muss deswegen nur viermal mehr als sein durchschnittlicher Prozentsatz der Krustenhäufigkeit sein, damit es gewinnbringend abgebaut werden kann.

Es ist wichtig zu betonen, dass der Abbau einer Lagerstätte je nach Wirtschaftslage profitabel werden kann oder umgekehrt sich der Abbau nicht mehr lohnt. Wächst die Nachfrage nach einem Metall und steigen auch die Preise, dann verändert sich auch die Bedeutung einer vormals unrentablen Lagerstätte und sie wird zu einer Erzlagerstätte. Der Status einer unrentablen Lagerstätte kann sich auch verändern, wenn technologische Fortschritte die Gewinnung der nützlichen Elemente mit geringeren Kosten als zuvor möglich machen. Dies geschah bei einem Kupferabbau am Bingham Canyon, Utah, eine der größten Übertagebauminen auf der Erde (▶Exkurs 23.3). Der Abbau kam 1985 zu einem Stillstand, da die veraltete maschinelle Ausstattung die Gewinnung von Kupfer über den Verkaufspreis steigen ließ. Die Eigentümer ersetzten eine veraltete Eisbahn mit 1.000 Waggons durch ein Fließband und errichteten Pipelines zum Transport von Kupfer und Abfall. Die Vorrichtungen erzielten eine Verminderung der Kosten von fast 30 Prozent und der Abbau wurde wieder profitabel.

Über Jahre hinweg waren Geologen brennend daran interessiert zu erfahren, wie natürliche Prozesse örtliche Konzentrationen an wichtigen metallischen Mineralen entstehen lassen. Eine feststehende Tatsache ist, dass die Vorkommen von wertvollen Mineralressourcen eng mit dem Gesteinskreislauf verbunden sind. Das bedeutet, dass die Mechanismen, die magmatische, sedimentäre und metamorphe Gesteine entstehen lassen, ebenso wie die Verwitterungs- und Erosionsprozesse eine große Rolle bei der Erzeugung von konzentrierten Anhäufungen nützlicher Elemente spielen. Außerdem fügten die Geologen mit der Entwicklung der Plattentektonik ein weiteres Hilfsmittel für das Verständnis der Prozesse hinzu, bei welchen ein Gestein in ein anderes verwandelt wird.

23.7 Mineralressourcen und magmatische Prozesse

Einige der wichtigsten Akkumulationen von Metallen wie Gold, Silber, Kupfer Quecksilber, Blei und Platin, werden durch magmatische Vorgänge erzeugt (Tabelle 23.3). Diese Mineralressourcen wie die meisten anderen, stammen aus Prozessen, die begehrenswerte Materialien so weit konzentrieren, dass die Gewinnung wirtschaftlich rentabel ist.

23.7.1 Magmatische Segregation

Die magmatischen Prozesse, die manche dieser Metalllagerstätten erzeugen, sind relativ einfach. Kühlt beispielsweise ein großer Magmenkörper ab, setzen sich die schweren Minerale, die als Erstes kristallisieren, im unteren Teil der Magmenkammer ab. Diese Art von magmatischer Segregation vollzieht sich besonders in großen basaltischen Magmen, wo Chromit (Chromerz), Magnetit und Platin gelegentlich entstehen. Chromitlagen, die mit anderen Schwermetallen im Wechsel geschichtet sind, werden von Lagerstätten im Stillwater-Komplex von Montana abgebaut. Andere Beispiele sind der Bushveld-Komplex in Südafrika, der über 70 Prozent der bekannten Platinreserven der Welt enthält.

Magmatische Segregation ist auch bei den späten

23 Energie und Mineralressourcen

EXKURS 23.3 – MENSCH UND UMWELT
Die Bingham-Canyon-Mine in Utah

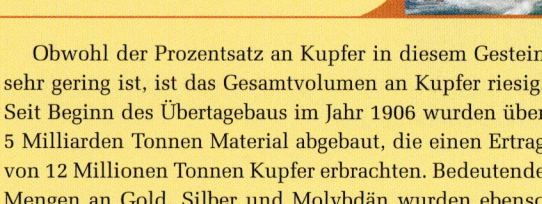

Auf dem Foto sieht man eine riesige Grube, wo einst ein Berg war (▶ Abbildung 23.C). Die Bingham-Canyon-Kupfermine, etwa 40 Kilometer südwestlich von Salt Lake City gelegen, ist der weltweit größte Übertagebau. Sie hat einen Durchmesser von 4 Kilometern und eine Ausdehnung von 8 Quadratkilometern. Ihre Tiefe beträgt 900 Meter. Würde man einen Turm aus Stahl am Boden errichten, müsste er dreimal so hoch wie der Eiffelturm sein, um die Oberfläche zu erreichen!

In den späten 1880er Jahren begann dort der Untertagebau, um Silber- und Bleiadern abzubauen. Später wurde Kupfer entdeckt. Ähnliche Vorkommen treten an verschiedenen Stellen im amerikanischen Südwesten und in einem Gürtel vom südlichen Alaska bis ins nördliche Chile auf (Kupfergürtel).

Wie an anderen Stellen in diesem Gürtel, wurde das Erz im Bingham Canyon innerhalb eines *porphyrischen* Gesteins fein verteilt abgeschieden (disseminiertes Erz); daher stammt der Name *„Porphyrkupferlagerstätten"* (disseminated Porphyry Copper Deposits). Die Lagerstätte entstand, nachdem Magma in eine geringe Tiefe intrudierte. Durch die Abkühlung bildeten sich im Gestein zahlreiche ausgedehnte Brüche, die von hydrothermalen Lösungen durchdrungen wurden, aus welchen die Erzminerale ausfielen.

Obwohl der Prozentsatz an Kupfer in diesem Gestein sehr gering ist, ist das Gesamtvolumen an Kupfer riesig. Seit Beginn des Übertagebaus im Jahr 1906 wurden über 5 Milliarden Tonnen Material abgebaut, die einen Ertrag von 12 Millionen Tonnen Kupfer erbrachten. Bedeutende Mengen an Gold, Silber und Molybdän wurden ebenso gewonnen.

Der Erzkörper ist noch lange nicht ausgebeutet. Für die nächsten 25 Jahre besteht eine Planung zum Abbau und zur Verarbeitung von zusätzlichen 3 Milliarden Tonnen Material. Dieser größte künstliche Abbau nimmt seit mehr als 80 Jahren einen Großteil von Utahs Mineralproduktion ein und wurde als „reichstes Loch der Erde bezeichnet".

Wie viele andere alte Minen gab es in der Bingham-Mine keine Regulationen während eines Großteils ihrer Geschichte. Die Ausbeutung erfolgte, bevor sich das heutige Bewusstsein für die Auswirkungen von Bergbau auf die Umwelt entwickelte und bevor es eine effektive Umweltgesetzgebung gab. Die heutigen Probleme der Grundwasser- und Oberflächenwasserkontamination, der Luftverschmutzung, der Probleme von festem und gefährlichem Abfall und der Landrückgewinnung erhalten nun die längst fällige Aufmerksamkeit bei der Bingham-Mine.

Abbildung 23.C: Luftbild der Bingham-Canyon-Kupfermine in der Nähe von Salt Lake City, Utah. Dieser riesige Tagebau hat einen Durchmesser von etwa 4 Kilometer und ist 900 Meter tief. Obwohl die Menge an Kupfer im Gestein weniger als 1 Prozent beträgt, enthalten die großen Mengen des Materials, das täglich abgebaut und weiterverarbeitet wird, bedeutende Mengen des Metalls. (Photo: Michael Collier)

Phasen des magmatischen Prozesses zu finden. Das trifft besonders auf granitische Magmen zu, in welchen die Restschmelze mit seltenen Elementen und Schwermetallen angereichert wird. Da zudem Wasser und andere volatile Substanzen nicht zusammen mit der Masse des Magmenkörpers kristallisieren, machen diese Fluide einen hohen Prozentsatz in der Schmelze während der letzten Phase der Verfestigung aus. Die Kristallisation in einem fluidreichen Milieu, wo die Ionenwanderung verstärkt auftritt, resultiert in der Bildung von Kristallen mit mehreren Zentimetern oder sogar Metern Länge. Die entstehenden Gesteine werden **Pegmatite** genannt und sind aus ungewöhnlich großen Kristallen zusammengesetzt (Abbildung 4.9).

Die meisten Pegmatite besitzen eine granitische Zusammensetzung und bestehen aus großen Kristallen von Quarz, Feldspat und Muskowit. Feldspat wird im Allgemeinen bei der Produktion von Keramik verwendet und Muskowit wird für die elektrische Isolierung und als Glitter verwendet. Außerdem enthalten Pegmatite oft seltene Elemente und Halbedelsteine wie Beryll, Topas und Turmalin. Zudem findet man gelegentlich Minerale, die die Elemente Lithium, Cäsium, Uran und die seltenen Erden[6] enthalten (▶Abbildung 23.19). Die meisten Pegmatite befinden sich innerhalb großer magmatischer Massen oder in Gängen, die ins Wirtsgestein schneiden, das die Magmenkammer umgibt (▶Abbildung 23.20).

Nicht alle Magmen in später Phase erzeugen Pegmatite und nicht alle besitzen eine granitische Zusammensetzung. Es ist eher so, dass manche Magmen mit Eisen oder gelegentlich Kupfer angereichert werden. Beispielsweise bei Kiruna, Schweden, verfestigte sich Magma, das zu über 60 Prozent aus Magnetit bestand, und erzeugte eine der größten Eisenlagerstätten der Welt.

23.7.2 Diamanten

Ein weiteres wirtschaftlich wichtiges Mineral magmatischen Ursprungs sind Diamanten. Sie sind zwar am besten als Edelsteine bekannt, werden aber auch sehr intensiv als Schleifmittel verwendet. Diamanten entstehen in einer Tiefe von fast 200 Kilometern, wo der lithostatische Druck groß genug ist, um diese Hochdruckform des Kohlenstoffs zu erzeugen. Sind sie kristallisiert, werden die Diamanten durch rohrähnliche Schlote (Pipes), die im Durchmesser zunehmen, nach oben zur Oberfläche transportiert. In den Schloten, die Diamanten enthalten, findet man Diamantkristalle, die in einem ultramafischen Gestein, dem *Kimberlit*, fein verteilt (disseminiert) sind. Die ertragreichsten Kimberlit-Schlote befinden sich in Südafrika. In den Vereinigten Staaten liegt die einzige äquivalente Diamantquelle in der Nähe von Murfreesboro, Arkansas, doch ist diese Lagerstätte heute ausgebeutet und dient nur noch als Touristenattraktion.

Abbildung 23.19: Dieser Pegmatit in den Black Hills von Süd-Dakota wurde wegen seiner großen Spodumenkristalle, einer wichtigen Lithiumquelle, abgebaut. Die Pfeile deuten auf die Abdrücke, die die Kristalle hinterlassen haben. Beachten Sie die Person oberhalb der Bildmitte als Vergleichsmaßstab. (Foto: James G. Kirchner)

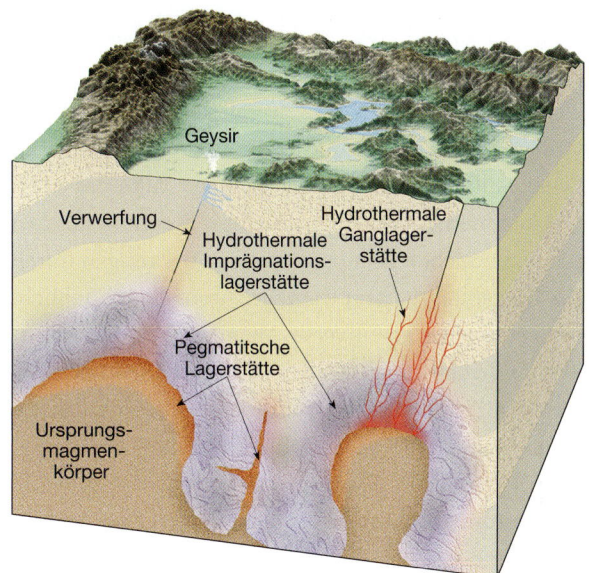

Abbildung 23.20: Darstellung des Zusammenhangs zwischen dem Ursprungsmagmenkörper, dem damit vergesellschafteten Pegmatit und den hydrothermalen Lagerstätten

23.7.3 Hydrothermale Lösungen

Zu den bekanntesten und wichtigsten Erzlagerstätten gehören die durch **hydrothermale Lösungen** (heißes Wasser) entstandenen Lagerstätten. Zu dieser Gruppe zählen die Goldlagerstätten der Homestake-Mine in Süd-Dakota; die Blei-, Zink- und Silbererze in der Nähe von d'Alene, Idaho; die Silberlagerstätten der Comestock Lode in Nevada und die Kupfererze der Keweenaw-Halbinsel in Michigan (▶Abbildung 23.21).

---

6 Die seltenen Erden umfassen eine Gruppe von 15 Elementen (Ordnungszahl 57 bis 71), die ähnliche Eigenschaften besitzen. Sie sind nützliche Katalysatoren bei der Erdölraffination und werden zur Farberhaltung in Fernsehröhren verwendet.

Abbildung 23.21: Gediegen Kupfer von der Keweenaw-Halbinsel im nördlichen Michigan ist ein ausgezeichnetes Beispiel für eine hydrothermale Lagerstätte. Es gab eine Zeit, in der dieses Gebiet eine wichtige Kupferquelle war; heute ist diese Quelle aber weitgehend erschöpft. (Foto: E.J. Tarbuck)

Ein Großteil der hydrothermalen Lagerstätten entstehen durch heiße, metallreiche Fluide und sind Überreste eines späten, magmatischen Prozesses. Während der Verfestigung akkumulieren sich Flüssigkeiten und verschiedene Metallionen nahe des Magmenkammerndachs. Aufgrund ihrer Mobilität können die ionenreichen Lösungen große Entfernungen durch das Umgebungsgestein wandern, bevor sie schließlich, normalerweise als diverse Metallsulfide, abgelagert werden (Abbildung 23.20). Manche dieser Fluide bewegen sich entlang von Öffnungen wie Schichtflächen oder Brüchen, wo sie abkühlen und die Metallionen ausfällen und so **Ganglagerstätten** entstehen lassen (▶Abbildung 23.22). Viele der ertragreichen Silber-, Gold- und Quecksilberlagerstätten treten als hydrothermale Ganglagerstätten auf.

Einen weiteren wichtigen Akkumulationstyp, der durch hydrothermale Aktivität erzeugt wird, nennt man **Imprägnationslagerstätte**. Diese Erze sind nicht in schmalen Adern und Gängen konzentriert, sondern als winzige Massen in der gesamten Gesteinsmasse verteilt. Ein Großteil des Kupfers weltweit wird aus Imprägnationslagerstätten gewonnen, dazu gehören auch die Vorkommen in Chuquicamata, Chile und der riesigen Bingham-Canyon-Kupfermine in Utah (siehe Exkurs 23.3). Da diese Vorkommen nur 0,4 bis 0,8 Prozent Kupfer enthalten, müssen zwischen 125 bis 250 Kilogramm Erz pro Kilogramm Metall abgebaut werden. Die Auswirkungen auf die Umwelt durch diesen großen Abbau einschließlich des Problems der Abfallbeseitigung sind bedeutend.

Manche hydrothermale Vorkommen entstanden durch die normale Zirkulation des Grundwassers in Gebieten, wo sich Magma in Oberflächennähe absetzte. Der Yellowstone-Nationalpark ist ein modernes Beispiel einer derartigen Situation (▶Abbildung 23.23). Dringt Grundwasser in eine Zone mit rezenter magmatischer Aktivität, steigt seine Temperatur an und verstärkt seine Fähigkeit, Minerale zu lösen. Diese wandernden heißen Wasser entfernen metallische Ionen von intrusiven, magmatischen Gesteinen und transportieren sie nach oben, wo sie als Erzkörper abgelagert werden können. In Abhängigkeit von den Bedingungen können die entstandenen Anhäufungen als Ganglagerstätte, als Imprägnationslagerstätte oder, wo die hydrothermalen Lösungen die Oberfläche erreichen, in Form von heißen Quellen oder Geysiren als Oberflächenvorkommen auftreten.

Mit der Entwicklung der Theorie der Plattentektonik wurde klar, dass manche hydrothermale Lagerstätten entlang alter Mittelozeanischer Rücken entstehen. Ein gut bekanntes Beispiel findet man auf der Insel Zypern, wo Kupfer seit 4.000 Jahren abgebaut wird. Offensichtlich stellen diese Lagerstätten Erze dar, die am Ozeanboden an alten Spreizungszentren entstanden sind.

Seit Mitte der 1970er Jahre wurden aktive heiße Quellen und metallreiche Sulfidlagerstätten an mehreren Stellen entdeckt, einschließlich der Forschungsgebiete entlang des Ostpazifischen Rückens und dem Juan-de-Fuca-Rücken. Die Lagerstätten bilden sich dort, wo aufgeheiztes Meerwasser, das reich an gelösten Metallen und Schwefel ist, aus dem Ozeanboden als mit Teilchen beladene Wolke, sogenannte Schwarze Raucher (Black Smokers), herausströmt. Wie in ▶Abbildung 23.24 gezeigt wird, durchdringt Meerwasser die heiße ozeanische Kruste entlang der Rückenflanken. Während sich das Wasser durch das neu gebildete Material bewegt, wird es aufgeheizt und reagiert chemisch mit dem Basalt, wobei Schwefel, Eisen, Kupfer und andere Metalle extrahiert und transportiert werden. Nahe der Rückenachse steigt das heiße, metallreiche Fluid entlang von Verwerfungen auf. Erreicht das Fluid den Ozeanboden, vermischt sich die Flüssigkeit mit kaltem Meerwasser und die Sulfide fallen in Form von massiven Sulfidlagerstätten aus.

23.7 Mineralressourcen und magmatische Prozesse

Abbildung 23.22: Gneis von Quarzadern durchzogen am Diabolo Lake Overlook im North-Cascades-Nationalpark, Washington. (Foto: James E. Patterson)

Abbildung 23.23: Manche hydrothermalen Lagerstätten bilden sich durch die Zirkulation von aufgeheiztem Grundwasser in Regionen, wo sich Magma nahe der Oberfläche befindet, wie im Gebiet des Yellowstone-Nationalparks. (Foto: Craig J. Brown/Liasion Agency, Inc.)

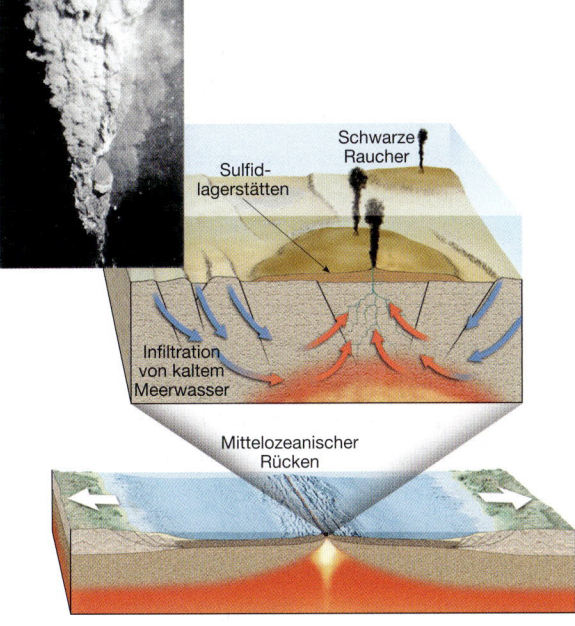

Abbildung 23.24: Massive Sulfidlagerstätten können durch die Zirkulation von Meerwasser durch die ozeanische Kruste entlang von Spreizungszentren entstehen. Während das Meerwasser in die heiße basaltische Kruste dringt, laugt es Schwefel, Eisen, Kupfer und andere Metalle aus. Die heiße, angereicherte Lösung gelangt nahe der Rückenachse durch Verwerfungen und Brüche zum Ozeanboden. Manche Metallsulfide können in diesen Kanälen ausgefällt werden, wenn die aufsteigende Lösung sich abzukühlen beginnt. Taucht die heiße Lösung aus dem Ozeanboden auf und vermischt sich mit kaltem Meerwasser, fallen die Sulfide aus, um massive Lagerstätten zu bilden. Das Foto zeigt eine Nahaufnahme eines schwarzen Rauchers, der heißes mineralreiches Meerwasser entlang des Ostpazifischen Rückens ausspeit. (Foto: © Robert Ballard, Woods Hole Oceanographic Institution)

Minerallagerstätten und metamorphe Prozesse 23.8

Die Rolle der Metamorphose bei der Entstehung von Minerallagerstätten ist häufig an magmatische Prozesse gebunden. Beispielsweise werden viele wichtige metamorphe Erzlagerstätten durch Kontaktmetamorphose erzeugt. Dabei wird das Wirtsgestein durch Wärme, Druck und hydrothermale Lösungen, die aus einer intrudierenden magmatischen Masse hervorgehen, umkristallisiert und chemisch verändert. Das Ausmaß, in welchem das Wirtsgestein verändert wird, hängt sowohl von den Eigenschaften der intrudierenden magmatischen Masse als auch von denen des Wirtsgesteins ab.

Manche beständige Materialien, wie Quarzsandstein, zeigen vielleicht nur eine geringe Veränderung, wogegen andere, wie Kalkstein, die Auswirkungen der Metamorphose über mehrere Kilometer vom Pluton entfernt aufweisen können. Wenn heiße, ionenreiche Fluide durch den Kalkstein wandern, vollziehen sich chemische Reaktionen, wobei nützliche Minerale wie Korund und Granat gebildet werden. Zudem entweicht bei diesen Prozessen Kohlendioxid, was die Wanderung metallischer Ionen nach außen stark erleichtert. Deswegen werden Plutone, die in Kalksteinschichten eingedrungen sind, häufig von metallreichen Aureolen umsäumt.

Bei den häufigsten metallischen Minerale, die mit Kontaktmetamorphose assoziiert sind, handelt es sich um Sphalerit (Zink), Bleiglanz (Blei), Chalcopyrit (Kupfer), Magnetit (Eisen) und Bornit (Kupfer). Die hydrothermalen Erzlagerstätten können disseminiert (fein verteilt) in der gesamten veränderten Zone vorkommen oder als konzentrierte Massen auftreten, die entweder neben dem Intrusivkörper oder entlang der Metamorphoseränder zu finden sind.

Die Regionalmetamorphose kann auch brauchbare Minerallagerstätten erzeugen. Rufen Sie sich ins Gedächtnis zurück, dass an konvergenten Plattengrenzen die ozeanische Kruste zusammen mit Sedimenten, die am Kontinentalrand angehäuft wurden, in große Tiefen transportiert wird. In diesen Hochtemperatur-, Hochdruck-Milieus werden die Mineralogie und das Gefüge des subduzierten Materials verändert, wobei Lagerstätten von nichtmetallischen Mineralen wie Talk und Graphit erzeugt werden.

Verwitterung und Erzlagerstätten 23.9

Die Verwitterung erzeugt durch Konzentration kleiner Metallmengen, die im unverwitterten Gestein verteilt sind, viele wichtige Minerallagerstätten von wirtschaftlich rentablen Konzentrationen. Solch eine Transformation wird oft als **sekundäre Anreicherung** bezeichnet und kann auf zwei Arten stattfinden. Einerseits kann chemische Verwitterung zusammen mit nach unten sickerndem Wasser nicht gewünschtes Material vom sich zersetzenden Gestein entfernen und die wünschenswerten Elemente in der oberen Bodenzone zurücklassen. Die zweite Möglichkeit ist quasi das Gegenteil der ersten. So können begehrenswerte Elemente, die man in niedrigen Konzentrationen nahe der Oberfläche findet, entfernt und in tiefere Zonen transportiert werden, wo sie wieder abgeschieden und stärker konzentriert werden.

23.9.1 Bauxit

Die Bildung von *Bauxit*, das Primärerz von Aluminium, ist ein wichtiges Beispiel eines Erzes, das als Folge einer Anreicherung durch Verwitterungsprozesse entsteht (▶Abbildung 23.25). Obwohl Aluminium das dritthäufigste Element in der Erdkruste ist, kommen wirtschaftlich rentable Konzentrationen dieses wichtigen Metalls nicht häufig vor, da Aluminium an Silikatminerale gebunden ist, aus denen es äußerst schwierig zu gewinnen ist.

Bauxit bildet sich in regenreichen, tropischen Klimaten in Vergesellschaftung mit Laterit. (Tatsächlich spricht man von Bauxit manchmal als Aluminium-Laterit.) Werden aluminiumreiche Ursprungsgesteine intensiver und lang andauernder chemischer Verwitterung der Tropen ausgesetzt, werden die häufigen Elemente, einschließlich Calcium, Natrium und Silizium durch Auslaugung entfernt. Da Aluminium extrem unlöslich ist, wird es im Boden als Bauxit, einem Aluminiumhydroxid, konzentriert. Folglich hängt die Entstehung von Bauxit von zwei Dingen ab, den klimatischen Bedingungen und dem Vorhandensein eines aluminiumreichen Ursprungsgesteins. Wichtige

Abbildung 23.25: Bauxit ist ein Aluminiumerz und bildet sich als Folge von Verwitterungsprozessen unter tropischen Bedingungen. Seine Färbung variiert von rot oder braun zu fast weiß. (Foto: E.J. Tarbuck)

Vorkommen von Nickel und Kobalt findet man ebenso in Lateritböden vor, die sich aus magmatischen Gesteinen bilden, die reich an Eisen- und Magnesiummineralen sind.

23.9.2 Andere Lagerstätten

Viele Kupfer- und Silberlagerstätten entstehen, wenn die Verwitterungsprozesse Metalle konzentrieren, die durch ein niedriggradiges Primärerz abgelagert wurden. Für gewöhnlich treten solche Anreicherungen in Vorkommen auf, die Pyrit (FeS_2) enthalten, das häufigste und am weitesten verbreitete Sulfidmineral. Pyrit ist wichtig, da sich bei seiner Verwitterung Schwefelsäure bildet, die es dem durchsickernden Wasser ermöglicht, Erzmetalle zu lösen. Sind die Metalle einmal gelöst, wandern sie allmählich durch den primären Erzkörper nach unten, bis sie ausgefällt werden. Die Ablagerung tritt aufgrund von Veränderungen in der Chemie der Lösung auf, wenn sie die Grundwasserzone erreichen (die Zone unter der Oberfläche, in der alle Porenräume mit Wasser gefüllt sind). Auf diese Weise kann ein kleiner Prozentsatz von verteiltem Metall aus einem riesigen Gesteinskörper entfernt und als höher konzentriertes Erz in einem kleineren Gesteinsvolumen abgelagert werden.

Dieser Anreicherungsprozess ist für den wirtschaftlichen Erfolg vieler Kupferlagerstätten entscheidend, wie z.B. in einer Lagerstätte in Miami, Arizona. Dort wurde das Erz von weniger als 1 Prozent Kupfer in dem Primärvorkommen auf bis zu 5 Prozent Kupfer in manchen, in der Ausdehnung jedoch begrenzten Anreicherungen aufgewertet. Verwittert (oxidiert) Pyrit nahe an der Oberfläche, verbleiben Überreste von Eisenoxid. Eine rostfarbene Bedeckung an der Oberfläche (der sogenannte „Eiserne Hut") weist auf die Möglichkeit hin, darunter angereichertes Erz zu finden, und es stellt einen sichtbaren Hinweis für Prospektoren dar.

23.10 Seifen

Sortierung hat typischerweise zur Folge, dass Körner gleicher Größe zusammen abgelagert werden. Doch tritt auch eine Sortierung nach dem spezifischen Gewicht der Körner auf. Dieser letztgenannte Sortierungstyp ist für die Entstehung von **Seifen** verantwortlich. Seifen sind Lagerstätten, die sich bilden, wenn schwere Minerale mechanisch durch Strömungen konzentriert werden. Seifen, die mit einem Fluss assoziiert sind, gehören zu den häufigsten und bekanntesten; doch kann der Sortierungsvorgang durch Wellen auch Seifen entlang der Küste erzeugen. In Seifen findet man nicht nur Minerale vor, die schwer sind, sondern auch solche, die beständig (um die physikalische Zerstörung durch den Transport zu überdauern) und chemisch widerstandsfähig (um Verwitterungsprozesse zu überdauern) sind. Seifen bilden sich, da sich schwere Minerale schnell aus einer Strömung absetzen, wobei weniger dichte Partikel in Suspension verbleiben und weiter vorangetragen werden. Allgemeine Akkumulationsstellen sind Nehrungen, die Innenseiten (Gleithänge) von Mäandern sowie Risse, Kolke und andere Unebenheiten in Flussbetten.

Es gibt viele wirtschaftlich wichtige Seifenlagerstätten, wobei Goldablagerungen am besten bekannt sind. Tatsächlich waren es die 1848 entdeckten Seifenvorkommen, die das berühmte kalifornische Goldfieber auslösten. Einige Jahre später führten ähnliche Vorkommen zu einem Goldfieber auch in Alaska (▶ Abbildung 23.26). Goldwaschen, also das Auswaschen von Sand und Kies aus einer flachen Schüssel, um den feinen „Staub" auf deren Boden zu konzentrieren, war eine verbreitete Methode, die von den frühen Goldsuchern verwendet wurde, um das wertvolle Metall zu gewinnen; es handelt sich aber auch um einen ähnlichen Prozess, wie der, bei dem die Seifen entstanden sind.

Abbildung 23.26: A. Es waren Seifenvorkommen, die 1848 zum kalifornischen Goldfieber geführt haben. Hier sieht man einen Goldsucher im Jahr 1850, der seine flache Schüssel herumschwenkt und so Sand und Schlamm von Goldflocken trennt. (Foto: mit freundlicher Genehmigung vom Seaver Center für Western-Geschichtsforschung, Los Angeles County, Museum für Naturgeschichte) **B.** Moderner Goldabbau einer Seifenlagerstätte nahe Nome, Alaska. Der Schwimmbagger schaufelt aufgetauten Kies herauf. (Foto: Fred Bruemmer/DRK Photo)

Außer Gold bilden andere schwere und beständige Minerale Seifen. Dazu gehören Platin, Diamanten und Zinn. Im Uralgebirge gibt es reiche Platinseifen und im südlichen Afrika (Namibia) sind Seifen wichtige Diamantenquellen. Bedeutende Anteile an der Weltversorgung von Cassiterit, das Hauptzinnerz, stammen aus Seifenvorkommen in Malaysia und Indonesien. Cassiterit ist häufig in granitischem Gestein, aber in kleinen Kristallen fein verteilt. Auf diese Weise ist das Mineral nicht genügend konzentriert, um profitabel gewonnen zu werden. Doch wenn das ihn einschließende Gestein sich auflöst und zerfällt, werden die schweren und beständigen Cassiterit-Körner freigesetzt. Schließlich werden die freigesetzten Partikel in einen Fluss gespült, wo sie als Seifen abgelagert werden, die wesentlich konzentrierter sind als das ursprüngliche Vorkommen. Ähnliche Umstände und Ereignisse haben viele Minerale gemeinsam, die aus Seifen abgebaut werden.

In manchen Fällen kann das Ursprungsgestein einer Seife ausgemacht werden und es kann auch ein wichtiger Erzkörper sein. Indem man den Seifenablagerungen flussaufwärts folgt, kann man das Ursprungsvorkommen ausmachen. So wurde die goldführende Ader der Mother Lode des Sierra Nevada-Batholiths in Kalifornien gefunden, ebenso wie die berühmten Diamantminen von Kimberly in Südafrika. Die Seifen wurden zuerst entdeckt und das Ursprungsvorkommen im Anschluss.

> **Studenten fragen manchmal …**
>
> **Wie groß war das größte Goldnugget, das je gefunden wurde?**
>
> Das größte Goldnugget, das je entdeckt wurde, war das Welcome Stranger Nugget, das 1869 drei Zentimeter unter der Oberfläche unter den Wurzeln eines Eukalyptusbaums in der Goldgräberregion von Viktoria in Australien gefunden wurde. Es wog massive 2.316 Unzen, das sind etwa 72 Kilogramm. Das größte bekannte, noch heute existierende Goldnugget wurde 1980 in der Nähe von Kingower in Viktoria, Australien, freigelegt. Man fand es mit einem Metalldetektor; es wiegt 27,2 Kilogramm. Es wurde 1982 verkauft und wird nun im Golden Nugget Casino in Las Vegas, Nevada, ausgestellt.

23.11 Nichtmetallische Mineralressourcen

Erdmaterialien, die nicht zur Verbrennung oder zur Gewinnung von in ihnen enthaltenem Metallen dienen, werden als **nichtmetallische Mineralressourcen** bezeichnet. Beachten Sie, dass die Verwendung des Worts „Mineral" im wirtschaftlichen Zusammenhang sehr weit gefächert ist und sich deutlich von der strengen geologischen Definition eines Minerals (Kapitel 3) unterscheidet. Nichtmetallische Mineralressourcen werden entweder wegen der nichtmetallischen Elemente, die sie enthalten, oder wegen ihrer physikalischen oder chemischen Eigenschaften gewonnen und weiterverarbeitet.

Die Menschen erkennen oft die Bedeutung nichtmetallischer Minerale nicht, da sie nur die Produkte sehen, die aus ihrer Verwendung entstammen und nicht die Minerale selbst. Das bedeutet, viele nichtmetallische Minerale werden beim Prozess zur Herstellung anderer Produkte verwendet. Beispiele dafür sind Fluorit und Kalkstein, die am Prozess der Stahlherstellung teilhaben, die Schleifmittel, mit welchen Maschinenteile hergestellt werden, und die Düngemittel, mit deren Hilfe Nutzpflanzen wachsen können (▶ siehe Tabelle 23.4).

Die Mengen an nichtmetallischen Mineralen, die jedes Jahr verwendet werden, sind enorm. Ein Blick auf die Abbildung 23.2) erinnert uns daran, dass der Pro-Kopf-Verbrauch von nicht brennbaren Ressourcen in den Vereinigten Staaten insgesamt mehr als elf metrische Tonnen beträgt, von welchen etwa 94 Prozent nichtmetallisch sind. Die nichtmetallischen Minerale werden normalerweise in zwei große Gruppen eingeteilt – *Baumaterialien* und *Industrieminerale*. Da manche Substanzen viele verschiedene Verwendungen besitzen, findet man sie in beiden Kategorien vor. Kalkstein, vermutlich das vielseitigste und am meisten verwendete Gestein von allen ist das beste Beispiel. Als Baumaterial wird er nicht nur als Schotter und Baustein, sondern auch zur Herstellung von Zement verwendet. Darüber hinaus wird Kalkstein als Industriemineral als Zuschlagstoff bei der Stahlherstellung und in der Landwirtschaft zum Neutralisieren von Böden eingesetzt.

Mineral	Verwendung	Geologische Vorkommen
Apatit	Phosphordünger	Sedimentäre Ablagerungen
Asbest	Nicht entflammbare Fasern	Metamorphe Veränderungen (Chrysotil)
Calcit	Zuschlag, Stahlherstellung, Bodenverbesserung, Chemikalien, Bausteine	Sedimentäre Ablagerungen
Tonminerale	Keramik, Porzellan	Residualprodukt der Verwitterung (Kaolinit)
Korund	Schmuckstein, Schleifmittel	Metamorphe Lagerstätten
Diamant	Schmuckstein, Schleifmittel	Kimberlitschlote, Seifen
Fluorit	Stahlherstellung, Raffination von Aluminium; Glas, Chemikalien, Optik (Linsen für Mikroskope)	Hydrothermale Ablagerungen
Granat	Schleifmittel, Schmucksteine	Metamorphe Lagerstätten
Graphit	Bleistiftminen, Schmiermittel, feuerfeste Materialien	Metamorphe Lagerstätten
Gips	Gipsmörtel	Evaporitlagerstätten
Halit	Speisesalz, Chemikalien, Streusalz	Evaporitlagerstätten, Salzstöcke
Muskowit	Isolierung bei elektrischen Anwendungen	Pegmatite
Quarz	Hauptinhaltsstoff bei Glas	Magmatische Intrusionen, sedimentäre Ablagerungen
Schwefel	Chemikalien, Düngerherstellung	Sedimentäre Ablagerungen, hydrothermale Ablagerungen
Sylvin	Kaliumdünger	Evaporitlagerstätten
Talk	Puder für Farben, Kosmetika etc.	Metamorphe Lagerstätten

Tabelle 23.4: Vorkommen und Verwendung nichtmetallischer Minerale.

23 Energie und Mineralressourcen

23.11.1 Baumaterialien

Natürlicher Zuschlag besteht aus gebrochenen Gesteinen (Split), Sand und Kies. In Bezug auf Menge und Preis ist Zuschlag ein sehr wichtiges Baumaterial. Die Vereinigten Staaten stellen jährlich etwa 2 Milliarden Tonnen Zuschlag her, was etwa die Hälfte des gesamten Abbaus von Brennstoffen des Landes ausmacht. Zuschlag wird in jedem Staat kommerziell hergestellt und bei fast allen Bauten und den meisten öffentlichen Bauvorhaben verwendet (▶ Abbildung 23.27).

Zu weiteren wichtigen Baumaterialien gehören Gips für Putz und Wandplatten, Ton für Fliesen und Ziegel und Zement, der aus Kalkstein, Sand und Ton besteht. Zement und Zuschlag werden zur Herstellung von Beton benötigt, der bei praktisch allen Bauten verwendet wird. Durch Zuschlag gewinnt der Beton an Stärke und Volumen und der Zement verbindet die Mischung zu einer steinharten Substanz. Nur zwei Kilometer einer vierspurigen Autobahn erfordern mehr als 85 metrische Tonnen von Zuschlag. In kleinerem Maßstab benötigt man 90 Tonnen Zuschlag, um nur ein durchschnittliches Haus mit sechs Zimmern zu bauen.

Da ein Großteil des Baumaterials weit verbreitet und fast in unbegrenzter Menge vorhanden ist, hat es einen sehr geringen eigentlichen Wert. Sein wirtschaftlicher Wert entsteht erst, nachdem es aus dem Boden entfernt und weiterverarbeitet wurde. Da der Wert pro Tonne verglichen mit Metallen und Industriemineralen gering ist, werden Abbau und Steinbrüche nur für die örtliche Nachfrage betrieben. Mit Ausnahme von speziellen Arten von geschliffenem Gestein für Gebäude und Monumente, transportiert man wegen der Kosten die Baumaterialien nur über geringe Entfernungen.

23.11.2 Industrieminerale

Viele nichtmetallische Ressourcen werden als Industrieminerale klassifiziert. In manchen Fällen sind diese Materialien bedeutend, da sie die Quelle von besonderen chemischen Elementen oder Verbindungen sind. Solche Minerale werden bei der Herstellung von Chemikalien und Düngemitteln verwendet. In anderen Fällen bezieht sich ihre Bedeutung auf ihre physikalischen Eigenschaften. Zu solchen Beispielen gehören Korund und Granat, die als Schleifmittel verwendet werden. Obwohl die Versorgung mit Industriemineralen im Allgemeinen reichlich ist, sind sie in keiner Weise in solchem Übermaß wie die Baumaterialien vorhanden. Zudem sind die Lagerstätten deutlich begrenzter in ihrer Verteilung und Ausdehnung. Deswegen müssen viele nichtmetallischen Ressourcen über beträchtliche Entfernungen transportiert werden, was wiederum die Kosten erhöht. Anders als die Baumaterialien, die nur wenig aufbereitet werden müssen, bevor sie weiterverarbeitet werden, benötigt man bei vielen Industriemineralen einen beträchtlichen Aufbereitungsprozess, um die gewünschte Substanz mit einem geeignetem Reinheitsgrad für seine eigentliche Verwendung zu extrahieren.

Düngemittel Das Wachstum der Weltbevölkerung in Richtung der 7-Milliarden-Grenze verlangt nach einer noch höheren Produktion von Grundnahrungsmitteln. Deswegen sind Düngemittel – hauptsächlich Nitrat-, Phosphat- und Kaliumverbindungen – extrem wichtig für die Landwirtschaft. Die Herstellung von syntheti-

Abbildung 23.27: Split, Sand und Kies werden hauptsächlich als Zuschlag in der Bauindustrie, besonders bei Zementbeton für Wohn- und Geschäftshäuser, Brücken und Flughäfen, und als Zementbeton oder als bitumenreicher Beton (Asphalt) für den Autobahnbau verwendet. Ein großer Prozentsatz wird ohne Bindemittel als Straßenunterlage, als Straßenbelag und als Schienenschotter verwendet. (Foto: Robert Ginn/PhotoEdit)

schem Nitrat aus der Atmosphäre ist die Quelle von praktisch allen Stickstoffdüngern. Die Hauptquelle für Phosphor und Kalium bleibt jedoch die Erdkruste. Das Mineral Apatit ist der Hauptlieferant für Phosphor. In den Vereinigten Staaten stammt die Hauptproduktion aus marinen Sedimentablagerungen in Florida und North Carolina (▶ Abbildung 23.28). Obwohl Kalium in vielen Mineralen reichlich vorhanden ist, sind seine wirtschaftliche Primärquelle Evaporite, die das Mineral Sylvin enthalten. In den Vereinigten Staaten haben die Lagerstätten in der Nähe von Karlsbad, New Mexiko, besondere Bedeutung.

Schwefel Aufgrund seiner vielfältigen Verwendung ist Schwefel eine wichtige nichtmetallische Ressource. In der Tat gibt es einen Index für den Industrialisierungsgrad eines Landes über die verwendete Menge an Schwefel. Mehr als 80 Prozent wird für die Schwefelsäureproduktion verwendet. Man verwendet sie zwar hauptsächlich bei der Herstellung von Phosphordüngern, es gibt aber auch eine große Menge anderer Anwendungsmöglichkeiten. Gewonnen wird Schwefel direkt aus Ablagerungen von reinem Schwefel, der mit Salzstöcken und Vulkangebieten vergesellschaftet ist, sowie aus den häufig auftretenden Eisensulfiden wie dem Pyrit. In den vergangenen Jahren wurde der Schwefel, der aus Kohle, Erdöl und Erdgas mit dem Ziel entfernt wurde, diese Brennstoffe weniger schädlich zu machen, eine zunehmend wichtige Rohstoffquelle.

Salz Gewöhnliches Salz, auch unter dem Namen *Halit* bekannt, ist eine weitere bedeutende und vielseitig verwendbare Ressource. Es gehört zu den wichtigsten nichtmetallischen Mineralen und dient als Rohmaterial für die chemische Industrie. Zudem werden große Mengen davon zur Wasserenthärtung und als Streusalz verwendet. Natürlich sind sich die Menschen dessen bewusst, dass Salz auch ein Grundnahrungsmittel darstellt und in vielen Nahrungsmittelprodukten enthalten ist.

Salz ist ein häufig vorkommender Evaporit und es werden mächtige Lagerstätten durch konventionelle Untertagebautechniken abgebaut. Ablagerungen unter der Oberfläche zapft man auch unter Verwendung von Solebrunnen an. Dabei wird ein Rohr in die Salzlagerstätte eingeführt und Wasser durch das Rohr nach unten gepumpt. Das Salz wird durch das Wasser gelöst und durch ein zweites Rohr zur Oberfläche gebracht. Zudem dient das Meerwasser wie seit Jahrhunderten auch weiterhin als Salzquelle. Man gewinnt das Salz, nachdem die Sonne das Wasser verdunstet hat.

Abbildung 23.28: Eine großer Übertagebau einer Phosphatmine in Florida. Das phosphathaltige Mineral Apatit ist ein Calciumphosphat, das am Aufbau von Knochen und Zähnen beteiligt ist. Fische und andere marine Organismen extrahieren Phosphat aus dem Meerwasser, um Apatit zu bilden Diese sedimentären Ablagerungen sind mit dem Ozeanboden eines Flachmeeres assoziiert. (Foto: C. Davidson/Comstock)

ZUSAMMENFASSUNG

Erneuerbare Energien können über relativ kurze Zeiträume wieder aufgefüllt werden. Beispiele dafür sind Naturfasern für Kleidungsstücke und Bäume für Nutzholz. *Nichterneuerbare Energien* bilden sich so langsam, dass die Erde vom menschlichen Standpunkt aus gesehen nur begrenzte Vorräte besitzt. Als Beispiele kann man Brennstoffe wie Erdöl und Kohle und Metalle wie Kupfer und Gold anführen. Eine rapide anwachsende Weltbevölkerung und der Wunsch nach einem besseren Lebensstandard können dazu führen, dass die nicht erneuerbaren Energien mit zunehmender Schnelligkeit abnehmen.

Kohle, Erdöl und Erdgas, die *fossilen Brennstoffe* unserer modernen Wirtschaft, sind alle mit Sedimentgesteinen vergesellschaftet. Die Kohle stammt von riesigen Mengen an Pflanzenüberresten, die sich in einem sauerstoffarmen Milieu, wie etwa einem Sumpf, angesammelt haben. Mehr als 70 Prozent der heutigen Kohleverwendung wird für die Erzeugung von Elektrizität aufgebracht. Die Luftverschmutzung, die durch Schwefeloxidgase entsteht, die sich bei der Verbrennung der meisten Kohletypen bilden, ist ein bedeutendes Umweltproblem.

Erdöl und Erdgas, die für gewöhnlich zusammen in den Porenzwischenräumen einiger Sedimentgesteine vorkommen, bestehen aus verschiedenen miteinander vermischten *Kohlenwasserstoffverbindungen* (Verbindungen aus Wasserstoff und Kohlenstoff). Erdöl entsteht aus der Akkumulation von Sedimenten in Ozeangebieten, die reich an Pflanzenmaterial und tierischen Überresten sind und begraben und in einem sauerstofffreien Milieu eingeschlossen wurden. Wenn sich das mobile Erdöl und das Erdgas bilden, wandern sie und akkumulieren sich in nahe gelegenen durchlässigen Schichten, wie beispielsweise Sandstein. Wird die Wanderung nach oben durch eine undurchlässige Gesteinsschicht aufgehalten, spricht man von einer *Deckschicht*, einem geologischen Milieu, das die Entwicklung einer unterirdischen Akkumulation an wirtschaftlich bedeutenden Mengen von Erdöl und Erdgas in *Erdölfallen* ermöglicht. Es gibt zwei grundlegende Bedingungen für alle Erdölfallen: (1) ein poröses, durchlässiges *Speichergestein*, das Erdöl und/oder Erdgas in ausreichender Menge enthält, und (2) eine Deckschicht.

Reichen konventionelle Erdölressourcen nicht mehr aus, könnten Brennstoffe, die aus *Ölsanden* und *Ölschiefern* stammen, an deren Stelle treten. Gegenwärtig machen Ölsande aus der Provinz Alberta 15 Prozent der Erdölproduktion Kanadas aus. Die Gewinnung von Erdöl aus Ölschiefern ist zurzeit noch unrentabel. Die Erdölproduktion aus Ölsanden und Ölschiefern birgt beträchtliche Nachteile für die Umwelt.

Mehr als 85 Prozent unserer Energie wird durch fossile Brennstoffe gedeckt. In den Vereinigten Staaten sind die wichtigsten alternativen Energiequellen die *Kernkraft* und die *Wasserkraft*. Andere alternative Energiequellen sind stellenweise von Bedeutung, machen aber insgesamt nur 1 Prozent des Energiebedarfs der Vereinigten Staaten aus. Dazu gehören die *Sonnenenergie*, die *geothermische Energie*, die *Windenergie* und die *Gezeitenenergie*.

Mineralressourcen sind das Kapital an brauchbaren Mineralen, die letztendlich kommerziell verfügbar sind. Zu den Ressourcen zählen bereits entdeckte Vorkommen, aus welchen Minerale profitabel gewonnen werden können. Sie werden *Reserven* genannt. Aber auch die Ressourcen, die wirtschaftlich oder technologisch noch nicht abbauwürdig sind, gehören dazu. Vorkommen, die man vermutet, aber noch nicht entdeckt wurden, betrachtet man ebenfalls als Mineralressourcen. Die Bezeichnung *Erz* verwendet man, um nützliche metallische Minerale zu beschreiben, die mit Gewinn abgebaut werden können, ebenso wie manche nichtmetallische Minerale, die brauchbare Substanzen wie Fluorit oder Schwefel enthalten.

Manche der wichtigsten Anhäufungen von Metallen wie Gold, Silber, Blei und Kupfer werden durch magmatische Prozesse erzeugt. Die bekanntesten und bedeutendsten Erzlagerstätten entstanden durch *hydrothermale* (heißes Wasser) Lösungen. Hydrothermale Lagerstätten haben ihren Ursprung in heißen, metallreichen Lösungen, die Überreste später magmatischer Prozesse sind. Diese eisenreichen Lösungen bewegen sich entlang von Brüchen oder Schichtgrenzen, kühlen sich dort ab und die Metallionen fallen aus und bilden so *Ganglagerstätten*. In einer *Imprägnationslagerstätte* (beispielsweise ein Großteil der weltweiten Kupfervorkommen) werden die Erze aus hydrothermalen Lösungen als winzigste Massen im gesamten Gesteinskörper verteilt.

Viele der wichtigsten metamorphen Erzlagerstätten entstehen durch Kontaktmetamorphose. Ausgedehnte Aureolen metallreicher Vorkommen umgeben häufig magmatische Körper, dort, wo die Ionen in Kalksteinschichten eingedrungen sind. Die häufigsten mit Kontaktmetamorphose vergesellschafteten Minerale sind Sphalerit (Zink), Galenit (Blei), Chalcopyrit (Kupfer), Magnetit (Eisen) und Bornit (Kupfer). Die metamorphen Gesteine selbst sind von gleicher wirtschaftlicher Bedeutung. In vielen Gebieten werden Tonschiefer, Marmor und Quarzit für verschiedene Bauzwecke verwendet.

Verwitterung erzeugt Erzlagerstätten durch die Konzentration von geringen Metallmengen zu wirtschaftlich wertvollen Lagerstätten. Dieser Prozess, häufig als *sekundäre Anreicherung* bezeichnet, vollzieht sich entweder durch (1) das Entfernen von unerwünschten Materialien und die Anreicherung der gewünschten Elemente in der oberen Bodenzone oder durch (2) das Entfernen und den Transport der gewünschten Elemente in tiefere Zonen, wo sie wieder abgelagert und stärker konzentriert werden. *Bauxit*, das Primärerz von Aluminium, ist ein wichtiges Erz, das als Folge der Anreicherung während des Verwitterungsprozesses entsteht. Zudem bilden sich viele Kupfer- und Silberlagerstätten, wenn Verwitterungsprozesse die Metalle konzentrieren, die vormals fein verteilt in niedriggradigem Primärerz enthalten waren.

ZUSAMMENFASSUNG

Erdmaterialien, die nicht zur Verbrennung verwendet oder zur Metallgewinnung weiterverarbeitet werden, bezeichnet man als *nichtmetallische* Ressourcen. Viele davon sind Sedimente oder Sedimentgesteine. Die beiden großen Gruppen der nichtmetallischen Ressourcen sind die *Baumaterialien* und die *Industrieminerale*. Kalkstein ist dabei vermutlich das am vielseitigsten verwendbare und am weitesten verbreitete Gestein von allen, die man in beiden Gruppen vorfindet.

Wiederholungsfragen

1. Stellen Sie erneuerbare und nicht erneuerbare Ressourcen gegenüber. Nennen Sie mindestens ein Beispiel.
2. Wie hoch ist die geschätzte Weltbevölkerung für das Jahr 2015? In welcher Relation steht diese Schätzung zu den Zahlen von 1930 und 1975? Wächst die Nachfrage für Ressourcen genauso schnell wie die Weltbevölkerung?
3. Für welchen Zweck wird mehr als 70 Prozent des heutigen Kohleverbrauchs verwendet?
4. Was ist eine Erdölfalle? Nennen Sie zwei Bedingungen, die alle Erdölfallen gemeinsam haben.
5. Nennen Sie zwei Probleme, die mit der Verarbeitung von Ölsanden, die an der Oberfläche abgebaut werden, auftreten.
6. Die Vereinigten Staaten besitzen riesige Ölschiefervorkommen, bauen diese aber nicht kommerziell ab. Erklären Sie diesen Sachverhalt.
7. Was ist der Hauptbrennstoff für nukleare Kernspaltungsreaktoren?
8. Nennen Sie zwei Gründe, die die Entwicklung von Kernkraft als Hauptenergiequelle verhindert haben. Welchen umweltbezogenen Vorteil hat die Kernkraft, verglichen mit fossilen Brennstoffen?
9. Beschreiben Sie kurz die beiden Methoden, durch die man Solarenergie zur Stromerzeugung verwenden könnte.
10. Erklären Sie, warum Dämme, die gebaut werden, um Strom durch Wasserkraft zu erzeugen, eine begrenzte Lebensdauer haben.
11. Welche Vorteile bietet die Energieerzeugung durch Gezeitenkraft? Besteht die Möglichkeit, dass die Gezeiten einen bedeutenden Anteil an den weltweiten Energieanforderungen nach Elektrizität liefern werden?
12. Stellen Sie Ressource und Reserve gegenüber.
13. Was könnte der Grund für eine Reklassifizierung einer Minerallagerstätte als Erz sein, die man vorher nicht so einstufte?
14. Nennen Sie zwei grundlegende Typen von hydrothermalen Lagerstätten.
15. Metamorphe Erzlagerstätten sind oft mit magmatischen Prozessen vergesellschaftet. Nennen Sie ein Beispiel.
16. Nennen Sie das Primärerz von Aluminium und beschreiben Sie seine Bildung.
17. Eine rostfarbene Zone von Eisenoxid an der Oberfläche könnte auf das Vorhandensein einer Kupferlagerstätte in der Tiefe hinweisen. Erklären Sie dies kurz.
18. Beschreiben Sie kurz, auf welche Weise sich Minerale in Seifen akkumulieren. Nennen Sie vier Minerale, die aus solchen Lagerstätten abgebaut werden.
19. Was ist größer, der Pro-Kopf-Verbrauch von metallischen oder der von nichtmetallischen Ressourcen?
20. Nichtmetallische Ressourcen werden normalerweise in zwei große Gruppen eingeteilt. Nennen Sie die zwei Gruppen und einige Beispiele von Materialien, die jeweils dazugehören. Welche Gruppe ist am weitesten verbreitet?

Größere Multiple-Choice-Tests zur Wissenskontrolle und Prüfungsvorbereitung sowie weitere Informationen zu diesem Buchkapitel finden Sie auf der Companion Website zum Buch unter **www.pearson-studium.de**

Planetare Geologie

24.1 Die Planeten – ein Überblick 791

24.2 Der Erdmond 795

24.3 Die Planeten – eine kurze Beschreibung 800

24.4 Kleinere Mitglieder des Sonnensystems: Asteroiden, Kometen, Meteoriten und Zwergplaneten 815

Zusammenfassung 824

Wiederholungsfragen 825

24 Planetare Geologie

Panoramablick einer Marslandschaft, aufgenommen vom *Spirit Rover* im Jahr 2004. (NASA/JPL/Cornell/Peter Arnold Inc.)

Als die Menschen zum ersten Mal erkannten, dass die Planeten der Erde mehr ähneln als den Sternen, wuchs die Spannung. Könnte es intelligentes Leben auf diesen anderen Planeten oder anderswo im Universum geben? Die Erkundung des Alls hat dieses Interesse wieder angefacht. Bisher ist kein Hinweis auf extraterrestrisches Leben innerhalb unseres Sonnensystems aufgetaucht. Dennoch untersuchen wir die anderen Planeten, um mehr über die Entstehung der Erde und ihre frühe Geschichte zu erfahren. Die jüngsten Erkundungen des Alls wurden mit diesem Ziel vorbereitet.

Die Planeten – ein Überblick 24.1

Die Sonne ist das Zentrum eines riesigen rotierenden Systems aus acht klassischen Planeten, ihren Trabanten und zahlreichen kleineren Asteroiden, Kometen, Meteoriten und Zwergplaneten. In der Sonne sind 99,85 Prozent der Masse unseres Sonnensystems enthalten. Die Planeten machen gemeinsam die übrigen 0,15 Prozent aus. Die Planeten, die sich außerhalb der Sonne bewegen, sind Merkur, Venus, Erde Mars, Jupiter, Saturn, Uranus und Neptun (▶Abbildung 24.1). Pluto wurde auf der 26. Generalversammlung der Internationalen Astronomischen Union im August 2006 in Prag der Status des Planeten entzogen, er wird inzwischen als ein Zwergplanet („Kuiper-Objekt") klassifiziert, weil es zahlreiche ähnliche, teils sogar größere Körper seiner Art gibt.

Durch den Einfluss der Sonne ist jeder Planet durch die Schwerkraft an eine fast kreisförmige Umlaufbahn gebunden – alle bewegen sich in die gleiche Richtung. Der sonnennächste Planet Merkur besitzt die schnellste Umlaufgeschwindigkeit mit 48 Kilometern pro Sekunde und mit 88 Erdtagen die kürzeste Umlaufzeit um die Sonne. Der weit entfernte Zwergplanet Pluto dagegen hat eine Umlaufgeschwindigkeit von 5 Kilometern pro Sekunde und benötigt 248 Erdenjahre für eine vollständige Umlaufbahn. Zudem liegen die Orbitalebenen von sieben Planeten innerhalb von 3° zu der Ebene des Sonnenäquators. Die andere von Merkur ist mit 7° geneigt.

24.1.1 Wie entstanden die ersten Planeten?

Die Sonne und die Planeten bildeten sich zur gleichen Zeit aus einer großen rotierenden Wolke aus interstellarem Staub und Gas, der **Solarnebel** genannt wird. Als sich der Solarnebel zusammenzog, sammelte sich die überwiegende Mehrheit des Materials im Zentrum an und bildete die heiße *Protosonne*. Der restliche Teil bildete eine flache, sich drehende Scheibe. Innerhalb dieser sich drehenden Scheibe verklumpte die Materie allmählich zu immer größeren Objekten, die **Planetesimale** genannt werden und in der Größe den heutigen Asteroiden ähnelten. Die Zusammensetzung der Planetesimale hing im Wesentlichen von ihrer Position in Bezug auf die Protosonne ab. Die Temperaturen waren in der Nähe der Protosonne wesentlich höher als in

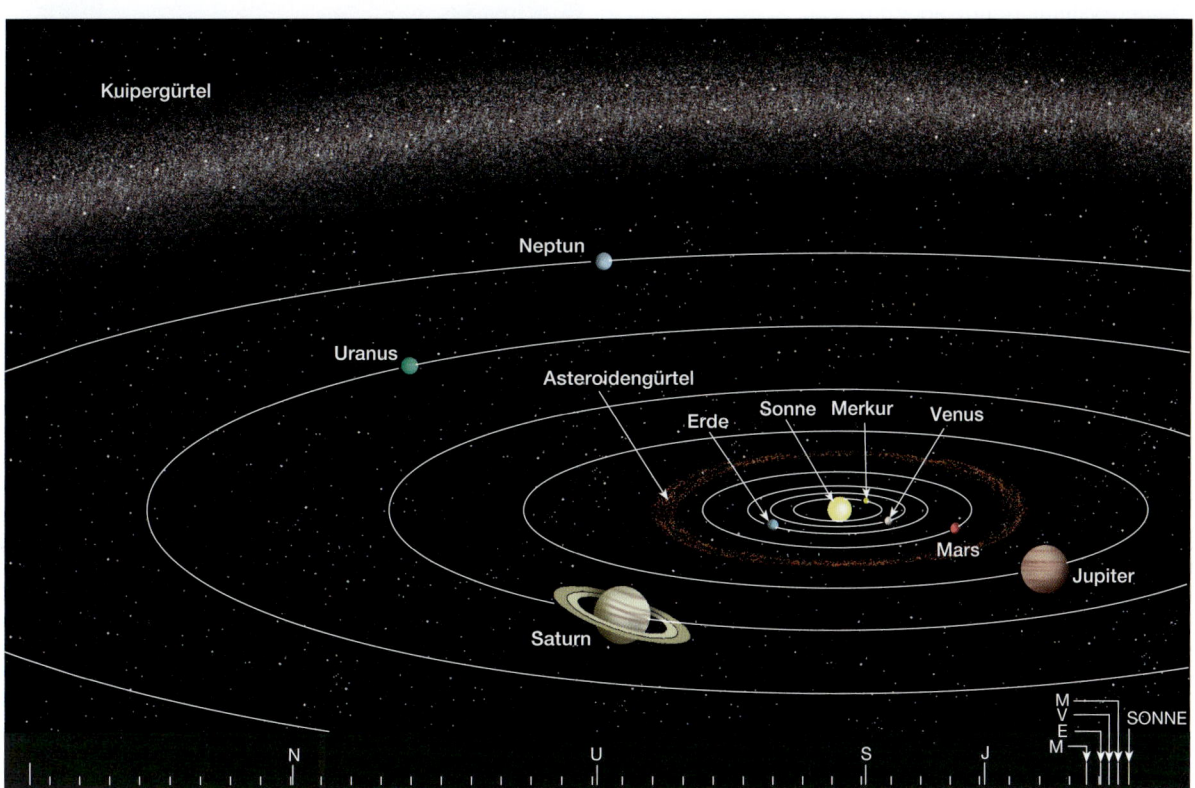

Abbildung 24.1: Die Umlaufbahnen der Planeten. Die Positionen der Planeten werden maßstabsgetreu unten am Diagramm gezeigt.

24 Planetare Geologie

den äußeren Bereichen der Scheibe. Das war entscheidend, da in einer bestimmten Position nur die Materialien für die Bildung von Planetesimalen verfügbar waren, die kondensieren konnten und feste oder flüssige Partikel bildeten.

In der Nähe der gegenwärtigen Umlaufbahn von Merkur kondensierten vorwiegend metallische Körner und Silikate mit hohem Schmelzpunkt – es war einfach zu heiß für andere Substanzen. Weiter außerhalb in der Nähe der Erdumlaufbahn verdichteten sich sowohl metallische als auch felsige Substanzen und jenseits vom Mars bildete sich zudem auch Eis aus Wasser, Kohlendioxid, Ammoniak und Methan. Aus diesen Materieklumpen formten sich die Planetesimale und durch wiederholtes Zusammenstoßen und Akkretion (Verschweißen) wuchsen sie zu acht **Protoplaneten** und ihren Monden an. Es dauerte aber dann noch etwa eine Milliarde Jahre, um das Sonnensystem von interplanetaren Trümmern zu befreien. Dies war eine Periode intensiver Einschläge, wie es auf dem Mond und überall im Sonnensystem zu sehen ist. Nur eine geringe Menge der interplanetaren Materie entkam dem Einfang durch einen Planeten und wurde zu Asteroiden, Kometen, Meteoriten oder Kuiper-Objekten. In Grundzügen hatte bereits der deutsche Philosoph Immanuel Kant (1724–1804) die Entstehung des Sonnensystems richtig erkannt.

24.1.2 Terrestrische und Gasplaneten

Eine sorgfältige Betrachtung von ▶Tabelle 24.1 zeigt, dass sich die Planeten relativ einfach in zwei Gruppen aufteilen: die **terrestrischen** (erdähnlichen) **Planeten** (Merkur, Venus, Erde, Mars) und die **Gasplaneten** (Jupiter, Saturn, Uranus und Neptun). Pluto wurde kürzlich zu einem *Zwergplaneten* (Kuiper-Objekt, nach einem US-Astronomen benannt) zurückgestuft – eine neue Klasse von Objekten im Sonnensystem, die eine Umlaufbahn um die Sonnen herum besitzen, doch ihren Platz mit anderen Himmelskörpern teilen. Wir werden die Eigenschaften von Zwergplaneten später in diesem Kapitel betrachten.

Der offensichtlichste Unterschied zwischen terrestrischen Planeten und den Gasplaneten liegt in ihrer Größe (▶Abbildung 24.2). Die größten terrestrischen Planeten (Erde und Venus) besitzen einen Durchmesser, der nur ein Viertel des Durchmessers des kleinsten Gasplaneten, dem Neptun, ausmacht. Auch ihre Massen betragen nur 1/17 der Masse Neptuns. Deswegen werden die Gasplaneten oft *Riesen* genannt. Wegen ihrer Positionen spricht man auch von **äußeren Planeten**, wogegen die **terrestrischen Planeten** als innere Planeten bezeichnet werden. Wie wir sehen werden, besteht eine Korrelation zwischen der Position dieser Planeten im Sonnensystem und ihren Größen.

Abbildung 24.2: Die Planten in maßstabsgetreuer Darstellung.

24.1 Die Planeten – ein Überblick

Planet	Symbol	Mittlere Entfernung von der Sonne			Umlaufzeit	Inklination d. Umlaufbahn	Umlaufgeschwindigkeit	
		AU*	Mio. Meilen	Mio. Kilometer			mi/s	km/s
Merkur	☿	0,39	36	58	88^d	7°00′	29,5	47,5
Venus	♀	0,72	67	108	225^d	3°24′	21,8	35,0
Erde	♁	1,00	93	150	365,25^d	0°00′	18,5	29,8
Mars	♂	1,52	142	228	687^d	1°51′	14,9	24,1
Jupiter	♃	5,20	483	778	12^a	1°18′	8,1	13,1
Saturn	♄	9,54	886	1.427	29,5^a	2°29′	6,0	9,6
Uranus	⛢	19,18	1.783	2.870	84^a	0°46′	4,2	6,8
Neptun	♆	30,06	279	44.497	165^a	1°46′	3,3	5,3

Planet	Rotations-periode	Durchmesser		Relative Masse (Erde = 1)	Durchschnitt-liche Dichte (g/cm^3)	Polare Abplattung (%)	Exzentri-zität ***	Anzahl der bekannten Satelliten **
		Meilen	Kilometer					
Merkur	59^d	3.015	4.878	0,06	5,4	0,0	0,206	0
Venus	244^d	7.526	12.104	0,82	5,2	0,0	0,007	0
Erde	23^{h}56^{m}04^s	7.920	12.756	1,00	5,5	0,3	0,017	1
Mars	24^{h}37^{m}23^s	4.216	6.794	0,11	3,9	0,5	0,093	2
Jupiter	9^{h}50^m	88.700	143.884	317,87	1,3	6,7	0,048	63
Saturn	10^{h}14^m	75.000	120.536	95,14	0,7	10,4	0,056	56
Uranus	17^{h}14^m	29.000	51.118	4,56	1,2	2,3	0,047	27
Neptun	16^{h}03^m	28.900	50.530	17,2	1,7	1,8	0,009	13

* AU = Astronomische Einheit; die mittlere Entfernung der Erde von der Sonne.
** Schließt alle Satelliten ein, die seit August 2006 entdeckt wurden.
*** Die Exzentrizität ist die Messung, inwieweit eine Umlaufbahn von der Kreisform abweicht. Je größer die Zahl, umso weniger kreisförmig ist die Umlaufbahn.

Tabelle 24.1: Daten über die Planeten.

Die anderen Dimensionen, in welchen sich die terrestrischen und die Gasplaneten unterscheiden, umfassen die Dichte, den chemischen Aufbau und die Rotationsgeschwindigkeit. Die Dichten der terrestrischen Planeten machen in etwa die fünffache Dichte des Wassers aus, wogegen die Gasplaneten im Durchschnitt nur die 1,5-fache Dichte von Wasser besitzen. Der Saturn besitzt sogar nur die 0,7-fache Dichte von Wasser. Das bedeutet, der Saturn würde schwimmen, falls er in einem ausreichend großen Wasserbecken wäre! Die Unterschiede in der chemischen Zusammensetzung der Planeten sind im Wesentlichen für diese Dichteunterschiede verantwortlich.

24.1.3 Die Zusammensetzung der Planeten

Die Substanzen, aus welchen die Planeten bestehen, sind in drei kompositionelle Gruppen aufgeteilt: basierend auf ihrem Schmelzpunkt in Gase, Gesteine und Eis.

1. *Gase* haben ihren Schmelzpunkt nahe dem absoluten Nullpunkt (0° Kelvin). Wasserstoff und Helium sind die häufigsten Bestandteile des Solarnebels.
2. *Gesteine* besitzen einen Schmelzpunkt, der über 700°C liegt. Sie bestehen hauptsächlich aus Silikatmineralen und metallischem Eisen.

3 Zu *Eis* gehören das Eis aus Ammoniak, Methan, Kohlendioxid und Wasser. Sie besitzen dazwischenliegende Schmelzpunkte (beispielsweise hat Wasser einen Schmelzpunkt von 0° C oder 273° K).

Die terrestrischen Planeten sind dicht und bestehen überwiegend aus Gesteins- und Metallsubstanzen und geringen Mengen an Eis. Auf der anderen Seite enthalten die Gasplaneten riesige Gasmengen (Wasserstoff und Helium) und Eis (hauptsächlich Wasser, Ammoniak und Methan), was für ihre geringe Dichte verantwortlich ist. Die Gasplaneten enthalten auch bedeutende Mengen an Gesteins- und Metallmaterialien, die in ihrem zentralen Kern konzentriert sind.

24.1.4 Die Atmosphäre der Planeten

Die Gasplaneten besitzen sehr mächtige Atmosphären aus Wasserstoff, Helium, Methan und Ammoniak. Die terrestrischen Planeten, einschließlich der Erde, haben, falls überhaupt, eine dünne Atmosphäre. Es gibt zwei Gründe für diesen Unterschied. Zum einen hängt dies von der Position jedes Planeten innerhalb des Solarnebels bei seiner Entstehung ab. Die äußeren Planeten bildeten sich dort, wo die Temperaturen niedrig genug waren, um es Wasserdampf, Ammoniak und Methan zu ermöglichen, sich zu Eis zu verdichten. Deswegen enthalten die jovianischen Planeten große Mengen dieser volatilen Komponenten. Doch die inneren Regionen des sich entwickelnden Sonnensystems waren für die Bildung von Eis viel zu heiß. Folglich lautete eine der lang bestehenden Fragen an die Nebulartheorie: „Wie kam die Erde zu Wasser und volatilen Gasen?" Die Antwort könnte lauten, dass die Erde während ihrer Phase als Protoplanet mit Eisfragmenten (Planetesimale) bombardiert wurde, die aus der Umlaufbahn hinter dem Mars stammten.

Aber warum fehlt Merkur und unserem Mond eine Atmosphäre? Wie alle anderen inneren Planeten wurde sie sicherlich auch mit Eiskörpern bombardiert. Das führt uns zum zweiten Grund, warum den inneren Planeten (und dem Mond) eine bedeutende Atmosphäre fehlt. Die Fähigkeit eines Planeten, eine Atmosphäre zu behalten, hängt von seiner Masse und seiner Temperatur ab. Einfach ausgedrückt, größere Planeten haben eine größere Chance, ihre Atmosphäre zu behalten, da die Atome und Moleküle eine höhere Geschwindigkeit benötigen, um zu entkommen. Auf dem Mond beträgt die **Entweichgeschwindigkeit** nur 2,4 km/s, verglichen mit 11 km/s auf der Erde.

Aufgrund ihres starken Gravitationsfeldes besitzen die großen Gasplaneten Entweichgeschwindigkeiten, die viel größer sind als die der Erde, des größten terrestrischen Planeten. Folglich ist es für Gase viel schwieriger, von den äußeren Planeten zu entweichen. Da die Molekularbewegungen von Gasen temperaturabhängig sind, ist es unwahrscheinlich, dass bei den niedrigen Temperaturen der Gasplaneten auch nur die leichtesten Gase (Wasserstoff und Helium) die Geschwindigkeit erreichen, um zu entweichen.

Im Gegensatz dazu ist ein verhältnismäßig warmer Körper mit einer geringen Oberflächenschwerkraft, wie etwa der Merkur und unser Mond, nicht einmal in der Lage, die schweren Gase wie Kohlendioxid oder Radon festzuhalten (beim Merkur gibt es Spuren von Gasen). Die etwas größeren terrestrischen Planeten, die Erde, die Venus und der Mars, halten einige schwere Gase wie Wasserdampf, Stickstoff und Kohlendioxid zurück. Doch sogar deren Atmosphären machen nur einen sehr geringen Anteil ihrer Gesamtmasse aus.

Studenten fragen manchmal …

Warum sind die Gasplaneten um so vieles größer als die terrestrischen Planeten?

Gemäß der Nebulartheorie bildeten sich die Planeten aus einer rotierenden Scheibe aus Staub und Gasen, die die Sonne umrundete. Das Wachstum der Planeten begann, als feste Materialstücke zusammenstießen und aneinander hängen blieben. Im inneren Sonnensystem waren die Temperaturen so hoch, dass nur Metalle und Silikatminerale feste Körner bilden konnten. Es war zu warm, um Eis aus Wasser, Kohlendioxid und Methan zu bilden. Deswegen erwuchsen die innersten (terrestrischen Planeten) hauptsächlich aus Substanzen des Solarnebels mit hohem Schmelzpunkt. Dagegen waren die eisigen, äußeren Bereiche des Sonnensystems kalt genug, um Eisklumpen aus Wasser und anderen Substanzen zu bilden. Folglich entstanden die äußeren Planeten nicht nur aus Anhäufungen von festen Metallstücken und Silikatmineralen, sondern auch aus großen Eismengen. Schließlich wurden die äußeren Planeten groß genug, um mit ihrer Schwerkraft sogar die leichtesten Gase (Wasserstoff und Helium) einzufangen und festzuhalten, und sie wuchsen so zu „Riesen"-Planeten an.

Der Erdmond 24.2

Die Erde besitzt heutzutage Hunderte von Satelliten, doch nur einer davon, nämlich der Mond, ist natürlich. Andere Planeten haben zwar Monde, doch unser Planet-Trabant-System ist im Sonnensystem einzigartig, da der Erdmond im Vergleich zu seinem Mutterplaneten ungewöhnlich groß ist. Der Durchmesser des Mondes beträgt 3.475 Kilometer, was etwa einem Viertel des Erddurchmessers von 12.756 Kilometer entspricht.

Durch eine Berechnung der Mondmasse erhielt man eine Dichte, die 3,3 Mal höher ist, als die von Wasser. Seine Dichte ist vergleichbar mit der von Mantelgestein der Erde, aber beträchtlich weniger dicht als die Durchschnittsdichte der Erde, die das 5,5-Fache des Wassers ausmacht. Laut der Geologen lässt sich dieser Unterschied dadurch erklären, dass der Mond nur einen sehr kleinen Eisenkern besitzt.

Die Anziehungskraft auf der Mondoberfläche beträgt nur 1/6 von der auf der Erdoberfläche. Ein 60 Kilogramm schwerer Mensch auf der Erde wiegt auf dem Mond nur 10 Kilogramm, obwohl sie beide immer noch die gleiche Masse haben. Dieser Unterschied ermöglicht es einem Astronauten, ein schweres Überlebenssystem mit relativer Leichtigkeit zu tragen. Falls sie nicht mit einer solchen Last beladen wären, könnten sie sechsmal höher als auf der Erde springen.

24.2.1 Die Mondoberfläche

Als Galileo sein Teleskop zum ersten Mal auf den Mond richtete, sah er zwei verschiedene Arten von Terrains: dunkle Tiefebenen und hellere, stark von Kratern übersäte Hochländer (▶Abbildung 24.3). Da die dunklen Regionen den Meeren auf der Erde ähneln, wurden sie Maria (lat. *mar* = Meer, Mehrzahl: Maria) genannt. Heute wissen wir, dass die Maria keine Meere sind, sondern stattdessen flache Ebenen, die durch immense Mengen an ausströmenden Basaltlaven entstanden sind. Im Gegensatz dazu ähneln die hellen Gebiete den Kontinenten der Erde, so dass die ersten Beobachter sie mit Terrae (lat. Land) titulierten. Heute spricht man von diesen Gebieten als **Hochländer**, da sie sich mehrere Kilometer über die Maria erheben. Die gemeinsame Anordnung von Terrae und Maria ergibt das bekannte „Mondgesicht".

Abbildung 24.3: Der Blick durch ein Teleskop von der Erde aus auf die Mondoberfläche. Die Hauptstrukturen sind die dunklen „Meere" (Maria) und die hellen, mit Kratern übersäten Hochländer. (UCO/Lick Observatory Image)

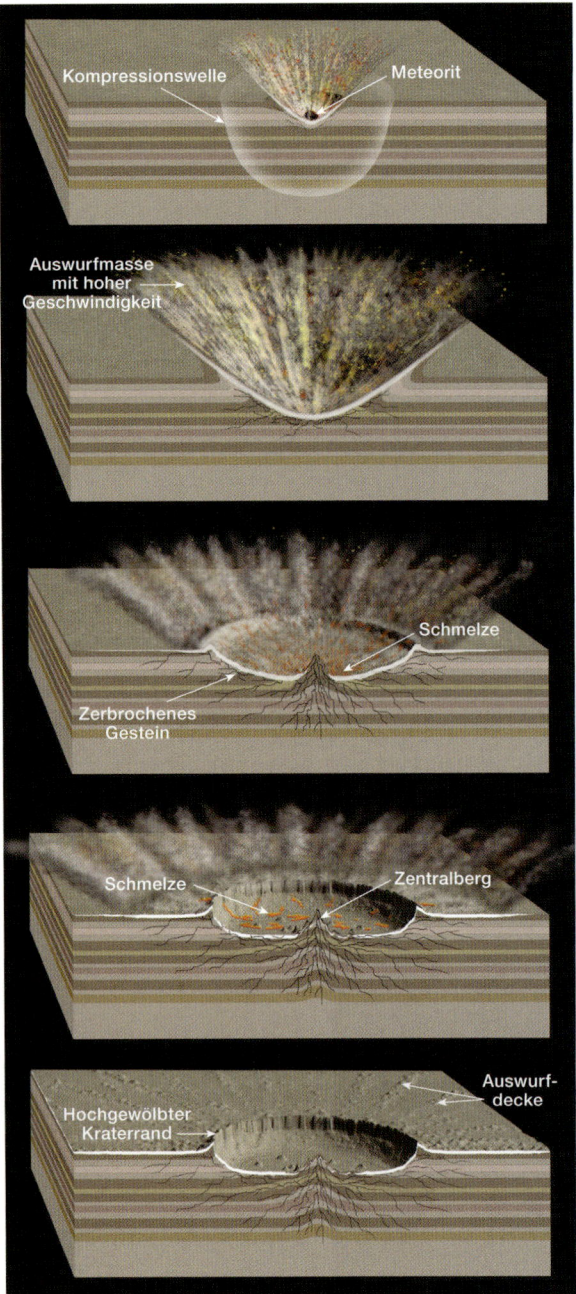

Abbildung 24.4: Die Bildung eines Einschlagkraters. Die Energie des sich schnell bewegenden Meteoriten wird in Wärmeenergie und Druckwellen umgewandelt. Das Zurückfedern des zusammengedrückten Gesteins verursacht ein Herausschleudern von Trümmern aus dem Krater. Die Wärme schmilzt einen Teil des Materials auf und erzeugt Kügelchen aus Glas. Kleine sekundäre Krater werden durch das Material gebildet, das vom Einschlagkrater „herausspritzt". (Nach: E. M. Shoemaker)

Einschlagkrater Die auffälligsten Merkmale der Mondoberfläche sind die **Einschlagkrater**. Sie sind so reichlich, dass Krater innerhalb von Kratern die Regel sind! Die größeren im unteren Abschnitt von Abbildung 24.3 sind etwa 250 Kilometer im Durchmesser, grob die Ausdehnung der Schweiz. Die Einschlagkrater wurden durch den Impakt von sich schnell bewegenden Körpern (Meteoriten, Asteroiden und Kometen) verursacht, ein Phänomen, das in der frühen Geschichte des Sonnensystems beträchtlich häufiger war, als es heute ist. Die Erde dagegen besitzt nur etwa ein Dutzend sichtbarer Einschlagkrater. Dieser Unterschied kann der Erdatmosphäre, der Erosion und tektonischen Prozessen zugeschrieben werden. Die Luftreibung verbrennt kleine Trümmer und verkleinert große Meteoriten, bevor sie den Boden erreichen. Zudem wurden die Beweise für die meisten Krater, die in der Erdgeschichte entstanden sind, durch Erosionsprozesse oder tektonische Vorgänge verschleiert.

Die Entstehung eines Einschlagkraters ist in ▶Abbildung 24.4 dargestellt. Im Augenblick des Einschlags drückt der Meteorit, der mit hoher Geschwindigkeit ankommt, das Material zusammen, auf das er trifft, und dann federt das zusammengedrückte Gestein fast sofort zurück, wobei es Material aus dem Krater schleudert. Dieser Prozess ist analog zu dem Platsch, der auftritt, wenn ein Stein ins Wasser fällt. Krater, die durch Objekte von mehreren Kilometern Durchmesser erzeugt werden, weisen oft eine zentrale Erhebung auf, wie man an dem großen Krater in ▶Abbildung 24.5 sieht. Ein Großteil des herausgeschleuderten Materials (Ejekta) landet im Krater oder ganz in der Nähe, wo es einen Rand bildet. In Abhängigkeit von der Größe des Meteorits kann die Wärme, die beim Einschlag entsteht, ausreichen, um einen Teil des Gesteins aufzuschmelzen. Astronauten haben Fundstücke von perlenförmigem Glas, das auf diese Weise gebildet wurde, mitgebracht, aber auch Gestein, das entstand, als Bruchstücke und Staub durch die Hitze des Einschlags miteinander verschmolzen.

Ein Meteorit mit einem Durchmesser von nur 3 Metern kann einen 150 Meter breiten Krater heraussprengen. Einige der großen Krater, wie Kepler und Kopernikus (Abbildung 24.3), entstanden durch ein Bombardement von Körpern mit einem Kilometer oder mehr im Durchmesser. Man glaubt, dass diese beiden Krater aufgrund der hellen Strahlen (Spritzmarken), die über mehrere hundert Kilometer nach außen strahlen, relativ jung sind.

Hochländer und „Meere" Dicht mit Kratern übersäte Hochländer machen den größten Teil der Mondoberfläche aus (▶Abbildung 24.6). In der Tat ist die Rückseite des Mondes fast ausschließlich durch eine derartige Topographie charakterisiert. (Nur Astronauten haben

Abbildung 24.5: Der 20 Kilometer breite Mondkrater Euler im südwestlichen Teil des Mare Imbrium. Deutlich sichtbar sind die hellen Strahlen, der Zentralberg, die sekundären Krater und die große Anhäufung an ausgeworfenem Material in Kraterrandnähe. (Mit freundlicher Genehmigung der NASA)

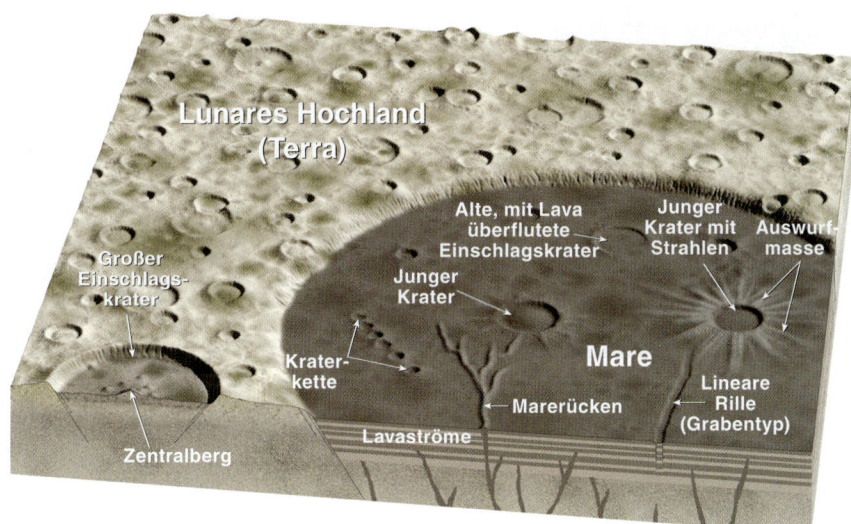

Abbildung 24.6: Das Blockdiagramm stellt die Hauptstrukturen der Topographie auf der Mondoberfläche dar.

die Rückseite des Mondes untersucht, da der Mond mit jeder Umdrehung um die Erde auf seiner Achse rotiert, dreht er der Erde immer dieselbe Seite zu.) Wie Abbildung 24.3 zeigt, bestehen die Hochländer aus einer scheinbar unendlichen Folge von Einschlagkratern. Tatsächlich ist die große Anzahl an Einschlagkratern ein Beweis für die bewegte frühe Geschichte des Mondes. Durch diese Aktivität wurden mindestens die oberen Kilometer der Mondkruste zerbrochen und wiederholt vermischt. Als Folge davon sind die Hochländer sehr zerklüftet.

Die Hochländer bestehen aus plutonischem Gestein, das über 90 Prozent Plagioklas enthält, der aus dem Magmenozean der frühen Mondgeschichte wie „Schaum" aufgestiegen war. Andererseits bestehen die Maria aus vulkanischen Gesteinen mit mafischer Zusammensetzung und sind deswegen den Flutbasalten der Erde ähnlich. Die dunklen, flachen Maria machen in etwa nur 16 Prozent der Mondlandschaft aus und konzentrieren sich auf der der Erde zugewandten Seite (Abbildung 24.3). Vor mehr als 4 Milliarden Jahren schlugen Asteroiden mit Durchmessern, die die

Größe des Saarlands übertrafen, ein und hinterließen riesige Krater in der Mondoberfläche. Da die Kruste ausreichend zerbrochen war, konnte Magma austreten. Offensichtlich wurden diese Krater Schicht für Schicht von sehr flüssiger Lava überflutet, ähnlich der des Columbia Plateaus im pazifischen Nordwesten (▶Abbildung 24.7).

In den meisten Fällen wallten diese Laven auf, lange nachdem sich diese Krater gebildet hatten. Der Vulkanismus scheint gerade hier aufgetreten zu sein, weil die Kruste in dieser Region dünner und zerbrochener war und nicht unbedingt aufgrund der Wärmeentwicklung bei dem Einschlag selbst.

Verwitterung und Erosion Der Mond besitzt keine Atmosphäre und kein fließendes Wasser. Deswegen fehlen die Prozesse der Verwitterung und Erosion auf dem Mond, die die Erdoberfläche kontinuierlich verändern. Zudem sind tektonische Prozesse auf dem Mond nicht länger aktiv, so dass Erdbeben und Vulkanausbrüche nicht auftreten. Doch da der Mond nicht durch eine Atmosphäre geschützt wird, tritt eine andere Art von Erosion auf: Winzige Teilchen aus dem All bombardieren seine Oberfläche und glätten so die Landschaft allmählich.

Sowohl die Maria als auch die Terrae sind von grauen, losen Trümmern bedeckt, entstanden durch den Beschuss durch Meteoriten über Milliarden von Jahren (▶Abbildung 24.8). Die bodenähnliche Schicht wird als **lunarer Regolith** bezeichnet (*rhegos* = Decke, *lithos* = Stein) und besteht aus magmatischen Gestei-

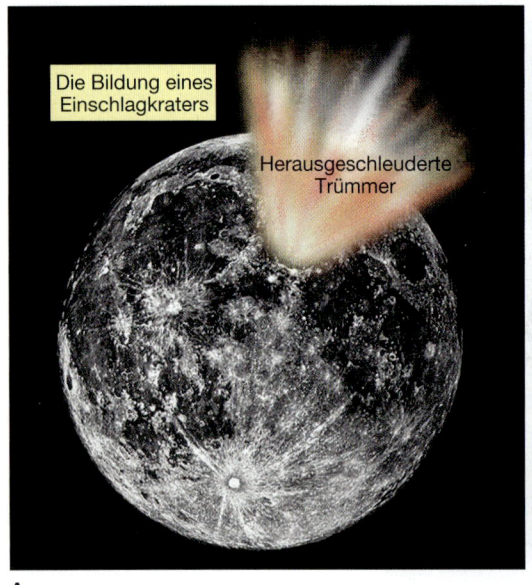
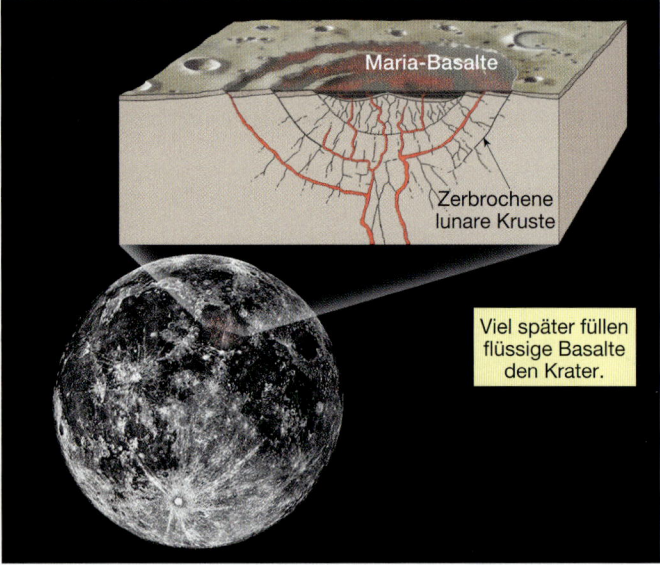

Abbildung 24.7: Die Entstehung der lunaren Maria. **A.** Ein Einschlag einer Masse in Asteroidengröße erzeugt einen riesigen Krater mit hunderten Kilometern im Durchmesser und stört die Kruste des Mondes bis weit unterhalb des Kraters. **B.** Die Auffüllung des Einschlaggebiets mit flüssigem Basalt, vermutlich durch partielle Aufschmelzung tief innerhalb des lunaren Mantels.

Abbildung 24.8: Der Astronaut und Geologe Harrison Schmitt nimmt Proben von der Mondoberfläche. Beachten Sie die Fußspuren (Einblendung) im lunaren „Boden". (Mit freundlicher Genehmigung der NASA)

nen, Brekzien, glasigen Perlen und feinem *Lunarstaub*. In den Maria, die von den Apollo-Astronauten erforscht wurden, ist der lunare Regolith anscheinend über 3 Meter mächtig.

24.2.2 Die Geschichte des Mondes

Obwohl der Mond unser nächster planetarischer Nachbar ist und Astronauten von seiner Oberfläche Proben entnommen haben, weiß man wenig über seinen Ursprung. Bei dem am meisten favorisierten Szenario wurde die junge, halb geschmolzene Erde von einem Objekt von Marsgröße gestreift (▶ Abbildung 24.9). (Zusammenstöße dieser Art traten im frühen Sonnensystem vermutlich häufig auf.) Während dieses katastrophalen Zusammenstoßes hatte sich ein Großteil der Trümmer in einer Umlaufbahn um die Erde herum gesammelt. Allmählich klebten die Trümmer aneinander und bildeten den Mond. Computersimulationen zeigen, wie ein Großteil des beim Zusammenstoß herausgeschleuderten Materials aus dem Mantel des Impakt-Objekts (Impaktor) und der Erde stammen (Abbildung 24.9). (Es sei daran erinnert, dass der Erdmantel 82 Prozent des Erdvolumens ausmacht.) Außerdem wäre, falls das einschlagende Objekt einen Eisenkern gehabt hat, dieses dichte Material zum Erdkern abgesunken und mit diesem vereinigt worden. Die Einschlagtheorie stimmt mit der inneren Struktur des Mondes überein – er besitzt einen mächtigen Mantel und nur einen kleinen Kern. Astrogeologen haben auch die grundlegenden Details der späteren Mondgeschichte erfasst. Eine Methode zur Datierung der topographischen Eigenschaften auf der Mondoberfläche ist die Erfassung der Kraterdichte (Anzahl pro Gebieteinheit). Je größer die Kraterdichte, desto länger müssen die Geländemerkmale existiert haben. Der Mond entwickelte sich in vier Phasen: (1) Bildung der ursprünglichen Kruste, (2) lunare Hochländer, (3) Maria-Becken und (4) die Krater mit Einschlagstrahlen.

Während den letzten Phasen seiner Zusammenschweißung war der obere Mantel des Mondes partiell oder sogar völlig aufgeschmolzen, was zu einem Magmenmeer führte. Vor etwa 4,4 Milliarden Jahren begann sich der Magmenozean dann abzukühlen und unterzog sich magmatischer Differentiation (siehe Kapitel 4). Ein Großteil der dichten Minerale wie Olivin und Pyroxen sank nach unten, während der weniger dichte Plagioklas oben schwamm und die Kruste des Mondes bildete. Nachdem die Mondkruste gebildet

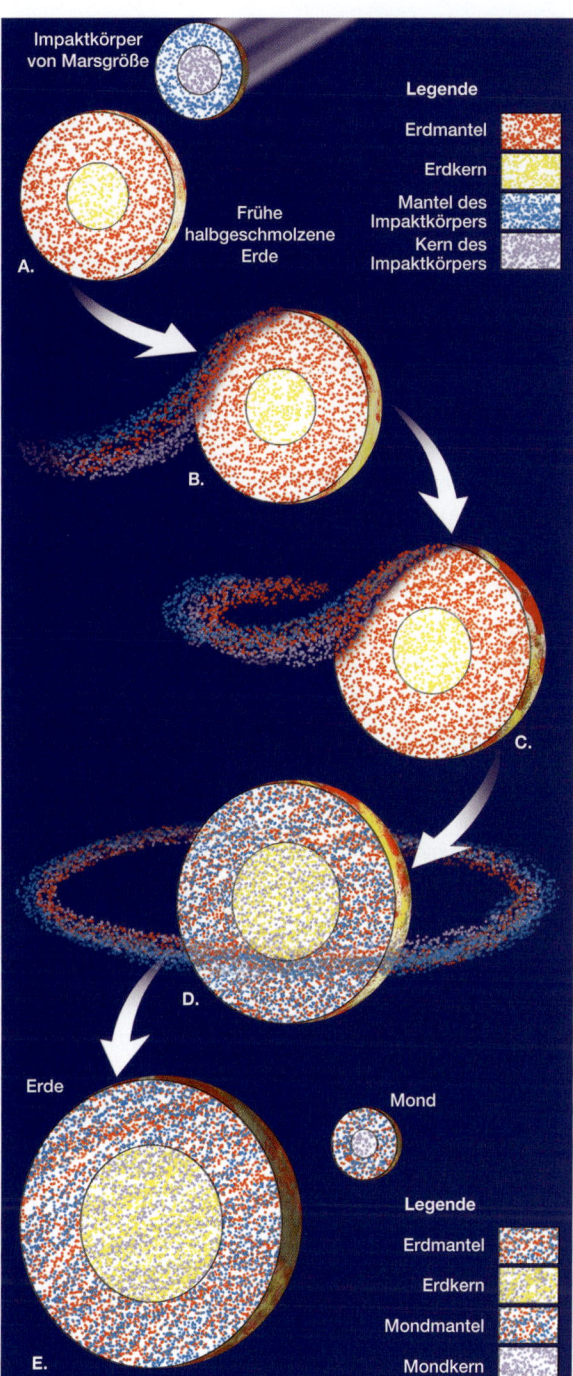

Abbildung 24.9: Die Entstehung des Mondes basiert auf einem Szenario, das oft die Impakttheorie genannt wird. Nach diesem Modell streifte ein Protoplanet von Marsgröße die junge halbgeschmolzene Erde. Ein Großteil des Protoplaneten und herausgeschleuderte Bruchstücke der Erde verschmolzen auf einer Umlaufbahn miteinander und bildeten den Mond. Beachten Sie, dass ein hoher Anteil vom Kern des eingeschlagenen Objekts zu einem Teil der Erde wurde. Der Mond erhielt einen mächtigen Gesteinsmantel und einen verhältnismäßig kleinen metallischen Kern.

war, stand sie kontinuierlich unter Beschuss, als sie Trümmer aus dem Solarnebel aufnahm. Vor etwa 3,9 Milliarden Jahren nahm die Rate des Meteoritenbeschusses auf den Mond und wahrscheinlich im gesamten Sonnensystem exponentiell ab. (Seit dieser Zeit bleibt die Rate der Kraterbildung in etwa konstant.) Überreste dieser ursprünglichen Kruste repräsentieren die dicht mit Kratern übersäten Hochländer, deren Alter auf 4,4 Milliarden Jahre geschätzt wird.

Das nächste große Ereignis war die Bildung von großen Maria-Becken (Abbildung 24.7). Die radiometrische Datierung der Maria-Basalte liefert ein Alter zwischen 3,2 und 3,8 Milliarden Jahren, also beträchtlich jünger als die ursprüngliche Mondkruste. An manchen Stellen überlappen die Lavaströme die Hochländer, ein weiterer Beweis für das jüngere Alter der Maria-Ablagerungen. Es gibt Hinweise dafür, dass manche Eruptionen, die die Maria gebildet haben, erst vor 1 Milliarde Jahren auftraten. Doch heute tritt kein Vulkanismus mehr auf, da durch Abkühlung die Kruste des Mondes so mächtig geworden ist, dass sie kein Magma mehr durchdringen kann.

Die Krater mit Einschlagsstrahlen sind die letzten auffälligen Merkmale, die sich auf der Mondoberfläche gebildet haben, wie man am Beispiel des Kopernikus-Kraters in Abbildung 24.3 sehen kann. Man sieht deutlich, dass das Material, das aus diesen jüngeren Depressionen herausgeschleudert wurde, die Oberfläche der Maria und von vielen älteren Kratern ohne Einschlagsstrahlen bedecken. Sogar ein relativ junger Krater wie der Kopernikus-Krater wird auf ein Alter von einer Milliarde Jahren geschätzt. Wäre er auf der Erde gebildet worden, hätten Erosionskräfte ihn längst unkenntlich gemacht.

Wären in ein paar hundert Millionen Jahren Fotos vom Mond verfügbar, würde sich zeigen, dass sich der Mond in all den Jahren wenig verändert hätte. In jeder Hinsicht ist der Mond im Wesentlichen ein geologisch toter Körper, der durch Raum und Zeit wandert.

Die Planeten – eine kurze Beschreibung 24.3

24.3.1 Merkur, der innerste Planet

Der Merkur, der innerste und der kleinste Planet, ist kaum größer als der Erdmond und ist kleiner als drei andere Monde im Sonnensystem. Er vollzieht einen schnellen Umlauf, hat aber eine langsame Rotation. Ein ganzer Tag- und Nachtzyklus dauert auf der Erde 24 Stunden, auf dem Merkur dagegen 179 Erdtage. Folglich dauert eine Nacht auf dem Merkur etwa drei Monate und darauf folgen drei Monate mit Tageslicht. Die Nachttemperaturen fallen auf −173°C und die Temperaturen in der Mittagszeit übersteigen 427°C, heiß genug, um Zinn und Blei zu schmelzen. Von allen Planeten besitzt Merkur die größten Temperaturunterschiede. Die Wahrscheinlichkeit, dass Leben, wie wir es kennen, auf dem Merkur existiert, ist gleich null.

Wie unser Mond absorbiert der Merkur einen Großteil des Sonnenlichts, das auf ihn trifft, und reflektiert nur 6 Prozent in den Weltraum (▶ Abbildung 24.10). Im Gegensatz dazu reflektiert die Erde, überwiegend die Wolken, etwa 30 Prozent des Sonnenlichts, das auf sie trifft. Die niedrige Reflexion des Sonnenlichts durch den Merkur ist charakteristisch für terrestrische Körper, die praktisch keine Atmosphäre besitzen. Die minimalen Gasmengen, die auf dem Merkur vorhanden sind, könnten ihren Ursprung als ionisiertes, von der Sonne emittiertes Gas gehabt haben; vom Eis eines rezenten Kometeneinschlags; von Oberflächengestein,

Abbildung 24.10: Ein Bildmosaik vom Merkur. Diese Ansicht vom Merkur ähnelt der Rückseite des Mondes in verblüffender Weise. (Mit freundlicher Genehmigung der NASA)

das Sonnenwinden ausgesetzt ist; und/oder vom Ausgasen des Inneren anderer Planeten.

Die Raumsonde *Messenger* (**ME**rcury **S**urface, **S**pace **EN**vironment, **GE**ochemistry and **R**anging) soll den Merkur 2011 erreichen und seinen Kern und sein Magnetfeld untersuchen. Da der Merkur eine große Dichte von 5,4 g/cm³ aufweist, geht man davon aus, dass er einen sehr großen Eisenkern besitzt. Auf dem Merkur findet man mit Kratern bedeckte Hochländer, ähnlich wie auf dem Mond, und riesige Ebenen, die den Maria ähneln. Der Merkur weist auch viele lange Brüche, die durch Ebenen und zahlreiche Krater schneiden. Man glaubt, dass diese Brüche die Folge einer Krustenverkürzung sind, als der Planet in seiner frühen Geschichte abkühlte und schrumpfte. Die Schrumpfung verursachte Brüche in der Kruste.

> **Studenten fragen manchmal ...**
>
> **Besitzen irgendwelche Sterne in der Nähe Planeten?**
>
> Ja. Obwohl man das sehr lange vermutet hatte, wurde die Existenz von extrasolaren Planeten erst vor wenigen Jahren bestätigt. Astronomen identifizierten diese Körper, nachdem sie das Taumeln eines nahe gelegenen Sterns untersucht hatten. Der erste wahrnehmbare Planet außerhalb des Sonnensystems wurde 1995 entdeckt. Er umkreist den Stern 51 Pegasi und ist 41 Lichtjahre von der Erde entfernt. Seitdem wurden über zwei Dutzend Körper in Jupitergröße entdeckt, die sich erstaunlich nahe an den Sternen befinden, die sie umkreisen.

24.3.2 Venus, der verschleierte Planet

Die Venus, nach dem Mond der zweithellste Körper am Nachthimmel, wurde nach der Göttin der Liebe und Schönheit benannt. Sie umrundet die Sonne alle 255 Erdtage in einem nahezu perfekten Kreis. Die Größe, Dichte und Maße der Venus und ihre Position im Sonnensystem sind der Erde ähnlich. Deswegen wurde sie als „Zwilling der Erde" bezeichnet. Wegen dieser Ähnlichkeiten hofft man, dass detaillierte Untersuchungen der Venus den Geologen ein besseres Verständnis über die Entwicklungsgeschichte der Erde liefern.

Die Venus ist in dicke, für sichtbares Licht undurchdringbare Wolken eingehüllt. Die Atmosphäre der Venus enthält eine opake Wolkenschicht mit einer Mächtigkeit von 25 Kilometern und einen Atmosphärendruck, der das 90-Fache von dem der Erde beträgt. Bevor die insgesamt 16 russischen *Venera*-Sonden in den 1970er und 1980er Jahren den Planeten umkreisten und sogar mehrere Landesonden auf der Venus absetzten, galt die Venus als ein möglicher Ort für lebende Organismen. Doch die Raumsonde *Venera 9*, die erstmals auch von der Oberfläche Daten überlieferte, bewies etwas anderes. Die Oberfläche der Venus erreicht Temperaturen von 475°C und die Atmosphäre der Venus besteht zu 97 Prozent aus Kohlendioxid. Nur wenig Wasserdampf und Stickstoff hat man entdeckt. Diese lebensfeindliche Umgebung macht es unwahrscheinlich, dass Leben auf der Venus existiert.

Der Kern der Venus ist ähnlich zusammengesetzt wie der der Erde. Doch da die Venus nur ein schwaches Magnetfeld besitzt, muss die interne Dynamik ganz anders sein. Mantelkonvektion geht noch auf der Venus vor sich, doch plattentektonische Prozesse, bei welchen starre Lithosphäre wieder aufgearbeitet wird, scheint nicht zur gegenwärtigen Topographie auf der Venus beigetragen zu haben. Die tektonische Aktivität der Venus scheint auf das Aufwallen (Mantle Plumes) und das Absinken von Mantelmaterial im Inneren des Planeten beschränkt zu sein, statt auf laterale Bewegung und Subduktion von Lithosphärenplatten.

Radarkartierungen mittels der unbemannten *Venera 15* und *16* und der amerikanischen *Magellan*-Raumfähre und durch Messinstrumente auf der Erde enthüllten eine variable Topographie mit Merkmalen, die etwa zwischen denen der Erde und des Mondes liegen (▶ Abbildung 24.11). Radarimpulse in Mikrowellenbandbreite wurden auf die Venusoberfläche geschickt und die Höhen der Plateaus und Berge wurden gemessen, indem man die Zeitdauer des zurückkehrenden Radarechos maß. Diese Messdaten haben bestätigt, dass basaltischer Vulkanismus und tektonische Deformation die dominanten Prozesse sind, die auf der Venus aktiv sind. Zudem muss aufgrund der geringen Dichte von Einschlagkratern Vulkanismus und tektonische Deformation in der jüngeren geologischen Vergangenheit sehr aktiv gewesen sein.

Etwa 80 Prozent der Venusoberfläche besteht aus topographisch ausgeglichenen Ebenen, die von vulkanischen Strömen bedeckt sind. Manche Lavakanäle dehnen sich über Hunderte von Kilometern aus; ei-

Geologie

Abbildung 24.11: Diese umfassende Ansicht der Venusoberfläche wurde nach dem zweijährigen *Magellan*-Radarkartierungsprojekt aufgenommen. Die hellen, gedrehten Strukturen, die sich quer über die Kugel ziehen, sind stark zerklüftete Gebirge und Schluchten des östlichen Aphrodite-Hochlands. (Mit freundlicher Genehmigung der NASA/JPL)

nen Flanken aus und nicht auf seinem Gipfel, auf eine Weise, wie man es auch bei den Schildvulkanen Hawaiis beobachtet. Nur 8 Prozent der Venusoberfläche besteht aus Hochländern, die man mit den kontinentalen Gebieten der Erde vergleichen könnte.

24.3.3 Mars, der rote Planet

Der Mars weckte sowohl bei Wissenschaftlern als auch bei Nichtwissenschaftlern mehr Interesse als jeder andere Planet (▶Exkurs 24.1). Stellt man sich intelligentes Leben in anderen Welten vor, so kommen einem kleine, grüne Marsmännchen in den Sinn. Das Interesse am Mars entstand hauptsächlich deswegen, weil der Planet für Beobachtungen leicht zugänglich ist. Bei allen anderen Planeten innerhalb teleskopischer Reichweite, außer beim Merkur, ist die Oberfläche durch Wolken bedeckt und die Nähe zur Sonne macht eine Beobachtung schwierig. Der Mars ist etwa halb so groß wie die Erde und dreht sich in 687 Erdtagen um die Sonne. Durch das Teleskop erscheint der Mars als roter Ball, der von durchgehend schwarzen Regionen unterbrochen wird. Diese Regionen verändern sich während eines Marsjahres. Die auffälligsten Merkmale, die man durch ein Teleskop sieht, sind seine strahlend weißen Polkappen, ähnlichen denen der Erde.

Die Atmosphäre auf dem Mars Die Atmosphäre auf dem Mars besitzt nur 1 Prozent der Dichte der Erdatmosphäre und besteht hauptsächlich aus Kohlendioxid und einer kleinen Menge an Wasserdampf. Die

ner davon mäandriert 6.800 Kilometer quer über den Planeten. Tausende vulkanischer Strukturen konnten entdeckt werden, hauptsächlich kleine Schildvulkane, obwohl mehr als 1.500 Vulkane größer als 20 Kilometer im Durchmesser kartiert wurden (▶Abbildung 24.12). Einer davon ist Sapas Mons mit 400 Kilometern Durchmesser und 1,5 Kilometern Höhe. Viele Lavaströme brachen bei diesem Vulkan an sei-

Abbildung 24.12: Ein am Computer erzeugtes Bild der Venus. In der Nähe des Horizonts befindet sich Maat Mons, ein großer Vulkan. Die helle Struktur unten ist der Gipfel des Sapas Mons. (Mit freundlicher Genehmigung von David P. Anderson/SMU/NASA/Science Photo Library/Photo Researchers)

24.3 Die Planeten – eine kurze Beschreibung

EXKURS 24.1 – DIE ERDE VERSTEHEN
Pathfinder – der erste Geologe auf dem Mars

Am 4. Juli 1997 landete der *Pathfinder* auf der mit Gesteinen übersäten Oberfläche des Mars und stationierte seinen mit Rädern versehenen Begleiter *Sojourner*. Im Verlauf der folgenden drei Monate sandte die gelandete Sonde 3 Gigabit an Daten zur Erde zurück. Darunter befanden sich 16.000 Bilder und 20 chemische Analysen. Die Landungsstelle war eine weithin ausgedehnte und von alten Überschwemmungen eingeschnittene Hügellandschaft. Dieser Platz in den Überschwemmungsablagerungen wurde in der Hoffnung ausgewählt, dass eine Reihe von Gesteinsarten für das Marsfahrzeug *Sojourner* verfügbar wäre.

Sojourner war mit einem Alphaphotonen-Röntgenspektrometer (APXS) bestückt und wurde verwendet, um die Zusammensetzung der Gesteine und des „Bodens" (Regolith) an der Landungsstelle zu untersuchen (▶ Abbildung 24.A). Zudem war es dem Marsfahrzeug möglich, Nahaufnahmen der Gesteine zu machen. Aus diesem Bildmaterial schlossen die Forscher, dass die Gesteine magmatisch waren. Von einem harten, weißen, flachen Objekt, Scooby Doo genannt, nahm man an, es wäre ein Sedimentgestein, doch nach den APXS-Daten entspricht seine chemische Zusammensetzung dem Boden, den man an dieser Stelle auffindet. Deswegen ist Scooby Doo wahrscheinlich ein stark zementierter Boden.

Während seiner ersten Woche auf dem Mars gewann das APXS des *Sojourner* Daten von einem Stück Boden, das durch Wind verblasen war, und einem mittelgroßen Stück Gestein, liebevoll Barnacle Bill genannt. Eine frühe Auswertung des Barnacle Bill zeigte, dass er über 60 Prozent Silizium enthielt. Das könnte darauf hinweisen, dass das vulkanische Gestein Andesit auf dem Mars vorhanden ist. Doch die Forscher hatten erwartet, dass ein Großteil des Gesteins auf dem Mars aus Basalt besteht, der einen niedrigeren Anteil an Silizium besitzt (weniger als 50 Prozent). Auf der Erde sind Andesite mit tektonisch aktiven Regionen vergesellschaftet, wo ozeanische Kruste in den Mantel subduziert wird. Beispiele sind Vulkane in den südamerikanischen Anden und die Cascades in Nordamerika. Auf dem Mars ist noch nicht ganz klar, ob die Gesteine Andesite sind oder Basalte mit einem andesitischen Überzug, der durch die Verwitterung des Basalts entsteht.

Insgesamt analysierte *Sojourner* acht Gesteine und sieben Böden. Die Ergebnisse sind nicht eindeutig. Weil diese Gesteine mit einem rötlichen Staub bedeckt sind, der einen hohen Schwefelgehalt besitzt, wird über die genaue Zusammensetzung der Gesteine noch diskutiert. Manche Forscher postulieren, dass alle Gesteine die gleiche Zusammensetzung hätten und die Unterschiede bei den Messungen auf der unterschiedlichen Dicke des Staubs beruhen.

Abbildung 24.A: Das Marsfahrzeug *Sojourner* (links) von der Raumsonde *Pathfinder* gewinnt Daten von der chemischen Zusammensetzung eines Marsgesteins, das als Yogi bekannt ist. (Foto: mit freundlicher Genehmigung der NASA)

Messdaten von Marssonden bestätigen, dass die Polkappen des Mars aus Eis aus Wasser bestehen und mit einer dünnen Schicht aus Kohlendioxideis bedeckt sind. Nähert sich der Winter, egal in welcher Hemisphäre, sehen wir eine äquatorial gerichtete Eiszunahme, wenn die Temperaturen bis zu −125°C fallen und zusätzliches Kohlendioxid abgelagert wird.

Obwohl die Atmosphäre des Mars sehr dünn ist, treten ausgedehnte Staubstürme auf. Diese können die Farbveränderungen verursachen, die man von der

Erde aus mit Teleskopen beobachten kann. Winde mit Orkanstärke von bis zu 270 Kilometern pro Stunde können über Wochen andauern. Bilder von *Viking 1* und *Viking 2* enthüllten eine Marslandschaft, die einer Steinwüste auf der Erde bemerkenswert ähnlich ist (siehe Kapitelanfangsbild), mit reichlich Dünen und mit Staub gefüllten Einschlagkratern.

Die Geschichte des Mars Man glaubt zwar, dass der Kern des Mars fest ist, da der Mars kein Magnetfeld besitzt, doch es gibt Hinweise darauf, dass sich die ältesten Gesteine auf diesem Planeten in Gegenwart eines starken Magnetfelds gebildet haben. In der Vergangenheit könnte Mars ein heißes Inneres mit einem geschmolzenen Kern gehabt haben.

Ein Großteil der Marsoberfläche ist, gemessen an der Erde, alt. Es gibt Hinweise, die vermuten lassen, dass fast alle Oberflächenveränderungen in den letzten 3,5 Milliarden Jahren der Verwitterung zuzuschreiben sind. Ein dichter Kraterbestand in den Hochländern weist auf ein hohes Alter dieser Regionen hin, wogegen weniger häufigere Krater in den Ebenen auf Vulkanausbrüche vor 3,7 bis 3,8 Milliarden Jahren hindeuten. Die stark von Kratern übersäte südliche Hemisphäre besitzt vermutlich ein ähnliches Alter wie die lunaren Hochländer (fast 4,5 Milliarden). Sogar die relativ frisch aussehenden Vulkanstrukturen der nördlichen Hemisphäre sind mit großer Wahrscheinlichkeit älter als mehrere hundert Millionen Jahre.

Seine dramatische geologische Vergangenheit *Mariner 9* war das erste US-Raumschiff, das einen anderen Planeten umkreiste. Es erreichte den Mars im Jahr 1971 mitten in einem tobenden Sandsturm. Als sich der Staub legte, zeigte sich, dass sich auf der nördlichen Hemisphäre des Mars zahlreiche große Vulkane befinden. Der größte davon, Olympus Mons, misst fast 600 Kilometer im Durchmesser und ist 23 Kilometer hoch, fast dreimal so hoch wie der Mount Everest. Dieser gigantische Vulkan war zuletzt vor 100 Millionen Jahren aktiv und ähnelt den Schildvulkanen Hawaiis auf der Erde (▶ Abbildung 24.13).

Warum sind die Vulkane auf dem Mars um so viel größer als sogar die größte vulkanische Struktur auf der Erde? Die größten Vulkane auf terrestrischen Planeten entstehen dort, wo Mantle Plumes aus heißem Gestein tief aus dem Inneren aufsteigen. Die Erde ist tektonisch aktiv. Ihre sich bewegenden Platten halten die Kruste permanent in Bewegung. Die Hawaii-Inseln bestehen beispielsweise aus einer Inselvulkankette,

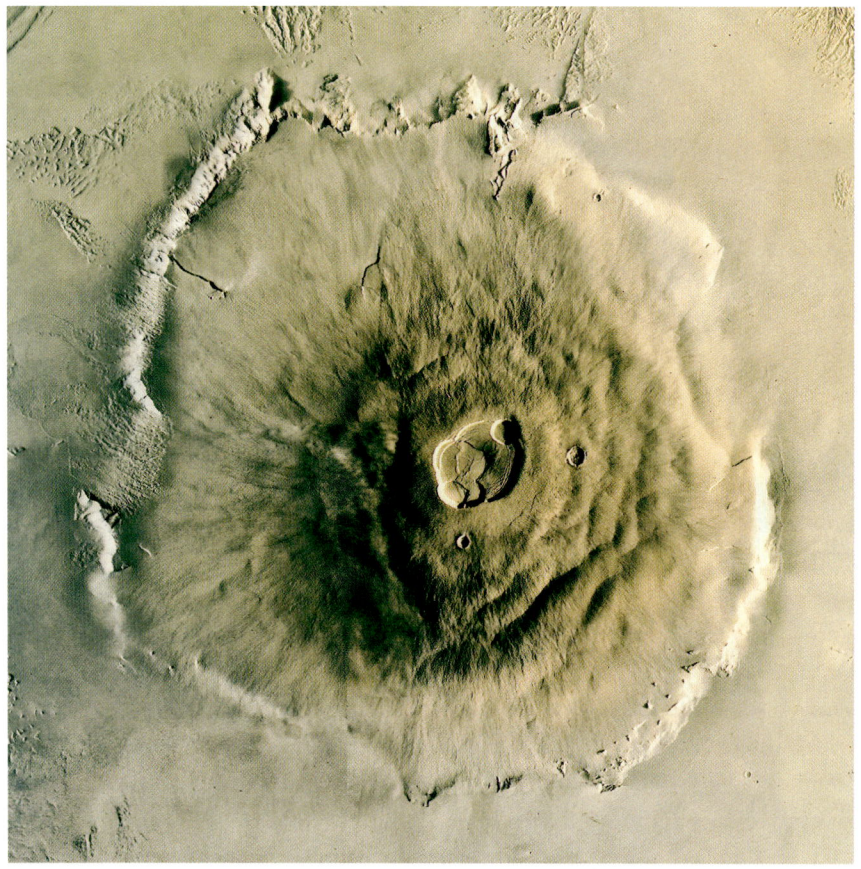

Abbildung 24.13: Eine Aufnahme des Olympus Mons, eines inaktiven Schildvulkans auf dem Mars. Er bedeckt in etwa eine Fläche von der Größe der Bundesrepublik Deutschland. (Mit freundlicher Genehmigung des U.S. Geological Survey)

die sich bildete, während sich die pazifische Platte über einen relativ ortsgebundenen Mantle Plume bewegte. Auf dem Mars konnten Vulkane wie der Olympus Mons so riesig werden, da die Kruste auf der Stelle bleibt. Nachfolgende Ausbrüche stammen von einem Mantle Plume, der auf der gleichen Stelle bleibt, und tragen zur Masse eines einzelnen Vulkans bei, anstatt mehrere kleine Strukturen zu bilden, wie es auf der Erde geschieht.

Mariner 9 machte einen weiteren erstaunlichen Fund; die Existenz mehrere Canyons, die sogar den Grand Canyon des Colorado River zwergenhaft erscheinen lassen. Man nimmt an, dass einer der größten, das Valles Marineris, durch Materialrutschung entlang riesiger Verwerfungen in der äußeren Krustenschicht entstanden ist. In dieser Hinsicht wäre er mit dem ostafrikanischen Grabenbruch vergleichbar (▶Abbildung 24.14).

Wasser auf dem Mars? Flüssiges Wasser scheint nirgendwo auf der Marsoberfläche zu existieren. Doch weiter als etwa 30° Breite polwärts kann man Eis innerhalb eines Meters von der Oberfläche vorfinden und in den Polarregionen bildet es kleine permanente Eiskappen. Zudem gibt es deutliche Hinweise darauf, dass in der ersten Milliarde Jahre der Geschichte des Planeten flüssiges Wasser auf der Oberfläche existierte und Täler und verwandte Strukturen schuf. Insbesondere weisen manche Gebiete auf dem Mars baumartig verzweigte Entwässerungsmuster auf, ähnlich denen, die von Flüssen auf der Erde geschaffen werden. Als diese flussähnlichen Kanäle zuerst entdeckt wurden, vermuteten manche Beobachter, dass einst eine dicke wasserreiche Atmosphäre auf dem Mars existierte, die in der Lage war, wolkenbruchartige Niederschläge hervorzurufen. Andere Forscher bleiben jedoch skeptisch.

Heute sind die meisten Planetologen der Meinung, dass fließendes Wasser mindestens einige der Täler auf dem Mars eingeschnitten hat. Einige dieser Beispiele kann man auf Bildern des *Mars Global Surveyor* in ▶Abbildung 24.15A sehen. Forscher nehmen an, dass durch das Schmelzen von Eis unter der Oberfläche quellenartige Wasseraustritte an den Talflanken auftauchten und so im Laufe der Zeit die Erosionsrinnen erzeugten.

Andere Kanäle besitzen einen flussähnlichen Verlauf und zahlreiche tropfenförmige Inseln (▶Abbildung 24.15B). Diese Täler scheinen durch katas-

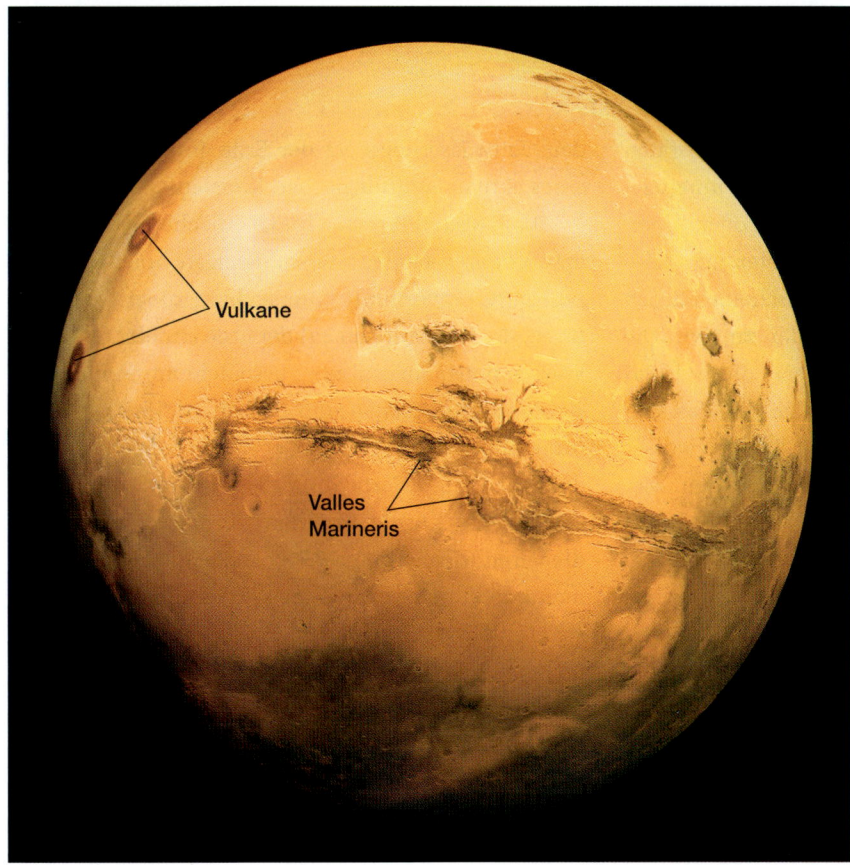

Abbildung 24.14: Diese Aufnahme zeigt das gesamte Valles-Marineris-Schluchtensystem mit über 5.000 Kilometern Länge und bis zu 8 Kilometer Tiefe. Die dunklen Flecken in der linken Ecke der Aufnahme sind riesige Vulkane, jeder mit über 20 Kilometern Höhe. (Mit freundlicher Genehmigung des U.S. Geological Survey)

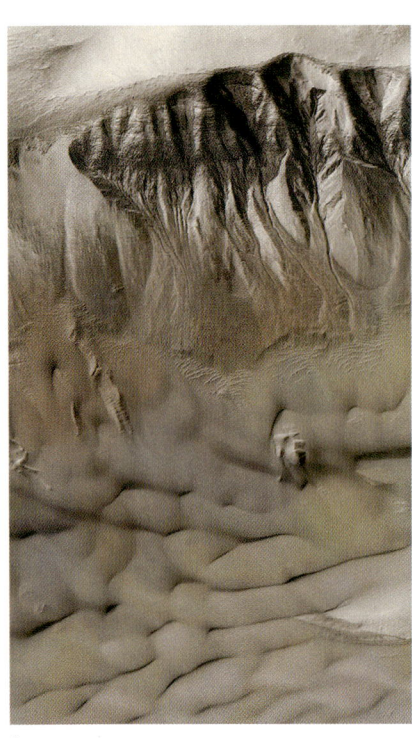 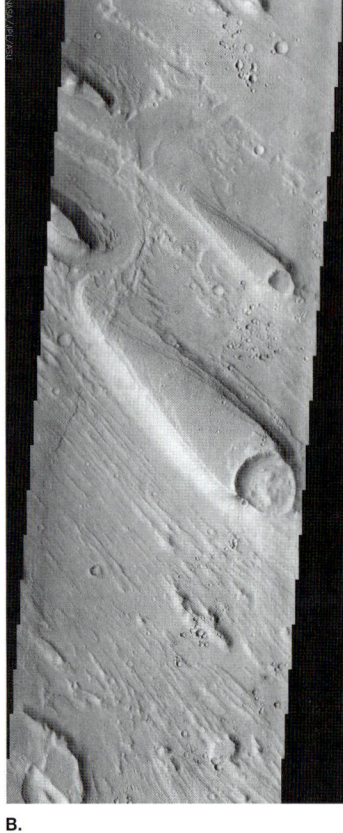 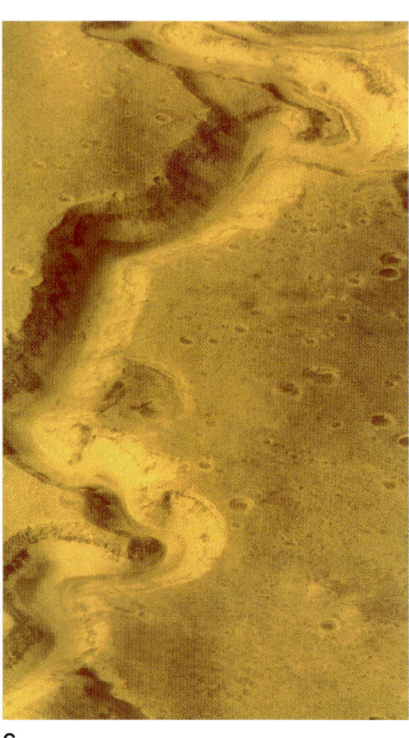

A. **B.** **C.**

Abbildung 24.15: Belege für Erosion durch fließendes Wasser. **A.** Die *Global-Surveyor*-Aufnahme des Mars zeigt eine Kraterwand mit großen Rinnen, die durch fließendes Wasser, vermischt mit Erde, Gesteinen und Eis, eingeschnitten wurden. (NASA/Foto: mit freundlicher Genehmigung des National Geographic) **B.** Stromlinienförmige Inseln in Ares Valles, die sich bildeten, als fließendes Wassers auf Hindernisse auf seinem Weg traf. (NASA-Aufnahme) **C.** Terrassen und ein kleines zentrales Flussbett bestärken die Annahme, dass Nanedi Vallis durch fließendes Wasser eingeschnitten wurde. (NASA-Aufnahme)

trophale Überschwemmungen mit Durchflussraten 1.000 Mal größer als die des Mississippi hineingeschnitten zu sein. Die meisten dieser großen Überschwemmungskanäle tauchen aus Gebieten mit chaotischer Topographie auf. Diese Gebiete scheinen durch den Einsturz der Oberfläche entstanden zu sein. Die wahrscheinlichste Herkunft des Wassers dieser Überschwemmungstäler ist abschmelzendes Eis, das sich unter der Oberfläche befindet. Falls Schmelzwasser unter einer dicken Permafrostschicht gefangen war, hätte sich Druck so lange aufbauen können, bis ein Austritt des Grundwassers in katastrophalem Ausmaß vorkam. Als Folge davon würde die darauf liegende Oberflächenschicht einstürzen und ein chaotisches Terrain schaffen.

Nicht alle Täler auf dem Mars scheinen eine Folge von Wasseraustritt durch abschmelzendes Eis unter der Oberfläche zu sein. Manche Täler, die ein verzweigtes baumartiges Muster aufweisen, das stark dem Entwässerungsnetz der Erde ähnelt, waren Teil eines aktiven hydrologischen Kreislaufs.

Die jüngsten Beweise für Oberflächenwasser stammen von den beiden Marsfahrzeugen *Spirit* und *Opportunity*. *Opportunity* untersuchte geologische Strukturen, die Formationen auf der Erde ähneln, die durch Wasser entstanden sind – geschichtete Sedimentgesteine, Salztonebenen und Seebetten. Man entdeckte Minerale, die sich nur in Gegenwart von Wasser bilden, wie hydratisierte Sulfate und Glimmer. Man fand auch kleine Kugeln von Hämatit, die „Blueberries", die vermutlich aus dem Wasser ausfielen, um Seesedimente zu bilden. Obwohl diese Erkenntnisse neu sind, scheint Wasser für Milliarden von Jahren die Marstopographie nicht besonders verändert zu haben, mit Ausnahme der Polarregionen. In der Nähe der Pole entdeckten der *Mars Express Orbiter* und *Mars Odyssey* geologisch rezente Eis- und Schneeablagerungen. Polygonale Muster, die den Permafroststrukturen ähnlich sind, findet man auch häufig auf dem Mars (▶ Abbildung 24.16).

Die Satelliten des Mars Der kleine Phobos und Deimos, die beiden Satelliten des Mars, wurden erst 1877 entdeckt, da sie einen Durchmesser von nur 24 und 15 Kilometern besitzen. Phobos ist mit 5.500 Kilometern seinem Mutterplaneten näher als irgendein anderer natürlicher Satellit im Sonnensystem. Für eine Umdrehung benötigt er nur 7 Stunden und 39 Minuten. Durch *Mariner 9* entdeckte man, dass beide Satelliten eine irreguläre Form und zahlreiche Einschlagkrater besitzen.

Es ist möglich, dass diese Monde Asteroiden sind, die vom Mars eingefangen wurden. Ein äußerst interessanter Zufall in der Astronomie und der Literatur ist die große Ähnlichkeit von Phobos und Deimos mit zwei erfundenen Satelliten des Mars in Jonathan Swifts *Gullivers Reisen*. Die Satire wurde 150 Jahre vor der Entdeckung der Satelliten geschrieben.

Schauer	Ungefähres Datum	Verwandter Komet
Quadrantiden	4. bis 6. Januar	
Lyriden	20. bis 23. April	Komet 1861 I
H-Aquariden	3.–5. Mai	Halley'scher Komet
Δ-Aquariden	30. Juli	
Perseiden	12. August	Komet 1862 II
Draconiden	7.–10. Oktober	Komet Giacobini-Zinner
Orioniden	20. Oktober	Halley'scher Komet
Tauriden	3.–13. November	Komet Encke
Andromediden	14. November	Komet Biela
Leoniden	18. November	Komet 1866 I
Geminiden	4.–16. Dezember	

Tabelle 24.2: Wichtige Meteorschauer.

24.3.4 Jupiter, der Herr des Himmels

Der Jupiter, ein wahrer Riese unter den Planeten, besitzt eine Masse, die zweieinhalb Mal größer als die Massen aller übrigen Planeten, Satelliten und Asteroiden zusammen ist. Tatsächlich hätte sich der Jupiter, wäre er zehnmal größer, zu einem kleinen Stern entwickelt. Trotz seiner Größe ist er nur 1/800 so groß wie die Sonne.

Der Jupiter umkreist die Sonne einmal in zwölf Erdjahren und dreht sich schneller als jeder andere Planet mit einer kompletten Umdrehung in etwas weniger als 10 Stunden. Die Folge der schnellen Umdrehung ist, dass sich die Äquatorialregion ausbaucht und sich die Polarregion zusammenzieht (siehe die Spalte „Polare Abplattung" in Tabelle 24.1).

Atmosphäre, Struktur und Zusammensetzung Beobachtet man den Jupiter durch ein Teleskop, dann scheint er mit wechselnden Bändern von vielfarbigen Wolken bedeckt zu sein, die sich parallel zu seinem Äquator anordnen (▶ Abbildung 24.17). Das markanteste Merkmal ist der „große rote Fleck" auf der südlichen Hemisphäre (Abbildung 24.17). Der „große rote Fleck" war ein auffallendes Merkmal seit er vor mehr als drei Jahrhunderten gesichtet wurde. Als *Voyager 2* am Jupiter 1979 vorbeisauste, hatte der „große rote Fleck" die Größe von erdgroßen Kreisen, die nebeneinander platziert waren. Gelegentlich wurde er sogar größer. Aufnahmen von *Pionier 11*, als er sich 1974 nahe an den Wolkenrändern bewegte, weisen darauf hin, dass der „große rote Fleck" ein sich gegen den Uhrzeigersinn drehender Sturm ist, der zwischen zwei in entgegengesetzte Richtung bewegten strahlstromähnlichen Bändern gefangen ist. Dieser riesige orkanähnliche Sturm macht alle zwölf Jahre eine komplette Umdrehung.

Wie auf anderen Planeten sind die Winde auf dem Jupiter das Produkt einer Differentialerwärmung, die

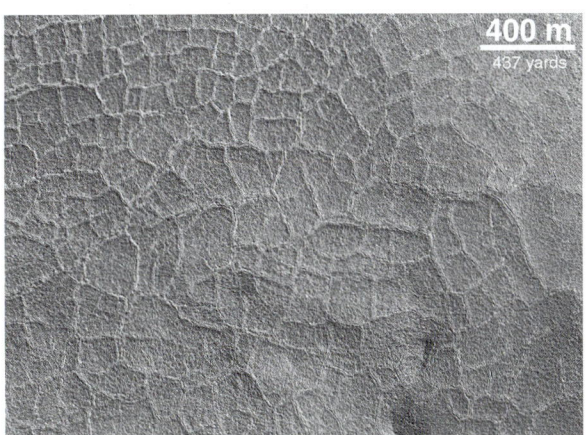

Abbildung 24.16: Das polygonale Muster des Bodens, wie er hier vom Mars gezeigt wird, kommt in den Permafrostgegenden der polaren Breitengrade auf der Erde häufig vor. (Mit freundlicher Genehmigung von JPL/NASA)

Geologie

Abbildung 24.17: Illustration des Jupiter mit dem „großen roten Fleck" sichtbar auf der südlichen Hemisphäre. Die Erde dient als Maßstab.

vertikale Konvektionsbewegungen in der Atmosphäre verursacht. Der Konvektionsfluss des Jupiter erzeugt abwechselnd dunkel gefärbte *Bänder* und helle *Zonen*, wie in ▶Abbildung 24.18 gezeigt wird. Die hellen Wolken (Zonen) sind Regionen, wo das warme Material aufsteigt und abkühlt, wogegen kaltes Material in den dunklen Gürteln absinkt. Diese konvektive Zirkulation zusammen mit Jupiters schneller Rotation erzeugt einen Ost-West-Strom von hoher Geschwindigkeit, den man zwischen den Gürteln und den Zonen beobachtet. Anders als die Winde auf der Erde, die von der Sonnenenergie angetrieben werden, gibt der Jupiter fast zweimal so viel Energie ab, wie er von der Sonne erhält. Es ist also die Hitze, die der Jupiter aus seinem Inneren abstrahlt, welche die riesigen Konvektionsströmungen erzeugt, die man in seiner Atmosphäre beobachten kann.

Die Atmosphäre des Jupiter ist hauptsächlich aus Wasserstoff und Helium zusammengesetzt, enthält aber auch geringere Anteile an Methan, Ammoniak und Wasser, welche Wolken aus flüssigen Tropfen oder Eiskristallen bilden. Der Atmosphärendruck am obersten Ende der Wolken ist der gleiche wie der Druck auf Meereshöhe auf der Erde. Wegen der immensen Schwerkraft des Jupiter nimmt der Druck zu seiner Oberfläche hin schnell zu. 1.000 Kilometer unterhalb der Wolken ist der Druck groß genug, um Wasserstoffgas zu einer Flüssigkeit zusammenzudrücken. Folglich nimmt man an, dass die Oberfläche des Jupiter aus einem gigantischen Meer von flüssigem Wasserstoff besteht. Bei weniger als dem halben Weg zum Inneren des Jupiter verursachen extreme Drücke die Umwandlung von flüssigem Wasserstoff in *flüssigen*

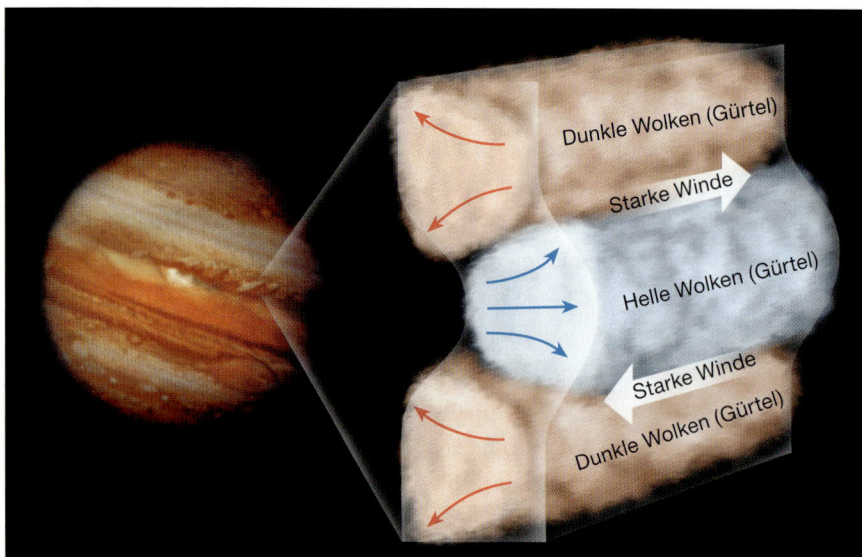

Abbildung 24.18: Die Atmosphärenstruktur des Jupiter. Die Gebiete mit hellen Wolken (Zonen) sind Regionen, in welchen Gase aufsteigen und abkühlen. Absinken dominiert den Strom in den dunkleren Wolkenschichten (Gürtel). Diese konvektive Zirkulation zusammen mit der schnellen Rotation des Planeten erzeugt Winde mit hoher Geschwindigkeit, die man zwischen Gürteln und Zonen beobachtet.

24.3 Die Planeten – eine kurze Beschreibung

A. Io   **B.** Europa   **C.** Ganymed   **D.** Callisto

Abbildung 24.19: Die vier größten Monde des Jupiter (von links nach rechts) werden „galileische Monde" genannt, da sie von Galileo Galilei entdeckt wurden. **A.** Der innerste Mond Io ist einer von drei vulkanisch aktiven Körpern im Sonnensystem. **B.** Europa, der kleinste der galileischen Monde, besitzt eine eisige Oberfläche, die von vielen linearen Strukturen durchkreuzt wird. **C.** Ganymed, der größte Jupiter-Satellit, besteht aus Gebieten mit Kratern, ebenen Gebieten und Gebieten mit zahlreichen parallelen Rillen. **D.** Callisto, der äußerste der galileischen Satelliten, ist dicht mit Kratern übersät, ähnlich dem Erdmond. (Mit freundlicher Genehmigung der NASA/NGS Image Collection)

metallischen Wasserstoff. Die schnelle Rotation und der flüssige metallische Kern sind eine mögliche Erklärung für das intensive magnetische Feld, das den Jupiter umgibt. Man glaubt, dass der Jupiter so viel Gesteinsmaterial und metallisches Material enthält, wie man es auf den terrestrischen Planeten vorfindet; vermutlich in seinem zentralen Kern.

Die Jupitermonde Das Satellitensystem des Jupiter besteht aus 63 bisher entdeckten Monden und ähnelt einem Miniatursonnensystem. Die vier größten Satelliten, die Galileo Galilei 1610 entdeckte, bewegen sich in fast kreisförmigen Umlaufbahnen um den Planeten mit Perioden von 2 bis 17 Erdtagen (▶ Abbildung 24.19). Die beiden größten galileischen Satelliten, Callisto und Ganymed, übertreffen in ihrer Größe den Merkur, wogegen die beiden kleineren, Europa und Io, in etwa die Größe des Erdmondes besitzen. Die galileischen Monde kann man mit einem Fernglas oder einem kleinen Teleskop beobachten und sind von sich aus sehr interessant.

Bilder von *Voyager 1* und *2* enthüllten zur Überraschung vieler, dass jeder der galileischen Satelliten eine einzigartige geologische Welt darstellt (Abbildung 24.19). Eine weitere Überraschung von der *Galileo*-Mission brachte die Erkenntnis, dass die Zusammensetzung jedes Satelliten auffallend anders ist, was eine unterschiedliche Evolution für jeden Satelliten nahelegt. Beispielsweise besitzt Ganymed einen dynamischen Kern, der ein starkes magnetisches Feld erzeugt, das man bei den anderen Satelliten nicht beobachten kann.

Der innerste galileische Mond Io ist wahrscheinlich in unserem Sonnensystem der vulkanisch aktivste Körper. Insgesamt wurden 80 aktive schwefelige Vulkanzentren entdeckt. Von der Oberfläche Ios bis in ca. 200 Kilometern Höhe aufsteigende, schirmförmige Plumes wurden beobachtet (▶ Abbildung 24.20A). Die Wärmequelle für die vulkanische Aktivität ist Gezeitenenergie, die aus dem unablässigen „Tauziehen" zwischen Io und Jupiter und den anderen galileischen Satelliten herrührt. Das Gravitationsfeld von Jupiter und den anderen nahe gelegenen Satelliten ziehen und schieben an Ios Gezeitenausbauchung, während seine leicht exzentrische Umlaufbahn sich abwechselnd seinem Mutterplaneten nähert und sich von ihm entfernt. Diese Schwerkraftbeugung des Io wird in Wärmeenergie umgewandelt (ähnlich dem Vor- und Zurückbiegen einer Büroklammer) und hat die eindrucksvollen schwefeligen Vulkanausbrüche auf Io zur Folge. Außerdem bricht Lava, die hauptsächlich aus Silikatmineralen zusammengesetzt ist, auf seiner Oberfläche aus (▶ Abbildung 24.20B).

Weiter besitzt Jupiter zahlreiche sehr kleine Satelliten mit Durchmessern von etwa 20 Kilometern, die einen Umlauf in der entgegengesetzten Richtung als die großen Monde haben (retrograde Bewegung) und

24 Planetare Geologie

A.

B.

Abbildung 24.20: Ein Vulkanausbruch auf dem Jupitermond Io. **A.** Dieser Plume aus vulkanischen Gasen und Trümmern erhebt sich mehr als 100 Kilometer über die Oberfläche Ios. **B.** Das helle Gebiet auf der linken Seite der Aufnahme ist frisch ausgeströmte heiße Lava. (Mit freundlicher Genehmigung der NASA)

Studenten fragen manchmal …

Besitzen außer der Erde andere Himmelskörper im Sonnensystem flüssiges Wasser?

Die Planeten, die sich näher als die Erde an der Sonne befinden, hält man für zu warm, um flüssiges Wasser aufzuweisen, und diejenigen, die weiter von der Sonne entfernt sind, sind insgesamt zu kalt, um flüssiges Wasser zu führen (obwohl manche Merkmale darauf hinweisen, dass der Mars zu einem Zeitpunkt in seiner Geschichte reichlich flüssiges Wasser geführt hat). Die besten Aussichten, flüssiges Wasser in unserem Sonnensystem zu finden, gibt es unter den vereisten Oberflächen einiger Jupitermonde. Beispielsweise vermutet man unter der äußeren Eisbedeckung von Europa einen Ozean aus flüssigem Wasser. Detaillierte Aufnahmen, die die Raumfähre *Galileo* zurückgeschickt hat, zeigten, dass die Eisdecke Europas relativ jung ist und Risse aufweist, die offensichtlich mit dunkler, darunter befindlicher Flüssigkeit gefüllt sind. Das weist darauf hin, dass Europa ein warmes, mobiles Innere haben muss – möglicherweise einen Ozean. Da die Gegenwart von Wasser in seiner flüssigen Form eine Notwendigkeit für Leben ist, wie wir es kennen, gibt es großes Interesse daran, eine Raumsonde mit einem Landegerät zu Europa zu schicken, das in der Lage ist, ein ferngesteuertes U-Boot abzusetzen – um zu bestimmen, ob es dort Leben gibt.

---

ihre Umlaufbahnen sind steil zum Äquator des Jupiter geneigt. Diese Satelliten scheinen Asteroiden zu sein, die sich nahe genug an Jupiter vorbeibewegten, um von ihm durch Gravitation eingefangen zu werden.

Die Ringe des Jupiter Ein interessanter Aspekt der *Voyager 1*-Mission war die Untersuchung von Jupiters Ringsystem. Bei der Analyse, wie diese Ringe das Licht streuen, fanden die Forscher heraus, dass die Ringe aus feinen, dunklen Teilchen bestehen, die von ähnlicher Größe wie Rauchpartikel sind. Zudem weist die blasse Beschaffenheit der Ringe darauf hin, dass die Teilchen diffus fein verteilt sind. Der Hauptring besteht aus Teilchen, von welchen man annimmt, dass sie Bruchstücke von Metis und Adrastea, den beiden kleinen Monden des Jupiter, sind, die von deren Oberfläche bei Meteoriteneinschlägen weggesprengt wurden. Man glaubt, dass Einschläge auf die Jupitermonde Amalthea und Thebe die Quelle des äußeren Gossamer-Rings sind.

24.3.5 Saturn, der elegante Planet

Der Saturn benötigt 29,46 Erdjahre für einen Umlauf und ist fast zweimal so weit von der Sonne entfernt wie der Jupiter. Doch glaubt man, dass seine Atmosphäre, seine Zusammensetzung und seine interne Struktur der des Jupiter bemerkenswert ähneln. Die auffälligste Struktur von Saturn ist sein Ringsystem (▶ Abbildung 24.21), das von Galileo Galilei im Jahr 1610 zum ersten Mal beobachtet wurde. Mit seinem einfachen Tele-

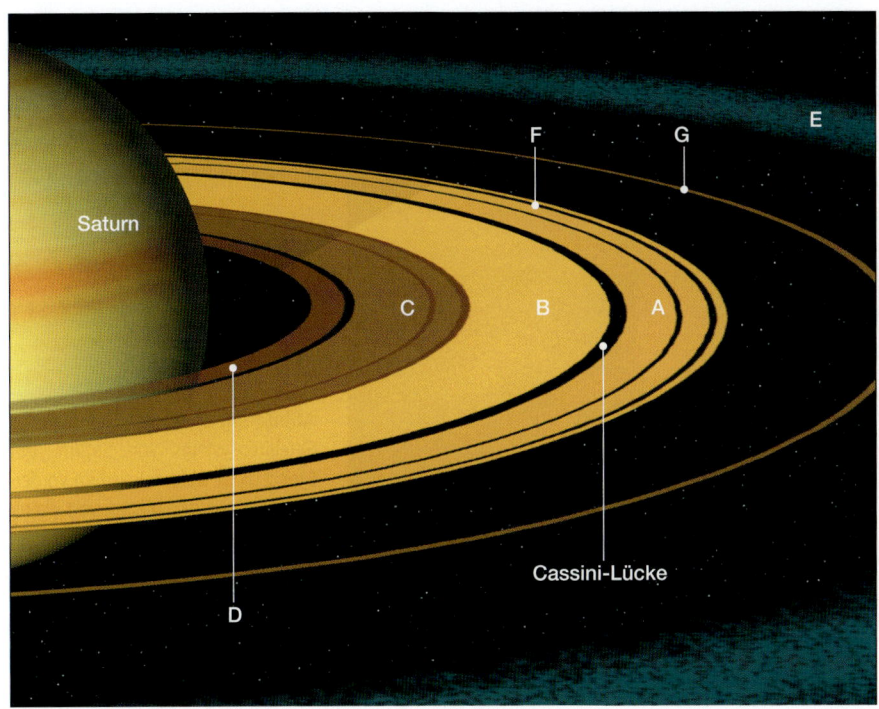

Abbildung 24.21: Eine Ansicht des dramatischen Ringsystems des Saturn.

skop erschienen die Ringe wie zwei kleine neben dem Planeten befindliche Körper. Ihre Ringbeschaffenheit wurde erst 50 Jahre später von dem niederländischen Astronomen Christian Huygens bestimmt.

Die Struktur des Saturn Die Atmosphäre des Saturn ist sehr dynamisch mit tosenden Winden, die bis zu 1.500 Kilometer pro Stunde erreichen. Zyklonale Stürme, ähnlich dem „großen roten Fleck" von Jupiter, treten in der Atmosphäre des Saturn auf sowie intensive Blitzbildung. Obwohl die Atmosphäre zu fast 75 Prozent aus Wasserstoff und zu 25 Prozent aus Helium besteht, sind die Wolken aus Ammoniak, Ammoniakhydrosulfid und Wasser aufgebaut und jeweils aufgrund der Temperatur getrennt. Der zentrale Kern besteht aus Gestein und Eis, das mit flüssigem metallischem Wasserstoff und dann mit flüssigem Wasserstoff überzogen ist. Man glaubt, dass das Magnetfeld des Saturn wie bei der Erde innerhalb des Kerns erzeugt wird. Bei diesem Prozess kondensiert Helium in den flüssigen Wasserstoffschichten und gibt Wärme, die zur Konvektion notwendig ist, frei.

Im Jahr 1980 und 1981 erreichten die mit Kernkraft betriebenen Raumsonden *Voyager 1* und *2* innerhalb einer Reichweite von 100.000 Kilometern den Saturn. Dabei wurde in wenigen Tagen mehr Information gewonnen, als man in der gesamten Zeit seit der teleskopischen Entdeckung des eleganten Planeten durch Galileo erhalten hatte. Erst kürzlich konnte durch Beobachtungen von am Boden stationierten Teleskopen und des *Hubble Space Telescope* weitere Erkenntnisse über das Ringsystem des Saturn erlangt werden. Im Jahre 1995 und 1996 ermöglichten es die Positionen von Erde und Saturn, die Ringe am Rand zu betrachten, wobei die helle Strahlung der Hauptringe reduziert war und die blassesten Ringe und Satelliten sichtbar wurden.

Das Ringsystem des Saturn Erst in jüngster Zeit wurde entdeckt, dass Jupiter, Uranus und Neptun auch Ringsysteme besitzen. Bis dahin glaubte man, dies sei einzigartig für Saturn. Obwohl sich die vier Ringsysteme im Detail unterscheiden, haben sie viele Attribute gemeinsam. Sie alle bestehen aus multiplen konzentrischen Ringen, die durch Lücken verschiedener Größe voneinander getrennt sind. Zudem besteht jeder Ring aus einzelnen Teilchen – „Minimonden" aus Eis und Gestein, die den Planeten umkreisen und dabei regelmäßig aufeinanderprallen.

Die meisten Ringe fallen in ein oder zwei Kategorien, basierend auf der Teilchendichte. Die Hauptringe des Saturn (als A und B in Abbildung 24.21 bezeichnet) und die breiten Ringe des Uranus sind dicht gepackt und enthalten Minimonde, die von einigen Zentimetern (Geröllgröße) bis zu mehreren Metern (Hausgröße) reichen. Man nimmt an, dass diese Teilchen häufig zusammenstoßen, während sie ihren Mutterplaneten umkreisen. Trotz der Tatsache, dass sich die dichten Ringe des Saturn über mehrere hundert Kilometer

24 Planetare Geologie

Abbildung 24.22: Fotomontage des Satellitensystems von Saturn. Der Mond Dione befindet sich im Vordergrund; Tethys und Mimas sind weiter unten rechts; Enceladus und Rhea sind links vom Ring, und Titan sieht man oben rechts. (Foto: mit freundlicher Genehmigung der NASA)

erstrecken, sind sie sehr dünn, möglicherweise nur weniger als 100 Meter von oben bis unten.

Bei dem anderen Extrem, den blassesten Ringen wie Jupiters Ringsystem und Saturns äußerster Ring (mit E in Abbildung 24.21 bezeichnet), besteht die Zusammensetzung aus sehr feinen (rauchgroßen) Partikeln, die weitläufig fein verteilt sind. Neben ihrer sehr geringen Teilchendichte scheinen diese Ringe dicker zu sein als die hellsten Ringe von Saturn.

Kürzlich durchgeführte Studien haben ergeben, dass die Monde, die neben den Ringen bestehen, einen wesentlichen Einfluss auf deren Struktur haben. Insbesondere die Schwerkraft dieser Monde scheint die Ringteilchen durch die Veränderung ihrer Umlaufbahn um sich zu scharen. Die schmalen Ringe scheinen das Werk der Satelliten zu sein, die zu beiden Seiten positioniert sind und die Ringe begrenzen, indem sie die Teilchen, die zu entkommen versuchen, zurückziehen.

Wichtiger ist noch, dass man von den Ringteilchen glaubt, sie seien Trümmer, die aus den Monden herausgeschleudert wurden, und auch vulkanische „Asche", die auch vom Jupitermond Io ausgespien wurde. Neueste Beweise der *Cassini*-Mission zeigen, dass der Mond Enceladus einen Hot Spot aufweist sowie Geysire, die Wassereis ausspeien, das zum E-Ring des Saturn beiträgt. Es ist möglich, dass das Material zwischen den Ringen und den Ringmonden kontinuierlich recycelt wird. Die Monde nehmen die Teilchen allmählich auf, die nachfolgend bei Zusammenstößen mit großen Stücken von Ringmaterial oder möglicher-

weise bei energiegeladenen Zusammenstößen mit anderen Monden herausgeschleudert werden. Es scheint dann so zu sein, dass die Planetenringe keine zeitlosen Merkmale sind, wie wir einst glaubten; es ist eher so, dass sie sich kontinuierlich neu erschaffen.

Der Ursprung des Planetenringsystems wird noch diskutiert. Möglicherweise bildeten sich die Ringe aus einer abgeflachten Wolke aus Staub und Gasen, die den Mutterplaneten einkreiste. Bei diesem Szenario bildeten sich die Ringe zur selben Zeit und aus demselben Material wie die Planeten und die Monde. Möglicherweise bildeten sich die Ringe später, indem ein Mond oder ein großer Asteroid durch Schwerkraft auseinandergezogen wurde, als er dem Planeten zu nahe gekommen war. Eine andere Hypothese nimmt dagegen an, dass ein fremder Körper einen der Mondplaneten zersprengt hat; dessen Fragmente würden dazu neigen, sich gegenseitig zu verdrängen, und einen flachen dünnen Ring bilden. Die Forscher erwarten, dass mehr Licht auf den Ursprung der Planetenringe fällt, wenn die Raumsonde *Cassini* ihre vierjährige Saturnreise fortführt.

Die Monde des Saturn Das Satellitensystem des Saturn besteht aus 56 bekannten Monden (▶ Abbildung 24.22). (Falls Sie die Minimonde mitzählen, aus welchen die Saturnringe bestehen, hat dieser Planet Millionen von Satelliten.) Titan ist der größte Mond, größer als der Merkur und der zweitgrößte Satellit im Sonnensystem (nach Jupiters Ganymed). Titan und der Neptunmond Triton sind die einzigen Satelliten im Sonnensystem, von welchen eine umfangreiche Atmosphäre bekannt ist. Der Atmosphärendruck auf der Oberfläche von Titan ist wegen seiner dichten Gasbedeckung 1,5 Mal höher als auf der Erdoberfläche. Die Cassini-Huygens-Raumsonde bestimmte die Zusammensetzung der Atmosphäre mit etwa 95 Prozent Stickstoff und 5 Prozent Methan mit zusätzlichen organischen Verbindungen – ähnlich der primitiven Erdatmosphäre vor dem Beginn des Lebens. Jüngste Hinweise zeigen, dass Titan Landformen wie die Erde besitzt und geologische Prozesse ablaufen, wie die Bildung von Dünen und fluviatile Erosion, verursacht durch Methanniederschlag. Ein anderer Satellit, Phoebe, weist eine retrograde Bewegung auf. Dieser Satellit wurde, wie andere Monde mit retrograden Umlaufbahnen, sehr wahrscheinlich als Asteroid oder großer Planetesimal eingefangen, der aus der Phase der Planetenbildung übrig war.

24.3.6 Uranus und Neptun, die Zwillinge

Während die Erde und die Venus viele ähnliche Charakteristika aufweisen, sind Uranus und Neptun beinahe Zwillinge, da sie ähnliche Strukturen und ähnliche Zusammensetzungen besitzen. Der Unterschied ihres Durchmessers beträgt weniger als 1 Prozent (etwa vier Mal so groß wie die Erde) und beide haben eine bläuliche Erscheinung, was man auf das Methan in ihrer Atmosphäre zurückführen kann (▶Abbildung 24.23 und ▶Abbildung 24.24). Uranus benötigt 84 Erdjahre und Neptun 165 Erdjahre, um eine Umrundung um die Sonne zu vollenden. Die Zusammensetzung der Kerne ist ähnlich der Zusammensetzung anderer Gasriesen aus Silikatgesteinen und Eisen, aber mit weniger flüssigem, metallischem Wasserstoff und mehr Eis als bei Jupiter und Saturn. Der Neptun ist noch kälter, da er noch einmal um die Hälfte weiter von der Sonne entfernt ist wie Uranus.

Uranus, der „schräge" Planet Ein einzigartiges Merkmal von Uranus ist, dass er „auf der Seite" rotiert. Seine Rotationsachse liegt fast parallel zur Ebene seiner Umlaufbahn, anstatt im rechten Winkel wie bei den anderen Planeten. Seine Rotationsbewegung erscheint deswegen wie ein rollender Ball statt eines sich drehenden Kreisels wie bei den anderen Planeten. Mit großer Wahrscheinlichkeit ist das einem riesigen Einschlag in der frühen Geschichte seiner Evolution zuzuschreiben, wobei er buchstäblich auf die Seite gelegt wurde. Da die Achse des Uranus mit mehr als 90°

Abbildung 24.23: Diese Aufnahme des Uranus wurde beim Vorbeiflug von *Voyager 2* am 24. Januar 1986 zur Erde zurückgeschickt. Die Aufnahme wurde in einer Entfernung von nahezu 1 Million Kilometern gemacht; wenige Details sind von seiner Atmosphäre sichtbar, außer ein paar Streifen (Wolken) in der nördlichen Hemisphäre. (Mit freundlicher Genehmigung der NASA)

24 Planetare Geologie

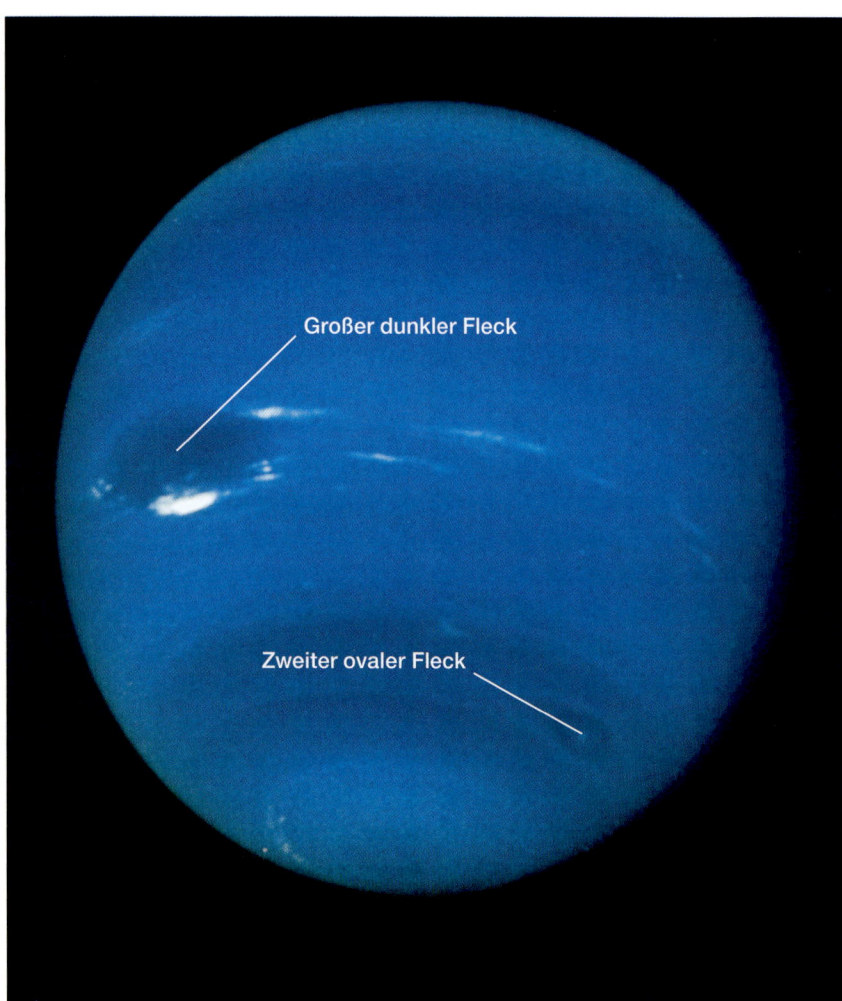

Abbildung 24.24: Die Aufnahme des Neptun zeigt den „großen dunklen Fleck" (links von der Mitte). Ebenfalls gut sichtbar sind die hellen cirrusähnlichen Wolken, die sich mit hoher Geschwindigkeit um den Planeten bewegen. Ein zweiter ovaler Fleck befindet sich in südlicher Breite auf der Ostseite des Planeten. (Mit freundlicher Genehmigung des Jet Propulsion Laboratory)

geneigt ist, befindet sich die Sonne einmal bei jeder Umrundung fast genau über einem seiner Pole und nach einer halben Umrundung (also nach 42 Jahren) wieder direkt über dem anderen Pol.

Eine überraschende Entdeckung im Jahr 1977 enthüllte, dass Uranus ein Ringsystem besitzt. Diese Entdeckung wurde gemacht, als sich Uranus an einem entfernten Stern vorbeibewegte und die Sicht darauf versperrte, ein Prozess, der Bedeckung oder *Okkultation* (*occult* = verborgen) genannt wird. Die Beobachter sahen vor der eigentlichen Okkultation den Stern fünf Mal kurz „blinzeln" (was fünf Ringe bedeutet) und fünf Mal danach. Spätere Untersuchungen wiesen darauf hin, dass mindestens neun unterschiedliche Ringe aus Staub und Trümmern um seine Äquatorialgegend kreisen.

Atemberaubende Ansichten der fünf größten Monde des Uranus von *Voyager 2* zeigten ziemlich unterschiedliche Oberflächen, manche mit langen tiefen Canyons und linearen Einschnitten, andere mit großen, sanften Gebieten auf andererseits mit Kratern übersäten Oberflächen. Das Jet Propulsion Labor beschrieb Miranda, den innersten der fünf größten Monde, als einen Satelliten mit einer größeren Vielfalt an Landformen als irgendein anderer Körper, der bisher im Sonnensystem untersucht wurde. Diese Eigenschaften weisen darauf hin, dass Miranda kürzlich geologisch noch aktiv war.

Neptun, der windige Planet Sogar wenn man das stärkste Teleskop auf Neptun fokussiert, erscheint er als bläuliche, unscharfe Scheibe. Bis zum Eintreffen von *Voyager 2* im Jahr 1989 wussten die Astronomen wenig über diesen Planeten. Doch die zwölfjährige, fast 5 Milliarden Kilometer lange Reise lieferte den Forschern so viel Informationen über den Neptun und seine Satelliten, dass man noch einige Jahre benötigt, um diese auszuwerten.

Der Neptun besitzt eine dynamische Atmosphäre, ähnlich der von Jupiter und Saturn (Abbildung 24.24). Winde mit Geschwindigkeiten von über 1.000 Kilometer pro Stunde umgeben den Planeten und machen ihn zu einem der windigsten Orte im Sonnensystem. Er besitzt auch einen Fleck von Erdgröße, der der „große dunkle Fleck" genannt wird und von dem man annimmt, dass es sich um einen großen, sich drehenden Sturm handelt, und der an den „großen roten Fleck" des Jupiter erinnert. Etwa fünf Jahre nach dem Eintreffen von *Voyager 2*, als das *Hubble Space Telescope* den Neptun beobachtete, war der Fleck verschwunden und durch einen anderen schwarzen Fleck in der nördlichen Hemisphäre des Planeten ersetzt worden.

Das wahrscheinlich erstaunlichste sind weiße cirrusartige Wolken, die eine Schicht von 50 Kilometern über der Hauptwolkendecke bilden, vermutlich aus gefrorenem Methan. Sechs neue Satelliten wurden auf den Voyager-Bildern entdeckt und die „Familie" von Neptun wuchs auf acht, nach neueren Beobachtungen sogar auf 13. Alle diese neu entdeckten Monde umkreisen den Planeten in entgegengesetzter Richtung zu den zwei größeren Satelliten. Die Bilder von *Voyager* enthüllten ebenfalls ein Ringsystem um Neptun.

Triton, der größte Mond des Neptun, ist ein äußerst interessantes Objekt. Er ist das einzige große Objekt im gesamten Sonnensystem, das eine retrograde Bewegung aufweist. Das bedeutet, dass Triton sich unabhängig von Neptun geformt hat und durch Gravitation eingefangen wurde.

Triton weist zusammen mit anderen Monden der großen Gasplaneten die erstaunlichsten Zeichen von Vulkanismus auf: die Eruption von Eis. Diese Art von Vulkanismus hat man als **Kryovulkanismus** (griech. *Kryos* = Frost) bezeichnet und sie ist der Eruption von Magmen zuzuordnen, die von der partiellen Aufschmelzung von Eis statt von Silikatgesteinen stammt. Das Eismagma des Triton entstammt einer Mischung von Eis aus Wasser, Methan und wahrscheinlich Ammoniak. Ist es partiell geschmolzen, verhält sich diese Mischung wie geschmolzenes Gestein auf der Erde. Tatsächlich können diese Magmen beim Erreichen der Oberfläche ruhiges Ausfließen von Eislaven oder sogar explosive Eruptionen erzeugen. Entweichen die volatilen Komponenten sofort, erzeugt eine explosive Eruptionssäule Eisstaub ähnlich wie Vulkanasche. *Voyager 2* entdeckte 1989 aktive Plumes auf Triton, die sich 8 Kilometer über die Oberfläche erhoben und mehr als 100 Kilometer in Windrichtung verblasen wurden. In einem anderen Umfeld können sich Eislaven entwickeln, die große Entfernungen von ihrer Austrittsstelle wegfließen können – ähnlich den flüssigen Basalten von Hawaii.

Kleinere Mitglieder des Sonnensystems: Asteroiden, Kometen, Meteoriten und Zwergplaneten 24.4

In dem riesigen Raum, der die acht Planeten voneinander trennt, sowie in den riesigen Ausdehnungen, die sich in die äußeren Bereiche des Sonnensystems erstrecken, befinden sich zahllose Trümmerstücke, die einige Hundert Kilometer im Durchmesser groß sein können bis hin zu winzigen Staubkörnchen. Zu den Objekten, die man in diesem riesigen interplanetaren Raum findet, gehören *Asteroide, Kometen, Meteoriten (solange sie noch nicht auf die Erde gefallen sind, werden sie oft auch als Meteoroide bezeichnet)* und *Zwergplaneten*. Asteroide und Meteoriten sind Fragmente aus Gesteinsmaterial und metallischem Material mit ähnlicher Zusammensetzung wie die terrestrischen Planeten. Man unterscheidet sie anhand ihrer Größe – diejenigen mit einer Größe über 100 Meter sind Asteroide, alles andere darunter sind Meteoriten. Kometen dagegen bestehen hauptsächlich aus Eis mit einem geringen Anteil an Gesteinsmaterial. Die neueste Klasse der Objekte im Sonnensystem – die Zwergplaneten – schließen Ceres, den größten bekannten Asteroiden, und Pluto ein, von dem man glaubt, er habe eine ähnliche Zusammensetzung wie Triton, der Eismond des Jupiter.

24.4.1 Asteroiden: Planetesimale

Asteroiden sind kleine Fragmente (Planetesimale) mit einem Alter von etwa 4,5 Milliarden Jahren, die von der Entstehung des Sonnensystems übrig sind. Die meisten Asteroiden besitzen eine geringere Dichte, als man zunächst annahm. Deswegen kann man davon ausgehen, dass Asteroiden poröse Körper sind und keine Objekte aus festem Gestein und Metall, sondern eher wie Geschiebehaufen aus Fragmenten bestehen, die durch Schwerkraft miteinander verbunden sind. Der größte Asteroid Ceres besitzt einen Durchmesser von 940 Kilometern, doch die meisten der 100.000 bekannten Asteroiden sind viel kleiner.

Die meisten Asteroiden befinden sich in der Mitte der Umlaufbahnen von Mars und Jupiter in einer Region, die man als **Asteroidengürtel** bezeichnet (▶ Abbildung 24.25).

24 Planetare Geologie

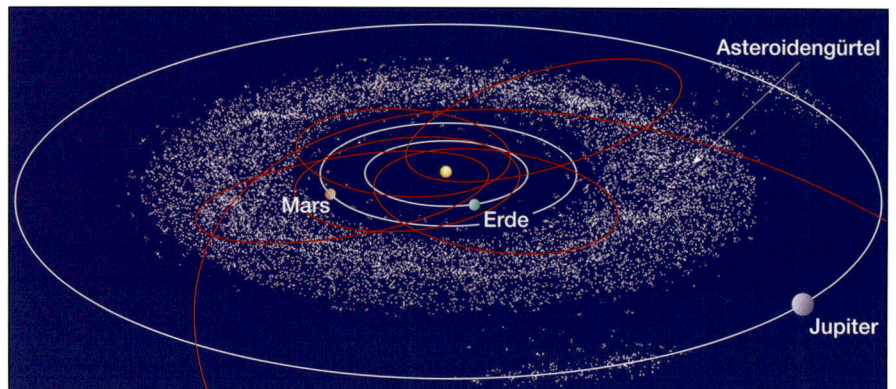

Abbildung 24.25: Die Umlaufbahnen der meisten Asteroiden liegen zwischen Mars und Jupiter. Ebenso werden die Umlaufbahnen einiger bekannter erdnaher Asteroiden gezeigt. Möglicherweise haben tausend oder mehr Asteroide erdnahe Umlaufbahnen. Glücklicherweise nimmt man nur von einigen Dutzend an, dass sie größer als 1 Kilometer im Durchmesser sind.

Manche bewegen sich entlang von exzentrischen Umlaufbahnen, wobei sie sehr nahe an die Sonne herankommen, und einige größere bewegen sich regelmäßig nahe an der Erde und dem Mond vorbei. Viele der rezenten Einschlagkrater auf dem Mond und auf der Erde sind wahrscheinlich die Folge von Zusammenstößen mit Asteroiden. Es gibt etwa 2.000 Asteroiden, die sich auf dem Kurs der Erde befinden, davon ist etwa ein Drittel größer als ein Kilometer im Durchmesser. Es ist unausweichlich, dass in der Zukunft ein Zusammenstoß zwischen einem Asteroiden und der Erde passieren wird (▶ siehe Exkurs 24.2).

Da die meisten Asteroiden irreguläre Formen haben, vermuteten Astrogeologen zunächst, sie könnten Bruchstücke eines zerbrochenen Planeten sein, der seine Umlaufbahn einst zwischen Mars und Jupiter hatte (Abbildung 24.25). Doch man schätzt die Gesamtmasse der Asteroiden auf nur 1/1.000 der Masse der Erde, die an sich kein großer Planet ist. Heute stimmen die meisten Forscher darüber überein, dass Asteroide die übrig gebliebenen Trümmer des Solarnebels sind. Aufgrund ihrer Position in der Nähe zum Jupiter mit seinem riesigen Gravitationsfeld, das kontinuierlich ihre Bewegung unterbrach, schweißten sich diese Planetesimale niemals an einen Planeten an.

Im Februar 2001 wurde eine amerikanische Raumsonde der erste Besucher eines Asteroiden. Die Raumsonde *NEAR Shoemaker* war zwar für eine Landung nicht konzipiert, doch landete sie erfolgreich und lieferte Informationen, die Astrogeologen verblüffte und in Erstaunen versetzte. Aufnahmen, die gemacht wurden, als die Raumsonde zur Oberfläche von Eros schwebte, ließen eine öde, steinige Oberfläche erkennen, die sich aus Teilchen zusammensetzt, bestehend aus feinem Staub bis hin zu mehreren 10 Metern im Durchmesser (▶ Abbildung 24.26). Forscher fanden unerwartet heraus, dass die feinen Trümmer sich in tiefen Gebieten zu konzentrieren schienen, wo sie flache Ablagerungen bildeten, die Teichen ähneln. Die niedrigen Gebiete werden von vielen großen Gesteinsbrocken umgeben.

Eine von vielen Hypothesen, die die von Gesteinsbrocken übersäte Topographie zu erklären versuchen, besagt, dass seismische Erschütterungen die großen Gesteinsbrocken dazu bringen, sich nach oben zu bewegen, während das kleine Material nach unten sinkt. Das ist analog zu dem Vorgang, bei dem eine Dose mit verschieden großen Nüssen geschüttelt wird – dabei bewegen sich die größeren Nüsse nach oben, während sich die kleineren Stücke am Boden absetzen.

Abbildung 24.26: Eine Aufnahme des Asteroiden Eros wurde von der Raumsonde *NEAR-Shoemaker* gemacht. Die Einblendung zeigt eine Nahaufnahme der öden Gesteinsoberfläche von Eros. (Mit freundlicher Genehmigung der NASA)

Indirekte Beweise von Meteoriten zeigen auf, dass Asteroiden genug von der Wärmeenergie zurückbehalten, die bei einem Einschlag erzeugt wird. Manche könnten dabei auch komplett aufgeschmolzen worden sein, was sie dazu gebracht hätte, sich in einen dichten Eisen- und Nickelkern und einen Gesteinsmantel zu differenzieren. Im November 2005 landete die japanische Raumsonde *Hayabusa* auf einem kleinen, nahe der Erde befindlichen Asteroiden mit der Bezeichnung 25143 Itokawa. Sie soll nach Zeitplan im Juni 2010 Proben zurückschicken.

24.4.2 Kometen, schmutzige Schneebälle

Kometen sind wie die Asteroiden Überreste aus der Entstehung des Sonnensystems. Anders als Asteroide bestehen Kometen aus Eis (Wasser, Ammoniak, Methan, Kohlendioxid und Kohlenmonoxid), das kleine Stücke von metallischem Material und Gesteinsmaterial zusammenhält. Daher stammt der Spitzname „schmutzige Schneebälle". Kometen gehören zu den interessantesten und unberechenbarsten Körpern im Sonnensystem. Viele Kometen bewegen sich auf einer stark exzentrischen Umlaufbahn, die sie weit hinter Pluto führt. Diese Kometen brauchen mehrere hunderttausend Jahre, um einen einzigen Umlauf um die Sonne zu vollbringen. Doch einige *kurzperiodische Kometen* (mit Umlaufzeiten weniger als 200 Jahre) wie der Halleysche Komet haben regelmäßige Begegnungen mit dem inneren Sonnensystem.

Zu Beginn erscheint ein beobachteter Komet sehr klein, aber sobald er sich der Sonne nähert, beginnt die Sonnenenergie das Eis zu verdunsten und erzeugt einen leuchtenden Kopf, den man die **Koma** nennt (▶ Abbildung 24.27). Die Größe der Koma variiert von einem Kometen zum anderen sehr stark. Im Extremfall können sie größer als die Sonne werden, die meisten liegen jedoch in der Größenordnung von Jupiter. Innerhalb des Kometen kann man manchmal einen leuchtenden Kern von nur wenigen Kilometern Durchmesser entdecken. Während sich die Kometen der Sonne nähern, entwickeln manche einen Schweif, der sich über Millionen von Kilometern ausdehnt. Trotz der enormen Größe ihrer Schweife und Komas sind Kometen relativ kleine Mitglieder des Sonnensystems.

Aus der Tatsache, dass ein Kometenschweif auf leicht gekrümmte Weise von der Sonne weg zeigt (Abbildung 24.27), haben schon die frühen Astronomen geschlossen, dass die Sonne eine abstoßende Kraft besitzt, welche die Teilchen der Koma wegdrücken würde, um so den Schweif zu bilden. Heute wissen wir, dass es zwei unabhängige Kräfte sind: Eine Kraft, der Strahlungsdruck, drückt die Staubteilchen von der Koma weg. Die zweite Kraft entstammt dem Magnetfeld des Sonnenwindes und ist für die Bewegung der ionisierten Gase verantwortlich, insbesondere von Kohlenmonoxid. Manchmal entsteht ein einziger Schweif aus beidem, aus Staub und ionisiertem Gas, doch oft beobachtet man zwei getrennte Schweife (▶ Abbildung 24.28).

Während sich der Komet von der Sonne weg bewegt, rekondensieren die gebildeten Gase, der Schweif verschwindet und der Komet kehrt zur kalten Aufbe-

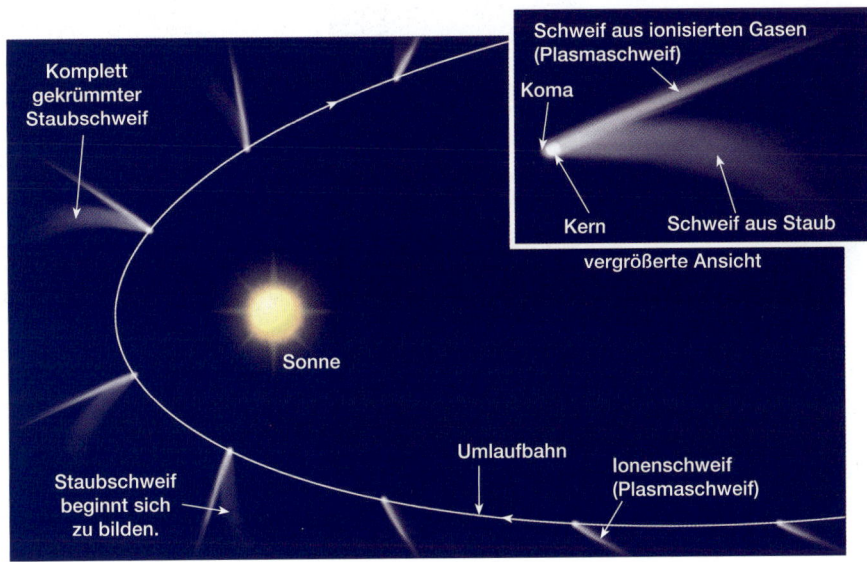

Abbildung 24.27: Die Orientierung eines Kometenschweifs beim Umlauf des Kometen um die Sonne.

Planetare Geologie

EXKURS 24.2 – DIE ERDE ALS SYSTEM
■ Die Erde auf einem Kollisionskurs?

Das Sonnensystem ist übersät von Asteroiden, aktiven Kometen und ausgelöschten Kometen. Diese Fragmente bewegen sich mit großer Geschwindigkeit und können mit einer Explosionskraft auf die Erde treffen, die viele Male größer als eine gewaltige Atomwaffe ist.

In den jüngst vergangenen Jahrzehnten wurde es immer klarer, dass Kometen und Asteroiden mit der Erde viel häufiger zusammenstoßen, als zuvor bekannt war. Beweise dafür sind die etwa 100 Einschlagstrukturen, die man identifiziert hat (▶Abbildung 24.C). (Viele Einschlagkrater hielt man einst fälschlicherweise für Vulkane.) Die meisten Einschlagkrater sind so alt und stark erodiert, dass man sie erst durch die Fotografie von Satelliten aus entdeckte (▶Abbildung 24.B). Eine erwähnenswerte Ausnahme ist der sehr frisch aussehende Krater in der Nähe von Winslow, Arizona, der als Meteor Crater bekannt ist (Abbildung 24.31). Beachten Sie, dass dieser Krater durch einen Meteoriten entstanden ist, der vermutlich einen Durchmesser von nur 50 Metern hatte.

Vor etwa 65 Millionen Jahren kollidierte ein großer Asteroid von etwa 10 Kilometer Durchmesser vor der Yucatan-Halbinsel in Mexiko mit der Erde. Man glaubt, dass dieser Einschlag für den Niedergang der Dinosaurier sowie das Aussterben von fast 50 Prozent aller Pflanzen- und Tierarten gesorgt hat (siehe Kapitel 22 *Die Evolution der Erde in geologischer Zeit* für mehr Information).

Etwas rezenter wurde eine Aufsehen erregende Explosion einem Zusammenstoß unseres Planeten mit einem Kometen oder Asteroiden zugeschrieben. Im Jahr 1908 explodierte auf heftige Weise in einer abgelegenen Region Sibiriens ein „Feuerball", der heller als die Sonne erschien. Die Druckwelle rüttelte an Fenstern und löste

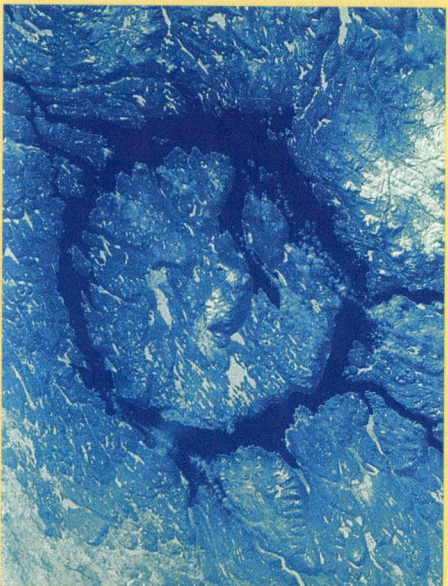

Abbildung 24.B: Manicouagan, Quebec, ist eine 200 Millionen Jahre alte, erodierte Einschlagstruktur. Der See befindet sich an den Umrissen der Kraterüberreste und hat einen Durchmesser von 70 Kilometer. Brüche, die mit diesem Ereignis in Zusammenhang stehen, dehnen sich über 30 Kilometer nach außen hin aus. (Mit freundlicher Genehmigung des U.S. American Survey)

einen Widerhall aus, den man 1.000 Kilometer weiter entfernt hörte. Das „Tunguska-Ereignis", wie es genannt wird, versengte und entwurzelte Bäume und riss deren Äste ab, bis zu einem Umkreis von 30 Kilometer vom

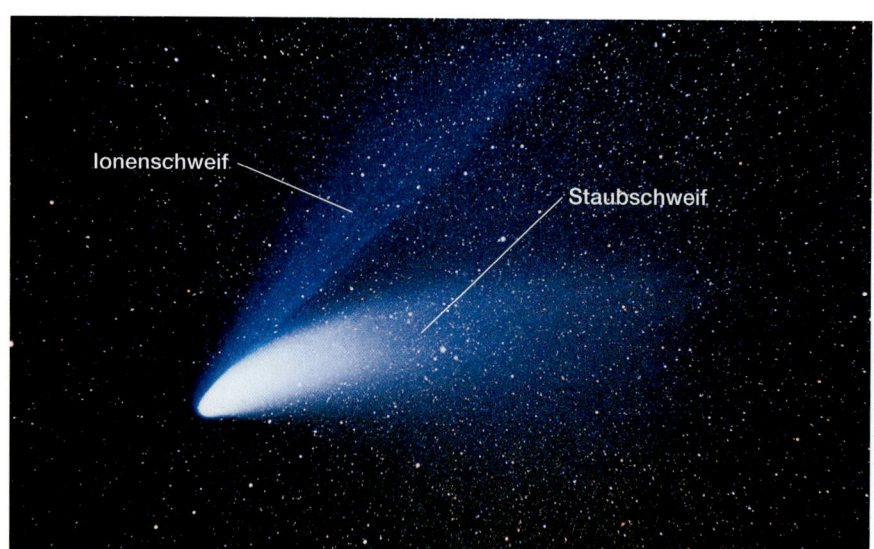

Abbildung 24.28: Der Komet Hale-Bopp. Die beiden Schweife, die man auf der Fotografie sieht, sind zwischen 10 Millionen und 15 Millionen Kilometer lang. (Fotografie: Astronomical Society Photograph von Eric Clifton und Craig Neaveill)

24.4 Kleinere Mitglieder des Sonnensystems: Asteroiden, Kometen, Meteoriten und Zwergplaneten

Epizentrum entfernt. Doch die Expeditionen zu dem Gebiet lieferten keine Anhaltspunkte für einen Einschlag oder metallische Trümmer. Offensichtlich ereignete sich die Explosion, die mindestens einer 10 Megatonnen schweren Atombombe gleich kam, einige Kilometer über der Oberfläche. Warum das Objekt vor seinem Einschlag auf die Oberfläche explodierte, ist unklar. Die Gefahr, mit diesen tödlichen Objekten aus dem Weltraum zu leben, wurde der Öffentlichkeit 1989 bewusst, als ein Asteroid mit einem Durchmesser von fast 1 Kilometer an der Erde vorbeiraste. Er verfehlte die Erde knapp, er war etwa zweimal so weit wie der Mond entfernt. Mit einer Geschwindigkeit von 70.000 Kilometer pro Stunde hätte er einen Krater von 10 Kilometer Durchmesser und möglicherweise 2 Kilometern Tiefe erzeugen können.

Ein Beobachter bemerkte: „Früher oder später kommt er zurück". Unter den gegebenen Umständen durchquerte er die Umlaufbahn der Erde nur sechs Stunden vor der Erde. Statistiken zeigen, dass Zusammenstöße von dieser Größenordnung etwa alle paar hundert Millionen Jahre vorkommen und drastische Folgen für das Leben auf der Erde haben können.

Wissenschaftler der NASA spüren erdnahe Objekte auf (NEOS). Bewegen sich Kometen oder Asteroiden in der Nähe von einem der anderen Planeten, kann deren Umlaufbahn durch die Wechselwirkung mit der planetaren Schwerkraft verändert werden und sie in Richtung Erde schicken. Gegenwärtig werden mehr als 800 Asteroide beobachtet, die die Umlaufbahn der Erde kreuzen.

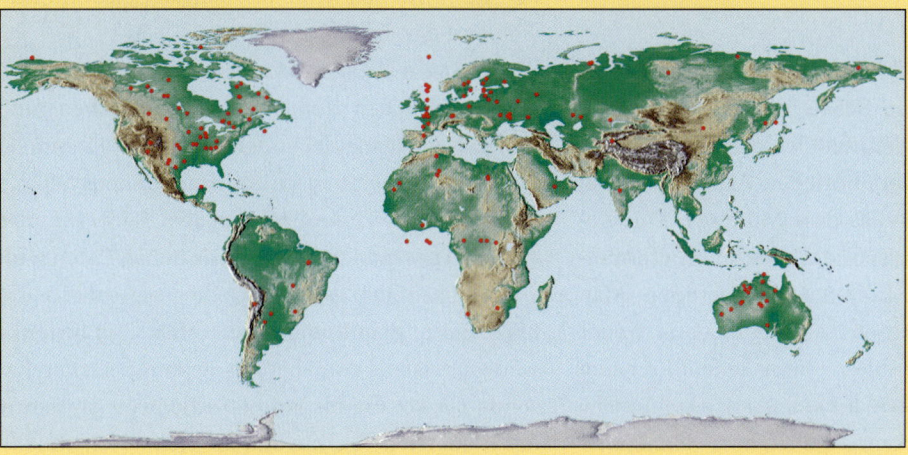

Abbildung 24.C: Die Weltkarte mit den Haupteinschlagsstrukturen. Weitere Krater werden jedes Jahr gefunden. (Daten vom Griffith-Observatorium)

wahrung zurück. Material, das von der Koma verblasen wurde, um den Schweif zu bilden, ist vom Kometen für immer verloren. Folglich nimmt man an, dass Kometen nicht mehr als einige Hundert enge Umlaufbahnen der Sonnen überleben können. Sind alle Gase ausgestoßen, bewegt sich das verbleibende Material – ein Schwarm aus winzigen metallischen Teilchen und Gesteinspartikeln – weiter auf der Umlaufbahn ohne Koma oder Schweif.

Die meisten Kometen findet man in zwei Regionen des äußeren Sonnensystems. Man nimmt von den kurzperiodischen Kometen an, dass sie hinter Neptun ihre Umlaufbahn haben, eine Region, die **Kuipergürtel** genannt wird, zu Ehren des Astronomen Gerald Kuiper, der dessen Existenz vorausgesagt hatte (▶Abbildung 24.29). (Während des letzten Jahrzehnts wurden mehr als hundert dieser Eiskörper entdeckt.) Wie die Asteroiden ihre Umlaufbahn im inneren Sonnensystem haben, bewegen sich die Kometen des Kuipergürtels in fast kreisförmigen Umlaufbahnen, die in etwa auf der gleichen Ebene wie die Planeten liegen. Ein zufälliger Zusammenstoß zwischen zwei Kometen aus dem Kuipergürtel oder der Schwerkrafteinfluss von einem der jovianischen Planeten könnte gelegentlich die Umlaufbahn eines Kometen ausreichend verändern, so dass er in das innere Sonnensystem geschickt wird und in unser Blickfeld.

Anders als die Kometen des Kuipergürtels besitzen langperiodische Kometen eine Umlaufbahn, die *nicht* an die Ebene des Sonnensystems gebunden ist. Diese

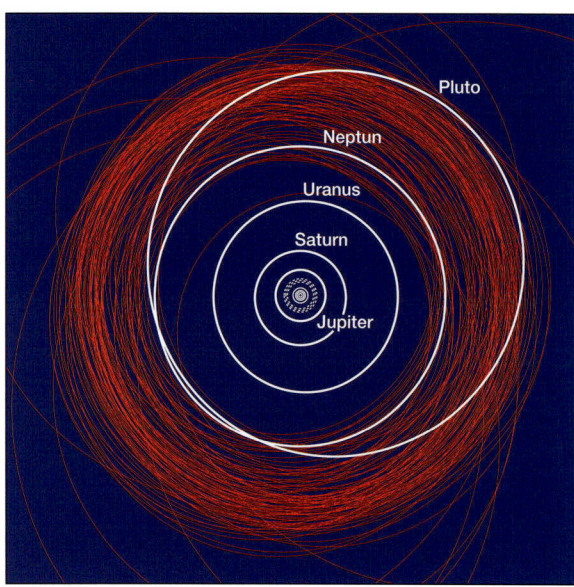

Abbildung 24.29: Die Umlaufbahnen einiger Objekte des Kuipergürtels.

Kometen scheinen in allen Richtungen von der Sonne, in einer Art sphärischen Schale um das Sonnensystem herum, verteilt zu sein und werden als **Oort'sche Wolke**, nach dem niederländischen Astronomen Jan Oort, benannt. Man glaubt, dass Millionen von Kometen die Sonne umkreisen und zwar mit Entfernungen der 10.000-fachen Erde-Sonne-Entfernung. Man glaubt, dass die Gravitationswirkung eines in weiter Entfernung vorbeiziehenden Sterns einen Kometen aus der Oort'schen Wolke auf eine stark exzentrische Umlaufbahn schicken kann, die sie zum Sonnensystem trägt.

Aber warum findet man Kometen sowohl im Kuipergürtel als auch in der Oort'schen Wolke? Es scheint so, als seien Kometen wie Asteroiden planetesimale Körper, die durch Aneinanderschweißen von Material aus dem Solarnebel entstanden sind. Anders gesagt sind sie Überreste des Bildungsprozesses der Planeten. Im Gegensatz zu den Asteroiden, die sich im inneren Sonnensystem aus überwiegend metallischem Material und Gesteinsmaterial gebildet haben, sind Kometen aus Eis bestehende Planetesimale, die im Bereich der Riesenplaneten und dahinter entstanden sind. Diejenigen, die sich hinter der Umlaufbahn des Neptuns gebildet haben und nicht zu großen planetaren Körpern akkretierten, machen die Objekte des Kuipergürtels aus.

Andererseits glaubt man, dass die eisigen Planetesimale der Oort'schen Wolke sich in der Region der jovianischen Planeten gebildet haben. Während sich die größte Mehrheit der Objekte aus Eis zu Protoplaneten akkretiert hätten, blieben manche erhalten. Manche kometenartige Objekte wären zum inneren Sonnensystem geschleudert worden, wo sie mit terrestrischen Planeten zusammenstießen. Die Überreste wurden in den Weltraum „hinausgeworfen" und bildeten die Oort'sche Wolke in den äußersten Bereichen des Sonnensystems.

Der bekannteste kurzperiodische Komet ist der Halley'sche Komet. Seine Umlaufperiode dauert etwa 76 Jahre und jede seiner Erscheinungen seit 240 v. Chr. wurde von chinesischen Astronomen aufgezeichnet. Diese Aufzeichnungen sind ein Beweis für die Hingabe zur astronomischen Beobachtung und die Beständigkeit der Kultur Chinas. Als der Halley'sche Komet 1910 beobachtet wurde, entwickelte er einen fast 1,6 Millionen Kilometer langen Schweif und war während des Tages sichtbar.

1986 enttäuschte die unspektakuläre Erscheinung des Halley'schen Kometen viele Menschen auf der nördlichen Hemisphäre; doch konnte während seiner jüngsten Erscheinung im inneren Sonnensystem eine Menge an neuen Informationen über den berühmtesten Kometen gesammelt werden. Die neuen Daten wurden von Raumsonden gesammelt, die ausgesandt wurden, um sich mit dem Kometen zu treffen. Am bemerkenswertesten ist die Annäherung der europäischen Raumsonde *Giotto*, die bis auf 600 Kilometer an den Kern des Kometen herankam und die ersten Nahaufnahmen von der Struktur eines Kometen machte.

Wir wissen nun, dass der Kern des Halley'schen Kometen kartoffelförmig mit einer Größe von 16 mal 8 Kilometern ist. Seine Oberfläche ist unregelmäßig und übersät mit Kraterlöchern. Gase und Staub entweichen aus dem Kern, um die Koma und den Schweif zu bilden, und scheinen von seiner Oberfläche wie helle Strahlen oder Strömungen. Zum Zeitpunkt des Zusammentreffens emittierte nur etwa 10 Prozent der Oberfläche diese Strahlen. Die übrige Oberfläche des Kometen schien von einer dunklen Schicht bedeckt zu sein, die aus organischem Material zu bestehen scheint.

1997 konnte man den Kometen Hale-Bopp in eindrucksvoller Weise auf der ganzen Welt beobachten. Im Verhältnis war der Kern von Hale-Bob mit 40 Kilometer Durchmesser ungewöhnlich groß. Wie die Abbildung 24.28 zeigt, erstreckten sich von diesem

Kometen aus zwei Schweife von fast 24 Millionen Kilometern. Der bläuliche Gasschweif ist aus positiv geladenen Ionen zusammengesetzt und zeigt fast direkt von der Sonne weg. Der hellere Schweif besteht aus Staub und anderem Gesteinsmaterial. Da das Gesteinsmaterial massiver als die ionisierten Gase ist, können die Sonnenwinde weniger Einfluss darauf nehmen und es folgt einer unterschiedlichen Bahnlinie vom Kometen weg.

24.4.3 Meteoriten, Besucher der Erde

Fast jeder hat bereits einen **Meteor** gesehen, umgangssprachlich als „Sternschnuppe" bezeichnet. Der Lichtstrahl hält von einem Zwinkern bis zu einigen Sekunden an und tritt auf, wenn ein kleines festes Teilchen, ein **Meteoroid**, aus dem interplanetaren Raum in die Erdatmosphäre eindringt. Die Reibung zwischen dem Meteoriten und der Luft heizt beide auf und erzeugt das Licht, das wir sehen. Die meisten Meteoroiden stammen von einem der drei Herkunftsorte: (1) interplanetarer Schutt, der während der Entstehung des Sonnensystems nicht durch Gravitationskraft von den Planeten angezogen wurde, (2) Material, das ständig aus dem Asteroidengürtel verloren geht, oder (3) die festen Überreste eines Kometen, der einst die Umlaufbahn der Erde passierte. Man glaubt von einigen Meteoroiden, dass sie Bruchstücke vom Mond oder möglicherweise sogar vom Mars (z.B. Schergottite und Nakhlaite, benannt nach ihren Fundorten in Indien und Ägypten) sind, die herausgeschleudert wurden, als ein Asteroid in diese Körper einschlug und die Trümmer so beschleunigte, dass sie das Schwerefeld verlassen konnten.

Meteoroiden mit einem Durchmesser von weniger als einem Meter verdampfen im Allgemeinen, bevor sie die Erdoberfläche erreichen. Manche sind so winzig, *Mikrometeoriten* genannt, dass ihre Fallgeschwindigkeit zu langsam wird, als dass sie ihre Verbrennung auslösen könnte, und so schweben sie als Weltraumstaub nach unten. Die Zahl der Meteoroiden, die täglich in die Erdatmosphäre eintreten, geht in die Tausende. Ein halbes Dutzend oder mehr sind hell genug, um nach Sonnenuntergang in einer klaren Nacht an einem beliebigen Ort auf der Erde mit bloßem Auge erkannt zu werden.

Gelegentlich erhöht sich die Zahl der Sichtung dramatisch auf 60 oder mehr pro Stunde. Diese Schauspiele werden **Meteoritenschauer** genannt und entstehen, wenn die Erde auf einen Schwarm von Meteoroiden trifft, die sich in die gleiche Richtung mit annähernd gleicher Geschwindigkeit wie die Erde bewegen. Der enge Zusammenhang dieser Schwärme mit den Umlaufbahnen von einigen kurzperiodischen Kometen weist stark darauf hin, dass sie verlorenes Material von diesen Kometen sind (▶ Tabelle 24.2). Manche Schwärme stehen in keinem Zusammenhang mit der Umlaufbahn bekannter Kometen und sind vermutlich die Überreste schon längst erloschener Kometen. Der erwähnenswerte Perseiden-Meteoritenschwarm, der jedes Jahr um den 12. August herum auftritt, ist wahrscheinlich der Überrest des Kometen 1862 mit einer Periode von 110 Jahren.

Meteoroiden, die die Überreste von Kometen sind, sind in der Regel klein und erreichen gelegentlich den Boden. Die meisten Meteoroiden, die groß genug sind, um den aufgeheizten Fall zu überstehen, entstehen vermutlich zwischen den Asteroiden, wo zufällige Zusammenstöße ihre Umlaufbahn verändern und sie zur Erde schicken. Die Schwerkraft der Erde tut ihr Übriges.

Gelegentlich findet man Überreste von Meteoroiden auf der Erde (▶ Abbildung 24.30). Einige sehr große **Meteoriten** haben Krater aus der Erdoberfläche gesprengt, die denen auf der Mondoberfläche stark ähneln. Sehr bekannt ist der Meteor-Krater in Arizona (▶ Abbildung 24.31). Diese riesige Aushöhlung hat einen Durchmesser von ca. 1,2 Kilometern, ist 170 Meter tief und weist einen umgeklappten Rand auf, der sich ca. 50 Meter über die umgebende Landschaft erhebt. Über 30 Tonnen Eisenbruchstücke hat man in der unmittelbaren Umgebung gefunden, doch Versuche, den Hauptkörper zu finden, blieben erfolglos. Basierend auf der Erosionsmenge ereignete sich der Einschlag vermutlich innerhalb der letzten 50.000 Jahre.

Bevor Mondgestein von der Mondexpedition zurückgebracht wurde, waren Meteoriten das einzige extraterrestrische Material, das man direkt untersuchen konnte (Abbildung 24.30). Meteoriten werden nach ihrer Zusammensetzung klassifiziert: (1) *Eisenmeteoriten* bestehen hauptsächlich aus Eisen mit 5 bis 20 Prozent Nickel; (2) *Steinmeteoriten* setzen sich aus Silikatmineralen mit Einschlüssen anderer Minerale zusammen; und (3) *Stein–Eisen-Meteoriten* sind Mischungen der beiden. Obwohl Steinmeteoriten viel häufiger vorkommen, scheinen die Menschen mehr

Planetare Geologie

Abbildung 24.30: Ein Eisenmeteorit, der in der Nähe des Meteor-Kraters, Arizona, gefunden wurde. (Mit freundlicher Genehmigung der Meteor Crater Enterprises, Inc)

Eine Art von Meteoriten, *kohlige Chondriten* genannt, enthalten einfache Aminosäuren und andere organische Komponenten, die die Grundbausteine des Lebens sind. Diese Entdeckung bestätigt ähnliche Funde der beobachtenden Astronomie, die darauf hinweisen, dass zahlreiche organische Verbindungen in dem eisigen Reich des äußeren Weltalls existieren.

Falls Meteoriten die Zusammensetzung erdähnlicher Planeten repräsentieren, wie einige Astrogeologen vorschlagen, müsste die Erde einen viel größeren Prozentsatz an Eisen enthalten, als durch das Oberflächengestein angedeutet wird. Dies ist einer der Gründe, warum Geologen annehmen, dass der Erdkern überwiegend aus Eisen und Nickel besteht. Zudem weisen radiometrische Datierungen von Meteoriten darauf hin, dass unser Sonnensystem sicherlich älter als 4,5 Milliarden Jahre alt ist. Diese „hohe Alter" wurde durch Daten aus Proben vom Mond bestätigt.

Eisenmeteoriten zu finden. Das ist verständlich, da die Metallmeteoriten den Einschlag besser überstehen, langsamer verwittern und für einen Laien viel einfacher von terrestrischen Gesteinen zu unterscheiden sind. Eisenmeteoriten sind wahrscheinlich Fragmente von einst geschmolzenen Kernen großer Asteroide oder kleiner Planeten.

24.4.4 Zwergplaneten

Seit der Entdeckung des Pluto im Jahr 1930 war er ein Mysterium am Rande des Sonnensystems. Zunächst nahm man an, dass der Pluto (benannt nach dem Gott der Unterwelt) etwa so groß wie die Erde ist, doch als

Abbildung 24.31: Der Meteor-Krater in der Nähe von Winslow, Arizona. Die Aushöhlung hat einen Durchmesser von etwa 1,2 Kilometern und eine Tiefe von 170 Metern. Das Sonnensystem enthält zahlreiche Meteoriten und andere Objekte, die die Erde mit explosiver Kraft treffen können. (Foto: Michael Collier)

24.4 Kleinere Mitglieder des Sonnensystems: Asteroiden, Kometen, Meteoriten und Zwergplaneten

Abbildung 24.32: Der Pluto ist ein Zwergplanet im Vergleich zu einigen großen Kuipergürtelobjekten. Das System Erde-Mond wurde als Maßstab hinzugefügt. (Mit freundlicher Genehmigung der NASA)

bessere Aufnahmen gemacht wurden, schätzte man den Durchmesser des Pluto auf etwas weniger als die Hälfte des Erddurchmessers. 1978 entdeckten Astronomen schließlich, dass der Pluto einen Begleiter besitzt (Charon, benannt nach dem Fährmann, der ins Totenreich geleitet), dessen Helligkeit zusammen mit seinem Mutterplaneten, Pluto, ihn viel größer erscheinen lässt, als er in Wirklichkeit ist (▶Abbildung 24.32). Kürzlich gemachte Aufnahmen mit dem *Hubble Space Telescope* legten einen Durchmesser des Pluto von nur 2.300 Kilometer fest. Das ist etwa ein Fünftel des Erddurchmessers und weniger als die Hälfte des Durchmessers des Merkur, lange als Zwerg des Sonnensystems betrachtet. In der Tat sind sieben Monde, einschließlich des Erdmondes, größer als der Pluto.

Noch mehr Beachtung fand Plutos Status als Planet, als Astronomen 1992 einen weiteren Körper aus Eis in der Umlaufbahn hinter dem Neptun entdeckten. Bald entdeckte man Hunderte dieser *Kuipergürtelobjekte,* die ein Band bildeten, ähnlich wie der Asteroidengürtel zwischen Mars und Jupiter. Doch diese Objekte in der Umlaufbahn bestehen aus Staub und verschiedenen Eisarten wie die Kometen und nicht aus metallischen und felsigen Substanzen wie die Asteroiden. Man glaubt, dass sich viele andere planetarische Objekte, manche größer als der Pluto, in diesem Gürtel aus Eiswelten hinter der Umlaufbahn des Neptuns befinden.

Die Internationale Vereinigung der Astronomen, eine Gruppe, die berechtigt ist, zu bestimmen, ob der Pluto ein Planet ist oder nicht, stimmte am 24. August 2006 darüber ab und fügte eine weitere Planetenklasse, **Zwergplaneten** genannt, hinzu. Dazu gehören Himmelskörper, die um die Sonne kreisen, aufgrund ihrer eigenen Anziehungskraft im Wesentlichen rund sind, aber nicht die einzigen Objekte sind, die ihr Gebiet im Weltraum besetzen. Nach dieser Definition betrachtet man den Pluto als Zwergplaneten und Prototypen einer neuen Kategorie von planetarischen Objekten. Weitere Zwergplaneten sind 2003 UB313, ein Objekt aus dem Kuipergürtel, und Ceres, der größte bekannte Asteroid.

Dies ist nicht das erste Mal, dass ein Planet seines Status enthoben wurde. In den Lehrbüchern der Astronomie in der Mitte des 18. Jahrhunderts sind elf Planeten in unserem Sonnensystem aufgelistet, darunter die Asteroiden Vesta, Juno, Ceres und Pallas. Bald entdeckten Astronomen Dutzende anderer „Planeten", was ihnen vor Augen führte, dass diese kleinen Körper eine andere Klasse von Objekten darstellen, die sich von den Planeten unterscheiden. Folglich reduzierte man die Anzahl der großen Planeten auf acht. (Der Neptun war gerade entdeckt worden, doch Plutos Entdeckung fand erst 1930 statt.)

Heute ist klar, dass der Pluto einzigartig unter den klassischen Planeten war; sehr unterschiedlich von den vier innersten Planeten und ganz anders als die vier Gasriesen. Die Astronomen glauben, dass mit der neuen Klassifikation Hunderte neuer Zwergplaneten gefunden werden könnten. Das erste Raumschiff *New Horizons*, das das äußere Sonnensystem erforschen wird, startete im Januar 2006. Nach Plan wird es im Juli 2015 an Pluto vorbeifliegen und weiter, um den Kuipergürtel zu erforschen.

ZUSAMMENFASSUNG

Man kann die Planeten in zwei Gruppen einteilen: die *terrestrischen* (erdähnlichen) Planeten (Merkur, Erde und Mars) und die großen Gasplaneten, die *jovianischen* (jupiterähnlichen) *Planeten* (Jupiter, Saturn, Uranus und Neptun). *Im Vergleich zu den jovianischen Planeten sind die terrestrischen Planeten kleiner, dichter und bestehen proportional aus mehr Gesteinsmaterial, sie besitzen kleinere Rotationsraten (rotieren langsamer) und haben dünne Atmosphären.*

Die Mondoberfläche weist mehrere verschiedene Merkmale auf. Die Einschlagkrater sind durch Zusammenstöße mit schnellen interplanetarischen Trümmern (*Meteoriten*) entstanden. Helle mit Kratern übersäte *Hochländer* überwiegen flächenmäßig auf der Mondoberfläche. Die dunklen, relativ ebenen Tiefländer werden *Maria* genannt. Maria-Becken sind enorme Einschlagkrater, die später Schicht für Schicht von dünnflüssiger Basaltlava überflutet wurden. Das gesamte Terrain des Mondes ist mit einer grauen, aus unverfestigten Trümmern und Staub bestehenden, bodenähnlichen Schicht, dem *lunaren Regolith*, bedeckt. Dieser stammt von mehreren Milliarden Jahren Beschuss durch Meteoriten. Die heute gängigste Hypothese nimmt an, dass der Mond entstand, als ein Objekt von Marsgröße mit der Erde zusammenstieß. Für *die Entwicklung der Mondoberfläche* folgern die Wissenschaftler *vier Phasen*: (1) *die Originalkruste* (Hochländer), (2) *die Hochländer*, (3) *Maria-Becken* und (4) *junge Krater mit radialen Strahlen.*

Der *Merkur* ist ein kleiner und dichter Planet, der eigentlich keine Atmosphäre besitzt und die größten Temperaturextreme aller Planeten aufweist. Die *Venus*, der hellste Planet am Himmel, besitzt eine dichte, schwere Atmosphäre, die zu 97 Prozent aus Kohlendioxid besteht, und eine Oberfläche mit relativ flachen Ebenen sowie inaktiven Vulkanstrukturen. Der Atmosphärendruck ist 90 Mal höher als der auf der Erde und die Oberflächentemperatur beträgt 475°C. Der *Mars*, der rote Planet, besitzt eine Atmosphäre aus Kohlendioxid, die nur 1 Prozent der Dichte wie die der Erde aufweist. Er ist gekennzeichnet von gewaltigen Staubstürmen, vielen großen Schluchten und mehreren Tälern von umstrittener Entstehung, die ähnliche Entwässerungsmuster aufweisen wie die Flusstäler der Erde. Der *Jupiter*, der größte Planet, dreht sich sehr schnell, weist eine Bänderung auf, die von riesigen Konvektionsströmungen verursacht und durch die Wärme aus dem Inneren des Planeten angetrieben wird. Er besitzt einen *„großen roten Fleck"*, der sich in seiner Größe verändert, ein dünnes Ringsystem und mindestens 63 Monde (einer davon, der Mond *Io*, ist wahrscheinlich der vulkanisch aktivste Körper im Sonnensystem). Der *Saturn* ist wegen seines Ringsystems am bekanntesten. Er besitzt auch eine dynamische Atmosphäre mit Winden von 1.500 Kilometern pro Stunde und Stürmen, die dem „großen roten Fleck" von Jupiter ähnlich sind. *Uranus* und *Neptun* werden oft „die Zwillinge" aufgrund ihrer ähnlichen Struktur und Zusammensetzung genannt. Ein einzigartiges Merkmal des Uranus ist die Tatsache, dass er auf seiner Seite rotiert. Der Neptun weist eine weiße, cirrusartige Wolke oberhalb seiner Hauptwolkendecke und einen *„großen dunklen Fleck"* auf, der die Größe der Erde hat und vermutlich ein großer, rotierender Sturm – ähnlich wie Jupiters „großer roter Fleck" – ist.

Zu den kleineren Mitgliedern des Sonnensystems gehören die *Asteroiden*, *Kometen*, *Meteoriten* und *Zwergplaneten*. Die meisten Asteroiden befinden sich zwischen den Umlaufbahnen von Mars und Jupiter. Asteroiden sind übrig gebliebene felsige und metallische Trümmer aus dem Solarnebel, die sich nie zu einem Planeten formen konnten. Kometen bestehen aus verschiedenen Eisarten (Wasser, Ammoniak, Methan, Kohlendioxid und Kohlenmonoxid) mit kleinen Stücken aus felsigem und metallischem Material. Viele bewegen sich in elliptischen Umlaufbahnen, die sie bis hinter den Pluto führen. Meteoriten sind kleine feste Teilchen, die sich durch den interplanetaren Raum bewegen und zu *Meteoren* werden, sobald sie in die Erdatmosphäre eintreten. Sie verdampfen mit einem Lichtblitz. *Meteorschauer* treten auf, wenn die Erde auf einen Schwarm von Meteoriten trifft, Material, das wahrscheinlich einem Kometen verloren ging. *Meteoriten* kann man auf der Erde finden, sie verraten viel über die Entstehung des Sonnensystems. Einige Meteoriten stammen möglicherweise vom Mond oder vom Mars (z.B. Schergottite). Erst vor kurzem wurde der Pluto einer neuen Klasse von Objekten im Sonnensystem zugeordnet, den *Zwergplaneten*.

Wiederholungsfragen

1. Welche Kriterien bestimmen, ob ein Planet zu den jovianischen (Gasplaneten) oder den terrestrischen Planeten zählt?
2. Aus welchen drei Materialtypen bestehen die Planeten? Wie unterscheiden sie sich? In welcher Beziehung steht ihre Verteilung zu den Dichteunterschieden zwischen den terrestrischen und den jovianischen Planetengruppen?
3. Erklären Sie, warum die terrestrischen Planeten verglichen mit den Gasplaneten eine dünne Atmosphäre besitzen.
4. Wie wird die Kraterdichte für die relative Datierung von Merkmalen auf dem Mond herangezogen?
5. Skizzieren Sie kurz die Geschichte des Mondes.
6. Wieso glaubt man, dass die Maria des Mondes dem Columbia-Plateau ähnlich sind?
7. Die Venus hat man als „Zwilling der Erde" bezeichnet. Auf welche Weise gleichen sich die beiden Planeten? Wie unterscheiden sie sich?
8. Welche Oberflächenmerkmale, die auf der Erde häufig vorkommen, besitzt der Mars?
9. Warum sind die größten Vulkane der Erde so viel kleiner als der größte auf dem Mars?
10. Warum könnten Astrobiologen von dem Beweis fasziniert sein, dass Grundwasser auf die Oberfläche des Mars durchgesickert ist?
11. Die beiden „Monde" des Mars sah man einst als künstlich an. Welche Charakteristika besitzen sie, die zu solchen Spekulationen haben führen können?
12. Welche Beschaffenheit besitzt der „große rote Fleck" des Jupiter?
13. Warum wurden die galileischen Satelliten so benannt?
14. Was ist besonders an dem Jupitermond Io?
15. Warum glaubt man, dass die *äußeren* Satelliten des Jupiter eingefangen und nicht mit dem Rest des Satellitensystems gebildet wurden?
16. Inwieweit ähneln sich Jupiter und Saturn?
17. Welche Rolle spielen die Ringmonde beim Aufbau des Ringsystems eines Planeten?
18. Wie ähneln sich der Saturnsatellit Titan und der Neptunsatellit Triton?
19. Nennen Sie drei Körper im Sonnensystem, die aktiven Vulkanismus aufweisen.
20. Wo findet man die meisten Asteroiden vor?
21. Was würde Ihrer Meinung nach passieren, wenn sich die Erde durch den Schweif eines Kometen bewegen würde?
22. Wo halten sich wahrscheinlich die meisten Kometen auf? Was wird schließlich aus Kometen, die einen Umlauf nahe an der Sonne haben?
23. Vergleichen Sie Meteoriten und Meteore.
24. Was sind die drei Hauptherkunftsorte der Meteoriten?
25. Warum sind Einschlagkrater auf dem Mond häufiger als auf der Erde, obwohl der Mond ein viel kleineres Zielobjekt ist und ein schwächeres Gravitationsfeld besitzt?
26. Man schätzt, dass der Halley'sche Komet eine Masse von 100 Milliarden Tonnen besitzt. Zudem nimmt man an, dass dieser Komet 100 Milliarden Tonnen an Material verliert, während seine Umlaufbahn ihn nahe zur Sonne bringt. Wie lange ist die maximale Lebensdauer des Halley'schen Kometen, wenn seine Umlaufperiode 76 Jahre beträgt?

Größere Multiple-Choice-Tests zur Wissenskontrolle und Prüfungsvorbereitung sowie weitere Informationen zu diesem Buchkapitel finden Sie auf der Companion Website zum Buch unter **www.pearson-studium.de**

Glossar

Aa-Lava Ein Lavatyp mit zerklüfteter, blockartiger Oberfläche.

Abfluss Wasser, das über den Boden fließt, anstatt darin einzusickern.

Ablagerungsboden Böden, die sich auf unverformten Ablagerungen gebildet haben.

Ablagerungsraum Ein geographisches Milieu, in dem Sediment akkumuliert. Jeder Ort ist durch eine besondere Kombination geologischer Prozesse und Umweltbedingungen charakterisiert.

Ablation Ein übergeordneter Begriff für den Verlust von Eis und Schnee an einem Gletscher.

Abrasion Das Abreiben und Abkratzen einer Gesteinsoberfläche durch die Reibung und das Aufschlagen von Gesteinsteilchen, die durch Wasser, Wind und Eis transportiert werden.

Abschalung Ein mechanischer Verwitterungsprozess, der durch das plattenförmige Abplatzen von Gesteinen charakterisiert ist.

Abscherung (Detachment) Eine nahezu horizontale Verwerfung, die sich über Hunderte von Kilometern unterhalb der Oberfläche ausdehnen kann. Solche Verwerfungen repräsentieren eine Grenze zwischen Gesteinen, die eine duktile Deformation, und den Gesteinen, die eine spröde Deformation aufweisen.

Abschiebung Eine Verwerfung, bei der sich das Gestein oberhalb der Verwerfungsfläche relativ zum Gestein darunter nach unten bewegt hat.

Absenktrichter Eine kegelförmige Mulde im Grundwasserspiegel, die einen Brunnen umgibt.

Ackerkrume Die O-, A- und B-Horizonte in einem Bodenprofil. Wurzeln, Pflanzen und Tiere sind weitgehend an diese Zone gebunden.

Aerosol Winzige, flüssige und feste Teilchen, die sich in der Atmosphäre in Suspension befinden.

Akkretionskeil Eine große keilförmige Masse aus Sediment, die sich an Subduktionszonen anhäuft. Dort wird das Sediment von der subduzierenden ozeanischen Platte abgeschürft und an den überschiebenden Krustenblock geschweißt.

Aktive Schicht Die Zone oberhalb des Permafrostbodens, die im Sommer auftaut und im Winter wieder gefriert.

Aktiver Kontinentalrand Er besteht aus hoch deformierten Sedimenten und ist normalerweise schmal. Solche Ränder treten auf, wo ozeanische Lithosphäre unter einen Kontinentalrand subduziert wird.

Aktualismus Das Konzept, dass Vorgänge, die die Erde in der geologischen Vergangenheit geformt haben, im Wesentlichen die gleichen sind, die heute stattfinden.

Alluvialfächer Eine fächerförmige Sedimentablagerung, die sich bildet, wenn das Gefälle eines Wasserlaufes abrupt flacher wird.

Alluvium Unverfestigtes, von einem Wasserlauf abgelagertes Sediment.

Alpiner Gletscher Ein Gletscher, der sich auf ein Tal begrenzt, das meistens vorher ein Flusstal war.

Altwasserarm (Totarm) Ein gekrümmter See, der entsteht, wenn ein Wasserlauf einer Mäanderschleife den Weg abschneidet.

Andesitische Zusammensetzung *siehe* Intermediäre Zusammensetzung.

Antezedenter Fluss Ein Fluss, der seinen ursprünglichen Lauf weiter beibehält und weiter einschneidet, während ein Gebiet entlang seines Laufes durch Verwerfungen oder Verfaltungen gehoben wurde.

Anthrazit Eine harte, metamorphe Form der Kohle mit hohem Brennwert und sauberer Verbrennung.

Antiklinale Eine Falte in Sedimentschichten, die einem Bogen ähnelt.

Äon Die größte Zeiteinheit auf der geologischen Zeitskala; die nächst größere Einheit ist eine Ära.

Aphanitisches Gefüge Das Gefüge eines magmatischen Gesteins, dessen Kristalle zu klein sind, um einzelne Minerale mit bloßem Auge unterscheiden zu können.

Aquifer Gestein oder Sediment, durch welches sich Grundwasser leicht hindurchbewegen kann.

Aquitard Eine wenig durchlässige Schicht, die die Bewegung des Grundwassers hemmt oder verhindert.

Ära Eine Hauptunterteilung auf der geologischen Zeitskala; Ären werden in kürzere Einheiten unterteilt, die man Perioden nennt.

Archaisches Äon Das erste Äon des Präkambriums; es geht dem Proterozoikum voraus und dauerte von 4,5 Milliarden Jahren bis 2,5 Milliarden Jahren.

Arkose Ein feldspatreicher Sandstein.

Artesischer Brunnen Ein Brunnen, bei dem das Wasser über das Niveau steigt, auf dem man ursprünglich darauf traf.

Assimilation Der Vorgang bei magmatischer Aktivität, bei dem das Umgebungsgestein in den Magmenkörper eingearbeitet wird.

Asteroid Einer von tausenden planetenartigen Körpern mit Größen von mehreren hundert Kilometern bis hin zu einem Kilometer im Durchmesser. Ein Großteil ihrer Umlaufbahnen befindet sich zwischen Mars und Jupiter.

Asthenosphäre Eine Unterteilung des Mantels unterhalb der Lithosphäre. Diese Zone aus schwachem Material existiert unterhalb einer Tiefe von 100 Kilometern und reicht in manchen Gegenden bis zu 700 Kilometer tief. Das Gestein in dieser Zone ist leicht deformierbar.

Ästuar Ein trichterförmiger Meereseinlass, der sich beim Anstieg des Meeresspiegels oder beim Absinken von Land bildet, so dass eine Flussmündung überflutet wird.

Atmosphäre Der Gasanteil eines Planeten; die Lufthülle eines Planeten. Eine der klassischen Unterteilungen der physischen Umgebung der Erde.

Atoll Eine Koralleninsel, die aus einem beinahe ununterbrochenen Ring von Korallenriffen besteht, die eine zentrale Lagune umgeben.

Atom Das kleinste Teilchen, das als Element existiert.

Atomare Masseneinheit Eine Masseneinheit beträgt exakt ein Zwölftel der Masse eines Kohlenstoffatoms ^{12}C.

Atomgewicht Der Durchschnitt der Atommassen aller Isotopen eines Elements.

Atomkern Der kleine schwere Kern eines Atoms, der die gesamte positive Ladung und einen Großteil der Masse enthält.

Atommassenzahl Die Summe aller Neutronen und Protonen in einem Atomkern.

Auflösung Eine häufige Form der chemischen Verwitterung. Dabei handelt es sich um einen Prozess, bei dem eine homogene Lösung entsteht, beispielsweise wenn eine saure Lösung Kalkstein auflöst.

Aufnahmekapazität Die Gesamtmenge an Sediment, die ein Wasserlauf transportieren kann.

Aufsandung Ein Prozess, bei welchem große Mengen an Sand dem Strandsystem künstlich zugefügt werden, um die Verluste durch Wellenerosion auszugleichen. Der Aufbau der Strände meerwärts verbessert die Strandqualität und den Schutz vor Sturm.

Aufschiebung Eine Verwerfung, bei welcher sich das Material oberhalb der Verwerfungsfläche im Verhältnis zu dem Material darunter nach oben bewegt.

Auftauchende Küste Eine Küste, an der sich das Land vormals unter dem Meeresniveau befand und durch Krustenhebung oder einen Abfall des Meeresspiegels exponiert wurde.

Aureole Eine Zone oder Halo von einer Kontaktmetamorphose im Umgebungsgestein, das eine magmatische Intrusion umgibt.

Ausgangsgestein Das Gestein, aus dem sich ein metamorphes Gestein gebildet hat.

Ausgasung Das Entweichen von gelösten Gasen aus aufgeschmolzenem Gestein.

Ausgeglichener Wasserlauf Ein Wasserlauf, der genau die richtigen Flussbetteigenschaften besitzt, um exakt die Geschwindigkeit beizubehalten, die er benötigt, um das Material zu transportieren, das in ihn eingetragen wird.

Auslassgletscher Eine Eiszunge, die normalerweise schnell von einer Eiskappe oder einem Eisschild meist durch gebirgiges Terrain ins Meer fließt.

Auslaugung Das Auswaschen von feinen Bodenbestandteilen aus dem A-Horizont durch nach unten sickerndes Wasser.

Äußere Planeten Die äußersten Planeten unseres Sonnensystems, zu welchen Jupiter, Saturn, Uranus und Neptun gehören. Diese Körper sind als jovianische Planeten bekannt.

Äußerer Kern Eine Schale unterhalb des Mantels mit etwa 2.270 Kilometern Mächtigkeit, die die Eigenschaft einer Flüssigkeit besitzt.

Backarc-Becken Ein Becken, das sich auf jener Seite eines Vulkanbogens bildet, die dem Graben gegenüberliegt.

Bajada Eine Sedimentschürze entlang einer Gebirgsfront, die durch zusammenhängende Alluvialfächer entsteht.

Barachanoide Düne Dünen, die gebogene Reihen aus Sand bilden und im rechten Winkel zum Wind orientiert sind. Es sind Mischformen aus einzelnen Sicheldünen und ausgedehnten Wellen von Transversaldünen.

Basales Gleiten Ein Mechanismus glazialer Bewegung, bei der die Eismassen über die darunter liegenden Felsmassen rutschen.

Basalt Ein feinkörniges magmatisches Gestein mit mafischer Zusammensetzung.

Basaltische Zusammensetzung Ein Gruppe magmatischer Gesteine (bezüglich ihrer Zusammensetzung), die darauf hinweist, dass ein Gestein erhebliche Mengen an dunklen Silikatmineralen und calciumreichem Plagioklas besitzt.

Batholith Eine große Masse an magmatischem Gestein, die sich bildete, als Magma sich in der Tiefe sammelte, kristallisierte und nachfolgend durch Erosion herausgearbeitet wurde.

Bathymetrie Die Messung der Ozeantiefen und die schematische Darstellung der Topographie des Ozeans.

Belüftungszone Der Bereich oberhalb des Grundwasserspiegels, in dem die Poren des Bodens, der Sedimente und des Gesteins nicht gesättigt, sondern hauptsächlich mit Luft gefüllt sind.

Benioff-Zone *siehe* Wadati-Benioff-Zone.

Bimsstein Ein helles, glasiges, vesikuläres Gestein, häufig mit granitischer Zusammensetzung.

Binnenentwässerung Ein nicht kontinuierliches Muster von periodischen Flüssen, die nicht in den Ozean fließen.

Biochemisches Sediment Eine Art von Sediment, das sich bildet, wenn Material mithilfe von wasserbewohnenden Organismen aus dem Wasser ausfällt.

Biogenes Sediment Ozeanbodensediment, das seinen Ursprung aus marinem organischem Material hat.

Biosphäre Die Gesamtheit der Lebensformen auf der Erde.

Blasen Runde oder gestreckte Öffnungen im äußeren Bereich eines Lavastromes, die durch die entweichenden Gase entstanden sind.

Blasiges Gefüge Eine Bezeichnung, die auf ein aphanitisches Gestein angewendet wird, das kleine Hohlräume, Blasen genannt, enthält.

Boden Eine Kombination aus mineralischem und organischem Material, Wasser und Luft; der Anteil des Regoliths, der das Wachstum der Pflanzen unterstützt.

Bodenablagerung Eine Schicht aus feinem Sediment, die sich hinter dem sich nach vorn bewegenden Rand eines Deltas bildet und durch dessen kontinuierliches Wachstum begraben wird.

Bodenfracht Sediment, das am Boden eines Wasserlaufs durch fließendes Wasser oder durch Teilchen, die an der Bodenoberfläche durch den Wind bewegt werden, entsteht.

Bodenhorizont Eine Bodenschicht, die identifizierbare Charakteristika durch chemische Verwitterung und andere Bodenbildungsprozesse entwickelt.

Bodenprofil Ein vertikaler Schnitt durch einen Boden, der die Abfolge der Horizonte auf dem darunter liegenden Festgestein zeigt.

Bodentaxonomie Ein Bodenklassifikationssystem, das aus sechs hierarchischen Kategorien besteht, basierend auf beobachtbaren Bodencharakteristika. Das System erkennt zwölf Bodenordnungen an.

Böschungsschichten Eine geneigte Schicht, die sich entlang der Frontseite eines Deltas befindet.

Böschungswinkel Der steilste Winkel, bei welchem loses Material an Ort und Stelle bleibt, ohne hangabwärts zu rutschen.

Brandung Eine Kollektivbezeichnung für gebrochene Wellen; auch das Gebiet zwischen der Uferlinie und der äußeren Grenze der gebrochenen Wellen.

Brandungsklippen Eine meerwärts zeigende Klippe entlang einer steilen Uferlinie, die an ihrer Basis durch Wellenerosion sowie durch Massenbewegung geformt wurde.

Brandungsplattform Eine Bank oder ein Schelf auf Meeresniveau, das sich entlang eines Ufers befindet und durch Wellenerosion eingeschnitten wurde.

Brandungstor Ein Tor oder Bogen, der sich durch Wellenerosion bildet, wenn sich Höhlen auf den gegenüberliegenden Seiten einer Landspitze vereinen.

Brekzie Ein Sedimentgestein, das aus kantigen Fragmenten besteht, die verfestigt wurden.

Bruch Jeder Riss im Gestein, unabhängig davon, ob eine nennenswerte Bewegung stattgefunden hat oder nicht.

Bruchschollengebirge Ein Gebirge, das vorwiegend durch Verschiebung von Krustenblöcken entlang von Verwerfungen charakterisiert ist.

Bruchzone Der obere Teil eines Gletschers, der aus brüchigem (sprödem) Eis besteht.

Brunnen Eine Öffnung, die man in die Sättigungszone bohrt, um ihr Wasser zu entnehmen.

Buchtmündungswall Eine Sandbank, die quer über einer Bucht liegt und sie vom Hauptwasserkörper isoliert.

Buhne Eine kurze Mauer, die im rechten Winkel zum Meeresufer gebaut wird, um den abgeschwemmten Sand aufzufangen.

Caldera Eine große Mulde, die typischerweise durch den Einsturz oder das Herausschleudern des Gipfelgebiets eines Vulkans entsteht.

Cassini-Lücke Eine weite Lücke im Ringsystem des Saturn zwischen dem A-Ring und dem B-Ring.

Chemisches Sedimentgestein Ein Sedimentgestein, das entweder aus anorganischen oder organischen Substanzen besteht, die aus dem Wasser ausgefallen sind.

Chemische Verwitterung Der Prozess, bei welchem die interne Mineralstruktur durch das Entfernen und/oder Hinzufügen von Elementen verändert wird.

Curiepunkt Der Temperaturpunkt, nach dessen Überschreitung das Material seinen Magnetismus verliert.

Darcy-Gesetz Eine Gleichung, die besagt, dass der Grundwasserdurchfluss vom hydraulischen Gefälle, der hydraulischen Leitfähigkeit und der Querschnittfläche eines Aquifers abhängig.

Deckschicht (Cap Rock) Ein notwendiger Teil einer Erdölfalle. Die Deckschicht ist undurchlässig und hält deswegen sich nach oben bewegendes Öl und Gas vom Entweichen an der Oberfläche ab.

Deflation Das Aufnehmen und Entfernen von losem Material durch den Wind.

Deformation Allgemeine Bezeichnung für die Prozesse von Verfaltung, Verwerfung, Abscherung, Kompression oder Dehnung von Gesteinen als Folge verschiedener natürlicher Kräfte.

Dekompressionsschmelze Aufschmelzung, die auftritt, wenn ein Gestein wegen der Abnahme des Umgebungsdrucks aufsteigt.

Delta Eine Sedimentanhäufung, die sich bildet, wenn ein Wasserlauf in einen See oder das Meer eintritt.

Dendritisches Muster Ein Flusssystem, das dem Verästelungsmuster eines Baumes ähnelt.

Desquamationskuppel Eine große, kuppelförmige Struktur, die normalerweise aus Granit besteht und durch Abschalung entsteht.

Detraktion Der Prozess, bei dem Teile des Festgesteins durch einen Gletscher deplaziert werden.

D″-Schicht (sprich: „D zwei Strich Schicht") Eine Schicht in den untersten 200 Kilometern des Mantels, in der die P-Wellen deutlich schneller werden.

Diagenese Ein Sammelbegriff für alle chemischen, physikalischen und biologischen Veränderungen, die stattfinden, nachdem Sedimente abgelagert wurden, sowie während und nach deren Verfestigung.

Dichte Eine Materialeigenschaft, die als Masse pro Volumeneinheit definiert ist.

Differentialspannung Kräfte, die in verschiedene Richtungen ungleich wirken.

Differentialverwitterung Die Abweichungen in der Verwitterungsrate und dem Verwitterungsgrad, die dem Mineralaufbau, dem Ausmaß der Klüftung und dem Klima zu Grunde liegen.

Diskontinuität Eine plötzliche, mit der Tiefe auftretende Veränderung von einer oder mehreren physikalischen Eigenschaften des Materials aus dem Erdinneren. Diskontinuität bezeichnet die Grenze zwischen zwei unterschiedlichen Materialien im Erdinneren.

Diskordant (Plutone) Eine Bezeichnung für Plutone, die durch die bestehenden Gesteinsstrukturen, beispielsweise Schichtflächen, schneiden.

Divergente Plattengrenze Eine Grenze, an der sich zwei Platten auseinander bewegen, was das Aufwallen von Mantelmaterial und die Entstehung von neuem Ozeanboden zur Folge hat.

Doline (Karsttrichter) Eine Vertiefung, die in einer Region entsteht, wo lösliches Gestein durch das Grundwasser entfernt wurde.

Dom Eine in etwa kreisförmige, aufgewölbte Struktur.

Druckspannung Eine Differentialspannung, die einen Gesteinskörper verkürzt.

Drumlin Ein stromlinienförmiger, symmetrischer Hügel, der aus glazialem Geschiebe zusammengesetzt ist. Die steile Seite des Hügels zeigt in die Richtung, aus der das Eis vorrückte.

Duktile Deformation Eine Art von Fließen im Festzustand, das eine Veränderung in der Größe und in der Form eines Gesteinskörpers hervorruft, ohne ihn zu zerbrechen. Sie tritt in Tiefen auf, in welchen die Temperaturen und der Umgebungsdruck hoch sind.

Düne Ein aus Sand bestehender Hügel oder Rücken, der vom Wind abgelagert wurde.

Dunkle Silikate Silikatminerale, die Eisen- und/oder Magnesiumionen in ihrer Struktur enthalten. Sie besitzen eine dunkle Färbung und ein höheres spezifisches Gewicht als die Nicht-Eisen-Magnesiumsilikate.

Dünung Vom Wind erzeugte Wellen, die in ein Gebiet mit schwächerem oder keinem Wind bewegt werden.

Durchflossenes Durchbruchstal Ein Pass durch einen Gebirgsrücken oder Berg, in welchem ein Wasserlauf fließt.

Durchfluss Die Menge an Wasser, die einen Wasserlauf an einem bestimmten Punkt innerhalb einer bestimmten Zeitperiode durchfließt.

Durchstich Ein kurzes Gerinnesegment, das entsteht, wenn ein Fluss durch eine enge Landeinschnürung zwischen den Flussschleifen erodiert.

Ebbeströmung Die Bewegung der Gezeitenströmung, die das Wasser vom Ufer weg führt.

Echolot Ein Messinstrument, das man zur Bestimmung der Wassertiefe verwendet, indem man das Zeitintervall zwischen dem Aussenden des Tonsignals vom Schiff und der Rückkehr seines Echos vom Boden misst.

Einfallen Der Winkel, mit der eine Gesteinsschicht oder eine Verwerfung in Relation zur Horizontalen geneigt ist. Die Richtung des Einfallens liegt im rechten Winkel zum Streichen.

Einschluss Ein Stück einer Gesteinseinheit, das in einer anderen eingeschlossen ist. Einschlüsse werden bei der relativen Datierung verwendet. Die Gesteinsmasse, die sich neben der Gesteinsmasse befindet, die den Einschluss enthält, muss vorher existiert haben, um ein Bruchstück davon bereitstellen zu können.

Einschneidende Mäander Mäandrierende Wasserläufe, die in einem steilen, engen Tal fließen.

Eisen-Magnesium-Silikate *siehe* Dunkle Silikate.

Eisenmeteorit Eine der drei Hauptkategorien von Meteoriten. Diese Gruppe besteht weitgehend aus Eisen mit schwankenden Anteilen an Nickel (5–20 Prozent). Die meisten Meteoritenfunde sind Eisenmeteoriten.

Eiskappen (Plateaugletscher) Eine Masse aus Gletschereis, die ein Hochland oder Plateau bedeckt und sich schnell ausbreitet.

Eiskontaktablagerungen Eine Anhäufung von geschichtetem Geschiebe in Kontakt mit einer stützenden Eismasse.

Eisschild Eine sehr große und mächtige Gletschereismasse, die von einem oder mehreren Akkumulationszentren nach außen in alle Richtungen fließt.

Elastisches Zurückfedern Das plötzliche Entlassen von gespeichertem Strain aus Gesteinen, das zu einer Bewegung entlang einer Verwerfung führt.

Elektron Ein negativ geladenes subatomares Teilchen, das eine vernachlässigbare Masse besitzt und das man außerhalb eines Atomkerns vorfindet.

Element Ein Stoff, der durch gewöhnliche chemische oder physikalische Methoden nicht weiter in einfachere Substanzen zerteilt werden kann.

Endgültige Erosionsbasis Das Meeresniveau; die niedrigste Basis, auf die ein Wasserlauf das Gelände erodieren kann.

Endmoräne Eine Geschieberippe, die die ehemalige Stirn des Gletschers markiert.

Energieebenen (Schalen) Negativ geladene Kugelschalen, die einen Atomkern umgeben.

Entsalzung Die Entfernung von Salzen und anderen chemischen Stoffen aus dem Meerwasser.

Entweichgeschwindigkeit Die Anfangsgeschwindigkeit, die ein Objekt benötigt, um von der Oberfläche eines Himmelskörpers zu entweichen.

Ephemerische (episodische) Flüsse Ein Wasserlauf, der normalerweise trocken liegt, da er nur als Folge von episodischem Regenfall Wasser führt. Die meisten Wüstenflüsse gehören diesem Typ an.

Epizentrum Die Stelle auf der Erdoberfläche, die direkt über dem Herd eines Erdbebens liegt.

Epoche Eine Einheit auf der geologischen Zeitskala, die eine Unterabteilung einer Periode ist.

Erdbeben Erschütterungen der Erde, die durch das plötzliche Freiwerden von Energie entstehen.

Erdbebenherd Die Zone innerhalb der Erde, in welcher die Verschiebung von Gesteinen ein Erdbeben produziert.

Erdfließen (Solifluktion) Die Hangabwärtsbewegung eines mit Wasser gesättigten, tonreichen Sediments.

Erdölfalle Eine geologische Struktur, die ermöglicht, dass sich bedeutende Mengen an Erdöl und Erdgas akkumulieren.

Erneuerbare Ressource Eine Ressource, die praktisch nicht erschöpfbar ist oder über relativ kurze Zeitspannen wieder aufgefüllt werden kann.

Erosion Die Aufnahme und der Transport von Material durch ein bewegliches Agens wie Wasser, Wind oder Eis.

Erosionsbasis Das Niveau, unter welches ein Wasserlauf nicht weiter erodieren kann.

Erratischer Block Ein Felsstück, das vom Eis transportiert wurde und nicht von dem Umgebungsstein aus der Nähe seiner Position stammt.

Eruptionssäule Aufsteigende Säulen von heißen, mit Asche beladenen Gasen, die sich Tausende von Metern in die Atmosphäre ausdehnen können und die nach oben breiter werden oder pilzförmig begrenzt sind.

Erz Gewöhnlich ein nützliches, metallisches Mineral, das mit Profit abgebaut werden kann. Die Bezeichnung wird auch für bestimmte nichtmetallische Minerale wie Fluorit und Schwefel verwendet.

Esker (Os) Ein sinusförmiger Rücken, der hauptsächlich aus Sand und Kies besteht und von einem Wasserlauf, der in einem Tunnel unterhalb eines Gletschers in Gletscherstirnnähe geflossen ist, gebildet wurde.

Eukaryont Ein Organismus, dessen genetisches Material im Zellkern enthalten ist; Pflanzen, Tiere und Pilze sind Eukaryonten.

Evaporit Ein Sedimentgestein, das aus einer Lösung durch die Verdunstung des Wassers abgelagert wird.

Evapotranspiration (Evatranspiration) Die kombinierte Wirkung von Evaporation und Transpiration.

Exotischer Fluss Ein permanenter Fluss, der eine Wüste durchquert und seine Quelle in einem gut bewässertem Gebiet außerhalb der Wüste hat.

Extrusiv Magmatische Aktivität, die an der Erdoberfläche auftritt.

Falte Eine gebogene Schicht oder eine Schichtabfolge, die ursprünglich horizontal war und nachfolgend deformiert wurde.

Falten- und Überschiebungsgürtel Regionen mit einem Kompressionsgebirgssystem, in welchem große Gebiete durch Auffaltungs- und Überschiebungsprozesse verkürzt und verdickt wurden, wie man an der Valley and Ridge-Provinz der Appalachen sieht.

Fangbuhne Eine Konstruktion, die ein küstennahes Gebiet vor brechenden Wellen schützt.

Farbe (Minerale) Ein Lichtphänomen, durch das andernfalls identische Objekte unterschieden werden können.

Fazies Ein Teil einer Gesteinseinheit, die hervorstechende Charakteristika besitzt und sich dadurch von anderen Teilen der Einheit unterscheidet.

Felsische Zusammensetzung *siehe* Granitische Zusammensetzung.

Felsnadel Eine einzelne Gesteinsmasse, die sich kurz vor der Küste befindet und durch Wellenerosion einer Landspitze verursacht wurde.

Felsrutsch Das schnelle Abrutschen einer Gesteinsmasse entlang einer Schwächeebene hangabwärts.

Firn Körnig rekristallisierter Schnee; eine Übergangsphase zwischen Schnee und Gletschereis.

Firnlinie Die untere Grenze des ganzjährigen Schnees.

Fjord Ein steilwandiger Meereseinlass, der entsteht, wenn ein Gletschertrog (Trogtal) teilweise untergetaucht ist.

Flächenabfluss Ein Abfluss, der unbegrenzt und flächenhaft erfolgt.

Fließen Ein Bewegungstyp, der häufig bei Massenbewegungsprozessen vorkommt. Dabei bewegt sich mit Wasser gesättigtes Material als viskose Flüssigkeit hangabwärts.

Fließende artesische Quelle Ein artesischer Brunnen, aus welchem Wasser an der Erdoberfläche frei herausfließt, wenn der Oberflächendruck oberhalb des Bodenniveaus liegt.

Fluoreszenz Die Absorption von ultraviolettem Licht, das als sichtbares Licht zurückgeschickt wird.

Flussanzapfung Die Ableitung der Entwässerung eines Wasserlaufes, die als Folge der rückschreitenden Erosion eines anderen Flusses entsteht.

Flussaue Der ebene, flach liegende Teil eines Flusstales, der periodischen Überflutungen ausgesetzt ist.

Flutbasalt Das Strömen von Basaltlava, das aus zahlreichen Brüchen und Spalten austritt und im Allgemeinen ausgedehnte Gebiete mit einer Mächtigkeit bis zu mehreren hundert Metern bedeckt.

Flutströmung Gezeitenströmung, die mit dem Ansteigen der Tide assoziiert ist.

Fluvioglaziale Schotter Ein relativ schmaler Körper aus geschichtetem Geschiebe, der auf dem Talboden durch Schmelzwasserströme, die an der Gletscherstirn eines alpinen Gletschers entspringen, abgelagert wird.

Forearc Basin Die Region, die sich zwischen dem Vulkanbogen und einem Akkretionskeil befindet, dort, wo sich typischerweise flachmarine Sedimente akkumulieren.

Fossil Die aus der geologischen Vergangenheit erhaltenen Überreste oder Spuren von Organismen.

Fossilabfolge Fossile Organismen folgen aufeinander in einer definierten und bestimmbaren Ordnung und jede Zeitperiode kann an ihrem fossilen Inhalt erkannt werden.

Fossiler Brennstoff Allgemeine Bezeichnung für Kohlenwasserstoffe, die als Brennstoffe verwendet werden können. Dazu gehören: Kohle, Erdöl, Erdgas, Bitumen aus Teersanden und Ölschiefer.

Fossiler Magnetismus *siehe* Paläomagnetismus.

Frostsprengung Das mechanische Auseinanderbrechen von Gestein, das durch die Ausdehnung von gefrierendem Wasser in Spalten und Klüften verursacht wird.

Fumarole Ein Schlot in einem Vulkangebiet, aus welchem Rauch und Gase aufsteigen.

Gang Eine tafelförmige, magmatische Intrusionsstruktur, die durch das Umgebungsgestein schneidet.

Ganglagerstätte Ein Mineral, das einen Bruch oder eine Verwerfung im Umgebungsgestein füllt. Solche Lagerstätten weisen eine decken- oder tafelförmige Form auf.

Gebänderte Eisenformation Feingeschichtete Eisen- und kieselige (Hornfels-)Lagen, die hauptsächlich während des Präkambriums gebildet wurden.

Gefüge Die Größe, die Form und die Verteilung von Partikeln, die gemeinsam ein Gestein ausmachen.

Geologische Zeitskala Die Einteilung der Erdgeschichte in Zeitblöcke – Äone, Ären, Perioden und Epochen. Die Zeitskala wurde durch Anwendung relativer Datierungsgesetze erstellt.

Geosphäre Die feste Erde; eine der Hauptsphären der Erde.

Geothermische Energie Natürlicher Dampf, der zur Energieerzeugung genutzt wird.

Geothermischer Gradient Der allmähliche Anstieg der Temperatur mit der Tiefe innerhalb der Kruste. Der Durchschnitt liegt bei 20°–30°C pro Kilometer in der oberen Kruste.

Geschichtete Geschiebe Sedimente, die durch glaziale Schmelzwässer abgelagert wurden.

Geschiefertes Gefüge Das Gefüge metamorpher Gesteine, das sie lagig erscheinen lässt.

Geschlossenes System Ein System, das in Bezug auf Materie selbstständig ist – das bedeutet, dass kein Material hinein- oder herausgelangt.

Gesetz Eine formale Aussage über die regelmäßige Weise, in der ein natürliches Phänomen unter gegebenen Umständen auftritt (beispielsweise das Gesetz der Auflagerung)

Gesetz der Auflagerung In jeder nicht deformierten Abfolge von Sedimentgesteinen ist jede Schicht älter als die darüber liegende und jünger als die darunter liegende.

Gesetz der Konstanz der Kristallwinkel (Stenos Gesetz) Ein Gesetz, das besagt, dass die Winkel zwischen äquivalenten Flächen desselben Minerals immer gleich sind.

Gespannter Grundwasserspiegel Eine regionale Zone der Sättigung oberhalb des Hauptwasserspiegels, die durch eine undurchlässige Schicht (Aquiclud) entsteht.

Gestein Eine verfestigte Mischung von Mineralen.

Gesteinskreislauf Ein Modell, das den Ursprung der drei grundlegenden Gesteinsarten und die Zwischenbeziehungen der Erdmaterialien und Prozesse darstellt.

Gesteinslawine Die sehr schnelle Hangabwärtsbewegung von Gestein und Schutt. Die schnelle Bewegung kann durch eine Luftschicht, die unter dem Schutt gefangen ist, unterstützt werden. Dabei kann sie mehr als 200 Kilometer pro Stunde erreichen.

Gesteinsmehl Zermahlenes Gestein, das durch die abreibende Wirkung der Gletscher erzeugt wird.

Gesteinsstruktur Alle Merkmale, die durch Deformationsprozesse hervorgerufen werden; von kleinen Brüchen im Gestein bis zu großen Gebirgsketten.

Geysir Ein natürlicher Springbrunnen aus heißem Wasser, der periodisch aus dem Boden schießt.

Gezeitendelta Eine deltaähnliche Struktur, die entsteht, wenn eine sich schnell bewegende Gezeitenströmung vor einem schmalen Einlass auftaucht, sich verlangsamt und seine Sedimentfracht ablagert.

Gezeitenströmung Die wechselnde horizontale Bewegung des Wassers, vergesellschaftet mit dem Ansteigen und Sinken der Tide.

Glanz Das Auftreten oder die Qualität der Lichtreflexion an der Oberfläche eines Minerals.

Glas (vulkanisch) Natürliches Glas, das entsteht, wenn geschmolzene Lava zu schnell abkühlt, um eine Kristallisation zu ermöglichen.

Glasig Eine Bezeichnung, die man verwendet, um das Gefüge von bestimmten magmatischen Gesteinen zu beschreiben; beispielsweise Obsidian, der keine Kristalle enthält.

Glaziales Geschiebe Ein allumfassender Begriff für Sedimente glazialen Ursprungs, ungeachtet dessen, wo oder in welcher Form sie abgelagert wurden.

Gletscher Eine mächtige Eismasse, die an Land durch Verdichtung und Rekristallisation von Schnee entstand und Hinweise auf seine ehemalige oder gegenwärtige Fließbewegung liefert.

Gletscherhaushalt Das bestehende oder fehlende Gleichgewicht zwischen der Eisbildung am oberen Ende eines Gletschers (Nährgebiet) und dem Verlust des Eises im Zehrgebiet.

Gletschermilch Die milchige Färbung des Gletscherschmelzwassers durch das Gesteinsmehl.

Gletscherschrammen Kratzer und Rillen auf dem Umgebungsgestein, die durch glaziale Abrasion verursacht wurden.

Gletscherspalte Ein tiefer Riss in der brüchigen Oberfläche eines Gletschers.

Glutlawine Heißglühende vulkanische Trümmer, die durch heiße Gase nach oben getrieben werden und sich auf lawinenähnliche Weise hangabwärts bewegen.

Gneisgefüge Ein Gefüge von metamorphen Gesteinen, bei welchen die hellen und dunklen Silikatminerale getrennt sind und dem Gestein ein gebändertes Aussehen verleihen (Bändergneis).

Gondwanaland Der südliche Teil von Pangäa. Er bestand aus Südamerika, Afrika, Australien, Indien und der Antarktis.

Graben Eine Talbildung, die durch die Abwärtsverschiebung eines an eine Verwerfung gebundenen Blockes entsteht; *siehe* Tiefseegraben.

Gradient Die Neigung eines Wasserlaufes. Sie wird im Allgemeinen durch den vertikalen Abfall über eine bestimmte Distanz ausgedrückt.

Gradierte Schicht Eine Sedimentschicht, die dadurch charakterisiert ist, dass die Sedimentgröße von unten nach oben abnimmt.

Granitische Zusammensetzung Eine Gesteinsgruppe aufgrund ihrer Zusammensetzung. Diese Bezeichnung weist darauf hin, dass das Gestein fast vollständig aus hellen Silikaten aufgebaut ist.

Grat Ein schmaler, messerartiger Gebirgsrücken, der zwei nebeneinander liegende Täler voneinander trennt.

Gravitativer Kollaps Das allmähliche Zusammenbrechen von Gebirgen, das durch die laterale Spreizung von schwachem Material mit seinem Ursprung tief innerhalb dieser Strukturen verursacht wird.

Grenzfläche Eine gemeinsame Grenze, an welcher verschiedene Teile eines Systems miteinander in Wechselwirkung stehen.

Grundmasse Die Matrix aus kleinen Kristallen innerhalb eines magmatischen Gesteins mit porphyrischem Gefüge.

Grundwasserabsenkung Der Höhenunterschied zwischen der Basis des Absenkungstrichters und der ursprünglichen Höhe des Wasserspiegels.

Grundwasserspiegel Das oberste Niveau der gesättigten Zone des Grundwassers.

Guyot Ein unter Wasser liegender flachgipfeliger Tiefseeberg.

Habitus Bezieht sich auf die allgemeine oder charakteristische Form eines Kristalls oder eines Aggregates aus Kristallen.

Halbgraben Ein gekippter Verwerfungsblock, dessen höhere Seite mit einer Gebirgstopographie vergesellschaftet ist und dessen niedrigere Seite ein Becken ausbildet, in welchem sich Sedimente ablagern.

Halbwertzeit Die Zeit, die die Hälfte der Atome einer radioaktiven Substanz für den Zerfall benötigt.

Härte Der Widerstand eines Minerals gegen Abrieb und Abrasion.

Hauptschale Die Energieschale, die ein Elektron besetzt.

Heiße Quelle Eine Quelle, in welcher das Wasser 6–9°C wärmer ist als die mittlere jährliche Lufttemperatur in der Gegend.

Historische Geologie Eine Hauptabteilung der Geologie, die sich mit dem Ursprung der Erde und ihrer Entwicklung in der geologischen Zeit befasst. Sie bezieht das Studium der Fossilien und deren Abfolge in Gesteinsschichten mit ein.

Horizont Eine Schicht des Bodenprofils.

Horn Ein pyramidenähnlicher Gipfel, der sich durch die glaziale Aktivität bildet, wobei drei oder mehrere Kare einen Gebirgsgipfel umgeben.

Horst Ein gestreckter und gehobener Krustenblock, der von Verwerfungen begrenzt ist.

Hot Spot Die Konzentration von Wärme im Mantel, die in der Lage ist, Magma zu produzieren, das an der Erdoberfläche ausbricht. Der Intraplattenvulkanismus, durch welchen die Inseln Hawaiis entstanden sind, ist ein Beispiel dafür.

Hot Spot-Spur Eine Kette vulkanischer Strukturen, die entstehen, wenn sich eine Lithosphärenplatte über einen Mantle Plume bewegt.

Humus Organisches Material im Boden, das durch die Zersetzung von Pflanzen und Tieren entsteht.

Hydraulische Leitfähigkeit Ein Faktor, der sich auf den Grundwasserfluss bezieht. Die hydraulische Leitfähigkeit berücksichtigt die Permeabilität eines Aquifers und die Viskosität einer Flüssigkeit.

Hydraulisches Gefälle Das Gefälle des Grundwasserspiegels. Man bestimmt es, indem man den Höhenunterschied zwischen zwei Punkten auf dem Wasserspiegel bestimmt und ihn durch die horizontale Entfernung zwischen den beiden Punkten teilt.

Hydroelektrische Energie Elektrizität, die durch fallendes und damit Turbinen antreibendes Wasser erzeugt wird.

Hydrogenes Sediment Ozeanbodensedimente, die aus Mineralen bestehen, die aus dem Meerwasser kristallisieren. Ein wichtiges Beispiel sind die Manganknollen.

Hydrologischer Kreislauf Die ewige Zirkulation des Wasservorrats auf der Erde.

Hydrolyse Ein chemischer Verwitterungsprozess, bei welchem Minerale durch die chemische Reaktion mit Wasser und Säuren verändert werden.

Hydrospäre Der Wasseranteil auf unserem Planeten; eine der klassischen Unterabteilungen des physischen Milieus der Erde.

Hydrothermale Lösung Die heiße wässerige Lösung, die aus einer Magmenmasse während der späteren Kristallisationsphasen entweicht.

Hypothese Eine provisorische Erklärung, die später auf ihre Gültigkeit geprüft wird.

Hypozentrum *siehe* Erdbebenherd.

Hängetal Das Tal eines Zuflusses, das in ein Trogtal in beträchtlicher Höher über dem Boden des Trogtals eintritt.

Impaktmetamorphose Die Metamorphose, die auftritt, wenn ein Meteorit auf die Erdoberfläche trifft.

Imprägnationslagerstätte Jede wirtschaftlich ertragreiche Lagerstätte, in welcher das begehrte Mineral in fein verteilten Partikeln im Gestein vorkommt, jedoch in ausreichender Menge, um es als Erz zu bezeichnen.

Innere Planeten Die innersten Planeten unseres Sonnensystems, zu welchen Merkur, Venus, Erde und Mars gehören.

Innerer Kern Die feste, innerste Schale der Erde mit einem Radius von etwa 1.216 Kilometern.

Inselberg Ein einzelner Überrest eines Berges, der für das späte Erosionsstadium einer ariden Gebirgsregion charakteristisch ist.

Inselbogen *siehe* Vulkanischer Inselbogen.

Inselnehrung Ein Sandrücken, der eine Insel mit dem Festland oder einer anderen Insel verbindet.

Intensität (Erdbeben) Ein Maß für die Stärke von Erdbebenstößen an einem bestimmten Ort, gemessen an der Tragweite der Zerstörung.

Intermediäre Zusammensetzung Eine Gesteinsgruppe, deren Zusammensetzung darauf hinweist, dass das Gestein mindestens 25 Prozent an dunklen Silikatmineralen enthält. Ein weiteres dominantes Mineral ist Plagioklas.

Interner (endogener) Prozess Ein Prozess wie die Gebirgsbildung oder der Vulkanismus, die ihre Energie aus dem Erdinneren beziehen und sie an die Erdoberfläche bringen.

Intraplattenvulkanismus Magmatische Aktivität, die innerhalb einer tektonischen Platte und von den Plattengrenzen entfernt auftritt.

Intrusivgestein Ein magmatisches Gestein, das sich unter der Erdoberfläche gebildet hat.

Ion Ein Atom oder Molekül, das eine elektrische Ladung besitzt.

Ionenbindung Eine chemische Bindung zwischen zwei gegensätzlich geladenen Ionen, die durch die Übertragung von Valenzelektronen von einem Atom zum anderen entsteht.

Isostasie Das Konzept, wonach die Erdkruste in gravitativem Gleichgewicht auf dem Mantelmaterial „schwimmt".

Isostatischer Ausgleich Die Kompensation durch die Lithosphäre, wenn Gewicht zugefügt oder entfernt wird. Wird Gewicht zugefügt, reagiert die Lithosphäre mit Absenkung; wird Gewicht entfernt, so reagiert sie mit Hebung.

Isotopen Varietäten desselben Elements, die unterschiedliche Atommassenzahlen besitzen; ihr Atomkern enthält die gleiche Anzahl an Protonen, aber eine unterschiedliche Anzahl an Elektronen.

Jovianischer Planet Einer der jupiterähnlichen Planeten; Jupiter, Saturn, Uranus oder Neptun. Diese Planeten haben relativ geringe Dichten.

Kalben Das Schrumpfen eines Gletschers, das auftritt, wenn große Eisstücke abbrechen und in ein Gewässer fallen.

Kame Ein steilwandiger Hügel, der aus Sand und Kies besteht und dort entsteht, wo sich Sedimente in Öffnungen mit liegengebliebenem Glazialeis sammeln.

Kamesterrasse Eine schmale, terrassenähnliche Masse aus geschichtetem Geschiebe, die zwischen einem Gletscher und einer daneben liegenden Talwand abgelagert wird.

Känozoikum (känozoische Ära) Eine Zeitspanne auf der geologischen Zeitskala, die auf das Mesozoikum folgte und vor ca. 65,5 Millionen Jahren begann.

Kapillarsaum Eine relativ schmale Zone an der Basis der Belüftungszone. Hier steigt das Wasser vom Grundwasserspiegel in winzigen, fadenähnlichen Öffnungen zwischen Körnern oder den Körnchen des Bodens oder Sediments nach oben.

Kar Ein Becken in der Form eines Amphitheaters, das sich an der Stirnseite eines vergletscherten Tales befindet und durch Frostsprengung und Detraktion entstanden ist.

Karbonatzement (Caliche) Eine harte Schicht, reich an Calciumcarbonat, die sich unter dem B-Horizont in ariden Gebieten bildet.

Karsee Ein kleiner See in einem Kar.

Karst Eine Topographieform, die sich aus löslichen Gesteinen (insbesondere Kalkstein) hauptsächlich durch Auflösung bilden. Karst ist charakterisiert durch Karsttrichter (Dolinen), Höhlen und unterirdische Entwässerung.

Karsthöhle Eine natürliche unterirdische Höhle, die hauptsächlich durch den Lösungsvorgang in Kalkstein gebildet wird.

Katastrophentheorie Das Konzept, wonach angenommen wird, dass die Erde durch kurz andauernde Katastrophenereignisse geformt wurde.

Kern Die innerste Schale der Erde. Man nimmt an, dass sie weitgehend aus einer Eisen-Nickellegierung mit geringen Anteilen an Sauerstoff, Silizium und Schwefel besteht.

Kernspaltung Die Teilung eines schweren Atomkerns in zwei oder mehr leichtere Atomkerne, die durch den Zusammenstoß mit einem Neutron hervorgerufen wird. Während dieses Prozesses wird eine große Energiemenge frei.

Klastische Sedimentgesteine Gesteine, die sich aus der Anhäufung von Materialen bilden, die als feste Teilchen ihren Ursprung haben und als solche transportiert werden. Sie entstehen durch chemische und mechanische Verwitterung.

Klastisches Gefüge Ein Sedimentgesteingefüge, das aus Bruchstücken anderer Gesteine zusammengesetzt ist.

Klimarückkopplungsmechanismus Da die Atmosphäre ein komplexes interaktives physikalisches System ist, können mehrere verschiedene Zustände möglich werden, wenn eine Komponente des Systems verändert wird. Der Begriff bezeichnet diese verschiedenen Möglichkeiten.

Klimasystem Der Austausch von Energie und Feuchtigkeit, der zwischen der Atmosphäre, der Hydrosphäre, der Lithosphäre, der Biosphäre und der Kryosphäre stattfindet.

Klippe Ein Überrest oder ein nach außen liegender Teil einer Überschiebungsdecke, die durch Erosion isoliert wurde.

Kluft Ein Bruch im Gestein, entlang welchem (fast) keine Verschiebung auftritt.

Kolk Eine Depression, die in einem Flussbett durch die abrasive Wirkung der Sedimentfracht entsteht.

Koma Die verschwommene Gaskomponente eines Kometenkopfes.

Komet Ein kleiner Körper, der sich im Allgemeinen in einer lang gezogenen Umlaufbahn um die Sonne dreht.

Konduktion Wärmeübertragung in einer Materie durch molekulare Aktivität.

Konglomerat Ein Sedimentgestein, das aus gerundeten, kiesgroßen Teilchen zusammengesetzt ist.

Konkordant Gleichsinnig schichtparallel.

Konkordante Intrusion Ein Begriff, den man verwendet, um magmatische Intrusionsmassen zu beschreiben, die sich parallel zur Schichtung der umgebenden Gesteine sammeln.

Konkordante Schichten Gesteinsschichten, die ohne (wesentliche) Unterbrechung abgelagert wurden.

Kontaktmetamorphose Veränderungen in einem Gestein, die durch die Wärme eines nahen Intrusionskörpers verursacht wurden.

Kontinentalabhang Das relativ steile Gefälle, das zum Tiefseeboden führt und den meerwärts gerichteten Rand des Kontinentalschelfs markiert.

Kontinentaldrift Eine Hypothese, die weitgehend Alfred Wegener zugeschrieben wird, der annahm, dass alle gegenwärtigen Kontinente einst als ein einziger, riesiger Superkontinent existierten und dann vor etwa 200 Millionen Jahren in kleinere Kontinente auseinanderzubrechen begannen, die dann auf ihre heutigen Positionen drifteten.

Kontinentaler Grabenbruch Eine lineare Zone, entlang derer sich die kontinentale Lithosphäre dehnt.

Kontinentaler Vulkanbogen Berge, die sich zum Teil durch magmatische Aktivität unter einem Kontinent bilden und mit der Subduktion ozeanischer Lithosphäre vergesellschaftet sind. Beispiele dafür sind die Anden und die Cascades.

Kontinentalfuß Die sanft abfallende Oberfläche an der Basis eines Kontinentalabhangs.

Kontinentalrand Der Teil des Ozeanbodens, der sich neben den Kontinenten befindet. Dazu können der Kontinentalschelf, der Kontinentalabhang und der Kontinentalfuß gehören.

Kontinentalschelf Der sanft abfallende, unter Wasser liegende Teil des Kontinentalrandes, der sich von der Uferlinie zum Kontinentalabhang ausdehnt.

Konvektion Die Wärmeübertragung durch die Massenbewegung oder die Zirkulation einer Substanz.

Konvergente Plattengrenze Eine Plattengrenze, an der sich zwei Platten zueinander bewegen, was dazu führt, dass die ozeanische Lithosphäre unter die überschiebende Platte gerät und schließlich wieder im Mantel aufgenommen wird. Die Plattengrenze kann auch den Zusammenstoß von zwei Kontinentalplatten bezeichnen, bei dem ein Gebirgssystem entsteht.

Korallenriff Eine Struktur, die hauptsächlich aus carbonatischen Überresten (meist ist es Aragonit) von Korallen sowie den kalkigen Ausscheidungen von Algen und den Hartteilen vieler anderer Organismen besteht und sich in einem flachmarinen, sonnendurchfluteten, warmen Milieu bildet.

Korrelation Das Erstellen von Äquivalenten der Gesteine ähnlichen Alters in unterschiedlichen Gebieten.

Kovalente Bindung Eine chemische Bindung, die durch gemeinsame Elektronen entsteht.

Kraft Das, was träge Objekte in Bewegung bringt oder die Bewegung von bewegten Körpern verändert.

Krater Die Einbuchtung am Gipfel eines Vulkans oder die Mulde, die bei einem Meteoriteneinschlag entsteht.

Kraton Der Teil der kontinentalen Kruste, der Stabilität erhalten hat; das bedeutet, dass er während des Phanerozoikums nicht wesentlich von tektonischer Aktivität beeinflusst wurde. Er besteht aus einem Schild und einer stabilen Plattform.

Kreuzschichtung Eine Struktur mit relativ dünnen Schichten, die winkelig zur Hauptschichtung stehen. Gebildet wird sie durch die Aktivität von Wind oder Wasser.

Kriechen Die langsame Hangabwärts-Bewegung von Boden und Regolith.

Kristall Jeder natürliche Feststoff mit einer geordneten, sich wiederholenden Atomstruktur.

Kristallabseigerung Während der Kristallisation von Magma sind die zuerst gebildeten Minerale dichter als der flüssige Anteil und setzen sich am Boden der Magmenkammer ab.

Kristallform *siehe* Habitus.

Kristallgefüge *siehe* Nichtklastisches Gefüge.

Kristallin *siehe* Kristall.

Kristalline Schieferung Eine Art der Schieferung, charakteristisch für grobkörniges metamorphes Gestein. Diese Gesteine besitzen eine parallele Anordnung der plattigen Minerale.

Kristallisation Die Bildung und das Wachstum von kristallinen Feststoffen aus einer Flüssigkeit oder einem Gas.

Kruste Die sehr dünne äußerste Schale der Erde.

kugelige Verwitterungsformen (Wollsackverwitterung) Jeder Verwitterungsprozess, der dazu neigt, runde Formen aus einer ursprünglich eckigen Form zu bilden.

Kuipergürtel Eine Region außerhalb der Umlaufbahn des Neptuns, von der man glaubt, dass sich in ihr die meisten kurzperiodischen Kometen befinden.

Küste Ein Landstreifen, der sich von der Küstenlinie landeinwärts ausdehnt, solange man Strukturen vorfindet, die mit dem Meer in Beziehung stehen.

Küstendamm Eine Barriere, die errichtet wurde, um zu verhindern, dass Wellen das Gebiet dahinter erreichen. Ihr Zweck ist, Eigentum vor der Gewalt der brechenden Wellen zu schützen.

Küstenlinie Das meerwärts gerichtete Gebiet, das sich zwischen dem niedrigsten Ebbestand und dem höchsten Punkt an Land erstreckt, der durch Sturmwellen erreicht wird.

Küstenstrom Eine ufernahe Strömung, die parallel zum Ufer verläuft.

Lagergang Ein tafelförmiger, magmatischer Körper, der parallel zur Schichtung der existierenden Gesteine intrudiert ist.

Lahar Murenabgänge an Vulkanflanken, die entstehen, wenn instabile Asche- und Trümmerschichten mit Wasser gesättigt werden und (meistens in Flussbetten) nach unten fließen.

Lakkolith Ein massiver, magmatischer Körper, der in bereits existierende Schichten intrudiert ist.

Laminares Fließen Die Bewegung der Wasserteilchen auf geradlinigem Wegen, die parallel zum Flussbett laufen. Die Wasserteilchen bewegen sich stromabwärts, ohne sich zu vermischen.

Lange Wellen (L-Wellen) Diese von Erdbeben erzeugten Oberflächenwellen bewegen sich an der äußeren Schicht der Erde entlang und sind verantwortlich für den Großteil der Zerstörung an der Oberfläche. L-Wellen besitzen längere Perioden als andere seismische Wellen.

Laterit Ein roter, stark ausgelaugter Bodentyp in den Tropen, der reich an Aluminium- und Eisenoxiden ist.

Laurasien Der nördliche Teil von Pangäa, der aus Nordamerika und Eurasien bestand.

Lava Magma, das die Erdoberfläche erreicht hat.

Lavadom Eine bauchige Masse, die produziert wird, wenn sich dickflüssige Lava langsam aus einem Schlot schiebt. Lavadome können wie Stöpsel wirken und nachfolgende Gaseruptionen ablenken.

Lavatunnel Tunnel in ausgehärteter Lava, die als horizontale Leitungen aus einem Vulkanschlot dienen. Lavatunnel ermöglichen flüssigen Laven, weite Entfernungen zurückzulegen.

Leehang Die steile, leewärts gerichtete Oberfläche, die eine Hangneigung von etwa 34 Grad besitzt.

Leichte Silikate Silikate, welchen Eisen und/oder Magnesium fehlt. Sie sind im Allgemeinen heller und besitzen ein geringeres spezifisches Gewicht als dunkle Silikate.

Leitfossil Ein Fossil, das mit einer bestimmten geologischen Zeitspanne vergesellschaftet ist.

Leitmineral Ein Mineral, das ein guter Indikator für sein metamorphes Milieu ist, in dem es gebildet wurde. Man verwendet Leitminerale, um die verschiedenen Zonen der Regionalmetamorphose zu unterscheiden.

Lithosphäre Die starre äußere Schicht der Erde, zu der die Kruste und der obere Mantel gehören.

Lithosphärenplatte Eine zusammenhängende Einheit der starren äußeren Schicht der Erde, die die Kruste und die obere Einheit einschließt.

Longitudinaldünen Lange Sandrücken, die parallel zur vorherrschenden Windrichtung angeordnet sind; diese Dünen bilden sich dort, wo der Nachschub an Sand begrenzt ist.

Longitudinalprofil Ein Querschnitt eines Wasserlaufes entlang seines abfallenden Laufes vom Oberlauf bis zur Mündung.

Löss Die Ablagerung von Silt, der vom Wind transportiert wurde, keine sichtbare Schichtung aufweist, eine gelb-braune Farbe besitzt und in der Lage ist, eine fast vertikale Klippe beizubehalten.

Lotrechte Verschiebung Eine Störung, bei der die Bewegung parallel zum Einfallen der Störung verläuft.

Low Velocity-Zone Eine Unterteilung des Mantels zwischen 100 und 250 Kilometern Tiefe, wahrnehmbar durch die Abnahme der Geschwindigkeit seismischer Wellen. Diese Zone umgibt die Erde nicht lückenlos.

Lunare Brekzie Ein Mondgestein, bestehend aus kantigen Gesteinsbruchstücken und Staub, das durch die Wärmeentwicklung bei einem Meteoriteneinschlag zusammengeschweißt wurde.

Lunarer Regolith Eine dünne graue Schicht auf der Mondoberfläche, die aus lose verdichtetem, zerbrochenem Material besteht, von welchem man annimmt, dass es durch wiederholte Meteoriteneinschläge entstanden ist.

Luvbreite Die Entfernung, die der Wind auf offenem Wasser zurückgelegt hat.

Mäander Eine fast geschlossene Kurve in einem Flusslauf.

Mafische Zusammensetzung *siehe* Basaltische Zusammensetzung.

Magma Ein geschmolzener Gesteinskörper, den man in der Tiefe findet und der gelöste Gase und Kristalle enthält.

Magmatische Differentiation Der Prozess, bei welchem mehrere Gesteinsarten aus einem einzigen Magma erzeugt werden.

Magmatit (magmatisches Gestein) Ein Gestein, das durch die Kristallisation von Magma gebildet wird.

Magmenmischung Der Prozess der Veränderung eines Magmas durch die Vermischung mit einem anderen Magma.

Magnetometer Ein empfindliches Messgerät, mit welchem die Intensität des Erdmagnetfeldes an verschiedenen Stellen gemessen werden kann.

Magnitude (Erdbeben) Eine Schätzung der Gesamtmenge an Energie, die bei einem Erdbeben frei wird, basierend auf seismischen Aufzeichnungen.

Manganknollen Ein hydrogener Sedimenttyp, der hauptsächlich aus Mangan und Eisen mit geringen Anteilen an Kupfer, Nickel und Kobalt besteht und auf dem Ozeanboden verteilt ist.

Mantel Eine der Schalen, aus der die Erde aufgebaut ist. Die feste Gesteinsschale dehnt sich von der Krustenbasis bis zu einer Tiefe von 2.900 Kilometern aus.

Mantle Plume Eine Masse aus Mantelmaterial, die heißer als normal ist und zur Oberfläche aufsteigen kann, wo sie zu magmatischer Aktivität führen kann. Diese Plumes aus festem und doch mobilem Material können in so großer Tiefe wie in der Mantel-Kerngrenze entstehen.

Maria Die ebenen Gebiete auf unserem Mond, von welchen man fälschlicherweise glaubte, sie wären Meere.

Marschland Ein schlecht entwässertes Gebiet auf einer Flussaue, das entsteht, wenn natürliche Deiche vorhanden sind.

Massenbewegung Die Hangabwärtsbewegung von Gestein, Regolith und Erde unter dem direkten Einfluss der Schwerkraft.

Massiv (Pluton) Ein magmatischer Körper (Pluton), der keine tafelförmige Ausprägung besitzt.

Mechanische Verwitterung Die physikalische Zersetzung von Gestein in kleinere Bruchstücke.

Medianer Kammgraben (Grabenbruch) Ein langer, schmaler Trog, der durch Abschiebungen begrenzt ist. Er repräsentiert eine Region, in der eine Divergenz stattfindet.

Mercalli-Intensitätsskala *siehe* Modifizierte Mercalli-Intensitätsskala.

Mesosphäre Der Teil des Mantels, der sich von der Kern-Mantelgrenze bis zu einer Tiefe von 660 Kilometern erstreckt; auch als unterer Mantel bekannt.

Mesozoische Ära Eine Zeitspanne auf der geologischen Zeitskala, die zwischen der paläozoischen Ära und der känozoischen Ära liegt und von etwa 248 bis 65,5 Millionen Jahren dauerte.

Metallbindung Eine chemische Bindung, in allen Metallen enthalten, die man als extreme Art der Elektronenteilung (gemeinsame Elektronen) bezeichnen könnte, wobei sich die Elektronen frei von Atom zu Atom bewegen.

Metamorphe Fazies Eine Gruppe miteinander verwandter Minerale, die man verwendet, um die Drücke und Temperaturen zu erfassen, bei welchen Gesteine der Metamorphose unterliegen.

Metamorphose Die Veränderungen der Mineralzusammensetzung und des Gefüges eines Gesteins, das hohen Temperaturen und Drücken innerhalb der Erde ausgesetzt war.

Metamorphes Gestein Ein Gestein, das sich in festem Zustand aus einem bereits bestehenden Gestein durch den Einfluss von Wärme, Druck und /oder chemisch aktiven Fluiden tief im Erdinneren gebildet hat.

Metasomatose Chemische Veränderungen, die auftreten, wenn heißes, eisenreiches Wasser durch Brüche im Gestein zirkuliert.

Meteor Das leuchtende Phänomen, das man beobachtet, wenn ein Meteoroid in die Erdatmosphäre eintritt und verbrennt; im Volksmund wird er „Sternschnuppe" genannt.

Meteorit Jener Teil eines Meteoroiden, der bei seiner Durchquerung der Erdatmosphäre erhalten bleibt und auf die Erdoberfläche trifft.

Meteoroid Jedes kleine, feste Teilchen, das eine Umlaufbahn um die Sonne besitzt.

Meteorschauer Zahlreiche Meteoroide, die sich mit fast gleicher Geschwindigkeit in die gleiche Richtung bewegen.

Migmatit Ein Gestein, das sowohl magmatische als auch metamorphe Gesteinseigenschaften aufweist. Solche Gesteine können sich bilden, wenn helle Silikatminerale schmelzen und dann auskristallisieren, während die dunklen Silikatminerale fest bleiben.

Mikrokontinente Relativ kleine Fragmente der kontinentalen Kruste, die über dem Meeresspiegel liegen, wie die Insel Madagaskar, aber auch untergetaucht sein können.

Mikrometeorit Ein sehr kleiner Meteorit, der nicht ausreichend Reibung verursacht, um in der Erdatmosphäre zu verbrennen, sondern langsam zur Erdoberfläche schwebt.

Mineral Eine natürlich vorkommende anorganische kristalline Substanz mit einer einzigartigen chemischen Zusammensetzung und definierter Kristallstruktur.

Mineralogie Die Wissenschaft von den Mineralen.

Mineralressource Alle entdeckten und nicht entdeckten Lagerstätten von brauchbaren Mineralen, die man gegenwärtig oder zukünftig abbauen kann.

Mittelmoräne Ein Geschiebewall, der sich bildet, wenn sich Seitenmoränen von zwei zusammenhängenden alpinen Gletschern zusammenschließen.

Mittelozeanischer Rücken Ein kontinuierlicher Gebirgsrücken auf dem Boden aller großen Ozeanbecken, der in seiner Breite zwischen 500 und 5.000 Kilometern variieren kann. Ein zentraler Graben repräsentiert die divergente Plattengrenze.

Modell Die Bezeichnung wird häufig als Synonym für Hypothese verwendet, ist aber weniger präzise, da man sie manchmal auch verwendet, um eine Theorie zu beschreiben.

Modifizierte Mercalli-Intensitätsskala Eine Skala mit zwölf Punkten, die entwickelt wurde, um die Erdbebenintensität zu bewerten. Sie beruht auf dem Ausmaß der strukturellen Zerstörung.

Mohorovičić-Diskontinuität (Moho) Die Grenze, die die Kruste und den Mantel voneinander trennt und durch eine Erhöhung der seismischen Geschwindigkeit wahrnehmbar ist.

Mohs-Skala Eine Reihe von zehn Mineralen, die als Standard zur Bestimmung der Härte verwendet wird.

Mole Ein festes Dammbauwerk, das sich am Hafeneingang oder an einer Flussmündung zum Schutz vor Sturmwellen und Sedimentablagerung ins freie Wasser ausdehnt.

Momentenmagnitude Ein präziseres Maß für die Erdbebenintensität als die Richterskala, das man aus der Länge der Verschiebung entlang einer Verwerfung bestimmt.

Monokline Eine einschenklige Flexur in Gesteinsschichten. Die Schichten liegen normalerweise flach oder fallen sehr sanft an beiden Seiten der Monokline ab.

Moränenschutt Unsortiertes Sediment, das direkt vom Gletscher abgelagert wurde.

Mulde Eine rundliche, nach unten gebogene Struktur.

Mündung Die Stelle eines Flussunterlaufes, an der sich ein Fluss in einen anderen Wasserlauf oder Wasserkörper entleert.

Mure Ein Strom aus Boden und Regolith, der große Mengen an Wasser enthält. Muren kommen häufig in semiariden, gebirgigen Regionen und auf den Abhängen mancher Vulkane vor.

Mutterboden Das Material, auf welchem sich der Boden bildet.

Nachbeben Ein kleineres Erdbeben, das auf das Hauptbeben folgt.

Nährgebiet Der Teil eines Gletschers, den Schneeakkumulation und Eisformation charakterisieren.

Natürlicher Damm Eine erhöhte Landschaftsform, die aus Alluvium zusammengesetzt ist, parallel zu manchen Wasserläufen verläuft und deren Wassermenge seitlich umgibt, außer bei Überflutungen.

Nebenfluss Ein Flussabschnitt, der den Hauptstrom verlässt.

Nebulartheorie Ein Modell für den Ursprung des Sonnensystems. Das Modell nimmt an, dass sich ein rotierender Nebel aus Staub und Gasen zusammenzog und die Sonne und die Planeten bildete.

Negativer Rückkopplungsprozess Bei der Verwendung im Kontext zu Klimawandel; jede Auswirkung, die im Gegensatz zu der anfänglichen Veränderung steht und dagegen zu wirken scheint.

Neutron Ein subatomares Teilchen, das man in einem Atomkern findet. Ein Neutron ist elektrisch neutral. Es besitzt eine Masse, die ungefähr der Masse eines Protons gleicht.

Nicht erneuerbare Energien Eine Ressource, die sich über so große Zeiträume bildet oder akkumuliert, dass man sie in ihrer Gesamtmenge als begrenzt ansehen muss.

Nicht fließender artesischer Brunnen Ein artesischer Brunnen, in dem das Wasser nicht zur Oberfläche aufsteigt, da sich der Oberflächendruck unter dem Bodenniveau befindet.

Nichtklastisches Gefüge Eine Bezeichnung für das Gefüge eines Sedimentgesteins, in welchem die Minerale ein ineinander verzahntes Muster bilden.

Nichtmetallische Mineralressource Eine Mineralressource, die kein Brennstoff ist und nicht weiterverarbeitet wird, um Metalle daraus zu gewinnen.

Nippflut Der niedrigste Gezeitenunterschied; er tritt in der Zeit des ersten und dritten Mondviertels auf.

Nonconformity Eine Schichtlücke, in welcher ältere metamorphe oder magmatische Intrusivgesteine von jüngeren Sedimentschichten überlagert werden.

Normale Polarität Ein magnetisches Feld, das dem gegenwärtig existierenden gleich ist.

Oberflächenwellen Seismische Wellen, die sich entlang der äußeren Schale der Erde fortbewegen.

Oberlauf Der Anfang oder das Ursprungsgebiet eines Flusses.

Offenes System Ein System, in welches sowohl Energie als auch Materie ein- und wieder austreten kann. Die meisten natürlichen Systeme gehören diesem Typus an.

Okkultation Das Verschwinden des Lichts, wenn sich ein Objekt hinter einem scheinbar größeren vorbeibewegt, beispielsweise, wenn Uranus vor einem weit entfernten Stern vorbeiläuft.

Oktett-Regel Die Atome verbinden sich auf eine Weise, dass jedes die Elektronenanordnung von einem Nobelgas enthält; das heißt, die äußere Energieschale enthält acht Elektronen.

Oort'sche Wolke Eine sphärische Schale, die aus Kometen besteht und sich in einer Entfernung um die Sonne bewegt, die 10.000 Mal größer ist als die Entfernung von der Erde zur Sonne.

Ophiolithkomplex Die Abfolge der Gesteine, die die ozeanische Kruste ausmachen. Sie besteht aus drei Schichten, einer oberen Schicht aus Pillowbasalten, einer mittleren Zone aus Sheeted Dykes und einer unteren Schicht aus Gabbro.

Ordnungszahl Die Anzahl der Protonen im Kern eines Atoms.

Organisches Sedimentgestein Sedimentgesteine, die aus organischem Kohlenstoff von Pflanzenüberresten bestehen, die sich nach dem Absterben auf einem Sumpfboden akkumuliert haben. Kohle ist ein Hauptbeispiel dafür.

Orogenese Die Prozesse, die insgesamt zur Bildung von Gebirgen führen.

Oszillierende Welle Eine Wasserwelle, bei welcher die Wellenform voranrückt, während die Wasserpartikel eine zirkuläre Bewegung vollziehen.

Oxidation Die Wegnahme eines oder mehrerer Elektronen von einem Atom oder Ion. Der Vorgang wird so genannt, da sich die Elemente häufig mit Sauerstoff verbinden.

Ozeanbodenspreizung Die Hypothese wurde zuerst in den 1960-iger Jahren von Harry Hess vorgestellt und besagt, dass neue ozeanische Kruste an den Kämmen der Mittelozeanischen Rücken, den Stellen von Divergenz, gebildet wird.

Ozeanische Bruchzone Lineare Zone einer unregelmäßigen topographischen Stufe auf dem Ozeanboden, die auf Seitenverschiebungen und ihre inaktiven Verlängerungen folgt.

Ozeanplateau Eine ausgedehnte Region auf dem Ozeanboden, die aus mächtigen Anhäufungen von Pillowbasalten und anderen mafischen Gesteinen besteht, manchmal mit einer Mächtigkeit von über 30 Kilometern.

Ozeanrücken *siehe* Mittelozeanischer Rücken.

Pahoehoe-Lava Ein Lavastrom mit einer glatten bis strickartigen Oberfläche.

Paläoklimatologie Das Studium der alten Klimate und des Klimawandels vor der Zeit, in der Aufzeichnungen durch Messinstrumente unter Verwendung von Proxy-Daten möglich wurden.

Paläomagnetismus Die natürlichen Überreste von Magnetismus in Gesteinen. Die dauerhafte Magnetisierung, die ein Gestein angenommen hat, kann verwendet werden, um die Position der magnetischen Pole und den Breitengrad der Gesteine zur Zeit ihrer Magnetisierung festzustellen.

Paläontologie Die systematische Wissenschaft der Fossilien und der Geschichte des Lebens auf der Erde.

Paläozoische Ära Eine Zeitspanne auf der geologischen Zeitskala zwischen der präkambrischen und der mesozoischen Ära. Sie dauerte von etwa 542 bis 251 Millionen Jahre.

Pangäa Der vermutete Superkontinent, der vor 200 Millionen Jahren auseinanderzubrechen und die heutigen Landmassen zu bilden begann.

Parabeldünen (Bogendünen) Eine Sanddüne, die Sicheldünen ähnelt, mit der Ausnahme, dass ihre Spitzen in Windrichtung zeigen. Diese Dünen bilden sich häufig entlang von Küsten mit starken Küstenwinden sowie reichlich Sand und Vegetation, die den Sand teilweise bedeckt.

Paradigma Eine allgemeine Annahme, die als Denkmuster breit akzeptiert ist; kommt es zu neuen wissenschaftlichen Erkenntnissen, kann dies zu einem Paradigmenwechsel führen.

Parasitärkrater Ein Vulkankegel, der sich an der Flanke eines Vulkans bildet.

Partielle Aufschmelzung Ein Prozess, bei dem die meisten magmatischen Gesteine schmelzen. Da verschiedene Minerale unterschiedliche Schmelzpunkte besitzen, schmelzen die meisten magmatischen Gesteine über eine Temperaturspanne von einigen hundert Grad. Falls die Flüssigkeit herausgepresst wird, nachdem ein Teil der Aufschmelzung stattgefunden hat, entsteht eine Schmelze mit höherem Siliziumgehalt.

Pass (Col) Ein Pass zwischen zwei Gebirgstälern, an welchem sich die Stirnwände zweier Kare schneiden.

Passiver Kontinentalrand Ein Kontinentalrand, der aus einem Kontinentalschelf, einem Kontinentalabhang und einem Kontinentalfuß besteht. Er ist nicht mit Subduktionszonen vergesellschaftet und weist wenig Vulkanismus und wenige Erdbeben auf.

Paternoster-Seen Eine Kette kleiner Seen in einem Trogtal, die sich in durch glaziale Erosion geschaffenen Becken befinden.

Pegmatit Ein sehr grobkörniges, magmatisches Gestein (typischerweise Granit), das man häufig als Gang vorfindet, vergesellschaftet mit einer großen Masse an plutonischem Gestein, das kleinere Kristalle besitzt. Man nimmt an, dass die Kristallisation in einem wasserreichen Milieu für die Bildung sehr großer Kristalle verantwortlich ist.

Pegmatitisches Gefüge Das Gefüge von magmatischen Gesteinen, in welchen die ineinander verzahnten Kristalle alle größer als 1 cm im Durchmesser sind.

Peridotit Ein magmatisches Gestein mit ultramafischer Zusammensetzung, von dem man annimmt, dass es häufig im oberen Mantel vorhanden ist.

Periode Eine grundlegende Einheit der geologischen Zeitskala. Perioden können in kleinere Einheiten, die Epochen, unterteilt werden.

Periodensystem Eine Anordnung der Elemente, bei welcher die Ordnungszahl von links nach rechts zunimmt und die Elemente mit ähnlichen Eigenschaften, die man Familien oder Gruppen nennt, in Säulen angeordnet sind.

Permafrost Jeder permanent gefrorene Unterboden. Für gewöhnlich findet man Permafrostböden in den arktischen und subarktischen Regionen vor.

Permeabilität Ein Maß für die Fähigkeit eines Materials, Wasser durchzulassen.

Phanerozoisches Äon Der Teil der geologischen Zeit, der durch Gesteine repräsentiert ist, die reichlich fossile Beweise enthalten. Das Phanerozoikum erstreckt sich vom Ende des proterozoischen Äons (vor 540 Millionen Jahren) bis zur Gegenwart.

Phänokristall Ein auffallend großer Kristall, der in einer Matrix von feinen körnigen Kristallen eingebettet ist.

Phänokristallines Gefüge Das Gefüge eines magmatischen Gesteins, bei welchem die Kristalle gleich groß sind und groß genug, um die einzelnen Minerale mit bloßem Auge identifizieren zu können.

Piedmont-Gletscher Ein Gletscher, der sich bildet, wenn ein oder mehrere alpine Gletscher aus den begrenzenden Flanken der Gebirgstäler auftauchen und sich ausdehnen, um weite Eisschilde in den Ebenen am Fuß der Gebirge zu bilden.

Pillowbasalt (Kissenbasalt) oder **Pillowlaven** Basaltische Laven, die sich in einem Unterwassermilieu verfestigen und eine Struktur entwickeln, die einem Kissenhaufen ähnelt.

Planetesimal Ein fester Himmelskörper, der sich in den ersten Phasen der Planetenbildung akkumuliert hat. Planetesimale klumpten zu immer größer werdenden Körpern und bildeten schließlich die Planeten.

Plastisches Fließen Eine Art von glazialer Bewegung, die innerhalb eines Gletschers unterhalb einer Tiefe von etwa 50 Metern auftritt, wo das Eis nicht zerbrochen ist.

Platte *siehe* Lithosphärenplatte.

Plattensog Eine der antreibenden Kräfte für die Plattenbewegung. Sie entsteht durch den Zug der subduzierenden Platte auf den daneben liegenden Mantel. Es handelt sich um eine induzierte Mantelzirkulation, die sowohl die subduzierende als auch die überschiebende Platte zum Graben zieht.

Plattenwiderstand Eine Kraft, die der Plattenbewegung entgegenwirkt, wenn die subduzierende Platte gegen die überschiebende Platte reibt.

Plattenzug Ein Mechanismus, der zur Plattenbewegung beiträgt. Dabei sinkt kalte, dichte ozeanische Kruste in den Mantel und „zieht" die anhängende Lithosphäre hinterher.

Playasee Ein temporärer See in einer Salztonebene.

Pleistozäne Epoche Eine Epoche des Quartärs, die vor 1,8 Millionen Jahren begann und vor etwa 10.000 Jahren endete. Am besten ist die Zeit durch eine extensive kontinentale Vergletscherung bekannt.

Pluton Eine Struktur, die aus der Platznahme und der Kristallisation von Magma unter der Erdoberfläche entsteht.

Plutonisches Gestein Ein magmatisches Gestein, das sich in der Tiefe bildet; benannt nach Pluto, dem Gott der Unterwelt in der klassischen Mythologie.

Pluvialer See Ein See, der sich während einer Periode von erhöhtem Regenfall bildet. Beispielsweise trat dies in vielen nicht vergletscherten Gebieten während Perioden des Eisvorstoßes überall auf.

Polymorphe Zwei oder mehr Minerale, die beide die gleiche chemische Zusammensetzung besitzen, aber unterschiedliche kristalline Strukturen. Als Beispiel dienen die Kohlenstoffmorphologie des Diamants und des Graphits.

Porosität Das Volumen von Hohlräumen in einem Gestein oder dem Boden.

Porphyr Ein magmatisches Gestein mit einem porphyrischen Gefüge.

Porphyrisches Gefüge Das Gefüge eines magmatischen Gesteins, das durch zwei unterschiedlich große Kristallgrößen charakterisiert ist. Die größeren Kristalle werden Phänokristalle genannt, die Matrix der kleineren Kristalle bezeichnet man dagegen als Grundmasse.

Porphyroblastisches Gefüge Das Gefüge eines metamorphen Gesteins, in welchen besonders große Körner (Porphyroblasten) von der feinkörnigen Matrix anderer Minerale umgeben sind.

Positiver Rückkopplungsprozess Bei der Verwendung für den Klimawandel jede Auswirkung, die anfängliche Veränderung verstärkt.

Präkambrium Die geologische Zeit vor dem phanerozoischen Äon; eine Bezeichnung, die sowohl das Archaikum als auch das Proterozoikum umfasst.

Prallhang Das Gebiet von aktiver Erosion an der Außenseite eines Mäanders.

Primäre (P-) Wellen Eine Art der seismischen Wellen, die abwechselnd Kompression und Ausdehnung des Materials verursacht, durch das sie sich bewegen.

Prinzip der Fossilabfolge Fossile Organismen folgen aufeinander in einer definierten und bestimmbaren Ordnung und jede Zeitperiode kann durch ihren Fossilinhalt erkannt werden.

Prinzip der Horizontbeständigkeit Ein Prinzip der relativen Datierung. Ein Gestein oder eine Störung ist jünger als ein Gestein (oder eine Störung), durch die es bzw. sie schneidet.

Prinzip der ursprünglichen Horizontalität Sedimentschichten werden generell horizontal oder fast horizontal abgelagert.

Prokaryonten Bezieht sich auf Zellen oder Organismen, wie beispielsweise Bakterien, deren genetisches Material nicht in einem Zellkern eingeschlossen ist.

Proterozoisches Äon Das Äon, das auf das Archaikum folgt und dem Phanerozoikum vorausging. Es erstreckte sich von 2.500 bis 542 Millionen Jahren.

Proton Ein positiv geladenes subatomares Teilchen, das sich im Atomkern befindet.

Protoplaneten Ein sich entwickelnder planetarischer Körper, der durch die Akkumulation von Planetesimalen anwächst.

Proxy-Daten Daten, die man von natürlichen Zeugen (zum Beispiel von Wachstumsringen, Eiskernen und Ozeanbodensedimenten) über die Klimavariabilität sammelt.

P-Welle Die schnellste Erdbebenwelle, die sich durch Expansion und Kompression des Medium fortbewegt.

Pyroklastischer Strom Eine stark aufgeheizte Mischung hauptsächlich aus Asche und Bimssteinfragmenten, die sich die Flanken eines Vulkans herunter oder entlang der Bodenoberfläche bewegt.

Pyroklastisches Gefüge Das Gefüge eines magmatischen Gesteins, das durch Verfestigung einzelner Gesteinsfragmente, die während eines gewaltigen Vulkanausbruchs herausgeschleudert werden, entsteht.

Pyroklastisches Material Die vulkanischen Gesteine, die während eines Ausbruchs herausgeschleudert werden. Zu den Pyroklastika gehören Asche, vulkanische Bomben und Gesteinsblöcke.

Quelle Ein Grundwasserstrom, der natürlich an der Oberfläche austritt.

Radialmuster Ein Wasserlaufsystem, das sich von einer zentral erhöhten Struktur wegbewegt (beispielsweise von einem Vulkan).

Radioaktiver Zerfall Der spontane Zerfall von bestimmten instabilen Atomkernen.

Radioaktivität *siehe* Radioaktiver Zerfall.

Radiocarbondatierung (^{14}C-Datierung) Die radioaktiven Isotope des Kohlenstoffs werden in der Atmosphäre kontinuierlich erzeugt und für die Datierung der sehr rezenten geologischen Vergangenheit verwendet (die letzten Zehntausende von Jahren).

Radiometrische Datierung Der Vorgang der Berechnung des absoluten Alters von Gesteinen und Mineralen, die radioaktive Isotope enthalten.

Raumwelle Eine seismische Welle, die sich durch das Erdinnere bewegt.

Reaktionsreihe nach Bowen Ein Konzept, das von N. L. Bowen vorgeschlagen wurde. Es zeigt die Beziehung zwischen Magma und den daraus kristallisierenden Mineralen während der Entstehung magmatischer Gesteine.

Rechtwinkliges Muster Ein Entwässerungsmuster, das durch zahlreiche rechtwinklige Kurven gekennzeichnet ist, die sich auf zerklüftetem oder zerbrochenem Muttergestein bilden.

Reflexionsseismisches Profil Eine Methode, eine Gesteinsstruktur unter einer Sedimentdecke zu betrachten. Dabei werden starke, niedrigfrequente Schallwellen verwendet, die die Sedimente durchdringen und die Kontakte zwischen den Gesteinsschichten und den Verwerfungszonen zurück reflektieren.

Regenschattenwüste Ein trockenes Gebiet auf der Leeseite einer Gebirgskette. Viele Wüsten der mittleren Breiten gehören diesem Typ an.

Regionale Erosionsbasis *siehe* Temporäre Erosionsbasis.

Regionalmetamorphose Metamorphose, die mit großräumiger Gebirgsbildung vergesellschaftet ist.

Regolith Eine Gesteinsschicht und Mineralbruchstücke, die nahezu überall die Erdoberfläche an Land bedecken.

Rekurrenzintervall Das durchschnittliche Zeitintervall von hydrologischen Ereignissen mit einer gegebenen oder größeren Magnitude.

Relative Datierung Gesteine und Strukturen werden in ihre richtige Reihenfolge oder Anordnung platziert. Nur die chronologische Folge der Ereignisse wird bestimmt.

Reserve Bereits gefundene Lagerstätten, aus welchen Minerale mit Profit gewonnen werden können.

Residualboden Boden, der sich direkt durch die Verwitterung des darunter liegenden Festgesteins bildet.

Richterskala Eine Erdbebenskala, die auf der Amplitude der größten seismischen Welle basiert.

Rillen Winzige Kanäle, die sich entwickeln, wenn ein flächenhafter Abfluss Strömungsfäden entstehen lässt.

Rippelmarken Schmale Sandwellen, die sich auf der Oberfläche einer Sedimentschicht durch die Arbeit von bewegtem Wasser entwickeln.

Rückenschub Ein Mechanismus, der zur Plattenbewegung beitragen kann. Er bezieht die ozeanische Lithosphäre mit ein, die von den topographisch höheren Ozeanrücken durch den Zug der Gravitationskraft abgleitet.

Rückschreitende Erosion Die hangaufwärts gerichtete Ausdehnung des oberen Bereichs eines Tals durch Erosion.

Rückzugsmoräne Eine Endmoräne, die sich bildete, als während des Gletscherrückzugs die Eisfront stagnierte.

Rundhöcker Ein asymmetrischer Felshöcker, der sich bildet, wenn glaziale Abrasion den sanft abfallenden Hang, der in Richtung der vorrückenden Eisdecke liegt, glättet und Detraktion die gegenüberliegende Seite steiler werden lässt, während sich das Eis über den Felshöcker schiebt.

Rutschung Eine Bewegung, die häufig bei Massenbewegungsprozessen auftritt, bei der das sich hangabwärts bewegende Material ziemlich zusammenhängend bleibt und sich auf einer gut definierten Oberfläche bewegt.

Sackung Die nach unten gerichtete Rutschung einer Gesteinsmasse oder von unverfestigtem Material, die/das sich als Einheit entlang einer gekrümmten Oberfläche bewegt.

Salinität Das Verhältnis von gelöstem Salz zu reinem Wasser; wird normalerweise in Promille (0/000) ausgedrückt.

Saltation Der Transport von Sediment durch ein Springen oder Hüpfen.

Salzpfanne Eine weiße Kruste am Boden, die entsteht, wenn Wasser verdunstet und die gelösten Stoffe zurücklässt.

Salztonebene (Playa) Das flache, zentrale Gebiet in einem nicht entwässerten Wüstenbecken.

Sanderebene Eine relativ flache, sanft abfallende Ebene, die aus Material besteht, das durch Ströme von Schmelzwasser vor dem Rand eines Eisschildes abgelagert wurde.

Sandhaken Ein gestreckter Sandrücken, der sich vom Land aus in die Mündung einer benachbarten Bucht zieht.

Sauerstoffisotopenanalyse Eine Methode, um Temperaturen der Vergangenheit zu erfassen, indem man das Verhältnis zwischen den beiden Isotopen des Sauerstoffs, ^{16}O und ^{18}O, präzise misst. Die Analyse wird meist bei Ozeanbodensedimenten und bei Eiskernen von Eisschilden durchgeführt.

Schattenzone Die Zone zwischen 105 und 140 Grad Entfernung von einem Erdbebenepizentrum, die die direkten Wellen wegen der Beugung durch den Erdkern nicht durchdringen.

Schelfabbruch Die Stelle, an der ein schnelles Steilerwerden des Gefälles auftritt und den äußeren Rand des Kontinentalschelfs und den Beginn des Kontinentalabhanges charakterisiert.

Schelfeis Schelfeis bildet sich dort, wo eine sehr mächtige Gletschereismasse in Buchten fließt. Schelfeis besteht aus einer flachen Masse aus schwimmendem Eis, das sich meerwärts von der Küste ausdehnt, aber an einer oder mehreren Seiten mit dem Land verbunden bleibt.

Schicht *siehe* Strata.

Schichtfläche Eine beinahe flache Oberfläche, die zwei sedimentäre Gesteinschichten trennt. Jede Schichtfläche markiert das Ende einer Ablagerung und den Beginn einer neuen Ablagerung mit unterschiedlichen Eigenschaften.

Schichtlücke Eine Fläche, die ein Aussetzen in der Gesteinabfolge, bedingt durch Erosion und / oder Nichtablagerung, repräsentiert.

Schichtrippen Ein schmaler Kamm, der sich am aufgestellten Ende einer einfallenden Schicht eines verwitterungsbeständigen Gesteins bildet.

Schieferung Eine Bezeichnung für die lineare Anordnung von Gefügestrukturen, die metamorphe Gesteine oft aufweisen. Insbesondere sind meist Glimmerminerale parallel zu den Schieferflächen angeordnet.

Schiefrigkeit Die Eigenschaft, sich entlang von eng aneinander liegenden Oberflächen aufzuspalten (wie die Schieferflächen in Tonschiefer leicht in dünne Schichten spaltbar sind).

Schild Eine große, relativ flache Ausdehnung von alten magmatischen und metamorphen Gesteinen.

Schildvulkan Ein breiter, sanft abfallender Vulkan, der aus basaltischen Laven aufgebaut ist.

Schlackenkegel Ein relativ kleiner Vulkan, der hauptsächlich aus Lavafragmenten aufgebaut ist. Diese Fragmente bestehen überwiegend aus Lapilli in Erbsen- und Walnussgröße.

Schlackenvulkan *siehe* Schlackenkegel.

Schlammströme *siehe* Mure.

Schleppkraft Ein Maß für die größten Teile, die ein Strom transportieren kann; ein Faktor, der von der Geschwindigkeit abhängig ist.

Schliffkanten Klippen in einer Dreiecksform, entstanden durch Geländekanten, die sich in ein Tal erstreckten und durch große Erosionskraft der Gletscher entfernt wurden.

Schlot Eine vertikale Röhre, durch die magmatisches Material bewegt wurde.

Schmelze Der flüssige Anteil eines Magmas ohne feste Kristalle.

Schneefeld Ein Gebiet, in dem ganzjährig der Schnee liegt.

Schollenlava Lava, deren Oberfläche aus kantigen Blöcken besteht und deren Zusammensetzung andesitisch und rhyolitisch sein kann.

Schottersandbank Allgemeine Bezeichnung für Sand und Kies, der in einem Flussbett abgelagert wurde.

Schrammen (glazial) Kratzer oder Einkerbungen in der Oberfläche eines Festgesteins, die durch die abreibende Kraft eines Gletschers und seiner Sedimentfracht entstehen.

Schuttfächer Die Akkumulation von Gesteinsschutt an der Basis einer Klippe.

Schuttrutschung *siehe* Felsrutsch.

Schwarzer Raucher Ein hydrothermaler Schlot auf dem Ozeanboden, aus dem schwarze Wolken von heißem, metallreichem Wasser ausgestoßen werden.

Schwebefracht Das feine Sediment, das im Wasser oder der Luft verteilt transportiert wird.

Schweißtuff Eine pyroklastische Ablagerung, bestehend aus Teilchen, die zusammen verschmolzen sind. Verursacht wurde dies durch die Kombination aus Wärme, die noch in der Ablagerung vorhanden war, nachdem die Ablagerung zur Ruhe gekommen war, und dem Gewicht des darüber liegenden Materials.

Sediment Unverfestigte Teilchen, die durch Verwitterung und Erosion von Gestein, durch chemische Ausfällung aus Lösungen im Wasser oder durch Ausscheidung von Organismen entstehen und durch Wasser, Wind oder Gletscher transportiert werden.

Sedimentäres Milieu *siehe* Ablagerungsraum.

Sedimentgestein Gesteine, gebildet aus Verwitterungsprodukten bereits bestehender Gesteine, die transportiert, abgelagert und verfestigt wurden.

Seife Eine Lagerstätte, die sich bildet, wenn schwere Minerale durch Strömungen mechanisch konzentriert werden, sehr häufig durch Wasserläufe und Wellen. Seifen sind Quellen für Gold, Zinn, Platin, Diamanten und andere wertvolle Minerale.

Seismische Lücke Ein Abschnitt (Segment) einer aktiven Verwerfungszone, die im Gegensatz zu anderen Abschnitten über einen langen Zeitraum kein großes Erdbeben erfahren hat.

Seismogramm Eine Aufzeichnung, die durch einen Seismographen vorgenommen wurde.

Seismograph Ein Messinstrument, das Erdbebenwellen (seismische Wellen) aufzeichnet.

Seismologie Das Studium von Erdbeben und seismischen Wellen.

Seitenmoräne Ein Wall aus Geschiebe entlang der Seiten eines Talgletschers, der hauptsächlich aus Trümmern besteht, die von den Talwänden auf den Gletscher gefallen sind.

Seitenverschiebungen (Blattverschiebungen) Eine Verwerfung, entlang der die Bewegung horizontal verläuft.

Sekundäre Anreicherung Die Konzentration winziger Mengen an Metall in wirtschaftlich rentablen Konzentrationen durch Verwitterungsprozesse; das Metall kommt in unverwittertem Gestein fein verteilt vor.

Sekundär(S)-Wellen Eine seismische Welle, die eine Oszillation rechtwinklig zu der Richtung der Fortpflanzung aufweist.

Sheeted Dyke-Komplex Eine große Anzahl von fast parallelen Gängen (Dykes).

Sicheldüne (Barchan) Eine einzelne Sanddüne, die wie ein Halbmond geformt ist und mit den beiden Spitzen in die Windrichtung zeigt.

Silikatmineral Ein beliebiges der zahlreichen Minerale, die einen Silizium-Sauerstoff-Tetraeder aufweisen.

Silizium-Sauerstoff-Tetraeder Eine Struktur, die aus vier Sauerstoffatomen aufgebaut ist, die ein Siliziumatom umgeben, und die Grundbaueinheit der Silikatminerale ausmacht.

Sinkgeschwindigkeit Die Geschwindigkeit, mit welcher ein Teilchen durch eine ruhige Flüssigkeit fällt. Die Größe, die Form und das spezifische Gewicht des Teilchens beeinflussen die Sinkgeschwindigkeit.

Solarnebel Die Wolke aus interstellarem Gas und / oder Staub, aus welchem die Körper unseres Sonnensystems gebildet wurden.

Solifluktion Das langsame Hangabwärtsfließen von wassergesättigten Materialien, häufig in Permafrostgebieten.

Sonar Ein Messinstrument, das akustische Signale (Schallenergie) verwendet, um Wassertiefen zu messen. Sonar ist ein Akronym für *So*und *Na*vigation and *Ra*nging (Schallnavigation und Schallmessung).

Sonnenfleck Ein dunkles Gebiet auf der Sonne, das mit gewaltigen Magnetstürmen vergesellschaftet ist, die sich von der Sonnenoberfläche bis tief in das Sonneninnere ausdehnen.

Sortierung Das Ausmaß der Gleichheit an Teilchengrößen in Sedimenten oder Sedimentgesteinen.

Spalierentwässerungsmuster Ein Wasserlaufsystem, bei welchem fast parallele Zuflüsse Täler einnehmen, die in gefaltete Gesteinsschichten eingeschnitten sind.

Spaltbarkeit (Gestein) Die Tendenz eines Gesteins, sich entlang paralleler, eng nebeneinander stehender Oberflächen zu spalten. Diese Oberflächen können parallel oder stark zu den Schichtflächen in den Gesteinen geneigt sein (Schieferflächen).

Spalte Ein Riss in einem Gestein, entlang welchem eine deutliche Trennung besteht.

Spalteneruption Eine Eruption, bei der Lava aus engen Brüchen oder Rissen der Kruste ausbricht.

Spannung Die Kraft pro Flächeneinheit, die auf eine beliebige Oberfläche innerhalb eines Festkörpers wirkt.

Speichergestein Der poröse, durchlässige Anteil einer Erdölfalle, der Erdöl und Erdgas enthält.

Speläothem Eine Sammelbezeichnung für die Tropfsteinstrukturen in Karsthöhlen.

Spezifisches Gewicht Das Verhältnis des Gewichts einer Substanz zum Gewicht einer gleichen Volumenmenge an Wasser.

Spreizungszentrum *siehe* Divergente Plattengrenze.

Springflut Die höchste Ausprägung des Tidenhubs; sie tritt in der Zeit des Voll- und des Neumonds auf.

Spröder Bruch Der Verlust der Festigkeit eines Materials, normalerweise durch einen plötzlichen Bruch.

Sprödigkeit Beschreibt die Beständigkeit und die Widerstandfähigkeit eines Minerals zu Deformation und Bruch.

Stabile Plattform Der Teil eines Kratons, der mit relativ undeformierten Sedimenten ummantelt ist und von einer Basis aus komplexen magmatischen und metamorphen Gesteinen unterlagert wird.

Stalagmit Die säulenähnliche Form, die vom Boden einer Karsthöhle nach oben wächst.

Stalagnat Eine Struktur, die man in Karsthöhlen vorfindet, wenn ein Stalaktit und ein Stalagmit zusammenwachsen.

Stalaktit Eine eiszapfenähnliche Struktur, die von der Decke einer Karsthöhle hängt.

Stein-Eisenmeteorit Eine der drei Hauptkategorien der Meteoriten. Diese Gruppe, wie schon der Name besagt, besteht aus einer Mischung aus Eisen- und Silikatmineralen.

Steinkohle Die häufigste Kohleart.

Steinmeteorit Eine der drei Hauptkategorien der Meteoriten. Diese Gruppe ist weitgehend aus Silikatmineralen aufgebaut, jedoch mit Einschlüssen anderer Minerale.

Stenos Gesetz *siehe* Gesetz der Konstanz der Kristallwinkel.

Steppe Einer der beiden trockenen Klimatypen. Eine marginale und etwas humidere Variante einer Wüste, die sie von den angrenzenden humiden Klimaten abgrenzt.

Sterndüne Ein einzelner Sandhügel, der eine komplexe Form aufweist und sich dort entwickelt, wo die Windrichtung variabel ist.

Stirnmoräne Die Endmoräne, die das äußerste Vorrücken eines Gletschers markiert.

Stock Ein Pluton, der einem Batholith ähnelt, aber kleiner ist.

Strahlen (Krater) Helle Striche, die von bestimmten Kratern auf der Mondoberfläche auszustrahlen scheinen. Die Strahlen bestehen aus feinem Staub, der aus den primären Kratern herausgeschleudert wurde.

Strain Die irreversible Veränderung der Form und Größe eines Gesteinskörpers, die durch Spannung verursacht wird.

Strand Eine Anhäufung von Sediment, das man am landwärts gerichteten Rand eines Ozeans oder Sees vorfindet.

Stranddrift Der Transport von Sediment in einem Zick-Zack-Muster entlang des Strandes; das Muster wird durch das Anspülen von Wasser durch schief brechende Wellen erzeugt.

Strandfläche Eine nasse, geneigte Oberfläche, die sich von der Strandterrasse bis zur Küstenlinie erstreckt.

Strandterrasse (Berme), Eine trockene, sanft abfallende Zone im Küstenhinterland eines Strandes oder am Fuß von Meeresklippen oder Dünen.

Strandwallinsel Ein niedriger, lang gestreckter Sandrücken, der parallel zur Küste liegt.

Strata Parallele Schichten von Sedimentgestein.

Stratovulkan *siehe* Zusammengesetzter Vulkan.

Streichen Die Kompassrichtung der Schnittline, die durch eine einfallende Schicht oder Verwerfung mit einer horizontalen Fläche entsteht. Das Streichen steht immer im rechten Winkel zum Einfallen.

Strich Die Farbe eines Minerals in pulverisierter Form.

Stromatolithen Deutlich geschichtete Hügel aus Calciumcarbonat, die fossile Beweise für die Existenz von alten, mikroskopisch kleinen Bakterien sind.

Stromschnellen Ein Abschnitt eines Flussbetts, in welchem das Wasser plötzlich beginnt, wegen eines abrupten Steilwerdens des Gefälles schneller und turbulenter zu fließen.

Sturmflut Der abnormale Anstieg des Meeres entlang der Küste als Folge von starken Winden.

Sturz Ein Bewegungstyp, der häufig bei Massenbewegungen auftritt und sich auf den freien Fall eines abgelösten, einzelnen Stückes gleich welcher Größe bezieht.

Subduktion Der Prozess, bei dem ozeanische Lithosphäre entlang von konvergenten Zonen in den Mantel taucht.

Subduktionsauftrieb Eine Subduktion, bei der der Abtauchwinkel klein ist, da die ozeanische Lithosphäre noch warm ist und Auftrieb besitzt. Dies tritt an Spreizungszentren auf, die sich nahe an Subduktionszonen befinden.

Subduktionszone Eine lange, schmale Zone, wo eine lithosphärische Platte unter eine andere taucht.

Submariner Canyon Eine meerwärts gerichtete Ausdehnung eines Tals, das in den Kontinentalschelf in einer Zeit eingeschnitten wurde, als der Meeresspiegel niedriger war, oder ein steiles Tal auf dem Meeresboden im Bereich des Kontinentalschelfs.

Superkontinent Eine große Landmasse, die aus allen oder fast allen existierenden Kontinenten besteht.

Superkontinentaler Zyklus Die Annahme, dass auf das Auseinanderbrechen und die Verteilung eines Superkontinents eine lange Periode folgt, in der die Bruchstücke allmählich wieder zu einem neuen Superkontinent zusammengesetzt werden.

Supernova Ein explodierender Stern, der seine Helligkeit um das x-Tausendfache erhöht.

Surges (Gletscherlauf) Eine Periode von schnellem Vorrücken eines Gletschers. Ein Gletscherlauf ist typischerweise sporadisch und kurzlebig.

Sutur Die Zone, entlang welcher zwei Krustenfragmente miteinander verbunden sind.

S-Wellen Eine Erdbebenwelle, die sich langsamer als eine P-Welle und nur in Feststoffen bewegt.

Synklinale Eine lineare, nach unten gerichtete Wölbung in Sedimentschichten; das Gegenteil einer Antiklinale.

System Eine Gruppe von Komponenten, die abhängig voneinander sind, miteinander in Wechselwirkung stehen und ein komplexes Ganzes bilden.

Sättigungszone Die Zone, in der alle Porenöffnungen im Sediment und im Gestein vollständig mit Wasser gefüllt sind.

Säulenförmige Klüftung (Columnar Joints) Ein Klüftungsmuster, das während der Abkühlung von aufgeschmolzenem Gestein entsteht und Säulen erzeugt.

Tafelförmig (tafelig) Beschreibt ein Merkmal wie etwa das eines Plutons, bei dem zwei Dimensionen viel größer sind als die dritte.

Talgletscher *siehe* Alpiner Gletscher.

Tektonik Das Studium der Prozesse, die alle zusammengenommen in großem Maßstab die Erdkruste deformieren.

Tektonische Platte *siehe* Lithosphärenplatte.

Temporäre (regionale) Erosionsbasis Die Basis eines Sees, einer verwitterungsbeständigen Gesteinsschicht oder jeder anderen Basis, die sich über dem Meeresspiegel befindet.

Terran Ein Krustenblock, der von Verwerfungen begrenzt ist und dessen Vergangenheit sich von der Vergangenheit angrenzender Krustenblöcke unterscheidet.

Terrasse Eine flache, bankähnliche Struktur, die durch einen Wasserlauf geschaffen wurde und erhöht blieb, während der Wasserlauf sich weiter nach unten eingeschnitten hat.

Terrestrischer Planet Einer der erdähnlichen Planeten: Merkur, Venus, Erde und Mars. Diese Planeten besitzen ähnliche Dichten.

Terrigenes Sediment Ozeanbodensedimente, die von terrestrischer Verwitterung und Erosion stammen.

Theorie Eine gut geprüfte und allgemein anerkannte Sicht, die bestimmte beobachtbare Tatsachen erklärt.

Thermometamorphose *siehe* Kontaktmetamorphose.

Tide Periodische Veränderungen der Höhe der Meeresoberfläche.

Tiefseebecken Der Teil des Ozeanbodens, der zwischen dem Kontinentalrand und dem Ozeanrückensystem liegt. Diese Gebiete machen fast 30 Prozent der Erdoberfläche aus.

Tiefseeberg Einzelner Vulkangipfel, der mindestens 1.000 Meter über den Tiefseeboden aufragt.

Tiefseeebene Ein sehr ebenes Gebiet auf dem Tiefseeboden, das sich normalerweise am Fuß des Kontinentalfußes befindet.

Tiefseefächer Eine kegelförmige Ablagerung an der Basis des Kontinentalabhanges. Das Sediment wird von Trübeströmen entlang von submarinen Canyons transportiert.

Tiefseegraben Eine schmale, langgezogene Vertiefung auf dem Ozeanboden.

Tiefseeplateau *siehe* Guyot.

Tillit Ein Gestein, das aus verfestigtem Moränenschutt entsteht.

Tochterisotop Ein Isotop, das aus radioaktivem Zerfall entsteht.

Toteislöcher Vertiefungen, die durch Eisblöcke entstehen, die in glazialen Ablagerungen stecken bleiben und nachfolgend schmelzen.

Trägheit Objekte, die sich in Ruhe befinden, neigen dazu, in Ruhe zu bleiben, und Objekte in Bewegung tendieren dazu, in Bewegung zu bleiben, es sei denn, es wirkt eine Kraft von außen auf sie ein.

Transformstörung Eine große Seitenverschiebung, die durch die Lithosphäre schneidet und an der sich die Bewegung zweier Platten vollzieht.

Transpiration Das Entlassen von Wasserdampf in die Atmosphäre durch Pflanzen.

Transversaldünen Eine Reihe langer Sandrücken, die im rechten Winkel zur vorherrschenden Windrichtung angeordnet sind; diese Dünen bilden sich, wenn die Vegetation spärlich und Sand reichlich vorhanden ist.

Transversalschieferung Eine für Tonschiefer charakteristische Schieferung, wobei sich die feinkörnigen metamorphen Minerale parallel anordnen.

Travertin Eine Form des Kalksteins ($CaCO_3$), die durch heiße Quellen oder in Höhlen abgelagert wurde.

Treibhauseffekt Die Übertragung von kurzwelliger Sonneneinstrahlung durch die Atmosphäre, zusammen mit der selektiven Absorption langwelliger terrestrischer Strahlung, insbesondere durch Wasserdampf und Kohlendioxid. Dies führt zu einer Erwärmung der Atmosphäre.

Trockenes Durchbruchstal Ein verlassenes, durchflossenes Durchbruchstal. Diese Schluchten entstehen typischerweise durch Flussanzapfung.

Trockenes Klima Ein Klima, in welchem der jährliche Niederschlag geringer ist als der mögliche Wasserverlust durch Verdunstung.

Trockenrisse Eine Struktur in manchen Sedimentgesteinen, die sich bildet, wenn nasser Schlamm austrocknet, schrumpft und zerbirst.

Trogtal (Gletschertrog) Ein Gebirgstal, das durch einen Gletscher verbreitert, vertieft und begradigt wurde.

Trübestrom Eine Hangabwärts-Bewegung von dichtem, mit Sediment beladenem Wasser, das entsteht, wenn Sand und Schlamm auf dem Kontinentalschelf und dem Kontinentalabhang verrutschen und in Suspension geraten.

Tsunami Eine sich schnell bewegende Ozeanwelle, die durch Erdbebenaktivität hervorgerufen wurde und in der Lage ist, den Küstengebieten großen Schaden zuzufügen.

Turbidit Ablagerungen durch Trübeströme, charakterisiert durch gradierte Schichtung.

Turbulentes Fließen Die Bewegung des Wassers auf erratische Weise, oft charakterisiert durch herumwirbelnde, whirlpoolähnliche Strudel. Die meisten Flussströmungen gehören diesem Typ an.

Überlagernder Fluss Ein Fluss, der durch einen Geländerücken schneidet, der sich in seinem Weg befindet. Der Fluss manifestiert seinen Lauf in einheitlichen Schichten ohne Rücksicht auf die unterlagernden Strukturen und schneidet sich nach und nach ein.

Überschiebung Eine flachwinklige Aufschiebung.

Überschwemmung Das Überlaufen eines Flussbettes, das auftritt, wenn der Durchfluss die Aufnahmefähigkeit des Flussbettes übersteigt.

Ufer Das meerwärts gerichtete Gebiet der Küste, das sich zwischen dem niedrigsten Ebbestand und dem höchsten Punkt an Land erstreckt, der durch Sturmwellen erreicht wird.

Uferferne Zone Die relativ flache, unter Wasser liegende Zone, die sich von der Linie, an der sich die Wellen brechen, bis zur Kante des Kontinentalschelfs ausdehnt.

Uferhinterland Es befindet sich landeinwärts hinter der Flut-Uferlinie. Normalerweise liegt es trocken und wird nur durch Sturmwellen beeinträchtigt.

Uferlinie Die Linie, die den Kontakt zwischen Land und Meer markiert. Täglich wandert mit dem Steigen und Fallen der Gezeiten die Position der Uferlinie.

Ufernahe Zone Die Zone des Strandes, die zwischen der meerwärts gerichteten Ebbe-Uferlinie und der Linie, an der sich die Wellen bei Ebbe brechen, liegt.

Ufersandbank Eine halbmondförmige Anhäufung von Sand und Kies, die auf der Innenseite (dem Gleithang) eines Mäanders abgelagert wurde.

Ufervorland Das Küstenvorland ist ein Gebiet, das bei Ebbe freiliegt und bei Flut mit Wasser bedeckt ist; die Zone zwischen den Gezeiten.

Ultramafische Zusammensetzung Eine magmatische Gesteinsgruppe, die einer Zusammensetzung aus überwiegend Olivin und Pyroxen entspricht.

Umgebungsdruck Allseitiger Druck.

Umgekehrte Polarität Ein Magnetfeld, das gegensätzlich zu dem gegenwärtig existierenden orientiert ist.

Ungeschiefert Metamorphe Gesteine, die keine Schieferung aufweisen.

Ungesättigte Zone Der Bereich oberhalb des Grundwasserspiegels, wo Poren im Boden, in Sedimenten und Gesteinen nicht mit Wasser gesättigt, sondern hauptsächlich mit Luft gefüllt sind.

Unreifer Verwitterungsboden Ein Boden, dem alle Horizonte fehlen.

Unterboden Eine Bezeichnung, die man für den B-Horizont eines Bodenprofils verwendet.

Unterer Mantel *siehe* Mesosphäre.

Untertauchende Küste Eine Küste, deren Form weitgehend das Ergebnis einer partiellen Überflutung einer ehemaligen Landoberfläche ist, was durch einen Anstieg des Meeresspiegels, die Absenkung der Kruste oder durch beides hervorgerufen wurde.

Ursprüngliche Horizontalität Sedimentschichten, die im Allgemeinen horizontal oder fast horizontal abgelagert wurden.

Valenzelektronen Die Elektronen, die bei Bindungsvorgängen beteiligt sind; diese Elektronen nehmen die höchste Hauptenergieschale eines Atoms ein.

Verbindung Eine Substanz, die durch den Zusammenbau von zwei oder mehr Elementen mit definierten Verhältnissen entsteht und normalerweise unterschiedliche Eigenschaften gegenüber den Elementen hat, die sie bilden.

Verdichtung (Sedimentverfestigung) Eine Art der Verfestigung, bei der das Gewicht des überlagernden Materials die tiefer begrabenen Sedimente zusammendrückt – ein wichtiger Vorgang bei feinkörnigen Sedimentgesteinen wie dem Schieferton.

Verflüssigung Die Verwandlung eines stabilen Bodens

in eine Flüssigkeit, die oft nicht in der Lage ist, Gebäude oder andere Errichtungen zu unterstützen.

Verjüngung Eine Veränderung im Verhältnis zur Basis, oft durch regionale Hebung verursacht, wodurch die Erosionskräfte verstärkt werden.

Versenkungsmetamorphose Hochdruck- und Niedrigtemperaturmetamorphose, die dort auftritt, wo Sedimente durch eine subduzierende Platte in große Tiefen transportiert werden.

Versickerung Die Bewegung von Oberflächenwasser nach unten in Gestein oder Boden durch Risse und Porenräume.

Versickerungskapazität Die maximale Rate, mit der der Boden Wasser aufnehmen kann.

Verwerfung Ein Bruch in einer Gesteinsmasse, entlang welcher Bewegung auftreten kann.

Verwerfungskriechen Die Verschiebung entlang einer Verwerfung. Eine solche Aktivität tritt relativ sanft und mit kaum merkbarer seismischer Aktivität auf.

Verwerfungsstufen Eine Klippe oder Stufe, die durch die Bewegung entlang einer Verwerfung entsteht. Sie repräsentiert die exponierte Oberfläche der Verwerfung vor der Veränderung durch Verwitterung und Erosion.

Verwilderte Flüsse (Zopfflüsse, Flechtflüsse) Ein Wasserlauf, der aus zahlreichen, ineinander verflochtenen Flussbetten besteht.

Verwitterung Der Zerfall und die Zersetzung von Gesteinen auf oder nahe der Erdoberfläche.

Viskosität Ein Maß des Fließwiderstandes einer Flüssigkeit.

Volatile Komponenten Gasförmige Komponenten eines Magmas, die in der Schmelze gelöst sind. Sie können bei Oberflächendrücken schnell verdampfen (ein Gas bilden).

Vorbeben Kleine Erdbeben, die manchmal einem großen Hauptbeben vorausgehen.

Vulkan Ein Berg, der aus Lava und/oder Pyroklastika gebildet wurde.

Vulkanisch Die Bezeichnung bezieht sich auf die Aktivitäten, Strukturen oder Gesteinstypen eines Vulkans.

Vulkanische Bomben Ein stromlinienförmiges, pyroklastisches Fragment, das aus einem Vulkan in noch halbgeschmolzenem Zustand herausgeschleudert wurde.

Vulkanischer Inselbogen Eine Kette von Vulkaninseln, im Allgemeinen einige hundert Kilometer von einem Graben entfernt, an dem aktive Subduktion von einer ozeanischen Platte unter eine andere stattfindet.

Vulkanruine Ein einzelner steilwandiger Überrest, der aus Lava besteht, die einst den Schlot eines Vulkans ausmachte.

Vulkanschlacke Vesikuläre Auswurfmassen, die das Produkt basaltischer Magma sind.

Wadati-Benioff-Zone Die schmale Zone von abnehmender seismischer Energie, die sich von einem Graben nach unten in die Asthenosphäre ausdehnt.

Wasserabgebende Flüsse Flüsse, die Wasser aus dem Flussbett an das Grundwassersystem abgeben.

Wasseraufnehmender Fluss Wasserläufe, die aus dem in das Flussbett einfließenden Grundwasser Wasser aufnehmen.

Wassereinzugsgebiet Ein Gebiet, das einem Wasserlauf Wasser zuführt.

Wasserfall Ein steil abfallender Fall eines Flussbettes, was zur Folge hat, dass das Wasser auf einer niedrigeren Basis weiter fließt.

Wasserlauf Eine allgemeine Bezeichnung, um den Fluss des Wassers innerhalb eines natürlichen Flusslaufes zu beschreiben. Deswegen sind sowohl ein kleiner Bach als auch ein großer Fluss Wasserläufe.

Wasserlaufgerinne Das Bett, der Talboden oder die abfallenden Talflanken eines Wasserlaufs.

Wasserscheide Eine gedachte Linie, die das Wassereinzugsgebiet zweier Wasserläufe unterteilt, oftmals ein Kamm.

Watt Ein marschiges oder schlammiges Gebiet, das abwechselnd durch das Ansteigen oder Fallen der Tide bedeckt oder unbedeckt ist.

Wellenausbreitung Das turbulente Vorrücken des Wassers, hervorgerufen durch brechende Wellen.

Wellenhöhe Die vertikale Entfernung zwischen Wellenkamm und Wellentrog.

Wellenlänge Die horizontale Entfernung zwischen aufeinander folgenden Wellenkämmen (oder Wellentrögen).

Wellenperiode Die Zeit, die eine ganze Welle braucht – eine Wellenlänge –, um einen Fixpunkt zu passieren.

Wiederholungsperiode siehe Rekurrenzintervall.

Wilson-Zyklus siehe Superkontinentaler Zyklus.

Windkanter Ein Kiesel oder Rollstein, der durch den Standstrahleffekt des Windes poliert und geformt wurde.

Windpfanne Eine Mulde, die vom Wind in leicht erodierbares Material eingegraben wurde.

Winkeldiskordanz Ein Aneinanderstoßen von Gesteinsschichten, bei welchem die älteren Schichten mit einem anderen Winkel einfallen als die jüngeren.

Wüstenklima Einer der beiden trockenen Klimatypen; das trockenste der trockenen Klimate.

Wüstenpflaster Eine Schicht aus grobem Kies und Geröll, die (im ariden Klima) entsteht, wenn der Wind das feine Material entfernt.

Xenolith Ein Einschluss von ungeschmolzenem Umgebungsgestein in einem Pluton.

Xerophyt Eine Pflanze, die Trockenheit sehr gut toleriert.

Yardang (Windhöcker) Ein stromlinienförmiger, durch den Wind geformter Rücken, der die Erscheinung eines umgedrehten Schiffrumpfes hat und parallel zur vorherrschenden Windrichtung orientiert ist.

Yazoo-Zufluss Ein Zufluss, der parallel zum Hauptfluss fließt, weil sich ein natürlicher Deich dazwischen befindet.

Zehrgebiet Der Teil eines Gletschers hinter der Firnlinie, an dem es einen jährlichen Nettoverlust an Eis gibt.

Zeitverzögerung Die Zeitspanne zwischen einem Wolkenbruch und dem Auftreten von Überflutungen.

Zementation Eine Art der Verfestigung von Sedimentgestein. Aus dem Wasser, das durch Sediment sickert, fällt Material aus, füllt Porenräume und verbindet Partikel miteinander zu einer festen Masse.

Zerscherung Spannung, die zwei nebeneinander liegende Teile eines Körpers dazu bringt, aneinander vorbeizugleiten.

Zone der Bodenfeuchte Eine Zone, in welcher sich Wasser als ein Film auf der Oberfläche der Bodenteilchen hält und von den Pflanzen verwendet wird oder durch Evaporation entzogen werden kann; die oberste Unterteilung der ungesättigten Zone.

Zugspannung Die Art von Spannung, die bestrebt ist, einen Körper auseinanderzuziehen.

Zusammengesetzter Vulkan Ein Vulkan, der aus Lavaströmen und aus pyroklastischem Material zusammengesetzt ist.

Register

A

Aa-Lava 159, **827**
Abfluss 506, **827**
Abhänge 480–481
– Kontinental- 423
Abholzung
– Auswirkung auf den Boden 224
– und Klimawandel 697
Abkühlung *siehe* Wärmeabstrahlung
Ablagerung
– Bildung von Sedimentgestein 234
– gelöste Sedimente 515–517
– glaziale 594–595
Ablagerungsboden 217, **827**
Ablagerungsgeländeformen, glaziale 599
Ablagerungslandschaften
– fließendes Wasser 525–531
– Winderosion 634
Ablagerungsräume **827**
– kontinentale 251
– marine 251
– *siehe auch* Sedimentationsräume
Ablagerungsstrukturen 655
Ablation **827**
Abrasion 590, **827**
– Wellen 650
– Winderosion 632
Abrasionsplattform 654
Abschalung (Desquamation) 203, **827**
Abscherung 340, **827**
Abschiebung **827**
– Definition und Beispiele 337–341
Absenktrichter **827**
Absenkung 563
Absenkungstrichter, Brunnen 560
Absetzgeschwindigkeit, kritische 517
abtauchende Küsten 670–671
Abtauchwinkel 443
Abteilungen, geologische Zeitspannen 316
Abwasser 567
– Bakterienkontamination 566
Abyssalebenen 29, 424–426
Acasta-Gneise, Krustenentstehung 727
Achat, Entstehung und Aufbau 244–245

Ackerbau, Rückgang durch Bodenerosion 226
Ackerkrume **827**
Aerosole 688, **827**
– atmosphärisches Verbleiben 704
– Einfluss auf Klima 703–704
Afrikanischer Schild 28
afrikanischer Superplume 407
Agassiz, L., Glazialtheorie 605
Agassiz-See, Vergletscherung 603–604
Agrarwirtschaft, Grundwasser als Ressource 563
Akkretion 464–466
Akkretionskeil 423, **827**
– Entwicklung 456
Akkumulationsgebiet, Gletscher 580
aktiver Kontinentalrand 423–424, **827**
aktive Schicht **827**
– Solifluktion 496
aktive Sonnenkollektoren 765
aktive Vulkane 186
Aktivität
– magmatische *siehe* magmatische Aktivität
– tektonische 735
– vulkanische *siehe* vulkanische Aktivität
Aktualismus 5
Aleuten, vulkanische Aktivität 453
Alfisol 221
Alluvialfächer **827**
– Ablagerungslandschaften 530–531
– Muren 494
– Wüste 626
– *siehe auch* Schuttfächer
Alluvialgerinne 517–520
Alluvium **827**
Alpen, Entstehung 221
Alpha-Zerfall 309
alpine Gletscher 579–581, **827**
Altarm, Entstehung 519
Alter Mann aus dem Berg, natürliche Gesteinsformation 204
alternative Energiequellen 763–774
Altwasser, Entstehung 519
Altwasserarm **827**
Altwasserseen 519
Alvin, Tiefseetauchboot 427

Aminosäuren, erste 737
Ammoniak, Planetenatmosphären 794
Amphibien, Paläozoikum 743
Amphibole, Vorkommen und Aufbau 113–114
Amphibolit 277
Andalusit, Stabilität 289
Andesit, Vorkommen und Aufbau 136
andesitische Gesteine *siehe* intermediäre Gesteine
andesitische Magmen, Bildung 146
andesitische Zusammensetzung *siehe* intermediäre Zusammensetzung.
andinotype Plattenränder 455–457
Andisol 221
Angara-Schild 28
Anionen 91
Anisotropie, seismische 395
anorganischer Kalkstein, Entstehung und Aufbau 243–244
Anpassung, isostatische 471–474
Anreicherung
– Minerallagerstätten 781
– sekundäre 780
Anspülung, Strand 649
Anstiege, ozeanische Rücken 432
Antarktis, Eisschilde 580
antezedenter Fluss 534, **827**
Anthrazit **827**
– Entstehung 247
Antiklinale 333, **827**
äolisch 251
Äon 720, **827**
– archaisches 726, **827**
– Aufbau der Zeitskala 316
– phanerozoisches **841**
– proterozoisches **842**
aphanitische (feinkörnige) Gefüge 127, **827**
Appalachen, Entstehung 461–464
Äquatorialtief, Trockengebiete 619
Aquifer 553–554, **827**
Aquitard 553–554, **827**
Ära 9, 720, 739, 742–743, **827**
– Aufbau der Zeitskala 316
– mesozoische **838**
– paläozoische **841**
– *siehe auch* geologische Zeitalter
Aralsee, Austrocknung 622–623

Archaikum 316
– Kontinentalwachstum 729
archaisches Äon 726, **827**
Archäologie, Unterschied zur Paläontologie 307
arides Klima, geologische Prozesse 621–625
aride Wüsten 617, 621–625
Aridisol 221
Arkose 239, **827**
Arktis, Veränderung durch Klimawandel 708–710
Artefakte 307
artesische Quellen 560–562
– fließende **832**
artesischer Brunnen **827**
– nicht fließender **840**
artesische Systeme 561
Asbest, Gefahren 98
Aschen 162
Asche- und Staubpartikel, bei Vulkanausbruch 162
Assimilation **828**
– Magmen 144
ASTER (Advanced Spaceborn Thermal Emission and Reflection Radiometer) 11
Asteroiden 815–824
Asthenosphäre 23, **828**
– Plattentektonik 57
Ästuare 670–671, **828**
Atacama-Wüste 628
Atlantikküste, Erosionsprobleme 662–664
Atlantis, Santorin 172
Atlantischer Ozean 436
– Tiefseegräben 424
Atmosphäre 14–15, **828**
– Aufheizung 690
– Bewegungen 688
– einzigartige Lebensräume 718
– Entstehung 723–726
– Entwicklung 719
– Grundlagen 687–691
– Jupiter 807
– Klimasystem 681
– Mars 802
– Neptun 814–815
– Planeten 794–795
– primitive 723–724
– Reaktion auf menschlichen Einfluss 698–700
– Saturn 811
– Sauerstoffanreicherung 724–725
– Venus 801
– Zusammensetzung 687

Ätna, vulkanische Aktivität und Klimawandel 692
Atoll **828**
Atombindungen 90–92
– *siehe auch* chemische Verbindungen
Atome 89, **828**
– Massenzahl 93, **828**
– Struktur 308–309
Atomgewicht **828**
Atomkern 89, **828**
Auflagerung, Prinzip der 7
Auflösung **828**
Aufnahmekapazität 516–517, **828**
Aufsandung 661–662, **828**
Aufschiebung 341, **828**
Aufschmelzung, partielle 35, 146, **841**
auftauchende Küsten 670, **828**
Aureole **828**
– metamorphe 279
Ausgangsgestein („Protolith") **828**
– Bedeutung 270
– Metamorphose 265
Ausgasung 723, **828**
ausgeglichener Wasserlauf **828**
Ausgleich, isostatischer 471, **835**
Auslassgletscher 581, **828**
Auslaugung **828**
äußere Planeten 792, **828**
äußerer Kern **828**
– Aufbau 398
Australien
– Wüsten 617, 627
Australischer Schild 28

B

Backarc-Becken **828**
Backarc-Region 451, 453–454
Backarc Spreading, Subduktionszonen 454
Bajada **828**
– Wüstenlandschaft 625
Bakterien
– Erdgeschichte 724
– Kontamination des Grundwassers 566
– Methanerzeugung 700
– symbiotische 437
Baltischer Schild 28
Banded Iron Formation (BIF) 724
Bänderung *siehe* Gneisgefüge
Bänke, Flüsse 526
barachanoide Düne **828**
Barchane, Dünentypen 637

Barringer-Krater 822
basales Gleiten 585, **828**
Basalt 30, **828**
– als Bestandteil der ozeanischen Kruste 23
– Vorkommen und Aufbau 137
basaltische (mafische) Gesteine 131, 137–138
basaltische Magmen, Bildung 146
basaltische Zusammensetzung **828**
Basalt-Plateaus, Vorkommen und Aufbau 177–178
Basin und Range
– Gebirgsbildung 469–470
– Wüstenlandschaft 625–628
Batholithe 184–186, 456, **829**
– Sierra Nevada 457
Bathymetrie **829**
– Techniken 417–419
– und Schwerkraftvariationen 405
Baumaterialien 783–784
Bauxit 780–781
Becken 336
– Backarc- 454, **828**
– ostpazifisches 430
– Staubbecken (Dust Bowl) 227
– *siehe auch* Mulde; Ozeanbecken; Tiefseebecken
Belüftungszone **829**
Benioff-Zone *siehe* Wadati-Benioff-Zone
Berghänge, Muren 495
Bermen 647
Bernstein, Fossilien 305
Beta-Zerfall 309
Beugung *siehe* Wellenbeugung
Beuteltiere, Känozoikum 747
Bevölkerungswachstum, und Ressourcennachfrage 756
Bewölkung, Klima-Rückkopplung 702
BIF *siehe* gebänderte Eisenformation
Bimsstein 162, **829**
– Vorkommen und Aufbau 136
Bindungen
– kovalente 91–92, **836**
– *siehe auch* Atombindungen; chemische Verbindungen
Bingham-Canyon-Mine, Mineralressourcen 776
Binnenentwässerung 625, **829**
Binnenland, Schaden durch Wirbelstürme 669–670
Bioaktivität, Erdölentstehung 759
biochemisches Sediment **829**

biogenes Sediment **829**
– Ozeanboden 256
biologische Verwitterung 206–207
Biomasse 757
Biosphäre 16, **829**
– Klimasystem 681
Biostratigraphie 8
Biotit, Vorkommen und Aufbau 114
Bitumen, in Ölsanden 762
Black Smoker 434, 436, 778–779
– Biologie 437
– *siehe auch* Schwarzer Raucher
Blasen **829**
blasiges Gefüge **829**
Blattverschiebungen 341–343
Blauschiefer, Eigenschaften und
    Entstehung 288
Blöcke 162
– erratische 589, 595, **831**
– kontinentale 455
Blocklava (Schollenlava) 160
Blütenpflanzen, Känozoikum 747
Boden 215–228, **829**
– Abholzung des Regenwalds 224
– als Schnittstelle im
    Erdsystem 216
– auf dem Mond 217
– und Verwitterung 199–228
– Versickerungskapazität 508
Bodenablagerung **829**
Bodenabsenkung, durch
    Erdbeben 376
Bodenbildung
– Regulierung 217–220
– Rolle des Klimas 218
Bodenerosion 223–228
– Abholzung des Regenwalds 224
– Ablauf 225–226
– Geschwindigkeit 226
– Rückgang des Ackerbaus 226
– Sedimentation und chemische
    Verschmutzung 227–228
– Windabtrag 226
Bodenfeuchte, Zone der 548
Bodenfracht **829**
– Wasserläufe 516
– Wüsten 628–629
Bodenhorizont **829**
Bodenlast, Wind 628
Bodenprofil 220–222, **829**
Bodenschichten,
    Flussmündungen 526
Bodentaxonomie **829**
Bodenverflüssigung, durch
    Erdbeben 371–373, 486
Bodenwasser 548

Bogendüne 638
Bohrkerne
– Eis 684
– ozeanische Rücken 426
Bohrloch
– Ölförderung 761
– tiefstes 24, 267
Bohrungen, am Ozeanboden 70–72
Bomben, vulkanische 162, **849**
Bornhardt, W.,
    Wüstenstrukturen 627
Böschungsschichten 526, **829**
Böschungswinkel 484, **829**
Bowensche Reaktionsreihe 142,
    145, **843**
Brandung 649, **829**
Brandungsklippen 654, **829**
Brandungsplattformen 654, **829**
Brandungstore 655, **829**
Brandungszone, Wellen 649
Brasilianischer Schild 28
Braunkohle (Lignit), Entstehung und
    Aufbau 247
Brecher 649
Brekzien 138, **829**
– Entstehung und Aufbau 240
– lunare **838**
Brennstoff, fossiler 697, **832**
Bruch **829**
– spröder **845**
Bruchschollengebirge 338,
    469–474, **829**
Bruchzone 586, **829**
– ozeanische **840**
Brunnen 559–561, **829**
– artesischer **827**
– Ertrag 557
– nicht fließender artesischer **840**
– Versalzung 565
– Vertiefung 566
Buchtmündungswall **829**
Buhne 659, **829**
Buoyant-Subduktion 442
Burgess-Schiefer 741
Buschfeuer, Vegetationsverluste 485

C

Calcit, Vorkommen und
    Aufbau 114–116
Calciumcarbonate, hydrogene
    Ozeanbodensedimente 257
Caldera 164, **829**
– Vorkommen und
    Aufbau 175–177

Canyons
– Bingham-Canyon 776
– Grand Canyon 480
– Mars 805
– submarine **846**
Cap Rock *siehe* Deckschicht
Cascade Range, aktive Vulkane 171
Cassini-Lücke **829**
Challenger-Expedition 417
Channeled Scablands 606
chemische Konvektion, im
    Erdinneren 402
chemische Sedimentgesteine 249,
    829
– Dolomitgestein 244
– Entstehung und Aufbau 240–246
– Evaporite 245–246
– Hornstein (Chert) 244–245
– Kalkstein 241–243
chemische Verbindungen 89, **848**
– *siehe auch* Atombindungen
chemische Verschmutzung, Rolle bei
    Bodenerosion 227–228
chemische Verwitterung 207–214,
    829
– Hydrolyse 209–212
– Lösungsverwitterung 207–208
– Oxidation 208–209
– Veränderungen der
    Erdoberfläche 212–214
Chert *siehe* Hornstein
Chief Mountain, Beispiel für
    Deckenscholle 342
Chigmit-Gebirge, Gletscher 580
China
– Erdbebenvorhersage 377–378
– Lössvorkommen 639
Chondriten, kohlige 822
Chron, Einheit 55
Colorado Plateau,
    Strukturmerkmale 335
columnar joints *siehe*
    säulenförmige Klüftung
continental rifting *siehe*
    kontinentale Grabenbildung
continental volcanic arc *siehe*
    kontinentaler Vulkanbogen
Corioliseffekt, und
    Erdmagnetfeld 409
Cosquer, versunkene Höhlen 422
Crossover, seismische
    Wellen 394–395
Curie-Punkt 50, **830**
Cyanobakterien, Erdgeschichte 724,
    738

D

D''-Schicht 830
– Aufbau 396–397
Dachgesteinsscholle 279
Dammbruchüberschwem-
  mungen 537
Dämme
– Erosionsbasis 522
– Hochwasserschutz 537
– natürliche 839
– Wasserkraft 770
Darcy, H., Fließgeschwindigkeit des
  Grundwassers 554
Darcy-Gesetz 554–555, 830
Darwin, Ch., Korallenatolle 428
Datierung
– Dendrochronologie 685–686
– mit radioaktiven Isotopen siehe
  radiometrische Datierung
– relative siehe relative Datierung
Death Valley, Alluvialfächer 626
DeBari, S., Karriere in der
  Geologie 421
Deckschicht (Cap Rock) 760, 830
Deflation 630–632, 830
Deflationskessel 630
Deflationsrückstände siehe
  Wüstenpflaster
Deformation
– Abhängigkeit von
  Gesteinstyp 330
– Abhängigkeit von Zeit 330
– duktile 830
– Einfluss der Temperatur 329
– Einfluss des lithostatischen
  Drucks 329
– spröde 329
– von Gesteinen 326–330
Dehnung 454, 469
Deiche
– künstliche 537
– natürliche 528–530
Deklination, Erdmagnetfeld 410
Dekompressionsschmelze 140, 430,
  830
Deltas 830
– Entstehung 526–527
– Mississippi 527–528
dendritisches Muster 531, 830
Dendrochronologie 685–686
– siehe auch Datierung
Desquamationskuppel 830
– siehe auch Abschalung
destruktive Ränder siehe
  konvergente Plattengrenzen
Detraktion 590, 830
detritische Sedimentgesteine 249

– siehe auch klastische
  Sedimentgesteine
Devon 317
Diagenese 248–249, 830
– Gesteinsumwandlung 34–35
– siehe auch Lithifikation
Diamant 777
– Härte 100
– Kristallstruktur 99
Diamantstempelzelle 393
Dichte 104, 830
Dichteanomalien, Einfluss auf
  Schwerkraft 406
Dietz, R., Ozeanbodenspreizung 54
Differentialerwärmung,
  Jupiterwinde 808
Differentialspannung 268, 326, 830
Differentialverwitterung 830
Differentiation
– gravitative siehe
  Kristallabseigerung
– magmatische siehe magmatische
  Differentiation
Dinosaurier 743–747
– Mesozoikum 746
– Niedergang 748
– und Menschen 316
Diorit, Vorkommen und
  Aufbau 137
Dipolfeld, magnetisches 409
direkte Welle, nach
  Erdbeben 394–395
Diskontinuität 830
– Mohorovicic- 394, 839
diskordant 830
diskordante Plutone 181
Diskordanzen, Rolle bei
  Datierung 298–299
Dislokationsmetamorphose 33
divergente Plattengrenzen 59, 830
– Entstehung des
  Ozeanbodens 415–448
– magmatische Aktivität 190–191
– und Ozeanboden-
  spreizung 62–63
Diversifizierung, Tierwelt 741
Doline 571, 830
Dolomit, Vorkommen und
  Aufbau 114–116
Dolomitgestein, Entstehung und
  Aufbau 244
Dom 336, 830
Donga, ephemerale Flüsse 624
Drake, E., erster
  Erdölförderbrunnen 760
Drei-Schluchten-Damm,
  Wasserkraft 770
Drift

– Eisdrift 595, siehe auch glaziales
  Geschiebe
– Kontinentaldrift siehe
  Kontinentaldrift
– Stranddrift 653–654, 846
Druck
– lithostatischer 329
– siehe auch Spannung
Druckentlastung, physikalische
  Verwitterung 203
Druckspannung 830
Drucksysteme,
  Subduktionszonen 454–455
Drumlin 599–600, 830
duktile Deformation 830
Dünen 251, 830
– barachanoide 828
– Windablagerungen 634
– siehe auch Sanddünen
Düngemittel, Industrieminerale 784
dunkle (mafische) Silikate 113–114,
  830
Dünnschliffe, zur
  Gesteinsbestimmung 130
Dünung 830
Durchbruchstäler
– durchflossene 534, 830
– Entstehung 534, 534–541
– Entwässerungsmuster 533
– trockene 533, 847
Durchfluss 511, 830
– irdische Flüsse 512
Durchschnittstemperatur
– historischer Verlauf 699
– vulkanische Aktivität und
  Klimawandel 692
Durchstiche 519, 830
– künstliche 540
Dürreperioden
– Auswirkungen 550–551
– Sonnenflecken 696
Dust Bowl
– Great Plains 227
– Wind 629
Dykes siehe Gänge

E

Ebbe, Gezeiten 672
Ebbedelta 674
Ebbeströmung 830
Echolot 417–419, 830
– ozeanische Rücken 426
– seitenabtastendes 418
Edelsteine
– Definition und Eigenschaften 115
– Karat als Gewichtseinheit 92
Einfallen 332, 830

Einschlagkrater
- Asteroiden 816
- Entstehung 796
Einschlüsse **831**
- Rolle bei Datierung 298
einschneidende Mäander 524–525, **831**
Eis
- planetare Bestandteile 794
- *siehe auch* Gletschereis; Meereis; Schelfeis
Eisberge 588–589
Eisbildung, glaziale 584–585
Eisbohrkerne, Klimawandel 684
Eisbohrkernlabor, nationales 685
Eisdämme 603–604
Eisdrift 595
Eisenformation, gebänderte 724, **832**
Eisenkern
- Erde 718, 722
- Merkur 801
Eisen-Magnesium-Silikate *siehe* dunkle Silikate
Eisenmeteorite 821, **831**
Eiskappen 581, **831**
- Island 582
Eiskontaktablagerungen 601, **831**
Eisschilde 580, **831**
Eisstauhochwasser 537
Eiszeit, Flüsse 602–603
Eiszeitalter 604–607
Eiszeitepisoden, präkambrische 608
eiszeitliche Gletscher 601–604
- Gebietsausdehnung 605
Ekliptik 609
Eklogit, Eigenschaften und Entstehung 288
elastische Rückformung, Erdbeben 355–356
elastisches Zurückfedern **831**
El Chichón, vulkanische Aktivität und Klimawandel 692–693
elektromagnetische Strahlung, Sonne 688
Elektron 89, **831**
Elektroneneinfang 309–310
Elektronenpaar *siehe* kovalente Bindung
Elementarzelle 96
Elemente 88, **831**
- als Baueinheiten von Mineralen 88–90
Elk-Gebirge 447
Ellipsoid, Erdform 405–406
endgültige Erosionsbasis 520, **831**
Endmoräne 597–599, **831**

Energie 753–788
- erneuerbare 755–756
- geothermische 770–772, **832**
- hydroelektrische **834**
- nicht erneuerbare 755–756, **840**
- Recycling 755
Energieebenen **831**
Energieniveaus, des Atoms 89–90
Energieproduktion, geothermische 771
Energiequellen 756–758
- alternative 763–774
Energiespektrum, Sonne 688
Entisol 221
Entsalzung **831**
Entwässerung, eiszeitliche Flüsse 603
Entwässerungsmuster 531–534
- Mars 805
- Spalier- **845**
Entwässerungssysteme
- Störung durch Gletscher 598
- Trockengebiete 624
Entweichgeschwindigkeit **831**
- Planetenatmosphären 794
ephemerale Flüsse 621
ephemerische (episodische) Flüsse 621, **831**
Epizentrum **831**
- Ermittlung 362–363
Epochen 720, **831**
- Aufbau der Zeitskala 316
- pleistozäne **842**, *siehe auch* Pleistozän
Erdalter, Bestimmung mit alten Methoden 296
Erdatmosphäre, primitive 723–724
Erdbeben 351–385, **831**
- abgelenkte Wellen 394–395
- Auslöser von Massenbewegungen 485–486
- Bodenverflüssigung 371–373
- Erdrutsche 376, 479
- Ermittlung der Herkunft 362–364
- erwähnenswerte (weltweit) 379
- Felsrutschung 491
- Feuer 376
- Intensität 364, **835**
- Karfreitag (von Alaska) 370–371, 373–376
- Loma Prieta *siehe* Loma Prieta-Erdbeben
- Nordwestpazifik 455
- Risse als Folge 357
- Rolle bei Erforschung der Erde 25
- San Andreas-Verwerfungssystem 345

- San Francisco 1906 354–355
- Seebeben 373
- Seiches 373
- sicherer Aufenthaltsort während 377
- Stärke 364–369
- Tiefe 364
- Türkei 1999 382
- und Plattentektonik 383–385
- und Verwerfungen 354–355
- Ursachen und Formen 353–357
- Zerstörung durch 370–376
Erdbebenexperiment, Kalifornien 377
Erdbebengürtel 363
Erdbebenherd 353, **831**
Erdbebenmagnituden
- Skalen 367–369
- und Energieäquivalent 369
Erdbebenvorhersage 376–384
- China 377–378
- kurzfristige 377–378
- langfristige 380–384
Erdbebenvorläufer, Überwachung 377
Erdbebenwahrscheinlichkeit, San Andreas-Verwerfung 381
Erdbebenwellen
- abgelenkte 394–395
- an Oberfläche 360
- Lehre von *siehe* Seismologie
- räumliche 360
- Verstärkung 371–372
- *siehe auch* seismische Wellen
Erdbebenzonen, San Andreas-Verwerfung 357–358
Erde
- Besonderheiten für Leben 718
- Boden als Schnittstelle 216
- dreidimensionale Struktur 404–408
- Einzigartigkeit 716
- Entstehungsphase 20, 400
- Erforschung aus dem All 11
- Erforschung der Struktur 324–325
- erstes Leben 737–743
- Evolution 715–752
- externe Prozesse 201
- frühe Entwicklung 20–22, 722
- Großplatten 57–59
- Lagentextur 22
- Schalenstruktur 24
- Schwerkraft 404–406
- Thermalphasen 400
- Wasserverteilung 506
Erdfernerkundung, Ozeanboden 419

Erdfließen (Solifluktion) 495–496, **831**
Erdform, Ellipsoid 405–406
Erdgas 758–762
Erdgeschichte 715
– Känozoikum 736–737, 747–750
– Mesozoikum 734–736
– Paläozoikum 732–734
– Phanerozoikum 732–737
– Präkambrium 726–732
Erdinneres 387–412
– Aufbau 22–25
– Kern 398–399
– Magnetfeld 48–51
– Mantel 395–398
– Rolle der Schwerkraft 389
– Schalenaufbau 391–399
– seismische Wellen zur Untersuchung 389–391
– Simulation im Labor 393
– Temperatur 399–404
– Unterteilung 22
– Wärmefluss 400–402
Erdkern 24
– Aufbau 398–399
– Entstehung 22
Erdkruste 23
– Aufbau 392
– primitive 22, 722
Erdmagnetfeld 408–412
– Geodynamo 409
– Konvektion als Grund 409
– Richtung 410
– Umkehrungen 410–412
– und Corioliseffekt 409
– und Fossilien 48–51
Erdmantel 23
– Aufbau 395–398
– Entstehung 22
– geothermaler Gradient 139
– Konvektion 78–79, *siehe auch* Konvektion
– Mineralphasenwechsel 389
Erdmond *siehe* Mond
erdnahe Objekte, Asteroiden 819
Erdoberfläche
– Kontinente 26–28
– Merkmale 25–29
– Ozeanboden 28–29
– Verwitterung und Boden 199–228
– Wärmeabstrahlung 399, 401
Erdöl 758–762
– Entstehung 758–760
Erdölfallen 760–762, **831**
Erdöllagerstätten, Mineralressourcen 756

Erdrotation
– Einfluss auf Schwerkraft 404–406
– Verringerung durch Gezeiten 674–675
Erdrutsche 479
– destruktive 481
– durch Erdbeben 376, 485–486
– Todesopfer 486
Erdrutschgefährdung 482–483
Erdsphären 14–16
– Atmosphäre 14–15
– Biosphäre 16
– Entwicklung 715
– Geosphäre 16
– Hydrosphäre 14
Erdsystem 16–20
– Bestandteile 19
– Energie 19
– Gesteinszyklus 33–35
– Kreisläufe 18–19
Erdtemperatur 399–404
– Gründe für hohe 400
– Profil 402–404
– und radioaktive Isotope 400
– Wärmefluss 400–402
Erdumlaufbahn
– natürliche Ursachen des Klimawandels 691
– Veränderungen 609–610
erneuerbare Energien 755–756
erneuerbare Ressource **831**
Erosion 201, **831**
– glaziale 589–590
– isostatischer Ausgleich 471
– Mars 806
– Mondoberfläche 798–799
– rückschreitende 533, **843**
Erosionsarbeit, von Wasser in Trockengebieten 625
Erosionsbasis 520–522
– endgültige **831**
– temporäre (regionale) 520, **847**
– Veränderung 521
Erosionsgeschwindigkeit 226
Erosionshorizonte 520
– Deflationskessel 630
Erosionskraft 514
– Grundwasser 547, 568
– Wind 629
Erosionsrate, glaziale 590
Erosionsstrukturen 654–655
Erosionswirkung, fließendes Wasser 507
Erosionszone, Bereiche von Flusssystemen 509
erosive Flussniederung 524

erratische Blöcke 595, **831**
– Gletscher 589
Ertrag, spezifischer 553
Eruptionen *siehe* Vulkanausbrüche
Eruptionssäulen 157, **831**
Erwärmung, globale 704–711
Erz 775, **831**
Erzlagerstätten 780–781
Esker (Os) 601, **831**
Eskola-Fazies, Bezeichnungen 287
Etendeka-Flutbasalte 440
Eukaryoten **831**
– Erdgeschichte 738
Evaporite **831**
– Entstehung und Aufbau 245–246
– hydrogene Ozeanbodensedimente 257
Evapotranspiration (Evatranspiration) 506, **831**
Evolution, in geologischer Zeit 715–752
exotischer Fluss **831**
externe Prozesse 201
Extrusiv **831**
Extrusivgesteine 30, 123
– *siehe auch* Intrusivgesteine

F

Fächerecholot 418
Fahrzeuge, elektrische, Umweltverträglichkeit 766
Fallen
– Erdölfallen 760–762, **831**
– stratigraphische 761
– *siehe auch* Sedimentfallen
Fallout, Tschernobyl 765
Falten **832**
– Faltenarten 333–336
– geologische Struktur 332–337
Faltengürtel 459
Falten- und Überschiebungsgürtel **832**
Fangbuhne **832**
Farallon-Platte 407, 465
– Zerstörung 443–444
Farbe (Minerale) **832**
Farbigkeit, klastischer Sedimentgesteine 239
Fazies **832**
– metamorphe 287–288, **838**
– sedimentäre 254
FCKWs *siehe* Fluorchlorkohlenwasserstoffe
Feedback-Mechanisms *siehe* Rückkopplungsmechanismen

feinkörnige Gefüge *siehe* aphanitische Gefüge
Feinschichtung (Lamination) 236
Feldspate, Vorkommen und Aufbau 111
felsische Gesteine *siehe* granitische Gesteine
felsische Silikate *siehe* helle Silikate
felsische Zusammensetzung *siehe* granitische Zusammensetzung
Felsnadeln **832**
– marine 655
Felsrutschung 491, **832**
Festgesteinsgerinne 517–518
Festlandsoberfläche, Reliefbildung 507
Feuer, durch Erdbeben 376
Feuerstein, Entstehung und Aufbau 244–245
Findlinge 595
Firn 585, **832**
Firnlinie **832**
Fische
– Zeitalter der 9, 720, 739, 742
Fissuren *siehe* Spalten
Fjorde 591, 594, **832**
Flächenabfluss 508, **832**
Flächenerosion 225
Flechtflüsse 519–520
– *siehe auch* verwilderte Flüsse
Flexur *siehe* Monoklinale
Fließen **832**
– Flussströmungen 509
– Gletscher 585
– laminares 837
– plastisches 585, **841**
– turbulentes 509, **848**
fließende artesische Quelle **832**
fließendes Wasser 503–544
– Ablagerungslandschaften 525–531
– Arbeit 514–517
– Entwässerungsmuster 531–534
– Erosionsbasis 520–522
– Flussströmungen 509–511
– Flusssysteme 508–509
– Hochwasserschutz 537–541
– hydrologischer Kreislauf 503–507
– Längsprofil von Flüssen 511–513
– Modellierung von Flusstälern 522–525
– Wassereinzugsgebiete 508
– Wasserlaufgerinne 517–520

Fließgeschwindigkeit
– Gerinneform 510
– Grundwasser 554–555
– künstliche Durchstiche 541
– Messung 509
– natürliche Deiche 528
– Sedimenttransport 515
– Zone der maximalen 518
flüchtige Bestandteile, Magma 124
Fluide 269
Fluorchlorkohlenwasserstoffe, Klimagas 700–701
Fluoreszenz **832**
Flussanzapfung **832**
– Entwässerungsmuster 533–534
Flussaue 523, **832**
Flussbett
– Gefälle 510–511
– in Wüste 624
Flussbiegungen, rechtwinklige 532
Flüsse
– antezedente 534, **827**
– Begradigung 540
– eiszeitliche 602–603
– ephemerische (episodische) 621, **831**
– exotische **831**
– Klimawandel, Folgen 706
– Nebenfluss *siehe* Nebenfluss
– überlagernde **848**
– unterirdische 554
– verwilderte 519, **849**
– wasserabgebende 550, **850**
– wasseraufnehmende 550, **850**
Flusserosion 514–515
flüssiges Wasser, Planeten im Sonnensystem 810
Flusskappung 534
Flussniederung 523
– erosive 524
Flusspegel 513
Flussprofil, Veränderungen 511–514
Flussströmungen 509–511
Flusssysteme 508–509
– eiszeitliche 603
Flusstalauen 251
Flusstäler 480
– Modellierung 522–525
Flussterrassen 524–525
– Entwicklung 526
Flut, Gezeiten 672
Flutbasalt 178, 440, **832**
Flutbasaltprovinzen 424
Flutdelta, Gezeiten 674
Flutströmung **832**
Flutwellen, seismische 650

fluvioglaziale Schotter 600, **832**
Foliation, von Gestein 34
Fontänen, heiße 558
Förderkanal, Vulkane 163
Forearc Basin 457, **832**
Forearc-Becken, Great Valley 457
Forearc-Regionen 451, 453–454
Formation 331
Formklassen, klastische Sedimentgesteine 237–238
Fossilabfolge **832**
– Prinzip der 307, **842**
fossile Kompasse 50
fossile Pollen, Klimaarchive 686–687
fossiler Brennstoff 697, **832**
fossiler Magnetismus 48–51
– *siehe auch* Paläomagnetismus
Fossilien **832**
– als Hilfsmittel der Geologie 8
– älteste 737
– Bedingungen zur Erhaltung 305–306
– Belege für Kontinentaldrift 43
– Entstehung 260
– in metamorphen Gesteinen 270
– Rolle bei Datierung 302–308
– Typen 303–305
– und Korrelation 307–308
Fossilisation, Arten 306
Frostsprengung 202, **832**
Fullerene, Härte 100
Fumarolen 164, **832**

G

Gabbro 433
– Vorkommen und Aufbau 137
galileische Monde 809
Gang **832**
Gänge (Dykes), Vorkommen und Aufbau 181–182
Ganglagerstätten 778, **832**
Gase
– Absorption 690
– bei Vulkanausbruch 161–162
– Entweichgeschwindigkeit 794
– planetare Bestandteile 793
Gashydrat 759
Gasplaneten 792–793
Gastrolithen, Fossilien 305
gebänderte Eisenformation 724, **832**
Gebirge
– Chigmit- 580
– Grenzhöhe 473

Register

- konvergente Plattengrenzen 447–474
- ohne Krustendeformation 451
- Ursprung und Entstehung 447–474
- Wurzeln von 472

Gebirgsbildung 448–459
- Appalachen 461–464
- Himalaya 460–461
- Kollision von Kontinenten 459–464
- Krustenbewegungen 470–474
- Terrane 464–466

Gebirgsgürtel
- Andentyp 457
- Entstehung 455
- hauptsächliche 450

Gebirgsketten
- als topographische Merkmale 27–28, 450
- ältere 448

Gebirgstäler, Vergletscherung siehe Talgletscher

Gefälle
- Durchfluss 513
- Flussbett 510–511
- hydraulisches 555, **834**

Gefüge **832**
- blasiges **829**
- chemische Sedimentgesteine 250
- geschieferte 273–274, **833**
- glasige (hyaline) 127
- klastische **835**
- kristallines 250
- magmatische 126–129
- metamorphe 271–275
- nichtklastische **840**
- pegmatitische 129, **841**
- phänokristallines (grobkörniges) 127, **841**
- porphyrische 127, **842**
- porphyroblastische 274, **842**
- pyroklastische 128, **842**

Geländeformen 458
- Entwicklung 479

Geländeforschung 284
Gelisol 221
Geode, Kristalle 94
Geodynamo 409
geographische Pole, und magnetische Pole 410
Geoid 406
Geologie **832**
- als Wissenschaft 3
- Geschichtliches 5–7
- historische 3, **834**
- Hypothesen 10

- Modellbildung 10
- moderne 5–6
- Paradigmenbildung 12
- physische (physikalische) **841**
- planetare 789–826
- Struktur der Erde 324–325
- Theoriebildung 12
- wissenschaftliche Methodik 12–14

geologische Strukturen, Kartierung 330–332
geologische Zeit 293–319
geologische Zeiträume 7–14
geologische Zeitskala 9, 295, 315–317, 719–720, **832**
- Aufbau 316
- Schwierigkeiten bei Datierung 317–318

geologisches Zeitalter siehe Ära
geomagnetische Umpolung, und Ozeanbodenspreizung 55
Geosphäre 16, **832**
- Klimasystem 681

geothermische Energie 770–772, **832**
geothermischer Gradient **832**
geothermisches Reservoir, Faktoren für Wirtschaftlichkeit 772
geothermische Tiefenstufen 266, 403–404

Gerinne
- Ablagerungen 526
- Festgestein 517–518
- mäandrierende 518
- verwilderte 518

Gerinneform 510
Geschiebe
- geschichtete 600–601, **833**
- glaziale 595, **833**

geschieferte Gefüge 273–274, **833**
geschieferte Gesteine 275–277
geschlossenes System 17, **833**
Gesetz **833**
- der Auflagerung **833**
- der Konstanz der Kristallwinkel (Stenos Gesetz) **833**
- wissenschaftliches 14

gespannter Grundwasserspeicher 561
gespannter Grundwasserspiegel 556, **833**
Gesteine **833**
- basaltische (mafische) 131, 137–138
- Deformation 326–330

- geschieferte 275–277
- Grundtypen 30–33
- intermediäre (andesitische) 131, 136–137
- magmatische siehe magmatische Gesteine
- metamorphe siehe metamorphe Gesteine
- Minerale als Baueinheiten 85–88
- planetare Bestandteile 793
- plutonische **842**
- Polarität 55
- pyroklastische 138, 162
- Textur 29
- und Gesteinszyklen 29–37
- ungeschieferte 277–278

Gesteinsbestimmung, Dünnschliffe 130
Gesteinsbrocken, Uferbefestigungen 660
Gesteinseigenschaften, und Verwitterungsgeschwindigkeit 214
Gesteinseinheiten 331
Gesteinskreislauf 18–19, **833**
- als Untersystem der Erde 33–35
- Bildung von Sedimentgestein 233

Gesteinslawine 489, **833**
Gesteinsmagnetismus 50–51
Gesteinsmehl 590, **833**
Gesteinsrutschungen 491
Gesteinsschichten, Korrelation 301–302
Gesteinsstrukturen 330, **833**
Gesteinstypen, ozeanische Kruste 433

Geyserit 559
Geysire 557–560, **833**
- Idealdiagramm 558

Gezeiten 645, 671–675
- Erdrotation 674–675
- Ursache 671

Gezeitenberge 671–672
Gezeitendamm 772
Gezeitendelta 674, **833**
Gezeitenebene siehe Watt
Gezeitenkraft 772–774
Gezeitenkraftwerke 674, 773
Gezeitenmuster 673–674
Gezeitenreibung, Jupitermonde 809
Gezeitenströmung 674–675, **833**
Gezeitenzyklus, monatlicher 672–673

Gips 95, 784
- Entstehung 245–246
- Vorkommen und Aufbau 116

Glacier-Nationalpark 579
Glanz **833**
Glas **833**
glasig **833**
glasige (hyaline) Gefüge 127
Glasverarbeitung, aus Mineralen 88
glaziale Ablagerungen 594–595, 599
glaziale Eisbildung 584–585
glaziale Erosion 589–590
– und Landschaftsformung 590–600
glaziales Geschiebe 595, **833**
Glazialsedimente 595
Glazialtheorie 604–607
Glazialtrog 591
Gleiten, basales 585, **828**
Gletscher 577–614, **833**
– alpine 579–581, **827**
– als Teil von Grundkreisläufen des Erdsystems 579–584
– Auswirkungen durch eiszeitliche 601–604
– Entstehung und Bewegung 585–588
– Erforschung 13
– Erosion *siehe* glaziale Erosion
– geschichtete Geschiebe 601
– Geschiebezunge 489
– glaziale Ablagerungen 595
– Kilimandscharo 584–585
– latente Wärmediffusion 586
– Mittelmoräne 596
– Moränenschutt 600
– Sedimentlast 589
– Typen von 581–582
– Wasserdruck 587
– *siehe auch* Vergletscherung
Gletschereis
– als metamorphes Gestein 270
– Bewegung 584–585
– Klimawandel 684–685
– Meeresspiegel 602, 709
Gletschergeschiebe 595
Gletscherhaushalt 588–589, **833**
Gletscherlauf 587, **847**
Gletschermilch 590, **833**
Gletscherschrammen 590, **833**
Gletscherspalten 586–587, **833**
Gletschertäler 591–593
Gletschertor, verwilderte Flüsse 519
Gletschertrog 591, **848**
Gletscherzungen 489, 582
Glimmerschiefer, Eigenschaften und Entstehung 275–277

globale Erwärmung, Auswirkungen 704–711
globaler Klimawandel 679–714
Glossopteris, Beleg für Kontinentaldrift 44
Glutlawinen 173–174, **833**
Gneis
– als Beispiel für metamorphes Gestein 34
– Eigenschaften und Entstehung 277
Gneisgefüge (Bänderung) 274, **833**
Gold, Reinheit 92
Goldwaschen, Minerallagerstätten 781
Golfküste, USA, Erosionsprobleme 664
Gondwanaland 730, **833**
GPS (Global Positioning System), Messung der Plattenbewegung 74
Graben 339, **833**
– *siehe auch* Tiefseegraben
Grabenbildung
– kontinentale 63–68, 435–442
– erfolglose 440
– Mechanismus 438–442
Grabenbruch, kontinentaler 435, **836**
Grabenbruchbildung 431
– erfolglose 440
– Mechanismus 438–442
Grabenbruchsystem, ostafrikanisches 435, 438
Grabgänge, Fossilien 305
Gradient
– geothermischer *siehe* geothermische Tiefenstufen
– Wasserlauf **833**
gradierte Schicht 255, **833**
Granat
– Industrieminerale 784
– Vorkommen und Aufbau 114
Grand Canyon, Flanken 480
Granit 30
– chemische Verwitterung 210–212
– Schmelzkurven 139
– granitische (felsische) Gesteine 131, 134–136
– als Bestandteil der kontinentalen Kruste 23
granitische Magmen, Bildung 146–147
granitische Zusammensetzung **833**
Granodiorit 23
Graphit, Kristallstruktur 99
Grate 593–594, **833**
Grauwacke 239
Gravitation *siehe* Schwerkraft

gravitative Differentiation *siehe* Kristallabseigerung
gravitativer Kollaps 470, 473, **834**
Great Plains
– Erosion 227
– Staubstürme 630
Grenzfläche **834**
– dynamische, Küstenlinie 645–646
grobkörnige Gefüge *siehe* phänokristalline Gefüge
Grönland
– Eisschilde 580–581, 708
Grönlandschild, stabile Plattform 28
großer dunkler Fleck, Neptun 815
Großer Roter Fleck, Jupiter 807
große Säugetiere, Aussterben 749–750
Großplatten, der Erde 57–59
Gros-Ventre-Felsrutsch 491–492
Grundmasse **834**
Grundmoräne 597–598
Grundwasser 545–576
– Absenkung 560, **834**
– artesische Quellen 560–562
– Ausfluss 556
– Bedeutung 547–548
– Bewegung 551–555
– Brunnen 559–561
– Druck 561
– erneuerbare Ressource 562
– Fließgeschwindigkeit 555
– geologische Arbeit 568–572
– Geysire 557–560
– Quellen 555–560
– Speicherfaktoren 551–554
– spezifischer Ertrag 553
– spezifische Speicherung 553
– Verschmutzung 566–568
– verschwindende Seen 573
– Verteilung 548
– Wasserspiegel 548–551
– Wechselwirkung mit Wasserläufen 550–552
Grundwasserentnahme
– Probleme 562–568
– Versalzung 565
Grundwasserfließsystem
– Ausdehnung 555
– Subsysteme 556
Grundwasserspeicher, gespannter 561
Grundwasserspiegel 548–551, **834**
– Brunnen 560
– gespannter 556–557, **833**

– Karte 552
– Schwankungen 549–550
– Veränderungen 563
Guyots 52, 424, 426
– *siehe auch* Tiefseeberge
Gymnospermen, Mesozoikum 745

H

Habitus 834
– Minerale 102
Halbgraben 339, 469, 834
Halbwertszeit 310, 834
Hale-Bopp, Komet 818, 820
Halit
– Bildung von 95
– Entstehung und Aufbau 245–246
– Industrieminerale 785
– Kristallstruktur 96
– Vorkommen und Aufbau 116
Halley'scher Komet 820
Hänge
– Rolle bei Bodenbildung 219–220
– übersteile 484
Hangendes 339
Hängetal 591, 834
Härte 102, 834
Hauptmineralklassen 107
Hauptschale 834
hawaiianische Inseln, und Hot Spots 73
Hawaii-Typ-Calderen 176
Hebung, isostatische 472
heiße Flecken *siehe* Hot Spots
heiße Quellen 557–560, 834
Helium, Planetenatmosphären 794
helle (felsische) Silikate, Vorkommen und Aufbau 111
Hess, H., Konzept der Ozeanbodenspreizung 53–54, 429
Himalaya, Entstehung 460–461
historische Geologie 3, 834
Histosol 221
Hochdruckexperimente 393
Hochländer 796–798
– Merkur 801
– Mondoberfläche 795
Hochwasser 534–541
– Erosion 517
– Mississippi 536
– Regionales 535
– Ursachen und Arten 535–537
– Verzögerungszeit 537
Hochwasserschutz 537–541
– Baumaßnahmen 541

– Dämme 538
Höhlen
– altsteinzeitliche 422
– Entstehung 569
Holmes, A., Ozeanbodenspreizung 54
Holz
– Dendrochronologie 685–686
– Uferbefestigungen 660
– versteinertes 306
Holzblöcke, als Illustration der schwimmenden Erdkruste 470–471
Horizont 834
– Bodenprofil 221
Horizontalität
– Prinzip der ursprünglichen 842
– ursprüngliche 297, 848
Horizontalverschiebungen *siehe* Blattverschiebungen
Horizontbeständigkeit, Prinzip der 298, 842
Horn 834
Hornblende *siehe* Amphibole
Hörner 593–594
Hornfels 724
Hornstein (Chert), Entstehung und Aufbau 244–245
Horst 339, 834
Hot Spots (heiße Flecken) 73, 426, 834
Hot Spot-Spur 426, 834
Hot-Spot-Vulkanismus
– Erdgeschichte 727
– Modell 191–192
Hubbard-Gletscher 589
Humus 216, 834
Hutton, J., moderne Geologie 5–6
hyaline Gefüge *siehe* glasige Gefüge
hydraulische Leitfähigkeit 555, 834
hydraulisches Gefälle 555, 834
hydroelektrische Energie 834
hydroelektrische Kraft 769
hydrogene Ozeanbodensedimente 256
hydrogenes Sediment 834
hydrologischer Kreislauf 18–19, 505–507, 834
– Klimafaktor 681
Hydrolyse 834
– chemische Verwitterung 209–212
Hydrosphäre 14, 505, 834
– Gletscher 579, 584
– Klimasystem 681
– Süßwasserverteilung 547
hydrothermale Lösungen 834

– Mineralressourcen 777–780
hydrothermale Metamorphose 33, 280–281, 434
hydrothermale Tiefseeschlote 436
Hyperthermophile 738
Hypothese 10, 834
– Unterschied zur wissenschaftlichen Gesetzmäßigkeit 14
Hypozentrum *siehe* Erdbebenherd

I

IAU *siehe* Internationale Astronomische Vereinigung
Ignimbrit (Schweißtuff) 128
– bei Vulkanausbruch 162
– Vorkommen und Aufbau 138
Impaktmetamorphose 283, 834
– und Tektite 285
Imprägnationslagerstätte 778, 834
Inceptisol 221
Indien, Kollision mit Asien 68, 460–461
Indischer Schild 28
Industrieminerale 783–785
– Ressourcen 754
Inklination, Erdmagnetfeld 410
Inklinationsnadel, Kompass 50
Inkohlung, Fossilisation 305
Inlandeis 580
innere Planeten 792, 834
innerer Kern 834
– Aufbau 398
– Rotationsgeschwindigkeit 399
Inselberge 626, 835
– Uluru 627
Inselbogen 187, 451, 455–457
– Anfügung 465
– vulkanischer 67, 849
– *siehe auch* vulkanischer Inselbogen
Inselnehrung 655, 835
In Situ-Technologie, Ölsande 763
Instrumente, seismische 425
Intensität, Erdbeben 364, 835
Intensitätsskalen, Erdbeben 364–367
intermediäre (andesitische) Gesteine 131, 136–137
intermediäre Zusammensetzung 835
Internationale Astronomische Vereinigung (IAU) 823
interner (endogener) Prozess 835
Intraplattenvulkanismus 191, 835
Intrusion, konkordante 836

intrusive magmatische
   Aktivität   181–185
Intrusivgesteine   30, 123, **835**
– magmatische   448
– *siehe auch* Extrusivgesteine
inverse Polarität, von Gesteinen   55
Invertebraten, kambrische
   Explosion   740
Io   809
Ionen   91, **835**
Ionenbindung   90–91, **835**
IOPD (Integrated Ocean Drilling
   Program)   72
IPCC-Berichte, Klimawandel   698
Iridiumgehalt, in Sedimenten   748
Island, geothermische
   Energie   770–771
Isostasie   470–474, **835**
– Veranschaulichung durch
   schwimmende Holz-
   blöcke   470–471
isostatische Anpassung   471–474
isostatische Hebung   472
isostatischer Ausgleich   471, **835**
isostatische Subduktion,
   negative   442
Isotope   92–93, **835**
– Datierung   308–315, *siehe auch*
   radiometrische Datierung
– Klimawandel   684

J

Jahresringe   685–686
Jahrhunderthochwasser   534
Jaspis, Entstehung und
   Aufbau   244–245
JOIDES (Joint Oceanographic
   Institutions for Deep Earth
   Sampling) Resolution   72
jovianische Planeten   794, **835**
Juan de Fuca-Schlote, Black
   Smoker   437
Jupiter   807–810
– Atmosphäre   807
– Bänder   808
– Winde   808
– Zonen   808
– Zusammensetzung   807
Jupitermonde   809
– Ringsystem   810
Jura   317
jurassische Periode   734

K

Kalben   588, **835**
Kalifeldspat

– chemische Verwitterung   210–212
– Vorkommen und Aufbau   111
Kalium-40, Isotop zur
   radiometrischen Datierung   312
Kalium-Argon-Methode,
   Datierung   312–313
Kalkriffe, Entstehung und
   Aufbau   241
Kalkstein   31, 116
– anorganischer   243–244
– Entstehung und Aufbau   241–243
– Grundwasser   568
Kalktuff   559
kambrische Explosion   740
Kambrium   317
Kame   **835**
– Eiskontaktablagerungen   601
Kamesterrassen   **835**
– Eiskontaktablagerungen   601
Kamm, Topographie   432
Kammgraben, medianer *siehe*
   medianer Kammgraben
Kanadischer Schild   28
Kanalisierung   540–541
Känozoikum   316, 736–737,
   747–750, **835**
Kant, I., zur Entstehung des
   Sonnensystems   792
Kaolin
– Entstehung bei chemischer
   Verwitterung   212–213
– *siehe auch* Ton
Kaolinit   113
Kap-Hatteras-Leuchtturm,
   Standortwechsel   663
Kapillarsaum   548, **835**
Kar   591, **835**
Karat   92
Karbon   317
Karbonatzement   **835**
Karfreitag-Erdbeben (von Alaska)
– Zerstörung durch   370–371,
   373–376
Karsee   591, **835**
Karst   **835**
Karsthöhlen   568–570, **835**
Karstlandschaft, Entwicklung   572
Karsttopographie   569–572
Karsttrichter   570
Kartierung
– geologischer Strukturen   330–332
– Meeresboden   417–419
Katastrophentheorie   5, **835**
Kationen   91
Kegelkarst   571
Kerbtal   523
Kern   **835**

– äußerer   398, **828**
– Erdgeschichte   722
– innerer   398, **834**
– *siehe auch* Erdkern
Kernenergie, alternative
   Energiequellen   764–765
Kern-Mantelgrenze,
   Entdeckung   396–398
Kernspaltung   764, **835**
Kettenreaktion   764
Kies, Entstehung   239
Kieselsäureanteil, magmatische
   Gesteine   132–133
Kieselschiefer   245
Kieselsinter   559
Kilauea, Schildvulkan   166
Kilimandscharo
– Gletscher   584–585
– Grabenbruchsystem   435
Kilo Mona, Forschungsschiff   416
Kimberlit, Diamantlager   777
Kimberlit Pipes   180
Kissenlava *siehe* Pillowlava
klastische Gefüge   **835**
– *siehe auch* pyroklastische Gefüge
klastische Sedimente   30
klastische Sedimentgesteine   **835**
– Brekzien   240
– Entstehung und Aufbau   234–240
– Farbigkeit   239
– Formklassen   237–238
– Konglomerate   239
– Korngrößeneinteilung   235
– Sandstein   237–239
– Sortierung   237–238
– Tonschiefer   235–237
Klima   731
– arides   621–625
– Computermodelle   698
– Einfluss von Aerosolen   703–704
– menschlicher Einfluss   696–697
– Rolle bei Bodenbildung   218
– trockenes   **848**
– und Verwitterungs-
   geschwindigkeit   214–215
Klimaabweichungen, Messung durch
   Jahresringe   686
Klimaaktivität, vulkanisches
   Material   693
Klimaarchive   685
Klimagase   700–701
– Kohlendioxid *siehe*
   Kohlendioxid
Klimagruppen   618
Klima-Rückkopplungs-
   mechanismen   702–704, **835**
Klimasystem   681–682, **836**

Register

– Rückkopplungsmechanismen 18
Klimawandel
– durch Abholzung 697
– Einwirkung durch vulkanische Aktivität 694
– Erkennung 682–687
– Folgen für die USA 706
– globaler 679–714
– historische Aufzeichnungen 687
– Kohlendioxid 697–702
– natürliche Ursache 691–696
– solare Variationen 695–696
– Spurengase 697–702
– Vergletscherung 578
– vulkanische Aktivität 691–695
– Zeitskala 610
Klippen **836**
– Rückzug 664
Klüfte 204, 346–347, **836**
Klüftung, säulenförmige **844**
Knollen (Konkretionen), Hornstein 245
Kohle
– Entstehung 246–248
– Mineralressourcen 757
Kohlendioxid
– Entwicklung der Ozeane 725
– Kernenergie 765
– Klimawandel 691, 697–702
– vulkanische Aktivität 694
Kohlendioxid-Konzentration, Anstieg 697–700
Kohlensäure, Grundwasser 568
Kohlenstoff-14-Methode, radiometrische Datierung 313–314
Kohlenstoffkreislauf 18
– und Sedimentgesteine 242–243
Kohlesumpf, Kreidezeit 744
kohlige Chondriten, Meteorite 822
Kolke 514, **836**
Kollaps, gravitativer *siehe* gravitativer Kollaps
Kollisionen, Asteroiden mit der Erde 818
Kollisionstektonik
– Kontinentalwachstum 728
– *siehe auch* Plattentektonik
Koma **836**
– Kometen 817
Kometen 815, 817–821, **836**
– Hale-Bopp 818, 820
– Halley'scher Komet 820
– kurzperiodische 817
Kometenschweif 817
Kompasse, fossile 50
Kompasspeilung *siehe* Streichen
Kompressionsgebirge 448

Kompressionsspannung 326
Konduktion **836**
Konglomerate **836**
– Entstehung und Aufbau 239
konkordant **836**
konkordante Intrusion **836**
konkordante Plutone 181
konkordante Schichten **836**
Konkretionen *siehe* Knollen
konservative Ränder *siehe* seitenverschiebende Plattengrenzen
Konstanz der Kristallwinkel, Gesetz 97
konstruktive Ränder *siehe* divergente Plattengrenzen
Kontaktmetamorphose (Thermometamorphose) 33, 267, 279–280, 780, **836**
Kontamination, Salzwasser 563–566
Kontinentalabhang 423, **836**
Kontinentalanstieg 29
Kontinentaldrift **836**
– Ähnlichkeiten der Gesteinstypen 45
– Diskussion um Hypothese 46–48
– Hypothese 41–46
– paläoklimatische Beweise 45–46
– und Paläomagnetismus 48–52
– und wissenschaftliche Methodik 48
– Vorgang des Auseinanderbrechens von Pangäa 47
kontinentale Ablagerungsräume 251
kontinentale Grabenbildung (continental rifting) 63–68, 435–442
kontinentale Kruste 23
– Aufbau 392
– Entstehung 727
kontinentale Lithosphäre, seismische Tomographie 407
kontinentaler Block 455
kontinentaler Grabenbruch **836**
kontinentaler Vulkanbogen 65, 190, 451, **836**
kontinentale Wasserscheide 508
Kontinentalflucht 461
Kontinentalfuß 423, **836**
Kontinentalhang 29
kontinental-kontinentale Konvergenz 67–68
Kontinentalränder 419–424, **836**
– aktive 420, 423–424
– als topographische Merkmale 28
– Gebirgsbildung 455

– passive 420, 422, 437, **841**
– Wachstum durch Massenbewegungen 499
Kontinentalschelf 29, 422–423, **836**
– Deformation 463
Kontinente
– Entstehung 726–737
– erste 726–729
– Hebung 473–474
– Kollision 459–464
– Merkmale 26–28
– Wachstum 727–729
Konvektion **836**
– als Grund für Erdmagnetfeld 409
– chemische 402
– im Erdinneren 400–402
– Platten-Mantel- 77–79
Konvektionsströme, Antrieb für Plattenbewegung 75
konvergente Plattengrenzen 59, 442, **836**
– Entstehung der Gebirge 447–474
– und Grabenbildung 63–68
– und magmatische Aktivität 187–190
Konvergenz 451–454
– kontinental-kontinentale 67–68
– ozeanisch-kontinentale 65
– ozeanisch-ozeanische 65–67
Koprolithen, Fossilien 305
Korallen, Klimaarchive 686–687
Korallenatolle, Darwin 428
Korallenriffe **836**
– Entstehung und Aufbau 241
Kordilleren, nordamerikanische 465
Kornformen
– klastische Sedimentgesteine 237–238
– metamorphes Gestein 271–272
Korrelation **836**
– Fossilien 307–308
– von Gesteinsschichten 301–302
Korund, Industrieminerale 784
kovalente Bindung 91–92, **836**
Kraft 326, **836**
– hydroelektrische 769
– tektonische 450
Krakatoa, Ausbruch 175
Krater 163, **836**
Kratersee-Typ-Calderen 175
Kratone 28, **836**
– Entstehung und Verteilung 728–729
Kreide 317, 735
– Entstehung und Aufbau 243
Kreidezeit, Klimawandel 694
Kreisläufe

– Gesteinskreislauf *siehe* Gesteinskreislauf
– Gletscher als Teil 579–584
– hydrologischer Kreislauf *siehe* hydrologischer Kreislauf
– im System Erde 18–19
– Kohlenstoff *siehe* Kolenstoffkreislauf

Kreuzdatierung, Jahresringe 686
Kreuzdünen 638–639
Kreuzschichtung 255, **836**
Kriechen 496–497, **836**
Kristallabseigerung (gravitative Differentiation) 143, **837**
Kristalle **836**
– und Kristallisation 93–100
Kristallform *siehe* Habitus
Kristallgröße, Magma 126
kristallin *siehe* Kristalle
kristalline Schieferung 274, **837**
– *siehe auch* Glimmerschiefer
kristallines Gefüge 250
– *siehe auch* nichtklastisches Gefüge
Kristallisation **837**
– Gesteinsbildung 34–35
– Magma 125
Kristallstrukturen (Kristallgitter) 94–100
– Diamant 99
Kristallwinkel, Konstanz 97
Kruste **837**
– kontinentale *siehe* kontinentale Kruste
– ozeanische *siehe* ozeanische Kruste
– primitive 722
– Vertikalbewegungen 470–474
– *siehe auch* Erdkruste
Krustenabsenkung 473–474, 601
Krustenblöcke, angewachsene 464
Krustendeformation 323–347
– Gebirge 451
Krustenmaterial, Verteilung des frühen 729
Kryosphäre 584, 681
Kryovulkanismus 815
KT-Grenze 748
kugelige Verwitterungsformen (Wollsackverwitterung) **837**
Kuiper, G., Kometen 819
Kuiper-Belt-Objekte 792
Kuipergürtel 819, **837**
künstliche Deiche, Hochwasserschutz 537
Kupfertagebau 754
Küsten 646
– abtauchende 670–671
– auftauchende 670, **828**
– auftreffende Wellen 650
– Erosion 662–665
– Klassifikation 670–671
– untertauchende **848**
Küstendämme 660–661, **837**
küstenferne Zone 647
Küstenfeuchtgebiete, Mississippi-Delta 530
Küstengebirge 457–459
Küstenlinien 643–678, **837**
– als dynamische Grenzfläche 645–646
– Änderungsfaktoren 659
– Gezeiten *siehe* Gezeiten
– irreguläre 658
– Sandbewegungen 651–654
– Schutz 657
– Strukturen 654–657
– Uferbefestigungen 657–662
– Wellen 647–651
– Wirbelstürme 665–670
Küstenstrom 653–654, **837**
Küstenterrassen 471, 654–655
Küstenwälle, Erosionsprobleme 664
Küstenzone 646–647
Kyanit, Stabilität 289

L

Lachgas, Klimagas 700
La Conchita, Murenabgang 482
Lagenmodelle, Platten-Mantel-Konvektion 78–79
Lagentextur, der Erde 22
Lagergänge (Sills) 182–184, **837**
Lagerstätten 781
– Erdöl 756
– Erze 775
– hydrothermale 778
– Ölsande 762
Lahare 174–175, 493–495, **837**
– *siehe auch* Schlammströme
Lakkolithe 184, **837**
laminares Fließen 509, **837**
Lamination *siehe* Feinschichtung
Landabsenkung
– Grundwasserentnahme 563
– San Joaquin-Tal 564
Landformen
– Entstehung durch glaziale Erosion 590–594
– Gestaltungsfaktoren 480
– vulkanische 175–181
Landnutzungsplanungen 534
Landpflanzen, erste 742
Landschaftsevolution, Wüste 626
Landschaftsformen
– geschichtetes Geschiebe 600–601
– Moränenschutt 595–600
Landwirtschaft
– Klimwandel, Folgen 706–707
– Wasserverschmutzung 568
lange Wellen (L-Wellen), Erdbeben 362
Längsdünen 637–638
Längsprofil *siehe* Longitudinalprofil
Lapilli, bei Vulkanausbruch 162
Laterit **837**
Laufzeitkurve, Erdbeben 362
Laurasien **837**
Lava 123, **837**
– Unterschied zu Magma 124
Lavadom **837**
Lavakuppen (Quellkuppen), Vorkommen und Aufbau 178–180
Lavasee, Spreizungsmuster 727
Lavaströme, pyroklastische 159–161, 173–174
Lavatunnel 160, **837**
Leben mit Vulkanen 170–175, 192–195
– Gefahren 193–194
– Überwachung vulkanischer Aktivität 193–195
Lebensformen, erste 737–743
Lee-Hang **837**
– Sanddünen 635
Lehman, I., Entdeckung der Grenze innerer/äußerer Kern 398
Lehre von Erdbebenwellen *siehe* Seismologie
leichte Silikate **837**
Leitfähigkeit, hydraulische 555, **834**
Leitfossil 307, **837**
Leitmineral 284–286, **837**
Lewis-Überschiebung 342
Liegendes 339
Lignit *siehe* Braunkohle
Lithifikation
– Gesteinsumwandlung 34–35
– *siehe auch* Diagenese
Lithosphäre 23, **837**
– Absinkwinkel 442
– Alter 442
– einzigartige Lebensräume 718
– kontinentale 407
– ozeanische *siehe* ozeanische Lithosphäre
– Plattentektonik 57
– Temperaturprofil 403–404
– Verdichtung 431
– Zerstörung 442–444
Lithosphärenplatten 58–59, **837**

Register

– Bewegung (als Ursache des Klimawandels)   691
– Trennung   430
lithostatischer Druck   329
Loben
– Gletscher   489, 582
– Schlammströme   156
– Solifluktion   497
Lockerboden *siehe* Verwitterungsboden
Lockerstoffvulkane *siehe* Schlackenkegel
Loma Prieta-Erdbeben   352, 358
– Wellenverstärkung   372–373
– Zerstörungszonen   366
Longitudinaldünen   637–638, **837**
Longitudinalprofil   **837**
– Durchfluss   513
– Wasserläufe   511–512
Löss   **837**
Lössablagerungen   638–639
Lössvorkommen, weltweite   639
Lösungen, hydrothermale   777–780, **834**
Lösungsverwitterung   207–208
lotrechte Verschiebungen   338, **838**
Love-Wellen (L-Wellen)   **838**
Low Velocity-Zone   **838**
Lücke, seismische   **845**
Luftblasen, Gletschereis   699
Luftverschmutzung   704
– Kohle   758
lunare Brekzie   **838**
lunarer Regolith   798
Luvbreite   **838**
L-Wellen   *siehe* lange Wellen, Love-Wellen

M

Mäander   518, **838**
– einschneidende   524–525, **831**
mafische Gesteine   *siehe* basaltische Gesteine
mafische Silikate   *siehe* dunkle Silikate
mafische Zusammensetzung   *siehe* basaltische Zusammensetzung
Magma   122–125, **838**
– andesitisches   146
– basaltisches   146
– Beschaffenheit   124
– Entstehung   139–140
– Entwicklung   141–144
– flüchtige Bestandteile   124
– Förderwege am Meeresboden   433
– granitisches   146–147

– Herkunft   138–141
– Kristallgröße   126
– Kristallisation   125
– primäre   146
– Schmelze   124
– sekundäres   147
– Texturen   126–129
– und Druck   139
– und flüchtige (volatile) Bestandteile in Erdmantel   140
– und Temperatur   139
– Unterschied zu Lava   124
– Viskosität   155
– Zusammensetzung   144–147
magmatische Aktivität
– an divergenten Plattengrenzen   190–191
– an konvergenten Plattengrenzen   187–190
– innerhalb der Platten   191–192
– intrusive   181–185
– und Plattentektonik   186–192
– Vulkane und andere   151–195
magmatische Differentiation   142–143, 456, **838**
– Mond   799
magmatische Gefüge   126–129
magmatische Gesteine   30, 121–147
– Entstehung   34–35
– Granit   134–136
– Kieselsäureanteil   132–133
– Magma als Ausgangsmaterial   122–125
– Magmatite   129–133
– mineralogische Zusammensetzung   132–133
– Namensgebung   133–138
magmatische Körper
– massive   181
– tafelförmige   181
magmatische Prozesse, Mineralressourcen   775–780
magmatische Segregation   775–777
Magmatit   125, **838**
– *siehe auch* magmatische Gesteine
Magmenmischung   144, **838**
Magnetfeld
– Rolle für Leben auf Erde   718
– Saturn   811
– *siehe auch* Erdmagnetfeld
Magnetfeldumkehrungen   410–412
magnetische Pole, und geographische Pole   410
magnetische Zeitskala   55
Magnetismus, fossiler   48–51
Magnetit   50
Magnetometer   **838**

Magnitude   364, **838**
Magnitudenskalen, Erdbeben   367–369
Malaspina-Gletscher, Piedmontgletscher   582
Manganknollen   **838**
– Entstehung   257
Mantel   **838**
– Erdgeschichte   722
– Mond   799
– *siehe auch* Erdmantel
Mantelgestein
– Alterung   431
– Aufschmelzung   430, 455
Mantelkonvektion   78–79, 473–474
– Antrieb für Plattenbewegung   76
– Venus   801
Mantle Plumes (Mantelddiapire)   73, **838**
– Grabenbruchbildung   438–440
– Korallenatolle   429
– Marsvulkane   805
– Modell   191–192
– Wärmeverteilungsmechanismen   439
Maria   796–798, **838**
– Entstehung   798
– Mondoberfläche   795
Marianengraben   426
marine Ablagerungsräume   251
– *siehe auch* Ozeanbodensedimente
Marine Protected Area (MPA)   437
marine Terrassen   654–655
Marmor
– als Beispiel für metamorphes Gestein   34
– Deformation   329
– Eigenschaften und Entstehung   277–278
– Entstehung   274
Mars   802–807
– Canyons   805
– Geschichte   804–805
– Oberflächenwasser   806
Marschland   528, **838**
Mars Global Surveyor   805
Marslandschaft   790
Marsmonde   807
Martha's Vineyard, Küstenlinie   645
Masse, Trägheit, der   359, **847**
Massenbewegungen   201, **838**
– aufgrund von Schwerkraft   477–502
– Auslöser   481–486
– Erdrutsche   479
– Felsrutschung   491
– Fließen   495

– Klassifizierung 486–489
– Kontrollfaktoren 481–486
– Küstenlinie 665
– langsame 496–497
– Materialart 486–489
– Muren 491–495
– ohne Auslöser 486
– Perm 744
– Permafrostlandschaft 497–498
– Rolle des Wassers 484
– Sackung 489–490
– submarine Rutschungen 498–499
– übersteile Hänge 484
– und Geländeform 479–481
Masseneinheit, atomare **828**
Massenzahl, eines Atoms 93
Massiv (Pluton) **838**
massive magmatische Körper 181
Matthews, D.H., geomagnetische Umpolung 54
Mauna Loa, Schildvulkan 165–167
mechanische Verwitterung **838**
– *siehe auch* physikalische Verwitterung
medianer Kammgraben (Grabenbruch) 428, 430, **838**
Meereis
– arktisches 708–709
– Aufbrechen des antarktischen 703
– Klima-Rückkopplung 709
Meeresboden
– Bildung 429
– Kartierung 417–419
– *siehe auch* Ozeanboden
Meeresschutzzone 437
Meeresspiegel
– Anstieg 583, 645, 670, 707–709
– Schwankungen 731–732
– Veränderung 602
Meeresströmungen
– Erdgeschichte 731
– Vergletscherung 611
Meeresterrasse, Küstenformen 670
Meerwasser
– Erdgeschichte 725
– und ozeanische Kruste 434
Mensch
– Leben in Vulkannähe 179
– und Dinosaurier 316
– und Geologie 4–5
Mercalli-Intensitätsskala *siehe* modifizierte Mercalli-Intensitätsskala
Merkur 800–801
Mesosaurus, Beleg für Kontinentaldrift 43
Mesosphäre **838**

Mesozoikum 316, 743–747
mesozoische Ära **838**
Metallbindung 92, **838**
metallische Mineralen, Vorkommen 774
Metallsulfide, hydrogene Ozeanbodensedimente 257
metamorphe Aureole 279
metamorphe Fazies 287–288, **838**
metamorphe Gefüge 271–275
metamorphe Gesteine 32, 275–278, **838**
– Entstehung 34–35
– Fossilien 270
– Gletschereis 270
– Klassifikation 276
metamorphe Milieus 278–283
– Interpretation 287–290
metamorphe Prozesse, Minerallagerstätten 780
Metamorphose 263–290, **838**
– Arten 278–283
– chemisch wirksame Fluide als Ursache 269–270
– Differentialspannung als Ursache 268–269
– Dislokations- 33
– entlang Störungszonen 282
– Entstehung 266–270
– hydrothermale 33, 280–281, 434
– Impakt- *siehe* Impaktmetamorphose
– Kontakt- *siehe* Kontaktmetamorphose
– Regional- *siehe* Regionalmetamorphose
– Schock- *siehe* Impaktmetamorphose
– Subduktionszonen- 281
– thermische 33
– Thermo- *siehe* Kontaktmetamorphose
– Umgebungsdruck als Ursache 267–269
– Versenkungs- *siehe* Versenkungsmetamorphose
– Wärme als Ursache 266
Metamorphosegrad, Leitmineralen 284–286
Metamorphosezonen 283–286
– Gefügevariationen 283
Metasomatose 269, **838**
– ozeanische Kruste 434
Meteor **839**
Meteorite 821–822, **839**
– Entstehung 22

– Rolle bei Erforschung der Erde 25
Meteoriteneinschlag, Klimawandel 695
Meteoritenschauer 821
Meteoroid **839**
Meteorschauer **839**
Methan
– Klimagas 700
– Planetenatmosphären 794
Methanhydrat 759
Miami Beach, Aufsandung 662
Migmatite **839**
– Eigenschaften und Entstehung 285–286
Mikrokontinente 464, **839**
Mikrometeorite 821, **839**
Milankovitch, M., Hypothese zur Vergletscherung 609
Milieus
– Metamorphose 265, 278–283, 287–290
Minerale 29, 83–117, **839**
– Atombindungen 90–92
– auskristallisierende 434
– Dichte 104
– Einteilung (Klassifizierung) 105–107
– Elemente als Baueinheiten 88–90
– Festigkeit 102–104
– Glasverarbeitung 88
– in Nahrungsergänzungsmitteln 87
– Isotopen 92–93
– Kristalle und Kristallisation 93–100
– Kristallform oder Habitus 102
– metallische 774
– Modifikationen 99–100
– nichtmetallische (als Baumaterialien) 783–784
– Nichtsilikate 114–117
– physikalische Eigenschaften 100–105
– Silikate 107–114
– spezifisches Gewicht 104
– Stabilität 289
Mineralklassen 106–107
Mineralkörner, Schieferung 271–272
Minerallagerstätten 780
– Kontinentalschelf 422
Mineralogie **839**
Mineralphasenwechsel, Dichte des Erdmantels 389
Mineralressourcen 753–788, **839**

– nichtmetallische 782–785, **840**
minoische Kultur, Untergang 172
Mississippi
– Durchfluss 511
– Hochwasser 535
– Lössklippen 638
Mississippi-Delta 527–528
– Küstenfeuchtgebiete 530–531
– Subdeltas 529
Missoula-See, Eiszeit 606
Mittelatlantischer Rücken, Entdeckung 52
Mittelmoräne 596–597, **839**
Mittelozeanische Rücken 29, **839**
– Anatomie 426
– Bewegung 75
– Topographie des Ozeanbodens 419
– *siehe auch* Ozeanische Rücken
Modell **839**
Modifizierte Mercalli-Intensitätsskala 366–367, **839**
Mohorovičić-Diskontinuität (Moho) **839**
– Entdeckung 394
Mohs-Skala 102–103, **839**
Molen 659, **839**
Mollisol 221
Momenten-Magnitude **839**
– Berechnungsverfahren 368
Mond
– Boden 217
– galileischer 809
– Geschichte 799–800
– Gezeitenberge 671
– Kraterdichte 799
– Oberfläche 795–799
– tektonische Prozesse 798
– Terrae 795
– Topographie 797
Monoklinale 335
Monokline **839**
Mono-Krater, Lavakuppen 180
Moräne, Typen 596–597
Moränenschutt **839**
– Landschaftsformen 595–600
– Mineralzusammensetzung 596
Morley, L.W., geomagnetische Umpolung 54
Mount Kenia, Grabenbruchsystem 435
Mount Pelée, Ausbruch 173–174
Mount Rainier, Lahare 175
Mount St. Helens
– Anatomie des Ausbruchs 156
– Ausbruch 152–154

– Lahare 175, 493
– vulkanische Aktivität und Klimawandel 692
– Zerstörung der Umgegend 159
Mulde **839**
– *siehe auch* Becken
Mündung **839**
– Flussprofil 511
Muren 491–495, **839**
– Bebauung 493
– Berghänge 495
– Konsistenz 492
– vulkanische 493
Murenabgang 482
Muschelschillkalk, Entstehung und Aufbau 243
Muskowit, Vorkommen und Aufbau 112
Muster
– dendritisches 531, **830**
– Entwässerung 531–534, **845**
– Radial- **843**
– rechtwinkliges **843**
– Wind 731
Mutterboden **839**
Mutterisotope 310
Mylonite 282

N

Nachbeben **839**
– Phänomen und Ursachen 356
Nacktsamer, Mesozoikum 743
Nährgebiete **839**
– Eisschilde 581
– Gletscher 588
Nantucket, Küstenlinie 645
Naturkatastrophen 479
natürlicher Damm **839**
Nebenfluss 526, **839**
Nebulartheorie 20–21, 794, **839**
negative isostatische Subduktion 442
negative Rückkopplung 18, 702, **839**
Nehrung 655
Neptun 813–815
Neutron 89, **840**
Nevado del Ruiz, Lahare 175
Nicht-Eisen-Magnesium-Silikate *siehe* helle Silikate
nicht erneuerbare Energien 755–756, **840**
nicht fließender artesischer Brunnen **840**
nichtklastisches Gefüge **840**

nichtmetallische Minerale, als Baumaterialien 783–784
nichtmetallische Mineralressourcen 782–785, **840**
Nichtsilikate 114–117
Niederschläge 506
– globale Erwärmung, Auswirkungen 705
– Grundwasserspiegel 549
– Trockengebiete 620
Nildelta 527
Nippflut 673, **840**
Nonconformity **840**
– Rolle bei Datierung 300
Nordamerika
– Entstehung 729–730
– Känozoikum 736–737
nordamerikanische Kordilleren 465
Nordwestpazifik, Erdbeben 455
normale Polarität **840**
– von Gesteinen 55
Northridge-Erdbeben 485–486
Nuuanu-Trümmerlawine 499

O

oberer Mantel, Aufbau 395–396
Oberflächenablagerung, sortierte 633
Oberflächentemperatur
– Anstieg 698
– Klima-Rückkopplung 702
Oberflächenwellen **840**
– Erdbeben 360
Oberlauf **840**
– Flussprofil 511
Obsidian 127–128
– Vorkommen und Aufbau 135–136
offenes System 17, **840**
Okkultation **840**
Ökosystem 437
Oktett-Regel **840**
Old Faithful, Geysir 558
Oldham, R. D., Entdeckung der Kern-Mantelgrenze 396–398
Olivin
– Kristallstruktur 99
– Mineral im Erdmantel 395–396
– Vorkommen und Aufbau 113
Ölsande 762–763
Ölschiefer 762–763
– Verteilung 763
Olympus Mons, Marsvulkan 804
Oolith, Entstehung 244
Oort, J., Kometen 820

Oort'sche Wolke 820, **840**
Ophiolithkomplex 433, **840**
orbitale Wasserbewegung 648–649
Ordnungszahl 90, **840**
Ordovizium 317, 742
organisches Sedimentgestein 250, **840**
– Entstehung und Aufbau 246–248
Orgelpfeifenkaktus-Nationalmonument 616
Orinoco-Schild 28
Orogenese 448–451, **840**
– entlang Subduktionszone des Andentyps 456
– und Akkretion 464–465
Os *siehe* Esker
ostafrikanisches Grabenbruchsystem 435, 438
ostpazifischer Rücken 432
ostpazifisches Becken 430
Oszillationsrippeln 258
oszillierende Welle **840**
Oxidation **840**
– chemische Verwitterung 208–209
Oxisol 221
Ozeanbecken
– absinkendes 443–444
– Entstehung 435–442
– passive Kontinentalränder 437
Ozeanboden
– Bohrungen 70–72
– divergente Plattengrenzen 415–448
– Echoloterkundung 417–419
– Erkundung aus dem All 419
– Kartierung 417–419
– Kontinentalränder 420–424
– Merkmale 28–29
– Probennahme 72
– Provinzen 419–420
– Tiefseebecken 424–426
– Topographie 416
– Ursprung und Entwicklung 415–448
Ozeanbodensedimente
– Eigenschaften und Verteilung 256–257
– Klimawandel 683
Ozeanbodenspäne 429
Ozeanbodenspreizung (Seafloor Spreading) 53–54, 732, **840**
– und divergente Plattengrenzen 62–63
– und geomagnetische Umpolung 55–56
– und ozeanische Rücken 429–432

Ozeanbohrprogramm 72
Ozeane, Entwicklung 725–726
ozeanische Bruchzone **840**
ozeanische Kruste 23, 416
– Aufbau 392
– Beschaffenheit 432–435
– Entstehung 433–434, 726
– Schichtaufbau 433
– und Meerwasser 434
ozeanische Lithosphäre
– Alter 442
– Gebirgsbildung 455
– Subduktion 442
– Zerstörung 442–444
ozeanische Rücken 29, 416, 419
– Anatomie 426–432
– Anstiege 432
– Aufwölbung 431
– Entdeckung 52
– Topographie 428, 431–432
– und Ozeanbodenspreizung 62–63, 429–432
– *siehe auch* mittelozeanische Rücken
ozeanisch-kontinentale Konvergenz 65
ozeanisch-ozeanische Konvergenz 65–67
Ozeanplateaus 424, 426, **840**
Ozeanwellen
– Energiequelle 773
– idealisierte 648
– Merkmale 647
Ozon, Entwicklung der Atmosphäre 724–724

P

Pahoehoe-Lava **840**
Paläoklimatologie **840**
Paläomagnetismus **840**
– und Kontinentaldrift 48–52
– und Plattenbewegung 74
Paläontologie 303, **840**
– Unterschied zur Archäologie 307
Paläoseismologie, zur Erdbebenvorhersage 380
Paläozoikum 316, 732–734
– Entwicklung des Lebens 740–743
paläozoische Ära **841**
Pangäa **841**
– Auseinanderbrechen 47, 441
– Entstehung 733–735
– Idee der Kontinentaldrift 42
– Mesozoikum 735
– Vergletscherung 608

Panthalassa, Urozean 43
Parabeldünen 638, **841**
Paradigmen 12, **841**
Paraná-Basaltprovinz 440
Parasitärkrater 164, **841**
Parícutin, Schlackenkegelvulkan 168–169
partielle Aufschmelzung 65, 146, **841**
Pass (Col) **841**
– Gletschertäler 591
passive Kontinentalränder **841**
– Ozeanbecken 437
– Ozeanboden 422–423
– Wachstum durch Massenbewegungen 499
passive Sonnenkollektoren 765
Paternoster-Seen 591, **841**
Pathfinder, Marserkundung 803
Pazifikküste, USA, Erosionsprobleme 664–665
pazifischer Feuerring 169, 186–187
Pazifischer Ozean
– Erdbebengürtel 363
– Tiefseegräben 424
Pegmatite 776, **841**
pegmatitisches Gefüge 129, **841**
Pele's Haar 128
Pelit *siehe* Tonstein
Peridotit **841**
– Gestein im Erdmantel 395–396
– Vorkommen und Aufbau 132
Periode **841**
– jurassische 734
Perioden (Systeme), Aufbau der Zeitskala 316, 720
Periodensystem 88–89, **841**
Perm 317, 744
Permafrost 709–710, **841**
– Analogie auf dem Mars 807
– geographische Verteilung 498
– Solifluktion 496
Permafrostlandschaft
– Empfindlichkeit 497–498
– Schutz 499
Permeabilität 553–554, **841**
Perowskitstruktur, von Mineralen im Erdinneren 396
Perrault, P., Herkunft des Wassers in Flüssen 556
Pfeilspitzen, aus Hornstein 245
Pflanzen
– Mesozoikum 743
– Rolle bei Bodenbildung 218–219
Phanerozoikum 316, 732
phanerozoische Geschichte 732–737

phanerozoisches Äon 841
Phänokristall 841
phänokristallines (grobkörniges) Gefüge 127, 841
Phasenumwandlung 100
Photosynthese
– Entwicklung der Erdatmosphäre 719, 724
– Kohlensttoffkreislauf 242–243
Photovoltaik-Zellen 766
Phyllit, Eigenschaften und Entstehung 275
physikalische (mechanische) Verwitterung 202–207
– Druckentlastung 203
– Frostsprengung 202
– thermische Ausdehnung 204–206
physische (physikalische) Geologie 841
Piedmont-Gletscher 581, 841
Pillowbasalt (Kissenbasalt) 841
Pillowlava (Kissenlava) 160–161, 433, 841
Pinatubo, vulkanische Aktivität und Klimawandel 693–695
Pipes 180
planetare Geologie 789–826
Planeten 791–795
– äußere 792, 828
– Beschreibung der 800–815
– Entstehung 720–723, 791–792
– innere 792, 834
– jovianische 794, 835
– physikalische Daten 793
– terrestrische 792–793, 847
– Zusammensetzung 793–794
Planetenatmosphären 794–795
Planetesimale 841
– Asteroiden 815–817
– Entstehung 22
– und Protoplaneten 722, 791–792
plastisches Fließen 585, 841
Plateaugletscher 581
Plateaus 451
– ozeanische 424
Platten
– absinkende 423
– subduzierende 443–444, 451–454
– *siehe auch* Lithosphärenplatten
Plattenbewegungen
– Antrieb 75–78
– Messung 74–75
– Paläozoikum 733
Plattendestruktion 451
Plattengrenzen 59–62

– divergente *siehe* divergente Plattengrenzen
– Kontinentalränder 420
– konvergente *siehe* konvergente Plattengrenzen
Platteninneres, magmatische Aktivität 191–192
Plattenkollisionen 450
– Kontinente 459–464, 728
Plattenkonvergenz 424
Platten-Mantel-Konvektion 443
– Modelle 77–79
Plattenränder vom Andentyp, Gebirgsbildung 455–457
Plattensog (Slab Suction) 440–442, 841
– *siehe auch* Subduktions-Ansaugkraft
Plattentektonik 39–80
– als Paradigma 57–62
– Bedeutung der Theorie 78–80
– Einfluss auf Flüsse 535
– Prüfung des Modells 70–74
– und Erdbeben 383–385
– und magmatische Aktivität 186–192
– und Vergletscherung 608–609
Plattenwiderstand 842
Plattenzug (Slab Pull) 77, 842
– Entstehung eines Ozeanbeckens 440–442
Playa, Wüstenlandschaft 625
Playasee 842
Playfair, J. 522
Plazentatiere, Känozoikum 747
Pleistozän 606
– Aussterben großer Säugetiere 750
pleistozäne Epoche 842
Pluto 791–792
– als Zwergplanet 822–823
Plutone 842
– Platzierung 456
– Vorkommen und Aufbau 181–185
plutonisches Gestein 842
Plutonite 123
pluvialer See 604, 842
Polarität
– normale 840
– umgekehrte 848
– von Gesteinen 55
Pole, magnetische und geographische 410
Pollen, fossile 686–687
Polwanderung, scheinbare 51–52
Polymorphie 99, 842

polysynthetische Zwillingslaminierung 112
Pompeji, Zerstörung 170–172
Porenräume 236
– Grundwasserspeicherung 547, 552
Porosität 842
– Grundwasserspeicherung 551–553
Porphyr 842
porphyrische Gefüge 127, 842
Porphyrkupferlagerstätte 776
porphyroblastisches Gefüge 274, 842
positiver Rückkopplungsprozess 18, 702, 842
Potholes 514
Powell, J. W.
– geologische Zeitskala 295
– Konzept der Flusserosion 520
Präkambrium 316, 726–732, 842
– Eisenformation 724
– Eiszeitepisoden 608
– Superkontinente 730–732
Prallhang 518, 842
Prallufer 518
Priele 674
Primär, geologisches Zeitalter 317
primäre Magmen (Stamm-Magmen) 146
Primärwellen (P-Wellen) 360, 842
– und Aufbau des Erdinneren 396–398
primitive Erdkruste 722
– Entstehung 22
Prinzip der Auflagerung 7
Prinzip der Fossilabfolge 307, 842
Prinzip der Horizontbeständigkeit 298, 842
Prinzip der Überlagerung 297
Prinzip der ursprünglichen Horizontalität 297, 842
Profile
– Boden 220–222, 829
– Erdtemperatur 402–404
– Flüsse 511–514
– Longitudinal- 838
– reflexionsseismische 419, 843
proglaziale Seen 603–604
Projekt FAMOUS, Lavaausbrüche 434
Prokaryonten 842
– Erdgeschichte 738
Proterozoikum 316, 726
proterozoisches Äon 842
Protoatlantik 462
Protolith *siehe* Ausgangsgestein

Register

Proton **842**
Protoplaneten 722, 792, **842**
Protosonne,
  Planetenentstehung 791
Provinzen (geologische)
– nordamerikanische 729
– Ozeanboden 419–420
Proxies, Klimawandel 682
Proxy-Daten **842**
– Typen 686–687
Psammit 30
Pumpspeicherwerk,
  Wasserkraft 770
P-Wellen **842**
– *siehe auch* Primärwellen
Pyrit, Minerallagerstätten 781
pyroklastische Gesteine
– bei Vulkanausbruch 162
– Vorkommen und Aufbau 138
pyroklastische Lavaströme 173–174
pyroklastischer Strom **842**
pyroklastisches Gefüge 128, **842**
pyroklastisches Material **842**
Pyroxene, Vorkommen und
  Aufbau 113

Q

Quartär 317
– Känozoikum 736
Quarz
– chemische Verwitterung 212
– Vorkommen und Aufbau 112
Quarzit, Eigenschaften und
  Entstehung 278
Quarzsandstein 239
– Minerallagerstätten 780
Quastenflosser 742
Queen Charlotte-
  Transformstörung 444
Quellen 555–557, **842**
– artesische 560–562, **832**
– heiße 557–560, **834**
Quellkuppen *siehe* Lavakuppen

R

Radarhöhenmesser 419
radiale Wasserläufe 532
Radialmuster **843**
radioaktive Isotope
– Bedeutung für Erdtemperatur 400
– Datierung 308–315
radioaktiver Zerfall 92–93, **843**
radioaktive Stoffe, Freisetzung 765
radioaktive Zerfallskurve 312
radioaktive Zerfallsreihe 310

Radioaktivität 309–310
– *siehe auch* radioaktiver Zerfall
Radiocarbondatierung
  (C-14 Datierung) 313, **843**
radiometrische Datierung 308–315, **843**
– Bedeutung 314–315
– Kalium-Argon-Methode 312–313
– Kohlenstoff-14-Methode 313–314
– Schwierigkeiten 317–318
– Verlässlichkeit 313
– wichtige Isotope 312–313
Radon, Umweltradioaktivität 311
Ränder *siehe* Plattengrenzen
Raumwellen **843**
– Erdbeben 360
Reaktionsreihe, Bowen'sche 142, 145, **843**
rechtwinkliges Muster **843**
reflexionsseismische Profile 419, **843**
Regenfälle
– intensive 481
– sporadische 625
Regenperioden, Trockengebiete 624
Regenschattenwüsten 619–620, **843**
Regentropfen, Auftreffen 225
Regenwald, Auswirkung der
  Abholzung auf den Boden 224
Regenwasser,
  Grundwasserspiegel 549
regionale Erosionsbasis 520
– *siehe auch* temporäre
  Erosionsbasis
Regionalmetamorphose 33, 281–282, 780, **843**
Regolith **843**
– lunarer 798
Reibungsbrekzie 282
Reid, H.F. 355
Reihendünen 637
Rekordflutpegel 505
Rekristallisation, Beispiel für
  diagenetische Veränderung 248
Rekurrenzintervall **843**
relative Datierung 7, **843**
– Anwendung auf hypothetisches
  Profil 300–301
– Anwendung auf Mond 302–303
– Grundprinzipien 295–301
Reliefbildung,
  Festlandsoberfläche 507
Reptilien 747–749
– Mesozoikum 745
Reserven **843**
– Mineralvorkommen 774
Reservoir, geothermisches 772

Residualboden **843**
Ressourcen
– Energie und Minerale 753–788
– größere Nachfrage durch
  Bevölkerungswachstum 756
– Grundwasser 562
– Wasser 546, 706–707
Resurgenz 177
Rhone-Gletscher, Erforschung 13
Rhyolit, Vorkommen und
  Aufbau 135
Richtermagnitude 367
– Skala 368
Richterskala **843**
Ridge Push *siehe* Rückenschub
Riesenplaneten 792
Riesenüberschwemmungen 606
Riffe 241
Rift Valleys 428, 430
Rillen **843**
Ringsystem
– Jupitermonde 810–811
– Saturn 811
Rinnen, Bodenerosion 225
Rinnsale, fließendes Wasser 508
Rippelmarken **843**
– Entstehung 257
Rippströmungen 654
Risse, als Folge von Erdbeben 357
Rocky Mountains, Anhebung 736
Rodinia 730
– Appalachen-Entstehung 462
Röntgendiffraktion,
  Kristalluntersuchung 95
ROPOS, Tauchroboter 436
Rotationsrutschungen 489
Rotes Meer,
  Grabenbruchsystem 435
Rücken
– Mittelozeanische *siehe*
  Mittelozeanische Rücken
– ostpazifischer 432
– Ozeanische *siehe* Ozeanische
  Rücken
Rückenschub (Ridge Push) 77, **843**
Rückensedimente,
  Spreizungsrate 432
Rückfederung
– elastische **831**
– nach Krustenabsenkung 601–602
Rückkopplung
– negative 18, 702, **839**
– positive 18, 702, **842**
Rückkopplungsmechanis-
  men 17–18
rückschreitende Erosion 533, **843**
Rückspülung, Strand 649

Rückzugsmoränen 598, **843**
Ruhewasserspiegel 647
Rundhöcker 594, **843**
Rundungsklassen, klastische Sedimentgesteine 237–238
Rutschungen 488–489, **843**
– Massenbewegungsprozesse 486
– submarine 498–499

S

Sackung 489–490, **843**
Saffir-Simpson-Wirbelsturm-Skala 668
Sagan, C. 697
Sahelzone, Wüste 631
Salinität **843**
– Meerwasser 725
Saltation 516, 628, **843**
Salz, als Industriemineral 785
Salzkristallwachstum (Salzverwitterung) 203
Salzpfanne **843**
Salzstöcke, Erdölfallen 761
Salztonebene **843**
– Wüstenlandschaft 625
Salzverwitterung *siehe* Salzkristallwachstum
Salzwasserkontamination 563–566
Salzwasserspiegel, Grundwasser 566
San Andreas-Verwerfung 344–345
– aktive Erdbebenzone 357–358
– Erdbebenwahrscheinlichkeit 381
– subduzierende Platten 444
Sand, Bodenfracht von Flüssen 516
Sandablagerungen 634–639
Sandbänke 655
Sandbewegungen, Strand 651–654
Sanddünen
– Arten 635–638
– Verteilung 635
Sanderebenen 600–601, **844**
Sandhaken **844**
Sandkörner, Bewegung 628
Sandmeer 637
Sandstein 30
– Entstehung und Aufbau 237–239
– Paläozoikum 733
– Zusammensetzung 237–239
San Francisco-Erdbeben (1906) 354–355
– Feuer 376
San Joaquin-Tal, Landabsenkung 564
Santorin, Vulkanausbruch 172

Satellitenbilder, zur Erforschung der Erde 11
Satellitenhöhenmesser 420
Satellitenpositionierungstechnik, Messung der Plattenbewegung 74
Sattelstruktur 336
Sättigungszone **844**
– Aquitard 557
– Grundwasser 548
Saturn 810–813
Saturnmonde 812–813
Saturnringe, Teilchendichte 811
Sauerstoff, Anreicherung in der Atmosphäre 724–725
Sauerstoffisotopenanalyse **844**
– Klimawandeluntersuchungen 683–685
Säugetiere
– große 749–750
– Känozoikum 747
säulenförmige Klüftung (Columnar Joints) **844**
Säulenklüfte
– Entstehung 183, 346
saurer Regen
– chemische Verwitterung 210
– Erdgeschichte 725
Schalen 831
Schalenaufbau 391–399
– Erdkruste 392
– nach physikalischen Eigenschaften und chemischer Zusammensetzung 390
– und Schwerkraft 389
Schalengrenze *siehe* Moho
Schalenmodell, des Atoms 89–90
Schalenstruktur, der Erde 24
Schallwellen, im Wasser 418
Schattenzonen **844**
– von P- und S-Wellen 397–398
schaumgekrönte Wellen 648
Schelfabbruch **844**
Schelfeis 581, **844**
– Zusammenbruch 583
Schelftäler 422
Scherspannung 327–328
– *siehe auch* Stress
Schichten (Strata) 30
– gradierte 255, **834**
– konkordante 836
– *siehe auch* Sedimente
Schichtflächen 255, **844**
Schichtfluterosion 225
Schichtlücken **844**
– Rolle bei Datierung 300
Schichtrippen 336, **844**

Schieferung 33, **844**
– metamorphes Gestein 271–272
Schiefrigkeit 236, **844**
Schilde 28, 728, **844**
Schildvulkane 165–167, 802, **844**
– Ergüsse 430
Schlacke *siehe* Vulkanschlacke
Schlackenkegel (Lockerstoffvulkane) 167–169, **844**
Schlackenlavaströme, bei Vulkanausbruch 159
Schlackenvulkan *siehe* Schlackenkegel
Schlag *siehe* Sturz
Schlämme, biogene 257
Schlammströme 478, 492–493
– bei aktiven Vulkanen 174–175
– *siehe auch* Lahare; Muren
Schleifmittel, Verwendung nichtmetallischer Minerale 783
Schleppkraft 516–517, **844**
Schliffkanten 591, **844**
Schlote 180, **844**
– hydrothermale 738
– Vulkane 163
Schluffablagerungen, windverblasene 638
Schmelze **844**
– Magma 124
Schmelzkurven, Granit 139
Schmelzwasser, Gletscher 586
Schneefeld **844**
Schneekristalle 585
Schneelawinen 490
Schockmetamorphose 285
– *siehe auch* Impaktmetamorphose
Schollen, und Verwerfungen 338–343
Schollenlava **844**
– *siehe auch* Blocklava
Schotter, fluvioglaziale 600, **832**
Schottersandbank **844**
Schrägschichtung 635
– Windablagerungen 634
Schrammen (glazial) **844**
Schuttfächer
– alluvialer 251
– *siehe auch* Alluvialfächer
Schutthalden, physikalische Verwitterung 203
Schuttkegel 487
Schuttrutschungen 491
– *siehe auch* Felsrutschung
Schwarzer Raucher 434, 436, **844**
– hydrothermale Lösungen 778
– *siehe auch* Black Smoker

Schwebefracht 515–516, **844**
Schwefel, Industrieminerale 785
Schwefeldioxid, Einfluss auf Klima 703
Schweif, Kometen 817
Schweißtuff **844**
– *siehe auch* Ignimbrit
Schwerkraft
– Anomalien/Variationen 404–406
– Auswirkungen 477–502
– einzigartige Lebensräume 718
– Gezeiten 671
– Massenbewegung 481
– Rolle bei Schalenaufbau 389
Schwerkraftgleitung, Grabenbruchbildung 438–440
Seafloor Spreading *siehe* Ozeanbodenspreizung
Sedimentablagerung
– Bereiche von Flusssystemen 509
– Wasserläufe 515–517
sedimentäre Fazies 254
sedimentäres Milieu *siehe* Ablagerungsräume
Sedimentation
– Alluvialfächer 532
– Rolle bei Bodenerosion 227–228
Sedimentationsfluss-niederungen 524
Sedimentationsräume 250–254
– Arten von 251–254
– sedimentäre Fazies 254–255
Sedimente **844**
– Akkretionskeil 456
– biochemische **829**
– biogene 256, **829**
– Entstehung 34–35
– glaziale 594
– hydrogene **834**
– Iridiumgehalt 748
– klastische 30
– Klimawandel 683
– Kontinentalfuß 423
– terrigene 256, **847**
– Wüstenpflaster 632
– *siehe auch* Schichten
Sedimentfallen
– Dämme 540
– Windablagerungen 634
Sedimentgesteine 30, 231–260, **845**
– chemische *siehe* chemische Sedimentgesteine
– Diagenese und Verfestigung 248–249
– Klassifikation 249–250
– klastische *siehe* klastische Sedimentgesteine

– organische *siehe* organisches Sedimentgestein
– und Kohlenstoffkreislauf 242–243
– Ursprung 233–234
Sedimentschichten
– Deformation 328
– Gebirge 450
Sedimentstrukturen 255–260
Sedimenttransport
– Bereiche von Flusssystemen 509
– Strand 654
– Wasserläufe 515
– Wind 628–629
Sedimentverfestigung 248–249
Seebeben 373
Seen
– Altwasser 519
– Paternoster- 591, **841**
– pluviale 604, **842**
– proglaziale 603–604
– verschwindende 573
Seewellen, seismische *siehe* Tsunamis
Segregation, magmatische 775–777
Seiches, Erdbeben 373
Seifen 781–782, **845**
– Vorkommen 782
seismische Anisotropie 395
seismische Erschütterungen, Zerstörung durch 370–373
seismische Flutwellen 650
seismische Instrumente 425
seismische Lücke **845**
seismische Seewellen *siehe* Tsunamis
seismische Tomographie 406–408
seismische Wellen
– Ausbreitung 390
– charakteristische Bewegung 361
– durch Erdbeben 353
– Erforschung der Erde 25, 389–393
– Reflexionen 391–392
– Schattenzonen 397–398
– Strahlenwege 391
– und Moho 394
– Verstärkung 371–372
– *siehe auch* Erdbebenwellen
Seismogramm 360, **845**
Seismographen **845**
– Prinzip 359–360
Seismologie **845**
– Forschungsgebiet 358–362
Seitenmoräne 596–597, **845**

seitenverschiebende Plattengrenzen 59
– *siehe auch* Transformstörungen
Seitenverschiebungen **845**
– *siehe auch* Blattverschiebungen
Sekundär, geologisches Zeitalter 317
sekundäre Anreicherung 780, **845**
sekundäre Magmen 147
Sekundärwellen (S-Wellen) 360, **845**
– und Aufbau des Erdinneren 396–398
selektive Verwitterung 214
seltene Erden 777
semiaride Gebiete
– Muren 492–493
– Steppe 617
Senklot, Vermessungsfehler 472
Serien (Abteilungen), geologische Zeitspannen 316
Sheeted Dyke-Komplex 433, **845**
Shinkai, Tiefseetauchboot 421
Sicheldüne (Barchan) 636–637, **845**
Sidescan Sonar 418
Siedepunkt, Geysire 559
Sierra Nevada 457–459
Silikate 107–114
– dunkle (mafische) 113–114, **830**
– häufige 110–114
– helle (felsische) 111
– leichte **837**
Silikatminerale **845**
– chemische Verwitterung 212
Silikatstrukturen, Bindungen 109
Silikon, Aufbau 109
Silizium-Chips, Aufbau 109
Silizium-Sauerstoff-Tetraeder 107–108, **845**
Sillimanit, Stabilität 289
Sills *siehe* Lagergänge
Siltstein 236
Silur 317
Simpson-Wirbelsturm-Skala 667
Simulationen
– des Erdinneren 393
– Magnetfeldumkehr 412
Sinkgeschwindigkeit **845**
– Sedimenttransport 515
Skarn 280
Slab Pull *siehe* Plattenzug
Slab Suction *siehe* Plattensog; Subduktions-Ansaugkraft
Sohlgleitung 585
Solarenergie *siehe* Sonnenenergie
Solarnebel 20, **845**
– Planetenentstehung 791

Register

Solar One 767
Solarzellen 766
Solifluktion 495–497, **845**
Solifluktionsloben 497
Sommertrockenheit, globale Erwärmung 705
Sonar 417, **845**
Sonne, Einfluss auf Klima 695–696
Sonnenenergie 765, 688–689
– atmosphärische Absorption 689–690
– Kosten 766
Sonnenflecken **845**
– Dürreperioden 696
– Einfluss auf die Temperatur 696
Sonnenfleckenzyklus, und Klimawandel 695
Sonnenkollektoren
– aktive 766
– passive 765
Sonnenstrahlung, Variationen 695–696
Sonnensystem
– Entstehung 20–21
– Erde im 718–719
Sonnenwind 723
Sortierung **845**
– klastische Sedimentgesteine 237–238
– Minerallagerstätten 781
Spalierentwässerungsmuster 533, **845**
Spaltbarkeit (Gestein) 103–104, **845**
Spalte **845**
Spalten (Fissuren), Vulkanausbrüche 177
Spalteneruptionen **845**
– Vorkommen und Aufbau 177
Spannung 326, **845**
– *siehe auch* Stress
Speichergestein **845**
– Erdölfallen 760
Speläothem 569, **845**
spezifisches Gewicht 104, **845**
Spodosol 221
Spreizungsraten 431–432
– Rückensedimente 432
Spreizungszentrum *siehe* divergente Plattengrenzen
Springflut 672, **845**
spröde Deformation 329
spröder Bruch **845**
Sprödigkeit 102, **845**
Spuren, Fossilien 260, 305
Spurengase
– Klimawandel 697–702
– Rolle 700–702

St. Pierre, Zerstörung 173–174
stabile Plattform 28, **845**
Stadt, Wassersystem 561
Stalagmiten 569, **846**
Stalagnat 569, **846**
Stalaktiten 569, **846**
Stamm-Magmen *siehe* primäre Magmen
Stätten 307
Staubbecken (Dust Bowl), Erosion in den Great Plains 227
Staubpartikel
– bei Vulkanausbruch 162
– Wind 629
Staubstürme 630
– Mars 803
Stein-Eisenmeteorit 821, **846**
Steinkerne, Fossilien 305
Steinkohle **846**
– Entstehung 247
Steinmeteorite 821
Steinsalz, Entstehung und Aufbau 245–246
Steinzeit, Verwendung von Gesteinen 137
Stenos Gesetz 97
– *siehe auch* Gesetz der Konstanz der Kristallwinkel
Steppe **846**
– semiaride 617
Sterndünen 638–639, **846**
Stick-Slip-Bewegung, San Andreas-Verwerfung 358
Stickstoffoxid, Klimagas 700
Stillwasser 674
Stirnmoräne 598, **846**
Stock 184, **846**
Stoffaustausch, Fossilien 304
Störungsletten 282
Störungszonen, Metamorphose 282
Strahlen (Krater) **846**
Strahlung
– elektromagnetische 688
– Sonne 695–696
– terrestrische 690
– Wärme 399, 401
Strahlungsgesetze 689
Strain 327–328, **846**
– *siehe auch* Scherspannung
Strand 254, 647, **846**
– Anspülung 649
– Entwicklung 656–657
– Mineralzusammensetzung 647
– Sandbewegungen 651–654
Stranddrift 653–654, **846**
Strandfläche 647, **846**
Strandhinterland 646

Strandlinie
– relative Bewegungen 651
– Veränderung durch Klimawandel 708
Strandqualität, Uferbefestigungen 661
Strandterrasse (Berme) 647, **846**
– Sandbewegungen 652
Strandwälle, Erosionsprobleme 664
Strandwallinseln 656, **846**
Strata **846**
– *siehe auch* Schichten
stratigraphische Falle 761
Stratosphäre 693
Stratovulkane 164
– Leben in Umgebung 170–175
– Vorkommen und Aufbau 169–170
– *siehe auch* zusammengesetzte Vulkane
Streichen 332, **846**
Streichlänge 648
Stress 326
Strich **846**
Stricklavaströme, bei Vulkanausbruch 159
Strom 489
– Massenbewegungsprozesse 486
– pyroklastischer **842**
Stromatolithen 738, 740, **846**
Stromschnellen 523, **846**
Strömungsfäden, fließendes Wasser 508
Strömungsrippeln 258
Struktur
– Atome 308–309
– Colorado-Plateau 335
– Deltas 527
– eiszeitliche 608
– Erde 324–325, 404–408
– Erosions- 654–655
– geologische 330–332
– Gesteins- 330, **833**
– Kristall- 94–100
– Küstenlinien 654–657
– Perowskit- 396
– Sattel- 336
– Sediment- 255–260
– Silikat- 109
– Wüste 627
Strukturgeologie 324–325
Stürme
– Auswirkungen 658
– Zugbahnen, Folgen des Klimawandels 708
Sturmflut **846**

– Schaden durch
   Wirbelstürme 667–668
Sturmwellen 651
Sturz 487–488, **846**
Sturzfluten 536–539
Subduktion **846**
– Antrieb für Plattenbewegung 76
– negative Isostatische 442
– ozeanische Lithosphäre 442
– und Gebirgsbildung 455–459
– unter Auftrieb 442
Subduktions-Ansaugkraft
   (Slab Suction) 77, 441, 454
– *siehe auch* Plattensog
Subduktionsauftrieb **846**
Subduktionszonen **846**
– des Andentyps 456
– Dynamik 454
– Hauptmerkmale 451
– indische 460
– Metamorphose 281
– ozeanische Lithosphäre 442
– *siehe auch* konvergente
   Plattengrenzen
subduzierende Platten
– und Divergenz 443–444
– und Konvergenz 451–454
submariner Canyon **846**
submarine Rutschungen 498–499
Sulfidlagerstätten 779
Sümpfe, Paläozoikum 733
superkontinentaler Zyklus 730, **846**
Superkontinente **846**
– Pangäa 42
– Präkambrium 730–732
Supernova 722, **846**
Superplume, afrikanischer 407
Surges (Gletscherlauf) 587, **847**
Suspension *siehe* Schwebefracht
Suspensionsfracht, Wüsten 629
Süßwasser, Verteilung in der
   Hydrosphäre 547
Sutur 459, **847**
S-Wellen **847**
– *siehe auch* Sekundärwellen
symbiotische Bakterien 437
Synklinale 333, **847**
System 17, **847**
– geschlossenes 833
– offenes 840

T

Tafelberge 426
– *siehe auch* Guyots
tafelförmig (tafelig) **847**

tafelförmige magmatische
   Körper 181
Taifun, Gefahr für Küsten 665
Talgletscher 579–581
– Chigmit-Gebirge 580
– Entstehung 592
– Gesamtvolumen 583
– *siehe auch* alpine Gletscher
Talus 488
Talverbreiterung 523–524
Talvertiefung 523
Tambora, vulkanische Aktivität
   und Klimawandel 692
Taylor, F.B., Hypothese der
   Kontinentaldrift 54
Teersande 762
Tektite, Impaktmetamorphose 285
Tektonik 40, **847**
– *siehe auch* Plattentektonik
tektonische Milieus, und
   metamorphe Fazies 287–288
tektonische Platten *siehe*
   Lithosphärenplatten
Tektosphäre 407
Temperatur
– globale Erwärmung,
   Auswirkungen 705
– Sonnenflecken 696
– Wüsten 621
– *siehe auch* Erdtemperatur
Temperaturprofil, der Erde 402–404
temporäre (regionale)
   Erosionsbasis 520, **847**
Terrane 728, **847**
– Gebirgsbildung 464–466
– nordamerikanische 465
Terrassen **847**
– Fluss- 524–525
– Kames- 601, **835**
– marine 654–655
terrestrische Planeten 792–793, **847**
terrestrische Strahlung,
   Atmosphäre 690
terrigenes Sediment **847**
– Ozeanboden 256
Tertiär 317
– Känozoikum 736
Tethys 43
Texturen
– Gesteine 29
– Magma *siehe* Gefüge
„The Geysers", Energiefluss 773
Theorie 12, **847**
– Unterschied zur
   wissenschaftlichen
   Gesetzmäßigkeit 14
Theory of the Earth, J. Hutton 5–6

Thermalphasen 400
Thermometamorphose 33
– *siehe auch* Kontaktmetamorphose
Thermoremanenz 50
Three Fingers-Höhle,
   Grundwasser 548
tibetisches Hochland 460–461
Tide **847**
Tidenhub 672
Tiefenstufen
– geothermische 266, 403–404
Tiefseebecken 419, 424–426, **847**
– als topographische Merkmale 29
Tiefseeberge 29, **847**
– Guyots 52, 424, 426
– Rutschungen 498
Tiefseeebenen 424–426, **847**
Tiefseefächer 423, **847**
Tiefseegräben 424–425, 451, **847**
Tiefseeplateaus *siehe* Guyots
Tiefseeschlote, hydrothermale 436
Tiefseesedimente,
   Vergletscherung 610
Tiefseetauchboot
– Alvin 427
– Shinkai 421
Tiere, Rolle bei Boden-
   bildung 218–219
Tierwelt, Diversifizierung 741
Tillit **847**
– Vergletscherung 608
Tochterisotope 310, **847**
Todesopfer, Erdrutsche 486
Tomographie, seismische 406–408
Ton 235
– Entstehung bei chemischer
   Verwitterung 212–213
Tonminerale, Vorkommen und
   Aufbau 112
Tonschiefer
– Anwendungen 278
– Eigenschaften und
   Entstehung 275
– Metamorphose 286
– Vorkommen und
   Aufbau 235–237
Tonstein 30, 236
Topographie
– Asteroiden 816
– durch glaziale Erosion 590
– Eisschilde 581
– Erdoberfläche 26–27
– Karst- 569–572
– Küsten 644
– Mond 797
– Ozeanboden 416
– Ozeanische Rücken 428, 431–432

– Rolle bei Bodenbildung   219–220
– und Schwerkraftvariationen   405
– Venus   801
Torf, Entstehung   247
Tornado   669
Toteislöcher   600, **847**
Trägheit, der Masse   359, **847**
Transformstörungen   444
– als Plattengrenze   **847**
– Seitenverschiebungen   59, 68–70, 343, **847**
Translationsrutschung   489
Transpiration   506, **847**
Transversaldünen   637, **847**
Transversalschieferung   273, **847**
Transversalverschiebungen   *siehe* Blattverschiebungen
Travertin   **847**
– Entstehung   240, 243–244, 559
– Karsthöhlen   569
Treibeis   581, 586, 588
Treibhauseffekt   687, 690–691, 697, **847**
– Perm   745
Treibhausgase   18
– menschlicher Einfluss   697
– und Aerosole   703–704
– und Eiszeiten   610
Trias   317
Trichter, Karsttopographie   570
Trieste, Tauchkapsel   425
Trilobite   740
– Abdruck   260
Triton   815
TRMM (Tropical Rainfall Measuring Mission)-Satellitenmessungen   11
„trocken", Definition für Wüsten   620
trockenes Durchbruchstal   **847**
trockenes Klima   **848**
Trockengebiete, Verteilung   617–621
Trockenrisse   **848**
– Entstehung   255
Trogtal (Gletschertrog)   591, **848**
Tropfsteine, Bildung   240
Troposphäre   693
Trübestrom   258, **848**
Tschernobyl, Kraftwerksunfall   765
Tsunamis   **848**
– Entstehung und Auswirkung   373–375
– Frühwarnsysteme   375
– Indonesien 2004   374–375
– Karfreitag-Erdbeben (von Alaska)   373–375
– nach Krakatoa-Ausbruch   175
– submarine Rutschungen   499

Tuff   138
Tundra, Klimawandel   710
Turbidite   258, 423, **848**
Turbidity Currents   *siehe* Turbidite
turbulentes Fließen   509, **848**
Türkei-Erdbeben, Schäden und Ursache   382–383
Turmkarst   571

U

Überflutungen   505
– Wirbelstürme   669–670
Übergangssedimentationsräume   254
Übergangszone   23
– Erdmantel   395–396
Überholpunkt, seismische Wellen   394–395
überlagernder Fluss   **848**
Überlagerung, Prinzip der   297
Überschiebungen   338, 341, **848**
– kollidierende Kontinente   459
Überschiebungsgürtel   459
Überschwemmungen   534, **848**
– Mars   806
übersteile Hänge   484
Übertagebergbau
– Kohle   757
– Ölsande   762
Ufer   **848**
Uferbefestigungen   657–662
– alternative   661–662
– starre   659–661
Uferdamm   660
uferferne Zone   **848**
Uferhinterland   **848**
Uferlinie   **848**
ufernahe Zone   **848**
Ufersandbank   518, **848**
Ufervorland   **848**
Ultisol   221
ultramafische Zusammensetzung   **848**
Ultramafitite, Vorkommen und Aufbau   132
Uluru, Wüstenlandschaft   627
Umgebungsdruck   **848**
umgekehrte Polarität   **848**
Umlaufbahnen
– Asteroiden   816
– planetare   722
– Planeten   791
Umwelt   4–5
Umweltgeschichte, Jahresringe   685–686
Umweltindikatoren, Fossilien   307

Umweltverträglichkeit, elektrische Fahrzeuge   766
ungesättigte Zone   **848**
– Grundwasser   548
ungeschiefert   **848**
ungeschieferte Gesteine   277–278
unreifer Verwitterungsboden   **848**
Unterboden   **848**
unterer Mantel
– Aufbau   396
– *siehe auch* Mesosphäre
unterirdische Flüsse   554
untertauchende Küste   **848**
Unterwasserschall   417–418
Uran   764
Uranus   813
Urheberrecht, in der Wissenschaft   54
Urknalltheorie   720
ursprüngliche Horizontalität   **848**
– Prinzip der   297

V

vadose Zone, Grundwasser   548
Vajont-Damm-Katastrophe   487
Valenzelektronen   90, **848**
Vantnajükull, Eiskappe   582
Variationen, Sonnenstrahlung   695–696
Variegated-Gletscher, Bewegung   587
Vegetation, Entfernung   484–485
Venetz, I., Glazialtheorie   605
Venezuela, Muren   494
Venus   801–802
– Lavakanäle   801
– Wolkenschleier   801
Verbindungen, chemische   89, **848**
Verdichtung   **848**
– Gesteinsbildung   248
Verdichtungshorizont, Bodenprofil   225
Vereinigte Staaten, Erosion an Küsten   662–665
Verflüssigung   **848**
Vergletscherung
– Agassiz-See   603–604
– Exzentrizität der Erdbahn   609
– Gebirgstäler   *siehe* Talgletscher
– Glazialtheorie   604–607
– Klimawandel   578
– Meeresströmungen   611
– Pangäa   608
– Präzession   609
– Tiefseesedimente   610
– Tillit   608

– und Plattentektonik 608–609
– Ursachen 607–610
– *siehe auch* Gletscher
Verjüngung **849**
Versalzung 563–566
Verschiebungen
– Blatt- *siehe* Blattverschiebungen
– lotrechte 338, **838**
Verschmutzung
– chemische (Rolle bei Bodenerosion) 227–228
– Grundwasser 566–568
Versenkungsmetamorphose 281, **849**
Versickerung 506, **849**
Versickerungskapazität 508, **849**
Verstädterung, Auswirkungen auf Hochwasser 537
Versteinerung, Fossilien 304
Vertisol 221
Verwerfungen 337, **849**
– San Andreas- *siehe* San Andreas-Verwerfung
– und Erdbeben 354–355
Verwerfungsfallen, Erdölfallen 760
Verwerfungskriechen 358, **849**
Verwerfungsstufen 338, **849**
Verwerfungssystem, San Andreas 344–345
Verwerfungston 282
verwilderte Flüsse (Zopfflüsse, Flechtflüsse) 519–520, **849**
verwilderte Gerinne 518
Verwitterung 201–202, **849**
– biologische 206–207
– chemische 207–214, **829**
– Einfluss des Klimas 214–215
– Erzlagerstätten 780–781
– Geschwindigkeit 214–215
– im ariden Klima 621–625
– mechanische **838**
– Mondoberfläche 798–799
– physikalische (mechanische) 202–207
– selektive 214
– und Boden 199–228
Verwitterungsboden (Lockerboden) 216
– unreifer **848**
Verwitterungsformen, kugelige **837**
Vesuv, historischer Ausbruch 170–172
Vine, F., geomagnetische Umpolung 54
Vine-Matthews-Hypothese 54
Viskosität 155, **849**
– Bedeutung für Konvektion 401

– bestimmender Faktor eines Vulkanausbruchs 158
– und Temperaturprofil der Erde 403–404
VLBI-Methode (Very Long Baseline Interferometry), Messung der Plattenbewegung 74
Vögel, Mesozoikum 746
Vogelfußdelta 528
volatile Komponenten **849**
Volcanic Island Arc *siehe* vulkanischer Inselbogen
Vorbeben **849**
– Phänomen und Ursachen 356
Vorstrand 646
Vulkanausbrüche
– Anatomie 156
– Asche- und Staubpartikel 162
– Eigenschaften und Gründe 155–159
– Eruptionssäulen 157
– Gase 161–162, 723
– Lavaströme 159–161
– Mount St. Helens 152–154
– pyroklastische Gesteine 162
– Rolle flüchtiger Bestandteile 157
– Schlammströme 174–175
– transportiertes Material 158–162
– und Klimawandel 691–695
– Viskosität des Magmas 155
Vulkanbögen 187
– Entstehung 451–456
– kontinentale 65, 190, **836**
Vulkane **849**
– aktive 186
– Aufbau 163–165
– Leben in Umgebung 170–175, 192–195
– Mars 804
– Menschen in Umgebung 179
– und andere magmatische Aktivitäten 151–195
– zusammengesetzte **850**
Vulkangipfel, Tiefsee 424
vulkanisch **849**
vulkanische Aktivität 737
– Aleuten 453
– Känozoikum 736
– Klimawandel 691–695
– Kreidezeit 694
– Überwachung 193–195
vulkanische Bomben 162, **849**
vulkanische Landformen, besondere 175–181
vulkanische Mure 493
vulkanischer Inselbogen 67, 451–452, **849**

Vulkanismusperiode, Perm 744
Vulkanite 123
Vulkankegel 164
Vulkanruinen 180, **849**
Vulkanschlacke 162–163, **849**

W

Wadati-Benioff-Zone 364, **849**
Wadi 624
Waldschäden, durch sauren Regen 211
Wallberg 601
Wärmeabstrahlung
– Atmosphäre 690
– Erdoberfläche 399, 401
Wärmediffusion, latente 586
Wärmeemissions- und Reflektions-Radiometer ASTER 11
Wärmefluss, im Erdinneren 400–402
Wärmekraftwerke 764
Wärmeleitung 400–402
Wärmeverteilungsmechanismen, Mantle Plumes 439
Wasser
– fließendes *siehe* fließendes Wasser
– flüssiges (im Sonnensystem) 810
– Grund- *siehe* Grundwasser
– Hoch- *siehe* Hochwasser
– Meer- *siehe* Meerwasser
– Planeten im Sonnensystem 810
– Ressourcen 546, 706–707
– Rolle bei Massenbewegungen 481–484
– Schallwellen 418
– siedendes, Geysire 559
– Trockengebiete 621–625
– unterirdisches 549
wasserabgebende Flüsse 550, **849**
wasseraufnehmende Flüsse 550, **849**
Wasserbewegung, orbitale 648–649
Wasserbilanz 507
– irdische 506
Wasserdampf
– Atmosphäre 688
– Klimawandel 697
Wassereinzugsgebiete 508, **849**
Wasserfälle 523, **849**
Wasserkraft 769–770
Wasserläufe **849**
– ausgeglichene 521, **828**
– divergente 532
– im Gleichgewicht 520–522
– Längsprofil 511–512

875

– mäandrierende 518–519
– radiale 532
– Sedimentablagerung 515–517
– Sedimenttransport 515
– Unterschied zu Flüssen 509
– Wechselwirkung mit Grundwasser 550–552
Wasserlaufgerinne 510, 517–520, **849**
Wasserpumpensystem, alternative Energien 770
Wasserscheide **849**
– kontinentale 508
Wasserspeicher
– Gletscher 582–584
– Weltmeere 505
Wasserstoff, Planetenatmosphären 794
Wasserverschmutzung 566
Wasserverteilung, auf Erde 506
Wasservorkommen, Mars 805–807
Wasservorräte, Klimawandel, Folgen 706–707
Watt **849**
– als Übergangssedimentationsraum 254
– als Vorstrand 646
– *siehe auch* Gezeiten
Wattrinnen 674
Wegener, A.
– Biographie 49
– und F.B. Taylor 54
Wellen 499
– Energieübertragung 647
– Küstenlinie 647–651
– lange (L-Wellen) 362
– Love (L-Wellen) **838**
– Merkmale 647–648
– oszillierende **840**
– Ozean *siehe* Ozeanwellen
– Primär- (P-Wellen) 360, 396–398, **842**
– Schall- 418
– schaumgekrönte 648
– schräg auftreffende 653
– Sekundär- (S-Wellen) 360, 396–398, **845**
– Sturm- 651
– *siehe auch* Erdbebenwellen, seismische Wellen
Wellenausbreitung **849**
Wellenbasis 649
Wellenberge 647
Wellenbeugung, und Küstenlinien 652–653
Wellenbrecher 660
Wellenerosion 658
– Küstenlinie 650–651

Wellenhöhe **849**
Wellenlänge 649, **849**
Wellenperiode **849**
Wellentäler 647
Wellenverstärkung, Erdbeben 371–372
Weltmeere, Wasserspeicher 505
Weltorganisation für Meteorologie (WMO) 701
Wiederholungsperiode *siehe* Rekurrenzintervall
– Überschwemmungen 534
Wilson, J. T., Plattentektonik 57
Wilson-Zyklus *siehe* superkontinentaler Zyklus; Superkontinentkreislauf
Wind 615–642
– Jupiter 808
– Rolle bei Bodenerosion 226, 629–634
Windablagerungen, Wüsten 634–639
Windenergie 766–769
Windgeschwindigkeit, und Energiegehalt 767
Windhöcker 632–634, **850**
Windintensität, globale Erwärmung 705
Windkanter 632–634, **849**
Windkraft, Kosten 768
Windkraftkapazität, installierte 769
Windmulden 630
Windmuster 731
Windnutzung, führende Länder 768
Windpfanne **849**
Windräder 768
Windrichtung, und Dünenformen 637–638
Windschäden, Wirbelstürme 668–669
Winkeldiskordanz **849**
– Rolle bei Datierung 299
Wirbelstürme
– Gefahr für Küsten 665–670
– Kategorien 666
– Katrina 666
– Nettowindgeschwindigkeit 668–669
Wirbelsturmsaison 665
Wirbeltiere, Landnahme 742–743
Wissenschaft, Urheberrecht 54
wissenschaftliche Methodik 12–14
wissenschaftliches Gesetz 14
Wollsackverwitterung 213, **837**
Wüsten 615–642
– Alluvialfächer 626
– aride 617, 621–625

– Atacama 628
– Ausdehnung 631
– Australien 617, 627
– Bajada 625
– Basin and Range 625–628
– Bodenfracht 628–629
– Dünen *siehe* Dünen
– in mittleren Breitengraden 619–621
– in niedrigen Breitengraden 617–619
– Playa 625
– Sahelzone 631
– Salztonebene 625
– Sanddünen *siehe* Sanddünen
– Sedimenttransport 628–629
– Suspensionsfracht 629
– Temperaturen 621
– „trocken" (Definition) 620
– Windablagerungen 634–639
– Winderosion 629–634
– Windkanter 632–634
– Yardangs 632–634
Wüstenflussbetten 624
Wüstenklima **850**
Wüstenlandschaft, Entwicklung 625–628
Wüstenpflaster 632, **850**
– Entstehung 633
Wüstenstrukturen 627

X

Xenolithe 185, **850**
Xerophyt **850**

Y

Yardang (Windhöcker) 632–634, **850**
Yazoo-Systeme 528
Yazoo-Zufluss **850**
Yellowstone-Nationalpark, Geysire 558
Yellowstone-Typ-Calderen 176–177

Z

Zehrgebiet 588, **850**
Zeit
– Bedeutung für die Entwicklung des Lebens 719
– geologische 293–319
Zeitalter
– Fossilgeschichte 307
– *siehe auch* geologische Zeitalter
Zeitangaben, numerische 296

Zeiträume, geologische 7–14
Zeitskala
– geologische *siehe* geologische Zeitskala
– magnetische 55
Zeitverzögerung **850**
Zementation 248, **850**
zentraler Graben, Ozeanische Rücken 63
Zerfall
– Alpha- 309
– Beta- 309
– radioaktiver 92–93, **843**
Zerfallskurve, radioaktive 312
Zerfallsreihe, radioaktive 310
Zerscherung **850**
Zerstörung, durch Erdbeben 370–376

zirkumpazifischer Gürtel 363
Zone
– der Bodenfeuchte 548, **850**
– küstenferne 647
– Low Velocity- **838**
– uferferne **848**
– ufernahe **848**
– ungesättigte **848**, 548
– vadose 548
– Wadati-Benioff- 364, **849**
Zopfflüsse 519
– *siehe auch* verwilderte Flüsse
Zugspannung 326, **850**
Zungen *siehe* Loben
Zurückfedern, elastisches **831**
zusammengesetzte Vulkane **850**
– *siehe auch* Stratovulkane

Zusammensetzung
– andesitische *siehe* intermediäre Zusammensetzung.
– basaltische **828**
– felsische *siehe* granitische Zusammensetzung
– granitische **833**
– intermediäre **835**
– mafische *siehe* basaltische Zusammensetzung
– ultramafische **848**
Zuschlag, Baumaterialien 783–784
Zwergplaneten 822–823
– Pluto 792
Zwillingslaminierung, polysynthetische 112
Zyklone, Gefahr für Küsten 665

Umfassend und reich bebildert: Physische Geographie

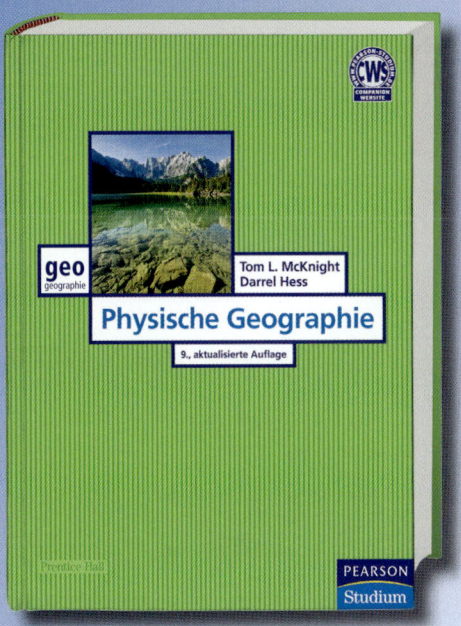

Physische Geographie
TOM L. MCKNIGHT;
DARREL HESS

ISBN 978-3-8273-7336-6
79.95 EUR [D]
4-farbig

Dieses Buch vermittelt umfassend und kompetent alle wesentlichen Grundlagen für ein erfolgreiches Studium der Geographie: Nach einer allgemeinen Einführung werden die Atmosphäre und ihre inneren und äußeren Prozesse dargestellt; die Geomorphologie fehlt ebensowenig wie ein ausführlicher Überblick zur Bodengeographie. Als roten Faden durch das Buch stellen die Autoren immer wieder den Bezug des Menschen zum Planeten Erde her. Diesem Ziel dienen zahlreiche Hintergrundinformationen aus aktuellen Forschungsprojekten, die in Feature-Kästen zum Thema »Mensch und Umwelt« präsentiert werden. Das Buch bietet ein vorzügliches, über neun Auflagen hinweg immer weiter ausgereiftes Bebilderungsprogramm mit anschaulichen Grafiken und Fotos.

Informieren Sie sich unter
www.pearson-studium.de
über unser vielfältiges Angebot
an Lehrbüchern!

Pearson Education Deutschland GmbH
Verlag Pearson Studium
Martin-Kollar-Straße 10-12
81829 München
Telefon (089) 46003 -0
Telefax (089) 46003 -100

Die zentrale Wissenschaft

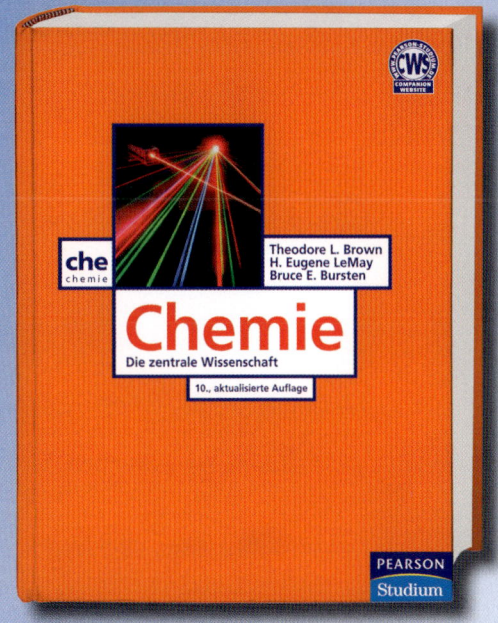

Chemie
THEODORE BROWN;
H. EUGENE LEMAY;
BRUCE BURSTEN
ISBN 978-3-8273-7191-1
69.95 EUR [D]
4-farbig

Diese Einführung setzt mit ihrer wissenschaftlichen Präzision, stilistischen Klarheit und leichten Verständlichkeit seit Jahren die Standards auf dem internationalen Markt für Lehrbücher zur Allgemeinen Chemie. Das einzigartige didaktische Konzept zeigt sich in den zahlreichen vierfarbigen Bildern, den präzisen Zusammenfassungen der Abschnitte und den zusätzlichen Wiederholungen der Fachbegriffe am Ende jedes Kapitels. Die anschauliche Visualisierung der chemischen Prinzipien und die vielen Übungsaufgaben am Kapitelende dienen der Einübung und Vertiefung des gelernten Stoffs und machen diese Einführung für Studenten besonders wertvoll.

Informieren Sie sich unter
www.pearson-studium.de
über unser vielfältiges Angebot
an Lehrbüchern!

Pearson Education Deutschland GmbH
Verlag Pearson Studium
Martin-Kollar-Straße 10-12
81829 München
Telefon (089) 46003 -0
Telefax (089) 46003 -100

BIOLOGIE

Das weltweit erfolgreichste Biologie-Lehrbuch jetzt in neuer Auflage!

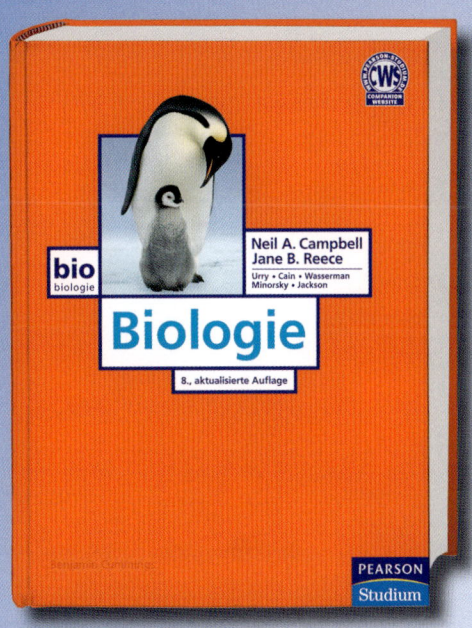

Biologie
NEIL A. CAMPBELL;
JANE B. REECE
ISBN 978-3-8273-7287-1
99.95 EUR [D]
4-farbig

Diese neue Auflage des weltweit erfolgreichsten Biologie-Lehrbuchs wird Studierende und Dozenten der Biologie begeistern! Das Buch veranschaulicht die gesamte Biologie mit all ihren Teilbereichen und befindet sich auf dem neuesten Stand der Forschung. Durch seine einzigartige Ausgewogenheit zwischen Klarheit der Darstellung und wissenschaftlicher Korrektheit wird der **Campbell** auch weiterhin **die** Autorität auf dem Gebiet der Biologie bleiben. Das neue Bearbeiterteam hat die Übersetzung optimal auf den Lehrbetrieb der Bachelor-Studiengänge im deutschsprachigen Raum abgestimmt. Alle Themengebiete wurden von Fachexperten ergänzt und vertieft. Hervorgehobene Schlüsselsätze, Kontrollfragen, Glossar und einzigartig verständliche und konsistente Illustrationen erleichtern das Lernen mit dem **Campbell** und machen das Studium der Biologie noch anschaulicher.

Informieren Sie sich unter
www.pearson-studium.de
über unser vielfältiges Angebot
an Lehrbüchern!

Pearson Education Deutschland GmbH
Verlag Pearson Studium
Martin-Kollar-Straße 10-12
81829 München
Telefon (089) 46003 -0
Telefax (089) 46003 -100

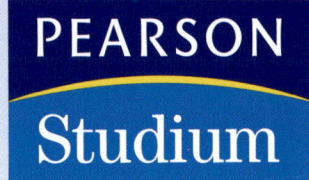

BIOLOGIE

Eine umfassende Einführung in die Ökologie

Ökologie
Thomas M. Smith;
Robert L. Smith
ISBN 978-3-8273-7313-7
69.95 EUR [D]
4-farbig

Das Buch bietet in lebendiger Form den gesamten Lehrstoff einer »Einführung in die Ökologie« für Haupt- und Nebenfachstudenten und ist darüber hinaus ein spannendes Arbeits- und Lesebuch für Praktiker des Natur- und Umweltschutzes sowie für Biologielehrer. Die Autoren geben einen Gesamtüberblick über das komplexe Gebiet der Ökologie und verknüpfen wichtige Fragestellungen mit spezifischen Forschungsergebnissen. Exkurskästen zeigen wissenschaftliche Experimente und Methoden, ihre praktischen Anwendungen sowie konkrete ökologische Beispiele auf. Zahlreiche Abbildungen und Tabellen visualisieren die textliche Darstellung. Jedes Kapitel enthält eine Zusammenfassung, Übungsaufgaben sowie kommentierte Hinweise zur Fachliteratur.

Informieren Sie sich unter
www.pearson-studium.de
über unser vielfältiges Angebot
an Lehrbüchern!

Pearson Education Deutschland GmbH
Verlag Pearson Studium
Martin-Kollar-Straße 10-12
81829 München
Telefon (089) 46003 -0
Telefax (089) 46003 -100

BIOLOGIE

Biostatistik im kompakten Überblick

Biostatistik
MATTHIAS RUDOLF;
WILTRUD KUHLISCH
ISBN 978-3-8273-7269-7
39.95 EUR [D]
2-farbig

Diese Einführung vermittelt alle im Studium der Bio- sowie verwandter Wissenschaften benötigten Grundlagen der Biostatistik ohne erforderliche mathematische oder statistische Vorkenntnisse. Alle Methoden und Verfahren werden an Beispieldaten illustriert, womit der Bezug zur Praxis der biologischen Forschungsarbeit hergestellt wird. Die beigelegte CD enthält eine Einführung in die gängigen Programme zur statistischen Datenanalyse, die zur weiteren selbstständigen Arbeit mit den im Buch verwendeten Beispieldaten befähigt. Zusätzlich wird auf der CD je Buchkapitel ein Beispieldatensatz ausgewertet und interpretiert. Auf diese Weise können die Leser sich leicht die Grundlagen der Biostatistik erarbeiten und diese gezielt in ihren eigenen Projekten anwenden.

Informieren Sie sich unter
www.pearson-studium.de
über unser vielfältiges Angebot
an Lehrbüchern!

Pearson Education Deutschland GmbH
Verlag Pearson Studium
Martin-Kollar-Straße 10-12
81829 München
Telefon (089) 46003 -0
Telefax (089) 46003 -100